누구나 합격할 수 있는 방법, 동일출판사와 함께 하는 것.

54년간 전기만을 연구해 온 최고의 집필진이 만든책!
동일출판사와 함께 합격의 기쁨을 누리시길 기원합니다.

수험서의 기준을 만듭니다.
합격을 위한 지름길을 안내합니다.
전·현직 전기인들이 가장 선호하는 수험서로 인정받았으며,
최다 누적 판매와 최다 합격자 배출의 기록을 자랑하고 있습니다.
동일출판사의 핵심은 다년간 축적된 노하우에 있습니다.
수험 과목의 핵심 개념을 명확하고 효과적으로 전달하며,
풍부한 예제와 실전 모의고사로 실력을 향상시킬 수 있는
최상의 환경을 제공합니다.
동일출판사와 함께라면 수험 고난의 시련을 극복하고
합격의 문을 두드릴 수 있습니다.
지금 동일출판사를 통해 성공적인 미래를 준비하세요.

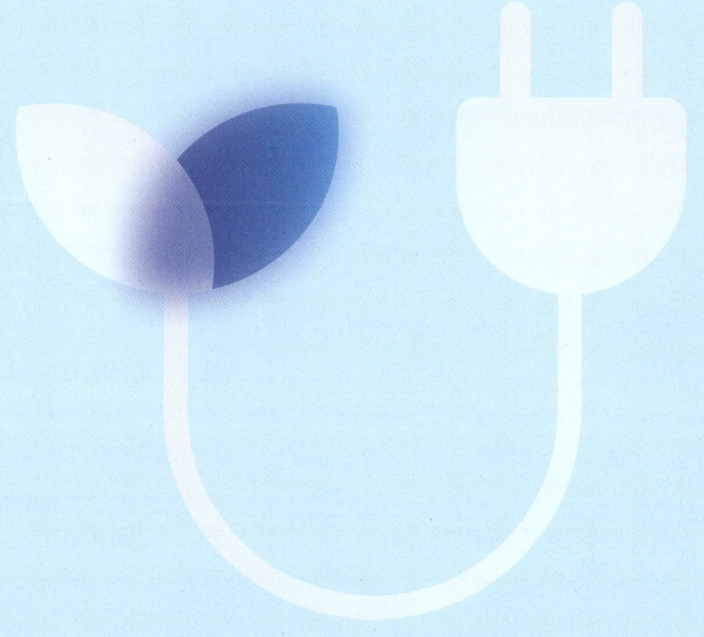

d동일출판사

무료강의   www.dongilbook.com

무료 강의 제공

회원가입만으로 무료 강의 동영상을 제한 없이 이용할 수 있습니다.

도서 구입만으로 무료강의까지! 합격하는 날까지 평생무료!
동일출판사 홈페이지 또는  에서도 시청 가능합니다.

무료제공 동영상 강의목록

전기기사(산업기사) 이론	필기	전기자기 / 회로이론 / 전기기기 / 전력공학 제어공학 / 전기응용 공사재료 / 전기설비기술기준
	실기	전기설비설계 / 전기설비작업 전기설비의 운영관리 및 유지보수 시험점검 전기설비유지보수 및 점검 / 테이블스팩 / 감리
전기기사(산업기사) 기출문제 풀이	필기 기출문제 2007년 ~ 2025년	
	실기 기출문제 2014년 ~ 2025년	
전기기능사 이론	전기이론 / 전기기기 / 전기설비	
전기기능사 기출문제 풀이	필기 기출문제 2015년 ~ 2025년 (전기이론 / 전기기기)	

www.dongilbook.com

학습센터

학습센터운영

홈페이지를 통한 학습센터를 운영하여
학습에 부족함이 없도록 지원합니다.

동영상강의 / 핵심요점정리 / 질문게시판 / 정오 및 자료실
회원가입만으로 무료로 이용가능합니다.

전기기사 필기

전기기사 필기 기본서 전기기사시리즈

전기자기 / 회로이론 / 전기기기 / 전력공학 / 제어공학 / 전기응용 공사재료 / 전기설비기술기준   `이론` `기출문제`

51년간 과년도 및 복원문제를 완석분석하여 CBT시험에 완벽대비
어떠한 문제유형에도 대응이 가능하도록 핵심 유사문제 수록
10년간 과년도 및 복원문제 풀이 동영상 제공

기출문제 + 동영상강의
20년간 전기기사 필기
20년간 전기산업기사 필기

`기출문제`

20년간 기출문제 수록
19년간 과년도 및 복원문제 풀이 동영상 제공
가장 많은 문제를 수록하여
CBT시험에 대응할 수 있도록 구성

답이보인다 30일 단기완성
전기기사 · 산업기사 필기
전기공사기사 · 산업기사 필기

`이론` `기출문제`

51년간 과년도 및 복원문제를 완전분석, 이론과 함께 수록
5년간 과년도 및 복원문제 수록
전기기사 · 전기산업기사 풀이 동영상 제공

과년도 문제 중심의
완벽대비 전기기사 필기
완벽대비 전기산업기사 필기
`이론` `기출문제`

28년간 과년도 및 복원문제를 엄선, 이론과 함께 수록
10년간 과년도 및 복원문제 수록, 풀이 동영상 제공

과년도 문제 중심의
완벽대비 전기공사기사 필기
완벽대비 전기공사산업기사 필기
`이론` `기출문제`

28년간 과년도 및 복원문제를 엄선, 이론과 함께 수록
10년간 과년도 및 복원문제 수록

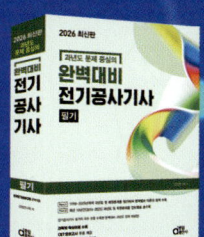 

최근 7년 과년도 문제
핵심 전기기사 필기
핵심 전기산업기사 필기
`이론` `기출문제`

과목별 핵심요점 및 문제
최근 7년 과년도 및 복원문제
과년도 및 복원문제 무료 동영상 제공

전기기사 실기

기출문제 + 동영상강의
30년간 전기기사 실기
`기출문제`

30년간 기출문제 수록
9년간 과년도 및 복원문제 풀이 동영상 제공

기출문제 + 동영상강의
30년간 전기산업기사 실기
`기출문제`

30년간 기출문제 수록
9년간 과년도 및 복원문제 풀이 동영상 제공

답이보인다 30일 단기완성
전기기사 · 산업기사 실기
`이론` `기출문제`

38년간 출제된 과년도 및 복원문제를 완전분석하여 이론과 함께 수록
15년간 과년도 및 복원문제를 연도별로 수록
9년간 과년도 및 복원문제 풀이 동영상 제공

답이보인다 30일 단기완성
전기공사기사 · 산업기사 실기
`이론` `기출문제`

38년간 출제된 과년도 및 복원문제를 완전분석하여 이론과 함께 수록
15년간 과년도 및 복원문제를 연도별로 수록

전기기능사 필기

CBT 완벽대비 전기기능사 필기
`이론` `기출문제`

시험에 반복적으로 나오는내용을 과목별로 정리
출제되었던 과년도 및 복원문제를 완전분석하여 내용별로 수록
과년도 및 복원문제 풀이 동영상 제공[전기이론, 전기기기]

무료동영상의 전기기능사 필기
`이론` `기출문제`

본문내용 전체를 무료 동영상 강의로 완벽 제공
(핵심요점정리 + 핵심예제 + 출제예상문제)
8년간 과년도 및 복원문제 수록
과년도 및 복원문제 풀이 동영상 제공[전기이론, 전기기기]

새로운 출제기준에 따른 전기기능사 필기
`이론` `기출문제`

상세한 이론, 기능사 필기의 바이블
10년간 과년도 및 복원문제 수록
출제기준에 따른 과목별 내용과 출제예상문제 수록
과년도 및 복원문제 풀이 동영상 제공[전기이론, 전기기기]

합격을 위한 지름길

동일출판사의 베스트셀러 수험서

기능장

    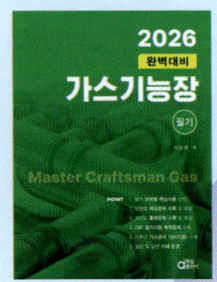

신재생

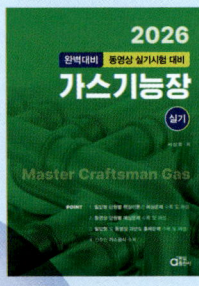    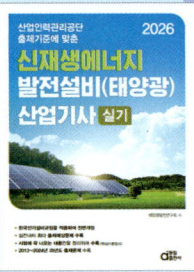

에너지관리

 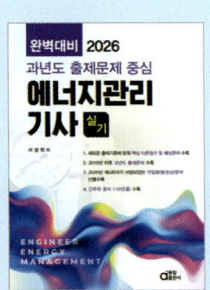   

소방

2026 최신판

20년간 2025~2006
기출 문제
CBT 완벽대비

기출문제집 + 동영상강의 2025~2006

20년간
전기산업기사 필기

검정연구회 저

무료동영상강의 2025~2007 기출문제

① 2025~2019년

동일
출판사

머리말

　현대는 무한경쟁시대라고 합니다. 이러한 무한경쟁시대에 수험생 여러분의 가치를 올리기 위한 노력이 매우 중요합니다. 어려운 취업난을 해결하고 고액의 연봉을 거머쥐기 위한 노력은 여러분뿐만 아니라 많은 사람들이 노력하고 있습니다. 자신의 능력을 충분히 발휘하고 활동 영역을 확대하기 위해서는 어느 타 분야에 비해 전기 분야에서의 자격증 취득은 무엇보다 중요하며 필수적인 사항입니다.
　따라서 가장 단시간만에 쉽게 자격증을 취득하기 위해서는 먼저 출제기준에 따른 출제된 문제를 철저하게 분석하여 그에 맞도록 준비하는 것이 가장 중요하다고 할 수 있습니다.
　이에 따라 본서는 다음 사항에 중점을 두었습니다.

첫째 : 철저한 검증을 통한 답안 작성 및 해설을 통하여 수험생 여러분들이 완벽하게 이해할 수 있도록 준비하였습니다.
둘째 : 최근 20년간의 과년도 문제를 연도별로 수록하여 최신 출제경향을 알 수 있도록 하였습니다.

　따라서 본 수험서를 충분히 이해하고 암기한다면 단시간에 자격증 취득이 가능하도록 하였습니다.
　끝으로 본 수험서로 필기 시험을 준비하시는 여러분들에게 깊은 감사를 드리며 출판 과정에서 발생할 수 있는 오·탈자 및 오답이 발견될 경우 연락을 주시면 수정하여 보다 나은 수험서가 되도록 노력하겠습니다.

저자 씀

차 례 (1권)

한국전기설비규정 용어 변경(2023.10.12) ·· 4

핵심 요점정리 ··· 5
- 1장 기초 전기수학 ··· 6
- 2장 전기자기학 ··· 12
- 3장 전력공학 ··· 31
- 4장 전기기기 ··· 48
- 5장 회로이론 ··· 63
- 6장 제어공학 ··· 76
- 7장 전기설비기술기준 ··· 89

2025~2019 전기산업기사필기 기출문제 및 CBT 복원문제

동영상 강좌는 PC 및 모바일의 동일출판사 홈페이지(www.dongilbook.com)에서 보실 수 있으며, 2025년부터 2007년까지의 기출문제 및 CBT 복원문제 풀이 동영상이 무료로 제공됩니다.

▶ 2025 CBT 복원문제 [동영상 강좌] ·· 109
  2025년 1회(CBT) ··· 110   2025년 2회(CBT) ··· 139   2025년 3회(CBT) ··· 168

▶ 2024 CBT 복원문제 [동영상 강좌] ·· 197
  2024년 1회(CBT) ··· 198   2024년 2회(CBT) ··· 226   2024년 3회(CBT) ··· 257

▶ 2023 CBT 복원문제 [동영상 강좌] ·· 287
  2023년 1회(CBT) ··· 288   2023년 2회(CBT) ··· 316   2023년 3회(CBT) ··· 344

▶ 2022 CBT 복원문제 [동영상 강좌] ·· 373
  2022년 1회(CBT) ··· 374   2022년 2회(CBT) ··· 400   2022년 3회(CBT) ··· 428

▶ 2021 CBT 복원문제 [동영상 강좌] ·· 455
  2021년 1회(CBT) ··· 456   2021년 2회(CBT) ··· 483   2021년 3회(CBT) ··· 510

▶ 2020 기출문제 [동영상 강좌] ·· 537
  2020년 1,2회 ··· 538   2020년 3회 ··· 568   2020년 4회 ··· 594

▶ 2019 기출문제 [동영상 강좌] ·· 621
  2019년 1회 ··· 622   2019년 2회 ··· 647   2019년 3회 ··· 673

한국전기설비규정 용어 변경(2023.10.12)

개정 전	개정 후	개정 전	개정 후
경간	지지물 간 거리	인류(引留)할 것	잡아당길 것
교량	다리	자중	자체중량
굴곡 반지름	굽은 부분 반지름	재폐로	재연결
근가(根架)	전주 버팀대	전선의 식별	전선의 식별
동선	구리선	상(문자) / 색상	상(문자) / 색상
말구(末口)	위쪽 끝	L2 / 흑색	L2 / 검은색
메시	그물망	N / 청색	N / 파란색
방폭형	폭발방지형	조상기	무효 전력 보상 장치
분진	먼지	조상설비	무효 전력 보상 설비
섬락	불꽃 방전	조속기	속도조절기
연접 인입선	이웃 연결 인입선	지선	지지선
염해	염분피해	지주	지지기둥
외경	바깥지름	첨가(添架)	전선 첨가
유희용 전차	놀이용 전차	커넥터	접속기
이격거리	간격	커버	덮개
이도(弛度)	처짐 정도	폭연성 분진	폭연성 먼지

※ 어려운 전문용어를 순화 및 표준화하기 위하여 변경하였으나, 과도기가 예상되는 바 1년 간 출제되는 문제를 검토하여 개정판에 반영하도록 하겠습니다.

Industrial Engineer Electricity

핵심 요점정리

1장 기초 전기수학
2장 전기자기학
3장 전력공학
4장 전기기기
5장 회로이론
6장 제어공학
7장 전기설비기술기준

1장 기초 전기수학

20년간 전기산업기사필기

1. 기호 및 단위

1) 그리스 문자

그리스 문자		호 칭		그리스 문자		호 칭	
A	α	alpha	알 파	N	ν	nu	뉴 어
B	β	beta	베 타	Ξ	ξ	xi	크 사 이
Γ	γ	gamma	감 마	O	o	omicron	오미크론
Δ	δ	delta	델 타	Π	π	pi	파 이
E	ϵ	epsilon	입실론	P	ρ	rho	로 우
Z	ζ	zeta	제에타	Σ	σ	sigma	시 그 마
H	η	eta	이이타	T	τ	tau	타 우
Θ	θ	theta	시이타	Y	υ	upsilon	웁 실 론
I	ι	iota	이오타	Φ	$\phi(\varphi)$	phi	화 이
K	κ	kappa	갑 파	X	χ	chi	카 이
Λ	λ	lambda	람 다	Ψ	ψ	psi	프 사 이
M	μ	mu	뮤 우	Ω	ω	omega	오 메 가

2) 전기량과 단위, SI 기호

물리량	기 호	단 위	기 호
커 패 시 턴 스	C	패러드(farad)	F
전 하 량	Q	쿨롱(coulomb)	C
도 전 율	G	지멘(siemen)	S
전 류	I	암페어(ampere)	A
에 너 지	W	주울(joule)	J
주 파 수	f	헤르쯔(hertz)	Hz
임 피 던 스	Z	옴(ohm)	Ω
인 덕 턴 스	L	헨리(henry)	H
전 력	P	와트(watt)	W
리 액 턴 스	X	옴(ohm)	Ω
저 항	R	옴(ohm)	Ω
시 간	t	초(second)	s
전 압	V	볼트(volt)	V

3) 자주 사용되는 접두 미터법과 기호

접두 미터법	미터법 기호	10의 누승	접두 미터법	미터법 기호	10의 누승
기가(giga)	G	10^9	밀리(milli)	m	10^{-3}
메가(mega)	M	10^6	마이크로(micro)	μ	10^{-6}
킬로(kilo)	K	10^3	나노(nano)	n	10^{-9}
			피코(pico)	p	10^{-12}

2. 삼각함수

1) 삼각비의 정의

직각삼각형에서 한 예각(∠B)이 결정되면 임의의 2변의 비는 삼각형의 크기에 관계없이 일정하다. 이들 비를 그 각의 삼각비라 한다.

(1) 사인(sine) : 빗변에 대한 높이의 비

$$\sin B = \frac{높이}{빗변} = \frac{b}{c}$$

(2) 코사인(cosine) : 빗변에 대한 밑변의 비

$$\cos B = \frac{밑변}{빗변} = \frac{a}{c}$$

(3) 탄젠트(tangent) : 밑변에 대한 높이의 비

$$\tan B = \frac{높이}{밑변} = \frac{b}{a}$$

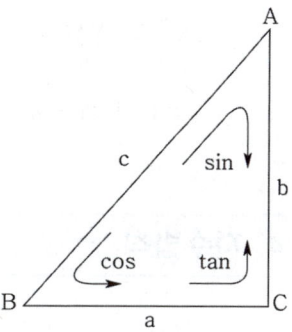

2) 특수각의 삼각비

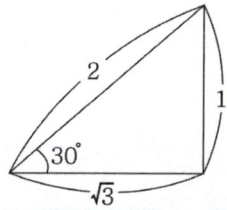 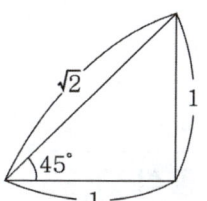 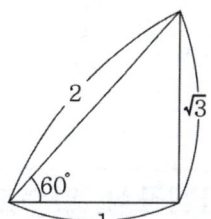

삼각비 θ	30°	45°	60°
$\sin\theta$	$\frac{1}{2}$	$\frac{1}{\sqrt{2}}$	$\frac{\sqrt{3}}{2}$
$\cos\theta$	$\frac{\sqrt{3}}{2}$	$\frac{1}{\sqrt{2}}$	$\frac{1}{2}$
$\tan\theta$	$\frac{1}{\sqrt{3}}$	1	$\sqrt{3}$

3) 삼각비의 상호관계

(1) 예각의 삼각비

① $\sin(90° - A) = \cos A$ ② $\cos(90° - A) = \sin A$

③ $\tan(90° - A) = \frac{1}{\tan A}$

(2) 같은 각의 삼각비

① $\sin^2 A + \cos^2 A = 1$ ② $\tan A = \frac{\sin A}{\cos A}$

3. 제곱근 계산

$a > 0, b > 0$일 때

① $(\sqrt{a})^2 = a$
② $\sqrt{a}\sqrt{b} = \sqrt{ab}$
③ $a\sqrt{b} = \sqrt{a^2 b}$
④ $\dfrac{\sqrt{b}}{\sqrt{a}} = \sqrt{\dfrac{b}{a}}$
⑤ $\dfrac{\sqrt{b}}{\sqrt{a}} = \dfrac{\sqrt{ab}}{a}$
⑥ $\dfrac{1}{\sqrt{a} + \sqrt{b}} = \dfrac{\sqrt{a} - \sqrt{b}}{a - b}$
⑦ $a > 0$일 때 $\sqrt{a^2} = a$, $a < 0$일 때 $\sqrt{a^2} = -a$

4. 지수법칙

① $a^m a^n = a^{m+n}$
② $(a^m)^n = a^{mn}$
③ $(ab)^m = a^m b^m$
④ $\dfrac{a^m}{a^n} = a^{m-n}$
⑤ $a^{-n} = \dfrac{1}{a^n}$
⑥ $a^0 = 1$

5. 곱셈공식, 인수분해 공식

① $m(a+b-c) = ma + mb - mc$
② $(a \pm b)^2 = a^2 \pm 2ab + b^2$
③ $(a+b)(a-b) = a^2 - b^2$
④ $(x+a)(x+b) = x^2 + (a+b)x + ab$

6. 분수식

① 약 분 $\dfrac{bc}{ac} = \dfrac{b}{a}$
② 통 분 $\dfrac{b}{a} \pm \dfrac{d}{c} = \dfrac{bc}{ac} \pm \dfrac{ad}{ac} = \dfrac{bc \pm ad}{ac}$
③ 곱 셈 $\dfrac{b}{a} \times \dfrac{d}{c} = \dfrac{bd}{ac}$
④ 나눗셈 $\dfrac{b}{a} \div \dfrac{d}{c} = \dfrac{b}{a} \times \dfrac{c}{d} = \dfrac{bc}{ad}$
⑤ 비례식 $a : b = c : d$ 라고 하면, $ad = bc$

7. 복소수

1) 복소수의 정의

방정식 $x^2+1=0$의 근의 하나인 $\sqrt{-1}$을, 즉 제곱해서 -1이 되는 수를 편의상 기호로서

$$j = \sqrt{-1}$$

로 표시하며, 이것을 허수 단위(imaginary part)라고 한다.
일반적으로 복소수는 $a+jb$ 형으로 사용하는데 a는 실수부(real part), b는 허수부(imaginary part)라 한다.

2) 복소수의 산술연산

$1 \times j = j,\ j^2 = (\sqrt{-1})^2 = -1,\ j^3 = j^2 \times j = -j,\ j^4 = j^2 \times j^2 = 1$

$\dfrac{1}{j} = \dfrac{j}{j^2} = -j,\ \dfrac{1}{j^2} = -1,\ \dfrac{1}{j^3} = j,\ \dfrac{1}{j^4} = 1$

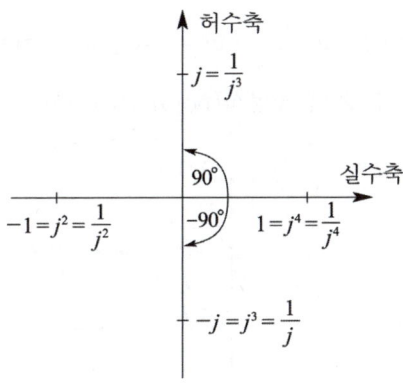

3) 복소수의 사칙연산

$Z_1 = a+jb,\ Z_2 = c+jd$ 라 하면

(1) 더하기, 빼기 $Z_1 \pm Z_2 = (a+jb) \pm (c+jd) = (a \pm c) + j(b \pm d)$

(2) 곱하기 $Z_1 Z_2 = (a+jb)(c+jd) = (ac-bd) + j(ad+bc)$

(3) 나누기 $\dfrac{Z_1}{Z_2} = \dfrac{a+jb}{c+jd} = \dfrac{(a+jb)(c-jd)}{(c+jd)(c-jd)} = \dfrac{ac+bd}{c^2+d^2} + j\dfrac{bc-ad}{c^2+d^2}$

(단, $c^2+d^2 \neq 0$)

4) 공액복소수의 성질

$Z = a + jb$에 대하여 $\overline{Z} = a - jb$인 복소수를 Z의 공액복소수라 하며, Z와 $\overline{Z}$는 서로 공액(conjugate)이라고 한다. 따라서, 아래의 식과 같다.

$$Z = a + jb, \quad \overline{Z} = a - jb$$

(1) $Z + \overline{Z} =$ 실수 $\quad \because (a + jb) + (a - jb) = 2a$

(2) $Z \cdot \overline{Z} =$ 실수 $\quad \because (a + jb)(a - jb) = a^2 + b^2$

5) 복소수의 극형식

복소수 $Z = a + jb$를 표시하는 점을 P라 하고, $OP = r$, $\angle POA = \theta$라 하면, 다음과 같이 표시한다.

$$r = |Z| = \sqrt{a^2 + b^2}$$
$$\theta = \arg|Z| = \tan^{-1}\frac{b}{a}$$

위의 식에서 복소수 $Z = a + jb$는 r의 θ를 사용해서

$$Z = a + jb = r\cos\theta + jr\sin\theta = r(\cos\theta + j\sin\theta)$$

로 된다. 이것을 복소수 Z의 극형식(polar form)이라고 한다.

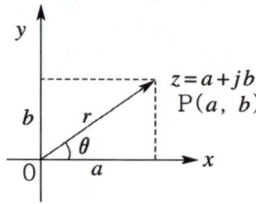

6) 지수함수

복소수 $Z = a + jb$에 대한 지수는 e^Z로 나타내고 다음과 같이 표시한다.

$$e^Z = e^a(\cos y + j\sin y) = \exp Z$$

따라서, 복소수 $a + jb$의 극형식이 다음과 같이 표시됨을 알 수 있다.

$$Z = r(\cos\theta + j\sin\theta) = re^{j\theta}$$

그러므로, 공액복소수 $\overline{Z}$의 경우도 같은 방법에 의하여 다음과 같이 표시된다.

$$\overline{Z} = a - jb = r(\cos\theta - j\sin\theta) = re^{-j\theta}$$

8. 미분

① $y = C$ (C는 상수) $y' = 0$
② $y = x^m$ $y' = m x^{m-1}$
③ $y = f(x)g(x)$ $y' = f'(x)g(x) + f(x)g'(x)$
④ $y = \dfrac{f(x)}{g(x)}$ $y' = \dfrac{f'(x)g(x) - f(x)g'(x)}{g(x)^2}$
⑤ $y = \epsilon^{ax}$ $y' = a\epsilon^{ax}$
⑥ $y = \sin x$ $y' = \cos x$
⑦ $y = \cos x$ $y' = -\sin x$
⑧ $y = \tan x$ $y' = \sec^2 x = \dfrac{1}{\cos^2 x}$

9. 적분

① $n \neq -1$ 일 때 $\int x^n dx = \dfrac{1}{n+1} x^{n+1} + C$
② $n = -1$ 일 때 $\int x^{-1} dx = \int \dfrac{1}{x} dx = \ln x + C$
③ $\int \sin ax\, dx = -\dfrac{1}{a} \cos ax + C$
④ $\int \cos ax\, dx = \dfrac{1}{a} \sin ax + C$
⑤ $\int \sec^2 ax\, dx = \dfrac{1}{a} \tan ax + C$
⑥ $\int k f(x) dx = k \int f(x) dx$
⑦ $\int [f(x) \pm g(x)] dx = \int f(x) dx \pm \int g(x) dx$

2장 전기자기학

1. 벡터

1) 벡터의 성분
$\boldsymbol{A} = A_x \boldsymbol{i} + A_y \boldsymbol{j} + A_z \boldsymbol{k}$ 또는 $\boldsymbol{A} = (A_x,\ A_y,\ A_z)$로 표시한다.

2) 벡터의 가감
$\boldsymbol{A} \pm \boldsymbol{B} = (A_x \pm B_x)\boldsymbol{i} + (A_y \pm B_y)\boldsymbol{j} + (A_z \pm B_z)\boldsymbol{k}$

3) 스칼라 곱(내적)
① $\boldsymbol{A} \cdot \boldsymbol{B} = (\boldsymbol{AB}) = AB\cos\theta = A_x B_x + A_y B_y + A_z B_z$
② $\boldsymbol{i} \cdot \boldsymbol{i} = \boldsymbol{j} \cdot \boldsymbol{j} = \boldsymbol{k} \cdot \boldsymbol{k} = 1 \quad (\theta = 0°)$
   $\boldsymbol{i} \cdot \boldsymbol{j} = \boldsymbol{j} \cdot \boldsymbol{k} = \boldsymbol{k} \cdot \boldsymbol{i} = 0,\ \boldsymbol{j} \cdot \boldsymbol{i} = \boldsymbol{k} \cdot \boldsymbol{j} = \boldsymbol{i} \cdot \boldsymbol{k} = 0 \quad (\theta = 90°)$

4) 벡터 곱(외적) : 오른나사 진행 방향
① $\boldsymbol{A} \times \boldsymbol{B} = [\boldsymbol{AB}] = \begin{vmatrix} \boldsymbol{i} & \boldsymbol{j} & \boldsymbol{k} \\ A_x & A_y & A_z \\ B_x & B_y & B_z \end{vmatrix}$
$= (A_y B_z - A_z B_y)\boldsymbol{i} + (A_z B_x - A_x B_z)\boldsymbol{j} + (A_x B_y - A_y B_x)\boldsymbol{k}$
② $\boldsymbol{i} \times \boldsymbol{j} = \boldsymbol{k},\ \boldsymbol{j} \times \boldsymbol{k} = \boldsymbol{i},\ \boldsymbol{k} \times \boldsymbol{i} = \boldsymbol{j}$
   $\boldsymbol{j} \times \boldsymbol{i} = -\boldsymbol{k},\ \boldsymbol{k} \times \boldsymbol{j} = -\boldsymbol{i},\ \boldsymbol{i} \times \boldsymbol{k} = -\boldsymbol{j}$
   $\boldsymbol{i} \times \boldsymbol{i} = \boldsymbol{j} \times \boldsymbol{j} = \boldsymbol{k} \times \boldsymbol{k} = 0$

5) 미분 연산자
$\nabla = \left(\dfrac{\partial}{\partial x}\boldsymbol{i} + \dfrac{\partial}{\partial y}\boldsymbol{j} + \dfrac{\partial}{\partial z}\boldsymbol{k}\right)$ [∇ : 해밀턴의 연산자 (nabla)]

6) 스칼라의 구배(경도, 기울기)
$\text{grad}\ \varphi = \nabla \varphi = \left(\dfrac{\partial}{\partial x}\boldsymbol{i} + \dfrac{\partial}{\partial y}\boldsymbol{j} + \dfrac{\partial}{\partial z}\boldsymbol{k}\right)\varphi = \dfrac{\partial \varphi}{\partial x}\boldsymbol{i} + \dfrac{\partial \varphi}{\partial y}\boldsymbol{j} + \dfrac{\partial \varphi}{\partial z}\boldsymbol{k}$

7) 벡터 A의 발산
① $\text{div}\ A = \nabla \cdot A = \left(\dfrac{\partial}{\partial x}\boldsymbol{i} + \dfrac{\partial}{\partial y}\boldsymbol{j} + \dfrac{\partial}{\partial z}\boldsymbol{k}\right) \cdot (A_x\boldsymbol{i} + A_y\boldsymbol{j} + A_z\boldsymbol{k})$
$= \dfrac{\partial A_x}{\partial x} + \dfrac{\partial A_y}{\partial y} + \dfrac{\partial A_z}{\partial z}$

② div $\boldsymbol{D} = \rho$ (가우스 법칙)
③ div $\boldsymbol{B} = 0$ (자속의 비발산성)
④ div $\boldsymbol{J} = 0$ (키르히호프 전류법칙)

8) 벡터의 회전

① rot $\boldsymbol{A}$ = curl $\boldsymbol{A}$ = $\nabla \times \boldsymbol{A}$ = $\begin{vmatrix} i & j & k \\ \frac{\partial}{\partial x} & \frac{\partial}{\partial y} & \frac{\partial}{\partial z} \\ A_x & A_y & A_z \end{vmatrix}$

$= \left(\frac{\partial A_z}{\partial y} - \frac{\partial A_y}{\partial z}\right)i + \left(\frac{\partial A_x}{\partial z} - \frac{\partial A_z}{\partial x}\right)j + \left(\frac{\partial A_y}{\partial x} - \frac{\partial A_x}{\partial y}\right)k$

② $\nabla \times \boldsymbol{H} = \boldsymbol{J}$ (암페어 주회법칙)
③ $\nabla \times \boldsymbol{E} = 0$ (정전계에서 전계의 비 회전성)

9) 가우스의 발산정리 $\int_s \boldsymbol{A} \cdot \boldsymbol{n}\, ds = \int_v \text{div}\, \boldsymbol{A}\, dv$

10) 스토크스 정리 $\oint_c \boldsymbol{A} \cdot dl = \int_s (\text{rot} \boldsymbol{A}) \cdot d\boldsymbol{s}$

2. 진공 중의 정전계

1) 쿨롱의 법칙

$$F = \frac{1}{4\pi\epsilon_o} \times \frac{Q_1 Q_2}{r^2} = 9 \times 10^9 \times \frac{Q_1 Q_2}{r^2}\, [\text{N}]$$

여기서, F : 두 전하 사이에 작용하는 힘 [N]
 r : 거리 [m]
 Q_1, Q_2 : 전하량 [C]

Q_1, Q_2 가 동일 종류(부호)이면 반발력(척력)이 작용하고, 다른 종류(부호)이면 인력이 작용한다.

2) 전계와 전기력선

(1) 전계
전기력이 미치는 공간

(2) 전계의 방향
전계는 벡터량이므로 방향을 갖고 있으며, 전계 내에서는 단위 정전하가 받는 힘의 방향이 전계의 방향이다.

(3) 전기력선의 성질
① 전기력선 밀도는 그 점의 전계의 세기와 같고 전기력선의 방향은 그 점의 전계의 방향과 같다.
② 전기력선은 전위가 높은 곳에서 낮은 곳으로 향한다.
③ 전하가 없는 곳에서는 전기력선의 발생, 소멸이 없고 연속적이다.
④ 단위 전하에서는 $\frac{1}{\epsilon_o}$ 개의 전기력선이 출입한다.
⑤ 전기력선은 그 자신만으로 폐곡선이 되는 일이 없다.
⑥ 전계가 0이 아닌 곳에서는 두 개의 전기력선은 서로 교차하지 않는다.
⑦ 전기력선은 등전위 면과 서로 직교한다.
⑧ 도체의 내부에는 전기력선이 존재하지 않는다.
⑨ 무한 원점에 있는 전하까지 생각하면 전하의 총량은 항상 0이다.
⑩ 전기력선은 정전하에서 시작하여 부전하에서 끝난다.

3) 전계의 세기

(1) 점전하에 의한 전계

$$E = \frac{1}{4\pi\epsilon_0} \times \frac{Q}{r^2} = 9 \times 10^9 \times \frac{Q}{r^2} \, [\text{V/m}]$$

(2) 선 전하에 의한 전계

$$E = \frac{\lambda}{2\pi\epsilon_0 r} \, [\text{V/m}]$$

여기서, λ : 선 전하 밀도[C/m]
ϵ_o : 진공중의 유전율(8.854×10^{-12}[F/m])

(3) 무한 평면

$$E = \frac{\sigma}{2\epsilon_0} \, [\text{V/m}]$$

여기서, σ : 면전하 밀도[C/m^2]

(4) 평행판 사이의 전계

$$E = \frac{\sigma}{\epsilon_o}$$

여기서, σ : 평행판 면전하 밀도[C/m^2]

(5) 무한 평면 도체

$$E = \frac{\sigma}{\epsilon_o}$$

여기서, σ : 전하 밀도[C/m^2]

4) 등전위면과 전위 경도

(1) 등전위 면의 성질
① 등전위 면은 서로 교차하지 않는다.
② 등전위 면을 따라서 전하를 운반할 때 그 면상에서는 전위가 같으므로 이때의 일은 0이다.
③ 등전위 면과 전기력선은 서로 수직으로 교차한다.
④ 도체 표면은 등전위면이다.
⑤ 도체 내부에는 전계가 생기지 않는다.
⑥ 대지는 0 전위의 등전위 면이다.

(2) 전위 경도 $\boldsymbol{E} = -\operatorname{grad} V = -\left(\frac{\partial V}{\partial x}i + \frac{\partial V}{\partial y}j + \frac{\partial V}{\partial z}k\right)$[V/m]

5) 전기력선의 발산

(1) 전계의 발산정리 $\quad \oint \boldsymbol{E} \cdot n\, ds = \int_v \operatorname{div} \boldsymbol{E} \cdot dv$

(2) 가우스 법칙의 적분형 $\quad \oint_s \boldsymbol{E} \cdot ds = \frac{Q}{\epsilon_o}$ (전기력선의 총수)

(3) 가우스 법칙의 미분형 $\quad \operatorname{div} \boldsymbol{E} = \nabla \cdot \boldsymbol{E} = \frac{\partial E_x}{\partial x} + \frac{\partial E_y}{\partial y} + \frac{\partial E_z}{\partial z} = \frac{\rho}{\epsilon_0}$

6) 프와송의 방정식과 라플라스의 방정식

(1) 프와송의 방정식 $\quad \operatorname{div} \boldsymbol{E} = \nabla \cdot E = -\nabla \cdot \nabla V$

$$\therefore \nabla^2 V = -\frac{\rho}{\epsilon_o}$$

(2) 라플라스 방정식 $\quad \nabla^2 V = 0$ (전하밀도 $\rho = 0$일 때)

7) 전기 쌍극자

전기 쌍극자에 의한 전위와 전계

(1) $V = \dfrac{M}{4\pi \epsilon_0 r^2} \cos\theta$[V]

(2) $M = Q \cdot l\,[\text{C} \cdot \text{m}]$: 쌍극자 모멘트
여기서, l : 두 전하 사이의 거리[m]

(3) $E = E_r + E_\theta = \sqrt{E_r^2 + E_\theta^2} = \dfrac{M}{4\pi\epsilon_0 r^3}\sqrt{3\cos^2\theta + 1}\,[\text{V/m}]$

3. 진공 중의 도체계

1) 정전용량

(1) 고립도체구

$$C = 4\pi\epsilon_0\, a = \dfrac{a}{9 \times 10^9}\,[\text{F}]$$

(2) 동심 도체구 (외구 접지)

$$C = 4\pi\epsilon_0\, \dfrac{ab}{b-a}\,[\text{F}]$$

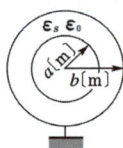

(3) 동심 도체구 (내구 접지)

$$C = 4\pi\epsilon_0\left(\dfrac{ab}{b-a} + b\right)$$
$$= 4\pi\epsilon_0\,\dfrac{ab}{b-a} + 4\pi\epsilon_0\, b\,[\text{F}]$$

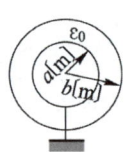

(4) 동축 원통 콘덴서 (길이 $l\,[\text{m}]$)

$$C = \dfrac{2\pi\epsilon_0 l}{\ln\dfrac{b}{a}}\,[\text{F}]$$

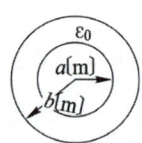

(5) 평행 평판 콘덴서

$$C = \dfrac{\epsilon_0 S}{d}\,[\text{F}]$$

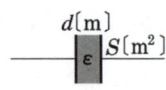

(6) 두 개의 평행 도선

$$C = \dfrac{\pi\epsilon_0}{\ln\dfrac{d}{a}}\,[\text{F/m}]$$

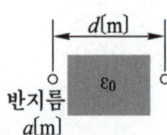

2) 콘덴서의 접속

(1) 직렬연결

$$Q = Q_1 = Q_2 = C_1 V_1 = C_2 V_2$$

$$V_1 = \frac{Q}{C_1}, \quad V_2 = \frac{Q}{C_2}$$

$$V = V_1 + V_2 = \frac{Q}{C_1} + \frac{Q}{C_2}$$

$$= \left(\frac{1}{C_1} + \frac{1}{C_2}\right) \cdot Q = \frac{Q}{C_o}$$

$$\therefore \text{합성정전용량} \quad C_o = \frac{1}{\frac{1}{C_1} + \frac{1}{C_2}} = \frac{C_1 C_2}{C_1 + C_2} [\text{F}]$$

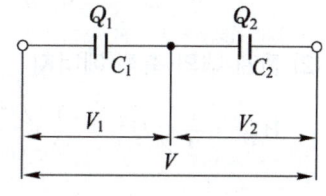

(2) 병렬접속

$$Q_1 = C_1 V$$
$$Q_2 = C_2 V$$
$$Q = Q_1 + Q_2 = C_1 V + C_2 V$$
$$= (C_1 + C_2) V = C_o V$$

$$\therefore \text{합성정전용량} \quad C_o = C_1 + C_2 [\text{F}]$$

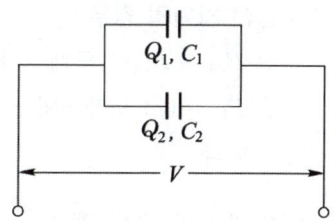

(3) 정전용량의 △ → Y 접속변환

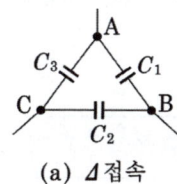

(a) △접속   (b) Y접속

① △ → Y

$$C_a = \frac{\triangle}{C_2}, \quad C_b = \frac{\triangle}{C_3}, \quad C_c = \frac{\triangle}{C_1}$$

$$\triangle = C_1 C_2 + C_2 C_3 + C_3 C_1$$

② Y → △

$$C_1 = \frac{\text{Y}}{C_c}, \quad C_2 = \frac{\text{Y}}{C_a}, \quad C_3 = \frac{\text{Y}}{C_b}$$

$$\text{Y} = \frac{C_a C_b C_c}{C_a + C_b + C_c}$$

3) 도체계의 에너지

(1) 한 개의 도체가 가진 에너지 (콘덴서의 축적 에너지)

$$W_c = \frac{1}{2}CV^2 = \frac{1}{2}\frac{Q^2}{C} = \frac{1}{2}QV[\text{J}]$$

(2) 전계 내의 축적 에너지

$$W_E = \frac{1}{2}\epsilon_0 \boldsymbol{E}^2 = \frac{1}{2}\frac{D^2}{\epsilon_0} = \frac{1}{2}\boldsymbol{E}D[\text{J}/\text{m}^3]$$

4) 전위계수

(1) 일반적 성질

① $P_{rr} > 0$ ② $P_{rs} \geq 0$

③ $P_{rs} = P_{sr}$ ④ $P_{rr} \geq P_{sr}$

(2) 정전 차폐의 경우

① $P_{11} = P_{21}$: 도체 2가 도체 1속에 있다. (도체 1이 도체 2를 감싸고 있다.)

② $P_{bc} = 0$: 도체 b와 c 사이의 유도 계수는 0이다. 즉, 타도체에 의해 정전 차폐되어 있다.

5) 용량 계수와 유도 계수

① 용량계수 $q_{rr} > 0$ ② 유도계수 $q_{rs} \leq 0$

③ $q_{rs} = q_{sr}$ ④ $q_{rr} \geq -(q_{r1} + q_{r2} + \cdots + q_{rn})$

4. 유전체

1) 유전체의 성질

① 콘덴서의 전극간에 절연물을 넣었을 때 정전용량을 C, 진공일 때의 정전용량을 C_0라 하면 $C > C_0$이다.

② 이때 C와 C_0의 비 $\epsilon_s = \dfrac{C}{C_0}$를 비유전율이라 하며 항상 1보다 큰 값을 갖는다.

③ 진공, 공기의 $\epsilon_s = 1$

④ ϵ_o : 진공 중의 유전율(8.855×10^{-12})

2) 분극의 세기 = 분극도 $P[\text{C}/\text{m}^2]$

$$P = \epsilon_0(\epsilon_s - 1)E = \epsilon_0 x_s E = xE\,[\text{C}/\text{m}^2]$$

- 분극율 $x = \epsilon_o(\epsilon_s - 1)[\text{F/m}]$
- 비분극율 $x_s = \dfrac{x}{\epsilon_o} = \epsilon_s - 1$

3) 전속밀도

$$D = \epsilon_0 E + P = \epsilon_0 E + \epsilon_0(\epsilon_s - 1)E = \epsilon_0 \epsilon_s E = \epsilon E \,[\text{C/m}^2]$$

4) 경계조건(경계면에 진전하가 없는 경우)

(1) 전계의 접선 성분은 경계면 양측에서 서로 같다.

$$E_1 \sin\theta_1 = E_2 \sin\theta_2$$

(2) 전속밀도의 법선 성분은 경계면 양측에서 서로 같다.

$$D_1 \cos\theta_1 = D_2 \cos\theta_2$$

(3) $\dfrac{\tan\theta_1}{\tan\theta_2} = \dfrac{\epsilon_1}{\epsilon_2}$

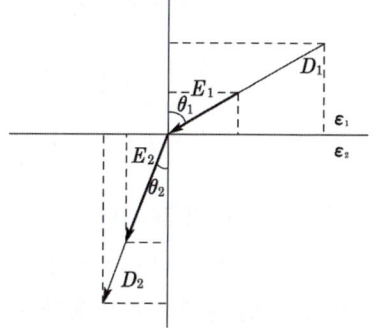

(4) $\theta_1 = 0$ 즉, 전계가 경계면에 수직인 경우

① $\theta_2 = 0$이 되어 전속과 전기력선은 굴절하지 않는다.
② 전속밀도는 불변이다($D_1 = D_2$).
③ $\dfrac{E_1}{E_2} = \dfrac{\epsilon_2}{\epsilon_1}$로 전계는 불연속이다.

5) 패러데이관

① 패러데이관 내의 전속수는 일정하다.
② 패러데이관 양단의 정, 부의 단위 전하가 있다.
③ 진전하가 없는 점에서는 패러데이관은 연속적이다.
④ 패러데이관의 밀도는 전속밀도와 같다. 즉, 패러데이관 수는 전속수와 같다.
⑤ 패러데이관은 단위전하마다 $\dfrac{1}{2}[\text{J}]$의 에너지를 저장하고 있다.

6) 단위 체적 내에 축적되는 에너지 밀도

$$w = \dfrac{1}{2}ED = \dfrac{\epsilon E^2}{2} = \dfrac{D^2}{2\epsilon}\,[\text{J/m}^3]$$

7) 유전체에 작용하는 힘

① 전계가 경계면에 수직일 때

$$f = \frac{1}{2}\left(\frac{1}{\epsilon_2} - \frac{1}{\epsilon_1}\right)D^2 \, [\text{N/m}^2]$$

② 전계가 경계면에 평형일 때

$$f = \frac{1}{2}(\epsilon_1 - \epsilon_2)E^2 \, [\text{N/m}^2]$$

③ 도체 표면에 작용하는 힘

$$f = \frac{1}{2}ED = \frac{1}{2}\epsilon E^2 = \frac{D^2}{2\epsilon} \, [\text{N/m}^2]$$

$$F = f \cdot S \, [\text{N}]$$

8) 유전체의 특수현상

① 압전기 현상 : 기계적 응력을 가하면 전기분극이 발생하는 것으로, 응력과 분극이 동일 방향으로 발생하는 것을 종효과, 수직 방향으로 발생하는 것을 횡효과라 한다.
② 파이로(Pyro) 전기 : 열을 가하면 전기분극이 일어난다.

5. 전계의 특수 해법(전기영상법)

1) 평면 도체와 점전하

평면 도체로부터 $a[\text{m}]$인 곳에 점전하 $Q[\text{C}]$이 있는 경우

① 영상전하

$$Q' = -Q \, [\text{C}]$$

② 평면 도체와 점전하 사이에 작용하는 힘

$$F = \frac{Q \cdot Q'}{4\pi\epsilon_0 (2a)^2} = -\frac{Q^2}{16\pi\epsilon_0 a^2} \, [\text{N}]$$

③ 평면 도체에 유도되는 최대 전하밀도

$$\sigma_{\max} = -\frac{Q}{2\pi a^2} \, [\text{C/m}^2]$$

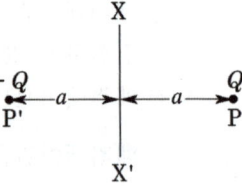

2) 평면 도체와 선전하

평면도체와 $h[\text{m}]$ 떨어진 평행한 무한장 직선 도체에 $\rho[\text{C/m}]$의 선전하가 주어졌을 때, 직선 도체의 단위 길이당 받는 힘은 다음과 같다.

$$f = -\rho E = -\rho \cdot \frac{\rho}{2\pi\epsilon(2h)} = -\frac{\rho^2}{4\pi\epsilon h}[\text{N/m}]$$

3) 접지 도체구와 점 전하

반지름 $a[\text{m}]$인 접지 도체구로부터 $f[\text{m}]$인 점 P에 점전하 $Q[\text{C}]$이 있는 경우

① 영상 전하 $\quad Q' = -\dfrac{a}{f}Q[\text{C}]$

② 영상점 거리 $\quad r = \dfrac{a^2}{f}[\text{m}]$

③ 접지 도체구와 점전하 사이에 작용하는 힘

$$F = -\frac{f^2 Q^2}{4\pi\epsilon_o(f^2-a^2)^2}[\text{N}]$$

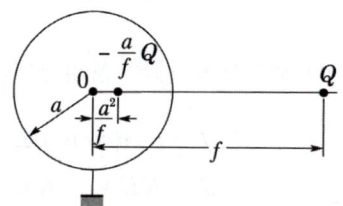

4) 비접지 도체구와 점전하

반지름 $a[\text{m}]$인 비접지 도체구로부터 $f[\text{m}]$ 떨어진 P점에 점전하 $Q[\text{C}]$이 있는 경우

① 영상전하

$$Q' = -\frac{a}{f}Q, \quad Q'' = +\frac{a}{f}Q$$

② 비접지 도체구와 점전하 사이에 작용하는 힘

$$F = -\frac{a^3 Q^2(2f^2-a^2)}{4\pi\epsilon_o f^3(f^2-a^2)^2}[\text{N}]$$

6. 전류

1) 전류

$$I = \frac{dQ}{dt}[\text{A}]$$

2) 옴의 법칙

$$I = \frac{V}{R}[\Omega]$$

여기서, V : 전압[V], R : 저항[Ω]

3) 전기저항

$$R = \rho \frac{l}{A} [\Omega], \quad R_t = R_0\{1 + \alpha(t - t_0)\}$$

여기서, ρ : 고유 저항 또는 저항률[$\Omega \cdot m$] l : 도선의 길이[m]
　　　　A : 단면적[m^2]　　　　　　　　R_t : $t[\degree C]$일 때의 저항[Ω]
　　　　R_o : $t_0[\degree C]$일 때의 저항[Ω]　　　α : $t_0[\degree C]$일 때의 온도 계수

4) 연속도체 내의 옴의 법칙

$$\boldsymbol{J} = ne\boldsymbol{v} = ne\mu\boldsymbol{E} = K\boldsymbol{E} [A/m^2]$$
$$\boldsymbol{J} = K\boldsymbol{E} = -K\operatorname{grad} V [A/m^2]$$

여기서, $\boldsymbol{J}$: 전류 밀도[A/m^2]　　　　n : 전자 밀도[개/m^3]
　　　　μ : 전자의 이동도[$m^2/V \cdot s$]　　K : 전기 전도율[℧/m]
　　　　$\boldsymbol{E}$: 도체 내의 전계[V/m]

5) 전기저항과 정전용량

$$RC = \rho\epsilon, \quad \frac{C}{G} = \frac{\epsilon}{k}$$

여기서, k : 도전율[℧/m]　　　　ϵ : 유전율[F/m],
　　　　G : 콘덕턴스[S]　　　　C : 정전용량[F]

6) 줄의 법칙 (1[J] = 0.24[cal], 1[kWh] = 860[kcal])

① 소비되는 일$(W) = P \cdot t = VIt = I^2Rt = \frac{V^2}{R}t$ [W · s]

② 발열량$(Q) = 0.24W = 0.24P \cdot t = 0.24I^2Rt = 0.24\frac{V^2}{R}t$ [cal]

7) 열전현상

효 과	특 성	적 용
제베크 효과 seebeck effect	다른 두 종류의 금속선으로 된 폐회로의 두 접합점의 온도를 달리 하였을 때 열기전력이 발생하는 효과를 제베크 효과라 한다.	열전대 (온도계, 감지기)
펠티에 효과 peltier effect	두 종류의 금속선으로 폐회로를 만들어 전류를 흘리면 금속선의 접속점에서 열이 흡수(온도 강하)되거나 발생(온도 상승)하는 현상	전자냉동
톰슨 효과 thomson effect	같은 도선에 온도차가 있을 때 전류를 흘리면 열이 흡수, 발산 되는 현상	

7. 진공 중의 정자계

1) 쿨롱의 법칙

동일부호는 반발력, 다른 부호는 흡입력이 작용한다.

$$F = \frac{1}{4\pi\mu_0} \times \frac{m_1 m_2}{r^2} = 6.33 \times 10^4 \frac{m_1 m_2}{r^2} \text{[N]}$$

여기서, F : 자극간에 작용하는 쿨롱력[N]
m_1, m_2 : 점자극의 세기[Wb]
r : 자극간의 거리[m]
$\mu_o = 4\pi \times 10^{-7}$[H/m] : 진공 중의 투자율

2) 자계의 세기

$$H = \frac{F}{m} = \frac{1}{4\pi\mu_0} \times \frac{m}{r^2} \text{[AT/m]}$$

$$F = mH \text{[N]}$$

3) 자기력선(자력선)의 특징

① N극에서 나와 S극에서 끝난다.
② 자신만으로 폐곡면을 만든다.(비 발산성) $\text{div}\boldsymbol{H} = \nabla \cdot H = 0$
③ 모든 재질(금속, 자성체 포함)을 관통한다.
④ 자하 m에서 발생되는 자기력선의 개수 $= \frac{m}{\mu} = \frac{m}{\mu_0 \mu_s}$[개]

4) 자속과 자속밀도

$$\boldsymbol{B} = \mu\boldsymbol{H} = \mu_0 \mu_s \boldsymbol{H} \text{[Wb/m}^2\text{]}$$

여기서, μ : 매질의 투자율, μ_s : 비 투자율, μ_o : 진공의 투자율

5) 자위

1[Wb]의 정자극을 무한 원점에서 점 P까지 가져오는데 필요한 일을 점 P의 자위라 한다.

$$U_m = -\int_\infty^P H \cdot dr \text{[AT]}$$

점 자극 m에서 거리 r인 점의 자위는

$$U_m = \frac{m}{4\pi\mu r} \text{[AT]}$$

6) 자석의 자기 모멘트

$$T = M \times H\,[\text{N} \cdot \text{m}], \quad T_\theta = MH\sin\theta\,[\text{N} \cdot \text{m}]$$

7) 자기 쌍극자

① 쌍극자 모멘트 $M_n = m \cdot l\,[\text{Wb} \cdot \text{m}]$

② 자위 $U = \dfrac{M\cos\theta}{4\pi\mu r^2}\,[\text{AT}]$

③ 자계의 세기

$$\boldsymbol{H} = \boldsymbol{H_r} + \boldsymbol{H_\theta} = \sqrt{H_r^2 + H_\theta^2} = \dfrac{M}{4\pi\mu r^3}\sqrt{3\cos^2\theta + 1}\,[\text{AT/m}]$$

8) 판자석

- 판자석의 세기 $M = \sigma_m\,\delta\,[\text{Wb/m}]$
- 자위 $U_m = \pm\dfrac{M\omega}{4\pi\mu_o}\,[\text{AT}]$

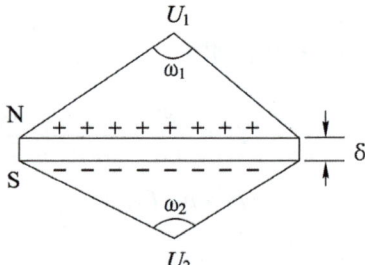

9) 비오-사바르 법칙

$$dH = \dfrac{Idl}{4\pi r^2}\sin\theta\,[\text{AT/m}]$$

10) 암페어의 주회적분 법칙

임의의 폐곡선에 대한 자계의 선적분은 이 폐곡선을 관통하는 전류와 같다.

$$\oint_c \boldsymbol{H} \cdot dl = I\,[\text{AT/m}]$$

11) 자계의 세기 계산예

(1) 유한장 직선전류

$$H = \dfrac{I}{4\pi r}(\cos\theta_1 + \cos\theta_2) = \dfrac{I}{4\pi r}(\sin\phi_1 + \sin\phi_2)$$

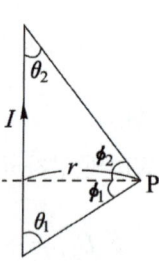

(2) 무한장 직선전류

$$H = \dfrac{I}{2\pi r}\,[\text{AT/m}]$$

(3) 무한장 원주형 전류에 의한 자계

① 원주 외부$(r \geq a)$ $H = \dfrac{I}{2\pi r}$ [AT/m]

② 원주 내부$(r \leq a)$ $H = \dfrac{Ir}{2\pi a^2}$ [AT/m]

여기서, a : 원의 반지름 [m]

(4) 원형전류

① 중심축상의 자계 $H_c = \dfrac{Ia^2}{2(a^2+x^2)^{\frac{3}{2}}}$ [AT/m]

② 중심에서의 자계 $H_o = \dfrac{I}{2a}$ [AT/m]

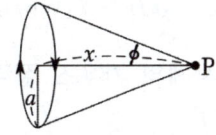

(5) 무한장 솔레노이드

내부는 평등자계이고 외부의 자계 세기는 0이다.

$$H_{내부} = nI = \dfrac{N}{l}I = \dfrac{NI}{2\pi r} \text{[AT/m]}$$

여기서, n : 단위 길이당 권수

(6) 유한장 솔레노이드

$$H_{유한} = \dfrac{nI}{2}(\cos\theta_2 - \cos\theta_1)\text{[AT/m]}$$

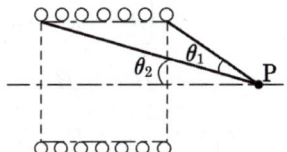

(7) 환상 솔레노이드

$$H = \dfrac{NI}{l} = \dfrac{NI}{2\pi r} \text{[AT/m]}$$

12) 직선전류에 작용하는 힘

$$F = BIl\sin\theta = \mu_o HIl\sin\theta \text{[N]}$$

13) 평행 전류간의 작용력(단위 길이당)

$$F = \dfrac{\mu_o I_1 I_2}{2\pi r} = \dfrac{2 I_1 I_2}{r} \times 10^{-7} \text{[N/m]}$$

8. 자기회로

1) 자화의 세기

$$J = \frac{dM}{dv} = \mu_0(\mu_s - 1)H \, [\text{Wb/m}^2]$$

2) 자속밀도

$$B = \mu H + J \, [\text{Wb/m}^2]$$

3) 자계의 가우스 정리

$$\int_s \boldsymbol{B} \cdot d\boldsymbol{S} = \int_s B_n \, dS = 0, \quad \text{div} \boldsymbol{B} = 0 \, (\text{미분형})$$

4) 자화율

$$J = \chi_m H \, [\text{Wb/m}^2]$$

여기서, χ_m : 자화율

$$\boldsymbol{B} = \mu_0 \boldsymbol{H} + \boldsymbol{J} = \mu_0 \boldsymbol{H} + \chi_m \boldsymbol{H} = (\mu_0 + \chi_m)\boldsymbol{H} = \mu_0 \mu_s \boldsymbol{H}$$

$$\left(\mu = \mu_0 + \chi_m, \ \mu_s = \frac{\mu}{\mu_0} = 1 + \frac{\chi_m}{\mu_0} \right)$$

$$\boldsymbol{B} = \mu \boldsymbol{H}$$

여기서, μ : 투자율, μ_s : 비투자율, χ_m/χ : 비자화율

5) 자계의 에너지

$$W_H = \frac{1}{2}\mu H^2 = \frac{1}{2}\frac{B^2}{\mu} = \frac{1}{2}HB \, [\text{J/m}^3]$$

6) 자성체 경계면에서 경계조건

$$H_1 \sin\theta_1 = H_2 \sin\theta_2, \ B_1 \cos\theta_1 = B_2 \cos\theta_2$$

$$\frac{\tan\theta_1}{\tan\theta_2} = \frac{\mu_1}{\mu_2}$$

7) 자기 회로

① $H = \dfrac{NI}{l} \, [\text{AT/m}]$ ② $B = \mu \dfrac{NI}{l} \, [\text{Wb/m}^2]$

③ $\Phi = BS = \dfrac{\mu SNI}{l} = \dfrac{NI}{\dfrac{l}{\mu S}} = \dfrac{NI}{R_m} \, [\text{Wb}]$

여기서, R_m : 자기저항 $\left(= \dfrac{l}{\mu S} \right)$

8) 자기 저항의 합성

① 직렬 합성 $R = \sum_{i=1}^{n} R_{mi}$ ② 병렬 합성 $\dfrac{1}{R} = \sum_{i=1}^{n} \dfrac{1}{R_{mi}}$

9) 공극부의 자속과 자속밀도

$$\phi_o = \frac{F}{R} = \frac{NI}{\dfrac{\delta}{\mu_o S} + \dfrac{l}{\mu S}} \, [\text{Wb}]$$

$$B_o = \frac{\phi_o}{S} = \frac{NI}{\dfrac{\delta}{\mu_o} + \dfrac{l S_o}{\mu S}} \, [\text{Wb/m}^2]$$

여기서, δ : 공극부의 길이, l : 철심의 길이

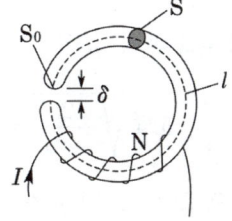

10) 전자석의 흡인력

$$F = \frac{B^2 S}{2\mu_o} = \frac{(\phi/S)^2 S}{2\mu_o} = \frac{\phi^2}{2\mu_o S} = \frac{S}{2} \mu_o H^2 \, [\text{N}]$$

9. 전자유도

1) 렌츠의 법칙

기전력의 방향을 결정[V]

2) 패러데이의 유도법칙(노이만 법칙)

기전력의 크기를 결정

$$e = -\frac{d\Phi}{dt} = -N\frac{d\phi}{dt} \, [\text{V}]$$

여기서, $\Phi = N\phi$로 쇄교 자속수, N : 권수

3) 전자유도 법칙의 미분형과 적분형

(1) 적분형 : $e_i = \oint \boldsymbol{E} \cdot dl = -\dfrac{d}{dt} \int_s \boldsymbol{B} \cdot d\boldsymbol{S} = -\dfrac{d\phi}{dt}$

(2) 미분형 : $\text{rot } \boldsymbol{E} = -\dfrac{\partial \boldsymbol{B}}{\partial t}$

4) 도체 운동에 의한 기전력(플레밍의 오른손 법칙)

$$e = vBl\sin\theta\,[\text{V}]$$

여기서, v : 속도[m/s] B : 자속밀도[Wb/m^2]
l : 도체의 길이[m] θ : v와 B의 사이각[°]

5) 표피효과의 깊이

$$\delta = \sqrt{\frac{2}{\omega\sigma\mu}} = \sqrt{\frac{1}{\pi f \sigma \mu}}$$

이므로 f, σ 및 μ가 클수록 δ는 작게되어 표피효과가 심해짐을 알 수 있다.
여기서, f : 주파수, σ : 도전률, μ : 투자율

10. 인덕턴스

1) 자기유도

$$e = -N\frac{d\phi}{dt} = -L\frac{di}{dt}\,[\text{V}]$$

$$LI = N\phi$$

2) 상호유도

$$e = -M\frac{di}{dt}\,[\text{V}]$$

$$M = k\sqrt{L_1 L_2}\,[\text{H}]$$

여기서, M : 상호인덕턴스[H]
k : 결합계수($-1 \le k \le 1$)

3) 인덕턴스의 직렬접속

$$L = L_1 + L_2 \pm 2M$$

자계가 동일 방향이면 +, 반대 방향이면 −

4) 자기 에너지

$$W_m = \frac{1}{2}LI^2\,[\text{J}]$$

$$W_m = \frac{1}{2}L_1 I_1^2 + \frac{1}{2}L_2 I_2^2 \pm M I_1 I_2\,[\text{J}]$$

5) 인덕턴스 계산예

(1) 동축 케이블 $L = \dfrac{\mu}{2\pi} \ln \dfrac{b}{a} [\text{H/m}]$

(2) 무한장 원통 솔레노이드 $L_o = \mu S n_o^2 [\text{H/m}]$, $n_o = \dfrac{N}{l}$

(3) 유한장 원통 솔레노이드 $L = \dfrac{\mu S N^2}{l} [\text{H}]$

(4) 환상 솔레노이드(공극이 있는 경우) $L = \dfrac{\mu_s \mu_0 S N^2}{l + \mu \delta} [\text{H}] \; (l \gg \delta)$

11. 전자장

1) 변위 전류

$$I_D = \dfrac{\partial D}{\partial t} S = \epsilon \dfrac{\partial E}{\partial t} S = \epsilon \dfrac{\partial V}{\partial t} \dfrac{S}{d}$$

$$= \dfrac{\epsilon S}{d} \dfrac{\partial}{\partial t} V_m \sin \omega t = \omega \dfrac{\epsilon S}{d} V_m \cos \omega t$$

$$= \omega C V_m \cos \omega t \; [\text{A}]$$

여기서, I_D : 변위 전류[A] E : 전계의 세기[V/m]
　　　　D : 전속밀도[C/m^2] S : 면적[m^2]

2) 맥스웰 기본 방정식

① $\text{rot} \boldsymbol{H} = \boldsymbol{J} + \dfrac{\partial \boldsymbol{D}}{\partial t}$ ② $\text{rot} \boldsymbol{E} = -\dfrac{\partial \boldsymbol{B}}{\partial t}$

③ $\text{div} \boldsymbol{B} = 0$ ④ $\text{div} \boldsymbol{D} = \rho$

3) 평면 전자파 방정식

(1) 파동(고유)임피던스

$$Z_o = \dfrac{E_o}{H} = \sqrt{\dfrac{\mu}{\epsilon}} = 120\pi \sqrt{\dfrac{\mu_s}{\epsilon_s}} = 377 \sqrt{\dfrac{\mu_s}{\epsilon_s}} \; [\Omega]$$

(2) 전자파 에너지

$$W = \dfrac{1}{2}(\epsilon E^2 + \mu H^2)[\text{J/m}^3]$$

(3) 포인팅 벡터

$$P = E \times H \, [\text{W/m}^2]$$

4) 특성 임피던스

(1) 전송 회로 특성 임피던스

$$Z_o = \frac{V}{I} = \sqrt{\frac{Z}{Y}} = \sqrt{\frac{R+j\omega L}{g+j\omega C}} \fallingdotseq \sqrt{\frac{L}{C}} \, [\Omega]$$

특히 무손실 선로에서

$$Z_o = \sqrt{\frac{L}{C}} \, [\Omega]$$

$$v = \frac{1}{\sqrt{LC}} \, [\text{m/sec}]$$

(2) 동축 케이블의 특성 임피던스

$$Z = \sqrt{\frac{\mu}{\epsilon}} \cdot \frac{1}{2\pi} \ln \frac{b}{a} = 138 \sqrt{\frac{\mu_s}{\epsilon_s}} \log \frac{b}{a} \, [\Omega]$$

3장 전력공학

20년간 전기산업기사필기

1. 선로정수 및 코로나

1) 선로정수(R, L, C, G)

(1) 저항

$$R = \rho \frac{l}{A} = \frac{1}{58} \times \frac{100}{C} \times \frac{l}{A} \, [\Omega]$$

여기서, C : 도전율[%], A : 단면적[mm^2], l : 선로길이[m]

(2) 인덕턴스(L)

① 단도체의 인덕턴스

$$L = 0.05 + 0.4605 \log_{10} \frac{D}{r} \, [\text{mH/km}]$$

② 다도체의 인덕턴스

$$L_n = \frac{0.05}{n} + 0.4605 \log_{10} \frac{D}{\sqrt[n]{r s^{n-1}}} \, [\text{mH/km}]$$

여기서, r : 전선의 반지름 D : 등가선간 거리
  s : 소도체 간격 n : 다도체 수

③ 등가선간거리

종류	수평배열	삼각배열	정4각 배열
그림	A, B, C 수평배치, 간격 D[m]	D_1, D_2, D_3 삼각형	a, b, c, d 정사각형, 변 S, 대각선 $\sqrt{2}S$
등가 선간거리	$D_e = \sqrt[3]{2} \cdot D$	$D_e = \sqrt[3]{D_1 \cdot D_2 \cdot D_3}$	$D_e = \sqrt[6]{2} S$

(3) 정전용량(C)

① 단도체의 정전용량 $C = \dfrac{0.02413}{\log_{10} \dfrac{D}{r}} \, [\mu\text{F/km}]$

② 다도체의 정전용량 $C = \dfrac{0.02413}{\log_{10} \dfrac{D}{\sqrt[n]{r s^{n-1}}}} \, [\mu\text{F/km}]$

2) 선로의 작용 정전 용량

① 단상 1회선의 경우 $C = C_s + 2C_m$
② 3상 1회선의 경우 $C = C_s + 3C_m$

여기서, C : 작용 정전용량, C_s : 대지 정전용량, C_m : 선간 정전용량

3) 충전용량

(1) 전선의 충전전류

$$I_c = 2\pi f\, C \times \frac{V}{\sqrt{3}}\,[\text{A}]$$

(2) 전선의 충전용량

$$P_c = \sqrt{3}\,VI_c \times 10^{-3} = \sqrt{3}\,V \cdot 2\pi f C \frac{V}{\sqrt{3}} \times 10^{-3}$$
$$= 2\pi f CV^2 \times 10^{-3}\,[\text{kVA}]$$

여기서, C : 1선의 정전용량[F], V : 선간전압[V], f : 주파수 [Hz]

4) 코로나

(1) 코로나란?

전선 주위의 공기의 절연이 국부적으로 파괴되어 엷은 빛과 낮은 소리는 내는 현상을 코로나 현상이라 한다.

(2) 파열극한 전위경도

DC : 30[kV/cm], AC : 21[kV/cm]

(3) 코로나의 영향

① 전력손실 : peek 식으로 계산
② 코로나 잡음
③ 전선 부식(원인 : 오존 O_3)
④ 유도장해
⑤ 진행파의 파고값 감쇠 (코로나의 장점)

(4) 코로나의 방지대책

기본적으로 코로나 임계전압 E_o를 크게 한다.

$$E_o = 24.3 m_o m_1 \delta d \log_{10}\frac{D}{r}\,[\text{kV}]$$

여기서, δ : 상대공기밀도 $\left(\delta = \dfrac{0.386b}{273+t}\right)$
m_1 : 기후에 관한 계수
D : 선간거리[m]
m_o : 전선 표면계수
r : 전선의 반지름[m]

① 전선의 지름을 크게 한다.
② 다도체를 사용한다.
③ 가선 금구를 개량한다.

5) 연가

(1) 연가

3상 3선식에서 전체 선로 길이를 3의 정수 배로 나누어 각상의 전선의 위치를 조정 및 등가 선간 거리를 동일하게 조정하여 선로정수를 평형되게 한다.

(2) 연가의 효과
① 각상의 전압강하 동일
② 통신선 유도장해 경감
③ 소호리액터 접지시 직렬공진에 의한 이상전압 상승 방지

6) 다도체 방식

다도체 방식은 같은 단면적의 단도체에 비해 다음과 같은 특성이 있다.
① 인덕턴스의 감소
② 정전용량의 증대
③ 코로나 임계전압 상승에 의한 코로나 방지
④ 전류 용량 및 송전용량 증대
⑤ 꼬임현상 및 소도체 충돌현상 발생
　대책 : 스페이서 설치
⑥ 단락시 대전류가 흘러 소도체 사이에 흡인력 발생

2. 송전특성

1) 단거리 송전선로

R, L만 고려(C, G 무시), 집중정수회로 취급

(1) 전압강하 e

$$e_{단상} = V_s - V_r = I(R\cos\theta + X\sin\theta)[\text{V}]$$

$$e_{3상} = \sqrt{3}\,I(R\cos\theta + X\sin\theta)$$
$$= \frac{P}{V_r}(R + X\tan\theta)[\text{V}]$$

여기서, V_s : 송전단 전압, V_r : 수전단 전압

(2) 전압강하율 δ

$$\delta = \frac{V_s - V_r}{V_r} \times 100 = \frac{e}{V_r} \times 100 = \frac{P}{V_r^2}(R + X\tan\theta) \times 100 [\%]$$

(3) 전압변동률 ϵ

$$\epsilon = \frac{V_{ro} - V_r}{V_r} \times 100 [\%]$$

여기서, V_{ro} : 무부하시 수전단 전압

(4) 전력손실 P_l

$$P_l = 3I^2 R = 3\left(\frac{P}{\sqrt{3}\,V\cos\theta}\right)^2 R = \frac{P^2 R}{V^2 \cos^2\theta}$$

(5) 전력손실률 K

$$K = \frac{P_l}{P} \times 100 = \frac{PR}{V^2 \cos^2\theta} \times 100 [\%]$$

2) 중거리 송전선로

R, L, C만 고려(G 무시), T 회로 혹은 π 회로 취급

$E_s = AE_r + BI_r$

$I_s = CE_r + DI_r$ 에서

4단자 정수		T형	π형
A (전압비)	$\left.\dfrac{V_S}{V_R}\right|_{I_R=0}$	$A = 1 + \dfrac{ZY}{2}$	$A = 1 + \dfrac{ZY}{2}$
B (임피던스)	$\left.\dfrac{V_S}{I_R}\right|_{V_R=0}$	$B = Z\left(1 + \dfrac{ZY}{4}\right)$	$B = Z$
C (어드미턴스)	$\left.\dfrac{I_S}{V_R}\right|_{I_R=0}$	$C = Y$	$C = Y\left(1 + \dfrac{ZY}{4}\right)$
D (전류비)	$\left.\dfrac{I_S}{I_R}\right|_{V_R=0}$	$D = 1 + \dfrac{ZY}{2}$	$D = 1 + \dfrac{ZY}{2}$

일반 회로 정수가 같은 평행 2회선에서의 4단자정수는 1회선인 경우에 비해 임피던스는 $\dfrac{1}{2}$ 배가 되며 어드미턴스는 2배가 된다.

3) 장거리 송전선로

R, L, C, G를 고려, 분포정수회로 취급

(1) 특성임피던스

$$Z_o = \sqrt{\frac{Z}{Y}} = \sqrt{\frac{R+j\omega L}{G+j\omega C}} \fallingdotseq \sqrt{\frac{L}{C}}\,[\Omega] \quad (\because R=0,\ G=0)$$

$$Z_o = 138\log_{10}\frac{D}{r}\,[\Omega]$$

(2) 전파정수 γ

$$\gamma = \sqrt{ZY} = \sqrt{(R+j\omega L)(G+j\omega C)}$$

① 무손실 조건 $R = G = 0$
② 무왜형 조건 $RC = LG$
③ 전파속도 $v = \dfrac{1}{\sqrt{LC}} = 3\times 10^5\,[\text{km/sec}]$

4) 송전용량

(1) 송전전력

$$P = \frac{V_S V_r}{X}\sin\delta\,[\text{MW}]$$

여기서, V_s, V_r : 송수전단 전압[kV], X : 선로의 리액턴스[Ω]
δ : 송수전단 전압의 위상차

(2) 송전전력의 계산

① 고유부하법 : 수전단 전압만 고려

$$P = \frac{V_r^2}{Z_o}\,[\text{MW/회선}]$$

여기서, V_r : 수전단 선간전압[kV], Z_o : 특성 임피던스(대략 400[Ω])

② 송전용량 계수법 : 수전단 전압 및 송전거리 고려

$$P = k\frac{V_r^2}{l}\,[\text{kW}]$$

여기서, k : 용량계수, V_r : 수전단 선간전압[kV], l : 송전거리[km]

5) 경제적인 송전전압의 결정(still의 식)

$$V[\text{kV}] = 5.5\sqrt{0.6\,l[\text{km}] + \frac{P[\text{kW}]}{100}}$$

6) 조상설비

(1) 조상설비의 종류
조상설비는 송전선로의 무효전류를 조정하여 송·수전단의 전압을 일정하게 유지하고 전력 시스템의 안정도 향상과 송전 손실을 경감시키는 설비로 조상설비의 종류로는 전력용 콘덴서, 분로 리액터, 동기 조상기가 있다.

(2) 조상설비의 비교

항 목	전력용 콘덴서	분로 리액터	동기 조상기
무효전류	진 상	지 상	지상과 진상 양용
조정방법	계단적	계단적	연속적
가 격	저 렴	저 렴	고 가
전력손실	적 다	약간적다	크 다
시 송 전	불가능	불가능	가 능

(3) 콘덴서 및 리액터의 종류 및 목적

종 류		목 적
콘덴서	직렬 콘덴서	전압강하 보상
	병렬 콘덴서	역률 개선
리액터	한류 리액터	단락전류 제한 → 차단기 용량 경감
	직렬 리액터	제5고조파 제거(이론적 : 콘덴서 용량의 4[%], 실제 6[%])
	분로 리액터	페란티현상 방지
	소호 리액터	지락 아크의 소호

(4) 방전코일의 설치목적
① 콘덴서에 축적된 잔류 전하를 방전하여 감전 사고 방지
② 선로에 재투입시 콘덴서에 걸리는 과전압 방지

7) 페란티 현상
수전단 전압이 송전단 전압 보다 높아지는 현상으로 수전단에 분로리액터를 설치하거나 동기조상기를 부족여자로 운전하여 방지한다.

3. 고장해석

1) 3상 단락고장

(1) 옴법
① 단락전류 $I_s = \dfrac{E}{Z} = \dfrac{E}{\sqrt{R^2 + X^2}}$ [A]

② 단락용량 $P_s = 3EI_s$ [VA]

(2) %법

① $\%Z = \dfrac{I_n[A] \cdot Z[\Omega]}{E[V]} \times 100[\%] = \dfrac{Z[\Omega] \cdot P[kVA]}{10 V^2[kV]}[\%]$

② 단락전류 $I_s = \dfrac{100}{\%Z} \times I_n$

③ 단락용량 $P_s = \dfrac{100}{\%Z} \times P_n$

2) 대칭좌표법

비대칭 3상 교류 = 영상분 + 정상분 + 역상분

대칭분	각 상전압
영상분 $V_0 = \dfrac{1}{3}(V_a + V_b + V_c)$	$V_a = (V_0 + V_1 + V_2)$
정상분 $V_1 = \dfrac{1}{3}(V_a + aV_b + a^2 V_c)$	$V_b = (V_0 + a^2 V_1 + a V_2)$
역상분 $V_2 = \dfrac{1}{3}(V_a + a^2 V_b + a V_c)$	$V_c = (V_0 + a V_1 + a^2 V_2)$

3) 교류발전기 기본식

$V_o = -Z_o I_o$, $V_1 = E_a - Z_1 I_1$, $V_2 = -Z_2 I_2$

4) 1선 지락전류

$I_{g1} = 3I_o = \dfrac{3E_a}{Z_o + Z_1 + Z_2}$

5) 사고별로 존재하는 대칭성분

사고종류	정상분	역상분	영상분
1선지락	○	○	○
2선단락	○	○	
3선단락	○		

4. 중성점 접지방식

1) 접지목적

① 1선지락시 전위상승 억제, 계통의 기계 기구의 절연 보호
② 지락 사고시 보호계전기 동작 확실
③ 안정도 증진   ④ 피뢰기 효과 증진
⑤ 단절연, 저감절연   ⑥ 유도장해의 방지

2) 중성점 접지방식 비교

방식	다중 고장 발생 확률	보호계전기 동작	지락 전류	고장중 운전	전위 상승	과도 안정도	유도 장해	특징
직접접지 (22.9, 154, 345[kV])	최소	확실	최대	×	1.3	최소	최대	중성점영전위, 단절연가능
저항접지	보통	↑	↑	×	$\sqrt{3}$	↓	↑	
비접지 (3.3, 6.6[kV])	최대	×	↑	가능	$\sqrt{3}$	↓	↑	저전압 단거리에 적용
소호리액터접지 (66[kV])	보통	불확실	최소	가능	$\sqrt{3}$ 이상	최대	최소	병렬공진, 고장전류최소

3) 중성점 접지 방식별 지락전류

(1) 비접지 방식 $I_g = \dfrac{E}{\dfrac{Z}{3}} = j\omega 3 C_s E$

(2) 직접 접지 방식 $I_g = \dfrac{E}{Z_l}$

(3) 저항 접지 방식 $I_g = \left(\dfrac{1}{R} + j\omega 3 C_s\right) E$

(4) 소호 리액터 접지 방식

① 지락전류 $I_g = \left(\dfrac{1}{j\omega L} + j\omega 3 C_s\right) E$

② 소호리액터 $\omega L = \dfrac{1}{3\omega C_s}[\Omega]$ $\therefore L = \dfrac{1}{3\omega^2 C_s} = \dfrac{1}{3(2\pi f)^2 C_s}$

5. 이상전압 및 개폐기

1) 이상 전압의 종류

내부 이상 전압, 외부 이상 전압

(1) 내부 이상 전압

　개폐 이상 전압, 사고시 과도 이상 전압, 계통 조작과 고장시 지속 이상 전압

(2) 외부 이상 전압

　직격뢰, 유도뢰

2) 외부 이상전압에 대한 방호대책

① 가공지선 : 직격뢰 차폐(차폐각이 작을수록 차폐효과 우수)

② 매설지선 : 탑각접지저항 값의 감소 → 역섬락 방지
③ 아킹혼, 아킹링 : 애자련 보호
④ 피뢰기 : 기계 기구 보호

3) 뇌서지

(1) 파형 : 파두장 × 파미장 = 1.2 × 50[μsec]

※ 뇌서지와 개폐서지는 파두장과 파미장이 모두 다름

(2) 이동속도

$$v = \frac{1}{\sqrt{LC}}$$

케이블 : $v = \frac{1}{\sqrt{\epsilon}} \times \frac{1}{\sqrt{LC}}$

(3) 진행파

① 반사계수 $\beta = \dfrac{Z_2 - Z_1}{Z_2 + Z_1}$ ② 투과계수 $\gamma = \dfrac{2Z_2}{Z_1 + Z_2}$

③ 무반사 조건 $Z_1 = Z_2$

4) 피뢰기

(1) 특징

특 성	① 뇌전류 방전 ② 속류차단 ③ 선로 및 기기보호
정 격	2500[A], 5000[A], 10000[A]
제한전압	충격파 전류가 흐르고 있을 때 단자전압
정격전압	속류가 차단되는 교류 최고전압
구 성	특성요소와 직렬갭
구비조건	① 제한전압은 낮게 ② 속류 차단 능력 우수 ③ 충격 방전 개시 전압은 낮고, 상용주파 방전 개시 전압은 높게

(2) 피뢰기의 정격전압

속류의 차단이 되는 최고의 교류전압

(3) 피뢰기의 제한전압

충격파 전류가 흐르고 있을 때의 피뢰기의 단자전압

제한전압 = 투과전압 − 피뢰기가 처리한 전압

$$e_a = \left(\frac{2Z_2}{Z_1 + Z_2}\right)e_1 - \left(\frac{Z_1 Z_2}{Z_1 + Z_2}\right)i_a \,[\text{kV}]$$

※ 피뢰기의 제한전압은 절연협조의 기본이 된다.

(4) 피뢰기의 제1보호대상

제 1보호 대상 : 변압기 (절연협조의 기본)

5) 차단기

(1) 차단기의 종류

약 호	명 칭	소호 매질
ABB	공기 차단기	압축공기
GCB	가스 차단기	SF_6(육불화유황)
OCB	유입 차단기	절 연 유
MBB	자기 차단기	전 자 력
VCB	진공 차단기	진 공

(2) 차단기의 정격차단용량

정격차단용량[MVA] = $\sqrt{3}$ × 정격전압[kV] × 정격차단전류[kA]

※ 정격전압 = 공칭전압 × $\frac{1.2}{1.1}$

(3) 차단기의 정격차단시간

트립코일 여자로부터 아크 소호까지의 시간(3~8[Hz])

(4) 차단기의 표준 동작 책무

일반용 $\begin{cases} O - 3분 - CO - 3분 - CO \\ CO - 15초 - CO \end{cases}$

고속도 재투입용 $O - 0.3초 - CO - 3분($또는 $15초, 1분) - CO$

(O : 차단동작, C : 투입동작, CO : 투입 직후 차단)

6) 차단기 및 단로기 조작 순서(인터록)

① 투입시 : 단로기(DS) → 차단기(CB)

② 차단시 : 차단기(CB) → 단로기(DS)

7) 보호계전기

(1) 보호계전기의 종류(동작상 분류)

① 순한시 계전기 : 정정된 최소 동작전류 이상의 전류가 흐르면 즉시 동작

② 반한시 계전기 : 정정된 값 이상의 전류가 흘러서 동작할 때 계전기 동작시간과 전류는 서로 반비례

③ 정한시 계전기 : 정정된 값 이상의 전류가 흐르면 항상 정해진 일정시간에서 동작

④ 반한시 정한시 계전기 : 어느 전류값 까지는 반한시성 이지만 그 이상이 되면 정한시 특성을 갖는 계전기

(2) 보호계전기의 선정

대 상			보호 계전기
선로	방사상 선로	전원이 1단에만 존재	과전류 계전기 계전기의 한시차 (0.4~0.5초)
		전원이 양단에 존재	방향 단락 계전기 + 과전류 계전기
	환상 선로	전원이 1단에만 존재	방향 단락 계전기
		전원이 양단에 존재	방향 거리 계전기
발전기, 변압기 보호			브흐홀쯔 계전기(변압기 보호) 차동계전기 : 양단 전류차에 의해 동작 비율 차동 계전기

(3) PT 및 CT점검
① PT 점검시 : 2차측 개방   ② CT 점검시 : 2차측 단락

6. 유도장해

1) 유도장해의 종류

종류	원인	공식	병행길이관계
정전유도장해	영상전압, 상호정전용량	$E_S = \dfrac{C_{ab}}{C_{ab}+C_o} E_0$	길이와 무관
전자유도장해	영상전류, 상호인덕턴스	$E_m = j\omega Ml\,3\,I_0$	길이에 비례

2) 유도장해 방지대책

전력선측	통신선측
연가를 충분히 한다. 소호리액터 접지 방식 → 지락전류소멸 고속도 차단기 설치 통신선과 교차시 수직교차 이격거리 크게한다. 차폐선을 설치(30~50[%] 경감)	케이블화 절연강화 배류코일(쵸크 코일) 설치 피뢰기 시설

7. 안정도

1) 안정도의 정의

전력계통에서 상호 협조 하에 동기이탈 하지 않고 안정하게 운전할 수 있는 정도
① 정태 안정도 : 불변 부하 또는 극히 서서히 증가하는 부하에 대해 계속적으로 송전할 수 있는 능력

② 과도 안정도 : 계통에 급격한 외란이 발생하였을 때 탈조하지 않고 새로운 평형 상태를 회복하여 송전을 계속할 수 있는 능력

2) 안정도의 향상 대책

(1) 직렬 리액턴스를 작게 한다.
   ① 발전기나 변압기의 리액턴스를 작게 한다.
   ② 선로의 병행 회선수를 늘리거나 복도체 또는 다도체 방식을 사용한다.
   ③ 직렬 콘덴서를 삽입하여 선로의 리액턴스를 보상한다.

(2) 전압 변동을 작게 한다.
   ① 속응 여자 방식을 채용한다.
   ② 계통을 연계한다.
   ③ 중간조상 방식을 채용한다.

(3) 고장전류를 줄이고 고장 구간을 신속하게 차단한다.
   ① 적당한 중성점 접지 방식을 채용하여 지락전류를 줄인다.
   ② 고속도 계전기, 고속도 차단기를 채용한다.

(4) 고장시 발전기 입·출력의 불평형을 작게 한다.
   ① 조속기의 동작을 빠르게 한다.
   ② 고장 발생과 동시에 발전기 회로의 저항을 직렬 또는 병렬로 삽입하여 발전기 입·출력의 불평형을 작게 한다.

8. 전선로

1) 연선

① 소선의 총수 $N = 3n(n+1) + 1$ (n : 층수)
② 연선의 지름 $D = (2n+1)d$ (d : 소선 1개의 지름)
③ 연선의 단면적 $A = \dfrac{1}{4}\pi d^2 \times N$ (N : 소선의 총수)
④ 연선의 저항 $R = \dfrac{r}{N}(1+k)$ (r : 소선 1가닥의 저항)
⑤ 연입률 $k = \dfrac{\text{소선의 길이} - \text{연선의 길이}}{\text{연선의 길이}}$

2) 현수애자

(1) 목적

전선을 지지하고 전선과 지지물간의 절연 간격을 유지한다.

(2) 전압분담

철탑 —⑧—⑨—⑩—⑦—⑥—⑤—④—③—②—①— 전선

- 최대 : 전선에 가장 가까운 애자
- 최소 : 철탑에서 1/3 또는 전선에서 2/3되는 지점의 애자

(3) 애자의 효율

$$\eta = \frac{V_n}{nV_1} \times 100[\%]$$

여기서, n : 애자의 개수, V_1 : 애자 1개의 섬락전압
V_n : 애자련의 섬락전압

(4) 전선로의 합성하중

$$W = \sqrt{(W_c + W_i)^2 + W_w^2}\ [\text{kg/m}]$$

여기서, W_c : 전선의 하중, W_i : 빙설 하중, W_w : 풍압하중

(5) 이도 및 전선의 길이

$$\text{이도}\ D = \frac{WS^2}{8T}[\text{m}]$$

$$\text{전선의 실제 길이}\ L = S + \frac{8D^2}{3S}[\text{m}]$$

여기서, D : 이도[m], T : 수평장력[kg], S : 경간[m]

9. 배전

1) 배전방식

가지식(수지상식)	망상식(네트워크)	저압뱅킹방식
① 전선이 경제적 ② 농어촌에 적당 ③ 감전사고 감소 ④ 증설이 용이	① 전압변동이 적다. ② 감전사고의 증대 ③ 신뢰도가 가장우수 ④ 네트워크 프로텍터 • 저압용 차단기 • 방향성 계전기 • 퓨즈로 구성	① 전압변동이 적고 ② 부하증가에 대한 융통성 향상 ③ 플리커 경감 ④ 케스케이딩 현상 발생 건전한 변압기 일부 또는 전부가 차단되는 현상

2) 전기방식별 비교

종별	전력	손실	전선량	전선 중량비	1선당 공급전력비교
$1\phi2w$	$P=VI\cos\theta$	$2I^2R$	$2W$	1	100[%]
$1\phi3w$	$P=2VI\cos\theta$	$2I^2R$	$3W$	3/8	133[%]
$3\phi3w$	$P=\sqrt{3}\,VI\cos\theta$	$3I^2R$	$3W$	3/4	115[%]
$3\phi4w$	$P=3VI\cos\theta$	$3I^2R$	$4W$	4/12	150[%]

3) 부하 관계 용어

부하율 = $\dfrac{\text{평균전력}}{\text{최대전력}} \times 100[\%]$

수용률 = $\dfrac{\text{최대전력}}{\text{설비용량}} \times 100[\%]$

부등률 = $\dfrac{\text{각 개 최대 수용 전력의 합}}{\text{합성 최대 수용 전력}}$

여기서, 부하율, 수용률 < 1, 부등률 > 1

4) 변압기 용량 산정

변압기 용량 $P[\text{kVA}] \geq$ 합성최대전력

$= \dfrac{\text{개별 최대수용전력}}{\text{부등률}} = \dfrac{\text{설비용량}[\text{kVA}] \times \text{수용률}}{\text{부등률}}$

5) 손실계수와 부하율의 관계

① $1 \geq F \geq H \geq F^2 \geq 0$
② $H = \alpha F + (1-\alpha)F^2$
여기서, F : 부하율, H : 손실계수, α : 정수 – 보통 0.2~0.5

6) 역률 개선용 콘덴서의 용량(부하전력이 일정할 때)

$$Q_c = P(\tan\theta_1 - \tan\theta_2)$$
$$= P\left(\dfrac{\sin\theta_1}{\cos\theta_1} - \dfrac{\sin\theta_2}{\cos\theta_2}\right)$$
$$= P\left(\sqrt{\dfrac{1}{\cos^2\theta_1} - 1} - \sqrt{\dfrac{1}{\cos^2\theta_2} - 1}\right)[\text{kVA}]$$

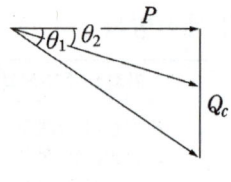

여기서, Q_c : 콘덴서 용량[kVA], P : 부하전력[kW]
$\cos\theta_1$: 개선 전 역률, $\cos\theta_2$: 개선 후 역률

7) 역률 개선용 콘덴서의 용량(피상전력이 일정할 때)

$$Q_c = P_a(\sin\theta_1 - \sin\theta_2)[\text{kVA}]$$

여기서, Q_c : 콘덴서 용량[kVA]
P_a : 피상전력[kVA]
$\sin\theta_1$: 개선 전 무효율
$\sin\theta_2$: 개선 후 무효율

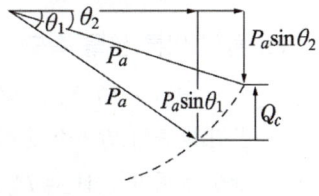

8) 승압기

(1) 고압측 전압

$$E_2 = e_1 + e_2 = E_1 + E_1 \times \frac{e_2}{e_1} = E_1\left(1 + \frac{e_2}{e_1}\right)$$

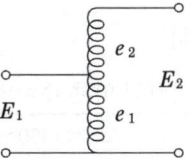

(2) 승압기 용량(자기용량)

$$\frac{\text{자기용량}}{\text{부하용량}} = \frac{\text{고압} - \text{저압}}{\text{고압}} = \frac{E_2 - E_1}{E_2}$$

10. 발전

1) 수력 발전의 개요

(1) 수두 : 단위 무게[kg]당의 물이 갖는 에너지
  ① 위치 수두 : $H[\text{m}]$
  ② 압력 수두 : $H = P/w[\text{m}] = P/1000[\text{m}]$
  ③ 속도 수두 : $H = v^2/2g[\text{m}]$
  단, H : 어느 기준면에 대한 높이[m]
   P : 압력의 세기(수압)[kg/m²]
   w : 물의 단위 부피의 무게[kg/m³]
   v : 유속[m/s], g : 중력의 가속도($\fallingdotseq 9.8[\text{m/s}^2]$)

(2) 연속의 정리

$$A_1 v_1 = A_2 v_2 = Q(\text{일정})$$

단, A_1, A_2 : a, b점의 단면적[m²]
 v_1, v_2 : a, b점의 유속[m/s]

(3) 물의 이론 분출 속도

$v = \sqrt{2gH}\,[\text{m/s}]$

(3) 물의 이론 분출 속도

수차 출력 : $P_t = 9.8QH\eta_t\,[\text{kW}]$

발전기 출력(발전소 출력) : $P_g = 9.8QH\eta_t\eta_g\,[\text{kW}]$

발생 전력량 : $W = P_g \times t = 9.8QH\eta_t\eta_g t\,[\text{kWh}]$

단, η_t : 수차 효율, η_g : 발전기 효율,

$\eta = \eta_t\eta_g$: 종합 효율, t : 시간[h]

2) 수차

(1) 낙차에 따른 수차의 종류

고낙차(350m 이상)	중낙차(30~400m)	저낙차(45m 이하)
펠턴 수차	프란시스 수차	프로펠러 수차 카플란 수차

(2) 수차의 특유속도

$N_s = N\dfrac{\sqrt{P}}{H^{5/4}}$

단, N : 정격 회전수, H : 유효 낙차, P : 낙차 $H[\text{m}]$에서의 최대 출력

(3) 조속기
① 수차의 속도를 일정하게 유지하면서 출력을 가감하기 위해 유량을 조절하는 장치. 주요 부분은 검출부, 복원 기구, 배압 밸브, 서보 모터, 압유 장치 등이다.
② 동작순서 : 평속기 → 배압밸브 → 서보전동기 → 복원기구

3) 화력 발전

(1) 엔탈피

증기 또는 물이 보유하고 있는 전열량

(2) 열 사이클
① 카르노 사이클 : 가장 효율이 좋은 이상적인 사이클
② 랭킨 사이클 : 증기를 작동 유체로 사용하는 가장 간단한 이론 사이클
③ 재생 사이클 : 증기의 일부를 추기하여 보일러 급수를 가열함으로써 열손실을 회수하는 사이클
④ 재열 사이클 : 증기를 다시 과열시켜, 과열 증기를 단열 팽창시킴으로써 열효율을 향상시킨 사이클
⑤ 재생 재열 사이클 : 재생 사이클과 재열 사이클을 겸용하여 전 사이클의 효율을 향상시킨 사이클

(3) 화력 발전소의 열효율

$$\eta = \frac{860W}{mH} \times 100 = 보일러\ 효율 \times 터빈\ 효율$$

여기서, W : 발생 전력량, m : 연료 소비량, H : 연료 발열량

4) 원자력 발전

(1) 원자로의 구성

① 감속재 : 고속 중성자를 열중성자로 바꾸는 작용을 하며, 중수, 경수, 산화 벨릴륨, 흑연 등이 사용된다.

② 제어봉 : 원자로 내에서 핵 분열의 연쇄 반응을 제어하며, 붕소(B), 카드뮴(Cd), 하프늄(Hf)와 같이 중성자 흡수 단면적이 큰 재료로써 만들어진다.

③ 반사체 : 중성자를 외부에 누설되지 않도록 반사시키며, 물, 베릴륨 혹은 흑연 등이 사용된다.

(2) 비등수형 원자로(BWR형)의 특징

① 열교환기가 필요없다.
② 증기는 기수분리, 급수는 양질의 것이어야 한다.
③ 출력변동에 대한 출력특성은 가압수형보다 못하다.
④ 펌프 동력이 적어도 된다.

4장 전기기기

1. 직류기

1) **직류기의 3요소** : 전기자, 계자, 정류자

2) **유기 기전력**

$$E = \frac{P}{a} Z \Phi \frac{N}{60} [\text{V}]$$

여기서, P : 극수 Φ : 극당 자속수[Wb]
 N : 회전속도[rpm] a : 브러시간 병렬 회로수
 Z : 총도체수=2×권수×코일수 (중권 : $a = P$, 파권 $a = 2$)

3) **전기자 권선법의 중권과 파권의 비교**

비교항목	단중 중권	단중 파권
전기자 병렬 회로수	극수와 같다.	항상 2이다.
브러시수	극수와 같다.	2개로 되지만 극수만큼 브러시를 둘 수도 있다.
용도	저전압, 대전류에 적합	고전압, 소전류에 적합
균압접속	4극 이상이면 균압 접속을 해야 한다.	균압 접속이 필요 없다.
슬롯수와 관계	슬롯수에 관계없이 권선 가능하고 짝수 슬롯이 좋다.	슬롯수는 홀수 짝수가 되면 놀림코일이 생긴다.

4) **전기자 반작용**

 (1) 전기자 반작용의 영향

  ① 주자속의 감소 → 감자 작용(발전기 : 유기기전력 감소, 전동기 : 토크 감소, 속도 증가)
  ② 전기적 중성축 이동 → 편자 작용 (발전기 : 회전방향, 전동기 회전방향과 반대)
  ③ 정류자 편과 브러시 사이에 불꽃 발생 → 정류 불량

 (2) 전기자 반작용의 방지대책
  보극과 보상권선 설치
  ① 보극 : 중성축 부근의 전기자 반작용 상쇄
  ② 보상권선 : 대부분의 전기자 반작용을 상쇄 시키며 가장 유효한 방법

5) 정류

교류를 직류로 변환하는 것을 정류(commutation)라고 한다.

(1) 정류 주기(commutating period)

$$T_c = \frac{b-\delta}{v_c}[\text{s}]$$

여기서, b : 브러시의 폭[m], δ : 마이카편의 두께[m]
v_c : 정류자의 주변 속도[m/s]

(2) 정류 곡선(commutating curve)

직선 정류, 정현파 정류, 부족 정류, 과정류 등이 있으며 불꽃 없는 정류는 직선 또는 정현파 곡선이다.

(3) 양호한 정류를 얻는 조건

① 평균 리액턴스 전압을 작게 한다. $\left(e = L\dfrac{2I_c}{T_c}\right)$
② 정류주기를 길게한다.
③ 코일의 자기인덕턴스를 줄인다.(단절권 채용)
④ 전압정류 : 보극설치
⑤ 저항정류 : 접촉저항이 큰 탄소브러시 설치

6) 자여자 발전기의 전압 확립 조건

① 무부하 포화 곡선이 포화 특성이 있을 것
② 잔류자기가 있을 것
③ 임계저항 > 계자 저항
④ 회전 방향이 잔류자기를 강화하는 방향일 것.

※ 회전방향이 반대이면 잔류자기가 소멸되어 발전하지 않는다. 자여자 발전기가 여기에 속한다. 타여자 발전기의 경우는 잔류자기가 없어도 발전이 가능하므로 회전방향을 반대로 하면 (+), (−) 극성이 반대로 되어 발전한다.

7) 직류 발전기의 전압 변동률

$$\epsilon = \frac{V_o - V_n}{V_n} \times 100[\%]$$

여기서, V_o : 무부하 전압, V_n : 정격전압

8) 직류 발전기의 병렬운전

(1) 직류 발전기의 병렬운전 조건

① 정격전압과 극성이 같을 것

② 외부 특성곡선이 어느 정도 수하특성일 것
③ 용량이 다른 경우 %부하전류로 나타낸 외부 특성 곡선이 일치할 것
④ 용량이 같은 경우 외부특성곡선이 일치할 것
※ 달라도 되는 것 : 절연저항, 손실, 용량

(2) 부하부담
① 저항이 같으면 유기기전력이 큰 쪽이 부하 분담을 많이 갖는다.
② 부하전류는 전기자 저항에 반비례한다.(용량이 같은 경우)
③ 부하전류는 용량에 비례한다.(전기자 저항이 같은 경우)

(3) 직권 발전기의 부하분담
병렬운전을 안정하게 하기 위하여 직권 발전기, 복권 발전기에 균압모선을 설치한다.

9) 직류 전동기의 특성

(1) 역기전력

$$E = V - R_a I_a = \frac{P}{a} Z\Phi \frac{N}{60} = k_1 \Phi N \,[\text{V}]$$

여기서, $k_1 = \dfrac{PZ}{60a}$

(2) 분권 전동기

① $N = \dfrac{E}{k_1 \Phi} = \dfrac{V - I_a R_a}{k_1 \Phi} \propto (V - I_a R_a)$ (단, Φ 일정)

② $T = k_2 \Phi I_a \propto I_a$

(3) 직권 전동기

① $N = \dfrac{E}{k_1 \Phi} = \dfrac{V - (R_a + R_s)I_a}{k_1 \Phi} = \left(\dfrac{V}{k_1 k_3 I_a} - \dfrac{R_a + R_s}{k_1 k_3} \right) \propto \dfrac{1}{I_a}$

(단, $\Phi = k_3 I_a$, $I_a = I$)

② $T = k_2 \Phi I_a = k_2 k_3 I_a^2 \propto I_a^2$

10) 직류전동기의 속도제어

$$n = k \frac{E}{\Phi} = \frac{V - R_a I_a}{\Phi} \,[\text{rps}]$$

(1) 전압제어
① 광범위한 속도제어 ② 일그너 방식(부하가 급변하는 곳에 적합)
③ 워드레어너드 방식 ④ 정토크 제어
⑤ 직병렬 제어

(2) 계자제어
  ① 세밀하고 안정된 속도제어 ② 속도조정 범위가 좁다.
  ③ 정출력 구동방식

(3) 저항제어
  ① 속도조정범위가 좁다.
  ② 기동용 저항과 제어용 저항을 겸할 수 있다.

11) 전기적인 제동법
  ① 발전제동 ② 회생제동 ③ 역상제동(플러깅) : 급제동시 사용

12) 효율
① $\eta = \dfrac{출력}{입력} \times 100 [\%]$

② $\eta = \dfrac{출력}{출력 + 손실} \times 100 [\%]$ (발전기)

③ $\eta = \dfrac{입력 - 손실}{입력} \times 100 [\%]$ (전동기)

2. 동기기

1) 동기속도

$$N_s = \dfrac{120f}{P} [\text{rpm}]$$

2) 유도 기전력

$$E = 4.44 K_W f w \Phi [\text{V}]$$

여기서, K_W : 권선 계수, w : 1상의 권수, Φ : 극당 자속수[Wb]

3) 분포권

(1) 분포권 계수

$$K_d (기본파) = \dfrac{\sin\dfrac{\pi}{2m}}{q\sin\dfrac{\pi}{2mq}}, \quad K_{dn} (n차\ 고조파) = \dfrac{\sin\dfrac{n\pi}{2m}}{q\sin\dfrac{n\pi}{2mq}}$$

단, q : 매극매상당 슬롯수, m : 상수

(2) 분포권의 특징
① 기전력의 고조파가 감소하여 파형이 좋아진다.
② 권선의 누설리액턴스가 감소한다.
③ 전기자 권선에 의한 열을 고르게 분포시켜 과열방지

4) 단절권

(1) 단절권 계수

$$K_P(기본파) = \sin\frac{\beta\pi}{2}, \quad K_{Pn}(n차\ 고조파) = \sin\frac{n\beta\pi}{2}$$

여기서, $\beta = \dfrac{권선피치}{자극피치}$

(2) 단절권의 특징
① 기전력의 고조파가 감소하여 파형이 좋아진다.
② 코일 끝 부분의 길이가 단축되어 기계 전체의 길이가 축소
③ 동량 감소

5) 전기자 반작용

전압 / 전류 관계	발전기	전동기
I와 E가 동상	교차자화작용	교차자화작용
I가 E보다 $\pi/2$ 뒤짐	감자작용	증자작용
I가 E보다 $\pi/2$ 앞섬	증자작용	감자작용

6) 단락곡선

정상 운전 중인 3상 동기 발전기를 갑자기 단락하면 이때의 단락 전류는 처음은 큰 전류(돌발단락전류)이나 점차로 감소하며, 이러한 돌발 단락 전류는 누설 리액턴스에 의해 제한된다.

7) 단락비

(1) $K_s = \dfrac{무부하에서\ 정격전압을\ 유지하는\ 데\ 필요한\ 계자전류}{정격전류와\ 같은\ 단락전류를\ 흘리는\ 데\ 필요한\ 계자전류}$

$= \dfrac{1}{\%Z_s} \times 100$

(2) 철 기계의 특징
① 단락비가 크다. ② 동기 임피던스가 적다.
③ 반작용 리액턴스 x_a가 적다. ④ 계자 기자력이 크다.
⑤ 기계의 중량이 크다.
⑥ 과부하 내량이 증대되고, 송전선의 충전 용량이 큰 여유가 있는 기계이나 반면에 기계의 가격이 상승한다.

8) 동기 임피던스

① 동기 임피던스 $Z_s = \dfrac{E_n}{I_s} = \dfrac{V_n}{\sqrt{3}\, I_s}\,[\Omega]$

② % 동기 임피던스 $\%Z = \dfrac{Z_s I_n}{E_n} \times 100 = \dfrac{1}{K_s} \times 100\,[\%]$

여기서, E_n : 정격 상전압[V]　　I_s : 3상 단락전류[A]
　　　　V_n : 정격 단자전압[V]　I_n : 정격전류[A]
　　　　K_s : 단락비

9) 동기발전기의 출력

$$P = \dfrac{VE_o}{Z_s}\sin\delta\,[\text{W/상}]$$

여기서, V : 단자전압[V]　　　E_o : 공칭 유기기전력[V]
　　　　Z_s : 동기 임피던스[Ω]　δ : 내부 상차각

10) 동기발전기의 병렬운전

조 건	다르면
기전력의 크기가 같을 것	$I_c = \dfrac{E_1 - E_2}{2Z_s}$ [A]의 무효순환 전류가 흐른다.
기전력의 위상이 같을 것	위상이 앞선 G_1은 위상이 뒤진 G_2에 $P = \dfrac{E^2}{2Z_s}\cos\dfrac{\delta}{2}$에 해당하는 동기화 전류가 흐른다.
기전력의 주파수가 같을 것	동기화 전류가 주기적으로 흘러 난조의 원인이 된다.
기전력의 파형이 같을 것	고조파 무효 순환전류가 흐른다.
상회전이 같을 것	

11) 난조

(1) 난조 발생의 원인
　① 원동기의 조속기 감도가 지나치게 예민한 경우
　② 원동기의 토크에 고조파의 토크가 포함된 경우
　③ 전기자 회로의 저항이 상당히 큰 경우
　④ 부하가 맥동할 경우

(2) 난조 방지
　제동권선을 설치한다.

12) 안정도의 향상대책
   ① 정상 과도 리액턴스를 작게하고, 단락비를 크게한다.
   ② 영상 임피던스와 역상 임피던스를 크게 한다.
   ③ 회전자 관성을 크게 한다(플라이휠 효과).
   ④ 속응 여자 방식을 채용한다.
   ⑤ 조속기 동작을 신속히 한다.

13) 동기 전동기의 특징
   ① 속도가 일정 불변이다.
   ② 역률 1로 운전할 수 있다.
   ③ 유도 전동기에 비해 효율이 좋다.
   ④ 난조의 우려가 있다.
   ⑤ 분쇄기, 압축기, 송풍기, 동기 조상기 등에 사용된다.

14) 동기 전동기의 위상특성곡선(V곡선)
   ① 역률이 1인 경우 전기자 전류가 최소로 된다.
   ② 여자 전류를 증가시키면 역률은 앞서고 전기자 전류는 증가한다.
   ③ 여자 전류를 감소시키면 역률은 뒤지고 전기자 전류는 증가한다.

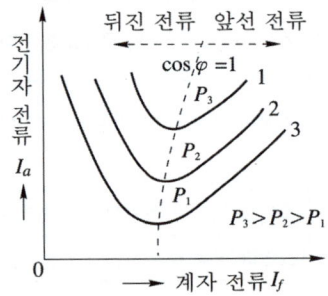

3. 변압기

1) 변압기의 기름
   ① 절연 저항 및 절연 내력이 커야하며, 점도가 낮고, 비열이 커서 냉각 효과가 커야한다.
   ② 절연유의 열화방지 : 콘서베이터

2) 권수비와 전압비
$$\frac{E_1}{E_2} = \frac{N_1}{N_2} = \frac{I_2}{I_1} = a$$

3) 여자전류

$$I_o = \sqrt{I_\Phi^2 + I_i^2} \ [A]$$

여기서, I_Φ : 자화전류, I_i : 철손전류 ($I_i = \dfrac{P_i}{V_1}$, P_i : 철손, V_1 : 1차 공급전압)

4) 백분율 전압강하

(1) %저항 강하 $p = \dfrac{r_{21} I_{1n}}{V_{1n}} \times 100 = \dfrac{P_c}{P_n} \times 100 \, [\%]$

(2) %리액턴스 강하 $q = \dfrac{x_{21} I_{1n}}{V_{1n}} \times 100 \, [\%]$

(3) %임피던스 강하 $z = \dfrac{Z_{21} I_{1n}}{V_{1n}} \times 100 = \sqrt{p^2 + q^2} \, [\%]$

5) 전압변동률

$$\epsilon = \dfrac{V_{20} - V_{2n}}{V_{2n}} \times 100 \, [\%]$$

$\epsilon \fallingdotseq p\cos\theta \pm q\sin\theta \, [\%]$ (+ : 지상, − : 진상)

여기서, V_{20} : 2차 무부하 전압, V_{2n} : 정격 2차 단자전압

6) 결선법

결선법	V_l	I_l	출력		비 고
Y결선	$\sqrt{3}\,V_p$	I_p	$\sqrt{3}\,V_l I_l$	$3V_p I_p$	중성점 접지가능
△결선	V_p	$\sqrt{3}\,I_p$	$\sqrt{3}\,V_l I_l$	$3V_p I_p$	제3고조파 제거
V결선	V_p	I_p	$\sqrt{3}\,V_l I_l$	$\sqrt{3}\,V_p I_p$	출력비:57.7[%] 이용률:86.6[%]

여기서, V_l : 선간전압, I_l : 선로전류, V_p : 정격전압, I_p : 상전류

7) 상수의 변환

(1) 3상 − 2상간의 상수의 변환

① 스코트 결선(T 결선) : T좌 변압기의 $\dfrac{\sqrt{3}}{2}$ 되는 점에서 전원공급

② 메이어 결선   ③ 우드 브리지 결선

(2) 3상 − 6상간의 상수의 변환

① 환상 결선   ② 대각 결선

③ 2중 성형 결선   ④ 2중 3각 결선   ⑤ 포크 결선

8) 변압기의 병렬운전

(1) 병렬운전 조건

① 각 변압기의 극성이 같을 것
② 각 변압기의 권수비가 같고, 1차와 2차의 정격전압이 같을 것
③ 각 변압기의 %임피던스 강하가 같을 것
※ 3상식에서는 위의 조건 이외에 각 변압기의 상회전 방향 및 변위가 같을 것

(2) 병렬운전시 부하분담

$$P_a = \frac{\%Z_b}{\%Z_a + \%Z_b} \times P, \quad P_b = \frac{\%Z_a}{\%Z_a + \%Z_b} \times P$$

※ 변압기의 부하분담은 누설 임피던스에 역비례 한다.
여기서, P_a : a 변압기의 부하분담, P_b : b 변압기의 부하분담
P : 전체부하, $\%Z_a, \%Z_b$: a, b 변압기의 %임피던스

(3) 3상 변압기 병렬운전

병렬 운전 가능	병렬 운전 불가능
△-△와 △-△	
Y-△와 Y-△	△-△와 △-Y
Y-Y와 Y-Y	△-△와 Y-△
△-Y와 △-Y	△-Y와 Y-Y
△-△와 Y-Y	Y-△와 Y-Y
△-Y와 Y-△	

9) 변압기의 효율

(1) 전부하시 효율 및 최대효율조건

① $\eta = \dfrac{출력}{출력 + 손실} \times 100 = \dfrac{입력 - 손실}{입력} \times 100$

$= \dfrac{V_2 I_2 \cos\theta}{V_2 I_2 \cos\theta + P_i + P_c} \times 100 [\%]$

② 최대효율조건 : $P_i = P_c$

(2) 1/m 부하시 효율 및 최대효율조건

① $\eta = \dfrac{\dfrac{1}{m} V_2 I_2 \cos\theta}{\dfrac{1}{m} V_2 I_2 \cos\theta + P_i + \left(\dfrac{1}{m}\right)^2 P_c} \times 100 [\%]$

② 최대효율조건 : $P_i = \left(\dfrac{1}{m}\right)^2 P_c$

③ 최대효율 : $\eta_{max} = \dfrac{\dfrac{1}{m} V_2 I_2 \cos\theta}{\dfrac{1}{m} V_2 I_2 \cos\theta + 2P_i} \times 100[\%]$

④ 최대효율이 나타나는 부하 : $m = \sqrt{\dfrac{P_i}{P_c}}$

10) 변압기 내부고장 검출용 보호계전기

브흐홀쯔 계전기, 차동 계전기, 비율 차동 계전기, 압력 계전기

11) 변압기 등가회로 작성 시험

단락 시험, 무부하 시험, 저항 측정 시험

12) 단권 변압기

(1) 부하용량과 자기용량

① 단상 변압기

$$\dfrac{\text{자기 용량}}{\text{부하 용량}} = 1 - \dfrac{V_l}{V_h}$$

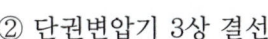

여기서, V_h : 고압측 전압

V_l : 저압측 전압

② 단권변압기 3상 결선

결선 방식	Y결선	△결선	V결선
$\dfrac{\text{자기 용량}}{\text{부하 용량}}$	$1 - \dfrac{V_l}{V_h}$	$\dfrac{V_h^2 - V_l^2}{\sqrt{3}\, V_h V_l}$	$\dfrac{2}{\sqrt{3}} \left(1 - \dfrac{V_l}{V_h}\right)$

4. 유도기

1) 동기속도와 주파수

$$N_s = \dfrac{120f}{P}\,[\text{rpm}]$$

2) 슬립

$s = \dfrac{N_s - N}{N_s} \times 100[\%]$ $\begin{cases} 0 > s : \text{유도 발전기} \\ 0 < s < 1 : \text{유도 전동기} \\ s > 1 : \text{유도 제동기} \end{cases}$

여기서, s : 슬립, N_s : 동기속도, N : 회전속도, f : 주파수, P : 극수

3) 슬립 s로 운전시

① 2차 유기기전력 $E_2' = sE_2$

② 2차 주파수 $f' = sf$

③ 회전자 속도 $N = (1-s)N_s = (1-s)\dfrac{120}{P}f\,[\mathrm{rpm}]$

4) 3상 유도전동기의 전력변환

① $P_{c2} = sP_2$

② $P_o = (1-s)P_2$

③ $\eta_2 = 1 - s = \dfrac{N}{N_s}$

④ $P_2 : P_{c2} : P_o = 1 : s : (1-s)$

여기서, P_2 : 2차 입력 P_{c2} : 2차 저항손

P_o : 기계적 출력 η_2 : 2차 효율

5) 비례추이

$$\dfrac{r_2}{s_m} = \dfrac{r_2 + R_c}{s_t}$$

여기서, s_m : 최대 토크시 슬립

s_t : 기동시 슬립

r_2 : 2차 권선의 저항

R_c : 2차 외부회로 저항

(1) 비례추이의 특징

① 최대토크는 불변, 최대 토크를 발생하는 슬립만 변한다.

② r_2를 크게 하면, s_m도 커진다.

③ r_2를 크게 하면 기동 전류는 감소하고, 기동 토크는 증가한다.

(2) 비례추이 할 수 있는 것

① 1차 전류   ② 2차 전류   ③ 역률   ④ 동기 와트

(3) 비례추이 할 수 없는 것

① 출력   ② 2차 동손   ③ 효율

6) 3상 유도 전동기의 특성

(1) 회전시 2차 전류 $I_2' = \dfrac{sE_2}{\sqrt{r_2^2 + (sx_2)^2}}$

여기서, r_2 : 2차 권선 1상당의 저항[Ω]

x_2 : 2차 권선 1상의 리액턴스[Ω]

(2) 토크

① $T = 0.975 \dfrac{P_o}{N} = 0.975 \dfrac{P_2}{N_s}$ [kg·m]

② $T \propto V^2 \propto \dfrac{1}{s}$

7) 60[Hz]용 전동기를 50[Hz]에 사용하면

① 속도가 5/6배로 감소 ② 여자전류가 증가하고, 역률이 떨어진다.
③ 온도 상승 ④ 최대 토크 증가
⑤ 기동전류 증가

8) 유도 전동기의 기동법

(1) 농형 유도전동기의 기동법

① 전전압 기동 : 3.7[kW] 이하에 사용
② Y-△ 기동 : 토크 1/3배, 전류 1/3배, 전압 $1/\sqrt{3}$ 배, 15[kW]급
③ 기동보상기법 : 단권 변압기 사용(탭 50, 65, 85[%]), 30[kW]급
④ 변연장 △법   ⑤ 콘도르파 법
⑥ 리액터 기동법

(2) 권선형 유도전동기의 기동법

① 2차 저항 기동법 : 비례추이를 이용
② 게르게스법 : $s = 0.5$

9) 속도제어

농형 유도전동기의 속도제어	권선형 유도전동기의 속도제어
주파수 제어법 극수 변환법 전원 전압을 바꾸는 방법	2차 저항 제어 2차 여자법

10) 종속법

① 직렬종속법 $N_s = \dfrac{120f}{P_1 + P_2}$ [rpm]   ② 차동종속법 $N_s = \dfrac{120f}{P_1 - P_2}$ [rpm]

③ 병렬종속법 $N_s = \dfrac{2 \times 120f}{P_1 + P_2}$ [rpm]

11) 고조파에 의한 기자력의 회전방향 및 속도

(1) 회전방향

$h = 2mn + 1$ (즉, 제7, 13차 …) : 기본파와 같은 방향
$h = 2mn - 1$ (즉, 제5, 11차 …) : 기본파와 반대 방향

(2) 속도 : $\dfrac{1}{h}$

여기서, h : 고조파 차수, m : 상수, n : 정수

12) 단상 유도 전동기

(1) 단상 유도 전동기의 특징

2차 저항의 크기가 변화하면 최대 토크를 발생하는 슬립뿐만 아니라 최대 토크까지도 변화한다.

(2) 단상 유도 전동기의 기동 토크가 큰 순서(大 → 小)

반발 기동형 – 반발 유도형 – 콘덴서 기동형 – 콘덴서 운전형 – 분상 기동형 – 세이딩 코일형 – 모노 사이클릭 형

13) 서보모터

① 기동 토크가 크다.
② 회전자 관성 모먼트가 작다.
③ 제어 권선 전압이 0에서는 기동해서는 안되며, 곧 정지해야 한다.
④ 직류 서보 모터의 기동 토크가 교류 서보모터의 기동 토크 보다 크다.
⑤ 속응성이 좋다. 시정수가 짧다. 기계적 응답이 좋다.
⑥ 회전자 팬에 의한 냉각 효과를 기대할 수 없다. (열의 발생)

14) 유도 전동기의 시험 및 측정

(1) 부하시험

다이나모 메터(전기동력계), 프로니 브레이크, 와전류 제동기

(2) 슬립측정

DC 밀리볼트계법, 수화기법, 스트로보스코프법

5. 정류기

1) 회전변류기

(1) 전압비 및 전류비

전압비 $\dfrac{E_a}{E_d} = \dfrac{1}{\sqrt{2}} \sin \dfrac{\pi}{m}$, 전류비 $\dfrac{I_a}{I_d} = \dfrac{2\sqrt{2}}{m \cos \theta}$

여기서, E_a : 슬립링 사이의 전압[V] E_d : 직류전압[V]
I_a : 교류측 선전류[A] I_d : 직류측 전류[A]

(2) 회전변류기의 직류전압 조정
① 직렬 리액턴스에 의한 방법   ② 유도 전압 조정기에 의한 방법
③ 부하시 탭 전환 변압기에 의한 방법   ④ 동기 승압기에 의한 방법

(3) 회전변류기의 난조원인 및 대책

원 인	대 책
• 브러시의 위치가 중성점 보다 늦은 위치 • 부하의 급변 • 주파수가 주기적으로 변동할 때 • 역률이 몹시 나쁠 때 • 저항이 리액턴스에 비해 클 때	• 제동권선을 설치한다. • 전기자 저항에 비해 리액턴스를 크게 한다. • 전기각도와 기하각도의 차를 작게 한다.

2) 반도체 정류기

(1) 다이오드와 SCR의 비교

	반파정류	전파정류
다이오드	$E_d = \dfrac{\sqrt{2}\,V}{\pi} = 0.45\,V$	$E_d = \dfrac{2\sqrt{2}\,V}{\pi} = 0.9\,V$
SCR	$E_d = \dfrac{\sqrt{2}\,V}{2\pi}(1+\cos\alpha)$	$E_d = \dfrac{\sqrt{2}\,V}{\pi}(1+\cos\alpha)$
효율	40.6[%]	81.2[%]
PIV	\multicolumn{2}{c}{$PIV = E_d \times \pi$}

(2) SCR의 특징
① 아크가 생기지 않으므로 열의 발생이 적다.
② 과전압에 약하다.
③ 게이트 신호를 인가할 때부터 도통할 때까지의 시간이 짧다.
④ 전류가 흐르고 있을 때 양극의 전압강하가 작다.
⑤ 정류기능을 갖는 단일방향성 3단자 소자이다.
⑥ 브레이크오버 전압이 되면 애노우드 전류가 갑자기 커진다.
⑦ 역률각 이하에서는 제어가 되지 않는다.
⑧ 다이리스터에서는 게이트 전류가 흐르면 순방향 저지 상태에서 ON 상태로 된다. 게이트 전류를 가하여 도통완료까지의 시간을 턴온 시간이라고 한다. 시간이 길면 스위칭시의 전력손실이 많고 다이리스터 소자가 파괴될 수 있다
⑨ 유지전류 : 게이트를 개방한 상태에서 다이리스터 도통 상태를 유지하기 위한 최소의 순전류
⑩ 래칭전류 : 다이리스터가 턴온하기 시작하는 순전류
⑪ SCR : 역저지 3단자   ⑫ SSS : 2방향성 2단자
⑬ SCS : 역저지 4단자   ⑭ TRIAC : 2방향성 3단자
⑮ 사이클로 컨버터는 AC 전력을 증폭한다.
⑯ 쵸퍼는 DC 전력증폭을 한다.

(3) 맥동률

① 맥동률 $= \sqrt{\dfrac{\text{실효값}^2 - \text{평균값}^2}{\text{평균값}^2}} \times 100 = \dfrac{\text{교류분}}{\text{직류분}} \times 100 [\%]$

② 단상 전파 : 48[%]   ③ 3상 반파 : 17[%]
④ 3상 전파 : 4[%]

(4) 교류 입력전압과 직류 출력전압 과의 관계

① 단상 반파정류 $E_d = \dfrac{\sqrt{2}}{\pi} \cdot E$

② 다상 반파정류 $E_d = \dfrac{\sqrt{2} \sin \dfrac{\pi}{m}}{\dfrac{\pi}{m}} \cdot E$

③ 단상 전파정류 $E_d = \dfrac{2\sqrt{2}}{\pi} \cdot E$

④ 단상 전압을 SCR로 반파정류 $E_d = \dfrac{\sqrt{2}E}{2\pi}(1+\cos\alpha)$

⑤ 단상 전압을 SCR로 전파정류 $E_d = \dfrac{\sqrt{2}E}{\pi}(1+\cos\alpha)$

⑥ 단상 반파 정류 회로에서의 PIV (첨두 역전압) PIV$= \sqrt{2}E$

⑦ 단상 전파 정류 회로에서의 PIV (첨두 역전압)
　 PIV$= 2\sqrt{2}E$ (정류소자가 2개일 경우)
　 PIV$= \sqrt{2}E$ (정류소자가 4개일 경우)

3) 수은 정류기

(1) 수은 정류기 특성

① 역호 : 밸브 작용이 상실되는 현상
② 점호 : 음극과 양극 사이에 불꽃이 생기고 관내에 빛나는 수은 아크가 생기는 것
③ 일반적으로 전철이나 전기 화학용 과 같이 비교적 용량이 큰 수은정류기일 때 2차측 결선 방식은 6상 2중 성형 결선한다.
④ 수은정류기는 고전압 대전력 정류기로 사용된다.
⑤ 진공도 1/1000[mmHg]

(2) 수은 정류기의 역호 원인과 대책

원 인	대 책
• 내부 잔존 가스의 압력상승 • 화성의 불충분 • 전류, 전압의 과대 • 양극에 수은 부착 • 증기 밀도의 과대	• 진공도를 높게 한다. • 과열, 과냉을 피한다. • 과부하를 피한다. • 양극 재료의 선택에 주의한다.

5장 회로이론

20년간 전기산업기사필기

1. 직류회로

1) 직류 회로

(1) 전류 $I = \dfrac{Q}{t}$ [A] (2) 전압 $E = \dfrac{W}{Q}$ [V]

2) 옴의 법칙(Ohm's law)

$I = \dfrac{E}{R}$ [A], $R = \dfrac{E}{I}$ [Ω], $E = IR$ [V]

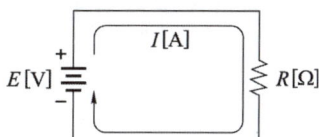

3) 저항의 접속

(1) 직렬접속

$R_o = R_1 + R_2 + \cdots\cdots + R_n$

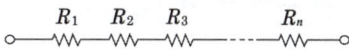

(2) 병렬접속

$R_o = \dfrac{1}{\dfrac{1}{R_1} + \dfrac{1}{R_2} + \cdots\cdots + \dfrac{1}{R_n}}$

$= \dfrac{1}{\displaystyle\sum_{k=1}^{\infty} \dfrac{1}{R_k}}$ [Ω]

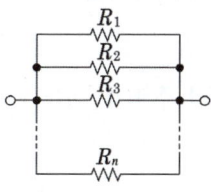

4) 분류법칙

$I_1 = \dfrac{R_2}{R_1 + R_2} \cdot I$

$I_2 = \dfrac{R_1}{R_1 + R_2} \cdot I$

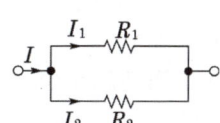

5) 분압법칙

$E_1 = \dfrac{R_1}{R_1 + R_2} \cdot E$

$E_2 = \dfrac{R_2}{R_1 + R_2} \cdot E$

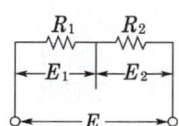

6) 전력

$$P = \frac{W}{t} = \frac{QE}{t} = EI = I^2R = \frac{E^2}{R} \,[\text{W}] \,([\text{J/sec}])$$

7) 분류기와 배율기

(1) 분류기

배율 $m = \dfrac{I}{I_a} = 1 + \dfrac{r_a}{R_s}$

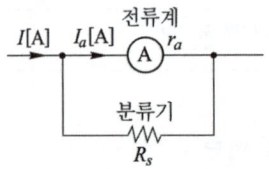

(2) 배율기

배율 $m = \dfrac{V}{V_v} = 1 + \dfrac{R_m}{r_v}$

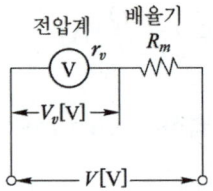

2. 정현파 교류

1) 각주파수, 각속도 $\omega = \dfrac{2\pi}{T} = 2\pi f \,[\text{rad/s}]$

2) 주기 및 주파수 $T = \dfrac{1}{f} = \dfrac{2\pi}{\omega} \,[\text{s}]$

3) 실효값 $I_{rms} = \sqrt{\dfrac{1}{T}\displaystyle\int_0^T i^2(t)dt}$

4) 평균값 $I_{av} = \dfrac{1}{T}\displaystyle\int_0^T i(t)dt$

   단, 1주기 적분값이 0인 경우 반주기의 평균값 $I_{av} = \dfrac{2}{T}\displaystyle\int_0^{T/2} i(t)dt$

5) 파고율과 파형율

   ① 파고율 = $\dfrac{\text{최댓값}}{\text{실효값}}$

   ② 파형률 = $\dfrac{\text{실효값}}{\text{평균값}}$

6) 파형의 종류에 따른 특성값

파형의 종류 \ 구분	실효값	평균값	파형률	파고율
정현파	$\dfrac{V_m}{\sqrt{2}}$	$\dfrac{2V_m}{\pi}$	1.11	1.41
삼각파	$\dfrac{V_m}{\sqrt{3}}$	$\dfrac{V_m}{2}$	1.15	1.73
반파정현파	$\dfrac{V_m}{2}$	$\dfrac{V_m}{\pi}$	1.57	2
반파구형파	$\dfrac{V_m}{\sqrt{2}}$	$\dfrac{V_m}{2}$	1.41	1.41
구형파	V_m	V_m	1	1

3. 기본 교류 회로

1) 임피던스의 직·병렬

(1) 직렬회로

$$Z = Z_1 + Z_2 + \cdots\cdots + Z_n$$
$$= (R_1 + R_2 + \cdots\cdots + R_n) + j(X_1 + X_2 + \cdots\cdots + X_n)$$

(2) 병렬회로

$$Y = Y_1 + Y_2 + \cdots\cdots + Y_n$$
$$= (G_1 + G_2 + \cdots\cdots + G_n) + j(B_1 + B_2 + \cdots\cdots + B_n)$$

2) R, L, C 직·병렬 회로(인가전압 $v = V_m \sin\omega t$ 인 경우)

회로 종류	전류	위상차	전압과 전류 관계	역률
R만의 회로	$i = I_m \sin\omega t$	$\theta = 0$	$I = \dfrac{V}{R}$	$\cos\theta = 1$ $\sin\theta = 0$
L만의 회로	$i = I_m \sin\left(\omega t - \dfrac{\pi}{2}\right)$	$\theta = \dfrac{\pi}{2}$	$I = \dfrac{V}{\omega L} = \dfrac{V}{X_L}$	$\cos\theta = 0$ $\sin\theta = 1$
C만의 회로	$i = I_m \sin\left(\omega t + \dfrac{\pi}{2}\right)$	$\theta = \dfrac{\pi}{2}$	$I = \omega CV = \dfrac{V}{X_C}$	$\cos\theta = 0$ $\sin\theta = 1$
R-L 직렬	$i = I_m \sin(\omega t - \theta)$	$\theta = \tan^{-1}\dfrac{\omega L}{R}$	$I = \dfrac{V}{Z}$ $= \dfrac{V}{\sqrt{R^2 + X_L^2}}$	$\cos\theta = \dfrac{R}{\sqrt{R^2 + X_L^2}}$ $\sin\theta = \dfrac{X_L}{\sqrt{R^2 + X_L^2}}$

회로 종류	전류	위상차	전압과 전류 관계	역률
R-C 직렬	$i = I_m \sin(\omega t + \theta)$	$\theta = \tan^{-1} \dfrac{1}{\omega CR}$	$I = \dfrac{V}{Z} = \dfrac{V}{\sqrt{R^2 + X_C^2}}$	$\cos\theta = \dfrac{R}{\sqrt{R^2 + X_C^2}}$ $\sin\theta = \dfrac{X_C}{\sqrt{R^2 + X_C^2}}$
R-L-C 직렬	$i = I_m \sin(\omega t - \theta)$ $(X_L > X_C$인 경우$)$	$\theta = \tan^{-1} \dfrac{X_L - X_C}{R}$	$I = \dfrac{V}{Z} = \dfrac{V}{\sqrt{R^2 + (X_L - X_C)^2}}$	$\cos\theta = \dfrac{R}{Z}$ $\sin\theta = \dfrac{X_L - X_C}{Z}$
R-L 병렬	$i = I_m \sin(\omega t - \theta)$	$\theta = \tan^{-1} \dfrac{R}{\omega L}$	$I = YV = \sqrt{\left(\dfrac{1}{R}\right)^2 + \left(\dfrac{1}{X_L}\right)^2} \cdot V$	$\cos\theta = \dfrac{X_L}{\sqrt{R^2 + X_L^2}}$ $\sin\theta = \dfrac{R}{\sqrt{R^2 + X_L^2}}$
R-C 병렬	$i = I_m \sin(\omega t + \theta)$	$\theta = \tan^{-1} \omega CR$	$I = YV = \sqrt{\left(\dfrac{1}{R}\right)^2 + \left(\dfrac{1}{X_C}\right)^2} \cdot V$	$\cos\theta = \dfrac{X_C}{\sqrt{R^2 + X_C^2}}$ $\sin\theta = \dfrac{R}{\sqrt{R^2 + X_C^2}}$
R-L-C 병렬	$i = I_m \sin(\omega t + \theta)$ $(X_L > X_C$인 경우$)$	$\theta = \tan^{-1} R\left(\dfrac{1}{X_C} - \dfrac{1}{X_L}\right)$	$I = \sqrt{\left(\dfrac{1}{R}\right)^2 + \left(\dfrac{1}{X_C} - \dfrac{1}{X_L}\right)^2} \cdot V$ $= YV$	$\cos\theta = \dfrac{G}{Y}$ $\sin\theta = \dfrac{B}{Y}$

3) 직·병렬 공진

공진의 종류 구분	직렬 공진	병렬 공진
회로의 Z, Y	$\boldsymbol{Z} = R + j\left(\omega L - \dfrac{1}{\omega C}\right)$	$\boldsymbol{Y} = \dfrac{1}{R} + j\left(\omega C - \dfrac{1}{\omega L}\right)$
공진조건	$\omega_\gamma L = \dfrac{1}{\omega_\gamma C}$	$\omega_\gamma C = \dfrac{1}{\omega_\gamma L}$
공진 각주파수	$\omega_r = \dfrac{1}{\sqrt{LC}}$	$\omega_r = \dfrac{1}{\sqrt{LC}}$
공진 주파수	$f_\gamma = \dfrac{1}{2\pi\sqrt{LC}}$	$f_\gamma = \dfrac{1}{2\pi\sqrt{LC}}$
공진시 Z_γ, Y_γ	$Z_\gamma = R$(최소)	$Y_\gamma = \dfrac{1}{R}$(최소)
공진전류	$I_\gamma = \dfrac{E}{Z_\gamma} = \dfrac{E}{R}$(최대)	$I_\gamma = Y_\gamma E = \dfrac{E}{R}$(최소)
선택도	$Q = \dfrac{1}{R}\sqrt{\dfrac{L}{C}}$	$Q = R\sqrt{\dfrac{C}{L}}$

4) 일반적인 공진

(1) 회로의 어드미턴스

$$Y = \frac{1}{R+j\omega L} + j\omega C$$
$$= \frac{R}{R^2+\omega^2 L^2} + j\left(\omega C - \frac{\omega L}{R^2+\omega^2 L^2}\right)$$

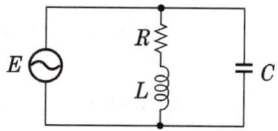

(2) 공진조건 $\omega_r C = \dfrac{\omega_r L}{R^2 + \omega_r^2 L^2}$

(3) 공진 어드미턴스 $Y_r = \dfrac{R}{R^2 + \omega_r^2 L} = \dfrac{CR}{L}\,[\mho]$

(4) 공진 임피던스 $Z_r = \dfrac{1}{Y_r} = \dfrac{L}{CR}\,[\Omega]$

(5) 공진 주파수 $f_r = \dfrac{1}{2\pi}\sqrt{\dfrac{1}{LC} - \dfrac{R^2}{L^2}}\,[\text{Hz}]$

(6) 공진 전류 $I_r = Y_r E = \dfrac{CR}{L}E\,[\text{A}]$

5) 최대전력전송 조건
임피던스 정합(내부 임피던스 = 외부 임피던스)

6) 교류전력

종 류	직렬회로	병렬회로	복소전력
피상전력	$P_a = VI = I^2 Z = \dfrac{V^2 Z}{R^2 + X^2}$	$P_a = VI = YV^2 = \dfrac{V^2 Y}{G^2 + B^2}$	• 유도성 $P_a = \dot{V}\bar{I} = P + jP_r$ • 용량성 $P_a = \dot{V}\bar{I} = P - jP_r$
유효전력	$P = VI\cos\theta = I^2 R = \dfrac{V^2 R}{R^2 + X^2}$	$P = VI\cos\theta = GV^2 = \dfrac{V^2 G}{G^2 + B^2}$	
무효전력	$P_r = VI\sin\theta = I^2 X = \dfrac{V^2 X}{R^2 + X^2}$	$P_r = VI\sin\theta = BV^2 = \dfrac{V^2 B}{G^2 + B^2}$	

4. 결합회로

1) 결합계수

$$k = \frac{M}{\sqrt{L_1 L_2}} \quad (0 \leq k \leq 1)$$

2) 인덕턴스의 접속

(1) 직렬접속

① 가동결합 : $L_o = L_1 + L_2 + 2M$

② 차동결합 : $L_o = L_1 + L_2 - 2M$

(2) 병렬접속

① 가동결합 : $L_o = \dfrac{L_1 L_2 - M^2}{L_1 + L_2 - 2M}$

② 차동결합 : $L_o = \dfrac{L_1 L_2 - M^2}{L_1 + L_2 + 2M}$

3) 브리지 평형조건

$Z_1 I_1 = Z_3 I_2, \quad Z_2 I_1 = Z_4 I_2$

$\therefore \dfrac{I_1}{I_2} = \dfrac{Z_3}{Z_1} = \dfrac{Z_4}{Z_2}$

따라서, $Z_1 Z_4 = Z_2 Z_3$

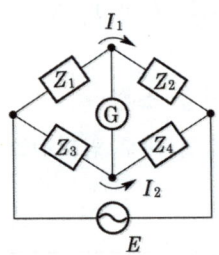

5. 회로망 해석

1) 키르히호프의 법칙

(1) 제1법칙(전류법칙) $\displaystyle\sum_{k=1}^{n} I_k = 0$

(2) 제2법칙(전압법칙) $\displaystyle\sum_{k=1}^{n} V_k = \sum_{k=1}^{n} I_k Z_k$

2) 중첩의 원리

회로망 내에 다수의 기전력이 동시에 존재할 때 회로 전류는 각 기전력이 각각 단독으로 그 위치에 존재할 때 흐르는 전류의 합이다. 이때 제거하는 전압원은 단락하고 전류원은 개방한다.

3) 테브낭의 정리 $I = \dfrac{V}{Z_g + Z_L}$

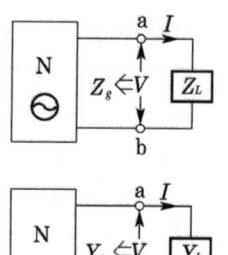

4) 노튼 정리 $I = \dfrac{Y_L}{Y_g + Y_L} \cdot I_s$

5) 밀만의 정리

$$V_{ab} = \dfrac{\sum\limits_{k=1}^{n} I_k}{\sum\limits_{k=1}^{n} Y_k} = \dfrac{\sum\limits_{k=1}^{n} \dfrac{V_k}{Z_k}}{\sum\limits_{k=1}^{n} \dfrac{1}{Z_k}}$$

$$= \dfrac{\dfrac{V_1}{Z_1} + \dfrac{V_2}{Z_2} + \cdots + \dfrac{V_n}{Z_m}}{\dfrac{1}{Z_1} + \dfrac{1}{Z_2} + \cdots + \dfrac{1}{Z_n}}$$

$$= \dfrac{Y_1 V_1 + Y_2 V_2 + \cdots + Y_N V_n}{Y_1 + Y_2 + \cdots + Y_N}$$

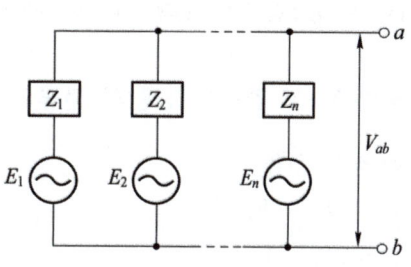

6. 다상교류

1) 임피던스의 △-Y 등가변환

(1) △ → Y로 변환

$$Z_a = \dfrac{Z_{ca} \cdot Z_{ab}}{Z_{ab} + Z_{bc} + Z_{ca}} = \dfrac{Z_{ca} \cdot Z_{ab}}{Z_\triangle}$$

$$Z_b = \dfrac{Z_{ab} \cdot Z_{bc}}{Z_\triangle}, \quad Z_c = \dfrac{Z_{bc} \cdot Z_{ca}}{Z_\triangle}$$

여기서, $Z_\triangle = Z_{ab} + Z_{bc} + Z_{ca}$

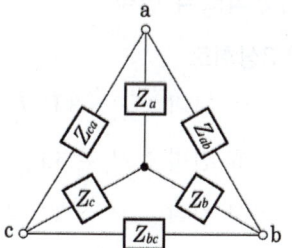

(2) Y → △ 로 변환

$$Z_{ab} = \dfrac{Z_a Z_b + Z_b Z_c + Z_c Z_a}{Z_c} = \dfrac{Z_Y}{Z_c}$$

$$Z_{bc} = \dfrac{Z_Y}{Z_a}, \quad Z_{ac} = \dfrac{Z_Y}{Z_b}$$

여기서, $Z_Y = Z_a Z_b + Z_b Z_c + Z_c Z_a$

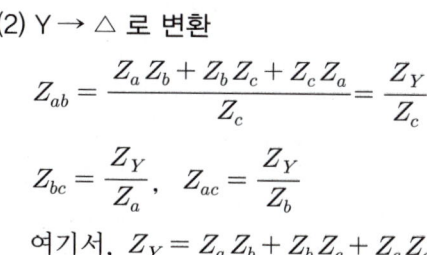

2) 선과 상의 전압 전류

결선 종류	3상	n상	6상
Y 결선	$I_l = I_p$	$V_l = 2\sin\dfrac{\pi}{n} V_p \angle \left(\dfrac{\pi}{2} - \dfrac{\pi}{n}\right)$	$V_l = V_p \angle 60$
	$V_l = \sqrt{3} V_p \angle 30$		
△ 결선	$I_l = \sqrt{3} I_p \angle -30$	$I_l = 2\sin\dfrac{\pi}{n} I_p \angle -\left(\dfrac{\pi}{2} - \dfrac{\pi}{n}\right)$	$I_l = I_p \angle -60$
	$V_l = V_p$		

여기서, V_p, I_p : 상전압, 상전류, V_l, I_l : 선간전압, 선전류

3) 불평형 Y-Y 결선의 전압과 전류의 관계

(1) 각 상의 전류

$$I_a = (E_a - V_n) Y_a$$
$$I_b = (E_b - V_n) Y_b$$
$$I_c = (E_c - V_n) Y_c$$
$$I_n = - Y_n V_n$$

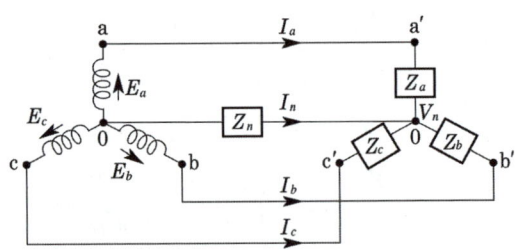

(2) 중성점의 전위 및 중성선의 전류

$$V_n = \frac{Y_a E_a + Y_b E_b + Y_c E_c}{Y_a + Y_b + Y_c + Y_n}$$

$$I_n = -(I_a + I_b + I_c)$$

여기서, 중성선이 없는 경우는 $Y_n = 0$ 이므로 $I_n = 0$ 이 된다.

4) 다상회로의 전력

(1) 3상회로

유효 전력 : $P = 3V_p I_p \cos\theta = \sqrt{3} V_l I_l \cos\theta = 3I_p^2 R [\text{W}]$

무효 전력 : $P_\gamma = 3V_p I_p \sin\theta = \sqrt{3} V_l I_l \sin\theta = 3I_p^2 X [\text{Var}]$

피상 전력 : $P_a = 3V_p I_p = \sqrt{3} V_l I_l = \sqrt{P^2 + P_\gamma^2} = 3I_p^2 Z [\text{VA}]$

(2) n상 회로의 유효전력

$$P = nV_p I_p \cos\theta = \frac{n}{2\sin\dfrac{\pi}{n}} V_l I_l \cos\theta [\text{W}]$$

5) V 결선

(1) 출력 : $P = \sqrt{3} VI\cos\theta [\text{W}]$

(2) 변압기 이용률 : $U = \dfrac{\sqrt{3}\,VI\cos\theta}{2VI\cos\theta} = \dfrac{\sqrt{3}}{2} = 0.867$

(3) 출력비 : $\dfrac{P_V}{P_\triangle} = \dfrac{\sqrt{3}\,VI\cos\theta}{3VI\cos\theta} = \dfrac{1}{\sqrt{3}} = 0.577$

7. 대칭좌표법

1) 비대칭분 전압과 대칭분 전압

	대칭분	비대칭분
영상분	$V_0 = \dfrac{1}{3}(V_a + V_b + V_c)$	$V_a = (V_0 + V_1 + V_2)$
정상분	$V_1 = \dfrac{1}{3}(V_a + aV_b + a^2 V_c)$	$V_b = (V_0 + a^2 V_1 + aV_2)$
역상분	$V_2 = \dfrac{1}{3}(V_a + a^2 V_b + aV_c)$	$V_c = (V_0 + aV_1 + a^2 V_2)$

2) 교류발전기 기본식

$V_0 = -Z_0 I_0$

$V_1 = E_a - Z_1 I_1$

$V_2 = -Z_2 I_2$

3) 발전기 1선 지락고장시 흐르는 전류

$I_g = \dfrac{3E_a}{Z_0 + Z_1 + Z_2}\,[\mathrm{A}]$

4) 불평형률

$\epsilon = \dfrac{역상분}{정상분} \times 100\,[\%]$

8. 비정현파(왜형파)

1) 비정현파의 푸리에 급수에 의한 전개

$f(t) = a_0 + \displaystyle\sum_{n=1}^{\infty} a_n \cos n\omega t + \sum_{n=1}^{\infty} b_n \sin n\omega t$

2) 대칭성

항목 \ 대칭	정현대칭	여현대칭	반파대칭
예	기함수 예 : $\sin\omega t$	우함수 예 : $\cos\omega t$	sin, cos 구형파, 삼각파
특성식	$f(t)=-f(-t)$	$f(t)=f(-t)$	$f(t)=-f(t+\pi)$
특 징	원점 대칭	y축 대칭	반주기마다 파형이 교대로 +, -값을 갖는다.
존재하는 항	sin항	cos항, 상수항	기수항(홀수항)
존재하지 않는 항	상수항, cos항	sin항	짝수항, 상수항

※ 기함수 : 원점에 대칭인 함수($y=\sin\omega t$), 즉 정현대칭인 파
※ 우함수 : y축에 대칭인 함수($y=\cos\omega t$ 또는 직류), 즉 여현대칭인 파

3) 실효값

$$I = \sqrt{I_0^2 + \left(\frac{I_{m1}}{\sqrt{2}}\right)^2 + \left(\frac{I_{m2}}{\sqrt{2}}\right)^2 + \cdots + \left(\frac{I_{mn}}{\sqrt{2}}\right)^2}$$

$$= \sqrt{I_0^2 + I_1^2 + I_2^2 + \cdots + I_n^2}$$

4) 왜형률

$$D = \frac{\text{전 고조파의 실효값}}{\text{기본파의 실효값}} = \frac{\sqrt{I_2^2 + I_3^2 + \cdots + I_n^2}}{I_1}$$

$$= \sqrt{\left(\frac{I_2}{I_1}\right)^2 + \left(\frac{I_3}{I_1}\right)^2 + \cdots + \left(\frac{I_n}{I_1}\right)^2}$$

5) 전력(같은 주파수의 전압, 전류 사이에서만 전력이 소비된다.)

(1) 유효 전력 : $P = V_0 I_0 + \sum_{n=1}^{\infty} V_n I_n \cos\theta_n [\text{W}]$

(2) 무효 전력 : $P_\gamma = \sum_{n=1}^{\infty} V_n I_n \sin\theta_n [\text{Var}]$

(3) 피상 전력

$$P_a = VI = \sqrt{V_o^2 + V_1^2 + V_2^2 + \cdots + V_n^2} \times \sqrt{I_o^2 + I_1^2 + I_2^2 + \cdots + I_n^2}\ [\text{VA}]$$

(4) 등가 역률

$$\cos\theta = \frac{P}{P_a} = \frac{P}{VI}$$

$$= \frac{V_o I_o + V_1 I_1 \cos\theta_1 + V_2 I_2 \cos\theta_2 + \cdots + V_n I_n \cos\theta_n}{\sqrt{V_o^2 + V_1^2 + V_2^2 + \cdots + V_n^2} \times \sqrt{I_o^2 + I_1^2 + I_2^2 + \cdots + I_n^2}}$$

9. 2단자망 및 4단자망

1) 2단자망

구분	내용 1	내용 2	비고
임피던스 함수	임피던스를 구할 때 $j\omega = s$로 치환하여 계산한다.	–	
영점	$Z(s) = 0$이 되는 s의 근	회로의 단락 상태	$Z_1 = j\omega L$
극점	$Z(s) = \infty$가 되는 s의 근	회로의 개방 상태	$Z_2 = \dfrac{1}{j\omega C}$
정저항 회로	$R^2 = Z_1 Z_2 = \dfrac{L}{C}$	$R = \sqrt{Z_1 Z_2} = \sqrt{\dfrac{L}{C}}$	
역회로	주파수와 무관한 정수 $R^2 = Z_1 Z_2 = \dfrac{L}{C}$	$R^2 = \dfrac{L_1}{C_1} = \dfrac{L_2}{C_2}$	

2) 4단자 정수

$V_1 = AV_2 + BI_2$, $I_1 = CV_2 + DI_2$

$$\begin{bmatrix} V_1 \\ I_1 \end{bmatrix} = \begin{bmatrix} A & B \\ C & D \end{bmatrix} \begin{bmatrix} V_2 \\ I_2 \end{bmatrix}, \quad \triangle_F = AD - BC$$

$A = \left.\dfrac{V_1}{V_2}\right|_{I_2=0}$, $B = \left.\dfrac{V_1}{I_2}\right|_{V_2=0}$

$C = \left.\dfrac{I_1}{V_2}\right|_{I_2=0}$, $D = \left.\dfrac{I_1}{I_2}\right|_{V_2=0}$

여기서, A : 전압비, B : 임피던스, C : 어드미턴스, D : 전류비

3) 영상 파라미터

(1) 입력단에서 본 영상 임피던스(1차 영상 임피던스) $Z_{01} = \sqrt{\dfrac{AB}{DC}}$

(2) 출력단에서 본 영상 임피던스(2차 영상 임피던스) $Z_{02} = \sqrt{\dfrac{BD}{AC}}$

(3) 전달정수

$\theta = \log_e (\sqrt{AD} + \sqrt{BC})$

$= \cosh^{-1} \sqrt{AD} = \sinh^{-1} \sqrt{BC} = \tanh^{-1} \sqrt{\dfrac{BC}{AD}}$

(4) 좌우 대칭인 경우 $A = D$이므로

$Z_{01} = Z_{02} = Z_0 = \sqrt{\dfrac{L}{C}}$

10. 분포정수 회로

1) 특성임피던스와 전파정수

(1) 특성임피던스
$$Z_0 = \sqrt{\dfrac{Z}{Y}} = \sqrt{\dfrac{R+j\omega L}{G+j\omega C}}\,[\Omega]$$

(2) 전파정수
$$\gamma = \sqrt{ZY} = \sqrt{(R+j\omega L)(G+j\omega C)} = \alpha + j\beta$$
여기서, α : 감쇠 정수, β : 위상 정수

2) 무손실 선로 및 무왜선로

구 분	무손실 선로	무왜 선로
조건	$R=0,\ G=0$	$RC=LG$
특성 임피던스	$Z_0 = \sqrt{\dfrac{L}{C}}$	$Z_0 = \sqrt{\dfrac{L}{C}}$
전파정수	$\gamma = j\omega\sqrt{LC}\,(\alpha=0)$	$\gamma = \sqrt{RG} + j\omega\sqrt{LC}$
파장	$\lambda = \dfrac{2\pi}{\beta} = \dfrac{2\pi}{\omega\sqrt{LC}} = \dfrac{1}{f\sqrt{LC}}$	
전파속도	$v = f\lambda = \dfrac{2\pi f}{\beta} = \dfrac{\omega}{\beta} = \dfrac{1}{\sqrt{LC}}$	

  11. 과도현상

1) $R-L$ 직렬회로

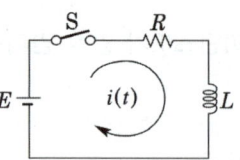

※ 과도 현상은 시정수가 클수록 오래 지속된다.
※ 시정수는 특성근의 절대값의 역과 같다. 즉, e^{-1}로 되는 t의 값이다.

2) $R-C$ 직렬회로

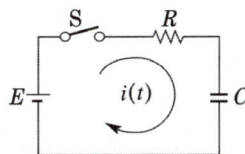

3) 직류 전압인가시 회로별 특성

항 목		L	C
$t=0$ 초기상태		개방상태	단락상태
$t=\infty$ 정상상태		단락상태	개방상태
전원 투입시 흐르는 전류		$i=\dfrac{E}{R}\left(1-e^{-\frac{R}{L}t}\right)$	$i=\dfrac{dq}{dt}=\dfrac{E}{R}e^{-\frac{1}{RC}t}$
전원 개방시 흐르는 전류		$i=\dfrac{E}{R}e^{-\frac{R}{L}t}$	$i=-\dfrac{E}{R}e^{-\frac{1}{RC}t}$
전원 투입시 충전되는 전하		-	$q=CE\left(1-e^{-\frac{1}{RC}t}\right)$ [C]
전원 투입시 L 및 C 양단의 전압		$V_L=L\dfrac{di}{dt}=Ee^{-\frac{R}{L}t}$	$V_c=\dfrac{q}{C}=E\left(1-e^{-\frac{1}{RC}t}\right)$
시정수		$\tau=\dfrac{L}{R}$	$\tau=RC$
특성근		$-\dfrac{R}{L}$	$-\dfrac{1}{RC}$
RLC 과도현상	진동	$R^2<4\dfrac{L}{C}$	
	비진동	$R^2>4\dfrac{L}{C}$	
	임계진동	$R^2=4\dfrac{L}{C}$	
과도상태나 나타나지 않는 위상각		$\theta=\tan^{-1}\dfrac{X}{R}$	
과도상태가 나타나지 않는 R 값		$R=\sqrt{\dfrac{L}{C}}$	

6장 제어공학

1. 자동제어의 요소와 구성

1) 제어계의 분류

(1) 제어량의 성질에 의한 분류

종류	성질	제어 예
프로세스제어	플랜트, 생산 공정중의 상태량 제어(외란 억제가 주목적)	온도, 유량, 압력, 액위, 농도, 밀도
서보기구	기계적 변위를 제어량으로 해서 목표값의 변화에 추종하는 제어	위치, 방위, 자세
자동조정	전기적, 기계적 량을 제어하는 것으로 응답 속도가 매우 빠르다.	전압, 전류, 주파수 회전속도, 힘

(2) 조절부 동작에 의한 분류

종류		동작	특징
연속 제어	비례제어	P동작	구조가 간단하다. 잔류편차가 생기는 결점이 있다.
	비례적분제어	PI 동작	잔류편차가 없는 장점이 있다. 속응성이 길다.
	비례미분제어	PD 동작	속응성 향상
	비례적분미분제어	PID 동작	잔류편차 제거, 속응성 향상, 가장 안정한 제어
불연속 제어	온-오프제어	on-off 동작	불연속 제어
	샘플링 제어	샘플링 주기	PID 제어보다 시간낭비 감소

(3) 목표값 종류에 따른 분류

종류	목표값	제어 예
정치제어	목표값이 시간에 관계없이 일정	• 연속 압연기의 압연 두께 • 항온조의 온도
추종제어	목표값의 임의 시간적 변화	• 미사일 추적장치 • 대공포 포신제어
프로그램제어	목표값이 미리 정해진 시간적 변화	• 엘리베이터 자동제어 • 자판기
비율제어	입력이 변화해도 그것과 항상 일정한 비례관계 유지	• 재료의 일정혼합 • 비율유지

2) 제어계의 구성

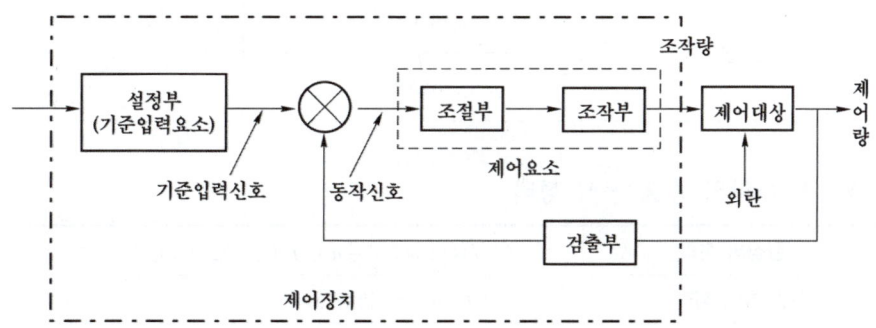

2. 라플라스 변환

1) 시간함수 $f(t)$의 라플라스 변환

$$\mathcal{L}[f(t)] = F(s) = \int_0^\infty f(t)e^{-st}dt$$

종류	$f(t)$	$F(s)$
임펄스 함수	$\delta(t)$	1
단위 계단 함수	$u(t),\ 1$	$\dfrac{1}{s}$
단위 램프 함수	t	$\dfrac{1}{s^2}$
n차 램프 함수	t^n	$\dfrac{n!}{s^{n+1}}$
정현파 함수	$\sin\omega t$	$\dfrac{\omega}{s^2+\omega^2}$
	$\cos\omega t$	$\dfrac{s}{s^2+\omega^2}$
지수 감쇠 함수	e^{-at}	$\dfrac{1}{s+a}$
지수 감쇠 램프 함수 복소 추이	$t^n \cdot e^{-at}$	$\dfrac{n!}{(s+a)^{n+1}}$
정현파 램프 함수	$t \cdot \sin\omega t$	$\dfrac{2\omega s}{(s^2+\omega^2)^2}$
	$t \cdot \cos\omega t$	$\dfrac{s^2-\omega^2}{(s^2+\omega^2)^2}$
지수 감쇠 정현파 함수	$e^{-at} \cdot \sin\omega t$	$\dfrac{\omega}{(s+a)^2+\omega^2}$
	$e^{-at} \cdot \cos\omega t$	$\dfrac{s+a}{(s+a)^2+\omega^2}$

종류	$f(t)$	$F(s)$
쌍곡선 함수	$\sinh \omega t$	$\dfrac{\omega}{s^2 - \omega^2}$
	$\cosh \omega t$	$\dfrac{s}{s^2 - \omega^2}$

2) 라플라스 변환의 중요 공식 정리

선형성의 정리	$\mathcal{L}\left[af(t) \pm bg(t)\right] = a\mathcal{L}\left[f(t)\right] \pm b\mathcal{L}\left[g(t)\right]$
시간 추이 정리	$\mathcal{L}\left[f(t-a)\right] = e^{-as} F(s)$
복소 추이 정리	$\mathcal{L}\left[e^{\pm at} f(t)\right] = F(s \mp a)$
복소 미분 정리	$\mathcal{L}\left[t^n f(t)\right] = (-1)^n \dfrac{d^n}{ds^n} F(s)$
초기값 정리	$f(0_+) = \lim\limits_{t \to 0} f(t) = \lim\limits_{s \to \infty} sF(s)$
최종값 정리	$f(\infty) = \lim\limits_{t \to \infty} f(t) = \lim\limits_{s \to 0} sF(s)$

3. 전달함수

1) 각종 요소의 전달함수

전달함수는 모든 초기 조건을 0으로 하였을 때 출력신호의 라플라스 변환과 입력신호의 라플라스 변환의 비이다.

$$G(s) = \frac{\mathcal{L}\left[y(t)\right]}{\mathcal{L}\left[x(t)\right]} = \frac{Y(s)}{X(s)}$$

순위	요소의 종류	입력과 출력의 관계	전달 함수	비고
1	비례 요소	$y(t) = Kx(t)$	$G(s) = \dfrac{Y(s)}{X(s)} = K$	K : 비례 감도 또는 이득 정수
2	적분 요소	$y(t) = K\int x(t)dt$	$G(s) = \dfrac{Y(s)}{X(s)} = \dfrac{K}{s}$	
3	미분 요소	$y(t) = K\dfrac{d}{dt}x(t)$	$G(s) = \dfrac{Y(s)}{X(s)} = Ks$	
4	1차 지연 요소	$b_1 \dfrac{d}{dt} y(t) + b_0 y(t) = a_0 x(t)$	$G(s) = \dfrac{Y(s)}{X(s)} = \dfrac{a_0}{b_1 s + b_0}$ $= \dfrac{\dfrac{a_0}{b_0}}{\dfrac{b_1}{b_0} s + 1} = \dfrac{K}{Ts+1}$	$K = \dfrac{a_0}{b_0}$, $T = \dfrac{b_1}{b_0}$ ($T = \tau$: 시정수)

순위	요소의 종류	입력과 출력의 관계	전달 함수	비고
5	2차 지연 요소	$b_2 \dfrac{d^2}{dt^2}y(t) + b_1 \dfrac{d}{dt}y(t) + b_0 y(t) = a_0 x(t)$	$G(s) = \dfrac{Y(s)}{X(s)}$ $= \dfrac{K\omega_n^2}{s^2 + 2\zeta\omega_n s + \omega_n^2}$ $= \dfrac{K}{1 + 2\zeta Ts + T^2 s^2}$	$K = \dfrac{a_0}{b_0}, \ T^2 = \dfrac{b_2}{b_0}$ $2\zeta T = \dfrac{b_1}{b_0}, \ \omega_n = \dfrac{1}{T}$ ζ : 감쇠 계수 ω_n : 고유 각주파수

2) 물리계와 전기계의 대응 관계

전기계	직선운동	회전운동
전위, 전압 (v)	힘 (f)	회전력 (T)
전하 (q)	거리 (x)	각변위 (θ)
전류 $\left(i = \dfrac{dq}{dt}\right)$	속도 $\left(v = \dfrac{dx}{dt}\right)$	각속도 $\left(\omega = \dfrac{d\theta}{dt}\right)$
저항 (R) $v = Ri$	마찰계수 (B) $f = Bv$	회전마찰계수 (B) $T = B\omega$
인덕턴스 (L) $v = L\dfrac{di}{dt}$	질량 (M) $f = M\dfrac{dv}{dt} = M\dfrac{d^2 x}{dt^2}$	관성모멘트 (J) $T = J\dfrac{d\omega}{dt} = J\dfrac{d^2\theta}{dt^2}$
정전용량 (C) $v = \dfrac{q}{C} = \dfrac{1}{C}\int i\, dt$	스프링후크상수 (K) $f = Kx = K\int v\, dt$	비틀림 상수 (K) $T = K\theta = K\int \omega\, dt$

4. 블록선도와 신호흐름선도

1) 블록선도와 신호흐름선도의 등가변환

항 목	블록 선도	신호 흐름 선도
종속접속 $c = G_1 \cdot G_2 \cdot a$	$a \to \boxed{G_1} \xrightarrow{b} \boxed{G_2} \to c$	$a \xrightarrow{G_1} \circ \xrightarrow{b} \circ \xrightarrow{G_2} \circ c$
병렬접속 $d = (G_1 \pm G_2)a$		
피드백 접속 $d = \dfrac{G}{1 \mp GH} \cdot a$		

2) 일반 이득 공식(메이슨의 정리)

$$전달함수\ G = \frac{\sum G_k \Delta_k}{\Delta}$$

$\Delta = 1 -$ (서로 다른 루프 이득의 합)
  $+$ (서로 접촉하지 않은 두 개의 루프 이득의 곱)
  $-$ (서로 접촉하지 않은 세 개의 루프 이득의 곱) $+ \cdots$

G_k : 입력마디에서 출력마디까지의 K 번째의 전방경로 이득

Δ_k : K번째의 전방경로 이득과 서로 접촉하지 않는 신호흐름 선도에 대한 $\triangle$의 값

3) 연산 증폭기의 종류

(1) 증폭회로(부호 변환기)

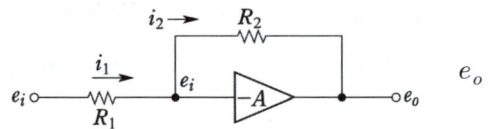　　$e_o = -\dfrac{R_2}{R_1} e_i$

(2) 적분기

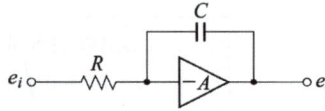　　$e_o = -\dfrac{1}{RC} \int e_i\, dt$

(3) 미분기

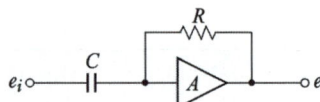　　$e_o = -RC \dfrac{d e_i}{dt}$

5. 자동제어계의 과도응답

1) 과도해석에 사용되는 시험기준 입력

(1) 계단 입력　　　　(2) 등속 입력　　　　(3) 등가속 입력

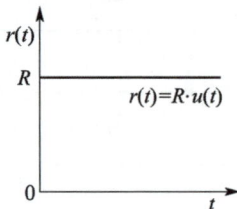 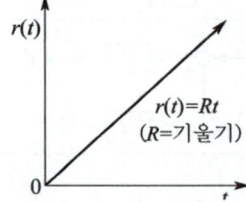 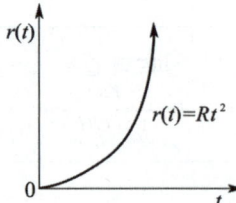

2) 시간 응답 특성

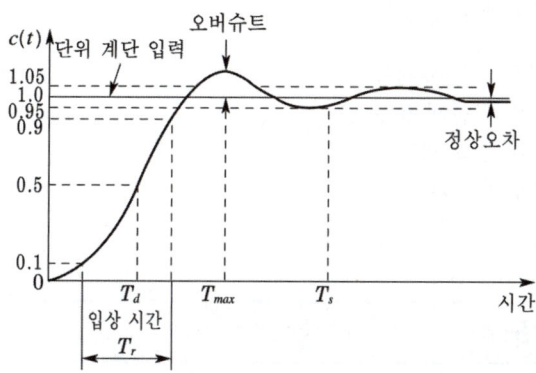

〈단위 계단 입력에 대한 시간 응답〉

(1) 오버슈트(over shoot) : 과도상태중 응답이 목표값을 넘어간 편차

$$백분율\ 오버슈트 = \frac{최대\ 오버슈트}{최종\ 목표값} \times 100[\%]$$

(2) 지연시간(Time delay) : 응답이 최종값의 50[%]에 도달하는 시간

(3) 상승시간(Rising time) : 응답이 최종값의 10[%]에서 90[%]에 도달하는 시간

(4) 정정시간(settling time) : 응답이 목표값의 5[%] 이내 편차로(95～105[%]) 안정되기까지 요하는 시간

(5) 감쇠비 : 과도 응답의 소멸되는 속도

$$감쇠비 = \frac{제2\ 오버슈트}{최대\ 오버슈트}$$

3) 특성 방정식

폐회로 전달함수 $\dfrac{C(s)}{R(s)} = \dfrac{G(s)}{1+G(s)H(s)}$ 에서 분모를 0으로 놓은 식

즉, $1+G(s)H(s)=0$ 을 자동 제어계의 특성 방정식이라 한다.

4) 2차 제어계의 전달함수

$$G(s) = \frac{\omega_n^2}{s^2 + 2\delta\omega_n s + \omega_n^2}$$

(1) 특성방정식

$$s^2 + 2\delta\omega_n s + \omega_n^2 = 0$$

여기서, δ : 제동비, 감쇠계수, ω_n : 고유주파수

(2) 근

$$s = -\delta\omega_n \pm j\omega_n\sqrt{1-\delta^2}$$

① $\delta < 1$ 경우 : 부족제동
② $\delta = 1$ 경우 : 임계제동
③ $\delta > 1$ 경우 : 과제동
④ $\delta = 0$ 경우 : 무제동

6. 편차와 감도

1) 형에 의한 피드백 계의 분류

$$\text{루프이득 } G(s) = \frac{k(s+b_1)(s+b_2)(s+b_3)+\cdots}{s^n(s+a_1)(s+a_2)(s+a_3)+\cdots}$$

일 때 분모의 s항만의 차수 n에 따라서, 0형, 1형, 2형으로 분류

2) 기준 입력 신호 편차에 따른 정상 편차

기준 시험 입력은 계단, 램프, 포물선의 3가지가 주로 사용된다.

항목	정상 위치 편차	정상 속도 편차	정상 가속도 편차
입력	단위 계단 입력	단위 램프 입력	단위 포물선 입력
편차 상수	위치편차상수 k_p $k_p = \lim\limits_{s\to 0} G(s)$	속도 편차 상수 k_v $k_v = \lim\limits_{s\to 0} sG(s)$	가속도 편차 상수 k_a $k_a = \lim\limits_{s\to 0} s^2 G(s)$
형	0 형	1 형	2 형

3) 감도

$$S_K^T = \frac{dT/T}{dK/K} = \frac{K}{T} \cdot \frac{dT}{dK}$$

7. 주파수 응답

1) 주파수 전달함수

각 주파수 ω인 정현파의 신호를 가할 때 입출력의 진폭비 전달함수를 주파수 전달함수 $G(s)$라고 한다.

$$[G(s)]_{s=j\omega} = G(j\omega) = |G(j\omega)| \angle G(j\omega)$$

2) 보드선도

(1) 이득 선도 : 횡축에 주파수와 종축에 이득값(데시벨)으로 그린 그림

(2) 위상 선도 : 횡축에 주파수와 종축에 위상값(°)로 그린 그림

$$이득\ g = 20\log|G(j\omega)|\ [dB],\quad 위상\ \theta = \angle G(j\omega)\ [°]$$

$G(s) = s$의 보드 선도	+20[dB/dec]의 경사를 가지며 위상각은 90°
$G(s) = s^2$의 보드 선도	+40[dB/dec]의 경사를 가지며 위상각은 180°
$G(s) = s^3$의 보드 선도	+60[dB/dec]의 경사를 가지며 위상각은 270°

3) R감소에 따른 응답 비교

감쇠비 $\delta = \dfrac{R}{2}\sqrt{\dfrac{L}{C}} \propto R$ 에서 R이 감소하면 감쇠비 δ가 감소

주파수 응답	시간 응답
• 공진 정점(MP)값 증가 $M_P = \dfrac{1}{2\delta\sqrt{1-\delta^2}}$ • 공진주파수(ω_P) 증가 $\omega_P = \omega_n\sqrt{1-2\delta^2}$ • 대역폭 증가	• 오버슈트 증가 • 과도 진동 주파수(ω_d) 증가 $\omega_d = \omega_n\sqrt{1-\delta^2}$ • 응답성 향상(상승시간, 지연지간 감소) • 정상오차 감소
• 회로는 불안정화(안정성 저하)	

8. 제어계의 안정도

1) 루드 안정도 판별법

(1) 제어계의 안정조건

특성방정식의 근이 모두 s 평면의 좌반부에 있어야 한다.

$s = a \pm j\omega$ (불안정) $s = \pm j\omega$ (임계안정)

$s = -a \pm j\omega$ (안정) $s = a$ (불안정)

(2) 조건

① 모든 계수의 부호가 동일할 것

② 계수중 어느 하나라도 0이 아닐 것

③ 루드 수열의 제 1열의 부호가 같을 것

(3) 루드-홀비쯔 표에서

1열 요소의 부호 변환 횟수 = 불안정근의 개수
                           = 우반면에 존재하는 근의 수

2) 나이퀴스트 판별법
① 계의 주파수 응답에 관한 정보를 준다.
② 계의 안정을 개선하는 방법에 대한 정보를 준다.
③ 안정성을 판별하는 동시에 안정도를 지시해 준다.
④ 안정조건 : $(-1, j0)$인 점을 좌측에 두고 회전해야 한다.

3) 보드 선도에서 안정계의 조건
① 위상 여유 $\Phi_m > 0$
② 이득 여유 $g_m > 0$
③ 위상 교점 주파수 < 이득 교점 주파수

4) 보상과 이득
① 보상의 목적 : 정확도를 증가시키고 응답시간의 단축
② 진상보상 : 응답의 속응성을 향상(과도 특성 향상)시킨다.
③ 지상보상 : 속응성에는 영향을 못 미치고 정상 특성을 향상시킨다(오프셋 감소).

9. 근궤적법

1) 근궤적
개루프 전달함수의 이득 정수 K를 0에서 ∞ 까지 변화시킬 때 폐루프 전달함수의 특성근의 변화를 복소 평면상에 그린 그림

2) 용도
① 시간 영역 해석 가능
② 주파수 응답에 관한 해석

3) 근궤적 작도법
① 근궤적의 출발점($K=0$) : $G(s)H(s)$의 극으로부터 출발
② 근궤적의 종착점($K=\infty$) : $G(s)H(s)$의 영점에서 끝난다.
③ 근궤적 개수(N) : $Z > P$이면 $N = Z$, $Z < P$이면 $N = P$
  Z : $G(s)H(s)$의 유한 영점의 개수
  P : $G(s)H(s)$의 유한 극점의 개수
④ 근궤적의 대칭성 : 실수축(X축)에 대해 대칭
⑤ 근궤적의 점근선
  • 점근선은 실수축에서만 교차
  • 점근선 개수 = 극점 개수 − 영점 개수 = $P - Z$

- 교차점 $\sigma = \dfrac{\sum G(s)H(s)\text{의 극} - \sum G(s)H(s)\text{의 영점}}{P-Z}$

- 점근선이 실수축과 이루는 각 $\alpha = \dfrac{(2K+1)\pi}{P-Z}$ $(K=0, 1, 2, \cdots)$

⑥ 근궤적과 허수축의 교차 : 근궤적이 허수축($j\omega$)과 교차할 때는 특성근의 실수부 크기가 0이며 이때는 임계 안정(임계상태)이다.

10. 상태 방정식

1) 천이행렬

$\Phi(t) = \mathcal{L}^{-1}[(sI-A)^{-1}]$이며 천이 행렬은 다음과 같은 성질을 갖는다.

① $\Phi(0) = I$ (I는 단위행렬)
② $\Phi^{-1}(t) = \Phi(-t) = e^{-At}$
③ $\Phi(t_2 - t_1)\Phi(t_1 - t_0) = \Phi(t_2 - t_0)$ (모든값에 대하여)
④ $[\Phi(t)]^K = \Phi(Kt)$ 여기서, K는 정수

2) n차 선형 시불변 시스템의 상태 방정식

$$\frac{d}{dx}x(t) = Ax(t) + By(t)$$

일 때 제어계의 특성방정식은 $|sI-A| = 0$이다.

3) z 변환법

① 라플라스 변환 함수의 s 대신 $\dfrac{1}{T}\ln z$를 대입하여야 한다.
② s 평면의 허축은 z 평면상에서는 원점을 중심으로 하는 반경 1인 원에 사상
③ s 평면의 우반평면은 z 평면상에서는 이 원의 외부에 사상
④ s 평면의 좌반평면은 z 평면상에서는 이 원의 내부에 사상

4) 라플라스 변환 및 z 변환

$f(t)$	$F(s)$	$F(z)$
$\delta(t)$	1	1
$u(t)$	$\dfrac{1}{s}$	$\dfrac{z}{z-1}$
t	$\dfrac{1}{s^2}$	$\dfrac{Tz}{(z-1)^2}$
e^{-at}	$\dfrac{1}{s+a}$	$\dfrac{z}{z-e^{-at}}$

11. 시퀀스 제어

1) 논리회로

회 로	논리회로	회 로	논리회로
AND 회로 (직렬)	$A, B \to X$ $X = A \cdot B$	NAND 회로	$A, B \to X$ $X = \overline{A \cdot B}$
OR 회로 (병렬)	$A, B \to X$ $X = A + B$	NOR 회로	$A, B \to X$ $X = \overline{A + B}$
NOT 회로	$A \to X$ $X = \overline{A}$	exclusive-OR 회로 (배타적 논리합)	$X = \overline{A} \cdot B + A \cdot \overline{B}$ $= A \oplus B$

2) 드모르간의 법칙

① $\overline{A \cdot B \cdot C \cdot D} = \overline{A} + \overline{B} + \overline{C} + \overline{D}$

② $\overline{A + B + C + D} = \overline{A} \cdot \overline{B} \cdot \overline{C} \cdot \overline{D}$

3) 논리대수

$A \cdot A = A$	$A + A = A$
$A \cdot 1 = A$	$A + 1 = 1$
$A \cdot 0 = 0$	$A + 0 = A$
$1 \cdot 1 = 1$	$1 + 1 = 1$
$1 \cdot 0 = 0 \cdot 1 = 0$	$1 + 0 = 0 + 1 = 1$
$0 \cdot 0 = 0$	$0 + 0 = 0$

12. 제어기기

1) 변환요소

변환량	변환요소
압력 → 변위	벨로우즈, 다이어프램, 스프링
변위 → 압력	노즐플래퍼, 유압 분사관, 스프링
변위 → 임피던스	가변저항기, 용량형 변환기
변위 → 전압	포텐셔미터, 차동변압기, 전위차계
전압 → 변위	전자석, 전자코일
광 → 임피던스	광전관, 광전도 셀, 광전 트랜지스터
광 → 전압	광전지, 광전 다이오드
방사선 → 임피던스	GM 관, 전리함
온도 → 임피던스	측온 저항(열선, 서미스터, 백금, 니켈)
온도 → 전압	열전대

2) 반도체 회로

(1) SCR(Silicon controlled Rectifier)

① 기능 : 제어, 스위치, 정류
② 특징
- gate 전류에 의해 방전 개시 전압 조정 가능
- 단방향성
- SCR을 OFF 시키는 방법 : A, K 간 전압 극성 변경
- PNPN 구조
- 특성 곡선에 부저항 부분이 있다.

(2) 서미스터
① 온도 보상용으로 사용
② 온도가 증가할 때 저항값은 감소한다.

(3) 바리스터
회로의 이상전압(서지전압)에 대하여 회로 보호용

(4) 터널 다이오드
- 증폭작용
- 발진작용
- 개폐작용

(5) 제너 다이오드
정전압 소자(전원 전압을 일정하게 유지)

7장 전기설비기술기준

7.1 공통사항

1. 통칙

1) 전압의 종별
이 규정에서 적용하는 전압의 구분은 다음과 같다.

분 류	전압의 범위
저 압	• 직류 : 1.5[kV] 이하 • 교류 : 1[kV] 이하
고 압	• 직류 : 1.5[kV]를 초과하고, 7[kV] 이하 • 교류 : 1[kV]를 초과하고, 7[kV] 이하
특고압	7[kV]를 초과

2) 용어
① 급전소 : 전력계통의 운용에 관한 지시 및 급전조작을 하는 것을 말한다.
② 연접인입선 : 하나의 수용장소의 인입선으로부터 다른 지지물을 거치지 않고 다른 수용장소의 인입구에 이르는 분기 전선
③ 관등 회로 : 방전등용 안정기 또는 방전등용 변압기로부터 방전관까지의 전로
④ 접근 상태
  • 1차 접근 상태 : 지지물의 높이에 상당하는 거리에 시설
  • 2차 접근 상태 : 수평거리 3[m] 미만의 곳에 다른 시설물을 시설

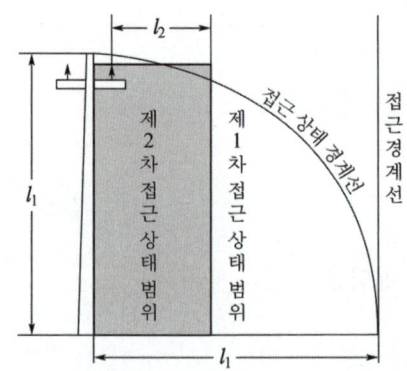

⑤ 계통 접지 : 전력계통에서 돌발적으로 발생하는 이상현상에 대비하여 대지와 계통을 연결하는 것으로, 중성점을 대지에 접속하는 것
⑥ 리플프리 직류 : 교류를 직류로 변환할 때 리플성분의 실효값이 10[%] 이하로 포함된 직류

3) 감전에 대한 보호

(1) 기본보호

기본보호는 일반적으로 직접접촉을 방지하는 것으로, 전기설비의 충전부에 인축이 접촉하여 일어날 수 있는 위험으로부터 보호되어야 한다. 기본보호는 다음 중 어느 하나에 적합하여야 한다.

① 인축의 몸을 통해 전류가 흐르는 것을 방지
② 인축의 몸에 흐르는 전류를 위험하지 않는 값 이하로 제한

(2) 고장 보호

고장 보호는 일반적으로 기본절연의 고장에 의한 간접접촉을 방지하는 것이다.

① 노출도전부에 인축이 접촉하여 일어날 수 있는 위험으로부터 보호되어야 한다.
② 고장 보호는 다음 중 어느 하나에 적합하여야 한다.
 • 인축의 몸을 통해 고장전류가 흐르는 것을 방지
 • 인축의 몸에 흐르는 고장전류를 위험하지 않는 값 이하로 제한
 • 인축의 몸에 흐르는 고장전류의 지속시간을 위험하지 않은 시간까지로 제한

2. 전선

1) 전선의 식별

상(문자)	색상
L1	갈색
L2	검은색
L3	회색
N	파란색
보호도체	녹색-노란색

2) 특고압 케이블

① 절연체가 에틸렌 프로필렌고무혼합물 또는 가교폴리에틸렌 혼합물인 케이블로서 선심 위에 금속제의 전기적 차폐층을 설치한 것
② 파이프형 압력 케이블·연피케이블·알루미늄피케이블
③ 금속피복을 한 케이블을 사용하여야 한다.

3) 전선의 접속

전선을 접속하는 경우에는 전선의 전기저항을 증가시키지 아니하도록 접속 하여야 하며, 또한 다음에 따라야 한다.

① 전선의 세기를 20[%] 이상 감소시키지 아니할 것.
② 접속부분은 접속관 기타의 기구를 사용할 것.
③ 접속부분의 절연전선에 절연전선의 절연물과 동등 이상의 절연효력이 있는 것으로 충분히 피복할 것.
④ 알루미늄(알루미늄 합금을 포함한다.)을 사용하는 전선과 동(동합금을 포함한다.)을 사용하는 전선을 접속하는 등 전기 화학적 성질이 다른 도체를 접속하는 경우에는 접속부분에 전기적 부식이 생기지 않도록 할 것.
⑤ 두 개 이상의 전선을 병렬로 사용하는 경우에는 다음에 의하여 시설할 것
  - 병렬로 사용하는 각 전선의 굵기는 동선 50[mm^2] 이상 또는 알루미늄 70[mm^2] 이상
  - 병렬로 사용하는 전선에는 각각에 퓨즈를 설치하지 말 것.
  - 교류회로에서 병렬로 사용하는 전선은 금속관 안에 전자적 불평형이 생기지 않도록 시설할 것.

3. 전로의 절연

1) 사용전압이 저압인 전로에서 정전이 어려운 경우 등 절연저항 측정이 곤란한 경우에는 누설전류를 1[mA] 이하로 유지하여야 한다.

2) 저압전로의 절연성능

전로의 사용전압[V]	DC시험전압[V]	절연저항[MΩ]
SELV 및 PELV	250	0.5
FELV, 500[V] 이하	500	1.0
500[V] 초과	1,000	1.0

[주] 특별저압(extra low voltage : 2차 전압이 AC 50[V], DC 120[V] 이하)으로 SELV(비접지회로 구성) 및 PELV(접지회로 구성)은 1차와 2차가 전기적으로 절연된 회로, FELV는 1차와 2차가 전기적으로 절연되지 않은 회로

3) 고압 및 특고압 전로의 절연내력 시험 방법 및 시험전압

① 절연내력을 시험할 부분에 최대사용전압에 의하여 결정되는 시험전압을 계속하여 10분간 가하였을 때에 견디어야 한다.
② 전선에 케이블을 사용하는 경우에는 교류 시험전압의 2배의 직류전압을 전로와 대지 사이에 연속하여 10분간 가하였을 때에 견디어야 한다.

4) 절연 내력 시험전압

구 분		배율	최저전압
중성점 직접 접지식이 아닌 경우	7[kV] 이하	1.5	
	7[kV] 초과 ~ 60[kV] 이하	1.25	10.5[kV]
	60[kV] 초과(비접지식)	1.25	
	60[kV] 초과(중성점 접지식)	1.1	75[kV]
중성점 직접 접지식	25[kV] 이하(다중 접지)	0.92	
	60[kV] 초과 170[kV]까지	0.72	
	170[kV] 초과(발·변전소에 한함)	0.64	

5) 연료전지 및 태양전지 모듈의 절연내력

최대사용전압의 1.5배의 직류전압 또는 1배의 교류전압(500[V] 미만으로 되는 경우에는 500[V])을 충전부분과 대지 사이에 연속하여 10분간 가하여 절연내력을 시험하였을 때에 이에 견디는 것이어야 한다.

4. 접지시스템의 시설

1) 접지시스템의 구분 및 종류
① 구분 : 계통접지, 보호접지, 피뢰시스템 접지 등
② 종류 : 단독접지, 공통접지, 통합접지

2) 접지시스템 구성요소
① 접지시스템은 접지극, 접지도체, 보호도체 및 기타 설비로 구성한다.
② 접지극은 접지도체를 사용하여 주 접지단자에 연결하여야 한다.

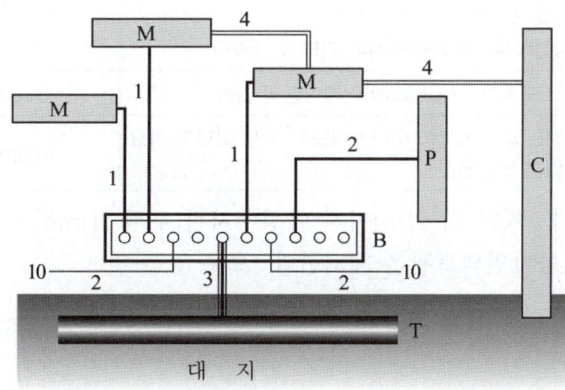

1 : 보호도체(PE)
2 : 보호 등전위 본딩용 도체
3 : 접지도체
4 : 보조 보호 등전위 본딩용 도체
10 : 기타 기기(정보통신, 피뢰시스템)
B : 주 접지단자
M : 전기기구의 노출 도전부
C : 철골, 금속덕트 등 계통외 도전부
P : 수도관, 가스관 등 계통외 도전부
T : 접지극

3) 접지극의 시설 및 접지저항
① 가능한 다습한 부분에 설치
② 접지극은 지하 0.75[m] 이상의 깊이에 매설
③ 철주의 밑면에서 0.3[m] 이상의 깊이에 매설하거나 금속체로부터 1[m] 이상 떼어 설치(금속체를 따라 시설하는 경우)
④ 수도관 등을 접지극으로 사용하는 경우 : 3[Ω] 이하
⑤ 건축물·구조물의 철골을 접지극으로 사용하는 경우 : 2[Ω] 이하

4) 접지도체의 단면적 및 시설
① 접지도체의 최소 단면적
- 구리 : 6[mm^2] 이상
- 철 : 50[mm^2] 이상

② 접지도체에 피뢰시스템이 접속되는 경우
- 구리 : 16[mm^2] 이상
- 철 : 50[mm^2] 이상

③ 특고압·고압 전기설비용 접지도체 : 6[mm^2] 이상의 연동선
④ 중성점 접지도체 : 16[mm^2] 이상의 연동선
  (다만, 다음의 경우에는 6[mm^2] 이상의 연동선
- 7[kV] 이하의 전로
- 사용전압이 25[kV] 이하인 특고압 가공전선로. (다만, 중성선 다중접지식의 것으로서 전로에 지락이 생겼을 때 2초 이내에 자동적으로 이를 전로로부터 차단하는 장치가 되어 있는 것.)

⑤ 이동하여 사용하는 전기기계기구의 금속제 외함 등의 접지시스템의 경우는 다음의 것을 사용하여야 한다.

접지도체	접지선의 종류	접지선의 단면적
특고압·고압 전기설비 중성점 접지	• 클로로프렌캡타이어케이블(3종 및 4종) • 클로로설포네이트폴리에틸렌캡타이어 케이블의 일심(3종 및 4종) • 다심캡타이어케이블의 차폐 기타의 금속제	10[mm^2]
저압 전기설비	다심 코드 또는 다심 캡타이어케이블의 일심	0.75[mm^2]
	다심코드 및 다심 캡타이어케이블의 일심 이외의 가요성이 있는 연동연선	1.5[mm^2]

⑥ 접지도체는 지하 0.75[m]~지표 상 2[m]까지 합성수지관(두께 2[mm] 미만의 합성수지제 전선관 및 가연성 콤바인덕트관은 제외한다.)으로 덮을 것

5) 보호도체의 단면적

선도체의 단면적 S ([mm^2], 구리)	보호도체의 최소 단면적([mm^2], 구리)	
	보호도체의 재질	
	선도체와 같은 경우	선도체와 다른 경우
S ≤ 16	S	$(k_1/k_2) \times S$
16 < S ≤ 35	16$^{(a)}$	$(k_1/k_2) \times 16$
S > 35	S$^{(a)}$/2	$(k_1/k_2) \times (S/2)$

여기서, $-k_1$: 선도체에 대한 k값
       $-k_2$: 보호도체에 대한 k값
       $-a$: PEN 도체의 최소단면적은 중성선과 동일하게 적용한다.

6) 변압기 중성점 접지

적 용	접지 저항값
변압기 중성점	$\dfrac{150}{1선\ 지락전류}[\Omega]$ 이하 • 자동차단 설비가 1초 이내 동작하면 $600/I[\Omega]$ • 자동차단설비가 1초 초과 2초이내 동작하면 $300/I[\Omega]$

7) 보호등전위본딩 도체의 단면적

주접지단자에 접속하기 위한 등전위본딩 도체는 설비 내에 있는 가장 큰 보호접지도체 단면적의 1/2 이상의 단면적을 가져야 하고 다음의 단면적 이상이어야 한다.
- 구리 : 6[mm^2] 이상
- 알루미늄 : 16[mm^2] 이상
- 강철 : 50[mm^2] 이상

5. 피뢰시스템

1) 피뢰시스템의 적용범위
① 전기전자설비가 설치된 건축물·구조물로서 낙뢰로부터 보호가 필요한 것 또는 지상으로부터 높이가 20[m] 이상인 것
② 전기설비 및 전자설비 중 낙뢰로부터 보호가 필요한 설비

2) 피뢰시스템의 구성
① 외부피뢰시스템 : 직격뢰로부터 대상물을 보호
② 내부피뢰시스템 : 간접뢰 및 유도뢰로부터 대상물을 보호

3) 피뢰시스템의 등급 선정
① 등급 : Ⅰ, Ⅱ, Ⅲ, Ⅳ
② 위험물의 제조소·저장소 및 처리장에 설치하는 피뢰시스템은 Ⅱ 등급 이상으로 한다.

7.2 저압전기설비

 6. 저압전기설비

1) 계통접지의 방식

① 계통접지 구성
- TN 계통   • TT 계통   • IT 계통

② TN 계통 : 전원측의 한 점을 직접접지하고 설비의 노출도전부를 보호도체로 접속시키는 방식
- TN-S 계통 : 계통 전체에 대해 별도의 중성선 또는 PE 도체를 사용하는 방식
- TN-C 계통 : 그 계통 전체에 대해 중성선과 보호도체의 기능을 동일도체로 겸용한 PEN 도체를 사용하는 방식
- TN-C-S계통 : 계통의 일부분에서 PEN 도체를 사용하거나, 중성선과 별도의 PE 도체를 사용하는 방식

③ TT 계통 : 전원의 한 점을 직접 접지하고 설비의 노출도전부는 전원의 접지전극과 전기적으로 독립적인 접지극에 접속시킨 방식

④ IT 계통 : 충전부 전체를 대지로부터 절연시키거나, 한 점을 임피던스를 통해 대지에 접속시킨 방식으로 전기설비의 노출도전부를 단독 또는 일괄적으로 계통의 PE 도체에 접속시킨다.

 7. 안전을 위한 보호

1) 감전에 대한 보호

① 고장시의 자동차단(32[A] 이하 분기회로의 최대 차단시간)

계통	50[V]< U_0 ≤120[V]		120[V]< U_0 ≤230[V]		230[V]< U_0 ≤400[V]		U_0 >400[V]	
	교류	직류	교류	직류	교류	직류	교류	직류
TN	0.8초	[비고1]	0.4초	5초	0.2초	0.4초	0.1초	0.1초
TT	0.3초	[비고1]	0.2초	0.4초	0.07초	0.2초	0.04초	0.1초

U_0는 대지에서 공칭교류전압 또는 직류 선간전압이다.

[비고1] 차단은 감전보호 외에 다른 원인에 의해 요구될 수도 있다.

2) SELV와 PELV를 적용한 특별저압에 의한 보호

① 특별저압 계통에 의한 보호대책
- SELV (Safety Extra-Low Voltage) : 비접지회로 보호수단
- PELV (Protective Extra-Low Voltage) : 접지회로 보호수단

② 보호대책의 요구사항
- 특별저압 계통의 전압한계는 교류 50[V] 이하, 직류 120[V] 이하
- 모든 회로로부터 특별저압 계통을 보호 분리하고, 특별저압 계통과 다른 특별저압 계통 간에는 기본절연을 함
- SELV 계통과 대지간의 기본절연을 하여야 한다.

3) 과전류에 대한 보호

(1) 과부하 전류에 대한 보호

① 도체와 과부하 보호장치 사이의 협조

$$I_B \leq I_n \leq I_Z, \quad I_2 \leq 1.45 \times I_Z$$

- I_B : 회로의 설계전류
- I_Z : 케이블의 허용전류
- I_n : 보호장치의 정격전류
- I_2 : 보호장치가 규약시간 이내에 유효하게 동작하는 것을 보장하는 전류

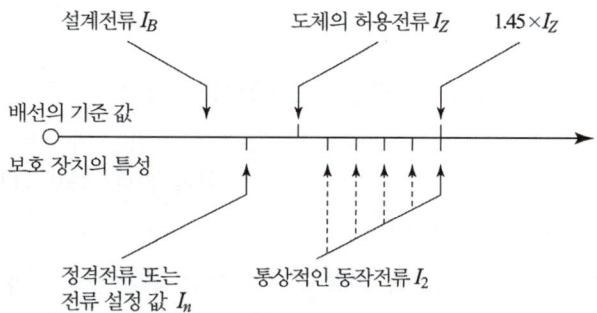

② 과부하 보호장치의 설치 위치 : 도체의 허용전류 값이 줄어드는 곳에 설치

(2) 단락보호장치의 설치위치

단락전류 보호장치는 분기점(O)에 설치해야 한다.
단, 분기회로의 단락보호장치 설치점(B)과 분기점(O) 사이에 다른 분기회로 또는 콘센트의 접속이 없는 경우

① 단락, 화재 및 인체에 대한 위험이 최소화될 경우 분기 회로의 단락 보호장치 P_2는 분기점(O)으로부터 3[m]까지 이동하여 설치할 수 있다.

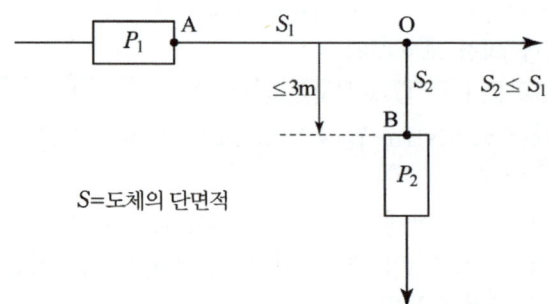

② 분기회로의 시작점(O)과 이 분기회로의 단락보호장치(P_2) 사이에 있는 도체가 전원측에 설치되는 보호장치(P_1)에 의해 단락보호가 되는 경우 P_2의 설치위치는 분기점(O)로부터 거리제한이 없이 설치할 수 있다.

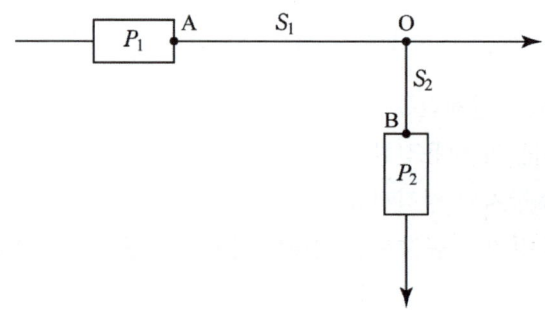

4) 저압전로 중의 전동기 보호용 과전류보호장치의 시설

옥내에 시설하는 전동기에는 전동기가 손상될 우려가 있는 과전류가 생겼을 때에 자동적으로 이를 저지하거나 이를 경보하는 장치를 하여야 한다. 다만, 다음의 어느 하나에 해당하는 경우에는 그러하지 아니하다.

① 전동기를 운전 중 상시 취급자가 감시할 수 있는 위치에 시설하는 경우
② 전동기의 구조나 부하의 성질로 보아 전동기가 손상될 수 있는 과전류가 생길 우려가 없는 경우
③ 단상전동기로써 그 전원측 전로에 시설하는 과전류 차단기의 정격전류가 16[A](배선용 차단기는 20[A]) 이하인 경우
④ 정격 출력이 0.2[kW] 이하인 것

8. 전선로

1) 구내 인입선

① 저압 인입선의 시설
- 전선은 절연 전선 또는 케이블일 것
- 전선이 절연전선인 경우
  - 경간이 15[m] 초과 : 인장강도 2.30[kN] 이상의 것 또는 지름 2.6[mm] 이상의 인입용 비닐절연전선
  - 경간이 15[m] 이하 : 인장강도 1.25[kN] 이상의 것 또는 지름 2[mm] 이상의 인입용 비닐절연전선
- 옥외용 비닐 절연 전선은 사람이 쉽게 접촉할 수 없도록 시설
- 전선의 높이

구분	지상고	비고
도로(차도) 횡단 시	5[m] 이상 (교통에 지장이 없는 경우 : 3[m] 이상)	노면상
철도 또는 궤도 횡단 시	6.5[m] 이상	레일면상
횡단보도교 위	3[m] 이상	노면상
그 외의 경우	4[m] 이상 (교통에 지장이 없는 경우 : 2.5[m] 이상)	지표상

- 저압가공인입선 조영물의 구분에 따른 이격거리
  - 전선, 특고압 절연전선 또는 케이블인 경우는 0.5[m])
  - 옆쪽 또는 아래쪽 : 0.3[m](전선이 고압절연전선, 특고압 절연전선 또는 케이블인 경우는 0.15 [m])

② 저압 연접 인입선의 시설
- 인입선에서 분기하는 점으로부터 100[m]를 넘지 않는 지역이어야 한다.
- 폭 5[m]를 넘는 도로를 횡단하지 말 것
- 옥내를 통과하지 아니할 것

2) 옥측 전선로

① 공사방법 : 애자공사(전개된 장소에 한한다.), 합성수지관공사, 금속관공사(목조 이외의 조영물), 버스덕트공사(목조 이외의 조영물), 케이블공사
② 애자공사에 의한 옥측전선로
- 전선은 4[mm^2] 이상의 연동 절연전선(OW, DV 제외)
- 전선의 지지점간의 거리 : 2[m] 이하
- 저압 옥측전선로의 전선과 다른 시설물 사이의 이격거리

다른 시설물의 구분	접근 형태	이격 거리
조영물의 상부 조영재	위 쪽	2[m] (전선이 고압 절연전선, 특고압 절연전선 또는 케이블인 경우는 1[m])
	상부 조영재 이외의 부분 또는 조영물 이외의 시설물	0.6[m] (전선이 고압 절연전선, 특고압 절연전선 또는 케이블인 경우는 0.3[m])

- 저압 옥측전선로의 전선과 식물 사이의 이격거리
  - 0.2[m] 이상
  - 전선이 고압 및 특고압 절연전선인 경우 : 전선을 식물에 접촉하지 않도록 시설

3) 옥상 전선로

① 전선 : 지름 2.6[mm]의 경동선 또는 절연전선(OW 포함)
② 전선의 지지점간의 거리(애자를 사용하여 지지) : 15[m] 이하
③ 조영재와의 이격 거리
  - 2[m] 이상
  - 전선이 고압 및 특고압 절연전선인 경우 : 1[m] 이상
④ 전선을 식물에 접촉하지 않도록 시설

9. 저압 가공전선로

1) 저압 가공전선의 굵기 및 종류

① 저압 가공전선은 나전선, 절연전선, 다심형전선 또는 케이블을 사용

전 압	조 건	전선의 굵기 및 인장강도
400[V] 이하	절연전선	인장강도 2.3[kN] 이상의 것 또는 지름 2.6[mm] 이상의 경동선
	케이블 이외	인장강도 3.43[kN] 이상의 것 또는 지름 3.2[mm] 이상의 경동선
400[V] 초과인 저압 (케이블 이외)	시가지에 시설	인장강도 8.01[kN] 이상의 것 또는 지름 5[mm] 이상의 경동선
	시가지 외에 시설	인장강도 5.26[kN] 이상의 것 또는 지름 4[mm] 이상의 경동선

② 사용전압이 400[V] 초과인 저압 가공전선에는 인입용 비닐절연전선을 사용해서는 안 된다.

2) 저압 가공전선의 높이

구분	지상고	비고
도로횡단 시	6[m] 이상	지표상
철도 횡단 시	6.5[m] 이상	레일면상
횡단보도교 위	3.5[m] 이상 (저압 절연전선, 다심형 전선 또는 케이블인 경우 : 3[m] 이상)	노면상
일반 장소	5[m] 이상 (교통에 지장이 없는 경우 : 4[m] 이상)	지표상

10. 배선 및 조명설비

1) 옥내 전로의 대지 전압의 제한
① 주택을 제외한 옥내전로 : 대지전압 300[V] 이하
② 주택의 옥내전로
- 사용전압 400[V] 이하일 것(대지전압 300[V] 이하)
- 전로의 입구에는 인체보호용 누전차단기를 설치할 것
- 정격 소비전력 3[kW] 이상의 기계기구는 전기를 공급하기 위한 전로에 전용의 개폐기 및 과전류 차단기를 시설

2) 저압 옥내배선의 사용전선
단면적 2.5[mm²] 이상의 연동선

3) 애자공사

전 압		전선과 조영재와의 이격 거리		전선 상호 간격	전선 지지점간의 거리	
					조영재의 윗면 또는 옆면에 따라 시설	조영재에 따라 시설하지 않는 경우
저압	400[V] 이하	2.5[cm] 이상		6[cm] 이상	2[m] 이하	–
	400[V] 초과	건조한 장소	2.5[cm] 이상			6[m] 이하
		기타의 장소	4.5[cm] 이상			

4) 합성수지관공사
① 단선 사용시 전선 굵기 : 10[mm²](알루미늄선은 16[mm²]) 이하
② 관 상호간 및 박스 삽입깊이 : 바깥지름의 1.2배(접착제 사용시 0.8배)
③ 관의 지지점간의 거리 : 1.5[m] 이하

5) 금속관공사
① 단선 사용시 전선 굵기 : 10[mm²](알루미늄선은 16[mm²]) 이하
② 관의 두께
- 콘크리트 매설 : 1.2[mm] 이상
- 기타의 것 : 1[mm] 이상

6) 금속덕트공사
① 금속덕트에 넣을 수 있는 전선의 단면적 : 덕트 내부 단면적의 20[%](제어회로 등은 50[%] 이하)
② 폭 50[mm] 초과, 두께 1.2[mm] 이상의 철판 또는 동등 이상의 금속제로 제작
③ 지지점간의 거리
- 수평 : 3[m] 이하   • 수직 : 6[m] 이하

7) 버스덕트공사
① 피더 버스 덕트 : 간선용의 덕트
② 플러그인 버스 덕트 : 플러그의 수구를 설치하여 쉽게 분기할 수 있는 덕트
③ 트롤리 버스 덕트 : 이동 시킬 수 있는 구조

8) 점멸기구의 시설
① 관광숙박업 또는 숙박업(여인숙업 제외) : 객실 입구등은 1분 이내 소등
② 일반주택 및 아파트 각 호실 : 현관등은 3분 이내 소등

9) 수중조명등의 시설
① 사용전압
  - 1차측 전로의 사용전압 400[V] 이하
  - 2차측 전로의 사용전압 150[V] 이하
② 절연변압기의 2차측 배선 : 금속관배선

10) 교통신호등
① 2차측 배선의 사용 전압 300[V] 이하
② 전선 : 케이블인 경우 이외에는 단면적 2.5[mm^2] 이상의 연동선
③ 조가용선 4[mm] 이상의 철선 2가닥
④ 건조물 이외 다른 시설물 등과 이격거리 0.6[m] (케이블 0.3[m]) 이상
⑤ 교통 신호등 회로의 인하선, 전선의 지표상 높이 : 2.5[m] 이상

11. 특수설비

1) 특수시설

종류	사용전압	전선굵기
전기 울타리	• 1차측 250[V] 이하	• 2[mm] 이상의 경동선
	• 전선과 다른 시설물(가공 전선을 제외) 또는 수목과의 이격거리 0.3[m] 이상	
전기 욕기	• 전원 변압기 2차측 전로 10[V] 이하	• 2.5[mm^2] 이상의 연동선, 케이블
	• 전극간의 거리 1[m] 이상	
전극식 온천 온수기	• 사용전압 400[V] 이하	
	• 1차측에 개폐기 및 과전류 차단기를 시설한 절연변압기 시설 • 차폐장치와의 거리 　전극식 온천온수기 : 0.5[m] 이상 　욕탕 : 1.5[m] 이상	

종류	사용전압	전선굵기
전기 온상	• 대지전압 300[V] 이하 • 개폐기 및 과전류 차단기의 시설 • 발열선 온도 : 80[℃] 이하 유지	
유희용 전차	• 1차측 400[V] 이하 • 2차측 직류 60[V], 　　　교류 40[V] 이하 • 절연변압기 사용 • 전차내 승압기 사용시 2차 전압 150[V] 이하	
아크 용접기	• 1차 대지전압 300[V] 이하 • 전용개폐기를 시설한 절연변압기의 사용	
소세력 회로	• 1차 대지전압 300[V] 이하 • 2차 사용전압 60[V] 이하	• 1.0[mm^2] 이상의 연동선 • 가공전선의 경우 1.2[mm] 이상의 경동선
전기 부식 방지	• 전원장치 전로의 사용전압은 저압 • 전기부식방지 회로의 사용전압은 직류 60[V] 이하 • 지중매설 양극의 매설깊이 0.75[m] 이상 • 수중의 양극과 주위 1[m] 이내 임의의 점 사이의 전위차는 10[V]를 넘지 아니할 것	

7.3 고압·특고압 전기설비

12. 접지설비

1) 고압·특고압 접지계통
① 고압 또는 특고압 기기는 접촉전압 및 보폭전압의 허용 값 이내로 시설
② 모든 케이블의 금속시스(sheath) 부분은 접지

2) 혼촉에 의한 위험방지 시설
① 특고압과 고압의 혼촉 등에 의한 위험방지 시설 : 사용전압의 3배 이하인 전압이 고압 전로에 가해진 경우에 방전하는 장치를 변압기의 단자에 가까운 1극에 설치
② 전로의 중성점의 접지 : 접지도체는 16[mm^2] 이상의 연동선

13. 전선로

1) 풍압하중의 종류별 적용

종별	지역	적용방법
갑종풍압하중	고온계 지방	구성재의 수직 투영면적 1[m²]에 대한 풍압을 기초로 하여 계산
을종풍압하중	빙설이 많은 저온계	전선 기타의 가섭선 주위에 두께 6[mm], 비중 0.9의 빙설이 부착된 상태에서 수직 투영면적 372[Pa](다도체를 구성하는 전선은 333[Pa]), 그 이외의 것은 갑종풍압하중의 2분의 1을 기초로 하여 계산한 것.
병종풍압하중	인가 밀집 지역	갑종풍압하중의 1/2을 기준으로 적용

2) 지지물의 기초 안전율

① 일반적으로 2 이상이어야 한다.
② 철탑의 경우 이상시 상정 하중에 대하여 1.33 이상으로 계산한 값과 상시 상정 하중에 대해 2 이상으로 계산한 값 중에서 큰 값

3) 지선의 사용

(1) 지선의 설치조건
  ① 지선의 안전율은 2.5 이상
  ② 인장하중 4.31[kN] 이상
  ③ 3조 이상의 연선인 소선을 사용
  ④ 2.6[mm] 금속선 또는 인장강도가 0.68[kN/mm²]인 아연도 강연선은 지름 2.0[mm]도 가능함
  ⑤ 지중 부분 및 지표상 0.3[m]까지 아연도금 철봉을 사용하고, 근가로 시설한다.

(2) 지선의 높이
  ① 도로횡단 : 지표상 5[m] 이상
  ② 교통에 지장이 없는 도로 : 지표상 4.5[m] 이상
  ③ 보도 : 2.5[m] 이상

4) 특고압 전선로(170[kV] 이하)의 시가지 등의 시설

(1) 애자 : 50[%] 충격섬락전압 값이 그 전선의 근접한 다른 부분을 지지하는 애자장치 값의 110[%](130[kV]를 넘는 경우 105[%]) 이상인 것

(2) 지지물의 경간 (목주는 사용할 수 없음)
  ① A종 : 75[m] 이하
  ② B종 : 150[m] 이하
  ③ 철탑 : 400[m] 이하(단주 : 300[m] 이하)

(3) 전선의 굵기
　① 100[kV] 미만 : 55[mm²] 이상
　② 100[kV] 이상 : 150[mm²] 이상

(4) 지표상 높이
　① 35[kV] 이하 : 10[m] 이상 (특고압 절연전선인 경우 8[m] 이상)
　② 35[kV] 초과 : 10[m]에 35[kV]를 초과하는 10[kV] 단수마다 0.12[m]를 더한 것

(5) 100[kV]를 초과하는 것은 지락 또는 단락 시 1초 안에 동작하는 자동 차단 장치를 시설할 것

5) 유도 장해의 방지
① 60[kV] 이하의 경우 전화선로 12[km]마다 유도전류가 2[μA]를 넘지 아니할 것
② 60[kV]를 초과하는 경우 전화선로 40[km]마다 유도전류가 3[μA]를 넘지 아니할 것

6) 가공 케이블의 시설
① 조가용선에 행가로 시설, 행가의 간격은 0.5[m] 이하
② 금속 테이프 작업시 테이프를 나선형으로 감으며 간격은 0.2[m] 이하
③ 조가용선은 단면적 22[mm²]의 아연도강연선

7) 가공전선의 굵기

구 분	전선의 굵기
저 압	① 사용전압이 400[V] 이하(케이블인 경우 이외) 　• 나전선 : 3.2[mm] 이상의 것 　• 절연전선 : 2.6[mm] 이상의 경동선 ② 사용전압이 400[V] 초과(케이블인 경우 이외) 　• 시가지에 시설 : 5[mm] 이상의 경동선 　• 시가지 외에 시설 : 4[mm] 이상의 경동선
고 압	5[mm] 이상 경동선
특고압	22[mm²] 이상 경동연선

8) 가공전선의 안전율
• 경동선 : 2.2 이상
• 기타 전선(연동, AL선) : 2.5 이상

9) 전선로의 경간 제한

지지물	표준경간	저·고압 보안 공사	1종 특고압 보안공사	2·3종 특고압 보안공사
목주, A종	150[m]	100[m]	×	100[m]
B종	250[m]	150[m]	150[m]	200[m]
철탑	600[m]	400[m]	400[m]	400[m]

10) 가공 전선 등의 병행설치

(1) 저·고압 가공 전선의 병가 : 0.5[m] 이상 이격

　(고압에 케이블 사용할 때 0.3[m] 이상)

(2) 특고압 가공 전선과 저·고압 가공전선의 병가 시 이격 거리

전 압	표 준	특고압에 케이블 사용 및 저·고압에 절연전선 또는 케이블 사용
35[kV] 이하	1.2[m] 이상	0.5[m] 이상
35[kV] 초과 100[kV] 미만	2[m] 이상	1[m] 이상

11) 가공 전선의 공용설치(전력선과 약전류 전선 함께 시설)

시설방법	저압	고압
원 칙	0.75[m]	1.5[m]
케이블	0.3[m]	0.5[m]

12) 보호망의 시설

① 특고압 가공전선의 직하에 시설하는 금속선에는 5[mm] 이상의 경동선, 그 밖의 부분에 시설하는 금속선에는 4[mm] 이상의 경동선

② 금속선의 상호간격 1.5[m] 이하

13) 25[kV] 이하인 특고압 가공전선로

(1) 15[kV] 이하

　① 접지도체선의 굵기 : 6[mm^2] 이상의 연동선

　② 접지개소 상호간의 거리 : 300[m] 이하

　③ 각 접지점의 대지 전기저항값은 300[Ω] 이하이고 1[km]마다 중성선과 대지 사이의 합성전기저항은 30[Ω] 이하이어야 한다.

(2) 15[kV]를 초과하고 25[kV] 이하

　① 접지도체선의 굵기 : 6[mm^2] 이상의 연동선

　② 접지개소 상호간의 거리 : 150[m] 이하

　③ 각 접지점의 대지 전기저항값은 300[Ω] 이하이고 1[km]마다 중성선과 대지 사이의 합성전기저항은 15[Ω] 이하이어야 한다.

14) 지중 전선로

지중 전선로는 전선에 케이블을 사용하고 또한 관로식·암거식(暗渠式) 또는 직접 매설식에 의하여 시설하여야 한다.

(1) 관로식

　① 중량을 받지 않는 곳 : 0.6[m] 이상

　② 기타 : 1.0[m] 이상 매설

(2) 직접 매설식
　① 중량을 받는 지역 : 1.0[m] 이상
　② 기타 : 0.6[m] 이상 매설
(3) 지중 전선과 지중약전류전선 등 또는 관과의 접근 또는 교차

조 건	전 압	이격거리
지중 약전류 전선과 접근 또는 교차하는 경우	저압 또는 고압	0.3[m]
	특고압	0.6[m]
가연성, 유독성의 유체를 내포하는 관과 접근 또는 교차	특고압	1[m]
	25[kV] 이하, 다중접지방식	0.5[m]
기타의 관과 접근 또는 교차	특고압	0.3[m]

15) 터널 안 전선로

(1) 철도·궤도 또는 자동차도 전용터널 안의 전선로

전 압	전선의 굵기	시공방법	애자공사 시 높이
저 압	인장강도2.30[kN] 이상 또는 2.6[mm] 이상의 경동선의 절연전선	• 합성수지관 공사 • 금속관공사 • 금속제가요전선관공사 • 케이블공사 • 애자공사	노면상, 레일면상 2.5[m] 이상
고 압	인장강도 5.26 kN 이상 또는 4[mm] 이상의 경동선	• 케이블공사 • 애자공사	노면상, 레일면상 3[m] 이상
특고압		• 케이블공사	

(2) 사람이 상시 통행하는 터널 안의 전선로 사용전압은 저압 또는 고압에 한하며, 다음에 따라 시설하여야 한다.

전 압	전선의 굵기	시공방법	애자공사 시 높이
저압	인장강도2.30[kN] 이상 또는 2.6[mm] 이상의 경동선의 절연전선	• 합성수지관 공사 • 금속관공사 • 금속제가요전선관공사 • 케이블공사 • 애자공사	노면상 2.5[m] 이상
고압		• 케이블공사	

14. 기계 기구 시설 및 옥내배선

1) 특고압 배전용 변압기의 시설
　① 변압기의 1차 전압은 35[kV] 이하, 2차는 저압 또는 고압일 것
　② 변압기의 특고압측에 개폐기 및 과전류차단기를 시설할 것

③ 변압기의 2차 전압이 고압인 경우에는 고압측에 개폐기를 시설하고 또한 쉽게 개폐할 수 있도록 할 것

2) 특고압용 기계 기구의 시설

① 기계기구의 주위에 규정에 준하여 울타리·담 등을 시설하는 경우
- 울타리·담 등의 높이 : 2[m] 이상
- 지표면과 울타리·담 등의 하단사이의 간격 : 0.15[m] 이하

② 기계기구를 지표상 5[m] 이상의 높이에 시설하고 충전부분의 지표상의 높이를 표에서 정한 값 이상으로 하고 또한 사람이 접촉할 우려가 없도록 시설하는 경우

사용전압의 구분	울타리·담 등의 높이와 울타리·담 등으로부터 충전 부분까지의 거리의 합계
35[kV] 이하	5[m]
35[kV] 초과 160[kV] 이하	6[m]
160[kV] 초과	• 거리의 합계 = 6 + 단수 × 0.12[m] • 단수 = $\dfrac{\text{사용전압}[kV]-160}{10}$ 단수 계산에서 소수점 이하는 절상

3) 개폐기의 시설

각 극에 설치하여야 하나 다음의 경우에는 예외로 한다.
① 중성선 또는 접지선
② 특고압 가공 전선로로서 다중 접지한 중성선
③ 제어 회로의 조작용 개폐기

4) 개폐기

고압용 또는 특고압용 개폐기로서 부하 전류의 차단 능력이 없는 것은 부하 전류가 통하고 있을 때에는 열리지 않도록 시설해야 한다. 다만, 다음의 경우에는 예외로 한다.

① 개폐기의 조작 위치에 부하 전류의 유무 표시 장치가 있는 경우
② 개폐기의 조작 위치에 전화기 등의 지시 장치가 있는 경우
③ 태블릿(tablet) 등을 사용하는 경우

5) 고압 및 특고압 전로 중의 과전류 차단기의 시설

① 고압용 포장 퓨즈 : 정격 전류의 1.3배에 견디고 2배의 전류에 120분 안에 용단
② 고압용 비포장 퓨즈 : 정격 전류의 1.25배에 견디고 2배의 전류에 2분 안에 용단

6) 과전류 차단기의 시설제한

① 접지공사의 접지선
② 다선식 전로의 중성선
③ 접지 공사를 한 저압 가공 전선로의 접지측 전선

7) 지락 차단 장치의 시설

특고압전로 또는 고압전로에 변압기에 의하여 결합되는 사용전압 400[V] 초과의 저압전로 또는 발전기에서 공급하는 사용전압 400[V] 초과의 저압전로에 시설

8) 피뢰기 등의 시설

① 발·변전소 또는 이에 준하는 장소의 가공 전선 인입구 및 인출구
② 가공 전선로에 접속하는 배전용 변압기의 고압측 및 특고압측
③ 고압·특고압 가공 전선로로 공급 받는 수용 장소의 인입구
④ 가공 전선과 지중 전선이 접속되는 곳
⑤ 설치 적용 제외
  - 가공 전선이 짧은 경우
  - 피보호 기기가 보호 범위 내에 위치하는 경우

9) 피뢰기의 접지

고압 및 특고압의 전로에 시설하는 피뢰기 접지저항 값은 10[Ω] 이하

15. 발전소, 변전소, 개폐소 등의 보호장치

1) 기기의 보호장치

기기의 종류	용량	사고의 종류	보호장치
발전기		과전류나 과전압	자동차단장치
	100[kVA] 이상	풍차 압유장치 유압의 현저한 저하	
	500[kVA] 이상	수차 압유장치 유압의 현저한 저하	
	2,000[kVA] 이상	수차 발전기 스러스트 베어링 과열	
	10,000[kVA] 이상	내부고장	
	10,000[kW] 초과	증기터빈 베어링의 마모, 과열	
특고압용 변압기	5,000[kVA] 이상 10,000[kVA] 미만	변압기의 내부고장	자동차단장치 또는 경보장치
	10,000[kVA] 이상	변압기의 내부고장	자동차단장치
	타냉식 변압기	냉각장치고장	경보장치
전력용 콘덴서 및 분로리액터	500[kVA] 초과 15,000[kVA] 미만	내부고장 또는 과전류	자동차단장치
	15,000[kVA] 이상	내부고장 및 과전류 또는 과전압	
조상기	15,000[kVA] 이상	내부고장	

2) 발·변전소의 계측 장치

① 발전기·연료전지 또는 태양전지 모듈의 전압 및 전류 또는 전력
② 발전기의 베어링 및 고정자의 온도
③ 주요 변압기의 전압 및 전류 또는 전력
④ 특고압용 변압기의 온도

16. 전력보안 통신설비

1) 시설장소(발전소, 변전소 및 변환소)
① 원격감시제어가 되지 않는 발전소·원격 감시제어가 되지 아니하는 변전소, 개폐소, 전선로 및 이를 운용하는 급전소(분소) 간
② 2 이상의 급전소(분소) 상호 간
③ 발·변전소 등과 긴급연락이 필요한 기상대, 측후소, 소방서 및 방사선 감시계측 시설물 등
④ 동일 전력계통의 발전소, 변전소, 발·변전 제어소 및 개폐소 상호

2) 높이와 이격거리

(1) 전력 보안 가공통신선의 높이

시설 장소		지상고	비고
도로(차도)	일반적인 경우	5.0[m] 이상	지표상
	교통에 지장을 안 주는 경우	4.5[m] 이상	지표상
철도 또는 궤도 횡단 시		6.5[m] 이상	레일면상
횡단보도교 위		3.0[m] 이상	그 노면상
기타		3.5[m] 이상	

(2) 가공전선로의 지지물에 시설하는 통신선 또는 이에 직접 접속하는 가공 통신선의 높이

시설 장소		가공전선로의 지지물에 시설	
		고·저압	특고압
도로(차도)	일반적인 경우	6[m] 이상	6[m] 이상
	교통에 지장을 안 주는 경우	5[m] 이상	
철도 횡단(레일면상)		6.5[m] 이상	6.5[m] 이상
횡단보도교 위	노면상	3.5[m] 이상	5[m] 이상
	절연전선 사용	3[m] 이상	
	광섬유 케이블 사용		4[m] 이상
기타	일반적인 경우(절연전선 사용)	4[m] 이상	5[m] 이상
	광섬유 케이블 사용	3.5[m] 이상	

(3) 가공전선과 첨가 통신선과의 이격거리

통신선은 가공전선의 아래에 시설할 것.

가공전선		통신선		
		일반	절연전선	광섬유케이블
중성선	25[kV] 이하, 다중 접지 중성선	0.6[m] 이상		
저압 가공전선	절연전선 또는 케이블	0.6[m] 이상	0.3[m] 이상	
	인입선			0.15[m] 이상
고압 가공전선	케이블	0.6[m] 이상	0.3[m] 이상	
특고압 가공전선	케이블	1.2[m] 이상	0.3[m] 이상	
	25[kV] 이하, 다중 접지방식	0.75[m] 이상		

2025
CBT 복원문제

Industrial Engineer Electricity

동일출판사 홈페이지에서
무료 동영상강의를 보실 수 있습니다.

2025년 1회 (CBT 복원문제)

20년간 전기산업기사필기

▶ 동일출판사 홈페이지에서 무료 동영상강의를 보실 수 있습니다.

1과목 전기자기

01 전기력선의 성질이 아닌 것은?
① 전기력선은 도체내부에 존재한다.
② 전기력선은 등전위면인 도체표면과 수직으로 출입한다.
③ 전기력선은 그 자신만으로 폐곡선이 되는 일이 없다.
④ 1[C]의 단위전하에는 $\frac{1}{\epsilon_0}$개의 전기력선이 출입한다.

풀이 전기력선의 성질은 다음과 같다.
① 전기력선은 정전하에서 시작하여 부전하에서 그친다.
② 전하가 없는 곳에서는 전기력선의 발생, 소멸이 없고 연속적이다.
③ 전위가 높은 점에서 낮은 점으로 향한다.
④ 그 자신만으로 폐곡선이 되는 일은 없다.
⑤ 전계가 0이 아닌 곳에서는 2개의 전기력선은 교차하지 않는다.
⑥ **도체 내부에는 전기력선이 없다.**
⑦ 수직 단면의 전기력선 밀도는 전계의 세기이고(1[개/m²]=1[N/C]), 전기력선의 접선 방향은 전계의 방향이다.
⑧ 도체면(등전위면)에서 전기력선은 수직으로 출입한다.
⑨ 단위 전하 ±1[C]에서는 $1/\epsilon_0$개의 전기력선이 출입한다.

답 ①

02 비유전율이 2.4인 유전체 내의 전계의 세기가 100[mV/m]이다. 유전체에 저축되는 단위체적 당 정전에너지는 몇 [J/m³]인가?
① 1.06×10^{-13}
② 1.77×10^{-13}
③ 2.32×10^{-13}
④ 2.32×10^{-11}

풀이 단위 체적 당 정전에너지 $w = \frac{ED}{2} = \frac{1}{2}\epsilon E^2 = \frac{1}{2}\frac{D^2}{\epsilon}$ [J/m³] 식에서
$w = \frac{1}{2}\epsilon_o\epsilon_s E^2 = \frac{1}{2} \times 2.4 \times 8.855 \times 10^{-12} \times (100 \times 10^{-3})^2 = 1.06 \times 10^{-13}$ [J/m³]

답 ①

03 질량이 m[kg]인 작은 물체가 전하 Q[C]를 가지고 중력 방향과 직각인 무한도체평면 아래쪽 d[m]의 거리에 놓여 있다. 정전력이 중력과 같게 되는데 필요한 Q[C]의 크기는?
① $d\sqrt{\pi\epsilon_o mg}$
② $\frac{d}{2}\sqrt{\pi\epsilon_o mg}$
③ $2d\sqrt{\pi\epsilon_o mg}$
④ $4d\sqrt{\pi\epsilon_o mg}$

풀이 전기영상법에 의해

$$F = \frac{Q^2}{4\pi\epsilon_0 r^2} = \frac{Q^2}{4\pi\epsilon_0 (2d)^2} = \frac{Q^2}{16\pi\epsilon_0 d^2} = mg [N]$$

$$\therefore Q = \sqrt{16\pi\epsilon_0 d^2 mg} = 4d\sqrt{\pi\epsilon_0 mg} [C]$$

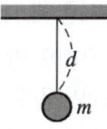

답 ④

04 다음 식들 중 옳지 못한 것은?

① 라플라스(Laplace)의 방정식 $\nabla^2 V = 0$

② 발산정리 $\oint_S A dS = \int_v \text{div} A dv$

③ 푸아송(poisson's)의 방정식 $\nabla^2 V = \frac{\rho}{\epsilon_o}$

④ 가우스(Gauss)의 정리 $\text{div} D = \rho$

풀이 푸아송의 방정식 : 전위와 공간 전하밀도의 관계

$$\nabla^2 V = -\frac{\rho}{\epsilon}\left(= -\frac{\rho}{\epsilon_0 \epsilon_s}\right)$$

답 ③

05 평행판 콘덴서의 판 사이에 비유전률 ϵ_s의 유전체를 삽입하였을 때의 정전용량은 진공일 때보다 어떻게 되는가?

① ϵ_s배로 증가

② $\pi\epsilon_s$배로 증가

③ $\frac{1}{\epsilon_s}$로 감소

④ $(\epsilon_s + 1)$배로 증가

풀이 평행판 콘덴서의 정전용량 $C = \frac{\epsilon_0 \epsilon_s A}{d}$ [F]

즉 정전용량은 유전율(비유전율)에 비례하므로 진공일 때보다 ϵ_s배 증가한다.

답 ①

06 압전기현상에서 분극이 응력과 같은 방향으로 발생하는 현상을 무슨 효과라 하는가?

① 종효과
② 횡효과
③ 역효과
④ 간접효과

풀이 결정에 가한 기계적 응력과 전기 분극이 동일 방향으로 발생하는 경우를 종효과, 수직 방향으로 발생하는 경우를 횡효과라 한다.

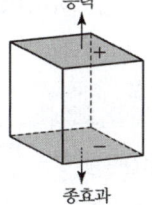
종효과

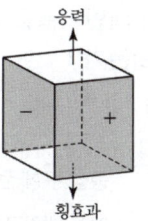
횡효과

답 ①

07 자기회로의 자기저항에 대한 설명으로 옳은 것은?
① 자기회로의 길이에 반비례한다.
② 자기회로의 단면적에 비례한다.
③ 비투자율에 반비례한다.
④ 길이의 제곱에 비례하고, 단면적에 반비례한다.

풀이 자기 저항 $R = \dfrac{l}{\mu_0 \mu_s S}$ [AT/Wb]이므로 자기 저항은 길이에 비례하고, 비투자율과 단면적에 반비례한다.

답 ③

08 어떤 TV 방송의 전자파의 주파수를 190[MHz]의 평면파로 보고 $\mu_s = 1$, $\epsilon_s = 64$인 물속에서의 전파 속도[m/s]와 파장[m]을 구하면?
① $v = 0.375 \times 10^8$, $\lambda = 0.19$
② $v = 2.33 \times 10^8$, $\lambda = 0.21$
③ $v = 0.87 \times 10^8$, $\lambda = 0.17$
④ $v = 0.425 \times 10^8$, $\lambda = 1.2$

풀이
- 전파속도 $v = \dfrac{c}{\sqrt{\epsilon_s \mu_s}} = \dfrac{3 \times 10^8}{\sqrt{64 \times 1}} = 0.375 \times 10^8$ [m/s]
- 파장 $\lambda = \dfrac{v}{f} = \dfrac{0.375 \times 10^8}{190 \times 10^6} = 0.19$ [m]

답 ①

09 10[mH] 인덕턴스 2개가 있다. 결합계수를 0.1로부터 0.9까지 변화시킬 수 있다면 이것을 직렬 접속시켜 얻을 수 있는 합성인덕턴스의 최댓값과 최솟값의 비는?
① 9 : 1 ② 13 : 1 ③ 16 : 1 ④ 19 : 1

풀이 결합 계수 $k = 0.9$일 때 합성 인덕턴스 L_+, L_-의 최댓값, 최솟값의 비가 크므로
$k = 0.9$
$M = k\sqrt{L_1 L_2} = 0.9\sqrt{10 \times 10} = 9$ [mH]
$L_{+\,MAX} = L_1 + L_2 + 2M = 10 + 10 + 2 \times 9 = 38$ [mH]
$L_{-\,MIN} = L_1 + L_2 - 2M = 10 + 10 - 2 \times 9 = 2$ [mH]
$L_{+\,MAX} : L_{-\,MIN} = 38 : 2 = 19 : 1$

답 ④

10 내구의 반지름이 a[m], 외구의 내반지름이 b[m]인 동심 구형 콘덴서의 내구의 반지름과 외구의 내반지름을 각각 $2a$[m], $2b$[m]로 증가시키면 이 동심구형 콘덴서의 정전용량은 몇 배로 되는가?
① 1 ② 2 ③ 3 ④ 4

풀이 동심 구형 콘덴서의 정전용량 $C = \dfrac{4\pi\epsilon_0 ab}{b - a}$ [F]
에서 내외구의 반지름을 2배로 늘린 경우의 정전용량을 C'라 하면
$\therefore C' = \dfrac{4\pi\epsilon_0 (2a)(2b)}{(2b - 2a)} = \dfrac{4\pi\epsilon_0 ab}{b - a} \times 2 = 2C$

답 ②

11 전기기기의 철심(자심)재료로 규소강판을 사용하는 이유는?

① 동손을 줄이기 위해
② 와전류손을 줄이기 위해
③ 히스테리시스손을 줄이기 위해
④ 제작을 쉽게 하기 위하여

풀이
- 규소 강판 : 히스테리시스손 감소
- 성층 철심 : 와류손 감소

답 ③

12 유전율이 각각 ϵ_1, ϵ_2인 두 유전체가 접해 있다. 각 유전체 중의 전계 및 전속밀도가 각각 E_1, D_1 및 E_2, D_2이고, 경계면에 대한 입사각 및 굴절각이 θ_1, θ_2일 때 경계 조건으로 옳은 것은?

① $\dfrac{E_2}{E_1} = \dfrac{\sin\theta_2}{\sin\theta_1}$

② $\dfrac{\cos\theta_2}{\cos\theta_1} = \dfrac{D_2}{D_1}$

③ $\dfrac{\tan\theta_2}{\tan\theta_1} = \dfrac{\epsilon_2}{\epsilon_1}$

④ $\tan\theta_2 - \tan\theta_1 = \epsilon_1 \epsilon_2$

풀이
- 전속밀도의 법선성분(수직 성분)이 같다. ($D_1\cos\theta_1 = D_2\cos\theta_2$)
- 전계는 접선성분(평행 성분)이 같다. ($E_1\sin\theta_1 = E_2\sin\theta_2$)
- 두 경계면에서의 전위는 서로 같다. ($V_1 = V_2$)
- $\epsilon_1 > \epsilon_2$이면, $\theta_1 > \theta_2$이다.
- $\dfrac{\tan\theta_1}{\tan\theta_2} = \dfrac{\epsilon_1}{\epsilon_2}$

답 ③

13 평면도체로부터 수직거리 a[m]인 곳에 점전하 Q[C]가 있다. Q와 평면도체 사이에 작용하는 힘은 몇 [N]인가? (단, 평면도체 오른편을 유전율 ϵ의 공간이라 한다.)

① $-\dfrac{Q^2}{16\pi\epsilon a^2}$

② $-\dfrac{Q^2}{8\pi\epsilon a^2}$

③ $-\dfrac{Q^2}{4\pi\epsilon a^2}$

④ $-\dfrac{Q^2}{2\pi\epsilon a^2}$

풀이 점전하 Q[C]과 무한 평면도체간의 작용력[N]은 영상전하 $-Q$[C]과의 작용력[N]이므로

$F = \dfrac{-Q^2}{4\pi\epsilon(2a)^2}$[N] $= \dfrac{-Q^2}{16\pi\epsilon a^2}$[N]

(여기서, (−)는 흡인력이다.)

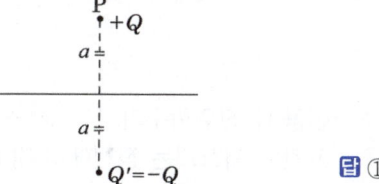

답 ①

14 자유 전자 e가 전계 E중을 열에너지에 의해 진동하고 있는 원자와 충돌하면서 운동하는 경우 평균 자유 시간을 τ라 하면 도전율 σ는 얼마인가? 단, 자유 전자의 밀도는 n, 질량은 m이라 한다.

① $\dfrac{ne\tau}{2m}$

② $\dfrac{ne^2\tau}{2m}$

③ $\dfrac{ne\tau}{m}$

④ $\dfrac{ne^2\tau}{m}$

풀이 충돌과 충돌 사이에서 전하의 운동 방정식

$$m\frac{dv}{dt}=eE, \quad \frac{dv}{dt}=\frac{eE}{m} \quad \therefore v=\frac{eE}{m}t+v(0)$$

이 식에서 충돌시 초기 속도 $v(0)=0$, 충돌과 충돌 사이의 시간 $t=\tau$를 대입하면 속도 v는 다음과 같이 된다.

$$v=\frac{eE}{m}\tau$$

따라서 전류밀도 $i=nev=\sigma E$의 관계식으로부터

$$ne\times\frac{eE}{m}\tau=\sigma E \quad \therefore \sigma=\frac{ne^2}{m}\tau$$

답 ④

15 진공 중에 놓인 3[μC]의 점전하에서 3[m] 되는 점의 전계는 몇 [V/m]인가?

① 100   ② 1000   ③ 300   ④ 3000

풀이 점의 전계

$$E=\frac{Q}{4\pi\epsilon_0 r^2}=9\times 10^9\times\frac{Q}{r^2}=9\times 10^9\times\frac{3\times 10^{-6}}{3^2}=3000[\text{V/m}]$$

답 ④

16 그림과 같은 자속밀도 100[Wb/m²]의 평등자계 내에 한 변이 10[cm]인 정방향 회로가 자계와 직각인 중심축 둘레를 매분 3600 회전할 때 이 회로의 유기기전력은 몇 [V]인가? 단, 권선수는 1이라고 한다.

① $60\pi\sin(60\pi t)$
② $60\pi\cos(60\pi t)$
③ $120\pi\sin(120\pi t)$
④ $120\pi\cos(120\pi t)$

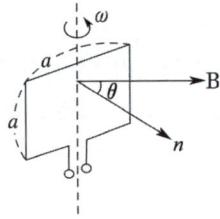

풀이 $e=-\frac{d\phi}{dt}=-\frac{d}{dt}a^2 B\cos\omega t=\omega a^2 B\sin\omega t$

$$=\frac{2\pi\times 3600}{60}\times(10\times 10^{-2})^2\times 100\times\sin\frac{2\pi\times 3600}{60}t$$

$$=120\pi\sin 120\pi t[\text{V}]$$

답 ③

17 진공 내 전위함수가 $V=x^2+y^2$[V]로 주어졌을 때, $0\le x\le 1, 0\le y\le 1, 0\le z\le 1$인 공간에 저장되는 정전에너지[J]는?

① $\frac{4}{3}\epsilon_0$ ② $\frac{2}{3}\epsilon_0$ ③ $4\epsilon_0$ ④ $2\epsilon_0$

풀이
- 전계의 세기 $\boldsymbol{E}=-\nabla V=-\left(\frac{\partial V}{\partial x}\boldsymbol{i}+\frac{\partial V}{\partial y}\boldsymbol{j}+\frac{\partial V}{\partial z}\boldsymbol{k}\right)=-2x\boldsymbol{i}-2y\boldsymbol{j}$ [V/m]
- 전계의 세기의 크기 $E=|\boldsymbol{E}|=\sqrt{(2x)^2+(2y)^2}=2\sqrt{x^2+y^2}$

따라서 공간에 저장되는 정전에너지 W는

$$W=\frac{1}{2}\int_v\epsilon_0 E^2 dv=\frac{1}{2}\int_v\epsilon_0\left(2\sqrt{x^2+y^2}\right)^2 dv=\frac{4\epsilon_0}{2}\int_0^1\int_0^1\int_0^1(x^2+y^2)dxdydz=\frac{4}{3}\epsilon_0[\text{J}]$$

참고 3중적분

$$\int_0^1 \int_0^1 \int_0^1 (x^2+y^2)dxdydz = \int_0^1 \int_0^1 \left[\frac{x^3}{3}+y^2 x\right]_0^1 dydz = \int_0^1 \int_0^1 \left(\frac{1}{3}+y^2\right)dydz$$
$$= \int_0^1 \left[\frac{y}{3}+\frac{y^3}{3}\right]_0^1 dz = \int_0^1 \frac{2}{3}dz = \left[\frac{2z}{3}\right]_0^1 = \frac{2}{3}$$

답 ①

18 내압과 용량이 각각 200[V] 5[μF], 300[V] 4[μF], 400[V] 3[μF], 500[V] 3[μF]인 4개의 콘덴서를 직렬연결하고, 양단에 직류전압을 가하여 전압을 서서히 상승시키면 최초로 파괴되는 콘덴서는? (단, 콘덴서의 재질이나 형태는 동일하다.)

① 200[V] 5[μF]
② 300[V] 4[μF]
③ 400[V] 3[μF]
④ 500[V] 3[μF]

풀이 직렬회로에서 각 콘덴서의 전하용량이 작을수록 빨리 파괴된다.
- $Q_1 = C_1 \times V_1 = 5 \times 10^{-6} \times 200 = 1 \times 10^{-3}$[C]
- $Q_2 = C_2 \times V_2 = 4 \times 10^{-6} \times 300 = 1.2 \times 10^{-3}$[C]
- $Q_3 = C_3 \times V_3 = 3 \times 10^{-6} \times 400 = 1.2 \times 10^{-3}$[C]
- $Q_4 = C_4 \times V_4 = 3 \times 10^{-6} \times 500 = 1.5 \times 10^{-3}$[C]

따라서 전하용량이 $Q_4 > Q_3 = Q_2 > Q_1$ 이므로 **전하용량이 가장 작은 200[V] 5[μF]의 콘덴서가 가장 빨리 파괴**된다.

답 ①

19 내구의 반지름이 6[cm], 외구의 반지름이 8[cm]인 동심구 콘덴서의 외구를 접지하고 내구에 전위 1800[V]를 가했을 경우 내구에 충전된 전기량은 몇 [C]인가?

① 2.8×10^{-8}
② 3.8×10^{-8}
③ 4.8×10^{-8}
④ 5.8×10^{-8}

풀이 전기량 $Q = \dfrac{4\pi\epsilon_0 V}{\dfrac{1}{a}-\dfrac{1}{b}} = \dfrac{\dfrac{1}{9\times 10^9}\times 1800}{\dfrac{1}{6\times 10^{-2}}-\dfrac{1}{8\times 10^{-2}}} = 4.8 \times 10^{-8}$[C]

답 ③

20 변압기에서 철심의 자속밀도 $B=1.2$[Wb/m^2]인 경우 히스테리시스손과 와류손은 각각 최대 자속 밀도의 몇 승에 비례하는가?

① 히스테리시스손 : 1.6, 와류손 : 1.6
② 히스테리시스손 : 1.6, 와류손 : 2
③ 히스테리시스손 : 2, 와류손 : 1.6
④ 히스테리시스손 : 1, 와류손 : 1

풀이 ① 히스테리시스손
- $B=1.2$[Wb/m^2]인 경우 $P_h \propto fB_m^{1.6}$
- $B=1.2 \sim 1.5$[Wb/m^2]인 경우 $P_h \propto fB_m^2$

② 와류손 $P_e \propto f^2 B_m^2$
(여기서, f : 주파수[Hz], B_m : 최대 자속 밀도[Wb/m^2])

답 ②

2과목　전력공학

21 수전 용량에 비해 첨두부하가 커지면 부하율은 그에 따라 어떻게 되는가?

① 높아진다.
② 낮아진다.
③ 변하지 않고 일정하다.
④ 부하의 종류에 따라 달라진다.

풀이 부하율 = $\dfrac{평균전력}{최대전력} \times 100$ 에서 첨두부하가 커지면 부하율은 낮아진다.

답 ②

22 단거리 송전선의 4단자 정수 A, B, C, D 중 그 값이 0인 정수는?

① A　　② B　　③ C　　④ D

풀이 단거리 송전선로
① 단거리 송전선로에서는 선로길이가 짧은 관계로 선로 정수로서 저항과 인덕턴스만을 생각한다.
즉 $Y = G + j\omega C$ [℧]를 무시한 상태에서 집중정수회로로 취급하여 특성을 해석한다.
② 4단자 정수
$\begin{bmatrix} A & B \\ C & D \end{bmatrix} = \begin{bmatrix} 1 & Z \\ 0 & 1 \end{bmatrix}$
A : 전압비, B : 임피던스, C : 어드미턴스, D : 전류비

답 ③

23 최대 출력 350[MW], 평균부하율 80[%]로 운전되고 있는 화력발전소의 10일간 중유 소비량이 1.6×10^7[L]라고 하면 발전단에서의 열효율은 몇 [%]인가? (단, 중유의 열량은 10000 [kcal/L]이다.)

① 35.3　　② 36.1　　③ 37.8　　④ 39.2

풀이 열효율 $\eta = \dfrac{860W}{mH} = \dfrac{860 \times 350 \times 10^6 \times 0.8 \times 24}{\dfrac{1.6 \times 10^7}{10} \times 10000 \times 10^3} \times 100 = 36.12[\%]$

여기서, W : 발전 전력량[kWh], m : 연료 소비량 [kg], H : 연료의 발열량 [kcal/kg]

답 ②

24 변류기 개방 시 2차 측을 단락하는 이유는?

① 2차 측 절연 보호　　② 2차 측 과전류 보호
③ 측정오차 방지　　④ 1차 측 과전류 방지

풀이 변류기의 2차 측을 개방하면 1차 전류가 모두 여자전류가 되어 2차 권선에 매우 높은 전압이 유기되어 절연이 파괴되고 소손될 염려가 있다. 따라서 변류기를 개방할 때는 반드시 변류기 2차 측을 단락하여야 한다.

답 ①

25
유효저수량 200000[m³], 평균유효낙차 100[m], 발전기출력 7500[kW]이다. 1대를 운전할 경우 약 몇 시간 정도 발전할 수 있는가? (단, 발전기 및 수차의 합성효율은 85[%]이다.)

① 4　　　　　② 5　　　　　③ 6　　　　　④ 7

풀이 출력 $P = 9.8QH\eta_t\eta_g$[kW], $Q = \dfrac{V}{t}$[m³/s]에서

출력 $P = 9.8 \times \dfrac{V}{t} \times H\eta_t\eta_g$[kW] 이므로 $7500 = 9.8 \times \dfrac{200000}{T \times 60 \times 60} \times 100 \times 0.85$

$\therefore T = \dfrac{9.8 \times 200000 \times 100 \times 0.85}{7500 \times 60 \times 60} = 6.17$[시간]　　　　**답** ③

26
동일한 전압에서 동일한 전력을 송전할 때 역률을 0.8에서 0.9로 개선하면 전력손실은 약 몇 [%] 정도 감소하는가?

① 5　　　　　② 10　　　　　③ 20　　　　　④ 40

풀이 전력손실 $P_l = \dfrac{R \cdot P^2}{V^2 \cos^2\theta} \propto \dfrac{1}{\cos^2\theta}$ 이므로

$\dfrac{P_l'}{P_l} = \dfrac{\frac{1}{0.9^2}}{\frac{1}{0.8^2}} = \left(\dfrac{0.8}{0.9}\right)^2 \rightarrow P_l' = \left(\dfrac{0.8}{0.9}\right)^2 P_l = 0.79 P_l$

$\therefore 21$[%] 감소한다.　　　　**답** ③

27
다음 보호계전기 회로에서 박스 (A) 부분의 명칭은?

① 차단코일
② 영상변류기
③ 계기용변류기
④ 계기용변압기

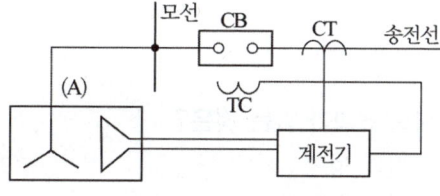

풀이 계기용 변압기(PT) : 고전압을 저전압으로 변성하여 계기나 계전기에 공급하기 위한 목적으로 사용되며 2차측 정격전압은 110[V]이다.　　　　**답** ④

28
수조와 방수로간의 총낙차를 35[m], 수차가 전부하의 경우 수차에 취부한 수압계의 지시 2.8[kg/cm²], 흡출관의 진공계의 지시는 4[m]라고 한다. 손실 낙차는 몇 [m]인가?

① 1.8　　　　　② 3.0　　　　　③ 4.0　　　　　④ 6.8

풀이 손실 낙차는 총 낙차에서 수차에 실제로 작용하는 유효낙차(압력수두, 진공수두 등)를 뺀 것이다.
- 압력수두 : 1[kg/cm²] = 1[m] 이므로, 2.8[kg/cm²]의 수압을 낙차로 환산하면 $2.8 \times 10 = 28$[m]
- 진공수두 : 4[m]

따라서 손실 낙차 $H_f = 35 - (28 + 4) = 3$[m]　　　　**답** ②

29 22.9[kV]로 수전하는 자가용 전기설비가 있다. 수전점에 설치한 차단기의 차단용량이 520 [MVA]일 때 차단기의 정격차단전류는 약 몇 [kA]인가?

① 3.5   ② 5.5   ③ 8.5   ④ 12.5

풀이 차단기의 차단용량 $P_s = \sqrt{3}\,VI_s$ 이므로

차단전류 $I_s = \dfrac{P_s}{\sqrt{3}\,V} = \dfrac{520 \times 10^3}{\sqrt{3} \times 22.9 \times \dfrac{1.2}{1.1}} \times 10^{-3} = 12.02\,[\text{kA}]$

답 ④

---

30 원자로는 화력 발전소의 어느 부분과 같은가?

① 내열기   ② 복수기   ③ 보일러   ④ 과열기

풀이 원자로란 제어된 상태에서 핵분열 연쇄 반응을 일으키도록 한 장치로서 화력 발전소의 보일러와 같은 것으로, 핵분열 반응에 참여하는 중성자 에너지 영역이 주로 고에너지인가, 중에너지인가 혹은 저에너지인가에 따라서 고속 중성자로, 중속 중성자로, 열중성자로 나뉜다.

답 ③

---

31 선로의 특성 임피던스에 대한 설명으로 알맞은 것은?

① 선로의 길이에 비례한다.
② 선로의 길이에 반비례한다.
③ 선로의 길이에 관계없이 일정하다.
④ 선로의 길이보다 부하에 따라 변화한다.

풀이 선로의 특성 임피던스 $Z_0 = \sqrt{\dfrac{L}{C}}$: 길이에 무관하다.

답 ③

---

32 연가를 해도 효과가 없는 것은?

① 직렬공진의 방지   ② 통신선의 유도장해 감소
③ 대지정전용량의 감소   ④ 선로정수의 평형

풀이 연가의 효과
① 선로정수평형   ② 임피던스평형
③ 소호리액터 접지 시 **직렬공진방지**   ④ **유도장해감소**

답 ③

---

33 송전선로에 낙뢰를 방지하기 위하여 설치하는 것은?

① 댐퍼   ② 초호환   ③ 가공지선   ④ 애자

풀이 ① 댐퍼 : 전선의 진동 방지
② 초호환 : 섬락으로부터 애자련의 보호, 애자련의 전압 분포 개선
③ 가공지선 : 뇌의 차폐
④ 애자 : 전선을 지지하고 절연

답 ③

34 250[mm] 현수 애자 10개를 직렬로 접속한 애자연의 건조 섬락 전압이 590[kV]이고 연효율(string efficiency) 0.74이다. 현수 애자 한 개의 건조 섬락 전압은 약 몇 [kV]인가?

① 80   ② 90   ③ 100   ④ 120

풀이 연효율(string efficiency) $\eta = \dfrac{V_n}{nV_1}$ 이므로

(여기서, V_n : 애자련의 섬락전압, n : 애자련의 애자개수, V_1 : 애자 1개의 섬락전압)

∴ $V_1 = \dfrac{V_n}{n\eta} = \dfrac{590}{10 \times 0.74} ≒ 80[kV]$

답 ①

35 송전단전압이 3300[V], 수전단전압은 3000[V]이다. 수전단의 부하를 차단한 경우, 수전단전압이 3200[V]라면 이 회로의 전압변동률은 약 몇 [%]인가?

① 3.25   ② 4.28   ③ 5.67   ④ 6.67

풀이 전압변동률 = $\dfrac{무부하\ 시의\ 전압 - 정격전압}{정격전압} \times 100$

$= \dfrac{3200 - 3000}{3000} \times 100 = 6.67[\%]$

답 ④

36 전력계통에서의 안정도란 주어진 운전 조건하에서 계통이 안정하게 운전을 계속할 수 있는가의 능력을 말한다. 다음 중 안정도의 구분에 포함되지 않는 것은?

① 동태 안정도   ② 과도 안정도
③ 정태 안정도   ④ 동기 안정도

풀이 안정도의 종류
① 정태 안정도(static stability) : 송전 계통이 불변 부하 또는 극히 서서히 증가하는 부하에 대하여 계속적으로 송전할 수 있는 능력을 정태 안정도로 하고, 안정도를 유지할 수 있는 극한의 송전 전력을 정태 안정 극한 전력이라고 한다.
② 과도 안정도(transient stability) : 계통에 갑자기 고장 사고와 같은 급격한 외란이 발생하였을 때에도 탈조하지 않고 새로운 평형 상태를 회복하여 송전을 계속할 수 있는 능력을 과도 안정도라 하고 이 경우의 극한 전력을 과도 안정 극한 전력이라고 한다.
③ 동태 안정도(dynamic stability) : 고속 자동 전압조정기로 동기기의 여자전류를 제어 할 경우의 정태 안정도를 특히 동태 안정도라 한다.

답 ④

37 변압기 보호용 비율차동계전기를 사용하여 △-Y 결선의 변압기를 보호하려고 한다. 이때 변압기 1, 2차측에 설치하는 변류기의 결선 방식은? (단, 위상 보정기능이 없는 경우이다.)

① △-△   ② △-Y   ③ Y-△   ④ Y-Y

풀이 변압기 보호용 계전기는 비율차동계전기가 사용되며 변압기 1차와 2차간의 변위를 보정하기 위하여 **변류기의 결선은 변압기의 결선과 반대로** 한다.
즉, 변압기 결선이 △-Y이면 변류기 결선은 Y-△로 한다.

답 ③

38 3상 1회선과 대지 간의 충전전류가 1[km]당 0.25[A]일 때 길이가 18[km]인 선로의 충전전류는 몇 [A]인가?

① 1.5　　② 4.5　　③ 13.5　　④ 40.5

풀이　충전전류 $I_c = 0.25[\text{A/km}] \times 18[\text{km}] = 4.5[\text{A}]$

답 ②

39 차단기의 개폐에 의한 이상전압의 크기는 대부분의 경우 송전선 대지전압의 최고 몇 배 정도인가?

① 2배　　② 4배　　③ 6배　　④ 8배

풀이　개폐서지의 크기는 선로의 길이, 차단기의 성능 및 중성점접지방식에 따라 차이는 있으나 대부분의 경우 상규 대지전압의 4배를 넘는 경우는 거의 없다.

답 ②

40 3상 1회선 송전선로의 소호 리액터의 용량[kVA]은?

① 선로 충전 용량과 같다.
② 선간 충전 용량의 1/2이다.
③ 3선 일괄의 대지 충전 용량과 같다.
④ 1선과 중성점 사이의 충전 용량과 같다.

풀이　3상 1회선 소호 리액터 용량

$$P = 3\omega C E^2 = 3\omega C \left(\frac{V}{\sqrt{3}}\right)^2 = \omega C V^2 [\text{kVA}]$$

여기서, C : 1선당의 대지 정전용량, E : 대지전압, V : 선간전압

답 ③

3과목　전기기기

41 8극, 유도기전력 100[V], 전기자전류 200[A]인 직류발전기의 전기자권선을 중권에서 파권으로 변경했을 경우의 유도기전력과 전기자전류는?

① 100[V], 200[A]　　② 200[V], 100[A]
③ 400[V], 50[A]　　④ 800[V], 25[A]

풀이　① 유기기전력
- 중권($a = p$)

$E = \frac{p}{a} z\phi n$에서 8극, 유도기전력 100[V]이면, $100 = \frac{8}{8} \times z\phi n$ → $z\phi n = 100$

- 파권($a = 2$)

$\therefore E = \frac{p}{a} z\phi n = \frac{8}{2} \times 100 = 400[\text{V}]$

② 전기자 전류
  • 중권($a=p$)
    전기자 전류 $I_a = 200$[A]일 때, 각 권선에 흐르는 전류 $i_a = \dfrac{200}{a} = \dfrac{200}{8} = 25$[A]
  • 파권($a=2$)
    $\therefore I_a = ai_a = 2 \times 25 = 50$[A]

답 ③

42 3상 유도전동기에 불평형 3상 전압을 가한 경우 다음 전동기의 특성 중 옳은 것은?

① 영상분 전압은 존재하지 않는다.
② 영상 전압을 고려하여야 한다.
③ 정상 전압과 역상 전압에 의한 회전자계의 방향은 같다.
④ 정상 운전 상태에서 역상분은 제동 작용을 하지 않는다.

풀이 불평형 전압이 가해져도 중성점이 접지되어 있지 않으므로 영상분은 존재하지 않는다. 정상분과 역상분의 회전자계는 서로 반대방향으로 회전하나 정상분에 의한 토크가 더 크므로 전동기는 정상분 회전자계의 회전방향으로 회전한다.

답 ①

43 동기발전기에 회전계자형을 사용하는 이유로 틀린 것은?

① 기전력의 파형을 개선한다.
② 계자가 회전자이지만 저전압 소용량의 직류이므로 구조가 간단하다.
③ 전기자가 고정자이므로 고전압 대전류용에 좋고 절연이 쉽다.
④ 전기자보다 계자극을 회전자로 하는 것이 기계적으로 튼튼하다.

풀이 ① 동기기를 회전 계자형으로 하는 이유
  • 전기자 권선은 전압이 높고 결선이 복잡하며, 대용량으로 되면 전류도 커지고, 3상 권선의 경우에는 4개의 도선을 인출하여야 한다.
  • 계자 회로는 직류의 저압 회로이므로 소요 동력도 작으며, 인출 도선이 2개만 있어도 되기 때문이다.
  • 계자극은 기계적으로 튼튼하게 만드는 데 용이하기 때문이다.
  • 고장 시의 과도 안정도를 높이기 위하여 회전자의 관성을 크게 하기 쉽기 때문이기도 하다.
② 기전력의 파형을 개선하기 위해서는 전기자 권선을 단절권 및 분포권으로 한다.

답 ①

44 일반적인 농형 유도전동기에 관한 설명 중 틀린 것은?

① 2차 측을 개방할 수 없다.
② 2차 측의 전압을 측정할 수 있다.
③ 2차 저항 제어법으로 속도를 제어할 수 없다.
④ 1차 3선 중 2선을 바꾸면 회전방향을 바꿀 수 있다.

풀이 농형 유도전동기의 회전자
농형유도전동기의 회전자(2차 측)는 그림과 같이 회전자 권선이 단락환으로 단락된 구조이므로 2차 측 전압은 측정할 수 없다.

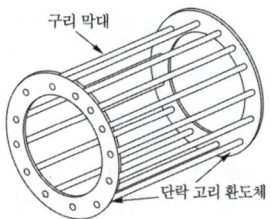

답 ②

45 어떤 IGBT의 열용량은 0.02[J/℃], 열저항은 0.625[℃/W]이다. 이 소자에 직류 25[A]가 흐를 때 전압강하는 3[V]이다. 몇 [℃]의 온도상승이 발생하는가?

① 1.5 ② 1.7 ③ 47 ④ 52

풀이 열저항 $R_\theta = \dfrac{\Delta T}{P}$[℃/W]이므로, (여기서, ΔT : 온도상승범위[℃], P : 손실[W])

따라서 $\Delta T = R_\theta \times P = 0.625 \times 25 \times 3 ≒ 47$[℃]

답 ③

46 단상 유도전압조정기의 원리는 다음 중 어느 것을 응용한 것인가?

① 3권선 변압기
② V결선 변압기
③ 단상 단권변압기
④ 스콧트결선(T결선) 변압기

풀이 **단상 유도전압조정기는** 직렬권선에 대한 분로권선의 위치를 연속적으로 바꾸는 **단상 단권변압기의 일종이**다. 구조는 유도전동기와 비슷하며 고정자와 회전자로 구성되어 있다.

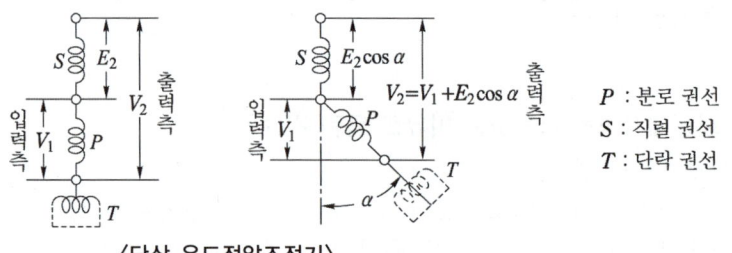

〈단상 유도전압조정기〉

답 ③

47 직류 분권 발전기의 전압확립에 대한 내용으로 틀린 것은?

① 잔류자기에 의해 초기 전압이 발생한다.
② 전압이 상승하면 여자전류도 증가한다.
③ 자기포화가 되면 전압 증가가 느려진다.
④ 회전 방향은 전압 형성에 영향을 주지 않는다.

풀이 자여자 발전기의 전압 확립
① 자여자 발전기에는 잔류자기가 있어 발전기를 회전시키면 소량의 전압이 발생하고, 이 전압이 계자에 전류를 흘려 보내 자속을 증가시켜 전압이 점차 높아진다.
그러나 계자 철심이 자기포화 상태에 이르면 자속 증가가 제한되면서 전압 상승도 서서히 멈추고 일정한 값으로 안정된다.
② 회전방향을 반대로 하면 잔류자기를 소멸시켜 발전이 불가능하다. 즉 전압이 확립되지 않는다. **답** ④

48 3상 동기전동기에 있어서 제동 권선의 역할은?

① 효율을 좋게
② 역률을 개선
③ 난조를 방지
④ 출력을 증가

풀이 제동 권선은 회전 자극 표면에 설치한 유도전동기의 농형 권선과 같은 권선으로서 회전자가 동기속도로 회전하고 있는 동안에는 전압을 유도하지 않으므로 아무런 작용이 없다. 그러나 조금이라도 동기속도를 벗어나면 전기자 자속을 끊어 전압이 유도되어 단락전류가 흐르므로 동기속도로 되돌아가게 된다. 즉, 진동 에너지를 열로 소비하여 진동을 방지한다. 이 제동 권선은 난조 방지에 쓰인다. 답 ③

49 동기발전기의 병렬운전에 필요한 조건이 아닌 것은?
① 기전력의 주파수가 같을 것
② 기전력의 위상이 같을 것
③ 임피던스 및 상회전방향과 각 변위가 같을 것
④ 기전력의 크기가 같은 것

풀이 동기발전기의 병렬운전 조건은 다음과 같다.
① 기전력의 크기가 같을 것
② 기전력의 위상이 같을 것
③ 기전력의 주파수가 같을 것
④ 기전력의 파형이 같을 것
⑤ 상회전방향이 같을 것
답 ③

50 동기기의 과도 안정도를 증가시키는 방법이 아닌 것은?
① 속응 여자방식을 채용한다.
② 동기 탈조계전기를 사용한다.
③ 동기화 리액턴스를 작게 한다.
④ 회전자의 플라이휠 효과를 작게 한다.

풀이 ① 과도 안정도
부하의 급변, 선로의 개폐, 접지, 단락 등의 고장 또는 기타의 원인에 의해서 운전 상태가 급변하여도 계통이 안정을 유지하는 정도를 말한다.
② 동기기의 안정도 증진법
- 동기화 리액턴스를 작게 할 것
- 회전자의 플라이휠 효과를 크게 할 것
- 속응여자방식을 채용할 것
- 발전기의 조속기 동작을 신속히 할 것
- 동기 탈조 계전기를 사용할 것
답 ④

51 다음 중 2방향성 3단자 사이리스터는 어느 것인가?
① TRIAC
② SCR
③ SCS
④ SSS

풀이 각 종 반도체 소자의 비교
① 방향성
- 양방향성(쌍방향성) 소자 : DIAC, TRIAC, SSS
- 역저지(단방향성) 소자 : SCR, LASCR, GTO
② 극(단자) 수
- 2극(단자) 소자 : DIAC, SSS, Diode
- 3극(단자) 소자 : SCR, LASCR, GTO, TRIAC
- 4극(단자) 소자 : SCS
답 ①

52 코일피치와 자극피치의 비를 β라 하면 기본파 기전력에 대한 단절계수는?
① $\sin\beta\pi$
② $\cos\beta\pi$
③ $\sin\dfrac{\beta\pi}{2}$
④ $\cos\dfrac{\beta\pi}{2}$

풀이 단절계수
- $K_p = \sin\frac{\beta\pi}{2}$ (기본파)
- $K_{pn} = \sin\frac{n\beta\pi}{2}$ (n차 고조파)

답 ③

53 변압기의 결선 중에서 1차에 제3고조파가 있을 때 2차에 제3고조파 전압이 외부로 나타나는 결선은?

① Y-Y ② Y-△ ③ △-Y ④ △-△

풀이 △결선이 포함된 변압기에서는 제3고조파가 순환전류가 되어 소멸되나, Y결선만 있는 변압기에서는 제3고조파가 나타난다.

답 ①

54 스테핑전동기의 스텝각이 3°이고, 스테핑주파수(pulse rate)가 1200[pps]이다. 이 스테핑 전동기의 회전속도[rps]는?

① 10 ② 12 ③ 14 ④ 16

풀이
- 1펄스 당 스텝각이 3°이고, 1초당 입력펄스가 1200[pps]이므로, 1초당 스텝각 : 3° × 1200 = 3600°
- 전동기 1회전 당 회전각도 : 360°

따라서 스태핑전동기의 회전속도 : $\frac{3600°}{360°} = 10$[rps]

답 ①

55 교류전압제어기를 전원과 부하회로에 연결된 조광기에 교류 실효전압을 변화시켜서 사용할 수 있는 소자 중 가장 적합한 것은?

① 파워 트랜지스터(Power Transister)
② 트라이액(Triac)
③ 모스 에프이티(MOS-FET)
④ 다이오드(Diode)

풀이 TRIAC은 기능상 2개의 SCR을 역병렬접속한 것으로 양방향으로 도통할 수 있어 교류 실효전압을 변화시켜서 부하를 제어하는 데 적합하다.

답 ②

56 기동 시 회전자의 슬롯수 및 권선법이 적당하지 않은 경우 정격속도보다 낮은 속도에서 안정 운전이 되는 현상을 무엇이라 하는가?

① 난조 ② 게르게스 ③ 크로우링 ④ 자기여자

풀이 균일하지 않은 슬롯 부분의 자기 저항 차이 때문에 공극의 퍼미언스가 일정하지 않고 위치에 따라 변하기 때문에 공극내 자속분포에는 많은 고조파 성분이 있으며 이로 인해 유도전동기에 있어서 정지상태로부터 동기속도의 수 분의 1인 저속도까지 가속하고, 안정하기는 하지만 그 이상은 가속하지 않는 이상한 운전 상태가 발생될 수 있으며 이러한 현상을 크로우링 현상이라 한다.

답 ③

57 3상 권선형 유도 전동기의 2차 회로에 저항을 삽입하는 목적이 아닌 것은?
① 속도는 줄어지지만 최대 토크를 크게 하기 위하여
② 속도 제어를 하기 위하여
③ 기동 토크를 크게 하기 위하여
④ 기동 전류를 줄이기 위하여

풀이
- 최대 토크 $T_m \propto \dfrac{V^2}{2x_2}$: 2차 저항에 무관
- 최대 토크를 발생하는 슬립 $s_m \fallingdotseq \pm \dfrac{r_2}{x_2}$: 2차 저항에 비례

따라서, 3상 유도 전동기의 **최대 토크의 크기는 2차저항** r_2 와 **슬립** s 에 관계없이 항상 일정하고 다만 최대 토크가 발생하는 슬립점이 2차 회로의 저항에 비례해서 이동할 뿐이다. **답** ①

58 포화하고 있지 않은 직류발전기의 회전수가 1/2로 감소되었을 때 기전력을 속도 변화 전과 같은 값으로 하려면 여자를 어떻게 해야 하는가?
① 1/2로 감소시킨다.
② 1배로 증가시킨다.
③ 2배로 증가시킨다.
④ 4배로 증가시킨다.

풀이 직류발전기의 기전력 $E = k\Phi N$ 이므로
속도(N)가 $\dfrac{1}{2}$ 로 감소되면 여자(Φ)는 2배 증가되어야 기전력(E)이 일정하다. **답** ③

59 어떤 변압기의 부하역률이 60[%]일 때 전압변동률이 최대라고 한다. 지금 이 변압기의 부하역률이 100[%]일 때 전압변동률을 측정했더니 3[%]였다. 이 변압기의 부하역률이 80[%]일 때 전압변동률은 몇 [%]인가?
① 2.4
② 3.6
③ 4.8
④ 5.0

풀이 전압변동률 $\epsilon = p\cos\theta + q\sin\theta$ 이다. (여기서, p : %저항강하, q : %리액턴스강하)
- 부하역률 100[%]일 때
  $\epsilon_{100} = p\cos\theta + q\sin\theta = p \times 1 + q \times 0 = p = 3$[%]
- 최대 전압변동률 $\epsilon_{\max}$ 을 부하역률 $\cos\theta_m$ 일 때라고 하면,
  $\cos\theta_m = \dfrac{p}{\sqrt{p^2 + q^2}} = \dfrac{3}{\sqrt{3^2 + q^2}} = 0.6$, $q = 4$[%]
- 따라서, 부하역률이 80[%]일 때의 전압변동률은
  $\epsilon_{80} = p\cos\theta + q\sin\theta = 3 \times 0.8 + 4 \times 0.6 = 4.8$[%] **답** ③

60 단상 유도전압조정기에서 단락권선의 역할은?
① 철손 경감
② 절연 보호
③ 전압강하 경감
④ 전압조정 용이

풀이 2차 권선의 누설 리액턴스에 의해 매우 큰 **전압강하가 발생하므로 이를 방지하기 위해** 1차 권선과 직각 방향으로 **단락권선을 감는다**. **답** ③

4과목　회로이론

61 $L=2$[H]인 인덕턴스에 $i(t)=20e^{-2t}$[A]의 전류가 흐를 때 L의 단자 전압[V]은?

① $40e^{-2t}$　　　　　　　　　② $-40e^{-2t}$
③ $80e^{-2t}$　　　　　　　　　④ $-80e^{-2t}$

풀이　L의 단자 전압 $v_L = L\dfrac{di(t)}{dt} = 2\times \dfrac{d}{dt}(20e^{-2t}) = -80e^{-2t}$[V]

답 ④

62 다음과 같은 회로가 정저항 회로가 되기 위한 저항 R의 값은?

① $8.2[\Omega]$
② $14.1[\Omega]$
③ $20[\Omega]$
④ $28[\Omega]$

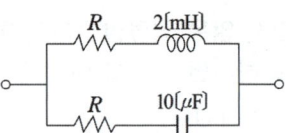

풀이　정저항 회로 조건 $R^2 = \dfrac{L}{C}$ → $R = \sqrt{\dfrac{L}{C}}$

∴ $R = \sqrt{\dfrac{2\times 10^{-3}}{10\times 10^{-6}}} = 14.1[\Omega]$

답 ②

63 $R-L-C$ 직렬공진회로에서 $R=100[\Omega]$, $L=314$[mH], $C=125.6$[pF]일 때, 선택도(전압 확대율) Q는?

① 2×10^3　　② 3×10^3　　③ 4×10^2　　④ 5×10^2

풀이　직렬공진회로에서 선택도 $Q = \dfrac{1}{R}\sqrt{\dfrac{L}{C}} = \dfrac{1}{100}\sqrt{\dfrac{314\times 10^{-3}}{125.6\times 10^{-12}}} = 500$

답 ④

64 다음의 회로에서 저항 $20[\Omega]$에 흐르는 전류는?

① 0.4[A]
② 1.8[A]
③ 3.9[A]
④ 5.4[A]

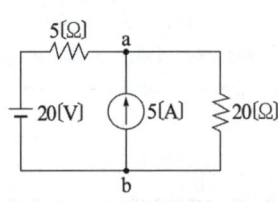

풀이　중첩의 원리에 의하여

- 20[V]에 의한 전류 (이때 전류원은 개방) $I_1 = \dfrac{20}{5+20} = 0.8$[A]
- 5[A]에 의한 전류 (이때 전압원은 단락) $I_2 = \dfrac{5}{5+20}\times 5 = 1$[A]

∴ $I = I_1 + I_2 = 0.8 + 1 = 1.8$[A]

답 ②

65 공급전압이 10[V]이며 회로에 흐른 전류가 10[A]일 때, 이 회로의 유효전력이 50[W]라면 전압과 전류의 위상차는?

① 0° ② 35° ③ 45° ④ 60°

풀이 피상전력 $P_a = VI = 10 \times 10 = 100[VA]$

역률 $\cos\theta = \dfrac{P}{P_a} = \dfrac{50}{100} = 0.5$

따라서, 위상차 $\theta = \cos^{-1} 0.5 = 60°$

답 ④

66 다음 그림에서 $V_1 = 24[V]$일 때 $V_o[V]$의 값은?

① 8[V]
② 12[V]
③ 16[V]
④ 24[V]

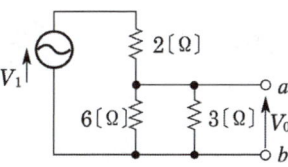

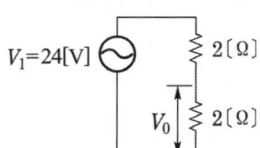

풀이 병렬 부분의 저항 $R = \dfrac{6 \times 3}{6+3} = 2[\Omega]$

전압은 저항에 비례하므로

$\therefore V_0 = 24 \times \dfrac{1}{2} = 12[V]$

답 ②

67 비정현파에서 여현 대칭의 조건은 어느 것인가?

① $f(t) = f(-t)$
② $f(t) = -f(-t)$
③ $f(t) = -f(t)$
④ $f(t) = -f(t + \dfrac{T}{2})$

풀이 우함수는 여현대칭(Y축 대칭)으로 직류분과 여현항(cos항)만 존재하며, 정현항(sin항)이 없다.

	기함수파(정현대칭)	우함수파(여현대칭)	대칭파(반파대칭)
대칭 조건	$f(t) = -f(-t)$	$f(t) = f(-t)$	$f(t) = -f(t + \dfrac{T}{2})$
결과	sin항만 존재한다.	cos항 존재 직류분 존재	고조파 차수가 홀수차 항만 존재한다.

답 ①

68 $R-L$ 직렬회로에서 시정수의 값이 클수록 과도현상의 소멸되는 시간은 어떻게 되는가?

① 짧아진다. ② 길어진다.
③ 과도기가 없어진다. ④ 관계없다.

풀이 $R-L$ 직렬회로에서 직류전압 인가 시 $i(t) = \dfrac{E}{R}\left(1 - e^{-\frac{R}{L}t}\right) = \dfrac{E}{R}\left(1 - e^{-\frac{1}{\tau}t}\right)$이므로,

시정수 τ가 커지면 $e^{-\frac{1}{\tau}t}$의 값이 증가하므로 과도 상태는 길어진다.

답 ②

69 그림과 같은 평형 3상 Y결선에서 각 상이 8[Ω]의 저항과 6[Ω]의 리액턴스가 직렬로 연결된 부하에 선간전압 $100\sqrt{3}$ [V]가 공급되었다. 이때 선전류는 몇 [A]인가?

① 5
② 10
③ 15
④ 20

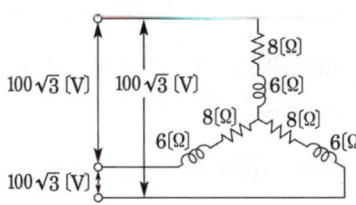

풀이 Y결선에서의 선전류(I_l)는 상전류(I_p)와 같으므로

상전압 $E_p = \dfrac{100\sqrt{3}}{\sqrt{3}} = 100[V]$

따라서, 선전류 $I_l = I_p = \dfrac{E_p}{Z} = \dfrac{100}{\sqrt{8^2+6^2}} = 10[A]$

답 ②

70 3상 불평형 전압에서 불평형률은?

① $\dfrac{영상전압}{정상전압} \times 100[\%]$ ② $\dfrac{역상전압}{정상전압} \times 100[\%]$

③ $\dfrac{정상전압}{역상전압} \times 100[\%]$ ④ $\dfrac{정상전압}{영상전압} \times 100[\%]$

풀이 불평형률 $= \dfrac{역상분}{정상분} \times 100[\%]$

답 ②

71 다음과 같은 회로의 공진 시 어드미턴스는?

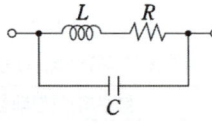

① $\dfrac{RL}{C}$ ② $\dfrac{RC}{L}$ ③ $\dfrac{L}{RC}$ ④ $\dfrac{R}{LC}$

풀이 ① 합성 어드미턴스

$Y = Y_1 + Y_2 = \dfrac{1}{R+j\omega L} + j\omega C$

$= \dfrac{R}{R^2+\omega^2L^2} + j\left(\omega C - \dfrac{\omega L}{R^2+\omega^2L^2}\right) = \dfrac{R}{R^2+\omega^2L^2}$

② 병렬공진 시 합성 어드미턴스의 허수부는 0 이 되어야 한다.

$\omega C - \dfrac{\omega L}{R^2+\omega^2L^2} = 0$

$\omega C = \dfrac{\omega L}{R^2+\omega^2L^2} \rightarrow R^2+\omega^2L^2 = \dfrac{L}{C}$

∴ $Y_r = \dfrac{R}{R^2+\omega^2L^2} = \dfrac{R}{\dfrac{L}{C}} = \dfrac{RC}{L}$

답 ②

72 최댓값이 100[V]인 사인파 교류의 평균값은?

① 141　　② 70.7　　③ 63.7　　④ 53.8

풀이

파 형	정현파	정현반파	삼각파	구형반파	구형파
평균값	$\dfrac{2V_m}{\pi}$	$\dfrac{V_m}{\pi}$	$\dfrac{V_m}{2}$	$\dfrac{V_m}{2}$	V_m

따라서 정현파 교류전압의 평균값 $= \dfrac{2V_m}{\pi} = \dfrac{2 \times 100}{\pi} \fallingdotseq 63.7[V]$

답 ③

73 기본파의 60[%]인 제3고조파와 80[%]인 제5고조파를 포함하는 전압의 왜형률은?

① 0.3　　② 1　　③ 5　　④ 10

풀이 왜형률 $= \dfrac{\text{각 고조파의 실효값의 합}}{\text{기본파의 실효값}}$

$= \dfrac{\sqrt{V_3^2 + V_5^2}}{V_1} = \sqrt{\left(\dfrac{V_3}{V_1}\right)^2 + \left(\dfrac{V_5}{V_1}\right)^2} = \sqrt{0.6^2 + 0.8^2} = 1$

답 ②

74 회로에서 스위치를 닫을 때 콘덴서의 초기전하를 무시하면 회로에 흐르는 전류 $i(t)$는 어떻게 되는가?

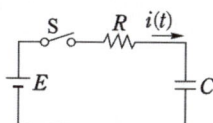

① $\dfrac{E}{R} e^{\frac{C}{R}t}$　　② $\dfrac{E}{R} e^{\frac{R}{C}t}$　　③ $\dfrac{E}{R} e^{-\frac{1}{CR}t}$　　④ $\dfrac{E}{R} e^{\frac{1}{CR}t}$

풀이
- 스위치를 닫았을 때 회로의 평형방정식은 $Ri(t) + \dfrac{1}{C}\int i(t)dt = E$
- $i(t) = \dfrac{dq(t)}{dt}$ 이므로　$R\dfrac{dq(t)}{dt} + \dfrac{1}{C}q(t) = E$
- 초기 전하를 0 이라 하면 $q(t) = CE\left(1 - e^{-\frac{1}{RC}t}\right)$ 이므로 $i(t) = \dfrac{dq(t)}{dt}$에 대입하면

$\therefore i(t) = \dfrac{dq(t)}{dt} = \dfrac{d}{dt} CE\left(1 - e^{-\frac{1}{RC}t}\right) = \dfrac{E}{R} e^{-\frac{1}{RC}t}$

답 ③

75 다음과 같은 회로에서 a, b 양단의 전압은 몇 [V]인가?

① 1
② 2
③ 2.5
④ 3.5

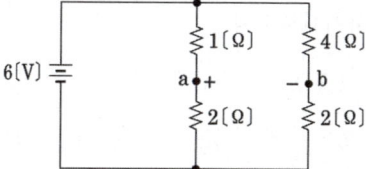

풀이 a, b 양단의 전압은 1[Ω]과 4[Ω]에서의 전압차와 같으므로, 전압분배 법칙을 적용하여 구하면 다음과 같다.

$$V_a = \frac{1}{1+2} \times 6 = 2[V], \quad V_b = \frac{4}{4+2} \times 6 = 4[V]$$

$$\therefore V_{ab} = 4 - 2 = 2[V]$$

답 ②

76 출력이 $F(s) = \dfrac{3s+2}{s(s^2+2s+6)}$ 로 표시되는 제어계가 있다. 이 계의 시간함수 $f(t)$의 정상값은?

① 3 ② 2 ③ $\dfrac{1}{3}$ ④ $\dfrac{1}{6}$

풀이 최종값 정리에 의해서

$$\lim_{t \to \infty} f(t) = \lim_{s \to 0} sF(s) = \lim_{s \to 0} s \frac{3s+2}{s(s^2+2s+6)} = \frac{2}{6} = \frac{1}{3}$$

답 ③

77 회로의 양 단자에서 테브난의 정리에 의한 등가회로로 변환할 경우 V_{ab} 전압과 테브난 등가 저항은?

① 60[V], 12[Ω]
② 60[V], 15[Ω]
③ 50[V], 15[Ω]
④ 50[V], 50[Ω]

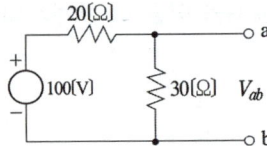

풀이
- 30[Ω]에 인가되는 전압 $V_{ab} = 100 \times \dfrac{30}{20+30} = 60[V]$
- 단자에서 전원측으로 본 전체 저항(이때 전압원은 단락) $R_{th} = \dfrac{20 \times 30}{20+30} = 12[\Omega]$

답 ①

78 그림과 같은 회로에서 최대 눈금 15[A]의 직류 전류계 2개를 접속하고 전류 20[A]를 흘리면 각 전류계의 지시는 몇 [A]인가? (단, 전류계 최대 눈금의 전압강하는 A_1이 75[mV], A_2가 50[mV]임.)

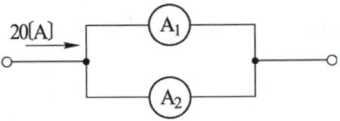

① 2, 18 ② 4, 16 ③ 6, 14 ④ 8, 12

풀이 전류계 내부 저항

$$R_1 = \frac{e_1}{I_1} = \frac{75 \times 10^{-3}}{15} = 5 \times 10^{-3}[\Omega]$$

$$R_2 = \frac{e_2}{I_2} = \frac{50 \times 10^{-3}}{15} = 3.33 \times 10^{-3}[\Omega]$$

전류 분배 법칙에 의해 각 전류계에 흐르는 전류 A_1, A_2는

$$A_1 = \frac{R_2}{R_1+R_2} \times I = \frac{3.33 \times 10^{-3}}{5 \times 10^{-3} + 3.33 \times 10^{-3}} \times 20 = 8[A]$$
$$A_2 = I - A_1 = 20 - 8 = 12[A]$$

답 ④

79 불평형 3상 전류가 $I_a = 15 + j2[A]$, $I_b = -20 - j14[A]$, $I_c = -3 + j10[A]$ 일 때의 영상전류 I_0는?

① $2.85 + j0.36[A]$
② $-2.67 - j0.67[A]$
③ $1.57 - j3.25[A]$
④ $12.67 + j2[A]$

풀이 $I_0 = \frac{1}{3}(I_a + I_b + I_c) = \frac{1}{3}(15 + j2 - 20 - j14 - 3 + j10) = \frac{1}{3}(-8 - j2)$
$= -2.67 - j0.67[A]$

답 ②

80 최대값 100[V], 주파수 60[Hz]인 정현파 전압이 $t = 0$에서 순시값이 50[V]이고, 이 순간에 전압이 감소하고 있을 경우의 정현파의 순시값 식은?

① $100\sin(120\pi t + 45°)$
② $100\sin(120\pi t + 135°)$
③ $100\sin(120\pi t + 150°)$
④ $100\sin(120\pi t + 30°)$

풀이 $v = 100\sin(\omega t + 150°)$

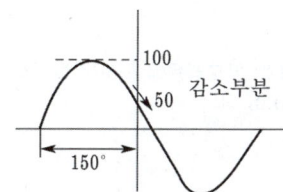

답 ③

5과목 전기설비기술기준

81 전기 온상의 발열선의 지지점 간의 거리는 몇 [m] 이하여야 하는가?(단, 발열선 상호 간의 간격이 0.06[m] 미만인 경우이다.)

① 1
② 1.5
③ 2
④ 2.5

풀이 241.5 전기온상 등
가. 전기온상에 전기를 공급하는 전로의 대지전압은 300 [V] 이하일 것.
나. 발열선은 그 온도가 80[℃]를 넘지 않도록 시설 할 것.
다. 발열선과 조영재 사이의 이격거리는 0.025[m] 이상으로 할 것.
라. 발열선의 지지점 간의 거리는 1[m] 이하일 것. 다만, 발열선 상호 간의 간격이 0.06[m] 이상인 경우에는 2[m] 이하로 할 수 있다.

답 ①

82. 애자공사에 의한 저압 옥내배선을 시설할 때 전선 상호 간의 간격은 몇 [cm] 이상이어야 하는가?

① 2　　　② 4　　　③ 6　　　④ 8

풀이 232.56 애자공사
가. 전선의 종류 : 절연 전선. 단, 옥외용 비닐 절연 전선(OW) 및 인입용 비닐 절연 전선(DV)은 제외한다.
나. 이격 거리

전 압		전선과 조영재와의 이격거리		전선 상호 간격	전선 지지점 간의 거리	
					조영재의 윗면 또는 옆면에 따라 시설	조영재에 따라 시설하지 않는 경우
저압	400[V] 이하	2.5[cm] 이상		6[cm] 이상	2[m] 이하	–
	400[V] 초과	건조한 장소	2.5[cm] 이상			6[m] 이하
		기타의 장소	4.5[cm] 이상			

답 ③

83. 다음 (㉮), (㉯) 에 들어갈 내용으로 옳은 것은?

> 지중전선로는 기설 지중 약전류 전선로에 대하여 (㉮) 또는 (㉯)에 의하여 통신상의 장해를 주지 않도록 기설 약전류 전선로로부터 충분히 이격시키거나 기타 적당한 방법으로 시설하여야 한다.

① ㉮ 정전용량　㉯ 표피작용　　② ㉮ 정전용량　㉯ 유도작용
③ ㉮ 누설전류　㉯ 표피작용　　④ ㉮ 누설전류　㉯ 유도작용

풀이 334.5 지중약전류전선의 유도장해 방지
지중전선로는 기설 지중약전류전선로에 대하여 누설전류 또는 유도작용에 의하여 통신상의 장해를 주지 않도록 충분히 이격시키거나 기타 적당한 방법으로 시설하여야 한다.

답 ④

84. 특고압 가공전선이 건조물과 제1차 접근상태로 시설되는 경우에 이 특고압 가공전선로의 보안공사는 어떤 종류의 보안공사로 하여야 하는가?

① 고압 보안공사
② 제1종 특고압 보안공사
③ 제2종 특고압 보안공사
④ 제3종 특고압 보안공사

풀이 333.23 특고압 가공전선과 건조물의 접근
가. 건조물과 제1차 접근상태 : 제3종 특고압 보안공사
나. 건조물과 제2차 접근상태
　① 사용전압이 35[kV] 이하 : 제2종 특고압 보안공사
　② 사용전압이 35[kV] 초과 400[kV] 미만 : 제1종 특고압 보안공사

답 ④

85. 전기철도차량에 전력을 공급하는 전차선의 가선방식에 포함되지 않는 것은?

① 가공방식
② 강체방식
③ 제3레일방식
④ 지중조가선방식

풀이 431.1 전차선 가선방식
전차선의 가선방식은 열차의 속도 및 노반의 형태, 부하전류 특성에 따라 적합한 방식을 채택하여야 하며, 가공방식, 강체방식, 제3레일방식을 표준으로 한다.   **답** ④

86 전력보안통신설비의 전원공급기 시설에 대한 다음 설명 중 옳지 않은 것은?
① 누전차단기를 내장하여야 한다.
② 지상에서 4[m] 이상 유지하여야 한다.
③ 전원공급기 시설 시 통신사업자는 기기 전면에 명판을 부착하여야 한다.
④ 기기주, 변대주 및 분기주 등 설비 복잡개소에는 전원공급기를 시설하여야 한다.

풀이 362.9 전원공급기의 시설
1. 전원공급기는 다음에 따라 시설하여야 한다.
   가. 지상에서 4[m] 이상 유지할 것.
   나. 누전차단기를 내장할 것.
   다. 시설방향은 인도측으로 시설하며 외함은 접지를 시행할 것.
2. 기기주, 변대주 및 분기주 등 설비 복잡개소에는 전원공급기를 시설할 수 없다.
3. 전원공급기 시설 시 통신사업자는 기기 전면에 명판을 부착하여야 한다.   **답** ④

87 금속덕트공사에 적당하지 않은 것은?
① 전선은 절연전선을 사용한다.
② 덕트의 끝부분은 항시 개방시킨다.
③ 덕트 안에는 전선의 접속점이 없도록 한다.
④ 덕트의 안쪽 면 및 바깥 면에는 산화방지를 위하여 아연도금을 한다.

풀이 232.31 금속덕트공사
가. 전선은 절연전선(옥외용 비닐절연전선을 제외한다)일 것.
나. 금속덕트에 넣은 전선의 단면적(절연피복의 단면적을 포함한다)의 합계는 덕트의 내부 단면적의 20[%](전광표시 장치 기타 이와 유사한 장치 또는 제어회로 등의 배선만을 넣는 경우에는 50[%]) 이하일 것.
다. 금속덕트 안에는 전선에 접속점이 없도록 할 것. 다만, 전선을 분기하는 경우에는 그 접속점을 쉽게 점검할 수 있는 때에는 그러하지 아니하다.
라. 덕트를 조영재에 붙이는 경우에는 덕트의 지지점 간의 거리를 3[m](수직으로 붙이는 경우에는 6[m]) 이하로 할 것.
마. 덕트의 끝부분은 막을 것.
바. 폭이 50[mm]를 초과하고 또한 두께가 1.2[mm] 이상인 철판 또는 금속제의 것.
사. 안쪽 면 및 바깥 면에는 산화 방지를 위하여 아연도금 또는 이와 동등 이상의 효과를 가지는 도장을 한 것일 것.
아. 덕트는 접지공사를 할 것.   **답** ②

88 태양광발전이나 풍력발전 등이 현재 조건에서 가능한 최대의 전력을 생산할 수 있도록 인버터 제어를 이용하여 해당 발전원의 전압이나 회전속도를 조정하는 기능을 무엇이라 하는가?
① BIPV   ② BAPV   ③ MPPT   ④ BMS

풀이 502 용어의 정의
① 건물일체형 태양광발전(BIPV : Building-Integrated Photovoltaic) : 태양광모듈을 건축물에 설치하여 건축 부자재의 역할 및 기능과 전력생산을 동시에 할 수 있는 설비
② 건물부착형 태양광발전(BAPV : Building-Attached Photovoltaic) : 건축물 경사 지붕 또는 외벽 등에 밀착하여 설치하는 태양광설비의 유형을 말한다.
③ 최대출력추종(MPPT : Maximum Power Point Tracking) : 태양광발전이나 풍력발전 등이 현재 조건에서 가능한 최대의 전력을 생산할 수 있도록 인버터 제어를 이용하여 해당 발전원의 전압이나 회전속도를 조정하는 기능을 말한다.
④ 전지관리시스템(BMS : Battery Management System) : 이차전지의 전압, 전류, 온도 등의 값을 측정하여 이차전지를 효율적으로 사용할 수 있도록 상위 시스템과의 통신을 통해 현재의 상태를 전송하며, 이상 징후 발생 시 내부 안전장치를 작동시키는 등 이차전지를 관리하는 시스템을 말한다. **답** ③

89 교량의 윗면에 시설하는 고압 전선로는 전선의 높이를 교량의 노면상 몇 [m] 이상으로 하여야 하는가?

① 3   ② 4   ③ 5   ④ 6

풀이 335.6 교량에 시설하는 전선로
가. 교량의 윗면에 시설하는 것은 전선의 높이를 교량의 노면상 5[m] 이상으로 하여 시설할 것.
나. 전선과 조영재 사이의 이격거리는 전선이 케이블인 경우 이외에는 0.3[m] 이상일 것. **답** ③

90 22.9[kV] 특고압가공전선로의 중성선은 다중접지를 하여야 한다. 각 접지선을 중성선으로부터 분리하였을 경우 1[km]마다 중성선과 대지 사이의 합성전기저항 값은 몇 [Ω] 이하인가? (단, 전로에 지락이 생겼을 때에 2초 이내에 자동적으로 이를 전로로부터 차단하는 장치가 되어 있다.)

① 5   ② 10   ③ 15   ④ 20

풀이 333.32 25[kV] 이하인 특고압 가공전선로의 시설
각 접지도체를 중성선으로부터 분리하였을 경우의 각 접지점의 대지 전기저항 값과 1[km] 마다의 중성선과 대지 사이의 합성전기저항 값은 표에서 정한 값 이하일 것.

사용전압	각 접지점의 대지 전기저항치	1[km]마다의 합성 전기저항치
15[kV] 이하	300[Ω]	30[Ω]
15[kV] 초과 25[kV] 이하	300[Ω]	15[Ω]

답 ③

91 정격전류가 63[A] 이하인 경우 산업용 배선차단기의 동작 전류는 정격전류의 몇 배 인가?

① 1.05   ② 1.13   ③ 1.3   ④ 1.45

풀이 212.3.4 보호장치의 특성
과전류트립 동작시간 및 특성(산업용 배선차단기)

정격전류의 구분	시 간	정격전류의 배수(모든 극에 통전)	
		부동작 전류	동작 전류
63[A] 이하	60분	1.05배	1.3배
63[A] 초과	120분	1.05배	1.3배

답 ③

92 다음 ( )의 ㉠, ㉡에 들어갈 내용으로 옳은 것은?

> 전로에 시설하는 기계기구의 철대 및 금속제 외함에는 접지공사를 하여야 하나 저압용 기계기구에 전기를 공급하는 전로의 전원측에 절연변압기(2차 전압이 (㉠)[V] 이하이며, 정격용량이 (㉡)[kVA] 이하인 것에 한한다)를 시설하고 또한 그 절연변압기의 부하측 전로를 접지하지 않은 경우에는 접지를 생략할 수 있다.

① ㉠ 300, ㉡ 3 ② ㉠ 300, ㉡ 5
③ ㉠ 500, ㉡ 3 ④ ㉠ 500, ㉡ 5

풀이 142.7 기계기구의 철대 및 외함의 접지
전로에 시설하는 기계기구의 철대 및 금속제 외함에는 접지공사를 하여야 하나 다음의 어느 하나에 해당하는 경우에는 접지를 생략 할 수 있다.
가. 사용전압이 직류 300[V] 또는 교류 대지전압이 150[V] 이하인 기계기구를 건조한 곳에 시설하는 경우
나. 철대 또는 외함의 주위에 적당한 절연대를 설치하는 경우
다. 외함이 없는 계기용변성기가 고무·합성수지 기타의 절연물로 피복한 것일 경우
라. 2중 절연구조로 되어 있는 기계기구를 시설하는 경우
마. 저압용 기계기구에 전기를 공급하는 전로의 전원측에 절연변압기(2차 전압이 300[V] 이하이며, 정격용량이 3[kVA] 이하인 것에 한한다)를 시설하고 또한 그 절연변압기의 부하측 전로를 접지하지 않은 경우
바. 물기 있는 장소 이외의 장소에 시설하는 저압용의 개별 기계기구에 전기를 공급하는 전로에 인체감전보호용 누전차단기(정격감도전류가 30[mA] 이하, 동작시간이 0.03[초] 이하의 전류동작형에 한한다)를 시설하는 경우

답 ①

93 저압 가공전선과 고압 가공전선을 동일 지지물에 시설하는 경우 이격거리는 몇 [cm] 이상이어야 하는가? (단, 각도주(角度柱)·분기주(分岐柱) 등에서 혼촉(混觸)의 우려가 없도록 시설하는 경우는 제외한다.)

① 50 ② 60 ③ 70 ④ 80

풀이 332.8 고압 가공전선 등의 병행설치
저압 가공전선(다중접지된 중성선은 제외한다. 이하 같다)과 고압 가공전선을 동일 지지물에 시설하는 경우에는 다음에 따라야 한다.
가. 저압 가공전선을 고압 가공전선의 아래로 하고 별개의 완금류에 시설할 것.
나. 저압 가공전선과 고압 가공전선 사이의 이격거리는 0.5[m] 이상일 것.
다. 다음의 어느 하나에 해당하는 경우에는 "가" 및 "나"에 의하지 아니할 수 있다.
　① 고압 가공전선에 케이블을 사용하고, 또한 그 케이블과 저압 가공전선 사이의 이격거리를 0.3[m] 이상으로 하여 시설하는 경우
　② 저압 가공인입선을 분기하기 위하여 저압 가공전선을 고압용의 완금류에 견고하게 시설하는 경우

답 ①

94 주택에 시설하는 전기저장장치는 이차전지에서 전력변환장치에 이르는 옥내 직류 전로를 사람이 접촉할 우려가 없도록 케이블배선에 의하여 시설하고 전선에 적당한 방호장치를 시설한 경우 주택의 옥내전로의 대지전압은 직류 몇 [V]까지 적용할 수 있는가?
(단, 전로에 지락이 생겼을 때 자동적으로 전로를 차단하는 장치를 시설한 경우이다.)

① 150 ② 300 ③ 400 ④ 600

> **[풀이]** 511.1.3 옥내전로의 대지전압 제한
> 주택에 시설하는 전기저장장치는 이차전지에서 전력변환장치에 이르는 옥내 직류 전로를 다음에 따라 시설하는 경우에 주택의 옥내전로의 대지전압은 직류 600[V]까지 적용할 수 있다.
> 가. 전로에 지락이 생겼을 때 자동적으로 전로를 차단하는 장치를 시설할 것
> 나. 사람이 접촉할 우려가 없는 은폐된 장소에 합성수지관배선, 금속관배선 및 케이블배선에 의하여 시설하거나, 사람이 접촉할 우려가 있는 장소에 케이블배선에 의하여 시설하는 경우에는 전선에 적당한 방호장치를 시설할 것
> **답** ④

95 고압 보안공사 시에 지지물이 B종 철근 콘크리트주인 경우 경간은 몇 [m] 이하인가?

① 100   ② 150   ③ 250   ④ 400

> **[풀이]** 332.10 고압 보안공사
> 고압 보안공사는 다음에 따라야 한다.
> 가. 전선은 케이블인 경우 이외에는 인장강도 8.01[kN] 이상의 것 또는 지름 5[mm] 이상의 경동선일 것.
> 나. 목주의 풍압하중에 대한 안전율은 1.5 이상일 것.
> 다. 경간은 표에서 정한 값 이하일 것.
>
> | 지지물의 종류 | 경 간 |
> |---|---|
> | 목주·A종 철주 또는 A종 철근 콘크리트주 | 100[m] 이하 |
> | B종 철주 또는 B종 철근 콘크리트주 | 150[m] 이하 |
> | 철 탑 | 400[m] 이하 |
>
> **답** ②

96 변압기에 의하여 특고압전로에 결합되는 고압전로에는 사용전압의 몇 배 이하인 전압이 가하여진 경우에 방전하는 장치를 그 변압기의 단자에 가까운 1극에 설치하여야 하는가?

① 3   ② 4   ③ 5   ④ 6

> **[풀이]** 322.3 특고압과 고압의 혼촉 등에 의한 위험방지 시설
> 변압기에 의하여 특고압전로에 결합되는 고압전로에는 사용전압의 3배 이하인 전압이 가하여진 경우에 방전하는 장치를 그 변압기의 단자에 가까운 1극에 설치하여야 한다.
> **답** ①

97 수소냉각식 발전기 및 이에 부속하는 수소냉각장치에 관한 시설기준 중 틀린 것은?

① 발전기안의 수소의 압력 계측장치 및 압력 변동에 대한 경보장치를 시설할 것
② 발전기안의 수소 온도를 계측하는 장치를 시설할 것
③ 발전기는 기밀구조이고 또한 수소가 대기압에서 폭발하는 경우에 생기는 압력에 견디는 강도를 가지는 것일 것
④ 발전기안의 수소의 순도가 70[%] 이하로 저하한 경우에 경보를 하는 장치를 시설할 것

> **[풀이]** 351.10 수소냉각식 발전기 등의 시설
> 수소냉각식의 발전기·조상기 또는 이에 부속하는 수소 냉각 장치는 다음 각 호에 따라 시설하여야 한다.
> 가. 발전기 또는 조상기는 기밀구조의 것이고 또한 수소가 대기압에서 폭발하는 경우에 생기는 압력에 견디는 강도를 가지는 것일 것.
> 나. 발전기축의 밀봉부에는 질소 가스를 봉입할 수 있는 장치 또는 발전기 축의 밀봉부로부터 누설된 수소 가스를 안전하게 외부에 방출할 수 있는 장치를 시설할 것.

다. 발전기 내부 또는 조상기 내부의 수소의 순도가 85[%] 이하로 저하한 경우에 이를 경보하는 장치를 시설할 것.
라. 발전기 내부 또는 조상기 내부의 수소의 압력을 계측하는 장치 및 그 압력이 현저히 변동한 경우에 이를 경보하는 장치를 시설할 것.
마. 발전기 내부 또는 조상기 내부의 수소의 온도를 계측하는 장치를 시설할 것. **답** ④

98. 사용전압이 20[kV]인 변전소에 울타리·담 등을 시설하고자 할 때 울타리·담 등의 높이는 몇 [m] 이상이어야 하는가?

① 1 ② 2 ③ 5 ④ 6

풀이 351.1 발전소 등의 울타리·담 등의 시설
고압 또는 특고압의 기계기구·모선 등을 옥외에 시설하는 발전소·변전소·개폐소 또는 이에 준하는 곳에서 울타리·담 등은 다음에 따라 시설하여야 한다.
가. 울타리·담 등의 높이는 2[m] 이상으로 하고 지표면과 울타리·담 등의 하단사이의 간격은 0.15[m] 이하로 할 것.
나. 울타리·담 등과 고압 및 특고압의 충전 부분이 접근하는 경우에는 울타리·담 등의 높이와 울타리·담 등으로부터 충전부분까지 거리의 합계는 표에서 정한 값 이상으로 할 것.

사용전압의 구분	울타리·담 등의 높이와 울타리·담 등으로부터 충전 부분까지의 거리의 합계
35[kV] 이하	5[m]
35[kV] 초과 160[kV] 이하	6[m]
160[kV] 초과	• 거리의 합계 = 6 + 단수 × 0.12[m] • 단수 = $\dfrac{사용전압[kV] - 160}{10}$ … 단수 계산에서 소수점 이하는 절상

답 ②

99. 보호도체의 전기적 연속성에서 보호도체의 보호에 대한 내용으로 옳지 않은 것은?

① 접속부는 납땜으로 접속해야 한다.
② 보호도체를 접속하는 나사는 다른 목적으로 겸용해서는 안 된다.
③ 기계적인 손상, 화학적·전기화학적 열화, 전기역학적·열역학적 힘에 대해 보호되어야 한다.
④ 나사접속·클램프접속 등 보호도체 사이 또는 보호도체와 타 기기 사이의 접속은 전기적연속성 보장 및 기계적강도와 보호를 구비하여야 한다.

풀이 142.3.2 보호도체
보호도체의 전기적 연속성은 다음에 의한다.
가. 보호도체의 보호는 다음에 의한다.
(1) 기계적인 손상, 화학적·전기화학적 열화, 전기역학적·열역학적 힘에 대해 보호되어야 한다.
(2) 나사접속·클램프접속 등 보호도체 사이 또는 보호도체와 타 기기 사이의 접속은 전기적연속성 보장 및 기계적강도와 보호를 구비하여야 한다.
(3) 보호도체를 접속하는 나사는 다른 목적으로 겸용해서는 안 된다.
(4) 접속부는 납땜(soldering)으로 접속해서는 안 된다. **답** ①

100 다음 ( )에 들어갈 내용으로 옳은 것은?

> 전차선로는 무선설비의 기능에 계속적이고 또한 중대한 장해를 주는 ( )가 생길 우려가 있는 경우에는 이를 방지하도록 시설하여야 한다.

① 정전유도 ② 전자유도 ③ 누설전류 ④ 전자파

풀이 461.6 전자파 장해의 방지
전차선로는 무선설비의 기능에 계속적이고 또한 중대한 장해를 주는 전자파가 생길 우려가 있는 경우에는 이를 방지하도록 시설하여야 한다. **답** ④

2025년 2회 (CBT 복원문제)

20년간 전기산업기사필기

▶ 동일출판사 홈페이지에서 무료 동영상강의를 보실 수 있습니다.

1과목   전기자기

01 $\nabla \cdot J = -\dfrac{\partial \rho}{\partial t}$ 에 대한 설명으로 옳지 않은 것은?

① "−" 부호는 전류가 폐곡면에서 유출되고 있음을 뜻한다.
② 단위 체적당 전하밀도의 시간당 증가 비율이다.
③ 전류가 정상전류가 흐르면 폐곡면에 통과하는 전류는 0 (ZERO)이다.
④ 폐곡면에서 수직으로 유출되는 전류밀도는 미소체적인 한 점에서 유출되는 단위 체적당 전류가 된다.

풀이 전류의 연속 방정식 $\nabla \cdot J = -\dfrac{\partial \rho}{\partial t}$ 으로부터 전류밀도의 발산은 **체적 전하밀도의 단위시간 당 감소(−)비율**을 의미하고, 정상전류에서는 $\dfrac{\partial \rho}{\partial t} = 0(\rho$ 일정$)$이므로 $\nabla \cdot J = 0$이다.   **답** ②

02 두 개의 코일 a, b가 있다. 두 개를 직렬로 접속 하였더니 합성 인덕턴스가 119[mH]이었고, 극성을 반대로 접속하였더니 합성 인덕턴스가 11[mH]이었다. 코일 a의 자기 인덕턴스가 20[mH]라면 결합계수 k는 얼마인가?

① 0.6   ② 0.7   ③ 0.8   ④ 0.9

풀이
$L_a + L_b + 2M = 119$ ············ ①
$L_a + L_b - 2M = 11$ ············ ②
식 ①, ②에서
$M = \dfrac{119 - 11}{4} = \dfrac{108}{4} = 27[\text{mH}]$
$L_b = 119 - 2M - L_a = 119 - 27 \times 2 - 20 = 45[\text{mH}]$
$\therefore k = \dfrac{M}{\sqrt{L_a L_b}} = \dfrac{27}{\sqrt{20 \times 45}} = 0.9$ **답** ④

03 대전된 도체 표면의 전하밀도를 $\sigma[\text{C/m}^2]$이라고 할 때, 대전된 도체 표면의 단위면적이 받는 정전응력[N/m²]은 전하밀도 σ와 어떤 관계가 있는가?

① $\sigma^{\frac{1}{2}}$에 비례
② $\sigma^{\frac{3}{2}}$에 비례
③ σ에 비례
④ σ^2에 비례

풀이 • 도체에 전하가 분포되어 있을 때, 도체 표면에 작용하는 힘을 정전응력이라 하며, 단위 면적당의 힘으로 정의한다.

- 면전하밀도 σ[C/m²]인 도체 표면에서 전속밀도 $D=\sigma$, 전계의 세기 $E=\dfrac{\sigma}{\epsilon_0}$ 이므로

  정전응력 $f=\dfrac{1}{2}DE=\dfrac{1}{2}\epsilon_0 E^2 = \dfrac{D^2}{2\epsilon_0}=\dfrac{\sigma^2}{2\epsilon_0}$ [N/m²]

  즉, $f \propto \sigma^2$ 의 관계가 있다.

답 ④

04 평행판 전극의 단위면적 당 정전용량이 $C=200$[pF]일 때 두 극판 사이에 전위차 2000[V]를 가하면 이 전극판 사이의 전계의 세기는 약 몇 [V/m]인가?

① 22.6×10^3
② 45.2×10^3
③ 22.6×10^5
④ 45.2×10^5

풀이 정전용량 $C=200\times 10^{-12}$[F/m], 전위차 $V=2000$[V]이고

$C=\dfrac{\epsilon_o}{d}$[F/m²]에서 전극간격 $d=\dfrac{\epsilon_o}{C}$ 이므로

$\therefore E=\dfrac{V}{d}=\dfrac{CV}{\epsilon_o}=\dfrac{200\times 10^{-12}\times 2000}{8.855\times 10^{-12}}=45.2\times 10^3$[V/m]

단, 이 문제의 유전율은 $\epsilon=\epsilon_o$ 로 한 것임

답 ②

05 자극의 세기가 8×10^{-6}[Wb], 길이가 30[cm]인 막대자석을 120[AT/m]의 평등자계 내에 자력선과 30도의 각도로 놓았다면 자석이 받는 회전력은 몇 [N·m]인가?

① 1.44×10^{-4}
② 1.44×10^{-5}
③ 2.88×10^{-4}
④ 2.88×10^{-5}

풀이 회전력 $T=MH\sin\theta=ml\,H\sin\theta$
$=8\times 10^{-6}\times 0.3\times 120\times \sin 30°=1.44\times 10^{-4}$[N·m]

답 ①

06 그림과 같이 일정한 권선이 감겨진 권회수 N회, 단면적 S[m²], 평균자로의 길이 l[m]인 환상 솔레노이드에 전류 I[A]를 흘렸을 때 이 환상 솔레노이드의 자기 인덕턴스[H]는?
(단, 환상 철심의 투자율은 μ이다.)

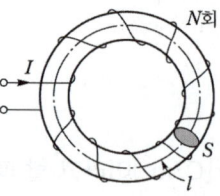

① $\dfrac{\mu^2 N}{l}$
② $\dfrac{\mu SN}{l}$
③ $\dfrac{\mu^2 SN}{l}$
④ $\dfrac{\mu SN^2}{l}$

풀이 철심을 통하는 자속은 $\phi=BS=\mu HS=\mu\dfrac{NI}{l}S=\dfrac{\mu SNI}{l}$[Wb]이므로

$N\phi=LI$에서 자기 인덕턴스 $L=\dfrac{\mu SN^2}{l}$[H]

답 ④

07 전자계에서 전파 속도와 관계없는 것은?

① 도전율 ② 유전율
③ 비투자율 ④ 주파수

풀이 전파 속도
- $v = \dfrac{1}{\sqrt{\epsilon\mu}}$
- $v = f\lambda$ (주파수, 파장)

두 식에서 전파 속도 v는 유전율(ϵ), 투자율(μ), 주파수(f), 파장(λ)에 관계

답 ①

08 그림과 같은 동축 원통의 왕복 전류 회로가 있다. 도체 단면에 고르게 퍼진 일정 크기의 전류가 내부 도체로 흘러 들어가고 외부 도체로 흘러나올 때, 전류에 의하여 생기는 자계에 대하여 다음 중 옳지 않은 것은?

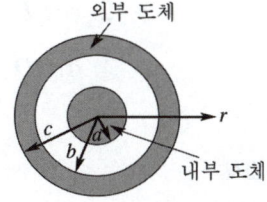

① 내부 도체 내($r < a$)에 생기는 자계의 크기는 중심으로부터의 거리에 비례한다.
② 두 도체 사이(내부 공간)($a < r < b$)에 생기는 자계의 크기는 중심으로부터의 거리에 반비례한다.
③ 외부 도체 내($b < r < c$)에 생기는 자계의 크기는 중심으로부터의 거리에 관계없이 일정하다.
④ 외부 공간($r > c$)의 자계는 영(0)이다.

풀이 ① 내부 도체에 있어서 $r < a$인 점의 자계를 H_1이라 하면 반지름 r 내를 흐르는 전류,
즉 쇄교하는 전류 $I_r = \dfrac{\pi r^2}{\pi a^2} I = \dfrac{r^2}{a^2} I$ 이므로, 주회 적분의 법칙에서 $2\pi r H_1 = I_r$

$\therefore H_1 = \dfrac{I_r}{2\pi r} = \dfrac{1}{2\pi r} \dfrac{r^2}{a^2} I = \dfrac{rI}{2\pi a^2}$ [A/m]

② $a < r < b$일 때의 자계 H_2는 $2\pi r H_2 = I$

$\therefore H_2 = \dfrac{I}{2\pi r}$ [A/m]

③ $b < r < c$인 점의 자계 H_3는

$H_3 2\pi r = I - \dfrac{\pi r^2 - \pi b^2}{\pi c^2 - \pi b^2} I = \left(1 - \dfrac{r^2 - b^2}{c^2 - b^2}\right) I$

$H_3 = \dfrac{I}{2\pi r}\left(1 - \dfrac{r^2 - b^2}{c^2 - b^2}\right)$ [A/m] (거리에 반비례)

④ 외부 도체 외의 공간 $c < r$인 점의 자계 H_4는
$2\pi r H_4 = I - I = 0$ $\therefore H_4 = 0$

답 ③

09 비유전율이 2.8인 유전체에서의 전속밀도가 $D = 3.0 \times 10^{-7}$[C/m²]일 때 분극의 세기 P는 약 몇 [C/m²]인가?

① 1.93×10^{-7}
② 2.93×10^{-7}
③ 3.50×10^{-7}
④ 4.07×10^{-7}

풀이 분극의 세기 $P = D - \epsilon_0 E$ (단, $E = \dfrac{D}{\epsilon} = \dfrac{D}{\epsilon_0 \epsilon_r}$)

$\quad = D - \epsilon_0 \left(\dfrac{D}{\epsilon_0 \epsilon_r}\right) = D - \dfrac{D}{\epsilon_r} = \left(1 - \dfrac{1}{\epsilon_r}\right) D$

$\therefore P = \left(1 - \dfrac{1}{2.8}\right) \times 3 \times 10^{-7} = 1.93 \times 10^{-7}$ [C/m²]   답 ①

10 다음의 맥스웰 방정식 중 틀린 것은?

① $\text{rot } \boldsymbol{H} = \boldsymbol{i} + \dfrac{\partial \boldsymbol{D}}{\partial t}$
② $\text{rot } \boldsymbol{E} = -\dfrac{\partial \boldsymbol{H}}{\partial t}$
③ $\text{div } \boldsymbol{B} = 0$
④ $\text{div } \boldsymbol{D} = \rho$

풀이 맥스웰 방정식의 미분형

① $\text{rot } \boldsymbol{E} = -\dfrac{\partial \boldsymbol{B}}{\partial t}$: Faraday 법칙

② $\text{rot } \boldsymbol{H} = \boldsymbol{i} + \dfrac{\partial \boldsymbol{D}}{\partial t}$: 암페어의 주회적분 법칙

③ $\text{div } \boldsymbol{D} = \rho$: 가우스의 법칙
④ $\text{div } \boldsymbol{B} = 0$: 고립된 자하는 없다.   답 ②

11 전위 계수에 있어서 $P_{11} = P_{21}$의 관계가 의미하는 것은?

① 도체 1과 도체 2가 멀리 떨어져 있다.
② 도체 1과 도체 2가 가까이 있다.
③ 도체 1이 도체 2의 내측에 있다.
④ 도체 2가 도체 1의 내측에 있다.

풀이 $P_{11} = P_{21}$: 도체 2가 도체 1속에 포함되어 있는 경우
즉, 도체 2가 도체 1의 내측에 있다.   답 ④

12 면적 $S = 100$[cm²]의 평행판 콘덴서가 비유전율 2.1, 절연내력 1.2×10^5[V/cm]인 기름 중에 있을 때 축적되는 최대 전하는 몇 [C]인가?

① 2.23×10^{-6}
② 3.14×10^{-6}
③ 4.28×10^{-6}
④ 6.28×10^{-6}

풀이 $Q = CV = \dfrac{\epsilon_0 \epsilon_s S}{d} \cdot E_d = \epsilon_0 \epsilon_s S \boldsymbol{E}$

$\therefore Q = (8.855 \times 10^{-12}) \times 2.1 \times (100 \times 10^{-4}) \times (1.2 \times 10^5 \times 10^2) = 2.23 \times 10^{-6}$ [C]   답 ①

13. 유도기전력의 크기는 폐회로에 쇄교하는 자속의 시간적 변화율에 비례한다는 법칙은?

① 쿨롱의 법칙
② 패러데이 법칙
③ 플레밍의 오른손 법칙
④ 암페어의 주회적분 법칙

풀이
① 쿨롱의 법칙 : 두 점전하 사이에 작용하는 힘은 두 전하의 곱에 비례하고, 두 전하의 거리의 제곱에 반비례한다.
② **패러데이 법칙 : 유도 기전력의 크기는 폐회로에 쇄교하는 자속의 시간적 변화율에 비례**한다.
③ 플레밍의 오른손 법칙 : 자계 중에서 도체가 운동할 때 유기기전력의 방향을 결정
④ 암페어의 주회적분 법칙 : 임의의 폐곡선에 대한 자계의 선적분은 이 폐곡선을 관통하는 전류와 같다.

답 ②

14. 그림과 같은 유전속 분포에서 ϵ_1과 ϵ_2 사이의 관계는?

① $\epsilon_1 = \epsilon_2$
② $\epsilon_1 > \epsilon_2$
③ $\epsilon_1 < \epsilon_2$
④ $\epsilon_2 = \epsilon_1 = 0$

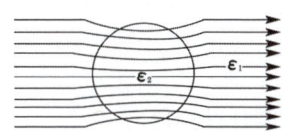

풀이 전속선은 유전율이 큰 쪽으로 모이므로 $\epsilon_2 > \epsilon_1$ 이다.

답 ③

15. 다음 중 인덕턴스의 공식이 옳은 것은? (단, N은 권수, I는 전류, l은 철심의 길이, R_m은 자기저항, μ는 투자율, S는 철심 단면적이다.)

① $\dfrac{NI}{R_m}$
② $\dfrac{N^2}{R_m}$
③ $\dfrac{\mu NS}{l}$
④ $\dfrac{\mu_o NIS}{l}$

풀이
- 자기회로의 옴의 법칙 $\phi = \dfrac{NI}{R_m}$ [Wb]
- 자기저항 $R_m = \dfrac{l}{\mu S}$ [AT/Wb]

따라서 인덕턴스 $L = \dfrac{N\phi}{I} = \dfrac{N^2}{R_m} = \dfrac{\mu S N^2}{l}$ [H]

답 ②

16. 자화의 세기 J_m [C/m²]을 자속밀도 B [Wb/m²]와 비투자율 μ_r로 나타내면?

① $J_m = (1-\mu_r)B$
② $J_m = (\mu_r - 1)B$
③ $J_m = (1 - \dfrac{1}{\mu_r})B$
④ $J_m = (\dfrac{1}{\mu_r} - 1)B$

풀이 $B = \mu_0 H + J$의 관계에서, $H = \dfrac{B}{\mu} = \dfrac{B}{\mu_0 \mu_r}$ 이므로

$J = B - \mu_0 H = \left(1 - \dfrac{1}{\mu_r}\right)B$

답 ③

17 반지름 10[cm] 공기 중에 전압 10[V]를 가했을 때 전위 경도는? (단, 전계는 평등 전계라고 한다.)

① 1[V/m]　　　　　　　　　　② 10[V/m]
③ 100[V/m]　　　　　　　　　④ 1000[V/m]

풀이 $E = \dfrac{V}{r}$ [V/m]에서 $E = \dfrac{10}{10 \times 10^{-2}} = 100$ [V/m]　　　　**답** ③

18 $E = x a_x - y a_y$ [V/m]일 때 점 (6, 2)[m]를 통과하는 전기력선의 방정식은?

① $y = 12x$　　　　　　　　　② $y = \dfrac{12}{x}$

③ $y = \dfrac{x}{12}$　　　　　　　　　④ $y = 12x^2$

풀이 전기력선 방정식 : $\dfrac{dx}{E_x} = \dfrac{dy}{E_y}$

주어진 식 $E_x = x$, $E_y = -y$이므로 ∴ $\dfrac{dx}{x} = \dfrac{dy}{-y}$

양변 적분(적분 C 누락하지 않도록 주의)
$\int \dfrac{dx}{x} = -\int \dfrac{dy}{y} + C \Rightarrow \ln x = -\ln y + C$
$\ln x + \ln y = C \Rightarrow \ln xy = C$
$xy = e^C$
점 (6, 2)를 지나므로
$xy = 12$　∴ $y = \dfrac{12}{x}$　　　　**답** ②

19 6.28[A]가 흐르는 무한장 직선 도선상에서 1[m] 떨어진 점의 자계의 세기 [A/m]는?

① 0.5　　　② 1　　　③ 2　　　④ 3

풀이 무한장 직선 전류에 의한 자계의 세기 $H = \dfrac{I}{2\pi r} = \dfrac{6.28}{2\pi \times 1} = 1$ [A/m]　　**답** ②

20 일반적으로 도체를 관통하는 자속이 변하든가 또는 자속과 도체가 상대적으로 운동하여 도체내의 자속이 시간적 변화를 일으키면 이 변화를 막기 위하여 도체 내에 국부적으로 형성되는 임의의 폐회로를 따라 전류가 유기되는데 이 전류를 무엇이라 하는가?

① 히스테리시스전류　　　　　② 와전류
③ 변위전류　　　　　　　　　④ 과도전류

풀이 와전류는 도체 내에 국부적으로 흐르는 맴돌이 전류로 rot $i = -K \dfrac{\partial B}{\partial t}$ 로 자속의 변화를 방해하기 위한 역자속을 만드는 전류이다. 따라서 이 전류는 자속의 수직되는 면을 회전한다.　　**답** ②

2과목 전력공학

21 진상 전류만이 아니라 지상 전류도 잡아서 광범위하게 연속적인 전압조정을 할 수 있는 것은?

① 전력용 콘덴서 ② 동기조상기
③ 분로 리액터 ④ 직렬 리액터

풀이

항 목	동기조상기	전력용 콘덴서	분로 리액터
무효전력	진상, 지상 양용	진상전용	지상전용
조정	연속적	계단적	계단적
시송전	가능	불가능	불가능

답 ②

22 그림과 같은 배전선이 있다. 부하에 급전 및 정전할 때 조작방법으로 옳은 것은?

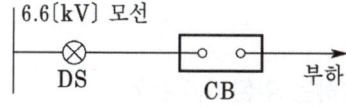

① 급전 및 정전할 때는 항상 DS, CB 순으로 한다.
② 급전 및 정전할 때는 항상 CB, DS 순으로 한다.
③ 급전시는 DS, CB 순이고 정전시는 CB, DS 순이다.
④ 급전시는 CB, DS 순이고 정전시는 DS, CB 순이다.

풀이 단로기는 부하 차단 능력이 없으므로 정전시 CB – DS, 급전시 DS – CB가 되어야 한다.
즉, 차단기가 열려 있어야 단로기를 열고 닫을 수 있다.

답 ③

23 송전선로의 건설비와 전압과의 관계를 나타낸 것은?

① 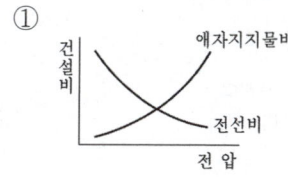   ②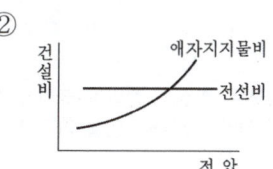

③ 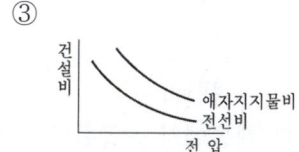   ④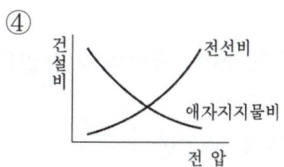

풀이 송전전압이 증가하면
• 전류가 감소하므로 전선의 굵기는 작아져 전선비는 감소한다.
• 절연 레벨의 상승으로 애자의 개수 및 선로의 건설비용이 증가하므로 애자지지물비는 증가한다.

답 ①

24 송전선로에서 매설지선을 사용하는 주된 목적은?
① 코로나 전압을 저감시키기 위하여
② 뇌해를 방지하기 위하여
③ 탑각 접지저항을 줄여서 섬락을 방지하기 위하여
④ 인축의 감전사고를 막기 위하여

풀이 매설지선 : 철탑의 탑각 접지 저항을 낮추어 역섬락을 방지하기 위한 것으로서 지하 30~60[cm] 정도의 깊이에 30~50[m] 정도의 아연도금 철선을 매설한다.　　**답** ③

25 역률 개선을 통해 얻을 수 있는 효과와 거리가 먼 것은?
① 고조파 제거
② 전력손실의 경감
③ 전압강하의 경감
④ 설비용량의 여유분 증가

풀이 역률 개선의 효과
- 전력손실 경감
- 전압강하 경감
- 설비용량의 여유분 증가
- 전력 요금의 절약　　**답** ①

26 송전선로에서 복도체를 사용하는 주된 이유는?
① 많은 전력을 보내기 위하여
② 코로나 발생을 억제하기 위하여
③ 전력손실을 적게 하기 위하여
④ 선로 정수를 평형시키기 위하여

풀이
- 3상 송전선의 한 가닥의 전선을 2가닥 이상으로 한 것을 다도체라 하고, 2가닥으로 한 것을 보통 복도체라 한다.
- 복도체를 사용하면 인덕턴스는 감소하고 정전용량은 증가하며, 안정도를 증가시키고, 코로나 발생을 억제한다.　　**답** ②

27 평형 3상 송전선에서 보통의 운전상태인 경우 중성점 전위는 항상 얼마인가?
① 0
② 1
③ 송전전압과 같다.
④ ∞(무한)

풀이 평형 3상이므로 세 상의 전압은 크기가 같고 서로 120°의 위상차를 가진다.
즉, 각 상의 전압 벡터가 균형을 이루고 있으므로 중성점 전위는 0이다.　　**답** ①

28 플리커 경감을 위한 전력 공급측의 방안이 아닌 것은?
① 공급전압을 낮춘다.
② 전용 변압기로 공급한다.
③ 단독 공급계통을 구성한다.
④ 단락용량이 큰 계통에서 공급한다.

풀이 플리커 경감 대책
1) 전력 공급측에서 실시
　① 전용 계통으로 공급
　② 단락 용량이 큰 계통에서 공급
　③ 전용 변압기로 공급
　④ 공급전압을 승압

2) 수용가 측에서의 대책
① 전원 계통에 리액터 분을 보상
② 전압강하를 보상
③ 부하의 무효전력 변동분을 흡수
④ 플리커 부하전류의 변동분을 억제

답 ①

29 소호 리액터 접지에 대한 설명으로 틀린 것은?
① 지락전류가 작다.
② 과도안정도가 높다.
③ 전자유도장애가 경감된다.
④ 선택지락계전기의 작동이 쉽다.

풀이 접지방식별 특징

방 식	보호계전기 동작	지락 전류	전위 상승	과도 안정도	유도 장해
직접 접지(22.9, 154, 345[kV])	확실	최대	1.3	최소	최대
저항 접지	↑	↑	$\sqrt{3}$	↓	↑
비접지(3.3, 6.6[kV])	×	↑	$\sqrt{3}$	↓	↑
소호 리액터 접지(66[kV])	불확실	최소	$\sqrt{3}$ 이상	최대	최소

답 ④

30 피뢰기의 제한 전압이란?
① 상용 주파 전압에 대한 피뢰기의 충격 방전 개시 전압
② 충격파 침입시 피뢰기의 충격 방전 개시 전압
③ 피뢰기가 충격파 방전종료 후 언제나 속류를 확실히 차단할 수 있는 상용 주파 허용 단자 전압
④ 충격파 전류가 흐르고 있을 때 피뢰기의 단자 전압

풀이 제한 전압 : 피뢰기 동작 중에 계속해서 걸리고 있는 단자 전압의 파고값

답 ④

31 그림과 같은 22[kV] 3상 3선식 전선로의 P점에 단락이 발생하였다면 3상 단락전류는 약 몇 [A]인가? (단, %리액턴스는 8[%]이며 저항분은 무시한다.)

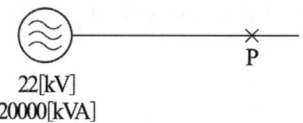

① 6561
② 8560
③ 11364
④ 12684

풀이 단락 전류 $I_s = \dfrac{100}{\%Z} I_n = \dfrac{100}{\%Z} \cdot \dfrac{P_n}{\sqrt{3} \, V_n} = \dfrac{100}{8} \times \dfrac{20000}{\sqrt{3} \times 22} \fallingdotseq 6561[A]$

답 ①

32 유효낙차 75[m], 최대 사용 수량 200[m³/s], 수차 및 발전기의 합성효율이 70[%]인 수력발전소의 최대출력은 몇 [MW]인가?
① 102.9
② 157.3
③ 167.5
④ 177.8

풀이 발전소 출력 ≒ 발전기 출력이므로
$$\therefore P_g = 9.8 QH\eta_t\eta_g [\text{kW}] = 9.8 \times 200 \times 75 \times 0.7 \times 10^{-3} = 102.9 [\text{MW}]$$
답 ①

33 다음 중 옳은 것은?
① 터빈 발전기의 %임피던스는 수차의 %임피던스보다 작다.
② 전기기계의 %임피던스가 크면 차단용량이 작아진다.
③ %임피던스는 %리액턴스보다 작다.
④ 직렬 리액터는 %임피던스를 작게 하는 작용이 있다.

풀이 차단용량 $P_s = \dfrac{100}{\%Z} P_n \propto \dfrac{1}{\%Z}$, $P_s \propto \dfrac{1}{\%Z}$
차단용량과 %임피더스는 반비례하므로, **%임피던스가 크면 차단용량이 작아진다.** **답** ②

34 피뢰기의 직렬 갭(gap)의 작용으로 가장 옳은 것은?
① 이상전압의 진행파를 증가시킨다.
② 상용주파수의 전류를 방전시킨다.
③ 이상전압이 내습하면 뇌전류를 방전하고, 상용주파수의 속류를 차단하는 역할을 한다.
④ 뇌전류 방전 시의 전위상승을 억제하여 절연파괴를 방지한다.

풀이 직렬 갭의 역할
① 상용 주파수의 상규 전압에 대해서는 대지 간에 절연을 유지(누설전류 방지)
② 이상 전압이 내습하면 **충격 전류를 방전**하여 전압의 상승을 방지
③ 충격 전류 방전 후 **속류 차단** **답** ③

35 전력선에 영상 전류가 흐를 때 통신 선로에 발생되는 유도 장해는?
① 전력 유도 장해 ② 고조파 유도 장해
③ 전자 유도 장해 ④ 정전 유도 장해

풀이 전자 유도전압은 사고 시 영상전류에 의해 발생 : $E_m = -j\omega Ml\, 3I_0$ **답** ③

36 22,000[V], 60[Hz], 1회선의 3상 지중 송전선의 무부하 충전 용량[kVar]은? 단, 송전선의 길이는 20[km], 1선의 1[km]당의 정전 용량은 0.5[μF]이다.
① 1,750 ② 1,825
③ 1,900 ④ 1,925

풀이 무부하 충전용량
$$Q_c = 3EI_c = 3\omega CE^2 = 3 \times 2\pi f \times 0.5 \times 10^{-6} \times 20 \times \left(\dfrac{22,000}{\sqrt{3}}\right)^2 \times 10^{-3} = 1,825 [\text{kVar}]$$
답 ②

37 수압 철관의 지름이 5[m]인 곳에서의 유속이 5[m/s]이었다. 지름이 4.5[m]인 곳에서의 유속은 약 몇 [m/s]인가?

① 4.8　　　② 5.2　　　③ 5.6　　　④ 6.0

풀이 $v_1 A_1 = v_2 A_2$

$v_2 = \dfrac{v_1 A_1}{A_2} = \dfrac{v_1 d_1^2}{d_2^2} = \dfrac{5 \times 5^2}{4.5^2} \fallingdotseq 6.1 [m/s]$　　**답** ④

38 전압을 $\sqrt{3}$ 배로 증가시키고 동일한 전력손실률로 송전할 경우 송전전력은 몇 배로 증가되는가?

① $\sqrt{3}$　　　② $\dfrac{3}{2}$　　　③ 3　　　④ $2\sqrt{3}$

풀이 전력 손실률 $h = \dfrac{P_l}{P} = \dfrac{\dfrac{P^2 R}{V^2 \cos^2\theta}}{P} = \dfrac{PR}{V^2 \cos^2\theta}$ 에서 전력손실률이 일정한 경우 $P \propto V^2$ 이므로

$\dfrac{P'}{P} = \left(\dfrac{V'}{V}\right)^2$

따라서, $P' = \left(\dfrac{\sqrt{3}}{1}\right)^2 P = 3P$　　**답** ③

39 한류 리액터의 사용 목적은?

① 단락전류의 제한　　　② 충전전류의 제한
③ 누설전류의 제한　　　④ 접지전류의 제한

풀이
- 한류 리액터 : 단락사고 시의 단락 전류를 제한
- 직렬 리액터 : 제5고조파 제거
- 분로 리액터 : 페란티 현상 방지
- 소호 리액터 : 지락 아크 소멸　　**답** ①

40 단거리 3상 3선식 송전선에서 전선의 중량은 전압이나 역률에 어떠한 관계에 있는가?

① 비례　　　　　　　② 반비례
③ 제곱에 비례　　　　④ 제곱에 반비례

풀이 전력손실 $P_c = \dfrac{\rho l P^2}{A V^2 \cos^2\theta}$ 의 관계가 있으므로

전선의 중량 $V_0 = Al = \dfrac{\rho l^2 P^2}{P_c V^2 \cos^2\theta} \propto \dfrac{1}{V^2 \cos^2\theta}$　　**답** ④

3과목 전기기기

41 교류 전동기에서 브러시의 이동으로 속도변화가 가능한 것은?
① 농형 전동기
② 2중 농형 전동기
③ 동기 전동기
④ 시라게 전동기

풀이 시라게 전동기는 3상 분권 정류자 전동기로서 직류 분권 전동기와 비슷한 정속도 특성을 가지며, 브러시 이동으로 간단하게 속도 제어를 할 수 있다. **답** ④

42 3상 유도전동기의 동기속도는 주파수와 어떤 관계가 있는가?
① 비례한다.
② 반비례한다.
③ 자승에 비례한다.
④ 자승에 반비례한다.

풀이 유도전동기의 동기속도 $N_s = \dfrac{120}{p}f$[rpm]이므로
슬립과 극수가 일정하다면, 동기속도(N_s)는 주파수(f)에 비례하는 관계에 있다. **답** ①

43 직류전동기 중 부하가 변하면 속도가 심하게 변하는 전동기는?
① 분권전동기
② 직권전동기
③ 차동 복권전동기
④ 가동 복권전동기

풀이
- 직권 전동기에서는 $I_a = I = I_f$ 이므로 $I = I_f \propto \phi$가 된다.
- 회전 속도 $n = K\dfrac{V - I_a(R_u + R_s)}{\phi(\propto I)}$[rps]이므로 속도는 자속(= 부하전류)에 반비례하여 증감한다.

즉 직권 전동기는 부하 전류가 변화하면 속도가 현저하게 변하는 특성이 있다. **답** ②

44 직류발전기의 전기자에 대한 설명 중 잘못된 것은?
① 전기자 권선은 대전류인 경우 평각동선을 사용한다.
② 전기자 권선은 소전류인 경우 연동환선을 사용한다.
③ 소형기에는 반폐 슬롯을 사용한다.
④ 중형 및 대형기에는 가지형 슬롯을 사용한다.

풀이

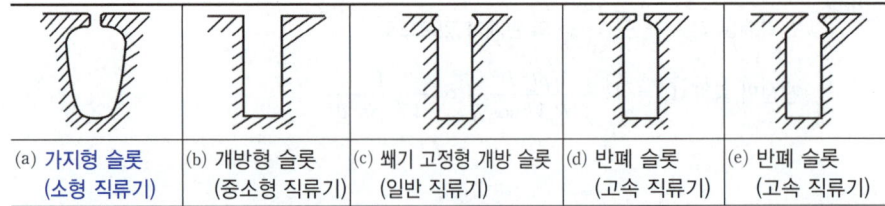

(a) 가지형 슬롯 (소형 직류기) (b) 개방형 슬롯 (중소형 직류기) (c) 쐐기 고정형 개방 슬롯 (일반 직류기) (d) 반폐 슬롯 (고속 직류기) (e) 반폐 슬롯 (고속 직류기)

중형 및 대형기에는 개방 슬롯, 쐐기 넣는 슬롯이 사용되며, 소형기에는 가지 모양 슬롯, 반폐 슬롯이 사용된다. **답** ④

45 유도전동기의 제동법이 아닌 것은?

① 회생 제동　　② 발전제동　　③ 역전 제동　　④ 3상 제동

풀이 유도전동기의 제동법
① 회생 제동 : 유도전동기를 유도발전기로 동작시켜 그 발생전력을 전원에 반환하면서 제동하는 방법
② 발전제동 : 전동기를 전원으로부터 분리한 후 1차 측에 직류전원을 공급하여 발전기로 동작시킨 후 발생된 전력을 저항에서 열로 소비시키는 방법
③ 역전 제동 : 회전중인 전동기의 1차 권선 3단자 중 임의의 2단자의 접속을 바꾸면 역방향의 토크가 발생되어 제동하는 방법으로 이 방법은 급속하게 정지 시키고자 하는 경우에 사용된다.
④ 단상 제동 : 권선형 유도전동기의 1차 측을 단상교류로 여자하고 2차 측에 적당한 크기의 저항을 넣으면 전동기의 회전과는 역방향의 토크가 발생되므로 제동된다.　　**답 ④**

46 송전선로에 접속된 동기조상기의 설명으로 옳은 것은?

① 과여자로 해서 운전하면 앞선전류가 흐르므로 리액터 역할을 한다.
② 과여자로 해서 운전하면 뒤진전류가 흐르므로 콘덴서 역할을 한다.
③ 부족여자로 해서 운전하면 앞선전류가 흐르므로 리액터 역할을 한다.
④ 부족여자로 해서 운전하면 송전선로의 자기여자작용에 의한 전압상승을 방지한다.

풀이
• 과여자 운전 : 콘덴서 작용 – 역률 개선
• 부족 여자 운전 : 리액터 작용 – 이상 전압의 상승 억제　　**답 ④**

47 변압기 결선방식 중 3상에서 2상으로 변환할 수 없는 것은?

① 스코트 결선　　　　　　② 메이어 결선
③ 우드 브리지 결선　　　　④ 포크 결선

풀이
• 3상에서 2상을 얻는 방법 : 스코트(Scott) 결선, 메이어 결선, 우드 브리지 결선
• 3상에서 6상을 얻는 방법 : 환상결선, 2중 3각 결선, 2중 성형결선, 대각결선, 포크 결선　　**답 ④**

48 단상 정류자전동기에 보상권선을 사용하는 이유는?

① 정류개선　　　　　② 기동 토크조절
③ 속도제어　　　　　④ 역률개선

풀이 단상 직권전동기의 보상 권선은 직류 직권전동기와 달리 전기자 반작용으로 생기는 필요 없는 자속을 상쇄하도록 하여, 무효전력의 증대에 따르는 역률의 저하를 방지한다.　　**답 ④**

49 직류기에 탄소 브러시를 사용하는 주된 이유는?

① 고유저항이 작기 때문에　　　② 접촉저항이 작기 때문에
③ 접촉저항이 크기 때문에　　　④ 고유저항이 크기 때문에

풀이 저항정류 : 접촉저항이 큰 탄소 브러시를 사용하여 정류 코일의 단락전류를 억제해서 양호한 정류를 얻는 방법　　**답 ③**

50 변압기의 정격을 정의한 것 중 옳은 것은?

① 전부하의 경우 1차 단자전압을 정격 1차 전압이라 한다.
② 정격 2차 전압은 명판에 기재되어 있는 2차 권선의 단자전압이다.
③ 정격 2차 전압을 2차 권선의 저항으로 나눈 것이 정격 2차 전류이다.
④ 2차 단자 간에서 얻을 수 있는 유효전력을 [kW]로 표시한 것이 정격출력이다.

> **풀이** ① 정격 1차 전압은 무부하의 경우이다.
> ③ 정격 2차 전류는 정격 피상전력을 정격 2차 전압으로 나눈 것이다.
> ④ 정격 출력은 피상전력을 [kVA]로 표시한다.   **답** ②

51 직류 발전기의 전압 변동률이 (−)값으로 표시되는 발전기는?

① 과복권 발전기 ② 부족복권 발전기
③ 평복권 발전기 ④ 차동복권 발전기

> **풀이**
> • 전압변동률 = $\dfrac{\text{무부하 전압} - \text{정격전압}}{\text{정격전압}} \times 100[\%]$
> • 타여자, 분권 및 부족 복권 발전기는 정격 전압이 무부하 전압 보다 작으므로 전압 변동률이 (+)가 되고, 과복권 발전기는 정격전압이 더 크므로 (−)가 된다.   **답** ①

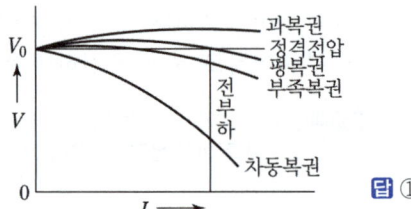

52 sE_2는 권선형 유도전동기의 2차 유기전압이고 E_c는 외부에서 2차 회로에 가하는 2차 주파수와 같은 주파수의 전압입니다. E_c가 sE_2와 반대 위상일 경우 E_c를 크게 하면 속도는 어떻게 되는가? (단, $sE_2 - E_c$는 일정하다.)

① 속도가 증가한다.
② 속도가 감소한다.
③ 속도에 관계없다.
④ 난조현상이 발생한다.

> **풀이** 권선형 유도전동기의 2차 여자법에 의한 속도제어
> 슬립 주파수의 전압(E_c)을 2차 유기전압(sE_2)과 같은 방향으로 가하면 속도가 상승하고, 반대 방향으로 가하면 속도가 감소한다.   **답** ②

53 다음 그림은 변압기 여자 회로에 흐르는 전류의 벡터도이다. C는 어떤 전류인가?

① 1차 전류
② 철손 전류
③ 여자전류
④ 자화 전류

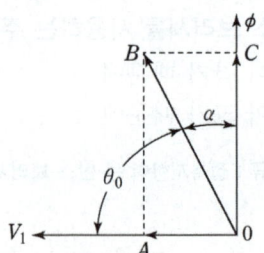

풀이 여자전류 $\dot{I}_o = \dot{I}_\phi + \dot{I}_i = \sqrt{I_\phi^2 + I_i^2}$
- $\dot{I}_\phi$ (자화전류) : 자속을 유지하는 전류
- $\dot{I}_i$ (철손전류) : 철손을 공급하는 전류

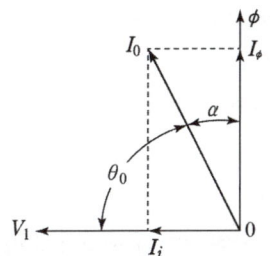

답 ④

54. 3상 교류 발전기의 기전력에 대하여 $\frac{\pi}{2}$[rad] 뒤진 전기자 전류가 흐르면 전기자 반작용은?

① 횡축반작용을 한다. ② 교차 자화작용을 한다.
③ 증자작용을 한다. ④ 감자작용을 한다.

풀이 동기발전기의 전기자 반작용

역률	부하	전류와 전압과의 위상	작 용
역률 1	저항	I_a가 E와 동상인 경우	교차 자화작용(횡축반작용)
뒤진 역률 0	유도성 부하	I_a가 E보다 $\pi/2$ 뒤지는 경우	감자 작용(직축반작용)
앞선 역률 0	용량성 부하	I_a가 E보다 $\pi/2$ 앞서는 경우	증자작용(자화작용)

여기서, I_a : 전기자 전류, E : 유기기전력

답 ④

55. 동기점검등의 세 램프가 모두 꺼질 때의 상태로 옳은 것은?

① 위상과 주파수가 일치하지 않음 ② 전압의 크기만 맞음
③ 전압, 주파수, 위상이 모두 일치 ④ 전압과 위상이 일치하지 않음

풀이 동기점검등
(1) 발전기나 비상전원을 계통에 병입하기 전에 해당 발전기의 출력이 계통 전원과 주파수, 위상이 일치하는지 육안으로 확인하기 위한 장치로 주로 병렬운전 조건 확인과 병입 시점 판단에 사용된다.
(2) 작동
① 주파수 차이, 램프 깜박임
② 위상 차이, 램프 교대로 깜박임
③ 전압 차이가 클수록 램프가 밝아짐
④ 전압, 위상, 주파수 일치, 램프 모두 꺼짐

답 ③

56. 단상 3권선 변압기가 있다. 1차 전압은 66[kV], 2차 전압은 11[kV], 3차 전압은 6.6[kV]이다. 2차에 10000[kVA], 유도 역률 80[%]의 부하가, 3차에 6000[kVar]의 진상 무효전력이 걸렸을 때 1차의 역률은 약 얼마인가? (단 주어지지 않은 조건은 무시한다.)

① 0.6 ② 0.8 ③ 0.9 ④ 1

풀이
- 2차측 유효전력 $P_2 = P_{a2}\cos\theta = 10,000 \times 0.8 = 8000$[kW]
  2차측 무효전력(지상) $P_{r2} = P_{a2}\sin\theta = 10,000 \times \sqrt{1-0.8^2} = 6000$[kVar]
- 3차측 무효전력(진상) $P_{r3} = -6000$[kVar]

- 1차측에서 보는 전체 부하는 2차와 3차의 합이므로

$P_{a1} = \sqrt{P_2^2 + (P_{r2} + P_{r3})^2} = \sqrt{8000^2 + (6000-6000)^2} = 8000[\text{kVA}]$

따라서 역률 $\cos\theta = \dfrac{P}{P_{a1}} = \dfrac{8000}{8000} = 1$

답 ④

57 20[kVA]의 단상변압기가 역률 1일 때 전부하 효율이 97[%]이다. 3/4 부하일 때 이 변압기는 최고 효율을 나타낸다. 전부하에서 철손(P_i)과 동손(P_c)은 각각 몇 [W]인가?

① $P_i = 222$, $P_c = 396$
② $P_i = 232$, $P_c = 3860$
③ $P_i = 242$, $P_c = 376$
④ $P_i = 252$, $P_c = 356$

풀이 최대 효율

$\eta_m = \dfrac{\text{최대 효율 시의 출력}}{\text{최대 효율 시의 출력} + \text{철손} + \text{동손}} \times 100$

$0.97 = \dfrac{20 \times 10^3}{20 \times 10^3 + P_i + P_c}$

$P_i + P_c = \dfrac{20 \times 10^3}{0.97} - 20 \times 10^3 = 618[\text{W}]$ ······ ①

$P_i = \left(\dfrac{3}{4}\right)^2 P_c = 0.563 P_c$ ······ ②

$0.563 P_c + P_c = 618$ ∴ $P_c = \dfrac{618}{1.563} ≒ 396[\text{W}]$

P_c의 값을 식 ①에 대입하면
$396 + P_i = 618$ ∴ $P_i = 618 - 396 = 222[\text{W}]$

답 ①

58 제5차 고조파에 의한 회전자계의 회전방향과 속도를 기본파 회전자계와 비교할 때 옳은 것은?

① 기본파와 반대방향이고, 1/5의 속도
② 기본파와 동일방향이고, 1/5의 속도
③ 기본파와 동일방향이고, 5배의 속도
④ 기본파와 반대방향이고, 5배의 속도

풀이 ① 고조파의 차수 h (3상인 경우)
- 기본파와 같은 방향으로 회전 : $h = 2nm + 1$(제7, 13차, …)
- 기본파와 반대 방향으로 회전 : $h = 2nm - 1$(제5, 11, 17차, …)
- 회전자계를 발생하지 않음 : $h = 3n$(제3, 9차, …) (단, m은 상수, n은 정의 정수)

② $1/h$ (h : 고조파 차수)의 속도로 회전

답 ①

59 극수 4이며 전기자 권선은 파권, 전기자 도체수가 250인 직류발전기가 있다. 이 발전기가 1200[rpm]으로 회전할 때 600[V]의 기전력을 유기하려면 1극당 자속은 몇 [Wb]인가?

① 0.04
② 0.05
③ 0.06
④ 0.07

풀이 직류발전기의 유기기전력 $E = \dfrac{p}{a} z\phi \dfrac{N}{60}[\text{V}]$ 이고, 파권에서 $a = 2$ 이므로

따라서, 1극당 자속 $\phi = \dfrac{Ea}{pz\dfrac{N}{60}} = \dfrac{600 \times 2}{4 \times 250 \times \dfrac{1200}{60}} = 0.06[\text{Wb}]$

답 ③

60 60 [Hz]의 전원에서 슬립 5 [%]로 운전하고 있는 4극 3상 권선형 유도 전동기의 회전자 1상의 저항은 0.05 [Ω]이다. 외부에서 회전자 각 상에 0.05 [Ω]의 저항을 삽입하여 운전하면 회전 속도[rpm]는? (단, 부하 토크는 저항 삽입 전, 후에 변동 없이 일정하다.)

① 810 ② 870 ③ 1620 ④ 1741

풀이
- 외부에 저항을 삽입할 경우의 슬립

$$\frac{r_2}{s} = \frac{r_2 + R}{s'} \rightarrow \frac{0.05}{0.05} = \frac{0.05 + 0.05}{s'}$$

$$s' = 0.1$$

- 저항을 삽입 후 전동기의 회전속도

$$N = (1-s')N_s = (1-s') \times \frac{120f}{p} = (1-0.1) \times \frac{120 \times 60}{4} = 1620 \text{ [rpm]}$$

답 ③

4과목 회로이론

61 30[Ω]의 저항과 40[Ω]의 유도성 리액턴스가 병렬로 연결되어 있다. 이 $R-L$ 병렬회로에 $v = 220\sqrt{2}\sin 377t$[V]의 전압을 가할 때 전원에 흐르는 전류[A]는 약 얼마인가?

① $i = 12.96\sin(377t - 36.87°)$
② $i = 9.17\sin(377t - 36.87°)$
③ $i = 12.96\angle -36.87°$
④ $i = 10.37 + j7.78$

풀이
전류 $I = I_R + I_L = \frac{E}{R} + \frac{E}{jX_L} = \frac{220}{30} + \frac{220}{j40} = 7.33 - j5.5 = 9.16\angle -36.87$[A]

$\therefore i = \sqrt{2} \times 9.16\sin(377t - 36.87°) = 12.96\sin(377t - 36.87°)$[A]

답 ①

62 전압 200[V]의 3상 회로에 그림과 같은 평형 부하를 접속했을 때 선전류 I[A]는? (단, $r = 9[\Omega]$, $\frac{1}{\omega C} = 4[\Omega]$이다.)

① 48.1
② 38.5
③ 28.9
④ 115.5

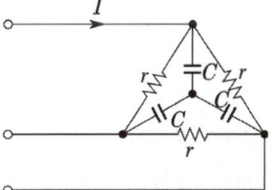

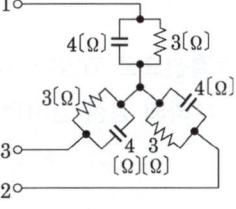

풀이
- 부하를 Y변환하면 1상의 어드미턴스는

$$Y = \frac{1}{3} + j\frac{1}{4}[\Omega]$$

- 따라서 선전류는

$$I = YV_p = \left(\frac{1}{3} + j\frac{1}{4}\right) \cdot \frac{200}{\sqrt{3}}$$

$$= \frac{200}{\sqrt{3}}\sqrt{\left(\frac{1}{3}\right)^2 + \left(\frac{1}{4}\right)^2} = 48.1[A]$$

답 ①

63 3상 3선식 회로에서 $V_a = -j6[\text{V}]$, $V_b = -8+j6[\text{V}]$, $V_c = 8[\text{V}]$일 때 정상분 전압은 몇 [V]가 되는가?

① 0   ② $0.33 \angle 37°$ ③ $2.37 \angle 43°$ ④ $7.82 \angle 257°$

풀이
$$V_1 = \frac{1}{3}(V_a + aV_b + a^2 V_c)$$
$$= \frac{1}{3}\left\{-j6 + \left(-\frac{1}{2}+j\frac{\sqrt{3}}{2}\right)(-8+j6) + \left(-\frac{1}{2}-j\frac{\sqrt{3}}{2}\right)\times 8\right\}$$
$$\fallingdotseq 1.73 - j7.6 = 7.82 \angle 257°[\text{V}]$$

답 ④

64 $R-L$ 직렬 회로에 $v = 10 + 100\sqrt{2}\sin\omega t + 50\sqrt{2}\sin(3\omega t + 60°) + 60\sqrt{2}\sin(5\omega t + 30°)[\text{V}]$인 전압을 가할 때 제3고조파 전류의 실효값[A]은? 단, $R=8[\Omega]$, $\omega L = 2[\Omega]$이다.

① 1   ② 3   ③ 5   ④ 7

풀이 유도성 리액턴스(ωL)는 주파수와 비례하는 관계에 있다.
따라서, 제3고조파 전류 $I_3 = \dfrac{V_3}{Z_3} = \dfrac{V_3}{\sqrt{R^2+(3\omega L)^2}} = \dfrac{50}{\sqrt{8^2+(3\times 2)^2}} = 5[\text{A}]$

답 ③

65 그림과 같은 구형파의 라플라스 변환은?

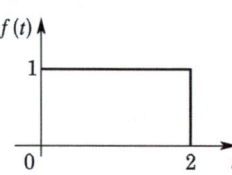

① $\dfrac{1}{s}(1-e^{-s})$ ② $\dfrac{1}{s}(1+e^{-s})$ ③ $\dfrac{1}{s}(1-e^{-2s})$ ④ $\dfrac{1}{s}(1+e^{-2s})$

풀이

$f(t) = u(t) - u(t-2)$

$\therefore F(s) = \mathcal{L}[f(t)] = \mathcal{L}[u(t)-u(t-2)] = \dfrac{1}{s} - \dfrac{1}{s}e^{-2s} = \dfrac{1}{s}(1-e^{-2s})$

답 ③

66 3상 부하가 Y결선으로 되었다. 각 상의 임피던스가 각각 $Z_a = 3[\Omega]$, $Z_b = 3[\Omega]$, $Z_c = j3[\Omega]$이다. 이 부하의 영상 임피던스[Ω]는?

① $6+j3$ ② $3+j3$ ③ $3+j6$ ④ $2+j$

풀이 영상 임피던스 $Z_0 = \dfrac{1}{3}(Z_a + Z_b + Z_c) = \dfrac{1}{3}(3+3+j3) = 2+j[\Omega]$

답 ④

67 다음 회로에 대한 설명으로 옳은 것은?

① 이 회로의 시정수는 $\dfrac{L}{R_1+R_2}$이다.

② 이 회로의 특성근은 $\dfrac{R_1+R_2}{L}$이다.

③ 정상 전류값은 $\dfrac{E}{R_2}$이다.

④ 이 회로의 전류값은 $i(t)=\dfrac{E}{R_1+R_2}\left(1-e^{-\frac{L}{R_1+R_2}t}\right)$이다.

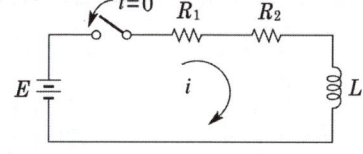

풀이 ① 시정수 $\tau=\dfrac{L}{R_1+R_2}$

② 특성근은 $-\dfrac{R_1+R_2}{L}$이며, 항상 (-)의 값을 갖는다.

③ 정상 전류값은 $I=\dfrac{E}{R_1+R_2}$[A]이다.

④ 회로의 전류값은 $i(t)=\dfrac{E}{R_1+R_2}\left(1-e^{-\frac{R_1+R_2}{L}t}\right)$이다.

답 ①

68 임피던스 궤적이 직선일 때 이의 역수인 어드미턴스 궤적은?

① 원점을 통하는 직선　　　② 원점을 통하지 않는 직선
③ 원점을 통하는 원　　　　④ 원점을 통하지 않는 원

풀이 직선 궤적의 역궤적은 원점을 통과하는 반원이다.

답 ③

69 RLC 직렬회로에서 공진 시의 전류는 공급 전압에 대하여 어떤 위상차를 갖는가?

① 0°　　　② 90°　　　③ 180°　　　④ 270°

풀이 임피던스 $Z=R+j\left(\omega L-\dfrac{1}{\omega C}\right)$[Ω]에서 직렬공진은 리액턴스 성분이 0($j\omega L=\dfrac{1}{j\omega C}$)이 되므로 공진 시 전압과 전류는 동상(0°)이 되고 전류는 최대로 된다.

답 ①

70 코일의 권수 $N=1000$회이고, 코일의 저항 $R=10$[Ω]이다. 전류 $I=10$[A]를 흘릴 때 코일의 권수 1회에 대한 자속이 $\phi=3\times10^{-2}$[Wb]이라면 이 회로의 시정수[s]는?

① 0.3　　　② 0.4　　　③ 3.0　　　④ 4.0

풀이 코일의 인덕턴스 $L=\dfrac{N\phi}{I}=\dfrac{1000\times3\times10^{-2}}{10}=3$[H]

따라서, 시정수 $\tau=\dfrac{L}{R}=\dfrac{3}{10}=0.3$[s]

답 ①

71 정전용량 C[F]인 콘덴서를 V_c[V]까지 충전한 뒤, 저항 R[Ω]에 직렬 연결하여 방전시켰다. t_1[s] 후 전압이 V[V]로 감소하였을 때 정전용량 C[F]을 나타낸 식은?

① $\dfrac{t_1}{R\ln\left(\dfrac{V}{V_c}\right)}$ ② $\dfrac{t_1}{R\ln\left(\dfrac{V_c}{V}\right)}$ ③ $\dfrac{\ln\left(\dfrac{V}{V_c}\right)t_1}{R}$ ④ $\dfrac{\ln\left(\dfrac{V_c}{V}\right)t_1}{R}$

풀이 t_1[s] 후 저항 양단에 감소한 전압 $V = V_C e^{-\frac{1}{RC}t_1}$

$\dfrac{V}{V_C} = e^{-\frac{1}{RC}t_1}$, $\ln\left(\dfrac{V}{V_C}\right) = \ln e^{-\frac{1}{RC}t_1}$, $\ln\left(\dfrac{V}{V_C}\right) = -\dfrac{t_1}{RC}$

$C = -\dfrac{t_1}{R\ln\left(\dfrac{V}{V_C}\right)}$

여기서 $-\ln\left(\dfrac{V}{V_C}\right) = -(\ln V - \ln V_C) = \ln V_C - \ln V = \ln\left(\dfrac{V_C}{V}\right)$ 이므로

$\therefore C = \dfrac{1}{R\ln\left(\dfrac{V_C}{V}\right)}t_1$

답 ②

72 $\cos\omega t$의 라플라스 변환은?

① $\dfrac{s}{s^2 - \omega^2}$ ② $\dfrac{s}{s^2 + \omega^2}$ ③ $\dfrac{\omega}{s^2 - \omega^2}$ ④ $\dfrac{\omega}{s^2 + \omega^2}$

풀이 $f(t) = \cos\omega t$에 대한 라플라스 변환은

$\mathcal{L}[f(t)] = \mathcal{L}[\cos\omega t] = \int_0^\infty \cos\omega t \, e^{-st} dt$ 이고, $\cos\omega t = \dfrac{e^{j\omega t} + e^{-j\omega t}}{2}$ 이므로

$\therefore \mathcal{L}[\cos\omega t] = \int_0^\infty \cos\omega t \, e^{-st} dt = \dfrac{1}{2}\int_0^\infty (e^{j\omega t} + e^{-j\omega t}) e^{-st} dt$

$= \dfrac{1}{2}\int_0^\infty (e^{-(s-j\omega)t} + e^{-(s+j\omega)t}) dt = \dfrac{1}{2}\left(\dfrac{1}{s-j\omega} + \dfrac{1}{s+j\omega}\right) = \dfrac{s}{s^2 + \omega^2}$

답 ②

73 평형 3상 3선식 회로가 있다. 부하는 Y결선이고 $V_{ab} = 100\sqrt{3} \angle 0°$[V]일 때 $I_a = 20 \angle -120°$[A]이었다. Y결선된 부하 한 상의 임피던스는 몇 [Ω]인가?

① $5 \angle 60°$ ② $5\sqrt{3} \angle 60°$ ③ $5 \angle 90°$ ④ $5\sqrt{3} \angle 90°$

풀이 Y결선에서 선전류 = 상전류, 선간 전압 = $\sqrt{3}$×상전압 $\angle 30°$이므로

상전압 $V_a = \dfrac{V_{ab}}{\sqrt{3}} \angle -30° = \dfrac{100\sqrt{3}}{\sqrt{3}} \angle -30° = 100 \angle -30°$[V]

$\therefore Z_a = \dfrac{V_a}{I_a} = \dfrac{100 \angle -30°}{20 \angle -120°} = 5 \angle 90°$[Ω]

답 ③

74 왜형파 전압 $v = 100\sqrt{2}\sin\omega t + 50\sqrt{2}\sin 2\omega t + 30\sqrt{2}\sin 3\omega t$ 의 왜형률을 구하면?

① 1.0 ② 0.8 ③ 0.5 ④ 0.3

풀이 왜형률 = $\dfrac{\text{전 고조파의 실효값}}{\text{기본파의 실효값}} = \dfrac{\sqrt{V_2^2 + V_3^2}}{V_1} = \dfrac{\sqrt{50^2 + 30^2}}{100} = 0.58 ≒ 0.5$

답 ③

75 $V = 50\sqrt{3} - j50$[V], $I = 15\sqrt{3} + j15$[A]일 때 유효전력 P[W]와 무효전력 Q[Var]는 각각 얼마인가?

① $P = 3000$, $Q = -1500$
② $P = 1500$, $Q = -1500\sqrt{3}$
③ $P = 750$, $Q = -750\sqrt{3}$
④ $P = 2250$, $Q = -1500\sqrt{3}$

풀이 피상전력 $P_a = V\overline{I} = (50\sqrt{3} - j50) \times (15\sqrt{3} - j15) = 1500 - j1500\sqrt{3}$ [VA]
따라서 유효전력 $P = 1500$[W], 무효전력 $Q = -1500\sqrt{3}$ [Var]

답 ②

76 그림의 회로에서 전원 주파수가 일정할 경우 평형 조건은?

① $R_1R_3 - R_2R_4 = \dfrac{L}{C}$, $\dfrac{R_4}{R_2} = \dfrac{1}{\omega^2 LC}$

② $R_1R_3 + R_2R_4 = \dfrac{L}{C}$, $\dfrac{R_4}{R_2} = \dfrac{1}{\omega^2 LC}$

③ $R_1R_3 - R_2R_4 = \dfrac{L}{C}$, $\dfrac{R_4}{R_2} = \dfrac{L}{C}$

④ $R_1R_3 + R_2R_4 = \dfrac{L}{C}$, $\dfrac{R_4}{R_2} = \dfrac{L}{C}$

풀이 브리지 평형 조건에서
$$R_1R_3 = (R_2 + j\omega L)\left(R_4 - j\dfrac{1}{\omega C}\right) = \left(R_2R_4 + \dfrac{L}{C}\right) + j\left(\omega L R_4 - \dfrac{R_2}{\omega C}\right)$$
양변의 실수부와 허수부는 같으므로
$$R_1R_3 = R_2R_4 + \dfrac{L}{C} \quad \therefore R_1R_3 - R_2R_4 = \dfrac{L}{C}$$
또, $\omega L R_4 = \dfrac{R_2}{\omega C} \quad \therefore \dfrac{R_4}{R_2} = \dfrac{1}{\omega^2 LC}$

답 ①

77 그림의 회로에서 단자 a, b에 3[Ω]의 저항을 연결할 때 저항에서의 소비 전력은 몇[W]인가?

① 1/12
② 1/3
③ 1
④ 12

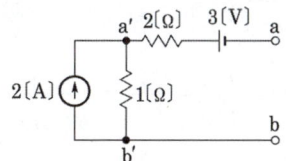

풀이

문제의 그림에서 전류원을 전압원으로 등가하면,

전류 $I = \dfrac{V}{R} = \dfrac{3-2}{1+2+3} = \dfrac{1}{6}$[A]

따라서 전력 $P = I^2 R = \left(\dfrac{1}{6}\right)^2 \cdot 3 = \dfrac{3}{36} = \dfrac{1}{12}$[W]

답 ①

---

78 주기적인 구형파 신호의 구성은?

① 직류성분만으로 구성된다.
② 기본파 성분만으로 구성된다.
③ 고조파 성분만으로 구성된다.
④ 직류 성분, 기본파 성분, 무수히 많은 고조파 성분으로 구성된다.

풀이 주기적인 비정현파는 일반적으로 푸리에 급수에 의해 표시되므로 무수히 많은 주파수의 합성이다.

답 ④

---

79 $i = 2t^2 + 8t$[A]로 표시되는 전류를 도선에 3[sec] 동안 흘렸을 때 통과한 전 전기량은 몇 [C]인가?

① 18   ② 48   ③ 54   ④ 61

풀이 전기량 $Q = \displaystyle\int_0^t i\,dt = \int_0^3 (2t^2 + 8t)\,dt = \left[\dfrac{2}{3}t^3 + 4t^2\right]_0^3 = 54$[C]

답 ③

---

80 그림의 $R-L-C$ 직렬회로에서 입력을 전압 $e_i(t)$, 출력을 전류 $i(t)$로 할 때 이 계의 전달함수는?

① $\dfrac{s}{s^2 + 10s + 10}$ ② $\dfrac{10s}{s^2 + 10s + 10}$

③ $\dfrac{s}{s^2 + s + 1}$ ④ $\dfrac{10s}{s^2 + s + 1}$

풀이 $G(s) = \dfrac{I(s)}{V(s)} = \dfrac{1}{Z(s)} = \dfrac{1}{R + Ls + \dfrac{1}{Cs}} = \dfrac{1}{10 + s + \dfrac{10}{s}} = \dfrac{s}{s^2 + 10s + 10}$

답 ①

5과목　전기설비기술기준

81 구리 재질의 선도체 단면적이 50[mm^2]인 경우, 보호도체의 재질이 선도체와 같다면 보호도체의 최소 단면적은 얼마인가?

① 10　　② 16　　③ 25　　④ 35

풀이　142.3.2 보호도체

선도체의 단면적 S (mm^2, 구리)	보호도체의 최소 단면적(mm^2, 구리)	
	보호도체의 재질	
	선도체와 같은 경우	선도체와 다른 경우
$S \leq 16$	S	$(k_1/k_2) \times S$
$16 < S \leq 35$	$16^{(a)}$	$(k_1/k_2) \times 16$
$S > 35$	$S^{(a)}/2$	$(k_1/k_2) \times (S/2)$

여기서, k_1 : 선도체에 대한 k값
　　　　k_2 : 보호도체에 대한 k값
　　　　a : PEN 도체의 최소단면적은 중성선과 동일하게 적용한다

∴ 최소 단면적 $= \dfrac{50}{2} = 25[\text{mm}^2]$　　　**답** ③

---

82 저압 또는 고압의 가공전선로와 기설 가공 약전류 전선로가 병행할 때 유도작용에 의한 통신상의 장해가 생기지 않도록 전선과 기설 약전류 전선 간의 이격거리는 몇 [m] 이상이어야 하는가? (단, 전기철도용 급전선과 단선식 전화선로는 제외한다.)

① 2　　② 3　　③ 4　　④ 6

풀이　332.1 가공약전류전선로의 유도장해 방지
저압 가공전선로 또는 고압 가공전선로와 기설 가공약전류전선로가 병행하는 경우에는 유도작용에 의하여 통신상의 장해가 생기지 않도록 전선과 기설 약전류전선간의 이격거리는 2[m] 이상이어야 한다.　**답** ①

---

83 60[kV] 초과인 정류기의 절연내력 시험은 직류측 최대 사용전압의 몇 배의 직류전압을 직류 고전압측 단자와 대지 사이에 연속하여 10분간 가하여 이에 견디어야 하는가?

① 1배　　② 1.1배　　③ 1.25배　　④ 1.5배

풀이　133 회전기 및 정류기의 절연내력

종류		시험 전압 (최대사용 전압의 배수)	최저 시험 전압	시험 방법
정류기	최대사용전압 60[kV] 이하	직류측의 최대사용전압의 1배의 교류전압	500[V]	충전부분과 외함 간에 연속하여 10분간 가한다.
	최대사용전압 60[kV] 초과	교류측의 최대사용전압의 1.1배의 교류전압 또는 직류측의 최대사용전압의 1.1배의 직류전압		교류측 및 직류고전압측단자와 대지 사이에 연속하여 10분간 가한다.

답 ②

84 사용전압이 400[V] 이하인 저압 옥측전선로를 애자공사에 의해 시설하는 경우 전선 상호 간의 간격은 몇 [m] 이상이어야 하는가? (단, 비나 이슬에 젖지 않는 장소에 사람이 쉽게 접촉될 우려가 없도록 시설한 경우이다.)

① 0.025 ② 0.045 ③ 0.06 ④ 0.12

풀이 221.2 옥측전선로
애자공사에 의한 저압 옥측전선로는 다음에 의하고 또한 사람이 쉽게 접촉될 우려가 없도록 시설할 것
가. 전선의 단면적은 4[mm²] 이상의 연동 절연전선(옥외용 비닐절연전선 및 인입용 절연전선은 제외한다.) 일 것.
나. 전선 상호 간의 간격 및 전선과 조영재 사이의 이격거리

전 압	전선 상호 간의 간격		전선과 조영재 사이의 이격거리	
	사용전압 400[V] 이하인 경우	사용전압 400[V] 초과인 경우	사용전압 400[V] 이하인 경우	사용전압 400[V] 초과인 경우
비나 이슬에 젖지 않는 장소	0.06[m] 이상	0.06[m] 이상	0.025[m] 이상	0.025[m]이상
비나 이슬에 젖는 장소	0.06[m] 이상	0.12[m] 이상	0.025[m]이상	0.045[m] 이상

다. 전선의 지지점 간의 거리는 2[m] 이하일 것.
라. 애자는 절연성·난연성 및 내수성이 있는 것일 것.

답 ③

85 그림은 전력선 반송통신용 결합장치의 보안장치이다. 그림에서 DR은 무엇인가?

① 접지형 개폐기
② 결합 필터
③ 방전갭
④ 배류선륜

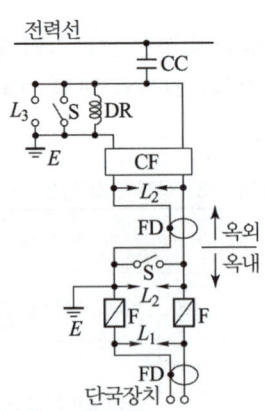

풀이 362.11 전력선 반송 통신용 결합장치의 보안장치
전력선 반송통신용 결합 커패시터에 접속하는 회로에는 그림의 보안장치 또는 이에 준하는 보안장치를 시설하여야 한다.
• FD : 동축 케이블
• F : 정격전류 10[A] 이하의 포장 퓨즈
• DR : 전류 용량 2[A] 이상의 배류 선륜
• L_1 : 교류 300[V] 이하에서 동작하는 피뢰기
• L_2 : 동작 전압이 교류 1,300[V]를 넘고 1,600[V] 이하로 조정된 방전갭
• L_3 : 동작 전압이 교류 2[kV]를 넘고 3[kV] 이하로 조성된 구상 방전갭
• S : 접지용 개폐기
• CF : 결합 필터
• CC : 결합 콘덴서(결합 안테나를 포함한다)
• E : 접지

전력선 반송 통신용 결합 장치의 보안장치

답 ④

86 금속제 수도관로를 접지공사의 접지극으로 사용하는 경우에 대한 사항이다. (㉠), (㉡), (㉢)에 들어갈 수치로 알맞은 것은?

> 접지선과 금속제 수도관로의 접속은 안지름 (㉠)[mm] 이상인 금속제 수도관의 부분 또는 이로부터 분기한 안지름 (㉡) [mm] 미만인 금속제 수도관의 그 분기점으로부터 5[m] 이내의 부분에서 할 것. 다만, 금속제 수도관로와 대지 간의 전기저항치가 (㉢)[Ω] 이하인 경우에는 분기점으로부터의 거리는 5[m]를 넘을 수 있다.

① ㉠ 75, ㉡ 75, ㉢ 2
② ㉠ 75, ㉡ 50, ㉢ 2
③ ㉠ 50, ㉡ 75, ㉢ 4
④ ㉠ 50, ㉡ 50, ㉢ 4

풀이 142.2 접지극의 시설 및 접지저항
지중에 매설되어 있고 대지와의 전기저항 값이 3[Ω] 이하의 값을 유지하고 있는 금속제 수도관로와 접지도체의 접속은 금속제 수도관로의 안지름이 75[mm] 이상인 부분 또는 여기에서 분기한 안지름 75[mm] 미만인 분기점으로부터 5[m] 이내의 부분에서 하여야 한다. 다만, 금속제 수도관로와 대지 사이의 전기저항 값이 2[Ω] 이하인 경우에는 분기점으로부터의 거리는 5 [m]을 넘을 수 있다. **답** ①

87 저압가공전선 상호 간을 접근 또는 교차하여 시설하는 경우 전선 상호 간 이격거리 및 하나의 저압 가공전선과 다른 저압, 가공전선로의 지지물 사이의 이격거리는 각각 몇 [cm] 이상이어야 하는가? (단, 어느 한 쪽의 전선이 고압 절연전선, 특고압 절연전선 또는 케이블이 아닌 경우이다.)

① 전선 상호 간 : 30[cm], 전선과 지지물 간 : 30[cm]
② 전선 상호 간 : 30[cm], 전선과 지지물 간 : 60[cm]
③ 전선 상호 간 : 60[cm], 전선과 지지물 간 : 30[cm]
④ 전선 상호 간 : 60[cm], 전선과 지지물 간 : 60[cm]

풀이 222.16 저압 가공전선 상호 간의 접근 또는 교차
저압 가공전선이 다른 저압 가공전선과 접근상태로 시설되거나 교차하여 시설되는 경우 이격거리

전선의 종류구분	다른 저압 가공전선	
	전선 상호 간	지지물
저압 절연전선	0.6[m]	0.3[m]
어느 한 쪽의 전선이 고압·특고압절연전선 또는 케이블	0.3[m]	

답 ③

88 단상교류 공칭전압 25[kV]인 전차선과 차량 간의 동적 최소 절연이격거리는 몇 [mm] 이상인가?

① 25   ② 100   ③ 150   ④ 170

풀이 431.3 전차선로의 충전부와 차량 간의 절연이격
전차선과 차량 간의 최소 절연이격거리

시스템 종류	공칭전압(V)	동적(mm)	정적(mm)
직류	750	25	25
	1,500	100	150
단상교류	25,000	170	270

답 ④

89 교통신호등 회로의 사용전압은 최대 몇 [V]인가?

① 100 ② 200 ③ 300 ④ 400

풀이 234.15 교통신호등
사용전압은 300[V] 이하로서, 전선은 케이블을 제외하고 2.5[mm²]의 연동선 일 것.   답 ③

90 저압가공인입선에 사용하지 않는 전선은?

① 나전선 ② 절연전선
③ 인입용 비닐절연전선 ④ 케이블

풀이 221.1.1 저압인입선의 시설
인입선은 다음에 따라 시설하여야 한다.
가. 전선은 절연전선 또는 케이블일 것.
나. 전선이 절연전선인 경우
  ① 경간이 15[m] 초과 : 인장강도 2.30[kN] 이상의 것 또는 지름 2.6[mm] 이상의 인입용 비닐절연전선일 것.
  ② 경간이 15[m] 이하 : 인장강도 1.25[kN] 이상의 것 또는 지름 2[mm] 이상의 인입용 비닐절연전선일 것.
다. 전선이 옥외용 비닐 절연전선인 경우에는 사람이 접촉할 우려가 없도록 시설할 것.   답 ①

91 전력보안 통신용 전화설비를 시설하여야 하는 곳은?

① 2개 이상의 발전소 상호 간 ② 원격 감시 제어가 되는 변전소
③ 원격 감시 제어가 되는 급전소 ④ 원격 감시 제어가 되지 않는 발전소

풀이 362.1 전력보안통신설비의 시설 요구사항
발전소, 변전소 및 변환소 에서의 전력보안통신설비의 시설 장소는 다음에 따른다.
가. 원격감시제어가 되지 아니하는 발전소·변전소·개폐소·전선로 및 이를 운용하는 급전소 및 급전분소 간
나. 2개 이상의 급전소(분소) 상호 간과 이들을 통합 운용하는 급전소(분소) 간
다. 수력설비의 안전상 필요한 양수소 및 강수량 관측소와 수력발전소 간
라. 동일 수계에 속하고 안전상 긴급 연락의 필요가 있는 수력발전소 상호 간
마. 동일 전력계통에 속하고 또한 안전상 긴급연락의 필요가 있는 발전소·변전소 및 개폐소 상호 간   답 ④

92 다음 중 전로의 중성점 접지의 목적으로 거리가 먼 것은?

① 대지전압의 저하 ② 이상전압의 억제
③ 손실전력의 감소 ④ 보호장치의 확실한 동작의 확보

풀이 322.5 전로의 중성점의 접지
① 보호 장치의 확실한 동작의 확보
② 이상 전압의 억제
③ 대지전압의 저하를 위하여
전로의 중성점에 접지공사를 한다.   답 ③

93 아파트 세대 욕실에 "비데용 콘센트"를 시설하고자 한다. 다음의 시설방법 중 적합하지 않는 것은?

① 콘센트를 시설하는 경우에는 인체감전보호용 누전차단기로 보호된 전로에 접속할 것
② 습기가 많은 곳에 시설하는 배선기구는 방습장치를 시설할 것
③ 저압용 콘센트는 접지극이 없는 것을 사용할 것
④ 충전 부분이 노출되지 않을 것

풀이 234.5 콘센트의 시설
욕조나 샤워시설이 있는 욕실 또는 화장실 등 인체가 물에 젖어있는 상태에서 전기를 사용하는 장소에 콘센트를 시설하는 경우에는 다음에 따라 시설하여야한다.
가. 인체감전보호용 누전차단기(정격감도전류 15[mA] 이하, 동작시간 0.03[초] 이하의 전류동작형의 것에 한한다) 또는 절연 변압기(정격용량 3[kVA] 이하인 것에 한한다)로 보호된 전로에 접속하거나, 인체감전보호용 누전차단기가 부착된 콘센트를 시설하여야 한다.
나. 콘센트는 접지극이 있는 방적형 콘센트를 사용하여 규정에 준하여 접지하여야 한다. **답** ③

94 전기 온상의 발열선의 온도는 몇 [℃]를 넘지 아니하도록 시설하여야 하는가?

① 70   ② 80   ③ 90   ④ 100

풀이 241.5 전기온상 등
가. 전기온상에 전기를 공급하는 전로의 대지전압은 300[V] 이하일 것.
나. 발열선은 그 온도가 80[℃]를 넘지 않도록 시설 할 것.
다. 발열선과 조영재 사이의 이격거리는 0.025[m] 이상으로 할 것.
라. 발열선의 지지점 간의 거리는 1[m] 이하일 것. 다만, 발열선 상호 간의 간격이 0.06[m] 이상인 경우에는 2[m] 이하로 할 수 있다. **답** ②

95 고압가공전선로에 케이블을 조가용선에 행거로 시설할 경우 그 행거의 간격은 몇 [cm] 이하로 하여야 하는가?

① 50   ② 60   ③ 70   ④ 80

풀이 332.2 가공케이블의 시설
저압 가공전선 또는 고압 가공전선에 케이블을 사용하는 경우에는 다음에 따라 시설하여야 한다.
가. 케이블은 조가용선에 행거로 시설할 것. 이 경우에는 사용전압이 고압인 때에는 행거의 간격 0.5[m] 이하로 하는 것이 좋다.
나. 조가용선은 인장강도 5.93[kN] 이상의 것 또는 단면적 22[mm²] 이상인 아연도강연선일 것.
다. 조가용선 및 케이블의 피복에 사용하는 금속체에는 접지공사를 할 것.
라. 조가용선을 케이블에 접촉시켜 금속 테이프를 감는 경우에는 20[cm] 이하의 간격으로 나선상으로 한다.

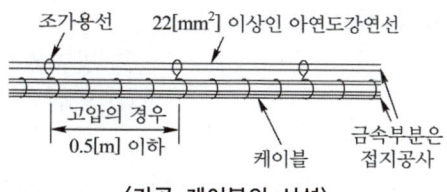

〈가공 케이블의 시설〉

답 ①

96 전력 보안통신 설비인 무선 통신용 안테나 또는 반사판을 지지하는 철주, 철근 콘크리트주 또는 철탑의 기초의 안전율은 얼마 이상이어야 하는가?(단, 무선통신용 안테나 또는 반사판이 전선로의 주위상태를 감시할 목적으로 시설되는 것이 아닌 경우이다.)

① 1.2   ② 1.3   ③ 1.5   ④ 2.2

풀이 364.1 무선용 안테나 등을 지지하는 철탑 등의 시설
전력보안통신설비인 무선통신용 안테나 또는 반사판 을 지지하는 목주·철주·철근 콘크리트주 또는 철탑은 다음에 따라 시설하여야 한다. 다만, 무선용 안테나 등이 전선로의 주위상태를 감시할 목적으로 시설되는 것일 경우에는 그러하지 아니하다.
가. 목주는 풍압하중에 대한 안전율은 1.5 이상이어야 한다.
나. **철주·철근 콘크리트주 또는 철탑의 기초 안전율은 1.5 이상**이어야 한다.   **답** ③

97 전선의 색상 중 틀린 것은?

① L1 : 갈색   ② L2 : 흑색
③ L3 : 흰색   ④ N : 청색

풀이 121.2 전선의 식별

상(문자)	L1	L2	L3	N	보호도체
색상	갈색	흑색	회색	청색	녹색-노란색

답 ③

98 22.9[kV] 특고압으로 가공전선과 조영물이 아닌 다른 시설물이 교차하는 경우, 상호 간의 이격거리는 몇 [cm]까지 감할 수 있는가? (단, 전선은 케이블이다.)

① 50   ② 60   ③ 100   ④ 120

풀이 333.28 특고압 가공전선과 다른 시설물의 접근 또는 교차
특고압 절연전선 또는 케이블을 사용하는 사용전압이 35[kV] 이하의 특고압 가공전선과 다른 시설물 사이의 이격거리

다른 시설물의 구분	접근형태	이격거리
조영물의 상부조영재	위쪽	2[m] (전선이 케이블인 경우에는 1.2[m])
	옆쪽 또는 아래쪽	1[m] (전선이 케이블인 경우에는 0.5[m])
조영물의 상부조영재 이외의 부분 또는 조영물 이외의 시설물		1[m] (전선이 케이블인 경우에는 0.5[m])

답 ①

99 전력계통의 일부가 전력계통의 전원과 전기적으로 분리된 상태에서 분산형전원에 의해서만 운전되는 상태를 무엇이라 하는가?

① 전부하 운전   ② 병렬운전
③ 단독운전   ④ 무부하 운전

풀이 112 용어정의
"단독운전"이란 전력계통의 일부가 전력계통의 전원과 전기적으로 분리된 상태에서 분산형전원에 의해서만 운전되는 상태를 말한다.   **답** ③

100 특고압 가공전선로에 사용하는 철탑 중에서 전선로의 수평 각도가 3°를 넘는 곳에 사용하는 철탑은?

① 내장형 철탑
② 인류형 철탑
③ 보강형 철탑
④ 각도형 철탑

풀이 333.11 특고압 가공전선로의 철주·철근 콘크리트주 또는 철탑의 종류
특고압 가공전선로의 지지물로 사용하는 B종 철근·B종 콘크리트주 또는 철탑의 종류는 다음과 같다.
가. 직선형 : 전선로의 직선 부분(3° 이하의 수평 각도 이루는 곳 포함)에 사용되는 것
나. **각도형** : 전선로 중 **수평 각도 3°를 넘는 곳에 사용**되는 것
다. 인류형 : 전 가섭선을 인류하는 곳에 사용하는 것
라. 내장형 : 전선로 지지물 양측의 경간차가 큰 곳에 사용하는 것
마. 보강형 : 전선로 직선 부분을 보강하기 위하여 사용하는 것

답 ④

2025년 3회 (CBT 복원문제)

1과목 전기자기

01 서로 같은 2개의 구 도체에 동일양의 전하를 대전시킨 후 20[cm] 떨어뜨린 결과 구 도체에 서로 6×10^{-4}[N]의 반발력이 작용한다. 구 도체에 주어진 전하는?

① 약 5.2×10^{-8}[C]
② 약 6.2×10^{-8}[C]
③ 약 7.2×10^{-8}[C]
④ 약 8.2×10^{-8}[C]

풀이 $F = \dfrac{Q^2}{4\pi\epsilon_o r^2}$ 이므로,

$\therefore Q = \sqrt{4\pi\epsilon_o r^2 F} = \sqrt{4\pi \times 8.85 \times 10^{-12} \times 0.2^2 \times 6 \times 10^{-4}} = 5.2 \times 10^{-8}$[C]

답 ①

02 단면적이 균일한 환상철심에 권수 N_A인 A코일과 권수 N_B인 B코일이 있을 때, B코일의 자기 인덕턴스가 L_A[H]라면 두 코일의 상호 인덕턴스[H]는? (단, 누설자속은 0이다.)

① $\dfrac{L_A N_A}{N_B}$
② $\dfrac{L_A N_B}{N_A}$
③ $\dfrac{N_A}{L_A N_B}$
④ $\dfrac{N_B}{L_A N_A}$

풀이 $R = \dfrac{N_A^2}{L_B} = \dfrac{N_A N_B}{M}$ 에서

- 자기 인덕턴스 $L_A = \dfrac{N_B^2}{R}$ [H]
- 상호 인덕턴스 $M = \dfrac{N_A N_B}{R}$ [H]

위의 두 식에서 R을 소거하면

$\therefore M = \dfrac{L_A N_A}{N_B}$ [H]

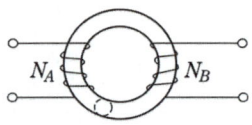

답 ①

03 직선 전류에 의해서 그 주위에 생기는 환상의 자계 방향은?

① 전류의 방향
② 전류와 반대 방향
③ 오른 나사의 진행 방향
④ 오른 나사의 회전 방향

풀이 • 암페어 오른손(오른 나사) 법칙 :
나사 진행 방향을 전류 방향과 일치시킬 때
자계의 방향은 오른 나사를 회전시키는 방향과 같다.
⊗ : 지면의 표면에서 뒷면으로 들어가는 방향
⊙ : 지면의 뒷면에서 표면으로 나오는 방향

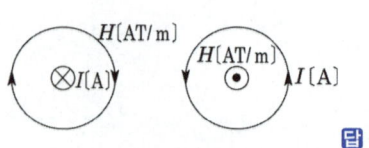

답 ④

04 그림과 같이 권수가 1이고 반지름 a[m]인 원형전류 I[A]가 만드는 자계의 세기[AT/m]는?

① $\dfrac{I}{a}$ ② $\dfrac{I}{2a}$
③ $\dfrac{I}{3a}$ ④ $\dfrac{I}{4a}$

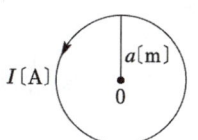

풀이 $H_0 = \oint dH = \int_0^{2\pi a} \dfrac{Idl\sin\theta}{4\pi a^2} = \int_0^{2\pi a} \dfrac{Idl}{4\pi a^2} = \dfrac{I}{4\pi a^2}\int_0^{2\pi a} dl = \dfrac{I}{2a}$ [AT/m]

또는 $H_x = \dfrac{I}{2} \cdot \dfrac{a^2}{(a^2+x^2)^{3/2}}$ 에서 원형 코일 중심의 자계의 세기 H_0는 $x=0$ 이므로

∴ $H_0 = \dfrac{I}{2a}$ [AT/m]

답 ②

05 전계 및 자계가 z방향의 성분을 갖지 않고 동일한 전계와 자계를 합한 면이 z축에 수직이 되는 파를 무엇이라 하는가?

① 직선파   ② 전자파   ③ 굴절파   ④ 평면파

풀이 평면파는 진행파의 진행 방향에 대하여 수직인 무한 평면 내에서 진행파의 크기, 위상이 같은 파를 의미한다.

답 ④

06 두 종류의 금속으로 된 회로에 전류를 통하면 각 접속점에서 열의 흡수 또는 발생이 일어나는 현상은?

① 톰슨 효과   ② 제벡 효과   ③ 볼타 효과   ④ 펠티에 효과

풀이 ① 톰슨 효과 : 동일한 금속 도선의 두 점 간에 온도차를 주고, 고온 쪽에서 저온 쪽으로 전류를 흘리면 도선 속에서 열이 발생되거나 흡수가 일어나는 이러한 현상을 톰슨 효과라 한다.
② 제벡(지벡) 효과 : 두 종류 금속 접속면에 온도차가 있으면 기전력이 발생하는 효과
③ 볼타 효과 : 도체와 도체 사이에 접촉 전기가 일어날 때 두 도체 사이에 전위차가 생기는 효과
④ 펠티에 효과 : 두 종류 금속 접속면에 전류를 흘리면 접속점에서 열의 흡수, 발생이 일어나는 효과

답 ④

07 접지된 직교 도체 평면과 점전하 사이에는 몇 개의 영상 전하가 존재하는가?

① 1   ② 2   ③ 3   ④ 4

풀이 영상 전하 개수는 $n = \dfrac{360°}{\theta} - 1$ (개)이다.

직교이면 $\theta = 90°$ 이므로

∴ $n = \dfrac{360°}{90°} - 1 = 3$(개)이다.

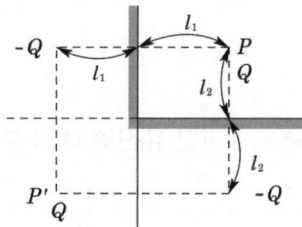

답 ③

08 자기 회로의 자기 저항이 일정할 때 코일의 권수를 1/2로 줄이면 자기 인덕턴스는 원래의 몇 배가 되는가?

① $\frac{1}{\sqrt{2}}$ 배   ② $\frac{1}{2}$ 배   ③ $\frac{1}{4}$ 배   ④ $\frac{1}{8}$ 배

풀이 $L = \frac{N^2}{R}$ 에서 자기 저항이 일정한 경우 인덕턴스는 권수의 자승에 비례하므로

$L' = \left(\frac{1}{2}\right)^2 L = \frac{1}{4} L$

답 ③

09 도전율이 5.8×10^7 [℧/m]이고, 길이가 1[km]이며, 단면적이 1.309×10^{-6} [m²]인 물체가 갖는 저항값은 약 몇 [Ω]인가?

① 7.64   ② 13.2   ③ 21.2   ④ 32.4

풀이 도체 저항 $R = \rho \frac{l}{S} = \frac{l}{\sigma S} = \frac{1 \times 10^3}{5.8 \times 10^7 \times 1.309 \times 10^{-6}} = 13.2 [\Omega]$

답 ②

10 전계 E[V/m] 및 자계 H[AT/m]의 에너지가 자유공간 사이를 C[m/s]의 속도로 전파될 때 단위 시간에 단위 면적을 지나는 에너지[W/m²]는?

① $\frac{1}{2} EH$ ② EH ③ EH^2 ④ $E^2 H$

풀이 단위 면적당 전력 = 포인팅 벡터 $P = E \times H = EH$ [W/m²]

답 ②

11 면적이 S[m²]이고 극간의 거리가 d[m]인 평행판 콘덴서에 비유전율이 ϵ_r인 유전체를 채울 때 정전용량[F]은? (단, ϵ_0는 진공의 유전율이다.)

① $\frac{2\epsilon_0 \epsilon_r S}{d}$ ② $\frac{\epsilon_0 \epsilon_r S}{\pi d}$ ③ $\frac{\epsilon_0 \epsilon_r S}{d}$ ④ $\frac{2\pi\epsilon_0 \epsilon_r S}{d}$

풀이 정전용량 C는
$C = \frac{Q}{V} = \frac{Q}{Ed} = \frac{\sigma S}{\frac{\sigma d}{\epsilon_0 \epsilon_r}} = \sigma S \times \frac{\epsilon_0 \epsilon_r}{\sigma d} = \frac{\epsilon_0 \epsilon_r S}{d}$ [F]

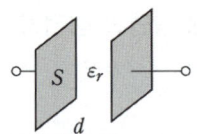

답 ③

12 비유전율 $\epsilon_s = 5$인 유전체 내의 분극률은 몇 [F/m]인가?

① $\frac{10^{-8}}{9\pi}$ ② $\frac{10^9}{9\pi}$ ③ $\frac{10^{-9}}{9\pi}$ ④ $\frac{10^8}{9\pi}$

풀이 분극의 세기 $P = \epsilon_0(\epsilon_s - 1)E$ 식에서

분극률 $\chi = \dfrac{P}{E} = \epsilon_0(\epsilon_s - 1) = \dfrac{1}{36\pi \times 10^9} \times (5-1) = \dfrac{10^{-9}}{9\pi}$ [F/m]

$(\epsilon_0 = \dfrac{10^7}{4\pi C^2} = \dfrac{1}{36\pi \times 10^9}$, C : 빛의 속도 $= 3 \times 10^8$ [m/s])

답 ③

13 전계 내에서 폐회로를 따라 전하를 일주시킬 때 전계가 행하는 일은 몇 [J]인가?

① ∞   ② π   ③ 1   ④ 0

풀이 전계의 주회 적분과 에너지와의 관계에서 $\oint_c QE \cdot dl = Q\oint_c E \cdot dl = 0$

즉, 폐회로를 따라 단위 정전하를 일주시킬 때 전계가 하는 일은 항상 0을 의미한다.(에너지 보존적)

답 ④

14 대전 된 구도체를 반지름이 2배가 되는 대전이 되지 않은 구도체에 가는 도선으로 연결할 때 원래의 에너지에 대해 손실된 에너지의 비율은 얼마가 되는가? (단, 구도체는 충분히 떨어져 있다고 한다.)

① $\dfrac{1}{2}$ ② $\dfrac{1}{3}$ ③ $\dfrac{2}{3}$ ④ $\dfrac{2}{5}$

풀이 대전 된 도체구의 정전용량을 C, 대전 되지 않은 구도체의 정전용량 C'라 하면
$C' = 4\pi\epsilon_0 R' = 4\pi\epsilon_0 \times 2R = 2C$
연결 전후의 에너지를 각각 W, W'라 하면
$W = \dfrac{Q^2}{2C}$, $W' = \dfrac{Q^2}{2(C+2C)} = \dfrac{Q^2}{6C}$
$\therefore \dfrac{W-W'}{W} = \left(\dfrac{Q^2}{2C} - \dfrac{Q^2}{6C}\right) \Big/ \dfrac{Q^2}{2C} = \dfrac{2}{3}$

답 ③

15 전자석에 사용하는 연철(soft iron)은 다음 어느 성질을 갖는가?
① 잔류자기, 보자력이 모두 크다.
② 보자력이 크고 잔류자기가 작다.
③ 보자력이 크고 히스테리시스 곡선의 면적이 작다.
④ 보자력과 히스테리시스 곡선의 면적이 모두 작다.

풀이 히스테리시스 곡선
영구자석의 재료는 잔류 자기(B_r)와 보자력(H_c)이 모두 커야 하나, **전자석(일시 자석)의 재료는 잔류 자기(B_r)가 크고 보자력(H_c)과 히스테리시스 곡선의 면적이 모두 작아야 한다**.

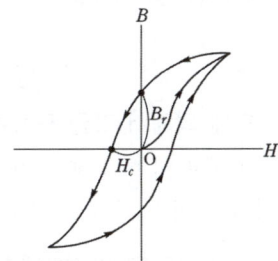

답 ④

16 권선수가 N회인 코일에 전류 I[A]를 흘릴 경우, 코일에 ϕ[Wb]의 자속이 지나간다면 이 코일에 저장된 자계에너지[J]는?

① $\frac{1}{2}N\phi^2 I$ ② $\frac{1}{2}N\phi I$ ③ $\frac{1}{2}N^2\phi I$ ④ $\frac{1}{2}N\phi I^2$

풀이 자기 인덕턴스 $L = \frac{N\phi}{I}$ 이므로, $LI = N\phi$ 이다.

따라서 자계에너지 $W = \frac{1}{2}LI^2 = \frac{1}{2}LI \cdot I = \frac{1}{2}N\phi I$[J]

답 ②

---

17 다음 설명 중 옳은 것은?

① 상자성체는 자화율이 0보다 크고, 반자성체에서는 자화율이 0보다 작다.
② 상자성체는 투자율이 1보다 작고, 반자성체에서는 투자율이 1보다 크다.
③ 반자성체는 자화율이 0보다 크고, 투자율이 1보다 크다.
④ 상자성체는 자화율이 0보다 작고, 투자율이 1보다 크다.

풀이
- 상자성체 : 자화율 $\chi > 0$, 비투자율 $\mu_s > 1$
- 반자성체 : 자화율 $\chi < 0$, 비투자율 $\mu_s < 1$

답 ①

---

18 전류의 연속 방정식으로 옳은 것은

① $\nabla \times H = J + \frac{\partial D}{\partial t}$ ② $\nabla \times E = -\frac{\partial B}{\partial t}$

③ $\nabla \cdot J = -\frac{\partial \rho}{\partial t}$ ④ $\nabla \cdot D = \rho$

풀이 ① 암페어 주회적분 법칙의 미분형(맥스웰의 전자방정식)
② 패러데이법칙의 미분형(맥스웰의 전자방정식)
③ **전류의 연속방정식**
　　거시적으로 임의의 공간에서 폐곡면에서 유출하는 전류는 폐곡면 내 전하의 감소량과 같고, 이를 미소적인 해석은 단위체적에서 발산하는 전류는 전하량의 시간적 감소량과 같다. 이것을 수학적으로 표현하면

$$\nabla \cdot J = -\frac{d\rho}{dt}$$

　　이고, 이 관계식을 전류의 연속방정식이라 한다.
④ 가우스정리의 미분형

답 ③

---

19 정전 유도에 의해서 고립 도체에 유기되는 전하는?

① 정, 부 동량이며 도체는 등전위이다.　② 정, 부 동량이며 도체는 등전위가 아니다.
③ 정전하 뿐이며 도체는 등전위이다.　④ 부전하 뿐이며 도체는 등전위이다.

풀이 도체가 고립 돼있어 전하의 총량이 변할 수 없으므로, 정전하와 부전하가 크기가 같은 양으로 쌍을 이룬다.

답 ①

20 감자율(Demagnetization factor)이 "0"인 자성체로 가장 알맞은 것은?

① 환상 솔레노이드　　　　　② 굵고 짧은 막대 자성체
③ 가늘고 긴 막대 자성체　　　④ 가늘고 짧은 막대 자성체

풀이
- 감자력은 자화의 세기에 비례하며, 이때 비례 상수를 감자율이라 한다.
- 잘려진 극이 존재하지 않으면 감자율이 0이 되는데, 환상 솔레노이드(toroid)가 무단(無端) 철심이므로 이에 해당한다.
- 환상 솔레노이드를 제외하면 가늘고 긴 막대 자성체가 자계와 평행으로 놓여 있을 때 감자율이 거의 0에 가깝다.
- 가늘고 긴 막대 자성체가 자계와 직각으로 놓여 있을 때는 감자율이 거의 1로 가장 크다.
- 구(球)인 경우 감자율 $N = \dfrac{1}{3}$ 이다.

답 ①

2과목　전력공학

21 3상 3선식 3각형 배치의 송전선로에 있어서 각 선의 대지 정전용량이 0.5038[μF]이고, 선간정전용량이 0.1237[μF]일 때 1선의 작용 정전용량은 몇 [μF]인가?

① 0.6275　　② 0.8749　　③ 0.9164　　④ 0.9755

풀이　$C_n = C_s + 3C_m = 0.5038 + 3 \times 0.1237 = 0.8749[\mu F]$
(여기서, C_n : 작용정전용량, C_s : 대지정전용량, C_m : 선간정전용량)

답 ②

22 길이가 35[km]인 단상 2선식 전선로의 유도 리액턴스는 몇 [Ω]인가? 단, 전선로 단위길이 당 인덕턴스는 1.3[mH/km/선], 주파수 60[Hz]이다.

① 17.6　　② 26.5　　③ 34.3　　④ 68.5

풀이　유도 리액턴스 $X_L = 2\pi f L l = 2\pi \times 60 \times 1.3 \times 10^{-3} \times 2 \times 35 = 34.3[\Omega]$

답 ③

23 가공송전선로에서 총 단면적이 같은 경우 단도체와 비교하여 복도체의 장점이 아닌 것은?

① 안정도를 증대시킬 수 있다.
② 공사비가 저렴하고 시공이 간편하다.
③ 전선표면 전위경도를 감소시켜 코로나 임계전압이 높아진다.
④ 선로의 인덕턴스가 감소되고 정전용량이 증가해서 송전용량이 증대된다.

풀이　복도체 방식의 장점
① 전선의 인덕턴스가 감소하고 정전 용량이 증가되어 선로의 송전 용량이 증가하고 계통의 안정도를 증진시킨다.
② 전선 표면의 전위 경도가 저감되므로 코로나 임계 전압을 높일 수 있고 코로나손, 코로나 잡음 등의 장해가 저감된다.

답 ②

24 1[BTU]는 몇 [cal]인가?

① 250　　② 252　　③ 242　　④ 232

풀이　1[BTU] = 0.252[kcal] = 252[cal]　　답 ②

25 어느 일정한 방향으로 일정한 크기 이상의 단락전류가 흘렀을 때 동작하는 보호계전기의 약어는?

① ZR　　② UFR　　③ OVR　　④ DOCR

풀이
① 거리계전기(ZR) : 계전기가 설치된 위치로부터 고장점까지의 전기적 거리에 비례하여 한시 동작하는 것으로 복잡한 계통의 단락보호에 과전류 계전기의 대용으로 쓰인다.
② 저주파수 계전기(UFR) : 주파수가 일정값 보다 낮을 경우 동작한다.
③ 과전압 계전기(OVR) : 일정값 이상의 전압이 걸렸을 때 동작한다.
④ **단락 방향 계전기(DOCR, DSR)** : 어느 일정한 방향으로 일정값 이상의 단락전류가 흘렀을 경우 동작하는 것　　답 ④

26 모선의 보호계전 방식에 해당되는 것은?

① 전력 평형 보호 방식　　② 전압 차동 보호 방식
③ 표시선 계전 방식　　④ 위상 비교 반송 방식

풀이　모선 보호계전 방식의 종류
① 전류 차동 계전 방식　　② **전압 차동 계전 방식**
③ 위상 비교 계전 방식　　④ 방향 비교 계전 방식　　답 ②

27 정삼각형 배치의 선간거리가 5[m]이고, 전선의 지름이 1[cm]인 3상 가공 송전선의 1선의 정전용량은 약 몇 [μF/km]인가?

① 0.008　　② 0.016　　③ 0.024　　④ 0.032

풀이　정전용량 $C_w = \dfrac{0.02413}{\log_{10}\dfrac{D}{r}} = \dfrac{0.02413}{\log_{10}\dfrac{5}{0.5 \times 10^{-2}}} = 0.008[\mu F/km]$　　답 ①

28 배전 계통에서 콘덴서를 설치하는 것은 여러 가지 목적이 있으나 그 중에서 가장 주된 목적은?

① 전압 강하 보상　　② 전력 손실 감소
③ 송전 용량 증가　　④ 기기의 보호

풀이　전력용 콘덴서 설치(역률 개선)의 효과
① 전력 손실 감소　　② 변압기, 개폐기 등의 소요 용량 감소
③ 송전 용량 증대　　④ 전압 강하 감소
이들 중 가장 큰 효과는 전력 손실 감소이다(전력 손실은 역률의 제곱에 역비례 하여 감소한다).　　답 ②

29
급수의 엔탈피 130[kcal/kg], 보일러 출구 과열 증기 엔탈피 830[kcal/kg], 터빈 배기 엔탈피 550[kcal/kg]인 랭킨 사이클의 열사이클 효율은?

① 0.2 ② 0.4 ③ 0.6 ④ 0.8

풀이

$$\eta_c = \frac{H_e}{i_1 - i_f}$$

(여기서, η_c : 터빈의 열효율, H_e : 증기 1[kg]이 터빈에서 유효하게 일을 한 열량[kcal/kg]
i_1 : 터빈 입구의 증기 엔탈피[kcal/kg], i_f : 복수기의 엔탈피[kcal/kg])

$H_e = 830 - 550 = 280$[kcal/kg], $i_1 = 830$[kcal/kg], $i_f = 130$[kcal/kg]이므로

$$\therefore \eta = \frac{280}{830-130} = \frac{280}{700} = 0.4$$

답 ②

30
개폐 서지를 흡수할 목적으로 설치하는 것의 약어는?

① CT ② SA ③ GIS ④ ATS

풀이
① CT(계기용 변류기) : 회로의 대전류를 소전류로 변성하여 계기나 계전기에 공급
② SA(서지 흡수기) : 변압기, 발전기 등을 서지로부터 보호
③ GIS(가스 절연 개폐기) : SF_6 가스를 이용하여 정상상태 및 사고, 단락 등의 고장상태에서 선로를 안전하게 개폐하여 보호
④ ATS(자동 절환 개폐기) : 주 전원이 정전되거나, 전압이 기준치 이하로 떨어질 경우 예비전원으로 자동 절환 하는 개폐기

답 ②

31
연가를 하는 주된 목적은?

① 혼촉 방지
② 유도뢰 방지
③ 단락사고 방지
④ 선로정수 평형

풀이
• 연가는 선로정수를 평형시키고 통신선의 유도장해를 방지하기 위하여 선로를 3배수 등분하여 실시한다.
• 연가의 목적 : 선로정수 평형, 직렬공진 방지, 유도장해 감소

답 ④

32
전력선 a의 충전 전압을 E, 통신선 b의 대지 정전 용량을 C_b, a-b 사이의 상호 정전 용량을 C_{ab}라고 하면 통신선 b의 정전 유도 전압 E_s는?

① $\dfrac{C_{ab} + C_b}{C_b} E$
② $\dfrac{C_{ab} + C_a}{C_{ab}} E$
③ $\dfrac{C_b}{C_{ab} + C_b} E$
④ $\dfrac{C_{ab}}{C_{ab} + C_b} E$

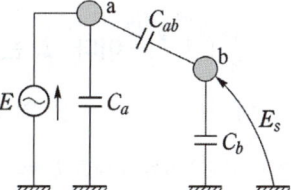

풀이

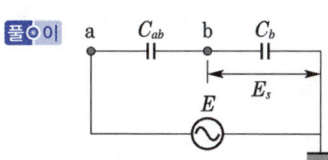

$$E_s = \frac{C_{ab}}{C_{ab} + C_b} E$$

답 ④

33 그림과 같은 평형 3상 발전기가 있다. a상이 지락한 경우 지락전류는 어떻게 표현되는가?
(단, Z_0 : 영상 임피던스, Z_1 : 정상 임피던스, Z_2 : 역상 임피던스이다.)

① $\dfrac{E_a}{Z_0 + Z_1 + Z_2}$

② $\dfrac{3E_a}{Z_0 + Z_1 + Z_2}$

③ $\dfrac{-Z_0 E_a}{Z_0 + Z_1 + Z_2}$

④ $\dfrac{2Z_2 E_a}{Z_1 + Z_2}$

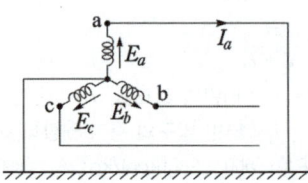

풀이 대칭좌표법과 발전기의 기본식을 이용하여 풀면

$$I_0 = I_1 = I_2 = \dfrac{E_a}{Z_0 + Z_1 + Z_2}$$

$$\therefore I_a = I_0 + I_1 + I_2 = 3I_0 = \dfrac{3E_a}{Z_0 + Z_1 + Z_2}$$

답 ②

34 중성점접지방식 중 비접지방식을 직접 접지방식과 비교한 것으로 옳지 않은 것은?
① 지락전류가 적다.
② 보호계전기 동작이 확실하다.
③ 1선지락 시 통신선 유도장해가 적다.
④ 과도안정도가 크다.

풀이 비접지의 특징(직접 접지와 비교)
① 지락전류가 비교적 적다(유도 장해 감소).
② 보호계전기 동작이 불확실하다.
③ V—V결선 가능
④ 저전압 단거리에 적합

답 ②

35 A, B 및 C상의 전류를 각각 I_a, I_b, I_c라 할 때, $I_x = \dfrac{1}{3}(I_a + aI_b + a^2 I_c)$이고, $a = -\dfrac{1}{2} + j\dfrac{\sqrt{3}}{2}$이다. I_x는 어떤 전류인가?

① 정상전류 ② 역상전류 ③ 영상전류 ④ 무효전류

풀이 대칭좌표법의 대칭 전류를 보면

정상 전류 $I_1 = \dfrac{1}{3}(I_a + aI_b + a^2 I_c)$

역상 전류 $I_2 = \dfrac{1}{3}(I_a + a^2 I_b + aI_c)$

영상전류 $I_0 = \dfrac{1}{3}(I_a + I_b + I_c)$

답 ①

36 어떤 발전소의 발전기가 13.2[kV], 용량 9.3 [MVA], 동기임피던스 94[%]일 때, 임피던스는 몇 [Ω]인가?

① 9.8[Ω]　　② 12.8[Ω]　　③ 17.6[Ω]　　④ 22.4[Ω]

풀이
$$\%Z = \frac{ZI}{E} \times 100[\%] = \frac{PZ}{10E^2}[\%] = \frac{PZ}{10V^2}[\%]$$
(여기서, 전압 V의 단위는 [kV], 기준 용량 P의 단위는 [kVA])
$$\therefore Z = \frac{\%Z \times 10V^2}{P} = \frac{94 \times 10 \times 13.2^2}{9.3 \times 10^3} = 17.6[\Omega]$$

답 ③

37 충전된 콘덴서의 에너지에 의해 트립되는 방식으로 정류기, 콘덴서 등으로 구성되어 있는 차단기의 트립방식은?

① 과전류 트립방식　　② 직류전압 트립방식
③ 콘덴서 트립방식　　④ 부족전압 트립방식

풀이
- 차단기의 트립 방식에는 CT 2차 전류 트립 방식, DC 전압 방식, CTD 방식(콘덴서 트립 방식)이 있다.
- CTD 방식(콘덴서 트립 방식)은 충전기로 교류를 정류하여 콘덴서를 충전하고, 그 방전 에너지에 의해 트립 코일을 여자하여 트립 시키는 방법으로 정류기와 콘덴서로 구성되어 있다.

답 ③

38 피뢰기의 구비조건이 아닌 것은?

① 속류의 차단능력이 충분할 것　　② 충격 방전 개시 전압이 높을 것
③ 상용 주파 방전 개시 전압이 높을 것　　④ 방전 내량이 크고, 제한 전압이 낮을 것

풀이 피뢰기의 구비조건
- 상용 주파 방전 개시 전압이 높을 것
- 충격 방전 개시 전압이 낮을 것
- 제한 전압이 낮을 것
- 속류 차단 능력이 클 것

답 ②

39 역률 80[%]인 10000[kVA]의 부하를 갖는 변전소에 2000[kVA]의 콘덴서를 설치해서 역률을 개선하면 변압기에 걸리는 부하는 약 몇 [kVA]인가?

① 8000　　② 8540　　③ 8940　　④ 9440

풀이
- 유효전력
$$P = P_a \cos\theta_1 = 10000 \times 0.8 = 8000[kW]$$
- 무효전력
$$Q = P_a \sin\theta_1 = 10000 \times \sqrt{1-0.8^2} = 6000[kVar]$$
- 전력용 콘덴서 $Q_c = 2000[kVA]$
따라서 변압기에 걸리는 부하 $P_a{'}$은
$$P_a{'} = \sqrt{P^2 + (Q_1 - Q_c)^2} = \sqrt{8000^2 + (6000-2000)^2}$$
$$= 8944.27[kVA]$$

$P = 10000 \times 0.8 = 8000[kW]$
$Q = 10000 \times 0.6 = 6000[kVar]$
$P_a = 10000[kVA]$
$Q_c = 2000[kVA]$

답 ③

40 3상 Y결선된 발전기가 무부하 상태로 운전 중 3상 단락고장이 발생하였을 때 나타나는 현상으로 틀린 것은?

① 영상분 전류는 흐르지 않는다.
② 역상분 전류는 흐르지 않는다.
③ 3상 단락전류는 정상분 전류의 3배가 흐른다.
④ 정상분 전류는 영상분 및 역상분 임피던스에 무관하고 정상분 임피던스에 반비례한다.

풀이 • 3상 단락고장(정상분만 존재)
그림에서 $I_a + I_b + I_c = 0$, $V_a = V_b = V_c = 0$이므로

$$I_a = I_0 + I_1 + I_2 = I_1 = \frac{E_a}{Z_1}$$

$$I_b = I_0 + a^2 I_1 + a I_2 = a^2 I_1 = \frac{a^2 E_a}{Z_1}$$

$$I_c = I_0 + a I_1 + a^2 I_2 = a I_1 = \frac{a E_a}{Z_1}$$

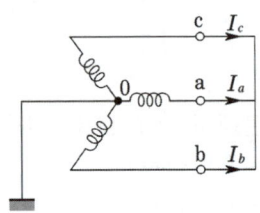

답 ③

3과목 전기기기

41 2단자 쌍방향 스위칭 소자로서, 임계전압 이상에서 양방향 모두 도통하는 특성을 가지며 TRIAC 점호용으로 사용되는 것은?

① SCR   ② DIAC
③ TRIAC   ④ 제너 다이오드

풀이 DIAC(Diode for Alternating Current)
• 2단자 쌍방향 스위치 소자로 게이트가 없다.
• TRIAC의 게이트 트리거 소자로 주로 사용된다.
각 종 반도체 소자의 비교
① 방향성
  • 양방향성(쌍방향성) 소자 : DIAC, TRIAC, SSS
  • 역저지(단방향성) 소자 : SCR, LASCR, GTO, SCS
② 극(단자) 수
  • 2극(단자) 소자 : DIAC, SSS, Diode
  • 3극(단자) 소자 : SCR, LASCR, GTO, TRIAC
  • 4극(단자) 소자 : SCS

답 ②

42 A, B 2대의 동기발전기를 병렬운전 중 계통 주파수를 바꾸지 않고 B기의 역률을 좋게 하는 것은?

① A기의 여자전류를 증대   ② A기의 원동기 출력을 증대
③ B기의 여자전류를 증대   ④ B기의 원동기 출력을 증대

풀이
- 동기발전기의 병렬운전에서 여자의 변화는 역률의 변화로 나타난다.
- A기의 여자를 증가하면, A기의 역률은 낮아지고, B기의 역률은 좋아진다.
- A기의 여자를 감소하면, A기의 역률은 좋아지고, B기의 역률은 낮아진다. **답 ①**

43 유도전동기 원선도에서 원의 지름은? (단, E를 1차 전압, r는 1차로 환산한 저항, x를 1차로 환산한 누설 리액턴스라 한다.)

① rE에 비례 ② rxE에 비례 ③ $\dfrac{E}{r}$에 비례 ④ $\dfrac{E}{x}$에 비례

풀이 유도전동기는 일정값의 리액턴스와 부하에 의하여 변하는 저항($r_2{'}/s$)의 직렬회로라고 생각되므로 부하에 의하여 변화하는 전류 벡터의 궤적, 즉 원선도의 지름은 전압에 비례하고 리액턴스에 반비례한다. **답 ④**

44 스테핑모터에 대한 설명 중 틀린 것은?
① 회전속도는 스테핑 주파수에 반비례한다.
② 총 회전각도는 스텝각과 스텝수의 곱이다.
③ 분해능은 스텝각에 반비례한다.
④ 펄스구동방식의 전동기이다.

풀이 스테핑 모터는 디지털 신호에 비례하여 일정각도 만큼 회전하는 모터로 그 총 회전각은 입력 펄스의 수로 정해지며, 회전속도는 입력 펄스의 주파수(펄스 속도)에 비례한다. 스테핑 모터는 자동화설비 등에서 전기적 신호를 위치 신호로 변환시키는 데 사용된다. **답 ①**

45 단락사고에 대한 전동기의 과전류 보호기기가 아닌 것은?
① PF   ② MC   ③ OCR   ④ MCCB

풀이 퓨즈와 각종 개폐기 및 차단기와의 기능비교

기능 \ 능력	회로 분리		사고 차단	
	무부하	부하	과부하	단락
퓨 즈	○			○
차단기	○	○	○	○
개폐기	○	○	○	
단로기	○			
전자 접촉기	○	○	○	

답 ②

46 동일한 용량 2대의 단상 변압기를 V결선하여 3상으로 운전하고 있다. 단상 변압기 2대의 용량에 대한 3상 V결선시 변압기 용량의 비인 변압기 이용률은 약 몇 [%]인가?

① 57.7   ② 70.7   ③ 80.1   ④ 86.6

풀이 V결선에는 변압기 2대를 사용하였으므로 그 정격출력의 합은 $2VI$가 된다.

따라서 이용률 $= \dfrac{\sqrt{3}\,VI}{2VI} = \dfrac{\sqrt{3}}{2} = 0.866 = 86.6\,[\%]$ **답 ④**

47 3상 직권 정류자 전동기의 중간 변압기는 고정자 권선과 회전자 권선 사이에 직렬로 접속되는데 이 중간 변압기를 사용하는 중요한 이유는?

① 경부하시 속도의 급상승 방지를 위하여
② 주파수 변동으로 속도를 조정하기 위하여
③ 회전자 상수를 감소하기 위하여
④ 역회전을 방지하기 위하여

풀이 중간 변압기를 사용하는 주요한 이유
① 전원전압의 크기에 관계없이 정류에 알맞게 회전자 전압을 선택할 수 있다.
② 중간 변압기의 권수비를 바꾸어 전동기의 특성을 조정할 수 있다.
③ 직권 특성이기 때문에 경부하에서는 속도가 매우 상승하나 중간 변압기를 사용, 그 철심을 포화하도록 하면 그 속도 상승을 제한할 수 있다. **답** ①

48 3상 동기발전기에서 그림과 같이 1상의 권선을 서로 똑같은 2조로 나누어서 그 1조의 권선전압을 $E[V]$, 각 권선의 전류를 $I[A]$라 하고 2중 Y형(double star)으로 결선한 경우 선간전압[V], 선전류[A], 피상전력[VA]은?

① $3E$, I, $5.19EI$
② $\sqrt{3}E$, $2I$, $6EI$
③ E, $2\sqrt{3}I$, $6EI$
④ $\sqrt{3}E$, $\sqrt{3}I$, $5.19EI$

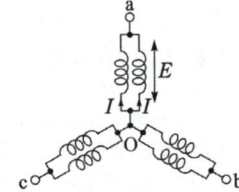

풀이 2개의 권선이 병렬연결이므로 한상의 전압과 임피던스는 1개의 권선상태에 비해 전압은 동일, 임피던스는 1/2, Y결선이므로
• 선간전압 $= \sqrt{3}E$
• 선전류 $= \dfrac{\text{상전압}}{\text{임피던스}} = \dfrac{E}{\frac{Z}{2}} = 2I$
• 피상전력 $P_a = \sqrt{3}\,V_l I_l = \sqrt{3} \times \sqrt{3}\,E \times 2I = 6EI$ **답** ②

49 220[V], 60[Hz], 8극, 15[kW]의 3상 유도전동기에서 전부하 회전수가 864[rpm]이면 이 전동기의 2차 동손은 몇 [W]인가?

① 435   ② 537   ③ 625   ④ 723

풀이
• 회전자계속도 $N_s = \dfrac{120f}{P} = \dfrac{120 \times 60}{8} = 900[\text{rpm}]$
• 슬립 $s = \dfrac{N_s - N}{N_s} = \dfrac{900 - 864}{900} = 0.04$
• 출력 $P_0 = (1-s)P_2$ 이므로 $P_2 = \dfrac{P_0}{1-s} = \dfrac{15 \times 10^3}{1 - 0.04} = 15625[\text{W}]$

따라서 $P_{c2} = sP_2 = 0.04 \times 15625 = 625[\text{W}]$ **답** ③

50 유도전동기의 회전력 발생 요소 중 제곱에 비례하는 요소는?

① 슬립   ② 2차 권선저항
③ 2차 임피던스   ④ 2차 기전력

풀이 $\tau = K_0 \dfrac{sE_2^2 r_2}{r_2^2 + (sx_2)^2}$ 에서 r_2, x_2는 일정하므로, $\tau \propto E_2^2$ 이다.
(여기서, s : 슬립, r_2 : 2차 권선 저항, x_2 : 2차 권선 리액턴스, E_2 : 2차 기전력)   **답** ④

51 IGBT(Insulated Gate Bipolar Transistor)에 대한 설명으로 틀린 것은?

① MOSFET와 같이 전압제어 소자이다.
② GTO 사이리스터와 같이 역방향 전압저지 특성을 갖는다.
③ 게이트와 에미터 사이의 입력 임피던스가 매우 낮아 BJT보다 구동하기 쉽다.
④ BJT처럼 on-drop이 전류에 관계없이 낮고 거의 일정하며, MOSFET보다 훨씬 큰 전류를 흘릴 수 있다.

풀이 IGBT(Insulated Gate Bipolar Transistor)
IGBT는 MOSFET와 트랜지스터의 장점을 취한 것으로서
① 소스에 대한 게이트의 전압으로 도통과 차단을 제어한다.
② 게이트 구동전력이 매우 낮다.
③ 스위칭 속도는 FET와 트랜지스터의 중간정도로 빠른편에 속한다.
④ 용량은 일반 트랜지스터와 동등한 수준이다.
⑤ MOSFET과 같이 입력 임피던스가 매우 높아 BJT보다 구동하기 쉽다.   **답** ③

52 권수비가 1 : 2인 변압기(이상 변압기로 한다)를 사용하여 교류 100[V]의 입력을 가했을 때 전파 정류하면 출력 전압의 평균값은?

① $400\sqrt{2}/\pi$ ② $300\sqrt{2}/\pi$
③ $600\sqrt{2}/\pi$ ④ $200\sqrt{2}/\pi$

풀이 $E_{dc} = \dfrac{2\sqrt{2}}{\pi} E = \dfrac{2\sqrt{2}}{\pi} \times 200 = \dfrac{400\sqrt{2}}{\pi}$ [V]   **답** ①

53 주파수 50[Hz], 슬립 0.2인 경우의 회전자 속도가 600[rpm]일 때에 3상 유도전동기의 극수는?

① 4   ② 8   ③ 12   ④ 16

풀이 회전자 속도 $N = (1-s)N_s$ 에서
$N_s = \dfrac{N}{1-s} = \dfrac{600}{1-0.2} = 750$ [rpm]
또한 회전자계의 속도 $N_s = \dfrac{120f}{p}$ 이므로
$\therefore p = \dfrac{120f}{N_s} = \dfrac{120 \times 50}{750} = 8$ [극]   **답** ②

54
단상변압기 2대를 사용하여 3150[V]의 평형 3상에서 210[V]의 평형 2상으로 변환하는 경우에 각 변압기의 1차 전압과 2차 전압은 얼마인가?

① 주좌 변압기 : 1차 3150[V], 2차 210[V]
　T좌 변압기 : 1차 3150[V], 2차 210[V]

② 주좌 변압기 : 1차 3150[V], 2차 210[V]
　T좌 변압기 : 1차 $3150 \times \dfrac{\sqrt{3}}{2}$[V], 2차 210[V]

③ 주좌 변압기 : 1차 $3150 \times \dfrac{\sqrt{3}}{2}$[V], 2차 210[V]
　T좌 변압기 : 1차 $3150 \times \dfrac{\sqrt{3}}{2}$[V], 2차 210[V]

④ 주좌 변압기 : 1차 $3150 \times \dfrac{\sqrt{3}}{2}$[V], 2차 210[V]
　T좌 변압기 : 1차 3150[V], 2차 210[V]

풀이 ① 스코트(T) 결선은 단상변압기 2대를 사용하여 3상 전원에서 2상 전압을 얻는 결선방식으로, T좌 변압기의 권수는 전 권수의 $\dfrac{\sqrt{3}}{2}$ 점에서 택해야 한다.

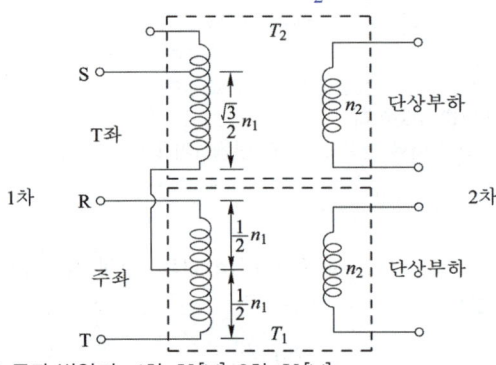

② 주좌 변압기 : 1차 V_1[V], 2차 V_2[V]
　T좌 변압기 : 1차 $\dfrac{\sqrt{3}}{2}V_1$[V], 2차 V_2[V]

답 ②

55
동기전동기에서 난조를 일으키는 원인이 아닌 것은?

① 회전자의 관성이 작다.
② 원동기의 토크에 고조파 토크를 포함하는 경우이다.
③ 전기자 회로의 저항이 작다.
④ 원동기의 조속기의 감도가 너무 예민하다.

풀이 난조 발생의 원인

난조 방지에 대한 대책으로는 제동 권선이 적당하며 난조에 대한 원인 및 대책은 다음과 같다.
① 원동기의 조속기 감도가 지나치게 예민한 경우
　방지대책 : 조속기를 적당히 조정하면 충분히 방지할 수 있다.
② 원동기의 토크에 고조파 토크가 포함된 경우
　방지대책 : 디젤 기관 등에 생기는 문제로 회전부의 플라이휠 효과를 적당히 선정하면 방지할 수 있다.

③ 전기자 회로의 저항이 상당히 큰 경우
  방지대책 : 회로의 저항을 작게 하거나 리액턴스를 삽입하면 방지할 수 있다.
④ 부하가 맥동할 때
  방지대책 : 회전부의 플라이휠 효과를 적당히 선정하면 방지할 수 있다.   답 ③

56
전류가 불연속인 경우 전원전압 220[V]인 단상전파정류회로에서 점호각 $\alpha = 90°$일 때의 직류 평균 전압은 약 몇 [V]인가?

① 45   ② 84   ③ 90   ④ 99

 직류 평균전압 $E_d = \dfrac{\sqrt{2}\,E}{\pi}(1+\cos\alpha) = \dfrac{\sqrt{2} \times 220}{\pi}(1+\cos 90°) = 99[V]$ 답 ④

57
자기 용량 20 [kVA]의 단권 변압기를 사용하여 배전선 전압 6000 [V]를 6600 [V]로 승압할 때 역률 80 [%]의 부하를 몇 [kW]까지 걸 수 있는가?

① 220   ② 196   ③ 176   ④ 156

풀이 $\dfrac{\text{자기 용량}}{\text{부하 용량}} = \dfrac{V_2 - V_1}{V_2}$ 이므로

부하 용량 $= \dfrac{V_2}{V_2 - V_1} \times$ 자기 용량

$= \dfrac{6600}{6600 - 6000} \times 20 = 220[kVA]$

$\therefore 220 \times 0.8 = 176\,[kW]$

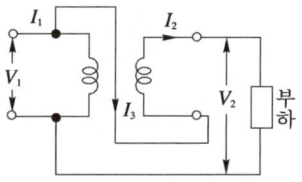

답 ③

58
200[kW], 200[V]의 직류분권발전기가 있다. 전기자 권선의 저항이 0.025[Ω]일 때 전압변동률은 몇 [%]인가?

① 6.0   ② 12.5   ③ 20.5   ④ 25.0

 무부하 단자전압 $V_0 = V_n + R_a I_a = 200 + 0.025 \times \dfrac{200 \times 10^3}{200} = 225[V]$

따라서 전압변동률 $\epsilon = \dfrac{V_0 - V_n}{V_n} \times 100 = \dfrac{225 - 200}{200} \times 100 = 12.5[\%]$ 답 ②

59
인버터에 대한 설명으로 옳은 것은?

① 직류를 교류로 변환   ② 교류를 교류로 변환
③ 직류를 직류로 변환   ④ 교류를 직류로 변환

풀이
• 컨버터 (converter) : 교류 → 직류
• **인버터(Inverter) : 직류 → 교류**
• 초퍼 : DC → DC로 변환   답 ①

60 3000[V], 1500[kVA], 동기 임피던스 3[Ω]인 동일 정격의 두 동기발전기를 병렬 운전하던 중 한 쪽 계자 전류가 증가해서 각 상 유도 기전력 사이에 300[V]의 전압차가 발생했다면 두 발전기 사이에 흐르는 무효횡류는 몇[A]인가?

① 20   ② 30   ③ 40   ④ 50

풀이 무효횡류 $I_c = \dfrac{E_1 - E_2}{2Z_s} = \dfrac{E_c}{2Z_s} = \dfrac{300}{2 \times 3} = 50[A]$ **답** ④

4과목　회로이론

61 그림과 같은 순저항으로 된 회로에 대칭 3상 전압을 가했을 때 각 선에 흐르는 전류가 같으려면 $R[\Omega]$의 값은?

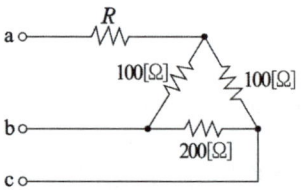

① 20   ② 25   ③ 30   ④ 35

풀이 △저항을 Y저항으로 변환하면 그림과 같다.
각 선전류가 같기 위해서는
각 선저항이 같아야 하므로
$R + 25 = 50$ 이어야 한다.
$\therefore R = 50 - 25 = 25[\Omega]$

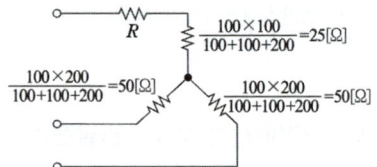

답 ②

62 회로의 영상 임피던스 Z_{01}과 Z_{02}는 각각 몇[Ω]인가?

① 6, 5
② 4, 5
③ 6, 3.33
④ 4, 3.33

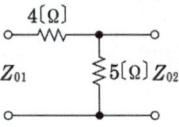

풀이
$\begin{bmatrix} A & B \\ C & D \end{bmatrix} = \begin{bmatrix} 1 & 4 \\ 0 & 1 \end{bmatrix} \begin{bmatrix} 1 & 0 \\ \frac{1}{5} & 1 \end{bmatrix} = \begin{bmatrix} 1+\frac{4}{5} & 4 \\ \frac{1}{5} & 1 \end{bmatrix}$

$A = 1 + \dfrac{4}{5} = \dfrac{9}{5}$, $B = 4$, $C = \dfrac{1}{5}$, $D = 1$ 이므로

$Z_{01} = \sqrt{\dfrac{AB}{CD}} = \sqrt{\dfrac{\frac{9}{5} \times 4}{\frac{1}{5} \times 1}} = 6[\Omega]$, $Z_{02} = \sqrt{\dfrac{BD}{AC}} = \sqrt{\dfrac{4 \times 1}{\frac{9}{5} \times \frac{1}{5}}} = 3.33[\Omega]$ **답** ③

63 그림과 같이 높이가 1인 펄스의 라플라스 변환은?

① $\frac{1}{s}(e^{-as} + e^{-bs})$

② $\frac{1}{a-b}\left(\frac{e^{-as} + e^{-bs}}{1}\right)$

③ $\frac{1}{s}(e^{-as} - e^{-bs})$

④ $\frac{1}{a-b}\left(\frac{e^{-as} - e^{-bs}}{s}\right)$

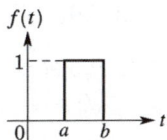

풀이

$f(t) = u(t-a) - u(t-b)$ 이므로

$\mathcal{L}[f(t)] = \mathcal{L}[u(t-a)] - \mathcal{L}[u(t-b)] = \frac{e^{-as}}{s} - \frac{e^{-bs}}{s} = \frac{1}{s}(e^{-as} - e^{-bs})$

답 ③

64 각 상의 전류가 $i_a = 30\sin\omega t$[A], $i_b = 30\sin(\omega t - 90°)$[A], $i_c = 30\sin(\omega t + 90°)$[A] 일 때 영상분 전류[A]의 순시치는?

① $10\sin\omega t$ ② $10\sin\frac{\omega t}{3}$ ③ $30\sin\omega t$ ④ $\frac{30}{\sqrt{3}}\sin(\omega t + 45°)$

풀이

- 정현파를 phasor로 표시하면
  $i_a = 30\angle 0° = 30$[A], $i_b = 30\angle -90° = -j30$[A], $i_c = 30\angle 90° = j30$[A]
- 영상전류
  $i_o = \frac{1}{3}(i_a + i_b + i_c) = \frac{1}{3} \times (30 - j30 + j30) = 10$[A]

따라서 순시전류 $i = 10\sin\omega t$[A]

답 ①

65 $F(s) = \dfrac{s+1}{s^2 + 2s}$ 의 역라플라스 변환은?

① $\frac{1}{2}(1 - e^{-t})$ ② $\frac{1}{2}(1 - e^{-2t})$ ③ $\frac{1}{2}(1 + e^{t})$ ④ $\frac{1}{2}(1 + e^{-2t})$

풀이

$F(s) = \dfrac{s+1}{s(s+2)} = \dfrac{A}{s} + \dfrac{B}{s+2}$ 에서

$A = \left.\dfrac{s+1}{s+2}\right|_{s=0} = \dfrac{1}{2}$, $B = \left.\dfrac{s+1}{s}\right|_{s=-2} = \dfrac{-2+1}{-2} = \dfrac{1}{2}$ 이므로

$F(s) = \dfrac{\frac{1}{2}}{s} + \dfrac{\frac{1}{2}}{s+2} = \dfrac{1}{2}\left(\dfrac{1}{s} + \dfrac{1}{s+2}\right)$

$\therefore \mathcal{L}^{-1}[F(s)] = \dfrac{1}{2}(1 + e^{-2t})$

답 ④

66 용량이 50[kVA]인 단상 변압기 3대를 △결선하여 3상으로 운전하는 중 1대의 변압기에 고장이 발생하였다. 나머지 2대의 변압기를 이용하여 3상 V결선으로 운전하는 경우 최대 출력은 몇 [kVA]인가?

① $30\sqrt{3}$ ② $50\sqrt{3}$ ③ $100\sqrt{3}$ ④ $200\sqrt{3}$

풀이 변압기 1개의 출력을 P_1이라 하면
V결선 시 출력 $P_V = \sqrt{3}P_1 = \sqrt{3} \times 50 = 50\sqrt{3}$ [kVA]   **답** ②

67 그림에서 10[Ω]의 저항에 흐르는 전류는 몇 [A]인가?

① 16
② 15
③ 14
④ 13

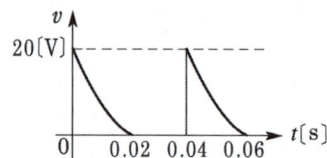

풀이 중첩의 정리에 의해 하나의 전원을 택하고, 나머지 전원 중 전압원은 단락, 전류원은 개방하여 정리하면
저항에 흐르는 전류 $I_R = 10 + 2 + 3 = 15$ [A]   **답** ②

68 그림과 같은 주기 전압파에 있어서 0으로부터 0.02초의 사이에서는 $e = 5 \times 10^4(t-0.02)^2$ [V]로 표시되고 0.02초에서부터 0.04초까지는 $e=0$이다. 전압의 평균값은 약 얼마인가?

① 2.2
② 3.3
③ 4.5
④ 5.5

풀이
$$V_{ab} = \frac{1}{T}\int_0^{\frac{T}{2}} v\,dt = \frac{1}{0.04}\int_0^{0.02} 5 \times 10^4(t-0.02)^2 dt$$
$$= \frac{5 \times 10^4}{0.04}\left[\frac{1}{3}(t-0.02)^3\right]_0^{0.02} \fallingdotseq 3.33[V]$$ **답** ②

69 전기회로의 입력을 V_1, 출력을 V_2라고 할 때 전달함수는? (단, $s = j\omega$이다.)

① $\dfrac{1}{R + \dfrac{1}{j\omega C}}$ ② $\dfrac{1}{j\omega + \dfrac{1}{RC}}$

③ $\dfrac{j\omega}{j\omega + \dfrac{1}{RC}}$ ④ $\dfrac{j\omega}{R + \dfrac{1}{j\omega C}}$

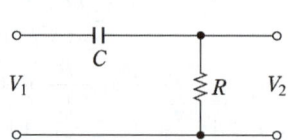

풀이 $G(s) = \dfrac{V_2(s)}{V_1(s)} = \dfrac{R}{R + \dfrac{1}{Cs}} = \dfrac{RCs}{RCs+1} = \dfrac{s}{s + \dfrac{1}{RC}} = \dfrac{j\omega}{j\omega + \dfrac{1}{RC}}$ **답** ③

70 ϕ가 0에서 π까지는 $i = 20[A]$, π에서 2π까지는 $i = 0[A]$인 파형을 푸리에 급수로 전개할 때 a_0는?

① 5
② 7.07
③ 10
④ 14.14

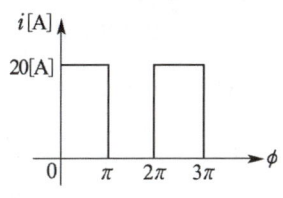

풀이 $a_0 = \dfrac{1}{2\pi}\displaystyle\int_0^\pi i\,d(\phi) = \dfrac{1}{2\pi}\displaystyle\int_0^\pi 20\,d(\phi) = \dfrac{20}{2\pi} \cdot \pi = 10[A]$ 답 ③

71 그림과 같은 회로망에서 전류를 계산하는데 옳게 표시된 것은?

① $I_1 + I_2 + I_3 + I_4 = 0$
② $I_1 + I_2 - I_3 + I_4 = 0$
③ $I_1 + I_4 = I_2 + I_3$
④ $I_1 + I_2 - I_4 = I_3$

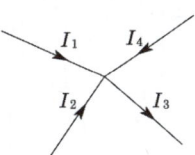

풀이 키르히호프의 전류 법칙 (제1법칙) 답 ②

72 전압비 a인 단상변압기 3대를 1차 △결선, 2차 Y결선으로 하고 1차에 선간전압 $V[V]$를 가했을 때 무부하 2차 선간전압[V]은?

① $\dfrac{V}{a}$　　　② $\dfrac{a}{V}$　　　③ $\sqrt{3}\,\dfrac{V}{a}$　　　④ $\sqrt{3}\,\dfrac{a}{V}$

풀이
- 1차 △결선 : 전압비 $a = \dfrac{E_1}{E_2}$ 이고, △결선 시 '선간전압 = 상전압' 이므로,
  2차 상전압 $E_2 = \dfrac{E_1}{a} = \dfrac{V}{a}$
- 2차 Y결선 : Y결선이므로 선간전압은 상전압의 $\sqrt{3}$ 배이다.
  따라서, 무부하 2차 선간전압 $= \sqrt{3}\,E_2 = \sqrt{3}\,\dfrac{V}{a}[V]$ 답 ③

73 $R-C$ 직렬 회로에 $t=0$일 때 직류 전압 10[V]를 인가하면, $t=0.1$초 때 전류[mA]의 크기는? 단, $R = 1000[\Omega]$, $C = 50[\mu F]$이고, 처음부터 정전 용량의 전하는 없었다고 한다.

① 약 2.25　　② 약 1.8　　③ 약 1.35　　④ 약 2.4

풀이 $i = \dfrac{E}{R}e^{-\frac{1}{RC}t}$ 에서 $t = 0.1$이므로

전류 $i = \dfrac{10}{1000}e^{-\frac{0.1}{1000 \times 50 \times 10^{-6}}} = \dfrac{1}{100}e^{-2} \fallingdotseq 1.35[mA]$ 답 ③

74 0.2[H]의 인덕터와 150[Ω]의 저항을 직렬로 접속하고 220[V] 상용교류를 인가하였다. 1시간 동안 소비된 전력량은 약 몇 [Wh]인가?

① 209.6 ② 226.4 ③ 257.6 ④ 286.9

풀이 리액턴스 $X_L = \omega L = 2\pi f L = 2\pi \times 60 \times 0.2 ≒ 75.4[\Omega]$

전류 $I = \dfrac{V}{Z} = \dfrac{V}{\sqrt{R^2 + X_L^2}} = \dfrac{220}{\sqrt{150^2 + 75.4^2}} ≒ 1.31[A]$

$\therefore W = P \cdot t = I^2 R \cdot t = 1.31^2 \times 150 \times 1 ≒ 257.6[Wh]$

답 ③

75 저항 R인 검류계 G에 그림과 같이 r_1인 저항을 병렬로, 또 r_2인 저항을 직렬로 접속하였을 때 A, B단자 사이의 저항을 R과 같게 하고 또한 G에 흐르는 전류를 전 전류의 $1/n$로 하기 위한 $r_1[\Omega]$의 값은?

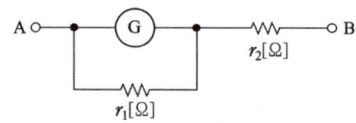

① $\dfrac{n-1}{R}$ ② $R\left(1 - \dfrac{1}{n}\right)$ ③ $\dfrac{R}{n-1}$ ④ $R\left(1 + \dfrac{1}{n}\right)$

풀이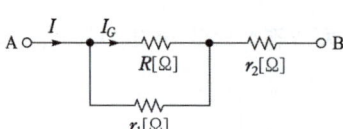

전 전류를 I, 검류계에 흐르는 전류를 I_G라고 하면 $I_G = \dfrac{1}{n}I = \dfrac{r_1}{R + r_1} \times I$ 이므로

$\therefore r_1 = \dfrac{R}{n-1}$

답 ③

76 다음 보기 중 전구에 불이 들어오지 않는 경우는?

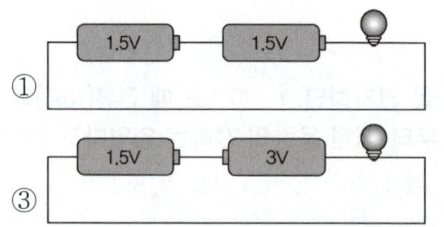

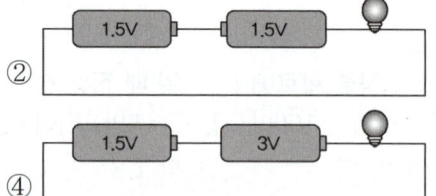

풀이 ②번 보기의 그림은 1.5V 건전지 두 개가 극성이 반대로 직렬연결 되었으므로,
$V = 1.5 - 1.5 = 0[V]$
따라서 전위차가 없어 전구에 불이 들어오지 않는다.

답 ②

77 L형 4단자 회로망에서 R_1, R_2를 정합하기 위한 Z_1은? (단, $R_2 > R_1$이다.)

① $\pm jR_2 \sqrt{\dfrac{R_1}{R_2 - R_1}}$

② $\pm jR_1 \sqrt{\dfrac{R_1}{R_2 - R_1}}$

③ $\pm j \sqrt{R_2(R_2 - R_1)}$

④ $\pm j \sqrt{R_1(R_2 - R_1)}$

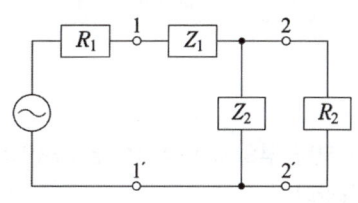

풀이 단자 11'의 영상 임피던스 Z_{01}, 단자 22'의 영상 임피던스 Z_{02}라 할 때 정합 조건은

$$R_1 = Z_{01} = \sqrt{Z_1(Z_1 + Z_2)}, \quad R_2 = Z_{02} = \sqrt{\dfrac{Z_1 Z_2^2}{Z_1 + Z_2}}$$

두 관계식에서 Z_1을 구한다.

$$R_1^2 = Z_1(Z_1 + Z_2) \rightarrow Z_1 + Z_2 = \dfrac{R_1^2}{Z_1}$$

$$R_2^2 = \dfrac{Z_1 Z_2^2}{Z_1 + Z_2} \rightarrow R_2^2 = \dfrac{Z_1^2 Z_2^2}{R_1^2}$$

$$\therefore R_2 = \dfrac{Z_1 Z_2}{R_1}$$

$$Z_1 = \dfrac{R_1 R_2}{Z_2} \quad (Z_2 = \dfrac{R_1^2}{Z_1} - Z_1 = \dfrac{R_1^2 - Z_1^2}{Z_1})$$

$$\therefore Z_1 = \dfrac{R_1 R_2 Z_1}{R_1^2 - Z_1^2} \rightarrow R_1^2 - Z_1^2 = R_1 R_2 \rightarrow Z_1^2 = R_1^2 - R_1 R_2$$

$Z_1 = \pm \sqrt{R_1(R_1 - R_2)}$ 에서 $R_2 > R_1$이므로

$\therefore Z_1 = \pm j\sqrt{R_1(R_2 - R_1)}$

답 ④

78 그림에서 단자 a, b에 나타나는 전압 V_{ab}는 몇 [V]인가?

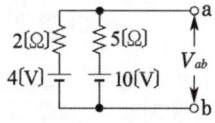

① 3.4　　② 4.3　　③ 5.7　　④ 6.5

풀이 밀만의 정리에 의해 $V_{ab} = \dfrac{\sum \dfrac{E}{Z}}{\sum \dfrac{1}{Z}} = \dfrac{\dfrac{4}{2} + \dfrac{10}{5}}{\dfrac{1}{2} + \dfrac{1}{5}} = \dfrac{40}{7} \fallingdotseq 5.7$

답 ③

79 파형의 파형률 값이 잘못된 것은?

① 정현파의 파형률은 1.414이다.　　② 톱니파의 파형률은 1.155이다.

③ 전파 정류파의 파형률은 1.11이다.　　④ 반파 정류파의 파형률은 1.571이다.

풀이

$$\text{정현파의 파형률} = \frac{\text{실효값}}{\text{평균값}} = \frac{\frac{1}{\sqrt{2}}I_m}{\frac{2}{\pi}I_m} = \frac{\pi}{2\sqrt{2}} = 1.11$$

답 ①

80 △결선된 저항 부하를 Y결선으로 바꾸면 소비 전력은 어떻게 되겠는가? 단, 저항과 선간 전압은 일정하다.

① 3배   ② 9배   ③ $\frac{1}{9}$배   ④ $\frac{1}{3}$배

풀이

- △결선 시 소비전력 $P_\triangle = 3I^2 R = 3\left(\frac{V}{R}\right)^2 R = 3 \cdot \frac{V^2}{R}$

- Y결선 시 소비전력 : Y결선 시 상전압은 선간 전압의 $\frac{1}{\sqrt{3}}$ 이므로

$$P_Y = 3\left(\frac{\frac{V}{\sqrt{3}}}{R}\right)^2 \cdot R = 3 \cdot \frac{V^2}{3R} = \frac{V^2}{R}$$

$$\therefore \frac{P_Y}{P_\triangle} = \frac{\frac{V^2}{R}}{\frac{3V^2}{R}} = \frac{1}{3} \rightarrow P_Y = \frac{1}{3}P_\triangle$$

답 ④

5과목 전기설비기술기준

81 특고압가공전선이 저고압가공전선과 제1차 접근상태로 시설하는 경우, 66[kV] 특고압가공전선과 저고압가공전선 사이의 이격거리는 몇 [m] 이상이어야 하는가?

① 2.0[m]   ② 2.12[m]   ③ 2.2[m]   ④ 2.5[m]

풀이 333.26 특고압 가공전선과 저고압 가공전선 등의 접근 또는 교차

특고압 가공전선이 가공약전류전선 등 저압 또는 고압의 가공전선이나 저압 또는 고압의 전차선(이하에서 "저고압 가공전선 등"이라 한다)과 제1차 접근상태로 시설되는 경우

가. 특고압 가공전선로는 제3종 특고압 보안공사에 의할 것.

나. 특고압 가공전선과 저고압 가공 전선 등 또는 이들의 지지물이나 지주 사이의 이격거리는 표에서 정한 값 이상일 것.

사용전압의 구분	이격거리
60[kV] 이하	2[m]
60[kV] 초과	• 이격거리 = 2 + 단수 × 0.12[m] • 단수 = $\frac{\text{사용전압[kV]}-60}{10}$ … 단수 계산에서 소수점 이하는 절상

단수계산에서 소수점 이하는 절상한다.
이격거리 2[m] + 1 × 0.12[m] = 2.12

답 ②

82 지중 또는 수중에 시설되어 있는 금속체의 부식을 방지하기 위한 전기부식방지 회로의 사용전압은 직류 몇 [V] 이하이어야 하는가? (단, 전기부식방지 회로는 전기부식방지용 전원장치로부터 양극 및 피방식체까지의 전로를 말한다.)

① 30 ② 60 ③ 90 ④ 120

풀이 241.16 전기부식방지 시설
전기부식방지 회로(전기부식방지용 전원장치로부터 양극 및 피방식체까지의 전로를 말한다. 이하 같다)의 **사용전압은 직류 60[V] 이하일 것.** 　**답** ②

83 발전기가 정격운전상태에 있을 때, 동기기 단자에서의 전압을 무엇이라 하는가?

① 접촉전압 ② 사용전압 ③ 정격전압 ④ 공칭전압

풀이 112 용어 정의
"**정격전압**"이란 발전기가 정격운전상태에 있을 때, 동기기 단자에서의 전압을 말한다. 　**답** ③

84 사용전압이 400[V]를 초과하는 저압가공전선에 사용 할 수 없는 전선은?

① 인입용 비닐절연전선
② 나전선(중성선 또는 다중접지된 접지측 전선으로 사용하는 전선에 한한다)
③ 케이블
④ 다심형 전선

풀이 222.5 저압 가공전선의 굵기 및 종류
가. 저압 가공전선은 나전선(중성선 또는 다중접지된 접지측 전선으로 사용하는 전선에 한한다), 절연전선, 다심형 전선 또는 케이블을 사용하여야 한다.
나. **사용전압이 400[V] 초과인 저압 가공전선에는 인입용 비닐절연전선을 사용하여서는 안 된다.** 　**답** ①

85 전차선로가 경동선인 경우 안전율은 얼마 이상인가?

① 1.0 ② 2.0 ③ 2.2 ④ 2.5

풀이 431.10 전차선로 설비의 안전율
하중을 지탱하는 전차선로 설비의 강도는 작용이 예상되는 하중의 최악 조건 조합에 대하여 다음의 최소 안전율이 곱해진 값을 견디어야 한다.
1. 합금전차선의 경우 2.0 이상
2. **경동선의 경우 2.2 이상**
3. 조가선 및 조가선 장력을 지탱하는 부품에 대하여 2.5 이상
4. 복합체 자재(고분자 애자 포함)에 대하여 2.5 이상
5. 지지물 기초에 대하여 2.0 이상
6. 장력조정장치 2.0 이상
7. 빔 및 브래킷은 소재 허용응력에 대하여 1.0 이상
8. 철주는 소재 허용응력에 대하여 1.0 이상
9. 브래킷의 애자는 최대 굽힘하중에 대하여 2.5 이상
10. 지지선은 선형일 경우 2.5 이상, 강봉형은 소재 허용응력에 대하여 1.0 이상 　**답** ③

86
특고압가공전선로에서 발생하는 극저주파 전자계는 지표상 1[m]에서 전계가 몇 [kV/m] 이하가 되도록 시설하여야 하는가?

① 3.5　　② 2.5　　③ 1.5　　④ 0.5

풀이 유도장해 방지(기술기준 제17조)
특고압가공전선로에서 발생하는 극저주파 전자계는 지표상 1[m]에서 전계가 3.5[kV/m] 이하, 자계가 83.3[μT] 이하가 되도록 시설하는 등 상시 정전유도 및 전자유도 작용에 의하여 사람에게 위험을 줄 우려가 없도록 시설하여야 한다.　　**답** ①

87
과전류차단기를 시설할 수 있는 곳은?
① 접지공사의 접지선
② 다선식 전로의 중성선
③ 단상 3선식 전로의 저압측 전선
④ 접지공사를 한 저압가공전선로의 접지측 전선

풀이 341.11 과전류차단기의 시설 제한
접지공사의 접지도체, 다선식 전로의 중성선 및 전로의 일부에 접지공사를 한 저압 가공전선로의 접지측 전선에는 과전류차단기를 시설하여서는 안 된다.
다만, 다음의 경우에는 예외로 한다.
가. 다선식 전로의 중성선에 시설한 과전류차단기가 동작한 경우에 각 극이 동시에 차단될 때
나. 저항기·리액터 등을 사용하여 접지공사를 한 때에 과전류차단기의 동작에 의하여 그 접지도체가 비접지 상태로 되지 아니할 때　　**답** ③

88
급전용변압기는 교류 전기철도의 경우 어떤 변압기의 적용을 원칙으로 하고, 급전계통에 적합하게 선정하여야 하는가?
① 3상 정류기용 변압기
② 단상 정류기용 변압기
③ 3상 스코트결선 변압기
④ 단상 스코트결선 변압기

풀이 421.4 변전소의 설비
1. 변전소 등의 계통을 구성하는 각종 기기는 운용 및 유지보수성, 시공성, 내구성, 효율성, 친환경성, 안전성 및 경제성 등을 종합적으로 고려하여 선정하여야 한다.
2. 급전용 변압기는 직류 전기철도의 경우 3상 정류기용 변압기, 교류 전기철도의 경우 3상 스코트결선 변압기의 적용을 원칙으로 하고, 급전계통에 적합하게 선정하여야 한다.　　**답** ③

89
고압 지중케이블로서 직접 매설식에 의하여 콘크리트제 기타 견고한 관 또는 트라프에 넣지 않고 부설할 수 있는 케이블은?
① 비닐외장케이블
② 고무외장케이블
③ 클로로프렌외장케이블
④ 콤바인덕트케이블

풀이 334.1 지중전선로의 시설
지중 전선로를 직접 매설식에 의하여 시설하는 경우에 지중 전선을 견고한 트라프 기타 방호물에 넣어 시설하여야 한다.

단, 다음의 어느 하나에 해당하는 경우에는 지중전선을 견고한 트라프 기타 방호물에 넣지 아니하여도 된다.
① 저압 또는 고압의 지중전선을 차량 기타 중량물의 압력을 받을 우려가 없는 경우에 그 위를 견고한 판 또는 몰드로 덮어 시설하는 경우
② 저압 또는 고압의 지중전선에 콤바인덕트 케이블 또는 개장한 케이블을 사용하여 시설하는 경우

답 ④

90
345[kV] 변전소의 충전 부분에서 5.98[m] 거리에 울타리를 설치할 경우 울타리 최소 높이는 몇 [m]인가?

① 2.1 ② 2.3 ③ 2.5 ④ 2.7

풀이 351.1 발전소 등의 울타리·담 등의 시설

사용전압의 구분	울타리·담 등의 높이와 울타리·담 등으로부터 충전 부분까지의 거리의 합계
35[kV] 이하	5[m]
35[kV] 초과 160[kV] 이하	6[m]
160[kV] 초과	• 거리의 합계 = 6 + 단수 × 0.12[m] • 단수 = $\frac{사용전압[kV] - 160}{10}$ … 단수 계산에서 소수점 이하는 절상

- 단수 = $\frac{345-160}{10}$ = 18.5 → 19단
- 거리의 합계 = 6 + (19 × 0.12) = 8.28[m]
- 울타리에서 충전 부분까지 거리는 5.98[m]이므로 울타리 최소 높이 = 8.28 − 5.98 = 2.3[m]

답 ②

91
특고압가공전선로의 지지물로 사용하는 목주의 풍압하중에 대한 안전율은 얼마 이상이어야 하는가?

① 1.2 ② 1.5 ③ 2.0 ④ 2.5

풀이 333.10 특고압 가공전선로의 목주 시설 / 332.7 고압 가공전선로의 지지물의 강도
222.8 저압 가공전선로의 지지물의 강도
지지물이 목주인 경우 안전율 및 말구의 지름

전압의 종별	안전율	말구의 지름
저 압	1.2	–
고 압	1.3	0.12[m] 이상
특고압	1.5	0.12[m] 이상

답 ②

92
전기철도의 변전소 설비에 대한 설명 중 옳지 않은 것은?
① 급전용변압기는 직류 전기철도의 경우 3상 정류기용 변압기의 적용을 원칙으로 한다.
② 교류 전기철도의 경우 3상 스코트결선 변압기의 적용을 원칙으로 한다.
③ 제어용 교류전원은 상용과 예비의 2계통으로 구성하여야 한다.
④ 제어반의 경우 아날로그전기방식을 원칙으로 하여야 한다.

풀이 421.4 변전소의 설비
1. 변전소 등의 계통을 구성하는 각종 기기는 운용 및 유지보수성, 시공성, 내구성, 효율성, 친환경성, 안전성 및 경제성 등을 종합적으로 고려하여 선정하여야 한다.
2. 급전용변압기는 직류 전기철도의 경우 3상 정류기용 변압기, 교류 전기철도의 경우 3상 스코트결선 변압기의 적용을 원칙으로 하고, 급전계통에 적합하게 선정하여야 한다.
3. 차단기는 계통의 장래계획을 고려하여 용량을 결정하고, 회로의 특성에 따라 기종과 동작책무 및 차단시간을 선정하여야 한다.
4. 개폐기는 선로 중 중요한 분기점, 고장발견이 필요한 장소, 빈번한 개폐를 필요로 하는 곳에 설치하며, 개폐상태의 표시, 잠금장치 등을 설치하여야 한다.
5. 제어용 교류전원은 상용과 예비의 2계통으로 구성하여야 한다.
6. 제어반의 경우 디지털계전기방식을 원칙으로 하여야 한다. **답** ④

93 사용전압이 25[kV] 이하인 다중접지방식 지중전선로를 관로식 또는 직접매설식으로 시설하는 경우, 그 간격은 몇 [m] 이상이 되도록 시설하여야 하는가?(단, 단, 압입공법을 적용한 경우가 아니며 지하매설 공간이 부족한 경우도 아니다.)

① 0.1 ② 0.15 ③ 0.3 ④ 1.0

풀이 334.7 지중전선 상호 간의 접근 또는 교차
사용전압이 25[kV] 이하인 다중접지방식 지중전선로를 관로식 또는 직접매설식으로 시설하는 경우, 그 간격이 0.1[m] 이상이 되도록 시설하여야 한다. 다만, 다음 중 어느 하나에 따라 시설하는 경우에는 예외로 할 수 있다.
가. 관로식으로 시공시 지하매설 공간 부족으로 간격 확보가 곤란하여 관로 사이를 콘크리트 등 견고한 격벽 또는 채움재로 보강한 경우
나. 압입공법을 적용한 경우 **답** ①

94 시가지 또는 그 밖에 인가가 밀집한 지역에 154[kV] 가공전선로의 전선을 케이블로 시설하고자 한다. 이때 가공전선을 지지하는 애자장치의 50[%] 충격섬락전압 값이 그 전선의 근접한 다른 부분을 지지하는 애자장치 값의 몇 [%] 이상이어야 하는가?

① 75 ② 100 ③ 105 ④ 110

풀이 333.1 시가지 등에서 특고압 가공전선로의 시설
특고압 가공전선로는 전선이 케이블인 경우 또는 전선로를 다음과 같이 시설하는 경우에는 시가지 그 밖에 인가가 밀집한 지역에 시설할 수 있다.
1. 사용전압이 170[kV] 이하인 전선로를 다음에 의하여 시설하는 경우
  가. 특고압 가공전선을 지지하는 애자장치는 다음 중 어느 하나에 의할 것.
    (1) 50[%] 충격섬락전압 값이 그 전선의 근접한 다른 부분을 지지하는 애자장치 값의 110[%](사용전압이 130[kV]를 초과하는 경우는 105[%]) 이상인 것.
    (2) 아킹혼을 붙인 현수애자·장간애자 또는 라인포스트애자를 사용하는 것.
    (3) 2련 이상의 현수애자 또는 장간애자를 사용하는 것.
    (4) 2개 이상의 핀애자 또는 라인포스트애자를 사용하는 것. **답** ③

95 가공전선로의 지지물에 시설하는 지선으로 연선을 사용할 경우 소선은 몇 가닥 이상이어야 하는가?

① 2 ② 3 ③ 5 ④ 9

> **풀이** 331.11 지선의 시설
> 가. 지선의 안전율은 2.5 이상일 것. 이 경우에 허용 인장하중의 최저는 4.31[kN]으로 한다.
> 나. 지선에 연선을 사용할 경우에는 다음에 의할 것.
>   ① 소선 3가닥 이상의 연선일 것.
>   ② 소선의 지름이 2.6[mm] 이상의 금속선을 사용한 것일 것.
>
> **답** ②

96. 금속제 가요전선관공사에 의한 저압 옥내배선의 시설방법으로 기술기준에 적합한 것은?

① 옥외용 비닐절연전선을 사용하였다.
② 2종 금속제 가요전선관을 사용하였다.
③ 가요전선관에는 접지공사를 하지 않았다.
④ 전선은 연동선으로 단면적 16[mm^2]의 단선을 사용하였다.

> **풀이** 232.13 금속제가요전선관공사
> 가. 전선은 절연전선(옥외용 비닐 절연전선을 제외한다)일 것.
> 나. 전선은 연선일 것. 다만, 단면적 10[mm^2](알루미늄선은 단면적 16[mm^2]) 이하인 것은 그러하지 아니하다.
> 다. 가요전선관 안에는 전선에 접속점이 없도록 할 것.
> 라. 가요전선관은 2종 금속제 가요전선관일 것.
> 마. 가요전선관배선에는 접지공사를 할 것.
>
> **답** ②

97. 발전소·변전소 또는 이에 준하는 곳의 특고압전로에는 그의 보기 쉬운 곳에 어떤 표시를 반드시 하여야 하는가?

① 모선(母線) 표시
② 상별(相別) 표시
③ 차단(遮斷) 위험표시
④ 수전(受電) 위험표시

> **풀이** 351.2 특고압전로의 상 및 접속 상태의 표시
> 가. 발전소·변전소 또는 이에 준하는 곳의 특고압전로에는 그의 보기 쉬운 곳에 상별 표시를 하여야 한다.
> 나. 발전소·변전소 또는 이에 준하는 곳의 특고압전로에 대하여는 그 접속 상태를 모의모선의 사용 기타의 방법에 의하여 표시하여야 한다. 다만, 이러한 전로에 접속하는 특고압전선로의 회선수가 2 이하이고 또한 특고압의 모선이 단일모선인 경우에는 그러하지 아니하다.
>
> **답** ②

98. 수차 발전기는 스러스트 베어링의 온도가 현저히 상승하는 경우 자동적으로 이를 전로로부터 차단하는 장치를 시설하는데, 이때 수차 발전기의 최소 용량은?

① 500[kVA] 이상
② 1000[kVA] 이상
③ 1500[kVA] 이상
④ 2000[kVA] 이상

> **풀이** 351.3 발전기 등의 보호장치
> 발전기에는 다음의 경우에 자동적으로 이를 전로로부터 차단하는 장치를 시설하여야 한다.
> 가. 발전기에 과전류나 과전압이 생긴 경우
> 나. 용량이 500[kVA] 이상의 발전기를 구동하는 수차의 압유장치의 유압이 현저히 저하한 경우
> 다. 용량이 100[kVA] 이상의 발전기를 구동하는 풍차의 압유장치의 유압이 현저히 저하한 경우
> 라. 용량이 2,000[kVA] 이상인 수차 발전기의 스러스트 베어링의 온도가 현저히 상승한 경우
> 마. 용량이 10,000[kVA] 이상인 발전기의 내부에 고장이 생긴 경우

바. 정격출력이 10,000[kW]를 초과하는 증기터빈은 그 스러스트 베어링이 현저하게 마모되거나 그의 온도가 현저히 상승한 경우
답 ④

99 특고압 가공전선로의 지지물에 시설하는 통신선 또는 이에 직접 접속하는 통신선이 도로·횡단보도교·철도의 레일 등 또는 교류 전차선 등과 교차하는 경우의 시설기준으로 옳은 것은?

① 인장강도 4.0[kN] 이상의 것 또는 지름 3.5[mm] 경동선일 것
② 통신선이 케이블 또는 광섬유 케이블일 때는 이격거리의 제한이 없다.
③ 통신선과 삭도 또는 다른 가공약전류 전선 등 사이의 이격거리는 20[cm] 이상으로 할 것
④ 통신선이 도로·횡단보도교·철도의 레일과 교차하는 경우에는 통신선은 지름 4[mm]의 절연전선과 동등 이상의 절연 효력이 있을 것

풀이 362.2 전력보안통신선의 시설 높이와 이격거리
특고압 가공전선로의 지지물에 시설하는 통신선 또는 이에 직접 접속하는 통신선이 도로·횡단보도교·철도의 레일·삭도·가공전선·다른 가공약전류 전선 등 또는 교류 전차선 등과 교차하는 경우에는 다음에 따라 시설하여야 한다.
가. 통신선이 도로·횡단보도교·철도의 레일 또는 삭도와 교차하는 경우에는 **통신선은 연선의 경우 단면적 16[mm^2](단선의 경우 지름 4[mm])의 절연전선**과 동등 이상의 절연 효력이 있는 것, 인장강도 8.01[kN] 이상의 것 또는 연선의 경우 단면적 25[mm^2](단선의 경우 지름 5[mm])의 경동선일 것.
나. 통신선과 삭도 또는 다른 가공약전류 전선 등 사이의 이격거리는 0.8[m](통신선이 케이블 또는 광섬유 케이블일 때는 0.4[m]) 이상으로 할 것.
답 ④

100 공통접지공사 적용시 선도체의 단면적이 16[mm^2]인 경우 보호도체(PE)에 적합한 단면적은? (단, 보호도체의 재질이 선도체와 같은 경우)

① 4   ② 6   ③ 10   ④ 16

풀이 142.3.2 보호도체
보호도체의 최소 단면적은 다음에 의한다.

선도체의 단면적 S (mm^2, 구리)	보호도체의 최소 단면적(mm^2, 구리)	
	보호도체의 재질	
	선도체와 같은 경우	선도체와 다른 경우
$S \leq 16$	S	$(k_1/k_2) \times S$
$16 < S \leq 35$	$16^{(a)}$	$(k_1/k_2) \times 16$
$S > 35$	$S^{(a)}/2$	$(k_1/k_2) \times (S/2)$

여기서, k_1: 선도체에 대한 k값
k_2: 보호도체에 대한 k값
a: PEN 도체의 최소단면적은 중성선과 동일하게 적용한다
답 ④

2024
CBT 복원문제

Industrial Engineer Electricity

동일출판사 홈페이지에서
무료 동영상강의를 보실 수 있습니다.

2024년 1회 (CBT 복원문제)

1과목 전기자기

01 전기쌍극자에 의한 전위 $V[\text{V}]$에 해당되는 것은? 단, 전기 쌍극자의 전기 모멘트는 $M[\text{C}\cdot\text{m}]$, 쌍극자의 중심으로부터의 거리는 $r[\text{m}]$, 쌍극자의 정방향과의 각도는 θ라 한다.

① $\dfrac{M\sin\theta}{4\pi\epsilon_0 r}$ ② $\dfrac{M\sin\theta}{4\pi\epsilon_0 r^2}$ ③ $\dfrac{M\cos\theta}{4\pi\epsilon_0 r}$ ④ $\dfrac{M\cos\theta}{4\pi\epsilon_0 r^2}$

풀이 전기쌍극자에 의한 전위는 점 P에서 쌍극자의 두 점전하 $\pm Q$에 의한 두 전위의 대수합이므로

$$V = \dfrac{Q}{4\pi\epsilon_0}\left(\dfrac{1}{r_1} - \dfrac{1}{r_2}\right) = \dfrac{Q}{4\pi\epsilon_0} \cdot \dfrac{r_2 - r_1}{r_1 r_2}$$

이다. 또 $r_2 - r_1 \fallingdotseq d\cos\theta$, $r_1 = r_2 = r$의 관계로부터

$$V = \dfrac{Q}{4\pi\epsilon_0} \cdot \dfrac{d\cos\theta}{r^2} = \dfrac{M\cos\theta}{4\pi\epsilon_0 r^2}\,[\text{V}]$$

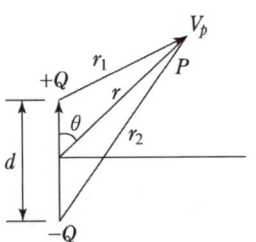

tip 전기쌍극자에 의한 전위는 공식으로 기억해야 관련 문제들을 쉽게 해결할 수 있음

답 ④

02 전계 내에서 폐회로를 따라 단위 전하가 일주할 때 전계가 한 일은 몇 [J]인가?

① ∞ ② π ③ 1 ④ 0

풀이 전계(전기장)는 보존장이므로 전하 $q[\text{C}]$을 일주시키면 일은 0이 된다.
보존장의 조건 : $\oint_c \boldsymbol{E} \cdot dl = 0$

$\therefore W = qV = -q\oint_c \boldsymbol{E} \cdot dl = 0$

답 ④

03 다음 정전계에 관한 식 중에서 틀린 것은? (단, D는 전속밀도, V는 전위, ρ는 공간(체적)전하밀도, ϵ은 유전율이다.)

① 가우스의 정리 : $\text{div}\,\boldsymbol{D} = \rho$
② 포아송의 방정식 : $\nabla^2 V = \dfrac{\rho}{\epsilon}$
③ 라플라스의 방정식 : $\nabla^2 V = 0$
④ 발산의 정리 : $\oint_s \boldsymbol{D} \cdot ds = \int_v \text{div}\,\boldsymbol{D}\, dv$

풀이 공간전하밀도(체적전하밀도)와 전계의 세기와의 관계식

$\text{div}\,\boldsymbol{D} = \rho\ (\boldsymbol{D} = \epsilon\boldsymbol{E}) \rightarrow \text{div}\,\boldsymbol{E} = \dfrac{\rho}{\epsilon}$

전위와 전계의 세기의 관계식
$$E = -\text{grad}\, V \;(E = -\nabla V)$$
두 식으로부터 다음의 포아송 방정식과 라플라스 방정식이 유도된다.
$$\text{div grad}\, V = -\frac{\rho}{\epsilon_0}\;(\nabla \cdot \nabla V = \nabla^2 V)$$
$\therefore \nabla^2 V = -\dfrac{\rho}{\epsilon_0}$: **포아송 방정식**(Poisson's equa-tion)
전하밀도가 공간적으로 분포하고 있을 때 그 내부의 임의의 점에서 전위를 결정하는 식이다.
$\therefore \nabla^2 V = 0 \;(\rho=0)$: 라플라스 방정식(Laplace's equation)

답 ②

04 자기회로의 자기저항에 대한 설명으로 옳지 않은 것은?
① 자기회로의 단면적에 반비례한다.　② 자기회로의 길이에 반비례한다.
③ 자성체의 비투자율에 반비례한다.　④ 단위는 [AT/Wb]이다.

풀이　자기 저항 $R = \dfrac{l}{\mu_0 \mu_s S}$ [AT/Wb]이므로 $R \propto l$ 이다.
즉 **자기 저항은 길이에 비례**한다.

답 ②

05 임의의 점의 전계가 $E = iE_x + jE_y + kE_z$ 로 표시되었을 때, $\dfrac{\partial E_x}{\partial x} + \dfrac{\partial E_y}{\partial y} + \dfrac{\partial E_z}{\partial z}$ 와 같은 의미를 갖는 것은?
① $\nabla \times E$　　② $\nabla^2 E$　　③ $\nabla \cdot E$　　④ $\text{grad}|E|$

풀이　벡터의 발산
$$\nabla \cdot E = \left(i\frac{\partial}{\partial x} + j\frac{\partial}{\partial y} + k\frac{\partial}{\partial z}\right) \cdot (iE_x + jE_y + kE_z) = \frac{\partial E_x}{\partial x} + \frac{\partial E_y}{\partial y} + \frac{\partial E_z}{\partial z} = \text{div}\, E$$

답 ③

06 맥스웰(Maxwell) 전자방정식의 물리적 의미 중 틀린 것은?
① 자계의 시간적 변화에 따라 전계의 회전이 발생한다.
② 전도전류와 변위전류는 자계를 발생시킨다.
③ 고립된 자극이 존재한다.
④ 전하에서 전속선이 발산한다.

풀이　맥스웰 전자방정식 $\oint_S B \cdot dS = 0$
폐곡면을 통해 나오는 자속은 0이다.(고립 자하[단독 자극]는 존재하지 않기 때문)

답 ③

07 전하 π[C]이 2[m/s]의 속도로 진공 중을 직선운동하고 있다면, 이 운동 방향에 대하여 각도 θ이고, 거리 2[m] 떨어진 점의 자계의 세기는 몇 [A/m]인가?
① $\cos\theta$　　② $\dfrac{\sin\theta}{2}$　　③ $\dfrac{\sin\theta}{4}$　　④ $\dfrac{\sin\theta}{8}$

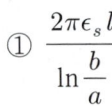 등가전류 $I = \dfrac{q}{t} = \dfrac{qv}{l}$ $\left(\because v = \dfrac{l}{t}\right)$

비오사바르 법칙 $H = \dfrac{Il \sin\theta}{4\pi r^2} = \dfrac{qv \sin\theta}{4\pi r^2} = \dfrac{\pi \times 2 \times \sin\theta}{4\pi \times 2^2} = \dfrac{\sin\theta}{8}$ [A/m]

답 ④

08 그림과 같은 동축 케이블에 유전체가 채워졌을 때의 정전용량[F]은? (단, 유전체의 비유전율은 ϵ_s이고 내반지름과 외반지름은 각각 a[m], b[m]이며 케이블의 길이는 l[m]이다.)

① $\dfrac{2\pi\epsilon_s l}{\ln\dfrac{b}{a}}$ ② $\dfrac{2\pi\epsilon_o\epsilon_s l}{\ln\dfrac{b}{a}}$

③ $\dfrac{\pi\epsilon_s l}{\ln\dfrac{b}{a}}$ ④ $\dfrac{\pi\epsilon_o\epsilon_s l}{\ln\dfrac{b}{a}}$

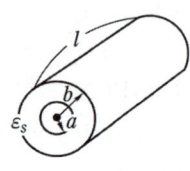

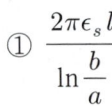
- 두 원통 도체 간 전계의 세기 $E = \dfrac{Q}{2\pi\epsilon r}$ [V/m]
- 도체 간 전위차 $V_{ab} = -\displaystyle\int_b^a E \cdot dr = \dfrac{Q}{2\pi\epsilon} \ln\dfrac{b}{a}$ [V]
- 단위 길이당 정전용량 $C_0 = \dfrac{Q}{V_{ab}} = \dfrac{Q}{\dfrac{Q}{2\pi\epsilon}\ln\dfrac{b}{a}} = \dfrac{2\pi\epsilon}{\ln\dfrac{b}{a}}$ [F/m]

따라서 동축 케이블의 정전용량 $C = C_0 l = \dfrac{2\pi\epsilon_0\epsilon_s l}{\ln\dfrac{b}{a}}$ [F]

답 ②

09 표의 ㉠, ㉡과 같은 단위로 옳게 나열한 것은?

㉠	$\Omega \cdot s$
㉡	s/Ω

① ㉠ H, ㉡ F ② ㉠ H/m, ㉡ F/m
③ ㉠ F, ㉡ H ④ ㉠ F/m, ㉡ H/m

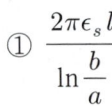 ㉠ $v = L\dfrac{di}{dt}$ 관계식에서

$L = \dfrac{dt}{di}v$ [H] $= \left[\dfrac{\sec \cdot V}{A}\right] = \left[\sec \cdot \dfrac{V}{A}\right] = [\sec \cdot \Omega]$

㉡ $v = \dfrac{1}{C}\displaystyle\int i\, dt$ 관계식에서

$C = \dfrac{1}{v}\displaystyle\int i\, dt$ [F] $= \left[\dfrac{A \cdot \sec}{V}\right] = \left[\sec \cdot \dfrac{A}{V}\right] = [\sec/\Omega]$

답 ①

10 도체계에서의 전위 계수의 성질로 옳지 않은 것은?

① $P_{rr} \geq P_{rs}$ ② $P_{rr} < 0$ ③ $P_{rs} \geq 0$ ④ $P_{rs} = P_{sr}$

풀이 전위 계수의 성질
- $P_{rr} > 0$
- $P_{rr} \geq P_{rs}$
- $P_{rs} \geq 0$
- $P_{rs} = P_{sr}$

답 ②

11 반지름 $a[m]$ 되는 접지 도체구의 중심에서 $r[m]$ 되는 거리에 점전하 $Q[C]$을 놓았을 때 접지 도체구에 유도된 총 전하[C]는?

① 0 ② $-Q$ ③ $-\dfrac{a}{r}Q$ ④ $-\dfrac{r}{a}Q$

풀이 점 P에서 Q의 전하를 주고, 도체구를 접지($V_1 = 0$)하였을 때 유도되는 전하를 Q'라 하면
$V_1 = 0 = P_{11}Q' + P_{12}Q$

$\therefore Q' = -\dfrac{P_{12}}{P_{11}}Q = \dfrac{\dfrac{1}{4\pi\epsilon_0 r}}{\dfrac{1}{4\pi\epsilon_0 a}}Q = -\dfrac{a}{r}Q$

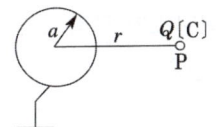

답 ③

12 다음 중 정전계의 설명으로 옳은 것은?
① 전계 에너지가 최소로 되는 전하분포의 전계이다.
② 전계 에너지가 최대로 되는 전하분포의 전계이다.
③ 전계 에너지가 항상 0인 전기장을 말한다.
④ 전계 에너지가 항상 ∞인 전기장을 말한다.

풀이
① 전계(전기장, 전장) : 전기력이 미치는 공간을 말한다.
② 정전계 : 전계 에너지가 최소로 되는 전하 분포의 전계

답 ①

13 자장 중에서 도선에 발생되는 유기기전력의 방향은 어떤 법칙에 의하여 설명되는가?
① 패러데이(Faraday)의 법칙
② 암페어(Ampere)의 오른나사 법칙
③ 렌츠(Lenz)의 법칙
④ 가우스(Gauss)의 법칙

풀이 유도기전력 $e = -\dfrac{d\Phi}{dt} = -N\dfrac{d\phi}{dt}[V]$

- 렌츠의 법칙(Lenz's Law) : 유도기전력의 방향(-)을 결정
  전자유도에 의해 발생하는 기전력은 자속의 변화를 방해하는 방향으로 전류가 발생한다.
- 패러데이 법칙(Faraday's Law) : 유도기전력의 크기를 결정
  유도기전력의 크기는 폐회로에 쇄교하는 자속의 시간적 변화율에 비례한다.

답 ③

14 비투자율 $\mu_r = 4$인 자성체 내에서 주파수 1[GHz]인 전자기파의 파장[m]은?

① 0.1 ② 0.15 ③ 0.25 ④ 0.4

풀이 전파속도 $v = \dfrac{1}{\sqrt{\epsilon\mu}} = \dfrac{3 \times 10^8}{\sqrt{\epsilon_r \mu_r}} = \dfrac{3 \times 10^8}{\sqrt{4 \times 1}} = 1.5 \times 10^8 [m/s]$

따라서 파장 $\lambda = \dfrac{v}{f} = \dfrac{1.5 \times 10^8}{1 \times 10^9} = 0.15[m]$

답 ②

15 권선수가 400회, 면적이 9π[cm²]인 장방형 코일에 1[A]의 직류가 흐르고 있다. 코일의 장방형 면과 평행한 방향으로 자속밀도가 0.8[Wb/m²]인 균일한 자계가 가해져 있다. 코일의 평행한 두 변의 중심을 연결하는 선을 축으로 할 때 이 코일에 작용하는 회전력은 약 몇 [N·m]인가?

① 0.3   ② 0.5   ③ 0.7   ④ 0.9

풀이 회전력 $T = nBIl_1l_2\sin\theta = 400 \times 0.8 \times 1 \times 9\pi \times 10^{-4} \times \sin 90° = 0.9$[N·m]
여기서 n : 코일의 권수, B : 자속밀도[Wb/m²], I : 전류[A], l_1 : 코일의 길이[m]
l_2 : 코일의 폭[m], θ : 코일면의 법선과 자계가 이루는 각   **답** ④

16 자기 인덕턴스가 각각 L_1, L_2인 두 코일을 서로 간섭이 없도록 병렬로 연결했을 때 그 합성 인덕턴스는?

① $L_1 + L_2$ ② $L_1 \cdot L_2$ ③ $\dfrac{L_1 + L_2}{L_1 \cdot L_2}$ ④ $\dfrac{L_1 \cdot L_2}{L_1 + L_2}$

풀이 병렬접속
- 가극성 $L = \dfrac{L_1L_2 - M^2}{L_1 + L_2 - 2M}$ • 감극성 $L = \dfrac{L_1L_2 - M^2}{L_1 + L_2 + 2M}$

간섭이 없도록 하면, $M = 0$이므로 $\therefore L = \dfrac{L_1L_2}{L_1 + L_2}$ **답** ④

17 투자율 μ_1 및 μ_2인 두 자성체의 경계면에서 자력선의 굴절법칙을 나타낸 식은?

① $\dfrac{\mu_1}{\mu_2} = \dfrac{\sin\theta_1}{\sin\theta_2}$ ② $\dfrac{\mu_1}{\mu_2} = \dfrac{\sin\theta_2}{\sin\theta_1}$

③ $\dfrac{\mu_1}{\mu_2} = \dfrac{\tan\theta_1}{\tan\theta_2}$ ④ $\dfrac{\mu_1}{\mu_2} = \dfrac{\tan\theta_2}{\tan\theta_1}$

풀이 자성체의 굴절의 법칙
- 자계세기의 접선성분의 연속성 : $H_1\sin\theta_1 = H_2\sin\theta_2$
- 자속밀도의 법선성분의 연속성 : $B_1\cos\theta_1 = B_2\cos\theta_2$
- 굴절각 : $\dfrac{\mu_1}{\mu_2} = \dfrac{\tan\theta_1}{\tan\theta_2}$

따라서 자속은 투자율이 높은 쪽으로 모이려는 성질이 있다.

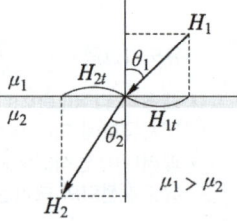

자력선의 굴절   **답** ③

18 맥스웰(Maxwell)의 전자 방정식 중 성립하지 않는 식은?

① $\mathrm{div}\,\boldsymbol{D} = \rho$ ② $\mathrm{div}\,\boldsymbol{B} = 0$

③ $\mathrm{rot}\,\boldsymbol{E} = \dfrac{\partial \boldsymbol{B}}{\partial t}$ ④ $\mathrm{rot}\,\boldsymbol{H} = J + \dfrac{\partial \boldsymbol{D}}{\partial t}$

> **풀이** 맥스웰 방정식의 미분형
> ① $\text{div}\,\boldsymbol{D} = \rho$ (가우스의 법칙) : 단위 체적당 발산 전속수는 단위 체적당의 공간전하 밀도와 같다.
> ② $\text{div}\,\boldsymbol{B} = 0$: 자계의 발산은 없다. 고립된 자하는 없다(N극과 S극이 공존).
> ③ $\text{rot}\,\boldsymbol{H} = \boldsymbol{J} + \dfrac{\partial \boldsymbol{D}}{\partial t}$ (암페어의 주회적분 법칙) : 자계의 회전은 전류 밀도와 같다.
> ④ $\text{rot}\,\boldsymbol{E} = -\dfrac{\partial \boldsymbol{B}}{\partial t}$ (패러데이 법칙) : 전계의 회전은 자속 밀도의 시간적 감소율과 같다. **답 ③**

19 액체 유전체를 넣은 콘덴서의 용량이 20[μF]이다. 여기에 500[kV]의 전압을 가하면 누설전류는 몇 [A]인가? (단, 비유전율 $\epsilon_s = 2.2$, 고유저항 $\rho = 10^{11}[\Omega \cdot m]$이다.)

① 4.2   ② 5.13   ③ 54.5   ④ 61

> **풀이** $RC = \rho\epsilon$ [s], $R = \dfrac{\rho\epsilon}{C}[\Omega]$
>
> $\therefore I = \dfrac{V}{R} = \dfrac{CV}{\rho\epsilon} = \dfrac{CV}{\rho\epsilon_0\epsilon_s} = \dfrac{20 \times 10^{-6} \times 500 \times 10^3}{10^{11} \times 8.855 \times 10^{-12} \times 2.2} = 5.13[A]$ **답 ②**

20 자기 인덕턴스의 성질을 설명한 것으로 옳은 것은?

① 경우에 따라 정(+) 또는 부(-)의 값을 갖는다.
② 항상 정(+)의 값을 갖는다.
③ 항상 부(-)의 값을 갖는다.
④ 항상 0이다.

> **풀이** ① 자기 인덕턴스
>   • 자신의 회로에 단위 전류가 흐를 때의 자속 쇄교수
>   • 항상 정(+)의 값
> ② 상호 인덕턴스
>   • 근접한 두 회로 상호 간의 인덕턴스
>   • 두 코일에 흐르는 전류가 만드는 자속이 같은 방향이면 정(+)의 값
>   • 두 코일에 흐르는 전류가 만드는 자속이 반대 방향이면 부(-)의 값   **답 ②**

2과목 전력공학

21 송전선로에 낙뢰를 방지하기 위하여 설치하는 것은?

① 댐퍼   ② 초호환   ③ 가공지선   ④ 애자

> **풀이** ① 댐퍼 : 전선의 진동 방지
> ② 초호환 : 섬락으로부터 애자련의 보호, 애자련의 전압 분포 개선
> ③ 가공지선 : 뇌의 차폐
> ④ 애자 : 전선을 지지하고 절연   **답 ③**

22 석탄연소 화력발전소에서 사용되는 집진장치의 효율이 가장 큰 것은?

① 전기식 집진장치
② 수세식 집진장치
③ 원심력식 집진장치
④ 직렬결합식 집진장치

풀이 집진 효율이 가장 큰 것은 전기식으로 코트렐식 집진 장치가 현재 가장 많이 사용되고 있다.   **답** ①

23 송전전력, 송전거리, 전선의 비중 및 전력손실률이 일정하다고 하면 전선의 단면적 $A[\text{mm}^2]$ 와 송전전압 $V[\text{kV}]$와의 관계로 옳은 것은?

① $A \propto V$
② $A \propto V^2$
③ $A \propto \dfrac{1}{V^2}$
④ $A \propto \sqrt{V}$

풀이
- 전력손실 $P_l = 3I^2 R = \dfrac{P^2 \rho l}{V^2 \cos^2\theta A}$ (전류 $I = \dfrac{P}{\sqrt{3}\,V\cos\theta}$)
- 전력손실률 $h = \dfrac{P_l}{P} = \dfrac{P\rho l}{hV^2 \cos^2\theta}$ 에서 전선의 단면적 $A = \dfrac{P\rho l}{hV^2\cos^2\theta}$
- P, ρ, l, h, $\cos\theta$가 일정한 경우이므로 전선의 단면적 $A \propto \dfrac{1}{V^2}$ **답** ③

24 부하율이란?

① $\dfrac{\text{피상 전력}}{\text{부하 설비 용량}} \times 100[\%]$
② $\dfrac{\text{부하 설비 용량}}{\text{피상 전력}} \times 100[\%]$
③ $\dfrac{\text{최대 수용 전력}}{\text{평균 수용 전력}} \times 100[\%]$
④ $\dfrac{\text{평균 수용 전력}}{\text{최대 수용 전력}} \times 100[\%]$

풀이
부하율 $= \dfrac{\text{평균 수요 전력 [kW]}}{\text{최대 수요 전력 (합성 최대 전력) [kW]}} \times 100[\%]$
$= \dfrac{\text{평균 수요 전력 [kW]}}{\text{부하 설비 합계 [kW]}} \times \dfrac{\text{부등률}}{\text{수용률}} \times 100[\%]$ **답** ④

25 배전전압, 배전거리 및 전력손실이 같다는 조건에서 단상 2선식 전기방식의 전선 총 중량을 100[%]라 할 때 3상 3선식 전기방식은 몇 [%]인가?

① 33.3
② 37.5
③ 75.0
④ 100.0

풀이
- 송전 전력은 동일하므로
$\sqrt{3}\,VI_3\cos\theta = VI_1\cos\theta \rightarrow I_1 = \sqrt{3}\,I_3$
- 전력 손실이 동일하므로
$3I_3^2 \rho \dfrac{l}{A_3} = 2I_1^2 \rho \dfrac{l}{A_1} \rightarrow 3I_3^2 \rho \dfrac{l}{A_3} = 2(\sqrt{3}\,I_3)^2 \rho \dfrac{l}{A_1} \rightarrow A_3 = \dfrac{1}{2}A_1$

따라서 전선량(무게)비
$\dfrac{3상3선식}{단상2선식} = \dfrac{3A_3 l\sigma}{2A_1 l\sigma} = \dfrac{3}{2} \times \dfrac{1}{2} = \dfrac{3}{4} = 0.75$

• 단상 2선식 기준 소요 전선량 요약

전기 방식	소요 전선량[%]	비 고
단상 2선식	100	단상 2선식 기준
단상 3선식	37.5	중성선과 전압선의 굵기가 동일
	31.3	중성선의 굵기가 전압선의 1/2
3상 3선식	75	
3상 4선식	33.3	중성선과 전압선의 굵기가 동일
	29.2	중성선의 굵기가 전압선의 1/2

답 ③

26 전력계통의 전력용 콘덴서와 직렬로 연결하는 리액터로 제거되는 고조파는?
① 제2고조파 ② 제3고조파 ③ 제4고조파 ④ 제5고조파

풀이 송전 선로에는 변압기의 유기 기전력이 발생할 때 생기는 기수 고조파가 존재하게 되는데, 제3고조파는 변압기의 △결선에서 제거되고 제5고조파는 전력용 콘덴서에 직렬로 5[%] 가량의 리액터를 삽입하여 제거시킨다.

답 ④

27 우리나라의 특고압 배전방식으로 가장 많이 사용되고 있는 것은?
① 단상 2선식   ② 단상 3선식
③ 3상 3선식   ④ 3상 4선식

풀이 3상 4선식은 같은 회선에서 선간전압과 상전압의 양전압을 이용할 수 있기 때문에 배전에서 많이 채용되고 있다.

답 ④

28 철탑으로부터의 전선의 오프셋을 주는 이유로 가장 알맞은 것은?
① 불평형 전압의 유도 방지   ② 지락사고 방지
③ 전선의 진동방지   ④ 상하 전선의 접촉 방지

풀이 오프셋은 전선의 도약으로 인한 상하 전선의 단락을 방지하기 위하여 철탑 지지점의 위치를 수직에서 벗어나게 함을 말한다.

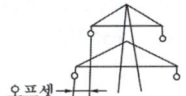

답 ④

29 하천유량을 측정하는 방법으로 유속의 측정방법과 직접유량을 측정하는 방법이 있는데 다음 보기 중 직접유량을 측정하는 방법이 아닌 것은?
① 염분법   ② 언측법   ③ 수위 관측법   ④ 부표법

풀이 하천유량은 그 통로의 단면적과 그 단면에 대한 직각방향의 유속과의 곱으로 표시되므로 유량을 알기 위해서는 단면적과 유속을 측정해야 한다.
1) 유속의 측정방법
　　① 유속계법 ② 부표법 ③ 염수속도법 ④ 수압 시간법 ⑤ 피토관법

2) 직접유량을 측정하는 방법
① 염분법 ② 언측법 ③ 수위 관측법

답 ④

30 송전계통의 안정도 증진방법에 대한 설명이 아닌 것은?
① 전압변동을 작게 한다.
② 직렬 리액턴스를 크게 한다.
③ 고장 시 발전기 입·출력의 불평형을 작게 한다.
④ 고장전류를 줄이고 고장구간을 신속하게 차단한다.

풀이 안정도 향상 대책
① 계통의 직렬 리액턴스 감소(다회선 방식 채택, 복도체 방식 채택, 기기의 리액턴스 감소, 직렬 콘덴서 설치)
② 전압 변동률을 적게 한다(속응 여자 방식 채용, 계통의 연계, 중간 조상 방식).
③ 계통에 주는 충격을 적게 한다(적당한 중성점 접지 방식, 고속 차단 방식, 재폐로 방식).
④ 고장 중의 발전기 돌입 출력의 불평형을 적게 한다.

답 ②

31 30000[kW]의 전력을 50[km] 떨어진 지점에 송전하려고 할 때 송전전압[kV]은 약 얼마인가? (단, still 식에 의하여 산정한다.)
① 22   ② 33   ③ 66   ④ 100

풀이 Still 식 $V_s = 5.5\sqrt{0.6 \times l + 0.01P} = 5.5\sqrt{0.6 \times 50 + 0.01 \times 30000} ≒ 100[kV]$
여기서, V_s : 전압[kV], l : 송전거리[km], P : 송전전력[kW]

답 ④

32 전선의 자체 중량과 빙설의 종합하중을 W_1, 풍압하중을 W_2라 할 때 합성하중은?
① $W_1 + W_2$ ② $W_1 - W_2$ ③ $\sqrt{W_1 - W_2}$ ④ $\sqrt{W_1^2 + W_2^2}$

풀이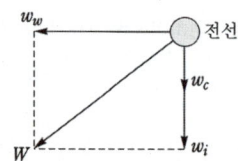

w_c : 전선의 자체중량
w_i : 부착빙설의 중량
w_w : 수평풍압

합성 하중은 $W = \sqrt{(빙설하중 + 자중)^2 + (풍압하중)^2} = \sqrt{W_1^2 + W_2^2}$

답 ④

33 전력용 퓨즈의 장점으로 틀린 것은?
① 소형으로 큰 차단용량을 갖는다.
② 밀폐형 퓨즈는 차단 시에 소음이 없다.
③ 가격이 싸고 유지보수가 간단하다.
④ 과도전류에 의해 쉽게 용단되지 않는다.

풀이 　전력 퓨즈
① 소형으로 차단용량이 크다.
② 보수가 간단하다.
③ 가격이 저렴하다.
④ 밀폐형으로 차단 시 소음이 없다.
⑤ 과도전류를 고속도 차단할 수 있다.　　　　　　　　　　　　　　　　　답 ④

34 부하전류의 차단능력이 없는 것은?
① 공기차단기　　② 유입차단기　　③ 진공차단기　　④ 단로기

풀이

기능＼능력	회로 분리		사고 차단	
	무부하	부하	과부하	단락
퓨 즈	○	–	–	○
차단기	○	○	○	○
개폐기	○	○	○	–
단로기	○	–	–	–

단로기(DS)는 switch로서 아크 소호장치가 없어 부하전류의 차단이 곤란하다.　　답 ④

35 역률 0.8인 부하 480[kW]를 공급하는 변전소에 전력용 콘덴서 220[kVA]를 설치하면 역률은 몇 [%]로 개선할 수 있는가?
① 92　　　　　　② 94　　　　　　③ 96　　　　　　④ 99

풀이
- 부하 역률 $\cos\theta = \dfrac{P}{P_a} = \dfrac{P}{\sqrt{P^2 + P_r^{\,2}}} \times 100$

　여기서, P_a : 피상전력, P : 유효전력, P_r : 무효전력

- 부하의 무효전력 $Q_L = \dfrac{P}{\cos\theta} \times \sin\theta = \dfrac{480}{0.8} \times 0.6 = 360[\text{kVar}]$
- 전력용 콘덴서 용량 $Q_C = 220[\text{kVA}]$

$\therefore \cos\theta = \dfrac{P}{\sqrt{P^2 + (Q_L - Q_c)^2}} \times 100 = \dfrac{480}{\sqrt{480^2 + (360-220)^2}} \times 100 = 96[\%]$　　답 ③

36 그림과 같은 선로에서 점 F에서의 1선 지락이 발생한 경우 영상임피던스는?

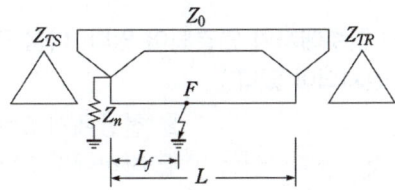

① $Z_{TS} + Z_n + 3Z_o$　　　　　　　　　② $Z_{TS} + 3Z_n + Z_o$

③ $Z_{TS} + Z_n + Z_o \dfrac{L_f}{L}$　　　　　　　　④ $Z_{TS} + 3Z_n + Z_o \dfrac{L_f}{L}$

풀이
- 영상전압 $V = 3I_0 \cdot Z_n = I_0 \cdot 3Z_n$
- 영상임피던스 $Z = Z_{TS} + 3Z_n + Z_0$
  단, I_0 : 영상전류, Z_n : 지락저항, Z_{TS} : 송전 측 변압기 임피던스, Z_0 : 선로임피던스
- 임피던스는 거리에 비례하므로 선로임피던스 $= Z_o \dfrac{L_f}{L}$

  따라서 영상임피던스 $= Z_{TS} + 3Z_n + Z_o \dfrac{L_f}{L}$

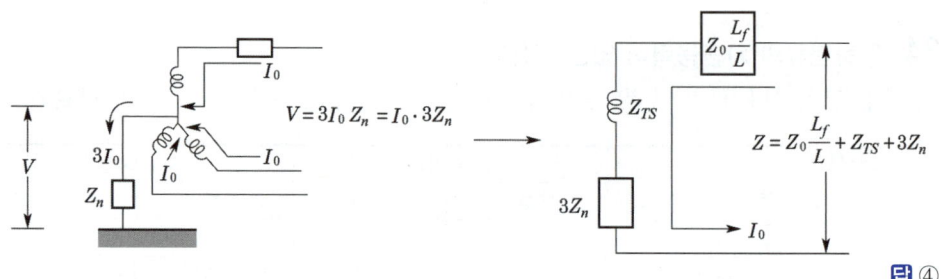

답 ④

37 노즐(nozzle)에서 분출되는 유수의 이론적인 분출 속도가 100[m/sec]인 수차의 유효낙차는 약 몇 [m]인가?

① 500   ② 510   ③ 520   ④ 530

풀이 유효낙차 $H = \dfrac{v^2}{2g} = \dfrac{100^2}{2 \times 9.8} \fallingdotseq 510[\text{m}]$

답 ②

38 다음 송전선의 전압변동률 식에서 V_{R1}은 무엇을 의미하는가?

$$\epsilon = \frac{V_{R1} - V_{R2}}{V_{R2}} \times 100[\%]$$

① 부하 시 송전단 전압
② 무부하 시 송전단 전압
③ 전부하 시 수전단 전압
④ 무부하 시 수전단 전압

풀이 전압 변동률$(\epsilon) = \dfrac{\text{무부하 시 수전단 전압}(V_{R1}) - \text{수전단 정격 전압}(V_{R2})}{\text{수전단 정격 전압}(V_{R2})} \times 100[\%]$

답 ④

39 154[kV] 송전선로에 10개의 현수애자가 연결되어 있다. 다음 중 전압부담이 가장 적은 것은? (단, 애자는 같은 간격으로 설치되어 있다.)

① 철탑에 가장 가까운 것
② 철탑에서 3번째에 있는 것
③ 전선에서 가장 가까운 것
④ 전선에서 3번째에 있는 것

풀이
- 전압 분담 최대 : 전선쪽 애자
- 전압 분담 최소 : 철탑에서 1/3 지점 애자

따라서 10개의 현수애자가 연결되어 있다면, 철탑에서 3번째에 있는 애자가 전압부담이 가장 적다.

답 ②

40 차단기의 정격투입전류란 투입되는 전류의 최초 주파수의 어느 값을 말하는가?

① 평균값　　② 최댓값　　③ 실효값　　④ 직류값

> **풀이** 차단기의 정격 투입 전류란 성능에 지장 없이 투입할 수 있는 전류의 한도를 말하며, **투입 전류의 최초 주파수에서의 최댓값으로 나타낸다.** 크기는 정격 차단 전류(실효값)의 2.5배를 표준으로 한다.　　**답** ②

3과목 전기기기

41 단상 직권 정류자 전동기에서 주자속의 최대치를 ϕ_m, 자극수를 P, 전기자 병렬회로수를 a, 전기자 전 도체수를 Z, 전기자의 속도를 N[rpm]이라 하면 속도 기전력의 실효값 E_r[V]은? (단, 주자속은 정현파이다.)

① $E_r = \sqrt{2}\dfrac{P}{a}Z\dfrac{N}{60}\phi_m$　　　② $E_r = \dfrac{1}{\sqrt{2}}\dfrac{P}{a}ZN\phi_m$

③ $E_r = \dfrac{P}{a}Z\dfrac{N}{60}\phi_m$　　　④ $E_r = \dfrac{1}{\sqrt{2}}\dfrac{P}{a}Z\dfrac{N}{60}\phi_m$

> **풀이** 기전력의 실효값 $E_r = P\phi n \dfrac{Z}{a} = P\dfrac{\phi_m}{\sqrt{2}}\dfrac{N}{60}\cdot\dfrac{Z}{a} = \dfrac{1}{\sqrt{2}}\dfrac{P}{a}Z\dfrac{N}{60}\phi_m$[V]　　**답** ④

42 변압기유로 쓰이는 절연유에 요구되는 특성이 아닌 것은?

① 응고점이 낮을 것　　② 절연 내력이 클 것
③ 인화점이 높을 것　　④ 점도가 클 것

> **풀이** 변압기의 기름으로서 갖추어야 할 조건은
> ① 절연 내력이 클 것
> ② 절연 재료 및 금속에 화학 작용을 일으키지 않을 것
> ③ 인화점이 높고, 응고점이 낮을 것
> ④ 점도가 낮고, 비열이 커서 냉각 효과가 클 것
> ⑤ 고온에서도 석출물이 생기거나 산화하지 않을 것　　**답** ④

43 다음 중 전기기계에 있어서 히스테리시스손을 감소시키기 위하여 어떻게 하는 것이 가장 좋은가?

① 성층 철심 사용　　② 규소 강판 사용
③ 보극 설치　　④ 보상 권선 설치

> **풀이** • 전기 기계에 규소강판을 사용하면 자기 저항이 크게 되어 와류손과 히스테리시스손이 감소하게 되지만 투자율이 낮아지고 기계적 강도가 감소되어 부서지기 쉽다.
> • 성층하는 이유는 와류손을 적게 하기 위한 것이다.　　**답** ②

44 1차측 권수가 1500인 변압기의 2차측에 접속한 저항 16[Ω]을 1차측으로 환산했을 때 8[kΩ]으로 되어있다면 2차측 권수는 약 얼마인가?

① 75   ② 70   ③ 67   ④ 64

풀이 권수비 $a = \dfrac{V_1}{V_2} = \dfrac{N_1}{N_2} = \dfrac{I_2}{I_1} = \sqrt{\dfrac{R_1}{R_2}}$ 이므로 $a = \sqrt{\dfrac{R_1}{R_2}} = \sqrt{\dfrac{8000}{16}} = 10\sqrt{5}$

∴ $N_2 = \dfrac{N_1}{a} = \dfrac{1500}{10\sqrt{5}} = 67$회

답 ③

45 동기발전기 종류 중 회전계자형의 특징으로 옳은 것은?

① 고주파 발전기에 사용
② 극소용량, 특수용으로 사용
③ 소요전력이 크고 기구적으로 복잡
④ 기계적으로 튼튼하여 가장 많이 사용

풀이 동기기를 회전 계자형으로 하는 이유
- 전기자 권선은 전압이 높고 결선이 복잡하며, 대용량으로 되면 전류도 커지고, 3상 권선의 경우에는 4개의 도선을 인출하여야 한다.
- 계자 회로는 직류의 저압 회로이므로 소요 동력도 작으며, 인출 도선이 2개만 있어도 되기 때문이다.
- 계자극은 기계적으로 튼튼하게 만드는 데 용이하기 때문이다.
- 고장 시의 과도 안정도를 높이기 위하여 회전자의 관성을 크게 하기 쉽기 때문이기도 하다.

답 ④

46 직류에서 교류로 변환하는 기기는?

① 초퍼
② 인버터
③ 회전 변류기
④ 사이클로 컨버터

풀이
- 초퍼 : 직류를 직류로 변환
- 인버터 : 직류를 교류로 변환
- 컨버터 : 교류를 직류로 변환
- 회전 변류기 : 교류 전력을 직류 전력으로 변환
- 사이클로 컨버터 : 교류를 교류로 변환

답 ②

47 직류 분권전동기의 공급 전압의 극성을 반대로 하면 회전방향은 어떻게 되는가?

① 변하지 않는다.
② 반대로 된다.
③ 발전기로 된다.
④ 회전하지 않는다.

풀이 공급 전압의 극성을 반대로 하면 계자 전류와 전기자 전류의 방향이 동시에 반대로 되므로 회전 방향은 변하지 않는다.

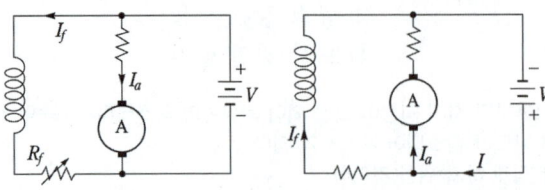

답 ①

48 직류분권전동기의 전체 도체수는 100이고, 단중 중권이며 자극수는 4, 자속수는 극당 0.628 [Wb]이다. 부하를 걸어 전기자에 5[A]가 흐르고 있을 때의 토크는 약 몇 [N·m]인가?

① 15　　　　② 25　　　　③ 50　　　　④ 100

풀이 $p=4$, $z=100$, $\phi=0.628[\text{Wb}]$, $I_a=5[\text{A}]$
단중 중권이므로 $a=p=4$이다.
$$P=EI_a=p\phi n\frac{z}{a}I_a=2\pi n\,T$$

$$\therefore T=\frac{p\phi n\frac{z}{a}I_a}{2\pi n}=\frac{P\phi z I_a}{2\pi a}=\frac{4\times 0.628\times 100\times 5}{2\pi\times 4}=49.97[\text{N}\cdot\text{m}]$$

답 ③

49 동기발전기의 병렬운전에 필요하지 않은 조건은?

① 기전력의 주파수가 같을 것
② 기전력의 위상이 같을 것
③ 임피던스 및 상회전방향과 각 변위가 같을 것
④ 기전력의 크기가 같을 것

풀이 동기발전기의 병렬운전 조건은 다음과 같다.
① 기전력의 크기가 같을 것
② 기전력의 위상이 같을 것
③ 기전력의 주파수가 같을 것
④ 기전력의 파형이 같을 것
⑤ 상회전방향이 같을 것

답 ③

50 직류기의 손실 중 기계손에 속하는 것은?

① 브러시의 전기손　　　② 와전류손
③ 풍손　　　　　　　　④ 전기자 권선동손

풀이

총손실	무부하손	철손	히스테리시스손
			와류손
		기계손 : 풍손, 베어링 마찰손, 브러시 마찰손	
	부하손	전기자저항손 $P_c=I_a^2 R$[W]	
		브러시 전기손	
		표유부하손 : 권선 이외 부분의 누설자속에 의해 발생	

답 ③

51 동기기의 전기자 권선법이 아닌 것은?

① 중권　　　② 2층권　　　③ 분포권　　　④ 전절권

풀이 코일 간격이 극 간격과 같은 것을 전절권이라 하고, 극 간격보다 작은 것을 단절권이라 한다. 단절권은 고조파를 제거하고 기전력의 파형을 좋게 하고, 코일 단부가 짧게 되어 동(Cu)의 양이 적게 드는 이점이 있어, 동기기에는 단절권을 사용하며 전절권은 사용하지 않는다.

답 ④

52 변류기의 수리 및 점검 시 변류기 2차측 절연보호를 위해 조치하여야 하는 방법은?

① 변류기 1차측 단자를 개방
② 변류기 2차측 단자를 개방
③ 변류기 1차측 단자를 단락
④ 변류기 2차측 단자를 단락

풀이 변류기의 2차 측을 개방하면 1차 전류가 모두 여자전류가 되어 2차 권선에 매우 높은 전압이 유기되어 절연이 파괴되고 소손될 우려가 있으므로 변류기 2차 측 기기를 교체하고자 하는 경우에는 **반드시 변류기 2차 측을 단락**시켜야 한다.

답 ④

53 전기기기에 있어 와전류손(Eddy current loss)을 감소시키기 위한 방법은?

① 냉각압연
② 보상권선 설치
③ 교류전원을 사용
④ 규소강판을 성층하여 사용

풀이
- 와류손 : 성층 철심 사용(자속에 의한 와전류를 흐르지 못하도록 성층(적층)한 철심 사용)
- 히스테리시스손 : 규소 강판 사용(히스테리시스 면적을 감소시키기 위해 순철에 규소를 첨가한 재질로 변경)

답 ④

54 동기전동기의 위상특성곡선(V곡선)에 대한 설명으로 옳은 것은?

① 출력을 일정하게 유지할 때 부하전류와 전기자전류의 관계를 나타낸 곡선
② 역률을 일정하게 유지할 때 계자전류와 전기자전류의 관계를 나타낸 곡선
③ 계자전류를 일정하게 유지할 때 전기자전류와 출력 사이의 관계를 나타낸 곡선
④ 공급전압 V와 부하가 일정할 때 계자전류의 변화에 대한 전기자전류의 변화를 나타낸 곡선

풀이 위상 특성 곡선이란 단자전압과 부하를 일정하게 유지하고, 여자 전류를 변화시킬 경우 계자전류와 전기자 전류와의 관계를 표시한 것으로 그 형상이 V자와 같으므로 V곡선이라고도 한다.
- 계자전류가 역률 1일 때 보다 크면, 앞선 전기자 전류가 흐른다.
- 계자전류가 역률 1일 때 보다 작으면, 뒤진 전기자 전류가 흐른다.

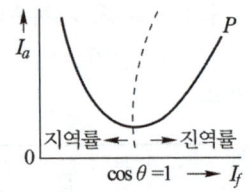

답 ④

55 정류방식 중에서 맥동률이 가장 작은 회로는? (단, 저항부하를 사용하였을 경우이다.)

① 단상 반파 정류회로
② 단상 전파 정류회로
③ 삼상 반파 정류회로
④ 삼상 전파 정류회로

풀이

정류 종류	단상 반파	단상 전파	3상 반파	3상 전파
맥동률[%]	121	48	17.7	4.04
정류 효율	40.5	81.1	96.7	99.8
맥동 주파수	f	$2f$	$3f$	$6f$

답 ④

56 동기전동기에서 제동권선의 역할에 해당되지 않는 것은?

① 기동 토크를 발생한다.
② 난조 방지작용을 한다.
③ 전기자 반작용을 방지한다.
④ 급격한 부하의 변화로 인한 속도의 요동을 방지한다.

풀이 제동 권선의 역할.
① 난조 방지
② 기동하는 경우 유도전동기의 농형 권선으로서 기동 토크를 발생
③ 불평형부하시의 전류 전압 파형의 개선
④ 송전선의 불평형 단락시의 이상전압의 방지   답 ③

57 3상 권선형 유도 전동기의 2차 회로에 저항을 삽입하는 목적이 아닌 것은?

① 속도는 줄어지지만 최대 토크를 크게 하기 위하여
② 속도 제어를 하기 위하여
③ 기동 토크를 크게 하기 위하여
④ 기동 전류를 줄이기 위하여

풀이
- 최대 토크 $T_m \propto \dfrac{V^2}{2x_2}$: 2차 저항에 무관
- 최대 토크를 발생하는 슬립 $s_m \fallingdotseq \pm\dfrac{r_2}{x_2}$: 2차 저항에 비례

따라서, 3상 유도 전동기의 최대 토크의 크기는 2차저항 r_2와 슬립 s에 관계없이 항상 일정하고 다만 최대 토크가 발생하는 슬립점이 2차 회로의 저항에 비례해서 이동할 뿐이다.   답 ①

58 3상 유도 전동기의 원선도 작성에 필요한 시험이 아닌 것은?

① 저항 측정   ② 슬립 측정   ③ 구속 시험   ④ 무부하 시험

풀이
① 원선도 작성에 필요한 시험은
  • 저항 측정   • 무부하 시험   • 구속 시험이 있다.
② 유도 전동기의 원선도에서 구할 수 있는 항목
  • 전부하 전류   • 역률   • 효율   • 슬립   • 최대출력/정격출력   • 토크
즉, 슬립은 원선도 상에서 구할 수 있다.   답 ②

59 다음은 직류발전기의 정류곡선이다. 이 중에서 정류 말기에 정류의 상태가 좋지 않은 것은?

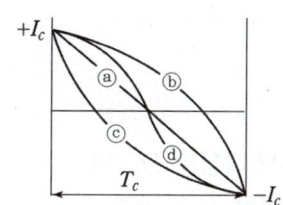

① ⓐ   ② ⓑ   ③ ⓒ   ④ ⓓ

풀이
ⓐ (직선정류) : 전류가 직선적으로 균등하게 변환
ⓑ (부족정류) : 정류 말기에 브러시 뒤쪽에서 불꽃 발생
ⓒ (과정류) : 정류 초기에 브러시 앞쪽에서 불꽃 발생
ⓓ (정현파 정류) : 불꽃 발생 안함

답 ②

60 3상 농형 유도전동기 기동법 중 옳은 것은?

① Y-△ 기동을 한다.
② 콘덴서를 이용하여 기동한다.
③ 2차 회로에 저항을 넣어 기동한다.
④ 기동저항기법을 사용한다.

풀이 농형 유도전동기의 기동법
① 전 전압 기동기(5[kW] 이하의 소형)
② Y-△ 기동(5~15[kW] 정도)
③ 리액터 기동(기동전류를 제한하고자 할 때)
④ 기동 보상기(15[kW] 이상)

답 ①

4과목 회로이론

61 평형 3상 무유도 저항 부하가 3상 4선식 회로에 접속되어 있을 때 단상 전력계를 그림과 같이 접속했더니 그 지시값이 W[W]이었다. 이 부하의 전력[W]은?(단, 정현파 교류이다.)

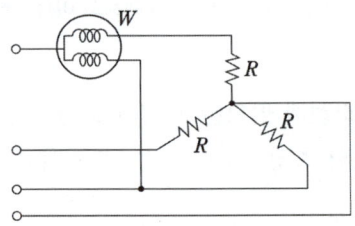

① $\sqrt{2}\,W$ ② $2W$ ③ $\sqrt{3}\,W$ ④ $3W$

풀이 선간전압을 E_{12}, 부하전류를 I_1이라 하면 I_1은 상전압 E_1과 동상이 되지만 E_{12}와는 30° 위상차가 있으므로

$W = E_{12}I_1\cos 30° = \dfrac{\sqrt{3}}{2}E_{12}\cdot I_1$

$\therefore E_{12}\cdot I_1 = \dfrac{2W}{\sqrt{3}}$

부하전력 $P = \sqrt{3}\,E_{12}\cdot I_1 = \sqrt{3}\times\dfrac{2W}{\sqrt{3}} = 2W$[W]

답 ②

62 상순이 abc인 3상 회로에 있어서 대칭분 전압이 $V_0 = -8+j3$[V], $V_1 = 6-j8$[V], $V_2 = 8+j12$[V] 일 때 a상의 전압 V_0[V]는?

① $6+j7$ ② $8+j12$ ③ $6+j14$ ④ $16+j4$

풀이 $V_a = V_0 + V_1 + V_2 = -8+j3+6-j8+8+j12 = 6+j7[V]$ 답 ①

63 정현파 교류의 실효값을 구하는 식이 잘못된 것은?

① $\sqrt{\dfrac{1}{T}\int_0^T i^2 dt}$ ② 파고율×평균값

③ $\dfrac{최댓값}{\sqrt{2}}$ ④ $\dfrac{\pi}{2\sqrt{2}}$×평균값

풀이 실효값 $= \sqrt{\dfrac{1}{T}\int_0^T i^2 dt} = \dfrac{1}{파고율}\times 최댓값 = 파형률\times 평균값$
$= \dfrac{1}{\sqrt{2}}$최댓값 $= \dfrac{\pi}{2\sqrt{2}}$평균값   답 ②

64 22[kVA]의 부하가 0.8의 역률로 운전될 때 이 부하의 무효전력[kVar]은?

① 11.5 ② 12.3 ③ 13.2 ④ 14.5

풀이 부하의 무효전력
$Q_L = P_a \sin\theta = P_a\sqrt{1-\cos^2\theta} = 22\times\sqrt{1-0.8^2} = 13.2[kVar]$ 답 ③

65 기본파의 30[%]인 제3고조파와 기본파의 20[%]인 제5고조파를 포함하는 전압의 왜형률은 약 얼마인가?

① 0.21 ② 0.31 ③ 0.36 ④ 0.42

풀이 왜형률 $= \dfrac{\text{각 고조파의 실효값의 합}}{\text{기본파의 실효값}}$
$= \dfrac{\sqrt{V_3^2 + V_5^2}}{V_1} = \sqrt{\left(\dfrac{V_3}{V_1}\right)^2 + \left(\dfrac{V_5}{V_1}\right)^2} = \sqrt{0.3^2 + 0.2^2} = 0.36$ 답 ③

66 그림과 같은 회로에서 스위치 S를 닫았을 때 시정수의 값[s]은? 단, $L=10[mH]$, $R=20[\Omega]$이다.

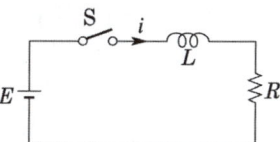

① 2000 ② 5×10^{-4} ③ 200 ④ 5×10^{-3}

풀이 $R-L$ 직렬 회로의 시정수 $\tau = \dfrac{L}{R}[s]$
$\therefore \tau = \dfrac{10\times 10^{-3}}{20} = 5\times 10^{-4}[s]$ 답 ②

67 회로의 전압비 전달함수 $G(s) = \dfrac{V_{2(s)}}{V_{1(s)}}$ 는?

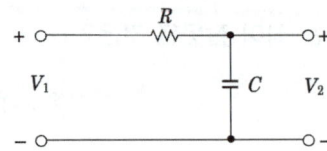

① RC ② $\dfrac{1}{RC}$ ③ $RCs+1$ ④ $\dfrac{1}{RCs+1}$

풀이
$G(s) = \dfrac{V_2(s)}{V_1(s)} = \dfrac{\frac{1}{Cs}}{R+\frac{1}{Cs}} = \dfrac{1}{RCs+1}$

답 ④

68 불평형 Y결선의 부하 회로에 평형 3상 전압을 가할 경우 중성점의 전위 $V_{n'n}$[V]는? (단, Z_1, Z_2, Z_3는 각 상의 임피던스[Ω]이고, Y_1, Y_2, Y_3는 각 상의 임피던스에 대한 어드미턴스[℧]이다.)

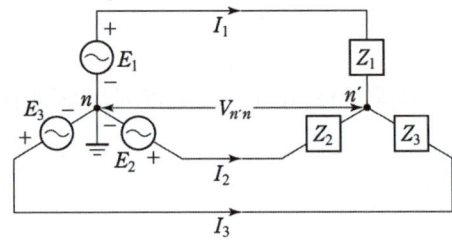

① $\dfrac{E_1 + E_2 + E_3}{Z_1 + Z_2 + Z_3}$
② $\dfrac{Z_1 E_1 + Z_2 E_2 + Z_3 E_3}{Z_1 + Z_2 + Z_3}$
③ $\dfrac{E_1 + E_2 + E_3}{Y_1 + Y_2 + Y_3}$
④ $\dfrac{Y_1 E_1 + Y_2 E_2 + Y_3 E_3}{Y_1 + Y_2 + Y_3}$

풀이
밀만의 정리 $V_{n'n} = \dfrac{\frac{E_1}{Z_1}+\frac{E_2}{Z_2}+\frac{E_3}{Z_3}}{\frac{1}{Z_1}+\frac{1}{Z_2}+\frac{1}{Z_3}} = \dfrac{Y_1 E_1 + Y_2 E_2 + Y_3 E_3}{Y_1 + Y_2 + Y_3}$

답 ④

69 어떤 회로의 단자전압이 $V = 100\sin\omega t + 40\sin 2\omega t + 30\sin(3\omega t + 60°)$[V]이고, 전압강하의 방향으로 흐르는 전류가 $I = 10\sin(\omega t - 60°) + 2\sin(3\omega t + 105°)$[A]일 때 회로에 공급되는 평균전력[W]은?

① 271.2 ② 371.2 ③ 530.2 ④ 630.2

풀이 같은 주파수의 전압과 전류에서만 전력이 발생하므로
$$P = V_1 I_1 \cos\theta_1 + V_3 I_3 \cos\theta_3$$
$$= \frac{100}{\sqrt{2}} \times \frac{10}{\sqrt{2}} \times \cos 60° + \frac{30}{\sqrt{2}} \times \frac{2}{\sqrt{2}} \times \cos(105° - 60°)$$
$$= 271.2[W]$$

답 ①

70 3상 평형회로에서 선간전압이 200[V]이고 각 상의 임피던스가 $24 + j7[\Omega]$인 Y결선 3상 부하의 유효전력은 약 몇 [W]인가?

① 192 ② 512 ③ 1536 ④ 4608

풀이 Y결선 시 상전압(V_p)은 선간전압(V_l)의 $\frac{1}{\sqrt{3}}$배이므로

상전류 $I_p = \frac{V_p}{Z_p} = \frac{\frac{V_l}{\sqrt{3}}}{Z_p} = \frac{\frac{200}{\sqrt{3}}}{\sqrt{24^2 + 7^2}} = \frac{200}{25\sqrt{3}}[A]$

$\therefore P = 3 I_p^2 R = 3 \times \left(\frac{200}{25\sqrt{3}}\right)^2 \times 24 = 1536[W]$

답 ③

71 그림에서 절점 B의 전위[V]는?

① 130
② 110
③ 100
④ 90

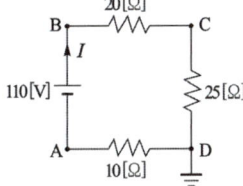

풀이 $I = \frac{V}{R} = \frac{110}{(20+25+10)} = 2[A]$

접지를 기준(0[V])으로 잡고, 각 저항에서의 전압강하를 구하면
- B점과 C점 사이의 전압강하 $e_{BC} = IR_1 = 2 \times 20 = 40[V]$
- C점과 D점 사이의 전압강하 $e_{CD} = 2 \times 25 = 50[V]$
- D점과 A점 사이의 전압강하 $e_{DA} = (-2) \times 10 = -20[V]$

따라서 B점의 전위는 $e_{BD} = 40 + 50 = 90[V]$이다.

답 ④

72 $\frac{B(s)}{A(s)} = \frac{2}{2s+3}$의 전달함수를 미분방정식으로 표시하면?

① $2\frac{d}{dt}b(t) + 3b(t) = a(t)$ ② $\frac{d}{dt}b(t) + b(t) = a(t)$

③ $2\frac{d}{dt}b(t) + 3b(t) = 2a(t)$ ④ $3\frac{d}{dt}a(t) + (t) = 2b(t)$

풀이 $\frac{B(s)}{A(s)} = \frac{2}{2s+3} \rightarrow 2sB(s) + 3B(s) = 2A(s)$

$\therefore 2\frac{d}{dt}b(t) + 3b(t) = 2a(t)$

답 ③

73 대칭 6상 기전력의 선간 전압과 상기전력의 위상차는?

① 120° ② 60° ③ 30° ④ 15°

풀이 대칭 n상인 경우 기전력의 위상차는 $\theta = \dfrac{\pi}{2}\left(1-\dfrac{2}{n}\right) = \dfrac{180}{2}\left(1-\dfrac{2}{6}\right) = 90 \times \dfrac{2}{3} = 60°$ **답** ②

74 RL 직렬회로에 직류전압 $E[V]$를 어느 순간에 인가하였을 때 시정수의 5배의 시간에서는 정상 전류의 약 몇 [%]에 도달하는가?

① 93.3 ② 95.3 ③ 97.3 ④ 99.3

풀이
- RL 직렬회로에 흐르는 전류

$i = \dfrac{E}{R}(1-e^{-\frac{R}{L}t}) = \dfrac{E}{R}(1-e^{-\frac{t}{\tau}})$ 에서 $t = 5\tau$ 이므로

$i = \dfrac{E}{R}(1-e^{-\frac{5\tau}{\tau}}) = \dfrac{E}{R}(1-e^{-5}) = 0.993\dfrac{E}{R}$

- 정상 전류는 $I = \dfrac{E}{R}$ 이므로 시정수의 5배의 시간에서는 정상전류의 99.3[%]에 도달한다.   **답** ④

75 그림과 같은 회로에서 5[Ω]에 흐르는 전류 I는 몇 [A]인가?

① $\dfrac{1}{2}$
② $\dfrac{2}{3}$
③ 1
④ $\dfrac{5}{3}$

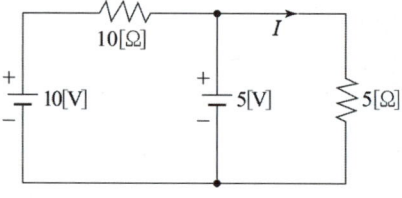

풀이 ① 10[V] 전압원에 의해 흐르는 전류
(5[V] 전압원은 단락)
⇒ 5[Ω]으로는 전류 흐르지 않으므로
$I_1 = 0$

② 5[V] 전압원에 의해 흐르는 전류
(10[V] 전압원은 단락)
⇒ $I_2 = \dfrac{V}{R} = \dfrac{5}{5} = 1[A]$

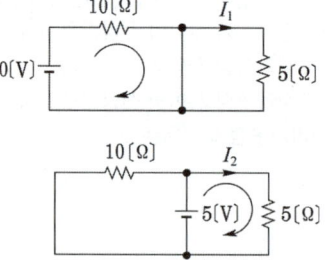

따라서 5[Ω]에 흐르는 전류
$I = I_1 + I_2 = 0 + 1 = 1[A]$ **답** ③

76 2단자 회로망에 단상 100[V]의 전압을 가하면 30[A]의 전류가 흐르고 1.8[kW]의 전력이 소비된다. 이 회로망과 병렬로 커패시터를 접속하여 합성 역률을 100[%]로 하기 위한 용량성 리액턴스는 약 몇 [Ω]인가?

① 2.1 ② 4.2 ③ 6.3 ④ 8.4

풀이
- 피상전력 $P_a = V \cdot I = 100 \cdot 30 = 3000[VA] = 3[kVA]$
- 지상 무효전력 $P_r = \sqrt{P_a^2 - P^2} = \sqrt{3^2 - 1.8^2} = 2.4[kVar]$
- 역률이 100[%]가 되기 위해서는 진상의 무효전력인 2.4[kVA]의 콘덴서가 필요하다.

  콘덴서 용량 $Q_C = 2\pi f C V^2 = \dfrac{V^2}{X_C} = 2.4 \times 10^3 [kVA]$

  따라서 용량성 리액턴스 $X_C = \dfrac{V^2}{Q_C} = \dfrac{100^2}{2.4 \times 10^3} \fallingdotseq 4.2[\Omega]$ **답 ②**

77 어떤 회로에 흐르는 전류가 $i(t) = 7 + 14.1\sin\omega t$[A]인 경우 실효값은 약 몇 [A]인가?

① 11.2 ② 12.2 ③ 13.2 ④ 14.2

풀이 비정현파의 실효값
$I = \sqrt{I_0^2 + I_1^2 + I_2^2 + \cdots + I_n^2}$ 에서 $I = \sqrt{7^2 + (\dfrac{14.1}{\sqrt{2}})^2} = 12.2[A]$ **답 ②**

78 T형 4단자 회로의 임피던스 파라미터 중 Z_{22}는?

① $Z_1 + Z_2$
② $Z_2 + Z_3$
③ $Z_1 + Z_3$
④ $-Z_2$

풀이
$Z_{11} = \dfrac{V_1}{I_1}\bigg|_{I_2=0} = Z_1 + Z_3$ $Z_{12} = \dfrac{V_1}{I_2}\bigg|_{I_1=0} = Z_3$

$Z_{21} = \dfrac{V_2}{I_1}\bigg|_{I_2=0} = Z_3$ $\boldsymbol{Z_{22} = \dfrac{V_2}{I_2}\bigg|_{I_1=0} = Z_2 + Z_3}$ **답 ②**

79 그림과 같은 전압 파형의 실효값[V]은?

① 5.67
② 6.67
③ 7.57
④ 8.57

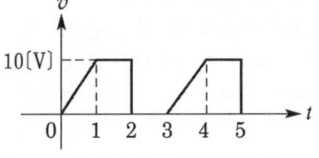

풀이 실효값 $V = \sqrt{\dfrac{1}{T}\int_0^T v^2 dt} = \sqrt{\dfrac{1}{3}\left\{\int_0^1 (10t)^2 dt + \int_1^2 10^2 dt\right\}} = \dfrac{20}{3} \fallingdotseq 6.67[A]$ **답 ②**

80 3상 평형 부하가 있다. 선간전압이 200[V], 역률이 0.8이고, 소비전력이 10[kW]라면 선전류는 약 몇 [A]인가?

① 30 ② 32 ③ 34 ④ 36

풀이 소비전력 $P = \sqrt{3}\,VI\cos\theta$

$\therefore I = \dfrac{P_0}{\sqrt{3}\,V\cos\theta} = \dfrac{10 \times 10^3}{\sqrt{3} \times 200 \times 0.8} ≒ 36[\text{A}]$

답 ④

5과목 전기설비기술기준

81 건조물과 전차선, 급전선 및 전기철도차량 집전장치의 공기절연 이격거리는 시스템 종류 및 공칭전압에 따라 정적 및 동적 최소 절연이격거리 이상을 확보하여야 한다. 다음 빈 칸에 들어갈 공칭전압은?

시스템 종류	공칭전압(V)	동적(mm)		정적(mm)	
		비오염	오염	비오염	오염
직류	( )	25	25	25	25

① 750 ② 1,500 ③ 3,000 ④ 25,000

풀이 431.2 전차선로의 충전부와 건조물 간의 절연이격

시스템 종류	공칭전압(V)	동적(mm)		정적(mm)	
		비오염	오염	비오염	오염
직류	750	25	25	25	25
	1,500	100	110	150	160
단상교류	25,000	170	220	270	320

답 ①

82 열차 설계속도가 $250 < V \leq 300$[km/h], 속도 등급이 300킬로급인 경우, 전차선의 기울기는? 단, 구분장치 또는 분기 구간이 아닌 경우 이다.

① 0 ② 1 ③ 2 ④ 3

풀이 431.7 전차선의 기울기

전차선의 기울기는 해당 구간의 열차 통과 속도에 따라 표를 따른다. 다만 구분장치 또는 분기 구간에서는 전차선에 기울기를 주지 않아야 한다. 또한, 궤도면상으로부터 전차선 높이는 같은 높이로 가선하는 것을 원칙으로 하되 터널, 과선교 등 특정 구간에서 높이 변화가 필요한 경우에는 가능한 한 작은 기울기로 이루어져야 한다.

설계속도 V(km/시간)	속도등급	기울기(천분율)
$300 < V \leq 350$	350킬로급	0
$250 < V \leq 300$	300킬로급	0
$200 < V \leq 250$	250킬로급	1
$150 < V \leq 200$	200킬로급	2
$120 < V \leq 150$	150킬로급	3
$70 < V \leq 120$	120킬로급	4
$V \leq 70$	70킬로급	10

답 ①

83 풍력터빈에 설비의 손상을 방지하기 위하여 시설하는 운전상태를 계측하는 계측장치로 틀린 것은?

① 조도계　　　② 압력계　　　③ 온도계　　　④ 풍속계

풀이 532.3.7 계측장치의 시설
풍력터빈에는 설비의 손상을 방지하기 위하여 운전 상태를 계측하는 다음의 계측장치를 시설하여야 한다.
1. 회전속도계
2. 나셀(nacelle) 내의 진동을 감시하기 위한 진동계
3. 풍속계　4. 압력계　5. 온도계

답 ①

84 터널 내에 교류 220[V]의 애자공사로 전선을 시설할 경우 노면으로부터 몇 [m] 이상의 높이로 유지해야 하는가?

① 2　　　② 2.5　　　③ 3　　　④ 4

풀이 335.1 터널 안 전선로의 시설
철도·궤도 또는 자동차로 전용터널 안의 전선로

전압	전선의 굵기	시공방법	애자사용 공사 시 높이
저압	인장강도 2.30[kN] 이상 또는 2.6[mm] 이상의 경동선의 절연전선	• 합성수지관공사 • 금속관공사 • 금속제가요전선관 공사 • 케이블공사 • 애자공사	노면상, 레일면상 2.5[m] 이상
고압	인장강도 5.26[kN] 이상 또는 4[mm] 이상의 경동선	• 케이블공사 • 애자공사	노면상, 레일면상 3[m] 이상
특고압		• 케이블공사	

답 ②

85 특고압가공전선로의 지지물 중 전선로의 지지물 양쪽의 경간의 차가 큰 곳에 사용하는 철탑은?

① 내장형 철탑　　　② 인류형 철탑
③ 보강형 철탑　　　④ 각도형 철탑

풀이 333.11 특고압 가공전선로의 철주·철근 콘크리트주 또는 철탑의 종류
특고압 가공전선로의 지지물로 사용하는 B종 철근·B종 콘크리트주 또는 철탑의 종류는 다음과 같다.
가. 직선형 : 전선로의 직선 부분(3° 이하의 수평 각도 이루는 곳 포함)에 사용되는 것
나. 각도형 : 전선로 중 수평 각도 3°를 넘는 곳에 사용되는 것
다. 인류형 : 전 가섭선을 인류하는 곳에 사용하는 것
라. 내장형 : 전선로 지지물 양측의 경간차가 큰 곳에 사용하는 것
마. 보강형 : 전선로 직선 부분을 보강하기 위하여 사용하는 것

답 ①

86 전로를 대지로부터 절연을 하여야 하는 것은 다음 중 어느 것인가?

① 전기로　　　② 전기욕기　　　③ 전기다리미　　　④ 전해조

풀이 **131** 전로의 절연 원칙
다음과 같이 절연할 수 없는 부분
① 시험용 변압기, 전력선 반송용 결합 리액터, 전기울타리용 전원장치, 엑스선발생장치, 전기부식방지용 양극, 단선식 전기 철도의 귀선 등 전로의 일부를 대지로부터 절연하지 아니하고 전기를 사용하는 것이 부득이한 것.
② 전기욕기 · 전기로 · 전기보일러 · 전해조 등 대지로부터 절연하는 것이 기술상 곤란한 것. **답** ③

87 전력계통의 일부가 전력계통의 전원과 전기적으로 분리된 상태에서 분산형전원에 의해서만 운전되는 상태를 무엇이라 하는가?

① 전부하 운전   ② 병렬운전   ③ 단독운전   ④ 무부하 운전

풀이 **112** 용어정의
"단독운전"이란 전력계통의 일부가 전력계통의 전원과 전기적으로 분리된 상태에서 분산형전원에 의해서만 운전되는 상태를 말한다. **답** ③

88 전기 울타리의 시설에 관한 설명으로 틀린 것은?

① 전원장치에 전기를 공급하는 전로의 사용전압은 600[V] 이하이어야 한다.
② 사람이 쉽게 출입하지 아니하는 곳에 시설한다.
③ 전선은 지름 2[mm] 이상의 경동선을 사용한다.
④ 수목 사이의 이격거리는 30[cm] 이상이어야 한다.

풀이 **241.1** 전기울타리
가. 전기울타리용 전원장치에 전원을 공급하는 전로의 사용전압은 250[V] 이하이어야 한다.
나. 전기울타리는 사람이 쉽게 출입하지 아니하는 곳에 시설할 것.
다. 전선은 인장강도 1.38[kN] 이상의 것 또는 지름 2[mm] 이상의 경동선일 것.
라. 전선과 이를 지지하는 기둥 사이의 이격거리는 25[mm] 이상일 것.
마. 전선과 다른 시설물(가공 전선을 제외한다) 또는 수목과의 이격거리는 0.3[m] 이상일 것. **답** ①

89 지중 공가설비로 사용하는 광섬유 케이블 및 동축케이블은 지름 몇 [mm] 이하여야 하는가?

① 14   ② 22   ③ 30   ④ 38

풀이 **363.1** 지중통신선로설비 시설
지중 공가설비로 사용하는 광섬유 케이블 및 동축케이블은 지름 22[mm] 이하일 것 **답** ②

90 고압 가공전선으로 ACSR(강심알루미늄연선)을 사용할 때의 안전율은 얼마 이상이 되는 이도(弛度)로 시설하여야 하는가?

① 1.38   ② 2.1   ③ 2.5   ④ 4.01

풀이 **332.4** 고압 가공전선의 안전율 / **222.6** 저압 가공전선의 안전율
가공전선이 케이블 이외인 경우 안전율이 다음 이상이 되는 이도로 시설하여야 한다.
가. 경동선 또는 내열 동합금선 : 2.2 이상
나. 그 밖의 전선 : 2.5 **답** ③

91 특고압을 옥내에 시설하는 경우 그 사용전압의 최대한도는 몇 [kV] 이하인가?
(단, 케이블 트레이공사는 제외)

① 25　　　　　② 80　　　　　③ 100　　　　　④ 160

> **풀이** 342.4 특고압 옥내 전기설비의 시설
> 특고압 옥내배선의 사용전압은 100[kV] 이하일 것. 다만, 케이블트레이공사에 의하여 시설하는 경우에는 35[kV] 이하일 것.
>
> 답 ③

92 사용전압 22900[V]의 가공전선이 철도를 횡단하는 경우 전선의 궤조면상 높이는 몇 [m] 이상이어야 하는가?

① 5　　　　　② 5.5　　　　　③ 6　　　　　④ 6.5

> **풀이** 333.7 특고압 가공전선의 높이
>
> | 전압의 범위 | 일반 장소 | 도로 횡단 | 철도 또는 궤도횡단 | 횡단보도교 |
> |---|---|---|---|---|
> | 35[kV] 이하 | 5[m] | 6[m] | 6.5[m] | 4[m](특고압 절연전선 또는 케이블 사용) |
> | 35[kV] 초과 160[kV] 이하 | 6[m] | 6[m] | 6.5[m] | 5[m](케이블 사용) 산지 등에서 사람이 쉽게 들어갈 수 없는 장소 : 5[m] 이상 |
> | 160[kV] 초과 | 일반장소 | | 가공전선의 높이 = 6 + 단수 × 0.12[m] | |
> | | 철도 또는 궤도횡단 | | 가공전선의 높이 = 6.5 + 단수 × 0.12[m] | |
> | | 산지 | | 가공전선의 높이 = 5 + 단수 × 0.12[m] | |
>
> ※ 단수 = $\frac{(전압[kV]-160)}{10}$ … 단수 계산에서 소수점 이하는 절상
>
> 답 ④

93 내부고장이 발생하는 경우를 대비하여 자동차단장치 또는 경보장치를 시설하여야 하는 특고압용 변압기의 뱅크용량의 구분으로 알맞은 것은?

① 5000[kVA] 미만　　　　　② 5000[kVA] 이상 10000[kVA] 미만
③ 10000[kVA] 이상　　　　　④ 타냉식 변압기

> **풀이** 351.4 특고압용 변압기의 보호장치
> 특고압용의 변압기에는 그 내부에 고장이 생겼을 경우에 보호하는 장치를 표와 같이 시설하여야 한다.
>
> | 뱅크 용량의 구분 | 동작조건 | 장치의 종류 |
> |---|---|---|
> | 5,000[kVA] 이상 10,000[kVA] 미만 | 변압기 내부고장 | 자동차단장치 또는 경보장치 |
> | 10,000[kVA] 이상 | 변압기 내부고장 | 자동차단장치 |
> | 타냉식 변압기(변압기의 권선 및 철심을 직접 냉각시키기 위하여 봉입한 냉매를 강제 순환시키는 냉각 방식을 말한다.) | 냉각장치에 고장이 생긴 경우 또는 변압기의 온도가 현저히 상승한 경우 | 경보장치 |
>
> 답 ②

94 전가섭선에 관하여 각 가섭선의 상정 최대장력의 33[%]와 같은 불평균 장력의 수평종분력에 의한 하중을 더 고려하여야 할 철탑의 유형은?

① 직선형　　　　　② 각도형　　　　　③ 내장형　　　　　④ 인류형

풀이 333.13 상시 상정하중
인류형 · 내장형 또는 보강형 · 직선형 · 각도형의 철주 · 철근 콘크리트주 또는 철탑의 경우에는 다음에 따라 **가섭선 불평균 장력에 의한 수평 종하중을 가산한다.**
가. 인류형의 경우에는 선가섭선에 관하여 각 가섭선의 상정 최대 장력과 같은 불평균 장력의 수평 종분력에 의한 하중
나. 내장형 · 보강형의 경우에는 전가섭선에 관하여 각 가섭선의 **상정 최대장력의 33[%]와 같은 불평균 장력의 수평 종분력에 의한 하중**
다. 직선형의 경우에는 전가섭선에 관하여 각 가섭선의 상정 최대 장력의 3[%] 와 같은 불평균 장력의 수평 종분력에 의한 하중.(단 내장형은 제외한다)
라. 각도형의 경우에는 전가섭선에 관하여 각 가섭선의 상정 최대 장력의 10[%]와 같은 불평균 장력의 수평 종분력에 의한 하중

답 ③

95 금속관공사에 의한 저압 옥내배선 시설에 대한 설명으로 틀린 것은?
① 관의 끝부분 및 안쪽 면은 전선의 피복을 손상하지 아니하도록 매끈하여야 한다.
② 옥외용 비닐절연전선을 사용했다.
③ 저압 옥내배선의 금속관 안에는 전선에 접속점이 없도록 하였다.
④ 콘크리트에 매설하는 금속관의 두께는 1.2[mm]를 사용하였다.

풀이 232.12 금속관공사
가. 전선은 절연전선(**옥외용 비닐절연전선을 제외한다**)일 것.
나. 전선은 연선일 것. 다만, 다음의 것은 적용하지 않는다.
① 짧고 가는 금속관에 넣은 것.
② 단면적 10[mm^2](알루미늄선은 단면적 16[mm^2]) 이하의 것.
다. 관의 두께는 다음에 의할 것.
① 콘크리트에 매설하는 것은 1.2[mm] 이상
② 콘크리트 매설 이외의 것은 1[mm] 이상
라. 관에는 접지공사를 할 것.

답 ②

96 빙설이 적고 인가가 밀집된 도시에 시설하는 고압가공전선로의 지지물 설계에 사용하는 풍압하중은?
① 갑종 풍압하중
② 을종 풍압하중
③ 병종 풍압하중
④ 갑종 풍압하중과 을종 풍압하중을 각 설비에 따라 혼용

풀이 331.6 풍압하중의 종별과 적용
인가가 많이 연접되어 있는 장소에 시설하는 가공전선로의 구성재 중 다음의 풍압하중에 대하여는 규정에 불구하고 갑종 풍압하중 또는 을종 풍압하중 대신에 **병종 풍압하중을 적용**할 수 있다.
가. 저압 또는 고압 가공전선로의 지지물 또는 가섭선
나. 사용전압이 35 [kV] 이하의 전선에 특고압 절연전선 또는 케이블을 사용하는 특고압 가공전선로의 지지물, 가섭선 및 특고압 가공전선을 지지하는 애자장치 및 완금류

답 ③

97 정격전류가 63[A] 이하인 경우 산업용 배선차단기의 동작 전류는 정격전류의 몇 배 인가?
① 1.05　　② 1.13　　③ 1.3　　④ 1.45

풀이 212.3.4 보호장치의 특성

과전류트립 동작시간 및 특성(산업용 배선차단기)

정격전류의 구분	시 간	정격전류의 배수(모든 극에 통전)	
		부동작 전류	동작 전류
63[A] 이하	60분	1.05배	1.3배
63[A] 초과	120분	1.05배	1.3배

답 ③

98 금속관공사에서 절연 부싱을 사용하는 가장 주된 목적은?
① 관의 끝이 터지는 것을 방지
② 관의 단구에서 조영재의 접촉 방지
③ 관내 해충 및 이물질 출입 방지
④ 관의 단구에서 전선 피복의 손상 방지

풀이 232.12 금속관공사
관의 끝 부분에는 전선의 피복을 손상하지 아니하도록 적당한 구조의 부싱을 사용할 것. 다만, 금속관공사로부터 애자공사로 옮기는 경우에는 그 부분의 관의 끝부분에는 절연부싱 또는 이와 유사한 것을 사용하여야 한다.

답 ④

99 다음 ( )의 ㉠, ㉡에 들어갈 내용으로 옳은 것은?

"전기철도용 급전선"이란 전기철도용 (㉠)로부터 다른 전기철도용 (㉠) 또는 (㉡)에 이르는 전선을 말한다.

① ㉠ 급전소 ㉡ 개폐소
② ㉠ 궤전선 ㉡ 변전소
③ ㉠ 변전소 ㉡ 전차선
④ ㉠ 전차선 ㉡ 급전소

풀이 112 용어 정의
"전기철도용 급전선"이란 전기철도용 변전소로부터 다른 전기철도용 변전소 또는 전차선에 이르는 전선을 말한다

답 ③

100 22.9[kV] 특고압가공전선로를 시가지에 설치할 때, 전선의 인장강도 21.67[kN] 이상의 연선 또는 단면적 최소 몇 [mm²] 이상의 경동 연선 또는 이와 동등 이상의 세기 및 굵기의 연선을 사용해야 하는가?
① 30   ② 38   ③ 50   ④ 55

풀이 333.1 시가지 등에서 특고압 가공전선로의 시설
사용전압이 170[kV] 이하인 전선로에서의 전선의 굵기

사용전압의 구분	전선의 단면적
100[kV] 미만	인장강도 21.67[kN] 이상의 연선 또는 단면적 55[mm²] 이상의 경동연선
100[kV] 이상	인장강도 58.84[kN] 이상의 연선 또는 단면적 150[mm²] 이상의 경동연선

답 ④

2024년 2회 (CBT 복원문제)

1과목 전기자기

01 전자석에 사용하는 연철(soft iron)은 다음 어느 성질을 갖는가?
① 잔류자기, 보자력이 모두 크다.
② 보자력이 크고 잔류자기가 작다.
③ 보자력이 크고 히스테리시스 곡선의 면적이 작다.
④ 보자력과 히스테리시스 곡선의 면적이 모두 작다.

풀이 히스테리시스 곡선
영구자석의 재료는 잔류 자기(B_r)와 보자력(H_c)이 모두 커야 하나, **전자석(일시 자석)의 재료는 잔류 자기(B_r)가 크고 보자력(H_c)과 히스테리시스 곡선의 면적이 모두 작아야 한다.**

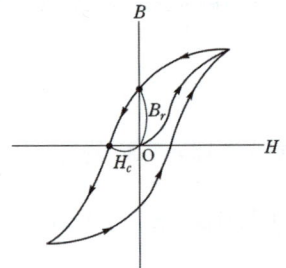

답 ④

02 그림과 같이 Ox, Oy, Oz를 직각 좌표축이라 하고, 무한장 직선 도선 l이 z축상에 있으며, 이것에 z의 +방향으로 전류 i_1이 흐르고 있다. 그리고 $y-z$ 면상에 직사각형 도선 ABCD가 있고 이것에 ABCD 방향으로 전류 i_2가 흐르고 있을 때 z의 +방향으로 힘이 발생하는 변은?
① AB
② BC
③ CD
④ DA

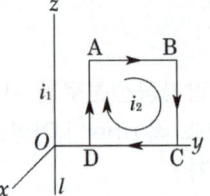

풀이 도선 ABCD 부분에 무한 직선 전류 i_1에 의한 자계의 방향은 암페어의 오른나사 법칙에 의해 지면을 뚫고 들어가는 방향(B)이 된다. 이때 도선 AB, BC, CD, DA의 전류 도체(I_2)가 놓여있는 관계로부터 각 도선에 작용하는 힘(전자력)의 방향(F)은 플레밍의 왼손 법칙을 적용하면

도선 AB : $+z$ 방향, 도선 BC : $+y$ 방향, 도선 CD : $-z$ 방향, 도선 DA : $-y$ 방향

이 된다. 따라서 z의 +방향으로 힘을 받는 도선은 도선 AB가 된다.

별해 평행 도선 간에 작용하는 힘(전자력)

{ 전류 같은 방향 : 흡인력
  전류 반대 방향 : 반발력

마주보는 도선 AB와 CD, BC와 DA는 각각 전류가 반대 방향으로 흐르는 평행도선으로 볼 수 있으므로 전자력의 방향은 서로 반발력이 작용한다. 즉 전자력에 의한 각 도선에 작용하는 힘의 방향은 각각

도선 AB : $+z$ 방향, 도선 BC : $+y$ 방향, 도선 CD : $-z$ 방향, 도선 DA : $-y$ 방향
(그림과 같이 직사각형 도선의 외부로 향하는 방향이 됨)

따라서 $+z$방향의 도선은 AB가 된다.(전류도체 i_1을 고려하지 않아도 됨)

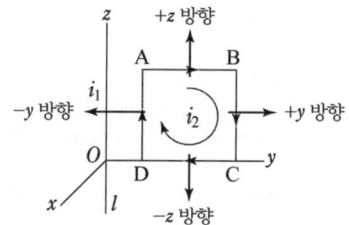

답 ①

03 평행판 콘덴서에서 전극 간에 V[V]의 전위차를 가할 때 전계의 세기가 공기의 절연내력 E[V/m]를 넘지 않도록 하기 위한 콘덴서의 단위 면적당의 최대용량은 몇 [F/m²]인가?

① $\dfrac{\epsilon_0 V}{E}$ ② $\dfrac{\epsilon_0 E}{V}$ ③ $\dfrac{\epsilon_0 V^2}{E}$ ④ $\dfrac{\epsilon_0 E^2}{V}$

풀이 전위 $V = Ed$[V]이고 정전용량 $C = \dfrac{\epsilon_0 S}{d}$[F]이므로, 단위 면적당 정전용량 C_o는

$\therefore C_o = \dfrac{C}{S} = \dfrac{\epsilon_0}{d} = \dfrac{\epsilon_0}{\dfrac{V}{E}} = \dfrac{\epsilon_0 E}{V}$ [F/m²]

답 ②

04 두 개의 똑같은 작은 도체구를 접촉하여 대전시킨 후 1[m] 거리에 떼어 놓았더니 작은 도체구는 서로 9×10^{-3}[N]의 힘으로 반발했다. 각 전하는 몇 [C]인가?

① 10^{-8} ② 10^{-6} ③ 10^{-4} ④ 10^{-2}

풀이 쿨롱의 법칙 $F = 9 \times 10^9 \dfrac{Q_1 Q_2}{r^2}$[N]에서 두 개의 같은 점전하가 1[m] 떨어져 있고, 힘이 9×10^{-3}[N]이므로

$F = 9 \times 10^9 \dfrac{Q^2}{1^2} = 9 \times 10^{-3}$[N]

$\therefore Q = \sqrt{\dfrac{9 \times 10^{-3}}{9 \times 10^9}} = 10^{-6}$[C]

답 ②

05 전속밀도의 시간적 변화율을 무엇이라 하는가?

① 전계의 세기   ② 변위전류밀도
③ 에너지밀도   ④ 유전율

풀이 변위전류 i_d : 전속밀도의 시간적 변화에 의한 것으로 다음과 같이 나타낸다.

변위전류밀도 $i_d = \dfrac{\partial D}{\partial t}$ [A/m] **답** ②

06 다른 종류의 금속선으로 된 폐회로의 두 접합점의 온도를 달리하였을 때 전기가 발생하는 효과는?

① 제벡 효과
② 펠티에 효과
③ 톰슨 효과
④ 파이로 효과

풀이 ① 제벡 효과 : 두 종류 금속 접속면에 온도차가 있으면 기전력이 발생하는 효과
② 펠티에 효과 : 두 종류 금속 접속면에 전류를 흘리면 접속점에서 열의 흡수, 발생이 일어나는 효과
③ 톰슨 효과 : 동일한 금속 도선의 두 점간에 온도차를 주고, 고온 쪽에서 저온 쪽으로 전류를 흘리면 도선 속에서 열이 발생되거나 흡수가 일어나는 현상
④ 파이로 전기(초전기) : 로셀염, 수정 등에 열을 가하거나 냉각을 하면 전기 분극이 발생 **답** ①

07 평행판 콘덴서의 양극판 면적을 3배로 하고 간격을 $\dfrac{1}{3}$로 줄이면 정전용량은 처음의 몇 배가 되는가?

① 1
② 3
③ 6
④ 9

풀이 면적 S_1, 간격 d_1인 평행판 콘덴서의 정전용량을 C_1이라 하면 $C_1 = \dfrac{\epsilon_0}{d_1} S_1$

문제에서 $d = \dfrac{1}{3} d_1$, $S = 3S_1$ 이므로 구하는 용량은

$\therefore C = \dfrac{\epsilon_0}{\dfrac{1}{3} d_1} \cdot 3S_1 = 9 \dfrac{\epsilon_0}{d_1} S_1 = 9C_1$ **답** ④

08 전계 및 자계가 z방향의 성분을 갖지 않고 동일한 전계와 자계를 합한 면이 z축에 수직이 되는 파를 무엇이라 하는가?

① 직선파
② 전자파
③ 굴절파
④ 평면파

풀이 평면파는 진행파의 진행 방향에 대하여 수직인 무한 평면 내에서 진행파의 크기, 위상이 같은 파를 의미한다. **답** ④

09 단면적 S, 평균 반지름 r, 권선수 N인 토로이드 코일에 누설 자속이 없는 경우 자기 인덕턴스의 크기는?

① 권선수의 제곱에 비례하고 단면적에 반비례한다.
② 권선수 및 단면적에 비례한다.
③ 권선수의 제곱 및 단면적에 비례한다.
④ 권선수의 제곱 및 평균 반지름에 비례한다.

풀이 자기 인덕턴스 $L = \dfrac{\mu S N^2}{l}$

(여기서, N : 권선수, S : 단면적[m²],
l : 평균자로의 길이, μ : 투자율)

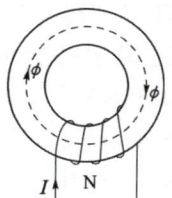

답 ③

10 두 종류의 유전체 경계면에서 전속과 전기력선이 경계면에 수직으로 도달할 때 다음 중 옳지 않은 것은?

① 전속과 전기력선은 굴절하지 않는다.
② 전속밀도는 변하지 않는다.
③ 전계의 세기는 불연속적으로 변한다.
④ 전속선은 유전율이 작은 유전체 중으로 모이려는 성질이 있다.

풀이 유전율이 서로 다른 두 종류의 경계면에 전속과 전기력선이 수직($\theta_1 = 0°$)으로 도달할 때
① $\theta_1 = \theta_2 = 0°$이므로 $D_1 \cos\theta_1 = D_2 \cos\theta_2$에서 $\cos 0° = 1$이므로 $D_1 = D_2$, 즉 전속밀도는 불변(연속)이다.
② $E_1 \sin\theta_1 = E_2 \sin\theta_2$에서 입사각 $\theta_1 = 0°$이므로 $0 = E_2 \sin\theta_2$에서 $E_2 \neq 0$가 아닌 경우 $\sin\theta_2 = 0$가 되어야 하므로 $\theta_2 = 0$ 즉, 굴절하지 않는다.
③ $D_1 = \epsilon_1 E_1$, $D_2 = \epsilon_2 E_2$이므로 $D_1 = D_2$인 경우 $\epsilon_1 E_1 = \epsilon_2 E_2$가 성립하는데 $\epsilon_1 \neq \epsilon_2$인 경우 $E_1 \neq E_2$이다. 즉, 전계의 세기는 크기가 같지 않다(불연속이다).
④ 전기력선은 유전율이 작은 쪽으로 모이고, 전속선은 유전율이 큰 유전체 쪽으로 모이려는 성질이 있다.

답 ④

11 자기회로의 자기저항에 대한 설명으로 옳지 않은 것은?

① 자기회로의 단면적에 반비례한다.　② 자기회로의 길이에 반비례한다.
③ 자성체의 비투자율에 반비례한다.　④ 단위는 [AT/Wb]이다.

풀이 자기 저항 $R = \dfrac{l}{\mu_0 \mu_s S}$ [AT/Wb]이므로 $R \propto l$이다.

즉 자기 저항은 길이에 비례한다.

답 ②

12 같은 양, 같은 부호의 전하가 어느 거리만큼 떨어져 있을 때, 전하 사이의 중점에 있어서의 전계[V/m]의 세기는?

① 0　② ∞　③ 9×10^9　④ $\dfrac{1}{9 \times 10^9}$

풀이

$Q_A \bullet \xrightarrow{E_B} \underset{P}{\bullet} \xleftarrow{E_A} \bullet Q_B$

전계의 세기 $E = \dfrac{1}{4\pi\epsilon_0} \dfrac{Q}{r^2}$ [V/m]에서 전하 Q의 크기가 같고 같은 부호이므로 전계의 크기는 같고 방향이 반대가 되므로 두 전하의 중점에 있어서의 전계의 세기는 0이 된다.

답 ①

13 전류가 흐르는 도선을 자계 내에 놓으면 이 도선에 힘이 작용한다. 평등자계의 진공 중에 놓여 있는 직선전류 도선이 받는 힘에 대한 설명으로 옳은 것은?

① 도선의 길이에 비례한다.
② 전류의 세기에 반비례한다.
③ 자계의 세기에 반비례한다.
④ 전류와 자계 사이의 각에 대한 정현(sine)에 반비례한다.

풀이 플레밍의 왼손 법칙
자속밀도가 $B[\text{Wb/m}^2]$인 자계 중에 길이 l의 도체를 놓고 $I[\text{A}]$의 전류를 흘릴 경우 자계 내에서 도체가 받는 힘의 크기 $F = BIl\sin\theta[\text{N}]$이다. 따라서 힘은 도선의 길이에 비례한다. **답** ①

14 유전율 ϵ, 투자율 μ인 매질 중을 주파수 $f[\text{Hz}]$의 전자파가 전파되어 나갈 때의 파장은 몇 [m]인가?

① $f\sqrt{\epsilon\mu}$ ② $\dfrac{1}{f\sqrt{\epsilon\mu}}$ ③ $\dfrac{f}{\sqrt{\epsilon\mu}}$ ④ $\dfrac{\sqrt{\epsilon\mu}}{f}$

풀이 전파속도 $v = \dfrac{1}{\sqrt{\epsilon\mu}} = \dfrac{3\times 10^8}{\sqrt{\epsilon_r\mu_r}}[\text{m/s}]$ 이므로

파장 $\lambda = \dfrac{v}{f} = \dfrac{\frac{1}{\sqrt{\epsilon\mu}}}{f} = \dfrac{1}{f\sqrt{\epsilon\mu}}[\text{m}]$ **답** ②

15 정전용량 $5[\mu\text{F}]$인 콘덴서를 200[V]로 충전하여 자기인덕턴스 20[mH], 저항 $0[\Omega]$인 코일을 통해 방전할 때 생기는 전기진동 주파수는 약 몇 [Hz]이며, 코일에 축적되는 에너지는 몇 [J]인가?

① 50[Hz], 1[J] ② 500[Hz], 0.1[J]
③ 500[Hz], 1[J] ④ 5000[Hz], 0.1[J]

풀이
- 진동 주파수 $f = \dfrac{1}{2\pi\sqrt{LC}} = \dfrac{1}{2\pi\times\sqrt{20\times 10^{-3}\times 5\times 10^{-6}}} = 503 \fallingdotseq 500[\text{Hz}]$
- 코일에 축적되는 에너지 $W = \dfrac{1}{2}CV^2 = \dfrac{1}{2}\times 5\times 10^{-6}\times 200^2 = 0.1[\text{J}]$ **답** ②

16 무한히 넓은 2개의 평행 도체판의 간격이 $d[\text{m}]$이며 그 전위차는 $V[\text{V}]$이다. 도체판의 단위 면적에 작용하는 힘은 몇 [N/m²]인가? (단, 유전율은 ϵ_0이다.)

① $\epsilon_0\left(\dfrac{V}{d}\right)^2$ ② $\dfrac{1}{2}\epsilon_0\left(\dfrac{V}{d}\right)^2$ ③ $\dfrac{1}{2}\epsilon_0\left(\dfrac{V}{d}\right)$ ④ $\epsilon_0\left(\dfrac{V}{d}\right)$

풀이 도체 표면의 정전 응력(단위 면적당의 작용력)
$F = \dfrac{1}{2}\epsilon_0 E^2 = \dfrac{1}{2}\epsilon_0\left(\dfrac{V}{d}\right)^2[\text{N/m}^2]$ **답** ②

17 그림과 같이 균일한 자계의 세기 H[AT/m] 내에 자극의 세기가 $\pm m$[Wb], 길이 l[m]인 막대자석을 그 중심 주위에 회전할 수 있도록 놓는다. 이때 자석과 자계의 방향이 이룬 각을 θ라고 하면 자석이 받는 회전력[N·m]은?

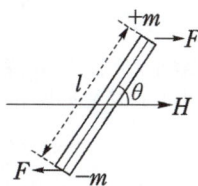

① $mHl\cos\theta$　　② $mHl\sin\theta$　　③ $2mHl\sin\theta$　　④ $2mHl\tan\theta$

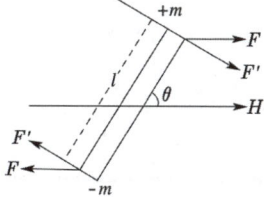

그림에서 자석의 축 방향에 직각인 수직 방향의 분력 F'는
$F' = F\sin\theta = mH\sin\theta$
$\therefore T = 2F'\dfrac{l}{2} = mHl\sin\theta = MH\sin\theta$[N·m]

답 ②

18 맥스웰 전자계의 기초 방정식으로 틀린 것은?

① $\operatorname{rot} \boldsymbol{H} = i + \dfrac{\partial \boldsymbol{D}}{\partial t}$　　② $\operatorname{rot} \boldsymbol{E} = -\dfrac{\partial \boldsymbol{B}}{\partial t}$

③ $\operatorname{div} \boldsymbol{D} = \rho$　　④ $\operatorname{div} \boldsymbol{B} = -\dfrac{\partial \boldsymbol{D}}{\partial t}$

풀이 맥스웰 방정식의 미분형

① $\operatorname{rot} \boldsymbol{E} = -\dfrac{\partial \boldsymbol{B}}{\partial t}$: Faraday 법칙

② $\operatorname{rot} \boldsymbol{H} = i + \dfrac{\partial \boldsymbol{D}}{\partial t}$: 암페어의 주회적분 법칙

③ $\operatorname{div} \boldsymbol{D} = \rho$: 가우스의 법칙

④ $\operatorname{div} \boldsymbol{B} = 0$: 고립된 자하는 없다.

답 ④

19 히스테리시스손은 주파수 및 최대자속밀도와 어떤 관계에 있는가?

① 주파수와 최대자속밀도에 비례한다.
② 주파수에 비례하고 최대자속밀도의 1.6승에 비례한다.
③ 주파수와 최대자속밀도에 반비례한다.
④ 주파수에 반비례하고 최대자속밀도의 1.6승에 비례한다.

풀이 단위 체적 당 히스테리시스손은 스타인메쯔의 실험식에 따라서 $P_h = \eta f B_m^{1.6}$[J/m³] 이다.
즉, 히스테리시스손은 **주파수에 비례**하고 **최대자속밀도의 1.6승에 비례**한다.

답 ②

20 균등자장 H_0 중에 비투자율 μ_s, 반지름 a의 자성체구를 놓았을 때 자화의 세기가 M 이었다면 자성체 구의 내부자계의 세기는?

① $-\dfrac{M}{2}$ ② $-\dfrac{M}{3}$ ③ $\dfrac{M}{2}$ ④ $\dfrac{M}{3}$

풀이 z축의 방향으로 균일하게 자화된 $\boldsymbol{M} = M\boldsymbol{k}$ 인 자성체구를 생각하면 구 내부의 스칼라 자기 포텐셜 ϕ는 Laplace의 경계조건을 만족한다. 따라서 M은 r 및 θ의 함수이므로

$$\phi = \frac{1}{3}Mr\cos\theta = \frac{1}{3}Mz$$

$$\therefore \boldsymbol{H} = -\operatorname{grad}\phi = -\nabla\phi = -\left(\frac{\partial}{\partial x}\boldsymbol{i} + \frac{\partial}{\partial y}\boldsymbol{j} + \frac{\partial}{\partial z}\boldsymbol{k}\right)\left(\frac{1}{3}Mz\right) = -\frac{1}{3}M\boldsymbol{k}$$

$$\therefore H = -\frac{M}{3}$$

따라서 자계 H는 자화의 세기와 반대방향$(-\boldsymbol{k})$이다.   **답** ②

2과목 전력공학

21 다음 (   )에 알맞은 내용으로 옳은 것은? (단, 공급 전력과 선로 손실률은 동일하다.)

> 선로의 전압을 2배로 승압할 경우, 공급전력은 승압 전의 (㉮)로 되고, 선로 손실은 승압 전의 (㉯)로 된다.

① ㉮ $\dfrac{1}{4}$, ㉯ 2배   ② ㉮ $\dfrac{1}{4}$, ㉯ 4배

③ ㉮ 2배, ㉯ $\dfrac{1}{4}$ ④ ㉮ 4배, ㉯ $\dfrac{1}{4}$

풀이 전력 손실률 $h = \dfrac{P_l}{P} = \dfrac{RP}{V^2\cos^2\theta}$ 에서

㉮ 공급 전력 $P = \dfrac{hV^2\cos^2\theta}{R} \propto V^2 = 2^2 = 4$배

㉯ 선로 손실 $P_l = \dfrac{RP^2}{V^2\cos^2\theta} \propto \dfrac{1}{V^2} = \dfrac{1}{2^2} = \dfrac{1}{4}$배   **답** ④

22 송전선로에서 4단자 정수 A, B, C, D 사이의 관계는?

① $BC - AD = 1$ ② $AC - BD = 1$
③ $AB - CD = 1$ ④ $AD - BC = 1$

풀이 $\begin{vmatrix} A & B \\ C & D \end{vmatrix} = AD - BC = 1$ **답** ④

23 3상 3선식 송전선에서 한 선의 저항이 10[Ω], 리액턴스가 20[Ω]이며, 수전단의 선간전압이 60[kV], 부하역률이 0.8인 경우에 전압강하율이 10[%]라 하면 이 송전선로로는 약 몇 [kW]까지 수전할 수 있는가?

① 10000　　② 12000　　③ 14400　　④ 18000

풀이 전압강하율 $\epsilon = \dfrac{P}{V^2}(R+X\tan\theta)\times 100 = \dfrac{P}{V^2}\left(R+X\dfrac{\sin\theta}{\cos\theta}\right)\times 100 = 10[\%]$

$\dfrac{P}{60000^2}\left(10+20\times\dfrac{0.6}{0.8}\right)\times 100 = 10$

$\therefore P = \dfrac{0.1\times 60000^2}{\left(10+20\times\dfrac{0.6}{0.8}\right)}\times 10^{-3} = 14400[kW]$　　**답** ③

24 그림과 같은 수전단 전력원선도가 있다. 부하직선을 참고하여 전압조정을 위한 조상설비가 없어도 정전압 운전이 가능한 부하전력은 대략 어느 정도일 때인가?

① 무부하일 때
② 50[kW]일 때
③ 100[kW]일 때
④ 150[kW]일 때

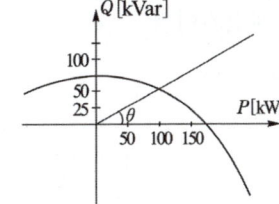

풀이 정전압 송전방식에서는 원의 반지름 $\rho = \dfrac{V_S V_R}{b}$ 이 일정하므로 송·수전전력은 언제나 원선도의 원주상에 존재하여야 한다. 따라서 유효전력 100[kW], 무효전력 50[kVar] 정도일 때, 조상설비가 없어도 정전압 운전이 가능하다.　　**답** ③

25 조상설비(調相設備)와 거리가 먼 것은?

① 분로리액터　　② 상순(相順)표시기
③ 전력용콘덴서　　④ 동기조상기

풀이 조상설비는 무효전력을 공급하는 설비로서 동기조상기, 전력용 콘덴서 및 리액터가 있다.
- 동기 조상기 : 지상 및 진상 무효전력 공급
- 전력용 콘덴서 : 진상 무효전력 공급
- 분로 리액터 : 지상 무효전력 공급

그러나, 상순 표시기는 공급 전원의 상순을 표시하는 계측기로서 조상설비가 아니다.　　**답** ②

26 3상 1회선 전선로의 작용 정전용량을 C, 선간 정전용량을 C_1, 대지 정전용량을 C_2라 할 때 C, C_1, C_2의 관계는?

① $C = C_1 + 3C_2$
② $C = 3C_1 + C_2$
③ $C = C_1 + C_2$
④ $C = 3(C_1 + C_2)$

풀이

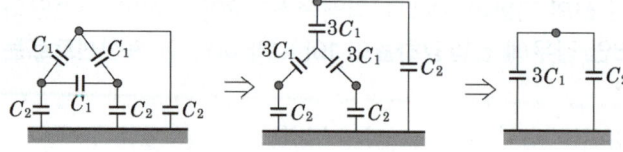

1선당의 작용 정전 용량 $C = 3C_1 + C_2$

답 ②

27 동작 시간에 따른 보호 계전기의 분류와 이에 대한 설명으로 틀린 것은?

① 순한시 계전기는 설정된 최소동작전류 이상의 전류가 흐르면 즉시 동작한다
② 반한시 계전기는 동작시간이 전류값의 크기에 따라 변하는 것으로 전류값이 클수록 느리게 동작하고 반대로 전류값이 작아질수록 빠르게 동작하는 계전기이다.
③ 정한시 계전기는 설정된 값 이상의 전류가 흘렀을 때 동작 전류의 크기와는 관계없이 항상 일정한 시간 후에 동작하는 계전기이다.
④ 반한시·정한시 계전기는 어느 전류값까지는 반한시성이지만 그 이상이 되면 정한시로 동작하는 계전기이다.

풀이 보호계전기 특징

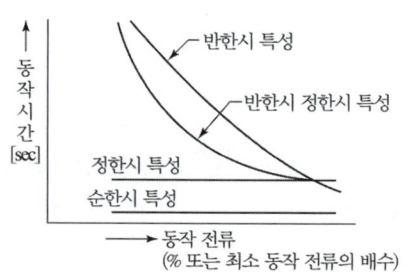

① 순한시 특성 : 최소 동작전류 이상의 전류가 흐르면 즉시 동작하는 특성
② 정한시 특성 : 동작전류의 크기에 관계없이 일정한 시간에 동작하는 특성
③ **반한시 특성 : 동작전류가 커질수록 동작시간이 짧게 되는 특성**
④ 반한시 정한시 특성 : 동작전류가 적은 동안에는 동작전류가 커질수록 동작시간이 짧게 되고, 어떤 전류 이상이면 동작전류의 크기에 관계 없이 일정한 시간에 동작하는 특성

답 ②

28 지중 케이블에서 고장점을 찾는 방법이 아닌 것은?

① 머리 루프(Murray loop) 시험기에 의한 방법
② 메거(Megger)에 의한 측정 방법
③ 임피던스 브리지법
④ 펄스에 의한 측정법

풀이
- 지중 케이블 고장 수색법
  ① 머리 루프법
  ② 정전용량의 측정으로 발견하는 법
  ③ 수색 코일로 하는 방법
  ④ 펄스로 하는 방법
  ⑤ 음향으로 고장점을 측정하는 방법
- **메거는 절연저항 측정에 사용**된다.

답 ②

29. 임피던스 Z_1, Z_2 및 Z_3을 그림과 같이 접속한 선로의 A쪽에서 전압파 E가 진행해 왔을 때 접속점 B에서 무반사로 되기 위한 조건은?

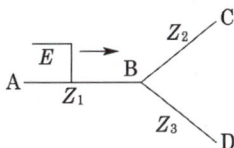

① $Z_1 = Z_2 + Z_3$

② $\dfrac{1}{Z_1} = \dfrac{1}{Z_3} - \dfrac{1}{Z_2}$

③ $\dfrac{1}{Z_1} = \dfrac{1}{Z_2} + \dfrac{1}{Z_3}$

④ $\dfrac{1}{Z_1} = -\dfrac{1}{Z_2} - \dfrac{1}{Z_3}$

풀이 $Z_A = Z_1$, $Z_B = \dfrac{1}{\dfrac{1}{Z_2} + \dfrac{1}{Z_3}}$ 라고 하면

반사계수 $= \dfrac{Z_B - Z_A}{Z_A + Z_B}$ 에서 무반사 조건은 $Z_A = Z_B$ 일 때이므로

따라서 $Z_1 = \dfrac{1}{\dfrac{1}{Z_2} + \dfrac{1}{Z_3}} \rightarrow \dfrac{1}{Z_1} = \dfrac{1}{Z_2} + \dfrac{1}{Z_3}$

답 ③

30. 원자력발전소와 화력발전소의 특성을 비교한 것 중 틀린 것은?
① 원자력발전소는 화력발전소의 보일러 대신 원자로와 열교환기를 사용한다.
② 원자력발전소의 건설비는 화력발전소에 비해 싸다.
③ 동일 출력일 경우 원자력발전소의 터빈이나 복수기가 화력발전소에 비하여 대형이다.
④ 원자력발전소는 방사능에 대한 차폐 시설물의 투자가 필요하다.

풀이 화력발전과 비교하여 원자력 발전은 출력 밀도(단위체적 당 출력)가 크므로 같은 출력이라면 소형화가 가능하나, 단위 출력당 건설비는 화력발전소에 비하여 비싸다.

답 ②

31. 지상부하를 가진 3상 3선식 배전선로 또는 단거리 송전선로에서 선간 전압강하를 나타낸 식은? (단, I, R, X, θ는 각각 수전단 전류, 선로저항, 리액턴스 및 수전단 전류의 위상각이다.)

① $I(R\cos\theta + X\sin\theta)$

② $2I(R\cos\theta + X\sin\theta)$

③ $\sqrt{3}I(R\cos\theta + X\sin\theta)$

④ $3I(R\cos\theta + X\sin\theta)$

풀이 전압강하 $e = V_s - V_r$ (여기서, V_s: 송전단 전압, V_r: 수전단 전압)

전기 방식	전압강하
단상3선식, 3상4선식	$e_1 = I(R\cos\theta + X\sin\theta)$
단상2선식	$e_2 = 2I(R\cos\theta + X\sin\theta)$
3상3선식	$e_3 = \sqrt{3}I(R\cos\theta + X\sin\theta)$

답 ③

32 여러 회선인 비접지 3상 3선식 배전 선로에 방향 지락 계전기를 사용하여 선택 지락 보호를 하려고 한다. 필요한 것은?

① CT와 ZCT
② CT와 PT
③ GPT와 ZCT
④ GPT와 PT

풀이 비접지 계통의 지락 사고 검출
- GR(지락 계전기) + ZCT(영상 변류기)
- SGR(선택 지락 계전기) + GPT(접지형 계기용 변압기) + ZCT(영상 변류기)
- ZCT : 영상 전류 검출, GPT : 영상 전압 검출

답 ③

33 공칭 단면적 200[mm²], 전선 무게 1.838[kg/m], 전선의 바깥 지름 18.5[mm]인 경동 연선을 경간 200[m]로 가설하는 경우 이도[m]는? 단, 경동 연선의 인장 하중은 7910[kg], 빙설 하중은 0.416[kg/m], 풍압 하중은 1.525[kg/m]이고, 안전율은 2.2라 한다.

① 3.28
② 3.78
③ 4.28
④ 4.78

풀이 하중 $W = \sqrt{(W_c + W_i)^2 + W_w^2} = \sqrt{(1.838 + 0.416)^2 + 1.525^2} = 2.72\,[\text{kg/m}]$
(여기서, W_c : 전선의 자중, W_i : 빙설하중, W_w : 풍압하중)

따라서 이도 $D = \dfrac{WS^2}{8T} = \dfrac{2.72 \times 200^2}{8 \times \dfrac{7910}{2.2}} = 3.78\,[\text{m}]$

답 ②

34 무손실 송전선로에서 송전할 수 있는 송전용량은? (단, E_S : 송전단 전압, E_R : 수전단 전압, δ : 부하각, X : 송전선로의 리액턴스, R : 송전선로의 저항, Y : 송전선로의 어드미턴스이다.)

① $\dfrac{E_S E_R}{X} \sin\delta$
② $\dfrac{E_S E_R}{R} \sin\delta$
③ $\dfrac{E_S E_R}{Y} \cos\delta$
④ $\dfrac{E_S E_R}{X} \cos\delta$

풀이 전력 계통은 고효율 전력 전송 목적으로 설계되므로 저항손과 대지 정전용량은 극히 적으므로 무시한다. 그러므로 그림과 같이 등가로 나타낼 수 있다.

$\overline{bc} = XI\cos\varphi = E_S \sin\delta$
$I\cos\varphi = \dfrac{E_S}{X} \sin\delta$
$P = E_R I\cos\varphi$
$\therefore P = \dfrac{E_S E_R}{X} \sin\delta$

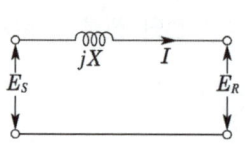
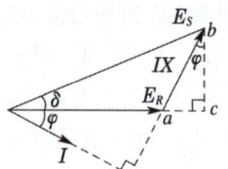

답 ①

35 장거리 대전력 송전에서 교류 송전 방식에 비해 직류 송전 방식의 장점이 아닌 것은?

① 송전 효율이 높다.
② 안정도의 문제가 없다.
③ 선로 절연이 더 수월하다.
④ 변압이 쉬워 고압 송전이 유리하다.

풀이 직류 송전 방식의 장·단점
[장점] ① 선로의 리액턴스가 없으므로 안정도가 높다.
② 유전체손 및 충전 용량이 없고 절연내력이 강하다.
③ 비동기 연계가 가능하다.
④ 단락전류가 적고 임의 크기의 교류 계통을 연계시킬 수 있다.
⑤ 코로나손 및 전력손실이 적다.
⑥ 표피효과나 근접 효과가 없으므로 실효 저항의 증대가 없다.
[단점] ① 직교 변환 장치가 필요하다.
② 전압의 승압 및 강압이 불리하다.
③ 고조파나 고주파 억제 대책이 필요하다.
④ 직류 차단기가 개발되어 있지 않다.   답 ④

36 송전계통에서 안정도 증진과 관계 없는 것은?
① 고속 재폐로방식 채용
② 계통의 전달 리액턴스 감소
③ 계통의 전압변동의 제어
④ 차폐선의 채용

풀이 안정도 향상 대책
① 계통의 직렬 리액턴스 감소
② 전압변동률을 적게 한다.(속응여자방식 채용, 계통의 연계, 중간 조상 방식)
③ 계통에 주는 충격을 적게 한다.(적당한 중성점접지방식, 고속차단방식, 재폐로방식)
④ 고장 중의 발전기 돌입 출력의 불평형을 적게 한다.
차폐선은 유도 장해 방지 대책으로 채용된다.   답 ④

37 순저항 부하의 부하전력 P[kW], 전압 E[V], 선로의 길이 l[m], 고유저항 ρ[Ω·mm²/m]인 단상 2선식 선로에서 선로 손실을 q[W]라 하면, 전선의 단면적[mm²]은 어떻게 표현되는가?

① $\dfrac{\rho l P^2}{qE^2} \times 10^6$
② $\dfrac{2\rho l P^2}{qE^2} \times 10^6$
③ $\dfrac{\rho l P^2}{2qE^2} \times 10^6$
④ $\dfrac{2\rho l P^2}{q^2 E} \times 10^6$

풀이 단상에서의 전류 $I = \dfrac{P[\text{kW}]}{E} = \dfrac{P \times 10^3 [\text{W}]}{E}$[A], 저항 $R = \rho \dfrac{l}{A}$[Ω] 이므로

단상 2선식의 선로손실 $q = 2I^2 R = 2 \times \left(\dfrac{P \times 10^3}{E}\right)^2 \times \rho \dfrac{l}{A} = \dfrac{2\rho l P^2}{AE^2} \times 10^6$ [W]

따라서 전선의 단면적 $A = \dfrac{2\rho l P^2}{qE^2} \times 10^6$ [mm²]   답 ②

38 소도체의 반지름이 r[m], 소도체 간의 선간거리가 d[m]인 2개의 소도체를 사용한 345[kV] 송전선로가 있다. 복도체의 등가 반지름은?

① $\sqrt{r \cdot d}$
② $\sqrt{r \cdot d^2}$
③ $\sqrt{r^2 \cdot d}$
④ $r \cdot d$

풀이 등가 반지름 = $\sqrt[n]{rd^{n-1}}$ 에서 $n=2$를 대입하면 $\sqrt{r \cdot d}$ 가 된다. **답** ①

39 3상용 차단기의 정격전압은 170[kV]이고 정격차단전류가 50[kA]일 때 차단기의 정격차단용량은 약 몇 [MVA]인가?

① 5000   ② 10000   ③ 15000   ④ 20000

풀이 정격 차단 용량 $P_s = \sqrt{3}\, VI_s = \sqrt{3} \times 170 \times 50 = 14722.43 ≒ 15000$[MVA]
(여기서, V : 정격 전압[kV], I_s : 정격 차단 전류[kA]) **답** ③

40 보일러 절탄기(economizer)의 용도는?

① 증기를 과열한다. ② 공기를 예열한다.
③ 석탄을 건조한다. ④ 보일러 급수를 예열한다.

풀이
- 절탄기 : 연도 내에 설치되어, 이를 통과하는 보일러 급수를 보일러로부터 나오는 연도 폐기 가스로 가열하는 장치
- 공기 예열기 : 연소용 공기를 예열
- 재열기 : 터빈에서 팽창한 증기를 다시 가열
- 과열기 : 포화증기를 가열

답 ④

3과목 전기기기

41 교류 정류자기에서 갭의 자속 분포가 정현파로 $\phi_m = 0.14$[Wb], $p=2$, $a=1$, $Z=200$, $n=20$[rps]일 때 브러시축이 자극축과 30°일 때의 속도 기전력 E_s[V]는?

① 약 200   ② 약 400   ③ 약 600   ④ 약 800

풀이 $E_s = \dfrac{1}{\sqrt{2}} \cdot \dfrac{p}{a} Zn\phi_m \sin\theta = \dfrac{1}{\sqrt{2}} \times \dfrac{2}{1} \times 200 \times 20 \times 0.14 \times \sin 30° = 396$[V] **답** ②

42 총 도체 수 200, 단중파권으로 자극 수 4, 매극 당 자속 수 3.14[Wb]의 부하를 가하여 전기자에 3[A]가 흐르고 있는 직류 분권전동기의 토크는 몇 [N·m]인가?

① 600   ② 500   ③ 400   ④ 300

풀이 자극 $p=4$, 총도체 수 $Z=200$, 자속 수 $\phi=3.14$[Wb], 전기자 전류 $I_a=3$[A], 파권이므로 내부 회로 수 $a=2$이다.

$\therefore \tau = \dfrac{pZ\phi I_a}{2\pi a} = \dfrac{4 \times 200 \times 3.14 \times 3}{2\pi \times 2} ≒ 600$[N·m] **답** ①

43 3상 유도전압 조정기의 동작원리 중 가장 적당한 것은?
① 두 전류 사이에 작용하는 힘이다.
② 교번자계의 전자유도작용을 이용한다.
③ 충전된 두 물체 사이에 작용하는 힘이다.
④ 회전자계에 의한 유도작용을 이용하여 2차 전압의 위상전압 조정에 따라 변화한다.

풀이 3상 유도 전압 조정기의 원리

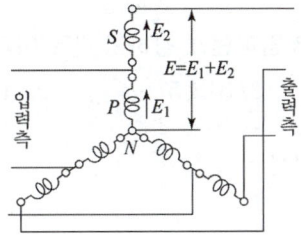
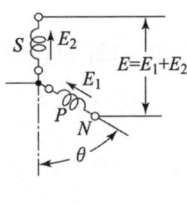

분로 권선의 전압을 E_1, 회전 자속에 의하여 직렬 권선의 1상에 유도되는 기전력을 E_2(조정 전압)라고 하면 회전자와 고정자의 관계위치 변화에 따라 E_1에 대한 E_2의 위상이 변화하므로, 출력측 회로의 선간전압을 $\sqrt{3}(E_1 \pm E_2)$의 범위에서 조정할 수 있다. 답 ④

44 다음의 정류회로 중 가장 큰 출력값을 갖는 회로는?
① 단상 반파 정류회로   ② 3상 반파 정류회로
③ 단상 전파 정류회로   ④ 3상 전파 정류회로

풀이
• 단상 반파 정류 : $E_d = \dfrac{\sqrt{2}}{\pi}E = 0.45E$

• 3상 반파 정류 : $E_d = \dfrac{3\sqrt{3}}{\sqrt{2}\pi}E = 1.17E$

• 단상 전파 정류 : $E_d = \dfrac{2\sqrt{2}}{\pi}E = 0.9E$

• 3상 전파 정류 : $E_d = 2.34E$ 답 ④

45 변압기 단락시험에서 계산할 수 있는 것은?
① 백분율 전압강하, 백분율 리액턴스강하
② 백분율 저항강하, 백분율 리액턴스강하
③ 백분율 전압강하, 여자 어드미턴스
④ 백분율 리액턴스강하, 여자 어드미턴스

풀이 변압기 단락시험으로부터 구할 수 있는 항목
• 권선의 저항
• 권선의 임피던스
• 권선의 누설리액턴스
• 백분율 저항강하
• 백분율 리액턴스 강하   답 ②

46 변압기의 원리는?

① 전자유도 작용을 이용　② 정전유도 작용을 이용
③ 자기유도 작용을 이용　④ 플레밍의 오른손 법칙을 이용

풀이 변압기는 전자 유도 작용을 이용하여 교류 전압과 전류의 크기를 변성하는 장치로 2개 이상의 전기회로와 1개 이상의 공통 자기 회로로 이루어져 있다.　**답** ①

47 75[kVA], 6000/200[V]의 단상변압기의 %임피던스 강하가 4[%]이다. 1차 단락전류[A]는?

① 512.5　② 412.5　③ 312.5　④ 212.5

풀이 $I_{1s} = \dfrac{100}{\%Z} \times I_{1n} = \dfrac{100}{4} \times \dfrac{75 \times 10^3}{6000} = 312.5[A]$　**답** ③

48 3000[V], 60[Hz], 8극, 100[kW]의 3상 유도전동기가 있다. 전부하에서 2차 동손이 3.0[kW], 기계손이 2.0[kW]라고 한다. 전부하 회전수[rpm]를 구하면?

① 674　② 774　③ 874　④ 974

풀이 2차 입력 $P_2 = P + P_m + P_{c2} = 100 + 2.0 + 3.0 = 105[kW]$

슬립 $s = \dfrac{P_{c2}}{P_2} = \dfrac{3.0}{105} = \dfrac{1}{35}$

$\therefore N = (1-s)N_s = (1-s) \times \dfrac{120f}{p} = \left(1 - \dfrac{1}{35}\right) \times \dfrac{120 \times 60}{8} = 874[rpm]$　**답** ③

49 유기 기전력 210[V], 단자 전압 200[V]인 5[kW] 분권 발전기의 계자 저항이 500[Ω]이면 그 전기자 저항[Ω]은?

① 0.2　② 0.4　③ 0.6　④ 0.8

풀이 계자전류 $I_f = \dfrac{V}{r_f} = \dfrac{200}{500} = 0.4[A]$

부하전류 $I = \dfrac{P}{V} = \dfrac{5 \times 10^3}{200} = 25[A]$

전기자 전류 $I_a = I + I_f$이므로
$I_a = 25 + 0.4 = 25.4[A]$

또한 $V = E - I_a R_a$ 식에서

$\therefore R_a = \dfrac{E-V}{I_a} = \dfrac{210-200}{25.4} = \dfrac{10}{25.4} ≒ 0.4[Ω]$

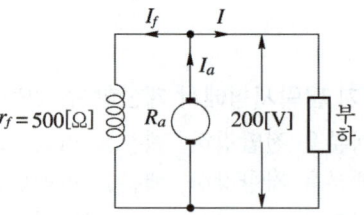

답 ②

50 교류 전동기에서 브러시의 이동으로 속도변화가 가능한 것은?

① 농형전동기　② 2중 농형전동기
③ 동기전동기　④ 시라게 전동기

풀이 시라게 전동기는 3상 분권 정류자 전동기로서 직류분권전동기와 비슷한 정속도 특성을 가지며, 2조의 브러시를 이동시켜 간단하게 속도제어를 할 수 있다. **답** ④

51 입력된 직류 전력의 크기를 변환된 다른 직류 전력으로 출력하는 전력변환장치는?
① 초퍼
② 인버터
③ 사이크로 컨버터
④ 다이오드 정류기

풀이 초퍼는 DC를 DC로 변환하는 것으로 일정 입력 전원전압으로부터 초퍼된(짧게 자른) 부하전압을 만들며 전원으로부터 부하를 연결 혹은 단절하는 다이리스터 온/오프 스위치이다. **답** ①

52 3상 전원의 수전단에서 전압 3300[V], 전류 1000[A], 뒤진 역률 0.8의 전력을 받고 있을 때 동기조상기로 역률을 개선하여 1로 하고자 한다. 필요한 동기조상기의 용량은 약 몇 [kVA] 인가?
① 1525
② 1950
③ 3150
④ 3429

풀이
• 부하의 무효전력 $Q_L = \sqrt{3}\,VI\sin\theta = \sqrt{3}\times 3300 \times 1000 \times \sqrt{1-0.8^2}\times 10^{-3} = 3429.46[\text{kVar}]$
• 역률이 1이 되려면 무효전력 $Q = 0[\text{kVar}]$이 되어야 하므로 동기조상기의 용량 Q_c는
  진상 무효전력 $Q_c = Q_L = 3429.46[\text{kVA}]$ **답** ④

53 SCR에 관한 설명으로 틀린 것은?
① 3단자 소자이다.
② 전류는 애노드에서 캐소드로 흐른다.
③ 소형의 전력을 다루고 고주파 스위칭을 요구하는 응용분야에 주로 사용된다.
④ 도통 상태에서 순방향 애노드전류가 유지전류 이하로 되면 SCR은 차단상태로 된다.

풀이 ① SCR의 특징
• 정류기능을 갖는 단일방향성 3단자 소자이다.
• 전류가 흐르고 있을 때 양극의 전압강하가 작다.
• 역률각 이하에서는 제어가 되지 않는다.
• 전류는 애노드에서 캐소드로 흐른다.
• 도통된 후 게이트 전류를 차단 시켜도 계속 도통상태를 유지한다.
• 도통상태에서 순방향 애노드 전류가 유지전류 이하로 되거나, 소자에 역전압이 걸려 흐르던 전류가 멈추면 소호된다.
② 소형의 전력을 다루고 고주파 스위칭을 요구하는 응용분야에 주로 사용되는 소자는 MOSFET 이다.
답 ③

54 탭전환 변압기 1차측에 몇 개의 탭이 있는 이유는?
① 예비용 단자
② 부하 전류를 조정하기 위하여
③ 수전점의 전압을 조정하기 위하여
④ 변압기의 여자전류를 조정하기 위하여

풀이 탭(tap) 전환 변압기
전원 전압의 변동이나 부하의 변동에 따라 **변압기 2차측의 전압변동을 보상**하고 일정 전압으로 유지시키기 위하여, 고압측 1차 권선의 중앙 위치에 몇 개의 탭 단자를 두어 변압기의 권수비를 바꿀 수 있도록 설계한 변압기

답 ③

55 권선형 유도전동기에서 비례추이를 할 수 없는 것은?

① 토크
② 출력
③ 1차 전류
④ 2차 전류

풀이
- 비례추이 할 수 있는 것 : 토크, 1차 전류, 2차 전류, 역률, 동기 와트 등
- **비례추이 할 수 없는 것 : 기계적 출력, 2차 동손, 효율 등**

답 ②

56 유도전동기의 실부하법에서 부하로 쓰이지 않는 것은?

① 전동발전기
② 전기동력계
③ 프로니 브레이크
④ 손실을 알고 있는 직류발전기

풀이
- 실부하법에는 전기동력계법, 프로니 브레이크법 등이 있다.
- **전동 발전기는 교류를 직류로 변환하는 전기기기**이다.

답 ①

57 3상 유도전동기의 2차 저항을 m배로 하면 동일하게 m배로 되는 것은?

① 역률
② 전류
③ 슬립
④ 토크

풀이 $\dfrac{r_2}{s_m} = \dfrac{r_2 + R_s}{s_t} =$ 일정

① 2차 저항 r_2를 변화해도 **최대 토크** $T_m = k\dfrac{E_2^2}{2x_s}$ 는 2차 저항에 무관하므로 **변화하지 않는다**.
② r_2를 크게 하면 $\dfrac{r_2}{s_m}$ 가 일정하기 위해 s_m도 커진다.
③ r_2를 크게 하면 기동 전류는 감소하고 기동 토크는 증가한다.
그러므로 **최대 토크를 내는 슬립만 2차 저항에 비례**한다.

답 ③

58 극수는 6, 회전수가 1200[rpm]인 교류발전기와 병렬운전하는 극수가 8인 교류발전기의 회전수[rpm]는?

① 1200
② 900
③ 750
④ 520

풀이
- 동기발전기의 **병렬운전 조건은 주파수가 같아야 한다**.
- 동기발전기의 회전수 $N_s = \dfrac{120f}{p}$ 에서 주파수가 일정하면 $N_s \propto \dfrac{1}{p}$ 이므로

$\therefore N_s = \dfrac{6}{8} \times 1200 = 900$[rpm]

답 ②

59 다음 중 권선형 유도전동기의 2차 여자 제어법으로 사용되는 제어 방식은?

① 세르비우스 방식
② 플러깅 방식
③ 발전 방식
④ 회생 방식

 • 2차 여자법이란 유도전동기의 회전자 권선에 2차 기전력(sE_2)과 동일 주파수의 전압(E_c)을 슬립링을 통해 공급하여 그 크기를 조절함으로써 속도를 제어하는 방법으로 권선형 전동기에 한하여 이용된다.
• 2차 여자 제어법에는 크래머(kramer) 방법과 세르비우스(scherbious) 방식이 있다. 답 ①

60 가동 복권 발전기의 내부 결선을 바꾸어 분권 발전기로 하자면?

① 내분권 복권형으로 해야 한다.
② 외분권 복권형으로 해야 한다.
③ 분권 계자를 단락시킨다.
④ 직권 계자를 단락시킨다.

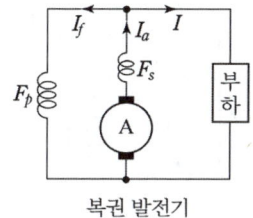

복권 발전기

직권 계자 권선 F_s을 단락시킨다. 외분권, 내분권들은 어느 것이나 복권 발전기의 일종이다. 답 ④

4과목 회로이론

61 $f(t) = e^{at}$의 라플라스 변환은?

① $\dfrac{1}{s-a}$
② $\dfrac{1}{s+a}$
③ $\dfrac{1}{s^2-a^2}$
④ $\dfrac{1}{s^2+a^2}$

 복소 추이 정리에 의해서 $\mathcal{L}[1 \cdot e^{at}] = \dfrac{1}{s}\bigg|_{s=s-a} = \dfrac{1}{s-a}$ 답 ①

62 $R = 5[\Omega]$, $L = 10[\text{mH}]$, $C = 1[\mu\text{F}]$의 직렬 회로에서 공진 주파수 $f_r[\text{Hz}]$는 약 얼마인가?

① 3181
② 1820
③ 1592
④ 1432

공진 주파수 $f_r = \dfrac{1}{2\pi\sqrt{LC}} = \dfrac{1}{2\pi\sqrt{10\times10^{-3}\times1\times10^{-6}}} = 1591.55[\text{Hz}]$ 답 ③

63 같은 저항 $r[\Omega]$ 6개를 사용하여 그림과 같이 결선하고 대칭 3상 전압 $V[V]$를 가하였을 때 흐르는 전류 I는 몇 [A]인가?

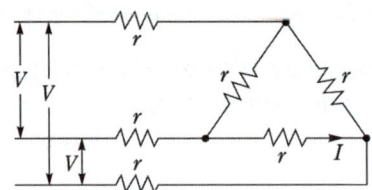

① $\dfrac{V}{2r}$ ② $\dfrac{V}{3r}$ ③ $\dfrac{V}{4r}$ ④ $\dfrac{V}{5r}$

풀이 △를 Y로 환산하면 1상의 등가 저항 R은

$$R = \frac{r \times r}{r+r+r} = \frac{r^2}{3r} = \frac{r}{3}[\Omega]$$

선전류 $I_l = \dfrac{\dfrac{V}{\sqrt{3}}}{r+\dfrac{r}{3}} = \dfrac{\sqrt{3}\,V}{4r}[A]$

따라서 상전류 $I = \dfrac{I_l}{\sqrt{3}} = \dfrac{V}{4r}[A]$

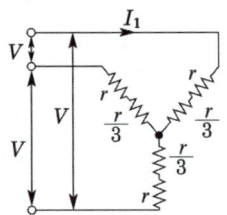

답 ③

64 그림 (a)와 그림 (b)가 역회로 관계에 있으려면 L의 값[mH]은? 단, $K^2 = 2000$이다.

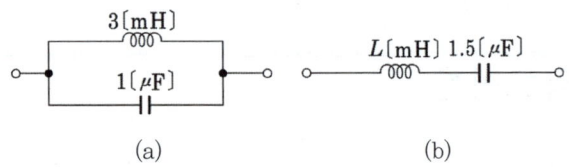

① 1.5×10^9 ② 2×10^6 ③ 3 ④ 2

풀이

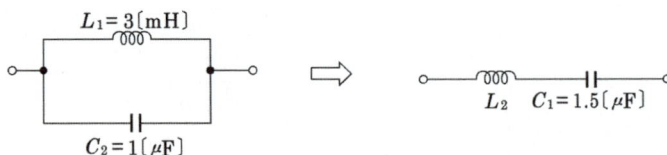

경우 $\dfrac{L_1}{C_1} = \dfrac{L_2}{C_2} = K^2$의 관계에서 $L_2 = K^2 C_2 = 2000 \times 1 \times 10^{-6} = 2 \times 10^{-3} = 2[mH]$

답 ④

65 $V_a = 3[V]$, $V_b = 2 - j3[V]$, $V_c = 4 + j3[V]$를 3상 불평형 전압이라고 할 때 영상 전압[V]은?

① 3 ② 9 ③ 27 ④ 0

풀이 영상전압 $V_0 = \dfrac{1}{3}(V_a + V_b + V_c) = \dfrac{1}{3}(3 + 2 - j3 + 4 + j3) = 3[V]$

답 ①

66 $t=0$에서 스위치 S를 닫았을 때 정상 전류값[A]은?

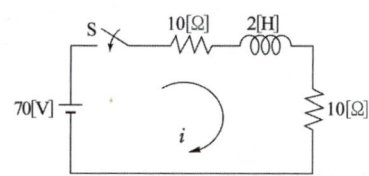

① 1　　　② 2.5　　　③ 3.5　　　④ 7

풀이 정상상태의 전류값은 $t=\infty$일 때이므로 $R-L$ 직렬 회로에서의 정상전류 i_s는
$$i_s = \frac{E}{R}\left(1-e^{-\frac{R}{L}t}\right) = \frac{70}{20}\left(1-e^{-\frac{20}{2}\times\infty}\right) = 3.5[A]$$
답 ③

67 그림과 같은 단위 계단함수는?

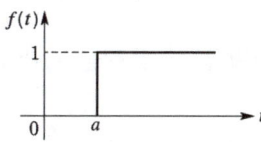

① $u(t)$　　　② $u(t-a)$　　　③ $u(a-t)$　　　④ $-u(t-a)$

풀이 크기는 1이고, 시간이 a만큼 늦은 시간 함수$(t-a)$이므로
∴ $f(t) = 1 \cdot u(t-a) = u(t-a)$
답 ②

68 불평형 회로에서 영상분이 존재하는 3상회로 구성은?
① △—△결선의 3상 3선식
② △—Y결선의 3상 3선식
③ Y—Y결선의 3상 3선식
④ Y—Y결선의 3상 4선식

풀이
- 영상분은 비대칭 3상회로의 접지선, 중성선에 존재하며, 비대칭 3상회로의 비접지식 회로에는 영상분이 존재하지 않는다.
- Y—Y결선의 3상 4선식은 중성점을 접지하므로 영상분이 존재한다. **답** ④

69 주기함수 $f(t)$의 푸리에 급수 전개식으로 옳은 것은?

① $f(t) = \sum\limits_{n=1}^{\infty} a_n \sin n\omega t + \sum\limits_{n=1}^{\infty} b_n \sin n\omega t$

② $f(t) = b_0 + \sum\limits_{n=2}^{\infty} a_n \sin n\omega t + \sum\limits_{n=2}^{\infty} b_n \cos n\omega t$

③ $f(t) = a_0 + \sum\limits_{n=1}^{\infty} a_n \cos n\omega t + \sum\limits_{n=1}^{\infty} b_n \sin n\omega t$

④ $f(t) = \sum\limits_{n=1}^{\infty} a_n \cos n\omega t + \sum\limits_{n=1}^{\infty} b_n \cos n\omega t$

풀이 푸리에 급수는 주파수와 진폭을 달리하는 무수히 많은 성분을 갖는 비정현파를 무수히 많은 정현항과 여현항의 합으로 표현하는 것이다.

$$f(t) = a_0 + \sum_{n=1}^{\infty} a_n \cos n\omega t + \sum_{n=1}^{\infty} b_n \sin n\omega t$$

답 ③

70
전압 $e = 100\sin 10t + 20\sin 20t$[V]이고, 전류 $i = 20\sin(10t - 60) + 10\sin 20t$[A] 일 때 소비전력은 몇 [W]인가?

① 500 ② 550 ③ 600 ④ 650

풀이 비정현파의 유효전력 $P = \sum_{n=1}^{\infty} V_n I_n \cos\theta_n$ 에서

$$P = \frac{100}{\sqrt{2}} \times \frac{20}{\sqrt{2}} \times \cos 60° + \frac{20}{\sqrt{2}} \times \frac{10}{\sqrt{2}} \times \cos 0° = 600[W]$$

답 ③

71
다음 그림과 같은 전기회로의 입력을 e_i, 출력을 e_o라고 할 때 전달함수는?

① $\dfrac{R_2(1 + R_1 Ls)}{R_1 + R_2 + R_1 R_2 Ls}$

② $\dfrac{1 + R_2 Ls}{1 + (R_1 + R_2)Ls}$

③ $\dfrac{R_2(R_1 + Ls)}{R_1 R_2 + R_1 Ls + R_2 Ls}$

④ $\dfrac{R_2 + \dfrac{1}{Ls}}{R_1 + R_2 + \dfrac{1}{Ls}}$

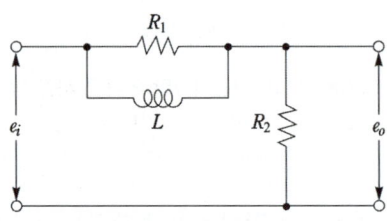

풀이
$$G(s) = \frac{E_o(s)}{E_i(s)} = \frac{R_2}{R_2 + \dfrac{R_1 Ls}{R_1 + Ls}}$$

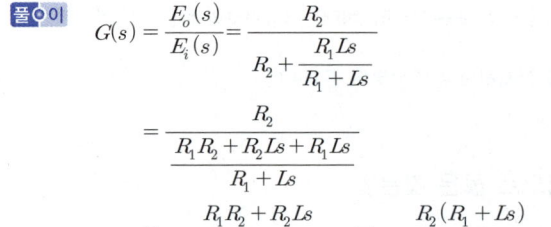

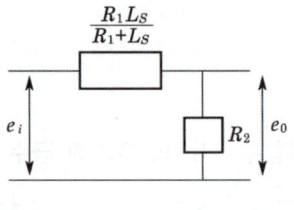

$$= \frac{R_2}{\dfrac{R_1 R_2 + R_2 Ls + R_1 Ls}{R_1 + Ls}}$$

$$= \frac{R_1 R_2 + R_2 Ls}{R_1 R_2 + R_1 Ls + R_2 Ls} = \frac{R_2(R_1 + Ls)}{R_1 R_2 + R_1 Ls + R_2 Ls}$$

답 ③

72
100[kVA] 단상 변압기 3대로 △결선하여 3상 전원을 공급하던 중 1대의 고장으로 V결선 하였다면 출력은 약 몇 [kVA]인가?

① 100 ② 173 ③ 245 ④ 300

풀이 변압기 1개의 출력을 P_1이라 하면 V결선 시 출력
$$P_V = \sqrt{3} P_1 = \sqrt{3} \times 100 = 173.2[kVA]$$

답 ②

73 $\dfrac{E_o(s)}{E_i(s)} = \dfrac{1}{s^2+3s+1}$ 의 전달함수를 미분방정식으로 표시하면?

(단, $\mathcal{L}^{-1}[E_o(s)] = e_o(t)$, $\mathcal{L}^{-1}[E_i(s)] = e_i(t)$ 이다.)

① $\dfrac{d^2}{dt^2}e_i(t) + 3\dfrac{d}{dt}e_i(t) + e_i(t) = e_o(t)$

② $\dfrac{d^2}{dt^2}e_o(t) + 3\dfrac{d}{dt}e_o(t) + e_o(t) = e_i(t)$

③ $\dfrac{d^2}{dt^2}e_i(t) + 3\dfrac{d}{dt}e_i(t) + \int e_i(t)dt = e_o(t)$

④ $\dfrac{d^2}{dt^2}e_o(t) + 3\dfrac{d}{dt}e_o(t) + \int e_o(t)dt = e_i(t)$

풀이
$\dfrac{E_o(s)}{E_i(s)} = \dfrac{1}{s^2+3s+1}$
$E_i(s) = s^2 E_o(s) + 3s E_o(s) + E_o(s)$
$\therefore e_i(t) = \dfrac{d^2}{dt^2}e_o(t) + 3\dfrac{d}{dt}e_o(t) + e_o(t)$

답 ②

74 그림과 같은 회로에서 콘덴서에 흐르는 전류 i를 나타낸 식은?

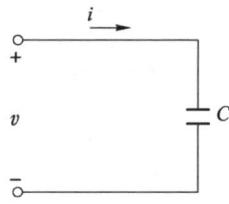

① $C\dfrac{di}{dt}$ ② $\dfrac{1}{C}\int v\,dt$ ③ $C\dfrac{dv}{dt}$ ④ $\dfrac{1}{C}\int i\,dt$

풀이 콘덴서에 흐르는 전류 $i = \dfrac{dq}{dt} = \dfrac{d}{dt}Cv = C\dfrac{dv}{dt}$ [A]

답 ③

75 어떤 회로에서 유효전력 80[W], 무효전력 60[Var]일 때 역률은?
① 50[%] ② 70[%]
③ 80[%] ④ 90[%]

풀이 유효전력 $P = 80$[W], 무효전력 $P_r = 60$[Var]
피상전력 $P_a = \sqrt{P^2 + P_r^2} = \sqrt{80^2 + 60^2} = 100$[VA]
$\therefore \cos\theta = \dfrac{P}{P_a} \times 100 = \dfrac{80}{100} \times 100 = 80$[%]

답 ③

76 두 개의 자기 인덕턴스를 직렬로 접속하여 합성 인덕턴스를 측정하였더니 75[mH]가 되었고, 한 쪽의 인덕턴스를 반대로 접속하여 측정하니 25[mH] 되었다면 두 코일의 상호 인덕턴스 [mH]는?

① 12.5[mH]
② 45[mH]
③ 50[mH]
④ 90[mH]

풀이 $L_+ = L_1 + L_2 + 2M = 75[\text{mH}]$, $L_- = L_1 + L_2 - 2M = 25[\text{mH}]$에서 M에 관해서 풀면

$$\therefore M = \frac{L_+ - L_-}{4} = \frac{75-25}{4} = \frac{50}{4} = 12.5[\text{mH}]$$

답 ①

77 9[Ω]과 3[Ω]의 저항 6개를 그림과 같이 연결하였을 때 A, B 사이의 합성 저항[Ω]은?

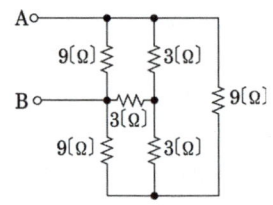

① 6
② 4
③ 3
④ 2

풀이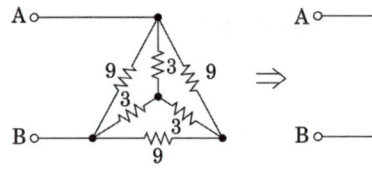

$$R_{AB} = \frac{4.5 \times (4.5+4.5)}{4.5+(4.5+4.5)} = 3[\Omega]$$

답 ③

78 리액턴스 함수가 $Z(s) = \dfrac{5s}{s^2+15}$ 로 표시되는 리액턴스 2단자망은 다음 중 어느 것인가?

①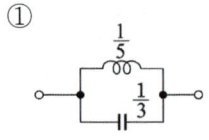

② (1/3 과 1/5 병렬)

③ (1/5 과 1/3 직렬)

④ (1/3 과 1/5 직렬)

풀이 $Z(s) = \dfrac{5s}{s^2+15} = \dfrac{1}{\dfrac{s^2+15}{5s}} = \dfrac{1}{\dfrac{1}{5}s + \dfrac{3}{s}} = \dfrac{1}{\dfrac{1}{5}s + \dfrac{1}{\dfrac{1}{3}s}}$

∴ C와 L 병렬 회로이다.

답 ②

79 그림과 같은 L형 회로의 4단자 A, B, C, D 정수 중 A는?

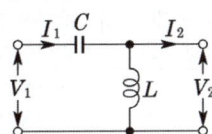

① $1+\dfrac{1}{\omega LC}$ ② $1-\dfrac{1}{\omega^2 LC}$ ③ $1+\dfrac{1}{j\omega L}$ ④ $\dfrac{1}{2\sqrt{LC}}$

풀이
$\begin{bmatrix} A & B \\ C & D \end{bmatrix} = \begin{bmatrix} 1 & \dfrac{1}{j\omega C} \\ 0 & 1 \end{bmatrix} \begin{bmatrix} 1 & 0 \\ \dfrac{1}{j\omega L} & 1 \end{bmatrix} = \begin{bmatrix} 1-\dfrac{1}{\omega^2 LC} & \dfrac{1}{j\omega C} \\ \dfrac{1}{j\omega L} & 1 \end{bmatrix}$ **답 ②**

80 그림과 같은 회로의 합성 인덕턴스는?

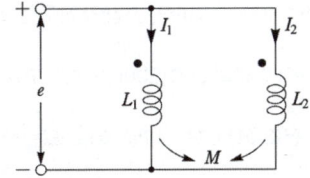

① $\dfrac{L_1 - M^2}{L_1 + L_2 - 2M}$ ② $\dfrac{L_2 - M^2}{L_1 + L_2 - 2M}$

③ $\dfrac{L_1 L_2 + M^2}{L_1 + L_2 - 2M}$ ④ $\dfrac{L_1 L_2 - M^2}{L_1 + L_2 - 2M}$

풀이 병렬 접속형의 등가 회로를 그려 보면 그림과 같다.
그러므로 합성 인덕턴스 L_0는
$L_0 = M + \dfrac{(L_1-M)(L_2-M)}{(L_1-M)+(L_2-M)} = \dfrac{L_1 L_2 - M^2}{L_1 + L_2 - 2M}$

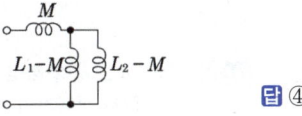

답 ④

5과목 전기설비기술기준

81 조상기의 보호장치로서 내부고장 시에 자동적으로 전로로부터 차단되는 장치를 설치하여야 하는 조상기 용량은 몇 [kVA] 이상인가?

① 5000 ② 7500
③ 10000 ④ 15000

풀이 351.5 조상설비의 보호장치
조상 설비에는 그 내부에 고장이 생긴 경우에 보호하는 장치를 표와 같이 시설하여야 한다.

설비 종별	뱅크 용량의 구분	자동적으로 전로로부터 차단하는 장치
전력용 커패시터 및 분로리액터	500[kVA] 초과 15,000[kVA] 미만	• 내부에 고장이 생긴 경우 • 과전류가 생긴 경우
	15,000[kVA] 이상	• 내부에 고장이 생긴 경우 • 과전류가 생긴 경우 • 과전압이 생긴 경우
조상기(調相機)	15,000[kVA] 이상	• 내부에 고장이 생긴 경우

답 ④

82. 터널 등에 시설하는 사용전압이 220[V]인 저압의 전구선으로 300/300[V] 편조 고무 코드를 사용하는 경우 단면적은 몇 [mm²] 이상이어야 하는가?

① 0.5[mm²]
② 0.75[mm²]
③ 1.0[mm²]
④ 1.5[mm²]

풀이 242.7.2 터널 등의 전구선 또는 이동전선 등의 시설
터널 등에 시설하는 사용전압이 400[V] 이하인 저압의 전구선 또는 이동전선은 다음과 같이 시설하여야 한다.
가. 전구선은 단면적 0.75[mm²] 이상의 300/300[V] 편조 고무코드 또는 0.6/1 [kV] EP 고무 절연 클로로프렌 캡타이어 케이블일 것.
나. 이동전선은 300/300[V] 편조 고무코드, 비닐 코드 또는 캡타이어 케이블일 것.

답 ②

83. 전자개폐기의 조작회로 또는 초인벨, 경보벨 등에 접속하는 전로로서 최대 사용전압이 몇 60[V] 이하인 것으로 대지전압이 몇 [V] 이하인 강전류 전기의 전송에 사용하는 전로와 변압기로 결합되는 것을 소세력회로라 하는가?

① 100
② 150
③ 300
④ 440

풀이 241.14 소세력 회로
가. 전자 개폐기의 조작회로 또는 초인벨・경보벨 등에 접속하는 전로로서 최대 사용전압이 60[V] 이하인 것
나. 소세력 회로에 전기를 공급하기 위한 절연변압기의 사용전압은 대지전압 300[V] 이하로 하여야 한다.

답 ③

84. 폭연성 분진 또는 화약류의 분말이 전기설비가 발화원이 되어 폭발할 우려가 있는 곳에 시설하는 저압 옥내배선의 공사방법으로 옳은 것은?

① 금속관공사
② 애자공사
③ 합성수지관공사
④ 캡타이어 케이블 공사

풀이 242.2.1 폭연성 분진 위험장소
폭연성 분진(마그네슘・알루미늄・티탄・지르코늄) 또는 화약류의 분말이 전기설비가 발화원이 되어 폭발할 우려가 있는 곳에 시설하는 저압 옥내배선, 저압 관등회로 배선, 소세력 회로의 전선은 금속관공사 또는 케이블공사(캡타이어 케이블을 사용하는 것을 제외한다)에 의할 것.

답 ①

85 빙설의 정도에 따라 풍압하중을 적용하도록 규정하고 있는 내용 중 옳은 것은?

① 빙설이 많은 지방에서는 고온계절에는 갑종 풍압하중, 저온계절에는 을종 풍압하중을 적용한다.
② 빙설이 많은 지방에서는 고온계절에는 을종 풍압하중, 저온계절에는 갑종 풍압하중을 적용한다.
③ 빙설이 적은 지방에서는 고온계절에는 갑종 풍압하중, 저온계절에는 을종 풍압하중을 적용한다.
④ 빙설이 적은 지방에서는 고온계절에는 을종 풍압하중, 저온계절에는 갑종 풍압하중을 적용한다.

풀이 331.6 풍압하중의 종별과 적용

지 역		고온 계절	저온 계절
빙설이 많은 지방 이외의 지방		갑종	병종
빙설이 많은 지방	일반지역	갑종	을종
	해안지방 기타 저온계절에 최대풍압이 생기는 지역	갑종	갑종과 을종 중 큰 값 선정
인가가 많이 연접되어 있는 장소		병종	병종

답 ①

86 금속덕트공사에 의한 저압 옥내배선공사시설에 대한 설명으로 틀린 것은?

① 덕트에 접지공사를 한다.
② 금속 덕트는 두께 1.0[mm] 이상인 철판으로 제작하고 덕트 상호간에 완전하게 접속한다.
③ 덕트를 조영재에 붙이는 경우 덕트 지지점간의 거리를 3[m] 이하로 견고하게 붙인다.
④ 금속 덕트에 넣은 전선의 단면적의 합계가 덕트의 내부 단면적의 20[%] 이하가 되도록 한다.

풀이 232.31 금속덕트공사
가. 전선은 절연전선(옥외용 비닐절연전선을 제외한다)일 것.
나. 금속덕트에 넣은 전선의 단면적(절연피복의 단면적을 포함한다)의 합계는 덕트의 내부 단면적의 20[%](전광표시 장치, 기타 이와 유사한 장치 또는 제어회로 등의 배선만을 넣는 경우에는 50[%]) 이하일 것.
다. 덕트 상호 간은 견고하고 또한 전기적으로 완전하게 접속할 것.
라. 덕트를 조영재에 붙이는 경우에는 덕트의 지지점 간의 거리를 3[m](수직으로 붙이는 경우에는 6[m]) 이하로 할 것.
마. 덕트의 끝부분은 막을 것.
바. 폭이 50[mm]를 초과하고 또한 두께가 1.2[mm] 이상인 철판 또는 금속제의 것.
사. 덕트는 접지공사를 할 것.

답 ②

87 지중 전선로를 직접 매설식에 의하여 차량 기타 중량물의 압력을 받을 우려가 있는 장소에 시설하는 경우 매설 깊이는 몇 [m] 이상으로 하여야 하는가?

① 1 　　② 1.2 　　③ 1.5 　　④ 2

풀이 334.1 지중전선로의 시설
가. 지중 전선로는 전선에 케이블을 사용하고 또한 관로식·암거식 또는 직접 매설식에 의하여 시설하여야 한다.
나. 지중 전선로를 직접 매설식에 의하여 시설하는 경우에는 매설깊이를 차량 기타 중량물의 압력을 받을 우려가 있는 장소에는 1.0[m] 이상, 기타 장소에는 0.6[m] 이상으로 하고 또한 지중 전선을 견고한 트라프 기타 방호물에 넣어 시설하여야 한다.
답 ①

88 전기욕기에 전기를 공급하기 위한 전원장치에 내장되어 있는 전원변압기의 2차 측 전로의 사용전압은 몇 [V] 이하인 것을 사용하여야 하는가?

① 5   ② 10   ③ 25   ④ 35

풀이 241.2 전기욕기
전기욕기에 전기를 공급하기 위한 전기욕기용 전원장치는 내장되어 있는 전원변압기의 2차 측 전로의 사용전압이 10[V] 이하인 것에 한한다.
답 ②

89 특고압 가공전선로에 사용하는 철탑 중에서 전선로의 수평 각도가 3°를 넘는 곳에 사용하는 철탑은?

① 내장형 철탑   ② 인류형 철탑   ③ 보강형 철탑   ④ 각도형 철탑

풀이 333.11 특고압 가공전선로의 철주·철근 콘크리트주 또는 철탑의 종류
특고압 가공전선로의 지지물로 사용하는 B종 철근·B종 콘크리트주 또는 철탑의 종류는 다음과 같다.
가. 직선형 : 전선로의 직선 부분(3° 이하의 수평 각도 이루는 곳 포함)에 사용되는 것
나. 각도형 : 전선로 중 수평 각도 3°를 넘는 곳에 사용되는 것
다. 인류형 : 전 가섭선을 인류하는 곳에 사용하는 것
라. 내장형 : 전선로 지지물 양측의 경간차가 큰 곳에 사용하는 것
마. 보강형 : 전선로 직선 부분을 보강하기 위하여 사용하는 것
답 ④

90 철도 또는 궤도를 횡단하는 저고압가공전선의 높이는 레일면 상 몇 [m] 이상이어야 하는가?

① 5.5   ② 6.5   ③ 7.5   ④ 8.5

풀이 332.5 고압 가공전선의 높이, / 222.7 저압 가공전선의 높이
저·고압 가공전선의 높이는 다음에 따라야 한다.

설치장소		가공전선의 높이
도로횡단 (번잡하지 않은 도로 제외)		지표상 6[m] 이상
철도 또는 궤도횡단		레일면상 6.5[m] 이상
횡단보도교 위	저압	노면상 3.5[m] 이상. 단, 절연전선의 경우 3[m] 이상
	고압	노면상 3.5[m] 이상
일반장소		지표상 5[m] 이상. 단, 저압의 경우 절연전선 또는 케이블을 사용하여 교통에 지장이 없도록 하여 옥외조명용에 공급하는 경우 4[m]까지 감할 수 있다.
다리의 하부 기타 이와 유사한 장소		저압의 전기철도용 급전선은 지표상 3.5[m]까지로 감할 수 있다.

답 ②

91 시가지에 시설하는 154[kV] 가공전선로에는 지락 또는 단락이 발생한 경우 몇 초 이내에 자동적으로 이를 전로로부터 차단하는 장치를 시설하여야 하는가?

① 1   ② 2   ③ 3   ④ 5

풀이 333.1 시가지 등에서 특고압 가공전선로의 시설
사용전압이 100[kV]를 초과하는 특고압 가공전선에 지락 또는 단락이 생겼을 때에는 1초 이내에 자동적으로 이를 전로로부터 차단하는 장치를 시설할 것.

답 ①

92 전선의 접속법 중 두 개 이상의 전선을 병렬로 사용하는 경우에 대한 설명으로 틀린 것은?

① 병렬로 사용하는 각 전선의 굵기는 동선 50[mm²] 이상 또는 알루미늄 70[mm²] 이상이어야 한다.
② 같은 극의 각 전선의 터미널러그에 완전히 접속해야 한다.
③ 병렬로 사용하는 전선에는 각각에 퓨즈를 설치해야 한다.
④ 병렬로 사용하는 각 전선은 같은 도체, 같은 재료, 같은 길이 및 같은 굵기의 것을 사용해야 한다.

풀이 123 전선의 접속
전선을 접속하는 경우에는 전선의 전기저항을 증가시키지 아니하도록 접속 하여야 하며, 또한 다음에 따라야 한다.
가. 절연전선 상호·절연전선과 코드, 캡타이어 케이블과 접속하는 경우에는
  ① 전선의 세기를 20[%] 이상 감소시키지 아니할 것.
  ② 접속부분은 접속관 기타의 기구를 사용할 것.
  ③ 접속부분의 절연전선에 절연전선의 절연물과 동등 이상의 절연효력이 있는 것으로 충분히 피복할 것.
나. 코드 상호, 캡타이어 케이블 상호 또는 이들 상호를 접속하는 경우에는 코드 접속기·접속함 기타의 기구를 사용할 것.
  다만 공칭단면적이 10[mm²] 이상인 캡타이어 케이블 상호를 규정에 준하여 접속하는 경우에는 기구를 사용하지 않을 수 있다.
다. 두 개 이상의 전선을 병렬로 사용하는 경우에는
  ① 병렬로 사용하는 각 전선의 굵기는 동선 50[mm²] 이상 또는 알루미늄 70[mm²] 이상으로 하고, 전선은 같은 도체, 같은 재료, 같은 길이 및 같은 굵기의 것을 사용할 것
  ② 같은 극의 각 전선의 터미널러그에 완전히 접속할 것
  ③ 병렬로 사용하는 전선에는 각각에 퓨즈를 설치하지 말 것

답 ③

93 철도·궤도 또는 자동차도 전용 터널 안의 전선로의 시설 중에서 기준에 적합하지 않은 것은?

① 저압 전선으로 지름 2.0[mm]의 경동선의 절연전선을 사용하였다.
② 저압 전선으로 인장강도 2.30[kN] 이상의 절연전선을 사용하였다.
③ 저압 전선을 애자사용공사에 의하여 시설하고 이를 노면상 2.5[m] 이상의 높이로 유지하였다.
④ 저압 전선을 금속제 가요전선관공사에 의하여 시설하였다.

풀이 335.1 터널 안 전선로의 시설
철도·궤도 또는 자동차도 전용터널 안의 전선로

전압	전선의 굵기	시공방법	애자공사 시 높이
저압	인장강도 2.30[kN] 이상 또는 2.6[mm] 이상의 경동선의 절연전선	• 합성수지관공사 • 금속관공사 • 금속제가요전선관 공사 • 케이블공사 • 애자사용공사	노면상, 레일면상 2.5[m] 이상
고압	인장강도 5.26[kN] 이상 또는 4[mm] 이상의 경동선	• 케이블공사 • 애자사용공사	노면상, 레일면상 3[m] 이상
특고압		• 케이블공사	

답 ①

94 고압용 또는 특고압용 개폐기의 시설에 있어서 법규상의 규정이 아닌 사항은?

① 그 동작에 따라 개폐 상태를 표시하는 장치를 가져야 한다.
② 중력 등에 의하여 자연히 작동할 우려가 있는 것은 자물쇠 장치 등이 있어야 한다.
③ 고압용 또는 특고압용이라는 위험 표시를 하여야 한다.
④ 부하 전로를 차단하기 위한 것이 아닌 단로기 등은 부하 전류가 통하고 있을 경우에 개로될 수 없도록 시설한다.

풀이 341.9 개폐기의 시설
1. 전로 중에 개폐기를 시설하는 경우에는 그곳의 각 극에 설치하여야 한다.
2. 고압용 또는 특고압용의 개폐기는 그 작동에 따라 그 개폐상태를 표시하는 장치가 되어 있는 것이어야 한다.
3. 고압용 또는 특고압용의 개폐기로서 중력 등에 의하여 자연히 작동할 우려가 있는 것은 자물쇠장치 기타 이를 방지하는 장치를 시설하여야 한다.
4. 고압용 또는 특고압용의 개폐기로서 부하전류를 차단하기 위한 것이 아닌 개폐기는 부하전류가 통하고 있을 경우에는 개로할 수 없도록 시설하여야 한다.

답 ③

95 피뢰기 설치기준으로 옳지 않은 것은?

① 발전소·변전소 또는 이에 준하는 장소의 가공전선의 인입구 및 인출구
② 가공전선로와 특고압전선로가 접속되는 곳
③ 가공전선로에 접속한 1차 측 전압이 35[kV] 이하인 배전용 변압기의 고압측 및 특고압측
④ 고압 및 특고압가공전선로로부터 공급 받는 수용장소의 인입구

풀이 341.13 피뢰기의 시설
고압 및 특고압의 전로 중 다음에 열거하는 곳 또는 이에 근접한 곳에는 피뢰기를 시설하여야 한다.
가. 발전소·변전소 또는 이에 준하는 장소의 가공전선 인입구 및 인출구
나. 특고압 가공전선로에 접속하는 배전용 변압기의 고압측 및 특고압측
다. 고압 및 특고압 가공전선로로부터 공급을 받는 수용장소의 인입구
라. 가공전선로와 지중전선로가 접속되는 곳

답 ②

96 태양광설비에 시설하여야 하는 계측장치가 아닌 것은?

① 전압   ② 전류   ③ 역률   ④ 전력

풀이 522.3.3 태양광설비의 계측장치
태양광설비에는 전압, 전류 및 전력을 계측하는 장치를 시설하여야 한다.
답 ③

97
금속제 수도관로를 접지공사의 접지극으로 사용하는 경우에 대한 사항이다. (㉠), (㉡), (㉢)에 들어갈 수치로 알맞은 것은?

> 접지선과 금속제 수도관로의 접속은 안지름 (㉠)[mm] 이상인 금속제 수도관의 부분 또는 이로부터 분기한 안지름 (㉡)[mm] 미만인 금속제 수도관의 그 분기점으로부터 5[m] 이내의 부분에서 할 것. 다만, 금속제 수도관로와 대지 간의 전기저항치가 (㉢)[Ω] 이하인 경우에는 분기점으로부터의 거리는 5[m]를 넘을 수 있다.

① ㉠ 75, ㉡ 75, ㉢ 2
② ㉠ 75, ㉡ 50, ㉢ 2
③ ㉠ 50, ㉡ 75, ㉢ 4
④ ㉠ 50, ㉡ 50, ㉢ 4

풀이 142.2 접지극의 시설 및 접지저항
지중에 매설되어 있고 대지와의 전기저항 값이 3[Ω] 이하의 값을 유지하고 있는 금속제 수도관로와 접지도체의 접속은 금속제 수도관로의 안지름이 75[mm] 이상인 부분 또는 여기에서 분기한 안지름 75[mm] 미만인 분기점으로부터 5[m] 이내의 부분에서 하여야 한다. 다만, 금속제 수도관로와 대지 사이의 전기저항 값이 2[Ω] 이하인 경우에는 분기점으로부터의 거리는 5 [m]을 넘을 수 있다.
답 ①

98
주택 등 저압 수용 장소에서 고정 전기설비에 TN-C-S 접지방식으로 접지공사 시 중성선 겸용 보호도체(PEN)를 알루미늄으로 사용 할 경우 단면적은 몇 [mm²] 이상이어야 하는가?

① 2.5
② 6
③ 10
④ 16

풀이 142.4.2 주택 등 저압수용장소 접지
저압수용장소에서 계통접지가 TN-C-S 방식인 경우 중성선 겸용 보호도체(PEN)는 고정 전기설비에만 사용할 수 있고, 그 도체의 단면적이 구리는 10[mm²] 이상, 알루미늄은 16[mm²] 이상이어야 하며, 그 계통의 최고전압에 대하여 절연되어야 한다.
답 ④

99
전력보안통신설비의 전원공급기 시설에 대한 다음 설명 중 옳지 않은 것은?

① 누전차단기를 내장하여야 한다.
② 지상에서 4[m] 이상 유지하여야 한다.
③ 전원공급기 시설 시 통신사업자는 기기 전면에 명판을 부착하여야 한다.
④ 기기주, 변대주 및 분기주 등 설비 복잡개소에는 전원공급기를 시설하여야 한다.

풀이 362.9 전원공급기의 시설
1. 전원공급기는 다음에 따라 시설하여야 한다.
　가. 지상에서 4[m] 이상 유지할 것.
　나. 누전차단기를 내장할 것.
　다. 시설방향은 인도측으로 시설하며 외함은 접지를 시행할 것.
2. 기기주, 변대주 및 분기주 등 설비 복잡개소에는 전원공급기를 시설할 수 없다.
3. 전원공급기 시설 시 통신사업자는 기기 전면에 명판을 부착하여야 한다.
답 ④

100 지중 전선로의 매설방법이 아닌 것은?

① 관로식
② 인입식
③ 암거식
④ 직접 매설식

풀이 334.1 지중전선로의 시설
가. 지중 전선로는 전선에 케이블을 사용하고 또한 관로식 · 암거식 또는 직접 매설식에 의하여 시설하여야 한다.
나. 지중 전선로를 직접 매설식에 의하여 시설하는 경우에는 매설 깊이를 차량 기타 중량물의 압력을 받을 우려가 있는 장소에는 1.0[m] 이상, 기타 장소에는 0.6[m] 이상으로 하고 또한 지중 전선을 견고한 트라프 기타 방호물에 넣어 시설하여야 한다. **답** ②

2024년 3회 (CBT 복원문제)

1과목 전기자기

01 강자성체의 자화의 세기 J와 자화력 H 사이의 관계는?

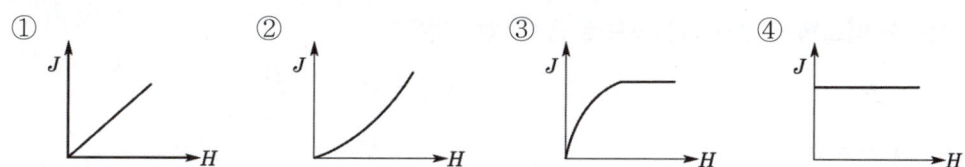

풀이 강자성체의 자화는 천천히 증가하지만 그 한계를 넘으면 자기 포화를 일으켜 H의 증가에도 불구하고 J는 일정하게 된다. **답** ③

02 자기 인덕턴스가 10[H]인 코일에 3[A]의 전류가 흐를 때 코일에 축적된 자계 에너지는 몇 [J]인가?

① 30 ② 45 ③ 60 ④ 90

풀이 자계 에너지 $W = \dfrac{1}{2}LI^2 = \dfrac{1}{2} \times 10 \times 3^2 = 45[J]$ **답** ②

03 원점 주위의 전류 밀도가 $J = \dfrac{2}{r}a_r$ [A/m²]의 분포를 가질 때 반지름 5[cm]의 구면을 지나는 전 전류는 몇 [A]인가?

① 0.1π ② 0.2π ③ 0.3π ④ 0.4π

풀이 $I = \oint_s \mathbf{J} \cdot d\mathbf{s} = \oint_s \dfrac{2}{r}a_r \cdot a_r \, ds \ (a_r = 1) = \dfrac{2}{r}\oint_s ds = \dfrac{2}{r}s = \dfrac{2}{r} \times 4\pi r^2$
$= 8\pi r = 8\pi \times 5 \times 10^{-2} = 0.4\pi [A]$ **답** ④

04 두 유전체의 경계면에서 정전계가 만족하는 것은?
① 전계의 법선성분이 같다.
② 전속밀도의 접선성분이 같다.
③ 경계면상의 두 점 간의 전위차가 같다.
④ 전속은 유전율이 작은 유전체로 모인다.

풀이 경계 조건
- 전속밀도의 법선성분(수직 성분)이 같다. ($D_1\cos\theta_1 = D_2\cos\theta_2$)
- 전계는 접선성분(평행 성분)이 같다. ($E_1\sin\theta_1 = E_2\sin\theta_2$)
- **두 경계면에서의 전위는 서로 같다.** ($V_1 = V_2$)
- $\epsilon_1 > \epsilon_2$이면, $\theta_1 > \theta_2$이다.
- $\dfrac{\tan\theta_1}{\tan\theta_2} = \dfrac{\epsilon_1}{\epsilon_2}$
- 전속선은 유전율이 큰 유전체 쪽으로 모이려는 성질이 있다.

답 ③

05 다음 중 맥스웰의 전자 방정식으로 옳지 않은 것은?

① $\text{rot}\,\boldsymbol{H} = i + \dfrac{\partial \boldsymbol{D}}{\partial t}$ ② $\text{rot}\,\boldsymbol{E} = -\dfrac{\partial \boldsymbol{B}}{\partial t}$

③ $\text{div}\,\boldsymbol{B} = \phi$ ④ $\text{div}\,\boldsymbol{D} = \rho$

풀이 맥스웰 방정식의 미분형

① $\text{rot}\,\boldsymbol{E} = -\dfrac{\partial \boldsymbol{B}}{\partial t}$: Faraday 법칙

② $\text{rot}\,\boldsymbol{H} = i + \dfrac{\partial \boldsymbol{D}}{\partial t}$: 암페어의 주회적분 법칙

③ $\text{div}\,\boldsymbol{D} = \rho$: 가우스의 법칙

④ $\text{div}\,\boldsymbol{B} = 0$: 고립된 자하는 없다.

답 ③

06 동심구에서 내부도체의 반지름이 a, 절연체의 반지름이 b, 외부도체의 반지름이 c이다. 내부도체에만 전하 Q를 주었을 때 내부도체의 전위는? (단, 절연체의 유전율은 ϵ_o이다.)

① $\dfrac{Q}{4\pi\epsilon_o a}\left(\dfrac{1}{a}+\dfrac{1}{b}\right)$ ② $\dfrac{Q}{4\pi\epsilon_o}\left(\dfrac{1}{a}-\dfrac{1}{b}\right)$

③ $\dfrac{Q}{4\pi\epsilon_o}\left(\dfrac{1}{a}-\dfrac{1}{b}-\dfrac{1}{c}\right)$ ④ $\dfrac{Q}{4\pi\epsilon_o}\left(\dfrac{1}{a}-\dfrac{1}{b}+\dfrac{1}{c}\right)$

풀이 내부도체 A에 전하 Q를 주면 정전유도에 의해 도체 B의 내측 표면에는 $-Q$, 외측 표면에는 Q가 유도된다.

① 도체 B의 표면 전위, $V_c\,(r=c)$

$V_c = \dfrac{Q}{4\pi\epsilon_0 c}$

(중심에 점전하 Q가 놓인 거리 $r=c$인 전위로 구함)

② 도체 A와 B 사이의 전위차, $V_{ab}\,(a \leq r \leq b)$

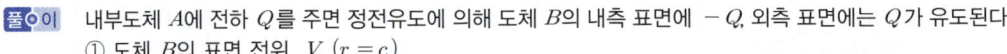

$V_{ab} = \dfrac{Q}{4\pi\epsilon_0}\left(\dfrac{1}{a}-\dfrac{1}{b}\right)$

(중심에 점전하 Q가 놓인 a와 b 사이의 전위차로 구함)

③ 도체 A의 표면 전위, $V_a\,(r=a)$

(도체 A의 표면 전위는 무한원점에서 전위와 전위차의 합이 됨)

따라서 내부도체 표면의 전위 V_a는

$V_a = V_c + V_{bc} + V_{ab} = \dfrac{Q}{4\pi\epsilon_0 c} + 0 + \dfrac{Q}{4\pi\epsilon_0}\left(\dfrac{1}{a}-\dfrac{1}{b}\right) = \dfrac{Q}{4\pi\epsilon_0}\left(\dfrac{1}{a}-\dfrac{1}{b}+\dfrac{1}{c}\right)$

답 ④

07 전자석의 흡인력은 공극(air gap)의 자속밀도를 B라 할 때 다음의 어느 것에 비례하는가?

① B ② $B^{0.5}$ ③ $B^{1.6}$ ④ $B^{2.0}$

풀이 그림의 N극의 강자성체를 $\triangle x$ 움직일 때의 에너지의 증가 $\triangle W$는(가상변위의 원리)

$$\triangle W = \frac{1}{2\mu}B^2 \triangle xS - \frac{1}{2\mu_0}B^2 \triangle xS$$

$$F_x = -\frac{\triangle W}{\triangle x} = \left(\frac{B^2}{2\mu_0} - \frac{B^2}{2\mu}\right)S[N]$$

위의 식에서 $\frac{B^2}{2\mu_0} \gg \frac{B^2}{2\mu}$ 이다.

($\because$ 강자성체에서는 $\mu_0 \ll \mu$)

$$\therefore F_x = \frac{B^2}{2\mu_0}S[N] \text{ (흡인력)}$$

또, S극의 강자성체에도 같은 크기의 흡인력이 작용한다.

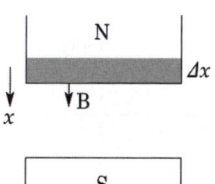

답 ④

08 점 $P(1, 2, 3)$[m]와 $Q(2, 0, 5)$[m]에 각각 4×10^{-5}[C]과 -2×10^{-4}[C]의 점전하가 있을 때, 점 P에 작용하는 힘은 몇 [N]인가?

① $\frac{8}{3}(i - 2j + 2k)$ ② $\frac{8}{3}(-i - 2j + 2k)$

③ $\frac{3}{8}(i + 2j + 2k)$ ④ $\frac{3}{8}(2i + j - 2k)$

풀이

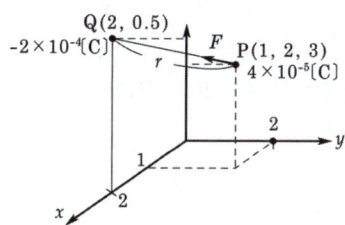

$$\vec{F} = \frac{Q_1 Q_2}{4\pi\epsilon_0 r^2}\vec{r}[N]$$

$$\vec{r} = (1, 2, 3) - (2, 0, 5) = (-1, 2, -2) = -i + 2j - 2k$$

$$\vec{F} = 9 \times 10^9 \times \frac{4 \times 10^{-5} \times -2 \times 10^{-4}}{(\sqrt{(-1)^2 + (2)^2 + (-2)^2})^2} \times \frac{-i + 2j - 2k}{\sqrt{(-1)^2 + (2)^2 + (-2)^2}}$$

$$= -8 \cdot \frac{1}{3}(-i + 2j - 2k) = -\frac{8}{3}(-i + 2j - 2k) = \frac{8}{3}(i - 2j + 2k)$$

답 ①

09 강자성체가 아닌 것은?

① 철(Fe)   ② 니켈(Ni)   ③ 백금(Pt)   ④ 코발트(Co)

풀이
- 강자성체 : 철(Fe), 니켈(Ni), 코발트(Co)
- 상자성체 : 알루미늄(Al), 망간(Mn), 백금(Pt), 텅스텐(W), 주석(Sn), 산소(O_2), 질소(N_2) 등
- 반자성체 : 비스무트(Bi), 구리(Cu), 탄소(C), 규소(Si), 은(Ag), 납(Pb) 등

답 ③

10 점전하 $+Q$의 무한 평면도체에 대한 영상전하는?

① $+Q$ ② $-Q$ ③ $+2Q$ ④ $-2Q$

풀이 무한평면으로부터 $r[m]$ 떨어진 P점에 점전하 $+Q[C]$가 있는 경우 영상전하는 무한평면 뒤쪽으로 점 P의 대칭점에 존재하며, 그 크기는 점전하와 같고 부호는 반대로 $Q'=-Q[C]$이다.

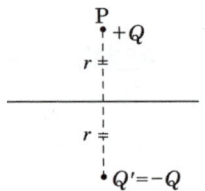

답 ②

11 벡터 $A = 2i - 6j - 3k$ 와 $B = 4i + 3j - k$에 수직한 단위 벡터는?

① $\pm\left(\dfrac{3}{7}i - \dfrac{2}{7}j + \dfrac{6}{7}k\right)$ ② $\pm\left(\dfrac{3}{7}i + \dfrac{2}{7}j - \dfrac{6}{7}k\right)$

③ $\pm\left(\dfrac{3}{7}i - \dfrac{2}{7}j - \dfrac{6}{7}k\right)$ ④ $\pm\left(\dfrac{3}{7}i + \dfrac{2}{7}j + \dfrac{6}{7}k\right)$

풀이 벡터적의 정의를 이용하면 $A \times B = |A \times B|n$ (n : 법선 벡터이므로 A와 B에 수직인 단위 벡터)

$$n = \frac{A \times B}{|A \times B|} = \frac{\begin{vmatrix} i & j & k \\ 2 & -6 & -3 \\ 4 & 3 & -1 \end{vmatrix}}{|A \times B|} = \frac{15i - 10j + 30k}{\sqrt{15^2 + (-10)^2 + 30^2}}$$

$$= \frac{1}{35}(15i - 10j + 30k) = \frac{3}{7}i - \frac{2}{7}j + \frac{6}{7}k$$

법선 벡터 n의 부(-)의 벡터도 벡터 A와 B에 수직이 되므로

$n = \pm\left(\dfrac{3}{7}i - \dfrac{2}{7}j + \dfrac{6}{7}k\right)$가 된다.

답 ①

12 도전성을 가진 매질 내의 평면파에서 전송계수를 γ를 표현한 것으로 알맞은 것은? (단, α는 감쇠정수, β는 위상정수이다.)

① $\gamma = \alpha + j\beta$ ② $\gamma = \alpha - j\beta$
③ $\gamma = j\alpha + \beta$ ④ $\gamma = j\alpha - \beta$

풀이 전송계수 $\gamma = \alpha + j\beta$
(여기서, α : 감쇠정수, β : 위상정수)

답 ①

13 접지 구도체와 점전하 간의 작용력은?

① 항상 반발력이다.   ② 항상 흡인력이다.
③ 조건적 반발력이다.   ④ 조건적 흡인력이다.

풀이 접지 구도체에는 항상 점전하와 반대 극성인 전하($Q' = -\dfrac{a}{d}Q$)가 유도되므로 항상 흡인력이 작용한다.

답 ②

14. 공기 중에서 1[V/m]의 크기를 가진 정현파 전계에 대한 변위전류 1[A/m²]를 흐르게 하기 위해서는 이 전계의 주파수가 몇 [MHz]가 되어야 하는가?
① 1500[MHz]
② 1800[MHz]
③ 15000[MHz]
④ 18000[MHz]

풀이

$\omega = 2\pi f = \dfrac{i_d}{\epsilon E}$ 이므로

$\therefore f = \dfrac{i_d}{2\pi \epsilon_o \epsilon_s E} = \dfrac{1}{2\pi \times \dfrac{1}{4\pi \times 9 \times 10^9} \times 1 \times 1} \times 10^{-6} \fallingdotseq 18000\,[\text{MHz}]$

답 ④

15. 열전대는 무슨 효과를 이용한 것인가?
① 압전효과
② 제벡 효과
③ 홀 효과
④ 가우스 효과

풀이 제벡 효과(Seebeck effect)
서로 다른 두 종류의 금속선을 접합하여 폐회로를 만든 후 두 접합점의 온도를 달리하였을 때, 폐회로에 열기전력이 발생하여 열전류가 흐르게 된다. 이러한 현상을 제벡 효과라 하며 이때 연결한 금속 루프를 **열전대**라 한다.

답 ②

16. 그림과 같이 평행 왕복 도선에 $\pm I$[A]가 흐르고 있을 때 점 $\mathrm{P}\,(\theta = 90°)$의 자계의 세기는 몇 [AT/m]인가?

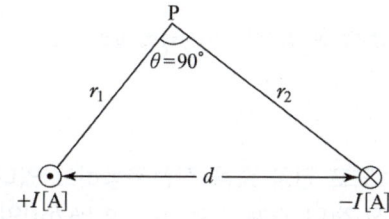

① $\dfrac{I}{2\pi d}$
② $\dfrac{I}{2\pi r_1 r_2}$
③ $\dfrac{I\sqrt{r_1 + r_2}}{2\pi d}$
④ $\dfrac{Id}{2\pi r_1 r_2}$

풀이

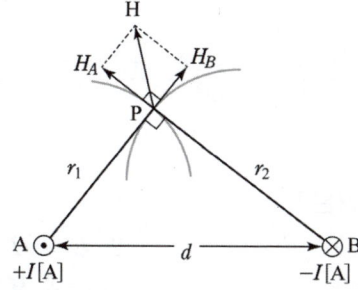

그림에서 A와 B 도선 전류에 의한 자계는 암페어 오른나사 법칙에 의해 동심원을 그리므로 점 P에서의 자계 방향은 접선 방향 H_A, H_B ($H_A \neq H_B$)가 되고, 크기는 각각

$$H_A = \frac{I}{2\pi r_1}, \quad H_B = \frac{I}{2\pi r_2}$$

이다. 두 자계 H_A, H_B가 이루는 각은 기하학적으로 90°이므로 두 자계 H_A, H_B의 합성자계 H는 피타고라스 정리에 의해

$$\therefore H = \sqrt{H_A^2 + H_B^2} = \sqrt{\left(\frac{I}{2\pi r_1}\right)^2 + \left(\frac{I}{2\pi r_2}\right)^2} = \sqrt{\frac{I^2}{(2\pi)^2}\left(\frac{1}{r_1^2} + \frac{1}{r_2^2}\right)}$$

$$= \sqrt{\frac{I^2}{(2\pi)^2}\left(\frac{r_1^2 + r_2^2}{r_1^2 r_2^2}\right)} \quad (r_1^2 + r_2^2 = d^2)$$

$$= \sqrt{\frac{I^2}{(2\pi)^2}\left(\frac{d^2}{r_1^2 r_2^2}\right)} = \frac{Id}{2\pi r_1 r_2}\,[\text{AT/m}]$$

답 ④

17 전류에 의한 자계의 방향을 결정하는 법칙은?

① 렌츠의 법칙
② 플레밍의 왼손 법칙
③ 플레밍의 오른손 법칙
④ 암페어의 오른나사 법칙

풀이

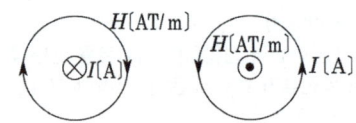

- 전류에 의한 자계의 방향은 암페어의 오른 나사 법칙에 따르며 그림과 같은 방향이다.
- 플레밍의 오른손 법칙(발전기의 경우) :
  자계 중에서 도체가 운동할 때 유기 기전력의 방향을 결정
- 플레밍의 왼손 법칙(전동기의 경우) :
  자계 중에 있는 도체에 전류를 흘릴 때의 도체의 운동 방향을 결정
- 렌츠의 법칙 :
  도체 주위의 자속이 변화할 때 유기되는 기전력의 방향이 그 자속의 변화를 방해하는 방향으로 생긴다.

답 ④

18 전하 $8\pi\,[\text{C}]$이 $8\,[\text{m/s}]$의 속도로 진공 중을 직선운동하고 있다면, 이 운동 방향에 대하여 각도 θ이고, 거리 $4\,[\text{m}]$ 떨어진 점의 자계의 세기는 몇 $[\text{A/m}]$인가?

① $\cos\theta$
② $\dfrac{1}{2\sin\theta}$
③ $\sin\theta$
④ $2\sin\theta$

풀이

등가전류 $I = \dfrac{q}{t} = \dfrac{qv}{l}\left(\because v = \dfrac{l}{t}\right)$

비오사바르 법칙 $H = \dfrac{Il\sin\theta}{4\pi r^2} = \dfrac{qv\sin\theta}{4\pi r^2} = \dfrac{8\pi \times 8 \times \sin\theta}{4\pi \times 4^2} = \sin\theta\,[\text{A/m}]$

답 ③

19 전자파의 에너지 전달방향은?

① $\nabla \times E$의 방향과 같다.
② $E \times H$의 방향과 같다.
③ 전계 E의 방향과 같다.
④ 자계 H의 방향과 같다.

풀이 전계 E_x와 자계 H_y는 같은 위상(동상)으로 진행하고 $E \times H$ 방향이 전자파의 진행방향이며, 이 세 성분의 방향은 서로 직교한다.

답 ②

20 도체의 성질에 대한 설명으로 틀린 것은?

① 도체 내부의 전계는 0이다.
② 전하는 도체 표면에만 존재한다.
③ 도체의 표면 및 내부의 전위는 등전위이다.
④ 도체 표면의 전하밀도는 표면의 곡률이 큰 부분일수록 작다.

풀이 도체의 성질과 전하분포
① 도체 표면과 내부의 전위는 동일하고(등전위), 표면은 등전위면이다.
② 도체 내부의 전계의 세기는 0이다.
③ 전하는 도체 내부에는 존재하지 않고, 도체 표면에만 분포한다.
④ 도체 면에서의 전계의 세기는 도체 표면에 항상 수직이다.
⑤ 도체 표면에서의 전하밀도는 곡률이 클수록 높다. 즉, 곡률반경이 작을수록 높다.
⑥ 중공부에 전하가 없고 대전 도체라면, 전하는 도체 외부의 표면에만 분포한다.
⑦ 중공부에 전하를 두면 도체내부표면에 동량 이부호, 도체 외부 표면에 동량 동부호의 전하가 분포한다.

답 ④

2과목 전력공학

21 전압이 일정값 이하로 되었을 때 동작하는 것으로서 단락 시 고장 검출용으로도 사용되는 계전기는?

① OVR
② OVGR
③ NSR
④ UVR

풀이 ① 전압이 정정값 이하 시 동작 : 부족 전압 계전기(UVR)
② 전압이 정정값 초과 시 동작 : 과전압 계전기(OVR)

답 ④

22 출력 5000[kW], 유효낙차 50[m]인 수차에서 안내날개의 개방상태나 효율의 변화 없이 일정할 때 유효낙차가 5[m] 줄었을 경우 출력은 약 몇 [kW]인가?

① 4000
② 4270
③ 4500
④ 4740

풀이 출력을 P, 사용 수량을 Q, 유효 낙차를 H라고 하면 $P = 9.8 QH\eta$이므로 $P \propto QH$

수차에 유입하는 물의 유속 $v = C\sqrt{2gH}$에서 $v \propto H^{\frac{1}{2}}$

$Q = Av$에서 안내 날개의 개도 A는 일정하므로 $Q \propto v \propto H^{\frac{1}{2}}$ 그러므로, $P \propto QH \propto H^{\frac{3}{2}}$

지금 P_1 : 낙차 변화 전의 출력[kW], P_2 : 낙차 변화 후의 출력[kW],
H_1 : 변화 전의 낙차, H_2 : 변화 후의 낙차라고 하면

$\therefore P_2 = P_1 \left(\dfrac{H_2}{H_1}\right)^{3/2} = 5000 \times \left(\dfrac{50-5}{50}\right)^{3/2} = 5000 \times 0.854 = 4270 \text{[kW]}$

답 ②

23 송전선에 복도체를 사용할 때의 설명으로 틀린 것은?
① 코로나 손실이 경감된다.
② 안정도가 상승하고 송전용량이 증가한다.
③ 정전 반발력에 의한 전선의 진동이 감소된다.
④ 전선의 인덕턴스는 감소하고, 정전용량이 증가한다.

풀이 단도체 방식에 비해서 복도체 방식의 특징은
① 전선의 인덕턴스가 감소하고 정전 용량이 증가되어 선로의 송전용량이 증가하고 계통의 안정도를 증진시킨다.
② 전선 표면의 전위 경도가 저감되므로 코로나 임계 전압을 높일 수 있고 코로나손, 코로나 잡음 등의 장해가 저감된다.
③ 모든 소도체에는 동일 방향으로 전류가 흐르므로 흡인력이 생긴다. **답** ③

24 비접지식 송전선로에서 1선 지락고장이 생겼을 경우 지락점에 흐르는 전류는?
① 직선성을 가진 직류이다.
② 고장 상의 전압과 동상의 전류이다.
③ 고장 상의 전압보다 90° 늦은 전류이다.
④ 고장 상의 전압보다 90° 빠른 전류이다.

풀이 지락전류 $I_g = j3\omega C_s E$[A]
따라서, 지락 전류는 전압보다 $+j(90°)$ 앞선 전류가 흐른다. **답** ④

25 전력계통의 전압안정도를 나타내는 P-V 곡선에 대한 설명 중 적합하지 않은 것은?
① 가로축은 수전단 전압을 세로축은 무효전력을 나타낸다.
② 진상무효전력이 부족하면 전압은 안정되고 진상무효전력이 과잉되면 전압은 불안정하게 된다.
③ 전압 불안정 현상이 일어나지 않도록 전압을 일정하게 유지하려면 무효전력을 적절하게 공급하여야 한다.
④ P-V 곡선에서 주어진 역률에서 전압을 증가시키더라도 송전할 수 있는 최대 전력이 존재하는 임계점이 있다.

풀이

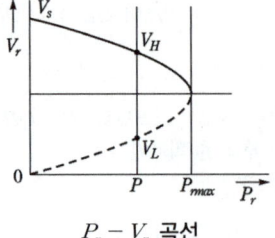

$P_r - V_r$ 곡선

즉, P-V 곡선의 가로축은 유효전력을 세로축은 수전단 전압을 나타낸다. **답** ①

26. 송전선에 코로나가 발생하면 전선이 부식된다. 무엇에 의하여 부식되는가?

① 산소　　② 질소　　③ 수소　　④ 오존

풀이 오존과 산화질소는 코로나 방전 시에 발생하며 습기와 혼합하면 질산이 되므로 전선이나 부속물을 부식시킨다. **답 ④**

27. 수압관의 평균지름(안지름)을 D[m], 관 내의 평균유속을 v [m/s]라고 할 때, 유량 Q [m³/s]은?

① $\pi D^2 V$　　② $2\pi D^2 V$　　③ $\dfrac{\pi}{4} D^2 V$　　④ $\dfrac{\pi}{8} D^2 V$

풀이 사용 유량 $Q = \dfrac{\pi}{4} D^2 V$ [m³/s]

단, V : 관 내의 평균 유속[m/s], D : 관의 지름[m] **답 ③**

28. 역률 0.8, 출력 360[kW]인 3상 평형유도 부하가 3상 배전선로에 접속되어 있다. 부하단의 수전전압이 6000[V], 배전선 1조의 저항 및 리액턴스가 각각 5[Ω], 4[Ω]라고 하면 송전단 전압은 몇 [V]인가?

① 6120　　② 6277　　③ 6300　　④ 6480

풀이 출력 $P = \sqrt{3}\, VI\cos\theta$ 이므로

전류 $I = \dfrac{P \times 10^3}{\sqrt{3}\, V\cos\theta} = \dfrac{360 \times 10^3}{\sqrt{3} \times 6000 \times 0.8} = 43.3$[A]

따라서 송전단전압
$V_s = V_r + \sqrt{3}\, I(R\cos\theta + X\sin\theta) = 6000 + \sqrt{3} \times 43.3 \times (5 \times 0.8 + 4 \times 0.6) \fallingdotseq 6480$[V] **답 ④**

29. 직류 2선식 배전선로에서 전압변동률과 전력손실률과의 관계는?

① 전압변동률은 전력손실률의 $\sqrt{3}$ 배이다.
② 전압변동률은 전력손실률의 2배이다.
③ 전압변동률과 전력손실률은 서로 같다.
④ 전압변동률은 전력손실률의 $\dfrac{1}{2}$ 배이다.

풀이
• 직류 선로에서는 인덕턴스를 고려하지 않아도 되므로, 전압변동률과 전압강하율은 서로 같다.
• 전압변동률 $= \dfrac{E_{r0} - E_r}{E_r} \times 100 = \dfrac{E_s - E_r}{E_r} \times 100 =$ 전압강하율
• 왕복 전체 길이의 저항을 R, 전부하 전류를 I 라고 하면

전압강하율 $= \dfrac{E_s - E_r}{E_r} \times 100 = \dfrac{IR}{E_r} \times 100 = \dfrac{I^2 R}{E_r I} \times 100 =$ 전력손실률

따라서, 전압변동률과 전력손실률은 서로 같다. **답 ③**

30 송전선로에 충전전류가 흐르면 수전단 전압이 송전단 전압보다 높아지는 현상과 이 현상의 발생 원인으로 가장 옳은 것은?

① 페란티 효과, 선로의 인덕턴스 때문
② 페란티 효과, 선로의 정전용량 때문
③ 근접 효과, 선로의 인덕턴스 때문
④ 근접 효과, 선로의 정전용량 때문

풀이 페란티 현상이란 선로의 정전 용량으로 인하여 무부하시나 경부하시에 진상 전류가 흘러 수전단 전압이 송전단 전압보다 높아지는 현상을 말하며 이의 대책으로는 분로 리액터나 동기 조상기의 지상 용량으로 방지할 수 있다. **답** ②

31 가스차단기에 대한 설명으로 틀린 것은?

① 절연회복이 빨라 고전압, 대전류에 적합하다.
② 액화 방지 및 산화 방지 대책이 필요 없다.
③ 소호능력이 뛰어나다.
④ 절연내력이 우수하다.

풀이 SF_6 가스 차단기의 특징
[장점] • 밀폐구조이므로 소음이 없다.
• 소전류 차단에도 안정된 차단이 가능하다.
• 절연내력이 공기의 2~3배, 소호 능력은 공기의 100~200배
• 근거리 고장 등 가혹한 재기전압에 대해서도 성능이 우수
• SF_6 가스는 무독, 무취, 무해성이다.
[단점] • 내부를 직접 눈으로 볼 수 없다.
• 가스 압력, 수분 등을 엄중하게 감시할 필요가 있다.
• 한랭지, 산악지방에서는 액화 방지대책이 필요하다.
• 내부점검, 부품교환이 번거롭다.
• 비교적 고가이다. **답** ②

32 단상 2선식과 3상 3선식의 부하전력, 전압을 같게 하였을 때 단상 2선식의 선로전류를 100 [%]로 보았을 경우, 3상 3선식의 선로 전류는?

① 38[%] ② 48[%] ③ 58[%] ④ 68[%]

풀이 $VI_1\cos\theta = \sqrt{3}\,VI_3\cos\theta \rightarrow I_1 = \sqrt{3}\,I_3$

$\therefore \dfrac{I_3}{I_1} \times 100 = \dfrac{1}{\sqrt{3}} \times 100 = 58[\%]$ **답** ③

33 전력용 퓨즈는 주로 어떤 전류의 차단을 목적으로 사용하는가?

① 지락전류 ② 단락전류 ③ 과도전류 ④ 과부하전류

풀이 전력용 퓨즈는 단락 보호용으로 사용된다. **답** ②

34 그림과 같은 배전선로에서 부하의 급전 시와 차단 시에 조작 방법 중 옳은 것은?

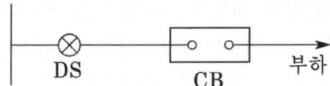

① 급전 시는 DS, CB 순이고, 차단 시는 CB, DS 순이다
② 급전 시는 CB, DS 순이고, 차단 시는 DS, CB 순이다.
③ 급전 및 차단 시 모두 DS, CB 순이다.
④ 급전 및 차단 시 모두 CB, DS 순이다.

> 풀이: 단로기는 부하 차단 능력이 없으므로 정전시 CB – DS, 급전시 DS – CB가 되어야 한다. 즉, 차단기가 열려 있어야 단로기를 여닫을 수 있다. 답 ①

35 송전선로의 중성점을 접지하는 목적이 아닌 것은?
① 송전 용량의 증가
② 과도 안정도의 증진
③ 이상 전압 발생의 억제
④ 보호 계전기의 신속, 확실한 동작

> 풀이: 송전 선로의 중성점 접지의 목적
> ① 이상 전압 발생 방지
> ② 1선 지락시 건전상 전압 상승 억제 및 기기나 선로의 절연 절감
> ③ 보호 계전기 동작 확실
> ④ 소호 리액터 계통에서의 1선 지락시 아크 소멸
> 송전 용량을 증가시키려면 선로의 직렬 리액턴스 성분을 감소시켜야 한다. 답 ①

36 유량을 구분할 때 매년 1~2회 발생하는 출수의 유량을 나타내는 것은?
① 홍수량
② 풍수량
③ 고수량
④ 갈수량

> 풀이: ① 홍수량 : 3~5년에 한 번씩 발생하는 출수의 유량
> ② 풍수량 : 1년을 통하여 95일은 이보다 내려가지 않는 유량(3개월 유량)
> ③ 고수량 : 매년 한두 번 발생하는 출수의 유량
> ④ 갈수량 : 1년을 통하여 355일은 이보다 내려가지 않는 유량 답 ③

37 66[kV], 60[Hz] 3상 3선식 선로에서 중성점을 소호리액터 접지하여 완전 공진상태로 되었을 때 중성점에 흐르는 전류는 몇 [A]인가? (단, 소호리액터를 포함한 영상회로의 등가저항은 200[Ω], 중성점 잔류전압은 4400[V]라고 한다.)
① 11
② 22
③ 33
④ 44

> 풀이: 공진 시 리액턴스 성분은 0이 되므로
> 완전 공진 시 전류 $I = \dfrac{E}{R} = \dfrac{4400}{200} = 22[A]$ 답 ②

38 위상 비교 반송 방식에 대한 설명으로 맞는 것은?
① 일단에서의 전압과 타단에서의 전압의 위상각을 비교한다.
② 일단에서 유입하는 전류와 타단에서 유출하는 전류의 위상각을 비교한다.
③ 일단에서 유입하는 전류와 타단에서의 전압의 위상각을 비교한다.
④ 일단에서의 전압과 타단에서 유출되는 전류의 위상각을 비교한다.

풀이 위상 비교 방식은 양단자에서 검출되는 전류의 위상차로 사고를 판단하는 방식이다. **답** ②

39 저압 네트워크 배전방식에 대한 설명으로 틀린 것은?
① 전압강하가 적다.
② 부하 밀도가 적은 곳에 유용하다.
③ 무정전 공급의 신뢰도가 높다.
④ 부하의 증가에 대한 적응성이 크다.

풀이 네트워크 배전방식의 장점
① 무정전 공급에 대한 신뢰도 높다.   ② 기기 이용률 향상된다.
③ 전압변동이 적다.   ④ 적응성 양호하다.
⑤ 전력손실이 감소한다.   ⑥ 변전소 수를 줄일 수 있다.   **답** ②

40 외뢰(外雷)에 대한 주 보호장치로서 송전계통의 절연협조의 기본이 되는 것은?
① 애자   ② 변압기   ③ 차단기   ④ 피뢰기

풀이 계통 내의 각 기기, 기구 및 애자 등의 상호간에 적정한 절연 강도를 지니게 함으로써 계통 설계를 합리적, 경제적으로 할 수 있게 한 것을 절연 협조라고 하며 피뢰기의 제한 전압이 기본이 된다.   **답** ④

3과목 전기기기

41 전기자저항과 계자저항이 각각 0.8[Ω]인 직류직권전동기가 회전수 200[rpm], 전기자전류 30[A]일 때 역기전력은 300[V]이다. 이 전동기의 단자전압을 500[V]로 사용한다면 전기자전류가 위와 같은 30[A]로 될 때의 속도[rpm]는? (단, 전기자 반작용, 마찰손, 풍손 및 철손은 무시한다.)

① 200   ② 301   ③ 452   ④ 500

풀이 ① 전기자 반작용을 무시하면 $E = k\phi \dfrac{N}{60}$ 이고, 전류는 같으므로 자속 ϕ는 일정하다. 따라서, 속도는 역기전력에 비례($E \propto N$)한다.
② 단자전압 500[V], 전기자전류 30[A]일 때
- 역기전력 $E_0 = V - I_a(r_a + r_f) = 500 - (0.8 + 0.8) \times 30 = 452$[V]
- $\dfrac{E}{E_0} = \dfrac{N}{N_0} \rightarrow \dfrac{300}{452} = \dfrac{200}{N_0}$

∴ $N_0 = 200 \times \dfrac{452}{300} = 301.3$[rpm]   **답** ②

42 3상 동기기의 제동권선을 사용하는 주 목적은?

① 출력이 증가한다. ② 효율이 증가한다.
③ 역률을 개선한다. ④ 난조를 방지한다.

> **풀이** 제동권선의 역할
> ① 난조방지
> ② 기동 토크 발생
> ③ 불평형부하 시의 전류, 전압파형 개선
> ④ 송전선의 불평형 단락 시의 이상전압 방지
>
> **답** ④

43 타여자 직류전동기의 속도제어에 사용되는 워드 레오나드(Ward Leonard) 방식은 다음 중 어느 제어법을 이용한 것인가?

① 저항제어법 ② 전압제어법
③ 주파수제어법 ④ 직병렬제어법

> **풀이** 직류 전동기의 속도 제어법 비교
>
> | 구 분 | 제어 특성 | 특 징 |
> |---|---|---|
> | 계자제어법 | • 정출력 제어 | • 속도제어범위가 좁다. |
> | 전압제어법 | • 정토크 제어
 - 워드 레오나드 방식
 - 일그너 방식 | • 제어범위가 넓다.
• 손실이 매우 적다.
• 정역 운전이 가능
• 설비비가 많이든다. |
> | 직렬저항법 | | • 효율이 나쁘다. |
>
> **답** ②

44 동기발전기의 병렬운전에서 기전력의 위상이 다른 경우, 동기화력(P_s)을 나타낸 식은?
(단, P : 수수전력, δ : 상차각 이다.)

① $P_s = \dfrac{dP}{d\delta}$ ② $P_s = \int P d\delta$

③ $P_s = P \times \cos\delta$ ④ $P_s = \dfrac{P}{\cos\delta}$

> **풀이** 동기화력은 상차각 δ의 미소변동에 대한 출력(P)의 변화율이므로
> $P_s = \dfrac{dP}{d\delta} = \dfrac{d}{d\delta} \cdot \dfrac{E^2}{2x_s}\sin\delta = \dfrac{E^2}{2x_s}\cos\delta [\text{W}]$
>
> **답** ①

45 전기자 총 도체수 500, 6극, 중권의 직류전동기가 있다. 전기자 전 전류가 100[A]일 때의 발생 토크는 약 몇 [kg·m]인가? (단, 1극당 자속수는 0.01[Wb]이다.)

① 8.12 ② 9.54 ③ 10.25 ④ 11.58

> **풀이** 토크 $\tau = \dfrac{pZ\phi I_a}{2\pi a}[\text{N·m}] \times \dfrac{1}{9.8}[\text{kg·m}] = \dfrac{6 \times 500 \times 0.01 \times 100}{2\pi \times 6} \times \dfrac{1}{9.8} = 8.12[\text{kg·m}]$
>
> **답** ①

46 동기조상기를 부족여자로 사용하면?

① 리액터로 작용
② 저항손의 보상
③ 일반 부하의 뒤진 전류를 보상
④ 콘덴서로 작용

풀이 동기조상기는 동기전동기를 무부하로 회전시켜 직류 계자전류 I_f 의 크기를 조정하여 무효전력을 지상 또는 진상으로 제어하는 기기이다.
- 과여자(진역률) : 콘덴서로 작용
- 부족여자(지역률) : 리액터로 작용

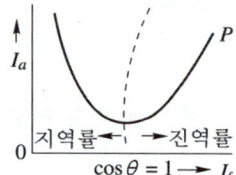

답 ①

47 슬립 5[%]인 유도전동기의 기계적 출력을 대표하는 부하저항은 2차 저항의 몇 배인가?

① 19
② 20
③ 29
④ 40

풀이 부하저항 $R = r_2'\left(\dfrac{1}{s} - 1\right) = r_2'\left(\dfrac{1}{0.05} - 1\right) = 19 r_2'$

답 ①

48 3상 동기발전기가 그림과 같이 1선 지락이 발생하였을 경우 지락전류 I_0 를 구하는 식은? (단, E_a 는 무부하 유기기전력의 상전압, Z_0, Z_1, Z_2 는 영상, 정상, 역상 임피던스이다.)

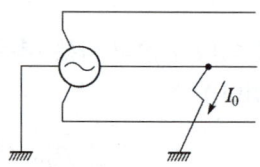

① $\dot{I_0} = \dfrac{3\dot{E_a}}{\dot{Z_0} \times \dot{Z_1} \times \dot{Z_2}}$
② $\dot{I_0} = \dfrac{\dot{E_a}}{\dot{Z_0} \times \dot{Z_1} \times \dot{Z_2}}$
③ $\dot{I_0} = \dfrac{3\dot{E_a}}{\dot{Z_0} + \dot{Z_1} + \dot{Z_2}}$
④ $\dot{I_0} = \dfrac{3\dot{E_a}}{\dot{Z_0} + \dot{Z_1}^2 + \dot{Z_2}^3}$

풀이 1선 지락전류 $\dot{I_0} = \dfrac{3\dot{E_a}}{\dot{Z_0} + \dot{Z_1} + \dot{Z_2}}$ [A]

답 ③

49 직류기의 전기자 반작용의 영향이 아닌 것은?

① 주자속이 증가한다.
② 전기적 중성축이 이동한다.
③ 정류 작용에 악영향을 준다.
④ 정류자 편간전압이 상승한다.

풀이 전기자 반작용의 영향
① 전기적 중성축 이동
- 발전기 : 회전 방향으로 이동
- 전동기 : 회전 방향과 반대 방향으로 이동
② 주자속 감소
③ 정류자 편간의 불꽃 섬락 발생
④ 출력의 저하

답 ①

50 직류전동기의 속도제어 방법에서 광범위한 속도 제어가 가능하며, 운전효율이 가장 좋은 방법은?
① 계자제어   ② 전압제어
③ 직렬 저항제어   ④ 병렬 저항제어

풀이 직류 전동기의 속도 제어법 비교

구 분	제어 특성	특 징
계자제어법	• 정출력 제어	• 속도제어범위가 좁다.

전압제어법	• 정토크 제어
	  – 워드 레오나드 방식
	  – 일그너 방식
		• 제어범위가 넓다.
		• 손실이 매우 적다.
		• 정역 운전이 가능
		• 설비비가 많이든다.

직렬저항법		• 효율이 나쁘다.

답 ②

51 계자저항 100[Ω], 계자전류 2[A], 전기자 저항이 0.2[Ω]이고, 무부하 정격속도로 회전하고 있는 직류 분권발전기가 있다. 이때의 유기기전력[V]은?
① 196.2   ② 200.4   ③ 220.5   ④ 320.2

풀이 단자전압 V는 계자 회로의 전압강하와 같으므로
$V = R_f I_f = 100 \times 2 = 200[V]$
$E = V + I_a R_a$ 식에서 $I_a = I_f$ 이므로(∵ 무부하)
∴ 유기기전력
 $E = V + I_f R_a = 200 + 2 \times 0.2 = 200.4[V]$

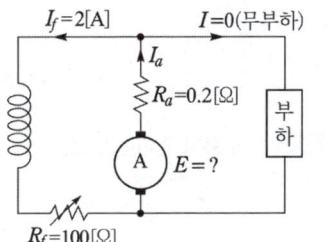

답 ②

52 단상 유도전동기를 기동 토크가 큰 것부터 낮은 순서로 배열한 것은?
① 모노사이클릭형 → 반발 유도형 → 반발 기동형 → 콘덴서 기동형 → 분상 기동형
② 반발 기동형 → 반발 유도형 → 모노사이클릭형 → 콘덴서 기동형 → 분상 기동형
③ 반발 기동형 → 반발 유도형 → 콘덴서 기동형 → 분상 기동형 → 모노사이클릭형
④ 반발 기동형 → 분상 기동형 → 콘덴서 기동형 → 반발 유도형 → 모노사이클릭형

풀이 단상 유도전동기에서 기동 토크가 큰 것부터 순서로 배열하면
반발 기동형 > 반발 유도형 > 콘덴서 기동형 > 분상 기동형 > 셰이딩 코일형 > 모노사이클릭형

답 ③

53 직류기에서 양호한 정류를 얻는 조건으로 틀린 것은?

① 정류 주기를 크게 한다.
② 브러시의 접촉 저항을 크게 한다.
③ 전기자 권선의 인덕턴스를 작게 한다.
④ 평균 리액턴스 전압을 브러시 접촉면 전압 강하보다 크게 한다.

풀이
① 정류 주기를 크게 하면 전류의 변화율, 즉 $\frac{di}{dt}$ 가 작아져서 불꽃 발생의 원인이 작아진다.
② L이 작아져도 역시 불꽃 발생의 근본 원인인 역기전력이 작아진다.
③ 리액턴스 전압은 $e_r = -L\frac{di}{dt}$ 로서 이것이 정류를 해치는 가장 큰 원인이 되는 것이다.
④ 브러시의 접촉 저항이 크면 저항 정류가 이루어져서 양호한 정류가 이루어진다.

답 ④

54 직류 직권전동기의 속도 제어에 사용되는 기기는?

① 초퍼
② 인버터
③ 듀얼 컨버터
④ 사이클로 컨버터

풀이
- AC-DC 컨버터(위상제어정류기) : 직류 전동기의 속도 제어
- DC-AC 인버터 : 교류 전동기의 속도 제어
- DC-DC 컨버터(직류초퍼회로) : 직류 전동기의 속도 제어
- AC-AC 컨버터(사이클로컨버터) : 가변 주파수, 가변 출력 전압 발생

답 ①

55 정격 전압을 E[V], 정격 전류를 I[A], 동기 임피던스를 Z_s[Ω]이라 할 때 퍼센트 동기 임피던스 $Z_s{'}$는? 이 때, E[V]는 선간 전압이다.

① $\dfrac{I \cdot Z_s}{\sqrt{3}\,E} \times 100$
② $\dfrac{I \cdot Z_s}{3E} \times 100$
③ $\dfrac{\sqrt{3} \cdot I \cdot Z_s}{E} \times 100$
④ $\dfrac{I \cdot Z_s}{E} \times 100$

풀이 % 동기 임피던스 $Z_s{'}$ 는

$\therefore Z_s{'} = \dfrac{IZ_s}{E_n} \times 100[\%] = \dfrac{IZ_s}{E/\sqrt{3}} \times 100[\%] = \dfrac{\sqrt{3}\,IZ_s}{E} \times 100[\%]$

답 ③

56 유도전동기의 동기 와트에 대한 설명으로 옳은 것은?

① 동기속도에서 1차 입력
② 동기속도에서 2차 입력
③ 동기속도에서 2차 출력
④ 동기속도에서 2차 동손

풀이 • 동기 와트란 슬립 s, 토크 T를 발생하며 회전하는 유도전동기가 같은 토크 T를 발생하며 동기 속도로 회전하는 것으로 가정하는 때의 출력 P_2를 말한다.

- **2차 입력(동기 와트)** P_2, 회전 각속도 ω, 동기 각속도 ω_s라 하면

$$T = \frac{P}{\omega} = \frac{P_2(1-s)}{\omega_s(1-s)} = \frac{P_2}{\omega_s}$$

$$\therefore P_2 = \omega_s T \text{ [동기 와트]}$$

답 ②

57. 동기기에서 동기 임피던스 값과 실용상 같은 것은? (단, 전기자 저항은 무시한다.)

① 전기자 누설 리액턴스 ② 동기 리액턴스
③ 유도 리액턴스 ④ 등가 리액턴스

풀이 동기 임피던스 $Z_s = r + jx_s [\Omega]$에서 일반적으로 전기자 저항 r은 매우 적으므로 무시하면 $Z_s \fallingdotseq x_s$ 즉, "**동기임피던스 = 동기리액턴스**"라고 한다.

답 ②

58. 정격전압 1차 6600[V], 2차 220[V]의 단상변압기 두 대를 승압기로 V결선하여 6300 [V]의 3상 전원에 접속한다면 승압된 전압[V]은?

① 6410 ② 6460 ③ 6510 ④ 6560

풀이 승압된 전압 $E_2 = E_1\left(1 + \frac{1}{n}\right) = 6300\left(1 + \frac{220}{6600}\right) = 6510[V]$

답 ③

59. 유기기전력 210[V], 단자전압 200[V]인 5[kW] 분권 발전기의 계자저항이 500[Ω]이면 그 전기자 저항[Ω]은?

① 0.2 ② 0.4 ③ 0.6 ④ 0.8

풀이 $I_f = \frac{V}{R_f} = \frac{200}{500} = 0.4[A]$, $I = \frac{P}{V} = \frac{5 \times 10^3}{200} = 25[A]$

전기자 전류 I_a는 $I_a = I + I_f$이므로
$I_a = 25 + 0.4 = 25.4[A]$
또한, $V = E - I_a R_a$ 식에서
$\therefore R_a = \frac{E - V}{I_a} = \frac{210 - 200}{25.4} = \frac{10}{25.4} \fallingdotseq 0.4[\Omega]$

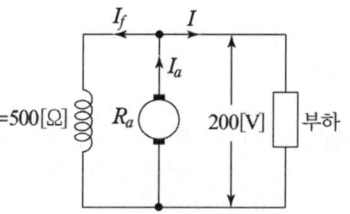

답 ②

60. 변압기의 내부고장에 대한 보호용으로 사용되는 계전기는 어느 것이 적당한가?

① 방향계전기 ② 과전류계전기
③ 접지계전기 ④ 비율차동계전기

풀이 변압기 내부고장 검출용 보호 계전기
① 차동 계전기(비율 차동 계전기)
② 압력 계전기
③ 부흐홀쯔 계전기
④ 가스 검출 계전기

답 ④

4과목　회로이론

61 3상 불평형 전압에서 역상전압이 50[V], 정상전압이 200[V], 영상전압이 10[V]라고 할 때 전압의 불평형률[%]은?

① 1   ② 5   ③ 25   ④ 50

풀이 불평형률 = $\dfrac{\text{역상 전압}}{\text{정상 전압}} \times 100 = \dfrac{50}{200} \times 100 = 25[\%]$ 답 ③

62 다음의 회로가 정저항 회로가 되기 위한 $L[H]$의 값은?

① 1
② 0.1
③ 0.01
④ 0.001

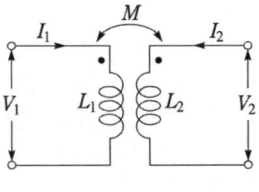

풀이 정저항의 조건 $R = \sqrt{\dfrac{L}{C}}$ 에서
$L = R^2 C = 10^2 \times 100 \times 10^{-6} = 0.01[H]$ 답 ③

63 그림과 같은 회로에서 임피던스 파라미터 Z_{11}은?

① sL_1
② sM
③ sL_1L_2
④ sL_2

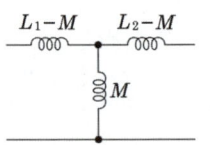

풀이 등가 T형 회로
$Z_{11} = Z_1 + Z_3 = L_1 - M + M = L_1$
$\therefore Z_{11} = sL_1$ 답 ①

64 일정 전압의 직류 전원에 저항을 접속하고 전류를 흘릴 때 이 전류값을 20[%] 증가시키기 위해서는 저항값을 몇 배로 하여야 하는가?

① 1.25배   ② 1.20배   ③ 0.83배   ④ 0.80배

풀이 $I_1 = \dfrac{E}{R_1}$ ······ ①, $I_2 = \dfrac{E}{R_2} = 1.2 I_1$ ······ ②
식 ①, ②에서 $E = I_1 R_1 = 1.2 I_1 R_2$
$\therefore R_2 = \dfrac{I_1 R_1}{1.2 I_1} \fallingdotseq 0.83 R_1$ 답 ③

65 그림과 같은 회로에 교류전압 $E=100\angle 0°$[V]를 인가할 때 전전류 I는 몇 [A]인가?

① $6+j28$
② $6-j28$
③ $28+j6$
④ $28-j6$

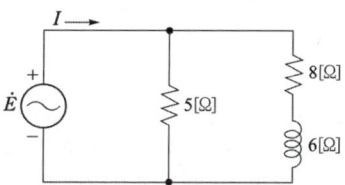

풀이 병렬연결 시 공급전압은 동일하므로

- 저항만의 회로에 흐르는 전류 $I_1 = \dfrac{E}{R} = \dfrac{100}{5} = 20$[A]
- $R-L$ 직렬회로에 흐르는 전류 $I_2 = \dfrac{E}{Z} = \dfrac{100}{8+j6} = \dfrac{100(8-j6)}{(8+j6)(8-j6)} = \dfrac{800-j600}{8^2+6^2} = 8-j6$[A]

$\therefore I = I_R + I_Z = 20 + 8 - j6 = 28 - j6$[A]

답 ④

---

66 정현파 교류의 실효값을 계산하는 식은?

① $I = \dfrac{1}{T}\displaystyle\int_0^T i^2 dt$
② $I^2 = \dfrac{2}{T}\displaystyle\int_0^T i\, dt$
③ $I^2 = \dfrac{1}{T}\displaystyle\int_0^T i^2 dt$
④ $I = \sqrt{\dfrac{2}{T}\displaystyle\int_0^T i^2 dt}$

풀이 동일한 저항 R에 직류전류 I[A]가 흐를 때 소비전력 $P_{DC} = I^2 R$[W]

교류전류 i[A]가 흐를 때 소비전력 P_{AC}는 주기를 T라 하면 $P_{AC} = \dfrac{1}{T}\displaystyle\int_0^T i^2 R\, dt$[W]

실효값의 정의에 의해 $P_{DC} = P_{AC}$ 이므로 $I^2 R = \dfrac{R}{T}\displaystyle\int_0^T i^2 dt$

$\therefore I^2 = \dfrac{1}{T}\displaystyle\int_0^T i^2 dt$

답 ③

---

67 4단자 정수를 구하는 식으로 틀린 것은?

① $A = \left(\dfrac{V_1}{V_2}\right)_{I_2=0}$
② $B = \left(\dfrac{V_2}{I_2}\right)_{V_1=0}$
③ $C = \left(\dfrac{I_1}{V_2}\right)_{I_2=0}$
④ $D = \left(\dfrac{I_1}{I_2}\right)_{V_2=0}$

풀이 A, B, C, D로 표시되는 4단자 기초 방정식은 $\begin{bmatrix} V_1 \\ I_1 \end{bmatrix} = \begin{bmatrix} A & B \\ C & D \end{bmatrix} \begin{bmatrix} V_2 \\ I_2 \end{bmatrix}$ 이며,

각 파라미터의 물리적 의미는

- 출력을 개방했을 때 전압 이득 $A = \dfrac{V_1}{V_2}\bigg|_{I_2=0}$
- 출력을 단락했을 때 전달 임피던스 $B = \dfrac{V_1}{I_2}\bigg|_{V_2=0}$
- 출력을 개방했을 때 전달 어드미턴스 $C = \dfrac{I_1}{V_2}\bigg|_{I_2=0}$
- 출력을 단락했을 때 전류 이득 $D = \dfrac{I_1}{I_2}\bigg|_{V_2=0}$

답 ②

68 2단자 회로 소자 중에서 인가한 전류파형과 동위상의 전압파형을 얻을 수 있는 것은?

① 저항
② 콘덴서
③ 인덕턴스
④ 저항 + 콘덴서

풀이 ① 저항 R에 정현파 전류($i = I_m \sin\omega t$)가 흐를 때
전압강하 $v_R = Ri = RI_m \sin\omega t = V_m \sin\omega t$ (전압과 전류는 동상)
② 인덕턴스 L에 정현파 전류가 흐를 때
전압강하 $v_L = L\dfrac{di}{dt} = V_m \sin(\omega t + 90°)$ (전압은 전류보다 90° 앞선다.)
③ 커패시턴스 C에 정현파 전류가 흐를 때
전압강하 $v_C = \dfrac{1}{C}\int i dt = V_m \sin(\omega t - 90°)$ (전압은 전류보다 90° 뒤진다.)

답 ①

69 0.1[H]인 코일의 리액턴스가 377[Ω]일 때 주파수[Hz]는?

① 60   ② 120   ③ 360   ④ 600

풀이 유도 리액턴스 $X_L = 2\pi f L$이므로
$\therefore f = \dfrac{X_L}{2\pi L} = \dfrac{377}{2 \times 3.14 \times 0.1} \fallingdotseq 600[\text{Hz}]$

답 ④

70 그림과 같은 회로에서 0.2[Ω]의 저항에 흐르는 전류는 몇 [A]인가?

① 0.1
② 0.2
③ 0.3
④ 0.4

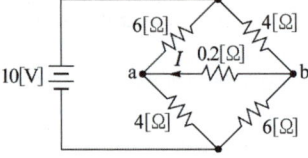

풀이 테브난 정리 이용 a, b 개방
$V_a = \dfrac{6}{6+4} \times 10 = 6[\text{V}]$
$V_b = \dfrac{4}{6+4} \times 10 = 4[\text{V}]$
$\therefore V_{ab} = V_a - V_b = 6 - 4 = 2[\text{V}]$
전압원을 제거(단락)하고 a, b에서 본 저항 R_t는

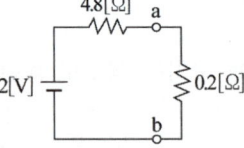

$R_t = \dfrac{6 \times 4}{6+4} + \dfrac{6 \times 4}{6+4} = 4.8[\Omega]$
$\therefore I = \dfrac{V}{R} = \dfrac{2}{4.8 + 0.2} = 0.4[\text{A}]$

답 ④

71 그림과 같은 회로에서 저항 R_4에 소비되는 전력은 약 몇 [W]인가?

① 2.38
② 4.76
③ 9.52
④ 29.2

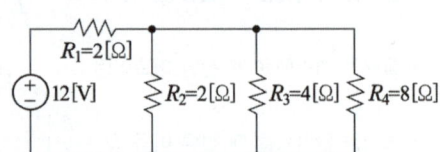

풀이
- R_2, R_3, R_4의 합성저항 $R_t = \dfrac{1}{\dfrac{1}{R_2}+\dfrac{1}{R_3}+\dfrac{1}{R_4}} = \dfrac{1}{\dfrac{1}{2}+\dfrac{1}{4}+\dfrac{1}{8}} = \dfrac{8}{7} = 1.14[\Omega]$
- R_2, R_3, R_4에 걸리는 전압 $V_t = \dfrac{12}{2+R_t} \times R_t = \dfrac{12}{2+1.14} \times 1.14 = 4.36[V]$
- R_4에서 소비되는 전력 $P_4 = \dfrac{V_t^2}{R_4} = \dfrac{4.36^2}{8} = 2.38[W]$

답 ①

72 RL 직렬회로에 $V_R = 100[V]$이고, $V_L = 173[V]$이다. 전원전압이 $v = \sqrt{2}\,V\sin\omega t[V]$일 때 리액턴스 양단 전압의 순시값 $V_L[V]$은?

① $173\sqrt{2}\sin(\omega t + 60°)$
② $173\sqrt{2}\sin(\omega t + 30°)$
③ $173\sqrt{2}\sin(\omega t - 60°)$
④ $173\sqrt{2}\sin(\omega t - 30°)$

풀이
$V = V_R + jV_L = 100 + j173 = 200\angle 60°[V]$
문제에서 V의 위상은 $0°$이며,
V_L이 V보다 $30°$ 앞서므로,
$V_L = 173\angle 30°[V]$
$\therefore v_L = 173\sqrt{2}\sin(\omega t + 30°)[V]$

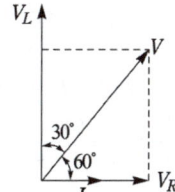

답 ②

73 입력신호가 V_i, 출력신호가 V_o일 때, $a_1 V_o + a_2 \dfrac{dV_o}{dt} + a_3 \int V_o\,dt = V_i$의 전달함수는?

① $\dfrac{s}{a_2 s^2 + a_1 s + a_3}$
② $\dfrac{1}{a_2 s^2 + a_1 s + a_3}$
③ $\dfrac{s}{a_3 s^2 + a_2 s + a_1}$
④ $\dfrac{1}{a_3 s^2 + a_2 s + a_1}$

풀이 초기값을 0으로 하고 라플라스 변환하면
$a_1 V_o(s) + a_2 s V_o(s) + a_3 \dfrac{1}{s} V_o(s) = V_i(s)$
$\left(a_1 + a_2 s + \dfrac{a_3}{s}\right) V_o(s) = V_i(s)$
$\therefore G(s) = \dfrac{V_o(s)}{V_i(s)} = \dfrac{1}{a_1 + a_2 s + \dfrac{a_3}{s}} = \dfrac{s}{a_2 s^2 + a_1 s + a_3}$

답 ①

74 어느 소자에 전압 $e = 125\sin 377t[V]$를 가했을 때 전류 $i = 50\cos 377t[A]$가 흘렀다. 이 회로의 소자는 어떤 종류인가?

① 순저항
② 용량 리액턴스
③ 유도 리액턴스
④ 저항과 유도 리액턴스

풀이 순시전압 $v = V_m \sin\omega t[V]$를 인가할 때의 회로해석

소자	순시전류	위상
R만의 회로	$i = \dfrac{V_m}{R}\sin\omega t[A]$	동상(전류와 전압의 위상이 같다.)
L만의 회로	$i_L = \dfrac{V_m}{\omega L}\sin\left(\omega t - \dfrac{\pi}{2}\right)[A]$	지상(전류가 전압보다 90° 뒤진다.)
C만의 회로	$i_C = \omega C V_m \sin\left(\omega t + \dfrac{\pi}{2}\right)[A]$	진상(전류가 전압보다 90° 앞선다.)

$i = 50\cos 377t = 50\sin(377t + 90°)[A]$
즉, 전류가 전압보다 위상이 90° 앞선 진상전류가 흐르므로 **용량 리액턴스**이다. **답** ②

75 대칭 3상 Y결선에서 선간전압이 $200\sqrt{3}$[V]이고 각 상의 임피던스가 $30 + j40[\Omega]$의 평형부하일 때 선전류[A]는?

① 2 ② $2\sqrt{3}$ ③ 4 ④ $4\sqrt{3}$

풀이 Y결선에서 $V_l = \sqrt{3}V_p$, $I_l = I_p$이므로

$\therefore I_l = I_p = \dfrac{V_p}{Z} = \dfrac{200}{\sqrt{30^2 + 40^2}} = 4[A]$

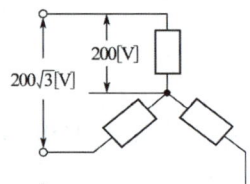

답 ③

76 분포 정수회로에서 직렬 임피던스 $Z[\Omega]$, 병렬 어드미턴스 $Y[\mho]$일 때 선로의 전파정수 γ는?

① $\sqrt{\dfrac{Z}{Y}}$ ② $\sqrt{\dfrac{Y}{Z}}$ ③ $\sqrt{ZY}$ ④ ZY

풀이 $Z = R + j\omega L[\Omega/m]$, $Y = G + j\omega C[\mho/m]$일 때 선로의 전파 정수 γ는
$\gamma = \sqrt{ZY} = \sqrt{(R+j\omega L)(G+j\omega C)}$ **답** ③

77 $\dfrac{1}{s^2 + 2s + 5}$의 라플라스 역변환 값은?

① $e^{-2t}\cos 2t$ ② $\dfrac{1}{2}e^{-t}\sin t$ ③ $\dfrac{1}{2}e^{-t}\sin 2t$ ④ $\dfrac{1}{2}e^{-t}\cos 2t$

풀이 $F(s) = \dfrac{1}{s^2 + 2s + 5} = \dfrac{1}{2} \cdot \dfrac{2}{(s+1)^2 + 2^2}$

$\therefore f(t) = \mathcal{L}^{-1}[F(s)] = \dfrac{1}{2}e^{-t}\sin 2t$ **답** ③

78. 그림과 같은 회로에서 $G_2[℧]$ 양단의 전압강하 $E_2[V]$는?

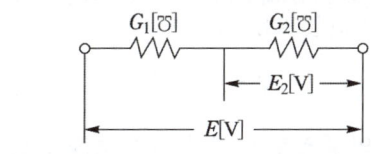

① $\dfrac{G_2}{G_1+G_2}E$ ② $\dfrac{G_1}{G_1+G_2}E$ ③ $\dfrac{G_1 G_2}{G_1+G_2}E$ ④ $\dfrac{G_1+G_2}{G_1+G_2}E$

풀이 전압분배법칙에 의해
$E_1 = \dfrac{G_2}{G_1+G_2}E[V]$, $E_2 = \dfrac{G_1}{G_1+G_2}E[V]$

답 ②

79. 1000[Hz]인 정현파 교류에서 5[mH]인 유도 리액턴스와 같은 용량 리액턴스를 갖는 C의 값은 몇 [μF]인가?

① 4.07   ② 5.07   ③ 6.07   ④ 7.07

풀이 $\omega L = \dfrac{1}{\omega C}$ 이므로

$\therefore C = \dfrac{1}{\omega^2 L} = \dfrac{1}{(2\times\pi\times 1000)^2 \times 5\times 10^{-3}} = 5.07\times 10^{-6} = 5.07[\mu F]$

답 ②

80. 1차 지연 요소의 전달함수는?

① K ② $\dfrac{K}{s}$ ③ Ks ④ $\dfrac{K}{1+Ts}$

풀이
- K : 비례 요소의 전달 함수
- $\dfrac{K}{s}$: 적분 요소의 전달 함수
- Ks : 미분 요소의 전달 함수
- $\dfrac{K}{Ts+1}$: 1차 지연 요소의 전달 함수

답 ④

5과목 전기설비기술기준

81. 저압 옥측전선로에서 목조의 조영물에 시설할 수 있는 공사방법은?
① 금속관공사
② 버스덕트공사
③ 합성수지관공사
④ 연피 또는 알루미늄 케이블공사

풀이 221.2 옥측전선로
저압 옥측전선로는 다음의 공사방법에 의할 것.
가. 애자공사(전개된 장소에 한한다.)
나. **합성수지관공사**
다. 금속관공사(**목조 이외의 조영물**에 시설하는 경우에 한한다)

라. 버스덕트공사[목조 이외의 조영물(점검할 수 없는 은폐된 장소는 제외한다)에 시설하는 경우에 한한다]
마. 케이블공사(연피 케이블·알루미늄피 케이블 또는 무기물 절연 케이블을 사용하는 경우에는 목조 이외의 조영물에 시설하는 경우에 한한다.) **답** ③

82 직류 750[V]인 경우 전차선로의 충전부와 차량 간의 동적 절연이격 거리는 몇 [mm] 이상인가?

① 25　　② 100　　③ 150　　④ 170

풀이 431.3 전차선로의 충전부와 차량 간의 최소 절연이격

시스템 종류	공칭전압(V)	동적(mm)	정적(mm)
직류	750	25	25
	1,500	100	150
단상교류	25,000	170	270

답 ①

83 다음 그림에서 L_1은 어떤 크기로 동작하는 기기의 명칭인가?

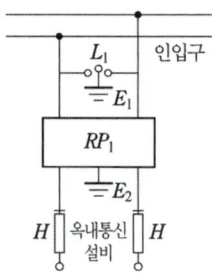

① 교류 1000[V] 이하에서 동작하는 단로기
② 교류 1000[V] 이하에서 동작하는 피뢰기
③ 교류 1500[V] 이하에서 동작하는 단로기
④ 교류 1500[V] 이하에서 동작하는 피뢰기

풀이 362.5 특고압 가공전선로 첨가설치 통신선의 시가지 인입 제한
- H : 250[mA] 이하에서 동작하는 열 코일
- RP_1 : 교류 300[V] 이하에서 동작하고, 최소 감도 전류가 3[A] 이하로서 최소 감도전류 때의 응동시간이 1사이클 이하이고 또한 전류 용량이 50[A], 20초 이상인 자복성(自復性)이 있는 릴레이 보안기
- L_1 : 교류 1[kV] 이하에서 동작하는 피뢰기
- E_1 및 E_2 : 접지

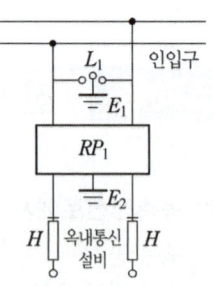

답 ②

84 고압 가공전선로의 지지물로 철탑을 사용한 경우 최대경간은 몇 [m] 이하이어야 하는가?

① 300　　② 400　　③ 500　　④ 600

풀이 332.9 고압 가공전선로 경간의 제한
고압 가공전선로의 경간은 표에서 정한 값 이하이어야 한다.

지지물의 종류	경간
목주·A종 철주 또는 A종 철근 콘크리트주	150[m]
B종 철주 또는 B종 철근 콘크리트주	250[m]
철탑	600[m]

답 ④

85 지중 전선로에 있어서 폭발성 가스가 침입할 우려가 있는 장소에 시설하는 지중함은 크기가 몇 [m³] 이상일 때 가스를 방산시키기 위한 장치를 시설하여야 하는가?

① 0.25　　　② 0.5　　　③ 0.75　　　④ 1.0

풀이 334.2 지중함의 시설
지중전선로에 사용하는 지중함은 다음에 따라 시설하여야 한다.
가. 지중함은 견고하고 차량 기타 중량물의 압력에 견디는 구조일 것.
나. 지중함은 그 안의 고인 물을 제거할 수 있는 구조로 되어 있을 것.
다. 폭발성 또는 연소성의 가스가 침입할 우려가 있는 것에 시설하는 지중함으로서 그 크기가 1[m³] 이상인 것에는 통풍장치 기타 가스를 방산시키기 위한 적당한 장치를 시설할 것.
라. 지중함의 뚜껑은 시설자이외의 자가 쉽게 열 수 없도록 시설할 것.

답 ④

86 다음 중 파이프라인 등에 발열선을 시설하는 기준에 대한 설명으로 옳지 않은 것은?

① 발열선에 전기를 공급하는 전로의 사용전압은 400[V] 이하일 것
② 발열선은 사람이 접촉할 우려가 없고 또한 손상을 받을 우려가 없도록 시설할 것
③ 발열선은 그 온도가 피 가열 액체에 발화 온도의 90[%]를 넘지 않도록 시설할 것
④ 발열선 또는 발열선에 직접 접속하는 전선의 피복에 사용하는 금속체·파이프라인 등에는 접지공사를 할 것

풀이 241.11 파이프라인 등의 전열장치
가. 파이프라인 등의 전열장치 중 발열선을 파이프라인 등 자체에 고정하여 시설하는 경우 발열선에 전기를 공급하는 전로의 사용전압은 400[V] 이하로 하여야 한다.
나. 직접 가열장치에 전기를 공급하기 위해 전용의 절연변압기를 사용하고 또한 그 변압기의 부하측 전로는 접지해서는 안 된다.
다. 직접 가열장치에 있어서 발열체는 그 온도가 피 가열 액체의 발화 온도의 80[%]를 넘지 아니하도록 시설할 것.
라. 파이프라인 등의 전열장치에 시설하는 경우에는 접지공사를 하여야 한다.

답 ③

87 발전소의 개폐기 또는 차단기에 사용하는 압축공기장치의 주 공기탱크에 시설하는 압력계의 최고 눈금의 범위로 옳은 것은?

① 사용압력의 1배 이상 2배 이하
② 사용압력의 1.15배 이상 2배 이하
③ 사용압력의 1.5배 이상 3배 이하
④ 사용압력의 2배 이상 3배 이하

풀이 341.15 압축공기계통
발전소·변전소·개폐소 또는 이에 준하는 곳에서 개폐기 또는 차단기에 사용하는 압축공기장치는 다음에 따라 시설하여야 한다.

가. 공기압축기는 최고 사용압력의 1.5배의 수압(수압을 연속하여 10분간 가하여 시험을 하기 어려울 때에는 최고 사용압력의 1.25배의 기압)을 연속하여 10분간 가하여 시험을 하였을 때에 이에 견디고 또한 새지 아니할 것.
나. 주 공기탱크 또는 이에 근접한 곳에는 사용압력의 1.5배 이상 3배 이하의 최고 눈금이 있는 압력계를 시설할 것.
다. 사용 압력에서 공기의 보급이 없는 상태로 개폐기 또는 차단기의 투입 및 차단을 연속하여 1회 이상 할 수 있는 용량을 가지는 것일 것.

답 ③

88 옥내에 시설하는 저압전선으로 나전선을 절대로 사용할 수 없는 경우는?

① 금속덕트공사에 의하여 시설하는 경우
② 버스덕트공사에 의하여 시설하는 경우
③ 애자공사에 의하여 전개된 곳에 전기로용 전선을 시설하는 경우
④ 유희용 전차에 전기를 공급하기 위하여 접촉전선을 사용하는 경우

풀이 231.4 나전선의 사용 제한
옥내에 시설하는 저압전선에는 나전선을 사용하여서는 아니 된다. 다만, 다음 중 어느 하나에 해당하는 경우에는 그러하지 아니하다.
가. 애자공사에 의하여 전개된 곳에 다음의 전선을 시설하는 경우
　① 전기로용 전선
　② 전선의 피복 절연물이 부식하는 장소에 시설하는 전선
나. 버스덕트공사에 의하여 시설하는 경우
다. 라이팅덕트공사에 의하여 시설하는 경우
라. 접촉 전선을 시설하는 경우

답 ①

89 22.9[kV] 특고압으로 가공전선과 조영물이 아닌 다른 시설물이 교차하는 경우, 상호 간의 이격거리는 몇 [cm]까지 감할 수 있는가? (단, 전선은 케이블이다.)

① 50　　② 60　　③ 100　　④ 120

풀이 333.28 특고압 가공전선과 다른 시설물의 접근 또는 교차
특고압 절연전선 또는 케이블을 사용하는 사용전압이 35[kV] 이하의 특고압 가공전선과 다른 시설물 사이의 이격거리

다른 시설물의 구분	접근형태	이격거리
조영물의 상부조영재	위쪽	2[m] (전선이 케이블인 경우에는 1.2[m])
	옆쪽 또는 아래쪽	1[m] (전선이 케이블인 경우에는 0.5[m])
조영물의 상부조영재 이외의 부분 또는 조영물 이외의 시설물		1[m] (전선이 케이블인 경우에는 0.5[m])

답 ①

★★☆ 【83. 89. 19. 기사, 94. 24. 산업기사】
90 고압 가공 전선로로부터 수전하는 수용가의 인입구에 시설하는 피뢰기의 접지 공사에 있어서 접지선이 피뢰기 접지 공사 전용의 것이면 접지 저항[Ω]은 얼마까지 허용되는가?

① 5　　② 10　　③ 30　　④ 75

풀이 341.14 피뢰기의 접지
가. 고압 및 특고압의 전로에 시설하는 피뢰기 접지저항 값은 10[Ω] 이하로 하여야 한다.
나. 고압가공전선로에 시설하는 피뢰기의 접지공사의 접지선이 전용의 것인 경우에는 접지 저항치가 30[Ω]까지 허용된다. **답** ③

91 연료전지의 내압시험은 연료전지 설비의 내압 부분 중 최고 사용압력이 0.1[MPa] 이상의 부분은 최고 사용압력의 몇 배의 수압까지 가압하여 압력이 안정된 후 최소 10분간 유지하는 시험을 실시하였을 때 이것에 견디고 누설이 없어야 하는가?

① 1   ② 1.25   ③ 1.5   ④ 2

풀이 542.1.3 연료전지설비의 구조
내압시험은 연료전지 설비의 내압 부분 중 최고 사용압력이 0.1[MPa] 이상의 부분은 최고 사용압력의 1.5배의 수압(수압으로 시험을 실시하는 것이 곤란한 경우는 최고 사용압력의 1.25배의 기압)까지 가압하여 압력이 안정된 후 최소 10분간 유지하는 시험을 실시하였을 때 이것에 견디고 누설이 없어야 한다. **답** ③

92 가공전선로에 사용하는 지지물의 강도 계산 시 구성재의 수직 투영면적 1[m²]에 대한 풍압을 기초로 적용하는 갑종풍압하중 값의 기준이 잘못된 것은?

① 목주 : 588[Pa]
② 원형 철주 : 588[Pa]
③ 철근콘크리트주 : 1117[Pa]
④ 강관으로 구성된 철탑 : 1255[Pa]

풀이 331.6 풍압하중의 종별과 적용

풍압을 받는 구분			풍압[Pa]
목주			588
지지물	철주	원형의 것	588
		삼각형 또는 마름모형의 것	1,412
		강관에 의하여 구성되는 4각형의 것	1,117
		기타의 것으로 복재가 전후면에 겹치는 경우	1,627
		기타의 것으로 겹치지 않은 경우	1,784
	철근 콘크리트주	원형의 것	588
		기타의 것	882

답 ③

93 저압 옥내간선에서 분기하여 전기사용기계기구에 이르는 저압 옥내 전로는 저압 옥내간선과의 분기점에서 전선의 길이가 몇 [m] 이하인 곳에 개폐기 및 과전류차단기를 시설하여야 하는가? 단, 분기점과 분기회로의 과부하 보호장치 설치점 사이의 배선 부분에 다른 분기회로나 콘센트 회로가 접속되어 있지 않고, 단락의 위험과 화재 및 인체에 대한 위험성이 최소화 되도록 시설된 경우이다.

① 2   ② 3   ③ 4   ④ 5

풀이 212.4.2 과부하 보호장치의 설치 위치
가. 과부하 보호장치는 도체의 허용전류 값이 줄어드는 곳(이하 분기점이라 함)에 설치해야 한다.

나. 설치위치의 예외
과부하 보호장치는 분기점(O)에 설치해야 하나, 분기점(O)점과 분기회로의 과부하 보호장치(P_2) 설치점 사이의 배선 부분에 다른 분기회로나 콘센트 회로가 접속되어 있지 않고, 다음 중 하나를 충족하는 경우에는 변경이 있는 배선에 설치할 수 있다.
① 분기회로에 대한 단락보호가 이루어지고 있는 경우 : 분기회로의 보호장치 P_2는 분기회로의 분기점 (O)으로부터 부하 측으로 거리에 구애 받지 않고 이동하여 설치할 수 있다.

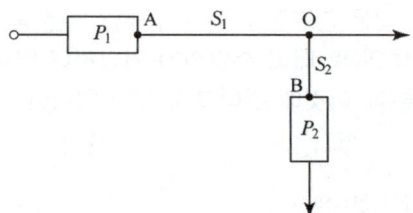

② 단락의 위험과 화재 및 인체에 대한 위험성이 최소화 되도록 시설된 경우 : 분기회로의 보호장치 (P_2) 는 분기회로의 분기점(O)으로부터 3[m]까지 이동하여 설치할 수 있다.

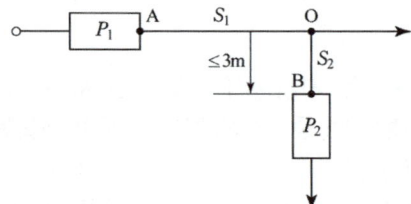

답 ②

94. 고압 가공전선로에 사용하는 가공지선은 지름 몇 [mm] 이상의 나경동선을 사용하여야 하는가?

① 2.6   ② 3.0   ③ 4.0   ④ 5.0

풀이 332.6 고압 가공전선로의 가공지선
고압 가공전선로에 사용하는 가공지선은 인장강도 5.26 [kN] 이상의 것 또는 지름 4[mm] 이상의 나경동선을 사용한다.

답 ③

95. 제작자에 의해 다른 정보가 주어지지 않은 경우 모든 방향에서 가연성 재료와 스포트라이트나 프로젝터와의 최소 이격 거리에 대한 설명 중 옳지 않은 것은?

① 정격용량 100[W] 이하: 0.3[m]
② 정격용량 100[W] 초과 300[W] 이하: 0.8[m]
③ 정격용량 300[W] 초과 500[W] 이하: 1.0[m]
④ 정격용량 500[W] 초과: 1.0[m] 초과

풀이 234.1.3 열 영향에 대한 주변의 보호
등기구의 주변에 발광과 대류 에너지의 열영향은 다음을 고려하여 선정 및 설치하여야 한다.
가. 램프의 최대 허용 소모전력
나. 인접 물질의 내열성
  (1) 설치 지점
  (2) 열 영향이 미치는 구역

다. 등기구 관련 표시
라. 가연성 재료로부터 안전거리를 유지하여야 하며, 제작자에 의해 다른 정보가 주어지지 않으면, 스포트 라이트나 프로젝터는 모든 방향에서 가연성 재료로부터 다음의 최소 거리를 두고 설치하여야 한다.
  (1) 정격용량 100[W] 이하: 0.5[m]
  (2) 정격용량 100[W] 초과 300[W] 이하: 0.8[m]
  (3) 정격용량 300[W] 초과 500[W] 이하: 1.0[m]
  (4) 정격용량 500[W] 초과: 1.0[m] 초과

답 ①

96
전력용 커패시터의 용량 15000[kVA] 이상은 자동적으로 전로로부터 차단하는 장치가 필요하다. 자동적으로 전로로부터 차단하는 장치가 필요한 사유로 틀린 것은?
① 과전류가 생긴 경우
② 과전압이 생긴 경우
③ 내부에 고장이 생긴 경우
④ 절연유의 압력이 변화하는 경우

풀이 351.5 조상설비의 보호장치
조상설비에는 그 내부에 고장이 생긴 경우에 보호하는 장치를 표와 같이 시설하여야 한다.

설비 종별	뱅크 용량의 구분	자동적으로 전로로부터 차단하는 장치
전력용 커패시터 및 분로리액터	500[kVA] 초과 15,000[kVA] 미만	• 내부에 고장이 생긴 경우 • 과전류가 생긴 경우
	15,000[kVA] 이상	• 내부에 고장이 생긴 경우 • 과전류가 생긴 경우 • 과전압이 생긴 경우
조상기(調相機)	15,000[kVA] 이상	• 내부에 고장이 생긴 경우

답 ④

97
특고압가공전선이 도로, 횡단보도교, 철도와 제1차 접근상태로 시설되는 경우 특고압가공전선로는 제 몇 종 보안공사를 하여야 하는가?
① 제1종 특고압 보안공사
② 제2종 특고압 보안공사
③ 제3종 특고압 보안공사
④ 특별 제3종 특고압 보안공사

풀이 333.24 특고압 가공전선과 도로 등의 접근 또는 교차
가. 특고압 가공전선이 도로·횡단보도교·철도 또는 궤도와 제1차 접근 상태로 시설 : 특고압 가공전선로는 제3종 특고압 보안
나. 특고압 가공전선이 도로 등과 제2차 접근상태로 시설 : 특고압 가공전선로는 제2종 특고압 보안공사에 의할 것.

답 ③

98
사용전압이 저압인 전로에서 정전이 어려운 경우 등 절연저항 측정이 곤란한 경우에 누설전류를 몇 [mA] 이하로 유지하여야 하는가?
① 0.5
② 1
③ 2
④ 3

풀이 132 전로의 절연저항 및 절연내력
사용전압이 저압인 전로에서 정전이 어려운 경우 등 절연저항 측정이 곤란한 경우에는 누설전류를 1[mA] 이하로 유지하여야 한다.

답 ②

99
3상 4선식 22.9[kV] 중성선 다중접지식 가공전선로의 전로와 대지 사이의 절연내력시험전압은 몇 [V]인가?

① 11,450   ② 21,068   ③ 25,190   ④ 28,625

풀이 132 전로의 절연저항 및 절연내력

권선의 종류 (최대사용전압)	접지방식	시험전압 (최대 사용전압의 배수)	최저 시험전압
1. 7[kV] 이하		1.5배	500[V]
	다중접지	0.92배	500[V]
2. 7[kV] 초과 25[kV] 이하	다중접지	0.92배	
3. 7[kV] 초과 60[kV] 이하(2란의 것 제외)		1.25배	10.5[kV]
4. 60[kV] 초과	비접지	1.25배	
5. 60[kV] 초과(6란의 것 제외)	접지식	1.1배	75[kV]
6. 60[kV] 초과	직접접지	0.72배	
7. 170[kV] 초과	직접접지	0.64배	

∴ 시험전압 = 22,900 × 0.92 = 21,068[V]

답 ②

100
가공전선로의 지지물로서 길이 9[m], 설계하중이 6.8[kN] 이하인 철근 콘크리트주를 시설할 때 땅에 묻히는 깊이는 몇 [m] 이상으로 하여야 하는가?

① 1.2   ② 1.5   ③ 2   ④ 2.5

풀이 331.7 가공전선로 지지물의 기초의 안전율

가공전선로의 지지물에 하중이 가하여지는 경우에 그 하중을 받는 지지물의 기초의 안전율은 2(이상 시 상정하중이 가하여지는 철탑의 기초에 대하여는 1.33) 이상이어야 한다. 다만, 다음에 따라 시설하는 경우에는 적용하지 않는다.

설계 하중 전장	6.8[kN] 이하	6.8[kN] 초과 ~ 9.8[kN] 이하	9.8[kN] 초과 ~ 14.72[kN] 이하
15[m] 이하	전장 × 1/6[m] 이상	전장 × 1/6 + 0.3[m] 이상	전장 × 1/6 + 0.5[m] 이상
15[m] 초과	2.5[m] 이상	2.5[m] + 0.3[m] 이상	–
16[m] 초과~20[m] 이하	2.8[m] 이상	–	–
15[m] 초과~18[m] 이하	–	–	3[m] 이상
18[m] 초과	–	–	3.2[m] 이상

∴ $9[m] \times \dfrac{1}{6} = 1.5[m]$

답 ②

2023
CBT 복원문제

Industrial Engineer Electricity

동일출판사 홈페이지에서
무료 동영상강의를 보실 수 있습니다.

2023년 1회 (CBT 복원문제)

1과목 전기자기

01 직선 전류에 의해서 그 주위에 생기는 환상의 자계 방향은?
 ① 전류의 방향
 ② 전류와 반대 방향
 ③ 오른 나사의 진행 방향
 ④ 오른 나사의 회전 방향

풀이

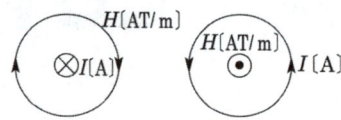

- 암페어 오른손(오른 나사) 법칙 : 나사 진행 방향을 전류 방향과 일치시킬 때 자계의 방향은 오른 나사를 회전시키는 방향과 같다.
  ⊗ : 지면의 표면에서 뒷면으로 들어가는 방향
  ⊙ : 지면의 뒷면에서 표면으로 나오는 방향

답 ④

02 전계 E[V/m], 자계 H[AT/m]의 전자계가 평면파를 이루고, 자유 공간으로 전파될 때 단위 시간에 단위 면적당 에너지[W/m²]는?
 ① $\frac{1}{2}EH$
 ② $\frac{1}{2}EH^2$
 ③ EH^2
 ④ EH

풀이 전계와 자계가 함께 존재하는 경우 에너지 밀도는
$$w = \frac{1}{2}(\epsilon E^2 + \mu H^2)[\text{J/m}^3]$$
가 되는데 $H = \sqrt{\frac{\epsilon}{\mu}}E$, $E = \sqrt{\frac{\mu}{\epsilon}}H$이므로 이를 윗 식에 대입하면
$$w = \frac{1}{2}\left(\epsilon\sqrt{\frac{\mu}{\epsilon}}EH + \mu\sqrt{\frac{\epsilon}{\mu}}EH\right) = \sqrt{\epsilon\mu}\,EH[\text{J/m}^3]$$
가 된다.
이것이 평면 전자파가 갖는 에너지 밀도[J/m³]가 되는데 평면 전자파는 전계와 자계의 진동 방향에 대하여 수직인 방향으로 속도 $v = \frac{1}{\sqrt{\epsilon\mu}}$[m/s]로 전파되기 때문에 진행 방향에 수직인 단위 면적을 단위 시간에 통과하는 에너지는
$$P = w \cdot v = \sqrt{\epsilon\mu}\,EH \times \frac{1}{\sqrt{\epsilon\mu}} = EH[\text{J/s} \cdot \text{m}^2] = EH[\text{W/m}^2]$$
평면 전자파는 E와 H가 수직이므로 이것을 벡터로 표시하면
$$P = E \times H[\text{W/m}^2]$$
가 되고 이 벡터를 포인팅(Poynting) 벡터, 또는 방사(radiation) 벡터라 하며 이 방향은 진행 방향과 평행이다.

답 ④

03 유전율 ϵ[F/m]인 유전체 중에서 전하가 Q[C], 전위가 V[V], 반지름 a[m]인 도체구가 갖는 에너지는 몇 [J]인가?

① $\frac{1}{2}\pi\epsilon a V^2$ ② $\pi\epsilon a V^2$ ③ $2\pi\epsilon a V^2$ ④ $4\pi\epsilon a V^2$

풀이 반경 a인 도체구의 정전 용량은 $C=4\pi\epsilon a$[F]이므로
도체구가 갖는 에너지 $W=\frac{1}{2}CV^2=\frac{1}{2}\times 4\pi\epsilon a V^2 = 2\pi\epsilon a V^2$[J]

답 ③

04 점전하 $+Q$의 무한 평면도체에 대한 영상전하는?

① $+Q$ ② $-Q$ ③ $+2Q$ ④ $-2Q$

풀이 무한평면으로부터 r[m] 떨어진 P점에 점전하 $+Q$[C]가 있는 경우 영상전하는 무한평면 뒤쪽으로 점 P의 대칭점에 존재하며, 그 크기는 점전하와 같고 부호는 반대로 $Q'=-Q$[C]이다.

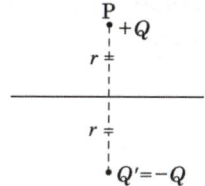

답 ②

05 공기 중에서 무한평면 도체로부터 수직으로 10^{-10}[m] 떨어진 점에 한 개의 전자가 있다. 이 전자에 작용하는 힘은 약 몇 [N]인가?(단, 전자의 전하량 : -1.602×10^{-19}[C]이다.)

① 5.77×10^{-9} ② 1.602×10^{-9}
③ 5.77×10^{-19} ④ 1.602×10^{-19}

풀이 무한 평면 도체에서 1[m] 떨어진 점전하 Q[C]이 받는 힘은 전기 영상법에 의해
$$F=\frac{1}{4\pi\epsilon_0}\cdot\frac{QQ'}{(2r)^2}=\frac{Q^2}{16\pi\epsilon_0 r^2}\text{[N]}$$
$$\therefore F=\frac{1}{4\pi\epsilon_0}\cdot\frac{Q^2}{(2r)^2}$$
$$=9\times 10^9\times\frac{(-1.602\times 10^{-19})^2}{(2\times 10^{-10})^2}$$
$$=5.77\times 10^{-9}\text{[N]}$$

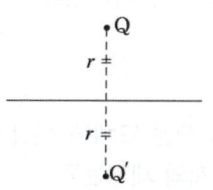

답 ①

06 다음 (가), (나)에 대한 법칙으로 알맞은 것은?

> 전자유도에 의하여 회로에 발생되는 기전력은 쇄교 자속수의 시간에 대한 감소비율에 비례한다는 (가)에 따르고 특히, 유도된 기전력의 방향은 (나)에 따른다.

① (가) 패러데이의 법칙   (나) 렌츠의 법칙
② (가) 렌츠의 법칙   (나) 패러데이의 법칙
③ (가) 플레밍의 왼손법칙   (나) 패러데이의 법칙
④ (가) 패러데이의 법칙   (나) 플레밍의 왼손법칙

풀이
- **패러데이 법칙**: "유도 기전력의 크기는 폐회로에 쇄교하는 자속의 시간적 변화율에 비례한다."라는 법칙으로, 기전력의 크기를 결정한다.
- **렌쯔의 법칙**: "전자유도에 의해 발생하는 기전력은 자속 변화를 방해하는 방향으로 전류가 발생한다."라는 법칙으로, 기전력의 방향을 결정한다.

답 ①

07 비유전율이 4이고 전계의 세기가 20[kV/m]인 유전체 내의 전속 밀도[$\mu C/m^2$]는?

① 0.708 ② 0.168 ③ 6.28 ④ 2.83

풀이 전속밀도 $D = \epsilon_0 \epsilon_s E = 8.855 \times 10^{-12} \times 4 \times 20 \times 10^3 = 0.708 \times 10^{-6} [C/m^2]$

답 ①

08 면전하 밀도가 ρ_s[C/m^2]인 무한히 넓은 도체판에서 R[m]만큼 떨어져 있는 점의 전계의 세기[V/m]는?

① $\dfrac{\rho_s}{\epsilon_o}$ ② $\dfrac{\rho_s}{2\epsilon_o}$ ③ $\dfrac{\rho_s}{2R}$ ④ $\dfrac{\rho_s}{4\pi R^2}$

풀이 전속밀도 $D = \dfrac{\rho_s}{2}$ 와 $D = \epsilon_o E$에 의하여, 전계의 세기 $E = \dfrac{D}{\epsilon_0} = \dfrac{\rho_s}{2\epsilon_o}$ [V/m]

답 ②

09 전계 내에서 폐회로를 따라 전하를 일주시킬 때 전계가 행하는 일은 몇 [J]인가?

① ∞ ② π ③ 1 ④ 0

풀이 전계의 주회 적분과 에너지와의 관계에서 $\oint_c Q\boldsymbol{E} \cdot d\boldsymbol{l} = Q \oint_c \boldsymbol{E} \cdot d\boldsymbol{l} = 0$

즉, 폐회로를 따라 단위 정전하를 일주시킬 때 전계가 하는 일은 항상 0을 의미한다.(에너지 보존적)

답 ④

10 무한길이의 직선 도체에 전하가 균일하게 분포되어 있다. 이 직선 도체로부터 l인 거리에 있는 점의 전계의 세기는?

① l에 비례한다. ② l에 반비례한다.
③ l^2에 비례한다. ④ l^2에 반비례한다.

풀이 무한장 직선 도체에 의한 전계 $E = \dfrac{\lambda}{2\pi\epsilon_0 l}$ [V/m] $\propto \dfrac{1}{l}$ (반비례)

답 ②

11 유전체 중을 흐르는 전도전류 i_σ와 변위전류 i_d를 같게 하는 주파수를 임계주파수 f_c, 임의의 주파수를 f라 할 때 유전손실 $\tan\delta$는?

① $\dfrac{f_c}{2f}$ ② $\dfrac{f}{2f_c}$ ③ $\dfrac{f_c}{f}$ ④ $\dfrac{f}{f_c}$

[풀이] 전도전류 $i_\sigma = \sigma E$, 변위전류 $i_d = \omega \epsilon E$ 일 때, 이 둘을 같게 하면 ($i_\sigma = i_d$)

$\sigma E = \omega \epsilon E \rightarrow \sigma = 2\pi f_c \epsilon$ ($\because \omega = 2\pi f$)에서 임계주파수 $f_c = \dfrac{\sigma}{2\pi\epsilon}$

따라서 유전손실 $\tan\delta = \dfrac{i_\sigma}{i_d} = \dfrac{\sigma E}{\omega \epsilon E} = \dfrac{\sigma}{2\pi f \epsilon} = \dfrac{f_c}{f}$

답 ③

12 그림과 같이 자극의 면적 S = 100[cm²]의 전자석에 자속 밀도 B = 0.5[Wb/m²]의 자속이 생기고 있을 때 철편을 흡인하는 힘은 약 몇 [N]인가?

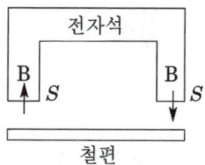

① 1000 ② 2000 ③ 3000 ④ 4000

[풀이] 단위 면적당 작용하는 전자력이 $f = \dfrac{B^2}{2\mu_0}$[N/m²]이므로 면적이 2S(자극이 2곳이므로)인 경우 전체에 작용하는 힘은

$F = f \cdot 2S = \dfrac{B^2 \cdot 2S}{2\mu_0} = \dfrac{0.5^2 \times 2 \times 100 \times 10^{-4}}{2 \times 4\pi \times 10^{-7}} \fallingdotseq 2000$[N]

답 ②

13 그림과 같이 일정한 권선이 감겨진 권회수 N회, 단면적 S[m²], 평균자로의 길이 l[m]인 환상 솔레노이드에 전류 I[A]를 흘렸을 때 이 환상 솔레노이드의 자기 인덕턴스[H]는? (단, 환상 철심의 투자율은 μ이다.)

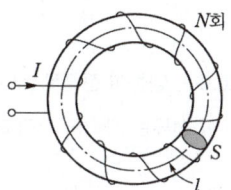

① $\dfrac{\mu^2 N}{l}$ ② $\dfrac{\mu SN}{l}$ ③ $\dfrac{\mu^2 SN}{l}$ ④ $\dfrac{\mu SN^2}{l}$

[풀이] 철심을 통하는 자속은 $\phi = BS = \mu HS = \mu \dfrac{NI}{l} S = \dfrac{\mu SNI}{l}$[Wb]이므로

$N\phi = LI$에서 자기 인덕턴스 $L = \dfrac{\mu SN^2}{l}$[H]

답 ④

14 크기가 동일한 자기 인덕턴스 2개가 직렬로 연결되어 있다. 상호 인덕턴스가 9[mH]이고, 결합계수가 0.9일 때 얻을 수 있는 합성 인덕턴스의 최댓값은?

① 32 ② 34 ③ 36 ④ 38

풀이 결합계수 $k=0.9$, 상호 인덕턴스 $M=k\sqrt{L_1L_2}=0.9\sqrt{L_1L_2}=9$[mH]

$\sqrt{L_1L_2}=\dfrac{9}{0.9}=10 \rightarrow L_1L_2=10^2$에서 자기 인덕턴스 2개의 크기가 동일하므로

$L_1=L_2=10$[mH] ∴ $L_{+\,MAX}=L_1+L_2+2M=10+10+2\times 9=38$[mH]

답 ④

15 도전율의 단위로 옳은 것은?

① m/Ω ② Ω/m² ③ 1/℧·m ④ ℧/m

풀이 도전율(σ)은 저항률(ρ[Ω·m])의 역수이므로

따라서 도전율 $\sigma=\dfrac{1}{\rho}\left[\dfrac{1}{\Omega\cdot m}=\mho\cdot\dfrac{1}{m}=\mho/m\right]$

답 ④

16 비투자율 μ_s, 자속밀도 B[Wb/m]의 자계 중에 있는 m[Wb]의 자극이 받는 힘은 몇 [N]인가?

① $m\cdot B$ ② $\dfrac{m\cdot B}{\mu_o}$ ③ $\dfrac{m\cdot B}{\mu_s}$ ④ $\dfrac{m\cdot B}{\mu_o\mu_s}$

풀이 자계 중의 자극이 받는 힘은 $F=mH$[N], $H=\dfrac{B}{\mu_0\mu_s}$[A/m]에서 ∴ $F=\dfrac{m\cdot B}{\mu_0\mu_s}$[N]

답 ④

17 도체가 관통하는 자속이 변하든가 또는 자속과 도체가 상대적으로 운동하여 도체내의 자속이 시간적 변화를 일으키면 이 변화를 막기 위하여 도체 내에 국부적으로 형성되는 임의의 폐회로를 따라 전류가 유기되는데 이 전류를 무엇이라 하는가?

① 히스테리시스전류 ② 와전류
③ 변위전류 ④ 과도전류

풀이 와전류는 도체 내에 국부적으로 흐르는 맴돌이 전류로 rot $i=-K\dfrac{\partial B}{\partial t}$로 자속의 변화를 방해하기 위한 역자속을 만드는 전류이다. 따라서 이 전류는 자속의 수직되는 면을 회전한다.

답 ②

18 다음의 맥스웰 방정식 중 틀린 것은?

① rot $\boldsymbol{H}=\boldsymbol{i}+\dfrac{\partial \boldsymbol{D}}{\partial t}$ ② rot $\boldsymbol{E}=-\dfrac{\partial \boldsymbol{H}}{\partial t}$

③ div $\boldsymbol{B}=0$ ④ div $\boldsymbol{D}=\rho$

풀이 맥스웰 방정식의 미분형

① rot $\boldsymbol{E}=-\dfrac{\partial \boldsymbol{B}}{\partial t}$: Faraday 법칙

② rot $\boldsymbol{H}=\boldsymbol{i}+\dfrac{\partial \boldsymbol{D}}{\partial t}$: 암페어의 주회적분 법칙

③ div $\boldsymbol{D}=\rho$: 가우스의 법칙

④ div $\boldsymbol{B}=0$: 고립된 자하는 없다.

답 ②

19 비투자율 800의 환상 철심으로 하여 권선 600회 감아서 환상 솔레노이드를 만들었다. 이 솔레노이드의 평균반경이 20[cm]이고, 단면적이 10[cm²]이다. 이 권선에 전류 1[A]를 흘리면 내부에 통하는 자속[Wb]은?

① 2.7×10^{-4} ② 4.8×10^{-4} ③ 6.8×10^{-4} ④ 9.6×10^{-4}

풀이 환상 솔레노이드의 내부 자속

$$\phi = BS = \mu H \cdot S = \mu \cdot \frac{NI}{2\pi r} \cdot S = \frac{\mu_0 \mu_s NIS}{\ell} \text{이므로}$$

$$\therefore \phi = \frac{\mu_0 \mu_s NIS}{l} = \frac{4\pi \times 10^{-7} \times 800 \times 600 \times 1 \times 10 \times 10^{-4}}{2\pi \times 20 \times 10^{-2}} = 4.8 \times 10^{-4} [\text{Wb}]$$

답 ②

20 $\epsilon_s = 10$인 유리 콘덴서와 동일 크기의 $\epsilon_s = 1$인 공기 콘덴서가 있다. 유리 콘덴서에 200[V]의 전압을 가할 때 동일한 전하를 축적하기 위하여 공기 콘덴서에 필요한 전압[V]은?

① 20   ② 200   ③ 400   ④ 2000

풀이 공기 콘덴서의 전하량과 유리 콘덴서의 전하량이 같아야 되므로

$$Q_0 = C_0 V_0 = Q = CV = C_0 \epsilon_s V$$

$$\therefore V_0 = \epsilon_s V = 10 \times 200 = 2000[\text{V}]$$

답 ④

2과목　전력공학

21 선간전압이 V[kV]이고, 1상의 대지정전용량이 C[μF], 주파수가 f[Hz]인 3상 3선식 1회선 송전선의 소호리액터 접지방식에서 소호리액터의 용량은 몇 [kVA]인가?

① $6\pi f CV^2 \times 10^{-3}$
② $3\pi f CV^2 \times 10^{-3}$
③ $2\pi f CV^2 \times 10^{-3}$
④ $\sqrt{3}\pi f CV^2 \times 10^{-3}$

풀이 3상 1회선 소호 리액터 용량 $P = 3EI = 3E \times 2\pi f CE = 6\pi f CE^2$에서 정전용량 C[μF], 선간전압 V[kV]이므로 단위를 고려하면

$$P = 6\pi f C \times 10^{-6} \times \left(\frac{V}{\sqrt{3}}\right)^2 \times 10^6 [\text{VA}] = 2\pi f CV^2 [\text{VA}]$$

$$= 2\pi f CV^2 \times 10^{-3} [\text{kVA}]$$

답 ③

22 전력계통에서 무효전력을 조정하는 조상설비 중 전력용 콘덴서를 동기조상기와 비교할 때 옳은 것은?

① 전력손실이 크다.
② 지상 무효전력분을 공급할 수 있다.
③ 전압조정을 계단적으로 밖에 못한다.
④ 송전선로를 시송전 할 때 선로를 충전할 수 있다.

풀이 조상설비의 비교

항 목	동기조상기	전력용 콘덴서	분로 리액터
전력손실	많음(1.5~2.5[%])	적음(0.3[%] 이하)	적음(0.6[%] 이하)
무효전력	진상, 지상 양용	진상 전용	지상 전용
조정	연속적	계단적	계단적
사고시 전압유지	큼	작음	작음
시송전	가능	불가능	불가능
보수	손질필요	용이	용이

답 ③

23 변전소에 분로 리액터를 설치하는 주된 목적은?

① 진상무효전력 보상
② 전압강하 방지
③ 전력손실 경감
④ 잔류전하 방지

풀이 페란티 효과의 원인이 선로의 정전용량(진상무효전력)이므로 이를 보상시키기 위하여 선로에 분로 리액터를 설치한다.

답 ①

24 연가를 하는 주된 목적은?

① 혼촉 방지
② 유도뢰 방지
③ 단락사고 방지
④ 선로정수 평형

풀이
- 연가는 선로정수를 평형시키고 통신선의 유도장해를 방지하기 위하여 선로를 3배수 등분하여 실시한다.
- 연가의 목적 : 선로정수 평형, 직렬공진 방지, 유도장해 감소

답 ④

25 중성점접지방식 중 1선 지락고장일 때 선로의 전압상승이 최대이고, 통신장해가 최소인 것은?

① 비접지방식
② 직접 접지방식
③ 저항접지방식
④ 소호 리액터접지방식

풀이 접지방식별 특징

방 식	보호계전기 동작	지락 전류	고장중 운전	전위 상승	과도 안정도	유도 장해	특징
직접 접지 (22.9, 154, 345[kV])	확실	최대	×	1.3	최소	최대	중성점 영전위, 단절연 가능
저항 접지	↑	↑	×	$\sqrt{3}$	↓	↑	
비접지 (3.3, 6.6 [kV])	×	↑	가능	$\sqrt{3}$	↓	↑	저전압 단거리에 적용
소호 리액터 접지 (66[kV])	불확실	최소	가능	$\sqrt{3}$ 이상	최대	최소	병렬공진, 고장전류최소

답 ④

26
3상 배전선로의 전압강하율을 나타내는 식이 아닌 것은? (단, V_s : 송전단 전압, V_r : 수전단 전압, I : 전부하전류, P : 부하전력, Q : 무효전력이다.)

① $\dfrac{\sqrt{3}\,I}{V_r}(R\cos\theta + X\sin\theta) \times 100[\%]$ ② $\dfrac{PR+QX}{V_r^2} \times 100[\%]$

③ $\dfrac{V_s - V_r}{V_r} \times 100[\%]$ ④ $\dfrac{V_r}{V_s} \times 100[\%]$

풀이 $\epsilon = \dfrac{V_s - V_r}{V_r} \times 100 = \dfrac{e}{V_r} \times 100 = \dfrac{\sqrt{3}\,I(R\cos\theta_r + X\sin\theta_r)}{V_r} \times 100$
$= \dfrac{PR+QX}{V_r^2} \times 100[\%]$ **답** ④

27
송전 선로의 일반 회로 정수를 A, B, C, D 라 하면 다음 중 옳은 것은?

① $AD - BC = 1$ ② $AB - CD = 1$
③ $AC - BD = 1$ ④ $AB + CD = 1$

풀이 $AD - BC = 1$ 여기서, $C = \dfrac{AD-1}{B}$, $B = \dfrac{AD-1}{C}$ 이 된다. **답** ①

28
송전 선로에서 소호환(arcing ring)을 설치하는 이유는?
① 전력 손실 감소
② 송전 전력 증대
③ 애자에 걸리는 전압 분포의 균일
④ 누설 전류에 의한 편열 방지

풀이 소호환(arcing ring)의 목적은 애자련을 보호하며 애자련의 전압 분담을 균일하게 한다. **답** ③

29
단상 2선식 110[V] 저압배전선로를 단상 3선식 110/220[V]로 변경할 때 부하의 크기 및 공급전압을 일정하게 하고 또 부하를 평형시켰을 때 전선로의 전압강하율은 변경 전에 비하여 어떻게 되는가?

① $\dfrac{1}{2}$ ② $\dfrac{1}{3}$ ③ $\dfrac{1}{4}$ ④ $\dfrac{1}{5}$

풀이 전압 강하율 $\epsilon = \dfrac{e}{V} = \dfrac{P}{V^2}(R + X\tan\theta)$ 이므로
$\epsilon \propto \dfrac{1}{V^2}$ 이다.
따라서 단상 2선식을 단상 3선식으로 변경하면 전압을 2배 승압한 경우이므로 전압강하율은 $\dfrac{1}{4}$ 배가 된다.

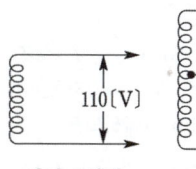
단상 2선식

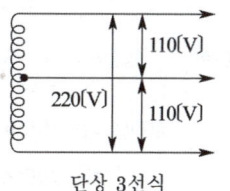
단상 3선식

답 ③

30 간격 S인 정4각형 배치의 4도체에서 소선 상호간의 기하학적 평균 거리는?

① $\sqrt{2}\,S$ ② $\sqrt{S}$ ③ $\sqrt[3]{S}$ ④ $\sqrt[6]{2}\,S$

풀이 평균거리 $= \sqrt[6]{S \cdot S \cdot S \cdot S \cdot \sqrt{2}\,S \cdot \sqrt{2}\,S} = \sqrt[6]{2}\,S$

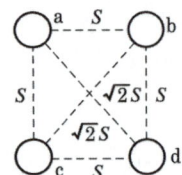

답 ④

31 변압기의 결선 중에서 1차에 제3고조파가 있을 때 2차에 제3고조파 전압이 외부로 나타나는 결선은?

① Y-Y ② Y-△ ③ △-Y ④ △-△

풀이 △결선이 포함된 변압기에서는 제3고조파가 순환전류가 되어 소멸되나, Y결선만 있는 변압기에서는 제3고조파가 나타난다.

답 ①

32 송전단 전압이 66[kV], 수전단 전압이 60[kV]인 송전선로에서 수전단의 부하를 끊을 경우에 수전단 전압이 63[kV]가 되었다면 전압변동률은 몇 [%]가 되는가?

① 4.5 ② 4.8 ③ 5.0 ④ 10.0

풀이 전압 변동률 $= \dfrac{\text{무부하 시의 전압} - \text{정격 전압}}{\text{정격 전압}} \times 100 = \dfrac{63-60}{60} \times 100 = 5[\%]$

답 ③

33 그림과 같은 선로에서 점 F에서의 1선 지락이 발생한 경우 영상임피던스는?

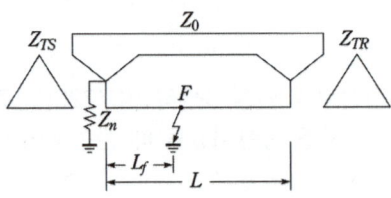

① $Z_{TS} + Z_n + 3Z_o$
② $Z_{TS} + 3Z_n + Z_o$
③ $Z_{TS} + Z_n + Z_o \dfrac{L_f}{L}$
④ $Z_{TS} + 3Z_n + Z_o \dfrac{L_f}{L}$

풀이 영상전압 $V = 3I_0 \cdot Z_n = I_0 \cdot 3Z_n$, 영상임피던스 $Z = Z_{TS} + 3Z_n + Z_0$
단, I_0 : 영상전류, Z_n : 지락저항, Z_{TS} : 송전 측 변압기 임피던스, Z_0 : 선로임피던스
임피던스는 거리에 비례하므로
선로임피던스 $= Z_o \dfrac{L_f}{L}$, 영상임피던스 $= Z_{TS} + 3Z_n + Z_o \dfrac{L_f}{L}$

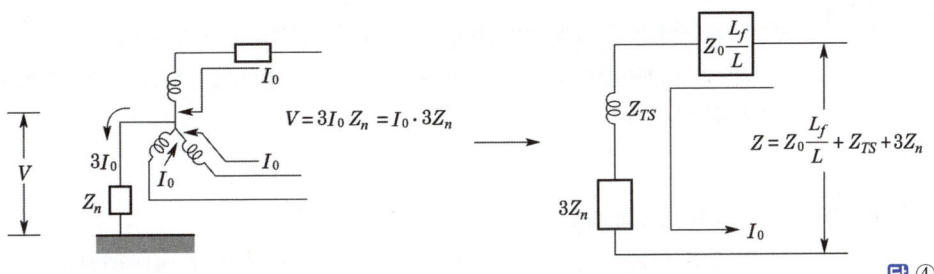

답 ④

34 수력발전소의 조압수조(서지 탱크) 설치 목적은?
① 수차 보호 ② 흡출관 보호
③ 수격작용 흡수 ④ 조속기 보호

풀이 조압수조는 저수지로부터의 수로가 압력 터널인 경우에 시설하는 것으로서 사용 유량의 급변으로 인한 수격작용(Water hammering)이 압력 터널에 미치지 않도록 하는 일종의 안전장치이다. **답 ③**

35 송전 계통의 절연 협조에 있어 절연 레벨을 가장 낮게 잡고 있는 기기는?
① 피뢰기 ② 단로기
③ 변압기 ④ 차단기

풀이 절연 협조는 피뢰기의 제한 전압이 기준이 된다.
따라서 피뢰기의 절연 레벨이 제일 낮다. **답 ①**

36 전압 66000[V], 주파수 60[Hz], 길이 7[km], 1회선의 3상 지중전선로에서 3상 무부하 충전 용량은 약 몇 [kVA]인가? (단, 케이블의 심선 1선 1[km]의 정전용량은 0.4[μF/km]라 한다.)
① 2560[kVA] ② 4600[kVA]
③ 7970[kVA] ④ 13800[kVA]

풀이
$$Q_c = 3EI_c = 3\omega C \left(\frac{V}{\sqrt{3}}\right)^2$$
$$= 3 \times 2\pi \times 60 \times 0.4 \times 10^{-6} \times 7 \times \left(\frac{66000}{\sqrt{3}}\right)^2 \times 10^{-3}$$
$$= 4598[kVA]$$

답 ②

37 자가용 변전소의 1차측 차단기의 용량을 결정할 때 가장 밀접한 관계가 있는 것은?
① 부하설비 용량 ② 공급측의 단락용량
③ 부하의 부하율 ④ 수전계약 용량

풀이 차단기 차단 용량은 그 점에 있어서의 단락용량에 의해 결정된다. 즉, 단락용량 $P_s = \dfrac{100}{\%Z}P_n$에서 알 수 있듯이 차단기 차단용량은 전원측으로부터 단락점까지의 % 임피던스(%Z)와 공급측 전기 설비 용량 P_n에 의해 결정된다.   답 ②

38 선로의 특성 임피던스에 대한 설명으로 알맞은 것은?
① 선로의 길이에 비례한다.
② 선로의 길이에 반비례한다.
③ 선로의 길이에 관계없이 일정하다.
④ 선로의 길이보다 부하에 따라 변화한다.

풀이 선로의 특성임피던스 $Z_0 = \sqrt{\dfrac{L}{C}}$: 길이와는 관계없다.   답 ③

39 뒤진 역률 80[%], 1000[kW]의 3상 부하가 있다. 이것에 콘덴서를 설치하여 역률을 95 [%]로 개선하려면 콘덴서의 용량은 약 몇 [kVA]인가?
① 240[kVA]
② 420[kVA]
③ 630[kVA]
④ 950[kVA]

풀이
$$Q = P(\tan\theta_1 - \tan\theta_2) = P\left(\dfrac{\sin\theta_1}{\cos\theta_1} - \dfrac{\sin\theta_2}{\cos\theta_2}\right) = P\left(\dfrac{\sqrt{1-\cos^2\theta_1}}{\cos\theta_1} - \dfrac{\sqrt{1-\cos^2\theta_2}}{\cos\theta_2}\right)$$
$$\therefore Q = 1000\left(\dfrac{0.6}{0.8} - \dfrac{\sqrt{1-0.95^2}}{0.95}\right) = 421.32[\text{kVA}]$$
답 ②

40 가공 송전선에 사용되는 애자 1연 중 전압부담이 최대인 애자는?
① 철탑에 제일 가까운 애자
② 전선에 제일 가까운 애자
③ 중앙에 있는 애자
④ 철탑과 애자연 중앙의 그 중간에 있는 애자

풀이
• 전압 분담 최대 : 전선쪽 애자
• 전압 분담 최소 : 철탑에서 1/3 지점 애자   답 ②

3과목 전기기기

41 송전선로에 접속된 동기조상기의 설명으로 옳은 것은?
① 과여자로 해서 운전하면 앞선전류가 흐르므로 리액터 역할을 한다.
② 과여자로 해서 운전하면 뒤진전류가 흐르므로 콘덴서 역할을 한다.
③ 부족여자로 해서 운전하면 앞선전류가 흐르므로 리액터 역할을 한다.
④ 부족여자로 해서 운전하면 송전선로의 자기여자작용에 의한 전압상승을 방지한다.

풀이
- 과여자 운전 : 콘덴서 작용 – 역률 개선
- 부족 여자 운전 : 리액터 작용 – 이상 전압의 상승 억제

답 ④

42 직류분권발전기를 역회전하면?
① 발전되지 않는다.
② 정회전 때와 마찬가지다.
③ 과대전압이 유기된다.
④ 섬락이 일어난다.

풀이 직류분권발전기를 역회전하면 잔류자기에 의한 기전력의 극성이 반대로 되고, 분권 회로의 여자전류가 반대로 흘러서 잔류자기를 소멸시키기 때문에 발전 불능이 된다.

답 ①

43 다음 중 전기기계에 있어서 히스테리시스손을 감소시키기 위하여 어떻게 하는 것이 가장 좋은가?
① 성층 철심 사용
② 규소 강판 사용
③ 보극 설치
④ 보상 권선 설치

풀이
- 전기 기계에 규소강판을 사용하면 자기 저항이 크게 되어 와류손과 히스테리시스손이 감소하게 되지만 투자율이 낮아지고 기계적 강도가 감소되어 부서지기 쉽다.
- 성층하는 이유는 와류손을 적게 하기 위한 것이다.

답 ②

44 동기기의 전기자 권선법 중 단절권과 분포권을 사용하는 이유 중 가장 중요한 목적은?
① 높은 전압을 얻기 위해서
② 일정한 주파수를 얻기 위해서
③ 좋은 파형을 얻기 위해서
④ 효율을 좋게 하기 위해서

풀이
- 단절권의 장점
  ① 고조파를 제거하여 기전력의 파형을 좋게 한다.
  ② 코일 끝부분의 길이가 단축되어 기계 전체의 길이가 축소된다.
  ③ 구리의 양이 적게 든다.
- 분포권의 장점
  ① 기전력의 고조파가 감소하여 파형이 좋아진다.
  ② 권선의 누설 리액턴스가 감소한다.
  ③ 전기자 권선에 의한 열을 고르게 분포시켜 과열을 방지한다.

답 ③

45 직류기에 있어서 불꽃 없는 정류를 얻는 데 가장 유효한 방법은?
① 보극과 보상권선
② 보극과 탄소 브러시
③ 탄소 브러시와 보상권선
④ 자기포화와 브러시의 이동

풀이 양호한 정류를 얻는 조건
① 리액턴스 전압을 작게 한다. $\left(e_L = L\dfrac{2I_c}{T_c}\right)$
② 단절권 채용으로 자기 인덕턴스를 작게 한다.
③ 고속을 피하여 정류 주기를 길게 한다.
④ 저항 정류로서 탄소 브러시를 사용한다.
⑤ 전압 정류로서 보극을 설치한다.

답 ②

46 직류전동기 중 부하가 변하면 속도가 심하게 변하는 전동기는?
① 직류 분권전동기 ② 직류 직권전동기
③ 차동 복권전동기 ④ 가동 복권전동기

풀이
- 직권 전동기에서는 $I_a = I = I_f$ 이므로 $I = I_f \propto \phi$가 된다.
- 회전 속도 $n = K \dfrac{V - I_a(R_a + R_s)}{\phi(\propto I)}$ [rps]이므로 속도는 자속(= 부하전류)에 반비례하여 증감한다.

즉 직권 전동기는 부하 전류가 변화하면 속도가 현저하게 변하는 특성이 있다. **답** ②

47 직류 및 교류 양용에 사용되는 만능 전동기는?
① 복권전동기 ② 유도전동기
③ 동기전동기 ④ 직권 정류자전동기

풀이 직류 직권 전동기에 가해 주는 직류 전압을 그림과 같이 바꿀 경우에도 자속과 전기자 전류의 방향이 동시에 모두 반대가 되므로, 회전 방향은 변하지 않는다.

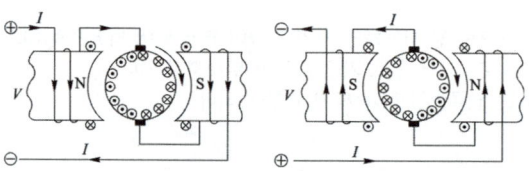

직 · 교류 양용 전동기의 원리

따라서, 이 직류 직권 전동기에 교류 전압을 가해 주어도 전동기는 항상 같은 방향의 토크를 발생하고, 회전을 같은 방향으로 계속한다. 직 · 교류 양용 전동기는 이와 같은 원리를 이용한 전동기로서 단상 직권 정류자 전동기라고 한다. **답** ④

48 변압기의 표유부하손이란?
① 동손, 철손
② 부하전류 중 누전에 의한 손실
③ 권선 이외 부분의 누설자속에 의한 손실
④ 무부하 시 여자전류에 의한 동손

풀이

총손실	무부하손 (철손)	와류손 : 와전류에 의해 발생
		히스테리시스손 : 잔류 자기와 보자력에 의해 발생
	부하손	전부하 동손 : 권선에 의해 발생
		표유부하손 : 권선 이외 부분의 누설자속에 의해 발생

답 ③

49 단락비가 큰 동기기는?
① 안정도가 높다. ② 전압변동률이 크다.
③ 기계가 소형이다. ④ 전기자 반작용이 크다.

풀이 단락비가 큰 기계(철기계)
- 동기 임피던스가 적다. ($K_s \propto \dfrac{1}{Z_s}$)
- 전기자 반작용이 작다.
- 과부하 내량이 크고 안정도가 높다.
- 극수가 많은 저속기에 적합하다.
- 전압변동률이 작다.
- 출력이 크다.
- 자기 여자 현상이 작다.

답 ①

50 3상 동기발전기를 병렬운전 하는 경우 필요한 조건이 아닌 것은?
① 회전수가 같다.
② 상회전이 같다.
③ 발생 전압이 같다.
④ 전압 파형이 같다.

풀이 동기발전기의 병렬 운전 조건은 다음과 같다.
① 기전력의 크기가 같을 것
② 기전력의 위상이 같을 것
③ 기전력의 주파수가 같을 것
④ 기전력의 파형이 같을 것
⑤ 상회전 방향이 같을 것

답 ①

51 동기전동기의 위상특성곡선(V곡선)에 대한 설명으로 옳은 것은?
① 출력을 일정하게 유지할 때 부하전류와 전기자전류의 관계를 나타낸 곡선
② 역률을 일정하게 유지할 때 계자전류와 전기자전류의 관계를 나타낸 곡선
③ 계자전류를 일정하게 유지할 때 전기자전류와 출력 사이의 관계를 나타낸 곡선
④ 공급전압 V와 부하가 일정할 때 계자전류의 변화에 대한 전기자전류의 변화를 나타낸 곡선

풀이 위상 특성 곡선이란 단자전압과 부하를 일정하게 유지하고, 여자 전류를 변화시킬 경우 계자전류와 전기자 전류와의 관계를 표시한 것으로 그 형상이 V자와 같으므로 V곡선이라고도 한다.
- 계자전류가 역률 1일 때 보다 크면, 앞선 전기자 전류가 흐른다.
- 계자전류가 역률 1일 때 보다 작으면, 뒤진 전기자 전류가 흐른다.

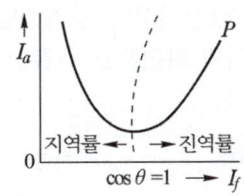

답 ④

52 1차측 권수가 1500인 변압기의 2차측에 접속한 저항 16[Ω]을 1차측으로 환산했을 때 8[kΩ]으로 되어있다면 2차측 권수는 약 얼마인가?
① 75　　② 70　　③ 67　　④ 64

풀이 권수비 $a = \dfrac{V_1}{V_2} = \dfrac{N_1}{N_2} = \dfrac{I_2}{I_1} = \sqrt{\dfrac{R_1}{R_2}}$ 이므로, $a = \sqrt{\dfrac{R_1}{R_2}} = \sqrt{\dfrac{8000}{16}} = 10\sqrt{5}$

$\therefore N_2 = \dfrac{N_1}{a} = \dfrac{1500}{10\sqrt{5}} = 67$회

답 ③

53 변압기의 절연유로서 갖추어야 할 조건이 아닌 것은?

① 비열이 커서 냉각 효과가 클 것
② 절연저항 및 절연내력이 적을 것
③ 인화점이 높고 응고점이 낮을 것
④ 고온에서도 석출물이 생기거나 산화하지 않을 것

풀이 변압기의 기름으로서 갖추어야 할 조건
① 절연내력이 클 것
② 절연 재료 및 금속에 화학 작용을 일으키지 않을 것
③ 인화점이 높고, 응고점이 낮을 것
④ 점도가 낮고, 비열이 커서 냉각 효과가 클 것
⑤ 고온에서도 석출물이 생기거나 산화하지 않을 것

답 ②

54 6상 회전 변류기의 정격 출력이 2000[kW]이고 직류측 정격 전압이 1000[V]이다. 교류측 입력 전류는? 단, 역률 및 효율은 전부 100[%]이고 $\cos\theta = 1$이다.

① 약 471[A]
② 약 667[A]
③ 약 943[A]
④ 약 1633[A]

풀이 $I_d = \dfrac{P_d}{E_d} = \dfrac{2000 \times 10^3}{1000} = 2000[A]$

$\dfrac{I_a}{I_d} = \dfrac{2\sqrt{2}}{m\cos\theta}$ 이므로, $\therefore I_a = \dfrac{2\sqrt{2}}{m\cos\theta} I_d = \dfrac{2\sqrt{2} \times 2000}{6 \times 1} = 942.8[A]$

답 ③

55 220[V], 6극, 60[Hz], 10[kW]인 3상 유도전동기의 회전자 1상의 저항은 0.1[Ω], 리액턴스는 0.5[Ω]이다. 정격전압을 가했을 때 슬립이 4[%]일 때 회전자 전류는 몇 [A]인가? (단, 고정자와 회전자는 △결선으로서 권수는 각각 300회와 150회이며, 각 권선계수는 같다.)

① 27 ② 36 ③ 43 ④ 52

풀이 $k_{w1} = k_{w2}$ 라 하면

권수비 $a = \dfrac{w_1}{w_2} = \dfrac{300}{150} = 2$, 2차 유기전압 $E_2 = \dfrac{E_2'}{a} ≒ \dfrac{V_1}{a} = \dfrac{220}{2} = 110[V]$

회전자 전류 $I_2 = \dfrac{sE_2}{\sqrt{r_2^2 + (sx_2)^2}} = \dfrac{0.04 \times 110}{\sqrt{0.1^2 + (0.04 \times 0.5)^2}} = 43[A]$

답 ③

56 3상 유도전동기의 원선도를 그리는 데 필요하지 않은 시험은?

① 슬립측정
② 구속시험
③ 무부하 시험
④ 저항측정

풀이 ① 원선도 작성에 필요한 시험은
• 저항 측정 • 무부하 시험 • 구속 시험이 있다.

② 유도 전동기의 원선도에서 구할 수 있는 항목
- 전부하 전류 • 역률 • 효율 • 슬립
- 최대출력/정격출력 • 정·동토크/전부하토크

답 ①

57. 다음 유도전동기 기동법 중 권선형 유도전동기에 가장 적합한 기동법은?

① Y-△ 기동법
② 기동보상기법
③ 전전압기동법
④ 2차 저항법

풀이
- 권선형 유도전동기의 기동법 : 2차 측의 슬립링을 통하여 기동저항을 삽입하고 비례 추이의 특성을 이용하여 속도-토크 특성을 변화시켜 가면서 기동하는 방식을 택한다.
- 2차 저항 기동법 : 비례 추이 특성을 이용

답 ④

58. 스테핑모터에 대한 설명 중 틀린 것은?

① 회전속도는 스테핑 주파수에 반비례한다.
② 총 회전각도는 스텝각과 스텝수의 곱이다.
③ 분해능은 스텝각에 반비례한다.
④ 펄스구동방식의 전동기이다.

풀이 스테핑 모터는 디지털 신호에 비례하여 일정각도 만큼 회전하는 모터로 그 총 회전각은 입력 펄스의 수로 정해지며, 회전속도는 입력 펄스의 주파수(펄스 속도)에 비례한다. 스테핑 모터는 자동화설비 등에서 전기적 신호를 위치 신호로 변환시키는 데 사용된다.

답 ①

59. 교류전압제어기를 전원과 부하회로에 연결된 조광기에 교류 실효전압을 변화시켜서 사용할 수 있는 소자 중 가장 적합한 것은?

① 파워 트랜지스터(Power Transister)
② 트라이액(Triac)
③ 모스 에프이티(MOS-FET)
④ 다이오드(Diode)

풀이 TRIAC은 기능상 2개의 SCR을 역병렬접속한 것으로 양방향으로 도통할 수 있어 교류 실효전압을 변화시켜서 부하를 제어하는 데 적합하다.

답 ②

60. 3300/210[V], 5[kVA] 단상변압기의 퍼센트 저항 강하 2.4[%], 퍼센트 리액턴스 강하 1.8[%]이다. 임피던스 와트[W]는?

① 320
② 240
③ 120
④ 90

풀이 $\%R = \dfrac{I_n \cdot R}{V_n} \times 100 = \dfrac{P_s}{P_n} \times 100$ 에서

$\therefore P_s = \dfrac{\%R \cdot P_n}{100} = \dfrac{2.4 \times 5 \times 10^3}{100} = 120[W]$

답 ③

4과목　회로이론

61 T형 4단자 회로의 임피던스 파라미터 중 Z_{22}는?

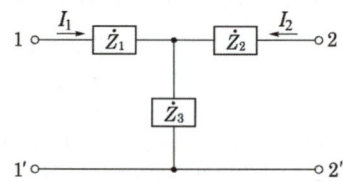

① $Z_1 + Z_2$ 　② $Z_2 + Z_3$ 　③ $Z_1 + Z_3$ 　④ $-Z_2$

풀이
$Z_{11} = \dfrac{V_1}{I_1}\bigg|_{I_2=0} = Z_1 + Z_3$,　$Z_{12} = \dfrac{V_1}{I_2}\bigg|_{I_1=0} = Z_3$

$Z_{21} = \dfrac{V_2}{I_1}\bigg|_{I_2=0} = Z_3$,　$Z_{22} = \dfrac{V_2}{I_2}\bigg|_{I_1=0} = Z_2 + Z_3$

답 ②

62 다음과 같은 4단자망에서 영상 임피던스는 몇 [Ω]인가?

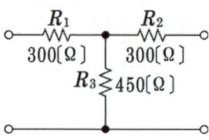

① 200　② 300　③ 450　④ 600

풀이
- 영상 임피던스 $Z_{01} = \sqrt{\dfrac{AB}{CD}}$
- 대칭 T형 회로에서는 $A = D$이므로 $Z_{01} = \sqrt{\dfrac{B}{C}}$ 이다.
- $C = \dfrac{1}{450}$
- $B = \dfrac{300 \times 450 + 300 \times 300 + 300 \times 450}{450} = \dfrac{360000}{450}$

$\therefore Z_{01} = \sqrt{\dfrac{B}{C}} = \sqrt{\dfrac{360000/450}{1/450}} = 600[\Omega]$

답 ④

63 6상 성형 상전압이 200[V]일 때 선간전압[V]은?

① 200　② 150　③ 100　④ 50

풀이 대칭 n상 회로에서의 선간전압 $V_l = 2V_p \sin\dfrac{\pi}{n}$

(여기서, V_l : 선간전압, V_p : 상전압, n : 상수)

따라서 6상 선간전압 $V_l = 2V_p \sin\dfrac{\pi}{n} = 2V_p \sin\dfrac{\pi}{6} = V_p = 200[V]$

답 ①

64 3상 불평형 전압에서 영상전압이 150[V]이고 정상전압이 600[V], 역상전압이 300[V]이면 전압의 불평형률[%]은?

① 60[%] ② 50[%] ③ 40[%] ④ 30[%]

풀이 불평형률 = $\dfrac{역상\ 전압}{정상\ 전압} \times 100 = \dfrac{300}{600} \times 100 = 50[\%]$ **답** ②

65 $R-L-C$ 직렬회로에서 회로 저항값이 다음의 어느 값이어야 이 회로가 임계적으로 제동되는가?

① $\sqrt{\dfrac{L}{C}}$ ② $2\sqrt{\dfrac{L}{C}}$ ③ $\dfrac{1}{\sqrt{CL}}$ ④ $2\sqrt{\dfrac{C}{L}}$

풀이 임계제동 조건 $\left(\dfrac{R}{2L}\right)^2 - \dfrac{1}{LC} = 0$ 에서 $R = 2\sqrt{\dfrac{L}{C}}$ 또는 $R^2 = \dfrac{4L}{C}$

조건	특성
$R > 2\sqrt{\dfrac{L}{C}}$	과제동(비진동적)
$R = 2\sqrt{\dfrac{L}{C}}$	임계제동(진동)
$R < 2\sqrt{\dfrac{L}{C}}$	부족제동(진동적)

답 ②

66 다음 회로에서 S를 닫은 후 $t = 2$초일 때 회로에 흐르는 전류는 약 몇 [A]인가?

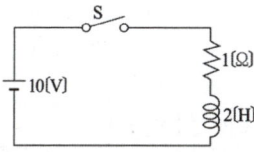

① 3.7[A] ② 4.6[A] ③ 5.2[A] ④ 6.3[A]

풀이 $R-L$ 직렬 회로에 직류 전압 인가 시 흐르는 전류

$i(t) = \dfrac{E}{R}\left(1 - e^{-\frac{R}{L}t}\right)$ 에서 $t = 2[s]$이므로

$\therefore i(2) = \dfrac{10}{1}\left(1 - e^{-\frac{1}{2} \cdot 2}\right) = 10(1 - e^{-1}) = 6.32[A]$ **답** ④

67 정현파 교류의 실효값을 구하는 식이 잘못된 것은?

① $\sqrt{\dfrac{1}{T}\displaystyle\int_0^T i^2\, dt}$ ② 파고율×평균값

③ $\dfrac{최댓값}{\sqrt{2}}$ ④ $\dfrac{\pi}{2\sqrt{2}} \times$ 평균값

풀이 실효값 $= \sqrt{\dfrac{1}{T}\displaystyle\int_0^T i^2 dt} = \dfrac{1}{\text{파고율}} \times \text{최댓값} = \text{파형률} \times \text{평균값}$

$= \dfrac{1}{\sqrt{2}} \text{최댓값} = \dfrac{\pi}{2\sqrt{2}} \text{평균값}$ 　　**답** ②

68 주기함수 $f(t)$의 푸리에 급수 전개식으로 옳은 것은?

① $f(t) = \displaystyle\sum_{n=1}^{\infty} a_n \sin n\omega t + \sum_{n=1}^{\infty} b_n \sin n\omega t$

② $f(t) = b_0 + \displaystyle\sum_{n=2}^{\infty} a_n \sin n\omega t + \sum_{n=2}^{\infty} b_n \cos n\omega t$

③ $f(t) = a_0 + \displaystyle\sum_{n=1}^{\infty} a_n \cos n\omega t + \sum_{n=1}^{\infty} b_n \sin n\omega t$

④ $f(t) = \displaystyle\sum_{n=1}^{\infty} a_n \cos n\omega t + \sum_{n=1}^{\infty} b_n \cos n\omega t$

풀이 푸리에 급수는 주파수와 진폭을 달리하는 무수히 많은 성분을 갖는 비정현파를 무수히 많은 정현항과 여현항의 합으로 표현하는 것이다.

$f(t) = a_0 + \displaystyle\sum_{n=1}^{\infty} a_n \cos n\omega t + \sum_{n=1}^{\infty} b_n \sin n\omega t$ 　　**답** ③

69 어떤 계에 임펄스 함수(δ함수)가 입력으로 가해졌을 때 시간함수 e^{-2t}가 출력으로 나타났다. 이 계의 전달함수는?

① $\dfrac{1}{s+2}$　　② $\dfrac{1}{s-2}$　　③ $\dfrac{2}{s+2}$　　④ $\dfrac{2}{s-2}$

풀이 입력 $R(s) = 1$, 출력 $C(s) = \mathcal{L}[e^{-2t}] = \dfrac{1}{s+2}$

$G(s) = \dfrac{C(s)}{R(s)} = \dfrac{\frac{1}{s+2}}{1} = \dfrac{1}{s+2}$ 　　**답** ①

70 다음과 같은 전류의 초기값 $i(0^+)$를 구하면?

$$I(s) = \dfrac{12(s+8)}{4s(s+6)}$$

① 1　　② 2　　③ 3　　④ 4

풀이 초기값 정리에 의해

$\displaystyle\lim_{t \to 0} i(t) = \lim_{s \to \infty} s \cdot I(s) = \lim_{s \to \infty} s \cdot \dfrac{12(s+8)}{4s(s+6)} = \lim_{s \to \infty} \dfrac{12 + \frac{96}{s}}{4 + \frac{24}{s}} = 3$ 　　**답** ③

71 $e = 200\sqrt{2}\sin\omega t + 150\sqrt{2}\sin 3\omega t + 100\sqrt{2}\sin 5\omega t$[V]인 전압을 $R-L$ 직렬회로에 가할 때에 제3고조파 전류의 실효값은 몇 [A]인가? (단, $R = 8[\Omega]$, $\omega L = 2[\Omega]$이다.)

① 5 ② 8 ③ 10 ④ 15

풀이 고조파의 유도 리액턴스는 주파수에 비례한다.
$X_L = n\omega L[\Omega]$ (여기서 n은 고조파 차수)

따라서 제3고조파 전류 $I_3 = \dfrac{V_3}{Z_3} = \dfrac{V_3}{\sqrt{R^2 + (3\omega L)^2}} = \dfrac{150}{\sqrt{8^2 + (3 \times 2)^2}} = 15$[A]

답 ④

72 $Z = 8 + j6[\Omega]$인 평형 Y부하에 선간전압 200[V]인 대칭 3상 전압을 가할 때 선전류는 약 몇 [A]인가?

① 20 ② 11.5 ③ 7.5 ④ 5.5

풀이 Y결선에서 $V_l = \sqrt{3}\,V_p$, $I_l = I_p$이므로 ∴ $I_l = I_p = \dfrac{V_p}{Z} = \dfrac{\frac{200}{\sqrt{3}}}{8 + j6} = 11.5$[A]

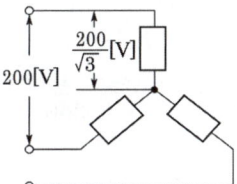

답 ②

73 그림과 같은 불평형 Y형 회로에 평형 3상 전압을 가할 경우 중성점의 전위 V_n[V]는? (단, Y_1, Y_2, Y_3는 각 상의 어드미턴스[℧]이고, Z_1, Z_2, Z_3는 각 어드미턴스에 대한 임피던스[Ω]이다.)

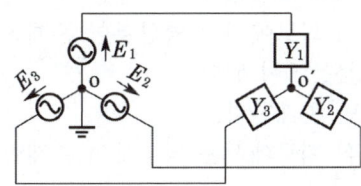

① $\dfrac{E_1 + E_2 + E_3}{Z_1 + Z_2 + Z_3}$

② $\dfrac{Z_1 E_1 + Z_2 E_2 + Z_3 E_3}{Z_1 + Z_2 + Z_3}$

③ $\dfrac{E_1 + E_2 + E_3}{Y_1 + Y_2 + Y_3}$

④ $\dfrac{Y_1 E_1 + Y_2 E_2 + Y_3 E_3}{Y_1 + Y_2 + Y_3}$

풀이 밀만의 정리 $V_0 = \dfrac{\frac{E_1}{Z_1} + \frac{E_2}{Z_2} + \frac{E_3}{Z_3}}{\frac{1}{Z_1} + \frac{1}{Z_2} + \frac{1}{Z_3}} = \dfrac{Y_1 E_1 + Y_2 E_2 + Y_3 E_3}{Y_1 + Y_2 + Y_3}$

답 ④

74 22[kVA]의 부하가 역률 0.8이라면 무효 전력[kVar]은?

① 16.6 ② 17.6 ③ 15.2 ④ 13.2

풀이
$\cos^2\theta + \sin^2\theta = 1$에서 $\sin\theta = \sqrt{1-\cos^2\theta} = \sqrt{1-0.8^2} = 0.6$
$\therefore P_r = VI\sin\theta = P_a \cdot \sin\theta = 22 \times 0.6 = 13.2[\text{kVar}]$ 답 ④

75 한 상의 임피던스가 $Z = 20 + j10[\Omega]$인 Y결선 부하에 대칭 3상 선간 전압 200[V]를 가할 때 유효 전력[W]은?

① 1600 ② 1700 ③ 1800 ④ 1900

풀이
유효전력 $P = \dfrac{3V_p^2 R}{R^2 + X^2} = \dfrac{3\left(\dfrac{200}{\sqrt{3}}\right)^2 \times 20}{20^2 + 10^2} = 1600[\text{W}]$ 답 ①

76 2개의 교류 전압 $e_1 = 141\sin(120\pi t - 30°)$과 $e_2 = 150\cos(120\pi t - 30°)$의 위상차를 시간으로 표시하면 몇 초인가?

① $\dfrac{1}{60}$ ② $\dfrac{1}{120}$ ③ $\dfrac{1}{240}$ ④ $\dfrac{1}{360}$

풀이
$e_2 = 150\sin(120\pi t - 30° + 90°)$
e_1과 e_2의 위상차 $\theta = \dfrac{\pi}{2}$
$\theta = \omega t$에서 $t = \dfrac{\theta}{\omega} = \dfrac{\pi}{2} \times \dfrac{1}{120\pi} = \dfrac{1}{240}[\text{sec}]$ 답 ③

77 대칭 좌표법에 관한 설명 중 잘못된 것은?

① 불평형 3상 회로 비접지식 회로에서는 영상분이 존재한다.
② 대칭 3상 전압에서 영상분은 0이 된다.
③ 대칭 3상 전압은 정상분만 존재한다.
④ 불평형 3상 회로의 접지식 회로에서는 영상분이 존재한다.

풀이 영상분은 비대칭 3상회로의 접지선, 중성선에 존재하며, 비대칭 3상회로의 비접지식 회로에는 영상분이 존재하지 않는다. 답 ①

78 왜형파 전압 $v = 100\sqrt{2}\sin\omega t + 50\sqrt{2}\sin 2\omega t + 30\sqrt{2}\sin 3\omega t$의 왜형률을 구하면?

① 1.0 ② 0.8 ③ 0.5 ④ 0.3

풀이
왜형률 $= \dfrac{\text{전 고조파의 실효값}}{\text{기본파의 실효값}} = \dfrac{\sqrt{V_2^2 + V_3^2}}{V_1} = \dfrac{\sqrt{50^2 + 30^2}}{100} = 0.58 ≒ 0.5$ 답 ③

79 다음과 같은 회로에서 $t=0$ 인 순간에 스위치 S를 닫았다. 이 순간에 인덕턴스 L에 걸리는 전압[V]은? (단, L의 초기 전류는 0 이다.)

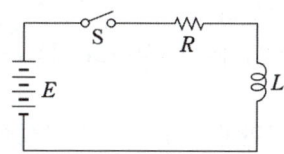

① 0 ② $\dfrac{LE}{R}$ ③ E ④ $\dfrac{E}{R}$

풀이 $E_L = Ee^{-\frac{R}{L}t} = Ee^{-\frac{R}{L}\times 0} = E[V]\ (\because e^0 = 1)$ 답 ③

80 4단자 회로에서 4단자 정수를 A, B C, D라 할 때 전달정수 θ는 어떻게 되는가?

① $\ln(\sqrt{AB}+\sqrt{BC})$ ② $\ln(\sqrt{AB}-\sqrt{CD})$
③ $\ln(\sqrt{AD}+\sqrt{BC})$ ④ $\ln(\sqrt{AD}-\sqrt{BC})$

풀이 영상전달정수 θ는

$\theta = \ln(\sqrt{AD}+\sqrt{BC}) = \cosh^{-1}\sqrt{AD} = \sinh^{-1} = \sqrt{BC} = \tanh^{-1} = \sqrt{\dfrac{BC}{AD}}$ 답 ③

5과목 전기설비기술기준

81 저압 옥상전선로의 시설에 대한 설명이다. 옳지 못한 시설 방법은?
① 전선은 절연 전선을 사용하였다.
② 전선은 지름 2.6[mm]의 경동선을 사용하였다.
③ 전선은 지지점간의 거리를 20[m]로 하였다.
④ 전선과 식물과의 이격 거리를 20[cm] 이상으로 유지시켰다.

풀이 221.3 옥상전선로
저압 옥상전선로는 전개된 장소에 다음에 따르고 또한 위험의 우려가 없도록 시설하여야 한다.
가. 전선은 인장강도 2.30[kN] 이상의 것 또는 지름 2.6 [mm] 이상의 경동선을 사용할 것.
나. 전선은 절연전선(OW전선을 포함한다.) 또는 이와 동등 이상의 절연효력이 있는 것을 사용할 것.
다. 전선은 조영재에 견고하게 붙인 지지주 또는 지지대에 절연성·난연성 및 내수성이 있는 애자를 사용하여 지지하고 또한 그 지지점 간의 거리는 15[m] 이하일 것.
라. 전선과 그 저압 옥상 전선로를 시설하는 조영재와의 이격거리는 2[m](전선이 고압절연전선, 특고압 절연전선 또는 케이블인 경우에는 1[m]) 이상일 것.
마. 저압 옥상전선로의 전선은 상시 부는 바람 등에 의하여 식물에 접촉하지 아니하도록 시설하여야 한다.
답 ③

82 철도 · 궤도 또는 자동차도의 전용터널 안의 터널내 전선로의 시설방법으로 틀린 것은?

① 저압전선으로 지름 2.0[mm]의 경동선을 사용하였다.
② 고압전선은 케이블공사로 하였다.
③ 저압전선을 애자사용공사에 의하여 시설하고 이를 레일면 상 또는 노면상 2.5[m] 이상으로 하였다.
④ 저압전선을 금속제 가요전선관공사에 의하여 시설하였다.

풀이 335.1 터널 안 전선로의 시설
철도 · 궤도 또는 자동차도 전용터널 안의 전선로

전압	전선의 굵기	시공방법	애자공사 시 높이
저압	인장강도 2.30[kN] 이상 또는 2.6[mm] 이상의 경동선의 절연전선	• 합성수지관공사 • 금속관공사 • 금속제가요전선관 공사 • 케이블공사 • 애자사용공사	노면상, 레일면상 2.5[m] 이상
고압	인장강도 5.26[kN] 이상 또는 4[mm] 이상의 경동선	• 케이블공사 • 애자사용공사	노면상, 레일면상 3[m] 이상
특고압		• 케이블공사	

답 ①

83 고압가공인입선이 케이블 이외의 것으로서 그 아래에 위험표시를 하였다면 전선의 지표상 높이는 몇 [m]까지로 감할 수 있는가?

① 2.5 ② 3.5 ③ 4.5 ④ 5.5

풀이 331.12.1 고압 가공인입선의 시설
가. 고압 가공인입선의 높이는 지표상 5[m]로 하여야 한다. 그러나 그 고압 가공인입선이 케이블 이외의 것인 때에는 그 전선의 아래쪽에 위험표시를 하면 고압 가공인입선의 높이는 지표상 3.5[m]까지로 감할 수 있다.
나. 횡단보도교의 위에 시설하는 경우에는 그 노면상 3.5[m] 이상

답 ②

84 일반주택 및 아파트 각 호실의 현관 등은 몇 분 이내에 소등되는 타임스위치를 시설하여야 하는가?

① 1분 ② 3분 ③ 5분 ④ 10분

풀이 234.6 점멸기의 시설
다음의 경우에는 센서등(타임스위치 포함)을 시설하여야 한다.
가. 관광숙박업 또는 숙박업(여인숙업을 제외한다)에 이용되는 객실의 입구등은 1분 이내에 소등되는 것.
나. 일반주택 및 아파트 각 호실의 현관등은 3분 이내에 소등되는 것.

답 ②

85 전력 보안통신 설비인 무선 통신용 안테나 또는 반사판을 지지하는 철주, 철근 콘크리트주 또는 철탑의 기초의 안전율은 얼마 이상이어야 하는가?

① 1.2 ② 1.3 ③ 1.5 ④ 2.2

풀이 364.1 무선용 안테나 등을 지지하는 철탑 등의 시설
전력보안통신설비인 무선통신용 안테나 또는 반사판 을 지지하는 목주·철주·철근 콘크리트주 또는 철탑은 다음에 따라 시설하여야 한다. 다만, 무선용 안테나 등이 전선로의 주위상태를 감시할 목적으로 시설되는 것일 경우에는 그러하지 아니하다.
가. 목주는 풍압하중에 대한 안전율은 1.5 이상이어야 한다.
나. 철주·철근 콘크리트주 또는 철탑의 기초 안전율은 1.5 이상이어야 한다. **답** ③

86 가공전선로의 지지물에 원형 철근콘크리트주인 경우 갑종 풍압하중은 몇 [Pa]를 기초로 하여 계산하는가?

① 294 ② 588 ③ 627 ④ 1078

풀이 331.6 풍압하중의 종별과 적용

풍압을 받는 구분				풍압[Pa]
목 주				588
지 지 물	철 근 콘크리트주	원형의 것		588
		기타의 것		882
	철 탑	단 주 (완철류는 제외함)	원형의 것	588
			기타의 것	1,117
		강관으로 구성되는 것(단주는 제외함)		1,255
		기타의 것		2,157

답 ②

87 저압 가공전선로의 지지물이 목주인 경우 풍압하중의 몇 배의 하중에 견디는 강도를 가지는 것이어야 하는가?

① 1.2 ② 1.5 ③ 2 ④ 3

풀이 222.8 저압 가공전선로의 지지물의 강도
지지물이 목주인 경우 안전율 및 말구의 지름

전압의 종별	안전율	말구의 지름
저 압	1.2	–
고 압	1.3	0.12[m] 이상
특고압	1.5	0.12[m] 이상

답 ①

88 전기철도차량에 전력을 공급하는 전차선의 가선방식에 포함되지 않는 것은?

① 가공방식 ② 강체방식
③ 제3레일방식 ④ 지중조가선방식

풀이 431.1 전차선 가선방식
전차선의 가선방식은 열차의 속도 및 노반의 형태, 부하전류 특성에 따라 적합한 방식을 채택하여야 하며, 가공방식, 강체방식, 제3레일방식을 표준으로 한다. **답** ④

89 시가지내에 시설하는 154[kV] 가공 전선로에 지락 또는 단락이 생겼을 때 몇 초 안에 자동적으로 이를 전로로부터 차단하는 장치를 시설하여야 하는가?

① 1   ② 3   ③ 5   ④ 10

풀이 333.1 시가지 등에서 특고압 가공전선로의 시설
사용전압이 100[kV]를 초과하는 특고압 가공전선에 지락 또는 단락이 생겼을 때에는 1초 이내에 자동적으로 이를 전로로부터 차단하는 장치를 시설할 것.   **답** ①

90 유희용 전차의 시설방법으로 틀린 것은?
① 유희용 전차에 전기를 공급하는 전로에는 전용 개폐기를 시설할 것
② 유희용 전차에 전기를 공급하기 위하여 사용하는 접촉전선은 제3레일 방식에 의하여 시설할 것
③ 유희용 전차에 전기를 공급하는 전로의 사용전압은 직류의 경우 60[V] 이하, 교류의 경우는 40[V] 이하일 것
④ 유희용 전차 안에 승압용 변압기를 시설하는 경우 그 변압기의 2차 전압은 300[V] 이하일 것

풀이 241.8 유희용 전차
가. 유희용 전차에 전기를 공급하기 위하여 사용하는 변압기의 1차 전압은 400[V] 이하이어야 한다.
나. 유희용 전차에 전기를 공급하는 전원장치의 2차측 단자의 최대사용전압은 직류의 경우 60[V] 이하, 교류의 경우 40[V] 이하일 것.
다. 접촉전선은 제3레일 방식에 의하여 시설할 것.
라. 유희용 전차의 전차 내에서 승압하여 사용하는 경우 변압기는 절연변압기를 사용하고 2차 전압은 150[V] 이하로 할 것.
마. 유희용 전차에 전기를 공급하는 전로에는 전용의 개폐기를 시설하여야 한다.   **답** ④

91 다음 중 고압 옥내배선의 시설에 있어서 적당하지 않은 것은?
① 애자사용공사에 사용하는 애자는 난연성일 것
② 고압 옥내배선과 저압 옥내배선을 다르게 하기 위하여 색깔 있는 것을 사용할 것
③ 전선이 관통할 때 절연관에 넣을 것
④ 전선과 조영재와의 이격 거리는 4.5[cm]로 할 것

풀이 342.1 고압 옥내배선 등의 시설(애자사용공사에 의한 고압 옥내배선)
① 전선 상호 간의 간격은 0.08[m] 이상, 전선과 조영재 사이의 이격거리는 0.05[m] 이상일 것
② 애자사용공사에 사용하는 애자는 절연성·난연성 및 내수성의 것일 것.
③ 고압 옥내배선은 저압 옥내배선과 쉽게 식별되도록 시설할 것.
④ 전선이 조영재를 관통하는 경우에는 그 관통하는 부분의 전선을 전선마다 각각 별개의 난연성 및 내수성이 있는 견고한 절연관에 넣을 것.   **답** ④

92 보호장치의 통상적인 동작전류는 도체 허용전류의 몇 배 이하여야 하는가?

① 1.1   ② 1.25   ③ 1.45   ④ 1.5

풀이 212.4.1 도체와 과부하 보호장치 사이의 협조
과부하에 대해 케이블(전선)을 보호하는 장치의 동작특성은 다음의 조건을 충족해야 한다.
$I_B \leq I_n \leq I_Z$, $I_2 \leq 1.45 \times I_Z$
I_B : 회로의 설계전류(선도체를 흐르는 설계전류 또는 함유율이 높은 영상분 고조파, 특히 제3고조파가 지속적으로 흐르는 경우 중성선에 흐르는 전류이다.)
I_Z : 케이블의 허용전류
I_n : 보호장치의 정격전류(사용현장에 적합하게 조정된 전류의 설정 값)
I_2 : 보호장치가 규약시간 이내에 유효하게 동작하는 것을 보장하는 전류

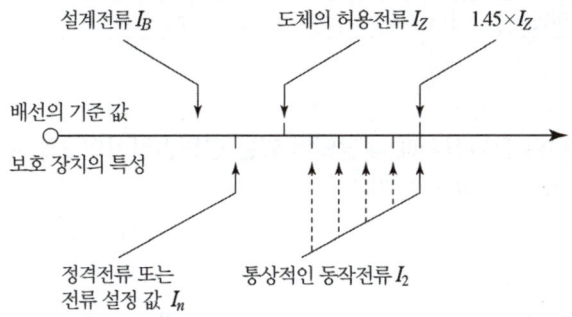

과부하 보호 설계 조건도

답 ③

93. 주택 등 저압 수용 장소에서 고정 전기설비에 TN-C-S 접지방식으로 접지공사 시 중성선 겸용 보호도체(PEN)를 알루미늄으로 사용 할 경우 단면적은 몇 [mm²] 이상이어야 하는가?

① 2.5 ② 6 ③ 10 ④ 16

풀이 142.4.2 주택 등 저압수용장소 접지
저압수용장소에서 계통접지가 TN-C-S 방식인 경우 중성선 겸용 보호도체(PEN)는 고정 전기설비에만 사용할 수 있고, 그 도체의 단면적이 구리는 10[mm²] 이상, 알루미늄은 16[mm²] 이상이어야 하며, 그 계통의 최고전압에 대하여 절연되어야 한다.

답 ④

94. 발전소, 변전소, 개폐소 또는 이에 준하는 장소 이외에 시설된 특고압 전선로에 접속하는 배전용 변압기의 1차 및 2차 전압은?

① 1차 : 35[kV] 이하, 2차 : 저압 또는 고압
② 1차 : 50[kV] 이하, 2차 : 저압 또는 고압
③ 1차 : 35[kV] 이하, 2차 : 특고압 또는 고압
④ 1차 : 50[kV] 이하, 2차 : 특고압 또는 고압

풀이 341.2 특고압 배전용 변압기의 시설
특고압 전선로에 접속하는 배전용 변압기를 시설하는 경우에는 특고압 전선에 특고압 절연전선 또는 케이블을 사용하고 또한 다음에 따라야 한다.
가. 변압기의 1차 전압은 35[kV] 이하, 2차 전압은 저압 또는 고압일 것.
나. 변압기의 특고압측에 개폐기 및 과전류차단기를 시설할 것.
다. 변압기의 2차 전압이 고압인 경우에는 고압측에 개폐기를 시설하고 또한 쉽게 개폐할 수 있도록 할 것.

답 ①

95 66[kV] 특고압 가공전선과 저압 가공전선을 동일 지지물에 병행설치하여 시설하는 경우 이격거리는 몇 [m] 이상이어야 하는가? 단, 특고압 전선은 케이블 사용 이외의 조건이다.

① 1   ② 2   ③ 3   ④ 4

풀이 333.17 특고압 가공전선과 저고압 가공전선 등의 병행설치

전 압	표 준	특고압에 케이블 사용 및 저·고압에 절연전선 또는 케이블 사용
35[kV] 이하	1.2[m] 이상	0.5[m] 이상
35[kV] 초과 100[kV] 미만	2[m] 이상	1[m] 이상

답 ②

96 전기욕기에 전기를 공급하기 위한 전원장치에 내장되어 있는 전원변압기의 2차 측 전로의 사용전압은 몇 [V] 이하인 것을 사용하여야 하는가?

① 5   ② 10   ③ 25   ④ 35

풀이 241.2 전기욕기
전기욕기에 전기를 공급하기 위한 전기욕기용 전원장치(내장되는 전원 변압기의 2차측 전로의 사용전압이 10[V] 이하의 것에 한한다)는 안전기준에 적합하여야 한다.

답 ②

97 66[kV] 특고압 가공전선로를 케이블을 사용하여 시가지에 시설하려고 한다. 애자장치는 50[%] 충격섬락전압의 값이 다른 부분을 지지하는 애자장치의 몇 [%] 이상으로 되어야 하는가?

① 100   ② 115   ③ 110   ④ 105

풀이 333.1 시가지 등에서 특고압 가공전선로의 시설
사용전압이 170[kV] 이하인 특고압 가공전선로를 시가지 그 밖에 인가가 밀집한 지역에 시설하기 위한 특고압 가공전선을 지지하는 애자장치는 다음 중 어느 하나에 의할 것.
가. 50[%] 충격섬락전압 값이 그 전선의 근접한 다른 부분을 지지하는 애자장치 값의 110[%](사용전압이 130[kV]를 초과하는 경우는 105[%]) 이상인 것.
나. 아킹혼을 붙인 현수애자·장간애자 또는 라인포스트애자를 사용하는 것.
다. 2련 이상의 현수애자 또는 장간애자를 사용하는 것.
라. 2개 이상의 핀애자 또는 라인포스트애자를 사용하는 것.

답 ③

98 지중에 매설되어 있는 금속제 수도관로를 각종 접지공사의 접지극으로 사용하려면 대지와의 전기저항 값이 몇 [Ω] 이하의 값을 유지하여야 하는가?

① 1   ② 2   ③ 3   ④ 5

풀이 142.2 접지극의 시설 및 접지저항
가. 지중에 매설되어 있고 대지와의 전기저항 값이 3[Ω] 이하의 값을 유지하고 있는 금속제 수도관로가 규정에 따르는 경우 접지극으로 사용이 가능하다.
나. 대지와의 사이에 전기저항 값이 2[Ω] 이하인 값을 유지하는 건축물·구조물의 철골 기타의 금속제는 접지공사의 접지극으로 사용할 수 있다.

답 ③

99 고압용의 개폐기, 차단기, 피뢰기 기타 이와 유사한 기구로서 동작 시에 아크가 생기는 것은 목재의 벽 또는 천정 기타의 가연성 물체로부터 몇 [m] 이상 떼어놓아야 하는가?

① 1　　　② 1.2　　　③ 1.5　　　④ 2

풀이 341.7 아크를 발생하는 기구의 시설
고압용 또는 특고압용의 개폐기·차단기·피뢰기 기타 이와 유사한 기구로서 동작 시에 아크가 생기는 것은 목재의 벽 또는 천장 기타의 가연성 물체로부터 표에서 정한 값 이상 이격하여 시설하여야 한다.

기구 등의 구분	이격거리
고압용의 것	1[m] 이상
특고압용의 것	2[m] 이상(사용전압이 35[kV] 이하의 특고압용의 기구 등으로서 동작할 때에 생기는 아크의 방향과 길이를 화재가 발생할 우려가 없도록 제한하는 경우에는 1[m] 이상)

답 ①

100 관등회로의 사용전압이 400[V] 초과이고, 1[kV] 이하인 배선은 애자공사일 경우 전선 상호간의 거리가 몇 [cm] 이상이어야 하는가?

① 3　　　② 6　　　③ 9　　　④ 2

풀이 234.11.4 관등회로의 배선
관등회로의 사용전압이 400[V] 초과이고, 1[kV] 이하인 배선은 애자공사일 경우 전선에 사람이 쉽게 접촉될 우려가 없도록 다음 표에 의하여 시설하여야 한다.

애자공사의 시설

공사 방법	전선 상호 간의 거리	전선과 조영재의 거리	전선 지지점 간의 거리	
			관등회로의 전압이 400[V] 초과 600[V] 이하의 것	관등회로의 전압이 600[V] 초과 1[kV] 이하의 것
애자공사	60[mm] 이상	25[mm] 이상 (습기가 많은 장소는 45[mm] 이상)	2[m] 이하	1[m] 이하

답 ②

2023년 2회 (CBT 복원문제)

20년간 전기산업기사필기

동일출판사 홈페이지에서 무료 동영상강의를 보실 수 있습니다.

1과목 전기자기

01 지름 2[mm]의 동선에 π[A]의 전류가 균일하게 흐를 때 전류밀도는 몇 [A/m²]인가?

① 10^3 ② 10^4 ③ 10^5 ④ 10^6

풀이 반지름은 $1[mm] = 1 \times 10^{-3}[m]$이므로

∴ 전류밀도 $J = \dfrac{I}{S} = \dfrac{I}{\pi r^2} = \dfrac{\pi}{\pi \times (1 \times 10^{-3})^2} = 10^6 [A/m^2]$

답 ④

02 자계의 세기가 800[AT/m]이고, 자속밀도가 0.2[Wb/m²]인 재질의 투자율[H/m]은?

① 2.5×10^{-3}[H/m]   ② 4×10^{-3}[H/m]
③ 2.5×10^{-4}[H/m]   ④ 4×10^{-4}[H/m]

풀이 $B = \mu H$ 이므로, 투자율 $\mu = \dfrac{B}{H} = \dfrac{0.2}{800} = 2.5 \times 10^{-4}$[H/m]

답 ③

03 $C = 5[\mu F]$인 평행판 콘덴서에 5[V]인 전압을 걸어 줄 때 콘덴서에 축적되는 에너지는 몇 [J]인가?

① 6.25×10^{-5} ② 6.25×10^{-3}
③ 1.25×10^{-5} ④ 1.25×10^{-3}

풀이 콘덴서에 축적되는 에너지 W는
$W = \dfrac{1}{2} CV^2 = \dfrac{1}{2} \times 5 \times 10^{-6} \times 5^2 = 6.25 \times 10^{-5}$[J]

답 ①

04 철심에 도선을 250회 감고 1.2[A]의 전류를 흘렸더니 1.5×10^{-3}[Wb]의 자속이 생겼다. 자기저항[AT/Wb]은?

① 2×10^5 ② 3×10^5
③ 4×10^5 ④ 5×10^5

풀이 기자력 $F = R_m \phi$[AT]이므로

자기저항 $R_m = \dfrac{F}{\phi} = \dfrac{NI}{\phi} = \dfrac{250 \times 1.2}{1.5 \times 10^{-3}} = 200 \times 10^3 = 2 \times 10^5$[AT/Wb]

답 ①

05 1변의 길이가 l[m]되는 정사각형 도체 회로에 전류 I[A]를 흘릴 때 회로의 중심점 자계의 세기[A/m]는?

① $\dfrac{I}{\sqrt{2}\pi l}$ ② $\dfrac{2I}{\pi l}$ ③ $\dfrac{\sqrt{2}I}{\pi l}$ ④ $\dfrac{2\sqrt{2}I}{\pi l}$

풀이 한 변 AB에 대한 중심점의 자계는

$H_{AB} = \dfrac{I}{4\pi a}(\sin\beta_1 + \sin\beta_2)$ 이므로 $a = \dfrac{l}{2}$

$\sin\beta_1 = \sin\beta_2 = \sin 45° = \dfrac{1}{\sqrt{2}}$ 을 대입하면

$H_{AB} = \dfrac{I}{4\pi\left(\dfrac{l}{2}\right)} \times 2 \times \dfrac{1}{\sqrt{2}} = \dfrac{I}{\sqrt{2}\pi l}$ [AT/m]

$\therefore H_0 = H_{AB} + H_{BC} + H_{CD} + H_{DA} = 4H_{AB} = 4 \times \dfrac{I}{\sqrt{2}\pi l} = \dfrac{2\sqrt{2}I}{\pi l}$ [AT/m]

답 ④

06 전자석의 재료로 가장 적당한 것은?

① 잔류자기와 보자력이 모두 커야 한다.
② 잔류자기는 작고, 보자력은 커야 한다.
③ 잔류자기와 보자력이 모두 작아야 한다.
④ 잔류자기는 크고, 보자력은 작아야 한다.

풀이 히스테리시스 곡선
영구자석의 재료는 잔류자기(B_r)와 보자력(H_c)이 모두 커야 하나, 전자석(일시 자석)의 재료는 잔류자기(B_r)가 크고 보자력(H_c)과 히스테리시스 곡선의 면적이 모두 작아야 한다.

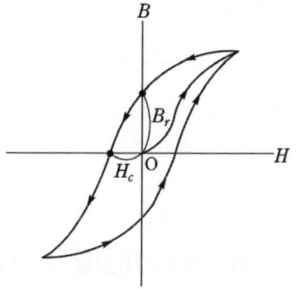

답 ④

07 자유공간에서 특성 임피던스 $\sqrt{\dfrac{\mu_0}{\epsilon_0}}$ 의 값은?

① $\dfrac{1}{110\pi}$ [Ω]   ② $\dfrac{1}{120\pi}$ [Ω]   ③ 110π [Ω]   ④ 120π [Ω]

풀이 특성 임피던스 $Z_0 = \dfrac{E}{H} = \sqrt{\dfrac{\mu_0}{\epsilon_0}} = \sqrt{\dfrac{4\pi \times 10^{-7}}{\dfrac{1}{36\pi \times 10^9}}} = \sqrt{144\pi^2 \times 100} = 120\pi$ [Ω]

답 ④

08 비유전율이 10인 유리 콘덴서와 동일 크기의 비유전율이 1인 공기 콘덴서가 있다. 유리 콘덴서에 380[V]의 전압을 가할 때 동일한 전하를 축적하기 위하여 공기 콘덴서에 필요한 전압은 몇 [kV]인가?

① 1.8 ② 3.8 ③ 5.4 ④ 7.6

풀이 유리 콘덴서 $Q_1 = C_1 V_1$, 공기 콘덴서 $Q_2 = C_2 V_2$에서 $Q_1 = Q_2$의 관계이므로

$$C_1 V_1 = C_2 V_2 , \quad \frac{\epsilon_0 \epsilon_s}{d} s V_1 = \frac{\epsilon_0}{d} s V_2$$

$$\therefore V_2 = \epsilon_s V_1 = 10 \times 380 = 3800[V] = 3.8[kV]$$

답 ②

09 두 개의 코일이 있다. 각각의 자기 인덕턴스가 0.4[H], 0.9[H]이고, 상호 인덕턴스가 0.36[H]일 때 결합계수는?

① 0.5 ② 0.6 ③ 0.7 ④ 0.8

풀이 결합계수 $k = \dfrac{M}{\sqrt{L_1 L_2}} = \dfrac{0.36}{\sqrt{0.4 \times 0.9}} = 0.6$

답 ②

10 자유공간 중의 전위계에서 $V = 5(x^2 + 2y^2 - 3z^2)$일 때 점 $P(2, 0, -3)$에서의 전하밀도 ρ의 값은?

① 0 ② 2 ③ 7 ④ 9

풀이 전위와 공간 전하 밀도의 관계 : 포아송 방정식

$$\nabla^2 V = \frac{\partial^2 V}{\partial x^2} + \frac{\partial^2 V}{\partial y^2} + \frac{\partial^2 V}{\partial z^2}$$

$$= \frac{\partial^2}{\partial x^2}[5(x^2+2y^2-3z^2)] + \frac{\partial^2}{\partial y^2}[5(x^2+2y^2-3z^2)] + \frac{\partial^2}{\partial z^2}[5(x^2+2y^2-3z^2)]$$

$$= 10 + 20 - 30 = 0$$

$$\therefore \rho = -\epsilon(\nabla^2 V) = -\epsilon \times 0 = 0[C/m^3]$$

답 ①

11 질량이 m[kg]인 작은 물체가 전하 Q[C]를 가지고 중력 방향과 직각인 무한도체평면 아래쪽 d[m]의 거리에 놓여 있다. 정전력이 중력과 같게 되는데 필요한 Q[C]의 크기는?

① $d\sqrt{\pi\epsilon_o mg}$
② $\dfrac{d}{2}\sqrt{\pi\epsilon_o mg}$
③ $2d\sqrt{\pi\epsilon_o mg}$
④ $4d\sqrt{\pi\epsilon_o mg}$

풀이 $F = \dfrac{Q^2}{4\pi\epsilon_0 r^2} = \dfrac{Q^2}{4\pi\epsilon_0 (2d)^2} = \dfrac{Q^2}{16\pi\epsilon_0 d^2} = mg[N]$

$\therefore Q = \sqrt{16\pi\epsilon_0 d^2 mg} = 4d\sqrt{\pi\epsilon_0 mg}$ [C]

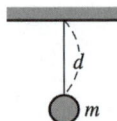

답 ④

12 그림과 같이 내외 도체의 반지름이 a, b인 동축선(케이블)의 도체 사이에 유전율이 ϵ인 유전체가 채워져 있는 경우 동축선의 단위 길이당 정전용량은?

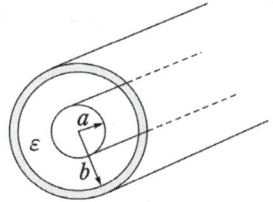

① $\epsilon \log_e \dfrac{b}{a}$에 비례한다.
② $\dfrac{1}{\epsilon} \log_{10} \dfrac{b}{a}$에 비례한다.
③ $\dfrac{\epsilon}{\log_e \dfrac{b}{a}}$에 비례한다.
④ $\dfrac{\epsilon b}{a}$에 비례한다.

풀이 전위 $V = \dfrac{\lambda}{2\pi\epsilon_0} \ln \dfrac{b}{a}$[V] (여기서, λ[C/m] : 선전하 밀도)

$\therefore C_{ab} = \dfrac{2\pi\epsilon}{\ln \dfrac{b}{a}} = \dfrac{2\pi\epsilon}{\log_e \dfrac{b}{a}}$[μF/km]

답 ③

13 공기 중에서 무한평면도체 표면 아래의 1[m] 떨어진 곳에 1[C]의 점전하가 있다. 전하가 받는 힘의 크기는 몇 [N]인가?

① 9×10^9
② $\dfrac{9}{2} \times 10^9$
③ $\dfrac{9}{4} \times 10^9$
④ $\dfrac{9}{16} \times 10^9$

풀이 무한평면도체에서 1[m] 떨어진 점전하 Q[C]이 받는 힘은 전기 영상법에 의해

$F = \dfrac{1}{4\pi\epsilon_0} \dfrac{QQ'}{(2r)^2} = \dfrac{Q^2}{16\pi\epsilon_0 r^2}$

$= \dfrac{1}{4} \times 9 \times 10^9 \times \dfrac{1}{1^2}$

$= \dfrac{9}{4} \times 10^9$[N]

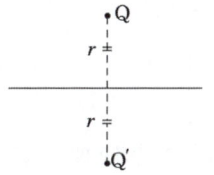

답 ③

14 평행판 콘덴서에서 전극판사이의 거리를 $\dfrac{1}{2}$로 줄이면 콘덴서의 용량은 처음 값에 대하여 어떻게 되는가?

① $\dfrac{1}{2}$로 감소한다.
② $\dfrac{1}{4}$로 감소한다.
③ 2배로 증가한다.
④ 4배로 증가한다.

풀이 $C = \epsilon \dfrac{s}{d}$[F]에서 $C' = \epsilon \dfrac{s}{\dfrac{d}{2}} = 2\epsilon \dfrac{s}{d}$[F]이므로 **2배가 된다.**

답 ③

15 전계의 세기가 1500[V/m]인 전장에 5[μC]의 전하를 놓았을 때 이 전하에 작용하는 힘은 몇 [N]인가?

① 4.5×10^{-3}
② 5.5×10^{-3}
③ 6.5×10^{-3}
④ 7.5×10^{-3}

풀이 작용하는 힘 $F = Eq = 1500 \times 5 \times 10^{-6} = 7.5 \times 10^{-3}$ [N] **답** ④

16 대향면적 $S = 100$[cm²]의 평행판 콘덴서가 비유전율 2.1, 절연내력 1.2×10^5[V/cm]인 기름 중에 있을 때 축적되는 최대 전하는 몇 [C]인가?

① 2.23×10^{-6}
② 3.14×10^{-6}
③ 4.28×10^{-6}
④ 6.28×10^{-6}

풀이
$$Q = CV = \frac{\epsilon_0 \epsilon_s S}{d} \cdot E_d = \epsilon_0 \epsilon_s S E$$
$$\therefore Q = (8.855 \times 10^{-12}) \times 2.1 \times (100 \times 10^{-4}) \times (1.2 \times 10^5 \times 10^2) = 2.23 \times 10^{-6} [\text{C}]$$
답 ①

17 $\epsilon_1 > \epsilon_2$인 두 유전체의 경계면에 전계가 수직으로 입사할 때 단위면적당 경계면에 작용하는 힘은?

① 힘 $f = \frac{1}{2}\left(\frac{1}{\epsilon_1} - \frac{1}{\epsilon_2}\right)D^2$이 ϵ_2에서 ϵ_1으로 작용한다.
② 힘 $f = \frac{1}{2}\left(\frac{1}{\epsilon_1} - \frac{1}{\epsilon_2}\right)E^2$이 ϵ_2에서 ϵ_1으로 작용한다.
③ 힘 $f = \frac{1}{2}\left(\frac{1}{\epsilon_2} - \frac{1}{\epsilon_1}\right)D^2$이 ϵ_1에서 ϵ_2로 작용한다.
④ 힘 $f = \frac{1}{2}\left(\frac{1}{\epsilon_1} - \frac{1}{\epsilon_2}\right)E^2$이 ϵ_1에서 ϵ_2로 작용한다.

풀이 ① 전계가 경계면에 수직인 경우
$$f_n = \frac{1}{2}(E_2 - E_1) \cdot D = \frac{1}{2}\left(\frac{1}{\epsilon_2} - \frac{1}{\epsilon_1}\right)D^2 [\text{N/m}^2]$$
② 전계가 경계면에 평행인 경우
$$f_n = \frac{1}{2}(E_1 \cdot D_1 - E_2 \cdot D_2) = \frac{1}{2}(\epsilon_1 - \epsilon_2)E^2 [\text{N/m}^2]$$
①, ② 모두 유전율이 큰 쪽에서 유전율이 작은 쪽으로 끌려 들어가는 맥스웰 응력이 작용한다. **답** ③

18 100[kW]의 전력이 안테나에서 사방으로 균일하게 방사될 때 안테나에서 1[km] 거리에 있는 점의 전계의 실효값은 몇 [V/m]인가?

① 1.73[V/m]
② 2.45[V/m]
③ 3.73[V/m]
④ 6[V/m]

풀이
$$P = \frac{100 \times 10^3}{4 \times 3.14 \times (10^3)^2} = 7.96 \times 10^{-3} [\text{W/m}^2]$$
$$H_e = \sqrt{\frac{\epsilon_0}{\mu_0}} E_e = \sqrt{\frac{8.855 \times 10^{-12}}{4\pi \times 10^{-7}}} E_e = 2.654 \times 10^{-3} E_e [\text{A/m}]$$
$P = H_e E_e$ 이므로
$$P = 2.654 \times 10^{-3} E_e^2 = 7.96 \times 10^{-3} \rightarrow E_e^2 = 3$$
$$\therefore E_e = \sqrt{3} = 1.73 [\text{V/m}]$$

답 ①

19 지름 20[cm]의 구리로 만든 반구의 볼에 물을 채우고 그 중에 지름 10[cm]의 구를 띄운다. 이때에 양구가 동심구라면 양구간의 저항[Ω]은 약 얼마인가? (단, 물의 도전율은 10^{-3}[℧/m]이고 물은 충만되어 있다.)

① 159
② 1590
③ 2800
④ 2850

풀이 동심구의 정전용량에서 반구이므로 $C = \dfrac{4\pi\epsilon}{\dfrac{1}{a} - \dfrac{1}{b}} \times \dfrac{1}{2} = \dfrac{2\pi\epsilon}{\dfrac{1}{a} - \dfrac{1}{b}}$ [F]

$RC = \epsilon\rho = \dfrac{\epsilon}{\sigma}$ 에서

$\therefore R = \dfrac{\epsilon}{\sigma C} = \dfrac{1}{2\pi\sigma}\left(\dfrac{1}{a} - \dfrac{1}{b}\right) = \dfrac{1}{2\pi \times 10^{-3}}\left(\dfrac{1}{0.05} - \dfrac{1}{0.1}\right) = 1591 [\Omega]$

답 ②

20 그림과 같은 자속밀도 100[Wb/m²]의 평등자계 내에 한 변이 10[cm]인 정방향 회로가 자계와 직각인 중심축 둘레를 매분 3600 회전할 때 이 회로의 유기기전력은 몇 [V]인가? 단, 권선수는 1이라고 한다.

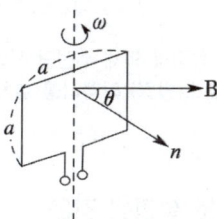

① $60\pi \sin(60\pi t)$
② $60\pi \cos(60\pi t)$
③ $120\pi \sin(120\pi t)$
④ $120\pi \cos(120\pi t)$

풀이
$$e = -\frac{d\phi}{dt} = -\frac{d}{dt}a^2 B\cos\omega t = \omega a^2 B\sin\omega t$$
$$= \frac{2\pi \times 3600}{60} \times (10 \times 10^{-2})^2 \times 100 \times \sin\frac{2\pi \times 3600}{60}t$$
$$= 120\pi \sin 120\pi t [\text{V}]$$

답 ③

2과목　전력공학

21　송전 선로의 안정도 향상 대책이 아닌 것은?
　① 병행 다회선이나 복도체 방식 채용　② 계통의 직렬리액턴스 증가
　③ 속응 여자방식 채용　④ 고속도 차단기 이용

　풀이　안정도 향상 대책
　　① 계통의 직렬 리액턴스 감소
　　② 전압 변동률을 적게 한다(속응 여자 방식 채용, 계통의 연계, 중간 조상 방식).
　　③ 계통에 주는 충격을 적게 한다(적당한 중성점 접지 방식, 고속 차단 방식, 재폐로 방식).
　　④ 고장 중의 발전기 돌입 출력의 불평형을 적게 한다.　**답** ②

22　유효낙차가 40[%] 저하되면 수차의 효율이 20[%] 저하된다고 할 경우 이때의 출력은 원래의 약 몇 [%]인가? (단, 안내 날개의 열림은 불변인 것으로 한다.)
　① 37.2　② 48.0
　③ 52.7　④ 63.7

　풀이　출력 $P = 9.8QH\eta \propto QH\eta$ 이고, 유량 $Q = \sqrt{2gH} \propto H^{\frac{1}{2}}$ 이므로
　　$\therefore P \propto QH\eta = H^{\frac{1}{2}} H\eta = H^{\frac{3}{2}} \cdot \eta = 0.6^{\frac{3}{2}} \times 0.8 \fallingdotseq 0.372 = 37.2[\%]$　**답** ①

23　초고압 장거리 송전선로에 접속되는 1차 변전소에 병렬 리액터를 설치하는 목적은?
　① 페란티효과 방지　② 코로나손실 경감
　③ 전압강하 경감　④ 선로손실 경감

　풀이　장거리 송전선로에서 선로의 정전용량에 의해 수전단 전압이 송전단 전압보다 높아지는 현상을 페란티 효과라 하며, 이에 대한 대책으로 분로(병렬) 리액터를 설치하여 선로의 정전용량을 상쇄시킨다.　**답** ①

24　피뢰기가 구비해야 할 조건 중 잘못 설명된 것은?
　① 충격 방전개시 전압이 낮을 것
　② 상용주파수 방전개시 전압이 높을 것
　③ 방전내량이 크면서 제한전압이 높을 것
　④ 속류 차단 능력이 충분할 것

　풀이　피뢰기 구비조건.
　　① 충격방전 개시전압이 낮을 것
　　② 상용주파 방전 개시전압은 높을 것
　　③ 방전내량이 크면서 제한전압은 낮을 것
　　④ 속류 차단능력이 충분할 것　**답** ③

25 다음 중 VCB의 소호원리로 맞는 것은?

① 압축된 공기를 아크에 불어넣어서 차단
② 절연유 분해가스의 흡부력을 이용해서 차단
③ 고진공에서 전자의 고속도 확산에 의해 차단
④ 고성능 절연특성을 가진 가스를 이용하여 차단

풀이 소호 원리에 따른 차단기의 종류

차단기 종류	약어	소호 원리
유입 차단기	OCB	소호실에서 아크에 의한 절연유 분해 가스의 흡부력을 이용해서 차단
기중 차단기	ACB	대기 중에서 아크를 길게 하여 소호실에서 냉각 차단
자기 차단기	MBB	대기 중에서 전자력을 이용하여 아크를 소호실내로 유도해서 냉각차단
공기차단기	ABB	압축된 공기를 아크에 불어 넣어서 차단
진공 차단기	VCB	고진공 중에서 전자의 고속도 확산에 의해 차단
가스 차단기	GCB	고성능 절연 특성을 가진 특수 가스(SF_6)를 흡수해서 차단

답 ③

26 송전선로의 코로나 손실을 나타내는 Peek 식에서 E_0에 해당하는 것은?
(단, Peek식 $P = \dfrac{241}{\delta}(f+25)\sqrt{\dfrac{d}{2D}}(E-E_0)^2 \times 10^{-5}$ [kW/km/선]이다.)

① 코로나 임계전압
② 전선에 걸리는 대지전압
③ 송전단전압
④ 기준 충격 절연 강도 전압

풀이 δ : 상대 공기밀도, D : 선간거리, d : 전선의 지름, f : 주파수
E : 전선에 걸리는 대지전압, E_0 : 코로나 임계전압

답 ①

27 다음 보호계전기 회로에서 박스 (A) 부분의 명칭은?

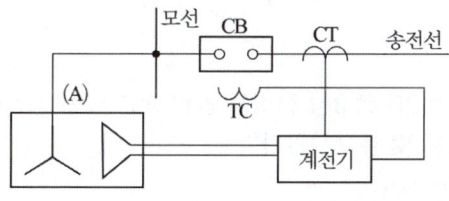

① 차단코일
② 영상변류기
③ 계기용변류기
④ 계기용변압기

풀이 계기용 변압기(PT) : 고전압을 저전압으로 변성하여 계기나 계전기에 공급하기 위한 목적으로 사용되며 2차측 정격전압은 110[V]이다.

답 ④

28 3상의 전원에 접속된 3각형 결선의 콘덴서를 성형 결선으로 바꾸면 진상 용량은 몇 배인가?

① 3
② $\sqrt{3}$
③ $\dfrac{1}{\sqrt{3}}$
④ $\dfrac{1}{3}$

풀이
- 3각형(△) 결선의 진상 용량 $Q_\triangle = 3 \times 2\pi f CE^2 = 3 \times 2\pi f CV^2$ (△결선에서 $E=V$)
- 성형(Y) 결선의 진상 용량 $Q_Y = 3 \times 2\pi f CE^2 = 3 \times 2\pi f C(\frac{V}{\sqrt{3}})^2 = 2\pi f CV^2$ (Y결선에서 $E = \frac{V}{\sqrt{3}}$)

∴ $Q_Y = \frac{1}{3} Q_\triangle$

답 ④

29 다음은 원자력 발전소의 원자로와 일반 화력 발전소의 보일러(boiler)를 비교하여 원자로의 운전 및 보수상의 특징을 말한 것이다. 틀린 것은?

① 원자로는 포화 증기가 사용되기 때문에 압력을 정하면 온도가 정해져 운전 중 온도, 압력의 폭도 적다.
② 원자로는 열효율이 거의 100[%]에 가깝고 연료의 연소 효율은 운전 방법에 따라 크게 좌우된다.
③ 원자로는 정지 후에 발생열이 없어 열제거가 필요 없으며 반면에 정지 후 장시간 온도 유지는 불가능하다.
④ 원자로의 운전은 전출력에서 전출력의 10^{-10} 정도까지 광범위한 조작을 필요로 한다.

풀이 핵분열의 연쇄 반응을 이용하여 그 에너지를 제어된 상태에서 얻어내게 하는 장치를 **원자로**라 하며, **정지 후에도 장시간 온도 유지가 가능**하다.

답 ③

30 전압과 역률이 일정할 때 전력을 몇 [%] 증가시키면 전력 손실이 2배로 되는가?
① 31 ② 41 ③ 51 ④ 61

풀이
- 전력 손실을 P_l, 전력을 P라고 하면 $P_l = 3I^2 R = \frac{P^2 R}{V^2 \cos^2\theta}$에서 $P_l \propto P^2$ 이므로 $P \propto \sqrt{P_l}$이다.
- 전력 손실을 2배로 한 경우의 전력 P'는 $\frac{P'}{P} = \frac{\sqrt{2P_l}}{\sqrt{P_l}} = \sqrt{2}$에서 $P' = \sqrt{2}P$

∴ 증가시킬 수 있는 전력 증가율 $= \frac{P'-P}{P} \times 100 = \frac{\sqrt{2}P-P}{P} \times 100 = \frac{\sqrt{2}-1}{1} \times 100 = 41[\%]$

답 ②

31 500[kVA]의 단상 변압기 3대로 3상 전력을 공급하고 있던 공장에서 변압기 1대가 고장났을 때 공급할 수 있는 전력은 몇 [kVA]인가?
① 500 ② 688 ③ 866 ④ 1000

풀이 변압기 1개의 출력을 P_1이라 하면
V결선 시 출력 $P_V = \sqrt{3} P_1 = \sqrt{3} \times 500 = 866$[kVA]

답 ③

32 66[kV], 60[Hz] 3상 3선식의 선로에서 중성점을 소호리액터 접지하여 완전 공진상태로 되었을 때 중성점에 흐르는 전류는 몇 [A]인가? (단, 소호리액터를 포함한 영상 회로의 등가 저항은 200[Ω], 중성점 잔류전압은 4400[V]라고 한다.)
① 11 ② 22 ③ 33 ④ 44

풀이 공진 시 리액턴스 성분은 0이 되므로
완전 공진 시 전류 $I = \dfrac{E}{R} = \dfrac{4400}{200} = 22[A]$

답 ②

33. 송전선로에서 매설지선을 사용하는 주된 목적은?

① 코로나 전압을 저감시키기 위하여
② 뇌해를 방지하기 위하여
③ 탑각 접지저항을 줄여서 섬락을 방지하기 위하여
④ 인축의 감전사고를 막기 위하여

풀이 매설지선 : 철탑의 탑각 접지 저항을 낮추어 역섬락을 방지하기 위한 것으로서 지하 30~60[cm] 정도의 깊이에 30~50[m] 정도의 아연도금 철선을 매설한다.

답 ③

34. 전선의 굵기가 균일하고 부하가 균등하게 분산 분포되어 있는 배전선로의 전력손실은 전체 부하가 송전단으로부터 전체 전선로 길이의 어느 지점에 집중되어 있을 경우의 손실과 같은가?

① $\dfrac{3}{4}$ ② $\dfrac{2}{3}$ ③ $\dfrac{1}{3}$ ④ $\dfrac{1}{2}$

풀이 집중 부하와 분산 부하

구 분	전력 손실	전압 강하
말단에 집중 부하	$I^2 rL$	IrL
균등 분산 분포 부하	$\dfrac{1}{3}I^2 rL = I^2 r\left(\dfrac{1}{3}L\right)$	$\dfrac{1}{2}IrL = Ir\left(\dfrac{1}{2}L\right)$

여기서, I : 전선의 전류, r : 전선 단위 길이당 저항, L : 전선의 길이

답 ③

35. 배전선의 전압을 조정하는 방법으로 적당하지 않은 것은?

① 유도 전압 조정기
② 승압기
③ 주상 변압기 탭 전환
④ 동기 조상기

풀이 배전선 전압 조정 장치로는
① 주변압기 1차측의 무부하시(탭 변환 장치), 부하시(탭 절환 장치)
② 정지형 전압 조정기(SVR)
③ 유도 전압 조정기(IVR)

답 ④

36. 한류 리액터의 사용 목적은?

① 단락전류의 제한
② 충전전류의 제한
③ 누설전류의 제한
④ 접지전류의 제한

풀이
- 한류 리액터 : 단락사고 시의 단락 전류를 제한
- 직렬 리액터 : 제5고조파 제거
- 분로 리액터 : 페란티 현상 방지
- 소호 리액터 : 지락 아크 소멸

답 ①

37 그림과 같이 D[m]의 간격으로 반경 r[m]의 두 전선 a, b가 평행으로 가선 되어있는 경우 작용 인덕턴스는 몇 [mH/km]인가?

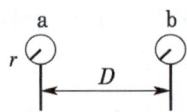

① $L = 0.05 + 0.4605 \log_{10} \dfrac{D}{r}$
② $L = 0.05 + 0.4605 \log_{10} \dfrac{r}{D}$
③ $L = 0.05 + 0.4605 \log_{10}(rD)$
④ $L = 0.05 + 0.4605 \log_{10}\left(\dfrac{1}{rD}\right)$

풀이 단도체 인덕턴스 $L = 0.05 + 0.4605 \log_{10} \dfrac{D}{r}$ [mH/km]

답 ①

38 송전단의 전력원 방정식이 $P_s^2 + (Q_s - 300)^2 = 250000$인 전력계통에서 최대전송 가능한 유효전력은 얼마인가?

① 300 ② 400 ③ 500 ④ 600

풀이 최대전송 가능한 유효전력은 무효분이 0일 때이므로, 무효분 $(Q_s - 300)^2 = 0$이다.
∴ $P_s^2 + 0 = 500^2$ → $P_s = 500$

답 ③

39 직류 송전방식이 교류 송전방식에 비하여 유리한 점이 아닌 것은?

① 선로의 절연이 용이하다.
② 통신선에 대한 유도잡음이 적다.
③ 표피효과에 의한 송전손실이 적다.
④ 정류가 필요 없고 승압 및 강압이 쉽다.

풀이 직류 송전 방식의 장·단점
[장점] ① 선로의 리액턴스가 없으므로 안정도가 높다.
② 유전체손 및 충전 용량이 없고 절연 내력이 강하다.
③ 비동기 연계가 가능하다.
④ 단락전류가 적고 임의 크기의 교류 계통을 연계시킬 수 있다.
⑤ 코로나손 및 전력 손실이 적다.
⑥ 표피효과나 근접 효과가 없으므로 실효 저항의 증대가 없다.
[단점] ① 직교 변환 장치가 필요하다.
② 전압의 승압 및 강압이 불리하다.
③ 고조파나 고주파 억제 대책이 필요하다.
④ 직류 차단기가 개발되어 있지 않다.

답 ④

40 3상 1회선과 대지 간의 충전전류가 1[km]당 0.25[A]일 때 길이가 18[km]인 선로의 충전전류는 몇 [A]인가?

① 1.5　　　② 4.5　　　③ 13.5　　　④ 40.5

풀이 충전전류 $I_c = 0.25[\text{A/km}] \times 18[\text{km}] = 4.5[\text{A}]$　　　**답** ②

3과목　전기기기

41 변압기의 임피던스 전압이란?

① 정격전류 시 2차 측 단자전압이다.
② 변압기의 1차를 단락, 1차에 1차 정격전류와 같은 전류를 흐르게 하는 데 필요한 1차 전압이다.
③ 변압기 내부 임피던스와 정격전류와의 곱인 내부 전압강하이다.
④ 변압기의 2차를 단락, 2차에 2차 정격전류와 같은 전류를 흐르게 하는 데 필요한 2차 전압이다.

풀이 변압기의 임피던스 전압이란, 변압기의 임피던스와 정격전류와의 곱을 말한다. ($E_s = I_n \cdot Z$)
즉, 정격전류에 의한 변압기 내부 전압강하를 의미한다.　　　**답** ③

42 정격전압이 일정하고 일정한 파형에서 주파수가 상승하면 변압기 철손은 어떻게 변하는가?

① 불변이다.　　　② 감소한다.
③ 증가한다.　　　④ 어떤 기간 동안 증가한다.

풀이
- 히스테리시스손 $P_h = \sigma_h f B_m^2 = Kf\left(\dfrac{V}{f}\right)^2 = K\dfrac{V^2}{f}$
- 와류손 $P_e = \sigma_e (t f B_m)^2 = K\left(f \cdot \dfrac{V}{f}\right)^2 = KV^2$

정격전압이 일정하고 주파수가 상승하면 와전류손은 일정, 히스테리시스손은 감소하므로 결국 철손은 감소한다.　　　**답** ②

43 IGBT(Insulated Gate Bipolar Transistor)에 대한 설명으로 틀린 것은?

① MOSFET와 같이 전압제어 소자이다.
② GTO 사이리스터와 같이 역방향 전압저지 특성을 갖는다.
③ 게이트와 에미터 사이의 입력 임피던스가 매우 낮아 BJT보다 구동하기 쉽다.
④ BJT처럼 on-drop이 전류에 관계없이 낮고 거의 일정하며, MOSFET보다 훨씬 큰 전류를 흘릴 수 있다.

풀이 IGBT(Insulated Gate Bipolar Transistor)
IGBT는 MOSFET와 트랜지스터의 장점을 취한 것으로서
① 소스에 대한 게이트의 전압으로 도통과 차단을 제어한다.
② 게이트 구동전력이 매우 낮다.
③ 스위칭 속도는 FET와 트랜지스터의 중간정도로 빠른편에 속한다.
④ 용량은 일반 트랜지스터와 동등한 수준이다.
⑤ MOSFET과 같이 입력 임피던스가 매우 높아 BJT보다 구동하기 쉽다.   답 ③

44 전부하에서 동손 100[W], 철손 50[W]인 변압기가 최대 효율[%]을 나타내는 부하는?
① 50 ② 67 ③ 70 ④ 86

풀이 최대 효율은 철손과 동손이 같을 때이므로 $P_i = m^2 P_c$
$\therefore m = \sqrt{\dfrac{P_i}{P_c}} = \sqrt{\dfrac{50}{100}} = 0.7 = 70[\%]$ 답 ③

45 3상 직권 정류자 전동기의 중간 변압기는 고정자 권선과 회전자 권선 사이에 직렬로 접속되는데 이 중간 변압기를 사용하는 중요한 이유는?
① 경부하시 속도의 급상승 방지를 위하여
② 주파수 변동으로 속도를 조정하기 위하여
③ 회전자 상수를 감소하기 위하여
④ 역회전을 방지하기 위하여

풀이 중간 변압기를 사용하는 주요한 이유
① 전원전압의 크기에 관계없이 정류에 알맞게 회전자 전압을 선택할 수 있다.
② 중간 변압기의 권수비를 바꾸어 전동기의 특성을 조정할 수 있다.
③ 직권 특성이기 때문에 경부하에서는 속도가 매우 상승하나 중간 변압기를 사용, 그 철심을 포화하도록 하면 그 속도 상승을 제한할 수 있다.   답 ①

46 PWM 인버터에서 나타나는 고조파의 영향이 아닌 것은?
① 손실   ② 기계적인 마찰과 관성
③ 소음과 진동   ④ 토크맥동

풀이 기계적인 마찰은 고조파의 영향이 아니라 기계적인 원인에 의해 발생하는 것이다.   답 ②

47 유도전동기의 속도제어 방식으로 틀린 것은?
① 크레머 방식   ② 일그너 방식
③ 2차 저항제어 방식   ④ 1차 주파수제어 방식

풀이 • 농형 유도전동기의 속도 제어법
  ① 주파수를 바꾸는 방법
  ② 극수를 바꾸는 방법

③ 전원 전압을 바꾸는 방법
- 권선형 유도전동기의 속도 제어법
  ① 2차 저항을 제어하는 방법
  ② 2차 여자법(크레머 방식, 셀비어스 방식) 등이 있다.
  일그너 방식은 직류전동기의 속도제어 방식이다. 　　　　　　　　　　　답 ②

48 직류분권발전기가 있다. 극당 자속 0.01[Wb], 도체수 400, 회전수 600[rpm]인 6극 직류기의 유도기전력[V]은? 단, 병렬회로수는 2이다.
① 160　　　　② 140　　　　③ 120　　　　④ 100

풀이　조건에서 병렬회로수는 2라고 하였으므로
유도기전력 $E = \dfrac{P}{a} Z\phi \dfrac{N}{60} = \dfrac{6}{2} \times 400 \times 0.01 \times \dfrac{600}{60} = 120[V]$ 　　　답 ③

49 동기발전기의 단락비나 동기 임피던스를 산출하는 데 필요한 특성곡선은?
① 부하 포화곡선과 3상 단락곡선
② 단상 단락곡선과 3상 단락곡선
③ 무부하 포화곡선과 3상 단락곡선
④ 무부하 포화곡선과 외부특성곡선

풀이

시험의 종류	측정항목
무부하 시험	철손, 기계손
단락 시험	동기임피던스, 동기리액턴스
무부하(포화) 시험, 단락 시험	단락비

답 ③

50 불평형 전압 상태에서 3상 유도전동기를 운전하면 토크와 입력은 어떻게 되는가?
① 토크가 감소하고 입력도 감소한다.
② 토크는 감소하고 입력은 증가한다.
③ 토크는 증가하고 입력은 감소한다.
④ 토크가 증가하고 입력은 증가한다.

풀이　전압이 불평형이 되면 불평형 전류가 흘러 전류는 증가하나 토크는 감소한다. 　답 ②

51 다음 기기 중 공장에서 역률을 개선하려고 할 때 쓰이는 기기가 아닌 것은?
① 동기조상기　　　　　　　　② 콘덴서용 직렬리액터
③ 전력용 콘덴서　　　　　　　④ 회전변류기

풀이
- 동기조상기 및 전력용 콘덴서를 사용하여 역률을 개선할 수 있으며, 전력용 콘덴서에는 방전 코일과 직렬 리액터를 부속으로 설치하여야 한다.
- 회전 변류기는 교류전력을 직류전력으로 바꾸는 회전기기이다. 　　　　　　답 ④

52 서보 모터가 갖추어야 할 조건이 아닌 것은?
① 기동 토크가 클 것
② 관성 모멘트가 클 것
③ 가감속이 용이할 것
④ 토크 속도곡선이 수하특성을 가질 것

풀이 서보 모터는 기동 토크는 크고, 회전자의 관성 모멘트는 적어야 한다. **답** ②

53 동기발전기에서 전기자 전류를 I, 유기기전력과 전기자 전류와의 위상각을 θ라 하면 횡축반작용을 하는 성분은?
① $I\cot\theta$
② $I\tan\theta$
③ $I\sin\theta$
④ $I\cos\theta$

풀이 유효분 $I\cos\theta$는 기전력과 같은 위상의 전류 성분으로서 횡축반작용을 하며, 무효분 $I\sin\theta$는 $\pi/2$[rad]만큼 뒤지거나 앞서기 때문에 직축반작용을 한다. **답** ④

54 직류전동기의 회전수를 1/2로 줄이려면, 계자자속을 몇 배로 하여야 하는가? (단, 전압과 전류 등은 일정하다.)
① 1
② 2
③ 3
④ 4

풀이 회전수 $n = K\dfrac{V-I_aR_a}{\Phi}$ 이므로, n을 $\dfrac{1}{2}$로 하면 자속 Φ는 2배가 되어야 한다. **답** ②

55 단상변압기를 병렬 운전하는 경우 부하전류의 분담에 관한 설명 중 옳은 것은?
① 누설 리액턴스에 비례한다.
② 누설 임피던스에 비례한다.
③ 누설 임피던스에 반비례한다.
④ 누설 리액턴스의 제곱에 반비례한다.

풀이 변압기 병렬운전 시 부하 분담은 누설 임피던스에 역비례하며, 변압기의 용량에 비례한다.
$$\dfrac{I_a}{I_b} = \dfrac{P_A}{P_B} \cdot \dfrac{\%Z_b}{\%Z_a}$$
여기서, I_a, I_b : 각 변압기의 분담 전류
P_A, P_B : A, B 변압기의 용량
$\%Z_a$, $\%Z_b$: A, B 변압기의 %임피던스 **답** ③

56 단상 다이오드 반파정류회로인 경우 정류 효율은 약 몇 [%]인가? (단, 저항부하인 경우이다.)
① 12.6
② 40.5
③ 60.6
④ 81.2

풀이

정류 종류	단상 반파	단상 전파	3상 반파	3상 전파
맥동률[%]	121	48	17.7	4.04
정류 효율	40.5	81.1	96.7	99.8
맥동 주파수	f	$2f$	$3f$	$6f$

답 ②

57 직류기의 전기자권선 중 중권 권선에서 뒤 피치가 앞 피치보다 큰 경우를 무엇이라 하는가?

① 진권 ② 쇄권 ③ 여권 ④ 장절권

풀이
- **진권** : 권선의 진행 방향은 시계 방향의 방사형이며, **후절(뒤 피치)이 전절(앞 피치)보다 크다.**
- 누권(역진권) : 권선 방향은 반시계 방향으로 감겨지게 되고 후절(뒤 피치)이 전절(앞 피치)보다 적다.

답 ①

58 단자전압 100[V], 전기자 전류 10[A], 전기자 회로 저항 1[Ω], 회전수 1800[rpm]으로 전부하 운전하고 있는 직류 전동기의 토크는 약 몇 [kg·m]인가?

① 0.049 ② 0.49 ③ 49 ④ 490

풀이
$E = V - I_a R_a = 100 - 10 \times 1 = 90[V]$

$\therefore \tau = 0.975 \dfrac{P}{N} = 0.975 \dfrac{EI_a}{N} = 0.975 \times \dfrac{90 \times 10}{1800} = 0.49[\text{kg} \cdot \text{m}]$

답 ②

59 어떤 변압기의 단락시험에서 %저항강하 1.5[%]와 %리액턴스강하 3[%]를 얻었다. 부하역률이 80[%] 앞선 경우의 전압변동률[%]은?

① −0.6 ② 0.6 ③ −3.0 ④ 3.0

풀이 앞선 역률이므로, 전압변동률 $\epsilon = p\cos\theta - q\sin\theta = 1.5 \times 0.8 - 3 \times 0.6 = -0.6[\%]$

답 ①

60 220[V], 3상 유도전동기의 전부하 슬립이 6[%]이다. 공급전압이 10[%] 저하된 경우의 전부하 슬립은 어떻게 되는가?

① 0.074 ② 0.067 ③ 0.054 ④ 0.049

풀이 공급전압이 10[%] 저하된 경우의 전부하 슬립을 s'라 하면

$s' = s \times \left(\dfrac{V_1}{V_1'}\right)^2 = s \times \left(\dfrac{V_1}{V_1 \times 0.9}\right)^2 = 0.06 \times \left(\dfrac{220}{220 \times 0.9}\right)^2 = 0.074[\%]$

답 ①

4과목 회로이론

61 어느 회로의 유효 전력은 300[W], 무효 전력은 400[Var]이다. 이 회로의 피상 전력은?

① 500[VA] ② 600[VA]
③ 700[VA] ④ 350[VA]

풀이 유효전력 $P = 300[W]$, 무효전력 $P_r = 400[Var]$

따라서 피상전력 $P_a = \sqrt{P^2 + P_r^2} = \sqrt{300^2 + 400^2} = 500[VA]$

답 ①

62 그림에서 $e(t) = E_m \cos \omega t$의 전원전압을 인가했을 때 인덕턴스 L에 축적되는 에너지[J]는?

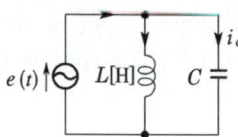

① $\dfrac{1}{2} \dfrac{E_m^2}{\omega^2 L^2}(1 + \cos \omega t)$
② $\dfrac{1}{4} \dfrac{E_m^2}{\omega^2 L}(1 - \cos \omega t)$
③ $\dfrac{1}{2} \dfrac{E_m^2}{\omega^2 L^2}(1 + \cos 2\omega t)$
④ $\dfrac{1}{4} \dfrac{E_m^2}{\omega^2 L}(1 - \cos 2\omega t)$

풀이 인덕턴스에 흐르는 전류 $i_L(t)$는

$$i_L(t) = \frac{1}{L}\int e\, dt = \frac{1}{L}\int E_m \cos \omega t\, dt = \frac{E_m}{\omega L}\sin \omega t$$

$$\therefore W_L(t) = \frac{Li_L(t)^2}{2} = \frac{L}{2}\left(\frac{E_m}{\omega L}\right)^2 \sin^2 \omega t = \frac{E_m^2}{2\omega^2 L}\left(\frac{1 - \cos 2\omega t}{2}\right) = \frac{1}{4}\frac{E_m^2}{\omega^2 L}(1 - \cos 2\omega t)$$

답 ④

63 시정수 τ를 갖는 RL 직렬회로에 직류전압을 가할 때 $t = 2\tau$ 되는 시간에 회로에 흐르는 전류는 최종값의 약 몇 [%]인가?

① 98 ② 95 ③ 86 ④ 63

풀이 시정수는 특성근 절대값의 역이므로 $i(t) = \dfrac{E}{R}\left(1 - e^{-\frac{R}{L}t}\right) = \dfrac{E}{R}\left(1 - e^{-\frac{1}{\tau}t}\right)$이다.

$t = 2\tau$를 대입하면 $i_\tau = \dfrac{E}{R}\left(1 - e^{-\frac{1}{\tau} \times 2\tau}\right) = I(1 - e^{-2}) \fallingdotseq 0.86I$

답 ③

64 $f(t) = \delta(t) - be^{-bt}$의 라플라스 변환은? 단, $\delta(t)$는 임펄스 함수이다.

① $\dfrac{b}{s+b}$ ② $\dfrac{s(1-b)+5}{s(s+b)}$ ③ $\dfrac{1}{s(s+b)}$ ④ $\dfrac{s}{s+b}$

풀이 선형성 정리에 의해서 $\mathcal{L}[\delta(t)] - \mathcal{L}[be^{-bt}] = 1 - \dfrac{b}{s+b} = \dfrac{s}{s+b}$

답 ④

65 RLC 직렬회로에서 공진 시의 전류는 공급 전압에 대하여 어떤 위상차를 갖는가?

① 0° ② 90° ③ 180° ④ 270°

풀이 임피던스 $\boldsymbol{Z} = R + j\left(\omega L - \dfrac{1}{\omega C}\right)[\Omega]$에서

직렬공진은 리액턴스 성분이 0($j\omega L = \dfrac{1}{j\omega C}$)이 되므로 **공진 시 전압과 전류는 동상(0°)**이 되고 전류는 최대로 된다.

답 ①

66 그림과 같은 회로의 전달함수는? 단, $T = RC$ 이다.

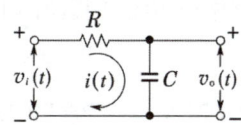

① $Ts+1$ ② Ts^2+1 ③ $\dfrac{1}{Ts+1}$ ④ $\dfrac{1}{Ts^2+1}$

풀이 $\begin{cases} v_i(t) = Ri(t) + \dfrac{1}{C}\int i(t)dt \\ v_o(t) = \dfrac{1}{C}\int i(t)dt \end{cases}$, $\begin{cases} V_i(s) = \left(R + \dfrac{1}{Cs}\right)I(s) \\ V_o(s) = \dfrac{1}{Cs}I(s) \end{cases}$

$\therefore G(s) = \dfrac{V_o(s)}{V_i(s)} = \dfrac{\dfrac{1}{Cs}}{R + \dfrac{1}{Cs}} = \dfrac{1}{RCs+1} = \dfrac{1}{Ts+1}$ **답** ③

---

67 L 및 C를 직렬로 접속한 임피던스가 있다. 지금 그림과 같이 L 및 C의 각각에 동일한 무유도 저항 R을 병렬로 접속하여 이 합성 회로가 주파수에 무관계하게 되는 R의 값을 구하여라.

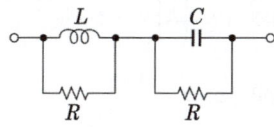

① $R^2 = \dfrac{L}{C}$ ② $R^2 = \dfrac{C}{L}$ ③ $R^2 = L \cdot C$ ④ $R^2 = \dfrac{1}{LC}$

풀이 L의 임피던스를 Z_1, C의 임피던스를 Z_2라 하면 구동점 임피던스 Z는

$Z = \dfrac{Z_1 R}{Z_1 + R} + \dfrac{Z_2 R}{Z_2 + R} = \dfrac{R\{Z_1(R+Z_2) + Z_2(R+Z_1)\}}{(Z_1+R)(Z_2+R)}$

$= \dfrac{R\{Z_1 R + Z_1 Z_2 + Z_2 R + Z_1 Z_2\}}{R^2 + Z_1 R + Z_2 R + Z_1 Z_2}$

Z가 주파수에 무관계하게 되려면(정저항 조건)

$Z_1 R + Z_2 R + 2Z_1 Z_2 = R^2 + Z_1 R + Z_2 R + Z_1 Z_2$

$\therefore R^2 = Z_1 Z_2 = j\omega L \times \dfrac{1}{j\omega C} = \dfrac{L}{C}$ **답** ①

---

68 $R-L-C$ 직렬공진회로에서 $R=100[\Omega]$, $L=314[\text{mH}]$, $C=125.6[\text{pF}]$일 때, 선택도 (전압 확대율) Q는?

① 2×10^3 ② 3×10^3 ③ 4×10^2 ④ 5×10^2

풀이 직렬공진회로에서 $Q = \dfrac{1}{R}\sqrt{\dfrac{L}{C}}$

$Q = \dfrac{1}{R}\sqrt{\dfrac{L}{C}} = \dfrac{1}{100}\sqrt{\dfrac{314 \times 10^{-3}}{125.6 \times 10^{-12}}} = 500$ **답** ④

69 동일한 용량 2대의 단상 변압기를 V결선하여 3상으로 운전하고 있다. 단상 변압기 2대의 용량에 대한 3상 V결선시 변압기 용량의 비인 변압기 이용률은 약 몇 [%]인가?

① 57.7 ② 70.7 ③ 80.1 ④ 86.6

풀이 V결선에는 변압기 2대를 사용하였으므로 그 정격출력의 합은 $2VI$가 된다.

따라서 이용률 $= \dfrac{\sqrt{3}\,VI}{2VI} = \dfrac{\sqrt{3}}{2} = 0.866 = 86.6[\%]$

답 ④

70 4단자 정수를 구하는 식으로 틀린 것은?

① $A = \left(\dfrac{V_1}{V_2}\right)_{I_2=0}$
② $B = \left(\dfrac{V_2}{I_2}\right)_{V_1=0}$
③ $C = \left(\dfrac{I_1}{V_2}\right)_{I_2=0}$
④ $D = \left(\dfrac{I_1}{I_2}\right)_{V_2=0}$

풀이 A, B, C, D로 표시되는 4단자 기초 방정식은 $\begin{bmatrix} V_1 \\ I_1 \end{bmatrix} = \begin{bmatrix} A & B \\ C & D \end{bmatrix} \begin{bmatrix} V_2 \\ I_2 \end{bmatrix}$이며, 각 파라미터의 물리적 의미는

- 출력을 개방했을 때 전압 이득 $A = \dfrac{V_1}{V_2}\bigg|_{I_2=0}$
- 출력을 단락했을 때 전달 임피던스 $B = \dfrac{V_1}{I_2}\bigg|_{V_2=0}$
- 출력을 개방했을 때 전달 어드미턴스 $C = \dfrac{I_1}{V_2}\bigg|_{I_2=0}$
- 출력을 단락했을 때 전류 이득 $D = \dfrac{I_1}{I_2}\bigg|_{V_2=0}$

답 ②

71 그림과 같은 구형파의 라플라스 변환은?

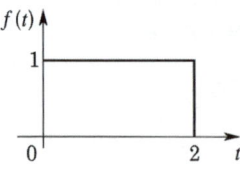

① $\dfrac{1}{s}(1-e^{-s})$ ② $\dfrac{1}{s}(1+e^{-s})$ ③ $\dfrac{1}{s}(1-e^{-2s})$ ④ $\dfrac{1}{s}(1+e^{-2s})$

풀이

$f(t) = u(t) - u(t-2)$

$\therefore F(s) = \mathcal{L}[f(t)] = \mathcal{L}[u(t) - u(t-2)] = \dfrac{1}{s} - \dfrac{1}{s}e^{-2s} = \dfrac{1}{s}(1-e^{-2s})$

답 ③

72 평형 3상 3선식 회로가 있다. 부하는 Y결선이고 $V_{ab}=100\sqrt{3}\angle 0°$[V]일 때 $I_a=20\angle -120°$[A]이었다. Y결선된 부하 한 상의 임피던스는 몇 [Ω]인가?

① $5\angle 60°$ ② $5\sqrt{3}\angle 60°$ ③ $5\angle 90°$ ④ $5\sqrt{3}\angle 90°$

풀이 Y결선에서 선전류 = 상전류, 선간 전압 = $\sqrt{3}\times$상전압 $\angle 30°$이므로

상전압 $V_a=\dfrac{V_{ab}}{\sqrt{3}}\angle -30°=\dfrac{100\sqrt{3}}{\sqrt{3}}\angle -30°=100\angle -30°$[V]

∴ $Z_a=\dfrac{V_a}{I_a}=\dfrac{100\angle -30°}{20\angle -120°}=5\angle 90°$[Ω]

답 ③

73 불평형 3상 전류 $I_a=15+j2$[A], $I_b=-20-j14$[A], $I_c=-3+j10$[A]일 때 영상전류 I_0는 약 몇 [A]인가?

① $2.67+j0.36$ ② $-2.67-j0.67$
③ $15.7-j3.25$ ④ $1.91+j6.24$

풀이 영상전류 $I_0=\dfrac{1}{3}(I_a+I_b+I_c)$

∴ $I_0=\dfrac{1}{3}(15+j2-20-j14-3+j10)=\dfrac{1}{3}(-8-j2)=-2.67-j0.67$[A]

답 ②

74 그림과 같은 회로에서 처음에 스위치 S가 닫힌 상태에서 회로에 정상전류가 흐르고 있었다. $t=0$에서 스위치 S를 연다면 회로의 전류는?

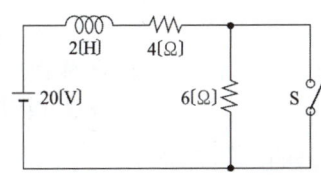

① $2+3e^{-5t}$ ② $2+3e^{-2t}$
③ $4+2e^{-2t}$ ④ $4+2e^{-5t}$

풀이 스위치를 열 때 회로 방정식은 $2\dfrac{di}{dt}+(4+6)i=20$

특별해 i_s는 정상전류이므로 $0+(4+6)i_s=20$, ∴ $i_s=2$

보조해는 우변 E를 0으로 놓은 미분방정식, 즉 $2\dfrac{di}{dt}+(4+6)i_t=0$, $i_t=Ae^{-\frac{4+6}{2}t}=Ae^{-5t}$이다.

따라서 일반해는 $i=i_s+i_t=2+Ae^{-5t}$[A]

적분 상수 A를 구하면 $t=0$에서 $i=\dfrac{20}{4}=5$[A]이다.

∴ $A=5-2=3$

그러므로 일반해는 $i=2+3e^{-5t}$[A]이다.

답 ①

75 RL 병렬회로의 합성 임피던스[Ω]는? (단, ω[rad/s]는 이 회로의 각 주파수이다.)

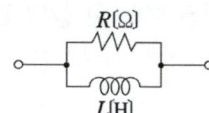

① $R(1+j\dfrac{\omega L}{R})$ ② $R(1-j\dfrac{1}{\omega L})$

③ $\dfrac{R}{(1-j\dfrac{R}{\omega L})}$ ④ $\dfrac{R}{(1+j\dfrac{R}{\omega L})}$

풀이 $Z = \dfrac{R \cdot j\omega L}{R + j\omega L} = \dfrac{R}{1+\dfrac{R}{j\omega L}} = \dfrac{R}{1-j\dfrac{R}{\omega L}}$

답 ③

76 선간 전압 200[V], 부하 임피던스 $24+j7$[Ω]인 3상 Y결선의 3상 유효전력은?

① 192[W] ② 512[W] ③ 1536[W] ④ 4608[W]

풀이 $I = \dfrac{V/\sqrt{3}}{Z} = \dfrac{200/\sqrt{3}}{\sqrt{24^2+7^2}} = 4.62$[A]이므로

∴ $P = 3I^2R = 3 \times 4.62^2 \times 24 ≒ 1536$[W]

답 ③

77 어떤 회로 소자에 $e = 125\sin 377t$[V]를 가했을 때 전류 $i = 25\sin 377t$[A]가 흐른다면 이 소자는?

① 다이오드 ② 순저항
③ 유도 리액턴스 ④ 용량 리액턴스

풀이
- R : 전압과 전류의 위상이 같다.
- L : 전압보다 전류의 위상이 90° 느리다.(지상)
- C : 전압보다 전류의 위상이 90° 빠르다.(진상)

전압과 전류의 위상차가 없으므로 순저항만의 부하이다.

답 ②

78 파형의 파형률 값이 잘못된 것은?

① 정현파의 파형률은 1.414이다.
② 톱니파의 파형률은 1.155이다.
③ 전파 정류파의 파형률은 1.11이다.
④ 반파 정류파의 파형률은 1.571이다.

풀이 정현파의 파형률 $= \dfrac{\text{실효값}}{\text{평균값}} = \dfrac{\dfrac{1}{\sqrt{2}}I_m}{\dfrac{2}{\pi}I_m} = \dfrac{\pi}{2\sqrt{2}} = 1.11$

답 ①

79 저항 $R = 60[\Omega]$과 유도리액턴스 $\omega L = 80[\Omega]$인 코일이 직렬로 연결된 회로에 200[V]의 전압을 인가할 때 전압과 전류의 위상차는?

① 48.17° ② 50.23° ③ 53.13° ④ 55.27°

풀이 임피던스 $Z = R + j\omega L = 60 + j80 = \sqrt{60^2 + 80^2} \angle \tan^{-1}\frac{80}{60} = 100\angle 53.13°$

전류 $I = \dfrac{E}{Z} = \dfrac{200\angle 0°}{100\angle 53.13°} = 2\angle -53.13°$

답 ③

80 그림과 같은 회로망에서 전류를 계산하는데 옳게 표시된 것은?

① $I_1 + I_2 + I_3 + I_4 = 0$
② $I_1 + I_2 - I_3 + I_4 = 0$
③ $I_1 + I_4 = I_2 + I_3$
④ $I_1 + I_2 - I_4 = I_3$

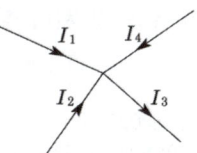

풀이 키르히호프의 전류 법칙 (제1법칙)

답 ②

5과목 전기설비기술기준

81 지중 전선로를 직접 매설식에 의하여 차량 기타 중량물의 압력을 받을 우려가 있는 장소에 시설하는 경우 매설 깊이는 몇 [m] 이상으로 하여야 하는가?

① 1 ② 1.2 ③ 1.5 ④ 2

풀이 334.1 지중전선로의 시설
가. 지중 전선로는 전선에 케이블을 사용하고 또한 관로식·암거식 또는 직접 매설식에 의하여 시설하여야 한다.
나. 지중 전선로를 직접 매설식에 의하여 시설하는 경우에는 매설깊이를 차량 기타 중량물의 압력을 받을 우려가 있는 장소에는 1.0[m] 이상, 기타 장소에는 0.6[m] 이상으로 하고 또한 지중 전선을 견고한 트라프 기타 방호물에 넣어 시설하여야 한다.

답 ①

82 케이블트레이공사에 사용하는 케이블 트레이에 적합하지 않은 것은?

① 금속재의 것은 적절한 방식처리를 하거나 내식성 재료의 것이어야 한다.
② 비금속재 케이블 트레이는 난연성 재료가 아니어도 된다.
③ 케이블 트레이가 방화구획의 벽 등을 관통하는 경우에는 개구부에 연소방지시설을 하여야 한다.
④ 금속제 케이블 트레이 계통은 기계적 또는 전기적으로 완전하게 접속하여야 한다.

[풀이] 232.41 케이블트레이공사
케이블트레이공사는 케이블을 지지하기 위하여 사용하는 금속재 또는 불연성 재료로 제작된 유닛 또는 유닛의 집합체 및 그에 부속하는 부속재 등으로 구성된 견고한 구조물을 말하며 사다리형, 펀칭형, 메시형, 바닥밀폐형 기타 이와 유사한 구조물을 포함하여 적용한다.
가. 케이블 트레이의 안전율은 1.5 이상으로 하여야 한다.
나. 금속재의 것은 적절한 방식처리를 한 것이거나 내식성 재료의 것이어야 한다.
다. 비금속제 케이블 트레이는 난연성 재료의 것이어야 한다.
라. 금속제 케이블 트레이 계통은 기계적 및 전기적으로 완전하게 접속하여야 하며 금속제 트레이는 접지공사를 하여야 한다.   답 ②

83 사용전압이 몇 [kV] 이상의 중성점 직접접지식 전로에 접속하는 변압기를 설치하는 곳에는 절연유의 구외 유출 및 지하 침투를 방지하기 위한 설비를 갖추어야 하는가?

① 50   ② 100   ③ 150   ④ 200

[풀이] 기술기준 제20조 절연유
사용전압이 100[kV] 이상의 중성점 직접접지식 전로에 접속하는 변압기를 설치하는 곳에는 절연유의 구외 유출 및 지하 침투를 방지하기 위한 설비를 갖추어야 한다.   답 ②

84 조상기의 보호장치로서 내부고장 시에 자동적으로 전로로부터 차단되는 장치를 설치하여야 하는 조상기 용량은 몇 [kVA] 이상인가?

① 5000   ② 7500   ③ 10000   ④ 15000

[풀이] 351.5 조상설비의 보호장치
조상 설비에는 그 내부에 고장이 생긴 경우에 보호하는 장치를 표와 같이 시설하여야 한다.

설비 종별	뱅크 용량의 구분	자동적으로 전로로부터 차단하는 장치
전력용 커패시터 및 분로리액터	500[kVA] 초과 15,000[kVA] 미만	• 내부에 고장이 생긴 경우 • 과전류가 생긴 경우
	15,000[kVA] 이상	• 내부에 고장이 생긴 경우 • 과전류가 생긴 경우 • 과전압이 생긴 경우
조상기 (調相機)	15,000[kVA] 이상	• 내부에 고장이 생긴 경우

답 ④

85 사용전압이 400[V]를 초과하는 저압가공전선에 사용 할 수 없는 전선은?

① 인입용 비닐절연전선
② 나전선(중성선 또는 다중접지된 접지측 전선으로 사용하는 전선에 한한다)
③ 케이블
④ 다심형 전선

[풀이] 222.5 저압 가공전선의 굵기 및 종류
가. 저압 가공전선은 나전선(중성선 또는 다중접지된 접지측 전선으로 사용하는 전선에 한한다), 절연전선, 다심형 전선 또는 케이블을 사용하여야 한다.
나. 사용전압이 400[V] 초과인 저압 가공전선에는 인입용 비닐절연전선을 사용하여서는 안 된다.   답 ①

86. 수소냉각식 발전기 및 이에 부속하는 수소냉각장치에 관한 시설기준 중 틀린 것은?
① 발전기안의 수소의 압력 계측장치 및 압력 변동에 대한 경보장치를 시설할 것
② 발전기안의 수소 온도를 계측하는 장치를 시설할 것
③ 발전기는 기밀구조이고 또한 수소가 대기압에서 폭발하는 경우에 생기는 압력에 견디는 강도를 가지는 것일 것
④ 발전기안의 수소의 순도가 70[%] 이하로 저하한 경우에 경보를 하는 장치를 시설할 것

풀이 351.10 수소냉각식 발전기 등의 시설
수소냉각식의 발전기·조상기 또는 이에 부속하는 수소 냉각 장치는 다음 각 호에 따라 시설하여야 한다.
가. 발전기 또는 조상기는 기밀구조의 것이고 또한 수소가 대기압에서 폭발하는 경우에 생기는 압력에 견디는 강도를 가지는 것일 것.
나. 발전기축의 밀봉부에는 질소 가스를 봉입할 수 있는 장치 또는 발전기 축의 밀봉부로부터 누설된 수소 가스를 안전하게 외부에 방출할 수 있는 장치를 시설할 것.
다. 발전기 내부 또는 조상기 내부의 **수소의 순도가 85[%] 이하로 저하**한 경우에 이를 **경보하는 장치**를 시설할 것.
라. 발전기 내부 또는 조상기 내부의 수소의 압력을 계측하는 장치 및 그 압력이 현저히 변동한 경우에 이를 경보하는 장치를 시설할 것.
마. 발전기 내부 또는 조상기 내부의 수소의 온도를 계측하는 장치를 시설할 것. **답** ④

87. 가공전선로의 지지물에 취급자가 오르고 내리는 데 사용하는 발판못 등은 일반적으로 지표상 몇 [m] 미만에 시설하여서는 아니되는가?
① 1.2   ② 1.5   ③ 1.8   ④ 2.0

풀이 331.4 가공전선로 지지물의 철탑오름 및 전주오름 방지가공전선로의 지지물에 취급자가 오르고 내리는데 사용하는 **발판 볼트 등을 지표상 1.8[m]** 미만에 시설하여서는 아니 된다. **답** ③

88. 사용전압이 170[kV]을 초과하는 특고압가공전선로를 시가지에 시설하는 경우 전선의 단면적은 몇 [mm²] 이상의 강심알루미늄 또는 이와 동등 이상의 인장강도 및 내 아크 성능을 가지는 연선을 사용하여야 하는가?
① 22   ② 55   ③ 150   ④ 240

풀이 333.1 시가지 등에서 특고압 가공전선로의 시설
가. 사용전압이 170[kV] 이하인 전선로에서의 전선의 굵기

사용전압의 구분	전선의 단면적
100[kV] 미만	인장강도 21.67[kN] 이상의 연선 또는 단면적 55[mm²] 이상의 경동연선
100[kV] 이상	인장강도 58.84[kN] 이상의 연선 또는 단면적 150[mm²] 이상의 경동연선

나. **사용전압이 170[kV] 초과**하는 전선로에서의 전선은 **단면적 240[mm²] 이상**의 강심알루미늄선 또는 이와 동등 이상의 인장강도 및 내(耐)아크 성능을 가지는 연선을 사용할 것. **답** ④

89. 풀용 수중조명등의 시설공사에서 절연변압기는 그 2차 측 전로의 사용전압이 몇 [V] 이하인 경우에는 1차 권선과 2차 권선 사이에 금속제의 혼촉방지판을 설치하여야 하여야 하는가?
① 30[V]   ② 40[V]   ③ 50[V]   ④ 60[V]

> **풀이** 234.14 수중조명등
> 수중조명등의 절연변압기는 그 **2차측 전로의 사용전압이 30[V] 이하**인 경우는 1차권선과 2차권선 사이에 금속제의 **혼촉방지판을 설치**하고, 규정에 준하여 접지공사를 하여야 한다.　**답** ①

90 연료전지의 내압시험은 연료전지 설비의 내압 부분 중 최고 사용압력이 0.1[MPa] 이상의 부분은 최고 사용압력의 몇 배의 수압까지 가압하여 압력이 안정된 후 최소 10분간 유지하는 시험을 실시하였을 때 이것에 견디고 누설이 없어야 하는가?

① 1　　② 1.25　　③ 1.5　　④ 2

> **풀이** 542.1.3 연료전지설비의 구조
> 내압시험은 연료전지 설비의 내압 부분 중 **최고 사용압력이 0.1[MPa] 이상의 부분**은 최고 사용압력의 **1.5 배의 수압**(수압으로 시험을 실시하는 것이 곤란한 경우는 최고 사용압력의 1.25배의 기압)까지 가압하여 압력이 안정된 후 최소 10분간 유지하는 시험을 실시하였을 때 이것에 견디고 누설이 없어야 한다.　**답** ③

91 가공전선로의 지지물로서 길이 9[m], 설계하중이 6.8[kN] 이하인 철근 콘크리트주를 시설할 때 땅에 묻히는 깊이는 몇 [m] 이상으로 하여야 하는가?

① 1.2　　② 1.5　　③ 2　　④ 2.5

> **풀이** 331.7 가공전선로 지지물의 기초의 안전율
> 가공전선로의 지지물에 하중이 가하여지는 경우에 그 하중을 받는 지지물의 기초의 안전율은 2(이상 시 상정하중이 가하여지는 철탑의 기초에 대하여는 1.33) 이상이어야 한다. 다만, 다음에 따라 시설하는 경우에는 적용하지 않는다.
>
> | 설계 하중
전장 | 6.8[kN] 이하 | 6.8[kN] 초과 ~
9.8[kN] 이하 | 9.8[kN] 초과 ~
14.72[kN] 이하 |
> |---|---|---|---|
> | 15[m] 이하 | 전장 × 1/6[m] 이상 | 전장 × 1/6 + 0.3[m] 이상 | 전장 × 1/6 + 0.5[m] 이상 |
> | 15[m] 초과 | 2.5[m] 이상 | 2.5[m] + 0.3[m] 이상 | – |
> | 16[m] 초과~20[m] 이하 | 2.8[m] 이상 | – | – |
> | 15[m] 초과~18[m] 이하 | – | – | 3[m] 이상 |
> | 18[m] 초과 | – | – | 3.2[m] 이상 |
>
> $\therefore 9[m] \times \dfrac{1}{6} = 1.5[m]$　**답** ②

92 통신선에 직접 접속하는 옥내 통신 설비를 시설하는 곳에 반드시 하여야 하는 것은? 단, 통신선은 광섬유 케이블을 제외하며, 뇌 또는 전선과의 혼촉에 의하여 사람에게 위험의 우려는 있다고 한다.

① 유도 조절 장치　　② 전류 제한 장치
③ 전력 절감 장치　　④ 보안 장치

> **풀이** 362.10 전력보안통신설비의 보안장치
> 통신선(광섬유 케이블을 제외한다)에 직접 접속하는 옥내통신 설비를 시설하는 곳에는 **통신선의 구별에 따라 적합한 보안장치 또는 이에 준하는 보안장치를 시설하여야 한다**. 다만, 통신선이 통신용 케이블인 경우에 뇌(雷) 또는 전선과의 혼촉에 의하여 사람에게 위험을 줄 우려가 없도록 시설하는 경우에는 그러하지 아니하다.　**답** ④

93. 지중 공가설비로 사용하는 광섬유 케이블 및 동축케이블은 지름 몇 [mm] 이하여야 하는가?

① 14 ② 22 ③ 30 ④ 38

풀이 363.1 지중통신선로설비 시설
지중 공가설비로 사용하는 광섬유 케이블 및 동축케이블은 지름 22[mm] 이하일 것

답 ②

94. 시가지에 시설하는 154[kV] 가공전선로를 도로와 제1차 접근상태로 시설하는 경우, 전선과 도로와의 이격거리는 몇 [m] 이상이어야 하는가?

① 4.4 ② 4.8 ③ 5.2 ④ 5.6

풀이 333.24 특고압 가공전선과 도로 등의 접근 또는 교차
특고압 가공전선이 도로·횡단보도교·철도 또는 궤도와 제1차 접근 상태로 시설되는 경우에는 다음에 따라야 한다.
가. 특고압 가공전선로는 제3종 특고압 보안공사에 의할 것.
나. 특고압 가공전선과 도로 등 사이의 이격거리는 표에서 정한 값 이상일 것. 다만, 특고압 절연전선을 사용하는 사용전압이 35[kV] 이하의 특고압 가공전선과 도로 등 사이의 수평 이격거리가 1.2[m] 이상인 경우에는 그러하지 아니하다.

사용전압의 구분	이격거리
35[kV] 이하	3[m]
35[kV] 초과	• 이격거리 = 3 + 단수 × 0.15[m] • 단수 = $\frac{(전압[kV]-35)}{10}$ … 단수 계산에서 소수점 이하는 절상

- 단수 = $\frac{154-35}{10} = 11.9 \to 12$단
- 이격거리 = $3+12\times 0.15 = 4.8$[m]

답 ②

95. 동기발전기를 사용하는 전력계통에 시설하여야 하는 장치는?

① 비상 조속기 ② 동기검정장치
③ 분로 리액터 ④ 절연유 유출방지설비

풀이 351.6 계측장치
동기발전기를 시설하는 경우에는 동기검정장치를 시설하여야 한다. 다만, 동기발전기의 용량이 그 발전기를 연계하는 전력계통의 용량과 비교하여 현저히 적은 경우에는 그러하지 아니하다.

답 ②

96. 금속제 가요전선관공사에 의한 저압 옥내배선의 시설방법으로 기술기준에 적합한 것은?

① 옥외용 비닐절연전선을 사용하였다.
② 2종 금속제 가요전선관을 사용하였다.
③ 가요전선관에는 접지공사를 하지 않았다.
④ 전선은 연동선으로 단면적 16[mm²]의 단선을 사용하였다.

풀이 232.13 금속제가요전선관공사
가. 전선은 절연전선(옥외용 비닐 절연전선을 제외한다)일 것.

나. 전선은 연선일 것. 다만, 단면적 10[mm²](알루미늄선은 단면적 16[mm²]) 이하인 것은 그러하지 아니하다.
다. 가요전선관 안에는 전선에 접속점이 없도록 할 것.
라. 가요전선관은 2종 금속제 가요전선관일 것.
마. 가요전선관배선에는 접지공사를 할 것.

답 ②

97 사람이 상시 통행하는 터널 내 저압전선로의 애자공사 시 노면상 최소 높이는?

① 2.0[m]　　② 2.2[m]　　③ 2.5[m]　　④ 3.0[m]

풀이 335.1 터널 안 전선로의 시설
사람이 상시 통행하는 터널 안의 전선로 사용전압은 저압 또는 고압에 한하며, 다음에 따라 시설하여야 한다.

전압	전선의 굵기	시공방법	애자사용 공사 시 높이
저압	인장강도 2.30[kN] 이상 또는 2.6[mm] 이상의 경동선의 절연전선	• 합성수지관공사 • 금속관공사 • 금속제가요전선관 공사 • 케이블공사 • 애자사용공사	노면상 2.5[m] 이상
고압		• 케이블공사	

답 ③

98 345[kV] 변전소의 충전 부분에서 5.98[m] 거리에 울타리를 설치할 경우 울타리 최소 높이는 몇 [m]인가?

① 2.1　　② 2.3　　③ 2.5　　④ 2.7

풀이 351.1 발전소 등의 울타리·담 등의 시설

사용전압의 구분	울타리·담 등의 높이와 울타리·담 등으로부터 충전 부분까지의 거리의 합계
35[kV] 이하	5[m]
35[kV] 초과 160[kV] 이하	6[m]
160[kV] 초과	• 거리의 합계 = 6 + 단수 × 0.12[m] • 단수 = $\dfrac{\text{사용전압[kV]} - 160}{10}$ … 단수 계산에서 소수점 이하는 절상

• 단수 = $\dfrac{345-160}{10}$ = 18.5 → 19단
• 거리의 합계 = 6 + (19 × 0.12) = 8.28[m]
• 울타리에서 충전 부분까지 거리는 5.98[m]이므로 울타리 최소 높이 = 8.28 - 5.98 = 2.3[m]

답 ②

99 고압가공 케이블을 설치하기 위한 조가용선은 단면적 몇 [mm²]인 아연도 철연선 또는 이와 동등 이상의 세기 및 굵기의 연선을 사용하여야 하는가?

① 8　　② 14　　③ 22　　④ 30

풀이 332.2 가공케이블의 시설
저압 가공전선 또는 고압 가공전선에 케이블을 사용하는 경우에는 다음에 따라 시설하여야 한다.

가. 케이블은 조가용선에 행거로 시설할 것. 이 경우에는 사용전압이 고압인 때에는 행거의 간격은 0.5[m] 이하로 하는 것이 좋다.
나. 조가용선은 인장강도 5.93[kN] 이상의 것 또는 단면적 22[mm²] 이상인 아연도강연선일 것.
다. 조가용선 및 케이블의 피복에 사용하는 금속체에는 접지공사를 할 것.
라. 조가용선을 케이블에 접촉시켜 금속 테이프를 감는 경우에는 20[cm] 이하의 간격으로 나선상으로 한다.

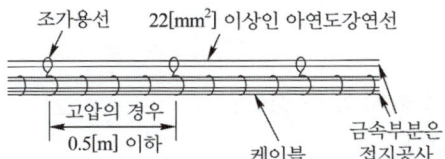

답 ③

100. 고압가공전선이 교류 전차선과 교차하는 경우, 고압가공전선으로 케이블을 사용하는 경우 이외에는 단면적 몇 [mm²] 이상의 경동연선을 사용하여야 하는가?

① 14   ② 22   ③ 30   ④ 38

풀이 332.15 고압 가공전선과 교류전차선 등의 접근 또는 교차
222.15 저압 가공전선과 교류전차선 등의 접근 또는 교차
저압 가공전선 또는 고압 가공전선이 교류 전차선 등과 교차하는 경우에 저압 가공전선 또는 고압 가공전선이 교류 전차선 등의 위에 시설되는 때에는 다음에 따라야 한다.
가. 저압 가공전선에는 케이블을 사용하고 또한 이를 단면적 35[mm²] 이상인 아연도강연선으로서 인장강도 19.61[kN] 이상인 것으로 조가하여 시설할 것.
나. 고압 가공전선은 케이블인 경우 이외에는 인장강도 14.51[kN] 이상의 것 또는 단면적 38[mm²] 이상의 경동연선일 것.

답 ④

2023년 3회 (CBT 복원문제)

20년간 전기산업기사필기

동일출판사 홈페이지에서 무료 동영상강의를 보실 수 있습니다.

1과목 전기자기

01 정전계에서 도체의 성질에 대한 설명으로 옳지 않은 것은?

① 전계의 세기와 전위경도의 크기는 같다.
② 도체 내부의 전계의 세기는 0 이다.
③ 전계의 세기를 유전율로 나누면 전속밀도이다.
④ 전위경도는 전위의 미분연산이다.

풀이 ① 전위경도는 전계의 세기와 크기는 같고, 방향은 반대이다.
$E = - \text{grad}\, V = - \nabla V$ [V/m]
② 전계의 세기는 전기력선 밀도(단위면적당 전기력선 수)와 같고, 도체 내부에는 전기력선이 존재하지 않기 때문에 도체 내부의 전계의 세기는 0 이다.
③ 전속밀도 $D = \epsilon_0 E$ [C/m²]
④ 전위경도 $\nabla V = \text{grad}\, V$

답 ③

02 균등자장 H_0 중에 비투자율 μ_s, 반지름 a의 자성체구를 놓았을 때 자화의 세기가 M 이었다면 자성체 구의 내부자계의 세기는?

① $-\dfrac{M}{2}$ ② $-\dfrac{M}{3}$ ③ $\dfrac{M}{2}$ ④ $\dfrac{M}{3}$

풀이 z축의 방향으로 균일하게 자화된 $M = Mk$ 인 자성체구를 생각하면 구 내부의 스칼라 자기 포텐셜 ϕ는 Laplace의 경계조건을 만족한다. 따라서 M은 r 및 θ의 함수이므로

$\phi = \dfrac{1}{3} Mr \cos\theta = \dfrac{1}{3} Mz$

$\therefore H = -\text{grad}\, \phi = -\nabla \phi = -\left(\dfrac{\partial}{\partial x} i + \dfrac{\partial}{\partial y} j + \dfrac{\partial}{\partial z} k\right)\left(\dfrac{1}{3} Mz\right) = -\dfrac{1}{3} Mk$

$\therefore H = -\dfrac{M}{3}$

따라서 자계 H는 자화의 세기와 반대방향($-k$)이다.

답 ②

03 진공 내에서 전위 함수 $V = x^2 + y$ [V]로 주어질 때 $0 \leq x \leq 1,\ 0 \leq y \leq 1,\ 0 \leq z \leq 1$인 공간에 저축되는 에너지의 값[J]은? 단, ϵ_0 : 진공의 유전율이다.

① $\dfrac{40\epsilon_0}{3}$ ② $\dfrac{30\epsilon_0}{3}$ ③ $\dfrac{20\epsilon_0}{3}$ ④ $\dfrac{7\epsilon_0}{6}$

풀이 $W = \int_v \dfrac{1}{2}\epsilon_0 E^2 dv = \dfrac{1}{2}\epsilon_0 \int_v |-\text{grad}\, V|^2 dv = \dfrac{1}{2}\epsilon_0 \int_0^1 \int_0^1 \int_0^1 |-(2xi+j)|^2 dx\, dy\, dz = \dfrac{7}{6}\epsilon_0$ [J]

참고 3중적분

$$\int_0^1\int_0^1\int_0^1 (x^2+y^2)dxdydz = \int_0^1\int_0^1 \left[\frac{x^3}{3}+y^2x\right]_0^1 dydz = \int_0^1\int_0^1 \left(\frac{1}{3}+y^2\right)dydz$$

$$= \int_0^1 \left[\frac{y}{3}+\frac{y^3}{3}\right]_0^1 dz = \int_0^1 \frac{2}{3}dz = \left[\frac{2z}{3}\right]_0^1 = \frac{2}{3}$$

답 ④

04 정전용량이 C인 콘덴서에서 극판 사이의 비유전율이 2인 유전체를 제거하고 공기로 채운 경우 그 때의 용량을 C_0라고 하면, C와 C_0의 관계는?

① $C = 2C_0$ ② $C = 4C_0$ ③ $C = \dfrac{C_0}{4}$ ④ $C = \dfrac{C_0}{2}$

풀이 $\dfrac{C}{C_0} = \epsilon_s$: 비유전율

여기서, 유전체 중의 정전 용량은 공기 중의 ϵ_s배가 되므로, $C = \epsilon_s C_0 = 2C_0$

답 ①

05 동심 구형 콘덴서의 내외 반지름을 각각 2배로 하면 정전용량은 몇 배가 되는가?

① 1배 ② 2배 ③ 3배 ④ 4배

풀이 정전용량 $C = \dfrac{4\pi\epsilon_0 ab}{b-a}$ [F]

내외구의 반지름을 2배로 늘린 경우의 정전용량을 C'라 하면

∴ $C' = \dfrac{4\pi\epsilon_0 (2a)(2b)}{(2b-2a)} = \dfrac{4\pi\epsilon_0 ab}{b-a} \times 2 = 2C$

답 ②

06 두 도체의 전위 및 전하가 각각 V_1, Q_1 및 V_2, Q_2일 때 도체가 갖는 에너지는?

① $\dfrac{1}{2}(V_1Q_1 + V_2Q_2)$ ② $\dfrac{1}{2}(Q_1+Q_2)(V_1+V_2)$

③ $V_1Q_1 + V_2Q_2$ ④ $(V_1+V_2)(Q_1+Q_2)$

풀이 도체계의 전 에너지

$$W = W_1 + W_2 = \frac{1}{2}P_{11}Q_1^2 + P_{21}Q_1Q_2 + \frac{1}{2}P_{22}Q_2^2$$

여기서, $V_1 = P_{11}Q_1 + P_{12}Q_2$, $V_2 = P_{21}Q_1 + P_{22}Q_2$의 관계를 대입하면

$$W = \frac{1}{2}(Q_1V_1 + Q_2V_2)[J]$$

즉, $W = \sum_{i=1}^{n} \dfrac{1}{2}Q_iV_i = \dfrac{1}{2}\sum_{s=1}^{n}\sum_{r=1}^{n}P_{rs}Q_rQ_s$ [J]가 성립한다.

답 ①

07 내구의 반지름이 6[cm], 외구의 반지름이 8[cm]인 동심구 콘덴서의 외구를 접지하고 내구에 전위 1800[V]를 가했을 경우 내구에 충전된 전기량은 몇 [C]인가?

① 2.8×10^{-8} ② 3.8×10^{-8} ③ 4.8×10^{-8} ④ 5.8×10^{-8}

풀이 전기량 $Q = \dfrac{4\pi\epsilon_0 V}{\dfrac{1}{a} - \dfrac{1}{b}} = \dfrac{\dfrac{1}{9 \times 10^9} \times 1800}{\dfrac{1}{6 \times 10^{-2}} - \dfrac{1}{8 \times 10^{-2}}} = 4.8 \times 10^{-8} [C]$ 답 ③

08 전계 E[V/m], 전속밀도 D[C/m²], 유전율 $\epsilon = \epsilon_o \epsilon_s$[F/m], 분극의 세기 P[C/m²] 사이의 관계는?

① $P = D + \epsilon_0 E$ ② $P = D - \epsilon_0 E$
③ $P = \dfrac{D+E}{\epsilon_0}$ ④ $P = \dfrac{D-E}{\epsilon_0}$

풀이 전계 $E = \dfrac{\sigma - \sigma_p}{\epsilon_0} = \dfrac{D - P}{\epsilon_0}$[V/m]이므로 전속밀도 $D = \epsilon_0 E + P$[C/m²]이다.
따라서 분극의 세기 $P = D - \epsilon_0 E = \epsilon_0 \epsilon_s E - \epsilon_0 E = \epsilon_0 (\epsilon_s - 1) E$[C/m²]   답 ②

09 그림과 같이 유전체 경계면에서 $\epsilon_1 < \epsilon_2$이었을 때 경계조건으로 옳은 것은?

① $E_1 > E_2$
② $E_1 \cos\theta_1 = E_2 \cos\theta_2$
③ $D_1 \sin\theta_1 = D_2 \sin\theta_2$
④ $D_1 > D_2$

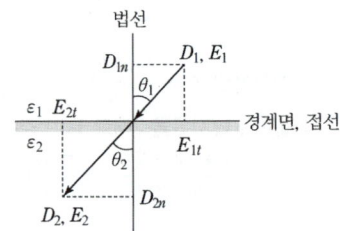

풀이 (1) 두 유전체의 경계면에서 경계조건
- 전속밀도는 법선성분이 같다. $(D_{1n} = D_{2n})$, $D_1 \cos\theta_1 = D_2 \cos\theta_2$
- 전계의 세기는 접선성분이 같다. $(E_{1t} = E_{2t})$, $E_1 \sin\theta_1 = E_2 \sin\theta_2$
- 굴절의 법칙 : $\dfrac{\tan\theta_1}{\tan\theta_2} = \dfrac{\epsilon_1}{\epsilon_2}$

(2) 굴절의 법칙에서 $\epsilon_1 < \epsilon_2$이면, $\theta_1 < \theta_2$이다. 따라서 $\sin\theta_1 < \sin\theta_2$, $\cos\theta_1 > \cos\theta_2$이다.
- 전계의 세기의 관계 $\dfrac{E_1}{E_2} = \dfrac{\sin\theta_2}{\sin\theta_1} > 1$ ∴ $E_1 > E_2$
- 전속밀도의 관계 $\dfrac{D_1}{D_2} = \dfrac{\cos\theta_2}{\cos\theta_1} < 1$ ∴ $D_1 < D_2$ 답 ①

10 면적 S[m²], 간격 d[m]인 평행판 콘덴서에 그림과 같이 두께 d_1, d_2[m]이며 유전율 ϵ_1, ϵ_2 [F/m]인 두 유전체를 극판 간에 평행으로 채웠을 때 정전용량[F]은?

① $\dfrac{S}{\dfrac{d_1}{\epsilon_1} + \dfrac{d_2}{\epsilon_2}}$ ② $\dfrac{S^2}{\dfrac{d_1}{\epsilon_2} + \dfrac{d_2}{\epsilon_1}}$
③ $\dfrac{\epsilon_1 S}{d_1} + \dfrac{\epsilon_2 S}{d_2}$ ④ $\dfrac{\epsilon_1 \epsilon_2 S}{d}$

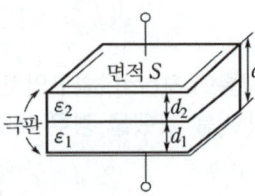

풀이 유전율이 ϵ_1, ϵ_2인 각 유전체의 정전 용량을 C_1, C_2라 하면 $C_1 = \dfrac{\epsilon_1 S}{d_1}$, $C_2 = \dfrac{\epsilon_2 S}{d_2}$이므로 직렬 합성 용량 C는

$$\therefore C = \dfrac{1}{\dfrac{1}{C_1}+\dfrac{1}{C_2}} = \dfrac{C_1 C_2}{C_1 + C_2} = \dfrac{\dfrac{\epsilon_1 S \epsilon_2 S}{d_1 d_2}}{\dfrac{\epsilon_1 S}{d_1}+\dfrac{\epsilon_2 S}{d_2}} = \dfrac{\epsilon_1 \epsilon_2 S}{\epsilon_2 d_1 + \epsilon_1 d_2} = \dfrac{S}{\dfrac{d_1}{\epsilon_1}+\dfrac{d_2}{\epsilon_2}}$$

답 ①

11 그림과 같은 동축 원통의 왕복 전류 회로가 있다. 도체 단면에 고르게 퍼진 일정 크기의 전류가 내부 도체로 흘러 들어가고 외부 도체로 흘러 나올 때, 전류에 의하여 생기는 자계에 대하여 다음 중 옳지 않은 것은?

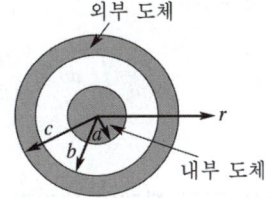

① 내부 도체 내($r < a$)에 생기는 자계의 크기는 중심으로부터의 거리에 비례한다.
② 두 도체 사이(내부 공간)($a < r < b$)에 생기는 자계의 크기는 중심으로부터의 거리에 반비례한다.
③ 외부 도체 내($b < r < c$)에 생기는 자계의 크기는 중심으로부터의 거리에 관계없이 일정하다.
④ 외부 공간($r > c$)의 자계는 영(0)이다.

풀이 ① 내부 도체에 있어서 $r < a$인 점의 자계를 H_1이라 하면 반지름 r 내를 흐르는 전류, 즉 쇄교하는 전류 $I_r = \dfrac{\pi r^2}{\pi a^2} I = \dfrac{r^2}{a^2} I$이므로, 주회 적분의 법칙에서 $2\pi r H_1 = I_r$

$$\therefore H_1 = \dfrac{I_r}{2\pi r} = \dfrac{1}{2\pi r}\dfrac{r^2}{a^2}I = \dfrac{rI}{2\pi a^2} \text{[A/m]}$$

② $a < r < b$일 때의 자계 H_2는 $2\pi r H_2 = I$

$$\therefore H_2 = \dfrac{I}{2\pi r} \text{[A/m]}$$

③ $b < r < c$인 점의 자계 H_3는

$$H_3 2\pi r = I - \dfrac{\pi r^2 - \pi b^2}{\pi c^2 - \pi b^2} I = \left(1 - \dfrac{r^2 - b^2}{c^2 - b^2}\right) I$$

$$H_3 = \dfrac{I}{2\pi r}\left(1 - \dfrac{r^2 - b^2}{c^2 - b^2}\right) \text{[A/m]} \text{(거리에 반비례)}$$

④ 외부 도체 외의 공간 $c < r$인 점의 자계 H_4는
$2\pi r H_4 = I - I = 0$
$\therefore H_4 = 0$

답 ③

12 그림과 같이 반지름 a[m]인 원의 임의의 두 점 A, B(각도 θ) 사이에 전류 I[A]가 흐른다. 원의 중심 O에서의 자계의 세기[AT/m]는?

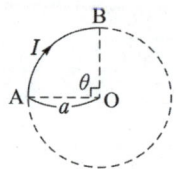

① $\dfrac{I\theta}{4\pi a^2}$ ② $\dfrac{I\theta}{4\pi a}$ ③ $\dfrac{I\theta}{2\pi a^2}$ ④ $\dfrac{I\theta}{2\pi a}$

풀이 dl 부분에 의한 O에 생기는 자계 dH는 $r=a$, $\theta=\dfrac{\pi}{2}$ 이므로

$dH = \dfrac{Idl\sin\theta}{4\pi r^2} = \dfrac{Id\theta}{4\pi a}$ ($\because dt = ad\theta$)

그러므로 $H = \int_{\theta=A}^{\theta=B} dH = \int_0^\theta dH = \dfrac{I}{4\pi a}\int_0^\theta d\theta = \dfrac{I\theta}{4\pi a}$ [AT/m]

답 ②

13 비투자율이 400인 환상 철심 중의 평균 자계의 세기가 300[AT/m]일 때, 자화의 세기는 몇 [Wb/m²]인가?

① 0.1 ② 0.15 ③ 0.2 ④ 0.25

풀이 자화의 세기 $J = \mu_0(\mu_s-1)H = 4\pi\times 10^{-7}(400-1)\times 300 = 0.15$ [Wb/m²]

답 ②

14 투자율이 다른 두 자성체의 경계면에서 굴절각과 입사각의 관계가 옳은 것은? (단, μ : 투자율, θ_1 : 입사각, θ_2 : 굴절각이다.)

① $\dfrac{\sin\theta_1}{\sin\theta_2} = \dfrac{\mu_1}{\mu_2}$ ② $\dfrac{\tan\theta_2}{\tan\theta_1} = \dfrac{\mu_1}{\mu_2}$

③ $\dfrac{\cos\theta_1}{\cos\theta_2} = \dfrac{\mu_1}{\mu_2}$ ④ $\dfrac{\tan\theta_1}{\tan\theta_2} = \dfrac{\mu_1}{\mu_2}$

풀이
- 자계세기 접선 성분의 연속성 $H_1\sin\theta_1 = H_2\sin\theta_2$
- 자속 밀도 법선 성분의 연속성 $B_1\cos\theta_1 = B_2\cos\theta_2$
- 굴절각 $\dfrac{\tan\theta_1}{\tan\theta_2} = \dfrac{\mu_1}{\mu_2}$

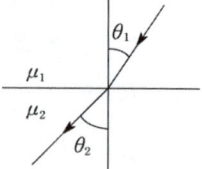

답 ④

15 전자유도법칙에서 유도기전력의 크기를 정하는 법칙은?
① 렌츠의 법칙 ② 패러데이의 법칙
③ 플레밍의 왼손 법칙 ④ 암페어의 오른나사 법칙

풀이 패러데이 법칙
- 유도 기전력의 크기는 폐회로에 쇄교하는 자속의 시간적 변화율에 비례한다.
- 유도 기전력 $e = -\dfrac{d\Phi}{dt} = -N\dfrac{d\phi}{dt}$

답 ②

16 자기회로의 자기저항에 대한 설명으로 옳은 것은?

① 자기회로의 길이에 반비례한다.
② 자기회로의 단면적에 비례한다.
③ 비투자율에 반비례한다.
④ 길이의 제곱에 비례하고, 단면적에 반비례한다.

풀이 자기 저항 $R = \dfrac{l}{\mu_0 \mu_s S}$[AT/Wb]이므로 자기 저항은 길이에 비례하고, 비투자율과 단면적에 반비례한다.

답 ③

17 정전차폐와 자기차폐를 비교하였을 때 옳은 것은?

① 정전차폐가 자기차폐에 비교하여 완전하다.
② 정전차폐가 자기차폐에 비교하여 불완전하다.
③ 두 차폐방법은 모두 완전하다.
④ 두 차폐방법은 모두 불완전하다.

풀이 ① 정전 차폐
- 그림과 같이 도체 2를 접지하여 도체 1과 3 사이의 관계와 같이 도체간에 정전현상이 미치지 않도록 완전히 차단된 상태를 정전차폐라 한다.
- 정전 차폐는 도체를 사용하여 외부 전계의 영향을 완전히 막을 수 있다.

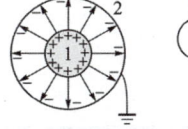

② 자기차폐
- 투자율이 큰 강자성체를 사용하여 외부자계의 영향을 작게 하는 자기적인 차단을 자기 차폐(magnetic shielding)라 한다.
- 자계에서는 투자율이 ∞인 자성체가 존재하지 않기 때문에 완전히 차단하는 것은 불가능하다.

따라서, 정전차폐와 자기 차폐를 비교해보면 정전차폐가 자기차폐에 비해 완전하다.

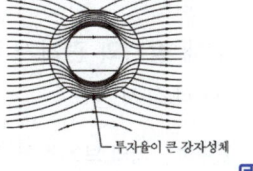

투자율이 큰 강자성체

답 ①

18 다음 중 인덕턴스의 공식이 옳은 것은? (단, N은 권수, I는 전류, l은 철심의 길이, R_m은 자기저항, μ는 투자율, S는 철심 단면적이다.)

① $\dfrac{NI}{R_m}$
② $\dfrac{N^2}{R_m}$
③ $\dfrac{\mu NS}{l}$
④ $\dfrac{\mu_o NIS}{l}$

풀이
- 자기회로의 옴의 법칙 $\phi = \dfrac{NI}{R_m}$ [Wb]
- 자기저항 $R_m = \dfrac{l}{\mu S}$ [AT/Wb]

따라서 인덕턴스 $L = \dfrac{N\phi}{I} = \dfrac{N^2}{R_m} = \dfrac{\mu S N^2}{l}$ [H]

답 ②

19 어떤 TV 방송의 전자파의 주파수를 190[MHz]의 평면파로 보고 $\mu_s = 1$, $\epsilon_s = 64$인 물속에서의 전파 속도[m/s]와 파장[m]을 구하면?

① $v = 0.375 \times 10^8$, $\lambda = 0.19$
② $v = 2.33 \times 10^8$, $\lambda = 0.21$
③ $v = 0.87 \times 10^8$, $\lambda = 0.17$
④ $v = 0.425 \times 10^8$, $\lambda = 1.2$

풀이
- 전파속도 $v = \dfrac{c}{\sqrt{\epsilon_s \mu_s}} = \dfrac{3 \times 10^8}{\sqrt{64 \times 1}} = 0.375 \times 10^8$ [m/s]
- 파장 $\lambda = \dfrac{v}{f} = \dfrac{0.375 \times 10^8}{190 \times 10^6} = 0.19$ [m]

답 ①

20 도체의 전계 에너지는 도체 전위에 대하여 어떤 상태로 증가하는가?

① 직선 ② 쌍곡선 ③ 포물선 ④ 원형곡선

풀이 전계 에너지 $W = \dfrac{1}{2}CV^2$[J]이므로 $W \propto V^2$(포물선)

답 ③

2과목 전력공학

21 뇌해 방지와 관계가 없는 것은?

① 매설지선 ② 가공지선 ③ 소호각 ④ 댐퍼

풀이 뇌의 보호 장치 및 기능
- 매설지선 : 역섬락 방지
- 가공지선 : 뇌의 차폐
- 소호각 : 애자련 보호
- 피뢰기 : 기기 보호

댐퍼는 선로의 진동 방지에 쓰인다.

답 ④

22 선간거리를 D, 전선의 반지름을 r이라 할 때 송전선의 정전용량은?

① $\log_{10}\dfrac{D}{r}$에 비례한다.
② $\log_{10}\dfrac{r}{D}$에 비례한다.
③ $\log_{10}\dfrac{D}{r}$에 반비례한다.
④ $\log_{10}\dfrac{r}{D}$에 반비례한다.

풀이 선로의 정전 용량 $C_w = \dfrac{0.02413}{\log_{10}\dfrac{D}{r}}[\mu F/km]$이므로, 정전 용량은 $\log_{10}\dfrac{D}{r}$에 반비례한다. **답** ③

23 코로나 방지에 가장 효과적인 방법은?
① 선간거리를 증가시킨다.
② 전선의 높이를 가급적 낮게 한다.
③ 전선 표면의 전위경도를 높인다.
④ 전선의 바깥지름을 크게 한다.

풀이 코로나 방지 대책
① 전선의 지름을 크게 한다.
② 복도체를 사용한다.
③ 가선 금구를 개량한다.
④ 가선 시에 전선 표면의 금구를 손상하지 않게 한다. **답** ④

24 송배전 선로에 사용하는 직렬 콘덴서에 대한 설명으로 옳은 것은?
① 최대 송전전력이 감소하고 정태 안정도가 감소된다.
② 부하의 변동에 따른 수전단의 전압변동률은 증대된다.
③ 장거리 선로의 유도 리액턴스를 보상하고 전압강하를 감소시킨다.
④ 송·수 양단의 전달 임피던스가 증가하고 안정 극한 전력이 감소한다.

풀이 직렬 콘덴서의 장·단점
[장점] ① 유도 리액턴스를 보상하고 전압 강하를 감소시킨다.
② 수전단의 전압 변동률을 경감시킨다.
③ 최대 송전 전력이 증대하고 정태 안정도가 증대한다.
④ 부하 역률이 나쁠수록 효과가 크다.
⑤ 용량이 작으므로 설비비가 저렴하다.
[단점] ① 단락 고장시 콘덴서 양단에 고전압이 걸린다.
② 무부하 변압기에 직렬 콘덴서를 투입하는 경우 선로 전류가 증대한다.
③ 고압 배전선에 설치하는 경우 자기 여자 현상이 일어날 경우가 있다.
④ 과보상이 되면 동기기에 난조가 생기거나 탈조하는 수가 있다. **답** ③

25 30000[kW]의 전력을 51[km] 떨어진 지점에 송전하는데 필요한 전압은 약 몇 [kV]인가? (단, Still의 식에 의하여 산정한다.)
① 22
② 33
③ 66
④ 100

풀이 Still 식(송전전압의 결정식)
$V_s = 5.5\sqrt{0.6\,l + 0.01P} = 5.5\sqrt{0.6 \times 51 + 0.01 \times 30000} \fallingdotseq 100[kV]$
여기서, l : 송전 거리[km], P : 송전 용량[kW] **답** ④

26 전력계통의 전압을 조정하는 가장 보편적인 방법은?
① 발전기의 유효전력 조정
② 부하의 유효전력 조정
③ 계통의 주파수 조정
④ 계통의 무효전력 조정

풀이 계통의 무효전력을 동기조상기나 전력용 콘덴서를 이용하여 조정함으로써 전력계통의 전압을 조정할 수 있다.

답 ④

27 일반회로정수가 A, B, C, D이고 송전단 상전압이 E_s인 경우, 무부하 시의 충전전류(송전단 전류)는?

① CE_s ② ACE_s ③ $\dfrac{C}{A}E_s$ ④ $\dfrac{A}{C}E_s$

풀이
- $E_s = AE_r + BI_r$ 에서 무부하($I_R = 0$)이므로 $E_s = AE_r \rightarrow E_r = \dfrac{E_s}{A}$
- $I_s = CE_r + DI_r$ 에서 무부하($I_R = 0$)이므로 $\therefore I_s = CE_r = \dfrac{C}{A}E_s$

답 ③

28 22.9[kV]로 수전하는 자가용 전기설비가 있다. 수전점에 설치한 차단기의 차단용량이 520[MVA]일 때 차단기의 정격차단전류는 약 몇 [kA]인가?

① 3.5 ② 5.5 ③ 8.5 ④ 12.5

풀이 차단기의 차단용량 $P_s = \sqrt{3}\,VI_s$ 에서

따라서 차단전류 $I_s = \dfrac{P_s}{\sqrt{3}\,V} = \dfrac{520 \times 10^3}{\sqrt{3} \times 22.9 \times \dfrac{1.2}{1.1}} \times 10^{-3} = 12.02[\text{kA}]$

답 ④

29 송전계통의 중성점을 접지하는 목적으로 틀린 것은?

① 지락 고장 시 전선로의 대지 전위 상승을 억제하고 전선로와 기기의 절연을 경감시킨다.
② 소호리엑터 접지방식에서는 1선 지락 시 지락점 아크를 빨리 소멸시킨다.
③ 차단기의 차단용량을 증대시킨다.
④ 지락고장에 대한 계전기의 동작을 확실하게 한다.

풀이 송전 선로의 중성점 접지의 목적
① 이상 전압 발생 방지
② 1선 지락시 건전상 전압 상승 억제 및 기기나 선로의 절연 절감
③ 보호 계전기 동작 확실
④ 소호 리액터 계통에서의 1선 지락시 아크 소멸

답 ③

30 단상 변압기 3대를 △결선으로 운전하던 중 1대의 고장으로 V결선된 경우, △결선에 대한 V결선의 출력비는 약 몇 [%]인가?

① 52.2 ② 57.7 ③ 66.7 ④ 86.6

풀이 1대의 단상 변압기 용량을 P_1라 하면 그 출력비는

출력비 $= \dfrac{\text{V결선의 출력}}{\triangle\text{결선의 출력}} = \dfrac{\sqrt{3}\,P_1}{3P_1} = \dfrac{\sqrt{3}}{3} = 0.577 = 57.7[\%]$

답 ②

31 전력계통에서 인터록(interlock)의 설명으로 적합한 것은?
① 차단기와 단로기는 각각 열리고 닫힌다.
② 차단기가 열려 있어야만 단로기를 닫을 수 있다.
③ 차단기가 닫혀 있어야만 단로기를 닫을 수 있다.
④ 차단기의 접점과 단로기의 접점이 동시에 투입될 수 있다.

> **풀이** 단로기는 부하 전류를 개폐할 수 없으므로, 차단기가 열려 있어야 단로기를 열고 닫을 수 있다.
> 즉, 인터록 장치를 두어 부하 통전 시 단로기를 열 수 없도록 하여야 한다. **답** ②

32 전력용 퓨즈는 주로 어떤 전류의 차단을 목적으로 사용하는가?
① 지락전류 ② 단락전류
③ 과도전류 ④ 과부하전류

> **풀이** 전력용 퓨즈는 단락 보호용으로 사용된다. **답** ②

33 변류기 점검 시 과전압에 의한 2차 권선의 소손을 방지하기 위해서 어떻게 해야 하는가?
① 변류기 1차측 개방 ② 변류기 1차측 단락
③ 변류기 2차측 개방 ④ 변류기 2차측 단락

> **풀이** PT(병렬연결)는 개방상태가 되어도 무방하지만 CT(직렬연결)는 개방하면 2차 권선에 매우 높은 전압이 유기되어 절연이 파괴되고 소손될 우려가 있으므로, CT를 점검할 경우에는 반드시 2차측을 단락해야 한다. **답** ④

34 총 부하설비가 160[kW], 수용률이 60[%], 부하역률이 80[%]인 수용가에 공급하기 위한 변압기 용량[kVA]은?
① 40 ② 80 ③ 120 ④ 160

> **풀이** 변압기 용량 ≥ 합성 최대 수용 전력 = $\dfrac{\text{개별 최대 수용 전력의 합}}{\text{부등률}}$
> $= \dfrac{\text{설비 용량} \times \text{수용률}}{\text{부등률}} = \dfrac{160/0.8 \times 0.6}{1} = 120[\text{kVA}]$ **답** ③

35 유효낙차 30[m], 출력 2000[kW]의 수차발전기를 전부하로 운전하는 경우 1시간당 사용 수량은 약 몇 [m³]인가? (단, 수차 및 발전기의 효율은 각각 95[%], 82[%]로 한다.)
① 15500 ② 22500 ③ 25500 ④ 31500

> **풀이** $P_g = 9.8 Q H \eta_g \eta_t [\text{kW}]$ 이므로
> 유량 $Q = \dfrac{P_g}{9.8 H \eta_g \eta_t} = \dfrac{2000}{9.8 \times 30 \times 0.95 \times 0.82} = 8.73[\text{m}^3/\text{sec}]$
> 따라서 1시간당 사용수량 $Q' = 8.73 \times 60 \times 60 = 31428[\text{m}^3/\text{h}]$ **답** ④

36 화력발전소에서 열 사이클의 효율 향상을 위한 방법이 아닌 것은?
① 조속기의 설치
② 재생, 재열사이클의 채용
③ 절탄기, 공기예열기의 설치
④ 고압, 고온증기의 채용과 과열기의 설치

풀이 ① 열 사이클 효율 향상 대책
  • 고압, 고온 증기 채용   • 과열기 설치
  • 재생, 재열 사이클 채용   • 절탄기, 공기예열기 설치
② 조속기는 회전체의 원심력을 이용하여 증기의 유입량을 조절하여 터빈의 회전속도를 일정하게 해주는 장치이다. **답** ①

37 원자력 발전소에서 원자로의 냉각재가 갖추어야 할 조건으로 잘못된 것은?
① 중성자의 흡수 단면적이 클 것
② 유도 방사능이 적을 것
③ 비열이 클 것
④ 열전도율이 클 것

풀이 원자로 냉각재의 조건
① 중성자 흡수가 적을 것   ② 방사능을 띠기 어려울 것
③ 비열, 열전도율이 클 것   ④ 열용량이 클 것 **답** ①

38 충전된 콘덴서의 에너지에 의해 트립되는 방식으로 정류기, 콘덴서 등으로 구성되어 있는 차단기의 트립방식은?
① 과전류 트립방식
② 직류전압 트립방식
③ 콘덴서 트립방식
④ 부족전압 트립방식

풀이 • 차단기의 트립 방식에는 CT 2차 전류 트립 방식, DC 전압 방식, CTD 방식(콘덴서 트립 방식)이 있다.
• CTD 방식(콘덴서 트립 방식)은 충전기로 교류를 정류하여 콘덴서를 충전하고, 그 방전 에너지에 의해 트립 코일을 여자하여 트립 시키는 방법으로 정류기와 콘덴서로 구성되어 있다. **답** ③

39 여러 회선인 비접지 3상 3선식 배전 선로에 방향 지락 계전기를 사용하여 선택 지락 보호를 하려고 한다. 필요한 것은?
① CT와 ZCT
② CT와 PT
③ GPT와 ZCT
④ GPT와 PT

풀이 비접지 계통의 지락 사고 검출
• GR(지락 계전기) + ZCT(영상 변류기)
• SGR(선택 지락 계전기) + GPT(접지형 계기용 변압기) + ZCT(영상 변류기)
• ZCT : 영상 전류 검출, GPT : 영상 전압 검출 **답** ③

40 345[kV] 초고압 송전선로에 사용되는 현수애자는 1연 현수인 경우 대략 몇 개 정도 사용되는가?
① 6~8
② 12~14
③ 18~20
④ 28~38

풀이 전압에 따른 현수애자(250[mm])의 연결 개수

전압[kV]	66	154	220	345	765
수량	4~6	10~11	12~13	18~20	40~45

답 ③

3과목 전기기기

41 직류기의 전기자에 일반적으로 사용되는 전기자 권선법은?
① 2층권
② 개로권
③ 환상권
④ 단층권

풀이 직류기의 전기자 권선법으로 이층권, 고상권, 폐로권을 채택한다.

답 ①

42 직류기에서 전기자 반작용을 방지하기 위한 보상권선의 전류방향은?
① 계자전류의 방향과 같다.
② 계자전류방향과 반대이다.
③ 전기자 전류방향과 같다.
④ 전기자 전류방향과 반대이다.

풀이 보상권선은 전기자 전류의 기전력을 상쇄하기 위하여 주자극의 자극편에 슬롯을 만들어 그림과 같이 전기자 전류와 반대 방향으로 전류가 흐르게 한다. 보상권선을 설치하면 브러시를 기하학적 중성축에 놓는다.

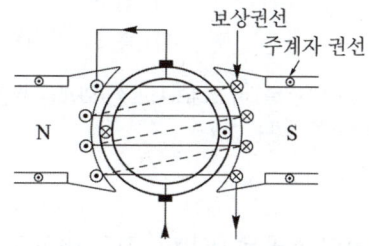

답 ④

43 직류 발전기의 병렬 운전 조건 중 잘못된 것은?
① 단자 전압이 같을 것
② 외부 특성이 같을 것
③ 극성을 같게 할 것
④ 유도 기전력이 같을 것

풀이 병렬 운전 조건
① 정격 전압 및 극성이 같을 것
② 외부 특성 곡선이 어느 정도 수하 특성일 것
③ 용량이 같으면 각 발전기의 외부 특성 곡선이 같을 것
④ 용량이 다를 경우[%] 부하 전류로 나타낸 외부 특성 곡선이 거의 일치할 것

답 ④

44 3상 동기발전기의 전기자 권선을 Y결선으로 하는 이유로서 적당하지 않은 것은?

① 고조파 순환 전류가 흐르지 않는다.
② 이상전압 방지의 대책이 용이하다.
③ 전기자 반작용이 감소한다.
④ 코일의 코로나, 열화 등이 감소된다.

풀이 3상 동기발전기의 전기자 권선을 Y결선으로 하면
① 권선의 불평형 및 제3고조파(그 배수 포함) 등에 의한 순환 전류가 흐르지 않는다.
② 중성점을 이용할 수 있으므로 권선 보호장치의 시설이나 중성점접지에 의한 이상전압의 방지 대책이 용이하다.
③ 상전압이 낮기 때문에 코일의 코로나, 열화 등이 작다. 그러나 동일 전압에 대하여 상전압이 낮기 때문에 발전기 권선의 전류는 커진다고 볼 수 있다.   **답** ③

45 여자 전류 및 단자 전압이 일정한 비돌극형 동기 발전기 출력과 부하각 δ와의 관계를 나타낸 것은? (단, 전기자 저항은 무시한다.)

① δ에 비례
② δ에 반비례
③ $\cos\delta$에 비례
④ $\sin\delta$에 비례

풀이 비돌극형 발전기의 출력 $P = \dfrac{EV}{x_s}\sin\delta$[W]이므로 $P \propto \sin\delta$ **답** ④

46 변압기의 무부하 시험으로 구할 수 없는 것은?

① 무부하 전류
② 동손
③ 철손
④ 여자 임피던스

풀이
- 변압기 무부하 시험은 무부하 전류, 히스테리시스손, 와류손 등을 구할 수 있다.
- 동손은 단락 시험으로 구할 수 있다.   **답** ②

47 어느 변압기의 무유도 전부하의 효율은 95[%], 전압 변동률은 3[%]라 한다. 이 변압기에 최대 효율을 발생 할 수 있는 무유도 부하가 인가되었을 때의 최대 효율[%]은?

① 약 93
② 약 95
③ 약 97
④ 약 99

풀이 무유도 전부하 출력을 1이라 하고, 이때의 동손 및 철손의 정격 출력에 대한 비를 P_c, P_i라고 하면

$\eta = \dfrac{1}{1+P_c+P_i}$에서 $1+P_c+P_i = \dfrac{1}{\eta}$, 즉 $P_c+P_i = \dfrac{1}{\eta}-1 = \dfrac{1}{0.95}-1 = 0.05$

전압 변동률 $\epsilon = \dfrac{V_0-V_n}{V_n} = \dfrac{IR}{V_n} = \dfrac{I^2R}{V_n I} = \dfrac{P_c}{P}$에서 전부하 출력 $P=1$일 때 $\epsilon = P_c = 0.03$

$\therefore P_i = 0.05 - P_c = 0.05 - 0.03 = 0.02$

m 부하의 경우, 최대 효율이 된다고 하면 $m^2 P_c = P_i$, $m = \sqrt{\dfrac{P_i}{P_c}} = \sqrt{\dfrac{0.02}{0.03}} = 0.82$

따라서 무유도 부하의 최대 효율 $\eta_m = \dfrac{0.82}{0.82+0.02\times 2}\times 100 ≒ 95$[%]   **답** ②

48 변압기에서 철심의 자속밀도 $B=1.2[\text{Wb/m}^2]$인 경우 히스테리시스손과 와류손은 각각 최대 자속 밀도의 몇 승에 비례하는가?

① 히스테리시스손 : 1.6, 와류손 : 1.6
② 히스테리시스손 : 1.6, 와류손 : 2
③ 히스테리시스손 : 2, 와류손 : 1.6
④ 히스테리시스손 : 1, 와류손 : 1

풀이 ① 히스테리시스손
- $B=1.2[\text{Wb/m}^2]$인 경우 $P_h \propto fB_m^{1.6}$
- $B=1.2\sim 1.5[\text{Wb/m}^2]$인 경우 $P_h \propto fB_m^2$

② 와류손 $P_e \propto f^2 B_m^2$
(여기서, f : 주파수[Hz], B_m : 최대 자속 밀도[Wb/m²])

답 ②

49 용량 1[kVA], 3000/200[V]의 단상변압기를 단권변압기로 결선해서 3000/3200[V]의 승압기로 사용할 때 그 부하용량[kVA]은?

① $\dfrac{1}{16}$ ② 1   ③ 15   ④ 16

풀이 부하 용량 $= \dfrac{V_h}{V_h - V_l} \times$ 자기 용량 $= \dfrac{3200}{3200-3000} \times 1 = 16[\text{kVA}]$

답 ④

50 전동기가 입력 20[kW]로 운전하여 23[HP]의 동력을 발생하고 있을 때 전동기의 손실은 몇 [kW]인가?

① 0.87   ② 1.15   ③ 2.84   ④ 3.0

풀이
- 1[HP] = 746[W]
- 손실 = 입력 − 손실 = $20 - (23 \times 0.746) = 2.84[\text{kW}]$

답 ③

51 6극인 유도전동기의 토크가 τ이다. 극수를 12극으로 변환하였다면 변환한 후의 토크는? 단, 유도전동기의 2차 입력 및 주파수는 일정하다고 한다.

① τ ② 2τ ③ $\dfrac{\tau}{2}$ ④ $\dfrac{\tau}{4}$

풀이
- 토크 $\tau = 0.975 \dfrac{P_2}{N_s} = 0.975 \dfrac{P_2}{\frac{120}{p}f}[\text{kg} \cdot \text{m}]$ 이므로, $\tau \propto p$ (극수)이다.
- 극수가 6극에서 12극으로 2배 증가하였으므로, 토크도 2배가 증가하게 된다.

답 ②

52 유도 발전기에 대한 설명으로 틀린 것은?
① 공극이 크고 역률이 동기기에 비해 좋다.
② 병렬로 접속된 동기기에서 여자전류를 공급받아야 한다.
③ 농형 회전자를 사용할 수 있으므로 구조가 간단하고 가격이 싸다.
④ 선로에 단락이 생기면 여자가 없어지므로 동기기에 비해 단락전류가 작다.

풀이 유도기를 전동기로서의 회전 방향과 같은 방향으로 동기 속도 이상의 속도로 회전시키면 발전기가 되는데, 이것을 유도 발전기 또는 비동기발전기라고 한다.
[장점] • 동기발전기에 비해 가격이 싸다.
 • 기동과 취급이 간단하며 고장이 적다.
 • 동기발전기와 같이 동기화 할 필요가 없으며 난조 등의 이상 현상도 생기지 않는다.
 • 선로에 단락이 생긴 경우에는 여자가 상실되므로 단락전류는 동기기에 비해 적으며 지속 시간도 짧다.
[단점] • 병렬로 운전되는 동기기에서 여자전류를 취해야 한다.
 • 공극의 치수가 작기 때문에 운전시 주의해야 한다.
 • 효율과 역률이 낮다.   **답** ①

53 4극 3상 유도전동기를 60[Hz]의 전원에 접속하여 운전하고 있다. 회전자의 주파수가 3[Hz] 일 때 회전자 속도[rpm]는?
① 1700　　② 1710　　③ 1720　　④ 1730

풀이 회전자 주파수 $f_2 = sf_1$에서 슬립 $s = \dfrac{f_2}{f_1} = \dfrac{3}{60} = 0.05$
따라서 회전자 속도 N은
$N = (1-s)\dfrac{120f}{p} = (1-0.05) \times \dfrac{120 \times 60}{4} = 1710[\text{rpm}]$ **답** ②

54 회전 중인 유도전동기의 제동법이 아닌 것은?
① 회생 제동　　　　② 발전 제동
③ 역상 제동　　　　④ 3상 제동

풀이 유도전동기의 제동법
① 회생 제동 : 유도전동기를 유도발전기로 동작시켜 그 발생 전력을 전원에 반환하면서 제동하는 방법
② 발전 제동 : 전동기를 전원으로부터 분리한 후 1차 측에 직류전원을 공급하여 발전기로 동작시킨 후 발생 된 전력을 저항에서 열로 소비시키는 방법
③ 역전 제동 : 회전 중인 전동기의 1차 권선 3단자 중 임의의 2단자의 접속을 바꾸면 역방향의 토크가 발생 되어 제동하는 방법으로 이 방법은 급속하게 정지시키고자 하는 경우에 사용된다.
④ 단상 제동 : 권선형 유도전동기의 1차 측을 단상교류로 여자하고 2차 측에 적당한 크기의 저항을 넣으면 전동기의 회전과는 역방향의 토크가 발생 되므로 제동된다.   **답** ④

55 단상 다이오드 반파정류회로인 경우 정류 효율은 약 몇 [%]인가? (단, 저항부하인 경우이다.)
① 12.6　　② 40.6　　③ 60.6　　④ 81.2

풀이

정류 종류	단상 반파	단상전파	3상 반파	3상 전파
맥동률[%]	121	48	17.7	4.04
정류 효율	40.5	81.1	96.7	99.8
맥동 주파수	f	$2f$	$3f$	$6f$

답 ②

56 다음 중 GTO의 특징이 아닌 것은?
① 전류회로가 반드시 필요하다.
② 전압-전류 특성은 SCR과 거의 같다.
③ +게이트전류로 턴 온 된다.
④ -게이트전류로 턴 오프 된다.

풀이 GTO(gate turn off thyristor)

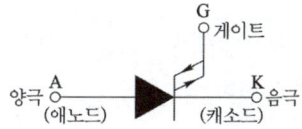

SCR은 도통 시점을 임의로 조절하는 것이 가능하지만 소호시키는 시점은 제어할 수 없다. 따라서, 이러한 단점을 보완한 것이 GTO로서 게이트에 흐르는 전류를 점호할 때의 전류와 반대 방향의 전류를 흐르게 함으로서 임의로 GTO를 소호시킬 수 있다.

답 ①

57 교류 전동기에서 브러시의 이동으로 속도변화가 가능한 것은?
① 농형 전동기
② 2중 농형 전동기
③ 동기 전동기
④ 시라게 전동기

풀이 시라게 전동기는 3상 분권 정류자 전동기로서 직류 분권 전동기와 비슷한 정속도 특성을 가지며, 브러시 이동으로 간단하게 속도 제어를 할 수 있다.

답 ④

58 중부하에서도 기동되도록 하고 회전계자형의 동기 전동기에 고정자인 전기자 부분이 회전자의 주위를 회전할 수 있도록 2중 베어링의 구조를 가지고 있는 전동기는?
① 유도자형 전동기
② 유도 동기 전동기
③ 초동기 전동기
④ 반작용 전동기

풀이
- 동기 전동기를 보완하여 중부하에서도 기동이 되도록 한 것이 초동기 전동기이다.
- 초동기 전동기는 기동 토크가 크고 기동 전류가 적은 것이 특징이며, 2중 베어링 장치와 브레이크 밴드 등의 특수 구조가 있어 고속 운전에는 부적당하다.

답 ③

59 단상변압기의 병렬운전 조건 중 옳지 않은 것은?
① 권수비와 1, 2차의 정격전압이 같을 것
② 권선의 저항과 누설 리액턴스의 비가 같을 것
③ %저항 강하 및 리액턴스 강하가 같을 것
④ 출력이 같을 것

풀이 단상변압기의 병렬운전 조건
① 각 변압기의 극성이 같을 것
② 각 변압기의 권수비가 같고, 1차, 2차의 정격 전압이 같을 것
③ 각 변압기의 %임피던스 강하가 같을 것

답 ④

60 50[Hz] 12극의 3상 유도전동기가 정격전압으로 정격출력 10[HP]를 발생하며 회전하고 있다. 이때의 회전수는 약 몇 [rpm]인가? (단, 회전자 동손은 350[W], 회전자 입력은 출력과 회전자 동손과의 합이다.)

① 468　　　② 478　　　③ 485　　　④ 500

풀이
- 2차 입력　$P_2 = P + P_{c2} = 10 \times 746 + 350 = 7810$[W]
- 2차 효율　$\eta_2 = (1-s) = \dfrac{P}{P_2} \times 100 = \dfrac{7460}{7810} \times 100 = 0.955$
- 동기속도　$N_s = \dfrac{120f}{p} = \dfrac{120 \times 50}{12} = 500$[rpm]

따라서 회전속도　$N = (1-s)N_s = 0.955 \times 500 = 478$[rpm]

답 ②

4과목　회로이론

61 저항 4[Ω]과 유도 리액턴스 X_L[Ω]이 병렬로 접속된 회로에 12[V]의 교류전압을 가하니 5[A]의 전류가 흘렀다. 이 회로의 X_L[Ω]은?

① 8　　　② 6　　　③ 3　　　④ 1

풀이
$I_R = \dfrac{V}{R} = \dfrac{12}{4} = 3$[A]

$I_L = \sqrt{I^2 - I_R^2} = \sqrt{5^2 - 3^2} = 4$[A]

$X_L \cdot I_L = 12$[V]이므로

$\therefore X_L = \dfrac{12}{I_L} = \dfrac{12}{4} = 3$[Ω]

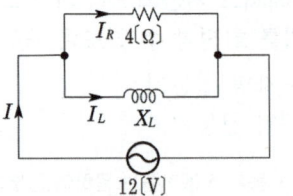

답 ③

62 $E = 40 + j30$[V]의 전압을 가하면 $I = 30 + j10$[A]의 전류가 흐른다. 이 회로의 역률은?

① 0.456　　　② 0.567
③ 0.854　　　④ 0.949

풀이　$P_a = \overline{V}I = (40 - j30)(30 + j10) = 1500 - j500$

$\therefore \cos\theta = \dfrac{P(\text{유효전력})}{P_a(\text{피상전력})} = \dfrac{1500}{\sqrt{1500^2 + 500^2}} = 0.949$

답 ④

63 $V = 50\sqrt{3} - j50$ [V], $I = 15\sqrt{3} + j15$ [A]일 때 유효전력 P[W]와 무효전력 Q[Var]는 각각 얼마인가?

① $P = 3000$, $Q = -1500$
② $P = 1500$, $Q = -1500\sqrt{3}$
③ $P = 750$, $Q = -750\sqrt{3}$
④ $P = 2250$, $Q = -1500\sqrt{3}$

풀이 피상전력 $P_a = V\overline{I} = (50\sqrt{3} - j50) \times (15\sqrt{3} - j15) = 1500 - j1500\sqrt{3}$ [VA]
따라서 유효전력 $P = 1500$[W], 무효전력 $Q = -1500\sqrt{3}$ [Var]   **답** ②

64 임피던스 궤적이 직선일 때 이의 역수인 어드미턴스 궤적은?

① 원점을 통하는 직선
② 원점을 통하지 않는 직선
③ 원점을 통하는 원
④ 원점을 통하지 않는 원

풀이 직선 궤적의 역궤적은 원점을 통과하는 반원이다.   **답** ③

65 $3r$[Ω]인 6개의 저항을 그림과 같이 접속하고 평형 3상 전압 V를 가했을 때 전류 I는 몇 [A]인가? (단, $r = 2$[Ω], $V = 200\sqrt{3}$ [V]이다.)

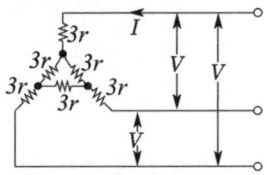

① 10
② 15
③ 20
④ 25

풀이 △로 결선된 저항을 Y로 변경하면
$R_Y = \dfrac{1}{3}R_\triangle = \dfrac{1}{3} \times 3r = r$ 이 되므로

전류 $I = \dfrac{\dfrac{V}{\sqrt{3}}}{3r + r} = \dfrac{V}{\sqrt{3} \times 4r} = \dfrac{200\sqrt{3}}{\sqrt{3} \times 4 \times 2} = 25$[A]

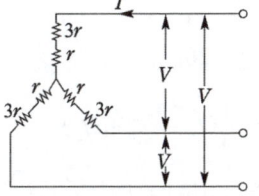

답 ④

66 그림과 같은 순저항으로 된 회로에 대칭 3상 전압을 가했을 때 각 선에 흐르는 전류가 같으려면 R[Ω]의 값은?

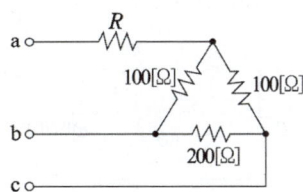

① 20
② 25
③ 30
④ 35

풀이 △저항을 Y저항으로 변환하면

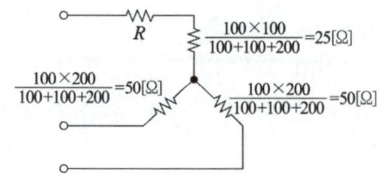

위에서 각 선전류가 같기 위해서는 각 선저항이 같아야 하므로 $R+25=50$이라야 한다.
∴ $R = 50-25 = 25[\Omega]$

답 ②

67 3상 불평형 전압을 V_a, V_b, V_c라고 할 때 영상전압 V_0는?

① $V_0 = \dfrac{1}{3}(V_a + V_b + V_c)$ ② $V_0 = \dfrac{1}{3}(V_a + aV_b + a^2V_c)$

③ $V_0 = \dfrac{1}{3}(V_a + a^2V_b + V_c)$ ④ $V_0 = \dfrac{1}{3}(V_a + a^2V_b + aV_c)$

풀이
- 영상전압 $V_0 = \dfrac{1}{3}(V_a + V_b + V_c)$
- 정상전압 $V_1 = \dfrac{1}{3}(V_a + aV_b + a^2V_c)$
- 역상전압 $V_2 = \dfrac{1}{3}(V_a + a^2V_b + aV_c)$

답 ①

68 불평형 3상 전류가 다음과 같을 때 역상 전류 I_2는 약 몇 [A]인가?

$I_a = 15 + j2$[A], $I_b = -20 - j14$[A], $I_c = -3 + j10$[A]

① $1.91 + j6.24$ ② $2.17 + j5.34$
③ $3.38 - j4.26$ ④ $4.27 - j3.68$

풀이 $I_2 = \dfrac{1}{3}(I_a + a^2I_b + aI_c)$
$= \dfrac{1}{3}\left\{(15+j2) + \left(-\dfrac{1}{2} - j\dfrac{\sqrt{3}}{2}\right)(-20-j14) + \left(-\dfrac{1}{2} + j\dfrac{\sqrt{3}}{2}\right)(-3+j10)\right\}$
$= 1.91 + j6.24$[A]

답 ①

69 다음 회로에서 $E = 40$[V]일 때 정상 전류는?

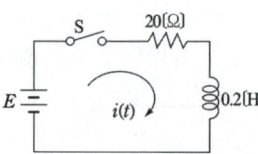

① 0.5[A] ② 1[A] ③ 2[A] ④ 4[A]

풀이 정상 전류 $I = \dfrac{E}{R} = \dfrac{40}{20} = 2[A]$

(직류에서는 주파수가 없으므로 리액턴스 $X_L = 2\pi fL = 0$이 된다.)

답 ③

70 리액턴스 함수가 $Z(s) = \dfrac{5s}{s^2 + 15}$로 표시되는 리액턴스 2단자망은 다음 중 어느 것인가?

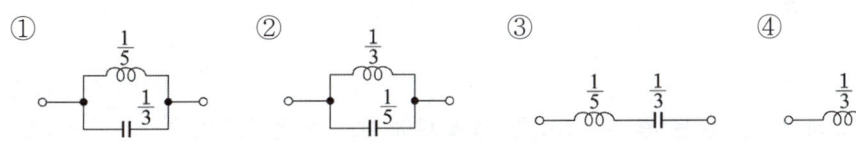

풀이 $Z(s) = \dfrac{5s}{s^2+15} = \dfrac{1}{\dfrac{s^2+15}{5s}} = \dfrac{1}{\dfrac{1}{5}s + \dfrac{3}{s}} = \dfrac{1}{\dfrac{1}{5}s + \dfrac{1}{\dfrac{1}{3}s}}$

∴ C와 L 병렬 회로이다.

답 ②

71 $\cos\omega t$의 라플라스 변환은?

① $\dfrac{s}{s^2 - \omega^2}$ ② $\dfrac{s}{s^2 + \omega^2}$ ③ $\dfrac{\omega}{s^2 - \omega^2}$ ④ $\dfrac{\omega}{s^2 + \omega^2}$

풀이 $f(t) = \cos\omega t$에 대한 라플라스 변환은

$\mathcal{L}[f(t)] = \mathcal{L}[\cos\omega t] = \displaystyle\int_0^\infty \cos\omega t \, e^{-st} dt$ 이고, $\cos\omega t = \dfrac{e^{j\omega t} + e^{-j\omega t}}{2}$ 이므로

∴ $\mathcal{L}[\cos\omega t] = \displaystyle\int_0^\infty \cos\omega t \, e^{-st} dt = \dfrac{1}{2}\int_0^\infty (e^{j\omega t} + e^{-j\omega t})e^{-st} dt$

$= \dfrac{1}{2}\displaystyle\int_0^\infty (e^{-(s-j\omega)t} + e^{-(s+j\omega)t})dt = \dfrac{1}{2}\left(\dfrac{1}{s-j\omega} + \dfrac{1}{s+j\omega}\right) = \dfrac{s}{s^2 + \omega^2}$

답 ②

72 $F(s) = \dfrac{s+1}{s^2 + 2s}$의 역라플라스 변환은?

① $\dfrac{1}{2}(1 - e^{-t})$ ② $\dfrac{1}{2}(1 - e^{-2t})$ ③ $\dfrac{1}{2}(1 + e^t)$ ④ $\dfrac{1}{2}(1 + e^{-2t})$

풀이 $F(s) = \dfrac{s+1}{s(s+2)} = \dfrac{A}{s} + \dfrac{B}{s+2}$ 에서

$A = \left.\dfrac{s+1}{s+2}\right|_{s=0} = \dfrac{1}{2}$, $B = \left.\dfrac{s+1}{s}\right|_{s=-2} = \dfrac{-2+1}{-2} = \dfrac{1}{2}$ 이므로

$F(s) = \dfrac{\dfrac{1}{2}}{s} + \dfrac{\dfrac{1}{2}}{s+2} = \dfrac{1}{2}\left(\dfrac{1}{s} + \dfrac{1}{s+2}\right)$

∴ $\mathcal{L}^{-1}[F(s)] = \dfrac{1}{2}(1 + e^{-2t})$

답 ④

73 시정수 τ를 갖는 $R-L$ 직렬 회로에 직류 전압을 가할 때 $t=3\tau$되는 시간에 회로에 흐르는 전류는 최종값의 몇 [%]가 되는가?

① 63   ② 86   ③ 95   ④ 98

풀이 직류 전압 인가 시 $i(t)=\frac{E}{R}\left(1-e^{-\frac{R}{L}t}\right)$ 이므로

$\therefore i_{3\tau}=\frac{E}{R}\left(1-e^{-\frac{1}{\tau}3\tau}\right)=I(1-e^{-3})=I(1-0.049) ≒ 0.95I$

답 ③

74 그림의 회로에서 S를 닫은 후 $t=2[\text{s}]$일 때 회로에 흐르는 전류[A]는?

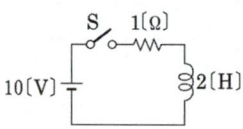

① 약 3.2   ② 약 4.6   ③ 약 5.2   ④ 약 6.3

풀이 $i(t)=\frac{E}{R}\left(1-e^{-\frac{R}{L}t}\right)$ 에서 $t=2[\text{s}]$이므로

$i(2)=\frac{E}{R}\left(1-e^{-\frac{R}{L}\cdot 2}\right)=\frac{10}{1}\left(1-e^{-\frac{1}{2}\cdot 2}\right)=10(1-e^{-1})=6.32[\text{A}]$

답 ④

75 전압 $e=100\sqrt{2}\sin(\omega_1 t+\pi/3)[\text{V}]$이고, 전류 $i=100\sqrt{2}\sin(\omega_2 t+0)[\text{A}]$일 때, 평균 전력은 몇[W]인가? 단, $\omega_1 \neq \omega_2$이다.

① 0   ② 10,000   ③ 5,000   ④ $5,000\sqrt{3}$

풀이 $\omega_1 \neq \omega_2$ 이므로 0이 된다.

답 ①

76 최댓값이 10[V]인 정현파 전압이 있다. $t=0$에서의 순시값이 5[V]이고 이 순간에 전압이 증가하고 있다. 주파수가 60[Hz]일 때, $t=2[\text{ms}]$에서의 전압의 순시값[V]은?

① $10\sin 30°$ ② $10\sin 43.2°$
③ $10\sin 73.2°$ ④ $10\sin 103.2°$

풀이 $t=0$ 에서의 순시값 $v=5[\text{V}]$ 이므로
$v=V_m\sin(\omega t+\theta)=10\sin(\omega\times 0+\theta)$
$=10\sin\theta=5[\text{V}]$

$\sin\theta=\frac{5}{10}=\frac{1}{2} \rightarrow \theta=\sin^{-1}\frac{1}{2}=30°$

따라서 $t=2[\text{ms}]=2\times 10^{-3}[\text{s}]$에서의 순시값 v는
$v=V_m\sin(\omega t+\theta)=10\sin(\omega t+30°)$
$=10\sin(2\pi\times 60\times 2\times 10^{-3}+30°)=10\sin 73.2°$

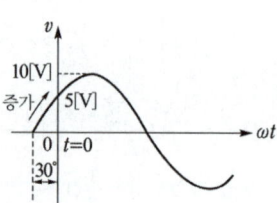

답 ③

77 그림의 T형 회로에 대한 4단자 정수 A, B, C, D로 틀린 것은?

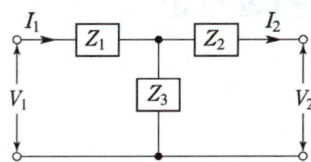

① $A = 1 + \dfrac{Z_1}{Z_3}$ ② $B = \dfrac{Z_1 Z_2}{Z_3} + Z_1 + Z_2$

③ $C = 1 + \dfrac{Z_3}{Z_2}$ ④ $D = 1 + \dfrac{Z_2}{Z_3}$

풀이
$$\begin{bmatrix} A & B \\ C & D \end{bmatrix} = \begin{bmatrix} 1 & Z_1 \\ 0 & 1 \end{bmatrix} \begin{bmatrix} 1 & 0 \\ \frac{1}{Z_3} & 1 \end{bmatrix} \begin{bmatrix} 1 & Z_2 \\ 0 & 1 \end{bmatrix} = \begin{bmatrix} 1 + \frac{Z_1}{Z_3} & Z_1 \\ \frac{1}{Z_3} & 1 \end{bmatrix} \begin{bmatrix} 1 & Z_2 \\ 1 & 0 \end{bmatrix} = \begin{bmatrix} 1 + \frac{Z_1}{Z_3} & \frac{Z_1 Z_2}{Z_3} + Z_1 + Z_2 \\ \frac{1}{Z_3} & 1 + \frac{Z_2}{Z_3} \end{bmatrix}$$

답 ③

78 어떤 회로에 $V = 100 \angle \dfrac{\pi}{3}$ [V]의 전압을 가하니 $I = 10\sqrt{3} + j10$ [A]의 전류가 흘렀다. 이 회로의 무효 전력[Var]은?

① 0 ② 1000 ③ 1732 ④ 2000

풀이
$I = 10\sqrt{3} + j10 = \sqrt{(10\sqrt{3})^2 + 10^2} \angle \tan^{-1}\left(\dfrac{1}{\sqrt{3}}\right) = 20 \angle 30°$ [A]

$\therefore P_a = \overline{V} I = 100 \angle -60 \times 20 \angle 30 = 2000 \angle -30$
$= 2000(\cos 30 - j\sin 30) = 1000\sqrt{3} - j1000$ [VA]

답 ②

79 전원과 부하가 모두 △결선된 3상 평형회로에서 전원전압이 200[V], 부하 임피던스가 $6 + j8$ [Ω]인 경우 선전류는?

① 20[A] ② $\dfrac{20}{\sqrt{3}}$ [A] ③ $20\sqrt{3}$ [A] ④ $10\sqrt{3}$ [A]

풀이 전원과 부하가 다같이 △결선이므로 상전류 I_p는 $I_p = \dfrac{V}{Z} = \dfrac{200}{\sqrt{6^2 + 8^2}} = 20$ [A]

$\therefore I_l = \sqrt{3} I_p = 20\sqrt{3}$ [A]

답 ③

80 정현파 교류전압의 파고율은?

① 0.91 ② 1.11 ③ 1.41 ④ 1.73

풀이

	구형파	3각파	정현파	정류파(전파)	정류파(반파)
파형률	1.0	1.15	1.11	1.11	1.57
파고율	1.0	1.732	1.414	1.414	2.0

답 ③

5과목 전기설비기술기준

81 관등 회로란 무엇인가?
① 분기점으로부터 안정기까지의 전로
② 스위치로부터 방전등까지의 전로
③ 스위치로부터 안정기까지의 전로
④ 방전등용 안정기로부터 방전관까지의 전로

풀이 112 용어 정의
"관등회로"란 방전등용 안정기 또는 방전등용 변압기로부터 방전관까지의 전로를 말한다. **답** ④

82 전로의 사용전압이 FELV, 500[V] 이하인 저압 전로는 시험전압 DC 500[V]로 측정 하였을 때 절연저항 값은 몇 [MΩ] 이상이 되어야 하는가?
① 0.5 ② 1 ③ 1.5 ④ 2

풀이 222.24 저압 직류 가공전선로

전로의 사용전압[V]	DC 시험전압[V]	절연저항[MΩ]
SELV 및 PELV	250	0.5
FELV, 500[V]이하	500	1.0
500[V] 초과	1,000	1.0

답 ②

83 저압가공전선이 상부 조영재 위쪽에서 접근하는 경우 전선과 상부 조영재간의 이격거리[m]는 얼마 이상이어야 하는가? (단, 특고압 절연전선 또는 케이블인 경우이다.)
① 0.8 ② 1.0 ③ 1.2 ④ 2.0

풀이 332.11 고압 가공전선과 건조물의 접근
222.11 저압 가공전선과 건조물의 접근
저압 가공전선 또는 고압 가공전선이 건조물과 접근 상태로 시설되는 경우에는 다음에 따라야 한다.
가. 고압 가공전선로는 고압 보안공사에 의할 것.
나. 저·고압 가공전선과 건조물의 조영재 사이의 이격거리는 표에서 정한 값 이상일 것.

	사용전압 부분 공작물의 종류		저압[m]	고압[m]
건조물	상부 조영재 위쪽	일반적인 경우	2	2
		전선이 고압절연전선	1	2
		전선이 케이블인 경우	1	1
	기타 조영재 또는 상부조영재의 옆쪽 또는 아래쪽	일반적인 경우	1.2	1.2
		전선이 고압절연전선	0.4	1.2
		전선이 케이블인 경우	0.4	0.4
		사람이 쉽게 접근할 수 없도록 시설한 경우	0.8	0.8

답 ②

84 22.9[kV] 특고압가공전선로를 시가지에 설치할 때, 전선의 인장강도 21.67[kN] 이상의 연선 또는 단면적 최소 몇 [mm²] 이상의 경동연선 또는 이와 동등 이상의 세기 및 굵기의 연선을 사용해야 하는가?

① 30   ② 38   ③ 50   ④ 55

풀이 333.1 시가지 등에서 특고압 가공전선로의 시설
사용전압이 170[kV] 이하인 전선로에서의 전선의 굵기

사용전압의 구분	전선의 단면적
100[kV] 미만	인장강도 21.67[kN] 이상의 연선 또는 단면적 55[mm²] 이상의 경동연선
100[kV] 이상	인장강도 58.84[kN] 이상의 연선 또는 단면적 150[mm²] 이상의 경동연선

답 ④

85 저압 연접인입선은 폭 몇 [m]를 초과하는 도로를 횡단하지 않아야 하는가?

① 5   ② 6   ③ 7   ④ 8

풀이 221.1.2 연접 인입선의 시설
저압 연접인입선은 다음에 따라 시설하여야 한다.
가. 인입선에서 분기하는 점으로부터 100[m]를 초과하는 지역에 미치지 아니할 것.
나. 폭 5[m]를 초과하는 도로를 횡단하지 아니할 것.
다. 옥내를 통과하지 아니할 것.

답 ①

86 터널 내에 교류 220[V]의 애자공사로 전선을 시설할 경우 노면으로부터 몇 [m] 이상의 높이로 유지해야 하는가?

① 2   ② 2.5   ③ 3   ④ 4

풀이 335.1 터널 안 전선로의 시설
철도·궤도 또는 자동차도 전용터널 안의 전선로

전압	전선의 굵기	시공방법	애자공사 시 높이
저압	인장강도 2.30[kN] 이상 또는 2.6[mm] 이상의 경동선의 절연전선	• 합성수지관공사 • 금속관공사 • 금속제가요전선관 공사 • 케이블공사 • 애자공사	노면상, 레일면상 2.5[m] 이상
고압	인장강도 5.26[kN] 이상 또는 4[mm] 이상의 경동선	• 케이블공사 • 애자공사	노면상, 레일면상 3[m] 이상
특고압		• 케이블공사	

답 ②

87 발전기의 용량에 관계없이 자동적으로 이를 전로로부터 차단하는 장치를 시설하여야 하는 경우는?

① 과전류 인입   ② 베어링 과열
③ 발전기 내부고장   ④ 유압의 과팽창

풀이 351.3 발전기 등의 보호장치
발전기에는 다음의 경우에 자동적으로 이를 전로로부터 차단하는 장치를 시설하여야 한다.
가. 발전기에 과전류나 과전압이 생긴 경우
나. 용량이 500[kVA] 이상의 발전기를 구동하는 수차의 압유 장치의 유압이 현저히 저하한 경우
다. 용량이 100[kVA] 이상의 발전기를 구동하는 풍차의 압유장치의 유압이 현저히 저하한 경우
라. 용량이 2,000[kVA] 이상인 수차 발전기의 스러스트 베어링의 온도가 현저히 상승한 경우
마. 용량이 10,000[kVA] 이상인 발전기의 내부에 고장이 생긴 경우
바. 정격출력이 10,000[kW]를 초과하는 증기터빈은 그 스러스트 베어링이 현저하게 마모되거나 그의 온도가 현저히 상승한 경우
답 ①

88 전기저장장치를 시설하는 곳에서 계측장치를 시설하지 않아도 되는 것은?

① 주요변압기의 전압, 전류 및 전력
② 축전지 출력 단자의 전압, 전류, 전력
③ 축전지 출력 단자의 충방전 상태
④ 주요변압기의 온도

풀이 512.2.3 계측장치
전기저장장치를 시설하는 곳에는 다음의 사항을 계측하는 장치를 시설하여야 한다.
가. 축전지 출력 단자의 전압, 전류, 전력 및 충방전 상태
다. 주요 변압기의 전압 및 전류 또는 전력
답 ④

89 다음 중에서 목주, A종 철주 및 A종 철근 콘크리트주를 전선로의 지지물로 사용할 수 없는 보안공사는?

① 고압 보안공사
② 제1종 특고압 보안공사
③ 제2종 특고압 보안공사
④ 제3종 특고압 보안공사

풀이 333.22 특고압 보안공사
제1종 특고압 보안공사에서 전선로의 지지물에는 B종 철주·B종 철근 콘크리트주 또는 철탑을 사용할 것. (목주나 A종은 사용 불가).
답 ②

90 다음 (㉮), (㉯) 에 들어갈 내용으로 옳은 것은?

지중전선로는 기설 지중 약전류 전선로에 대하여 (㉮) 또는 (㉯)에 의하여 통신상의 장해를 주지 않도록 기설 약전류 전선로로부터 충분히 이격시키거나 기타 적당한 방법으로 시설하여야 한다.

① ㉮ 정전용량 ㉯ 표피작용
② ㉮ 정전용량 ㉯ 유도작용
③ ㉮ 누설전류 ㉯ 표피작용
④ ㉮ 누설전류 ㉯ 유도작용

풀이 334.5 지중약전류전선의 유도장해 방지
지중전선로는 기설 지중약전류전선로에 대하여 누설전류 또는 유도작용에 의하여 통신상의 장해를 주지 않도록 충분히 이격시키거나 기타 적당한 방법으로 시설하여야 한다.
답 ④

91 제2종 특고압 보안공사 시 B종 철주 또는 B종 철근 콘크리트주를 지지물로 사용하는 경우 경간은 몇 [m] 이하인가?

① 100 ② 200 ③ 400 ④ 500

풀이 333.22 특고압 보안공사
제2종 특고압 보안공사는 다음에 따라야 한다.
가. 특고압 가공전선은 연선일 것.
나. 지지물로 사용하는 목주의 풍압하중에 대한 안전율은 2 이상일 것.
다. 경간은 표에서 정한 값 이하일 것

지지물의 종류	경 간
목주·A종 철주 또는 A종 철근 콘크리트주	100[m]
B종 철주 또는 B종 철근 콘크리트주	200[m]
철탑	400[m](단주인 경우에는 300[m])

답 ②

---

92 고압 옥내배선의 공사법이 아닌 것은?

① 애자사용공사(건조한 장소로서 전개된 장소에 한한다.)
② 케이블 공사
③ 금속관공사
④ 케이블 트레이 공사

풀이 342.1 고압 옥내배선 등의 시설
가. 고압 옥내배선은 다음에 따라 시설하여야 한다.
   ① 애자사용공사(건조한 장소로서 전개된 장소에 한한다.)
   ② 케이블공사
   ③ 케이블트레이공사
나. 전선은 공칭단면적 6[mm^2] 이상의 연동선

답 ③

---

93 금속관공사에 의한 저압 옥내배선 시설에 대한 설명으로 틀린 것은?

① 관의 끝부분 및 안쪽 면은 전선의 피복을 손상하지 아니하도록 매끈하여야 한다.
② 옥외용 비닐절연전선을 사용했다.
③ 저압 옥내배선의 금속관 안에는 전선에 접속점이 없도록 하였다.
④ 콘크리트에 매설하는 금속관의 두께는 1.2[mm]를 사용하였다.

풀이 232.12 금속관공사
가. 전선은 절연전선(옥외용 비닐절연전선을 제외한다)일 것.
나. 전선은 연선일 것. 다만, 다음의 것은 적용하지 않는다.
   ① 짧고 가는 금속관에 넣은 것.
   ② 단면적 10[mm^2](알루미늄선은 단면적 16[mm^2]) 이하의 것.
다. 관의 두께는 다음에 의할 것.
   ① 콘크리트에 매설하는 것은 1.2[mm] 이상
   ② 콘크리트 매설 이외의 것은 1[mm] 이상
라. 관에는 접지공사를 할 것.

답 ②

94 플로어덕트공사에 의한 저압 옥내배선에서 단선을 사용하여도 되는 전선(동선)의 단면적은 최대 몇 [mm²]인가?

① 2.5[mm²]　　　　　　　　② 4.0[mm²]
③ 6.0[mm²]　　　　　　　　④ 10[mm²]

풀이 232.32 플로어덕트공사
플로어덕트공사에 의한 저압 옥내 배선은 다음 각호에 의하여 시설한다.
가. 전선은 절연전선(옥외용 비닐 절연전선을 제외한다)일 것.
나. 전선은 연선일 것. 다만, 단면적 10[mm²](알루미늄선은 단면적 16[mm²]) 이하인 것은 그러하지 아니하다.
다. 플로어덕트 안에는 전선에 접속점이 없도록 할 것. 다만, 전선을 분기하는 경우에 접속점을 쉽게 점검할 수 있을 때에는 그러하지 아니하다.
답 ④

95 변전소를 관리하는 기술원이 상주하는 장소에 경보장치를 시설하지 아니하여도 되는 것은?

① 조상기 내부에 고장이 생긴 경우
② 주요 변압기의 전원측 전로가 무전압으로 된 경우
③ 특고압용 타냉식변압기의 냉각장치가 고장 난 경우
④ 출력 2000[kVA] 특고압용 변압기의 온도가 현저히 상승한 경우

풀이 351.9 상주 감시를 하지 아니하는 변전소의 시설
다음의 경우에는 변전제어소 또는 기술원이 상주하는 장소에 경보장치를 시설할 것.
가. 운전조작에 필요한 차단기가 자동적으로 차단한 경우
나. 주요 변압기의 전원측 전로가 무전압으로 된 경우
다. 제어 회로의 전압이 현저히 저하한 경우
라. 출력 3,000[kVA]를 초과하는 특고압용변압기는 그 온도가 현저히 상승한 경우
마. 특고압용 타냉식변압기는 그 냉각장치가 고장난 경우
바. 조상기는 내부에 고장이 생긴 경우
사. 수소냉각식조상기는 그 조상기 안의 수소의 순도가 90[%] 이하로 저하한 경우, 수소의 압력이 현저히 변동한 경우 또는 수소의 온도가 현저히 상승한 경우
답 ④

96 KS C IEC 60364에서 충전부 전체를 대지로부터 절연시키거나 한 점에 임피던스를 삽입하여 대지에 접속시키고, 전기기기의 노출 도전성 부분 단독 또는 일괄적으로 접지하거나 또는 계통 접지로 접속하는 접지계통을 무엇이라 하는가?

① TT 계통　　　　　　　　② IT 계통
③ TN-C 계통　　　　　　　④ TN-S 계통

풀이 203.1 계통접지 구성
가. TN 계통
　① TN-S 계통은 계통 전체에 대해 별도의 중성선 또는 PE 도체를 사용한다.
　② TN-C 계통은 그 계통 전체에 대해 중성선과 보호도체의 기능을 동일도체로 겸용한 PEN 도체를 사용한다.
　③ TN-C-S 계통은 계통의 일부분에서 PEN 도체를 사용하거나, 중성선과 별도의 PE 도체를 사용하는 방식이 있다.
나. TT 계통
　전원의 한 점을 직접 접지하고 설비의 노출도전부는 전원의 접지전극과 전기적으로 독립적인 접지극에

접속시킨다.
다. IT 계통
충전부 전체를 대지로부터 절연, 한 점을 임피던스를 통해 대지에 접속시킨다. 전기설비의 노출도전부를 단독 또는 일괄적으로 계통의 PE 도체에 접속시킨다. 배전계통에서 추가접지가 가능하다. 답 ②

97 지중전선로에 사용하는 지중함의 시설기준으로 틀린 것은?

① 조명 및 세척이 가능한 장치를 하도록 할 것
② 그 안의 고인 물을 제거할 수 있는 구조일 것
③ 견고하고 차량 기타 중량물의 압력에 견딜 수 있을 것
④ 뚜껑은 시설자 이외의 자가 쉽게 열 수 없도록 할 것

풀이 334.2 지중함의 시설
지중전선로에 사용하는 지중함은 다음에 따라 시설하여야 한다.
가. 지중함은 견고하고 차량 기타 중량물의 압력에 견디는 구조일 것.
나. 지중함은 그 안의 고인 물을 제거할 수 있는 구조로 되어 있을 것.
다. 폭발성 또는 연소성의 가스가 침입할 우려가 있는 것에 시설하는 지중함으로서 그 크기가 1[m³] 이상인 것에는 통풍장치 기타 가스를 방산시키기 위한 적당한 장치를 시설할 것.
라. 지중함의 뚜껑은 시설자 이외의 자가 쉽게 열 수 없도록 시설할 것. 답 ①

98 특고압 가공전선과 가공약전류 전선 사이에 보호망을 시설하는 경우 보호망을 구성하는 금속선 상호 간의 간격은 가로 및 세로를 각각 몇 [m] 이하로 시설하여야 하는가?

① 0.75
② 1.0
③ 1.25
④ 1.5

풀이 333.26 특고압 가공전선과 저고압 가공전선 등의 접근 또는 교차
보호망은 규정에 준하여 접지공사를 한 금속제의 망상장치로 하고 또한 다음에 따라 시설하여야 한다.
가. 보호망을 구성하는 금속선은 그 외주 및 특고압 가공전선의 바로 아래에 시설하는 금속선에 인장강도 8.01[kN] 이상의 것 또는 지름 5[mm] 이상의 경동선을 사용하고 기타 부분에 시설하는 금속선에 인장강도 3.64[kN] 이상 또는 지름 4[mm] 이상의 아연도철선을 사용할 것.
나. 보호망을 구성하는 금속선 상호 간의 간격은 가로세로 각 1.5[m] 이하일 것.
다. 보호망과 저고압 가공전선 등과의 수직 이격거리는 60[cm] 이상일 것. 답 ④

99 교류 전차선 등 충전부와 식물 사이의 이격거리는 몇 [m] 이상이어야 하는가? (단, 현장여건을 고려한 방호벽 등의 안전조치를 하지 않은 경우이다.)

① 1
② 3
③ 5
④ 10

풀이 431.11 전차선 등과 식물 사이의 이격거리
교류 전차선 등 충전부와 식물사이의 이격거리는 5[m] 이상이어야 한다. 다만, 5[m] 이상 확보하기 곤란한 경우에는 현장여건을 고려하여 방호벽 등 안전조치를 하여야 한다. 답 ③

100 발전기 · 변압기 · 조상기 · 계기용변성기 · 모선 또는 이를 지지하는 애자는 어떤 전류에 의하여 생기는 기계적 충격에 견디는 것인가?

① 지상전류
② 유도전류
③ 충전전류
④ 단락전류

풀이 발전기 등의 기계적 강도(기술기준 제23조)
① 발전기, 변압기, 조상기, 모선 또는 이를 지지하는 애자는 단락전류에 의하여 생기는 기계적 충격에 견디어야 한다.
② 수차 또는 풍차 발전기의 회전 부분은 무구속 속도에 대하여 증기터빈, 가스터빈, 내연기관은 비상 속도에 견디어야 한다.

답 ④

2022
CBT 복원문제

Industrial Engineer Electricity

동일출판사 홈페이지에서
무료 동영상강의를 보실 수 있습니다.

2022년 1회 (CBT 복원문제)

1과목 전기자기

01 비유전율이 9이고, 비투자율이 1인 매질 내의 고유 임피던스는 약 몇 [Ω]인가?

① 42 ② 84 ③ 126 ④ 377

풀이 고유 임피던스

$$Z_0 = \frac{E}{H} = \sqrt{\frac{\mu}{\epsilon}} = \sqrt{\frac{\mu_0}{\epsilon_0}} \cdot \sqrt{\frac{\mu_s}{\epsilon_s}} = \sqrt{\frac{4\pi \times 10^{-7}}{8.855 \times 10^{-12}}} \cdot \sqrt{\frac{\mu_s}{\epsilon_s}}$$

$$= 377\sqrt{\frac{\mu_s}{\epsilon_s}} = 377\sqrt{\frac{1}{9}} = 125.67 [\Omega]$$

답 ③

02 비유전율 $\epsilon_s = 5$인 유전체 내의 분극률은 몇 [F/m]인가?

① $\dfrac{10^{-8}}{9\pi}$ ② $\dfrac{10^9}{9\pi}$ ③ $\dfrac{10^{-9}}{9\pi}$ ④ $\dfrac{10^8}{9\pi}$

풀이 분극의 세기 $P = \epsilon_0(\epsilon_s - 1)E$ 식에서

분극률 $\chi = \dfrac{P}{E} = \epsilon_0(\epsilon_s - 1) = \dfrac{1}{36\pi \times 10^9} \times (5-1) = \dfrac{10^{-9}}{9\pi}$ [F/m]

$(\epsilon_0 = \dfrac{10^7}{4\pi C^2} = \dfrac{1}{36\pi \times 10^9}$, C : 빛의 속도 $= 3 \times 10^8$ [m/s])

답 ③

03 그림과 같이 진공 내의 A, B, C 각 점에 $Q_A = 4 \times 10^{-6}$[C], $Q_B = 2 \times 10^{-6}$[C], $Q_C = 5 \times 10^{-6}$[C]의 점전하가 일직선상에 놓여 있을 때 B점에 작용하는 힘은 몇 [N]인가?

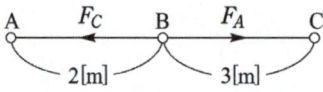

① 0.8×10^{-2} ② 1.2×10^{-2} ③ 1.8×10^{-2} ④ 2.4×10^{-2}

풀이 B구에 작용하는 힘 $F_B = F_{BA} - F_{BC}$ 이므로

$F_B = F_{BA} - F_{BC}$

$= \dfrac{Q_B Q_A}{4\pi\epsilon_0 r_A^2} - \dfrac{Q_B Q_C}{4\pi\epsilon_0 r_B^2} = \dfrac{Q_B}{4\pi\epsilon_0}\left(\dfrac{Q_A}{r_A^2} - \dfrac{Q_C}{r_B^2}\right)$

$= 9 \times 10^9 \times 2 \times 10^{-6}\left(\dfrac{4 \times 10^{-6}}{2^2} - \dfrac{5 \times 10^{-6}}{3^2}\right)$

$= 8 \times 10^{-3} = 0.8 \times 10^{-2}$ [N]

답 ①

04 전계 E의 x, y, z 성분을 E_x, E_y, E_z라 할 때 $\text{div} E$는?

① $\dfrac{\partial E_x}{\partial x} + \dfrac{\partial E_y}{\partial y} + \dfrac{\partial E_z}{\partial z}$

② $i\dfrac{\partial E_x}{\partial x} + j\dfrac{\partial E_y}{\partial y} + k\dfrac{\partial E_z}{\partial z}$

③ $\dfrac{\partial^2 E_x}{\partial x^2} + \dfrac{\partial^2 E_y}{\partial y^2} + \dfrac{\partial^2 E_z}{\partial z^2}$

④ $i\dfrac{\partial^2 E_x}{\partial x^2} + j\dfrac{\partial^2 E_y}{\partial y^2} + k\dfrac{\partial^2 E_z}{\partial z^2}$

풀이 벡터의 발산 (divergence)

$$\nabla \cdot E = \left(\dfrac{\partial}{\partial x}i + \dfrac{\partial}{\partial y}j + \dfrac{\partial}{\partial z}k\right) \cdot (E_x i + E_y j + E_z k) = \dfrac{\partial E_x}{\partial x} + \dfrac{\partial E_y}{\partial y} + \dfrac{\partial E_z}{\partial z}$$

이 관계식은 벡터 E방향으로 그려진 단위체적에서 발산(divergence)하는 선속수의 물리적 의미를 가지므로 즉, $\nabla \cdot E = \text{div} E$로 표시 ($\nabla \cdot$ 대신에 div를 사용) **답 ①**

05 자기회로에서 철심의 투자율을 μ라 하고 회로의 길이를 l이라 할 때 그 회로의 일부에 미소 공극 l_g를 만들면 회로의 자기저항은 처음의 몇 배인가? (단, $l_g \ll l$, 즉 $l - l_g \fallingdotseq l$이다.)

① $1 + \dfrac{\mu l_g}{\mu_0 l}$ ② $1 + \dfrac{\mu l}{\mu_0 l_g}$ ③ $1 + \dfrac{\mu_0 l_g}{\mu l}$ ④ $1 + \dfrac{\mu_0 l}{\mu l_g}$

풀이 투자율 μ인 자기저항 $R_\mu = \dfrac{l}{\mu A}$

여기서, A는 철심의 단면적, 미소 공극은 l_g이므로 철심의 길이는 $l - l_g \fallingdotseq l$이라 하면 이때의 자기저항 R_m은

$R_m = R_1 + R_2 = \dfrac{l_g}{\mu_0 A} + \dfrac{l}{\mu A}$ 이므로 $\therefore \dfrac{R_m}{R_\mu} = 1 + \dfrac{\mu l_g}{\mu_0 l} = 1 + \dfrac{l_g}{l}\mu_s$ **답 ①**

06 강자성체의 자화에 관한 설명으로 틀린 것은?

① 강자성체의 자화의 세기는 자계의 세기에 비례한다.
② 강자성체에 자계를 변화시키면 히스테리시스현상이 나타난다.
③ 강자성체의 히스테리시스손은 히스테리시스 곡선의 면적과 같다.
④ 강자성체의 자속밀도 B는 자계의 세기 H에 비례하지 않는다.

풀이 자화의 세기(J)와 자계의 세기(H)와의 관계

$J = \chi H = (\mu - \mu_0)H = \mu_0(\mu_s - 1)H\,[\text{Wb/m}^2]$

- 강자성체 이외의 자성체 : 자화의 세기와 자계가 비례(즉, μ와 χ_m을 정수로 취급)
- **강자성체** : 전혀 자화되어 있지 않은 강자성체에 자계를 가하여 그 자계를 점점 크게 하면 그에 따라 자화의 세기도 점점 크게 된다. 그러나 일정 범위를 지나면 자계의 세기가 증가 하여도 자화의 세기는 더 이상 증가하지 않고 거의 일정하게 된다.

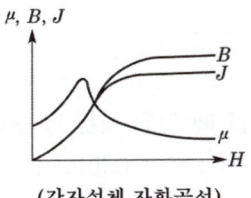

(강자성체 자화곡선)

답 ①

07 직류 500[V] 절연저항계로 절연저항을 측정하니 2[MΩ]이 되었다면 누설전류는?

① 25[μA]   ② 250[μA]   ③ 1000[μA]   ④ 1250[μA]

풀이 누설전류 $I_g = \dfrac{V}{R_g} = \dfrac{500}{2 \times 10^6} = 250 \times 10^{-6}$[A] $= 250[\mu A]$ **답** ②

08 평행판 콘덴서의 극간 전압이 일정한 상태에서 극간에 공기가 있을 때의 흡인력을 F_1, 극판 사이에 극판 간격의 $\dfrac{2}{3}$ 두께의 유리판($\epsilon_r = 10$)을 삽입할 때의 흡인력을 F_2라 하면 $\dfrac{F_2}{F_1}$는?

① 0.6   ② 0.8   ③ 1.5   ④ 2.5

풀이
- 공기 콘덴서인 경우의 정전용량 $C_1 = \dfrac{\epsilon_0 S}{d}$
- 극판 간격 $\dfrac{2}{3}$ 두께의 유리판을 삽입한 경우의

  정전용량 $C_2 = \dfrac{\dfrac{\epsilon_0 S}{d/3} \cdot \dfrac{10\epsilon_0 S}{2d/3}}{\dfrac{\epsilon_0 S}{d/3} + \dfrac{10\epsilon_0 S}{2d/3}} = \dfrac{5}{2} \cdot \dfrac{\epsilon_0 S}{d} = \dfrac{5}{2} C_1$

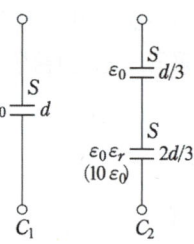

- 힘(F)은 에너지(W)에 비례하며, $W_1 = \dfrac{1}{2} C_1 V^2$, $W_2 = \dfrac{1}{2} C_2 V^2$ 이고,

  전압이 일정할 때이므로 $\therefore \dfrac{F_2}{F_1} = \dfrac{W_2}{W_1} = \dfrac{\dfrac{1}{2} C_2 V^2}{\dfrac{1}{2} C_1 V^2} = \dfrac{C_2}{C_1} = \dfrac{5}{2} = 2.5$배   **답** ④

09 공기 중 임의의 점에서 자계의 세기(H)가 20 [AT/m]라면 자속밀도(B)는 약 몇 [Wb/m²]인가?

① 2.5×10^{-5} ② 3.5×10^{-5} ③ 4.5×10^{-5} ④ 5.5×10^{-5}

풀이 자속밀도 $B = \mu H = \mu_0 \mu_s H = 4\pi \times 10^{-7} \times 1 \times 20 = 2.5 \times 10^{-5}$ **답** ①

10 전계의 세기가 1500[V/m]인 전장에 5[μC]의 전하를 놓았을 때 이 전하에 작용하는 힘은 몇 [N]인가?

① 4.5×10^{-3} ② 5.5×10^{-3} ③ 6.5×10^{-3} ④ 7.5×10^{-3}

풀이 $F = Eq = 1500 \times 5 \times 10^{-6} = 7.5 \times 10^{-3}$[N]   **답** ④

11 반지름이 5[mm]인 구리선에 10[A]의 전류가 흐르고 있을 때 단위 시간 당 구리선의 단면을 통과하는 전자의 개수는? (단, 전자의 전하량 $e = 1.602 \times 10^{-19}$[C]이다.)

① 6.24×10^{17} ② 6.24×10^{19} ③ 1.28×10^{21} ④ 1.28×10^{23}

풀이 동선 단면을 단위 시간에 통과하는 전하는 10[C]이므로 전하량 $Q = It = 10 \times 1 = 10$[C]

따라서 전자의 개수 $N = \dfrac{Q}{e} = \dfrac{10}{1.602 \times 10^{-19}} = 6.24 \times 10^{19}$ [개]

답 ②

12 자유 공간에 있어서 변위전류가 만드는 것은?

① 전계　　　　② 투자율　　　　③ 유전율　　　　④ 자계

풀이 rot $\boldsymbol{H} = \boldsymbol{J} + i_d$
여기서, $\boldsymbol{J}$: 전도 전류밀도, i_d : 변위전류밀도
자유 공간에서 전도 전류밀도 $\boldsymbol{J} = 0$ 이므로 변위전류밀도 $i_d = $ rot $\boldsymbol{H}$ 가 된다.
따라서 변위전류는 회전자계를 형성시킨다.

답 ④

13 500[AT/m]의 자계 중에 어떤 자극을 놓았을 때 3×10^3[N]의 힘이 작용했다면 이때 자극의 세기는 몇 [Wb]인가?

① 2[Wb]　　　② 3[Wb]　　　③ 5[Wb]　　　④ 6[Wb]

풀이 $F = mH$ 에서 $\therefore m = \dfrac{F}{H} = \dfrac{3 \times 10^3}{500} = \dfrac{3000}{500} = 6$[Wb]

답 ④

14 투자율 $\mu = \mu_0$, 굴절률 $n = 2$, 전도율 $\sigma = 0.5$의 특성을 갖는 매질내부의 한 점에서 전계가 $E = 10\cos(2\pi ft)a_x$로 주어질 경우 전도 전류밀도와 변위전류밀도의 최댓값의 크기가 같아지는 전계의 주파수 f[GHz]는?

① 1.75　　　　② 2.25　　　　③ 5.75　　　　④ 10.25

풀이 전도전류밀도 $i_c = \sigma E$, 변위전류밀도 $i_d = \omega \epsilon E$이고,
전도 전류밀도와 변위전류밀도의 최댓값의 크기가 같아지는 조건이므로, $(i_c = i_d)$
$\sigma E = \omega \epsilon E \rightarrow \sigma = 2\pi f \epsilon$

따라서 $f = \dfrac{\sigma}{2\pi \epsilon} = \dfrac{\sigma}{2\pi(n^2 \epsilon_0)} = \dfrac{0.5}{2\pi \times 2^2 \times 8.85 \times 10^{-12}} = 2.25 \times 10^9$[Hz]$= 2.25$[GHz]

답 ②

15 자계의 벡터퍼텐셜을 A[Wb/m]라 할 때 도체 주위에서 자계 B[Wb/m²]가 시간적으로 변화하면 도체에 생기는 전계의 세기 E[V/m]은?

① $\boldsymbol{E} = -\dfrac{\partial \boldsymbol{A}}{\partial t}$　　② rot $\boldsymbol{E} = -\dfrac{\partial \boldsymbol{A}}{\partial t}$　　③ $\boldsymbol{E} =$ rot $\boldsymbol{A}$　　④ rot $\boldsymbol{E} = \dfrac{\partial \boldsymbol{B}}{\partial t}$

풀이 $\boldsymbol{B} = \nabla \times \boldsymbol{A}$로 정의되고, $\nabla \times \boldsymbol{E} = -\dfrac{\partial \boldsymbol{B}}{\partial t}$ 에서

$\nabla \times \boldsymbol{E} = -\dfrac{\partial \boldsymbol{B}}{\partial t} = -\dfrac{\partial}{\partial t}(\nabla \times \boldsymbol{A}) = \nabla \times \left(-\dfrac{\partial \boldsymbol{A}}{\partial t}\right)$

$\therefore \boldsymbol{E} = -\dfrac{\partial \boldsymbol{A}}{\partial t}$

답 ①

16 내압이 1[kV]이고, 용량이 각각 0.01[μF], 0.02[μF], 0.05[μF]인 콘덴서를 직렬로 연결했을 때의 전체내압은?

① 1500[V] ② 1600[V] ③ 1700[V] ④ 1800[V]

풀이 각 콘덴서에 가해지는 전압을 V_1, V_2, V_3[V]라 하면

$$V_1 : V_2 : V_3 = \frac{1}{0.01} : \frac{1}{0.02} : \frac{1}{0.05} = 10 : 5 : 2$$

V의 최댓값은 전압이 제일 크게 걸리는 0.01[μF]에 의해 결정되므로 $V_1 = \frac{10}{17}V$

∴ $V = \frac{17}{10}V_1 = \frac{17}{10} \times 1000 = 1700$[V] **답** ③

17 그림과 같이 도체 1을 도체 2로 포위하여 도체 2를 일정 전위로 유지하고 도체 1과 도체 2의 외측에 도체 3이 있을 때 용량계수 및 유도계수의 성질로 옳은 것은?

① $q_{23} = q_{11}$
② $q_{13} = -q_{11}$
③ $q_{31} = q_{11}$
④ $q_{21} = -q_{11}$

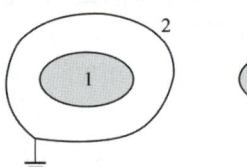

풀이 ① 도체 1을 도체 2로 포위하고 도체 2를 접지(영전위)하면 도체 1과 도체 3은 정전차폐가 되기 때문에 정전기적으로 관계하지 않게 된다.
따라서 $q_{23} \neq q_{11}$, $q_{13} = 0$, $q_{31} = 0$
② 도체 1에 단위 전위를 주었을 때 도체 1의 전하 q_{11}과 도체 2의 유도 전하 q_{21}은 서로 양은 같고 부호는 반대가 된다.
따라서 $q_{21} = -q_{11}$
※ 도체 1과 도체 3은 정전기적으로 관계가 없는 정전차폐이므로 용량계수와 유도계수의 아래 첨자에 3을 포함하지 않은 ④번만이 정답이 된다. **답** ④

18 반지름 3[cm]의 원형 단면을 가진 환상의 연철심(비투자율 400)에 코일을 감고 이것에 전류를 흘린 결과 철심 중의 자계가 400[AT/m]로 되었다. 자화의 세기[Wb/m²]는?

① 약 0.5 ② 약 0.2 ③ 약 2×10^{-4} ④ 약 5×10^{-4}

풀이 자화율 $\chi_m = \mu - \mu_0 = \mu_0(\mu_s - 1) = 4\pi \times 10^{-7}(400-1) = 5 \times 10^{-4}$[H/m]
자화의 세기 $J = \chi_m H = 5 \times 10^{-4} \times 400 = 0.2$[Wb/m²] **답** ②

19 금속도체의 전기저항은 일반적으로 온도와 어떤 관계인가?
① 전기저항은 온도의 변화에 무관하다.
② 전기저항은 온도의 변화에 대해 정특성을 갖는다.
③ 전기저항은 온도의 변화에 대해 부특성을 갖는다.
④ 금속도체의 종류에 따라 전기저항의 온도특성은 일관성이 없다.

풀이
• 금속도체의 전기저항은 온도 상승에 따라 증가한다.
• 탄소, 전해액 및 반도체 등의 저항은 온도 상승에 따라 감소한다. **답** ②

20 어떤 대전체가 진공 중에서 전속이 Q[C]이었다. 이 대전체를 비유전율 10인 유전체 속으로 가져갈 경우에 전속[C]은?

① Q ② $10Q$ ③ $\dfrac{Q}{10}$ ④ $10\epsilon_o Q$

풀이 전하에서 나오는 선속을 전속이라 한다.
① 전기력선수 $\left(N = \dfrac{Q}{\epsilon_0}\right)$는 매질에 따라 그 값이 달라지나 전속($\Phi = Q$)은 매질에 관계없이 일정하다.
② 전속 Φ는 매질에 관계없이 전하 Q[C]일 때 Q개의 전속선이 나온다.   답 ①

2과목 전력공학

21 154[kV] 송전선로에서 송전거리가 154[km]라 할 때 송전용량 계수법에 의한 송전용량은 몇 [kW]인가? (단, 송전용량계수는 1200으로 한다.)

① 61600 ② 92400 ③ 123200 ④ 184800

풀이 송전용량 $P = K\dfrac{V^2}{l}$ [kW]

여기서, K : 용량계수, V : 송전전압, l : 송전거리

$\therefore P = 1200 \times \dfrac{154^2}{154} = 184800$ [kW]   답 ④

22 인터록(interlock)의 기능에 대한 설명으로 맞은 것은?
① 조작자의 의중에 따라 개폐되어야 한다.
② 차단기가 열려 있어야 단로기를 닫을 수 있다.
③ 차단기가 닫혀 있어야 단로기를 닫을 수 있다.
④ 차단기와 단로기를 별도로 닫고, 열 수 있어야 한다.

풀이 단로기는 부하전류를 개폐할 수 없다. 따라서 단로기는 차단기가 열려 있어야 열고 닫을 수 있다.
즉, 인터록 장치를 두어 부하 통전 시 단로기를 열 수 없도록 하여야 한다.   답 ②

23 154[kV] 송전선로에 10개의 현수애자가 연결되어 있다. 다음 중 전압부담이 가장 적은 것은? (단, 애자는 같은 간격으로 설치되어 있다.)
① 철탑에 가장 가까운 것 ② 철탑에서 3번째에 있는 것
③ 전선에서 가장 가까운 것 ④ 전선에서 3번째에 있는 것

풀이
• 전압 분담 최대 : 전선쪽 애자
• 전압 분담 최소 : 철탑에서 1/3 지점 애자
따라서 10개의 현수애자가 연결되어 있다면, 철탑에서 3번째에 있는 애자가 전압부담이 가장 적다.   답 ②

24 저압 뱅킹 방식에 대한 설명 중 맞지 않는 것은?

① 전압동요가 적다.
② 캐스케이딩 현상에 의해 고장확대가 축소된다.
③ 부하증가에 대해 융통성이 좋다.
④ 고장 보호 방식이 적당할 때 공급 신뢰도는 향상된다.

풀이 저압 뱅킹 방식의 특징
- 전압강하 및 전력손실이 경감된다.
- 변압기 용량 및 저압선 동량이 절감된다.
- 부하 증가에 대한 탄력성이 향상된다.
- 고장 보호 방법이 적당할 때 공급 신뢰도가 향상되며, 플리커 현상이 경감된다.
- 캐스케이딩 현상이 발생하므로 고장이 광범위하게 파급될 우려가 있다.

답 ②

25 수력발전소의 댐 설계 및 저수지 용량 등을 결정하는데 가장 적합하게 사용되는 것은?

① 유량도
② 유황곡선
③ 수위-유량곡선
④ 적산유량곡선

풀이 적산 유량 곡선은 매일의 수량을 차례로 적산해서 가로축에 일수를, 세로축에 적산 수량을 그린 곡선을 뜻한다.

답 ④

26 교류송전에서는 송전거리가 멀어질수록 동일 전압에서의 송전 가능전력이 적어진다. 다음 중 그 이유로 가장 알맞은 것은?

① 선로의 어드미턴스가 커지기 때문이다.
② 선로의 유도성 리액턴스가 커지기 때문이다.
③ 코로나 손실이 증가하기 때문이다.
④ 표피효과가 커지기 때문이다.

풀이
- 교류 송전선로에서 송전거리가 멀어지면 선로 정수가 모두 증가한다. 그러나 초고압 장거리 송전선로에서는 저항과 정전용량은 유도성 리액턴스에 비해서 적으므로 그다지 크게 영향을 미치지 못한다.
- $P = \dfrac{E_S E_R}{X} \sin\delta$ 에서와 같이 선로의 유도 리액턴스가 커지기 때문에 송전 가능 전력은 적어진다.

답 ②

27 전압이 일정값 이하로 되었을 때 동작하는 것으로서 단락 시 고장 검출용으로도 사용되는 계전기는?

① OVR
② OVGR
③ NSR
④ UVR

풀이
① 과전류 계전기(Over Current Relay : OCR) : 일정값 이상의 전류가 흘렀을 때 동작하는 계전기
② 지락 과전압 계전기(Over Voltage Ground Relay : OVGR) : 비접지 계통에서 지락사고 시 영상전압을 검출하여 동작하는 계전기
③ 역상계전기(Negative Sequence Relay : NSR) : 전력설비의 불평형 운전 등에 의한 역상분에 의해 동작하는 계전기
④ 부족 전압 계전기(Under Voltage Relay : UVR) : 전압이 일정값 이하로 떨어졌을 경우, 지나친 과전류가 흐르지 않게끔 동작하는 계전기

답 ④

28 동일 굵기의 전선으로 된 3상 3선식 2회선 송전선이 있다. A회선의 전류는 100[A], B회선의 전류는 50[A]이고 선로 손실은 합계 50[kW]이다. 개폐기를 닫아서 양 회선을 병렬로 사용하여 합계 150[A]의 전류를 통하도록 하려면 선로 손실[kW]은?

① 40　　　　② 45　　　　③ 50　　　　④ 55

풀이　A회선의 선로 손실과 B회선의 선로 손실에서 저항을 구하면,
$I_A^2 R + I_B^2 R = 50[kW]$
$100^2 R + 50^2 R = 50 \times 10^3$
∴ $R = 4[\Omega]$
양 회선을 병렬로 사용하면 동일 전선이므로 동일한 전류가 흐른다.
2회선 $\times 75^2 R = 2 \times 75^2 \times 4 = 45,000[W]$
∴ 45[kW]

답 ②

29 켈빈(Kelvin)의 법칙이 적용되는 경우는?

① 전압강하를 감소시키고자 하는 경우
② 부하배분의 균형을 얻고자 하는 경우
③ 전력손실량을 축소시키고자 하는 경우
④ 경제적인 전선의 굵기를 선정하고자 하는 경우

풀이　켈빈(Kelvin)의 법칙 : 전선의 단위 길이 내에서 연간에 손실되는 전력량에 대한 전기요금과 단위 길이의 전선값에 대한 금리(金利), 감가상각비 등의 연간 경비의 합계가 같게 되는 전선 단면적이 **가장 경제적인 전선의 단면적**이다.
$C = \sqrt{\dfrac{WMP}{\rho N}}$
여기서, C : 전류밀도, ρ : 전선의 저항률, W : 전선의 중량, N : 전선량의 가격

답 ④

30 다음 중 연가(transposition)의 효과로 거리가 먼 것은?

① 직렬공진의 방지　　　　② 선로정수의 평형
③ 대지정전용량의 감소　　④ 통신선의 유도장해의 감소

풀이　연가의 효과
① 선로정수 평형
② 임피던스 평형
③ 소호 리액터 접지 시 직렬공진방지
④ 유도장해 감소

답 ③

31 용량 25000[kVA], 임피던스 10[%]인 3상 변압기가 2차 측에서 3상 단락 되었을 때 단락용량은 몇 [MVA]인가?

① 225[MVA]　　② 250[MVA]　　③ 275[MVA]　　④ 433[MVA]

풀이　단락용량 $P_s = \dfrac{100}{\%Z} P_n = \dfrac{100}{10} \times 25000 \times 10^{-3}$
　　　　　　　　　　　$= 250[MVA]$

답 ②

32 원자력발전소와 화력발전소의 특성을 비교한 것 중 틀린 것은?

① 원자력발전소는 화력발전소의 보일러 대신 원자로와 열교환기를 사용한다.
② 원자력발전소의 건설비는 화력발전소에 비해 싸다.
③ 동일 출력일 경우 원자력발전소의 터빈이나 복수기가 화력발전소에 비하여 대형이다.
④ 원자력발전소는 방사능에 대한 차폐 시설물의 투자가 필요하다.

풀이 화력발전과 비교하여 원자력 발전은 출력 밀도(단위체적 당 출력)가 크므로 같은 출력이라면 소형화가 가능하나, 단위 출력당 건설비는 화력발전소에 비하여 비싸다. **답** ②

33 동일한 2대의 단상변압기를 V결선 하여 3상 전력을 100[kVA]까지 배전할 수 있다면 똑같은 단상변압기 1대를 추가하여 △결선하게 되면 3상 전력은 약 몇 [kVA] 까지 배전할 수 있겠는가?

① 57.7[kVA]   ② 70.5[kVA]   ③ 141.5[kVA]   ④ 173.2[kVA]

풀이 $P_\triangle = 3P_1 = \sqrt{3} \cdot \sqrt{3} P_1 = \sqrt{3} P_V$ 이므로

∴ $P_\triangle = \sqrt{3} \times 100 = 173.2 [kVA]$ **답** ④

34 전선에서 전류의 밀도가 도선의 중심으로 들어갈수록 작아지는 현상은?

① 표피효과   ② 근접효과   ③ 접지효과   ④ 페란티효과

풀이
- 표피효과 : 도체의 중심으로 갈수록 전류의 밀도가 낮아지는 현상
- 근접 효과 : 같은 방향의 전류는 바깥쪽으로 다른 방향의 전류는 안쪽으로 모이는 현상
- 페란티 효과 : 수전단전압이 송전단전압보다 높아지는 현상 **답** ①

35 송전 계통의 절연 협조에 있어 절연 레벨을 가장 낮게 잡고 있는 기기는?

① 피뢰기   ② 단로기   ③ 변압기   ④ 차단기

풀이 계통 내의 각 기기, 기구 및 애자 등의 상호 간에 적정한 절연 강도를 지니게 함으로써 계통 설계를 합리적, 경제적으로 할 수 있게 한 것을 절연 협조라고 하며 피뢰기의 제한 전압이 기본이 된다. **답** ①

36 서지파(진행파)가 서지 임피던스 Z_1의 선로측에서 서지 임피던스 Z_2의 선로측으로 입사할 때 투과계수(투과파 전압÷입사파 전압) b를 나타내는 식은?

① $b = \dfrac{Z_2 - Z_1}{Z_1 + Z_2}$ ② $b = \dfrac{2Z_2}{Z_1 + Z_2}$

③ $b = \dfrac{Z_1 - Z_2}{Z_1 + Z_2}$ ④ $b = \dfrac{2Z_1}{Z_1 + Z_2}$

풀이 서지파(진행파)가 서지 임피던스 Z_1의 선로측에서 서지 임피던스 Z_2의 선로측으로 입사할 때
- 투과 계수(b) = $\dfrac{2Z_2}{Z_2 + Z_1}$
- 반사 계수(β) = $\dfrac{Z_2 - Z_1}{Z_2 + Z_1}$ **답** ②

37 3상 3선식 배전선로로서 역률이 0.8(지상)인 3상 평형부하 40[kW]를 연결했을 때 전압강하는 약 몇 [V]인가? (단, 부하의 전압은 200[V], 전선 1조의 저항은 0.02[Ω]이고, 리액턴스는 무시한다.)

① 2 　　② 3 　　③ 4 　　④ 5

풀이
- 전압강하 $e = \sqrt{3}I(R\cos\theta + X\sin\theta) = \dfrac{P}{V_r}(R + X\tan\theta)$ [V]
- 부하전력 $P = 40$[kW], 저항 $R = 0.02$[Ω], 리액턴스 $X = 0$[Ω] (∵ 리액턴스 무시)이므로

$$\therefore e = \dfrac{PR}{V_r} = \dfrac{40 \times 10^3 \times 0.02}{200} = 4\text{[V]}$$

답 ③

---

38 송전 계통의 중성점 접지용 소호 리액터의 인덕턴스 L은? 단, 선로 한 선의 대지 정전용량을 C라 한다.

① $L = \dfrac{1}{C}$ 　　② $L = \dfrac{C}{2\pi f}$

③ $L = \dfrac{1}{2\pi f C}$ 　　④ $L = \dfrac{1}{3(2\pi f)^2 C}$

풀이 소호 리액터 접지방식은 선로의 대지정전용량과 중성점에 접지한 소호 리액터(변압기 리액턴스를 무시한 경우)의 병렬공진 조건에 의해 결정한다.

$$\omega L = \dfrac{1}{3\omega C}$$

상기 조건에서 소호 리액터의 크기는 두 종류로 나타낼 수 있다.

① $X = \dfrac{1}{3\omega C}$[Ω]

② $L = \dfrac{1}{3\omega^2 C} = \dfrac{1}{3(2\pi f)^2 C}$[H]

답 ④

---

39 송전선에의 뇌격에 대한 차폐 등으로 가선하는 가공지선에 대한 설명 중 옳은 것은?

① 차폐각은 보통 15~30° 정도로 하고 있다.
② 차폐각이 클수록 벼락에 대한 차폐효과가 크다.
③ 가공지선을 2선으로 하면 차폐각이 적어진다.
④ 가공지선으로는 연동선을 주로 사용한다.

풀이 가공 지선은 직격 뇌로부터 송전선의 차폐를 위해 시설한다. 차폐각은 45° 이내, 보호율은 97[%] 정도이고, 차폐각이 작을수록(가공지선을 2회선으로 하면 차폐각이 적어진다.) 보호율이 높으며 가공 지선은 ACSR을 사용한다. 차폐각이 작을수록 보호율이 높고 건설비가 비싸다.

답 ③

---

40 등가 송전선로의 정전용량 $C = 0.008$[μF/km], 선로길이 $L = 100$[km], 대지전압 $E = 37000$[V]이고 주파수 $f = 60$[Hz]일 때, 충전전류는 약 몇 [A]인가?

① 11.2 　　② 6.7 　　③ 0.635 　　④ 0.426

풀이 $I_c = 2\pi f C L E = 2\pi \times 60 \times 0.008 \times 10^{-6} \times 100 \times 37000 = 11.2$[A]

답 ①

3과목 전기기기

41 직류전동기의 속도제어법 중 정지 워드 레오나드 방식에 관한 설명으로 틀린 것은?
① 광범위한 속도제어가 가능하다.
② 정토크 가변속도의 용도에 적합하다.
③ 제철용압연기, 엘리베이터 등에 사용된다.
④ 직권전동기의 저항제어와 조합하여 사용한다.

풀이 정지 워드 레오나드 방식은 교류전원에서 SCR을 통해 변환된 직류를 위상제어에 의해 조정하여 단자전압이나 계자전류의 평균치를 변화시켜 속도를 제어한다. 즉 SCR과 조합하여 사용하는 방식이다. **답** ④

42 정격전압에서 전 부하로 운전하는 직류 직권전동기의 부하전류가 50[A]이다. 부하토크가 반으로 감소하면 부하전류는 약 몇 [A]인가? (단, 자기포화는 무시한다.)
① 25　　　　② 35　　　　③ 45　　　　④ 50

풀이 직권전동기의 토크(T)는 자로가 포화되지 않은 범위 안에서는 전기자 전류(I_a)의 제곱에 비례하므로 토크가 1/2로 되면,

$$\frac{T'}{T} = \frac{\frac{1}{2}T}{T} \propto \frac{I_a'^2}{I_a^2} \rightarrow \left(\frac{I_a'}{I_a}\right)^2 = \frac{1}{2}$$

$$\therefore I_a' = \sqrt{\frac{1}{2}} \times I_a = \sqrt{\frac{1}{2}} \times 50 ≒ 35[A]$$

답 ②

43 동기발전기에 회전 계자형을 사용하는 경우가 많다. 그 이유에 적합하지 않은 것은?
① 전기자가 고정자이므로 고압 대전류용에 좋고 절연이 쉽다.
② 계자가 회전자이지만 저압소용량의 직류이므로 구조가 간단하다.
③ 전기자보다 계자극을 회전자로 하는 것이 기계적으로 튼튼하다.
④ 기전력의 파형을 개선한다.

풀이 동기발전기에 회전 계자형을 사용하는 이유
① 전기자 권선은 전압이 높고 결선이 복잡하며, 대용량으로 되면 전류도 커지고, 3상 권선의 경우에는 4개의 도선을 인출하여야 한다.
② 계자 회로는 직류의 저압 회로이므로 소요 동력도 작으며, 인출 도선이 2개만 있어도 되기 때문이다.
③ 계자극은 기계적으로 튼튼하게 만드는 데 용이하기 때문이다.
④ 고장 시의 과도 안정도를 높이기 위하여 회전자의 관성을 크게 하기 쉽기 때문이기도 하다.
동기발전기에서 기전력의 파형을 개선하기 위해서는 전기자 권선에 단절권과 분포권을 사용하여야 한다.
답 ④

44 3상 유도전동기의 2차 저항을 m배로 하면 동일하게 m배로 되는 것은?
① 역률　　　② 전류　　　③ 슬립　　　④ 토크

풀이 $\dfrac{r_2}{s_m} = \dfrac{r_2 + R_s}{s_t}$

① 2차 저항 r_2'를 변화해도 최대 토크는 변화하지 않는다.
② r_2'를 크게 하면 s_m도 커진다.
③ r_2'를 크게 하면 기동전류는 감소하고 기동 토크는 증가한다.
그러므로 최대 토크를 내는 슬립만 2차 저항에 비례한다. **답 ③**

45 동기전동기의 기동법 중 자기동법(self-starting method)에서 계자권선을 저항을 통해서 단락시키는 이유는?

① 기동이 쉽다.
② 기동 권선으로 이용한다.
③ 고전압의 유도를 방지한다.
④ 전기자 반작용을 방지한다.

풀이 자기동법은 제동권선을 기동권선으로 하여 기동 토크를 얻는 방법으로 보통 기동 시에는 계자권선 중에 고전압이 유도되어 절연을 파괴하므로 방전 저항을 접속하여 단락 상태로 기동한다. **답 ③**

46 그림의 단상전파 정류회로에서 교류측 공급전압 $628\sin 314t$[V], 직류측 부하저항 20[Ω]일 때의 직류측 부하전류의 평균치 I_d[A] 및 직류측 부하전압의 평균치 E_d[V]는?

① $I_d = 20$, $E_d = 400$
② $I_d = 10$, $E_d = 200$
③ $I_d = 14.1$, $E_d = 282$
④ $I_d = 28.2$, $E_d = 565$

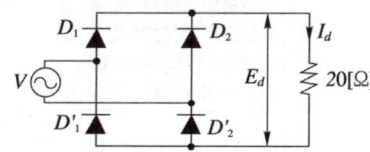

풀이
- 교류전압의 실효값 $E = \dfrac{E_m}{\sqrt{2}} = \dfrac{628}{\sqrt{2}} = 444$[V]
- 직류전압 $E_d = \dfrac{2\sqrt{2}}{\pi} E = 0.9E = 0.9 \times 444 = 400$[V]
- 직류 전류 $I_d = \dfrac{E_d}{R} = \dfrac{400}{20} = 20$[A] **답 ①**

47 정격전압 6000[V], 용량 5000[kVA]의 3상 동기발전기에서 여자전류가 200[A]일 때 무부하 단자전압이 6000[V], 단락전류는 500[A]이었다. 동기 리액턴스는 약 몇 [Ω]인가?

① 8.65
② 7.26
③ 6.93
④ 5.77

풀이 동기 리액턴스 $X_s = \dfrac{V_n}{\sqrt{3} I_s} = \dfrac{6000}{\sqrt{3} \times 500} = 6.93$[Ω] **답 ③**

48 직류 직권전동기의 운전상 위험속도를 방지하는 방법 중 가장 적합한 것은?

① 무부하 운전한다.
② 경부하 운전한다.
③ 무여자 운전한다.
④ 부하와 기어를 연결한다.

풀이 직권전동기는 무부하(무여자) 상태($I=0$, 즉 $\phi=0$)가 되면 속도가 급격히 상승하여 원심력으로 파괴될 우려가 있다. 그러므로, 직권전동기로 다른 기계를 운전하려면, 반드시 직결하거나 기어(gear)를 사용하여야 한다. **답** ④

49 다음 권선법 중 직류기에서 주로 사용되는 것은?

① 폐로권, 환상권, 이층권
② 폐로권, 고상권, 이층권
③ 개로권, 환상권, 단층권
④ 개로권, 고상권, 이층권

풀이
- 코일의 제작 및 권선 작업이 용이하므로 직류기에서는 거의 이층권만이 사용되고 있다.
- 직류기의 전기자 권선법으로는 단절권, 2층권, 고상권, 폐로권을 채택하며, 전절권, 단층권, 환상권, 개로권은 사용되지 않는다. **답** ②

50 2대의 동기발전기가 병렬운전하고 있을 때 동기화 전류가 흐르는 경우는?

① 기전력의 크기에 차가 있을 때
② 기전력의 위상에 차가 있을 때
③ 부하분담에 차가 있을 때
④ 기전력의 파형에 차가 있을 때

풀이 병렬운전 조건이 다른 경우

병렬운전 조건	다른 경우 흐르는 전류
기전력의 크기가 같을 것	무효 순환전류
기전력의 위상이 같을 것	동기화 전류
기전력의 주파수가 같을 것	동기화 전류
기전력의 파형이 같을 것	고주파 무효 순환전류

답 ②

51 직류기의 정류 작용에서 전압 정류를 하고자 한다. 어떻게 하여야 하는가?

① 계자를 이동시킨다.
② 보극을 설치한다.
③ 탄소 브러시를 단락시킨다.
④ 환상 권선을 분리시킨다.

풀이 전압 정류는 보극을 설치하여 정류 코일 내에 유기되는 리액턴스 전압과 반대 방향으로 정류 전압을 유기시켜 양호한 정류를 할 수 있다. 탄소 브러시의 사용은 저항 정류의 역할을 함 **답** ②

52 변압기의 부하전류 및 전압은 일정하고, 주파수가 낮아지면?

① 철손이 증가
② 철손이 감소
③ 동손이 증가
④ 동손이 감소

풀이 부하전류가 일정하면 동손 $I^2 r$는 변화가 없다. 또, 철손은 거의 히스테리시스손과 와전류손의 합이다. 그런데 와전류손과 히스테리시스손을 P_e, P_h라 하면

$$P_e = k_1 B^2 f^2, \quad P_h = k_2 B^{1.6} f$$

$$E = k_3 B f, \quad B = \frac{E}{k_3 f}$$

$$\therefore P_e = k_4 E^2, \quad P_h = k_5 E^{1.6} f^{-0.6}$$

그러므로 동일 전압에서 f(주파수)가 감소하면 철손은 증가한다. **답** ①

53 전압이 일정한 모선에 접속되어 역률 100[%]로 운전하고 있는 동기전동기의 여자전류를 증가시키면 역률과 전기자전류는 어떻게 되는가?

① 뒤진 역률이 되고 전기자 전류는 증가한다.
② 뒤진 역률이 되고 전기자 전류는 감소한다.
③ 앞선 역률이 되고 전기자 전류는 증가한다.
④ 앞선 역률이 되고 전기자 전류는 감소한다.

풀이

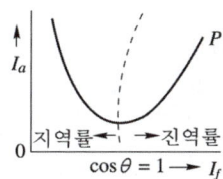

① 여자전류(I_f)를 증가시키면 역률은 앞서고 전기자 전류(I_a)는 증가한다.
② 여자전류(I_f)를 감소시키면 역률은 뒤지고 전기자 전류(I_a)는 증가한다.

답 ③

54 전부하에서 동손 100[W], 철손 50[W]인 변압기가 최대 효율[%]을 나타내는 부하는?

① 50 ② 67 ③ 70 ④ 86

풀이 최대 효율은 철손과 동손이 같을 때이므로 $P_i = m^2 P_c$

$$\therefore m = \sqrt{\frac{P_i}{P_c}} = \sqrt{\frac{50}{100}} = 0.7 = 70[\%]$$

답 ③

55 220[V], 50[kW]인 직류 직권전동기를 운전하는데 전기자저항(브러시의 접촉저항 포함)이 0.05[Ω]이고 기계적 손실이 1.7[kW], 표유손이 출력의 1[%]이다. 부하전류가 100[A]일 때의 출력은 약 몇 [kW]인가?

① 14.5 ② 16.7 ③ 18.2 ④ 19.6

풀이 직류 직권전동기의 역기전력
$E_c = V - (R_a + R_s)I = 220 - 0.05 \times 100 = 215[V]$
출력 $P = E_c I = 215 \times 100 = 21500[W] = 21.5[kW]$
출력 = 입력 − 손실이므로,
$\therefore P' = 21.5 - 1.7 - (21.5 \times 0.01) = 19.6[kW]$

답 ④

56 용량 40[kVA], 3200/200[V]인 3상 변압기 2차 측에 3상 단락이 생겼을 경우 단락전류는 약 몇 [A]인가? (단, %임피던스 전압은 4[%]이다.)

① 1887 ② 2887 ③ 3243 ④ 3558

풀이 $I_s = \dfrac{100}{\%Z} I_n = \dfrac{100}{4} \times \dfrac{40 \times 10^3}{\sqrt{3} \times 200} \fallingdotseq 2887[A]$

답 ②

57 제13차 고조파에 의한 회전자계의 회전방향과 속도를 기본파 회전자계와 비교할 때 옳은 것은?

① 기본파와 반대방향이고, 1/13의 속도
② 기본파와 동일방향이고, 1/13의 속도
③ 기본파와 동일방향이고, 13배의 속도
④ 기본파와 반대방향이고, 13배의 속도

풀이 ① 고조파의 차수 h (3상인 경우)
- 기본파와 같은 방향으로 회전 : $h = 2nm + 1$(제7, 13차, …)
- 기본파와 반대 방향으로 회전 : $h = 2nm - 1$(제5, 11, 17차, …)
- 회전자계를 발생하지 않음 : $h = 3n$(제3, 9차, …) (단, m은 상수, n은 정의 정수)

② $1/h$(h : 고조파 차수)의 속도로 회전   **답** ②

58 동기발전기의 돌발 단락전류를 주로 제한하는 것은?

① 동기 리액턴스   ② 누설 리액턴스
③ 권선 저항   ④ 동기 임피던스

풀이
- 동기기에서 저항은 누설 리액턴스에 비하여 작으며 전기자 반작용은 단락전류가 흐른 뒤에 작용하므로 돌발 단락전류를 제한하는 것은 누설 리액턴스이다. 역상 리액턴스는 역상전류에 대응하는 것으로 3상 평형 단락이 되면 역상전류는 흐르지 않는다.
- 동기 리액턴스 = 누설 리액턴스 + 반작용 리액턴스   **답** ②

59 유도전동기의 부하를 증가시키면 역률은?

① 좋아진다.   ② 나빠진다.
③ 변함이 없다.   ④ 1이 된다.

풀이 유도전동기는 자기회로에 공극이 있기 때문에 여자전류가 전부하전류의 20~50[%]에 이른다. 그리고 무부하 상태에서는 유효 전류가 매우 적기 때문에 무부하전류 ≒ 자화 전류로 보아도 좋다. 따라서, 무부하전류는 역률이 매우 낮다. 그러나 2차측에 부하가 증가하면 유효분 전류의 증가로 인하여 1차측에서 본 역률은 점점 좋아지게 된다.   **답** ①

60 기동장치를 갖는 단상 유도전동기가 아닌 것은?

① 2중 농형   ② 분상기동형
③ 반발기동형   ④ 셰이딩코일형

풀이 2중 농형 유도전동기
① 회전자의 농형권선을 내외 이중으로 설치한 것
② 도체
- 외측도체 : 저항이 높은 황동 또는 동니켈 합금의 도체를 사용
- 내측도체 : 저항이 낮은 전기동 사용

③ 기동 시에는 저항이 높은 외측 도체로 흐르는 전류에 의해 큰 기동 토크를 얻고 기동완료 후에는 저항이 적은 내측 도체로 전류가 흘러 우수한 운전 특성을 얻는 전동기   **답** ①

4과목 회로이론

61 그림과 같은 비정현파의 주기함수에 대한 설명으로 틀린 것은?

① 기함수파이다.
② 반파 대칭파이다.
③ 직류 성분은 존재하지 않는다.
④ 기수차의 정현항 계수는 0이다.

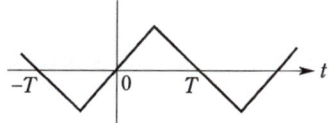

풀이 그림의 파형은 반파 정현 대칭 함수이므로
$f(t) = -f(t+\pi)$와 $f(t) = -f(-t)$의 두 조건을 만족하는 기함수파이다.   **답** ④

62 T형 4단자 회로망에서 영상 임피던스가 $Z_{01} = 50[\Omega]$, $Z_{02} = 2[\Omega]$이고, 전달 정수가 0일 때 이 회로의 4단자 정수 D의 값은?

① 10   ② 5   ③ 0.2   ④ 0.1

풀이 $D = \sqrt{\dfrac{Z_{02}}{Z_{01}}} \cosh\theta = \sqrt{\dfrac{2}{50}} \cosh 0 = \dfrac{1}{5}$ **답** ③

63 대칭 3상 교류에서 순시값의 벡터 합은?

① 0   ② 40   ③ 0.577   ④ 86.6

풀이 a상을 기준하면 $e_a + e_b + e_c = e_a + a^2 e_a + a e_a = e_a(1+a^2+a) = 0$ ($\because 1+a+a^2 = 0$)   **답** ①

64 $\dfrac{s\sin\theta + \omega\cos\theta}{s^2+\omega^2}$의 역라플라스 변환을 구하면 어떻게 되는가?

① $\sin(\omega t - \theta)$
② $\sin(\omega t + \theta)$
③ $\cos(\omega t - \theta)$
④ $\cos(\omega t + \theta)$

풀이 $\mathcal{L}^{-1}\left[\dfrac{\omega}{s^2+\omega^2}\right] = \sin\omega t$, $\mathcal{L}^{-1}\left[\dfrac{s}{s^2+\omega^2}\right] = \cos\omega t$ 이므로
$F(s) = \dfrac{s\sin\theta + \omega\cos\theta}{s^2+\omega^2} = \dfrac{\omega}{s^2+\omega^2}\cos\theta + \dfrac{s}{s^2+\omega^2}\sin\theta$
$\therefore f(t) = \mathcal{L}^{-1}[F(s)] = \sin\omega t \cdot \cos\theta + \cos\omega t \cdot \sin\theta = \sin(\omega t + \theta)$ **답** ②

65 임피던스 함수 $Z(s) = \dfrac{s+50}{s^2+3s+2}[\Omega]$으로 주어지는 2단자 회로망에 100[V]의 직류전압을 가했다면 회로의 전류는 몇 [A]인가?

① 4   ② 6   ③ 8   ④ 10

풀이 직류이므로 $s(j\omega) = 0$이다.
$$Z(0) = \frac{s+50}{s^2+3s+2} = \frac{50}{2} = 25[\Omega]$$
$$\therefore I = \frac{V}{Z(0)} = \frac{100}{25} = 4[A]$$

답 ①

66 그림에서 10[Ω]의 저항에 흐르는 전류는 몇 [A]인가?

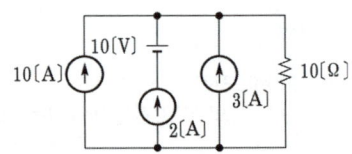

① 16　　② 15　　③ 14　　④ 13

풀이 중첩의 정리에 의해 $I_R = 10 + 2 + 3 = 15[A]$

답 ②

67 테브난의 정리와 쌍대 관계에 있는 정리는?
① 보상의 정리　　② 노턴의 정리
③ 중첩의 정리　　④ 밀만의 정리

풀이 테브난의 정리(등가 전압원 정리)와 노턴의 정리(등가 전류원 정리)는 쌍대 관계가 있다.

답 ②

68 $R = 15[\Omega]$, $X_L = 12[\Omega]$, $X_C = 30[\Omega]$이 병렬로 접속된 회로에 120[V]의 교류전압을 가하면 전원에 흐르는 전류는 몇 [A]인가?
① 5[A]　　② 7[A]　　③ 10[A]　　④ 22[A]

풀이 병렬접속인 경우 전압이 일정하므로
- 저항에 흐르는 전류 $I_R = \frac{V}{R} = \frac{120}{15} = 8[A]$
- 유도성 리액턴스에 흐르는 전류 $I_L = \frac{V}{jX_L} = \frac{120}{j12} = -j10[A]$
- 용량성 리액턴스에 흐르는 전류 $I_C = \frac{V}{-jX_C} = \frac{120}{-j30} = j4[A]$

따라서 전체 전류 $I = I_R + I_L + I_C = 8 - j10 + j4 = 8 - j6 = 10\angle -36.86[A]$

답 ③

69 RL 직렬회로에 직류전압을 가했을 때 흐르는 전류가 정상전류 $I = \frac{E}{R}$의 70%에 도달하는 데 요하는 시간은? (단, τ는 시정수이다.)
① $t = 0.7\tau$　　② $t = 1.1\tau$　　③ $t = 1.2\tau$　　④ $t = 1.4\tau$

풀이 $I = 0.7\frac{E}{R} = \frac{E}{R}(1 - e^{-\frac{t}{\tau}})$의 관계식에서 $e^{-\frac{t}{\tau}} = 1 - 0.7 = 0.3$, $-\frac{t}{\tau} = \ln 0.3$
$t = -\tau \ln 0.3$　$\therefore t = 1.2\tau$

답 ③

70 3상 불평형 전압에서 영상전압이 150[V]이고 정상전압이 600[V], 역상전압이 300[V]이면 전압의 불평형률[%]은?

① 60[%]   ② 50[%]   ③ 40[%]   ④ 30[%]

풀이 불평형률 $= \dfrac{\text{역상 전압}}{\text{정상 전압}} \times 100 = \dfrac{300}{600} \times 100 = 50[\%]$

답 ②

71 다음 회로에 대한 설명으로 옳은 것은?

① 이 회로의 시정수는 $\dfrac{L}{R_1+R_2}$이다.

② 이 회로의 특성근은 $\dfrac{R_1+R_2}{L}$이다.

③ 정상 전류값은 $\dfrac{E}{R_2}$이다.

④ 이 회로의 전류값은 $i(t) = \dfrac{E}{R_1+R_2}\left(1 - e^{-\frac{L}{R_1+R_2}t}\right)$이다.

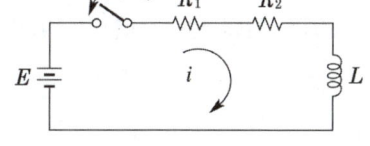

풀이
② 특성근은 $-\dfrac{R_1+R_2}{L}$이며, 항상 (−)의 값을 갖는다.

③ 정상 전류값은 $I = \dfrac{E}{R_1+R_2}$[A]이다.

④ 회로의 전류값은 $i(t) = \dfrac{E}{R_1+R_2}\left(1 - e^{-\frac{R_1+R_2}{L}t}\right)$이다.

답 ①

72 그림과 같은 교류 브리지가 평형상태에 있다. L[H]의 값은 얼마인가?

① $L = \dfrac{R_1 R_2}{C}$ ② $L = \dfrac{C}{R_1 R_2}$

③ $L = R_1 R_2 C$ ④ $L = \dfrac{R_2}{R_1 C}$

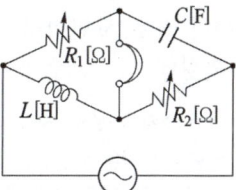

풀이 $R_1 R_2 = \dfrac{j\omega L}{j\omega C}$ ∴ $L = R_1 R_2 C$

답 ③

73 저항 40[Ω], 임피던스 50[Ω]의 직렬 유도부하에서 100[V]가 인가될 때 소비되는 무효전력은?

① 120[Var]   ② 160[Var]   ③ 200[Var]   ④ 250[Var]

풀이 $R = 40[\Omega]$, $Z = 50[\Omega]$
유도부하 $X_L = \sqrt{50^2 - 40^2} = 30[\Omega]$
$P_r = I^2 \cdot X_L = \left(\dfrac{100}{50}\right)^2 \cdot 30 = 120[\text{Var}]$

답 ①

74 파고율이 2이고 파형률이 1.57인 파형은?

① 구형파　　② 정현반파　　③ 삼각파　　④ 정현파

풀이

	구형파	3각파	정현파	정류파(전파)	정류파(반파)
파형률	1.0	1.15	1.11	1.11	1.57
파고율	1.0	1.732	1.414	1.414	2.0

답 ②

75 부하저항 $R_L[\Omega]$이 전원의 내부저항 $R_0[\Omega]$의 3배가 되면 부하저항 R_L에서 소비되는 전력 $P_L[W]$는 최대 전송전력 $P_m[W]$의 몇 배인가?

① 0.89배　　② 0.75배　　③ 0.5배　　④ 0.3배

풀이

$$P_L = I^2 R_L = \left(\frac{V_g}{R_0 + R_L}\right)^2 \cdot R_L = \left(\frac{V_g}{R_0 + 3R_0}\right)^2 \times 3R_0 = \frac{3}{16} \cdot \frac{V_g^2}{R_0}$$

$$P_{max} = \frac{V_g^2}{4R_0}$$

$$\therefore \frac{P_L}{P_{max}} = \frac{\frac{3}{16} \cdot \frac{V_g^2}{R_0}}{\frac{1}{4} \cdot \frac{V_g^2}{R_0}} = \frac{12}{16} = 0.75[배]$$

답 ②

76 다음 중 푸리에(Fourier) 급수로 비정현파 교류를 해석하는 데 적당하지 않은 것은?

① 반파 대칭인 경우 직류분은 없다.
② 우함수인 비정현파에서는 사인(sin)항이 없다.
③ 기함수인 경우 사인항을 구할 때 반주기간만 적분하여 2배 한다.
④ 반파 대칭에서는 반주기마다 동일한 파형이 반복되나 부호의 변화가 없다.

풀이
- 반파 대칭의 왜형파에서는 $b_0 = 0$(직류분)이고 a_n, b_n만 남는다.
- 우함수의 경우는 정현항이 없다.
- 기함수 정현항을 구할 때는 반주기마다 적분하여 2배 한다.
- 반파 대칭의 경우 한 주기마다 동일한 파형이 반복된다.

답 ④

77 그림과 같은 4단자망의 영상 전달 정수 θ는?

① $\sqrt{5}$
② $\log_e \sqrt{5}$
③ $\log_e \frac{1}{\sqrt{5}}$
④ $5\log_e \sqrt{5}$

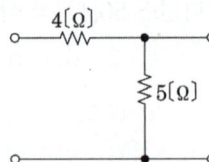

풀이

$$\begin{bmatrix} A & B \\ C & D \end{bmatrix} = \begin{bmatrix} 1+\dfrac{4}{5} & 4 \\ \dfrac{1}{5} & 1 \end{bmatrix} = \begin{bmatrix} \dfrac{9}{5} & 4 \\ \dfrac{1}{5} & 1 \end{bmatrix}$$

$$\therefore \theta = \log_e(\sqrt{AD}+\sqrt{BC}) = \log_e\left(\sqrt{\dfrac{9}{5}\times 1}+\sqrt{4\times\dfrac{1}{5}}\right)$$
$$= \log_e\left(\dfrac{3}{\sqrt{5}}+\dfrac{2}{\sqrt{5}}\right) = \log_e\left(\dfrac{5}{\sqrt{5}}\right) = \log_e \sqrt{5}$$

답 ②

78 $t=3$[ms]에서 최대치 5[V]에 도달하는 60[Hz]의 정현파 전압 $e(t)$를 시간함수로 표시하면 어떻게 되는가?

① $e = 5\sin(376.8t+25.2°)[V]$
② $e = 5\sin(376.8t+35.2°)[V]$
③ $e = 5\sqrt{2}\sin(376.8t+25.2°)[V]$
④ $e = 5\sqrt{2}\sin(376.8t+35.2°)[V]$

풀이 $e = E_m \sin(\omega t+\theta)$에서 $\omega t = 2\pi f t = 2\pi \times 60 \times t = 376.8t$
또, 전압이 최댓값이 될 때는 $\omega t+\theta = 90°$일 때이므로 θ는
$\theta = 90° - \omega t = 90° - 2\pi \times 60 \times 3 \times 10^{-3} \times \dfrac{180°}{\pi} = 25.2°$
$\therefore e = 5\sin(376.8t+25.2°)$

답 ①

79 T형 4단자 회로의 임피던스 파라미터 중 Z_{22}는?

① Z_1+Z_2
② Z_2+Z_3
③ Z_1+Z_3
④ $-Z_2$

풀이
$Z_{11} = \left.\dfrac{V_1}{I_1}\right|_{I_2=0} = Z_1+Z_3 \qquad Z_{12} = \left.\dfrac{V_1}{I_2}\right|_{I_1=0} = Z_3$

$Z_{21} = \left.\dfrac{V_2}{I_1}\right|_{I_2=0} = Z_3 \qquad \boldsymbol{Z_{22} = \left.\dfrac{V_2}{I_2}\right|_{I_1=0} = Z_2+Z_3}$

답 ②

80 구동점 임피던스에 있어서 영점(Zero)은?

① 전류가 흐르지 않는 경우이다.
② 회로를 개방한 것과 같다.
③ 전압이 가장 큰 상태이다.
④ 회로를 단락한 것과 같다.

풀이 $Z(s)=0$인 경우는 임피던스가 0이므로 회로를 **단락한 상태**이다.

답 ④

5과목 전기설비기술기준

81 비접지식 고압전로와 접속되는 변압기의 외함에 실시하는 접지공사의 접지극으로 사용할 수 있는 건물 철골의 대지 전기저항의 최댓값[Ω]은 얼마인가?

① 2　　　② 3　　　③ 5　　　④ 10

풀이 142.2 접지극의 시설 및 접지저항
　가. 지중에 매설되어 있고 대지와의 전기저항 값이 3[Ω] 이하의 값을 유지하고 있는 금속제 수도관로가 규정에 따르는 경우 접지극으로 사용이 가능하다.
　나. 대지와의 사이에 전기저항 값이 2[Ω] 이하인 값을 유지하는 건축물·구조물의 철골 기타의 금속제는 접지공사의 접지극으로 사용할 수 있다.　　**답** ①

82 특고압 옥내배선과 저압 옥내전선·관등회로의 배선 또는 고압 옥내전선 사이의 이격거리는 일반적으로 몇 [cm] 이상이어야 하는가?

① 15　　　② 30　　　③ 45　　　④ 60

풀이 342.4 특고압 옥내 전기설비의 시설
특고압 옥내배선은 다음에 따르고 또한 위험의 우려가 없도록 시설하여야 한다.
　가. 사용전압은 100[kV] 이하일 것. 다만, 케이블트레이배선에 의하여 시설하는 경우에는 35[kV] 이하일 것.
　나. 전선은 케이블일 것.
　다. 특고압 옥내배선과 저압 옥내전선·관등회로의 배선 또는 고압 옥내전선 사이 : 0.6[m] 이상　**답** ④

83 특고압가공전선로에 사용하는 가공지선에는 지름 몇 [mm] 이상의 나경동선을 사용하여야 하는가?

① 2.6　　　② 3.5　　　③ 4　　　④ 5

풀이 333.8 특고압 가공전선로의 가공지선
특고압 가공전선로에 사용하는 가공지선은 다음과 같다.
　가. 인장강도 8.01[kN] 이상의 나선　　나. 지름 5[mm] 이상의 나경동선
　다. 단면적 22[mm²] 이상의 나경동연선　　라. 아연도강연선 22[mm²]
　마. OPGW 전선　　**답** ④

84 고압가공전선로의 지지물로 철탑을 사용하는 경우 최대 경간은 몇 [m]인가?

① 150　　　② 200　　　③ 250　　　④ 600

풀이 332.9 고압 가공전선로 경간의 제한
고압 가공전선로의 경간은 표에서 정한 값 이하이어야 한다.

지지물의 종류	경간
목주·A종 철주 또는 A종 철근 콘크리트주	150[m]
B종 철주 또는 B종 철근 콘크리트주	250[m]
철탑	600[m]

답 ④

85 과전류차단기를 시설할 수 있는 곳은?

① 접지공사의 접지선
② 다선식 전로의 중성선
③ 단상 3선식 전로의 저압측 전선
④ 접지공사를 한 저압가공전선로의 접지측 전선

풀이 341.11 과전류차단기의 시설 제한
접지공사의 접지도체, 다선식 전로의 중성선 및 전로의 일부에 접지공사를 한 저압 가공전선로의 접지측 전선에는 과전류차단기를 시설하여서는 안 된다.
다만, 다음의 경우에는 예외로 한다.
가. 다선식 전로의 중성선에 시설한 과전류차단기가 동작한 경우에 각 극이 동시에 차단될 때
나. 저항기ㆍ리액터 등을 사용하여 접지공사를 한 때에 과전류차단기의 동작에 의하여 그 접지도체가 비접지 상태로 되지 아니할 때

답 ③

86 345[kV] 옥외 변전소에 울타리 높이와 울타리에서 충전부분까지 거리[m]의 합계는?

① 6.48   ② 8.16   ③ 8.40   ④ 8.28

풀이 351.1 발전소 등의 울타리ㆍ담 등의 시설
가. 울타리ㆍ담 등의 높이는 2[m] 이상으로 하고 지표면과 울타리ㆍ담 등의 하단사이의 간격은 0.15[m] 이하로 할 것.
나. 울타리ㆍ담 등의 높이와 울타리ㆍ담 등으로부터 충전부분까지 거리의 합계는 표에서 정한 값 이상으로 할 것.

사용전압의 구분	울타리ㆍ담 등의 높이와 울타리ㆍ담 등으로부터 충전 부분까지의 거리의 합계
35[kV] 이하	5[m]
35[kV] 초과 160[kV] 이하	6[m]
160[kV] 초과	• 거리의 합계 = 6 + 단수 × 0.12[m] • 단수 = $\frac{사용전압[kV] - 160}{10}$ … 단수 계산에서 소수점 이하는 절상

• 단수 = $\frac{345 - 160}{10}$ = 18.5 → 19단
• 이격거리 + 울타리높이 = 6 + 19 × 0.12 = 8.28[m]

답 ④

87 옥내의 저압전선으로 나전선 사용이 허용되지 않는 경우는?

① 라이팅덕트공사에 의하여 시설하는 경우
② 버스덕트공사에 의하여 시설하는 경우
③ 애자공사에 의하여 전개된 곳에 시설하는 경우
④ 금속관공사에 의하여 시설하는 경우

풀이 231.4 나전선의 사용 제한
옥내에 시설하는 저압전선에는 나전선을 사용하여서는 아니 된다. 다만, 다음중 어느 하나에 해당하는 경우에는 그러하지 아니하다.
가. 애자공사에 의하여 전개된 곳에 다음의 전선을 시설하는 경우
① 전기로용 전선
② 전선의 피복 절연물이 부식하는 장소에 시설하는 전선

나. 버스덕트공사에 의하여 시설하는 경우
다. 라이팅덕트공사에 의하여 시설하는 경우
라. 접촉 전선을 시설하는 경우　　　　　　　　　　　　　　　　　답 ④

88 발전기의 용량에 관계없이 자동적으로 이를 전로로부터 차단하는 장치를 시설하여야 하는 경우는?

① 과전류 인입
② 베어링 과열
③ 발전기 내부고장
④ 유압의 과팽창

풀이 351.3 발전기 등의 보호장치
발전기에는 다음의 경우에 자동적으로 이를 전로로부터 차단하는 장치를 시설하여야 한다.
가. 발전기에 과전류나 과전압이 생긴 경우
나. 용량이 500[kVA] 이상의 발전기를 구동하는 수차의 압유 장치의 유압이 현저히 저하한 경우
다. 용량이 100[kVA] 이상의 발전기를 구동하는 풍차의 압유장치의 유압이 현저히 저하한 경우
라. 용량이 2,000[kVA] 이상인 수차 발전기의 스러스트 베어링의 온도가 현저히 상승한 경우
마. 용량이 10,000[kVA] 이상인 발전기의 내부에 고장이 생긴 경우
바. 정격출력이 10,000[kW]를 초과하는 증기터빈은 그 스러스트 베어링이 현저하게 마모되거나 그의 온도가 현저히 상승한 경우　　　　　　　　　　　답 ①

89 특고압전선로에 접속하는 배전용 변압기의 1차 및 2차 전압은?

① 1차 : 35[kV] 이하, 2차 : 저압 또는 고압
② 1차 : 50[kV] 이하, 2차 : 저압 또는 고압
③ 1차 : 35[kV] 이하, 2차 : 특고압 또는 고압
④ 1차 : 50[kV] 이하, 2차 : 특고압 또는 고압

풀이 341.2 특고압 배전용 변압기의 시설
특고압 전선로에 접속하는 배전용 변압기를 시설하는 경우에는 특고압 전선에 특고압 절연전선 또는 케이블을 사용하고 또한 다음에 따라야 한다.
가. 변압기의 1차 전압은 35[kV] 이하, 2차 전압은 저압 또는 고압일 것.
나. 변압기의 특고압측에 개폐기 및 과전류차단기를 시설할 것
다. 변압기의 2차 전압이 고압인 경우에는 고압측에 개폐기를 시설하고 또한 쉽게 개폐할 수 있도록 할 것.
　　　　　　　　　　　답 ①

90 다음 중 보호도체의 종류가 아닌 것은?

① PEL　　　② PEM　　　③ PEN　　　④ PES

풀이 112 용어 정의
- "PEN 도체(protective earthing conductor and neutral conductor)"란 교류회로에서 중성선 겸용 보호도체를 말한다.
- "PEM 도체(protective earthing conductor and a mid-point conductor)"란 직류회로에서 중간선 겸용 보호도체를 말한다.
- "PEL 도체(protective earthing conductor and a line conductor)"란 직류회로에서 선도체 겸용 보호도체를 말한다.　　　　　　　　　　　답 ④

91. 최대사용전압 440[V]인 전동기의 절연내력시험전압은 몇 [V]인가?

① 330 ② 440 ③ 500 ④ 660

풀이 133 회전기 및 정류기의 절연내력

종류		시험전압		시험 방법
회전기	발전기·전동기·조상기·기타회전기	7[kV] 이하	1.5배(최저 500[V])	권선과 대지 사이에 연속하여 10분간
		7[kV] 초과	1.25배(최저 10,500[V])	
	회전 변류기		직류 측의 최대 사용전압의 1배의 교류전압(최저 500[V])	

∴ 시험전압 = 440 × 1.5 = 660[V]

답 ④

92. 154[kV]의 특고압가공전선을 사람이 쉽게 들어갈 수 없는 산지(山地) 등에 시설하는 경우 지표상의 높이는 몇 [m] 이상으로 하여야 하는가?

① 4 ② 5 ③ 6.5 ④ 8

풀이 333.7 특고압 가공전선의 높이

전압의 범위	일반 장소	도로 횡단	철도 또는 궤도횡단	횡단보도교
35[kV] 이하	5[m]	6[m]	6.5[m]	4[m](특고압 절연전선 또는 케이블 사용)
35[kV] 초과 160[kV] 이하	6[m]	6[m]	6.5[m]	5[m](케이블 사용)
	산지 등에서 사람이 쉽게 들어갈 수 없는 장소 : 5[m] 이상			
160[kV] 초과	일반장소		가공전선의 높이 = 6 + 단수 × 0.12[m]	
	철도 또는 궤도횡단		가공전선의 높이 = 6.5 + 단수 × 0.12[m]	
	산지		가공전선의 높이 = 5 + 단수 × 0.12[m]	

※ 단수 = $\frac{전압[kV]-160}{10}$ … 단수 계산에서 소수점 이하는 절상

답 ②

93. 저압가공전선이 상부 조영재 옆쪽에서 접근하는 경우 전선과 상부 조영재간의 이격거리[m]는 얼마 이상이어야 하는가? (단, 전선이 케이블인 경우이다.)

① 0.4 ② 0.8 ③ 1 ④ 1.2

풀이 332.11 고압 가공전선과 건조물의 접근 / 222.11 저압 가공전선과 건조물의 접근
저압 가공전선 또는 고압 가공전선이 건조물과 접근 상태로 시설되는 경우에는 다음에 따라야 한다.
가. 고압 가공전선로는 고압 보안공사에 의할 것.
나. 저·고압 가공전선과 건조물의 조영재 사이의 이격거리는 표에서 정한 값 이상일 것.

사용전압 부분 공작물의 종류			저압[m]	고압[m]
건조물	상부 조영재 위쪽	일반적인 경우	2	2
		전선이 고압절연전선	1	2
		전선이 케이블인 경우	1	1
	기타 조영재 또는 상부조영재의 옆쪽 또는 아래쪽	일반적인 경우	1.2	1.2
		전선이 고압절연전선	0.4	1.2
		전선이 케이블인 경우	0.4	0.4
		사람이 쉽게 접근할 수 없도록 시설한 경우	0.8	0.8

답 ①

94
전체의 길이가 18[m]이고, 설계하중이 6.8[kN]인 철근 콘크리트주를 지반이 튼튼한 곳에 시설하려고 한다. 기초 안전율을 고려하지 않기 위해서는 묻히는 깊이를 몇 [m] 이상으로 시설하여야 하는가?

① 2.5　　　② 2.8　　　③ 3　　　④ 3.2

풀이 331.7 가공전선로 지지물의 기초의 안전율
가공전선로의 지지물에 하중이 가하여지는 경우에 그 하중을 받는 지지물의 기초의 안전율은 2(이상 시 상정하중에 대한 철탑의 기초에 대하여는 1.33) 이상이어야 한다. 다만, 다음에 따라 시설하는 경우에는 적용하지 않는다.

전장 \ 설계 하중	6.8[kN] 이하	6.8[kN] 초과 ~ 9.8[kN] 이하	9.8[kN] 초과 ~ 14.72[kN] 이하
15[m] 이하	전장 × 1/6[m] 이상	전장 × 1/6 + 0.3[m] 이상	전장 × 1/6 + 0.5[m] 이상
15[m] 초과	2.5[m] 이상	2.5[m] + 0.3[m] 이상	–
16[m] 초과 ~ 20[m] 이하	2.8[m] 이상	–	–
15[m] 초과 ~ 18[m] 이하	–	–	3[m] 이상
18[m] 초과	–	–	3.2[m] 이상

답 ②

95
전선의 색상 중 틀린 것은?

① L1 : 갈색　　② L2 : 흑색　　③ L3 : 흰색　　④ N : 청색

풀이 121.2 전선의 식별

상(문자)	L1	L2	L3	N	보호도체
색상	갈색	흑색	회색	청색	녹색-노란색

답 ③

96
저압가공인입선 시설 시 도로를 횡단하여 시설하는 경우 노면상 높이는 몇 [m] 이상으로 하여야 하는가?

① 4　　　② 4.5　　　③ 5　　　④ 5.5

풀이 221.1.1 저압 인입선의 시설
저압 가공인입선의 높이
가. 도로(차도와 보도의 구별이 있는 도로인 경우에는 차도)를 횡단하는 경우 : 노면상 5[m] (기술상 부득이한 경우에 교통에 지장이 없을 때에는 3[m]) 이상
나. 철도 또는 궤도를 횡단하는 경우 : 레일면상 6.5[m] 이상
다. 횡단보도교 위에 시설하는 경우 : 노면상 3[m] 이상

답 ③

97
저압 연접 인입선은 인입선에서 분기하는 점으로부터 몇 [m]를 넘는 지역에 미치지 아니하여야 하는가?

① 60　　　② 80　　　③ 100　　　④ 120

풀이 221.1.2 연접 인입선의 시설
저압 연접인입선은 다음에 따라 시설하여야 한다.
가. 인입선에서 분기하는 점으로부터 100[m]를 초과하는 지역에 미치지 아니할 것.
나. 폭 5[m]를 초과하는 도로를 횡단하지 아니할 것.
다. 옥내를 통과하지 아니할 것.　　　　　　　　　　　　　　　　　답 ③

98 케이블을 지지하기 위하여 사용하는 금속제 케이블 트레이의 종류가 아닌 것은?
① 사다리형　　　　　　　　　② 통풍 밀폐형
③ 펀칭형　　　　　　　　　　④ 바닥 밀폐형

풀이 232.41 케이블트레이공사
케이블트레이공사는 케이블을 지지하기 위하여 사용하는 금속재 또는 불연성 재료로 제작된 유닛 또는 유닛의 집합체 및 그에 부속하는 부속재 등으로 구성된 견고한 구조물을 말하며 사다리형, 펀칭형, 메시형, 바닥밀폐형 기타 이와 유사한 구조물을 포함하여 적용한다.　　　　　답 ②

99 전선의 단면적이 38[mm²]인 동동연선을 사용하고 지지물로는 B종 철주 또는 B종 철근 콘크리트주를 사용하는 특고압가공전선로를 제3종 특고압 보안공사에 의하여 시설하는 경우의 경간은 몇 [m] 이하이어야 하는가?
① 100[m]　　② 150[m]　　③ 200[m]　　④ 250[m]

풀이 332.10 고압 보안공사
제3종 특고압 보안공사는 다음에 따라야 한다.
가. 특고압 가공전선은 연선일 것.
나. 경간은 표에서 정한 값 이하일 것.

지지물의 종류	제3종 특고압 보안공사	전선의 굵기에 따른 경간	
목주·A종 철주 또는 A종 철근 콘크리트주	100[m]	인장강도 14.51 [kN] 이상 또는 38[mm²] 이상인 경동연선	150[m]
B종 철주 또는 B종 철근 콘크리트주	200[m]	인장강도 21.67 [kN] 이상 또는 55[mm²] 이상인 경동연선	250[m]
철탑	400[m] (단주인 경우에는 300[m])		600[m] 이하 (단주인 경우에는 400[m])

답 ③

100 중량물이 통과하는 장소에 비닐외장 케이블을 직접 매설식으로 시설하는 경우 매설 깊이는 몇 [m] 이상이어야 하는가?
① 0.8　　　　② 1.0　　　　③ 1.2　　　　④ 1.5

풀이 334.1 지중전선로의 시설
가. 지중 전선로는 전선에 케이블을 사용하고 또한 관로식·암거식 또는 직접 매설식에 의하여 시설하여야 한다.
나. 지중 전선로를 직접 매설식에 의하여 시설하는 경우에는 매설 깊이를 차량 기타 중량물의 압력을 받을 우려가 있는 장소에는 1.0[m] 이상, 기타 장소에는 0.6[m] 이상으로 하고 또한 지중 전선을 견고한 트라프 기타 방호물에 넣어 시설하여야 한다.　　　　　　　답 ②

2022년 2회 (CBT 복원문제)

20년간 전기산업기사필기

▶ 동일출판사 홈페이지에서 무료 동영상강의를 보실 수 있습니다.

1과목 전기자기

01 반지름 a[m]인 접지 도체구의 중심에서 r[m]되는 거리에 점전하 Q[C]을 놓았을 때 도체구에 유도된 총 전하는 몇 [C]인가?

① 0　　② $-Q$　　③ $-\dfrac{a}{r}Q$　　④ $-\dfrac{r}{a}Q$

풀이 점 P에서 Q의 전하를 주고 도체구를 접지($V_1 = 0$) 하였을 때 유도되는 전하를 Q'라 하면
$V_1 = 0 = P_{11}Q' + P_{12}Q$
$\therefore Q' = -\dfrac{P_{12}}{P_{11}}Q = -\dfrac{\frac{1}{4\pi\epsilon_0 r}}{\frac{1}{4\pi\epsilon_0 a}}Q = -\dfrac{a}{r}Q[C]$

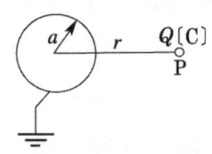

답 ③

02 푸아송의 방정식 $\nabla^2 V = -\dfrac{\rho}{\epsilon_o}$은 어떤 식에서 유도한 것인가?

① $\text{div }\boldsymbol{D} = \dfrac{\rho}{\epsilon_o}$　　② $\text{div }\boldsymbol{D} = -\rho$

③ $\text{div }\boldsymbol{E} = \dfrac{\rho}{\epsilon_o}$　　④ $\text{div }\boldsymbol{E} = -\dfrac{\rho}{\epsilon_o}$

풀이 푸아송의 방정식은 $\text{div }\boldsymbol{E} = \text{div}(-\text{grad }V) = -\nabla^2 V = \dfrac{\rho}{\epsilon}$ 에서 $\nabla^2 V = -\dfrac{\rho}{\epsilon}$ 이다.

답 ③

03 공기 중에서 반지름 a[m], 도선의 중심축간 거리 d[m]인 평행도선 사이의 단위길이 당 정전용량은 몇 [F/m]인가? (단, $d \gg a$이다.)

① $\dfrac{\pi\epsilon_o}{\log_{10}\frac{d}{a}}$　　② $\dfrac{12.07 \times 10^{-12}}{\log_{10}\frac{d}{a}}$

③ $\dfrac{24.16 \times 10^{-12}}{\log_{10}\frac{d}{a}}$　　④ $\dfrac{2\pi\epsilon_o}{\log_{10}\frac{d}{a}}$

풀이 $V = \dfrac{Q}{\pi\epsilon_0}\ln\dfrac{d-a}{a}$ 이므로 정전용량 C는

$$C = \frac{Q}{V} = \frac{Q}{\frac{Q}{\pi\epsilon_0}\ln\frac{d-a}{a}} = \frac{\pi\epsilon_0}{\ln\frac{d-a}{a}} \fallingdotseq \frac{\pi\epsilon_0}{\ln\frac{d}{a}}$$

$$= \frac{\pi\epsilon_0}{\log\frac{d}{a} \times \ln 10} = \frac{12.07 \times 10^{-12}}{\log_{10}\frac{d}{a}} \text{ [F/m]}$$

답 ②

04 전류와 자계 사이의 힘의 효과를 이용한 것으로 자유로이 구부릴 수 있는 도선에 대전류를 통하면 도선 상호 간에 반발력에 의하여 도선이 원을 형성하는데 이와 같은 현상은?

① 스트레치 효과   ② 핀치효과
③ 홀효과   ④ 스킨효과

풀이 스트레치 효과(stretch effect) : 자유로이 구부릴 수 있는 가는 직사각형의 도선에 대전류를 흘리면, 평행 도선에서 전류가 반대로 흐를 때와 마찬가지로 도선 상호 간에는 반발력이 작용하게 되어 최종적으로 도선이 원의 형태를 이루게 된다.

답 ①

05 반지름 a인 원주 도체의 단위 길이 당 내부 인덕턴스는 몇 [H/m]인가?

① $\frac{\mu}{4\pi}$ ② $4\pi\mu$ ③ $\frac{\mu}{8\pi}$ ④ $8\pi\mu$

풀이 길이 1[m]당의 에너지는 $W = \frac{\mu}{16\pi}I^2 = \frac{1}{2}L_i I^2$ [J]

∴ $L_i = \frac{\mu}{8\pi}$ [H/m]

답 ③

06 그림과 같이 전류 I[A]가 흐르는 반지름 a[m]의 원형 코일의 중심으로부터 x[m]인 점 P의 자계의 세기는 몇 [AT/m]인가? (단, θ는 각 APO라 한다.)

① $\frac{I}{2a}\sin^3\theta$

② $\frac{I}{2a}\cos^3\theta$

③ $\frac{I}{2a}\sin^2\theta$

④ $\frac{I}{2a}\cos^2\theta$

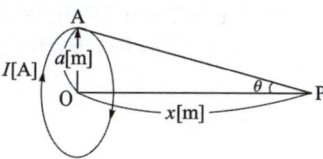

풀이 그림과 같이 점 P에서 코일 AB를 바라보는 입체각 ω는 $\omega = 2\pi(1-\cos\theta)$이므로 자위는

$$U_m = \frac{I}{4\pi}\omega = \frac{I}{4\pi} \cdot 2\pi(1-\cos\theta)$$

$$= \frac{I}{2}\left(1 - \frac{x}{\sqrt{a^2+x^2}}\right) \text{ [AT]}$$

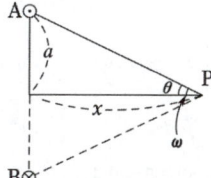

따라서 원형 전류에 의한 축방향의 자계 H_x는

$$H_x = -\frac{\partial U}{\partial x} = \frac{a^2 I}{2(a^2+x^2)^{3/2}} = \frac{I}{2a}\sin^3\theta [\text{AT/m}]$$

답 ①

07 평행판 콘덴서의 양극판 면적을 3배로 하고 간격을 $\frac{1}{3}$로 줄이면 정전용량은 처음의 몇 배가 되는가?

① 1   ② 3   ③ 6   ④ 9

풀이 면적 S_1, 간격 d_1인 평행판 콘덴서의 정전용량을 C_1이라 하면 $C_1 = \frac{\epsilon_0}{d_1}S_1$

문제에서 $d = \frac{1}{3}d_1$, $S = 3S_1$이므로 구하는 용량은

$$\therefore C = \frac{\epsilon_0}{\frac{1}{3}d_1} \cdot 3S_1 = 9\frac{\epsilon_0}{d_1}S_1 = 9C_1$$

답 ④

08 다음 중 전기력선의 성질에 관한 설명으로 옳지 않은 것은?
① 전기력선의 방향은 그 점의 전계의 방향과 같다.
② 전기력선은 전위가 높은 점에서 낮은 점으로 향한다.
③ 전하가 없는 곳에서도 전기력선의 발생, 소멸이 있다.
④ 전계가 0이 아닌 곳에서 2개의 전기력선은 교차하는 일이 없다.

풀이 전기력선의 성질은 다음과 같다.
① 전기력선은 정전하에서 시작하여 부전하에서 그친다.
② 전하가 없는 곳에서는 전기력선의 발생, 소멸이 없고 연속적이다.
③ 전위가 높은 점에서 낮은 점으로 향한다.
④ 그 자신만으로 폐곡선이 되는 일은 없다.
⑤ 전계가 0이 아닌 곳에서는 2개의 전기력선은 교차하지 않는다.
⑥ 도체 내부에는 전기력선이 없다.
⑦ 수직 단면의 전기력선 밀도는 전계의 세기이고(1[개/m²]=1[N/C]), 전기력선의 접선 방향은 전계의 방향이다.
⑧ 도체면(등전위면)에서 전기력선은 수직으로 출입한다.
⑨ 단위 전하 ±1[C]에서는 $1/\epsilon_0$개의 전기력선이 출입한다.

답 ③

09 원점 주위의 전류밀도가 $J = \frac{2}{r}a_r$ [A/m²]의 분포를 가질 때 반지름 5[cm]의 구면을 지나는 전 전류는 몇 [A]인가?

① 0.1π ② 0.2π ③ 0.3π ④ 0.4π

풀이 $I = \oint_s \boldsymbol{J} \cdot d\boldsymbol{s} = \oint_s \frac{2}{r}a_r \cdot a_r \, ds \ (a_r, a_r = 1)$

$= \frac{2}{r}\oint_s ds = \frac{2}{r}s = \frac{2}{r}4\pi r^2 = 8\pi r$

$= 8\pi \times 0.05 = 0.4\pi [\text{A}]$

답 ④

10 반지름 a[m]인 도체구에 전하 Q[C]를 주었다. 도체구를 둘러싸고 있는 유전체의 유전율이 ϵ_s인 경우 경계면에 나타나는 분극전하는 몇 [C/m²]인가?

① $\dfrac{Q}{4\pi a^2}(1-\epsilon_s)$ 　　　② $\dfrac{Q}{4\pi a^2}(\epsilon_s-1)$

③ $\dfrac{Q}{4\pi a^2}(1-\dfrac{1}{\epsilon_s})$ 　　　④ $\dfrac{Q}{4\pi a^2}(\dfrac{1}{\epsilon_s}-1)$

풀이 $\boldsymbol{D}=\epsilon_0\boldsymbol{E}+\boldsymbol{P}$, $\boldsymbol{D}=\epsilon_0\epsilon_s\boldsymbol{E}=\epsilon\boldsymbol{E}$에서
$\boldsymbol{P}=\boldsymbol{D}\left(1-\dfrac{1}{\epsilon_s}\right)=\epsilon\boldsymbol{E}\left(1-\dfrac{1}{\epsilon_s}\right)=\dfrac{Q}{4\pi a^2}\left(1-\dfrac{1}{\epsilon_s}\right)$[C/m²]

답 ③

11 자화의 세기 단위로 옳은 것은?
① AT/Wb 　　　② AT/m²
③ Wb · m 　　　④ Wb/m²

풀이 자화의 세기 $J=\dfrac{m}{S}=\dfrac{ml}{Sl}=\dfrac{M}{V}$[Wb/m²]
여기서, S : 자성체의 단면적[m²]
m : 자화된 자기량[Wb]
l : 자성체의 길이[m]
V : 자성체의 체적[m³]
M : 자기모멘트($M=ml$[Wb · m])

답 ④

12 무한 평면 전하에 의한 외부 전계의 크기는 거리와 어떤 관계가 있는가?
① 거리에 관계없다. 　　　② 거리에 비례한다.
③ 거리에 반비례한다. 　　　④ 거리에 자승에 비례한다.

풀이 무한 평면의 경우는 전하로부터 나오는 전기력선이 상하 방향으로 양분되므로 표면 전계의 세기는
$E=\dfrac{\sigma}{2\epsilon_0}$[V/m]
따라서 거리에 관계가 없다.

답 ①

13 점전하 $+2Q$[C]이 $x=0$, $y=1$의 점에 놓여 있고, $-Q$[C]의 전하가 $x=0$, $y=-1$의 점에 위치할 때 전계의 세기가 0이 되는 점은?
① $+2Q$쪽으로 $5.83(x=0, y=5.83)$
② $+2Q$쪽으로 $0.17(x=0, y=0.17)$
③ $-Q$쪽으로 $5.83(x=0, y=-5.83)$
④ $-Q$쪽으로 $0.17(x=0, y=-0.17)$

풀이 두 전하의 부호가 다르므로 전계의 세기가 0이 되는 점은 전하의 절대값이 작은 측의 외측에 존재하므로 그림과 같이 절대값이 작은 측의 외측에 K[m]인 P점이 전계의 세기가 0이라 하면

$$E = \frac{1}{4\pi\epsilon_0}\left\{\frac{Q}{K^2} - \frac{2Q}{(2+K)^2}\right\} = 0$$

$$\therefore \frac{Q}{K^2} = \frac{2Q}{(2+K)^2}$$

$$2K^2 = (2+K)^2$$

$$\sqrt{2}\,K = 2+K$$

$$\therefore K = \frac{2}{\sqrt{2}-1} = 4.83 \text{ 이므로 } -1-4.83 = -5.83$$

즉, P (0, −5.83)이다.

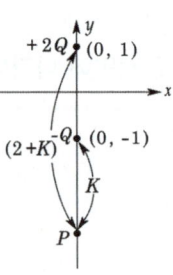

답 ③

14 2[cm]의 간격을 가진 선간전압 6600[V]인 두 개의 평행도선에 2000[A]의 전류가 흐를 때 도선 1[m]마다 작용하는 힘은 몇 [N/m]인가?

① 20 ② 30 ③ 40 ④ 50

풀이
$$F = \frac{\mu_0 I_1 I_2}{2\pi r} = \frac{2 I_1 I_2}{r} \times 10^{-7} = \frac{2 \times 2000^2}{2 \times 10^{-2}} \times 10^{-7} = 40[\text{N}]$$

답 ③

15 전계 E와 전위 V 사이의 관계 즉, $E = -\text{grad}\,V$에 관한 설명으로 잘못된 것은?

① 전계는 전위가 일정한 면에 수직이다.
② 전계의 방향은 전위가 감소하는 방향으로 향한다.
③ 전계의 전기력선은 연속적이다.
④ 전계의 전기력선은 폐곡면을 이루지 않는다.

풀이
① grad V 의미 : 전위 V가 단위 길이 당 최대로 변화하는 방향과 그 크기를 나타낸다. 단위길이 당 전위의 최대 변화를 갖는 방향은 등전위면과 수직(직각)방향이다.(∵ E 와 등전위면은 직교한다고 할 수 있다.)
② $E = -\nabla V$에서 − 부호는 감소하는 방향을 의미한다.
③ 전계의 전기력선은 (+)전하에서 시작하여 (−)전하에서 끝나므로 전하가 존재할 때에는 비연속적이다.
④ 양변에 curl을 취하면 curl $E = -\text{curl grad}\,V = 0$(curl grad는 벡터 성질에서 항상 0) E라는 벡터는 비회전성 즉 폐곡선을 이루지 않는다.

답 ③

16 저항 10[Ω]의 코일을 지나는 자속이 $\phi = 5\sin 10t$[A]일 때, 유도기전력에 의한 전류[A]의 최댓값은?

① 1[A] ② 2[A] ③ 5[A] ④ 10[A]

풀이 $\phi = \phi_m \sin\omega t$ 일 때

$$e = -\frac{d\phi}{dt} = -\omega\phi_m \cos\omega t = \omega\phi_m \sin(\omega t - \frac{\pi}{2}) = E_m \sin(\omega t - \frac{\pi}{2})$$

따라서, $E_m = \omega\phi_m$ ($\phi_m = 5$, $\omega = 10$ 이므로)

$E_m = 10 \times 5 = 50[\text{V}]$

$$\therefore I_m = \frac{E_m}{R} = \frac{50}{10} = 5[\text{A}]$$

답 ③

17 전류에 의한 자계의 방향을 결정하는 법칙은?

① Ampere의 오른나사 법칙 ② Fleming의 오른손 법칙
③ Fleming의 왼손 법칙 ④ Lentz의 법칙

풀이
- 암페어의 오른나사 법칙 : 전류에 의한 자계의 방향
- 플레밍의 오른손 법칙 : 자계 중에서 도체가 운동할 때 유기기전력의 방향 결정
- 플레밍의 왼손 법칙 : 자계 중에 있는 도체에 전류를 흘릴 때 도체의 운동방향 결정
- 렌츠의 법칙 : 기전력 방향 결정

답 ①

18 강자성체의 자속밀도 B의 크기와 자화의 세기 J의 크기 사이의 관계로 옳은 것은?

① J는 B보다 크다. ② J는 B보다 적다.
③ J는 B와 그 값이 같다. ④ J는 B에 투자율을 더한 값과 같다.

풀이 강자성체는 $\mu_s \gg 1$이므로 $J = \dfrac{\mu_s - 1}{\mu_s} B$에서 $\dfrac{\mu_s - 1}{\mu_s}$은 1보다 약간 작으므로 J도 B보다 약간 작다.

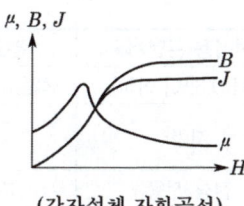

(강자성체 자화곡선)

답 ②

19 코일 A 및 코일 B가 있다. 코일 A의 전류가 $\dfrac{1}{30}$초간에 10[A] 변화할 때 코일 B에 10[V]의 기전력을 유도한다고 한다. 이때의 상호 인덕턴스는 몇 [H]인가?

① $\dfrac{1}{0.3}$ ② $\dfrac{1}{3}$ ③ $\dfrac{1}{30}$ ④ $\dfrac{1}{300}$

풀이 상호유도 작용에 의하여 유기되는 기전력은

$e_B = M \dfrac{di_A}{dt}$ 에서 $M = e_B \dfrac{dt}{di_A} = 10 \times \dfrac{\frac{1}{30}}{10} = \dfrac{1}{30}$ [H]

답 ③

20 평형상태에서 도체의 전하분포와 전계에 관한 성질로 옳지 않은 것은?

① 도체내부에는 전계가 0이 아니다.
② 대전된 도체의 전하는 도체표면에만 존재한다.
③ 대전된 도체표면은 동일 전위에 있다.
④ 대전된 도체표면의 각 점의 전기력선은 표면에 수직이다.

풀이 도체의 성질과 전하분포
① 도체표면과 내부의 전위는 동일하고(등전위), 표면은 등전위면이다.
② 도체내부의 전계의 세기는 0이다.

③ 전하는 도체내부에는 존재하지 않고, 도체표면에만 분포한다.
④ 도체 면에서의 전계의 세기는 도체표면에 항상 수직이다.
⑤ 도체표면에서의 전하밀도는 곡률이 클수록 높다. 즉, 곡률반경이 작을수록 높다.
⑥ 중공부에 전하가 없고 대전 도체라면, 전하는 도체 외부의 표면에만 분포한다.
⑦ 중공부에 전하를 두면 도체내부표면에 동량 이부호, 도체 외부 표면에 동량 동부호의 전하가 분포한다.

답 ①

2과목　전력공학

21 조상설비(調相設備)와 거리가 먼 것은?

① 분로 리액터
② 상순(相順) 표시기
③ 전력용 콘덴서
④ 동기조상기

풀이　조상 설비

항 목	동기조상기	전력용 콘덴서	분로 리액터
전력손실	많음(1.5~2.5[%])	적음(0.3[%] 이하)	적음(0.6[%] 이하)
가격	비싸다. (전력용 콘덴서, 분로 리액터의 1.5~2.5배)	저렴	저렴
무효전력	진상, 지상 양용	진상 전용	지상 전용
조정	연속적	계단적	계단적
사고시 전압유지	큼	작음	작음
시송전	가능	불가능	불가능
보수	손질필요	용이	용이

답 ②

22 송전선에 낙뢰가 가해져서 애자에 섬락이 생기면 아크가 생겨 애자가 손상되는데 이것을 방지하기 위하여 사용하는 것은?

① 댐퍼(damper)
② 아킹혼(arcing horn)
③ 아머로드(armour rod)
④ 가공지선(Overhead ground wire)

풀이　① 댐퍼 : 전선의 진동 방지
② 아킹 혼 : 섬락으로부터 애자련의 보호, 애자련의 전압 분포 개선
③ 아머로드 : 전선의 진동 방지
④ 가공지선 : 뇌의 차폐

답 ②

23 보일러 급수 중의 염류 등이 굳어서 내벽에 부착되어 보일러 열전도와 물의 순환을 방해하며 내면의 수관벽을 과열시켜 파열을 일으키게 하는 원인이 되는 것은?

① 스케일
② 부식
③ 포밍
④ 캐리오버

풀이　스케일이란 보일러의 급수에 포함되어 있는 알루미늄, 나트륨 등의 염류가 굳어서 되는 것으로 관석이라고도 부르고 있다.

답 ①

24 과전류 계전기(OCR)의 탭값을 옳게 설명한 것은?

① 계전기의 최소 동작전류
② 계전기의 최대 부하전류
③ 계전기의 동작 시한
④ 변류기의 권수비

풀이
- 과전류 계전기는 전류가 어느 정규값 이상으로 흘렀을 경우에 계전기가 동작하여 전기회로를 차단하여 기기를 보호하는 장치이다.
- 과전류 계전기의 탭은 최소 동작전류를 정정한다.

답 ①

25 역률 0.8(지상)인 부하 480[kW]를 공급하는 곳에 전력용 콘덴서 220[kVA]를 설치하면 역률은 몇 [%]로 개선되는가?

① 82　② 85　③ 90　④ 96

풀이
부하역률 $\cos\theta = \dfrac{W}{\sqrt{W^2 + Q^2}} \times 100$ (W : 유효전력, Q : 무효전력)

$\therefore \cos\theta = \dfrac{480}{\sqrt{480^2 + \left(\dfrac{480}{0.8} \times 0.6 - 220\right)^2}} \times 100 = 96[\%]$

답 ④

26 송전선 보호범위 내의 모든 사고에 대하여 고장점의 위치에 관계없이 선로 양단을 쉽고 확실하게 동시에 고속으로 차단하기 위한 계전방식은?

① 회로선택 계전방식
② 과전류 계전방식
③ 방향거리(directive distance) 계전방식
④ 표시선(pilot wire) 계전방식

풀이 표시선 계전방식의 특징
① 고장점의 위치에 관계 없이 양단을 동시 고속 차단할 수 있다.
② 송전선에 평행되도록 표시선을 설치하여 양단을 연락케 한다.
③ 고장시 장해를 받지 않게 하기 위하여 연피 케이블을 설치한다.
④ 시한차에 구애받지 않고 양단 동시에 고속 차단한다.

답 ④

27 그림과 같은 전력계통에서 A점에 설치된 차단기의 단락용량은? (단, 각 기기의 %리액턴스는 발전기 G_1, G_2는 정격용량 15[MVA] 기준 각각 15[%]이고, 변압기는 정격용량 20[MVA] 기준 8[%], 송전선은 정격용량 10[MVA] 기준 11[%]이며, 기타 다른 정수는 무시한다.)

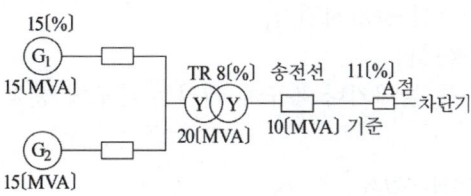

① 5[MVA]　② 50[MVA]　③ 500[MVA]　④ 5000[MVA]

풀이 기준용량 $P_n = 20$[MVA]로 선정하여 %Z를 기준용량으로 환산하면

$\%Z_g = \frac{20}{15} \times 15 = 20[\%]$, $\%Z_t = 8[\%]$, $\%Z_l = \frac{20}{10} \times 11 = 22[\%]$

따라서, 고장점까지의 %Z는 $\%Z = \frac{1}{2} \times \%Z_g + \%Z_t + \%Z_l = \frac{1}{2} \times 20 + 8 + 22 = 40[\%]$

차단기 용량 $P_s = \frac{100}{\%Z} \times P_n$에서 $P_s = \frac{100}{40} \times 20 = 50$[MVA] **답** ②

28 154[kV]의 송전 선로의 전압을 345[kV]로 승압하고 같은 손실률로 송전한다고 가정하면 송전 전력은 승압 전의 몇 배인가?

① 2   ② 3   ③ 4   ④ 5

풀이 송전전력은 전압의 제곱에 비례하므로 $P = KV^2 = K\left(\frac{345}{154}\right)^2 = 5K$ **답** ④

29 전력 조류계산을 하는 목적으로 거리가 먼 것은?

① 계통의 신뢰도 평가   ② 계통의 확충계획 입안
③ 계통의 운용 계획수립   ④ 계통의 사고예방제어

풀이 조류 계산을 통해서 다음과 같은 전력계통의 제반 상황을 쉽게 파악할 수 있으며,
• 각 모선의 전압 분포   • 각 모선의 전력   • 각 선로의 전력 조류   • 각 선로의 송전 손실
• 각 모선간의 상차각
아래와 같은 계통의 운용과 계획의 수단으로 사용되고 있다.
• 계통의 사고 예방 제어   • 계통의 운용 계획 입안   • 계통의 확충 계획 입안 **답** ①

30 송전단전압 154[kV], 수전단전압 134[kV], 상차각 60도, 리액턴스 39.8[Ω]일 때 선로손실을 무시하면 전송전력은 약 몇 [MW]인가?

① 322   ② 449   ③ 559   ④ 689

풀이 전송전력 $P = \frac{E_s E_r}{X} \sin\theta = \frac{154 \times 134}{39.8} \times \sin 60° = 449.03$[MW] **답** ②

31 송전선로의 안정도 향상 대책으로 틀린 것은?

① 고속도 재폐로방식을 채용한다.
② 계통의 직렬 리액턴스를 증가시킨다.
③ 중간조상방식을 채용한다.
④ 선로의 평행 회선수를 늘리거나 복도체 내지는 다도체 방식을 사용한다.

풀이 안정도 향상 대책
① 계통의 직렬 리액턴스 감소
② 전압변동률을 적게 한다.(속응여자방식 채용, 계통의 연계, 중간 조상 방식)
③ 계통에 주는 충격을 적게 한다.(적당한 중성점접지방식, 고속차단방식, 재폐로방식)
④ 고장 중의 발전기 돌입 출력의 불평형을 적게 한다. **답** ②

32 부하설비용량 600[kW], 부등률 1.2, 수용률 60[%]일 때의 합성최대수용전력은 몇 [kW]인가?

① 240　　　　② 300　　　　③ 432　　　　④ 833

풀이
- 최대 수용 전력 = 설비용량 × 수용률 = 600 × 0.6 = 360[kW]
- 부등률 = $\dfrac{\text{개별 최대 수용 전력의 합}}{\text{합성 최대 수용 전력}}$ 에서

  합성 최대 수용 전력 = $\dfrac{\text{개별 최대 수용 전력의 합}}{\text{부등률}} = \dfrac{360}{1.2} = 300$[kW]

답 ②

33 자가용 변전소의 1차 측 차단기의 용량을 결정할 때 가장 밀접한 관계가 있는 것은?

① 부하설비용량　　　　② 공급측의 전기설비용량
③ 부하의 부하율　　　　④ 수전계약 용량

풀이
- 차단기의 차단용량 〉 계통의 단락 용량
- 단락용량 $P_s = \dfrac{100}{\%Z} \times P_n \rightarrow P_s \propto P_n$

  여기서, P_n 기준용량(공급측의 전기설비용량)

답 ②

34 전력계통의 전압을 조정하는 가장 보편적인 방법은?

① 발전기의 유효 전력 조정　　　　② 부하의 유효 전력 조정
③ 계통의 주파수 조정　　　　　　　④ 계통의 무효 전력

풀이
- 무효 전력 제어 ⇔ 전압 제어
- 유효 전력 제어 ⇔ 주파수 제어

답 ④

35 수차의 특유속도 크기를 바르게 나열한 것은?

① 펠턴수차 < 카플란수차 < 프란시스 수차
② 펠턴수차 < 프란시스 수차 < 카플란수차
③ 프란시스 수차 < 카플란수차 < 펠턴수차
④ 카플란수차 < 펠턴수차 < 프란시스 수차

풀이 수차의 종류와 특유속도 및 그 사용 한계

수차의 종류		특유속도의 한계값
펠톤수차		12 ~ 23
프란시스 수차	저속도형	65 ~ 150
	중속도형	150 ~ 250
	고속도형	250 ~ 350
사류수차		150 ~ 250
카플란 수차, 프로펠러 수차		350 ~ 800

답 ②

36 송전선로에서 복도체를 사용하는 주된 이유는?

① 많은 전력을 보내기 위하여
② 코로나 발생을 억제하기 위하여
③ 전력손실을 적게 하기 위하여
④ 선로 정수를 평형시키기 위하여

풀이
- 3상 송전선의 한 가닥의 전선을 2가닥 이상으로 한 것을 다도체라 하고, 2가닥으로 한 것을 보통 복도체라 한다.
- 복도체를 사용하면 인덕턴스는 감소하고 정전용량은 증가하며, 안정도를 증가시키고, 코로나 발생을 억제한다.

답 ②

37 중성점 비접지방식을 이용하는 것이 적당한 것은?

① 고전압 장거리
② 고전압 단거리
③ 저전압 장거리
④ 저전압 단거리

풀이 우리나라 송전선로의 중성점 비접지방식은 20~30 [kV] 정도의 전압이며, 저전압 단거리 송전선이나 배전선에 사용된다.

답 ④

38 송전선로에서 송전전력, 거리, 전력손실률과 전선의 밀도가 일정하다고 할 때, 전선 단면적 $A[\text{mm}^2]$는 전압 $V[\text{V}]$와 어떤 관계에 있는가?

① V에 비례한다.
② V^2에 비례한다.
③ $\dfrac{1}{V}$에 비례한다.
④ $\dfrac{1}{V^2}$에 비례한다.

풀이
- 전력손실 $P_l = 3I^2R = \dfrac{P^2\rho l}{V^2\cos^2\theta A}$ 이므로 전력손실률 $h = \dfrac{P_l}{P} = \dfrac{P\rho l}{V^2\cos^2\theta A}$ 이다.
- 송전전력(P), 송전거리(l), 전선의 비중(ρ), 전력손실률(h)이 일정하다고 하면
$$\therefore A = \dfrac{P\rho l}{hV^2\cos^2\theta} \propto \dfrac{1}{V^2}$$

답 ④

39 진공 차단기의 특징에 속하지 않는 것은?

① 화재 위험이 거의 없다.
② 소형 경량이고 조작 기구가 간편하다.
③ 동작시 소음은 크지만 소호실의 보수가 거의 필요치 않다.
④ 차단 시간이 짧고 차단 성능이 회로 주파수의 영향을 받지 않는다.

풀이 진공 차단기의 특징
① 소형 경량이고 조작 기구가 간편하다.
② 화재 위험이 없다.
③ 폭발음이 없다.
④ 소호실에 대해서 보수가 거의 필요치 않다.
⑤ 차단 시간이 짧고 차단 성능이 회로의 주파수에 영향을 받지 않는다.

답 ③

40 변류기 수리 시 2차측을 단락시키는 이유는?
① 1차측 과전류 방지
② 2차측 과전류 방지
③ 1차측 과전압 방지
④ 2차측 과전압 방지

풀이 CT의 2차 회로를 개방하면 1차 전류가 모두 여자전류가 되어 2차 권선에 매우 높은 전압이 유기되어 절연이 파괴되어 소손될 염려가 있으므로 CT의 2차측을 개방하면 안된다. **답** ④

3과목 전기기기

41 브흐홀쯔 계전기로 보호되는 기기는?
① 변압기
② 발전기
③ 유도전동기
④ 회전 변류기

풀이 브흐홀쯔 계전기는 변압기의 내부고장으로 발생하는 기름의 분해 가스 증기 또는 유류를 이용하여 부저를 움직여 계전기의 접점을 닫는 것이므로 변압기의 주탱크와 콘서베이터와의 연결관 도중에 설치한다. **답** ①

42 전기자 지름 0.2[m]의 직류발전기가 1.5[kW]의 출력에서 1800[rpm]으로 회전하고 있을 때 전기자 주변속도는 약 몇 [m/s]인가?
① 18.84
② 21.96
③ 32.74
④ 42.85

풀이 회전자 주변 속도 $v = \pi D \frac{N_s}{60}$ [m/s] (여기서, πD : 회전자 둘레)

∴ $v = \pi \times 0.2 \times \frac{1800}{60} = 18.84$ [m/s] **답** ①

43 3상 유도전동기의 전전압 기동 토크는 전부하시의 1.8배이다. 전전압의 2/3로 기동할 때 기동 토크는 전부하시보다 약 몇 [%] 감소하는가?
① 80
② 70
③ 60
④ 40

풀이 $T \propto V^2$ 이므로 $T' \propto T \times \left(\frac{V_1'}{V_1}\right)^2$, $T' = 1.8T \times \left(\frac{2}{3}\right)^2 = 0.8T$

따라서 전전압의 2/3로 기동할 때 기동 토크는 전부하시보다 약 80[%]로 감소한다. **답** ①

44 3상 권선형 유도전동기에서 토크 τ, 1차 전류 I_1, 역률 $\cos\theta$, 2차 동손 P_{2c}, 효율 η, 출력 P_o라 할 때 비례추이하는 량으로 조합된 것은?
① I_1, $\cos\theta$, P_o
② τ, P_{2c}, P_o
③ P_{2c}, η, P_o
④ τ, I_1, $\cos\theta$

풀이 비례 추이할 수 있는 특성은 1차 전류, 2차 전류, 역률, 동기 와트 등이고, 할 수 없는 것은 출력 외에 2차 동손, 효율 등이다.

답 ④

45 변압기 단락시험과 관계없는 것은?

① 전압변동률 ② 임피던스 와트
③ 임피던스 전압 ④ 여자 어드미턴스

풀이 변압기의 시험

시험의 종류	측정 항목
개방 회로 시험(무부하 시험)	무부하전류, 히스테리시스손, 와류손, 여자 어드미턴스, 철손
단락 시험	동손, 임피던스 와트, 임피던스 전압

답 ④

46 5[kVA], 3300/210[V], 단상변압기의 단락시험에서 임피던스 전압 120[V], 동손 150[W]라 하면 퍼센트 저항강하는 몇 [%]인가?

① 2 ② 3 ③ 4 ④ 5

풀이 %저항강하
$$p = \frac{I_{1n}r}{V_{1n}} \times 100 = \frac{I_{1n}^2 r}{V_{1n}I_{1n}} \times 100 = \frac{P_c}{kVA} \times 100 = \frac{150}{5000} \times 100 = 3[\%]$$

답 ②

47 사이클로 컨버터(cycloconverter)란?

① AC → AC로 바꾸는 장치이다. ② AC → DC로 바꾸는 장치이다.
③ DC → DC로 바꾸는 장치이다. ④ DC → AC로 바꾸는 장치이다.

풀이 사이클로 컨버터란 정지 사이리스터 회로에 의해 전원 주파수와 다른 주파수의 전력으로 변환시키는 집적 회로 장치이다.

답 ①

48 다음 시험 중 변압기의 절연내력 시험을 하기 위한 것은?

| A : 온도상승시험, | B : 유도시험, | C : 가압시험, | D : 단락시험, |
| E : 충격전압시험, | F : 권선저항측정시험 | | |

① B, C, E ② A, B, E ③ B, E, F ④ D, E, F

풀이
- 변압기의 절연내력 시험 : 유도 시험, 가압 시험, 충격전압시험
- 변압기 등가회로 작성에 필요한 시험 : 권선 저항 측정, 무부하 시험, 단락 시험

답 ①

49 단상변압기 3대를 Y-△결선해서 3상 20000[V]를 3000[V]로 내려서 3000[kW], 역률 80[%]의 부하에 전력을 공급할 때 변압기 1대의 정격용량 [kVA]은?

① 1250 ② 1767 ③ 2500 ④ 3750

풀이 $P = 3P_1[\text{kVA}]$이므로 (단, P : 3상 변압기의 용량, P_1 : 단상변압기 1대의 용량)
변압기 1대의 정격용량 P_1은
$$P_1 = \frac{P[\text{kVA}]}{3} = \frac{P'[\text{kW}]}{3 \times \cos\theta} = \frac{3000}{3 \times 0.8} = 1250[\text{kVA}]$$

답 ①

50 전압비가 무부하에서는 15 : 1, 정격부하에서는 15.5 : 1인 변압기의 전압변동률[%]은?

① 2.2 ② 2.6 ③ 3.3 ④ 3.5

풀이 $\frac{V_1}{V_{20}} = 15$, $\frac{V_1}{V_{2n}} = 15.5$ ∴ $V_{20} = \frac{V_1}{15}$, $V_{2n} = \frac{V_1}{15.5}$

그러므로 전압변동률 ϵ은

$$\therefore \epsilon = \frac{V_{20} - V_{2n}}{V_{2n}} \times 100 = \left(\frac{V_{20}}{V_{2n}} - 1\right) \times 100 = \left(\frac{\frac{V_1}{15}}{\frac{V_1}{15.5}} - 1\right) \times 100 = \left(\frac{15.5}{15} - 1\right) \times 100$$

$= 3.33[\%]$

답 ③

51 직류기의 손실 중 기계손에 속하는 것은?

① 브러시의 전기손 ② 와전류손
③ 풍손 ④ 전기자 권선동손

풀이

총손실	무부하손	철손	히스테리시스손
			와류손
		기계손 : **풍손**, 베어링 마찰손, 브러시 마찰손
	부하손	전기자저항손 $P_c = I_a^2 R[\text{W}]$
		브러시 전기손
		표유부하손 : 권선 이외 부분의 누설자속에 의해 발생

답 ③

52 선박의 전기추진용 전동기의 속도제어에 가장 알맞은 것은?

① 주파수 변화에 의한 제어 ② 극수 변환에 의한 제어
③ 1차 회전에 의한 제어 ④ 2차 저항에 의한 제어

풀이 주파수 변화에 의한 제어는 전동기에 가해지는 전원 주파수를 바꾸어 속도를 제어하는 방법으로서 원동기의 속도제어에 의해 전용 발전기의 주파수를 변화시키는 것으로 선박의 전기 추진용 전동기, 포터 모터의 속도제어 등에 적합하다.

답 ①

53 유도전동기의 동기 와트를 설명한 것은?

① 동기속도 하에서 2차 입력을 말함 ② 동기속도 하에서 1차 입력을 말함
③ 동기속도 하에서 2차 출력을 말함 ④ 동기속도 하에서 2차 동손을 말함

풀이 • 슬립 s, 토크 T를 발생하며 회전하는 유도전동기가 같은 토크 T를 발생하며 동기속도로 회전하는 것으로 가정하는 때의 출력 P_2를 말한다.

- 2차 입력(동기 와트) P_2, 회전 각속도 ω, 동기 각속도 ω_s 라 하면

$$T = \frac{P}{\omega} = \frac{P_2(1-s)}{\omega_s(1-s)} = \frac{P_2}{\omega_s}$$

∴ $P_2 = \omega_s T$ [동기 와트]   답 ①

54 100[kW], 230[V] 자여자식 분권 발전기에서 전기자 회로 저항이 0.05[Ω]이고 계자 회로저항이 57.5[Ω]이다. 이 발전기가 정격 전압 전부하에서 운전할 때 유기 전압을 계산하면?

① 232[V]   ② 242[V]
③ 252[V]   ④ 262[V]

풀이 부하전류 $I = \frac{100 \times 10^3}{230} = 434.78$[A], 계자전류 $I_f = \frac{230}{57.5} = 4$[A]

전기자 전류 $I_a = I + I_f$ 이므로

유기기전력 $E = V + I_a R_a = V + (I + I_f)R_a = 230 + (434.78 + 4) \times 0.05 = 251.94$[V]   답 ③

55 A, B 2대의 동기발전기를 병렬운전 중 계통 주파수를 바꾸지 않고 B기의 역률을 좋게 하는 것은?

① A기의 여자전류를 증대   ② A기의 원동기 출력을 증대
③ B기의 여자전류를 증대   ④ B기의 원동기 출력을 증대

풀이
- 동기발전기의 병렬운전에서 여자의 변화는 역률의 변화로 나타난다.
- A기의 여자를 증가하면, A기의 역률은 낮아지고, B기의 역률은 좋아진다.   답 ①

56 3상 동기발전기의 단락곡선이 직선으로 되는 이유는?

① 전기자 반작용으로   ② 무부하 상태이므로
③ 자기포화가 있으므로   ④ 누설 리액턴스가 크므로

풀이 단락전류는 전기자저항을 무시하면 동기리액턴스에 의해 그 크기가 결정된다. 즉, 동기리액턴스에 의해 흐르는 전류는 90° 늦은 전류가 크게 흐르게 되며, 이 전류에 의한 전기자 반작용이 감자 작용이 되므로 3상 단락곡선은 직선이 된다.   답 ①

57 1방향성 4단자 사이리스터는?

① TRIAC   ② SCS   ③ SCR   ④ SSS

풀이 각종 반도체 소자의 비교
① 방향성
- 양방향성(쌍방향성) 소자 : DIAC, TRIAC, SSS
- 역저지(단방향성) 소자 : SCR, LASCR, GTO, SCS

② 극(단자) 수
- 2극(단자) 소자 : DIAC, SSS, Diode
- 3극(단자) 소자 : SCR, LASCR, GTO, TRIAC
- 4극(단자) 소자 : SCS   답 ②

58 다이오드를 사용한 단상전파정류회로에서 100 [A]의 직류를 얻으려고 한다. 이때 정류기의 교류측 전류는 약 몇 [A]인가?

① 111 ② 167 ③ 222 ④ 278

풀이 $I_d = 2\dfrac{\sqrt{2}}{\pi}I = 0.9I$ 이므로 ∴ $I = \dfrac{I_d}{0.9} = \dfrac{100}{0.9} \fallingdotseq 111[A]$가 된다.

답 ①

---

59 다음 중 변압기유가 갖추어야 할 조건으로 옳은 것은?

① 절연내력이 낮을 것
② 인화점이 높을 것
③ 비열이 적어 냉각효과가 클 것
④ 응고점이 높을 것

풀이 변압기의 기름으로서 갖추어야 할 조건
① 절연저항 및 절연내력이 클 것(30[kV]/2.5[mm] 이상)
② 절연 재료 및 금속에 화학 작용을 일으키지 않을 것
③ 인화점이 높고(130[℃] 이상), 응고점이 낮을 것(-30[℃] 이하)
④ 점도가 낮고(유동성이 풍부), 비열이 커서 냉각효과가 클 것
⑤ 고온에서도 석출물이 생기거나 산화하지 않을 것
⑥ 열전도율이 클 것
⑦ 열 팽창계수가 작고 증발로 인한 감소량이 적을 것

답 ②

---

60 경부하로 회전중인 3상 농형 유도전동기에서 전원의 3선중 1선이 개방되면 3상 전동기는?

① 개방시 바로 정지한다.
② 속도가 급상승한다.
③ 회전을 계속한다.
④ 일정시간 회전 후 정지한다.

풀이 전부하로 운전하고 있는 3상 유도전동기의 경우 1선의 퓨즈가 용단되면 단상 전동기가 되며
① 최대 토크는 50[%] 전후로 된다.
② 최대 토크를 발생하는 슬립 s는 0쪽으로 가까워진다.
③ 최대 토크 부근에서는 1차 전류가 증가한다.
만일 정지하는 경우에는 과대 전류가 흘러서 나머지 퓨즈가 용단되거나 차단기가 동작한다.
경부하에서 회전을 계속한다면
① 슬립이 2배 정도로 되고 회전수는 떨어진다.
② 1차 전류가 2배 가까이 되어서 열손실이 증가하고, 계속 운전하면 과열로 소손된다.

답 ③

4과목 회로이론

61 전압 $e = 5 + 10\sqrt{2}\sin\omega t + 10\sqrt{2}\sin 3\omega t[V]$일 때 실효값은?

① 7.07[V] ② 10[V] ③ 15[V] ④ 20[V]

풀이 실효값 $E = \sqrt{E_0^2 + E_1^2 + E_2^2 + \cdots + E_n^2}$
$= \sqrt{5^2 + 10^2 + 10^2} = 15[V]$

답 ③

62
다음과 같은 회로에서 출력전압 v_2의 위상은 입력전압 v_1보다 어떠한가?

① 같다.
② 앞선다.
③ 뒤진다.
④ 전압과 관계없다.

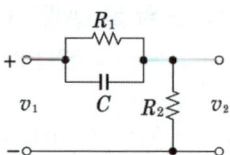

풀이 C의 전압강하를 e_1, R_1, C에 흐르는 전류를 i_R, i_C라 하면

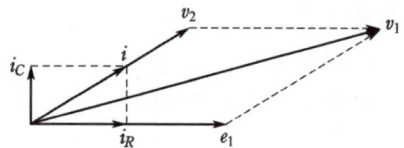

답 ②

63
그림과 같은 회로가 공진이 되기 위한 조건을 만족하는 어드미턴스는?

① $\dfrac{CL}{R}$ ② $\dfrac{CR}{L}$

③ $\dfrac{L}{CR}$ ④ $\dfrac{LR}{C}$

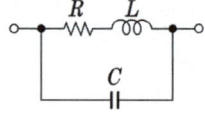

풀이 공진시는 합성 어드미턴스의 허수부가 0이므로

$$Y = Y_1 + Y_2 = \dfrac{1}{R+j\omega L} + j\omega C = \dfrac{R}{R^2+\omega^2 L^2} + j\left(\omega C - \dfrac{\omega L}{R^2+\omega^2 L^2}\right)$$

$$\therefore Y = \dfrac{R}{R^2+\omega^2 L^2}$$

그런데 공진 조건은 $\omega C = \dfrac{\omega L}{R^2+\omega^2 L^2}$ 이므로 $R^2+\omega^2 L^2 = \dfrac{L}{C}$

$$\therefore Y_r = \dfrac{R}{R^2+\omega^2 L^2} = \dfrac{R}{\dfrac{L}{C}} = \dfrac{CR}{L}$$

답 ②

64
314[mH]의 자기 인덕턴스에 120[V], 60[Hz]의 교류전압을 가하였을 때 흐르는 전류[A]는?

① 10 ② 8 ③ 1 ④ 0.5

풀이 전류 $I = \dfrac{V}{\omega L} = \dfrac{V}{2\pi f L} = \dfrac{120}{2\pi \times 60 \times 314 \times 10^{-3}} = 1$

답 ③

65
자동차 축전지의 무부하 전압을 측정하니 13.5[V]를 지시하였다. 이때 정격이 12[V], 55[W]인 자동차 전구를 연결하여 축전지의 단자전압을 측정하니 12[V]를 지시하였다. 축전지의 내부저항은 약 몇 [Ω]인가?

① 0.33[Ω] ② 0.45[Ω]
③ 2.62[Ω] ④ 3.31[Ω]

풀이 전구를 연결하였을 때의 부하 전류
$$I = \frac{P}{V} = \frac{55}{12} = 4.58[A]$$
무부하 전압이 13.5[V]이므로
내부저항 r에서의 전압강하
$$e = Ir = 4.58r = 13.5 - 12 = 1.5[V]$$
$$\therefore r = \frac{1.5}{4.58} \fallingdotseq 0.33[\Omega]$$

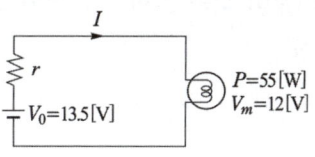

답 ①

66 회로에서 각 계기들의 지시값은 다음과 같다. 전압계 ⓥ는 240[V], 전류계 Ⓐ는 5[A], 전력계 Ⓦ는 720[W]이다. 이때 인덕턴스 $L[H]$은 얼마인가? (단, 전원주파수는 60[Hz]이다.)

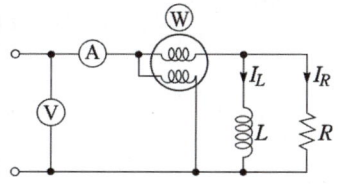

① $\frac{1}{\pi}$ ② $\frac{1}{2\pi}$ ③ $\frac{1}{3\pi}$ ④ $\frac{1}{4\pi}$

풀이
- 피상전력 $P_a = VI = 240 \times 5 = 1200[VA]$
- 무효전력 $P_r = \sqrt{P_a^2 - P^2} = \sqrt{1200^2 - 720^2} = 960[Var]$
- 리액턴스 $X_L = \frac{V^2}{P_r} = \frac{240^2}{960} = 60[\Omega]$

따라서 $L = \frac{X_L}{2\pi f} = \frac{60}{2\pi \times 60} = \frac{1}{2\pi}[H]$

답 ②

67 최대 눈금이 50[V]인 직류 전압계가 있다. 이 전압계를 사용하여 150[V]의 전압을 측정하려면 배율기의 저항은 몇 [Ω]을 사용하여야 하는가? 단, 전압계의 내부 저항은 5000[Ω]이다.

① 1000 ② 2500 ③ 5000 ④ 10000

풀이 배율기의 저항을 R_m, 전압계의 내부저항을 R_v이라 하면, 배율 $m = 1 + \frac{R_m}{R_v}$이므로

$$\therefore R_m = R_v(m-1) = 5000\left(\frac{150}{50} - 1\right) = 10000[\Omega]$$

답 ④

68 출력이 $F(s) = \dfrac{3s+2}{s(s^2+2s+6)}$로 표시되는 제어계가 있다. 이 계의 시간함수 $f(t)$의 정상값은?

① 3 ② 2 ③ $\frac{1}{3}$ ④ $\frac{1}{6}$

풀이 최종값 정리에 의해서
$$\lim_{t \to \infty} f(t) = \lim_{s \to 0} sF(s) = \lim_{s \to 0} s\frac{3s+2}{s(s^2+2s+6)} = \frac{2}{6} = \frac{1}{3}$$

답 ③

69 그림과 같이 접속된 회로에 평형 3상 전압 E[V]를 가할 때의 전류 I_1[A]은?

① $\dfrac{\sqrt{3}}{4E}$

② $\dfrac{4E}{\sqrt{3}}$

③ $\dfrac{4r}{\sqrt{3}\,E}$

④ $\dfrac{\sqrt{3}\,E}{4r}$

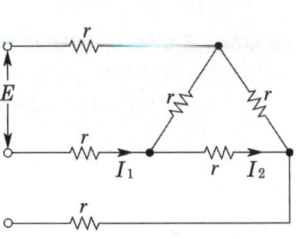

풀이 △를 Y로 환산하면 1상의 등가 저항 R은

$$R = \dfrac{r^2}{r+r+r} = \dfrac{r^2}{3r} = \dfrac{r}{3}$$

따라서 선전류 $I_1 = \dfrac{\dfrac{E}{\sqrt{3}}}{r+\dfrac{r}{3}} = \dfrac{\sqrt{3}\,E}{4r}$

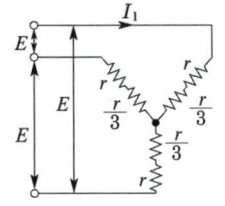

답 ④

70 어떤 회로에서 전압과 전류가 각각 $e = 50\sin(\omega t + \theta)$[V], $i = 4\sin(\omega t + \theta - 30°)$[A]일 때 무효전력[Var]은 얼마인가?

① 100
② 86.6
③ 70.7
④ 50

풀이 무효전력 $P_r = \dfrac{V_m}{\sqrt{2}} \times \dfrac{I_m}{\sqrt{2}} \sin\varphi = \dfrac{50 \times 4}{2} \sin 30° = 50$[Var]

답 ④

71 불평형 3상전류 $I_a = 10 + j2$[A], $I_b = -20 - j24$[A], $I_c = -5 + j10$[A]일 때의 영상전류 I_0 값은 얼마인가?

① $15 + j2$[A]
② $-5 - j4$[A]
③ $-15 - j12$[A]
④ $-45 - j36$[A]

풀이 $I_0 = \dfrac{1}{3}(I_a + I_b + I_c) = \dfrac{1}{3}(10 + j2 - 20 - j24 - 5 + j10)$

$= \dfrac{1}{3}(-15 - j12) = -5 - j4$[A]

답 ②

72 어떤 회로에 $i = 10\sin\left(314t - \dfrac{\pi}{6}\right)$의 전류가 흐른다. 이를 복소수로 표시하면?

① $6.12 - j3.5$
② $17.32 - j5$
③ $3.54 - j6.12$
④ $5 - j17.32$

풀이 $I = \dfrac{10}{\sqrt{2}} \angle -\dfrac{\pi}{6} = \dfrac{10}{\sqrt{2}}\left(\cos\dfrac{\pi}{6} - j\sin\dfrac{\pi}{6}\right) = 6.12 - j3.54$ **답** ①

73 2단자 회로 소자 중에서 인가한 전류파형과 동위상의 전압파형을 얻을 수 있는 것은?
① 저항   ② 콘덴서   ③ 인덕턴스   ④ 저항 + 콘덴서

풀이 ① 저항 R에 정현파 전류($i = I_m \sin\omega t$)가 흐를 때 전압강하 $v_R = Ri = RI_m\sin\omega t = V_m\sin\omega t$
(전압과 전류는 동상)
② 인덕턴스 L에 정현파 전류가 흐를 때 전압강하 $v_L = L\dfrac{di}{dt} = V_m\sin(\omega t + 90°)$
(전압은 전류보다 90° 앞선다.)
③ 커패시턴스 C에 정현파 전류가 흐를 때 전압강하 $v_C = \dfrac{1}{C}\int i\,dt = V_m\sin(\omega t - 90°)$
(전압은 전류보다 90° 뒤진다.)   **답** ①

74 $R = 100[\Omega]$, $L = \dfrac{1}{\pi}[\mathrm{H}]$, $C = \dfrac{100}{4\pi}[\mathrm{pF}]$가 직렬로 연결되어 공진할 경우 이 공진회로의 전압확대율 Q는?
① 2×10^3 ② 2×10^4 ③ 3×10^3 ④ 3×10^4

풀이 직렬공진회로에서 전압 확대율
$$Q = \dfrac{1}{R}\sqrt{\dfrac{L}{C}} = \dfrac{1}{100}\sqrt{\dfrac{\dfrac{1}{\pi}}{\dfrac{100}{4\pi}\times 10^{-12}}} = 2 \times 10^3$$ **답** ①

75 어드미턴스 Y_1과 Y_2가 직렬로 접속된 회로의 합성 어드미턴스는?
① $Y_1 + Y_2$ ② $\dfrac{Y_1 Y_2}{Y_1 + Y_2}$ ③ $\dfrac{1}{Y_1} + \dfrac{1}{Y_2}$ ④ $\dfrac{1}{Y_1 + Y_2}$

풀이 어드미턴스 $Y = \dfrac{1}{\dfrac{1}{Y_1} + \dfrac{1}{Y_2}} = \dfrac{Y_1 Y_2}{Y_1 + Y_2}[\mho]$ **답** ②

76 어느 저항에 $v_1 = 220\sqrt{2}\sin(2\pi \cdot 60t - 30°)[\mathrm{V}]$와 $v_2 = 100\sqrt{2}\sin(3 \cdot 2\pi \cdot 60t - 30°)$ $[\mathrm{V}]$의 전압이 각각 걸릴 때 올바른 것은?
① v_1이 v_2보다 위상이 15° 앞선다.   ② v_1이 v_2보다 위상이 15° 뒤진다.
③ v_1이 v_2보다 위상이 75° 앞선다.   ④ v_1과 v_2의 위상관계는 의미가 없다.

풀이 v_1은 기본파, v_3는 제3고조파 성분이므로 위상관계는 의미가 없다.   **답** ④

77 그림의 회로에서 a-b 사이의 전압 E_{ab} 값은?

① 8[V]
② 10[V]
③ 12[V]
④ 14[V]

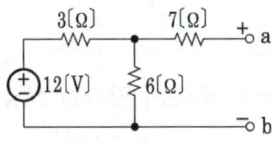

풀이 전압 분배 법칙을 적용하면 $E_{ab} = \dfrac{6}{3+6} \times 12 = 8[V]$이 된다.   답 ①

78 테브난의 정리를 사용하여 다음의 (a)회로를 (b)와 같은 등가회로로 바꾸려 한다. $V[V]$와 $R[\Omega]$의 값은?

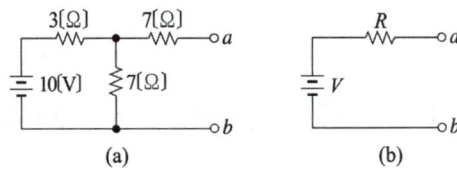

① 7[V], 9.1[Ω]
② 10[V], 9.1[Ω]
③ 7[V], 6.5[Ω]
④ 10[V], 6.5[Ω]

풀이
- a, b 단자 사이에 걸리는 개방전압 $V_{ab} = \dfrac{10}{3+7} \times 7 = 7[V]$
- a, b 단자에서 전원측으로 본 합성 저항(전압원은 단락시킨다.)
  $R_{ab} = 7 + \dfrac{3 \times 7}{3+7} = 9.1[\Omega]$ 답 ①

79 다음 그림은 전압이 10[V]인 전원장치에 가변저항과 전열기를 연결한 회로이다. 가변저항이 5[Ω]일 때 회로에 흐르는 전류는 1[A]이다. 가변저항을 15[Ω]으로 바꾸고 전열기를 4초 동안 사용 할 경우 전열기에서 소비되는 전력[W]은 얼마인가? (단, 전원장치의 전압과 전열기의 저항은 일정하다.)

① 1.25
② 1.5
③ 1.88
④ 2.0

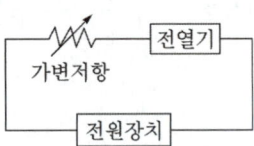

풀이
① 전체 저항(R_T)은 가변 저항과 전열기 저항(R_H)의 합이므로 $R_T = \dfrac{V}{I} = \dfrac{10}{1} = 10 = 5 + R_H[\Omega]$
가변 저항이 5[Ω]일 때 전열기의 저항은 5[Ω]이다.
② 가변 저항을 15[Ω]으로 바꾸면 $I = \dfrac{V}{R_T} = \dfrac{10}{(15+5)} = 0.5[A]$
따라서, 전열기에서 소비되는 전력 $P = I^2 R_H = 0.5^2 \times 5 = 1.25[W]$ 답 ①

80. 그림과 같은 회로에서 a-b 단자에서 본 합성저항은 몇 [Ω]인가?

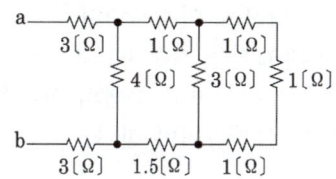

① 2 ② 4 ③ 6 ④ 8

풀이 a-b 사이의 합성 저항은

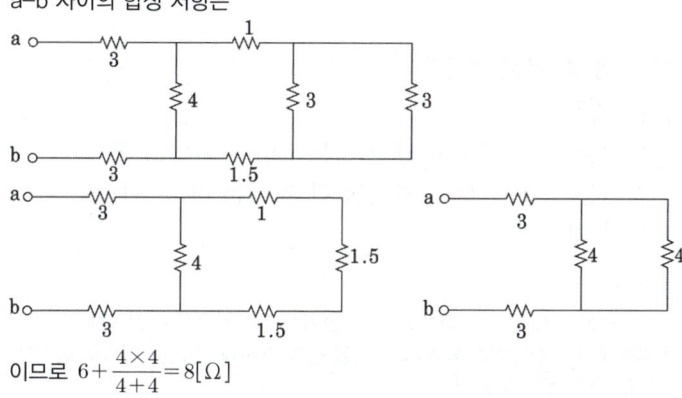

이므로 $6 + \dfrac{4 \times 4}{4+4} = 8[\Omega]$

답 ④

5과목 전기설비기술기준

81. 뱅크용량이 20000[kVA]인 전력용 커패시터에 자동적으로 전로로부터 차단하는 보호장치를 하려고 한다. 반드시 시설하여야 할 보호장치가 아닌 것은?

① 내부에 고장이 생긴 경우에 동작하는 장치
② 절연유의 압력이 변화할 때 동작하는 장치
③ 과전류가 생긴 경우에 동작하는 장치
④ 과전압이 생긴 경우에 동작하는 장치

풀이 351.5 조상설비의 보호장치
조상 설비에는 그 내부에 고장이 생긴 경우에 보호하는 장치를 표와 같이 시설하여야 한다.

설비 종별	뱅크 용량의 구분	자동적으로 전로로부터 차단하는 장치
전력용 커패시터 및 분로리액터	500[kVA] 초과 15,000[kVA] 미만	• 내부에 고장이 생긴 경우 • 과전류가 생긴 경우
	15,000[kVA] 이상	• 내부에 고장이 생긴 경우 • 과전류가 생긴 경우 • 과전압이 생긴 경우
조상기(調相機)	15,000[kVA] 이상	• 내부에 고장이 생긴 경우

답 ②

82 고압가공전선과 식물과의 이격거리에 대한 기준으로 가장 적절한 것은?

① 고압가공전선의 주위에 보호망으로 이격시킨다.
② 식물과의 접촉에 대비하여 차폐선을 시설하도록 한다.
③ 고압가공전선을 절연전선으로 사용하고 주변의 식물을 제거시키도록 한다.
④ 식물에 접촉하지 아니하도록 시설하여야 한다.

풀이 332.19 고압 가공전선과 식물의 이격거리
고압 가공전선은 상시 부는 바람 등에 의하여 식물에 접촉하지 않도록 시설하여야 한다. **답** ④

83 버스덕트공사에 대한 설명 중 옳은 것은?

① 버스 덕트 끝부분을 개방할 것
② 덕트를 수직으로 붙이는 경우 지지점 간 거리는 12[m] 이하로 할 것
③ 덕트를 조영재에 붙이는 경우 덕트의 지지점 간 거리는 6[m] 이하로 할 것
④ 덕트에 접지공사를 할 것

풀이 232.61 버스덕트공사
가. 덕트 상호 간 및 전선 상호 간은 견고하고 또한 전기적으로 완전하게 접속할 것.
나. 덕트를 조영재에 붙이는 경우에는 덕트의 지지점 간의 거리를 3[m](수직으로 붙이는 경우에는 6[m]) 이하로 하고 또한 견고하게 붙일 것.
다. 덕트(환기형의 것을 제외한다)의 끝부분은 막을 것.
라. 덕트(환기형의 것을 제외한다)의 내부에 먼지가 침입하지 아니하도록 할 것.
마. 덕트는 접지공사를 할 것. **답** ④

84 수소냉각식 발전기안의 수소 순도가 몇 [%] 이하로 저하한 경우에 이를 경보하는 장치를 시설해야 하는가?

① 65 ② 75 ③ 85 ④ 95

풀이 351.10 수소냉각식 발전기 등의 시설
수소냉각식의 발전기·조상기 또는 이에 부속하는 수소 냉각 장치는 발전기 내부 또는 조상기 내부의 수소의 순도가 85[%] 이하로 저하한 경우에 이를 경보하는 장치를 시설할 것. **답** ③

85 옥내에 시설하는 전동기에 과부하 보호장치의 시설을 생략할 수 없는 경우는?

① 정격출력이 0.75[kW]인 전동기
② 전동기의 구조나 부하의 성질로 보아 전동기가 소손할 수 있는 과전류가 생길 우려가 없는 경우
③ 전동기가 단상의 것으로 전원측 전로에 시설하는 배선용 차단기의 정격전류가 20[A] 이하인 경우
④ 전동기가 단상의 것으로 전원측 전로에 시설하는 과전류차단기의 정격전류가 16[A] 이하인 경우

풀이 212.6.3 저압전로 중의 전동기 보호용 과전류보호장치의 시설
옥내에 시설하는 전동기에는 전동기가 손상될 우려가 있는 과전류가 생겼을 때에 자동적으로 이를 저지하거나 이를 경보하는 장치를 하여야 한다. 다만, 다음의 어느 하나에 해당하는 경우에는 그러하지 아니하다.
가. 전동기를 운전 중 상시 취급자가 감시할 수 있는 위치에 시설하는 경우
나. 전동기의 구조나 부하의 성질로 보아 전동기가 손상될 수 있는 과전류가 생길 우려가 없는 경우
다. 단상전동기로써 그 전원측 전로에 시설하는 과전류 차단기의 정격전류가 16[A](배선용 차단기는 20[A]) 이하인 경우
라. 정격 출력이 0.2[kW] 이하의 전동기   **답** ①

86 지중전선로를 직접 매설식에 의하여 시설할 때, 중량물의 압력을 받을 우려가 있는 장소에 지중전선을 견고한 트라프 기타 방호물에 넣지 않고도 부설할 수 있는 케이블은?

① 염화비닐 절연 케이블
② 폴리에틸렌 외장 케이블
③ 콤바인 덕트 케이블
④ 알루미늄피 케이블

풀이 334.1 지중전선로의 시설
지중 전선로를 직접 매설식에 의하여 시설하는 경우에 지중 전선을 견고한 트라프 기타 방호물에 넣어 시설하여야 한다. 단, 다음의 어느 하나에 해당하는 경우에는 지중전선을 견고한 트라프 기타 방호물에 넣지 아니하여도 된다.
① 저압 또는 고압의 지중전선을 차량 기타 중량물의 압력을 받을 우려가 없는 경우에 그 위를 견고한 판 또는 몰드로 덮어 시설하는 경우
② 저압 또는 고압의 지중전선에 콤바인덕트 케이블 또는 개장한 케이블을 사용하여 시설하는 경우.   **답** ③

87 지중전선로에 있어서 폭발성 가스가 침입할 우려가 있는 장소에 시설하는 지중함은 크기가 몇 [m³] 이상일 때 가스를 방산시키기 위한 장치를 시설하여야 하는가?

① 0.25   ② 0.5   ③ 0.75   ④ 1.0

풀이 334.2 지중함의 시설
지중전선로에 사용하는 지중함은 다음에 따라 시설하여야 한다.
가. 지중함은 견고하고 차량 기타 중량물의 압력에 견디는 구조일 것.
나. 지중함은 그 안의 고인 물을 제거할 수 있는 구조로 되어 있을 것.
다. 폭발성 또는 연소성의 가스가 침입할 우려가 있는 것에 시설하는 지중함으로서 그 크기가 1[m³] 이상인 것에는 통풍장치 기타 가스를 방산시키기 위한 적당한 장치를 시설할 것.
라. 지중함의 뚜껑은 시설자이외의 자가 쉽게 열 수 없도록 시설할 것.   **답** ④

88 교류 전차선 등 충전부와 식물 사이의 이격거리는 몇 [m] 이상이어야 하는가? (단, 현장여건을 고려한 방호벽 등의 안전조치를 하지 않은 경우이다.)

① 1   ② 3   ③ 5   ④ 10

풀이 431.11 전차선 등과 식물사이의 이격거리
교류 전차선 등 충전부와 식물사이의 이격거리는 5[m] 이상이어야 한다. 다만, 5[m] 이상 확보하기 곤란한 경우에는 현장여건을 고려하여 방호벽 등 안전조치를 하여야 한다.   **답** ③

89 66[kV] 특고압가공전선로를 케이블을 사용하여 시가지에 시설하려고 한다. 애자장치는 50[%] 충격섬락전압의 값이 다른 부분을 지지하는 애자장치의 몇 [%] 이상으로 되어야 하는가?

① 100   ② 115   ③ 110   ④ 105

풀이 333.1 시가지 등에서 특고압 가공전선로의 시설
사용전압이 170[kV] 이하인 특고압 가공전선로를 시가지 그 밖에 인가가 밀집한 지역에 시설하기 위한 특고압 가공전선을 지지하는 애자장치는 다음 중 어느 하나에 의할 것.
가. 50[%] 충격섬락전압 값이 그 전선의 근접한 다른 부분을 지지하는 애자장치 값의 110[%](사용전압이 130[kV]를 초과하는 경우는 105[%]) 이상인 것.
나. 아킹혼을 붙인 현수애자·장간애자 또는 라인포스트애자를 사용하는 것.
다. 2련 이상의 현수애자 또는 장간애자를 사용하는 것.
라. 2개 이상의 핀애자 또는 라인포스트애자를 사용하는 것.   **답** ③

90 연료전지 및 태양전지 모듈의 절연내력시험을 하는 경우 충전부분과 대지 사이에 어느 정도의 시험전압을 인가하여야 하는가? (단, 연속하여 10분간 가하여 견디는 것이어야 한다.)

① 최대사용전압의 1.5배의 직류전압 또는 1.25배의 교류전압
② 최대사용전압의 1.25배의 직류전압 또는 1.25배의 교류전압
③ 최대사용전압의 1.5배의 직류전압 또는 1배의 교류전압
④ 최대사용전압의 1.25배의 직류전압 또는 1배의 교류전압

풀이 134 연료전지 및 태양전지 모듈의 절연내력
연료전지 및 태양전지 모듈은 최대사용전압의 1.5배의 직류전압 또는 1배의 교류전압(500[V] 미만으로 되는 경우에는 500[V])을 충전부분과 대지사이에 연속하여 10분간 가하여 절연내력을 시험하였을 때에 이에 견디는 것이어야 한다.   **답** ③

91 과전류차단기로 시설하는 퓨즈 중 고압전로에 사용하는 포장 퓨즈는 정격전류의 몇 배에 견디어야 하는가? (단, 퓨즈 이외의 과전류차단기와 조합하여 하나의 과전류차단기로 사용하는 것을 제외한다.)

① 1.1   ② 1.3   ③ 1.5   ④ 1.7

풀이 341.10 고압 및 특고압 전로 중의 과전류차단기의 시설
가. 과전류차단기로 시설하는 퓨즈 중 고압전로에 사용하는 포장 퓨즈는 정격전류의 1.3배의 전류에 견디고 또한 2배의 전류로 120분 안에 용단되는 것이어야 한다.
나. 과전류차단기로 시설하는 퓨즈 중 고압전로에 사용하는 비포장 퓨즈는 정격전류의 1.25배의 전류에 견디고 또한 2배의 전류로 2분 안에 용단되는 것이어야 한다.   **답** ②

92 금속관공사에서 절연 부싱을 사용하는 가장 주된 목적은?

① 관의 끝이 터지는 것을 방지   ② 관의 단구에서 조영재의 접촉 방지
③ 관내 해충 및 이물질 출입 방지   ④ 관의 단구에서 전선 피복의 손상 방지

풀이 232.12 금속관공사
관의 끝 부분에는 전선의 피복을 손상하지 아니하도록 적당한 구조의 부싱을 사용할 것. 다만, 금속관공사로부터 애자공사로 옮기는 경우에는 그 부분의 관의 끝부분에는 절연부싱 또는 이와 유사한 것을 사용하여야 한다.

답 ④

93. 가공전선로의 지지물에 하중이 가하여지는 경우에 그 하중을 받는 지지물의 기초의 안전율은 일반적인 경우 얼마 이상이어야 하는가?

① 1.2　　② 1.5　　③ 1.8　　④ 2

풀이 331.7 가공전선로 지지물의 기초의 안전율
가공전선로의 지지물에 하중이 가하여지는 경우에 그 하중을 받는 지지물의 기초의 안전율은 2 이상(단, 이상시 상정하중에 대한 철탑의 기초에 대하여는 1.33)이어야 한다.

답 ④

94. 고압용의 개폐기, 차단기, 피뢰기 기타 이와 유사한 기구로서 동작 시에 아크가 생기는 것은 목재의 벽 또는 천정 기타의 가연성 물체로부터 몇 [m] 이상 떼어놓아야 하는가?

① 1　　② 1.2　　③ 1.5　　④ 2

풀이 341.7 아크를 발생하는 기구의 시설
고압용 또는 특고압용의 개폐기 · 차단기 · 피뢰기 기타 이와 유사한 기구로서 동작 시에 아크가 생기는 것은 목재의 벽 또는 천장 기타의 가연성 물체로부터 표에서 정한 값 이상 이격하여 시설하여야 한다.

기구 등의 구분	이격거리
고압용의 것	1[m] 이상
특고압용의 것	2[m] 이상(사용전압이 35[kV] 이하의 특고압용의 기구 등으로서 동작할 때에 생기는 아크의 방향과 길이를 화재가 발생할 우려가 없도록 제한하는 경우에는 1[m] 이상)

답 ①

95. 폭연성 분진 또는 화약류의 분말이 전기설비가 발화원이 되어 폭발할 우려가 있는 곳에 시설하는 저압 옥내전기설비를 케이블공사로 할 경우 관이나 방호장치에 넣지 않고 노출로 설치할 수 있는 케이블은?

① 무기물 절연 케이블
② 고무절연 비닐 시스케이블
③ 폴리에틸렌절연 비닐 시스케이블
④ 폴리에틸렌절연 폴리에틸렌 시스케이블

풀이 242.2.1 폭연성 분진 위험장소
케이블공사에 의하는 때에는 전선은 개장된 케이블 또는 무기물 절연 케이블을 사용하는 경우 이외에는 관기타의 방호 장치에 넣어 사용할 것.

답 ①

96. 전광표시 장치에 사용하는 저압 옥내배선을 금속관공사로 시설할 경우 연동선의 단면적은 몇 [mm^2] 이상 사용하여야 하는가?

① 0.75　　② 1.25　　③ 1.5　　④ 2.5

풀이 231.3.1 저압 옥내배선의 사용전선
가. 저압 옥내배선의 전선 : 단면적 2.5[mm^2] 이상의 연동선
나. 옥내배선의 사용 전압이 400[V] 이하인 경우는 다음에 의하여 시설할 수 있다.
① 전광표시 장치 또는 제어 회로
  - 단면적 1.5[mm^2] 이상의 연동선
  - 단면적 0.75[mm^2] 이상인 다심케이블 또는 다심 캡타이어 케이블을 사용하고 또한 과전류가 생겼을 때에 자동적으로 전로에서 차단하는 장치를 시설
② 진열장 또는 이와 유사한 것의 내부 배선 : 단면적 0.75[mm^2] 이상인 코드 또는 캡타이어케이블
답 ③

97 특고압가공전선로의 지지물 중 전선로의 지지물 양쪽의 경간의 차가 큰 곳에 사용하는 철탑은?

① 내장형 철탑　　　　　② 인류형 철탑
③ 보강형 철탑　　　　　④ 각도형 철탑

풀이 333.11 특고압 가공전선로의 철주·철근 콘크리트주 또는 철탑의 종류
특고압 가공전선로의 지지물로 사용하는 B종 철근·B종 콘크리트주 또는 철탑의 종류는 다음과 같다.
가. 직선형 : 전선로의 직선 부분(3° 이하의 수평 각도 이루는 곳 포함)에 사용되는 것
나. 각도형 : 전선로 중 수평 각도 3°를 넘는 곳에 사용되는 것
다. 인류형 : 전 가섭선을 인류하는 곳에 사용하는 것
라. 내장형 : 전선로 지지물 양측의 경간차가 큰 곳에 사용하는 것
마. 보강형 : 전선로 직선 부분을 보강하기 위하여 사용하는 것
답 ①

98 가반형의 용접전극을 사용하는 아크 용접장치를 시설할 때 용접변압기의 1차 측 전로의 대지전압은 몇 [V] 이하이어야 하는가?

① 200　　② 250　　③ 300　　④ 600

풀이 241.10 아크 용접기
가반형의 용접 전극을 사용하는 아크 용접장치는 다음에 따라 시설하여야 한다.
가. 용접변압기는 절연변압기일 것.
나. 용접변압기의 1차측 전로의 대지전압은 300[V] 이하일 것.
다. 용접변압기의 1차측 전로에는 용접 변압기에 가까운 곳에 쉽게 개폐할 수 있는 개폐기를 시설할 것.
라. 용접기 외함 및 피용접재 또는 이와 전기적으로 접속되는 받침대·정반 등의 금속체는 규정에 준하여 접지공사를 하여야 한다.
답 ③

99 발전소에는 필요한 계측 장치를 시설하여야 한다. 다음 중 시설하지 않아도 되는 계측장치는?

① 발전기의 전압　　　　　② 주요 변압기의 역률
③ 발전기의 고정자 온도　　④ 특고압용 변압기의 온도

풀이 351.6 계측장치
발전소에서는 다음의 사항을 계측하는 장치를 시설하여야 한다.
① 발전기의 전압 및 전류 또는 전력
② 발전기의 베어링 및 고정자의 온도

③ 주요 변압기의 전압 및 전류 또는 전력
④ 특고압용 변압기의 온도

답 ②

100 사용전압 66[kV]의 가공전선을 시가지에 시설할 경우 전선의 지표상 최소 높이는 몇 [m]인가?

① 6.48   ② 8.36   ③ 10.48   ④ 12.36

풀이 333.1 시가지 등에서 특고압 가공전선로의 시설

사용전압의 구분	지표상의 높이
35[kV] 이하	10[m] (전선이 특고압 절연전선인 경우에는 8[m])
35[kV] 초과	10[m]에 35[kV]를 초과하는 10[kV] 또는 그 단수마다 12[cm]를 더한 값

- 단수 $= \dfrac{66-35}{10} = 3.1 \rightarrow 4$단
- 지표상의 높이 $= 10 + 4 \times 0.12 = 10.48$[m]

답 ③

2022년 3회 (CBT 복원문제)

20년간 전기산업기사필기

▶ 동일출판사 홈페이지에서 무료 동영상강의를 보실 수 있습니다.

1과목 전기자기

01 양도체에 있어서 전파정수 γ는?
(단, f는 주파수이고, σ는 도전율이고, μ는 투자율이다.)

① $\sqrt{2\pi f\sigma\mu}+j\sqrt{\pi f\sigma\mu}$
② $\sqrt{\pi f\sigma\mu}+j\sqrt{\pi f\sigma\mu}$
③ $\sqrt{\pi f\sigma\mu}+j\sqrt{2\pi f\sigma\mu}$
④ $\sqrt{2\pi f\sigma\mu}+j\sqrt{2\pi f\sigma\mu}$

풀이 양도체에서 벡터파동방정식은 $\nabla^2 \boldsymbol{E}=j\omega\sigma\mu\boldsymbol{E}$이고, $\nabla^2\boldsymbol{E}=\gamma^2\boldsymbol{E}$의 관계에서 전파정수 γ는
$$\gamma=\sqrt{j\omega\sigma\mu}=\sqrt{j}\sqrt{\omega\sigma\mu}$$
여기서 $\sqrt{j}$를 복소수 변환하면
$$\sqrt{j}=(1\underline{/90°})^{1/2}=1\underline{/45°}=\cos 45°+j\sin 45°=\frac{1}{\sqrt{2}}+j\frac{1}{\sqrt{2}}$$
이다. 따라서 전파정수 γ는 $\omega=2\pi f$를 적용하면
$$\gamma=\sqrt{j}\sqrt{\omega\sigma\mu}=\left(\frac{1}{\sqrt{2}}+j\frac{1}{\sqrt{2}}\right)\sqrt{2}\sqrt{\pi f\sigma\mu}=\sqrt{\pi f\sigma\mu}+j\sqrt{\pi f\sigma\mu}$$
(즉, 양도체에서 감쇠정수 α, 위상정수 β는 $\alpha=\beta=\sqrt{\pi f\sigma\mu}$)

답 ②

02 판자석의 세기가 0.01[Wb/m], 반지름이 5 [cm]인 원형 자석판이 있다. 자석의 중심에서 축상 10[cm]인 점에서의 자위의 세기는 몇 [AT]인가?

① 100 ② 175 ③ 370 ④ 420

풀이 자위의 세기
$$U=\frac{\phi_m\omega}{4\pi\mu_0}=\frac{\phi_m 2\pi(1-\cos\theta)}{4\pi\mu_0}=\frac{\phi_m(1-\cos\theta)}{2\mu_0}=\frac{\phi_m\left(1-\dfrac{x}{\sqrt{x^2+a^2}}\right)}{2\mu_0}$$
$$=\frac{0.01\times\left(1-\dfrac{10}{\sqrt{5^2+10^2}}\right)}{2\times 4\pi\times 10^{-7}}=420[\text{AT}]$$

답 ④

03 점 (−2, 1, 5)[m]와 점 (1, 3, −1)[m]에 각각 위치해 있는 점전하 1[μC]과 4[μC]에 의해 발생된 전위장 내에 저장된 정전 에너지는 약 몇 [mJ]인가?

① 2.57 ② 5.14 ③ 7.71 ④ 10.28

풀이 두 점 간의 거리
$$r=(-2,1,5)-(1,3,-1)=(-3,-2,6)=\sqrt{(-3)^2+(-2)^2+6^2}=7[\text{m}]$$
정전 에너지
$$W=\sum_{n=1}^{n}\frac{1}{2}Q_iV_i=\frac{1}{2}(Q_1V_1+Q_2V_2)=\frac{1}{2}\left(Q_1\cdot\frac{Q_2}{4\pi\epsilon_0 r}+Q_2\cdot\frac{Q_1}{4\pi\epsilon_0 r}\right)=\frac{Q_1Q_2}{4\pi\epsilon_0 r}$$
$$=9\times 10^9\times\frac{1\times 10^{-6}\times 4\times 10^{-6}}{7}=0.00514[\text{J}]=5.14[\text{mJ}]$$

답 ②

04 대전된 도체 표면의 전하밀도를 $\sigma[C/m^2]$이라고 할 때, 대전된 도체 표면의 단위면적이 받는 정전응력$[N/m^2]$은 전하밀도 σ와 어떤 관계가 있는가?

① $\sigma^{\frac{1}{2}}$에 비례
② $\sigma^{\frac{3}{2}}$에 비례
③ σ에 비례
④ σ^2에 비례

풀이
- 도체에 전하가 분포되어 있을 때, 도체 표면에 작용하는 힘을 정전응력이라 하며, 단위 면적당의 힘으로 정의한다.
- 면전하밀도 $\sigma[C/m^2]$인 도체 표면에서
  전속밀도 $D=\sigma$, 전계의 세기 $E=\dfrac{\sigma}{\epsilon_0}$이므로
  정전응력 $f = \dfrac{1}{2}DE = \dfrac{1}{2}\epsilon_0 E^2 = \dfrac{D^2}{2\epsilon_0} = \dfrac{\sigma^2}{2\epsilon_0}[N/m^2]$
  즉, $f \propto \sigma^2$의 관계가 있다.   **답** ④

05 내경의 반지름이 1[mm], 외경의 반지름이 3[mm]인 동축 케이블의 단위 길이당 인덕턴스는 약 몇 [μH/m]인가? (단, 이때 $\mu_r = 1$이며, 내부 인덕턴스는 무시한다.)

① 0.12 ② 0.22 ③ 0.32 ④ 0.42

풀이 동축 케이블의 외부 인덕턴스
$L = \dfrac{\phi}{I} = \dfrac{\mu_0}{2\pi}\ln\dfrac{b}{a}$ [H/m] 이므로
$\therefore L = \dfrac{4\pi \times 10^{-7}}{2\pi}\ln\dfrac{3}{1} = 0.22 \times 10^{-6}[H/m] = 0.22[\mu H/m]$ **답** ②

06 진공 중의 도체계에서 임의의 도체를 일정 전위의 도체로 완전 포위하면 내외공간의 전계를 완전 차단시킬 수 있는데 이것을 무엇이라 하는가?

① 홀효과
② 정전차폐
③ 핀치효과
④ 전자차폐

풀이 임의의 도체를 접지된 도체로 완전 포위하면 외부에서 유도되는 전하를 차단할 수 있다. 이것을 정전차폐라고 한다.   **답** ②

07 하나의 금속에서 전류의 흐름으로 인한 온도 구배부분의 줄열 이외의 발열 또는 흡열에 관한 현상은?

① 펠티에 효과(Peltier effect)
② 볼타 법칙(Volta law)
③ 제벡 효과(Seebeck effect)
④ 톰슨 효과(Thomson effect)

풀이
- 제벡 효과 : 두 종류 금속 접속면에 온도차가 있으면 기전력이 발생하는 효과
- 펠티에 효과 : 두 종류 금속 접속면에 전류를 흘리면 접속점에서 열의 흡수, 발생이 일어나는 효과
- **톰슨 효과** : 동일한 금속 도선의 두 점간에 온도차를 주고, 고온 쪽에서 저온 쪽으로 전류를 흘리면 도선 속에서 열이 발생되거나 흡수가 일어나는 이러한 현상을 톰슨 효과라 한다.   **답** ④

08 고전압이 가해진 유전체 중에 공기의 기포가 있으면 유전체 중의 기포는 절연에 영향을 준다. 절연은 유전체의 유전율에 대하여 어떠한가?

① 유전율이 클수록 절연은 향상된다.
② 유전율이 작을수록 절연은 나빠진다.
③ 유전율에는 무관계하다.
④ 유전율이 클수록 절연은 나빠진다.

풀이 유전체 중에 공기의 기포가 있으면 유전율이 클수록 절연이 나빠진다. **답** ④

09 길이 l[m], 단면적의 반지름 a[m]인 원통이 길이 방향으로 균일하게 자화되어 자화의 세기가 J[Wb/m²]인 경우 원통 양단에서의 전자극의 세기 m[Wb]은?

① J ② $2\pi J$ ③ $\pi a^2 J$ ④ $\dfrac{J}{\pi a^2}$

풀이 $J = \dfrac{m}{s}$[Wb/m²] $\therefore m = J \cdot s = J \cdot \pi a^2$[Wb] **답** ③

10 액체 유전체를 넣은 콘덴서의 용량이 20[μF]이다. 여기에 500[kV]의 전압을 가하면 누설전류는 몇 [A]인가? (단, 비유전율 $\epsilon_s = 2.2$, 고유저항 $\rho = 10^{11}$[Ω·m] 이다.)

① 4.2   ② 5.13   ③ 54.5   ④ 61

풀이 $RC = \rho\epsilon$[s], $R = \dfrac{\rho\epsilon}{C}$[Ω]

$\therefore I = \dfrac{V}{R} = \dfrac{CV}{\rho\epsilon} = \dfrac{CV}{\rho\epsilon_0\epsilon_s} = \dfrac{20 \times 10^{-6} \times 500 \times 10^3}{10^{11} \times 8.855 \times 10^{-12} \times 2.2} = 5.13$[A] **답** ②

11 한 변의 길이가 10[m] 되는 정방형 회로에 100[A]의 전류가 흐를 때 회로 중심부의 자계의 세기는 약 몇 [A/m]인가?

① 5[A/m]
② 9[A/m]
③ 16[A/m]
④ 21[A/m]

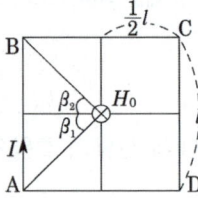

풀이 한 변 AB에 대한 중심점의 자계는
$H_{AB} = \dfrac{I}{4\pi a}(\sin\beta_1 + \sin\beta_2)$ 이므로 $a = \dfrac{l}{2}$,
$\sin\beta_1 = \sin\beta_2 = \sin 45° = \dfrac{1}{\sqrt{2}}$ 을 대입하면
$H_{AB} = \dfrac{I}{4\pi\left(\dfrac{l}{2}\right)} \times 2 \times \dfrac{1}{\sqrt{2}} = \dfrac{I}{\sqrt{2}\pi l}$ [AT/m]

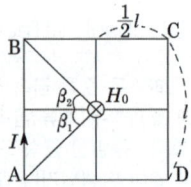

$$\therefore H_0 = H_{AB} + H_{BC} + H_{CD} + H_{DA} = 4H_{AB} = 4 \times \frac{I}{\sqrt{2}\pi l}$$

$$= \frac{2\sqrt{2}I}{\pi l} = \frac{2\sqrt{2} \times 100}{\pi \times 10} = 9 \text{[AT/m]}$$

답 ②

12 서로 결합하고 있는 두 코일 C_1과 C_2의 자기 인덕턴스가 각각 L_{c1}, L_{c2}라고 한다. 이 들을 직렬로 연결하여 합성인덕턴스값을 얻은 후 두 코일간 상호 인덕턴스의 크기($|M|$)를 얻고자 한다. 직렬로 연결할 때, 두 코일간 자속이 서로 가해져서 보강되는 방향이 있고, 서로 상쇄 되는 방향이 있다. 전자의 경우 얻은 합성인덕턴스의 값이 L_1, 후자의 경우 얻은 합성인덕턴 스의 값이 L_2 일 때, 다음 중 알맞은 식은?

① $L_1 < L_2$, $|M| = \dfrac{L_2 + L_1}{4}$ ② $L_1 > L_2$, $|M| = \dfrac{L_1 + L_2}{4}$

③ $L_1 < L_2$, $|M| = \dfrac{L_2 - L_1}{4}$ ④ $L_1 > L_2$, $|M| = \dfrac{L_1 - L_2}{4}$

풀이 자속이 같은 방향인 경우의 합성 인덕턴스 $L_1 = L_{c1} + L_{c2} + 2M$ ...... ①
자속이 반대방향인 경우의 합성 인덕턴스 $L_2 = L_{c1} + L_{c2} - 2M$ ...... ②
따라서, $L_1 > L_2$ 이고 ① $-$ ②를 하면 $L_1 - L_2 = 4M$

$$\therefore M = \frac{L_1 - L_2}{4}$$

답 ④

13 점전하 Q[C]에 의한 무한평면 도체의 영상전하는?

① Q[C]보다 작다.   ② Q[C]보다 크다.
③ $-Q$[C]와 같다.   ④ 0

풀이 무한평면으로부터 r[m] 떨어진 P점에 점전하 $+Q$[C]가 있는 경우 영상전하는 무한평면 뒤쪽으로 점 P의 대칭점에 존재하며, 그 크기는 점전하와 같고 부호는 반대로 $Q' = -Q$[C]이다.

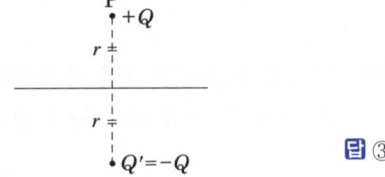

답 ③

14 정전 용량 C[F]와 컨덕턴스 G[S]와의 관계는 어떤 관계에 있는가?
단, k : 도전율[℧/m], ϵ : 유전율[F/m]

① $\dfrac{C}{G} = \dfrac{\epsilon}{k}$ ② $Ck = \dfrac{\epsilon}{G}$ ③ $CG = k\epsilon$ ④ $\dfrac{C}{G} = \dfrac{k}{\epsilon}$

풀이 $R = \rho\dfrac{d}{S} = \dfrac{d}{kS}$[Ω], $C = \dfrac{\epsilon S}{d}$[F]

$RC = \dfrac{d}{kS} \times \dfrac{\epsilon S}{d} = \dfrac{\epsilon}{k} = \rho\epsilon$, $RC = \rho\epsilon$ 또는 $\dfrac{C}{G} = \dfrac{\epsilon}{k}$

답 ①

15 접지 구도체와 점전하 간의 작용력은?

① 항상 반발력이다.　　　　　② 항상 흡인력이다.
③ 조건적 반발력이다.　　　　④ 조건적 흡인력이다.

풀이 접지 구도체에는 항상 점전하와 반대 극성인 전하가 유도되므로 **항상 흡인력**이 작용한다.　　**답** ②

16 평등 자계 내에 수직으로 돌입한 전자의 궤적은?

① 원운동을 하는데, 원의 반지름은 자계의 세기에 비례한다.
② 구면 위에서 회전하고 반지름은 자계의 세기에 비례한다.
③ 원운동을 하고 반지름은 전자의 처음 속도에 비례한다.
④ 원운동을 하고, 반지름은 자계의 세기에 비례한다.

풀이 플레밍의 왼손 법칙에 의하여 전자가 받는 힘은 운동 방향에 수직하므로 전자는 원운동을 한다.
v[m/s]의 속도를 가진 전자가 B[Wb/m²]인 평등 자계에 직각으로 돌입할 때
전자가 받는 힘 $\boldsymbol{F} = e(\boldsymbol{v} \times \boldsymbol{B})$, 크기 $F = evB$
이때의 구심력 $F_0 = \dfrac{mv^2}{r}$ 이고 $F_0 = F$ 이므로 $evB = \dfrac{mv^2}{r}$

$\therefore r = \dfrac{mv}{eB}$ [m] $\propto v$　　**답** ③

17 전계와 자계와의 관계식으로 옳은 것은?

① $\sqrt{\epsilon}H = \sqrt{\mu}E$　　　　　② $\sqrt{\epsilon\mu} = EH$
③ $\sqrt{\mu}H = \sqrt{\epsilon}E$　　　　　④ $\epsilon\mu = EH$

풀이 $Z_0 = \dfrac{E}{H} = \sqrt{\dfrac{\mu}{\epsilon}} = \dfrac{\sqrt{\mu}}{\sqrt{\epsilon}} = \sqrt{\dfrac{\mu_0}{\epsilon_0}}\sqrt{\dfrac{\mu_s}{\epsilon_s}}$

$\therefore \sqrt{\mu}H = \sqrt{\epsilon}E$　　**답** ③

18 반지름 25[cm]의 원주형 도선에 π[A]의 전류가 흐를 때 도선의 중심축에서 50[cm] 되는 점의 자계의 세기[AT/m]는? 단, 도선의 길이 l은 매우 길다.

① 1　　　② π　　　③ $\dfrac{1}{2}\pi$　　　④ $\dfrac{1}{4}\pi$

풀이 $H = \dfrac{I}{2\pi r} = \dfrac{\pi}{2\pi \times 0.5} = 1$[AT/m]　　**답** ①

19 반자성체의 비투자율(μ_r) 값의 범위는?

① $\mu_r = 1$　　② $\mu_r < 1$　　③ $\mu_r > 1$　　④ $\mu_r = 0$

풀이
• 상자성체 : 자화율 $\chi > 0$, 비투자율 $\mu_r > 1$
• **반자성체** : 자화율 $\chi < 0$, **비투자율** $\mu_r < 1$　　**답** ②

20. 평등 전계 내에 수직으로 비유전율 $\epsilon_s = 2$인 유전체 판을 놓았을 경우 판 내의 전속 밀도가 $D = 4 \times 10^{-6}$[C/m²]이었다. 유전체 내의 분극의 세기 P[C/m²]는?

① 1×10^{-6}
② 2×10^{-6}
③ 4×10^{-6}
④ 8×10^{-6}

풀이 $P = \epsilon_0(\epsilon_s - 1)E = D\left(1 - \dfrac{1}{\epsilon_s}\right) = 4 \times 10^{-6} \times \left(1 - \dfrac{1}{2}\right) = 2 \times 10^{-6}$ [C/m²] **답** ②

2과목 전력공학

21. 어느 일정한 방향으로 일정한 크기 이상의 단락전류가 흘렀을 때 동작하는 보호계전기의 약어는?

① ZR
② UFR
③ OVR
④ DOCR

풀이
① 거리계전기(ZR) : 계전기가 설치된 위치로부터 고장점까지의 전기적 거리에 비례하여 한시 동작하는 것으로 복잡한 계통의 단락보호에 과전류 계전기의 대용으로 쓰인다.
② 저주파수 계전기(UFR) : 주파수가 일정값 보다 낮을 경우 동작한다.
③ 과전압 계전기(OVR) : 일정값 이상의 전압이 걸렸을 때 동작한다.
④ 단락 방향 계전기(DOCR, DSR) : 어느 일정한 방향으로 일정값 이상의 단락전류가 흘렀을 경우 동작하는 것 **답** ④

22. 3상 수직배치인 선로에서 오프셋(offset)을 주는 이유는?

① 전선의 진동 억제
② 단락 방지
③ 철탑의 중량 감소
④ 전선의 풍압 감소

풀이 오프셋 : 전선 도약에 의한 상간 단락 사고 방지

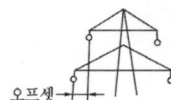

답 ②

23. 부하가 P[kW]이고, 그의 역률이 $\cos\theta_1$인 것을 $\cos\theta_2$로 개선하기 위한 전력용 콘덴서의 용량[kVA]은?

① $P(\tan\theta_1 - \tan\theta_2)$
② $P\left(\dfrac{\cos\theta_1}{\sin\theta_1} - \dfrac{\cos\theta_2}{\sin\theta_2}\right)$
③ $\dfrac{P}{(\tan\theta_1 - \tan\theta_2)}$
④ $\dfrac{P}{(\cos\theta_1 - \cos\theta_2)}$

풀이 콘덴서 용량

$$Q_c = P(\tan\theta_1 - \tan\theta_2) = P\left(\frac{\sin\theta_1}{\cos\theta_1} - \frac{\sin\theta_2}{\cos\theta_2}\right)$$
$$= P\left(\frac{\sqrt{1-\cos^2\theta_1}}{\cos\theta_1} - \frac{\sqrt{1-\cos^2\theta_2}}{\cos\theta_2}\right)$$

답 ①

24 발전기의 자기여자현상을 방지하는 방법이 아닌 것은?

① 발전기를 2대이상 병렬로 하여 충전한다.
② 단락비가 작은 발전기로 충전한다.
③ 충전전압을 높게하여 충전한다.
④ 수전단에 분로리액터를 설치한다.

풀이 발전기 1대로 송전 선로를 충전하는 경우 여자를 일으키지 않기 위해서는 단락비가 큰 발전기라야 한다. 안전하게 선로를 충전할 수 있는 단락비의 값은 다음 식을 만족하여야 한다.

단락비 $> \dfrac{Q'}{Q}\left(\dfrac{V}{V'}\right)^2 (1+\sigma)$

여기서, Q' : 소요 충전 전압 V'에서 선로의 충전 용량[kVA]
Q : 발전기의 정격 출력[kVA]
V : 발전기의 정격 전압[V]
σ : 발전기의 정격 전압에서의 포화율

따라서 선로의 충전 전압은 높게, **발전기 정격전압은 낮게**, 포화율은 작게 해야 **발전기의 자기여자현상을 방지**할 수 있다.

답 ②

25 전선의 손실계수 H와 부하율 F와의 관계는?

① $0 \leq F^2 \leq H \leq F \leq 1$
② $0 \leq H^2 \leq F \leq H \leq 1$
③ $0 \leq H \leq F^2 \leq F \leq 1$
④ $0 \leq F \leq H^2 \leq H \leq 1$

풀이 전선의 손실계수(H)와 부하율(F)은 다음과 같은 관계가 있다.
$0 \leq F^2 \leq H \leq F \leq 1$

답 ①

26 다음 설명 중 옳지 않은 것은?

① 직류송전에서는 무효전력을 보낼 수 없다.
② 선로의 정상 및 역상임피던스는 같다.
③ 계통을 연계하면 통신선에 대한 유도장해가 감소된다.
④ 장간애자는 2련 또는 3련으로 사용할 수 있다.

풀이 계통을 연계하면 병렬회로수가 많아지므로 단락전류가 증대하고 통신선에 전자 유도 장해가 증가한다.

답 ③

27 중거리 및 장거리 송전선로에서 페란티 효과의 발생 원인으로 볼 수 있는 것은?

① 선로의 누설컨덕턴스
② 선로의 누설전류
③ 선로의 정전용량
④ 선로의 인덕턴스

풀이 페란티 현상이란 선로의 정전용량으로 인하여 무부하 시나 경부하 시 진상 전류가 흘러 수전단전압이 송전단전압보다 높아지는 현상을 말하며, 대책으로는 분로 리액터(병렬 리액터)나 동기조상기의 지상 용량 운전으로 방지할 수 있다.　**답** ③

28 부하전류 및 단락전류를 모두 개폐할 수 있는 스위치는?
 ① 단로기　　　② 차단기
 ③ 선로개폐기　　　④ 전력퓨즈

풀이

능력 기능	회로 분리		사고 차단	
	무부하	부하	과부하	단락
퓨 즈	○			○
차단기	○	○	○	○
개폐기	○	○	○	
단로기	○			

　답 ②

29 송전선에 댐퍼(damper)를 설치하는 주된 목적은?
 ① 전선의 진동방지　　　② 전자유도 감소
 ③ 코로나의 방지　　　④ 현수애자의 경사 방지

풀이 댐퍼는 진동 억제 장치로 지지점 가까운 곳에 설치한다.　**답** ①

30 피뢰기에 대한 다음 설명 중 옳지 않은 것은?
 ① 제한 전압이란 피뢰기가 동작 중일 때의 단자 전압의 파고값을 말한다.
 ② 직렬 갭은 속류를 차단하는 역할을 한다.
 ③ 정격 전압이란 속류를 차단하는 최고 교류 전압의 최대값을 말한다.
 ④ 송전계통의 절연 협조 중 가장 높게 잡는다.

풀이 피뢰기의 제한 전압은 절연 협조의 기본으로 송전 계통에서 가장 낮게 잡는다.　**답** ④

31 코로나 방지에 가장 효과적인 방법은?
 ① 선간거리를 증가시킨다.
 ② 전선의 높이를 가급적 낮게 한다.
 ③ 전선 표면의 전위경도를 높인다.
 ④ 전선의 바깥지름을 크게 한다.

풀이 코로나 방지 대책
　① 전선의 지름을 크게 한다.
　② 복도체를 사용한다.
　③ 가선 금구를 개량한다.
　④ 가선 시에 전선 표면의 금구를 손상하지 않게 한다.　**답** ④

32 접지봉으로 탑각의 접지 저항값을 희망하는 접지저항치까지 줄일 수 없을 때 사용하는 것은?

① 가공지선
② 매설지선
③ 크로스본드선
④ 차폐선

풀이
- 가공지선 : 뇌차폐
- 매설지선 : 접지저항을 낮추어 역섬락 방지
- 크로스본드 : cable의 시스전압을 저감시키고 시스손을 감소시기 위한 접지방식
- 차폐선 : 유도 장해 감소

답 ②

33 정격 출력 500[MW]의 화력 발전소가 하루 15시간은 정격 출력으로, 9시간은 정격의 50[%]로 운전된다. 발전단 열효율은 정격에서 40[%], 50[%] 출력으로 37.5[%]라 하면 하루의 열 소비량은 몇 [kcal] 정도 되는가?

① $10,643 \times 10^3$
② $10,643 \times 10^6$
③ $21,285 \times 10^3$
④ $21,285 \times 10^6$

풀이 발전소의 열효율 $\eta = \dfrac{860W}{mH}[\%]$

(여기서, W : 발전전력량[kWh], m : 연료 소비량[kg], H : 연료의 발열량[kcal/kg])

열 소비량 $mH = \dfrac{860W}{\eta} = \dfrac{860 \times (500 \times 10^3) \times 15}{0.4} + \dfrac{860 \times (500 \times 10^3 \times \frac{1}{2}) \times 9}{0.375}$

$= 21,285 \times 10^6$ [kcal]

답 ④

34 부하측에 밸런스를 필요로 하는 배전 방식은?

① 3상 3선식
② 3상 4선식
③ 단상 2선식
④ 단상 3선식

풀이 단상 3선식의 특징
① 전압강하 및 전력손실은 1/4로 감소한다.
② 소요 전선량은 감소한다.
③ 110/220[V]와 같이 2종의 전압을 얻을 수 있다.
④ 상시 부하 불평형이면 전압이 불평형이 되고 이에 대한 대책으로 밸런스를 설치하여야 한다.
⑤ 중성선에는 퓨즈를 설치하지 않는다.

답 ④

35 3상3선식의 가공전선로로 수전하고 있는 공장에 부하전력이 4000[kW], 역률 90[%]인 3상 평형 유도부하가 접속되어 있다. 수전전압이 6000[V]일 때 부하전류는 약 몇 [A]인가?

① 328
② 428
③ 641
④ 741

풀이 3상 전력 $P = \sqrt{3}\,VI\cos\theta$[kW]이므로

부하전류 $I = \dfrac{P}{\sqrt{3}\,V\cos\theta} = \dfrac{4000 \times 10^3}{\sqrt{3} \times 6000 \times 0.9} \fallingdotseq 428$[A]

답 ②

36 수차 발전기에 제동권선을 설치하는 주된 목적은?

① 정지시간 단축 ② 회전력의 증가
③ 과부하 내량의 증대 ④ 발전기 안정도의 증진

풀이 발전기의 안정도 향상 대책
① 정태 극한 전력을 크게 한다(정상 리액턴스 작게).
② 난조 방지(플라이 휠 효과 선정, 제동권선 설치)
③ 단락비를 크게 한다.

답 ④

37 단상 2선식 배전선로의 선로임피던스가 $2+j5[\Omega]$이고 무유도성 부하전류 10[A]일 때 송전단 역률은? (단, 수전단전압의 크기는 100[V]이고, 위상각은 0°이다.)

① $\dfrac{5}{12}$ ② $\dfrac{5}{13}$ ③ $\dfrac{11}{12}$ ④ $\dfrac{12}{13}$

풀이 무유도 부하이므로 $R_L = \dfrac{V_r}{I} = \dfrac{100}{10} = 10[\Omega]$

$\therefore \cos\theta = \dfrac{R+R_L}{\sqrt{(R+R_L)^2 + X^2}}$

$= \dfrac{(2+10)}{\sqrt{(2+10)^2 + 5^2}} = \dfrac{12}{13}$

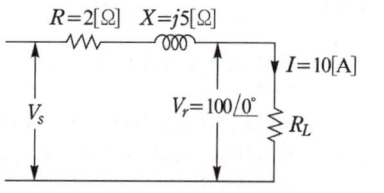

답 ④

38 고장점에서 전원 측을 본 계통 임피던스를 $Z[\Omega]$, 고장점의 상전압을 $E[V]$라 하면 3상 단락전류[A]는?

① $\dfrac{E}{Z}$ ② $\dfrac{ZE}{\sqrt{3}}$ ③ $\dfrac{\sqrt{3}\,E}{Z}$ ④ $\dfrac{3E}{Z}$

풀이 옴법(Ohm method)에 의한 단락전류 $I_s = \dfrac{E}{Z} = \dfrac{E}{Z_g + Z_t + Z_l}[A]$

답 ①

39 불평형부하에서 역률은 어떻게 표현되는가?

① $\dfrac{\text{유효전력}}{\text{각 상의 피상전력의 산술 합}}$ ② $\dfrac{\text{유효전력}}{\text{각 상의 피상전력의 벡터 합}}$

③ $\dfrac{\text{무효전력}}{\text{각 상의 피상전력의 산술 합}}$ ④ $\dfrac{\text{무효전력}}{\text{각 상의 피상전력의 벡터 합}}$

풀이 역률 $\cos\theta = \dfrac{P}{P_a} = \dfrac{\text{유효전력}}{\text{각 상의 피상전력의 벡터 합}}$

답 ②

40 송배전선로에서 내부 이상전압에 속하지 않는 것은?

① 개폐 이상전압 ② 유도뢰에 의한 이상전압
③ 사고시의 과도 이상전압 ④ 계통 조작과 고장 시의 지속 이상전압

풀이
① 내부 이상전압의 종류
- 개폐 이상전압
- 사고 시의 과도 이상전압
- 계통 조작과 고장 시의 지속 이상전압

② 외부 이상전압
- 직격뢰에 의한 이상전압
- 유도뢰에 의한 이상전압
- 타선과의 혼촉 시 발생하는 이상전압

답 ②

3과목 전기기기

41 다음에서 게이트에 의한 턴온(turn-on)을 이용하지 않는 소자는?

① DIAC ② SCR ③ GTO ④ TRAIC

풀이 각 종 반도체 소자의 비교
① 방향성
- 양방향성(쌍방향성) 소자 : DIAC, TRIAC, SSS
- 역저지(단방향성) 소자 : SCR, LASCR, GTO, SCS

② 극(단자) 수
- 2극(단자) 소자 : DIAC, SSS, Diode
- 3극(단자) 소자 : SCR, LASCR, GTO, TRIAC
- 4극(단자) 소자 : SCS

DIAC는 2극(단자) 양방향성(쌍방향성) 소자로 게이트가 없으므로, 게이트에 의한 턴온을 이용하지 않는다.

답 ①

42 직류분권전동기 운전 중 계자권선의 저항이 증가할 때 회전속도는?

① 일정하다. ② 감소한다. ③ 증가한다. ④ 관계없다.

풀이 직류분권발전기에서 계자저항이 증가하면, 계자전류(여자전류)가 감소하여 계자자속도 감소하게 된다.
따라서 속도 $n = k\dfrac{V - I_a R_a}{\phi}$ 이므로 자속(ϕ)이 감소하면 회전속도는 증가한다.

답 ③

43 그림과 같은 변압기 회로에서 부하 R_2에 공급되는 전력이 최대로 되는 변압기의 권수비 a는?

① $\sqrt{5}$
② $\sqrt{10}$
③ 5
④ 10

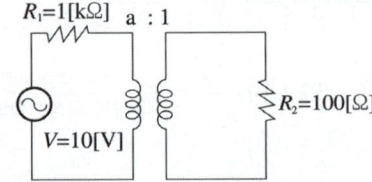

풀이 전원측 저항과 부하 측 저항이 같을 때 부하전력이 최대가 되므로 $R_1 = a^2 R_2$일 때 부하에 공급되는 전력이 최대로 된다.

$$\therefore a = \sqrt{\dfrac{R_1}{R_2}} = \sqrt{\dfrac{1000}{100}} = \sqrt{10}$$

답 ②

44 6극, 200[V], 10[kW]의 3상 유도전동기가 960 [rpm]으로 회전하고 있을 때의 회전자 기전력의 주파수는? (단, 전원의 주파수는 60[Hz]이다.)

① 12[Hz]   ② 8[Hz]   ③ 6[Hz]   ④ 4[Hz]

풀이 동기속도 $N_s = \dfrac{120f}{p} = \dfrac{120 \times 60}{6} = 1200[\text{rpm}]$

슬립 $s = \dfrac{N_s - N}{N_s} = \dfrac{1200 - 960}{1200} = 0.2$ 이므로

회전자 기전력의 주파수 $f' = sf = 0.2 \times 60 = 12[\text{Hz}]$

답 ①

45 직류분권전동기에서 단자전압 210[V], 전기자전류 20[A], 1500[rpm]으로 운전할 때 발생 토크는 약 몇 [N·m]인가? (단, 전기자저항은 0.15[Ω]이다.)

① 13.2   ② 26.4   ③ 33.9   ④ 66.9

풀이 $V = 210[\text{V}]$, $I_a = 20[\text{A}]$, $N = 1500[\text{rpm}]$, $r_a = 0.15[\Omega]$이므로

$E = V - I_a R_a = 210 - (20 \times 0.15) = 207[\text{V}]$

$\therefore \tau = 0.975 \dfrac{P}{N} \times 9.8 = 0.975 \dfrac{E \cdot I_a}{N} \times 9.8 = 0.975 \times \dfrac{207 \times 20}{1500} \times 9.8 \fallingdotseq 26.4[\text{N·m}]$

답 ②

46 3상 동기발전기의 단락비를 산출하는 데 필요한 시험은?

① 외부특성시험과 3상 단락시험
② 돌발단락시험과 부하시험
③ 무부하 포화시험과 3상 단락시험
④ 대칭분의 리액턴스 측정시험

풀이

시험의 종류	산출 되는 항목
무부하 시험	철손, 기계손, 단락비, 여자전류
단락시험	동기임피던스, 동기리액턴스, 단락비, 임피던스 와트, 임피던스 전압

답 ③

47 4극 7.5[kW], 200[V], 60[Hz]인 3상 유도전동기가 있다. 전부하에서의 2차 입력이 7950[W]이다. 이 경우의 2차 효율은 약 몇 [%]인가? (단, 기계손은 130[W]이다.)

① 92   ② 94   ③ 96   ④ 98

풀이 2차 입력 $P_2 = P_0 + P_{c2} + P_m$ 에서 $P_{c2} = P_2 - P_0 - P_m = 7950 - 7500 - 130 = 320[\text{W}]$

2차 동손 $P_{c2} = sP_2$ 에서 슬립 $s = \dfrac{P_{c2}}{P_2} = \dfrac{320}{7950} = 0.04$

따라서 2차 효율 $\eta_2 = 1 - s = 1 - 0.04 = 0.96 = 96[\%]$

답 ③

48 유도전동기의 2차 효율은? (단, s는 슬립이다.)

① $1/s$ ② s ③ $1-s$ ④ s^2

풀이 2차 효율 $\eta_2 = \dfrac{P}{P_2} = \dfrac{(1-s)P_2}{P_2} = 1-s = \dfrac{N}{N_s}$

답 ③

49 1[kg·m]의 회전력으로 매분 1000회전하는 직류 전동기의 출력[kW]은 다음의 어느 것에 가장 가까운가?

① 0.1   ② 1   ③ 2   ④ 5

풀이 $P = 1.026 N\tau = 1.026 \times 1000 \times 1 = 1026[W] \fallingdotseq 1[kW]$ **답** ②

50 20극, 360[rpm]의 3상 동기 발전기가 있다. 전 슬롯수 180, 2층권 각 코일의 권수 4, 전기자 권선은 성형으로, 단자 전압 6600[V]인 경우 1극의 자속[Wb]은 얼마인가? 단, 권선 계수는 0.9라 한다.

① 0.0375   ② 0.3751   ③ 0.0662   ④ 0.6621

풀이 $E = 4.44 k_w f W \phi [V]$식을 이용한다.

1상의 기전력은 $E = \dfrac{6600}{\sqrt{3}} = 3810.6[V]$, $f = \dfrac{pN_s}{120} = \dfrac{20 \times 360}{120} = 60[Hz]$, $W = \dfrac{180 \times 4}{3} = 240$

$\therefore \phi = \dfrac{3810.6}{4.44 \times 0.9 \times 60 \times 240} = 0.0662[Wb]$ **답** ③

51 3000/200[V] 변압기의 1차 임피던스가 225[Ω]이면 2차 환산 임피던스는 약 몇 [Ω]인가?

① 1.0   ② 1.5   ③ 2.1   ④ 2.8

풀이 권수비 $a = \dfrac{E_1}{E_2} = \dfrac{3000}{200} = 15$

따라서 2차 환산 임피던스 $Z_2 = \dfrac{1}{a^2} Z_1 = \dfrac{1}{15^2} \times 225 = 1[\Omega]$ **답** ①

52 직류발전기에 있어서 계자 철심에 잔류자기가 없어도 발전되는 직류기는?

① 분권발전기   ② 직권 발전기
③ 타여자 발전기   ④ 복권 발전기

풀이 타여자 발전기는 외부에서 계자권선 F에 직류 전원을 공급하므로 잔류 자기가 없어도 된다.

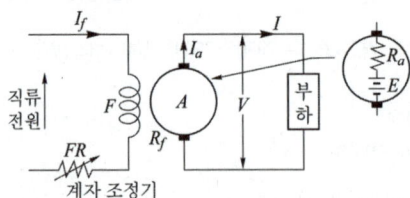

답 ③

53 다음 중 대형직류전동기의 토크를 측정하는데 가장 적당한 방법은?

① 와전류 제동기법   ② 프로니 브레이크 법
③ 전기동력계법   ④ 반환 부하법

풀이 와전류 제동기와 프로니 브레이크법은 소형의 전동기 토크를 측정하는 데 적합하고, 반환 부하법은 온도시험을 하는 방법이다. **답** ③

54 변압기의 손실비와 최대 효율을 나타내는 부하전류와의 관계는?
① 손실비가 커지면 부하전류가 적어진다.
② 손실비가 커지면 부하전류가 많아진다.
③ 손실비가 커지면 그 제곱에 비례하여 부하전류가 커진다.
④ 부하전류는 손실비에 관계없다.

풀이 손실비 $LR = \dfrac{P_c}{P_i}$, 최고 효율은 $m^2 P_c = P_i$

즉 $m = \sqrt{\dfrac{P_i}{P_c}}$ 일 때 발생

그러므로 **손실비가 크다는 것은** P_c가 P_i에 비해 크다는 것을 의미하며 또한 m이 적다는 것을 의미하므로 **부하전류가 적어진다는 것을 의미함.** **답** ①

55 3상 권선형 유도전동기의 2차 회로의 한상이 단선된 경우에 부하가 약간 커지면 슬립이 50[%]인 곳에서 운전이 되는 것을 무엇이라 하는가?
① 차동기 운전　　　　　　　② 자기여자
③ 게르게스 현상　　　　　　④ 난조

풀이 게르게스 현상이란 3상 권선형 유도전동기의 2차 회로 중 1선이 단선된 경우에 약간의 과부하 상태에서도 슬립 $s = 0.5$ 부근에서 가속되지 않는 현상을 말한다. **답** ③

56 직류기의 다중 중권 권선법에서 전기자 병렬회로수(a)와 극수(P)와의 관계는?
(단, 다중도는 m이다.)
① $a = 2$　　② $a = 2m$　　③ $a = P$　　④ $a = mP$

풀이 중권과 파권의 비교

비교 항목	단중 중권	단중 파권
전기자의 병렬회로수(a)	$P(mP)$	$2(2m)$
브러시 수(b)	P	2
용도	저전압, 대전류	고전압, 소전류
균압접속	4극 이상이면 균압접속을 하여야 한다.	균압접속은 필요 없다.

여기서, m : 다중도 **답** ④

57 직류분권전동기의 단자전압과 계자전류를 일정하게 하고 2배의 속도로 2배의 토크를 발생하는 데 필요한 전력은 처음 전력의 몇 배인가?
① 불변　　② 2배　　③ 4배　　④ 8배

풀이
$P = w\tau = 2\pi \times \dfrac{N}{60} \times \tau \propto N\tau$ 이므로

$P' = 2N \times 2\tau = 4N\tau$

답 ③

58 정류자형 주파수변환기의 회전자에 주파수 f_1의 교류를 가할 때 시계방향으로 회전자계가 발생하였다. 정류자 위의 브러시 사이에 나타나는 주파수 f_c를 설명한 것 중 틀린 것은? (단, n : 회전자의 속도, n_s : 회전자계의 속도, s : 슬립이다.)

① 회전자를 정지시키면 $f_c = f_1$인 주파수가 된다.
② 회전자를 반시계방향으로 $n = n_s$의 속도로 회전시키면 $f_c = 0[\text{Hz}]$가 된다.
③ 회전자를 반시계방향으로 $n < n_s$의 속도로 회전시키면 $f_c = sf_1[\text{Hz}]$가 된다.
④ 회전자를 시계방향으로 $n < n_s$의 속도로 회전시키면 $f_c < f_1[\text{Hz}]$가 된다.

풀이 정류자형 주파수 변환기
① 회전자가 정지하고 있는 경우 정류자 상의 브러시 사이에 나타나는 전압 E_c의 주파수 f_c는 슬립링에 가해진 전원용 주파수 f_1과 같다.
② 회전자의 외부에서 힘을 가하여 Φ와 반대방향으로 속도 $n = n_s$로 회전시 E_c의 주파수 f_c는 0이 되어 직류 전압이 된다.
③ 회전자의 속도 $n < n_s$의 경우 E_c의 주파수 $f_c = sf_1[\text{Hz}]$가 된다.
④ 회전자를 Φ와 같은 방향의 속도 n으로 회전시 E_c의 주파수 $f_c = f_1 + f[\text{Hz}]$이다.
즉, 전원의 주파수 f_1을 임의의 주파수 $f_1 + f$로 변환할 수 있다.

답 ④

59 3300/220[V] 변압기 A, B의 정격용량이 각각 400[kVA], 300[kVA]이고, %임피던스 강하가 각각 2.4[%]와 3.6[%]일 때 그 2대의 변압기에 걸 수 있는 합성 부하용량은 몇 [kVA]인가?

① 550　　② 600　　③ 650　　④ 700

풀이
$m = \dfrac{P_A}{P_B} = \dfrac{(\text{kVA})_A}{(\text{kVA})_B} = \dfrac{400}{300} = \dfrac{4}{3}$

$\dfrac{P_a}{P_b} = \dfrac{(\text{kVA})_A}{(\text{kVA})_B} = m \times \dfrac{(\%I_B Z_B)}{(\%I_A Z_A)} = \dfrac{4}{3} \times \dfrac{3.6}{2.4} = 2$

$P_b = \dfrac{P_a}{2} = \dfrac{400}{2} = 200[\text{kVA}]$

따라서, 합성 용량 $= 400 + 200 = 600[\text{kVA}]$

답 ②

60 변압기 결선방법 중 3상 전원을 이용하여 2상 전압을 얻고자 할 때 사용할 결선 방법은?
① Fork 결선　　② Scott 결선
③ 환상 결선　　④ 2중 3각 결선

풀이
• 3상 전원을 이용하여 2상 전압을 얻는 방법으로는 스코트 결선(T결선), 메이어 결선, 우드브릿지 결선이 있다.
• ①, ③, ④는 3상 전원을 이용하여 6상 전압을 얻고자 할 때 사용하는 결선이다.

답 ②

4과목 회로이론

61 $\mathcal{L}[e^{-4t}\cos(10t-30°)u(t)]$ 는?

① $\dfrac{0.866s+10}{(s+4)^2+100}$ ② $\dfrac{0.866s+5}{(s+4)^2+100}$

③ $\dfrac{0.866(s+4)+5}{(s+4)^2+100}$ ④ $\dfrac{0.866s+5}{s^2+100}$

풀이 $\mathcal{L}[e^{-4t}\cos(10t-30°)u(t)] = \mathcal{L}[e^{-4t}(\cos 10t\cdot\cos 30° + \sin 10t\cdot\sin 30°)u(t)]$
$\cos 30° = 0.866,\ \sin 30° = 0.5$이므로

$\therefore \mathcal{L}[e^{-4t}\cos(10t-30°)u(t)]|_{s=s+4} = \dfrac{s\times 0.866}{s^2+10^2} + \dfrac{10\times 0.5}{s^2+10^2}\bigg|_{s=s+4}$
$= \dfrac{0.866s+5}{s^2+100}\bigg|_{s=s+4} = \dfrac{0.866(s+4)+5}{(s+4)^2+100}$ 답 ③

62 회로에서 저항 15[Ω]에 흐르는 전류는 몇 [A]인가?

① 8
② 5.5
③ 2
④ 0.5

풀이 중첩의 원리에 의하여
- 10[V]에 의한 전류 $I_1 = \dfrac{V}{R} = \dfrac{10}{5+15} = 0.5[A]$
- 6[A]에 의한 전류 $I_2 = \dfrac{R_1}{R_1+R_2}I = \dfrac{5}{5+15}\times 6 = 1.5[A]$

$\therefore I = I_1 + I_2 = 0.5 + 1.5 = 2[A]$ 답 ③

63 비접지 3상 Y부하의 각 선에 흐르는 비대칭 각 선전류를 I_a, I_b, I_c라 할 때 선전류의 영상분 I_0는?

① $I_a + I_b$ ② $I_a + I_b + I_c$

③ $\dfrac{1}{3}(I_a - I_b - I_c)$ ④ 0

풀이 영상분은 접지선, 중성선에 존재한다. 따라서 비접지 3상 Y부하는 영상분이 존재하지 않는다.   답 ④

64 대칭 3상 전압이 있다. 1상의 Y결선 전압의 순시값이 다음과 같을 때 선간전압에 대한 상전압의 비율은?

$$e = 1000\sqrt{2}\sin\omega t + 500\sqrt{2}\sin(3\omega t + 20°) + 100\sqrt{2}\sin(5\omega t + 30°)[V]$$

① 약 55[%] ② 약 65[%] ③ 약 70[%] ④ 약 75[%]

풀이 상전압의 실효값 E_p는
$E_p = \sqrt{E_1^2 + E_3^2 + E_5^2} = \sqrt{1000^2 + 500^2 + 100^2} = 1122.5[V]$
선간 전압에는 제 3 고조파분이 나타나지 않으므로
$E_l = \sqrt{3} \cdot \sqrt{E_1^2 + E_5^2} = \sqrt{3} \cdot \sqrt{1000^2 + 100^2} = 1740.7[V]$
따라서 $\dfrac{E_p}{E_l} = \dfrac{1122.5}{1740.7} = 0.645 ≒ 65[\%]$

답 ②

65 다음 회로에서 4단자 정수 A, B, C, D 중 C의 값은?

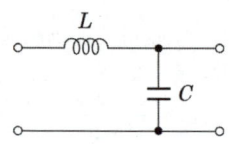

① 1 ② $j\omega L$ ③ $j\omega C$ ④ $1 + j(\omega L + \omega C)$

풀이 $C = \dfrac{I_1}{V_2}\bigg|_{I_2 = 0} = \dfrac{I_1}{\dfrac{I_1}{j\omega C}} = j\omega C$

답 ③

66 시정수 τ를 갖는 RL 직렬회로에 직류전압을 가할 때 $t = 2\tau$되는 시간에 회로에 흐르는 전류는 최종값의 약 몇 [%]인가?

① 98 ② 95 ③ 86 ④ 63

풀이 시정수는 특성근 절대값의 역이므로 $i(t) = \dfrac{E}{R}\left(1 - e^{-\frac{R}{L}t}\right) = \dfrac{E}{R}\left(1 - e^{-\frac{1}{\tau}t}\right)$이다.

$t = 2\tau$를 대입하면 $i_\tau = \dfrac{E}{R}\left(1 - e^{-\frac{1}{\tau} \times 2\tau}\right) = I(1 - e^{-2}) ≒ 0.86I$

답 ③

67 어떤 부하에 $100\sin\left(100\omega t + \dfrac{\pi}{6}\right)[V]$의 전압을 가했을 때 흐르는 전류가

$10\cos\left(100\omega t - \dfrac{\pi}{3}\right)[A]$이었다면 이 부하의 소비전력은?

① 250[W] ② 433[W] ③ 500[W] ④ 866[W]

풀이 $i = 10\cos\left(100\pi t - \dfrac{\pi}{3}\right) = 10\sin\left(100\pi t - \dfrac{\pi}{3} + \dfrac{\pi}{2}\right) = 10\sin\left(100\pi t + \dfrac{\pi}{6}\right)$

$P = VI\cos\theta = \dfrac{100}{\sqrt{2}} \times \dfrac{10}{\sqrt{2}} \cos\left(\dfrac{\pi}{6} - \dfrac{\pi}{6}\right) = 500[W]$

답 ③

68 $100[\mu F]$인 콘덴서의 양단에 전압을 $30[V/ms]$의 비율로 변화시킬 때 콘덴서에 흐르는 전류의 크기[A]는?

① 0.03 ② 0.3 ③ 3 ④ 30

풀이) $i = C\dfrac{dv}{dt} = 100 \times 10^{-6} \times 30 \times \dfrac{1}{10^{-3}} = 3[A]$

답 ③

69 RC 회로의 입력단자에 계단전압을 인가하면 출력전압은?

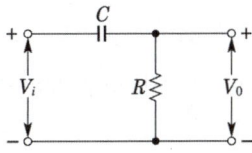

① 0부터 지수적으로 증가한다.
② 처음에는 입력과 같이 변했다가 지수적으로 감쇠한다.
③ 같은 모양의 계단전압이 나타난다.
④ 아무 것도 나타나지 않는다.

풀이) $V_0 = Ve^{-\frac{1}{RC}t}$ 이므로 처음에는 입력과 같이 변했다가 지수적으로 감쇠한다.

답 ②

70 대칭 n상 환상결선에서 선전류와 환상전류 사이의 위상차는 어떻게 되는가?

① $\dfrac{\pi}{2}\left(1 - \dfrac{2}{n}\right)$ ② $2\left(1 - \dfrac{2}{n}\right)$ ③ $\dfrac{n}{2}\left(1 - \dfrac{\pi}{2}\right)$ ④ $\dfrac{\pi}{2}\left(1 - \dfrac{n}{2}\right)$

풀이)
- 성형결선 : 대칭 n상에서 선간전압은 상전압보다 $\dfrac{\pi}{2}\left(1 - \dfrac{2}{n}\right)$[rad]만큼 위상이 앞선다.
- 환상결선 : 대칭 n상에서 선전류는 상전류보다 $\dfrac{\pi}{2}\left(1 - \dfrac{2}{n}\right)$[rad]만큼 위상이 뒤진다.

답 ①

71 $i(t) = 100 + 50\sqrt{2}\sin\omega t + 20\sqrt{2}\sin\left(3\omega t + \dfrac{\pi}{6}\right)$[A]로 표현되는 비정현파 전류의 실효값은 약 몇 [A]인가?

① 20 ② 50 ③ 114 ④ 150

풀이) 왜형파의 실효값은 직류분, 기본파 및 각 고조파 실효값 제곱의 합의 제곱근이므로
$I = \sqrt{100^2 + 50^2 + 20^2} = 114[A]$

답 ③

72 그림과 같은 순 저항회로에서 대칭 3상 전압을 가할 때 각 선에 흐르는 전류가 같으려면 R의 값은 몇 [Ω]인가?

① 8
② 12
③ 16
④ 20

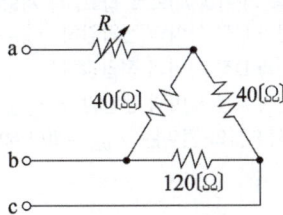

풀이 △저항을 Y저항으로 변환하면

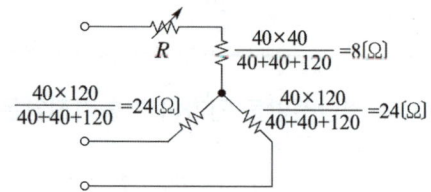

위에서 각 선전류가 같기 위해서는 각 선저항이 같아야 하므로 $R+8=24$ 이라야 한다.
∴ $R = 24-8 = 16[\Omega]$

답 ③

73 그림과 같은 회로의 a-b간에 20[V]의 전압을 가할 때 5[A]의 전류가 흐른다. r_1 및 r_2에 흐르는 전류의 비를 1 : 2로 하려면 r_1 및 r_2는 각각 몇 [Ω]인가?

① $r_1 = 2$, $r_2 = 4$
② $r_1 = 4$, $r_2 = 2$
③ $r_1 = 3$, $r_2 = 6$
④ $r_1 = 6$, $r_2 = 3$

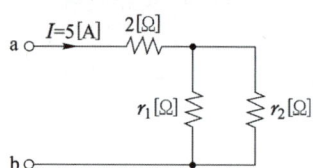

풀이 $I = \dfrac{E}{R_t} = \dfrac{20}{R_t} = 5[A]$, $R_t = \dfrac{20}{5} = 4[\Omega]$

합성저항 $R_t = 2 + \dfrac{r_1 r_2}{r_1 + r_2} = 4[\Omega]$ ······ ①

전류비가 1 : 2이므로 $r_1 : r_2 = 2 : 1$, $r_1 = 2r_2$ ······ ②

②를 ①에 대입하여 정리하면 $R_t = 2 + \dfrac{2r_2^2}{2r_2 + r_2} = 4$, $\dfrac{2}{3} r_2 = 2$

∴ $r_1 = 6[\Omega]$, $r_2 = 3[\Omega]$

답 ④

74 그림에서 절점 B의 전위[V]는?

① 130
② 110
③ 100
④ 90

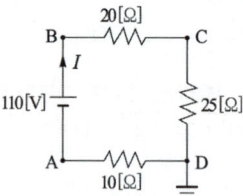

풀이 $I = \dfrac{V}{R} = \dfrac{110}{(20+25+10)} = 2[A]$

접지를 기준(0[V])으로 잡고, 각 저항에서의 전압강하를 구하면
- B점과 C점 사이의 전압강하 $e_{BC} = IR_1 = 2 \times 20 = 40[V]$
- C점과 D점 사이의 전압강하 $e_{CD} = 2 \times 25 = 50[V]$
- D점과 A점 사이의 전압강하 $e_{DA} = (-2) \times 10 = -20[V]$

따라서 B점의 전위는 $e_{BD} = 40 + 50 = 90[V]$이다.

답 ④

75 회로에서 $L = 50$[mH], $R = 20$[kΩ]인 경우 회로의 시정수는 몇 [μs]인가?

① 4.0
② 3.5
③ 3.0
④ 2.5

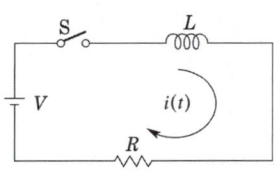

풀이 $R-L$ 직렬회로의 시정수 τ
$$\tau = \frac{L}{R} = \frac{50 \times 10^{-3}}{20 \times 10^{3}} = 2.5 \times 10^{-6}[\text{sec}] = 2.5[\mu\text{s}]$$

답 ④

76 그림과 같은 회로에서 단자 a, b 사이의 합성 저항은?

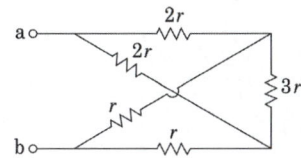

① r ② $\frac{3}{2}r$ ③ $\frac{1}{2}r$ ④ $3r$

풀이

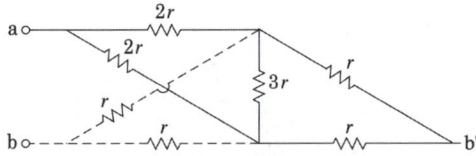

점선의 b부분을 b'로 이동하여 등가회로를 그리면 다음과 같다.

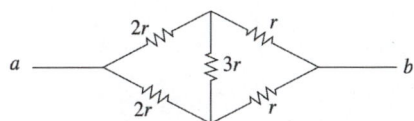

브리지 회로의 평형상태이므로 $R = \frac{3r \times 3r}{3r + 3r} = \frac{9r^2}{6r} = \frac{3}{2}r[\Omega]$

답 ②

77 다음과 같은 회로가 정저항 회로로 되기 위해서는 $C[\mu\text{F}]$를 얼마로 하면 좋은가?
(단, $R = 10[\Omega]$, $L = 100$[mH]이다.)

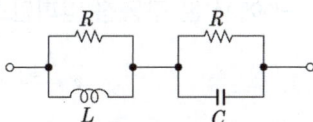

① $1[\mu\text{F}]$ ② $10[\mu\text{F}]$ ③ $100[\mu\text{F}]$ ④ $1000[\mu\text{F}]$

풀이 정저항 회로조건 $R = \sqrt{\frac{L}{C}}$ 에서 $C = \frac{L}{R^2} = \frac{100 \times 10^{-3}}{10^2} = 1000[\mu\text{F}]$

답 ④

78 그림과 같은 회로의 합성 인덕턴스는?

① $\dfrac{L_1L_2 - M^2}{L_1 + L_2 - 2M}$

② $\dfrac{L_1L_2 + M^2}{L_1 + L_2 - 2M}$

③ $\dfrac{L_1L_2 - M^2}{L_1 + L_2 + 2M}$

④ $\dfrac{L_1L_2 + M^2}{L_1 + L_2 + 2M}$

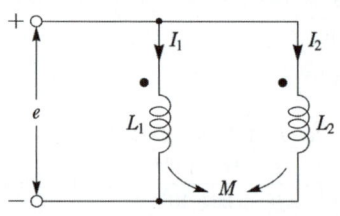

풀이 병렬접속형의 등가회로를 그려 보면 그림과 같다.
그러므로 합성 인덕턴스 L_0는

$L_0 = M + \dfrac{(L_1 - M)(L_2 - M)}{(L_1 - M) + (L_2 - M)} = \dfrac{L_1L_2 - M^2}{L_1 + L_2 - 2M}$

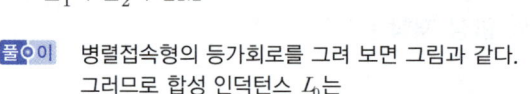

답 ①

79 그림과 같은 $R-L-C$ 회로망에서 입력 전압을 $e_i(t)$, 출력량을 전류 $i(t)$로 할 때, 이 요소의 전달함수는?

① $\dfrac{Rs}{LCs^2 + RCs + 1}$

② $\dfrac{RLs}{LCs^2 + RCs + 1}$

③ $\dfrac{Ls}{LCs^2 + RCs + 1}$

④ $\dfrac{Cs}{LCs^2 + RCs + 1}$

풀이 $e_i(t) = Ri(t) + L\dfrac{d}{dt}i(t) + \dfrac{1}{C}\int i(t)dt$

라플라스 변환하면 $E_i(s) = RI(s) + LsI(s) + \dfrac{1}{Cs}I(s)$

$\therefore \dfrac{I(s)}{E(s)} = \dfrac{Cs}{LCs^2 + RCs + 1}$

답 ④

80 다음의 4단자 회로에서 단자 a-b에서 본 구동점 임피던스 $Z_{11}[\Omega]$은?

① $2 + j4$
② $2 - j4$
③ $3 + j4$
④ $3 - j4$

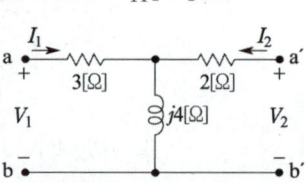

풀이 $\dot{Z}_{11} = Z_1 + Z_2 = 3 + j4[\Omega]$

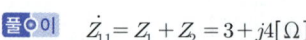

답 ③

5과목　전기설비기술기준

81 타냉식 특고압용 변압기의 냉각장치에 고장이 생긴 경우 시설해야 하는 보호장치는?

① 경보장치
② 온도측정장치
③ 자동차단장치
④ 과전류 측정장치

풀이 351.4 특고압용 변압기의 보호장치
특고압용의 변압기에는 그 내부에 고장이 생겼을 경우에 보호하는 장치를 표와 같이 시설하여야 한다.

뱅크 용량의 구분	동작조건	장치의 종류
5,000[kVA] 이상 10,000[kVA] 미만	변압기 내부고장	자동차단장치 또는 경보장치
10,000[kVA] 이상	변압기 내부고장	자동차단장치
타냉식 변압기(변압기의 권선 및 철심을 직접 냉각시키기 위하여 봉입한 냉매를 강제 순환시키는 냉각 방식을 말한다.)	냉각장치에 고장이 생긴 경우 또는 변압기의 온도가 현저히 상승한 경우	경보장치

답 ①

82 이차전지를 이용한 전기저장장치의 시설장소에 대한 요구사항으로 틀린 것은?

① 충전부분은 노출하여 시설하여야 한다.
② 전기저장장치를 시설하는 장소는 폭발성 가스의 축적을 방지하기 위한 환기시설을 갖추어야 한다.
③ 침수의 우려가 없도록 시설하여야 한다.
④ 전기저장장치의 이차전지, 제어반, 배전반의 시설은 기기 등을 조작 또는 보수·점검할 수 있는 충분한 공간을 확보하고 조명설비를 설치하여야 한다.

풀이 511.1 시설장소의 요구사항
가. 전기저장장치의 이차전지, 제어반, 배전반의 시설은 기기 등을 조작 또는 보수·점검할 수 있는 충분한 공간을 확보하고 조명설비를 설치하여야 한다.
나. 전기저장장치를 시설하는 장소는 폭발성 가스의 축적을 방지하기 위한 환기시설을 갖추고 제조사가 권장하는 온도·습도·수분·분진 등 적정 운영환경을 상시 유지하여야 한다.
다. 침수의 우려가 없도록 시설하여야 한다.
라. 전기저장장치 시설장소에는 외벽 등 확인하기 쉬운 위치에 "전기저장장치 시설장소" 표지를 하고, 일반인의 출입을 통제하기 위한 잠금장치 등을 설치하여야 한다.

답 ①

83 지선을 사용하여 그 강도를 분담시켜서는 아니되는 가공전선로 지지물은?

① 목주　　② 철주　　③ 철탑　　④ 철근콘크리트주

풀이 331.11 지선의 시설
가. 가공전선로의 지지물로 사용하는 철탑은 지선을 사용하여 그 강도를 분담시켜서는 안 된다.
나. 가공전선로의 지지물로 사용하는 철주 또는 철근 콘크리트주는 지선을 사용하지 않는 상태에서 2분의 1 이상의 풍압하중에 견디는 강도를 가지는 경우 이외에는 지선을 사용하여 그 강도를 분담시켜서는 안 된다.

답 ③

84 백열전등 또는 방전등에 전기를 공급하는 옥내전로의 대지전압은 몇 [V] 이하이어야 하는가?

① 150　　　② 300　　　③ 400　　　④ 600

풀이 231.6 옥내전로의 대지 전압의 제한
백열전등 또는 방전등에 전기를 공급하는 옥내의 전로의 대지전압은 300[V] 이하이어야 한다.　　**답** ②

85 옥내에 시설하는 저압전선으로 나전선을 사용할 수 있는 배선공사는? (단, 전개된 곳에 전기로용 전선을 시설하는 경우이다.)

① 합성수지관공사　　② 금속관공사
③ 애자공사　　④ 플로어덕트공사

풀이 231.4 나전선의 사용 제한
옥내에 시설하는 저압전선에는 나전선을 사용하여서는 아니 된다. 다만, 다음 중 어느 하나에 해당하는 경우에는 그러하지 아니하다.
가. 애자공사에 의하여 전개된 곳에 다음의 전선을 시설하는 경우
　① 전기로용 전선
　② 전선의 피복 절연물이 부식하는 장소에 시설하는 전선
나. 버스덕트공사에 의하여 시설하는 경우
다. 라이팅덕트공사에 의하여 시설하는 경우
라. 접촉 전선을 시설하는 경우　　**답** ③

86 교류 전기철도 급전시스템에서 레일 전위의 최대 허용 접촉전압을 초과하는 경우 접촉전압을 감소시키는 방법이 아닌 것은?

① 보행 표면의 절연　　② 접지극 추가 사용
③ 전도성 구조물 접지의 보강　　④ 등전위 본딩

풀이 461.3 레일 전위의 접촉전압 감소 방법
교류 전기철도 급전시스템은 규정된 값을 초과하는 경우 다음 방법을 고려하여 접촉전압을 감소시켜야 한다.
가. 접지극 추가 사용
나. 등전위 본딩
다. 전자기적 커플링을 고려한 귀선로의 강화
라. 전압제한소자 적용
마. 보행 표면의 절연
바. 단락전류를 중단시키는데 필요한 트래핑 시간의 감소　　**답** ③

87 가공전선로의 지지물에 취급자가 오르고 내리는데 사용하는 발판 볼트 등은 일반적으로 지표상 몇 [m] 미만에 시설하여서는 아니되는가?

① 1.2　　　② 1.5　　　③ 1.8　　　④ 2.0

풀이 331.4 가공전선로 지지물의 철탑오름 및 전주오름 방지가공전선로의 지지물에 취급자가 오르고 내리는데 사용하는 발판 볼트 등을 지표상 1.8[m] 미만에 시설하여서는 아니된다.　　**답** ③

88. 단상교류 25,000[V]인 경우 전차선로의 충전부와 차량간의 동적 절연이격 거리는 몇 [mm] 이상인가?

① 25 ② 100 ③ 150 ④ 170

풀이 431.3 전차선로의 충전부와 차량 간의 최소 절연이격

시스템 종류	공칭전압(V)	동적(mm)	정적(mm)
직류	750	25	25
	1,500	100	150
단상교류	25,000	170	270

답 ④

89. 주상변압기 전로의 절연내력을 시험할 때 최대 사용전압이 23000[V]인 권선으로서 중성점 접지식 전로(중성선을 가지는 것으로서 그 중성선에 다중접지를 한 것)에 접속하는 것의 시험전압은?

① 16560[V] ② 21160[V] ③ 25300[V] ④ 28750[V]

풀이 135 변압기 전로의 절연내력

권선의 종류 (최대사용전압)	접지방식	시험전압 (최대 사용전압의 배수)	최저 시험전압
1. 7[kV] 이하		1.5배	500[V]
	다중접지	0.92배	500[V]
2. 7[kV] 초과 25[kV] 이하	다중접지	0.92배	
3. 7[kV] 초과 60[kV] 이하(2란의 것 제외)		1.25배	10.5[kV]
4. 60[kV] 초과	비접지	1.25배	
5. 60[kV] 초과(6란의 것 제외)	접지식	1.1배	75 [kV]
6. 60[kV] 초과	직접접지	0.72배	
7. 170[kV] 초과	직접접지	0.64배	

∴ 시험전압 = $23,000 \times 0.92 = 21,160$[V]

답 ②

90. 특고압가공전선이 다른 특고압가공전선과 교차하여 시설하는 경우는 제 몇 종 특고압 보안공사에 의하여야 하는가?

① 1종 특고압 보안공사 ② 2종 특고압 보안공사
③ 3종 특고압 보안공사 ④ 4종 특고압 보안공사

풀이 333.27 특고압 가공전선 상호 간의 접근 또는 교차
특고압 가공전선이 다른 특고압 가공전선과 접근상태로 시설되거나 교차하여 시설되는 경우 위쪽 또는 옆쪽에 시설되는 특고압 가공전선로는 제3종 특고압 보안공사에 의할 것.

답 ③

91. 고압 가공전선로에 시설하는 피뢰기의 접지저항 값은 몇 [Ω]까지 허용되는가? 단, 피뢰기 접지공사의 접지선은 전용의 것으로 한다.

① 20 ② 30 ③ 50 ④ 75

[풀이] 341.14 피뢰기의 접지
가. 고압 및 특고압의 전로에 시설하는 피뢰기 접지저항 값은 10[Ω] 이하로 하여야 한다.
나. 고압가공전선로에 시설하는 피뢰기의 접지공사의 접지선이 전용의 것인 경우에는 접지 저항치가 30[Ω]까지 허용된다. 답 ②

92 소맥분, 전분 기타의 가연성 분진이 존재하는 곳의 저압옥내배선으로 적합하지 않은 공사방법은?

① 케이블공사
② 두께 2[mm] 이상의 합성수지관공사
③ 금속관공사
④ 금속제 가요전선관공사

[풀이] 242.2.2 가연성 분진 위험장소
가연성 분진에 전기설비가 발화원이 되어 폭발할 우려가 있는 곳에 시설하는 저압 옥내 전기설비는 다음에 따르고 또한 위험의 우려가 없도록 시설하여야 한다.
가. 합성수지관공사(두께 2[mm] 미만의 합성 수지 전선관 및 난연성이 없는 콤바인 덕트관을 사용하는 것을 제외한다)
나. 금속관공사
다. 케이블공사 답 ④

93 의료 장소에서 인접하는 의료장소와의 바닥면적 합계가 몇 [m²] 이하인 경우 등전위본딩 바를 공용으로 할 수 있는가?

① 30
② 50
③ 80
④ 100

[풀이] 242.10.4 의료장소 내의 접지 설비
의료장소마다 그 내부 또는 근처에 등전위본딩 바를 설치할 것. 다만, 인접하는 의료장소와의 바닥 면적 합계가 50[m²] 이하인 경우에는 등전위본딩 바를 공용할 수 있다. 답 ②

94 특고압가공전선로 중 지지물로 직선형의 철탑을 연속하여 10기 이상 사용하는 부분에는 몇 기 이하마다 내장 애자 장치가 있는 철탑 또는 이와 동등 이상의 강도를 가지는 철탑 1기를 시설하여야 하는가?

① 1
② 3
③ 5
④ 10

[풀이] 333.16 특고압 가공전선로의 내장형 등의 지지물 시설
특고압 가공전선로 중 지지물로서 직선형의 철탑을 연속하여 10기 이상 사용하는 부분에는 10기 이하마다 장력에 견디는 애자장치가 되어 있는 철탑 또는 이와 동등 이상의 강도를 가지는 철탑 1기를 시설하여야 한다. 답 ④

95 사용전압이 220[V]인 가공전선을 절연전선으로 사용하는 경우 그 최소 굵기는 지름 몇 [mm]인가?

① 2
② 2.6
③ 3.2
④ 4

[풀이] 222.5 저압 가공전선의 굵기 및 종류
가. 저압 가공전선은 나전선(중성선 또는 다중접지된 접지측 전선으로 사용하는 전선에 한한다), 절연전선, 다심형 전선 또는 케이블을 사용하여야 한다.

나. 전선의 굵기

전 압	조 건	전선의 굵기 및 인장강도
400[V] 이하	절연전선	인장강도 2.3[kN] 이상의 것 또는 지름 2.6[mm] 이상의 경동선
	케이블 이외	인장강도 3.43[kN] 이상의 것 또는 지름 3.2[mm] 이상의 경동선
400[V] 초과인 저압(케이블 이외)	시가지에 시설	인장강도 8.01[kN] 이상의 것 또는 지름 5[mm] 이상의 경동선
	시가지 외에 시설	인장강도 5.26[kN] 이상의 것 또는 지름 4[mm] 이상의 경동선

답 ②

96 옥내에 시설하는 사용전압 400[V] 이하의 이동전선으로 사용할 수 없는 전선은?
① 면절연연선
② 고무코드전선
③ 용접용 케이블
④ 고무절연 클로로프렌 캡타이어 케이블

풀이 234.3 코드 및 이동전선
가. 조명용 전원코드 또는 이동전선은 단면적 0.75[mm²] 이상의 코드 또는 캡타이어케이블을 용도에 따라서 선정하여야 한다.
나. 옥내에서 조명용 전원코드 또는 이동전선을 습기가 많은 장소에 시설할 경우에는 고무코드(사용전압이 400[V] 이하인 경우에 한함) 또는 0.6/1[kV] EP 고무 절연 클로로프렌캡타이어케이블로서 단면적이 0.75[mm²] 이상인 것이어야 한다.

답 ①

97 전선의 접속법을 열거한 것 중 틀린 것은?
① 전선의 세기를 20[%] 이상 감소시키지 않는다.
② 접속 부분을 절연전선의 절연물과 동등 이상의 절연 효력이 있도록 충분히 피복한다.
③ 접속 부분은 접속관, 기타의 기구를 사용한다.
④ 두 개 이상의 전선을 병렬로 사용하는 경우 각 전선의 굵기는 동선 35[mm²] 이상이어야 한다.

풀이 123 전선의 접속
전선을 접속하는 경우에는 전선의 전기저항을 증가시키지 아니하도록 접속 하여야 하며, 또한 다음에 따라야 한다.
가. 절연전선 상호·절연전선과 코드, 캡타이어 케이블과 접속하는 경우에는
① 전선의 세기를 20[%] 이상 감소시키지 아니할 것.
② 접속부분은 접속관 기타의 기구를 사용할 것.
③ 접속부분의 절연전선에 절연전선의 절연물과 동등 이상의 절연효력이 있는 것으로 충분히 피복할 것.
나. 코드 상호, 캡타이어 케이블 상호 또는 이들 상호를 접속하는 경우에는 코드 접속기·접속함 기타의 기구를 사용할 것.
다만 공칭단면적이 10[mm²] 이상인 캡타이어 케이블 상호를 규정에 준하여 접속하는 경우에는 기구를 사용하지 않을 수 있다.
다. 두 개 이상의 전선을 병렬로 사용하는 경우에는
① 병렬로 사용하는 각 전선의 굵기는 동선 50[mm²] 이상 또는 알루미늄 70[mm²] 이상으로 하고, 전선은 같은 도체, 같은 재료, 같은 길이 및 같은 굵기의 것을 사용할 것
② 같은 극의 각 전선의 터미널러그에 완전히 접속할 것
③ 병렬로 사용하는 전선에는 각각에 퓨즈를 설치하지 말 것

답 ④

98 저압 옥측전선로의 시설로 잘못된 것은?

① 철골주 조영물에 버스 덕트 공사로 시설
② 합성수지관공사로 시설
③ 목조 조영물에 금속관공사로 시설
④ 전개된 장소에 애자공사로 시설

풀이 221.2 옥측전선로
저압 옥측전선로는 다음의 공사방법에 의할 것.
가. 애자공사(전개된 장소에 한한다.)
나. 합성수지관공사
다. 금속관공사(목조 이외의 조영물에 시설하는 경우에 한한다.)
라. 버스덕트공사[목조 이외의 조영물(점검할 수 없는 은폐된 장소는 제외한다.)에 시설하는 경우에 한한다.]
마. 케이블공사(연피 케이블·알루미늄피 케이블 또는 무기물 절연 케이블을 사용하는 경우에는 목조 이외의 조영물에 시설하는 경우에 한한다.)   **답** ③

99 동기발전기를 사용하는 전력계통에 시설하여야 하는 장치는?

① 비상 조속기
② 동기검정장치
③ 분로 리액터
④ 절연유 유출방지설비

풀이 351.6 계측장치
동기발전기를 시설하는 경우에는 동기검정장치를 시설하여야 한다. 다만, 동기발전기의 용량이 그 발전기를 연계하는 전력계통의 용량과 비교하여 현저히 적은 경우에는 그러하지 아니하다.   **답** ②

100 인버터, 절연변압기 및 계통 연계 보호장치 등 전력변환장치를 옥외에 시설하는 경우 방수등급은 얼마 이상이어야 하는가?

① IPX2
② IPX3
③ IPX4
④ IPX5

풀이 522.2.2 전력변환장치의 시설
인버터, 절연변압기 및 계통 연계 보호장치 등 전력변환장치의 시설은 다음에 따라 시설하여야 한다.
가. 인버터는 실내·실외용을 구분할 것
나. 각 직렬군의 태양전지 개방전압은 인버터 입력전압 범위 이내일 것
다. 옥외에 시설하는 경우 방수등급은 IPX4 이상일 것   **답** ③

2021
CBT 복원문제

Industrial Engineer Electricity

동일출판사 홈페이지에서
무료 동영상강의를 보실 수 있습니다.

2021년 1회 (CBT 복원문제)

20년간 전기산업기사필기

▶ 동일출판사 홈페이지에서 무료 동영상강의를 보실 수 있습니다.

1과목 전기자기

01 자유 공간 내에 밀도가 10^{-9}[C/m]인 균일한 선전하가 $x=4$, $y=3$인 무한장 선상에 있을 때 점 (8, 6, −3)에서 전계 E[V/m]는?

① $2.88a_x + 2.16a_y$[V/m]   ② $2.16a_x + 2.88a_y$[V/m]
③ $2.88a_x - 2.16a_y$[V/m]   ④ $2.16a_x - 2.88a_y$[V/m]

풀이 $E = \dfrac{\lambda}{2\pi\epsilon_0 r}a_r = 18\times 10^9 \dfrac{\lambda}{r}a_r$ $\left(\because \dfrac{1}{4\pi\epsilon_0} = 9\times 10^9\right)$

선전하가 x, y선상에 있으므로, 점 (8, 6, −3)에서 z값인 −3은 거리 r과 무관하다.

즉, $r = \sqrt{(8-4)^2 + (6-3)^2} = \sqrt{4^2 + 3^2} = 5$[m]

$\therefore E = \dfrac{\lambda}{2\pi\epsilon_0 r}a_r = 18\times 10^9 \times \dfrac{10^{-9}}{5} \times \dfrac{4a_x + 3a_y}{5} = 0.72(4a_x + 3a_y) = 2.88a_x + 2.16a_y$ **답 ①**

02 자기 인덕턴스를 계산하는 공식이 아닌 것은? 단, A는 벡터 퍼텐셜[Wb/m]이고, J는 전류밀도[A/m³]이다.

① $L = \dfrac{N\phi}{I}$ ② $L = \dfrac{1}{I^2}\int_v B\cdot H\,dv$

③ $L = \dfrac{1}{I^2}\oint_c A\cdot dl$ ④ $L = \dfrac{1}{I^2}\int_v A\cdot J\,dv$

풀이 ① $LI = N\phi$이므로 $\therefore L = \dfrac{N\phi}{I}$

②, ④ 자계 에너지에 의한 자기유도계수 L

$W = \dfrac{1}{2}LI^2$ 에서 $L = \dfrac{2W}{I^2}$ ·············· ⓐ

$W = \dfrac{1}{2}\int_v B\cdot H\,dv = \dfrac{1}{2}\int_v A\cdot J\,dv$ ······ ⓑ

$(\because B = \nabla\times A,\ \nabla\times H = J)$

ⓑ를 ⓐ에 대입하면

$\therefore L = \dfrac{1}{I^2}\int_v B\cdot H\,dv = \dfrac{1}{I^2}\int_v A\cdot J\,dv$ **답 ③**

03 무한장 직선 도체에 선전하밀도 λ[C/m]의 전하가 분포되어 있는 경우 직선도체를 축으로 하는 반경 r의 원통면상의 전계는 몇 [V/m]인가?

① $E = \dfrac{\lambda}{4\pi\epsilon_0 r^2}$ ② $E = \dfrac{\lambda}{2\pi\epsilon_0 r}$ ③ $E = \dfrac{\lambda}{2\pi\epsilon_0 r^2}$ ④ $E = \dfrac{\lambda}{4\pi\epsilon_0}$

풀이 선전하밀도 λ[C/m]의 전하가 분포되어 있는 반경 r [m]인 **무한장 원통면상의 전계의 세기**는, 무한장 직선 도체에서 거리 r[m]인 점에서의 **전계의 세기와 같다**.
$$E = \frac{\lambda}{2\pi\epsilon_0 r} \text{[V/m]}$$

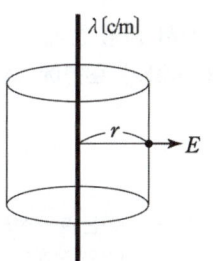

답 ②

04 대전도체표면의 전하밀도를 σ[C/m²]이라 할 때, 대전도체표면의 단위면적이 받는 정전응력은 전하밀도 σ와 어떤 관계에 있는가?

① $\sigma^{\frac{1}{2}}$에 비례   ② $\sigma^{\frac{3}{2}}$에 비례   ③ σ에 비례   ④ σ^2에 비례

풀이 정전 에너지 $W = \dfrac{Q^2}{2C} = \dfrac{Q^2}{2\left(\dfrac{\epsilon_0 S}{d}\right)} = \dfrac{Q^2 d}{2\epsilon_0 S} = \dfrac{\sigma^2 d}{2\epsilon_0} S$[J]   ($\because Q = \sigma \times S$)

∴ 정전응력 $F = -\dfrac{\partial W}{\partial d} = -\dfrac{\sigma^2}{2\epsilon_0} S$[N] $\propto \sigma^2$

답 ④

05 진공 중의 도체계에서 임의의 도체를 일정 전위의 도체로 완전 포위하면 내외공간의 전계를 완전 차단시킬 수 있는데 이것을 무엇이라 하는가?

① 홀효과   ② 정전차폐   ③ 핀치효과   ④ 전자차폐

풀이 임의의 도체를 **접지된 도체로 완전 포위**하면 외부에서 유도되는 전하를 차단할 수 있다. 이것을 **정전차폐**라고 한다.

답 ②

06 단면적 S[m²]의 철심에 ϕ[Wb]의 자속을 통하게 하려면 H[AT/m]의 자계가 필요하다. 이 철심의 비투자율은 얼마인가?

① $\dfrac{\phi}{\mu_0 S H^2}$ ② $\dfrac{\phi}{SH}$ ③ $\dfrac{\phi}{SH^2}$ ④ $\dfrac{\phi}{\mu_0 SH}$

풀이 자속밀도 $B = \dfrac{\phi}{S} = \mu H = \mu_0 \mu_s H$에서 비투자율 $\mu_s = \dfrac{\phi}{\mu_0 SH}$가 된다.

답 ④

07 900[V]의 전위차는 C.G.S 정전단위로 몇 [esu]의 전위차에 해당되는가?

① 1   ② 2   ③ 3   ④ 4

풀이 M.K.S 단위 1[V]와 C.G.S 정전단위(esu)의 전위 관계는 $1\text{[V]} = \dfrac{1}{300}$[esu V]이므로

900[V]를 [esu V]로 환산하면 V[esu V] $= \dfrac{1}{300} \times 900 = 3$[esu V]

답 ③

08 공기 중에서 평등 전계 E_0[V/m]에 수직으로 비유전율이 ϵ_s인 유전체를 놓았더니 σ^r[C/m²]의 분극 전하가 표면에 생겼다면 유전체 중의 전계 강도 E[V/m]는?

① $\dfrac{\sigma^r}{\epsilon_0 \epsilon_s}$ ② $\dfrac{\sigma^r}{\epsilon_0(\epsilon_s-1)}$ ③ $\epsilon_0 \epsilon_s \sigma^r$ ④ $\epsilon_0(\epsilon_s-1)\sigma^r$

풀이 분극의 세기는 분극전하밀도로 정의하므로 $P=\sigma^r$
분극의 세기와 전계의 세기의 관계식 $P=\epsilon_0(\epsilon_s-1)E$ 에서 $\sigma^r=\epsilon_0(\epsilon_s-1)E$
∴ $E=\dfrac{\sigma^r}{\epsilon_0(\epsilon_s-1)}$ [V/m]   **답** ②

09 반지름 a[m]인 접지 도체구의 중심에서 r[m]되는 거리에 점전하 Q[C]을 놓았을 때 도체구에 유도된 총 전하는 몇 [C]인가?

① 0   ② $-Q$ ③ $-\dfrac{a}{r}Q$ ④ $-\dfrac{r}{a}Q$

풀이 점 P에서 Q의 전하를 주고 도체구를 접지($V_1=0$)하였을 때 유도되는 전하를 Q'라 하면 $V_1=P_{11}Q'+P_{12}Q=0$

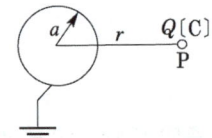

∴ $Q'=-\dfrac{P_{12}}{P_{11}}Q=-\dfrac{\frac{1}{4\pi\epsilon_0 r}}{\frac{1}{4\pi\epsilon_0 a}}Q=-\dfrac{a}{r}Q$[C]   **답** ③

10 다음 현상 가운데서 반드시 외부에서 자계를 가할 때만 일어나는 효과는?
① Seebeck 효과   ② Pinch 효과   ③ Hall 효과   ④ Peltier 효과

풀이 홀 효과(Hall effect) : 도체나 반도체의 물질에 전류를 흘리고 이것과 직각 방향으로 자계를 가하면 I와 B가 이루는 면에 직각방향으로 기전력이 발생되는 현상

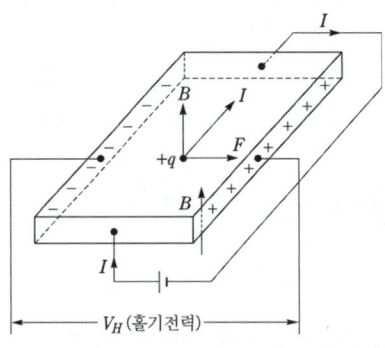

답 ③

11 N 회의 권선에 최댓값 1[V], 주파수 f[Hz]인 기전력을 유기시키기 위한 쇄교 자속의 최댓값 [Wb]은?

① $\dfrac{f}{2\pi N}$ ② $\dfrac{2N}{\pi f}$ ③ $\dfrac{1}{2\pi f N}$ ④ $\dfrac{N}{2\pi f}$

풀이 $E_m = \omega N \phi_m = 2\pi f N \phi_m [V]$

$\therefore \phi_m = \dfrac{E_m}{2\pi f N} = \dfrac{1}{2\pi f N} [Wb]$

답 ③

12 그림과 같이 권수가 1이고 반지름 $a[m]$인 원형전류 $I[A]$가 만드는 자계의 세기[AT/m]는?

① $\dfrac{I}{a}$ ② $\dfrac{I}{2a}$
③ $\dfrac{I}{3a}$ ④ $\dfrac{I}{4a}$

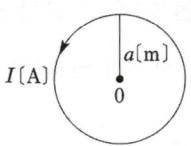

풀이 $H_0 = \oint dH = \int_0^{2\pi a} \dfrac{I dl \sin\theta}{4\pi a^2} = \int_0^{2\pi a} \dfrac{I dl}{4\pi a^2} = \dfrac{I}{4\pi a^2}\int_0^{2\pi a} dl = \dfrac{I}{2a}$ [AT/m]

또는 $H_x = \dfrac{I}{2} \cdot \dfrac{a^2}{(a^2+x^2)^{3/2}}$ 에서 원형 코일 중심의 자계의 세기 H_0는 $x=0$ 이므로

$\therefore H_0 = \dfrac{I}{2a}$ [AT/m]

답 ②

13 대전된 도체의 표면 전하밀도는 도체표면의 모양에 따라 어떻게 되는가?
① 곡률 반지름이 크면 커진다. ② 곡률 반지름이 크면 작아진다.
③ 표면 모양에 관계없다. ④ 평면일 때 가장 크다.

풀이 도체표면의 전하는 뾰족한 부분에 모이는 성질이 있는데, 뾰족한 부분일수록 반경이 작으므로 곡률이 커질수록 커지며, 곡률과 곡률 반지름은 반비례하므로 **곡률 반지름이 크면 작아진다**.

(곡률 반경 $\propto \dfrac{1}{곡률}$)

답 ②

14 공기 중에서 전계의 진행파 진폭이 10[mV/m]일 때 자계의 진행파 진폭은 몇 [mAT/m]인가?

① 26.5×10^{-1} ② 26.5×10^{-3} ③ 26.5×10^{-5} ④ 26.5×10^{-6}

풀이 $H_e = \sqrt{\dfrac{\epsilon_0}{\mu_0}} E_e = \sqrt{\dfrac{8.854 \times 10^{-12}}{4\pi \times 10^{-7}}} E_e = 2.65 \times 10^{-3} E_e$

진폭 $E_e = 10$[mV/m]이므로

$\therefore H_e = 2.65 \times 10^{-3} \times 10 = 26.5 \times 10^{-3}$[mAT/m]

답 ②

15 유전체 내의 전속밀도가 D[C/m²]인 전계에 저축되는 단위 체적당 정전에너지가 W_e[J/m³]일 때 유전체의 비유전율은?

① $\dfrac{D^2}{2\epsilon_0 W_e}$ ② $\dfrac{D^2}{\epsilon_0 W_e}$ ③ $\dfrac{2\epsilon_0 D^2}{W_e}$ ④ $\dfrac{\epsilon_0 D^2}{W_e}$

풀이 정전 에너지밀도 $W_e = \dfrac{1}{2}DE = \dfrac{D^2}{2\epsilon_0 \epsilon_s}$ [J/m³]

따라서 비유전율 $\epsilon_s = \dfrac{D^2}{2\epsilon_0 W_e}$

답 ①

16 도전성(導電性)이 없고 유전율과 투자율이 일정하며, 전하 분포가 없는 균질 완전 절연체 내에서 전계 및 자계가 만족하는 미분 방정식의 형태는? 단, $\alpha = \sqrt{\epsilon\mu}$, $v = \dfrac{1}{\sqrt{\epsilon\mu}}$

① $\nabla^2 E = D$

② $\nabla^2 E = \dfrac{1}{\alpha^2} \cdot \dfrac{\partial E}{\partial t}$

③ $\nabla^2 E = \dfrac{1}{v^2} \cdot \dfrac{\partial^2 E}{\partial t^2}$

④ $\nabla^2 E = \dfrac{1}{\alpha^2} \cdot \dfrac{\partial E}{\partial t} + \dfrac{1}{v^2} \cdot \dfrac{\partial^2 E}{\partial t^2}$

풀이 파동방정식 : 위치 z와 시간 t를 독립변수로 하고 전파속도 v가 포함된 함수
- 일반식 : $f(t, z) = f\left(t - \dfrac{z}{v}\right)$, $E(t, z) = E_m \cos(\omega t - \beta z) = E_m \cos\omega\left(t - \dfrac{z}{v}\right)$
- 1차원의 파동방정식 : $\dfrac{\partial^2 E}{\partial z^2} = \dfrac{1}{v^2} \cdot \dfrac{\partial^2 E}{\partial t^2}$ 또는 $\dfrac{\partial^2 E}{\partial z^2} - \dfrac{1}{v^2} \cdot \dfrac{\partial^2 E}{\partial t^2} = 0$
- 3차원의 파동방정식 : $\nabla^2 E = \dfrac{1}{v^2} \cdot \dfrac{\partial^2 E}{\partial t^2}$ 또는 $\nabla^2 E - \dfrac{1}{v^2} \cdot \dfrac{\partial^2 E}{\partial t^2} = 0$

답 ③

17 거리 r[m]를 두고 m_1, m_2[Wb]인 같은 부호의 자극이 놓여 있다. 두 자극을 잇는 선상의 어느 일점에서 자계의 세기가 0인 점은 m_1[Wb]에서 몇 [m] 떨어져 있는가?

① $\dfrac{m_1 r}{m_1 + m_2}$ [m]

② $\dfrac{\sqrt{m_1} r}{\sqrt{m_1} + \sqrt{m_2}}$ [m]

③ $\dfrac{\sqrt{m_1} \cdot r}{\sqrt{m_1} + \sqrt{m_2}}$ [m]

④ $\dfrac{m_1^2 r}{m_1^2 + m_2^2}$ [m]

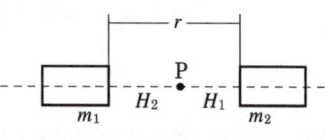

풀이 그림에서와 같이 m_1과 m_2의 부호가 같을 때는 두 자하 사이에 자계의 세기가 0인 점이 존재하는데 이때 $H_1 = H_2$이며 방향은 반대이다. 자계가 0인 점을 P라 하고 m_1에서 P점까지의 거리를 x라 하면

$H_1 = \dfrac{m_1}{4\pi\mu_0 x^2} = H_2 = \dfrac{m_2}{4\pi\mu_0 (r-x)^2}$ 에서

$\dfrac{m_1}{x^2} = \dfrac{m_2}{(r-x)^2}$, $m_2 x^2 = m_1 (r-x)^2$

양변에 $\sqrt{}$ 를 취하면

$\sqrt{m_2}\, x = \sqrt{m_1}(r-x) = \sqrt{m_1}\, r - \sqrt{m_1}\, x$, $x(\sqrt{m_1} + \sqrt{m_2}) = \sqrt{m_1}\, r$

따라서 $x = \dfrac{\sqrt{m_1} \cdot r}{\sqrt{m_1} + \sqrt{m_2}}$ [m]

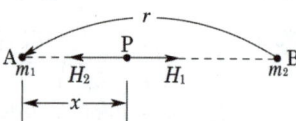

답 ③

18 직선 전류에 의해서 그 주위에 생기는 환상의 자계 방향은?

① 전류의 방향
② 전류와 반대 방향
③ 오른 나사의 진행 방향
④ 오른 나사의 회전 방향

풀이
- 암페어 오른손(오른 나사) 법칙:
  나사 진행 방향을 전류 방향과 일치시킬 때 자계의 방향은 오른 나사를 회전시키는 방향과 같다.
  ⊗ : 지면의 표면에서 뒷면으로 들어가는 방향
  ⊙ : 지면의 뒷면에서 표면으로 나오는 방향

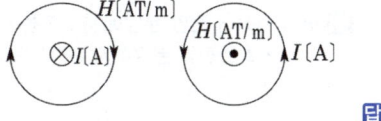

답 ④

19 전위함수가 $V = 2x + 5yz + 3$일 때, 점 (2, 1, 0)에서의 전계의 세기는?

① $-2i - 5j - 3k$
② $i + 2j + 3k$
③ $-2i - 5k$
④ $4i + 3k$

풀이 전계의 세기

$$E = -\text{grad } V = -\left(\frac{\partial}{\partial x}i + \frac{\partial}{\partial y}j + \frac{\partial}{\partial z}k\right)(2x + 5yz + 3) = -(2i + 5zj + 5yk)$$

$$\therefore |E|_{x=2, y=1, z=0} = -(2i + 5 \times 0j + 5 \times 1k) = -2i - 5k$$

답 ③

20 정전용량이 1[μF], 2[μF]인 콘덴서에 각각 2×10^{-4}[C] 및 3×10^{-4}[C]의 전하를 주고 극성을 같게 하여 병렬로 접속할 때 콘덴서에 축적된 에너지는 약 몇 [J]인가?

① 0.042
② 0.063
③ 0.084
④ 0.126

풀이
$Q = Q_1 + Q_2 = 5 \times 10^{-4}$[C]
$C = C_1 + C_2 = (1+2) \times 10^{-6} = 3 \times 10^{-6}$[F]

$$\therefore W = \frac{Q^2}{2C} = \frac{(5 \times 10^{-4})^2}{2 \times 3 \times 10^{-6}} = 0.042[\text{J}]$$

답 ①

2과목 전력공학

21 전력계통의 안정도 향상대책으로 옳지 않은 것은?

① 계통의 직렬 리액턴스를 낮게 한다.
② 고속도 재폐로방식을 채용한다.
③ 지락전류를 크게 하기 위하여 직접 접지방식을 채용한다.
④ 고속도 차단방식을 채용한다.

풀이 안정도 향상 대책
① 계통의 직렬 리액턴스 감소(다회선 방식 채택, 복도체 방식 채택, 기기의 리액턴스 감소)
② 전압변동률을 적게 한다(속응여자방식 채용, 계통의 연계, 중간 조상 방식).
③ 계통에 주는 충격을 적게 한다(적당한 중성점접지방식, 고속차단방식, 재폐로방식).
④ 고장 중의 발전기 돌입 출력의 불평형을 적게 한다.

답 ③

22 가공 송전선에 사용하는 애자련 중 전압부담이 최대인 것은?

① 전선에 가장 가까운 것
② 중앙에 있는 것
③ 철탑에 가장 가까운 것
④ 철탑에서 $\frac{1}{3}$ 지점의 것

풀이
- 최대 전압 분담애자 : 전선에 가장 가까운 애자
- 최소전압 분담애자 : 전선으로부터 2/3 (철탑에서 1/3)되는 지점에 있는 애자

답 ①

23 송전선의 특성 임피던스를 Z_0, 전파속도를 V라 할 때, 이 송전선의 단위길이에 대한 인덕턴스 L은?

① $L = \dfrac{V}{Z_0}$
② $L = \dfrac{Z_0}{V}$
③ $L = \dfrac{Z_0^2}{V}$
④ $L = \sqrt{Z_0}\,V$

풀이
- 파동 임피던스 $Z_0 = \sqrt{\dfrac{L}{C}}$
- 전파속도 $V = \sqrt{\dfrac{1}{LC}}$

$$\therefore \dfrac{Z_0}{V} = \sqrt{\dfrac{\dfrac{L}{C}}{\dfrac{1}{LC}}} = L$$

답 ②

24 부하측에 밸런스를 필요로 하는 배전 방식은?

① 3상 3선식
② 3상 4선식
③ 단상 2선식
④ 단상 3선식

풀이 단상 3선식은 단상 2선식에 비해 다음과 같은 특징이 있다.
① 소요전선량이 적어도 된다.
② 중성선이 단선하면 불평형부하일 경우 부하 전압에 심한 불평형이 발생하므로 중성선에는 퓨즈를 삽입해서는 안된다.
③ 110[V] 부하 외에 220[V] 부하의 사용이 가능하다.
④ 전압 불평형을 줄이기 위한 대책으로서 저압선의 말단에 밸런서를 설치한다.

답 ④

25 3상용 차단기의 정격차단용량은?

① $\dfrac{1}{\sqrt{3}}$(정격 전압)×(정격 차단전류)
② $\dfrac{1}{\sqrt{3}}$(정격 전압)×(정격 전류)
③ $\sqrt{3}$(정격 전압)×(정격 전류)
④ $\sqrt{3}$(정격 전압)×(정격 차단전류)

풀이 차단기 용량 $P_s = \sqrt{3}\,VI_s = \sqrt{3} \times$ 정격전압 × 정격차단전류

답 ④

26 차단기에서 O – 3분 – CO – 3분 – CO인 것의 의미는?
단, O : 차단동작, C : 투입동작, CO : 투입동작에 뒤따라 곧 차단동작

① 일반 차단기의 표준동작책무
② 자동 재폐로용
③ 정격차단용량 50[mA] 미만의 것
④ 무전압시간

풀이 차단기의 동작책무 : 어느 시간 간격을 두고 행하여지는 일련의 동작을 규정한 것
- 일반용 : CO – 15초 – CO, O – 3분 – CO – 3분 – CO
- 고속도 재투입용 : O – 0.3초 – CO – 3분(또는 15초, 1분) – CO

답 ①

27 그림에서와 같이 부하가 균일한 밀도로 도중에서 분기되어 선로전류가 송전단에 이를수록 직선적으로 증가할 경우 선로 말단의 전압강하는 이 송전단 전류와 같은 전류의 부하가 선로의 말단에만 집중되어 있을 경우의 전압강하 보다 대략 어떻게 되는가? (단, 부하역률은 모두 같다고 한다.)

① $\frac{1}{3}$ 로 된다. ② $\frac{1}{2}$ 로 된다.
③ 동일하다. ④ $\frac{1}{4}$ 로 된다.

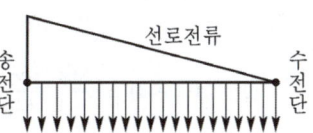

풀이 집중 부하와 분산부하

구 분	전력손실	전압강하
말단에 집중 부하	$I^2 rL$	IrL
평등 분포 부하	$\frac{1}{3}I^2 rL$	$\frac{1}{2}IrL$

여기서, I : 전선의 전류, r : 전선 단위길이 당 저항, L : 전선의 길이

답 ②

28 피뢰기의 정격전압이란?
① 상용주파수의 방전개시전압
② 속류를 차단할 수 있는 최고의 교류전압
③ 방전을 개시할 때 단자전압의 순시값
④ 충격방전전류를 통하고 있을 때 단자전압

풀이 피뢰기 정격전압
속류를 차단하는 교류 최고전압. 즉, 피뢰기의 양 단자 사이에 인가할 수 있는 상용주파수의 최대전압의 실효값을 말한다.

답 ②

29 어느 빌딩 부하의 총설비 전력이 400[kW], 수용률이 0.5라 하면 이 빌딩의 변전설비용량은 몇 [kVA]인가? 단, 부하역률은 80%라 한다.
① 180[kVA] ② 250[kVA] ③ 300[kVA] ④ 360[kVA]

풀이 변압기 용량 = $\frac{\text{설비 용량} \times \text{수용률}}{\text{역률}}$ [kVA] = $\frac{400 \times 0.5}{0.8}$ = 250[kVA]

답 ②

30 전극의 어느 일부분의 전위경도가 커져서 공기와의 절연이 파괴되어 생기는 현상은?
① 페란티 현상 ② 코로나 현상 ③ 카르노 현상 ④ 보어 현상

풀이 전선 주위의 공기절연이 국부적으로 파괴되어 낮은 소리나 엷은 빛을 내면서 방전하게 되는 현상을 코로나 또는 코로나 방전이라고 한다.

답 ②

31 연가를 하는 주된 목적으로 옳은 것은?

① 선로정수의 평형 ② 유도뢰의 방지
③ 계전기의 확실한 동작의 확보 ④ 전선의 절약

풀이
- 연가는 선로정수를 평형시키고 통신선의 유도장해를 방지하기 위하여 선로를 3배수 등분하여 실시한다.
- **연가의 목적** : 직렬공진 방지, 유도장해 감소, **선로정수 평형**

답 ①

32 설비 용량 900[kW], 부등률 1.2, 수용률 50[%]일 때 합성 최대 전력은 몇 [kW]인가?

① 300 ② 375 ③ 400 ④ 415

풀이
합성 최대 전력 $= \dfrac{\text{설비용량} \times \text{수용률}}{\text{부등률}} = \dfrac{900 \times 0.5}{1.2} = 375[kW]$

답 ②

33 저항 10[Ω], 리액턴스 15[Ω]인 3상 송전선로가 있다. 수전단 전압 60[kV], 부하역률 0.8[lag], 전류 100[A]라 할 때 송전단 전압은?

① 약 33[kV] ② 약 42[kV] ③ 약 58[kV] ④ 약 63[kV]

풀이
$V_s = V_r + \sqrt{3} I(R\cos\theta + X\sin\theta) = 60 \times 10^3 + \sqrt{3} \times 100 \times (10 \times 0.8 + 15 \times 0.6)$
$= 62944[V] ≒ 63[kV]$

답 ④

34 역률 80[%]인 10000[kVA]의 부하를 갖는 변전소에 2000[kVA]의 콘덴서를 설치해서 역률을 개선하면 변압기에 걸리는 부하는 약 몇 [kVA]인가?

① 8000 ② 8540 ③ 8940 ④ 9440

풀이
- 유효전력
  $P = P_a \cos\theta_1 = 10000 \times 0.8 = 8000[kW]$
- 무효전력
  $Q = P_a \sin\theta_1 = 10000 \times \sqrt{1-0.8^2} = 6000[kVar]$
- 전력용 콘덴서 $Q_c = 2000[kVA]$
  따라서 변압기에 걸리는 부하 P_a'은
  $P_a' = \sqrt{P^2 + (Q_1 - Q_c)^2} = \sqrt{8000^2 + (6000-2000)^2}$
  $= 8944.27[kVA]$

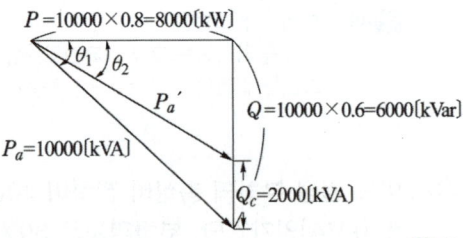

답 ③

35 부하전력 및 역률이 같을 때 전압을 n배 승압하면 전압강하율과 전력손실은 어떻게 되는가?

	전압강하율	전력손실		전압강하율	전력손실		전압강하율	전력손실		전압강하율	전력손실
①	$\dfrac{1}{n^2}$	$\dfrac{1}{n^2}$	②	$\dfrac{1}{n}$	$\dfrac{1}{n}$	③	$\dfrac{1}{n}$	$\dfrac{1}{n^2}$	④	$\dfrac{1}{n^2}$	$\dfrac{1}{n}$

풀이 ① 전압강하 $e = \dfrac{P}{V}(R + X\tan\theta)$

전압강하율 $\epsilon = \dfrac{e}{V} = \dfrac{P}{V^2}(R + X\tan\theta)$

n배 승압하였을 때 전압강하율 $\epsilon' = \dfrac{P}{(nV)^2}(R + X\tan\theta)$

$\therefore \dfrac{\epsilon'}{\epsilon} = \dfrac{\dfrac{P}{n^2 V^2}(R + X\tan\theta)}{\dfrac{P}{V^2}(R + X\tan\theta)} = \dfrac{1}{n^2}$ 배

② 전력손실 $P_l = 3I^2 R = \dfrac{P^2 R}{V^2 \cos^2\theta}$

n배 승압하였을 때의 전력손실 $P_l' = \dfrac{P^2 R}{n^2 V^2 \cos^2\theta}$

$\therefore \dfrac{P_l'}{P_l} = \dfrac{\dfrac{P^2 R}{n^2 V^2 \cos^2\theta}}{\dfrac{P^2 R}{V^2 \cos^2\theta}} = \dfrac{1}{n^2}$ 배

답 ①

36 3상 3선식 3각형 배치의 송전선로에 있어서 각 선의 대지 정전용량이 0.5038[μF]이고, 선간정전용량이 0.1237[μF]일 때 1선의 작용 정전용량은 몇 [μF]인가?

① 0.6275   ② 0.8749   ③ 0.9164   ④ 0.9755

풀이 $C_n = C_s + 3C_m = 0.5038 + 3 \times 0.1237 = 0.8749 [\mu F]$
여기서, C_n : 작용정전용량, C_s : 대지정전용량, C_m : 선간정전용량

답 ②

37 차단기와 차단기의 소호 매질이 틀리게 결합된 것은 어느 것인가?
① 공기차단기 – 압축 공기
② 가스 차단기 – SF$_6$ 가스
③ 자기 차단기 – 진공
④ 유입 차단기 – 절연유

풀이

종 류	소호작용
유입 차단기(OCB)	• 소호작용 : 절연유 • 기름이 분해되면 수소(H$_2$) 발생
진공 차단기(VCB)	고진공의 절연 특성을 이용
자기 차단기(MBB)	자기력으로 소호
공기 차단기(ABB)	압축공기로 소호
가스 차단기(GCB)	SF$_6$ 가스 이용

답 ③

38 배전선의 전력손실 경감 대책이 아닌 것은?
① 피더(feeder) 수를 줄인다.
② 역률을 개선한다.
③ 배전 전압을 높인다.
④ 부하의 불평형을 방지한다.

풀이
- 배전선로의 전력손실 $P_l = 3I^2 r = \dfrac{\rho W^2 L}{AV^2 \cos^2\theta}$
  ρ : 고유저항, W : 부하전력, L : 배전 거리, A : 전선의 단면적, V : 수전 전압, $\cos\theta$: 부하역률
- 배전선의 전력손실을 경감하기 위해서는 **역률을 개선하거나 배선 전압을 높여야 한다.** **답** ①

39 그림과 같은 T형 4단자 회로의 4단자 정수 중 B의 값은?

① $1 + \dfrac{Z_1}{Z_3}$

② $\dfrac{1}{Z_3}$

③ $\dfrac{Z_3 + Z_2}{Z_3}$

④ $\dfrac{Z_1 Z_2 + Z_2 Z_3 + Z_3 Z_1}{Z_3}$

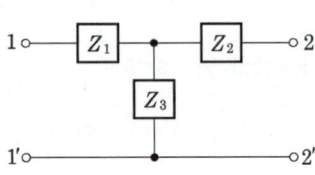

풀이
$\begin{bmatrix} 1 & Z_1 \\ 0 & 1 \end{bmatrix} \begin{bmatrix} 1 & 0 \\ \dfrac{1}{Z_3} & 1 \end{bmatrix} \begin{bmatrix} 1 & Z_2 \\ 0 & 1 \end{bmatrix} = \begin{bmatrix} \dfrac{Z_1 + Z_3}{Z_3} & \dfrac{Z_1 Z_2 + Z_2 Z_3 + Z_3 Z_1}{Z_3} \\ \dfrac{1}{Z_3} & \dfrac{Z_2 + Z_3}{Z_3} \end{bmatrix}$ **답** ④

40 단상 2선식 교류 배전선로가 있다. 전선의 1가닥 저항이 0.15[Ω]이고, 리액턴스는 0.25[Ω]이다. 부하는 순저항부하이고 100[V], 3[kW] 이다. 급전점의 전압[V]은 약 얼마인가?

① 105 ② 110 ③ 115 ④ 124

풀이 부하전류 $I = \dfrac{P}{V} = \dfrac{3000}{100} = 30[A]$

$\therefore V_s = V_r + 2IZ = V_r + 2I(R + jX) = 100 + 2 \times 30 \times (0.15 + j0.25)$
$= (100 + 2 \times 30 \times 0.15) + j(2 \times 30 \times 0.25) = 109 + j15 = \sqrt{109^2 + 15^2} \fallingdotseq 110[V]$ **답** ②

3과목 전기기기

41 8극, 50[kW], 3300[V], 60[Hz], 3상 유도전동기의 전부하 슬립이 4[%]라고 한다. 이 슬립링 사이에 0.16[Ω]의 저항 3개를 Y로 삽입하면 전부하 토크를 발생할 때의 회전수[rpm]는? (단, 2차 각상의 저항은 0.04[Ω]이고 Y접속이다.)

① 660 ② 720 ③ 750 ④ 880

풀이 2차 저항을 r_2, 전부하 슬립을 s, 외부저항을 R, 전부하 토크시의 슬립을 s'라고 하면
$\dfrac{r_2}{s} = \dfrac{r_2 + R}{s'} \rightarrow \dfrac{0.04}{0.04} = \dfrac{0.04 + 0.16}{s'}$ 이므로 $s' = 0.2$ 이다.

따라서 전부하 토크를 발생할 때의 회전수 N'은

$$N' = (1-s')N_s = (1-s')\frac{120f}{p} = (1-0.2) \times \frac{120 \times 60}{8} = 720[\text{rpm}]$$

답 ②

42 그림과 같은 6상 반파 정류 회로에서 450[V]의 직류 전압을 얻는 데 필요한 변압기의 직류 권선 전압은 몇 [V]인가?

① 333
② 348
③ 356
④ 375

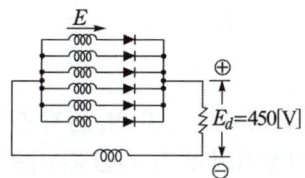

풀이

$$\frac{E_d}{E} = \frac{\sqrt{2}\sin\pi/m}{\pi/m}$$

$$\therefore E = \frac{E_d}{\frac{\sqrt{2}\sin(\pi/m)}{(\pi/m)}} = \frac{450}{\frac{\sqrt{2}\sin(\pi/6)}{(\pi/6)}} = 333.25[\text{V}]$$

답 ①

43 200±200[V], 자기 용량 3[kVA]인 단상 유도 전압 조정기가 있다. 최대 출력[kVA]은?

① 2   ② 4   ③ 6   ④ 8

풀이 단상 유도 전압 조정기의 1차 전압 $V_1 = 200[\text{V}]$, 2차 전압 $V_2 = 200 \pm 200[\text{V}]$이다.

유도 전압 조정기의 용량 = 부하 용량 × $\frac{\text{승압 전압}}{\text{고압측 전압}}$ → $3 = $ 부하용량 × $\frac{200}{400}$

$\therefore$ 부하용량 $= \frac{3}{\frac{200}{400}} = 6[\text{kVA}]$

답 ③

44 직류 직권 전동기의 전원 극성을 반대로 하면?

① 회전 방향이 변하지 않는다.
② 회전 방향이 변한다.
③ 속도가 증가된다.
④ 발전기로 된다.

풀이 직류 직권 전동기는 계자 권선과 전기자 권선이 직렬로 연결되어 있으므로 전원 극성을 반대로 하면 전기자 전류와 여자 전류의 방향이 모두 반대로 되므로 회전 방향은 변하지 않는다.

답 ①

45 6극 직류발전기의 정류자 편수가 132, 단자 전압이 220[V], 직렬 도체수가 132개이고 중권이다. 정류자 편간 전압[V]은?

① 10   ② 20   ③ 30   ④ 40

풀이 e_{sa} : 정류자 편간 전압, E : 유기 기전력, K : 정류자 편수, p : 극수라 하면,

$$e_{sa} = \frac{pE}{K} = \frac{6 \times 220}{132} = 10[\text{V}]$$

답 ①

46 포화하고 있지 않은 직류발전기의 회전수가 1/2로 감소되었을 때 기전력을 속도 변화 전과 같은 값으로 하려면 여자를 어떻게 해야 하는가?

① 1/2로 감소시킨다. ② 1배로 증가시킨다.
③ 2배로 증가시킨다. ④ 4배로 증가시킨다.

풀이 직류발전기의 기전력 $E = k\Phi N$ 이므로
속도(N)가 $\frac{1}{2}$로 감소되면 여자(Φ)는 2배 증가되어야 기전력(E)이 일정하다. **답** ③

47 전기자 저항이 0.3[Ω]이며, 단자 전압이 210[V], 부하 전류가 95[A], 계자 전류가 5[A]인 직류 분권 발전기의 유기 기전력[V]은?

① 180 ② 230 ③ 240 ④ 250

풀이 분권 발전기
전기자 전류 $I_a = I + I_f = 95 + 5 = 100$[A]
따라서 유기기전력
$E = V + I_a R_a$
$\quad = 210 + 100 \times 0.3 = 240$[V]

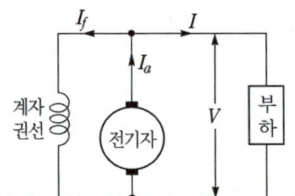

답 ③

48 그림과 같은 회로에서 Q_1에 역바이어스가 걸리는 시간을 나타낸 식은?

① $0.693 C_0/R$[sec]
② $0.693 R/C_0$[sec]
③ RC_0[sec]
④ $0.693 RC_0$[sec]

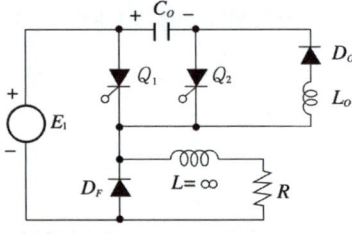

풀이 역바이어스 시간은 $e_{c0} = E_1\left(1 - 2e^{-\frac{1}{RC_0}t}\right) = 0$
에서 이 식을 만족하는 $t = t_c$는
$\therefore t_c = C_0 R \log_e 2 = 0.693 RC_0$[sec] **답** ④

49 6극 60[Hz] Y결선 3상 동기발전기의 극당 자속이 0.16[Wb], 회전수 1200[rpm], 1상의 권수 186, 권선 계수 0.96이면 단자전압은?

① 13183[V] ② 12254[V] ③ 26366[V] ④ 27456[V]

풀이 코일의 유기기전력 E는
$E = 4.44 f W k_w \phi = 4.44 \times 60 \times 186 \times 0.96 \times 0.16 = 7610.94$[V]
단자전압은 선간전압이므로
$\therefore V = \sqrt{3} E = \sqrt{3} \times 7610.94 = 13183$[V] **답** ①

50 변압기의 정격을 정의한 것 중 옳은 것은?
① 전부하의 경우 1차 단자전압을 정격 1차 전압이라 한다.
② 정격 2차 전압은 명판에 기재되어 있는 2차 권선의 단자전압이다.
③ 정격 2차 전압을 2차 권선의 저항으로 나눈 것이 정격 2차 전류이다.
④ 2차 단자 간에서 얻을 수 있는 유효전력을 [kW]로 표시한 것이 정격출력이다.

답 ②

51 유기 기전력 210[V], 단자 전압 200[V]인 5[kW] 분권 발전기의 계자 저항이 500[Ω]이면 그 전기자 저항[Ω]은?
① 0.2   ② 0.4   ③ 0.6   ④ 0.8

풀이
$I_f = \dfrac{V}{R_f} = \dfrac{200}{500} = 0.4[A]$

$I = \dfrac{P}{V} = \dfrac{5 \times 10^3}{200} = 25[A]$

전기자 전류 I_a는 $I_a = I + I_f$이므로
$I_a = 25 + 0.4 = 25.4[A]$
또한, $V = E - I_a R_a$ 식에서
$\therefore R_a = \dfrac{E - V}{I_a} = \dfrac{210 - 200}{25.4} = \dfrac{10}{25.4} \fallingdotseq 0.4[\Omega]$

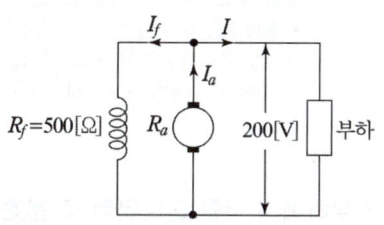

답 ②

52 2회전 자계설로 단상 유도 전동기를 설명하는 경우 정방향 회전자계에 대한 회전자의 슬립이 s이면 역방향 회전자계에 대한 회전자 슬립은?
① $1 + s$ ② s ③ $1 - s$ ④ $2 - s$

풀이 단상 유도 전동기가 슬립 s로 회전하면 회전 주파수는 정상분 전동기에서는 $(1-s)f$이고 **역상분 전동기에서는** $f + (1-s)f = (2-s)f$ 가 된다. 따라서 회전자 권선은 sf와 $(2-s)f$ 되는 주파수의 기전력을 유기한다.

답 ④

53 3000[V], 1500[kVA], 동기 임피던스 3[Ω]인 동일 정격의 두 동기발전기를 병렬 운전하던 중 한 쪽 계자 전류가 증가해서 각 상 유도 기전력 사이에 300[V]의 전압차가 발생했다면 두 발전기 사이에 흐르는 무효횡류는 몇 [A]인가?
① 20   ② 30   ③ 40   ④ 50

풀이 무효횡류 $I_c = \dfrac{E_c}{2Z_s} = \dfrac{300}{2 \times 3} = 50[A]$

답 ④

54 실리콘 다이오드의 특성에서 잘못된 것은?
① 전압강하가 크다.   ② 정류비가 크다.
③ 허용온도가 높다.   ④ 역내전압이 크다.

풀이 실리콘 정류기의 특성
① 역내전압이 크다.
② 전류 밀도가 크다.(게르마늄의 2~3배, 셀렌의 500~1000배)
③ 온도에 의한 영향이 작다.(최고 허용 온도 140~200[℃])
④ 효율은 가장 좋다.(99[%])
⑤ 대용량 정류기에 적합하다.

답 ①

55 농형 유도전동기의 속도제어법이 아닌 것은?
① 극수변환
② 1차 저항변환
③ 전원전압변환
④ 전원주파수변환

풀이 유도전동기의 속도제어법
① 농형 유도전동기의 속도제어법
 • 주파수를 바꾸는 방법 • 극수를 바꾸는 방법 • 전원전압을 바꾸는 방법
② 권선형 유도전동기의 속도제어법
 • 2차여자 제어법 • 2차저항 제어법 • 종속 제어법

답 ②

56 정격 부하에서 역률 0.8(뒤짐)로 운전될 때, 전압 변동률이 12[%]인 변압기가 있다. 이 변압기에 역률 100[%]의 정격 부하를 걸고 운전할 때의 전압 변동률은 약 몇 [%]인가? (단, %저항강하는 %리액턴스강하의 1/12이라고 한다.)
① 0.909
② 1.5
③ 6.85
④ 16.18

풀이 전압 변동률
$\epsilon = p\cos\theta + q\sin\theta = 0.8p + 0.6q = 12[\%]$ (여기서, p : %저항 강하, q : %리액턴스 강하)
$q = 12p$ (∵ %저항강하 p는 %리액턴스강하 q의 1/12)
이므로
$0.8p + 0.6 \times 12p = 8p = 12$
$p = \dfrac{12}{8} = 1.5[\%]$
그런데 $\cos\theta = 1$일 때 $\sin\theta = 0$이므로 역률 100[%]의 전압 변동률 ϵ_{100}은
∴ $\epsilon_{100} = p\cos\theta + q\sin\theta = p \times 1 + q \times 0 = 1.5[\%]$

답 ②

57 직류 분권 발전기의 무부하 포화 곡선이 $V = \dfrac{940 I_f}{33 + I_f}$ 이고, I_f는 계자 전류[A], V는 무부하 전압[V]으로 주어질 때 계자 회로의 저항이 20[Ω]이면 몇[V]의 전압이 유기되는가?
① 140
② 160
③ 280
④ 300

풀이 $V = \dfrac{940 I_f}{33 + I_f}$
계자권선의 저항이 20[Ω]이므로
$V = I_f R_f = 20 I_f \;\to\; I_f = \dfrac{V}{20}$
이 식을 윗 식에 대입하면

$$V = \frac{940 \times \dfrac{V}{20}}{33 + \dfrac{V}{20}} \rightarrow \left(33 + \frac{V}{20}\right)V = 940 \times \frac{V}{20} \rightarrow 33 + \frac{V}{20} = 47$$

$$\therefore V = 280[\text{V}]$$

답 ③

58 3상 권선형 유도 전동기에서 1차와 2차간의 상수비, 권수비가 β, α이고 2차 전류가 I_2일 때 1차 1상으로 환산한 $I_2{'}$는?

① $\dfrac{\alpha}{I_2\beta}$ ② $\alpha\beta I_2$ ③ $\dfrac{\beta I_2}{\alpha}$ ④ $\dfrac{I_2}{\beta\alpha}$

풀이
- 1차 유도기전력 $E_1 = 4.44 k_{w1} w_1 f\phi[\text{V}]$
- 2차 유도기전력 $E_2 = 4.44 k_{w2} w_2 f\phi[\text{V}]$

따라서 1차 1상으로 환산한 $I_2{'}$는 $I_2{'} = I_1 = \dfrac{m_2 k_{w2} w_2}{m_1 k_{w1} w_1} I_2 = \dfrac{1}{\alpha\beta} I_2$

(여기서, 권수비 $\alpha = \dfrac{k_{w1} w_1}{k_{w2} w_2}$, 상수비 $\beta = \dfrac{m_1}{m_2}$)

답 ④

59 임피던스 강하가 5[%]인 변압기가 운전 중 단락되었을 때 그 단락 전류는 정격 전류의 몇 배인가?

① 15배 ② 20배 ③ 25배 ④ 30배

풀이 단락 전류 $I_{1s} = \dfrac{100}{\%Z} I_{1n} = \dfrac{100}{5} \times I_{1n} = 20 I_{1n}$

답 ②

60 직류 발전기에서 양호한 정류를 얻기 위한 방법이 아닌 것은?
① 보상 권선을 설치한다.
② 보극을 설치한다.
③ 브러시의 접촉저항을 크게 한다.
④ 리액턴스 전압을 크게 한다.

풀이 양호한 정류를 얻는 방법
불꽃없는 정류를 위한 조건 : 브러시 접촉면 전압강하 > 평균 리액턴스 전압
① 보상 권선을 설치하여 전기자 반작용 억제.
② 전압 정류 : 보극 설치
③ 저항 정류 : 접촉저항이 큰 탄소 브러시를 사용
④ 리액턴스(L)를 적게 하여 리액턴스 전압을 낮게 한다. : 단절권 채택
⑤ 정류주기(T_c)를 길게 한다. : 회전속도를 낮춘다.

답 ④

4과목　회로이론

61 $R-L$ 직렬회로에서 시정수의 값이 클수록 과도현상의 소멸되는 시간은 어떻게 되는가?
　① 짧아진다.　　　　　　　　② 길어진다.
　③ 과도기가 없어진다.　　　　④ 관계없다.

풀이　$R-L$ 직렬회로에서 직류전압 인가 시 $i(t)=\dfrac{E}{R}\left(1-e^{-\frac{R}{L}t}\right)=\dfrac{E}{R}\left(1-e^{-\frac{1}{\tau}t}\right)$ 이므로,

　시정수 τ 가 커지면 $e^{-\frac{1}{\tau}t}$ 의 값이 증가하므로 과도 상태는 길어진다.　　**답 ②**

62 아래와 같은 비정현파 전압을 RL 직렬회로에 인가할 때에 제 3고조파 전류의 실효값[A]은? (단, $R=4[\Omega]$, $\omega L=1[\Omega]$이다.)

$$e=100\sqrt{2}\sin\omega t+75\sqrt{2}\sin 3\omega t+20\sqrt{2}\sin 5\omega t\,[\text{V}]$$

　① 4　　　　② 15　　　　③ 20　　　　④ 75

풀이　고조파의 유도 리액턴스는 주파수에 비례한다.
　$X_L=n\omega L[\Omega]$ (여기서 n은 고조파 차수)

　따라서 제3고조파 전류 $I_3=\dfrac{V_3}{Z_3}=\dfrac{V_3}{\sqrt{R^2+(3\omega L)^2}}=\dfrac{75}{\sqrt{4^2+3^2}}=15[\text{A}]$　**답 ②**

63 분포정수 전송회로에 대한 설명이 아닌 것은?
　① $\dfrac{R}{L}=\dfrac{G}{C}$ 인 회로를 무왜형 회로라 한다.
　② $R=G=0$ 인 회로를 무손실 회로라 한다.
　③ 무손실 회로와 무왜형 회로의 감쇠정수는 $\sqrt{RG}$ 이다.
　④ 무손실 회로와 무왜형 회로에서의 위상속도는 $\dfrac{1}{\sqrt{LC}}$ 이다.

풀이　• 무손실 회로 감쇠정수 $\alpha=0$
　　　• 무왜형 선로 감쇠정수 $\alpha=\sqrt{RG}$　　**답 ③**

64 대칭좌표법에 관한 설명 중 잘못된 것은?
　① 불평형 3상 회로 비접지식 회로에서는 영상분이 존재한다.
　② 대칭 3상 전압에서 영상분은 0이다.
　③ 대칭 3상 전압은 정상분만 존재한다.
　④ 불평형 3상 회로의 접지식 회로에서는 영상분이 존재한다.

풀이 비접지식에서는 중성선이 없어 **중성선에 전류가 흐를 수 없으므로**, 3상 전류의 합 $I_a + I_b + I_c = 0$ 이다. 따라서 대칭좌표법에서 영상전류는 $I_0 = \frac{1}{3}(I_a + I_b + I_c) = 0$ 이 되어 **영상분이 존재하지 않는다.** **답** ①

65 전압 $v = V(\sin\omega t - \sin 3\omega t)$, 전류 $i = I\sin\omega t$ 인 교류의 평균 전력[W]은?

① $\int_0^{2\pi} vi\,dt$ ② $\frac{1}{2}VI$ ③ $\frac{1}{2}VI\sin\omega t$ ④ $\frac{2}{\sqrt{3}}VI$

풀이 전력은 주파수가 다르면 전력이 발생하지 않으므로, 주파수가 같은 성분만 고려하면
$P = \frac{VI}{2}\cos 0° = \frac{VI}{2}$ [W]가 된다. **답** ②

66 그림의 회로에서 단자 a, b에 3[Ω]의 저항을 연결할 때 저항에서의 소비 전력은 몇[W]인가?

① 1/12
② 1/3
③ 1
④ 12

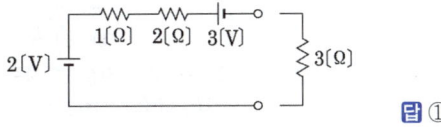

풀이 문제의 그림에서 전류원을 전압원으로 등가하면,
전류 $I = \frac{V}{R} = \frac{3-2}{1+2+3} = \frac{1}{6}$ [A]

따라서 전력 $P = I^2 R = \left(\frac{1}{6}\right)^2 \cdot 3 = \frac{3}{36} = \frac{1}{12}$ [W]

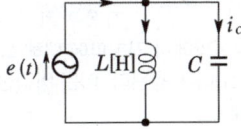

답 ①

67 그림에서 $e(t) = E_m\cos\omega t$의 전원전압을 인가했을 때 인덕턴스 L에 축적되는 에너지[J]는?

① $\frac{1}{2}\frac{E_m^2}{\omega^2 L^2}(1 + \cos\omega t)$

② $\frac{1}{4}\frac{E_m^2}{\omega^2 L}(1 - \cos\omega t)$

③ $\frac{1}{2}\frac{E_m^2}{\omega^2 L^2}(1 + \cos 2\omega t)$

④ $\frac{1}{4}\frac{E_m^2}{\omega^2 L}(1 - \cos 2\omega t)$

풀이 인덕턴스에 흐르는 전류 $i_L(t)$는
$i_L(t) = \frac{1}{L}\int e\,dt = \frac{1}{L}\int E_m\cos\omega t\,dt = \frac{E_m}{\omega L}\sin\omega t$

$\therefore W_L(t) = \frac{Li_L(t)^2}{2} = \frac{L}{2}\left(\frac{E_m}{\omega L}\right)^2\sin^2\omega t = \frac{E_m^2}{2\omega^2 L}\left(\frac{1-\cos 2\omega t}{2}\right) = \frac{1}{4}\frac{E_m^2}{\omega^2 L}(1-\cos 2\omega t)$

답 ④

68 3상 △부하에서 각 선전류를 I_a, I_b, I_c 라 하면 전류의 영상분은?

① ∞ ② -1 ③ 1 ④ 0

풀이 비접지식(△결선)에서는 중성선이 없어 중성선에 전류가 흐를 수 없으므로, 3상 전류의 합 $I_a + I_b + I_c = 0$ 이다.

따라서 대칭좌표법에서 영상전류는 $I_0 = \frac{1}{3}(I_a + I_b + I_c) = 0$ 이 되어 영상분이 존재하지 않는다. **답** ④

69 그림과 같은 회로에서 $i_1 = I_m \sin \omega t$ 일 때 개방된 2차 단자에 나타나는 유기 기전력 e_2는 몇 [V]인가?

① $\omega M I_m \sin \omega t$
② $\omega M I_m \cos \omega t$
③ $\omega M I_m \sin (\omega t - 90°)$
④ $\omega M I_m \sin (\omega t + 90°)$

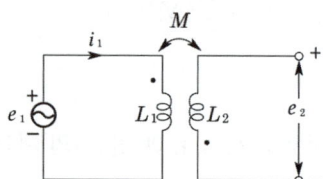

풀이
- 1차 전류에 의한 2차 단자의 유기 기전력 $e_2 = -M\frac{di_1}{dt}$ [V]
- $i_1 = I_m \sin\omega t$ [A] 이므로

$$e_2 = -M\frac{di_1}{dt} = -M\frac{d}{dt}(I_m \sin\omega t) = -\omega M I_m \cos\omega t = -\omega M I_m \sin(\omega t + 90°)$$
$$= \omega M I_m \sin(\omega t + 90° \pm 180°)$$

일반적으로 순시값의 위상 범위는 $-180° \leq \theta \leq 180°$로 표현하므로

∴ $e_2 = \omega M I_m \sin(\omega t - 90°)$ [V] **답** ③

70 왜형률이란 무엇인가?

① $\dfrac{전\ 고조파의\ 실효값}{기본파의\ 실효값}$ ② $\dfrac{전\ 고조파의\ 평균값}{기본파의\ 평균값}$

③ $\dfrac{제3고조파의\ 실효값}{기본파의\ 실효값}$ ④ $\dfrac{우수\ 고조파의\ 실효값}{기수\ 고조파의\ 실효값}$

풀이 왜형률 $= \dfrac{고조파의\ 실효값의\ 합}{기본파의\ 실효값}$

비정현파에서 기본파에 대해 고조파 성분이 어느 정도 포함되었는가를 나타내는 지표로서 왜형률(distortion factor)이 사용된다. 이는 비정현파가 정현파를 기준으로 하였을 때 얼마나 일그러졌는가를 표시하는 척도가 된다. **답** ①

71 전기회로에서 일어나는 과도현상은 그 회로의 시정수와 관계가 있다. 이 사이의 관계를 옳게 표현한 것은?

① 회로의 시정수가 클수록 과도현상은 오래동안 지속된다.
② 시정수는 과도현상의 지속시간에는 상관되지 않는다.
③ 시정수의 역이 클수록 과도현상은 천천히 사라진다.
④ 시정수가 클수록 과도현상은 빨리 사라진다.

풀이 시정수(τ)는 과도현상의 길고 짧음을 나타낸 양이다.
- 시정수가 크면 과도현상이 오래 지속되어 과도현상 소멸 시간은 길어진다.
- 시정수가 작으면 과도현상이 짧아진다.

답 ①

72 다음과 같은 비정현파 전압 및 전류에 의한 전력을 구하면 몇 [W]인가?

$$v = 100\sin\omega t - 50\sin(3\omega t + 30°) + 20\sin(5\omega t + 45°)[V]$$
$$i = 20\sin\omega t + 10\sin(3\omega t - 30°) + 5\sin(5\omega t - 45°)[A]$$

① 1175　　② 925　　③ 875　　④ 825

풀이 비정현파인 경우 주파수가 같은 성분끼리만 고려하면 된다.

$$\therefore P = \frac{100 \times 20}{2}\cos 0° + \frac{-50 \times 10}{2}\cos 60° + \frac{20 \times 5}{2}\cos 90° = 875[W]$$

답 ③

73 6상 성형 상전압이 200[V]일 때 선간전압[V]은?

① 200　　② 150　　③ 100　　④ 50

풀이 대칭 n상 회로에서의 선간전압 $V_l = 2V_p\sin\dfrac{\pi}{n}[V]$ (여기서, V_l : 선간전압, V_p : 상전압, n : 상수)

따라서 6상 전간전압 $V_l = 2V_p\sin\dfrac{\pi}{n} = 2V_p\sin\dfrac{\pi}{6} = V_p = 200[V]$

(6상일 때의 선간전압은 상전압과 같다.)

답 ①

74 a, b 단자의 전압 v는?

① 2
② -2
③ -8
④ 8

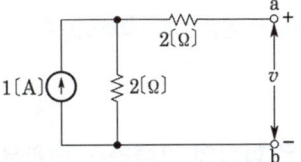

풀이 v는 개방단의 전압이므로 $\therefore v = 2 \times 1 = 2[V]$

답 ①

75 $5\dfrac{d^2q}{dt^2} + \dfrac{dq}{dt} = 10\sin t$ 에서 모든 초기 조건을 0으로 하고 라플라스 변환하면?

① $Q(s) = \dfrac{10}{(5s+1)(s^2+1)}$　　② $Q(s) = \dfrac{10}{(5s^2+s)(s^2+1)}$

③ $Q(s) = \dfrac{10}{2(s^2+1)}$　　④ $Q(s) = \dfrac{10}{(s^2+5)(s^2+1)}$

풀이 초기 조건이 0일 때 $\mathcal{L}\left[\dfrac{d^2q}{dt^2}\right] = s^2Q(s)$, $\mathcal{L}\left[\dfrac{dq}{dt}\right] = sQ(s)$

$$5s^2 Q(s) + sQ(s) = 10\left(\frac{1}{s^2+1}\right)$$
$$(5s^2 + s)Q(s) = \frac{10}{s^2+1}$$
$$\therefore Q(s) = \frac{10}{(5s^2+s)(s^2+1)}$$

답 ②

76 라플라스 변환함수 $\dfrac{1}{s(s+1)}$에 대한 역라플라스 변환은?

① $1+e^{-t}$ ② $1-e^{-t}$ ③ $\dfrac{1}{1-e^{-t}}$ ④ $\dfrac{1}{1+e^{-t}}$

풀이
$$F(s) = \frac{1}{s(s+1)} = \frac{A}{s} + \frac{B}{s+1}$$
$$A = \frac{1}{s+1}\bigg|_{s=0} = \frac{1}{1} = 1,\ B = \frac{1}{s}\bigg|_{s=-1} = \frac{1}{-1} = -1\ \text{이므로}$$
$$F(s) = \frac{1}{s} - \frac{1}{s+1},\ \mathcal{L}^{-1}[F(s)] = 1 - e^{-t}$$

답 ②

77 저항 10[Ω], 인덕턴스 10[mH]인 인덕턴스에 실효값 100[V]인 정현파 전압을 인가했을 때 흐르는 전류의 최댓값[A]은? 단, 정현파의 각주파수는 1000[rad/s]이다.

① 5 ② $5\sqrt{2}$ ③ 10 ④ $10\sqrt{2}$

풀이 리액턴스 $X_L = \omega L = 1000 \times 10 \times 10^{-3} = 10[\Omega]$
임피던스 $Z = \sqrt{R^2 + X_L^2} = \sqrt{10^2 + 10^2} = 10\sqrt{2}[\Omega]$
최댓값은 실효값의 $\sqrt{2}$ 배이므로, $\therefore I_m = \sqrt{2}\,I = \sqrt{2}\cdot\dfrac{V}{Z} = \dfrac{\sqrt{2}\times 100}{10\sqrt{2}} = 10[A]$

답 ③

78 그림과 같은 파형의 라플라스 변환은?

① $\dfrac{1}{b}\left(\dfrac{1-e^{-bs}}{s}\right)$ ② $\dfrac{1}{b}\left(\dfrac{1+e^{-bs}}{s}\right)$
③ $\dfrac{1}{s}(1-e^{-bs})$ ④ $\dfrac{1}{s}(1+e^{-bs})$

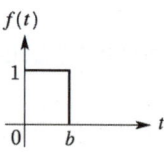

풀이 $f(t) = u(t) - u(t-b)$이므로
$$\mathcal{L}[f(t)] = \mathcal{L}[u(t)] - \mathcal{L}[u(t-b)] = \frac{1}{s} - \frac{1}{s}e^{-bs} = \frac{1}{s}(1-e^{-bs})$$

답 ③

79 저항 $R = 6[\Omega]$과 유도리액턴스 $X_L = 8[\Omega]$이 직렬로 접속된 회로에서 $v = 200\sqrt{2}\sin\omega t$[V]인 전압을 인가하였다. 이 회로의 소비되는 무효전력[kvar]은?

① 1.2 ② 2.2 ③ 2.4 ④ 3.2

풀이 RL 직렬회로에서 전류 $I = \dfrac{V}{Z} = \dfrac{V}{\sqrt{R^2+X^2}}$ [A]이므로

무효전력 $P_r = I^2 X = \left(\dfrac{V}{\sqrt{R^2+X^2}}\right)^2 X = \dfrac{V^2 X}{R^2+X^2} = \dfrac{200^2 \times 8}{6^2+8^2} = 3200[\text{W}] = 3.2[\text{kW}]$ 　**답** ④

---

80 3상 3선식에서 선간전압이 100[V] 송전선에 $5/45°$[Ω]의 부하를 △접속할 때의 선전류[A]는?

① 20　　　② 28.2　　　③ 34.6　　　④ 40

풀이 △결선에서 선간전압(V_l)과 상전압(V_p)은 같고, 선전류 $I_l = \sqrt{3} I_p$이므로,

$\therefore I_l = \sqrt{3} \times \dfrac{V}{Z} = \sqrt{3} \times \dfrac{100}{5/45°} = 20\sqrt{3}\,/{-45°} = 34.64\,/{-45°}$ [A]　**답** ③

5과목　전기설비기술기준

81 전기욕기에 전기를 공급하기 위한 전원장치에 내장되어 있는 전원변압기의 2차 측 전로의 사용전압은 몇 [V] 이하인 것을 사용하여야 하는가?

① 5　　　② 10　　　③ 25　　　④ 35

풀이 241.2 전기욕기
전기욕기에 전기를 공급하기 위한 전기욕기용 전원장치(내장되는 전원 변압기의 2차측 전로의 사용전압이 10[V] 이하의 것에 한한다)는 안전기준에 적합하여야 한다.　**답** ②

---

82 전력 보안 통신 설비인 무선 통신용 안테나 또는 반사판을 지지하는 철주, 철근 콘크리트 주 또는 철탑의 기초의 안전율은 얼마 이상이어야 하는가?

① 1.0　　　② 1.2　　　③ 1.5　　　④ 2.0

풀이 364.1 무선용 안테나 등을 지지하는 철탑 등의 시설
전력보안통신설비인 무선통신용 안테나 또는 반사판을 지지하는 목주·철주·철근 콘크리트주 또는 철탑은 다음에 따라 시설하여야 한다. 다만, 무선용 안테나 등이 전선로의 주위상태를 감시할 목적으로 시설되는 것일 경우에는 그러하지 아니하다.
가. 목주는 풍압하중에 대한 안전율은 1.5 이상이어야 한다.
나. 철주·철근 콘크리트주 또는 철탑의 기초 안전율은 1.5 이상이어야 한다.　**답** ③

---

83 전자개폐기의 조작회로 또는 초인벨, 경보벨 등에 접속하는 전로로서 최대 사용전압이 몇 60[V] 이하인 것으로 대지전압이 몇 [V] 이하인 강전류 전기의 전송에 사용하는 전로와 변압기로 결합되는 것을 소세력회로라 하는가?

① 100　　　② 150　　　③ 300　　　④ 440

> **풀이** 241.14 소세력 회로
> 가. 전자 개폐기의 조작회로 또는 초인벨·경보벨 등에 접속하는 전로로서 최대 사용전압이 60[V] 이하인 것
> 나. 소세력 회로에 전기를 공급하기 위한 절연변압기의 사용전압은 내지전압 300[V] 이하로 하여야 한다.
> 답 ③

84 태양전지 모듈의 시설에 대한 설명으로 옳은 것은?
① 충전부분은 노출하여 시설할 것
② 출력배선은 극성별로 확인 가능토록 표시할 것
③ 전선은 공칭단면적 1.5[mm²] 이상의 연동선을 사용할 것
④ 전선을 옥내에 시설할 경우에는 애자공사에 준하여 시설할 것

> **풀이** 520 태양광발전설비
> 가. 태양전지 모듈, 전선, 개폐기 및 기타 기구는 충전부분이 노출되지 않도록 시설하여야 한다.
> 나. 모듈의 출력배선은 극성별로 확인할 수 있도록 표시할 것
> 다. 전선은 공칭단면적 2.5[mm²] 이상의 연동선 또는 이와 동등 이상의 세기 및 굵기의 것일 것.
> 라. 모듈을 병렬로 접속하는 전로에는 그 주된 전로에 단락전류가 발생할 경우에 전로를 보호하는 과전류차단기 또는 기타 기구를 시설할 것
> 마. 배선설비 공사는 옥내에 시설할 경우에는 합성수지관공사, 금속관공사, 금속제가요전선관공사, 케이블공사의 규정에 준하여 시설할 것.
> 답 ②

85 저압 옥상전선로의 시설에 대한 설명으로 옳지 않은 것은?
① 전선과 옥상전선로를 시설하는 조영재와의 이격거리를 0.5[m]로 하였다.
② 전선은 상시 부는 바람 등에 의하여 식물에 접촉하지 않도록 시설하였다.
③ 전선은 절연전선을 사용하였다.
④ 전선은 지름 2.6[mm]의 경동선을 사용하였다.

> **풀이** 221.3 옥상전선로
> 저압 옥상전선로는 전개된 장소에 다음에 따르고 또한 위험의 우려가 없도록 시설하여야 한다.
> 가. 전선은 인장강도 2.30[kN] 이상의 것 또는 지름 2.6[mm] 이상의 경동선을 사용할 것.
> 나. 전선은 절연전선(OW전선을 포함한다.) 또는 이와 동등 이상의 절연효력이 있는 것을 사용할 것.
> 다. 전선은 조영재에 견고하게 붙인 지지주 또는 지지대에 절연성·난연성 및 내수성이 있는 애자를 사용하여 지지하고 또한 그 지지점 간의 거리는 15[m] 이하일 것.
> 라. 전선과 그 저압 옥상 전선로를 시설하는 조영재와의 이격거리는 2[m](전선이 고압절연전선, 특고압 절연전선 또는 케이블인 경우에는 1[m]) 이상일 것.
> 마. 저압 옥상전선로의 전선은 상시 부는 바람 등에 의하여 식물에 접촉하지 아니하도록 시설하여야 한다.
> 답 ①

86 일반 주택 및 아파트 각 호실의 현관등으로 백열전등을 설치할 때에는 타임스위치를 설치하여 몇 분 이내에 소등되는 것이어야 하는가?
① 1   ② 2   ③ 3   ④ 5

> **풀이** 234.6 점멸기의 시설
> 다음의 경우에는 센서등(타임스위치 포함)을 시설하여야 한다.

가. 관광숙박업 또는 숙박업(여인숙업을 제외한다)에 이용되는 객실의 입구등은 1분 이내에 소등되는 것.
나. 일반주택 및 아파트 각 호실의 현관등은 3분 이내에 소등되는 것.   답 ③

87 저압 옥내 배선은 일반적인 경우, 단면적 몇 [mm²] 이상의 연동선 이거나 이와 동등 이상의 세기 및 굵기의 것을 사용하여야 하는가?

① 2.5   ② 4.0   ③ 6.0   ④ 10

풀이 231.3 저압 옥내배선의 사용전선
가. 저압 옥내배선의 전선 : 단면적 2.5[mm²] 이상의 연동선
나. 옥내배선의 사용 전압이 400[V] 이하인 경우는 다음에 의하여 시설할 수 있다.
  ① 전광표시 장치 또는 제어 회로
   • 단면적 1.5[mm²] 이상의 연동선
   • 단면적 0.75[mm²] 이상인 다심케이블 또는 다심 캡타이어 케이블을 사용하고 또한 과전류가 생겼을 때에 자동적으로 전로에서 차단하는 장치를 시설
  ② 진열장 또는 이와 유사한 것의 내부 배선 : 단면적 0.75[mm²] 이상인 코드 또는 캡타이어케이블
   답 ①

88 유희용 전차의 시설방법으로 틀린 것은?

① 유희용 전차에 전기를 공급하는 전로에는 전용 개폐기를 시설할 것
② 유희용 전차에 전기를 공급하기 위하여 사용하는 접촉전선은 제3레일 방식에 의하여 시설할 것
③ 유희용 전차에 전기를 공급하는 전로의 사용전압은 직류의 경우 60[V] 이하, 교류의 경우는 40[V] 이하일 것
④ 유희용 전차 안에 승압용 변압기를 시설하는 경우 그 변압기의 2차 전압은 300[V] 이하일 것

풀이 241.8 유희용 전차
가. 유희용 전차에 전기를 공급하기 위하여 사용하는 변압기의 1차 전압은 400[V] 이하이어야 한다.
나. 유희용 전차에 전기를 공급하는 전원장치의 2차측 단자의 최대사용전압은 직류의 경우 60[V] 이하, 교류의 경우 40[V] 이하일 것.
다. 접촉전선은 제3레일 방식에 의하여 시설할 것.
라. 유희용 전차의 전차 내에서 승압하여 사용하는 경우 변압기는 절연변압기를 사용하고 2차 전압은 150[V] 이하로 할 것.
마. 유희용 전차에 전기를 공급하는 전로에는 전용의 개폐기를 시설하여야 한다.   답 ④

89 전기저장장치를 시설하는 곳에서 계측장치를 시설하지 않아도 되는 것은?

① 주요변압기의 전압, 전류 및 전력
② 축전지 출력 단자의 전압, 전류, 전력
③ 축전지 출력 단자의 충방전 상태
④ 주요변압기의 온도

풀이 512.2.3 계측장치
전기저장장치를 시설하는 곳에는 다음의 사항을 계측하는 장치를 시설하여야 한다.
가. 축전지 출력 단자의 전압, 전류, 전력 및 충방전 상태
다. 주요 변압기의 전압 및 전류 또는 전력   답 ④

90 사용전압 66[kV] 가공전선과 6[kV] 가공전선을 동일 지지물에 시설하는 경우, 특고압 가공전선은 케이블인 경우를 제외하고는 단면적이 몇 [mm²]인 경동연선 또는 이와 동등 이상의 세기 및 굵기의 연선이어야 하는가?

① 22 ② 38 ③ 50 ④ 100

풀이 333.17 특고압 가공전선과 저고압 가공전선 등의 병행설치
사용전압이 35[kV]을 초과하고 100[kV] 미만인 특고압 가공전선과 저압 또는 고압 가공전선을 동일 지지물에 시설하는 경우에는 다음에 따라 시설하여야 한다.
가. 특고압 가공전선로는 제2종 특고압 보안공사에 의할 것.
나. 특고압 가공전선은 케이블인 경우를 제외하고는 인장강도 21.67[kN] 이상의 연선 또는 단면적이 50 [mm²] 이상인 경동연선일 것.
다. 특고압 가공전선로의 지지물은 철주·철근 콘크리트주 또는 철탑일 것   **답 ③**

91 최대 사용전압 15[V]를 넘고 30[V] 이하인 소세력 회로에 사용하는 절연변압기의 2차 단락전류 값이 제한을 받지 않을 경우는 2차측에 시설하는 과전류차단기의 용량이 몇 [A] 이하일 경우인가?

① 0.5 ② 1.5 ③ 3.0 ④ 5.0

풀이 241.14 소세력 회로
1. 소세력 회로에 전기를 공급하기 위한 변압기는 절연변압기이어야 한다.
2. 절연변압기의 2차 단락전류는 소세력 회로의 최대사용전압에 따라 표에서 정한 값 이하의 것일 것.

소세력 회로의 최대 사용전압의 구분	2차 단락전류	과전류차단기의 경격 전류
15[V] 이하	8[A]	5[A]
15[V]초과 30[V] 이하	5[A]	3[A]
30[V]초과 60[V] 이하	3[A]	1.5[A]

답 ③

92 과전류 차단기로 시설하는 퓨즈 중 고압 전로에 사용하는 포장 퓨즈는 정격 전류의 2배의 전류를 계속 흘렸을 때에 몇 분 안에 용단되어야 하는가?

① 2 ② 20 ③ 60 ④ 120

풀이 341.10 고압 및 특고압 전로 중의 과전류차단기의 시설
과전류차단기로 시설하는 퓨즈 중 고압전로에 사용하는 포장 퓨즈는 정격전류의 1.3배의 전류에 견디고 또한 2배의 전류로 120분 안에 용단되는 것이어야 한다.   **답 ④**

93 시가지에 시설하는 154[kV] 가공전선로에는 지락 또는 단락이 발생한 경우 몇 초 이내에 자동적으로 이를 전로로부터 차단하는 장치를 시설하여야 하는가?

① 1 ② 2 ③ 3 ④ 5

풀이 333.1 시가지 등에서 특고압 가공전선로의 시설
사용전압이 100[kV]를 초과하는 특고압 가공전선에 지락 또는 단락이 생겼을 때에는 1초 이내에 자동적으로 이를 전로로부터 차단하는 장치를 시설할 것.   **답 ①**

94 발전소·변전소 또는 이에 준하는 곳의 특고압전로에 대한 접속상태를 모의모선의 사용 또는 기타의 방법으로 표시 하여야 하는데, 그 표시의 의무가 없는 것은?

① 전선로의 회선수가 3회선 이하로서 복모선
② 전선로의 회선수가 2회선 이하로서 복모선
③ 전선로의 회선수가 3회선 이하로서 단일모선
④ 전선로의 회선수가 2회선 이하로서 단일모선

풀이 351.2 특고압전로의 상 및 접속 상태의 표시
발·변전소, 개폐소 등에 있어서는 보수의 편의를 도모하고 오조작, 오접속을 방지하기 위하여 특고압 전로에는 다음의 시설이 필요하다.
가. 보기 쉬운 곳에 상별표시를 한다.
나. 접속 상태를 모의 모선 등으로 표시한다. 다만, 단모선으로 회선수가 2 이하의 간단한 것은 예외로 한다.

답 ④

95 최대사용전압이 380[V]인 3상 유도전동기의 절연내력은 몇 [V]의 시험전압에 견디어야 하는가?

① 475   ② 500   ③ 570   ④ 760

풀이 133 회전기 및 정류기의 절연내력

종류		시험전압	시험 방법
회전기	발전기·전동기·조상기·기타회전기	7[kV] 이하	1.5배(최저 500[V])	권선과 대지 사이에 연속하여 10분간
		7[kV] 초과	1.25배(최저 10,500[V])	
	회전 변류기		직류 측의 최대 사용전압의 1배의 교류전압(최저 500[V])	

∴ 시험전압 = $380 \times 1.5 = 570[V]$

답 ③

96 계통연계하는 분산형전원을 설치하는 경우에 이상 또는 고장발생 시 자동적으로 분산형전원을 전력계통으로부터 분리하기 위한 장치를 시설해야 하는 경우가 아닌 것은?

① 역률 저하 상태
② 단독운전 상태
③ 분산형전원의 이상 또는 고장
④ 연계한 전력계통의 이상 또는 고장

풀이 503.2.3 계통 연계용 보호장치의 시설
계통 연계하는 분산형전원설비를 설치하는 경우 다음에 해당하는 이상 또는 고장 발생 시 자동적으로 분산형전원설비를 전력계통으로부터 분리하기 위한 장치 시설 및 해당 계통과의 보호협조를 실시하여야 한다.
가. 분산형전원설비의 이상 또는 고장
나. 연계한 전력계통의 이상 또는 고장
다. 단독운전 상태

답 ①

97 백열 전등 또는 방전등 및 이에 부속하는 전선은 사람이 접촉할 우려가 없는 경우 대지 전압이 최대 몇 [V]인가?

① 100   ② 150   ③ 300   ④ 450

풀이 231.6 옥내전로의 대지 전압의 제한
백열전등 또는 방전등에 전기를 공급하는 옥내의 전로의 대지전압은 300[V] 이하여야 한다.

답 ③

98 금속관 공사에 의한 저압 옥내 배선의 방법으로 틀린 것은?

① 옥외용 비닐 절연전선을 사용하였다.
② 전선으로 연선을 사용하였다.
③ 콘크리트에 매설하는 금속관의 두께는 1.2[mm]를 사용하였다.
④ 관에 접지공사를 하였다.

풀이 232.12 금속관공사
　가. 전선은 절연전선(옥외용 비닐 절연전선을 제외한다)일 것.
　나. 전선은 연선일 것. 다만, 다음의 것은 적용하지 않는다.
　　① 짧고 가는 금속관에 넣은 것.
　　② 단면적 10[mm^2](알루미늄선은 단면적 16[mm^2]) 이하의 것.
　다. 관의 두께는 다음에 의할 것.
　　① 콘크리트에 매설하는 것은 1.2[mm] 이상
　　② 콘크리트 매설 이외의 것은 1[mm] 이상
　라. 관에는 접지공사를 할 것. **답 ①**

99 가공전선로의 지지물에 지선을 시설할 때 옳은 방법은?

① 지선의 안전률을 2.0으로 하였다.
② 소선은 최소 2가닥 이상의 연선을 사용하였다.
③ 지중의 부분 및 지표상 20[cm]까지의 부분은 아연도금 철봉 등 내부식성 재료를 사용하였다.
④ 도로를 횡단하는 곳의 지선의 높이는 지표상 5[m]로 하였다.

풀이 331.11 지선의 시설
　가. 지선의 안전율은 2.5 이상일 것. 이 경우에 허용 인장하중의 최저는 4.31[kN]으로 한다.
　나. 지선에 연선을 사용할 경우에는 다음에 의할 것.
　　① 소선 3가닥 이상의 연선일 것.
　　② 소선의 지름이 2.6[mm] 이상의 금속선을 사용한 것일 것.
　다. 지중부분 및 지표상 0.3[m]까지의 부분에는 내식성이 있는 것 또는 아연도금을 한 철봉을 사용하고 쉽게 부식되지 않는 근가에 견고하게 붙일 것.
　라. 도로를 횡단하여 시설하는 지선의 높이는 지표상 5[m] 이상으로 하여야 한다. 다만, 기술상 부득이한 경우로서 교통에 지장을 초래할 우려가 없는 경우에는 지표상 4.5[m] 이상, 보도의 경우에는 2.5[m] 이상으로 할 수 있다. **답 ④**

100 전선 기타의 가섭선(架涉線) 주위에 두께 6[mm], 비중 0.9의 빙설이 부착된 상태에서 을종 풍압하중은 구성재의 수직 투영면적 1[m^2]당 몇 [Pa]을 기초로 하여 계산하는가? (단, 다도체를 구성하는 전선이 아니라고 한다.)

① 333[Pa]　　② 372[Pa]　　③ 588[Pa]　　④ 666[Pa]

풀이 331.6 풍압하중의 종별과 적용
　가. 갑종 풍압하중 : 구성재의 수직 투영면적 1[m^2]에 대한 풍압을 기초로 하여 계산한 것.
　나. 을종 풍압하중 : 전선 기타의 가섭선 주위에 두께 6[mm], 비중 0.9의 빙설이 부착된 상태에서 수직 투영면적 372[Pa](다도체를 구성하는 전선은 333[Pa]), 그 이외의 것은 갑종풍압하중의 2분의 1을 기초로 하여 계산한 것.
　다. 병종 풍압하중 : 갑종풍압하중의 2분의 1을 기초로 하여 계산한 것. **답 ②**

2021년 2회 (CBT 복원문제)

20년간 전기산업기사필기

▶ 동일출판사 홈페이지에서 무료 동영상강의를 보실 수 있습니다.

1과목 전기자기

01 전류 및 자계와 직접 관련이 없는 것은?
① 앙페르의 오른손 법칙
② 플레밍의 왼손 법칙
③ 비오-사바르의 법칙
④ 렌츠의 법칙

풀이 ① 앙페르의 오른손 법칙 : 전류가 만드는 자계의 방향
② 플레밍의 왼손 법칙 : 자계내에 놓여진 전류도선이 받는 힘의 방향
③ 비오-사바르의 법칙 : 전류에 의한 자계의 세기
④ 렌츠의 법칙은 자속의 변화에 따른 전자유도법칙으로 직접적인 관련은 없다. **답** ④

02 10^4[eV]의 전자속도는 10^2[eV]의 전자속도의 몇 배인가?
① 10
② 100
③ 1000
④ 10000

풀이 전하량 q인 전자 입자가 전위차 V를 통과할 때 일은 $W_e = qV$[eV]이다.
이때의 에너지 단위는 전자볼트(eV)를 사용한다.
전자 입자의 질량 m, 전자속도 v일 때 운동에너지는 $W_m = \frac{1}{2}mv^2$ [eV]

즉 두 관계식에서 $W_e = W_m$, $W_e = \frac{1}{2}mv^2$, $v = \sqrt{\frac{2W_e}{m}}$

∴ $v \propto \sqrt{W_e}$

$W_{e1} = 10^4$[eV]일 때 전자속도 v_1, $W_{e2} = 10^2$[eV]일 때 전자속도 v_2라 하면

$v_1 : v_2 = \sqrt{W_{e1}} : \sqrt{W_{e2}}$, $v_1 = \sqrt{\frac{W_{e1}}{W_{e2}}} v_2 = \sqrt{\frac{10^4}{10^2}} v_2 = \sqrt{100} v_2$

∴ $v_1 = 10v_2$ (10배) **답** ①

03 전계의 세기가 $E = E_x i + E_y j$인 경우 x, y 평면 내의 전력선을 표시하는 미분 방정식은?
① $\frac{dy}{dx} = \frac{E_x}{E_y}$
② $\frac{dy}{dx} = \frac{E_y}{E_x}$
③ $E_x\,dx + E_y\,dy = 0$
④ $E_x\,dy + E_y\,dx = 0$

풀이 전기력선 방정식은 $\frac{dx}{E_x} = \frac{dy}{E_y} = \frac{dz}{E_z}$이므로 $\frac{dx}{Ex} = \frac{dy}{Ey}$에서 $dx\,E_y = dy\,E_x$가 된다.

문제에서 ②항의 $\frac{dy}{dx} = \frac{E_y}{E_x}$도 $dx\,E_y = dy\,E_x$가 된다. **답** ②

04 유전체 중의 전계의 세기를 E, 유전율을 ϵ이라 하면 전기변위는?

① $\dfrac{1}{2}\epsilon E^2$ ② $\dfrac{E}{\epsilon}$ ③ ϵE^2 ④ ϵE

풀이 전속밀도 D는 전기 변위(electric displacement)를 의미한다.
따라서 유전율 ϵ일 때 전속밀도 D와 전계의 세기 E의 관계식은 $D=\epsilon E$

답 ④

05 도체의 단면적이 5[m²]인 곳을 3초 동안에 30 [C]의 전하가 통과하였다면 이때의 전류는?

① 5[A] ② 10[A] ③ 30[A] ④ 90[A]

풀이 전류 $I=\dfrac{dQ}{dt}=\dfrac{30}{3}=10[A]$

답 ②

06 도체의 성질에 대한 설명으로 틀린 것은?

① 도체 내부의 전계는 0이다.
② 전하는 도체 표면에만 존재한다.
③ 도체의 표면 및 내부의 전위는 등전위이다.
④ 도체 표면의 전하밀도는 표면의 곡률이 큰 부분일수록 작다.

풀이 도체의 성질과 전하분포
① 도체 표면과 내부의 전위는 동일하고(등전위), 표면은 등전위면이다.
② 도체 내부의 전계의 세기는 0이다.
③ 전하는 도체 내부에는 존재하지 않고, 도체 표면에만 분포한다.
④ 도체 면에서의 전계의 세기는 도체 표면에 항상 수직이다.
⑤ 도체 표면에서의 전하밀도는 곡률이 클수록 높다. 즉, 곡률반경이 작을수록 높다.
⑥ 중공부에 전하가 없고 대전 도체라면, 전하는 도체 외부의 표면에만 분포한다.
⑦ 중공부에 전하를 두면 도체내부표면에 동량 이부호, 도체 외부 표면에 동량 동부호의 전하가 분포한다.

답 ④

07 두 개의 코일이 있다. 각각의 자기 인덕턴스가 $L_1=0.25[H]$, $L_2=0.4[H]$일 때 상호 인덕턴스는 몇 [H]인가? 단, 결합 계수는 1이라 한다.

① 0.125 ② 0.197 ③ 0.258 ④ 0.316

풀이 상호인덕턴스 $M=k\sqrt{L_1L_2}=1\times\sqrt{0.25\times0.4}=0.316[H]$

답 ④

08 Maxwell의 전자기파 방정식이 아닌 것은?

① $\oint_c \boldsymbol{H}\cdot dl = nI$ ② $\oint_c \boldsymbol{E}\cdot dl = -\int_s \dfrac{\partial \boldsymbol{B}}{\partial t}ds$

③ $\oint_s \boldsymbol{D}\cdot ds = \int_v \rho\,dv$ ④ $\oint_s \boldsymbol{B}\cdot ds = 0$

풀이

미분형	적분형
$\nabla \times \boldsymbol{E} = -\dfrac{\partial \boldsymbol{B}}{\partial t}$	$\oint_c \boldsymbol{E} \cdot d\boldsymbol{l} = -\int_s \dfrac{\partial \boldsymbol{B}}{\partial t} d\boldsymbol{s}$
$\nabla \times \boldsymbol{H} = \boldsymbol{i}_c + \dfrac{\partial \boldsymbol{D}}{\partial t}$ $\oint_c \boldsymbol{E} \cdot d\boldsymbol{l} = \int_s \left(-\dfrac{\partial \boldsymbol{B}}{\partial t}\right) d\boldsymbol{s}$	$\oint_c \boldsymbol{H} \cdot d\boldsymbol{l} = I + \int_s \dfrac{\partial \boldsymbol{D}}{\partial t} d\boldsymbol{s}$
$\nabla \cdot \boldsymbol{B} = 0$	$\oint_s \boldsymbol{B} \cdot d\boldsymbol{s} = 0$
$\nabla \cdot \boldsymbol{D} = \rho$	$\oint_s \boldsymbol{D} \cdot d\boldsymbol{s} = \int_v \rho dv = Q$

답 ①

09 손실 유전체에서 전자파에 관한 전파정수 γ로서 옳은 것은?

① $j\omega\sqrt{\mu\epsilon}\sqrt{j\dfrac{\sigma}{\omega\epsilon}}$ ② $j\omega\sqrt{\mu\epsilon}\sqrt{1-j\dfrac{\sigma}{2\omega\epsilon}}$

③ $j\omega\sqrt{\mu\epsilon}\sqrt{1-j\dfrac{\sigma}{\omega\epsilon}}$ ④ $j\omega\sqrt{\mu\epsilon}\sqrt{1-j\dfrac{\omega\epsilon}{\sigma}}$

풀이 $r^2 = j\omega\mu(\sigma + j\omega\epsilon) \rightarrow r = \pm\sqrt{j\omega\mu(\sigma + j\omega\epsilon)}$

$\therefore r = \sqrt{j\omega\mu(\sigma + j\omega\epsilon)} = j\omega\sqrt{\epsilon\mu}\sqrt{1-j\dfrac{\sigma}{\omega\epsilon}}$

답 ③

10 쌍극자 모멘트가 $M[\text{C}\cdot\text{m}]$인 전기쌍극자에 의한 임의의 점 P에서의 전계의 크기는 전기쌍극자의 중심에서 축방향과 점 P를 잇는 선분 사이의 각이 얼마일 때 최대가 되는가?

① 0 ② $\dfrac{\pi}{2}$ ③ $\dfrac{\pi}{3}$ ④ $\dfrac{\pi}{4}$

풀이 $E = \dfrac{M}{4\pi\epsilon_0 r^3}(\sqrt{1+3\cos^2\theta})$에서 점 P의 전계는 $\theta = 0°$일 때 최대이고 $\theta = 90°$일 때 최소가 된다. **답** ①

11 비유전율 4, 비투자율 1인 공간에서 전자파의 전파속도는 몇 [m/sec]인가?

① 0.5×10^8 ② 1.0×10^8 ③ 1.5×10^8 ④ 2.0×10^8

풀이 전파속도 $v = \dfrac{3 \times 10^8}{\sqrt{\epsilon_s \mu_s}} = \dfrac{3 \times 10^8}{\sqrt{4 \times 1}} = 1.5 \times 10^8 [\text{m/s}]$

답 ③

12 진공 중에서 어떤 대전체의 전속이 Q이었다. 이 대전체를 비유전율 2.2인 유전체 속에 넣었을 경우의 전속은?

① Q ② ϵQ ③ $2.2Q$ ④ 0

풀이 전기력선 수는 $\frac{Q}{\epsilon}$로 유전율에 반비례하나 **전속수는** 유전체의 Gauss 법칙에서 $\oint D \cdot n dS = Q$로 유전율에 관계없이 항상 Q개이다.

답 ①

13 그림과 같은 반지름 a[m]인 원형 코일에 I[A]가 흐르고 있다. 이 도체 중심축상 x[m]인 점 P의 자위[AT]는?

① $\frac{I}{2}\left(1-\frac{x}{\sqrt{a^2+x^2}}\right)$

② $\frac{I}{2}\left(1-\frac{a}{\sqrt{a^2+x^2}}\right)$

③ $\frac{I}{2}\left(1-\frac{x^2}{(a^2+x^2)^{3/2}}\right)$

④ $\frac{I}{2}\left(1-\frac{a^2}{(a^2+x^2)^{3/2}}\right)$

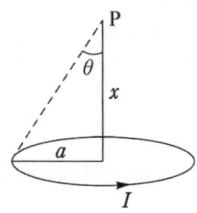

풀이 그림과 같이 점 P에서 코일 AB를 바라보는 입체각 $\omega = 2\pi(1-\cos\theta)$이므로 자위는

$U_m = \frac{I}{4\pi}\omega = \frac{I}{4\pi} \cdot 2\pi(1-\cos\theta)$

$= \frac{I}{2}\left(1-\frac{x}{\sqrt{a^2+x^2}}\right)$ [AT]

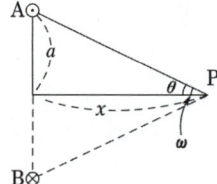

답 ①

14 서로 다른 두 유전체 사이의 경계면에 전하 분포가 없다면 경계면 양쪽에서의 전계 및 전속 밀도는?

① 전계 및 전속밀도의 접선성분은 서로 같다.
② 전계 및 전속밀도의 법선성분은 서로 같다.
③ 전계의 법선성분이 서로 같고, 전속밀도의 접선성분이 서로 같다.
④ 전계의 접선성분이 서로 같고, 전속밀도의 법선성분이 서로 같다.

풀이 유전율이 다른 경계면에 전계(전속)가 입사되면,
- **전계는 접선성분(평행성분)이 같다.**
  $E_{1t} = E_{2t}$ ($E_1 \sin\theta_1 = E_2 \sin\theta_2$)
- **전속밀도는 법선성분 (수직성분)이 같다.**
  $D_{1n} = D_{2n}$ ($D_1\cos\theta_1 = D_2\cos\theta_2$)

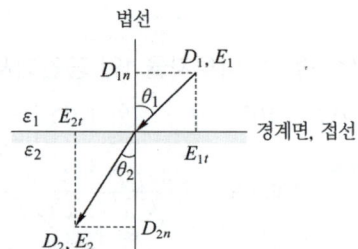

답 ④

15 전위분포가 $V = 6x + 3$[V]로 주어졌을 때 점(10, 0)[m]에서의 전계의 크기[V/m] 및 방향은 어떻게 표현되는가?

① $-6a_x$ ② $-9a_x$ ③ $3a_x$ ④ 0

풀이 $E = -\text{grad} V = -\nabla V = -\left(\dfrac{\partial V}{\partial x}a_x + \dfrac{\partial V}{\partial y}a_y + \dfrac{\partial V}{\partial z}a_z\right) = -6a_x$

답 ①

16 B [Wb/m²]의 자계 내에서 -1[C]의 점전하가 v [m/s] 속도로 이동할 때 받는 힘 F는 몇 [N]인가?

① $B \cdot v$ ② $\dfrac{B \cdot v}{2}$ ③ $B \times v$ ④ $2B \times v$

풀이 자계 내에서 전하가 받는 힘, 즉 전자력은 $F = q(v \times B)$
전하량 $q = -1$[C]을 대입하면 $F = -(v \times B)$이고, 벡터적 $A \times B = -(B \times A)$의 관계식에 의해
∴ $F = -(v \times B) = B \times v$

답 ③

17 한 변의 길이가 2[m] 되는 정 3각형의 3 정점 A, B, C에 10^{-4}[C]의 점전하가 있다.
점 B에 작용하는 힘은 몇 [N]인가?

① 29   ② 39   ③ 45   ④ 49

풀이 점 A에 있는 전하에 의한 작용력 F_1은
$F_1 = \dfrac{1}{4\pi\epsilon_0}\dfrac{Q_1Q_2}{r^2} = 9 \times 10^9 \times \dfrac{10^{-8}}{2^2} = 22.5$[N]
점 C에 있는 전하에 의한 작용력 F_2는 F_1과 크기는 같고 방향은 그림과 같다. 따라서
$F = \sqrt{F_1^2 + F_2^2 + 2F_1F_2\cos\theta}$
$= \sqrt{22.5^2 + 22.5^2 + 2 \times 22.5 \times 22.5 \times \cos 60°} \approx 38.97$[N]

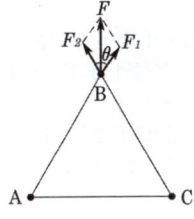

답 ②

18 전하 q[C]가 진공 중의 자계 H[AT/m]에 수직 방향으로 v[m/sec]의 속도로 움직일 때 받는 힘은 몇 [N]인가?

① $\dfrac{qH}{\mu_0 v}$ ② qvH ③ $\dfrac{1}{\mu_0}qVH$ ④ $\mu_0 qvH$

풀이 자계 내에 놓여진 운동 전하가 받는 힘 $F = qB\sin\theta = qv\mu_0 H\sin\theta$[N]
$\theta = 90°$이므로, $F = qv\mu_0 H$[N] 이다.

답 ④

19 대지면에 높이 h[m]로 평행 가설된 매우 긴 선전하(선전하 밀도 λ[C/m])가 지면으로부터 받는 힘[N/m]은?

① h에 비례한다.   ② h에 반비례한다.
③ h^2에 비례한다.   ④ h^2에 반비례한다.

풀이 지상의 높이 h[m]와 같은 길이에 선전하 밀도 $-\lambda$[C/m]인 영상전하를 고려하여 선전하 간의 작용력을 구하면
$f = -\lambda E = -\lambda \cdot \dfrac{\lambda}{2\pi\epsilon_0 (2h)} = \dfrac{-\lambda^2}{4\pi\epsilon_0 h} \propto \dfrac{1}{h}$

답 ②

20 전위계수의 단위는?

① [1/F] ② [C] ③ [C/V] ④ 없다.

풀이 전위계수는 +1[C]이 만드는 전위로 $P = \dfrac{V}{Q}$ [V/C], [1/F], [daraf] 등이 쓰인다. **답** ①

2과목 전력공학

21 송전선에 복도체(또는 다도체)를 사용할 경우 같은 단면적의 단도체를 사용하였을 경우에 비하여 다음 표현 중 적합하지 않는 것은?

① 전선의 인덕턴스는 감소되고 정전용량은 증가된다.
② 고유 송전용량이 증대되고 정태 안정도가 증대된다.
③ 전선 표면의 전위 경도가 증가한다.
④ 전선의 코로나 개시전압이 높아진다.

풀이 복도체 방식의 장점
① 전선의 인덕턴스가 감소하고 정전용량이 증가되어 선로의 송전 용량이 증가하고 계통의 안정도를 증진시킨다.
② 전선 표면의 전위 경도가 저감되므로 코로나 임계전압을 높일 수 있고 코로나손, 코로나 잡음 등의 장해가 저감된다. **답** ③

22 다음 중 조상(調相)설비에 해당되지 않는 것은?

① 분로 리액터 ② 동기조상기
③ 상순(相順) 표시기 ④ 진상 콘덴서

풀이 조상 설비

항 목	동기조상기	전력용 콘덴서	분로 리액터
무효전력	진상, 지상 양용	진상전용	지상전용
조정	연속적	계단적	계단적
시송전	가능	불가능	불가능

답 ③

23 송전계통에서 콘덴서와 리액터를 직렬로 연결하여 제거시키는 고조파는?

① 제2고조파 ② 제3고조파 ③ 제4고조파 ④ 제5고조파

풀이 • 송전선로에는 변압기의 유기 기전력이 발생할 때에 생기는 기수 고조파가 존재하게 되는데, 제3고조파는 변압기의 △결선에서 제거되고 제5고조파는 전력용 콘덴서에 직렬 리액터를 삽입하여 제거시킨다.
• 직렬 리액터 용량
  − 이론 : 콘덴서 용량 × 4[%]
  − 실제 : 콘덴서 용량 × 5~6[%]

답 ④

24. 발전소 원동기로 이용되는 가스터빈의 특징을 증기터빈과 내연기관에 비교하였을 때 옳은 것은?

① 평균효율이 증기터빈에 비하여 대단히 낮다.
② 기동시간이 짧고 조작이 간단하므로 첨두부하 발전에 적당하다.
③ 냉각수가 비교적 많이 든다.
④ 설비가 복잡하며, 건설비 및 유지비가 많고 보수가 어렵다.

풀이 가스 터빈의 장점
① 소형 경량으로 건설비가 싸고 유지비가 적다.
② 기동시간이 짧고 부하의 급변에도 잘 견딘다.
③ 냉각수가 다량으로 필요치 않다.
④ 첨두부하 발전용으로 사용한다.

답 ②

25. 피뢰기의 구비조건이 아닌 것은?

① 속류의 차단능력이 충분할 것
② 충격 방전 개시 전압이 높을 것
③ 상용 주파 방전 개시 전압이 높을 것
④ 방전 내량이 크고, 제한 전압이 낮을 것

풀이 피뢰기의 구비조건
• 상용 주파 방전 개시 전압이 높을 것
• 충격 방전 개시 전압이 낮을 것
• 제한 전압이 낮을 것
• 속류 차단 능력이 클 것

답 ②

26. 3상 송전선로의 선간전압이 100[kV], 기준용량이 10,000[kVA]일 때, 1선 당의 선로리액턴스 150[Ω]을 %임피던스로 환산하면 몇 [%]인가?

① 5　　② 10　　③ 15　　④ 20

풀이 $\%Z = \dfrac{PZ}{10V^2} = \dfrac{10,000 \times 150}{10 \times 100^2} = 15[\%]$

(V : 정격전압[kV], P : 기준용량[kVA])

답 ③

27. 배전 계통에서 콘덴서를 설치하는 것은 여러 가지 목적이 있으나 그 중에서 가장 주된 목적은?

① 전압 강하 보상
② 전력 손실 감소
③ 송전 용량 증가
④ 기기의 보호

풀이 전력용 콘덴서 설치(역률 개선)의 효과
① 전력 손실 감소
② 변압기, 개폐기 등의 소요 용량 감소
③ 송전 용량 증대
④ 전압 강하 감소
이들 중 가장 큰 효과는 전력 손실 감소이다(전력 손실은 역률의 제곱에 역비례 하여 감소한다).

답 ②

28 수전 용량에 비해 첨두부하가 커지면 부하율은 그에 따라 어떻게 되는가?

① 높아진다.
② 낮아진다.
③ 변하지 않고 일정하다.
④ 부하의 종류에 따라 달라진다.

풀이 부하율 $= \dfrac{\text{평균전력}}{\text{최대전력}} \times 100$ 에서 첨두부하가 커지면 부하율은 낮아진다.

답 ②

29 보호계전기 동작이 가장 확실한 중성점접지방식은?

① 비접지방식
② 저항접지방식
③ 직접 접지방식
④ 소호 리액터접지방식

풀이 직접 접지방식의 장·단점
[장점] ① 1선 지락 시에 건전상의 대지전압이 거의 상승하지 않는다.
② 피뢰기의 효과를 증진시킬 수 있다.
③ 단절연이 가능하다.
④ 계전기의 동작이 확실해진다.
[단점] ① 송전 계통의 과도 안정도가 나빠진다.
② 통신선에 유도 장해가 크다.
③ 기기에 큰 영향을 주어 손상을 준다.
④ 대용량 차단기가 필요하다.

답 ③

30 전등 설비 250[W], 전열 설비 800[W], 전동기 설비 200[W], 기타 150[W]인 수용가가 있다. 이 수용가의 최대 수용 전력이 910[W]이면 수용률은?

① 65   ② 70   ③ 75   ④ 80

풀이 수용률 $= \dfrac{\text{최대 수용 전력}}{\text{설비 용량(접속 부하)}} \times 100 = \dfrac{910}{250+800+200+150} \times 100$
$= \dfrac{910}{1400} \times 100 = 65[\%]$

답 ①

31 단락전류를 제한하기 위하여 사용되는 것은?

① 현수애자   ② 사이리스터   ③ 한류 리액터   ④ 직렬 콘덴서

풀이 한류 리액터는 선로에 직렬로 설치한 리액터로 단락 사고시 발전기가 전기자 반작용이 일어나기 전 커다란 돌발 단락전류가 흐르므로 이를 제한하기 위해 설치한다.

답 ③

32 송전선로에서 역섬락이 생기기 가장 쉬운 경우는?

① 선로 손실이 큰 경우
② 코로나 현상이 발생한 경우
③ 선로정수가 균일하지 않을 경우
④ 철탑의 탑각 접지 저항이 큰 경우

풀이) 탑각 접지 저항이 충분히 낮지 않으면 가공 지선이 포착한 직격뢰는 대지로 흐를 수 없고, 철탑 전위가 상승하여 철탑부가 애자를 통하여 또는 경간 내에서 가공 지선과 전력선간의 공기를 통하여, 전력선에 방전하는 역섬락을 일으킨다. 답 ④

33 송전선로에 관한 설명 중 옳지 않은 것은?

① 송전선로의 유도 장해를 억제하기 위해서 접지저항은 보호장치가 허용할 수 있는 범위에서 작게 하여야 한다.
② 송전선로에 발생하는 내부 이상 전압은 그 대부분이 사용 대지 전압의 파고값의 약 4배 이하이다.
③ 송전계통의 안정도를 높이기 위해 복도체 방식을 택하거나 직렬 콘덴서 등을 설치한다.
④ 결합 콘덴서는 반송 전화 장치를 송전선에 결합시키기 위해 사용하는 것으로 그 용량은 $0.001 \sim 0.002[\mu F]$ 정도이다.

풀이) 보호장치가 허용할 수 있는 범위내에서 접지저항값을 크게 하여야 한다. 접지저항이 작으면, 직접 접지와 비슷해지므로 유도장해가 증가된다. 답 ①

34 송전선의 중성점을 접지하는 이유가 아닌 것은?

① 코로나를 방지한다.
② 기기의 절연강도를 낮출 수 있다.
③ 이상전압을 방지한다.
④ 지락사고선을 선택 차단한다.

풀이) ① 송전선로의 중성점 접지 목적
  • 지락고장 시 건전상의 대지전위상승을 억제, 전선로 및 기기의 절연 레벨을 경감
  • 뇌, 아크 지락, 기타에 의한 이상전압의 경감 및 발생 억제
  • 지락고장 시 접지계전기의 확실한 동작
  • 소호 리액터 접지방식에서는 1선 지락 시의 아크 지락을 재빨리 소멸시켜 그대로 송전을 계속할 수 있게 한다.
② 코로나를 방지하기 위해서는 복도체를 사용한다. 답 ①

35 철탑으로부터의 전선의 오프셋을 주는 이유로 가장 알맞은 것은?

① 불평형 전압의 유도 방지
② 지락사고 방지
③ 전선의 진동방지
④ 상하 전선의 접촉 방지

풀이) 오프셋은 전선의 도약으로 인한 상하 전선의 단락을 방지하기 위하여 철탑 지지점의 위치를 수직에서 벗어나게 함을 말한다.

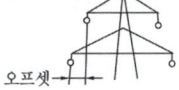

답 ④

36 중성점 저항 접지방식의 병행 2회선 송전선로의 지락사고 차단에 사용되는 계전기는?

① 선택접지계전기
② 거리계전기
③ 과전류계전기
④ 역상계전기

풀이) 병행 2회선의 지락사고 시에는 선택 접지계전기가 동작하여 사고선로를 선택 차단한다. 답 ①

37 수력발전소의 댐 설계 및 저수지 용량 등을 결정하는데 가장 적합하게 사용되는 것은?

① 유량도
② 유황곡선
③ 수위-유량곡선
④ 적산유량곡선

풀이 적산 유량 곡선은 매일의 수량을 차례로 적산해서 가로축에 일수를, 세로축에 적산 수량을 그린 곡선을 뜻한다.

답 ④

38 다음 중 송전계통의 절연협조에 있어서 절연레벨이 가장 낮은 기기는?

① 피뢰기 ② 단로기 ③ 변압기 ④ 차단기

풀이
- 절연 협조는 피뢰기의 제한 전압이 기준이 된다. 따라서 피뢰기의 절연 레벨이 제일 낮다.
- 절연 레벨 : 피뢰기 < 변압기 < 차단기, CT, PT, ⋯ < 선로 애자

답 ①

39 다음 그림과 같이 200/5[CT] 1차측에 150[A]의 3상 평형 전류가 흐를 때 전류계 A_3에 흐르는 전류는 몇[A]인가?

① 3.75
② 5
③ $\sqrt{3} + 3.75$
④ $\sqrt{3} \times 5$

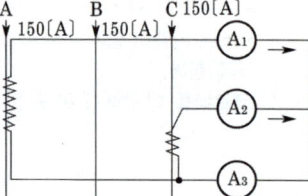

풀이 CT 권수비가 40이므로 1차측에 150[A]가 흐르면
2차측에는 $\frac{150}{40} = 3.75[A]$가 흐른다.
$A_3 = |A_1 + A_2| = \sqrt{A_1^2 + A_2^2 + 2A_1A_2\cos\theta}$
$= \sqrt{3.75^2 + 3.75^2 + 2 \times 3.75^2 \cos 120} = 3.75[A]$

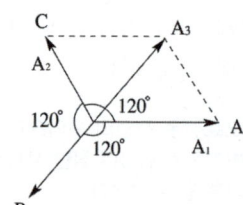

답 ①

40 전력선 반송전화 장치를 송전선에 연락하는 장치로 사용되는 것은?

① 분로 리액터 ② 분배기 ③ 중계선륜 ④ 결합 콘덴서

풀이 결합 콘덴서 : 전력선 반송전파 장치와 송전선의 연결에 사용

답 ④

3과목 전기기기

41 가동 복권 발전기의 내부 결선을 바꾸어 분권 발전기로 하자면?
① 내분권 복권형으로 해야 한다. ② 외분권 복권형으로 해야 한다.
③ 분권 계자를 단락시킨다. ④ 직권 계자를 단락시킨다.

풀이 복권 발전기

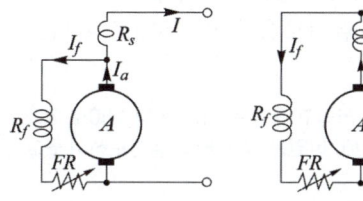

(a) 복권 (내분권)   (b) 복권 (외분권)

① 복권 발전기의 직권 계자 권선을 단락시키면, 분권 발전기로 운전할 수 있다.
② 외분권, 내분권들은 어느 것이나 복권 발전기의 일종이다.   답 ④

42 유도 전동기를 기동하기 위하여 △를 Y로 전환했을 때 토크는 몇 배가 되는가?
① $\frac{1}{3}$ 배   ② $\frac{1}{\sqrt{3}}$ 배   ③ $\sqrt{3}$ 배   ④ 3배

풀이 ① 유도 전동기의 토크는 전압의 제곱에 비례($\tau \propto V^2$)
② △에서 Y로 전환 시 1상에 가해지는 전압은 $\frac{1}{\sqrt{3}}$ 배로 감소

따라서, 토크 $\tau \propto \left(\frac{1}{\sqrt{3}}\right)^2 = \frac{1}{3}$ 배   답 ①

43 2차 저항과 2차 리액턴스가 0.04[Ω], 0.06[Ω]인 3상 유도전동기의 슬립이 4[%]일 때 1차 부하전류가 10[A]이었다면 기계적 출력은 약 몇 [kW]인가? (단, 권선비 $\alpha = 2$, 상수비 $\beta = 1$이다.)
① 0.57   ② 0.85   ③ 1.15   ④ 1.35

풀이 $r_2 = 0.04[\Omega]$이므로 $r_2' = a^2 \beta r_2 = 2^2 \times 1 \times 0.04 = 0.16[\Omega]$

기계적 출력을 대표하는 부하 저항의 1차 환산값 R'은 $R' = \frac{1-s}{s} r_2' = \frac{1-0.04}{0.04} \times 0.16 = 3.84[\Omega]$

$\therefore P = 3(I_1')^2 R' = 3 \times 10^2 \times 3.84 = 1,152[W] = 1.152[kW]$ 답 ③

44 T-결선에 의하여 3300[V]의 3상으로부터 200[V], 40[kVA]의 전력을 얻는 경우 T좌 변압기의 권수비는 약 얼마인가?
① 16.5   ② 14.3   ③ 11.7   ④ 10.2

풀이 주좌 변압기의 권수비를 a_M, T좌 변압기의 권수비를 a_T라 하면

$$a_T = a_M \times \frac{\sqrt{3}}{2} = \frac{3300}{200} \times \frac{\sqrt{3}}{2} = 16.5 \times 0.866 = 14.3$$

답 ②

45 터빈발전기의 냉각을 수소 냉각방식으로 하는 이유가 아닌 것은?

① 풍손이 공기냉각시의 약 1/10로 줄어든다.
② 동일기계일 때 공기냉각 시 보다 정격 출력이 약 25[%] 증가한다.
③ 수분, 먼지 등이 없어 코로나에 의한 손상이 없다.
④ 비열은 공기의 약 10배이고 열전도율은 약 15배로 된다.

풀이 ① 수소 냉각 발전기의 장점
- 비중이 공기의 약 7[%]로 가볍고 풍손은 공기의 약 1/10로 감소
- **열전도율은 공기의 약 6.7배, 비열은 약 14배로** 열전도성이 좋고, 공기냉각 발전기에 비해 약 25[%]의 출력이 증가
- 가스 냉각기가 적어도 된다.
- 코로나 발생전압이 높고 절연물의 수명이 길어진다.
- 공기에 비해 대류율이 1.3배이고 운전 중 소음이 적다.

② 수소 냉각 발전기의 단점
- 공기와 적당히 혼합하면 폭발할 우려가 있다.
- 폭발 예방을 위한 부속설비가 필요하며 설비비가 증가

답 ④

46 교류 정류자기에서 갭의 자속 분포가 정현파로 $\Phi_m = 0.14$[Wb], $p = 2$, $a = 1$, $Z = 200$, $N = 1200$[rpm]인 경우 브러시 축이 자극 축과 30°라면 속도 기전력의 실효값 E_s는 약 몇 [V]인가?

① 160 ② 400 ③ 560 ④ 800

풀이 $E_s = \frac{1}{\sqrt{2}} \cdot \frac{p}{a} Zn\phi_m \sin\theta = \frac{1}{\sqrt{2}} \times \frac{2}{1} \times 200 \times 20 \times 0.14 \times \sin30°[V] = 396[V]$

답 ②

47 단락비가 큰 동기발전기에 대한 설명 중 틀린 것은?

① 효율이 나쁘다.
② 계자전류가 크다.
③ 전압변동률이 크다.
④ 안정도와 선로 충전용량이 크다.

풀이 단락비가 큰 기계(철기계)
- 동기 임피던스가 적다.($K_s \propto \frac{1}{Z_s}$)
- **전압변동률이 작다.**
- 전기자 반작용이 작다.
- 출력이 크다.
- 과부하 내량이 크고 안정도가 높다.
- 자기 여자 현상이 작다.
- 송전선로의 충전용량이 크다.
- 철손, 기계손 등의 고정손이 커서 효율이 나쁘다.
- 극수가 많은 저속기에 적합하다.

답 ③

48 전기자 저항이 0.3[Ω]인 분권발전기가 단자전압 550[V]에서 부하전류가 100[A]일 때 발생하는 유도기전력[V]은? (단, 계자전류는 무시한다.)

① 260 ② 420 ③ 580 ④ 750

풀이 전기자 전류 $I_a = I_f + I$ 에서 '계자전류는 무시한다.'고 하였으므로 $I_a = I = 100$ [A] 이다.

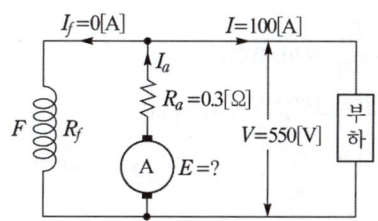

따라서 유기기전력 $E = V + I_a R_a = 550 + 100 \times 0.3 = 580$ [V]

답 ③

49 유도전동기의 보호 방식에 따른 종류가 아닌 것은?

① 방진형 ② 방수형 ③ 전개형 ④ 방폭형

풀이 회전기의 보호 방식에 전개형은 없다.

답 ③

50 전압변동률이 작은 동기발전기는?

① 동기 리액턴스가 크다.
② 전기자 반작용이 크다.
③ 단락비가 크다.
④ 자기여자작용이 크다.

풀이 단락비가 큰 기계(철기계)
- 동기 임피던스가 적다. ($K_s \propto \dfrac{1}{Z_s}$)
- 전압 변동률이 작다.
- 전기자 반작용이 작다.
- 출력이 크다.
- 과부하 내량이 크고 안정도가 높다.
- 자기 여자 현상이 작다.
- 극수가 많은 저속기에 적합하다.

답 ③

51 동기발전기에서 동기속도와 극수와의 관계를 표시한 것은 어느 것인가?
단, N : 동기속도, P : 극수

① ② ③ ④

풀이 동기속도 $N = \dfrac{120f}{P} \propto \dfrac{1}{P}$

즉, 동기속도(N)와 극수(P)는 반비례하는 관계이다.

답 ②

52
8극 60[Hz], 3상 권선형 유도 전동기의 전부하시의 2차 주파수가 3[Hz], 2차 동손이 500[W]라면 발생 토크는 약 몇 [kg·m]인가? 단, 기계손은 무시한다.

① 10.4 ② 10.8 ③ 11.1 ④ 12.5

풀이
- 슬립 $s = \dfrac{f_2}{f_1} = \dfrac{3}{60} = 0.05$
- 2차 입력 $P_2 = \dfrac{P_{c2}}{s} = \dfrac{500}{0.05} = 10,000[W]$
- 회전자 속도 $N_s = \dfrac{120f}{p} = \dfrac{120 \times 60}{8} = 900[rpm]$

$\therefore T = 0.975 \dfrac{P}{N} = 0.975 \dfrac{(1-s)P_2}{(1-s)N_s} = 0.975 \dfrac{P_2}{N_s} = 0.975 \times \dfrac{10,000}{900} = 10.83[kg\cdot m]$

답 ②

53
직류 발전기의 부하 포화 곡선은 다음 어느 것의 관계인가?

① 단자 전압과 부하 전류 ② 출력과 부하 전력
③ 단자 전압과 계자 전류 ④ 부하 전류와 계자 전류

풀이 부하 포화 곡선은 정격 속도에서 부하 전류를 정격값으로 유지했을 때 계자 전류와 단자 전압과의 관계를 나타내는 곡선이다.

답 ③

54
권선형 유도전동기의 속도제어 방법 중 저항제어법의 특징으로 옳은 것은?

① 효율이 높고 역률이 좋다.
② 부하에 대한 속도변동률이 작다.
③ 구조가 간단하고 제어조작이 편리하다.
④ 전부하로 장시간 운전하여도 온도에 영향이 적다.

풀이 2차 저항 제어
권선형 유도전동기에만 사용할 수 있으며, 2차 회로의 저항의 변화에 의한 토크 속도 특성의 비례추이를 응용한 기동법을 말한다.
① 구조가 간단하고 조작이 편리하며, 속도제어를 원활하고 광범위하게 할 수 있다.
② 전류가 큰 2차 회로에 저항을 삽입하여 제어하므로 효율이 낮다.

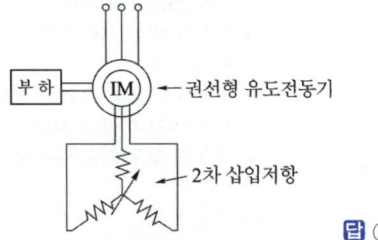

답 ③

55
소형 유도 전동기의 슬롯을 사구(skew slot)로 하는 이유는?

① 토크 증가 ② 게르게스 현상의 방지
③ 크로우링 현상의 방지 ④ 제동 토크의 증가

풀이 ① 크로우링 현상은 유도전동기에 있어서 정지상태로부터 동기속도의 수 분의 1인 저속도까지 가속하고, 안정하기는 하지만 그 이상은 가속하지 않는 현상을 크로우링 현상이라 한다.
② 크로우링 현상을 경감시키기 위해서 회전자의 슬롯을 고정자 또는 회전자의 1슬롯 피치 정도 축방향에 대해서 경사 시키는데, 이와 같은 슬롯을 사구라 한다.

답 ③

56 정격 출력 6[kW], 전압 100[V]의 직류 분권 전동기를 전기 동력계로 시험하였더니 전기 동력계의 저울이 10[kg]을 가리켰다. 이 전동기의 출력 P[kW]와 토크 τ는 몇 [kg·m]인가? 단, 동력계의 암의 길이는 0.4[m], 전동기의 회전수는 1600[rpm]이다.

① $P=6$, $\tau=3.7$
② $P=6.56$, $\tau=4$
③ $P=4.2$, $\tau=3.7$
④ $P=7.4$, $\tau=4$

풀이
- 전기 동력계에 의한 전동기의 토크
  $\tau = WL = 10 \times 0.4 = 4$[kg·m]
- 전동기의 출력
  토크 $\tau = 0.975 \dfrac{P}{N}$[kg·m] 이므로
  $\therefore P = \dfrac{N \cdot \tau}{0.975} = \dfrac{1600 \times 4}{0.975} \times 10^{-3} = 6.56$[kW]

답 ②

57 일정 전압으로 운전하고 있는 직류 발전기의 손실이 $\alpha + \beta I^2$으로 표시될 때 효율이 최대가 되는 전류는? 단, α, β는 정수이다.

① $\dfrac{\alpha}{\beta}$ ② $\dfrac{\beta}{\alpha}$ ③ $\sqrt{\dfrac{\alpha}{\beta}}$ ④ $\sqrt{\dfrac{\beta}{\alpha}}$

풀이 손실 $\alpha + \beta I^2$ 중에서 α는 부하 전류에 관계없는 고정손이고, βI^2는 전류의 제곱에 비례하는 가변손이다. **최대 효율 조건은 고정손 = 가변손**이므로, 즉 $\alpha = \beta I^2$이 되는 부하 전류 $I = \sqrt{\dfrac{\alpha}{\beta}}$ 에서 최대 효율이 된다.

답 ③

58 정격 전압 6000[V], 용량 5000[kVA]의 3상 동기 발전기에 있어서 여자 전류 200[A]에 상당하는 무부하 단자 전압은 6000[V]이고, 단락 전류는 600[A]이다. 이 발전기의 단락비 및 동기 리액턴스(per unit, [p.u])는?

① 단락비 1.25, 동기 리액턴스 0.80
② 단락비 1.25, 동기 리액턴스 5.77
③ 단락비 0.80, 동기 리액턴스 1.25
④ 단락비 0.17, 동기 리액턴스 5.77

풀이 정격전류 $I_n = \dfrac{P}{\sqrt{3}\,V_n} = \dfrac{5000 \times 10^3}{\sqrt{3} \times 6000} = 481.13$[A]

① 단락 시의 유도기전력 $E_n = \dfrac{V_n}{\sqrt{3}}$은 동기임피던스 강하 $I_s Z_s$와 같으므로,

$E_n = \dfrac{V_n}{\sqrt{3}} = I_s Z_s = \dfrac{6000}{\sqrt{3}} = 600 Z_s$[V]

$Z_s = \dfrac{6000}{\sqrt{3} \times 600} = 5.77$[Ω]

② 동기 임피던스 (p.u 법)

$Z_s' = \dfrac{I_n Z_s}{E_n} = \dfrac{481.13 \times 5.77}{6000/\sqrt{3}} = 0.80$[p.u]

단락비 $K_s = \dfrac{100}{\%Z_s} = \dfrac{100}{Z_s' \times 100} = \dfrac{100}{0.8 \times 100} = 1.25$

답 ①

59 슬립 5[%]인 유도전동기의 기계적 출력을 대표하는 부하저항은 2차 저항의 몇 배인가?

① 19   ② 20   ③ 29   ④ 40

풀이 $R = r_2'\left(\dfrac{1}{s}-1\right) = r_2'\left(\dfrac{1}{0.05}-1\right) = 19r_2'$

답 ①

60 직류 분권전동기의 정격전압 220[V], 정격전류 105[A], 전기자저항 및 계자회로의 저항이 각각 0.1[Ω] 및 40[Ω]이다. 기동전류를 정격전류의 150[%]로 할 때의 기동저항은 약 몇 [Ω]인가?

① 0.46   ② 0.92   ③ 1.21   ④ 1.35

풀이
- 계자전류 $I_f = \dfrac{V}{R_f} = \dfrac{220}{40} = 5.5[A]$
- 기동전류는 정격의 150[%]이므로
  기동전류 $= 105 \times 1.5 = 157.5[A]$
- 전기자 전류
  $I_a = I - I_f = 157.5 - 5.5 = 152[A]$
- $R_a + R_s = \dfrac{V}{I_a} = \dfrac{220}{152} ≒ 1.45[\Omega]$

따라서 기동저항 $R_s = 1.45 - R_a = 1.45 - 0.1 = 1.35[\Omega]$

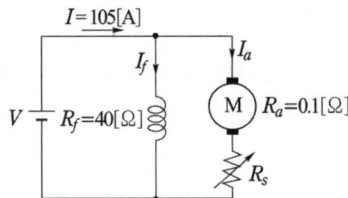

답 ④

4과목 회로이론

61 그림과 같은 회로망에서 Z_1을 4단자 정수에 의해 표시하면 어떻게 되는가?

① $\dfrac{1}{C}$ ② $\dfrac{D-1}{C}$

③ $\dfrac{B-1}{C}$ ④ $\dfrac{A-1}{C}$

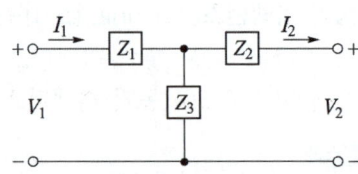

풀이 그림과 같은 4단자망의 4단자 정수 중 A와 C는 $A = 1 + \dfrac{Z_1}{Z_3}$, $C = \dfrac{1}{Z_3}$

$\therefore Z_1 = (A-1)Z_3 = \dfrac{A-1}{C}$

답 ④

62 분포정수 선로에서 위상정수를 β[rad/m]라 할 때 파장은?

① $2\pi\beta$ ② $\dfrac{2\pi}{\beta}$ ③ $4\pi\beta$ ④ $\dfrac{4\pi}{\beta}$

풀이 위상 정수 β와 파장 λ 사이의 관계는 $\lambda\beta = 2\pi$ 이므로, 파장 $\lambda = \dfrac{2\pi}{\beta}$

답 ②

63 3상 회로에 있어서 대칭분 전압이 $V_0 = -8+j3$[V], $V_1 = 6-j8$[V], $V_2 = 8+j12$[V] 일 때 a상의 전압 V_a[V]는?

① $6+j7$　　　② $8+j12$　　　③ $6+j14$　　　④ $16+j4$

풀이 $V_a = V_0 + V_1 + V_2 = -8+j3+6-j8+8+j12 = 6+j7$[V]　　　답 ①

64 회로 방정식의 특성근과 회로의 시정수에 대하여 옳게 서술된 것은?
① 특성근과 시정수는 같다.
② 특성근의 역과 회로의 시정수는 같다.
③ 특성근의 절대값의 역과 회로의 시정수는 같다.
④ 특성근과 회로의 시정수는 서로 상관되지 않는다.

풀이 안정된 회로에 있어서는 $\tau = \dfrac{1}{|\alpha|}$의 관계가 있으며

τ는 시정수, α는 특성근 또는 감쇠 정수라 한다.　　　답 ③

65 $R-L-C$ 직렬회로에서 회로 저항값이 다음의 어느 값이어야 이 회로가 임계적으로 제동되는가?

① $\sqrt{\dfrac{L}{C}}$　　　② $2\sqrt{\dfrac{L}{C}}$　　　③ $\dfrac{1}{\sqrt{CL}}$　　　④ $2\sqrt{\dfrac{C}{L}}$

풀이 임계제동 조건 $\left(\dfrac{R}{2L}\right)^2 - \dfrac{1}{LC} = 0$ 에서 $R = 2\sqrt{\dfrac{L}{C}}$ 또는 $R^2 = \dfrac{4L}{C}$

조건	특성
$R > 2\sqrt{\dfrac{L}{C}}$	과제동(비진동적)
$R = 2\sqrt{\dfrac{L}{C}}$	**임계제동(진동)**
$R < 2\sqrt{\dfrac{L}{C}}$	부족제동(진동적)

답 ②

66 정현파 교류의 실효값을 계산하는 식은?

① $I = \dfrac{1}{T}\displaystyle\int_0^T i^2 dt$　　　② $I^2 = \dfrac{2}{T}\displaystyle\int_0^T i\, dt$

③ $I^2 = \dfrac{1}{T}\displaystyle\int_0^T i^2 dt$　　　④ $I = \sqrt{\dfrac{2}{T}\displaystyle\int_0^T i^2 dt}$

풀이 동일한 저항 R에 직류전류 I[A]가 흐를 때 소비전력 $P_{DC} = I^2 R$[W]

교류전류 i[A]가 흐를 때 소비전력 P_{AC}는 주기를 T라 하면 $P_{AC} = \dfrac{1}{T}\displaystyle\int_0^T i^2 R\, dt$[W]

실효값의 정의에 의해 $P_{DC} = P_{AC}$ 이므로 $I^2 R = \dfrac{R}{T}\displaystyle\int_0^T i^2 dt$

$\therefore I^2 = \dfrac{1}{T}\displaystyle\int_0^T i^2 dt$

답 ③

67 어떤 회로에 흐르는 전류가 $i = 5 + 14.1\sin\omega t$인 경우 실효값은 약 몇 [A]인가?

① 11.2[A]   ② 12.5[A]   ③ 14.4[A]   ④ 16.1[A]

풀이 비정현파의 실효값 $I = \sqrt{I_0^2 + I_1^2 + I_2^2 + \cdots + I_n^2}$ 에서

$I = \sqrt{5^2 + \left(\dfrac{14.1}{\sqrt{2}}\right)^2} = 11.2[A]$

답 ①

68 비정현파 $y(x)$가 반파 및 정현 대칭일 때 옳은 식은?

① $y(-x) = -y(x)$, $y(2\pi - x) = y(x)$
② $y(-x) = y(x)$, $y(2\pi - x) = y(x)$
③ $y(-x) = -y(x)$, $y(\pi + x) = -y(x)$
④ $y(-x) = y(x)$, $y(\pi - x) = -y(-x)$

풀이 그림에서 반파 및 정현 대칭 조건은
- $y(-x) = -y(x)$
- $y(2\pi - x) = y(-x) = y(\pi + x)$
- $y(\pi + x) = y(-x) = -y(x)$

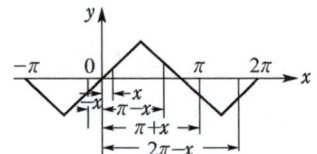

답 ③

69 키르히호프의 전류법칙(KCL) 적용에 대한 설명 중 틀린 것은?

① 이 법칙은 집중정수회로에 적용된다.
② 이 법칙은 선형소자로만 이루어진 회로에 적용된다.
③ 이 법칙은 회로의 선형, 비선형에 관계 받지 않고 적용된다.
④ 이 법칙은 회로의 시변, 시불변에는 관계 받지 않고 적용된다.

풀이 키르히호프의 법칙은 집중 정수 회로에서 선형, 비선형에 무관하게 항상 성립되고, 중첩의 원리는 선형에서만 성립된다.

답 ②

70 그림과 같은 $i = I_m \sin\omega t$인 정현파 교류의 반파 정류 파형의 실효값은?

① $\dfrac{I_m}{\sqrt{2}}$ ② $\dfrac{I_m}{\sqrt{3}}$

③ $\dfrac{I_m}{2\sqrt{2}}$ ④ $\dfrac{I_m}{2}$

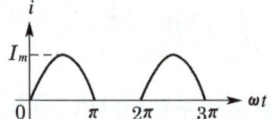

풀이

파형	정현파	정현반파	삼각파	구형반파	구형파
실효값	$\dfrac{I_m}{\sqrt{2}}$	$\dfrac{I_m}{2}$	$\dfrac{I_m}{\sqrt{3}}$	$\dfrac{I_m}{\sqrt{2}}$	I_m
평균값	$\dfrac{2I_m}{\pi}$	$\dfrac{I_m}{\pi}$	$\dfrac{I_m}{2}$	$\dfrac{I_m}{2}$	I_m

답 ④

71 다음과 같은 직류 LC 직렬회로에 대한 설명 중 맞는 것은?

① e_L는 진동 함수이나 e_C는 진동하지 않는다.
② e_L의 최대치는 $2E$까지 될 수 있다.
③ e_C의 최대치가 $2E$까지 될 수 있다.
④ C의 충전 전하 q는 시간 t에 무관계이다.

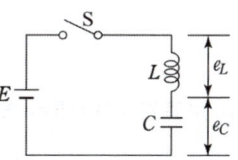

풀이

$i(t) = \sqrt{\dfrac{C}{L}} E \sin \dfrac{1}{\sqrt{LC}} t$

$q(t) = CE\left(1 - \cos \dfrac{1}{\sqrt{LC}} t\right)$ 이므로

$v_L(t) = L\dfrac{di(t)}{dt} = L\dfrac{d}{dt}\left(\sqrt{\dfrac{C}{L}} E \sin \dfrac{1}{\sqrt{LC}} t\right)$

$\quad = E \cos \dfrac{1}{\sqrt{LC}} t$

$v_C(t) = \dfrac{1}{C} q = E\left(1 - \cos \dfrac{1}{\sqrt{LC}} t\right)$

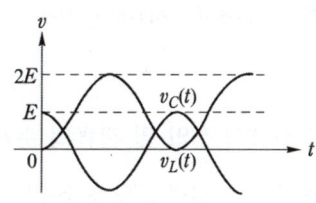

답 ③

72 $R = 100[\Omega]$, $L = 1/\pi[\text{H}]$, $C = 100/4\pi[\text{pF}]$이다. 직렬 공진회로의 Q는 얼마인가?

① 2×10^3 ② 2×10^4 ③ 3×10^3 ④ 3×10^4

풀이 직렬 공진회로에서 $Q = \dfrac{1}{R}\sqrt{\dfrac{L}{C}}$, 병렬 공진회로에서 $Q = R\sqrt{\dfrac{C}{L}}$

$Q = \dfrac{1}{R}\sqrt{\dfrac{L}{C}} = \dfrac{1}{100}\sqrt{\dfrac{1/\pi}{100/4\pi \times 10^{-12}}} = \dfrac{1}{100} \times \dfrac{1}{5} \times 10^6 = 2 \times 10^3$

답 ①

73 각 상의 전류가 $i_a = 30\sin\omega t$[A], $i_b = 30\sin(\omega t - 90°)$[A], $i_c = 30\sin(\omega t + 90°)$[A] 일 때 영상분 전류[A]의 순시치는?

① $10\sin\omega t$ ② $10\sin\dfrac{\omega t}{3}$ ③ $30\sin\omega t$ ④ $\dfrac{30}{\sqrt{3}}\sin(\omega t + 45°)$

풀이
- 정현파를 phasor로 표시하면
  $i_a = 30\angle 0° = 30$[A], $i_b = 30\angle -90° = -j30$[A], $i_c = 30\angle 90° = j30$[A]
- 영상전류
  $i_o = \dfrac{1}{3}(i_a + i_b + i_c) = \dfrac{1}{3} \times (30 - j30 + j30) = 10$[A]

따라서 순시전류 $i = 10\sin\omega t$[A]

답 ①

74 그림과 같은 회로의 전달 함수는? (단, $\frac{L}{R} = T$: 시정수이다.)

① $\dfrac{1}{Ts^2+1}$ ② $\dfrac{1}{Ts+1}$

③ Ts^2+1 ④ $Ts+1$

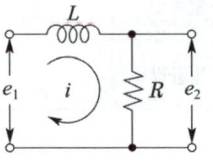

풀이 $G(s) = \dfrac{R}{sL+R} = \dfrac{1}{s \cdot \frac{L}{R}+1} = \dfrac{1}{Ts+1}$

답 ②

75 비정현파 교류를 나타내는 식은?

① 기본파+고조파+직류분 ② 기본파+직류분-고조파
③ 직류분+고조파-기본파 ④ 교류분+기본파+고조파

풀이 비정현파 = 직류분 + 기본파 + 고조파

답 ①

76 어떤 회로의 전압 및 전류의 순시값이 $v = 200\sin 314t$[V], $i = 10\sin\left(314t - \dfrac{\pi}{6}\right)$[A]일 때, 이 회로의 임피던스를 복소수[Ω]로 표시하면?

① $17.32 + j12$ ② $16.30 + j11$ ③ $17.32 + j10$ ④ $18.30 + j9$

풀이 전압과 전류의 순시값을 정지 벡터로 표시하면 $\dot{V}_m = 200\angle 0$, $\dot{I}_m = 10\angle -\dfrac{\pi}{6}$

$\therefore Z = \dfrac{\dot{V}_m}{\dot{I}_m} = \dfrac{200\angle 0}{10\angle -\frac{\pi}{6}} = 20\angle \dfrac{\pi}{6} = 20(\cos 30° + j\sin 30°) = 10\sqrt{3} + j10 = 17.32 + j10$ [Ω]

답 ③

77 어떤 회로에 전압을 115[V] 인가하였더니 유효전력이 230[W], 무효전력이 345[Var]를 지시한다면 회로에 흐르는 전류는 약 몇 [A]인가?

① 2.5 ② 5.6 ③ 3.6 ④ 4.5

풀이 피상전력 $P_a = \sqrt{P^2 + P_r^2} = \sqrt{230^2 + 345^2} = 414.6$[VA]

$\therefore I = \dfrac{P_a}{V} = \dfrac{414.6}{115} \fallingdotseq 3.6$[A]

답 ③

78 정격전압에서 1[kW]의 전력을 소비하는 저항에 정격의 80[%]의 전압을 가할 때의 전력[W]은?

① 340 ② 540 ③ 640 ④ 740

풀이 전력 $P = \dfrac{V^2}{R} \propto V^2$이므로 80[%]의 전압을 가할 때의 전력을 P'이라고 하면 $\dfrac{P}{P'} = \dfrac{V^2}{(0.8V)^2}$

$\therefore P' = 0.64P = 0.64 \times 1 = 0.64$[kW] = 640[W]

답 ③

79 그림과 같은 회로의 컨덕턴스 G_2에 흐르는 전류[A]는?

① 5
② 3
③ 10
④ 15

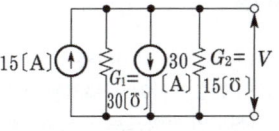

풀이 전류원 두 개가 방향이 반대이므로 그림과 같은 회로가 된다.

$$I_2 = \frac{G_2}{G_1 + G_2}I = \frac{15}{30+15} \times 15 = 5[A]$$

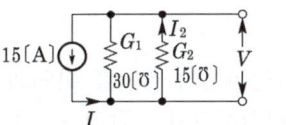

답 ①

80 입력 신호가 v_i, 출력 신호가 v_o일 때, $a_1 v_o + a_2 \dfrac{dv_o}{dt} + a_3 \int v_o dt = v_i$의 전달함수는?

① $\dfrac{s}{a_2 s^2 + a_1 s + a_3}$

② $\dfrac{1}{a_2 s^2 + a_1 s + a_3}$

③ $\dfrac{s}{a_3 s^2 + a_2 s + a_1}$

④ $\dfrac{1}{a_3 s^2 + a_2 s + a_1}$

풀이 초기값을 0으로 하고 라플라스 변환하면

$$a_1 V_o(s) + a_2 s V_o(s) + \frac{1}{s} a_3 V_o(s) = V_i(s)$$

$$\left(a_1 + a_2 s + \frac{a_3}{s}\right) V_o(s) = V_i(s)$$

$$\therefore G(s) = \frac{V_o(s)}{V_i(s)} = \frac{1}{a_1 + a_2 s + \dfrac{a_3}{s}} = \frac{s}{a_2 s^2 + a_1 s + a_3}$$

답 ①

5과목 전기설비기술기준

81 갑종 풍압하중을 계산할 때 강관에 의하여 구성된 철탑에서 구성재의 수직투영면적 1[m²]에 대한 풍압하중은 몇 [Pa]를 기초로 하여 계산한 것인가? 단, 단주는 제외한다.

① 588[Pa] ② 1117[Pa] ③ 1255[Pa] ④ 2157[Pa]

풀이 331.6 풍압하중의 종별과 적용

풍압을 받는 구분		풍압[Pa]
철탑	단주 (완철류는 제외함) 원형의 것	588[Pa]
	기타의 것	1,117[Pa]
	강관에 의하여 구성 (단주는 제외함)	1,255[Pa]
	기타의 것	2,157[Pa]

답 ③

82 철탑의 강도 계산에 사용하는 이상 시 상정하중의 종류가 아닌 것은?

① 좌굴하중   ② 수직하중   ③ 수평 횡하중   ④ 수평 종하중

풀이 333.14 이상 시 상정하중
철탑의 강도계산에 사용하는 이상 시 상정하중은 풍압이 전선로에 직각방향으로 가하여지는 경우의 하중과 전선로의 방향으로 가하여지는 경우의 수직하중, 수평 횡하중, 수평 종하중을 계산하여 각 부재에 대한 이들의 하중 중 그 부재에 큰 응력이 생기는 쪽의 하중을 채택한다.   **답** ①

83 고압가공인입선이 케이블 이외의 것으로서 그 아래에 위험표시를 하였다면 전선의 지표상 높이는 몇 [m]까지로 감할 수 있는가?

① 2.5   ② 3.5   ③ 4.5   ④ 5.5

풀이 331.12.1 고압 가공인입선의 시설
가. 고압 가공인입선의 높이는 지표상 5[m]로 하여야 한다. 그러나 그 고압 가공인입선이 케이블 이외의 것인 때에는 그 전선의 아래쪽에 위험표시를 하면 고압 가공인입선의 높이는 지표상 3.5[m]까지로 감할 수 있다.
나. 횡단보도교의 위에 시설하는 경우에는 그 노면상 3.5[m] 이상   **답** ②

84 태양광설비에 시설하여야 하는 계측장치가 아닌 것은?

① 전압   ② 전류   ③ 역률   ④ 전력

풀이 522.3.6 태양광설비의 계측장치
태양광설비에는 전압, 전류 및 전력을 계측하는 장치를 시설하여야 한다.   **답** ③

85 조상기의 보호장치로서 내부고장 시에 자동적으로 전로로부터 차단하는 장치를 하여야 하는 조상기의 용량은 몇 [kVA] 이상인가?

① 5000   ② 7500   ③ 10000   ④ 15000

풀이 351.5 조상설비의 보호장치
조상 설비에는 그 내부에 고장이 생긴 경우에 보호하는 장치를 표와 같이 시설하여야 한다.

설비 종별	뱅크 용량의 구분	자동적으로 전로로부터 차단하는 장치
전력용 커패시터 및 분로 리액터	500[kVA] 초과 15,000[kVA] 미만	• 내부에 고장이 생긴 경우 • 과전류가 생긴 경우
	15,000[kVA] 이상	• 내부에 고장이 생긴 경우 • 과전류가 생긴 경우 • 과전압이 생긴 경우
조상기	15,000[kVA] 이상	• 내부에 고장이 생긴 경우

답 ④

86 전기철도차량이 전차선로와 접촉한 상태에서 견인력을 끄고 보조전력을 가동한 상태로 정지해 있는 경우, 가공 전차선로의 유효전력이 200[kW] 이상일 경우 총 역률은 얼마보다 작아서는 안되는가?

① 0.6   ② 0.7   ③ 0.8   ④ 0.9

풀이 441.4 전기철도차량의 역률
전기철도차량이 전차선로와 접촉한 상태에서 견인력을 끄고 보조전력을 가동한 상태로 정지해 있는 경우, 가공 전차선로의 유효전력이 200 [kW] 이상일 경우 총 역률은 0.8보다는 작아서는 안된다. **답** ③

87 지중전선로를 직접 매설식에 의하여 시설하는 경우에 그 매설 깊이를 차량 기타 중량물의 압력을 받을 우려가 없는 장소에 몇 [cm] 이상으로 하면 되는가?

① 40[cm] ② 60[cm] ③ 80[cm] ④ 120[cm]

풀이 334.1 지중전선로의 시설
가. 지중 전선로는 전선에 케이블을 사용하고 또한 관로식·암거식 또는 직접 매설식에 의하여 시설하여야 한다.
나. 지중 전선로를 직접 매설식에 의하여 시설하는 경우에는 매설 깊이는
① 차량 기타 중량물의 압력을 받을 우려가 있는 장소 : 1.0[m] 이상
② 기타 장소 : 0.6[m] 이상 **답** ②

88 사용전압이 35[kV] 이하인 특고압가공전선이 상부 조영재의 위쪽에서 제1차 접근상태로 시설되는 경우 특고압가공전선과 건조물의 조영재 이격거리는 몇 [m] 이상이어야 하는가? 단, 전선의 종류는 케이블이라고 한다.

① 0.5[m] ② 1.2[m] ③ 2.5[m] ④ 3.0[m]

풀이 333.23 특고압 가공전선과 건조물의 접근
특고압 가공전선이 건조물과 제1차 접근상태로 시설되는 경우에는 다음에 따라야 한다.
가. 특고압 가공전선로는 제3종 특고압 보안공사에 의할 것.
나. 사용전압이 35[kV] 이하인 특고압 가공전선과 건조물의 조영재 이격거리는 표에서 정한 값 이상일 것.

건조물과 조영재의 구분	전선종류	접근형태	이격거리
상부 조영재	특고압 절연전선	위쪽	2.5[m]
		옆쪽 또는 아래쪽	1.5[m] (전선에 사람이 쉽게 접촉할 우려가 없도록 시설한 경우는 1[m])
	케이블	위쪽	1.2[m]
		옆쪽 또는 아래쪽	0.5[m]
	기타전선		3[m]
기타 조영재	특고압 절연전선		1.5[m] (전선에 사람이 쉽게 접촉할 우려가 없도록 시설한 경우는 1[m])
	케이블		0.5[m]
	기타전선		3[m]

답 ②

89 내부고장이 발생하는 경우를 대비하여 자동차단장치 또는 경보장치를 시설하여야 하는 특고압용 변압기의 뱅크용량의 구분으로 알맞은 것은?

① 5000[kVA] 미만
② 5000[kVA] 이상 10000[kVA] 미만
③ 10000[kVA] 이상
④ 타냉식 변압기

풀이 **351.4 특고압용 변압기의 보호장치**
특고압용의 변압기에는 그 내부에 고장이 생겼을 경우에 보호하는 장치를 표와 같이 시설하여야 한다.

뱅크 용량의 구분	동작조건	장치의 종류
5,000[kVA] 이상 10,000[kVA] 미만	변압기 내부고장	자동차단장치 또는 경보장치
10,000[kVA] 이상	변압기 내부고장	자동차단장치
타냉식 변압기(변압기의 권선 및 철심을 직접 냉각시키기 위하여 봉입한 냉매를 강제 순환시키는 냉각방식을 말한다.)	냉각장치에 고장이 생긴 경우 또는 변압기의 온도가 현저히 상승한 경우	경보장치

답 ②

90
그림은 전력선 반송통신용 결합장치의 보안장치이다. 그림에서 DR은 무엇인가?

① 접지형 개폐기
② 결합 필터
③ 방전갭
④ 배류선륜

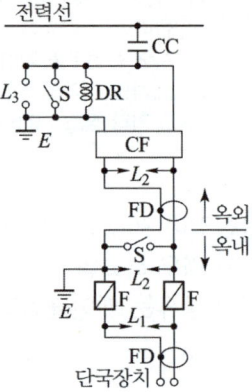

풀이 **362.11 전력선 반송 통신용 결합장치의 보안장치**
전력선 반송통신용 결합 커패시터에 접속하는 회로에는 그림의 보안장치 또는 이에 준하는 보안장치를 시설하여야 한다.
• FD : 동축 케이블
• F : 정격전류 10[A] 이하의 포장 퓨즈
• DR : 전류 용량 2[A] 이상의 **배류 선륜**
• L_1 : 교류 300[V] 이하에서 동작하는 피뢰기
• L_2 : 동작 전압이 교류 1,300[V]를 넘고 1,600[V] 이하로 조정된 방전갭
• L_3 : 동작 전압이 교류 2[kV]를 넘고 3[kV] 이하로 조성된 구상 방전갭
• S : 접지용 개폐기
• CF : 결합 필터
• CC : 결합 콘덴서(결합 안테나를 포함한다)
• E : 접지

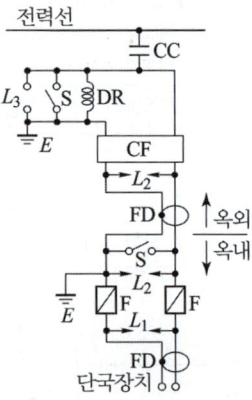

전력선 반송 통신용 결합 장치의 보안장치

답 ④

91
발전소 또는 변전소로부터 다른 발전소 또는 변전소를 거치지 아니하고 전차선로에 이르는 전선을 무엇이라 하는가?

① 급전선
② 전기철도용 급전선
③ 급전선로
④ 전기철도용 급전선로

풀이 **112 용어 정의**
"**전기철도용 급전선**"이란 전기철도용 변전소로부터 다른 전기철도용 변전소 또는 전차선에 이르는 전선을 말한다.

답 ②

92 배전선로의 전압이 22900[V]이며 중성선에 다중 접지하는 전선로의 절연내력 시험전압은 최대 사용전압의 몇 배인가?

① 0.72 ② 0.92 ③ 1.1 ④ 1.25

풀이 132 전로의 절연저항 및 절연내력

전로의 종류	접지방식	시험전압 (최대사용 전압의 배수)	최저 시험전압
1. 7[kV] 이하인 전로		1.5배	
2. 7[kV] 초과 25[kV] 이하	다중접지	0.92배	
3. 7[kV] 초과 60[kV] 이하(2란의 것 제외)		1.25배	10.5[kV]
4. 60[kV] 초과	비접지	1.25배	
5. 60[kV] 초과(6란, 7란의 것 제외)	접지식	1.1배	75[kV]
6. 60[kV] 초과(7란의 것 제외)	직접접지	0.72배	
7. 170[kV] 초과(발전소 또는 변전소 혹은 이에 준하는 장소에 시설하는 것.)	직접접지	0.64배	

답 ②

93 3300[V]용 전동기의 절연내력시험은 몇 [V] 전압에서 권선과 대지 간에 연속하여 10분간 가하여 견디어야 하는가?

① 4,125 ② 4,950 ③ 6,600 ④ 7,600

풀이 133 회전기 및 정류기의 절연내력

종류			시험전압	시험 방법
회전기	발전기 · 전동기 · 조상기 · 기타회전기	7[kV] 이하	1.5배(최저 500[V])	권선과 대지 사이에 연속하여 10분간
		7[kV] 초과	1.25배(최저 10,500[V])	
	회전 변류기		직류 측의 최대 사용전압의 1배의 교류전압(최저 500[V])	

∴ 시험 전압 = $3300 \times 1.5 = 4,950[V]$

답 ②

94 피뢰기를 설치하지 않아도 되는 곳은?

① 발·변전소의 가공 전선 인입구 및 인출구
② 가공 전선로의 말구 부분
③ 가공 전선로에 접속한 1차측 전압이 35[kV] 이하인 배전용 변압기의 고압측 및 특고압측
④ 특고압 가공 전선로로부터 공급을 받는 수용 장소의 인입구

풀이 341.13 피뢰기의 시설
고압 및 특고압의 전로 중 다음에 열거하는 곳 또는 이에 근접한 곳에는 피뢰기를 시설하여야 한다.
① 발전소·변전소 또는 이에 준하는 장소의 가공전선 인입구 및 인출구
② 특고압 가공전선로에 접속하는 배전용 변압기의 고압측 및 특고압측
③ 고압 및 특고압 가공전선로로부터 공급을 받는 수용장소의 인입구
④ 가공전선로와 지중전선로가 접속되는 곳

답 ②

95 특고압 가공 전선로의 지지물에 시설하는 통신선 또는 이에 직접 접속하는 통신선이 도로, 횡단 보도교, 철도, 궤도 또는 삭도와 교차하는 경우에는 통신선은 지름 몇 [mm]의 경동선이나 이와 동등 이상의 세기의 것이어야 하는가?

① 4   ② 4.5   ③ 5   ④ 5.5

풀이 362.2 전력보안통신케이블의 지상고와 배전설비와의 이격거리
통신선이 도로·횡단보도교·철도의 레일 또는 삭도와 교차하는 경우에는 통신선은 연선의 경우 단면적 16[mm²](단선의 경우 지름 4[mm])의 절연전선과 동등 이상의 절연 효력이 있는 것, 인장강도 8.01[kN] 이상의 것 또는 연선의 경우 단면적 25[mm²](단선의 경우 지름 5[mm])의 경동선일 것. **답** ③

96 지중전선로의 매설방법이 아닌 것은?

① 관로식   ② 인입식   ③ 암거식   ④ 직접 매설식

풀이 334.1 지중전선로의 시설
가. 지중 전선로는 전선에 케이블을 사용하고 또한 관로식·암거식 또는 직접 매설식에 의하여 시설하여야 한다.
나. 지중 전선로를 직접 매설식에 의하여 시설하는 경우에는 매설 깊이를 차량 기타 중량물의 압력을 받을 우려가 있는 장소에는 1.0[m] 이상, 기타 장소에는 0.6[m] 이상으로 하고 또한 지중 전선을 견고한 트라프 기타 방호물에 넣어 시설하여야 한다. **답** ②

97 1차 22900[V], 2차 3300[V]의 변압기를 옥외에 시설할 때 구내에 취급자 이외의 사람이 들어가지 아니하도록 울타리를 시설하려고 한다. 이때 울타리의 높이는 몇 [m] 이상으로 하여야 하는가?

① 2[m]   ② 3[m]   ③ 4[m]   ④ 5[m]

풀이 341.4 특고압용 기계기구의 시설
특고압용 기계기구는 다음의 규정에 의하여 시설하는 경우 이외에는 시설하여서는 아니 된다.
가. 기계기구의 주위에 규정에 준하여 울타리·담 등을 시설하는 경우
- 울타리·담 등의 높이 : 2[m] 이상
- 지표면과 울타리·담 등의 하단사이의 간격 : 0.15[m] 이하

나. 기계기구를 지표상 5[m] 이상의 높이에 시설하고 충전부분의 지표상의 높이를 표에서 정한 값 이상으로 하고 또한 사람이 접촉할 우려가 없도록 시설하는 경우

사용전압의 구분	울타리·담 등의 높이와 울타리·담 등으로부터 충전 부분까지의 거리의 합계
35[kV] 이하	5[m]
35[kV] 초과 160[kV] 이하	6[m]
160[kV] 초과	• 거리의 합계 = 6 + 단수 × 0.12[m] • 단수 = $\dfrac{\text{사용전압[kV]} - 160}{10}$ … 단수 계산에서 소수점 이하는 절상

답 ①

98 사용전압이 380[V]인 옥내배선을 애자공사로 시설할 때 전선과 조영재 사이의 이격거리는 몇 [cm] 이상이어야 하는가?

① 2   ② 2.5   ③ 4.5   ④ 6

풀이 232.56 애자공사
가. 전선의 종류 : 절연 전선. 단, 옥외용 비닐 절연 전선(OW) 및 인입용 비닐 절연 전선(DV)은 제외한다.
나. 이격 거리

전 압		전선과 조영재와의 이격거리	전선 상호 간격	전선 지지점 간의 거리	
				조영재의 윗면 또는 옆면에 따라 시설	조영재에 따라 시설하지 않는 경우
저압	400[V] 이하	2.5[cm] 이상	6[cm] 이상	2[m] 이하	–
	400[V] 초과	건조한 장소 2.5[cm] 이상			6[m] 이하
		기타의 장소 4.5[cm] 이상			

답 ②

99 다음 중 전선 접속 방법이 잘못된 것은?

① 알루미늄과 동을 사용하는 전선을 접속하는 경우에는 접속 부분에 전기적 부식이 생기지 않아야 한다.
② 공칭단면적 10[mm²] 미만인 캡타이어 케이블 상호 간을 접속하는 경우에는 접속함을 사용할 수 없다.
③ 절연전선 상호 간을 접속하는 경우에는 접속부분을 절연 효력이 있는 것으로 충분히 피복하여야 한다.
④ 나전선 상호 간의 접속인 경우에는 전선의 세기를 20[%] 이상 감소시키지 않아야 한다.

풀이 123 전선의 접속
전선을 접속하는 경우에는 전선의 전기저항을 증가시키지 아니하도록 접속 하여야 하며, 또한 다음에 따라야 한다.
가. 절연전선 상호·절연전선과 코드, 캡타이어 케이블과 접속하는 경우에는
  ① 전선의 세기를 20[%] 이상 감소시키지 아니할 것.
  ② 접속부분은 접속관 기타의 기구를 사용할 것.
  ③ 접속부분의 절연전선에 절연전선의 절연물과 동등 이상의 절연효력이 있는 것으로 충분히 피복할 것.
다. 코드 상호, 캡타이어 케이블 상호 또는 이들 상호를 접속하는 경우에는 코드 접속기·접속함 기타의 기구를 사용할 것 다만 **공칭단면적이 10[mm²] 이상인 캡타이어 케이블 상호를 규정에 준하여 접속하는 경우에는 기구를 사용하지 않을 수 있다.**
라. 도체에 알루미늄(알루미늄 합금을 포함한다.)을 사용하는 전선과 동(동합금을 포함한다.)을 사용하는 전선을 접속하는 등 전기 화학적 성질이 다른 도체를 접속하는 경우에는 접속부분에 전기적 부식이 생기지 않도록 할 것.

답 ②

100 다음 (㉮), (㉯) 에 들어갈 내용으로 옳은 것은?

> 지중전선로는 기설 지중 약전류 전선로에 대하여 (㉮) 또는 (㉯)에 의하여 통신상의 장해를 주지 않도록 기설 약전류 전선로로부터 충분히 이격시키거나 기타 적당한 방법으로 시설하여야 한다.

① ㉮ 정전용량 ㉯ 표피작용
② ㉮ 정전용량 ㉯ 유도작용
③ ㉮ 누설전류 ㉯ 표피작용
④ ㉮ 누설전류 ㉯ 유도작용

풀이 334.5 지중약전류전선의 유도장해 방지
지중전선로는 기설 지중약전류전선로에 대하여 **누설전류 또는 유도작용**에 의하여 통신상의 장해를 주지 않도록 충분히 이격시키거나 기타 적당한 방법으로 시설하여야 한다.

답 ④

2021년 3회 (CBT 복원문제)

1과목 전기자기

01 환상철심에 감은 코일에 5[A]의 전류를 흘리면 2000[AT]의 기자력이 생긴다면 코일의 권수는 얼마로 하여야 하는가?

① 10000 ② 5000 ③ 400 ④ 250

풀이 기자력 $F = NI$에서 ∴ $N = \dfrac{F}{I} = \dfrac{2000}{5} = 400$[회] **답** ③

02 변위전류에 의하여 전자파가 발생되었을 때 전자파의 위상은?

① 변위전류보다 90° 늦다. ② 변위전류보다 90° 빠르다.
③ 변위전류보다 30° 빠르다. ④ 변위전류보다 30° 늦다.

풀이 변위전류는 유전체 내에서 흐르는 전류로 정의 되므로 콘덴서 내부의 유전체에 흐르는 충전전류로 생각하면 된다. 즉 변위전류는 전자파보다 90° 빠른 진상전류가 되므로 전자파의 위상은 변위전류보다 90° 늦다. **답** ①

03 자속 밀도는 벡터이며 B로 표시한다. 다음 가운데서 항상 성립되는 관계는?

① grad $\boldsymbol{B} = 0$ ② rot $\boldsymbol{B} = 0$
③ div $\boldsymbol{B} = 0$ ④ $\boldsymbol{B} = 0$

풀이 자속은 시변계, 불시변계에 관계없이 항상 연속성의 성질을 가진다. 따라서 자속의 연속성을 의미하는 관계식은 div $\boldsymbol{B} = 0$이다. **답** ③

04 공기 중에 고립된 지름 1[m]의 반구 도체를 10^6[V]로 충전한 다음 이 에너지를 10^{-5}초 사이에 방전한 경우의 평균전력은?

① 700[kW] ② 1389[kW]
③ 2780[kW] ④ 5560[kW]

풀이 도체구의 정전용량 $C_0 = 4\pi\epsilon_0 a$이므로 반구 도체의 정전용량은 $C = \dfrac{C_0}{2} = \dfrac{4\pi\epsilon_0 a}{2} = 2\pi\epsilon_0 a$[F]

반구 도체의 정전에너지는 $W = \dfrac{1}{2}CV^2 = \pi\epsilon_0 a V^2$[J]

따라서 평균 전력은 $P = \dfrac{W}{t}$이므로

∴ $P = \dfrac{\pi\epsilon_0 a V^2}{t} = \dfrac{\pi \times 8.855 \times 10^{-12} \times 0.5 \times (10^6)^2}{10^{-5}} \fallingdotseq 1389$[kW] **답** ②

05 다음 정전계에 관한 식 중에서 틀린 것은? (단, D는 전속밀도, V는 전위, ρ는 공간(체적) 전하밀도, ϵ은 유전율이다.)

① 가우스의 정리 : $\text{div}\,\boldsymbol{D} = \rho$
② 포아송의 방정식 : $\nabla^2 V = \dfrac{\rho}{\epsilon}$
③ 라플라스의 방정식 : $\nabla^2 V = 0$
④ 발산의 정리 : $\oint_s \boldsymbol{D} \cdot ds = \int_v \text{div}\,\boldsymbol{D}\,dv$

풀이 공간전하밀도(체적전하밀도)와 전계의 세기와의 관계식

$$\text{div}\,\boldsymbol{D} = \rho\ (\boldsymbol{D} = \epsilon \boldsymbol{E}) \to \text{div}\,\boldsymbol{E} = \dfrac{\rho}{\epsilon}$$

전위와 전계의 세기의 관계식

$$\boldsymbol{E} = -\text{grad}\,V\ (\boldsymbol{E} = -\nabla V)$$

두 식으로부터 다음의 포아송 방정식과 라플라스 방정식이 유도된다.

$$\text{div grad}\,V = -\dfrac{\rho}{\epsilon_0}\ (\nabla \cdot \nabla V = \nabla^2 V)$$

∴ $\nabla^2 V = -\dfrac{\rho}{\epsilon_0}$: **포아송 방정식**(Poisson's equation)

전하밀도가 공간적으로 분포하고 있을 때 그 내부의 임의의 점에서 전위를 결정하는 식이다.

∴ $\nabla^2 V = 0\ (\rho = 0)$: 라플라스 방정식(Laplace's equation)

답 ②

06 m[Wb]의 점자극에 의한 자계 중에서 r[m] 거리에 있는 점의 자위는?

① r에 비례한다.
② r^2에 비례한다.
③ r에 반비례한다.
④ r^2에 반비례한다.

풀이 정전계와 정자계의 유사성에 의해 전위와 자위는 다음과 같다.
- 정전계에서 점전하에 의한 전위 : $V = \dfrac{Q}{4\pi\epsilon_0 r}$ [V] $\left(V \propto \dfrac{1}{r}\right)$
- 정자계에서 점자극에 의한 자위 : $U = \dfrac{m}{4\pi\mu_0 r}$ [A] $\left(U \propto \dfrac{1}{r}\right)$

따라서 자위 U와 거리 r의 관계는 반비례가 성립한다. $\left(U \propto \dfrac{1}{r}\right)$

답 ③

07 다음 중 맥스웰의 전자 방정식으로 옳지 않은 것은?

① $\text{rot}\,\boldsymbol{H} = i + \dfrac{\partial \boldsymbol{D}}{\partial t}$
② $\text{rot}\,\boldsymbol{E} = -\dfrac{\partial \boldsymbol{B}}{\partial t}$
③ $\text{div}\,\boldsymbol{B} = \phi$
④ $\text{div}\,\boldsymbol{D} = \rho$

풀이 맥스웰 방정식의 미분형
① $\text{rot}\,\boldsymbol{E} = -\dfrac{\partial \boldsymbol{B}}{\partial t}$: Faraday 법칙
② $\text{rot}\,\boldsymbol{H} = i + \dfrac{\partial \boldsymbol{D}}{\partial t}$: 암페어의 주회적분 법칙
③ $\text{div}\,\boldsymbol{D} = \rho$: 가우스의 법칙
④ $\text{div}\,\boldsymbol{B} = 0$: 고립된 자하는 없다.

답 ③

08 자기 인덕턴스가 각각 L_1, L_2인 두 코일을 서로 간섭이 없도록 병렬로 연결했을 때 그 합성 인덕턴스는?

① $L_1 + L_2$ ② $L_1 \cdot L_2$ ③ $\dfrac{L_1 + L_2}{L_1 \cdot L_2}$ ④ $\dfrac{L_1 \cdot L_2}{L_1 + L_2}$

풀이 병렬접속
- 가극성 $L = \dfrac{L_1 L_2 - M^2}{L_1 + L_2 - 2M}$
- 감극성 $L = \dfrac{L_1 L_2 - M^2}{L_1 + L_2 + 2M}$

간섭이 없도록 하면, $M = 0$ $\therefore L = \dfrac{L_1 L_2}{L_1 + L_2}$

답 ④

09 전기기기의 철심(자심)재료로 규소강판을 사용하는 이유는?
① 동손을 줄이기 위해
② 와전류손을 줄이기 위해
③ 히스테리시스손을 줄이기 위해
④ 제작을 쉽게 하기 위하여

풀이
- 규소 강판 : 히스테리시스손 감소
- 성층 철심 : 와류손 감소

답 ③

10 공간 도체 내의 한 점에 있어서 자속이 시간적으로 변화하는 경우에 성립하는 식은?

① $\text{Curl } \boldsymbol{E} = \dfrac{\partial \boldsymbol{H}}{\partial t}$ ② $\text{Curl } \boldsymbol{E} = -\dfrac{\partial \boldsymbol{H}}{\partial t}$

③ $\text{Curl } \boldsymbol{E} = \dfrac{\partial \boldsymbol{B}}{\partial t}$ ④ $\text{Curl } \boldsymbol{E} = -\dfrac{\partial \boldsymbol{B}}{\partial t}$

풀이 $\text{rot}\boldsymbol{E} = \text{curl }\boldsymbol{E} = \nabla \times \boldsymbol{E} = -\dfrac{\partial \boldsymbol{B}}{\partial t}$ (회전)

답 ④

11 MKS 합리화 단위계에서 진공 중의 유전율 값으로 틀린 것은? 단, $c[\text{m/sec}]$는 진공 중 전자파 속도이다.

① $\dfrac{1}{120\pi c}$ ② $\dfrac{10^7}{4\pi c^2}$ ③ $\dfrac{1}{36\pi \times 10^9}$ ④ $\dfrac{10^7}{14\pi c}$

풀이 전파속도 $v = \dfrac{1}{\sqrt{\mu\epsilon}}$ [m/s]

진공 중의 전파속도 $v_0 = \dfrac{1}{\sqrt{\epsilon_0 \mu_0}} = 3 \times 10^8 = c$ [m/s] ($\because$ 진공 중에서 $\epsilon_r = \mu_r = 1$)

따라서 진공 중 유전율 $\epsilon_0 = \dfrac{1}{\mu_0 c^2} = \dfrac{10^7}{4\pi c^2} = \dfrac{1}{120\pi c} = \dfrac{1}{36\pi \times 10^9}$ [F/m] ($\because \mu_0 = 4\pi \times 10^{-7}$)

답 ④

12 반지름 a[m]인 구대칭 전하에 의한 구 내외의 전계의 세기에 해당되는 것은?
(단, 구 내부에 전하가 균일분포하고 있는 경우이다.)

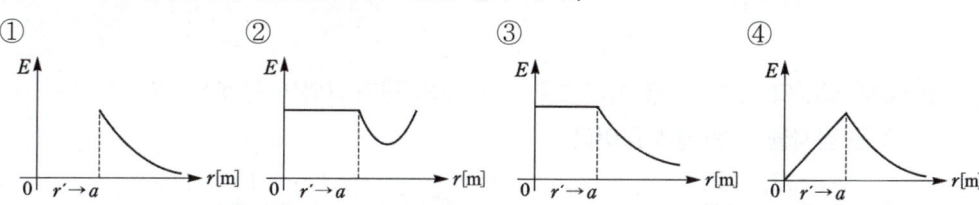

풀이 구체의 전하 분포
1) 내부에 전하가 균일 분포하는 경우
   (중심에서부터 외부로 방사상으로 발산)
   ① 구체 외부($r > a$)
   $$E = \frac{Q}{4\pi\epsilon_0 r^2} \propto \frac{1}{r^2} \text{[V/m]} \ (r^2\text{에 반비례})$$
   ② 구체 표면($r = a$)
   $$E_a = \frac{Q}{4\pi\epsilon_0 a^2} \text{[V/m] (일정)}$$
   ③ 구체 내부($r < a$)
   $$E_i = \frac{rQ}{4\pi\epsilon_0 a^3} \propto r \text{ [V/m]} \ (r\text{에 비례})$$
2) 표면에 전하가 존재하는 경우
   (도체 표면에서 외부로 방사상으로 발산)
   ① 구체 외부($r > a$)
   $$E = \frac{Q}{4\pi\epsilon_0 r^2} \propto \frac{1}{r^2} \text{[V/m]} \ (r^2\text{에 반비례})$$
   ② 구체 표면($r = a$)
   $$E_a = \frac{Q}{4\pi\epsilon_0 a^2} \text{[V/m] (일정)}$$
   ③ 구체 내부($r < a$)
   $$E_i = 0$$

답 ④

13 권수 1회의 코일에 5[Wb]의 자속이 쇄교하고 있을 때 $t = 10^{-1}$초 사이에 이 자속을 0으로 변했다면 이때 코일에 유도되는 기전력은 몇 [V]이겠는가?

① 5 ② 25 ③ 50 ④ 100

풀이 기전력 $e = N\dfrac{d\phi}{dt} = 1 \times \dfrac{5-0}{10^{-1}} = 50\text{[V]}$

답 ③

14 모든 전기장치를 접지시키는 근본적 이유는?
① 영상전하를 이용하기 때문에
② 지구는 전류가 잘 통하기 때문에
③ 편의상 지면의 전위를 무한대로 보기 때문에
④ 지구의 용량이 커서 전위가 거의 일정하기 때문에

풀이 지구는 정전 용량이 크므로 많은 전하가 축적되어도 지구의 전위는 일정하다. 모든 전기장치를 접지시키고 대지를 실용상 등전위로 한다.

답 ④

15 자성체에 외부의 자계 H_0를 가하였을 때 자화의 세기 J와의 관계식은?
(단, N은 감자율, μ는 투자율이다.)

① $J = \dfrac{H_0}{1+N(\mu_s-1)}$ ② $J = \dfrac{H_0(\mu_s-1)}{1+N}$

③ $J = \dfrac{H_0\mu_0(\mu_s-1)}{1+N(\mu_s-1)}$ ④ $J = \dfrac{H_0(\mu_s-1)}{1+N\mu_0(\mu_0-1)}$

풀이 H_0 : 외부자계
H' : 자화$(-m, +m)$에 의한 자계(감자력)
H : 자성체 내부 자계

- 감자력은 $H' = \dfrac{NJ}{\mu_0}$
  (여기서, N은 감자율, $0 \le N \le 1$)이므로 자성체의 내부 자계는
  $H = H_0 - H' = H_0 - \dfrac{NJ}{\mu_0}$ [A/m]이다.

- 자화의 세기 $J = \chi_m H$에 자성체의 내부 자계(H)를 대입하면,
  $J = \chi_m H = \chi_m \left(H_0 - \dfrac{NJ}{\mu_0}\right) = \dfrac{\chi_m}{1+\dfrac{\chi_m N}{\mu_0}} H_0$ [Wb/m²]

- 마지막으로 $\chi_m = \mu_0(\mu_s-1)$ [Wb/m²]를 대입하여 식을 정리하면,
  $\therefore J = \dfrac{\chi_m}{1+\dfrac{\chi_m N}{\mu_0}} H_0 = \dfrac{\mu_0(\mu_s-1)}{1+N(\mu_s-1)} H_0$ [Wb/m²]

답 ③

16 두 종류의 금속으로 된 회로에 전류를 통하면 각 접속점에서 열의 흡수 또는 발생이 일어나는 현상은?

① 톰슨 효과 ② 제벡 효과 ③ 볼타 효과 ④ 펠티에 효과

풀이 ① 톰슨 효과 : 동일한 금속 도선의 두 점 간에 온도차를 주고, 고온 쪽에서 저온 쪽으로 전류를 흘리면 도선 속에서 열이 발생되거나 흡수가 일어나는 이러한 현상을 톰슨 효과라 한다.
② 제벡(지벡) 효과 : 두 종류 금속 접속면에 온도차가 있으면 기전력이 발생하는 효과
③ 볼타 효과 : 도체와 도체 사이에 접촉 전기가 일어날 때 두 도체 사이에 전위차가 생기는 효과
④ 펠티에 효과 : 두 종류 금속 접속면에 전류를 흘리면 접속점에서 열의 흡수, 발생이 일어나는 효과

답 ④

17 비투자율 μ_s는 역자성체에서 다음 중 어느 값을 갖는가?

① $\mu_s = 0$ ② $\mu_s < 1$ ③ $\mu_s > 1$ ④ $\mu_s = 1$

풀이 강자성체 : $\mu_s \gg 1$, 상자성체 : $\mu_s > 1$, **역자성체 : $\mu_s < 1$**

답 ②

18. 정전용량 C_1, C_2, C_x의 3개 커패시터를 그림과 같이 연결하고 단자 ab간에 100[V]의 전압을 가하였다. 지금 $C_1 = 0.02[\mu F]$, $C_2 = 0.1[\mu F]$이며 C_1에 90[V]의 전압이 걸렸을 때 C_x는 몇 [μF]인가?

① 0.1
② 0.04
③ 0.05
④ 0.08

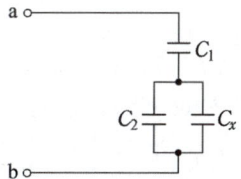

풀이 밑부분 C_2와 C_x를 등가용량 $C' = C_2 + C_x$라 하면
C_1에 충전되는 전하 Q_1과 C'에 충전되는 전하 Q'는 직렬 연결이므로 서로 같다.
즉, $C_1 V_1 = C' V_2 = 0.02 \times 90 = C' \times 10$
$C' = 0.18 = 0.1 + C_x$
∴ $C_x = 0.18 - 0.1 = 0.08 [\mu F]$

답 ④

19. 폐곡면을 통하는 전속과 폐곡면 내부의 전하와의 상관 관계를 나타내는 법칙은?

① 가우스 법칙 ② 쿨롱 법칙
③ 푸아송 법칙 ④ 라플라스 법칙

풀이 어떤 폐곡면을 통과하는 전속은 그 면 내에 존재하는 전 전하량과 같다.
가우스 법칙 (적분형) $Q = \oint_s D_s \cdot ds$

답 ①

20. 1000회의 코일을 감은 환상 철심 솔레노이드의 단면적이 3[cm²], 평균 길이 4π[cm]이고, 철심의 비투자율이 500일 때, 자기 인덕턴스[H]는?

① 1.5 ② 15 ③ $\dfrac{15}{4\pi} \times 10^6$ ④ $\dfrac{15}{4\pi} \times 10^{-5}$

풀이 $L = \dfrac{N^2}{R_m} = \dfrac{N^2}{\dfrac{l}{\mu S}} = \dfrac{\mu_0 \mu_s S N^2}{l} = \dfrac{4\pi \times 10^{-7} \times 500 \times 3 \times 10^{-4} \times 1000^2}{4\pi \times 10^{-2}} = 1.5[H]$

답 ①

2과목 전력공학

21. 6.6[kV] 고압 배전선로(비접지 선로)에서 지락보호를 위하여 특별히 필요치 않은 것은?

① 과전류계전기(OCR) ② 선택접지계전기(SGR)
③ 영상변류기(ZCT)   ④ 접지변압기(GPT)

풀이 비접지 계통의 지락 사고 검출
선택 접지 계전기(SGR) + 영상 전류 검출 (ZCT) + 영상 전압 검출(GPT)

답 ①

22 배전전압, 배전거리 및 전력손실이 같다는 조건에서 단상 2선식 전기방식의 전선 총 중량을 100[%]라 할 때 3상 3선식 전기방식은 몇 [%]인가?

① 33.3　　　② 37.5　　　③ 75.0　　　④ 100.0

풀이
- 송전 전력은 동일하므로
$$\sqrt{3}\,VI_3\cos\theta = VI_1\cos\theta \;\rightarrow\; I_1 = \sqrt{3}\,I_3$$
- 전력 손실이 동일하므로
$$3I_3^2\rho\frac{l}{A_3} = 2I_1^2\rho\frac{l}{A_1} \;\rightarrow\; 3I_3^2\rho\frac{l}{A_3} = 2(\sqrt{3}\,I_3)^2\rho\frac{l}{A_1} \;\rightarrow\; A_3 = \frac{1}{2}A_1$$

따라서 전선량(무게)비
$$\frac{3상3선식}{단상2선식} = \frac{3A_3 l\sigma}{2A_1 l\sigma} = \frac{3}{2}\times\frac{1}{2} = \frac{3}{4} = 0.75$$

답 ③

23 우리나라 22.9[kV] 배전선로에 적용하는 피뢰기의 공칭방전전류[A]는?

① 1500　　　② 2500　　　③ 5000　　　④ 10000

풀이 설치장소별 피뢰기 공칭 방전전류

공칭방전전류	설치장소	적용 조건
10,000[A]	변전소	1. 154[kV] 이상의 계통 2. 66[kV] 및 그 이하 계통에서 뱅크용량이 3,000[kVA]를 초과하거나 특히 중요한 곳 3. 장거리 송전선 케이블(배전선로 인출용 단거리 케이블은 제외) 및 정전 축전기 뱅크를 개폐하는 곳 4. 배전선로 인출측(배전 간선 인출용 장거리 케이블은 제외)
5,000[A]	변전소	66[kV] 및 그 이하 계통에서 뱅크용량이 3,000[kVA] 이하인 곳
2,500[A]	선로	배전선로

[주] 전압 22.9[kV-Y] 이하 (22[kV] 비접지 제외)의 배전선로에서 수전하는 설비의 피뢰기 공칭방전전류는 일반적으로 2,500[A]의 것을 적용한다.

답 ②

24 피뢰기의 제한 전압이란?

① 상용 주파 전압에 대한 피뢰기의 충격 방전 개시 전압
② 충격파 침입시 피뢰기의 충격 방전 개시 전압
③ 피뢰기가 충격파 방전종료 후 언제나 속류를 확실히 차단할 수 있는 상용 주파 허용 단자 전압
④ 충격파 전류가 흐르고 있을 때 피뢰기의 단자 전압

풀이 제한 전압 : 피뢰기 동작 중에 계속해서 걸리고 있는 단자 전압의 파고값

답 ④

25 송전전력, 송전거리, 전선의 비중 및 전력손실률이 일정하다고 하면 전선의 단면적 $A[\mathrm{mm}^2]$와 송전전압 $V[\mathrm{kV}]$와의 관계로 옳은 것은?

① $A \propto V$　　　② $A \propto V^2$　　　③ $A \propto \dfrac{1}{V^2}$　　　④ $A \propto \sqrt{V}$

풀이
- 전력손실 $P_l = 3I^2R = \dfrac{P^2\rho l}{V^2\cos^2\theta A}$ (전류 $I = \dfrac{P}{\sqrt{3}\,V\cos\theta}$)
- 전력손실률 $h = \dfrac{P_l}{P} = \dfrac{P\rho l}{hV^2\cos^2\theta}$ 에서 전선의 단면적 $A = \dfrac{P\rho l}{hV^2\cos^2\theta}$
- P, ρ, l, h, $\cos\theta$가 일정한 경우이므로 전선의 단면적 $A \propto \dfrac{1}{V^2}$

답 ③

26 공기 차단기에 비해 SF₆ 가스 차단기의 특징으로 볼 수 없는 것은?

① 같은 압력에서 공기의 2~3배 정도의 절연내력이 있다.
② 차단시 폭발음이 없다.
③ 소전류 차단시 이상전압이 높다.
④ 아크에 SF₆ 가스는 분해되지 않고 무독성이다.

풀이 SF₆ 가스 차단기의 특징
- 밀폐구조이므로 소음이 없다.
- 소전류 차단에도 안정된 차단이 가능하다.
- 절연내력이 공기의 2~3배, 소호 능력은 공기의 100~200배
- 근거리 고장 등 가혹한 재기전압에 대해서도 성능이 우수
- SF₆ 가스는 무독, 무취, 무해성이다.

답 ③

27 화력 발전소에서 1[ton]의 석탄으로 발생시킬 수 있는 전력량은 약 몇 [kWh]인가? 단, 석탄 1[kg]의 발열량 5000[kcal], 효율은 20[%]이다.

① 960 ② 1060 ③ 1160 ④ 1260

풀이 전력량 $W = \dfrac{mH\eta}{860} = \dfrac{1\times 1000\times 5000\times 0.2}{860} = 1160[\text{kWh}]$

답 ③

28 수력 발전소에서 유효 낙차 30[m], 유역 면적 8000[km²], 연간 강우량 1500[mm], 유출 계수 70[%]일 때 연간 발생 전력량은 몇 [kWh]인가? 단, 수차 발전기의 종합 효율은 85[%]이다.

① 5.83×10^5 ② 5.83×10^8 ③ 6.73×10^5 ④ 6.73×10^8

풀이 평균유량 $Q = \dfrac{8000\times 10^6 \times \frac{1500}{1000}\times 0.7}{365\times 24\times 3600} = 266.36[\text{m}^3/\text{sec}]$

따라서 연간 발생 전력량 P는
$P = 9.8QH\eta t = 9.8\times 266.36\times 30\times 0.85\times 24\times 365 = 5.83\times 10^8 [\text{kWh}]$

답 ②

29 154[kV]의 송전 선로의 전압을 345[kV]로 승압하고 같은 손실률로 송전한다고 가정하면 송전 전력은 승압 전의 몇 배인가?

① 2 ② 3 ③ 4 ④ 5

풀이 송전전력은 전압의 제곱에 비례하므로 $P = KV^2 = K\left(\dfrac{345}{154}\right)^2 = 5K$

답 ④

30 역상전류가 각상 전류로 바르게 표시된 것은 다음 중 어느 것인가?

① $\dot{I_2} = \dot{I_a} + \dot{I_b} + \dot{I_c}$
② $\dot{I_2} = 3(\dot{I_a} + a\dot{I_b} + a^2\dot{I_c})$
③ $\dot{I_2} = \dfrac{1}{3}(\dot{I_a} + a^2\dot{I_b} + a\dot{I_c})$
④ $\dot{I_2} = a\dot{I_a} + \dot{I_b} + a^2\dot{I_c}$

풀이 대칭 좌표법의 대칭 전류를 보면
- 정상전류 $I_1 = \dfrac{1}{3}(I_a + aI_b + a^2I_c)$
- 역상전류 $I_2 = \dfrac{1}{3}(I_a + a^2I_b + aI_c)$
- 영상전류 $I_0 = \dfrac{1}{3}(I_a + I_b + I_c)$

답 ③

31 어느 변전소에서 합성 임피던스 0.5[%](8000[kVA] 기준)인 곳에 시설할 차단기에 필요한 차단용량은 최저 몇 [MVA]인가?

① 1600 ② 2000 ③ 2400 ④ 2800

풀이 $P_s = \dfrac{100}{\%Z} \times P = \dfrac{100}{0.5} \times 8000 \times 10^{-3} = 1600$[MVA]

답 ①

32 유효낙차 150[m], 최대출력 250000[kW]의 수력발전소의 최대사용수량은 약 몇 [m³/sec]인가? 단, 수차의 효율은 90[%], 발전기의 효율은 98[%]이다.

① 236 ② 193 ③ 182 ④ 173

풀이 발전기 이론 출력
$P_g = 9.8QH\eta_g\eta_t$ [kW]
$\therefore Q = \dfrac{P_g}{9.8H\eta_g\eta_t} = \dfrac{250000}{9.8 \times 150 \times 0.98 \times 0.90} \fallingdotseq 193$ [m³/sec]

답 ②

33 발전기의 자기여자현상을 방지하기 위한 대책으로 적합하지 않은 것은?

① 단락비를 크게 한다.
② 포화율을 작게 한다.
③ 선로의 충전전압을 높게 한다.
④ 발전기 정격전압을 높게 한다.

풀이 발전기 1대로 송전 선로를 충전하는 경우 여자를 일으키지 않기 위해서는 단락비가 큰 발전기라야 한다. 안전하게 선로를 충전할 수 있는 단락비의 값은 다음 식을 만족하여야 한다.

단락비 $> \dfrac{Q'}{Q}\left(\dfrac{V}{V'}\right)^2(1+\sigma)$

여기서, Q' : 소요 충전 전압 V'에서 선로의 충전 용량[kVA]
Q : 발전기의 정격 출력[kVA]
V : 발전기의 정격 전압[V]
σ : 발전기의 정격 전압에서의 포화율

따라서 선로의 충전 전압은 높게, **발전기 정격전압은 낮게**, 포화율은 작게 해야 **발전기의 자기여자현상을** 방지할 수 있다.

답 ④

34 간격 S인 정4각형 배치의 4도체에서 소선 상호간의 기하학적 평균 거리는?

① $\sqrt{2}S$ ② $\sqrt{S}$ ③ $\sqrt[3]{S}$ ④ $\sqrt[6]{2}\,S$

풀이 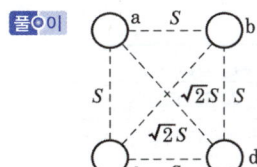 $\sqrt[6]{S \cdot S \cdot S \cdot S \cdot \sqrt{2}S \cdot \sqrt{2}S} = \sqrt[6]{2}\,S$

답 ④

35 조력 발전소에 대한 다음 설명 중 옳은 것은?

① 간만의 차가 적은 해안에 설치한다.
② 완만한 해안선을 이루고 있는 지점에 설치한다.
③ 만조로 되는 동안 바닷물을 받아들여 발전한다.
④ 지형적 조건에 따라 수로식과 양수식이 있다.

풀이 조력 발전은 조수 간만의 수위 차를 이용하여 발전하는 것으로 다음과 같이 구분된다.
• 단류식 : 밀물(만조) 시 발전을 하는 창조식과 썰물(간조) 시 발전을 하는 낙조식이 있다.
• 복류식 : 밀물과 썰물 때 양쪽방향으로 발전을 하는 방식이다.

답 ③

36 배전 전압을 6,600[V]에서 11,400[V]로 높이면 수송전력이 같을 때 전력손실은 처음의 약 몇 배로 줄일 수 있는가?

① 1/2 ② 1/3 ③ 2/3 ④ 3/4

풀이 전력손실 $P_l = 3I^2R = \dfrac{P^2R}{V^2\cos^2\theta} \propto \dfrac{1}{V^2}$ 이므로,

∴ $P_l' = \dfrac{6600^2}{11400^2}P_l \fallingdotseq \dfrac{1}{3}P_l$

답 ②

37 전력선 a의 충전 전압을 E, 통신선 b의 대지 정전 용량을 C_b, a-b 사이의 상호 정전 용량을 C_{ab}라고 하면 통신선 b의 정전 유도 전압 E_s는?

① $\dfrac{C_{ab}+C_b}{C_b}E$ ② $\dfrac{C_{ab}+C_a}{C_{ab}}E$

③ $\dfrac{C_b}{C_{ab}+C_b}E$ ④ $\dfrac{C_{ab}}{C_{ab}+C_b}E$

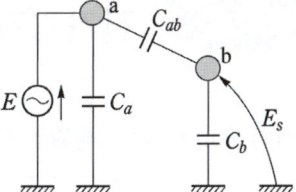

풀이 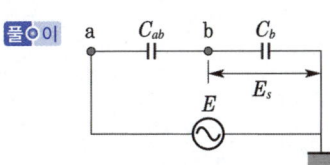 $E_s = \dfrac{C_{ab}}{C_{ab}+C_b}E$

답 ④

38 장거리 송전선로의 특성은 무슨 회로로 다루는 것이 가장 좋은가?
① 특성 임피던스 회로
② 집중정수 회로
③ 분포정수 회로
④ 분산부하 회로

풀이

구 분	거 리	선로 정수	회 로
단거리	수[km]	R, L만 고려	집중정수회로로 취급(직렬회로)
중거리	수십[km]	R, L, C만 고려	집중정수회로로 취급(T회로, π회로)
장거리	수백[km]	R, L, C, g 고려	분포정수회로로 취급

답 ③

39 뇌해 방지와 관계가 없는 것은?
① 매설지선 ② 가공지선 ③ 소호각 ④ 댐퍼

풀이 뇌의 보호 장치 및 기능
• 매설지선 : 역섬락 방지   • 가공지선 : 뇌의 차폐
• 소호각 : 애자련 보호   • 피뢰기 : 기기 보호
댐퍼는 선로의 진동 방지에 쓰인다.

답 ④

40 그림과 같은 3상 발전기가 있다. a상이 지락한 경우 지락전류는 어떻게 표현되는가?
단, Z_0 : 영상 임피던스, Z_1 : 정상 임피던스, Z_2 : 역상 임피던스이다.

① $\dfrac{E_a}{Z_0 + Z_1 + Z_2}$
② $\dfrac{3E_a}{Z_0 + Z_1 + Z_2}$
③ $\dfrac{-Z_0 E_a}{Z_0 + Z_1 + Z_2}$
④ $\dfrac{2Z_2 E_a}{Z_1 + Z_2}$

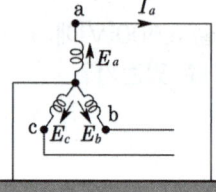

풀이 대칭좌표법과 발전기의 기본식을 이용하여 풀면
$$I_0 = I_1 = I_2 = \dfrac{E_a}{Z_0 + Z_1 + Z_2}$$
$$\therefore I_a = I_0 + I_1 + I_2 = 3I_0 = \dfrac{3E_a}{Z_0 + Z_1 + Z_2}$$

답 ②

3과목 전기기기

41 출력이 20[kW]인 직류발전기의 효율이 80[%]이면 손실[kW]은 얼마인가?
① 1   ② 2   ③ 5   ④ 8

풀이 효율 $\eta = \dfrac{P}{P+P_l} \times 100$ 이므로 (여기서, P : 출력, P_l : 손실)

전 손실 $P_l = \dfrac{P}{\dfrac{\eta}{100}} - P = \dfrac{20}{0.8} - 20 = 5[kW]$

답 ③

42 단상 직권 정류자 전동기에서 주자속의 최대치를 ϕ_m, 자극수를 P, 전기자 병렬회로수를 a, 전기자 전 도체수를 Z, 전기자의 속도를 N[rpm]이라 하면 속도 기전력의 실효값 E_r[V]은? (단, 주자속은 정현파이다.)

① $E_r = \sqrt{2}\dfrac{P}{a}Z\dfrac{N}{60}\phi_m$
② $E_r = \dfrac{1}{\sqrt{2}}\dfrac{P}{a}ZN\phi_m$
③ $E_r = \dfrac{P}{a}Z\dfrac{N}{60}\phi_m$
④ $E_r = \dfrac{1}{\sqrt{2}}\dfrac{P}{a}Z\dfrac{N}{60}\phi_m$

풀이 $E_r = P\phi n \dfrac{Z}{a} = P\dfrac{\phi_m}{\sqrt{2}}\dfrac{N}{60}\cdot\dfrac{Z}{a} = \dfrac{1}{\sqrt{2}}\dfrac{P}{a}Z\dfrac{N}{60}\phi_m$ [V]   **답** ④

43 스테핑전동기의 스텝각이 3°이고, 스테핑주파수(pulse rate)가 1200[pps]이다. 이 스테핑 전동기의 회전속도[rps]는?

① 10   ② 12   ③ 14   ④ 16

풀이
① 1펄스 당 스텝각이 3°이고, 1초당 입력펄스가 1200[pps]이므로,
1초당 스텝각은 3° × 1200 = 3600° 이다.
② 동기 1회전 당 회전각도는 360° 이므로
따라서 스태핑전동기의 회전속도는 $\dfrac{3600°}{360°}$ = 10[rps] 이다.   **답** ①

44 포화하고 있지 않은 직류 발전기의 회전수가 $\dfrac{1}{2}$로 감소되었을 때 기전력을 전과 같은 값으로 하자면 여자를 속도 변화 전에 비해 얼마로 해야 하는가?

① $\dfrac{1}{2}$배   ② 1배   ③ 2배   ④ 4배

풀이 직류 발전기의 유기기전력 $E = \dfrac{pz}{a}\phi N$[V]에서 회전수 N이 $\dfrac{1}{2}$배 감소하면,
자속 $\phi(\propto I_f :$여자전류$)$는 2배로 증가하여야 E가 일정하다.   **답** ③

45 IGBT(Insulated Gate Bipolar Transistor)에 대한 설명으로 틀린 것은?
① MOSFET와 같이 전압제어 소자이다.
② GTO 사이리스터와 같이 역방향 전압저지 특성을 갖는다.
③ 게이트와 에미터 사이의 입력 임피던스가 매우 낮아 BJT보다 구동하기 쉽다.
④ BJT처럼 on-drop이 전류에 관계없이 낮고 거의 일정하며, MOSFET보다 훨씬 큰 전류를 흘릴 수 있다.

풀이 IGBT(Insulated Gate Bipolar Transistor)
IGBT는 MOSFET와 트랜지스터의 장점을 취한 것으로서
① 소스에 대한 게이트의 전압으로 도통과 차단을 제어한다.

② 게이트 구동전력이 매우 낮다.
③ 스위칭 속도는 FET와 트랜지스터의 중간정도로 빠른편에 속한다.
④ 용량은 일반 트랜지스터와 동등한 수준이다.
⑤ MOSFET과 같이 입력 임피던스가 매우 높아 BJT보다 구동하기 쉽다.   답 ③

46 변압기의 온도시험을 하는 데 가장 좋은 방법은?
① 실부하법   ② 반환 부하법   ③ 단락 시험법   ④ 내전압법

풀이 실부하법은 전력 손실이 크기 때문에 소용량 이외에는 별로 적용되지 않는다. 반환 부하법은 동일 정격의 변압기가 2대 이상 있을 경우에 채용되며, 전력 소비가 적고 철손과 동손을 따로 공급하는 것으로 현재 가장 많이 사용하고 있다.   답 ②

47 권수비가 1 : 2인 변압기(이상 변압기로 한다)를 사용하여 교류 100[V]의 입력을 가했을 때 전파 정류하면 출력 전압의 평균값은?
① $400\sqrt{2}/\pi$ ② $300\sqrt{2}/\pi$ ③ $600\sqrt{2}/\pi$ ④ $200\sqrt{2}/\pi$

풀이 $E_{dc} = \dfrac{2\sqrt{2}}{\pi}E = \dfrac{2\sqrt{2}}{\pi} \times 200 = \dfrac{400\sqrt{2}}{\pi}$ [V]   답 ①

48 비돌극형 동기 발전기의 단자 전압(1상)을 V, 유도 기전력(1상)을 E, 동기 리액턴스를 x_s, 부하각을 δ 라고 하면 1상의 출력은 대략 얼마인가?
① $\dfrac{E^2 V}{x_s}\sin\delta$ ② $\dfrac{EV^2}{x_s}\sin\delta$ ③ $\dfrac{EV}{x_s}\sin\delta$ ④ $\dfrac{EV}{x_s}\cos\delta$

풀이 비돌극기의 출력은 다음과 같다.
$$P = \dfrac{EV}{Z_s}\sin(\alpha+\delta) - \dfrac{V^2}{Z_s}\sin\alpha$$
전기자저항 r_a는 매우 작으므로 이것을 무시하고 $Z_s \fallingdotseq x_s$, $\alpha \fallingdotseq 0$ 이라 하면
$$\therefore P \fallingdotseq \dfrac{EV}{x_s}\sin\delta [W]$$ 답 ③

49 2대의 3상 동기 발전기를 병렬 운전하여 역률 0.8, 1000[A]의 부하 전류를 공급하고 있다. 각 발전기의 유효 전류는 같고, A기의 전류가 667[A]일 때 B기의 전류는 몇[A]인가?
① 약 385   ② 약 405   ③ 약 435   ④ 약 455

풀이
• 부하전류의 유효분 $I' = I\cos\theta = 1000 \times 0.8 = 800$[A]
• I_A, I_B의 유효분 $I_A' = I_B' = \dfrac{I'}{2} = \dfrac{800}{2} = 400$[A]
• A기의 역률 $\cos\theta_1 = \dfrac{I_A'}{I_A} = \dfrac{400}{667} \fallingdotseq 0.6$
• I_B의 무효분 $I_B\sin\theta_2 = I\sin\theta - I_A\sin\theta_1 = 1000 \times \sqrt{1-0.8^2} - 667 \times \sqrt{1-0.6^2} = 66$[A]
따라서 $I_B = \sqrt{(I_B\sin\theta_2)^2 + (I_B')^2} = \sqrt{66^2 + 400^2} \fallingdotseq 405$[A]   답 ②

50 변압기에서 2차를 1차로 환산한 등가회로의 부하 소비전력 P_2[W]는, 실제의 부하의 소비전력 P_2[W]에 대하여 어떠한가? 단, a는 변압비이다.

① a배 ② a^2배 ③ $1/a$ ④ 변함없다

풀이 등가회로의 부하전력이나 실제의 부하전력에는 변함이 없다. **답** ④

51 권선형 유도전동기에서 2차 저항을 변화시켜서 속도제어를 하는 경우 최대 토크는?

① 항상 일정하다.
② 2차 저항에만 비례한다.
③ 최대 토크가 생기는 점의 슬립에 비례한다.
④ 최대 토크가 생기는 점의 슬립에 반비례한다.

풀이 ① 최대 토크 $T_m \propto \dfrac{V^2}{2x_2}$: 2차 저항과 무관(항상 일정)

② 최대 토크를 발생하는 슬립 $s_m \fallingdotseq \pm \dfrac{r_2}{x_2}$: 2차 저항에 비례 **답** ①

52 부하에 관계없이 변압기에 흐르는 전류로서 자속만을 만드는 것은?

① 1차 전류 ② 철손 전류 ③ 여자전류 ④ 자화 전류

풀이 여자전류 $\dot{I}_o = \dot{I}_\phi + \dot{I}_i = \sqrt{I_\phi^2 + I_i^2}$
- $\dot{I}_\phi$ (자화전류) : 자속을 유지하는 전류
- $\dot{I}_i$ (철손전류) : 철손을 공급하는 전류 **답** ④

53 2000/100[V], 10[kVA] 변압기의 1차 환산 등가 임피던스가 $6.2+j7[\Omega]$이라면 % 임피던스 강하는 약 몇 [%]인가?

① 2.35 ② 2.5 ③ 7.25 ④ 7.5

풀이 1차 정격전류 $I_{1n} = \dfrac{P_n}{V_1} = \dfrac{10 \times 10^3}{2000} = 5[A]$

$\therefore \%Z = \dfrac{I_{1n}Z_1}{V_{1n}} \times 100 = \dfrac{5 \times \sqrt{6.2^2+7^2}}{2000} \times 100 = 2.35[\%]$ **답** ①

54 자동제어장치에 쓰이는 서보 모터(servo motor)의 특성을 나타내는 것 중 틀린 것은?

① 빈번한 시동, 정지, 역전 등의 가혹한 상태에 견디도록 견고하고 큰 돌입 전류에 견딜 것
② 시동 토크는 크나, 회전부의 관성 모멘트가 작고 전기적 시정수가 짧을 것
③ 발생 토크는 입력신호(入力信號)에 비례하고 그 비가 클 것
④ 직류 서보 모터에 비하여 교류 서보 모터의 시동 토크가 매우 클 것

풀이 　서보 모터의 특징
① 기동 토크가 크다.
② 회전자 관성 모멘트가 작다.
③ 제어권선 전압이 0에서는 기동해서는 안되고, 곧 정지해야 한다.
④ **직류 서보 모터의 기동 토크가 교류 서보 모터보다 크다.**
⑤ 속응성이 좋다. 시정수가 짧다. 기계적 응답이 좋다.
⑥ 회전자 팬에 의한 냉각효과를 기대할 수 없다.

답 ④

55 단상 반파정류로 직류전압 150[V]를 얻으려고 한다. 최대 역전압(Peak Inverse Voltage)이 약 몇 [V] 이상의 다이오드를 사용하여야 하는가? (단, 정류회로 및 변압기의 전압강하는 무시한다.)

① 약 150[V]　　② 약 166[V]　　③ 약 333[V]　　④ 약 470[V]

풀이 　단상 반파 정류회로의 첨두 역전압
$PIV = \sqrt{2}\,E = \pi E_d = \pi \times 150 ≒ 471[V]$

답 ④

56 동기조상기를 부족여자로 사용하면?

① 리액터로 작용　　　　　　　　② 저항손의 보상
③ 일반 부하의 뒤진 전류를 보상　④ 콘덴서로 작용

풀이 　**동기조상기는** 동기전동기를 무부하로 회전시켜 직류 계자전류 I_f의 크기를 조정하여 무효전력을 지상 또는 진상으로 제어하는 기기이다.
 • 과여자(진역률) : 콘덴서 작용
 • **부족여자**(지역률) : **리액터로 작용**

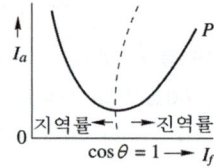

답 ①

57 3상 유도 전동기의 원선도 작성에 필요한 시험이 아닌 것은?

① 저항측정　　② 슬립측정　　③ 무부하시험　　④ 구속시험

풀이 　① 원선도 작성에 필요한 시험
　　　• 저항 측정　• 무부하 시험　• 구속 시험이 있다.
② 유도 전동기의 원선도에서 구할 수 있는 항목
　　• 전부하 전류　• 역률　• 효율　• 슬립　• 최대출력/정격출력　• 토크
즉, 슬립은 원선도 상에서 구할 수 있다.

답 ②

58 다음 중 옳은 것은?

① 전차용 전동기는 차동 복권 전동기이다.
② 분권 전동기의 운전 중 계자 회로만이 단선되면 위험 속도가 된다.
③ 직권 전동기에서는 부하가 줄면 속도가 감소한다.
④ 분권 전동기는 부하에 따라 속도가 많이 변한다.

풀이 　분권 전동기 속도 $N = K\dfrac{V - I_a R_a}{\Phi}$ 에서 **단선되는 순간** Φ가 0이 되기 때문에 **위험속도가 된다.**

답 ②

59
220[V], 3상 유도 전동기의 전부하 슬립이 4[%]이다. 공급 전압이 10[%] 저하된 경우의 전부하 슬립[%]은?

① 4 ② 5 ③ 6 ④ 7

풀이 공급 전압이 10[%] 저하된 경우의 전부하 슬립을 s'라 하면
$$s' = s \times \left(\frac{V_1}{V_1'}\right)^2 = s \times \left(\frac{V_1}{V_1 \times 0.9}\right)^2 = 0.04 \times \left(\frac{220}{220 \times 0.9}\right)^2 = 0.05 = 5[\%]$$

답 ②

60
2[kVA], 3000/100[V]의 단상변압기의 철손이 200[W]이면 1차에 환산한 여자 컨덕턴스[℧]는?

① 66.6×10^{-3} ② 22.2×10^{-6} ③ 22×10^{-2} ④ 2×10^{-6}

풀이 여자 컨덕턴스 $g_0 = \dfrac{P_i}{(V_1')^2} = \dfrac{200}{3000^2} = 22.2 \times 10^{-6}[\text{℧}]$

답 ②

4과목 회로이론

61
그림과 같은 회로에서 2[Ω]의 단자전압[V]은?

① 3
② 4
③ 6
④ 8

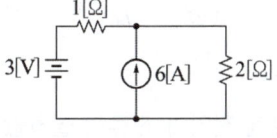

풀이 전압원만 존재할 때 2[Ω]에 흐르는 전류 $I_1 = \dfrac{V}{R} = \dfrac{3}{2+1} = 1[\text{A}]$

전류원만 존재할 때 2[Ω]에 흐르는 전류 $I_2 = \dfrac{R_1}{R_1+R_2}I = \dfrac{1}{1+2} \times 6 = 2[\text{A}]$

2[Ω]을 흐르는 전 전류 $I = I_1 + I_2 = 1+2 = 3[\text{A}]$

∴ $V = IR = 3 \times 2 = 6[\text{V}]$

답 ③

62
4단자 회로망이 가역적이기 위한 조건으로 틀린 것은?

① $Z_{12} = Z_{21}$　　② $Y_{12} = Y_{21}$
③ $H_{12} = -H_{21}$　　④ $AB - CD = 1$

풀이 4단자 회로망이 가역성을 가질 때 각 파라미터의 조건은
$Y_{12} = Y_{21}$, $H_{12} = -H_{21}$, $AD - BC = 1$이고,
좌우 대칭인 경우는
$Y_{11} = Y_{22}$, $H_{11}H_{22} - H_{12}H_{21} = 1$, $A = D$

답 ④

63 그림과 같은 $R-L-C$ 직렬 회로에서 발생하는 과도 현상이 진동이 되지 않는 조건은 어느 것인가?

① $\left(\dfrac{R}{2L}\right)^2 - \dfrac{1}{LC} < 0$

② $\left(\dfrac{R}{2L}\right)^2 - \dfrac{1}{LC} > 0$

③ $\left(\dfrac{R}{2L}\right)^2 = \dfrac{1}{LC}$

④ $\dfrac{R}{2L} = \dfrac{1}{LC}$

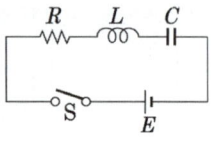

풀이 회로 방정식을 $i(t) = \dfrac{dq(t)}{dt}$ 를 이용하여 표시하면

$L\dfrac{di(t)}{dt} + Ri(t) + \dfrac{1}{C}\int i(t)dt = E$, $L\dfrac{d^2q(t)}{dt^2} + R\dfrac{dq(t)}{dt} + \dfrac{1}{C}q(t) = E$

$q(t) = q_s + q_t$ 에서 $q_s = CE$ 이고

$L\dfrac{d^2q_t}{dt^2} + R\dfrac{dq_t}{dt} + \dfrac{1}{C}q_t = 0$, $LK^2 + RK + \dfrac{1}{C} = 0$

$\therefore K = -\dfrac{R}{2L} \pm \sqrt{\left(\dfrac{R}{2L}\right)^2 - \dfrac{1}{LC}}$

여기서, $\left(\dfrac{R}{2L}\right)^2 - \dfrac{1}{LC} > 0$: 비진동적

$\left(\dfrac{R}{2L}\right)^2 - \dfrac{1}{LC} < 0$: 진동적

$\left(\dfrac{R}{2L}\right)^2 - \dfrac{1}{LC} = 0$: 임계적

답 ②

64 어느 회로에 전압과 전류의 실효값이 각각 50[V], 10[A]이고, 역률이 0.8이다. 무효전력[Var]은?

① 300 ② 400 ③ 500 ④ 600

풀이 무효전력 $P_r = VI\sin\theta = 50 \times 10 \times \sqrt{1-0.8^2} = 300$[Var]

답 ①

65 3상 불평형 전압을 V_a, V_b, V_c 라고 할 때 역상전압 V_2는?

① $V_2 = \dfrac{1}{3}(V_a + V_b + V_c)$

② $V_2 = \dfrac{1}{3}(V_a + aV_b + a^2V_c)$

③ $V_2 = \dfrac{1}{3}(V_a + a^2V_b + V_c)$

④ $V_2 = \dfrac{1}{3}(V_a + a^2V_b + aV_c)$

풀이
- 영상전압 $V_0 = \dfrac{1}{3}(V_a + V_b + V_c)$
- 정상 전압 $V_1 = \dfrac{1}{3}(V_a + aV_b + a^2V_c)$
- 역상전압 $V_2 = \dfrac{1}{3}(V_a + a^2V_b + aV_c)$

답 ④

66
어떤 회로에 전압 v와 전류 i가 각각
$v = 100\sqrt{2}\sin\left(377t + \dfrac{\pi}{3}\right)$[V], $i = \sqrt{8}\sin\left(377t + \dfrac{\pi}{6}\right)$[A]일 때 소비전력[W]은?

① 100　　　② $200\sqrt{3}$　　　③ 300　　　④ $100\sqrt{3}$

풀이 $P = VI\cos\theta = \dfrac{100\sqrt{2}}{\sqrt{2}} \times \dfrac{\sqrt{8}}{\sqrt{2}}\cos\left(\dfrac{\pi}{3} - \dfrac{\pi}{6}\right) = 100\sqrt{3}$[W] **답** ④

67
회로의 영상 임피던스 Z_{01}과 Z_{02}는 각각 몇[Ω]인가?

① 6, 5
② 4, 5
③ 6, 3.33
④ 4, 3.33

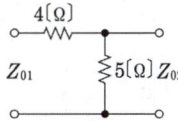

풀이 $A = 1 + \dfrac{4}{5} = \dfrac{9}{5}$, $B = 4$, $C = \dfrac{1}{5}$, $D = 1$

$Z_{01} = \sqrt{\dfrac{AB}{CD}} = \sqrt{\dfrac{\dfrac{9}{5} \times 4}{\dfrac{1}{5} \times 1}} = 6$[Ω], $Z_{02} = \sqrt{\dfrac{BD}{AC}} = \sqrt{\dfrac{4 \times 1}{\dfrac{9}{5} \times \dfrac{1}{5}}} = 3.33$[Ω] **답** ③

68
$R = 1$[MΩ], $C = 1$[μF]의 직렬 회로에 직류 100[V]를 가했다. 시정수 τ, 전류의 초기값 I를 구하면?

① 5[sec], 10^{-4}[A]　　　② 4[sec], 10^{-3}[A]
③ 1[sec], 10^{-4}[A]　　　④ 2[sec], 10^{-3}[A]

풀이 $R-C$ 직렬회로
- 시정수 $\tau = RC = 10^6 \times 10^{-6} = 1$[sec]
- 전류의 초기값 $I = \dfrac{E}{R}\bigg|_{t=0} = \dfrac{100}{1 \times 10^6} = 10^{-4}$[A] **답** ③

69
그림과 같은 회로에 $t = 0$에서 S를 닫을 때의 방전 과도전류 $i(t)$[A]는?

① $\dfrac{Q}{RC}e^{-\frac{t}{RC}}$　　　② $-\dfrac{Q}{RC}e^{\frac{t}{RC}}$

③ $\dfrac{Q}{RC}(1 + e^{\frac{t}{RC}})$　　　④ $-\dfrac{1}{RC}(1 - e^{-\frac{t}{RC}})$

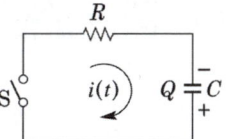

풀이 스위치를 닫은 상태에서 회로의 평형방정식은 $R\dfrac{dq(t)}{dt} + \dfrac{1}{C}q(t) = 0$이므로 $q(t) = Ae^{-\frac{1}{RC}t}$

초기조건에서 $q(0) = Q$라 하면 $q(t) = Qe^{-\frac{1}{RC}t}$

$$\therefore i(t) = \frac{dq(t)}{dt} = \frac{d}{dt}Qe^{-\frac{1}{RC}t} = -\frac{Q}{RC}e^{-\frac{1}{RC}t}$$

그런데, 문제의 그림에서는 전류방향이 일치하므로 부호는 +이다.

답 ①

70 그림에서 4단자망의 개방 순방향 전달 임피던스 $Z_{21}[\Omega]$과 단락 순방향 전달 어드미턴스 $Y_{21}[\mho]$은?

① $Z_{21}=5,\ Y_{21}=-\dfrac{1}{2}$

② $Z_{21}=3,\ Y_{21}=-\dfrac{1}{3}$

③ $Z_{21}=3,\ Y_{21}=-\dfrac{1}{2}$

④ $Z_{21}=3,\ Y_{21}=-\dfrac{5}{6}$

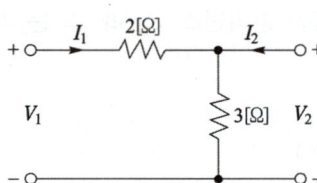

풀이

$$Z_{21} = \left.\frac{V_2}{I_1}\right|_{I_2=0} = \frac{3I_1}{I_1} = 3[\Omega]$$

$$Y_{21} = \left.\frac{I_2}{V_1}\right|_{V_2=0} = \frac{-\frac{V_1}{2}}{V_1} = -\frac{1}{2}[\mho]$$

답 ③

71 그림과 같은 전기회로의 입력을 v_i, 출력을 v_o라고 할 때 전달함수는? 단, $T=\dfrac{L}{R}$이다.

① $Ts+1$

② Ts^2+1

③ $\dfrac{1}{Ts+1}$

④ $\dfrac{Ts}{Ts+1}$

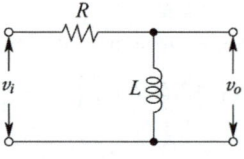

풀이

$$G(s) = \frac{V_o(s)}{V_i(s)} = \frac{Ls}{R+Ls} = \frac{\frac{L}{R}s}{1+\frac{L}{R}s} = \frac{Ts}{1+Ts}$$

답 ④

72 $f(t) = \sin t \cos t$를 라플라스 변환하면?

① $\dfrac{1}{s^2+2}$ ② $\dfrac{1}{s^2+4}$ ③ $\dfrac{1}{(s+2)^2}$ ④ $\dfrac{1}{(s+4)^2}$

풀이 삼각 함수의 가법 정리에 의해서 $\sin t \cos t = \frac{1}{2}\sin 2t$ 이므로

$$F(s) = \mathcal{L}[\sin t \cos t] = \mathcal{L}\left[\frac{1}{2}\sin 2t\right] = \frac{1}{2} \cdot \frac{2}{s^2+2^2} = \frac{1}{s^2+4}$$

답 ②

73 저항 $R=60[\Omega]$과 유도리액턴스 $\omega L=80[\Omega]$인 코일이 직렬로 연결된 회로에 200[V]의 전압을 인가할 때 전압과 전류의 위상차는?

① 48.17° ② 50.23° ③ 53.13° ④ 55.27°

풀이 임피던스 $Z = R + j\omega L = 60 + j80 = \sqrt{60^2+80^2}\angle\tan^{-1}\frac{80}{60} = 100\angle 53.13°$

전류 $I = \frac{E}{Z} = \frac{200\angle 0°}{100\angle 53.13°} = 2\angle -53.13°$

답 ③

74 최대 눈금 $I=n$[mA]의 전류계 A(내부 저항 무시)에 직렬로 R[kΩ]의 저항을 접속하여 전압계로 했을 때 몇 [V]까지 측정할 수 있는가?

① $\frac{R}{n-1}$ ② $\frac{R}{n}$ ③ nR ④ $(n-1)R$

풀이 $I=n$[mA], R[kΩ]이므로, ∴ $V = R\times 10^3 \times n \times 10^{-3} = nR$[V]

답 ③

75 3상 3선식에서는 회로의 평형, 불평형 또는 부하의 △, Y에 불구하고, 세 선전류의 합은 0이므로 선전류의 (   )은 0이다. 다음에서 (   ) 안에 들어갈 말은?

① 영상분 ② 정상분 ③ 역상분 ④ 상전압

풀이 중성점 비접지식에서는 평형, 불평형 또는 △결선, Y결선과 관계없이
$I_0 = \frac{1}{3}(I_a+I_b+I_c)$에서 $I_a+I_b+I_c = 0$이므로 I_0 (영상분) = 0 이다.

답 ①

76 극좌표 형식으로 표현된 전류의 페이저가 각각

$I_1 = 10\angle\tan^{-1}\frac{4}{3}$[A], $I_2 = 10\angle\tan^{-1}\frac{3}{4}$[A]이고, $I=I_1+I_2$일 때, I[A]는?

① $-2+j2$ ② $14+j14$ ③ $14+j4$ ④ $14+j3$

풀이 $\theta_1 = \tan^{-1}\frac{4}{3}$, $\theta_2 = \tan^{-1}\frac{3}{4}$이라면 그림과 같다.

I_1 과 I_2를 복소수로 변환하면

$I_1 = 10\angle\theta_1 = 10(\cos\theta_1 + j\sin\theta_1) = 10(\frac{3}{5} + j\frac{4}{5}) = 6+j8$

$I_2 = 10\angle\theta_2 = 10(\cos\theta_2 + j\sin\theta_2) = 10(\frac{4}{5} + j\frac{3}{5}) = 8+j6$

∴ $I = I_1 + I_2 = 6+j8+8+j6 = 14+j14$

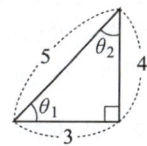

답 ②

77 그림과 같은 4단자망의 영상 임피던스는 얼마인가?

① $j\dfrac{1}{50}$
② -1
③ 1
④ 0

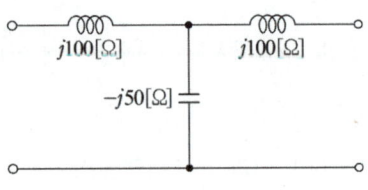

풀이

- 영상 임피던스 $Z_{01} = \sqrt{\dfrac{AB}{CD}} = \sqrt{\dfrac{B}{C}}$ ($\because$ 대칭 T형 회로에서는 $A = D$ 이다.)

- $\begin{bmatrix} A & B \\ C & D \end{bmatrix} = \begin{bmatrix} 1 & j100 \\ 0 & 1 \end{bmatrix} \begin{bmatrix} 1 & 0 \\ \dfrac{1}{-j50} & 1 \end{bmatrix} \begin{bmatrix} 1 & j100 \\ 0 & 1 \end{bmatrix} = \begin{bmatrix} -1 & 0 \\ j\dfrac{1}{50} & -1 \end{bmatrix}$

$\therefore Z_0 = \sqrt{\dfrac{B}{C}} = \sqrt{\dfrac{0}{j\dfrac{1}{50}}} = 0$

답 ④

78 한 상의 임피던스가 $3+j4[\Omega]$인 평형 △ 부하에 대칭인 선간 전압 200[V]를 가할 때 3상 전력은 몇 [kW]인가?

① 9.6　　② 12.5　　③ 14.4　　④ 20.5

풀이

상전류 : $I_p = \dfrac{V_p}{Z_p} = \dfrac{200}{\sqrt{3^2+4^2}} = 40[\text{A}]$

$\therefore P = 3I_p^2 R = 3 \times 40^2 \times 3 = 14400[\text{W}] = 14.4[\text{kW}]$

답 ③

79 2전력계법으로 평형 3상 전력을 측정하였더니 각각의 전력계가 500[W], 300[W]를 지시하였다면 전 전력[W]은?

① 200　　② 300　　③ 500　　④ 800

풀이

- 유효전력 $P = W_1 + W_2[\text{W}]$
- 피상전력 $P_a = 2\sqrt{W_1^2 + W_2^2 - W_1 W_2}$ [VA]

$\therefore P = W_1 + W_2 = 500 + 300 = 800[\text{W}]$

답 ④

80 주기적인 구형파 신호의 구성은?

① 직류성분만으로 구성된다.
② 기본파 성분만으로 구성된다.
③ 고조파 성분만으로 구성된다.
④ 직류 성분, 기본파 성분, 무수히 많은 고조파 성분으로 구성된다.

풀이 주기적인 비정현파는 일반적으로 푸리에 급수에 의해 표시되므로 **무수히 많은 주파수의 합성**이다.

답 ④

5과목 전기설비기술기준

81 전기철도차량에 전력을 공급하는 전차선의 가선방식에 포함되지 않는 것은?
① 가공방식
② 강체방식
③ 제3레일방식
④ 지중조가선방식

풀이 431.1 전차선 가선방식
전차선의 가선방식은 열차의 속도 및 노반의 형태, 부하전류 특성에 따라 적합한 방식을 채택하여야 하며, 가공방식, 강체방식, 제3레일방식을 표준으로 한다.   답 ④

82 주택 등 저압 수용 장소에서 고정 전기설비에 TN-C-S 접지방식으로 접지공사 시 중성선 겸용 보호도체(PEN)를 알루미늄으로 사용 할 경우 단면적은 몇 [mm^2] 이상이어야 하는가?
① 2.5
② 6
③ 10
④ 16

풀이 142.4.2 주택 등 저압수용장소 접지
저압수용장소에서 계통접지가 TN-C-S 방식인 경우 중성선 겸용 보호도체(PEN)는 고정 전기설비에만 사용할 수 있고, 그 도체의 단면적이 구리는 10[mm^2] 이상, 알루미늄은 16[mm^2] 이상이어야 하며, 그 계통의 최고전압에 대하여 절연되어야 한다.   답 ④

83 케이블트레이공사에 사용하는 케이블트레이의 최소 안전율은?
① 1.5
② 1.8
③ 2.0
④ 3.0

풀이 232.41 케이블트레이공사
가. 케이블 트레이의 안전율은 1.5 이상으로 하여야 한다.
나. 금속재의 것은 적절한 방식처리를 한 것이거나 내식성 재료의 것이어야 한다.
다. 비금속제 케이블 트레이는 난연성 재료의 것이어야 한다.
라. 금속제 케이블 트레이 계통은 기계적 및 전기적으로 완전하게 접속하여야 하며 금속제 트레이는 접지공사를 하여야 한다.   답 ①

84 특고압가공전선로의 지지물로 사용하는 목주의 풍압하중에 대한 안전율은 얼마 이상이어야 하는가?
① 1.2
② 1.5
③ 2.0
④ 2.5

풀이 333.10 특고압 가공전선로의 목주 시설 / 332.7 고압 가공전선로의 지지물의 강도
222.8 저압 가공전선로의 지지물의 강도
지지물이 목주인 경우 안전율 및 말구의 지름

전압의 종별	안전율	말구의 지름
저 압	1.2	-
고 압	1.3	0.12[m] 이상
특고압	1.5	0.12[m] 이상

답 ②

85 다음은 무엇에 관한 설명인가?

> 가공전선이 다른 시설물과 접근하는 경우에 그 가공전선이 다른 시설물의 위쪽 또는 옆쪽에 수평거리로 3[m] 미만인 곳에 시설되는 상태

① 제1차 접근상태 ② 제2차 접근상태
③ 제3차 접근상태 ④ 제4차 접근상태

풀이 112 용어 정의
"제2차 접근상태"란 가공 전선이 다른 시설물과 접근하는 경우에 그 가공 전선이 다른 시설물의 위쪽 또는 옆쪽에서 수평 거리로 3[m] 미만인 곳에 시설되는 상태를 말한다.

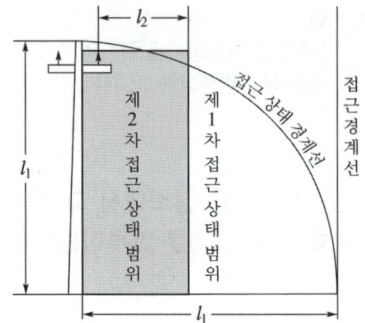

답 ②

86 전기저장장치에서의 제어 및 보호장치 시설기준에 대한 내용으로 틀린 것은?

① 전기저장장치의 접속점에는 쉽게 개폐할 수 없는 곳에 개방상태를 육안으로 확인할 수 있는 전용의 개폐기를 시설하여야 한다.
② 직류 전로에 과전류차단기를 설치하는 경우 직류 단락전류를 차단하는 능력을 가지는 것이어야 하고 "직류용" 표시를 하여야 한다.
③ 전기저장장치의 직류 전로에는 지락이 생겼을 때에 자동적으로 전로를 차단하는 장치를 시설하여야 한다.
④ 발전소 또는 변전소 혹은 이에 준하는 장소에 전기저장장치를 시설하는 경우 전로가 차단되었을 때에 경보하는 장치를 시설하여야 한다.

풀이 512 전기저장장치의 시설
① 전기저장장치의 접속점에는 쉽게 개폐할 수 있는 곳에 개방상태를 육안으로 확인할 수 있는 전용의 개폐기를 시설하여야 한다.
② 직류 전로에 과전류차단기를 설치하는 경우 직류 단락전류를 차단하는 능력을 가지는 것이어야 하고 "직류용" 표시를 하여야 한다.
③ 전기저장장치의 직류 전로에는 지락이 생겼을 때에 자동적으로 전로를 차단하는 장치를 시설하여야 한다.
④ 발전소 또는 변전소 혹은 이에 준하는 장소에 전기저장장치를 시설하는 경우 전로가 차단되었을 때에 경보하는 장치를 시설하여야 한다.

답 ①

87 석유류를 저장하는 장소의 전등 배선에서 사용할 수 없는 방법은?

① 애자공사 ② 케이블공사
③ 금속관공사 ④ 합성수지관공사

풀이 242.4 위험물 등이 존재하는 장소
셀룰로이드·성냥·석유류 기타 타기 쉬운 위험한 물질을 제조하거나 저장하는 곳에 시설하는 저압 옥내 전기설비는 다음에 따르고 또한 위험의 우려가 없도록 시설하여야 한다.

가. 이동전선은 접속점이 없는 0.6/1[kV] EP 고무 절연 클로로프렌 캡타이어 케이블 또는 0.6/1[kV] 비닐 절연 비닐캡타이어 케이블을 사용할 것.
나. 저압 옥내배선 등은 **합성수지관공사**(두께 2[mm] 미만의 합성수지 전선관 및 난연성이 없는 콤바인 덕트관을 사용하는 것을 제외한다)·**금속관공사 또는 케이블공사**에 의할 것. 답 ①

88. 고압가공전선로의 지지물이 B종 철주인 경우, 경간은 몇 [m] 이하이어야 하는가?

① 150 ② 200 ③ 250 ④ 300

풀이 332.9 고압 가공전선로 경간의 제한
고압 가공전선로의 경간은 표에서 정한 값 이하이어야 한다.

지지물의 종류	경 간
목주·A종 철주 또는 A종 철근 콘크리트주	150[m]
B종 철주 또는 B종 철근 콘크리트주	250[m]
철탑	600[m]

답 ③

89. 지중전선로의 전선으로 적합한 것은?

① 케이블 ② 동복강선 ③ 절연전선 ④ 나경동선

풀이 334.1 지중전선로의 시설
지중 전선로는 전선에 케이블을 사용하고 또한 관로식·암거식 또는 직접 매설식에 의하여 시설하여야 한다. 답 ①

90. 지선을 사용하여 그 강도를 분담시켜서는 아니되는 가공전선로 지지물은?

① 목주 ② 철주 ③ 철탑 ④ 철근콘크리트주

풀이 331.11 지선의 시설
가. 가공전선로의 지지물로 사용하는 **철탑은 지선을 사용하여 그 강도를 분담시켜서는 안 된다**.
나. 가공전선로의 지지물로 사용하는 철주 또는 철근 콘크리트주는 지선을 사용하지 않는 상태에서 2분의 1 이상의 풍압하중에 견디는 강도를 가지는 경우 이외에는 지선을 사용하여 그 강도를 분담시켜서는 안 된다. 답 ③

91. 옥내의 네온 방전등 공사에 대한 설명으로 틀린 것은?

① 방전등용 변압기는 네온변압기일 것
② 관등회로의 배선은 점검할 수 없는 은폐장소에 시설할 것
③ 관등회로의 배선은 애자공사에 의하여 시설할 것
④ 방전등용 변압기의 외함에는 접지공사를 할 것

풀이 234.12.2 관등회로의 배선
관등회로의 배선은 애자공사로 다음에 따라서 시설하여야 한다.
가. 전선은 네온관용전선을 사용할 것.
나. **배선은 외상을 받을 우려가 없고 사람이 접촉될 우려가 없는 노출장소 또는 점검할 수 있는 은폐장소에 시설할 것**.
다. 전선지지점간의 거리는 1[m] 이하로 할 것. 답 ②

92 고압가공전선로의 가공지선으로 나경동선을 사용하는 경우의 지름은 몇 [mm] 이상이어야 하는가?

① 3.2[mm]　　② 4.0[mm]
③ 5.5[mm]　　④ 6.0[mm]

풀이 332.6 고압 가공전선로의 가공지선
고압 가공전선로에 사용하는 가공지선은 인장강도 5.26[kN] 이상의 것 또는 지름 4[mm] 이상의 나경동선을 사용한다.
답 ②

93 애자공사에 의한 고압 옥내배선 등의 시설에서 사용되는 연동선의 공칭단면적은 몇 [mm²] 이상인가?

① 6.0　　② 10　　③ 16　　④ 25

풀이 342.1 고압 옥내배선 등의 시설
가. 고압 옥내배선은 다음에 따라 시설하여야 한다.
　① 애자공사(건조한 장소로서 전개된 장소에 한한다)
　② 케이블공사
　③ 케이블트레이공사
나. 전선은 공칭단면적 6[mm²] 이상의 연동선
답 ①

94 흥행장의 저압 전기 설비 공사로 무대, 무대 마루 밑, 오케스트라 박스, 영사실, 기타 사람이나 무대 도구가 접촉할 우려가 있는 곳에 시설하는 저압 옥내 배선, 전구선 또는 이동 전선은 사용 전압이 몇 [V] 이하이어야 하는가?

① 100　　② 200　　③ 300　　④ 400

풀이 242.6 전시회, 쇼 및 공연장의 전기설비
무대 · 무대마루 밑 · 오케스트라 박스 · 영사실 기타 사람이나 무대 도구가 접촉할 우려가 있는 곳에 시설하는 저압 옥내배선, 전구선 또는 이동전선은 사용전압이 400[V] 이하이어야 한다.
답 ④

95 금속제 가요전선관공사에 의한 저압 옥내배선으로 틀린 것은?

① 2종 금속제 가요전선관을 사용하였다.
② 전선은 연선을 사용 하였다.
③ 전선으로 옥외용 비닐절연전선을 사용하였다.
④ 가요전선관은 접지공사를 하였다.

풀이 232.13 금속제가요전선관공사
가. 전선은 절연전선(옥외용 비닐 절연전선을 제외한다)일 것.
나. 전선은 연선일 것. 다만, 단면적 10[mm²](알루미늄선은 단면적 16[mm²]) 이하인 것은 그러하지 아니하다.
다. 가요전선관 안에는 전선에 접속점이 없도록 할 것.
라. 가요전선관은 2종 금속제 가요전선관일 것
답 ③

96 가공 전선로의 지지물에 시설하는 지선은 소선이 최소 몇 가닥 이상의 연선이어야 하는가?

① 3 ② 5 ③ 7 ④ 9

풀이 331.11 지선의 시설
가. 가공전선로의 지지물로 사용하는 철탑은 지선을 사용하여 그 강도를 분담시켜서는 안 된다.
나. 지선의 안전율은 2.5 이상일 것. 이 경우에 허용 인장하중의 최저는 4.31[kN]으로 한다.
다. 지선에 연선을 사용할 경우에는 다음에 의할 것.
  ① 소선 3가닥 이상의 연선일 것.
  ② 소선의 지름이 2.6[mm] 이상의 금속선을 사용한 것일 것.   **답** ①

97 철도·궤도 또는 자동차도의 전용터널 안의 터널내 전선로의 시설방법으로 틀린 것은?

① 저압전선으로 지름 2.0[mm]의 경동선을 사용하였다.
② 고압전선은 케이블공사로 하였다.
③ 저압전선을 애자공사에 의하여 시설하고 이를 레일면 상 또는 노면상 2.5[m] 이상으로 하였다.
④ 저압전선을 금속제 가요전선관공사에 의하여 시설하였다.

풀이 335.1 터널 안 전선로의 시설
철도·궤도 또는 자동차도 전용터널 안의 전선로

전압	전선의 굵기	시공방법	애자공사 시 높이
저압	인장강도 2.30[kN] 이상 또는 2.6[mm] 이상의 경동선의 절연전선	• 합성수지관공사 • 금속관공사 • 금속제가요전선관 공사 • 케이블공사 • 애자공사	노면상, 레일면상 2.5[m] 이상
고압	인장강도 5.26[kN] 이상 또는 4[mm] 이상의 경동선	• 케이블공사 • 애자공사	노면상, 레일면상 3[m] 이상
특고압		• 케이블공사	

답 ①

98 접지공사에 사용하는 접지선을 사람이 접촉할 우려가 있는 곳에 시설하는 접지도체는 최소 어느 부분에 대하여 합성 수지관 또는 이와 동등 이상의 절연 효력 및 강도를 가지는 몰드로 덮게 되어 있는가?

① 지하 30[cm]로부터 지표상 1.5[m]까지의 부분
② 지하 50[cm]로부터 지표상 1.6[m]까지의 부분
③ 지하 75[cm]로부터 지표상 2[m]까지의 부분
④ 지하 90[cm]로부터 지표상 2.5[m]까지의 부분

풀이 142.3.1 접지도체
접지도체는 지하 0.75[m]부터 지표 상 2[m] 까지 부분은 합성수지관(두께 2[mm] 미만의 합성수지제 전선관 및 가연성 콤바인덕트관은 제외한다) 또는 이와 동등 이상의 절연효과와 강도를 가지는 몰드로 덮어야 한다.   **답** ③

99 지중에 매설되어 있는 금속제 수도관로를 각종 접지공사의 접지극으로 사용하려면 대지와의 전기저항 값이 몇 [Ω] 이하의 값을 유지하여야 하는가?

① 1　　　　② 2　　　　③ 3　　　　④ 5

풀이 142.2 접지극의 시설 및 접지저항
가. 지중에 매설되어 있고 대지와의 전기저항 값이 3[Ω] 이하의 값을 유지하고 있는 금속제 수도관로가 규정에 따르는 경우 접지극으로 사용이 가능하다.
나. 대지와의 사이에 전기저항 값이 2[Ω] 이하인 값을 유지하는 건축물·구조물의 철골 기타의 금속제는 접지공사의 접지극으로 사용할 수 있다.　　**답** ③

100 전기부식방지 시설을 시설할 때 전기부식방지용 전원 장치로부터 양극 및 피방식체까지의 전로의 사용전압은 직류 몇 [V] 이하이어야 하는가?

① 20　　　　② 40　　　　③ 60　　　　④ 80

풀이 241.16 전기부식방지 시설
전기부식방지 회로(전기부식방지용 전원장치로부터 양극 및 피방식체까지의 전로를 말한다. 이하 같다)의 사용전압은 직류 60[V] 이하일 것.　　**답** ③

2020 기출문제

Industrial Engineer Electricity

동일출판사 홈페이지에서
무료 동영상강의를 보실 수 있습니다.

2020년 1,2회

20년간 전기산업기사필기

동일출판사 홈페이지에서 무료 동영상강의를 보실 수 있습니다.

1과목　전기자기

01 유전율이 각각 다른 두 종류의 유전체 경계면에 전속이 입사될 때 이 전속은 어떻게 되는가? (단, 경계면에 수직으로 입사하지 않는 경우이다.)

① 굴절　　　② 반사　　　③ 회절　　　④ 직진

풀이 ① 유전체 경계면에서 전계 또는 전속밀도는 유전율이 큰 쪽으로 크게 굴절한다.

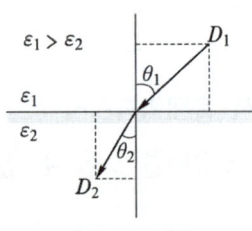
〈전속의 굴절〉

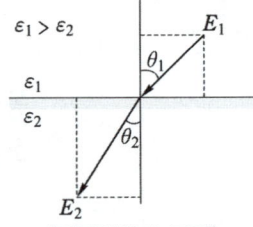
〈전기력선의 굴절〉

② 입사각과 굴절각은 유전율에 비례한다.
$\dfrac{\tan\theta_1}{\tan\theta_2} = \dfrac{\epsilon_1}{\epsilon_2}$ (θ_1 : 입사각, θ_2 : 굴절각)
즉, $\epsilon_1 > \epsilon_2$ 이면, $\theta_1 > \theta_2$ 이다.
③ 경계면에 수직으로 입사($\theta_1 = \theta_2 = 0°$)한 전속은 굴절하지 않고 직진한다.

답 ①

02 반지름이 9[cm]인 도체구 A에 8[C]의 전하가 균일하게 분포되어 있다. 이 도체구에 반지름 3[cm]인 도체구 B를 접촉시켰을 때 도체구 B로 이동한 전하는 몇 [C]인가?

① 1　　　② 2　　　③ 3　　　④ 4

풀이 • 도체구 A의 총 전하량 $Q = Q_1 + Q_2$
(Q_1 : 접촉 후 대전된 도체구 A의 전하량, Q_2 : 접촉 후 대전된 도체구 B의 전하량)
• 두 도체구를 접속시키면 전위는 같게 되므로
$V = \dfrac{Q_1}{4\pi\epsilon_0 r_1} = \dfrac{Q_2}{4\pi\epsilon_0 r_2} \rightarrow Q_2 = \dfrac{4\pi\epsilon_0 r_2}{4\pi\epsilon_0 r_1}Q_1 = \dfrac{r_2}{r_1}Q_1 = \dfrac{r_2}{r_1}(Q - Q_2)$
$Q_2 = \dfrac{3}{9}(8 - Q_2) \rightarrow \dfrac{9}{3}Q_2 = 8 - Q_2$
∴ $Q_2 = 2[\text{C}]$

답 ②

03 전계 내에서 폐회로를 따라 단위 전하가 일주할 때 전계가 한 일은 몇 [J]인가?

① ∞　　　② π　　　③ 1　　　④ 0

풀이 전계(전기장)는 보존장이므로 전하 q[C]을 일주시키면 일은 0이 된다.

보존장의 조건 : $\oint_c \boldsymbol{E} \cdot d\boldsymbol{l} = 0$

$\therefore W = qV = -q\oint_c \boldsymbol{E} \cdot d\boldsymbol{l} = 0$

답 ④

04 내구의 반지름 a[m], 외구의 반지름 b[m]인 동심 구 도체 간에 도전율이 k[S/m]인 저항물질이 채워져 있을 때의 내외구간의 합성저항[Ω]은?

① $\dfrac{1}{8\pi k}\left(\dfrac{1}{a} - \dfrac{1}{b}\right)$ ② $\dfrac{1}{4\pi k}\left(\dfrac{1}{a} - \dfrac{1}{b}\right)$ ③ $\dfrac{1}{2\pi k}\left(\dfrac{1}{a} - \dfrac{1}{b}\right)$ ④ $\dfrac{1}{\pi k}\left(\dfrac{1}{a} + \dfrac{1}{b}\right)$

풀이
- 내구의 반지름 a, 외구의 반지름 b인 동심 구 도체의 정전용량 $C = \dfrac{4\pi\epsilon}{\dfrac{1}{a} - \dfrac{1}{b}}$[F]

- $RC = \rho\epsilon$ 에서 $R = \dfrac{\rho\epsilon}{C}$

따라서 합성저항 $R = \dfrac{\rho\epsilon}{C} = \dfrac{\rho\epsilon}{\dfrac{4\pi\epsilon}{\dfrac{1}{a} - \dfrac{1}{b}}} = \dfrac{\rho}{4\pi}\left(\dfrac{1}{a} - \dfrac{1}{b}\right) = \dfrac{1}{4\pi k}\left(\dfrac{1}{a} - \dfrac{1}{b}\right)$[$\Omega$]

답 ②

05 대전된 도체 표면의 전하밀도를 σ[C/m²]이라고 할 때, 대전된 도체 표면의 단위면적이 받는 정전응력[N/m²]은 전하밀도 σ와 어떤 관계가 있는가?

① $\sigma^{\frac{1}{2}}$에 비례 ② $\sigma^{\frac{3}{2}}$에 비례 ③ σ에 비례 ④ σ^2에 비례

풀이
- 도체에 전하가 분포되어 있을 때, 도체 표면에 작용하는 힘을 정전응력이라 하며, 단위 면적당의 힘으로 정의한다.

- 면전하밀도 σ[C/m²]인 도체 표면에서 전속밀도 $D = \sigma$, 전계의 세기 $E = \dfrac{\sigma}{\epsilon_0}$이므로

정전응력 $f = \dfrac{1}{2}DE = \dfrac{1}{2}\epsilon_0 E^2 = \dfrac{D^2}{2\epsilon_0} = \dfrac{\sigma^2}{2\epsilon_0}$[N/m²]느

즉, $f \propto \sigma^2$ 관계가 있다.

답 ④

06 양극판의 면적이 S[m²], 극판 간의 간격이 d[m], 정전용량이 C_1[F]인 평행판 콘덴서가 있다. 양극판 면적을 각각 $3S$[m²]로 늘이고 극판 간격을 $\dfrac{1}{3}d$[m]로 줄였을 때의 정전용량 C_2 [F]는?

① $C_2 = C_1$ ② $C_2 = 3C_1$ ③ $C_2 = 6C_1$ ④ $C_2 = 9C_1$

풀이 면적 S, 간격 d인 평행판 콘덴서의 정전용량을 C_1이라 하면

$C_1 = \dfrac{\epsilon_0}{d}S$

따라서 면적 $S'=3S$, 간격 $d'=\dfrac{1}{3}d$ 인 경우의 정전용량 C_2 는

$$C_2 = \dfrac{\epsilon_0}{d'} \cdot S' = \dfrac{\epsilon_0}{\frac{1}{3}d} \cdot 3S = 9\dfrac{\epsilon_0}{d}S = 9C_1$$

답 ④

07 투자율이 각각 μ_1, μ_2인 두 자성체의 경계면에서 자기력선의 굴절의 법칙을 나타낸 식은?

① $\dfrac{\mu_1}{\mu_2} = \dfrac{\sin\theta_1}{\sin\theta_2}$ ② $\dfrac{\mu_1}{\mu_2} = \dfrac{\sin\theta_2}{\sin\theta_1}$ ③ $\dfrac{\mu_1}{\mu_2} = \dfrac{\tan\theta_1}{\tan\theta_2}$ ④ $\dfrac{\mu_1}{\mu_2} = \dfrac{\tan\theta_2}{\tan\theta_1}$

풀이 자성체의 굴절의 법칙
- 자계세기의 접선성분의 연속성 : $H_1\sin\theta_1 = H_2\sin\theta_2$
- 자속밀도의 법선성분의 연속성 : $B_1\cos\theta_1 = B_2\cos\theta_2$
- 굴절각 : $\dfrac{\mu_1}{\mu_2} = \dfrac{\tan\theta_1}{\tan\theta_2}$

따라서 자속은 투자율이 높은 쪽으로 모이려는 성질이 있다.

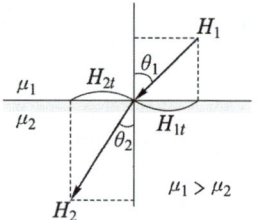

자력선의 굴절

답 ③

08 진공 중에서 멀리 떨어져 있는 반지름이 각각 a_1[m], a_2[m]인 두 도체구를 V_1[V], V_2[V]인 전위를 갖도록 대전시킨 후 가는 도선으로 연결할 때 연결 후의 공통 전위 V[V]는?

① $\dfrac{V_1}{a_1} + \dfrac{V_2}{a_2}$ ② $\dfrac{V_1 + V_2}{a_1 a_2}$ ③ $a_1 V_1 + a_2 V_2$ ④ $\dfrac{a_1 V_1 + a_2 V_2}{a_1 + a_2}$

풀이
- 두 도체구를 연결하기 전의 전하는
$Q = Q_1 + Q_2 = 4\pi\epsilon_0 a_1 V_1 + 4\pi\epsilon_0 a_2 V_2 = 4\pi\epsilon_0 (a_1 V_1 + a_2 V_2)$[C]
- 두 도체구를 연결한 후의 전하 Q'는 등전위이므로
$Q' = Q_1' + Q_2' = 4\pi\epsilon_0 a_1 V + 4\pi\epsilon_0 a_2 V = 4\pi\epsilon_0 V(a_1 + a_2)$[C]
- 연결 전후에도 전하의 총량은 같으므로($Q = Q'$)
$4\pi\epsilon_0 (a_1 V_1 + a_2 V_2) = 4\pi\epsilon_0 V(a_1 + a_2)$
$\therefore V = \dfrac{4\pi\epsilon_0 (a_1 V_1 + a_2 V_2)}{4\pi\epsilon_0 (a_1 + a_2)} = \dfrac{a_1 V_1 + a_2 V_2}{a_1 + a_2}$

답 ④

09 그림과 같이 도체 1을 도체 2로 포위하여 도체 2를 일정 전위로 유지하고 도체 1과 도체 2의 외측에 도체 3이 있을 때 용량계수 및 유도계수의 성질로 옳은 것은?

① $q_{23} = q_{11}$
② $q_{13} = -q_{11}$
③ $q_{31} = q_{11}$
④ $q_{21} = -q_{11}$

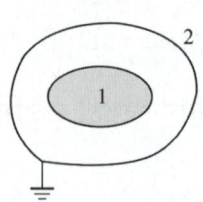
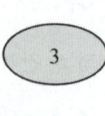

풀이 ① 도체 1을 도체 2로 포위하고 도체 2를 접지(영전위)하면 도체 1과 도체 3은 정전차폐가 되기 때문에 정전기적으로 관계하지 않게 된다.
따라서 $q_{23} \neq q_{11}$, $q_{13} = 0$, $q_{31} = 0$
② 도체 1에 단위 전위를 주었을 때 도체 1의 전하 q_{11}과 도체 2의 유도 전하 q_{21}은 서로 양은 같고 부호는 반대가 된다.
따라서 $q_{21} = -q_{11}$
※ 도체 1과 도체 3은 정전기적으로 관계가 없는 정전차폐이므로 용량계수와 유도계수의 아래 첨자에 3을 포함하지 않은 ④번만이 정답이 된다.   답 ④

10 와전류(eddy current)손에 대한 설명으로 틀린 것은?
① 주파수에 비례한다.
② 저항에 반비례한다.
③ 도전율이 클수록 크다.
④ 자속밀도의 제곱에 비례한다.

풀이 와류손은 철심 내부에 흐르는 와류(맴돌이 전류)에 의한 줄 손실이다.
$W_e = \sigma_e (tfB_m)^2$ 이므로
와전류손(W_e)은 주파수(f)의 제곱과 최대 자속밀도(B_m)의 제곱에 비례한다.
여기서, σ_e : 재료에 의한 정수, t : 철판의 두께[m]
f : 주파수[Hz], B_m : 자속밀도의 최댓값[Wb/m²]   답 ①

11 전계 E[V/m] 및 자계 H[AT/m]의 에너지가 자유공간 사이를 C[m/s]의 속도로 전파될 때 단위 시간에 단위 면적을 지나는 에너지[W/m²]는?
① $\frac{1}{2}EH$
② EH
③ EH^2
④ E^2H

풀이 단위 면적당 전력 = 포인팅 벡터 $P = E \times H = EH$ [W/m²]   답 ②

12 공기 중에 선간거리 10[cm]의 평행왕복 도선이 있다. 두 도선 간에 작용하는 힘이 4×10^{-6}[N/m]이었다면 도선에 흐르는 전류는 몇 [A]인가?
① 1
② 2
③ $\sqrt{2}$
④ $\sqrt{3}$

풀이 평행한 두 도선 간에 작용하는 힘
$F = \dfrac{\mu_0 I_1 I_2}{2\pi r} = \dfrac{2 I_1 I_2}{r} \times 10^{-7} = \dfrac{2 \times I^2}{10 \times 10^{-2}} \times 10^{-7} = 4 \times 10^{-6}$[N/m]
$\therefore I = \sqrt{\dfrac{4 \times 10^{-6} \times 10 \times 10^{-2}}{2 \times 10^{-7}}} = \sqrt{2}$ [A]   답 ③

13 자기 인덕턴스가 L_1, L_2이고 상호 인덕턴스가 M인 두 회로의 결합계수가 1일 때, 성립되는 식은?
① $L_1 \cdot L_2 = M$
② $L_1 \cdot L_2 < M^2$
③ $L_1 \cdot L_2 > M^2$
④ $L_1 \cdot L_2 = M^2$

풀이 결합 계수 $k = \dfrac{M}{\sqrt{L_1 L_2}}$ 에서 결합 계수 $k=1$인 경우 $\dfrac{M}{\sqrt{L_1 L_2}} = 1$

∴ $L_1 L_2 = M^2$ 이 된다. **답** ④

14 어떤 콘덴서에 비유전율 ϵ_s인 유전체로 채워져 있을 때의 정전용량 C와 공기로 채워져 있을 때의 정전용량 C_0의 비 $\left(\dfrac{C}{C_0}\right)$는?

① ϵ_s ② $\dfrac{1}{\epsilon_s}$ ③ $\sqrt{\epsilon_s}$ ④ $\dfrac{1}{\sqrt{\epsilon_s}}$

풀이 콘덴서에 절연체를 삽입하기 전과 후의 비를 비유전율이라고 하며 다음과 같은 관계가 있다.
① $C > C_0$ ② $\dfrac{C}{C_0} = \epsilon_s$ ($\epsilon_s > 1$)
여기서, C_0 : 절연체 삽입 전(진공) 콘덴서의 정전용량, C : 절연체 삽입 후 콘덴서의 정전용량 **답** ①

15 유전체에서의 변위전류에 대한 설명으로 틀린 것은?
① 변위전류가 주변에 자계를 발생시킨다.
② 변위전류의 크기는 유전율에 반비례한다.
③ 전속밀도의 시간적 변화가 변위전류를 발생시킨다.
④ 유전체 중의 변위전류는 진공 중의 전계변화에 의한 변위전류와 구속전자의 변위에 의한 분극전류와의 합이다.

풀이 변위전류
① 변위전류 및 변위전류밀도는 시간적으로 변화하는 전속밀도에 의한 전류를 말한다.
② 유전체 중에서의 변위전류밀도 $i_d = \dfrac{\partial D}{\partial t} = \epsilon \dfrac{\partial E}{\partial t} = \epsilon_0 \dfrac{\partial E}{\partial t} + \dfrac{\partial P}{\partial t}$ [A/m²]
  즉, **변위전류밀도는** 진공 중의 전계변화에 의한 변위전류와 구속전자의 변위에 의한 분극전류와의 합이며, **유전율에 비례**한다.
③ 변위 전류밀도 $i_d = \dfrac{\partial D}{\partial t}$ 이고, $\text{rot} H = J + \dfrac{\partial D}{\partial t}$ (맥스웰의 전자방정식 미분형)이다.
  자유공간에서는 전도 전류밀도 $J=0$이므로 $i_d = \text{rot} H$ 가 된다.
  즉, 변위 전류는 회전자계를 형성시킨다. **답** ②

16 환상 솔레노이드의 자기 인덕턴스[H]와 반비례하는 것은?
① 철심의 투자율 ② 철심의 길이
③ 철심의 단면적 ④ 코일의 권수

풀이 철심을 통하는 자속 $\phi = BS = \mu HS = \mu \dfrac{NI}{l} S = \dfrac{\mu SNI}{l}$ [Wb] 이므로

$N\phi = LI$ 에서 인덕턴스 $L = \dfrac{\mu SN^2}{l}$ [H]이다.

즉 **인덕턴스는** 투자율(μ), 단면적(S), 권수(N)의 제곱에 비례하고, **길이(l)에 반비례**한다. **답** ②

17 자성체에 대한 자화의 세기를 정의한 것으로 틀린 것은?

① 자성체의 단위 체적당 자기모멘트
② 자성체의 단위 면적당 자화된 자하량
③ 자성체의 단위 면적당 자화선의 밀도
④ 자성체의 단위 면적당 자기력선의 밀도

풀이 자화의 세기(J)
① 자성체의 양 단면의 단위면적에 발생한 자기량을 그 자성체에 대한 자화의 세기라고 한다.
$$J = \frac{m}{S} = \frac{ml}{Sl} = \frac{M}{V} \text{[Wb/m}^2\text{]}$$
여기서, m : 자화된 자기량[Wb], S : 자성체의 단면적[m^2]
M : 자기모멘트($M = ml$[Wb·m]), V : 자성체의 체적[m^3]
l : 자성체의 길이[m]
② 자화의 세기는 자계의 세기에 비례하며 이때 비례상수를 자화율이라고 한다.
$J = \chi H$

답 ④

18 두 전하 사이 거리의 세제곱에 반비례하는 것은?

① 두 점전하 사이에 작용하는 힘
② 전기쌍극자에 의한 전계
③ 직선 전하에 의한 전계
④ 전하에 의한 전위

풀이
① 두 점전하 사이에 작용하는 힘(쿨롱의 법칙)
$$F = \frac{Q_1 Q_2}{4\pi\epsilon_0 r^2} \text{[N]} \qquad \therefore F \propto \frac{1}{r^2}$$

② 전기쌍극자에 의한 전계
$$E = \frac{M\sqrt{1+3\cos^2\theta}}{4\pi\epsilon_0 r^3} \text{[V/m]} \qquad \therefore E \propto \frac{1}{r^3}$$

③ 직선전하에 의한 전계
$$E = \frac{\lambda}{2\pi\epsilon_0 r} \text{[V/m]} \qquad \therefore E \propto \frac{1}{r}$$

④ 점전하에 의한 전위
$$V = \frac{Q}{4\pi\epsilon_0 r} \text{[V]} \qquad \therefore V \propto \frac{1}{r}$$

답 ②

19 정사각형 회로의 면적을 3배로, 흐르는 전류를 2배로 증가시키면 정사각형의 중심에서의 자계의 세기는 약 몇 [%]가 되는가?

① 47 ② 115 ③ 150 ④ 225

풀이
• 한 변의 길이가 l인 정사각형 중심에서 자계의 세기 $H_0 = \frac{2\sqrt{2}I}{\pi l}$ [AT/m]
• 정사각형 면적을 3배로 하면 한 변의 길이는 $\sqrt{3}$배가 되므로
$$H_0' = \frac{2\sqrt{2}I'}{\pi l'} = \frac{2\sqrt{2} \times 2I}{\pi \times \sqrt{3}l} = 1.15 H_0$$
따라서 정사각형 중심에서 자계의 세기는 약 115[%]가 된다.

답 ②

20 그림과 같이 권수가 1이고 반지름이 a[m]인 원형 코일에 전류 I[A]가 흐르고 있다. 원형 코일 중심에서의 자계의 세기[AT/m]는?

① $\dfrac{I}{a}$ ② $\dfrac{I}{2a}$
③ $\dfrac{I}{3a}$ ④ $\dfrac{I}{4a}$

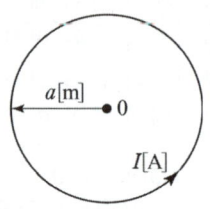

풀이 원형코일 중심에서의 자계의 세기
$$H_0 = \oint dH = \int_0^{2\pi a} \dfrac{Idl\sin\theta}{4\pi a^2} = \int_0^{2\pi a} \dfrac{Idl}{4\pi a^2} = \dfrac{I}{4\pi a^2} \int_0^{2\pi a} dl = \dfrac{I}{2a} \text{[AT/m]}$$

답 ②

2과목 전력공학

21 전압이 일정값 이하로 되었을 때 동작하는 것으로서 단락 시 고장 검출용으로도 사용되는 계전기는?

① OVR ② OVGR ③ NSR ④ UVR

풀이 ① 과전류 계전기(Over Current Relay : OCR)
  일정값 이상의 전류가 흘렀을 때 동작하는 계전기
② 지락 과전압 계전기(Over Voltage Ground Relay : OVGR)
  비접지 계통에서 지락사고 시 영상전압을 검출하여 동작하는 계전기
③ 역상계전기(Negative Sequence Relay : NSR)
  전력설비의 불평형 운전 등에 의한 역상분에 의해 동작하는 계전기
④ **부족 전압 계전기**(Under Voltage Relay : **UVR**)
  전압이 일정값 이하로 떨어졌을 경우, 지나친 과전류가 흐르지 않게끔 동작하는 계전기

답 ④

22 반동수차의 일종으로 주요부분은 러너, 안내날개, 스피드링 및 흡출관 등으로 되어 있으며 50~500[m] 정도의 중낙차 발전소에 사용되는 수차는?

① 카플란수차 ② 프란시스수차 ③ 펠턴수차 ④ 튜블러수차

풀이

동작원리에 의한 분류	수차의 종류	낙 차
충동형	펠톤수차	300[m] 이상 고낙차
반동형	프란시스 수차	50~500[m]의 중낙차
	카플란 수차	30[m] 이하의 저낙차
	튜우블러 수차	20[m] 이하의 저낙차

답 ②

23 페란티현상이 발생하는 원인은?

① 선로의 과도한 저항 ② 선로의 정전용량
③ 선로의 인덕턴스 ④ 선로의 급격한 전압강하

풀이
- 페란티 현상 : 선로의 정전용량으로 인하여 무부하 시나 경부하 시 진상 전류가 흘러 수전단전압이 송전단전압보다 높아지는 현상
- 대책 : 분로 리액터(병렬 리액터)나 동기조상기의 지상 용량 운전으로 방지할 수 있다. 답 ②

24 전력계통의 경부하 시나 또는 다른 발전소의 발전전력에 여유가 있을 때, 이 잉여전력을 이용하여 전동기로 펌프를 돌려서 물을 상부의 저수지에 저장하였다가 필요에 따라 이 물을 이용해서 발전하는 발전소는?

① 조력발전소 ② 양수식발전소
③ 유역변경식발전소 ④ 수로식발전소

풀이 심야 또는 경부하 시의 잉여전력을 사용하여 낮은 곳에 있는 물을 높은 곳으로 퍼올려서 첨두 부하 시에 이 양수된 물을 사용해서 발전하는 것을 양수발전이라고 한다. 답 ②

25 열의 일당량에 해당되는 단위는?

① kcal/kg ② kg/cm^2
③ $kcal/cm^3$ ④ kg·m/kcal

풀이
- 1[kcal]에 해당하는 일의 양을 열의 일당량이라고 부른다.
- J : 열의 일당량 = 427[kg·m/kcal] 답 ④

26 가공전선을 단도체식으로 하는 것보다 같은 단면적의 복도체식으로 하였을 경우에 대한 내용으로 틀린 것은?

① 전선의 인덕턴스가 감소된다. ② 전선의 정전용량이 감소된다.
③ 코로나 발생률이 적어진다. ④ 송전용량이 증가한다.

풀이 복도체 방식의 장점
① 전선의 인덕턴스가 감소하고 정전용량이 증가되어, 선로의 송전 용량이 증가하고 계통의 안정도를 증진시킨다.
② 전선 표면의 전위 경도가 저감되므로, 코로나 임계전압을 높일 수 있고 코로나손, 코로나 잡음 등의 장해가 저감된다. 답 ②

27 연가의 효과로 볼 수 없는 것은?

① 선로 정수의 평형 ② 대지 정전용량의 감소
③ 통신선의 유도장해의 감소 ④ 직렬 공진의 방지

풀이 연가의 효과
① 선로정수 평형
② 임피던스 평형
③ 소호 리액터 접지 시 직렬공진 방지
④ 유도장해 감소 답 ②

28 발전기나 변압기의 내부고장 검출로 주로 사용되는 계전기는?
① 역상계전기   ② 과전압계전기
③ 과전류계전기   ④ 비율차동계전기

풀이 비율차동계전기
① 변압기 내부에서 3상 단락 사고시 :
$i_2 = 0$이 되어 비율차동계전기의 동작 coil에는 $i_d = i_1$의 전류가 흐르게 되어 비율차동계전기가 동작
② 변압기 외부에서 3상 단락 사고시 :
비율차동계전기의 동작 coil에는 $i_d = i_1 - i_2$의 전류가 흐르게 되며, 이때 i_d의 값이 정정값 이하가 되어 비율차동계전기는 동작하지 않는다.

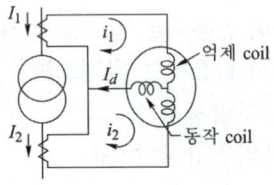

답 ④

29 송전선로에서 역섬락을 방지하는 가장 유효한 방법은?
① 피뢰기를 설치한다.   ② 가공지선을 설치한다.
③ 소호각을 설치한다.   ④ 탑각 접지저항을 작게 한다.

풀이 뇌서지가 철탑에 가격 시 철탑의 탑각 접지저항이 충분히 낮지 않으면 철탑의 전위가 상승하여 철탑에서 선로로 섬락을 일으키는 경우가 있는데 이를 **역섬락이라 하며 방지 대책**으로는 매설 지선을 설치하여 **탑각 접지저항을 낮추어야 한다.**

답 ④

30 반한시성 과전류계전기의 전류-시간 특성에 대한 설명으로 옳은 것은?
① 계전기 동작시간은 전류의 크기와 비례한다.
② 계전기 동작시간은 전류의 크기와 관계없이 일정하다.
③ 계전기 동작시간은 전류의 크기와 반비례한다.
④ 계전기 동작시간은 전류의 크기의 제곱에 비례한다.

풀이 보호계전기 특징
① 순한시 특성 : 최소 동작전류 이상의 전류가 흐르면 즉시 동작하는 특성
② **반한시 특성 : 동작전류가 커질수록 동작시간이 짧게 되는 특성**
③ 정한시 특성 : 동작전류의 크기에 관계없이 일정한 시간에 동작하는 특성
④ 반한시 정한시 특성 : 동작전류가 적은 동안에는 동작전류가 커질수록 동작시간이 짧게 되고 어떤 전류 이상이면 동작전류의 크기에 관계없이 일정한 시간에 동작하는 특성

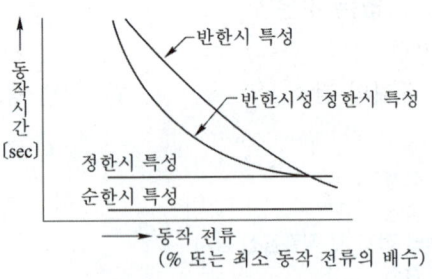

계전기의 한시 특성

답 ③

31 교류 송전방식과 직류 송전방식을 비교할 때 교류 송전방식의 장점에 해당되는 것은?
① 전압의 승압, 강압 변경이 용이하다.
② 절연계급을 낮출 수 있다.
③ 송전효율이 좋다.
④ 안정도가 좋다.

풀이 교류 송전 방식의 장점
① 전압의 승압 강압 변경이 용이하다.
② 회전자계를 쉽게 얻을 수 있다.
③ 교류방식으로 일관된 운용을 기할 수 있다.   답 ①

32 단상 2선식 교류 배전선로가 있다. 전선의 1가닥 저항이 0.15[Ω]이고, 리액턴스는 0.25[Ω]이다. 부하는 순저항부하이고 100[V], 3[kW]이다. 급전점의 전압[V]은 약 얼마인가?
① 105   ② 110   ③ 115   ④ 124

풀이 부하전류 $I = \dfrac{P}{V} = \dfrac{3000}{100} = 30[A]$

$\therefore V_S = V_R + 2IZ = V_R + 2I(R+jX) = 100 + 2 \times 30 \times (0.15+j0.25)$
$= (100 + 2 \times 30 \times 0.15) + j(2 \times 30 \times 0.25)$
$= 109 + j15 = \sqrt{109^2 + 15^2} ≒ 110[V]$ 답 ②

33 지상부하를 가진 3상 3선식 배전선로 또는 단거리 송전선로에서 선간 전압강하를 나타낸 식은? (단, I, R, X, θ는 각각 수전단 전류, 선로저항, 리액턴스 및 수전단 전류의 위상각이다.)
① $I(R\cos\theta + X\sin\theta)$
② $2I(R\cos\theta + X\sin\theta)$
③ $\sqrt{3}\,I(R\cos\theta + X\sin\theta)$
④ $3I(R\cos\theta + X\sin\theta)$

풀이 전압강하 $e = V_s - V_r$
(여기서, V_s : 송전단 전압, V_r : 수전단 전압)

전기 방식	전압강하
단상3선식, 3상4선식	$e_1 = I(R\cos\theta + X\sin\theta)$
단상2선식	$e_2 = 2I(R\cos\theta + X\sin\theta)$
3상3선식	$e_3 = \sqrt{3}\,I(R\cos\theta + X\sin\theta)$

답 ③

34 다음 중 송·배전선로의 진동 방지대책에 사용되지 않는 기구는?
① 댐퍼   ② 조임쇠   ③ 클램프   ④ 아머 로드

풀이 ① 댐퍼 : 전선의 진동에너지를 흡수함으로서 진동 발생 방지 및 진동으로 인한 전선의 단선을 방지하기 위한 설비로, 지지점 가까운 곳에 설치한다.
② 클램프 : 전선을 고정하거나 애자에 지지시키기 위하여 사용한다.
③ 아머 로드 : 지지점 부근의 전선을 보강   답 ②

35 단락전류를 제한하기 위하여 사용되는 것은?

① 한류리액터 ② 사이리스터 ③ 현수애자 ④ 직렬콘덴서

풀이
- 한류 리액터 : 단락 사고시의 단락전류를 제한
- 직렬 리액터 : 제5고조파 제거
- 분로 리액터 : 페란티 현상 방지
- 소호 리액터 : 지락 아크 소멸

답 ①

36 어느 변전설비의 역률을 60[%]에서 80[%]로 개선하는데 2800[kVA]의 전력용 커패시터가 필요하였다. 이 변전설비의 용량은 몇 [kW]인가?

① 4800 ② 5000 ③ 5400 ④ 5800

풀이 콘덴서 용량

$$Q_c = P(\tan\theta_1 - \tan\theta_2) = P\left(\frac{\sqrt{1-\cos^2\theta_1}}{\cos\theta_1} - \frac{\sqrt{1-\cos^2\theta_2}}{\cos\theta_2}\right) [\text{kVA}]$$

따라서 설비용량

$$P = \frac{Q_c}{\left(\frac{\sqrt{1-\cos^2\theta_1}}{\cos\theta_1} - \frac{\sqrt{1-\cos^2\theta_2}}{\cos\theta_2}\right)} = \frac{2800}{\left(\frac{\sqrt{1-0.6^2}}{0.6} - \frac{\sqrt{1-0.8^2}}{0.8}\right)} = 4800[\text{kW}]$$

답 ①

37 교류 단상 3선식 배전방식을 교류 단상 2선식에 비교하면

① 전압강하가 크고, 효율이 낮다. ② 전압강하가 작고, 효율이 낮다.
③ 전압강하가 작고, 효율이 높다. ④ 전압강하가 크고, 효율이 높다.

풀이

항목	단상 2선식	단상 3선식
전압강하	$2I(R\cos\theta + X\sin\theta)$	$I(R\cos\theta + X\sin\theta)$
회로도		

즉, 단상 3선식은 단상 2선식에 비하여 전압이 2배로 되고 전류가 $\frac{1}{2}$로 되므로 전압강하와 전력손실은 작고 배전 효율은 높다.

답 ③

38 배전선로의 전압을 $\sqrt{3}$ 배로 증가시키고 동일한 전력손실률로 송전할 경우 송전전력은 몇 배로 증가되는가?

① $\sqrt{3}$ ② $\frac{3}{2}$ ③ 3 ④ $2\sqrt{3}$

풀이 전력손실 $P_l = 3I^2R = \frac{P^2\rho l}{V^2\cos^2\theta A}$, 전력손실률 $h = \frac{P_l}{P} = \frac{P\rho l}{V^2\cos^2\theta A}$ 이므로

송전전력 $P = \dfrac{hV^2\cos^2\theta}{R}$ 이다.

전력손실률이 동일하면 송전전력은 전압의 제곱에 비례하므로, 전압을 $\sqrt{3}$ 배 증가시켰을 때의 송전전력 P'는
$$P' \propto (\sqrt{3}\,V)^2 = 3V^2$$
즉, 3배로 증가된다.

답 ③

39 주상 변압기의 2차측 접지는 어느 것에 대한 보호를 목적으로 하는가?
① 1차 측의 단락
② 2차 측의 단락
③ 2차 측의 전압강하
④ 1차 측과 2차 측의 혼촉

풀이) 주상 변압기는 1차측과 2차측의 혼촉에 의한 2차측 전압의 상승을 막기 위해서 2차측에 접지를 하여, 고전압에 의한 사고를 막아준다.

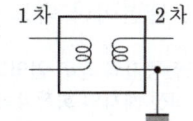

답 ④

40 100[MVA]의 3상 변압기 2뱅크를 가지고 있는 배전용 2차측의 배전선에 시설할 차단기 용량[MVA]은? (단, 변압기는 병렬로 운전되며, 각각의 %Z는 20[%]이고, 전원의 임피던스는 무시한다.)
① 1000 ② 2000 ③ 3000 ④ 4000

풀이) 동일한 퍼센트 임피던스로, 2뱅크가 병렬로 운전되므로
합성 $\%Z = \dfrac{20 \times 20}{20 + 20} = 10[\%]$
따라서, 차단기 용량
$P_s = \dfrac{100}{\%Z} \times P_n = \dfrac{100}{10} \times 100 = 1000[\text{MVA}]$

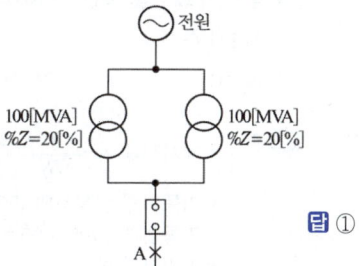

답 ①

3과목 전기기기

41 단상 다이오드 반파정류회로인 경우 정류 효율은 약 몇 [%]인가? (단, 저항부하인 경우이다.)
① 12.6 ② 40.6 ③ 60.6 ④ 81.2

풀이)

정류 종류	단상 반파	단상전파	3상 반파	3상 전파
맥동률[%]	121	48	17.7	4.04
정류 효율	40.5	81.1	96.7	99.8
맥동 주파수	f	$2f$	$3f$	$6f$

답 ②

42 직류발전기의 병렬운전에서 균압모선을 필요로 하지 않는 것은?

① 분권발전기 ② 직권발전기 ③ 평복권발전기 ④ 과복권발전기

풀이 직권 계자권선이 있는 발전기(**직권 발전기, 복권 발전기**)의 병렬운전 시에는 안정한 운전을 하기 위해서는 **균압 모선이 필요**하다. 답 ①

43 3상 유도전동기의 전원측에서 임의의 2선을 바꾸어 접속하여 운전하면?

① 즉각 정지된다.
② 회전방향이 반대가 된다.
③ 바꾸지 않았을 때와 동일하다.
④ 회전방향은 불변이나 속도가 약간 떨어진다.

풀이 3상 유도전동기의 경우 임의의 2선의 접속을 반대로 하면 회전 계자의 회전방향이 반대로 되어 운전한다. 이러한 특성을 이용하여 승강기 등의 왕복운동을 하는 부하에 사용한다.

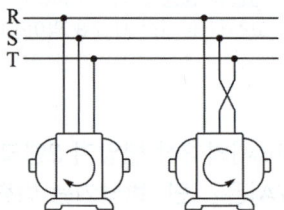

답 ②

44 직류 분권전동기의 정격전압 220[V], 정격전류 105[A], 전기자저항 및 계자회로의 저항이 각각 0.1[Ω] 및 40[Ω]이다. 기동전류를 정격전류의 150[%]로 할 때의 기동저항은 약 몇 [Ω]인가?

① 0.46 ② 0.92 ③ 1.21 ④ 1.35

풀이
- 계자전류 $I_f = \dfrac{V}{R_f} = \dfrac{220}{40} = 5.5[A]$
- 기동전류는 정격의 150[%]이므로
  기동전류 $= 105 \times 1.5 = 157.5[A]$
- 전기자 전류
  $I_a = I - I_f = 157.5 - 5.5 = 152[A]$
- $R_a + R_s = \dfrac{V}{I_a} = \dfrac{220}{152} ≒ 1.45[\Omega]$

따라서 기동저항 $R_s = 1.45 - R_a = 1.45 - 0.1 = 1.35[\Omega]$

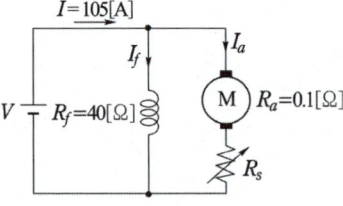

답 ④

45 전기자저항과 계자저항이 각각 0.8[Ω]인 직류직권전동기가 회전수 200[rpm], 전기자전류 30[A]일 때 역기전력은 300[V]이다. 이 전동기의 단자전압을 500[V]로 사용한다면 전기자전류가 위와 같은 30[A]로 될 때의 속도[rpm]는? (단, 전기자 반작용, 마찰손, 풍손 및 철손은 무시한다.)

① 200 ② 301 ③ 452 ④ 500

풀이 ① 전기자 반작용을 무시하면 $E = k\phi \dfrac{N}{60}$ 이고, 전류는 같으므로 자속 ϕ는 일정하다.
따라서, 속도는 역기전력에 비례($E \propto N$)한다.

② 단자전압 500[V], 전기자전류 30[A]일 때
- 역기전력 $E_0 = V - I_a(r_a + r_f) = 500 - (0.8 + 0.8) \times 30 = 452$[V]
- $\dfrac{E}{E_0} = \dfrac{N}{N_0} \rightarrow \dfrac{300}{452} = \dfrac{200}{N_0}$

∴ $N_0 = 200 \times \dfrac{452}{300} = 301.3$[rpm]

답 ②

46 수은 정류기에 있어서 정류기의 밸브작용이 상실되는 현상을 무엇이라고 하는가?

① 통호　② 실호　③ 역호　④ 점호

풀이 운전 중에 아크가 쉬고 있는 양극은 음극에 대하여 부전위로 된다. 이 부전위를 역전압이라 하며, 부전위로 있는 동안에 어떤 원인으로 양극에 음극점이 생기면 이 양극에서 전자가 방출하여 **밸브 작용을 잃고 마는데, 이러한 현상을 역호라 한다.**

답 ③

47 3상 유도전동기의 전원주파수와 전압의 비가 일정하고 정격속도 이하로 속도를 제어하는 경우 전동기의 출력 P와 주파수 f와의 관계는?

① $P \propto f$　② $P \propto \dfrac{1}{f}$　③ $P \propto f^2$　④ P는 f에 무관

풀이
- $P = \omega\tau = 2\pi n\tau$에서 $P \propto n$
- $n = (1-s)n_s = (1-s)\dfrac{2f}{p}$에서 $n \propto f$ (극수 p는 일정)

∴ $P \propto n \propto f$

답 ①

48 SCR에 대한 설명으로 옳은 것은?

① 증폭기능을 갖는 단방향성 3단자 소자이다.
② 제어기능을 갖는 양방향성 3단자 소자이다.
③ 정류기능을 갖는 단방향성 3단자 소자이다.
④ 스위칭기능을 갖는 양방향성 3단자 소자이다.

풀이 SCR은 정류기능을 갖는 단일방향성 3단자 소자로, 일단 도통된 후 게이트 전류를 차단시켜도 계속 도통상태를 유지한다.

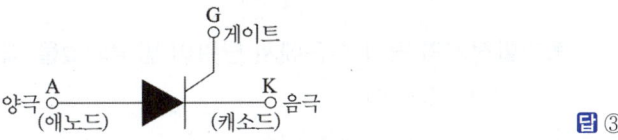

답 ③

49 유도전동기의 주파수가 60[Hz]이고 전부하에서 회전수가 매분 1164회이면 극수는? (단, 슬립은 3[%]이다.)

① 4　② 6　③ 8　④ 10

풀이 유도전동기의 속도 $N=(1-s)N_s=(1-s)\dfrac{120f}{p}$ [rpm]

$\therefore p=(1-s)\dfrac{120f}{N}=(1-0.03)\times\dfrac{120\times 60}{1164}=6$ [극]

답 ②

50 동기기의 과도 안정도를 증가시키는 방법이 아닌 것은?

① 속응 여자방식을 채용한다.
② 동기 탈조계전기를 사용한다.
③ 동기화 리액턴스를 작게 한다.
④ 회전자의 플라이휠 효과를 작게 한다.

풀이 ① 과도 안정도
부하의 급변, 선로의 개폐, 접지, 단락 등의 고장 또는 기타의 원인에 의해서 운전 상태가 급변하여도 계통이 안정을 유지하는 정도를 말한다.
② 동기기의 안정도 증진법
  - 동기화 리액턴스를 작게 할 것
  - 회전자의 플라이휠 효과를 크게 할 것
  - 속응여자방식을 채용할 것
  - 발전기의 조속기 동작을 신속히 할 것
  - 동기 탈조 계전기를 사용할 것

답 ④

51 전압비 3300/110[V], 1차 누설 임피던스 $Z_1=12+j13[\Omega]$, 2차 누설 임피던스 $Z_2=0.015+j0.013[\Omega]$인 변압기가 있다. 1차로 환산된 등가 임피던스[Ω]는?

① $22.7+j25.5$ ② $24.7+j25.5$ ③ $25.5+j22.7$ ④ $25.5+j24.7$

풀이 권수비 $a=\dfrac{3300}{110}=30$

① 1차로 환산한 저항
$r'=r_1+r_2{'}=r_1+a^2r_2=12+30^2\times 0.015=25.5[\Omega]$

② 1차로 환산한 리액턴스
$x'=x_1+x_2{'}=x_1+a^2x_2=13+30^2\times 0.013=24.7[\Omega]$

$\therefore Z'=r'+jx'=25.5+j24.7[\Omega]$

답 ④

52 동기발전기의 단자 부근에서 단락이 발생되었을 때 단락전류에 대한 설명으로 옳은 것은?

① 서서히 증가한다.
② 발전기는 즉시 정지한다.
③ 일정한 큰 전류가 흐른다.
④ 처음은 큰 전류가 흐르나 점차 감소한다.

풀이 평형 3상 전압을 유기하고 있는 발전기의 단자를 갑자기 단락하면 단락 초기에 전기자 반작용이 순간적으로 나타나지 않기 때문에 막대한 과도전류가 흐르고, 그 후 전기자 반작용이 나타나기 시작하여 단락전류가 서서히 감소하고 수 초 후에는 영구 단락전류값에 이르게 된다.

답 ④

53. 어떤 공장에 뒤진 역률 0.8인 부하가 있다. 이 선로에 동기조상기를 병렬로 결선해서 선로의 역률을 0.95로 개선하였다. 개선 후 전력의 변화에 대한 설명으로 틀린 것은?

① 피상전력과 유효전력은 감소한다.
② 피상전력과 무효전력은 감소한다.
③ 피상전력은 감소하고 유효전력은 변화가 없다.
④ 무효전력은 감소하고 유효전력은 변화가 없다.

풀이 역률이 개선되면 유효전력은 변화가 없고, 피상전력과 무효전력은 감소한다.

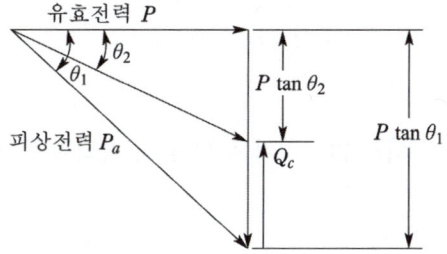

답 ①

54. 기동 시 정류자의 불꽃으로 라디오의 장해를 주며 단락장치의 고장이 일어나기 쉬운 전동기는?

① 직류 직권전동기
② 단상 직권전동기
③ 반발기동형 단상유도전동기
④ 셰이딩코일형 단상유도전동기

풀이 **반발 기동형 유도전동기** : 기동 시에 반발 전동기로서 기동하고 기동 후 원심력 개폐기로 정류자를 자동적으로 단락하여 농형 회전자로 하는 방법으로서 기동 시 정류자에서 발생하는 불꽃으로 라디오의 장해를 줄 수 있다.

답 ③

55. 8극, 유도기전력 100[V], 전기자전류 200[A]인 직류발전기의 전기자권선을 중권에서 파권으로 변경했을 경우의 유도기전력과 전기자전류는?

① 100[V], 200[A]
② 200[V], 100[A]
③ 400[V], 50[A]
④ 800[V], 25[A]

풀이 ① 유기기전력
　• 중권($a=p$)
　　$E = \dfrac{p}{a} z\phi n$에서 8극, 유도기전력 100[V]이면, $100 = \dfrac{8}{8} \times z\phi n$ → $z\phi n = 100$
　• 파권($a=2$)
　　$\therefore E = \dfrac{p}{a} z\phi n = \dfrac{8}{2} \times 100 = 400[\text{V}]$
② 전기자 전류
　• 중권($a=p$)
　　전기자 전류 $I_a = 200[\text{A}]$일 때, 각 권선에 흐르는 전류 $i_a = \dfrac{200}{a} = \dfrac{200}{8} = 25[\text{A}]$
　• 파권($a=2$)
　　$\therefore I_a = a i_a = 2 \times 25 = 50[\text{A}]$

답 ③

56 8극, 50[kW], 3300[V], 60[Hz]인 3상 권선형 유도전동기의 전부하 슬립이 4[%]라고 한다. 이 전동기의 슬립링 사이에 0.16[Ω]의 저항 3개를 Y로 삽입하면 전부하 토크를 발생할 때의 회전수[rpm]는? (단, 2차 각 상의 저항은 0.04[Ω]이고, Y접속이다.)

① 660 ② 720 ③ 750 ④ 880

풀이
$\dfrac{r_2}{s} = \dfrac{r_2+R}{s'} \to \dfrac{0.04}{0.04} = \dfrac{0.04+0.16}{s'}$
$s' = 0.2$
회전자계속도 $N_s = \dfrac{120f}{p} = \dfrac{120 \times 60}{8} = 900[\text{rpm}]$
$\therefore N = (1-s)N_s = (1-0.2) \times 900 = 720[\text{rpm}]$ **답** ②

57 임피던스 강하가 5[%]인 변압기가 운전 중 단락되었을 때 그 단락전류는 정격전류의 몇 배인가?

① 20 ② 25 ③ 30 ④ 35

풀이 단락전류 $I_{1s} = \dfrac{100}{\%Z}I_{1n} = \dfrac{100}{5} \times I_{1n} = 20 I_{1n}$ **답** ①

58 변압기의 임피던스 와트와 임피던스 전압을 구하는 시험은?

① 부하시험 ② 단락시험 ③ 무부하시험 ④ 충격전압시험

풀이 변압기의 단락시험으로 임피던스 와트(전부하 동손), 임피던스 전압(전압강하)를 측정하여 %저항강하, %리액턴스 강하 및 전압변동률을 계산할 수 있다. **답** ②

59 변압기에서 1차 측의 여자 어드미턴스를 Y_0라고 한다. 2차 측으로 환산한 여자 어드미턴스 Y_0'을 옳게 표현한 식은? (단, 권수비를 a라고 한다.)

① $Y_0' = a^2 Y_0$ ② $Y_0' = a Y_0$ ③ $Y_0' = \dfrac{Y_0}{a^2}$ ④ $Y_0' = \dfrac{Y_0}{a}$

풀이 1차측에서 2차측으로 환산

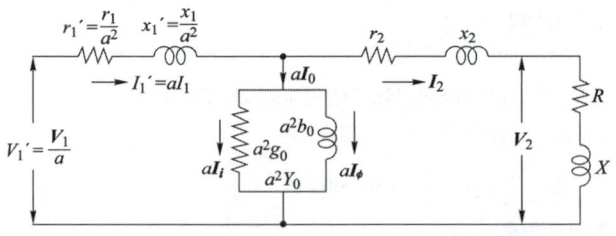

- 전압 $V_1' = \dfrac{V_1}{a}$
- 임피던스 $Z_1' = \dfrac{Z_1}{a^2} = \dfrac{r_1 + jx_1}{a^2}$
- 전류 $I_1' = aI_1$, 여자 전류 $I_0' = aI_0$
- 여자 어드미턴스 $Y_0' = a^2 Y_0 = a^2(g_0 - jb_0)$

답 ①

60 3상 동기기의 제동권선을 사용하는 주목적은?

① 출력이 증가한다.　　② 효율이 증가한다.
③ 역률을 개선한다.　　④ 난조를 방지한다.

풀이 제동 권선의 역할
① 난조 방지
② 기동 토크 발생
③ 불평형 부하시의 전류, 전압 파형 개선
④ 송전선의 불평형 단락시의 이상 전압 방지

답 ④

4과목 회로이론

61 $Z = 5\sqrt{3} + j5[\Omega]$인 3개의 임피던스를 Y결선하여 선간전압 250[V]의 평형 3상 전원에 연결하였다. 이때 소비되는 유효전력은 약 몇 [W]인가?

① 3125　　② 5413　　③ 6252　　④ 7120

풀이

3상 유효전력 $P = 3I_p^2 R = \dfrac{3V_p^2 R}{R^2+X^2} = \dfrac{3 \times \left(\dfrac{V_l}{\sqrt{3}}\right)^2 R}{R^2+X^2} = \dfrac{V_l^2 R}{R^2+X^2}$ [W]

(여기서, I_p : 상전류, V_p : 상전압, V_l : 선간전압)

∴ 유효전력 $P = \dfrac{V_l^2 R}{R^2+X^2} = \dfrac{250^2 \times 5\sqrt{3}}{(5\sqrt{3})^2 + 5^2} = 5413$ [W]

답 ②

62 $r_1[\Omega]$인 저항에 $r[\Omega]$인 가변저항이 연결된 그림과 같은 회로에서 전류 I를 최소로 하기 위한 저항 $r_2[\Omega]$는? (단, $r[\Omega]$은 가변저항의 최대 크기이다.)

① $\dfrac{r_1}{2}$

② $\dfrac{r}{2}$

③ r_1

④ r

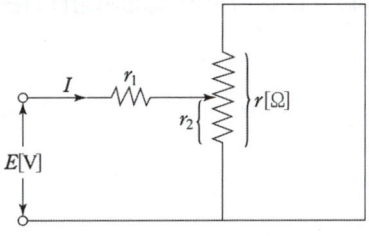

풀이 회로의 합성 저항 r_0는

$$r_0 = r_1 + \dfrac{r_2(r-r_2)}{r_2+(r-r_2)} = r_1 + \dfrac{r_2(r-r_2)}{r}$$

전류를 최소로 하기 위해서는 r_0가 최대이어야 하고 r, r_1은 일정하므로 $r_2(r-r_2)$가 최대이어야 한다.

$$\dfrac{d}{dr_2}\{r_2(r-r_2)\} = 0 \;\rightarrow\; r - 2r_2 = 0$$

∴ $r_2 = \dfrac{r}{2}$ [Ω]

답 ②

63 그림과 같은 회로에서 스위치 S를 $t=0$에서 닫았을 때 $v_L(t)|_{t=0} = 100[V]$, $\dfrac{di(t)}{dt}\bigg|_{t=0} = 400[A/s]$ 이다. $L[H]$의 값은?

① 0.75
② 0.5
③ 0.25
④ 0.1

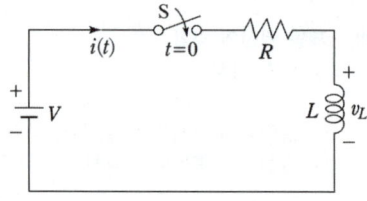

풀이 $v_L(t) = L\dfrac{di(t)}{dt}$ 이므로,

$\therefore L = \dfrac{v_L(t)}{\dfrac{di(t)}{dt}} = \dfrac{100}{400} = 0.25[H]$

답 ③

64 다음과 같은 회로에서 V_a, V_b, $V_c[V]$를 평형 3상 전압이라 할 때 $V_0[V]$는?

① 0
② $\dfrac{V_1}{3}$
③ $\dfrac{2}{3}V_1$
④ V_1

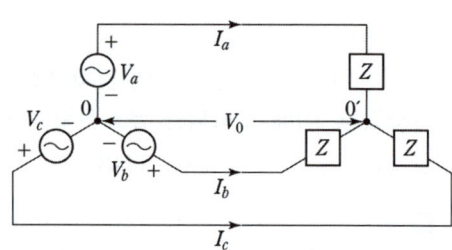

풀이
① 밀만의 정리 $V_0 = \dfrac{\dfrac{V_a}{Z} + \dfrac{V_b}{Z} + \dfrac{V_c}{Z}}{\dfrac{1}{Z} + \dfrac{1}{Z} + \dfrac{1}{Z}} = \dfrac{\dfrac{1}{Z}(V_a + V_b + V_c)}{\dfrac{3}{Z}} = 0$

② 평형 3상 전압인 경우, 3개의 전압은 평형을 이루므로, $\dot{V_a} + \dot{V_b} + \dot{V_c} = 0$
즉, 중성점 간의 전위는 0[V]이다.

답 ①

65 $9[\Omega]$과 $3[\Omega]$인 저항 6개를 그림과 같이 연결하였을 때, a와 b 사이의 합성저항$[\Omega]$은?

① 9
② 4
③ 3
④ 2

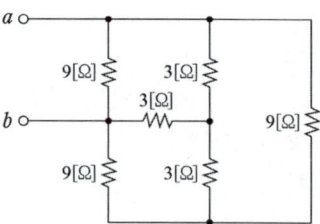

풀이

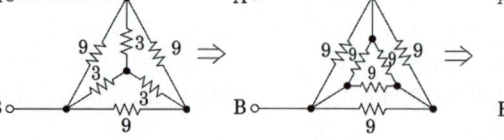 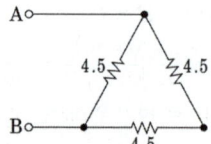

$\therefore R_{AB} = \dfrac{4.5 \times (4.5 + 4.5)}{4.5 + (4.5 + 4.5)} = 3[\Omega]$

답 ③

66 그림과 같은 회로의 전달함수는? (단, 초기조건은 0이다.)

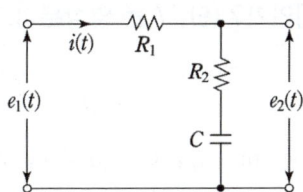

① $\dfrac{R_2 + Cs}{R_1 + R_2 + Cs}$

② $\dfrac{R_1 + R_2 + Cs}{R_1 + Cs}$

③ $\dfrac{R_2 Cs + 1}{R_2 Cs + R_1 Cs + 1}$

④ $\dfrac{R_1 Cs + R_2 Cs + 1}{R_2 Cs + 1}$

풀이

$\begin{cases} e_1(t) = R_1 i(t) + R_2 i(t) + \dfrac{1}{C}\int i(t)dt \\ e_2(t) = R_2 i(t) + \dfrac{1}{C}\int i(t)dt \end{cases}$ → $\begin{cases} E_1(s) = \left(R_1 + R_2 + \dfrac{1}{Cs}\right)I(s) \\ E_2(s) = \left(R_2 + \dfrac{1}{Cs}\right)I(s) \end{cases}$

$G(s) = \dfrac{E_2(s)}{E_1(s)} = \dfrac{R_2 + \dfrac{1}{Cs}}{R_1 + R_2 + \dfrac{1}{Cs}} = \dfrac{R_2 Cs + 1}{R_1 Cs + R_2 Cs + 1}$

답 ③

67 그림과 같은 회로에서 5[Ω]에 흐르는 전류 I는 몇 [A]인가?

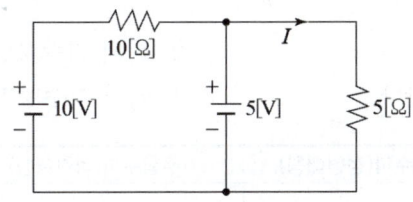

① $\dfrac{1}{2}$ ② $\dfrac{2}{3}$ ③ 1 ④ $\dfrac{5}{3}$

풀이 ① 10[V] 전압원에 의해 흐르는 전류(5[V] 전압원은 단락)

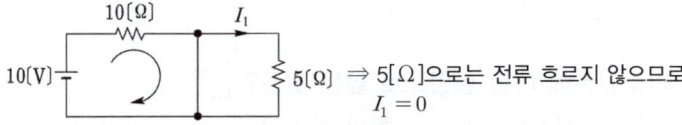 ⇒ 5[Ω]으로는 전류 흐르지 않으므로 $I_1 = 0$

② 5[V] 전압원에 의해 흐르는 전류(10[V] 전압원은 단락)

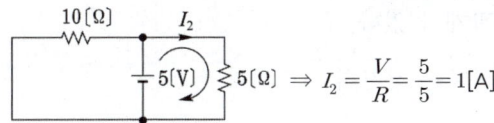 ⇒ $I_2 = \dfrac{V}{R} = \dfrac{5}{5} = 1[A]$

따라서 5[Ω]에 흐르는 전류 $I = I_1 + I_2 = 0 + 1 = 1[A]$

답 ③

68 전류의 대칭분이 $I_0 = -2 + j4$[A], $I_1 = 6 - j5$[A], $I_2 = 8 + j10$[A]일 때 3상 전류 중 a상 전류(I_a)의 크기($|I_a|$)는 몇 [A]인가? (단, I_0는 영상분이고, I_1은 정상분이고, I_2는 역상분이다.)

① 9 ② 12 ③ 15 ④ 19

풀이 $I_a = I_0 + I_1 + I_2 = (-2+j4) + (6-j5) + (8+j10) = 12 + j9$
∴ $|I_a| = \sqrt{12^2 + 9^2} = 15$[A] **답** ③

69 $V = 50\sqrt{3} - j50$[V], $I = 15\sqrt{3} + j15$[A]일 때 유효전력 P[W]와 무효전력 Q[Var]는 각각 얼마인가?

① $P = 3000$, $Q = -1500$
② $P = 1500$, $Q = -1500\sqrt{3}$
③ $P = 750$, $Q = -750\sqrt{3}$
④ $P = 2250$, $Q = -1500\sqrt{3}$

풀이 피상전력 $P_a = V\overline{I} = (50\sqrt{3} - j50) \times (15\sqrt{3} - j15) = 1500 - j1500\sqrt{3}$ [VA]
따라서 유효전력 $P = 1500$[W], 무효전력 $Q = -1500\sqrt{3}$[Var] **답** ②

70 푸리에 급수로 표현된 왜형파 $f(t)$가 반파대칭 및 정현대칭일 때 $f(t)$에 대한 특징으로 옳은 것은?

$$f(t) = a_0 + \sum_{n=1}^{\infty} a_n \cos n\omega t + \sum_{n=1}^{\infty} b_n \sin n\omega t$$

① a_n의 우수항만 존재한다.
② a_n의 기수항만 존재한다.
③ b_n의 우수항만 존재한다.
④ b_n의 기수항만 존재한다.

풀이

	기함수파(정현대칭)	우함수파(여현대칭)	대칭파(반파대칭)
대칭조건	$f(t) = -f(-t)$	$f(t) = f(-t)$	$f(t) = -f(t + \frac{T}{2})$
결과	sin항만 존재한다.	cos항 존재, 직류분 존재	고조파 차수가 홀수차 항만 존재한다.

※ 반파 및 정현 대칭의 경우 sin항의 홀수(기수)항만 존재한다. **답** ④

71 RC 직렬회로의 과도현상에 대한 설명으로 옳은 것은?

① $(R \times C)$의 값이 클수록 과도 전류는 빨리 사라진다.
② $(R \times C)$의 값이 클수록 과도 전류는 천천히 사라진다.
③ 과도전류는 $(R \times C)$의 값에 관계가 없다.
④ $\dfrac{1}{R \times C}$의 값이 클수록 과도 전류는 천천히 사라진다.

풀이 • 과도현상은 시정수가 크면 클수록 오래 지속된다.
• $R-C$ 회로의 시정수는 RC이므로 RC 값이 클수록 과도전류의 값은 천천히 사라진다. **답** ②

72 그림과 같은 회로에서 L_2에 흐르는 전류 I_2[A]가 단자전압 V[V]보다 위상이 90° 뒤지기 위한 조건은? (단, ω는 회로의 각주파수[rad/s]이다.)

① $\dfrac{R_2}{R_1} = \dfrac{L_2}{L_1}$

② $R_1 R_2 = L_1 L_2$

③ $R_1 R_2 = \omega L_1 L_2$

④ $R_1 R_2 = \omega^2 L_1 L_2$

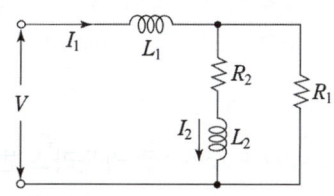

풀이 회로의 어드미턴스 Y

$$Y_1 = \dfrac{1}{j\omega L_1}, \quad Y_2 = \dfrac{1}{R_1} + \dfrac{1}{R_2 + j\omega L_2}$$

$$Y = \dfrac{Y_1 Y_2}{Y_1 + Y_2} = \dfrac{\dfrac{1}{j\omega L_1}\left(\dfrac{1}{R_1} + \dfrac{1}{R_2 + j\omega L_2}\right)}{\dfrac{1}{j\omega L_1} + \dfrac{1}{R_1} + \dfrac{1}{R_2 + j\omega L_2}} = \dfrac{\dfrac{1}{R_1} + \dfrac{1}{R_2 + j\omega L_2}}{1 + \dfrac{j\omega L_1}{R_1} + \dfrac{j\omega L_1}{R_2 + j\omega L_2}}$$

$$= \dfrac{R_1 + R_2 + j\omega L_2}{R_1(R_2 + j\omega L_2) + j\omega L_1 (R_2 + j\omega L_2) + jR_1\omega L_1} = \dfrac{R_1 + R_2 + j\omega L_2}{R_1 R_2 - \omega^2 L_1 L_2 + j(R_1\omega L_2 + R_2\omega L_1 + R_1\omega L_1)}$$

회로의 전체 전류 $I_1 = YV$이고, 전류 I_2는 전류 분류 법칙에 의해

$$I_2 = \dfrac{R_1}{R_1 + R_2 + j\omega L_2} I_1 = \dfrac{R_1}{R_1 + R_2 + j\omega L_2} YV = \dfrac{R_1 V}{R_1 R_2 - \omega^2 L_1 L_2 + j(R_1\omega L_2 + R_2\omega L_1 + R_1\omega L_1)}$$

I_2의 분모에서 실수부가 0이 되어야 전압 V보다 90° 뒤지게 된다. 즉

$$I_2 = \dfrac{R_1 V}{j(R_1\omega L_2 + R_2\omega L_1 + R_1\omega L_1)} = -j\dfrac{R_1 V}{(R_1\omega L_2 + R_2\omega L_1 + R_1\omega L_1)}$$

$$= \dfrac{R_1 V}{(R_1\omega L_2 + R_2\omega L_1 + R_1\omega L_1)} \angle -90°$$

따라서 전류 I_2가 전압 V보다 위상이 90° 뒤지기 위한 조건은

$R_1 R_2 - \omega^2 L_1 L_2 = 0$

$\therefore R_1 R_2 = \omega^2 L_1 L_2$

답 ④

73 용량이 50[kVA]인 단상 변압기 3대를 △결선하여 3상으로 운전하는 중 1대의 변압기에 고장이 발생하였다. 나머지 2대의 변압기를 이용하여 3상 V결선으로 운전하는 경우 최대 출력은 몇 [kVA]인가?

① $30\sqrt{3}$ ② $50\sqrt{3}$ ③ $100\sqrt{3}$ ④ $200\sqrt{3}$

풀이 변압기 1개의 출력을 P_1이라 하면
V결선 시 출력 $P_V = \sqrt{3} P_1 = \sqrt{3} \times 50 = 50\sqrt{3}$ [kVA]

답 ②

74 각 상의 전류가 $i_a = 30\sin\omega t$[A], $i_b = 30\sin(\omega t - 90°)$[A], $i_c = 30\sin(\omega t + 90°)$[A]일 때 영상분 전류[A]의 순시치는?

① $10\sin\omega t$ ② $10\sin\dfrac{\omega t}{3}$ ③ $30\sin\omega t$ ④ $\dfrac{30}{\sqrt{3}}\sin(\omega t + 45°)$

풀이
- 정현파를 phasor로 표시하면
  $i_a = 30\angle 0° = 30[A]$, $i_b = 30\angle -90° = -j30[A]$, $i_c = 30\angle 90° = j30[A]$
- 영상전류 $i_o = \dfrac{1}{3}(i_a + i_b + i_c) = \dfrac{1}{3} \times (30 - j30 + j30) = 10[A]$
  따라서 순시전류 $i = 10\sin\omega t[A]$

답 ①

75
$f(t) = \sin t + 2\cos t$를 라플라스 변환하면?

① $\dfrac{2s}{s^2+1}$ ② $\dfrac{2s+1}{(s+1)^2}$ ③ $\dfrac{2s+1}{s^2+1}$ ④ $\dfrac{2s}{(s+1)^2}$

풀이 라플라스 변환의 선형성 정리에 의해서
$F(s) = \mathcal{L}[f(t)] = \mathcal{L}[\sin t] + \mathcal{L}[2\cos t] = \dfrac{1}{s^2+1} + \dfrac{2s}{s^2+1} = \dfrac{2s+1}{s^2+1}$

답 ③

76
어떤 회로에 흐르는 전류가 $i(t) = 7 + 14.1\sin\omega t[A]$인 경우 실효값은 약 몇 [A]인가?

① 11.2 ② 12.2 ③ 13.2 ④ 14.2

풀이 비정현파의 실효값
$I = \sqrt{I_0^2 + I_1^2 + I_2^2 + \cdots + I_n^2}$ 에서
$I = \sqrt{7^2 + (\dfrac{14.1}{\sqrt{2}})^2} = 12.2[A]$

답 ②

77
어떤 전지에 연결된 외부 회로의 저항은 $5[\Omega]$이고 전류는 8[A]가 흐른다. 외부 회로에 $5[\Omega]$ 대신 $15[\Omega]$의 저항을 접속하면 전류는 4[A]로 떨어진다. 이 전지의 내부 기전력은 몇 [V]인가?

① 15 ② 20 ③ 50 ④ 80

풀이 외부 회로의 저항을 R, 전지의 내부저항을 r이라고 하면,
내부 기전력 $E = rI + RI$
- 외부 회로의 저항은 $5[\Omega]$, 전류는 8[A]인 경우
  $E = rI + RI = r \times 8 + 5 \times 8 = 8r + 40$
- 외부 회로의 저항은 $15[\Omega]$, 전류는 4[A]인 경우인
  $E = r \times 4 + 15 \times 4 = 4r + 60$
- 전지의 내부 기전력 E와 내부저항 r은 일정하므로,
  $8r + 40 = 4r + 60$
  $4r = 20 \rightarrow r = 5[\Omega]$
  $\therefore E = 8r + 40 = 8 \times 5 + 40 = 80[V]$

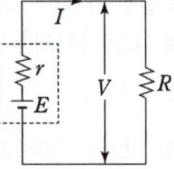

답 ④

78
파형률과 파고율이 모두 1인 파형은?

① 고조파 ② 삼각파 ③ 구형파 ④ 사인파

풀이

	구형파	3각파	정현파	정류파(전파)	정류파(반파)
파형률	1.0	1.15	1.11	1.11	1.57
파고율	1.0	1.732	1.414	1.414	2.0

답 ③

79 회로의 4단자 정수로 틀린 것은?

① $A = 2$
② $B = 12$
③ $C = \dfrac{1}{4}$
④ $D = 6$

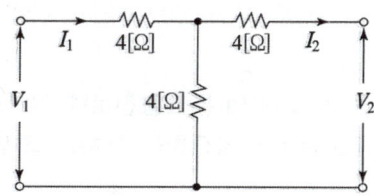

풀이
$$\begin{bmatrix} A & B \\ C & D \end{bmatrix} = \begin{bmatrix} 1 & 4 \\ 0 & 1 \end{bmatrix} \begin{bmatrix} 1 & 0 \\ \frac{1}{4} & 1 \end{bmatrix} \begin{bmatrix} 1 & 4 \\ 0 & 1 \end{bmatrix} = \begin{bmatrix} 2 & 4 \\ \frac{1}{4} & 1 \end{bmatrix} \begin{bmatrix} 1 & 4 \\ 0 & 1 \end{bmatrix} = \begin{bmatrix} 2 & 12 \\ \frac{1}{4} & 2 \end{bmatrix}$$

답 ④

80 그림과 같은 4단자 회로망에서 출력 측을 개방하니 $V_1 = 12$[V], $I_1 = 2$[A], $V_2 = 4$[V]이고, 출력 측을 단락하니 $V_1 = 16$[V], $I_1 = 4$[A], $I_2 = 2$[A]이었다. 4단자 정수 A, B, C, D는 얼마인가?

① $A = 2$, $B = 3$, $C = 8$, $D = 0.5$
② $A = 0.5$, $B = 2$, $C = 3$, $D = 8$
③ $A = 8$, $B = 0.5$, $C = 2$, $D = 3$
④ $A = 3$, $B = 8$, $C = 0.5$, $D = 2$

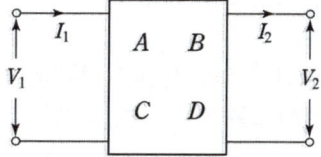

풀이 4단자 정수
$$A = \left.\dfrac{V_1}{V_2}\right|_{I_2=0} = \dfrac{12}{4} = 3, \quad B = \left.\dfrac{V_1}{I_2}\right|_{V_2=0} = \dfrac{16}{2} = 8$$
$$C = \left.\dfrac{I_1}{V_2}\right|_{I_2=0} = \dfrac{2}{4} = 0.5, \quad D = \left.\dfrac{I_1}{I_2}\right|_{V_2=0} = \dfrac{4}{2} = 2$$

답 ④

5과목 전기설비기술기준

81 가공전선로의 지지물에 지선을 시설하려는 경우 이 지선의 최저 기준으로 옳은 것은?

① 허용인장하중 : 2.11[kN], 소선지름 : 2.0[mm], 안전율 : 3.0
② 허용인장하중 : 3.21[kN], 소선지름 : 2.6[mm], 안전율 : 1.5
③ 허용인장하중 : 4.31[kN], 소선지름 : 1.6[mm], 안전율 : 2.0
④ 허용인장하중 : 4.31[kN], 소선지름 : 2.6[mm], 안전율 : 2.5

[풀이] 331.11 지선의 시설
가공전선로의 지지물에 시설하는 지선은 다음에 따라야 한다.
가. 지선의 안전율은 2.5 이상일 것. 이 경우에 허용 인장하중의 최저는 4.31[kN]으로 한다.
나. 지선에 연선을 사용할 경우에는 다음에 의할 것.
① 소선 3가닥 이상의 연선일 것.
② 소선의 지름이 2.6[mm] 이상의 금속선을 사용한 것일 것.
다. 지중부분 및 지표상 0.3[m]까지의 부분에는 내식성이 있는 것 또는 아연도금을 한 철봉을 사용하고 쉽게 부식되지 않는 근가에 견고하게 붙일 것.
라. 도로를 횡단하여 시설하는 지선의 높이는 지표상 5[m] 이상으로 하여야 한다. 답 ④

82 변압기에 의하여 특고압전로에 결합되는 고압전로에는 사용전압의 몇 배 이하인 전압이 가하여진 경우에 방전하는 장치를 그 변압기의 단자에 가까운 1극에 설치하여야 하는가?
① 3 ② 4 ③ 5 ④ 6

[풀이] 322.3 특고압과 고압의 혼촉 등에 의한 위험방지 시설
변압기에 의하여 특고압전로에 결합되는 고압전로에는 사용전압의 3배 이하인 전압이 가하여진 경우에 방전하는 장치를 그 변압기의 단자에 가까운 1극에 설치하여야 한다. 답 ①

83 수상전선로의 시설기준으로 옳은 것은?
① 사용전압이 고압인 경우에는 클로로프렌 캡타이어 케이블을 사용한다.
② 수상전선로에 사용하는 부대(浮臺)는 쇠사슬 등으로 견고하게 연결한다.
③ 고압 수상전선로에 지락이 생길 때를 대비하여 전로를 수동으로 차단하는 장치를 시설한다.
④ 수상전선로의 전선은 부대의 아래에 지지하여 시설하고 또한 그 절연피복을 손상하지 아니하도록 시설한다.

[풀이] 335.3 수상전선로의 시설
수상전선로를 시설하는 경우에는 그 사용전압은 저압 또는 고압인 것에 한 한다.
가. 전선
① 저압 : 클로로프렌 캡타이어 케이블
② 고압 : 캡타이어 케이블
나. 수상전선로의 전선과 가공전선로 접속점의 높이
① 접속점이 육상에 있는 경우 : 지표상 5[m] 이상.
다만, 저압인 경우에 도로상 이외의 곳에 있을 때에는 지표상 4[m]
② 접속점이 수면상에 있는 경우 : 저압 4[m] 이상, 고압 5[m] 이상
다. 수상전선로의 사용전압이 고압인 경우에는 전로에 지락이 생겼을 때에 자동적으로 전로를 차단하기 위한 장치를 시설하여야 한다.
라. 수상전선로에 사용하는 부대(浮臺)는 쇠사슬 등으로 견고하게 연결한 것일 것.
마. 수상전선로의 전선은 부대의 위에 지지하여 시설하고 또한 그 절연피복을 손상하지 아니하도록 시설할 것. 답 ②

84 특고압 가공전선이 가공약전류 전선 등 저압 또는 고압의 가공전선이나 저압 또는 고압의 전차선과 제1차 접근상태로 시설되는 경우 60[kV] 이하 가공전선과 저고압 가공전선 등 또는 이들의 지지물이나 지주 사이의 이격거리는 몇 [m] 이상인가?
① 1.2 ② 2 ③ 2.6 ④ 3.2

풀이 333.26 특고압 가공전선과 저고압 가공전선 등의 접근 또는 교차
특고압 가공전선이 가공약전류전선 등 저압 또는 고압의 가공전선이나 저압 또는 고압의 전차선(이하에서 "저고압 가공전선 등"이라 한다)과 제1차 접근상태로 시설되는 경우
가. 특고압 가공전선로는 제3종 특고압 보안공사에 의할 것.
나. 특고압 가공전선과 저고압 가공 전선 등 또는 이들의 지지물이나 지주 사이의 이격거리는 표에서 정한 값 이상일 것.

사용전압의 구분	이격거리
60[kV] 이하	2[m]
60[kV] 초과	• 이격거리 = 2 + 단수 × 0.12[m] • 단수 = $\frac{\text{사용전압[kV]}-60}{10}$ … 단수 계산에서 소수점 이하는 절상

답 ②

85
가공전선로의 지지물에는 취급자가 오르고 내리는데 사용하는 발판 볼트 등은 특별한 경우를 제외하고 지표상 몇 [m] 미만에는 시설하지 않아야 하는가?

① 1.5 ② 1.8 ③ 2.0 ④ 2.2

풀이 331.4 가공전선로 지지물의 철탑오름 및 전주오름 방지
가공전선로의 지지물에 취급자가 오르고 내리는데 사용하는 발판 볼트 등을 지표상 1.8[m] 미만에 시설하여서는 아니 된다.

답 ②

86
옥내 고압용 이동전선의 시설기준에 적합하지 않은 것은?
① 전선은 고압용의 캡타이어케이블을 사용하였다.
② 전로에 지락이 생겼을 때에 자동적으로 전로를 차단하는 장치를 시설하였다.
③ 이동전선과 전기사용기계기구와는 볼트 조임 기타의 방법에 의하여 견고하게 접속하였다.
④ 이동전선에 전기를 공급하는 전로의 중성극에 전용 개폐기 및 과전류 차단기를 시설하였다.

풀이 342.2 옥내 고압용 이동전선의 시설
옥내에 시설하는 고압의 이동전선은 다음에 따라 시설하여야 한다.
가. 전선은 고압용의 캡타이어케이블일 것.
나. 이동전선에 전기를 공급하는 전로에는 전용 개폐기 및 과전류 차단기를 각극(과전류 차단기는 다선식 전로의 중성극을 제외한다)에 시설하고, 또한 전로에 지락이 생겼을 때에 자동적으로 전로를 차단하는 장치를 시설할 것.

답 ④

87
특고압 가공전선과 가공약전류 전선 사이에 보호망을 시설하는 경우 보호망을 구성하는 금속선 상호 간의 간격은 가로 및 세로를 각각 몇 [m] 이하로 시설하여야 하는가?

① 0.75 ② 1.0 ③ 1.25 ④ 1.5

풀이 333.26 특고압 가공전선과 저고압 가공전선 등의 접근 또는 교차
보호망은 규정에 준하여 접지공사를 한 금속제의 망상장치로 하고 또한 다음에 따라 시설하여야 한다.

가. 보호망을 구성하는 금속선은 그 외주 및 특고압 가공전선의 바로 아래에 시설하는 금속선에 인장강도 8.01[kN] 이상의 것 또는 지름 5[mm] 이상의 경동선을 사용하고 기타 부분에 시설하는 금속선에 인장강도 3.64[kN] 이상 또는 지름 4[mm] 이상의 아연도철선을 사용할 것.
나. 보호망을 구성하는 금속선 상호 간의 간격은 가로세로 각 1.5[m] 이하일 것.
다. 보호망과 저고압 가공전선 등과의 수직 이격거리는 60[cm] 이상일 것.

답 ④

88 교통신호등의 시설기준에 관한 내용으로 틀린 것은?

① 제어장치의 금속제 외함에 접지공사를 한다.
② 교통신호등 회로의 사용전압은 300[V] 이하로 한다.
③ 교통신호등 회로의 인하선은 지표상 2[m] 이상으로 시설한다.
④ LED를 광원으로 사용하는 교통신호등의 설치는 KS C 7528 "LED 교통신호등"에 적합한 것을 사용한다.

풀이 234.15.4 교통신호등의 인하선
교통신호등의 전구에 접속하는 인하선은 다음에 의하여 시설하여야 한다.
가. 전선의 지표상의 높이는 2.5[m] 이상일 것. 다만, 전선을 금속관공사 또는 케이블공사에 의하여 시설하는 경우에는 그러하지 아니하다.
나. 전선을 애자공사에 의하여 시설하는 경우에는 전선을 적당한 간격마다 묶을 것.

답 ③

89 사람이 상시 통행하는 터널 안 배선의 시설기준으로 틀린 것은?

① 사용전압은 저압에 한한다.
② 전로에는 터널의 입구에 가까운 곳에 전용 개폐기를 시설한다.
③ 애자사용 공사에 의하여 시설하고 이를 노면상 2[m] 이상의 높이에 시설한다.
④ 공칭단면적 2.5[mm^2] 연동선과 동등 이상의 세기 및 굵기의 절연전선을 사용한다.

풀이 242.7.1 사람이 상시 통행하는 터널 안의 배선의 시설
사람이 상시 통행하는 터널 안의 배선(전기기계기구 안의 배선, 관등회로의 배선 및 소세력 회로의 전선을 제외한다.)은 그 사용전압이 저압의 것에 한하고 또한 다음에 따라 시설하여야 한다.
가. 합성수지관공사, 금속관공사, 금속제가요전선관 공사, 케이블공사 및 애자공사에 의할 것
나. 전선은 공칭단면적 2.5[mm^2]의 연동선과 동등 이상의 세기 및 굵기의 절연전선(옥외용 비닐절연전선 및 인입용 비닐절연전선을 제외한다)을 사용하여 애자공사에 의하여 시설하고 또한 이를 노면상 2.5[m] 이상의 높이로 할 것.
다. 전로에는 터널의 입구에 가까운 곳에 전용 개폐기를 시설할 것.

답 ③

90 고압 가공전선이 교류 전차선과 교차하는 경우, 고압 가공전선으로 케이블을 사용하는 경우 이외에는 단면적 몇 [mm^2] 이상의 경동연선(교류 전차선 등과 교차하는 부분을 포함하는 경간에 접속점이 없는 것에 한한다.)을 사용하여야 하는가?

① 14
② 22
③ 30
④ 38

풀이 332.15 고압 가공전선과 교류전차선 등의 접근 또는 교차
저압 가공전선 또는 고압 가공전선이 교류 전차선 등과 교차하는 경우에 저압 가공전선 또는 고압 가공전선이 교류 전차선 등의 위에 시설되는 때에는 다음에 따라야 한다.
가. 저압 가공전선에는 케이블을 사용하고 또한 이를 단면적 35[mm^2] 이상인 아연도강 연선으로서 인장강

도 19.61[kN] 이상인 것(교류 전차선 등과 교차하는 부분을 포함하는 경간에 접속점이 없는 것에 한한다)으로 조가하여 시설할 것.
나. 고압 가공전선은 케이블인 경우 이외에는 인장강도 14.51[kN] 이상의 것 또는 **단면적 38[mm^2] 이상의 경동연선**(교류 전차선 등과 교차하는 부분을 포함하는 경간에 접속점이 없는 것에 한한다)일 것.
다. 고압 가공전선이 케이블인 경우에는 이를 단면적 38[mm^2] 이상인 아연도강연선으로서 인장강도 19.61[kN] 이상인 것(교류 전차선 등과 교차하는 부분을 포함하는 경간에 접속점이 없는 것에 한한다)으로 조가하여 시설할 것.

답 ④

91 1차측 3300[V], 2차측 220[V]인 변압기 전로의 절연내력 시험전압은 각각 몇 [V]에서 10분간 견디어야 하는가?

① 1차측 4950[V], 2차측 500[V]
② 1차측 4500[V], 2차측 400[V]
③ 1차측 4125[V], 2차측 500[V]
④ 1차측 3300[V], 2차측 400[V]

풀이 135 변압기 전로의 절연내력

권선의 종류 (최대사용전압)	접지방식	시험전압 (최대 사용전압의 배수)	최저 시험전압
1. 7[kV] 이하		1.5배	500[V]
	다중접지	0.92배	500[V]
2. 7[kV] 초과 25[kV] 이하	다중접지	0.92배	
3. 7[kV] 초과 60[kV] 이하(2란의 것 제외)		1.25배	10.5[kV]
4. 60[kV] 초과	비접지	1.25배	
5. 60[kV] 초과(6란의 것 제외)	접지식	1.1배	75 [kV]
6. 60[kV] 초과	직접접지	0.72배	
7. 170[kV] 초과	직접접지	0.64배	

• 1차측 시험전압 = 3300×1.5 = 4950[V]
• 2차측 시험전압 = 220×1.5 = 330[V]
그러나 **최저시험전압이 500[V]**이므로 2차측 시험전압은 500[V]가 되어야 한다.

답 ①

92 저압 가공전선과 고압 가공전선을 동일 지지물에 시설하는 경우 이격거리는 몇 [cm] 이상이어야 하는가? (단, 각도주(角度柱)·분기주(分岐柱) 등에서 혼촉(混觸)의 우려가 없도록 시설하는 경우는 제외한다.)

① 50
② 60
③ 70
④ 80

풀이 332.8 고압 가공전선 등의 병행설치
저압 가공전선(다중접지된 중성선은 제외한다. 이하 같다)과 고압 가공전선을 동일 지지물에 시설하는 경우에는 다음에 따라야 한다.
가. 저압 가공전선을 고압 가공전선의 아래로 하고 별개의 완금류에 시설할 것.
나. **저압 가공전선과 고압 가공전선 사이의 이격거리는 0.5[m] 이상**일 것.
다. 다음의 어느 하나에 해당하는 경우에는 "가" 및 "나"에 의하지 아니할 수 있다.
 ① 고압 가공전선에 케이블을 사용하고, 또한 그 케이블과 저압 가공전선 사이의 이격거리를 0.3[m] 이상으로 하여 시설하는 경우
 ② 저압 가공인입선을 분기하기 위하여 저압 가공전선을 고압용의 완금류에 견고하게 시설하는 경우

답 ①

93 중성선 다중접지식의 것으로서 전로에 지락이 생겼을 때 2초 이내에 자동적으로 이를 전로로부터 차단하는 장치가 되어 있는 22.9[kV] 특고압 가공전선이 다른 특고압 가공전선과 접근하는 경우 이격거리는 몇 [m] 이상으로 하여야 하는가? (단, 양쪽이 나전선인 경우이다.)

① 0.5
② 1.0
③ 1.5
④ 2.0

풀이 333.32 25[kV] 이하인 특고압 가공전선로의 시설
사용전압이 15[kV]를 초과하고 25[kV] 이하인 특고압 가공전선로(중성선 다중접지식의 것으로서 전로에 지락이 생겼을 때에 2초 이내에 자동적으로 이를 전로로부터 차단하는 장치가 되어 있는 것에 한한다.)가 상호 간 접근 또는 교차하는 경우 이격거리

사용전선의 종류	이격거리
어느 한쪽 또는 양쪽이 나전선인 경우	1.5[m]
양쪽이 특고압 절연전선인 경우	1.0[m]
한쪽이 케이블이고 다른 한쪽이 케이블이거나 특고압 절연전선인 경우	0.5[m]

답 ③

94 고압 또는 특고압 가공전선과 금속제의 울타리가 교차하는 경우 교차점과 좌, 우로 몇 [m] 이내의 개소에 규정에 의한 접지공사를 하여야 하는가? (단, 전선에 케이블을 사용하는 경우는 제외한다.)

① 25
② 35
③ 45
④ 55

풀이 351.1 발전소 등의 울타리 · 담 등의 시설
고압 또는 특고압 가공전선(전선에 케이블을 사용하는 경우는 제외함)과 금속제의 울타리 · 담 등이 교차하는 경우에 금속제의 울타리 · 담 등에는 교차점과 좌, 우로 45[m] 이내의 개소에 규정에 의한 접지공사를 하여야 한다.
또한 울타리 · 담 등에 문 등이 있는 경우에는 접지공사를 하거나 울타리 · 담 등과 전기적으로 접속하여야 한다. 다만, 토지의 상황에 의하여 규정에 의한 접지저항 값을 얻기 어려울 경우에는 100[Ω] 이하로 하고 또한 고압 가공전선로는 고압보안공사, 특고압 가공전선로는 제2종 특고압 보안공사에 의하여 시설할 수 있다.

답 ③

95 의료장소 중 그룹 1 및 그룹 2의 의료 IT 계통에 시설되는 전기설비의 시설기준으로 틀린 것은?

① 의료용 절연변압기의 정격출력은 10[kVA] 이하로 한다.
② 의료용 절연변압기의 2차측 정격전압은 교류 250[V] 이하로 한다.
③ 전원측에 강화절연을 한 의료용 절연변압기를 설치하고 그 2차측 전로는 접지한다.
④ 절연감시장치를 설치하여 절연저항이 50[kΩ]까지 감소하면 표시설비 및 음향설비로 경보를 발하도록 한다.

풀이 242.10.3 의료장소의 안전을 위한 보호 설비
그룹 1 및 그룹 2의 의료 IT 계통은 다음과 같이 시설할 것.
가. 전원측에 따라 이중 또는 강화절연을 한 비단락보증 절연변압기를 설치하고 그 2차측 전로는 접지하지 말 것.

나. 비단락보증 절연변압기의 2차측 정격전압은 교류 250[V] 이하로 하며 공급방식 및 정격출력은 단상 2선식, 10[kVA] 이하로 할 것.
다. 비단락보증 절연변압기의 과부하 및 온도를 지속적으로 감시하는 장치를 적절한 장소에 설치할 것.
라. 의료 IT 계통의 절연상태를 지속적으로 계측, 감시하는 장치를 다음과 같이 설치할 것.
　(1) 절연 감시장치를 설치하여 절연저항이 50[kΩ]까지 감소하면 표시설비 및 음향설비로 경보를 발하도록 할 것.
　(2) 표시설비 및 음향설비를 적절한 장소에 배치하여 의료진에 의하여 지속적으로 감시될 수 있도록 할 것.
　(3) 수술실 등의 내부에 설치되는 음향설비가 의료행위에 지장을 줄 우려가 있는 경우에는 기능을 정지시킬 수 있는 구조일 것.
마. 의료 IT 계통의 분전반은 의료장소의 내부 혹은 가까운 외부에 설치할 것.　　　답 ③

96 전력 보안통신 설비인 무선통신용 안테나를 지지하는 목주의 풍압하중에 대한 안전율은 얼마 이상으로 해야 하는가?

① 0.5　　　　　　　　　　② 0.9
③ 1.2　　　　　　　　　　④ 1.5

풀이　364.1 무선용 안테나 등을 지지하는 철탑 등의 시설
전력보안통신설비인 무선통신용 안테나 또는 반사판 을 지지하는 목주·철주·철근 콘크리트주 또는 철탑은 다음에 따라 시설하여야 한다. 다만, 무선용 안테나 등이 전선로의 주위상태를 감시할 목적으로 시설되는 것일 경우에는 그러하지 아니하다.
가. 목주는 풍압하중에 대한 안전율은 1.5 이상이어야 한다.
나. 철주·철근 콘크리트주 또는 철탑의 기초 안전율은 1.5 이상이어야 한다.　　　답 ④

출제기준 변경 및 개정된 관계 법규에 따라 삭제된 문제가 있어 20문항이 안됩니다.

2020년 3회

20년간 전기산업기사필기

▶ 동일출판사 홈페이지에서 무료 동영상강의를 보실 수 있습니다.

1과목　전기자기

01 표의 ㉠, ㉡과 같은 단위로 옳게 나열한 것은?

㉠	Ω · s
㉡	s/Ω

① ㉠ H, ㉡ F
② ㉠ H/m, ㉡ F/m
③ ㉠ F, ㉡ H
④ ㉠ F/m, ㉡ H/m

풀이

㉠ $v = L\dfrac{di}{dt}$ 관계식에서

$L = \dfrac{dt}{di}v\,[\text{H}] = \left[\dfrac{\sec \cdot \text{V}}{\text{A}}\right] = \left[\sec \cdot \dfrac{\text{V}}{\text{A}}\right] = [\sec \cdot \Omega]$

㉡ $v = \dfrac{1}{C}\int i\,dt$ 관계식에서

$C = \dfrac{1}{v}\int i\,dt\,[\text{F}] = \left[\dfrac{\text{A} \cdot \sec}{\text{V}}\right] = \left[\sec \cdot \dfrac{\text{A}}{\text{V}}\right] = [\sec / \Omega]$

답 ①

02 진공 중에 판간 거리가 $d\,[\text{m}]$인 무한 평판 도체 간의 전위차[V]는? (단, 각 평판 도체에는 면 전하밀도 $+\sigma[\text{C/m}^2]$, $-\sigma[\text{C/m}^2]$가 각각 분포되어 있다.)

① σd
② $\dfrac{\sigma}{\epsilon_0}$
③ $\dfrac{\epsilon_0 \sigma}{d}$
④ $\dfrac{\sigma d}{\epsilon_0}$

풀이 전하밀도 $\sigma[\text{C/m}^2]$에서 나오는 전기력선 밀도는 $\dfrac{\sigma}{\epsilon_0}[\text{개/m}^2] = \dfrac{\sigma}{\epsilon_0}[\text{V/m}]$ (전계의 세기 E)이므로

따라서 전위차 $V = Ed = \dfrac{\sigma d}{\epsilon_0}[\text{V}]$

답 ④

03 자기 인덕턴스의 성질을 설명한 것으로 옳은 것은?
① 경우에 따라 정(+) 또는 부(-)의 값을 갖는다.
② 항상 정(+)의 값을 갖는다.
③ 항상 부(-)의 값을 갖는다.
④ 항상 0이다.

풀이　① 자기 인덕턴스
　　• 자신의 회로에 단위 전류가 흐를 때의 자속 쇄교수
　　• 항상 정(+)의 값

② 상호 인덕턴스
- 근접한 두 회로 상호 간의 인덕턴스
- 두 코일에 흐르는 전류가 만드는 자속이 같은 방향이면 정(+)의 값
- 두 코일에 흐르는 전류가 만드는 자속이 반대 방향이면 부(-)의 값

답 ②

04 어떤 자성체 내에서의 자계의 세기가 800[AT/m]이고 자속밀도가 0.05[Wb/m^2]일 때 이 자성체의 투자율은 몇 [H/m]인가?

① 3.25×10^{-5}
② 4.25×10^{-5}
③ 5.25×10^{-5}
④ 6.25×10^{-5}

풀이 $B = \mu H$에서 $\mu = \dfrac{B}{H} = \dfrac{0.05}{800} = 6.25 \times 10^{-5}$ [H/m]

답 ④

05 자기회로에 대한 설명 중 틀린 것은? (단, S는 자기회로의 단면적이다.)

① 자기저항의 단위는 H(Henry)의 역수이다.
② 자기저항의 역수를 퍼미언스(permeance)라고 한다.
③ "자기저항 = (자기회로의 단면을 통과하는 자속) / (자기회로의 총 기자력)"이다.
④ 자속밀도 B가 모든 단면에 걸쳐 균일하다면 자기회로의 자속은 BS이다.

풀이 ① 인덕턴스 $L = \dfrac{\mu S N^2}{l}$에서 자기저항 $R_m = \dfrac{l}{\mu S}$이므로 $L = \dfrac{\mu S N^2}{l} = \dfrac{N^2}{R_m}$(권수 N은 무차원)이다.

따라서 자기저항 $R_m = \dfrac{N^2}{L}$ [1/H]이므로 자기저항의 단위는 H(Henry)의 역수이다.

② 자기저항 $R_m = \dfrac{l}{\mu S}$ [AT/Wb]이 되고, 자기저항의 역수를 퍼미언스라고 한다.

퍼미언스는 전기저항의 역수인 컨덕턴스 G에 대응된다.

③ $NI = \phi R_m$에서 자기저항 $R_m = \dfrac{NI}{\phi}$ [AT/Wb]

"자기저항 = (자기회로의 총 기자력) / (자기회로의 단면을 통과하는 자속)" 이 된다.

④ $\phi = BS$ [Wb]

답 ③

06 비유전율이 2.8인 유전체에서의 전속밀도가 $D = 3.0 \times 10^{-7}$ [C/m^2]일 때 분극의 세기 P는 약 몇 [C/m^2]인가?

① 1.93×10^{-7}
② 2.93×10^{-7}
③ 3.50×10^{-7}
④ 4.07×10^{-7}

풀이 분극의 세기 $P = D - \epsilon_0 E$ (단, $E = \dfrac{D}{\epsilon} = \dfrac{D}{\epsilon_0 \epsilon_r}$)

$= D - \epsilon_0 \left(\dfrac{D}{\epsilon_0 \epsilon_r}\right) = D - \dfrac{D}{\epsilon_r} = \left(1 - \dfrac{1}{\epsilon_r}\right) D$

$\therefore P = \left(1 - \dfrac{1}{2.8}\right) \times 3 \times 10^{-7} = 1.93 \times 10^{-7}$ [C/m^2]

답 ①

07 전계의 세기가 5×10^2[V/m]인 전계 중에 8×10^{-8}[C]의 전하가 놓일 때 전하가 받는 힘은 몇 [N]인가?

① 4×10^{-2} ② 4×10^{-3} ③ 4×10^{-4} ④ 4×10^{-5}

풀이 전하에 작용하는 힘 $F=Eq=5\times10^2\times8\times10^{-8}=4\times10^{-5}$[N]   **답** ④

08 지름 2[mm]의 동선에 π[A]의 전류가 균일하게 흐를 때 전류밀도는 몇 [A/m²]인가?

① 10^3 ② 10^4 ③ 10^5 ④ 10^6

풀이 반지름은 1[mm]=1×10^{-3}[m] 이므로

$$\therefore \text{전류밀도 } J=\frac{I}{S}=\frac{I}{\pi r^2}=\frac{\pi}{\pi\times(1\times10^{-3})^2}=10^6[\text{A/m}^2]$$

답 ④

09 반지름이 a[m]인 도체구에 전하 Q[C]을 주었을 때, 구 중심에서 r[m] 떨어진 구외부 $(r>a)$의 한 점에서의 전속밀도 D[C/m²]는?

① $\dfrac{Q}{4\pi a^2}$ ② $\dfrac{Q}{4\pi r^2}$ ③ $\dfrac{Q}{4\pi\epsilon a^2}$ ④ $\dfrac{Q}{4\pi\epsilon r^2}$

풀이 거리를 r[m], 구의 반지름을 a[m]라 할 때, 전속밀도 D[C/m²]는

① 구체 외부$(r>a)$ $D=\dfrac{Q}{4\pi r^2}$[C/m²]

② 구체 표면$(r=a)$ $D=\dfrac{Q}{4\pi a^2}$[C/m²]

③ 구체 내부$(r<a)$ $D=\dfrac{rQ}{4\pi a^3}$[C/m²]   **답** ②

10 2[Wb/m²]인 평등 자계 속에 길이가 30[cm]인 도선이 자계와 직각 방향으로 놓여있다. 이 도선이 자계와 30°의 방향으로 30[m/s]의 속도로 이동할 때, 도체 양단에 유기되는 기전력 [V]의 크기는?

① 3   ② 9   ③ 30   ④ 90

풀이 유기기전력 $e=Blv\sin\theta=2\times0.3\times30\times\sin30°=9$[V]   **답** ②

11 공기 중에 있는 무한직선 도체에 전류 I[A]가 흐르고 있을 때 도체에서 r[m] 떨어진 점에서의 자속밀도는 몇 [Wb/m²]인가?

① $\dfrac{I}{2\pi r}$ ② $\dfrac{2\mu_0 I}{\pi r}$ ③ $\dfrac{\mu_0 I}{r}$ ④ $\dfrac{\mu_0 I}{2\pi r}$

풀이 무한직선 전류에 의한 자계 $H=\dfrac{I}{2\pi r}$[AT/m]이므로

자속밀도 $B=\mu_0 H=\dfrac{\mu_0 I}{2\pi r}$[Wb/m²]   **답** ④

12 무한 평면 도체로부터 d[m]인 곳에 점전하 Q[C]가 있을 때 도체 표면상에 최대로 유도되는 전하밀도는 몇 [C/m²]인가?

① $-\dfrac{Q}{2\pi d^2}$ ② $-\dfrac{Q}{2\pi \epsilon_0 d^2}$

③ $-\dfrac{Q}{4\pi d^2}$ ④ $-\dfrac{Q}{4\pi \epsilon_0 d^2}$

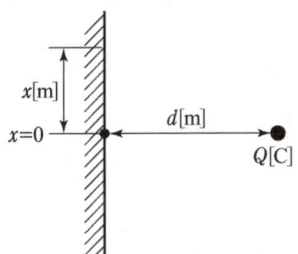

풀이 무한 평면도체상의 기준 원점으로부터 거리 d[m]인 곳에 있는 점전하 Q[C]에 의해 유도되는 전하밀도 σ는

$$\sigma = -D = -\epsilon_0 E = -\dfrac{Q \cdot d}{2\pi(a^2+x^2)^{3/2}}\,[\text{C/m}^2]$$

이다.
$x = 0$일 때 최대, $x = \infty$일 때 최소가 되므로

- 최대전하밀도 $\sigma_{\max} = [\sigma]_{x=0} = -\dfrac{Q}{2\pi d^2}\,[\text{C/m}^2]$
- 최소전하밀도 $\sigma_{\min} = [\sigma]_{x=\infty} = 0\,[\text{C/m}^2]$

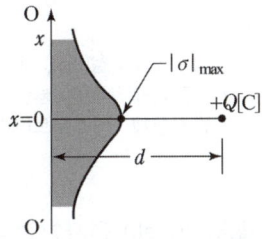

답 ①

13 선간전압이 66000[V]인 2개의 평행 왕복 도선에 10[kA]의 전류가 흐르고 있을 때 도선 1[m] 마다 작용하는 힘의 크기는 몇 [N/m]인가? (단, 도선 간의 간격은 1[m]이다.)

① 1 ② 10 ③ 20 ④ 200

풀이 평행 왕복 도선에 같은 크기의 전류($I_1 = I_2$)가 흐르고 있으므로

$$\therefore \text{힘의 크기 } F = \dfrac{\mu_0 I_1 I_2}{2\pi r} = \dfrac{2 I_1 I_2}{r} \times 10^{-7} = \dfrac{2 \times (10 \times 10^3)^2}{1} \times 10^{-7} = 20\,[\text{N/m}]$$

답 ③

14 무손실 유전체에서 평면 전자파의 전계 E와 자계 H 사이 관계식으로 옳은 것은?

① $H = \sqrt{\dfrac{\epsilon}{\mu}}\, E$ ② $H = \sqrt{\dfrac{\mu}{\epsilon}}\, E$ ③ $H = \dfrac{\epsilon}{\mu} E$ ④ $H = \dfrac{\mu}{\epsilon} E$

풀이 $\dfrac{E}{H} = \sqrt{\dfrac{\mu}{\epsilon}}$ 이므로, $H = \sqrt{\dfrac{\epsilon}{\mu}}\, E$ 이다.

답 ①

15 대전 도체 표면의 전하밀도는 도체 표면의 모양에 따라 어떻게 되는가?

① 곡률이 작으면 작아진다. ② 곡률 반지름이 크면 커진다.
③ 평면일 때 가장 크다. ④ 곡률 반지름이 작으면 작다.

풀이 도체 표면에서의 전하밀도는 곡률이 작을수록 작다.
즉 곡률 반지름이 클수록 작다. (곡률 반경 $\propto \dfrac{1}{\text{곡률}}$)

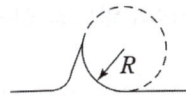

답 ①

16 1[Ah]의 전기량은 몇 [C]인가?

① $\frac{1}{3600}$　　② 1　　③ 60　　④ 3600

풀이 전류(I)는 도체의 단면을 단위 시간 t[sec]에 흐르는 전기량 Q[C]이므로,
$Q = I \cdot t = 1 \times 60 \times 60 = 3600$[C]　　**답** ④

17 강자성체가 아닌 것은?

① 철　　② 구리　　③ 니켈　　④ 코발트

풀이
- 강자성체 : 철(Fe), 니켈(Ni), 코발트(Co)
- 상자성체 : 알루미늄(Al), 망간(Mn), 백금(Pt), 텅스텐(W), 주석(Sn), 산소(O_2), 질소(N_2)
- 반자성체 : 비스무트(Bi), 구리(Cu), 탄소(C), 규소(Si), 은(Ag), 납(Pb)　　**답** ②

18 맥스웰(Maxwell) 전자방정식의 물리적 의미 중 틀린 것은?

① 자계의 시간적 변화에 따라 전계의 회전이 발생한다.
② 전도전류와 변위전류는 자계를 발생시킨다.
③ 고립된 자극이 존재한다.
④ 전하에서 전속선이 발산한다.

풀이 맥스웰 전자방정식
$$\oint_S \boldsymbol{B} \cdot d\boldsymbol{S} = 0$$
폐곡면을 통해 나오는 자속은 0이다.(고립 자하[단독 자극]는 존재하지 않기 때문)　　**답** ③

19 2[μF], 3[μF], 4[μF]의 커패시터를 직렬로 연결하고 양단에 가한 전압을 서서히 상승시킬 때의 현상으로 옳은 것은? (단, 유전체의 재질 및 두께는 같다고 한다.)

① 2[μF]의 커패시터가 제일 먼저 파괴된다.
② 3[μF]의 커패시터가 제일 먼저 파괴된다.
③ 4[μF]의 커패시터가 제일 먼저 파괴된다.
④ 3개의 커패시터가 동시에 파괴된다.

풀이 콘덴서 직렬 연결시 $Q_1 = Q_2 = Q_3 = Q$이므로
$C_1 V_1 = C_2 V_2 = C_3 V_3 = Q$
$\therefore V_1 = \frac{Q}{C_1},\ V_2 = \frac{Q}{C_2},\ V_3 = \frac{Q}{C_3}$
따라서, 내압이 같은 경우 각 콘덴서 양단간에 걸리는 전압(V)은 정전용량(C)에 반비례하므로 정전용량이 제일 작은 2[μF]의 콘덴서가 제일 먼저 파괴된다.　　**답** ①

20 패러데이관의 밀도와 전속밀도는 어떠한 관계인가?

① 동일하다.　　② 패러데이관의 밀도가 항상 높다.
③ 전속밀도가 항상 높다.　　④ 항상 틀리다.

> **풀이** 패러데이관 : 단위전하에서 나오는 전속선의 관을 의미한다.
> - 패러데이관 내의 전속선 수는 일정하다.
> - 진전하가 없는 점에서는 패러데이관은 연속적이다.
> - 패러데이관 양단에 정·부의 단위 전하가 있다.
> - 패러데이관의 밀도는 전속밀도와 같다.
>
> **답** ①

2과목 전력공학

21 수전용 변전설비의 1차측에 설치하는 차단기의 용량은 어느 것에 의하여 정하는가?
① 수전전력과 부하율
② 수전계약용량
③ 공급측 전원의 단락용량
④ 부하설비용량

> **풀이** 차단기 차단용량은 그 점에 있어서의 단락 용량에 의해 결정된다.
> 즉, 단락용량 $P_s = \dfrac{100}{\%Z}P_n$ 에서 알 수 있듯이 차단기 차단용량은 전원측으로부터 단락점까지의 %임피던스 (%Z)와 공급측 전기설비용량 P_n에 의해 결정된다.
>
> **답** ③

22 피뢰기의 제한전압이란?
① 상용주파전압에 대한 피뢰기의 충격방전 개시전압
② 충격파 침입 시 피뢰기의 충격방전 개시전압
③ 피뢰기가 충격파 방전 종료 후 언제나 속류를 확실히 차단할 수 있는 상용주파 최대전압
④ 충격파 전류가 흐르고 있을 때의 피뢰기 단자전압

> **풀이** ① 피뢰기의 정격전압 : 속류의 차단이 되는 최고의 교류전압
> ② 상용주파 방전 개시전압 : 상용주파수의 방전개시 전압(실효값)
> ③ 제한 전압 : 피뢰기 동작 중에 계속해서 걸리고 있는 단자전압의 파고값
> ④ 충격 방전 개시전압 : 피뢰기 단자간에 충격전압을 인가하였을때 방전을 개시하는 전압
>
> **답** ④

23 발전기의 정태 안정 극한전력이란?
① 부하가 서서히 증가할 때의 극한전력
② 부하가 갑자기 크게 변동할 때의 극한전력
③ 부하가 갑자기 사고가 났을 때의 극한전력
④ 부하가 변하지 않을 때의 극한전력

> **풀이** 안정도의 종류
> ① 정태 안정도(static stability) : 송전 계통이 불변 부하 또는 극히 서서히 증가하는 부하에 대하여 계속적으로 송전할 수 있는 능력을 정태 안정도로 하고, 안정도를 유지할 수 있는 극한의 송전 전력을 정태 안정 극한 전력이라고 한다.

② 과도 안정도(transient stability) : 계통에 갑자기 고장 사고와 같은 급격한 외란이 발생하였을 때에도 탈조하지 않고 새로운 평형 상태를 회복하여 송전을 계속할 수 있는 능력을 과도 안정도라 하고 이 경우의 극한 전력을 과도 안정 극한 전력이라고 한다.
③ 동태 안정도(dynamic stability) : 고속 자동 전압조정기로 동기기의 여자전류를 제어 할 경우의 정태 안정도를 특히 동태 안정도라 한다.   답 ①

24 어떤 발전소의 유효 낙차가 100[m]이고, 사용 수량이 10[m³/s]일 경우 이 발전소의 이론적인 출력[kW]은?

① 4900   ② 9800   ③ 10000   ④ 14700

풀이 이론 출력 $P = 9.8QH = 9.8 \times 10 \times 100 = 9800$[kW]   답 ②

25 3상으로 표준전압 3[kV], 용량 600[kW], 역률 0.85로 수전하는 공장의 수전회로에 시설할 계기용 변류기의 변류비로 적당한 것은? (단, 변류기의 2차 전류는 5[A]이며, 여유율은 1.5배로 한다.)

① 10   ② 20   ③ 30   ④ 40

풀이 여유율을 고려한 CT 1차 측 전류 I_1은
$$I_1 = \frac{P}{\sqrt{3}\ V_1 \cos\theta} \times 여유율 = \frac{600}{\sqrt{3} \times 3 \times 0.85} \times 1.5 = 203.77[A]$$
따라서 적당한 변류비는 40(200/5)이다.   답 ④

26 30000[kW]의 전력을 50[km] 떨어진 지점에 송전하려고 할 때 송전전압[kV]은 약 얼마인가? (단, still 식에 의하여 산정한다.)

① 22   ② 33   ③ 66   ④ 100

풀이 Still 식 $V_s = 5.5\ \sqrt{0.6 \times l + 0.01P} = 5.5\ \sqrt{0.6 \times 50 + 0.01 \times 30000} \fallingdotseq 100$[kV]
여기서, V_s : 전압[kV], l : 송전거리[km], P : 송전전력[kW]   답 ④

27 다음 중 전력선에 의한 통신선의 전자유도장해의 주된 원인은?
① 전력선과 통신선 사이의 상호 정전용량
② 전력선의 불충분한 연가
③ 전력선의 1선 지락사고 등에 의한 영상전류
④ 통신선 전압보다 높은 전력선의 전압

풀이 전자유도전압 $E_m = -j\omega Ml\ 3I_0$ 이므로
전자유도전압은 1선 지락사고 등에 의한 영상전류(I_0)에 의해 발생한다.   답 ③

28 조상설비가 있는 발전소 측 변전소에서 주변압기로 주로 사용되는 변압기는?
① 강압용 변압기   ② 단권 변압기   ③ 3권선 변압기   ④ 단상 변압기

풀이
- 3권선 변압기 : 1차 변전소에서 주변압기로 주로 사용된다.
- 3차 권선(안정권선)의 용도 : 제3고조파의 제거, 조상설비의 설치, 소내용 전원의 공급

답 ③

29 3상 1회선의 송전선로에 3상 전압을 가해 충전할 때 1선에 흐르는 충전전류는 30[A], 또 3선을 일괄하여 이것과 대지 사이에 상전압을 가하여 충전시켰을 때 전 충전전류는 60[A]가 되었다. 이 선로의 대지정전용량과 선간정전용량의 비는? (단, 대지정전용량= C_s, 선간정전용량= C_m이다.)

① $\dfrac{C_m}{C_s} = \dfrac{1}{6}$ ② $\dfrac{C_m}{C_s} = \dfrac{8}{15}$ ③ $\dfrac{C_m}{C_s} = \dfrac{1}{3}$ ④ $\dfrac{C_m}{C_s} = \dfrac{1}{\sqrt{3}}$

풀이
① 3상 1회선인 경우, 작용정전용량 $C_\omega = C_s + 3C_m$
  (여기서, C_s : 대지정전용량, C_m : 선간정전용량)
② 선간전압을 V라고 하면

1선의 충전전류 $I_{c1} = \omega C_\omega \dfrac{V}{\sqrt{3}} = \omega(C_s + 3C_m)\dfrac{V}{\sqrt{3}} = 30[A]$ ········ (1)

3선 일괄의 충전전류 $I_{c3} = 3\omega C_s \dfrac{V}{\sqrt{3}} = \sqrt{3}\omega C_s V = 60[A]$ ········ (2)

식 (2)로부터 $\omega V = \dfrac{60}{\sqrt{3}C_s}$

이것을 식 (1)에 대입하면

$(C_s + 3C_m)\dfrac{1}{\sqrt{3}} \cdot \dfrac{60}{\sqrt{3}C_s} = 30 \rightarrow 20 + 60\dfrac{C_m}{C_s} = 30$

∴ $\dfrac{C_m}{C_s} = \dfrac{1}{6}$

답 ①

30 단상 교류회로에 3150/210[V]의 승압기를 80[kW], 역률 0.8인 부하에 접속하여 전압을 상승시키는 경우 약 몇 [kVA]의 승압기를 사용하여야 적당한가? (단, 전원전압은 2900[V]이다.)

① 3.6   ② 5.5   ③ 6.8   ④ 10

풀이 변압기 용량(자기 용량, 승압기 용량) $w = I_2 e_2$

$E_2 = E_1\left(1 + \dfrac{1}{n}\right) = 2900 \times \left(1 + \dfrac{210}{3150}\right) = 3093.33[V]$

$I_2 = \dfrac{80 \times 10^3}{3093.33 \times 0.8} = 32.33$

∴ $w = I_2 e_2 = 32.33 \times 210 \times 10^{-3} ≒ 6.8[kVA]$

※ 승압분 전압 e_2는 변압기 용량을 결정할 때는 계산상 전압을 사용하지 않고 최대 전압이 될 수 있는 210[V]를 사용한다.

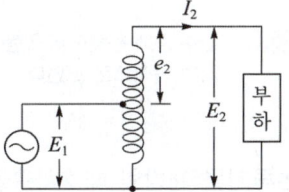

답 ③

31 전력 사용의 변동 상태를 알아보기 위한 것으로 가장 적당한 것은?

① 수용률   ② 부등률   ③ 부하율   ④ 역률

풀이
- 수용률 : 수요를 상정할 경우 사용
- 부등률 : 최대 전력의 발생시각 또는 발생 시기의 분산을 나타내는 지표로 사용
- 부하율 : 일정 기간 중 부하 변동의 정도를 나타내는 것으로서 그 전기설비가 얼마만큼 유효하게 이용되고 있는가 하는 정도를 파악하는 데 사용

답 ③

32 철탑의 접지저항이 커지면 가장 크게 우려되는 문제점은?
① 정전 유도
② 역섬락 발생
③ 코로나 증가
④ 차폐각 증가

풀이 뇌서지가 철탑에 가격 시 철탑의 탑각 접지저항이 충분히 낮지 않으면 철탑의 전위가 상승하여 철탑에서 선로로 섬락을 일으키는 경우가 있는데 이를 역섬락이라 하며 방지 대책으로는 매설 지선을 설치하여 탑각 접지저항을 낮추어야 한다.

답 ②

33 역률 0.8(지상), 480[kW] 부하가 있다. 전력용 콘덴서를 설치하여 역률을 개선하고자 할 때 콘덴서 220[kVA]를 설치하면 역률은 몇 [%]로 개선되는가?
① 82
② 85
③ 90
④ 96

풀이 부하역률 $\cos\theta = \dfrac{P}{P_a} = \dfrac{P}{\sqrt{P^2 + P_r^2}} \times 100$ (여기서, P_a : 피상전력, P : 유효전력, P_r : 무효전력)

- 부하의 무효전력 $Q_L = \dfrac{P}{\cos\theta} \times \sin\theta = \dfrac{480}{0.8} \times 0.6 = 360[\text{kVar}]$
- 전력용 콘덴서 $Q_C = 220[\text{kVA}]$

$\therefore \cos\theta = \dfrac{P}{\sqrt{P^2 + (Q_L - Q_c)^2}} \times 100 = \dfrac{480}{\sqrt{480^2 + (360-220)^2}} \times 100 = 96[\%]$

답 ④

34 화력발전소에서 탈기기를 사용하는 주 목적은?
① 급수 중에 함유된 산소 등의 분리 제거
② 보일러 관벽의 스케일 부착의 방지
③ 급수 중에 포함된 염류의 제거
④ 연소용 공기의 예열

풀이 급수 중에 용해되어 있는 산소는 증기계통, 급수계통 등을 부식시킨다. 탈기기(deaerator)는 용해 산소 분리의 목적으로 쓰인다.

답 ①

35 변류기를 개방할 때 2차측을 단락하는 이유는?
① 1차측 과전류 보호
② 1차측 과전압 방지
③ 2차측 과전류 보호
④ 2차측 절연보호

풀이 변류기 2차측을 단락하는 이유
① 2차측을 개방하면 1차측의 부하 전류가 전부 여자 전류로 되어 2차측에 고전압이 유기되므로 절연이 파괴될 우려가 있다.
② 철심 중의 자속이 급격히 증가하여 철손이 증가하므로 열이 발생하여 소손될 우려가 있다.

답 ④

36 ( )안에 들어갈 알맞은 내용은?

"화력발전소의 (㉠)은 발생 (㉡)을 열량으로 환산한 값과 이것을 발생하기 위하여 소비된 (㉢)의 보유열량 (㉣)를 말한다."

① ㉠ 손실율 ㉡ 발열량 ㉢ 물 ㉣ 차
② ㉠ 열효율 ㉡ 전력량 ㉢ 연료 ㉣ 비
③ ㉠ 발전량 ㉡ 증기량 ㉢ 연료 ㉣ 결과
④ ㉠ 연료소비율 ㉡ 증기량 ㉢ 물 ㉣ 차

풀이 화력발전소의 열효율 $\eta = \dfrac{860E}{WC} \times 100[\%]$

여기서, E : 발전 전력량[kWh], W : 연료 소비량[kg], C : 연료의 발열량[kcal/kg]

답 ②

37 다음 중 전압강하의 정도를 나타내는 식이 아닌 것은? (단, E_s는 송전단전압, E_r은 수전단전압이다.)

① $\dfrac{I}{E_r}(R\cos\theta + X\sin\theta) \times 100[\%]$
② $\dfrac{\sqrt{3}I}{E_r}(R\cos\theta + X\sin\theta) \times 100[\%]$
③ $\dfrac{E_s - E_r}{E_r} \times 100[\%]$
④ $\dfrac{E_s + E_r}{E_s} \times 100[\%]$

풀이
- 전압강하 $e = E_E - E_R = \sqrt{3}I(R\cos\theta + X\sin\theta)[V]$
- 전압강하율 $\epsilon = \dfrac{e}{E_r} \times 100 = \dfrac{E_s - E_r}{E_r} \times 100 = \dfrac{\sqrt{3}I}{E_r}(R\cos\theta + X\sin\theta) \times 100[\%]$

답 ④

38 수전단 전압이 송전단 전압보다 높아지는 현상과 관련된 것은?

① 페란티 효과
② 표피 효과
③ 근접 효과
④ 도플러 효과

풀이
① 페란티 효과 : 송전 선로에 충전 전류(전압보다 위상이 빠른 전류)가 흐르면 수전단 전압이 송전단 전압보다 높아지는 현상
② 표피 효과 : 교류전류의 경우 도체 중심보다 도체 표면에 전류가 많이 흐르는 현상
③ 근접 효과 : 같은 방향의 전류는 바깥쪽으로 다른 방향의 전류는 안쪽으로 모이는 현상
④ 도플러 효과 : 파장을 방출하는 물체와 관찰자의 상대적 운동에 의해 파장의 진동수가 왜곡되는 현상

답 ①

39 송전선로의 중성점을 접지하는 목적으로 가장 알맞은 것은?

① 전선량의 절약
② 송전용량의 증가
③ 전압강하의 감소
④ 이상 전압의 경감 및 발생 방지

풀이 송전선로의 중성점접지의 목적
① 이상전압 발생 방지

② 1선 지락 시 건전상 전압 상승 억제 및 기기나 선로의 절연 절감
③ 보호계전기 동작 확실
④ 소호 리액터 계통에서의 1선 지락 시 아크 소멸

답 ④

40 송전선로에서 4단자 정수 A, B, C, D 사이의 관계는?

① $BC-AD=1$
② $AC-BD=1$
③ $AB-CD=1$
④ $AD-BC=1$

풀이 $\begin{vmatrix} A & B \\ C & D \end{vmatrix} = AD - BC = 1$

답 ④

3과목 전기기기

41 돌극형 동기발전기에서 직축 리액턴스 X_d와 횡축 리액턴스 X_q는 그 크기 사이에 어떤 관계가 있는가?

① $X_d = X_q$
② $X_d > X_q$
③ $X_d < X_q$
④ $2X_d = X_q$

풀이 돌극형(철극기)에서는 직축이 횡축에 비하여 공극(air gap)이 작으므로 **직축(동기) 리액턴스 X_d가 횡축(동기) 리액턴스 X_q보다 크다.** ($X_d > X_q$)
그러나 비철극기에서는 공극이 일정하므로 $X_d = X_q = X_s$로 된다.

답 ②

42 어떤 정류기의 출력전압 평균값이 2000[V]이고 맥동률이 3[%]이면 교류분은 몇 [V] 포함되어 있는가?

① 20
② 30
③ 60
④ 70

풀이 맥동률 $= \dfrac{\triangle E}{E_d} \times 100[\%]$이므로, $\triangle E = 0.03 \times 2000 = 60[V]$

답 ③

43 직류기에서 전류용량이 크고 저전압 대전류에 가장 적합한 브러시 재료는?

① 탄소질
② 금속 탄소질
③ 금속 흑연질
④ 전기 흑연질

풀이 ① 탄소질 브러시 : 탄소질 브러시는 불순물이 적은 탄소 분말을 원료로 한 것인데, 질이 치밀하고 단단하며 다소 연마성이 있는 특성의 것을 성형 소결한 것으로, 전류 용량이 적고 주로 소형기에 사용된다.
② 전기 흑연 브러시 : 전기 흑연질 브러시는 불순물이 적은 탄소를 전기로에서 열처리하여 흑연화하여 성형 소결한 것으로, 전류 용량이 작은 소형기에 주로 사용된다.
③ **금속 흑연 브러시** : 동의 미세한 가루와 흑연 분말을 혼합 소결한 것으로, **전류 용량이 큰 저전압 대전류의 기계에 사용**된다.

답 ③

44 동기발전기 종류 중 회전계자형의 특징으로 옳은 것은?

① 고주파 발전기에 사용
② 극소용량, 특수용으로 사용
③ 소요전력이 크고 기구적으로 복잡
④ 기계적으로 튼튼하여 가장 많이 사용

풀이 동기기를 회전 계자형으로 하는 이유
- 전기자 권선은 전압이 높고 결선이 복잡하며, 대용량으로 되면 전류도 커지고, 3상 권선의 경우에는 4개의 도선을 인출하여야 한다.
- 계자 회로는 직류의 저압 회로이므로 소요 동력도 작으며, 인출 도선이 2개만 있어도 되기 때문이다.
- 계자극은 기계적으로 튼튼하게 만드는 데 용이하기 때문이다.
- 고장 시의 과도 안정도를 높이기 위하여 회전자의 관성을 크게 하기 쉽기 때문이기도 하다.   **답** ④

45 전압비 a인 단상변압기 3대를 1차 △결선, 2차 Y결선으로 하고 1차에 선간전압 V[V]를 가했을 때 무부하 2차 선간전압[V]은?

① $\dfrac{V}{a}$ ② $\dfrac{a}{V}$ ③ $\sqrt{3}\,\dfrac{V}{a}$ ④ $\sqrt{3}\,\dfrac{a}{V}$

풀이
- 1차 △결선 : 전압비 $a = \dfrac{E_1}{E_2}$ 이고, △결선 시 '선간전압 = 상전압'이므로,

  2차 상전압 $E_2 = \dfrac{E_1}{a} = \dfrac{V}{a}$

- 2차 Y결선 : Y결선이므로 선간전압은 상전압의 $\sqrt{3}$ 배이다.

  따라서, 무부하 2차 선간전압 $= \sqrt{3}\,E_2 = \sqrt{3}\,\dfrac{V}{a}$ [V]   **답** ③

46 단상 및 3상 유도전압조정기에 대한 설명으로 옳은 것은?

① 3상 유도전압조정기에는 단락권선이 필요없다.
② 3상 유도전압조정기의 1차와 2차 전압은 동상이다.
③ 단락권선은 단상 및 3상 유도전압조정기 모두 필요하다.
④ 단상 유도전압조정기의 기전력은 회전자계에 의해서 유도된다.

풀이 3상 유도전압조정기의 직렬권선에 의한 기전력은 회전자계의 위치에 관계없이 1차 부하전류에 의한 분로 권선의 기자력에 의하여 소멸되므로 단락 권선이 필요 없다.   **답** ①

47 12극과 8극인 2개의 유도전동기를 종속법에 의한 직렬접속법으로 속도제어할 때 전원주파수가 60[Hz]인 경우 무부하 속도 N_0는 몇 [rps]인가?

① 5   ② 6   ③ 200   ④ 360

풀이 직렬 종속법 $N_0 = \dfrac{120f}{p_1 + p_2} = \dfrac{120 \times 60}{12 + 8} = 360$ [rpm] $= 6$ [rps]   **답** ②

48 인버터에 대한 설명으로 옳은 것은?

① 직류를 교류로 변환
② 교류를 교류로 변환
③ 직류를 직류로 변환
④ 교류를 직류로 변환

풀이
- 컨버터 (converter) : 교류 → 직류
- 인버터(Inverter) : 직류 → 교류
- 초퍼 : DC → DC로 변환

답 ①

49 직류전동기의 역기전력에 대한 설명으로 틀린 것은?

① 역기전력은 속도에 비례한다.
② 역기전력은 회전방향에 따라 크기가 다르다.
③ 역기전력이 증가할수록 전기자 전류는 감소한다.
④ 부하가 걸려 있을 때에는 역기전력은 공급전압보다 크기가 작다.

풀이
- 역기전력 $E_c = V - I_a R_a \rightarrow I_a = \dfrac{V - E_c}{R_a}$:
  역기전력이 증가할수록 전기자 전류는 감소하고, 부하가 걸려 있을 때는 공급전압(V)보다 크기가 작다.
- 속도 $n = k\dfrac{E_c}{\phi} = k\dfrac{V - I_a R_a}{\phi}$: 역기전력의 크기는 속도에 비례하며, 회전방향과는 관계 없다.

답 ②

50 유도전동기의 실부하법에서 부하로 쓰이지 않는 것은?

① 전동발전기　　　　　　② 전기동력계
③ 프로니 브레이크　　　　④ 손실을 알고 있는 직류발전기

풀이
- 실부하법에는 전기동력계법, 프로니 브레이크법 등이 있다.
- 전동 발전기는 교류를 직류로 변환하는 전기기기이다.

답 ①

51 직류기의 구조가 아닌 것은?

① 계자 권선　　　　　　② 전기자 권선
③ 내철형 철심　　　　　④ 전기자 철심

풀이
① 직류기의 주요 3요소는 계자, 전기자, 정류자이다.
  - 계자 : 자속을 만드는 부분으로 계자 철심과 계자 권선, 계철, 자극 등으로 구성되어 있다.
  - 전기자 : 기전력을 유기하는 부분으로 전기자 철심과 전기자 권선으로 되어 있다.
  - 정류자 : 발생한 기전력을 직류로 변환하는 부분이다.
② 내철형은 변압기 철심의 형태에 따른 분류이다.

답 ③

52 30[kW]의 3상 유도전동기에 전력을 공급할 때 2대의 단상변압기를 사용하는 경우 변압기의 용량은 약 몇 [kVA]인가? (단, 전동기의 역률과 효율은 각각 84[%], 86[%]이고 전동기 손실은 무시한다.)

① 17　　　　② 24　　　　③ 51　　　　④ 72

풀이
① 변압기 1대의 용량을 P_1[kVA]라고 하면,
V결선의 용량 $P_V = \sqrt{3}\, P_1$[kVA]

② 전동기 출력을 P[kW]라고 하고, 전동기의 입력을 P_i[kVA]라고 하면

$$P_i = \frac{P}{\cos\theta \times \eta} = P_V[\text{kVA}] \quad (\because \text{전동기 입력 = 변압기 출력})$$

$$P_V = \sqrt{3}\,P_1 = \frac{P}{\cos\theta \times \eta}[\text{kVA}]$$

$$\therefore P_1 = \frac{P}{\sqrt{3}\cos\theta\,\eta} = \frac{30}{\sqrt{3}\times 0.84 \times 0.86} \fallingdotseq 24[\text{kVA}]$$

답 ②

53
3상 6극 슬롯 수 54의 동기발전기가 있다. 어떤 전기자 코일의 두 변이 제 1슬롯과 제 8슬롯에 들어있다면 단절권 계수는 약 얼마인가?

① 0.9397　　② 0.9567　　③ 0.9837　　④ 0.9117

풀이
- 극 간격 = $\dfrac{\text{총 슬롯수}}{\text{극수}} = \dfrac{54}{6} = 9$
- 슬롯으로 표시된 코일 피치는 $8-1 = 7$이므로
- 극 간격으로 표시한 코일 피치 $\beta = \dfrac{\text{코일간격}}{\text{극간격}} = \dfrac{7}{9}$이고, $K_{pn} = \sin\dfrac{n\beta\pi}{2}$ (n : 고조파의 차수)이므로

따라서 단절권계수 $K_{p1} = \sin\dfrac{7\pi}{2\times 9} = \sin\dfrac{21.98}{18} = \sin 1.221 = 0.9397$

답 ①

54
부흐홀츠 계전기로 보호되는 기기는?

① 변압기　　② 발전기　　③ 유도전동기　　④ 회전변류기

풀이 부흐홀쯔 계전기는 변압기의 내부고장으로 발생하는 기름의 분해 가스 증기 또는 유류를 이용하여 부저를 움직여 계전기의 접점을 닫는 것이므로 변압기의 주탱크와 콘서베이터와의 연결관 도중에 설치한다.

답 ①

55
변압기의 효율이 가장 좋을 때의 조건은?

① 철손 = 동손　　　　　② 철손 = $\dfrac{1}{2}$동손

③ $\dfrac{1}{2}$철손 = 동손　　　④ 철손 = $\dfrac{2}{3}$동손

풀이 최대 효율은 고정손인 철손과 가변손인 동손이 같게 될 때 발생한다.

답 ①

56
직류전동기 중 부하가 변하면 속도가 심하게 변하는 전동기는?

① 분권 전동기　　　② 직권 전동기
③ 자동 복권 전동기　④ 가동 복권 전동기

풀이
- 직권전동기는 전기자와 계자가 직렬로 접속되어 있으므로, $I_a = I = I_f \propto \phi$ 이다.
- 회전속도 $n = K\dfrac{V - I_a(R_a + R_s)}{\phi}$ [rps]이므로 속도는 자속에 반비례하여 증감한다.

즉, 직권전동기는 부하전류가 변화하면 속도가 현저하게 변하는 특성이 있다.

답 ②

57 1차 전압 6900[V], 1차 권선 3000회, 권수비 20의 변압기가 60[Hz]에 사용할 때 철심의 최대 자속[Wb]은?

① 0.76×10^{-4} ② 8.63×10^{-3} ③ 80×10^{-3} ④ 90×10^{-3}

풀이 1차 유기기전력 $E_1 = 4.44 f \phi_m N_1 [\text{V}]$

$$\therefore \phi_m = \frac{E_1}{4.44 f N_1} = \frac{6900}{4.44 \times 60 \times 3000} = 0.00863 = 8.63 \times 10^{-3} [\text{Wb}]$$

답 ②

58 표면을 절연 피막처리 한 규소강판을 성층하는 이유로 옳은 것은?
① 절연성을 높이기 위해
② 히스테리시스손을 작게 하기 위해
③ 자속을 보다 잘 통하게 하기 위해
④ 와전류에 의한 손실을 작게 하기 위해

풀이
- 전기 기계에 규소 강판을 사용하면 자기 저항이 크게 되어 와류손과 히스테리시스손이 감소하게 되지만 투자율이 낮아지고 기계적 강도가 감소되어 부서지기 쉽다.
- 성층하는 이유는 와류손을 작게 하기 위한 것이다.

답 ④

59 단상 유도전동기 중 기동토크가 가장 작은 것은?
① 반발 기동형
② 분상 기동형
③ 셰이딩 코일형
④ 커패시터 기동형

풀이 단상 유도전동기에서 기동 토크가 큰 것부터 순서로 배열하면
반발 기동형 > 반발 유도형 > 콘덴서 기동형 > 분상 기동형 > 셰이딩 코일형 > 모노사이클릭형

답 ③

60 동기기의 전기자 권선법으로 적합하지 않은 것은?
① 중권   ② 2층권   ③ 분포권   ④ 환상권

풀이 환상권은 환상철심의 안팎으로 권선을 감은 것으로 현재에는 거의 사용하지 않는다.

답 ④

4과목 회로이론

61 기본파의 30[%]인 제3고조파와 기본파의 20[%]인 제5고조파를 포함하는 전압의 왜형률은 약 얼마인가?

① 0.21   ② 0.31   ③ 0.36   ④ 0.42

풀이 왜형률 = $\dfrac{\text{각 고조파의 실효값의 합}}{\text{기본파의 실효값}}$

$= \dfrac{\sqrt{V_3^2 + V_5^2}}{V_1} = \sqrt{\left(\dfrac{V_3}{V_1}\right)^2 + \left(\dfrac{V_5}{V_1}\right)^2} = \sqrt{0.3^2 + 0.2^2} = 0.36$

답 ③

62 $e_i(t) = Ri(t) + L\dfrac{di(t)}{dt} + \dfrac{1}{C}\int i(t)dt$ 에서 모든 초기값을 0으로 하고 라플라스 변환했을 때 $I(s)$는? (단, $I(s)$, $E_i(s)$는 각각 $i(t)$, $e_i(t)$를 라플라스 변환한 것이다.)

① $\dfrac{Cs}{LCs^2 + RCs + 1}E_i(s)$

② $\dfrac{1}{R + Ls + \dfrac{1}{C}s}E_i(s)$

③ $\dfrac{1}{s^2 + \dfrac{L}{R}s + \dfrac{1}{LC}}E_i(s)$

④ $\left(R + Ls + \dfrac{1}{Cs}\right)E_i(s)$

풀이 라플라스 변환하면

$E_i(s) = RI(s) + LsI(s) + \dfrac{1}{Cs}I(s) = \left(R + Ls + \dfrac{1}{Cs}\right)I(s)$ 이므로

$\therefore I(s) = \dfrac{1}{R + Ls + \dfrac{1}{Cs}}E_i(s) = \dfrac{Cs}{LCs^2 + RCs + 1}E_i(s)$

답 ①

63 3상 회로의 대칭분 전압이 $V_0 = -8 + j3[\text{V}]$, $V_1 = 6 - j8[\text{V}]$, $V_2 = 8 + j12[\text{V}]$일 때 a상의 전압[V]은? (단, V_0은 영상분, V_1은 정상분, V_2는 역상분 전압이다.)

① $5 - j6$ ② $5 + j6$ ③ $6 - j7$ ④ $6 + j7$

풀이 $V_a = V_0 + V_1 + V_2 = (-8 + j3) + (6 - j8) + (8 + j12) = 6 + j7[\text{V}]$

답 ④

64 어느 회로에 $V = 120 + j90[\text{V}]$의 전압을 인가하면 $I = 3 + j4[\text{A}]$의 전류가 흐른다. 이 회로의 역률은?

① 0.92 ② 0.94 ③ 0.96 ④ 0.98

풀이 $P_a = V\overline{I} = (120 + j90)(3 - j4) = 720 - j210$

$\therefore \cos\theta = \dfrac{P(\text{유효전력})}{P_a(\text{피상전력})} = \dfrac{720}{\sqrt{720^2 + 210^2}} = 0.96$

답 ③

65 2단자 회로망에 단상 100[V]의 전압을 가하면 30[A]의 전류가 흐르고 1.8[kW]의 전력이 소비된다. 이 회로망과 병렬로 커패시터를 접속하여 합성 역률을 100[%]로 하기 위한 용량성 리액턴스는 약 몇 [Ω]인가?

① 2.1 ② 4.2 ③ 6.3 ④ 8.4

풀이
- 피상전력 $P_a = V \cdot I = 100 \cdot 30 = 3000[\text{VA}] = 3[\text{kVA}]$
- 지상 무효전력 $P_r = \sqrt{P_a^2 - P^2} = \sqrt{3^2 - 1.8^2} = 2.4[\text{kVar}]$
- 역률이 100[%]가 되기 위해서는 진상의 무효전력 2.4[kVA]의 콘덴서가 필요하다.

콘덴서 용량 $Q_C = 2\pi f C V^2 = \dfrac{V^2}{X_C} = 2.4 \times 10^3[\text{kVA}]$

따라서 용량성 리액턴스 $X_C = \dfrac{V^2}{Q_C} = \dfrac{100^2}{2.4 \times 10^3} \fallingdotseq 4.2[\Omega]$

답 ②

66 22[kVA]의 부하가 0.8의 역률로 운전될 때 이 부하의 무효전력[kVar]은?

① 11.5   ② 12.3   ③ 13.2   ④ 14.5

풀이 부하의 무효전력 $Q_L = P_a \sin\theta = P_a \sqrt{1 - \cos^2\theta} = 22 \times \sqrt{1 - 0.8^2} = 13.2[\text{kVar}]$

답 ③

67 어드미턴스 $Y[\mho]$로 표현된 4단자 회로망에서 4단자 정수 행렬 T는?

(단, $\begin{bmatrix} V_1 \\ I_1 \end{bmatrix} = T \begin{bmatrix} V_2 \\ I_2 \end{bmatrix}$, $T = \begin{bmatrix} A & B \\ C & D \end{bmatrix}$)

① $\begin{bmatrix} 1 & 0 \\ Y & 1 \end{bmatrix}$ ② $\begin{bmatrix} 1 & Y \\ 0 & 1 \end{bmatrix}$

③ $\begin{bmatrix} 1 & 0 \\ \dfrac{1}{Y} & 1 \end{bmatrix}$ ④ $\begin{bmatrix} Y & 1 \\ 1 & 0 \end{bmatrix}$

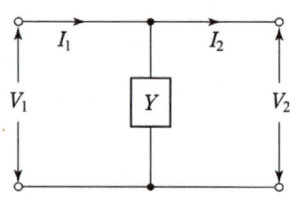

풀이 $\begin{bmatrix} A & B \\ C & D \end{bmatrix} = \begin{bmatrix} 1 & 0 \\ Y & 1 \end{bmatrix}$

답 ①

68 10[Ω]의 저항 5개를 접속하여 얻을 수 있는 합성저항 중 가장 적은 값은 몇 [Ω]인가?

① 10   ② 5   ③ 2   ④ 0.5

풀이
- 합성저항은 직렬로만 접속하였을 때 가장 크고, 병렬만 연결 하였을 때 가장 작다.
- 합성저항은 동일한 크기의 저항 r을 n개 직렬연결하면 $n \cdot r$, 병렬연결하면 $\dfrac{r}{n}$이 된다.

$\therefore R_T = \dfrac{R_1}{n} = \dfrac{10}{5} = 2[\Omega]$

답 ③

69 동일한 용량 2대의 단상 변압기를 V결선하여 3상으로 운전하고 있다. 단상 변압기 2대의 용량에 대한 3상 V결선시 변압기 용량의 비인 변압기 이용률은 약 몇 [%]인가?

① 57.7   ② 70.7   ③ 80.1   ④ 86.6

풀이 V결선에는 변압기 2대를 사용하였으므로 그 정격출력의 합은 $2VI$가 된다.

따라서 이용률 $= \dfrac{\sqrt{3}\,VI}{2VI} = \dfrac{\sqrt{3}}{2} = 0.866 = 86.6[\%]$

답 ④

70 회로에서 10[Ω]의 저항에 흐르는 전류[A]는?

① 8
② 10
③ 15
④ 20

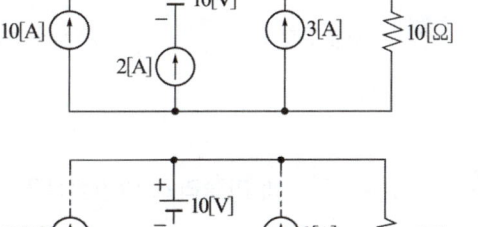

풀이 중첩의 정리에 의해
- 전류원 기준(전압원 단락) :
  $I_R = 10+2+3 = 15[A]$
- 전압원 기준(전류원 개방) : $I_R = 0[A]$

즉, 10[Ω]의 저항에는
전류원 기준의 15[A]의 전류가 흐른다.

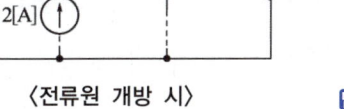

〈전류원 개방 시〉

답 ③

71 4단자 회로망에서의 영상 임피던스[Ω]는?

① $j\dfrac{1}{50}$
② -1
③ 1
④ 0

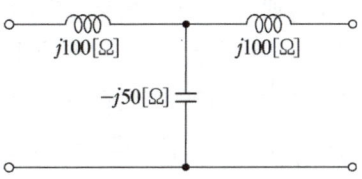

풀이
- 영상 임피던스 $Z_{01} = \sqrt{\dfrac{AB}{CD}}$
- 대칭 T형 회로에서는 $A = D$ 이므로 $Z_{01} = \sqrt{\dfrac{B}{C}}$ 이다.
- $\begin{bmatrix} A & B \\ C & D \end{bmatrix} = \begin{bmatrix} 1 & j100 \\ 0 & 1 \end{bmatrix} \begin{bmatrix} 1 & 0 \\ \dfrac{1}{-j50} & 1 \end{bmatrix} \begin{bmatrix} 1 & j100 \\ 0 & 1 \end{bmatrix} = \begin{bmatrix} -1 & 0 \\ j\dfrac{1}{50} & -1 \end{bmatrix}$

$\therefore Z_0 = \sqrt{\dfrac{B}{C}} = \sqrt{\dfrac{0}{j\dfrac{1}{50}}} = 0$

답 ④

72 20[Ω]과 30[Ω]의 병렬회로에서 20[Ω]에 흐르는 전류가 6[A]이라면 전체 전류 I[A]는?

① 3
② 4
③ 9
④ 10

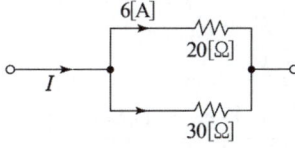

풀이 $R_1 = 20[\Omega]$에 흐르는 전류를 I_1이라고 하고 전류분배법칙을 적용하면

$I_1 = \dfrac{R_2}{R_1+R_2} \times I = \dfrac{30}{20+30} \times I = 6[A]$

$\therefore I = \dfrac{50 \times 6}{30} = 10[A]$

답 ④

73 $i(t) = 3\sqrt{2}\sin(377t - 30°)$[A]의 평균값은 약 몇 [A]인가?

① 1.35 ② 2.7 ③ 4.35 ④ 5.4

풀이 평균 전류 $I_{av} = \dfrac{2}{\pi}I_m = \dfrac{2}{\pi} \times 3\sqrt{2} = 2.7$[A]

답 ②

74 $F(s) = \dfrac{A}{\alpha + s}$의 라플라스 역변환은?

① αe^{At} ② $A e^{\alpha t}$ ③ αe^{-At} ④ $A e^{-\alpha t}$

풀이 $\mathcal{L}^{-1}\left[\dfrac{A}{s+\alpha}\right] = A\mathcal{L}^{-1}\left[\dfrac{1}{s+\alpha}\right] = Ae^{-\alpha t}$

답 ④

75 RC 직렬회로의 과도현상에 대한 설명으로 옳은 것은?

① 과도상태 전류의 크기는 $(R \times C)$의 값과 무관하다.
② $(R \times C)$의 값이 클수록 과도상태 전류의 크기는 빨리 사라진다.
③ $(R \times C)$의 값이 클수록 과도상태 전류의 크기는 천천히 사라진다.
④ $\dfrac{1}{R \times C}$의 값이 클수록 과도상태 전류의 크기는 천천히 사라진다.

풀이
- 과도현상은 시정수가 크면 클수록 오래 지속된다.
- $R-C$ 회로의 시정수는 RC이므로 RC 값이 클수록 과도전류의 값은 천천히 사라진다.

답 ③

76 불평형 Y결선의 부하 회로에 평형 3상 전압을 가할 경우 중성점의 전위 $V_{n'n}$[V]는? (단, Z_1, Z_2, Z_3는 각 상의 임피던스[Ω]이고, Y_1, Y_2, Y_3는 각 상의 임피던스에 대한 어드미턴스 [℧] 이다.)

① $\dfrac{E_1 + E_2 + E_3}{Z_1 + Z_2 + Z_3}$

② $\dfrac{Z_1 E_1 + Z_2 E_2 + Z_3 E_3}{Z_1 + Z_2 + Z_3}$

③ $\dfrac{E_1 + E_2 + E_3}{Y_1 + Y_2 + Y_3}$

④ $\dfrac{Y_1 E_1 + Y_2 E_2 + Y_3 E_3}{Y_1 + Y_2 + Y_3}$

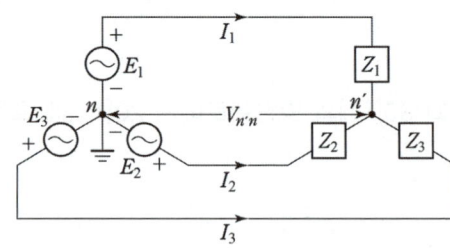

풀이 밀만의 정리 $V_{n'n} = \dfrac{\dfrac{E_1}{Z_1} + \dfrac{E_2}{Z_2} + \dfrac{E_3}{Z_3}}{\dfrac{1}{Z_1} + \dfrac{1}{Z_2} + \dfrac{1}{Z_3}} = \dfrac{Y_1 E_1 + Y_2 E_2 + Y_3 E_3}{Y_1 + Y_2 + Y_3}$

답 ④

77 RL 병렬회로에서 $t=0$일 때 스위치 S를 닫는 경우 $R[\Omega]$에 흐르는 전류 $i_R(t)[A]$는?

① $I_0\left(1-e^{-\frac{R}{L}t}\right)$

② $I_0\left(1+e^{-\frac{R}{L}t}\right)$

③ I_0

④ $I_0 e^{-\frac{R}{L}t}$

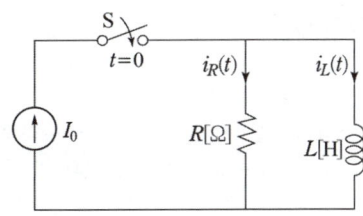

풀이 인덕턴스에 흐르는 전류 $i_L(t)=I_0\left(1-e^{-\frac{R}{L}t}\right)$
키르히호프의 전류법칙에 의해 $I_0=i_R(t)+i_L(t)$이므로
$\therefore i_R(t)=I_0-i_L(t)=I_0-I_0\left(1-e^{-\frac{R}{L}t}\right)=I_0 e^{-\frac{R}{L}t}$ 답 ④

78 1상의 임피던스가 $14+j48[\Omega]$인 평형 △부하에 선간전압이 200[V]인 평형 3상 전압이 인가될 때 이 부하의 피상전력[VA]은?

① 1200   ② 1384
③ 2400   ④ 4157

풀이 $P_a=3I^2Z=3\left(\dfrac{V_p}{\sqrt{R^2+X^2}}\right)^2 Z=\dfrac{3V_p^2 Z}{R^2+X^2}=\dfrac{3\times 200^2 \times \sqrt{14^2+48^2}}{14^2+48^2}=2400[VA]$ 답 ③

79 저항만으로 구성된 그림의 회로에 평형 3상 전압을 가했을 때 각 선에 흐르는 선전류가 모두 같게 되기 위한 $R[\Omega]$의 값은?

① 2
② 4
③ 6
④ 8

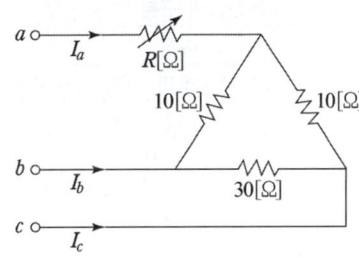

풀이 △저항을 Y저항으로 변환하면

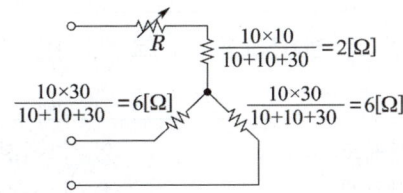

위에서 각 선전류가 같기 위해서는 각 선저항이 같아야 하므로 $R+2=6$ 이어야 한다.
$\therefore R=6-2=4[\Omega]$ 답 ②

80 $i(t) = 100 + 50\sqrt{2}\sin\omega t + 20\sqrt{2}\sin\left(3\omega t + \dfrac{\pi}{6}\right)$ [A]로 표현되는 비정현파 전류의 실효값은 약 몇 [A]인가?

① 20　　　② 50　　　③ 114　　　④ 150

풀이　왜형파의 실효값은 직류분, 기본파 및 각 고조파 실효값 제곱의 합의 제곱근이므로
$I = \sqrt{100^2 + 50^2 + 20^2} = 114$ [A]

답 ③

5과목　전기설비기술기준

81 제1종 특고압 보안공사로 시설하는 전선로의 지지물로 사용할 수 없는 것은?

① 목주　　　　　　　② 철탑
③ B종 철주　　　　　④ B종 철근 콘크리트주

풀이　333.22 특고압 보안공사
제1종 특고압 보안공사에서 전선로의 지지물은 B종 철주 · B종 철근 콘크리트주 또는 철탑을 사용할 것. 즉, A종 철근콘크리트주 및 목주는 사용 할 수 없다.

답 ①

82 154[kV] 가공전선과 식물과의 최소 이격거리는 몇 [m]인가?

① 2.8　　　② 3.2　　　③ 3.8　　　④ 4.2

풀이　333.30 특고압 가공전선과 식물의 이격거리

사용전압의 구분	이격거리
60[kV] 이하	2[m]
60[kV] 초과	2[m]에 사용전압이 60[kV]를 초과하는 10[kV] 또는 그 단수마다 12[cm]를 더한 값

단수 $n = \dfrac{154-60}{10} = 9.4 \rightarrow$ 10단
이격거리 $= 2 + 10 \times 0.12 = 3.2$[m]

답 ②

83 다음 (　)의 ㉠, ㉡에 들어갈 내용으로 옳은 것은?

> "전기철도용 급전선"이란 전기철도용 (　㉠　)로부터 다른 전기철도용 (　㉠　) 또는 (　㉡　)에 이르는 전선을 말한다.

① ㉠ 급전소　㉡ 개폐소　　　② ㉠ 궤전선　㉡ 변전소
③ ㉠ 변전소　㉡ 전차선　　　④ ㉠ 전차선　㉡ 급전소

풀이　112 용어 정의
"전기철도용 급전선"이란 전기철도용 변전소로부터 다른 전기철도용 변전소 또는 전차선에 이르는 전선을 말한다

답 ③

84 저압 가공인입선 시설 시 도로를 횡단하여 시설하는 경우 노면상 높이는 몇 [m] 이상으로 하여야 하는가?

① 4 ② 4.5 ③ 5 ④ 5.5

풀이 221.1.1 저압 인입선의 시설
저압 가공인입선의 높이는 다음에 의할 것.
가. 도로(차도와 보도의 구별이 있는 도로인 경우에는 차도)를 횡단하는 경우 : 노면상 5[m](기술상 부득이한 경우에 교통에 지장이 없을 때에는 3[m]) 이상
나. 철도 또는 궤도를 횡단하는 경우 : 레일면상 6.5[m] 이상
다. 횡단보도교의 위에 시설하는 경우 : 노면상 3[m] 이상
라. "가"에서 "다"까지 이외의 경우 : 지표상 4[m] 이상
(기술상 부득이한 경우에 교통에 지장이 없을 때에는 2.5[m] 이상)
답 ③

85 기구 등의 전로의 절연내력 시험에서 최대 사용전압이 60[kV]를 초과하는 기구 등의 전로로서 중성점 비접지식 전로에 접속하는 것은 최대 사용전압의 몇 배의 전압에 10분간 견디어야 하는가?

① 0.72 ② 0.92 ③ 1.25 ④ 1.5

풀이 136 기구 등의 전로의 절연내력
개폐기·차단기·전력용 커패시터·유도전압조정기·계기용변성기 기타의 기구의 전로 및 발전소·변전소·개폐소 또는 이에 준하는 곳에 시설하는 기계기구의 접속선 및 모선은 표에서 정하는 시험전압을 충전 부분과 대지 사이(다심케이블은 심선 상호 간 및 심선과 대지 사이)에 연속하여 10분간 가하여 절연내력을 시험하였을 때에 이에 견디어야 한다.

전로의 종류	접지방식	시험전압 (최대사용 전압의 배수)	최저 시험전압
1. 7[kV] 이하인 전로		1.5배	500[V]
2. 7[kV] 초과 25[kV] 이하	다중접지	0.92배	
3. 7[kV] 초과 60[kV] 이하(2란의 것 제외)		1.25배	10.5[kV]
4. 60[kV] 초과	비접지	1.25배	
5. 60[kV] 초과(6란, 7란의 것 제외)	접지식	1.1배	75[kV]
6. 60[kV] 초과(7란의 것 제외)	직접접지	0.72배	
7. 170[kV] 초과(발전소 또는 변전소 혹은 이에 준하는 장소에 시설하는 것.)	직접접지	0.64배	

답 ③

86 저압 가공전선(다중접지된 중성선은 제외한다)과 고압 가공전선을 동일 지지물에 시설하는 경우 저압 가공전선과 고압 가공전선 사이의 이격거리는 몇 [cm] 이상이어야 하는가? (단, 각도주(角度柱)·분기주(分岐柱) 등에서 혼촉(混觸)의 우려가 없도록 시설하는 경우가 아니다.)

① 50 ② 60 ③ 80 ④ 100

풀이 332.8 고압 가공전선 등의 병행설치
저압 가공전선(다중접지된 중성선은 제외한다. 이하 같다)과 고압 가공전선을 동일 지지물에 시설하는 경우에는 다음에 따라야 한다.
가. 저압 가공전선을 고압 가공전선의 아래로 하고 별개의 완금류에 시설할 것.
나. 저압 가공전선과 고압 가공전선 사이의 이격거리는 0.5[m] 이상일 것.
다. 다음의 어느 하나에 해당하는 경우에는 "가" 및 "나"에 의하지 아니할 수 있다.

① 고압 가공전선에 케이블을 사용하고, 또한 그 케이블과 저압 가공전선 사이의 이격거리를 0.3[m] 이상으로 하여 시설하는 경우
② 저압 가공인입선을 분기하기 위하여 저압 가공전선을 고압용의 완금류에 견고하게 시설하는 경우

답 ①

87 폭연성 분진이 많은 장소의 저압 옥내배선에 적합한 배선공사방법은?
① 금속관 공사
② 애자 공사
③ 합성수지관 공사
④ 가요전선관 공사

풀이 242.2.1 폭연성 분진 위험장소
폭연성 분진(마그네슘·알루미늄·티탄·지르코늄) 또는 화약류의 분말이 전기설비가 발화원이 되어 폭발할 우려가 있는 곳에 시설하는 저압 옥내배선, 저압 관등회로 배선, 소세력 회로의 전선은 금속관공사 또는 케이블공사(캡타이어 케이블을 사용하는 것을 제외한다)에 의할 것.

답 ①

88 변압기에 의하여 154[kV]에 결합되는 3300[V] 전로에는 몇 배 이하의 사용전압이 가하여진 경우에 방전하는 장치를 그 변압기의 단자에 가까운 1극에 시설하여야 하는가?
① 2
② 3
③ 4
④ 5

풀이 322.3 특고압과 고압의 혼촉 등에 의한 위험방지 시설
변압기에 의하여 특고압전로에 결합되는 고압전로에는 사용전압의 3배 이하인 전압이 가하여진 경우에 방전하는 장치를 그 변압기의 단자에 가까운 1극에 설치하여야 한다.

답 ②

89 특고압 가공전선로의 지지물에 시설하는 통신선 또는 이에 직접 접속하는 통신선이 도로·횡단보도교·철도의 레일 등 또는 교류 전차선 등과 교차하는 경우의 시설기준으로 옳은 것은?
① 인장강도 4.0[kN] 이상의 것 또는 지름 3.5[mm] 경동선일 것
② 통신선이 케이블 또는 광섬유 케이블일 때는 이격거리의 제한이 없다.
③ 통신선과 삭도 또는 다른 가공약전류 전선 등 사이의 이격거리는 20[cm] 이상으로 할 것
④ 통신선이 도로·횡단보도교·철도의 레일과 교차하는 경우에는 통신선은 지름 4[mm]의 절연전선과 동등 이상의 절연 효력이 있을 것

풀이 362.2 전력보안통신선의 시설 높이와 이격거리
특고압 가공전선로의 지지물에 시설하는 통신선 또는 이에 직접 접속하는 통신선이 도로·횡단보도교·철도의 레일·삭도·가공전선·다른 가공약전류 전선 등 또는 교류 전차선 등과 교차하는 경우에는 다음에 따라 시설하여야 한다.
가. 통신선이 도로·횡단보도교·철도의 레일 또는 삭도와 교차하는 경우에는 통신선은 연선의 경우 단면적 16[mm^2](단선의 경우 지름 4[mm])의 절연전선과 동등 이상의 절연 효력이 있는 것, 인장강도 8.01[kN] 이상의 것 또는 연선의 경우 단면적 25[mm^2](단선의 경우 지름 5[mm])의 경동선일 것.
나. 통신선과 삭도 또는 다른 가공약전류 전선 등 사이의 이격거리는 0.8[m](통신선이 케이블 또는 광섬유 케이블일 때는 0.4[m]) 이상으로 할 것.

답 ④

90 고압 가공전선으로 ACSR(강심알루미늄연선)을 사용할 때의 안전율은 얼마 이상이 되는 이도(弛度)로 시설하여야 하는가?
① 1.38
② 2.1
③ 2.5
④ 4.01

풀이 332.4 고압 가공전선의 안전율, 222.6 저압 가공전선의 안전율
가공전선이 케이블 이외인 경우 안전율이 다음 이상이 되는 이도로 시설하여야 한다.
가. 경동선 또는 내열 동합금선 : 2.2 이상
나. 그 밖의 전선 : 2.5   **답** ③

91 절연내력시험은 전로와 대지 사이에 연속하여 10분간 가하여 절연내력을 시험하였을 때에 이에 견디어야 한다. 최대 사용전압이 22.9[kV]인 중성선 다중 접지식 가공전선로의 전로와 대지 사이의 절연내력 시험전압은 몇 [V]인가?

① 16488 ② 21068 ③ 22900 ④ 28625

풀이 135 변압기 전로의 절연내력

권선의 종류 (최대사용전압)	접지방식	시험전압 (최대 사용전압의 배수)	최저 시험전압
1. 7[kV] 이하		1.5배	500[V]
	다중접지	0.92배	500[V]
2. 7[kV] 초과 25[kV] 이하	다중접지	0.92배	
3. 7[kV] 초과 60[kV] 이하(2란의 것 제외)		1.25배	10.5[kV]
4. 60[kV] 초과	비접지	1.25배	
5. 60[kV] 초과(6란의 것 제외)	접지식	1.1배	75 [kV]
6. 60[kV] 초과	직접접지	0.72배	
7. 170[kV] 초과	직접접지	0.64배	

※ 전로에 케이블을 사용하는 경우에는 직류로 시험할 수 있으며, 시험 전압은 교류의 경우의 2배가 된다.
∴ 시험 전압 $= 22900 \times 0.92 = 21068[V]$ **답** ②

92 시가지 또는 그 밖에 인가가 밀집한 지역에 154[kV] 가공전선로의 전선을 케이블로 시설하고자 한다. 이때 가공전선을 지지하는 애자장치의 50[%] 충격섬락전압 값이 그 전선의 근접한 다른 부분을 지지하는 애자장치 값의 몇 [%] 이상이어야 하는가?

① 75 ② 100 ③ 105 ④ 110

풀이 333.1 시가지 등에서 특고압 가공전선로의 시설
특고압 가공전선로는 전선이 케이블인 경우 또는 전선로를 다음과 같이 시설하는 경우에는 시가지 그 밖에 인가가 밀집한 지역에 시설할 수 있다.
1. 사용전압이 170[kV] 이하인 전선로를 다음에 의하여 시설하는 경우
 가. 특고압 가공전선을 지지하는 애자장치는 다음 중 어느 하나에 의할 것.
  (1) 50[%] 충격섬락전압 값이 그 전선의 근접한 다른 부분을 지지하는 애자장치 값의 110[%](사용전압이 130[kV]를 초과하는 경우는 105[%]) 이상인 것.
  (2) 아킹혼을 붙인 현수애자·장간애자 또는 라인포스트애자를 사용하는 것.
  (3) 2련 이상의 현수애자 또는 장간애자를 사용하는 것.
  (4) 2개 이상의 핀애자 또는 라인포스트애자를 사용하는 것.   **답** ③

93 뱅크용량 15000[kVA] 이상인 분로리액터에서 자동적으로 전로로부터 차단하는 장치가 동작하는 경우가 아닌 것은?

① 내부 고장 시 ② 과전류 발생 시
③ 과전압 발생 시 ④ 온도가 현저히 상승한 경우

풀이 351.5 조상설비의 보호장치
조상 설비에는 그 내부에 고장이 생긴 경우에 보호하는 장치를 표와 같이 시설하여야 한다.

설비 종별	뱅크 용량의 구분	자동적으로 전로로부터 차단하는 장치
전력용 커패시터 및 분로 리액터	500[kVA] 초과 15,000[kVA] 미만	• 내부에 고장이 생긴 경우 • 과전류가 생긴 경우
	15,000[kVA] 이상	• 내부에 고장이 생긴 경우 • 과전류가 생긴 경우 • 과전압이 생긴 경우
조상기	15,000[kVA] 이상	• 내부에 고장이 생긴 경우

답 ④

94 욕조나 샤워시설이 있는 욕실 또는 화장실 등 인체가 물에 젖어있는 상태에서 전기를 사용하는 장소에 콘센트를 시설하는 경우에 적합한 누전차단기는?

① 정격감도전류 15[mA] 이하, 동작시간 0.03초 이하의 전류동작형 누전차단기
② 정격감도전류 15[mA] 이하, 동작시간 0.03초 이하의 전압동작형 누전차단기
③ 정격감도전류 20[mA] 이하, 동작시간 0.3초 이하의 전류동작형 누전차단기
④ 정격감도전류 20[mA] 이하, 동작시간 0.3초 이하의 전압동작형 누전차단기

풀이 234.5 콘센트의 시설
욕조나 샤워시설이 있는 욕실 또는 화장실 등 인체가 물에 젖어있는 상태에서 전기를 사용하는 장소에 콘센트를 시설하는 경우에는 다음에 따라 시설하여야한다.
가. 인체감전보호용 누전차단기(정격감도전류 15[mA] 이하, 동작시간 0.03[초] 이하의 전류동작형의 것에 한한다) 또는 절연변압기(정격용량 3[kVA] 이하인 것에 한한다)로 보호된 전로에 접속하거나, 인체감전 보호용 누전차단기가 부착된 콘센트를 시설하여야 한다.
나. 콘센트는 접지극이 있는 방적형 콘센트를 사용하여 규정에 준하여 접지하여야 한다.

답 ①

95 풀장용 수중조명등에 전기를 공급하기 위하여 사용되는 절연변압기에 대한 설명으로 틀린 것은?

① 절연변압기 2차측 전로의 사용전압은 150[V] 이하이어야 한다.
② 절연변압기의 2차측 전로에는 반드시 접지공사를 하며, 그 저항값은 5[Ω] 이하가 되도록 하여야 한다.
③ 절연변압기의 2차측 전로의 사용전압이 30[V] 이하인 경우에는 1차 권선과 2차 권선 사이에 금속제의 혼촉방지판이 있어야 한다.
④ 절연변압기의 2차측 전로의 사용전압이 30[V]를 초과하는 경우에는 그 전로에 지락이 생겼을 때에 자동적으로 전로를 차단하는 장치가 있어야 한다.

풀이 234.14 수중조명등
가. 수영장 기타 이와 유사한 장소에 사용하는 수중조명등에 전기를 공급하기 위해서는 절연변압기를 사용하고, 그 사용전압은 다음에 의하여야 한다.
  ① 1차측 전로의 사용전압은 400[V] 이하일 것.
  ② 2차측 전로의 사용전압은 150[V] 이하일 것.
나. 절연변압기의 2차 측 전로는 접지하지 말 것.
다. 절연변압기는 그 2차측 전로의 사용전압이 30[V] 이하인 경우는 1차권선과 2차권선 사이에 금속제의 혼촉방지판을 설치하고, 규정에 준하여 접지공사를 하여야 한다.
라. 절연변압기의 2차측 전로의 사용전압이 30[V]를 초과하는 경우에는 그 전로에 지락이 생겼을 때에 자동적으로 전로를 차단하는 정격감도전류 30[mA] 이하의 누전차단기를 시설하여야 한다.

답 ②

96 발전기를 구동하는 풍차의 압유장치의 유압, 압축공기장치의 공기압 또는 전동식 브레이드 제어장치의 전원전압이 현저히 저하한 경우 발전기를 자동적으로 전로로부터 차단하는 장치를 시설하여야 하는 발전기 용량은 몇 [kVA] 이상인가?

① 100   ② 300   ③ 500   ④ 1000

풀이 351.3 발전기 등의 보호장치
발전기에는 다음의 경우에 자동적으로 이를 전로로부터 차단하는 장치를 시설하여야 한다.
가. 발전기에 과전류나 과전압이 생긴 경우
나. 용량이 500[kVA] 이상의 발전기를 구동하는 수차의 압유 장치의 유압이 현저히 저하한 경우
다. 용량이 100[kVA] 이상의 발전기를 구동하는 풍차의 압유장치의 유압이 현저히 저하한 경우
라. 용량이 2,000[kVA] 이상인 수차 발전기의 스러스트 베어링의 온도가 현저히 상승한 경우
마. 용량이 10,000[kVA] 이상인 발전기의 내부에 고장이 생긴 경우
바. 정격출력이 10,000[kW]를 초과하는 증기터빈은 그 스러스트베어링이 현저하게 마모되거나 그의 온도가 현저히 상승한 경우   **답** ①

97 가공전선로의 지지물에 사용하는 지선의 시설기준과 관련된 내용으로 틀린 것은?

① 지선에 연선을 사용하는 경우 소선(素線) 3가닥 이상의 연선일 것
② 지선의 안전율은 2.5 이상, 허용 인장하중의 최저는 3.31[kN]으로 할 것
③ 지선에 연선을 사용하는 경우 소선의 지름이 2.6[mm] 이상의 금속선을 사용한 것일 것
④ 가공전선로의 지지물로 사용하는 철탑은 지선을 사용하여 그 강도를 분담시키지 않을 것

풀이 331.11 지선의 시설
가. 가공전선로의 지지물로 사용하는 철탑은 지선을 사용하여 그 강도를 분담시켜서는 안 된다.
나. 지선의 안전율은 2.5 이상일 것. 이 경우에 허용 인장하중의 최저는 4.31[kN]으로 한다.
다. 지선에 연선을 사용할 경우에는 다음에 의할 것.
    ① 소선 3가닥 이상의 연선일 것.
    ② 소선의 지름이 2.6[mm] 이상의 금속선을 사용한 것일 것.
라. 지중부분 및 지표상 0.3[m]까지의 부분에는 내식성이 있는 것 또는 아연도금을 한 철봉을 사용하고 쉽게 부식되지 않는 근가에 견고하게 붙일 것.
마. 도로를 횡단하여 시설하는 지선의 높이는 지표상 5[m] 이상으로 하여야 한다.   **답** ②

98 발열선을 도로, 주차장 또는 조영물의 조영재에 고정시켜 시설하는 경우, 발열선에 전기를 공급하는 전로의 대지전압은 몇 [V] 이하이어야 하는가?

① 220   ② 300   ③ 380   ④ 600

풀이 241.12 도로 등의 전열장치
가. 발열선에 전기를 공급하는 전로의 대지전압은 300[V] 이하일 것.
나. 발열선은 그 온도가 80[℃]를 넘지 아니하도록 시설할 것. 다만, 도로 또는 옥외주차장에 금속피복을 한 발열선을 시설할 경우에는 발열선의 온도를 120[℃] 이하로 할 수 있다.
다. 발열선은 다른 전기설비·약전류전선 등 또는 수관·가스관이나 이와 유사한 것에 전기적·자기적 또는 열적인 장해를 주지 아니하도록 시설할 것.   **답** ②

> 출제기준 변경 및 개정된 관계 법규에 따라 삭제된 문제가 있어 20문항이 안됩니다.

2020년 4회

20년간 전기산업기사필기

> 동일출판사 홈페이지에서 무료 동영상강의를 보실 수 있습니다.

1과목 전기자기

01 반지름 a[m]인 접지 도체구의 중심에서 r[m]되는 거리에 점전하 Q[C]을 놓았을 때 도체구에 유도된 총 전하는 몇 [C]인가?

① 0
② $-Q$
③ $-\dfrac{a}{r}Q$
④ $-\dfrac{r}{a}Q$

풀이 점 P에서 Q의 전하를 주고 도체구를 접지($V_1 = 0$)하였을 때 유도되는 전하를 Q'라 하면
$V_1 = P_{11}Q' + P_{12}Q = 0$

$\therefore Q' = -\dfrac{P_{12}}{P_{11}}Q = \dfrac{\frac{1}{4\pi\epsilon_0 r}}{\frac{1}{4\pi\epsilon_0 a}}Q = -\dfrac{a}{r}Q$ [C]

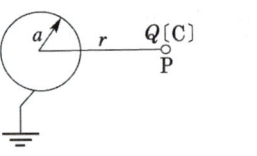

답 ③

02 비유전율이 2.4인 유전체 내의 전계의 세기가 100[mV/m]이다. 유전체에 저축되는 단위체적 당 정전에너지는 몇 [J/m³]인가?

① 1.06×10^{-13}
② 1.77×10^{-13}
③ 2.32×10^{-13}
④ 2.32×10^{-11}

풀이 유전체 내에 저장되는 에너지 밀도
$w = \dfrac{ED}{2} = \dfrac{1}{2}\epsilon E^2 = \dfrac{1}{2}\dfrac{D^2}{\epsilon}$ [J/m³] 식에서
$w = \dfrac{1}{2}\epsilon_o \epsilon_s E^2 = \dfrac{1}{2} \times 2.4 \times 8.855 \times 10^{-12} \times (100 \times 10^{-3})^2 = 1.06 \times 10^{-13}$ [J/m³]

답 ①

03 액체 유전체를 넣은 콘덴서의 용량이 30[μF]이다. 여기에 500[V]의 전압을 가했을 때 누설전류는 약 얼마인가? (단, 고유저항 ρ는 10^{11}[Ω·m], 비유전율 ϵ_s는 2.2이다.)

① 5.1[mA]
② 7.7[mA]
③ 10.2[mA]
④ 15.4[mA]

풀이 $RC = \rho\epsilon$ [s] → $R = \dfrac{\rho\epsilon}{C}$ [Ω]

$\therefore I = \dfrac{V}{R} = \dfrac{CV}{\rho\epsilon} = \dfrac{CV}{\rho\epsilon_0\epsilon_s} = \dfrac{30 \times 10^{-6} \times 500}{10^{11} \times 8.855 \times 10^{-12} \times 2.2} = 0.0077$ [A] $= 7.7$ [mA]

답 ②

04 투자율이 다른 두 자성체의 경계면에서 굴절각과 입사각의 관계가 옳은 것은?
(단, μ : 투자율, θ_1 : 입사각, θ_2 : 굴절각이다.)

① $\dfrac{\sin\theta_1}{\sin\theta_2} = \dfrac{\mu_1}{\mu_2}$ ② $\dfrac{\tan\theta_2}{\tan\theta_1} = \dfrac{\mu_1}{\mu_2}$

③ $\dfrac{\cos\theta_1}{\cos\theta_2} = \dfrac{\mu_1}{\mu_2}$ ④ $\dfrac{\tan\theta_1}{\tan\theta_2} = \dfrac{\mu_1}{\mu_2}$

풀이
- 자계세기 접선 성분의 연속성 $H_1\sin\theta_1 = H_2\sin\theta_2$
- 자속 밀도 법선 성분의 연속성 $B_1\cos\theta_1 = B_2\cos\theta_2$
- 굴절각 : $\dfrac{\tan\theta_1}{\tan\theta_2} = \dfrac{\mu_1}{\mu_2}$

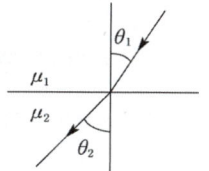

답 ④

05 비유전율 $\epsilon_s = 5$인 유전체 내의 분극률은 몇 [F/m]인가?

① $\dfrac{10^{-8}}{9\pi}$ ② $\dfrac{10^9}{9\pi}$ ③ $\dfrac{10^{-9}}{9\pi}$ ④ $\dfrac{10^8}{9\pi}$

풀이 분극의 세기 $P = \epsilon_0(\epsilon_s - 1)E$ 식에서

분극률 $\chi = \dfrac{P}{E} = \epsilon_0(\epsilon_s - 1) = \dfrac{1}{36\pi \times 10^9} \times (5-1) = \dfrac{10^{-9}}{9\pi}$ [F/m]

($\epsilon_0 = \dfrac{10^7}{4\pi C^2} = \dfrac{1}{36\pi \times 10^9}$, C : 빛의 속도 $= 3 \times 10^8$ [m/s])

답 ③

06 평행판 콘덴서의 양극판 면적을 3배로 하고 간격을 $\dfrac{1}{3}$로 줄이면 정전용량은 처음의 몇 배가 되는가?

① 1 ② 3 ③ 6 ④ 9

풀이 면적 S_1, 간격 d_1인 평행판 콘덴서의 정전용량을 C_1이라 하면 $C_1 = \dfrac{\epsilon_0}{d_1}S_1$

문제에서 $d = \dfrac{1}{3}d_1$, $S = 3S_1$이므로 구하는 용량은

∴ $C = \dfrac{\epsilon_0}{\frac{1}{3}d_1} \cdot 3S_1 = 9\dfrac{\epsilon_0}{d_1}S_1 = 9C_1$

답 ④

07 패러데이관의 설명 중 틀린 것은?
① +1[C]의 진전하에 −1[C]의 진전하로 끝나는 1개의 관으로 가정한다.
② 관의 양끝에는 정, 부의 단위 진전하가 있다.
③ 관의 밀도는 전속밀도와 동일하다.
④ 관속에 있는 전속수는 진전하가 있으면 일정하고 연속이다.

풀이 Faraday관은 +1[C]의 진전하에서 나와서 -1[C]의 진전하로 들어가는 한 개의 관으로 Faraday관수(전속수)는 관속에 진전하가 없으면 일정하다. 즉, 연속적이다. **답** ④

08 진공 중에 있는 반지름 a[m]인 도체구의 표면전하밀도가 σ[C/m²] 일 때 도체구 표면의 전계의 세기는 몇 [V/m]인가?

① $\dfrac{\sigma}{\epsilon_0}$ ② $\dfrac{\sigma}{2\epsilon_0}$ ③ $\dfrac{\sigma^2}{2\epsilon_0}$ ④ $\dfrac{\epsilon_0 \sigma^2}{2}$

풀이
- 전하밀도 σ[C/m²]에서 나오는 전기력선 밀도는 $\dfrac{\sigma}{\epsilon_0}$[개/m²]$= \dfrac{\sigma}{\epsilon_0}$[V/m]가 된다.
- 반지름 a[m]인 도체구에서도 역시 표면 전계의 세기는 $\dfrac{\sigma}{\epsilon_0}$[V/m]이다. **답** ①

09 다른 종류의 금속선으로 된 폐회로의 두 접합점의 온도를 달리하였을 때 전기가 발생하는 효과는?

① 제벡 효과   ② 펠티에 효과   ③ 톰슨 효과   ④ 파이로 효과

풀이
① 제벡 효과 : 두 종류 금속 접속면에 온도차가 있으면 기전력이 발생하는 효과
② 펠티에 효과 : 두 종류 금속 접속면에 전류를 흘리면 접속점에서 열의 흡수, 발생이 일어나는 효과
③ 톰슨 효과 : 동일한 금속 도선의 두 점간에 온도차를 주고, 고온 쪽에서 저온 쪽으로 전류를 흘리면 도선 속에서 열이 발생되거나 흡수가 일어나는 현상
④ 파이로 전기(초전기) : 로셀염, 수정 등에 열을 가하거나 냉각을 하면 전기 분극이 발생 **답** ①

10 철심에 도선을 250회 감고 1.2[A]의 전류를 흘렸더니 1.5×10^{-3}[Wb]의 자속이 생겼다. 자기저항[AT/Wb]은?

① 2×10^5 ② 3×10^5 ③ 4×10^5 ④ 5×10^5

풀이 기자력 $F = R_m \phi$[AT]이므로
자기저항 $R_m = \dfrac{F}{\phi} = \dfrac{NI}{\phi} = \dfrac{250 \times 1.2}{1.5 \times 10^{-3}} = 200 \times 10^3 = 2 \times 10^5$[AT/Wb] **답** ①

11 감자율(Demagnetization factor)이 "0"인 자성체로 가장 알맞은 것은?

① 환상 솔레노이드   ② 굵고 짧은 막대 자성체
③ 가늘고 긴 막대 자성체   ④ 가늘고 짧은 막대 자성체

풀이
- 감자력은 자화의 세기에 비례하며, 이때 비례 상수를 감자율이라 한다.
- 잘려진 극이 존재하지 않으면 감자율이 0이 되는데, 환상 솔레노이드(toroid)가 무단(無端) 철심이므로 이에 해당한다.
- 환상 솔레노이드를 제외하면 가늘고 긴 막대 자성체가 자계와 평행으로 놓여 있을 때 감자율이 거의 0에 가깝다.
- 가늘고 긴 막대 자성체가 자계와 직각으로 놓여 있을 때는 감자율이 거의 1로 가장 크다.
- 구(球)인 경우 감자율 $N = \dfrac{1}{3}$이다. **답** ①

12 내압과 용량이 각각 200[V] 5[μF], 300[V] 4[μF], 400[V] 3[μF], 500[V] 3[μF]인 4개의 콘덴서를 직렬연결하고, 양단에 직류전압을 가하여 전압을 서서히 상승시키면 최초로 파괴되는 콘덴서는? (단, 콘덴서의 재질이나 형태는 동일하다.)

① 200[V] 5[μF]
② 300[V] 4[μF]
③ 400[V] 3[μF]
④ 500[V] 3[μF]

풀이 직렬회로에서 각 콘덴서의 전하용량이 작을수록 빨리 파괴된다.
- $Q_1 = C_1 \times V_1 = 5 \times 10^{-6} \times 200 = 1 \times 10^{-3}$[C]
- $Q_2 = C_2 \times V_2 = 4 \times 10^{-6} \times 300 = 1.2 \times 10^{-3}$[C]
- $Q_3 = C_3 \times V_3 = 3 \times 10^{-6} \times 400 = 1.2 \times 10^{-3}$[C]
- $Q_4 = C_4 \times V_4 = 3 \times 10^{-6} \times 500 = 1.5 \times 10^{-3}$[C]

따라서 전하용량이 $Q_4 > Q_3 = Q_2 > Q_1$이므로 전하용량이 가장 작은 200[V] 5[μF]의 콘덴서가 가장 빨리 파괴된다.   답 ①

13 유전체에서 변위전류를 발생하는 것은?

① 분극전하밀도의 시간적 변화
② 분극전하밀도의 공간적 변화
③ 자속밀도의 시간적 변화
④ 전속밀도의 시간적 변화

풀이 변위전류밀도 $i_d = \dfrac{\partial D}{\partial t}$

즉, 변위 전류는 전속 밀도의 시간적 변화에 의해서 발생한다.   답 ④

14 전자석의 재료로 가장 적당한 것은?

① 잔류자기와 보자력이 모두 커야 한다.
② 잔류자기는 작고, 보자력은 커야 한다.
③ 잔류자기와 보자력이 모두 작아야 한다.
④ 잔류자기는 크고, 보자력은 작아야 한다.

풀이 히스테리시스 곡선
영구자석의 재료는 잔류 자기(B_r)와 보자력(H_c)이 모두 커야 하나, 전자석(일시 자석)의 재료는 잔류 자기(B_r)가 크고 보자력(H_c)과 히스테리시스 곡선의 면적이 모두 작아야 한다.

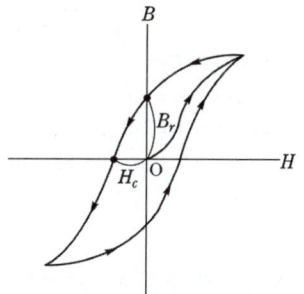

답 ④

15 0.2[Wb/m²]의 평등자계 속에 자계와 직각방향으로 놓인 길이 30[cm]의 도선을 자계와 30°의 방향으로 30[m/s]의 속도로 이동시킬 때 도체 양단에 유기되는 기전력은 몇 [V]인가?

① 0.45 ② 0.9 ③ 1.8 ④ 90

풀이 유기기전력 $e = Blv\sin\theta = 0.2 \times 0.3 \times 30 \times \sin 30° = 0.9$[V]   답 ②

16 쌍극자 자기 모멘트를 이용하면 자화율과 절대 온도의 관계는 어떠한가?

① 항상 같다.   ② 비례 한다.   ③ 반비례한다.   ④ 관계가 없다.

풀이 퀴리의 법칙 : 물질의 자화율은 절대온도 T에 반비례한다.
$\chi = \dfrac{C}{(T-\Theta)}$ (χ : 자화율, C : 퀴리상수, Θ : 퀴리온도)

답 ③

17 전자계에서 맥스웰의 기본 이론이 아닌 것은?

① 고립된 자극이 존재하지 않는다.
② 전하에서 전속선이 발산된다.
③ 전도 전류와 변위전류는 자계를 발생한다.
④ 자계의 시간적 변화에 따라 자계의 회전이 생긴다.

풀이 자계의 시간적 변화에 따라 전계의 회전이 생긴다.

답 ④

18 비유전율이 3인 유전체 내의 한 점의 전장이 3×10^5[V/m]일 때, 이 점의 분극의 세기는 몇 [C/m²]인가?

① 1.77×10^{-6}[C/m²]   ② 5.31×10^{-6}[C/m²]
③ 7.08×10^{-6}[C/m²]   ④ 8.85×10^{-6}[C/m²]

풀이 분극의 세기 $P = \epsilon_0(\epsilon_s - 1)E = 8.855 \times 10^{-12} \times (3-1) \times 3\times 10^5 = 5.31 \times 10^{-6}$[C/m²]

답 ②

19 자계의 세기가 2×10^4[AT/m]인 평등자계 내에서 자계와 30° 각도로 무한장 직선 도체를 놓고 도체에 전류 2[A]를 흘렸을 경우, 도체에 작용하는 단위길이 당의 힘은 몇 [N/m]인가?

① $2\pi \times 10^{-3}$ ② $4\pi \times 10^{-3}$ ③ $6\pi \times 10^{-3}$ ④ $8\pi \times 10^{-3}$

풀이 자속밀도 B는
$B = \mu H = 4\pi \times 10^{-7} \times 2 \times 10^4 = 8\pi \times 10^{-3}$[Wb/m²]
따라서 도체에 작용하는 단위길이당의 힘 F는
$F = IBl\sin\theta = 2 \times 8\pi \times 10^{-3} \times \sin 30° = 8\pi \times 10^{-3}$[N/m]

답 ④

20 자기 쌍극자의 중심축으로부터 r[m]인 점의 자계의 세기에 관한 설명으로 옳은 것은?

① r에 비례한다.   ② r^2에 비례한다.
③ r^2에 반비례한다.   ④ r^3에 반비례한다.

풀이
- 자기 쌍극자에 의한 자위 $U = \dfrac{M\cos\theta}{4\pi\mu_0 r^2}$[AT] $\propto \dfrac{1}{r^2}$
- 자기 쌍극자에 의한 자계 $H = \dfrac{M\sqrt{1+3\cos^2\theta}}{4\pi\mu_0 r^3}$[AT/m] $\propto \dfrac{1}{r^3}$

답 ④

2과목 전력공학

21 수전단전압 60,000[V], 전류 200[A], 선로의 저항 $R = 7.5[\Omega]$, 리액턴스 $X = 10.8[\Omega]$일 때, 전압강하율은 몇 [%]인가? 단, 수전단 역률은 0.8이라 한다.

① 6.38   ② 6.82   ③ 7.21   ④ 7.87

풀이 전압강하율 $\epsilon = \dfrac{V_s - V_r}{V_r} \times 100 = \dfrac{e}{V_r} \times 100 = \dfrac{\sqrt{3}I(R\cos\theta + X\sin\theta)}{V_r} \times 100$

$= \dfrac{\sqrt{3} \times 200(7.5 \times 0.8 + 10.8 \times 0.6)}{60,000} \times 100 = 7.21[\%]$

답 ③

22 출력 20,000[kW]의 화력발전소가 부하율 80[%]로 운전할 때 1일의 석탄소비량은 약 몇 ton인가? (단, 보일러 효율 80[%], 터빈의 열 사이클 효율 35[%], 터빈 효율 85[%], 발전기 효율 76[%], 석탄의 발열량은 5500[kcal/kg]이다.)

① 275   ② 293   ③ 312   ④ 333

풀이 1[kWh] = 860[kcal]이므로
시간 × 860 × 최대 전력 × 부하율 = 발열량 × 석탄 소비량[kg] × η[효율]
$24 \times 860 \times 20000 \times 0.8 = 5500 \times x \times 10^3 \times 0.85 \times 0.8 \times 0.35 \times 0.76$

따라서 소비량 $x = \dfrac{860 \times 20000 \times 0.8 \times 24}{5500 \times 10^3 \times 0.85 \times 0.8 \times 0.35 \times 0.76} = 332[t]$

답 ④

23 단상 2선식을 100[%]로 하여 3상 3선식의 부하 전력 및 전압을 같게 하였을 때 선로 전류의 비[%]는?

① 38   ② 48   ③ 58   ④ 68

풀이 단상 2선식과 3상 3선식의 부하전력(P) 및 전압(V)을 같게하면,
$P = VI_1 \cos\theta = \sqrt{3} \, VI_3 \cos\theta$
$I_1 = \sqrt{3} \, I_3$

따라서 전류비 $= \dfrac{I_3}{I_1} \times 100 = \dfrac{1}{\sqrt{3}} \times 100 = 58[\%]$

답 ③

24 과전류 계전기(OCR)의 탭값을 옳게 설명한 것은?

① 계전기의 최소 동작전류   ② 계전기의 최대 부하전류
③ 계전기의 동작 시한   ④ 변류기의 권수비

풀이
- 과전류 계전기는 전류가 어느 정규값 이상으로 흘렀을 경우에 계전기가 동작하여 전기회로를 차단하여 기기를 보호하는 장치이다.
- 과전류 계전기의 탭은 최소 동작전류를 정정한다.

답 ①

25 압축된 공기를 아크에 불어 넣어서 차단하는 차단기는?

① ABB ② MBB ③ VCB ④ ACB

풀이 소호 원리에 따른 차단기의 종류

차단기 종류	약어	소호 원리
유입 차단기	OCB	소호실에서 아크에 의한 절연유 분해 가스의 흡부력을 이용해서 차단
기중 차단기	ACB	대기 중에서 아크를 길게 하여 소호실에서 냉각 차단
자기 차단기	MBB	대기 중에서 전자력을 이용하여 아크를 소호실내로 유도해서 냉각차단
공기차단기	ABB	압축된 공기를 아크에 불어 넣어서 차단
진공 차단기	VCB	고진공 중에서 전자의 고속도 확산에 의해 차단
가스 차단기	GCB	고성능 절연 특성을 가진 특수 가스(SF_6)를 흡수해서 차단

답 ①

26 송배전선로에서 전선의 수평장력을 2배로 하고 또 경간을 2배로 하면 전선의 이도는 처음보다 어떻게 되는가?

① $\frac{1}{4}$로 줄어든다. ② $\frac{1}{2}$로 줄어든다.

③ 2배로 늘어난다. ④ 4배로 늘어난다.

풀이 이도 $D = \frac{WS^2}{8T}$[m] 이므로

(여기서 W : 단위 길이당 전선의 중량[kg/m], S : 경간[m], T : 전선의 수평장력[kg])
따라서 전선의 수평장력과 경간을 2배로 할 때의 이도 D'는

$$D' = \frac{W \times (2S)^2}{8 \times (2T)} = \frac{W \times 4S^2}{8 \times 2T} = 2 \times \frac{WS^2}{8T} = 2D$$

즉 처음보다 2배로 늘어난다.

답 ③

27 단선식 전력선과 단선식 통신선이 그림과 같이 근접되었을 때, 통신선의 정전유도전압 E_0는?

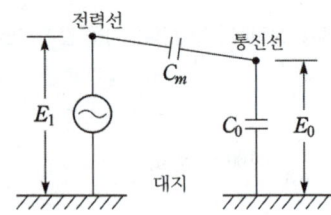

① $\frac{C_m}{C_0 + C_m} E_1$ ② $\frac{C_0 + C_m}{C_m} E_1$ ③ $\frac{C_0}{C_0 + C_m} E_1$ ④ $\frac{C_0 + C_m}{C_0} E_1$

풀이 콘덴서 직렬접속 회로로 보면

$C_m E_m = C_0 E_0 = \frac{C_m C_0}{C_m + C_0} E_1$ 에서

($\because Q_m = Q_0 = Q_1$)

$\therefore E_0 = \frac{C_m}{C_0 + C_m} E_1$

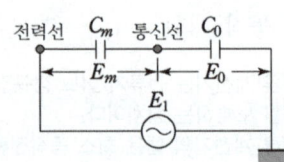

답 ①

28 3상 3선식 복도체 방식의 송전선로를 3상 3선식 단도체 방식 송전선로와 비교한 것으로 알맞은 것은? (단, 단도체의 단면적은 복도체 방식 소선의 단면적 합과 같은 것으로 한다.)
① 전선의 인덕턴스와 정전용량은 모두 감소한다.
② 전선의 인덕턴스와 정전용량은 모두 증가한다.
③ 전선의 인덕턴스는 증가하고, 정전용량은 감소한다.
④ 전선의 인덕턴스는 감소하고, 정전용량은 증가한다.

풀이 복도체 방식의 장점
① 전선의 인덕턴스가 감소하고 정전용량이 증가되어 선로의 송전 용량이 증가하고 계통의 안정도를 증진시킨다.
② 전선 표면의 전위 경도가 저감되므로 코로나 임계전압을 높일 수 있고 코로나손, 코로나 잡음 등의 장해가 저감된다. **답** ④

29 가공 송전선에 사용되는 애자 1연 중 전압부담이 최대인 애자는?
① 중앙에 있는 애자
② 철탑에 제일 가까운 애자
③ 전선에 제일 가까운 애자
④ 전선으로부터 1/4 지점에 있는 애자

풀이
• 전압 분담 최대 : 전선 쪽 애자
• 전압 분담 최소 : 철탑에서 1/3 지점에 있는 애자(전선에서 2/3 지점에 있는 애자) **답** ③

30 비등수형 원자로의 특색에 대한 설명으로 옳지 않은 것은?
① 증기 발생기가 필요하다.
② 저농축 우라늄을 연료로 사용한다.
③ 순환펌프로서는 급수펌프뿐이므로 펌프동력이 작다.
④ 방사능 때문에 증기는 완전히 기수분리를 해야 한다.

풀이 비등수형 원자로의 특징
① 증기 발생기가 필요 없고, 열교환기도 필요 없다.
② 증기가 직접 터빈에 들어가기 때문에 누출을 철저히 방지해야 한다.
③ 소내용 동력은 적어도 된다.
④ 노 내의 물의 압력이 높지 않다.
⑤ 노심 및 압력 용기가 커진다. **답** ①

31 250[mm] 현수 애자 10개를 직렬로 접속한 애자연의 건조 섬락 전압이 590[kV]이고 연효율(string efficiency) 0.74이다. 현수 애자 한 개의 건조 섬락 전압은 약 몇 [kV]인가?
① 80 ② 90 ③ 100 ④ 120

풀이 $\eta = \dfrac{V_n}{nV_1}$ 이므로
(여기서, V_n : 애자련의 섬락전압, n : 애자련의 애자개수, V_1 : 애자 1개의 섬락전압)
∴ $V_1 = \dfrac{V_n}{n\eta} = \dfrac{590}{10 \times 0.74} ≒ 80[kV]$ **답** ①

32 단일 부하의 선로에서 부하율 50[%], 선로 전류의 변화 곡선의 모양에 따라 달라지는 계수 $\alpha = 0.2$인 배전선의 손실계수는 얼마인가?

① 0.05　　　　② 0.15　　　　③ 0.25　　　　④ 0.30

풀이　손실계수 $H = \alpha F + (1-\alpha)F^2 = 0.2 \times 0.5 + (1-0.2) \times 0.5^2 = 0.3$　　**답 ④**

33 부하전류의 차단능력이 없는 것은?

① 공기차단기　　② 유입차단기　　③ 진공차단기　　④ 단로기

풀이
- 차단기(CB) : 아크 소호 능력이 있어 부하전류나 사고전류의 차단이 가능하다.
- 단로기(DS) : 아크 소호 능력이 없어 부하전류나 사고 전류의 개폐가 불가능하며, 기기를 전로에서 개방할 때 또는 모선의 접속 변경 시 사용한다.　　**답 ④**

34 그림과 같은 단상 2선식 배선에서 인입구 A점의 전압이 220[V]라면 C점의 전압[V]은? (단, 저항값은 1선의 값이며 AB간은 0.05[Ω], BC간은 0.1[Ω]이다.)

① 214
② 210
③ 196
④ 192

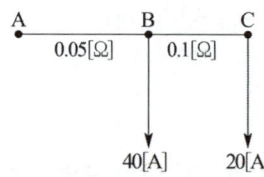

풀이
- B점의 전압 $V_B = V_A - 2IR = 220 - 2 \times (40+20) \times 0.05 = 214[V]$
- C점의 전압 $V_C = V_B - 2IR = 214 - 2 \times 20 \times 0.1 = 210[V]$　　**답 ②**

35 배전선로의 손실을 경감시키는 방법이 아닌 것은?

① 전압조정　　　　　　　② 역률 개선
③ 다중접지방식 채용　　　④ 부하의 불평형 방지

풀이　배전선로의 전력손실 $P_L = 3I^2 r = \dfrac{\rho W^2 L}{AV^2 \cos^2\theta}$

여기서, ρ : 고유저항, W : 부하전력, L : 배전 거리, A : 전선의 단면적
V : 수전 전압, $\cos\theta$: 부하역률　　**답 ③**

36 원자로에서 독작용을 올바르게 설명한 것은?

① 열중성자가 독성을 받는 것을 말한다.
② 방사성 물질이 생체에 유해작용을 하는 것을 말한다.
③ 열중성자 이용률이 저하되고 반응도가 감소되는 작용을 말한다.
④ $_{54}Xe^{135}$와 $_{62}Sm^{149}$가 인체에 독성을 주는 작용을 말한다.

풀이 원자로 운전 중 연료 내에 핵분열 생성 물질이 축적된다. 이 핵분열 생성물 중에서 열중성자의 흡수 단면적이 큰 것이 포함되어 있다. 이것이 원자로의 반응도를 저하시키는 작용을 한다. 이것을 독작용(poisoning)이라 하고 열중성자 흡수 단면적이 큰 핵분열 생성물을 독물질(poison)이라고 한다. **답 ③**

37. 전선 지지점에 고저차가 없는 경간 300[m]인 송전선로가 있다. 이도를 8[m]로 유지할 경우 지지점 간의 전선 길이는 약 몇 [m]인가?

① 300.1[m] ② 300.3[m] ③ 300.6[m] ④ 300.9[m]

풀이 전선의 길이 $L = S + \dfrac{8D^2}{3S} = 300 + \dfrac{8 \times 8^2}{3 \times 300} = 300.57[m]$ **답 ③**

38. 전력계통에서 무효전력을 조정하는 조상설비 중 전력용 콘덴서를 동기조상기와 비교할 때 옳은 것은?

① 전력손실이 크다.
② 지상 무효전력분을 공급할 수 있다.
③ 전압조정을 계단적으로 밖에 못한다.
④ 송전선로를 시송전할 때 선로를 충전할 수 있다.

풀이 조상 설비

항 목	동기조상기	전력용 콘덴서	분로 리액터
무효전력	진상, 지상 양용	진상전용	지상전용
조정	연속적	계단적	계단적
시송전	가능	불가능	불가능

답 ③

39. 수전단에 관련된 다음 사항 중 틀린 것은?

① 경부하 시 수전단에 설치된 동기조상기는 부족여자로 운전
② 중부하 시 수전단에 설치된 동기조상기는 부족여자로 운전
③ 중부하 시 수전단에 전력 콘덴서를 투입
④ 시충전 시 수전단전압이 송전단보다 높게 됨

풀이 경부하 시 수전단에 설치된 동기조상기는 부족여자로 운전하고, 중부하 시 수전단에 설치된 동기조상기는 과여자로 운전한다.
 • 경부하 시 부족여자 운전 : 리액터로 작용
 • 중부하 시 과여자 운전 : 콘덴서로 작용 **답 ②**

40. 3상용 차단기의 정격차단용량이라 함은?

① 정격전압×정격차단전류
② $\sqrt{3}$×정격전압×정격전류
③ 3×정격전압×정격차단전류
④ $\sqrt{3}$×정격전압×정격차단전류

풀이 3상용 차단기 용량 $P_s = \sqrt{3}\,VI_s = \sqrt{3}$ × 정격전압 × 정격차단전류 **답 ④**

3과목 전기기기

41 직류 타여자발전기의 부하전류와 전기자전류의 크기는?
① 부하전류가 전기자전류보다 크다.
② 전기자전류가 부하전류보다 크다.
③ 전기자전류와 부하전류가 같다.
④ 전기자전류와 부하전류는 항상 0이다.

풀이 타여자 발전기는 외부에서 계자권선 F에 직류 전원을 공급하므로 잔류 자기가 없어도 되며, **전기자 전류(I_a)와 부하전류(I)의 크기가 같다.**

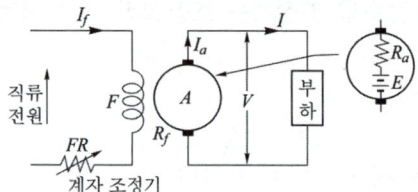

답 ③

42 직류분권전동기 기동 시 계자 저항기의 저항값은?
① 최대로 해 둔다.   ② 0(영)으로 해 둔다.
③ 중간으로 해 둔다.   ④ 1/3로 해 둔다.

풀이 직류분권전동기의 기동
$\tau = K\Phi I_a$, $I_f = \dfrac{V}{R_f + R_{FR}}$ 이므로 기동토크를 크게 하려면 자속, 즉 여자전류가 클수록 좋다. 따라서 계자권선과 직렬로 되어 있는 **계자 저항(R_{FR})을 0으로 해 둔다.**

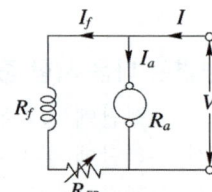

답 ②

43 직류기에서 양호한 정류를 얻는 조건으로 틀린 것은?
① 정류 주기를 크게 한다.
② 브러시의 접촉저항을 크게 한다.
③ 전기자 권선의 인덕턴스를 작게 한다.
④ 평균 리액턴스 전압을 브러시 접촉면 전압강하보다 크게 한다.

풀이 ① 정류 주기를 크게 하면 전류의 변화율, 즉 $\dfrac{di}{dt}$가 작아져서 불꽃 발생의 원인이 작아진다.
② L이 작아져도 역시 불꽃 발생의 근본 원인인 역기전력이 작아진다.
③ **리액턴스 전압**은 $e_r = -L\dfrac{di}{dt}$로서 이것이 **정류를 해치는 가장 큰 원인**이 되는 것이다.
④ 브러시의 접촉저항이 크면 저항 정류가 이루어져서 양호한 정류가 이루어진다.

답 ④

44 3상 직권 정류자 전동기의 중간변압기의 사용목적은?

① 역회전의 방지
② 역회전을 위하여
③ 전동기의 특성을 조정
④ 직권 특성을 얻기 위하여

풀이 3상 직권 정류자 전동기의 중간 변압기는 고정자 권선과 회전자 권선 사이에 직렬로 접속되며 이 중간 변압기를 사용하는 주요한 이유는 다음과 같다.
① 전원전압의 크기에 관계없이 정류에 알맞은 회전자 전압을 선택할 수 있다.
② 중간 변압기의 권수비를 바꾸어 전동기의 특성을 조정할 수 있다.
③ 직권 특성이기 때문에 경부하에서는 속도가 매우 상승하나 중간 변압기를 사용, 그 철심을 포화하도록 하면 그 속도 상승을 제한할 수 있다.

답 ③

45 변압기의 전일 효율을 최대로 하기 위한 조건은?

① 전부하 시간이 길수록 철손을 적게 한다.
② 전부하 시간과 관계없이 전부하 철손과 동손을 같게 한다.
③ 전부하 시간이 짧을수록 철손을 크게 한다.
④ 전부하 시간이 짧을수록 무부하 손을 적게 한다.

풀이 전일 효율이 최대가 되려면,
$$24P_i = \sum h P_c$$
$$\therefore P_i = (\sum h/24) P_c$$
즉, 전부하 시간이 길수록 철손 P_i를 크게 하고 짧을수록 철손(무부하손) P_i를 작게 한다.

답 ④

46 유도전동기의 특성에서 토크와 2차 입력 및 동기속도의 관계는?

① 토크는 2차 입력에 비례하고, 동기속도에 반비례 한다.
② 토크는 2차 입력과 동기속도의 곱에 비례 한다.
③ 토크는 2차 입력에 반비례하고, 동기속도에 비례 한다.
④ 토크는 2차 입력의 자승에 비례하고, 동기속도의 자승에 반비례 한다.

풀이 토크 $\tau = \dfrac{P_2}{2\pi n_s}$

즉, 토크 τ는 2차 입력 P_2에 비례하고 동기속도 n_s에 반비례한다.

답 ①

47 3상 동기발전기에 무부하 전압보다 90° 늦은 전기자 전류가 흐를 때 전기자 반작용은?

① 교차자화작용을 한다.
② 자기여자 작용을 한다.
③ 감자 작용을 한다.
④ 증자작용을 한다.

풀이

분류	동기발전기	동기전동기
전압과 동상	교차 자화작용	교차 자화작용
진상전류	증자작용	감자 작용
지상전류	감자 작용	증자작용

답 ③

48 직류기에서 전기자 반작용이란 전기자 권선에 흐르는 전류로 인하여 생긴 자속이 무엇에 영향을 주는 현상인가?

① 모든 부분에 영향을 주는 현상
② 계자극에 영향을 주는 현상
③ 감자 작용만을 하는 현상
④ 편자 작용만을 하는 현상

풀이 ① 전기자 반작용 : 전기자 전류에 의하여 발생한 자속이 계자에 의해 발생 되는 주자속에 영향을 주는 현상
② 전기자 반작용의 방지대책

보극과 보상권선 설치	보극 → 중성축 부근의 전기자 반작용 상쇄
	보상권선 → 대부분의 전기자 반작용 상쇄 : 가장 유효한 방법

답 ②

49 직류발전기의 무부하 특성곡선은 다음 중 어느 관계를 표시한 것인가?

① 계자전류−부하전류
② 단자전압−계자전류
③ 단자전압−회전속도
④ 부하전류−단자전압

풀이 무부하 특성곡선
회전속도가 일정하고 무부하 상태일 경우, 계자전류(I_f)와 유도 기전력(E)과의 관계 곡선을 나타낸 것

답 ②

50 다음 중 무부하 특성곡선이 존재하지 않는 발전기는?

① 직류 직권 발전기
② 직류분권발전기
③ 직류 차동복권 발전기
④ 직류 가동복권 발전기

풀이
• 무부하 특성곡선은 계자전류와 전압과의 관계 곡선이다.
• 직류 직권 발전기는 전기자와 계자권선이 직렬로 접속되어 있어 $I = I_f = I_a$가 된다.

따라서 직권 발전기는 무부하에서 계자전류 I_f가 0이 되므로 발전할 수 없고 무부하특성 곡선은 존재하지 않는다.

답 ①

51 와류손이 3[kW]인 3300/110[V], 60[Hz]용 단상변압기를 50[Hz], 3000[V]의 전원에 사용하면 이 변압기의 와류손은 약 몇 [kW]로 되는가?

① 1.7
② 2.1
③ 2.3
④ 2.5

풀이 와류손은 주파수와는 무관하고 전압의 제곱에 비례하므로
$$\therefore P_e' = P_e \times \left(\frac{V'}{V}\right)^2 = 3 \times \left(\frac{3000}{3300}\right)^2 \fallingdotseq 2.5[\text{kW}]$$

답 ④

52 220[V], 3상 유도전동기의 전부하 슬립이 6[%]이다. 공급전압이 10[%] 저하된 경우의 전부하 슬립은 어떻게 되는가?

① 0.074
② 0.067
③ 0.054
④ 0.049

풀이 공급전압이 10[%] 저하된 경우의 전부하 슬립을 s' 라 하면

$$s' = s \times \left(\frac{V_1}{V_1'}\right)^2 = s \times \left(\frac{V_1}{V_1 \times 0.9}\right)^2 = 0.06 \times \left(\frac{220}{220 \times 0.9}\right)^2 = 0.074[\%]$$

답 ①

53 다음은 직류발전기의 정류곡선이다. 이 중에서 정류 말기에 정류의 상태가 좋지 않은 것은?

① ⓐ
② ⓑ
③ ⓒ
④ ⓓ

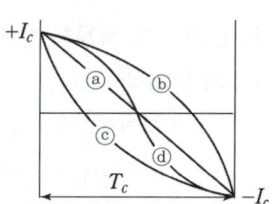

풀이 ⓐ (직선정류) : 전류가 직선적으로 균등하게 변환
ⓑ (부족정류) : 정류 말기에 브러시 뒤쪽에서 불꽃 발생
ⓒ (과정류) : 정류 초기에 브러시 앞쪽에서 불꽃 발생
ⓓ (정현파 정류) : 불꽃 발생 안함

답 ②

54 직류 분권발전기를 역회전하면?

① 발전되지 않는다.
② 정회전 때와 마찬가지다.
③ 과대전압이 유기된다.
④ 섬락이 일어난다.

풀이 직류 분권발전기를 역회전하면 잔류 자기에 의한 기전력의 극성이 반대로 되므로, 분권 회로의 계자전류가 반대로 흘러 잔류 자기를 소멸시키기 때문에 발전되지 않는다.

답 ①

55 3상 동기발전기의 전기자 권선을 Y결선으로 하는 이유로서 적당하지 않은 것은?

① 고조파 순환 전류가 흐르지 않는다.
② 이상전압 방지의 대책이 용이하다.
③ 전기자 반작용이 감소한다.
④ 코일의 코로나, 열화 등이 감소된다.

풀이 3상 동기발전기의 전기자 권선을 Y결선으로 하면
① 권선의 불평형 및 제3고조파(그 배수 포함) 등에 의한 순환 전류가 흐르지 않는다.
② 중성점을 이용할 수 있으므로 권선 보호장치의 시설이나 중성점접지에 의한 이상전압의 방지 대책이 용이하다.
③ 상전압이 낮기 때문에 코일의 코로나, 열화 등이 작다. 그러나 동일 전압에 대하여 상전압이 낮기 때문에 발전기 권선의 전류는 커진다고 볼 수 있다.

답 ③

56 동기전동기의 특징으로 틀린 것은?

① 속도가 일정하다.
② 역률을 조정할 수 없다.
③ 직류전원을 필요로 한다.
④ 난조를 일으킬 염려가 있다.

풀이 동기전동기의 특징
① 장점 • 속도가 일정, 불변이다.
• 항상 역률 1로 운전할 수 있다.

- 필요시 앞선 전류를 통할 수 있다.
- 유도전동기에 비하여 효율이 좋다.
② 단점
- 보통 구조의 것은 기동 토크가 적고 속도 조정을 할 수 없다.
- 난조를 일으킬 염려가 있다.
- 여자용의 직류 전원을 필요로 하여 설비비가 많이 든다.

답 ②

57 직류기에서 전기자 반작용을 방지하기 위한 보상권선의 전류방향은?

① 계자전류의 방향과 같다.
② 계자전류방향과 반대이다.
③ 전기자 전류방향과 같다.
④ 전기자 전류방향과 반대이다.

풀이 보상권선은 전기자 전류의 기전력을 상쇄하기 위하여 주자극의 자극편에 슬롯을 만들어 그림과 같이 전기자 전류와 반대 방향으로 전류가 흐르게 한다. 보상권선을 설치하면 브러시를 기하학적 중성축에 놓는다.

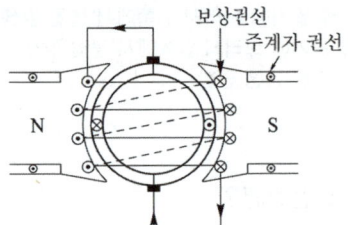

답 ④

58 3상 유도전동기의 원선도를 그리는 데 필요하지 않은 시험은?

① 슬립측정 ② 구속시험 ③ 무부하 시험 ④ 저항측정

풀이 ① 원선도 작성에 필요한 시험
- 저항 측정 • 무부하 시험 • 구속 시험

② 유도 전동기의 원선도에서 구할 수 있는 항목
- 전부하 전류 • 역률 • 효율 • 슬립 • 최대출력/정격출력 • 정·동토크/전부하토크

답 ①

59 9000[kVA], 6000[V]인 3상 교류 발전기의 % 동기 임피던스가 80[%]이다. 이 발전기의 동기 임피던스는 몇 [Ω]인가?

① 3.0 ② 3.2 ③ 3.4 ④ 3.6

풀이 $\%Z = \dfrac{ZP}{10V^2}$ 이므로 $Z = \dfrac{10V^2 \times \%Z}{P} = \dfrac{10 \times 6^2 \times 80}{9000} = 3.2[\Omega]$

답 ②

60 3상 유도전동기에서 비례추이를 하지 않는 것은?

① 효율 ② 역률 ③ 1차 전류 ④ 동기 와트

풀이
- 비례 추이 할 수 있는 것 : 1차 전류, 2차 전류, 역률, 동기 와트 등
- 비례 추이 할 수 없는 것 : 출력, 2차 동손, 효율 등

답 ①

4과목 회로이론

61 6상 성형 상전압이 200[V]일 때 선간전압[V]은?

① 200　　② 150　　③ 100　　④ 50

풀이 대칭 n상 회로에서의 선간전압 $V_l = 2V_p \sin\dfrac{\pi}{n}$ (여기서, V_l : 선간전압, V_p : 상전압, n : 상수)

따라서 6상 선간전압 $V_l = 2V_p \sin\dfrac{\pi}{n} = 2V_p \sin\dfrac{\pi}{6} = V_p = 200[V]$

답 ①

62 주기적인 구형파 신호의 구성은?

① 직류성분으로 구성된다.
② 기본파 성분만으로 구성된다.
③ 고조파 성분만으로 구성된다.
④ 직류 성분, 기본파 성분, 무수히 많은 고조파 성분으로 구성된다.

풀이 주기적인 비정현파는 일반적으로 푸리에 급수에 의해 표시되므로 무수히 많은 주파수의 합성이다.

답 ④

63 대칭 3상 Y부하에서 각 상의 임피던스가 $Z = 3 + j4[\Omega]$이고 부하전류가 20[A]일 때 피상전력은 얼마인가?

① 1800[VA]　　② 2000[VA]　　③ 2400[VA]　　④ 2800[VA]

풀이 임피던스 $Z = \sqrt{R^2 + X^2} = \sqrt{3^2 + 4^2} = 5[\Omega]$

피상전력 $P_a = I^2 Z = 20^2 \times 5 = 2000[VA]$

답 ②

64 $f(t) = u(t-a) - u(t-b)$ 식으로 표시되는 4각파의 라플라스는?

① $\dfrac{1}{s}(e^{-as} - e^{-bs})$　　② $\dfrac{1}{s}(e^{as} + e^{bs})$

③ $\dfrac{1}{s^2}(e^{-as} - e^{-bs})$　　④ $\dfrac{1}{s^2}(e^{as} + e^{bs})$

풀이 $\mathcal{L}[f(t)] = \mathcal{L}[u(t-a) - u(t-b)] = \dfrac{e^{-as}}{s} - \dfrac{e^{-bs}}{s} = \dfrac{1}{s}(e^{-as} - e^{-bs})$

답 ①

65 $F(s) = \dfrac{5s+3}{s(s+1)}$의 정상값 $f(\infty)$는?

① 3　　② -3　　③ 2　　④ -2

풀이 $f(\infty) = \lim_{t \to \infty} f(t) = \lim_{s \to 0} s F(s)$로부터 $f(\infty) = \lim_{s \to 0} s \cdot \dfrac{5s+3}{s(s+1)} = 3$

답 ①

66 대칭좌표법에 관한 설명 중 잘못된 것은?

① 불평형 3상 회로 비접지식 회로에서는 영상분이 존재한다.
② 대칭 3상 전압에서 영상분은 0이다.
③ 대칭 3상 전압은 정상분만 존재한다.
④ 불평형 3상 회로의 접지식 회로에서는 영상분이 존재한다.

풀이 비접지식에서는 중성선이 없으므로 중성선에 전류가 흐를 수 없다.
따라서 3상 전류의 합 $I_a + I_b + I_c = 0$ 이 되어야 한다.
그러므로 대칭좌표법에서 영상전류는
$$I_0 = \frac{1}{3}(I_a + I_b + I_c) = 0$$
이 되어 영상분이 존재하지 않는다.　　　　　　　　　　　**답** ①

67 다상 교류회로 설명 중 잘못된 것은? (단, $n =$ 상수)

① 평형 3상 교류에서 △결선의 상전류는 선전류의 $\frac{1}{\sqrt{3}}$과 같다.
② n상 전력 $P = \dfrac{1}{2\sin\frac{\pi}{n}} V_l I_l \cos\theta$ 이다.
③ 성형결선에서 선간전압과 상전압과의 위상차는 $\dfrac{\pi}{2}(1 - \dfrac{2}{n})$[rad]이다.
④ 비대칭 다상교류가 만드는 회전 자기장은 타원회전 자기장이다.

풀이 n상 전력 $P = \dfrac{n}{2\sin\frac{\pi}{n}} V_l I_l \cos\theta$[W]　　　　　　**답** ②

68 내부저항이 15[kΩ]이고 최대눈금이 150[V]인 전압계와 내부저항이 10[kΩ]이고 최대눈금이 150[V]인 전압계가 있다. 두 전압계를 직렬 접속하여 측정하면 최대 몇 [V]까지 측정할 수 있는가?

① 200　　② 250　　③ 300　　④ 375

풀이 측정 전압을 E라 하면 전압 분배 법칙에 따라
$\dfrac{15}{15+10} \times E \leq 150$의 조건을 만족해야 한다.
∴ $E \leq 250$[V]

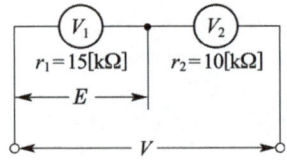

답 ②

69 교류의 파형률이란?

① $\dfrac{최댓값}{실효값}$　② $\dfrac{실효값}{최댓값}$　③ $\dfrac{평균값}{실효값}$　④ $\dfrac{실효값}{평균값}$

풀이 파형률(form factor)$= \dfrac{실효값}{평균값}$이고, 파고율(crest factor)$= \dfrac{최댓값}{실효값}$이다.　　**답** ④

70 9[Ω]과 3[Ω]의 저항 각 3개를 그림과 같이 연결하였을 때 A, B 사이의 합성 저항은 몇 [Ω]인가?

① 2
② 3
③ 4
④ 6

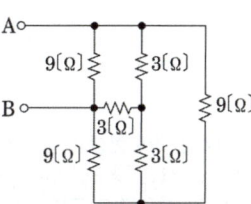

풀이

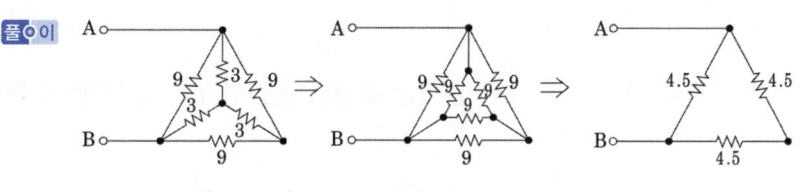

$$R_{AB} = \frac{4.5 \times (4.5+4.5)}{4.5+(4.5+4.5)} = 3[\Omega]$$

답 ②

71 다음 회로에서 $V_1 = 6[V]$, $R_1 = 1[k\Omega]$, $R_2 = 2[k\Omega]$일 때 등가회로로 변환한 회로의 합성저항 $R_{th}[k\Omega]$와 등가전압 $V_{eq}[V]$는 각각 얼마인가?

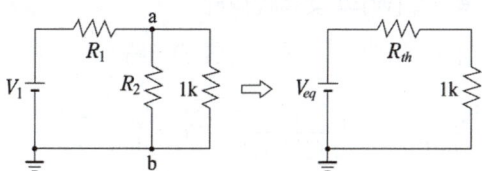

① $R_{th} = 0.67$, $V_{eq} = 2$
② $R_{th} = 0.67$, $V_{eq} = 4$
③ $R_{th} = 3$, $V_{eq} = 2$
④ $R_{th} = 4$, $V_{eq} = 4$

풀이 테브난의 정리에 의해

- a, b 단자에서 회로측으로 바라본 저항(전압원을 단락)

$$R_{th} = \frac{R_1 R_2}{R_1+R_2} = \frac{1\times 10^3 \times 2 \times 10^3}{(1+2)\times 10^3} \fallingdotseq 667[\Omega] = 0.67[k\Omega]$$

- a, b 단자에 걸리는 개방전압

$$V_{eq} = \frac{R_2}{R_1+R_2}V_1 = \frac{2\times 10^3}{(1+2)\times 10^3}\times 6 = 4[V]$$

답 ②

72 $10t^3$의 라플라스 변환은?

① $\dfrac{60}{s^4}$ ② $\dfrac{30}{s^4}$ ③ $\dfrac{10}{s^4}$ ④ $\dfrac{80}{s^4}$

풀이 $\mathcal{L}[at^n] = a\mathcal{L}[t^n] = \dfrac{an!}{s^{n+1}}$ 에서

$$\mathcal{L}[10t^3] = \frac{10\times 3!}{s^{3+1}} = \frac{10\times(3\times 2\times 1)}{s^4} = \frac{60}{s^4}$$

답 ①

73 $R-L-C$ 직렬회로에서 시정수의 값이 작을수록 과도현상이 소멸되는 시간은 어떻게 되는가?

① 짧아진다. ② 관계없다.
③ 길어진다. ④ 과도 상태가 없다.

풀이 시정수(τ)는 과도현상의 길고 짧음을 나타낸 양으로서
- 시정수가 크면 과도현상이 오래 지속되어 과도현상 소멸 시간은 길어진다.
- 시정수가 작으면 과도현상이 빨리 끝난다.

답 ①

74 $V_a = 3[V]$, $V_b = 2 - j3[V]$, $V_c = 4 + j3[V]$를 3상 불평형 전압이라고 할 때 영상 전압[V]은?

① 3 ② 9 ③ 27 ④ 0

풀이 영상전압 $V_0 = \frac{1}{3}(V_a + V_b + V_c) = \frac{1}{3}(3 + 2 - j3 + 4 + j3) = 3[V]$

답 ①

75 부하저항 $R_L[\Omega]$이 전원의 내부저항 $R_0[\Omega]$의 3배가 되면 부하저항 R_L에서 소비되는 전력 $P_L[W]$는 최대 전송전력 $P_m[W]$의 몇 배인가?

① 0.89배 ② 0.75배 ③ 0.5배 ④ 0.3배

풀이 $P_L = I^2 R_L = \left(\frac{V_g}{R_0 + R_L}\right)^2 \cdot R_L = \left(\frac{V_g}{R_0 + 3R_0}\right)^2 \times 3R_0 = \frac{3}{16} \cdot \frac{V_g^2}{R_0}$

최대 전력 전송 전력 $P_m = \frac{V_g^2}{4R_0}$ 이므로

$\therefore \frac{P_L}{P_m} = \frac{\frac{3}{16} \cdot \frac{V_g^2}{R_0}}{\frac{1}{4} \cdot \frac{V_g^2}{R_0}} = \frac{12}{16} = 0.75[배]$

답 ②

76 어떤 코일의 임피던스를 측정하고자 직류전압 100[V]를 가했더니 500[W]가 소비되고, 교류전압 150[V]를 가했더니 720[W]가 소비되었다. 코일의 저항[Ω]과 리액턴스[Ω]는 각각 얼마인가?

① $R = 20$, $X_L = 15$ ② $R = 15$, $X_L = 20$
③ $R = 25$, $X_L = 20$ ④ $R = 30$, $X_L = 25$

풀이 직류 : $R = \frac{V^2}{P} = \frac{100^2}{500} = 20[\Omega]$

교류 : $P = \frac{V^2 R}{R^2 + X^2}$ 에서 $720 = \frac{150^2 \times 20}{20^2 + X^2}[\Omega]$

$\therefore X = \sqrt{\frac{150^2 \times 20}{720} - 20^2} = 15[\Omega]$

답 ①

77 다음 회로에서 전압비 전달함수 $\dfrac{V_2(s)}{V_1(s)}$는 어떻게 되는가?

① $\dfrac{R_1 + R_2 + R_1 R_2 Cs}{R_2 + R_1 R_2 Cs}$

② $\dfrac{R_1 R_2 Cs + R_2}{R_1 R_2 Cs + R_1 + R_2}$

③ $\dfrac{R_1 Cs + R_2}{R_2 + R_1 R_2 Cs}$

④ $\dfrac{R_1 R_2 Cs}{R_1 R_2 Cs + R_1 + R_2}$

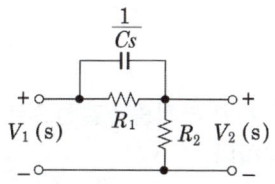

풀이 문제의 R_1과 C의 합성 임피던스 등가회로는 그림과 같다.

그림에서 $V_1(s) = \left\{\left(\dfrac{R_1}{1+CsR_1}\right) + R_2\right\} I(s)$

$V_2(s) = R_2 I(s)$

$\therefore G(s) = \dfrac{V_2(s)}{V_1(s)} = \dfrac{R_2}{\dfrac{R_1}{1+CsR_1} + R_2}$

$= \dfrac{R_2 + R_1 R_2 Cs}{R_1 + R_2 + R_1 R_2 Cs}$

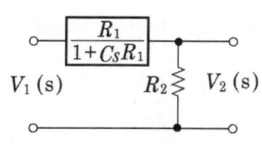

답 ②

78 대칭 3상 전압이 있다. 1상의 Y결선 전압의 순시값이 다음과 같을 때 선간전압에 대한 상전압의 비율은?

$$e = 1000\sqrt{2}\sin\omega t + 500\sqrt{2}\sin(3\omega t + 20°) + 100\sqrt{2}\sin(5\omega t + 30°)[\text{V}]$$

① 약 55[%]   ② 약 65[%]
③ 약 70[%]   ④ 약 75[%]

풀이 상전압의 실효값 E_p는

$E_p = \sqrt{E_1^2 + E_3^2 + E_5^2} = \sqrt{1000^2 + 500^2 + 100^2} = 1122.5[\text{V}]$

선간 전압에는 제 3 고조파분이 나타나지 않으므로

$E_l = \sqrt{3} \cdot \sqrt{E_1^2 + E_5^2} = \sqrt{3} \cdot \sqrt{1000^2 + 100^2} = 1740.7[\text{V}]$

따라서 $\dfrac{E_p}{E_l} = \dfrac{1122.5}{1740.7} = 0.645 ≒ 65[\%]$

답 ②

79 $R[\Omega]$의 저항 3개를 Y로 접속하고 이것을 200[V]의 평형 3상 교류 전원에 연결할 때 선전류가 20[A]가 흘렀다. 이 3개의 저항을 Δ로 접속하고 동일 전원에 연결 하였을 때의 선전류[A]는?

① 약 30   ② 약 40   ③ 약 50   ④ 약 60

풀이

$20 = \dfrac{\dfrac{200}{\sqrt{3}}}{R}$ 에서 $R = 5.77[\Omega]$ 이므로

△접속 시의 선전류는 $I_\Delta = \dfrac{200}{5.77} \times \sqrt{3} = 60.03[A]$

답 ④

80 △결선된 저항 부하를 Y결선으로 바꾸면 소비 전력은 어떻게 되겠는가? 단, 저항과 선간 전압은 일정하다.

① 3배   ② 9배   ③ $\dfrac{1}{9}$배   ④ $\dfrac{1}{3}$배

풀이

- △결선 시 소비전력 $P_\Delta = 3I^2 R = 3\left(\dfrac{V}{R}\right)^2 R = 3 \cdot \dfrac{V^2}{R}$

- Y결선 시 소비전력 : Y결선 시 상전압은 선간 전압의 $\dfrac{1}{\sqrt{3}}$ 이므로

$P_Y = 3\left(\dfrac{\dfrac{V}{\sqrt{3}}}{R}\right)^2 \cdot R = 3 \cdot \dfrac{V^2}{3R} = \dfrac{V^2}{R}$

$\therefore \dfrac{P_Y}{P_\Delta} = \dfrac{\dfrac{V^2}{R}}{\dfrac{3V^2}{R}} = \dfrac{1}{3}$, $P_Y = \dfrac{1}{3} P_\Delta$

답 ④

5과목   전기설비기술기준

81 특고압 가공전선로 중 지지물로 직선형의 철탑을 연속하여 10기 이상 사용하는 부분에는 몇 기 이하마다 내장 애자 장치가 되어 있는 철탑 또는 이와 동등 이상의 강도를 가지는 철탑 1기를 시설하여야 하는가?

① 3   ② 5   ③ 7   ④ 10

풀이 333.16 특고압 가공전선로의 내장형 등의 지지물 시설

특고압 가공전선로 중 지지물로서 직선형의 철탑을 연속하여 10기 이상 사용하는 부분에는 10기 이하마다 장력에 견디는 애자장치가 되어 있는 철탑 또는 이와 동등 이상의 강도를 가지는 철탑 1기를 시설하여야 한다.

답 ④

82 발열선을 도로, 주차장 또는 조영물의 조영재에 고정시켜 시설하는 경우 발열선에 전기를 공급하는 전로의 대지전압은 몇 [V] 이하이어야 하는가?

① 100   ② 150   ③ 200   ④ 300

풀이 241.12 도로 등의 전열장치

가. 발열선에 전기를 공급하는 전로의 대지전압은 300[V] 이하일 것.

나. 발열선은 그 온도가 80[℃]를 넘지 아니하도록 시설할 것. 다만, 도로 또는 옥외주차장에 금속피복을 한 발열선을 시설할 경우에는 발열선의 온도를 120[℃] 이하로 할 수 있다.
다. 발열선은 다른 전기설비·약전류전선 등 또는 수관·가스관이나 이와 유사한 것에 전기적·자기적 또는 열적인 장해를 주지 아니하도록 시설할 것. 답 ④

83 태양전지 모듈의 시설에 대한 설명으로 옳은 것은?

① 충전부분은 노출하여 시설할 것
② 출력배선은 극성별로 확인 가능토록 표시할 것
③ 전선은 공칭단면적 1.5[mm²] 이상의 연동선을 사용할 것
④ 전선을 옥내에 시설할 경우에는 애자공사에 준하여 시설할 것

풀이 520 태양광발전설비
가. 태양전지 모듈, 전선, 개폐기 및 기타 기구는 **충전부분이 노출되지 않도록** 시설하여야 한다.
나. 모듈의 **출력배선은 극성별로 확인할 수 있도록** 표시할 것
다. 전선은 **공칭단면적 2.5[mm²] 이상의 연동선** 또는 이와 동등 이상의 세기 및 굵기의 것일 것.
라. 모듈을 병렬로 접속하는 전로에는 그 주된 전로에 단락전류가 발생할 경우에 전로를 보호하는 과전류차단기 또는 기타 기구를 시설할 것
마. 배선설비 공사는 옥내에 시설할 경우에는 **합성수지관공사, 금속관공사, 금속제가요전선관공사, 케이블 공사의 규정**에 준하여 시설할 것. 답 ②

84 최대사용전압이 69[kV]인 중성점 비접지식 전로의 절연내력 시험전압은 몇 [kV]인가?

① 63.48 ② 75.9 ③ 86.25 ④ 103.5

풀이 132 전로의 절연저항 및 절연내력

전로의 종류	접지방식	시험전압 (최대사용 전압의 배수)	최저 시험전압
1. 7[kV] 이하인 전로		1.5배	
2. 7[kV] 초과 25[kV] 이하	다중접지	0.92배	
3. 7[kV] 초과 60[kV] 이하(2란의 것 제외)		1.25배	10.5[kV]
4. 60[kV] 초과	비접지	1.25배	
5. 60[kV] 초과(6란, 7란의 것 제외)	접지식	1.1배	75[kV]
6. 60[kV] 초과(7란의 것 제외)	직접접지	0.72배	
7. 170[kV] 초과(발전소 또는 변전소 혹은 이에 준하는 장소에 시설하는 것.)	직접접지	0.64배	

※ 전로에 케이블을 사용하는 경우에는 직류로 시험할 수 있으며, 시험전압은 교류의 경우의 2배가 된다.
∴ 시험전압 = 69×1.25 = 86.25[kV] 답 ③

85 저압 옥측전선로에서 목조의 조영물에 시설할 수 있는 공사방법은?

① 금속관공사 ② 버스덕트공사
③ 합성수지관공사 ④ 연피 또는 알루미늄 케이블공사

풀이 221.2 옥측전선로
저압 옥측전선로는 다음의 공사방법에 의할 것.
가. 애자공사(전개된 장소에 한한다.)
나. **합성수지관공사**
다. 금속관공사(**목조 이외의 조영물에 시설하는 경우에 한한다**)
라. 버스덕트공사[**목조 이외의 조영물**(점검할 수 없는 은폐된 장소는 제외한다)에 시설하는 경우에 한한다]
마. 케이블공사(**연피 케이블 · 알루미늄피 케이블** 또는 무기물 절연 케이블을 사용하는 경우에는 **목조 이외의 조영물**에 시설하는 경우에 한한다)   답 ③

86. 그림은 전력선 반송통신용 결합장치의 보안장치를 나타낸 것이다. ㉠, ㉡의 명칭으로 옳게 짝지어진 것은?

① ㉠ S, ㉡ FD
② ㉠ CF, ㉡ CC
③ ㉠ S, ㉡ CC
④ ㉠ CF, ㉡ FD

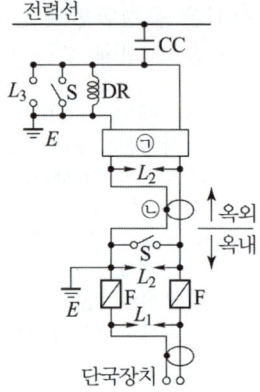

풀이 362.11 전력선 반송 통신용 결합장치의 보안장치
전력선 반송통신용 결합 커패시터에 접속하는 회로에는 그림의 보안장치 또는 이에 준하는 보안장치를 시설하여야 한다.
전력선 반송 통신용 결합 장치의 보안장치
- **FD : 동축 케이블**
- F : 정격 전류 10[A] 이하의 포장 퓨즈
- DR : 전류 용량 2[A] 이상의 배류 선륜
- L_1 : 교류 300[V] 이하에서 동작하는 피뢰기
- L_2 : 동작 전압이 교류 1,300[V]를 넘고 1,600[V] 이하로 조정된 방전갭
- L_3 : 동작 전압이 교류 2[kV]를 넘고 3[kV] 이하로 구상 방전갭
- S : 접지용 개폐기
- **CF : 결합 필터**
- CC : 결합 콘덴서(결합 안테나를 포함한다)
- E : 접지

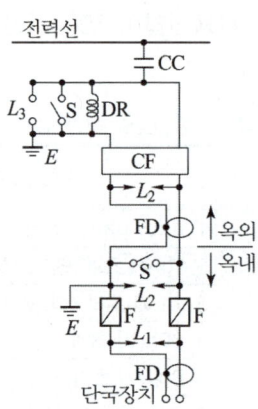

답 ④

87. 저압전로의 중성점에 접지도체로 시설하는 연동선의 공칭단면적은 몇 [mm²] 이상이어야 하는가?

① 4[mm²] 이상
② 6[mm²] 이상
③ 10[mm²] 이상
④ 16[mm²] 이상

풀이 322.5 전로의 중성점의 접지
가. 전로의 중성점 접지공사의 목적
  ① 보호 장치의 확실한 동작의 확보

② 이상 전압의 억제
③ 대지전압의 저하
나. 접지도체는 공칭단면적 16[mm²] 이상의 연동선(저압 전로의 중성점에 시설하는 것은 공칭단면적 6[mm²] 이상의 연동선)으로서 고장시 흐르는 전류가 안전하게 통할 수 있는 것을 사용하고 또한 손상을 받을 우려가 없도록 시설할 것. 답 ②

88 전선을 접속하는 방법으로 틀린 것은?

① 전기 저항이 증가되지 않아야 한다.
② 전선의 세기는 30[%] 이상 감소시키지 않아야 한다.
③ 접속 부분을 그 부분의 절연전선 절연물과 동등 이상의 절연 성능이 있는 것으로 충분히 피복할 것
④ 알루미늄을 접속할 때는 고시된 규격에 맞는 접속 기구를 사용한다.

풀이 123 전선의 접속
나전선 상호 또는 나전선과 절연전선 또는 캡타이어 케이블과 접속하는 경우
① 전선의 전기저항을 증가시키지 아니하도록 접속
② 전선의 세기(인장하중)를 20[%] 이상 감소시키지 아니할 것.
③ 전선 접속 시 접속부분을 그 부분의 절연전선의 절연물과 동등 이상의 절연성능이 있는 것으로 충분히 피복할 것. 답 ②

89 발전소의 개폐기 또는 차단기에 사용하는 압축공기장치의 주 공기탱크에 시설하는 압력계의 최고 눈금의 범위로 옳은 것은?

① 사용압력의 1배 이상 2배 이하
② 사용압력의 1.15배 이상 2배 이하
③ 사용압력의 1.5배 이상 3배 이하
④ 사용압력의 2배 이상 3배 이하

풀이 341.15 압축공기계통
발전소·변전소·개폐소 또는 이에 준하는 곳에서 개폐기 또는 차단기에 사용하는 압축공기장치는 다음에 따라 시설하여야 한다.
가. 공기압축기는 최고 사용압력의 1.5배의 수압(수압을 연속하여 10분간 가하여 시험을 하기 어려울 때에는 최고 사용압력의 1.25배의 기압)을 연속하여 10분간 가하여 시험을 하였을 때에 이에 견디고 또한 새지 아니할 것.
나. 주 공기탱크 또는 이에 근접한 곳에는 사용압력의 1.5배 이상 3배 이하의 최고 눈금이 있는 압력계를 시설할 것.
다. 사용 압력에서 공기의 보급이 없는 상태로 개폐기 또는 차단기의 투입 및 차단을 연속하여 1회 이상 할 수 있는 용량을 가지는 것일 것. 답 ③

90 상시 상정하중 중 풍압하중에 전가섭선에 관하여 각 가섭선의 상정 최대장력의 33[%]와 같은 불평균 장력의 수평 종분력에 의한 하중을 가산하여야 할 철탑은?

① 인류형
② 내장형
③ 보강형
④ 각도형

풀이 333.13 상시 상정하중
인류형·내장형 또는 보강형·직선형·각도형의 철주·철근 콘크리트주 또는 철탑의 경우에는 풍압하중에 가섭선 불평균 장력에 의한 수평 종하중을 가산한다.

① 인류형 : 전가섭선에 관하여 각 가섭선의 상정 최대장력과 같은 불평균 장력의 수평 종분력에 의한 하중
② 내장형·보강형 : 전가섭선에 관하여 각 가섭선의 **상정 최대장력의 33[%]와 같은 불평균 장력의 수평 종분력에 의한 하중**
③ 직선형 : 진가섭선에 관하여 각 기섭선의 상정 최대장력의 3[%] 와 같은 불평균 장력의 수평 종분력에 의한 하중.(단 내장형은 제외한다)
④ 각도형 : 전가섭선에 관하여 각 가섭선의 상정 최대장력의 10[%]와 같은 불평균 장력의 수평 종분력에 의한 하중.

답 ②

91. 냉각장치에 고장이 생긴 경우 특고압용 타냉식 변압기의 보호장치는?

① 경보장치
② 과전류 측정장치
③ 온도 측정장치
④ 자동차단장치

풀이 351.4 특고압용 변압기의 보호장치
특고압용의 변압기에는 그 내부에 고장이 생겼을 경우에 보호하는 장치를 표와 같이 시설하여야 한다.

뱅크 용량의 구분	동작조건	장치의 종류
5,000[kVA] 이상 10,000[kVA] 미만	변압기 내부고장	자동차단장치 또는 경보장치
10,000[kVA] 이상	변압기 내부고장	자동차단장치
타냉식 변압기(변압기의 권선 및 철심을 직접 냉각시키기 위하여 봉입한 냉매를 강제 순환시키는 냉각방식을 말한다.)	냉각장치에 고장이 생긴 경우 또는 변압기의 온도가 현저히 상승한 경우	경보장치

답 ①

92. 특고압가공전선로의 지지물에 시설하는 통신선 또는 이것에 직접 접속하는 통신선일 경우에 설치하여야 할 보안장치로서 모두 옳은 것은?

① 특고압용 제2종 보안장치, 고압용 제2종 보안장치
② 특고압용 제1종 보안장치, 특고압용 제3종 보안장치
③ 특고압용 제2종 보안장치, 특고압용 제3종 보안장치
④ 특고압용 제1종 보안장치, 특고압용 제2종 보안장치

풀이 362.10 전력보안통신설비의 보안장치
특고압가공전선로의 지지물에 시설하는 통신선 또는 이에 직접 접속하는 통신선에 접속하는 휴대전화기를 접속하는 곳 및 옥외 전화기를 시설하는 곳에는 **특고압용 제1종 보안장치, 특고압용 제2종 보안장치** 또는 이에 준하는 보안장치를 시설하여야 한다.

답 ④

93. 전기욕기에 전기를 공급하기 위한 전원장치에 내장되어 있는 전원변압기의 2차 측 전로의 사용전압은 몇 [V] 이하인 것을 사용하여야 하는가?

① 5
② 10
③ 25
④ 35

풀이 전기욕기에 전기를 공급하기 위한 전기욕기용 전원장치는 내장되어 있는 전원변압기의 **2차 측 전로의 사용전압이 10[V] 이하**인 것에 한한다.

답 ②

94 400[V] 이하의 저압 가공전선은 절연전선을 사용하는 경우 몇 [mm] 이상의 경동선을 사용해야 하는가?

① 1.6 ② 2.0 ③ 2.6 ④ 3.2

풀이 222.5 저압 가공전선의 굵기 및 종류
가. 저압 가공전선은 나전선(중성선 또는 다중접지된 접지측 전선으로 사용하는 전선에 한한다), 절연전선, 다심형 전선 또는 케이블을 사용하여야 한다.
나. 전선의 굵기

전 압	조 건	전선의 굵기 및 인장강도
400[V] 이하	절연전선	인장강도 2.3[kN] 이상의 것 또는 지름 2.6[mm] 이상의 경동선
	케이블 이외	인장강도 3.43[kN] 이상의 것 또는 지름 3.2[mm] 이상의 경동선
400[V] 초과인 저압(케이블 이외)	시가지에 시설	인장강도 8.01[kN] 이상의 것 또는 지름 5[mm] 이상의 경동선
	시가지 외에 시설	인장강도 5.26[kN] 이상의 것 또는 지름 4[mm] 이상의 경동선

답 ③

95 차량, 기타 중량물의 압력을 받을 우려가 없는 장소에 지중전선로를 직접 매설식에 의하여 매설하는 경우에는 매설 깊이를 몇 [cm] 이상으로 하여야 하는가?

① 40 ② 60 ③ 80 ④ 100

풀이 334.1 지중전선로의 시설
가. 지중 전선로는 전선에 케이블을 사용하고 또한 관로식·암거식 또는 직접 매설식에 의하여 시설하여야 한다.
나. 지중 전선로를 직접 매설식에 의하여 시설하는 경우에는 매설 깊이는
① 차량 기타 중량물의 압력을 받을 우려가 있는 장소 : 1.0[m] 이상
② 기타 장소 : 0.6[m] 이상

답 ②

96 고압 옥측전선로에 사용할 수 있는 전선은?

① 케이블 ② 나경동선 ③ 절연전선 ④ 다심형 전선

풀이 331.13 옥측전선로
고압 옥측전선로는 전개된 장소에는 다음에 따라 시설하여야 한다.
가. 전선은 케이블일 것.
나. 케이블은 견고한 관 또는 트라프에 넣거나 사람이 접촉할 우려가 없도록 시설할 것.
다. 케이블을 조영재의 옆면 또는 아랫면에 따라 붙일 경우에는 케이블의 지지점 간의 거리를 2[m](수직으로 붙일 경우에는 6[m])이하로 하고 또한 피복을 손상하지 아니하도록 붙일 것.

답 ①

97 금속 덕트 공사에 의한 저압 옥내배선 공사 시설 기준에 적합하지 않는 것은?

① 금속 덕트에 넣은 전선의 단면적의 합계가 덕트의 내부 단면적의 20[%] 이하가 되게 하였다.
② 덕트 상호 및 덕트와 금속관과는 전기적으로 완전하게 접속했다.
③ 덕트를 조영재에 붙이는 경우 덕트의 지지점 간의 거리를 4[m] 이하로 견고하게 붙였다.
④ 덕트의 끝부분을 막았다.

> **[풀이]** 232.31 금속덕트공사
> 가. 전선은 절연전선(옥외용 비닐절연전선을 제외한다)일 것.
> 나. 금속덕트에 넣은 전선의 단면적(절연피복의 단면적을 포함한다)의 합계는 덕트의 내부 단면적의 20[%](전광표시 장치, 기타 이와 유사한 장치 또는 제어회로 등의 배선만을 넣는 경우에는 50[%]) 이하일 것.
> 다. 덕트 상호 간은 견고하고 또한 전기적으로 완전하게 접속할 것.
> 라. 덕트를 조영재에 붙이는 경우에는 덕트의 지지점 간의 거리를 3[m](수직으로 붙이는 경우에는 6[m]) 이하로 할 것.
> 마. 덕트의 끝부분은 막을 것.
> 바. 폭이 50[mm]를 초과하고 또한 두께가 1.2[mm] 이상인 철판 또는 금속제의 것.
> 사. 덕트는 접지공사를 할 것. **답 ③**

98 수상 전선로를 시설하는 경우 알맞은 것은?

① 사용전압이 고압인 경우에는 클로로프렌 캡타이어 케이블을 사용한다.
② 가공전선로의 전선과 접속하는 경우, 접속점이 육상에 있는 경우에는 지표상 4[m] 이상의 높이로 지지물에 견고하고 붙인다.
③ 가공전선로의 전선과 접속하는 경우, 접속점이 수면상에 있는 경우, 사용전압이 고압인 경우에는 수면상 5[m] 이상의 높이로 지지물에 견고하게 붙인다.
④ 고압 수상 전선로에 지락이 생길 때를 대비하여 전로를 수동으로 차단하는 장치를 시설한다.

> **[풀이]** 335.3 수상전선로의 시설
> 수상전선로를 시설하는 경우에는 그 사용전압은 저압 또는 고압인 것에 한 한다.
> 가. 전선
>   ① 저압 : 클로로프렌 캡타이어 케이블
>   ② 고압 : 캡타이어 케이블
> 나. 수상전선로의 전선과 가공전선로 접속점의 높이
>   ① 접속점이 육상에 있는 경우 : 지표상 5[m] 이상.
>   다만, 저압인 경우에 도로상 이외의 곳에 있을 때에는 지표상 4[m]
>   ② 접속점이 수면상에 있는 경우 : 저압 4[m] 이상, 고압 5[m] 이상
> 다. 수상전선로의 사용전압이 고압인 경우에는 전로에 지락이 생겼을 때에 자동적으로 전로를 차단하기 위한 장치를 시설하여야 한다. **답 ③**

출제기준 변경 및 개정된 관계 법규에 따라 삭제된 문제가 있어 20문항이 안됩니다.

2019 기출문제

Industrial Engineer Electricity

동일출판사 홈페이지에서
무료 동영상강의를 보실 수 있습니다.

2019년 1회

20년간 전기산업기사필기

▶ 동일출판사 홈페이지에서 무료 동영상강의를 보실 수 있습니다.

1과목 전기자기

01 그림과 같은 동축 케이블에 유전체가 채워졌을 때의 정전용량[F]은? (단, 유전체의 비유전율은 ϵ_s이고 내반지름과 외반지름은 각각 a[m], b[m]이며 케이블의 길이는 l[m]이다.)

① $\dfrac{2\pi\epsilon_s l}{\ln\dfrac{b}{a}}$ ② $\dfrac{2\pi\epsilon_o \epsilon_s l}{\ln\dfrac{b}{a}}$

③ $\dfrac{\pi\epsilon_s l}{\ln\dfrac{b}{a}}$ ④ $\dfrac{\pi\epsilon_o \epsilon_s l}{\ln\dfrac{b}{a}}$

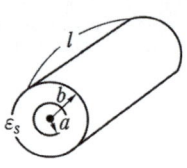

풀이
- 두 원통도체 간 전계의 세기 $E = \dfrac{Q}{2\pi\epsilon r}$ [V/m]
- 도체 간 전위차 $V_{ab} = -\int_b^a E \cdot dr = \dfrac{Q}{2\pi\epsilon}\ln\dfrac{b}{a}$ [V]
- 단위길이 당 정전용량 $C_0 = \dfrac{Q}{V_{ab}} = \dfrac{Q}{\dfrac{Q}{2\pi\epsilon}\ln\dfrac{b}{a}} = \dfrac{2\pi\epsilon}{\ln\dfrac{b}{a}}$ [F/m]

따라서 동축 케이블의 정전용량 $C = C_0\, l = \dfrac{2\pi\epsilon_o \epsilon_s l}{\ln\dfrac{b}{a}}$ [F]   **답** ②

02 두 벡터가 $A = 2a_x + 4a_y - 3a_z$, $B = a_x - a_y$일 때 $A \times B$는?

① $6a_x - 3a_y + 3a_z$ ② $-3a_x - 3a_y - 6a_z$
③ $6a_x + 3a_y - 3a_z$ ④ $-3a_x + 3a_y + 6a_z$

풀이
$A \times B = \begin{vmatrix} a_x & a_y & a_z \\ 2 & 4 & -3 \\ 1 & -1 & 0 \end{vmatrix} = -3a_x - 3a_y - 6a_z$ **답** ②

03 두 유전체가 접했을 때 $\dfrac{\tan\theta_1}{\tan\theta_2} = \dfrac{\epsilon_1}{\epsilon_2}$의 관계식에서 $\theta_1 = 0°$일 때의 표현으로 틀린 것은?

① 전속밀도는 불변이다. ② 전기력선은 굴절하지 않는다.
③ 전계는 불연속적으로 변한다. ④ 전기력선은 유전율이 큰 쪽에 모여진다.

풀이 유전율이 서로 다른 두 종류의 경계면에 전속과 전기력선이 수직($\theta_1 = 0°$)으로 도달할 때
① $\theta_1 = \theta_2 = 0°$이므로 $D_1\cos\theta_1 = D_2\cos\theta_2$에서 $\cos 0° = 1$이므로 $D_1 = D_2$, 즉 전속밀도는 불변(연속)이다.

② $E_1\sin\theta_1 = E_2\sin\theta_2$에서 입사각 $\theta_1 = 0°$이므로 $0 = E_2\sin\theta_2$에서 $E_2 \neq 0$가 아닌 경우 $\sin\theta_2 = 0$가 되어야 하므로 $\theta_2 = 0$ 즉, 굴절하지 않는다.

③ $D_1 = \epsilon_1 E_1$, $D_2 = \epsilon_2 E_2$이므로 $D_1 = D_2$인 경우 $\epsilon_1 E_1 = \epsilon_2 E_2$가 성립하는데 $\epsilon_1 \neq \epsilon_2$인 경우 $E_1 \neq E_2$이다. 즉, 전계의 세기는 크기가 같지 않다(불연속이다).

④ 전기력선은 유전율이 작은 쪽으로 모인다. 　　　답 ④

04 공기 중 임의의 점에서 자계의 세기(H)가 20[AT/m]라면 자속밀도(B)는 약 몇 [Wb/m²]인가?

① 2.5×10^{-5}　　② 3.5×10^{-5}　　③ 4.5×10^{-5}　　④ 5.5×10^{-5}

풀이 자속밀도 $B = \mu H = \mu_0 \mu_s H = 4\pi \times 10^{-7} \times 1 \times 20 = 2.5 \times 10^{-5}$ 　　　답 ①

05 전자석의 흡인력은 공극(air gap)의 자속밀도를 B라 할 때 다음의 어느 것에 비례하는가?

① B　　② $B^{0.5}$　　③ $B^{1.6}$　　④ $B^{2.0}$

풀이 그림의 N극의 강자성체를 $\triangle x$ 움직일 때의 에너지의 증가 $\triangle W$는(가상변위의 원리)

$$\triangle W = \frac{1}{2\mu} B^2 \triangle x S - \frac{1}{2\mu_0} B^2 \triangle x S$$

$$F_x = -\frac{\triangle W}{\triangle x} = \left(\frac{B^2}{2\mu_0} - \frac{B^2}{2\mu}\right) S \text{[N]}$$

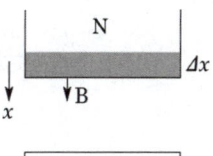

위의 식에서 $\frac{B^2}{2\mu_0} \gg \frac{B^2}{2\mu}$이다.(∵ 강자성체에서는 $\mu_0 \ll \mu$)

∴ $F_x = \frac{B^2}{2\mu_0} S$[N] (흡인력)

또, S극의 강자성체에도 같은 크기의 흡인력이 작용한다. 　　　답 ④

06 그림과 같이 평행한 두 개의 무한 직선도선에 전류가 각각 I, $2I$인 전류가 흐른다. 두 도선 사이의 점 P에서 자계의 세기가 0 이다. 이때 $\frac{a}{b}$는?

① 4　　② 2　　③ $\frac{1}{2}$　　④ $\frac{1}{4}$

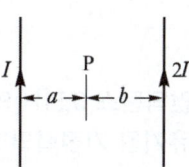

풀이 I와 $2I$ 도선에 의한 자계의 방향은 서로 반대이므로 크기가 같으면 $H = 0$이 된다.

I 도선에 의한 자계 $H_I = \frac{I}{2\pi a}$[AT/m]

$2I$ 도선에 의한 자계 $H_{2I} = \frac{2I}{2\pi b}$[AT/m]

$H_I = H_{2I}$이므로 $\frac{I}{2\pi a} = \frac{2I}{2\pi b}$

∴ $\frac{a}{b} = \frac{1}{2}$ 　　　답 ③

07 감자율(Demagnetization factor)이 "0"인 자성체로 가장 알맞은 것은?

① 환상 솔레노이드
② 굵고 짧은 막대 자성체
③ 가늘고 긴 막대 자성체
④ 가늘고 짧은 막대 자성체

풀이
- 감자력은 자화의 세기에 비례하며, 이때 비례 상수를 감자율이라 한다.
- 잘려진 극이 존재하지 않으면 감자율이 0이 되는데, 환상 솔레노이드(toroid)가 무단(無端) 철심이므로 이에 해당한다.
- 환상 솔레노이드를 제외하면 가늘고 긴 막대 자성체가 자계와 평행으로 놓여 있을 때 감자율이 거의 0에 가깝다.
- 가늘고 긴 막대 자성체가 자계와 직각으로 놓여 있을 때는 감자율이 거의 1로 가장 크다.
- 구(球)인 경우 감자율 $N = \dfrac{1}{3}$이다.

답 ①

08 질량이 m[kg]인 작은 물체가 전하 Q[C]를 가지고 중력방향과 직각인 무한도체평면 아래쪽 d[m]의 거리에 놓여있다. 정전력이 중력과 같게 되는데 필요한 Q[C]의 크기는?

① $d\sqrt{\pi\epsilon_o mg}$
② $\dfrac{d}{2}\sqrt{\pi\epsilon_o mg}$
③ $2d\sqrt{\pi\epsilon_o mg}$
④ $4d\sqrt{\pi\epsilon_o mg}$

풀이
$$F = \dfrac{Q^2}{4\pi\epsilon_0 r^2} = \dfrac{Q^2}{4\pi\epsilon_0 (2d)^2} = \dfrac{Q^2}{16\pi\epsilon_0 d^2} = mg[\text{N}]$$
$$\therefore Q = \sqrt{16\pi\epsilon_0 d^2 mg} = 4d\sqrt{\pi\epsilon_0 mg}\,[\text{C}]$$

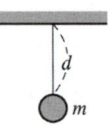

답 ④

09 극판의 면적 $S = 10$[cm²], 간격 $d = 1$[mm]의 평행판 콘덴서에 비유전율 $\epsilon_s = 3$인 유전체를 채웠을 때 전압 100[V]를 인가하면 축적되는 에너지는 약 몇 [J]인가?

① 0.3×10^{-7}
② 0.6×10^{-7}
③ 1.3×10^{-7}
④ 2.1×10^{-7}

풀이 평행판 콘덴서의 정전용량 C는
$$C = \dfrac{\epsilon_0 \epsilon_s S}{d} = \dfrac{8.855 \times 10^{-12} \times 3 \times 10 \times 10^{-4}}{10^{-3}} = 2.6565 \times 10^{-11}[\text{F}]$$
따라서 축적되는 에너지 W는
$$W = \dfrac{1}{2}CV^2 = \dfrac{1}{2} \times 2.6565 \times 10^{-11} \times 100^2 = 1.3 \times 10^{-7}[\text{J}]$$

답 ③

10 자기 인덕턴스 0.5[H]의 코일에 1/200초 동안에 전류가 25[A]로부터 20[A]로 줄었다. 이 코일에 유기된 기전력의 크기 및 방향은?

① 50[V], 전류와 같은 방향
② 50[V], 전류와 반대방향
③ 500[V], 전류와 같은 방향
④ 500[V], 전류와 반대방향

풀이
① 유기기전력의 크기 $e = -L\dfrac{di}{dt} = -0.5 \times \dfrac{20-25}{\dfrac{1}{200}} = 500[\text{V}]$

② 유기기전력의 방향
- 전류가 증가할 때는 전류와 반대방향의 기전력이 유기되어 전류의 증가를 방해
- 전류가 감소할 때는 전류방향과 동일 방향의 기전력이 유기되어 전류의 감소를 방해

답 ③

11 어느 점전하에 의하여 생기는 전위를 처음 전위의 $\frac{1}{2}$이 되게 하려면 전하로부터의 거리를 어떻게 해야 하는가?

① $\frac{1}{2}$로 감소시킨다.   ② $\frac{1}{\sqrt{2}}$로 감소시킨다.
③ 2배 증가시킨다.   ④ $\sqrt{2}$배 증가시킨다.

풀이 $V = 9 \times 10^9 \frac{Q}{r}$[V]에서 전위($V$)는 거리($r$)에 반비례하므로,

거리를 2배 증가시키면 전위는 $\frac{1}{2}$배가 된다.   **답** ③

12 자계의 세기를 표시하는 단위가 아닌 것은?

① A/m   ② Wb/m   ③ N/Wb   ④ AT/m

풀이 자계의 세기는 1[Wb]당의 작용력이므로
$$\left[\frac{N}{Wb}\right] = \left[\frac{N \cdot m}{Wb \cdot m}\right] = \left[\frac{J/Wb}{m}\right] = \left[\frac{A}{m}\right] = \left[\frac{Wb}{H \cdot m}\right]$$
답 ②

13 그림과 같이 면적 S[m²], 간격 d[m]인 극판 간에 유전율 ϵ, 저항률 ρ인 매질을 채웠을 때 극판간의 정전용량 C와 저항 R의 관계는? (단, 전극판의 저항률은 매우 작은 것으로 한다.)

① $R = \frac{\epsilon\rho}{C}$ ② $R = \frac{C}{\epsilon\rho}$
③ $R = \epsilon\rho C$ ④ $R = \frac{1}{\epsilon\rho C}$

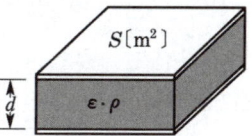

풀이 $RC = \rho\epsilon$에서 $R = \frac{\rho\epsilon}{C}$[Ω]   **답** ①

14 철심환의 일부에 공극(air gap)을 만들어 철심부의 길이 l[m], 단면적 A[m²], 비투자율이 μ_r이고 공극부의 길이 δ[m]일 때 철심부에서 총권수 N회인 도선을 감아 전류 I[A]를 흘리면 자속이 누설되지 않는다고 하고 공극 내에 생기는 자계의 자속 ϕ_0[Wb]는?

① $\frac{\mu_0 ANI}{\delta\mu_r + l}$ ② $\frac{\mu_0 ANI}{\delta + \mu_r l}$ ③ $\frac{\mu_0\mu_r ANI}{\delta\mu_r + l}$ ④ $\frac{\mu_0\mu_r ANI}{\delta + \mu_r l}$

풀이
- 투자율 μ인 자기 저항 $R = \frac{l}{\mu A}$[AT/Wb]이다.
- 미소공극은 δ이므로 철심의 길이를 $l - \delta ≒ l$이라 하면 이때의 자기 저항 R_m은
$$R_m = R_\delta + R_l = \frac{\delta}{\mu_0 A} + \frac{l}{\mu A}$$ 이므로

자계의 자속 $\phi_0 = \frac{NI}{R_m} = \frac{NI}{\frac{\delta}{\mu_0 A} + \frac{l}{\mu A}} = \frac{\mu_0 \mu_r ANI}{\delta\mu_r + l}$[Wb]   **답** ③

15 점전하 $Q[C]$와 무한평면도체에 대한 영상전하는?

① $Q[C]$와 같다. ② $-Q[C]$와 같다.
③ $Q[C]$ 보다 크다. ④ $Q[C]$ 보다 작다.

풀이 전기 영상법
무한 평면 도체는 전위가 0이므로 그 조건을 만족하는 영상 전하는 $-Q$이고, 거리는 $+Q$과 반대방향으로 등거리이다.

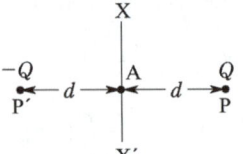

답 ②

16 전계의 세기 E, 자계의 세기가 H 일 때 포인팅 벡터(P)는?

① $P = E \times H$ ② $P = \frac{1}{2} E \times H$ ③ $P = H \, \text{curl} E$ ④ $P = E \, \text{curl} H$

풀이 평면 전자파는 E와 H가 수직이므로 이것을 벡터로 표시하면
$P = E \times H [\text{W/m}^2]$
가 되고 이 벡터를 포인팅(Pointing) 벡터, 또는 방사(radiation) 벡터라 한다.

답 ①

17 내구의 반지름이 6[cm], 외구의 반지름이 8[cm]인 동심구 콘덴서의 외구를 접지하고 내구에 전위 1800[V]를 가했을 경우 내구에 충전된 전기량은 몇 [C]인가?

① 2.8×10^{-8} ② 3.8×10^{-8} ③ 4.8×10^{-8} ④ 5.8×10^{-8}

풀이 전기량 $Q = \dfrac{4\pi\epsilon_0 V}{\dfrac{1}{a} - \dfrac{1}{b}} = \dfrac{\dfrac{1}{9 \times 10^9} \times 1800}{\dfrac{1}{6 \times 10^{-2}} - \dfrac{1}{8 \times 10^{-2}}} = 4.8 \times 10^{-8} [C]$

답 ③

18 권선수가 N회인 코일에 전류 $I[A]$를 흘릴 경우, 코일에 $\phi[\text{Wb}]$의 자속이 지나간다면 이 코일에 저장된 자계에너지[J]는?

① $\frac{1}{2} N\phi^2 I$ ② $\frac{1}{2} N\phi I$ ③ $\frac{1}{2} N^2 \phi I$ ④ $\frac{1}{2} N\phi I^2$

풀이 자기 인덕턴스 $L = \dfrac{N\phi}{I}$ 이므로, $LI = N\phi$이다.
따라서 자계에너지 $W = \dfrac{1}{2} LI^2 = \dfrac{1}{2} LI \cdot I = \dfrac{1}{2} N\phi I [J]$

답 ②

19 다음 중 인덕턴스의 공식이 옳은 것은? (단, N은 권수, I는 전류, l은 철심의 길이, R_m은 자기저항, μ는 투자율, S는 철심 단면적이다.)

① $\dfrac{NI}{R_m}$ ② $\dfrac{N^2}{R_m}$ ③ $\dfrac{\mu NS}{l}$ ④ $\dfrac{\mu_o NIS}{l}$

풀이
- 자기회로의 옴의 법칙 $\phi = \dfrac{NI}{R_m}$ [Wb]
- 자기저항 $R_m = \dfrac{l}{\mu S}$ [AT/Wb]

따라서 인덕턴스 $L = \dfrac{N\phi}{I} = \dfrac{N^2}{R_m} = \dfrac{\mu S N^2}{l}$ [H]

답 ②

20 다음 중 ( )에 들어갈 내용으로 옳은 것은?

> 맥스웰은 전극간의 유전체를 통하여 흐르는 전류를 해석하기 위해 (㉠)의 개념을 도입하였고, 이것도 (㉡)를 발생한다고 가정하였다.

① ㉠ 와전류, ㉡ 자계
② ㉠ 변위전류, ㉡ 자계
③ ㉠ 전자전류, ㉡ 전계
④ ㉠ 파동전류, ㉡ 전계

풀이
- 전도 전류 : 도체에 전장(기전력)을 가할 때 흐르는 전류 $J_c = \sigma E$
- 변위전류 : 유전체(공기) 내에서 전속밀도의 시간적 변화에 의한 전류 $J_d = \dfrac{dD}{dt}$
- 변위전류도 전도 전류와 같이 자계를 발생시킨다.

답 ②

2과목 전력공학

21 직렬 콘덴서를 선로에 삽입할 때의 현상으로 옳은 것은?

① 부하의 역률을 개선한다.
② 선로의 리액턴스가 증가된다.
③ 선로의 전압강하를 줄일 수 없다.
④ 계통의 정태안정도를 증가시킨다.

풀이 직렬 콘덴서의 장·단점
[장점] ① 유도 리액턴스를 보상하고 전압강하를 감소시킨다.
② 수전단의 전압변동률을 경감시킨다.
③ 최대 송전 전력이 증대하고 정태 안정도가 증대한다.
④ 부하역률이 나쁠수록 효과가 크다.
⑤ 용량이 작으므로 설비비가 저렴하다.
[단점] ① 단락고장 시 콘덴서 양단에 고전압이 걸린다.
② 무부하 변압기에 직렬 콘덴서를 투입하는 경우 선로 전류가 증대한다.
③ 고압 배전선에 설치하는 경우 자기 여자 현상이 일어날 경우가 있다.
④ 과보상이 되면 동기기에 난조가 생기거나 탈조하는 수가 있다.

답 ④

22 송전선로의 중성점을 접지하는 목적으로 가장 옳은 것은?

① 전압강하의 감소
② 유도장해의 감소
③ 전선 동량의 절약
④ 이상전압의 발생 방지

풀이 송전선로의 중성점접지의 목적
① 이상전압 발생 방지
② 1선 지락 시 건전상 전압 상승 억제 및 기기나 선로의 절연 절감
③ 보호계전기 동작 확실
④ 소호 리액터 계통에서의 1선 지락 시 아크 소멸   **답** ④

23 그림과 같은 3상 송전계통의 송전전압은 22[kV]이다. 한 점 P에서 3상 단락했을 때 발전기에 흐르는 단락전류는 약 몇 [A]인가?

① 725
② 1150
③ 1990
④ 3725

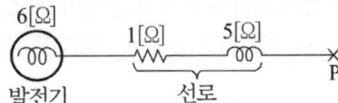

풀이 임피던스 $Z = R + jX = 1 + j(6+5) = 1 + j11[\Omega]$

따라서 단락전류 $I_s = \dfrac{E}{Z} = \dfrac{E}{\sqrt{R^2+X^2}} = \dfrac{\frac{22 \times 10^3}{\sqrt{3}}}{\sqrt{1^2+11^2}} \fallingdotseq 1150[A]$ **답** ②

24 전력계통의 전력용 콘덴서와 직렬로 연결하는 리액터로 제거되는 고조파는?
① 제2고조파
② 제3고조파
③ 제4고조파
④ 제5고조파

풀이 송전선로에는 변압기의 유기기전력이 발생할 때에 생기는 기수 고조파가 존재하게 되는데, 제3고조파는 변압기의 △결선에서 제거되고 제5고조파는 전력용 콘덴서에 직렬로 5[%] 가량의 리액터를 삽입하여 제거시킨다.   **답** ④

25 배전선로에서 사용하는 전압조정방법이 아닌 것은?
① 승압기 사용
② 병렬콘덴서 사용
③ 저전압계전기 사용
④ 주상변압기 탭 전환

풀이 배전선로 전압조정 장치
① 주변압기 1차 측의 무부하 시(탭 변환 장치), 부하시(탭 절환 장치)
② 정지형 전압조정기(SVR)
③ 유도전압조정기(IVR)
④ 병렬콘덴서는 주로 역률 개선용으로 사용되지만 전압조정 효과도 있다.   **답** ③

26 다음 중 뇌해방지와 관계가 없는 것은?
① 댐퍼
② 소호환
③ 가공지선
④ 탑각접지

풀이 뇌의 보호장치 및 기능
• 매설지선 : 탑각 접지저항을 낮추어 역섬락을 방지

- 가공지선 : 뇌의 차폐
- 소호각(소호환) : 애자련 보호
- 피뢰기 : 기기 보호

댐퍼는 선로의 진동 방지에 쓰인다.

답 ①

27 다음 ( )에 알맞은 내용으로 옳은 것은? (단, 공급전력과 선로 손실률은 동일하다.)

> 선로의 전압을 2배로 승압할 경우, 공급전력은 승압 전의 (㉮)로 되고, 선로 손실은 승압 전의 (㉯)로 된다.

① ㉮ $\frac{1}{4}$, ㉯ 2배
② ㉮ $\frac{1}{4}$, ㉯ 4배
③ ㉮ 2배, ㉯ $\frac{1}{4}$
④ ㉮ 4배, ㉯ $\frac{1}{4}$

풀이 전력손실률 $h = \frac{P_l}{P} = \frac{RP}{V^2 \cos^2\theta}$ 에서

㉮ 공급전력 $P \propto V^2 = 2^2 = 4$배

㉯ 선로 손실 $P_l \propto \frac{1}{V^2} = \frac{1}{2^2} = \frac{1}{4}$배

답 ④

28 일반회로정수가 A, B, C, D이고 송전단 상전압이 E_S인 경우, 무부하 시의 충전전류(송전단 전류)는?

① CE_S
② ACE_S
③ $\frac{C}{A}E_S$
④ $\frac{A}{C}E_S$

풀이 $E_S = AE_R + BI_R$ 에서 무부하($I_R = 0$)이므로

$E_S = AE_R \rightarrow E_R = \frac{E_S}{A}$

$I_S = CE_R + DI_R$ 에서 무부하($I_R = 0$)이므로

$\therefore I_s = CE_R = \frac{C}{A}E_S$

답 ③

29 주상변압기의 고장이 배전선로에 파급되는 것을 방지하고 변압기의 과부하 소손을 예방하기 위하여 사용되는 개폐기는?

① 리클로저
② 부하개폐기
③ 컷아웃스위치
④ 섹셔널라이저

풀이 ① 리클로저(recloser) : 배전선로에서 지락고장이나 단락고장 사고가 발생하였을 때 고장을 검출하여 선로를 차단한 후 일정시간이 경과하면 자동적으로 재투입 동작을 반복함으로써 순간 고장을 제거한다.
② 부하 개폐기 : 고장전류와 같은 대전류는 차단할 수 없지만 평상 운전시의 부하전류는 개폐할 수 있다.
③ 컷아웃 스위치(C.O.S) : 주상변압기의 고장이 배전선로에 파급되는 것을 방지하고 변압기의 과부하 소손을 예방하고자 변압기 1차 측에 사용하는 보호장치
④ 섹셔널라이저(sectionalizer) : 고장전류를 차단 할 수 있는 능력은 없으며, 선로의 무전압 상태에서 선로를 개방하여 고장구간을 분리시킨다.

답 ③

30 중성점 저항접지방식에서 1선 지락 시의 영상전류를 I_0라고 할 때, 접지저항으로 흐르는 전류는?

① $\frac{1}{3}I_0$ ② $\sqrt{3}I_0$ ③ $3I_0$ ④ $6I_0$

풀이 접지저항으로 흐르는 전류를 I_a 라고 하고, 대칭좌표법과 발전기의 기본식을 이용하여 풀면

$$I_0 = I_1 = I_2 = \frac{E_a}{Z_0 + Z_1 + Z_2}$$

$$\therefore I_a = I_0 + I_1 + I_2 = 3I_0 = \frac{3E_a}{Z_0 + Z_1 + Z_2}$$

답 ③

31 변전소에서 수용가로 공급되는 전력을 차단하고 소내 기기를 점검할 경우, 차단기와 단로기의 개폐 조작 방법으로 옳은 것은?

① 점검 시에는 차단기로 부하회로를 끊고 난 다음에 단로기를 열어야 하며, 점검 후에는 단로기를 넣은 후 차단기를 넣어야 한다.
② 점검 시에는 단로기를 열고 난 후 차단기를 열어야 하며, 점검 후에는 단로기를 넣고 난 다음에 차단기로 부하회로를 연결하여야 한다.
③ 점검 시에는 차단기로 부하회로를 끊고 단로기를 열어야 하며, 점검 후에는 차단기로 부하회로를 연결한 후 단로기를 넣어야 한다.
④ 점검 시에는 단로기를 열고 난 후 차단기를 열어야 하며, 점검이 끝난 경우에는 차단기를 부하에 연결한 다음에 단로기를 넣어야 한다.

풀이 단로기는 부하전류를 개폐할 수 없으므로 정전시에는 차단기로 부하전류를 차단 후 단로기를 조작하고 급전시에는 단로기를 조작 후 차단기를 닫아야 한다.

답 ①

32 설비용량 600[kW], 부등률 1.2, 수용률 60[%]일 때의 합성 최대전력은 몇 [kW]인가?

① 240   ② 300   ③ 432   ④ 833

풀이
- 최대 수용 전력 = 설비용량 × 수용률 = 600 × 0.6 = 360[kW]
- 부등률 = $\frac{\text{개별 최대 수용 전력의 합}}{\text{합성 최대 수용 전력}}$ 에서

합성 최대 수용 전력 = $\frac{\text{개별 최대 수용 전력의 합}}{\text{부등률}} = \frac{360}{1.2} = 300[\text{kW}]$

답 ②

33 다음 보호계전기회로에서 박스 (A) 부분의 명칭은?

① 차단코일
② 영상변류기
③ 계기용변류기
④ 계기용변압기

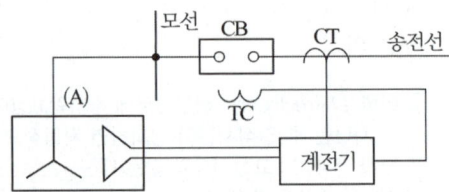

풀이 계기용 변압기(PT) : 고전압을 저전압으로 변성하여 계기나 계전기에 공급하기 위한 목적으로 사용되며 2차 측 정격전압은 110[V]이다.

답 ④

34 단거리 송전선로에서 정상상태 유효전력의 크기는?
① 선로리액턴스 및 전압위상차에 비례한다.
② 선로리액턴스 및 전압위상차에 반비례한다.
③ 선로리액턴스에 반비례하고 상차각에 비례한다.
④ 선로리액턴스에 비례하고 상차각에 반비례한다.

풀이 송전 전력 $P = \dfrac{V_s V_r}{X} \sin\delta [\text{MW}]$

여기서, V_s, V_r : 송수전단전압[kV], δ : 송수전단전압의 위상차, X : 선로의 리액턴스[Ω]   **답** ③

35 전력 원선도의 실수축과 허수축은 각각 어느 것을 나타내는가?
① 실수축은 전압이고, 허수축은 전류이다.
② 실수축은 전압이고, 허수축은 역률이다.
③ 실수축은 전류이고, 허수축은 유효전력이다.
④ 실수축은 유효전력이고, 허수축은 무효전력이다.

풀이 전력 원선도의 가로축은 유효전력을, 세로축은 무효전력을 나타낸다.   **답** ④

36 전선로의 지지물 양쪽의 경간의 차가 큰 장소에 사용되며, 일명 E형 철탑이라고도 하는 표준 철탑의 일종은?
① 직선형 철탑　　② 내장형 철탑　　③ 각도형 철탑　　④ 인류형 철탑

풀이 철주, 철근 콘크리트주 또는 철탑의 종류
① 직선형 : 전선로의 직선 부분(3도 이하의 수평 각도를 이루는 곳을 포함)에 사용하는 것으로 내장형과 보강형은 제외한다.
② 각도형 : 전선로 중 3도를 넘는 수평 각도를 이루는 곳에 사용하는 것
③ 인류형 : 전 가섭선을 인류하는 곳에 사용한 것
④ 내장형 : 전선로의 지지물 양쪽의 경간의 차가 큰 곳에 사용하며, E형 철탑이라고도 한다.
⑤ 보강형 : 전선로의 직선 부분에 그 보강을 위하여 사용하는 것   **답** ②

37 수차발전기가 난조를 일으키는 원인은?
① 수차의 조속기가 예민하다.　　② 수차의 속도변동률이 적다.
③ 발전기의 관성 모멘트가 크다.　　④ 발전기의 자극에 제동권선이 있다.

풀이 난조 발생의 원인과 대책

원인	대책
원동기의 조속기 감도가 지나치게 예민한 경우	조속기를 적당히 조정
원동기의 토크에 고조파 토크가 포함된 경우	디젤 기관 등에 생기는 문제로 회전부의 플라이휠 효과를 적당히 선정
전기자 회로의 저항이 상당히 큰 경우	회로의 저항을 작게 하거나 리액턴스를 삽입
부하가 맥동할 때	회전부의 플라이휠 효과를 적당히 선정

답 ①

38. 차단기가 전류를 차단할 때, 재점호가 일어나기 쉬운 차단전류는?
① 동상전류 ② 지상전류 ③ 진상전류 ④ 단락전류

풀이 충전전류를 차단할 때 전류파의 0의 위치에서 소거된 아크가 재기전압에 의하여 극간에 다시 발생하는 것을 재점호라고 하며 이러한 재점호 전류는 콘덴서 C에 의한 진상전류에 의해 발생한다.   **답** ③

39. 배전선에 부하가 균등하게 분포되었을 때 배전선 말단에서의 전압강하는 전 부하가 집중적으로 배전선 말단에 연결되어 있을 때의 몇 [%]인가?
① 25 ② 50 ③ 75 ④ 100

풀이 집중 부하와 분산부하

구 분	전력손실	전압강하
말단에 집중 부하	I^2rL	IrL
평등 분포 부하	$\frac{1}{3}I^2rL$	$\frac{1}{2}IrL$

여기서, I : 전선의 전류, r : 전선 단위길이 당 저항, L : 전선의 길이   **답** ②

40. 송전선의 특성 임피던스를 Z_0, 전파속도를 V라 할 때, 이 송전선의 단위길이에 대한 인덕턴스 L은?

① $L = \dfrac{V}{Z_0}$ ② $L = \dfrac{Z_0}{V}$ ③ $L = \dfrac{Z_0^2}{V}$ ④ $L = \sqrt{Z_0\,V}$

풀이
- 파동 임피던스 $Z_0 = \sqrt{\dfrac{L}{C}}$
- 전파속도 $V = \sqrt{\dfrac{1}{LC}}$

$$\therefore \frac{Z_0}{V} = \sqrt{\frac{\frac{L}{C}}{\frac{1}{LC}}} = L$$

답 ②

3과목 전기기기

41. 정격 150[kVA], 철손 1[kW], 전부하 동손이 4[kW]인 단상변압기의 최대 효율[%]과 최대효율 시의 부하[kVA]는? (단, 부하역률은 1이다.)
① 96.8[%], 125[kVA] ② 97[%], 50[kVA]
③ 97.2[%], 100[kVA] ④ 97.4[%], 75[kVA]

풀이 변압기 효율은 $m^2 P_c = P_i$일 때 최대이므로
$$m^2 \times 4 = 1 \;\rightarrow\; m = \sqrt{\frac{1}{4}} = \frac{1}{2}$$
즉, $150 \times \dfrac{1}{2} = 75$[kVA]에서 최대 효율이 된다.

따라서 최대효율 $\eta_m = \dfrac{75}{75+1\times 2}\times 100 = 97.4[\%]$ **답** ④

42 사이리스터에 의한 제어는 무엇을 제어하여 출력전압을 변환시키는가?
① 토크　　　② 위상각　　　③ 회전수　　　④ 주파수

풀이 반도체 사이리스터에 의한 제어는 정류 전압의 위상각을 제어한다. **답** ②

43 전동력 응용기기에서 GD^2의 값이 적은 것이 바람직한 기기는?
① 압연기　　　② 송풍기　　　③ 냉동기　　　④ 엘리베이터

풀이 엘리베이터용 전동기는 일반적으로 성능이 높은 신뢰도를 지니며 기동 토크가 큰 것이 요구된다. 또한 사용 빈도가 높으며, 마이너스 부하로부터 과부하까지 광범위하게 제어가 되어야 할 뿐만 아니라 기동전류와 전동기의 GD^2이 작아야 하고, 소음 및 속도와 회전력의 맥동이 없어야 한다. **답** ④

44 온도 측정장치 중 변압기의 권선온도 측정에 가장 적당한 것은?
① 탐지코일　　　② dial온도계　　　③ 권선온도계　　　④ 봉상온도계

풀이
- 유온계 : 유(oil)온 측정장치에는 봉상온도계, 다이얼온도계(열전대식, 저항식, 측온체식) 등이 있다.
- 권선온도계 : 변압기의 상부 온도와 부하전류에 의한 권선의 온도를 측정한다. **답** ③

45 직류 및 교류 양용에 사용되는 만능 전동기는?
① 복권전동기　　　② 유도전동기　　　③ 동기전동기　　　④ 직권 정류자전동기

풀이 직류 직권전동기에 가해 주는 직류전압을 그림과 같이 바꿀 경우에도 자속과 전기자 전류의 방향이 동시에 모두 반대가 되므로, 회전방향은 변하지 않는다.

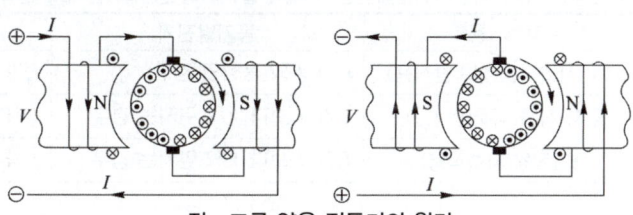

직·교류 양용 전동기의 원리

따라서, 이 직류 직권전동기에 교류전압을 가해 주어도 전동기는 항상 같은 방향의 토크를 발생하고, 회전을 같은 방향으로 계속한다. 직·교류 양용 전동기는 이와 같은 원리를 이용한 전동기로서 단상 직권 정류자 전동기라고 한다. **답** ④

46 어떤 변압기의 백분율 저항강하가 2[%], 백분율 리액턴스강하가 3[%]라 한다. 이 변압기로 역률(지역률)이 80[%]인 부하에 전력을 공급하고 있다. 이 변압기의 전압변동률은 몇 [%]인가?
① 2.4　　　② 3.4　　　③ 3.8　　　④ 4.0

풀이 뒤진 역률(지역률)이므로
전압변동률 $\epsilon = p\cos\theta + q\sin\theta = 2 \times 0.8 + 3 \times 0.6 = 3.4[\%]$ **답** ②

47 어떤 IGBT의 열용량은 0.02[J/℃], 열저항은 0.625[℃/W]이다. 이 소자에 직류 25[A]가 흐를 때 전압강하는 3[V]이다. 몇 [℃]의 온도상승이 발생하는가?

① 1.5　　② 1.7　　③ 47　　④ 52

풀이 열저항 $R_\theta = \dfrac{\Delta T}{P}[℃/W]$이므로,
(여기서, ΔT : 온도상승범위[℃], P : 손실[W])
따라서 $\Delta T = R_\theta \times P = 0.625 \times 25 \times 3 ≒ 47[℃]$ **답** ③

48 직류전동기의 속도제어법 중 정지 워드 레오나드 방식에 관한 설명으로 틀린 것은?

① 광범위한 속도제어가 가능하다.
② 정토크 가변속도의 용도에 적합하다.
③ 제철용 압연기, 엘리베이터 등에 사용된다.
④ 직권전동기의 저항제어와 조합하여 사용한다.

풀이 정지 워드 레오나드 방식은 교류전원에서 SCR을 통해 변환된 직류를 위상제어에 의해 조정하여 단자전압이나 계자전류의 평균치를 변화시켜 속도를 제어한다. 즉 SCR과 조합하여 사용하는 방식이다. **답** ④

49 동기전동기에서 90° 앞선 전류가 흐를 때 전기자 반작용은?

① 감자작용　　② 증자작용　　③ 편자작용　　④ 교차자화작용

풀이 동기전동기에서 전기자 전류 I_a의 위상은 공급전압 V에 대한 위상을 말하므로 전기자 반작용을 살펴보면 공급전압은 유기기전력과 반대방향이 되어 발전기의 경우와 반대로 된다.

작 용	동기발전기	동기전동기
교차 자화작용(횡축반작용)	I_a가 E와 동상인 경우	I_a가 V와 동상인 경우
감자 작용(직축반작용)	I_a가 E보다 $\pi/2$ 뒤지는 경우	I_a가 V보다 $\pi/2$ 앞서는 경우
증자작용(자화작용)	I_a가 E보다 $\pi/2$ 앞서는 경우	I_a가 V보다 $\pi/2$ 뒤지는 경우

답 ①

50 T-결선에 의하여 3300[V]의 3상으로부터 200[V], 40[kVA]의 전력을 얻는 경우 T좌 변압기의 권수비는 약 얼마인가?

① 10.2　　② 11.7　　③ 14.3　　④ 16.5

풀이 주좌 변압기의 권수비를 a_M, T좌 변압기의 권수비를 a_T라 하면
$a_T = a_M \times \dfrac{\sqrt{3}}{2} = \dfrac{3300}{200} \times \dfrac{\sqrt{3}}{2} = 16.5 \times 0.866 ≒ 14.3$ **답** ③

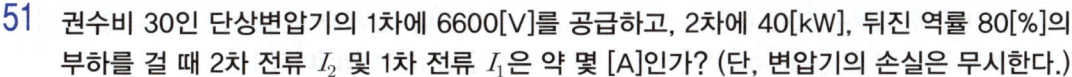

51 권수비 30인 단상변압기의 1차에 6600[V]를 공급하고, 2차에 40[kW], 뒤진 역률 80[%]의 부하를 걸 때 2차 전류 I_2 및 1차 전류 I_1은 약 몇 [A]인가? (단, 변압기의 손실은 무시한다.)

① $I_2 = 145.5$, $I_1 = 4.85$
② $I_2 = 181.8$, $I_1 = 6.06$
③ $I_2 = 227.3$, $I_1 = 7.58$
④ $I_2 = 321.3$, $I_1 = 10.28$

풀이

2차 전압 $V_2 = \dfrac{V_1}{a} = \dfrac{6600}{30} = 220[\text{V}]$

2차 전류 $I_2 = \dfrac{P}{V_2 \cos\theta} = \dfrac{40 \times 10^3}{220 \times 0.8} = 227.3[\text{A}]$

따라서 1차 전류 $I_1 = \dfrac{I_2}{a} = \dfrac{227.3}{30} = 7.58[\text{A}]$ 　　답 ③

52 일정 전압으로 운전하는 직류전동기의 손실이 $x + yI^2$으로 될 때 어떤 전류에서 효율이 최대가 되는가? (단, x, y는 정수이다.)

① $I = \sqrt{\dfrac{x}{y}}$ 　② $I = \sqrt{\dfrac{y}{x}}$ 　③ $I = \dfrac{x}{y}$ 　④ $I = \dfrac{y}{x}$

풀이

- 손실 $x + yI^2$ 중에서 x는 부하전류에 관계없는 철손(고정손)이고, yI^2는 전류의 제곱에 비례하는 전부하 동손(가변손)이다.
- 최대 효율 조건은 고정손 = 가변손이므로,
  즉, $x = yI^2$이 되는 부하전류 $I = \sqrt{\dfrac{x}{y}}$ 에서 최대 효율이 된다. 　　답 ①

53 유도전동기 슬립 s의 범위는?

① $1 < s$ 　② $s < -1$ 　③ $-1 < s < 0$ 　④ $0 < s < 1$

풀이 슬립의 범위
- 유도전동기 : $0 < s < 1$
- 유도발전기 : $s < 0$
- 제동기 : $s > 1$ 　　답 ④

54 3상 동기발전기 각 상의 유기기전력 중 제3고조파를 제거하려면 코일간격/극간격을 어떻게 하면 되는가?

① 0.11 　② 0.33 　③ 0.67 　④ 1.34

풀이
- 제n고조파에 대한 단절 계수(코일 간격/극 간격) $K_{pn} = \sin\dfrac{n\beta\pi}{2}$ 이므로

  제3고조파에 대한 단절 계수 $K_{p3} = \sin\dfrac{3\beta\pi}{2}$ 이다.
- $\sin\theta$의 값이 0이 되기 위해서는 $\theta = 0$, π, 2π, $\cdots$가 되어야 한다.
- $\dfrac{3\beta\pi}{2}(=\theta)$가 0, π, 2π, $\cdots$ 이 되기 위한 β는 0, 0.67, 1.33, $\cdots$ 이나 이 중에서 1보다 작고 가장 가까운 $\beta = 0.67$이 제일 적당하다. 　　답 ③

55 전기자 총 도체수 500, 6극, 중권의 직류전동기가 있다. 전기자 전 전류가 100[A]일 때의 발생 토크는 약 몇 [kg · m]인가? (단, 1극당 자속수는 0.01[Wb]이다.)

① 8.12 ② 9.54 ③ 10.25 ④ 11.58

풀이 토크 $\tau = \dfrac{pZ\phi I_a}{2\pi a}[\text{N} \cdot \text{m}] \times \dfrac{1}{9.8}[\text{kg} \cdot \text{m}]$

$= \dfrac{6 \times 500 \times 0.01 \times 100}{2\pi \times 6} \times \dfrac{1}{9.8} = 8.12[\text{kg} \cdot \text{m}]$

답 ①

56 3상 유도전동기의 토크와 출력에 대한 설명으로 옳은 것은?

① 속도에 관계가 없다.
② 동일 속도에서 발생한다.
③ 최대 출력은 최대 토크보다 고속도에서 발생한다.
④ 최대 토크가 최대 출력보다 고속도에서 발생한다.

풀이 속도 상승시 출력이 토크보다 나중에 최대값에 도달하므로, 최대 출력은 최대 토크보다 고속도에서 발생한다.

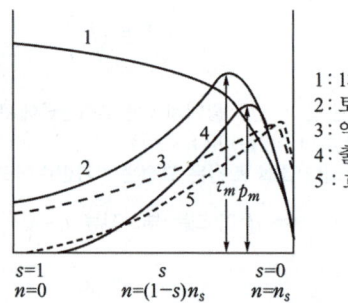

3상 유도전동기속도 특성 곡선

답 ③

57 단자전압 220[V], 부하전류 48[A], 계자전류 2[A], 전기자저항 0.2[Ω]인 직류분권발전기의 유도기전력[V]은? (단, 전기자 반작용은 무시한다.)

① 210 ② 220 ③ 230 ④ 240

풀이 유기기전력
$E = V + I_a R_a = V + (I + I_f) R_a$
$= 220 + (48+2) \times 0.2 = 230[\text{V}]$

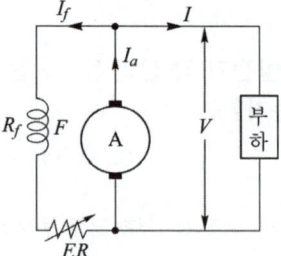

답 ③

58 200[kW], 200[V]의 직류분권발전기가 있다. 전기자 권선의 저항이 0.025[Ω]일 때 전압변동률은 몇 [%]인가?

① 6.0 ② 12.5 ③ 20.5 ④ 25.0

풀이 무부하 단자전압 V_0는

$$V_0 = V_n + R_a I_a = 200 + 0.025 \times \frac{200 \times 10^3}{200} = 225[\text{V}]$$

따라서 전압변동률 $\epsilon = \frac{V_0 - V_n}{V_n} \times 100 = \frac{225-200}{200} \times 100 = 12.5[\%]$

답 ②

59 동기발전기에서 전기자 전류를 I, 역률을 $\cos\theta$라 하면 횡축반작용을 하는 성분은?

① $I\cos\theta$　　② $I\cot\theta$　　③ $I\sin\theta$　　④ $I\tan\theta$

풀이
- 유효분 $I\cos\theta$는 기전력과 같은 위상의 전류 성분으로서 횡축반작용을 한다.
- 무효분 $I\sin\theta$는 $\pi/2[\text{rad}]$만큼 뒤지거나 앞서기 때문에 직축반작용을 한다.

답 ①

60 단상 유도전동기와 3상 유도전동기를 비교했을 때 단상 유도전동기의 특징에 해당되는 것은?

① 대용량이다.　　② 중량이 작다.
③ 역률, 효율이 좋다.　　④ 기동장치가 필요하다.

풀이 단상 유도전동기는 회전자계가 생기지 않기 때문에 정류자와 브러시를 도입하거나 반발 전동기 내에 분상형과 같은 보조권선의 수단에 의해서 회전자계를 발생하는 기동장치가 필요하다.

답 ④

4과목　회로이론

61 비정현파의 성분을 가장 옳게 나타낸 것은?

① 직류분 + 고조파　　② 교류분 + 고조파
③ 교류분 + 기본파 + 고조파　　④ 직류분 + 기본파 + 고조파

풀이 비정현파 교류 = 직류분 + 기본파 + 고조파

답 ④

62 다음과 같은 전류의 초기값 $i(0^+)$를 구하면?

$$I(s) = \frac{12(s+8)}{4s(s+6)}$$

① 1　　② 2　　③ 3　　④ 4

풀이 초기값 정리에 의해

$$\lim_{t \to 0} i(t) = \lim_{s \to \infty} s \cdot I(s) = \lim_{s \to \infty} s \cdot \frac{12(s+8)}{4s(s+6)} = \lim_{s \to \infty} \frac{12 + \frac{96}{s}}{4 + \frac{24}{s}} = 3$$

답 ③

63 대칭 n상 환상결선에서 선전류와 환상전류 사이의 위상차는 어떻게 되는가?

① $2\left(1-\dfrac{2}{n}\right)$ ② $\dfrac{n}{2}\left(1-\dfrac{\pi}{2}\right)$ ③ $\dfrac{\pi}{2}\left(1-\dfrac{n}{2}\right)$ ④ $\dfrac{\pi}{2}\left(1-\dfrac{2}{n}\right)$

풀이
- 성형 결선 : 대칭 n상에서 선간전압은 상전압 보다 $\dfrac{\pi}{2}\left(1-\dfrac{2}{n}\right)$[rad]만큼 위상이 앞선다.
- 환상 결선 : 대칭 n상에서 선전류는 상전류보다 $\dfrac{\pi}{2}\left(1-\dfrac{2}{n}\right)$[rad]만큼 위상이 뒤진다.   답 ④

64 V_a, V_b, V_c를 3상 불평형 전압이라 하면 정상(正相)전압[V]은?
(단, $a=-\dfrac{1}{2}+j\dfrac{\sqrt{3}}{2}$이다.)

① $3(V_a+V_b+V_c)$ ② $\dfrac{1}{3}(V_a+V_b+V_c)$

③ $\dfrac{1}{3}(V_a+a^2V_b+aV_c)$ ④ $\dfrac{1}{3}(V_a+aV_b+a^2V_c)$

풀이
- 영상 전압 $V_0=\dfrac{1}{3}(V_a+V_b+V_c)$
- 정상 전압 $V_1=\dfrac{1}{3}(V_a+aV_b+a^2V_c)$
- 역상 전압 $V_2=\dfrac{1}{3}(V_a+a^2V_b+aV_c)$ 답 ④

65 그림에서 4단자 회로 정수 A, B, C, D 중 출력 단자 3, 4가 개방되었을 때의 $\dfrac{V_1}{V_2}$인 A의 값은?

① $1+\dfrac{Z_2}{Z_1}$ ② $1+\dfrac{Z_3}{Z_2}$

③ $1+\dfrac{Z_2}{Z_3}$ ④ $\dfrac{Z_1+Z_2+Z_3}{Z_1Z_3}$

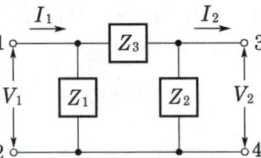

풀이
Z_2에서의 전압 $V_2=\dfrac{Z_2}{Z_2+Z_3}V_1$

$\therefore A=\dfrac{V_1}{V_2}\bigg|_{I_2=0}=\dfrac{V_1}{\dfrac{Z_2}{Z_2+Z_3}V_1}=\dfrac{Z_2+Z_3}{Z_2}=1+\dfrac{Z_3}{Z_2}$ 답 ②

66 $R=1$[kΩ], $C=1$[μF]가 직렬접속된 회로에 스텝(구형파)전압 10[V]를 인가하는 순간에 커패시터 C에 걸리는 최대 전압[V]은?

① 0 ② 3.72 ③ 6.32 ④ 10

풀이 커패시터는 전압이 불연속적으로 급변할 수 없으므로 인가하는 순간의 전압은 0이 된다.   답 ①

67 저항 $R=6[\Omega]$과 유도리액턴스 $X_L=8[\Omega]$이 직렬로 접속된 회로에서 $v=200\sqrt{2}\sin\omega t[V]$인 전압을 인가하였다. 이 회로의 소비되는 전력[kW]은?

① 1.2 ② 2.2 ③ 2.4 ④ 3.2

풀이 $R-L$ 직렬회로에서 전류 $I=\dfrac{V}{Z}=\dfrac{V}{\sqrt{R^2+X^2}}[A]$이므로

전력 $P=I^2R=\left(\dfrac{V}{\sqrt{R^2+X^2}}\right)^2R=\dfrac{V^2R}{R^2+X^2}=\dfrac{200^2\times6}{6^2+8^2}=2400[W]=2.4[kW]$ **답** ③

68 어느 소자에 전압 $e=125\sin377t[V]$를 가했을 때 전류 $i=50\cos377t[A]$가 흘렀다. 이 회로의 소자는 어떤 종류인가?

① 순저항 ② 용량 리액턴스
③ 유도 리액턴스 ④ 저항과 유도 리액턴스

풀이 순시전압 $v=V_m\sin\omega t[V]$를 인가할 때의 회로해석

소 자	순시전류	위 상
R만의 회로	$i=\dfrac{V_m}{R}\sin\omega t[A]$	동상 (전류와 전압의 위상이 같다.)
L만의 회로	$i_L=\dfrac{V_m}{\omega L}\sin\left(\omega t-\dfrac{\pi}{2}\right)[A]$	지상 (전류가 전압보다 90° 뒤진다.)
C만의 회로	$i_C=\omega CV_m\sin\left(\omega t+\dfrac{\pi}{2}\right)[A]$	진상 (전류가 전압보다 90° 앞선다.)

$i=50\cos377t=50\sin(377t+90°)[A]$
즉, 전류가 전압보다 위상이 90° 앞선 진상전류가 흐르므로 용량 리액턴스이다. **답** ②

69 기전력 3[V], 내부저항 0.5[Ω]의 전지 9개가 있다. 이것을 3개씩 직렬로 하여 3조 병렬접속한 것에 부하저항 1.5[Ω]을 접속하면 부하전류[A]는?

① 2.5 ② 3.5 ③ 4.5 ④ 5.5

풀이 ① 동일한 크기의 저항 r을 n개 연결 하였을 경우 합성저항
 • 직렬연결 : $n\cdot r$
 • 병렬연결 : $\dfrac{r}{n}$

② 전지 내부 합성저항 $R_0=\dfrac{0.5\times3}{3}=0.5[\Omega]$
부하저항까지 포함한 전체 합성저항 $R=0.5+1.5=2[\Omega]$
따라서 부하전류 $I=\dfrac{V}{R}=\dfrac{9}{2}=4.5[A]$ (전지의 기전력은 $3\times3=9[V]$) **답** ③

70 정격전압에서 1[kW]의 전력을 소비하는 저항에 정격의 80[%]의 전압을 가할 때의 전력[W]은?

① 340 ② 540 ③ 640 ④ 740

풀이 전력 $P = \dfrac{V^2}{R} \propto V^2$ 이므로 80[%]의 전압을 가할 때의 전력을 P' 이라고 하면

$$\dfrac{P}{P'} = \dfrac{V^2}{(0.8V)^2}$$

$\therefore P' = 0.64P = 0.64 \times 1 = 0.64 \text{[kW]} = 640 \text{[W]}$

답 ③

71 $\dfrac{E_o(s)}{E_i(s)} = \dfrac{1}{s^2 + 3s + 1}$ 의 전달함수를 미분방정식으로 표시하면?

(단, $\mathcal{L}^{-1}[E_o(s)] = e_o(t)$, $\mathcal{L}^{-1}[E_i(s)] = e_i(t)$ 이다.)

① $\dfrac{d^2}{dt^2} e_i(t) + 3 \dfrac{d}{dt} e_i(t) + e_i(t) = e_o(t)$

② $\dfrac{d^2}{dt^2} e_o(t) + 3 \dfrac{d}{dt} e_o(t) + e_o(t) = e_i(t)$

③ $\dfrac{d^2}{dt^2} e_i(t) + 3 \dfrac{d}{dt} e_i(t) + \displaystyle\int e_i(t) dt = e_o(t)$

④ $\dfrac{d^2}{dt^2} e_o(t) + 3 \dfrac{d}{dt} e_o(t) + \displaystyle\int e_o(t) dt = e_i(t)$

풀이
$\dfrac{E_o(s)}{E_i(s)} = \dfrac{1}{s^2 + 3s + 1}$

$E_i(s) = s^2 E_o(s) + 3s E_o(s) + E_o(s)$

$\therefore e_i(t) = \dfrac{d^2}{dt^2} e_o(t) + 3 \dfrac{d}{dt} e_o(t) + e_o(t)$

답 ②

72 $e = 200\sqrt{2} \sin\omega t + 150\sqrt{2} \sin 3\omega t + 100\sqrt{2} \sin 5\omega t$ [V]인 전압을 $R-L$ 직렬회로에 가할 때에 제3고조파 전류의 실효값은 몇 [A]인가? (단, $R = 8[\Omega]$, $\omega L = 2[\Omega]$ 이다.)

① 5   ② 8   ③ 10   ④ 15

풀이 고조파의 유도 리액턴스는 주파수에 비례한다.
$X_L = n\omega L [\Omega]$ (여기서 n은 고조파 차수)

따라서 제3고조파 전류 $I_3 = \dfrac{V_3}{Z_3} = \dfrac{V_3}{\sqrt{R^2 + (3\omega L)^2}} = \dfrac{150}{\sqrt{8^2 + (3 \times 2)^2}} = 15 \text{[A]}$

답 ④

73 대칭 3상 Y결선에서 선간전압이 $200\sqrt{3}$ [V]이고 각 상의 임피던스가 $30 + j40 [\Omega]$의 평형부하일 때 선전류[A]는?

① 2   ② $2\sqrt{3}$ ③ 4   ④ $4\sqrt{3}$

풀이 Y결선에서 $V_l = \sqrt{3} V_p$, $I_l = I_p$ 이므로

$I_l = I_p = \dfrac{V_p}{Z} = \dfrac{200}{\sqrt{30^2 + 40^2}} = 4 \text{[A]}$

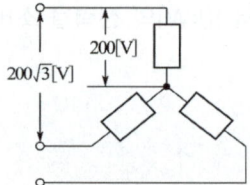

답 ③

74 3상 회로에 △결선된 평형 순저항 부하를 사용하는 경우 선간전압 220[V], 상전류가 7.33[A]라면 1상의 부하저항은 약 몇 [Ω]인가?

① 80　　② 60　　③ 45　　④ 30

풀이 부하 1상의 임피던스
$$= \frac{상전압}{상전류} = \frac{220}{7.33} = 30[\Omega]$$

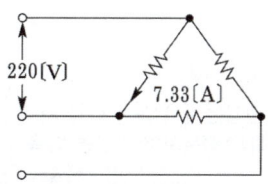

답 ④

75 두 대의 전력계를 사용하여 3상 평형부하의 역률을 측정하려고 한다. 전력계의 지시가 각각 P_1[W], P_2[W]라고 할 때 이 회로의 역률은?

① $\dfrac{\sqrt{P_1 + P_2}}{P_1 + P_2}$

② $\dfrac{P_1 + P_2}{P_1^2 + P_2^2 - 2P_1 P_2}$

③ $\dfrac{2(P_1 + P_2)}{\sqrt{P_1^2 + P_2^2 - P_1 P_2}}$

④ $\dfrac{P_1 + P_2}{2\sqrt{P_1^2 + P_2^2 - P_1 P_2}}$

풀이 2전력계법
- 피상전력 $P_a = 2\sqrt{P_1^2 + P_2^2 - P_1 P_2}$ [VA]
- 무효전력 $Q = \sqrt{3}(P_1 - P_2)$ [Var]
- 유효전력 $P = P_1 + P_2$ [W]
- 역률 $\cos\phi = \dfrac{P_1 + P_2}{2\sqrt{P_1^2 + P_2^2 - P_1 \times P_2}}$

답 ④

76 $t = 0$에서 스위치 S를 닫았을 때 정상 전류값[A]은?

① 1
② 2.5
③ 3.5
④ 7

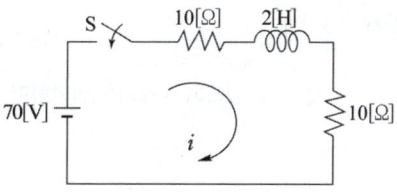

풀이 정상상태의 전류값은 $t = \infty$일 때이므로, $R-L$ 직렬회로에서의 정상전류 i_s는
$$i_s = \frac{E}{R}\left(1 - e^{-\frac{R}{L}t}\right) = \frac{70}{20}\left(1 - e^{-\frac{20}{2} \times \infty}\right) = 3.5[A]$$

답 ③

77 L형 4단자 회로망에서 4단자 정수가 $B = \dfrac{5}{3}$, $C = 1$이고, 영상임피던스 $Z_{01} = \dfrac{20}{3}[\Omega]$일 때 영상임피던스 $Z_{02}[\Omega]$의 값은?

① 4　　② $\dfrac{1}{4}$　　③ $\dfrac{100}{9}$　　④ $\dfrac{9}{100}$

풀이
$$Z_{01} \cdot Z_{02} = \frac{B}{C} \text{이므로} \quad \therefore Z_{02} = \frac{B}{C \cdot Z_{01}} = \frac{\frac{5}{3}}{1 \times \frac{20}{3}} = \frac{1}{4}[\Omega]$$

답 ②

78 다음과 같은 회로에서 a, b 양단의 전압은 몇 [V]인가?

① 1
② 2
③ 2.5
④ 3.5

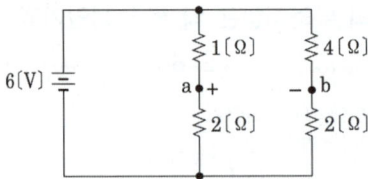

풀이 a, b 양단의 전압은 1[Ω]과 4[Ω]에서의 전압차와 같으므로, 전압분배 법칙을 적용하여 구하면 다음과 같다.

$V_a = \dfrac{1}{1+2} \times 6 = 2[V]$, $V_b = \dfrac{4}{4+2} \times 6 = 4[V]$

∴ $V_{ab} = 4 - 2 = 2[V]$

답 ②

79 저항 $R_1[\Omega]$, $R_2[\Omega]$ 및 인덕턴스 $L[H]$이 직렬로 연결되어 있는 회로의 시정수[s]는?

① $\dfrac{R_1 + R_2}{L}$ ② $\dfrac{L}{R_1 + R_2}$ ③ $-\dfrac{R_1 + R_2}{L}$ ④ $-\dfrac{L}{R_1 + R_2}$

풀이 $R_1 + R_2$를 R이라 하면 $R-L$ 직렬회로와 같다.

∴ $\tau = \dfrac{L}{R} = \dfrac{L}{R_1 + R_2}[s]$

답 ②

80 $F(s) = \dfrac{s}{s^2 + \pi^2} \cdot e^{-2s}$ 함수를 시간추이정리에 의해서 역변환하면?

① $\sin\pi(t+a) \cdot u(t+a)$
② $\sin\pi(t-2) \cdot u(t-2)$
③ $\cos\pi(t+a) \cdot u(t+a)$
④ $\cos\pi(t-2) \cdot u(t-2)$

풀이 $\mathcal{L}^{-1}\left[\dfrac{s}{s^2 + \pi^2}\right] = \cos\pi t$, $\mathcal{L}^{-1}[e^{-as}F(s)] = f(t-a) \cdot u(t-a)$이므로,

시간 추이 정리에 의해서 역변환하면 $\mathcal{L}^{-1}[F(s)] = f(t) = \cos\pi(t-2) \cdot u(t-2)$

답 ④

5과목 전기설비기술기준

81 전기부식방식 시설은 지표 또는 수중에서 1[m] 간격의 임의의 2점(양극의 주위 1[m] 이내의 거리에 있는 점 및 울타리의 내부점을 제외한다.)간의 전위차가 몇 [V]를 넘으면 안되는가?

① 5　② 10　③ 25　④ 30

풀이 241.16 전기부식방지 시설
가. 수중에 시설하는 양극과 그 주위 1[m] 이내의 거리에 있는 임의 점과의 사이의 전위차는 10[V]를 넘지 아니할 것.
나. 지표 또는 수중에서 1[m] 간격의 임의의 2점간의 전위차가 5[V]를 넘지 아니할 것.

답 ①

82 건조한 장소로서 전개된 장소에 한하여 시설할 수 있는 고압 옥내배선의 방법은?

① 금속관공사　　　　　　② 애자공사
③ 금속제 가요전선관공사　④ 합성수지관공사

풀이 342.1 고압 옥내배선 등의 시설
고압 옥내배선은 다음 중 하나에 의하여 시설할 것.
가. 애자공사(건조한 장소로서 전개된 장소에 한한다)
나. 케이블공사
다. 케이블트레이공사　　　　　　　　　　　　　　　　**답** ②

83 154/22.9[kV]용 변전소의 주요 변압기에 반드시 시설하지 않아도 되는 계측장치는?

① 전압계　　② 전류계　　③ 역률계　　④ 온도계

풀이 351.6 계측장치
변전소 또는 이에 준하는 곳에는 다음의 사항을 계측하는 장치를 시설하여야 한다.
가. 주요 변압기의 전압 및 전류 또는 전력
나. 특고압용 변압기의 온도　　　　　　　　　　　　**답** ③

84 22.9[kV] 특고압가공전선로의 중성선은 다중접지를 하여야 한다. 각 접지선을 중성선으로부터 분리하였을 경우 1[km]마다 중성선과 대지 사이의 합성전기저항 값은 몇 [Ω] 이하인가? (단, 전로에 지락이 생겼을 때에 2초 이내에 자동적으로 이를 전로로부터 차단하는 장치가 되어 있다.)

① 5　　　　② 10　　　　③ 15　　　　④ 20

풀이 333.32 25[kV] 이하인 특고압 가공전선로의 시설
각 접지도체를 중성선으로부터 분리하였을 경우의 각 접지점의 대지 전기저항 값과 1[km] 마다의 중성선과 대지 사이의 합성전기저항 값은 표에서 정한 값 이하일 것.

사용전압	각 접지점의 대지 전기저항치	1[km]마다의 합성 전기저항치
15[kV] 이하	300[Ω]	30[Ω]
15[kV] 초과 25[kV] 이하	300[Ω]	15[Ω]

답 ③

85 가공전선로의 지지물에 지선을 시설하는 기준으로 옳은 것은?

① 소선 지름 : 1.6[mm], 안전율 : 2.0, 허용인장하중 : 4.31[kN]
② 소선 지름 : 2.0[mm], 안전율 : 2.5, 허용인장하중 : 2.11[kN]
③ 소선 지름 : 2.6[mm], 안전율 : 1.5, 허용인장하중 : 3.21[kN]
④ 소선 지름 : 2.6[mm], 안전율 : 2.5, 허용인장하중 : 4.31[kN]

풀이 331.11 지선의 시설
가. 가공전선로의 지지물로 사용하는 철탑은 지선을 사용하여 그 강도를 분담시켜서는 안 된다.
나. 지선의 안전율은 2.5 이상일 것. 이 경우에 허용 인장하중의 최저는 4.31[kN]으로 한다.
다. 지선에 연선을 사용할 경우에는 다음에 의할 것.
　① 소선 3가닥 이상의 연선일 것.
　② 소선의 지름이 2.6[mm] 이상의 금속선을 사용한 것일 것.　　**답** ④

86 고압가공전선이 가공약전류전선 등과 접근하는 경우에 고압가공전선과 가공약전류전선 사이의 이격거리는 몇 [cm] 이상이어야 하는가? (단, 전선이 케이블인 경우)
① 20　　　　　　　　　　　　② 30
③ 40　　　　　　　　　　　　④ 50

풀이 332.13 고압 가공전선과 가공약전류전선 등의 접근 또는 교차
222.13 저압 가공전선과 가공약전류전선 등의 접근 또는 교차

가공전선 약전류전선	저압가공전선		고압가공전선	
	저압 절연전선	고압 절연전선 또는 케이블	절연전선	케이블
일반	0.6[m]	0.3[m]	0.8[m]	0.4[m]
절연전선 또는 통신용 케이블인 경우	0.3[m]	0.15[m]		

답 ③

87 시가지 등에서 특고압가공전선로를 시설하는 경우 특고압가공전선로용 지지물로 사용할 수 없는 것은? (단, 사용전압이 170[kV] 이하인 경우이다.)
① 철탑　　　　　　　　　　　② 목주
③ 철주　　　　　　　　　　　④ 철근 콘크리트주

풀이 333.1 시가지 등에서 특고압 가공전선로의 시설
특고압 가공 전선로를 시가지, 기타 인가가 밀집한 지역에 시설하는 경우 지지물은 목주를 사용할 수 없고 철주, 철근 콘크리트주, 또는 철탑을 사용한다.

답 ②

88 중성선 다중접지식의 것으로 전로에 지락이 생겼을 때에 2초 이내에 자동적으로 이를 전로로부터 차단하는 장치가 되어 있는 22.9[kV] 가공전선로를 상부 조영재의 위쪽에서 접근상태로 시설하는 경우, 가공전선과 건조물과의 이격거리는 몇 [m] 이상이어야 하는가? (단, 전선으로는 나전선을 사용한다고 한다.)
① 1.2　　　　　　　　　　　　② 1.5
③ 2.5　　　　　　　　　　　　④ 3.0

풀이 333.32 25[kV] 이하인 특고압 가공전선로의 시설
사용전압이 15[kV]를 초과하고 25[kV] 이하인 특고압 가공전선로(중성선 다중접지식의 것으로서 전로에 지락이 생겼을 때에 2초 이내에 자동적으로 이를 전로로부터 차단하는 장치가 되어 있는 것에 한한다)가 건조물과 접근하는 경우에 특고압 가공전선과 건조물의 조영재 사이의 이격거리는 표에서 정한 값 이상일 것.

건조물의 조영재	접근 형태	전선의 종류	이격거리
상부 조영재	위쪽	나전선	3[m]
		특고압 절연전선	2.5[m]
		케이블	1.2[m]
	옆쪽 또는 아래쪽	나전선	1.5[m]
		특고압 절연전선	1.0[m]
		케이블	0.5[m]
기타의 조영재		나전선	1.5[m]
		특고압 절연전선	1.0[m]
		케이블	0.5[m]

답 ④

89 시가지에 시설하는 고압가공전선으로 경동선을 사용하려면 그 지름은 최소 몇 [mm]이어야 하는가?

① 2.6 　　② 3.2 　　③ 4.0 　　④ 5.0

풀이 332.3 고압 가공전선의 굵기 및 종류
고압 가공전선은 인장강도 8.01[kN] 이상의 고압 절연전선, 특고압 절연전선 또는 지름 5[mm] 이상의 경동선의 고압 절연전선, 특고압 절연전선을 사용하여야 한다. 　　**답** ④

90 케이블을 지지하기 위하여 사용하는 금속제 케이블 트레이의 종류가 아닌 것은?

① 사다리형　　② 통풍 밀폐형　　③ 펀칭형　　④ 바닥 밀폐형

풀이 232.41 케이블트레이공사
케이블트레이공사는 케이블을 지지하기 위하여 사용하는 금속재 또는 불연성 재료로 제작된 유닛 또는 유닛의 집합체 및 그에 부속하는 부속재 등으로 구성된 견고한 구조물을 말하며 사다리형, 펀칭형, 메시형, 바닥밀폐형 기타 이와 유사한 구조물을 포함하여 적용한다. 　　**답** ②

91 발전소・변전소 또는 이에 준하는 곳의 특고압전로에는 그의 보기 쉬운 곳에 어떤 표시를 반드시 하여야 하는가?

① 모선(母線) 표시　　② 상별(相別) 표시
③ 차단(遮斷) 위험표시　　④ 수전(受電) 위험표시

풀이 351.2 특고압전로의 상 및 접속 상태의 표시
가. 발전소・변전소 또는 이에 준하는 곳의 특고압전로에는 그의 보기 쉬운 곳에 상별 표시를 하여야 한다.
나. 발전소・변전소 또는 이에 준하는 곳의 특고압전로에 대하여는 그 접속 상태를 모의모선의 사용 기타의 방법에 의하여 표시하여야 한다. 다만, 이러한 전로에 접속하는 특고압전선로의 회선수가 2 이하이고 또한 특고압의 모선이 단일모선인 경우에는 그러하지 아니하다. 　　**답** ②

92 전력보안 통신용 전화설비를 시설하여야 하는 곳은?

① 2개 이상의 발전소 상호 간　　② 원격 감시 제어가 되는 변전소
③ 원격 감시 제어가 되는 급전소　　④ 원격 감시 제어가 되지 않는 발전소

풀이 362.1 전력보안통신설비의 시설 요구사항
발전소, 변전소 및 변환소 에서의 전력보안통신설비의 시설 장소는 다음에 따른다.
가. 원격감시제어가 되지 아니하는 발전소・변전소・개폐소・전선로 및 이를 운용하는 급전소 및 급전분소 간
나. 2개 이상의 급전소(분소) 상호 간과 이들을 통합 운용하는 급전소(분소) 간
다. 수력설비의 안전상 필요한 양수소 및 강수량 관측소와 수력발전소 간
라. 동일 수계에 속하고 안전상 긴급 연락의 필요가 있는 수력발전소 상호 간
마. 동일 전력계통에 속하고 또한 안전상 긴급연락의 필요가 있는발전소・변전소 및 개폐소 상호 간
　　답 ④

93 6.6[kV] 지중전선로의 케이블을 직류전원으로 절연내력시험을 하자면 시험전압은 직류 몇 [V]인가?

① 9900　　② 14420　　③ 16500　　④ 19800

풀이 132 전로의 절연저항 및 절연내력

전로의 종류	접지방식	시험전압 (최대사용 전압의 배수)	최저 시험전압
1. 7[kV] 이하인 전로		1.5배	
2. 7[kV] 초과 25[kV] 이하	다중접지	0.92배	
3. 7[kV] 초과 60[kV] 이하(2란의 것 제외)		1.25배	10.5[kV]
4. 60[kV] 초과	비접지	1.25배	
5. 60[kV] 초과(6란, 7란의 것 제외)	접지식	1.1배	75[kV]
6. 60[kV] 초과(7란의 것 제외)	직접접지	0.72배	
7. 170[kV] 초과(발전소 또는 변전소 혹은 이에 준하는 장소에 시설하는 것)	직접접지	0.64배	

※ 전로에 케이블을 사용하는 경우에는 직류로 시험할 수 있으며, 시험전압은 교류의 경우의 2배가 된다.
∴ 시험전압 = 6.6[kV]×1.5×2 = 19.8[kV] = 19800[V]   **답** ④

94 전기부식방지 시설을 시설할 때 전기부식방지용 전원 장치로부터 양극 및 피방식체까지의 전로의 사용전압은 직류 몇 [V] 이하이어야 하는가?

① 20 ② 40 ③ 60 ④ 80

풀이 241.16 전기부식방지 시설
전기부식방지 회로(전기부식방지용 전원장치로부터 양극 및 피방식체까지의 전로를 말한다. 이하 같다)의 사용전압은 직류 60[V] 이하일 것.   **답** ③

95 고압가공전선 상호 간의 접근 또는 교차하여 시설되는 경우, 고압가공전선 상호 간의 이격거리는 몇 [cm] 이상이어야 하는가? (단, 고압가공전선은 모두 케이블이 아니라고 한다.)

① 50 ② 60 ③ 70 ④ 80

풀이 332.17 고압 가공전선 상호 간의 접근 또는 교차
고압 가공전선과 다른 고압 가공 전선과의 이격거리

구분	고압가공전선	
	일반	케이블
고압가공전선	0.8[m]	0.4[m]
고압가공전선로의 지지물	0.6[m]	0.3[m]

답 ④

96 과전류차단기로 시설하는 퓨즈 중 고압전로에 사용하는 비포장 퓨즈는 정격전류의 몇 배의 전류에 견디어야 하는가?

① 1.1 ② 1.25 ③ 1.5 ④ 2

풀이 341.10 고압 및 특고압 전로 중의 과전류차단기의 시설
가. 과전류차단기로 시설하는 퓨즈 중 고압전로에 사용하는 포장 퓨즈는 정격전류의 1.3배의 전류에 견디고 또한 2배의 전류로 120분 안에 용단되는 것.
나. 과전류차단기로 시설하는 퓨즈 중 고압전로에 사용하는 비포장 퓨즈는 정격전류의 1.25배의 전류에 견디고 또한 2배의 전류로 2분 안에 용단되는 것.   **답** ②

> 출제기준 변경 및 개정된 관계 법규에 따라 삭제된 문제가 있어 20문항이 안됩니다.

2019년 2회

20년간 전기산업기사필기

▶ 동일출판사 홈페이지에서 무료 동영상강의를 보실 수 있습니다.

1과목 　전기자기

01 두 종류의 유전체 경계면에서 전속과 전기력선이 경계면에 수직으로 도달할 때에 대한 설명으로 틀린 것은?

① 전속밀도는 변하지 않는다.
② 전속과 전기력선은 굴절하지 않는다.
③ 전계의 세기는 불연속적으로 변한다.
④ 전속선은 유전율이 작은 유전체 쪽으로 모이려는 성질이 있다.

풀이 유전율이 서로 다른 두 종류의 경계면에 전속과 전기력선이 수직($\theta_1 = 0°$)으로 도달할 때

① $\theta_1 = \theta_2 = 0°$이므로 $D_1 \cos\theta_1 = D_2 \cos\theta_2$에서 $\cos 0° = 1$이므로 $D_1 = D_2$, 즉 전속밀도는 불변(연속)이다.
② $E_1 \sin\theta_1 = E_2 \sin\theta_2$에서 입사각 $\theta_1 = 0°$이므로 $0 = E_2 \sin\theta_2$에서 $E_2 \neq 0$가 아닌 경우 $\sin\theta_2 = 0$가 되어야 하므로 $\theta_2 = 0$ 즉, 굴절하지 않는다.
③ $D_1 = \epsilon_1 E_1$, $D_2 = \epsilon_2 E_2$이므로 $D_1 = D_2$인 경우 $\epsilon_1 E_1 = \epsilon_2 E_2$가 성립하는데 $\epsilon_1 \neq \epsilon_2$인 경우 $E_1 \neq E_2$이다. 즉, 전계의 세기는 크기가 같지 않다(불연속이다).
④ 전속선은 유전율이 큰 유전체 쪽으로 모이려는 성질이 있다.　　**답** ④

02 점전하 $+Q$의 무한 평면도체에 대한 영상전하는?

① $+Q$　　② $-Q$　　③ $+2Q$　　④ $-2Q$

풀이 전기 영상법
무한평면으로부터 $d[\text{m}]$ 떨어진 P점에 점전하 $+Q$가 있는 경우 영상전하는 무한평면 뒤쪽으로 점 P의 대칭점에 존재하며, 그 크기는 **점전하와 같고 부호는 반대($-Q$)**이다.

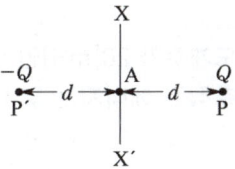

답 ②

03 MKS 단위계에서 진공 유전율 값은?

① $4\pi \times 10^{-7} [\text{H/m}]$　　② $\dfrac{1}{9 \times 10^9} [\text{F/m}]$

③ $\dfrac{1}{4\pi \times 9 \times 10^9} [\text{F/m}]$　　④ $6.33 \times 10^{-4} [\text{H/m}]$

풀이 쿨롱의 법칙에서 비례상수 $K = \dfrac{1}{4\pi\epsilon_0} = 9 \times 10^9$이므로

$\therefore \epsilon_0 = \dfrac{1}{4\pi \times 9 \times 10^9} \fallingdotseq 8.854 \times 10^{-12} [\text{F/m}]$　　**답** ③

04 진공 중에 서로 떨어져 있는 두 도체 A, B가 있다. A에만 1[C]의 전하를 줄 때 도체 A, B의 전위가 각각 3[V], 2[V]였다고 하면, A에 2[C], B에 1[C]의 전하를 주면 도체 A의 전위는 몇 [V]인가?

① 6   ② 7   ③ 8   ④ 9

풀이 $Q_A = 1[C]$, $Q_B = 0[C]$ 일 때
$$V_A = P_{AA}Q_A + P_{AB}Q_B = P_{AA} \times 1 + P_{AB} \times 0 = P_{AA} = 3[V/C]$$
$$V_B = P_{BA}Q_A + P_{BB}Q_B = P_{BA} \times 1 + P_{BB} \times 0 = P_{BA} = 2[V/C]$$
따라서 $Q_A = 2[C]$, $Q_B = 1[C]$ 일 때 도체 A의 전위 V_A는
$$V_A = P_{AA}Q_A + P_{AB}Q_B = 3 \times 2 + 2 \times 1 = 8[V]$$

답 ③

05 비유전율 $\epsilon_r = 5$인 유전체 내의 한 점에서 전계의 세기가 10^4[V/m]라면, 이 점의 분극의 세기는 약 몇 [C/m²]인가?

① 3.5×10^{-7} ② 4.3×10^{-7}
③ 3.5×10^{-11} ④ 4.3×10^{-11}

풀이 분극의 세기 $P = \epsilon_0(\epsilon_r - 1)E = \dfrac{1}{36\pi \times 10^9} \times (5-1) \times 10^4 = 3.5 \times 10^{-7}$[C/m²]

답 ①

06 전자파의 에너지 전달방향은?

① $\nabla \times E$의 방향과 같다.   ② $E \times H$의 방향과 같다.
③ 전계 E의 방향과 같다.   ④ 자계 H의 방향과 같다.

풀이 전계 E_x와 자계 H_y는 같은 위상(동상)으로 진행하고 $E \times H$ 방향이 전자파의 진행방향이며, 이 세 성분의 방향은 서로 직교한다.

답 ②

07 자기 유도계수가 20[mH]인 코일에 전류를 흘릴 때 코일과의 쇄교 자속수가 0.2[Wb]였다면 코일에 축적된 에너지는 몇 [J]인가?

① 1   ② 2   ③ 3   ④ 4

풀이 $N\phi = LI \rightarrow I = \dfrac{N\phi}{L}$
에서 쇄교 자속수 $N\phi$가 0.2[Wb]이므로
$$I = \dfrac{N\phi}{L} = \dfrac{0.2}{20 \times 10^{-3}} = 10[A]$$
따라서 코일에 축적된 에너지 $W = \dfrac{1}{2}LI^2 = \dfrac{1}{2} \times 20 \times 10^{-3} \times 10^2 = 1[J]$

답 ①

08 등전위면을 따라 전하 Q[C]를 운반하는데 필요한 일은?

① 항상 0이다.   ② 전하의 크기에 따라 변한다.
③ 전위의 크기에 따라 변한다.   ④ 전하의 극성에 따라 변한다.

풀이 미소길이를 운반하는데 필요한 일 $dW = qE \cdot dl = qE\cos\theta dl$[J]이고, 전계와 **등전위면**($dl$)은 항상 $\theta = 90°$의 각을 이루므로 필요한 일은 0이다.   **답** ①

09 접지된 직교 도체 평면과 점전하 사이에는 몇 개의 영상 전하가 존재하는가?
① 1   ② 2   ③ 3   ④ 4

풀이 영상 전하 개수는 $n = \dfrac{360°}{\theta} - 1$(개)이다.
직교이면 $\theta = 90°$이므로
∴ $n = \dfrac{360°}{90°} - 1 = 3$(개)이다.

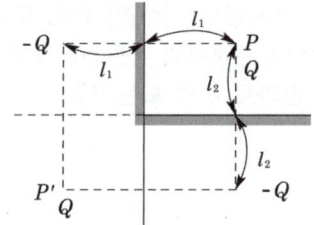

답 ③

10 비자화율 $\chi_m = 2$, 자속밀도 $B = 20ya_x$[Wb/m²]인 균일 물체가 있다. 자계의 세기 H는 약 몇 [AT/m]인가?
① $0.53 \times 10^7 ya_x$ ② $0.13 \times 10^7 ya_x$
③ $0.53 \times 10^7 xa_y$ ④ $0.13 \times 10^7 xa_y$

풀이 자화의 세기 $J = \chi H$, 자화율 $\chi = \mu_0 \chi_m$이므로
자속밀도 $B = \mu_0 H + J = \mu_0 H + \chi H = (\mu_0 + \chi)H = (\mu_0 + \mu_0\chi_m)H = (1 + \chi_m)\mu_0 H$
따라서 자계의 세기 $H = \dfrac{B}{(1+\chi_m)\mu_0} = \dfrac{20ya_x}{(1+2) \times 4\pi \times 10^{-7}} = 0.53 \times 10^7 ya_x$ **답** ①

11 유전체의 초전효과(pyroelectric effect)에 대한 설명이 아닌 것은?
① 온도변화에 관계없이 일어난다.
② 자발 분극을 가진 유전체에서 생긴다.
③ 초전효과가 있는 유전체를 공기 중에 놓으면 중화된다.
④ 열에너지를 전기에너지로 변화시키는데 이용된다.

풀이 초전효과(pyroelectric effect)
① 압전 효과가 일어나는 결정체에 가열 또는 냉각하면 전기 분극이 일어나는 현상
 (즉, **온도변화에 의해 전기 분극이 발생**하고 열에너지를 전기에너지로 변환)
② 전기 분극의 방향은 가열과 냉각에 따라 서로 반대방향으로 결정   **답** ①

12 자기 인덕턴스 0.05[H]의 회로에 흐르는 전류가 매 초 500[A]의 비율로 증가할 때 자기 유도기전력의 크기는 몇 [V]인가?
① 2.5   ② 25   ③ 100   ④ 1000

풀이 유도기전력 $e = -L\dfrac{di}{dt} = -0.05 \times \dfrac{500}{1} = -25$[V] (전류와 반대방향)   **답** ②

13 자위의 단위에 해당되는 것은?

① A   ② J/C   ③ N/Wb   ④ Gauss

풀이 자위 $U_m = -\int_\infty^P \boldsymbol{H} \cdot d\boldsymbol{l}$ 에서 [A/m]·[m] = [A]

답 ①

14 진공 중 반지름이 a[m]인 원형 도체판 2매를 사용하여 극판거리 d[m]인 콘덴서를 만들었다. 만약 이 콘덴서의 극판거리를 2배로 하고 정전용량은 일정하게 하려면 이 도체판의 반지름 a는 얼마로 하면 되는가?

① $2a$ ② $\dfrac{1}{2}a$ ③ $\sqrt{2}\,a$ ④ $\dfrac{1}{\sqrt{2}}a$

풀이
- 원형 도체판의 반지름은 a, 양극판의 거리는 d이므로 $C_1 = \dfrac{\epsilon S}{d} = \dfrac{\epsilon \pi a^2}{d}$
- 극판의 거리 d를 2배로 하면 $C_2 = \dfrac{\epsilon S'}{d'} = \dfrac{\epsilon \pi a'^2}{2d}$
- 정전용량을 일정하게 하려면($C_1 = C_2$) $\dfrac{\epsilon \pi a^2}{d} = \dfrac{\epsilon \pi a'^2}{2d}$ → $a'^2 = 2a^2$

∴ $a' = \sqrt{2}\,a$

답 ③

15 맥스웰 전자방정식에 대한 설명으로 틀린 것은?

① 폐곡면을 통해 나오는 전속은 폐곡면 내의 전하량과 같다.
② 폐곡면을 통해 나오는 자속은 폐곡면 내의 자극의 세기와 같다.
③ 폐곡선에 따른 전계의 선적분은 폐곡선 내를 통하는 자속의 시간 변화율과 같다.
④ 폐곡선에 따른 자계의 선적분은 폐곡선 내를 통하는 전류와 전속의 시간적 변화율을 더한 것과 같다.

풀이

	맥스웰 전자방정식(적분형)	전자방정식의 물리적 의미
①	$\oint_S \boldsymbol{D} \cdot d\boldsymbol{S} = Q$	폐곡면을 통해 나오는 전속은 폐곡면 내의 전하량과 같다.
②	$\oint_S \boldsymbol{B} \cdot d\boldsymbol{S} = 0$	폐곡면을 통해 나오는 자속은 0이다. (고립 자하[단독 자극]는 존재하지 않기 때문)
③	$\oint_c \boldsymbol{E} \cdot d\boldsymbol{l} = -\int_S \dfrac{\partial \boldsymbol{B}}{\partial t} \cdot d\boldsymbol{S}$	폐곡선에 따른 전계의 선적분은 폐곡선 내를 통하는 자속의 시간 변화율과 같다.
④	$\oint_c \boldsymbol{H} \cdot d\boldsymbol{l} = I_c + \int_S \dfrac{\partial \boldsymbol{D}}{\partial t} \cdot d\boldsymbol{S}$	폐곡선에 따른 자계의 선적분은 폐곡선 내를 통하는 전류와 전속의 시간적 변화율을 더한 것과 같다.

답 ②

16 두 개의 코일에서 각각의 자기 인덕턴스가 $L_1 = 0.35$[H], $L_2 = 0.5$[H]이고, 상호 인덕턴스는 $M = 0.1$[H]이라고 하면 이때 코일의 결합계수는 약 얼마인가?

① 0.175   ② 0.239   ③ 0.392   ④ 0.586

풀이 결합계수 $k = \dfrac{M}{\sqrt{L_1 L_2}} = \dfrac{0.1}{\sqrt{0.35 \times 0.5}} = 0.239$ **답** ②

17 원점 주위의 전류밀도가 $J = \dfrac{2}{r} a_r [\text{A/m}^2]$의 분포를 가질 때 반지름 5[cm]의 구면을 지나는 전 전류는 몇 [A]인가?

① 0.1π ② 0.2π ③ 0.3π ④ 0.4π

풀이 $I = \oint_s \boldsymbol{J} \cdot d\boldsymbol{s} = \oint_s \dfrac{2}{r} \boldsymbol{a}_r \cdot \boldsymbol{a}_r\, ds\ (a_r = 1)$
$= \dfrac{2}{r} \oint_s ds = \dfrac{2}{r} s = \dfrac{2}{r} \times 4\pi r^2 = 8\pi r = 8\pi \times 5 \times 10^{-2} = 0.4\pi\,[\text{A}]$ **답** ④

18 다음 조건 중 틀린 것은? (단, χ_m : 비자화율, μ_r : 비투자율이다.)

① $\mu_r \gg 1$이면 강자성체
② $\chi_m > 0,\ \mu_r < 1$이면 상자성체
③ $\chi_m < 0,\ \mu_r < 1$이면 반자성체
④ 물질은 χ_m 또는 μ_r의 값에 따라 반자성체, 상자성체, 강자성체 등으로 구분한다.

풀이

자성체의 종류	투자율	비투자율	비자화율
강자성체, 페리자성체	$\mu \gg \mu_0$	$\mu_r \gg 1$	$\chi_m \gg 1$
상자성체	$\mu > \mu_0$	$\mu_r > 1$	$\chi_m > 0$
반자성체, 반강자성체	$\mu < \mu_0$	$\mu_r < 1$	$\chi_m < 0$

답 ②

19 권선수가 400회, 면적이 $9\pi[\text{cm}^2]$인 장방형 코일에 1[A]의 직류가 흐르고 있다. 코일의 장방형 면과 평행한 방향으로 자속밀도가 0.8[Wb/m²]인 균일한 자계가 가해져 있다. 코일의 평행한 두 변의 중심을 연결하는 선을 축으로 할 때 이 코일에 작용하는 회전력은 약 몇 [N·m]인가?

① 0.3   ② 0.5   ③ 0.7   ④ 0.9

풀이 회전력 $T = nBIl_1 l_2 \sin\theta = 400 \times 0.8 \times 1 \times 9\pi \times 10^{-4} \times \sin 90° = 0.9\,[\text{N·m}]$
여기서 n : 코일의 권수, B : 자속밀도[Wb/m²], I : 전류[A]
l_1 : 코일의 길이[m], l_2 : 코일의 폭[m], θ : 코일면의 법선과 자계가 이루는 각 **답** ④

20 자기회로의 자기저항에 대한 설명으로 틀린 것은?

① 단위는 [AT/Wb]이다.
② 자기회로의 길이에 반비례한다.
③ 자기회로의 단면적에 반비례한다.
④ 자성체의 비투자율에 반비례한다.

풀이 자기 저항 $R = \dfrac{l}{\mu_0 \mu_s S}$ [AT/Wb]이므로,
자기 저항은 길이에 비례하고, 투자율과 단면적에 반비례한다. **답** ②

2과목 전력공학

21 차단기의 정격차단시간을 설명한 것으로 옳은 것은?
① 계기용 변성기로부터 고장전류를 감지한 후 계전기가 동작할 때까지의 시간
② 차단기가 트립 지령을 받고 트립 장치가 동작하여 전류차단을 완료할 때까지의 시간
③ 차단기의 개극(발호)부터 이동행정 종료 시까지의 시간
④ 차단기 가동접촉자 시동부터 아크 소호가 완료될 때까지의 시간

풀이 차단기의 차단시간
① 트립 코일(trip coil)의 여자부터 아크 소호 시간을 합한 것
  정격차단 시간 = 개극 시간 + 아크 소호 시간
② 차단기의 정격차단 시간(표준) : 3[Hz], 5[Hz], 8[Hz] **답** ②

22 송전계통의 안정도를 증진시키는 방법은?
① 중간 조상설비를 설치한다.
② 조속기의 동작을 느리게 한다.
③ 계통의 연계는 하지 않도록 한다.
④ 발전기나 변압기의 직렬 리액턴스를 가능한 크게 한다.

풀이 안정도 향상 대책
① 계통의 직렬 리액턴스 감소(다회선 방식 채택, 복도체 방식 채택, 기기의 리액턴스 감소)
② 전압변동률을 적게 한다(속응여자방식 채용, 계통의 연계, 중간 조상 방식).
③ 계통에 주는 충격을 적게 한다(적당한 중성점접지방식, 고속차단방식, 재폐로방식).
④ 고장 중의 발전기 돌입 출력의 불평형을 적게 한다.(조속기 동작을 빠르게 한다.) **답** ①

23 보일러 절탄기(economizer)의 용도는?
① 증기를 과열한다.   ② 공기를 예열한다.
③ 석탄을 건조한다.   ④ 보일러 급수를 예열한다.

풀이 절탄기 : 연도 내에 설치되어, 이를 통과하는 보일러 급수를 보일러로부터 나오는 연도 폐기 가스로 가열하는 장치 **답** ④

24 가공지선을 설치하는 주된 목적은?
① 뇌해 방지   ② 전선의 진동 방지
③ 철탑의 강도 보강   ④ 코로나의 발생 방지

풀이 가공 지선의 설치 목적
① 직격 뇌에 대한 차폐 효과
② 유도 뇌에 대한 정전 차폐 효과
③ 통신선에 대한 전자 유도 장해 경감 효과 **답** ①

25 보호계전 방식의 구비 조건이 아닌 것은?
① 여자돌입전류에 동작할 것
② 고장구간의 선택 차단을 신속 정확하게 할 수 있을 것
③ 과도 안정도를 유지하는 데 필요한 한도 내의 동작 시한을 가질 것
④ 적절한 후비 보호 능력이 있을 것

풀이 보호계전 방식의 구비 조건
① 고장 회선 내지 고장구간의 선택 차단을 신속 정확하게 할 수 있을 것
② 과도 안정도를 유지하는 데 필요한 한도 내의 동작 시한을 가질 것
③ 적절한 후비 보호 능력이 있을 것
④ 계통 구성이라든지 발전기 운전 대수의 변화에 따른 고장전류의 변동에 대해서도 동작시간의 조정 등으로 소정의 계전기 동작이 수행되어야 할 것
⑤ 전력계통 운용의 입장에서도 보호계전 방식 전체가 경제적이어야 할 것
답 ①

26 변압기의 보호방식에서 차동계전기는 무엇에 의하여 동작하는가?
① 1, 2차 전류의 차로 동작한다.
② 전압과 전류의 배수 차로 동작한다.
③ 정상전류와 역상전류의 차로 동작한다.
④ 정상전류와 영상전류의 차로 동작한다.

풀이 차동 계전기는 보호 구간에 유입하는 전류와 유출하는 전류의 벡터차를 검출해서 동작하는 계전기이다.
답 ①

27 저압뱅킹 배전방식에서 저전압 측의 고장에 의하여 건전한 변압기의 일부 또는 전부가 차단되는 현상은?
① 아킹(Arcing) ② 플리커(Flicker)
③ 밸런서(Balancer) ④ 캐스케이딩(Cascading)

풀이 캐스케이딩 현상이란 Banking 배전방식으로 운전 중 건전한 변압기 일부가 고장이 발생하면 부하가 다른 건전한 변압기에 걸려서 고장이 확대되는 현상을 말한다.
답 ④

28 직류송전방식의 장점은?
① 역률이 항상 1이다. ② 회전자계를 얻을 수 있다.
③ 전력변환장치가 필요하다. ④ 전압의 승압, 강압이 용이하다.

풀이 직류 송전 방식의 장 · 단점
[장점] ① 선로의 리액턴스가 없으므로 안정도가 높다.
② 유전체손 및 충전 용량이 없고 절연내력이 강하다.
③ 비동기 연계가 가능하다.
④ 단락전류가 적고 임의 크기의 교류 계통을 연계시킬 수 있다.
⑤ 코로나손 및 전력손실이 적다.
⑥ 표피효과나 근접 효과가 없으므로 실효 저항의 증대가 없다.
⑦ 역률이 항상 1로 되기 때문에 송전효율도 좋아진다.

[단점] ① 직교 변환 장치가 필요하다.
② 전압의 승압 및 강압이 불리하다.
③ 고조파나 고주파 억제 대책이 필요하다.
④ 직류 차단기가 개발되어 있지 않다.

답 ①

29 주파수 60[Hz], 정전용량 $\dfrac{1}{6\pi}[\mu F]$의 콘덴서를 △결선해서 3상 전압 20000[V]를 가했을 때의 충전용량은 몇 [kVA]인가?

① 12   ② 24   ③ 48   ④ 50

풀이 콘덴서를 △결선 시 충전용량

$$Q_c = 3\omega CE^2 = 3 \times 2\pi \times 60 \times \frac{1}{6\pi} \times 10^{-6} \times 20,000^2 \times 10^{-3} = 24[\text{kVA}]$$

답 ②

30 그림에서 X부분에 흐르는 전류는 어떤 전류인가?
① b상 전류
② 정상전류
③ 역상전류
④ 영상전류

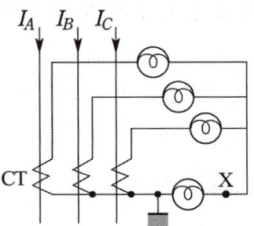

풀이 접지선에 흐르는 전류는 영상전류이다.

답 ④

31 화력발전소의 기본 사이클이다. 그 순서로 옳은 것은?
① 급수펌프 → 과열기 → 터빈 → 보일러 → 복수기 → 급수펌프
② 급수펌프 → 보일러 → 과열기 → 터빈 → 복수기 → 급수펌프
③ 보일러 → 급수펌프 → 과열기 → 복수기 → 급수펌프 → 보일러
④ 보일러 → 과열기 → 복수기 → 터빈 → 급수펌프 → 축열기 → 과열기

풀이 실제 기력발전소에 쓰이는 기본 사이클(Rankine cycle)은 다음과 같다.

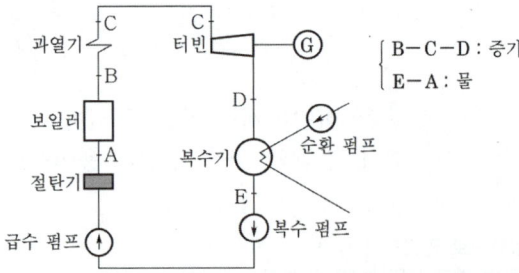

답 ②

32 전선에서 전류의 밀도가 도선의 중심으로 들어갈수록 작아지는 현상은?
① 표피효과   ② 근접효과   ③ 접지효과   ④ 페란티효과

풀이
- 표피효과 : 도체의 중심으로 갈수록 전류의 밀도가 낮아지는 현상
- 근접 효과 : 같은 방향의 전류는 바깥쪽으로 다른 방향의 전류는 안쪽으로 모이는 현상
- 페란티 효과 : 수전단전압이 송전단전압보다 높아지는 현상   **답 ①**

33 345[kV] 송전계통의 절연협조에서 충격절연내력의 크기순으로 나열한 것은?
① 선로애자 > 차단기 > 변압기 > 피뢰기
② 선로애자 > 변압기 > 차단기 > 피뢰기
③ 변압기 > 차단기 > 선로애자 > 피뢰기
④ 변압기 > 선로애자 > 차단기 > 피뢰기

풀이
- 절연 협조는 피뢰기의 제한 전압이 기준이 된다. 따라서 피뢰기의 절연 레벨이 제일 낮다.
- 절연 레벨 : 선로애자 > 차단기, CT, PT, … > 변압기 > 피뢰기   **답 ①**

34 증기의 엔탈피(Enthalpy)란?
① 증기 1[kg]의 잠열
② 증기 1[kg]의 기화 열량
③ 증기 1[kg]의 보유 열량
④ 증기 1[kg]의 증발열을 그 온도로 나눈 것

풀이 엔탈피(enthalpy)는 각 온도에 있어 물 또는 증기의 보유 열량의 뜻이다.
①은 액화열, ②는 기화열(증발열)을 의미한다.   **답 ③**

35 최대 수용전력의 합계와 합성 최대 수용전력의 비를 나타내는 계수는?
① 부하율 ② 수용률 ③ 부등률 ④ 보상률

풀이 부등률 = $\dfrac{\text{수용설비 개개의 최대수용전력의 합계}}{\text{합성 최대수용전력}} \geq 1$ **답 ③**

36 연가를 하는 주된 목적은?
① 미관상 필요
② 전압강하 방지
③ 선로정수의 평형
④ 전선로의 비틀림 방지

풀이
- 연가는 선로정수를 평형시키고 통신선의 유도장해를 방지하기 위하여 선로를 3배수 등분하여 실시한다.
- 연가의 목적 : 직렬공진 방지, 유도장해 감소, 선로정수 평형   **답 ③**

37 지름 5[mm]의 경동선을 간격 1[m]로 정삼각형 배치를 한 가공전선 1선의 작용 인덕턴스는 약 몇 [mH/km]인가? (단, 송전선은 평형 3상 회로)
① 1.13 ② 1.25 ③ 1.42 ④ 1.55

풀이
- 등가선간거리 $D = \sqrt[3]{1 \times 1 \times 1} = 1[\text{m}]$
- 반지름 $r = \dfrac{5 \times 10^{-3}}{2} = 2.5 \times 10^{-3}[\text{m}]$

따라서 인덕턴스 $L = 0.05 + 0.4605 \log \dfrac{D}{r} = 0.05 + 0.4605 \log \dfrac{1}{2.5 \times 10^{-3}} = 1.25[\text{mH/km}]$ **답 ②**

38 송전선로의 후비 보호계전 방식의 설명으로 틀린 것은?

① 주 보호계전기가 그 어떤 이유로 정지해 있는 구간의 사고를 보호한다.
② 주 보호계전기에 결함이 있어 정상 동작을 할 수 없는 상태에 있는 구간 사고를 보호한다.
③ 차단기 사고 등 주 보호계전기로 보호할 수 없는 장소의 사고를 보호한다.
④ 후비 보호계전기의 정정값은 주 보호계전기와 동일하다.

풀이 후비 보호계전 방식은 주보호계전 방식으로 보호할 수 없을 경우, 이것을 백업(back up)함과 동시에 사고 파급의 확대를 방지하는 것으로서 주보호계전기와 병설된다.
① 주보호계전기가 그 어떤 이유로 정지해 있는 구간의 사고
② 주보호계전기에 결함이 있어 정상 동작을 할 수 없는 상태에 있는 구간의 사고
③ 차단기 사고 등 주보호계전기로 보호할 수 없는 장소의 사고

답 ④

39 지상역률 80[%], 10000[kVA]의 부하를 가진 변전소에 6000[kVA]의 콘덴서를 설치하여 역률을 개선하면 변압기에 걸리는 부하[kVA]는 콘덴서 설치 전의 몇 [%]로 되는가?

① 60 ② 75 ③ 80 ④ 85

풀이
• 역률 개선 전 유효전력 $P = P_a \cos\theta = 10,000 \times 0.8 = 8000$[kW]
  역률 개선 전 무효전력 $P_r = P_a \sin\theta = 10,000 \times \sqrt{1-0.8^2} = 6000$[kVar]
• 6000[kVA]의 콘덴서를 설치하면 무효전력이 0[kVar]이므로, 개선 후 역률은 1이다.
  역률 개선 후 피상전력 $P_a = \sqrt{P^2 + P_r^2} = \sqrt{8000^2 + 0^2} = 8000$[kVA]
  따라서 역률 개선 후 변압기에 걸리는 부하 $= \dfrac{8000[\text{kVA}]}{10000[\text{kVA}]} \times 100 = 80[\%]$

답 ③

40 3상 3선식 3각형 배치의 송전선로에 있어서 각 선의 대지 정전용량이 0.5038[μF]이고, 선간 정전용량이 0.1237[μF]일 때 1선의 작용 정전용량은 약 몇 [μF]인가?

① 0.6275 ② 0.8749 ③ 0.9164 ④ 0.9755

풀이 $C_n = C_s + 3C_m = 0.5038 + 3 \times 0.1237 = 0.8749[\mu\text{F}]$
여기서, C_n : 작용 정전용량, C_s : 대지 정전용량, C_m : 선간 정전용량

답 ②

3과목 전기기기

41 단상변압기 3대를 이용하여 △−△결선하는 경우에 대한 설명으로 틀린 것은?

① 중성점을 접지할 수 없다.
② Y−Y결선에 비해 상전압이 선간전압의 $\dfrac{1}{\sqrt{3}}$ 배이므로 절연이 용이하다.
③ 3대 중 1대에서 고장이 발생하여도 나머지 2대로 V결선하여 운전을 계속할 수 있다.
④ 결선 내에 순환전류가 흐르나 외부에는 나타나지 않으므로 통신장애에 대한 염려가 없다.

풀이 ① △-△결선의 특징
- 제3고조파 전류가 △결선 내를 순환하므로 정현파 교류전압을 유기하여 기전력의 파형이 왜곡되지 않는다.
- 1상분이 고장이 나면 나머지 2대로써 V결선 운전이 가능하다.
- 각 변압기의 상전류가 선전류의 $\frac{1}{\sqrt{3}}$ 이 되어 대전류에 적당하다.

② Y-Y결선의 특징
- 1차 전압, 2차 전압 사이에 위상차가 없다.
- 1차, 2차 모두 중성점을 접지할 수 있으며 고압의 경우 이상전압을 감소시킬 수 있다.
- 상전압이 선간 전압의 $\frac{1}{\sqrt{3}}$ 배이므로 절연이 용이하여 고전압에 유리하다.   **답** ②

42 누설 변압기에 필요한 특성은 무엇인가?
① 수하특성   ② 정전압특성   ③ 고저항특성   ④ 고임피던스특성

풀이 누설 변압기
① 아크등, 네온관등, 전기 용접기 등은 부하 변화에 관계없이 2차 전류가 일정해야 할 필요가 있는데, 이러한 특성을 갖도록 누설자속을 특히 크게 만든 변압기를 정전류 변압기 또는 누설 변압기라고 한다.
② 2차 전류가 증가하려고 하면 누설자속이 증가하고 2차 유기기전력이 감소하여 전류의 변화를 방지하는데 이러한 특성을 수하특성이라고 한다.   **답** ①

43 권선형 유도전동기의 저항제어법의 장점은?
① 부하에 대한 속도변동이 크다.
② 역률이 좋고, 운전효율이 양호하다.
③ 구조가 간단하며, 제어조작이 용이하다.
④ 전부하로 장시간 운전하여도 온도 상승이 적다.

풀이 권선형 유도전동기의 저항 제어법의 장·단점은 다음과 같다.
[장점]
① 기동용 저항기를 겸한다.
② 구조가 간단하여 제어 조작이 용이하고 내구성이 풍부하다.
[단점]
① 속도 변화의[%]와 같은[%]의 효율을 희생하기 때문에 운전 효율이 나쁘다.
  즉, 2차 회로의 효율 $\eta_2 = P/P_2 = (1-s)$ 이다.
② 부하에 대한 속도변동이 크다.
③ 부하가 적을 때는 광범위한 속도 조정이 곤란하다.
④ 제어용 저항은 전부하에서 장시간 운전해도 위험한 온도가 되지 않을 만큼의 충분한 크기가 필요하므로 가격이 비싸다.   **답** ③

44 권선형 유도전동기에서 비례추이를 할 수 없는 것은?
① 토크   ② 출력   ③ 1차 전류   ④ 2차 전류

풀이
- 비례추이 할 수 있는 것 : 토크, 1차 전류, 2차 전류, 역률, 동기 와트 등
- 비례추이 할 수 없는 것 : 출력, 2차 동손, 효율 등   **답** ②

45 직류발전기에서 기하학적 중성축과 각도 θ만큼 브러시의 위치가 이동되었을 때 감자기자력 [AT/극]은? (단, $K = \dfrac{I_a Z}{2Pa}$)

① $K\dfrac{\theta}{\pi}$ ② $K\dfrac{2\theta}{\pi}$ ③ $K\dfrac{3\theta}{\pi}$ ④ $K\dfrac{4\theta}{\pi}$

풀이 직류발전기의 전기자 기자력
- 감자기자력 $AT_d = \dfrac{I_a Z}{2Pa} \cdot \dfrac{2\alpha}{\pi}$ [AT/극]
- 교차기자력 $AT_c = \dfrac{I_a Z}{2Pa} \cdot \dfrac{\beta}{\pi}$ [AT/극]

(여기서 α : 기하학적 중성축에서 브러시가 이동한 각도, $\beta : 180° - 2\alpha$)   **답** ②

46 동기발전기의 단락 시험, 무부하 시험에서 구할 수 없는 것은?

① 철손   ② 단락비   ③ 동기 리액턴스   ④ 전기자 반작용

풀이
- 무부하 시험에서는 철손, 기계손 등을 구할 수 있다.
- 단락 시험에서는 동기 임피던스, 동기 리액턴스 등을 구할 수 있다.
- 단락비 산출에는 무부하(포화) 시험과 단락(3상) 시험이 필요하다.   **답** ④

47 자극수 4, 전기자 도체수 50, 전기자저항 0.1[Ω]의 중권 타여자전동기가 있다. 정격전압 105[V], 정격전류 50[A]로 운전하던 것을 전압 106[V] 및 계자회로를 일정히 하고 무부하로 운전했을 때 전기자전류가 10[A]이라면 속도변동률[%]은? (단, 매극의 자속은 0.05[Wb]라 한다.)

① 3   ② 5   ③ 6   ④ 8

풀이
① 부하 시
- 유기기전력 $E = V - I_a R_a = 105 - 50 \times 0.1 = 100$[V]
- 유기기전력 $E = \dfrac{pZ}{a}\Phi\dfrac{N}{60}$[V]에서

  회전속도 $N = \dfrac{aE \times 60}{pZ\Phi} = \dfrac{4 \times 100 \times 60}{4 \times 50 \times 0.05} = 2400$[rpm]

② 무부하 시
- 유기기전력 $E_0 = V_0 - I_0 R_a = 106 - 10 \times 0.1 = 105$[V]
- 회전속도 $N_0 = \dfrac{aE_0 \times 60}{pZ\Phi} = \dfrac{4 \times 105 \times 60}{4 \times 50 \times 0.05} = 2520$[rpm]

따라서, 속도변동률 $= \dfrac{N_0 - N}{N} \times 100[\%] = \dfrac{2520 - 2400}{2400} \times 100 = 5[\%]$ **답** ②

48 직류 직권전동기의 속도제어에 사용되는 기기는?

① 초퍼   ② 인버터   ③ 듀얼 컨버터   ④ 사이클로 컨버터

풀이
- AC-DC 컨버터(위상제어정류기) : 직류전동기의 속도제어
- DC-AC 인버터 : 교류 전동기의 속도제어
- DC-DC 컨버터(직류초퍼회로) : 직류전동기의 속도제어
- AC-AC 컨버터(사이클로컨버터) : 가변 주파수, 가변 출력 전압 발생   **답** ①

49
6극 유도전동기의 고정자 슬롯(slot)홈 수가 36이라면 인접한 슬롯 사이의 전기각은?

① 30°　　② 60°　　③ 120°　　④ 180°

풀이 기하각 $\alpha° = \dfrac{360°}{36} = 10°$ 또한 $\alpha° = \dfrac{전기각}{p/2} = \dfrac{2\theta_e}{p}$ 이므로

따라서 전기각 $\theta_e = \dfrac{p\alpha°}{2} = \dfrac{6 \times 10°}{2} = 30°$　　**답** ①

50
다음은 직류발전기의 정류곡선이다. 이 중에서 정류 말기에 정류의 상태가 좋지 않은 것은?

① ⓐ
② ⓑ
③ ⓒ
④ ⓓ

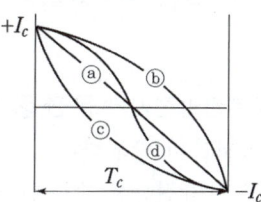

풀이
ⓐ (직선정류) : 전류가 직선적으로 균등하게 변환
ⓑ (부족정류) : **정류 말기에 브러시 뒤쪽에서 불꽃 발생**
ⓒ (과정류) : 정류 초기에 브러시 앞쪽에서 불꽃 발생
ⓓ (정현파 정류) : 불꽃 발생 안함　　**답** ②

51
동기 주파수변환기의 주파수 f_1 및 f_2 계통에 접속되는 양극을 P_1, P_2라 하면 다음 어떤 관계가 성립되는가?

① $\dfrac{f_1}{f_2} = P_2$　　② $\dfrac{f_1}{f_2} = \dfrac{P_2}{P_1}$　　③ $\dfrac{f_1}{f_2} = \dfrac{P_1}{P_2}$　　④ $\dfrac{f_2}{f_1} = P_1 \cdot P_2$

풀이 **동기 주파수 변환기**는 동기전동기와 동기발전기를 직결하여 주파수를 변환하는 것으로, 주파수가 다른 2개의 송전 계통을 연결하여 전력을 수수(授受) 하고자 하는 경우 또는 전원 주파수와 다른 주파수를 필요로 하는 경우 사용한다.
동기 주파수 변환기는 다음의 관계가 있다.

$N_s = \dfrac{120 f_1}{P_1} = \dfrac{120 f_2}{P_2}$ 이므로

$\dfrac{f_1}{P_1} = \dfrac{f_2}{P_2}$

∴ $\dfrac{f_1}{f_2} = \dfrac{P_1}{P_2}$

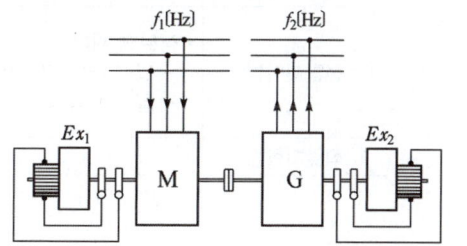

답 ③

52
직류전압의 맥동률이 가장 작은 정류회로는? (단, 저항부하를 사용한 경우이다.)

① 단상전파　　② 단상반파　　③ 3상반파　　④ 3상전파

풀이

정류 종류	단상 반파	단상전파	3상 반파	3상 전파
맥동률[%]	121	48	17.7	4.04
정류 효율	40.5	81.1	96.7	99.8
맥동 주파수	f	$2f$	$3f$	$6f$

답 ④

53 단락비가 큰 동기발전기에 대한 설명 중 틀린 것은?

① 효율이 나쁘다.
② 계자전류가 크다.
③ 전압변동률이 크다.
④ 안정도와 선로 충전용량이 크다.

풀이 단락비가 큰 기계(철기계)
- 동기 임피던스가 적다. ($K_s \propto \dfrac{1}{Z_s}$)
- 전기자 반작용이 작다.
- 과부하 내량이 크고 안정도가 높다.
- 송전선로의 충전용량이 크다.
- 극수가 많은 저속기에 적합하다.
- 전압변동률이 작다.
- 출력이 크다.
- 자기 여자 현상이 작다.
- 철손, 기계손 등의 고정손이 커서 효율이 나쁘다.

답 ③

54 직류분권발전기가 운전 중 단락이 발생하면 나타나는 현상으로 옳은 것은?

① 과전압이 발생한다.
② 계자저항선이 확립된다.
③ 큰 단락전류로 소손된다.
④ 작은 단락전류가 흐른다.

풀이
- 직류분권발전기를 운전 중 서서히 단락상태로 하면 초기의 큰 단락전류에 의한 전압강하에 의해 단자전압이 감소하며, 계자전류 및 자속도 감소하여 유기기전력이 감소한다.
- 유기기전력이 감소하면 단자전압은 더욱 감소되므로 결국 매우 작은 단락전류에 머무르게 된다.

답 ④

55 직류전동기의 속도제어 방법에서 광범위한 속도제어가 가능하며, 운전효율이 가장 좋은 방법은?

① 계자제어   ② 전압제어   ③ 직렬저항제어   ④ 병렬 저항제어

풀이 직류전동기의 속도제어법 비교

구 분	제어 특성	특 징
계자제어법	• 정출력 제어	• 속도제어범위가 좁다.
전압제어법	• 정토크 제어 – 워드 레오나드 방식 – 일그너 방식	• 제어범위가 넓다. • 손실이 매우 적다. • 정역 운전이 가능 • 설비비가 많이든다.
직렬저항법		• 효율이 나쁘다.

답 ②

56 동기발전기의 권선을 분포권으로 하면?

① 난조를 방지한다.
② 파형이 좋아진다.
③ 권선의 리액턴스가 커진다.
④ 집중권에 비하여 합성 유도 기전력이 높아진다.

풀이 분포권의 특징
① 분포권은 집중권에 비하여 합성 유기기전력이 감소한다.
② 기전력의 고조파가 감소하여 파형이 좋아진다.

③ 권선의 누설 리액턴스가 감소한다.
④ 전기자 권선에 의한 열을 고르게 분포시켜 과열을 방지한다. 답 ②

57 어떤 변압기의 부하역률이 60[%]일 때 전압변동률이 최대라고 한다. 지금 이 변압기의 부하역률이 100[%]일 때 전압변동률을 측정했더니 3[%]였다. 이 변압기의 부하역률이 80[%]일 때 전압변동률은 몇 [%]인가?

① 2.4   ② 3.6   ③ 4.8   ④ 5.0

풀이 전압변동률 $\epsilon = p\cos\theta + q\sin\theta$ 이다. (여기서, p : %저항강하, q : %리액턴스강하)
- 부하역률 100[%]일 때
  $\epsilon_{100} = p\cos\theta + q\sin\theta = p\times 1 + q\times 0 = p = 3[\%]$
- 최대 전압변동률 $\epsilon_{\max}$을 부하역률 $\cos\theta_m$ 일 때라고 하면,
  $\cos\theta_m = \dfrac{p}{\sqrt{p^2+q^2}} = \dfrac{3}{\sqrt{3^2+q^2}} = 0.6$, $q = 4[\%]$
- 따라서, 부하역률이 80[%]일 때의 전압변동률은
  $\epsilon_{80} = p\cos\theta + q\sin\theta = 3\times 0.8 + 4\times 0.6 = 4.8[\%]$ 답 ③

58 그림은 복권발전기의 외부특성곡선이다. 이 중 과복권을 나타내는 곡선은?

① A
② B
③ C
④ D

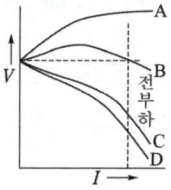

풀이 A : 과복권, B : 평복권, C : 부족복권, D : 차동복권 답 ①

59 200[V]의 배전선 전압을 220[V]로 승압하여 30[kVA]의 부하에 전력을 공급하는 단권변압기가 있다. 이 단권변압기의 자기용량은 약 몇 [kVA]인가?

① 2.73   ② 3.55   ③ 4.26   ④ 5.25

풀이 $\dfrac{\text{자기 용량}}{\text{부하 용량}} = \dfrac{V_h - V_l}{V_h}$ 이므로

∴ 자기 용량 $= \dfrac{V_h - V_l}{V_h} \times$ 부하 용량 $= \dfrac{220-200}{220} \times 30 = 2.73[\text{kVA}]$ 답 ①

60 유도전동기에서 공간적으로 본 고정자에 의한 회전자계와 회전자에 의한 회전자계는?
① 항상 동상으로 회전한다.
② 슬립만큼의 위상각을 가지고 회전한다.
③ 역률각만큼의 위상각을 가지고 회전한다.
④ 항상 180°만큼의 위상각을 가지고 회전한다.

풀이
- 고정자에 의한 회전자계 : N_s(동기속도)[rpm]
- 회전자(전동기) 속도 : $N=(1-s)N_s$[rpm]
- 고정자의 회전자계와 회전자 사이의 상대 속도 : sN_s[rpm]
- 회전자에 의한 회전자계 = 회전자속도 + 상대속도 = $(1-s)N_s + sN_s = N_s$[rpm]

따라서 회전자에 의한 회전자계는 고정자가 만드는 회전자계와 같은 방향, 동상으로 회전한다. **답 ①**

4과목 회로이론

61 $f(t) = e^{-t} + 3t^2 + 3\cos 2t + 5$의 라플라스 변환식은?

① $\dfrac{1}{s+1} + \dfrac{6}{s^2} + \dfrac{3s}{s^2+5} + \dfrac{5}{s}$
② $\dfrac{1}{s+1} + \dfrac{6}{s^3} + \dfrac{3s}{s^2+4} + \dfrac{5}{s}$
③ $\dfrac{1}{s+1} + \dfrac{5}{s^2} + \dfrac{3s}{s^2+5} + \dfrac{4}{s}$
④ $\dfrac{1}{s+1} + \dfrac{5}{s^3} + \dfrac{2s}{s^2+4} + \dfrac{4}{s}$

풀이 $F(s) = \mathcal{L}[f(t)] = \mathcal{L}[e^{-t} + 3t^2 + 3\cos 2t + 5] = \mathcal{L}[e^{-t}] + \mathcal{L}[3t^2] + \mathcal{L}[3\cos 2t] + \mathcal{L}[5]$

$\mathcal{L}[e^{-t}] = \dfrac{1}{s+1}$, $\mathcal{L}[3t^2] = \dfrac{3 \times 2!}{s^{2+1}} = \dfrac{6}{s^3}$

$\mathcal{L}[3\cos 2t] = \dfrac{3s}{s^2+2^2} = \dfrac{3s}{s^2+4}$, $\mathcal{L}[5] = \dfrac{5}{s}$

$\therefore F(s) = \dfrac{1}{s+1} + \dfrac{6}{s^3} + \dfrac{3s}{s^2+4} + \dfrac{5}{s}$ **답 ②**

62 RLC 직렬회로에서 $R = 100[\Omega]$, $L = 5$[mH], $C = 2[\mu F]$ 일 때 이 회로는?

① 과제동이다. ② 무제동이다.
③ 임계제동이다. ④ 부족제동이다.

풀이 진동 여부의 판별식에서
$\left(\dfrac{R}{2L}\right)^2 - \dfrac{1}{LC} = R^2 - 4\dfrac{L}{C} = 100^2 - 4 \times \dfrac{5 \times 10^{-3}}{2 \times 10^{-6}} = 0$
이므로 임계제동이다. **답 ③**

63 구형파의 파형률(㉠)과 파고율(㉡)은?

① ㉠ 1, ㉡ 0
② ㉠ 1.11, ㉡ 1.414
③ ㉠ 1, ㉡ 1
④ ㉠ 1.57, ㉡ 2

풀이

	구형파	3각파	정현파	정류파(전파)	정류파(반파)
파형률	1.0	1.15	1.11	1.11	1.57
파고율	1.0	1.732	1.414	1.414	2.0

답 ③

64 그림과 같은 회로의 전압 전달함수 $G(s)$는?

① $\dfrac{RC}{s+\dfrac{1}{RC}}$ ② $\dfrac{RC}{s+RC}$

③ $\dfrac{RC}{RCs+1}$ ④ $\dfrac{1}{RCs+1}$

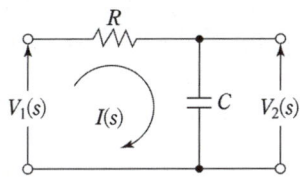

풀이
$\begin{cases} v_1(t) = Ri(t) + \dfrac{1}{C}\int i(t)dt \\ v_2(t) = \dfrac{1}{C}\int i(t)dt \end{cases}$, $\begin{cases} V_1(s) = \left(R + \dfrac{1}{Cs}\right)I(s) \\ V_2(s) = \dfrac{1}{Cs}I(s) \end{cases}$

$\therefore G(s) = \dfrac{V_2(s)}{V_1(s)} = \dfrac{\dfrac{1}{Cs}}{R + \dfrac{1}{Cs}} = \dfrac{1}{RCs+1}$

답 ④

65 평형 3상 부하에 전력을 공급할 때 선전류가 20[A]이고 부하의 소비전력이 4[kW]이다. 이 부하의 등가 Y회로에 대한 각 상의 저항은 약 몇 [Ω]인가?

① 3.3 ② 5.7 ③ 7.2 ④ 10

풀이 Y결선에서 유효전력 $P = 3I_p^2 R$, 선전류(I_l) = 상전류(I_p)이므로

$\therefore R = \dfrac{P}{3I_p^2} = \dfrac{4 \times 10^3}{3 \times 20^2} = \dfrac{10}{3} = 3.3[\Omega]$

답 ①

66 RL 직렬회로에서 시정수의 값이 클수록 과도현상은 어떻게 되는가?

① 없어진다. ② 짧아진다. ③ 길어진다. ④ 변화가 없다.

풀이 $R-L$ 직렬회로에서 직류전압 인가 시

$i(t) = \dfrac{E}{R}\left(1 - e^{-\frac{R}{L}t}\right) = \dfrac{E}{R}\left(1 - e^{-\frac{1}{\tau}t}\right)$

즉, 시정수 τ가 커지면 $e^{-\frac{1}{\tau}t}$의 값이 증가하므로 과도 상태는 길어진다.

답 ③

67 3상 평형회로에서 선간전압이 200[V]이고 각 상의 임피던스가 $24 + j7[\Omega]$인 Y결선 3상 부하의 유효전력은 약 몇 [W]인가?

① 192 ② 512 ③ 1536 ④ 4608

풀이 Y결선시 상전압(V_p)은 선간전압(V_l)의 $\dfrac{1}{\sqrt{3}}$ 배이므로

상전류 $I_p = \dfrac{V_p}{Z_p} = \dfrac{\dfrac{V_l}{\sqrt{3}}}{Z_p} = \dfrac{\dfrac{200}{\sqrt{3}}}{\sqrt{24^2 + 7^2}} = \dfrac{200}{25\sqrt{3}}[A]$

$\therefore P = 3I_p^2 R = 3 \times \left(\dfrac{200}{25\sqrt{3}}\right)^2 \times 24 = 1536[W]$

답 ③

68 그림과 같은 회로의 영상 임피던스 Z_{01}, $Z_{02}[\Omega]$는 각각 얼마인가?

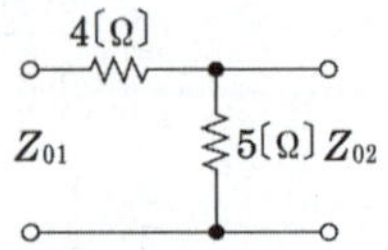

① 9, 5
② 6, $\dfrac{10}{3}$
③ 4, 5
④ 4, $\dfrac{20}{9}$

풀이

$$\begin{bmatrix} A & B \\ C & D \end{bmatrix} = \begin{bmatrix} 1 & 4 \\ 0 & 1 \end{bmatrix} \begin{bmatrix} 1 & 0 \\ \frac{1}{5} & 1 \end{bmatrix} = \begin{bmatrix} 1+\frac{4}{5} & 4 \\ \frac{1}{5} & 1 \end{bmatrix}$$

즉 $A = 1 + \dfrac{4}{5} = \dfrac{9}{5}$, $B = 4$, $C = \dfrac{1}{5}$, $D = 1$이므로

$$\therefore Z_{01} = \sqrt{\dfrac{AB}{CD}} = \sqrt{\dfrac{\frac{9}{5} \times 4}{\frac{1}{5} \times 1}} = 6[\Omega]$$

$$\therefore Z_{02} = \sqrt{\dfrac{BD}{AC}} = \sqrt{\dfrac{4 \times 1}{\frac{9}{5} \times \frac{1}{5}}} = \dfrac{10}{3}[\Omega]$$

답 ②

69 기본파의 60[%]인 제3고조파와 80[%]인 제5고조파를 포함하는 전압의 왜형률은?

① 0.3 ② 1 ③ 5 ④ 10

풀이

왜형률 $= \dfrac{\text{각 고조파의 실효값의 합}}{\text{기본파의 실효값}}$

$= \dfrac{\sqrt{V_3^2 + V_5^2}}{V_1} = \sqrt{\left(\dfrac{V_3}{V_1}\right)^2 + \left(\dfrac{V_5}{V_1}\right)^2} = \sqrt{0.6^2 + 0.8^2} = 1$

답 ②

70 $e_1 = 6\sqrt{2}\sin\omega t[V]$, $e_2 = 4\sqrt{2}\sin(\omega t - 60°)[V]$일 때, $e_1 - e_2$의 실효값[V]은?

① 4 ② $2\sqrt{2}$ ③ $2\sqrt{7}$ ④ $2\sqrt{13}$

풀이 $e_1 = 6\angle 0°$, $e_2 = 4\angle -60°$

$\therefore e_1 - e_2 = 6 - 4(\cos 60° - j\sin 60°) = 6 - 4 \times \left(\dfrac{1}{2} - j\dfrac{\sqrt{3}}{2}\right)$

$= 4 + j2\sqrt{3} = \sqrt{4^2 + (2\sqrt{3})^2} = 2\sqrt{7}[V]$

답 ③

71 대칭 6상 전원이 있다. 환상결선으로 각 전원이 150[A]의 전류를 흘린다고 하면 선전류는 몇 [A]인가?

① 50 ② 75 ③ $\dfrac{150}{\sqrt{3}}$ ④ 150

풀이 $I_l = 2I_p \sin\dfrac{\pi}{n} = 2 \times 150 \times \sin\dfrac{\pi}{6} = 150[A]$

답 ④

72 $f(t) = e^{at}$의 라플라스 변환은?

① $\dfrac{1}{s-a}$ ② $\dfrac{1}{s+a}$ ③ $\dfrac{1}{s^2-a^2}$ ④ $\dfrac{1}{s^2+a^2}$

풀이 복소 추이 정리에 의해서 $\mathcal{L}[1 \cdot e^{at}] = \dfrac{1}{s}\bigg|_{s=s-a} = \dfrac{1}{s-a}$

답 ①

73 1상의 직렬 임피던스가 $R=6[\Omega]$, $X_L=8[\Omega]$인 △결선의 평형부하가 있다. 여기에 선간전압 100[V]인 대칭 3상 교류전압을 가하면 선전류는 몇 [A]인가?

① $3\sqrt{3}$ ② $\dfrac{10\sqrt{3}}{3}$ ③ 10   ④ $10\sqrt{3}$

풀이
① △결선시 선간전압(V_l)과 상전압(V_p)은 같다.
상전류 $I_p = \dfrac{V_p}{Z} = \dfrac{V_l}{\sqrt{R^2+X^2}} = \dfrac{100}{\sqrt{6^2+8^2}} = 10[A]$
② △결선시 선전류(I_l)는 상전류(I_p)의 $\sqrt{3}$이다.
따라서 선전류 $I_l = \sqrt{3}I_p = 10\sqrt{3}[A]$

답 ④

74 그림의 회로에서 전류 I는 약 몇 [A]인가? (단, 저항의 단위는 [Ω]이다.)

① 1.125
② 1.29
③ 6
④ 7

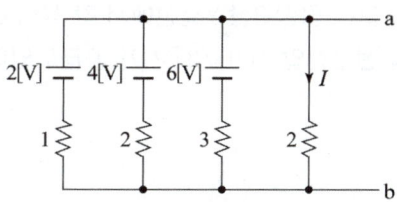

풀이 밀만의 정리를 적용하면
$V_{ab} = \dfrac{\dfrac{2}{1}+\dfrac{4}{2}+\dfrac{6}{3}}{\dfrac{1}{1}+\dfrac{1}{2}+\dfrac{1}{3}+\dfrac{1}{2}} = 2.57[V]$ ∴ $I = \dfrac{2.57}{2} ≒ 1.29[V]$

답 ②

75 $Z(s) = \dfrac{2s+3}{s}$로 표시되는 2단자 회로망은?

① ─\/\/─ 2[Ω] ─┤├─ $\dfrac{1}{3}$[F] ─
② ─⌇⌇⌇─ 2[H] ─\/\/─ 3[Ω] ─
③ ─\/\/─ 2[Ω] ─⌇⌇⌇─ 3[H] ─
④ ─┤├─ 3[F] ─\/\/─ 2[Ω] ─

풀이 $Z(s) = \dfrac{2s+3}{s} = 2 + \dfrac{3}{s} = 2 + \dfrac{1}{\dfrac{1}{3}s}$

따라서 저항 2[Ω]과 콘덴서 $\dfrac{1}{3}$[F]의 직렬회로이다.

답 ①

76 $i = 20\sqrt{2}\sin(377t - \dfrac{\pi}{6})$의 주파수는 약 몇 [Hz]인가?

① 50　　　② 60　　　③ 70　　　④ 80

풀이 순시전류 $i = \sqrt{2}I\sin(\omega t - \theta) = 20\sqrt{2}\sin(377t - \dfrac{\pi}{6})$[A]이므로 $\omega t = 377t$ 이다.

$\omega = 2\pi f = 377$ ∴ $f = \dfrac{377}{2\pi} = 60$[Hz]　　**답** ②

77 a-b 단자의 전압이 $50\angle 0°$[V], a-b단자에서 본 능동 회로망(N)의 임피던스가 $Z = 6 + j8$ [Ω]일 때, a-b 단자에 임피던스 $Z' = 2 - j2$[Ω]를 접속하면 이 임피던스에 흐르는 전류 [A]는?

① $3 - j4$
② $3 + j4$
③ $4 - j3$
④ $4 + j3$

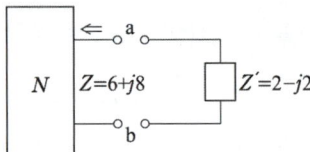

풀이 $I = \dfrac{V}{Z + Z'} = \dfrac{50}{6 + j8 + 2 - j2} = \dfrac{50}{8 + j6} = \dfrac{50(8 - j6)}{(8 + j6)(8 - j6)} = 4 - j3$[A]　　**답** ③

78 그림과 같은 평형 3상 Y결선에서 각 상이 8[Ω]의 저항과 6[Ω]의 리액턴스가 직렬로 연결된 부하에 선간전압 $100\sqrt{3}$[V]가 공급되었다. 이때 선전류는 몇 [A]인가?

① 5
② 10
③ 15
④ 20

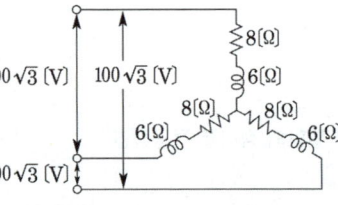

풀이 Y결선에서의 선전류(I_l)는 상전류(I_p)와 같으므로

$I_l = I_p = \dfrac{E_p}{Z} = \dfrac{\dfrac{100\sqrt{3}}{\sqrt{3}}}{\sqrt{8^2 + 6^2}} = \dfrac{100}{10} = 10$[A]　　**답** ②

79 $F(s) = \dfrac{2}{(s+1)(s+3)}$의 역라플라스 변환은?

① $e^{-t} - e^{-3t}$　　② $e^{-t} - e^{3t}$　　③ $e^{t} - e^{3t}$　　④ $e^{t} - e^{-3t}$

풀이 $F(s) = \dfrac{2}{(s+1)(s+3)} = \dfrac{A}{s+1} + \dfrac{B}{s+3}$

$A = \dfrac{2}{s+3}\bigg|_{s=-1} = \dfrac{2}{2} = 1$, $B = \dfrac{2}{s+1}\bigg|_{s=-3} = \dfrac{2}{-2} = -1$이므로

$F(s) = \dfrac{1}{s+1} - \dfrac{1}{s+3}$ ∴ $\mathcal{L}^{-1}(F(s)) = e^{-t} - e^{-3t}$　　**답** ①

80 인덕턴스가 각각 5[H], 3[H]인 두 코일을 모두 dot 방향으로 전류가 흐르게 직렬로 연결하고 인덕턴스를 측정하였더니 15[H]이었다. 두 코일간의 상호 인덕턴스[H]는?

① 3.5　　　② 4.5　　　③ 7　　　④ 9

풀이 두 코일 모두 dot 방향으로 전류가 흐르므로
합성인덕턴스 $L = L_1 + L_2 + 2M$ 이다.
따라서 상호 인덕턴스 $M = \dfrac{L - L_1 - L_2}{2} = \dfrac{15 - 5 - 3}{2} = 3.5[H]$

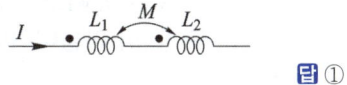

답 ①

5과목　전기설비기술기준

81 23[kV] 특고압가공전선로의 전로와 저압전로를 결합한 주상변압기의 2차 측 접지선의 굵기는 공칭단면적이 몇 [mm²] 이상의 연동선인가? (단, 특고압가공전선로는 중성선 다중접지식의 것을 제외한다.)

① 2.5　　　② 6　　　③ 10　　　④ 16

풀이 142.3.1 접지도체
중성점 접지용 접지도체는 **공칭단면적 16[mm²] 이상의 연동선** 또는 동등 이상의 단면적 및 세기를 가져야 한다. 다만, 다음의 경우에는 공칭단면적 6[mm²] 이상의 연동선 또는 동등 이상의 단면적 및 강도를 가져야 한다.
가. 7[kV] 이하의 전로
나. 사용전압이 25[kV] 이하인 특고압 가공전선로. 다만, 중성선 다중접지식의 것으로서 전로에 지락이 생겼을 때 2초 이내에 자동적으로 이를 전로로부터 차단하는 장치가 되어 있는 것.

답 ④

82 특고압가공전선로의 지지물 양쪽의 경간의 차가 큰 곳에 사용되는 철탑은?

① 내장형철탑　　　② 인류형철탑
③ 각도형철탑　　　④ 보강형철탑

풀이 333.11 특고압 가공전선로의 철주·철근 콘크리트주 또는 철탑의 종류
특고압 가공전선로의 지지물로 사용하는 B종 철근·B종 콘크리트주 또는 철탑의 종류는 다음과 같다.
가. 직선형 : 전선로의 직선 부분(3° 이하의 수평 각도 이루는 곳 포함)에 사용되는 것
나. 각도형 : 전선로 중 수평 각도 3°를 넘는 곳에 사용되는 것
다. 인류형 : 전 가섭선을 인류하는 곳에 사용하는 것
라. **내장형 : 전선로 지지물 양측의 경간차가 큰 곳에 사용하는 것**
마. 보강형 : 전선로 직선 부분을 보강하기 위하여 사용하는 것

답 ①

83 고압가공전선이 경동선 또는 내열동합금선인 경우 안전율의 최솟값은?

① 2.0　　　② 2.2
③ 2.5　　　④ 4.0

풀이 332.4 고압 가공전선의 안전율
고압 가공전선은 케이블인 경우 이외에는 그 안전율이 경동선 또는 내열 동합금선은 2.2 이상, 그 밖의 전선은 2.5 이상이 되는 이도로 시설하여야 한다. **답** ②

84 사용전압 60000[V]인 특고압가공전선과 그 지지물·지주·완금류 또는 지선 사이의 이격거리는 몇 [cm] 이상이어야 하는가?

① 35 ② 40 ③ 45 ④ 65

풀이 333.5 특고압 가공전선과 지지물 등의 이격거리
특고압 가공전선과 그 지지물·완금류·지주 또는 지선 사이의 이격거리는 표에서 정한 값 이상이어야 한다. 다만, 기술상 부득이한 경우에 위험의 우려가 없도록 시설할 때에는 표에서 정한 값의 0.8배까지 감할 수 있다.

사용전압	이격거리[cm]
15[kV] 미만	15
15[kV] 이상 25[kV] 미만	20
25[kV] 이상 35[kV] 미만	25
60[kV] 이상 70[kV] 미만	40
130[kV] 이상 160[kV] 미만	90

답 ②

85 특고압가공전선로의 지지물에 시설하는 통신선 또는 이것에 직접 접속하는 통신선일 경우에 설치하여야 할 보안장치로서 모두 옳은 것은?

① 특고압용 제2종 보안장치, 고압용 제2종 보안장치
② 특고압용 제1종 보안장치, 특고압용 제3종 보안장치
③ 특고압용 제2종 보안장치, 특고압용 제3종 보안장치
④ 특고압용 제1종 보안장치, 특고압용 제2종 보안장치

풀이 362.10 전력보안통신설비의 보안장치
특고압 가공전선로의 지지물에 시설하는 통신선 또는 이에 직접 접속하는 통신선에 접속하는 휴대전화기를 접속하는 곳 및 옥외전화기를 시설하는 곳에는 표준에 적합한 **특고압용 제1종 보안장치, 특고압용 제2종 보안장치** 또는 이에 준하는 보안장치를 시설하여야 한다. **답** ④

86 특고압가공전선로에서 발생하는 극저주파 전자계는 지표상 1[m]에서 전계가 몇 [kV/m] 이하가 되도록 시설하여야 하는가?

① 3.5 ② 2.5 ③ 1.5 ④ 0.5

풀이 유도장해 방지(기술기준 제17조)
특고압가공전선로에서 발생하는 극저주파 전자계는 지표상 1[m]에서 **전계가 3.5[kV/m] 이하**, 자계가 83.3[μT] 이하가 되도록 시설하는 등 상시 정전유도 및 전자유도 작용에 의하여 사람에게 위험을 줄 우려가 없도록 시설하여야 한다. **답** ①

87 철탑의 강도 계산에 사용하는 이상 시 상정하중의 종류가 아닌 것은?

① 좌굴하중 ② 수직하중
③ 수평 횡하중 ④ 수평 종하중

> **풀이** 333.14 이상 시 상정하중
> 철탑의 강도계산에 사용하는 <u>이상 시 상정하중은 풍압이</u> 전선로에 직각방향으로 가하여지는 경우의 하중과 <u>전선로의 방향으로 가하여지는 경우의 수직하중, 수평 횡하중, 수평 종하중을 계산</u>하여 각 부재에 대한 이들의 하중 중 그 부재에 큰 응력이 생기는 쪽의 하중을 채택한다. **답** ①

88 고압 옥내배선을 애자공사로 하는 경우, 전선의 지지점 간의 거리는 전선을 조영재의 면을 따라 붙이는 경우 몇 [m] 이하이어야 하는가?

① 1   ② 2   ③ 3   ④ 5

> **풀이** 342.1 고압 옥내배선 등의 시설
>
> | 전압 | 전선과 조영재와의 이격거리 | 전선 상호 간격 | 전선 지지점 간의 거리 | |
> |---|---|---|---|---|
> | | | | 조영재의 윗면 또는 옆면에 따라 시설 | 조영재에 따라 시설하지 않는 경우 |
> | 고압 | 5[cm] 이상 | 8[cm] 이상 | 2[m] 이하 | 6[m] 이하 |
>
> **답** ②

89 수소냉각식의 발전기·조상기에 부속하는 수소냉각 장치에서 필요 없는 장치는?

① 수소의 압력을 계측하는 장치
② 수소의 온도를 계측하는 장치
③ 수소의 유량을 계측하는 장치
④ 수소의 순도 저하를 경보하는 장치

> **풀이** 351.10 수소냉각식 발전기 등의 시설
> 수소냉각식의 발전기·조상기 또는 이에 부속하는 수소 냉각 장치는 다음 각 호에 따라 시설하여야 한다.
> 가. 발전기 또는 조상기는 기밀구조의 것이고 또한 수소가 대기압에서 폭발하는 경우에 생기는 압력에 견디는 강도를 가지는 것일 것.
> 나. 발전기축의 밀봉부에는 질소 가스를 봉입할 수 있는 장치 또는 발전기 축의 밀봉부로부터 누설된 수소가스를 안전하게 외부에 방출할 수 있는 장치를 시설할 것.
> 다. 발전기 내부 또는 조상기 내부의 <u>수소의 순도가 85[%] 이하로 저하</u>한 경우에 이를 <u>경보하는 장치</u>를 시설할 것.
> 라. 발전기 내부 또는 조상기 내부의 <u>수소의 압력을 계측하는 장치</u> 및 그 압력이 현저히 변동한 경우에 이를 경보하는 장치를 시설할 것.
> 마. 발전기 내부 또는 조상기 내부의 <u>수소의 온도를 계측하는 장치</u>를 시설할 것. **답** ③

90 사용전압 15[kV] 이하인 특고압가공전선로의 중성선 다중접지 시설은 각 접지선을 중성선으로부터 분리하였을 경우 1[km]마다의 중성선과 대지 사이의 합성 전기저항 값은 몇 [Ω] 이하이어야 하는가?

① 30   ② 50   ③ 400   ④ 500

> **풀이** 333.32 25[kV] 이하인 특고압 가공전선로의 시설
> 각 접지도체를 중성선으로부터 분리하였을 경우의 각 접지점의 대지 전기저항 값과 1[km]마다의 중성선과 대지 사이의 합성전기저항 값은 표에서 정한 값 이하일 것.

사용전압	각 접지점의 대지 전기저항치	1[km]마다의 합성 전기저항치
15[kV] 이하	300[Ω]	30[Ω]
15[kV] 초과 25[kV] 이하	300[Ω]	15[Ω]

답 ①

91 동일 지지물에 저압가공전선(다중접지된 중성선은 제외)과 고압가공전선을 시설하는 경우 저압가공전선은?

① 고압가공전선의 위로 하고 동일 완금류에 시설
② 고압가공전선과 나란하게 하고 동일 완금류에 시설
③ 고압가공전선의 아래로 하고 별개의 완금류에 시설
④ 고압가공전선과 나란하게 하고 별개의 완금류에 시설

풀이 332.8 고압 가공전선 등의 병행설치
저압 가공전선(다중접지된 중성선은 제외한다. 이하 같다)과 고압 가공전선을 동일 지지물에 시설하는 경우에는 다음에 따라야 한다.
가. 저압 가공전선을 고압 가공전선의 아래로 하고 별개의 완금류에 시설할 것.
나. 저압 가공전선과 고압 가공전선 사이의 이격거리는 0.5[m] 이상일 것.

답 ③

92 저압 옥내배선과 옥내 저압용의 전구선의 시설방법으로 틀린 것은?

① 쇼케이스 내의 배선에 $0.75[mm^2]$의 캡타이어케이블을 사용하였다.
② 전광표시장치의 배선으로 $0.75[mm^2]$의 다심케이블을 사용하였다.
③ 전광표시장치의 배선으로 $1.5[mm^2]$의 연동선을 사용하고 합성수지관에 넣어 시설하였다.
④ 조명용 전원코드로 $0.55[mm^2]$의 캡타이어케이블을 사용하였다.

풀이 231.3 저압 옥내배선의 사용전선
가. 저압 옥내배선의 전선 : 단면적 $2.5[mm^2]$ 이상의 연동선
나. 옥내배선의 사용 전압이 400[V] 이하인 경우는 다음에 의하여 시설할 수 있다.
① 전광표시 장치 또는 제어 회로
 • 단면적 $1.5[mm^2]$ 이상의 연동선
 • 단면적 $0.75[mm^2]$ 이상인 다심케이블 또는 다심 캡타이어 케이블을 사용하고 또한 과전류가 생겼을 때에 자동적으로 전로에서 차단하는 장치를 시설
② 진열장 또는 이와 유사한 것의 내부 배선 : 단면적 $0.75[mm^2]$ 이상인 코드 또는 캡타이어케이블
234.3 코드 및 이동전선
조명용 전원코드 또는 이동전선은 단면적 $0.75[mm^2]$ 이상인 코드 또는 캡타이어케이블

답 ④

93 저압 및 고압가공전선의 높이에 대한 기준으로 틀린 것은?

① 철도를 횡단하는 경우는 레일면상 6.5[m] 이상이다.
② 횡단보도교 위에 시설하는 경우 저압가공전선은 노면 상에서 3[m] 이상이다.
③ 횡단보도교 위에 시설하는 경우 고압가공전선은 그 노면 상에서 3.5[m] 이상이다.
④ 다리의 하부 기타 이와 유사한 장소에 시설하는 저압의 전기철도용 급전선은 지표상 3.5[m]까지로 감할 수 있다.

풀이 332.5 고압 가공전선의 높이 / 222.7 저압 가공전선의 높이
저·고압 가공전선의 높이는 다음에 따라야 한다.

설치장소		가공전선의 높이
도로횡단 (번잡하지 않은 도로 제외)		지표상 6[m] 이상
철도 또는 궤도횡단		레일면상 6.5[m] 이상
횡단보도교 위	저압	노면상 3.5[m] 이상. 단, 절연전선의 경우 3[m] 이상
	고압	노면상 3.5[m] 이상
일반장소		지표상 5[m] 이상. 단, 저압의 경우 절연전선 또는 케이블을 사용하여 교통에 지장이 없도록 하여 옥외조명용에 공급하는 경우 4[m]까지 감할 수 있다.
다리의 하부 기타 이와 유사한 장소		저압의 전기철도용 급전선은 지표상 3.5[m]까지로 감할 수 있다.

답 ②

94 "지중관로"에 포함되지 않는 것은?

① 지중전선로
② 지중 레일 선로
③ 지중 약전류 전선로
④ 지중 광섬유 케이블 선로

풀이 112 용어 정의
"지중 관로"란 지중 전선로·지중 약전류 전선로·지중 광섬유 케이블 선로·지중에 시설하는 수관 및 가스관과 이와 유사한 것 및 이들에 부속하는 지중함 등을 말한다.

답 ②

95 전체의 길이가 16[m]이고 설계하중이 6.8[kN] 초과 9.8[kN] 이하인 철근 콘크리트주를 논, 기타 지반이 연약한 곳 이외의 곳에 시설할 때, 묻히는 깊이를 2.5[m] 보다 몇 [cm] 가산하여 시설하는 경우에는 기초의 안전율에 대한 고려 없이 시설하여도 되는가?

① 10
② 20
③ 30
④ 40

풀이 331.7 가공전선로 지지물의 기초의 안전율
가공전선로의 지지물에 하중이 가하여지는 경우에 그 하중을 받는 지지물의 기초의 안전율은 2(이상 시 상정하중에 대한 철탑의 기초에 대하여는 1.33) 이상이어야 한다. 다만, 다음에 따라 시설하는 경우에는 적용하지 않는다.

설계 하중 전장	6.8[kN] 이하	6.8[kN] 초과 ~ 9.8[kN] 이하	9.8[kN] 초과 ~ 14.72[kN] 이하
15[m] 이하	전장 × 1/6 이상	전장 × 1/6 + 0.3[m] 이상	전장 × 1/6 + 0.5[m] 이상
15[m] 초과	2.5[m] 이상	2.5[m] + 0.3[m] 이상	–
16[m] 초과~20[m] 이하	2.8[m] 이상	–	–
15[m] 초과~18[m] 이하	–	–	3[m] 이상
18[m] 초과	–	–	3.2[m] 이상

답 ③

96
사용전압이 20[kV]인 변전소에 울타리·담 등을 시설하고자 할 때 울타리·담 등의 높이는 몇 [m] 이상이어야 하는가?

① 1
② 2
③ 5
④ 6

풀이 351.1 발전소 등의 울타리·담 등의 시설
고압 또는 특고압의 기계기구·모선 등을 옥외에 시설하는 발전소·변전소·개폐소 또는 이에 준하는 곳에서 울타리·담 등은 다음에 따라 시설하여야 한다.
가. 울타리·담 등의 높이는 2[m] 이상으로 하고 지표면과 울타리·담 등의 하단사이의 간격은 0.15[m] 이하로 할 것.
나. 울타리·담 등과 고압 및 특고압의 충전 부분이 접근하는 경우에는 울타리·담 등의 높이와 울타리·담 등으로부터 충전부분까지 거리의 합계는 표에서 정한 값 이상으로 할 것.

사용전압의 구분	울타리·담 등의 높이와 울타리·담 등으로부터 충전 부분까지의 거리의 합계
35[kV] 이하	5[m]
35[kV] 초과 160[kV] 이하	6[m]
160[kV] 초과	• 거리의 합계 = 6 + 단수 × 0.12[m] • 단수 = $\dfrac{\text{사용전압[kV]} - 160}{10}$ … 단수 계산에서 소수점 이하는 절상

답 ②

97
최대사용전압 440[V]인 전동기의 절연내력시험전압은 몇 [V]인가?

① 330
② 440
③ 500
④ 660

풀이 133 회전기 및 정류기의 절연내력

종류			시험전압	시험 방법
회전기	발전기·전동기·조상기·기타회전기	7[kV] 이하	1.5배(최저 500[V])	권선과 대지 사이에 연속하여 10분간
		7[kV] 초과	1.25배(최저 10,500[V])	
	회전 변류기		직류 측의 최대 사용전압의 1배의 교류전압(최저 500[V])	

∴ 시험전압 = 440 × 1.5 = 660[V]

답 ④

출제기준 변경 및 개정된 관계 법규에 따라 삭제된 문제가 있어 20문항이 안됩니다.

2019년 3회

1과목　전기자기

01 인덕턴스가 20[mH]인 코일에 흐르는 전류가 0.2초 동안 6[A]가 변화되었다면 코일에 유기되는 기전력은 몇 [V]인가?

① 0.6　　　② 1　　　③ 6　　　④ 30

풀이 유기되는 기전력 $e = L\dfrac{di}{dt} = 20 \times 10^{-3} \times \dfrac{6}{0.2} = 0.6[V]$　　　**답** ①

02 직류 500[V] 절연저항계로 절연저항을 측정하니 2[MΩ]이 되었다면 누설전류[μA]는?

① 25　　　② 250　　　③ 1000　　　④ 1250

풀이 누설전류 $I_g = \dfrac{V}{R_g} = \dfrac{500}{2 \times 10^6} = 250 \times 10^{-6}[A] = 250[\mu A]$　　　**답** ②

03 동심구에서 내부도체의 반지름이 a, 절연체의 반지름이 b, 외부도체의 반지름이 c이다. 내부도체에만 전하 Q를 주었을 때 내부도체의 전위는? (단, 절연체의 유전율은 ϵ_o이다.)

① $\dfrac{Q}{4\pi\epsilon_o a}\left(\dfrac{1}{a} + \dfrac{1}{b}\right)$
② $\dfrac{Q}{4\pi\epsilon_o}\left(\dfrac{1}{a} - \dfrac{1}{b}\right)$
③ $\dfrac{Q}{4\pi\epsilon_o}\left(\dfrac{1}{a} - \dfrac{1}{b} - \dfrac{1}{c}\right)$
④ $\dfrac{Q}{4\pi\epsilon_o}\left(\dfrac{1}{a} - \dfrac{1}{b} + \dfrac{1}{c}\right)$

풀이 내부도체 A에 전하 Q를 주면 정전유도에 의해 도체 B의 내측 표면에 $-Q$, 외측 표면에는 Q가 유도된다.
① 도체 B의 표면 전위, $V_c \, (r = c)$

$V_c = \dfrac{Q}{4\pi\epsilon_0 c}$

　(중심에 점전하 Q가 놓인 거리 $r = c$인 전위로 구함)
② 도체 A와 B 사이의 전위차, $V_{ab} \, (a \leq r \leq b)$

$V_{ab} = \dfrac{Q}{4\pi\epsilon_0}\left(\dfrac{1}{a} - \dfrac{1}{b}\right)$

　(중심에 점전하 Q가 놓인 a와 b 사이의 전위차로 구함)
③ 도체 A의 표면 전위, $V_a \, (r = a)$
　(도체 A의 표면 전위는 무한원점에서 전위와 전위차의 합이 됨)
따라서 내부도체표면의 전위 V_a는

$V_a = V_c + V_{bc} + V_{ab} = \dfrac{Q}{4\pi\epsilon_0 c} + 0 + \dfrac{Q}{4\pi\epsilon_0}\left(\dfrac{1}{a} - \dfrac{1}{b}\right) = \dfrac{Q}{4\pi\epsilon_0}\left(\dfrac{1}{a} - \dfrac{1}{b} + \dfrac{1}{c}\right)$

답 ④

04 어떤 물체에 $F_1 = -3i + 4j - 5k$와 $F_2 = 6i + 3j - 2k$의 힘이 작용하고 있다. 이 물체에 F_3을 가하였을 때 세 힘이 평형이 되기 위한 F_3은?

① $F_3 = -3i - 7j + 7k$
② $F_3 = 3i + 7j - 7k$
③ $F_3 = 3i - j - 7k$
④ $F_3 = 3i - j + 3k$

풀이 $F_1 + F_2 + F_3 = 0$(평형)
$\therefore F_3 = -(F_1 + F_2) = -\{(-3i + 4j - 5k) + (6i + 3j - 2k)\}$
$= -(3i + 7j - 7k) = -3i - 7j + 7k$ 답 ①

05 M.K.S 단위로 나타낸 진공에 대한 유전율은?

① 8.855×10^{-12} [N/m]
② 8.855×10^{-10} [N/m]
③ 8.855×10^{-12} [F/m]
④ 8.855×10^{-10} [F/m]

풀이 쿨롱의 법칙에서 비례상수 $K = \dfrac{1}{4\pi\epsilon_0} = 9 \times 10^9$ 이므로
$\therefore \epsilon_0 = \dfrac{1}{4\pi \times 9 \times 10^9} \fallingdotseq 8.854 \times 10^{-12}$ [F/m] 답 ③

06 인덕턴스의 단위에서 1[H]는?

① 1[A]의 전류에 대한 자속이 1[Wb]인 경우이다.
② 1[A]의 전류에 대한 유전율이 1[F/m]이다.
③ 1[A]의 전류가 1초간에 변화하는 양이다.
④ 1[A]의 전류에 대한 자계가 1[AT/m]인 경우이다.

풀이 인덕턴스 $L = \dfrac{N\phi}{I}$[H]이므로 1[H]란 1[A]의 전류에 의한 자속이 1[Wb]인 경우이다. 답 ①

07 자유공간의 변위전류가 만드는 것은?

① 전계 ② 전속 ③ 자계 ④ 분극지력선

풀이
- 변위전류밀도 $i_d = \dfrac{\partial D}{\partial t}$ 이고, $\text{rot} H = J + \dfrac{\partial D}{\partial t}$ (맥스웰의 전자방정식 미분형)이다.
- 자유공간에서는 전도 전류밀도 $J = 0$이므로, $i_d = \text{rot} H$ 가 된다.
  즉 변위전류는 회전자계를 형성시킨다. 답 ③

08 평행한 두 도선간의 전자력은? (단, 두 도선간의 거리는 r[m]라 한다.)

① r에 반비례 ② r에 비례 ③ r^2에 비례 ④ r^2에 반비례

풀이 평행도선 단위길이 당 작용하는 힘은 간격(거리)을 r[m]라 할 때
$F = \dfrac{\mu_0 I_1 I_2}{2\pi r} = \dfrac{2 I_1 I_2}{r} \times 10^{-7}$ [N/m]

로 두 전류의 곱에 비례하고, 간격(거리)에 반비례하며 두 전류의 방향이 같은 방향이면 흡인력, 다른 방향(왕복전류)이면 반발력이 작용한다.   답 ①

09
간격 d[m]인 두 평행판 전극 사이에 유전율 ϵ인 유전체를 넣고 전극 사이에 전압 $e = E_m \sin\omega t$[V]를 가했을 때 변위전류밀도 [A/m²]는?

① $\dfrac{\epsilon \omega E_m \cos\omega t}{d}$ ② $\dfrac{\epsilon E_m \cos\omega t}{d}$ ③ $\dfrac{\epsilon \omega E_m \sin\omega t}{d}$ ④ $\dfrac{\epsilon E_m \sin\omega t}{d}$

풀이 변위전류밀도 $i_d = \dfrac{\partial D}{\partial t} = \dfrac{\partial (\epsilon E)}{\partial t} = \dfrac{\partial}{\partial t}\epsilon\left(\dfrac{e}{d}\right) = \dfrac{\epsilon}{d}E_m\dfrac{\partial}{\partial t}\sin\omega t = \dfrac{\epsilon \omega E_m \cos\omega t}{d}$ [A/m²]   답 ①

10
10^6[cal]의 열량은 약 몇 [kWh]의 전력량인가?

① 0.06 ② 1.16 ③ 2.27 ④ 4.17

풀이 1[kWh] = 860[kcal], 10^6[cal] = 10^3[kcal]이므로

∴ $W = \dfrac{10^3}{860} = 1.16$[kWh]   답 ②

11
전기기기의 철심(자심)재료로 규소강판을 사용하는 이유는?

① 동손을 줄이기 위해
② 와전류손을 줄이기 위해
③ 히스테리시스손을 줄이기 위해
④ 제작을 쉽게 하기 위하여

풀이
- 규소 강판 : 히스테리시스손 감소
- 성층 철심 : 와류손 감소   답 ③

12
접지 구도체와 점전하 사이에 작용하는 힘은?

① 항상 반발력이다.
② 항상 흡인력이다.
③ 조건적 반발력이다.
④ 조건적 흡인력이다.

풀이 접지 구도체에는 항상 점전하와 반대 극성인 전하가 유도되므로 항상 흡인력이 작용한다.   답 ②

13
플레밍의 왼손법칙에서 왼손의 엄지, 검지, 중지의 방향에 해당되지 않는 것은?

① 전압 ② 전류 ③ 자속밀도 ④ 힘

풀이 플레밍의 왼손법칙
자속밀도가 B[Wb/m²]인 자계 중에 길이를 l의 도체를 놓고 I[A]의 전류를 흘릴 경우 자계 내에서 도체가 받는 힘의 크기 $F = BIl\sin\theta$[N]이다.

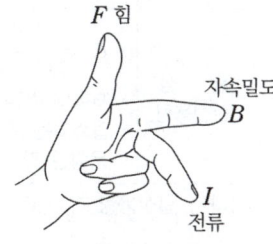

플레밍의 왼손법칙   답 ①

14 반지름 1[m]의 원형 코일에 1[A]의 전류가 흐를 때 중심점의 자계의 세기[AT/m]는?

① $\dfrac{1}{4}$ ② $\dfrac{1}{2}$ ③ 1 ④ 2

풀이 원형 코일 중심의 자계의 세기 $H_0 = \dfrac{I}{2a} = \dfrac{1}{2 \times 1} = \dfrac{1}{2}$[AT/m]

답 ②

15 전류가 흐르는 도선을 자계 내에 놓으면 이 도선에 힘이 작용한다. 평등자계의 진공 중에 놓여 있는 직선전류 도선이 받는 힘에 대한 설명으로 옳은 것은?

① 도선의 길이에 비례한다.
② 전류의 세기에 반비례한다.
③ 자계의 세기에 반비례한다.
④ 전류와 자계 사이의 각에 대한 정현(sine)에 반비례한다.

풀이 플레밍의 왼손 법칙
자속밀도가 B[Wb/m^2]인 자계 중에 길이 l의 도체를 놓고 I[A]의 전류를 흘릴 경우 자계 내에서 도체가 받는 힘의 크기 $F = BIl\sin\theta$[N]이다.
따라서 **힘은 도선의 길이에 비례**한다.

답 ①

16 여러 가지 도체의 전하 분포에 있어서 각 도체의 전하를 n배 할 경우, 중첩의 원리가 성립하기 위해서 그 전위는 어떻게 되는가?

① $\dfrac{1}{2}n$이 된다. ② n배가 된다. ③ $2n$배가 된다. ④ n^2배가 된다.

풀이 $V_i = P_{i1}Q_1 + P_{i2}Q_2 + \cdots + P_{in}Q_n$에서 각 전하를 n배 하면 V_i는 n배 된다.

답 ②

17 동일 용량 C[μF]의 커패시터 n개를 병렬로 연결하였다면 합성정전용량은 얼마인가?

① $n^2 C$ ② nC ③ $\dfrac{C}{n}$ ④ C

풀이 콘덴서의 접속

항 목	직렬접속	병렬접속
결 선	C_1 C_2	C_1 C_2
합성 정전용량	• $C_0 = \dfrac{C_1 C_2}{C_1 + C_2}$ • 저항의 병렬결선과 동일 방법 • 접속되는 콘덴서가 증가할수록 합성정전용량은 감소	• $C_0 = C_1 + C_2$ • 저항의 직렬결선과 동일 방법 • 접속되는 콘덴서가 증가할수록 합성정전용량은 증가

따라서, 합성용량 $C_0 = C_1 + C_2 + \cdots + C_n = nC$[$\mu$F]

답 ②

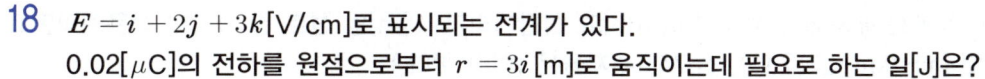

18 $E = i + 2j + 3k$ [V/cm]로 표시되는 전계가 있다.
0.02[μC]의 전하를 원점으로부터 $r = 3i$ [m]로 움직이는데 필요로 하는 일[J]은?

① 3×10^{-6} ② 6×10^{-6} ③ 3×10^{-8} ④ 6×10^{-8}

풀이 $W = F \cdot r = QE \cdot r$
$= 0.02 \times 10^{-6} \times (i + 2j + 3k) \cdot (3i) = 0.02 \times 10^{-6} \times \dfrac{3}{10^{-2}}$
$= 0.06 \times 10^{-4} = 6 \times 10^{-6}$ [J]

답 ②

19 무한장 직선 도체에 선전하밀도 λ[C/m]의 전하가 분포되어 있는 경우, 이 직선 도체를 축으로 하는 반지름 r[m]의 원통면상의 전계[V/m]는?

① $\dfrac{\lambda}{2\pi\epsilon_0 r^2}$ ② $\dfrac{\lambda}{2\pi\epsilon_0 r}$ ③ $\dfrac{\lambda}{4\pi\epsilon_0 r^2}$ ④ $\dfrac{\lambda}{4\pi\epsilon_0 r}$

풀이 무한 선전하에 의한 전계 $E = \dfrac{\lambda}{2\pi\epsilon_0 r}$ [V/m]로 거리에 반비례한다.

답 ②

20 전류 2π[A]가 흐르고 있는 무한직선 도체로부터 2[m]만큼 떨어진 자유공간 내 P점의 자속밀도의 세기[Wb/m²]는?

① $\dfrac{\mu_o}{8}$ ② $\dfrac{\mu_o}{4}$ ③ $\dfrac{\mu_o}{2}$ ④ μ_o

풀이 무한 직선 전류에 의한 자계 $H = \dfrac{I}{2\pi r} = \dfrac{2\pi}{2\pi \times 2} = \dfrac{1}{2}$ [AT/m]이므로,
자속밀도 $B = \mu_0 H = \mu_0 \times \dfrac{1}{2} = \dfrac{\mu_o}{2}$ [Wb/m²]이다.

답 ③

2과목 전력공학

21 송전계통의 중성점을 접지하는 목적으로 틀린 것은?
① 지락고장 시 전선로의 대지 전위 상승을 억제하고 전선로와 기기의 절연을 경감시킨다.
② 소호리엑터 접지방식에서는 1선 지락 시 지락점 아크를 빨리 소멸시킨다.
③ 차단기의 차단용량을 증대시킨다.
④ 지락고장에 대한 계전기의 동작을 확실하게 한다.

풀이 송전선로의 중성점접지의 목적
① 이상전압 발생 방지
② 1선 지락 시 건전상 전압 상승 억제 및 기기나 선로의 절연 절감
③ 보호계전기 동작 확실
④ 소호 리액터 계통에서의 1선 지락 시 아크 소멸

답 ③

22
가공 왕복선 배치에서 지름이 d[m]이고 선간거리가 D[m]인 선로 한 가닥의 작용인덕턴스는 몇 [mH/km]인가? (단, 선로의 투자율은 1이라 한다.)

① $0.5 + 0.4605 \log_{10} \dfrac{D}{d}$
② $0.05 + 0.4605 \log_{10} \dfrac{D}{d}$
③ $0.5 + 0.4605 \log_{10} \dfrac{2D}{d}$
④ $0.05 + 0.4605 \log_{10} \dfrac{2D}{d}$

풀이 반지름 $r = \dfrac{d}{2}$[m]이므로

단도체 인덕턴스 $L = 0.05 + 0.4605 \log_{10} \dfrac{D}{r} = 0.05 + 0.4605 \log_{10} \dfrac{D}{d/2}$
$= 0.05 + 0.4605 \log_{10} \dfrac{2D}{d}$ [mH/km]

답 ④

23
다음 중 전력선 반송 보호계전방식의 장점이 아닌 것은?

① 저주파 반송전류를 중첩시켜 사용하므로 계통의 신뢰도가 높아진다.
② 고장구간의 선택이 확실하다.
③ 동작이 예민하다.
④ 고장점이나 계통의 여하에 불구하고 선택차단개소를 동시에 고속도 차단할 수 있다.

풀이 전력선 반송 보호계전방식
- 전력선에 200~300[kHz]의 고주파 반송 전류를 중첩시켜 이것으로 각 단자에 있는 계전기를 제어하는 방식이다.
- 고장구간의 선택이 확실하고, 동작이 예민하다는 등의 장점이 있어 신뢰도가 높은 계전방식이다.

답 ①

24
발전소의 발전기 정격전압[kV]으로 사용되는 것은?

① 6.6　　② 33　　③ 66　　④ 154

풀이 발전기의 표준전압
- 소형기 : 3300[V]
- 중형기 : 6600[V], 11000[V]
- 대형기 : 13800[V], 16500[V], 18000[V] 등

답 ①

25
뒤진 역률 80[%], 10[kVA]의 부하를 가지는 주상변압기의 2차 측에 2[kVA]의 전력용 콘덴서를 접속하면 주상변압기에 걸리는 부하는 약 몇 [kVA]가 되겠는가?

① 8　　② 8.5　　③ 9　　④ 9.5

풀이
① 역률개선 전
- 유효전력 $P = P_a \cos\theta = 10 \times 0.8 = 8$[kW]
- 무효전력 $P_r = P_a \sin\theta = 10 \times \sqrt{1 - 0.8^2} = 6$[kVar]

② 역률개선 후
- 무효전력 $P_r' = P_r - Q_c = 6 - 2 = 4$[kVar]

$\therefore P_a = \sqrt{P^2 + P_r'^2} = \sqrt{8^2 + 4^2} \fallingdotseq 9$[kVA]

답 ③

26 송전선로를 연가하는 주된 목적은?

① 페란티효과의 방지 ② 직격뢰의 방지
③ 선로정수의 평형 ④ 유도뢰의 방지

풀이
- 연가는 선로정수를 평형시키고 통신선의 유도장해를 방지하기 위하여 선로를 3배수 등분하여 실시한다.
- **연가의 목적 : 선로정수 평형**, 직렬공진 방지, 유도장해 감소

답 ③

27 부하전류 및 단락전류를 모두 개폐할 수 있는 스위치는?

① 단로기 ② 차단기 ③ 선로개폐기 ④ 전력퓨즈

풀이

능력 기능	회로 분리		사고 차단	
	무부하	부하	과부하	단락
퓨 즈	○			○
차단기	○	○	○	○
개폐기	○	○	○	
단로기	○			

답 ②

28 송전선로에 낙뢰를 방지하기 위하여 설치하는 것은?

① 댐퍼 ② 초호환 ③ 가공지선 ④ 애자

풀이
① 댐퍼 : 전선의 진동 방지
② 초호환 : 섬락으로부터 애자련의 보호, 애자련의 전압 분포 개선
③ **가공지선 : 뇌의 차폐**
④ 애자 : 전선을 지지하고 절연

답 ③

29 송, 수전단전압을 E_S, E_R이라 하고 4단자 정수를 A, B, C, D라 할 때 전력 원선도의 반지름은?

① $\dfrac{E_S E_R}{A}$ ② $\dfrac{E_S^2 E_R^2}{A}$ ③ $\dfrac{E_S E_R}{B}$ ④ $\dfrac{E_S^2 E_R^2}{B}$

풀이 원선도의 반지름 $\rho = \dfrac{E_S E_R}{B}$

답 ③

30 양수발전의 주된 목적으로 옳은 것은?

① 연간 발전량을 늘이기 위하여 ② 연간 평균 손실전력을 줄이기 위하여
③ 연간 발전비용을 줄이기 위하여 ④ 연간 수력발전량을 늘이기 위하여

풀이 **양수발전**은 심야 또는 경부하시의 잉여 전력을 사용하여 낮은 곳에 있는 물을 높은 곳으로 퍼 올려 두었다가 첨두부하 시에 이 양수된 물을 사용해서 발전하는 것(잉여 전력의 유효한 활용)으로 **연간 발전 비용을 줄이는데 목적**이 있다.

답 ③

31 동일한 부하전력에 대하여 전압을 2배로 승압하면 전압강하, 전압강하율, 전력손실률은 각각 얼마나 감소하는지를 순서대로 나열한 것은?

① $\frac{1}{2}, \frac{1}{2}, \frac{1}{2}$ ② $\frac{1}{2}, \frac{1}{2}, \frac{1}{4}$ ③ $\frac{1}{2}, \frac{1}{4}, \frac{1}{4}$ ④ $\frac{1}{4}, \frac{1}{4}, \frac{1}{4}$

풀이 전압을 승압하는 경우

관 계	관계식	항 목
전압의 자승에 비례	$\propto V^2$	송전전력(P)
전압에 반비례	$\propto \frac{1}{V}$	전압강하(e)
전압의 자승에 반비례	$\propto \frac{1}{V^2}$	• 전선의 단면적(A) • 전선의 총중량(W) • 전력손실(P_l) • 전압강하율(ϵ)

따라서 전압을 2배 승압 송전할 경우

• 전압강하 $\propto \frac{1}{2}$ • 전압강하율 $\propto \frac{1}{2^2} = \frac{1}{4}$ • 전력손실률 $\propto \frac{1}{2^2} = \frac{1}{4}$

답 ③

32 송전선로에 근접한 통신선에 유도장해가 발생하였을 때, 전자유도의 원인은?

① 역상전압 ② 정상전압 ③ 정상전류 ④ 영상전류

풀이 ① 전자 유도 : 영상전류에 의해 발생 (사고시)
전자 유도전압 $E_m = -j\omega Ml \times 3I_0$[V]
② 정전 유도 : 영상 전압에 의해 발생 (정상시)

답 ④

33 66[kV], 60[Hz] 3상 3선식 선로에서 중성점을 소호 리액터 접지하여 완전 공진상태로 되었을 때 중성점에 흐르는 전류는 몇 [A]인가? (단, 소호 리액터를 포함한 영상회로의 등가저항은 200[Ω], 중성점 잔류전압은 4400[V]라고 한다.)

① 11 ② 22 ③ 33 ④ 44

풀이 공진 시 리액턴스 성분은 0이 되므로
완전 공진 시 전류 $I = \frac{E}{R} = \frac{4400}{200} = 22$[A]

답 ②

34 변류기 개방 시 2차 측을 단락하는 이유는?

① 2차 측 절연 보호 ② 2차 측 과전류 보호
③ 측정오차 방지 ④ 1차 측 과전류 방지

풀이 변류기의 2차 측을 개방하면 1차 전류가 모두 여자전류가 되어 2차 권선에 매우 높은 전압이 유기되어 절연이 파괴되고 소손될 염려가 있다. 따라서 변류기를 개방할 때는 반드시 변류기 2차 측을 단락하여야 한다.

답 ①

35 3상 3선식 송전선로에서 정격전압이 66[kV]이고, 1선당 리액턴스가 10[Ω]일 때, 100[MVA] 기준의 %리액턴스는 약 얼마인가?

① 17[%]   ② 23[%]   ③ 52[%]   ④ 69[%]

풀이 $\%X = \dfrac{P_n X}{10 V^2} = \dfrac{100 \times 10^3 \times 10}{10 \times 66^2} \fallingdotseq 23[\%]$ **답** ②

36 정격용량 150[kVA]인 단상변압기 두 대로 V결선을 했을 경우 최대 출력은 약 몇 [kVA]인가?

① 170   ② 173   ③ 260   ④ 280

풀이 변압기 1개의 출력을 P_1라 하면
V결선 시 출력 $P_V = \sqrt{3} P_1 = \sqrt{3} \times 150 \fallingdotseq 260[\text{kVA}]$ **답** ③

37 배전선로의 역률개선에 따른 효과로 적합하지 않은 것은?

① 전원측 설비의 이용률 향상   ② 선로절연에 요하는 비용 절감
③ 전압강하 감소   ④ 선로의 전력손실 경감

풀이 역률 개선의 효과
① 설비 이용률 향상   ② 전압강하 감소   ③ 전력손실 경감   **답** ②

38 어떤 수력발전소의 수압관에서 분출되는 물의 속도와 직접적인 관련이 없는 것은?

① 수면에서의 연직거리   ② 관의 경사
③ 관의 길이   ④ 유량

풀이 토리첼리의 정리 유속 $v = c_v \sqrt{2gh}$ [m/s]
단, c_v : 유속계수, g : 중력 가속도[m/s^2], h : 유효 낙차[m]   **답** ③

39 송전단전압 161[kV], 수전단전압 155[kV], 상차각 40°, 리액턴스가 49.8[Ω]일 때 선로손실을 무시한다면 전송 전력은 약 몇 [MW]인가?

① 289   ② 322   ③ 373   ④ 869

풀이 송전전력 $P = \dfrac{V_s V_r}{X} \sin\delta = \dfrac{161 \times 155}{49.8} \times \sin 40° = 322[\text{MW}]$ **답** ②

40 차단기에서 정격차단 시간의 표준이 아닌 것은?

① 3[Hz]   ② 5[Hz]   ③ 8[Hz]   ④ 10[Hz]

풀이 차단기의 정격차단 시간이란 트립 코일 여자로부터 아크 소호까지의 시간을 말하며 3, 5, 8[Hz]의 규격이 있다.   **답** ④

3과목　전기기기

41 동기발전기에 회전계자형을 사용하는 이유로 틀린 것은?

① 기전력의 파형을 개선한다.
② 계자가 회전자이지만 저전압 소용량의 직류이므로 구조가 간단하다.
③ 전기자가 고정자이므로 고전압 대전류용에 좋고 절연이 쉽다.
④ 전기자보다 계자극을 회전자로 하는 것이 기계적으로 튼튼하다.

풀이 ① 동기기를 회전 계자형으로 하는 이유
- 전기자 권선은 전압이 높고 결선이 복잡하며, 대용량으로 되면 전류도 커지고, 3상 권선의 경우에는 4개의 도선을 인출하여야 한다.
- 계자 회로는 직류의 저압 회로이므로 소요 동력도 작으며, 인출 도선이 2개만 있어도 되기 때문이다.
- 계자극은 기계적으로 튼튼하게 만드는 데 용이하기 때문이다.
- 고장 시의 과도 안정도를 높이기 위하여 회전자의 관성을 크게 하기 쉽기 때문이기도 하다.

② 기전력의 파형을 개선하기 위해서는 전기자 권선을 단절권 및 분포권으로 한다.　　**답** ①

42 60[Hz], 12극, 회전자 외경 2[m]의 동기발전기에 있어서 자극면의 주변속도[m/s]는 약 얼마인가?

① 34　　② 43　　③ 59　　④ 63

풀이 동기속도 $N_s = \dfrac{120f}{p} = \dfrac{120 \times 60}{12} = 600[\text{rpm}]$

따라서 회전자의 주변속도 $v = \pi D \cdot \dfrac{N_s}{60} = \pi \times 2 \times \dfrac{600}{60} ≒ 63[\text{m/s}]$　　**답** ④

43 단상전파정류회로를 구성한 것으로 옳은 것은?

① 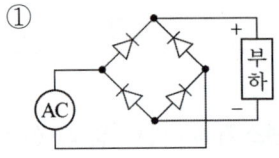　　②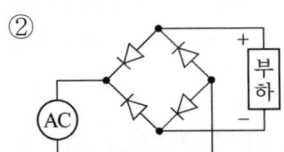

③ 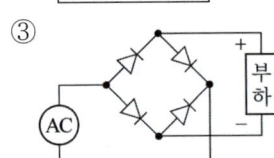　　④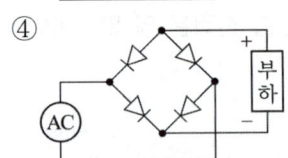

풀이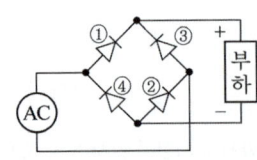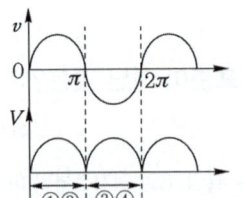

답 ①

44 동기전동기의 전기자 반작용에서 전기자전류가 앞서는 경우 어떤 작용이 일어나는가?

① 증자작용 ② 감자작용 ③ 횡축반작용 ④ 교차자화작용

풀이 동기전동기에서 전기자 전류 I_a의 위상은 공급전압 V에 대한 위상을 말하므로 전기자 반작용을 살펴보면 공급전압은 유기기전력과 반대방향이 되어 발전기의 경우와 반대로 된다.

작 용	동기발전기	동기전동기
교차 자화작용 (횡축반작용)	전압과 전류가 동상인 경우	전압과 전류가 동상인 경우
감자 작용 (직축반작용)	전압보다 전류가 $\pi/2$ 뒤지는 경우 (지상)	전압보다 전류가 $\pi/2$ 앞서는 경우 (진상)
증자작용 (자화작용)	전압보다 전류가 $\pi/2$ 앞서는 경우 (진상)	전압보다 전류가 $\pi/2$ 뒤지는 경우 (지상)

답 ②

45 3상 유도전동기의 원선도 작성에 필요한 기본량이 아닌 것은?

① 저항 측정 ② 슬립 측정 ③ 구속 시험 ④ 무부하 시험

풀이 원선도 작성에 필요한 시험은 변압기 특성 시험과 같으며 저항 측정, 무부하 시험, 구속 시험이 있다.

답 ②

46 유도전동기 원선도에서 원의 지름은? (단, E를 1차 전압, r는 1차로 환산한 저항, x를 1차로 환산한 누설 리액턴스라 한다.)

① rE에 비례 ② rxE에 비례 ③ $\dfrac{E}{r}$에 비례 ④ $\dfrac{E}{x}$에 비례

풀이 유도전동기는 일정값의 리액턴스와 부하에 의하여 변하는 저항(r_2'/s)의 직렬회로라고 생각되므로 부하에 의하여 변화하는 전류 벡터의 궤적, 즉 원선도의 지름은 전압에 비례하고 리액턴스에 반비례한다.

답 ④

47 단상 직권정류자전동기에 관한 설명 중 틀린 것은? (단, A : 전기자, C : 보상권선, F : 계자 권선이라 한다.)

① 직권형은 A와 F가 직렬로 되어 있다.
② 보상 직권형은 A, C 및 F가 직렬로 되어 있다.
③ 단상 직권정류자전동기에서는 보극권선을 사용하지 않는다.
④ 유도 보상 직권형은 A와 F가 직렬로 되어 있고 C는 A에서 분리한 후 단락되어 있다.

풀이 ① 단상 직권정류자 전동기의 종류

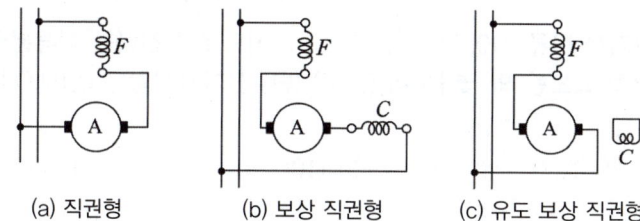

(a) 직권형 (b) 보상 직권형 (c) 유도 보상 직권형

② 단상 직권정류자 전동기는 브러시로 단락되는 코일에 단락전류가 커져 정류가 곤란해지므로 보극을 설치한다.
답 ③

48 PN 접합 구조로 되어 있고 제어는 불가능하나 교류를 직류로 변환하는 반도체 정류 소자는?
① IGBT ② 다이오드 ③ MOSFET ④ 사이리스터

풀이 PN접합 다이오드는 사용자가 임의로 ON, OFF 시킬 수 없어 제어가 불가능하며, 단지 교류를 직류로 변환하는데 사용된다.
답 ②

49 3상 분권정류자전동기의 설명으로 틀린 것은?
① 변압기를 사용하여 전원전압을 낮춘다.
② 정류자권선은 저전압 대전류에 적합하다.
③ 부하가 가해지면 슬립의 발생 소요 토크는 직류전동기와 같다.
④ 특성이 가장 뛰어나고 널리 사용되고 있는 전동기는 시라게 전동기이다.

풀이 3상 분권 정류자 전동기
① 정류자 권선은 구조상 저전압, 대전류에 적합하기 때문에 변압기를 사용하여 전원전압을 낮추고 동시에 이 전압을 제어하기 위하여 탭을 설치한다.
② 시라게 전동기의 특성이 가장 뛰어나고 가장 널리 사용되고 있다.
답 ③

50 유도전동기의 회전자에 슬립 주파수의 전압을 공급하여 속도를 제어하는 방법은?
① 2차 저항법 ② 2차 여자법 ③ 직류 여자법 ④ 주파수 변환법

풀이 2차 여자법
① 유도전동기의 회전자 권선에 2차 기전력(sE_2)과 동일 주파수의 전압(E_c)을 슬립링을 통해 공급하여 그 크기를 조절함으로써 속도를 제어 하는 방법으로 권선형 전동기에 한하여 이용된다.
② 슬립 주파수의 전압을 2차 유기전압과 같은 방향으로 가하면 속도가 상승하고, 반대방향으로 가하면 속도가 감소한다.
답 ②

51 권선형 유도전동기의 속도-토크 곡선에서 비례추이는 그 곡선이 무엇에 비례하여 이동하는가?
① 슬립 ② 회전수 ③ 공급전압 ④ 2차 저항

풀이 권선형 유도전동기에서 2차 저항이 증가하면 토크 곡선 등이 슬립이 증가하는 방향으로 2차 저항에 비례하며 이동한다. 즉 같은 토크에서 2차 저항과 슬립은 비례하는데, 이를 비례 추이라 한다.
답 ④

52 정격전압 200[V], 전기자 전류 100[A]일 때 1000[rpm]으로 회전하는 직류분권전동기가 있다. 이 전동기의 무부하 속도는 약 몇 [rpm]인가? (단, 전기자저항은 0.15[Ω], 전기자 반작용은 무시한다.)
① 981 ② 1081 ③ 1100 ④ 1180

풀이 $I_a = 100[\text{A}]$일 때의 역기전력 $E = V - I_a R_a = 200 - (100 \times 0.15) = 185[\text{V}]$

$I_a = 0$일 때의 역기전력 $E_0 = 200[\text{V}]$

전기자 반작용을 무시하면 $E = k\phi N \propto N (\because \phi = \text{일정})$

$\dfrac{N}{N_0} = \dfrac{E}{E_0} \rightarrow \dfrac{185}{200} = \dfrac{1000}{N_0}$

$\therefore N_0 = 1000 \times \dfrac{200}{185} = 1081[\text{rpm}]$ **답** ②

53. 이상적인 변압기에서 2차를 개방한 벡터도 중 서로 반대 위상인 것은?

① 자속, 여자전류
② 입력전압, 1차 유도기전력
③ 여자전류, 2차 유도기전력
④ 1차 유도기전력, 2차 유도기전력

풀이 이상적인 변압기
① 자속은 인가전압보다 90° 뒤지고, 여자전류와는 동위상이다.
② 인가전압과 공급전압의 크기는 같고, 방향은 반대이다.
③ 1차 유기기전력과 2차 유기기전력은 동위상이다. **답** ②

54. 동일 정격의 3상 동기발전기 2대를 무부하로 병렬운전하고 있을 때, 두 발전기의 기전력 사이에 30°의 위상차가 있으면 한 발전기에서 다른 발전기에 공급되는 유효전력은 몇 [kW]인가? (단, 각 발전기의(1상의) 기전력은 1000[V], 동기 리액턴스는 4[Ω]이고, 전기자저항은 무시한다.)

① 62.5
② $62.5 \times \sqrt{3}$
③ 125.5
④ $125.5 \times \sqrt{3}$

풀이 유효전력 $P = \dfrac{E^2}{2x_s} \sin\delta = \dfrac{1000^2}{2 \times 4} \times \sin 30° = 62500[\text{W}] = 62.5[\text{kW}]$ **답** ①

55. 정격전압 6000[V], 용량 5000[kVA]의 Y결선 3상 동기발전기가 있다. 여자전류 200[A]에서의 무부하 단자전압 6000[V], 단락전류 600[A]일 때, 이 발전기의 단락비는 약 얼마인가?

① 0.25
② 1
③ 1.25
④ 1.5

풀이 정격전류 $I_n = \dfrac{P}{\sqrt{3} V} = \dfrac{5000 \times 10^3}{\sqrt{3} \times 6000} = 481.23[\text{A}]$

정격전류(481.23[A])와 같은 단락전류를 통하는 데 필요한 여자전류 I_f''는

$I_f'' = 200 \times \dfrac{481.23}{600} = 160.41[\text{A}]$

$\therefore$ 단락비 $K_s = \dfrac{I_f'}{I_f''} = \dfrac{200}{160.41} = 1.25$ **답** ③

56. 2대의 변압기로 V결선하여 3상 변압하는 경우 변압기 이용률[%]은?

① 57.8
② 66.6
③ 86.6
④ 100

풀이 V결선에는 변압기 2대를 사용하였으므로 그 정격출력의 합은 $2VI$가 된다.

따라서 이용률 $= \dfrac{\sqrt{3} VI}{2VI} = \dfrac{\sqrt{3}}{2} = 0.866 = 86.6[\%]$ **답** ③

57 어떤 단상변압기의 2차 무부하전압이 240[V]이고 정격부하시의 2차 단자전압이 230[V]이다. 전압변동률은 약 몇 [%]인가?

① 2.35   ② 3.35   ③ 4.35   ④ 5.35

풀이 2차 무부하 전압을 V_{20}, 정격부하시의 2차 단자전압을 V_{2n}라 하면 전압변동률 ϵ은

$$\therefore \epsilon = \frac{V_{20} - V_{2n}}{V_{2n}} \times 100 = \frac{240-230}{230} \times 100 = 4.35[\%]$$

답 ③

58 다음은 직류발전기의 정류 곡선이다. 이 중에서 정류 초기에 정류의 상태가 좋지 않은 것은?

① ⓐ   ② ⓑ   ③ ⓒ   ④ ⓓ

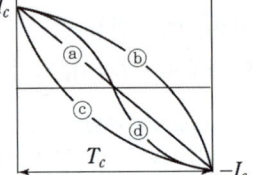

풀이
ⓐ (직선정류) : 전류가 직선적으로 균등하게 변환
ⓑ (부족정류) : 정류 말기에 브러시 뒤쪽에서 불꽃 발생
ⓒ (과정류) : 정류 초기에 브러시 앞쪽에서 불꽃 발생
ⓓ (정현파 정류) : 불꽃 발생 안함

답 ③

59 직류기의 전기자에 일반적으로 사용되는 전기자 권선법은?

① 2층권   ② 개로권   ③ 환상권   ④ 단층권

풀이 직류기의 전기자 권선법으로 이층권, 고상권, 폐로권을 채택한다.

답 ①

60 3300/200[V], 50[kVA]인 단상변압기의 %저항, %리액턴스를 각각 2.4[%], 1.6[%]라 하면 이때의 임피던스 전압은 약 몇 [V]인가?

① 95   ② 100   ③ 105   ④ 110

풀이 $p = 2.4[\%]$, $q = 1.6[\%]$이므로 %임피던스 $z = \sqrt{p^2 + q^2} = \sqrt{2.4^2 + 1.6^2} = 2.88[\%]$

%임피던스 $z = \frac{V_s}{V_{1n}} \times 100$이므로 $\therefore V_s = \frac{zV_{1n}}{100} = \frac{2.88 \times 3300}{100} = 95[V]$

답 ①

4과목 회로이론

61 전달함수 출력(응답)식 $C(s) = G(s)R(s)$에서 입력함수 $R(s)$를 단위 임펄스 $\delta(t)$로 인가할 때 이 계의 출력은?

① $C(s) = G(s)\delta(s)$

② $C(s) = \frac{G(s)}{\delta(s)}$

③ $C(s) = \frac{G(s)}{s}$

④ $C(s) = G(s)$

풀이 $r(t) = \delta(t)$를 라플라스 변환하면
$R(s) = \mathcal{L}[r(t)] = \mathcal{L}[\delta(t)] = 1$
$\therefore C(s) = G(s)R(s) = G(s) \times 1 = G(s)$

답 ④

62
단자 a와 b사이에 전압 30[V]를 가했을 때 전류 I가 3[A] 흘렀다고 한다. 저항 $r[\Omega]$은 얼마인가?

① 5
② 10
③ 15
④ 20

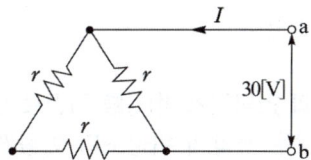

풀이 합성저항 $R = \dfrac{r \cdot 2r}{r + 2r} = \dfrac{2}{3}r$

전압 $V = IR = 3 \times \dfrac{2}{3}r = 2r = 30[V]$이므로

따라서 저항 $r = \dfrac{30}{2} = 15[\Omega]$

답 ③

63
3상 불평형 전압에서 불평형률은?

① $\dfrac{영상전압}{정상전압} \times 100[\%]$
② $\dfrac{역상전압}{정상전압} \times 100[\%]$
③ $\dfrac{정상전압}{역상전압} \times 100[\%]$
④ $\dfrac{정상전압}{영상전압} \times 100[\%]$

풀이 불평형률 $= \dfrac{역상분}{정상분} \times 100[\%]$

답 ②

64
다음과 같은 4단자 회로에서 영상 임피던스[Ω]는?

① 200
② 300
③ 450
④ 600

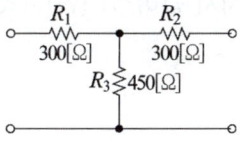

풀이
- 영상 임피던스 $Z_{01} = \sqrt{\dfrac{AB}{CD}}$
- 대칭 T형 회로에서는 $A = D$이므로, $Z_{01} = \sqrt{\dfrac{B}{C}}$ 이다.
- $C = \dfrac{1}{450}$
- $B = \dfrac{R_1 R_3 + R_1 R_2 + R_2 R_3}{R_3} = \dfrac{300 \times 450 + 300 \times 300 + 300 \times 450}{450} = 800$

$\therefore Z_{01} = \sqrt{\dfrac{B}{C}} = \sqrt{\dfrac{800}{1/450}} = 600[\Omega]$

답 ④

65 전압과 전류가 각각 $v = 141.4\sin\left(377t + \dfrac{\pi}{3}\right)$[V], $i = \sqrt{8}\sin\left(377t + \dfrac{\pi}{6}\right)$[A]인 회로의 소비(유효)전력은 약 몇 [W]인가?

① 100 ② 173 ③ 200 ④ 344

풀이 유효전력 $P = \dfrac{V_m}{\sqrt{2}} \times \dfrac{I_m}{\sqrt{2}} \cos\theta = \dfrac{141.4 \times \sqrt{8}}{2} \times \cos\left(\dfrac{\pi}{3} - \dfrac{\pi}{6}\right) = 173$[W] **답** ②

66 저항 1[Ω]과 인덕턴스 1[H]를 직렬로 연결한 후 60[Hz], 100[V]의 전압을 인가할 때 흐르는 전류의 위상은 전압의 위상보다 어떻게 되는가?

① 뒤지지만 90° 이하이다. ② 90° 늦다.
③ 앞서지만 90° 이하이다. ④ 90° 빠르다.

풀이 $R-L$ 직렬회로에서 전류 $I = \dfrac{E}{Z} \angle -\theta$ ($\theta \leq 90°$) **답** ①

67 어떤 정현파 교류전압의 실효값이 314[V]일 때 평균값은 약 몇 [V]인가?

① 142 ② 283 ③ 365 ④ 382

풀이

파 형	정현파	정현반파	삼각파	구형반파	구형파
평균값	$\dfrac{2V_m}{\pi}$	$\dfrac{V_m}{\pi}$	$\dfrac{V_m}{2}$	$\dfrac{V_m}{2}$	V_m

따라서 정현파 교류전압의 평균값 $= \dfrac{2V_m}{\pi} = \dfrac{2\sqrt{2}\,V}{\pi} = \dfrac{2\sqrt{2} \times 314}{\pi} \fallingdotseq 283$[V] **답** ②

68 평형 3상 저항 부하가 3상 4선식 회로에 접속되어 있을 때 단상 전력계를 그림과 같이 접속하였더니 그 지시 값이 W[W]이었다. 이 부하의 3상 전력[W]은?

① $\sqrt{2}\,W$
② $2W$
③ $\sqrt{3}\,W$
④ $3W$

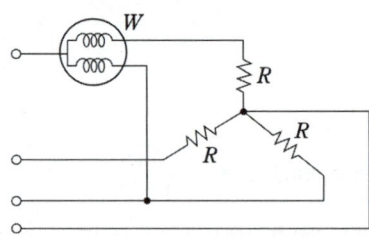

풀이 Y결선이므로 부하전류 I_1은 상전압 E_1과 동상이 되지만 선간전압 E_{12}와는 30° 위상차가 있다.

$W = E_{12}I_1\cos 30° = \dfrac{\sqrt{3}}{2}E_{12} \cdot I_1$

$E_{12} \cdot I_1 = \dfrac{2W}{\sqrt{3}}$

따라서 부하전력 $P = \sqrt{3}\,E_{12} \cdot I_1 = \sqrt{3} \times \dfrac{2W}{\sqrt{3}} = 2W$[W] **답** ②

69 그림과 같은 RC 직렬회로에 $t=0$에서 스위치 S를 닫아 직류전압 100[V]를 회로의 양단에 인가하면 시간 t에서의 충전전하는? (단, $R=10[\Omega]$, $C=0.1[F]$이다.)

① $10(1-e^{-t})$
② $-10(1-e^{t})$
③ $10e^{-t}$
④ $-10e^{t}$

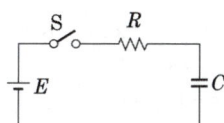

풀이 $q = CE\left(1-e^{-\frac{1}{RC}t}\right) = 0.1 \times 100\left(1-e^{-\frac{1}{10 \times 0.1}t}\right) = 10(1-e^{-t})[C]$

답 ①

70 다음 두 회로의 4단자 정수 A, B, C, D가 동일할 조건은?

① $R_1 = R_2$, $R_3 = R_4$
② $R_1 = R_3$, $R_2 = R_4$
③ $R_1 = R_4$, $R_2 = R_3 = 0$
④ $R_2 = R_3$, $R_1 = R_4 = 0$

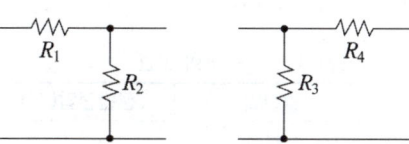

풀이
①
$\begin{bmatrix} A & B \\ C & D \end{bmatrix} = \begin{bmatrix} 1 & R_1 \\ 0 & 1 \end{bmatrix}\begin{bmatrix} 1 & 0 \\ \frac{1}{R_2} & 1 \end{bmatrix} = \begin{bmatrix} 1+\frac{R_1}{R_2} & R_1 \\ \frac{1}{R_2} & 1 \end{bmatrix}$

②
$\begin{bmatrix} A & B \\ C & D \end{bmatrix} = \begin{bmatrix} 1 & 0 \\ \frac{1}{R_3} & 1 \end{bmatrix}\begin{bmatrix} 1 & R_4 \\ 0 & 1 \end{bmatrix} = \begin{bmatrix} 1 & R_4 \\ \frac{1}{R_3} & 1+\frac{R_4}{R_3} \end{bmatrix}$

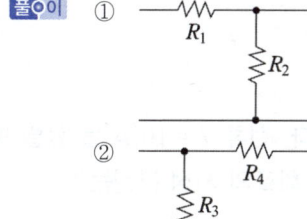

∴ $R_2 = R_3$, $R_1 = R_4 = 0$

답 ④

71 Y결선된 대칭 3상 회로에서 전원 한 상의 전압이 $V_a = 220\sqrt{2}\sin\omega t$[V]일 때 선간전압의 실효값 크기는 약 몇 [V]인가?

① 220   ② 310   ③ 380   ④ 540

풀이 Y결선시 선간 전압(V_l)은 상전압(V_p)의 $\sqrt{3}$ 배이므로
∴ $V_l = \sqrt{3}\,V_p = \sqrt{3} \times 220 \fallingdotseq 380[V]$

답 ③

72 전압이 $v = 10\sin 10t + 20\sin 20t$[V]이고 전류가 $i = 20\sin 10t + 10\sin 20t$[A]이면, 소비(유효)전력[W]은?

① 400   ② 283   ③ 200   ④ 141

풀이 비정현파의 유효전력 $P = \sum_{n=1}^{\infty} V_n I_n \cos\theta_n$ 에서
$P = \frac{10}{\sqrt{2}} \times \frac{20}{\sqrt{2}} \times \cos 0° + \frac{20}{\sqrt{2}} \times \frac{10}{\sqrt{2}} \times \cos 0° = 200[W]$

답 ③

73 $a+a^2$의 값은? (단, $a = e^{j2\pi/3} = 1\angle 120°$이다.)

① 0 ② -1 ③ 1 ④ a^3

풀이 $a = 1\angle 120°$, $a^2 = 1\angle 240°$, $a^3 = 1\angle 360° = 1\angle 0° = 1$
$a^2 + a + 1 = 0$
$\therefore a + a^2 = -1$

답 ②

74 평형 3상 Y결선 회로의 선간전압이 V_l, 상전압이 V_p, 선전류가 I_l, 상전류가 I_p 일 때 다음의 수식 중 틀린 것은? (단, P는 3상 부하전력을 의미한다.)

① $V_l = \sqrt{3}\,V_p$
② $I_l = I_p$
③ $P = \sqrt{3}\,V_l I_l \cos\theta$
④ $P = \sqrt{3}\,V_p I_p \cos\theta$

풀이 Y결선 및 △결선과의 비교

결선법	선간전압(V_l)	선전류(I_l)	출력 [W]	
Y결선	$\sqrt{3}\,V_p$	I_p	$\sqrt{3}\,V_l I_l \cos\theta$	$3V_p I_p \cos\theta$
△결선	V_p	$\sqrt{3}\,I_p$		

여기서, V_l : 선간 전압, I_l : 선로 전류, V_p : 상전압, I_p : 상전류

답 ④

75 코일의 권수 $N = 1000$회이고, 코일의 저항 $R = 10[\Omega]$이다. 전류 $I = 10[A]$를 흘릴 때 코일의 권수 1회에 대한 자속이 $\phi = 3 \times 10^{-2}[Wb]$이라면 이 회로의 시정수[s]는?

① 0.3 ② 0.4 ③ 3.0 ④ 4.0

풀이 코일의 인덕턴스 $L = \dfrac{N\phi}{I} = \dfrac{1000 \times 3 \times 10^{-2}}{10} = 3[H]$
저항은 $R = 10[\Omega]$ 이므로
따라서 시정수 $\tau = \dfrac{L}{R} = \dfrac{3}{10} = 0.3[s]$

답 ①

76 $\mathcal{L}[f(t)] = F(s) = \dfrac{5s+8}{5s^2+4s}$ 일 때, $f(t)$의 최종값 $f(\infty)$는?

① 1 ② 2 ③ 3 ④ 4

풀이 최종값 정리
$f(\infty) = \lim\limits_{t \to \infty} f(t) = \lim\limits_{s \to 0} sF(s)$에 의해서
$\lim\limits_{t \to \infty} i(t) = \lim\limits_{s \to 0} s \cdot I(s) = \lim\limits_{s \to 0} s \cdot \dfrac{5s+8}{5s^2+4s} = \lim\limits_{s \to 0} s \cdot \dfrac{5s+8}{s(5s+4)} = \lim\limits_{s \to 0} \dfrac{5s+8}{5s+4} = \dfrac{8}{4} = 2$

답 ②

77 평형 3상 부하의 결선을 Y에서 △로 하면 소비전력은 몇 배가 되는가?

① 1.5 ② 1.73 ③ 3 ④ 3.46

풀이
- Y결선시 한 상에 인가되는 전압은 선간전압의 $\frac{1}{\sqrt{3}}$ 이므로

$$P_Y = 3I^2R = 3\left(\frac{\frac{V}{\sqrt{3}}}{R}\right)^2 R = \frac{V^2}{R}$$

- △결선시 상전압은 선간전압과 같으므로

$$P_\triangle = 3I^2R = 3\left(\frac{V}{R}\right)^2 R = 3\frac{V^2}{R}, \quad \frac{P_Y}{P_\triangle} = \frac{\frac{V^2}{R}}{3\frac{V^2}{R}} = \frac{1}{3}$$

따라서 $P_\triangle = 3P_Y$
답 ③

78 정현파 교류 $i = 10\sqrt{2}\sin(\omega t + \frac{\pi}{3})$를 복소수의 극좌표 형식인 페이저(phasor)로 나타내면?

① $10\sqrt{2} \angle \frac{\pi}{3}$ ② $10\sqrt{2} \angle -\frac{\pi}{3}$ ③ $10 \angle \frac{\pi}{3}$ ④ $10 \angle -\frac{\pi}{3}$

풀이 $i = \sqrt{2}I\sin(\omega t + \theta) \rightarrow \dot{I} = I\angle\theta$ 이므로

∴ $i = 10\sqrt{2}\sin(\omega t + \frac{\pi}{3}) \rightarrow 10\angle\frac{\pi}{3}$
답 ③

79 $V_1(s)$을 입력, $V_2(s)$를 출력이라 할 때, 다음 회로의 전달함수는?
(단, $C_1 = 1[F]$, $L_1 = 1[H]$)

① $\frac{s}{s+1}$ ② $\frac{s^2}{s^2+1}$

③ $\frac{1}{s+1}$ ④ $1 + \frac{1}{s}$

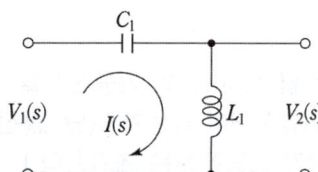

풀이
$$\begin{cases} V_1(s) = \left(\frac{1}{Cs} + Ls\right)I(s) \\ V_2(s) = LsI(s) \end{cases}$$

∴ $G(s) = \frac{V_2(s)}{V_1(s)} = \frac{Ls}{\frac{1}{Cs} + Ls} = \frac{LCs^2}{LCs^2+1} = \frac{1 \times 1 \times s^2}{1 \times 1 \times s^2 + 1} = \frac{s^2}{s^2+1}$
답 ②

80 $\frac{dx(t)}{dt} + 3x(t) = 5$의 라플라스 변환은? (단, $x(0) = 0$, $X(s) = \mathcal{L}[x(t)]$)

① $X(s) = \frac{5}{s+3}$ ② $X(s) = \frac{3}{s(s+5)}$

③ $X(s) = \frac{3}{s+5}$ ④ $X(s) = \frac{5}{s(s+3)}$

풀이 초기값을 0으로 하고 라플라스 변환하면,

$$\{sX(s) - x(0)\} + 3X(s) = \frac{5}{s} \rightarrow (s+3)X(s) = \frac{5}{s}$$

$$\therefore X(s) = \frac{5}{s(s+3)}$$

답 ④

5과목 전기설비기술기준

81 과전류차단기를 설치하지 않아야 할 곳은?

① 수용가의 인입선 부분
② 고압 배전선로의 인출장소
③ 직접 접지계통에 설치한 변압기의 접지선
④ 역률조정용 고압 병렬콘덴서 뱅크의 분기선

풀이 341.11 과전류차단기의 시설 제한
접지공사의 접지도체, 다선식 전로의 중성선 및 전로의 일부에 접지공사를 한 저압 가공전선로의 접지측 전선에는 과전류차단기를 시설하여서는 안 된다.
다만, 다음의 경우에는 예외로 한다.
가. 다선식 전로의 중성선에 시설한 과전류차단기가 동작한 경우에 각 극이 동시에 차단될 때
나. 저항기·리액터 등을 사용하여 접지공사를 한 때에 과전류차단기의 동작에 의하여 그 접지도체가 비접지 상태로 되지 아니할 때

답 ③

82 사용전압 154[kV]의 가공전선을 시가지에 시설하는 경우 전선의 지표상의 높이는 최소 몇 [m] 이상이어야 하는가? (단, 발전소·변전소 또는 이에 준하는 곳의 구내와 구외를 연결하는 1경간 가공전선은 제외한다.)

① 7.44　　② 9.44　　③ 11.44　　④ 13.44

풀이 333.1 시가지 등에서 특고압 가공전선로의 시설

사용전압의 구분	지표상의 높이
35[kV] 이하	10[m] (전선이 특고압 절연전선인 경우에는 8[m])
35[kV] 초과	10[m]에 35[kV]를 초과하는 10[kV] 또는 그 단수마다 12[cm]를 더한 값

- 단수 $= \frac{154-35}{10} = 11.9 \rightarrow 12$단
- 지표상의 높이 $= 10 + 12 \times 0.12 = 11.44$[m]

답 ③

83 특고압가공전선로의 지지물에 시설하는 가공통신 인입선은 조영물의 붙임점에서 지표상의 높이를 몇 [m] 이상으로 하여야 하는가? (단, 교통에 지장이 없고 또한 위험의 우려가 없을 때에 한한다.)

① 2.5　　② 3　　③ 3.5　　④ 4

> **풀이** 362.12 가공통신 인입선 시설
> ① 교통에 지장을 줄 우려가 없을 경우 가공통신 인입선 부분의 높이
>   • 차량이 통행하는 노면상의 높이 : 4.5[m] 이상
>   • 조영물의 붙임점에서의 지표상의 높이 : 2.5[m] 이상
> ② 특고압 가공전선로의 지지물에 시설하는 통신선
>   • 교통에 지장이 없고 또한 위험의 우려가 없을 때 : 5[m] 이상
>   • 조영물의 붙임점에서의 지표상의 높이 : 3.5[m] 이상
>   • 다른 가공약전류 전선 사이의 이격거리 : 60[cm] 이상   **답** ③

84 발전기의 보호장치에 있어서 과전류, 압유장치의 유압저하 및 베어링의 온도가 현저히 상승한 경우 자동적으로 이를 전로로부터 차단하는 장치를 시설하여야 한다. 해당되지 않는 것은?

① 발전기에 과전류가 생긴 경우
② 용량 10000[kVA] 이상인 발전기의 내부에 고장이 생긴 경우
③ 원자력발전소에 시설하는 비상용 예비발전기에 있어서 비상용 노심냉각장치가 작동한 경우
④ 용량 100[kVA] 이상의 발전기를 구동하는 풍차의 압유장치의 유압, 압축공기장치의 공기압이 현저히 저하한 경우

> **풀이** 351.3 발전기 등의 보호장치
> 발전기에는 다음의 경우에 자동적으로 이를 전로로부터 차단하는 장치를 시설하여야 한다.
> 가. 발전기에 과전류나 과전압이 생긴 경우
> 나. 용량이 500[kVA] 이상의 발전기를 구동하는 수차의 압유 장치의 유압이 현저히 저하한 경우
> 다. 용량이 100[kVA] 이상의 발전기를 구동하는 풍차의 압유장치의 유압이 현저히 저하한 경우
> 라. 용량이 2,000[kVA] 이상인 수차 발전기의 스러스트 베어링의 온도가 현저히 상승한 경우
> 마. 용량이 10,000[kVA] 이상인 발전기의 내부에 고장이 생긴 경우
> 바. 정격출력이 10,000[kW]를 초과하는 증기터빈은 그 스러스트 베어링이 현저하게 마모되거나 그의 온도가 현저히 상승한 경우   **답** ③

85 지중 또는 수중에 시설되어 있는 금속체의 부식을 방지하기 위한 전기부식방지 회로의 사용전압은 직류 몇 [V] 이하이어야 하는가? (단, 전기부식방지 회로는 전기부식방지용 전원장치로부터 양극 및 피방식체까지의 전로를 말한다.)

① 30　　　　② 60　　　　③ 90　　　　④ 120

> **풀이** 241.16 전기부식방지 시설
> 전기부식방지 회로(전기부식방지용 전원장치로부터 양극 및 피방식체까지의 전로를 말한다. 이하 같다)의
> 사용전압은 직류 60[V] 이하일 것.   **답** ②

86 특고압전선로에 사용되는 애자장치에 대한 갑종 풍압하중은 그 구성재의 수직 투영면적 1[m^2]에 대한 풍압하중을 몇 [Pa]를 기초로 하여 계산한 것인가?

① 588　　　　② 666　　　　③ 946　　　　④ 1039

풀이 331.6 풍압하중의 종별과 적용

풍압을 받는 구분	구성재의 수직 투영면적 1[m²]에 대한 풍압
목 주	588[Pa]
애자장치(특별 선선용의 것에 한한다)	1,039[Pa]
목주·철주(원형의 것에 한한다) 및 철근 콘크리트주의 완금류(특고압전선로용의 것에 한한다)	단일재로서 사용하는 경우에는 1,196[Pa], 기타의 경우에는 1,627[Pa]

답 ④

87 특고압가공전선로에서 철탑(단주 제외)의 경간은 몇 [m] 이하로 하여야 하는가?

① 400 ② 500 ③ 600 ④ 700

풀이 333.21 특고압 가공전선로의 경간 제한

지지물의 종류	경 간
목주·A종 철주 또는 A종 철근 콘크리트주	150[m]
B종 철주 또는 B종 철근 콘크리트주	250[m]
철 탑	600[m] (단주인 경우에는 400[m])

답 ③

88 지중전선로를 직접 매설식에 의하여 시설하는 경우에 차량 및 기타 중량물의 압력을 받을 우려가 있는 장소의 매설 깊이는 몇 [m] 이상인가?

① 1.0 ② 1.2 ③ 1.5 ④ 1.8

풀이 334.1 지중전선로의 시설
가. 지중 전선로는 전선에 케이블을 사용하고 또한 관로식·암거식 또는 직접 매설식에 의하여 시설하여야 한다.
나. 지중 전선로를 직접 매설식에 의하여 시설하는 경우에는 매설 깊이를 차량 기타 중량물의 압력을 받을 우려가 있는 장소에는 1.0[m] 이상, 기타 장소에는 0.6[m] 이상으로 하고 또한 지중 전선을 견고한 트라프 기타 방호물에 넣어 시설하여야 한다.

답 ①

89 지중전선이 지중약전류 전선 등과 접근하거나 교차하는 경우에 상호 간의 이격거리가 저압 또는 고압의 지중전선이 몇 [cm] 이하일 때, 지중전선과 지중약전류 전선 사이에 견고한 내화성의 격벽(隔壁)을 설치하여야 하는가?

① 10 ② 20 ③ 30 ④ 60

풀이 334.6 지중전선과 지중약전류전선 등 또는 관과의 접근 또는 교차
지중전선이 다음 조건의 이격거리 이하로 설치되는 경우에는 상호 간에 내화성의 격벽을 설치하여야 한다.

조 건	전 압	이격거리
지중 약전류 전선과 접근 또는 교차하는 경우	저압 또는 고압	0.3[m]
	특고압	0.6[m]
가연성, 유독성의 유체를 내포하는 관과 접근 또는 교차	특고압	1[m]
	25[kV] 이하, 다중접지방식	0.5[m]
기타의 관과 접근 또는 교차	특고압	0.3[m]

답 ③

90. 가공전선로의 지지물에 시설하는 지선의 안전율과 허용 인장하중의 최저값은?

① 안전율은 2.0 이상, 허용 인장하중 최저값은 4[kN]
② 안전율은 2.5 이상, 허용 인장하중 최저값은 4[kN]
③ 안전율은 2.0 이상, 허용 인장하중 최저값은 4.4[kN]
④ 안전율은 2.5 이상, 허용 인장하중 최저값은 4.31[kN]

풀이 331.11 지선의 시설
가. 가공전선로의 지지물로 사용하는 철탑은 지선을 사용하여 그 강도를 분담시켜서는 안 된다.
나. 지선의 **안전율은 2.5 이상**일 것. 이 경우에 **허용 인장하중의 최저는 4.31[kN]** 으로 한다.
다. 지선에 연선을 사용할 경우에는 다음에 의할 것.
  ① 소선 3가닥 이상의 연선일 것.
  ② 소선의 지름이 2.6[mm] 이상의 금속선을 사용한 것일 것. **답** ④

91. 건조한 장소로서 전개된 장소에 한하여 고압 옥내배선을 할 수 있는 것은?

① 금속관공사   ② 애자공사
③ 합성수지관공사   ④ 금속제 가요전선관공사

풀이 342.1 고압 옥내배선 등의 시설
고압 옥내배선은 다음 중 하나에 의하여 시설할 것.
가. **애자공사(건조한 장소로서 전개된 장소에 한한다)**
나. 케이블공사
다. 케이블트레이공사 **답** ②

92. 피뢰기를 반드시 시설하지 않아도 되는 곳은?

① 발전소・변전소의 가공전선의 인출구
② 가공전선로와 지중전선로가 접속되는 곳
③ 고압가공전선로로부터 수전하는 차단기 2차 측
④ 특고압가공전선로로부터 공급을 받는 수용장소의 인입구

풀이 341.13 피뢰기의 시설
가. 고압 및 특고압의 전로 중 다음에 열거하는 곳 또는 이에 근접한 곳에는 피뢰기를 시설하여야 한다.
  ① 발전소・변전소 또는 이에 준하는 장소의 **가공전선 인입구 및 인출구**
  ② 특고압 가공전선로에 접속하는 배전용 변압기의 고압측 및 특고압측
  ③ 고압 및 특고압 가공전선로로부터 공급을 받는 **수용장소의 인입구**
  ④ **가공전선로와 지중전선로가 접속되는 곳**
나. 다음의 어느 하나에 해당하는 경우에는 피뢰기를 시설하지 않아도 된다.
  ① 직접 접속하는 전선이 짧은 경우
  ② 피보호기기가 보호범위 내에 위치하는 경우 **답** ③

93. 내부에 고장이 생긴 경우에 자동적으로 전로로부터 차단하는 장치가 반드시 필요한 것은?

① 뱅크용량 1000[kVA]인 변압기   ② 뱅크용량 10000[kVA]인 조상기
③ 뱅크용량 300[kVA]인 분로 리액터 ④ 뱅크용량 1000[kVA]인 전력용 커패시터

풀이 351.5 조상설비의 보호장치
조상 설비에는 그 내부에 고장이 생긴 경우에 보호하는 장치를 표와 같이 시설하여야 한다.

설비 종별	뱅크 용량의 구분	자동적으로 전로로부터 차단하는 장치
전력용 커패시터 및 분로 리액터	500[kVA] 초과 15,000[kVA] 미만	• 내부에 고장이 생긴 경우 • 과전류가 생긴 경우
	15,000[kVA] 이상	• 내부에 고장이 생긴 경우 • 과전류가 생긴 경우 • 과전압이 생긴 경우
조상기(調相機)	15,000[kVA] 이상	• 내부에 고장이 생긴 경우

답 ④

94 백열전등 또는 방전등에 전기를 공급하는 옥내전로의 대지전압은 몇 [V] 이하이어야 하는가?

① 150 ② 300 ③ 400 ④ 600

풀이 231.6 옥내전로의 대지 전압의 제한
백열전등 또는 방전등에 전기를 공급하는 옥내의 전로의 대지전압은 300[V] 이하여야 한다.

답 ②

95 특고압가공전선로에 사용하는 가공지선에는 지름 몇 [mm] 이상의 나경동선을 사용하여야 하는가?

① 2.6 ② 3.5 ③ 4 ④ 5

풀이 333.8 특고압 가공전선로의 가공지선
특고압 가공전선로에 사용하는 가공지선은 다음과 같다.
가. 인장강도 8.01[kN] 이상의 나선   나. 지름 5[mm] 이상의 나경동선
다. 단면적 22[mm²] 이상의 나경동연선   라. 아연도강연선 22[mm²]
마. OPGW 전선

답 ④

96 접지공사에 사용하는 접지선을 사람이 접촉할 우려가 있는 곳에 철주 기타의 금속체를 따라서 시설하는 경우에는 접지극을 그 금속체로부터 지중에서 몇 [m] 이상 이격시켜야 하는가? (단, 접지극을 철주의 밑면으로부터 30[cm] 이상의 깊이에 매설하는 경우는 제외한다.)

① 1 ② 2 ③ 3 ④ 4

풀이 142.2 접지극의 시설 및 접지저항
접지극의 매설은 다음에 의한다.
가. 접지극은 지표면으로부터 지하 0.75[m] 이상으로 하되 동결 깊이를 감안하여 매설 깊이를 정해야 한다.
나. 접지도체를 철주 기타의 금속체를 따라서 시설하는 경우에는 접지극을 철주의 밑면으로부터 0.3[m] 이상의 깊이에 매설 하는 경우 이외에는 접지극을 지중에서 그 금속체로부터 1[m] 이상 떼어 매설하여야 한다.

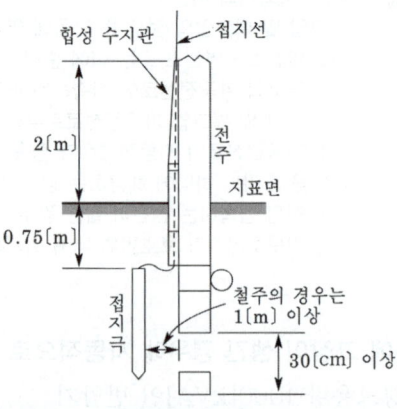

답 ①

출제기준 변경 및 개정된 관계 법규에 따라 삭제된 문제가 있어 20문항이 안됩니다.

기출문제집 + 동영상강의 2025~2006

20년간 전기산업기사 필기

최다 누적 판매, 최다 합격자 배출
전·현직 전기인들이 가장 선호하는 수험서
오답 및 오탈자가 가장 적은 수험서
과목별 핵심이론 수록
온·오프라인을 통한 빠른 질의 및 답변

▶ FREE **무료동영상강의** 2025~2007 기출문제

무료강의 / 학습자료   dongilbook.com
· 무료강의 – 동일출판사 홈페이지 > 학습센터 > 무료동영상강의
· 학습자료 및 정오표 – 동일출판사 홈페이지 > 학습센터 > 자료실, 정오게시판

2026 최신판

20년간 2025~2006
기출 문제
CBT 완벽대비

기출문제집 + 동영상강의   2025~2006

20년간
전기산업기사 필기

검정연구회 저

무료동영상강의 2025~2007 기출문제

2 2018~2006년

차 례 (2권)

2018~2006 전기산업기사필기 기출문제

동영상 강좌는 PC 및 모바일의 동일출판사 홈페이지(www.dongilbook.com)에서 보실 수 있으며, 2025년부터 2007년까지의 기출문제 및 CBT 복원문제 풀이 동영상이 무료로 제공됩니다.

2018 기출문제 　동영상 강좌　 ·· 3
2018년 1회 … 4　　　2018년 2회 … 23　　　2018년 3회 … 41

2017 기출문제 　동영상 강좌　 ·· 61
2017년 1회 … 62　　2017년 2회 … 81　　2017년 3회 … 99

2016 기출문제 　동영상 강좌　 ·· 119
2016년 1회 … 120　2016년 2회 … 139　2016년 3회 … 160

2015 기출문제 　동영상 강좌　 ·· 179
2015년 1회 … 180　2015년 2회 … 199　2015년 3회 … 219

2014 기출문제 　동영상 강좌　 ·· 239
2014년 1회 … 240　2014년 2회 … 259　2014년 3회 … 277

2013 기출문제 　동영상 강좌　 ·· 293
2013년 1회 … 294　2013년 2회 … 313　2013년 3회 … 332

2012 기출문제 　동영상 강좌　 ·· 351
2012년 1회 … 352　2012년 2회 … 372　2012년 3회 … 389

2011 기출문제 　동영상 강좌　 ·· 407
2011년 1회 … 408　2011년 2회 … 425　2011년 3회 … 443

2010 기출문제 　동영상 강좌　 ·· 463
2010년 1회 … 464　2010년 2회 … 483　2010년 3회 … 501

2009 기출문제 　동영상 강좌　 ·· 519
2009년 1회 … 520　2009년 2회 … 537　2009년 3회 … 555

2008 기출문제 　동영상 강좌　 ·· 573
2008년 1회 … 574　2008년 2회 … 592　2008년 3회 … 610

2007 기출문제 　동영상 강좌　 ·· 627
2007년 1회 … 628　2007년 2회 … 645　2007년 3회 … 661

2006 기출문제 ··· 679
2006년 1회 … 680　2006년 2회 … 699　2006년 3회 … 716

2018
기출문제
Industrial Engineer Electricity

2018년 1회

동일출판사 홈페이지에서 무료 동영상강의를 보실 수 있습니다.

1과목 - 전기자기

01 무한장 원주형 도체에 전류 I가 표면에만 흐른다면 원주 내부의 자계의 세기는 몇 [AT/m]인가? (단, r[m]는 원주의 반지름이고, N은 권선수이다.)

① 0
② $\dfrac{NI}{2\pi r}$
③ $\dfrac{I}{2r}$
④ $\dfrac{I}{2\pi r}$

풀이 도체의 전류가 표면에만 흐르면 내부 자계는 0이다.

답 ①

02 다음이 설명하고 있는 것은?

> 수정, 로셀염 등에 열을 가하면 분극을 일으켜 한쪽 끝에 양(+) 전기, 다른 쪽 끝에 음(-) 전기가 나타나며, 냉각할 때에는 역분극이 생긴다.

① 강유전성
② 압전기현상
③ 파이로(Pyro)전기
④ 톰슨(Thomson)효과

풀이 파이로 전기
압전 현상이 나타나는 결정을 가열하면 한 면에 정(+)의 전기가, 다른 면에 부(-)의 전기가 나타나 분극을 일으킨다. 반대로 냉각시키면 역의 분극이 일어난다. 이 전기를 파이로 전기(pyro- electricity)라 하며 이 현상은 전기석, 수정, 로셀염, 티탄산바륨에서 일어난다.

답 ③

03 비유전율이 9인 유전체 중에 1[cm]의 거리를 두고 1[μC]과 2[μC]의 두 점전하가 있을 때 서로 작용하는 힘은 약 몇 [N]인가?

① 18
② 20
③ 180
④ 200

풀이 쿨롱의 법칙
$$F = \dfrac{1}{4\pi\epsilon_0} \cdot \dfrac{Q_1 Q_2}{\epsilon_s r^2}$$
$$= 9 \times 10^9 \times \dfrac{1 \times 10^{-6} \times 2 \times 10^{-6}}{9 \times (1 \times 10^{-2})^2}$$
$$= 20[N]$$

답 ②

04 비투자율 μ_s, 자속밀도 B[Wb/m²]인 자계 중에 있는 m[Wb]의 자극이 받는 힘[N]은?

① $\dfrac{Bm}{\mu_o \mu_s}$
② $\dfrac{Bm}{\mu_o}$
③ $\dfrac{\mu_o \mu_s}{Bm}$
④ $\dfrac{Bm}{\mu_s}$

풀이 자계 중의 자극이 받는 힘은
$$F = mH[N], \ H = \dfrac{B}{\mu_0 \mu_s}[A/m] \text{ 이므로}$$
$$\therefore F = \dfrac{Bm}{\mu_0 \mu_s}[N]$$

답 ①

05 반지름이 1[m]인 도체구에 최고로 줄 수 있는 전위는 몇 [kV]인가? (단, 주위 공기의 절연내력은 3×10^6[V/m]이다.)

① 30
② 300
③ 3000
④ 30000

풀이 전위 $V = E \cdot r = 3 \times 10^6 \times 1 \times 10^{-3}$
$= 3000[kV]$

답 ③

06 그림과 같은 정전용량이 C_o[F]가 되는 평행판 공기콘덴서가 있다. 이 콘덴서의 판면적의 $\frac{2}{3}$가 되는 공간에 비유전율 ϵ_s인 유전체를 채우면 공기콘덴서의 정전용량[F]은?

① $\frac{2\epsilon_s}{3}C_o$

② $\frac{3}{1+2\epsilon_s}C_o$

③ $\frac{1+\epsilon_s}{3}C_o$

④ $\frac{1+2\epsilon_s}{3}C_o$

풀이
$$C_1 = \frac{\epsilon_0\left(\frac{1}{3}S\right)}{d} = \frac{1}{3}C_0$$
$$C_2 = \frac{\epsilon_0\epsilon_s\left(\frac{2}{3}S\right)}{d} = \frac{2}{3}\epsilon_s C_0$$
C_1, C_2는 병렬접속이므로
$$\therefore C_t = C_1 + C_2 = \frac{1+2\epsilon_s}{3}C_0[F]$$
답 ④

07 단면적 S[m²], 자로의 길이 l[m], 투자율 μ[H/m]의 환상철심에 1[m]당 N회 코일을 균등하게 감았을 때 자기 인덕턴스[H]는?

① μNlS ② $\mu N^2 lS$

③ $\frac{\mu N^2 l}{S}$ ④ $\frac{\mu N^2 S}{l}$

풀이 자기 인덕턴스
$$L = \frac{\mu S(Nl)^2}{l} = \mu N^2 lS[H]$$
답 ②

08 반지름 a[m]인 접지 도체구의 중심에서 r[m] 되는 거리에 점전하 Q[C]을 놓았을 때 도체구에 유도된 총 전하는 몇 [C]인가?

① 0 ② $-Q$

③ $-\frac{a}{r}Q$ ④ $-\frac{r}{a}Q$

풀이

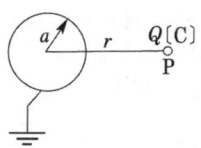

점 P에서 Q의 전하를 주고 도체구를 접지($V_1 = 0$)하였을 때 유도되는 전하를 Q'라 하면
$V_1 = 0 = P_{11}Q' + P_{12}Q$
$$\therefore Q' = -\frac{P_{12}}{P_{11}}Q = \frac{\frac{1}{4\pi\epsilon_0 r}}{\frac{1}{4\pi\epsilon_0 a}}Q = -\frac{a}{r}Q[C]$$
답 ③

09 각각 $\pm Q$[C]로 대전된 두 개의 도체간의 전위차를 전위계수로 표시하면?
(단 $P_{12} = P_{21}$이다.)

① $(P_{11} + P_{12} + P_{22})Q$

② $(P_{11} + P_{12} - P_{22})Q$

③ $(P_{11} - P_{12} + P_{22})Q$

④ $(P_{11} - 2P_{12} + P_{22})Q$

풀이 $V_1 = P_{11}Q_1 + P_{12}Q_2$, $V_2 = P_{21}Q_1 + P_{22}Q_2$에서
$Q_1 = Q$, $Q_2 = -Q$를 대입하면
$V_1 = P_{11}Q - P_{12}Q$, $V_2 = P_{21}Q - P_{22}Q$
전위차 $V = V_1 - V_2 = (P_{11} - 2P_{12} + P_{22})Q$ **답** ④

10 접지 구도체와 점전하간의 작용력은?

① 항상 반발력이다.
② 항상 흡인력이다.
③ 조건적 반발력이다.
④ 조건적 흡인력이다.

풀이 접지 구도체에는 항상 점전하와 반대 극성인 전하가 유도되므로 항상 흡인력이 작용한다. **답** ②

11 공기 중에서 무한평면 도체로부터 수직으로 10^{-10}[m] 떨어진 점에 한 개의 전자가 있다. 이 전자에 작용하는 힘은 약 몇 [N]인가?
(단, 전자의 전하량 -1.602×10^{-19}[C]이다.)

① 5.77×10^{-9} ② 1.602×10^{-9}

③ 5.77×10^{-19} ④ 1.602×10^{-19}

풀이 무한 평면 도체에서 1[m] 떨어진 점전하 Q[C]이 받는 힘은 전기 영상법에 의해

$$F = \frac{1}{4\pi\epsilon_0} \cdot \frac{QQ'}{(2r)^2}$$

$$= \frac{Q^2}{16\pi\epsilon_0 r^2} \text{ [N]}$$

$$\therefore F = \frac{1}{4\pi\epsilon_0} \cdot \frac{Q^2}{(2r)^2}$$

$$= 9 \times 10^9 \times \frac{(-1.602 \times 10^{-19})^2}{(2 \times 10^{-10})^2}$$

$$= 5.77 \times 10^{-9} \text{ [N]}$$

답 ①

풀이

맥스웰 전자방정식	
미분형	의미
$\text{rot } \boldsymbol{E} = -\frac{\partial \boldsymbol{B}}{\partial t}$	패러데이 법칙
$\text{rot } \boldsymbol{H} = i_c + \frac{\partial \boldsymbol{D}}{\partial t}$	암페어 주회적분 법칙
$\text{div } \boldsymbol{D} = \rho$	가우스 법칙
$\text{div } \boldsymbol{B} = 0$	고립된 자하는 없다. (N극과 S극이 공존)

답 ①

12 자속밀도 B[Wb/m²]가 도체 중에서 f[Hz]로 변화할 때 도체 중에 유기되는 기전력 e는 무엇에 비례하는가?

① $e \propto Bf$ ② $e \propto \frac{B}{f}$

③ $e \propto \frac{B^2}{f}$ ④ $e \propto \frac{f}{B}$

풀이 유기기전력 $e = \omega N B_m S \cos\omega t$ [V]에서 $\omega = 2\pi f$ 이므로 $\therefore e \propto B_m f$

답 ①

15 유전율 ϵ, 투자율 μ인 매질 내에서 전자파의 전파속도는?

① $\sqrt{\epsilon\mu}$ ② $\sqrt{\frac{\epsilon}{\mu}}$

③ $\frac{1}{\sqrt{\epsilon\mu}}$ ④ $\sqrt{\frac{\mu}{\epsilon}}$

풀이 전자파의 속도 $v^2 = \frac{1}{\epsilon\mu}$ 에서

$$\therefore v = \frac{1}{\sqrt{\epsilon\mu}} = \frac{1}{\sqrt{\epsilon_0\mu_0}} \cdot \frac{1}{\sqrt{\epsilon_s\mu_s}}$$

$$= c \cdot \frac{1}{\sqrt{\epsilon_s\mu_s}} = \frac{3 \times 10^8}{\sqrt{\epsilon_s\mu_s}} \text{ [m/s]}$$

답 ③

13 유전체 중의 전계의 세기를 E, 유전율을 ϵ이라 하면 전기변위는?

① ϵE ② ϵE^2

③ $\frac{\epsilon}{E}$ ④ $\frac{E}{\epsilon}$

풀이 $D = \epsilon E$
(여기서, ϵ를 유전율, E를 전계의 세기라고 하며, D를 전속밀도 또는 전기변위라고 한다.)

답 ①

14 맥스웰의 전자방정식으로 틀린 것은?

① $\text{div} \boldsymbol{B} = \phi$
② $\text{div} \boldsymbol{D} = \rho$
③ $\text{rot} \boldsymbol{E} = -\frac{\partial \boldsymbol{B}}{\partial t}$
④ $\text{rot} \boldsymbol{H} = i + \frac{\partial \boldsymbol{D}}{\partial t}$

16 평행판 콘덴서에서 전극간에 V[V]의 전위차를 가할 때 전계의 세기가 공기의 절연내력 E[V/m]를 넘지 않도록 하기 위한 콘덴서의 단위 면적 당의 최대용량은 몇 [F/m²]인가?

① $\frac{\epsilon_0 V}{E}$ ② $\frac{\epsilon_0 E}{V}$

③ $\frac{\epsilon_0 V^2}{E}$ ④ $\frac{\epsilon_0 E^2}{V}$

풀이 전위 $V = Ed$[V]이고, 정전용량 $C = \frac{\epsilon_0 S}{d}$ [F]이므로

$$\therefore C = \frac{\epsilon_0}{d} = \frac{\epsilon_0}{\frac{V}{E}} = \frac{\epsilon_0 E}{V} \text{ [F/m}^2\text{]}$$

답 ②

17 그림과 같이 권수가 1이고 반지름 a[m]인 원형 전류 I[A]가 만드는 자계의 세기[AT/m]는?

① $\dfrac{I}{a}$

② $\dfrac{I}{2a}$

③ $\dfrac{I}{3a}$

④ $\dfrac{I}{4a}$

 $H_0 = \oint dH = \int_0^{2\pi a} \dfrac{Idl\sin\theta}{4\pi a^2} = \int_0^{2\pi a} \dfrac{Idl}{4\pi a^2}$

$= \dfrac{I}{4\pi a^2} \int_0^{2\pi a} dl = \dfrac{I}{2a}$ [AT/m]

또는 $H_x = \dfrac{I}{2} \cdot \dfrac{a^2}{(a^2+x^2)^{3/2}}$ 에서

원형 코일 중심의 자계의 세기 H_0는 $x=0$ 이므로

∴ $H_0 = \dfrac{I}{2a}$ [AT/m]   답 ②

18 두 점전하 q, $\dfrac{1}{2}q$가 a만큼 떨어져 놓여있다. 이 두 점전하를 연결하는 선상에서 전계의 세기가 영(0)이 되는 점은 q가 놓여 있는 점으로부터 얼마나 떨어진 곳인가?

① $\sqrt{2}a$ ② $(2-\sqrt{2})a$

③ $\dfrac{\sqrt{3}}{2}a$ ④ $\dfrac{(1+\sqrt{2})a}{2}$

풀이 ① 두 점전하(q, $\dfrac{q}{2}$)에 의한 전계의 방향을 세 영역에 대해 고찰하면, 두 점전하에 대해 각각 I 영역은 좌측 방향, III영역은 우측 방향이 되어 전계가 0인 점이 존재하지 않는다.

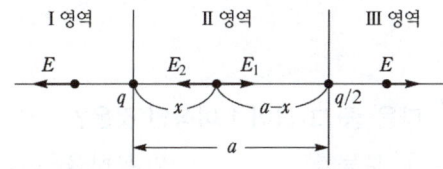

② II영역은 그림과 같이 q에 의한 전계 E_1, $\dfrac{q}{2}$에 의한 전계 E_2가 반대 방향이 되어 전계가 0인 점이 존재한다. 따라서 전계의 세기(크기) $E_1 = E_2$의 조건을 만족하는 거리 x를 구하면 된다.

$\dfrac{q}{4\pi\epsilon_0 x^2} = \dfrac{q/2}{4\pi\epsilon_0 (a-x)^2}$

$\dfrac{1}{x^2} = \dfrac{1}{2(a-x)^2}$

$x^2 = 2(a-x)^2$ (양변에 제곱근 $\sqrt{}$ 적용)

$x = \sqrt{2}(a-x)$

$(1+\sqrt{2})x = \sqrt{2}a$

∴ $x = \dfrac{\sqrt{2}a}{1+\sqrt{2}} = \dfrac{\sqrt{2}a(1-\sqrt{2})}{(1+\sqrt{2})(1-\sqrt{2})}$

$= (2-\sqrt{2})a$ 답 ②

19 균일한 자장 내에서 자장에 수직으로 놓여있는 직선도선이 받는 힘에 대한 설명 중 옳은 것은?

① 힘은 자장의 세기에 비례한다.

② 힘은 전류의 세기에 반비례한다.

③ 힘은 도선 길이의 $\dfrac{1}{2}$승에 비례한다.

④ 자장의 방향에 상관없이 일정한 방향으로 힘을 받는다.

풀이 힘 $F = BIl\sin\theta = \mu_0 HIl\sin\theta$ [N] 이므로 힘(F)은 자장의 세기(H)에 비례한다.   답 ①

20 전류밀도 J, 전계 E, 입자의 이동도 μ, 도전율을 σ라 할 때 전류밀도[A/m^2]를 옳게 표현한 것은?

① $J=0$ ② $J=E$

③ $J=\sigma E$ ④ $J=\mu E$

풀이 전류밀도는 $J = nq\mu E = \rho\mu E$

또는 $J = \sigma E$ [A/m^2]가 되며,

이 식을 정상전류계의 미분형이라 한다.   답 ③

2과목 - 전력공학

21 차단기의 정격투입전류란 투입되는 전류의 최초 주파수의 어느 값을 말하는가?

① 평균값   ② 최댓값

③ 실효값   ④ 직류값

풀이 차단기의 정격 투입 전류란 성능에 지장 없이 투입할 수 있는 전류의 한도를 말하며, 투입 전류의 최초 주파수에서의 최댓값으로 나타낸다. 크기는 정격차단전류(실효값)의 2.5배를 표준으로 한다. **답** ②

22 영상변류기와 관계가 가장 깊은 계전기는?

① 차동계전기
② 과전류계전기
③ 과전압계전기
④ 선택접지계전기

풀이 비접지 계통의 지락사고 검출 :
선택 접지계전기(SGR) + 영상전류 검출 (ZCT) + 영상전압 검출(GPT) **답** ④

23 전력계통에서의 단락용량 증대가 문제 되고 있다. 이러한 단락용량을 경감하는 대책이 아닌 것은?

① 사고 시 모선을 통합한다.
② 상위전압 계통을 구성한다.
③ 모선 간에 한류 리액터를 삽입한다.
④ 발전기와 변압기의 임피던스를 크게 한다.

풀이 단락용량의 경감 대책
① 현재 채용하고 있는 것보다 한 단계 더 높은 상위 전압의 계통을 구성한다.
② 발전기와 변압기의 임피던스를 크게 한다.
③ 계통을 분할하거나 송전선 또는 모선간에 한류 리액터를 삽입한다.
④ 계통간을 직류 설비라든지 특수한 연계 장치로 연계한다.
⑤ 사고 시 모선 분리 방식을 채용한다. **답** ①

24 송전계통의 안정도 증진방법에 대한 설명이 아닌 것은?

① 전압변동을 작게 한다.
② 직렬리액턴스를 크게 한다.
③ 고장 시 발전기 입·출력의 불평형을 작게 한다.
④ 고장전류를 줄이고 고장구간을 신속하게 차단한다.

풀이 안정도 향상 대책
① 계통의 직렬 리액턴스 감소(다회선 방식 채택, 복도체 방식 채택, 기기의 리액턴스 감소, 직렬 콘덴서 설치)
② 전압변동률을 적게 한다.(속응여자방식 채용, 계통의 연계, 중간 조상 방식)
③ 계통에 주는 충격을 적게 한다.(적당한 중성점접지 방식, 고속차단방식, 재폐로방식)
④ 고장 중의 발전기 돌입 출력의 불평형을 적게 한다. **답** ②

25 150[kVA] 전력용 콘덴서에 제5고조파를 억제시키기 위해 필요한 직렬리액터의 최소용량은 몇 [kVA]인가?

① 1.5   ② 3
③ 4.5   ④ 6

풀이 직렬 리액터의 용량
① 콘덴서 용량의 4 [%] 이상(이론상)
② 주파수 변동 등의 여유를 봐서 실제로는 콘덴서 용량의 약 5~6 [%]인 것이 사용된다.
따라서 직렬 리액터의 최소용량
$= 150 \times 0.04 = 6\,[kVA]$ **답** ④

26 보일러 급수 중에 포함되어 있는 산소 등에 의한 보일러배관의 부식을 방지할 목적으로 사용되는 장치는?

① 탈기기   ② 공기 예열기
③ 급수 가열기 ④ 수위 경보기

풀이 급수 중에 용해되어 있는 산소는 증기계통, 급수계통 등을 부식시킨다. 탈기기(deaerator)는 용해 산소 분리의 목적으로 쓰인다. **답** ①

27 다음 중 그 값이 1 이상인 것은?

① 부등률   ② 부하율
③ 수용률   ④ 전압강하율

풀이 부등률 = $\dfrac{\text{수용설비 개개의 최대수용전력의 합계}}{\text{합성 최대 수용 전력}} \geq 1$ **답** ①

28 화력발전소에서 가장 큰 손실은?

① 소내용 동력
② 복수기의 방열손
③ 연돌 배출가스 손실
④ 터빈 및 발전기의 손실

풀이 발전소마다 각 손실의 비가 다르나 복수식 발전소에서는 **복수기 냉각수에 의한 열량이 가장 크며** 석탄 열량의 50~60[%]에 달한다. 그 다음으로 큰 것은 굴뚝 배출 가스 손실로 10[%] 정도이다. **답** ②

29 선간거리를 D, 전선의 반지름을 r이라 할 때 송전선의 정전용량은?

① $\log_{10}\dfrac{D}{r}$에 비례한다.
② $\log_{10}\dfrac{r}{D}$에 비례한다.
③ $\log_{10}\dfrac{D}{r}$에 반비례한다.
④ $\log_{10}\dfrac{r}{D}$에 반비례한다.

풀이 선로의 정전용량
$C_w = \dfrac{0.02413}{\log_{10}\dfrac{D}{r}}[\mu F/km]$이므로

정전용량은 $\log_{10}\dfrac{D}{r}$에 반비례한다. **답** ③

30 배전선로의 용어 중 틀린 것은?

① 궤전점 : 간선과 분기선의 접속점
② 분기선 : 간선으로 분기되는 변압기에 이르는 선로
③ 간선 : 급전선에 접속되어 부하로 전력을 공급하거나 분기선을 통하여 배전하는 선로
④ 급전선 : 배전용 변전소에서 인출되는 배전선로에서 최초의 분기점까지의 전선으로 도중에 부하가 접속되어 있지 않은 선로

풀이 급전선과 배전 간선과의 접속점을 **궤전점**이라고 한다. **답** ①

31 송전계통에서 발생한 고장 때문에 일부 계통의 위상각이 커져서 동기를 벗어나려고 할 경우 이것을 검출하고 계통을 분리하기 위해서 차단하지 않으면 안 될 경우에 사용되는 계전기는?

① 한시계전기
② 선택단락계전기
③ 탈조보호계전기
④ 방향거리계전기

풀이
① 한시계전기
  계전기에 입력을 가했을 때 또는 입력을 제거하였을 때 계전기의 동작시간을 지연(遲延)시키는 계전기
② 선택단락계전기
  (Selective Short circuit relay ; SS)
  병행 2회선 송전선로에서 한 쪽의 1회선에 단락고장이 발생하였을 경우 2중 방향 동작의 계전기를 사용해서 고장회선의 선택차단을 할 수 있는 것으로서 방향단락계전기에 의한 것, 또는 양 회선의 전류차로 동작하는 계전기 등을 사용한다.
③ **탈조보호계전기**
  (Step-Out protective relay ; SO)
  송전계통에 발생한 고장 때문에 일부 계통의 위상각이 커져서 동기를 벗어나려고 할 경우 이것을 검출하고 그 계통을 분리하기 위해서 차단하지 않으면 안 될 경우에 사용한다.
④ 방향거리계전기
  (Directive Distance relay ; DZ)
  거리계전기에 방향성을 가지게 한 것으로서 복잡한 계통에서 방향단락계전기의 대용으로 쓰인다.
  답 ③

32 가공 송전선에 사용되는 애자 1연 중 전압부담이 최대인 애자는?

① 중앙에 있는 애자
② 철탑에 제일 가까운 애자
③ 전선에 제일 가까운 애자
④ 전선으로부터 1/4 지점에 있는 애자

풀이
• 전압 분담 최대 : 전선쪽 애자
• 전압 분담 최소 : 철탑에서 1/3 지점에 있는 애자(전선에서 2/3 지점에 있는 애자) **답** ③

33 송전선에 복도체를 사용하는 주된 목적은?
① 역률 개선 ② 정전용량의 감소
③ 인덕턴스의 증가 ④ 코로나 발생의 방지

풀이
- 3상 송전선의 한 가닥의 전선을 2가닥 이상으로 한 것을 다도체라 하고, 2가닥으로 한 것을 보통 복도체라 한다.
- 복도체를 사용하면 인덕턴스는 감소하고 정전용량은 증가하며, 안정도를 증가시키고, 코로나 발생을 억제한다. 답 ④

34 선간전압, 부하역률, 선로손실, 전선중량 및 배전거리가 같다고 할 경우 단상 2선식과 3상 3선식의 공급전력의 비(단상/3상)는?

① $\dfrac{3}{2}$ ② $\dfrac{1}{\sqrt{3}}$
③ $\sqrt{3}$ ④ $\dfrac{\sqrt{3}}{2}$

풀이 전선의 중량이 같다면 $V_0 = 2A_1 L = 3A_3 L$

$\dfrac{A_3}{A_1} = \dfrac{2}{3} = \dfrac{R_1}{R_3}$

또한 전력손실이 같으면
$P_c = 2I_1^2 R_1 = 3I_3^2 R_3$ 에서

$\left(\dfrac{I_1}{I_3}\right)^2 = \dfrac{3R_3}{2R_1} = \dfrac{3}{2} \times \dfrac{3}{2}$

$\dfrac{I_1}{I_3} = \dfrac{3}{2}$

∴ 공급전력의 비
$\dfrac{W_1}{W_3} = \dfrac{VI_1}{\sqrt{3} \, VI_3} = \dfrac{1}{\sqrt{3}} \times \dfrac{3}{2} = \dfrac{\sqrt{3}}{2}$ 답 ④

35 송전선로의 중성점접지의 주된 목적은?
① 단락전류 제한
② 송전용량의 극대화
③ 전압강하의 극소화
④ 이상전압의 발생방지

풀이 송전선로의 중성점접지의 목적
① 이상전압 발생 방지
② 1선 지락 시 건전상 전압 상승 억제 및 기기나 선로의 절연 절감
③ 보호계전기 동작 확실
④ 소호 리액터 계통에서의 1선 지락 시 아크 소멸 답 ④

36 전주 사이의 경간이 80[m]인 가공전선로에서 전선 1[m]당의 하중이 0.37[kg], 전선의 이도가 0.8[m] 일 때 수평장력은 몇 [kg]인가?
① 330 ② 350
③ 370 ④ 390

풀이 이도 $D = \dfrac{WS^2}{8T}$ 이므로

수평장력 $T = \dfrac{WS^2}{8D} = \dfrac{0.37 \times 80^2}{8 \times 0.8} = 370[kg]$ 답 ③

37 수차의 특유속도 N_s를 나타내는 계산식으로 옳은 것은? (단, 유효낙차 : H[m], 수차의 출력 : P[kW], 수차의 정격 회전수 : N[rpm]이라 한다.)

① $N_s = \dfrac{NP^{\frac{1}{2}}}{H^{\frac{5}{4}}}$ ② $N_s = \dfrac{H^{\frac{5}{4}}}{NP}$

③ $N_s = \dfrac{HP^{\frac{1}{4}}}{N^{\frac{5}{4}}}$ ④ $N_s = \dfrac{NP^2}{H^{\frac{5}{4}}}$

풀이
- 특유속도란 어느 수차와 서로 닮은 모형이 유효낙차 1[m], 출력 1[kW]로 동작할 때의 회전속도이다.
- 특유속도 $N_s = \dfrac{NP^{\frac{1}{2}}}{H^{\frac{5}{4}}}$[rpm] 답 ①

38 고장점에서 전원 측을 본 계통 임피던스를 Z[Ω], 고장점의 상전압을 E[V]라 하면 3상 단락전류[A]는?

① $\dfrac{E}{Z}$ ② $\dfrac{ZE}{\sqrt{3}}$

③ $\dfrac{\sqrt{3}\,E}{Z}$ ④ $\dfrac{3E}{Z}$

풀이 옴법(Ohm method)에 의한 단락전류
$I_s = \dfrac{E}{Z} = \dfrac{E}{Z_g + Z_t + Z_l}$[A] 답 ①

39 3상 계통에서 수전단전압 60[kV], 전류 250[A], 선로의 저항 및 리액턴스가 각각 7.61[Ω], 11.85[Ω] 일 때 전압강하율은? (단, 부하역률은 0.8(늦음)이다.)

① 약 5.50[%] ② 약 7.34[%]
③ 약 8.69[%] ④ 약 9.52[%]

풀이 전압강하율
$$\epsilon = \frac{V_s - V_r}{V_r} \times 100 = \frac{\sqrt{3}I(R\cos\theta + X\sin\theta)}{V_r} \times 100$$
$$= \frac{\sqrt{3} \times 250 \times (7.61 \times 0.8 + 11.85 \times 0.6)}{60,000} \times 100$$
$$= 9.52 [\%]$$
답 ④

40 피뢰기의 구비조건이 아닌 것은?

① 속류의 차단능력이 충분할 것
② 충격 방전 개시 전압이 높을 것
③ 상용 주파 방전 개시 전압이 높을 것
④ 방전 내량이 크고, 제한 전압이 낮을 것

풀이 피뢰기의 구비조건
• 상용 주파 방전 개시 전압이 높을 것
• 충격 방전 개시 전압이 낮을 것
• 제한 전압이 낮을 것
• 속류 차단 능력이 클 것
답 ②

3과목 - 전기기기

41 유도전동기의 출력과 같은 것은?

① 출력 = 입력전압 – 철손
② 출력 = 기계출력 – 기계손
③ 출력 = 2차 입력 – 2차 저항손
④ 출력 = 입력전압 – 1차 저항손

풀이 • 기계적 출력 = 기계출력 – 기계손
• 전기적 출력 = 2차 입력 – 2차 저항손
문제에서 명확한 조건이 제시되지 않았으므로 두 경우 모두 인정한다.
답 ②, ③

42 75[W] 이하의 소 출력으로 소형공구, 영사기, 치과 의료용 등에 널리 이용되는 전동기는?

① 단상 반발전동기
② 영구자석 스텝전동기
③ 3상 직권 정류자전동기
④ 단상 직권 정류자전동기

풀이 단상 직권 정류자 전동기를 간단히 단상 직권전동기라고도 하며 이것은 가정용 미싱, 소형 공구, 영사기, 믹서, 치과 의료용 엔진 등에 사용된다. 교류, 직류 양용에 사용되기 때문에 교직 양용 전동기 또는 만능 전동기(universal motor)라고 한다.
답 ④

43 직류발전기를 병렬운전할 때 균압선이 필요한 직류발전기는?

① 분권발전기, 직권발전기
② 분권발전기, 복권발전기
③ 직권발전기, 복권발전기
④ 분권발전기, 단극발전기

풀이 균압선의 목적은 병렬운전을 안정하게 하기 위하여 설치하는 것으로 일반적으로 직권 및 복권 발전기에서는 직권 계자 코일에 흐르는 전류에 의하여 병렬운전이 불안정하게 되므로 균압선을 설치하여 직권 계자 코일에 흐르는 전류를 분류하게 한다.
답 ③

44 병렬운전하고 있는 2대의 3상 동기발전기 사이에 무효 순환전류가 흐르는 경우는?

① 부하의 증가
② 부하의 감소
③ 여자전류의 변화
④ 원동기의 출력변화

풀이 ① 동기발전기의 병렬운전에서는 한쪽의 계자전류(= 여자전류)를 증대시켜 유기기전력을 크게 하면 무효 순환전류가 흘러 계자를 크게 한 발전기의 역률이 낮아지고 다른 발전기의 역률은 좋아진다.
② 병렬운전 조건이 다른 경우

병렬운전 조건	다른 경우 흐르는 전류
기전력의 크기가 같을 것	무효 순환전류
기전력의 위상이 같을 것	동기화 전류(유효횡류)
기전력의 주파수가 같을 것	동기화 전류
기전력의 파형이 같을 것	고주파 무효 순환전류

답 ③

45 전압이나 전류의 제어가 불가능한 소자는?
① SCR ② GTO
③ IGBT ④ Diode

풀이 다이오드는 회로의 주변 상황에 따라 순방향으로 전압이 가해지면 도통하고 역방향으로 전압이 가해지면 도통하지 않는 수동적인 소자로서 사용자가 임의로 ON, OFF 시킬 수 없다. 따라서 다이오드는 전압이나 전류의 제어가 곤란하다. **답** ④

46 전기자저항이 각각 $R_A = 0.1[\Omega]$과 $R_B = 0.2[\Omega]$인 100[V], 10[kW]의 두 분권발전기의 유기기전력을 같게 해서 병렬운전하여, 정격전압으로 135[A]의 부하전류를 공급할 때 각 기기의 분담전류는 몇 [A]인가?
① $I_A = 80$, $I_B = 55$
② $I_A = 90$, $I_B = 45$
③ $I_A = 100$, $I_B = 35$
④ $I_A = 110$, $I_B = 25$

풀이 병렬운전이므로 두 분권발전기의 단자전압은 같아야 한다.
$$V = E_A - I_A R_A = E_B - I_B R_B$$
$$= E_A - 0.1 I_A = E_B - 0.2 I_B$$
문제의 조건에서 $E_A = E_B$
$0.1 I_A = 0.2 I_B$ ……… ①
부하전류 I는
$I_A + I_B = 135$ ……… ②
식 ①, ②로부터 $2 I_B + I_B = 135$
∴ $I_A = 90[A]$, $I_B = 45[A]$ **답** ②

47 다이오드를 사용한 정류회로에서 여러 개를 병렬로 연결하여 사용할 경우 얻는 효과는?
① 인가전압 증가
② 다이오드의 효율 증가
③ 부하 출력의 맥동률 감소
④ 다이오드의 허용전류 증가

풀이
• 다이오드 직렬연결 : 입력전압 증가, 과전압으로부터 보호
• 다이오드 병렬연결 : 허용전류 증가, 과전류로부터 보호

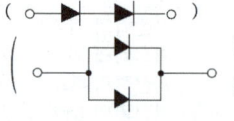

답 ④

48 △결선 변압기의 한 대가 고장으로 제거되어 V결선으로 공급할 때 공급할 수 있는 전력은 고장 전 전력에 대하여 몇 [%]인가?
① 57.7 ② 66.7
③ 75.0 ④ 86.6

풀이 1대의 단상변압기용량을 P_1이라 하면 그 출력비는
$$\frac{V결선의\ 출력}{\triangle결선의\ 출력} = \frac{\sqrt{3}\,P_1}{3P_1} = \frac{\sqrt{3}}{3}$$
$$= 0.577 = 57.7[\%]$$ **답** ①

49 변압기의 2차를 단락한 경우에 1차 단락전류 I_{s1}은? (단, V_1 : 1차 단자전압, Z_1 : 1차 권선의 임피던스, Z_2 : 2차 권선의 임피던스, a : 권수비, Z : 부하의 임피던스)
① $I_{s1} = \dfrac{V_1}{Z_1 + a^2 Z_2}$
② $I_{s1} = \dfrac{V_1}{Z_1 + a Z_2}$
③ $I_{s1} = \dfrac{V_1}{Z_1 - a Z_2}$
④ $I_{s1} = \dfrac{V_1}{Z_1 + Z_2 + Z}$

풀이 변압기의 단락전류
① 1차 단락전류 $I_{1s} = \dfrac{V_1}{Z_1 + Z_2'} = \dfrac{V_1}{Z_1 + a^2 Z_2}$[A]
$$I_{1s} = \frac{100}{\%Z} \times I_n[A]$$
② 2차 단락전류 $I_{2s} = a I_{1s}$[A]
여기서, 1차 측 임피던스 $Z_1 = r_1 + jx_1[\Omega]$
2차를 1차로 환산한 임피던스
$Z_2' = a^2 Z_2 = a^2(r_2 + jx_2)$
$= r_2' + jx_2'[\Omega]$) **답** ①

50 직류분권전동기에서 단자전압 210[V], 전기자전류 20[A], 1500[rpm]으로 운전할 때 발생 토크는 약 몇 [N·m]인가?
(단, 전기자저항은 0.15[Ω]이다.)
① 13.2 ② 26.4
③ 33.9 ④ 66.9

풀이 $V=210[V]$, $I_a=20[A]$, $N=1500[rpm]$,
$r_a=0.15[\Omega]$이므로
$E=V-I_aR_a=210-(20\times0.15)=207[V]$
$\therefore \tau=0.975\dfrac{P}{N}\times9.8=0.975\dfrac{E\cdot I_a}{N}\times9.8$
$=0.975\times\dfrac{207\times20}{1500}\times9.8 ≒ 26.4[N\cdot m]$ **답** ②

51 220[V], 50[kW]인 직류 직권전동기를 운전하는데 전기자저항(브러시의 접촉저항 포함)이 0.05[Ω]이고 기계적 손실이 1.7[kW], 표유손이 출력의 1[%]이다. 부하전류가 100[A] 일 때의 출력은 약 몇 [kW]인가?

① 14.5   ② 16.7
③ 18.2   ④ 19.6

풀이 직류 직권전동기의 역기전력
$E_c=V-(R_a+R_s)I=220-0.05\times100=215[V]$
출력 $P=E_cI=215\times100=21500[W]=21.5[kW]$
출력 = 입력 – 손실이므로
$\therefore P'=21.5-1.7-(21.5\times0.01)=19.6[kW]$ **답** ④

52 60[Hz], 12극, 회전자의 외경 2[m]인 동기발전기에 있어서 회전자의 주변속도는 약 몇 [m/s]인가?

① 43   ② 62.8
③ 120   ④ 132

풀이 동기속도
$N_s=\dfrac{120f}{p}=\dfrac{120\times60}{12}=600[rpm]$
따라서 회전자의 주변속도
$v=\pi D\cdot\dfrac{N_s}{60}=\pi\times2\times\dfrac{600}{60}=62.8[m/s]$ **답** ②

53 변압기의 등가회로를 작성하기 위하여 필요한 시험은?

① 권선저항측정, 무부하 시험, 단락시험
② 상회전시험, 절연내력시험, 권선저항측정
③ 온도상승시험, 절연내력시험, 무부하 시험
④ 온도상승시험, 절연내력시험, 권선저항측정

풀이 등가회로 작성 시
- 권선의 저항을 알아야 하고(**권선저항측정**)
- 철손을 측정하는 **무부하 시험**
- 동손을 측정하는 **단락시험**이 필요하다.   **답** ①

54 직류 타여자발전기의 부하전류와 전기자전류의 크기는?

① 전기자전류와 부하전류가 같다.
② 부하전류가 전기자전류보다 크다.
③ 전기자전류가 부하전류보다 크다.
④ 전기자전류와 부하전류는 항상 0 이다.

풀이 타여자 발전기는 외부에서 계자권선 F에 직류 전원을 공급하므로 잔류 자기가 없어도 되며, **전기자 전류(I_a)와 부하전류(I)의 크기가 같다.**

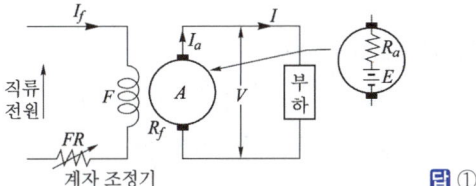

답 ①

55 유도전동기의 특성에서 토크와 2차 입력 및 동기속도의 관계는?

① 토크는 2차 입력과 동기속도의 곱에 비례한다.
② 토크는 2차 입력에 반비례하고, 동기속도에 비례한다.
③ 토크는 2차 입력에 비례하고, 동기속도에 반비례한다.
④ 토크는 2차 입력의 자승에 비례하고, 동기속도의 자승에 반비례한다.

풀이 토크 $\tau=\dfrac{P_2}{2\pi N_s}$

즉, **토크는 2차 입력(P_2)에 비례하고 동기속도(N_s)에 반비례한다.**   **답** ③

56 농형 유도전동기의 속도제어법이 아닌 것은?

① 극수변환   ② 1차 저항변환
③ 전원전압변환   ④ 전원주파수변환

풀이 유도전동기의 속도제어법
① 농형 유도전동기의 속도제어법
  • 주파수를 바꾸는 방법
  • 극수를 바꾸는 방법
  • 전원전압을 바꾸는 방법
② 권선형 유도전동기의 속도제어법
  • 2차여자 제어법
  • 2차저항 제어법
  • 종속 제어법   **답** ②

57 220[V], 60[Hz], 8극, 15[kW]의 3상 유도전동기에서 전부하 회전수가 864[rpm]이면 이 전동기의 2차 동손은 몇 [W]인가?
① 435   ② 537
③ 625   ④ 723

풀이
• 회전자계속도
$$N_s = \frac{120f}{P} = \frac{120 \times 60}{8} = 900[\text{rpm}]$$
• 슬립 $s = \dfrac{N_s - N}{N_s} = \dfrac{900 - 864}{900} = 0.04$
• 출력 $P_0 = (1-s)P_2$ 이므로
$$P_2 = \frac{P_0}{1-s} = \frac{15 \times 10^3}{1-0.04} = 15625[\text{W}]$$
따라서
$P_{c2} = sP_2 = 0.04 \times 15625 = 625[\text{W}]$ **답** ③

58 2대의 동기발전기가 병렬운전하고 있을 때 동기화 전류가 흐르는 경우는?
① 부하분담에 차가 있을 때
② 기전력의 크기에 차가 있을 때
③ 기전력의 위상에 차가 있을 때
④ 기전력의 파형에 차가 있을 때

풀이 병렬운전 조건과 조건이 다른 경우 흐르는 전류

병렬운전 조건	다른 경우 흐르는 전류
기전력의 크기가 같을 것	무효 순환전류
기전력의 위상이 같을 것	동기화 전류
기전력의 주파수가 같을 것	동기화 전류
기전력의 파형이 같을 것	고주파 무효 순환전류

답 ③

59 선박추진용 및 전기자동차용 구동전동기의 속도제어로 가장 적합한 것은?
① 저항에 의한 제어
② 전압에 의한 제어
③ 극수변환에 의한 제어
④ 전원주파수에 의한 제어

풀이 주파수에 변화에 의한 제어
① 전동기에 가해지는 전원 주파수를 바꾸어 속도를 제어하는 방법이다.
② 원동기의 속도제어에 의해 전용 발전기 주파수를 변화시키는 것으로 선박의 전기 추진용 전동기, 포트모터의 속도제어 등에 적합하다.   **답** ④

60 변압기에서 권수가 2배가 되면 유기기전력은 몇 배가 되는가?
① 1   ② 2
③ 4   ④ 8

풀이 유기기전력 $E_1 = 4.44fw_1\Phi_m$ 이므로 기전력과 권수는 비례한다.($E \propto w$)
따라서 권수가 2배가 되면 유기기전력은 2배가 된다.
답 ②

4과목 - 회로이론

61 $r[\Omega]$인 6개의 저항을 그림과 같이 접속하고 평형 3상 전압 E를 가했을 때 전류 I는 몇 [A]인가? (단, $r = 3[\Omega]$, $E = 60[V]$이다.)

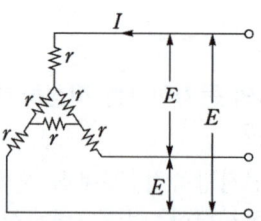

① 8.66   ② 9.56
③ 10.8   ④ 12.6

풀이

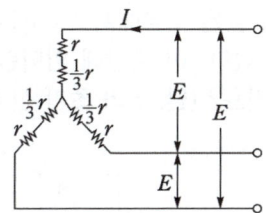

△를 Y로 등가변환시키면

전류 $I = \dfrac{\dfrac{E}{\sqrt{3}}}{r + \dfrac{1}{3}r} = \dfrac{\sqrt{3}E}{4r} = \dfrac{\sqrt{3} \times 60}{4 \times 3} = 8.66[A]$

(여기서 저항의 크기가 동일한 경우 $R_Y = \dfrac{1}{3}R_\triangle$ 이다.)

답 ①

62 다음 중 정전용량의 단위 F(패럿)와 같은 것은? (단, C는 쿨롱, N은 뉴턴, V는 볼트, m은 미터이다.)

① $\dfrac{V}{C}$ ② $\dfrac{N}{C}$

③ $\dfrac{C}{m}$ ④ $\dfrac{C}{V}$

풀이 정전용량 $C = \dfrac{Q[C]}{V[V]}[F]$

∴ [F] = [C/V]

답 ④

63 다음과 같은 Y결선 회로와 등가인 △결선회로의 A, B, C 값은 몇 [Ω]인가?

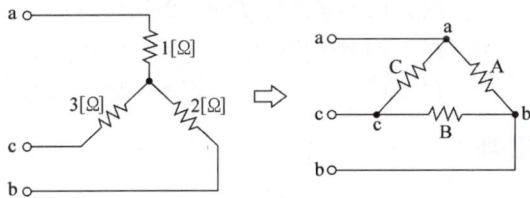

① $A = \dfrac{7}{3}$, $B = 7$, $C = \dfrac{7}{2}$

② $A = 7$, $B = \dfrac{7}{2}$, $C = \dfrac{7}{3}$

③ $A = 11$, $B = \dfrac{11}{2}$, $C = \dfrac{11}{3}$

④ $A = \dfrac{11}{3}$, $B = 11$, $C = \dfrac{11}{2}$

풀이 Y → △로 등가변환

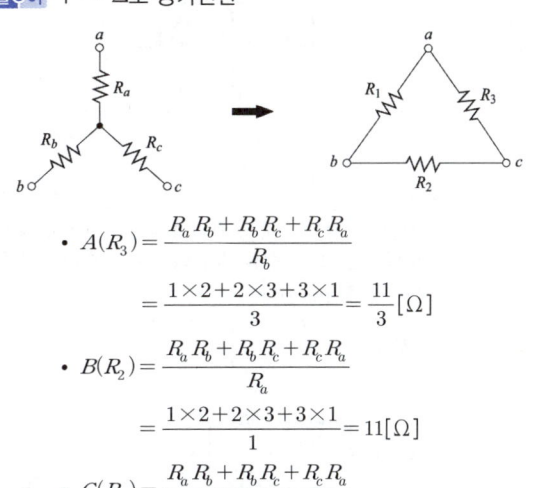

- $A(R_3) = \dfrac{R_a R_b + R_b R_c + R_c R_a}{R_b}$
  $= \dfrac{1 \times 2 + 2 \times 3 + 3 \times 1}{3} = \dfrac{11}{3}[\Omega]$

- $B(R_2) = \dfrac{R_a R_b + R_b R_c + R_c R_a}{R_a}$
  $= \dfrac{1 \times 2 + 2 \times 3 + 3 \times 1}{1} = 11[\Omega]$

- $C(R_1) = \dfrac{R_a R_b + R_b R_c + R_c R_a}{R_c}$
  $= \dfrac{1 \times 2 + 2 \times 3 + 3 \times 1}{2} = \dfrac{11}{2}[\Omega]$

답 ④

64 회로의 전압비 전달함수 $G(s) = \dfrac{V_{2(s)}}{V_{1(s)}}$ 는?

① RC

② $\dfrac{1}{RC}$

③ $RCs + 1$

④ $\dfrac{1}{RCs + 1}$

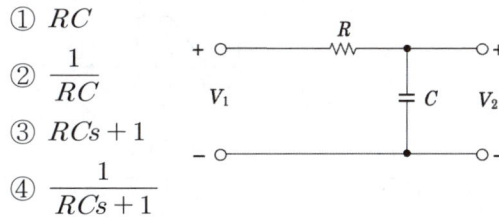

풀이 $G(s) = \dfrac{V_2(s)}{V_1(s)} = \dfrac{\dfrac{1}{Cs}}{R + \dfrac{1}{Cs}} = \dfrac{1}{RCs + 1}$

답 ④

65 측정하고자 하는 전압이 전압계의 최대눈금보다 클 때에 전압계에 직렬로 저항을 접속하여 측정 범위를 넓히는 것은?

① 분류기 ② 분광기
③ 배율기 ④ 감쇠기

풀이 ① 배율기 : 전압계의 측정 범위를 확대하기 위하여 내부저항 $r_a[\Omega]$인 전압계에 직렬로 접속하는 저항 R_m을 배율기라 한다.

배율 $m = \dfrac{V}{V_a} = 1 + \dfrac{R_m}{r_a}$

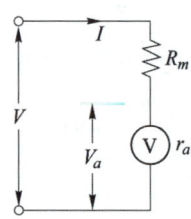

② 분류기 : 전류계의 측정 범위를 확대하기 위하여 내부저항 $r_a[\Omega]$인 전류계에 병렬로 접속하는 저항 R_s를 분류기라 한다.

배율 $m = \dfrac{I}{I_a} = 1 + \dfrac{r_a}{R_s}$

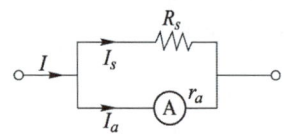

답 ③

66 그림과 같이 주기가 3[s]인 전압 파형의 실효값은 약 몇 [V]인가?

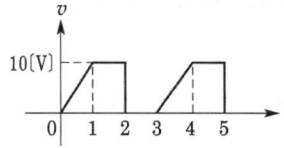

① 5.67   ② 6.67
③ 7.57   ④ 8.57

풀이 실효값 $V = \sqrt{\dfrac{1}{T}\int_0^T v^2 dt}$
$= \sqrt{\dfrac{1}{3}\left\{\int_0^1 (10t)^2 dt + \int_1^2 10^2 dt\right\}}$
$= \sqrt{\dfrac{20}{3}} \fallingdotseq 6.67\,[V]$

답 ②

67 1[mV]의 입력을 가했을 때 100[mV]의 출력이 나오는 4단자 회로의 이득[dB]은?

① 40   ② 30
③ 20   ④ 10

풀이 이득 $G = 20\log_{10}\dfrac{V_o}{V_i} = 20\log_{10}\dfrac{100}{1}$
$= 20\log_{10}10^2 = 20 \times 2 = 40\,[dB]$

답 ①

68 다음과 같은 회로에서 $t=0$인 순간에 스위치 S를 닫았다. 이 순간에 인덕턴스 L에 걸리는 전압[V]은? (단, L의 초기 전류는 0 이다.)

① 0
② $\dfrac{\leq}{R}$
③ E
④ $\dfrac{E}{R}$

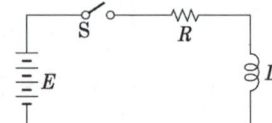

풀이 $E_L = Ee^{-\frac{R}{L}t} = Ee^{-\frac{R}{L}\times 0} = E\,[V]$

답 ③

69 $f(t) = 3u(t) + 2e^{-t}$인 시간함수를 라플라스 변환한 것은?

① $\dfrac{3s}{s^2+1}$ ② $\dfrac{s+3}{s(s+1)}$
③ $\dfrac{5s+3}{s(s+1)}$ ④ $\dfrac{5s+1}{(s+1)s^2}$

풀이 $F(s) = \mathcal{L}[f(t)] = \mathcal{L}[3u(t) + 2e^{-t}]$
$= \dfrac{3}{s} + \dfrac{2}{s+1} = \dfrac{5s+3}{s(s+1)}$

답 ③

70 비정현파 $f(x)$가 반파대칭 및 정현대칭일 때 옳은 식은? (단, 주기는 2π이다.)

① $f(-x) = f(x),\ f(x+\pi) = f(x)$
② $f(-x) = f(x),\ f(x+2\pi) = f(x)$
③ $f(-x) = -f(x),\ -f(x+\pi) = f(x)$
④ $f(-x) = -f(x),\ -f(x+2\pi) = f(x)$

풀이

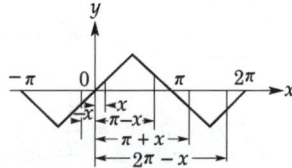

① 정현 반파 대칭이므로 sin의 기수(홀수)차 항만 존재한다.
② 그림에서 반파 및 정현 대칭 조건은
$f(-x) = -f(x)$
$f(2\pi-x) = f(-x) = f(\pi+x)$
$f(\pi+x) = f(-x) = -f(x)$

답 ③

71 $F(s) = \dfrac{2(s+1)}{s^2+2s+5}$ 의 시간함수 $f(t)$는 어느 것인가?

① $2e^t \cos 2t$ ② $2e^t \sin 2t$
③ $2e^{-t} \cos 2t$ ④ $2e^{-t} \sin 2t$

풀이
$F(s) = \dfrac{2(s+1)}{s^2+2s+5} = \dfrac{2(s+1)}{(s+1)^2+2^2}$
$= 2\dfrac{s}{s^2+2^2}\bigg|_{s=s+1}$
$\therefore \mathcal{L}\left[\dfrac{2(s+1)}{(s+1)^2+2^2}\right] = 2e^{-t}\cos 2t$ 답 ③

72 그림과 같은 회로에서 스위치 S를 닫았을 때 시정수(sec)의 값은? (단, $L = 10$[mH], $R = 20$[Ω]이다.)

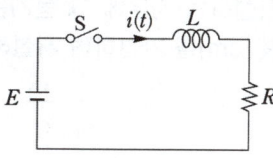

① 200   ② 2000
③ 5×10^{-3} ④ 5×10^{-4}

풀이
$R-L$ 직렬회로의 시정수 $\tau = \dfrac{L}{R}$[s]
$\therefore \tau = \dfrac{10 \times 10^{-3}}{20} = 5 \times 10^{-4}$ [s]   답 ④

73 대칭 10상 회로의 선간전압이 100[V]일 때 상전압은 약 몇 [V]인가?
(단, $\sin 18° = 0.309$이다.)

① 161.8   ② 172
③ 183.1   ④ 193

풀이 대칭 n상 성형결선
선간전압
$E_l = 2E_p \sin \dfrac{\pi}{n} = 2E_p \sin \dfrac{\pi}{10} = 2E_p \sin 18°$[V]
따라서 상전압
$E_p = \dfrac{E_l}{2\sin 18°} = \dfrac{100}{2 \times 0.309} = 161.8$[V]   답 ①

74 단자 1-1'에서 본 구동점 임피던스 Z_{11}은 몇 [Ω]인가?

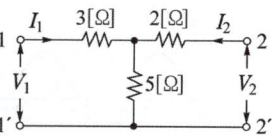

① 5   ② 8
③ 10   ④ 15

풀이 그림과 같은 T형 회로에서
$Z_1 = 3$[Ω], $Z_2 = 2$[Ω], $Z_3 = 5$[Ω] 이라고 할 때 임피던스 파라미터
$Z_{11} = \dfrac{V_1}{I_1}\bigg|_{I_2=0} = Z_1 + Z_3 = 3 + 5 = 8$[Ω]   답 ②

75 어느 회로망의
응답 $h(t) = (e^{-t} + 2e^{-2t})u(t)$의 라플라스 변환은?

① $\dfrac{3s+4}{(s+1)(s+2)}$ ② $\dfrac{3s}{(s-1)(s-2)}$
③ $\dfrac{3s+2}{(s+1)(s+2)}$ ④ $\dfrac{-s-4}{(s-1)(s-2)}$

풀이
$H(s) = \mathcal{L}[h(t)] = \dfrac{1}{s+1} + \dfrac{2}{s+2}$
$= \dfrac{3s+4}{(s+1)(s+2)}$ 답 ①

76 $R = 50$[Ω], $L = 200$[mH]의 직렬회로에서 주파수 $f = 50$[Hz]의 교류에 대한 역률[%]은?

① 82.3   ② 72.3
③ 62.3   ④ 52.3

풀이 $R-L$ 직렬회로의
$\cos\theta = \dfrac{R}{Z} = \dfrac{R}{\sqrt{R^2+X_L^2}} = \dfrac{R}{\sqrt{R^2+(\omega L)^2}}$
$\therefore \cos\theta = \dfrac{50}{\sqrt{50^2+(2\pi \times 50 \times 200 \times 10^{-3})^2}} \times 100$
$= 62.3$[%]   답 ③

77 그림과 같은 $e = E_m\sin\omega t$인 정현파 교류의 반파정류파형의 실효값은?

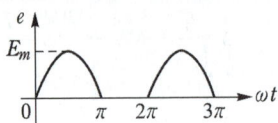

① E_m ② $\dfrac{E_m}{\sqrt{2}}$ ③ $\dfrac{E_m}{2}$ ④ $\dfrac{E_m}{\sqrt{3}}$

풀이 실효값 $E = \sqrt{\dfrac{1}{T}\int_0^T e^2 dt}$
$= \sqrt{\dfrac{1}{2\pi}\int_0^{2\pi} e^2 d(\omega t)}$ 에서

반파 정류파는 $\pi \sim 2\pi$일 때 $e = 0$이므로
$E = \sqrt{\dfrac{1}{2\pi}\int_0^{\pi} e^2 d(\omega t)}$
$= \sqrt{\dfrac{1}{2\pi}\int_0^{\pi} E_m^2 \sin^2\omega t\, d(\omega t)}$
$= \sqrt{\dfrac{E_m^2}{2\pi}\int_0^{\pi} \dfrac{1-\cos 2\omega t}{2} d(\omega t)} = \dfrac{E_m}{2}$ **답** ③

78 대칭 3상 교류전원에서 각 상의 전압이 v_a, v_b, v_c일 때 3상 전압[V]의 합은?

① 0 ② $0.3v_a$
③ $0.5v_a$ ④ $3v_a$

풀이 a상을 기준으로 하면
$v = v_a + v_b + v_c = v_a + a^2 v_a + a v_a$
$= v_a(1 + a^2 + a) = 0$
$(\because 1 + a^2 + a = 0)$ **답** ①

79 전압 $e = 100\sin 10t + 20\sin 20t$ [V]이고, 전류 $i = 20\sin(10t - 60) + 10\sin 20t$ [A] 일 때 소비전력은 몇 [W]인가?

① 500 ② 550
③ 600 ④ 650

풀이 비정현파의 유효전력 $P = \sum_{n=1}^{\infty} V_n I_n \cos\theta_n$ 에서
$P = \dfrac{100}{\sqrt{2}} \times \dfrac{20}{\sqrt{2}} \times \cos 60° + \dfrac{20}{\sqrt{2}} \times \dfrac{10}{\sqrt{2}} \times \cos 0°$
$= 600$ [W] **답** ③

80 RLC 직렬회로에서 공진 시의 전류는 공급전압에 대하여 어떤 위상차를 갖는가?

① 0° ② 90°
③ 180° ④ 270°

풀이 직렬공진에서는 회로의 리액턴스 성분이 0이 되어 전압과 전류가 동상이 되므로 위상차는 0°이다. **답** ①

5과목 - 전기설비기술기준

81 철근 콘크리트주로서 전장이 15[m]이고, 설계 하중이 8.2[kN]이다. 이 지지물을 논이나 기타 지반이 연약한 곳 이외에 기초 안전율의 고려 없이 시설하는 경우에 그 묻히는 깊이는 기준보다 몇 [cm]를 가산하여 시설하여야 하는가?

① 10 ② 30
③ 50 ④ 70

풀이 331.7 가공전선로 지지물의 기초의 안전율
가공전선로의 지지물에 하중이 가하여지는 경우에 그 하중을 받는 지지물의 기초의 안전율은 2(이상 시 상정하중에 대한 철탑의 기초에 대하여는 1.33) 이상이어야 한다. 다만, 다음에 따라 시설하는 경우에는 적용하지 않는다.

설계 하중 전장	6.8[kN] 이하	6.8[kN] 초과 ~9.8[kN] 이하	9.8[kN] 초과 ~14.72[kN] 이하
15[m] 이하	전장 × 1/6[m] 이상	전장 × 1/6 + 0.3[m] 이상	전장 × 1/6 + 0.5[m] 이상
15[m] 초과	2.5[m] 이상	2.8[m] 이상	–
16[m] 초과 ~20[m] 이하	2.8[m] 이상	–	–
15[m] 초과 ~18[m] 이하	–	–	3[m] 이상
18[m] 초과	–	–	3.2[m] 이상

답 ②

82 금속관공사에 의한 저압 옥내배선 시설에 대한 설명으로 틀린 것은?

① 인입용 비닐절연전선을 사용했다.
② 옥외용 비닐절연전선을 사용했다.
③ 짧고 가는 금속관에 연선을 사용했다.
④ 단면적 10[mm²] 이하의 전선을 사용했다.

풀이 232.12 금속관공사
가. 전선은 절연전선(옥외용 비닐절연전선을 제외한다)일 것.
나. 전선은 연선일 것. 다만, 다음의 것은 적용하지 않는다.
  ① 짧고 가는 금속관에 넣은 것.
  ② 단면적 10[mm²](알루미늄선은 단면적 16[mm²]) 이하의 것.
다. 관의 두께는 다음에 의할 것.
  ① 콘크리트에 매설하는 것은 1.2[mm] 이상
  ② 콘크리트 매설 이외의 것은 1[mm] 이상
라. 관에는 접지공사를 할 것. **답** ②

83 전가섭선에 관하여 각 가섭선의 상정 최대장력의 33[%]와 같은 불평균 장력의 수평종분력에 의한 하중을 더 고려하여야 할 철탑의 유형은?

① 직선형   ② 각도형
③ 내장형   ④ 인류형

풀이 333.13 상시 상정하중
인류형·내장형 또는 보강형·직선형·각도형의 철주·철근 콘크리트주 또는 철탑의 경우에는 다음에 따라 가섭선 불평균 장력에 의한 수평 종하중을 가산한다.
가. 인류형의 경우에는 전가섭선에 관하여 각 가섭선의 상정 최대 장력과 같은 불평균 장력의 수평 종분력에 의한 하중
나. 내장형·보강형의 경우에는 전가섭선에 관하여 각 가섭선의 상정 최대장력의 33[%]와 같은 불평균 장력의 수평 종분력에 의한 하중
다. 직선형의 경우에는 전가섭선에 관하여 각 가섭선의 상정 최대 장력의 3[%]와 같은 불평균 장력의 수평 종분력에 의한 하중.(단 내장형은 제외한다)
라. 각도형의 경우에는 전가섭선에 관하여 각 가섭선의 상정 최대 장력의 10[%]와 같은 불평균 장력의 수평 종분력에 의한 하중 **답** ③

84 케이블트레이공사에 사용되는 케이블 트레이가 수용된 모든 전선을 지지할 수 있는 적합한 강도의 것일 경우 케이블 트레이의 안전율은 얼마 이상으로 하여야 하는가?

① 1.1   ② 1.2
③ 1.3   ④ 1.5

풀이 232.41 케이블트레이공사
가. 케이블 트레이의 안전율은 1.5 이상으로 하여야 한다.
나. 금속재의 것은 적절한 방식처리를 한 것이거나 내식성 재료의 것이어야 한다.
다. 비금속제 케이블 트레이는 난연성 재료의 것이어야 한다.
라. 금속제 케이블 트레이 계통은 기계적 및 전기적으로 완전하게 접속하여야 하며 금속제 트레이는 접지공사를 하여야 한다.
마. 전선의 피복 등을 손상시킬 돌기 등이 없이 매끈하여야 한다. **답** ④

85 고압가공전선로에 케이블을 조가용선에 행거로 시설할 경우 그 행거의 간격은 몇 [cm] 이하로 하여야 하는가?

① 50   ② 60
③ 70   ④ 80

풀이 332.2 가공케이블의 시설
저압 가공전선 또는 고압 가공전선에 케이블을 사용하는 경우에는 다음에 따라 시설하여야 한다.
가. 케이블은 조가용선에 행거로 시설할 것. 이 경우에는 사용전압이 고압인 때에는 행거의 간격은 0.5[m] 이하로 하는 것이 좋다.
나. 조가용선은 인장강도 5.93[kN] 이상의 것 또는 단면적 22[mm²] 이상인 아연도강연선일 것.
다. 조가용선 및 케이블의 피복에 사용하는 금속체에는 접지공사를 할 것.
라. 조가용선을 케이블에 접촉시켜 금속 테이프를 감는 경우에는 20[cm] 이하의 간격으로 나선상으로 한다.

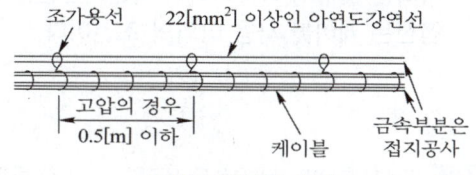

〈가공 케이블의 시설〉 **답** ①

86 케이블공사에 의한 저압 옥내배선의 시설방법에 대한 설명으로 틀린 것은?

① 전선은 케이블 및 캡타이어케이블로 한다.
② 콘크리트 안에는 전선에 접속점을 만들지 아니한다.
③ 전선을 넣는 방호장치의 금속제 부분에는 접지공사를 한다.
④ 전선을 조영재의 옆면에 따라 붙이는 경우 전선의 지지점 간의 거리를 케이블은 3[m] 이하로 한다.

풀이 232.51 케이블공사
케이블 배선에 의한 저압 옥내배선은 다음에 따라 시설하여야 한다.
가. 전선은 케이블 및 캡타이어케이블일 것.
나. 전선을 조영재의 아랫면 또는 옆면에 따라 붙이는 경우 전선의 지지점 간의 거리
  ① 케이블 : 2[m](사람이 접촉할 우려가 없는 곳에서 수직으로 붙이는 경우에는 6[m]) 이하
  ② 캡타이어 케이블 : 1[m] 이하   **답** ④

87 태양전지 발전소에 태양전지 모듈 등을 시설할 경우 사용 전선(연동선)의 공칭단면적은 몇 [mm²] 이상인가?

① 1.6   ② 2.5
③ 5   ④ 10

풀이 522 태양광설비의 시설
가. 전선은 공칭단면적 2.5[mm²] 이상의 연동선 또는 이와 동등 이상의 세기 및 굵기의 것일 것.
나. 배선설비 공사는 옥내에 시설할 경우에는 합성수지관공사, 금속관공사, , 케이블공사의 규정에 준하여 시설할 것.   **답** ②

88 66[kV] 특고압 가공전선과 저압 가공전선을 동일 지지물에 병행 설치하여 시설하는 경우 이격거리는 몇 [m] 이상이어야 하는가? 단, 특고압전선은 케이블 사용 이외의 조건이다.

① 1   ② 2
③ 3   ④ 4

풀이 333.17 특고압 가공전선과 저고압 가공전선 등의 병행 설치

전 압	표 준	특고압에 케이블 사용 및 저·고압에 절연전선 또는 케이블 사용
35[kV] 이하	1.2[m] 이상	0.5[m] 이상
35[kV] 초과 100[kV] 미만	2[m] 이상	1[m] 이상

답 ②

89 변압기의 고압측 1선 지락전류가 30[A]인 경우에 접지공사의 최대 접지저항 값은 몇 [Ω]인가? (단, 고압 측 전로가 저압 측 전로와 혼촉하는 경우 1초 이내에 자동적으로 차단하는 장치가 설치되어 있다.)

① 5   ② 10
③ 15   ④ 20

풀이 142.5 변압기 중성점 접지
변압기의 고압 측 또는 사용전압이 35[kV] 이하의 특고압전로가 저압 측 전로와 혼촉하고 저압전로의 대지전압이 150[V]를 초과하는 경우 1초 이내에 고압·특고압 전로를 자동으로 차단하는 장치를 설치할 경우 접지저항값

$$R = \frac{600}{\text{고압 측 또는 특고압 측의 1선 지락전류}} [\Omega]$$

즉, 1초 이내에 자동적으로 차단하는 장치가 설치되어 있으므로
접지 저항값 $R = \frac{600}{30} = 20[\Omega]$ **답** ④

90 전광표시 장치에 사용하는 저압 옥내배선을 금속관공사로 시설할 경우 연동선의 단면적은 몇 [mm²] 이상 사용하여야 하는가?

① 0.75   ② 1.25
③ 1.5   ④ 2.5

풀이 231.3.1 저압 옥내배선의 사용전선
가. 저압 옥내배선의 전선 : 단면적 2.5[mm²] 이상의 연동선
나. 옥내배선의 사용 전압이 400[V] 이하인 경우는 다음에 의하여 시설할 수 있다.
  ① 전광표시 장치 또는 제어 회로
    • 단면적 1.5[mm²] 이상의 연동선
    • 단면적 0.75[mm²] 이상인 다심케이블 또는 다심 캡타이어 케이블을 사용하고 또한 과전류가 생겼을 때에 자동적으로 전로에서 차단하는 장치를 시설

② 진열장 또는 이와 유사한 것의 내부 배선 : 단면적 0.75[mm²] 이상인 코드 또는 캡타이어케이블
답 ③

91 고압가공전선로에 사용하는 가공지선은 인장강도 5.26[kN] 이상의 것 또는 지름이 몇 [mm] 이상의 나경동선을 사용하여야 하는가?

① 2.6
② 3.2
③ 4.0
④ 5.0

풀이 332.6 고압 가공전선로의 가공지선
고압 가공전선로에 사용하는 가공지선은 인장강도 5.26[kN] 이상의 것 또는 지름 4[mm] 이상의 나경동선을 사용한다.
답 ③

92 전력보안 통신용 전화설비를 시설하지 않아도 되는 것은?

① 원격감시제어가 되지 아니하는 발전소
② 원격감시제어가 되지 아니하는 변전소
③ 2개 이상의 급전소 상호 간과 이들을 통합 운용하는 급전소 간
④ 발전소로서 전기공급에 지장을 미치지 않고, 휴대용 전력보안통신 전화설비에 의하여 연락이 확보된 경우

풀이 362.1 전력보안통신설비의 시설 요구사항
발전소·변전소 및 개폐소와 기술원 주재소 간에는 전력보안통신 설비의 시설이 요구된다.
다만, 다음 어느 항목에 적합하고 또한 휴대용 또는 이동용 전력 보안통신 전화 설비에 의하여 연락이 확보된 경우에는 그러하지 아니하다.
가. 발전소로서 전기의 공급에 지장을 미치지 않는 것.
나. 상주감시를 하지 않는 변전소(사용전압이 35[kV] 이하의 것에 한한다.)로서 그 변전소에 접속되는 전선로가 동일 기술원 주재소에 의하여 운용되는 곳.
답 ④

93 지중전선로의 시설방식이 아닌 것은?

① 관로식
② 압착식
③ 암거식
④ 직접매설식

풀이 334.1 지중전선로의 시설
가. 지중 전선로는 전선에 케이블을 사용하고 또한 관로식·암거식 또는 직접 매설식에 의하여 시설하여야 한다.
나. 지중 전선로를 직접 매설식에 의하여 시설하는 경우에는 매설 깊이를 차량 기타 중량물의 압력을 받을 우려가 있는 장소에는 1.0[m] 이상, 기타 장소에는 0.6[m] 이상으로 하고 또한 지중 전선을 견고한 트라프 기타 방호물에 넣어 시설하여야 한다.
답 ②

94 지중전선로에 사용하는 지중함의 시설기준으로 틀린 것은?

① 조명 및 세척이 가능한 장치를 하도록 할 것
② 그 안의 고인 물을 제거할 수 있는 구조일 것
③ 견고하고 차량 기타 중량물의 압력에 견딜 수 있을 것
④ 뚜껑은 시설자 이외의 자가 쉽게 열 수 없도록 할 것

풀이 334.2 지중함의 시설
지중전선로에 사용하는 지중함은 다음에 따라 시설하여야 한다.
가. 지중함은 견고하고 차량 기타 중량물의 압력에 견디는 구조일 것.
나. 지중함은 그 안의 고인 물을 제거할 수 있는 구조로 되어 있을 것.
다. 폭발성 또는 연소성의 가스가 침입할 우려가 있는 것에 시설하는 지중함으로서 그 크기가 1[m³] 이상인 것에는 통풍장치 기타 가스를 방산시키기 위한 적당한 장치를 시설할 것.
라. 지중함의 뚜껑은 시설자이외의 자가 쉽게 열 수 없도록 시설할 것.
답 ①

95 특고압 가공전선은 케이블인 경우 이외에는 단면적이 몇 [mm²] 이상의 경동연선이어야 하는가?

① 8
② 14
③ 22
④ 30

풀이 333.4 특고압 가공전선의 굵기 및 종류
특고압 가공전선은 케이블인 경우 이외에는 인장강도 8.71[kN] 이상의 연선 또는 단면적이 22[mm²] 이상의 경동연선 또는 동등이상의 인장강도를 갖는 알루미늄 전선이나 절연전선이어야 한다.
답 ③

96 345[kV] 변전소의 충전 부분에서 6[m]의 거리에 울타리를 설치하려고 한다. 울타리의 최소 높이는 약 몇 [m]인가?

① 2　　　　② 2.28
③ 2.57　　　④ 3

풀이 351.1 발전소 등의 울타리·담 등의 시설
　가. 울타리·담 등의 높이는 2[m] 이상으로 하고 지표면과 울타리·담 등의 하단 사이의 간격은 0.15[m] 이하로 할 것.
　나. 울타리·담 등의 높이와 울타리·담 등으로부터 충전부분까지 거리의 합계는 표에서 정한 값 이상으로 할 것.

사용전압의 구분	울타리·담 등의 높이와 울타리·담 등으로부터 충전 부분까지의 거리의 합계
35[kV] 이하	5[m]
35[kV] 초과 160[kV] 이하	6[m]
160[kV] 초과	• 거리의 합계 = 6 + 단수 × 0.12[m] • 단수 = $\frac{\text{사용전압[kV]}-160}{10}$ 단수 계산에서 소수점 이하는 절상

- 단수 = $\frac{345-160}{10}$ = 18.5 → 19단
- 거리의 합계 = 6 + (19×0.12) = 8.28[m]
- 울타리에서 충전 부분까지 거리는 6[m]이므로 울타리 최소 높이 = 8.28 − 6 = 2.28[m]　**답** ②

97 최대사용전압이 23,000[V]인 중성점 비접지식 전로의 절연내력시험전압은 몇 [V]인가?

① 16560　　② 21160
③ 25300　　④ 28750

풀이 132 전로의 절연저항 및 절연내력

전로의 종류	접지방식	시험전압 (최대사용전압의 배수)	최저 시험전압
1. 7[kV] 이하인 전로		1.5배	
2. 7[kV] 초과 25[kV] 이하	다중접지	0.92배	
3. 7[kV] 초과 60[kV] 이하 (2란의 것 제외)		1.25배	10.5[kV]
4. 60[kV] 초과	비접지	1.25배	
5. 60[kV] 초과 (6란, 7란의 것 제외)	접지식	1.1배	75[kV]
6. 60[kV] 초과(7란의 것 제외)	직접접지	0.72배	
7. 170[kV] 초과(발전소 또는 변전소 혹은 이에 준하는 장소에 시설하는 것.)	직접접지	0.64배	

∴ 시험전압 = 23,000 × 1.25 = 28,750[V]　**답** ④

출제기준 변경 및 개정된 관계 법규에 따라
삭제된 문제가 있어 20문항이 안됩니다.

2018년 2회

20년간 전기산업기사필기

동일출판사 홈페이지에서 무료 동영상강의를 보실 수 있습니다.

1과목 - 전기자기

01 유전체에 가한 전계 E[V/m]와 분극의 세기 P[C/m²]와의 관계로 옳은 것은?

① $P = \epsilon_o(\epsilon_s + 1)E$
② $P = \epsilon_o(\epsilon_s - 1)E$
③ $P = \epsilon_s(\epsilon_o + 1)E$
④ $P = \epsilon_s(\epsilon_o - 1)E$

풀이 전계 $E = \dfrac{\sigma - \sigma_p}{\epsilon_0} = \dfrac{D - P}{\epsilon_0}$[V/m]이므로

전속밀도 $D = \epsilon_0 E + P = \epsilon_0 \epsilon_s E$[C/m²]이다.

따라서 분극의 세기 $P = \epsilon_0(\epsilon_s - 1)E$[C/m²]

답 ②

02 자유공간(진공)에서의 고유 임피던스[Ω]는?

① 144 ② 277
③ 377 ④ 544

풀이 매질의 고유 임피던스

① 고유 임피던스 $\eta = \dfrac{E}{H} = \sqrt{\dfrac{\mu}{\epsilon}}$ [Ω]

② 진공의 고유 임피던스

$\eta_0 = \dfrac{E}{H} = \sqrt{\dfrac{\mu_0}{\epsilon_0}} = \sqrt{\dfrac{4\pi \times 10^{-7}}{8.855 \times 10^{-12}}}$

$\fallingdotseq 377$[Ω]

답 ③

03 크기가 1[C]인 두 개의 같은 점전하가 진공 중에서 일정한 거리가 떨어져 9×10^9[N]의 힘으로 작용할 때 이들 사이의 거리는 몇 [m]인가?

① 1 ② 2
③ 4 ④ 10

풀이 쿨롱의 법칙 $F = 9 \times 10^9 \dfrac{Q_1 Q_2}{r^2}$[N]에서

크기가 1[C]인 두 개의 같은 점전하에 대한 힘이 9×10^9[N] 이므로

$F = 9 \times 10^9 \times \dfrac{1 \times 1}{r^2} = 9 \times 10^9$[N]

$\therefore r = 1$ [m]

답 ①

04 공극을 가진 환상 솔레노이드에서 총 권수 N, 철심의 비투자율 μ_r, 단면적 A, 길이 l이고 공극이 δ일 때, 공극부에 자속밀도 B를 얻기 위해서는 전류를 몇 [A] 흘려야 하는가?

① $\dfrac{10^7 B}{2\pi N}\left(\dfrac{l}{\mu_r} + \delta\right)$
② $\dfrac{10^7 B}{2\pi N}\left(\dfrac{\delta}{\mu_r} + l\right)$
③ $\dfrac{10^7 B}{4\pi N}\left(\dfrac{l}{\mu_r} + \delta\right)$
④ $\dfrac{10^7 B}{4\pi N}\left(\dfrac{\delta}{\mu_r} + l\right)$

풀이 자기 저항

$R_m = R_i + R_g$
$= \dfrac{l}{\mu_0 \mu_r A} + \dfrac{\delta}{\mu_0 A} = \dfrac{1}{\mu_0 A}\left(\dfrac{l}{\mu_r} + \delta\right)$

자기회로의 옴의 법칙 $\Phi = \dfrac{NI}{R_m}$ 이므로

$\therefore I = \dfrac{\Phi R_m}{N} = \dfrac{(BA) R_m}{N} = \dfrac{B}{\mu_0 N}\left(\dfrac{l}{\mu_r} + \delta\right)$
$= \dfrac{10^7 B}{4\pi N}\left(\dfrac{l}{\mu_r} + \delta\right)$

(여기서, $\mu_0 = 4\pi \times 10^{-7}$)

답 ③

05 자계의 세기가 H인 자계 중에 직각으로 속도 v로 발사된 전하 Q가 그리는 원의 반지름 r은?

① $\dfrac{mv}{QH}$
② $\dfrac{mv^2}{QH}$
③ $\dfrac{mv}{\mu HQ}$
④ $\dfrac{mv^2}{\mu HQ}$

풀이 자계 내에 직각으로 전하 Q가 입사하면 등속 원운동을 한다.

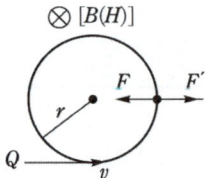

전하 Q의 질량을 m, 궤도의 반지름을 r이라 하면 구심력(F)과 원심력(F')은 같아야 하므로

$$BQv = \frac{mv^2}{r} [N]$$

$$\therefore r = \frac{mv^2}{BQv} = \frac{mv}{BQ} = \frac{mv}{\mu HQ} [m]$$

답 ③

06 면전하밀도 $\sigma[C/m^2]$, 판간 거리 $d[m]$인 무한 평행판 대전체 간의 전위차[V]는?

① σd ② $\dfrac{\sigma}{\epsilon}$ ③ $\dfrac{\epsilon_o \sigma}{d}$ ④ $\dfrac{\sigma d}{\epsilon_o}$

풀이 전하밀도 $\sigma[C/m^2]$에서 나오는 전기력선 밀도

$\dfrac{\sigma}{\epsilon_0}[개/m^2] = \dfrac{\sigma}{\epsilon_0}[V/m]$ (전계의 세기 E)이므로

따라서 전위차 $V = Ed = \dfrac{\sigma d}{\epsilon_0}[V]$

답 ④

07 진공 중의 도체계에서 임의의 도체를 일정 전위의 도체로 완전 포위하면 내외공간의 전계를 완전 차단시킬 수 있는데 이것을 무엇이라 하는가?

① 홀효과   ② 정전차폐
③ 핀치효과   ④ 전자차폐

풀이 임의의 도체를 접지된 도체로 완전 포위하면 외부에서 유도되는 전하를 차단할 수 있다. 이것을 정전차폐라고 한다.

답 ②

08 평면 전자파의 전계 E와 자계 H 사이의 관계식은?

① $E = \sqrt{\dfrac{\epsilon}{\mu}} H$ ② $E = \sqrt{\mu\epsilon} H$

③ $E = \sqrt{\dfrac{\mu}{\epsilon}} H$ ④ $E = \sqrt{\dfrac{1}{\mu\epsilon}} H$

풀이 $\dfrac{E}{H} = \sqrt{\dfrac{\mu}{\epsilon}}$ 에서, $E = \sqrt{\dfrac{\mu}{\epsilon}} H$ 이다.

답 ③

09 그림과 같은 반지름 $a[m]$인 원형 코일에 $I[A]$의 전류가 흐르고 있다. 이 도체 중심축상 x [m]인 P점의 자위는 몇 [A]인가?

① $\dfrac{I}{2}\left(1 - \dfrac{x}{\sqrt{a^2 + x^2}}\right)$

② $\dfrac{I}{2}\left(1 - \dfrac{a}{\sqrt{a^2 + x^2}}\right)$

③ $\dfrac{I}{2}\left(1 - \dfrac{x^2}{(a^2 + x^2)^{\frac{3}{2}}}\right)$

④ $\dfrac{I}{2}\left(1 - \dfrac{a^2}{(a^2 + x^2)^{\frac{3}{2}}}\right)$

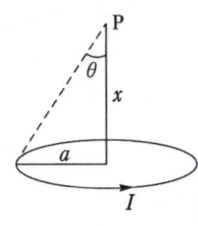

풀이 그림과 같이 점 P에서 코일 AB를 바라보는 입체각 ω는
$\omega = 2\pi(1 - \cos\theta)$
이므로 자위는

$U_m = \dfrac{I}{4\pi}\omega$

$= \dfrac{I}{4\pi} \cdot 2\pi(1 - \cos\theta)$

$= \dfrac{I}{2}\left(1 - \dfrac{x}{\sqrt{a^2 + x^2}}\right)$ [AT]

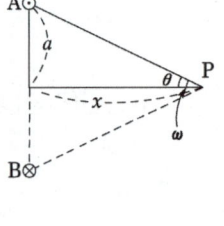

답 ①

10 자기 인덕턴스가 각각 L_1, L_2인 두 코일을 서로 간섭이 없도록 병렬로 연결했을 때 그 합성 인덕턴스는?

① $L_1 L_2$ ② $\dfrac{L_1 + L_2}{L_1 L_2}$

③ $L_1 + L_2$ ④ $\dfrac{L_1 L_2}{L_1 + L_2}$

풀이 인덕턴스의 병렬접속

• 가극성 $L = \dfrac{L_1 L_2 - M^2}{L_1 + L_2 - 2M}$

• 감극성 $L = \dfrac{L_1 L_2 - M^2}{L_1 + L_2 + 2M}$

서로 간섭이 없으면 상호 인덕턴스 $M=0$이므로
따라서 합성 인덕턴스 $L=\dfrac{L_1 L_2}{L_1+L_2}$ 답 ④

11 도체의 성질에 대한 설명으로 틀린 것은?

① 도체 내부의 전계는 0이다.
② 전하는 도체 표면에만 존재한다.
③ 도체의 표면 및 내부의 전위는 등전위이다.
④ 도체 표면의 전하밀도는 표면의 곡률이 큰 부분일수록 작다.

풀이 도체의 성질과 전하분포
① 도체 표면과 내부의 전위는 동일하고(등전위), 표면은 등전위면이다.
② 도체 내부의 전계의 세기는 0이다.
③ 전하는 도체 내부에는 존재하지 않고, 도체 표면에만 분포한다.
④ 도체 면에서의 전계의 세기는 도체 표면에 항상 수직이다.
⑤ 도체 표면에서의 전하밀도는 곡률이 클수록 높다. 즉, 곡률반경이 작을수록 높다.
⑥ 중공부에 전하가 없고 대전 도체라면, 전하는 도체 외부의 표면에만 분포한다.
⑦ 중공부에 전하를 두면 도체내부표면에 동량 이부호, 도체 외부 표면에 동량 동부호의 전하가 분포한다.
답 ④

12 전류에 의한 자계의 방향을 결정하는 법칙은?

① 렌츠의 법칙
② 플레밍의 왼손 법칙
③ 플레밍의 오른손 법칙
④ 암페어의 오른나사 법칙

풀이

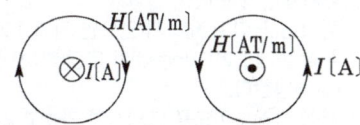

- 전류에 의한 자계의 방향은 암페어의 오른 나사 법칙에 따르며 그림과 같은 방향이다.
- 플레밍의 오른손 법칙(발전기의 경우) : 자계 중에서 도체가 운동할 때 유기기전력의 방향을 결정
- 플레밍의 왼손 법칙(전동기의 경우) : 자계 중에 있는 도체에 전류를 흘릴 때의 도체의 운동 방향을 결정
- 렌츠의 법칙 : 도체 주위의 자속이 변화할 때 유기되는 기전력의 방향이 그 자속의 변화를 방해하는 방향으로 생긴다. 답 ④

13 금속도체의 전기저항은 일반적으로 온도와 어떤 관계인가?

① 전기저항은 온도의 변화에 무관하다.
② 전기저항은 온도의 변화에 대해 정특성을 갖는다.
③ 전기저항은 온도의 변화에 대해 부특성을 갖는다.
④ 금속도체의 종류에 따라 전기저항의 온도 특성은 일관성이 없다.

풀이
- 금속도체의 전기저항은 온도 상승에 따라 증가한다.
- 탄소, 전해액 및 반도체 등의 저항은 온도 상승에 따라 감소한다. 답 ②

14 반지름 a[m]인 두 개의 무한장 도선이 d[m]의 간격으로 평행하게 놓여 있을 때 $a \ll d$인 경우, 단위 길이당 정전용량[F/m]은?

① $\dfrac{2\pi\epsilon_o}{\ln\dfrac{d}{a}}$ ② $\dfrac{\pi\epsilon_o}{\ln\dfrac{d}{a}}$

③ $\dfrac{4\pi\epsilon_o}{\dfrac{1}{a}-\dfrac{1}{d}}$ ④ $\dfrac{2\pi\epsilon_o}{\dfrac{1}{a}-\dfrac{1}{d}}$

풀이 평행 도체에 $\pm\lambda$ [C/m]의 전하를 준 경우 두 도체 사이의 전위차는
$V=\dfrac{\lambda}{\pi\epsilon_0}\ln\dfrac{d-a}{a}$ [V]이므로
단위 길이당 정전용량은
$C_0=\dfrac{\lambda}{V}=\dfrac{\pi\epsilon_0}{\ln\dfrac{d-a}{a}}$ [F/m]가 된다.

따라서 $a \ll d$인 경우
$C_0=\dfrac{\pi\epsilon_0}{\ln\dfrac{d}{a}}$ [F/m]이다. 답 ②

15 두 개의 코일이 있다. 각각의 자기 인덕턴스가 0.4[H], 0.9[H]이고, 상호 인덕턴스가 0.36[H]일 때 결합계수는?

① 0.5
② 0.6
③ 0.7
④ 0.8

풀이 결합계수
$$k = \frac{M}{\sqrt{L_1 L_2}} = \frac{0.36}{\sqrt{0.4 \times 0.9}} = 0.6$$

답 ②

16 비유전율이 2.4인 유전체 내의 전계의 세기가 100[mV/m]이다. 유전체에 축적되는 단위체적 당 정전에너지는 몇 [J/m³]인가?

① 1.06×10^{-13}
② 1.77×10^{-13}
③ 2.32×10^{-13}
④ 2.32×10^{-11}

풀이 유전체 내에 저장되는 에너지 밀도
$$w = \frac{ED}{2} = \frac{1}{2}\epsilon E^2 = \frac{1}{2}\frac{D^2}{\epsilon} [J/m^3] \text{ 식에서}$$
$$\therefore w = \frac{1}{2}\epsilon_o \epsilon_s E^2$$
$$= \frac{1}{2} \times 2.4 \times 8.855 \times 10^{-12} \times (100 \times 10^{-3})^2$$
$$= 1.06 \times 10^{-13} [J/m^3]$$

답 ①

17 동심구 사이의 공극에 절연내력이 50[kV/mm]이며 비유전율이 3인 절연유를 넣으면, 공기인 경우의 몇 배의 전하를 축적할 수 있는가? (단, 공기의 절연내력은 3[kV/mm]라 한다.)

① 3
② $\frac{50}{3}$
③ 50
④ 150

풀이
• 공기(ϵ_0)인 경우 전하량 Q는
$$Q = CV = \frac{4\pi\epsilon_0}{\frac{1}{a} - \frac{1}{b}}E_0 d \rightarrow \frac{4\pi\epsilon_0}{\frac{1}{a} - \frac{1}{b}}d = \frac{Q}{E_0}$$

• 절연유(ϵ)인 경우 전하량 Q'는
$$Q' = C'V' = \frac{4\pi\epsilon_0 \epsilon_s}{\frac{1}{a} - \frac{1}{b}}Ed = \epsilon_s \frac{Q}{E_0}E$$
$$= 3 \times \frac{Q}{3} \times 50 = 50Q$$

답 ③

18 자계의 벡터 포텐셜을 A라 할 때, A와 자계의 변화에 의해 생기는 전계 E 사이에 성립하는 관계식은?

① $A = \frac{\partial E}{\partial t}$
② $E = \frac{\partial A}{\partial t}$
③ $A = -\frac{\partial E}{\partial t}$
④ $E = -\frac{\partial A}{\partial t}$

풀이 $B = \nabla \times A$로 정의되고 $\nabla \times E = -\frac{\partial B}{\partial t}$에서
$$\nabla \times E = -\frac{\partial B}{\partial t} = -\frac{\partial}{\partial t}(\nabla \times A) = \nabla \times \left(-\frac{\partial A}{\partial t}\right)$$
$$\therefore E = -\frac{\partial A}{\partial t}$$

답 ④

19 그림과 같이 유전체 경계면에서 $\epsilon_1 < \epsilon_2$이었을 때 E_1과 E_2의 관계식 중 옳은 것은?

① $E_1 > E_2$
② $E_1 < E_2$
③ $E_1 = E_2$
④ $E_1 \cos\theta_1 = E_2 \cos\theta_2$

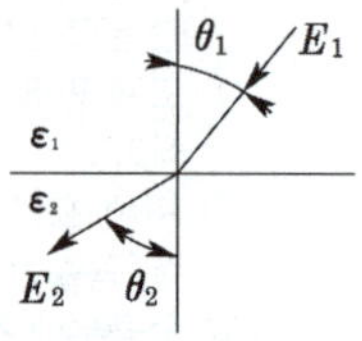

풀이 전계는 접선 성분이 같다. ($E_1 \sin\theta_1 = E_2 \sin\theta_2$)
① $\epsilon_1 < \epsilon_2$ 이면 $\theta_1 < \theta_2$ 이므로, $E_1 > E_2$
② $\epsilon_1 > \epsilon_2$ 이면 $\theta_1 > \theta_2$ 이므로 $E_1 < E_2$

답 ①

20 균등하게 자화된 구(球)자성체가 자화될 때의 감자율은?

① $\frac{1}{2}$
② $\frac{1}{3}$
③ $\frac{2}{3}$
④ $\frac{3}{4}$

풀이
• 감자력은 자화의 세기에 비례하며, 이때 비례 상수를 감자율이라 한다.
• 잘려진 극이 존재하지 않으면 감자율이 0이 되는데, 환상 솔레노이드(toroid)가 무단(無端) 철심이므로 이에 해당한다.
• 환상 솔레노이드를 제외하면 가늘고 긴 막대 자성체가 자계와 평행으로 놓여 있을 때 감자율이 거의 0에 가깝다.
• 가늘고 긴 막대 자성체가 자계와 직각으로 놓여 있을 때는 감자율이 거의 1로 가장 크다.
• 구(球)인 경우 감자율 $N = \frac{1}{3}$이다.

답 ②

2과목 - 전력공학

21 보호계전기 동작이 가장 확실한 중성점접지방식은?

① 비접지방식
② 저항접지방식
③ 직접 접지방식
④ 소호 리액터접지방식

풀이 직접 접지방식의 장·단점
[장점]
 ① 1선 지락 시에 건전상의 대지전압이 거의 상승하지 않는다.
 ② 피뢰기의 효과를 증진시킬 수 있다.
 ③ 단절연이 가능하다.
 ④ 계전기의 동작이 확실해진다.
[단점]
 ① 송전 계통의 과도 안정도가 나빠진다.
 ② 통신선에 유도 장해가 크다.
 ③ 기기에 큰 영향을 주어 손상을 준다.
 ④ 대용량 차단기가 필요하다. **답** ③

22 단상 2선식의 교류 배전선이 있다. 전선 한 줄의 저항은 0.15[Ω], 리액턴스는 0.25[Ω]이다. 부하는 무유도성으로 100[V], 3[kW] 일 때 급전점의 전압은 약 몇 [V]인가?

① 100
② 110
③ 120
④ 130

풀이 $V_s = V_r + 2I(R\cos\theta + X\sin\theta)$
(여기서, 부하는 무유도성이므로 $\cos\theta = 1$)
$= 100 + 2 \times \frac{3000}{100} \times 0.15 \times 1$
$= 109[V]$ **답** ②

23 우리나라에서 현재 사용되고 있는 송전전압에 해당되는 것은?

① 150[kV]
② 220[kV]
③ 345[kV]
④ 700[kV]

풀이 우리나라에서 현재 사용되고 있는 송전전압
: 765[kV], 345[kV], 154[kV] **답** ③

24 제5고조파를 제거하기 위하여 전력용 콘덴서 용량의 몇 [%]에 해당하는 직렬 리액터를 설치하는가?

① 2~3
② 5~6
③ 7~8
④ 9~10

풀이 직렬 리액터의 용량은 콘덴서 용량의 4[%] 이상이 되면 되는데 주파수 변동 등의 여유를 봐서 실제로는 약 5~6[%]인 것이 사용된다. **답** ②

25 정정된 값 이상의 전류가 흘렀을 때 동작전류의 크기와 상관없이 항상 정해진 시간이 경과한 후에 동작하는 보호계전기는?

① 순시계전기
② 정한시계전기
③ 반한시계전기
④ 반한시성 정한시계전기

풀이 보호계전기 특징
 ① 순시한 특성 : 최소 동작전류 이상의 전류가 흐르면 즉시 동작하는 특성
 ② 반한시 특성 : 동작전류가 커질수록 동작시간이 짧게 되는 특성
 ③ 정한시 특성 : 동작전류의 크기에 관계없이 일정한 시간에 동작하는 특성
 ④ 반한시 정한시 특성 : 동작전류가 적은 동안에는 동작전류가 커질수록 동작시간이 짧게 되고 어떤 전류 이상이면 동작전류의 크기에 관계없이 일정한 시간에 동작하는 특성 **답** ②

26 변전소에서 사용되는 조상설비 중 지상용으로만 사용되는 조상설비는?

① 분로 리액터
② 동기조상기
③ 전력용 콘덴서
④ 정지형 무효전력 보상장치

풀이 조상 설비

항 목	동기조상기	전력용 콘덴서	분로 리액터
무효전력	진상, 지상 양용	진상전용	지상전용
조정	연속적	계단적	계단적
시송전	가능	불가능	불가능

답 ①

27 저압 뱅킹(Banking) 배전방식이 적당한 곳은?
① 농촌
② 어촌
③ 화학공장
④ 부하 밀집지역

풀이 ① 고압선에 접속한 두 대 이상의 변압기의 저압측을 병렬접속하는 방식을 저압 뱅킹 방식이라 하며 부하가 밀집된 시가지에 좋다.
② 저압 뱅킹 방식의 특징
  • 전압강하 및 전력손실이 경감된다.
  • 변압기용량 및 저압선 동량이 절감된다.
  • 부하 증가에 대한 탄력성이 향상된다.
  • 고장보호방법이 적당할 때 공급신뢰도가 향상되며, 플리커 현상이 경감된다.
  • 캐스케이딩 현상이 발생하므로 고장이 광범위하게 파급될 우려가 있다. **답** ④

28 유효낙차가 40[%] 저하되면 수차의 효율이 20[%] 저하된다고 할 경우 이때의 출력은 원래의 약 몇 [%]인가? (단, 안내 날개의 열림은 불변인 것으로 한다.)
① 37.2   ② 48.0
③ 52.7   ④ 63.7

풀이 출력 $P = 9.8QH\eta \propto QH\eta$이고,
유량 $Q = \sqrt{2gH} \propto H^{\frac{1}{2}}$이므로
$\therefore P \propto QH\eta = H^{\frac{1}{2}} H\eta = H^{\frac{3}{2}} \cdot \eta$
$= 0.6^{\frac{3}{2}} \times 0.8 ≒ 0.372$
$= 37.2[\%]$ **답** ①

29 전력용 퓨즈는 주로 어떤 전류의 차단을 목적으로 사용하는가?
① 지락전류
② 단락전류
③ 과도전류
④ 과부하전류

풀이 전력용 퓨즈는 단락보호용으로 사용된다. **답** ②

30 장거리 송전선로의 4단자 정수(A, B, C, D) 중 일반식을 잘못 표기한 것은?
① $A = \cosh \sqrt{ZY}$
② $B = \sqrt{\dfrac{Z}{Y}} \sinh \sqrt{ZY}$
③ $C = \sqrt{\dfrac{Z}{Y}} \sinh \sqrt{ZY}$
④ $D = \cosh \sqrt{ZY}$

풀이

회로의 종류		4단자 정수
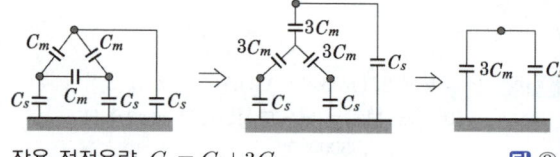	A	$\cosh \sqrt{ZY}$
	B	$\sqrt{\dfrac{Z}{Y}} \sinh \sqrt{ZY}$
	C	$\sqrt{\dfrac{Y}{Z}} \sinh \sqrt{ZY}$
	D	$\cosh \sqrt{ZY}$

답 ③

31 3상 1회선 전선로에서 대지 정전용량은 C_s이고 선간 정전용량을 C_m이라 할 때, 작용 정전용량 C_n은?
① $C_s + C_m$ ② $C_s + 2C_m$
③ $C_s + 3C_m$ ④ $2C_s + C_m$

풀이

작용 정전용량 $C_n = C_s + 3C_m$ **답** ③

32 송전선로의 뇌해방지와 관계없는 것은?
① 댐퍼   ② 피뢰기
③ 매설지선   ④ 가공지선

풀이 뇌의 보호장치 및 기능
• 매설지선 : 역섬락 방지
• 가공지선 : 뇌의 차폐
• 소호각 : 애자련 보호
• 피뢰기 : 기기 보호
댐퍼는 선로의 진동 방지에 쓰인다. **답** ①

33 소호 리액터 접지에 대한 설명으로 틀린 것은?

① 지락전류가 작다.
② 과도안정도가 높다.
③ 전자유도장애가 경감된다.
④ 선택지락계전기의 작동이 쉽다.

풀이 접지방식별 특징

방 식	보호 계전기 동작	지락 전류	전위 상승	과도 안정도	유도 장해
직접 접지(22.9, 154, 345[kV])	확실	최대	1.3	최소	최대
저항 접지	↑	↑	$\sqrt{3}$	↓	↑
비접지 (3.3, 6.6[kV])	×	↑	$\sqrt{3}$	↓	↑
소호 리액터 접지 (66[kV])	불확실	최소	$\sqrt{3}$ 이상	최대	최소

답 ④

34 3상3선식 배전선로에 역률이 0.8(지상)인 3상 평형부하 40[kW]를 연결했을 때 전압강하는 약 몇 [V]인가? (단, 부하의 전압은 200 [V], 전선 1조의 저항은 0.02[Ω]이고, 리액턴스는 무시한다.)

① 2　　　② 3
③ 4　　　④ 5

풀이 부하전류

$$I = \frac{P}{\sqrt{3}\,V\cos\theta} = \frac{40\times 10^3}{\sqrt{3}\times 200\times 0.8}$$
$$\fallingdotseq 144.34\,[A]$$

전압강하
$$e = V_s - V_r$$
$$= \sqrt{3}\,I(R\cos\theta + X\sin\theta)\,[V] \text{에서}$$

저항 $R = 0.02[\Omega]$,
리액턴스 $X = 0[\Omega]$(∵ 리액턴스 무시)이므로
전압강하
$$e = \sqrt{3}\,I(R\cos\theta + X\sin\theta)$$
$$= \sqrt{3}\times 144.34\times (0.02\times 0.8 + 0)$$
$$\fallingdotseq 4\,[V]$$

답 ③

35 분기회로용으로 개폐기 및 자동차단기의 2가지 역할을 수행하는 것은?

① 기중차단기　　② 진공차단기
③ 전력용 퓨즈　　④ 배선용차단기

풀이 배선용 차단기란 간선 분기회로의 전원 차단 개폐기로서 과전류를 검출하고 자동으로 차단하는 과전류차단기를 말한다.

답 ④

36 교류 저압 배전방식에서 밸런서를 필요로 하는 방식은?

① 단상 2선식　　② 단상 3선식
③ 3상 3선식　　④ 3상 4선식

풀이 단상 3선식에서 부하가 불평형이 생기면 양 외선 간의 전압이 불평형이 되므로 이를 방지하기 위해 저압 밸런서를 설치한다.

답 ②

37 보일러에서 흡수열량이 가장 큰 것은?

① 수냉벽　　② 과열기
③ 절탄기　　④ 공기예열기

풀이 수냉벽은 보일러 드럼 또는 수관과 연락하는 수관을 가진 노벽으로 노 내의 복사열을 흡수한다. 각 부의 가열 면적과 흡수 열량의 비는 다음 표와 같다.

	가열 면적[%]	흡수 열량[%]
수 냉 벽	10~15	40~50
보일러 수관	5~10	10~15
과 열 기	10~15	15~20
절 탄 기	15	10~15
공기 예열기	50	5~10

답 ①

38 3상 차단기의 정격차단용량을 나타낸 것은?

① $\sqrt{3}\times$정격전압$\times$정격전류
② $\frac{1}{\sqrt{3}}\times$정격전압$\times$정격전류
③ $\sqrt{3}\times$정격전압$\times$정격차단전류
④ $\frac{1}{\sqrt{3}}\times$정격전압$\times$정격차단전류

> **풀이** 차단기의 정격차단용량
> $P_s = \sqrt{3} \times 정격전압 \times 정격차단전류$
> $= \sqrt{3}\,VI_s$ [MVA]   **답** ③

39 변류기 개방 시 2차 측을 단락하는 이유는?
① 측정 오차 방지
② 2차 측 절연 보호
③ 1차 측 과전류 방지
④ 2차 측 과전류 보호

> **풀이** PT(병렬연결)는 개방상태가 되어도 무방하지만 CT(직렬연결)는 개방하면 2차 권선에 매우 높은 전압이 유기되어 절연이 파괴되고 소손될 우려가 있으므로 CT를 점검할 경우에는 반드시 2차 측을 단락해야 한다.
> **답** ②

40 단상 승압기 1대를 사용하여 승압할 경우 승압 전의 전압을 E_1이라 하면, 승압 후의 전압 E_2는 어떻게 되는가? (단, 승압기의 변압비는 $\dfrac{전원측전압}{부하측전압} = \dfrac{e_1}{e_2}$이다.)
① $E_2 = E_1 + e_1$
② $E_2 = E_1 + e_2$
③ $E_2 = E_1 + \dfrac{e_2}{e_1}E_1$
④ $E_2 = E_1 + \dfrac{e_1}{e_2}E_1$

> **풀이**
>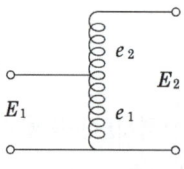
> $E_2 = e_1 + e_2 = E_1 + \dfrac{E_1}{a} = E_1\left(1 + \dfrac{1}{a}\right)$
> $= E_1\left(1 + \dfrac{e_2}{e_1}\right) = E_1 + \dfrac{e_2}{e_1}E_1$ **답** ③

3과목 - 전기기기

41 3상 전원에서 2상 전원을 얻기 위한 변압기의 결선방법은?
① △   ② T
③ Y   ④ V

> **풀이** 3상-2상간의 상수 변환
> ① 스코트 결선(T결선)
> ② 메이어 결선
> ③ 우드 브리지 결선   **답** ②

42 직류 직권전동기의 운전상 위험속도를 방지하는 방법 중 가장 적합한 것은?
① 무부하 운전한다.
② 경부하 운전한다.
③ 무여자 운전한다.
④ 부하와 기어를 연결한다.

> **풀이** 직권전동기는 무부하(무여자) 상태($I=0$, 즉 $\phi=0$)가 되면 속도가 급격히 상승하여 원심력으로 파괴될 우려가 있다. 그러므로 직권전동기로 다른 기계를 운전하려면, 반드시 직결하거나 기어(gear)를 사용하여야 한다.
> **답** ④

43 권선형 유도전동기의 설명으로 틀린 것은?
① 회전자의 3개의 단자는 슬립링과 연결되어 있다.
② 기동할 때에 회전자는 슬립링을 통하여 외부에 가감저항기를 접속한다.
③ 기동할 때에 회전자에 적당한 저항을 갖게 하여 필요한 기동 토크를 갖게 한다.
④ 전동기속도가 상승함에 따라 외부저항을 점점 감소시키고 최후에는 슬립링을 개방한다.

> **풀이** 권선형 유도전동기는 시동특성을 좋게 하기 위하여 기동 시에 외부저항을 사용하고, 가속을 종료하면 슬립링 간을 단락시키는 동시에 브러시를 슬립링에서 분리시킨다.
> **답** ④

44 단상 반파정류회로에서 평균직류전압 200[V]를 얻는 데 필요한 변압기 2차 전압은 약 몇 [V]인가? (단, 부하는 순저항이고 정류기의 전압강하는 15[V]로 한다.)

① 400 ② 478
③ 512 ④ 642

풀이 단상 반파정류
$$E_d = \frac{\sqrt{2}}{\pi}E - e = 0.45E - e \text{ [V]}$$
$$\therefore E = \frac{E_d + e}{0.45} = \frac{200 + 15}{0.45} \fallingdotseq 478 \text{ [V]} \quad \text{답 ②}$$

45 유도전동기의 슬립 s의 범위는?

① $1 < s < 0$ ② $0 < s < 1$
③ $-1 < s < 1$ ④ $-1 < s < 0$

풀이 슬립의 범위
- 유도전동기 : $0 < s < 1$
- 유도발전기 : $s < 0$
- 제동기 : $s > 1$ 답 ②

46 정격전압에서 전 부하로 운전하는 직류 직권전동기의 부하전류가 50[A]이다. 부하토크가 반으로 감소하면 부하전류는 약 몇 [A]인가? (단, 자기포화는 무시한다.)

① 25 ② 35
③ 45 ④ 50

풀이 직권전동기의 토크(T)는 자로가 포화되지 않은 범위 안에서는 전기자 전류(I_a)의 제곱에 비례하므로 토크가 1/2로 되면
$$\frac{T'}{T} = \frac{\frac{1}{2}T}{T} \propto \frac{I_a'^2}{I_a^2} \rightarrow \left(\frac{I_a'}{I_a}\right)^2 = \frac{1}{2}$$
$$\therefore I_a' = \sqrt{\frac{1}{2}} \times I_a = \sqrt{\frac{1}{2}} \times 50 \fallingdotseq 35 \text{[A]} \quad \text{답 ②}$$

47 단상변압기를 병렬운전하는 경우 부하전류의 분담에 관한 설명 중 옳은 것은?

① 누설 리액턴스에 비례한다.
② 누설 임피던스에 비례한다.
③ 누설 임피던스에 반비례한다.
④ 누설 리액턴스의 제곱에 반비례한다.

풀이 변압기 병렬운전시 부하 분담은 누설 임피던스에 역비례하며, 변압기에 용량에 비례한다.
$$\frac{I_a}{I_b} = \frac{P_A}{P_B} \cdot \frac{\%Z_b}{\%Z_a}$$
여기서,
I_a, I_b : 각 변압기의 분담 전류,
P_A, P_B : A, B 변압기의 용량,
$\%Z_a$, $\%Z_b$: A, B 변압기의 %임피던스 답 ③

48 3상 동기기에서 제동권선의 주 목적은?

① 출력 개선 ② 효율 개선
③ 역률 개선 ④ 난조 방지

풀이 제동 권선의 역할
① 난조 방지
② 기동 토크 발생
③ 불평형부하 시의 전류, 전압 파형 개선
④ 송전선의 불평형 단락 시의 이상전압 방지 답 ④

49 단상 유도전압조정기의 원리는 다음 중 어느 것을 응용한 것인가?

① 3권선 변압기
② V결선 변압기
③ 단상 단권변압기
④ 스콧트결선(T결선) 변압기

풀이 단상 유도전압조정기는 직렬권선에 대한 분로권선의 위치를 연속적으로 바꾸는 단상 단권변압기의 일종이다. 구조는 유도전동기와 비슷하며 고정자와 회전자로 구성되어 있다.

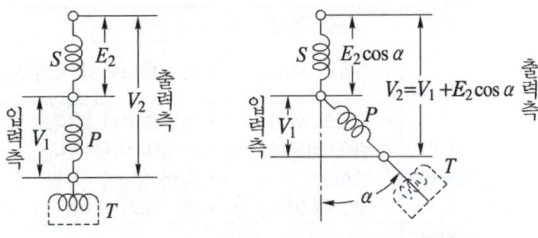

P : 분로권선, S : 직렬권선, T : 단락 권선
〈단상 유도전압조정기〉 답 ③

50 유도전동기의 속도제어 방식으로 틀린 것은?

① 크레머 방식
② 일그너 방식
③ 2차 저항제어 방식
④ 1차 주파수제어 방식

풀이
- 농형 유도전동기의 속도제어법
  ① 주파수를 바꾸는 방법
  ② 극수를 바꾸는 방법
  ③ 전원전압을 바꾸는 방법
- 권선형 유도전동기의 속도제어법
  ① 2차 저항을 제어하는 방법
  ② 2차 여자법(크레머 방식, 셀비어스 방식) 등이 있다.

일그너 방식은 직류전동기의 속도제어 방식이다. **답 ②**

51 4극, 60[Hz]의 정류자 주파수 변환기가 1440[rpm]으로 회전할 때의 주파수는 몇 [Hz]인가?

① 8   ② 10
③ 12 ④ 15

풀이
동기속도 $N_s = \dfrac{120f}{p} = \dfrac{120 \times 60}{4} = 1800[\text{rpm}]$

슬립 $s = \dfrac{N_s - N}{N_s} = \dfrac{1800 - 1440}{1800} = 0.2$

$\therefore f_2 = sf_1 = 0.2 \times 60 = 12[\text{Hz}]$ **답 ③**

52 직류전동기의 속도제어법 중 광범위한 속도제어가 가능하며 운전효율이 좋은 방법은?

① 병렬 제어법   ② 전압제어법
③ 계자제어법   ④ 저항 제어법

풀이 직류전동기의 속도제어법 비교

구 분	제어 특성	특 징
계자 제어법	• 정출력 제어	• 속도제어범위가 좁다.
전압 제어법	• 정토크 제어 – 워드 레오나드 방식 – 일그너 방식	• 제어범위가 넓다. • 손실이 매우 적다. • 정역 운전이 가능 • 설비비가 많이든다.
직렬 저항법		• 효율이 나쁘다.

답 ②

53 교류 단상 직권전동기의 구조를 설명한 것 중 옳은 것은?

① 역률 및 정류개선을 위해 약계자 강전기자형으로 한다.
② 전기자 반작용을 줄이기 위해 약계자 강전기자형으로 한다.
③ 정류개선을 위해 강계자 약전기자형으로 한다.
④ 역률개선을 위해 고정자와 회전자의 자로를 성층철심으로 한다.

풀이 교류 단상 직권전동기의 구조
① 철손을 감소시키기 위하여 전기자와 계자에도 성층철심을 사용하고 원통형 회전자로 한다.
② 전기자 반작용에 대한 대책으로 보상 권선을 설치하여야 한다.
③ 정류작용을 개선하기 위하여
  • 브러시 접촉저항이 큰 것을 사용(저항정류)
  • 보극을 설치
④ 역률을 좋게 하고 정류 개선을 위해 약계자 강전기자형으로 한다. **답 ①**

54 변압기 단락시험과 관계없는 것은?

① 전압변동률
② 임피던스 와트
③ 임피던스 전압
④ 여자 어드미턴스

풀이 변압기의 시험

시험의 종류	측정 항목
개방 회로 시험 (무부하 시험)	무부하전류, 히스테리시스손, 와류손, 여자 어드미턴스, 철손
단락 시험	동손, 임피던스 와트, 임피던스 전압

답 ④

55 전기자저항이 0.3[Ω]인 분권발전기가 단자전압 550[V]에서 부하전류가 100[A]일 때 발생하는 유도기전력[V]은? (단, 계자전류는 무시한다.)

① 260   ② 420
③ 580   ④ 750

풀이 전기자 전류 $I_a = I_f + I$ 에서 '계자전류는 무시한다.'고 하였으므로 $I_a = I$ 이다.

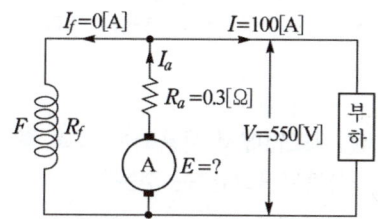

따라서 유기기전력
$E = V + I_a R_a = 550 + 100 \times 0.3 = 580 \ [V]$ **답** ③

56 동기기의 단락전류를 제한하는 요소는?

① 단락비
② 정격전류
③ 동기 임피던스
④ 자기 여자 작용

풀이 동기발전기의 영구(지속) 단락전류 $I_s = \dfrac{E_0}{Z_s} \ [A]$

따라서 영구(지속) 단락전류는 동기 임피던스(Z_s)에 의해 제한된다.   **답** ③

57 병렬운전 중인 A, B 두 동기발전기 중 A발전기의 여자를 B발전기보다 증가시키면 A발전기는?

① 동기화 전류가 흐른다.
② 부하전류가 증가한다.
③ 90° 진상 전류가 흐른다.
④ 90° 지상 전류가 흐른다.

풀이
- 여자가 강한(기전력이 높은) 발전기에는 90° 뒤진(지상) 전류가 흘러 역률이 저하
- 여자가 약한(기전력이 낮은) 발전기에는 90° 앞선(진상) 전류가 흘러 역률이 상승   **답** ④

58 3상 동기발전기가 그림과 같이 1선 지락이 발생하였을 경우 단락전류 I_0를 구하는 식은? (단, E_a는 무부하 유기기전력의 상전압, Z_0, Z_1, Z_2는 영상, 정상, 역상 임피던스이다.)

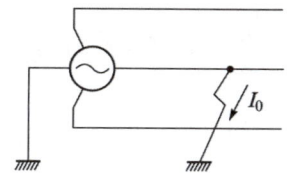

① $\dot{I}_0 = \dfrac{3\dot{E}_a}{\dot{Z}_0 \times \dot{Z}_1 \times \dot{Z}_2}$

② $\dot{I}_0 = \dfrac{\dot{E}_a}{\dot{Z}_0 \times \dot{Z}_1 \times \dot{Z}_2}$

③ $\dot{I}_0 = \dfrac{3\dot{E}_a}{\dot{Z}_0 + \dot{Z}_1 + \dot{Z}_2}$

④ $\dot{I}_0 = \dfrac{3\dot{E}_a}{\dot{Z}_0 + \dot{Z}_1^2 + \dot{Z}_2^3}$

풀이 지락전류를 물어야 하나 단락전류로 물었으므로 전항이 정답으로 처리됨

- 1선 지락전류 $\dot{I}_0 = \dfrac{3\dot{E}_a}{\dot{Z}_0 + \dot{Z}_1 + \dot{Z}_2} \ [A]$

답 전항정답

59 유도전동기의 동기 와트에 대한 설명으로 옳은 것은?

① 동기속도에서 1차 입력
② 동기속도에서 2차 입력
③ 동기속도에서 2차 출력
④ 동기속도에서 2차 동손

풀이
- 동기와트란 슬립 s, 토크 T를 발생하며 회전하는 유도전동기가 같은 토크 T를 발생하며 동기속도로 회전하는 것으로 가정하는 때의 출력 P_2를 말한다.
- 2차 입력(동기 와트) P_2, 회전 각속도 ω, 동기 각속도 ω_s라 하면

$T = \dfrac{P}{\omega} = \dfrac{P_2(1-s)}{\omega_s(1-s)} = \dfrac{P_2}{\omega_s}$

$\therefore P_2 = \omega_s T \ [동기 와트]$ **답** ②

60 임피던스 전압강하 4[%]의 변압기가 운전 중 단락되었을 때 단락전류는 정격전류의 몇 배가 흐르는가?

① 15   ② 20   ③ 25   ④ 30

풀이 단락전류
$I_{1s} = \dfrac{100}{\%Z} I_{1n} = \dfrac{100}{4} \times I_{1n} = 25 I_{1n}$　　답 ③

풀이 시정수(τ)는 과도현상의 길고 짧음을 나타낸 양이다.
- 시정수가 크면 과도현상이 오래 지속되어 과도현상 소멸 시간은 길어진다.
- 시정수가 작으면 과도현상이 짧아진다.　　답 ①

4과목 - 회로이론

61 3상 불평형 전압에서 역상전압이 50[V], 정상전압이 200[V], 영상전압이 10[V]라고 할 때 전압의 불평형률[%]은?

① 1　　② 5
③ 25　　④ 50

풀이 불평형률 $= \dfrac{\text{역상 전압}}{\text{정상 전압}} \times 100$
$= \dfrac{50}{200} \times 100 = 25[\%]$　　답 ③

64 대칭좌표법에서 사용되는 용어 중 3상에 공통된 성분을 표시하는 것은?

① 공통분　　② 정상분
③ 역상분　　④ 영상분

풀이 대칭좌표법은 불평형 3상 전압이나 전류를 평형의 세 성분(상순이 a-b-c인 정상분, 상순이 이와 반대인 역상분 및 각 상에 공통된 단상분인 영상분)의 대칭분으로 분해하여 해석한다.　　답 ④

65 어떤 회로의 단자전압이
$V = 100\sin\omega t + 40\sin 2\omega t + 30\sin(3\omega t + 60°)[V]$
이고, 전압강하의 방향으로 흐르는 전류가
$I = 10\sin(\omega t - 60°) + 2\sin(3\omega t + 105°)[A]$
일 때 회로에 공급되는 평균전력[W]은?

① 271.2　　② 371.2
③ 530.2　　④ 630.2

풀이 같은 주파수의 전압과 전류에서만 전력이 발생하므로
$P = V_1 I_1 \cos\theta_1 + V_3 I_3 \cos\theta_3$
$= \dfrac{100}{\sqrt{2}} \times \dfrac{10}{\sqrt{2}} \times \cos 60°$
$\quad + \dfrac{30}{\sqrt{2}} \times \dfrac{2}{\sqrt{2}} \times \cos(105° - 60°)$
$= 271.2[W]$　　답 ①

62 다음과 같은 회로의 a-b간 합성 인덕턴스는 몇 [H]인가? (단, $L_1 = 4[H]$, $L_2 = 4[H]$, $L_3 = 2[H]$, $L_4 = 2[H]$이다.)

① $\dfrac{8}{9}$
② 6
③ 9
④ 12

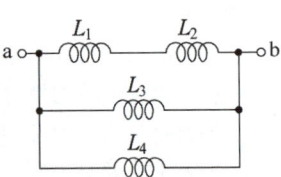

풀이 합성 인덕턴스
$L = \dfrac{1}{\dfrac{1}{L_1+L_2} + \dfrac{1}{L_3} + \dfrac{1}{L_4}} = \dfrac{1}{\dfrac{1}{4+4} + \dfrac{1}{2} + \dfrac{1}{2}}$
$= \dfrac{8}{9}[H]$　　답 ①

66 3상 대칭분 전류를 I_0, I_1, I_2라 하고 선전류를 I_a, I_b, I_c 라고 할 때 I_b는 어떻게 되는가?

① $I_0 + I_1 + I_2$　　② $I_0 + a^2 I_1 + a I_2$
③ $I_0 + a I_1 + a^2 I_2$　　④ $\dfrac{1}{3}(I_0 + I_1 + I_2)$

풀이 불평형 3상 전류
$I_a = I_0 + I_1 + I_2$
$I_b = I_0 + a^2 I_1 + a I_2$
$I_c = I_0 + a I_1 + a^2 I_2$　　답 ②

63 $R - L - C$ 직렬회로에서 시정수의 값이 작을수록 과도현상이 소멸되는 시간은 어떻게 되는가?

① 짧아진다.　　② 관계없다.
③ 길어진다.　　④ 일정하다.

67 부하에 $100\angle 30°$[V]의 전압을 가하였을 때 $10\angle 60°$[A]의 전류가 흘렀다면 부하에서 소비되는 유효전력은 약 몇 [W]인가?

① 400 ② 500
③ 682 ④ 866

풀이
$P = \overline{V}I = 100\angle -30° \times 10\angle 60°$
$= 1{,}000\angle 30°$
$= 1{,}000\cos 30° + j1{,}000\sin 30°$
$= 866 + j500$[VA]
따라서 유효전력은 866[W],
무효전력은 500[W]이다. **답** ④

68 그림과 같은 회로에서 0.2[Ω]의 저항에 흐르는 전류는 몇 [A]인가?

① 0.1
② 0.2
③ 0.3
④ 0.4

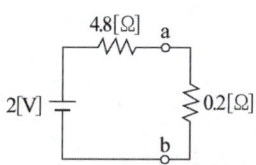

풀이

테브난 정리 이용 a, b 개방
$V_a = \dfrac{6}{6+4} \times 10 = 6$[V]
$V_b = \dfrac{4}{6+4} \times 10 = 4$[V]
$\therefore V_{ab} = V_a - V_b = 6 - 4 = 2$[V]
전압원을 제거(단락)하고, a, b에서 본 저항 R_t는
$R_t = \dfrac{6\times 4}{6+4} + \dfrac{6\times 4}{6+4} = 4.8$[Ω]
$\therefore I = \dfrac{V}{R} = \dfrac{2}{4.8 + 0.2} = 0.4$[A] **답** ④

69 $\dfrac{1}{s^2 + 2s + 5}$ 의 라플라스 역변환 값은?

① $e^{-2t}\cos 2t$
② $\dfrac{1}{2}e^{-t}\sin t$
③ $\dfrac{1}{2}e^{-t}\sin 2t$
④ $\dfrac{1}{2}e^{-t}\cos 2t$

풀이
$F(s) = \dfrac{1}{s^2 + 2s + 5} = \dfrac{1}{2} \cdot \dfrac{2}{(s+1)^2 + 2^2}$
$\therefore f(t) = \mathcal{L}^{-1}[F(s)] = \dfrac{1}{2}e^{-t}\sin 2t$ **답** ③

70 $\mathcal{L}[u(t-a)]$는 어느 것인가?

① $\dfrac{e^{as}}{s^2}$ ② $\dfrac{e^{-as}}{s^2}$
③ $\dfrac{e^{as}}{s}$ ④ $\dfrac{e^{-as}}{s}$

풀이 시간추이정리 $\mathcal{L}[f(t-a)] = e^{-as}F(s)$ 이므로
$\therefore \mathcal{L}[u(t-a)] = \dfrac{e^{-as}}{s}$ **답** ④

71 2단자 임피던스함수
$Z(s) = \dfrac{(s+2)(s+3)}{(s+4)(s+5)}$ 일 때
극점(pole)은?

① -2, -3 ② -3, -4
③ -2, -4 ④ -4, -5

풀이
- 극점은 $Z(s) = \infty$ (분모 = 0)
  $(s+4)(s+5) = 0$, $\therefore s = -4, -5$
- 영점은 $Z(s) = 0$ (분자 = 0)
  $(s+2)(s+3) = 0$, $\therefore s = -1, -2$ **답** ④

72 그림과 같은 회로에서 G_2[℧] 양단의 전압강하 E_2[V]는?

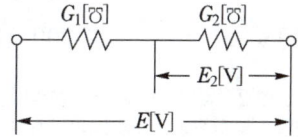

① $\dfrac{G_2}{G_1 + G_2}E$ ② $\dfrac{G_1}{G_1 + G_2}E$
③ $\dfrac{G_1 G_2}{G_1 + G_2}E$ ④ $\dfrac{G_1 + G_2}{G_1 G_2}E$

풀이 전압분배법칙에 의해 $E_1 = \dfrac{G_2}{G_1 + G_2}E$[V]

$E_2 = \dfrac{G_1}{G_1 + G_2}E$[V] **답** ②

73 그림과 같은 T형 회로의 영상 전달정수 θ는?

① 0
② 1
③ -3
④ -1

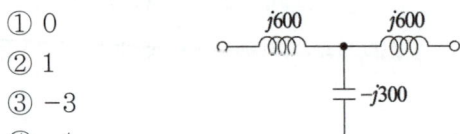

풀이
$\begin{bmatrix} A & B \\ C & D \end{bmatrix} = \begin{bmatrix} 1 & j600 \\ 0 & 1 \end{bmatrix} \begin{bmatrix} 1 & 0 \\ \dfrac{1}{-j300} & 1 \end{bmatrix} \begin{bmatrix} 1 & j600 \\ 0 & 1 \end{bmatrix}$
$= \begin{bmatrix} -1 & 0 \\ j\dfrac{1}{300} & -1 \end{bmatrix}$

$\therefore \theta = \cosh^{-1}\sqrt{AD} = \cosh^{-1}\sqrt{(-1)\times(-1)} = 0$ 답 ①

74 저항 $\dfrac{1}{3}[\Omega]$, 유도 리액턴스 $\dfrac{1}{4}[\Omega]$인 $R-L$ 병렬회로의 합성 어드미턴스$[\mho]$는?

① $3+j4$
② $3-j4$
③ $\dfrac{1}{3}+j\dfrac{1}{4}$
④ $\dfrac{1}{3}-j\dfrac{1}{4}$

풀이
$Y = Y_1 + Y_2 = \dfrac{1}{R} + \dfrac{1}{j\omega L} = \dfrac{1}{\dfrac{1}{3}} + \dfrac{1}{j\dfrac{1}{4}}$
$= 3 - j4[\mho]$ 답 ②

75 대칭 3상 Y결선 부하에서 각상의 임피던스가 $Z=16+j12[\Omega]$이고 부하전류가 5[A]일 때, 이 부하의 선간전압[V]은?

① $100\sqrt{2}$
② $100\sqrt{3}$
③ $200\sqrt{2}$
④ $200\sqrt{3}$

풀이 Y결선 선간전압(V_l) = $\sqrt{3} \times$ 상전압(V_p)
상전압 = 부하전류 × 1상 임피던스
$= 5 \times \sqrt{16^2+12^2} = 100[\text{V}]$
$\therefore V_l = \sqrt{3} V_p = 100\sqrt{3}[\text{V}]$ 답 ②

76 정현파의 파고율은?

① 1.111
② 1.414
③ 1.732
④ 2.356

풀이

	구형파	3각파	정현파	정류파 (전파)	정류파 (반파)
파형률	1.0	1.15	1.11	1.11	1.57
파고율	1.0	1.732	1.414	1.414	2.0

답 ②

77 부동작시간(dead time) 요소의 전달함수는?

① Ks
② $\dfrac{K}{s}$
③ Ke^{-Ls}
④ $\dfrac{K}{Ts+1}$

풀이 부동작 시간함수 $y(t)=Kx(t-L)$의 양변을 라플라스 변환하면 $Y(s)=Ke^{-Ls}\cdot X(s)$
$\therefore G(s) = \dfrac{Y(s)}{X(s)} = Ke^{-Ls}$ 답 ③

78 $i(t)=I_o e^{st}$[A]로 주어지는 전류가 콘덴서 C[F]에 흐르는 경우의 임피던스[Ω]는?

① C
② sC
③ $\dfrac{C}{s}$
④ $\dfrac{1}{sC}$

풀이 C에서의 전압 $v(t)=\dfrac{1}{C}\int i(t)dt$이므로
$v(t) = \dfrac{1}{C}\int I_0 e^{st} dt = \dfrac{I_0}{sC}e^{st}$
$\therefore Z = \dfrac{v(t)}{i(t)} = \dfrac{\dfrac{I_0 e^{st}}{sC}}{I_0 e^{st}} = \dfrac{1}{sC}$ 답 ④

79 전기회로의 입력을 V_1, 출력을 V_2라고 할 때 전달함수는? (단, $s=j\omega$이다.)

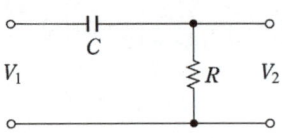

① $\dfrac{1}{R+\dfrac{1}{j\omega C}}$
② $\dfrac{1}{j\omega+\dfrac{1}{RC}}$
③ $\dfrac{j\omega}{j\omega+\dfrac{1}{RC}}$
④ $\dfrac{j\omega}{R+\dfrac{1}{j\omega C}}$

풀이
$$G(s) = \frac{V_2(s)}{V_1(s)} = \frac{R}{R + \frac{1}{Cs}} = \frac{RCs}{RCs+1}$$
$$= \frac{s}{s+\frac{1}{RC}} = \frac{j\omega}{j\omega + \frac{1}{RC}}$$
답 ③

80 비정현파 전압
$$v = 100\sqrt{2}\sin\omega t + 50\sqrt{2}\sin 2\omega t + 30\sqrt{2}\sin 3\omega t \,[\text{V}]$$
의 왜형률은 약 얼마인가?

① 0.36 ② 0.58
③ 0.87 ④ 1.41

풀이
$$\text{왜형률} = \frac{\text{전 고조파의 실효값}}{\text{기본파의 실효값}} = \frac{\sqrt{V_2^2 + V_3^2}}{V_1}$$
$$= \frac{\sqrt{50^2 + 30^2}}{100} = 0.58$$
답 ②

5과목 - 전기설비기술기준

81 사용전압이 1 [kV] 이하인 방전등에 전기를 공급하는 옥내전로의 대지전압은 몇 [V] 이하이어야 하는가?

① 150 ② 220
③ 300 ④ 600

풀이 234.11 1[kV] 이하 방전등
관등회로의 사용전압이 1 [kV] 이하인 방전등을 옥내에 시설할 경우 방전등에 전기를 공급하는 전로의 대지전압은 300[V] 이하로 하여야 한다. 답 ③

82 특고압가공전선로에 사용하는 철탑 중에서 전선로의 지지물 양쪽의 경간의 차가 큰 곳에 사용하는 철탑의 종류는?

① 각도형 ② 인류형
③ 보강형 ④ 내장형

풀이 333.11 특고압 가공전선로의 철주·철근 콘크리트주 또는 철탑의 종류
특고압 가공전선로의 지지물로 사용하는 B종 철근·B종 콘크리트주 또는 철탑의 종류는 다음과 같다.
가. 직선형 : 전선로의 직선 부분(3° 이하의 수평 각도 이루는 곳 포함)에 사용되는 것
나. 각도형 : 전선로 중 수평 각도 3°를 넘는 곳에 사용되는 것
다. 인류형 : 전 가섭선을 인류하는 곳에 사용하는 것
라. 내장형 : 전선로 지지물 양측의 경간차가 큰 곳에 사용하는 것
마. 보강형 : 전선로 직선 부분을 보강하기 위하여 사용하는 것
답 ④

83 저압가공전선이 가공약전류 전선과 접근하여 시설될 때 저압가공전선과 가공약전류 전선 사이의 이격거리는 몇 [cm] 이상이어야 하는가?

① 40 ② 50
③ 60 ④ 80

풀이 332.13 고압 가공전선과 가공약전류전선 등의 접근 또는 교차
222.13 저압 가공전선과 가공약전류전선 등의 접근 또는 교차
저압 가공전선 또는 고압 가공전선이 가공약전류전선 또는 가공 광섬유 케이블과 접근상태로 시설되는 경우에는 다음에 따라야 한다.
가. 고압 가공전선은 고압 보안공사에 의할 것.
나. 저·고압 가공전선과 가공약전류 전선과의 이격거리는 표에서 정한 값 이상일 것.

가공전선 약전류 전선	저압가공전선		고압가공전선	
	저압 절연전선	고압 절연전선 또는 케이블	절연전선	케이블
일반	60[cm]	30[cm]	80[cm]	40[cm]
절연전선 또는 통신용 케이블인 경우	30[cm]	15[cm]		

답 ③

84 345[kV] 가공 송전선로를 평야에 시설할 때, 전선의 지표상의 높이는 몇 [m] 이상으로 하여야 하는가?

① 6.12 ② 7.36
③ 8.28 ④ 9.48

풀이 333.7 특고압 가공전선의 높이

전압의 범위	일반 장소	도로 횡단	철도 또는 궤도횡단	횡단보도교
35[kV] 이하	5[m]	6[m]	6.5[m]	4[m](특고압 절연전선 또는 케이블 사용)
35[kV] 초과 160[kV] 이하	6[m]	6[m]	6.5[m]	5[m](케이블 사용)
35[kV] 초과 160[kV] 이하	산지 등에서 사람이 쉽게 들어갈 수 없는 장소 : 5[m] 이상			
160[kV] 초과	일반장소	가공전선의 높이 = 6 + 단수 × 0.12[m]		
160[kV] 초과	철도 또는 궤도횡단	가공전선의 높이 = 6.5 + 단수 × 0.12[m]		
160[kV] 초과	산지	가공전선의 높이 = 5 + 단수 × 0.12[m]		

- 단수 = $\frac{345-160}{10} = 18.5 \rightarrow 19$단
- 지표상 높이 = $6 + 19 \times 0.12 = 8.28$[m] **답** ③

85 저압 옥내배선의 사용전선으로 틀린 것은?

① 단면적 2.5[mm²] 이상의 연동선
② 진열장 내부배선 시 단면적 0.75[mm²] 이상의 캡타이어케이블
③ 사용전압 400[V] 이하의 전광표시장치 배선 시 단면적 1.5[mm²] 이상의 연동선
④ 사용전압 400[V] 이하의 전광표시장치 배선 시 단면적 0.5[mm²] 이상의 다심케이블

풀이 231.3 저압 옥내배선의 사용전선
가. 저압 옥내배선의 전선 : 단면적 2.5[mm²] 이상의 연동선
나. 옥내배선의 사용 전압이 400[V] 이하인 경우는 다음에 의하여 시설할 수 있다.
① 전광표시 장치 또는 제어 회로
  • 단면적 1.5[mm²] 이상의 연동선
  • 단면적 0.75[mm²] 이상인 다심케이블 또는 다심 캡타이어 케이블을 사용하고 또한 과전류가 생겼을 때에 자동적으로 전로에서 차단하는 장치를 시설
② 진열장 또는 이와 유사한 것의 내부 배선 : 단면적 0.75[mm²] 이상인 코드 또는 캡타이어케이블
답 ④

86 고압가공전선로의 경간은 B종 철근 콘크리트주로 시설하는 경우 몇 [m] 이하로 하여야 하는가?

① 100
② 150
③ 200
④ 250

풀이 332.9 고압 가공전선로 경간의 제한
고압 가공전선로의 경간은 표에서 정한 값 이하이어야 한다.

지지물의 종류	경간
목주·A종 철주 또는 A종 철근 콘크리트주	150[m]
B종 철주 또는 B종 철근 콘크리트주	250[m]
철 탑	600[m]

답 ④

87 금속제 가요전선관공사에 의한 저압 옥내배선 시설에 대한 설명으로 틀린 것은?

① 옥외용 비닐전선을 제외한 절연전선을 사용한다.
② 가요전선관은 2종 금속제 가요전선관을 사용하였다.
③ 중량물의 압력 또는 기계적 충격을 받을 우려가 없도록 시설한다.
④ 옥내배선의 사용전압이 400[V] 이하인 경우에는 접지공사를 하지 않아도 된다.

풀이 232.13 금속제 가요전선관공사
가. 전선은 절연전선(옥외용 비닐 절연전선을 제외한다)일 것
나. 전선은 연선일 것. 다만, 단면적 10[mm²](알루미늄선은 단면적 16[mm²]) 이하인 것은 그러하지 아니하다.
다. 가요전선관 안에는 전선에 접속점이 없도록 할 것
라. 가요전선관은 2종 금속제 가요전선관일 것
마. 가요전선관배선에는 접지공사를 할 것. **답** ④

88 가공전선로의 지지물 중 지선을 사용하여 그 강도를 분담시켜서는 안 되는 것은?

① 철탑
② 목주
③ 철주
④ 철근콘크리트주

[풀이] 331.11 지선의 시설
가. 가공전선로의 지지물로 사용하는 철탑은 지선을 사용하여 그 강도를 분담시켜서는 안 된다.
나. 가공전선로의 지지물로 사용하는 철주 또는 철근 콘크리트주는 지선을 사용하지 않는 상태에서 2분의 1 이상의 풍압하중에 견디는 강도를 가지는 경우 이외에는 지선을 사용하여 그 강도를 분담시켜서는 안 된다.   답 ①

89
최대 사용전압이 23[kV]인 권선으로서 중성선 다중접지방식의 전로에 접속되는 변압기권선의 절연내력시험 시험전압은 약 몇 [kV]인가?

① 21.16
② 25.3
③ 28.75
④ 34.5

[풀이] 135 변압기 전로의 절연내력

권선의 종류 (최대사용전압)	접지방식	시험전압 (최대사용 전압의 배수)	최저 시험전압
1. 7[kV] 이하		1.5배	500[V]
	다중접지	0.92배	500[V]
2. 7[kV] 초과 25[kV] 이하	다중접지	0.92배	
3. 7[kV] 초과 60[kV] 이하 (2란의 것 제외)		1.25배	10.5[kV]
4. 60[kV] 초과	비접지	1.25배	
5. 60[kV] 초과(6란의 것 제외)	접지식	1.1배	75[kV]
6. 60[kV] 초과	직접접지	0.72배	
7. 170[kV] 초과	직접접지	0.64배	

※ 최대 사용전압 × 0.92이므로
23[kV] × 0.92 = 21.16[kV]   답 ①

90
목주, A종 철주 및 A종 철근 콘크리트주를 사용할 수 없는 보안공사는?

① 고압 보안공사
② 제1종 특고압 보안공사
③ 제2종 특고압 보안공사
④ 제3종 특고압 보안공사

[풀이] 333.22 특고압 보안공사
제1종 특고압 보안공사에서 전선로의 지지물로는 B종 철주 · B종 철근 콘크리트주 또는 철탑을 사용할 것
(목주나 A종은 사용 불가)   답 ②

91
사용전압이 380[V]인 옥내배선을 애자공사로 시설할 때 전선과 조영재 사이의 이격거리는 몇 [cm] 이상이어야 하는가?

① 2
② 2.5
③ 4.5
④ 6

[풀이] 232.56 애자공사
가. 전선의 종류 : 절연 전선. 단, 옥외용 비닐 절연 전선(OW) 및 인입용 비닐 절연 전선(DV)은 제외한다.
나. 이격 거리

전 압		전선과 조영재와의 이격 거리	전선 상호 간격	전선 지지점 간의 거리	
				조영재의 윗면 또는 옆면에 따라 시설	조영재에 따라 시설하지 않는 경우
저압	400[V] 이하	2.5[cm] 이상			–
	400[V] 초과	건조한 장소 2.5[cm] 이상	6[cm] 이상	2[m] 이하	6[m] 이하
		기타의 장소 4.5[cm] 이상			

답 ②

92
과전류차단기로 저압전로에 사용하는 30[A] 퓨즈는 수평으로 붙인 경우에 정격전류의 몇 배의 전류에 견뎌야 하는가?

① 1.1
② 1.25
③ 1.6
④ 2.0

[풀이] 212.3.4 보호장치의 특성
1. 과전류 보호장치는 KS C 또는 KS C IEC 관련 표준 (배선차단기, 누전차단기, 퓨즈등의 표준)의 동작특성에 적합하여야 한다.
2. 과전류차단기로 저압전로에 사용하는 범용의 퓨즈는 표에 적합한 것이어야 한다.

표. 퓨즈(gG)의 용단특성

정격전류의 구분	시간	정격전류의 배수	
		불용단전류	용단전류
4[A] 이하	60분	1.5배	2.1배
4[A] 초과 16[A] 미만	60분	1.5배	1.9배
16[A] 이상 63[A] 이하	60분	1.25배	1.6배
63[A] 초과 160[A] 이하	120분	1.25배	1.6배
160[A] 초과 400[A] 이하	180분	1.25배	1.6배
400[A] 초과	240분	1.25배	1.6배

답 ②

93 전력보안통신 설비인 무선통신용 안테나를 지지하는 목주는 풍압하중에 대한 안전율이 얼마 이상이어야 하는가?

① 1.0　　② 1.2
③ 1.5　　④ 2.0

풀이 364.1 무선용 안테나 등을 지지하는 철탑 등의 시설
전력보안통신설비인 무선통신용 안테나 또는 반사판을 지지하는 목주·철주·철근 콘크리트주 또는 철탑은 다음에 따라 시설하여야 한다. 다만, 무선용 안테나 등이 전선로의 주위상태를 감시할 목적으로 시설되는 것일 경우에는 그러하지 아니하다.
가. 목주는 풍압하중에 대한 안전율은 1.5 이상이어야 한다.
나. 철주·철근 콘크리트주 또는 철탑의 기초 안전율은 1.5 이상이어야 한다.　**답** ③

94 특고압가공전선로의 경간은 지지물이 철탑인 경우 몇 [m] 이하이어야 하는가?
(단, 단주가 아닌 경우이다.)

① 400　　② 500
③ 600　　④ 700

풀이 333.21 특고압 가공전선로의 경간 제한
특고압 가공전선로의 경간은 표에서 정한 값 이하이어야 한다.

지지물의 종류	경 간
목주·A종 철주 또는 A종 철근 콘크리트주	150 [m] 이하
B종 철주 또는 B종 철근 콘크리트주	250 [m] 이하
철 탑	600 [m] 이하(단주인 경우에는 400[m] 이하)

답 ③

95 "조상설비"에 대한 용어의 정의로 옳은 것은?

① 전압을 조정하는 설비를 말한다.
② 전류를 조정하는 설비를 말한다.
③ 유효전력을 조정하는 전기 기계기구를 말한다.
④ 무효전력을 조정하는 전기 기계기구를 말한다.

풀이 조상설비 : 무효전력을 조정하는 전기 기계기구를 말한다.　**답** ④

> 출제기준 변경 및 개정된 관계 법규에 따라 삭제된 문제가 있어 20문항이 안됩니다.

2018년 3회

1과목 - 전기자기

01 자화율을 χ, 자속밀도를 B, 자계의 세기를 H, 자화의 세기를 J라고 할 때, 다음 중 성립될 수 없는 식은?

① $B = \mu H$ ② $J = \chi B$
③ $\mu = \mu_0 + \chi$ ④ $\mu_s = 1 + \dfrac{\chi}{\mu_0}$

풀이
① $B = \mu_0 H + J = \mu_0 H + \chi H = (\mu_0 + \chi)H$
$= \mu H \, [\text{Wb/m}^2]$
② $J = \chi H \, [\text{Wb/m}^2]$
③ $\mu = \mu_0 + \chi \, [\text{H/m}]$
④ $\mu_s = \dfrac{\mu}{\mu_0} = \dfrac{\mu_0 + \chi}{\mu_0} = 1 + \dfrac{\chi}{\mu_0}$ **답** ②

02 두 유전체의 경계면에서 정전계가 만족하는 것은?

① 전계의 법선성분이 같다.
② 전계의 접선성분이 같다.
③ 전속밀도의 접선성분이 같다.
④ 분극 세기의 접선성분이 같다.

풀이 경계 조건
• 전속밀도의 법선성분(수직성분)이 같다.
 $(D_1 \cos\theta_1 = D_2 \cos\theta_2)$
• 전계는 접선성분(평행성분)이 같다.
 $(E_1 \sin\theta_1 = E_2 \sin\theta_2)$
• 두 경계면에서의 전위는 서로 같다. $(V_1 = V_2)$
• $\epsilon_1 > \epsilon_2$ 이면, $\theta_1 > \theta_2$ 이다.
• $\dfrac{\tan\theta_1}{\tan\theta_2} = \dfrac{\epsilon_1}{\epsilon_2}$ **답** ②

03 자기 쌍극자의 중심축으로부터 $r[\text{m}]$인 점의 자계의 세기에 관한 설명으로 옳은 것은?

① r에 비례한다. ② r^2에 비례한다.
③ r^2에 반비례한다. ④ r^3에 반비례한다.

풀이
• 자기 쌍극자에 의한 자위
 $U = \dfrac{M\cos\theta}{4\pi\mu_0 r^2}[\text{AT}] \propto \dfrac{1}{r^2}$
• 자기 쌍극자에 의한 자계
 $H = \dfrac{M\sqrt{1+3\cos^2\theta}}{4\pi\mu_0 r^3}[\text{AT/m}] \propto \dfrac{1}{r^3}$ **답** ④

04 진공 중의 전계강도 $E = i\,x + j\,y + k\,z$로 표시될 때 반지름 10[m]의 구면을 통해 나오는 전체 전속은 약 몇 [C]인가?

① 1.1×10^{-7} ② 2.1×10^{-7}
③ 3.2×10^{-7} ④ 5.1×10^{-7}

풀이 $\nabla \cdot E = \dfrac{\rho}{\epsilon_0}$ 의 관계에서 체적전하밀도 ρ
$\rho = \epsilon_0 (\nabla \cdot E) = \epsilon_0 \left(\dfrac{\partial}{\partial x}x + \dfrac{\partial}{\partial y}y + \dfrac{\partial}{\partial z}z \right)$
$= 3\epsilon_0 [\text{C/m}^3]$
구면 내부의 총 전하량 Q
$Q = \rho V_{\text{체적}} = \rho \cdot \dfrac{4}{3}\pi r^3 = 3\epsilon_0 \cdot \dfrac{4}{3}\pi \cdot 10^3$
$= 4\pi\epsilon_0 \times 10^3 = 1.11 \times 10^{-7}[\text{C}]$
전체 전속 ϕ는 구면 내의 총 전하량 Q와 같으므로
$\phi = Q = 1.11 \times 10^{-7}[\text{C}]$ **답** ①

05 물의 유전율을 ϵ, 투자율을 μ라 할 때 물속에서의 전파속도는 몇 [m/s]인가?

① $\dfrac{1}{\sqrt{\epsilon\mu}}$ ② $\sqrt{\epsilon\mu}$
③ $\sqrt{\dfrac{\mu}{\epsilon}}$ ④ $\sqrt{\dfrac{\epsilon}{\mu}}$

풀이 전파속도
$v = \dfrac{1}{\sqrt{\epsilon\mu}} = \dfrac{1}{\sqrt{\epsilon_0\mu_0}} \cdot \dfrac{1}{\sqrt{\epsilon_s\mu_s}}$
$= \dfrac{3 \times 10^8}{\sqrt{\epsilon_s\mu_s}}[\text{m/s}]$ **답** ①

06 반지름 a[m]인 원주 도체의 단위 길이당 내부 인덕턴스[H/m]는?

① $\dfrac{\mu}{4\pi}$ ② $\dfrac{\mu}{8\pi}$
③ $4\pi\mu$ ④ $8\pi\mu$

풀이 길이 1[m]당의 에너지
$$W = \dfrac{\mu}{16\pi}I^2 = \dfrac{1}{2}L_i I^2 \text{[J]}$$
$$\therefore L_i = \dfrac{\mu}{8\pi} \text{[H/m]}$$ **답** ②

07 [Ω · sec]와 같은 단위는?

① F ② H
③ F/m ④ H/m

풀이 유기기전력은
$$e = -N\dfrac{d\phi}{dt} = -N\dfrac{d\phi}{di}\cdot\dfrac{di}{dt} = -L\dfrac{di}{dt} \text{이므로}$$
$$[\text{volt}] = [\text{henry}] \cdot \left[\dfrac{\text{ampere}}{\text{sec}}\right]$$
$$\left[\dfrac{\text{volt}}{\text{ampere}} \cdot \text{sec}\right] = [\text{henry}]$$
$$[\Omega \cdot \text{sec}] = [\text{henry}]$$ **답** ②

08 그림과 같이 일정한 권선이 감겨진 권회수 N회, 단면적 S[m²], 평균자로의 길이 l[m]인 환상솔레노이드에 전류 I[A]를 흘렸을 때 이 환상솔레노이드의 자기 인덕턴스[H]는?
(단, 환상철심의 투자율은 μ이다.)

①
②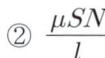
③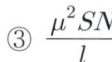
④ $\dfrac{\mu SN^2}{l}$

풀이 철심을 통하는 자속은
$$\phi = BS = \mu HS = \mu\dfrac{NI}{l}S = \dfrac{\mu SNI}{l} \text{[Wb]이므로}$$
$$N\phi = LI \text{에서 } L = \dfrac{\mu SN^2}{l} \text{[H]}$$ **답** ④

09 콘덴서의 성질에 관한 설명으로 틀린 것은?

① 정전용량이란 도체의 전위를 1[V]로 하는 데 필요한 전하량을 말한다.
② 용량이 같은 콘덴서를 n개 직렬 연결하면 내압은 n배, 용량은 1/n로 된다.
③ 용량이 같은 콘덴서를 n개 병렬 연결하면 내압은 같고, 용량은 n배로 된다.
④ 콘덴서를 직렬 연결할 때 각 콘덴서에 분포되는 전하량은 콘덴서 크기에 비례한다.

풀이 콘덴서를 직렬 연결할 때 각 콘덴서에 분포되는 전하량은 콘덴서 용량에 관계없이 일정하게 충전된다. **답** ④

10 두 도체 사이에 100[V]의 전위를 가하는 순간 700[μC]의 전하가 축적되었을 때 이 두 도체 사이의 정전용량은 몇 [μF]인가?

① 4 ② 5
③ 6 ④ 7

풀이 정전용량 $C = \dfrac{Q}{V} = \dfrac{700}{100} = 7\text{[μF]}$ **답** ④

11 무한 평면도체로부터 거리 a[m]의 곳에 점전하 2π[C]가 있을 때 도체표면에 유도되는 최대 전하밀도는 몇 [C/m²]인가?

① $-\dfrac{1}{a^2}$ ② $-\dfrac{1}{2a^2}$
③ $-\dfrac{1}{2\pi a}$ ④ $-\dfrac{1}{4\pi a}$

풀이
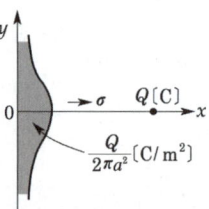

무한 평면도체상의 기준 원점으로부터 거리 a[m]인 곳에 있는 점전하 Q[C]에 의해 유도되는 전하밀도 σ는
$$\sigma = -D = -\epsilon_0 E = -\dfrac{Q \cdot a}{2\pi(a^2+y^2)^{3/2}} \text{[C/m²]}$$
이다.

풀이 $y=0$일 때 최대, $y=\infty$일 때 최소가 되므로
- 최대전하밀도
$\sigma_{max} = [\sigma]_{y=0} = -\dfrac{Q}{2\pi a^2}$ [C/m²]
- 최소전하밀도
$\sigma_{min} = [\sigma]_{y=\infty} = 0$ [C/m²]
따라서 최대전하밀도
$\sigma_{max} = -\dfrac{Q}{2\pi a^2} = -\dfrac{2\pi}{2\pi a^2} = -\dfrac{1}{a^2}$ [C/m²] 답 ①

12 강자성체가 아닌 것은?
① 철(Fe) ② 니켈(Ni)
③ 백금(Pt) ④ 코발트(Co)

풀이
- 강자성체 : 철(Fe), 니켈(Ni), 코발트(Co)
- 상자성체 : 알루미늄(Al), 망간(Mn), 백금(Pt), 텅스텐(W), 주석(Sn), 산소(O₂), 질소(N₂) 등
- 반자성체 : 비스무트(Bi), 구리(Cu), 탄소(C), 규소(Si), 은(Ag), 납(Pb) 등
답 ③

13 온도 0[℃]에서 저항이 R_1[Ω], R_2[Ω], 저항 온도계수가 α_1, α_2[1/℃]인 두 개의 저항선을 직렬로 접속하는 경우, 그 합성저항 온도계수는 몇 [1/℃]인가?

① $\dfrac{\alpha_1 R_2}{R_1 + R_2}$ ② $\dfrac{\alpha_1 R_1 + \alpha_2 R_2}{R_1 + R_2}$

③ $\dfrac{\alpha_1 R_1 - \alpha_2 R_2}{R_1 + R_2}$ ④ $\dfrac{\alpha_1 R_2 + \alpha_2 R_1}{R_1 + R_2}$

풀이 $\alpha_1 R_1 + \alpha_2 R_2 = \alpha_t (R_1 + R_2)$
∴ $\alpha_t = \dfrac{\alpha_1 R_1 + \alpha_2 R_2}{R_1 + R_2}$ 답 ②

14 평행판 콘덴서에서 전극 간에 V[V]의 전위차를 가할 때, 전계의 강도가 공기의 절연내력 E[V/m]를 넘지 않도록 하기 위한 콘덴서의 단위 면적 당 최대용량은 몇 [F/m²]인가?

① $\epsilon_0 EV$ ② $\dfrac{\epsilon_0 E}{V}$

③ $\dfrac{\epsilon_0 V}{E}$ ④ $\dfrac{EV}{\epsilon_0}$

풀이 전위 $V = Ed$[V]이고,
정전용량 $C = \dfrac{\epsilon_0 S}{d}$[F]이므로
$C = \dfrac{\epsilon_0 S}{d} = \dfrac{\epsilon_0 S}{\dfrac{V}{E}} = \dfrac{\epsilon_0 SE}{V}$ [F]

따라서 단위면적당 정전용량
$C_0 = \dfrac{C}{S} = \dfrac{\dfrac{\epsilon_0 SE}{V}}{S} = \dfrac{\epsilon_0 E}{V}$ [F/m²] 답 ②

15 그림과 같이 반지름 a[m], 중심간격 d[m], A에 $+\lambda$[C/m], B에 $-\lambda$[C/m]의 평행 원통도체가 있다. $d \gg a$라 할 때의 단위길이 당 정전용량은 약 몇 [F/m]인가?

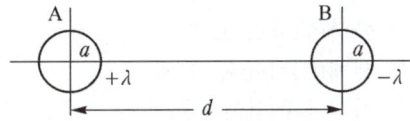

① $\dfrac{2\pi\epsilon_0}{\ln\dfrac{a}{d}}$ ② $\dfrac{\pi\epsilon_0}{\ln\dfrac{a}{d}}$

③ $\dfrac{2\pi\epsilon_0}{\ln\dfrac{d}{a}}$ ④ $\dfrac{\pi\epsilon_0}{\ln\dfrac{d}{a}}$

풀이 $C_{AB} = \dfrac{\pi\epsilon_0}{\ln\dfrac{d-a}{a}}$ [F/m]

$d \gg a$일 때 $\ln\dfrac{d-a}{a} \fallingdotseq \ln\dfrac{d}{a}$로 되므로

∴ $C_{AB} = \dfrac{\pi\epsilon_0}{\ln\dfrac{d}{a}}$ [F/m] 답 ④

16 벡터 $A = 5r\sin\phi a_z$가 원기둥 좌표계로 주어졌다. 점(2, π, 0)에서의 $\nabla \times A$를 구한 값은?

① $5a_r$ ② $-5a_r$
③ $5a_\phi$ ④ $-5a_\phi$

풀이

$$\nabla \times \mathbf{A} = \frac{1}{r}\begin{vmatrix} a_r & a_\phi r & a_z \\ \frac{\partial}{\partial r} & \frac{\partial}{\partial \phi} & \frac{\partial}{\partial z} \\ A_r & rA_\phi & A_z \end{vmatrix} = \frac{1}{r}\begin{vmatrix} a_r & a_\phi r & a_z \\ \frac{\partial}{\partial r} & \frac{\partial}{\partial \phi} & \frac{\partial}{\partial z} \\ 0 & 0 & 5r\sin\phi \end{vmatrix}$$

$$= \frac{1}{r}\left\{\left(\frac{\partial}{\partial \phi}5r\sin\phi - 0\right)a_r + \left(0 - \frac{\partial}{\partial r}5r\sin\phi\right)ra_\phi + (0-0)a_z\right\}$$

$$= \frac{1}{r}(5r\cos\phi\, a_r - 5r\sin\phi\, a_\phi)$$

$$= 5\cos\pi\, a_r - 5\sin\pi\, a_\phi = -5a_r$$

답 ②

---

17 두 종류의 금속으로 된 폐회로에 전류를 흘리면 양 접속점에서 한쪽은 온도가 올라가고 다른 쪽은 온도가 내려가는 현상을 무엇이라 하는가?

① 볼타(Volta) 효과
② 제벡(Seebeck) 효과
③ 펠티에(Peltier) 효과
④ 톰슨(Thomson) 효과

풀이
① 볼타 효과 : 도체와 도체 사이에 접촉 전기가 일어날 때 두 도체 사이에 전위차가 생기는 효과
② 제벡 효과 : 두 종류 금속 접속면에 온도차가 있으면 기전력이 발생하는 효과
③ 펠티에 효과 : 두 종류 금속 접속면에 전류를 흘리면 접속점에서 열의 흡수, 발생이 일어나는 효과
④ 톰슨 효과 : 동일한 금속 도선의 두 점간에 온도차를 주고, 고온 쪽에서 저온 쪽으로 전류를 흘리면 도선 속에서 열이 발생되거나 흡수가 일어나는 이러한 현상을 톰슨 효과라 한다.

답 ③

---

18 전자유도작용에서 벡터퍼텐셜을 A [Wb/m]라 할 때 유도되는 전계 E [V/m]는?

① $\dfrac{\partial \mathbf{A}}{\partial t}$ ② $\int \mathbf{A}\, dt$

③ $-\dfrac{\partial \mathbf{A}}{\partial t}$ ④ $-\int \mathbf{A}\, dt$

풀이 전자 유도 법칙에 의한 유도 기전력 e는

$$e = -\frac{d\phi}{dt} = -\frac{d}{dt}\int_S \mathbf{B} \cdot d\mathbf{S}$$

$$= -\int_S \frac{\partial \mathbf{B}}{\partial t} \cdot d\mathbf{S} \cdots ①$$

이다.
$\mathbf{B} = \text{rot}\, \mathbf{A}$이므로 이것을 대입하고 stokes 정리를 적용하면

$$e = -\frac{d}{dt}\int_S \text{rot}\, \mathbf{A} \cdot d\mathbf{S}$$

$$= -\frac{\partial}{\partial t}\int_C \mathbf{A} \cdot d\mathbf{l} \cdots ②$$

이 된다. 또 전위와 전계의 관계로부터 기전력과 전계는 다음과 같다.

$$e = \int_C \mathbf{E} \cdot d\mathbf{l} \cdots ③$$

따라서 식 ①과 식 ③을 등식으로 놓으면

$$\int_C \mathbf{E} \cdot d\mathbf{l} = -\int \frac{\partial \mathbf{A}}{\partial t} \cdot d\mathbf{l}$$

$$\therefore \mathbf{E} = -\frac{\partial \mathbf{A}}{\partial t}$$

답 ③

---

19 비투자율 μ_s, 자속밀도 B[Wb/m²]인 자계 중에 있는 m[Wb]의 점자극이 받는 힘[N]은?

① $\dfrac{mB}{\mu_0}$ ② $\dfrac{mB}{\mu_0 \mu_s}$

③ $\dfrac{mB}{\mu_s}$ ④ $\dfrac{\mu_0 \mu_s}{mB}$

풀이 자계 중의 자극이 받는 힘은

$F = mH$[N], $H = \dfrac{B}{\mu_0 \mu_s}$ [A/m]에서

$$\therefore F = \frac{mB}{\mu_0 \mu_s}\, [\text{N}]$$

답 ②

---

20 모든 전기장치를 접지시키는 근본적 이유는?

① 영상전하를 이용하기 때문에
② 지구는 전류가 잘 통하기 때문에
③ 편의상 지면의 전위를 무한대로 보기 때문에
④ 지구의 용량이 커서 전위가 거의 일정하기 때문에

풀이 지구는 정전용량이 크므로 많은 전하가 축적되어도 지구의 전위는 일정하다. 따라서 대지를 실용상 영전위로 한다.

답 ④

2과목 - 전력공학

21 단상 2선식에 비하여 단상 3선식의 특징으로 옳은 것은?

① 소요전선량이 많아야 한다.
② 중성선에는 반드시 퓨즈를 끼워야 한다.
③ 110[V] 부하 외에 220[V] 부하의 사용이 가능하다.
④ 전압 불평형을 줄이기 위하여 저압선의 말단에 전력용 콘덴서를 설치한다.

풀이 단상 3선식은 단상 2선식에 비해 다음과 같은 특징이 있다.
① 소요전선량이 적어도 된다.
② 중성선이 단선하면 불평형부하일 경우 부하 전압에 심한 불평형이 발생하므로 중성선에는 퓨즈를 삽입해서는 안된다.
③ 110[V] 부하 외에 220[V] 부하의 사용이 가능하다.
④ 전압 불평형을 줄이기 위한 대책으로서 저압선의 말단에 밸런서를 설치한다.   **답** ③

22 정삼각형 배치의 선간거리가 5[m]이고, 전선의 지름이 1[cm]인 3상 가공 송전선의 1선의 정전용량은 약 몇 [μF/km]인가?

① 0.008   ② 0.016
③ 0.024   ④ 0.032

풀이 정전용량
$$C_w = \frac{0.02413}{\log_{10}\frac{D}{r}} = \frac{0.02413}{\log_{10}\frac{5}{0.5 \times 10^{-2}}}$$
$= 0.008[\mu F/km]$ **답** ①

23 수력발전소의 취수 방법에 따른 분류로 틀린 것은?

① 댐식   ② 수로식
③ 역조정지식   ④ 유역변경식

풀이 낙차를 얻는 방법에 의한 분류
① **댐식** : 댐을 쌓아 인공적인 낙차를 이용하는 방식
② **수로식** : 경사가 급하고 굴곡된 곳을 짧은 수로로 연결함으로 높은 낙차를 얻는 방식
③ 댐 수로식 : 댐으로 얻어진 낙차와 하류부의 경사에 의한 낙차를 함께 이용하는 방식
④ **유역 변경식** : 인접해 있는 두 하천을 수로로 연결해서 그 낙차를 이용하는 방식   **답** ③

24 선로의 특성 임피던스에 관한 내용으로 옳은 것은?

① 선로의 길이에 관계없이 일정하다.
② 선로의 길이가 길어질수록 값이 커진다.
③ 선로의 길이가 길어질수록 값이 작아진다.
④ 선로의 길이보다는 부하전력에 따라 값이 변한다.

풀이 선로의 특성 임피던스 $Z_0 = \sqrt{\frac{L}{C}}$: 길이에 무관하다.   **답** ①

25 송전선에 복도체를 사용할 때의 설명으로 틀린 것은?

① 코로나 손실이 경감된다.
② 안정도가 상승하고 송전용량이 증가한다.
③ 정전 반발력에 의한 전선의 진동이 감소된다.
④ 전선의 인덕턴스는 감소하고, 정전용량이 증가한다.

풀이 단도체 방식에 비해서 **복도체 방식의 특징**은
① 전선의 인덕턴스가 감소하고 정전용량이 증가되어 선로의 송전 용량이 증가하고 계통의 안정도를 증진시킨다.
② 전선 표면의 전위 경도가 저감되므로 코로나 임계전압을 높일 수 있고 코로나손, 코로나 잡음 등의 장해가 저감된다.
③ 모든 소도체에는 동일 방향으로 전류가 흐르므로 흡인력이 생긴다.   **답** ③

26 화력발전소에서 증기 및 급수가 흐르는 순서는?

① 보일러 → 과열기 → 절탄기 → 터빈 → 복수기
② 보일러 → 절탄기 → 과열기 → 터빈 → 복수기
③ 절탄기 → 보일러 → 과열기 → 터빈 → 복수기
④ 절탄기 → 과열기 → 보일러 → 터빈 → 복수기

풀이 실제 기력발전소에 쓰이는 기본 사이클(Rankine cycle)은 다음과 같다.

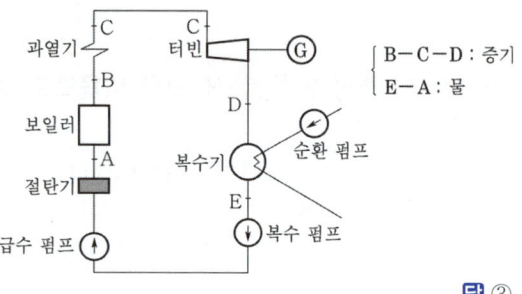

답 ③

27 선간전압이 V[kV]이고, 1상의 대지정전용량이 C[μF], 주파수가 f[Hz]인 3상 3선식 1회선 송전선의 소호 리액터 접지방식에서 소호 리액터의 용량은 몇 [kVA]인가?

① $6\pi fCV^2 \times 10^{-3}$
② $3\pi fCV^2 \times 10^{-3}$
③ $2\pi fCV^2 \times 10^{-3}$
④ $\sqrt{3}\pi fCV^2 \times 10^{-3}$

풀이 3상 1회선 소호 리액터 용량
$P = 3EI = 3E \times 2\pi fCE = 6\pi fCE^2$에서
정전용량 C[μF], 선간전압 V[kV]이므로 단위를 고려하면

$P = 6\pi fC \times 10^{-6} \times \left(\dfrac{V}{\sqrt{3}}\right)^2 \times 10^6$ [VA]
  $= 2\pi fCV^2$ [VA]
  $= 2\pi fCV^2 \times 10^{-3}$ [kVA]

답 ③

28 중성점 비접지방식을 이용하는 것이 적당한 것은?

① 고전압 장거리
② 고전압 단거리
③ 저전압 장거리
④ 저전압 단거리

풀이 우리나라 송전선로의 중성점 비접지방식은 20~30[kV] 정도의 전압이며, 저전압 단거리 송전선이나 배전선에 사용된다.

답 ④

29 수전단전압이 3300[V]이고, 전압강하율이 4[%]인 송전선의 송전단전압은 몇 [V]인가?

① 3395 ② 3432
③ 3495 ④ 5678

풀이 전압강하율 $\epsilon = \dfrac{e}{V_r} \times 100$[%]이므로
전압강하 $e = \epsilon \cdot V_r$이다.
따라서 송전단전압
$V_s = V_r + e = V_r + \epsilon \cdot V_r$
  $= 3300 + 0.04 \times 3300 = 3432$[V]

답 ②

30 현수애자 4개를 1련으로 한 66[kV] 송전선로가 있다. 현수애자 1개의 절연저항은 1500[MΩ], 이 선로의 경간이 200[m]라면 선로 1[km]당의 누설컨덕턴스는 몇 [℧]인가?

① 0.83×10^{-9}
② 0.83×10^{-6}
③ 0.83×10^{-3}
④ 0.83×10^{-2}

풀이 현수애자 1련의 저항 (직렬 접속)
$r = 1500$[MΩ]$\times 4 = 6 \times 10^9$[Ω]
표준 경간이 200[m]이고 1[km]당 현수애자는 5련이 설치되므로 (병렬접속)
$R = \dfrac{r}{n} = \dfrac{6}{5} \times 10^9$[Ω]
누설 컨덕턴스
$G = \dfrac{1}{R} = \dfrac{5}{6} \times 10^{-9}$[℧]
  $= 0.83 \times 10^{-9}$[℧]

답 ①

31 변압기의 손실 중 철손의 감소 대책이 아닌 것은?

① 자속밀도의 감소
② 권선의 단면적 증가
③ 아몰퍼스 변압기의 채용
④ 고배향성 규소 강판 사용

풀이 철손은 고정손이므로 권선의 단면적이 증가하면 손실이 더 증가하게 된다.

답 ②

32. 변압기 내부고장에 대한 보호용으로 현재 가장 많이 쓰이고 있는 계전기는?

① 주파수 계전기
② 전압차동 계전기
③ 비율차동 계전기
④ 방향 거리계전기

풀이 비율차동계전기는 변압기 내부고장에 대한 보호장치로 변압기 1차 전류와 2차 전류의 차전류가 일정 비율 이상으로 되면 동작하는 계전기이다. **답** ③

33. 그림과 같은 전선로의 단락용량은 약 몇 [MVA] 인가? (단, 그림의 수치는 10000[kVA]를 기준으로 한 %리액턴스를 나타낸다.)

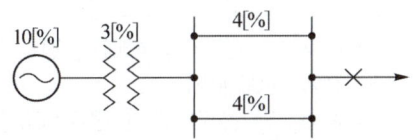

① 33.7
② 66.7
③ 99.7
④ 132.7

풀이 단락점까지의 합성 %리액턴스는

$$\%X = \%X_G + \%X_T + \frac{\%X_l \times \%X_l}{\%X_l + \%X_l}$$

$$= 10 + 3 + \frac{4 \times 4}{4 + 4} = 15[\%]$$

(여기서, $\%X_G$: 발전기 %리액턴스, $\%X_T$: 변압기 %리액턴스, $\%X_l$: 선로의 %리액턴스)

따라서 단락용량

$$P_s = \frac{100}{\%X} P_n = \frac{100}{15} \times 10000 \times 10^{-3}$$

$$\fallingdotseq 66.7 [MVA]$$ **답** ②

34. 영상변류기를 사용하는 계전기는?

① 지락계전기
② 차동계전기
③ 과전류계전기
④ 과전압계전기

풀이 영상변류기(ZCT) : 지락사고시 지락전류(영상전류)를 검출하는 것으로 지락계전기와 조합하여 차단기를 차단시킨다. **답** ①

35. 전선의 지지점 높이가 31[m]이고, 전선의 이도가 9[m]라면 전선의 평균 높이는 몇 [m]인가?

① 25.0
② 26.5
③ 28.5
④ 30.0

풀이 $h = h' - \frac{2}{3}D = 31 - \frac{2}{3} \times 9 = 25[m]$

(단, h : 전선의 평균 높이,
h' : 지지점의 높이, D : 이도) **답** ①

36. 초고압용 차단기에서 개폐저항을 사용하는 이유는?

① 차단전류 감소
② 이상전압 감쇄
③ 차단속도 증진
④ 차단전류의 역률개선

풀이 차단기 개폐시에 재점호로 인하여 개폐 서지 이상전압이 발생된다. 이것을 낮추고 절연내력을 높일 수 있게 하기 위해 차단기 접촉자간에 병렬 임피던스로서 저항을 삽입하는데 이것을 개폐저항기라고 한다. **답** ②

37. 전력계통 안정도는 외란의 종류에 따라 구분되는데, 송전선로에서의 고장, 발전기 탈락과 같은 큰 외란에 대한 전력계통의 동기운전 가능 여부로 판정되는 안정도는?

① 과도안정도
② 정태안정도
③ 전압안정도
④ 미소신호안정도

풀이 안정도의 종류
① 정태 안정도(static stability) : 송전 계통이 불변 부하 또는 극히 서서히 증가하는 부하에 대하여 계속적으로 송전할 수 있는 능력을 정태 안정도로 하고, 안정도를 유지할 수 있는 극한의 송전 전력을 정태 안정 극한 전력이라고 한다.
② 과도 안정도(transient stability) : 계통에 갑자기 고장 사고와 같은 급격한 외란이 발생하였을 때에도 탈조하지 않고 새로운 평형 상태를 회복하여 송전을 계속할 수 있는 능력을 과도 안정도라 하고 이 경우의 극한 전력을 과도 안정 극한 전력이라고 한다.

③ 동태 안정도(dynamic stability) : 고속 자동 전압조정기로 동기기의 여자전류를 제어 할 경우의 정태 안정도를 특히 동태 안정도라 한다. 답 ①

- 부등률 : 최대 전력의 발생시각 또는 발생 시기의 분산을 나타내는 지표로 사용
- 부하율 : 일정 기간 중 부하 변동의 정도를 나타내는 것으로서 그 전기설비가 얼마만큼 유효하게 이용되고 있는가 하는 정도를 파악하는 데 사용 답 ①

38 역률개선에 의한 배전계통의 효과가 아닌 것은?
① 전력손실 감소
② 전압강하 감소
③ 변압기용량 감소
④ 전선의 표피효과 감소

풀이 배전선로의 역률 개선 효과
① 전력손실 경감
② 전압강하 경감
③ 설비용량의 여유분 증가
④ 전력요금의 절약 답 ④

3과목 - 전기기기

41 3상 Y결선, 30[kW], 460[V], 60[Hz] 정격인 유도전동기의 시험 결과가 다음과 같다. 이 전동기의 무부하 시 1상당 동손은 약 몇 [W]인가? (단, 소수점 이하는 무시한다.)

무부하 시험 : 인가전압 460[V], 전류 32[A]
소비전력 : 4600[W]
직류시험 : 인가전압 12[V], 전류 60[A]

① 102   ② 104
③ 106   ④ 108

풀이

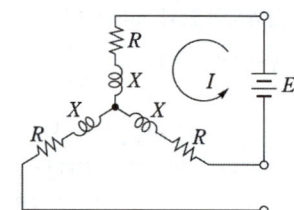

직류 전원하에서의 리액턴스는 단락(0)상태이므로 $I = \dfrac{E}{2R}$[A]이다.
그러므로 1상당 저항 R은
$R = \dfrac{E}{2I} = \dfrac{12}{2 \times 60} = 0.1[\Omega]$
따라서 무부하 시 1상당 동손 P_c는
$P_c = I^2 R = 32^2 \times 0.1 = 102.4[W]$ 답 ①

39 원자력 발전의 특징이 아닌 것은?
① 건설비와 연료비가 높다.
② 설비는 국내 관련 사업을 발전시킨다.
③ 수송 및 저장이 용이하여 비용이 절감된다.
④ 방사선 측정기, 폐기물 처리 장치 등이 필요하다.

풀이 원자력 발전의 특징
① 건설비는 높지만 연료비가 적다.
② 대기나 수질 토양 오염이 없는 깨끗한 에너지
③ 연료의 수송 및 저장의 용이와 비용절감
④ 설비는 국내 관련 사업을 발전시킨다.
※ 수송 및 저장이 용이하여 비용이 절감되는 것은 연료에 대한 사항으로, 보기항 ③에서 대상물을 정확히 지정해주지 않아 답이 달리 해석될 수 있으므로 보기항 ③ 또한 답으로 인정됨 답 ①, ③

42 임피던스 강하가 4[%]인 변압기가 운전 중 단락되었을 때 그 단락전류는 정격전류의 몇 배인가?
① 15   ② 20
③ 25   ④ 30

40 최대 전력의 발생시각 또는 발생시기의 분산을 나타내는 지표는?
① 부등률   ② 부하율
③ 수용률   ④ 전일효율

풀이 • 수용률 : 수요를 상정할 경우 사용

풀이 단락전류
$$I_{1s} = \frac{100}{\%Z} I_{1n} = \frac{100}{4} \times I_{1n} = 25 I_{1n}$$
답 ③

43 3상 유도전동기의 특성에 관한 설명으로 옳은 것은?

① 최대토크는 슬립과 반비례한다.
② 기동 토크는 전압의 2승에 비례한다.
③ 최대토크는 2차 저항과 반비례한다.
④ 기동 토크는 전압의 2승에 반비례한다.

풀이
• 최대토크
$$T_m = K_0 \frac{E_2^2}{2x_2}$$ (2차 측 리액턴스에 반비례)
• 토크 $T \propto k\Phi I_2$에서
$\Phi \propto V_1$ 또는 $I_2 \propto V_1$이므로
∴ $T \propto k V_1^2$ (전압의 2승에 비례)
답 ②

44 3상 유도전동기의 속도제어법이 아닌 것은?

① 극수변환법   ② 1차 여자제어
③ 2차 저항제어   ④ 1차 주파수제어

풀이 유도전동기의 속도제어법
① 농형 유도전동기
• 주파수를 바꾸는 방법
• 극수를 바꾸는 방법
• 전원전압을 바꾸는 방법
② 권선형 유도전동기
• 2차 저항을 제어하는 방법
• 2차 여자법 등이 있다.
답 ②

45 3상 유도전동기의 출력이 10[kW], 전부하 때의 슬립이 5[%]라 하면 2차 동손은 약 몇 [kW]인가?

① 0.426   ② 0.526
③ 0.626   ④ 0.726

풀이 2차 입력
$$P_2 = \frac{P}{1-s} = \frac{10}{1-0.05} = 10.526[\text{kW}]$$
따라서 2차 동손
$$P_{c2} = sP_2 = 0.05 \times 10.526 = 0.526[\text{kW}]$$
답 ②

46 직류발전기의 전기자 권선법 중 단중 파권과 단중 중권을 비교했을 때 단중 파권에 해당하는 것은?

① 고전압 대전류   ② 저전압 소전류
③ 고전압 소전류   ④ 저전압 대전류

풀이 중권과 파권의 비교

구분	단중 중권	단중 파권
전기자의 병렬회로수(a)	$P(mP)$	$2(2m)$
브러시 수(b)	P	2
용도	저전압, 대전류	고전압, 소전류
균압접속	4극 이상이면 균압접속을 하여야 한다.	균압접속은 필요 없다.

여기서, m : 다중도
답 ③

47 일반적으로 전철이나 화학용과 같이 비교적 용량이 큰 수은 정류기용 변압기의 2차 측 결선방식으로 쓰이는 것은?

① 3상 반파   ② 3상 전파
③ 3상 크로스파 ④ 6상 2중 성형

풀이 수은 정류기의 직류측 전압은 맥동이 있으므로 맥동을 적게 하기 위하여 상수를 6상 또는 12상을 사용한다. 특히 대용량의 경우는 보통 6상식이 쓰인다.
답 ④

48 자기용량 3[kVA], 3000/100[V]의 단권변압기를 승압기로 연결하고 1차 측에 3000[V]를 가했을 때 그 부하용량[kVA]은?

① 76   ② 85
③ 93   ④ 94

풀이

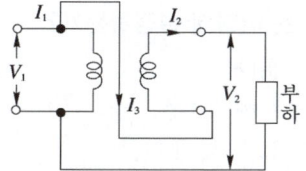

$$V_2 = V_1 + \frac{100}{3000} V_1 = 3000 + \frac{100}{3000} \times 3000$$
$$= 3100[\text{V}]$$

$$\frac{\text{자기 용량}}{\text{부하 용량}} = \frac{V_2 - V_1}{V_2} \text{이므로}$$

$$\text{부하 용량} = \frac{V_2}{V_2 - V_1} \times \text{자기 용량}$$

$$= \frac{3100}{3100 - 3000} \times 3 = 93[kVA]$$

답 ③

49 SCR에 관한 설명으로 틀린 것은?

① 3단자 소자이다.
② 전류는 애노드에서 캐소드로 흐른다.
③ 소형의 전력을 다루고 고주파 스위칭을 요구하는 응용분야에 주로 사용된다.
④ 도통 상태에서 순방향 애노드전류가 유지전류 이하로 되면 SCR은 차단상태로 된다.

풀이 ① SCR의 특징
- 정류기능을 갖는 단일방향성 3단자 소자이다.
- 전류가 흐르고 있을 때 양극의 전압강하가 작다.
- 역률각 이하에서는 제어가 되지 않는다.
- 전류는 애노드에서 캐소드로 흐른다.
- 도통된 후 게이트 전류를 차단 시켜도 계속 도통 상태를 유지한다.
- 도통상태에서 순방향 애노드 전류가 유지전류 이하로 되거나, 소자에 역전압이 걸려 흐르던 전류가 멈추면 소호된다.

② MOSFET
(metal oxide silicon field effect transistor)
트랜지스터는 베이스에 주입되는 전류로 제어되는 반면 MOSFET은 게이트와 소스 사이에 걸리는 전압으로 제어되며, 트랜지스터에 비해 스위칭 속도가 매우 빠른 이점이 있는 반면에 용량이 적어서 비교적 작은 전력 범위 내에서 적용된다. 답 ③

50 직류분권전동기의 기동 시에는 계자저항기의 저항 값은 어떻게 설정하는가?

① 끊어 둔다.
② 최대로 해 둔다.
③ 0(영)으로 해 둔다.
④ 중위(中位)로 해 둔다.

풀이 계자전류
$$I_f = \frac{V}{R_f + R_{FR}}[A]$$
토크
$$\tau = K\phi I_a [kg \cdot m]$$
회전속도
$$N = K\frac{V - I_a R_a}{\phi}[rpm]$$

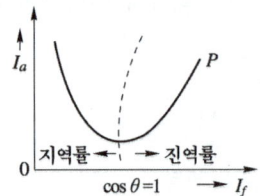

따라서 기동시 계자 저항을 최소로 하여 계자전류를 크게 하면 자속이 커지므로 기동 토크가 크게 되고 속도는 저속으로 된다. 답 ③

51 공급전압이 일정하고 역률 1로 운전하고 있는 동기전동기의 여자전류를 증가시키면 어떻게 되는가?

① 역률은 뒤지고 전기자 전류는 감소한다.
② 역률은 뒤지고 전기자 전류는 증가한다.
③ 역률은 앞서고 전기자 전류는 감소한다.
④ 역률은 앞서고 전기자 전류는 증가한다.

풀이 동기전동기의 위상 특성 곡선(V곡선)에서 보는 바와 같이 여자전류를 증가시키면 역률은 앞서고 전기자 전류는 증가한다.

답 ④

52 동기발전기의 단락비나 동기임피던스를 산출하는데 필요한 특성곡선은?

① 부하 포화곡선과 3상 단락곡선
② 단상 단락곡선과 3상 단락곡선
③ 무부하 포화곡선과 3상 단락곡선
④ 무부하 포화곡선과 외부특성곡선

풀이

시험의 종류	측정항목
무부하 시험	철손, 기계손
단락 시험	동기임피던스, 동기리액턴스
무부하(포화) 시험, 단락 시험	단락비

답 ③

53 변압기의 내부고장에 대한 보호용으로 사용되는 계전기는 어느 것이 적당한가?

① 방향계전기 ② 온도계전기
③ 접지계전기 ④ 비율차동계전기

풀이 변압기 내부고장 검출용 보호계전기
① 차동 계전기(비율차동 계전기)
② 압력 계전기
③ 부흐홀쯔 계전기
④ 가스 검출 계전기 답 ④

54 직류분권전동기 운전 중 계자권선의 저항이 증가할 때 회전속도는?

① 일정하다. ② 감소한다.
③ 증가한다. ④ 관계없다.

풀이 직류분권발전기에서 계자저항이 증가하면, 계자전류(여자전류)가 감소하여 계자자속도 감소하게 된다. 따라서 속도 $n = k\dfrac{V-I_aR_a}{\phi}$이므로 자속($\phi$)이 감소하면 회전속도는 증가한다. 답 ③

55 동기기의 과도 안정도를 증가시키는 방법이 아닌 것은?

① 단락비를 크게 한다.
② 속응여자방식을 채용한다.
③ 회전부의 관성을 작게 한다.
④ 역상 및 영상임피던스를 크게 한다.

풀이 동기기의 안정도를 증진시키는 방법
① 정상 리액턴스를 작게하고 단락비를 크게 할 것
② 회전자의 플라이휠 효과를 크게 할 것
③ 자동 전압조정기(AVR)의 속응도를 크게 할 것. 즉, 속응여자방식을 채용한다.
④ 발전기의 조속기 동작을 신속히 할 것
⑤ 동기 탈조 계전기를 사용할 것 답 ③

56 단상 반발 유도전동기에 대한 설명으로 옳은 것은?

① 역률은 반발기동형보다 나쁘다.
② 기동 토크는 반발기동형보다 크다.
③ 전부하 효율은 반발기동형보다 좋다.
④ 속도의 변화는 반발기동형보다 크다.

풀이 단상 반발 유도전동기
① 기동 토크는 반발 기동형보다 작다.
② 최대 토크는 반발 기동형보다 크다.
③ 부하에 의한 속도 변화는 반발 기동형보다 크다.
④ 역률은 반발 기동형보다 좋다.
⑤ 효율은 반발 기동형이 좋다. 답 ④

57 2중 농형 유도전동기가 보통 농형 유도전동기에 비해서 다른 점은 무엇인가?

① 기동전류가 크고, 기동 토크도 크다.
② 기동전류가 적고, 기동 토크도 적다.
③ 기동전류는 적고, 기동 토크는 크다.
④ 기동전류는 크고, 기동 토크는 적다.

풀이 2중 농형 유도전동기는 저항이 크고 리액턴스가 작은 기동용 농형 권선(외측도체)과 저항이 작고 리액턴스가 큰 운전용 농형 권선(내측도체)을 가진 것으로 보통 농형에 비하여 기동전류가 작고 기동 토크가 크다. 답 ③

58 직류전동기의 공급전압을 V[V], 자속을 ϕ[Wb], 전기자 전류를 I_a[A], 전기자저항을 R_a[Ω], 속도를 N[rpm]이라 할 때 속도의 관계식은 어떻게 되는가? (단, k는 상수이다.)

① $N = k\dfrac{V+I_aR_a}{\phi}$ ② $N = k\dfrac{V-I_aR_a}{\phi}$
③ $N = k\dfrac{\phi}{V+I_aR_a}$ ④ $N = k\dfrac{\phi}{V-I_aR_a}$

풀이 직류전동기속도 $N = k\dfrac{E_c}{\phi}$[rpm]이며,
역기전력 $E_c = V - I_aR_a$[V]이므로
∴ $N = k\dfrac{V-I_aR_a}{\phi}$[rpm]이 된다. 답 ②

59 유입식 변압기에 콘서베이터(conservator)를 설치하는 목적으로 옳은 것은?

① 충격 방지 ② 열화 방지
③ 통풍 장치 ④ 코로나 방지

풀이 콘서베이터는 변압기의 상부에 설치된 원통형의 유조(기름통)로서, 그 속에는 1/2 정도의 기름이 들어 있고

주변압기 외함 내의 기름과는 가는 파이프로 연결되어 있다. 변압기 부하의 변화에 따르는 호흡 작용에 의한 변압기 기름의 팽창, 수축이 콘세베이터의 상부에서 행하여지게 되므로 높은 온도의 기름이 직접 공기와 접촉하는 것을 방지하여 **기름의 열화를 방지**하는 것이다.

달 ②

60 3상 반파정류회로에서 직류전압의 파형은 전원전압 주파수의 몇 배의 교류분을 포함하는가?

① 1 ② 2
③ 3 ④ 6

풀이

정류 종류	단상 반파	단상 전파	3상 반파	3상 전파
맥동률[%]	121	48	17.7	4.04
정류 효율	40.5	81.1	96.7	99.8
맥동 주파수	f	$2f$	$3f$	$6f$

달 ③

4과목 - 회로이론

61 $e^{j\frac{2}{3}\pi}$ 와 같은 것은?

① $\frac{1}{2} - j\frac{\sqrt{3}}{2}$ ② $-\frac{1}{2} - j\frac{\sqrt{3}}{2}$
③ $-\frac{1}{2} + j\frac{\sqrt{3}}{2}$ ④ $\cos\frac{2}{3}\pi + \sin\frac{2}{3}\pi$

풀이
$e^{j\frac{2}{3}\pi} = \cos\frac{2}{3}\pi + j\sin\frac{2}{3}\pi$
$= -\frac{1}{2} + j\frac{\sqrt{3}}{2}$

달 ③

62 100[V], 800[W], 역률 80[%]인 교류회로의 리액턴스는 몇 [Ω]인가?

① 6 ② 8
③ 10 ④ 12

풀이 $P = EI\cos\theta$ 에서

전류 $I = \frac{P}{E\cos\theta} = \frac{800}{100 \times 0.8} = 10[A]$

임피던스 $Z = \frac{E}{I} = \frac{100}{10} = 10[\Omega]$

$\therefore X = Z\sin\theta = 10 \times \sqrt{1 - 0.8^2} = 6[\Omega]$

달 ①

63 그림과 같은 π형 4단자 회로의 어드미턴스 상수 중 Y_{22}는 몇 [℧]인가?

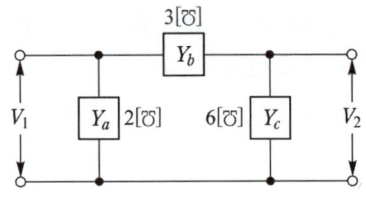

① 5 ② 6
③ 9 ④ 11

풀이
- $Y_{11} = \frac{I_1}{V_1}\bigg|_{V_2=0} = Y_a + Y_b$
- $Y_{12} = \frac{I_1}{V_2}\bigg|_{V_1=0} = \frac{-Y_bV_2}{V_2} = -Y_b$
- $Y_{21} = \frac{I_2}{V_1}\bigg|_{V_2=0} = \frac{-Y_bV_1}{V_1} = -Y_b$
- $Y_{22} = \frac{I_2}{V_2}\bigg|_{V_1=0} = Y_b + Y_c$

$\therefore Y_{22} = 3 + 6 = 9[℧]$

달 ③

64 불평형 3상 전류 $I_a = 15 + j2[A]$, $I_b = -20 - j14[A]$, $I_c = -3 + j10[A]$일 때 영상전류 I_0는 약 몇 [A]인가?

① $2.67 + j0.36$ ② $15.7 - j3.25$
③ $-1.91 + j6.24$ ④ $-2.67 - j0.67$

풀이 영상전류 $I_0 = \frac{1}{3}(I_a + I_b + I_c)$

$\therefore I_0 = \frac{1}{3}(15 + j2 - 20 - j14 - 3 + j10)$
$= \frac{1}{3}(-8 - j2)$
$= -2.67 - j0.67[A]$

달 ④

65 어떤 계에 임펄스 함수(δ함수)가 입력으로 가해졌을 때 시간함수 e^{-2t}가 출력으로 나타났다. 이 계의 전달함수는?

① $\dfrac{1}{s+2}$ ② $\dfrac{1}{s-2}$
③ $\dfrac{2}{s+2}$ ④ $\dfrac{2}{s-2}$

풀이
- 입력 $R(s) = \mathcal{L}[r(t)] = \mathcal{L}[\delta(t)] = 1$
- 출력 $C(s) = \mathcal{L}[c(t)] = \mathcal{L}[e^{-2t}] = \dfrac{1}{s+2}$

따라서 전달함수

$G(s) = \dfrac{C(s)}{R(s)} = C(s) = \dfrac{1}{s+2}$ 답 ①

66 0.2[H]의 인덕터와 150[Ω]의 저항을 직렬로 접속하고 220[V] 상용교류를 인가하였다. 1시간 동안 소비된 전력량은 약 몇 [Wh]인가?

① 209.6   ② 226.4
③ 257.6   ④ 286.9

풀이 리액턴스
$X_L = \omega L = 2\pi f L = 2\pi \times 60 \times 0.2 ≒ 75.4[\Omega]$
전류
$I = \dfrac{V}{Z} = \dfrac{V}{\sqrt{R^2+X_L^2}} = \dfrac{220}{\sqrt{150^2+75.4^2}}$
$≒ 1.31[A]$
$\therefore W = P \cdot t = I^2 R \cdot t = 1.31^2 \times 150 \times 1$
$≒ 257.6[Wh]$ 답 ③

67 어떤 제어계의 출력이
$C(s) = \dfrac{5}{s(s^2+s+2)}$ 로 주어질 때
출력의 시간함수 $c(t)$의 최종값은?

① 5   ② 2
③ $\dfrac{2}{5}$ ④ $\dfrac{5}{2}$

풀이 최종값 정리에 의해서
$\lim\limits_{t\to\infty} c(t) = \lim\limits_{s\to 0} sC(s)$
$= \lim\limits_{s\to 0} s \cdot \dfrac{5}{s(s^2+s+2)} = \dfrac{5}{2}$ 답 ④

68 $e = E_m \cos\left(100\pi t - \dfrac{\pi}{3}\right)$[V]와
$i = I_m \sin\left(100\pi t + \dfrac{\pi}{4}\right)$[A]의
위상차를 시간으로 나타내면 약 몇 초인가?

① 3.33×10^{-4} ② 4.33×10^{-4}
③ 6.33×10^{-4} ④ 8.33×10^{-4}

풀이
- $e = E_m \cos\left(100\pi t - \dfrac{\pi}{3}\right)$
$= E_m \sin\left(100\pi t - \dfrac{\pi}{3} + \dfrac{\pi}{2}\right)$
$= E_m \sin\left(100\pi t + \dfrac{\pi}{6}\right)$ 이므로

e와 i의 위상차 $\theta = \dfrac{\pi}{4} - \dfrac{\pi}{6} = \dfrac{\pi}{12}$ 이다.

- $\theta = \omega t$ 에서 $t = \dfrac{\theta}{\omega}$ 이므로

$\therefore t = \dfrac{\theta}{\omega} = \dfrac{\frac{\pi}{12}}{100\pi} = 8.33 \times 10^{-4}[\sec]$ 답 ④

69 같은 저항 $r[\Omega]$ 6개를 사용하여 그림과 같이 결선하고 대칭 3상 전압 V[V]를 가하였을 때 흐르는 전류 I는 몇 [A]인가?

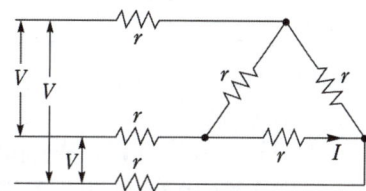

① $\dfrac{V}{2r}$ ② $\dfrac{V}{3r}$
③ $\dfrac{V}{4r}$ ④ $\dfrac{V}{5r}$

풀이 △를 Y로 환산하면 1상의 등가 저항 R은
$R = \dfrac{r \times r}{r+r+r} = \dfrac{r^2}{3r} = \dfrac{r}{3}[\Omega]$

선전류
$I_l = \dfrac{\frac{V}{\sqrt{3}}}{r+\frac{r}{3}} = \dfrac{\sqrt{3}\,V}{4r}$[A]

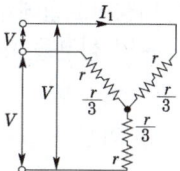

따라서 상전류
$I = \dfrac{I_l}{\sqrt{3}} = \dfrac{V}{4r}$[A]   답 ③

70 어떤 교류전동기의 명판에 역률 = 0.6, 소비전력 = 120[kW]로 표기되어 있다. 이 전동기의 무효전력은 몇 [kVar]인가?

① 80　　② 100
③ 140　　④ 160

풀이
피상전력 $P_a = \dfrac{P}{\cos\theta}$
무효율 $\sin\theta = \sqrt{1-\cos^2\theta}$ 이므로
무효전력
$Q = P_a \sin\theta = \dfrac{P}{\cos\theta} \times \sqrt{1-\cos^2\theta}$
$= \dfrac{120}{0.6} \times \sqrt{1-0.6^2} = 160[\text{kVar}]$　　답 ④

71 대칭 3상 전압이 있을 때 한 상의 Y전압 순시값
$e_p = 1000\sqrt{2}\sin\omega t + 500\sqrt{2}\sin(3\omega t + 20°)$
$+ 100\sqrt{2}\sin(5\omega t + 30°)[\text{V}]$
이면 선간전압 E_l에 대한 상전압 E_p의 실효값 비율($\dfrac{E_p}{E_l}$)은 약 몇 [%]인가?

① 55　　② 64
③ 85　　④ 95

풀이 상전압의 실효값 E_p는
$E_p = \sqrt{E_1^2 + E_3^2 + E_5^2}$
$= \sqrt{1000^2 + 500^2 + 100^2} = 1122.5[\text{V}]$
선간전압에는 제3고조파분이 나타나지 않으므로 선간전압의 실효값 E_l는
$E_l = \sqrt{3} \cdot \sqrt{E_1^2 + E_5^2}$
$= \sqrt{3} \cdot \sqrt{1000^2 + 100^2} = 1740.7[\text{V}]$
따라서 $\dfrac{E_p}{E_l} = \dfrac{1122.5}{1740.7} \times 100 \fallingdotseq 64[\%]$　답 ②

72 대칭좌표법에서 사용되는 용어 중 각 상에 공통인 성분을 표시하는 것은?

① 영상분　② 정상분
③ 역상분　④ 공통분

풀이 ① 정상분 : 상순 a-b-c로 120°의 위상차를 갖는 전압
② 역상분 : 상순 a-c-b(정상분과 반대)로 120°의 위상차를 갖는 전압
③ 영상분 : 상별 크기가 같고 위상이 동상인 성분(각 상에 공통된 단상분)　답 ①

73 어느 저항에
$v_1 = 220\sqrt{2}\sin(2\pi \cdot 60t - 30°)[\text{V}]$와
$v_2 = 100\sqrt{2}\sin(3 \cdot 2\pi \cdot 60t - 30°)[\text{V}]$의 전압이 각각 걸릴 때의 설명으로 옳은 것은?

① v_1이 v_2보다 위상이 15° 앞선다.
② v_1이 v_2보다 위상이 15° 뒤진다.
③ v_1이 v_2보다 위상이 75° 앞선다.
④ v_1과 v_2의 위상관계는 의미가 없다.

풀이 v_1은 기본파, v_3는 제3고조파 성분이므로 위상관계는 의미가 없다.　답 ④

74 RLC 병렬 공진회로에 관한 설명 중 틀린 것은?

① R의 비중이 작을수록 Q가 높다.
② 공진 시 입력 어드미턴스는 매우 작아진다.
③ 공진 주파수 이하에서의 입력전류는 전압보다 위상이 뒤진다.
④ 공진 시 L 또는 C에 흐르는 전류는 입력전류 크기의 Q배가 된다.

풀이
• 회로의 어드미턴스
$Y = \dfrac{1}{R} + \dfrac{1}{j\omega L} + j\omega C = \dfrac{1}{R} + j\left(\omega C - \dfrac{1}{\omega L}\right)$이므로
공진 조건은 $\omega C - \dfrac{1}{\omega L} = 0$ 이다.
• 전류 확대비
$Q = \dfrac{I_C}{I_r} = \dfrac{\omega CV}{\dfrac{V}{R}} = R\omega C \quad Q = \dfrac{I_L}{I_r} = \dfrac{\dfrac{V}{\omega L}}{\dfrac{V}{R}} = \dfrac{R}{\omega L}$
즉, R이 클수록 Q는 커진다.
• 공진 시 어드미턴스 $Y_r = \dfrac{1}{R}$이 되어 매우 작아진다.
• $\omega L - \dfrac{1}{\omega C} = 0$에서 $f < f_r$이면 $\dfrac{1}{\omega C} > \omega L$이 되어 유도성 회로가 된다.

따라서 입력전류는 전압보다 위상이 뒤진다.
(여기서 공진 주파수 $f_r = \dfrac{1}{2\pi\sqrt{LC}}$) 답 ①

풀이
$V_1 = \dfrac{1}{3}(V_a + aV_b + a^2 V_c) = \dfrac{1}{3}(V_a + a^3 V_a + a^3 V_a)$
$= \dfrac{V_a}{3}(1 + a^3 + a^3) = V_a \ (\because a^3 = 1)$ 답 ②

75 대칭 5상 회로의 선간전압과 상전압의 위상차는?

① 27° ② 36°
③ 54° ④ 72°

풀이 대칭 n상인 경우 기전력의 위상차는
$\theta = \dfrac{\pi}{2}\left(1 - \dfrac{2}{n}\right) = \dfrac{180°}{2}\left(1 - \dfrac{2}{5}\right) = 90° \times \dfrac{3}{5}$
$= 54°$ 답 ③

78 그림에서 a, b 단자의 전압이 100[V], a, b에서 본 능동 회로망 N의 임피던스가 15[Ω]일 때, a, b 단자에 10[Ω]의 저항을 접속하면 a, b 사이에 흐르는 전류는 몇 [A]인가?

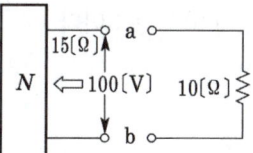

① 2 ② 4
③ 6 ④ 8

풀이 테브난의 정리에 의해 $I = \dfrac{100}{15+10} = 4[A]$

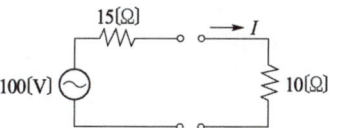

답 ②

76 $\dfrac{s\sin\theta + \omega\cos\theta}{s^2 + \omega^2}$ 의 역라플라스 변환을 구하면 어떻게 되는가?

① $\sin(\omega t - \theta)$ ② $\sin(\omega t + \theta)$
③ $\cos(\omega t - \theta)$ ④ $\cos(\omega t + \theta)$

풀이 $\mathcal{L}^{-1}\left[\dfrac{\omega}{s^2+\omega^2}\right] = \sin\omega t, \ \mathcal{L}^{-1}\left[\dfrac{s}{s^2+\omega^2}\right] = \cos\omega t$ 이므로
$F(s) = \dfrac{s\sin\theta + \omega\cos\theta}{s^2+\omega^2}$
$= \dfrac{\omega}{s^2+\omega^2}\cos\theta + \dfrac{s}{s^2+\omega^2}\sin\theta$
$\therefore f(t) = \mathcal{L}^{-1}[F(s)]$
$= \sin\omega t \cdot \cos\theta + \cos\omega t \cdot \sin\theta$
$= \sin(\omega t + \theta)$ 답 ②

79 전원이 Y결선, 부하가 △결선된 3상 대칭회로가 있다. 전원의 상전압이 220[V]이고 전원의 상전류가 10[A]일 경우, 부하 한 상의 임피던스 [Ω]는?

① $22\sqrt{3}$ ② 22
③ $\dfrac{22}{\sqrt{3}}$ ④ 66

풀이
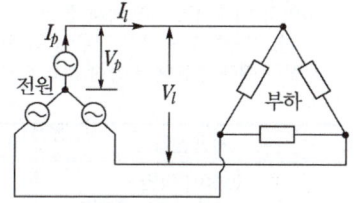

① 부하(△결선)의 상전압(V)은 전원(Y결선)의 선간전압(V_l)과 같으므로 부하에서의 상전압
$V = \sqrt{3}\,V_p = 220\sqrt{3}[V]$

77 대칭 3상 전압이 a상 V_a[V],
b상 $V_b = a^2 V_a$[V], c상 $V_c = aV_a$[V]일 때 a상을 기준으로 한 대칭분전압 중 정상분 V_1[V]은 어떻게 표시되는가?
(단, $a = -\dfrac{1}{2} + j\dfrac{\sqrt{3}}{2}$ 이다.)

① 0 ② V_a
③ aV_a ④ $a^2 V_a$

② 부하(△결선)의 선전류(I_l)는 전원(Y결선)의 상전류 (I_p)와 같으므로 부하에서의 상전류

$$I = \frac{I_l}{\sqrt{3}} = \frac{10}{\sqrt{3}}[A]$$

따라서 부하 1상의 임피던스

$$Z = \frac{V}{I} = \frac{220\sqrt{3}}{\frac{10}{\sqrt{3}}} = 66[\Omega]$$

답 ④

80 $\dfrac{dx(t)}{dt} + 3x(t) = 5$의 라플라스 변환 $X(s)$는? (단, $x(0^+) = 0$이다.)

① $\dfrac{5}{s+3}$ ② $\dfrac{3s}{s+5}$

③ $\dfrac{3}{s(s+5)}$ ④ $\dfrac{5}{s(s+3)}$

풀이 초기값을 0으로 하고 라플라스 변환하면

$$\{sX(s) - x(0)\} + 3X(s) = \frac{5}{s}$$

$$\rightarrow (s+3)X(s) = \frac{5}{s}$$

$$\therefore X(s) = \frac{5}{s(s+3)}$$

답 ④

5과목 – 전기설비기술기준

81 사용전압이 22.9[kV]인 가공전선과 지지물 사이의 이격거리는 몇 [cm] 이상이어야 하는가?

① 5   ② 10
③ 15   ④ 20

풀이 333.5 특고압 가공전선과 지지물 등의 이격거리
특고압 가공전선과 그 지지물·완금류·지주 또는 지선 사이의 이격거리는 표에서 정한 값 이상이어야 한다. 다만, 기술상 부득이한 경우에 위험의 우려가 없도록 시설한 때에는 표에서 정한 값의 0.8배까지 감할 수 있다.

사용전압	이격거리[cm]
15[kV] 미만	15
15[kV] 이상 25[kV] 미만	20
25[kV] 이상 35[kV] 미만	25
60[kV] 이상 70[kV] 미만	40
130[kV] 이상 160[kV] 미만	90

답 ④

82 농사용 저압가공전선로의 시설에 대한 설명으로 틀린 것은?

① 전선로의 경간은 30[m] 이하일 것
② 목주의 굵기는 말구 지름이 9[cm] 이상일 것
③ 저압가공전선의 지표상 높이는 5[m] 이상일 것
④ 저압가공전선은 지름 2[mm] 이상의 경동선일 것

풀이 222.22 농사용 저압 가공전선로의 시설
가. 사용전압은 저압일 것.
나. 저압 가공전선은 인장강도 1.38[kN] 이상의 것 또는 지름 2[mm] 이상의 경동선일 것.
다. 저압 가공전선의 지표상의 높이는 3.5[m] 이상일 것. 다만, 저압 가공전선을 사람이 쉽게 출입하지 못하는 곳에 시설하는 경우에는 3[m] 까지로 감할 수 있다.
라. 목주의 굵기는 말구 지름이 0.09[m] 이상일 것.
마. 전선로의 지지점 간 거리는 30[m] 이하일 것.

답 ③

83 수소 냉각식 발전기·조상기 또는 이에 부속하는 수소 냉각 장치의 시설방법으로 틀린 것은?

① 발전기안 또는 조상기안의 수소의 순도가 70[%] 이하로 저하한 경우에 경보장치를 시설할 것
② 발전기 또는 조상기는 기밀구조의 것이고 또한 수소가 대기압에서 폭발하는 경우 생기는 압력에 견디는 강도를 가지는 것일 것
③ 발전기안 또는 조상기안의 수소의 압력을 계측하는 장치 및 그 압력이 현저히 변동할 경우에 이를 경보하는 장치를 시설할 것
④ 발전기축의 밀봉부에는 질소 가스를 봉입할 수 있는 장치와 누설한 수소가스를 안전하게 외부에 방출할 수 있는 장치를 설치할 것

풀이 351.10 수소냉각식 발전기 등의 시설
수소냉각식의 발전기·조상기 또는 이에 부속하는 수소 냉각 장치는 발전기 내부 또는 조상기 내부의 수소의 순도가 85[%] 이하로 저하한 경우에 이를 경보하는 장치를 시설할 것.

답 ①

84 폭연성 분진 또는 화약류의 분말이 전기설비가 발화원이 되어 폭발할 우려가 있는 곳에 시설하는 저압 옥내배선의 공사방법으로 옳은 것은?

① 금속관공사
② 애자공사
③ 합성수지관공사
④ 캡타이어 케이블 공사

풀이 242.2.1 폭연성 분진 위험장소
폭연성 분진(마그네슘·알루미늄·티탄·지르코늄) 또는 화약류의 분말이 전기설비가 발화원이 되어 폭발할 우려가 있는 곳에 시설하는 저압 옥내배선, 저압 관등회로 배선, 소세력 회로의 전선은 금속관공사 또는 케이블공사(캡타이어 케이블을 사용하는 것을 제외한다)에 의할 것. **답** ①

85 전력계통의 운용에 관한 지시 및 급전조작을 하는 곳은?

① 급전소   ② 개폐소
③ 변전소   ④ 발전소

풀이 가. 급전소 : 전력계통의 운용에 관한 지시 및 급전조작을 하는 곳
나. 개폐소 : 개폐소 안에 시설한 개폐기 및 기타 장치에 의하여 전로를 개폐하는 곳으로서 발전소·변전소 및 수용장소 이외의 곳
다. 변전소 : 변전소의 밖으로부터 전송받은 전기를 변전소 안에 시설한 변압기·전동발전기·회전변류기·정류기 그 밖의 기계기구에 의하여 변성하는 곳으로서 변성한 전기를 다시 변전소 밖으로 전송하는 곳
라. 발전소 : 발전기·원동기·연료전지·태양전지·해양에너지발전설비·전기저장장치 그 밖의 기계기구를 시설하여 전기를 생산하는 곳 **답** ①

86 가공전선로의 지지물에 취급자가 오르고 내리는데 사용하는 발판 볼트 등은 지표상 몇 [m] 미만에 시설하여서는 아니 되는가?

① 1.2   ② 1.5
③ 1.8   ④ 2.0

풀이 331.4 가공전선로 지지물의 철탑오름 및 전주오름 방지
가공전선로의 지지물에 취급자가 오르고 내리는데 사용하는 발판 볼트 등을 지표상 1.8 [m] 미만에 시설하여서는 아니 된다. **답** ③

87 금속몰드공사에 대한 설명으로 틀린 것은?

① 몰드에는 접지공사를 하지 말 것
② 접속점을 쉽게 점검할 수 있도록 시설할 것
③ 황동제 또는 동제의 몰드는 폭이 5[cm] 이하, 두께 0.5[mm] 이상인 것일 것
④ 몰드 안의 전선을 외부로 인출하는 부분은 몰드의 관통 부분에서 전선이 손상될 우려가 없도록 시설할 것

풀이 232.22 금속몰드공사
가. 전선은 절연전선(옥외용 비닐절연 전선을 제외한다)일 것.
나. 금속몰드 안에는 전선에 접속점이 없도록 할 것. 다만, 금속제 조인트 박스를 사용할 경우에는 접속할 수 있다.
다. 황동제 또는 동제의 몰드는 폭이 50[mm] 이하, 두께 0.5[mm] 이상
라. 몰드에는 규정에 준하여 접지공사를 할 것. **답** ①

88 그룹 2의 의료장소에 상용전원 공급이 중단될 경우 15초 이내에 최소 몇 [%]의 조명에 비상전원을 공급하여야 하는가?

① 30   ② 40
③ 50   ④ 60

풀이 242.10.5 의료장소내의 비상전원
상용전원 공급이 중단될 경우 의료행위에 중대한 지장을 초래할 우려가 있는 전기설비 및 의료용 전기기기에는 다음에 따라 비상전원을 공급하여야 한다.
가. 절환시간 0.5초 이내에 비상전원을 공급하는 장치 또는 기기
① 0.5초 이내에 전력공급이 필요한 생명유지장치
② 그룹 1 또는 그룹 2의 의료장소의 수술등, 내시경, 수술실 테이블, 기타 필수 조명
나. 절환시간 15초 이내에 비상전원을 공급하는 장치 또는 기기
① 15초 이내에 전력공급이 필요한 생명유지장치
② 그룹 2의 의료장소에 최소 50[%]의 조명, 그룹 1의 의료장소에 최소 1개의 조명
다. 절환시간 15초를 초과하여 비상전원을 공급하는 장치 또는 기기
① 병원기능을 유지하기 위한 기본 작업에 필요한 조명
② 그 밖의 병원 기능을 유지하기 위하여 중요한 기기 또는 설비 **답** ③

89 전선을 접속하는 경우 전선의 세기(인장하중)는 몇 [%] 이상 감소되지 않아야 하는가?

① 10　　② 15
③ 20　　④ 25

풀이 123 전선의 접속
전선을 접속하는 경우에는 전선의 전기저항을 증가시키지 아니하도록 접속 하여야 하며, 또한 다음에 따라야 한다.
가. 전선의 세기를 20[%] 이상 감소시키지 아니할 것.
나. 접속부분은 접속관 기타의 기구를 사용할 것.
다. 접속부분의 절연전선에 절연전선의 절연물과 동등 이상의 절연효력이 있는 것으로 충분히 피복할 것.

답 ③

90 고압 보안공사 시에 지지물로 A종 철근 콘크리트주를 사용할 경우 경간은 몇 [m] 이하이어야 하는가?

① 50　　② 100
③ 150　　④ 400

풀이 332.10 고압 보안공사
고압 보안공사는 다음에 따라야 한다.
가. 전선은 케이블인 경우 이외에는 인장강도 8.01[kN] 이상의 것 또는 지름 5[mm] 이상의 경동선일 것.
나. 목주의 풍압하중에 대한 안전율은 1.5 이상일 것.
다. 경간은 표에서 정한 값 이하일 것.

지지물의 종류	경간
목주·A종 철주 또는 A종 철근 콘크리트주	100[m] 이하
B종 철주 또는 B종 철근 콘크리트주	150[m] 이하
철 탑	400[m] 이하

답 ②

91 154[kV] 가공전선을 사람이 쉽게 들어갈 수 없는 산지(山地)에 시설하는 경우 전선의 지표상 높이는 몇 [m] 이상으로 하여야 하는가?

① 5.0　　② 5.5
③ 6.0　　④ 6.5

풀이 333.7 특고압 가공전선의 높이

전압의 범위	일반 장소	도로 횡단	철도 또는 궤도횡단	횡단보도교
35[kV] 이하	5[m]	6[m]	6.5[m]	4[m](특고압 절연전선 또는 케이블 사용)
35[kV] 초과 160[kV] 이하	6[m]	6[m]	6.5[m]	5[m](케이블 사용)
160[kV] 초과	산지 등에서 사람이 쉽게 들어갈 수 없는 장소 : 5[m] 이상			
160[kV] 초과	일반장소	가공전선의 높이 = 6 + 단수 × 0.12[m]		
160[kV] 초과	철도 또는 궤도횡단	가공전선의 높이 = 6.5 + 단수 × 0.12[m]		
160[kV] 초과	산지	가공전선의 높이 = 5 + 단수 × 0.12[m]		

답 ①

92 조상기의 보호장치로서 내부고장 시에 자동적으로 전로로부터 차단되는 장치를 설치하여야 하는 조상기 용량은 몇 [kVA] 이상인가?

① 5000　　② 7500
③ 10000　　④ 15000

풀이 351.5 조상설비의 보호장치
조상 설비에는 그 내부에 고장이 생긴 경우에 보호하는 장치를 표와 같이 시설하여야 한다.

설비 종별	뱅크 용량의 구분	자동적으로 전로로부터 차단하는 장치
전력용 커패시터 및 분로리액터	500[kVA] 초과 15,000[kVA] 미만	• 내부에 고장이 생긴 경우 • 과전류가 생긴 경우
	15,000[kVA] 이상	• 내부에 고장이 생긴 경우 • 과전류가 생긴 경우 • 과전압이 생긴 경우
조상기 (調相機)	15,000[kVA] 이상	• 내부에 고장이 생긴 경우

답 ④

93 154[kV] 가공전선로를 제1종 특고압 보안공사에 의하여 시설하는 경우 사용전선의 단면적은 몇 [mm²] 이상의 경동선이어야 하는가?

① 35　　② 50
③ 95　　④ 150

풀이 333.22 특고압 보안공사
제1종 특고압 보안공사의 전선 굵기

사용전압	전 선
100[kV] 미만	인장강도 21.67[kN] 이상의 연선 또는 단면적 55[mm^2] 이상의 경동연선
100[kV] 이상 300[kV] 미만	인장강도 58.84[kN] 이상의 연선 또는 단면적 150[mm^2] 이상의 경동연선
300[kV] 이상	인장강도 77.47[kN] 이상의 연선 또는 단면적 200[mm^2] 이상의 경동연선

답 ④

94 인가가 많이 연접되어 있는 장소에 시설하는 가공전선로의 구성재에 병종 풍압하중을 적용할 수 없는 경우는?

① 저압 또는 고압가공전선로의 지지물
② 저압 또는 고압가공전선로의 가섭선
③ 사용전압이 35[kV] 이상의 전선에 특고압 가공전선로에 사용하는 케이블 및 지지물
④ 사용전압이 35[kV] 이하의 전선에 특고압 절연전선을 사용하는 특고압가공전선로의 지지물

풀이 331.6 풍압하중의 종별과 적용
인가가 많이 연접되어 있는 장소에 시설하는 가공전선로의 구성재 중 다음의 풍압하중에 대하여는 규정에 불구하고 갑종 풍압하중 또는 을종 풍압하중 대신에 병종 풍압하중을 적용할 수 있다.
가. 저압 또는 고압 가공전선로의 지지물 또는 가섭선
나. 사용전압이 35[kV] 이하의 전선에 특고압 절연전선 또는 케이블을 사용하는 특고압 가공전선로의 지지물, 가섭선 및 특고압 가공전선을 지지하는 애자장치 및 완금류

답 ③

95 지선 시설에 관한 설명으로 틀린 것은?

① 지선의 안전율은 2.5 이상이어야 한다.
② 철탑은 지선을 사용하여 그 강도를 분담시켜야 한다.
③ 지선에 연선을 사용할 경우 소선 3가닥 이상의 연선이어야 한다.
④ 지선근가는 지선의 인장하중에 충분히 견디도록 시설하여야 한다.

풀이 331.11 지선의 시설
가. 가공전선로의 지지물로 사용하는 철탑은 지선을 사용하여 그 강도를 분담시켜서는 안 된다.
나. 지선의 안전율은 2.5 이상일 것. 이 경우에 허용 인장하중의 최저는 4.31[kN]으로 한다.
다. 지선에 연선을 사용할 경우에는 다음에 의할 것.
  ① 소선 3가닥 이상의 연선일 것.
  ② 소선의 지름이 2.6[mm] 이상의 금속선을 사용한 것일 것.
라. 지중부분 및 지표상 0.3[m]까지의 부분에는 내식성이 있는 것 또는 아연도금을 한 철봉을 사용하고 쉽게 부식되지 않는 근가에 견고하게 붙일 것.

답 ②

96 횡단보도교 위에 시설하는 경우 그 노면상 전력보안가공통신선의 높이는 몇 [m] 이상인가?

① 3   ② 4
③ 5   ④ 6

풀이 362.2 전력보안통신선의 시설 높이와 이격거리
전력 보안 가공통신선(이하 "가공통신선"이라 한다)의 높이는 다음을 따른다.

구 분		지상고	비고
도로 (차도)	일반적인 경우	5.0[m] 이상	
	교통에 지장을 안 주는 경우	4.5[m] 이상	
철도 또는 궤도 횡단 시		6.5[m] 이상	레일면상
횡단보도교 위		3.0[m] 이상	그 노면상
기타		3.5[m] 이상	

답 ①

97 전격살충기의 시설방법으로 틀린 것은?

① 전기용품안전 관리법의 적용을 받은 것을 설치한다.
② 전용개폐기를 가까운 곳에 쉽게 개폐할 수 있게 시설한다.
③ 전격격자가 지표상 3.5[m] 이상의 높이가 되도록 시설한다.
④ 전격격자와 다른 시설물 사이의 이격거리는 50[cm] 이상으로 한다.

풀이 241.7 전격살충기
전격살충기는 다음에 의하여 시설하여야 한다.
가. 전격살충기의 전격격자는 지표 또는 바닥에서 3.5[m] 이상의 높은 곳에 시설할 것. 다만, 2차측 개방

전압이 7[kV] 이하의 절연변압기를 사용하고 보호격자에 사람이 접촉될 경우 절연변압기의 1차측 전로를 자동적으로 차단하는 보호장치를 시설한 것은 지표 또는 바닥에서 1.8[m]까지 감할 수 있다.
나. 전격살충기의 전격격자와 다른 시설물(가공전선은 제외한다) 또는 식물과의 이격거리는 0.3[m] 이상일 것.   답 ④

98 옥내에 시설하는 사용전압 400[V] 이하의 이동전선으로 사용할 수 없는 전선은?

① 면절연전선
② 고무코드전선
③ 용접용 케이블
④ 고무절연 클로로프렌 캡타이어 케이블

풀이 234.3 코드 및 이동전선
가. 조명용 전원코드 또는 이동전선은 단면적 0.75[mm^2] 이상의 코드 또는 캡타이어케이블을 용도에 따라서 선정하여야 한다.
나. 옥내에서 조명용 전원코드 또는 이동전선을 습기가 많은 장소에 시설할 경우에는 고무코드(사용전압이 400[V] 이하인 경우에 한함) 또는 0.6/1[kV] EP 고무 절연 클로로프렌캡타이어케이블로서 단면적이 0.75[mm^2] 이상인 것이어야 한다.   답 ①

출제기준 변경 및 개정된 관계 법규에 따라 삭제된 문제가 있어 20문항이 안됩니다.

2017 기출문제

Industrial Engineer Electricity

동일출판사 홈페이지에서
무료 동영상강의를 보실 수 있습니다.

2017년 1회

20년간 전기산업기사필기

동일출판사 홈페이지에서 무료 동영상강의를 보실 수 있습니다.

1과목 - 전기자기

01 자화의 세기 J_m[C/m²]을 자속밀도 B[Wb/m²]와 비투자율 μ_r로 나타내면?

① $J_m = (1-\mu_r)B$
② $J_m = (\mu_r - 1)B$
③ $J_m = (1-\dfrac{1}{\mu_r})B$
④ $J_m = (\dfrac{1}{\mu_r} - 1)B$

풀이 $B = \mu_0 H + J$의 관계에서
$H = \dfrac{B}{\mu} = \dfrac{B}{\mu_0 \mu_r}$ 이므로
$J = B - \mu_0 H = \left(1 - \dfrac{1}{\mu_r}\right)B$ **답** ③

02 평행판 콘덴서의 양극판 면적을 3배로 하고 간격을 $\dfrac{1}{3}$로 줄이면 정전용량은 처음의 몇 배가 되는가?

① 1 ② 3 ③ 6 ④ 9

풀이 면적 S_1, 간격 d_1인 평행판 콘덴서의 정전용량을 C_1이라 하면
$C_1 = \dfrac{\epsilon_0}{d_1} S_1$

문제에서 $d = \dfrac{1}{3}d_1$, $S = 3S_1$이므로 구하는 용량은

$\therefore C = \dfrac{\epsilon_0}{\frac{1}{3}d_1} \cdot 3S_1 = 9\dfrac{\epsilon_0}{d_1}S_1 = 9C_1$ **답** ④

03 저항 24[Ω]의 코일을 지나는 자속이 $0.6\cos 800t$[Wb]일 때 코일에 흐르는 전류의 최댓값은 몇 [A]인가?

① 10 ② 20 ③ 30 ④ 40

풀이 $\phi = \phi_m \cos\omega t = 0.6\cos 800t$ 일 때
$e = \dfrac{d\phi}{dt} = \dfrac{d}{dt}\phi_m \cos\omega t = -\omega\phi_m \sin\omega t$ 이고,
또한 $e = E_m \sin\omega t$[V] 이므로
$|E_m| = \omega\phi_m = 800 \times 0.6 = 480$[V]
$\therefore$ 최대전류 $I_m = \dfrac{E_m}{R} = \dfrac{480}{24} = 20$[A] **답** ②

04 임의의 절연체에 대한 유전율의 단위로 옳은 것은?

① F/m ② V/m
③ N/m ④ C/m²

풀이 ① ϵ : 유전율[F/m]
② E : 전계[V/m]
③ F : 힘[N/m]
④ D : 전속밀도[C/m²] **답** ①

05 -1.2[C]의 점전하가 $5a_x + 2a_y - 3a_z$[m/s]인 속도로 운동한다. 이 전하가 $B = -4a_x + 4a_y + 3a_z$[Wb/m²]인 자계에서 운동하고 있을 때 이 전하에 작용하는 힘은 약 몇 [N]인가?
(단, a_x, a_y, a_z는 단위벡터이다.)

① 10 ② 20 ③ 30 ④ 40

풀이 전하 q[C]이 속도 v[m/s]로 자계 B[Wb/m²] 내에서 운동할 때 받는 힘 F는
$F = q(v \times B)$
$= -1.2\{(5a_x + 2a_y - 3a_z) \times (-4a_x + 4a_y + 3a_z)\}$
$= -1.2\begin{vmatrix} a_x & a_y & a_z \\ 5 & 2 & -3 \\ -4 & 4 & 3 \end{vmatrix} = -1.2(18a_x - 3a_y + 28a_z)$
$= -21.6a_x + 3.6a_y - 33.6a_z$
$\therefore F = \sqrt{21.6^2 + 3.6^2 + 33.6^2} \fallingdotseq 40$[N] **답** ④

06 유도기전력의 크기는 폐회로에 쇄교하는 자속의 시간적 변화율에 비례한다는 법칙은?

① 쿨롱의 법칙
② 패러데이 법칙
③ 플레밍의 오른손 법칙
④ 암페어의 주회적분 법칙

풀이
① 쿨롱의 법칙 : 두 점전하 사이에 작용하는 힘은 두 전하의 곱에 비례하고, 두 전하의 거리의 제곱에 반비례한다.
② **패러데이 법칙** : 유도 기전력의 크기는 폐회로에 쇄교하는 자속의 시간적 변화율에 비례한다.
③ 플레밍의 오른손 법칙 : 자계 중에서 도체가 운동할 때 유기기전력의 방향을 결정
④ 암페어의 주회적분 법칙 : 임의의 폐곡선에 대한 자계의 선적분은 이 폐곡선을 관통하는 전류와 같다.

답 ②

07 평행판 공기콘덴서 극판 간에 비유전율 6인 유리판을 일부만 삽입한 경우, 유리판과 공기 간의 경계면에서 발생하는 힘은 약 몇 [N/m²]인가? (단, 극판간의 전위경도는 30[kV/cm]이고, 유리판의 두께는 평행판 간 거리와 같다.)

① 199
② 223
③ 247
④ 269

풀이 두 유전체의 경계면에 전속 및 전기력선이 평행으로 입사하므로 전계 E는 일정하다. 즉, 경계면에 작용하는 단위면적 당 힘 f는

$$f = \frac{1}{2}(D_2 - D_1)E = \frac{1}{2}(\epsilon_2 E - \epsilon_1 E)E$$
$$= \frac{1}{2}(\epsilon_2 - \epsilon_1)E^2$$
$$\therefore f = \frac{1}{2}(6\epsilon_0 - \epsilon_0)E^2 = \frac{5}{2}\epsilon_0 E^2$$
$$= \frac{5}{2} \times 8.85 \times 10^{-12} \times (3 \times 10^6)^2$$
$$= 199 [\text{N/m}^2]$$

답 ①

08 비유전율이 4이고, 전계의 세기가 20[kV/m]인 유전체 내의 전속밀도는 약 몇 [μC/m²]인가?

① 0.71
② 1.42
③ 2.83
④ 5.28

풀이
$$D = \epsilon_0 \epsilon_s E = 8.855 \times 10^{-12} \times 4 \times 20 \times 10^3$$
$$= 0.71 \times 10^{-6} [\text{C/m}^2] = 0.71 [\mu\text{C/m}^2]$$

답 ①

09 극판면적 10[cm²], 간격 1[mm]인 평행판 콘덴서에 비유전율이 3인 유전체를 채웠을 때 전압 100[V]를 가하면 축적되는 에너지는 약 몇 [J]인가?

① 1.32×10^{-7}
② 1.32×10^{-9}
③ 2.64×10^{-7}
④ 2.64×10^{-9}

풀이
$$C = \frac{\epsilon_0 \epsilon_s}{d} \cdot s$$
$$= 8.855 \times 10^{-12} \times \frac{3 \times 10 \times 10^{-4}}{10^{-3}}$$
$$= 26.56 \times 10^{-12} [\text{F}]$$
$$\therefore W = \frac{1}{2}CV^2 = \frac{1}{2} \times 26.56 \times 10^{-12} \times 100^2$$
$$= 1.32 \times 10^{-7} [\text{J}]$$

답 ①

10 0.2[Wb/m²]의 평등자계 속에 자계와 직각방향으로 놓인 길이 30[cm]의 도선을 자계와 30°의 방향으로 30[m/s]의 속도로 이동시킬 때 도체 양단에 유기되는 기전력은 몇 [V]인가?

① 0.45
② 0.9
③ 1.8
④ 90

풀이 유기기전력
$$e = Blv\sin\theta = 0.2 \times 0.3 \times 30 \times \sin 30°$$
$$= 0.9 [\text{V}]$$

답 ②

11 전기쌍극자에서 전계의 세기(E)와 거리(r)와의 관계는?

① E는 r^2에 반비례
② E는 r^3에 반비례
③ E는 $r^{\frac{3}{2}}$에 반비례
④ E는 $r^{\frac{5}{2}}$에 반비례

풀이
- 전기쌍극자에 의한 전위
$$V = \frac{M\cos\theta}{4\pi\epsilon_0 r^2}[V] \propto \frac{1}{r^2}$$
- 전기쌍극자에 의한 전계
$$E = \frac{M\sqrt{1+3\cos^2\theta}}{4\pi\epsilon_0 r^3}[V/m] \propto \frac{1}{r^3}$$

답 ②

12 대전도체표면의 전하밀도를 $\sigma[C/m^2]$이라 할 때, 대전도체표면의 단위면적이 받는 정전응력은 전하밀도 σ와 어떤 관계에 있는가?

① $\sigma^{\frac{1}{2}}$에 비례
② $\sigma^{\frac{3}{2}}$에 비례
③ σ에 비례
④ σ^2에 비례

풀이 정전 에너지
$$W = \frac{Q^2}{2C} = \frac{Q^2}{2\left(\frac{\epsilon_0 S}{d}\right)} = \frac{Q^2 d}{2\epsilon_0 S} = \frac{\sigma^2 d}{2\epsilon_0}S[J]$$

∴ 정전응력
$$F = -\frac{\partial W}{\partial d} = -\frac{\sigma^2}{2\epsilon_0}S[N] \propto \sigma^2$$

답 ④

13 단면적이 같은 자기회로가 있다. 철심의 투자율을 μ라 하고 철심회로의 길이를 l이라 한다. 지금 그 일부에 미소공극 l_0을 만들었을 때 자기회로의 자기저항은 공극이 없을 때의 약 몇 배인가? (단, $l \gg l_0$이다.)

① $1 + \frac{\mu l}{\mu_0 l_0}$
② $1 + \frac{\mu l_0}{\mu_0 l}$
③ $1 + \frac{\mu_0 l}{\mu l_0}$
④ $1 + \frac{\mu_0 l_0}{\mu l}$

풀이 투자율 μ인 자기저항 $R_\mu = \frac{l}{\mu A}$
여기서, A는 철심의 단면적, 미소공극은 l_0이므로 철심의 길이는 $l - l_0 \fallingdotseq l$이라 하면
이때의 자기저항은
$$R_m = R_1 + R_2 = \frac{l_0}{\mu_0 A} + \frac{l}{\mu A}$$
$$\therefore \frac{R_m}{R_\mu} = 1 + \frac{\mu l_0}{\mu_0 l} = 1 + \frac{l_0}{l}\mu_s$$

답 ②

14 그림과 같이 도체구 내부 공동의 중심에 점전하 $Q[C]$가 있을 때 이 도체구의 외부로 발산되어 나오는 전기력선의 수는? (단, 도체 내외의 공간은 진공이라 한다.)

① 4π
② $\frac{Q}{\epsilon_o}$
③ Q
④ $\epsilon_0 Q$

풀이 전하 분포는 도체구 공동부의 전하 Q에 의해 내측 표면에 $-Q$, 외측 표면에 Q가 유도된다. 이에 따라 전기력선 분포는 도체구 내부에는 존재하지 않고, 도체구의 공동구와 외부에 존재하고 발산한다.
따라서 도체 외측 표면 전하 Q에 의한 외부의 전속 $\phi = Q$이고, 전기력선의 수 $N = \frac{Q}{\epsilon_o}$이다.

답 ②

15 전자파 파동임피던스 관계식으로 옳은 것은?

① $\sqrt{\epsilon}H = \sqrt{\mu}E$
② $\sqrt{\epsilon\mu} = EH$
③ $\sqrt{\mu}H = \sqrt{\epsilon}E$
④ $\epsilon\mu = EH$

풀이 $\frac{E}{H} = \sqrt{\frac{\mu}{\epsilon}} = \sqrt{\frac{\mu_0}{\epsilon_0}}\sqrt{\frac{\mu_r}{\epsilon_r}} = 377\sqrt{\frac{\mu_r}{\epsilon_r}}$ 이므로
$\sqrt{\mu}H = \sqrt{\epsilon}E$

답 ③

16 $E = xi - yj[V/m]$일 때 점 $(3, 4)[m]$를 통과하는 전기력선의 방정식은?

① $y = 12x$
② $y = \frac{x}{12}$
③ $y = \frac{12}{x}$
④ $y = \frac{3}{4}x$

풀이 전기력선 방정식은 $\frac{dx}{E_x} = \frac{dy}{E_y}$
주어진 식은 $E_x = x$, $E_y = -y$이므로
$\therefore \frac{dx}{x} = \frac{dy}{-y}$
양변 적분(적분 C 누락하지 않도록 주의)
$\int \frac{dx}{x} = -\int \frac{dy}{y} + C \Rightarrow \ln x = -\ln y + C$

$\ln x + \ln y = C \Rightarrow \ln xy = C$
$xy = e^c$
점 (3, 4)를 지나므로 $xy = 12$
$\therefore y = \dfrac{12}{x}$ 답 ③

17 1000[AT/m]의 자계 중에 어떤 자극을 놓았을 때 3×10^2[N]의 힘을 받았다고 한다. 자극의 세기[Wb]는?

① 0.03 ② 0.3
③ 3   ④ 30

풀이 $F = mH$ 에서
$\therefore m = \dfrac{F}{H} = \dfrac{3 \times 10^2}{1000} = \dfrac{300}{1000} = 0.3$[Wb] 답 ②

18 자위(magnetic potential)의 단위로 옳은 것은?

① C/m   ② N·m
③ AT   ④ J

풀이 1[Wb]의 정자극을 무한 원점에서 점 P까지 가져오는 데 필요한 일을 점 P의 자위라고 하며, 단위는 [AT]을 사용한다. 답 ③

19 매 초마다 S면을 통과하는 전자에너지를 $W = \int_S \boldsymbol{P} \cdot n dS$[W]로 표시하는데 이 중 틀린 설명은?

① 벡터 $\boldsymbol{P}$를 포인팅 벡터라 한다.
② n이 내향일 때는 S면 내에 공급되는 총 전력이다.
③ n이 외향일 때는 S면에서 나오는 총 전력이 된다.
④ $\boldsymbol{P}$의 방향은 전자계의 에너지 흐름의 진행 방향과 다르다.

풀이 전자파의 진행 방향은 $\boldsymbol{E} \times \boldsymbol{H}$이고, 전자계에서 에너지 (전력)의 흐름을 나타내는 포인팅 벡터는 $\boldsymbol{P} = \boldsymbol{E} \times \boldsymbol{H}$ 이므로 전자계의 에너지 흐름의 진행방향과 같다. 답 ④

20 자기 인덕턴스 L[H]의 코일에 I[A]의 전류가 흐를 때 저장되는 자기에너지는 몇 [J]인가?

① LI ② $\dfrac{1}{2}LI$
③ LI^2 ④ $\dfrac{1}{2}LI^2$

풀이
- 자기에너지 $W = \dfrac{1}{2}QV = \dfrac{1}{2}CV^2 = \dfrac{Q^2}{2C}$[J]
- 정전에너지 $W = \dfrac{1}{2}LI^2$ [J] 답 ④

2과목 - 전력공학

21 19/1.8[mm] 경동연선의 바깥지름은 몇 [mm]인가?

① 5   ② 7
③ 9   ④ 11

풀이
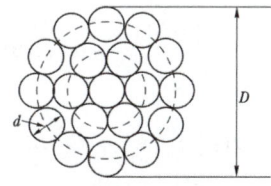

$n = 2$인 연선의 구조

소선의 총수 $N = 3n(n+1)+1$에서
$19 = 3n(n+1)+1$
$n = 2$
즉, 소선이 19가닥이면 연선은 2층이므로 바깥지름
$D = (2n+1)d = (2 \times 2+1) \times 1.8$
$\quad = 9$[mm] 답 ③

22 3상 3선식 1선 1[km]의 임피던스가 Z[Ω]이고, 어드미턴스가 Y[℧]일 때 특성 임피던스는?

① $\sqrt{\dfrac{Z}{Y}}$ ② $\sqrt{\dfrac{Y}{Z}}$
③ $\sqrt{ZY}$ ④ $\sqrt{Z+Y}$

풀이 특성 임피던스

$$Z_0 = \sqrt{\frac{Z}{Y}} = \sqrt{\frac{r+j\omega L}{g+j\omega C}} \fallingdotseq \sqrt{\frac{L}{C}}$$

답 ①

풀이 전압변동률 = $\frac{\text{무부하 시의 전압} - \text{정격전압}}{\text{정격전압}} \times 100$

$= \frac{152-150}{150} \times 100 = 1.33[\%]$

답 ②

23 역률 개선을 통해 얻을 수 있는 효과와 거리가 먼 것은?

① 고조파 제거
② 전력손실의 경감
③ 전압강하의 경감
④ 설비용량의 여유분 증가

풀이 역률 개선의 효과
- 전력손실 경감
- 전압강하 경감
- 설비용량의 여유분 증가
- 전력 요금의 절약

답 ①

26 선간 단락고장을 대칭좌표법으로 해석할 경우 필요한 것 모두를 나열한 것은?

① 정상 임피던스
② 역상 임피던스
③ 정상 임피던스, 역상 임피던스
④ 정상 임피던스, 영상 임피던스

풀이
- 1선 지락고장 : 정상분, 역상분, 영상분
- 선간 단락고장 : 정상분, 역상분
- 3상 단락고장 : 정상분

답 ③

24 일반적으로 전선 1가닥의 단위길이 당 작용 정전용량이 다음과 같이 표시되는 경우 D가 의미하는 것은?

$$C_n = \frac{0.02413}{\log_{10}\frac{D}{r}} \, [\mu\text{F/km}]$$

① 선간거리
② 전선 지름
③ 전선 반지름
④ 선간거리 $\times \frac{1}{2}$

풀이 단도체 정전용량 $C_w = \frac{0.02413}{\log_{10}\frac{D}{r}} \, [\mu\text{F/km}]$

여기서, r : 전선의 반지름
D : 등가선간거리

답 ①

27 전력계통에서 안정도의 종류에 속하지 않는 것은?

① 상태 안정도 ② 정태 안정도
③ 과도 안정도 ④ 동태 안정도

풀이 안정도의 종류
① **정태 안정도** : 송전 계통이 불변 부하 또는 극히 서서히 증가하는 부하에 대하여 계속적으로 송전할 수 있는 능력을 정태 안정도로 하고, 안정도를 유지할 수 있는 극한의 송전 전력을 정태 안정 극한 전력이라고 한다.
② **과도 안정도** : 계통에 갑자기 고장 사고와 같은 급격한 외란이 발생하였을 때에도 탈조하지 않고 새로운 평형 상태를 회복하여 송전을 계속할 수 있는 능력을 과도 안정도라 하고 이 경우의 극한 전력을 과도 안정 극한 전력이라고 한다.
③ **동태 안정도** : 고속 자동 전압조정기로 동기기의 여자전류를 제어 할 경우의 정태 안정도를 특히 동태 안정도라 한다.

답 ①

25 송전단전압이 154[kV], 수전단전압이 150[kV]인 송전선로에서 부하를 차단하였을 때 수전단 전압이 152[kV]가 되었다면 전압변동률은 약 몇 [%]인가?

① 1.11
② 1.33
③ 1.63
④ 2.25

28 다음 중 VCB의 소호원리로 맞는 것은?

① 압축된 공기를 아크에 불어넣어서 차단
② 절연유 분해가스의 흡부력을 이용해서 차단
③ 고진공에서 전자의 고속도 확산에 의해 차단
④ 고성능 절연특성을 가진 가스를 이용하여 차단

풀이 소호 원리에 따른 차단기의 종류

차단기 종류	약어	소호 원리
유입 차단기	OCB	소호실에서 아크에 의한 절연유 분해 가스의 흡부력을 이용해서 차단
기중 차단기	ACB	대기 중에서 아크를 길게 하여 소호실에서 냉각 차단
자기 차단기	MBB	대기 중에서 전자력을 이용하여 아크를 소호실내로 유도해서 냉각차단
공기차단기	ABB	압축된 공기를 아크에 불어 넣어서 차단
진공 차단기	VCB	고진공 중에서 전자의 고속도 확산에 의해 차단
가스 차단기	GCB	고성능 절연 특성을 가진 특수 가스(SF_6)를 흡수해서 차단

답 ③

29 피뢰기의 제한전압에 대한 설명으로 옳은 것은?

① 방전을 개시할 때의 단자전압의 순시값
② 피뢰기 동작 중 단자전압의 파고값
③ 특성요소에 흐르는 전압의 순시값
④ 피뢰기에 걸린 회로전압

풀이 제한 전압 : 피뢰기 동작 중에 계속해서 걸리고 있는 단자전압의 파고값 **답** ②

30 3300[V], 60[Hz], 뒤진역률 60[%], 300[kW]의 단상 부하가 있다. 그 역률을 100[%]로 하기 위한 전력용 콘덴서의 용량은 몇 [kVA]인가?

① 150 ② 250
③ 400 ④ 500

풀이 역률을 100 [%]로 하기 위한 콘덴서의 용량은 무효전력의 크기와 같으므로

$$Q_c = P_a \sin\theta = \frac{P}{\cos\theta}\sqrt{1-\cos^2\theta}$$
$$= \frac{300}{0.6} \times \sqrt{1-0.6^2} = 400[kVA]$$

답 ③

31 저수지에서 취수구에 제수문을 설치하는 목적은?

① 낙차를 높인다.   ② 어족을 보호한다.
③ 수차를 조절한다. ④ 유량을 조절한다.

풀이 취수량을 조절하고 물의 유입을 단절하기 위해 취수구에 제수문을 설치한다. **답** ④

32 거리계전기의 종류가 아닌 것은?

① 모우(Mho)형
② 임피던스(Impedance)형
③ 리액턴스(Reactance)형
④ 정전용량(Capacitance)형

풀이 거리계전기(ZR, Distance Relay)
계전기가 설치된 위치로부터 고장점까지의 임피던스(전압과 전류의 비)에 비례하여 동작하는 계전기로 그 종류로는 Mho형, 임피던스형, 리액턴스형, Ohm형, off-set Mho형이 있다. **답** ④

33 전력용 퓨즈의 설명으로 옳지 않은 것은?

① 소형으로 큰 차단용량을 갖는다.
② 가격이 싸고 유지 보수가 간단하다.
③ 밀폐형 퓨즈는 차단 시에 소음이 없다.
④ 과도전류에 의해 쉽게 용단되지 않는다.

풀이 전력 퓨즈
① 소형으로 차단용량이 크다.
② 보수가 간단하다.
③ 가격이 저렴하다.
④ 밀폐형으로 차단 시 소음이 없다.
⑤ 과도전류를 고속도 차단할 수 있다. **답** ④

34 갈수량이란 어떤 유량을 말하는가?

① 1년 365일 중 95일간 이보다 내려가지 않는 수위 때의 물의 량
② 1년 365일 중 185일간 이보다 내려가지 않는 수위 때의 물의 량
③ 1년 365일 중 275일간 이보다 내려가지 않는 수위 때의 물의 량
④ 1년 365일 중 355일간 이보다 내려가지 않는 수위 때의 물의 량

풀이 ① 풍수량 (풍수위) : 1년 365일 중 95일은 이보다 내려가지 않는 유량
② 평수량 (평수위) : 1년 365일 중 185일은 이보다 내려가지 않는 유량

③ 저수량 (저수위) : 1년 365일 중 275일은 이보다 내려가지 않는 유량
④ 갈수량 (갈수위) : 1년 365일 중 355일은 이보다 내려가지 않는 유량 답 ④

35 어떤 건물에서 총 설비 부하용량이 700[kW], 수용률이 70[%]라면, 변압기용량은 최소 몇 [kVA]로 하여야 하는가? (단, 여기서 설비 부하의 종합 역률은 0.8 이다.)

① 425.9 ② 513.8
③ 612.5 ④ 739.2

풀이 변압기용량 ≥ 합성 최대 수용 전력

$$= \frac{개별\ 최대\ 수용\ 전력의\ 합}{부등률}$$

$$= \frac{설비용량 \times 수용률}{부등률}$$

$$= \frac{700/0.8 \times 0.7}{1} = 612.5[kVA]$$ 답 ③

36 가공 선로에서 이도를 D[m]라 하면 전선의 실제 길이는 경간 S[m]보다 얼마나 차이가 나는가?

① $\frac{5D}{8S}$ ② $\frac{3D^2}{8S}$
③ $\frac{9D}{8S^2}$ ④ $\frac{8D^2}{3S}$

풀이 전선의 실제 길이 $L = S + \frac{8D^2}{3S}$[m]이며, 경간 S보다 $\frac{8D^2}{3S}$[m]만큼 더 길다. 답 ④

37 유도뢰에 대한 차폐에서 가공지선이 있을 경우 전선상에 유기되는 전하를 q_1, 가공지선이 없을 때 유기되는 전하를 q_0라 할 때 가공지선의 보호율을 구하면?

① $\frac{q_0}{q_1}$ ② $\frac{q_1}{q_0}$
③ $q_1 \times q_0$ ④ $q_1 - \mu_s q_0$

풀이 유도뢰에 대한 차폐
① 가공 지선의 보호율 $m = \frac{q_1}{q_0}$

(단, q_1 : 가공지선이 있을 경우 전선상에 유기되는 전하, q_0 : 가공지선이 없을 때 유기되는 전하)

② 보호율의 개략적인 값

	가공지선 1가닥	가공지선 2가닥
3상 1회선	0.5	0.3~0.4
3상 2회선	0.45~0.6	0.35~0.5

답 ②

38 동작전류가 커질수록 동작시간이 짧게 되는 특성을 가진 계전기는?

① 반한시 계전기 ② 정한시 계전기
③ 순한시 계전기 ④ 부한시 계전기

풀이 보호계전기 특징
① 반한시 특성 : 동작전류가 커질수록 동작시간이 짧게 되는 특성
② 정한시 특성 : 동작전류의 크기에 관계없이 일정한 시간에 동작하는 특성
③ 순한시 특성 : 최소 동작전류 이상의 전류가 흐르면 즉시 동작하는 특성
④ 반한시 정한시 특성 : 동작전류가 적은 동안에는 동작전류가 커질수록 동작시간이 짧게 되고 어떤 전류 이상이면 동작전류의 크기에 관계없이 일정한 시간에 동작하는 특성 답 ①

39 전력 원선도의 가로축(㉠)과 세로축(㉡)이 나타내는 것은?

① ㉠ 최대전력, ㉡ 피상전력
② ㉠ 유효전력, ㉡ 무효전력
③ ㉠ 조상용량, ㉡ 송전손실
④ ㉠ 송전효율, ㉡ 코로나 손실

풀이 전력 원선도의 가로축은 유효전력을, 세로축은 무효전력을 나타낸다. 답 ②

40 직접 접지방식에 대한 설명이 아닌 것은?

① 과도안정도가 좋다.
② 변압기의 단절연이 가능하다.
③ 보호계전기의 동작이 용이하다.
④ 계통의 절연수준이 낮아지므로 경제적이다.

[풀이] 직접 접지방식의 장·단점
[장점]
① 1선 지락 시에 건전상의 대지전압이 거의 상승하지 않는다.
② 피뢰기의 효과를 증진시킬 수 있다.
③ 단절연이 가능하다.
④ 계전기의 동작이 확실해진다.
[단점]
① 송전 계통의 과도 안정도가 나빠진다.
② 통신선에 유도 장해가 크다.
③ 기기에 큰 영향을 주어 손상을 준다.
④ 대용량 차단기가 필요하다.   답 ①

3과목 - 전기기기

41 450[kVA], 역률 0.85, 효율 0.9인 동기발전기의 운전용 원동기의 입력은 500[kW]이다. 이 원동기의 효율은?

① 0.75 ② 0.80
③ 0.85 ④ 0.90

[풀이] 발전기의 입력
$$P_G = \frac{450 \times 0.85}{0.9} = 425[kW]$$
원동기의 출력은 발전기의 입력 P_G와 같고,
원동기의 입력은 500[kW]이므로
따라서 원동기의 효율
$$\eta = \frac{출력}{입력} = \frac{425}{500} = 0.85$$ 답 ③

42 다음 중 일반적인 동기전동기 난조 방지에 가장 유효한 방법은?

① 자극수를 적게 한다.
② 회전자의 관성을 크게 한다.
③ 자극면에 제동권선을 설치한다.
④ 동기리액턴스 x_x를 작게 하고 동기화력을 크게 한다.

[풀이] 난조 방지
① 자극수의 감소도 효과가 있으나 이것은 원동기 조건으로 정해지는 것으로서 이 목적에는 맞지 않는다.
②, ④ 회전자의 관성과 동기화력을 크게 하면 난조의 발생 방지에는 유효하나 난조가 일어난 후에는 오히려 그 정지를 저해할 우려가 있다.
③ 제동권선은 진동 에너지를 열로 소비하여 진동을 방지하는 것으로 난조의 발생을 억제할 수 있다.
답 ③

43 일반적인 농형 유도전동기에 관한 설명 중 틀린 것은?

① 2차 측을 개방할 수 없다.
② 2차 측의 전압을 측정할 수 있다.
③ 2차 저항 제어법으로 속도를 제어할 수 없다.
④ 1차 3선 중 2선을 바꾸면 회전방향을 바꿀 수 있다.

[풀이] 농형 유도전동기의 회전자
농형유도전동기의 회전자(2차 측)는 그림과 같이 회전자 권선이 단락환으로 단락된 구조이므로 2차 측 전압은 측정 할 수 없다.

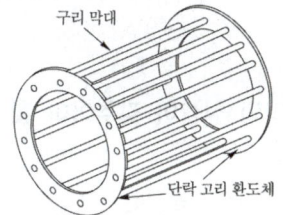

답 ②

44 sE_2는 권선형 유도전동기의 2차 유기전압이고 E_c는 외부에서 2차 회로에 가하는 2차 주파수와 같은 주파수의 전압입니다. E_c가 sE_2와 반대 위상일 경우 E_c를 크게 하면 속도는 어떻게 되는가? (단, $sE_2 - E_c$는 일정하다.)

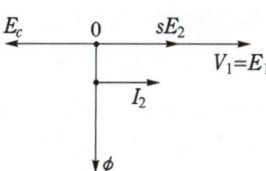

① 속도가 증가한다.
② 속도가 감소한다.
③ 속도에 관계없다.
④ 난조현상이 발생한다.

풀이 권선형 유도전동기의 2차 여자법에 의한 속도제어 슬립 주파수의 전압(E_c)을 2차 유기전압과 같은 방향으로 가하면 속도가 상승하고, 반대 방향으로 가하면 속도가 감소한다. 답 ②

45 3상 유도전동기의 전원주파수와 전압의 비가 일정하고 정격속도 이하로 속도를 제어하는 경우 전동기의 출력 P와 주파수 f와의 관계는?

① $P \propto f$
② $P \propto \dfrac{1}{f}$
③ $P \propto f^2$
④ P는 f에 무관

풀이
- $P = \omega \tau = 2\pi n \tau$ 에서 $P \propto n$
- $n = (1-s)n_s = (1-s)\dfrac{2f}{P}$ 에서 $n \propto f$
- $\therefore P \propto n \propto f$ 답 ①

46 변압기의 철심이 갖추어야 할 조건으로 틀린 것은?

① 투자율이 클 것
② 전기저항이 작을 것
③ 성층 철심으로 할 것
④ 히스테리시스손 계수가 작을 것

풀이 변압기의 철심에는 투자율과 저항률이 크고, 히스테리시스손이 작은 규소 강판을 성층하여 사용한다. 답 ②

47 3상 유도전동기가 경부하로 운전 중 1선의 퓨즈가 끊어지면 어떻게 되는가?

① 전류가 증가하고 회전은 계속한다.
② 슬립은 감소하고 회전수는 증가한다.
③ 슬립은 증가하고 회전수는 증가한다.
④ 계속 운전하여도 열손실이 발생하지 않는다.

풀이 ① 전부하로 운전하고 있는 3상 유도전동기의 경우 1선의 퓨즈가 용단되면 단상 전동기가 되며

- 최대 토크는 50[%] 전후로 된다.
- 최대 토크를 발생하는 슬립 s는 0쪽으로 가까워진다.
- 최대 토크 부근에서는 1차 전류가 증가한다.
  만일 정지하는 경우에는 과대 전류가 흘러서 나머지 퓨즈가 용단되거나 차단기가 동작한다.
② 경부하에서 회전을 계속한다면
- 슬립이 2배 정도로 되고 회전수는 떨어진다.
- 1차 전류가 2배 가까이 되어서 열손실이 증가하고, 계속 운전하면 과열로 소손된다. 답 ①

48 그림과 같이 전기자 권선에 전류를 보낼 때 회전방향을 알기 위한 법칙 및 회전방향은?

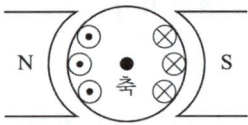

① 플레밍의 왼손법칙, 시계방향
② 플레밍의 오른손법칙, 시계방향
③ 플레밍의 왼손법칙, 반시계방향
④ 플레밍의 오른손법칙, 반시계방향

풀이 플레밍의 왼손 법칙 : 전동기의 회전방향

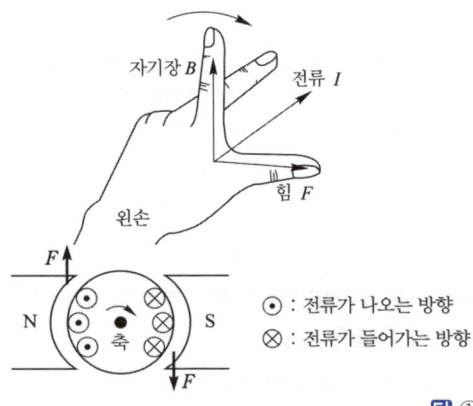

답 ①

49 단상 반파정류회로에서 평균출력전압은 전원전압의 약 몇 [%]인가?

① 45.0
② 66.7
③ 81.0
④ 86.7

풀이

	다이오드	SCR
반파 정류	$V_d = \dfrac{\sqrt{2}\,V_i}{\pi} = 0.45\,V_i$	$V_d = \dfrac{\sqrt{2}\,V_i}{2\pi}(1+\cos\alpha)$
전파 정류	$V_d = \dfrac{2\sqrt{2}\,V_i}{\pi} = 0.9\,V_i$	$V_d = \dfrac{\sqrt{2}\,V_i}{\pi}(1+\cos\alpha)$

단, V_d는 직류전압, V_i는 교류전압의 실효값이다. **답** ①

50 1차 측 권수가 1500인 변압기의 2차 측에 접속한 저항 16[Ω]을 1차 측으로 환산했을 때 8[kΩ]으로 되어 있다면 2차 측 권수는 약 얼마인가?

① 75 ② 70
③ 67 ④ 64

풀이 권수비 $a = \dfrac{V_1}{V_2} = \dfrac{N_1}{N_2} = \dfrac{I_2}{I_1} = \sqrt{\dfrac{R_1}{R_2}}$ 이므로

$a = \sqrt{\dfrac{R_1}{R_2}} = \sqrt{\dfrac{8000}{16}} = 10\sqrt{5}$

$\therefore N_2 = \dfrac{N_1}{a} = \dfrac{1500}{10\sqrt{5}} = 67$회 **답** ③

51 출력과 속도가 일정하게 유지되는 동기전동기에서 여자를 증가시키면 어떻게 되는가?

① 토크가 증가한다.
② 난조가 발생하기 쉽다.
③ 유기기전력이 감소한다.
④ 전기자 전류의 위상이 앞선다.

풀이 위상 특성 곡선(V곡선)에서 보는 바와 같이 **여자전류를 증가시키면 역률은 앞서고 전기자 전류는 증가한다.**

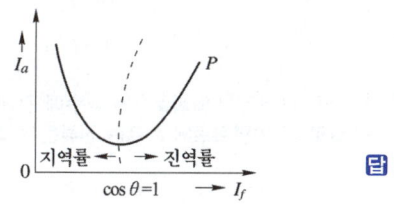

답 ④

52 다음 전자석의 그림 중에서 전류의 방향이 화살표와 같을 때 위쪽부분이 N극인 것은?

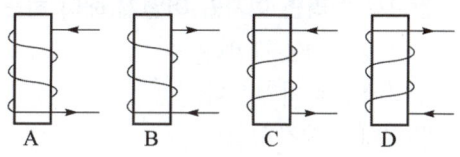

① A, B ② B, C
③ A, D ④ B, D

풀이 앙페르의 오른나사법칙

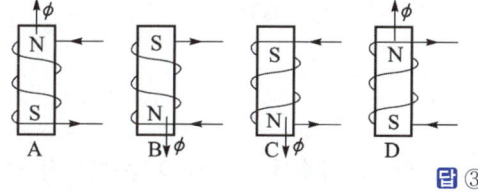

답 ③

53 동기발전기의 전기자 권선법 중 집중권에 비해 분포권이 갖는 장점은?

① 난조를 방지할 수 있다.
② 기전력의 파형이 좋아진다.
③ 권선의 리액턴스가 커진다.
④ 합성유도기전력이 높아진다.

풀이 분포권의 장점
① 기전력의 고조파가 감소하여 파형이 좋아진다.
② 권선의 누설 리액턴스가 감소된다.
③ 전기자 권선의 열을 고르게 분포시켜 과열을 방지한다.
④ 집중권에 비하여 분포권의 기전력이 낮다. **답** ②

54 와류손이 50[W]인 3300/110[V], 60[Hz]용 단상변압기를 50[Hz], 3000[V]의 전원에 사용하면 이 변압기의 와류손은 약 몇 [W]로 되는가?

① 25 ② 31
③ 36 ④ 41

풀이 와류손은 주파수와는 무관하고 전압의 제곱에 비례하므로

$\therefore P_e' = P_e \times \left(\dfrac{V'}{V}\right)^2 = 50 \times \left(\dfrac{3000}{3300}\right)^2$
$= 41\,[W]$ **답** ④

55 포화하고 있지 않은 직류발전기의 회전수가 1/2로 감소되었을 때 기전력을 속도 변화 전과 같은 값으로 하려면 여자를 어떻게 해야 하는가?

① 1/2로 감소시킨다.
② 1배로 증가시킨다.
③ 2배로 증가시킨다.
④ 4배로 증가시킨다.

풀이 직류발전기의 기전력 $E = k\Phi N$ 이므로 속도(N)가 $\frac{1}{2}$로 감소되면 여자(Φ)는 2배 증가되어야 기전력(E)이 일정하다. **답** ③

56 교류전동기에서 브러시 이동으로 속도변화가 용이한 전동기는?

① 동기전동기
② 시라게 전동기
③ 3상 농형 유도전동기
④ 2중 농형 유도전동기

풀이 시라게 전동기는 브러시 이동으로 간단히 원활하게 속도제어가 된다. **답** ②

57 2대의 동기발전기를 병렬운전할 때, 무효횡류(무효 순환전류)가 흐르는 경우는?

① 부하분담의 차가 있을 때
② 기전력의 위상차가 있을 때
③ 기전력의 파형에 차가 있을 때
④ 기전력의 크기에 차가 있을 때

풀이 병렬운전 조건이 다른 경우

병렬운전 조건	다른 경우 흐르는 전류
기전력의 크기가 같을 것	무효 순환전류
기전력의 위상이 같을 것	동기화 전류
기전력의 주파수가 같을 것	동기화 전류
기전력의 파형이 같을 것	고주파 무효 순환전류

답 ④

58 단상 유도전압조정기의 1차 전압 100[V], 2차 전압 100±30[V], 2차 전류는 50[A]이다. 이 전압조정기의 정격용량은 약 몇 [kVA]인가?

① 1.5   ② 2.6
③ 5   ④ 6.5

풀이 단상 유도전압조정기의 용량

$$P = \text{부하용량} \times \frac{\text{승압 전압}}{\text{고압측 전압}}$$

$$= 130 \times 50 \times \frac{30}{130} \times 10^{-3} = 1.5 [kVA]$$ **답** ①

59 변압기의 병렬운전 조건에 해당하지 않는 것은?

① 각 변압기의 극성이 같을 것
② 각 변압기의 정격출력이 같을 것
③ 각 변압기의 백분율 임피던스 강하가 같을 것
④ 각 변압기의 권수비가 같고 1차 및 2차의 정격전압이 같을 것

풀이 병렬운전의 조건
① 각 변압기의 극성이 같을 것
② 각 변압기의 권수비가 같고, 1차와 2차의 정격전압이 같을 것
③ 각 변압기의 %임피던스 강하가 같을 것
④ 3상식에서는 위의 조건 외에 각 변압기의 상회전방향 및 위상 변위가 같을 것 **답** ②

60 4극 단중 파권 직류발전기의 전전류가 I[A] 일 때, 전기자 권선의 각 병렬회로에 흐르는 전류는 몇 [A]가 되는가?

① $4I$ ② $2I$
③ $I/2$ ④ $I/4$

풀이 단중 파권의 병렬회로수는 극수에 관계없이 항상 2이므로 각 병렬회로에 흐르는 전류는 $I/2$이다. **답** ③

4과목 - 회로이론

61 정현파 교류전압의 파고율은?

① 0.91 ② 1.11
③ 1.41 ④ 1.73

	구형파	3각파	정현파	정류파 (전파)	정류파 (반파)
파형률	1.0	1.15	1.11	1.11	1.57
파고율	1.0	1.732	1.414	1.414	2.0

답 ③

62 인덕턴스 $L = 20[\text{mH}]$인 코일에 실효값 $V = 50[\text{V}]$, 주파수 $f = 60[\text{Hz}]$인 정현파 전압을 인가했을 때 코일에 축적되는 평균 자기에너지(W_L)은 약 몇 [J]인가?

① 0.22 ② 0.33
③ 0.44 ④ 0.55

$$W_L = \frac{LI^2}{2} = \frac{L}{2}\left(\frac{V}{2\pi f L}\right)^2 = \frac{V^2}{8\pi^2 f^2 L}$$
$$= \frac{50^2}{8\pi^2 \times 60^2 \times 20 \times 10^{-3}} = 0.44[\text{J}]$$

답 ③

63 테브난의 정리를 이용하여 (a) 회로를 (b) 와 같은 등가회로로 바꾸려 한다. $V[\text{V}]$와 $R[\Omega]$의 값은?

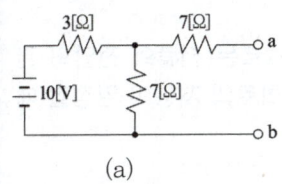
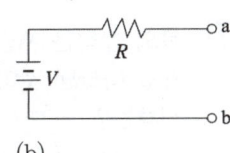

(a) (b)

① 7[V], 9.1[Ω] ② 10[V], 9.1[Ω]
③ 7[V], 6.5[Ω] ④ 10[V], 6.5[Ω]

• a, b 사이에 걸리는 전압 V_{ab}을 전압 분배 법칙에 의해 구하면
$$V_{ab} = \frac{7}{3+7} \times 10 = 7[\text{V}]$$

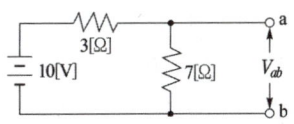

• 전압원을 단락한 a, b 사이의 합성 저항 R_{ab}은
$$R_{ab} = 7 + \frac{3 \times 7}{3+7} = 9.1[\Omega]$$

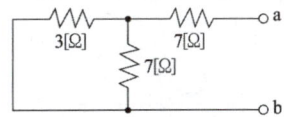

답 ①

64 그림과 같은 회로에서 r_1 저항에 흐르는 전류를 최소로 하기 위한 저항 $r_2[\Omega]$는?

① $\dfrac{r_1}{2}$

② $\dfrac{r}{2}$

③ r_1

④ r

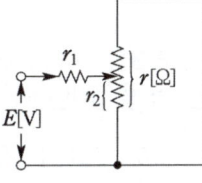

회로의 합성 저항 r_0는
$$r_0 = r_1 + \frac{r_2(r-r_2)}{r_2+(r-r_2)} = r_1 + \frac{r_2(r-r_2)}{r}$$
전류를 최소로 하기 위해서는 r_0가 최대이어야 하고 r, r_1은 일정하므로 $r_2(r-r_2)$가 최대이어야 한다.
$$\frac{d}{dr_2}\{r_2(r-r_2)\} = 0 \rightarrow r - 2r_2 = 0$$
$$\therefore r_2 = \frac{r}{2}[\Omega]$$

답 ②

65 그림과 같이 π형 회로에서 Z_3를 4단자 정수로 표시한 것은?

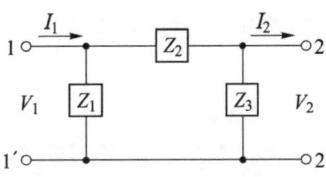

① $\dfrac{A}{1-B}$ ② $\dfrac{B}{1-A}$

③ $\dfrac{A}{B-1}$ ④ $\dfrac{B}{A-1}$

풀이 그림과 같은 4단자망의 4단자 정수 중
A와 B는 $A = 1 + \dfrac{Z_2}{Z_3}$, $B = Z_2$

$\therefore Z_3 = \dfrac{Z_2}{A-1} = \dfrac{B}{A-1}$ **답** ④

풀이 중성점 전압 $E_0 = \dfrac{1}{3}(E_1 + E_2 + E_3)$에서
대칭 3상인 경우 $E_1 + E_2 + E_3 = 0$ 이므로
대칭 3상 회로의 경우 중성점 전위는 0이 된다. **답** ①

66 다음의 4단자 회로에서 단자 a-b에서 본 구동점 임피던스 $Z_{11}[\Omega]$은?

① $2 + j4$
② $2 - j4$
③ $3 + j4$
④ $3 - j4$

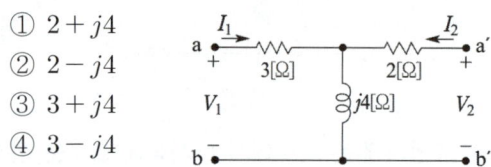

풀이 $\dot{Z}_{11} = Z_1 + Z_2 = 3 + j4[\Omega]$ **답** ③

69 100[kVA] 단상변압기 3대로 △결선하여 3상 전원을 공급하던 중 1대의 고장으로 V결선하였다면 출력은 약 몇 [kVA]인가?

① 100
② 173
③ 245
④ 300

풀이 변압기 1개의 출력을 P_1이라 하면, V결선 시 출력
$P_V = \sqrt{3}\, P_1 = \sqrt{3} \times 100 = 173.2[\text{kVA}]$ **답** ②

67 불평형 3상 전류가 다음과 같을 때 역상 전류 I_2는 약 몇 [A]인가?

$I_a = 15 + j2[\text{A}]$, $I_b = -20 - j14[\text{A}]$
$I_c = -3 + j10[\text{A}]$

① $1.91 + j6.24$
② $2.17 + j5.34$
③ $3.38 - j4.26$
④ $4.27 - j3.68$

풀이 $I_2 = \dfrac{1}{3}(I_a + a^2 I_b + a I_c)$
$= \dfrac{1}{3}\left\{(15+j2) + \left(-\dfrac{1}{2} - j\dfrac{\sqrt{3}}{2}\right)(-20-j14)\right.$
$\left. + \left(-\dfrac{1}{2} + j\dfrac{\sqrt{3}}{2}\right)(-3+j10)\right\}$
$= 1.91 + j6.24\,[\text{A}]$ **답** ①

70 저항 $R[\Omega]$과 리액턴스 $X[\Omega]$이 직렬로 연결된 회로에서 $\dfrac{X}{R} = \dfrac{1}{\sqrt{2}}$ 일 때, 이 회로의 역률은?

① $\dfrac{1}{\sqrt{2}}$
② $\dfrac{1}{\sqrt{3}}$
③ $\sqrt{\dfrac{2}{3}}$
④ $\dfrac{\sqrt{3}}{2}$

풀이 $\cos\theta = \dfrac{R}{\sqrt{R^2 + X^2}} = \dfrac{1}{\sqrt{1 + \left(\dfrac{X}{R}\right)^2}}$

$= \dfrac{1}{\sqrt{1 + \left(\dfrac{1}{\sqrt{2}}\right)^2}} = \dfrac{1}{\sqrt{\dfrac{3}{2}}} = \sqrt{\dfrac{2}{3}}$ **답** ③

68 그림과 같은 회로에서 E_1, E_2, E_3를 대칭 3상 전압이라 할 때 전압 E_0는?

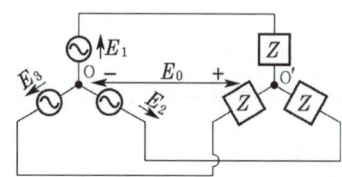

① 0
② $\dfrac{E_1}{3}$
③ $\dfrac{2}{3}E_1$
④ E_1

71 옴의 법칙은 저항에 흐르는 전류와 전압의 관계를 나타낸 것이다. 회로의 저항이 일정할 때 전류는?

① 전압에 비례한다.
② 전압에 반비례한다.
③ 전압의 제곱에 비례한다.
④ 전압의 제곱에 반비례한다.

풀이 옴의 법칙에서 전류 $I = \dfrac{V}{R}[\text{A}]$이므로 저항이 일정할 때 전류는 전압에 비례($I \propto V$)한다. **답** ①

72 어떤 회로의 단자전압과 전류가 다음과 같을 때, 회로에 공급되는 평균전력은 약 몇 [W]인가?

$$v(t) = 100\sin\omega t + 70\sin 2\omega t + 50\sin(3\omega t - 30°)[V]$$
$$i(t) = 20\sin(\omega t - 60°) + 10\sin(3\omega t + 45°)[A]$$

① 565　② 525
③ 495　④ 465

풀이 같은 주파수의 전압과 전류에서만 전력이 발생하므로
$$P = V_1 I_1 \cos\theta_1 + V_3 I_3 \cos\theta_3$$
$$= \frac{100}{\sqrt{2}} \cdot \frac{20}{\sqrt{2}} \cos 60° + \frac{50}{\sqrt{2}} \cdot \frac{10}{\sqrt{2}} \cos 75°$$
$$= 565 [W] \quad \text{답 ①}$$

73 그림과 같은 회로가 있다. $I = 10$ [A], $G = 4$ [℧], $G_L = 6$ [℧]일 때 G_L의 소비전력[W]은?

① 100
② 10
③ 6
④ 4

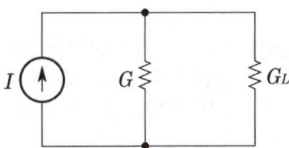

풀이 G_L에 흐르는 전류
$$I_L = \frac{G_L}{G + G_L} I = \frac{6}{4+6} \times 10 = 6 [A]$$
컨덕턴스는 저항의 역수이므로
$$P_L = I_L^2 \cdot \frac{1}{G_L} = 6^2 \times \frac{1}{6} = 6 [W] \quad \text{답 ③}$$

74 $F(s) = \dfrac{s+1}{s^2 + 2s}$의 역라플라스 변환은?

① $\dfrac{1}{2}(1 - e^{-t})$　② $\dfrac{1}{2}(1 - e^{-2t})$
③ $\dfrac{1}{2}(1 + e^{t})$　④ $\dfrac{1}{2}(1 + e^{-2t})$

풀이 $F(s) = \dfrac{s+1}{s(s+2)} = \dfrac{A}{s} + \dfrac{B}{s+2}$ 에서
$$A = \left.\frac{s+1}{s+2}\right|_{s=0} = \frac{1}{2}$$
$$B = \left.\frac{s+1}{s}\right|_{s=-2} = \frac{-2+1}{-2} = \frac{1}{2}$$
이므로
$$F(s) = \frac{\frac{1}{2}}{s} + \frac{\frac{1}{2}}{s+2} = \frac{1}{2}\left(\frac{1}{s} + \frac{1}{s+2}\right)$$
$$\therefore \mathcal{L}^{-1}[F(s)] = \frac{1}{2}(1 + e^{-2t}) \quad \text{답 ④}$$

75 그림과 같은 회로에서 $t = 0$에서 스위치를 닫으면 전류 $i(t)$[A]는? (단, 콘덴서의 초기 전압은 0[V]이다.)

① $5(1 - e^{-t})$
② $1 - e^{-t}$
③ $5e^{-t}$
④ e^{-t}

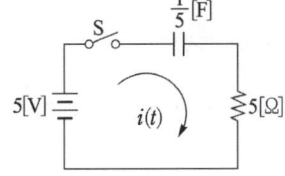

풀이 RC 직렬회로에서 스위치를 닫을 때(충전 시)
$$i(t) = \frac{E}{R} e^{-\frac{1}{RC}t} = \frac{5}{5} e^{-\frac{1}{5 \times 0.2}t} = e^{-t} [A] \quad \text{답 ④}$$

76 그림과 같은 회로에서 스위치 S를 $t = 0$에서 닫았을 때
$$(V_L)_{t=0} = 100 [V]$$
$$\left(\frac{di}{dt}\right)_{t=0} = 400 [A/\text{sec}]$$

이다. L[H]의 값은?

① 0.75
② 0.5
③ 0.25
④ 0.1

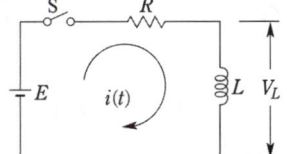

풀이 $V_L = L\dfrac{di}{dt}$ 에서 $100 = L \times 400$
$$\therefore L = \frac{100}{400} = 0.25 \quad \text{답 ③}$$

77 임피던스 함수 $Z(s) = \dfrac{s+50}{s^2+3s+2}[\Omega]$으로 주어지는 2단자 회로망에 100[V]의 직류전압을 가했다면 회로의 전류는 몇 [A]인가?

① 4   ② 6
③ 8   ④ 10

풀이 직류이므로 $s(j\omega)=0$ 이다.
$Z(0) = \dfrac{s+50}{s^2+3s+2} = \dfrac{50}{2} = 25[\Omega]$
$\therefore I = \dfrac{V}{Z(0)} = \dfrac{100}{25} = 4[A]$ **답** ①

78 단위 임펄스 $\delta(t)$의 라플라스 변환은?

① e^{-s} ② $\dfrac{1}{s}$
③ $\dfrac{1}{s^2}$ ④ 1

풀이 단위 임펄스 함수의 라플라스 변환
$F(s) = \mathcal{L}[\delta(t)] = 1$ 이다.   **답** ④

79 전류 $I = 30\sin\omega t + 40\sin(3\omega t + 45°)[A]$의 실효값은 약 몇 [A]인가?

① 25   ② 35.4
③ 50   ④ 70.7

풀이 실효값
$I = \sqrt{I_1^2 + I_2^2 + \cdots + I_n^2} = \sqrt{I_1^2 + I_3^2}$ 이므로
$\therefore I = \sqrt{\left(\dfrac{30}{\sqrt{2}}\right)^2 + \left(\dfrac{40}{\sqrt{2}}\right)^2} = 35.4[A]$ **답** ②

80 $\mathcal{L}^{-1}\left[\dfrac{\omega}{s(s^2+\omega^2)}\right]$은?

① $\dfrac{1}{\omega}(1-\sin\omega t)$ ② $\dfrac{1}{\omega}(1-\cos\omega t)$
③ $\dfrac{1}{s}(1-\sin\omega t)$ ④ $\dfrac{1}{s}(1-\cos\omega t)$

풀이 ① $F(s) = \dfrac{\omega}{s(s^2+\omega^2)} = \dfrac{K_1}{s} + \dfrac{K_2}{s^2+\omega^2}$

$K_1 = \lim_{s\to 0} sF(s) = \left[\dfrac{\omega}{s^2+\omega^2}\right]_{s=0} = \dfrac{1}{\omega}$

$K_2 = \lim_{s\to -\omega}(s^2+\omega^2)F(s) = \left[\dfrac{\omega}{s}\right]_{s^2=-\omega^2}$
$= \dfrac{\omega s}{s^2} = \dfrac{\omega s}{-\omega^2} = \dfrac{s}{-\omega}$

② $F(s) = \dfrac{1}{\omega}\cdot\dfrac{1}{s} - \dfrac{1}{\omega}\cdot\dfrac{s}{s^2+\omega^2}$
$= \dfrac{1}{\omega}\left(\dfrac{1}{s} - \dfrac{s}{s^2+\omega^2}\right)$

$\therefore \mathcal{L}^{-1}\left[\dfrac{1}{\omega}\left(\dfrac{1}{s} - \dfrac{s}{s^2+\omega^2}\right)\right] = \dfrac{1}{\omega}(1-\cos\omega t)$ **답** ②

5과목 - 전기설비기술기준

81 고압가공전선로의 가공지선으로 나경동선을 사용할 경우 지름 몇 [mm] 이상으로 시설하여야 하는가?

① 2.5   ② 3
③ 3.5   ④ 4

풀이 332.6 고압 가공전선로의 가공지선
고압 가공전선로에 사용하는 가공지선은 인장강도 5.26 [kN] 이상의 것 또는 지름 4[mm] 이상의 나경동선을 사용한다.   **답** ④

82 저압 옥내배선을 금속덕트공사로 할 경우 금속덕트에 넣는 전선의 단면적(절연피복의 단면적 포함)의 합계는 덕트의 내부 단면적의 몇 [%]까지 할 수 있는가?

① 20   ② 30
③ 40   ④ 50

풀이 232.31 금속덕트공사
금속덕트에 넣은 전선의 단면적(절연피복의 단면적을 포함한다)의 합계는 덕트의 내부 단면적의 20[%](전광표시 장치, 기타 이와 유사한 장치 또는 제어회로 등의 배선만을 넣는 경우에는 50[%]) 이하일 것.   **답** ①

83 타냉식 특고압용 변압기의 냉각장치에 고장이 생긴 경우 시설해야 하는 보호장치는?

① 경보장치
② 온도측정장치
③ 자동차단장치
④ 과전류 측정장치

풀이 351.4 특고압용 변압기의 보호장치
특고압용의 변압기에는 그 내부에 고장이 생겼을 경우에 보호하는 장치를 표와 같이 시설하여야 한다.

뱅크 용량의 구분	동작조건	장치의 종류
5,000[kVA] 이상 10,000[kVA] 미만	변압기 내부고장	자동 차단 장치 또는 경보장치
10,000[kVA] 이상	변압기 내부고장	자동 차단 장치
타냉식 변압기(변압기의 권선 및 철심을 직접 냉각시키기 위하여 봉입한 냉매를 강제 순환시키는 냉각 방식을 말한다.)	냉각장치에 고장이 생긴 경우 또는 변압기의 온도가 현저히 상승한 경우	경보장치

답 ①

84 다음 (㉮), (㉯) 에 들어갈 내용으로 옳은 것은?

지중전선로는 기설 지중 약전류 전선로에 대하여 (㉮) 또는 (㉯)에 의하여 통신상의 장해를 주지 않도록 기설 약전류 전선로로부터 충분히 이격시키거나 기타 적당한 방법으로 시설하여야 한다.

① ㉮ 정전용량 ㉯ 표피작용
② ㉮ 정전용량 ㉯ 유도작용
③ ㉮ 누설전류 ㉯ 표피작용
④ ㉮ 누설전류 ㉯ 유도작용

풀이 334.5 지중약전류전선의 유도장해 방지
지중전선로는 기설 지중약전류전선로에 대하여 **누설전류 또는 유도작용**에 의하여 통신상의 장해를 주지 않도록 충분히 이격시키거나 기타 적당한 방법으로 시설하여야 한다.
답 ④

85 변전소의 주요 변압기에서 계측하여야 하는 사항 중 계측장치가 꼭 필요하지 않는 것은? (단, 전기철도용 변전소의 주요 변압기는 제외한다.)

① 전압
② 전류
③ 전력
④ 주파수

풀이 351.6 계측장치
변전소 또는 이에 준하는 곳에는 다음의 사항을 계측하는 장치를 시설하여야 한다.
가. 주요 변압기의 전압 및 전류 또는 전력
나. 특고압용 변압기의 온도
답 ④

86 B종 철주 또는 B종 철근 콘크리트주를 사용하는 특고압가공전선로의 경간은 몇 [m] 이하이어야 하는가?

① 150
② 250
③ 400
④ 600

풀이 333.21 특고압 가공전선로의 경간 제한
특고압 가공전선로의 경간은 표에서 정한 값 이하이어야 한다.

지지물의 종류	경간
목주·A종 철주 또는 A종 철근 콘크리트주	150[m] 이하
B종 철주 또는 B종 철근 콘크리트주	250[m] 이하
철탑	600[m] 이하 (단주인 경우에는 400[m] 이하)

답 ②

87 전력보안 통신선 시설에서 가공전선로의 지지물에 시설하는 가공통신선에 직접 접속하는 통신선의 종류로 틀린 것은?

① 조가용선
② 절연전선
③ 광섬유 케이블
④ 일반통신용 케이블 이외의 케이블

풀이 362.1 전력보안통신설비의 시설 요구사항
가공 전선로의 지지물에 시설하는 가공 통신선에 직접 접속하는 통신선(옥내에 시설하는 것을 제외한다)은 **절연전선, 일반통신용 케이블 이외의 케이블 또는 광섬유 케이블**이어야 한다.
답 ①

88 옥내의 네온 방전등 공사의 방법으로 옳은 것은?

① 전선 상호 간의 간격은 5[cm] 이상일 것
② 관등회로의 배선은 애자공사에 의할 것
③ 전선의 지지점 간의 거리는 2[m] 이하로 할 것
④ 관등회로의 배선은 점검할 수 없는 은폐된 장소에 시설할 것

풀이 234.12 네온방전등
네온방전등에 공급하는 전로의 대지전압은 300[V] 이하로 하여야 하며, 다음에 의하여 시설하여야 한다.
가. 네온변압기는 옥내배선과 직접 접촉하여 시설할 것.
나. 관등회로의 배선은 애자공사로 다음에 따라서 시설하여야 한다.
  ① 전선은 네온관용전선을 사용할 것.
  ② 전선은 자기 또는 유리제 등의 애자로 견고하게 지지하여 조영의 아랫면 또는 옆면에 부착하고 전선 상호간의 이격거리는 60[mm] 이상일 것.
  ③ 전선지지점간의 거리는 1[m] 이하로 할 것.
  ④ 애자는 절연성·난연성 및 내수성이 있는 것일 것. **답** ②

89 무대·무대마루 밑·오케스트라박스·영사실 기타 사람이나 무대 도구가 접촉할 우려가 있는 곳에 시설하는 저압 옥내배선·전구선 또는 이동전선은 사용전압이 몇 [V] 이하이어야 하는가?

① 100   ② 200
③ 300   ④ 400

풀이 242.6 전시회, 쇼 및 공연장의 전기설비
무대·무대마루 밑·오케스트라 박스·영사실 기타 사람이나 무대 도구가 접촉할 우려가 있는 곳에 시설하는 저압 옥내배선, 전구선 또는 이동전선은 사용전압이 400[V] 이하이어야 한다. **답** ④

90 저압가공전선로와 기설 가공약전류전선로가 병행하는 경우에는 유도작용에 의하여 통신상의 장해가 생기지 아니하도록 전선과 기설 약전류전선 간의 이격거리는 몇 [m] 이상이어야 하는가?

① 1   ② 2
③ 2.5 ④ 4.5

풀이 332.1 가공약전류전선로의 유도장해 방지
저압 가공전선로 또는 고압 가공전선로와 기설 가공약전류전선로가 병행하는 경우에는 유도작용에 의하여 통신상의 장해가 생기지 않도록 전선과 기설 약전류전선간의 이격거리는 2[m] 이상이어야 한다. **답** ②

91 22.9[kV] 전선로를 제1종 특고압 보안공사로 시설할 경우 전선으로 경동연선을 사용한다면 그 단면적은 몇 [mm²] 이상의 것을 사용하여야 하는가?

① 38   ② 55
③ 80   ④ 100

풀이 333.22 특고압 보안공사
제1종 특고압 보안공사 시 전선의 단면적

사용전압	전선
100[kV] 미만	인장강도 21.67[kN] 이상의 연선 또는 단면적 55[mm²] 이상의 경동연선
100[kV] 이상 300[kV] 미만	인장강도 58.84[kN] 이상의 연선 또는 단면적 150[mm²] 이상의 경동연선
300[kV] 이상	인장강도 77.47[kN] 이상의 연선 또는 단면적 200[mm²] 이상의 경동연선

답 ②

92 특고압으로 시설할 수 없는 전선로는?

① 지중전선로   ② 옥상전선로
③ 가공전선로   ④ 수중전선로

풀이 331.14.2 특고압 옥상전선로의 시설
특고압 옥상전선로(특고압의 인입선의 옥상부분을 제외한다)는 시설하여서는 아니 된다. **답** ②

93 금속관공사에 의한 저압 옥내배선의 방법으로 틀린 것은?

① 전선으로 연선을 사용하였다.
② 옥외용 비닐절연전선을 사용하였다.
③ 콘크리트에 매설하는 관은 두께 1.2[mm] 이상을 사용하였다.
④ 금속관은 접지공사를 하였다.

풀이 232.12 금속관공사
가. 전선은 절연전선(옥외용 비닐절연전선을 제외한다)일 것.

나. 전선은 연선일 것. 다만, 다음의 것은 적용하지 않는다.
  ① 짧고 가는 금속관에 넣은 것.
  ② 단면적 10[mm²](알루미늄선은 단면적 16[mm²]) 이하의 것.
다. 관의 두께는 다음에 의할 것.
  ① 콘크리트에 매설하는 것은 1.2[mm] 이상
  ② 콘크리트 매설 이외의 것은 1[mm] 이상
라. 관에는 접지공사를 할 것.   답 ②

94
변압기 1차 측 3300[V], 2차 측 220[V]의 변압기 전로의 절연내력시험전압은 각각 몇 [V]에서 10분간 견디어야 하는가?

① 1차 측 4950[V], 2차 측 500[V]
② 1차 측 4500[V], 2차 측 400[V]
③ 1차 측 4125[V], 2차 측 500[V]
④ 1차 측 3350[V], 2차 측 400[V]

풀이 135 변압기 전로의 절연내력

권선의 종류 (최대사용전압)	접지방식	시험전압 (최대사용 전압의 배수)	최저 시험전압
1. 7[kV] 이하		1.5배	500[V]
	다중접지	0.92배	500[V]
2. 7[kV] 초과 25[kV] 이하	다중접지	0.92배	
3. 7[kV] 초과 60[kV] 이하 (2란의 것 제외)		1.25배	10.5[kV]
4. 60[kV] 초과	비접지	1.25배	
5. 60[kV] 초과(6란의 것 제외)	접지식	1.1배	75[kV]
6. 60[kV] 초과	직접접지	0.72배	
7. 170[kV] 초과	직접접지	0.64배	

① 1차 측 시험전압 = 3300 × 1.5 = 4950[V]
② 2차 측 시험전압 = 220 × 1.5 = 330[V]
최저 시험전압은 500[V]이므로 500[V]의 시험전압을 가하여야 한다.   답 ①

95
가공전선로의 지지물에 취급자가 오르고 내리는데 사용하는 발판 볼트 등은 지표상 몇 [m] 미만에 사설하여서는 아니 되는가?

① 1.2   ② 1.5
③ 1.8   ④ 2

풀이 331.4 가공전선로 지지물의 철탑오름 및 전주오름 방지
가공전선로의 지지물에 취급자가 오르고 내리는데 사용하는 발판 볼트 등을 지표상 1.8[m] 미만에 시설하여서는 아니 된다.   답 ③

96
22.9[kV] 특고압 가공전선로의 시설에 있어서 중성선을 다중접지하는 경우에 각각 접지한 곳 상호 간의 거리는 전선로에 따라 몇 [m] 이하이어야 하는가?

① 150   ② 300
③ 400   ④ 500

풀이 333.32 25[kV] 이하인 특고압 가공전선로의 시설
사용전압이 15[kV]를 초과하고 25[kV] 이하인 특고압 가공전선로(중성선 다중접지식의 것으로서 전로에 지락이 생겼을 때에 2초 이내에 자동적으로 이를 전로로부터 차단하는 장치가 되어 있는 것에 한한다)를 다음에 따라 시설하여야 한다.
가. 접지도체는 공칭단면적 6[mm²] 이상의 연동선
나. 접지공사는 각각 접지한 곳 상호 간의 거리는 전선로에 따라 150[m] 이하일 것.
다. 각 접지도체를 중성선으로부터 분리하였을 경우의 각 접지점의 대지 전기저항값과 1[km]마다 중성선과 대지 사이의 합성 전기저항값은 표에서 정한 값 이하일 것.

사용전압	각 접지점의 대지 전기저항치	1[km]마다의 합성 전기저항치
15[kV] 이하	300[Ω]	30[Ω]
15[kV] 초과 25[kV] 이하	300[Ω]	15[Ω]

답 ①

97
혼촉 사고 시에 1초를 초과하고 2초 이내에 자동차단되는 6.6[kV] 전로에 결합된 변압기 저압측의 전압이 220[V]인 경우 접지저항값[Ω]은? (단, 고압측 1선 지락전류는 30[A]라 한다.)

① 5   ② 10
③ 20   ④ 30

풀이 142.5 변압기 중성점 접지
변압기의 고압·특고압측 전로 또는 사용전압이 35[kV] 이하의 특고압전로가 저압측 전로와 혼촉하고 저압전로의 대지전압이 150[V]를 초과하는 경우는 저항 값은 다음에 의한다.
가. 1초 초과 2초 이내에 고압·특고압 전로를 자동으로 차단하는 장치를 설치할 때는 300을 나눈 값 이하

$$R = \frac{300}{\text{고압 측 또는 특고압 측의 1선 지락전류}} [\Omega]$$

나. 1초 이내에 고압·특고압 전로를 자동으로 차단하는 장치를 설치할 때는 600을 나눈 값 이하

$$R = \frac{600}{\text{고압 측 또는 특고압 측의 1선 지락전류}} [\Omega]$$

$$\therefore R = \frac{300}{1\text{선 지락 전류}} = \frac{300}{30} = 10[\Omega]$$

답 ②

98 저압가공전선 또는 고압가공전선이 도로를 횡단할 때 지표상의 높이는 몇 [m] 이상으로 하여야 하는가? (단, 농로 기타 교통이 번잡하지 않은 도로 및 횡단보도교는 제외한다.)

① 4 ② 5
③ 6 ④ 7

풀이 332.5 고압 가공전선의 높이,
222.7 저압 가공전선의 높이
저·고압 가공전선의 높이는 다음에 따라야 한다.

설치장소		가공전선의 높이
도로횡단(번잡하지 않은 도로 제외)		지표상 6[m] 이상
철도 또는 궤도횡단		레일면상 6.5[m] 이상
횡단보도교 위	저압	노면상 3.5[m] 이상. 단, 절연전선의 경우 3[m] 이상
	고압	노면상 3.5[m] 이상
일반장소		지표상 5[m] 이상. 단, 저압의 경우 절연전선 또는 케이블을 사용하여 교통에 지장이 없도록 하여 옥외조명용에 공급하는 경우 4[m]까지 감할 수 있다.
다리의 하부 기타 이와 유사한 장소		저압의 전기철도용 급전선은 지표상 3.5[m]까지로 감할 수 있다.

답 ③

출제기준 변경 및 개정된 관계 법규에 따라
삭제된 문제가 있어 20문항이 안됩니다.

2017년 2회

20년간 전기산업기사필기

동일출판사 홈페이지에서 무료 동영상강의를 보실 수 있습니다.

1과목 - 전기자기

01 전기력선의 기본 성질에 관한 설명으로 틀린 것은?
① 전기력선의 방향은 그 점의 전계의 방향과 일치한다.
② 전기력선은 전위가 높은 점에서 낮은 점으로 향한다.
③ 전기력선은 그 자신만으로도 폐곡선을 만든다.
④ 전계가 0이 아닌 곳에서는 전기력선은 도체 표면에 수직으로 만난다.

풀이 전기력선의 성질은 다음과 같다.
① 전기력선은 정전하에서 시작하여 부전하에서 그친다.
② 전하가 없는 곳에서는 전기력선의 발생, 소멸이 없고 연속적이다.
③ 전위가 높은 점에서 낮은 점으로 향한다.
④ 그 자신만으로 폐곡선이 되는 일은 없다.
⑤ 전계가 0이 아닌 곳에서는 2개의 전기력선은 교차하지 않는다.
⑥ 도체내부에는 전기력선이 없다.
⑦ 수직 단면의 전기력선 밀도는 전계의 세기이고 (1[개/m^2]=1[N/C]), 전기력선의 접선 방향은 전계의 방향이다.
⑧ 도체면(등전위면)에서 전기력선은 수직으로 출입한다.
⑨ 단위 전하 ±1[C]에서는 $1/\epsilon_0$개의 전기력선이 출입한다. **답** ③

02 동일 용량 $C[\mu F]$의 콘덴서 n개를 병렬로 연결하였다면 합성용량은 얼마인가?
① $n^2 C$ ② nC
③ $\dfrac{C}{n}$ ④ C

풀이

항목	직렬접속	병렬접속
결선	C_1 C_2	C_1 C_2
합성 정전 용량	• $C_0 = \dfrac{C_1 C_2}{C_1 + C_2}$ • 저항의 병렬결선과 동일 방법 • 접속되는 콘덴서가 증가 할수록 합성정전용량은 감소	• $C_0 = C_1 + C_2$ • 저항의 직렬결선과 동일 방법 • 접속되는 콘덴서가 증가 할수록 합성정전용량은 증가

따라서 합성용량
$C_0 = C_1 + C_2 + \cdots + C_n = nC[\mu F]$ **답** ②

03 반지름 $r = 1[m]$인 도체구의 표면 전하밀도가 $\dfrac{10^{-8}}{9\pi}[C/m^2]$이 되도록 하는 도체구의 전위는 몇 [V]인가?
① 10   ② 20
③ 40   ④ 80

풀이 도체구의 표면 전위 $V = \dfrac{Q}{4\pi\epsilon_o r}[V]$에서
도체구 표면의 총 전하
$Q = \sigma S = \sigma(4\pi r^2)[C]$
이므로 도체구의 표면 전위(V_a)는
$V_a = \dfrac{Q}{4\pi\epsilon_o r} = \dfrac{\sigma 4\pi r^2}{4\pi\epsilon_o r} = \dfrac{\sigma 4\pi r}{4\pi\epsilon_o}$
$= 9 \times 10^9 \times \dfrac{10^{-8}}{9\pi} \times 4\pi \times 1$
$= 40[V]$ **답** ③

04 도전율의 단위로 옳은 것은?
① m/Ω ② Ω/m^2
③ $1/\mho \cdot m$ ④ $\mho/m$

풀이 도전율(σ)은 저항률($\rho[\Omega \cdot m]$)의 역수이므로
따라서 도전율
$\sigma = \dfrac{1}{\rho}[\dfrac{1}{\Omega \cdot m} = \mho \cdot \dfrac{1}{m} = \mho/m]$ **답** ④

05 여러 가지 도체의 전하 분포에 있어서 각 도체의 전하를 n배 할 경우 중첩의 원리가 성립하기 위해서는 그 전위는 어떻게 되는가?

① $\frac{1}{2}n$배가 된다.   ② n배가 된다.
③ $2n$배가 된다.   ④ n^2배가 된다.

풀이 $V_i = P_{i1}Q_1 + P_{i2}Q_2 + \cdots + P_{in}Q_n$에서 각 전하를 n배하면 V_i는 n배 된다. **답** ②

06 $A = i + 4j + 3k$, $B = 4i + 2j - 4k$의 두 벡터는 서로 어떤 관계에 있는가?

① 평행   ② 면적
③ 접근   ④ 수직

풀이 두 벡터가 이루는 각은 스칼라적에 의해 구한다.
즉 $A \cdot B = AB\cos\theta$에서
$A \cdot B = (i+4j+3k) \cdot (4i+2j-4k)$
$= 1 \times 4 + 4 \times 2 + 3 \times (-4) = 0$
$A = |A| = \sqrt{1^2 + 4^2 + 3^2} = \sqrt{26}$
$B = |B| = \sqrt{4^2 + 2^2 + (-4)^2} = 6$
$\cos\theta = \frac{A \cdot B}{AB} = \frac{0}{6\sqrt{26}} = 0$
따라서 $\theta = 90°$이므로 두 벡터는 서로 수직 관계에 있다. **답** ④

07 전류가 흐르는 도선을 자계 내에 놓으면 이 도선에 힘이 작용한다. 평등자계의 진공 중에 놓여 있는 직선전류 도선이 받는 힘에 대한 설명으로 옳은 것은?

① 도선의 길이에 비례한다.
② 전류의 세기에 반비례한다.
③ 자계의 세기에 반비례한다.
④ 전류와 자계 사이의 각에 대한 정현(sine)에 반비례한다.

풀이 플레밍의 왼손 법칙
자속밀도가 B[Wb/m²]인 자계중에 길이가 l의 도체를 놓고 I[A]의 전류를 흘릴 경우 자계 내에서 도체가 받는 힘의 크기 $F = BIl\sin\theta$[N]이다.
따라서 힘은 도선의 길이에 비례한다. **답** ①

08 영역 1의 유전체 $\epsilon_{r1} = 4$, $\mu_{r1} = 1$, $\sigma_1 = 0$과 영역 2의 유전체 $\epsilon_{r2} = 9$, $\mu_{r2} = 1$, $\sigma_2 = 0$일 때 영역 1에서 영역 2로 입사된 전자파에 대한 반사계수는?

① -0.2 ② -0.5
③ 0.2 ④ 0.8

풀이 입사파 E_1, H_1, 투과파 E_2, H_2, 반사파 E_3, H_3 라고 할 때, 영역 1과 영역 2의 고유 임피던스 η는 각각 다음과 같다.
$\eta_1 = \frac{E_1}{H_1} = \sqrt{\frac{\mu_1}{\epsilon_1}} = \sqrt{\frac{\mu_0\mu_{r1}}{\epsilon_0\epsilon_{r1}}} = 377\sqrt{\frac{\mu_{r1}}{\epsilon_{r1}}}$
$= 188.5[\Omega]$
$\eta_2 = \frac{E_2}{H_2} = \sqrt{\frac{\mu_2}{\epsilon_2}} = \sqrt{\frac{\mu_0\mu_{r2}}{\epsilon_0\epsilon_{r2}}} = 377\sqrt{\frac{\mu_{r2}}{\epsilon_{r2}}}$
$= 126[\Omega]$
따라서 반사계수 R은
$R = \frac{\eta_2 - \eta_1}{\eta_2 + \eta_1} = \frac{126 - 188.5}{126 + 188.5} = -0.2$ **답** ①

09 정전용량 및 내압이 3[μF]/1000[V], 5[μF]/500[V], 12[μF]/250[V]인 3개의 콘덴서를 직렬로 연결하고 양단에 가한 전압을 서서히 증가시킬 경우 가장 먼저 파괴되는 콘덴서는?

① 3[μF]   ② 5[μF]
③ 12[μF]   ④ 3개 동시 파괴

풀이 직렬회로에서 각 콘덴서의 전하용량이 작을수록 빨리 파괴된다.
$Q_1 = C_1 \times V_1 = 3 \times 10^{-6} \times 1000$
$= 3 \times 10^{-3}[C]$
$Q_2 = C_2 \times V_2 = 5 \times 10^{-6} \times 500$
$= 2.5 \times 10^{-3}[C]$
$Q_3 = C_3 \times V_3 = 12 \times 10^{-6} \times 250$
$= 3 \times 10^{-3}[C]$
따라서 전하용량이 $Q_1 = Q_3 > Q_2$ 이므로 전하용량이 가장 작은 5[μF]/500[V]의 콘덴서가 가장 빨리 파괴된다. **답** ②

10 정전용량이 $0.5[\mu F]$, $1[\mu F]$인 콘덴서에 각각 $2 \times 10^{-4}[C]$ 및 $3 \times 10^{-4}[C]$의 전하를 주고 극성을 같게 하여 병렬로 접속할 때 콘덴서에 축적된 에너지는 약 몇 [J]인가?

① 0.042   ② 0.063
③ 0.083   ④ 0.126

풀이
$Q = Q_1 + Q_2 = 2 \times 10^{-4} + 3 \times 10^{-4}$
$\quad = 5 \times 10^{-4}[C]$
$C = C_1 + C_2 = (0.5 + 1) \times 10^{-6}$
$\quad = 1.5 \times 10^{-6}[F]$
$\therefore W = \dfrac{Q^2}{2C} = \dfrac{(5 \times 10^{-4})^2}{2 \times 1.5 \times 10^{-6}} = 0.083[J]$ **답** ③

11 정전용량 $10[\mu F]$인 콘덴서의 양단에 $100[V]$의 일정 전압을 인가하고 있다. 이 콘덴서의 극판 간의 거리를 $\dfrac{1}{10}$로 변화시키면 콘덴서에 충전되는 전하량은 거리를 변화시키기 이전의 전하량에 비해 어떻게 되는가?

① $\dfrac{1}{10}$로 감소   ② $\dfrac{1}{100}$로 감소
③ 10배로 증가   ④ 100배로 증가

풀이
정전용량 $C = \dfrac{\epsilon S}{d}$ 이므로
전하량 $Q = CV = \dfrac{\epsilon S}{d} V$ 이다.
즉, 전압이 일정하면 전하량은 극판 간의 거리에 반비례($Q \propto \dfrac{1}{d}$)하므로 극판 간의 거리를 $\dfrac{1}{10}$로 변화시키면 전하량은 10배로 증가한다. **답** ③

12 접지 구도체와 점전하 간의 작용력은?
① 항상 반발력이다.
② 항상 흡입력이다.
③ 조건적 반발력이다.
④ 조건적 흡입력이다.

풀이 접지 구도체에는 항상 점전하와 반대 극성인 전하가 유도되므로 **항상 흡인력이 작용**한다. **답** ②

13 전계의 세기가 $1500[V/m]$인 전장에 $5[\mu C]$의 전하를 놓았을 때 이 전하에 작용하는 힘은 몇 [N]인가?

① 4.5×10^{-3} ② 5.5×10^{-3}
③ 6.5×10^{-3} ④ 7.5×10^{-3}

풀이
$F = Eq = 1500 \times 5 \times 10^{-6}$
$\quad = 7.5 \times 10^{-3}[N]$ **답** ④

14 $500[AT/m]$의 자계 중에 어떤 자극을 놓았을 때 $4 \times 10^3[N]$의 힘이 작용했다면 이때 자극의 세기는 몇 [Wb]인가?

① 2   ② 4
③ 6   ④ 8

풀이
$m = \dfrac{F}{H} = \dfrac{4 \times 10^3}{500} = 8[Wb]$ **답** ④

15 도전성을 가진 매질내의 평면파에서 전송계수를 γ를 표현한 것으로 알맞은 것은? (단, α는 감쇠정수, β는 위상정수이다.)

① $\gamma = \alpha + j\beta$ ② $\gamma = \alpha - j\beta$
③ $\gamma = j\alpha + \beta$ ④ $\gamma = j\alpha - \beta$

풀이 전송계수 $\gamma = \alpha + j\beta$
(여기서, α : 감쇠정수, β : 위상정수) **답** ①

16 자극의 세기가 $8 \times 10^{-6}[Wb]$이고, 길이가 30[cm]인 막대자석을 120[AT/m] 평등자계 내에 자력선과 30°의 각도로 놓았다면 자석이 받는 회전력은 몇 [N·m]인가?

① 1.44×10^{-4} ② 1.44×10^{-5}
③ 2.88×10^{-4} ④ 2.88×10^{-5}

풀이
$T = MH\sin\theta = mlH\sin\theta$
$\quad = 8 \times 10^{-6} \times 30 \times 10^{-2} \times 120 \times \sin 30°$
$\quad = 1.44 \times 10^{-4}[N \cdot m]$ **답** ①

17 자기회로의 퍼미언스(permeance)에 대응하는 전기회로의 요소는?

① 서셉턴스(susceptance)
② 컨덕턴스(conductance)
③ 엘라스턴스(elastance)
④ 정전용량(electrostatic capacity)

풀이
- 퍼미언스(permeance) : 자기 저항의 역수
- 컨덕턴스(conductance) : 전기저항의 역수
- 엘라스턴스(elastance) : 정전용량의 역수 **답 ②**

18 전류가 흐르고 있는 도체에 자계를 가하면 도체 측면에 정·부(+, −)의 전하가 나타나 두 면 간에 전위차가 발생하는 현상은?

① 홀 효과   ② 핀치 효과
③ 톰슨 효과 ④ 제벡 효과

풀이
① 홀 효과 : 전류가 흐르고 있는 도체에 자계를 가하면 플레밍의 왼손 법칙에 의하여 도체내부의 전하가 횡 방향으로 힘을 모아 도체 측면에 (+), (−)의 전하가 나타나는 현상
② 핀치 효과 : 액체 도체에 전류가 흐를 때 액체 도체의 중심을 향해 수축력이 작용하는 현상
③ 톰슨 효과 : 동일 종류 금속이라도 그 도체중의 두 점간에 온도차가 전류를 흘림으로써 열의 흡수, 발생이 일어나는 효과
④ 제벡 효과 : 두 종류 금속 접속면에 온도차가 있으면 기전력이 발생하는 효과 **답 ①**

19 그림과 같이 직렬로 접속된 두 개의 코일이 있을 때, $L_1 = 20[\text{mH}]$, $L_2 = 80[\text{mH}]$, 결합계수 $k = 0.8$이다. 여기에 0.5[A]의 전류를 흘릴 때 이 합성코일에 저축되는 에너지는 약 몇 [J]인가?

① 1.13×10^{-3}
② 2.05×10^{-2}
③ 6.63×10^{-2}
④ 8.25×10^{-2}

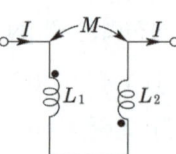

풀이 상호 인덕턴스
$$M = k\sqrt{L_1 L_2} = 0.8\sqrt{20 \times 80 \times 10^{-6}} = 32[\text{mH}]$$
자속의 방향이 같으므로 $I_1 = I_2 = I$라 놓으면

저장되는 자계의 에너지
$$W = \frac{1}{2}(L_1 + L_2 + 2M)I^2$$
$$= \frac{1}{2}(L_1 + L_2 + 2k\sqrt{L_1 L_2})I^2 [\text{J}]$$
$$\therefore W = \frac{1}{2}(20 + 80 + 64) \times 10^{-3} \times 0.5^2$$
$$= 2.05 \times 10^{-2} [\text{J}]$$ **답 ②**

20 도체 1을 Q가 되도록 대전시키고, 여기에 도체 2를 접촉했을 때 도체 2가 얻은 전하를 전위계수로 표시하면? (단, P_{11}, P_{12}, P_{21}, P_{22}는 전위계수이다.)

① $\dfrac{Q}{P_{11} - 2P_{12} + P_{22}}$
② $\dfrac{(P_{11} - P_{12})Q}{P_{11} - 2P_{12} + P_{22}}$
③ $\dfrac{(P_{11}P_{12} + P_{22})Q}{P_{11} + 2P_{12} + P_{22}}$
④ $\dfrac{(P_{11} - P_{12})Q}{P_{11} + 2P_{12} + P_{22}}$

풀이 $V_1 = P_{11}Q_1 + P_{12}Q_2$, $V_2 = P_{21}Q_1 + P_{22}Q_2$에서
$P_{12} = P_{21}$, $V_1 = V_2$, $Q_1 = Q - Q_2$
그러므로
$P_{11}(Q - Q_2) + P_{12}Q_2 = P_{21}(Q - Q_2) + P_{22}Q_2$
$(P_{11} - P_{12})Q = (P_{11} + P_{22} - 2P_{12})Q_2$
$$\therefore Q_2 = \frac{(P_{11} - P_{12})Q}{P_{11} - 2P_{12} + P_{22}}$$ **답 ②**

2과목 - 전력공학

21 개폐 서지를 흡수할 목적으로 설치하는 것의 약어는?

① CT ② SA ③ GIS ④ ATS

풀이
① CT(계기용 변류기) : 회로의 대전류를 소전류로 변성하여 계기나 계전기에 공급
② SA(서지 흡수기) : 변압기, 발전기 등을 서지로부터 보호
③ GIS(가스 절연 개폐기) : SF₆ 가스를 이용하여 정상 상태 및 사고, 단락 등의 고장상태에서 선로를 안전

하게 개폐하여 보호
④ ATS(자동 절환 개폐기) : 주 전원이 정전되거나, 전압이 기준치 이하로 떨어질 경우 예비전원으로 자동 절환 하는 개폐기 답 ②

22 다음 중 표준형 철탑이 아닌 것은?

① 내선 철탑 ② 직선 철탑
③ 각도 철탑 ④ 인류 철탑

풀이 333.11 특고압 가공전선로의 철주·철근 콘크리트주 또는 철탑의 종류
특고압 가공전선로의 지지물로 사용하는 B종 철근·B종 콘크리트주 또는 철탑의 종류는 다음과 같다.
가. **직선형** : 전선로의 직선 부분(3° 이하의 수평 각도 이루는 곳 포함)에 사용되는 것
나. **각도형** : 전선로 중 수평 각도 3°를 넘는 곳에 사용되는 것
다. **인류형** : 전 가섭선을 인류하는 곳에 사용하는 것
라. **내장형** : 전선로 지지물 양측의 경간차가 큰 곳에 사용하는 것
마. **보강형** : 전선로 직선 부분을 보강하기 위하여 사용하는 것 답 ①

23 전력계통의 전압안정도를 나타내는 P-V 곡선에 대한 설명 중 적합하지 않은 것은?

① 가로축은 수전단전압을 세로축은 무효전력을 나타낸다.
② 진상무효전력이 부족하면 전압은 안정되고 진상무효전력이 과잉되면 전압은 불안정하게 된다.
③ 전압 불안정 현상이 일어나지 않도록 전압을 일정하게 유지하려면 무효전력을 적절하게 공급하여야 한다.
④ P-V 곡선에서 주어진 역률에서 전압을 증가시키더라도 송전할 수 있는 최대 전력이 존재하는 임계점이 있다.

풀이
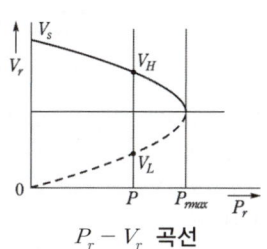
$P_r - V_r$ 곡선

P-V 곡선의 가로축은 유효전력을 세로축은 수전단전압을 나타낸다. 답 ①

24 3상으로 표준전압 3[kV], 800[kW]를 역률 0.9로 수전하는 공장의 수전회로에 시설할 계기용 변류기의 변류비로 적당한 것은? (단, 변류기의 2차 전류는 5[A]이며, 여유율은 1.2로 한다.)

① 10 ② 20
③ 30 ④ 40

풀이 CT 1차 측 전류
$$I_1 = \frac{P}{\sqrt{3}\,V_1\cos\theta} \times 여유율$$
$$= \frac{800}{\sqrt{3}\times3\times0.9}\times1.2 = 205.28[A]$$
따라서 적당한 변류비는 40(200/5)이다. 답 ④

25 발전기나 변압기의 내부고장 검출에 주로 사용되는 계전기는?

① 역상계전기   ② 과전압계전기
③ 과전류계전기 ④ 비율차동계전기

풀이 비율차동 계전기는 변압기 내부고장에 대한 보호장치로 변압기 1차 전류와 2차 전류의 차 전류가 일정 비율 이상으로 되면 동작하는 계전기이다. 답 ④

26 3000[kW], 역률 80[%](뒤짐)의 부하에 전력을 공급하고 있는 변전소에 전력용 콘덴서를 설치하여 변전소에서의 역률을 90[%]로 향상시키는데 필요한 전력용 콘덴서의 용량은 약 몇 [kVA]인가?

① 600 ② 700
③ 800 ④ 900

풀이
$$Q = P(\tan\theta_1 - \tan\theta_2) = P\left(\frac{\sin_1\theta}{\cos_1\theta} - \frac{\sin_2\theta}{\cos_2\theta}\right)$$
$$= P\left(\frac{\sqrt{1-\cos^2\theta_1}}{\cos\theta_1} - \frac{\sqrt{1-\cos^2\theta_2}}{\cos\theta_2}\right)$$
$$= 3000 \times \left(\frac{0.6}{0.8} - \frac{\sqrt{1-0.9^2}}{0.9}\right)$$
$$= 797[kVA]$$
답 ③

27 역률 0.8인 부하 480[kW]를 공급하는 변전소에 전력용 콘덴서 220[kVA]를 설치하면 역률은 몇 [%]로 개선할 수 있는가?

① 92　　② 94
③ 96　　④ 99

풀이 부하역률 $\cos\theta = \dfrac{P}{P_a} = \dfrac{P}{\sqrt{P^2 + P_r^2}} \times 100$

여기서, P_a : 피상전력, P : 유효전력, P_r : 무효전력
- 부하의 무효전력
  $Q_L = \dfrac{P}{\cos\theta} \times \sin\theta = \dfrac{480}{0.8} \times 0.6 = 360[\text{kVar}]$
- 전력용 콘덴서
  $Q_C = 220[\text{kVA}]$

$\therefore \cos\theta = \dfrac{P}{\sqrt{P^2 + (Q_L - Q_c)^2}} \times 100$

$= \dfrac{480}{\sqrt{480^2 + (360-220)^2}} \times 100$

$= 96[\%]$　　**답** ③

28 수전단을 단락한 경우 송전단에서 본 임피던스는 300[Ω]이고, 수전단을 개방한 경우에는 1200[Ω]일 때 이 선로의 특성 임피던스는 몇 [Ω]인가?

① 300　　② 500
③ 600　　④ 800

풀이 수전단을 단락한 경우 $Z = 300[\Omega]$
수전단을 개방한 경우 $Y = \dfrac{1}{1200}[\mho]$이므로

$\therefore Z_0 = \sqrt{\dfrac{Z}{Y}} = \sqrt{\dfrac{300}{1/1200}} = 600[\Omega]$　　**답** ③

29 배전전압, 배전거리 및 전력손실이 같다는 조건에서 단상 2선식 전기방식의 전선 총 중량을 100[%]라 할 때 3상 3선식 전기방식은 몇 [%]인가?

① 33.3　　② 37.5
③ 75.0　　④ 100.0

풀이
- 송전 전력은 동일하므로
  $\sqrt{3} VI_3 \cos\theta = VI_1 \cos\theta \rightarrow I_1 = \sqrt{3} I_3$

- 전력손실이 동일하므로
  $3I_3^2 \rho \dfrac{l}{A_3} = 2I_1^2 \rho \dfrac{l}{A_1}$

  $\rightarrow 3I_3^2 \rho \dfrac{l}{A_3} = 2(\sqrt{3}I_3)^2 \rho \dfrac{l}{A_1}$

  $\rightarrow A_3 = \dfrac{1}{2} A_1$

따라서 전선량(무게)비

$\dfrac{3상3선식}{단상2선식} = \dfrac{3A_3 l\sigma}{2A_1 l\sigma} = \dfrac{3}{2} \times \dfrac{1}{2} = \dfrac{3}{4} = 0.75$

답 ③

30 외뢰(外雷)에 대한 주 보호장치로서 송전계통의 절연협조의 기본이 되는 것은?

① 애자　　② 변압기
③ 차단기　　④ 피뢰기

풀이 계통 내의 각 기기, 기구 및 애자 등의 상호 간에 적정한 절연 강도를 지니게 함으로써 계통 설계를 합리적, 경제적으로 할 수 있게 한 것을 절연협조라고 하며 피뢰기의 제한 전압이 기본이 된다.　　**답** ④

31 배전선로의 전기적 특성 중 그 값이 1 이상인 것은?

① 전압강하율　　② 부등률
③ 부하율　　④ 수용률

풀이
부등률 = $\dfrac{\text{수용설비 개개의 최대수용전력의 합계}}{\text{합성 최대 수용 전력}} \geq 1$　　**답** ②

32 1000[kVA]의 단상변압기 3대를 △-△결선의 1뱅크로 하여 사용하는 변전소가 부하 증가로 다시 1대의 단상변압기를 증설하여 2뱅크로 사용하면 최대 약 몇 [kVA]의 3상 부하에 적용할 수 있는가?

① 1730　　② 2000
③ 3460　　④ 4000

풀이 △-△결선의 1뱅크에 단상변압기 1대를 증설하면, V-V결선 2뱅크로 사용 가능하다. 따라서
$P = 2P_V = 2 \times \sqrt{3} P_1 = 2 \times \sqrt{3} \times 1000$
$= 3464[\text{kVA}]$　　**답** ③

33 3300[V] 배전선로의 전압을 6600[V]로 승압하고 같은 손실률로 송전하는 경우 송전전력은 승압전의 몇 배인가?

① $\sqrt{3}$ ② 2
③ 3 ④ 4

풀이 송전전력 $P \propto V^2$ 이므로
$P' = \left(\dfrac{V'}{V}\right)^2 P = \left(\dfrac{6600}{3300}\right)^2 P = 4P$ **답** ④

34 송전선로에 근접한 통신선에 유도장해가 발생하였다. 전자유도의 주된 원인은?

① 영상전류 ② 정상전류
③ 정상전압 ④ 역상전압

풀이 ① 전자 유도 : 영상전류에 의해 발생 (사고 시)
전자 유도전압 : $E_m = -j\omega Ml \times 3I_0$ [V]
② 정전 유도 : 영상전압에 의해 발생(정상 시)   **답** ①

35 기력발전소의 열 사이클 과정 중 단열팽창 과정에서 물 또는 증기의 상태변화로 옳은 것은?

① 습증기 → 포화액
② 포화액 → 압축액
③ 과열증기 → 습증기
④ 압축액 → 포화액 → 포화증기

풀이
• 보일러 : 등압 가열
• 복수기 : 등압 냉각
• 터빈 : 단열 팽창 (과열증기 → 습증기)
• 급수펌프 : 단열 압축   **답** ③

36 송전선로의 보호방식으로 지락에 대한 보호는 영상전류를 이용하여 어떤 계전기를 동작시키는가?

① 선택지락 계전기 ② 전류차동 계전기
③ 과전압 계전기 ④ 거리계전기

풀이 선택지락계전기 : 병행 2회선 송전선로에서 한쪽의 1회선에 지락사고가 일어났을 경우 이것을 검출하여 고장 회선만을 선택 차단할 수 있게끔 선택 단락 계전기의 동작전류를 특별히 작게 한 것   **답** ①

37 3상 배전선로의 전압강하율[%]을 나타내는 식이 아닌 것은? (단, V_s : 송전단전압, V_r : 수전단전압, I : 전부하전류, P : 부하전력, Q : 무효전력이다.)

① $\dfrac{PR+QX}{V_r^2} \times 100$

② $\dfrac{V_s - V_r}{V_r} \times 100$

③ $\dfrac{V_s(PR+QX)}{V_r} \times 100$

④ $\dfrac{\sqrt{3}\,I}{V_r}(R\cos\theta + X\sin\theta) \times 100$

풀이 전압강하율
$\epsilon = \dfrac{V_s - V_r}{V_r} \times 100 = \dfrac{e}{V_r} \times 100$
$= \dfrac{\sqrt{3}\,I(R\cos\theta_r + X\sin\theta_r)}{V_r} \times 100$
$= \dfrac{V_r(\sqrt{3}\,IV_r\cos\theta_r \cdot R + \sqrt{3}\,IV_r\sin\theta_r \cdot X)}{V_r^2} \times 100$
$= \dfrac{PR+QX}{V_r^2} \times 100\,[\%]$ **답** ③

38 장거리 송전선로의 특성을 표현한 회로로 옳은 것은?

① 분산부하 회로
② 분포정수회로
③ 집중정수회로
④ 특성 임피던스 회로

풀이

구 분	거 리	선로 정수	회 로
단거리	수[km]	$R,\ L$만 고려	집중정수회로로 취급
중거리	수십[km]	$R,\ L,\ C$만 고려	T회로, π회로로 취급
장거리	수백[km]	$R,\ L,\ C,\ g$ 고려	분포정수회로로 취급

답 ②

39 배전선로에 3상 3선식 비접지방식을 채용할 경우 장점이 아닌 것은?

① 과도 안정도가 크다.
② 1선 지락고장 시 고장전류가 작다.
③ 1선 지락고장 시 인접 통신선의 유도장해가 작다.
④ 1선 지락고장 시 건전상의 대지전위 상승이 작다.

풀이 ① 비접지의 특징(직접 접지와 비교)
- 지락전류가 비교적 적다.(유도 장해 감소)
- 보호계전기 동작이 불확실하다.
- V—V결선 가능
- 저전압 단거리에 적합
- 1선 지락고장 시 건전상의 대지전위는 $\sqrt{3}$ 배까지 상승한다.

② 1선 지락고장 시 건전상의 대지전위 상승이 적은 것은 직접 접지방식이다. **답** ④

40 경수감속 냉각형 원자로에 속하는 것은?

① 고속증식로
② 열중성자로
③ 비등수형 원자로
④ 흑연감속 가스 냉각로

풀이 발전용 원자로의 종류에는 흑연감속 가스 냉각로, 경수감속 경수 냉각로, 중수감속 중수 냉각로 등이 있으며, 경수감속 경수 냉각로에는 가압수형 원자로(PWR), 비등수형 원자로(BWR)가 있다. **답** ③

3과목 - 전기기기

41 직류기에서 전기자 반작용의 영향을 설명한 것으로 틀린 것은?

① 주자극의 자속이 감소한다.
② 정류자편 사이의 전압이 불균일하게 된다.
③ 국부적으로 전압이 높아져 섬락을 일으킨다.
④ 전기적 중성점이 전동기인 경우 회전방향으로 이동한다.

풀이 전기자 반작용의 영향
① 전기적 중성축 이동
- 발전기 : 회전방향으로 이동
- 전동기 : 회선방향과 반내 방향으로 이동
② 주자속 감소
③ 정류자 편간의 불꽃섬락 발생
④ 출력의 저하 **답** ④

42 직류분권전동기의 공급전압의 극성을 반대로 하면 회전방향은 어떻게 되는가?

① 반대로 된다.   ② 변하지 않는다.
③ 발전기로 된다. ④ 회전하지 않는다.

풀이 공급전압의 극성을 반대로 하면, 계자전류와 전기자 전류의 방향이 동시에 반대로 되므로 회전방향은 변하지 않는다. **답** ②

43 6300/210[V], 20[kVA] 단상변압기 1차 저항과 리액턴스가 각각 15.2[Ω]과 21.6[Ω], 2차 저항과 리액턴스가 각각 0.019[Ω]과 0.028[Ω]이다. 백분율 임피던스는 약 몇 [%]인가?

① 1.86   ② 2.86
③ 3.86   ④ 4.86

풀이 권수비 $a = \dfrac{6300}{210} = 30$

- 1차 측으로 환산한 저항
$r_{21} = r_1 + a^2 r_2 = 15.2 + 30^2 \times 0.019 = 32.3[\Omega]$
- 1차 측으로 환산한 리액턴스
$x_{21} = x_1 + a^2 x_2 = 21.6 + 30^2 \times 0.028 = 46.8[\Omega]$

$\therefore \%Z = \dfrac{z_{21} I_{1n}}{V_{1n}} \times 100 = \dfrac{PZ}{10 V^2}$

$= \dfrac{20 \times \sqrt{32.3^2 + 46.8^2}}{10 \times 6.3^2} \fallingdotseq 2.86[\%]$ **답** ②

44 권선형 유도전동기의 속도제어 방법 중 저항제어법의 특징으로 옳은 것은?

① 효율이 높고 역률이 좋다.
② 부하에 대한 속도변동률이 작다.
③ 구조가 간단하고 제어조작이 편리하다.
④ 전부하로 장시간 운전하여도 온도에 영향이 적다.

풀이 2차 저항 제어
① 구조가 간단하고 조작이 편리하며, 속도제어를 원활하고 광범위하게 할 수 있다.
② 전류가 큰 2차 회로에 저항을 삽입하여 제어하므로 효율이 낮다. **답** ③

45 단상 50[Hz], 전파 정류회로에서 변압기의 2차 상전압 100[V], 수은 정류기의 전압강하 20[V]에서 회로 중의 인덕턴스는 무시한다. 외부 부하로서 기전력 50[V], 내부저항 0.3[Ω]의 축전지를 연결할 때 평균 출력은 약 몇 [W]인가?

① 4556 ② 4667
③ 4778 ④ 4889

풀이 직류 평균 전압
$$E_d = \frac{2\sqrt{2}}{\pi}E - e_a = \frac{2\sqrt{2}}{\pi} \times 100 - 20 = 70[V]$$
평균 부하전류
$$I_d = \frac{E_d - 50}{0.2} = \frac{70-50}{0.3} = 66.67[A]$$
따라서 평균 출력
$$P_0 = E_d I_d = 70 \times 66.67 = 4667[W]$$ **답** ②

46 동기발전기의 전기자 권선을 단절권으로 하는 가장 큰 이유는?

① 과열을 방지
② 기전력 증가
③ 기본파를 제거
④ 고조파를 제거해서 기전력 파형 개선

풀이 단절권의 특징
① 고조파를 제거하여 기전력의 파형을 좋게 하고
② 자기 인덕턴스 감소
③ 동량 절약
④ 유기기전력 감소 **답** ④

47 3상 동기발전기의 여자전류 5[A]에 대한 1상의 유기기전력이 600[V]이고 그 3상 단락전류는 30[A]이다. 이 발전기의 동기 임피던스[Ω]는?

① 10 ② 20
③ 30 ④ 40

풀이 동기 임피던스 $Z_s = \frac{E_n}{I_s} = \frac{600}{30} = 20[\Omega]$ **답** ②

48 권선형 유도전동기가 기동하면서 동기속도 이하까지 회전속도가 증가하면 회전자의 전압은?

① 증가한다. ② 감소한다.
③ 변함없다. ④ 0이 된다.

풀이
• 슬립 $s = \frac{N_s - N}{N_s}$ 이므로
  회전자 속도(N)가 증가하면 슬립은 감소한다.
• 유도전동기의 회전자 전압(2차 전압)
  $E_2' = sE_2[V]$ 이므로 회전자의 속도가 증가함에 따라 2차 전압의 크기와 주파수는 감소되고, 2차 전류도 이에 따라 감소한다. **답** ②

49 3상 직권 정류자 전동기의 중간변압기의 사용 목적은?

① 역회전의 방지
② 역회전을 위하여
③ 전동기의 특성을 조정
④ 직권 특성을 얻기 위하여

풀이 3상 직권 정류자 전동기의 중간 변압기는 고정자 권선과 회전자 권선 사이에 직렬로 접속되며 이 중간 변압기를 사용하는 주요한 이유는 다음과 같다.
① 전원전압의 크기에 관계없이 정류에 알맞은 회전자 전압을 선택할 수 있다.
② 중간 변압기의 권수비를 바꾸어 전동기의 특성을 조정할 수 있다.
③ 직권 특성이기 때문에 경부하에서는 속도가 매우 상승하나 중간 변압기를 사용, 그 철심을 포화하도록 하면 그 속도 상승을 제한할 수 있다. **답** ③

50 전기자 지름 0.2[m]의 직류발전기가 1.5[kW]의 출력에서 1800[rpm]으로 회전하고 있을 때 전기자 주변속도는 약 몇 [m/s]인가?

① 18.84 ② 21.96
③ 32.74 ④ 42.85

풀이 회전자 주변 속도

$v = \pi D \dfrac{N_s}{60}$ [m/s]

(여기서, πD : 회전자 둘레)

$\therefore v = \pi \times 0.2 \times \dfrac{1800}{60} = 18.84$ [m/s]   **답** ①

51 2방향성 3단자 사이리스터는?

① SCR　　② SSS
③ SCS　　④ TRIAC

풀이 각 종 반도체 소자의 비교
① 방향성
- 양방향성(쌍방향성) 소자 : DIAC, TRIAC, SSS
- 역저지(단방향성) 소자 : SCR, LASCR, GTO

② 극(단자) 수
- 2극(단자) 소자 : DIAC, SSS, Diode
- 3극(단자) 소자 : SCR, LASCR, GTO, TRIAC
- 4극(단자) 소자 : SCS

답 ④

52 동기전동기의 특징으로 틀린 것은?

① 속도가 일정하다.
② 역률을 조정할 수 없다.
③ 직류전원을 필요로 한다.
④ 난조를 일으킬 염려가 있다.

풀이 동기전동기의 특징
① 장점
- 속도가 일정, 불변이다.
- 항상 역률 1로 운전할 수 있다.
- 필요시 앞선 전류를 통할 수 있다.
- 유도전동기에 비하여 효율이 좋다.

② 단점
- 보통 구조의 것은 기동 토크가 적고 속도 조정을 할 수 없다.
- 난조를 일으킬 염려가 있다.
- 여자용의 직류 전원을 필요로 하여 설비비가 많이 든다.

답 ②

53 정격 주파수 50[Hz]의 변압기를 일정 전압 60[Hz]의 전원에 접속하여 사용했을 때 여자전류, 철손 및 리액턴스 강하는?

① 여자전류와 철손은 $\dfrac{5}{6}$ 감소, 리액턴스 강하 $\dfrac{6}{5}$ 증가

② 여자전류와 철손은 $\dfrac{5}{6}$ 감소, 리액턴스 강하 $\dfrac{5}{6}$ 감소

③ 여자전류와 철손은 $\dfrac{6}{5}$ 증가, 리액턴스 강하 $\dfrac{6}{5}$ 증가

④ 여자전류와 철손은 $\dfrac{6}{5}$ 증가, 리액턴스 강하 $\dfrac{5}{6}$ 감소

풀이 전압이 일정할 때

① 여자전류 $I_0 = \dfrac{V_1}{\omega L_1} = \dfrac{V_1}{2\pi f L_1} \propto \dfrac{1}{f}$

② 철손은 와류손은 주파수와 무관, 히스테리시스손은 주파수에 반비례($P_h \propto \dfrac{1}{f}$)

③ 리액턴스 $X_L = \omega L = 2\pi f L \propto f$

따라서 여자전류와 철손은 $\dfrac{5}{6}$ 감소, 리액턴스 강하 $\dfrac{6}{5}$ 증가   **답** ①

54 어떤 주상 변압기가 4/5 부하일 때 최대효율이 된다고 한다. 전부하에 있어서의 철손과 동손의 비 P_c/P_i는 약 얼마인가?

① 0.64　　② 1.56
③ 1.64　　④ 2.56

풀이 최대 효율은 철손 = 동손일 때 발생한다.

즉, $P_i = m^2 P_c = \left(\dfrac{4}{5}\right)^2 P_c$

$\therefore \dfrac{P_c}{P_i} = \dfrac{25}{16} = 1.56$ **답** ②

55 직류기의 손실 중 기계손에 속하는 것은?

① 풍손　　② 와전류손
③ 히스테리시스손　　④ 브러시의 전기손

풀이

총손실	무부하손	철손	히스테리시스손
			와류손
		기계손 : 풍손, 베어링 마찰손, 브러시 마찰손	
	부하손	전기자저항손 $P_c = I_a^2 R$[W]	
		브러시 전기손	
		표유부하손 : 권선 이외 부분의 누설자속에 의해 발생	

답 ①

---

56 직류기에서 양호한 정류를 얻는 조건으로 틀린 것은?

① 정류 주기를 크게 한다.
② 브러시의 접촉저항을 크게 한다.
③ 전기자 권선의 인덕턴스를 작게 한다.
④ 평균 리액턴스 전압을 브러시 접촉면 전압강하보다 크게 한다.

풀이

① 정류 주기를 크게 하면 전류의 변화율, 즉 $\frac{di}{dt}$ 가 작아져서 불꽃 발생의 원인이 작아진다.
② L이 작아져도 역시 불꽃 발생의 근본 원인인 역기전력이 작아진다.
③ 리액턴스 전압은 $e_r = -L\frac{di}{dt}$ 로서 이것이 정류를 해치는 가장 큰 원인이 되는 것이다.
④ 브러시의 접촉저항이 크면 저항 정류가 이루어져서 양호한 정류가 이루어진다.

답 ④

---

57 동기전동기의 제동권선은 다음 어떤 것과 같은가?

① 직류기의 전기자
② 유도기의 농형 회전자
③ 동기기의 원통형 회전자
④ 동기기의 유도자형 회전자

풀이 제동권선은 회전 자극 표면에 설치한 유도전동기의 농형 권선과 같은 권선으로서 진동 에너지를 열로 소비하여 진동(난조)을 방지한다.

답 ②

---

58 권선형 3상 유도전동기의 2차 회로는 Y로 접속되고 2차 각 상의 저항은 0.3[Ω]이며 1차, 2차 리액턴스의 합은 1.5[Ω]이다. 기동 시에 최대 토크를 발생하기 위해서 삽입하여야 할 저항[Ω]은? (단, 1차 각 상의 저항은 무시한다.)

① 1.2
② 1.5
③ 2
④ 2.2

풀이 1차 저항 $r_1 = 0$이므로
$$R_s' = \sqrt{r_1^2 + (x_1 + x_2')^2} - r_2'$$
$$= \sqrt{(x_1 + x_2')^2} - r_2'$$
$x_1' + x_2 = 1.5[\Omega]$, $r_2 = 0.3[\Omega]$이므로
$$\therefore R_s = \sqrt{(x_1 + x_2')^2} - r_2 = \sqrt{(1.5)^2} - 0.3$$
$$= 1.2[\Omega]$$

답 ①

---

59 3상 유도전압조정기의 특징이 아닌 것은?

① 분로권선에 회전자계가 발생한다.
② 입력전압과 출력전압의 위상이 같다.
③ 두 권선은 2극 또는 4극으로 감는다.
④ 1차 권선은 회전자에 감고 2차 권선은 고정자에 감는다.

풀이 3상 유도전압조정기의 입력 측 전압 E_1과 출력 측 전압 E 사이에는 위상차 α가 생긴다.

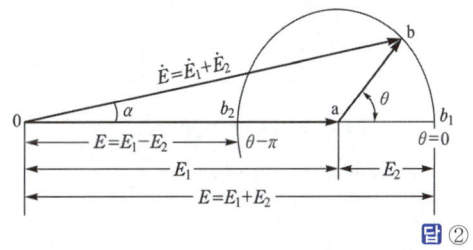

답 ②

---

60 변압기의 부하가 증가할 때의 현상으로서 틀린 것은?

① 동손이 증가한다.
② 온도가 상승한다.
③ 철손이 증가한다.
④ 여자전류는 변함없다.

4과목 - 회로이론

61 어떤 회로망의 4단자 정수가
$A=8$, $B=j2$, $D=3+j2$이면
이 회로망의 C는?

① $2+j3$ ② $3+j3$
③ $24+j14$ ④ $8-j11.5$

풀이 $AD-BC=1$이므로
$C = \dfrac{AD-1}{B} = \dfrac{8(3+j2)-1}{j2} = 8-j11.5$ 답 ④

62 다음과 같은 회로에서 $i_1 = I_m \sin\omega t$ [A]일 때, 개방된 2차 단자에 나타나는 유기기전력 e_2는 몇 [V]인가?

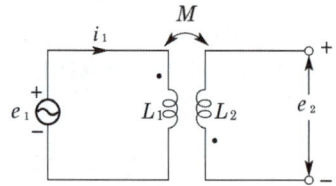

① $\omega M I_m \sin(\omega t - 90°)$
② $\omega M I_m \cos(\omega t - 90°)$
③ $-\omega M \sin\omega t$
④ $-\omega M \cos\omega t$

풀이 $e_2 = -M\dfrac{di_1}{dt} = -\omega M I_m \cos\omega t$
$= \omega M I_m \sin(\omega t - 90°)$ [V]   답 ①

63 다음 회로에서 부하 R에 최대 전력이 공급될 때의 전력 값이 5[W]라고 하면 $R_L + R_i$의 값은 몇 [Ω]인가? (단, R_i는 전원의 내부저항이다.)

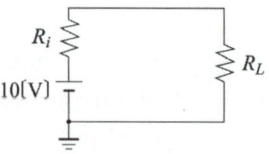

① 5
② 10
③ 15
④ 20

풀이 최대공급전력 $P_m = \dfrac{V^2}{4R_L}$ [W]이므로
$5 = \dfrac{10^2}{4R_L}$에서 $R_L = \dfrac{10^2}{4\times 5} = 5$[Ω]이 된다.
최대전력전송조건은 $R_i = R_L$이므로
$R_L + R_i = 5+5 = 10$[Ω]이 된다.   답 ②

64 부동작시간(dead time) 요소의 전달함수는?

① K ② $\dfrac{K}{s}$
③ Ke^{-Ls} ④ Ks

풀이 부동작 시간요소의 전달함수
$y(t) = Kx(t-L)$의 양변을 라플라스 변환하면
$Y(s) = Ke^{-Ls} \cdot X(s)$
$\therefore G(s) = \dfrac{Y(s)}{X(s)} = Ke^{-Ls}$ 답 ③

65 회로의 양 단자에서 테브난의 정리에 의한 등가회로로 변환할 경우 V_{ab} 전압과 테브난 등가저항은?

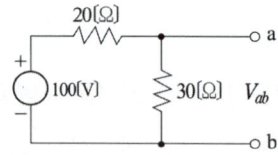

① 60[V], 12[Ω]   ② 60[V], 15[Ω]
③ 50[V], 15[Ω]   ④ 50[V], 50[Ω]

풀이
• 30[Ω]에 인가되는 전압
$V_{ab} = 100 \times \dfrac{30}{20+30} = 60$ [V]
• 양 단자 측에서 본 전체 저항
(이때 전압원은 단락)
$R_{th} = \dfrac{20\times 30}{20+30} = 12$ [Ω]   답 ①

66 그림과 같은 회로에서 $V_1(s)$를 입력, $V_2(s)$를 출력으로 한 전달함수는?

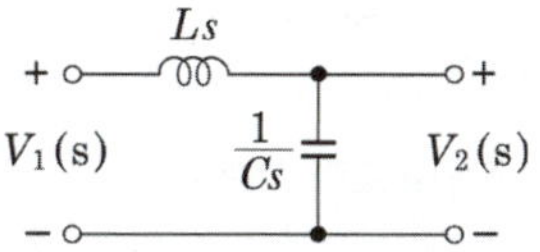

① $\dfrac{1}{\dfrac{1}{Ls}+Cs}$ ② $\dfrac{1}{1+s^2LC}$

③ $\dfrac{1}{LC+Cs}$ ④ $\dfrac{Cs}{s^2(s+LC)}$

풀이
$V_1(s) = \left(Ls + \dfrac{1}{Cs}\right)I(s)$, $V_2(s) = \dfrac{1}{Cs}I(s)$

$\therefore G(s) = \dfrac{V_2(s)}{V_1(s)} = \dfrac{\dfrac{1}{Cs}}{Ls+\dfrac{1}{Cs}} = \dfrac{1}{1+s^2LC}$ **답** ②

67 저항 $R[\Omega]$, 리액턴스 $X[\Omega]$와의 직렬회로에 교류전압 $V[V]$를 가했을 때 소비되는 전력[W]은?

① $\dfrac{V^2R}{\sqrt{R^2+X^2}}$ ② $\dfrac{V}{\sqrt{R^2+X^2}}$

③ $\dfrac{V^2R}{R^2+X^2}$ ④ $\dfrac{X}{R^2+X^2}$

풀이 $R-X$ 직렬회로의 유효전력[W]
$P = I^2R = \left(\dfrac{V}{\sqrt{R^2+X^2}}\right)^2 R = \dfrac{V^2}{R^2+X^2}R$ **답** ③

68 RLC 직렬회로에서 각주파수 ω를 변화시켰을 때 어드미턴스의 궤적은?

① 원점을 지나는 원
② 원점을 지나는 반원
③ 원점을 지나지 않는 원
④ 원점을 지나지 않는 직선

풀이
$Z = R + j\left(\omega L - \dfrac{1}{\omega C}\right) = R + jX$

$Y = \dfrac{1}{Z} = \dfrac{1}{R+jX} = \dfrac{R}{R^2+X^2} - j\dfrac{X}{R^2+X^2}$
$= P + jQ$

$P^2 + Q^2 = \dfrac{R^2}{(R^2+X^2)^2} + \dfrac{X^2}{(R^2+X^2)^2}$
$= \dfrac{R^2+X^2}{(R^2+X^2)^2} = \dfrac{1}{R^2+X^2} = \dfrac{P}{R}$

$\therefore \left(P - \dfrac{1}{2R}\right)^2 + Q^2 = \left(\dfrac{1}{2R}\right)^2$

즉, 위 식은 중심 $\left(\dfrac{1}{2R}, 0\right)$,
반지름 $\dfrac{1}{2R}$ 인 원의 방정식이다. **답** ①

69 대칭 6상 기전력의 선간 전압과 상기전력의 위상차는?

① 120° ② 60°
③ 30° ④ 15°

풀이 대칭 n 상인 경우 기전력의 위상차는
$\theta = \dfrac{\pi}{2}\left(1-\dfrac{2}{n}\right) = \dfrac{180}{2}\left(1-\dfrac{2}{6}\right) = 90 \times \dfrac{2}{3} = 60°$ **답** ②

70 RL 병렬회로의 양단에 $e = E_m\sin(\omega t + \theta)[V]$의 전압이 가해졌을 때 소비되는 유효전력[W]은?

① $\dfrac{E_m^2}{2R}$ ② $\dfrac{E_m^2}{\sqrt{2}R}$

③ $\dfrac{E_m}{2R}$ ④ $\dfrac{E_m}{\sqrt{2}R}$

풀이
$P = I^2R = \dfrac{V^2}{R} = \dfrac{\left(\dfrac{E_m}{\sqrt{2}}\right)^2}{R} = \dfrac{E_m^2}{2R}$ **답** ①

71 2단자 회로 소자 중에서 인가한 전류파형과 동위상의 전압파형을 얻을 수 있는 것은?

① 저항 ② 콘덴서
③ 인덕턴스 ④ 저항 + 콘덴서

풀이 ① 저항 R에 정현파 전류($i = I_m \sin\omega t$)가 흐를 때 전압강하
$v_R = Ri = RI_m \sin\omega t = V_m \sin\omega t$
(전압과 전류는 동상)
② 인덕턴스 L에 정현파 전류가 흐를 때
전압강하 $v_L = L\dfrac{di}{dt} = V_m \sin(\omega t + 90°)$
(전압은 전류보다 90° 앞선다.)
③ 커패시턴스 C에 정현파 전류가 흐를 때
전압강하 $v_C = \dfrac{1}{C}\int i dt = V_m \sin(\omega t - 90°)$
(전압은 전류보다 90° 뒤진다.)   **답** ①

72 다음과 같은 교류 브리지 회로에서 Z_0에 흐르는 전류가 0이 되기 위한 각 임피던스의 조건은?

① $Z_1 Z_2 = Z_3 Z_4$
② $Z_1 Z_2 = Z_3 Z_0$
③ $Z_2 Z_3 = Z_1 Z_0$
④ $Z_2 Z_3 = Z_1 Z_4$

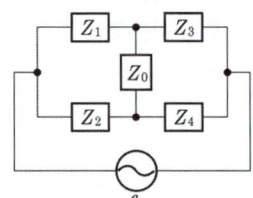

풀이 브리지의 평형조건 : 서로 대각선으로 마주보고 있는 저항의 곱이 서로 같으면 평형이 됨을 의미
∴ $Z_2 Z_3 = Z_1 Z_4$ **답** ④

73 불평형 3상 전류가 $I_a = 15 + j2$[A], $I_b = -20 - j14$[A], $I_c = -3 + j10$[A] 일 때의 영상전류 I_0[A]는?

① $1.57 - j3.25$ ② $2.85 + j0.36$
③ $-2.67 - j0.67$ ④ $12.67 + j2$

풀이 $I_0 = \dfrac{1}{3}(I_a + I_b + I_c)$
$= \dfrac{1}{3}(15 + j2 - 20 - j14 - 3 + j10)$
$= \dfrac{1}{3}(-8 - j2) = -2.67 - j0.67$[A]   **답** ③

74 회로에서 $L = 50$[mH], $R = 20$[kΩ]인 경우 회로의 시정수는 몇 [μs]인가?

① 4.0
② 3.5
③ 3.0
④ 2.5

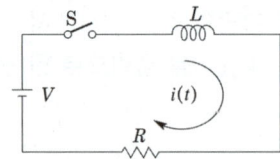

풀이 $R-L$ 직렬회로의 시정수 τ
$\tau = \dfrac{L}{R} = \dfrac{50 \times 10^{-3}}{20 \times 10^3} = 2.5 \times 10^{-6}$[sec]
$= 2.5[\mu s]$ **답** ④

75 주기적인 구형파 신호의 구성은?
① 직류성분만으로 구성된다.
② 기본파 성분만으로 구성된다.
③ 고조파 성분만으로 구성된다.
④ 직류 성분, 기본파 성분, 무수히 많은 고조파 성분으로 구성된다.

풀이 주기적인 비정현파는 일반적으로 푸리에 급수에 의해 표시되므로 무수히 많은 주파수의 합성이다.   **답** ④

76 $F(s) = \dfrac{5s+3}{s(s+1)}$ 일 때 $f(t)$의 최종값은?

① 3   ② -3
③ 5   ④ -5

풀이 최종값 정리
$f(\infty) = \lim\limits_{t \to \infty} f(t) = \lim\limits_{s \to 0} sF(s)$ 에 의해서
$\lim\limits_{t \to \infty} f(t) = \lim\limits_{s \to 0} s \cdot F(s) = \lim\limits_{s \to 0} s \cdot \dfrac{5s+3}{s(s+1)}$
$= \lim\limits_{s \to 0} \dfrac{5s+3}{s+1} = \dfrac{3}{1} = 3$ **답** ①

77 RC 회로에 비정현파 전압을 가하여 흐른 전류가 다음과 같을 때 이 회로의 역률은 약 [%]인가?

$v = 20 + 220\sqrt{2}\sin 120\pi t$
$\quad + 40\sqrt{2}\sin 360\pi t$[V]
$i = 2.2\sqrt{2}\sin(120\pi t + 36.87°)$
$\quad + 0.49\sqrt{2}\sin(360\pi t + 14.04°)$[A]

① 75.8   ② 80.4
③ 86.3   ④ 89.7

풀이 ① 유효전력
$$P = V_1 I_1 \cos\theta_1 + V_3 I_3 \cos\theta_3$$
$$= 220 \times 2.2 \times \cos 36.87° + 40$$
$$\times 0.49 \times \cos 14.04°$$
$$≒ 406.21[W]$$

② 피상전력
전압의 실효값 V와 전류의 실효값 I는
$$V = \sqrt{V_0^2 + V_1^2 + V_3^2}$$
$$= \sqrt{20^2 + 220^2 + 40^2} ≒ 224.5[V]$$
$$I = \sqrt{I_1^2 + I_3^2} = \sqrt{2.2^2 + 0.49^2} ≒ 2.25[A]$$
$$P_a = V \cdot I = 224.5 \times 2.25 = 505.13[VA]$$

따라서 역률
$$\cos\theta = \frac{P}{P_a} \times 100 = \frac{406.21}{505.13} \times 100$$
$$= 80.4[\%]$$
답 ②

78
다음 미분방정식으로 표시되는 계에 대한 전달함수는? (단, $x(t)$는 입력, $y(t)$는 출력을 나타낸다.)

$$\frac{d^2 y(t)}{dt^2} + 3\frac{dy(t)}{dt} + 2y(t) = x(t) + \frac{dx(t)}{dt}$$

① $\dfrac{s+1}{s^2+3s+2}$ ② $\dfrac{s-1}{s^2+3s+2}$

③ $\dfrac{s+1}{s^2-3s+2}$ ④ $\dfrac{s-1}{s^2-3s+2}$

풀이 양변을 라플라스 변환하면
$$\{s^2 Y(s) - sy(0) - y'(0)\}$$
$$+ 3\{sY(s) - y(0)\} + 2Y(s)$$
$$= X(s) + \{sX(s) - x(0)\}$$
모든 초기값을 0으로 보고 정리하면
$$(s^2 + 3s + 2)Y(s) = (s+1)X(s)$$
$$\therefore \frac{Y(s)}{X(s)} = \frac{s+1}{s^2+3s+2}$$
답 ①

79
대칭좌표법에 관한 설명이 아닌 것은?

① 대칭좌표법은 일반적인 비대칭 3상 교류 회로의 계산에도 이용된다.
② 대칭 3상 전압의 영상분과 역상분은 0이고, 정상분만 남는다.
③ 비대칭 3상 교류회로는 영상분, 역상분 및 정상분의 3성분으로 해석한다.
④ 비대칭 3상 회로의 접지식 회로에는 영상분이 존재하지 않는다.

풀이 영상분은 비대칭 3상 회로의 접지선, 중성선에 존재하며, 비대칭 3상 회로의 비접지식 회로에는 영상분이 존재하지 않는다.
답 ④

80
3상 Y결선 전원에서 각 상전압이 100[V]일 때 선간전압[V]은?

① 150   ② 170
③ 173   ④ 179

풀이 Y결선이므로 선간전압
$$V_l = \sqrt{3}\, V_p = \sqrt{3} \times 100 = 173[V]$$
답 ③

5과목 – 전기설비기술기준

81
변전소의 주요 변압기에 시설하지 않아도 되는 계측 장치는?

① 전압계   ② 역률계
③ 전류계   ④ 전력계

풀이 351.6 계측장치
변전소 또는 이에 준하는 곳에는 다음의 사항을 계측하는 장치를 시설하여야 한다.
가. 주요 변압기의 전압 및 전류 또는 전력
나. 특고압용 변압기의 온도
답 ②

82
애자공사에 의한 고압 옥내배선을 시설하고자 할 경우 전선과 조영재 사이의 이격거리는 몇 [cm] 이상인가?

① 3   ② 4
③ 5   ④ 6

풀이 342.1 고압 옥내배선 등의 시설

전압	전선과 조영재와의 이격거리	전선 상호 간격	전선 지지점 간의 거리	
			조영재의 윗면 또는 옆면에 따라 시설	조영재에 따라 시설하지 않는 경우
고압	5[cm] 이상	8[cm] 이상	2[m] 이하	6[m] 이하

답 ③

83 특고압전선로에 접속하는 배전용 변압기의 1차 및 2차 전압은?

① 1차 : 35[kV] 이하, 2차 : 저압 또는 고압
② 1차 : 50[kV] 이하, 2차 : 저압 또는 고압
③ 1차 : 35[kV] 이하, 2차 : 특고압 또는 고압
④ 1차 : 50[kV] 이하, 2차 : 특고압 또는 고압

풀이 341.2 특고압 배전용 변압기의 시설
특고압 전선로에 접속하는 배전용 변압기를 시설하는 경우에는 특고압 전선에 특고압 절연전선 또는 케이블을 사용하고 또한 다음에 따라야 한다.
가. 변압기의 1차 전압은 35[kV] 이하, 2차 전압은 저압 또는 고압일 것.
나. 변압기의 특고압측에 개폐기 및 과전류차단기를 시설할 것
다. 변압기의 2차 전압이 고압인 경우에는 고압측에 개폐기를 시설하고 또한 쉽게 개폐할 수 있도록 할 것.
답 ①

84 특고압가공전선로의 지지물 중 전선로의 지지물 양쪽의 경간의 차가 큰 곳에 사용하는 철탑은?

① 내장형 철탑
② 인류형 철탑
③ 보강형 철탑
④ 각도형 철탑

풀이 333.11 특고압 가공전선로의 철주·철근 콘크리트주 또는 철탑의 종류
특고압 가공전선로의 지지물로 사용하는 B종 철근·B종 콘크리트주 또는 철탑의 종류는 다음과 같다.
가. 직선형 : 전선로의 직선 부분(3° 이하의 수평 각도 이루는 곳 포함)에 사용되는 것
나. 각도형 : 전선로 중 수평 각도 3°를 넘는 곳에 사용되는 것
다. 인류형 : 전 가섭선을 인류하는 곳에 사용하는 것
라. 내장형 : 전선로 지지물 양측의 경간차가 큰 곳에 사용하는 것
마. 보강형 : 전선로 직선 부분을 보강하기 위하여 사용하는 것
답 ①

85 폭연성 분진 또는 화약류의 분말이 전기설비가 발화원이 되어 폭발할 우려가 있는 곳에 시설하는 저압 옥내전기설비를 케이블공사로 할 경우 관이나 방호장치에 넣지 않고 노출로 설치할 수 있는 케이블은?

① 무기물 절연 케이블
② 고무절연 비닐 시스케이블
③ 폴리에틸렌절연 비닐 시스케이블
④ 폴리에틸렌절연 폴리에틸렌 시스케이블

풀이 242.2.1 폭연성 분진 위험장소
케이블공사에 의하는 때에는 전선은 개장된 케이블 또는 무기물 절연 케이블을 사용하는 경우 이외에는 관 기타의 방호 장치에 넣어 사용할 것.
답 ①

86 풀용 수중조명등의 시설공사에서 절연변압기는 그 2차 측 전로의 사용전압이 몇 [V] 이하인 경우에는 1차 권선과 2차 권선 사이에 금속제의 혼촉방지판을 설치하여야 하여야 하는가?

① 30[V]   ② 40[V]
③ 50[V]   ④ 60[V]

풀이 234.14 수중조명등
수중조명등의 절연변압기는 그 2차측 전로의 사용전압이 30[V] 이하인 경우는 1차권선과 2차권선 사이에 금속제의 혼촉방지판을 설치하고, 규정에 준하여 접지공사를 하여야 한다.
답 ①

87 지선을 사용하여 그 강도를 분담시켜서는 아니되는 가공전선로 지지물은?

① 목주   ② 철주
③ 철탑   ④ 철근콘크리트주

풀이 331.11 지선의 시설
가. 가공전선로의 지지물로 사용하는 철탑은 지선을 사용하여 그 강도를 분담시켜서는 안 된다.
나. 가공전선로의 지지물로 사용하는 철주 또는 철근 콘크리트주는 지선을 사용하지 않는 상태에서 2분의 1 이상의 풍압하중에 견디는 강도를 가지는 경우 이외에는 지선을 사용하여 그 강도를 분담시켜서는 안 된다.
답 ③

88 수소냉각식 발전기 및 이에 부속하는 수소냉각 장치 시설에 대한 설명으로 틀린 것은?

① 발전기 안의 수소의 온도를 계측하는 장치를 시설할 것
② 발전기 안의 수소의 순도가 70[%] 이하로 저하한 경우에 이를 경보하는 장치를 시설할 것
③ 발전기 안의 수소의 압력의 계측하는 장치 및 그 압력이 현저히 변동한 경우에 이를 경보하는 장치를 시설할 것
④ 발전기는 기밀구조의 것이고 또한 수소가 대기압에서 폭발하는 경우에 생기는 압력에 견디는 강도를 가지는 것일 것

풀이 351.10 수소냉각식 발전기 등의 시설
수소냉각식의 발전기·조상기 또는 이에 부속하는 수소 냉각 장치는 발전기 내부 또는 조상기 내부의 **수소의 순도가 85[%] 이하로 저하**한 경우에 이를 **경보하는 장치**를 시설할 것. 답 ②

89 옥내에 시설하는 전동기에 과부하 보호장치의 시설을 생략할 수 없는 경우는?

① 정격출력이 0.75[kW]인 전동기
② 전동기의 구조나 부하의 성질로 보아 전동기가 소손할 수 있는 과전류가 생길 우려가 없는 경우
③ 전동기가 단상의 것으로 전원측 전로에 시설하는 배선용 차단기의 정격전류가 20[A] 이하인 경우
④ 전동기가 단상의 것으로 전원측 전로에 시설하는 과전류차단기의 정격전류가 16[A] 이하인 경우

풀이 212.6.3 저압전로 중의 전동기 보호용 과전류보호장치의 시설
옥내에 시설하는 전동기에는 전동기가 손상될 우려가 있는 과전류가 생겼을 때에 자동적으로 이를 저지하거나 이를 경보하는 장치를 하여야 한다. 다만, 다음의 어느 하나에 해당하는 경우에는 그러하지 아니하다.
가. 전동기를 운전 중 상시 취급자가 감시할 수 있는 위치에 시설하는 경우
나. 전동기의 구조나 부하의 성질로 보아 전동기가 손상될 수 있는 과전류가 생길 우려가 없는 경우
다. 단상전동기로써 그 전원측 전로에 시설하는 과전류차단기의 정격전류가 16[A](배선용 차단기는 20[A]) 이하인 경우
라. 정격 출력이 0.2[kW] 이하의 전동기 답 ①

90 가공전선로의 지지물에 시설하는 통신선 또는 이에 직접 접속하는 가공통신선의 높이에 대한 설명 중 틀린 것은?

① 도로를 횡단하는 경우에는 지표상 6[m] 이상으로 한다.
② 철도 또는 궤도를 횡단하는 경우에는 레일면상 6[m] 이상으로 한다.
③ 횡단보도교의 위에 시설하는 경우에는 그 노면상 5[m] 이상으로 한다.
④ 도로를 횡단하는 경우, 저압이나 고압의 가공전선로의 지지물에 시설하는 통신선이 교통에 지장을 줄 우려가 없는 경우에는 지표상 5[m]까지로 감할 수 있다.

풀이 362.2 전력보안통신설비의 시설 높이와 이격거리
가공전선로의 지지물에 시설하는 통신선 또는 이에 직접 접속하는 가공 통신선의 높이는 다음에 따라야 한다.

시설 장소		가공전선로의 지지물에 시설	
		고·저압[m]	특고압[m]
도로횡단	일반적인 경우	6[m] 이상	6[m] 이상
	교통에 지장을 안 주는 경우	5[m] 이상	
철도 횡단(레일면상)		6.5[m] 이상	6.5[m] 이상
횡단 보도교 위	노면상	3.5[m] 이상	5[m] 이상
	절연전선 사용	3[m] 이상	
	광섬유 케이블 사용		4[m] 이상
기타의 장소	일반적인 경우 (절연전선 사용)	4[m] 이상	5[m] 이상
	광섬유 케이블 사용	3.5[m] 이상	

답 ②

91 아크가 발생하는 고압용 차단기는 목재의 벽 또는 천장, 기타의 가연성 물체로부터 몇 [m] 이상 이격하여야 하는가?

① 0.5
② 1
③ 1.5
④ 2

풀이 341.7 아크를 발생하는 기구의 시설
고압용 또는 특고압용의 개폐기·차단기·피뢰기 기타 이와 유사한 기구로서 동작 시에 아크가 생기는 것은 목재의 벽 또는 천장 기타의 가연성 물체로부터 표에서 정한 값 이상 이격하여 시설하여야 한다.

기구 등의 구분	이격거리
고압용의 것	1[m] 이상
특고압용의 것	2[m] 이상(사용전압이 35[kV] 이하의 특고압용의 기구 등으로서 동작할 때에 생기는 아크의 방향과 길이를 화재가 발생할 우려가 없도록 제한하는 경우에는 1[m] 이상)

답 ②

92 가공전선로의 지지물에 원형 철근콘크리트주인 경우 갑종 풍압하중은 몇 [Pa]를 기초로 하여 계산하는가?

① 294 ② 588 ③ 627 ④ 1078

풀이 331.6 풍압하중의 종별과 적용

풍압을 받는 구분			풍압[Pa]
목주			588
지지물	철주	원형의 것	588
		삼각형 또는 마름모형의 것	1,412
		강관에 의하여 구성되는 4각형의 것	1,117
		기타의 것으로 복재가 전후면에 겹치는 경우	1,627
		기타의 것으로 겹치지 않은 경우	1,784
	철근 콘크리트주	원형의 것	588
		기타의 것	882
	철탑	단주 (완철류는 제외함) 원형의 것	588
		단주 (완철류는 제외함) 기타의 것	1,117
		강관으로 구성되는 것(단주는 제외함)	1,255
		기타의 것	2,157

답 ②

93 지중전선로를 관로식에 의하여 시설하는 경우에는 매설 깊이를 몇 [m] 이상으로 하여야 하는가?

① 0.6 ② 1.0 ③ 1.2 ④ 1.5

풀이 334.1 지중전선로의 시설
가. 지중 전선로는 전선에 케이블을 사용하고 또한 관로식·암거식 또는 직접 매설식에 의하여 시설하여야 한다.
나. 지중 전선로를 직접 매설식에 의하여 시설하는 경우에는 매설 깊이를 차량 기타 중량물의 압력을 받을 우려가 있는 장소에는 1.0[m] 이상, 기타 장소에는 0.6[m] 이상으로 하고 또한 지중 전선을 견고한 트라프 기타 방호물에 넣어 시설하여야 한다. 답 ②

94 100[kV] 미만인 특고압가공전선로를 인가가 밀집한 지역에 시설할 경우 전선로에 사용되는 전선의 단면적이 몇 [mm^2] 이상의 경동연선이어야 하는가?

① 38 ② 55
③ 100 ④ 150

풀이 333.1 시가지 등에서 특고압 가공전선로의 시설

사용전압의 구분	전선의 단면적
100[kV] 미만	인장강도 21.67[kN] 이상의 연선 또는 단면적 55[mm^2] 이상의 경동연선
100[kV] 이상	인장강도 58.84[kN] 이상의 연선 또는 단면적 150[mm^2] 이상의 경동연선

답 ②

95 터널 내에 교류 220[V]의 애자공사로 전선을 시설할 경우 노면으로부터 몇 [m] 이상의 높이로 유지해야 하는가?

① 2 ② 2.5
③ 3 ④ 4

풀이 335.1 터널 안 전선로의 시설
철도·궤도 또는 자동차도 전용터널 안의 전선로

전압	전선의 굵기	시공방법	애자공사 시 높이
저압	인장강도 2.30[kN] 이상 또는 2.6[mm] 이상의 경동선의 절연전선	• 합성수지관공사 • 금속관공사 • 금속제가요전선관 공사 • 케이블공사 • 애자공사	노면상, 레일면상 2.5[m] 이상
고압	인장강도 5.26[kN] 이상 또는 4[mm] 이상의 경동선	• 케이블공사 • 애자공사	노면상, 레일면상 3[m] 이상
특고압		• 케이블공사	

답 ②

> 출제기준 변경 및 개정된 관계 법규에 따라 삭제된 문제가 있어 20문항이 안됩니다.

2017년 3회

1과목 - 전기자기

01 100[kV]로 충전된 8×10^3[pF]의 콘덴서가 축적할 수 있는 에너지는 몇 [W] 전구가 2초 동안 한 일에 해당되는가?

① 10 ② 20
③ 30 ④ 40

풀이 콘덴서에 축적된 에너지
$$W = \frac{1}{2}CV^2$$
$$= \frac{1}{2} \times (8 \times 10^3 \times 10^{-12}) \times (100 \times 10^3)^2$$
$$= 40[J]$$
P[W] 전구가 t초 동안 한 일은
$W = P \cdot t$ 이므로
$$\therefore P = \frac{W}{t} = \frac{40}{2} = 20[W]$$ **답** ②

02 제벡(Seebeck) 효과를 이용한 것은?

① 광전지 ② 열전대
③ 전자냉동 ④ 수정 발전기

풀이 제벡 효과(Seebeck effect)
서로 다른 두 종류의 금속선을 접합하여 폐회로를 만든 후 두 접합점의 온도를 달리하였을 때, 폐회로에 열기전력이 발생하여 열전류가 흐르게 된다. 이러한 현상을 제베크 효과라 하며 <u>이때 연결한 금속 루프를 열전대라 한다</u>. **답** ②

03 마찰전기는 두 물체의 마찰열에 의해 무엇이 이동하는 것인가?

① 양자 ② 자하
③ 중성자 ④ 자유전자

풀이 <u>두 종류의 물체를 마찰하면</u> 그 물체들은 주위의 가벼운 물체를 끌어당기는 힘이 마찰에 의해 발생(<u>자유전자의 이동</u>)하는데, 이것을 마찰전기(triboelectricity)라 한다. **답** ④

04 두 벡터 $A = -i\,7 - j$, $B = -i\,3 - j\,4$가 이루는 각은?

① 30° ② 45°
③ 60° ④ 90°

풀이
$$\cos\theta = \frac{A \cdot B}{|A||B|} = \frac{A_x B_x + A_y B_y}{\sqrt{A^2}\sqrt{B^2}}$$
$$= \frac{(-7)\times(-3)+(-1)\times(-4)}{\sqrt{(-7)^2+(-1)^2}\sqrt{(-3)^2+(-4)^2}}$$
$$= \frac{21+4}{\sqrt{50}\times 5} = \frac{25}{25\sqrt{2}} = \frac{1}{\sqrt{2}}$$
$$\therefore \theta = \cos^{-1}\frac{1}{\sqrt{2}} = 45°$$ **답** ②

05 그림과 같이 반지름 a[m], 중심간격 d[m]인 평행원통도체가 공기 중에 있다. 원통도체의 선전하밀도가 각각 $\pm \rho_L$[C/m]일 때 두 원통도체 사이의 단위길이 당 정전용량은 약 몇 [F/m]인가? (단, $d \gg a$이다.)

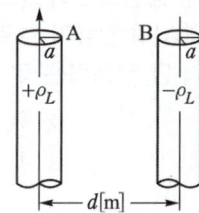

① $\dfrac{\pi\epsilon_0}{\ln\dfrac{d}{a}}$ ② $\dfrac{\pi\epsilon_0}{\ln\dfrac{a}{d}}$

③ $\dfrac{4\pi\epsilon_0}{\ln\dfrac{d}{a}}$ ④ $\dfrac{4\pi\epsilon_0}{\ln\dfrac{a}{d}}$

풀이
$$C_{AB} = \frac{\pi\epsilon_0}{\ln\dfrac{d-a}{a}}\,[F/m]$$
$d \gg a$일 때 $\ln\dfrac{d-a}{a} \fallingdotseq \ln\dfrac{d}{a}$ 로 되므로
$$\therefore C_{AB} = \frac{\pi\epsilon_0}{\ln\dfrac{d}{a}}\,[F/m]$$ **답** ①

06 횡전자파(TEM)의 특성은?

① 진행 방향의 E, H 성분이 모두 존재한다.
② 진행 방향의 E, H 성분이 모두 존재하지 않는다.
③ 진행 방향의 E 성분만 모두 존재하고, H 성분은 존재하지 않는다.
④ 진행 방향의 H 성분만 모두 존재하고, E 성분은 존재하지 않는다.

풀이 TEM(transverse electromagnetic : 횡전자파)는 전계 E 와 자계 H 가 모두 전파의 진행방향과 수직으로 존재하며, 진행방향의 성분은 존재하지 않는다. **답** ②

07 반자성체가 아닌 것은?

① 은(Ag) ② 구리(Cu)
③ 니켈(Ni) ④ 비스무스(Bi)

풀이
- 강자성체 : Fe, Ni, Co
- 상자성체 : Al, Mn, Pt, W, Sn, O_2, N_2 등
- 반자성체 : Ag, Cu, Bi, H_2O, C, Si, Pb 등 **답** ③

08 무한히 긴 두 평행도선이 2[cm]의 간격으로 가설되어 100[A]의 전류가 흐르고 있다. 두 도선의 단위길이 당 작용력은 몇 [N/m]인가?

① 0.1 ② 0.5
③ 1   ④ 1.5

풀이
$$F = \frac{\mu_0 I_1 I_2}{2\pi r} = \frac{2I^2}{r} \times 10^{-7} = \frac{2 \times 100^2}{2 \times 10^{-2}} \times 10^{-7}$$
$$= 0.1 \,[\text{N/m}]$$ **답** ①

09 맥스웰 전자계의 기초 방정식으로 틀린 것은?

① $\text{rot} \boldsymbol{H} = i + \frac{\partial \boldsymbol{D}}{\partial t}$
② $\text{rot} \boldsymbol{E} = -\frac{\partial \boldsymbol{B}}{\partial t}$
③ $\text{div} \boldsymbol{D} = \rho$
④ $\text{div} \boldsymbol{B} = -\frac{\partial \boldsymbol{D}}{\partial t}$

풀이 맥스웰 방정식의 미분형
① $\text{rot} \boldsymbol{E} = -\frac{\partial \boldsymbol{B}}{\partial t}$: Faraday 법칙
② $\text{rot} \boldsymbol{H} = i + \frac{\partial \boldsymbol{D}}{\partial t}$: 암페어의 주회적분 법칙
③ $\text{div} \boldsymbol{D} = \rho$: 가우스의 법칙
④ $\text{div} \boldsymbol{B} = 0$: 고립된 자하는 없다. **답** ④

10 전계 $E = \sqrt{2} E_c \sin \omega t \left(t - \frac{z}{v}\right)$ [V/m]의 평면 전자파가 있다. 진공 중에서의 자계의 실효값은 약 몇 [AT/m]인가?

① $2.65 \times 10^{-4} E_e$
② $2.65 \times 10^{-3} E_e$
③ $3.77 \times 10^{-2} E_e$
④ $3.77 \times 10^{-1} E_e$

풀이 특성 임피던스에서 전계와 자계의
관계식 $\frac{E_e}{H_e} = \sqrt{\frac{\mu_o}{\epsilon_o}} = 377$
($\because$ 진공 중이므로 $\epsilon_s = 1$, $\mu_s = 1$)
$\therefore H_e = \frac{1}{377} E_e = 2.65 \times 10^{-3} E_e$ [A/m] **답** ②

11 전자석의 재료로 가장 적당한 것은?

① 잔류자기와 보자력이 모두 커야 한다.
② 잔류자기는 작고, 보자력은 커야 한다.
③ 잔류자기와 보자력이 모두 작아야 한다.
④ 잔류자기는 크고, 보자력은 작아야 한다.

풀이 히스테리시스 곡선
영구자석의 재료는 잔류 자기(B_r)와 보자력(H_c)이 모두 커야 하나, 전자석(일시 자석)의 재료는 잔류 자기(B_r)가 크고 보자력(H_c)과 히스테리시스 곡선의 면적이 모두 작아야 한다.

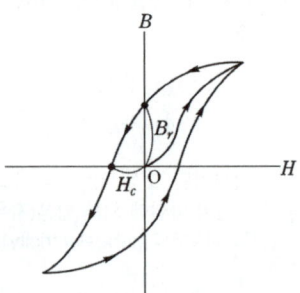

답 ④

12 -1.2[C]의 점전하가 $5a_x + 2a_y - 3a_z$[m/s]인 속도로 운동한다. 이 전하가 $E = -18a_x + 5a_y - 10a_z$[V/m] 전계에서 운동하고 있을 때 이 전하에 작용하는 힘은 약 몇 [N]인가?

① 21.1 ② 23.5
③ 25.4 ④ 27.3

풀이 전기장에서 전하에 작용하는 힘
$$F = qE = -1.2(-18a_x + 5a_y - 10a_z)$$
$$= 21.6a_x - 6a_y + 12a_z$$
$$\therefore F = \sqrt{21.6^2 + (-6)^2 + 12^2}$$
$$= 25.4[N]$$
답 ③

13 유전체 내의 전계의 세기가 E, 분극의 세기가 P, 유전율이 $\epsilon = \epsilon_s \epsilon_o$인 유전체 내의 변위 전류밀도는?

① $\epsilon \dfrac{\partial E}{\partial t} + \dfrac{\partial P}{\partial t}$ ② $\epsilon_0 \dfrac{\partial E}{\partial t} + \dfrac{\partial P}{\partial t}$
③ $\epsilon_0 \left(\dfrac{\partial E}{\partial t} + \dfrac{\partial P}{\partial t} \right)$ ④ $\epsilon \left(\dfrac{\partial E}{\partial t} + \dfrac{\partial P}{\partial t} \right)$

풀이 유전체 중에서의 변위전류밀도는
$D = \epsilon E = \epsilon_0 E + P$의 관계식에서
$i_d = \dfrac{\partial D}{\partial t} = \epsilon \dfrac{\partial E}{\partial t} = \epsilon_0 \dfrac{\partial E}{\partial t} + \dfrac{\partial P}{\partial t}$[A/m²] 답 ②

14 점전하 $+Q$[C]의 무한 평면도체에 대한 영상 전하는?

① Q[C]와 같다.
② $-Q$[C]와 같다.
③ Q[C]보다 작다.
④ Q[C]보다 크다.

풀이 무한평면으로부터 d[m] 떨어진 P점에 점전하 Q[C]가 있는 경우 영상전하는 무한평면 뒤쪽으로 P점의 대칭점 P'에 존재하며, 그 크기는 점전하와 같고 부호는 반대($Q' = -Q$[C])이다.

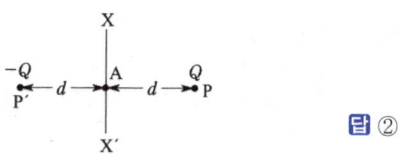

답 ②

15 고립 도체구의 정전용량이 50[pF]일 때 이 도체구의 반지름은 약 몇 [cm]인가?

① 5 ② 25
③ 45 ④ 85

풀이 구도체 정전용량 $C = 4\pi\epsilon_0 a$[F]에서
$50 \times 10^{-12} = 4\pi\epsilon_0 a$
$\therefore a = \dfrac{50 \times 10^{-12}}{4\pi\epsilon_0} = 0.44[m] = 45[cm]$ 답 ③

16 두 코일 A, B의 자기 인덕턴스가 각각 3[mH], 5[mH]라 한다. 두 코일을 직렬연결 시, 자속이 서로 상쇄되도록 했을 때의 합성 인덕턴스는 서로 증가하도록 연결했을 때의 60[%]이었다. 두 코일의 상호 인덕턴스는 몇 [mH]인가?

① 0.5 ② 1
③ 5 ④ 10

풀이 ① 증가하도록 연결했을 때
$L = L_a + L_b + 2M$
② 상쇄되도록 연결했을 때
$L' = L_a + L_b - 2M = 0.6L$
①을 ②에 대입하면
$L_a + L_b - 2M = 0.6 \times (L_a + L_b + 2M)$
$3 + 5 - 2M = 0.6 \times (3 + 5 + 2M)$
$8 - 2M = 4.8 + 1.2M$
$\therefore M = \dfrac{8 - 4.8}{2 + 1.2} = 1[mH]$ 답 ②

17 N회 감긴 환상 솔레노이드의 단면적이 S[m²]이고 평균 길이가 l[m]이다. 이 코일의 권수를 반으로 줄이고 인덕턴스를 일정하게 하려면?

① 길이를 1/2로 줄인다.
② 길이를 1/4로 줄인다.
③ 길이를 1/8로 줄인다.
④ 길이를 1/16로 줄인다.

풀이 환상 코일의 자기 인덕턴스 $L = \dfrac{\mu S N^2}{l}$[H]이므로
권수를 $\dfrac{1}{2}$로 하면 L은 $\left(\dfrac{1}{2}\right)^2 = \dfrac{1}{4}$배로 된다.

따라서 S를 4배 또는 l을 $\frac{1}{4}$배로 하면 l은 일정하게 된다.   답 ②

18 고유저항이 $\rho[\Omega \cdot m]$, 한 변의 길이가 $r[m]$인 정육면체의 저항$[\Omega]$은?

① $\dfrac{\rho}{\pi r}$ ② $\dfrac{r}{\rho}$
③ $\dfrac{\pi r}{\rho}$ ④ $\dfrac{\rho}{r}$

풀이 $R=\rho\dfrac{l}{A}[\Omega]$에서 정육면체 한 변의 길이가 $r[m]$이므로 $A=r^2$, $l=r$을 대입하면,
$\therefore R=\rho\dfrac{l}{A}=\rho\dfrac{r}{r^2}=\dfrac{\rho}{r}[\Omega]$ 답 ④

19 내외 반지름이 각각 a, b이고 길이가 l인 동축 원통도체 사이에 도전율 σ, 유전율 ϵ인 손실유전체를 넣고, 내원통과 외원통 간에 전압 V를 가했을 때 방사상으로 흐르는 전류 I는?
(단, $RC=\epsilon\rho$이다.)

① $\dfrac{2\pi l V}{\sigma \ln\dfrac{b}{a}}$ ② $\dfrac{\pi\sigma l V}{\ln\dfrac{b}{a}}$
③ $\dfrac{2\pi\sigma l V}{\ln\dfrac{b}{a}}$ ④ $\dfrac{4\pi\sigma l V}{\ln\dfrac{b}{a}}$

풀이 동축 케이블의 정전용량 $C=\dfrac{2\pi\epsilon l}{\ln\dfrac{b}{a}}[F]$

$RC=\rho\epsilon=\dfrac{\epsilon}{\sigma}$에서

$R=\dfrac{\epsilon}{\sigma C}=\dfrac{\epsilon}{\dfrac{2\pi\epsilon l}{\ln\dfrac{b}{a}}\cdot\sigma}=\dfrac{\ln\dfrac{b}{a}}{2\pi\sigma l}[\Omega]$

$\therefore I=\dfrac{V}{R}=\dfrac{V}{\dfrac{\ln\dfrac{b}{a}}{2\pi\sigma l}}=\dfrac{2\pi\sigma l V}{\ln\dfrac{b}{a}}[A]$ 답 ③

20 콘덴서를 그림과 같이 접속했을 때 C_x의 정전용량은 몇 $[\mu F]$인가?
(단, $C_1=C_2=C_3=3[\mu F]$이고, a-b 사이의 합성 정전용량은 $C_0=5[\mu F]$이다.)

① 0.5
② 1
③ 2
④ 4

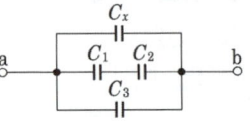

풀이 합성 정전용량 $C_0=C_x+C_3+\dfrac{C_1 C_2}{C_1+C_2}$

$\therefore C_x=C_0-C_3-\dfrac{C_1 C_2}{C_1+C_2}=5-3-\dfrac{3\times 3}{3+3}$
$=0.5[\mu F]$ 답 ①

2과목 - 전력공학

21 다음 중 페란티 현상의 방지대책으로 적합하지 않은 것은?

① 선로 전류를 지상이 되도록 한다.
② 수전단에 분로 리액터를 설치한다.
③ 동기조상기를 부족여자로 운전한다.
④ 부하를 차단하여 무부하가 되도록 한다.

풀이 페란티 현상의 방지대책
① 선로에 흐르는 전류가 지상이 되도록 한다.
② 수전단에 분로 리액터를 설치한다.
③ 동기조상기의 부족여자 운전   답 ④

22 전력계통에 과도안정도 향상 대책과 관련 없는 것은?

① 빠른 고장 제거
② 속응 여자시스템 사용
③ 큰 임피던스의 변압기 사용
④ 병렬 송전선로의 추가 건설

풀이 안정도 향상 대책
① 계통의 직렬 리액턴스 감소
② 전압변동률을 적게 한다.(속응여자방식 채용, 계통의 연계, 중간 조상 방식)

③ 계통에 주는 충격을 적게 한다.(적당한 중성점접지방식, 고속차단방식, 재폐로방식)
④ 고장 중의 발전기 돌입 출력의 불평형을 적게 한다.
답 ③

23 보호계전기의 구비 조건으로 틀린 것은?
① 고장 상태를 신속하게 선택할 것
② 조정 범위가 넓고 조정이 쉬울 것
③ 보호동작이 정확하고 감도가 예민할 것
④ 접점의 소모가 크고, 열적 기계적 강도가 클 것

풀이 보호계전기의 구비 조건
① 고장 상태를 식별하여 정도를 파악할 수 있을 것
② 고장 개소를 정확히 선택할 수 있을 것
③ 동작이 예민하고 오동작이 없을 것
④ 적절한 후비 보호 능력이 있을 것
⑤ 접점의 소모가 작고, 열적 기계적 강도가 클 것
답 ④

24 우리나라의 화력발전소에서 가장 많이 사용되고 있는 복수기는?
① 분사 복수기   ② 방사 복수기
③ 표면 복수기   ④ 증발 복수기

풀이 복수기는 증기의 보유 열량을 가능한 한 많이 이용하려고 하는 장치로, 표면 복수기, 증발 복수기, 분사 복수기 및 에젝터 복수기의 4가지가 있는데, 이 중 가장 많이 쓰이고 있는 것은 표면 복수기이다.
답 ③

25 뒤진 역률 80[%], 1000[kW]의 3상 부하가 있다. 이것에 콘덴서를 설치하여 역률을 95[%]로 개선하려면 콘덴서의 용량은 약 몇 [kVA]로 해야 하는가?
① 240   ② 420
③ 630   ④ 950

풀이
$Q = P(\tan\theta_1 - \tan\theta_2) = P\left(\dfrac{\sin\theta_1}{\cos\theta_1} - \dfrac{\sin\theta_2}{\cos\theta_2}\right)$
$= P\left(\dfrac{\sqrt{1-\cos^2\theta_1}}{\cos\theta_1} - \dfrac{\sqrt{1-\cos^2\theta_2}}{\cos\theta_2}\right)$
$\therefore Q = 1000 \times \left(\dfrac{0.6}{0.8} - \dfrac{\sqrt{1-0.95^2}}{0.95}\right)$
$= 421.32 [kVA]$
답 ②

26 154[kV] 송전선로에 10개의 현수애자가 연결되어 있다. 다음 중 전압부담이 가장 적은 것은? (단, 애자는 같은 간격으로 설치되어 있다.)
① 철탑에 가장 가까운 것
② 철탑에서 3번째에 있는 것
③ 전선에서 가장 가까운 것
④ 전선에서 3번째에 있는 것

풀이
• 전압 분담 최대 : 전선쪽 애자
• 전압 분담 최소 : 철탑에서 1/3 지점 애자
따라서 10개의 현수애자가 연결되어 있다면, 철탑에서 3번째에 있는 애자가 전압부담이 가장 적다.
답 ②

27 교류송전에서는 송전거리가 멀어질수록 동일 전압에서의 송전 가능 전력이 적어진다. 그 이유로 가장 알맞은 것은?
① 표피효과가 커지기 때문이다.
② 코로나 손실이 증가하기 때문이다.
③ 선로의 어드미턴스가 커지기 때문이다.
④ 선로의 유도성 리액턴스가 커지기 때문이다.

풀이 교류 송전선로에서 송전 거리가 멀어지면 선로 정수가 모두 증가하나, 저항과 정전용량은 유도성 리액턴스에 비해서 적으므로 그다지 크게 영향을 미치지 못한다. 따라서 송전 거리가 멀어지면 송전전력 $P = \dfrac{E_S E_R}{X}\sin\delta$ 에서와 같이 선로의 유도 리액턴스(X)가 커지므로 송전 가능 전력은 적어진다.
답 ④

28 충전된 콘덴서의 에너지에 의해 트립되는 방식으로 정류기, 콘덴서 등으로 구성되어 있는 차단기의 트립방식은?
① 과전류 트립방식
② 콘덴서 트립방식
③ 직류전압 트립방식
④ 부족전압 트립방식

풀이 ① 차단기의 트립 방식에는 CT 2차 전류 트립 방식, DC 전압 방식, CTD 방식(콘덴서 트립 방식)이 있다.

② CTD방식(콘덴서 트립 방식)은 충전기로 교류를 정류하여 콘덴서를 충전하고, 그 방전 에너지에 의해 트립 코일을 여자하여 트립 시키는 방법으로 정류기와 콘덴서로 구성되어 있다.
③ 일반적으로 22.9[kV-Y] 경우 CTD 방식이, 66[kV] 이상의 경우 DC 방식이 사용되고 있다. 답 ②

29 전선의 자체 중량과 빙설의 종합하중을 W_1, 풍압하중을 W_2라 할 때 합성하중은?

① $W_1 + W_2$
② $W_1 - W_2$
③ $\sqrt{W_1 - W_2}$
④ $\sqrt{W_1^2 + W_2^2}$

풀이 합성 하중은
$$W = \sqrt{(빙설하중 + 자중)^2 + (풍압하중)^2}$$
$$= \sqrt{W_1^2 + W_2^2}$$
답 ④

30 어느 일정한 방향으로 일정한 크기 이상의 단락전류가 흘렀을 때 동작하는 보호계전기의 약어는?

① ZR
② UFR
③ OVR
④ DOCR

풀이
① 거리계전기(ZR)
계전기가 설치된 위치로부터 고장점까지의 전기적 거리에 비례하여 한시 동작하는 것으로 복잡한 계통의 단락보호에 과전류 계전기의 대용으로 쓰인다.
② 저주파수 계전기(UFR)
주파수가 일정값 보다 낮을 경우 동작한다.
③ 과전압 계전기(OVR)
일정값 이상의 전압이 걸렸을 때 동작한다.
④ 단락 방향 계전기(DOCR, DSR)
어느 일정한 방향으로 일정값 이상의 단락전류가 흘렀을 경우 동작하는 것 답 ④

31 보호계전기 동작속도에 관한 사항으로 한시특성 중 반한시형을 바르게 설명한 것은?

① 입력 크기에 관계없이 정해진 한시에 동작하는 것

② 입력이 커질수록 짧은 한시에 동작하는 것
③ 일정 입력(200[%])에서 0.2초 이내로 동작하는 것
④ 일정 입력(200[%])에서 0.04초 이내로 동작하는 것

풀이 보호계전기 특징
① 순한시 특성 : 최소 동작전류 이상의 전류가 흐르면 즉시 동작하는 특성
② 정한시 특성 : 동작전류의 크기에 관계없이 일정한 시간에 동작하는 특성
③ 반한시 특성 : 동작전류가 커질수록 동작시간이 짧게 되는 특성
④ 반한시 정한시 특성 : 동작전류가 적은 동안에는 동작전류가 커질수록 동작시간이 짧게 되고 어떤 전류 이상이면 동작전류의 크기에 관계없이 일정한 시간에 동작하는 특성 답 ②

32 다음 중 배전선로의 부하율이 F일 때 손실계수 H와의 관계로 옳은 것은?

① $H = F$
② $H = \dfrac{1}{F}$
③ $H = F^3$
④ $0 \leq F^2 \leq H \leq F \leq 1$

풀이 전선의 손실계수(H)와 부하율(F)은 다음과 같은 관계가 있다.
$0 \leq F^2 \leq H \leq F \leq 1$ 답 ④

33 송전선에 낙뢰가 가해져서 애자에 섬락이 생기면 아크가 생겨 애자가 손상되는데 이것을 방지하기 위하여 사용하는 것은?

① 댐퍼(damper)
② 아킹혼(arcing horn)
③ 아머로드(armour rod)
④ 가공지선(Overhead ground wire)

풀이
① 댐퍼 : 전선의 진동 방지
② 아킹 혼 : 섬락으로부터 애자련의 보호, 애자련의 전압 분포 개선
③ 아머로드 : 전선의 진동 방지
④ 가공지선 : 뇌의 차폐 답 ②

34 154[kV] 3상 1회선 송전선로의 1선의 리액턴스가 10[Ω], 전류가 200[A]일 때 %리액턴스는?

① 1.84 ② 2.25
③ 3.17 ④ 4.19

풀이 $\%X = \dfrac{I_n X}{E} \times 100 = \dfrac{200 \times 10}{\frac{154 \times 10^3}{\sqrt{3}}} \times 100 = 2.25$ **답** ②

35 우리나라에서 현재 가장 많이 사용되고 있는 배전방식은?

① 3상 3선식 ② 3상 4선식
③ 단상 2선식 ④ 단상 3선식

풀이 3상 4선식은 같은 회선에서 선간전압과 상전압의 양 전압을 이용할 수 있기 때문에 배전에서 많이 채용되고 있다. **답** ②

36 조상설비가 아닌 것은?

① 단권변압기 ② 분로 리액터
③ 동기조상기 ④ 전력용 콘덴서

풀이 조상 설비

항 목	동기조상기	전력용 콘덴서	분로 리액터
무효전력	진상, 지상 양용	진상전용	지상전용
조정	연속적	계단적	계단적
시송전	가능	불가능	불가능

답 ①

37 단거리 송전선의 4단자 정수 A, B, C, D 중 그 값이 0인 정수는?

① A ② B
③ C ④ D

풀이 단거리 송전선로
① 단거리 송전선로에서는 선로길이가 짧은 관계로 선로 정수로서 저항과 인덕턴스만을 생각한다.
즉 $Y = G + j\omega C[\mho]$를 무시한 상태에서 집중정수 회로로 취급하여 특성을 해석한다.

② 4단자 정수
$\begin{bmatrix} A & B \\ C & D \end{bmatrix} = \begin{bmatrix} 1 & Z \\ 0 & 1 \end{bmatrix}$
A : 전압비, B : 임피던스,
C : 어드미턴스, D : 전류비 **답** ③

38 전원측과 송전선로의 합성 $\%Z_s$가 10[MVA] 기준용량으로 1[%]의 지점에 변전설비를 시설하고자 한다. 이 변전소에 정격용량 6[MVA]의 변압기를 설치할 때 변압기 2차 측의 단락용량은 몇 [MVA]인가? (단, 변압기의 $\%Z_t$는 6.9[%]이다.)

① 80 ② 100
③ 120 ④ 140

풀이

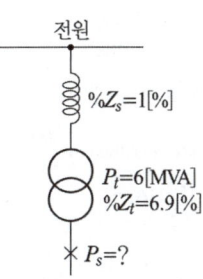

① 전원 및 선로 임피던스 $Z_s = 1[\%]$
 변압기 임피던스 $Z_t = 6.9[\%]$
② 변압기 임피던스를 10[MVA] 기준으로 환산하면
 $Z_t' = \dfrac{10}{6} \times 6.9 = 11.5[\%]$
 전원부터 변압기 2차 측 까지의 합성 임피던스
 $Z = Z_s + Z_t' = 1 + 11.5 = 12.5[\%]$
따라서 단락용량
$P_s = \dfrac{100}{\%Z} \times P_n = \dfrac{100}{12.5} \times 10 = 80[MVA]$ **답** ①

39 그림과 같은 단상 2선식 배선에서 인입구 A점의 전압이 220[V]라면 C점의 전압[V]은? (단, 저항값은 1선의 값이며 AB 간은 0.05[Ω], BC 간 0.1[Ω]이다.)

① 214
② 210
③ 196
④ 192

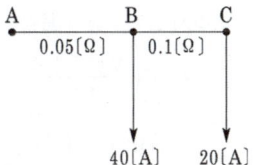

풀이 B점의 전압
$$V_B = V_A - 2IR = 220 - 2 \times (40+20) \times 0.05$$
$$= 214[V]$$
따라서 C점의 전압
$$V_C = V_B - 2I'R' = 214 - 2 \times 20 \times 0.1$$
$$= 210[V]$$ 답 ②

40 파동임피던스가 300[Ω]인 가공송전선 1[km] 당의 인덕턴스는 몇 [mH/km]인가? (단, 저항과 누설 컨덕턴스는 무시한다.)

① 0.5 ② 1
③ 1.5 ④ 2

풀이 파동 임피던스 $Z = \sqrt{\dfrac{L}{C}} = 138 \log_{10} \dfrac{D}{r} = 300 \,[\Omega]$

에서 $\log_{10} \dfrac{D}{r} = \dfrac{300}{138}$

$\therefore L = 0.05 + 0.4605 \log_{10} \dfrac{D}{r}$
$= 0.05 + 0.4605 \times \dfrac{300}{138}$
$\fallingdotseq 1[mH/km]$ 답 ②

3과목 - 전기기기

41 3상 전원의 수전단에서 전압 3300[V], 전류 1000[A], 뒤진 역률 0.8의 전력을 받고 있을 때 동기조상기로 역률을 개선하여 1로 하고자 한다. 필요한 동기조상기의 용량은 약 몇 [kVA]인가?

① 1525 ② 1950
③ 3150 ④ 3429

풀이 유효전력
$P = \sqrt{3}\, VI\cos\theta$
$= \sqrt{3} \times 3300 \times 1000 \times 0.8 \times 10^{-3}$
$= 4572.61\,[kW]$

따라서 동기조상기 용량
$Q = P\left(\dfrac{\sqrt{1-\cos^2\theta_1}}{\cos\theta_1} - \dfrac{\sqrt{1-\cos^2\theta_2}}{\cos\theta_2}\right)$
$= 4572.61 \times \left(\dfrac{\sqrt{1-0.8^2}}{0.8} - \dfrac{\sqrt{1-1^2}}{1}\right)$
$\fallingdotseq 3429[kVA]$ 답 ④

42 기동장치를 갖는 단상 유도전동기가 아닌 것은?

① 2중 농형
② 분상기동형
③ 반발기동형
④ 셰이딩코일형

풀이 2중 농형 유도전동기
① 회전자의 농형권선을 내외 이중으로 설치한 것
② 도체
 • 외측도체 : 저항이 높은 황동 또는 동니켈 합금의 도체를 사용
 • 내측도체 : 저항이 낮은 전기동 사용
③ 기동 시에는 저항이 높은 외측 도체로 흐르는 전류에 의해 큰 기동 토크를 얻고 기동완료 후에는 저항이 적은 내측 도체로 전류가 흘러 우수한 운전 특성을 얻는 전동기 답 ①

43 트라이액(triac)에 대한 설명으로 틀린 것은?

① 쌍방향성 3단자 사이리스터이다.
② 턴오프 시간이 SCR보다 짧으며 급격한 전압변동에 강하다.
③ SCR 2개를 서로 반대방향으로 병렬 연결하여 양방향 전류제어가 가능하다.
④ 게이트에 전류를 흘리면 어느 방향이든 전압이 높은 쪽에서 낮은 쪽으로 도통한다.

풀이 TRIAC(trielectrode AC switch)
① 양방향성 3단자 사이리스터이다.
② TRIAC은 기능상으로 2개의 SCR을 역병렬접속한 것과 같다.
③ TRIAC의 게이트에 전류를 흘리면 그 상황에서 어느 방향이건 전압이 높은 쪽에서 낮은 쪽으로 도통한다.
④ 일단 도통하면 SCR과 같이 그 방향으로 전류가 더 이상 흐르지 않을 때 까지 계속 도통한다. 따라서 전류방향이 바뀌려고 하면 소호되고 일단 소호되면 다시 점호시킬 때까지 차단 상태를 유지한다. 답 ②

44 일반적인 직류전동기의 정격표시 용어로 틀린 것은?

① 연속정격 ② 순시정격
③ 반복정격 ④ 단시간정격

풀이 ① **연속 정격** : 하루 24시간을 계속 운전해도 무리하지 않을 정도의 부하량의 한도
② **반복정격** : 주기적으로 반복하는 부하에 적합한 정격
③ **단시간 정격** : 짧은 시간 즉 10분, 30분, 60분 90분 간에 온도 상승 한도를 초과하지 않고, 그 밖의 제한 조건 내에서 운전할 수 있는 정격
④ **공칭 정격** : 전동차 등에 사용하는 정격으로 제시한 정격용량보다 2배 정도의 부하를 증가해도 무리 없이 운전될 수 있는 여유 있는 정격   **답** ②

45 직류전동기의 속도제어 방법 중 광범위한 속도 제어가 가능하며 운전 효율이 높은 방법은?
① 계자제어
② 전압제어
③ 직렬저항제어
④ 병렬저항제어

풀이 직류전동기의 속도제어법 비교

구 분	제어 특성	특 징
계자 제어법	• 정출력 제어	• 속도제어범위가 좁다.
전압 제어법	• 정토크 제어 - 워드 레오나드 방식 - 일그너 방식	• 제어범위가 넓다. • 손실이 매우 적다. • 정역 운전이 가능 • 설비비가 많이든다.
직렬 저항법		• 효율이 나쁘다.

답 ②

46 탭전환 변압기 1차 측에 몇 개의 탭이 있는 이유는?
① 예비용 단자
② 부하전류를 조정하기 위하여
③ 수전점의 전압을 조정하기 위하여
④ 변압기의 여자전류를 조정하기 위하여

풀이 **탭(tap) 전환 변압기**
전원전압의 변동이나 부하의 변동에 따라 **변압기 2차 측의 전압변동을 보상**하고 일정 전압으로 유지시키기 위하여, 고압측 1차 권선의 중앙 위치에 몇 개의 탭 단자를 두어 변압기의 권수비를 바꿀 수 있도록 설계한 변압기   **답** ③

47 스테핑전동기의 스텝각이 3°이고, 스테핑주파수(pulse rate)가 1200[pps]이다. 이 스테핑전동기의 회전속도[rps]는?
① 10
② 12
③ 14
④ 16

풀이 ① 1펄스 당 스텝각이 3°이고,
1초당 입력펄스가 1200[pps]이므로
1초당 스텝각은 3° × 1200 = 3600° 이다.
② 동기 1회전 당 회전각도는 360° 이므로
따라서 스태핑전동기의 회전속도는
$\frac{3600°}{360°} = 10[rps]$ 이다.   **답** ①

48 직류기의 전기자 반작용의 영향이 아닌 것은?
① 주자속이 증가한다.
② 전기적 중성축이 이동한다.
③ 정류 작용에 악영향을 준다.
④ 정류자 편간전압이 상승한다.

풀이 **전기자 반작용의 영향**
① 전기적 중성축 이동
  • 발전기 : 회전방향으로 이동
  • 전동기 : 회전방향과 반대 방향으로 이동
② **주자속 감소**
③ 정류자 편간의 불꽃섬락 발생
④ 출력의 저하   **답** ①

49 유도전동기 역상제동의 상태를 크레인이나 권상기의 강하 시에 이용하고 속도제한의 목적에 사용되는 경우의 제동방법은?
① 발전제동
② 유도제동
③ 회생제동
④ 단상제동

풀이 **유도전동기의 제동법**
① 발전 제동 : 전동기를 전원으로부터 분리한 후 1차 측에 직류전원을 공급하여 발전기로 동작시킨 후 발생된 전력을 저항에서 열로 소비시키는 방법
② **유도 제동** : 유도전동기 역상제동의 상태를 크레인이나 권상기의 강하 시에 이용하고 속도제한의 목적에 사용되는 경우의 제동방법

③ 회생 제동 : 유도전동기를 유도발전기로 동작시켜 그 발생 전력을 전원에 반환하면서 제동하는 방법으로, 크레인이나 언덕길을 운전하는 긴 전기 기관차 등에 사용된다.
④ 단상 제동 : 권선형 유도전동기의 1차 측을 단상교류로 여자하고 2차 측에 적당한 크기의 저항을 넣으면 전동기의 회전과는 역방향의 토크가 발생되므로 제동된다.

답 ②

풀이
- 유입자냉식 (ONAN, OA)
- 유입풍냉식 (ONAF, FA)
- 건식밀폐자냉식 (ANAN, GA)
- 건식자냉식 (AN, AA)
- 건식풍냉식 (AF, AFA)
- 송유수냉식 (OFWF, FOW)
- 송유풍냉식 (OFAF, ODAF, FOA)
- 유입수냉식 (ONWF, OW)

답 ②

50 단락비가 큰 동기기의 특징 중 옳은 것은?

① 전압변동률이 크다.
② 과부하 내량이 크다.
③ 전기자 반작용이 크다.
④ 송전선로의 충전 용량이 작다.

풀이 단락비가 큰 기계(철기계)
- 동기 임피던스가 적다. ($K_s \propto \dfrac{1}{Z_s}$)
- 전압변동률이 작다.
- 전기자 반작용이 작다.
- 출력이 크다.
- 과부하 내량이 크고 안정도가 높다.
- 자기 여자 현상이 작다.
- 극수가 많은 저속기에 적합하다.
- 송전선로의 충전용량이 크다.

답 ②

51 전류가 불연속인 경우 전원전압 220[V]인 단상전파정류회로에서 점호각 $\alpha = 90°$일 때의 직류 평균 전압은 약 몇 [V]인가?

① 45
② 84
③ 90
④ 99

풀이
$$E_d = \frac{\sqrt{2}\,E}{\pi}(1+\cos\alpha)$$
$$= \frac{\sqrt{2}\times 220}{\pi}(1+\cos 90°) \fallingdotseq 99[V]$$

답 ④

52 변압기의 냉각방식 중 유입자냉식의 표시 기호는?

① ANAN
② ONAN
③ ONAF
④ OFAF

53 타여자 직류전동기의 속도제어에 사용되는 워드 레오나드(Ward Leonard) 방식은 다음 중 어느 제어법을 이용한 것인가?

① 저항제어법
② 전압제어법
③ 주파수제어법
④ 직병렬제어법

풀이 직류전동기의 속도제어법 비교

구 분	제어 특성	특 징
계자 제어법	• 정출력 제어	• 속도제어범위가 좁다.
전압 제어법	• 정토크 제어 - 워드 레오나드 방식 - 일그너 방식	• 제어범위가 넓다. • 손실이 매우 적다. • 정역 운전이 가능 • 설비비가 많이든다.
직렬 저항법		• 효율이 나쁘다.

답 ②

54 직류발전기의 무부하 특성곡선은 다음 중 어느 관계를 표시한 것인가?

① 계자전류-부하전류
② 단자전압-계자전류
③ 단자전압-회전속도
④ 부하전류-단자전압

풀이 무부하 특성곡선
회전속도가 일정하고 무부하 상태일 경우, 계자전류(I_f)와 유도 기전력(E)과의 관계 곡선을 나타낸 것

답 ②

55 단상변압기 2대를 사용하여 3150[V]의 평형 3상에서 210[V]의 평형 2상으로 변환하는 경우에 각 변압기의 1차 전압과 2차 전압은 얼마인가?

① 주좌 변압기 : 1차 3150[V], 2차 210[V]
   T좌 변압기 : 1차 3150[V], 2차 210[V]
② 주좌 변압기 : 1차 3150[V], 2차 210[V]
   T좌 변압기 : 1차 $3150 \times \dfrac{\sqrt{3}}{2}$[V], 2차 210[V]
③ 주좌 변압기 : 1차 $3150 \times \dfrac{\sqrt{3}}{2}$[V], 2차 210[V]
   T좌 변압기 : 1차 $3150 \times \dfrac{\sqrt{3}}{2}$[V], 2차 210[V]
④ 주좌 변압기 : 1차 $3150 \times \dfrac{\sqrt{3}}{2}$[V], 2차 210[V]
   T좌 변압기 : 1차 3150[V], 2차 210[V]

풀이
① 스코트 결선을 할 때 T좌 변압기의 권수는 전 권수의 $\dfrac{\sqrt{3}}{2}$점에서 택해야 한다.
② 주좌 변압기 : 1차 V_1[V], 2차 V_2[V]
   T좌 변압기 : 1차 $\dfrac{\sqrt{3}}{2}V_1$[V], 2차 V_2[V]   답 ②

56 3상 유도전동기의 속도제어법 중 2차 저항제어와 관계가 없는 것은?

① 농형 유도전동기에 이용된다.
② 토크 속도특성의 비례추이를 응용한 것이다.
③ 2차 저항이 커져 효율이 낮아지는 단점이 있다.
④ 조작이 간단하고 속도제어를 광범위하게 행할 수 있다.

풀이 2차 저항법 : 권선형 유도전동기에만 사용할 수 있으며, 2차 회로의 저항의 변화에 의한 토크 속도 특성의 비례추이를 응용한 기동법을 말한다.

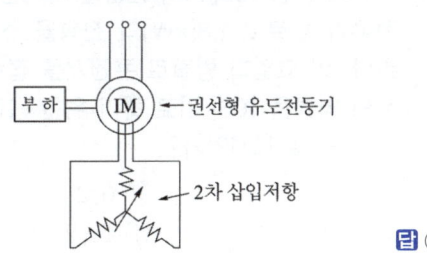

답 ①

57 용량이 50[kVA] 변압기의 철손이 1[kW]이고 전부하동손이 2[kW]이다. 이 변압기를 최대효율에서 사용하려면 부하를 약 몇 [kVA] 인가하여야 하는가?

① 25   ② 35
③ 50   ④ 71

풀이 최대 효율 조건
$m = \sqrt{\dfrac{P_i}{P_c}} = \sqrt{\dfrac{1}{2}} = 0.707$
∴ 출력 $P = 0.707 \times 50 = 35.4$[kVA]   답 ②

58 농형 유도전동기 기동법에 대한 설명 중 틀린 것은?

① 전전압 기동법은 일반적으로 소용량에 적용된다.
② Y-△ 기동법은 기동전압[V]이 $\dfrac{1}{\sqrt{3}}$[V]로 감소한다.
③ 리액터 기동법은 기동 후 스위치로 리액터를 단락한다.
④ 기동보상기법은 최종속도 도달 후에도 기동보상기가 계속 필요하다.

풀이 기동 보상기법
① 스위치를 기동 쪽으로 닫고 단권 변압기의 탭 전압(50, 65, 80[%])을 전동기에 가하여 기동전류를 제한 한다.
② 정상속도에 다다르면 전전압이 가해지는 동시에 기동 보상기는 회로에서 끊기게 된다.   답 ④

59 3상 반작용 전동기(reaction motor)의 특성으로 가장 옳은 것은?

① 역률이 좋은 전동기
② 토크가 비교적 큰 전동기
③ 기동용 전동기가 필요한 전동기
④ 여자권선 없이 동기속도로 회전하는 전동기

풀이 반작용 전동기는 자극만 있고 여자권선이 없는 회전자를 가진 일종의 동기전동기로서 출력은 작고 역률이 낮

지만 직류전원을 필요로 하지 않으므로 구조가 간단하여 전기시계 및 각종 측정장치용으로 사용된다. 답 ④

60 2대의 3상 동기발전기를 동일한 부하로 병렬운전하고 있을 때 대응하는 기전력 사이에 60°의 위상차가 있다면 한 쪽 발전기에서 다른 쪽 발전기에 공급되는 1상당 전력은 약 몇 [kW]인가? (단, 각 발전기의 기전력(선간)은 3300[V], 동기 리액턴스는 5[Ω]이고, 전기자저항은 무시한다.)

① 181 ② 314
③ 363 ④ 720

풀이 동기화력

$$P_s = \frac{E^2}{2X_s}\sin\delta = \frac{\left(\frac{3300}{\sqrt{3}}\right)^2}{2\times 5}\sin 60° \times 10^{-3}$$
$$= 314.37[\text{kW}]$$

답 ②

4과목 - 회로이론

61 그림과 같은 회로에서 저항 r_1, r_2에 흐르는 전류의 크기가 1 : 2의 비율이라면 r_1, r_2는 각각 몇 [Ω]인가?

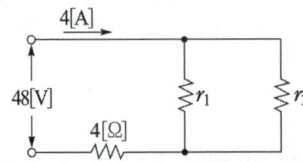

① $r_1 = 6$, $r_2 = 3$ ② $r_1 = 8$, $r_2 = 4$
③ $r_1 = 16$, $r_2 = 8$ ④ $r_1 = 24$, $r_2 = 12$

풀이 $I = \frac{E}{R_t} = \frac{48}{R_t} = 4[\text{A}] \rightarrow R_t = \frac{48}{4} = 12[\Omega]$

합성저항

$R_t = 4 + \frac{r_1 r_2}{r_1 + r_2} = 12[\Omega]$ .... ①

전류비가 1 : 2이므로

$r_1 : r_2 = 2 : 1 \rightarrow r_1 = 2r_2$ ...... ②

②를 ①에 대입하여 정리하면

$R_t = 4 + \frac{2r_2 \cdot r_2}{2r_2 + r_2} = 12 \rightarrow \frac{2}{3}r_2 = 8$

$\therefore r_1 = 24[\Omega]$, $r_2 = 12[\Omega]$ 답 ④

62 회로에서 스위치를 닫을 때 콘덴서의 초기전하를 무시하면 회로에 흐르는 전류 $i(t)$는 어떻게 되는가?

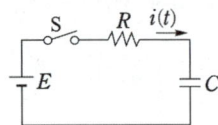

① $\frac{E}{R}e^{\frac{C}{R}t}$ ② $\frac{E}{R}e^{\frac{R}{C}t}$

③ $\frac{E}{R}e^{-\frac{1}{CR}t}$ ④ $\frac{E}{R}e^{\frac{1}{CR}t}$

풀이 • 스위치를 닫았을 때 회로의 평형방정식은
$Ri(t) + \frac{1}{C}\int i(t)dt = E$

• $i(t) = \frac{dq(t)}{dt}$ 이므로

$R\frac{dq(t)}{dt} + \frac{1}{C}q(t) = E$

• 초기 전하를 0라 하면
$q(t) = CE\left(1 - e^{-\frac{1}{RC}t}\right)$ 이므로

$i(t) = \frac{dq(t)}{dt}$에 대입하면

$\therefore i(t) = \frac{dq(t)}{dt} = \frac{d}{dt}CE\left(1 - e^{-\frac{1}{RC}t}\right)$
$= \frac{E}{R}e^{-\frac{1}{RC}t}$

답 ③

63 코일에 단상 100[V]의 전압을 가하면 30[A]의 전류가 흐르고 1.8[kW]의 전력을 소비한다고 한다. 이 코일과 병렬로 콘덴서를 접속하여 회로의 역률을 100[%]로 하기 위한 용량 리액턴스는 약 몇 [Ω]인가?

① 4.2   ② 6.2
③ 8.2   ④ 10.2

풀이
① 피상전력
$P_a = V \cdot I = 100 \cdot 30 = 3000[\text{VA}] = 3[\text{kVA}]$
② 지상 무효전력
$P_r = \sqrt{P_a^2 - P^2} = \sqrt{3^2 - 1.8^2} = 2.4[\text{kVar}]$
③ 역률이 100[%]가 되기 위해서는 진상의 무효전력인 2.4[kVA]의 콘덴서가 필요하다.
콘덴서 용량
$Q_C = 2\pi f CV^2 = \dfrac{V^2}{X_C} = 2.4 \times 10^3 [\text{kVA}]$
따라서 용량성 리액턴스
$X_C = \dfrac{V^2}{Q_C} = \dfrac{100^2}{2.4 \times 10^3} \fallingdotseq 4.2[\Omega]$ **답** ①

64 다음 그림과 같은 전기회로의 입력을 e_i, 출력을 e_o라고 할 때 전달함수는?

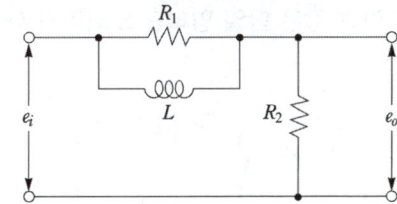

① $\dfrac{R_2(1+R_1 Ls)}{R_1 + R_2 + R_1 R_2 Ls}$

② $\dfrac{1+R_2 Ls}{1+(R_1+R_2)Ls}$

③ $\dfrac{R_2(R_1 + Ls)}{R_1 R_2 + R_1 Ls + R_2 Ls}$

④ $\dfrac{R_2 + \dfrac{1}{Ls}}{R_1 + R_2 + \dfrac{1}{Ls}}$

풀이

$G(s) = \dfrac{E_o(s)}{E_i(s)} = \dfrac{R_2}{R_2 + \dfrac{R_1 Ls}{R_1 + Ls}}$

$= \dfrac{R_2}{\dfrac{R_1 R_2 + R_2 Ls + R_1 Ls}{R_1 + Ls}}$

$= \dfrac{R_1 R_2 + R_2 Ls}{R_1 R_2 + R_1 Ls + R_2 Ls}$

$= \dfrac{R_2(R_1 + Ls)}{R_1 R_2 + R_1 Ls + R_2 Ls}$ **답** ③

65 3대의 단상변압기를 △결선으로 하여 운전하던 중 변압기 1대가 고장으로 제거하여 V결선으로 한 경우 공급할 수 있는 전력은 고장 전 전력의 몇 [%]인가?

① 57.7 ② 50.0
③ 63.3 ④ 67.7

풀이 1대의 단상변압기 용량을 P_1이라 하면 그 출력비는

$\dfrac{\text{V결선의 출력}}{\triangle \text{결선의 출력}} = \dfrac{\sqrt{3} P_1}{3 P_1} = \dfrac{\sqrt{3}}{3}$

$= 0.577 = 57.7[\%]$ **답** ①

66 3상 회로의 영상분, 정상분, 역상분을 각각 I_0, I_1, I_2라 하고 선전류를 I_a, I_b, I_c라 할 때 I_b는? (단, $a = -\dfrac{1}{2} + j\dfrac{\sqrt{3}}{2}$이다.)

① $I_0 + I_1 + I_2$ ② $I_0 + a^2 I_1 + a I_2$
③ $\dfrac{1}{3}(I_0 + I_1 + I_2)$ ④ $\dfrac{1}{3}(I_0 + a I_1 + a^2 I_2)$

풀이 불평형 3상 전류
$I_a = I_0 + I_1 + I_2$
$I_b = I_0 + a^2 I_1 + a I_2$
$I_c = I_0 + a I_1 + a^2 I_2$ **답** ②

67 시간 지연 요인을 포함한 어떤 특정계가 다음 미분방정식 $\dfrac{dy(t)}{dt} + y(t) = x(t-T)$로 표현된다. $x(t)$를 입력, $y(t)$를 출력이라 할 때 이 계의 전달함수는?

① $\dfrac{e^{-sT}}{s+1}$ ② $\dfrac{s+1}{e^{-sT}}$
③ $\dfrac{e^{sT}}{s-1}$ ④ $\dfrac{s^{-2sT}}{s+1}$

풀이 미분방정식을 라플라스 변환하면
$$\mathcal{L}\left[\frac{dy(t)}{dt}+y(t)=x(t-T)\right]$$
$$sY(s)+Y(s)=e^{-Ts}X(s)$$
$$\rightarrow (s+1)Y(s)=e^{-Ts}X(s)$$
$$\therefore \frac{Y(s)}{X(s)}=\frac{e^{-Ts}}{s+1}$$

답 ①

68 다음과 같은 회로에서 단자 a, b 사이의 합성 저항[Ω]은?

① r
② $\frac{1}{2}r$
③ $\frac{3}{2}r$
④ $3r$

풀이

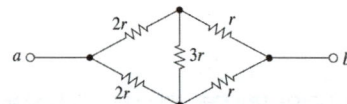

브리지 회로의 평형상태이므로 $3r$을 무시하면
$$R=\frac{(2r+r)\times(2r+r)}{(2r+r)+(2r+r)}=\frac{9r^2}{6r}=\frac{3}{2}r[\Omega]$$

답 ③

69 전압의 순시값이 $v=3+10\sqrt{2}\sin\omega t$[V]일 때 실효값은 약 몇 [V]인가?

① 10.4 ② 11.6
③ 12.5 ④ 16.2

풀이 실효값 $E=\sqrt{E_0^2+E_1^2+E_2^2+\cdots+E_n^2}$
$=\sqrt{3^2+10^2}=10.4$[V]

답 ①

70 4단자 회로망이 가역적이기 위한 조건으로 틀린 것은?

① $Z_{12}=Z_{21}$ ② $Y_{12}=Y_{21}$
③ $H_{12}=-H_{21}$ ④ $AB-CD=1$

풀이 4단자 회로망이 가역성을 가질 때 각 파라미터의 조건은 $Y_{12}=Y_{21}$, $H_{12}=-H_{21}$, $AD-BC=1$
이고, 좌우 대칭인 경우는
$Y_{11}=Y_{22}$, $H_{11}H_{22}-H_{12}H_{21}=1$, $A=D$
이다.

답 ④

71 그림과 같은 회로에서 유도성 리액턴스 X_L의 값[Ω]은?

① 8
② 6
③ 4
④ 1

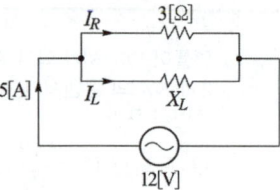

풀이
$$I_R=\frac{V}{R}=\frac{12}{3}=4\text{[A]}$$
$$I_L=\sqrt{I^2-I_R^2}=\sqrt{5^2-4^2}=3\text{[A]}$$
병렬회로이므로 $E=X_L\cdot I_L=12$[V]이다.
$$\therefore X_L=\frac{12}{I_L}=\frac{12}{3}=4\,[\Omega]$$

답 ③

72 그림과 같은 단일 임피던스 회로의 4단자 정수는?

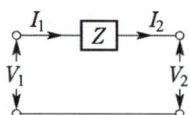

① $A=Z$, $B=0$, $C=1$, $D=0$
② $A=0$, $B=1$, $C=Z$, $D=1$
③ $A=1$, $B=Z$, $C=0$, $D=1$
④ $A=1$, $B=0$, $C=1$, $D=Z$

풀이
$$A=\left.\frac{V_1}{V_2}\right|_{I_2=0}=\frac{V_1}{V_1}=1$$
$$B=\left.\frac{V_1}{I_2}\right|_{V_2=0}=\frac{ZI_2}{I_2}=Z$$
$$C=\left.\frac{I_1}{V_2}\right|_{I_2=0}=\frac{0}{V_2}=0$$
$$D=\left.\frac{I_1}{I_2}\right|_{V_2=0}=\frac{I_2}{I_2}=1$$

답 ③

73 저항 3개를 Y로 접속하고 이것을 선간전압 200[V]의 평형 3상 교류 전원에 연결할 때 선전류가 20[A] 흘렀다. 이 3개의 저항을 △로 접속하고 동일 전원에 연결하였을 때의 선전류는 몇 [A]인가?

① 30 ② 40 ③ 50 ④ 60

[풀이]
- Y결선에서 상전압 = $\frac{\text{선간전압}}{\sqrt{3}}$,
  선전류 = 상전류이므로 Y접속 시 상전류
  $I_Y = \frac{E}{R} = \frac{200/\sqrt{3}}{R} = 20[A]$에서
  $R = 5.77[\Omega]$ 이다.
- Δ결선에서 선간전압 = 상전압,
  선전류 = 상전류 × $\sqrt{3}$ 이므로
  따라서 Δ접속 시의 선전류
  $I_\Delta = \frac{200}{5.77} \times \sqrt{3} = 60.03[A]$ 답 ④

74 $R = 4000[\Omega]$, $L = 5[H]$의 직렬회로에 직류전압 200[V]를 가하던 중 직류전원을 제거함과 동시에 급히 부하단자 사이의 스위치를 단락시킬 경우 이로부터 1/800초 후 회로의 전류는 몇 [mA]인가?

① 18.4　② 1.84
③ 28.4　④ 2.84

[풀이] 전원을 제거하는 경우이므로
$i(t) = \frac{E}{R}e^{-\frac{R}{L}t} = \frac{200}{4000}e^{-\frac{4000}{5} \times \frac{1}{800}}$
$= 18.4[mA]$　답 ①

75 다음과 같은 파형을 푸리에 급수로 전개하면?

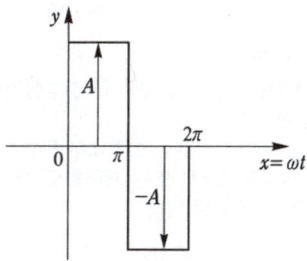

① $y = \frac{4A}{\pi}(\sin\alpha \sin x + \frac{1}{9}\sin 3\alpha \sin 3x + \cdots)$
② $y = \frac{4A}{\pi}(\sin x + \frac{1}{3}\sin 3x + \frac{1}{5}\sin 5x + \cdots)$
③ $y = \frac{4}{\pi}(\frac{\cos 2x}{1.3} + \frac{\cos 4x}{3.5} + \frac{\cos 6x}{5.7} + \cdots)$
④ $y = \frac{A}{\pi} + \frac{\sin 2x}{2} + \frac{\sin 4x}{4} + \cdots$

[풀이] 반파 대칭 및 정현파 대칭이므로 $b_n = a_0 = 0$
기수항의 sin 항만이 존재한다.　답 ②

76 $i_1 = I_m \sin\omega t$ [A]와 $i_2 = I_m \cos\omega t$ [A]인 두 교류 전류의 위상차는 몇 도인가?

① 0°　② 60°
③ 30°　④ 90°

[풀이] $i_2 = I_m \cos\omega t = I_m \sin(\omega t + 90°)$이므로
i_1과 위상차는 90°가 된다.　답 ④

77 $R-L$ 직렬회로에서
$e = 10 + 100\sqrt{2}\sin\omega t$
$\quad + 50\sqrt{2}\sin(3\omega t + 60°)$
$\quad + 60\sqrt{2}\sin(5\omega t + 30°)[V]$
인 전압을 가할 때 제3고조파 전류의 실효값은 몇 [A]인가?
(단, $R = 8[\Omega]$, $\omega L = 2[\Omega]$이다.)

① 1　② 3
③ 5　④ 7

[풀이] 기본파 $Z_1 = \sqrt{R^2 + \omega L^2}$
3고조파 $Z_3 = \sqrt{R^2 + (3\omega L)^2}$
$\therefore I_3 = \frac{V_3}{Z_3} = \frac{V_3}{\sqrt{R^2 + (3\omega L)^2}}$
$= \frac{50}{\sqrt{8^2 + (3 \times 2)^2}} = 5[A]$　답 ③

78 대칭 n상 Y형 결선에서 선간전압의 크기는 상전압의 몇 배인가?

① $\sin\frac{\pi}{n}$　② $\cos\frac{\pi}{n}$
③ $2\sin\frac{\pi}{n}$　④ $2\cos\frac{\pi}{n}$

[풀이] $V_l = 2V_p \sin\frac{\pi}{n}$ 이므로
$\therefore \frac{V_l}{V_p} = 2\sin\frac{\pi}{n}$　답 ③

79 다음 함수 $F(s) = \dfrac{5s+3}{s(s+1)}$ 의 역라플라스 변환은?

① $2 + 3e^{-t}$ ② $3 + 2e^{-t}$
③ $3 - 2e^{-t}$ ④ $2 - 3e^{-t}$

풀이
$F(s) = \dfrac{5s+3}{s(s+1)} = \dfrac{A}{s} + \dfrac{B}{s+1}$

여기서, $A = \dfrac{5s+3}{s+1}\bigg|_{s=0} = \dfrac{3}{1} = 3$,

$B = \dfrac{5s+3}{s}\bigg|_{s=-1} = \dfrac{-2}{-1} = 2$ 이므로

$F(s) = \dfrac{3}{s} + \dfrac{2}{s+1}$

$\therefore \mathcal{L}^{-1}[F(s)] = \mathcal{L}^{-1}\left[\dfrac{3}{s} + \dfrac{2}{s+1}\right] = 3 + 2e^{-t}$ **답** ②

80 그림과 같은 회로가 공진이 되기 위한 조건을 만족하는 어드미턴스는?

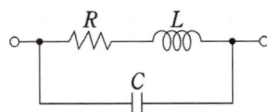

① $\dfrac{CL}{R}$ ② $\dfrac{CR}{L}$
③ $\dfrac{L}{CR}$ ④ $\dfrac{LR}{C}$

풀이 ① 합성 어드미턴스
$Y = Y_1 + Y_2 = \dfrac{1}{R+j\omega L} + j\omega C$
$= \dfrac{R}{R^2 + \omega^2 L^2} + j\left(\omega C - \dfrac{\omega L}{R^2 + \omega^2 L^2}\right)$

② 병렬공진 시 합성 어드미턴스의 허수부는 0이 되어야 하므로
$\omega C - \dfrac{\omega L}{R^2 + \omega^2 L^2} = 0 \rightarrow \omega C = \dfrac{\omega L}{R^2 + \omega^2 L^2}$

$\therefore R^2 + \omega^2 L^2 = \dfrac{L}{C}$

허수부가 0인 경우
합성어드미턴스 $Y = \dfrac{R}{R^2 + \omega^2 L^2}$ 이므로
②의 식을 대입하여 정리하면
$\therefore Y_r = \dfrac{R}{R^2 + \omega^2 L^2} = \dfrac{R}{\dfrac{L}{C}} = \dfrac{RC}{L}$ **답** ②

5과목 - 전기설비기술기준

81 저압 절연전선을 사용한 220[V] 저압가공전선이 안테나와 접근상태로 시설되는 경우 가공전선과 안테나 사이의 이격거리는 몇 [cm] 이상이어야 하는가? (단, 전선이 고압 절연전선, 특고압 절연전선 또는 케이블인 경우는 제외한다.)

① 30 ② 60
③ 100 ④ 120

풀이 332.14 고압 가공전선과 안테나의 접근 또는 교차
저압 가공전선 또는 고압 가공전선이 안테나와 접근상태로 시설되는 경우에는 다음에 따라야 한다.
가. 고압 가공전선로는 고압 보안공사에 의할 것.
나. 가공전선과 안테나 사이의 이격거리

사용전압 부분 공작물의 종류		저압	고압
안테나	일반적인 경우	0.6[m]	0.8[m]
	전선이 고압절연전선	0.3[m]	0.8[m]
	전선이 케이블인 경우	0.3[m]	0.4[m]

답 ②

82 금속 덕트에 넣은 전선의 단면적의 합계는 덕트의 내부 단면적의 몇 [%] 이하이어야 하는가?

① 10 ② 20
③ 32 ④ 48

풀이 232.31 금속덕트공사
금속덕트에 넣은 전선의 단면적(절연피복의 단면적을 포함한다)의 합계
가. 일반적인 경우 : 덕트 내부 단면적의 20[%] 이하
나. 전광표시장치 또는 제어회로 만의 배선만을 넣는 경우 : 50[%] 이하   **답** ②

83 지선을 사용하여 그 강도를 분담시키면 안 되는 가공전선로의 지지물은?

① 목주
② 철주
③ 철탑
④ 철근 콘크리트주

풀이 331.11 지선의 시설
가. 가공전선로의 지지물로 사용하는 철탑은 지선을 사용하여 그 강도를 분담시켜서는 안 된다.
나. 가공전선로의 지지물로 사용하는 철주 또는 철근 콘크리트주는 지선을 사용하지 않는 상태에서 2분의 1 이상의 풍압하중에 견디는 강도를 가지는 경우 이외에는 지선을 사용하여 그 강도를 분담시켜서는 안 된다. **답** ③

84 저압가공인입선 시설 시 도로를 횡단하여 시설하는 경우 노면상 높이는 몇 [m] 이상으로 하여야 하는가?

① 4 ② 4.5
③ 5 ④ 5.5

풀이 221.1.1 저압 인입선의 시설
저압 가공인입선의 높이
가. 도로(차도와 보도의 구별이 있는 도로인 경우에는 차도)를 횡단하는 경우 : 노면상 5[m] (기술상 부득이한 경우에 교통에 지장이 없을 때에는 3[m]) 이상
나. 철도 또는 궤도를 횡단하는 경우 : 레일면상 6.5[m] 이상
다. 횡단보도교 위에 시설하는 경우 : 노면상 3[m] 이상 **답** ③

85 60[kV] 이하의 특고압가공전선과 식물과의 이격거리는 몇 [m] 이상이어야 하는가?

① 2 ② 2.12
③ 2.24 ④ 2.36

풀이 333.30 특고압 가공전선과 식물의 이격거리

사용전압의 구분	이격거리
60[kV] 이하	2[m]
60[kV] 초과	• 이격거리 = 2 + 단수 × 0.12[m] • 단수 = $\frac{전압[kV]-60}{10}$ 단수 계산에서 소수점 이하는 절상

답 ①

86 전기부식방지 시설에서 전원장치를 사용하는 경우로 옳은 것은?
① 전기부식방지 회로의 사용전압은 교류 60[V] 이하일 것

② 지중에 매설하는 양극(+)의 매설깊이는 50[cm] 이상일 것
③ 지표 또는 수중에서 1[m] 간격의 임의의 2점간의 전위차는 7[V]를 넘지 말 것
④ 수중에 시설하는 양극(+)과 그 주위 1[m] 이내의 거리에 있는 임의점과의 사이의 전위차는 10[V]를 넘지 말 것

풀이 241.16 전기부식방지 시설
가. 전기부식방지용 전원장치에 전기를 공급하는 전로의 사용전압은 저압이어야 한다.
나. 전기부식방지용 변압기는 절연변압기 일 것
다. 전기부식방지 회로(전기부식방지용 전원장치로부터 양극 및 피방식체까지의 전로를 말한다.)의 사용전압은 직류 60[V] 이하일 것.
라. 지중에 매설하는 양극의 매설깊이는 0.75[m] 이상 일 것.
마. 수중에 시설하는 양극과 그 주위 1[m] 이내의 거리에 있는 임의 점과의 사이의 전위차는 10[V]를 넘지 아니할 것.
바. 지표 또는 수중에서 1[m] 간격의 임의의 2지점의 전위차가 5[V]를 넘지 아니할 것. **답** ④

87 345[kV] 변전소의 충전 부분에서 5.98[m] 거리에 울타리를 설치할 경우 울타리 최소 높이는 몇 [m]인가?

① 2.1 ② 2.3
③ 2.5 ④ 2.7

풀이 351.1 발전소 등의 울타리 · 담 등의 시설

사용전압의 구분	울타리 · 담 등의 높이와 울타리 · 담 등으로부터 충전 부분까지의 거리의 합계
35[kV] 이하	5[m]
35[kV] 초과 160[kV] 이하	6[m]
160[kV] 초과	• 거리의 합계 = 6 + 단수 × 0.12[m] • 단수 = $\frac{사용전압[kV]-160}{10}$ 단수 계산에서 소수점 이하는 절상

• 단수 = $\frac{345-160}{10}$ = 18.5 → 19단
• 거리의 합계 = 6 + (19×0.12) = 8.28[m]
• 울타리에서 충전 부분까지 거리는 5.98[m]이므로 울타리 최소 높이 = 8.28 − 5.98 = 2.3[m] **답** ②

88 동기발전기를 사용하는 전력계통에 시설하여야 하는 장치는?

① 비상 조속기
② 분로 리액터
③ 동기검정장치
④ 절연유 유출방지설비

풀이 351.6 계측장치
동기발전기를 시설하는 경우에는 동기검정장치를 시설하여야 한다. 다만, 동기발전기의 용량이 그 발전기를 연계하는 전력계통의 용량과 비교하여 현저히 적은 경우에는 그러하지 아니하다. **답** ③

89 특고압 가공전선로의 지지물에 시설하는 통신선 또는 이에 직접 접속하는 통신선 중 옥내에 시설하는 부분은 몇 [V] 초과의 저압 옥내배선의 규정에 준하여 시설하도록 하고 있는가?

① 150
② 300
③ 380
④ 400

풀이 362.7 특고압 가공전선로 첨가설치 통신선에 직접 접속하는 옥내 통신선의 시설
특고압 가공전선로의 지지물에 시설하는 통신선(광섬유 케이블을 제외한다) 또는 이에 직접 접속하는 통신선 중 옥내에 시설하는 부분은 400[V] 초과의 저압옥내 배선시설에 준하여 시설하여야 한다. **답** ④

90 제2종 특고압 보안공사 시 B종 철주를 지지물로 사용하는 경우 경간은 몇 [m] 이하인가?

① 100
② 200
③ 400
④ 500

풀이 333.22 특고압 보안공사
제2종 특고압 보안공사는 다음에 따라야 한다.
가. 특고압 가공전선은 연선일 것.
나. 지지물로 사용하는 목주의 풍압하중에 대한 안전율은 2 이상일 것.
다. 경간은 표에서 정한 값 이하일 것

지지물의 종류	경 간
목주·A종 철주 또는 A종 철근 콘크리트주	100[m]
B종 철주 또는 B종 철근 콘크리트주	200[m]
철탑	400[m](단주인 경우에는 300[m])

답 ②

91 전체의 길이가 18[m]이고, 설계하중이 6.8[kN]인 철근 콘크리트주를 지반이 튼튼한 곳에 시설하려고 한다. 기초 안전율을 고려하지 않기 위해서는 묻히는 깊이를 몇 [m] 이상으로 시설하여야 하는가?

① 2.5
② 2.8
③ 3
④ 3.2

풀이 331.7 가공전선로 지지물의 기초의 안전율
가공전선로의 지지물에 하중이 가하여지는 경우에 그 하중을 받는 지지물의 기초의 안전율은 2(이상 시 상정하중에 대한 철탑의 기초에 대하여는 1.33) 이상이어야 한다. 다만, 다음에 따라 시설하는 경우에는 적용하지 않는다.

설계 하중 전장	6.8[kN] 이하	6.8[kN] 초과 ~9.8[kN] 이하	9.8[kN] 초과 ~14.72[kN] 이하
15[m] 이하	전장 × 1/6[m] 이상	전장 × 1/6 + 0.3[m] 이상	전장 × 1/6 + 0.5[m] 이상
15[m] 초과	2.5[m] 이상	2.8[m] 이상	–
16[m] 초과 ~20[m] 이하	2.8[m] 이상	–	–
15[m] 초과 ~18[m] 이하	–	–	3[m] 이상
18[m] 초과	–	–	3.2[m] 이상

답 ②

92 케이블트레이공사에 대한 설명으로 틀린 것은?

① 금속제의 것은 내식성 재료의 것이어야 한다.
② 케이블 트레이의 안전율은 1.25 이상이어야 한다.
③ 비금속제 케이블 트레이는 난연성 재료의 것이어야 한다.
④ 전선의 피복 등을 손상시킬 돌기 등이 없이 매끈하여야 한다.

풀이 232.41 케이블트레이공사
가. 케이블 트레이의 안전율은 1.5 이상으로 하여야 한다.
나. 금속재의 것은 적절한 방식처리를 한 것이거나 내식성 재료의 것이어야 한다.
다. 비금속제 케이블 트레이는 난연성 재료의 것이어야 한다.
라. 금속제 케이블 트레이 계통은 기계적 및 전기적으로 완전하게 접속하여야 하며 금속제 트레이는 접지공사를 하여야 한다.
마. 전선의 피복 등을 손상시킬 돌기 등이 없이 매끈하여야 한다. **답** ②

93 변전소를 관리하는 기술원이 상주하는 장소에 경보장치를 시설하지 아니하여도 되는 것은?

① 조상기 내부에 고장이 생긴 경우
② 주요 변압기의 전원측 전로가 무전압으로 된 경우
③ 특고압용 타냉식변압기의 냉각장치가 고장 난 경우
④ 출력 2000[kVA] 특고압용 변압기의 온도가 현저히 상승한 경우

풀이 351.9 상주 감시를 하지 아니하는 변전소의 시설
다음의 경우에는 변전제어소 또는 기술원이 상주하는 장소에 경보장치를 시설할 것.
가. 운전조작에 필요한 차단기가 자동적으로 차단한 경우
나. 주요 변압기의 전원측 전로가 무전압으로 된 경우
다. 제어 회로의 전압이 현저히 저하한 경우
라. 출력 3,000[kVA]를 초과하는 특고압용변압기는 그 온도가 현저히 상승한 경우
마. 특고압용 타냉식변압기는 그 냉각장치가 고장난 경우
바. 조상기는 내부에 고장이 생긴 경우
사. 수소냉각식조상기는 그 조상기 안의 수소의 순도가 90[%] 이하로 저하한 경우, 수소의 압력이 현저히 변동한 경우 또는 수소의 온도가 현저히 상승한 경우   **답** ④

94 의료장소의 수술실에서 전기설비의 시설에 대한 설명으로 틀린 것은?

① 의료용 절연변압기의 정격출력은 10[kVA] 이하로 한다.
② 의료용 절연변압기의 2차 측 정격전압은 교류 250[V] 이하로 한다.
③ 절연 감시장치를 설치하여 절연저항이 50[kΩ]까지 감소하면 표시설비 및 음향설비로 경보를 발하도록 한다.
④ 전원측에 강화절연을 한 의료용 절연변압기를 설치하고 그 2차 측 전로는 접지한다.

풀이 242.10.3 의료장소의 안전을 위한 보호 설비
그룹 1 및 그룹 2의 의료 IT 계통은 다음과 같이 시설할 것.
가. 전원 측에 따라 이중 또는 강화절연을 한 비단락보증 절연변압기를 설치하고 그 2차 측 전로는 접지하지 말 것.
나. 비단락보증 절연변압기의 2차 측 정격전압은 교류 250[V] 이하로 하며 공급방식 및 정격출력은 단상 2선식, 10[kVA] 이하로 할 것.
다. 비단락보증 절연변압기의 과부하 및 온도를 지속적으로 감시하는 장치를 적절한 장소에 설치할 것.
라. 의료 IT 계통의 절연저항을 계측, 지시하는 절연 감시장치를 설치하여 절연저항이 50[kΩ]까지 감소하면 표시설비 및 음향 설비로 경보를 발하도록 할 것.   **답** ④

95 1[kV] 이하 방전등에 저압으로 전기를 공급하는 옥내의 전로의 대지전압은 몇 [V] 이하이어야 하는가?

① 100   ② 200
③ 300   ④ 400

풀이 234.11 1[kV] 이하 방전등
관등회로의 사용전압이 1[kV] 이하인 방전등에 전기를 공급하는 전로의 대지전압은 300[V] 이하로 하여야 한다.   **답** ③

96 저압가공인입선 시설 시 사용할 수 없는 전선은?

① 절연전선, 케이블
② 지름 2.6[mm] 이상의 인입용 비닐절연전선
③ 인장강도 1.2[kN] 이상의 인입용 비닐절연전선
④ 사람의 접촉우려가 없도록 시설하는 경우 옥외용 비닐절연전선

풀이 221.1.1 저압 인입선의 시설
저압 가공인입선은 다음에 따라 시설하여야 한다.
가. 전선은 절연전선 또는 케이블일 것.
나. 전선이 절연전선인 경우
  ① 경간이 15[m] 초과 : 인장강도 2.30[kN] 이상의 것 또는 지름 2.6[mm] 이상의 인입용 비닐절연전선일 것.
  ② 경간이 15[m] 이하 : 인장강도 1.25[kN] 이상의 것 또는 지름 2[mm] 이상의 인입용 비닐절연전선일 것.
다. 전선이 옥외용 비닐 절연 전선인 경우에는 사람이 접촉할 우려가 없도록 시설할 것.   **답** ③

97 고압가공전선로의 가공지선으로 나경동선을 사용하는 경우의 지름은 몇 [mm] 이상이어야 하는가?

① 3.2   ② 4
③ 5.5   ④ 6

풀이 332.6 고압 가공전선로의 가공지선
고압 가공전선로에 사용하는 가공지선은 인장강도 5.26[kN] 이상의 것 또는 지름 4[mm] 이상의 나경동선을 사용한다.   **답** ②

출제기준 변경 및 개정된 관계 법규에 따라 삭제된 문제가 있어 20문항이 안됩니다.

2016 기출문제

Industrial Engineer Electricity

동일출판사 홈페이지에서
무료 동영상강의를 보실 수 있습니다.

2016년 1회

1과목 - 전기자기

01 $\epsilon_1 > \epsilon_2$의 유전체 경계면에 전계가 수직으로 입사할 때 경계면에 작용하는 힘과 방향에 대한 설명으로 옳은 것은?

① $f = \frac{1}{2}\left(\frac{1}{\epsilon_2} - \frac{1}{\epsilon_1}\right)D^2$의 힘이 ϵ_1에서 ϵ_2로 작용

② $f = \frac{1}{2}\left(\frac{1}{\epsilon_1} - \frac{1}{\epsilon_2}\right)E^2$의 힘이 ϵ_2에서 ϵ_1으로 작용

③ $f = \frac{1}{2}(\epsilon_2 - \epsilon_1)E^2$의 힘이 ϵ_1에서 ϵ_2로 작용

④ $f = \frac{1}{2}(\epsilon_1 - \epsilon_2)D^2$의 힘이 ϵ_2에서 ϵ_1으로 작용

풀이 ① 전계가 경계면에 수직인 경우
$$f_n = \frac{1}{2}(E_2 - E_1) \cdot D$$
$$= \frac{1}{2}\left(\frac{1}{\epsilon_2} - \frac{1}{\epsilon_1}\right)D^2 [\text{N/m}^2]$$

② 전계가 경계면에 평행인 경우
$$f_n = \frac{1}{2}(E_1 \cdot D_1 - E_2 \cdot D_2)$$
$$= \frac{1}{2}(\epsilon_1 - \epsilon_2)E^2 [\text{N/m}^2]$$

①, ② 모두 유전율이 큰 쪽에서 유전율이 작은 쪽으로 끌려 들어가는 맥스웰 응력이 작용한다. **답 ①**

02 우주선 중에 10^{20}[eV]의 정전에너지를 가진 하전입자가 있다고 할 때, 이 에너지는 약 몇 [J]인가?

① 2 ② 9 ③ 16 ④ 91

풀이 1[eV]는 1[V]의 전압 하에 전자 1개가 음극에서 양극으로 이동하는 운동에너지를 말하며, 1.6×10^{-19}[J]이다.
따라서 10^{20}[eV] $= 1.6 \times 10^{-19} \times 10^{20}$
$= 16$[J]이다. **답 ③**

03 전위함수가 $V = x^2 + y^2$[V]인 자유공간 내의 전하밀도는 몇 [C/m³]인가?

① -12.5×10^{-12}
② -22.4×10^{-12}
③ -35.4×10^{-12}
④ -70.8×10^{-12}

풀이 푸아송 방정식
$$\nabla^2 V = \frac{\partial^2 V}{\partial x^2} + \frac{\partial^2 V}{\partial y^2} + \frac{\partial^2 V}{\partial z^2}$$
$$= \frac{\partial^2}{\partial x^2}(x^2 + y^2) + \frac{\partial^2}{\partial y^2}(x^2 + y^2)$$
$$= 2 + 2 = -\frac{\rho}{\epsilon_0}$$
$\therefore \rho = -4\epsilon_0 = -4 \times 8.855 \times 10^{-12}$
$= -35.4 \times 10^{-12}$[C/m³] **답 ③**

04 자속밀도 0.5[Wb/m²]인 균일한 자장 내에 반지름 10[cm], 권수 1000[회]인 원형코일이 매분 1800 회전할 때 이 코일의 저항이 100[Ω]일 경우 이 코일에 흐르는 전류의 최댓값[A]은 약 몇 [A]인가?

① 14.4 ② 23.5 ③ 29.6 ④ 43.2

풀이 최대 전압
$E_m = n\omega BS = n(2\pi f)B \cdot \pi r^2$
$= 1000 \times 2\pi \times \frac{1800}{60} \times 0.5 \times \pi \times 0.1^2$
$= 2961$[V]
따라서 전류의 최댓값
$I_m = \frac{E_m}{R} = \frac{2961}{100} = 29.61$[A] **답 ③**

05
그림과 같이 전류 I[A]가 흐르는 반지름 a[m]인 원형 코일의 중심으로부터 x[m]인 점 P의 자계의 세기는 몇 [AT/m]인가? (단, θ는 각 APO라 한다.)

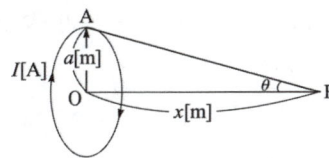

① $\dfrac{I}{2a}\cos^2\theta$ ② $\dfrac{I}{2a}\sin^3\theta$

③ $\dfrac{I}{2a}\cos^3\theta$ ④ $\dfrac{I}{2a}\sin^2\theta$

풀이

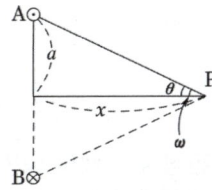

그림과 같이 점 P에서 코일 AB를 바라보는 입체각 ω는 $\omega=2\pi(1-\cos\theta)$이므로 자위는

$U_m = \dfrac{I}{4\pi}\omega = \dfrac{I}{4\pi}\cdot 2\pi(1-\cos\theta)$
$= \dfrac{I}{2}\left(1-\dfrac{x}{\sqrt{a^2+x^2}}\right)$[AT]

따라서 원형 전류에 의한 축방향의 자계 H_x는

$H_x = -\dfrac{\partial U}{\partial x} = \dfrac{a^2 I}{2(a^2+x^2)^{3/2}}$
$= \dfrac{I}{2a}\sin^3\theta$[AT/m]   **답** ②

06
코일의 면적을 2배로 하고 자속밀도의 주파수를 2배로 높이면 유기기전력의 최댓값은 어떻게 되는가?

① $\dfrac{1}{4}$로 된다.   ② $\dfrac{1}{2}$로 된다.

③ 2배로 된다.   ④ 4배로 된다.

풀이 최대 유기기전력 $E_m = \omega NBS = 2\pi f NBS$ 이므로 $E_m \propto f \cdot S$ 이다.
면적(S)과 주파수(f)를 2배로 높이면 최대 유기기전력
$E_m' \propto f' \cdot S' = 2f \times 2S = 4E_m$
이므로 유기기전력의 최댓값은 4배로 된다.   **답** ④

07
자유공간에 있어서의 포인팅 벡터를 P[W/m²]이라 할 때, 전계의 세기 E_e[V/m]를 구하면?

① $377P$ ② $\dfrac{P}{377}$

③ $\sqrt{377P}$ ④ $\sqrt{\dfrac{P}{377}}$

풀이 $P = E_e H_e = E_e\left(\dfrac{E_e}{\sqrt{\dfrac{\mu_o}{\epsilon_o}}}\right) = \dfrac{1}{377}E_e^2$

$\left(\because \sqrt{\dfrac{\mu_o}{\epsilon_o}} = \sqrt{\dfrac{4\pi\times 10^{-7}}{8.85\times 10^{-12}}} \fallingdotseq 377\right)$

$\therefore E_e = \sqrt{377P}$ **답** ③

08
점전하 $+Q$의 무한 평면도체에 대한 영상전하는?

① $+Q$ ② $-Q$
③ $+2Q$ ④ $-2Q$

풀이

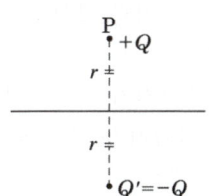

무한평면으로부터 r[m] 떨어진 P점에 점전하 $+Q$[C]가 있는 경우 영상전하는 무한평면 뒤쪽으로 점 P의 대칭점에 존재하며, 그 크기는 점전하와 같고 부호는 반대로 $Q' = -Q$[C]이다.   **답** ②

09
그림과 같이 $+q$[C/m]로 대전된 두 도선이 d[m]의 간격으로 평행하게 가설되었을 때, 이 두 도선 간에서 전계가 최소가 되는 점은?

① $\dfrac{d}{4}$ 지점

② $\dfrac{3}{4}d$ 지점

③ $\dfrac{d}{3}$ 지점

④ $\dfrac{d}{2}$ 지점

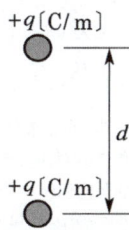

풀이

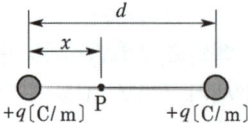

그림 중 도선에서 x[m] 떨어진 점 P의 전계는 가우스의 정리에 의하여

$$E = \frac{q}{2\pi\epsilon_0 x} - \frac{q}{2\pi\epsilon_0(d-x)} = \frac{q}{2\pi\epsilon_0}\left(\frac{1}{x} - \frac{1}{d-x}\right)[V]$$

E가 최소가 되기 위한 조건은 $\frac{\partial E}{\partial x} = 0$ 이므로

$$\frac{\partial E}{\partial x} = \frac{q}{2\pi\epsilon_0}\left(-\frac{1}{x^2} + \frac{1}{(d-x)^2}\right) = 0$$

$$\frac{1}{x^2} = \frac{1}{(d-x)^2} \rightarrow x^2 = (d-x)^2$$

$$\rightarrow x = d-x \rightarrow 2x = d$$

$$\therefore x = \frac{d}{2}$$

답 ④

10 정전계에 대한 설명으로 옳은 것은?
① 전계 에너지가 최소로 되는 전하분포의 전계이다.
② 전계 에너지가 최대로 되는 전하분포의 전계이다.
③ 전계 에너지가 항상 0인 전기장을 말한다.
④ 전계 에너지가 항상 ∞인 전기장을 말한다.

풀이 ① 전계(전기장, 전장) : 전기력이 미치는 공간을 말한다.
② 정전계 : 전계 에너지가 최소로 되는 전하 분포의 전계

답 ①

11 전자 e[C]이 공기 중의 자계 H[AT/m] 내를 H에 수직방향으로 v[m/s]의 속도로 돌입하였을 때 받는 힘은 몇 [N]인가?
① $\mu_o evH$ ② evH
③ $\frac{eH}{\epsilon_o \mu_o}$ ④ $\frac{\epsilon_o H}{\mu_o v}$

풀이 자계 내에 놓여진 운동 전하가 받는 힘
$F = evB\sin\theta = ev\mu_0 H\sin\theta$[N]에서
수직방향($\theta = 90°$)이므로
$F = ev\mu_0 H$[N]이다.

답 ①

12 반지름 a[m]의 구도체에 전하 Q[C]이 주어질 때, 구도체 표면에 작용하는 정전응력[N/m²]은?
① $\dfrac{Q^2}{64\pi^2 \epsilon_0 a^4}$ ② $\dfrac{Q^2}{32\pi^2 \epsilon_0 a^4}$
③ $\dfrac{Q^2}{16\pi^2 \epsilon_0 a^4}$ ④ $\dfrac{Q^2}{8\pi^2 \epsilon_0 a^4}$

풀이 구도체 표면의 전계의 세기 $E = \dfrac{Q}{4\pi \epsilon_0 a^2}$
따라서 구도체 표면에 작용하는 정전응력은

$$f = \frac{1}{2}\epsilon_0 E^2 = \frac{1}{2}\epsilon_0 \left(\frac{Q}{4\pi \epsilon_0 a^2}\right)^2$$

$$= \frac{Q^2}{32\pi^2 \epsilon_0 a^4}[N/m^2]$$

답 ②

13 두께 d[m]인 판상 유전체의 양면 사이에 150[V]의 전압을 가하였을 때 내부에서의 전계가 3×10^4[V/m]이었다. 이 판상 유전체의 두께는 몇 [mm]인가?
① 2 ② 5
③ 10 ④ 20

풀이 $V = Ed$[V]에서 유전체의 두께
$d = \dfrac{V}{E} = \dfrac{150}{3 \times 10^4} = 0.005$[m] = 5[mm]

답 ②

14 비투자율이 μ_r인 철제 무단 솔레노이드가 있다. 평균 자로의 길이를 l[m]라 할 때 솔레노이드에 공극(air gap) l_0[m]를 만들어 자기저항을 원래의 2배로 하려면 얼마만한 공극을 만들면 되는가? (단, $\mu_r \gg 1$이고, 자기력은 일정하다고 한다.)
① $l_0 = \dfrac{l}{2}$ ② $l_0 = \dfrac{l}{\mu_r}$
③ $l_0 = \dfrac{l}{2\mu_r}$ ④ $l_0 = 1 + \dfrac{l}{\mu_r}$

풀이 공극이 없는 전부 철심인 경우
단면적을 A라 하면 자기 저항은 $R_m = \dfrac{l}{\mu A}$이고,

공극 l_0가 존재하는 경우 자기 저항은 철심부 자기저항과 공극부 자기저항의 직렬 접속이므로

$R'_m = \dfrac{l-l_0}{\mu A} + \dfrac{l_0}{\mu_0 A}$ 가 된다.

$l \gg l_0$인 경우

$R'_m = \dfrac{l}{\mu A} + \dfrac{l_0}{\mu_0 A} = \dfrac{l}{\mu A}\left(1+\dfrac{\mu l_0}{\mu_0 l}\right)$ 가 되므로

$\dfrac{R'_m}{R_m} = 1 + \dfrac{\mu l_0}{\mu_0 l} = 1 + \dfrac{l_0}{l}\mu_r = 2$배이다.

따라서 $l_0 = \dfrac{l}{\mu_r}$[m] 답 ②

15 반지름이 각각 $a=0.2$[m], $b=0.5$[m] 되는 동심구 간에 고유저항 $\rho = 2 \times 10^{12}$[Ω·m], 비유전율 $\epsilon_s = 100$인 유전체를 채우고 내외 동심구 간에 150[V]의 전위차를 가할 때 유전체를 통하여 흐르는 누설전류는 몇 [A]인가?

① 2.15×10^{-10}
② 3.14×10^{-10}
③ 5.31×10^{-10}
④ 6.13×10^{-10}

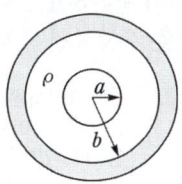

풀이
$RC = \epsilon\rho \rightarrow R = \dfrac{\epsilon\rho}{C_{ab}}$

$C_{ab} = \dfrac{4\pi\epsilon}{\dfrac{1}{a}-\dfrac{1}{b}}$ 이므로 $R = \dfrac{\rho}{4\pi}\left(\dfrac{1}{a}-\dfrac{1}{b}\right)$ 이다.

$\therefore I = \dfrac{V}{R} = \dfrac{4\pi V}{\rho\left(\dfrac{1}{a}-\dfrac{1}{b}\right)}$

$= \dfrac{4\pi \times 150}{2 \times 10^{12} \times \left(\dfrac{1}{0.2}-\dfrac{1}{0.5}\right)}$

$= 3.14 \times 10^{-10}$[A] 답 ②

16 유전체 내의 전속밀도에 관한 설명 중 옳은 것은?

① 진전하만이다.
② 분극전하만이다.
③ 겉보기 전하만이다.
④ 진전하와 분극전하이다.

풀이 가우스 정리의 미분형 div $\boldsymbol{D} = \rho$에서 알 수 있듯이 유전체 중의 전속밀도의 발산은 진전하밀도 ρ만에 의해 좌우된다. 답 ①

17 전계와 자계의 위상 관계는?

① 위상이 서로 같다.
② 전계가 자계보다 90° 늦다.
③ 전계가 자계보다 90° 빠르다.
④ 전계가 자계보다 45° 빠르다.

풀이 고유 임피던스 $\eta = \dfrac{E}{H} = \sqrt{\dfrac{\mu}{\epsilon}}$ 이고
$E = \eta H$에서 η가 실수이므로
E와 H는 동상이다. 답 ①

18 판자석의 세기가 P[Wb/m]되는 판자석을 보는 입체각 ω인 점의 자위는 몇 [A]인가?

① $\dfrac{P}{2\pi\mu_o\omega}$
② $\dfrac{P\omega}{2\pi\mu_o}$
③ $\dfrac{P}{4\pi\mu_o\omega}$
④ $\dfrac{P\omega}{4\pi\mu_o}$

풀이

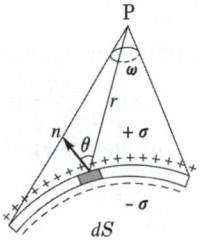

그림에서 미소 면적 dS인 소자석에 의한 점 P의 자위는

$dU = \dfrac{1}{4\pi\mu_0} \cdot \dfrac{PdS\cos\theta}{r^2}$

$= \dfrac{P}{4\pi\mu_0} \cdot \dfrac{dS\cos\theta}{r^2}$ [A]

따라서 판 전체에 의한 자위는

$U = \dfrac{P}{4\pi\mu_0} \displaystyle\int_s \dfrac{dS\cos\theta}{r^2}$

여기서, $\displaystyle\int_s \dfrac{dS\cos\theta}{r^2}$ 는 판 S가 점 P에 대하여 짓는 입체각 ω가 되므로

$\therefore\ U = \dfrac{P\omega}{4\pi\mu_0}$ [A] 답 ④

19 진공 중에 놓인 $3[\mu C]$의 점전하에서 $3[m]$ 되는 점의 전계는 몇 $[V/m]$인가?

① 100　　② 1000
③ 300　　④ 3000

풀이 점의 전계
$$E = \frac{Q}{4\pi\epsilon_0 r^2} = 9 \times 10^9 \times \frac{Q}{r^2}$$
$$= 9 \times 10^9 \times \frac{3 \times 10^{-6}}{3^2} = 3000[V/m]$$ 답 ④

20 진공 중 $1[C]$의 전하에 대한 정의로 옳은 것은? (단, Q_1, Q_2는 전하이며, F는 작용력이다.)

① $Q_1 = Q_2$, 거리 $1[m]$, 작용력 $F = 9 \times 10^9 [N]$일 때이다.
② $Q_1 < Q_2$, 거리 $1[m]$, 작용력 $F = 6 \times 10^4 [N]$일 때이다.
③ $Q_1 = Q_2$, 거리 $1[m]$, 작용력 $F = 1[N]$일 때이다.
④ $Q_1 > Q_2$, 거리 $1[m]$, 작용력 $F = 1[N]$일 때이다.

풀이 쿨롱의 법칙 $F = 9 \times 10^9 \frac{Q_1 Q_2}{r^2} [N]$에서
$1[C]$의 점전하가 $1[m]$ 떨어져 있다면,
작용력 $F = 9 \times 10^9 \frac{Q_1 Q_2}{r^2} = 9 \times 10^9 \times \frac{1 \times 1}{1^2}$
$= 9 \times 10^9 [N]$이다. 답 ①

2과목 - 전력공학

21 송전선로에서 연가를 하는 주된 목적은?

① 미관상 필요
② 직격뢰의 방지
③ 선로정수의 평형
④ 지지물의 높이를 낮추기 위하여

풀이
• 연가는 선로정수를 평형시키고 통신선의 유도장해를 방지하기 위하여 선로를 3배수 등분하여 실시한다.
• 연가의 목적 : 직렬공진 방지, 유도장해 감소, 선로정수 평형 답 ③

22 어떤 발전소의 유효 낙차가 $100[m]$이고, 최대 사용 수량이 $10[m^3/s]$일 경우 이 발전소의 이론적인 출력은 몇 $[kW]$인가?

① 4900　　② 9800
③ 10000　　④ 14700

풀이 이론 출력 $P = 9.8QH = 9.8 \times 10 \times 100$
$= 9800[kW]$ 답 ②

23 우리나라 $22.9[kV]$ 배전선로에서 가장 많이 사용하는 배전방식과 중성점접지방식은?

① 3상 3선식 비접지
② 3상 4선식 비접지
③ 3상 3선식 다중접지
④ 3상 4선식 다중접지

풀이 ① 3상 4선식은 같은 회선에서 선간전압과 상전압의 양 전압을 이용할 수 있기 때문에 배전에서 많이 채용되고 있다.
② 전압별 중성점접지방식
• $22.9[kV]$: 중성점 다중접지
• $154, 345[kV]$: 직접 접지
• $22[kV]$: 비접지
• $66[kV]$: 소호 리액터 접지 답 ④

24 다음 송전선의 전압변동률 식에서 V_{R1}은 무엇을 의미하는가?

$$\epsilon = \frac{V_{R1} - V_{R2}}{V_{R2}} \times 100[\%]$$

① 부하 시 송전단전압
② 무부하 시 송전단전압
③ 전부하 시 수전단전압
④ 무부하 시 수전단전압

풀이
$$전압변동률(\epsilon) = \frac{무부하\ 시\ 수전단전압(V_{R1}) - 수전단\ 정격전압(V_{R2})}{수전단\ 정격전압(V_{R2})} \times 100[\%]$$
답 ④

25 100[kVA] 단상변압기 3대를 △-△결선으로 사용하다가 1대의 고장으로 V-V결선으로 사용하면 약 몇 [kVA] 부하까지 사용할 수 있는가?

① 150　　② 173
③ 225　　④ 300

풀이 변압기 1개의 출력을 P_1 이라 하면
V결선 시 출력
$P_V = \sqrt{3}\,P_1 = \sqrt{3} \times 100 = 173.2 \text{[kVA]}$　**답** ②

26 전원으로부터의 합성 임피던스가 0.5[%] (15000[kVA] 기준)인 곳에 설치하는 차단기 용량은 몇 [MVA] 이상이어야 하는가?

① 2000　　② 2500
③ 3000　　④ 3500

풀이 차단기 용량
$P_s = \dfrac{100}{\%Z} P_n = \dfrac{100}{0.5} \times 15000 \times 10^{-3}$
$= 3000 \text{[MVA]}$　**답** ③

27 우리나라 22.9[kV] 배전선로에 적용하는 피뢰기의 공칭방전전류[A]는?

① 1500　　② 2500
③ 5000　　④ 10000

풀이 설치장소별 피뢰기 공칭 방전전류

공칭방전전류	설치장소	적용조건
10,000[A]	변전소	1. 154[kV] 이상의 계통 2. 66[kV] 및 그 이하 계통에서 뱅크용량이 3,000[kVA]를 초과하거나 특히 중요한 곳 3. 장거리 송전선 케이블(배전선로 인출용 단거리 케이블은 제외) 및 정전축전기 뱅크를 개폐하는 곳 4. 배전선로 인출측(배전 간선 인출용 장거리 케이블은 제외)
5,000[A]	변전소	66[kV] 및 그 이하 계통에서 뱅크 용량이 3,000[kVA] 이하인 곳
2,500[A]	선로	배전선로

[주] 전압 22.9[kV-Y] 이하 (22[kV] 비접지 제외)의 배전선로에서 수전하는 설비의 피뢰기 공칭방전전류는 일반적으로 2,500[A]의 것을 적용한다.　**답** ②

28 1선 지락 시에 전위상승이 가장 적은 접지방식은?

① 직접 접지　　② 저항 접지
③ 리액터 접지　　④ 소호 리액터 접지

풀이 직접 접지방식은 타 접지방식에 비해 지락사고 시 건전상의 전위상승이 가장 낮으므로 송전계통의 절연레벨을 저감시킬 수 있다.　**답** ①

29 직렬 콘덴서를 선로에 삽입할 때의 장점이 아닌 것은?

① 역률을 개선한다.
② 정태안정도를 증가한다.
③ 선로의 인덕턴스를 보상한다.
④ 수전단의 전압변동률을 줄인다.

풀이 직렬 콘덴서의 장·단점
[장점]
① 유도 리액턴스를 보상하고 전압강하를 감소시킨다.
② 수전단의 전압변동률을 경감시킨다.
③ 최대 송전 전력이 증대하고 정태 안정도가 증대한다.
④ 부하역률이 나쁠수록 효과가 크다.
⑤ 용량이 작으므로 설비비가 저렴하다.
[단점]
① 단락고장 시 콘덴서 양단에 고전압이 걸린다.
② 무부하 변압기에 직렬 콘덴서를 투입하는 경우 선로 전류가 증대한다.
③ 고압 배전선에 설치하는 경우 자기 여자 현상이 일어날 경우가 있다.
④ 과보상이 되면 동기기에 난조가 생기거나 탈조하는 수가 있다.
역률 개선용 콘덴서는 부하와 병렬로 연결된다.　**답** ①

30 부하에 따라 전압변동이 심한 급전선을 가진 배전변전소의 전압조정 장치로서 적당한 것은?

① 단권 변압기
② 주변압기 탭
③ 전력용 콘덴서
④ 유도전압조정기

풀이 부하 변동이 심한 경우 탭 절환 방식을 채용할 수 없다. 따라서 유도전압조정기가 많이 채용된다.　**답** ④

31 부하전류 및 단락전류를 모두 개폐할 수 있는 스위치는?

① 단로기
② 차단기
③ 선로개폐기
④ 전력퓨즈

풀이 퓨즈와 각종 개폐기 및 차단기와의 기능비교

능력	회로 분리		사고 차단	
기능	무부하	부하	과부하	단락
퓨 즈	○			○
차단기	○	○	○	○
개폐기	○	○	○	
단로기	○			
전자 접촉기	○	○	○	

차단기는 부하전류는 물론 고장 시에 발생하는 대전류를 신속·안전하게 차단하여 고장구간을 건전구간으로부터 분리시키며 또한 설비의 점검 및 수리 등의 작업 시에 작업 장소를 정전시키기 위한 필요 설비이다.

답 ②

32 선로의 커패시턴스와 무관한 것은?

① 전자유도
② 개폐 서지
③ 중성점 잔류전압
④ 발전기 자기여자현상

풀이 전자유도
$E_m = -j\omega Ml(I_a + I_b + I_c) = -j\omega Ml(3I_0)$
전자 유도는 전력선과 통신선과의 상호 인덕턴스에 의하여 발생된다.
답 ①

33 배전선에서 균등하게 분포된 부하일 경우 배전선 말단의 전압강하는 모든 부하가 배전선의 어느 지점에 집중되어 있을 때의 전압강하와 같은가?

① $\dfrac{1}{2}$ ② $\dfrac{1}{3}$ ③ $\dfrac{2}{3}$ ④ $\dfrac{1}{5}$

풀이 집중 부하와 분산 부하

구 분	전력손실	전압강하
말단에 집중 부하	I^2rL	IrL
균등 분포 부하	$\dfrac{1}{3}I^2rL$	$\dfrac{1}{2}IrL$

여기서, I : 전선의 전류
r : 전선 단위길이 당 저항
L : 전선의 길이
답 ①

34 송전거리, 전력, 손실률 및 역률이 일정하다면 전선의 굵기는?

① 전류에 비례한다.
② 전류에 반비례한다.
③ 전압의 제곱에 비례한다.
④ 전압의 제곱에 반비례한다.

풀이 전력손실율
$K = \dfrac{RP}{V^2\cos^2\theta} \times 100 = \dfrac{\rho l P}{AV^2\cos^2\theta} \times 100$ 에서
전선의 단면적
$A = \dfrac{\rho l P}{KV^2\cos^2\theta} \times 100 \propto \dfrac{1}{V^2}$
여기서, ρ : 고유저항, l : 송전거리,
P : 전력, V : 전압, $\cos\theta$: 역률
따라서 전선의 단면적은 전압의 제곱에 반비례한다.
답 ④

35 화력발전소에서 석탄 1[kg]으로 발생할 수 있는 전력량은 약 몇 [kWh]인가? (단, 석탄의 발열량은 5000[kcal/kg], 발전소의 효율은 40[%]이다.)

① 2.0 ② 2.3
③ 4.7 ④ 5.8

풀이 효율 $\eta = \dfrac{860W}{mH} \times 100$ 에서
전력량 $W = \dfrac{mH\eta}{860 \times 100}$ 이므로
$\therefore W = \dfrac{1 \times 5000 \times 40}{860 \times 100} = 2.3$[kWh]가 된다.
답 ②

36 154[kV] 송전계통에서 3상 단락고장이 발생하였을 경우 고장 점에서 본 등가 정상 임피던스가 100[MVA] 기준으로 25[%]라고 하면 단락용량은 몇 [MVA]인가?

① 250 ② 300
③ 400 ④ 500

풀이 단락용량
$P_s = \dfrac{100}{\%Z}P_n = \dfrac{100}{25} \times 100 = 400$[MVA]
답 ③

37 3상 1회선 송전선로의 소호 리액터의 용량 [kVA]은?

① 선로 충전 용량과 같다.
② 선간 충전 용량의 1/2이다.
③ 3선 일괄의 대지 충전 용량과 같다.
④ 1선과 중성점 사이의 충전 용량과 같다.

풀이 3상 1회선 소호 리액터 용량

$$P = 3\omega CE^2 = 3\omega C\left(\frac{V}{\sqrt{3}}\right)^2 = \omega CV^2 [\text{kVA}]$$

여기서, C : 1선당의 대지 정전용량,
E : 대지전압, V : 선간전압 **답** ③

38 감전방지 대책으로 적합하지 않은 것은?

① 외함 접지   ② 아크혼 설치
③ 2중 절연기기 ④ 누전 차단기 설치

풀이 아크혼의 역할
- 선로의 섬락으로부터 애자련의 보호
- 애자련의 전압분포 개선 **답** ②

39 총부하설비가 160[kW], 수용률이 60[%], 부하역률이 80[%]인 수용가에 공급하기 위한 변압기용량[kVA]은?

① 40   ② 80
③ 120   ④ 160

풀이 변압기용량 ≥ 합성 최대 수용 전력

$$= \frac{\text{개별 최대 수용 전력의 합}}{\text{부등률}}$$

$$= \frac{\text{설비용량} \times \text{수용률}}{\text{부등률}} = \frac{160/0.8 \times 0.6}{1}$$

$$= 120 [\text{kVA}]$$ **답** ③

40 18~23개를 한 줄로 이어 단 표준현수애자를 사용하는 전압[kV]은?

① 23[kV]   ② 154[kV]
③ 345[kV]   ④ 765[kV]

풀이 전압별 현수애자의 개수

22.9[kV]	66[kV]	154[kV]	345[kV]
2~3	4	10~11	18~20

답 ③

3과목 - 전기기기

41 교류 정류자 전동기의 설명 중 틀린 것은?

① 정류 작용은 직류기와 같이 간단히 해결된다.
② 구조가 일반적으로 복잡하여 고장이 생기기 쉽다.
③ 기동 토크가 크고 기동 장치가 필요 없는 경우가 많다.
④ 역률이 높은 편이며 연속적인 속도제어가 가능하다.

풀이 교류 정류자기는 직류기와 같이 정류자를 가지고 있는 회전자와 유도기와 같은 고정자로 구성되어 있으며, 정류 작용 문제가 직류기보다 더욱 곤란하기 때문에 출력에 제한을 받는다. **답** ①

42 직류분권전동기의 계자저항을 운전 중에 증가시키면?

① 전류는 일정   ② 속도는 감소
③ 속도는 일정   ④ 속도는 증가

풀이 직류분권전동기의 속도 $n = K\dfrac{V - I_a R_a}{\phi}$ [rps]이므로 계자 저항을 증가하면 여자전류(계자 자속)는 감소하여, 속도는 증가하게 된다. **답** ④

43 역률 80[%](뒤짐)로 전부하 운전 중인 3상 100[kVA], 3000/200[V] 변압기의 저압측 선전류의 무효분은 몇 [A]인가?

① 100   ② $80\sqrt{3}$
③ $100\sqrt{3}$ ④ $500\sqrt{3}$

풀이 출력 $P = \sqrt{3}\, V_2 I_2$ 식에서,
저압측 선전류

$$I_2 = \frac{P}{\sqrt{3}\, V_2} = \frac{100 \times 10^3}{\sqrt{3} \times 200} = \frac{1000}{2\sqrt{3}} [\text{A}]$$

따라서 무효전류

$$I_c = I_2 \sin\theta = \frac{1000}{2\sqrt{3}} \times \sqrt{1 - 0.8^2}$$

$$= 100\sqrt{3} [\text{A}]$$ **답** ③

44 권선형 유도전동기에서 2차 저항을 변화시켜서 속도제어를 하는 경우 최대 토크는?

① 항상 일정하다
② 2차 저항에만 비례한다.
③ 최대 토크가 생기는 점의 슬립에 비례한다.
④ 최대 토크가 생기는 점의 슬립에 반비례한다.

풀이
① 최대 토크 $T_m \propto \dfrac{V^2}{2x_2}$: 2차 저항과 무관

② 최대 토크를 발생하는 슬립 $s_m \fallingdotseq \pm \dfrac{r_2}{x_2}$: 2차 저항에 비례

답 ①

45 3상 유도전동기로서 작용하기 위한 슬립 s의 범위는?

① $s \geq 1$
② $0 < s < 1$
③ $-1 \leq s \leq 0$
④ $s=0$ 또는 $s=1$

풀이 슬립의 범위
- 유도전동기 : $0 < s < 1$
- 유도발전기 : $s < 0$
- 제동기 : $s > 1$

답 ②

46 변압기유 열화방지 방법 중 틀린 것은?

① 밀봉방식
② 흡착제방식
③ 수소봉입방식
④ 개방형 콘서베이터

풀이 절연유 열화의 원인은 절연유의 온도 상승과 공기와의 접촉에 의해 발생하며 기름의 열화 방지로는 콘서베이터, 브리더, 질소 봉입이 있다.

답 ③

47 스텝 모터(step motor)의 장점이 아닌 것은?

① 가속, 감속이 용이하며 정·역전 및 변속이 쉽다.
② 위치 제어를 할 때 각도 오차가 있고 누적된다.
③ 피드백 루프가 필요 없이 오픈 루프로 손쉽게 속도 및 위치제어를 할 수 있다.
④ 디지털 신호를 직접 제어 할 수 있으므로 컴퓨터 등 다른 디지털 기기와 인터페이스가 쉽다.

풀이 스텝모터의 장·단점
[장점]
① 다른 서보모터와 달리 위치 및 속도를 검출하기 위한 장치가 필요 없다.
② 다른 디지털 기기와의 인터페이스가 쉽다.
③ 가속, 감속이 용이하며 정·역전 및 변속이 쉽다.
④ 속도제어범위가 광범위하며, 초저속에서 큰 토크를 얻을 수 있다.
⑤ 위치제어를 할 때 각도오차가 적고 누적되지 않는다.
⑥ 정지하고 있을 때 그 위치를 유지해 주는 토크가 크다.
⑦ 브러시, 슬립 링 등이 없고 부품수가 적기 때문에 유지 보수의 필요성이 적다.
[단점]
① 분해 조립, 또는 정지위치가 한정된다.
② 효율이 서보모터에 비해 나쁘다.
③ 마찰 부하의 경우 위치 오차가 크다.
④ 오버슈트 및 진동의 문제가 있다.
⑤ 대용량의 대형기는 만들기 어렵다.

답 ②

48 동기기의 과도 안정도를 증가시키는 방법이 아닌 것은?

① 속응여자방식을 채용한다.
② 동기화 리액턴스를 크게 한다.
③ 동기 탈조 계전기를 사용 한다.
④ 발전기의 조속기 동작을 신속히 한다.

풀이 동기기의 안정도 증진법
① 동기화 리액턴스를 작게 할 것
② 회전자의 플라이휠 효과를 크게 할 것
③ 속응여자방식을 채용할 것
④ 발전기의 조속기 동작을 신속히 할 것
⑤ 동기 탈조 계전기를 사용할 것

답 ②

49 직류기에서 전기자 반작용이란 전기자 권선에 흐르는 전류로 인하여 생긴 자속이 무엇에 영향을 주는 현상인가?

① 감자 작용만을 하는 현상
② 편자 작용만을 하는 현상
③ 계자극에 영향을 주는 현상
④ 모든 부분에 영향을 주는 현상

풀이 ① 전기자 반작용 : 전기자 전류에 의한 자속이 공극을 지나 주자극에 들어가 계자자속에 영향을 미치는 현상
② 전기자 반작용의 방지대책

보극과 보상권선을 설치한다	보극 → 중성축 부근의 전기자 반작용 상쇄
	보상권선 → 대부분의 전기자 반작용 상쇄 : 가장 유효한 방법

답 ③

50 3상 유도전동기의 동기속도는 주파수와 어떤 관계가 있는가?
① 비례한다.
② 반비례한다.
③ 자승에 비례한다.
④ 자승에 반비례한다.

풀이 유도전동기의 동기속도 $N_s = \frac{120}{p}f$ [rpm]이므로 슬립과 극수가 일정하다면, 동기속도(N_s)는 주파수(f)에 비례하는 관계에 있다. 답 ①

51 3단자 사이리스터가 아닌 것은?
① SCR ② GTO
③ SCS ④ TRIAC

풀이 각종 반도체 소자의 비교
① 방향성
 • 양방향성(쌍방향성) 소자 : DIAC, TRIAC, SSS
 • 역저지(단방향성) 소자 : SCR, LASCR, GTO
② 극(단자) 수
 • 2극(단자) 소자 : DIAC, SSS, Diode
 • 3극(단자) 소자 : SCR, LASCR, GTO, TRIAC
 • 4극(단자) 소자 : SCS 답 ③

52 60[Hz], 4극 유도전동기의 슬립이 4[%]인 때의 회전수[rpm]는?
① 1728 ② 1738
③ 1748 ④ 1758

풀이 유도전동기의 회전수
$N = (1-s)N_s = (1-s)\frac{120f}{p}$
$= (1-0.04) \times \frac{120 \times 60}{4}$
$= 1728$ [rpm] 답 ①

53 비례추이와 관계가 있는 전동기는?
① 동기전동기
② 정류자 전동기
③ 3상 농형 유도전동기
④ 3상 권선형 유도전동기

풀이 비례추이는 2차 회로의 저항을 변화시킬 수 없는 농형 유도전동기에서는 응용할 수 없으며, 2차 회로의 저항을 가감할 수 있는 3상 권선형 유도전동기의 기동 토크 가감과 속도제어에 이용하고 있다. 답 ④

54 200[kVA]의 단상변압기가 있다. 철손이 1.6 [kW]이고 전부하 동손이 2.5[kW]이다. 이 변압기의 역률이 0.8일 때 전부하시의 효율은 약 몇 [%]인가?
① 96.5 ② 97.0
③ 97.5 ④ 98.0

풀이 전부하 효율
$\eta = \frac{P_a \cos\theta}{P_a \cos\theta + P_i + P_c} \times 100$
$= \frac{200 \times 0.8}{200 \times 0.8 + 1.6 + 2.5} \times 100 = 97.5$ [%] 답 ③

55 변압기의 전부하 동손이 270[W], 철손이 120 [W]일 때 최고 효율로 운전하는 출력은 정격출력의 약 몇 [%]인가?
① 66.7 ② 44.4
③ 33.3 ④ 22.5

풀이 최대 효율이 나타나는 부하
$m = \sqrt{\frac{P_i}{P_c}} = \sqrt{\frac{120}{270}} = 0.667$
∴ 정격출력의 66.7[%]에서 최대 효율이 발생한다.
답

56 단상 반파정류로 직류전압 150[V]를 얻으려고 한다. 최대 역전압(Peak Inverse Voltage)이 약 몇 [V] 이상의 다이오드를 사용하여야 하는가? (단, 정류회로 및 변압기의 전압강하는 무시한다.)

① 약 150[V] ② 약 166[V]
③ 약 333[V] ④ 약 470[V]

풀이 단상 반파 정류회로의 첨두 역전압
$PIV = \sqrt{2}E = \pi E_d = \pi \times 150$
$\fallingdotseq 471[V]$
답 ④

57 동기전동기의 자기동법에서 계자권선을 단락하는 이유는?

① 기동이 쉽다.
② 기동권선으로 이용한다.
③ 고전압의 유도를 방지한다.
④ 전기자 반작용을 방지한다.

풀이 동기전동기의 기동시에 계자권선 중에 고전압이 유도되어 절연을 파괴하므로 방전 저항을 접속하여 단락 상태로 기동한다. 이때 계자권선은 일종의 단상 2차 권선으로서 토크를 발생하기 때문에 계자권선의 저항값의 3~7배 정도의 방전 저항을 사용한다. **답** ③

58 직류직권전동기에서 토크 T와 회전수 N과의 관계는?

① $T \propto N$ ② $T \propto N^2$
③ $T \propto \dfrac{1}{N}$ ④ $T \propto \dfrac{1}{N^2}$

풀이 직류 직권전동기속도 $N = k\dfrac{E_c}{\phi}$ [rpm]에서
자기 포화를 무시하면 속도 N은
$N \propto \dfrac{1}{\phi} \propto \dfrac{1}{I_a} \ (\because I_a = I = I_f \propto \phi)$
토크 $T = \dfrac{PZ}{2\pi}\Phi\dfrac{I_a}{a} = \dfrac{PZ}{2\pi a}\Phi I_a = k_2 \Phi I_a$ 에서
ϕ는 I_a에 비례하므로
$\therefore T \propto I_a^2 \propto \dfrac{1}{N^2}$
답 ④

59 직류발전기 중 무부하일 때보다 부하가 증가한 경우에 단자전압이 상승하는 발전기는?

① 직권발전기
② 분권발전기
③ 과복권발전기
④ 차동복권발전기

풀이 직류 복권 발전기의 외부특성 곡선

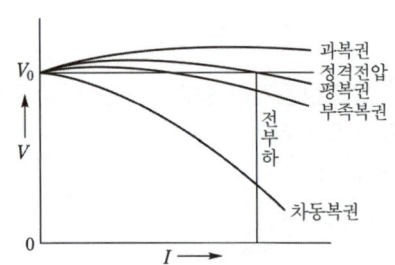

여기서, V_0 : 무부하 전압
V : 단자전압,
I : 부하전류
답 ③

60 3상 교류 발전기의 기전력에 대하여 $\dfrac{\pi}{2}$[rad] 뒤진 전기자 전류가 흐르면 전기자 반작용은?

① 증자작용을 한다.
② 감자작용을 한다.
③ 횡축반작용을 한다.
④ 교차 자화작용을 한다.

풀이 동기발전기의 전기자 반작용

역률	부하	전류와 전압과의 위상	작용
역률 1	저항	I_a가 E와 동상인 경우	교차 자화작용 (횡축반작용)
뒤진 역률 0	유도성 부하	I_a가 E보다 $\pi/2$ 뒤지는 경우	감자 작용 (직축 반작용)
앞선 역률 0	용량성 부하	I_a가 E보다 $\pi/2$ 앞서는 경우	증자 작용 (자화작용)

여기서, I_a : 전기자 전류
E : 유기기전력
답 ②

4과목 - 회로이론

61 아래와 같은 비정현파 전압을 RL 직렬회로에 인가할 때에 제 3고조파 전류의 실효값[A]은? (단, $R=4[\Omega]$, $\omega L=1[\Omega]$이다.)

$$e = 100\sqrt{2}\sin\omega t + 75\sqrt{2}\sin 3\omega t + 20\sqrt{2}\sin 5\omega t [\text{V}]$$

① 4 ② 15
③ 20 ④ 75

풀이 고조파의 유도 리액턴스는 주파수에 비례한다.
$X_L = n\omega L [\Omega]$ (여기서 n은 고조파 차수)
따라서 제3고조파 전류
$I_3 = \dfrac{V_3}{Z_3} = \dfrac{V_3}{\sqrt{R^2+(3\omega L)^2}} = \dfrac{75}{\sqrt{4^2+3^2}}$
$= 15[\text{A}]$ 답 ②

62 선간전압 220[V], 역률 60[%]인 평형 3상 부하에서 소비전력 $P=10[\text{kW}]$일 때 선전류는 약 몇 [A]인가?

① 25.3 ② 32.8
③ 43.7 ④ 53.6

풀이 3상 부하에서 소비전력 $P = \sqrt{3}\,VI\cos\theta$
따라서 선전류
$I = \dfrac{P}{\sqrt{3}\,V\cos\theta} = \dfrac{10\times 10^3}{\sqrt{3}\times 220 \times 0.6}$
$= 43.7[\text{A}]$ 답 ③

63 $\dfrac{E_o(s)}{E_i(s)} = \dfrac{1}{s^2+3s+1}$의 전달함수를 미분방정식으로 표시하면?
(단, $\mathcal{L}^{-1}[E_o(s)] = e_o(t)$,
$\mathcal{L}^{-1}[E_i(s)] = e_i(t)$이다.)

① $\dfrac{d^2}{dt^2}e_o(t) + 3\dfrac{d}{dt}e_o(t) + e_o(t) = e_i(t)$

② $\dfrac{d^2}{dt^2}e_i(t) + 3\dfrac{d}{dt}e_i(t) + e_i(t) = e_o(t)$

③ $\dfrac{d^2}{dt^2}e_i(t) + 3\dfrac{d}{dt}e_i(t) + \int e_i(t)dt = e_o(t)$

④ $\dfrac{d^2}{dt^2}e_o(t) + 3\dfrac{d}{dt}e_o(t) + \int e_o(t)dt = e_i(t)$

풀이 $\dfrac{E_o(s)}{E_i(s)} = \dfrac{1}{s^2+3s+1}$
$\rightarrow (s^2+3s+1)E_o(s) = E_i(s)$
$\therefore \dfrac{d^2}{dt^2}e_o(t) + 3\dfrac{d}{dt}e_o(t) + e_o(t) = e_i(t)$ 답 ①

64 $i(t) = \dfrac{4I_m}{\pi}\left(\sin\omega t + \dfrac{1}{3}\sin 3\omega t + \dfrac{1}{5}\sin 5\omega t + \cdots\right)$
를 표시하는 파형은?

① 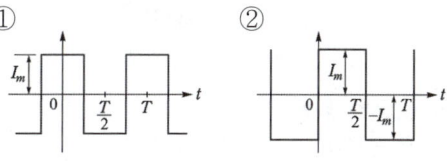 ②

③ 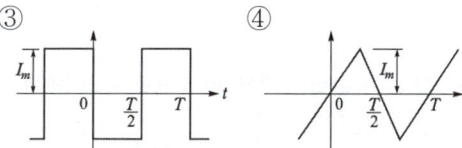 ④

풀이
- 여현 대칭 : 직류분, cos항 존재
- 정현 대칭 : sin항만 존재
- 반파 대칭 : 홀수(기수)차 항만 존재
- 반파 및 정현 대칭 : sin항의 홀수(기수)항만 존재
  답 ②

65 그림과 같은 회로에서 전류 $I[\text{A}]$는?

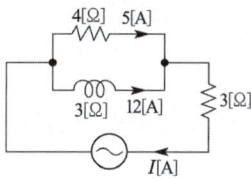

① 7 ② 10
③ 13 ④ 17

풀이 $I = \sqrt{I_R^2 + I_L^2} = \sqrt{5^2+12^2} = 13[\text{A}]$ 답 ③

66 $F(s) = \dfrac{3s+10}{s^3+2s^2+5s}$ 일 때 $f(t)$의 최종값은?

① 0   ② 1
③ 2   ④ 3

풀이 최종값 정리에 의해서
$$\lim_{t\to\infty} f(t) = \lim_{s\to 0} s F(s)$$
$$= \lim_{s\to 0} s \cdot \dfrac{3s+10}{s(s^2+2s+5)} = \dfrac{10}{5} = 2$$
답 ③

67 20[kVA] 변압기 2대로 공급할 수 있는 최대 3상 전력은 약 몇 [kVA]인가?

① 17   ② 25
③ 35   ④ 40

풀이 V결선의 출력
$P_v = \sqrt{3} P_1 = \sqrt{3} \times 20 \fallingdotseq 35$[kVA]
답 ③

68 RLC 직렬회로에서 제 n고조파의 공진주파수 f_n [Hz]는?

① $\dfrac{1}{2\pi \sqrt{LC}}$ ② $\dfrac{1}{2\pi \sqrt{nLC}}$
③ $\dfrac{1}{2\pi n \sqrt{LC}}$ ④ $\dfrac{1}{2\pi n^2 \sqrt{LC}}$

풀이 제 n차 고조파 공진 조건은
$n^2 \omega^2 LC = n^2 (2\pi f_n)^2 LC = 1$이므로
제 n차 고조파 공진주파수
$f_n = \dfrac{1}{2\pi n \sqrt{LC}}$이다.
답 ③

69 $\dfrac{1}{s+3}$을 역라플라스 변환하면?

① e^{3t} ② e^{-3t}
③ $e^{\frac{t}{3}}$ ④ $e^{-\frac{t}{3}}$

풀이 $e^{-at} \leftrightarrow \dfrac{1}{s+a}$이며, 문제에서 $a=3$이다.
따라서 $f(t) = e^{-3t}$
답 ②

70 한 상의 임피던스 $Z = 6+j8$[Ω]인 평형 Y부하에 평형 3상 전압 200[V]를 인가할 때 무효전력은 약 몇 [Var]인가?

① 1330   ② 1848
③ 2381   ④ 3200

풀이
$$Q = 3I^2 X = 3 \left(\dfrac{V_p}{\sqrt{R^2+X^2}}\right)^2 X$$
$$= 3 \dfrac{V_p^2 X}{R^2+X^2} = \dfrac{3 \times \left(\dfrac{200}{\sqrt{3}}\right)^2 \times 8}{6^2+8^2}$$
$$= 3200[\text{Var}]$$
답 ④

71 T형 4단자 회로의 임피던스 파라미터 중 Z_{22}는?

① $Z_1 + Z_2$
② $Z_2 + Z_3$
③ $Z_1 + Z_3$
④ $-Z_2$

풀이
$Z_{11} = \dfrac{V_1}{I_1}\bigg|_{I_2=0} = Z_1 + Z_3$

$Z_{12} = \dfrac{V_1}{I_2}\bigg|_{I_1=0} = Z_3$

$Z_{21} = \dfrac{V_2}{I_1}\bigg|_{I_2=0} = Z_3$

$Z_{22} = \dfrac{V_2}{I_2}\bigg|_{I_1=0} = Z_2 + Z_3$
답 ②

72 정전용량 C만의 회로에서 100[V], 60[Hz]의 교류를 가했을 때 60[mA]의 전류가 흐른다면 C는 약 몇 [μF]인가?

① 5.26   ② 4.32
③ 3.59   ④ 1.59

풀이 $X_C = \dfrac{V}{I} = \dfrac{100}{60 \times 10^{-3}} = \dfrac{10}{6} \times 10^3 = 1.66 \times 10^3$[Ω]

$X_c = \dfrac{1}{\omega C}$에서 $C = \dfrac{1}{\omega X_c}$이므로

$\therefore C = \dfrac{1}{\omega X_c} = \dfrac{1}{2\pi f X_c} = \dfrac{1}{2\pi \times 60 \times 1.66 \times 10^3}$
$= 1.59 \times 10^{-6}$[F] $= 1.59$[μF]
답 ④

73 △결선된 저항부하를 Y결선으로 바꾸면 소비전력은 어떻게 되겠는가? (단, 선간 전압은 일정하다.)

① 1/3로 된다. ② 3배로 된다.
③ 1/9로 된다. ④ 9배로 된다.

풀이
- △결선 시 소비전력
$$P_\triangle = 3I^2R = 3\left(\frac{V}{R}\right)^2 R = 3 \cdot \frac{V^2}{R}$$

- Y결선 시 상전압은 선간 전압의 $\frac{1}{\sqrt{3}}$이므로

Y결선 시 소비전력 $P_Y = 3 \cdot \frac{\left(\frac{V}{\sqrt{3}}\right)^2}{R} = \frac{V^2}{R}$

$$\therefore \frac{P_Y}{P_\triangle} = \frac{\frac{V^2}{R}}{\frac{3V^2}{R}} = \frac{1}{3} \rightarrow P_Y = \frac{1}{3}P_\triangle$$

답 ①

74 그림과 같은 $R-L-C$ 회로망에서 입력 전압을 $e_i(t)$, 출력량을 전류 $i(t)$로 할 때, 이 요소의 전달함수는?

① $\dfrac{Rs}{LCs^2 + RCs + 1}$

② $\dfrac{RLs}{LCs^2 + RCs + 1}$

③ $\dfrac{Ls}{LCs^2 + RCs + 1}$

④ $\dfrac{Cs}{LCs^2 + RCs + 1}$

풀이
$e_i(t) = Ri(t) + L\dfrac{d}{dt}i(t) + \dfrac{1}{C}\int i(t)dt$

라플라스 변환하면
$E_i(s) = RI(s) + LsI(s) + \dfrac{1}{Cs}I(s)$

$\therefore \dfrac{I(s)}{E(s)} = \dfrac{Cs}{LCs^2 + RCs + 1}$

답 ④

75 그림과 같은 회로를 $t=0$에서 스위치 S를 닫았을 때 $R[\Omega]$에 흐르는 전류 $i_R(t)[A]$는?

① $I_0(1 - e^{-\frac{R}{L}t})$

② $I_0(1 + e^{-\frac{R}{L}t})$

③ I_0

④ $I_0 e^{-\frac{R}{L}t}$

풀이
인덕턴스에 흐르는 전류 $i_L(t) = I_0\left(1 - e^{-\frac{R}{L}t}\right)$
키르히호프의 전류법칙에 의해
$I_0 = i_R(t) + i_L(t)$이므로
$\therefore i_R(t) = I_0 - i_L(t)$
$= I_0 - I_0\left(1 - e^{-\frac{R}{L}t}\right) = I_0 e^{-\frac{R}{L}t}$

답 ④

76 $e = E_m\cos(100\pi t - \dfrac{\pi}{3})[V]$와

$i = I_m\sin(100\pi t + \dfrac{\pi}{4})$의 위상차를

시간으로 나타내면 약 몇 초인가?

① 3.33×10^{-4} ② 4.33×10^{-4}
③ 6.33×10^{-4} ④ 8.33×10^{-4}

풀이
- $e = E_m\cos(100\pi t - \dfrac{\pi}{3})$
$= E_m\sin(100\pi t - \dfrac{\pi}{3} + \dfrac{\pi}{2})$
$= E_m\sin(100\pi t + \dfrac{\pi}{6})$

이므로 e와 i의 위상차 $\theta = \dfrac{\pi}{4} - \dfrac{\pi}{6} = \dfrac{\pi}{12}$이다.

- $\theta = \omega t$에서 $t = \dfrac{\theta}{\omega}$이므로

$\therefore t = \dfrac{\theta}{\omega} = \dfrac{\pi}{12} \times \dfrac{1}{100\pi}$
$= 8.33 \times 10^{-4}[\sec]$

답 ④

77 회로의 3[Ω] 저항 양단에 걸리는 전압[V]은?

① 2
② -2
③ 3
④ -3

풀이 중첩의 원리에 의해서
- 전압원 2[V]에 의해서는 전류원이 개방 상태이므로 +2[V]
- 전류원 1[A]에 의해서는 전압원이 단락 상태이므로 0[V]

따라서 3[Ω]의 저항에는 전압원의 2[V]가 걸린다.

답 ①

78 대칭 3상 전압이 a상 V_a[V], b상 $V_b = a^2 V_a$ [V], c상 $V_c = a V_a$[V]일 때 a상을 기준으로 한 대칭분 전압 중 정상분 V_1은 어떻게 표시되는가? (단, $a = -\frac{1}{2} + j\frac{\sqrt{3}}{2}$ 이다.)

① 0 ② V_a
③ $a V_a$ ④ $a^2 V_a$

풀이
$V_1 = \frac{1}{3}(V_a + a V_b + a^2 V_c)$
$= \frac{1}{3}(V_a + a^3 V_a + a^3 V_a)$
$= \frac{V_a}{3}(1 + a^3 + a^3) = V_a \; (\because a^3 = 1)$

답 ②

79 314[mH]의 자기 인덕턴스에 120[V], 60[Hz]의 교류전압을 가하였을 때 흐르는 전류[A]는?

① 10 ② 8
③ 1 ④ 0.5

풀이 전류 $I = \frac{V}{\omega L} = \frac{V}{2\pi f L}$
$= \frac{120}{2\pi \times 60 \times 314 \times 10^{-3}} = 1$

답 ③

80 다음과 같은 회로의 구동점 임피던스는?

① $2 + j\omega$
② $\frac{2\omega^2 + j4\omega}{3}$
③ $\frac{\omega^2 + j8\omega}{4 + \omega^2}$
④ $\frac{2\omega^2 + j4\omega}{4 + \omega^2}$

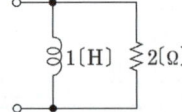

풀이 구동점 임피던스는 2단자망의 한 쌍의 단자에서 본 임피던스를 구동점 임피던스라고 하며, 보통 $j\omega$ 또는 s로 치환하여 나타낸다.

$Z(j\omega) = \cfrac{1}{\cfrac{1}{j\omega L} + \cfrac{1}{R}} = \cfrac{1}{\cfrac{1}{j\omega} + \cfrac{1}{2}}$
$= \cfrac{2j\omega}{2 + j\omega} = \cfrac{2\omega^2 + j4\omega}{4 + \omega^2}$

답 ④

5과목 - 전기설비기술기준

81 지중전선로의 전선으로 적합한 것은?

① 케이블
② 동복강선
③ 절연전선
④ 나경동선

풀이 334.1 지중전선로의 시설
지중 전선로는 전선에 케이블을 사용하고 또한 관로식·암거식 또는 직접 매설식에 의하여 시설하여야 한다.

답 ①

82 저압 옥내배선에 사용되는 연동선의 굵기는 일반적인 경우 몇 [mm²] 이상이어야 하는가?

① 2 ② 2.5
③ 4 ④ 6

풀이 231.3 저압 옥내배선의 사용전선
가. 저압 옥내배선의 전선 : 단면적 2.5[mm²] 이상의 연동선
나. 옥내배선의 사용 전압이 400[V] 이하인 경우는 다음에 의하여 시설할 수 있다.
① 전광표시 장치 또는 제어 회로
- 단면적 1.5[mm²] 이상의 연동선
- 단면적 0.75[mm²] 이상인 다심케이블 또는 다심 캡타이어 케이블을 사용하고 또한 과전류가 생겼을 때에 자동적으로 전로에서 차단하는 장치를 시설
② 진열장 또는 이와 유사한 것의 내부 배선 : 단면적 0.75[mm²] 이상인 코드 또는 캡타이어케이블

답 ②

83 과전류차단기를 설치하지 않아야 할 곳은?

① 수용가의 인입선 부분
② 고압 배전선로의 인출장소
③ 직접 접지계통에 설치한 변압기의 접지선
④ 역률조정용 고압 병렬콘덴서 뱅크의 분기선

풀이 341.11 과전류차단기의 시설 제한
접지공사의 접지도체, 다선식 전로의 중성선 및 전로의 일부에 접지공사를 한 저압 가공전선로의 접지측 전선에는 과전류차단기를 시설하여서는 안 된다.
다만, 다음의 경우에는 예외로 한다.
가. 다선식 전로의 중성선에 시설한 과전류차단기가 동작한 경우에 각 극이 동시에 차단될 때
나. 저항기·리액터 등을 사용하여 접지공사를 한 때에 과전류차단기의 동작에 의하여 그 접지도체가 비접지 상태로 되지 아니할 때 답 ③

84 금속관공사에 대한 기준으로 틀린 것은?

① 저압 옥내배선에 사용하는 전선으로 옥외용 비닐절연전선을 사용하였다.
② 저압 옥내배선의 금속관 안에는 전선에 접속점이 없도록 하였다.
③ 콘크리트에 매설하는 금속관의 두께는 1.2[mm]를 사용하였다.
④ 금속관에 접지공사를 하였다.

풀이 232.12 금속관공사
가. 전선은 절연전선(옥외용 비닐절연전선을 제외한다)일 것.
나. 전선은 연선일 것. 다만, 다음의 것은 적용하지 않는다.
① 짧고 가는 금속관에 넣은 것.
② 단면적 10[mm^2](알루미늄선은 단면적 16[mm^2]) 이하의 것.
다. 관의 두께는 다음에 의할 것.
① 콘크리트에 매설하는 것은 1.2[mm] 이상
② 콘크리트 매설 이외의 것은 1[mm] 이상
라. 관에는 접지공사를 할 것. 답 ①

85 버스덕트공사에 대한 설명 중 옳은 것은?

① 버스 덕트 끝부분을 개방할 것
② 덕트를 수직으로 붙이는 경우 지지점 간 거리는 12[m] 이하로 할 것
③ 덕트를 조영재에 붙이는 경우 덕트의 지지점 간 거리는 6[m] 이하로 할 것
④ 덕트에 접지공사를 할 것

풀이 232.61 버스덕트공사
가. 덕트 상호 간 및 전선 상호 간은 견고하고 또한 전기적으로 완전하게 접속할 것.
나. 덕트를 조영재에 붙이는 경우에는 덕트의 지지점 간의 거리를 3[m](수직으로 붙이는 경우에는 6[m]) 이하로 하고 또한 견고하게 붙일 것.
다. 덕트(환기형의 것을 제외한다)의 끝부분은 막을 것.
라. 덕트(환기형의 것을 제외한다)의 내부에 먼지가 침입하지 아니하도록 할 것.
마. 덕트는 접지공사를 할 것. 답 ④

86 옥내배선에서 나전선을 사용할 수 없는 것은?

① 전선의 피복 전열물이 부식하는 장소의 전선
② 취급자 이외의 자가 출입할 수 없도록 설비한 장소의 전선
③ 전용의 개폐기 및 과전류차단기가 시설된 전기기계기구의 저압전선
④ 애자공사에 의하여 전개된 장소에 시설하는 경우로 전기로용 전선

풀이 231.4 나전선의 사용 제한
옥내에 시설하는 저압전선에는 나전선을 사용하여서는 아니 된다. 다만, 다음중 어느 하나에 해당하는 경우에는 그러하지 아니하다.
가. 애자공사에 의하여 전개된 곳에 다음의 전선을 시설하는 경우
① 전기로용 전선
② 전선의 피복 절연물이 부식하는 장소에 시설하는 전선
나. 버스덕트공사에 의하여 시설하는 경우
다. 라이팅덕트공사에 의하여 시설하는 경우
라. 접촉 전선을 시설하는 경우 답 ③

87 154[kV]용 변성기를 사람이 접촉할 우려가 없도록 시설하는 경우에 충전부분의 지표상의 높이는 최소 몇 [m] 이상이어야 하는가?

① 4   ② 5
③ 6   ④ 8

풀이 341.4 특고압용 기계기구의 시설
특고압용 기계기구 충전부분의 지표상 높이

사용전압의 구분	울타리·담 등의 높이와 울타리·담 등으로부터 충전 부분까지의 거리의 합계
35[kV] 이하	5[m]
35[kV] 초과 160[kV] 이하	6[m]
160[kV] 초과	• 거리의 합계 = 6 + 단수 × 0.12[m] • 단수 = $\frac{\text{사용전압[kV]}-160}{10}$ 단수 계산에서 소수점 이하는 절상

답 ③

88 시가지 등에서 특고압가공전선로의 시설에 대한 내용 중 틀린 것은?

① A종 철주를 지지물로 사용하는 경우의 경간은 75[m] 이하이다.
② 사용전압이 170[kV] 이하인 전선로를 지지하는 애자장치는 2련 이상의 현수애자 또는 장간애자를 사용한다.
③ 사용전압이 100[kV]를 초과하는 특고압가공전선에 지락 또는 단락이 생겼을 때에는 1초 이내에 자동적으로 이를 전로로부터 차단하는 장치를 시설한다.
④ 사용전압이 170[kV] 이하인 전선로를 지지하는 애자장치는 50[%] 충격섬락전압 값이 그 전선의 근접한 다른 부분을 지지하는 애자장치 값의 100[%] 이상인 것을 사용한다.

풀이 333.1 시가지 등에서 특고압 가공전선로의 시설
사용전압이 170[kV] 이하인 특고압 가공전선로를 시가지 그 밖에 인가가 밀집한 지역에 시설하기 위한 특고압 가공전선을 지지하는 애자장치는 다음 중 어느 하나에 의할 것.
가. 50[%] 충격섬락전압 값이 그 전선의 근접한 다른 부분을 지지하는 애자장치 값의 110[%](사용전압이 130[kV]를 초과하는 경우는 105[%]) 이상인 것.
나. 아킹혼을 붙인 현수애자·장간애자 또는 라인포스트애자를 사용하는 것.
다. 2련 이상의 현수애자 또는 장간애자를 사용하는 것.
라. 2개 이상의 핀애자 또는 라인포스트애자를 사용하는 것.

답 ④

89 전력보안 통신설비인 무선용 안테나 등을 지지하는 철주의 기초의 안전율이 얼마 이상이어야 하는가?

① 1.3 ② 1.5 ③ 1.8 ④ 2.0

풀이 364.1 무선용 안테나 등을 지지하는 철탑 등의 시설
전력보안통신설비인 무선통신용 안테나 또는 반사판을 지지하는 목주·철주·철근 콘크리트주 또는 철탑은 다음에 따라 시설하여야 한다. 다만, 무선용 안테나 등이 전선로의 주위상태를 감시할 목적으로 시설되는 것일 경우에는 그러하지 아니하다.
가. 목주는 풍압하중에 대한 안전율은 1.5 이상이어야 한다.
나. 철주·철근 콘크리트주 또는 철탑의 기초 안전율은 1.5 이상이어야 한다.

답 ②

90 345[kV] 가공전선로를 제1종 특고압 보안공사에 의하여 시설할 때 사용되는 경동연선의 굵기는 몇 [mm²] 이상이어야 하는가?

① 100 ② 125 ③ 150 ④ 200

풀이 333.22 특고압 보안공사
제1종 특고압 보안공사 시 전선의 단면적

사용전압	전 선
100[kV] 미만	인장강도 21.67[kN] 이상의 연선 또는 단면적 55[mm²] 이상의 경동연선
100[kV] 이상 300[kV] 미만	인장강도 58.84[kN] 이상의 연선 또는 단면적 150[mm²] 이상의 경동연선
300[kV] 이상	인장강도 77.47[kN] 이상의 연선 또는 단면적 200[mm²] 이상의 경동연선

답 ④

91 차단기에 사용하는 압축공기장치에 대한 설명 중 틀린 것은?

① 공기압축기를 통하는 관은 용접에 의한 잔류응력이 생기지 않도록 할 것
② 주 공기탱크에는 사용압력 1.5배 이상 3배 이하의 최고 눈금이 있는 압력계를 시설할 것
③ 공기압축기는 최고사용압력의 1.5배 수압을 연속하여 10분간 가하여 시험하였을 때 이에 견디고 새지 아니할 것
④ 공기탱크는 사용압력에서 공기의 보급이 없는 상태로 차단기의 투입 및 차단을 연속하여 3회 이상 할 수 있는 용량을 가질 것

> 풀이 341.15 압축공기계통
> 발전소·변전소·개폐소 또는 이에 준하는 곳에서 개폐기 또는 차단기에 사용하는 압축공기장치는 사용 압력에서 공기의 보급이 없는 상태로 개폐기 또는 차단기의 투입 및 차단을 연속하여 1회 이상 할 수 있는 용량을 가지는 것일 것.   답 ④

92 사용전압이 22900[V]인 가공전선이 건조물과 제2차 접근상태로 시설되는 경우에 이 특고압 가공전선로의 보안공사는 어떤 종류의 보안공사로 하여야 하는가?

① 고압 보안공사
② 제1종 특고압 보안공사
③ 제2종 특고압 보안공사
④ 제3종 특고압 보안공사

> 풀이 333.23 특고압 가공전선과 건조물의 접근
> 가. 건조물과 제1차 접근상태 : 제3종 특고압 보안공사
> 나. 건조물과 제2차 접근상태
> ① 사용전압이 35[kV] 이하 : 제2종 특고압 보안공사
> ② 사용전압이 35[kV] 초과 400[kV] 미만 : 제1종 특고압 보안공사   답 ③

93 비접지식 고압전로와 접속되는 변압기의 외함에 실시하는 접지공사의 접지극으로 사용할 수 있는 건물 철골의 대지 전기저항의 최댓값[Ω]은 얼마인가?

① 2 ② 3
③ 5 ④ 10

> 풀이 142.2 접지극의 시설 및 접지저항
> 가. 지중에 매설되어 있고 대지와의 전기저항 값이 3[Ω] 이하의 값을 유지하고 있는 금속제 수도관로가 규정에 따르는 경우 접지극으로 사용이 가능하다.
> 나. 대지와의 사이에 전기저항 값이 2[Ω] 이하인 값을 유지하는 건축물·구조물의 철골 기타의 금속제는 접지공사의 접지극으로 사용할 수 있다.   답 ①

94 저압 수상전선로에 사용되는 전선은?

① 무기물 절연 케이블
② 알루미늄피 케이블
③ 클로로프렌시스 케이블
④ 클로로프렌 캡타이어 케이블

> 풀이 335.3 수상전선로의 시설
> 수상전선로를 시설하는 경우 사용전압이 저압 또는 고압인 것에 한 하며 사용되는 전선은 다음과 같다.
> 가. 저압 : 클로로프렌 캡타이어 케이블
> 나. 고압 : 캡타이어 케이블   답 ④

95 22.9[kV] 특고압으로 가공전선과 조영물이 아닌 다른 시설물이 교차하는 경우, 상호 간의 이격거리는 몇 [cm]까지 감할 수 있는가? (단, 전선은 케이블이다.)

① 50 ② 60
③ 100 ④ 120

> 풀이 333.28 특고압 가공전선과 다른 시설물의 접근 또는 교차
> 특고압 절연전선 또는 케이블을 사용하는 사용전압이 35 [kV] 이하의 특고압 가공전선과 다른 시설물 사이의 이격거리
>
> | 다른 시설물의 구분 | 접근형태 | 이격거리 |
> |---|---|---|
> | 조영물의 상부조영재 | 위쪽 | 2[m] (전선이 케이블인 경우에는 1.2[m]) |
> | | 옆쪽 또는 아래쪽 | 1[m] (전선이 케이블인 경우에는 0.5[m]) |
> | 조영물의 상부조영재 이외의 부분 또는 조영물 이외의 시설물 | | 1[m] (전선이 케이블인 경우에는 0.5[m]) |
>
>   답 ①

96 가공전선로의 지지물에 시설하는 지선의 안전율과 허용인장하중의 최저값은?

① 안전율은 2.0 이상,
  허용인장하중 최저값은 4[kN]
② 안전율은 2.5 이상,
  허용인장하중 최저값은 4[kN]
③ 안전율은 2.0 이상,
  허용인장하중 최저값은 4.4[kN]
④ 안전율은 2.5 이상,
  허용인장하중 최저값은 4.31[kN]

[풀이] 331.11 지선의 시설
가. 지선의 안전율은 2.5 이상일 것. 이 경우에 허용 인장하중의 최저는 4.31[kN]으로 한다.
나. 지선에 연선을 사용할 경우에는 다음에 의할 것.
① 소선 3가닥 이상의 연선일 것.
② 소선의 지름이 2.6[mm] 이상의 금속선을 사용한 것일 것. 답 ④

97 단락전류에 의하여 생기는 기계적 충격에 견디는 것을 요구하지 않는 것은?
① 애자
② 변압기
③ 조상기
④ 접지선

[풀이] 발전기 등의 기계적 강도(기술기준 제23조)
① 발전기, 변압기, 조상기, 모선 또는 이를 지지하는 애자는 단락전류에 의하여 생기는 기계적 충격에 견디어야 한다.
② 수차 또는 풍차 발전기의 회전 부분은 무구속 속도에 대하여 증기터빈, 가스터빈, 내연기관은 비상 속도에 견디어야 한다. 답 ④

출제기준 변경 및 개정된 관계 법규에 따라 삭제된 문제가 있어 20문항이 안됩니다.

2016년 2회

1과목 - 전기자기

01 10^{-5}[Wb]와 1.2×10^{-5}[Wb]의 점자극을 공기 중에서 2[cm] 거리에 놓았을 때 극간에 작용하는 힘은 약 몇 [N]인가?

① 1.9×10^{-2} ② 1.9×10^{-3}
③ 3.8×10^{-2} ④ 3.8×10^{-3}

풀이
$$F = \frac{1}{4\pi\mu_0} \cdot \frac{m_1 m_2}{r^2}$$
$$= 6.33 \times 10^4 \times \frac{10^{-5} \times 1.2 \times 10^{-5}}{0.02^2}$$
$$\approx 1.9 \times 10^{-2}[N]$$
답 ①

02 간격 d[m]로 평행한 무한히 넓은 2개의 도체판에 각각 단위면마다 $+\sigma$[C/m²], $-\sigma$[C/m²]의 전하가 대전되어 있을 때 두 도체 간의 전위차는 몇 [V]인가?

① 0 ② ∞
③ $\frac{\sigma}{\epsilon_0}d$ ④ $\frac{\sigma}{2\epsilon_0}d$

풀이 전하밀도 σ[C/m²]에서 나오는 전기력선 밀도
$\frac{\sigma}{\epsilon_0}$[개/m²]= $\frac{\sigma}{\epsilon_0}$[V/m] (전계의 세기 E)이므로
$$\therefore V = Ed = \frac{\sigma}{\epsilon_0}d[V]$$
답 ③

03 비유전률 ϵ_s에 대한 설명으로 옳은 것은?

① ϵ_s의 단위는 [C/m]이다.
② ϵ_s는 항상 1보다 작은 값이다.
③ ϵ_s는 유전체의 종류에 따라 다르다.
④ 진공의 비유전율은 0이고, 공기의 비유전율은 1이다.

풀이 ① 비유전율은 진공의 유전율과 다른 절연물의 유전율과의 비이다.
② 모든 유전체의 비유전율은 1보다 크다.
③ 비유전율은 유전체의 종류에 따라 다르다.
④ 진공의 비유전율은 1, 공기의 비유전율은 1.000586 이다. **답** ③

04 전자장에 대한 설명으로 틀린 것은?

① 대전된 입자에서 전기력선이 발산 또는 흡수한다.
② 전류(전하이동)는 순환형의 자기장을 이루고 있다.
③ 자석은 독립적으로 존재하지 않는다.
④ 운동하는 전자는 자기장으로부터 힘을 받지 않는다.

풀이 운동 전하 q에 전계와 자계가 동시에 작용하고 있으면 전체적으로
$$F = q(E + v \times B)[N]$$
의 전자력을 받으며, 이렇듯 자계 내에서 운동 전하가 받는 힘을 로렌츠의 힘이라고 한다. **답** ④

05 영구자석의 재료로 사용되는 철에 요구되는 사항으로 옳은 것은?

① 잔류자속밀도는 작고 보자력이 커야 한다.
② 잔류자속밀도와 보자력이 모두 커야 한다.
③ 잔류자속밀도는 크고 보자력이 작아야 한다.
④ 잔류자속밀도는 커야 하나, 보자력이 0이어야 한다.

풀이
- 자심 재료 : 히스테리시스 곡선의 면적 및 보자력은 작고 잔류자기는 커야 한다.
- 영구자석 재료 : 히스테리시스 곡선의 면적 및 보자력과 잔류자기도 모두 커야 한다. **답** ②

06 온도가 20[℃]일 때 저항률의 온도계수가 가장 작은 금속은?

① 금 ② 철
③ 알루미늄 ④ 백금

풀이 고유저항과 저항온도계수(20[℃])

금 속	$\rho \times 10^{-8}$[Ω·m]	저항온도계수(α_{20})
금	2.44	0.0034
알루미늄	2.83	0.0042
철	10	0.0050
백금	10.5	0.0030

일반적으로 온도계수가 작은 금속일수록 저항도 크고 경도도 큰 금속이다.   **답** ④

07 100[mH]의 자기 인덕턴스를 갖는 코일에 10[A]의 전류를 통할 때 축적되는 에너지는 몇 [J]인가?

① 1 ② 5
③ 50 ④ 1000

풀이 자기에너지
$$W = \frac{1}{2}LI^2 = \frac{1}{2} \times 100 \times 10^{-3} \times 10^2 = 5[J]$$ **답** ②

08 대전도체의 성질로 가장 알맞은 것은?

① 도체내부에 정전에너지가 저축된다.
② 도체표면의 정전응력은 $\frac{\sigma^2}{2\epsilon_0}$[N/m²]이다.
③ 도체표면의 전계의 세기는 $\frac{\sigma^2}{\epsilon_0}$[V/m]이다.
④ 도체의 내부전위와 도체표면의 전위는 다르다.

풀이
- 전하는 도체내부에는 존재하지 않고, 도체표면에만 분포한다.
- 도체표면의 전하밀도를 σ[c/m²]이라 하면 **표면상의 정전응력은 $\frac{\sigma^2}{2\epsilon_0}$[N/m²]이다.**
- 도체표면의 전계는 $E = \frac{\sigma}{\epsilon_0}$[V/m]이다.
- 도체표면과 내부의 전위는 동일하고(등전위), 표면은 등전위면이다.
- 도체 면에서의 전계의 세기는 도체표면(등전위면)에 항상 수직이다.   **답** ②

09 각종 전기기기에 접지하는 이유로 가장 옳은 것은?

① 편의상 대지는 전위가 영상 전위이기 때문이다.
② 대지는 습기가 있기 때문에 전류가 잘 흐르기 때문이다.
③ 영상전하로 생각하여 땅속은 음(-) 전하이기 때문이다.
④ 지구의 정전용량이 커서 전위가 거의 일정하기 때문이다.

풀이 지구는 정전용량이 크므로 많은 전하가 축적되어도 지구의 전위는 일정하다. 따라서 대지를 실용상 영전위로 한다.   **답** ④

10 그림과 같이 영역 $y \leq 0$은 완전 도체로 위치해 있고, 영역 $y \geq 0$은 완전 유전체로 위치해 있을 때, 만일 경계 무한 평면의 도체면상에 면전하밀도 $\rho_s = 2$[nC/m²]가 분포되어 있다면 P점 (-4, 1, -5)[m]의 전계의 세기[V/m]는?

① $18\pi a_y$
② $36\pi a_y$
③ $-54\pi a_y$
④ $72\pi a_y$

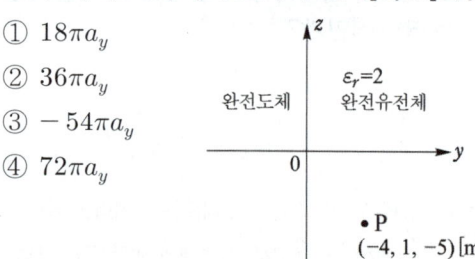

풀이
- 완전도체에서 전하는 z축면 상에만 균일분포
- 전기력선은 도체외부의 수직방향인 유전체 내부로 진행(a_y 방향)
- 유전체 내부는 평등전계이므로 P점에 관계없이 어느 점이나 전계는 일정

$\rho_s = 2 \times 10^{-9}$ [C/m²]
$\frac{1}{\epsilon_0} = 36\pi \times 10^9$ ($\because \frac{1}{4\pi\epsilon_0} = 9 \times 10^9$)

$\epsilon_r = 2$이므로 전계의 세기(크기)
$$E = \frac{\rho_s}{\epsilon} = \frac{\rho_s}{\epsilon_0 \epsilon_r} = 36\pi \times 10^9 \times \frac{2 \times 10^{-9}}{2}$$
$$= 36\pi[V/m]$$

따라서 전계의 세기(벡터)
$$\boldsymbol{E} = Ea_y = 36\pi a_y[V/m]$$ **답** ②

11 그림과 같이 도선에 전류 I[A]를 흘릴 때 도선의 바로 밑에 자침이 이 도선과 나란히 놓여 있다고 하면 자침의 N극의 회전력의 방향은?

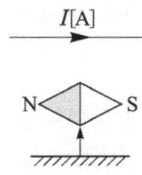

① 지면을 뚫고 나오는 방향이다.
② 지면을 뚫고 들어가는 방향이다.
③ 좌측에서 우측으로 향하는 방향이다.
④ 우측에서 좌측으로 향하는 방향이다.

풀이 ① 암페어 오른나사 법칙에 의해 도선 아래의 자기장 방향 : ⊗ (지면 위→아래)
② 자침의 N극의 방향은 자기장 방향과 일치하므로 지면 위에서 아래로 향하는 방향으로 회전력 작용
답 ②

12 점전하 Q[C]에 의한 무한평면 도체의 영상전하는?

① Q[C]보다 작다. ② Q[C]보다 크다.
③ $-Q$[C]와 같다. ④ 0

풀이

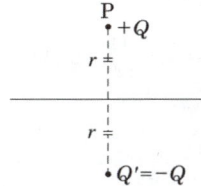

무한평면으로부터 r[m] 떨어진 P점에 점전하 $+Q$[C]가 있는 경우 영상전하는 무한평면 뒤쪽으로 점 P의 대칭점에 존재하며, 그 크기는 점전하와 같고 부호는 반대로 $Q' = -Q$[C]이다.
답 ③

13 공간 도체 내에서 자속이 시간적으로 변할 때 성립되는 식은?

① $\text{rot } E = \frac{\partial H}{\partial t}$ ② $\text{rot } E = -\frac{\partial B}{\partial t}$
③ $\text{div } E = -\frac{\partial B}{\partial t}$ ④ $\text{div } E = -\frac{\partial H}{\partial t}$

풀이 맥스웰의 제2 기본방정식
$\text{rot } E = -\frac{\partial B}{\partial t}$
답 ②

14 두 자성체 경계면에서 정자계가 만족하는 것은?

① 자계의 법선성분이 같다.
② 자속밀도의 접선성분이 같다.
③ 자속은 투자율이 작은 자성체에 모인다.
④ 양측 경계면상의 두 점 간의 자위차가 같다.

풀이

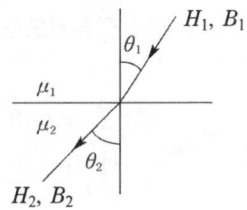

① 자계의 세기는 경계면에서 접선성분이 같다.
$H_1 \sin\theta_1 = H_2 \sin\theta_2$
② 자속밀도는 경계면에서 법선성분이 같다.
$B_1 \cos\theta_1 = B_2 \cos\theta_2$
③ 굴절각 $\frac{\tan\theta_1}{\tan\theta_2} = \frac{\mu_1}{\mu_2}$
④ 두 경계면에서의 자위는 서로 같다. ($V_1 = V_2$)
⑤ 자속은 투자율이 높은 쪽으로 모이려는 성질이 있다.
답 ④

15 환상 솔레노이드 코일에 흐르는 전류가 2[A]일 때 자로의 자속이 1×10^{-2}[Wb]라고 한다. 코일의 권수를 500회라 할 때 이 코일의 자기 인덕턴스는 몇 [H]인가?

① 2.5 ② 3.5 ③ 4.5 ④ 5.5

풀이 자기 인덕턴스
$L = \frac{N\phi}{I} = \frac{500 \times 1 \times 10^{-2}}{2} = 2.5$[H]
답 ①

16 자속밀도가 B인 곳에 전하 Q, 질량 m인 물체가 자속밀도 방향과 수직으로 입사한다. 속도를 2배로 증가시키면, 원운동의 주기는 몇 배가 되는가?

① 1/2 ② 1 ③ 2 ④ 4

풀이 작용하는 힘 $F = BQv = \dfrac{mv^2}{r}$ 에서
$v = r\omega$ 이므로
$BQ = \dfrac{mv}{r} = \dfrac{mr\omega}{r} = m\omega = m \cdot 2\pi f \rightarrow f = \dfrac{BQ}{2\pi m}$
$\therefore T = \dfrac{1}{f} = \dfrac{2\pi m}{BQ}$ [s]
주기의 식에 속도 v가 없으므로 **주기는 속도의 변화에 관계가 없다.** **답** ②

17 대지 중의 두 전극 사이에 있는 어떤 점의 전계의 세기가 6[V/cm], 지면의 도전율이 10^{-4} [℧/cm]일 때 이 점의 전류밀도는 몇 [A/cm²]인가?

① 6×10^{-4}　② 6×10^{-3}
③ 6×10^{-2}　④ 6×10^{-1}

풀이 전류밀도
$i = KE = 10^{-4} \times 6 = 6 \times 10^{-4}$ [A/cm²] **답** ①

18 표피효과에 관한 설명으로 옳은 것은?

① 주파수가 낮을수록 침투깊이는 작아진다.
② 전도도가 작을수록 침투깊이는 작아진다.
③ 표피효과는 전계 혹은 전류가 도체내부로 들어갈수록 지수함수적으로 적어지는 현상이다.
④ 도체내부의 전계의 세기가 도체표면의 전계세기의 1/2까지 감쇠되는 도체표면에서 거리를 표피두께라 한다.

풀이 • **표피효과** : 전류의 주파수가 증가할수록 **도체내부의 전류밀도가 지수 함수적으로 감소**되는 현상
• 표피두께 또는 침투깊이
$\delta = \sqrt{\dfrac{2}{\omega\mu}} = \sqrt{\dfrac{1}{\pi f \sigma \mu}}$ [m]이므로
f(주파수), σ(도전율), μ(투자율)가 클수록 δ가 작게 되어 표피효과가 심해진다. **답** ③

19 진공 중에서 1[μF]의 정전용량을 갖는 구의 반지름은 몇 [km]인가?

① 0.9　② 9
③ 90　④ 900

풀이 구도체의 정전용량
$C = 4\pi\epsilon_0 a = \dfrac{1}{9 \times 10^9} \times a$ 이므로
$\therefore a = 9 \times 10^9 C = 9 \times 10^9 \times 1 \times 10^{-6}$
$= 9 \times 10^3$ [m] = 9[km] **답** ②

20 그림과 같은 환상철심에 A, B의 코일이 감겨 있다. 전류 I가 120[A/s]로 변화할 때, 코일 A에 90[V], 코일 B에 40[V]의 기전력이 유도된 경우, 코일 A의 자기 인덕턴스 L_1[H]과 상호 인덕턴스 M[H]의 값은 얼마인가?

① $L_1 = 0.75$, $M = 0.33$
② $L_1 = 1.25$, $M = 0.7$
③ $L_1 = 1.75$, $M = 0.9$
④ $L_1 = 1.95$, $M = 1.1$

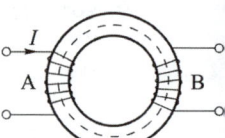

풀이 $\dfrac{dI_1}{dt} = 120$[A/s] 일 때
$e_1 = 90$[V], $e_2 = 40$[V]이므로
• 자기 인덕턴스 : $e_1 = L_1 \dfrac{dI_1}{dt}$ 이므로
$L_1 = \dfrac{e_1}{\dfrac{dI_1}{dt}} = \dfrac{90}{120} = 0.75$[H]
• 상호 인덕턴스 : $e_2 = M \dfrac{dI_1}{dt}$ 이므로
$M = \dfrac{e_2}{\dfrac{dI_1}{dt}} = \dfrac{40}{120} = 0.33$[H] **답** ①

2과목 - 전력공학

21 인입되는 전압이 정정값 이하로 되었을 때 동작하는 것으로서 단락고장검출 등에 사용되는 계전기는?

① 접지계전기　② 부족 전압 계전기
③ 역전력 계전기　④ 과전압 계전기

풀이 ① 전압이 정정값 이하 시 동작 : 부족 전압 계전기
② 전압이 정정값 초과 시 동작 : 과전압 계전기 **답** ②

22 배전선로용 퓨즈(Power Fuse)는 주로 어떤 전류의 차단을 목적으로 사용하는가?

① 충전전류 ② 단락전류
③ 부하전류 ④ 과도전류

풀이 전력용 퓨즈는 단락보호용으로 사용된다. 답 ②

23 접촉자가 외기(外氣)로부터 격리되어 있어 아크에 의한 화재의 염려가 없으며 소형, 경량으로 구조가 간단하고 보수가 용이하며 진공 중의 아크 소호 능력을 이용하는 차단기는?

① 유입차단기 ② 진공차단기
③ 공기차단기 ④ 가스차단기

풀이 진공 차단기(VCB)
① 고진공 중에서 전자의 고속도 확산에 의해 아크를 소호
② 소형 경량이고 조작 기구가 간편하다.
③ 화재 위험이 없다.
④ 폭발음이 없다.
⑤ 소호실에 대해서 보수가 거의 필요치 않다.
⑥ 차단 시간이 짧고 차단 성능이 회로의 주파수에 영향을 받지 않는다. 답 ②

24 유효낙차 75[m], 최대 사용 수량 200[m³/s], 수차 및 발전기의 합성효율이 70[%]인 수력발전소의 최대출력은 몇 [MW]인가?

① 102.9 ② 157.3
③ 167.5 ④ 177.8

풀이 발전소 출력 ≒ 발전기 출력이므로
∴ $P_g = 9.8 QH\eta_t \eta_g$ [kW]
$= 9.8 \times 200 \times 75 \times 0.7 \times 10^{-3}$
$= 102.9$ [MW] 답 ①

25 어떤 가공선의 인덕턴스가 1.6[mH/km]이고, 정전용량이 0.008[μF/km]일 때 특성 임피던스는 약 몇 [Ω]인가?

① 128 ② 224
③ 345 ④ 447

풀이 저항과 누설 리액턴스를 무시하면($R=0$, $G=0$)
특성 임피던스
$Z_0 = \sqrt{\dfrac{Z}{Y}} = \sqrt{\dfrac{R+j\omega L}{G+j\omega C}} = \sqrt{\dfrac{L}{C}}$
$= \sqrt{\dfrac{1.6 \times 10^{-3}}{0.008 \times 10^{-6}}} \fallingdotseq 447 [\Omega]$ 답 ④

26 서울과 같이 부하밀도가 큰 지역에서는 일반적으로 변전소의 수와 배전거리를 어떻게 결정하는 것이 좋은가?

① 변전소의 수를 감소하고 배전거리를 증가한다.
② 변전소의 수를 증가하고 배전거리를 감소한다.
③ 변전소의 수를 감소하고 배전거리도 감소한다.
④ 변전소의 수를 증가하고 배전거리도 증가한다.

풀이 부하 밀도가 큰 지역에서는 변전소의 수를 증가해서 담당 용량을 줄이고 배전 거리를 작게 해야 전력손실도 줄어든다. 답 ②

27 중성점접지방식에서 직접 접지방식을 다른 접지방식과 비교하였을 때 그 설명으로 틀린 것은?

① 변압기의 저감절연이 가능하다.
② 지락고장 시의 이상전압이 낮다.
③ 다중접지사고로의 확대 가능성이 대단히 크다.
④ 보호계전기의 동작이 확실하여 신뢰도가 높다.

풀이 직접 접지방식의 장·단점
[장점]
① 1선 지락 시에 건전상의 대지전압이 거의 상승하지 않는다.
② 피뢰기의 효과를 증진시킬 수 있다.
③ 단절연이 가능하다.
④ 계전기의 동작이 확실해진다.
[단점]
① 송전 계통의 과도 안정도가 나빠진다.
② 통신선에 유도 장해가 크다.
③ 기기에 큰 영향을 주어 손상을 준다.
④ 대용량 차단기가 필요하다. 답 ③

28 송전방식에서 선간 전압, 선로 전류, 역률이 일정할 때(3상 3선식/단상 2선식)의 전선 1선당의 전력비는 약 몇 [%]인가?

① 87.5 ② 94.7
③ 115.5 ④ 141.4

풀이
- 단상2선식 1선당 전력 $P_2 = VI\cos\theta/2$
- 3상3선식 1선당 전력 $P_3 = \sqrt{3}\,VI\cos\theta/3$

∴ 전력비 $= \dfrac{3상3선식}{단상2선식} \times 100$

$= \dfrac{\sqrt{3}\,VI\cos\theta/3}{VI\cos\theta/2} \times 100 = \dfrac{2\sqrt{3}}{3} \times 100$

$\fallingdotseq 115.5$

답 ③

29 단선식 전력선과 단선식 통신선이 그림과 같이 근접되었을 때, 통신선의 정전유도전압 E_0는?

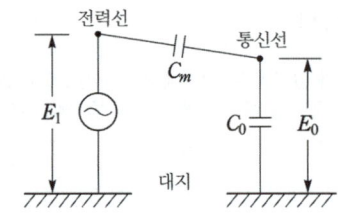

① $\dfrac{C_m}{C_0 + C_m} E_1$ ② $\dfrac{C_0 + C_m}{C_m} E_1$

③ $\dfrac{C_0}{C_0 + C_m} E_1$ ④ $\dfrac{C_0 + C_m}{C_0} E_1$

풀이

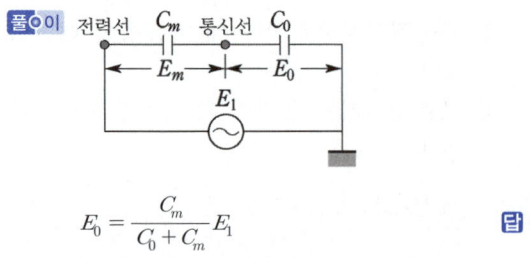

$E_0 = \dfrac{C_m}{C_0 + C_m} E_1$

답 ①

30 3상 3선식 복도체 방식의 송전선로를 3상 3선식 단도체 방식 송전선로와 비교한 것으로 알맞은 것은? (단, 단도체의 단면적은 복도체 방식 소선의 단면적 합과 같은 것으로 한다.)

① 전선의 인덕턴스와 정전용량은 모두 감소한다.
② 전선의 인덕턴스와 정전용량은 모두 증가한다.
③ 전선의 인덕턴스는 증가하고, 정전용량은 감소한다.
④ 전선의 인덕턴스는 감소하고, 정전용량은 증가한다.

풀이 복도체 방식의 장점
① 전선의 인덕턴스가 감소하고 정전용량이 증가되어 선로의 송전 용량이 증가하고 계통의 안정도를 증진시킨다.
② 전선 표면의 전위 경도가 저감되므로 코로나 임계전압을 높일 수 있고 코로나손, 코로나 잡음 등의 장해가 저감된다.

답 ④

31 터빈 발전기의 냉각방식에 있어서 수소냉각방식을 채택하는 이유가 아닌 것은?

① 코로나에 의한 손실이 적다.
② 수소 압력의 변화로 출력을 변화시킬 수 있다.
③ 수소의 열전도율이 커서 발전기 내 온도상승이 저하한다.
④ 수소 부족 시 공기와 혼합사용이 가능하므로 경제적이다.

풀이 ① 수소 냉각 발전기의 장점
- 비중이 공기의 약 7[%]로 가볍고 풍손은 공기의 약 1/10로 감소
- 열전도율은 공기의 약 6.7배, 비열은 약 14배로 열전도성이 좋고, 공기냉각 발전기에 비하여 약 25[%]의 출력이 증가
- 가스 냉각기가 적어도 된다.
- 코로나 발생전압이 높고 절연물의 수명이 길어진다.
- 공기에 비해 대류율이 1.3배이고 운전중 소음이 적다.

② 수소 냉각 발전기의 단점
- 공기와 적당히 혼합하면 폭발할 우려가 있다.
- 폭발 예방을 위한 부속설비가 필요하며 설비비가 증가

답 ④

32 그림과 같은 열 사이클은?

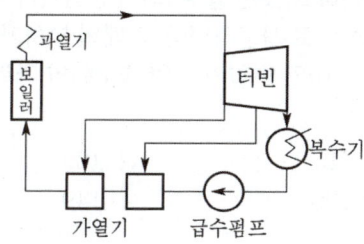

① 재생사이클
② 재열사이클
③ 카르노사이클
④ 재생재열사이클

풀이 터빈에서 증기 팽창도중 증기의 일부를 추출하여 급수 가열에 이용되는 것을 재생 사이클이라 한다. **답** ①

33 그림과 같이 지지점 A, B, C에는 고저차가 없으며, 경간 AB와 BC 사이에 전선이 가설되어, 그 이도가 12[cm]이었다. 지금 경간 AC의 중점인 지지점 B에서 전선이 떨어져서 전선의 이도가 D로 되었다면 D는 몇 [cm]인가?

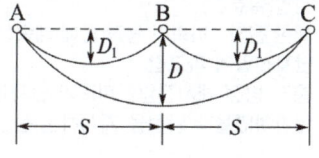

① 18
② 24
③ 30
④ 36

풀이 AB구간 및 BC구간 전선의 실제 길이를 L_1, AC구간 전선의 실제 길이를 L이라고 하면 전선의 실제 길이는 떨어지기 전과 떨어진 후가 같으므로
$2L_1 = L$
$2\left(S + \dfrac{8D_1^2}{3S}\right) = 2S + \dfrac{8D^2}{3 \times 2S}$
$\dfrac{8D^2}{3 \times 2S} = 2\left(S + \dfrac{8D_1^2}{3S}\right) - 2S = \dfrac{2 \times 8D_1^2}{3S}$
$\therefore D = \sqrt{4D_1^2} = 2D_1 = 2 \times 12 = 24\text{[cm]}$ **답** ②

34 송배전선로에서 내부 이상전압에 속하지 않는 것은?

① 개폐 이상전압
② 유도뢰에 의한 이상전압
③ 사고시의 과도 이상전압
④ 계통 조작과 고장 시의 지속 이상전압

풀이 ① 내부 이상전압의 종류
- 개폐 이상전압
- 사고 시의 과도 이상전압
- 계통 조작과 고장 시의 지속 이상전압

② 외부 이상전압
- 직격뢰에 의한 이상전압
- 유도뢰에 의한 이상전압
- 타선과의 혼촉 시 발생하는 이상전압 **답** ②

35 고압 배전선로의 선간전압을 3300[V]에서 5700[V]로 승압하는 경우, 같은 전선으로 전력손실을 같게 한다면 약 몇 배의 전력[kW]을 공급할 수 있는가?

① 1
② 2
③ 3
④ 4

풀이 ① 전력손실이 동일한 경우 ($P_{l1} = P_{l2}$)
- 전력손실 $P_{l1} = 3I^2R = \dfrac{P_1^2 R}{V_1^2 \cos^2\theta}$
  ($\because I = \dfrac{P}{\sqrt{3}\,V\cos\theta}$)
- 전력손실 $P_{l2} = 3I^2R = \dfrac{P_2^2 R}{V_2^2 \cos^2\theta}$

$\dfrac{P_1^2 R}{V_1^2 \cos^2\theta} = \dfrac{P_2^2 R}{V_2^2 \cos^2\theta} \rightarrow \dfrac{P_1}{V_1} = \dfrac{P_2}{V_2}$

$\therefore P_2 = \left(\dfrac{V_2}{V_1}\right)P_1 = \left(\dfrac{5700}{3300}\right)P_1 = 1.73P_1$

② 전력손실률이 동일한 경우 ($h_1 = h_2$)
- 전력손실률 $h_1 = \dfrac{P_{l1}}{P_1} = \dfrac{P_1 R}{V_1^2 \cos^2\theta}$
- 전력손실률 $h_2 = \dfrac{P_{l2}}{P_2} = \dfrac{P_2 R}{V_2^2 \cos^2\theta}$

$\dfrac{P_1 R}{V_1^2 \cos^2\theta} = \dfrac{P_2 R}{V_2^2 \cos^2\theta} \rightarrow \dfrac{P_1}{V_1^2} = \dfrac{P_2}{V_2^2}$

$\therefore P_2 = \left(\dfrac{V_2}{V_1}\right)^2 P_1 = \left(\dfrac{5700}{3300}\right)^2 P_1 = 2.98P_1$

따라서 문제의 조건이 '전력손실을 같게 한다면'이 아닌 '전력손실률을 같게 한다면'으로 변경되어야 한다.

답 ③

36 설비용량 800[kW], 부등률 1.2, 수용률 60[%]일 때, 변전시설 용량은 최저 약 몇 [kVA] 이상이어야 하는가? (단, 역률은 90[%] 이상 유지되어야 한다.)

① 450　　② 500
③ 550　　④ 600

풀이 변전 설비 용량 $= \dfrac{\text{설비 용량} \times \text{수용률}}{\text{부등률} \times \text{역률}} = \dfrac{800 \times 0.6}{1.2 \times 0.9}$
≒ 444[kVA]　　**답** ①

37 소호 리액터 접지방식에 대하여 틀린 것은?

① 지락전류가 적다.
② 전자유도장애를 경감할 수 있다.
③ 지락 중에도 송전이 계속 가능하다.
④ 선택지락계전기의 동작이 용이하다.

풀이

방식	보호계전기 동작	지락전류	고장중 운전	전위 상승	과도 안정도	유도 장해	특징
소호 리액터 접지 (66[kV])	불확실	최소	가능	$\sqrt{3}$ 이상	최대	최소	병렬공진, 고장전류 최소

소호 리액터 접지방식은 지락전류가 흐르지 않으므로 보호계전기 동작이 어렵다.　　**답** ④

38 전력원선도에서 알 수 없는 것은?

① 조상용량
② 선로손실
③ 송전단의 역률
④ 정태안정 극한전력

풀이 ① 원선도에서 알 수 있는 사항
　• 정태 안정 극한 전력(최대 전력)
　• 송수전단전압간의 상차각
　• 조상 용량
　• 수전단 역률
　• 선로 손실과 송전 효율
② 원선도에서 구할 수 없는 것
　• 과도 안정 극한전력
　• 코로나 손실
　• 송전단의 역률　　**답** ③

39 200[kVA] 단상변압기 3대를 △결선에 의하여 급전하고 있는 경우 1대의 변압기가 소손되어 V결선으로 사용하였다. 이때의 부하가 516[kVA]라고 하면 변압기는 약 몇 [%]의 과부하가 되는가?

① 119　　② 129
③ 139　　④ 149

풀이 V결선 출력
$P_V = \sqrt{3}\,P_1 = 200\sqrt{3}\,[\text{kVA}]$
따라서
과부하율 $= \dfrac{P}{P_V} \times 100 = \dfrac{516}{200\sqrt{3}} \times 100$
$= 149[\%]$　　**답** ④

40 피뢰기의 제한전압이란?

① 피뢰기의 정격전압
② 상용주파수의 방전개시전압
③ 피뢰기 동작 중 단자전압의 파고치
④ 속류의 차단이 되는 최고의 교류전압

풀이 ① 피뢰기의 정격전압 : 속류의 차단이 되는 최고의 교류전압
② 상용주파 방전 개시전압 : 상용주파수의 방전개시전압(실효값)
③ 제한 전압 : 피뢰기 동작 중에 계속해서 걸리고 있는 단자전압의 파고값
④ 충격 방전 개시전압 : 피뢰기 단자간에 충격전압을 인가하였을때 방전을 개시하는 전압　　**답** ③

3과목 - 전기기기

41 6600/210[V], 10[kVA] 단상변압기의 퍼센트 저항 강하는 1.2[%], 리액턴스 강하는 0.9[%]이다. 임피던스 전압[V]은?

① 99　　② 81
③ 65　　④ 37

풀이 퍼센트 저항 강하 $p = 1.2[\%]$, 퍼센트 리액턴스 강하 $q = 0.9[\%]$이므로 퍼센트 임피던스 강하 z는
$z = \sqrt{p^2 + q^2} = \sqrt{1.2^2 + 0.9^2} = 1.5[\%]$

$z = \dfrac{V_s}{V_{1n}} \times 100[\%]$ 이므로

따라서 임피던스 전압

$V_s = \dfrac{zV_{1n}}{100} = \dfrac{1.5 \times 6600}{100} = 99[V]$

답 ①

42
변압기 1차 측 공급전압이 일정할 때, 1차 코일 권수를 4배로 하면 누설리액턴스와 여자전류 및 최대자속은? (단, 자로는 포화상태가 되지 않는다.)

① 누설 리액턴스= 16,
　여자전류= $\dfrac{1}{4}$, 최대 자속= $\dfrac{1}{16}$

② 누설 리액턴스= 16,
　여자전류= $\dfrac{1}{16}$, 최대 자속= $\dfrac{1}{4}$

③ 누설 리액턴스= $\dfrac{1}{16}$,
　여자전류= 4, 최대 자속= 160

④ 누설 리액턴스= 16,
　여자전류= $\dfrac{1}{16}$, 최대 자속= 4

풀이 ① 누설 리액턴스

인덕턴스 $L = \dfrac{\mu A N^2}{l} \propto N^2 = 4^2 = 16$배이므로 누설 리액턴스($\omega L$)도 16배가 된다.

② 여자전류
자로에 자기 포화가 없으므로 최대 자속은 여자전류와 권수의 곱, 즉 기자력에 비례한다.
$\Phi_m \propto I_0 N_1$
권수가 $4N_1$일 때의 여자전류를 I_0'라고 하면
$\dfrac{I_0' \times 4N_1}{I_0 \times N_1} = \dfrac{\Phi_m'}{\Phi_m} = \dfrac{1}{4}$
$\therefore I_0' = \left(\dfrac{1}{4}\right)^2 I_0 = \dfrac{1}{16} I_0$

③ 최대 자속
$V_1 \fallingdotseq E_1 = 4.44 f N_1 \Phi_m \to \Phi_m = \dfrac{V_1}{4.44 f N_1}$
V_1와 f는 일정하고, 권수만을 4배로 하여 $4N_1$으로 했을 때의 최대 자속을 Φ_m'라고 하면
$\therefore \Phi_m' = \dfrac{V_1}{4.44 f \times 4N_1} = \dfrac{1}{4} \Phi_m$

즉, 누설 리액턴스는 16배, 최대 자속밀도는 $\dfrac{1}{16}$배, 여자전류는 $\dfrac{1}{4}$배로 감소된다.

답 ②

43
2대의 같은 정격의 타여자 직류발전기가 있다. 그 정격은 출력 10[kW], 전압 100[V], 회전속도 1500[rpm]이다. 이 2대를 카프법에 의해서 반환부하시험을 하니 전원에서 흐르는 전류는 22[A]이었다. 이 결과에서 발전기의 효율은 약 몇 [%]인가? (단, 각 기의 계자저항손은 각각 200[W]라고 한다.)

① 88.5　　② 87
③ 80.6　　④ 76

풀이
- 발전기 2대의 손실
$VI_0 = 100 \times 22 = 2200[W] = 2.2[kW]$
- 발전기 1대의 계자 저항손
$R_f I_f^2 = 200[W] = 0.2[kW]$

따라서 발전기의 효율 η_g는
$\eta_g = \dfrac{VI}{VI + \dfrac{1}{2} VI_0 + R_f I_f^2} \times 100$
$= \dfrac{10}{10 + \dfrac{1}{2} \times 2.2 + 0.2} \times 100$
$= 88.5[\%]$

답 ①

44
직류전동기의 발전제동 시 사용하는 저항의 주된 용도는?

① 전압강하　　② 전류의 감소
③ 전력의 소비　　④ 전류의 방향전환

풀이 발전 제동 : 전동기를 전원으로부터 분리한 후 1차 측에 직류전원을 공급하여 발전기로 동작시킨 후 발생된 전력을 저항에서 열로 소비시키는 방법

답 ③

45
직류전동기의 속도제어 방법에서 광범위한 속도제어가 가능하며, 운전효율이 가장 좋은 방법은?

① 계자제어　　② 전압제어
③ 직렬저항제어　　④ 병렬 저항제어

풀이 직류전동기의 속도제어법 비교

구 분	제어 특성	특 징
계자 제어법	• 정출력 제어	• 속도제어범위가 좁다.
전압 제어법	• 정토크 제어 – 워드 레오나드 방식 – 일그너 방식	• 제어범위가 넓다. • 손실이 매우 적다. • 정역 운전이 가능 • 설비비가 많이든다.
직렬 저항법		• 효율이 나쁘다.

답 ②

46 동기발전기의 병렬운전에서 일치하지 않아도 되는 것은?

① 기전력의 크기
② 기전력의 위상
③ 기전력의 극성
④ 기전력의 주파수

풀이 동기발전기의 병렬운전 조건은 다음과 같다.
① 기전력의 크기가 같을 것
② 기전력의 위상이 같을 것
③ 기전력의 주파수가 같을 것
④ 기전력의 파형이 같을 것
⑤ 상회전방향이 같을 것

답 ③

47 100[kVA], 6000/200[V], 60[Hz]이고 %임피던스 강하 3[%]인 3상 변압기의 저압측에 3상 단락이 생겼을 경우의 단락전류는 약 몇 [A]인가?

① 5650 ② 9623
③ 17000 ④ 75000

풀이 단락전류 $I_s = \dfrac{100}{\%Z} I_n = \dfrac{100}{3} \times \dfrac{100 \times 10^3}{\sqrt{3} \times 200}$
$\fallingdotseq 9623[A]$

답 ②

48 코일피치와 자극피치의 비를 β라 하면 기본파 기전력에 대한 단절계수는?

① $\sin \beta\pi$ ② $\cos \beta\pi$
③ $\sin \dfrac{\beta\pi}{2}$ ④ $\cos \dfrac{\beta\pi}{2}$

풀이 단절계수
• $K_p = \sin \dfrac{\beta\pi}{2}$ (기본파)
• $K_{pn} = \sin \dfrac{n\beta\pi}{2}$ (n차 고조파)

답 ③

49 구조가 회전 계자형으로 된 발전기는?

① 동기발전기 ② 직류발전기
③ 유도발전기 ④ 분권발전기

풀이 회전계자방식은 동기발전기의 회전자에 의한 분류로 전기자를 고정자로 하고 계자극을 회전자로 한 방식이다.

답 ①

50 8극 6[Hz]의 유도전동기가 부하를 연결하고 864[rpm]으로 회전할 때 54.134[kg·m]의 토크를 발생 시 동기와트는 약 몇 [kW]인가?

① 48 ② 50
③ 52 ④ 54

풀이 $N_s = \dfrac{120f}{p} = \dfrac{120 \times 6}{8} = 90[rpm]$

$T = 0.975 \dfrac{P}{N} = 0.975 \dfrac{P_2}{N_s} [kg \cdot m]$ 이므로

$\therefore P_2 = 1.026 N_s T$
$= 1.026 \times 90 \times 54.134 \times 10^{-3}$
$\fallingdotseq 5[kW]$

답 전항정답

51 화학공장에서 선로의 역률은 앞선 역률 0.70이었다. 이 선로에 동기조상기를 병렬로 결선해서 과여자로 하면 선로의 역률은 어떻게 되는가?

① 뒤진 역률이며 역률은 더욱 나빠진다.
② 뒤진 역률이며 역률은 더욱 좋아진다.
③ 앞선 역률이며 역률은 더욱 좋아진다.
④ 앞선 역률이며 역률은 더욱 나빠진다.

풀이 동기조상기의 운전
• 과여자 : 선로에 앞선 전류가 흘러 일종의 콘덴서로 작용
• 부족 여자 : 뒤진 전류가 흘러서 일종의 리액터로 작용

따라서 앞선 역률인 경우 과여자로 하면 선로의 역률은 더욱 진상이 되어 역률은 더 나빠진다.

답 ④

52 전기설비 운전 중 계기용 변류기(CT)의 고장발생으로 변류기를 개방할 때 2차 측을 단락해야 하는 이유는?

① 2차 측의 절연 보호
② 1차 측의 과전류 방지
③ 2차 측의 과전류 보호
④ 계기의 측정 오차 방지

풀이 변류기의 2차 측을 개방하면 1차 전류가 모두 여자전류가 되어 2차 권선에 매우 높은 전압이 유기되어 절연이 파괴되고 소손될 우려가 있으므로 변류기 2차 측 기기를 교체하고자 하는 경우에는 반드시 변류기 2차 측을 단락시켜야 한다. **답** ①

53 유도전동기에서 인가전압이 일정하고 주파수가 정격 값에서 수 [%] 감소할 때 나타나는 현상 중 틀린 것은?

① 철손이 증가한다.
② 효율이 나빠진다.
③ 동기속도가 감소한다.
④ 누설 리액턴스가 증가한다.

풀이
① 철손은 히스테리시스손(P_h)과 와전류손(P_e)의 합이므로
- $P_e = k_2 B^2 f^2 = k_3 E^2$: 전압이 일정하면, 와류손은 주파수와 무관
- $P_h = k_4 B^{1.6} f = k_5 E^{1.6} f^{-0.6}$: 전압이 일정하면, 히스테리시스손은 주파수에 반비례

따라서 전압이 일정하고 주파수가 낮아지면 철손은 증가한다.
② 주파수가 낮아져서 철손이 증가하면 효율은 나빠진다.
③ 동기속도 $N_s = \dfrac{120f}{p}$ [rpm]이므로 주파수(f)가 감소하면 동기속도도 감소한다.
④ 누설 리액턴스는 주파수에 비례하므로 ($X = 2\pi f L$) 주파수가 감소하면 누설 리액턴스는 감소한다. **답** ④

54 정격전압 200[V], 전기자 전류 100[A]일 때 1000[rpm]으로 회전하는 직류분권전동기가 있다. 이 전동기의 무부하 속도는 약 몇 [rpm]인가? (단, 전기자저항은 0.15[Ω]이고 전기자 반작용은 무시한다.)

① 981　② 1081　③ 1100　④ 1180

풀이 $I_a = 50$[A]일 때의 역기전력
$E_c = V - I_a R_a = 200 - (100 \times 0.15) = 185$[V]
$I_a = 0$일 때의 역기전력
$E_{c0} = 200$[V] ($\because I_a = 0$)
전기자 반작용을 무시하면 $E = k\phi N$에서 ϕ=일정
$E \propto N$이므로 $E_{c0} : E_c = N_0 : N$
$200 : 185 = N_0 : 1000$
따라서 무부하 속도
$N_0 = \dfrac{200}{185} \times 1000 \fallingdotseq 1081$[rpm] **답** ②

55 유도전동기에서 여자전류는 극수가 많아지면 정격전류에 대한 비율이 어떻게 변하는가?

① 커진다.　② 불변이다.
③ 적어진다.　④ 반으로 줄어든다.

풀이 동일한 용량의 기계라도 극수가 증가할수록 역률은 낮아지게 되는데, 이것은 극수가 증가하면 매극매상의 도체수가 적게 되어서 여자전류의 비율이 커지기 때문이다. **답** ①

56 브러시를 이동하여 회전속도를 제어하는 전동기는?

① 반발 전동기
② 단상 직권전동기
③ 직류 직권전동기
④ 반발기동형 단상유도전동기

풀이 반발 전동기는 브러시 이동만으로 기동, 정지, 속도제어가 가능하다. **답** ①

57 단상 유도전동기를 기동 토크가 큰 것부터 낮은 순서로 배열한 것은?

① 모노사이클릭형 → 반발 유도형 → 반발 기동형 → 콘덴서 기동형 → 분상 기동형
② 반발 기동형 → 반발 유도형 → 모노사이클릭형 → 콘덴서 기동형 → 분상 기동형
③ 반발 기동형 → 반발 유도형 → 콘덴서 기동형 → 분상 기동형 → 모노사이클릭형
④ 반발 기동형 → 분상 기동형 → 콘덴서 기동형 → 반발 유도형 → 모노사이클릭형

풀이 단상 유도전동기에서 기동 토크가 큰 것부터 순서로 배열하면
반발 기동형 > 반발 유도형 > 콘덴서 기동형 > 분상 기동형 > 셰이딩 코일형 > 모노사이클릭형
답 ③

풀이
- 진권 : 권선의 진행 방향은 시계 방향의 방사형이며, 후절(뒤 피치)이 전절(앞 피치)보다 크다.
- 누권(역진권) : 권선 방향은 반시계 방향으로 감겨지게 되고 후절(뒤 피치)이 전절(앞 피치)보다 적다.

답 ①

58 일정한 부하에서 역률 1로 동기전동기를 운전하는 중 여자를 약하게 하면 전기자 전류는?

① 진상전류가 되고 증가한다.
② 진상전류가 되고 감소한다.
③ 지상전류가 되고 증가한다.
④ 지상전류가 되고 감소한다.

풀이
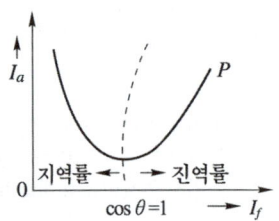

위상 특성 곡선(V곡선)에서 보는 바와 같이 여자전류(I_f)를 감소시키면 역률은 뒤지고 전기자 전류는 증가한다.
답 ③

4과목 - 회로이론

61 다음 방정식에서 $\dfrac{X_3(s)}{X_1(s)}$를 구하면?

$$\begin{cases} x_2(t) = \dfrac{d}{dt}x_1(t) \\ x_3(t) = x_2(t) + 3\int x_3(t)dt + 2\dfrac{d}{dt}x_2(t) - 2x_1(t) \end{cases}$$

① $\dfrac{s(2s^2+s-2)}{s-3}$
② $\dfrac{s(2s^2-s-2)}{s-3}$
③ $\dfrac{2(s^2+s+2)}{s-3}$
④ $\dfrac{(2s^2+s+2)}{s-3}$

풀이 라플라스 변환하면,
$X_2(s) = sX_1(s)$
$X_3(s) = X_2(s) + \dfrac{3}{s}X_3(s) + 2sX_2(s) - 2X_1(s)$
위 두 식에서 $X_2(s)$를 소거하면,
$X_3(s) = sX_1(s) + \dfrac{3}{s}X_3(s) + 2s^2X_1(s) - 2X_1(s)$
$\left(1 - \dfrac{3}{s}\right)X_3(s) = (2s^2 + s - 2)X_1(s)$
$\therefore \dfrac{X_3(s)}{X_1(s)} = \dfrac{2s^2 + s - 2}{1 - \dfrac{3}{s}} = \dfrac{s(2s^2 + s - 2)}{s - 3}$
답 ①

59 4극 7.5[kW], 200[V], 60[Hz]인 3상 유도전동기가 있다. 전부하에서의 2차 입력이 7950[W]이다. 이 경우의 2차 효율은 약 몇 [%]인가? (단, 기계손은 130[W]이다.)

① 92
② 94
③ 96
④ 98

풀이 2차 입력 $P_2 = P_0 + P_{c2} + P_m$에서
$P_{c2} = P_2 - P_0 - P_m = 7950 - 7500 - 130 = 320[W]$
2차 동손 $P_{c2} = sP_2$에서
슬립 $s = \dfrac{P_{c2}}{P_2} = \dfrac{320}{7950} = 0.04$
따라서 2차 효율
$\eta_2 = 1 - s = 1 - 0.04 = 0.96 = 96[\%]$
답 ③

60 직류기의 전기자권선 중 중권 권선에서 뒤 피치가 앞 피치보다 큰 경우를 무엇이라 하는가?

① 진권
② 쇄권
③ 여권
④ 장절권

62 그림과 같은 반파 정현파의 실효값은?

① $\dfrac{1}{\sqrt{2}}I_m$
② $\dfrac{2}{\pi}I_m$
③ $\dfrac{1}{\pi}I_m$
④ $\dfrac{1}{2}I_m$

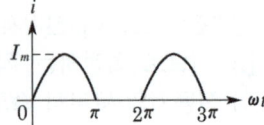

풀이 실효값

$$I = \sqrt{\frac{1}{T}\int_0^T i^2 dt} = \sqrt{\frac{1}{2\pi}\int_0^{2\pi} i^2 d(\omega t)}$$ 에서

반파 정류파는 $\pi \sim 2\pi$ 일 때 $i=0$ 이므로

$$I = \sqrt{\frac{1}{2\pi}\int_0^{\pi} i^2 d(\omega t)}$$
$$= \sqrt{\frac{1}{2\pi}\int_0^{\pi} I_m^2 \sin^2\omega t\, d(\omega t)}$$
$$= \sqrt{\frac{I_m^2}{2\pi}\int_0^{\pi} \frac{1-\cos 2\omega t}{2} d(\omega t)} = \frac{I_m}{2}$$ **답** ④

63 그림과 같이 높이가 1인 펄스의 라플라스 변환은?

① $\frac{1}{s}(e^{-as} + e^{-bs})$

② $\frac{1}{a-b}\left(\frac{e^{-as} + e^{-bs}}{1}\right)$

③ $\frac{1}{s}(e^{-as} - e^{-bs})$

④ $\frac{1}{a-b}\left(\frac{e^{-as} - e^{-bs}}{s}\right)$

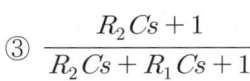

풀이 $f(t) = u(t-a) - u(t-b)$ 이므로
$\mathcal{L}[f(t)] = \mathcal{L}[u(t-a)] - \mathcal{L}[u(t-b)]$
$= \frac{e^{-as}}{s} - \frac{e^{-bs}}{s} = \frac{1}{s}(e^{-as} - e^{-bs})$ **답** ③

64 그림과 같은 회로의 전달함수는?
(단, 초기조건은 0이다.)

① $\frac{R_2 + Cs}{R_1 + R_2 + Cs}$

② $\frac{R_1 + R_2 + Cs}{R_1 + Cs}$

③ $\frac{R_2 Cs + 1}{R_2 Cs + R_1 Cs + 1}$

④ $\frac{R_1 Cs + R_2 Cs + 1}{R_2 Cs + 1}$

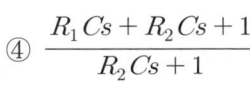

풀이 $G(s) = \frac{e_o(s)}{e_i(s)} = \frac{R_2 + \frac{1}{Cs}}{R_1 + R_2 + \frac{1}{Cs}}$

$= \frac{R_2 Cs + 1}{R_2 Cs + R_1 Cs + 1}$ **답** ③

65 비대칭 다상 교류가 만드는 회전자계는?
① 교번자기장 ② 타원형 회전자기장
③ 원형 회전자기장 ④ 포물선 회전자기장

풀이 회전자계
① 대칭 전류 : 원형 회전자계 형성
② 비대칭 전류 : 타원 회전자계 형성 **답** ②

66 다음과 같은 회로의 전달함수 $\frac{E_o(s)}{I(s)}$는?

① $\frac{1}{s(C_1 + C_2)}$

② $\frac{C_1 C_2}{(C_1 + C_2)}$

③ $\frac{C_1}{s(C_1 + C_2)}$

④ $\frac{C_2}{s(C_1 + C_2)}$

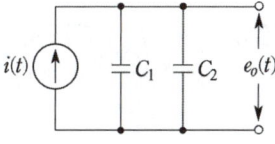

풀이 $i(t) = C_1 \frac{d}{dt}e_o(t) + C_2 \frac{d}{dt}e_o(t)$

초기값을 0으로 하고 라플라스 변환하면
$I(s) = C_1 s E_o(s) + C_2 s E_o(s)$
$= (C_1 s + C_2 s) E_o(s)$

$\therefore G(s) = \frac{E_o(s)}{I(s)} = \frac{1}{C_1 s + C_2 s} = \frac{1}{s(C_1 + C_2)}$ **답** ①

67 그림과 같은 L형 회로의 4단자 A, B, C, D 정수 중 A는?

① $1 + \frac{1}{\omega LC}$

② $1 - \frac{1}{\omega^2 LC}$

③ $1 + \frac{1}{j\omega L}$

④ $\frac{1}{2\sqrt{LC}}$

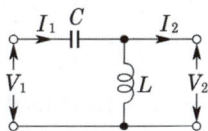

풀이 $\begin{bmatrix} A & B \\ C & D \end{bmatrix} = \begin{bmatrix} 1 & \frac{1}{j\omega C} \\ 0 & 1 \end{bmatrix} \begin{bmatrix} 1 & 0 \\ \frac{1}{j\omega L} & 1 \end{bmatrix} = \begin{bmatrix} 1 - \frac{1}{\omega^2 LC} & \frac{1}{j\omega C} \\ \frac{1}{j\omega L} & 1 \end{bmatrix}$ **답** ②

68 인덕턴스 L[H] 및 커패시턴스 C[F]를 직렬로 연결한 임피던스가 있다. 정저항 회로를 만들기 위하여 그림과 같이 L 및 C의 각각에 서로 같은 저항 R[Ω]을 병렬로 연결할 때, R[Ω]은 얼마인가? (단, $L = 4$[mH], $C = 0.1[\mu F]$이다.)

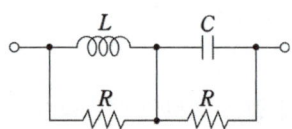

① 100
② 200
③ 2×10^{-5}
④ 0.5×10^{-2}

 $R = \sqrt{\dfrac{L}{C}} = \sqrt{\dfrac{4 \times 10^{-3}}{0.1 \times 10^{-6}}} = 200[\Omega]$ 답 ②

69 다음 회로에서 I를 구하면 몇 [A]인가?

① 2
② -2
③ -4
④ 4

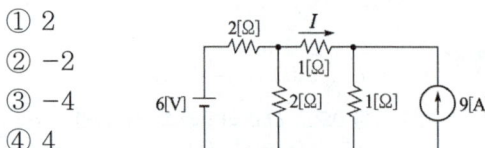

풀이 ① 그림 (a), (b)에서 전류원 개방시 I'는

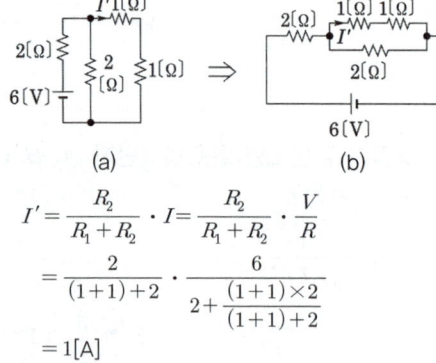

$I' = \dfrac{R_2}{R_1 + R_2} \cdot I = \dfrac{R_2}{R_1 + R_2} \cdot \dfrac{V}{R}$

$= \dfrac{2}{(1+1)+2} \cdot \dfrac{6}{2 + \dfrac{(1+1) \times 2}{(1+1)+2}}$

$= 1[A]$

② 그림 (c), (d)에서 전압원 단락시 I''는

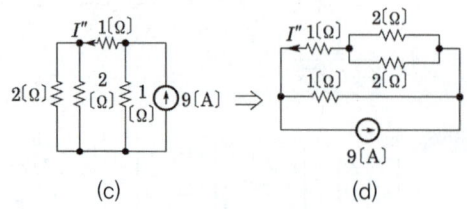

$I'' = \dfrac{R_2}{R_1 + R_2} \cdot I = \dfrac{1}{\left(1 + \dfrac{2 \times 2}{2+2}\right) + 1} \times 9 = 3[A]$

I'과 I''의 방향은 반대이고, 그림에서 I를 기준방향으로 하면,
$I = I' - I'' = 1 - 3 = -2[A]$ 답 ②

70 두 개의 회로망 N_1과 N_2가 있다. $a - b$ 단자, $a' - b'$ 단자의 각각의 전압은 50[V], 30[V]이다. 또, 양 단자에서 N_1, N_2를 본 임피던스가 15[Ω]과 25[Ω]이다. $a - a'$, $b - b'$를 연결하면 이때 흐르는 전류는 몇 [A]인가?

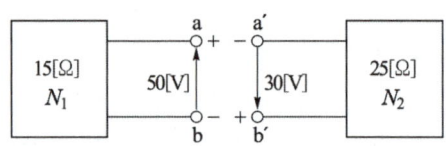

① 0.5
② 1
③ 2
④ 4

풀이 N_1과 N_2의 전압 방향이 반대이므로
∴ $I = \dfrac{V_1 + V_2}{Z_1 + Z_2} = \dfrac{50 + 30}{15 + 25} = 2[A]$ 답 ③

71 다음과 같은 파형 $v(t)$을 단위계단함수로 표시하면 어떻게 되는가?

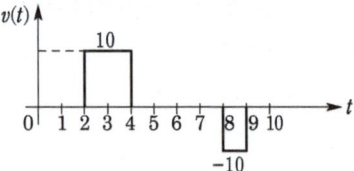

① $10u(t-2) + 10u(t-4) + 10u(t-8) + 10u(t-9)$
② $10u(t-2) - 10u(t-4) - 10u(t-8) - 10u(t-9)$
③ $10u(t-2) - 10u(t-4) + 10u(t-8) - 10u(t-9)$
④ $10u(t-2) - 10u(t-4) - 10u(t-8) + 10u(t-9)$

풀이 $f(t) = 10u(t-2) - 10u(t-4) - 10u(t-8) + 10u(t-9)$ 답 ④

72 3상 회로의 선간 전압이 각각 80[V], 50[V], 50[V]일 때의 전압의 불평형률[%]은?

① 39.6　　② 57.3
③ 73.6　　④ 86.7

풀이

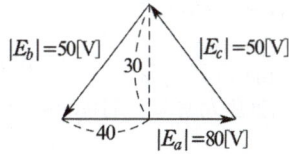

$E_a = 80[V]$
$E_b = -40 - j30[V]$
$E_c = -40 + j30[V]$
$E_1 = \frac{1}{3}(E_a + aE_b + a^2E_c)$: 정상 전압
$= \frac{1}{3}\left\{80 + \left(-\frac{1}{2} + j\frac{\sqrt{3}}{2}\right)(-40 - j30)\right.$
$\left. + \left(-\frac{1}{2} - j\frac{\sqrt{3}}{2}\right)(-40 + j30)\right\}$
$= \frac{1}{3}(80 + 40 + 30\sqrt{3}) = 57.32[V]$

$E_2 = \frac{1}{3}(E_a + a^2E_b + aE_c)$: 역상 전압
$= \frac{1}{3}\left\{80 + \left(-\frac{1}{2} - j\frac{\sqrt{3}}{2}\right)(-40 - j30)\right.$
$\left. + \left(-\frac{1}{2} + j\frac{\sqrt{3}}{2}\right)(-40 + j30)\right\}$
$= \frac{1}{3}(80 + 40 - 30\sqrt{3}) = 22.68[V]$

∴ 불평형률 $= \frac{|E_2|}{|E_1|} \times 100 = \frac{22.68}{57.32} \times 100$
$\approx 39.6[\%]$　　**답** ①

73 Y결선된 대칭 3상 회로에서 전원 한 상의 전압이 $V_a = 220\sqrt{2}\sin\omega t$[V]일 때 선간전압의 실효값은 약 몇 [V]인가?

① 220　　② 310
③ 380　　④ 540

풀이 Y결선 시 선간 전압(V_l)은 상전압(V_p)의 $\sqrt{3}$배이므로
∴ $V_l = \sqrt{3}\,V_p = \sqrt{3} \times 220 \approx 380[V]$　　**답** ③

74 저항 R인 검류계 G에 그림과 같이 r_1인 저항을 병렬로, 또 r_2인 저항을 직렬로 접속하였을 때 A, B단자 사이의 저항을 R과 같게 하고 또한 G에 흐르는 전류를 전 전류의 $1/n$로 하기 위한 $r_1[\Omega]$의 값은?

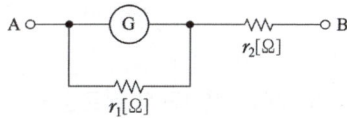

① $\dfrac{n-1}{R}$　　② $R\left(1 - \dfrac{1}{n}\right)$
③ $\dfrac{R}{n-1}$　　④ $R\left(1 + \dfrac{1}{n}\right)$

풀이

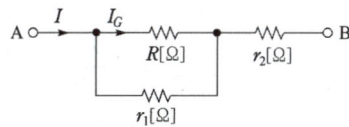

전 전류를 I, 검류계에 흐르는 전류를 I_G라고 하면
$I_G = \frac{1}{n}I = \frac{r_1}{R + r_1} \times I$ 이므로
∴ $r_1 = \frac{R}{n-1}$　　**답** ③

75 저항 $R = 5000[\Omega]$, 정전용량 $C = 20[\mu F]$가 직렬로 접속된 회로에 일정전압 $E = 100[V]$를 가하고 $t = 0$에서 스위치를 넣을 때 콘덴서 단자전압 $V[V]$을 구하면? (단, $t = 0$에서의 콘덴서 전압은 0[V]이다.)

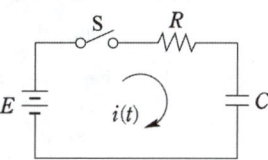

① $100(1 - e^{10t})$　　② $100e^{10t}$
③ $100(1 - e^{-10t})$　　④ $100e^{-10t}$

풀이 직류전압 인가 시 전류 $i(t) = \frac{E}{R}e^{-\frac{1}{RC}t}$[A]이므로 콘덴서 양단의 전압 $v_c(t)$의 적분 구간을 0~t로 잡으면

$$v_c(t) = \frac{1}{C}\int_0^t i(t)dt = \frac{1}{C}\int_0^t \frac{E}{R}\cdot e^{-\frac{1}{RC}t}dt$$
$$= E\left(1 - e^{-\frac{1}{RC}t}\right)[V]$$
$$\therefore v_c(t) = 100\left(1 - e^{-\frac{1}{5000\times 20\times 10^{-6}}t}\right)$$
$$= 100(1 - e^{-10t})[V]$$

답 ③

76 그림과 같이 T형 4단자 회로망의 A, B, C, D 파라미터 중 B 값은?

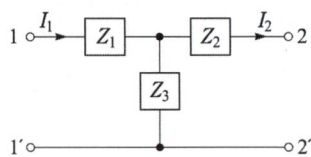

① $\dfrac{1}{Z_3}$ ② $1 + \dfrac{Z_1}{Z_3}$

③ $\dfrac{Z_3 + Z_2}{Z_3}$ ④ $\dfrac{Z_1 Z_2 + Z_2 Z_3 + Z_3 Z_1}{Z_3}$

풀이
$$\begin{bmatrix} A & B \\ C & D \end{bmatrix} = \begin{bmatrix} 1 & Z_1 \\ 0 & 1 \end{bmatrix}\begin{bmatrix} 1 & 0 \\ \frac{1}{Z_3} & 1 \end{bmatrix}\begin{bmatrix} 1 & Z_2 \\ 0 & 1 \end{bmatrix}$$
$$= \begin{bmatrix} \dfrac{Z_1 + Z_3}{Z_3} & \dfrac{Z_1 Z_2 + Z_2 Z_3 + Z_3 Z_1}{Z_3} \\ \dfrac{1}{Z_3} & \dfrac{Z_2 + Z_3}{Z_3} \end{bmatrix}$$

답 ④

77 휘스톤 브리지에서 R_L에 흐르는 전류(I)는 약 몇 [mA]인가?

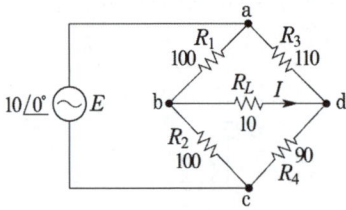

① 2.28 ② 4.57
③ 7.84 ④ 22.8

풀이 ① 테브난 정리 이용하여 R_L을 개방하면
- b점의 전압 $V_b = 5[V]$
- d점의 전압 $V_d = 10 \times \dfrac{90}{200} = 4.5[V]$

따라서 $b-d$의 전위차
$V_{bd} = V_b - V_d = 5 - 4.5 = 0.5[V]$

② 전압원을 제거하여 합성저항을 구하면

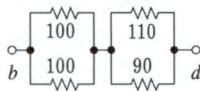

$R_t = \dfrac{100 \times 100}{100 + 100} + \dfrac{110 \times 90}{110 + 90} = 99.5[\Omega]$

③ 개방하였던 R_L을 다시 접속하여 전류를 구하면

$\therefore I = \dfrac{0.5}{99.5 + 10} = 4.57 \times 10^{-3}[A]$
$= 4.57[mA]$

답 ②

78 그림은 상순이 a-b-c인 3상 대칭회로이다. 선간전압이 220[V]이고 부하 한 상의 임피던스가 $100 \angle 60°[\Omega]$일 때 전력계 W_a의 지시값 [W]은?

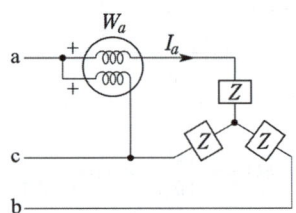

① 242 ② 386 ③ 419 ④ 484

풀이 1전력계법에서 전력계 지시치를 W_a라 하면
$W_a = \dfrac{\sqrt{3}}{2}VI$이므로

$\therefore W_a = \dfrac{\sqrt{3}}{2} \times 220 \times \dfrac{\frac{220}{\sqrt{3}}}{100} \fallingdotseq 242[W]$

답 ①

79 $C[F]$인 콘덴서에 $q[C]$의 전하를 충전하였더니 C의 양단 전압이 $e[V]$이었다. C에 저장된 에너지는 몇 [J]인가?

① qe ② Ce
③ $\dfrac{1}{2}Cq^2$ ④ $\dfrac{1}{2}Ce^2$

풀이 ① 정전에너지

$$W = \frac{1}{2}Ce^2 = \frac{1}{2}Qe = \frac{Q^2}{2C}[J]$$

② 전자에너지

$$W = \frac{1}{2}LI^2[J]$$

답 ④

80 비정현파에서 정현 대칭의 조건은 어느 것인가?

① $f(t) = f(-t)$
② $f(t) = -f(t)$
③ $f(t) = -f(t+\pi)$
④ $f(t) = -f(-t)$

풀이
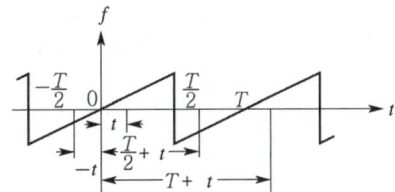

그림에서 정현 대칭 조건은
$f(t) = -f(-t)$
$f(t) = f(T+t)$

답 ④

5과목 - 전기설비기술기준

81 특고압가공전선로의 지지물 양쪽의 경간의 차가 큰 곳에 사용되는 철탑은?

① 내장형철탑 ② 직선형철탑
③ 인류형철탑 ④ 보강형철탑

풀이 333.11 특고압 가공전선로의 철주·철근 콘크리트주 또는 철탑의 종류
특고압 가공전선로의 지지물로 사용하는 B종 철근·B종 콘크리트주 또는 철탑의 종류는 다음과 같다.
가. 직선형 : 전선로의 직선 부분(3° 이하의 수평 각도 이루는 곳 포함)에 사용되는 것
나. 각도형 : 전선로 중 수평 각도 3°를 넘는 곳에 사용되는 것
다. 인류형 : 전 가섭선을 인류하는 곳에 사용하는 것
라. 내장형 : 전선로 지지물 양측의 경간차가 큰 곳에 사용하는 것
마. 보강형 : 전선로 직선 부분을 보강하기 위하여 사용하는 것

답 ①

82 특고압가공전선이 건조물과 1차 접근상태로 시설되는 경우를 설명한 것 중 틀린 것은?

① 상부 조영재와 위쪽으로 접근 시 케이블을 사용하면 1.2[m] 이상 이격거리를 두어야 한다.
② 상부 조영재와 옆쪽으로 접근 시 특고압 절연전선을 사용하면 1.5[m] 이상 이격거리를 두어야 한다.
③ 상부 조영재와 아래쪽으로 접근 시 특고압 절연전선을 사용하면 1.5[m] 이상 이격거리를 두어야 한다.
④ 상부 조영재와 위쪽으로 접근 시 특고압 절연전선을 사용하면 2.0[m] 이상 이격거리를 두어야 한다.

풀이 333.23 특고압 가공전선과 건조물의 접근
특고압 가공전선이 건조물과 제1차 접근상태로 시설되는 경우에는 다음에 따라야 한다.
가. 특고압 가공전선로는 제3종 특고압 보안공사에 의할 것.
나. 사용전압이 35[kV] 이하인 특고압 가공전선과 건조물의 조영재 이격거리는 표에서 정한 값 이상일 것.

건조물과 조영재의 구분	전선종류	접근형태	이격거리
상부 조영재	특고압 절연전선	위쪽	2.5[m]
		옆쪽 또는 아래쪽	1.5[m] (전선에 사람이 쉽게 접촉할 우려가 없도록 시설한 경우는 1[m])
	케이블	위쪽	1.2[m]
		옆쪽 또는 아래쪽	0.5[m]
	기타전선		3[m]
기타 조영재	특고압 절연전선		1.5[m] (전선에 사람이 쉽게 접촉할 우려가 없도록 시설한 경우는 1[m])
	케이블		0.5[m]
	기타전선		3[m]

답 ④

83 가공전선로의 지지물에 취급자가 오르고 내리는데 사용하는 발판 볼트 등은 지표상 몇 [m] 미만에 시설하여서는 아니 되는가?

① 1.2 ② 1.8
③ 2.2 ④ 2.5

풀이 331.4 가공전선로 지지물의 철탑오름 및 전주오름 방지
가공전선로의 지지물에 취급자가 오르고 내리는데 사용하는 발판 볼트 등을 지표상 1.8[m] 미만에 시설하여서는 아니 된다. 답 ②

84 계통연계하는 분산형전원을 설치하는 경우에 이상 또는 고장발생 시 자동적으로 분산형전원을 전력계통으로부터 분리하기 위한 장치를 시설해야 하는 경우가 아닌 것은?

① 역률 저하 상태
② 단독운전 상태
③ 분산형전원의 이상 또는 고장
④ 연계한 전력계통의 이상 또는 고장

풀이 503.2.3 계통 연계용 보호장치의 시설
계통 연계하는 분산형전원설비를 설치하는 경우 다음에 해당하는 이상 또는 고장 발생 시 자동적으로 분산형전원설비를 전력계통으로부터 분리하기 위한 장치 시설 및 해당 계통과의 보호협조를 실시하여야 한다.
가. 분산형전원설비의 이상 또는 고장
나. 연계한 전력계통의 이상 또는 고장
다. 단독운전 상태 답 ①

85 고압가공전선 상호 간이 접근 또는 교차하여 시설되는 경우, 고압가공전선 상호 간의 이격거리는 몇 [cm] 이상이어야 하는가? (단, 고압가공전선은 모두 케이블이 아니라고 한다.)

① 50   ② 60
③ 70   ④ 80

풀이 332.17 고압 가공전선 상호 간의 접근 또는 교차
고압 가공전선이 다른 고압 가공 전선과 접근상태로 시설되거나 교차하여 시설되는 경우에는 다음에 따라 시설하여야 한다.
가. 고압 가공전선로는 고압 보안공사에 의할 것.
나. 고압 가공전선과 다른 고압 가공 전선과의 이격거리

구분	고압가공전선	
	일반	케이블
고압가공전선	0.8[m]	0.4[m]
고압가공전선로의 지지물	0.6[m]	0.3[m]

답 ④

86 저압 옥내배선의 사용전압이 220[V]인 전광표시등회로를 금속관공사에 의하여 시공하였다. 여기에 사용되는 배선은 단면적이 몇 [mm²] 이상의 연동선을 사용하여도 되는가?

① 1.5   ② 2.0
③ 2.5   ④ 3.0

풀이 231.3 저압 옥내배선의 사용전선
가. 저압 옥내배선의 전선 : 단면적 2.5[mm²] 이상의 연동선
나. 옥내배선의 사용 전압이 400[V] 이하인 경우는 다음에 의하여 시설할 수 있다.
① 전광표시 장치등 또는 제어 회로
• 단면적 1.5[mm²] 이상의 연동선
• 단면적 0.75[mm²] 이상인 다심케이블 또는 다심 캡타이어 케이블을 사용하고 또한 과전류가 생겼을 때에 자동적으로 전로에서 차단하는 장치를 시설
② 진열장 또는 이와 유사한 것의 내부 배선 : 단면적 0.75[mm²] 이상인 코드 또는 캡타이어케이블
답 ①

87 합성수지관공사 시 관 상호 간 및 박스와의 접속은 관에 삽입하는 깊이를 관 바깥지름의 몇 배 이상으로 하여야 하는가? (단, 접착제를 사용하지 않는 경우이다.)

① 0.5   ② 0.8
③ 1.2   ④ 1.5

풀이 232.11 합성수지관공사
관 상호 간 및 박스와는 관을 삽입하는 깊이를 관의 바깥지름의 1.2배(접착제를 사용하는 경우 0.8배) 이상으로 할 것. 답 ③

88 고저압 혼촉에 의한 위험방지시설로 가공공동지선을 설치하여 시설하는 경우에 각 접지선을 가공공동지선으로부터 분리하였을 경우의 각 접지선과 대지 간의 전기저항 값은 몇 [Ω] 이하로 하여야 하는가?

① 75   ② 150
③ 300   ④ 600

풀이 322.1 고압 또는 특고압과 저압의 혼촉에 의한 위험방지 시설

가공공동지선과 대지 사이의 합성 전기저항 값은 1[km]를 지름으로 하는 지역 안마다 규정에 의해 접지저항 값을 가지는 것으로 하고 또한 각 접지도체를 가공공동지선으로부터 분리하였을 경우의 각 접지도체와 대지 사이의 전기저항값은 300[Ω] 이하로 할 것.

답 ③

② 전기설비는 사용목적에 적절하고 안전하게 작동하여야 하며, 그 손상으로 인하여 전기 공급에 지장을 주지 않도록 시설하여야 한다.
③ 전기설비는 다른 전기설비, 그 밖의 물건의 기능에 전기적 또는 자기적인 장해를 주지 않도록 시설하여야 한다.

답 ①

89 금속제 외함을 가진 저압의 기계기구로서 사람이 쉽게 접촉할 우려가 있는 곳에 시설하는 것에 전기를 공급하는 전로에 지락이 생겼을 때에 자동적으로 차단하는 장치를 설치하여야 한다. 사용전압이 몇 [V]를 초과하는 기계기구의 경우인가?

① 25
② 30
③ 40
④ 50

풀이 211.2.3 누전차단기의 시설
전원의 자동차단에 의한 저압전로의 보호대책으로 누전차단기를 시설해야할 대상은 다음과 같다.
가. 금속제 외함을 가지는 사용전압이 50[V]를 초과하는 저압의 기계 기구로서 사람이 쉽게 접촉할 우려가 있는 곳에 시설하는 것에 전기를 공급하는 전로.
나. 주택의 인입구 등 다른 절에서 누전차단기 설치를 요구하는 전로
다. 특고압전로, 고압전로 또는 저압전로와 변압기에 의하여 결합되는 사용전압 400[V] 초과의 저압전로

답 ④

90 전기설비기술기준의 안전원칙에 관계없는 것은?

① 에너지 절약 등에 지장을 주지 아니하도록 할 것
② 사람이나 다른 물체에 위해 손상을 주지 않도록 할 것
③ 기기의 오동작에 의한 전기 공급에 지장을 주지 않도록 할 것
④ 다른 전기설비의 기능에 전기적 또는 자기적인 장해를 주지 아니하도록 할 것

풀이 안전 원칙(기술기준 제2조)
① 전기설비는 감전, 화재 그 밖에 사람에게 위해(危害)를 주거나 물건에 손상을 줄 우려가 없도록 시설하여야 한다.

91 전력보안통신설비로 무선용안테나 등의 시설에 관한 설명으로 옳은 것은?

① 항상 가공전선로의 지지물에 시설한다.
② 피뢰침설비가 불가능한 개소에 시설한다.
③ 접지와 공용으로 사용할 수 있도록 시설한다.
④ 전선로의 주위상태를 감시할 목적으로 시설한다.

풀이 364.2 무선용 안테나 등의 시설 제한
무선용 안테나 등은 전선로의 주위 상태를 감시하거나 배전자동화, 원격검침 등 지능형전력망을 목적으로 시설하는 것 이외에는 가공전선로의 지지물에 시설하여서는 아니 된다.

답 ④

92 저압 옥내배선에 사용하는 연동선의 최소 굵기는 몇 [mm²] 이상인가?

① 1.5
② 2.5
③ 4.0
④ 6.0

풀이 231.3 저압 옥내배선의 사용전선
가. 저압 옥내배선의 전선 : 단면적 2.5[mm²] 이상의 연동선
나. 옥내배선의 사용 전압이 400[V] 이하인 경우는 다음에 의하여 시설할 수 있다.
 ① 전광표시 장치 또는 제어 회로
  • 단면적 1.5[mm²] 이상의 연동선
  • 단면적 0.75[mm²] 이상인 다심케이블 또는 다심 캡타이어 케이블을 사용하고 또한 과전류가 생겼을 때에 자동적으로 전로에서 차단하는 장치를 시설
 ② 진열장 또는 이와 유사한 것의 내부 배선 : 단면적 0.75[mm²] 이상인 코드 또는 캡타이어케이블

답 ②

93 호텔 또는 여관 각 객실의 입구등을 설치할 경우 몇 분 이내에 소등되는 타임스위치를 시설해야 하는가?

① 1 ② 2
③ 3 ④ 10

풀이 234.6 점멸기의 시설
다음의 경우에는 센서등(타임스위치 포함)을 시설하여야 한다.
가. 관광숙박업 또는 숙박업(여인숙업을 제외한다)에 이용되는 객실의 입구등은 1분 이내에 소등되는 것.
나. 일반주택 및 아파트 각 호실의 현관등은 3분 이내에 소등되는 것. **답** ①

94 고압가공전선이 철도를 횡단하는 경우 레일면상에서 몇 [m] 이상으로 유지 되어야 하는가?

① 5.5 ② 6
③ 6.5 ④ 7.0

풀이 332.5 고압 가공전선의 높이
222.7 저압 가공전선의 높이
저·고압 가공전선의 높이는 다음에 따라야 한다.

설치장소		가공전선의 높이
도로횡단(번잡하지 않은 도로 제외)		지표상 6[m] 이상
철도 또는 궤도횡단		레일면상 6.5[m] 이상
횡단 보도교 위	저압	노면상 3.5[m] 이상. 단, 절연전선의 경우 3[m] 이상
	고압	노면상 3.5[m] 이상
일반장소		지표상 5[m] 이상. 단, 저압의 경우 절연전선 또는 케이블을 사용하여 교통에 지장이 없도록 하여 옥외조명용으로 공급하는 경우 4[m]까지 감할 수 있다.
다리의 하부 기타 이와 유사한 장소		저압의 전기철도용 급전선은 지표상 3.5[m]까지로 감할 수 있다.

답 ③

95 타냉식 특고압용 변압기에는 냉각장치에 고장이 생긴 경우를 대비하여 어떤 장치를 하여야 하는가?

① 경보장치 ② 속도조정장치
③ 온도시험장치 ④ 냉매흐름장치

풀이 351.4 특고압용 변압기의 보호장치
특고압용의 변압기에는 그 내부에 고장이 생겼을 경우에 보호하는 장치를 표와 같이 시설하여야 한다.

뱅크 용량의 구분	동작조건	장치의 종류
5,000[kVA] 이상 10,000[kVA] 미만	변압기 내부고장	자동 차단 장치 또는 경보장치
10,000[kVA] 이상	변압기 내부고장	자동 차단 장치
타냉식 변압기(변압기의 권선 및 철심을 직접 냉각시키기 위하여 봉입한 냉매를 강제 순환시키는 냉각 방식을 말한다.)	냉각장치에 고장이 생긴 경우 또는 변압기의 온도가 현저히 상승한 경우	경보장치

답 ①

96 특고압가공전선이 삭도와 제2차 접근상태로 시설할 경우 특고압가공전선로에 적용하는 보안공사는?

① 고압 보안공사
② 제1종 특고압 보안공사
③ 제2종 특고압 보안공사
④ 제3종 특고압 보안공사

풀이 333.25 특고압 가공전선과 삭도의 접근 또는 교차
가. 특고압 가공전선이 삭도와 제1차 접근상태 : 제3종 특고압 보안공사
나. 특고압 가공전선이 삭도와 제2차 접근상태 : 제2종 특고압 보안공사 **답** ③

97 가반형의 용접전극을 사용하는 아크 용접장치의 용접변압기의 1차 측 전로의 대지전압은 몇 [V] 이하이어야 하는가?

① 220 ② 300
③ 380 ④ 440

풀이 241.10 아크 용접기
가반형의 용접 전극을 사용하는 아크 용접장치는 다음에 따라 시설하여야 한다.
가. 용접변압기는 절연변압기일 것.
나. 용접변압기의 1차측 전로의 대지전압은 300[V] 이하일 것.
다. 용접변압기의 1차측 전로에는 용접 변압기에 가까운 곳에 쉽게 개폐할 수 있는 개폐기를 시설할 것.
라. 용접기 외함 및 피용접재 또는 이와 전기적으로 접속되는 받침대·정반 등의 금속체는 규정에 준하여 접지공사를 하여야 한다. **답** ②

98 과전류차단기를 시설할 수 있는 곳은?
① 접지공사의 접지선
② 다선식 전로의 중성선
③ 단상 3선식 전로의 저압측 전선
④ 접지공사를 한 저압가공전선로의 접지측 전선

풀이 341.11 과전류차단기의 시설 제한
접지공사의 접지도체, 다선식 전로의 중성선 및 전로의 일부에 접지공사를 한 저압 가공전선로의 접지측 전선에는 과전류차단기를 시설하여서는 안 된다.
다만, 다음의 경우에는 예외로 한다.
가. 다선식 전로의 중성선에 시설한 과전류차단기가 동작한 경우에 각 극이 동시에 차단될 때
나. 저항기·리액터 등을 사용하여 접지공사를 한 때에 과전류차단기의 동작에 의하여 그 접지도체가 비접지 상태로 되지 아니할 때 **답** ③

99 철탑의 강도 계산에 사용하는 이상 시 상정하중의 종류가 아닌 것은?
① 수직하중
② 좌굴하중
③ 수평 횡하중
④ 수평 종하중

풀이 333.14 이상 시 상정하중
철탑의 강도계산에 사용하는 이상 시 상정하중은 풍압이 전선로에 직각방향으로 가하여지는 경우의 하중과 전선로의 방향으로 가하여지는 경우의 수직하중, 수평 횡하중, 수평 종하중을 계산하여 각 부재에 대한 이들의 하중 중 그 부재에 큰 응력이 생기는 쪽의 하중을 채택한다. **답** ②

출제기준 변경 및 개정된 관계 법규에 따라 삭제된 문제가 있어 20문항이 안됩니다.

2016년 3회

20년간 전기산업기사필기

동일출판사 홈페이지에서 무료 동영상강의를 보실 수 있습니다.

1과목 - 전기자기

01 환상철심에 감은 코일에 5[A]의 전류를 흘리면 2000[AT]의 기자력이 생긴다면 코일의 권수는 얼마로 하여야 하는가?

① 100회　　② 200회
③ 300회　　④ 400회

풀이 기자력 $F = NI$ 에서
$\therefore N = \dfrac{F}{I} = \dfrac{2000}{5} = 400[회]$　　**답** ④

02 임의의 점의 전계가 $E = iE_x + jE_y + kE_z$ 로 표시되었을 때, $\dfrac{\partial E_x}{\partial x} + \dfrac{\partial E_y}{\partial y} + \dfrac{\partial E_z}{\partial z}$ 와 같은 의미를 갖는 것은?

① $\nabla \times E$　　② $\nabla^2 E$
③ $\nabla \cdot E$　　④ $\text{grad}|E|$

풀이 벡터의 발산
$\nabla \cdot E = \left(i\dfrac{\partial}{\partial x} + j\dfrac{\partial}{\partial y} + k\dfrac{\partial}{\partial z}\right) \cdot (iE_x + jE_y + kE_z)$
$= \dfrac{\partial E_x}{\partial x} + \dfrac{\partial E_y}{\partial y} + \dfrac{\partial E_z}{\partial z} = \text{div} E$　　**답** ③

03 도체의 저항에 대한 설명으로 옳은 것은?

① 도체의 단면적에 비례한다.
② 도체의 길이에 반비례한다.
③ 저항률이 클수록 저항은 적어진다.
④ 온도가 올라가면 저항값이 증가한다.

풀이 ① 저항 $R = \rho \dfrac{l}{S}$ 이므로 고유저항(또는 저항률)과 길이에 비례하며, 단면적에 반비례한다.
② 금속 도체의 전기저항은 온도 상승에 따라 증가한다.　　**답** ④

04 x축 상에서 $x = 1[m]$, $2[m]$, $3[m]$, $4[m]$인 각 점에 2[nC], 4[nC], 6[nC], 8[nC]의 점전하가 존재할 때 이들에 의하여 전계 내에 저장되는 정전 에너지는 몇 [nJ]인가?

① 483　　② 644
③ 725　　④ 966

풀이 각 점전하에서의 전압을 순서대로 V_1, V_2, V_3, V_4라 하고, 중첩의 정리를 적용하면
$V_1 = \sum_i \dfrac{Q_i}{4\pi\epsilon_0 r_i} = \dfrac{1}{4\pi\epsilon_0}\left(\dfrac{4}{1} + \dfrac{6}{2} + \dfrac{8}{3}\right) \times 10^{-6}$
$= 9 \times 10^9 \times \left(\dfrac{4}{1} + \dfrac{6}{2} + \dfrac{8}{3}\right) \times 10^{-9} = 87[V]$
$V_2 = 9 \times 10^9 \times \left(\dfrac{2}{1} + \dfrac{6}{1} + \dfrac{8}{2}\right) \times 10^{-9} = 108[V]$
$V_3 = 9 \times 10^9 \times \left(\dfrac{2}{2} + \dfrac{4}{1} + \dfrac{8}{1}\right) \times 10^{-9} = 117[V]$
$V_4 = 9 \times 10^9 \times \left(\dfrac{2}{3} + \dfrac{4}{2} + \dfrac{6}{1}\right) \times 10^{-9} = 78[V]$

따라서 전체 축적 에너지
$W = \sum \dfrac{1}{2} Q_i V_i$
$= \dfrac{1}{2}(Q_1 V_1 + Q_2 V_2 + Q_3 V_3 + Q_4 V_4)$
$= \dfrac{1}{2}(2 \times 87 + 4 \times 108 + 6 \times 117 + 8 \times 78) \times 10^{-9}$
$= 966[nJ]$　　**답** ④

05 진공 중에 $10^{-10}[C]$의 점전하가 있을 때 전하에서 2[m] 떨어진 점의 전계는 몇 [V/m]인가?

① 2.25×10^{-1}
② 4.50×10^{-1}
③ 2.25×10^{-2}
④ 4.50×10^{-2}

풀이 점전하에 의한 전계의 세기
$E = 9 \times 10^9 \dfrac{Q}{r^2} = 9 \times 10^9 \times \dfrac{10^{-10}}{2^2}$
$= 2.25 \times 10^{-1}[V/m]$　　**답** ①

06 유전체 내의 전계 E와 분극의 세기 P의 관계식은?

① $P = \epsilon_o(\epsilon_s - 1)E$
② $P = \epsilon_s(\epsilon_o - 1)E$
③ $P = \epsilon_o(\epsilon_s + 1)E$
④ $P = \epsilon_s(\epsilon_o + 1)E$

풀이
전계 $E = \dfrac{\sigma - \sigma_p}{\epsilon_0} = \dfrac{D - P}{\epsilon_0}$ [V/m]

전속밀도 $D = \epsilon_0 E + P = \epsilon_0 \epsilon_s E$ [C/m²]

따라서 분극의 세기 $P = \epsilon_0(\epsilon_s - 1)E$ [C/m²]

여기서, σ : 진전하
σ_p : 속박전하
$\sigma - \sigma_p$: 자유전하   **답 ①**

07 일반적으로 도체를 관통하는 자속이 변화하든가 또는 자속과 도체가 상대적으로 운동하여 도체 내의 자속이 시간적 변화를 일으키면, 이 변화를 막기 위하여 도체 내에 국부적으로 형성되는 임의의 폐회로를 따라 전류가 유기되는데 이 전류를 무엇이라 하는가?

① 변위전류   ② 대칭전류
③ 와전류   ④ 도전전류

풀이 와전류는 도체내에 국부적으로 흐르는 맴돌이 전류로 rot $i = -K\dfrac{\partial B}{\partial t}$ 로 자속의 변화를 방해하기 위한 역자속을 만드는 전류이다. 따라서 이 전류는 자속의 수직되는 면을 회전한다.   **답 ③**

08 철심이 들어있는 환상코일이 있다. 1차 코일의 권수 $N_1 = 100$회일 때 자기 인덕턴스는 0.01[H]였다. 이 철심에 2차 코일 $N_2 = 200$회를 감았을 때 1, 2차 코일의 상호 인덕턴스는 몇 [H]인가? (단, 이 경우 결합계수 $k = 1$로 한다.)

① 0.01   ② 0.02
③ 0.03   ④ 0.04

풀이 $L_1 = \dfrac{N_1^2}{R_m}$ [H], $M = \dfrac{N_1 N_2}{R_m}$ [H]에서

$R_m = \dfrac{N_1^2}{L_1} = \dfrac{N_1 N_2}{M}$ [H]이므로

상호 인덕턴스 $M = L_1 \dfrac{N_2}{N_1}$ [H]이다.

여기에 $N_1 = 100$회, $N_2 = 200$회, $L_A = 0.01$[H]를 대입하면

$M = L_1 \dfrac{N_2}{N_1} = 0.01 \times \dfrac{200}{100} = 0.02$[H]   **답 ②**

09 정전용량 5[μF]인 콘덴서를 200[V]로 충전하여 자기 인덕턴스 20[mH], 저항 0[Ω]인 코일을 통해 방전할 때 생기는 전기진동 주파수는 약 몇 [Hz]이며, 코일에 축적되는 에너지는 몇 [J]인가?

① 50[Hz], 1[J]   ② 500[Hz], 0.1[J]
③ 500[Hz], 1[J]   ④ 5000[Hz], 0.1[J]

풀이
• 진동 주파수
$f = \dfrac{1}{2\pi\sqrt{LC}} = \dfrac{1}{2\pi \times \sqrt{20 \times 10^{-3} \times 5 \times 10^{-6}}}$
$= 503 ≒ 500$[Hz]

• 코일에 축적되는 에너지
$W = \dfrac{1}{2}CV^2 = \dfrac{1}{2} \times 5 \times 10^{-6} \times 200^2$
$= 0.1$[J]   **답 ②**

10 내압과 용량이 각각 200[V] 5[μF], 300[V] 4[μF], 400[V] 3[μF], 500[V] 3[μF]인 4개의 콘덴서를 직렬연결하고, 양단에 직류전압을 가하여 전압을 서서히 상승시키면 최초로 파괴되는 콘덴서는? (단, 콘덴서의 재질이나 형태는 동일하다.)

① 200[V] 5[μF]   ② 300[V] 4[μF]
③ 400[V] 3[μF]   ④ 500[V] 3[μF]

풀이 직렬회로에서 각 콘덴서의 전하용량이 작을수록 빨리 파괴된다.
$Q_1 = C_1 \times V_1 = 5 \times 10^{-6} \times 200 = 1 \times 10^{-3}$[C]
$Q_2 = C_2 \times V_2 = 4 \times 10^{-6} \times 300 = 1.2 \times 10^{-3}$[C]
$Q_3 = C_3 \times V_3 = 3 \times 10^{-6} \times 400 = 1.2 \times 10^{-3}$[C]
$Q_4 = C_4 \times V_4 = 3 \times 10^{-6} \times 500 = 1.5 \times 10^{-3}$[C]
따라서 전하용량이 $Q_4 > Q_3 = Q_2 > Q_1$ 이므로 전하용량이 가장 작은 200[V] 5[μF]의 콘덴서가 가장 빨리 파괴된다.   **답 ①**

11 무한히 넓은 2개의 평행 도체판의 간격이 $d[m]$이며 그 전위차는 $V[V]$이다. 도체판의 단위면적에 작용하는 힘은 몇 $[N/m^2]$인가? (단, 유전율은 ϵ_0이다.)

① $\epsilon_0\left(\dfrac{V}{d}\right)^2$ ② $\dfrac{1}{2}\epsilon_0\left(\dfrac{V}{d}\right)^2$
③ $\dfrac{1}{2}\epsilon_0\left(\dfrac{V}{d}\right)$ ④ $\epsilon_0\left(\dfrac{V}{d}\right)$

풀이 도체 표면의 정전 응력(단위면적당의 작용력)
$F = \dfrac{1}{2}\epsilon_0 E^2 = \dfrac{1}{2}\epsilon_0\left(\dfrac{V}{d}\right)^2$ [N/m²] **답** ②

12 내경 $a[m]$, 외경 $b[m]$인 동심구 콘덴서의 내구를 접지했을 때의 정전용량은 몇 [F]인가?

① $C = 4\pi\epsilon_0 \dfrac{b^2}{b-a}$ ② $C = 4\pi\epsilon_0 \dfrac{a^2}{b-a}$
③ $C = 4\pi\epsilon_0 \dfrac{ab}{b-a}$ ④ $C = 4\pi\epsilon_0 \dfrac{b-a}{ab}$

풀이
• 내구가 접지된 동심구 콘덴서의 정전용량
$C = 4\pi\epsilon_0 \dfrac{b^2}{b-a}$ [F]

• 내구는 절연, 외구는 접지된 동심구 콘덴서의 정전용량
$C = 4\pi\epsilon_0 \dfrac{ab}{a-b}$ [F] **답** ①

13 평등자계 내에 놓여 있는 전류가 흐르는 직선도선이 받는 힘에 대한 설명으로 틀린 것은?

① 힘은 전류에 비례한다.
② 힘은 자장의 세기에 비례한다.
③ 힘은 도선의 길이에 반비례한다.
④ 힘은 전류의 방향과 자장의 방향과의 사이각의 정현에 관계된다.

풀이 플레밍의 왼손 법칙
자속밀도가 $B[Wb/m^2]$인 자계 중에 길이 l의 도체를 놓고 $I[A]$의 전류를 흘릴 경우 자계 내에서 도체가 받는 힘의 크기 $F = BIl\sin\theta$ [N]이다.
따라서 힘은 도선의 길이에 비례한다. **답** ③

14 직류 500[V] 절연저항계로 절연저항을 측정하니 2[MΩ]이 되었다면 누설전류[μA]는?

① 25 ② 250
③ 1000 ④ 1250

풀이 누설전류 $I_g = \dfrac{V}{R_g} = \dfrac{500}{2 \times 10^6} = 250 \times 10^{-6}$ [A]
$= 250[\mu A]$ **답** ②

15 그림과 같이 진공 중에 자극면적이 2[cm²], 간격이 0.1[cm]인 자성체내에서 포화자속밀도가 2[Wb/m²]일 때 두 자극면 사이에 작용하는 힘의 크기는 약 몇 [N]인가?

① 53
② 106
③ 159
④ 318

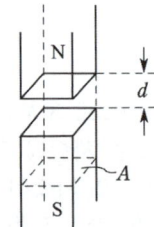

풀이 $F = \dfrac{B^2 A}{2\mu_0} = \dfrac{2^2 \times 2 \times 10^{-4}}{2 \times 4\pi \times 10^{-7}} = 318.3$ [N] **답** ④

16 지름 2[m]인 구도체의 표면전계가 5[kV/mm]일 때 이 구도체의 표면에서의 전위는 몇 [kV]인가?

① 1×10^3 ② 2×10^3
③ 5×10^3 ④ 1×10^4

풀이 $V = E \cdot r = 5 \times 10^3 \times 10^3 [V/m] \times \dfrac{2}{2}$ [m]
$= 5 \times 10^6 [V] = 5 \times 10^3 [kV]$ **답** ③

17 전류가 흐르고 있는 무한 직선도체로부터 2[m]만큼 떨어진 자유공간 내 P점의 자계의 세기가 $\dfrac{4}{\pi}$ [AT/m]일 때, 이 도체에 흐르는 전류는 몇 [A]인가?

① 2 ② 4
③ 8 ④ 16

풀이 자계의 세기 $H = \dfrac{I}{2\pi r}$ [AT/m]이므로

$$\therefore I = 2\pi r H = 2\pi \times 2 \times \dfrac{4}{\pi} = 16 [A]$$

답 ④

18 다음 내용은 어떤 법칙을 설명한 것인가?

> 유도 기전력의 크기는 코일 속을 쇄교하는 자속의 시간적 변화율에 비례한다.

① 쿨롱의 법칙 ② 가우스의 법칙
③ 맥스웰의 법칙 ④ 패러데이의 법칙

풀이 패러데이 법칙
- 유도 기전력의 크기는 폐회로에 쇄교하는 자속의 시간적 변화율에 비례한다.
- 유도 기전력 $e = -\dfrac{d\Phi}{dt} = -N\dfrac{d\phi}{dt}$

답 ④

19 공기콘덴서의 극판 사이에 비유전율 ϵ_s의 유전체를 채운 경우, 동일 전위차에 대한 극판간의 전하량은?

① $\dfrac{1}{\epsilon_s}$로 감소 ② ϵ_s배로 증가
③ $\pi\epsilon_s$배로 증가 ④ 불변

풀이
- $C = \dfrac{\epsilon S}{d}$ 이므로
  정전용량(C)은 유전율(ϵ)과 비례한다.
- $Q = CV$ 이므로
  전하량(Q)은 정전용량(C)과 비례한다.
  따라서 전하량(Q)과 유전율(ϵ)은 서로 비례하는 관계이므로 ϵ_s의 유전체를 채운 경우 극판간의 전하량은 ϵ_s배로 증가한다.

답 ②

20 유전체 중을 흐르는 전도전류 i_σ와 변위전류 i_d를 같게 하는 주파수를 임계주파수 f_c, 임의의 주파수를 f라 할 때 유전손실 $\tan\delta$는?

① $\dfrac{f_c}{2f}$ ② $\dfrac{f}{2f_c}$
③ $\dfrac{f_c}{f}$ ④ $\dfrac{f}{f_c}$

풀이 전도전류 $i_\sigma = \sigma E$, 변위전류 $i_d = \omega\epsilon E$ 일 때, 이 둘을 같게 하면($i_\sigma = i_d$)
$\sigma E = \omega\epsilon E \rightarrow \sigma = 2\pi f_c \epsilon$ ($\because \omega = 2\pi f$) 에서
임계주파수 $f_c = \dfrac{\sigma}{2\pi\epsilon}$
따라서 유전손실
$\tan\delta = \dfrac{i_\sigma}{i_d} = \dfrac{\sigma E}{\omega\epsilon E} = \dfrac{\sigma}{2\pi f\epsilon} = \dfrac{f_c}{f}$

답 ③

2과목 - 전력공학

21 송전선로에 충전전류가 흐르면 수전단전압이 송전단전압보다 높아지는 현상과 이 현상의 발생 원인으로 가장 옳은 것은?

① 페란티 효과, 선로의 인덕턴스 때문
② 페란티 효과, 선로의 정전용량 때문
③ 근접 효과, 선로의 인덕턴스 때문
④ 근접 효과, 선로의 정전용량 때문

풀이 페란티 현상이란 선로의 정전용량으로 인하여 무부하시나 경부하시에 진상 전류가 흘러 수전단전압이 송전단전압보다 높아지는 현상을 말하며 이의 대책으로는 분로 리액터나 동기조상기의 지상 용량으로 방지할 수 있다.

답 ②

22 전력선에 의한 통신선로의 전자 유도 장해의 발생 요인은 주로 무엇 때문인가?

① 영상전류가 흘러서
② 부하전류가 크므로
③ 전력선의 교차가 불충분하여
④ 상호 정전용량이 크므로

풀이 전자유도전압 $E_m = -j\omega Ml\, 3I_0$ 이므로
전자 유도전압은 사고 시 영상전류(I_0)에 의해 발생한다.

답 ①

23 취수구에 제수문을 설치하는 목적은?

① 유량을 조절한다. ② 모래를 배제한다.
③ 낙차를 높인다. ④ 홍수위를 낮춘다.

풀이 취수량을 조절하고 물의 유입을 단절하기 위해 취수구에 제수문을 설치한다. 답 ①

24 양수량 Q[m³/s], 총양정 H[m], 펌프효율 η인 경우 양수펌프용 전동기의 출력 P[kW]는? (단, k는 상수이다.)

① $k\dfrac{Q^2H^2}{\eta}$ ② $k\dfrac{Q^2H}{\eta}$
③ $k\dfrac{QH^2}{\eta}$ ④ $k\dfrac{QH}{\eta}$

풀이 양수펌프용 전동기의 출력
$P = \dfrac{9.8QH}{\eta} = k\dfrac{QH}{\eta}$ [kW] 답 ④

25 고압 수전설비를 구성하는 기기로 볼 수 없는 것은?

① 변압기
② 변류기
③ 복수기
④ 과전류 계전기

풀이 복수기 : 증기 터빈에서 배출되는 증기를 물로 냉각하여 복수하기 위한 장치로서 수전설비가 아니라 발전설비에 해당된다. 답 ③

26 공통중성선 다중접지 3상 4선식 배전선로에서 고압 측(1차 측) 중성선과 저압 측(2차 측) 중성선을 전기적으로 연결하는 목적은?

① 저압측의 단락사고를 검출하기 위함
② 저압측의 접지사고를 검출하기 위함
③ 주상변압기의 중성선측 부싱(bushing)을 생략하기 위함
④ 고저압 혼촉 시 수용가에 침입하는 상승전압을 억제하기 위함

풀이 고압 측과 저압 측의 중성선끼리 연결되어 있지 않으면 고저압 혼촉 시 고압 측의 큰 전압이 저압 측을 통해 수용가에 침입하여 인체에 위해를 주거나 옥내전기 기기를 손상시킬 수 있다. 답 ④

27 차단기의 정격차단시간에 대한 정의로써 옳은 것은?

① 고장발생부터 소호까지의 시간
② 트립 코일 여자부터 소호까지의 시간
③ 가동접촉자 개극부터 소호까지의 시간
④ 가동접촉자 시동부터 소호까지의 시간

풀이 차단기의 차단시간
① 트립 코일(trip coil)의 여자부터 아크 소호 시간을 합한 것
  정격차단 시간 = 개극 시간 + 아크 소호 시간
② 차단기의 정격차단 시간(표준) : 3[Hz], 5[Hz], 8[Hz] 답 ②

28 154/22.9[kV], 40[MVA], 3상 변압기의 %리액턴스가 14[%]라면 고압측으로 환산한 리액턴스는 약 몇 [Ω]인가?

① 95 ② 83
③ 75 ④ 61

풀이 퍼센트 임피던스 $\%Z = \dfrac{ZP}{10V^2}$에서
(여기서, V : 정격전압[kV], P : 기준용량[kVA])
$Z = \dfrac{\%Z \times 10 \times V^2}{P} = \dfrac{14 \times 10 \times 154^2}{40000} = 83$[Ω] 답 ②

29 보호계전기의 기본 기능이 아닌 것은?

① 확실성   ② 선택성
③ 유동성   ④ 신속성

풀이 보호계전기의 기본 기능 :
① 확실성 ② 선택성 ③ 신속성 ④ 경제성
⑤ 취급의 용이성 답 ③

30 6[kV]급의 소내 전력공급용 차단기로서 현재 가장 많이 채택하는 것은?

① OCB   ② GCB
③ VCB   ④ ABB

풀이 VCB(진공 차단기)는 공칭 전압 30[kV] 이하의 소내 공급용 차단기로서 현재 가장 많이 사용된다. 답 ③

31 수용가군 총합의 부하율은 각 수용가의 수용률 및 수용가 사이의 부등률이 변화할 때 옳은 것은?

① 부등률과 수용률에 비례한다.
② 부등률에 비례하고 수용률에 반비례한다.
③ 수용률에 비례하고 부등률에 반비례한다.
④ 부등률과 수용률에 반비례한다.

풀이

$$부하율 = \frac{평균\ 전력}{합성\ 최대\ 전력} = \frac{평균\ 전력}{\frac{최대\ 전력의\ 합계}{부등률}}$$

$$= \frac{평균\ 전력 \times 부등률}{설비\ 용량의\ 합계 \times 수용률}$$

따라서 부하율은 부등율에 비례하고 수용률에 반비례한다.
답 ②

32 3상 3선식 3각형 배치의 송전선로가 있다. 선로가 연가되어 각 선간의 정전용량은 0.007 [μF/km], 각 선의 대지정전용량은 0.002 [μF/km]라고 하면 1선의 작용정전용량은 몇 [μF/km]인가?

① 0.03
② 0.023
③ 0.012
④ 0.006

풀이 $C_n = C_s + 3C_m = 0.002 + 3 \times 0.007$
　　　$= 0.023 [\mu F/km]$
여기서, C_n : 작용정전용량
　　　　C_s : 대지정전용량
　　　　C_m : 선간정전용량
답 ②

33 전선로에 댐퍼(damper)를 사용하는 목적은?

① 전선의 진동방지
② 전력손실 격감
③ 낙뢰의 내습방지
④ 많은 전력을 보내기 위하여

풀이 댐퍼는 진동 억제 장치로 지지점 가까운 곳에 설치한다.
답 ①

34 3상 Y결선된 발전기가 무부하 상태로 운전 중 b상 및 c상에서 동시에 직접 접지 고장이 발생하였을 때 나타나는 현상으로 틀린 것은?

① a상의 전류는 항상 0이다.
② 건전상의 a상 전압은 영상분 전압의 3배와 같다.
③ a상의 정상분 전압과 역상분 전압은 항상 같다.
④ 영상분 전류와 역상분 전류는 대칭성분 임피던스에 관계없이 항상 같다.

풀이 2선 지락고장(b, c상 지락 시)
조건 : $V_b = V_c = 0,\ I_a = 0$

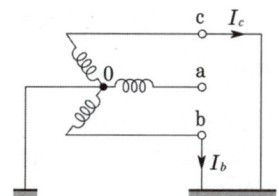

① 대칭분 전류
$$I_0 = \frac{-Z_2 E_a}{Z_0 Z_1 + Z_1 Z_2 + Z_2 Z_0}$$
$$I_1 = \frac{(Z_0 + Z_2) E_a}{Z_0 Z_1 + Z_1 Z_2 + Z_2 Z_0}$$
$$I_2 = \frac{-Z_0 E_a}{Z_0 Z_1 + Z_1 Z_2 + Z_2 Z_0}$$

② 대칭분 전압
$$V_0 = V_1 = V_2 = \frac{Z_0 Z_2}{Z_1 Z_2 + Z_0 (Z_1 + Z_2)} E_a$$

③ 건전상 전압
$$V_a = V_0 + V_1 + V_2 = 3V_0$$
$$= \frac{3Z_0 Z_2}{Z_1 Z_2 + Z_0 (Z_1 + Z_2)} E_a$$

④ b, c상 전류
$$I_b = I_0 + a^2 I_1 + a I_2 = \frac{(a^2 - a) Z_0 + (a^2 - 1) Z_2}{Z_0 Z_1 + Z_1 Z_2 + Z_2 Z_0} E_a$$
$$I_c = I_0 + a I_1 + a^2 I_2 = \frac{(a - a^2) Z_0 + (a - 1) Z_2}{Z_0 Z_1 + Z_1 Z_2 + Z_2 Z_0} E_a$$
답 ④

35 배전선로의 손실을 경감시키는 방법이 아닌 것은?

① 전압조정
② 역률 개선
③ 다중접지방식 채용
④ 부하의 불평형 방지

풀이 배전선로의 전력손실

$$P_L = 3I^2 r = \frac{\rho W^2 L}{A V^2 \cos^2\theta}$$

여기서, ρ : 고유저항, W : 부하전력
L : 배전 거리, A : 전선의 단면적
V : 수전 전압, $\cos\theta$: 부하역률 **답** ③

36 전압과 역률이 일정할 때 전력을 몇[%] 증가시키면 전력손실이 2배로 되는가?

① 31　　② 41
③ 51　　④ 61

풀이 ① 전력손실을 P_l, 전력을 P라고 하면

$$P_l = 3I^2 R = \frac{P^2 R}{V^2 \cos^2\theta}$$ 에서

$P_l \propto P^2$ 이므로 $P \propto \sqrt{P_l}$ 이다.

② 전력손실을 2배로 한 경우의 전력을 P'라고 하면

$$\frac{P'}{P} = \frac{\sqrt{2P_l}}{\sqrt{P_l}} = \sqrt{2}$$ 이므로

$P' = \sqrt{2} P$ 이다.

따라서 증가시킬 수 있는 전력 증가율

$$= \frac{P' - P}{P} \times 100 = \frac{\sqrt{2}P - P}{P} \times 100$$

$$= \frac{\sqrt{2}-1}{1} \times 100 = 41[\%]$$　　**답** ②

37 최대 출력 350[MW], 평균부하율 80[%]로 운전되고 있는 화력발전소의 10일간 중유 소비량이 1.6×10^7[L]라고 하면 발전단에서의 열효율은 몇 [%]인가? (단, 중유의 열량은 10000 [kcal/L]이다.)

① 35.3　　② 36.1
③ 37.8　　④ 39.2

풀이 열효율

$$\eta = \frac{860 W}{mH} = \frac{860 \times 350 \times 10^6 \times 0.8 \times 24}{\frac{1.6 \times 10^7}{10} \times 10000 \times 10^3} \times 100$$

$$= 36.12[\%]$$　　**답** ②

38 어느 발전소에서 합성 임피던스가 0.4[%](10 [MVA] 기준)인 장소에 설치하는 차단기의 차단용량은 몇 [MVA]인가?

① 10　　② 250
③ 1000　　④ 2500

풀이 • 단락용량

$$P_s = \frac{100}{\%Z} P_n = \frac{100}{0.4} \times 10 = 2500[\text{MVA}]$$

• '차단기의 차단용량 > 차단기의 단락용량'이다.　　**답** ④

39 주상변압기의 1차 측 전압이 일정할 경우, 2차 측 부하가 변하면, 주상변압기의 동손과 철손은 어떻게 되는가?

① 동손과 철손이 모두 변한다.
② 동손은 일정하고 철손이 변한다.
③ 동손은 변하고 철손은 일정하다.
④ 동손과 철손은 모두 변하지 않는다.

풀이 • 변압기의 손실
= 철손(히스테리시스손 + 와류손) + 동손($I^2 R$)
• 철손은 1차 전압만 걸리면 손실이 되고 동손은 2차 전류가 흘러야 손실이 되므로 2차 부하가 변하면 철손은 일정하고 동손은 변한다.　　**답** ③

40 3상 3선식 변압기 결선방식이 아닌 것은?

① △ 결선　　② V 결선
③ T 결선　　④ Y 결선

풀이

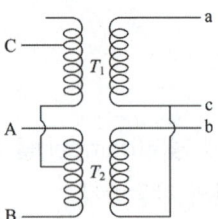

스코트 결선
① 스코트(T) 결선은 단상변압기 2대를 사용하여 3상 전원에서 2상 전압을 얻는 결선방식이다.
② 1차 측 A, B, C단자 사이에 평형 3상 전압을 공급하면 2차 측, ac, bc 단자 사이에 평형 2상 전압을 얻게 된다.　　**답** ③

3과목 - 전기기기

41 3상 동기발전기를 병렬운전 하는 경우 필요한 조건이 아닌 것은?

① 회전수가 같다.
② 상회전이 같다.
③ 발생 전압이 같다.
④ 전압 파형이 같다.

풀이 동기발전기의 병렬운전 조건은 다음과 같다.
① 기전력의 크기가 같을 것
② 기전력의 위상이 같을 것
③ 기전력의 주파수가 같을 것
④ 기전력의 파형이 같을 것
⑤ 상회전방향이 같을 것 **답** ①

42 변압기의 절연유로서 갖추어야 할 조건이 아닌 것은?

① 비열이 커서 냉각효과가 클 것
② 절연저항 및 절연내력이 적을 것
③ 인화점이 높고 응고점이 낮을 것
④ 고온에서도 석출물이 생기거나 산화하지 않을 것

풀이 변압기의 기름으로서 갖추어야 할 조건
① 절연내력이 클 것
② 절연 재료 및 금속에 화학 작용을 일으키지 않을 것
③ 인화점이 높고, 응고점이 낮을 것
④ 점도가 낮고, 비열이 커서 냉각효과가 클 것
⑤ 고온에서도 석출물이 생기거나 산화하지 않을 것 **답** ②

43 단상유도전압조정기의 1차 권선과 2차 권선의 축 사이의 각도를 α라 하고 양 권선의 축이 일치할 때 2차 권선의 유기전압을 E_2, 전원전압을 V_1, 부하 측의 전압을 V_2라고 하면 임의의 각 α일 때의 V_2는?

① $V_2 = V_1 + E_2\cos\alpha$
② $V_2 = V_1 - E_2\cos\alpha$
③ $V_2 = V_1 + E_2\sin\alpha$
④ $V_2 = V_1 - E_2\sin\alpha$

풀이 단상 유도전압조정기

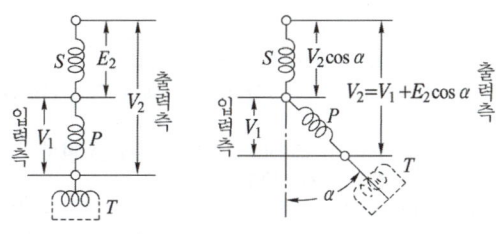

P : 분로권선, S : 직렬권선, T : 단락권선 **답** ①

44 6극 60[Hz]의 3상 권선형 유도전동기가 1140[rpm]의 정격속도로 회전할 때 1차 측 단자를 전환해서 상회전방향을 반대로 바꾸어 역전제동을 하는 경우 제동토크를 전부하 토크와 같게 하기 위한 2차 삽입저항 $R[\Omega]$은? (단, 회전자 1상의 저항은 0.005[Ω], Y결선이다.)

① 0.19   ② 0.27
③ 0.38   ④ 0.5

풀이
• 회전자계의 속도
$$N_s = \frac{120f}{p} = \frac{120 \times 60}{6} = 1200[rpm]$$
• 정회전 시 슬립
$$s = \frac{N_s - N}{N_s} = \frac{1200 - 1140}{1200} = 0.05$$
• 역전 제동할 때에 슬립
$$s' = \frac{N_s - (-N)}{N_s} = \frac{1200 - (-1140)}{1200} = 1.95$$
• $s' = 1.95$에서 전부하 토크를 발생시키는데 필요한 2차 삽입 저항 R은
$$\frac{r_2}{s} = \frac{r_2 + R}{s'} \rightarrow \frac{0.005}{0.05} = \frac{0.005 + R}{1.95}$$
$$\therefore R = \frac{0.005}{0.05} \times 1.95 - 0.005 = 0.19[\Omega]$$ **답** ①

45 브러시리스 모터(BLDC)의 회전자 위치 검출을 위해 사용하는 것은?

① 홀(Hall) 소자
② 리니어 스케일
③ 회전형 엔코더
④ 회전형 디코더

풀이 브러시리스(BLDC) 모터의 회전자 위치를 검출하는 센서
① Resolver
② Hall sensor : 가장 많이 사용
③ Encoder : 회전자의 회전 각도를 더욱 정밀하게 검출
  • 브러시리스(BLDC) 모터의 효율을 향상
  • 정밀 위치 제어에 활용
따라서 답은 ① 홀(hall)소자, ③ 회전형 엔코더이다.
답 ①, ③

46 전기자저항이 0.04[Ω]인 직류분권발전기가 있다. 단자전압 100[V], 회전속도 1000[rpm]일 때 전기자 전류는 50[A]라 한다. 이 발전기를 전동기로 사용할 때 전동기의 회전속도는 약 몇 [rpm]인가? (단, 전기자 반작용은 무시한다.)

① 759　　　② 883
③ 894　　　④ 961

풀이
• 발전기로 사용할 때
유기기전력 $E = V + I_a R_a = K\phi N$ 이므로
$$K\phi = \frac{V + I_a R_a}{N} = \frac{100 + (50 \times 0.04)}{1000}$$
$= 0.102$
• 전동기로 사용 할 때
역기전력 $E' = V - I_a R_a = K\phi N'$ 이므로
따라서 전동기의 회전속도
$$N' = \frac{V - I_a R_a}{K\phi} = \frac{100 - (50 \times 0.04)}{0.102}$$
$\fallingdotseq 961[\text{rpm}]$
답 ④

47 유도발전기에 대한 설명으로 틀린 것은?
① 공극이 크고 역률이 동기기에 비해 좋다.
② 병렬로 접속된 동기기에서 여자전류를 공급받아야 한다.
③ 농형 회전자를 사용할 수 있으므로 구조가 간단하고 가격이 싸다.
④ 선로에 단락이 생기면 여자가 없어지므로 동기기에 비해 단락전류가 작다.

풀이 유도기를 전동기로서의 회전방향과 같은 방향으로 동기속도 이상의 속도로 회전시키면 발전기가 되는데, 이것을 유도발전기 또는 비동기발전기라고 한다.

[장점]
• 동기발전기에 비해 가격이 싸다.
• 기동과 취급이 간단하며 고장이 적다.
• 동기발전기와 같이 동기화 할 필요가 없으며 난조 등의 이상 현상도 생기지 않는다.
• 선로에 단락이 생긴 경우에는 여자가 상실되므로 단락전류는 동기기에 비해 적으며 지속 시간도 짧다.
[단점]
• 병렬로 운전되는 동기기에서 여자전류를 취해야 한다.
• 공극의 치수가 작기 때문에 운전시 주의해야 한다.
• 효율과 역률이 낮다.
답 ①

48 직류기의 전기자에 사용되지 않는 권선법은?
① 2층권　　② 고상권
③ 폐로권　　④ 단층권

풀이 이층권은 코일의 제작 및 권선 작업이 용이하므로 직류기에서는 거의 이층권만이 사용되고 있다. 단층권이나 환상권은 사용되지 않는다.
답 ④

49 직류분권전동기의 정격전압 200[V], 정격전류 105[A], 전기자저항 및 계자 회로의 저항이 각각 0.1[Ω] 및 40[Ω]이다. 기동전류를 정격전류의 150[%]로 할 때의 기동저항은 약 몇 [Ω]인가?

① 0.46　　② 0.92
③ 1.08　　④ 1.21

풀이
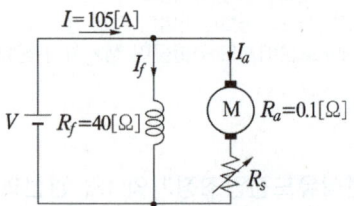

• 계자전류 $I_f = \dfrac{V}{R_f} = \dfrac{200}{40} = 5[\text{A}]$
• 기동전류는 정격의 150[%]이므로
기동전류 $= 105 \times 1.5 = 157.5[\text{A}]$
• 전기자 전류
$I_a = I - I_f = 157.5 - 5 = 152.5[\text{A}]$
• $R_a + R_s = \dfrac{V}{I_a} = \dfrac{200}{152.5} = 1.31[\Omega]$
따라서 기동저항
$R_s = 1.31 - R_a = 1.31 - 0.1 = 1.21[\Omega]$
답 ④

50 동기발전기의 단락비를 계산하는데 필요한 시험의 종류는?

① 동기화 시험, 3상 단락 시험
② 부하 포화 시험, 동기화 시험
③ 무부하 포화 시험, 3상 단락시험
④ 전기자 반작용 시험, 3상 단락 시험

풀이

시험의 종류	산출되는 항목
무부하 시험	철손, 기계손, 단락비, 여자전류
단락시험	동기임피던스, 동기리액턴스, 단락비, 임피던스 와트, 임피던스 전압

답 ③

51 변압기에서 부하에 관계없이 자속만을 만드는 전류는?

① 철손전류   ② 자화전류
③ 여자전류   ④ 교차전류

풀이 여자전류 $\dot{I}_o = \dot{I}_\phi + \dot{I}_i$

∴ $I_o = \sqrt{I_\phi^2 + I_i^2}$

여기서, $\dot{I}_\phi$ (자화전류) : 자속을 유지하는 전류
$\dot{I}_i$ (철손전류) : 철손을 공급하는 전류

답 ②

52 변압기의 정격을 정의한 것 중 옳은 것은?

① 전부하의 경우 1차 단자전압을 정격 1차 전압이라 한다.
② 정격 2차 전압은 명판에 기재되어 있는 2차 권선의 단자전압이다.
③ 정격 2차 전압을 2차 권선의 저항으로 나눈 것이 정격 2차 전류이다.
④ 2차 단자 간에서 얻을 수 있는 유효전력을 [kW]로 표시한 것이 정격출력이다.

답 ②

53 저항부하를 갖는 단상전파제어 정류기의 평균 출력 전압은? (단, α는 사이리스터의 점호각, V_m은 교류 입력전압의 최댓값이다.)

① $V_{dc} = \dfrac{V_m}{2\pi}(1+\cos\alpha)$

② $V_{dc} = \dfrac{V_m}{\pi}(1+\cos\alpha)$

③ $V_{dc} = \dfrac{V_m}{2\pi}(1-\cos\alpha)$

④ $V_{dc} = \dfrac{V_m}{\pi}(1-\cos\alpha)$

풀이

	반파정류	전파정류
다이오드	$V_d = \dfrac{\sqrt{2}\,V_i}{\pi} = 0.45\,V_i$	$V_d = \dfrac{2\sqrt{2}\,V_i}{\pi} = 0.9\,V_i$
SCR	$V_d = \dfrac{\sqrt{2}\,V_i}{2\pi}(1+\cos\alpha)$	$V_d = \dfrac{\sqrt{2}\,V_i}{\pi}(1+\cos\alpha)$

단, V_d는 직류전압, V_i는 교류전압의 실효값이며,
V_m는 최댓값($=\sqrt{2}\,V_i$)이다.

답 ②

54 동기전동기의 V곡선(위상특성)에 대한 설명으로 틀린 것은?

① 횡축에 여자전류를 나타낸다.
② 종축에 전기자전류를 나타낸다.
③ V곡선의 최저점에는 역률이 0[%]이다.
④ 동일출력에 대해서 여자가 약한 경우가 뒤진 역률이다.

풀이

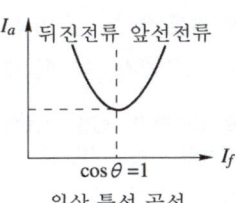

위상 특선 곡선

위상특성곡선(V곡선)
① 전압, 주파수, 출력이 일정할 때 계자(여자) 전류 I_f (횡축)와 전기자 전류 I_a(종축)의 관계를 나타내는 곡선(V 곡선)을 위상 특성 곡선이라 한다.
② 역률이 1인 경우 전기자 전류가 최소로 된다.
③ 부족여자(여자전류를 감소)로 운전하면 뒤진 전류

가 흘러 일종의 리액터로 작용한다.
④ 과여자(여자전류를 증가)로 운전하면 앞선 전류가 흘러 일종의 콘덴서로 작용한다. 답 ③

별로 적용되지 않는다. 반환 부하법은 동일 정격의 변압기가 2대 이상 있을 경우에 채용되며, 전력 소비가 적고 철손과 동손을 따로 공급하는 것으로 현재 가장 많이 사용하고 있다. 답 ②

55 10[kW], 3상, 200[V] 유도전동기의 전부하전류는 약 몇 [A]인가? (단, 효율 및 역률 85[%]이다.)
① 60   ② 80
③ 40   ④ 20

풀이 $P = \sqrt{3} VI\cos\theta \cdot \eta$[kW]이므로
전부하전류
$I = \dfrac{P}{\sqrt{3}\, V\cos\theta \cdot \eta} = \dfrac{10 \times 10^3}{\sqrt{3} \times 200 \times 0.85 \times 0.85}$
$\fallingdotseq 40$[A] 답 ③

56 발전기의 종류 중 회전계자형으로 하는 것은?
① 동기발전기
② 유도발전기
③ 직류 복권발전기
④ 직류 타여자발전기

풀이 회전계자방식은 동기발전기의 회전자에 의한 분류로 전기자를 고정자로 하고 계자극을 회전자로 한 방식이다. 답 ①

57 단상 유도전동기에서 기동 토크가 가장 큰 것은?
① 반발 기동형   ② 분상 기동형
③ 콘덴서 전동기 ④ 세이딩 코일형

풀이 기동 토크의 크기 : 반발 기동형 > 반발 유도형 > 콘덴서 기동형 > 분상 기동형 답 ①

58 변압기 온도시험을 하는데 가장 좋은 방법은?
① 실 부하법   ② 반환 부하법
③ 단락 시험법   ④ 내전압 시험법

풀이 실 부하법은 전력손실이 크기 때문에 소용량 이외에는

59 전기기기에 있어 와전류손(Eddy current loss)을 감소시키기 위한 방법은?
① 냉각압연
② 보상권선 설치
③ 교류전원을 사용
④ 규소강판을 성층하여 사용

풀이
• 전기 기계에 규소 강판을 사용하면 자기 저항이 크게 되어 와류손과 히스테리시스손이 감소하게 되지만 투자율이 낮아지고 기계적 강도가 감소되어 부서지기 쉽다.
• 성층하는 이유는 와류손을 적게 하기 위한 것이다. 답 ④

60 동기발전기에서 전기자전류를 I, 유기기전력과 전기자전류와의 위상각을 θ라 하면 직축반작용을 나타내는 성분은?
① $I\tan\theta$ ② $I\cot\theta$
③ $I\sin\theta$ ④ $I\cos\theta$

풀이
• 유효분인 $I\cos\theta$는 기전력과 같은 위상의 전류 성분으로서 횡축반작용을 한다.
• 무효분인 $I\sin\theta$는 $\pi/2$[rad]만큼 뒤지거나 앞서기 때문에 직축 반작용을 한다. 답 ③

4과목 - 회로이론

61 자동제어의 각 요소를 블록선도로 표시할 때 각 요소는 전달함수로 표시하고, 신호의 전달 경로는 무엇으로 표시하는가?
① 전달함수   ② 단자
③ 화살표   ④ 출력

풀이 자동제어계의 각 요소를 Block 선도로 표시할 때에 각 요소를 전달함수로 표시하고, 신호의 전달 경로를 화살표로 표시한다. 답 ③

62 $t=0$에서 스위치 S를 닫을 때의 전류 $i(t)$는?

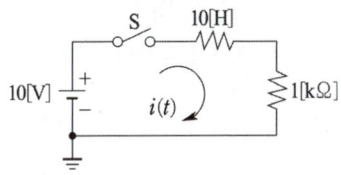

① $0.01(1-e^{-t})$ ② $0.01(1+e^{-t})$
③ $0.01(1-e^{-100t})$ ④ $0.01(1+e^{-100t})$

풀이 $R-L$ 직렬회로에서 직류 기전력을 인가 시 전류 $i(t)$는

$$i(t) = \frac{E}{R}\left(1-e^{-\frac{R}{L}t}\right) = \frac{10}{1\times10^3}\left(1-e^{-\frac{1\times10^3}{10}t}\right)$$
$$= 0.01(1-e^{-100t})[A]$$

답 ③

63 Var는 무엇의 단위인가?
① 효율 ② 유효전력
③ 피상전력 ④ 무효전력

풀이
- 피상전력 $P_a = VI = I^2 Z$ [VA]
- 유효전력 $P = VI\cos\theta = I^2 R$ [W]
- **무효전력** $P_r = VI\sin\theta = I^2 X$ [Var]

답 ④

64 임피던스 $Z=15+j4[\Omega]$의 회로에 $I=5(2+j)$[A]의 전류를 흘리는데 필요한 전압 V[V]는?

① $10(26+j23)$ ② $10(34+j23)$
③ $5(26+j23)$ ④ $5(34+j23)$

풀이 $I = 5(2+j) = 10+5j$[A]
∴ $V = IZ = (10+5j)\times(15+j4)$
  $= 130+j115 = 5(26+j23)$[V]

답 ③

65 다음과 같은 4단자망에서 영상 임피던스는 몇 [Ω]인가?

① 200
② 300
③ 450
④ 600

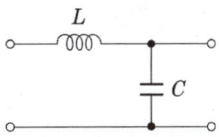

풀이
- 영상 임피던스 $Z_{01} = \sqrt{\frac{AB}{CD}}$
- 대칭 T형 회로에서는 $A=D$이므로 $Z_{01} = \sqrt{\frac{B}{C}}$ 이다.
- $C = \frac{1}{450}$
- $B = \frac{300\times450+300\times300+300\times450}{450}$
  $= \frac{360000}{450}$

∴ $Z_{01} = \sqrt{\frac{B}{C}} = \sqrt{\frac{360000/450}{1/450}}$
$= 600[\Omega]$

답 ④

66 다음 회로에서 4단자 정수 A, B, C, D 중 C의 값은?

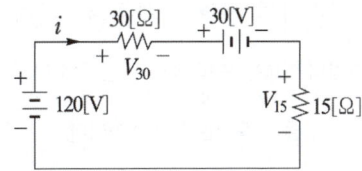

① 1 ② $j\omega L$
③ $j\omega C$ ④ $1+j(\omega L + \omega C)$

풀이 $C = \frac{I_1}{V_2}\bigg|_{I_2=0} = \frac{I_1}{\frac{I_1}{j\omega C}} = j\omega C$

답 ③

67 회로에서 V_{30}과 V_{15}는 각각 몇 [V]인가?

① $V_{30}=60$, $V_{15}=30$
② $V_{30}=80$, $V_{15}=40$
③ $V_{30}=90$, $V_{15}=45$
④ $V_{30}=120$, $V_{15}=60$

풀이 $R_1 = 30[\Omega]$, $R_2 = 15[\Omega]$ 이라고 하면

$$V_{30} = \frac{R_1}{R_1+R_2}\times V = \frac{30}{30+15}\times(120-30) = 60[V]$$

$$V_{15} = \frac{R_2}{R_1+R_2} \times V = \frac{15}{30+15} \times (120-30) = 30[V]$$

답 ①

68 $e_1 = 6\sqrt{2}\sin\omega t[V],$
$e_2 = 4\sqrt{2}\sin(\omega t - 60°)[V]$ 일 때,
$e_1 - e_2$의 실효값[V]은?

① $2\sqrt{2}$ ② 4
③ $2\sqrt{7}$ ④ $2\sqrt{13}$

풀이 $e_1 = 6\angle 0°, e_2 = 4\angle -60°$
$\therefore e_1 - e_2 = 6 - 4(\cos 60° - j\sin 60°)$
$= 6 - 4 \times \left(\frac{1}{2} - j\frac{\sqrt{3}}{2}\right)$
$= 4 + j2\sqrt{3} = \sqrt{4^2 + (2\sqrt{3})^2}$
$= 2\sqrt{7}[V]$

답 ③

69 그림과 같은 비정현파의 주기함수에 대한 설명으로 틀린 것은?

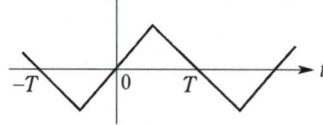

① 기함수파이다.
② 반파 대칭파이다.
③ 직류 성분은 존재하지 않는다.
④ 기수차의 정현항 계수는 0이다.

풀이 그림의 파형은 반파 정현 대칭 함수이므로
$f(t) = -f(t+\pi)$와 $f(t) = -f(-t)$의
두 조건을 만족하는 기함수파이다.

답 ④

70 그림에서 10[Ω]의 저항에 흐르는 전류는 몇 [A]인가?

① 13
② 14
③ 15
④ 16

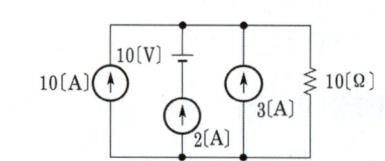

풀이 중첩의 정리에 의해
• 전류원 기준(전압원 단락)
$I_R = 10 + 2 + 3 = 15[A]$
• 전압원 기준(전류원 개방)
$I_R' = 0[A]$
따라서 $I = I_R - I_R' = 15 - 0 = 15[A]$

답 ③

71 3상 불평형 전압에서 불평형률은?

① $\frac{영상전압}{정상전압} \times 100[\%]$

② $\frac{역상전압}{정상전압} \times 100[\%]$

③ $\frac{정상전압}{역상전압} \times 100[\%]$

④ $\frac{정상전압}{영상전압} \times 100[\%]$

풀이 불평형률 = $\frac{역상분}{정상분} \times 100[\%]$

답 ②

72 그림은 평형 3상 회로에서 운전하고 있는 유도전동기의 결선도이다.
각 계기의 지시가 $W_1 = 2.36[kW]$,
$W_2 = 5.95[kW]$, $V = 200[V]$, $I = 30[A]$
일 때, 이 유도전동기의 역률은 약 몇 [%]인가?

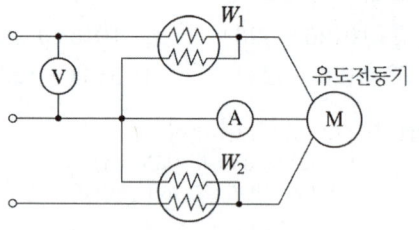

① 80   ② 76
③ 70   ④ 66

풀이 유효 전력
$P = W_1 + W_2 = 2360 + 5950 = 8310[W]$
피상 전력
$P_a = \sqrt{3}\,VI = \sqrt{3} \times 200 \times 30 = 10392.3[VA]$
$\therefore \cos\theta = \frac{P}{P_a} \times 100 = \frac{8310}{10392.3} \times 100 ≒ 80[\%]$

답 ①

73 기본파의 30[%]인 제3고조파와 기본파의 20[%]인 제5고조파를 포함하는 전압파의 왜형률은?

① 0.21 ② 0.31
③ 0.36 ④ 0.42

풀이 왜형률 = $\dfrac{\text{각 고조파의 실효값의 합}}{\text{기본파의 실효값}}$

$= \dfrac{\sqrt{V_3^2 + V_5^2}}{V_1} = \sqrt{\left(\dfrac{V_3}{V_1}\right)^2 + \left(\dfrac{V_5}{V_1}\right)^2}$

$= \sqrt{0.3^2 + 0.2^2} = 0.36$ **답** ③

74 코일의 권수 $N=1000$회, 저항 $R=10[\Omega]$이다. 전류 $I=10[A]$를 흘릴 때 자속 $\phi=3 \times 10^{-2}$[Wb]이라면 이 회로의 시정수[s]는?

① 0.3 ② 0.4
③ 3.0 ④ 4.0

풀이 코일의 인덕턴스

$L = \dfrac{N\phi}{I} = \dfrac{1000 \times 3 \times 10^{-2}}{10} = 3[H]$

저항은 $R=10[\Omega]$이므로

따라서 시정수 $\tau = \dfrac{L}{R} = \dfrac{3}{10} = 0.3[s]$ **답** ①

75 800[kW], 역률 80[%]의 부하가 있다. $\dfrac{1}{4}$시간 동안 소비되는 전력량[kWh]은?

① 800 ② 600
③ 400 ④ 200

풀이 전력량 $W = P \cdot t = 800 \times \dfrac{1}{4} = 200$[kWh] **답** ④

76 $f(t) = \dfrac{d}{dt}\cos\omega t$ 를 라플라스 변환하면?

① $\dfrac{\omega^2}{s^2 + \omega^2}$ ② $\dfrac{-s^2}{s^2 + \omega^2}$

③ $\dfrac{s}{s^2 + \omega^2}$ ④ $-\dfrac{\omega^2}{s^2 + \omega^2}$

풀이 실미분의 정리 $\mathcal{L}[f'(t)] = sF(s) - f(0)$에서

$\mathcal{L}\left[\dfrac{d}{dt}\cos\omega t\right] = s \cdot \dfrac{s}{s^2+\omega^2} - 1 = \dfrac{-\omega^2}{s^2+\omega^2}$ **답** ④

77 3상 불평형 전압을 V_a, V_b, V_c라고 할 때 정상전압은? (단, $a = -\dfrac{1}{2} + j\dfrac{\sqrt{3}}{2}$이다.)

① $\dfrac{1}{3}(V_a + aV_b + a^2V_c)$

② $\dfrac{1}{3}(V_a + a^2V_b + aV_c)$

③ $\dfrac{1}{3}(V_a + a^2V_b + V_c)$

④ $\dfrac{1}{3}(V_a + V_b + V_c)$

풀이 비대칭 전압이 V_a, V_b, V_c일 때 대칭분이 V_0, V_1, V_2라면

• 영상전압 $V_0 = \dfrac{1}{3}(V_a + V_b + V_c)$

• 정상 전압 $V_1 = \dfrac{1}{3}(V_a + aV_b + a^2V_c)$

• 역상 전압 $V_2 = \dfrac{1}{3}(V_a + a^2V_b + aV_c)$ **답** ①

78 그림과 같이 접속된 회로에 평형 3상 전압 E[V]를 가할 때의 전류 I_1[A]은?

① $\dfrac{\sqrt{3}}{4E}$

② $\dfrac{4E}{\sqrt{3}}$

③ $\dfrac{4r}{\sqrt{3}E}$

④ $\dfrac{\sqrt{3}E}{4r}$

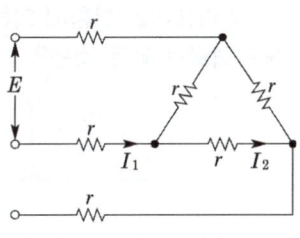

풀이

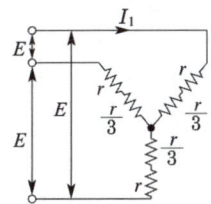

△를 Y로 환산하면 1상의 등가 저항 R은

$$R = \frac{r^2}{r+r+r} = \frac{r^2}{3r} = \frac{r}{3}$$

따라서 선전류 $I_1 = \dfrac{\dfrac{E}{\sqrt{3}}}{r+\dfrac{r}{3}} = \dfrac{\sqrt{3}\,E}{4r}$ **답 ④**

79 평형 3상 Y결선 회로의 선간전압 V_l, 상전압 V_p, 선전류 I_l, 상전류가 I_p 일 때 다음의 관련식 중 틀린 것은? (단 P_y는 3상 부하전력을 의미한다.)

① $V_l = \sqrt{3}\,V_p$
② $I_l = I_p$
③ $P_y = \sqrt{3}\,V_l I_l \cos\theta$
④ $P_y = \sqrt{3}\,V_p I_p \cos\theta$

풀이 Y결선 및 △결선과의 비교

결선법	선간전압 (V_l)	선전류 (I_l)	출 력 [W]	
Y결선	$\sqrt{3}\,V_p$	I_p	$\sqrt{3}\,V_l I_l \cos\theta$	$3V_p I_p \cos\theta$
△결선	V_p	$\sqrt{3}\,I_p$		

여기서, V_l : 선간 전압, I_l : 선로 전류,
V_p : 상전압, I_p : 상전류 **답 ④**

80 그림과 같은 커패시터 C의 초기 전압이 $V(0)$일 때 라플라스 변환에 의하여 s함수로 표시된 등가회로로 옳은 것은?

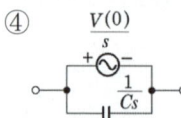

① $\dfrac{1}{Cs}$, $V(0)$
② $\dfrac{1}{Cs}$, $\dfrac{V(0)}{s}$
③ $V(0)$, $\dfrac{1}{Cs}$
④ $\dfrac{V(0)}{s}$, $\dfrac{1}{Cs}$

풀이 $v(t) = \dfrac{1}{C}\int i(t)dt$

라플라스 변환하면

$$\boldsymbol{V}(s) = \frac{1}{Cs}\boldsymbol{I}(s) + \frac{1}{Cs}i^{-1}(0)$$

여기서, $i^{-1}(0)$는 초기 충전 전하이므로
$Q_0 = Cv(0)$

$\therefore \boldsymbol{V}(s) = \dfrac{1}{Cs}\boldsymbol{I}(s) + \dfrac{v(0)}{s}$ **답 ②**

5과목 – 전기설비기술기준

81 옥내배선의 사용전압이 220[V]인 경우 금속관 공사의 기술기준으로 옳은 것은?

① 금속관에는 접지공사를 하였다.
② 전선은 옥외용 비닐절연전선을 사용하였다.
③ 금속관과 접속부분의 나사는 3턱 이상으로 나사결합을 하였다.
④ 콘크리트에 매설하는 전선관의 두께는 1.0[mm]를 사용하였다.

풀이 232.12 금속관공사
가. 전선은 절연전선(옥외용 비닐절연전선을 제외한다)일 것.
나. 전선은 연선일 것. 다만, 다음의 것은 적용하지 않는다.
 ① 짧고 가는 금속관에 넣은 것.
 ② 단면적 10[mm²](알루미늄선은 단면적 16[mm²]) 이하의 것.
다. 관의 두께는 다음에 의할 것.
 ① 콘크리트에 매설하는 것은 1.2[mm] 이상
 ② 콘크리트 매설 이외의 것은 1[mm] 이상
라. 관에는 접지공사를 할 것.
마. 전선관과의 접속부분의 나사는 5턱 이상 완전히 나사결합이 될 수 있는 길이일 것. **답 ①**

82 폭발성 또는 연소성의 가스가 침입할 우려가 있는 지중함에 그 크기가 몇 [m³] 이상의 것은 통풍장치 기타 가스를 방산시키기 위한 적당한 장치를 시설하여야 하는가?

① 0.9
② 1.0
③ 1.5
④ 2.0

풀이 334.2 지중함의 시설
지중전선로에 사용하는 지중함은 다음에 따라 시설하여야 한다.
가. 지중함은 견고하고 차량 기타 중량물의 압력에 견디는 구조일 것.
나. 지중함은 그 안의 고인 물을 제거할 수 있는 구조로 되어 있을 것.
다. 폭발성 또는 연소성의 가스가 침입할 우려가 있는 것에 시설하는 지중함으로서 그 크기가 1[m³] 이상인 것에는 통풍장치 기타 가스를 방산시키기 위한 적당한 장치를 시설할 것.
라. 지중함의 뚜껑은 시설자이외의 자가 쉽게 열 수 없도록 시설할 것.
답 ②

설비 종별	뱅크 용량의 구분	자동적으로 전로로부터 차단하는 장치
전력용 커패시터 및 분로리액터	500[kVA] 초과 15,000[kVA] 미만	• 내부에 고장이 생긴 경우 • 과전류가 생긴 경우
	15,000[kVA] 이상	• 내부에 고장이 생긴 경우 • 과전류가 생긴 경우 • 과전압이 생긴 경우
조상기 (調相機)	15,000[kVA] 이상	• 내부에 고장이 생긴 경우

답 ④

83 차량, 기타 중량물의 압력을 받을 우려가 없는 장소에 지중전선로를 직접 매설식에 의하여 매설하는 경우에는 매설 깊이를 몇 [cm] 이상으로 하여야 하는가?

① 40
② 60
③ 80
④ 100

풀이 334.1 지중전선로의 시설
가. 지중 전선로는 전선에 케이블을 사용하고 또한 관로식·암거식 또는 직접 매설식에 의하여 시설하여야 한다.
나. 지중 전선로를 직접 매설식에 의하여 시설하는 경우에는 매설 깊이를 차량 기타 중량물의 압력을 받을 우려가 있는 장소에는 1.0[m] 이상, 기타 장소에는 0.6[m] 이상으로 하고 또한 지중 전선을 견고한 트라프 기타 방호물에 넣어 시설하여야 한다.
답 ②

84 전력용 커패시터의 용량 15000[kVA] 이상은 자동적으로 전로로부터 차단하는 장치가 필요하다. 자동적으로 전로로부터 차단하는 장치가 필요한 사유로 틀린 것은?

① 과전류가 생긴 경우
② 과전압이 생긴 경우
③ 내부에 고장이 생긴 경우
④ 절연유의 압력이 변화하는 경우

풀이 351.5 조상설비의 보호장치
조상 설비에는 그 내부에 고장이 생긴 경우에 보호하는 장치를 표와 같이 시설하여야 한다.

85 고압 가공전선로의 지지물로 철탑을 사용한 경우 최대경간은 몇 [m] 이하이어야 하는가?

① 300
② 400
③ 500
④ 600

풀이 332.9 고압 가공전선로 경간의 제한
고압 가공전선로의 경간은 표에서 정한 값 이하이어야 한다.

지지물의 종류	경간
목주·A종 철주 또는 A종 철근 콘크리트주	150[m]
B종 철주 또는 B종 철근 콘크리트주	250[m]
철탑	600[m]

답 ④

86 무선용 안테나를 지지하는 목주의 풍압하중에 대한 안전율은?

① 1.2 이상
② 1.5 이상
③ 2.0 이상
④ 2.2 이상

풀이 364.1 무선용 안테나 등을 지지하는 철탑 등의 시설
전력보안통신설비인 무선통신용 안테나 또는 반사판을 지지하는 목주·철주·철근 콘크리트주 또는 철탑은 다음에 따라 시설하여야 한다. 다만, 무선용 안테나 등이 전선로의 주위상태를 감시할 목적으로 시설되는 것일 경우에는 그러하지 아니하다.
가. 목주는 풍압하중에 대한 안전율은 1.5 이상이어야 한다.
나. 철주·철근 콘크리트주 또는 철탑의 기초 안전율은 1.5 이상이어야 한다.
답 ②

87 목주, A종 철주 및 A종 철근 콘크리트주 지지물을 사용할 수 없는 보안공사는?

① 고압 보안공사
② 제1종 특고압 보안공사
③ 제2종 특고압 보안공사
④ 제3종 특고압 보안공사

풀이 333.22 특고압 보안공사
제1종 특고압 보안공사에서 전선로의 지지물로는 B종 철주 · B종 철근 콘크리트주 또는 철탑을 사용할 것
(목주나 A종은 사용 불가) **답** ②

88 특고압가공전선로의 지지물로 사용하는 목주의 풍압하중에 대한 안전율은 얼마 이상이어야 하는가?

① 1.2   ② 1.5
③ 2.0   ④ 2.5

풀이 333.10 특고압 가공전선로의 목주 시설
332.7 고압 가공전선로의 지지물의 강도
222.8 저압 가공전선로의 지지물의 강도
지지물이 목주인 경우 안전율 및 말구의 지름

전압의 종별	안전율	말구의 지름
저 압	1.2	–
고 압	1.3	0.12[m] 이상
특고압	1.5	0.12[m] 이상

답 ②

89 진열장 안의 사용전압이 400[V] 이하인 저압 옥내배선으로 외부에서 보기 쉬운 곳에 한하여 시설할 수 있는 전선은? (단, 진열장은 건조한 곳에 시설하고 또한 진열장 내부를 건조한 상태로 사용하는 경우이다.)

① 단면적이 $0.75[mm^2]$ 이상인 코드 또는 캡타이어 케이블
② 단면적이 $0.75[mm^2]$ 이상인 나전선 또는 캡타이어 케이블
③ 단면적이 $1.25[mm^2]$ 이상인 코드 또는 절연전선
④ 단면적이 $1.25[mm^2]$ 이상인 나전선 또는 다심형전선

풀이 231.3 저압 옥내배선의 사용전선
가. 저압 옥내배선의 전선 : 단면적 $2.5[mm^2]$ 이상의 연동선
나. 옥내배선의 사용 전압이 400[V] 이하인 경우는 다음에 의하여 시설할 수 있다.
① 전광표시 장치 또는 제어 회로
 • 단면적 $1.5[mm^2]$ 이상의 연동선
 • 단면적 $0.75[mm^2]$ 이상인 다심케이블 또는 다심 캡타이어 케이블을 사용하고 또한 과전류가 생겼을 때에 자동적으로 전로에서 차단하는 장치를 시설
② 진열장 또는 이와 유사한 것의 내부 배선 : 단면적 $0.75[mm^2]$ 이상인 코드 또는 캡타이어케이블 **답** ①

90 저압 옥내배선을 금속제 가요전선관공사에 의해 시공하고자 한다. 이 가요전선관에 설치하는 전선으로 단선을 사용할 경우 그 단면적은 최대 몇 $[mm^2]$ 이하이어야 하는가? (단, 알루미늄선은 제외한다.)

① 2.5   ② 4
③ 6   ④ 10

풀이 232.13 금속제가요전선관공사
가. 전선은 절연전선(옥외용 비닐 절연전선을 제외한다)일 것.
나. 전선은 연선일 것. 다만, 단면적 $10[mm^2]$(알루미늄선은 단면적 $16[mm^2]$) 이하인 것은 그러하지 아니하다.
다. 가요전선관 안에는 전선에 접속점이 없도록 할 것.
라. 가요전선관은 2종 금속제 가요전선관일 것 **답** ④

91 ACSR선을 사용한 고압가공전선의 이도계산에 적용되는 안전율은?

① 2.0   ② 2.2
③ 2.5   ④ 3

풀이 332.4 고압 가공전선의 안전율
고압 가공전선은 케이블인 경우 이외에는 그 안전율이 경동선 또는 내열 동합금선은 2.2 이상, 그 밖의 전선은 2.5 이상이 되는 이도로 시설하여야 한다. **답** ③

92 변압기의 고압측 전로의 1선 지락전류가 4[A]일 때, 일반적인 경우의 접지저항값은 몇 [Ω] 이하로 유지되어야 하는가?

① 18.75 ② 22.5
③ 37.5   ④ 52.5

풀이 142.5 변압기 중성점 접지
변압기의 중성점접지 저항 값은 다음에 의한다.
일반적으로 변압기의 고압·특고압측 전로 1선 지락전류로 150을 나눈 값과 같은 저항 값 이하

$$R = \frac{150}{\text{변압기의 고압측 또는 특고압측의 1선 지락전류}}[\Omega]$$

$$= \frac{150}{4} = 37.5[\Omega]$$

답 ③

93 KS C IEC 60364에서 충전부 전체를 대지로부터 절연시키거나 한 점에 임피던스를 삽입하여 대지에 접속시키고, 전기기기의 노출 도전성 부분 단독 또는 일괄적으로 접지하거나 또는 계통접지로 접속하는 접지계통을 무엇이라 하는가?

① TT 계통
② IT 계통
③ TN-C 계통
④ TN-S 계통

풀이 203.1 계통접지 구성
가. TN계통
 ① TN-S 계통은 계통 전체에 대해 별도의 중성선 또는 PE 도체를 사용한다.
 ② TN-C 계통은 그 계통 전체에 대해 중성선과 보호도체의 기능을 동일도체로 겸용한 PEN 도체를 사용한다.
 ③ TN-C-S계통은 계통의 일부분에서 PEN 도체를 사용하거나, 중성선과 별도의 PE 도체를 사용하는 방식이 있다.
나. TT 계통
 전원의 한 점을 직접 접지하고 설비의 노출도전부는 전원의 접지전극과 전기적으로 독립적인 접지극에 접속시킨다.
다. IT 계통
 충전부 전체를 대지로부터 절연, 한 점을 임피던스를 통해 대지에 접속시킨다. 전기설비의 노출도전부를 단독 또는 일괄적으로 계통의 PE 도체에 접속시킨다. 배전계통에서 추가접지가 가능하다. **답** ②

94 발전기·변압기·조상기·계기용변성기·모선 또는 이를 지지하는 애자는 어떤 전류에 의하여 생기는 기계적 충격에 견디는 것인가?

① 지상전류   ② 유도전류
③ 충전전류   ④ 단락전류

풀이 발전기 등의 기계적 강도(기술기준 제23조)
 ① 발전기, 변압기, 조상기, 모선 또는 이를 지지하는 애자는 단락전류에 의하여 생기는 기계적 충격에 견디어야 한다.
 ② 수차 또는 풍차 발전기의 회전 부분은 무구속 속도에 대하여 증기터빈, 가스터빈, 내연기관은 비상 속도에 견디어야 한다. **답** ④

95 화약류 저장소에 전기설비를 시설할 때의 사항으로 틀린 것은?

① 전로의 대지전압이 400[V] 이하이어야 한다.
② 개폐기 및 과전류차단기는 화약류저장소 밖에 둔다.
③ 옥내배선은 금속관공사 또는 케이블공사에 의하여 시설한다.
④ 전기기계기구는 전폐형의 것일 것

풀이 242.5 화약류 저장소 등의 위험장소
화약류 저장소 안에는 전기설비를 시설해서는 안 된다. 다만, 백열전등이나 형광등 또는 이들에 전기를 공급하기 위한 전기설비(개폐기 및 과전류 차단기를 제외한다)는 다음에 따라 시설하는 경우에는 그러하지 아니하다.
가. 전로에 대지전압은 300[V] 이하일 것.
나. 전기기계기구는 전폐형의 것일 것.
다. 전로에 지락이 생겼을 때에 자동적으로 전로를 차단하거나 경보하는 장치를 시설하여야 한다.
답 ①

> 출제기준 변경 및 개정된 관계 법규에 따라 삭제된 문제가 있어 20문항이 안됩니다.

MEMO

2015
기출문제

Industrial Engineer Electricity

동일출판사 홈페이지에서
무료 동영상강의를 보실 수 있습니다.

2015년 1회

20년간 전기산업기사필기

동일출판사 홈페이지에서 무료 동영상강의를 보실 수 있습니다.

1과목 - 전기자기

01 공간도체 중의 정상 전류밀도를 i, 공간 전하밀도를 ρ라고 할 때 키르히호프의 전류법칙을 나타내는 것은?

① $i = 0$
② $\text{div}\,i = 0$
③ $i = \dfrac{\partial \rho}{\partial t}$
④ $\text{div}\,i = \infty$

풀이 키르히호프의 전류 법칙은
$$\sum I = 0 = \int_s i \cdot dS = \int_v \text{div}\,i\,dv\text{가 되어}$$
$\text{div}\,i = 0$이다.
즉, 단위체적 당의 전류의 발산은 없다.
(전류의 연속성) **답** ②

02 무한길이의 직선 도체에 전하가 균일하게 분포되어 있다. 이 직선 도체로부터 l인 거리에 있는 점의 전계의 세기는?

① l에 비례한다.
② l에 반비례한다.
③ l^2에 비례한다.
④ l^2에 반비례한다.

풀이 무한장 직선 도체에 의한 전계
$$E = \dfrac{\lambda}{2\pi\epsilon_0 l}[\text{V/m}] \propto \dfrac{1}{l}\,(\text{반비례})$$
답 ②

03 전계의 세기를 주는 대전체 중 거리 r에 반비례하는 것은?

① 구전하에 의한 전계
② 점전하에 의한 전계
③ 선전하에 의한 전계
④ 전기쌍극자에 의한 전계

풀이 ① 구전하에 의한 전계 $E = \dfrac{Q}{4\pi\epsilon_0 r^2} \propto \dfrac{1}{r^2}$

② 점전하에 의한 전계 $E = \dfrac{Q}{4\pi\epsilon_0 r^2} \propto \dfrac{1}{r^2}$

③ 선전하에 의한 전계 $E = \dfrac{Q}{2\pi\epsilon_0 r} \propto \dfrac{1}{r}$

④ 전기쌍극자에 의한 전계
$$E = \dfrac{M\sqrt{1+3\cos^2\theta}}{4\pi\epsilon_0 r^3} \propto \dfrac{1}{r^3}$$
답 ③

04 그림과 같은 자기회로에서
$R_1 = 0.1[\text{AT/Wb}]$, $R_2 = 0.2[\text{AT/Wb}]$,
$R_3 = 0.3[\text{AT/Wb}]$이고 코일은 10[회] 감았다.
이때 코일에 10[A]의 전류를 흘리면 $\overline{\text{ACB}}$ 간에 투과하는 자속 ϕ은 약 몇 [Wb]인가?

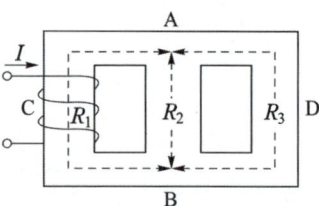

① 2.25×10^2
② 4.55×10^2
③ 6.50×10^2
④ 8.45×10^2

풀이

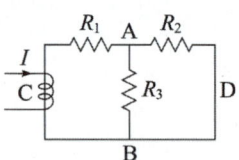

합성 저항 R는
$$R = R_1 + \dfrac{R_2 R_3}{R_2 + R_3} = 0.1 + \dfrac{0.2 \times 0.3}{0.2 + 0.3}$$
$= 0.1 + 0.12 = 0.22[\text{AT/Wb}]$이고,
$N = 10$, $I = 10[\text{A}]$이므로
$$\therefore \phi = \dfrac{NI}{R} = \dfrac{10 \times 10}{0.22} = 4.55 \times 10^2[\text{Wb}]$$
답 ②

05 6.28[A]가 흐르는 무한장 직선 도선상에서 1[m] 떨어진 점의 자계의 세기 [A/m]는?

① 0.5
② 1
③ 2
④ 3

풀이 무한장 직선 전류에 의한 자계의 세기

$H = \dfrac{I}{2\pi r}$ [AT/m]이므로

$\therefore H = \dfrac{6.28}{2\pi \times 1} = 1$ [AT/m]   답 ②

06 유전율 ϵ, 투자율 μ인 매질 중을 주파수 f[Hz]의 전자파가 전파되어 나갈 때의 파장은 몇 [m]인가?

① $f\sqrt{\epsilon\mu}$ ② $\dfrac{1}{f\sqrt{\epsilon\mu}}$
③ $\dfrac{f}{\sqrt{\epsilon\mu}}$ ④ $\dfrac{\sqrt{\epsilon\mu}}{f}$

풀이 전파속도 $v = \dfrac{1}{\sqrt{\epsilon\mu}} = \dfrac{3\times 10^8}{\sqrt{\epsilon_r\mu_r}}$ [m/s] 이므로

파장 $\lambda = \dfrac{v}{f} = \dfrac{\frac{1}{\sqrt{\epsilon\mu}}}{f} = \dfrac{1}{f\sqrt{\epsilon\mu}}$ [m]   답 ②

07 정전용량 6[μF], 극간거리 2[mm]의 평행 평판 콘덴서에 300[μC]의 전하를 주었을 때 극판간의 전계는 몇 [V/mm]인가?

① 25   ② 50
③ 150   ④ 200

풀이 $V = \dfrac{Q}{C} = \dfrac{300\times 10^{-6}}{6\times 10^{-6}} = 50$[V]

전계 $E = \dfrac{V}{r} = \dfrac{50}{2} = 25$[V/mm]   답 ①

08 전자석의 재료(연철)로 적당한 것은?

① 잔류자속밀도가 크고, 보자력이 작아야 한다.
② 잔류자속밀도와 보자력이 모두 작아야 한다.
③ 잔류자속밀도와 보자력이 모두 커야 한다.
④ 잔류자속밀도가 작고, 보자력이 커야 한다.

풀이 히스테리시스 곡선
영구자석의 재료는 잔류 자기(B_r)와 보자력(H_c)이 모두 커야 하나, **전자석(일시 자석)의 재료는 잔류 자기(B_r)가 크고 보자력(H_c)과 히스테리시스 곡선의 면적이 모두 작아야 한다.**

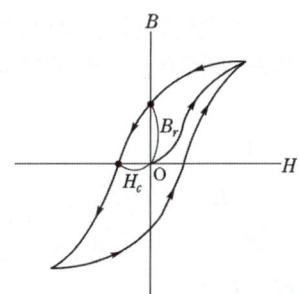

답 ①

09 반지름이 r_1인 가상구 표면에 $+Q$의 전하가 균일하게 분포되어 있는 경우, 가상구 내의 전위분포에 대한 설명으로 옳은 것은?

① $V = \dfrac{Q}{4\pi\epsilon_0 r_1}$로 반지름에 반비례하여 감소한다.

② $V = \dfrac{Q}{4\pi\epsilon_0 r_1}$로 일정하다.

③ $V = \dfrac{Q}{4\pi\epsilon_0 r_1^2}$로 반지름에 반비례하여 감소한다.

④ $V = \dfrac{Q}{4\pi\epsilon_0 r_1^2}$로 일정하다.

풀이 전하 $+Q$가 가상구 표면에 균일하게 분포되어 있는 경우는 도체구를 의미하므로 **가상구 내부의 전위는 표면전위와 같다.** 즉 가상구(도체구)의 표면전위는 점전하 $+Q$가 중심에 있고 거리 r_1인 점의 전위와 같으므로

$V = \dfrac{Q}{4\pi\epsilon_0 r_1}$ (내부 : 일정)

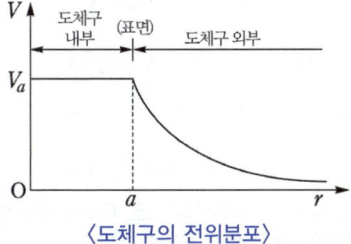

〈도체구의 전위분포〉   답 ②

10 유전체에 가한 전계 E[V/m]와 분극의 세기 P [C/m^2], 전속밀도 D[C/m^2]간의 관계식으로 옳은 것은?

① $P = \epsilon_o(\epsilon_s - 1)E$
② $P = \epsilon_o(\epsilon_s + 1)E$
③ $D = \epsilon_o E - P$
④ $D = \epsilon_o \epsilon_s E + P$

풀이 전계 $E = \dfrac{\sigma - \sigma_p}{\epsilon_0} = \dfrac{D-P}{\epsilon_0}$ [V/m]

전속밀도 $D = \epsilon_0 E + P = \epsilon_0 \epsilon_s E$ [C/m^2]

따라서 분극의 세기 $P = \epsilon_0(\epsilon_s - 1)E$ [C/m^2]
(여기서, σ : 진전하, σ_p : 속박전하,
$\sigma - \sigma_p$: 자유전하) **답** ①

11 전계 $E = i\,3x^2 + j\,2xy^2 + k\,x^2yz$의 div$E$는 얼마인가?

① $-i\,6x + jxy + k\,x^2y$
② $i\,6x + j\,6xy + k\,x^2y$
③ $-6x - 6xy - x^2y$
④ $6x + 4xy + x^2y$

풀이 $\text{div}\,E = \nabla \cdot E$
$= \left(i\dfrac{\partial}{\partial x} + j\dfrac{\partial}{\partial y} + k\dfrac{\partial}{\partial z}\right) \cdot (iE_x + jE_y + kE_z)$
$= \dfrac{\partial E_x}{\partial x} + \dfrac{\partial E_y}{\partial y} + \dfrac{\partial E_z}{\partial z}$
$= \dfrac{\partial}{\partial x}(3x^2) + \dfrac{\partial}{\partial y}(2xy^2) + \dfrac{\partial}{\partial z}(x^2yz)$
$= 6x + 4xy + x^2y$ [F] **답** ④

12 정현파 자속으로 하여 기전력이 유기될 때 자속의 주파수가 3배로 증가하면 유기기전력은 어떻게 되는가?

① 3배 증가 ② 3배 감소
③ 9배 증가 ④ 9배 감소

풀이 자속의 순시치 $\phi = \phi_m \sin\omega t$ [Wb] 일 때,

유기기전력 $e = -N\dfrac{d\phi}{dt} = -\omega N\phi_m \cos\omega t$
$= \omega N\phi_m \sin(\omega t - \dfrac{\pi}{2})$ 이다.

따라서 $e \propto f$ ($\because \omega = 2\pi f$)이므로 자속의 주파수가 3배 증가하면 유기기전력도 3배 증가한다. **답** ①

13 W_1, W_2의 에너지를 갖는 두 콘덴서를 병렬로 연결하였을 경우 총 에너지 W에 대한 관계식으로 옳은 것은? (단, $W_1 \ne W_2$ 이다.)

① $W_1 + W_2 > W$
② $W_1 + W_2 < W$
③ $W_1 + W_2 = W$
④ $W_1 - W_2 = W$

풀이 전위가 다르게 충전된 콘덴서를 병렬로 접속 시 전위차가 같아지도록 높은 전위 콘덴서의 전하가 낮은 전위 콘덴서 쪽으로 이동하며 이에 따른 전하의 이동(전류)으로 도선에서 전력 소모가 발생하므로 $W_1 + W_2 > W$ 이다. **답** ①

14 10[V]의 기전력을 유기시키려면 5초 간에 몇 [Wb]의 자속을 끊어야 하는가?

① 2   ② 10
③ 25   ④ 50

풀이 패러데이 법칙 $e = \dfrac{d\phi}{dt}$ 에서 $10 = \dfrac{d\phi}{5}$ 이므로

$\therefore d\phi = 10 \times 5 = 50$ [Wb] **답** ④

15 완전 유전체에서 경계조건을 설명한 것 중 맞는 것은?

① 전속밀도의 접선성분은 같다.
② 전계의 법선성분은 같다.
③ 경계면에 수직으로 입사한 전속은 굴절하지 않는다.
④ 유전율이 큰 유전체에서 유전율이 작은 유전체로 전계가 입사하는 경우 굴절각은 입사각보다 크다.

풀이 경계 조건
① 전속밀도의 법선성분(수직 성분)이 같다.
  ($D_1\cos\theta_1 = D_2\cos\theta_2$)
② 전계는 접선 성분(평행 성분)이 같다.
  ($E_1\sin\theta_1 = E_2\sin\theta_2$)
③ 수직 입사이므로 $\theta_1 = 0°$
  $D_1 = D_2 \rightarrow \epsilon_1 E_1 = \epsilon_2 E_2$ 에서
  $\epsilon_1 \ne \epsilon_2$ 이므로 $\therefore E_1 \ne E_2$

$$\frac{\tan\theta_1}{\tan\theta_2} = \frac{\epsilon_1}{\epsilon_2} \text{에서}$$
$$\tan\theta_2 = \frac{\epsilon_2}{\epsilon_1}\tan\theta_1 = 0$$
$$\therefore \theta_2 = 0 \text{ 굴절하지 않는다.}$$

④ 입사각과 굴절각은 유전율에 비례
$$\frac{\tan\theta_1}{\tan\theta_2} = \frac{\epsilon_1}{\epsilon_2} \quad (\theta_1: \text{입사각},\ \theta_2: \text{굴절각})$$
$\epsilon_1 > \epsilon_2$이면, $\theta_1 > \theta_2$ 이다. **답** ③

16
투자율이 다른 두 자성체의 경계면에서 굴절각과 입사각의 관계가 옳은 것은? (단, μ : 투자율, θ_1 : 입사각, θ_2 : 굴절각이다.)

① $\dfrac{\sin\theta_1}{\sin\theta_2} = \dfrac{\mu_1}{\mu_2}$

② $\dfrac{\tan\theta_2}{\tan\theta_1} = \dfrac{\mu_1}{\mu_2}$

③ $\dfrac{\cos\theta_1}{\cos\theta_2} = \dfrac{\mu_1}{\mu_2}$

④ $\dfrac{\tan\theta_1}{\tan\theta_2} = \dfrac{\mu_1}{\mu_2}$

풀이 경계 조건 $\dfrac{\mu_2}{\mu_1} = \dfrac{\tan\theta_2}{\tan\theta_1}$ 에서 굴절각은 투자율에 비례한다. **답** ④

17
두 자기 인덕턴스를 직렬로 연결하여 두 코일이 만드는 자속이 동일 방향일 때 합성 인덕턴스를 측정하였더니 75[mH]가 되었고, 두 코일이 만드는 자속이 서로 반대인 경우에는 25[mH]가 되었다. 두 코일의 상호 인덕턴스는 몇 [mH]인가?

① 12.5   ② 20.5
③ 25   ④ 30

풀이
$L_a + L_b + 2M = 75$ ……… ①
$L_a + L_b - 2M = 25$ ……… ②
식 ①, ②에서 $M = \dfrac{75-25}{4} = 12.5$
$\therefore M = 12.5[\text{mH}]$ **답** ①

18
$E = [(\sin x)a_x + (\cos x)a_y]e^{-y}$[V/m]인 전계가 자유공간 내에 존재한다. 공간 내의 모든 곳에서 전하밀도는 몇 [C/m³]인가?

① $\sin x$ ② $\cos x$
③ e^{-y} ④ 0

풀이 가우스 정리의 미분형
$$\rho = \nabla \cdot D = \nabla \cdot \epsilon_0 E$$
$$= \epsilon_0\left(\frac{\partial}{\partial x}e^{-y}\sin x + \frac{\partial}{\partial y}e^{-y}\cos x\right)$$
$$= \epsilon_0(e^{-y}\cos x - e^{-y}\cos x) = 0$$
답 ④

19
진공 중에 같은 전기량 +1[C]의 대전체 두개가 약 몇 [m] 떨어져 있을 때 각 대전체에 작용하는 반발력이 1[N]인가?

① 3.2×10^{-3} ② 3.2×10^3
③ 9.5×10^{-4} ④ 9.5×10^4

풀이 쿨롱의 법칙 $F = 9 \times 10^9 \times \dfrac{Q_1 Q_2}{r^2}$[N]에서
$F = 1$[N], $Q_1 = Q_2 = 1$[C]이므로
$$r^2 = \frac{9 \times 10^9 \times Q^2}{F} = \frac{9 \times 10^9 \times 1^2}{1}$$
$\therefore r = 9.5 \times 10^4$[m] **답** ④

20
$l_1 = \infty$, $l_2 = 1$[m]의 두 직선도선을 50[cm]의 간격으로 평행하게 놓고 l_1을 중심축으로 하여 l_2를 속도 100[m/s]로 회전시키면 l_2에 유기되는 전압은 몇 [V]인가? (단, l_1에 흐르는 전류는 50[mA]이다.)

① 0   ② 5
③ 2×10^{-6} ④ 3×10^{-6}

풀이
• 자계 내 운동 도체에 유기되는 기전력은
$e = lvB\sin\theta = lv\mu_0 H\sin\theta$[V]
• l_1에 흐르는 전류에 의한 l_2점에 자계는
$H_1 = \dfrac{I_1}{2\pi d}$[A/m]이지만, l_2가 원운동 시 $\theta = 0°$ 아니면 $\theta = 180°$가 되므로 $\sin\theta = 0$
따라서 $e = lvB\sin\theta = 0$이 되어 **전압은 유기되지 않는다.** **답** ①

2과목 - 전력공학

21 뇌해 방지와 관계가 없는 것은?
① 매설지선 ② 가공지선
③ 소호각 ④ 댐퍼

풀이 뇌의 보호장치 및 기능
- 매설지선 : 역섬락 방지
- 가공지선 : 뇌의 차폐
- 소호각 : 애자련 보호
- 피뢰기 : 기기 보호
댐퍼는 선로의 진동 방지에 쓰인다. 답 ④

22 선로 임피던스가 Z인 단상 단거리 송전선로의 4단자 정수는?
① $A = Z,\ B = Z,\ C = 0,\ D = 1$
② $A = 1,\ B = 0,\ C = Z,\ D = 1$
③ $A = 1,\ B = Z,\ C = 0,\ D = 1$
④ $A = 0,\ B = 1,\ C = Z,\ D = 0$

풀이

$E_s \longmapsto Z \longmapsto E_r$

$E_s = E_r + I_r Z,\ I_s = I_r$

즉, $\begin{vmatrix} E_s \\ I_s \end{vmatrix} = \begin{vmatrix} 1 & Z \\ 0 & 1 \end{vmatrix} \begin{vmatrix} E_r \\ I_r \end{vmatrix}$ 이다. 답 ③

23 저압 뱅킹 방식에 대한 설명으로 틀린 것은?
① 전압동요가 적다.
② 캐스케이딩 현상에 의해 고장확대가 축소된다.
③ 부하증가에 대해 융통성이 좋다.
④ 고장 보호 방식이 적당할 때 공급 신뢰도는 향상된다.

풀이 저압 뱅킹 방식의 특징
- 전압강하 및 전력손실이 경감된다.
- 변압기용량 및 저압선 동량이 절감된다.
- 부하 증가에 대한 탄력성이 향상된다.
- 고장 보호 방법이 적당할 때 공급 신뢰도가 향상되며, 플리커 현상이 경감된다.
- 캐스케이딩 현상이 발생하므로 고장이 광범위하게 파급될 우려가 있다. 답 ②

24 송전선로의 안정도 향상 대책이 아닌 것은?
① 병행 다회선이나 복도체 방식 채용
② 계통의 직렬리액턴스 증가
③ 속응여자방식 채용
④ 고속도 차단기 이용

풀이 안정도 향상 대책
① 계통의 직렬 리액턴스 감소
② 전압변동률을 적게 한다. (속응여자방식 채용, 계통의 연계, 중간 조상 방식)
③ 계통에 주는 충격을 적게 한다. (적당한 중성점접지 방식, 고속차단방식, 재폐로방식)
④ 고장 중의 발전기 돌입 출력의 불평형을 적게 한다. 답 ②

25 리클로저에 대한 설명으로 가장 옳은 것은?
① 배전선로용은 고장구간을 고속차단하여 제거한 후 다시 수동조작에 의해 배전이 되도록 설계된 것이다.
② 재폐로계전기와 함께 설치하여 계전기가 고장을 검출하고 이를 차단기에 통보, 차단하도록 된 것이다.
③ 3상 재폐로 차단기는 1상의 차단이 가능하고 무전압 시간을 약 20~30초로 정하여 재폐로 하도록 되어있다.
④ 배전선로의 고장구간을 고속차단하고 재송전하는 조작을 자동적으로 시행하는 재폐로 차단장치를 장비한 자동차단기이다.

풀이 리클로저 : 배전선로에서 지락고장이나 단락고장 사고가 발생하였을 때 고장을 검출하여 선로를 차단한 후 일정시간이 경과하면 자동적으로 재투입 동작을 반복함으로써 순간 고장을 제거한다. 답 ④

26 원자력발전소와 화력발전소의 특성을 비교한 것 중 틀린 것은?
① 원자력발전소는 화력발전소의 보일러 대신 원자로와 열교환기를 사용한다.
② 원자력발전소의 건설비는 화력발전소에 비해 싸다.
③ 동일 출력일 경우 원자력발전소의 터빈이나 복수기가 화력발전소에 비하여 대형이다.
④ 원자력발전소는 방사능에 대한 차폐 시설물의 투자가 필요하다.

> **풀이** 화력발전과 비교하여 원자력 발전은 출력 밀도(단위체적 당 출력)가 크므로 같은 출력이라면 소형화가 가능하나, 단위 출력당 건설비는 화력발전소에 비하여 비싸다. **답** ②

27 송전선로에서 역섬락을 방지하는 가장 유효한 방법은?

① 피뢰기를 설치한다.
② 가공지선을 설치한다.
③ 소호각을 설치한다.
④ 탑각 접지저항을 작게 한다.

> **풀이** 뇌의 보호장치 및 기능
> ① 피뢰기 : 기계기구 보호
> ② 가공지선 : 뇌의 차폐 및 전자유도 장해 경감
> ③ 소호각 : 애자련 보호
> ④ 매설지선 : 탑각 접지저항을 낮추어 역섬락 방지
> **답** ④

28 우리나라의 특고압 배전방식으로 가장 많이 사용되고 있는 것은?

① 단상 2선식   ② 단상 3선식
③ 3상 3선식   ④ 3상 4선식

> **풀이** 3상 4선식은 같은 회선에서 선간전압과 상전압의 양전압을 이용할 수 있기 때문에 배전에서 많이 채용되고 있다. **답** ④

29 양 지지점의 높이가 같은 전선의 이도를 구하는 식은? (단, 이도는 D[m], 수평장력은 T[kg], 전선의 무게는 W[kg/m], 경간은 S[m]이다.)

① $D = \dfrac{WS^2}{8T}$ ② $D = \dfrac{SW^2}{8T}$
③ $D = \dfrac{8WT}{S^2}$ ④ $D = \dfrac{ST^2}{8W}$

> **풀이** 이도 $D = \dfrac{WS^2}{8T}$[m]이며, 이때 전선의 실제 길이 L[m]가 경간 S[m]보다 약간 길다면,
> $L = S + \left(\dfrac{8D^2}{3S}\right)$[m]가 된다. **답** ①

30 배전선로의 역률개선에 따른 효과로 적합하지 않은 것은?

① 전원측 설비의 이용률 향상
② 선로절연에 요하는 비용 절감
③ 전압강하 감소
④ 선로의 전력손실 경감

> **풀이** 역률 개선의 효과
> ① 설비 이용률 향상
> ② 전압강하 감소
> ③ 전력손실 경감   **답** ②

31 발전기의 정태 안정 극한전력이란?

① 부하가 서서히 증가할 때의 극한전력
② 부하가 갑자기 크게 변동할 때의 극한전력
③ 부하가 갑자기 사고가 났을 때의 극한전력
④ 부하가 변하지 않을 때의 극한전력

> **풀이** 안정도의 종류
> ① 정태 안정도(static stability) :
>   송전 계통이 불변 부하 또는 극히 서서히 증가하는 부하에 대하여 계속적으로 송전할 수 있는 능력을 정태 안정도로 하고, 안정도를 유지할 수 있는 극한의 송전 전력을 정태 안정 극한 전력이라고 한다.
> ② 과도 안정도(transient stability) :
>   계통에 갑자기 고장 사고와 같은 급격한 외란이 발생하였을 때에도 탈조하지 않고 새로운 평형 상태를 회복하여 송전을 계속할 수 있는 능력을 과도 안정도라 하고 이 경우의 극한 전력을 과도 안정 극한 전력이라고 한다.
> ③ 동태 안정도(dynamic stability) :
>   고속 자동 전압조정기로 동기기의 여자전류를 제어할 경우의 정태 안정도를 특히 동태 안정도라 한다.
> **답** ①

32 유역면적 80[km²], 유효낙차 30[m], 연간 강우량 1,500[mm]의 수력발전소에서 그 강우량의 70[%]만 이용하면 연간 발전 전력량은 몇 [kWh]인가? (단, 종합 효율은 80[%]이다.)

① 5.49×10^7 ② 1.98×10^7
③ 5.49×10^6 ④ 1.98×10^6

풀이 평균 유량

$$Q = \frac{80 \times 10^6 \times \frac{1500}{1000} \times 0.7}{365 \times 24 \times 3600} = 2.664 [\text{m}^3/\text{s}]$$

$$\therefore P = 9.8 QH\eta t$$
$$= 9.8 \times 2.664 \times 30 \times 0.8 \times 365 \times 24$$
$$= 5.49 \times 10^6 [\text{kWh}]$$

답 ③

33 낙차 350[m], 회전수 600[rpm]인 수차를 325[m]의 낙차에서 사용할 때의 회전수는 약 몇 [rpm]인가?

① 500 ② 560
③ 580 ④ 600

풀이

$$\frac{N_2}{N_1} = \left(\frac{H_2}{H_1}\right)^{\frac{1}{2}} \text{에서} \quad \frac{N_2}{600} = \left(\frac{325}{350}\right)^{\frac{1}{2}}$$

$$\therefore N_2 = \left(\frac{325}{350}\right)^{\frac{1}{2}} \times 600 = 578.17$$
$$\fallingdotseq 580 [\text{rpm}]$$

답 ③

34 가공 송전선의 코로나를 고려할 때 표준상태에서 공기의 절연내력이 파괴되는 최소 전위경도는 정현파 교류의 실효값으로 약 몇 [kV/cm] 정도인가?

① 6 ② 11
③ 21 ④ 31

풀이 파열 극한 전위 경도
- DC 30[kV/cm]
- AC 21[kV/cm]

답 ③

35 차단기의 개폐에 의한 이상전압의 크기는 대부분의 경우 송전선 대지전압의 최고 몇 배 정도인가?

① 2배 ② 4배
③ 6배 ④ 8배

풀이 **개폐서지의 크기**는 선로의 길이, 차단기의 성능 및 중성점접지방식에 따라 차이는 있으나 **대부분의 경우 상규 대지전압의 4배를 넘는 경우는 거의 없다.**

답 ②

36 선로의 작용 정전용량 0.008[μF/km], 선로길이 100[km], 전압 37000[V]이고 주파수 60[Hz]일 때 한 상에 흐르는 충전전류는 약 몇 [A]인가?

① 6.7 ② 8.7
③ 11.2 ④ 14.2

풀이 충전전류

$$I_c = 2\pi f CLE$$
$$= 2\pi \times 60 \times 0.008 \times 10^{-6} \times 100 \times 37000$$
$$= 11.2 [\text{A}]$$

(전압 37000[V]가 상전압인지 선간전압인지 주어지지 않았으나, 선간전압으로 계산하면,

$$I_c = 2\pi f CLE$$
$$= 2\pi \times 60 \times 0.008 \times 10^{-6} \times 100 \times \frac{37000}{\sqrt{3}}$$
$$= 6.44 [\text{A}]$$

로 보기에 맞는 답이 없으므로 상전압으로 계산하였습니다.)

답 ③

37 송전선로의 단락보호계전방식이 아닌 것은?

① 과전류계전방식
② 방향단락계전방식
③ 거리계전방식
④ 과전압계전방식

풀이 **과전압 계전기** : 일정값 이상의 전압이 걸렸을 때 동작하는 계전기이다. 일반적으로 발전기가 무부하로 되었을 경우의 과전압 보호용 및 비접지계통의 **배전선로 보호용으로 사용**된다.

답 ④

38 동일 전력을 동일 선간전압, 동일 역률로 동일 거리에 보낼 때 사용하는 전선의 총중량이 같으면, 단상 2선식과 3상 3선식의 전력손실비(3상 3선식/단상 2선식)는?

① $\frac{1}{3}$ ② $\frac{1}{2}$
③ $\frac{3}{4}$ ④ 1

풀이
- 동일 전력 : $VI_1 = \sqrt{3} VI_3 \rightarrow \frac{I_1}{I_3} = \sqrt{3}$
- 총중량이 같으면 :

$$2\sigma A_1 l = 3\sigma A_3 l \rightarrow \frac{A_1}{A_3} = \frac{3}{2}\frac{R_3}{R_1} (\because A \propto \frac{1}{R})$$

$$\therefore \frac{3상\ 3선식}{단상\ 2선식} = \frac{3I_3^2 R_3}{2I_1^2 R_1}$$

$$= \frac{3}{2} \times \left(\frac{1}{\sqrt{3}}\right)^2 \times \frac{3}{2} = \frac{3}{4}$$ 답 ③

39 정정된 값 이상의 전류가 흘러 보호계전기가 동작할 때 동작전류가 낮은 구간에서는 동작전류의 증가에 따라 동작시간이 짧아지고, 그 이상이면 동작전류의 크기에 관계없이 일정한 시간에서 동작하는 특성을 무슨 특성이라 하는가?

① 정한시 특성
② 반한시 특성
③ 순한시 특성
④ 반한시성 정한시 특성

풀이 보호계전기 특징
① 순한시 특성 :
최소 동작전류 이상의 전류가 흐르면 즉시 동작하는 특성
② 반한시 특성 :
동작전류가 커질수록 동작시간이 짧게 되는 특성
③ 정한시 특성 :
동작전류의 크기에 관계없이 일정한 시간에 동작하는 특성
④ 반한시 정한시 특성 :
동작전류가 적은 동안에는 동작전류가 커질수록 동작시간이 짧게 되고 어떤 전류 이상이면 동작전류의 크기에 관계없이 일정한 시간에 동작하는 특성
답 ④

40 어떤 건물에서 총설비부하용량이 850[kW], 수용률이 60[%]이면 변압기용량은 최소 몇 [kVA]로 하여야 하는가? (단, 설비부하의 종합역률은 0.75이다.)

① 740
② 680
③ 650
④ 500

풀이 변압기 용량 $= \frac{설비\ 용량 \times 수용률}{역률}$

$= \frac{850 \times 0.6}{0.75} = 680 [kVA]$ 답 ②

3과목 - 전기기기

41 브러시의 위치를 바꾸어서 회전방향을 바꿀 수 있는 전기기계가 아닌 것은?

① 톰슨형 반발 전동기
② 3상 직권 정류자 전동기
③ 시라게 전동기
④ 정류자형 주파수 변환기

풀이 • 반발 전동기는 브러시 이동만으로 기동, 정지, 속도제어가 가능하다.
• 반발 전동기의 종류에는 톰슨형 전동기, 3상 직권 정류자 전동기, 시라게 전동기 등이 있다. 답 ④

42 정격 6600/220[V]인 변압기의 1차 측에 6600 [V]를 가하고 2차 측에 순저항 부하를 접속하였더니 1차에 2[A]의 전류가 흘렀다. 이때 2차 출력[kVA]은?

① 19.8
② 15.4
③ 13.2
④ 9.7

풀이 이상변압기의 경우 변압기 1차 출력과 2차 출력의 값은 같다.
$P = V_1 I_1 = V_2 I_2$ [kVA]
$\therefore P_2 = 6600 \times 2 \times 10^{-3} = 13.2$ [kVA] 답 ③

43 직류전동기의 역기전력에 대한 설명 중 틀린 것은?

① 역기전력이 증가할수록 전기자 전류는 감소한다.
② 역기전력은 속도에 비례한다.
③ 역기전력은 회전방향에 따라 크기가 다르다.
④ 부하가 걸려 있을 때에는 역기전력은 공급전압보다 크기가 작다.

풀이 • 역기전력 $E_c = V - IR$ [V]
– 역기전력이 증가할수록 전기자 전류는 감소한다.

- 속도 $n = K\dfrac{E_c}{\phi} = K\dfrac{V-IR}{\phi}$[rps]
- 역기전력은 속도에 비례하고, 부하가 걸려 있을 때는 공급전압보다 크기가 작다.   답 ③

44 단자전압 220[V], 부하전류 50[A]인 분권발전기의 유기기전력[V]은? (단, 전기자저항 0.2[Ω], 계자전류 및 전기자 반작용은 무시한다.)

① 210   ② 225
③ 230   ④ 250

풀이
- 계자전류 $I_f = 0$
- 전기자 전류 $I_a = I + I_f = 50 + 0 = 50$[A]
- 전기자저항 $R_a = 0.2$[Ω]
- ∴ $E = V + I_a R_a = 220 + 50 \times 0.2 = 230$[V]

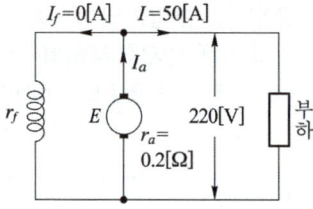

답 ③

45 200[kW], 200[V]의 직류분권발전기가 있다. 전기자 권선의 저항이 0.025[Ω]일 때 전압변동률은 몇 [%]인가?

① 6.0   ② 12.5
③ 20.5 ④ 25.0

풀이 무부하 단자전압 V_0는
$$V_0 = V_n + R_a I_a = 200 + 0.025 \times \dfrac{200 \times 10^3}{200}$$
$$= 225[V]$$
그러므로 전압변동률 ϵ은
$$\therefore \epsilon = \dfrac{V_0 - V_n}{V_n} \times 100 = \dfrac{225 - 200}{200} \times 100$$
$$= 12.5[\%]$$
답 ②

46 다음 중 변압기유가 갖추어야 할 조건으로 옳은 것은?

① 절연내력이 낮을 것
② 인화점이 높을 것
③ 비열이 적어 냉각효과가 클 것
④ 응고점이 높을 것

풀이 변압기의 기름으로서 갖추어야 할 조건
① 절연저항 및 절연내력이 클 것(30[kV]/2.5[mm] 이상)
② 절연 재료 및 금속에 화학 작용을 일으키지 않을 것
③ 인화점이 높고(130[℃] 이상), 응고점이 낮을 것 (−30[℃] 이하)
④ 점도가 낮고(유동성이 풍부), 비열이 커서 냉각효과가 클 것
⑤ 고온에서도 석출물이 생기거나 산화하지 않을 것
⑥ 열전도율이 클 것
⑦ 열 팽창계수가 작고 증발로 인한 감소량이 적을 것

답 ②

47 6극 직류발전기의 정류자 편수가 132, 단자전압이 220[V], 직렬 도체수가 132개이고 중권이다. 정류자 편간 전압은 몇 [V]인가?

① 5   ② 10
③ 20   ④ 30

풀이 e_{sa} : 정류자 편간 전압, E : 유기기전력, K : 정류자 편수, p : 극수라 하면
$$e_{sa} = \dfrac{pE}{K} = \dfrac{6 \times 220}{132} = 10[V]$$
답 ②

48 3300/210[V], 5[kVA] 단상변압기의 퍼센트 저항강하 2.4[%], 퍼센트 리액턴스강하 1.8[%] 이다. 임피던스 와트[W]는?

① 320 ② 240
③ 120 ④ 90

풀이 $\%R = \dfrac{I_n \cdot R}{V_n} \times 100 = \dfrac{P_s}{P_n} \times 100$에서
$$\therefore P_s = \dfrac{\%R \cdot P_n}{100} = \dfrac{2.4 \times 5 \times 10^3}{100}$$
$$= 120[W]$$
답 ③

49 단상 유도전동기의 기동 토크에 대한 사항으로 틀린 것은?

① 분상기동형의 기동 토크는 125[%] 이상이다.
② 콘덴서 기동형의 기동 토크는 350[%] 이상이다.
③ 반발기동형의 기동 토크는 300[%] 이상이다.
④ 세이딩코일형의 기동 토크는 40~80[%] 이상이다.

풀이 콘덴서 기동형은 200[%]~300[%]의 기동 토크를 얻을 수 있다. 답 ②

50 3상 동기발전기에 평형 3상전류가 흐를 때 전기자 반작용은 이 전류가 기전력에 대하여 (A) 때 감자작용이 되고 (B) 때 증자작용이 된다. A, B의 적당한 것은?

① A : 90° 뒤질, B : 90° 앞설
② A : 90° 앞설, B : 90° 뒤질
③ A : 90° 뒤질, B : 동상일
④ A : 동상일, B : 90° 앞설

풀이 동기발전기의 전기자 반작용

역률	부하	전류와 전압과의 위상	작 용
역률 1	저항	I_a가 E와 동상인 경우	교차 자화작용 (횡축반작용)
뒤진 역률 0	유도성 부하	I_a가 E보다 90° 뒤지는 경우	감자 작용 (직축 반작용)
앞선 역률 0	용량성 부하	I_a가 E보다 90° 앞서는 경우	증자 작용 (자화작용)

답 ①

51 유도전동기의 슬립을 측정하려고 한다. 다음 중 슬립의 측정법이 아닌 것은?

① 동력계법
② 수화기법
③ 직류 밀리볼트계법
④ 스트로보스코프법

풀이
• 슬립 측정 방법 : DC 밀리볼트계법, 수화기법, 스트로보스코프법
• 동력계법은 토크 측정법이다. 답 ①

52 3상 유도전동기의 원선도 작성에 필요한 시험이 아닌 것은?

① 저항측정   ② 슬립측정
③ 무부하 시험   ④ 구속시험

풀이 원선도 작성에 필요한 시험은 변압기 특성 시험과 같으며 ① 저항 측정 ② 무부하 시험 ③ 구속 시험이 있다. 또한, 슬립은 원선도 상에서 구할 수 있다. 답 ②

53 스테핑모터의 여자방식이 아닌 것은?

① 2-4상 여자   ② 1-2상 여자
③ 2상 여자   ④ 1상 여자

풀이 스테핑모터의 여자방식
① 1상 여자방식 : 항상 하나의 상에만 전류가 흐르게 하는 방식
② 2상 여자방식 : 항상 2개의 상에 전류를 흐르게 하는 방식
③ 1-2상 여자방식 : 1상 여자방식과 2상 여자방식을 교대로 반복하는 여자방식 답 ①

54 단상 반발전동기에 해당되지 않는 것은?

① 아트킨손 전동기
② 슈라게 전동기
③ 데리 전동기
④ 톰슨 전동기

풀이
단상 정류자 전동기	
직권 특성	단상 직권 정류자 전동기 - 직권형, 보상직권형, 유도보상 직권형
	단상 반발 전동기 - 아트킨손형전동기, 톰슨전동기, 데리전동기
분권 특성	현재 실용화 되지 않고 있음

슈라게 전동기는 3상 분권 정류자 전동기이다. 답 ②

55 극수 6, 회전수 1200[rpm]의 교류발전기와 병행운전하는 극수 8의 교류발전기의 회전수는 몇 [rpm]이어야 하는가?

① 800 ② 900
③ 1050 ④ 1100

풀이 동기발전기 회전수 $N_s = \dfrac{120f}{p}$[rpm]이고,
병렬(병행) 운전이므로 주파수가 같아야 한다.
즉, $N_s \propto \dfrac{1}{p}$ 이므로
$\therefore N_s = \dfrac{6}{8} \times 1200 = 900$[rpm]   **답** ②

56 반도체 사이리스터에 의한 제어는 어느 것을 변화시키는 것인가?

① 주파수 ② 전류
③ 위상각 ④ 최댓값

풀이 사이리스터는 정류 전압의 위상각을 제어한다.   **답** ③

57 3상 동기발전기의 매극 매상의 슬롯수를 3이라고 하면 분포계수는

① $\sin\dfrac{2}{3}\pi$ ② $\sin\dfrac{3}{2}\pi$
③ $6\sin\dfrac{\pi}{18}$ ④ $\dfrac{1}{6\sin\dfrac{\pi}{18}}$

풀이 분포권 계수 K_d는 $K_d = \dfrac{\sin\dfrac{n\pi}{2m}}{q\sin\dfrac{n\pi}{2mq}}$ 에서
고조파 차수 $n=1$, 상수 $m=3$,
매극, 매상의 슬롯수 $q=3$이므로
$\therefore K_d = \dfrac{\sin\dfrac{\pi}{6}}{3\sin\dfrac{\pi}{2\times 3\times 3}} = \dfrac{\dfrac{1}{2}}{3\sin\dfrac{\pi}{18}}$
$= \dfrac{1}{6\sin\dfrac{\pi}{18}}$ **답** ④

58 △-Y 결선의 3상 변압기군 A와 Y-△ 결선의 3상 변압기군 B를 병렬로 사용할 때 A군의 변압기 권수비가 30이라면 B군 변압기의 권수비는?

① 10 ② 30
③ 60 ④ 90

풀이 A, B 변압기군의 권수비를 각각 a_1, a_2, 1차, 2차의 유도기전력과 선간 전압을 각각 E_1, E_2, V_1, V_2라고 하면
$a_1 = \dfrac{E_1}{E_2} = \dfrac{V_1}{V_2/\sqrt{3}}$, $a_2 = \dfrac{E_1'}{E_2'} = \dfrac{V_1/\sqrt{3}}{V_2}$
$\dfrac{a_2}{a_1} = \dfrac{\dfrac{V_1}{\sqrt{3}}/V_2}{V_1/\dfrac{V_2}{\sqrt{3}}} = \dfrac{\dfrac{V_1}{\sqrt{3}} \cdot \dfrac{V_2}{\sqrt{3}}}{V_1 V_2} = \dfrac{1}{3}$
$\therefore a_2 = \dfrac{1}{3}a_1 = \dfrac{1}{3}\times 30 = 10$ **답** ①

59 동기발전기에서 기전력의 파형이 좋아지고 권선의 누설리액턴스를 감소시키기 위하여 채택한 권선법은?

① 집중권 ② 형권
③ 쇄권 ④ 분포권

풀이 1극 1상의 코일이 차지하는 슬롯수가 1개가 되는 권선을 집중권이라 하고, 2개 이상에 분포된 것을 분포권이라 하는데, 분포권으로 하면 기전력의 파형이 좋아지고 누설 리액턴스는 감소되고 과열방지의 이점이 있다.   **답** ④

60 3상, 60[Hz] 전원에 의해 여자되는 6극 권선형 유도전동기가 있다. 이 전동기가 1150 [rpm]으로 회전할 때 회전자 전류의 주파수는 몇 [Hz]인가?

① 1 ② 1.5
③ 2 ④ 2.5

풀이 회전자계 속도 $N_s = \dfrac{120f}{P} = \dfrac{120\times 60}{6} = 1200$[rpm]
슬립 $s = \dfrac{N_s - N}{N_s} = \dfrac{1200 - 1150}{1200} = 0.0417$
$\therefore f_2 = sf_1 = 0.0417 \times 60 ≒ 2.5$[Hz]   **답** ④

4과목 - 회로이론

61 1000[Hz]인 정현파 교류에서 5[mH]인 유도 리액턴스와 같은 용량 리액턴스를 갖는 C의 값은 몇 [μF]인가?

① 4.07 ② 5.07
③ 6.07 ④ 7.07

풀이 $\omega L = \dfrac{1}{\omega C}$ 이므로

$$\therefore C = \dfrac{1}{\omega^2 L} = \dfrac{1}{(2\times\pi\times 1000)^2 \times 5\times 10^{-3}}$$
$$= 5.07\times 10^{-6} = 5.07[\mu F]$$

답 ②

62 $Z = 8 + j6[\Omega]$인 평형 Y부하에 선간전압 200[V]인 대칭 3상 전압을 가할 때 선전류는 약 몇 [A]인가?

① 20   ② 11.5
③ 7.5   ④ 5.5

풀이 Y결선에서 $V_l = \sqrt{3} V_p$, $I_l = I_p$ 이므로

$$\therefore I_l = I_p = \dfrac{V_p}{Z} = \dfrac{\dfrac{200}{\sqrt{3}}}{8+j6} = 11.5[A]$$

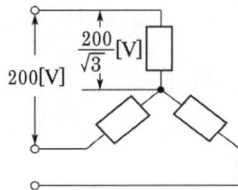

답 ②

63 그림과 같은 이상적인 변압기로 구성된 4단자 회로에서 정수 A, B, C, D 중 A는?

① 1
② 0
③ n
④ $\dfrac{1}{n}$

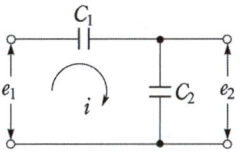

풀이 변압기의 4단자 정수는 $\begin{bmatrix} a & 0 \\ 0 & \dfrac{1}{a} \end{bmatrix}$ 이므로

$$\begin{bmatrix} A & B \\ C & D \end{bmatrix} = \begin{bmatrix} \dfrac{n_1}{n_2} & 0 \\ 0 & \dfrac{n_2}{n_1} \end{bmatrix}$$ 가 된다.

따라서 $A = \dfrac{n_1}{n_2} = \dfrac{n}{1} = n$ 이다.

답 ③

64 그림과 같은 회로의 전달함수는?
(단, e_1은 입력, e_2는 출력이다.)

① $C_1 + C_2$ ② $\dfrac{C_2}{C_1}$
③ $\dfrac{C_1}{C_1+C_2}$ ④ $\dfrac{C_2}{C_1+C_2}$

풀이
$$\begin{cases} e_1(t) = \dfrac{1}{C_1}\int i(t)dt + \dfrac{1}{C_2}\int i(t)dt \\ e_2(t) = \dfrac{1}{C_2}\int i(t)dt \end{cases}$$

$$\begin{cases} E_1(s) = \left(\dfrac{1}{C_1 s} + \dfrac{1}{C_2 s}\right)I(s) = \dfrac{C_1+C_2}{C_1 C_2 s}\cdot I(s) \\ E_2(s) = \dfrac{I(s)}{C_2 s} \end{cases}$$

$$\therefore G(s) = \dfrac{E_2(s)}{E_1(s)} = \dfrac{\dfrac{1}{C_2 s}\cdot I(s)}{\dfrac{C_1+C_2}{C_1 C_2 s}\cdot I(s)} = \dfrac{C_1}{C_1+C_2}$$

답 ③

65 그림과 같은 4단자망의 영상 전달정수 θ는?

① $\sqrt{5}$
② $\log_e \sqrt{5}$
③ $\log_e \dfrac{1}{\sqrt{5}}$
④ $5\log_e \sqrt{5}$

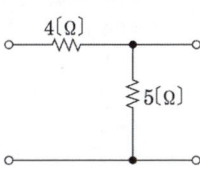

풀이

$$\begin{bmatrix} A & B \\ C & D \end{bmatrix} = \begin{bmatrix} 1+\dfrac{4}{5} & 4 \\ \dfrac{1}{5} & 1 \end{bmatrix} = \begin{bmatrix} \dfrac{9}{5} & 4 \\ \dfrac{1}{5} & 1 \end{bmatrix}$$

$$\begin{aligned} \therefore \theta &= \log_e(\sqrt{AD}+\sqrt{BC}) \\ &= \log_e\left(\sqrt{\dfrac{9}{5}\times 1}+\sqrt{4\times\dfrac{1}{5}}\right) \\ &= \log_e\left(\dfrac{3}{\sqrt{5}}+\dfrac{2}{\sqrt{5}}\right) = \log_e\left(\dfrac{5}{\sqrt{5}}\right) \\ &= \log_e\sqrt{5} \end{aligned}$$

답 ②

66 $f(t) = u(t-a) - u(t-b)$의 라플라스 변환은?

① $\dfrac{1}{s}(e^{-as} - e^{-bs})$ ② $\dfrac{1}{s}(e^{as} + e^{bs})$

③ $\dfrac{1}{s^2}(e^{-as} - e^{-bs})$ ④ $\dfrac{1}{s^2}(e^{as} + e^{bs})$

풀이

$$\begin{aligned} \mathcal{L}[f(t)] &= \mathcal{L}[u(t-a) - u(t-b)] \\ &= \dfrac{e^{-as}}{s} - \dfrac{e^{-bs}}{s} \\ &= \dfrac{1}{s}(e^{-as} - e^{-bs}) \end{aligned}$$

답 ①

67 복소수 $I_1 = 10\angle tan^{-1}\dfrac{4}{3}$,

$I_2 = 10\angle tan^{-1}\dfrac{3}{4}$ 일 때

$I = I_1 + I_2$는 얼마인가?

① $-2+j2$ ② $14+j14$
③ $14+j4$ ④ $14+j3$

풀이 $\theta_1 = \tan^{-1}\dfrac{4}{3}$, $\theta_2 = \tan^{-1}\dfrac{3}{4}$이라면 그림과 같다.

I_1 과 I_2 를 변형하면
$I_1 = 10\angle\theta_1$
$\quad = 10(\cos\theta_1 + j\sin\theta_1)$
$\quad = 6+j8$
$I_2 = 10\angle\theta_2$
$\quad = 10(\cos\theta_2 + j\sin\theta_2)$
$\quad = 8+j6$
$\therefore I = I_1 + I_2 = 6+j8+8+j6$
$\quad = 14+j14$

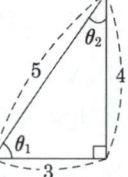

답 ②

68 그림 (a)의 회로를 그림 (b)와 같은 등가회로로 구성하고자 한다. 이때 V 및 R의 값은?

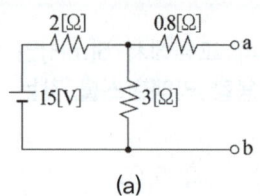   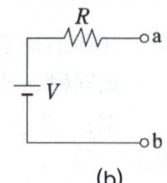

(a)   (b)

① 6[V], 2[Ω]   ② 6[V], 6[Ω]
③ 9[V], 2[Ω]   ④ 9[V], 6[Ω]

풀이 ① 전압 분배법칙을 적용하면,
$V = \dfrac{3}{2+3}\times 15 = 9[V]$

② 단자 ab에서 바라본 등가저항은(전압원은 단락)
$R = 0.8 + \dfrac{2\times 3}{2+3} = 2[Ω]$

답 ③

69 구형파의 파형률(㉠)과 파고율(㉡)은?

① ㉠ 1, ㉡ 0
② ㉠ 1.11, ㉡ 1.414
③ ㉠ 1, ㉡ 1
④ ㉠ 1.57, ㉡ 2

풀이

	구형파	3각파	정현파	정류파 (전파)	정류파 (반파)
파형률	1.0	1.15	1.11	1.11	1.57
파고율	1.0	1.732	1.414	1.414	2.0

답 ③

70 모든 초기 값을 0으로 할 때, 출력과 입력의 비를 무엇이라 하는가?

① 전달함수
② 충격함수
③ 경사함수
④ 포물선함수

풀이 전달함수는 모든 초기값을 0으로 하였을 때 출력 신호의 라플라스 변환값과 입력 신호의 라플라스 변환값의 비이다.

답 ①

71 그림과 같은 파형의 라플라스 변환은?

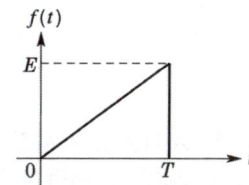

① $\dfrac{E}{Ts}(1-e^{-Ts})$

② $\dfrac{E}{Ts^2}(1-e^{-Ts})$

③ $\dfrac{E}{Ts}(1-e^{-Ts}-Ts \cdot e^{-Ts})$

④ $\dfrac{E}{Ts^2}(1-e^{-Ts}-Ts \cdot e^{-Ts})$

풀이 그림의 파형을 시간함수로 표현하면
$f(t)=\dfrac{E}{T}tu(t)-Eu(t-T)-\dfrac{E}{T}(t-T)u(t-T)$
이것을 라플라스 변환하면,
$F(s)=\dfrac{E}{Ts^2}-\dfrac{Ee^{-Ts}}{s}-\dfrac{Ee^{-Ts}}{Ts^2}$
$=\dfrac{E}{Ts^2}(1-e^{-Ts}-Ts \cdot e^{-Ts})$
$=\dfrac{E}{Ts^2}[1-(Ts+1)e^{-Ts}]$ **답** ④

72 그림에서 전류 i_5의 크기는?

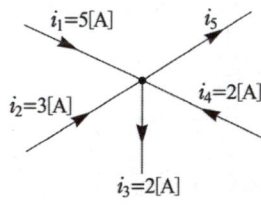

① 3[A] ② 5[A]
③ 8[A] ④ 12[A]

풀이 키르히호프의 1법칙 : 전선의 임의의 한 분기점에 유입 또는 유출되는 전류의 합은 0이다.
$i_1+i_2-i_3+i_4-i_5=0$
$\therefore i_5=i_1+i_2-i_3+i_4=5+3-2+2$
$=8[A]$ **답** ③

73 1상의 직렬 임피던스가 $R=6[\Omega]$, $X_L=8[\Omega]$인 △결선 평형부하가 있다. 여기에 선간전압 100[V]인 대칭 3상 교류전압을 가하면 선전류는 몇 [A]인가?

① $\dfrac{10\sqrt{3}}{3}$ ② $3\sqrt{3}$
③ 10 ④ $10\sqrt{3}$

풀이 ① △결선 시 선간전압(V_l)과 상전압(V_p)은 같다.
상전류 $I_p=\dfrac{V_p}{Z}=\dfrac{V_l}{\sqrt{R^2+X^2}}=\dfrac{100}{\sqrt{6^2+8^2}}$
$=10[A]$
② △결선 시 선전류(I_l)는 상전류(I_p)의 $\sqrt{3}$ 이다.
따라서 선전류 $I_l=\sqrt{3}I_p=10\sqrt{3}[A]$ **답** ④

74 그림과 같은 회로에서 S를 열었을 때 전류계는 10[A]를 지시하였다. S를 닫을 때 전류계의 지시는 몇 [A]인가?

① 10
② 12
③ 14
④ 16

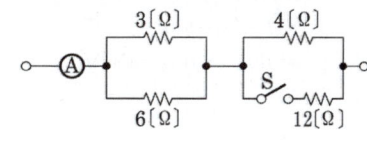

풀이 S를 열었을 때 전전압 E는
$E=IR=10\left(\dfrac{3\times 6}{3+6}+4\right)=60[V]$
따라서 S를 닫으면 전전류 I'는
$I'=\dfrac{E}{R'}=\dfrac{60}{\dfrac{3\times 6}{3+6}+\dfrac{4\times 12}{4+12}}=\dfrac{60}{2+3}$
$=12[A]$ **답** ②

75 2전력계법으로 평형 3상 전력을 측정하였더니 각각의 전력계가 500[W], 300[W]를 지시하였다면 전 전력[W]은?

① 200 ② 300
③ 500 ④ 800

풀이 • 유효전력 $P=W_1+W_2[W]$
• 피상전력 $P_a=2\sqrt{W_1^2+W_2^2-W_1W_2}[VA]$
$\therefore P=W_1+W_2=500+300=800[W]$ **답** ④

76 그림과 같은 회로에서 a-b 양단간의 전압은 몇 [V]인가?

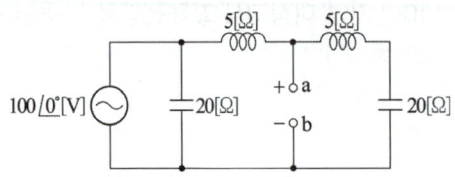

① 80 ② 90
③ 120 ④ 150

풀이

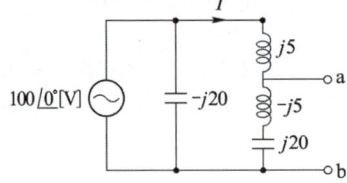

등가회로로 나타내면 다음과 같으므로 회로에 흐르는 전류 I 는

$$I = \frac{100}{(j5+j5-j20)} = j10[A]$$

따라서 a-b 양단간의 전압 V_{ab} 는

$$V_{ab} = I \times (j5-j20)$$
$$= j10 \times (-j15) = 150[V]$$

답 ④

77 역률이 60[%]이고 1상의 임피던스가 60[Ω]인 유도부하를 △로 결선하고 여기에 병렬로 저항 20[Ω]을 Y결선으로 하여 3상 선간전압 200[V]를 가할 때의 소비전력[W]은?

① 3200 ② 3000
③ 2000 ④ 1000

풀이

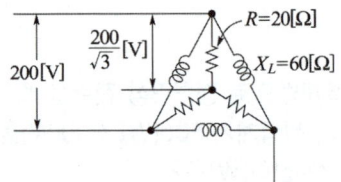

- 저항에서 소비되는 3상 전력

$$P_1 = 3\frac{V_p^2}{R} = 3 \times \frac{\left(\frac{200}{\sqrt{3}}\right)^2}{20} = 2000[W]$$

- 임피던스에서 소비되는 3상 전력 ($\cos\theta = 0.6$)

$$P_2 = 3V_p I_p \cos\theta = 3 \times 200 \times \frac{200}{60} \times 0.6$$
$$= 1200[W]$$

$$\therefore P = P_1 + P_2 = 2000 + 1200$$
$$= 3200[W]$$

답 ①

78 회로에서 각 계기들의 지시값은 다음과 같다. 전압계 Ⓥ는 240[V], 전류계 Ⓐ는 5[A], 전력계 Ⓦ는 720[W]이다. 이때 인덕턴스 L[H]은 얼마인가? (단, 전원주파수는 60[Hz]이다.)

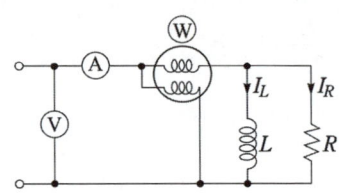

① $\frac{1}{\pi}$ ② $\frac{1}{2\pi}$ ③ $\frac{1}{3\pi}$ ④ $\frac{1}{4\pi}$

풀이
- 피상전력 $P_a = VI = 240 \times 5 = 1200[VA]$
- 무효전력 $P_r = \sqrt{P_a^2 - P^2}$
$$= \sqrt{1200^2 - 720^2} = 960[Var]$$
- 리액턴스 $X_L = \frac{V^2}{P_r} = \frac{240^2}{960} = 60[\Omega]$

따라서 $L = \frac{X_L}{2\pi f} = \frac{60}{2\pi \times 60} = \frac{1}{2\pi}[H]$

답 ②

79 다음 회로에 대한 설명으로 옳은 것은?

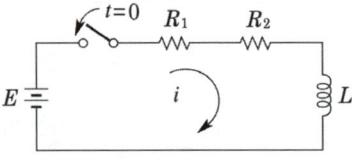

① 이 회로의 시정수는 $\frac{L}{R_1+R_2}$ 이다.

② 이 회로의 특성근은 $\frac{R_1+R_2}{L}$ 이다.

③ 정상 전류값은 $\frac{E}{R_2}$ 이다.

④ 이 회로의 전류값은
$$i(t) = \frac{E}{R_1+R_2}\left(1-e^{-\frac{L}{R_1+R_2}t}\right)$$ 이다.

[풀이] ② 특성근 = $-\dfrac{R_1+R_2}{L}$ 이며, 항상 (−)의 값을 갖는다.

③ 정상 전류값은 $I=\dfrac{E}{R_1+R_2}$ [A]이다.

④ 회로의 전류값은
$i(t)=\dfrac{E}{R_1+R_2}\left(1-e^{-\frac{R_1+R_2}{L}t}\right)$ 이다. 답 ①

80 3상 평형부하가 있다. 선간전압이 200[V], 역률이 0.8이고, 소비전력이 10[kW]라면 선전류는 약 몇 [A]인가?

① 30　② 32
③ 34　④ 36

[풀이] 소비전력 $P=\sqrt{3}\,VI\cos\theta$
$\therefore I=\dfrac{P_0}{\sqrt{3}\,V\cos\theta}=\dfrac{10\times10^3}{\sqrt{3}\times200\times0.8}$
$\fallingdotseq 36$ [A] 답 ④

5과목 - 전기설비기술기준

81 애자공사에 의한 저압 옥내배선을 시설할 때 전선 상호 간의 간격은 몇 [cm] 이상이어야 하는가?

① 2　② 4
③ 6　④ 8

[풀이] 232.56 애자공사
가. 전선의 종류 : 절연 전선. 단, 옥외용 비닐 절연 전선(OW) 및 인입용 비닐 절연 전선(DV)은 제외한다.
나. 이격 거리

전압		전선과 조영재와의 이격 거리	전선 상호 간격	전선 지지점 간의 거리	
				조영재의 윗면 또는 옆면에 따라 시설	조영재에 따라 시설하지 않는 경우
저압	400[V] 이하	2.5[cm] 이상			−
	400[V] 초과	건조한 장소 2.5[cm] 이상	6[cm] 이상	2[m] 이하	6[m] 이하
		기타의 장소 4.5[cm] 이상			

답 ③

82 방전등용 안정기로부터 방전관까지의 전로를 무엇이라고 하는가?

① 가섭선　② 가공인입선
③ 관등회로　④ 지중관로

[풀이] 112 용어 정의
"관등회로"란 방전등용 안정기 또는 방전등용 변압기로부터 방전관까지의 전로를 말한다. 답 ③

83 "지중관로"에 대한 정의로 옳은 것은?

① 지중전선로, 지중 약전류 전선로와 지중 매설지선 등을 말한다.
② 지중전선로, 지중 약전류 전선로와 복합 케이블 선로, 기타 이와 유사한 것 및 이들에 부속하는 지중함을 말한다.
③ 지중전선로, 지중 약전류 전선로, 지중에 시설하는 수관 및 가스관과 지중 매설지선을 말한다.
④ 지중전선로, 지중 약전류 전선로, 지중 광섬유 케이블 선로, 지중에 시설하는 수관 및 가스관과 이와 유사한 것 및 이들에 부속하는 지중함 등을 말한다.

[풀이] 112 용어 정의
"지중 관로"란 지중 전선로 · 지중 약전류 전선로 · 지중 광섬유 케이블 선로 · 지중에 시설하는 수관 및 가스관과 이와 유사한 것 및 이들에 부속하는 지중함 등을 말한다. 답 ④

84 345[kV]의 송전선을 사람이 쉽게 들어갈 수 없는 산지에 시설하는 경우 전선의 지표상 높이는 최소 몇 [m] 이상이어야 하는가?

① 7.28　② 8.28
③ 7.85　④ 8.85

[풀이] 333.7 특고압 가공전선의 높이

전압의 범위	일반 장소	도로 횡단	철도 또는 궤도횡단	횡단보도교
35[kV] 이하	5[m]	6[m]	6.5[m]	4[m](특고압 절연전선 또는 케이블 사용)
35[kV] 초과 160[kV] 이하	6[m]	6[m]	6.5[m]	5[m](케이블 사용) 산지 등에서 사람이 쉽게 들어갈 수 없는 장소 : 5[m] 이상

전압의 범위	일반 장소	도로 횡단	철도 또는 궤도횡단	횡단보도교
160[kV] 초과	일반장소	가공전선의 높이 = 6 + 단수 × 0.12[m]		
	철도 또는 궤도횡단		가공전선의 높이 = 6.5 + 단수 × 0.12[m]	
	산지			가공전선의 높이 = 5 + 단수 × 0.12[m]

- 특고압가공전선의 지표상 높이는 일반 장소에서는 6[m] (산지 등에서는 5[m])에, 160[kV]를 넘는 10[kV] 또는 그 단수마다 12[cm]를 가한 값
- 단수 = $\frac{345-160}{10}$ = 18.5 → 19단
- ∴ 전선의 지표상 높이 = 5 + 19 × 0.12 = 7.28[m] **답** ①

85 고압 지중케이블로서 직접 매설식에 의하여 콘크리트제 기타 견고한 관 또는 트라프에 넣지 않고 부설할 수 있는 케이블은?

① 비닐외장케이블
② 고무외장케이블
③ 클로로프렌외장케이블
④ 콤바인덕트케이블

풀이 334.1 지중전선로의 시설
지중 전선로를 직접 매설식에 의하여 시설하는 경우에는 지중 전선을 견고한 트라프 기타 방호물에 넣어 시설하여야 한다.
단, 다음의 어느 하나에 해당하는 경우에는 지중전선을 견고한 트라프 기타 방호물에 넣지 아니하여도 된다.
① 저압 또는 고압의 지중전선을 차량 기타 중량물의 압력을 받을 우려가 없는 경우에 그 위를 견고한 판 또는 몰드로 덮어 시설하는 경우
② 저압 또는 고압의 지중전선에 콤바인덕트 케이블 또는 개장한 케이블을 사용하여 시설하는 경우 **답** ④

86 전기설비기술기준에서 정하는 15[kV] 이상 25[kV] 미만인 특고압가공전선과 그 지지물, 완금류, 지주 또는 지선 사이의 이격거리는 몇 [cm] 이상이어야 하는가?

① 20 ② 25
③ 30 ④ 40

풀이 333.5 특고압 가공전선과 지지물 등의 이격거리
특고압 가공전선과 그 지지물·완금류·지주 또는 지선 사이의 이격거리는 표에서 정한 값 이상이어야 한다.

다만, 기술상 부득이한 경우에 위험의 우려가 없도록 시설한 때에는 표에서 정한 값의 0.8배까지 감할 수 있다.

사용전압	이격거리[cm]
15[kV] 미만	15
15[kV] 이상 25[kV] 미만	20
25[kV] 이상 35[kV] 미만	25
60[kV] 이상 70[kV] 미만	40
130[kV] 이상 160[kV] 미만	90

답 ①

87 전기 울타리의 시설에 관한 설명으로 틀린 것은?

① 전원장치에 전기를 공급하는 전로의 사용전압은 600[V] 이하이어야 한다.
② 사람이 쉽게 출입하지 아니하는 곳에 시설한다.
③ 전선은 지름 2[mm] 이상의 경동선을 사용한다.
④ 수목 사이의 이격거리는 30[cm] 이상이어야 한다.

풀이 241.1 전기울타리
가. 전기울타리용 전원장치에 전원을 공급하는 전로의 사용전압은 250[V] 이하이어야 한다.
나. 전기울타리는 사람이 쉽게 출입하지 아니하는 곳에 시설할 것.
다. 전선은 인장강도 1.38[kN] 이상의 것 또는 지름 2[mm] 이상의 경동선일 것.
라. 전선과 이를 지지하는 기둥 사이의 이격거리는 25[mm] 이상일 것.
마. 전선과 다른 시설물(가공 전선을 제외한다) 또는 수목과의 이격거리는 0.3[m] 이상일 것. **답** ①

88 전선의 접속법을 열거한 것 중 틀린 것은?

① 전선의 세기를 30[%] 이상 감소시키지 않는다.
② 접속 부분을 절연전선의 절연물과 동등 이상의 절연 효력이 있도록 충분히 피복한다.
③ 접속 부분은 접속관, 기타의 기구를 사용한다.
④ 알루미늄 도체의 전선과 동 도체의 전선을 접속할 때에는 전기적 부식이 생기지 않도록 한다.

풀이 123 전선의 접속
전선을 접속하는 경우에는 전선의 전기저항을 증가시키지 아니하도록 접속 하여야 하며, 또한 다음에 따라야 한다.
가. 절연전선 상호·절연전선과 코드, 캡타이어 케이블과 접속하는 경우에는
① 전선의 세기를 20[%] 이상 감소시키지 아니할 것.
② 접속부분은 접속관 기타의 기구를 사용할 것.
③ 접속부분의 절연전선에 절연전선의 절연물과 동 등 이상의 절연효력이 있는 것으로 충분히 피복할 것.
나. 코드 상호, 캡타이어 케이블 상호 또는 이들 상호를 접속하는 경우에는 코드 접속기·접속함 기타의 기구를 사용할 것.
다만 공칭단면적이 10[mm²] 이상인 캡타이어 케이블 상호를 규정에 준하여 접속하는 경우에는 기구를 사용하지 않을 수 있다.
다. 도체에 알루미늄(알루미늄 합금을 포함한다.)을 사용하는 전선과 동(동합금을 포함한다.)을 사용하는 전선을 접속하는 등 전기 화학적 성질이 다른 도체를 접속하는 경우에는 접속부분에 전기적 부식이 생기지 않도록 할 것.   **답** ①

89 가공전선로의 지지물에 하중이 가하여지는 경우에 그 하중을 받는 지지물의 기초의 안전율은 일반적인 경우 얼마 이상이어야 하는가?
① 1.2   ② 1.5
③ 1.8   ④ 2

풀이 331.7 가공전선로 지지물의 기초의 안전율
가공전선로의 지지물에 하중이 가하여지는 경우에 그 하중을 받는 지지물의 기초의 안전율은 2 이상 (단, 이상시 상정하중에 대한 철탑의 기초에 대하여는 1.33)이어야 한다.   **답** ④

90 소맥분, 전분 기타의 가연성 분진이 존재하는 곳의 저압옥내배선으로 적합하지 않은 공사방법은?
① 케이블공사
② 두께 2[mm] 이상의 합성수지관공사
③ 금속관공사
④ 금속제 가요전선관공사

풀이 242.2.2 가연성 분진 위험장소
가연성 분진에 전기설비가 발화원이 되어 폭발할 우려가 있는 곳에 시설하는 저압 옥내 전기설비는 다음에 따르고 또한 위험의 우려가 없도록 시설하여야 한다.
가. 합성수지관공사(두께 2[mm] 미만의 합성 수지 전선관 및 난연성이 없는 콤바인 덕트관을 사용하는 것을 제외한다)
나. 금속관공사
다. 케이블공사   **답** ④

91 도로, 주차장 또는 조영물의 조영재에 고정하여 시설하는 전열장치의 발열선에 공급하는 전로의 대지전압은 몇 [V] 이하이어야 하는가?
① 30   ② 60
③ 220   ④ 300

풀이 241.12 도로 등의 전열장치
가. 발열선에 전기를 공급하는 전로의 대지전압은 300[V] 이하일 것.
나. 발열선은 그 온도가 80[℃]를 넘지 아니하도록 시설할 것. 다만, 도로 또는 옥외주차장에 금속피복을 한 발열선을 시설할 경우에는 발열선의 온도를 120[℃] 이하로 할 수 있다.
다. 발열선은 다른 전기설비·약전류전선 등 또는 수관·가스관이나 이와 유사한 것에 전기적·자기적 또는 열적인 장해를 주지 아니하도록 시설할 것.   **답** ④

92 철근 콘크리트주로서 전장이 15[m]이고, 설계하중이 7.8[kN]이다. 이 지지물을 논, 기타 지반이 약한 곳 이외에 기초 안전율의 고려 없이 시설하는 경우에 그 묻히는 깊이는 기준보다 몇 [cm]를 가산하여 시설하여야 하는가?
① 10   ② 30   ③ 50   ④ 70

풀이 331.7 가공전선로 지지물의 기초의 안전율
가공전선로의 지지물에 하중이 가하여지는 경우에 그 하중을 받는 지지물의 기초의 안전율은 2(이상 시 상정하중에 대한 철탑의 기초에 대하여는 1.33) 이상이어야 한다. 다만, 다음에 따라 시설하는 경우에는 적용하지 않는다.

전장 \ 설계 하중	6.8[kN] 이하	6.8[kN] 초과 ~9.8[kN] 이하	9.8[kN] 초과 ~14.72[kN] 이하
15[m] 이하	전장 × 1/6[m] 이상	전장 × 1/6 + 0.3[m] 이상	전장 × 1/6 + 0.5[m] 이상
15[m] 초과	2.5[m] 이상	2.8[m] 이상	–
16[m] 초과 ~20[m] 이하	2.8[m] 이상	–	–
15[m] 초과 ~18[m] 이하	–	–	3[m] 이상
18[m] 초과	–	–	3.2[m] 이상

답 ②

93 66[kV]에 사용되는 변압기를 취급자 이외의 자가 들어가지 않도록 적당한 울타리·담 등을 설치하여 시설하는 경우 울타리·담 등의 높이와 울타리·담 등으로부터 충전부분까지의 거리의 합계는 최소 몇 [m] 이상으로 하여야 하는가?

① 5 ② 6
③ 8 ④ 10

풀이 341.4 특고압용 기계기구의 시설
특고압용 기계기구 충전부분의 지표상 높이

사용전압의 구분	울타리·담 등의 높이와 울타리·담 등으로부터 충전 부분까지의 거리의 합계
35[kV] 이하	5[m]
35[kV] 초과 160[kV] 이하	6[m]
160[kV] 초과	• 거리의 합계 = 6 + 단수 × 0.12[m] • 단수 = $\frac{사용전압[kV]-160}{10}$ 단수 계산에서 소수점 이하는 절상

답 ②

94 가공전선로에 사용하는 지지물의 강도 계산에 적용하는 병종풍압하중은 갑종풍압하중의 몇 [%]를 기초로 하여 계산한 것인가?

① 30 ② 50
③ 80 ④ 110

풀이 331.6 풍압하중의 종별과 적용
가공 전선로에 사용하는 지지물의 강도 계산에 적용하는 풍압 하중은 다음의 3종으로 한다.
가. 갑종 풍압하중
구성재의 수직 투영면적 1[m²]에 대한 풍압을 기초로 하여 계산한 것.
나. 을종 풍압하중
전선 기타의 가섭선 주위에 두께 6[mm], 비중 0.9의 빙설이 부착된 상태에서 수직 투영면적 372[Pa](다도체를 구성하는 전선은 333[Pa]), 그 이외의 것은 갑종풍압하중의 2분의 1을 기초로 하여 계산한 것.
다. 병종 풍압하중
갑종 풍압하중의 2분의 1을 기초로 하여 계산한 것.

답 ②

95 저압옥내배선에서 시행하는 공사 내용 중 틀린 것은?

① 합성수지몰드공사에서는 절연전선을 사용한다.
② 합성수지관 안에서는 접속점이 없어야 한다.
③ 가요전선관은 2종 금속제 가요전선관이어야 한다.
④ 사용전압이 440 [V]인 금속관공사에서 금속관에는 접지공사를 하지 않았다.

풀이 232.12 금속관공사
가. 전선은 절연전선(옥외용 비닐절연전선을 제외한다)일 것.
나. 전선은 연선일 것. 다만, 다음의 것은 적용하지 않는다.
① 짧고 가는 금속관에 넣은 것.
② 단면적 10[mm²](알루미늄선은 단면적 16[mm²]) 이하의 것.
다. 관의 두께는 다음에 의할 것.
① 콘크리트에 매설하는 것은 1.2[mm] 이상
② 콘크리트 매설 이외의 것은 1[mm] 이상
라. 관에는 접지공사를 할 것.

답 ④

96 케이블트레이공사에 사용하는 케이블트레이의 최소 안전율은?

① 1.5 ② 1.8
③ 2.0 ④ 3.0

풀이 232.41 케이블트레이공사
가. 케이블 트레이의 안전율은 1.5 이상으로 하여야 한다.
나. 금속재의 것은 적절한 방식처리를 한 것이거나 내식성 재료의 것이어야 한다.
다. 비금속제 케이블 트레이는 난연성 재료의 것이어야 한다.
라. 금속제 케이블 트레이 계통은 기계적 및 전기적으로 완전하게 접속하여야 하며 금속제 트레이는 접지공사를 하여야 한다.

답 ①

> 출제기준 변경 및 개정된 관계 법규에 따라 삭제된 문제가 있어 20문항이 안됩니다.

2015년 2회

1과목 - 전기자기

01 전기력선의 성질에 관한 설명으로 틀린 것은?

① 전기력선의 방향은 그 점의 전계의 방향과 같다.
② 전기력선은 전위가 높은 점에서 낮은 점으로 향한다.
③ 전하가 없는 곳에서도 전기력선의 발생, 소멸이 있다.
④ 전계가 0이 아닌 곳에서 2개의 전기력선은 교차하는 일이 없다.

풀이 전기력선의 성질은 다음과 같다.
① 전기력선은 정전하에서 시작하여 부전하에서 그친다.
② 전하가 없는 곳에서는 전기력선의 발생, 소멸이 없고 연속적이다.
③ 전위가 높은 점에서 낮은 점으로 향한다.
④ 그 자신만으로 폐곡선이 되는 일은 없다.
⑤ 전계가 0이 아닌 곳에서는 2개의 전기력선은 교차하지 않는다.
⑥ 도체내부에는 전기력선이 없다.
⑦ 수직 단면의 전기력선 밀도는 전계의 세기이고 (1[개/m^2]=1[N/C]), 전기력선의 접선 방향은 전계의 방향이다.
⑧ 도체면(등전위면)에서 전기력선은 수직으로 출입한다.
⑨ 단위 전하 ±1[C]에서는 1/ϵ_0개의 전기력선이 출입한다.

답 ③

02 두 벡터 $A = 2i + 4j$, $B = 6j - 4k$가 이루는 각은 약 몇 °인가?

① 36
② 42
③ 50
④ 61

풀이
① $A = |A| = \sqrt{2^2 + 4^2} = \sqrt{20}$,
$B = |B| = \sqrt{6^2 + (-4)^2} = \sqrt{52}$
② $A_x B_x + A_y B_y + A_z B_z = 4 \times 6 = 24$
③ $A \cdot B = AB\cos\theta$
$= A_x B_x + A_y B_y + A_z B_z$ 이므로
$A \cdot B = \sqrt{20}\sqrt{52}\cos\theta = 24$
$\cos\theta = \dfrac{24}{\sqrt{20} \times \sqrt{52}} = 0.744$
따라서 $\theta = \cos^{-1} 0.744 = 41.92°$

답 ②

03 2[cm]의 간격을 가진 두 평행도선에 1000[A]의 전류가 흐를 때 도선 1[m]마다 작용하는 힘은 몇 [N/m]인가?

① 5
② 10
③ 15
④ 20

풀이 평행도선에 작용하는 힘
$F = \dfrac{\mu_0 I_1 I_2}{2\pi r} = \dfrac{2 I_1 I_2}{r} \times 10^{-7}$
$= \dfrac{2 \times 1000^2}{2 \times 10^{-2}} \times 10^{-7} = 10 [N/m]$

답 ②

04 자계 내에서 운동하는 대전입자의 작용에 대한 설명으로 틀린 것은?

① 대전입자의 운동방향으로 작용하므로 입자의 속도의 크기는 변하지 않는다.
② 가속도 벡터는 항상 속도 벡터와 직각이므로 입자의 운동에너지도 변화하지 않는다.
③ 정상자계는 운동하고 있는 대전입자에 에너지를 줄 수가 없다.
④ 자계 내 대전입자를 임의 방향의 운동 속도로 투입하면 $\cos\theta$에 비례한다.

풀이
• 대전입자를 자계 내에 수직으로 투입 : 등속원운동
• 대전입자를 자계 내에 각 θ로 비스듬히 투입 : 등속의 나선운동

따라서 임의 방향의 운동속도로 투입하면 등속운동을 하므로 $\cos\theta$에 관계없이 일정하다.

답 ④

05 투자율 $\mu = \mu_0$, 굴절률 $n = 2$, 전도율 $\sigma = 0.5$의 특성을 갖는 매질내부의 한 점에서 전계가 $E = 10\cos(2\pi ft)a_x$로 주어질 경우 전도 전류밀도와 변위 전류밀도의 최댓값의 크기가 같아지는 전계의 주파수 f[GHz]는?

① 1.75　② 2.25
③ 5.75　④ 10.25

풀이 전도전류밀도 $i_c = \sigma E$, 변위전류밀도 $i_d = \omega \epsilon E$ 이고, 전도 전류밀도와 변위 전류밀도의 최댓값의 크기가 같아지는 조건이므로 ($i_c = i_d$)
$\sigma E = \omega \epsilon E \rightarrow \sigma = 2\pi f \epsilon$
따라서
$f = \dfrac{\sigma}{2\pi\epsilon} = \dfrac{\sigma}{2\pi(n^2\epsilon_0)} = \dfrac{0.5}{2\pi \times 2^2 \times 8.85 \times 10^{-12}}$
$= 2.25 \times 10^9 [\text{Hz}] = 2.25 [\text{GHz}]$　**답** ②

06 면적 S[m²] 평행한 평판 전극사이에 유전율이 ϵ_1[F/m], ϵ_2[F/m]되는 두 종류의 유전체를 $\dfrac{d}{2}$ [m] 두께가 되도록 각각 넣으면 정전용량은 몇 [F]가 되는가?

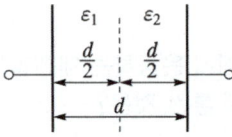

① $\dfrac{2S}{d(\epsilon_1 + \epsilon_2)}$　② $\dfrac{2\epsilon_1\epsilon_2}{dS(\epsilon_1 + \epsilon_2)}$
③ $\dfrac{2S\epsilon_1\epsilon_2}{d(\epsilon_1 + \epsilon_2)}$　④ $\dfrac{S\epsilon_1\epsilon_2}{2d(\epsilon_1 + \epsilon_2)}$

풀이 등가회로로 변환하면 그림과 같다.

$\therefore C = \dfrac{C_1 \cdot C_2}{C_1 + C_2} = \dfrac{\dfrac{\epsilon_1 \cdot S}{\dfrac{d}{2}} \cdot \dfrac{\epsilon_2 \cdot S}{\dfrac{d}{2}}}{\dfrac{\epsilon_1 \cdot S}{\dfrac{d}{2}} + \dfrac{\epsilon_2 \cdot S}{\dfrac{d}{2}}}$

$= \dfrac{2S}{d\left(\dfrac{1}{\epsilon_1} + \dfrac{1}{\epsilon_2}\right)} = \dfrac{2S\epsilon_1\epsilon_2}{d(\epsilon_1 + \epsilon_2)} [\text{F}]$　**답** ③

07 접지된 무한히 넓은 평면도체로부터 a[m] 떨어져 있는 공간에 Q[C]의 점전하가 놓여 있을 때 그림 P점의 전위는 몇 [V]인가?

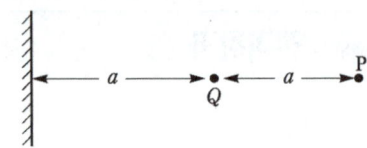

① $\dfrac{Q}{8\pi\epsilon_0 a}$　② $\dfrac{Q}{6\pi\epsilon_0 a}$
③ $\dfrac{3Q}{4\pi\epsilon_0 a}$　④ $\dfrac{Q}{2\pi\epsilon_0 a}$

풀이

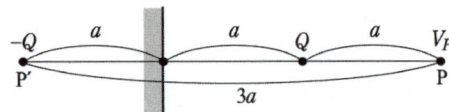

영상전하 $-Q$[C]을 생각하면 두 개의 점전하 Q[C]과 $-Q$[C]에 의한 점 P에서의 전위 V_P는
$V_P = \dfrac{Q}{4\pi\epsilon_0 a} + \dfrac{-Q}{4\pi\epsilon_0(3a)} = \dfrac{Q}{6\pi\epsilon_0 a}$ [V]　**답** ②

08 어느 철심에 도선을 250회 감고 여기에 4[A]의 전류를 흘릴 때 발생하는 자속이 0.02 [Wb]이었다. 이 코일의 자기 인덕턴스는 몇 [H]인가?

① 1.05　② 1.25
③ 2.5　④ $\sqrt{2}\pi$

풀이 $N\phi = LI$ 이므로 자기 인덕턴스 L은
$L = \dfrac{N\phi}{I} = \dfrac{250 \times 0.02}{4} = 1.25[\text{H}]$　**답** ②

09 옴의 법칙에서 전류는?

① 저항에 반비례하고 전압에 비례한다.
② 저항에 반비례하고 전압에도 반비례한다.
③ 저항에 비례하고 전압에 반비례한다.
④ 저항에 비례하고 전압에도 비례한다.

풀이 옴의 법칙에서 전류 $I = \dfrac{V}{R}$[A]이므로 **전류는 저항에 반비례하고, 전압에 비례한다.**　**답** ①

10 전계와 자계의 기본법칙에 대한 내용으로 틀린 것은?

① 암페어의 주회적분 법칙 :
$$\oint_c H \cdot dl = I + \int_S \frac{\partial D}{\partial t} \cdot dS$$

② 가우스의 정리 : $\oint_S B \cdot dS = 0$

③ 가우스 정리 :
$$\oint_S D \cdot dS = \int_v \rho \, dv = Q$$

④ 패러데이의 법칙 :
$$\oint_c D \cdot dl = -\int_S \frac{dH}{dt} \cdot dS$$

풀이 전자계에서 성립하는 기본 방정식

맥스웰 전자방정식		의 미
미 분 형	적 분 형	
rot $E = \nabla \times E$ $= -\frac{\partial B}{\partial t}$	$\oint_c E \cdot dl = -\int_S \frac{\partial B}{\partial t} \cdot dS$	패러데이 법칙
rot $H = i_c + \frac{\partial D}{\partial t}$	$\oint_c H \cdot dl = I + \int_S \frac{\partial D}{\partial t} \cdot dS$	암페어 주회적분 법칙
div $D = \rho$	$\oint_S D \cdot dS = \int_v \rho dv = Q$	가우스 법칙
div $B = 0$	$\oint_S B \cdot dS = 0$	가우스 법칙

답 ④

11 철심에 도선을 250회 감고 1.2[A]의 전류를 흘렸더니 1.5×10^{-3}[Wb]의 자속이 생겼다. 자기저항[AT/Wb]은?

① 2×10^5　　② 3×10^5
③ 4×10^5　　④ 5×10^5

풀이 기자력 $F = R_m \phi$[AT]이므로 자기저항 R_m은
$$R_m = \frac{F}{\phi} = \frac{NI}{\phi} = \frac{250 \times 1.2}{1.5 \times 10^{-3}}$$
$$= 200 \times 10^3 = 2 \times 10^5 \text{[AT/Wb]가 된다.}$$ **답** ①

12 반지름 a[m]의 구도체에 Q[C]의 전하가 주어졌을 때 구심에서 $5a$[m] 되는 점의 전위는 몇 [V]인가?

① $\dfrac{Q}{4\pi\epsilon_0 a}$　　② $\dfrac{Q}{4\pi\epsilon_0 a^2}$
③ $\dfrac{Q}{20\pi\epsilon_0 a}$　　④ $\dfrac{Q}{20\pi\epsilon_0 a^2}$

풀이 구도체의 전하는 구 밖에서 볼 때 점전하라 할 수 있으므로 전위 V는
$$V = \frac{Q}{4\pi\epsilon_0(5a)} = \frac{Q}{20\pi\epsilon_0 a} \text{[V]}$$ **답** ③

13 다음 물질 중 반자성체는?

① 구리　　② 백금
③ 니켈　　④ 알루미늄

풀이
- 강자성체 : Fe, Ni, Co
- 상자성체 : Al, Mn, Pt, W, Sn, O_2, N_2 등
- 반자성체 : Ag, Cu, Bi, H_2O, C, Si, Pb 등　**답** ①

14 전류분포가 벡터자기포텐셜 A[Wb/m]를 발생시킬 때 점(−1, 2, 5)[m]에서의 자속밀도 B[T]는? (단, $A = 2yz^2 a_x + y^2 x a_y + 4xyz a_z$이다.)

① $20a_x - 40a_y + 30a_z$
② $20a_x + 40a_y - 30a_z$
③ $2a_x + 4a_y + 3a_z$
④ $-20a_x - 46a_z$

풀이
$$B = \text{rot } A = \nabla \times A = \begin{vmatrix} a_x & a_y & a_z \\ \frac{\partial}{\partial x} & \frac{\partial}{\partial y} & \frac{\partial}{\partial z} \\ 2yz^2 & y^2x & 4xyz \end{vmatrix}$$
$$= \left\{\frac{\partial}{\partial y}(4xyz) - \frac{\partial}{\partial z}(y^2 x)\right\} a_x$$
$$+ \left\{\frac{\partial}{\partial z}(2yz^2) - \frac{\partial}{\partial x}(4xyz)\right\} a_y$$
$$+ \left\{\frac{\partial}{\partial x}(y^2 x) - \frac{\partial}{\partial y}(2yz^2)\right\} a_z$$
$$= (4xz - 0) a_x + (4yz - 4yz) a_y + (y^2 - 2z^2) a_z$$
$$= 4xz \, a_x + (y^2 - 2z^2) a_z$$
여기에, 점 (−1, 2, 5)를 대입하면
$$B = -20 a_x + (4 - 50) a_z$$
$$= -20 a_x - 46 a_z \text{[T]}$$ **답** ④

15 $\epsilon_1 > \epsilon_2$인 두 유전체의 경계면에 전계가 수직으로 입사할 때 단위면적당 경계면에 작용하는 힘은?

① 힘 $f = \frac{1}{2}\left(\frac{1}{\epsilon_1} - \frac{1}{\epsilon_2}\right)D^2$이
ϵ_2에서 ϵ_1으로 작용한다.

② 힘 $f = \frac{1}{2}\left(\frac{1}{\epsilon_1} - \frac{1}{\epsilon_2}\right)E^2$이
ϵ_2에서 ϵ_1으로 작용한다.

③ 힘 $f = \frac{1}{2}\left(\frac{1}{\epsilon_2} - \frac{1}{\epsilon_1}\right)D^2$이
ϵ_1에서 ϵ_2로 작용한다.

④ 힘 $f = \frac{1}{2}\left(\frac{1}{\epsilon_1} - \frac{1}{\epsilon_2}\right)E^2$이
ϵ_1에서 ϵ_2로 작용한다.

풀이 ① 전계가 경계면에 수직인 경우
$$f_n = \frac{1}{2}(E_2 - E_1) \cdot D$$
$$= \frac{1}{2}\left(\frac{1}{\epsilon_2} - \frac{1}{\epsilon_1}\right)D^2 [\text{N/m}^2]$$
② 전계가 경계면에 평행인 경우
$$f_n = \frac{1}{2}(E_1 \cdot D_1 - E_2 \cdot D_2)$$
$$= \frac{1}{2}(\epsilon_1 - \epsilon_2)E^2 [\text{N/m}^2]$$
①, ② 모두 유전율이 큰 쪽에서 유전율이 작은 쪽으로 끌려 들어가는 맥스웰 응력이 작용한다. **답** ③

16 전류와 자계 사이에 직접적인 관련이 없는 법칙은?
① 앙페르의 오른나사법칙
② 비오사바르의 법칙
③ 플레밍의 왼손법칙
④ 쿨롱의 법칙

풀이 ① 앙페르의 오른손 법칙 : 전류가 만드는 전류의 방향
② 비오사바르의 법칙 : 자계 내 전류 도선이 만드는 자계
③ 플레밍의 왼손 법칙 : 자계 내에 놓여진 전류도선이 받는 힘의 방향
④ 쿨롱의 법칙은 전하들 간에 작용하는 힘으로 전류와 자계 사이에 직접적인 관련은 없다. **답** ④

17 축이 무한히 길고 반지름이 a[m]인 원주 내에 전하가 축대칭이며, 축방향으로 균일하게 분포되어 있을 경우, 반지름 $r(>a)$[m] 되는 동심 원통면상 외부의 한 점 P의 전계의 세기는 몇 [V/m]인가? (단, 원주의 단위길이 당의 전하를 λ[C/m]라 한다.)

① $\frac{\lambda}{\epsilon_0}$ ② $\frac{\lambda}{2\pi\epsilon_0}$

③ $\frac{\lambda}{\pi a}$ ④ $\frac{\lambda}{2\pi\epsilon_0 r}$

풀이 ① 원주 내부의 전계 $E_i (r<a)$는
$$E_i = \frac{\lambda r}{2\pi\epsilon_0 a^2} [\text{AT/m}]$$
② 원주 외부의 전계 $E_e (r>a)$는
$$E_e = \frac{\lambda}{2\pi\epsilon_0 r} [\text{AT/m}]$$
③ 원주 도체표면의 전계 $E_a (r=a)$는
$$E_a = \frac{\lambda}{2\pi\epsilon_0 a} [\text{AT/m}]$$

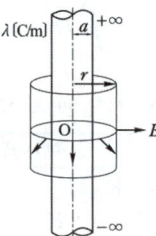

답 ④

18 반지름이 2[m], 3[m] 절연 도체구의 전위를 각각 5[V], 6[V]로 한 후 가는 도선으로 두 도체구를 연결하면 공통 전위는 몇 [V]가 되는가?
① 5.2 ② 5.4
③ 5.6 ④ 5.8

풀이 두 도체구를 연결하기 전의 전하는
$Q = Q_1 + Q_2 = 4\pi\epsilon_0 r_1 V_1 + 4\pi\epsilon_0 r_2 V_2$[C]
연결 후의 전하 Q'는 등전위이므로
$Q' = Q_1' + Q_2' = 4\pi\epsilon_0 r_1 V + 4\pi\epsilon_0 r_2 V$[C]
$Q = Q'$이므로
$$\therefore V = \frac{Q}{4\pi\epsilon_0 r} = \frac{4\pi\epsilon_0(r_1 V_1 + r_2 V_2)}{4\pi\epsilon_0(r_1 + r_2)}$$
$$= \frac{2 \times 5 + 3 \times 6}{2 + 3} = 5.6[\text{V}]$$
답 ③

19 전기쌍극자로부터 임의의 점의 거리가 r이라 할 때, 전계의 세기는 r과 어떤 관계에 있는가?

① $\frac{1}{r}$에 비례 ② $\frac{1}{r^2}$에 비례

③ $\frac{1}{r^3}$에 비례 ④ $\frac{1}{r^4}$에 비례

풀이 전기쌍극자에 의한 전계의 세기
$$E = \frac{M\sqrt{1+3\cos^2\theta}}{4\pi\epsilon_0 r^3} \propto \frac{1}{r^3}$$
답 ③

20 전하 Q_1, Q_2 간의 전기력이 F_1이고 이 근처에 전하 Q_3를 놓았을 경우의 Q_1과 Q_2간의 전기력을 F_2라 하면 F_1과 F_2의 관계는 어떻게 되는가?

① $F_1 > F_2$
② $F_1 = F_2$
③ $F_1 < F_2$
④ Q_3의 크기에 따라 다르다.

풀이 두 전하 Q_1, Q_2 간의 작용력 $F_1 = \dfrac{Q_1 Q_2}{4\pi\epsilon r^2}$ [N] (쿨롱의 법칙) 이므로 작용력은 두 전하량(Q_1, Q_2), 유전율(ϵ), 거리(r)와만 관계 된다.
따라서 두 전하 사이에 작용하는 힘은 **다른 전하(Q_3)에 영향을 받지 않는다.** ($F_1 = F_2$)
답 ②

2과목 - 전력공학

21번 문제는 출제기준 변경 및 개정된 관계 법규에 따라 삭제되었습니다.

22 조상설비가 있는 1차 변전소에서 주변압기로 주로 사용되는 변압기는?

① 승압용 변압기
② 단권 변압기
③ 단상변압기
④ 3권선 변압기

풀이 조상설비가 있는 1차 변전소에서 주변압기로는 1차 측 권선과 2차 측 권선 그리고 조상설비 접속도와 제3고조파 제거용의 제3권선이 있는 **3권선 변압기를 사용**한다.
답 ④

23 60[Hz], 154[kV], 길이 200[km]인 3상 송전선로에서 대지정전용량 $C_s = 0.008[\mu F/km]$, 선간정전용량 $C_m = 0.0018[\mu F/km]$일 때, 1선에 흐르는 충전전류는 약 몇 [A]인가?

① 68.9
② 78.9
③ 89.8
④ 97.6

풀이 작용 정전용량은
$C_w = C_s + 3C_m = 0.008 + 3 \times 0.0018$
$\quad = 0.0134 [\mu F/km]$
따라서 1선 충전전류 I_c는
$I_c = \omega CEl = 2\pi f CEl$
$\quad = 2\pi \times 60 \times 0.0134 \times 10^{-6} \times 200 \times \dfrac{154,000}{\sqrt{3}}$
$\quad = 89.8 [A]$

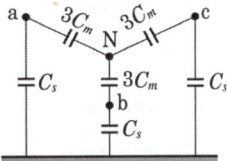

답 ③

24 소수력발전의 장점이 아닌 것은?

① 국내 부존자원 활용
② 일단 건설 후에는 운영비가 저렴
③ 전력생산 외에 농업용수 공급, 홍수조절에 기여
④ 양수발전과 같이 첨두부하에 대한 기여도가 많음

풀이 **소수력발전**: 하천이나 저수지의 물을 낙차에 의한 위치에너지를 이용하여 발전하는 방식
1) 장점
  ① 국내 부존자원 활용
  ② 전력생산 외에 농업용수 공급, 홍수조절에 기여
  ③ 일단 건설후에는 운영비가 저렴
2) 단점
  ① 대수력이나 양수발전과 같이 **첨두부하에 대한 기여도가 적음**
  ② 초기 건설비 소요가 크고, 발전량이 강수량에 따라 변동이 많음
답 ④

25 아킹혼의 설치 목적은?

① 코로나손의 방지
② 이상전압 제한
③ 지지물의 보호
④ 섬락사고 시 애자의 보호

풀이 아킹 혼(arcing horn)은 섬락 시 애자를 보호하고 애자련의 전압 분담을 균일하게 한다. **답** ④

26 유효낙차 400[m]의 수력발전소에서 펠턴수차의 노즐에서 분출하는 물의 속도를 이론값의 0.95배로 한다면 물의 분출속도는 약 몇 [m/s]인가?

① 42.3
② 59.5
③ 62.6
④ 84.1

풀이 높이 H[m]의 수두를 갖는 물이 노즐로부터 분출하는 유수의 속도 v는
$v = C_v\sqrt{2gH} = 0.95 \times \sqrt{2 \times 9.8 \times 400}$
$= 84.116$[m/s] **답** ④

27 초고압 장거리 송전선로에 접속되는 1차 변전소에 병렬 리액터를 설치하는 목적은?

① 페란티효과 방지
② 코로나손실 경감
③ 전압강하 경감
④ 선로손실 경감

풀이 장거리 송전선로에서 선로의 정전용량에 의해 수전단 전압이 송전단전압보다 높아지는 현상을 페란티 효과라 하며, 이에 대한 대책으로 분로(병렬) 리액터를 설치하여 선로의 정전용량을 상쇄시킨다. **답** ①

28 SF_6 가스차단기의 설명으로 틀린 것은?

① 밀폐구조이므로 개폐 시 소음이 작다.
② SF_6 가스는 절연내력이 공기보다 크다.
③ 근거리 고장 등 가혹한 재기전압에 대해서 성능이 우수하다.
④ 아크에 의해 SF_6 가스는 분해되어 유독가스를 발생시킨다.

풀이 SF_6 가스는 무색, 무취, 무해 가스이므로 유독 가스는 발생되지 않는다. **답** ④

29 송전선로에서 역섬락을 방지하려면?

① 가공지선을 설치한다.
② 피뢰기를 설치한다.
③ 탑각 접지저항을 적게 한다.
④ 소호각을 설치한다.

풀이 뇌서지가 철탑에 가격 시 철탑의 탑각 접지저항이 충분히 낮지 않으면 철탑의 전위가 상승하여 철탑에서 선로로 섬락을 일으키는 경우가 있는데 이를 역섬락이라 하며 방지 대책으로는 매설 지선을 설치하여 탑각 접지저항을 낮추어야 한다. **답** ③

30 직류 송전방식이 교류 송전방식에 비하여 유리한 점이 아닌 것은?

① 선로의 절연이 용이하다.
② 통신선에 대한 유도잡음이 적다.
③ 표피효과에 의한 송전손실이 적다.
④ 정류가 필요 없고 승압 및 강압이 쉽다.

풀이 직류 송전 방식의 장·단점
[장점]
① 선로의 리액턴스가 없으므로 안정도가 높다.
② 유전체손 및 충전 용량이 없고 절연내력이 강하다.
③ 비동기 연계가 가능하다.
④ 단락전류가 적고 임의 크기의 교류 계통을 연계시킬 수 있다.
⑤ 코로나손 및 전력손실이 적다.
⑥ 표피효과나 근접 효과가 없으므로 실효 저항의 증대가 없다.
[단점]
① 직교 변환 장치가 필요하다.
② 전압의 승압 및 강압이 불리하다.
③ 고조파나 고주파 억제 대책이 필요하다.
④ 직류 차단기가 개발되어 있지 않다. **답** ④

31 그림과 같은 평형 3상 발전기가 있다. a상이 지락한 경우 지락전류는 어떻게 표현되는가? (단, Z_0 : 영상 임피던스, Z_1 : 정상 임피던스, Z_2 : 역상 임피던스이다.)

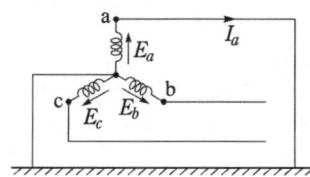

① $\dfrac{E_a}{Z_0 + Z_1 + Z_2}$ ② $\dfrac{3E_a}{Z_0 + Z_1 + Z_2}$
③ $\dfrac{-Z_0 E_a}{Z_0 + Z_1 + Z_2}$ ④ $\dfrac{2Z_2 E_a}{Z_1 + Z_2}$

풀이 대칭좌표법과 발전기의 기본식을 이용하여 풀면
$$I_0 = I_1 = I_2 = \frac{E_a}{Z_0 + Z_1 + Z_2}$$
$$\therefore I_a = I_0 + I_1 + I_2 = 3I_0 = \frac{3E_a}{Z_0 + Z_1 + Z_2}$$
답 ②

32 전력계통의 안정도 향상대책으로 볼 수 없는 것은?

① 직렬콘덴서 설치
② 병렬콘덴서 설치
③ 중간 개폐소 설치
④ 고속차단, 재폐로방식 채용

풀이 전력계통의 안정도 향상 대책
① 계통의 직렬 리액턴스 감소(다회선 방식 채택, 복도체 방식 채택, 기기의 리액턴스 감소)
② 전압변동률을 적게 한다.(속응여자방식 채용, 계통의 연계, 중간 조상 방식)
③ 계통에 주는 충격을 적게 한다(적당한 중성점접지방식, 고속차단방식, 재폐로방식).
④ 고장 중의 발전기 돌입 출력의 불평형을 적게 한다.
병렬 콘덴서는 역률 개선이 목적이다. **답** ②

33 π형 회로의 일반회로 정수에서 B는 무엇을 의미하는가?

① 컨덕턴스 ② 리액턴스
③ 임피던스 ④ 어드미턴스

풀이 $E_s = AE_R + BI_R$
$I_s = CE_R + DI_r$
여기서, A : 전압비, B : 임피던스,
C : 어드미턴스, D : 전류비 **답** ③

34 전원이 양단에 있는 방사상 송전선로에서 과전류 계전기와 조합하여 단락보호에 사용하는 계전기는?

① 선택지락계전기
② 방향단락계전기
③ 과전압계전기
④ 부족전류계전기

풀이
• 전원이 2군데 이상 환상 선로의 단락보호
  → 방향 거리계전기(DZ)
• 전원이 2군데 이상 방사 선로의 단락보호
  → 방향 단락 계전기(DS)와 과전류 계전기(OC)를 조합 **답** ②

35 송전단의 전력원 방정식이
$P_s^2 + (Q_s - 300)^2 = 250000$인 전력계통에서 최대 전송 가능한 유효전력은 얼마인가?

① 300 ② 400
③ 500 ④ 600

풀이 최대 전송 가능한 유효전력은 무효분이 0일 때이므로 무효분 $(Q_s - 300)^2 = 0$ 이다.
$\therefore P_s^2 + 0 = 500^2 \rightarrow P_s = 500$ **답** ③

36 그림의 X부분에 흐르는 전류는 어떤 전류인가?

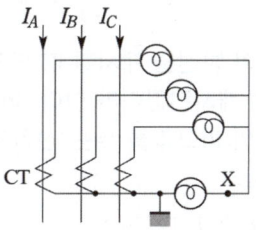

① b상 전류 ② 정상전류
③ 역상전류 ④ 영상전류

풀이 접지선에 흐르는 전류는 영상전류이다. **답** ④

37 변류기 개방시 2차 측을 단락하는 이유는?

① 2차 측 절연 보호
② 2차 측 과전류 보호
③ 측정오차 방지
④ 1차 측 과전류 방지

풀이 PT(병렬연결)는 개방상태가 되어도 무방하지만 CT(직렬연결)는 개방하면 2차 권선에 매우 높은 전압이 유기되어 절연이 파괴되고 소손될 우려가 있으므로 CT를 점검할 경우에는 반드시 2차 측을 단락해야 한다.

답 ①

38 그림과 같은 배전선이 있다. 부하에 급전 및 정전할 때 조작방법으로 옳은 것은?

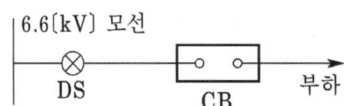

① 급전 및 정전할 때는 항상 DS, CB 순으로 한다.
② 급전 및 정전할 때는 항상 CB, DS 순으로 한다.
③ 급전시는 DS, CB 순이고 정전시는 CB, DS 순이다.
④ 급전시는 CB, DS 순이고 정전시는 DS, CB 순이다.

풀이 단로기는 부하 차단 능력이 없으므로 정전시 CB – DS, 급전시 DS – CB가 되어야 한다.
즉, 차단기가 열려 있어야 단로기를 열고 닫을 수 있다.

답 ③

39 피뢰기가 방전을 개시할 때 단자전압의 순시값을 방전 개시전압이라 한다. 피뢰기 방전 중 단자전압의 파고값을 무슨 전압이라고 하는가?

① 뇌전압
② 상용주파교류전압
③ 제한전압
④ 충격절연강도전압

풀이 피뢰기가 동작할 때 피뢰기 양단자 사이의 전압을 제한전압이라 한다.

답 ③

40 3상 1회선과 대지 간의 충전전류가 1[km]당 0.25[A] 일 때 길이가 18[km]인 선로의 충전전류는 몇 [A]인가?

① 1.5   ② 4.5
③ 13.5   ④ 40.5

풀이 충전전류
$I_c = 0.25[\text{A/km}] \times 18[\text{km}] = 4.5[\text{A}]$

답 ②

3과목 - 전기기기

41 직류분권전동기가 단자전압 215[V], 전기자 전류 50[A], 1500[rpm]으로 운전되고 있을 때 발생 토크는 약 몇 [N·m]인가? (단, 전기자저항은 0.1[Ω]이다.)

① 6.8   ② 33.2
③ 46.8   ④ 66.9

풀이 $V = 215[\text{V}]$, $I_a = 50[\text{A}]$, $N = 1500[\text{rpm}]$, $r_a = 0.1[\Omega]$이므로
$E = V - I_a R_a = 215 - (50 \times 0.1) = 210[\text{V}]$
$\therefore \tau = 0.975 \dfrac{P}{N} \times 9.8 = 0.975 \dfrac{E \cdot I_a}{N} \times 9.8$
$= 0.975 \times \dfrac{210 \times 50}{1500} \times 9.8 = 66.9[\text{N·m}]$

답 ④

42 어느 변압기의 1차 권수가 1500인 변압기의 2차 측에 접속한 20[Ω]의 저항은 1차 측으로 환산했을 때 8[kΩ]으로 되었다고 한다. 이 변압기의 2차 권수는?

① 400   ② 250
③ 150   ④ 75

풀이 권수비 $a = \sqrt{\dfrac{R_1}{R_2}} = \sqrt{\dfrac{8000}{20}} = 20$
$\therefore N_2 = \dfrac{N_1}{a} = \dfrac{1500}{20} = 75$회

답 ④

43 SCR의 특징이 아닌 것은?
① 아크가 생기지 않으므로 열의 발생이 적다.
② 열용량이 적어 고온에 약하다.
③ 전류가 흐르고 있을 때 양극의 전압강하가 작다.
④ 과전압에 강하다.

풀이 SCR의 특징
① 아크가 생기지 않으므로 열의 발생이 적다.
② 과전압에 약하다.
③ 열용량이 적어 고온에 약하다.
④ 게이트 신호를 인가할 때부터 도통할 때까지의 시간이 짧다.
⑤ 전류가 흐르고 있을 때 양극의 전압강하가 작다.
⑥ 정류기능을 갖는 단일방향성 3단자 소자이다.
⑦ 역률각 이하에서는 제어가 되지 않는다.   **답** ④

44 8극과 4극 2개의 유도전동기를 종속법에 의한 직렬 종속법으로 속도제어를 할 때, 전원주파수가 60[Hz]인 경우 무부하 속도[rpm]는?
① 600   ② 900
③ 1200 ④ 1800

풀이 직렬 종속
$$N = \frac{120f}{p_1 + p_2} = \frac{120 \times 60}{8 + 4} = 600[\text{rpm}]$$ **답** ①

45 1차 전압 6900[V], 1차 권선 3000회, 권수비 20의 변압기가 60[Hz]에 사용할 때 철심의 최대자속[Wb]은?
① 0.76×10^{-4}
② 8.63×10^{-3}
③ 80×10^{-3}
④ 90×10^{-3}

풀이 1차 유기기전력 $E_1 = 4.44 f \phi_m N_1 [V]$
$$\therefore \phi_m = \frac{E_1}{4.44 f N_1} = \frac{6900}{4.44 \times 60 \times 3000}$$
$$= 0.00863 = 8.63 \times 10^{-3} [\text{Wb}]$$ **답** ②

46 동기발전기의 병렬운전 시 동기화력은 부하각 δ와 어떠한 관계인가?
① $\tan\delta$에 비례
② $\cos\delta$에 비례
③ $\sin\delta$에 반비례
④ $\cos\delta$에 반비례

풀이 동기화력은 부하각 δ의 미소변동에 대한 출력(P)의 변화율이므로
$$P_s = \frac{dP}{d\delta} = \frac{d}{d\delta} \cdot \frac{E^2}{2x_s} \sin\delta = \frac{E^2}{2x_s} \cos\delta [\text{W/rad}]$$
따라서 동기화력 P_s는 $\cos\delta$에 비례관계이다.   **답** ②

47 30[kW]의 3상 유도전동기에 전력을 공급할 때 2대의 단상변압기를 사용하는 경우 변압기의 용량[kVA]은? (단, 전동기의 역률과 효율은 각각 84[%]와 86[%]이고 전동기 손실은 무시한다.)
① 10   ② 20
③ 24   ④ 28

풀이 변압기 1대의 용량을 P_1[kVA], V결선의 용량을 P_V[kVA]라 하면, $P_V = \sqrt{3} P_1$이다.
$$P_V = \sqrt{3} P_1 = \frac{P}{\cos\theta \times \eta}$$이므로
$$\therefore P_1 = \frac{30}{\sqrt{3} \times 0.84 \times 0.86} \fallingdotseq 24[\text{kVA}]$$ **답** ③

48 동기 주파수 변환기의 주파수 f_1 및 f_2 계통에 접속되는 양 극을 P_1, P_2라 하면 다음 어떤 관계가 성립되는가?
① $\dfrac{f_1}{f_2} = \dfrac{P_1}{P_2}$ ② $\dfrac{f_1}{f_2} = P_2$
③ $\dfrac{f_1}{f_2} = \dfrac{P_2}{P_1}$ ④ $\dfrac{f_2}{f_1} = P_1 \cdot P_2$

풀이 동기 주파수 변환기는 동기전동기와 동기발전기를 직결하여 주파수를 변환하는 것으로, 주파수가 다른 2개의 송전 계통을 연결하여 전력을 수수(授受)하고자 하는 경우 또는 전원 주파수와 다른 주파수를 필요로 하는 경우 사용한다.
동기 주파수 변환기는 다음의 관계가 있다.

$$N_s = \frac{120f_1}{P_1} = \frac{120f_2}{P_2}$$ 이므로 $\frac{f_1}{P_1} = \frac{f_2}{P_2}$

$$\therefore \frac{f_1}{f_2} = \frac{P_1}{P_2}$$

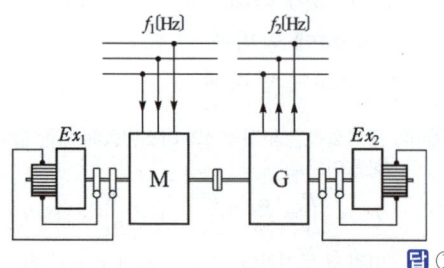

답 ①

49 유도전동기 원선도에서 원의 지름은? (단, E는 1차 전압, r은 1차로 환산한 저항, x를 1차로 환산한 누설리액턴스라 한다.)

① rE에 비례
② rxE에 비례
③ $\frac{E}{r}$에 비례
④ $\frac{E}{x}$에 비례

풀이 유도전동기는 일정값의 리액턴스와 부하에 의하여 변하는 저항(r_2'/s)의 직렬회로라고 생각되므로 부하에 의하여 변화하는 전류 벡터의 궤적, 즉 원선도의 지름은 전압에 비례하고 리액턴스에 반비례한다. 답 ④

50 유도전동기의 2차 동손을 P_c, 2차 입력을 P_2, 슬립을 s라 할 때 이들 사이의 관계는?

① $s = P_c/P_2$
② $s = P_2/P_c$
③ $s = P_2 \cdot P_c$
④ $s = P_2 + P_c$

풀이 2차 입력 $P_2 = I_2^2 \times \frac{r_2}{s} = \frac{P_c}{s}$

$\therefore s = \frac{P_c}{P_2}$ 또는 $P_c = sP_2$ 답 ①

51 슬롯수 36의 고정자 철심이 있다. 여기에 3상 4극의 2층권을 시행할 때 매극 매상의 슬롯수와 총 코일수는?

① 3과 18
② 9와 36
③ 3과 36
④ 9와 18

풀이
- 매극 매상 슬롯 수 = $\frac{\text{총 슬롯 수}}{\text{상수} \times \text{극수}} = \frac{36}{3 \times 4} = 3$
- 코일 수 = $\frac{\text{총 슬롯 수} \times m}{2} = \frac{36 \times 2}{2} = 36$

(단, m = 코일 총수) 답 ③

52 입력전압이 220[V]일 때 3상 전파제어정류회로에서 얻을 수 있는 직류전압은 몇 [V]인가? (단, 최대 전압은 점호각 $\alpha = 0$일 때이고, 3상에서 선간전압으로 본다.)

① 152
② 198
③ 297
④ 317

풀이
$$E_{d\pi} = \frac{2}{2\pi/6}\int_0^{\pi/6}\sqrt{6}\,V\cos\theta d\theta = \frac{3\sqrt{6}}{\pi}V$$
$$= \frac{3\sqrt{6}}{\pi} \cdot \frac{V_l}{\sqrt{3}} = \frac{3\sqrt{2}}{\pi}V_l = \frac{6\sqrt{2}}{2\pi}V_l$$
$$= 1.35\,V_l[V]$$
$\therefore E_{d\pi} = 1.35\,V_l = 1.35 \times 220 = 297[V]$ 답 ③

53 직류전동기의 회전수를 1/2로 줄이려면, 계자자속을 몇 배로 하여야 하는가? (단, 전압과 전류 등은 일정하다.)

① 1
② 2
③ 3
④ 4

풀이 $n = K\frac{V - I_aR_a}{\Phi}$ 이므로 n을 $\frac{1}{2}$로 하자면 자속 Φ는 2배가 되어야 한다. 답 ②

54 전부하로 운전하고 있는 60[Hz], 4극 권선형 유도전동기의 전부하 속도는 1728[rpm], 2차 1상의 저항은 0.02[Ω]이다. 2차 회로의 저항을 3배로 할 때의 회전수[rpm]는?

① 1264
② 1356
③ 1584
④ 1765

풀이 ① 2차 1상의 저항이 0.02[Ω]인 경우
회전자계 속도
$$N_s = \frac{120f}{p} = \frac{120 \times 60}{4} = 1800[rpm]$$
슬립
$$s = \frac{N_s - N}{N_s} = \frac{1800 - 1728}{1800} = 0.04$$

② 2차 회로의 저항을 3배로 할 경우

비례 추이의 원리 $\dfrac{r_2}{s} = \dfrac{r_2 + R}{s'}$ 에서

$r_2 + R$을 3배로 하면 비례 추이의 원리로 슬립 s'도 3배가 된다.

$\dfrac{r_2}{s} = \dfrac{r_2 + R}{s'} = \dfrac{3r_2}{s'}$

$s' = \dfrac{3r_2}{r_2}s = 3s = 3 \times 0.04 = 0.12$

따라서 $N' = (1-s')N_s = (1-0.12) \times 1800$
$= 1584[\text{rpm}]$

답 ③

55. 단상변압기 3대를 이용하여 3상 △-△ 결선을 했을 때 1차와 2차 전압의 각변위(위상차)는?

① 30°   ② 60°
③ 120° ④ 180°

풀이 각변위라 함은 1차 유기전압을 기준으로 하고 이에 대한 2차 유기전압의 뒤진 각을 말한다.

각 변위		0도	330도(-30도)	30도
전압벡터도	고압	(그림)	(그림)	(그림)
	저압	(그림)	(그림)	(그림)
각 변위		180도	150도	210도
전압벡터도	고압	(그림)	(그림)	(그림)
	저압	(그림)	(그림)	(그림)

답 ④

56. 변압기의 임피던스 전압이란?

① 정격전류 시 2차 측 단자전압이다.
② 변압기의 1차를 단락, 1차에 1차 정격전류와 같은 전류를 흐르게 하는 데 필요한 1차 전압이다.
③ 변압기 내부 임피던스와 정격전류와의 곱인 내부 전압강하이다.
④ 변압기의 2차를 단락, 2차에 2차 정격전류와 같은 전류를 흐르게 하는 데 필요한 2차 전압이다.

풀이 변압기의 임피던스 전압이란, 변압기의 임피던스와 정격전류와의 곱을 말한다. ($E_s = I_n \cdot Z$)
즉, 정격전류에 의한 변압기 내부 전압강하를 의미한다.

답 ③

57. 3상 유도전동기를 급속하게 정지시킬 경우에 사용되는 제동법은?

① 발전 제동법   ② 회생 제동법
③ 마찰 제동법   ④ 역상 제동법

풀이 유도전동기의 제동법
① 회생 제동 : 유도전동기를 유도발전기로 동작시켜 그 발생 전력을 전원에 반환하면서 제동하는 방법
② 발전 제동 : 전동기를 전원으로부터 분리한 후 1차 측에 직류전원을 공급하여 발전기로 동작시킨 후 발생된 전력을 저항에서 열로 소비시키는 방법
③ 역전(역상) 제동 : 회전중인 전동기의 1차 권선 3단자 중 임의의 2단자의 접속을 바꾸면 역방향의 토크가 발생되어 제동하는 방법으로 이 방법은 급속하게 정지 시키고자 하는 경우에 사용된다.
④ 단상 제동 : 권선형 유도전동기의 1차 측을 단상교류로 여자하고 2차 측에 적당한 크기의 저항을 넣으면 전동기의 회전과는 역방향의 토크가 발생되므로 제동된다.

답 ④

58. 동기전동기의 진상전류에 의한 전기자 반작용은 어떤 작용을 하는가?

① 횡축반작용   ② 교차자화작용
③ 증자작용   ④ 감자작용

풀이 동기전동기에서 전기자 전류 I_a의 위상은 공급전압 V에 대한 위상을 말하므로 전기자 반작용을 살펴보면 공급전압은 유기기전력과 반대 방향이 되어 발전기의 경우와 반대로 된다.

작 용	동기발전기	동기전동기
교차 자화작용 (횡축반작용)	I_a가 E와 동상인 경우	I_a가 V와 동상인 경우
감자 작용 (직축 반작용)	I_a가 E보다 $\pi/2$ 뒤지는 경우	I_a가 V보다 $\pi/2$ 앞서는 경우
증자 작용 (자화작용)	I_a가 E보다 $\pi/2$ 앞서는 경우	I_a가 V보다 $\pi/2$ 뒤지는 경우

답 ④

59 3상 권선형 유도전동기의 2차 회로의 한상이 단선된 경우에 부하가 약간 커지면 슬립이 50[%]인 곳에서 운전이 되는 것을 무엇이라 하는가?

① 차동기 운전 ② 자기여자
③ 게르게스 현상 ④ 난조

풀이 게르게스 현상이란 3상 권선형 유도전동기의 2차 회로 중 1선이 단선된 경우에 약간의 과부하 상태에서도 슬립 $s=0.5$ 부근에서 가속되지 않는 현상을 말한다.

답 ③

60 2상 서보모터의 제어방식이 아닌 것은?

① 온도제어
② 전압제어
③ 위상제어
④ 전압·위상 혼합제어

풀이 2상 서보모터의 제어방식
① **전압제어 방식** : 주권선에 보통 위상을 90° 진상으로 콘덴서 C를 직렬로 접속하여 일정 전압을 가하고 제어권선에는 입력전압의 크기만이 변화하는 신호를 걸어 속도제어를 하는 방식
② **위상제어 방식** : 주권선에는 위상을 90° 진상으로 콘덴서를 통하여 일정전압을 가하고, 제어권선에도 정격전압을 가하여 그 위상을 ±90° 변화시켜 제어하는 방식
③ **전압·위상 혼합 제어방식** : 가장 일반적으로 사용되는 방식이며, 전압제어와 위상제어의 각각의 장점을 취한 방식이다.

답 ①

4과목 - 회로이론

61 $\dfrac{dx(t)}{dt}+x(t)=1$의 라플라스 변환 $X(s)$의 값은? (단, $x(0)=0$이다.)

① $s+1$ ② $s(s+1)$
③ $\dfrac{1}{s}(s+1)$ ④ $\dfrac{1}{s(s+1)}$

풀이 초기값을 0으로 하고 라플라스 변환하면
$\{sX(s)-x(0)\}+X(s)=\dfrac{1}{s}$

$\rightarrow (s+1)X(s)=\dfrac{1}{s}$

$\therefore X(s)=\dfrac{1}{s(s+1)}$

답 ④

62 4단자 회로에서 4단자 정수를 A, B, C, D라 할 때 전달정수 θ는 어떻게 되는가?

① $\ln(\sqrt{AB}+\sqrt{BC})$
② $\ln(\sqrt{AB}-\sqrt{CD})$
③ $\ln(\sqrt{AD}+\sqrt{BC})$
④ $\ln(\sqrt{AD}-\sqrt{BC})$

풀이 영상전달정수 θ는
$\theta = \ln(\sqrt{AD}+\sqrt{BC})$
$\quad = \cosh^{-1}\sqrt{AD} = \sinh^{-1}\sqrt{BC}$
$\quad = \tanh^{-1}\sqrt{\dfrac{BC}{AD}}$

답 ③

63 다음 회로에서 10[Ω]의 저항에 흐르는 전류는 몇 [A]인가?

① 1
② 2
③ 4
④ 5

풀이 전류원만 존재할 경우, 전류는 단락된 전압원으로만 흐르므로 10[Ω]에는 전류가 흐르지 않는다. 따라서 전압원만 존재하는 경우, 10[Ω]에 흐르는 전류 I는
$I = \dfrac{V}{R} = \dfrac{10}{10} = 1[A]$

답 ①

64 3상 회로에 △결선된 평형 순저항 부하를 사용하는 경우 선간전압 220[V], 상전류가 7.33[A]라면 1상의 부하저항은 약 몇 [Ω]인가?

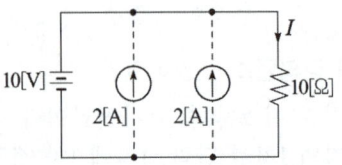

① 80 ② 60
③ 45 ④ 30

풀이 부하 1상의 임피던스 = $\dfrac{상전압}{상전류} = \dfrac{220}{7.33} = 30[\Omega]$

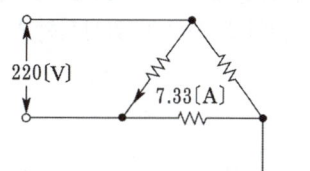

답 ④

65 다음 용어에 대한 설명으로 옳은 것은?

① 능동소자는 나머지 회로에 에너지를 공급하는 소자이며 그 값은 양과 음의 값을 갖는다.
② 종속전원은 회로 내의 다른 변수에 종속되어 전압 또는 전류를 공급하는 전원이다.
③ 선형소자는 중첩의 원리와 비례의 법칙을 만족할 수 있는 다이오드 등을 말한다.
④ 개방회로는 두 단자 사이에 흐르는 전류가 양 단자에 전압과 관계없이 무한대 값을 갖는다.

풀이 종속전원은 회로 내의 다른 변수에 종속되어 전압 또는 전류를 공급하는 전원으로 회로 내의 다른 부분에는 영향을 미치지 못한다.

답 ②

66 그림과 같은 순저항으로 된 회로에 대칭 3상 전압을 가했을 때 각 선에 흐르는 전류가 같으려면 $R[\Omega]$의 값은?

① 20
② 25
③ 30
④ 35

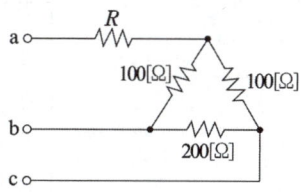

풀이 △저항을 Y저항으로 변환하면

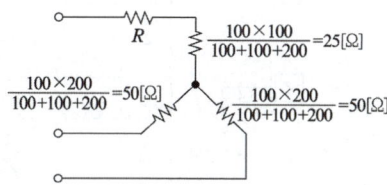

위에서 각 선전류가 같기 위해서는 각 선저항이 같아야 하므로 $R + 25 = 50$ 이라야 한다.
∴ $R = 50 - 25 = 25[\Omega]$

답 ②

67 그림과 같은 회로에서 입력을 $V_1(s)$, 출력을 $V_2(s)$라 할 때 전압비 전달함수는?

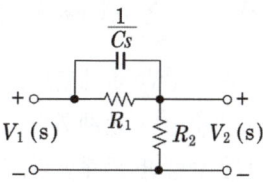

① $\dfrac{R_1}{R_1 Cs + 1}$

② $\dfrac{R_2 + R_1 R_2 Cs}{R_1 + R_2 + R_1 R_2 Cs}$

③ $\dfrac{R_1 R_2 s + RCs}{R_1 Cs + R_1 R_2 s^2 + C}$

④ $\dfrac{s + 1}{s + (R_1 + R_2) + R_1 R_2 C}$

풀이 문제의 R_1과 C의 합성 임피던스 등가회로는 그림과 같다.

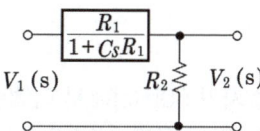

그림에서
$V_1(s) = \left\{\left(\dfrac{R_1}{1 + CsR_1}\right) + R_2\right\} I(s)$
$V_2(s) = R_2 I(s)$
∴ $G(s) = \dfrac{V_2(s)}{V_1(s)} = \dfrac{R_2}{\dfrac{R_1}{1 + CsR_1} + R_2}$

$= \dfrac{R_2 + R_1 R_2 Cs}{R_1 + R_2 + R_1 R_2 Cs}$

답 ②

68 어떤 코일에 흐르는 전류를 0.5[ms] 동안에 5[A]만큼 변화시킬 때 20[V]의 전압이 발생한다. 이 코일의 자기 인덕턴스[mH]는?

① 2 ② 4 ③ 6 ④ 8

풀이 유도전압 $e = L\dfrac{di(t)}{dt}$ 이므로 $20 = L\dfrac{5}{0.5 \times 10^{-3}}$ 이다.
∴ $L = \dfrac{0.5 \times 10^{-3}}{5} \times 20$
$= 2 \times 10^{-3}[H] = 2[mH]$

답 ①

69 반파대칭 및 정현대칭인 왜형파의 푸리에 급수의 전개에서 옳게 표현된 것은?

(단, $f(t) = a_0 + \sum_{n=1}^{\infty} a_n \cos n\omega t + \sum_{n=1}^{\infty} b_n \sin n\omega t$ 임)

① a_n의 우수항만 존재한다.
② a_n의 기수항만 존재한다.
③ b_n의 우수항만 존재한다.
④ b_n의 기수항만 존재한다.

풀이

	기함수파 (정현대칭)	우함수파 (여현대칭)	대칭파 (반파대칭)
대칭 조건	$f(t) = -f(-t)$	$f(t) = f(-t)$	$f(t) = -f(t + \frac{T}{2})$
결과	sin항만 존재한다.	cos항 존재 직류분 존재	고조파 차수가 홀수차 항만 존재한다.

※ 반파 및 정현 대칭의 경우 sin항의 홀수(기수)항만 존재한다.

답 ④

70 어떤 소자가 60[Hz]에서 리액턴스 값이 10[Ω]이었다. 이 소자를 인덕터 또는 커패시터라 할 때, 인덕턴스[mH]와 정전용량[μF]은 각각 얼마인가?

① 26.53[mH], 295.37[μF]
② 18.37[mH], 265.25[μF]
③ 18.37[mH], 295.37[μF]
④ 26.53[mH], 265.25[μF]

풀이 $\omega = 2\pi f = 2\pi \times 60 ≒ 377$이므로
① 용량성 리액턴스
$X_L = \omega L = 377L = 10[\Omega]$
$\therefore L = \frac{10}{377} = 0.02653[H] = 26.53[mH]$
② 유도성 리액턴스
$X_C = \frac{1}{\omega C} = \frac{1}{377C} = 10[\Omega]$
$\therefore C = \frac{1}{377 \times 10} = 0.00026525[F]$
$= 265.25[\mu F]$

답 ④

71 저항 $R = 60[\Omega]$과 유도리액턴스 $\omega L = 80[\Omega]$인 코일이 직렬로 연결된 회로에 200[V]의 전압을 인가할 때 전압과 전류의 위상차는?

① 48.17°   ② 50.23°
③ 53.13°   ④ 55.27°

풀이 임피던스 $Z = R + j\omega L = 60 + j80$
$= \sqrt{60^2 + 80^2} \angle \tan^{-1}\frac{80}{60}$
$= 100 \angle 53.13°$
전류 $I = \frac{E}{Z} = \frac{200 \angle 0°}{100 \angle 53.13°} = 2\angle -53.13°$

답 ③

72 다음과 같은 π형 회로의 4단자 정수 중 D의 값은?

① Z_2
② $1 + \frac{Z_2}{Z_1}$
③ $\frac{1}{Z_1} + \frac{1}{Z_2}$
④ $1 + \frac{Z_2}{Z_3}$

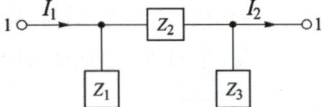

풀이 기본적인 4단자망의 4단자 정수

회로의 종류		4단자 정수
Z	A	1
	B	Z
	C	0
	D	1
Z (병렬)	A	1
	B	0
	C	$\frac{1}{Z}$
	D	1
Z_1, Z_2	A	$1 + \frac{Z_1}{Z_2}$
	B	Z_1
	C	$\frac{1}{Z_2}$
	D	1

회로의 종류		4단자 정수
	A	1
	B	Z_1
	C	$\dfrac{1}{Z_2}$
	D	$1+\dfrac{Z_1}{Z_2}$
	A	$1+\dfrac{Z_1}{Z_2}$
	B	$\dfrac{Z_1 Z_2 + Z_2 Z_3 + Z_3 Z_1}{Z_2}$
	C	$\dfrac{1}{Z_2}$
	D	$1+\dfrac{Z_3}{Z_2}$
	A	$1+\dfrac{Z_2}{Z_3}$
	B	Z_2
	C	$\dfrac{Z_1+Z_2+Z_3}{Z_1 Z_3}$
	D	$1+\dfrac{Z_2}{Z_1}$

답 ②

73 전기량(전하)의 단위로 알맞은 것은?
① [C] ② [mA]
③ [nW] ④ [μF]

풀이 ① 전기량 Q[C] ② 전류 I[A]
③ 유효 전력 P[W] ④ 정전용량 C[F] 답 ①

74 다음 회로에서 $t=0$일 때 스위치 K를 닫았다. $i_1(0_+)$, $i_2(0_+)$의 값은? (단, $t<0$에서 C전압과 L전압은 각각 0[V]이다.)

① $\dfrac{V}{R_1}$, 0

② 0, $\dfrac{V}{R_2}$

③ 0, 0

④ $-\dfrac{V}{R_1}$, 0

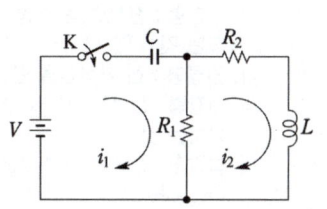

풀이 $t=0_+$에서 C는 단락, L은 개방이므로
$i_1=\dfrac{V}{R_1}$, $i_2=0$ 답 ①

75 그림과 같이 저항 $R=3[\Omega]$과 용량 리액턴스 $\dfrac{1}{\omega C}=4[\Omega]$인 콘덴서가 병렬로 연결된 회로에 100[V]의 교류전압을 인가할 때, 합성 임피던스 $Z[\Omega]$는?

① 1.2
② 1.8
③ 2.2
④ 2.4

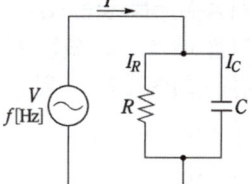

풀이 $Z=\dfrac{R\cdot jX_C}{R-jX_C}=\dfrac{3\cdot j4}{3-j4}=\dfrac{j12(3+j4)}{(3-j4)(3+j4)}$
$=2.4[\Omega]$ 답 ④

76 전달함수 $G(s)=\dfrac{20}{3+2s}$을 갖는 요소가 있다. 이 요소에 $\omega=2$[rad/sec]인 정현파를 주었을 때 $|G(j\omega)|$를 구하면?

① 8 ② 6 ③ 4 ④ 2

풀이 $G(j\omega)=\dfrac{20}{3+2j\omega}$, $\omega=2$이므로
$|G(j\omega)|=\left|\dfrac{20}{3+2j\omega}\right|_{\omega=2}=\left|\dfrac{20}{\sqrt{3^2+4^2}}\right|$
$=4$ 답 ③

77 $e_i(t)=Ri(t)+L\dfrac{di}{dt}(t)+\dfrac{1}{C}\int i(t)dt$에서 모든 초기값을 0으로 하고 라플라스 변환할 때 $I(s)$는? (단, $I(s)$, $E_i(s)$는 $i(t)$, $e_i(t)$의 라플라스 변환이다.)

① $\dfrac{Cs}{LCs^2+RCs+1}E_i(s)$ ② $\dfrac{1}{R+Ls+\dfrac{s}{C}}E_i(s)$

③ $\dfrac{1}{R+Ls+Cs^2}E_i(s)$ ④ $(R+Ls+\dfrac{1}{Cs})E_i(s)$

풀이 라플라스 변환하면
$$E_i(s) = RI(s) + LsI(s) + \frac{1}{Cs}I(s)$$
$$= \left(R + Ls + \frac{1}{Cs}\right)I(s)$$이므로
$$\therefore I(s) = \frac{1}{R + Ls + \frac{1}{Cs}}E_i(s)$$
$$= \frac{Cs}{LCs^2 + RCs + 1}E_i(s)$$ **답** ①

78 시정수 τ를 갖는 RL 직렬회로에 직류전압을 가할 때 $t = 2\tau$ 되는 시간에 회로에 흐르는 전류는 최종값의 약 몇 [%]인가?

① 98 ② 95
③ 86 ④ 63

풀이 시정수는 특성근 절대값의 역이므로
$$i(t) = \frac{E}{R}\left(1 - e^{-\frac{R}{L}t}\right) = \frac{E}{R}\left(1 - e^{-\frac{1}{\tau}t}\right)$$
이다. $t = 2\tau$를 대입하면
$$i_\tau = \frac{E}{R}\left(1 - e^{-\frac{1}{\tau} \times 2\tau}\right) = I(1 - e^{-2}) \fallingdotseq 0.86I$$ **답** ③

79 3상 4선식에서 중성선이 필요하지 않아서 중성선을 제거하여 3상 3선식으로 하려고 한다. 이때 중성선의 조건식은 어떻게 되는가?
(단, I_a, I_b, I_c[A]는 각 상의 전류이다.)

① $I_a + I_b + I_c = 1$
② $I_a + I_b + I_c = \sqrt{3}$
③ $I_a + I_b + I_c = 3$
④ $I_a + I_b + I_c = 0$

풀이 평형 3상이면 중성선에는 전류가 흐르지 않는다.
따라서 $I_a + I_b + I_c = 0$ **답** ④

80 대칭 3상 Y결선 부하에서 각 상의 임피던스가 $16 + j12[\Omega]$이고, 부하전류가 10[A]일 때, 이 부하의 선간전압은 약 몇 [V]인가?

① 152.6 ② 229.1
③ 346.4 ④ 445.1

풀이 Y결선의 상전압 = 부하전류 × 1상 임피던스
$$= 10 \times \sqrt{16^2 + 12^2} = 200[V]$$
Y결선 선간 전압(V_l) = $\sqrt{3} \times$ 상전압(V_p)
$$\therefore V_l = \sqrt{3}V_p = 200\sqrt{3}[V] = 346.4[V]$$ **답** ③

5과목 - 전기설비기술기준

81 변압기로서 특고압과 결합되는 고압전로의 혼촉에 의한 위험방지 시설은?

① 프라이머리 컷 아웃 스위치
② 접지공사
③ 퓨즈
④ 사용전압의 3배의 전압에서 방전하는 방전장치

풀이 322.3 특고압과 고압의 혼촉 등에 의한 위험방지 시설
변압기에 의하여 특고압전로에 결합되는 고압전로에는 사용전압의 3배 이하인 전압이 가하여진 경우에 방전하는 장치를 그 변압기의 단자에 가까운 1극에 설치하여야 한다. **답** ④

82 특고압가공전선로에서 양측의 경간의 차가 큰 곳에 사용하는 철탑의 종류는?

① 내장형 ② 직선형
③ 인류형 ④ 보강형

풀이 333.11 특고압 가공전선로의 철주·철근 콘크리트주 또는 철탑의 종류
특고압 가공전선로의 지지물로 사용하는 B종 철근·B종 콘크리트주 또는 철탑의 종류는 다음과 같다.
가. 직선형 : 전선로의 직선 부분(3° 이하의 수평 각도 이루는 곳 포함)에 사용되는 것
나. 각도형 : 전선로 중 수평 각도 3°를 넘는 곳에 사용되는 것
다. 인류형 : 전 가섭선을 인류하는 곳에 사용하는 것
라. 내장형 : 전선로 지지물 양측의 경간차가 큰 곳에 사용하는 것
마. 보강형 : 전선로 직선 부분을 보강하기 위하여 사용하는 것 **답** ①

83 발전기, 변압기, 조상기, 모선 또는 이를 지지하는 애자는 단락전류에 의하여 생기는 어느 충격에 견디어야 하는가?

① 기계적 충격
② 철손에 의한 충격
③ 동손에 의한 충격
④ 표류부하손에 위한 충격

풀이 발전기 등의 기계적 강도(기술기준 제23조)
① 발전기, 변압기, 조상기, 모선 또는 이를 지지하는 애자는 **단락전류에 의하여 생기는 기계적 충격에 견디어야 한다.**
② 수차 또는 풍차 발전기의 회전 부분은 무구속 속도에 대하여 증기터빈, 가스터빈, 내연기관은 비상 속도에 견디어야 한다. **답** ①

84 옥내에 시설하는 저압전선으로 나전선을 사용할 수 있는 배선공사는?

① 합성수지관공사   ② 금속관공사
③ 버스덕트공사   ④ 플로어덕트공사

풀이 231.4 나전선의 사용 제한
옥내에 시설하는 저압전선에는 나전선을 사용하여서는 아니 된다. 다만, 다음중 어느 하나에 해당하는 경우에는 그러하지 아니하다.
가. 애자공사에 의하여 전개된 곳에 다음의 전선을 시설하는 경우
① 전기로용 전선
② 전선의 피복 절연물이 부식하는 장소에 시설하는 전선
나. **버스덕트공사**에 의하여 시설하는 경우
다. 라이팅덕트공사에 의하여 시설하는 경우
라. 접촉 전선을 시설하는 경우 **답** ③

85 22[kV] 전선로의 절연내력시험은 전로와 대지 간에 시험전압을 연속하여 몇 분간 가하여 시험하게 되는가?

① 2   ② 4
③ 8   ④ 10

풀이 132 전로의 절연저항 및 절연내력
가. 사용전압이 저압인 전로에서 정전이 어려운 경우 등 절연저항 측정이 곤란한 경우에는 누설전류를 1[mA] 이하로 유지하여야 한다.
나. 고압 및 특고압의 전로는 규정된 시험전압을 전로와 대지 사이(다심케이블은 심선 상호 간 및 심선과 대지 사이)에 **연속하여 10분간** 가하여 절연내력을 시험하였을 때에 이에 견디어야 한다. **답** ④

86 저압 옥내배선을 케이블트레이공사로 시설하려고 한다. 틀린 것은?

① 저압케이블과 고압 케이블은 동일 케이블 트레이 내에 시설하여서는 아니 된다.
② 케이블 트레이 내에서는 전선을 접속하여서는 아니 된다.
③ 수평으로 포설하는 케이블 이외의 케이블은 케이블 트레이의 가로대에 견고하게 고정시킨다.
④ 절연전선을 금속관에 넣으면 케이블트레이공사에 사용할 수 있다.

풀이 232.41 케이블트레이공사
가. 전선
① 연피케이블, 알루미늄피 케이블 등 난연성 케이블
② 기타 케이블(적당한 간격으로 연소방지 조치를 하여야 한다)
③ 금속관 혹은 합성수지관 등에 넣은 절연전선
나. **케이블트레이 안에서 전선을 접속하는 경우에는 전선 접속부분에 사람이 접근할 수 있고 또한 그 부분이 측면 레일 위로 나오지 않도록 하고 그 부분을 절연처리 하여야 한다.**
다. 저압 케이블과 고압 또는 특고압 케이블은 동일 케이블 트레이 안에 시설하여서는 아니 된다. 다만, 견고한 불연성의 격벽을 시설하는 경우 또는 금속 외장 케이블인 경우에는 그러하지 아니하다. **답** ②

87 가공전선로의 지지물에 지선을 시설할 때 옳은 방법은?

① 지선의 안전률을 2.0으로 하였다.
② 소선은 최소 2가닥 이상의 연선을 사용하였다.
③ 지중의 부분 및 지표상 20[cm]까지의 부분은 아연도금 철봉 등 내부식성 재료를 사용하였다.
④ 도로를 횡단하는 곳의 지선의 높이는 지표상 5[m]로 하였다.

풀이 331.11 지선의 시설
가. 지선의 안전율은 2.5 이상일 것. 이 경우에 허용 인장하중의 최저는 4.31[kN]으로 한다.
나. 지선에 연선을 사용할 경우에는 다음에 의할 것.
① 소선 3가닥 이상의 연선일 것.
② 소선의 지름이 2.6[mm] 이상의 금속선을 사용한 것일 것.
다. 지중부분 및 지표상 0.3[m]까지의 부분에는 내식성이 있는 것 또는 아연도금을 한 철봉을 사용하고 쉽게 부식되지 않는 근가에 견고하게 붙일 것.
라. 도로를 횡단하여 시설하는 지선의 높이는 지표상 5[m] 이상으로 하여야 한다. 다만, 기술상 부득이한 경우로서 교통에 지장을 초래할 우려가 없는 경우에는 지표상 4.5[m] 이상, 보도의 경우에는 2.5[m] 이상으로 할 수 있다. **답 ④**

88 건조한 장소에 시설하는 애자공사로서 사용전압이 440[V]인 경우 전선과 조영재와의 이격거리는 최소 몇 [cm] 이상이어야 하는가?
① 2.5 ② 3.5 ③ 4.5 ④ 5.5

풀이 232.56 애자공사
가. 전선의 종류 : 절연 전선. 단, 옥외용 비닐 절연 전선(OW) 및 인입용 비닐 절연 전선(DV)은 제외한다.
나. 이격 거리

전 압		전선과 조영재와의 이격 거리	전선 상호 간격	전선 지지점 간의 거리	
				조영재의 윗면 또는 옆면에 따라 시설	조영재에 따라 시설하지 않는 경우
저압	400[V] 이하	2.5[cm] 이상	6[cm] 이상	2[m] 이하	–
	400[V] 초과	건조한 장소	2.5[cm] 이상			6[m] 이하
		기타의 장소	4.5[cm] 이상			

답 ①

89 교통신호등의 시설공사를 다음과 같이 하였을 때 틀린 것은?
① 전선은 450/750[V] 일반용 단심 비닐절연 전선을 사용하였다.
② 신호등의 인하선은 지표상 2.5[m]로 하였다.
③ 사용전압을 300[V] 이하로 하였다.
④ 교통신호등의 제어장치의 금속제외함 및 신호등을 지지하는 철주는 접지공사를 하면 안 된다.

풀이 234.15 교통신호등
가. 교통신호등 제어장치의 2차측 배선의 최대사용전압은 300[V] 이하이어야 한다.
나. 전선은 케이블인 경우 이외에는 공칭단면적 2.5[mm²] 연동선과 동등 이상의 세기 및 굵기의 450/750[V] 일반용 단심 비닐절연전선 또는 450/750[V] 내열성 에틸렌아세테이트 고무절연전선일 것.
다. 교통신호등의 전구에 접속하는 인하선은 다음에 의하여 시설하여야 한다.
① 전선의 지표상의 높이는 2.5[m] 이상일 것.
② 전선을 애자사용배선에 의하여 시설하는 경우는 전선을 적당한 간격마다 묶을 것.
라. 교통신호등 회로의 사용전압이 150[V]를 넘는 경우는 전로에 지락이 생겼을 경우 자동적으로 전로를 차단하는 누전차단기를 시설할 것.
마. 교통신호등의 제어장치의 금속제외함 및 신호등을 지지하는 철주에는 규정에 준하여 접지공사를 하여야 한다. **답 ④**

90 전로의 절연원칙에 따라 반드시 절연하여야 하는 것은?
① 수용장소의 인입구 접지점
② 고압과 특고압 및 저압과의 혼촉 위험방지를 한 경우 접지점
③ 저압가공전선로의 접지측 전선
④ 시험용 변압기

풀이 131 전로의 절연 원칙
전로는 다음 이외에는 대지로부터 절연하여야 한다.
가. 수용장소의 인입구의 접지, 고압 또는 특고압과 저압의 혼촉에 의한 위험 방지 시설, 피뢰기의 접지, 특고압 가공전선로의 지지물에 시설하는 저압 기계기구 등의 시설, 옥내에 시설하는 저압 접촉전선 공사 또는 아크 용접장치의 시설에 따라 저압전로에 접지공사를 하는 경우의 접지점
나. 고압 또는 특고압과 저압의 혼촉에 의한 위험방지 시설, 전로의 중성점의 접지 또는 옥내의 네온 방전등 공사에 따라 전로의 중성점에 접지공사를 하는 경우의 접지점
다. 변압기의 2차측 전로에 접지공사를 하는 경우의 접지점
라. 다음과 같이 절연할 수 없는 부분
① 시험용 변압기, 전력선 반송용 결합 리액터, 전기울타리용 전원장치, 엑스선발생장치, 전기부식방지용 양극, 단선식 전기철도의 귀선 등 전로의 일부를 대지로부터 절연하지 아니하고 전기를 사용하는 것이 부득이한 것.
② 전기욕기・전기로・전기보일러・전해조 등 대지로부터 절연하는 것이 기술상 곤란한 것. **답 ③**

91 발전기의 용량에 관계없이 자동적으로 이를 전로로부터 차단하는 장치를 시설하여야 하는 경우는?

① 과전류 인입
② 베어링 과열
③ 발전기 내부고장
④ 유압의 과팽창

풀이 351.3 발전기 등의 보호장치
발전기에는 다음의 경우에 자동적으로 이를 전로로부터 차단하는 장치를 시설하여야 한다.
가. 발전기에 과전류나 과전압이 생긴 경우
나. 용량이 500[kVA] 이상의 발전기를 구동하는 수차의 압유 장치의 유압이 현저히 저하한 경우
다. 용량이 100[kVA] 이상의 발전기를 구동하는 풍차의 압유장치의 유압이 현저히 저하한 경우
라. 용량이 2,000[kVA] 이상인 수차 발전기의 스러스트 베어링의 온도가 현저히 상승한 경우
마. 용량이 10,000[kVA] 이상인 발전기의 내부에 고장이 생긴 경우
바. 정격출력이 10,000[kW]를 초과하는 증기터빈은 그 스러스트 베어링이 현저하게 마모되거나 그의 온도가 현저히 상승한 경우   **답** ①

92 방직공장의 구내 도로에 220[V] 조명등용 가공전선로를 시설하고자 한다. 전선로의 경간은 몇 [m] 이하이어야 하는가?

① 20
② 30
③ 40
④ 50

풀이 222.23 구내에 시설하는 저압 가공전선로
가. 전선은 지름 2[mm] 이상의 경동선의 절연전선 일 것. 다만, 경간이 10[m] 이하인 경우에 한하여 공칭 단면적 4[mm²] 이상의 연동 절연전선을 사용할 수 있다.
나. 전선로의 경간은 30[m] 이하일 것
다. 1구내에만 시설하는 사용전압이 400[V] 이하인 저압 가공전선로의 높이
① 도로(폭이 5[m] 이하)를 횡단하는 경우 : 4[m] 이상
② 도로를 횡단하지 않는 경우 : 3[m] 이상의 높이일 것   **답** ②

93 금속관공사에 의한 저압옥내배선 시설방법으로 틀린 것은?

① 전선은 절연전선일 것
② 전선은 연선일 것
③ 관의 두께는 콘크리트에 매설시 1.2[mm] 이상일 것
④ 금속관에는 접지공사를 하지 않아도 된다.

풀이 232.12 금속관공사
가. 전선은 절연전선(옥외용 비닐절연전선을 제외한다)일 것.
나. 전선은 연선일 것. 다만, 다음의 것은 적용하지 않는다.
① 짧고 가는 금속관에 넣은 것.
② 단면적 10[mm²](알루미늄선은 단면적 16[mm²]) 이하의 것.
다. 관의 두께는 다음에 의할 것.
① 콘크리트에 매설하는 것은 1.2[mm] 이상
② 콘크리트 매설 이외의 것은 1[mm] 이상
라. 관에는 접지공사를 할 것.   **답** ④

94 345[kV] 가공 송전선로를 제1종 특고압 보안공사에 의할 때 사용되는 경동연선의 굵기는 몇 [mm²] 이상이어야 하는가?

① 150
② 200
③ 250
④ 300

풀이 333.22 특고압 보안공사
제1종 특고압 보안공사 시 전선의 단면적

사용전압	전 선
100[kV] 미만	인장강도 21.67[kN] 이상의 연선 또는 단면적 55[mm²] 이상의 경동연선
100[kV] 이상 300[kV] 미만	인장강도 58.84[kN] 이상의 연선 또는 단면적 150[mm²] 이상의 경동연선
300[kV] 이상	인장강도 77.47[kN] 이상의 연선 또는 단면적 200[mm²] 이상의 경동연선

답 ②

95 한 수용장소의 인입선에서 분기하여 지지물을 거치지 않고 다른 수용 장소의 인입구에 이르는 부분의 전선을 무엇이라고 하는가?

① 가공인입선
② 인입선
③ 연접인입선
④ 옥측배선

풀이 한 수용장소의 인입선에서 분기하여 지지물을 거치지 않고 다른 수용 장소의 인입구에 이르는 부분의 전선을 연접인입선이라고 한다.   **답** ③

96 특고압가공전선이 다른 특고압가공전선과 교차하여 시설하는 경우는 제 몇 종 특고압 보안공사에 의하여야 하는가?

① 1종 특고압 보안공사
② 2종 특고압 보안공사
③ 3종 특고압 보안공사
④ 4종 특고압 보안공사

풀이 333.27 특고압 가공전선 상호 간의 접근 또는 교차
특고압 가공전선이 다른 특고압 가공전선과 접근상태로 시설되거나 교차하여 시설되는 경우 위쪽 또는 옆쪽에 시설되는 특고압 가공전선로는 제3종 특고압 보안공사에 의할 것.   **답** ③

97 중량물이 통과하는 장소에 비닐외장 케이블을 직접 매설식으로 시설하는 경우 매설 깊이는 몇 [m] 이상이어야 하는가?

① 0.8   ② 1.0
③ 1.2   ④ 1.5

풀이 334.1 지중전선로의 시설
가. 지중 전선로는 전선에 케이블을 사용하고 또한 관로식·암거식 또는 직접 매설식에 의하여 시설하여야 한다.
나. 지중 전선로를 직접 매설식에 의하여 시설하는 경우에는 매설 깊이를 차량 기타 중량물의 압력을 받을 우려가 있는 장소에는 1.0[m] 이상, 기타 장소에는 0.6[m] 이상으로 하고 또한 지중 전선을 견고한 트라프 기타 방호물에 넣어 시설하여야 한다.   **답** ②

98 특고압전로와 저압전로를 결합하는 변압기 저압측의 중성점에 접지공사를 토지의 상황 때문에 변압기의 시설장소마다 하기 어려워서 가공접지선을 시설하려고 한다. 이때 가공접지선으로 경동선을 사용한다면 그 최소 굵기는 몇 [mm]인가?

① 3.2   ② 4
③ 4.5   ④ 5

풀이 322.1 고압 또는 특고압과 저압의 혼촉에 의한 위험방지 시설
접지공사는 변압기의 시설장소마다 시행하여야 한다. 다만, 토지의 상황에 의하여 변압기의 시설장소에서 규정에 의한 접지저항 값을 얻기 어려운 경우, 인장강도 5.26[kN] 이상 또는 지름 4[mm] 이상의 가공 접지도체를 저압가공전선에 관한 규정에 준하여 시설할 때에는 변압기의 시설장소로부터 200[m]까지 떼어놓을 수 있다.   **답** ②

> 출제기준 변경 및 개정된 관계 법규에 따라 삭제된 문제가 있어 20문항이 안됩니다.

2015년 3회

1과목 - 전기자기

01 맥스웰의 전자방정식 중 패러데이의 법칙에 의하여 유도된 방정식은?

① $\nabla \times E = -\dfrac{\partial B}{\partial t}$

② $\nabla \times H = i_c + \dfrac{\partial D}{\partial t}$

③ $\text{div} D = \rho$

④ $\text{div} B = 0$

풀이

맥스웰 전자방정식	
미분형	의미
$\text{rot} E = \nabla \times E = -\dfrac{\partial B}{\partial t}$	패러데이 법칙
$\text{rot} H = i_c + \dfrac{\partial D}{\partial t}$	암페어 주회적분 법칙
$\text{div} D = \rho$	가우스 법칙
$\text{div} B = 0$	고립된 자하는 없다. (N극과 S극이 공존)

답 ①

02 면적이 $S[m^2]$, 극 사이의 거리가 $d[m]$, 유전체의 비유전율이 ϵ_s인 평행 평판콘덴서의 정전용량은 몇 [F]인가?

① $\dfrac{\epsilon_o S}{d}$

② $\dfrac{\epsilon_o \epsilon_s S}{d}$

③ $\dfrac{\epsilon_o d}{S}$

④ $\dfrac{\epsilon_o \epsilon_s d}{S}$

풀이 평행 극판 상의 전체 전하

$Q = \int_s \rho s dS = \rho s \int_s dS = \rho s S = \epsilon \dfrac{V_o S}{d}[C]$

여기서, ρs : 면전하밀도[C/m²], V_0 : 인가전압[V]

∴ 정전용량 $C = \dfrac{Q}{V_0} = \dfrac{\epsilon S}{d} = \dfrac{\epsilon_o \epsilon_s S}{d}[F]$

답 ②

03 전기저항 R과 정전용량 C, 고유저항 ρ 및 유전율 ϵ 사이의 관계로 옳은 것은?

① $RC = \rho\epsilon$
② $R\rho = C\epsilon$
③ $C = R\rho\epsilon$
④ $R = \epsilon\rho C$

풀이 $R = \rho \dfrac{l}{s}$, $C = \dfrac{\epsilon s}{l}$ 에서 $RC = \rho\epsilon$

답 ①

04 전자석에 사용하는 연철(soft iron)은 다음 어느 성질을 갖는가?

① 잔류자기, 보자력이 모두 크다.
② 보자력이 크고 잔류자기가 작다.
③ 보자력이 크고 히스테리시스 곡선의 면적이 작다.
④ 보자력과 히스테리시스 곡선의 면적이 모두 작다.

풀이 히스테리시스 곡선
영구자석의 재료는 잔류 자기(B_r)와 보자력(H_c)이 모두 커야 하나, **전자석(일시 자석)의 재료는 잔류 자기(B_r)가 크고 보자력(H_c)과 히스테리시스 곡선의 면적이 모두 작아야 한다.**

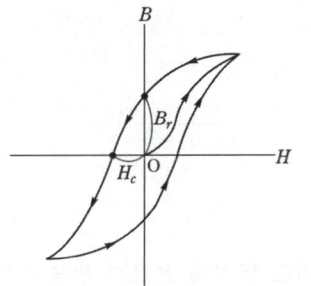

답 ④

05 한 변의 길이가 $a[m]$인 정육각형의 각 정점에 각각 $Q[C]$의 전하를 놓았을 때 정육각형의 중심 O의 전계의 세기는 몇 [V/m]인가?

① 0

② $\dfrac{Q}{2\pi\epsilon_0 a}$

③ $\dfrac{Q}{4\pi\epsilon_0 a}$

④ $\dfrac{Q}{8\pi\epsilon_0 a}$

풀이 2개의 점전하가 3쌍으로 맞서 있고, 각 쌍의 중심 전계의 세기는 크기가 같고 방향이 정반대이므로 0이 되고 합성 전계의 세기도 0이 된다.

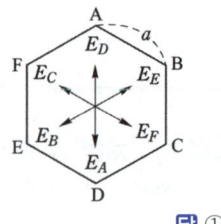

답 ①

06 반지름 a[m]의 도체구와 내외 반지름이 각각 b[m] 및 c[m]인 도체구가 동심으로 되어 있다. 두 도체구 사이에 비유전율 ϵ_s인 유전체를 채웠을 경우의 정전용량[F]은?

① $\dfrac{1}{9 \times 10^9} \cdot \dfrac{abc}{a-b+c}$

② $9 \times 10^9 \cdot \dfrac{bc}{c-b}$

③ $\dfrac{\epsilon_s}{9 \times 10^9} \cdot \dfrac{ac}{c-a}$

④ $\dfrac{\epsilon_s}{9 \times 10^9} \cdot \dfrac{ab}{b-a}$

풀이 동심구의 내구에 $+Q$[C], 외구에 $-Q$[C]을 준 경우, 두 도체구 사이의 전위차는

$V_{12} = \dfrac{Q}{4\pi\epsilon}\left(\dfrac{1}{a} - \dfrac{1}{b}\right)$[V]이므로

$\therefore C = \dfrac{Q}{V_{12}} = \dfrac{4\pi\epsilon}{\dfrac{1}{a} - \dfrac{1}{b}} = \dfrac{4\pi\epsilon}{\dfrac{b-a}{ab}} = \dfrac{4\pi\epsilon ab}{b-a}$

$= \dfrac{4\pi\epsilon_0\epsilon_s ab}{b-a} = \dfrac{\epsilon_s}{9 \times 10^9} \cdot \dfrac{ab}{b-a}$[F]

답 ④

07 환상솔레노이드 코일에 흐르는 전류가 2[A]일 때 자로의 자속이 10^{-2}[Wb]였다고 한다. 코일의 권수를 500회라고 하면, 이 코일의 자기 인덕턴스는 몇 [H]인가? (단, 코일의 전류와 자로의 자속과의 관계는 비례하는 것으로 한다.)

① 2.5   ② 3.5
③ 4.5   ④ 5.5

풀이 $L = \dfrac{N\phi}{I} = \dfrac{500 \times 1 \times 10^{-2}}{2} = 2.5$[H]

답 ①

08 그림과 같이 판의 면적 $\dfrac{1}{3}S$, 두께 d와 판면적 $\dfrac{1}{3}S$, 두께 $\dfrac{1}{2}d$ 되는 유전체($\epsilon_s = 3$)를 끼웠을 경우의 정전용량은 처음의 몇 배인가?

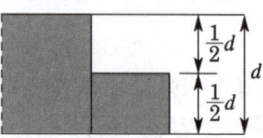

① $\dfrac{1}{6}$ ② $\dfrac{5}{6}$

③ $\dfrac{11}{6}$ ④ $\dfrac{13}{6}$

풀이 평행판 공기 콘덴서의 정전용량 $C_0 = \dfrac{\epsilon_0 S}{d}$, 각 부분의 정전용량 C_1, C_2, C_3라 하면, 그림과 같은 복합유전체의 등가회로가 된다.

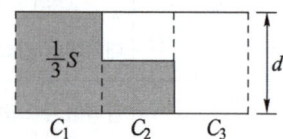

$C_1 = \dfrac{3\epsilon_0\left(\dfrac{1}{3}S\right)}{d} = \dfrac{\epsilon_0 S}{d} = C_0$

$C_2 = \dfrac{\dfrac{\epsilon_0\left(\dfrac{1}{3}S\right)}{d/2} \cdot \dfrac{3\epsilon_0\left(\dfrac{1}{3}S\right)}{d/2}}{\dfrac{\epsilon_0\left(\dfrac{1}{3}S\right)}{d/2} + \dfrac{3\epsilon_0\left(\dfrac{1}{3}S\right)}{d/2}} = \dfrac{\epsilon_0 S}{2d} = \dfrac{1}{2}C_0$

$C_3 = \dfrac{\epsilon_0\left(\dfrac{1}{3}S\right)}{d} = \dfrac{\epsilon_0 S}{3d} = \dfrac{1}{3}C_0$

$\therefore C = C_1 + C_2 + C_3 = C_0 + \dfrac{1}{2}C_0 + \dfrac{1}{3}C_0 = \dfrac{11}{6}C_0$

답 ③

09 동일한 두 도체를 같은 에너지 $W_1 = W_2$로 충전한 후에 이들을 병렬로 연결하였다. 총에너지 W와의 관계로 옳은 것은?

① $W_1 + W_2 < W$

② $W_1 + W_2 = W$

③ $W_1 + W_2 > W$

④ $W_1 - W_2 = W$

[풀이] ① 동일한 두 도체의 정전용량을 C_1, C_2라고 하면 $C_1 = C_2 = C$이고, 두 도체에 같은 정전에너지로 충전하였을 때 전하량은 $Q_1 = Q_2 = Q$이다.
따라서 각각의 정전에너지는
$$W_1 = \frac{Q_1^2}{2C_1} = \frac{Q^2}{2C}, \quad W_2 = \frac{Q_2^2}{2C_2} = \frac{Q^2}{2C}$$ 이므로
$$W_1 + W_2 = \frac{Q^2}{C}$$

② 두 도체를 병렬로 접속하였을 때
합성 정전용량 $C' = C_1 + C_2 = 2C$,
총 전하량 $Q' = Q_1 + Q_2 = 2Q$ 이므로
총 정전에너지
$$W = \frac{Q'^2}{2C'} = \frac{(Q_1 + Q_2)^2}{2(C_1 + C_2)} = \frac{(2Q)^2}{2(2C)} = \frac{Q^2}{C}$$
따라서 $W_1 + W_2 = W$이다. 답 ②

10 자계가 보존적인 경우를 나타내는 것은? (단, j는 공간상의 0이 아닌 전류밀도를 의미한다.)
① $\nabla \cdot B = 0$ ② $\nabla \cdot B = j$
③ $\nabla \times H = 0$ ④ $\nabla \times H = j$

[풀이] 보존장의 조건
① $\oint_c H \cdot dl = 0$ (적분형)
② $\oint_c H \cdot dl = \oint_S \nabla \times H \cdot dS = 0$ ($\nabla \times H = 0$)
즉, $\text{rot} H = \nabla \times H = 0$ (미분형) 답 ③

11 투자율 μ_1 및 μ_2인 두 자성체의 경계면에서 자력선의 굴절법칙을 나타낸 식은?

① $\dfrac{\mu_1}{\mu_2} = \dfrac{\sin\theta_1}{\sin\theta_2}$ ② $\dfrac{\mu_1}{\mu_2} = \dfrac{\sin\theta_2}{\sin\theta_1}$

③ $\dfrac{\mu_1}{\mu_2} = \dfrac{\tan\theta_1}{\tan\theta_2}$ ④ $\dfrac{\mu_1}{\mu_2} = \dfrac{\tan\theta_2}{\tan\theta_1}$

[풀이] • 자계 세기의 접선 성분의 연속성 :
$H_1 \sin\theta_1 = H_2 \sin\theta_2$
• 자속밀도의 법선성분의 연속성 :
$B_1 \cos\theta_1 = B_2 \cos\theta_2$
• 굴절각 : $\dfrac{\tan\theta_1}{\tan\theta_2} = \dfrac{\mu_1}{\mu_2}$ 답 ③

12 반지름이 3[mm], 4[mm]인 2개의 절연도체구에 각각 5[V], 8[V]가 되도록 충전한 후 가는 도선으로 연결할 때, 공통전위는 몇 [V]인가?
① 3.14   ② 4.27
③ 5.56   ④ 6.71

[풀이] 두 도체구를 연결하기 전의 전하는
$Q = Q_1 + Q_2 = 4\pi\epsilon_0 r_1 V_1 + 4\pi\epsilon_0 r_2 V_2$
연결 후의 전하 Q'는 등전위이므로
$Q' = Q_1' + Q_2' = 4\pi\epsilon_0 r_1 V + 4\pi\epsilon_0 r_2 V$
$Q = Q'$이므로
$$\therefore V = \frac{Q}{4\pi\epsilon_0 r} = \frac{4\pi\epsilon_0(r_1 V_1 + r_2 V_2)}{4\pi\epsilon_0(r_1 + r_2)}$$
$$= \frac{3 \times 5 + 4 \times 8}{3 + 4} = 6.714[V]$$ 답 ④

13 코로나 방전이 3×10^6[V/m]에서 일어난다고 하면 반지름 10[cm]인 도체구에 저축할 수 있는 최대 전하량은 몇 [C]인가?
① 0.33×10^{-5} ② 0.72×10^{-6}
③ 0.84×10^{-7} ④ 0.98×10^{-8}

[풀이] • 전계와 전위의 관계식
$$E = \frac{Q}{4\pi\epsilon_0 r^2} = \frac{Q}{4\pi\epsilon_0 r \cdot r} = \frac{V}{r} \rightarrow V = rE$$
• 도체구 전하량
$Q = CV = (4\pi\epsilon_0 r)(rE) = 4\pi\epsilon_0 r^2 E$ 이고
전계 $E = 3 \times 10^6$[V/m],
반지름 $r = 10 \times 10^{-2}$[m] 이므로
$$\therefore Q = 4\pi\epsilon_0 r^2 E$$
$$= \frac{1}{9 \times 10^9} \times (10 \times 10^{-2})^2 \times 3 \times 10^6$$
$$= 0.33 \times 10^{-5}[C]$$ 답 ①

14 금속도체의 전기저항은 일반적으로 온도와 어떤 관계인가?
① 전기저항은 온도의 변화에 무관하다.
② 전기저항은 온도의 변화에 대해 정특성을 갖는다.
③ 전기저항은 온도의 변화에 대해 부특성을 갖는다.
④ 금속도체의 종류에 따라 전기저항의 온도특성은 일관성이 없다.

풀이
- 금속 도체의 전기저항은 온도 상승에 따라 증가한다.
- 탄소, 전해액 및 반도체 등의 저항은 온도 상승에 따라 감소한다.

답 ②

풀이
$$\nabla \cdot E = \left(i\frac{\partial}{\partial x} + j\frac{\partial}{\partial y} + k\frac{\partial}{\partial z}\right) \cdot (iE_x + jE_y + kE_z)$$
$$= \frac{\partial E_x}{\partial x} + \frac{\partial E_y}{\partial y} + \frac{\partial E_z}{\partial z}$$

답 ①

15 자기 인덕턴스와 상호 인덕턴스와의 관계에서 결합계수 k에 영향을 주지 않는 것은?

① 코일의 형상
② 코일의 크기
③ 코일의 재질
④ 코일의 상대위치

풀이 자기적 결합 정도를 결합계수(k)라고 하며, 코일의 형상, 크기, 상대 위치 등으로 결정된다.

답 ③

18 대기 중의 두 전극 사이에 있는 어떤 점의 전계의 세기가 $E = 3.5$[V/cm], 지면의 도전율이 $K = 10^{-4}$[℧/m]일 때 이 점의 전류밀도[A/m²]는?

① 1.5×10^{-2}
② 2.5×10^{-2}
③ 3.5×10^{-2}
④ 4.5×10^{-2}

풀이 전류밀도
$$i = KE = 10^{-4} \times (3.5 \times \frac{1}{10^{-2}})$$
$$= 3.5 \times 10^{-2} \text{ [A/m}^2\text{]}$$

답 ③

16 두 종류의 금속 접합면에 전류를 흘리면 접속점에서 열의 흡수 또는 발생이 일어나는 현상은?

① 제벡 효과
② 펠티에 효과
③ 톰슨 효과
④ 파이로 효과

풀이
① 제벡 효과 : 두 종류 금속 접속면에 온도차가 있으면 기전력이 발생하는 효과
② 펠티에 효과 : 두 종류 금속 접속면에 전류를 흘리면 접속점에서 열의 흡수, 발생이 일어나는 효과
③ 톰슨 효과 : 동일한 금속 도선의 두 점간에 온도차를 주고, 고온 쪽에서 저온 쪽으로 전류를 흘리면 도선 속에서 열이 발생되거나 흡수가 일어나는 현상
④ 파이로 전기(초전기) : 로셀염, 수정 등에 열을 가하거나 냉각을 하면 전기 분극이 발생

답 ②

19 100[MHz]의 전자파의 파장은?

① 0.3[m]
② 0.6[m]
③ 3[m]
④ 6[m]

풀이
$$\lambda = \frac{v}{f} = \frac{3 \times 10^8}{100 \times 10^6} = 3\text{[m]}$$
여기서, λ : 전파의 파장[m]
f : 주파수[Hz]
v : 전파속도(진공 중에서 3×10^8[m/s])

답 ③

17 위치함수로 주어지는 벡터량이
$E(x, y, z) = iE_x + jE_y + kE_z$이다.
나블라(∇)와의 내적 $\nabla \cdot E$와 같은 의미를 갖는 것은?

① $\frac{\partial E_x}{\partial x} + \frac{\partial E_y}{\partial y} + \frac{\partial E_z}{\partial z}$

② $i\frac{\partial E_z}{\partial x} + j\frac{\partial E_x}{\partial y} + k\frac{\partial E_y}{\partial z}$

③ $\int \frac{\partial E_x}{\partial x} + \int \frac{\partial E_y}{\partial y} + \int \frac{\partial E_z}{\partial z}$

④ $i\int E_x dx + j\int E_y dy + k\int E_z dz$

20 $\phi = \phi_m \sin 2\pi ft$[Wb]일 때, 이 자속과 쇄교하는 권수 N회인 코일에 발생하는 기전력[V]은?

① $2\pi fN\phi_m \sin 2\pi ft$
② $-2\pi fN\phi_m \sin 2\pi ft$
③ $2\pi fN\phi_m \cos 2\pi ft$
④ $-2\pi fN\phi_m \cos 2\pi ft$

풀이 기전력은 시간 당 변화하는 자속의 양에 의해 결정된다.
$$e = -N\frac{d\phi}{dt} = -N\frac{d}{dt}\phi_m \sin 2\pi ft$$
$$= -2\pi fN\phi_m \cos 2\pi ft\text{[V]}$$

답 ④

2과목 - 전력공학

21 그림과 같이 반지름 r[m]인 세 개의 도체가 선간거리 D[m]로 수평배치 하였을 때 A도체의 인덕턴스는 몇 [mH/km]인가?

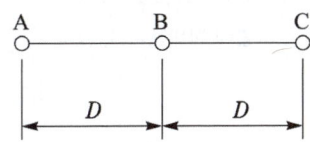

① $0.05 + 0.4605 \log_{10} \dfrac{D}{r}$

② $0.05 + 0.4605 \log_{10} \dfrac{2D}{r}$

③ $0.05 + 0.4605 \log_{10} \dfrac{\sqrt[3]{2}\,D}{r}$

④ $0.05 + 0.4605 \log_{10} \dfrac{\sqrt{2}\,D}{r}$

풀이
- 인덕턴스 $L = 0.05 + 0.4605 \log \dfrac{D_e}{r}$
- 등가선간거리 $D_e = \sqrt[3]{D \cdot D \cdot 2D} = \sqrt[3]{2}\,D$
- ∴ 인덕턴스 L은

$L = 0.05 + 0.4605 \log_{10} \dfrac{\sqrt[3]{2}\,D}{r}$ [mH/km] **답** ③

22 송전선로의 저항은 R, 리액턴스를 X라 하면 성립하는 식은?

① $R \geq 2X$ ② $R < X$
③ $R = X$ ④ $R > X$

풀이 일반적으로 선로의 저항보다 리액턴스가 6배 정도 크다. ($R < X$) **답** ②

23 주상변압기의 고압측 및 저압측에 설치되는 보호장치가 아닌 것은?

① 피뢰기
② 1차 컷아웃스위치
③ 캐치홀더
④ 케이블헤드

풀이
① 피뢰기(lightning arrester) : 이상전압을 대지로 방전시키고 그 속류를 차단하는 보호장치.
② 컷 아웃 스위치(cut out switch) : 주상변압기의 고장이 배전선로에 파급되는 것을 방지하고 변압기의 과부하 소손을 예방하고자 변압기 1차 측에 사용하는 보호장치
③ 캐치홀더(catch holders) : 변압기 2차 측 및 인입선의 분기개소에 설치하여 사용하는 변압기 보호장치
④ 케이블 헤드(cable head) : 케이블의 종단을 단심인 옥내선 또는 가동선에 접속할 때 수용지점(변전소)의 입상 부분 등에 사용 **답** ④

24 유효낙차 50[m], 최대사용수량 20[m³/s], 수차효율 87[%], 발전기 효율 97[%]인 수력발전소의 최대출력은 몇 [kW]인가?

① 7570   ② 8070
③ 8270   ④ 8570

풀이 발전소 출력 ≒ 발전기 출력이므로
∴ $P_g = 9.8 QH\eta_t \eta_g$ [kW]
$= 9.8 \times 20 \times 50 \times 0.87 \times 0.97$
$= 8270.22$ [kW] **답** ③

25 과전류계전기의 반한시 특성이란?

① 동작전류가 커질수록 동작시간이 짧아진다.
② 동작전류가 적을수록 동작시간이 짧아진다.
③ 동작전류에 관계없이 동작시간은 일정하다.
④ 동작전류가 커질수록 동작시간이 길어진다.

풀이 보호계전기 특징
① 순한시 특성 : 최소 동작전류 이상의 전류가 흐르면 즉시 동작하는 특성
② 반한시 특성 : 동작전류가 커질수록 동작시간이 짧게 되는 특성
③ 정한시 특성 : 동작전류의 크기에 관계없이 일정한 시간에 동작하는 특성
④ 반한시 정한시 특성 : 동작전류가 적은 동안에는 동작전류가 커질수록 동작시간이 짧게 되고 어떤 전류 이상이면 동작전류의 크기에 관계없이 일정한 시간에 동작하는 특성 **답** ①

26 장거리 송전선에서 단위길이 당 임피던스 $Z=r+j\omega L[\Omega/\text{km}]$, 어드미턴스 $Y=g+j\omega C[\mho/\text{km}]$라 할 때 저항과 누설 컨덕턴스를 무시하면 특성 임피던스의 값은?

① $\sqrt{\dfrac{L}{C}}$ ② $\sqrt{\dfrac{C}{L}}$

③ $\dfrac{L}{C}$ ④ $\dfrac{C}{L}$

풀이 특성 임피던스에서 저항(r)과 누설컨덕턴스(g)를 무시하면,

$$\therefore Z_0 = \sqrt{\dfrac{Z}{Y}} = \sqrt{\dfrac{r+j\omega L}{g+j\omega C}} = \sqrt{\dfrac{0+j\omega L}{0+j\omega C}}$$
$$\fallingdotseq \sqrt{\dfrac{L}{C}}$$

답 ①

27 콘덴서형 계기용변압기의 특징으로 틀린 것은?

① 권선형에 비해 오차가 적고 특성이 좋다.
② 절연의 신뢰도가 권선형에 비해 크다.
③ 전력선 반송용 결합콘덴서와 공용할 수 있다.
④ 고압 회로용의 경우는 권선형에 비해 소형 경량이다.

풀이 콘덴서형 계기용 변압기(CPD)의 특징
- 권선형에 비해 소형 경량이고 값이 싸다.
- 절연의 신뢰도가 권선형에 비해 크다.
- 전력선 반송용 결합 콘덴서와 공용할 수 있다.
- 전자형에 비해 오차가 많고 특성이 나쁘다. **답** ①

28 동일전력을 수송할 때 다른 조건은 그대로 두고 역률을 개선한 경우의 효과로 옳지 않은 것은?

① 선로변압기 등의 저항손이 역률의 제곱에 반비례하여 감소한다.
② 변압기, 개폐기 등의 소요 용량은 역률에 비례하여 감소한다.
③ 선로의 송전용량이 그 허용전류에 의하여 제한될 때는 선로의 송전 용량도 증가한다.
④ 전압강하는 $1+\dfrac{X}{R}\tan\varphi$에 비례하여 감소한다.

풀이 전력 $P=\sqrt{3}\,VI\cos\theta$이므로
전류 $I=\dfrac{P}{\sqrt{3}\,V\cos\theta}$이다.
따라서 동일전력을 공급하는 경우
전류는 역률에 반비례한다. ($I \propto \dfrac{1}{\cos\theta}$) **답** ②

29 배전선로의 전압강하의 정도를 나타내는 식이 아닌 것은? (단, E_S는 송전단전압, E_R은 수전단전압이다.)

① $\dfrac{I}{E_R}(R\cos\theta + X\sin\theta) \times 100[\%]$

② $\dfrac{\sqrt{3}\,I}{E_R}(R\cos\theta + X\sin\theta) \times 1000[\%]$

③ $\dfrac{E_S - E_R}{E_R} \times 100[\%]$

④ $\dfrac{E_S + E_R}{E_S} \times 100[\%]$

풀이
- 전압강하
$e = E_E - E_R = \sqrt{3}\,I(R\cos\theta + X\sin\theta)[\text{V}]$
- 전압강하율
$\epsilon = \dfrac{e}{E_R} \times 100 = \dfrac{E_S - E_R}{E_R} \times 100$
$= \dfrac{\sqrt{3}\,I}{E_R}(R\cos\theta + X\sin\theta)[\%]$ **답** ④

30 비접지식 송전선로에서 1선 지락고장이 생겼을 경우 지락점에 흐르는 전류는?

① 직선성을 가진 직류이다.
② 고장 상의 전압과 동상의 전류이다.
③ 고장 상의 전압보다 90° 늦은 전류이다.
④ 고장 상의 전압보다 90° 빠른 전류이다.

풀이
- 지락전류 : 진상전류(충전전류)
- 단락전류 : 지상전류(유도전류) **답** ④

31 소호 원리에 따른 차단기의 종류 중에서 소호실에서 아크에 의한 절연유 분해가스의 흡부력(吸付力)을 이용하여 차단하는 것은?

① 유입차단기　② 기중차단기
③ 자기차단기　④ 가스차단기

풀이 소호 원리에 따른 차단기의 종류

차단기 종류	약어	소호 원리
유입 차단기	OCB	소호실에서 아크에 의한 절연유 분해 가스의 흡부력을 이용해서 차단
기중 차단기	ACB	대기 중에서 아크를 길게 하여 소호실에서 냉각 차단
자기 차단기	MBB	대기 중에서 전자력을 이용하여 아크를 소호실내로 유도해서 냉각차단
공기차단기	ABB	압축된 공기를 아크에 불어 넣어서 차단
진공 차단기	VCB	고진공 중에서 전자의 고속도 확산에 의해 차단
가스 차단기	GCB	고성능 절연 특성을 가진 특수 가스(SF_6)를 흡수해서 차단

답 ①

32 출력 5000[kW], 유효낙차 50[m]인 수차에서 안내 날개의 개방 상태나 효율의 변화없이 일정할 때 유효낙차가 5[m] 줄었을 경우 출력은 약 몇 [kW]인가?

① 4000　② 4270
③ 4500　④ 4740

풀이 출력을 P, 사용 수량을 Q, 유효 낙차를 H라고 하면
$P = 9.8 QH\eta$이므로　$P \propto QH$
수차에 유입하는 물의 유속
$v = C\sqrt{2gH}$에서　$v \propto H^{\frac{1}{2}}$
$Q = Av$에서 안내 날개의 개도 A는 일정하므로
$Q \propto v \propto H^{\frac{1}{2}}$ 그러므로 $P \propto QH \propto H^{\frac{3}{2}}$
지금 P_1 : 낙차 변화 전의 출력[kW]
　　 P_2 : 낙차 변화 후의 출력[kW]
　　 H_1 : 변화 전의 낙차
　　 H_2 : 변화 후의 낙차라고 하면
$\therefore P_2 = P_1\left(\dfrac{H_2}{H_1}\right)^{3/2} = 5000 \times \left(\dfrac{50-5}{50}\right)^{3/2}$
　　 $= 5000 \times 0.854 = 4270$[kW]

답 ②

33 다음 사항 중 가공송전선로의 코로나손실과 관계가 없는 사항은?

① 전원주파수　② 전선의 연가
③ 상대공기밀도　④ 선간거리

풀이 Peek의 식
$P = \dfrac{241}{\delta}(f+25)\sqrt{\dfrac{d}{2D}}(E-E_0)^2 \times 10^{-5}$[kW/km/선]
δ : 상대 공기밀도, D : 선간거리, d : 전선의 지름,
f : 주파수, E : 전선에 걸리는 대지전압
E_0 : 코로나 임계전압

답 ②

34 송전선로에 낙뢰를 방지하기 위하여 설치하는 것은?

① 댐퍼　② 초호환
③ 가공지선　④ 애자

풀이 ① 댐퍼 : 전선의 진동 방지
② 초호환 : 섬락으로부터 애자련의 보호, 애자련의 전압 분포 개선
③ 가공지선 : 뇌의 차폐
④ 애자 : 전선을 지지하고 절연

답 ③

35 배전방식으로 저압 네트워크방식이 적당한 경우는?

① 부하가 밀집되어 있는 시가지
② 바람이 많은 어촌지역
③ 농촌지역
④ 화학공장

풀이 네트워크 배전방식의 장점
① 무정전 공급이 가능해서 배전 신뢰도가 높다.
② 기기 이용률 향상된다.
③ 전압변동이 적다.
④ 적응성 양호하다.
⑤ 전력손실이 감소한다.
⑥ 변전소 수를 줄일 수 있다.
따라서 부하가 밀집되어 있는 시가지에 적당하다.

답 ①

36 차단 시 재점호가 발생하기 쉬운 경우는?

① R-L 회로 차단　② 단락전류의 차단
③ C회로의 차단　④ L회로의 차단

풀이 충전전류를 차단할 때 전류파의 0의 위치에서 소거된 아크가 재기전압에 의하여 극간에 다시 발생하는 것을 재점호라고 하며 이러한 **재점호 전류는 콘덴서 C에 의한 진상전류에 의해 발생**하나. 답 ③

37 동일한 전압에서 동일한 전력을 송전할 때 역률을 0.7에서 0.95로 개선하면 전력손실은 개선 전에 비해 약 몇 [%]인가?

① 80 ② 65
③ 54 ④ 40

풀이 전력손실 $P_l = \dfrac{R \cdot P^2}{V^2 \cos^2\theta}$에서 $P_l \propto \dfrac{1}{\cos^2\theta}$

$\therefore \dfrac{P_l'}{P_l} = \dfrac{\frac{1}{0.95^2}}{\frac{1}{0.7^2}} = \left(\dfrac{0.7}{0.95}\right)^2 \rightarrow P_l' = 0.543 P_l$

그러므로 약 54[%]로 감소 답 ③

38 뇌서지와 개폐서지의 파두장과 파미장에 대한 설명으로 옳은 것은?

① 파두장과 파미장이 모두 같다.
② 파두장은 같고 파미장이 다르다.
③ 파두장이 다르고 파미장은 같다.
④ 파두장과 파미장이 모두 다르다.

풀이 개폐서지와 뇌서지는 **파두장과 파미장이 모두 다르다.** 답 ④

39 전선이 조영재에 접근할 때에나 조영재를 관통하는 경우에 사용되는 것은?

① 노브애자
② 애관
③ 서비스캡
④ 유니버설 커플링

풀이 애자사용 배선의 절연전선이 **조영재를 관통하는 경우**는 그 부분의 모든 전선을 각각 별개의 **애관** 및 합성수지관 등에 넣어 시설하여야 한다.
(내선규정 2270-7) 답 ②

40 3상 Y결선된 발전기가 무부하 상태로 운전 중 3상 단락고장이 발생하였을 때 나타나는 현상으로 틀린 것은?

① 영상분 전류는 흐르지 않는다.
② 역상분 전류는 흐르지 않는다.
③ 3상 단락전류는 정상분 전류의 3배가 흐른다.
④ 정상분 전류는 영상분 및 역상분 임피던스에 무관하고 정상분 임피던스에 반비례한다.

풀이 3상 단락고장(정상분만 존재)

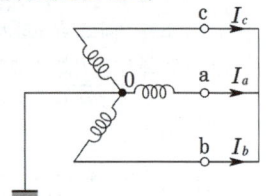

그림에서 $I_a + I_b + I_c = 0$, $V_a = V_b = V_c = 0$이므로

$I_a = I_0 + I_1 + I_2 = I_1 = \dfrac{E_a}{Z_1}$

$I_b = I_0 + a^2 I_1 + a I_2 = a^2 I_1 = \dfrac{a^2 E_a}{Z_1}$

$I_c = I_0 + a I_1 + a^2 I_2 = a I_1 = \dfrac{a E_a}{Z_1}$ 답 ③

3과목 - 전기기기

41 중부하에서도 기동되도록 하고 회전계자형의 동기전동기에 고정자인 전기자 부분이 회전자의 주위를 회전할 수 있도록 2중 베어링의 구조를 가지고 있는 전동기는?

① 유도자형 전동기 ② 유도 동기전동기
③ 초동기전동기 ④ 반작용 전동기

풀이 • 동기전동기를 보완하여 중부하에서도 기동이 되도록 한 것이 **초동기전동기**이다.
• 초동기전동기는 기동 토크가 크고 기동전류가 적은 것이 특징이며, **2중 베어링 장치**와 브레이크 밴드 등의 특수 구조가 있어 고속 운전에는 부적당하다.

답 ③

42 유도전동기의 공극에 관한 설명으로 틀린 것은?

① 공극은 일반적으로 0.3~2.5[mm] 정도이다.
② 공극이 넓으면 여자전류가 커지고 역률이 현저하게 떨어진다.
③ 공극이 좁으면 기계적으로 약간의 불평형이 생겨도 진동과 소음의 원인이 된다.
④ 공극이 좁으면 누설리액턴스가 증가하여 순간 최대전력이 증가하고 철손이 증가한다.

풀이 공극이 좁으면 누설리액턴스는 감소한다. **답** ④

43 단상전파 정류의 맥동률은?

① 0.17   ② 0.34
③ 0.48   ④ 0.86

풀이 단상전파 정류회로에서 순저항시의 맥동률은

$$v = \frac{\sqrt{(I_s)^2 - (I_{av})^2}}{I_{av}} \times 100$$

$$= \sqrt{\left(\frac{I_s}{I_{av}}\right)^2 - 1} \times 100$$

$$= \sqrt{\left[\frac{\frac{I_m}{\sqrt{2}}}{\frac{2I_m}{\pi}}\right]^2 - 1} \times 100$$

$$= \sqrt{\left(\frac{\pi}{2\sqrt{2}}\right)^2 - 1} \times 100$$

$$= \sqrt{\frac{\pi^2}{8} - 1} \times 100 = 0.48 \times 100 = 48[\%]$$

※ 순저항 시 맥동률
① 단상전파 : 48[%]
② 3상 반파 : 17[%]
③ 3상 전파 : 4[%]   **답** ③

44 반발전동기(reaction motor)의 특성에 대한 설명으로 옳은 것은?

① 분권특성이다.
② 기동 토크가 특히 큰 전동기이다.
③ 직권특성으로 부하 증가 시 속도가 상승한다.
④ 1/2 동기속도에서 정류가 양호하다.

풀이 단상 반발전동기의 기동 토크는 전부하 토크의 400~500[%] 정도이고, 기동전류는 전부하전류의 200~300[%] 정도이다.
답 ②

45 직류기의 권선법에 대한 설명 중 틀린 것은?

① 전기자 권선에 환상권은 거의 사용되지 않는다.
② 전기자 권선에는 고상권이 주로 이용되고 있다.
③ 정류를 양호하게하기 위해 단절권이 이용된다.
④ 저전압 대전류 직류기에는 파권이 적당하며, 고전압 직류기에는 중권이 적당하다.

풀이 중권과 파권의 비교

구분	중권(병렬권)	파권(직렬권)
전기자의 병렬회로수(a)	$P(mP)$	$2(2m)$
브러시 수(b)	P	2
용도	저전압, 대전류	고전압, 소전류
균압접속	4극 이상이면 균압접속을 하여야 한다.	균압접속은 필요 없다.

여기서, m : 다중도   **답** ④

46 고압 단상변압기의 %임피던스 강하 4[%], 2차 정격전류를 300[A]라 하면 정격전압의 2차 단락전류[A]는? (단, 변압기에서 전원측의 임피던스는 무시한다.)

① 0.75   ② 75
③ 1200   ④ 7500

풀이 단락전류

$$I_s = \frac{100}{\%Z} I_n = \frac{100}{4} \times 300 = 7500[A]$$ **답** ④

47 3상 유도전동기의 운전 중 전압을 80[%]로 낮추면 부하회전력은 몇 [%]로 감소되는가?

① 94   ② 80
③ 72   ④ 64

풀이 기동 토크는 전압의 2승에 비례하므로 전압을 80[%]로 낮추면 토크는 $0.8^2 = 0.64$배로 감소된다. **답** ④

48 단상 직권정류자 전동기에 전기자 권선의 권수를 계자 권수에 비해 많게 하는 이유가 아닌 것은?

① 주자속을 작게 하고 토크를 증가하기 위하여
② 속도 기전력을 크게 하기 위하여
③ 변압기 기전력을 크게 하기 위하여
④ 역률저하를 방지하기 위하여

풀이 단상 정류자 전동기는 전기자 및 계자권선의 리액턴스 강하 때문에 역률이 저하하므로 약계자, 강전기자형으로 하여 역률을 좋게 하고 변압기 기전력을 작게 한다. **답** ③

49 단상 정류자전동기에 보상권선을 사용하는 이유는?

① 정류개선
② 기동 토크조절
③ 속도제어
④ 역률개선

풀이 단상 직권전동기의 보상 권선은 직류 직권전동기와 달리 전기자 반작용으로 생기는 필요 없는 자속을 상쇄하도록 하여, 무효전력의 증대에 따르는 역률의 저하를 방지한다. **답** ④

50 3상 유도전동기의 원선도를 작성하는데 필요하지 않은 것은?

① 구속 시험
② 무부하 시험
③ 슬립 측정
④ 저항 측정

풀이 원선도 작성에 필요한 시험은 변압기 특성 시험과 같으며
① 저항 측정
② 무부하 시험
③ 구속 시험이 있다.
또한 슬립은 원선도 상에서 구할 수 있다. **답** ③

51 변압기의 병렬운전에서 1차 환산 누설임피던스가 $2+j3[\Omega]$과 $3+j2[\Omega]$일 때 변압기에 흐르는 부하전류가 50[A]이면 순환전류[A]는? (단, 다른 정격은 모두 같다.)

① 10 ② 8
③ 5   ④ 3

풀이
• 부하전류가 50[A]이고 임피던스의 크기가 같으므로 각 변압기에는 25[A]씩 나뉘어 흐른다.
• 순환 전류 $I_c = \dfrac{V_1 - V_2}{Z_1 + Z_2} = \dfrac{I_1 Z_1 - I_2 Z_2}{Z_1 + Z_2}$[A]

$\therefore I_c = \dfrac{25(3+j2) - 25(2+j3)}{(2+j3)+(3+j2)}$

$= \dfrac{75 + j50 - 50 - j75}{5 + j5}$

$= \dfrac{25 - j25}{5 + j5} = \dfrac{(25-j25)(5-j5)}{(5+j5)(5-j5)}$

$= \dfrac{125 - j125 - j125 + j^2 125}{5^2 + 5^2}$

$= \dfrac{-j250}{50} = -j5 = 5\angle -90°$[A] **답** ③

52 터빈 발전기 출력 1350[kVA], 2극, 3600[rpm], 11[kV]일 때 역률 80[%]에서 전부하 효율이 96[%]라 하면 이때의 손실전력[kW]은?

① 36.6 ② 45
③ 56.6 ④ 65

풀이 출력 $P = 1350 \times 0.8 = 1080$[kW]

효율 $\eta = \dfrac{출력}{출력 + 손실} = \dfrac{P}{P + P_l}$

$\rightarrow 0.96 = \dfrac{1080}{1080 + P_l}$

$\therefore P_l = \dfrac{1080}{0.96} - 1080 = 45$[kW] **답** ②

53 1방향성 4단자 사이리스터는?

① TRIAC ② SCS
③ SCR   ④ SSS

풀이 각종 반도체 소자의 비교
① 방향성
• 양방향성(쌍방향성) 소자 : DIAC, TRIAC, SSS

- 역저지(단방향성) 소자 : SCR, LASCR, GTO, SCS
② 극(단자) 수
- 2극(단자) 소자 : DIAC, SSS, Diode
- 3극(단자) 소자 : SCR, LASCR, GTO, TRIAC
- 4극(단자) 소자 : SCS   답 ②

54 T-결선에 의하여 3300[V]의 3상으로부터 200[V], 40[kVA]의 전력을 얻는 경우 T좌 변압기의 권수비는 약 얼마인가?

① 16.5   ② 14.3
③ 11.7   ④ 10.2

풀이 주좌 변압기의 권수비를 a_M,
T좌 변압기의 권수비를 a_T라 하면
$a_T = a_M \times \frac{\sqrt{3}}{2} = \frac{3300}{200} \times \frac{\sqrt{3}}{2}$
$= 16.5 \times 0.866 = 14.3$ 답 ②

55 직류분권전동기 기동 시 계자 저항기의 저항값은?

① 최대로 해 둔다.
② 0(영)으로 해 둔다.
③ 중간으로 해 둔다.
④ 1/3로 해 둔다.

풀이 $\tau = K\Phi I_a$, $I_f = \frac{V}{R_f + R_{FR}}$ 이므로 기동 토크를 크게 하려면 자속을 크게 해 놓은 것이 좋으므로 여자전류가 클수록 좋다. 따라서 계자권선과 직렬로 되어 있는 계자 저항(R_{FR})을 0으로 해 둔다.

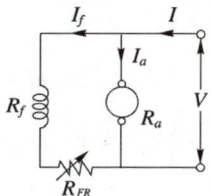

답 ②

56 3상 동기발전기를 병렬운전하는 도중 여자전류를 증가시킨 발전기에서 일어나는 현상은?

① 무효전류가 증가한다.
② 역률이 좋아진다.
③ 전압이 높아진다.
④ 출력이 커진다.

풀이
- 동기발전기의 병렬운전에서는 한쪽의 계자전류를 증대시켜 유기기전력을 크게 하면 무효 순환전류가 흘러 계자를 크게 한 발전기의 역률이 낮아지고 다른 발전기의 역률은 좋게 되나 유효 전력의 분담은 변하지 않는다.
- 무효 순환전류는 계자를 크게 한 발전기에 대하여는 지상전류가, 다른 발전기에 대하여는 진상전류가 되어 결국에는 두 발전기의 전압을 같게 한다.   답 ①

57 유도전동기로 직류발전기를 회전시킬 때, 직류발전기의 부하를 증가시키면 유도전동기의 속도는?

① 증가한다.
② 감소한다.
③ 변함이 없다.
④ 동기속도 이상으로 회전한다.

풀이 직류발전기의 부하가 증가하게 되면 유도전동기의 부하도 증가되므로 유도전동기의 속도는 감소하게 된다.   답 ②

58 직류 타여자발전기의 부하전류와 전기자전류의 크기는?

① 부하전류가 전기자전류보다 크다.
② 전기자전류가 부하전류보다 크다.
③ 전기자전류와 부하전류가 같다.
④ 전기자전류와 부하전류는 항상 0이다.

풀이 타여자 발전기는 외부에서 계자권선 F에 직류 전원을 공급하므로 잔류 자기가 없어도 되며, 전기자 전류(I_a)와 부하전류(I)의 크기가 같다.

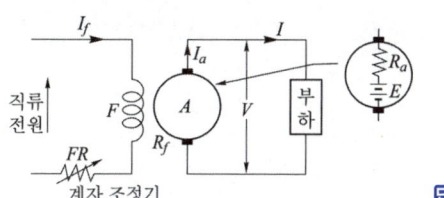

답 ③

59 5[kVA], 2000/200[V]의 단상변압기가 있다. 2차로 환산한 등가저항과 등가리액턴스는 각각 0.14[Ω], 0.16[Ω]이다. 이 변압기에 역률 0.8(뒤짐)의 정격부하를 걸었을 때의 전압변동률[%]은?

① 0.026　② 0.26
③ 2.6　　④ 26

풀이
- 2차 측 정격전류
$I_{2n} = \dfrac{P}{V_2} = \dfrac{5000}{200} = 25[A]$
- %저항 강하
$p = \dfrac{I_{2n} r_2}{V_{2n}} \times 100 = \dfrac{25 \times 0.14}{200} \times 100 = 1.75[\%]$
- %리액턴스 강하
$q = \dfrac{I_{2n} x_2}{V_{2n}} \times 100 = \dfrac{25 \times 0.16}{200} \times 100 = 2[\%]$

따라서 전압변동률
$\epsilon = p\cos\theta + q\sin\theta = 1.75 \times 0.8 + 2 \times 0.6 = 2.6[\%]$

답 ③

60 송전선로에 접속된 동기조상기의 설명으로 옳은 것은?

① 과여자로 해서 운전하면 앞선 전류가 흐르므로 리액터 역할을 한다.
② 과여자로 해서 운전하면 뒤진 전류가 흐르므로 콘덴서 역할을 한다.
③ 부족여자로 해서 운전하면 앞선 전류가 흐르므로 리액터 역할을 한다.
④ 부족여자로 해서 운전하면 송전선로의 자기여자작용에 의한 전압상승을 방지한다.

풀이
- 과여자 운전 : 콘덴서 작용 – 역률 개선
- 부족 여자 운전 : 리액터 작용 – 이상전압의 상승 억제

답 ④

4과목 - 회로이론

61 리액턴스 함수가 $Z(s) = \dfrac{3s}{s^2 + 15}$로 표시되는 리액턴스 2단자망은?

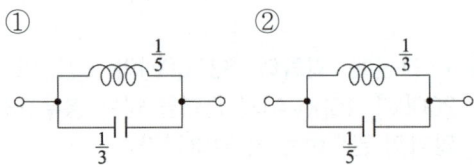

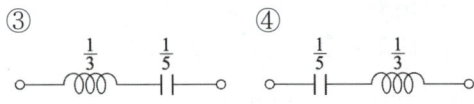

풀이
$Z(s) = \dfrac{3s}{s^2+15} = \dfrac{1}{(s^2+15)/3s}$
$= \dfrac{1}{\dfrac{s}{3} + \dfrac{15}{3s}} = \dfrac{1}{\dfrac{1}{3}s + \dfrac{1}{\dfrac{1}{5}s}} = \dfrac{1}{Cs + \dfrac{1}{Ls}}$

따라서 $C = \dfrac{1}{3}$ 와 $L = \dfrac{1}{5}$의 병렬회로이다.

답 ①

62 불평형 3상 전류 $I_a = 15 + j2[A]$, $I_b = -20 - j14[A]$, $I_c = -3 + j10[A]$ 일 때 정상분 전류 $I[A]$는?

① $1.91 + j6.24$
② $-2.67 - j0.67$
③ $15.7 - j3.57$
④ $18.4 + j12.3$

풀이
$I_1 = \dfrac{1}{3}(I_a + aI_b + a^2 I_c)$
$= \dfrac{1}{3}\left\{(15+j2) + \left(-\dfrac{1}{2} + j\dfrac{\sqrt{3}}{2}\right)(-20-j14) + \left(-\dfrac{1}{2} - j\dfrac{\sqrt{3}}{2}\right)(-3+j10)\right\}$
$= 15.7 - j3.57[A]$

답 ③

63
RC 직렬회로의 과도현상에 대하여 옳게 설명한 것은?

① $\dfrac{1}{RC}$의 값이 클수록 과도전류값은 천천히 사라진다.
② RC 값이 클수록 과도전류값은 빨리 사라진다.
③ 과도전류는 RC 값에 관계가 없다.
④ RC 값이 클수록 과도전류값은 천천히 사라진다.

풀이
- 과도현상은 시정수가 크면 클수록 오래 지속된다.
- $R-C$회로의 시정수는 RC이므로 RC 값이 클수록 과도전류의 값은 천천히 사라진다. **답** ④

64
전압과 전류가 각각
$e = 141.4\sin\left(377t + \dfrac{\pi}{3}\right)$[V],
$i = \sqrt{8}\sin\left(377t + \dfrac{\pi}{6}\right)$[A]인
회로의 소비전력은 약 몇 [W]인가?

① 100 ② 173
③ 200 ④ 344

풀이
$P = \dfrac{V_m}{\sqrt{2}} \cdot \dfrac{I_m}{\sqrt{2}} \cos\theta$
$= \dfrac{141.4}{\sqrt{2}} \times \dfrac{\sqrt{8}}{\sqrt{2}} \times \cos\left(\dfrac{\pi}{3} - \dfrac{\pi}{6}\right)$
$= 173$[W] **답** ②

65
그림과 같은 회로에서 a-b 단자에서 본 합성저항은 몇 [Ω]인가?

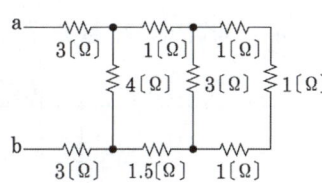

① 2 ② 4
③ 6 ④ 8

풀이 a-b 사이의 합성 저항은

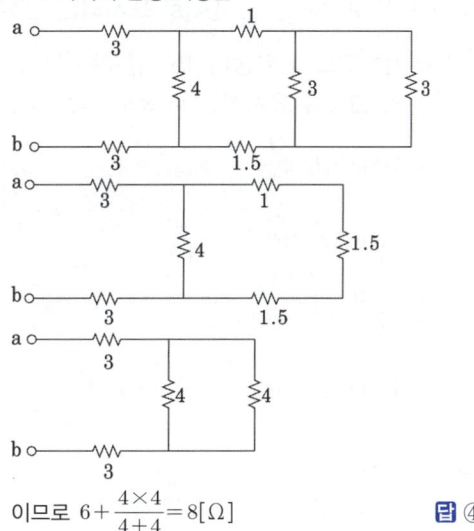

이므로 $6 + \dfrac{4 \times 4}{4 + 4} = 8$[Ω] **답** ④

66
그림과 같은 회로의 전압비 전달함수 $H(j\omega)$는? (단, 입력 $V(t)$는 정현파 교류전압이며, V_R은 출력이다.)

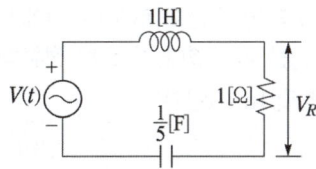

① $\dfrac{j\omega}{(5-\omega^2) + j\omega}$
② $\dfrac{j\omega}{(5+\omega^2) + j\omega}$
③ $\dfrac{j\omega}{(5-\omega)^2 + j\omega}$
④ $\dfrac{j\omega}{(5+\omega)^2 + j\omega}$

풀이 $H(j\omega) = \dfrac{V_R}{V(j\omega)} = \dfrac{1}{j\omega + 1 + \dfrac{1}{j\omega\dfrac{1}{5}}}$

$= \dfrac{j\omega}{(j\omega)^2 + j\omega + 5} = \dfrac{j\omega}{(5-\omega^2) + j\omega}$ **답** ①

67 $i = 10\sin(\omega t - \frac{\pi}{6})$[A]로 표시되는 전류와 주파수는 같으나 위상이 $45°$ 앞서는 실효값 100[V]의 전압을 표시하는 식으로 옳은 것은?

① $100\sin(\omega t - \frac{\pi}{10})$

② $100\sqrt{2}\sin(\omega t + \frac{\pi}{12})$

③ $\frac{100}{\sqrt{2}}\sin(\omega t - \frac{5}{12}\pi)$

④ $100\sqrt{2}\sin(\omega t - \frac{\pi}{12})$

풀이 실효값이 100[V]이고
전류보다 위상이 $45°(=\frac{\pi}{4})$ 앞서므로
$\therefore v = 100\sqrt{2}\sin(\omega t - \frac{\pi}{6} + \frac{\pi}{4})$
$= 100\sqrt{2}\sin(\omega t + \frac{\pi}{12})$[V]   **답** ②

68 저항 6[kΩ], 인덕턴스 90[mH], 커패시턴스 0.01[μF]인 직렬회로에 $t=0$에서의 직류전압 100[V]를 가하였다. 흐르는 전류의 최댓값(I_m)은 약 몇 [mA]인가?

① 11.8   ② 12.3
③ 14.7   ④ 15.6

풀이 ① $R^2 = (6 \times 10^3)^2 = 36 \times 10^6$
$\frac{4L}{C} = \frac{4 \times 90 \times 10^{-3}}{0.01 \times 10^{-6}} = 36 \times 10^6$
$R^2 = \frac{4L}{C}$ 이므로
임계 진동 전류가 흐르게 되며,
이 경우 전류는 $i(t) = \frac{E}{L}t \cdot e^{-\frac{R}{2L}t}$ 이다.

② 전류가 최대로 되는 시간은
$\frac{di(t)}{dt} = \frac{E}{L} \cdot e^{-\frac{R}{2L}t} - \frac{R}{2L} \cdot \frac{E}{L}te^{-\frac{R}{2L}t} = 0$
$1 = \frac{R}{2L}t$
$t = \frac{2L}{R} = \frac{2 \times 90 \times 10^{-3}}{6000} = 30[\mu s]$
따라서 전류의 최댓값은

$i(t) = \frac{E}{L}t \cdot e^{-\frac{R}{2L}t}$
$= \frac{100}{90 \times 10^{-3}} \times 30 \times 10^{-6} \times e^{-\frac{6 \times 10^3}{2 \times 90 \times 10^{-3}} \times 30 \times 10^{-6}}$
$= 0.0123[A] = 12.3[mA]$ **답** ②

69 부동작시간(dead time) 요소의 전달함수는?

① Ks ② $\frac{K}{s}$

③ Ke^{-Ls} ④ $\frac{K}{Ts+1}$

풀이 부동작 시간요소의 전달함수
$y(t) = Kx(t-L)$의 양변을 라플라스 변환하면
$Y(s) = Ke^{-Ls} \cdot X(s)$
$\therefore G(s) = \frac{Y(s)}{X(s)} = Ke^{-Ls}$ **답** ③

70 그림과 같은 회로에서 단자 a-b 간의 전압 V_{ab}[V]는?

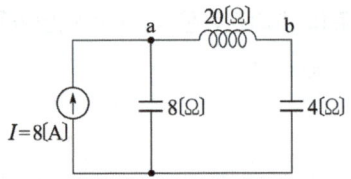

① $-j160$ ② $j160$
③ 40   ④ 80

풀이 전류 분배 법칙에 따라
$I_{ab} = \frac{-j8}{(j20-j4)-j8} \times 8 = -8$[A]
$\therefore V_{ab} = I_{ab}Z = -8 \times j20 = -j160$[V]   **답** ①

71 회로에서 Z 파라미터가 잘못 구하여진 것은?

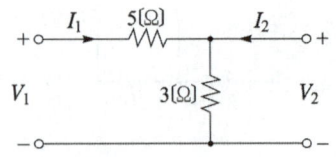

① $Z_{11} = 8[\Omega]$ ② $Z_{12} = 3[\Omega]$
③ $Z_{21} = 3[\Omega]$ ④ $Z_{22} = 5[\Omega]$

풀이
- $Z_{11} = Z_1 + Z_2 = 3 + 5 = 8[\Omega]$
- $Z_{12} = Z_{21} = Z_2 = 3[\Omega]$
- $Z_{22} = Z_2 = 3[\Omega]$ **답** ④

72 △ 결선된 저항부하를 Y결선으로 바꾸면 소비전력은? (단, 저항과 선간 전압은 일정하다.)
① 3배로 된다.   ② 9배로 된다.
③ $\frac{1}{9}$로 된다.   ④ $\frac{1}{3}$로 된다.

풀이
$P_\triangle = 3I^2 R = 3\left(\frac{V}{R}\right)^2 R = 3 \cdot \frac{V^2}{R}$

다음 Y결선 시 상전압은 선간 전압의 $\frac{1}{\sqrt{3}}$ 이므로

$P_Y = 3 \cdot \frac{\left(\frac{V}{\sqrt{3}}\right)^2}{R} = \frac{V^2}{R}$, $\frac{P_Y}{P_\triangle} = \frac{\frac{V^2}{R}}{\frac{3V^2}{R}} = \frac{1}{3}$

따라서 $P_Y = \frac{1}{3} P_\triangle$ **답** ④

73 굵기가 일정한 도체에서 체적은 변하지 않고 지름을 $\frac{1}{n}$로 줄였다면 저항은?
① $\frac{1}{n^2}$로 된다.   ② n로 된다.
③ n^2로 된다.   ④ n^4로 된다.

풀이 지름을 a, 반지름을 r, 길이를 l, 저항을 R_1, 지름을 $\frac{1}{n}$로 줄였을 때의 저항을 R_2라고 하면
① 체적이 일정하므로
$\frac{\pi a_1^2}{4} \times l_1 = \frac{\pi a_2^2}{4} \times l_2 = \frac{\pi}{4}(\frac{1}{n}a_1)^2 \times l_2$
$\rightarrow l_1 = \frac{1}{n^2} l_2$
$\therefore l_2 = n^2 l_1$
② 저항 $R_1 = \rho \frac{l_1}{A_1} = \rho \frac{l_1}{\pi r_1^2}$

따라서 $R_2 = \rho \frac{l_2}{\pi r_2^2} = \rho \frac{n^2 l_1}{\pi \times (\frac{1}{n}r_1)^2}$
$= n^4 \times \rho \frac{l_1}{\pi r_1^2} = n^4 R_1$ **답** ④

74 20[mH]와 60[mH]의 두 인덕턴스가 병렬로 연결되어 있다. 합성 인덕턴스의 값[mH]은? (단, 상호 인덕턴스는 없는 것으로 한다.)
① 15   ② 20
③ 50   ④ 75

풀이 합성 인덕턴스
$L_0 = \frac{L_1 \times L_2}{L_1 + L_2} = \frac{20 \times 60}{20 + 60} = 15[mH]$ **답** ①

75 대칭 3상 전압이 있다. 1상의 Y결선 전압의 순시값이 다음과 같을 때 선간전압에 대한 상전압의 비율은?

$e = 1000\sqrt{2} \sin \omega t + 500\sqrt{2} \sin(3\omega t + 20°)$
$\quad + 100\sqrt{2} \sin(5\omega t + 30°)[V]$

① 약 55[%]   ② 약 65[%]
③ 약 70[%]   ④ 약 75[%]

풀이 상전압의 실효값 E_p는
$E_p = \sqrt{E_1^2 + E_3^2 + E_5^2}$
$= \sqrt{1000^2 + 500^2 + 100^2} = 1122.5[V]$
선간 전압에는 제 3 고조파분이 나타나지 않으므로
$E_l = \sqrt{3} \cdot \sqrt{E_1^2 + E_5^2}$
$= \sqrt{3} \cdot \sqrt{1000^2 + 100^2} = 1740.7[V]$
따라서 $\frac{E_p}{E_l} = \frac{1122.5}{1740.7} = 0.645 ≒ 65[\%]$ **답** ②

76 비정현파의 일그러짐의 정도를 표시하는 양으로서 왜형률이란?
① $\frac{평균값}{실효값}$
② $\frac{실효값}{최댓값}$
③ $\frac{고조파만의 실효값}{기본파의 실효값}$
④ $\frac{기본파의 실효값}{고조파만의 실효값}$

풀이 왜형률 = $\frac{전\ 고조파의\ 실효값}{기본파의\ 실효값}$ **답** ③

77 각 상의 임피던스 $Z = 6 + j8[\Omega]$인 평형 △부하에 선간전압이 220[V]인 대칭 3상 전압을 가할 때의 선전류[A] 및 전전력[W]은?

① 17[A], 5620[W]
② 25[A], 6570[W]
③ 27[A], 7180[W]
④ 38.1[A], 8712[W]

풀이

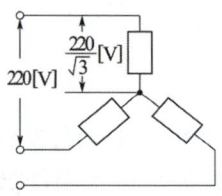

① 상전류 $I_p = \dfrac{V_p}{Z} = \dfrac{220}{\sqrt{8^2 + 6^2}} = 22[A]$

따라서 선전류
$I_l = \sqrt{3}\, I_p = \sqrt{3} \times 22 = 38.1[A]$

② 전전력
$P = 3I_p^2 R = 3 \times 22^2 \times 6 = 8712[W]$

답 ④

78 ㉠ $\mathcal{L}[\sin at]$ 및 ㉡ $\mathcal{L}[\cos \omega t]$를 구하면?

① ㉠ $\dfrac{a}{s+a}$ ㉡ $\dfrac{s}{s+\omega}$

② ㉠ $\dfrac{1}{s^2+a^2}$ ㉡ $\dfrac{s}{s+\omega}$

③ ㉠ $\dfrac{a}{s^2+a^2}$ ㉡ $\dfrac{s}{s^2+\omega^2}$

④ ㉠ $\dfrac{1}{s+a}$ ㉡ $\dfrac{1}{s-\omega}$

풀이 $\mathcal{L}[\sin at] = \dfrac{a}{s^2+a^2}$, $\mathcal{L}[\cos \omega t] = \dfrac{s}{s^2+\omega^2}$

답 ③

79 그림과 같은 회로에서 저항 R에 흐르는 전류 $I[A]$는?

① -2
② -1
③ 2
④ 1

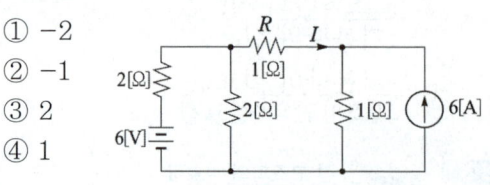

풀이 ① 전류원 개방 시 I_1은

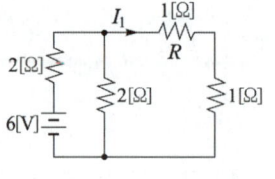

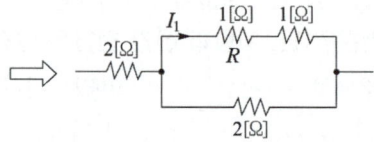

$I_1 = \dfrac{R_2}{R_1 + R_2} \cdot I = \dfrac{R_2}{R_1 + R_2} \cdot \dfrac{V}{R}$

$= \dfrac{2}{(1+1)+2} \cdot \dfrac{6}{2 + \dfrac{(1+1) \times 2}{(1+1)+2}} = 1[A]$

② 전압원 단락 시 I_2는

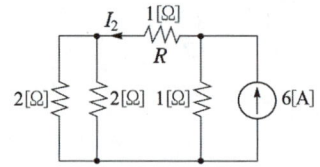

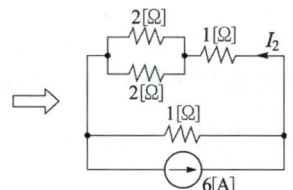

$I_2 = \dfrac{R_2}{R_1 + R_2} \cdot I = \dfrac{1}{\left(1 + \dfrac{2 \times 2}{2+2}\right)+1} \times 6$

$= 2[A]$

③ I_1과 I_2의 방향이 반대이므로 전 전류 I는
$\therefore I = I_1 - I_2 = 1 - 2 = -1[A]$

답 ②

80 전압 100[V], 전류 15[A]로써 1.2[kW]의 전력을 소비하는 회로의 리액턴스는 약 몇 [Ω]인가?

① 4 ② 6
③ 8 ④ 10

풀이 $P = EI\cos\theta$ 에서

$\cos\theta = \dfrac{P}{EI} = \dfrac{1200}{100 \times 15} = 0.8$

$Z = \dfrac{E}{I} = \dfrac{100}{15} = 6.67[\Omega]$

$\therefore X = Z\sin\theta = 6.67 \times \sqrt{1 - 0.8^2} \fallingdotseq 4[\Omega]$

답 ①

5과목 - 전기설비기술기준

81 화약류 저장소에서의 전기설비 시설기준으로 틀린 것은?

① 전용개폐기 및 과전류차단기는 화약류 저장소 이외의 곳에 둔다.
② 전기기계기구는 반폐형의 것을 사용한다.
③ 전로의 대지전압은 300[V] 이하이어야 한다.
④ 케이블을 전기기계기구에 인입할 때에는 인입구에서 케이블이 손상될 우려가 없도록 시설하여야 한다.

풀이 242.5 화약류 저장소 등의 위험장소
화약류 저장소 안에는 전기설비를 시설해서는 안 된다. 다만, 백열전등이나 형광등 또는 이들에 전기를 공급하기 위한 전기설비(개폐기 및 과전류 차단기를 제외한다)는 다음에 따라 시설하는 경우에는 그러하지 아니하다.
가. 전로에 대지전압은 300[V] 이하일 것.
나. 전기기계기구는 전폐형의 것일 것.
다. 전로에 지락이 생겼을 때에 자동적으로 전로를 차단하거나 경보하는 장치를 시설하여야 한다.
답 ②

82 사용전압이 220[V]인 가공전선을 절연전선으로 사용하는 경우 그 최소 굵기는 지름 몇 [mm]인가?

① 2 ② 2.6
③ 3.2 ④ 4

풀이 222.5 저압 가공전선의 굵기 및 종류
가. 저압 가공전선은 나전선(중성선 또는 다중접지된 접지측 전선으로 사용하는 전선에 한한다), 절연전선, 다심형 전선 또는 케이블을 사용하여야 한다.
나. 전선의 굵기

전압	조건	전선의 굵기 및 인장강도
400[V] 이하	절연전선	인장강도 2.3[kN] 이상의 것 또는 지름 2.6[mm] 이상의 경동선
	케이블 이외	인장강도 3.43[kN] 이상의 것 또는 지름 3.2[mm] 이상의 경동선
400[V] 초과인 저압 (케이블 이외)	시가지에 시설	인장강도 8.01[kN] 이상의 것 또는 지름 5[mm] 이상의 경동선
	시가지 외에 시설	인장강도 5.26[kN] 이상의 것 또는 지름 4[mm] 이상의 경동선

답 ②

83 최대사용전압이 3300[V]인 고압용 전동기가 있다. 이 전동기의 절연내력시험전압은 몇 [V]인가?

① 3630 ② 4125
③ 4290 ④ 4950

풀이 133 회전기 및 정류기의 절연내력

종류		시험전압	시험 방법
회전기	발전기·전동기·조상기·기타회전기	7[kV] 이하	1.5배 (최저 500[V])	권선과 대지 사이에 연속하여 10분간
		7[kV] 초과	1.25배 (최저 10,500[V])	
	회전 변류기		직류측의 최대 사용 전압의 1배의 교류 전압(최저 500[V])	

∴ 시험전압 = 3300 × 1.5 = 4950[V]
답 ④

84 345[kV]의 특고압가공전선로를 사람이 쉽게 들어갈 수 없는 산지에 시설할 때 지표상의 높이는 몇 [m] 이상인가?

① 7.28 ② 7.85
③ 8.28 ④ 9.28

풀이 333.7 특고압 가공전선의 높이

전압의 범위	일반 장소	도로 횡단	철도 또는 궤도횡단	횡단보도교
35[kV] 이하	5[m]	6[m]	6.5[m]	4[m](특고압 절연전선 또는 케이블 사용)
35[kV] 초과 160[kV] 이하	6[m]	6[m]	6.5[m]	5[m](케이블 사용)
	산지 등에서 사람이 쉽게 들어갈 수 없는 장소 : 5[m] 이상			
160[kV] 초과	일반장소		가공전선의 높이 = 6 + 단수 × 0.12[m]	
	철도 또는 궤도횡단		가공전선의 높이 = 6.5 + 단수 × 0.12[m]	
	산지		가공전선의 높이 = 5 + 단수 × 0.12[m]	

※ 단수 = $\frac{전압[kV]-160}{10}$ … 단수 계산에서 소수점 이하는 절상

• 160[kV] 이하에는 6[m]이나, 산간 벽지에서는 5[m]이고, 160[kV]를 넘는 경우는 10[kV] 또는 그 단수마다 12[cm] (산중 시설시 1[m]를 뺄 것)를 가산한다.

• 단수 = $\frac{345-160}{10}$ = 18.4 → 19단

• 지표상 높이 = 5 + 19 × 0.12 = 7.28[m]
답 ①

85 고압 지중 케이블로서 직접 매설식에 의하여 견고한 트라프 기타 방호물에 넣지 않고 시설할 수 있는 케이블은? (단, 케이블을 개장(鎧裝)하지 않고 시설한 경우이다.)

① 무기물 절연 케이블
② 콤바인덕트 케이블
③ 클로로프렌 외장케이블
④ 고무 외장 케이블

풀이 334.1 지중전선로의 시설
지중 전선로를 직접 매설식에 의하여 시설하는 경우에 지중 전선을 견고한 트라프 기타 방호물에 넣어 시설하여야 한다.
단, 다음의 어느 하나에 해당하는 경우에는 지중전선을 견고한 트라프 기타 방호물에 넣지 아니하여도 된다.
① 저압 또는 고압의 지중전선을 차량 기타 중량물의 압력을 받을 우려가 없는 경우에 그 위를 견고한 판 또는 몰드로 덮어 시설하는 경우
② 저압 또는 고압의 지중전선에 **콤바인덕트 케이블 또는 개장한 케이블을 사용**하여 시설하는 경우 **답** ②

86 피뢰기를 설치하지 않아도 되는 곳은?

① 발전소·변전소의 가공전선 인입구 및 인출구
② 가공전선로의 말구 부분
③ 가공전선로에 접속한 1차 측 전압이 35[kV] 이하인 배전용변압기의 고압측 및 특고압측
④ 고압 및 특고압가공전선로로부터 공급을 받는 수용 장소의 인입구

풀이 341.13 피뢰기의 시설
고압 및 특고압의 전로 중 다음에 열거하는 곳 또는 이에 근접한 곳에는 피뢰기를 시설하여야 한다.
가. 발전소·변전소 또는 이에 준하는 장소의 **가공전선 인입구 및 인출구**
나. 특고압 가공전선로에 접속하는 **배전용 변압기의 고압측 및 특고압측**
다. 고압 및 특고압 가공전선로로부터 공급을 받는 **수용장소의 인입구**
라. **가공전선로와 지중전선로가 접속되는 곳** **답** ②

87 지중전선로에 사용하는 지중함의 시설기준으로 적절하지 않은 것은?

① 견고하고 차량 기타 중량물의 압력에 견디는 구조일 것
② 안에 고인 물을 제거할 수 있는 구조로 되어 있을 것
③ 뚜껑은 시설자 이외의 자가 쉽게 열 수 없도록 시설할 것
④ 조명 및 세척이 가능한 적당한 장치를 시설할 것

풀이 334.2 지중함의 시설
지중전선로에 사용하는 지중함은 다음에 따라 시설하여야 한다.
가. 지중함은 견고하고 차량 기타 **중량물의 압력에 견디는 구조**일 것.
나. 지중함은 그 안의 **고인 물을 제거할 수 있는 구조**로 되어 있을 것.
다. 폭발성 또는 연소성의 가스가 침입할 우려가 있는 것에 시설하는 지중함으로서 그 **크기가 1[m³] 이상인 것에는 통풍장치 기타 가스를 방산시키기 위한 적당한 장치**를 시설할 것.
라. 지중함의 **뚜껑은 시설자이외의 자가 쉽게 열 수 없도록** 시설할 것. **답** ④

88 시가지에 시설하는 154[kV] 가공전선로를 도로와 제1차 접근상태로 시설하는 경우, 전선과 도로와의 이격거리는 몇 [m] 이상이어야 하는가?

① 4.4 ② 4.8
③ 5.2 ④ 5.6

풀이 333.24 특고압 가공전선과 도로 등의 접근 또는 교차
특고압 가공전선이 도로·횡단보도교·철도 또는 궤도와 **제1차 접근 상태로 시설**되는 경우에는 다음에 따라야 한다.
가. 특고압 가공전선로는 제3종 특고압 보안공사에 의할 것.
나. 특고압 가공전선과 도로 등 사이의 이격거리는 표에서 정한 값 이상일 것. 다만, 특고압 절연전선을 사용하는 사용전압이 35[kV] 이하의 특고압 가공전선과 도로 등 사이의 수평 이격거리가 1.2[m] 이상인 경우에는 그러하지 아니하다.

사용전압의 구분	이격거리
35[kV] 이하	3[m]
35[kV] 초과	• 이격거리 = 3 + 단수×0.15[m] • 단수 = $\frac{전압[kV]-35}{10}$ 단수 계산에서 소수점 이하는 절상

• 단수 = $\frac{154-35}{10}$ = 11.9 → 12단
• 이격거리 = 3 + 12×0.15 = 4.8[m]   답 ②

89. 조명용 전등을 설치할 때 타임스위치를 시설해야 할 곳은?

① 공장 ② 사무실
③ 병원 ④ 아파트 현관

풀이 234.6 점멸기의 시설
다음의 경우에는 센서등(타임스위치 포함)을 시설하여야 한다.
가. 관광숙박업 또는 숙박업(여인숙업을 제외한다)에 이용되는 객실의 입구등은 1분 이내에 소등되는 것.
나. 일반주택 및 아파트 각 호실의 현관등은 3분 이내에 소등되는 것.   답 ④

90. 지중 또는 수중에 시설되어 있는 금속체의 부식을 방지하기 위해 전기부식회로의 사용전압은 직류 몇 [V] 이하이어야 하는가?

① 30 ② 60
③ 90 ④ 120

풀이 241.16 전기부식방지 시설
가. 전기부식방지용 전원장치에 전기를 공급하는 전로의 사용전압은 저압이어야 한다.
나. 전기부식방지용 변압기는 절연변압기 일 것
다. 전기부식방지 회로(전기부식방지용 전원장치로부터 양극 및 피방식체까지의 전로를 말한다.)의 사용전압은 직류 60[V] 이하일 것.
라. 지중에 매설하는 양극의 매설깊이는 0.75[m] 이상일 것.
마. 수중에 시설하는 양극과 그 주위 1[m] 이내의 거리에 있는 임의 점과의 사이의 전위차는 10[V]를 넘지 아니할 것.
바. 지표 또는 수중에서 1[m] 간격의 임의의 2점간의 전위차가 5[V]를 넘지 아니할 것.   답 ②

91. 인가에 인접한 22.9[kV] 주상변압기의 중성점 접지공사에 적합한 시공은? 단, 중성선 다중접지식의 것으로서 전로에 지락이 생겼을 때 2초 이내에 자동적으로 이를 전로로부터 차단하는 장치가 되어 있다.

① 접지극은 공칭단면적 2[mm^2] 연동선에 연결하여, 지하 75[cm] 이상의 깊이에 매설
② 접지극은 공칭단면적 16[mm^2] 연동선에 연결하여, 지하 60[cm] 이상의 깊이에 매설
③ 접지극은 공칭단면적 6[mm^2] 연동선에 연결하여, 지하 60[cm] 이상의 깊이에 매설
④ 접지극은 공칭단면적 6[mm^2] 연동선에 연결하여, 지하 75[cm] 이상의 깊이에 매설

풀이 142.2 접지극의 시설 및 접지저항
접지극은 지표면으로부터 지하 0.75[m] 이상으로 하되 동결 깊이를 감안하여 매설 깊이를 정해야 한다.

142.3.1 접지도체
중성점 접지용 접지도체는 공칭단면적 16[mm^2] 이상의 연동선 또는 동등 이상의 단면적 및 세기를 가져야 한다. 다만, 다음의 경우에는 공칭단면적 6[mm^2] 이상의 연동선 또는 동등 이상의 단면적 및 강도를 가져야 한다.
가. 7[kV] 이하의 전로
나. 사용전압이 25[kV] 이하인 특고압 가공전선로. 다만, 중성선 다중접지식의 것으로서 전로에 지락이 생겼을 때 2초 이내에 자동적으로 이를 전로로부터 차단하는 장치가 되어 있는 것.   답 ④

92. 옥내에 시설하는 저압전선으로 나전선을 절대로 사용할 수 없는 경우는?

① 금속덕트공사에 의하여 시설하는 경우
② 버스덕트공사에 의하여 시설하는 경우
③ 애자공사에 의하여 전개된 곳에 전기로용 전선을 시설하는 경우
④ 유희용 전차에 전기를 공급하기 위하여 접촉전선을 사용하는 경우

풀이 231.4 나전선의 사용 제한
옥내에 시설하는 저압전선에는 나전선을 사용하여서는 아니 된다. 다만, 다음중 어느 하나에 해당하는 경우에는 그러하지 아니하다.

가. 애자공사에 의하여 전개된 곳에 다음의 전선을 시설하는 경우
   ① 전기로용 전선
   ② 전선의 피복 절연물이 부식하는 장소에 시설하는 전선
나. 버스덕트공사에 의하여 시설하는 경우
다. 라이팅덕트공사에 의하여 시설하는 경우
라. 접촉 전선을 시설하는 경우 **답** ①

93 가공전선로의 지지물로서 길이 9[m], 설계하중이 6.8[kN] 이하인 철근 콘크리트주를 시설할 때 땅에 묻히는 깊이는 몇 [m] 이상으로 하여야 하는가?

① 1.2 ② 1.5
③ 2   ④ 2.5

풀이 331.7 가공전선로 지지물의 기초의 안전율
가공전선로의 지지물에 하중이 가하여지는 경우에 그 하중을 받는 지지물의 기초의 안전율은 2(이상 시 상정 하중에 대한 철탑의 기초에 대하여는 1.33) 이상이어야 한다. 다만, 다음에 따라 시설하는 경우에는 적용하지 않는다.

설계 하중 전장	6.8[kN] 이하	6.8[kN] 초과 ~9.8[kN] 이하	9.8[kN] 초과 ~14.72[kN] 이하
15[m] 이하	전장 × 1/6[m] 이상	전장 × 1/6 + 0.3[m] 이상	전장 × 1/6 + 0.5[m] 이상
15[m] 초과	2.5[m] 이상	2.8[m] 이상	–
16[m] 초과 ~20[m] 이하	2.8[m] 이상	–	–
15[m] 초과 ~18[m] 이하	–	–	3[m] 이상
18[m] 초과	–	–	3.2[m] 이상

∴ $9[m] \times \frac{1}{6} = 1.5[m]$ **답** ②

94 다음 중에서 목주, A종 철주 및 A종 철근 콘크리트주를 전선로의 지지물로 사용할 수 없는 보안공사는?

① 고압 보안공사
② 제1종 특고압 보안공사
③ 제2종 특고압 보안공사
④ 제3종 특고압 보안공사

풀이 333.22 특고압 보안공사
제1종 특고압 보안공사에서 전선로의 지지물에는 B종 철주·B종 철근 콘크리트주 또는 철탑을 사용할 것. (목주나 A종은 사용 물가). **답** ②

95 과전류차단기를 시설하여도 좋은 곳은 어느 것인가?

① 접지공사를 한 저압가공전선로의 접지측 전선
② 방전 장치를 시설한 고압측 전선
③ 접지공사의 접지선
④ 다선식 전로의 중성선

풀이 341.11 과전류차단기의 시설 제한
접지공사의 접지도체, 다선식 전로의 중성선 및 전로의 일부에 접지공사를 한 저압 가공전선로의 접지측 전선에는 과전류차단기를 시설하여서는 안 된다.
다만, 다음의 경우에는 예외로 한다.
가. 다선식 전로의 중성선에 시설한 과전류차단기가 동작한 경우에 각 극이 동시에 차단될 때
나. 저항기·리액터 등을 사용하여 접지공사를 한 때에 과전류차단기의 동작에 의하여 그 접지도체가 비접지 상태로 되지 아니할 때 **답** ②

> 출제기준 변경 및 개정된 관계 법규에 따라
> 삭제된 문제가 있어 20문항이 안됩니다.

2014 기출문제

Industrial Engineer Electricity

동일출판사 홈페이지에서
무료 동영상강의를 보실 수 있습니다.

2014년 1회

1과목 - 전기자기

01 다음 식에서 관계없는 것은?

$$\oint_c H\,dl = \int_s J\,dS = \int_s (\nabla \times H)\,dS = I$$

① 맥스웰의 방정식
② 암페어의 주회법칙
③ 스토크스(stokes)의 정리
④ 패러데이 법칙

풀이
$$\oint_c H\,dl = \int_s J\,dS = \int_s (\nabla \times H)\,dS = I$$
$$\quad (1) \qquad (2) \qquad (3) \qquad (4)$$

주어진 식으로부터
① 맥스웰의 방정식
$\int_s (\nabla \times H)\,dS = I$ (적분형) [(3) = (4)]
② 암페어의 주회적분 법칙
$\oint_c H \cdot dl = I$ [(1) = (4)]
③ 스토크스(stokes)의 정리
$\oint_c H \cdot dl = \int_s (\nabla \times H)\,dS$ [(1) = (3)]
④ 패러데이 법칙(해당 없음)
$\text{rot } E = -\frac{\partial B}{\partial t}$
∴ ①, ②, ③ 법칙 및 정리는 포함, ④는 미포함되어 관계없음 **답 ④**

02 진공 중에 있는 반지름 a[m]인 도체구의 표면 전하밀도가 σ[C/m²]일 때 도체구 표면의 전계의 세기는 몇 [V/m]인가?

① $\dfrac{\sigma}{\epsilon_0}$ ② $\dfrac{\sigma}{2\epsilon_0}$
③ $\dfrac{\sigma^2}{2\epsilon_0}$ ④ $\dfrac{\epsilon_0 \sigma^2}{2}$

풀이 전하밀도 σ[C/m²]에서 나오는 전기력선 밀도는
$\dfrac{\sigma}{\epsilon_0}$[개/m²] = $\dfrac{\sigma}{\epsilon_0}$[V/m]가 된다.

반지름 a[m]인 도체구에서도 역시 표면 전계의 세기는 $\dfrac{\sigma}{\epsilon_0}$[V/m]이다. **답 ①**

03 10^6[cal]의 열량은 몇 [kWh] 정도의 전력량에 상당한가?

① 0.06 ② 1.16
③ 2.27 ④ 4.17

풀이 1[kWh] = 860[kcal]
10^6[cal] = 10^3[kcal]
∴ $\dfrac{10^3}{860}$ = 1.16[kWh] **답 ②**

04 다음 설명 중 틀린 것은?

① 저항의 역수는 컨덕턴스이다.
② 저항률의 역수는 도전율이다.
③ 도체의 저항은 온도가 올라가면 그 값이 증가한다.
④ 저항률의 단위는 [Ω/m²]이다.

풀이 저항률 또는 고유저항 : $\rho = \dfrac{1}{\sigma}[\Omega \cdot m]$ **답 ④**

05 다음 중 전자유도 현상의 응용이 아닌 것은?

① 발전기 ② 전동기
③ 전자석 ④ 변압기

풀이 변압기, 발전기, 전동기, 송화기, 유량계, 지진계 등은 전자유도 작용의 원리를 이용한 것들이다. **답 ③**

06 속도 v[m/s] 되는 전자가 자속밀도 B[Wb/m²]인 평등자계 중에 자계와 수직으로 입사했을 때 전자궤도의 반지름 r은 몇 [m]인가?

① $\dfrac{ev}{mB}$ ② $\dfrac{mB}{ev}$
③ $\dfrac{eB}{mv}$ ④ $\dfrac{mv}{eB}$

풀이 전자 e의 질량을 m, 궤도의 반지름을 r이라고 하면 힘 F와 원심력과는 평형하므로

$$F = \mu_0 evH = \frac{mv^2}{r}[\text{N}]$$

따라서 $r = \frac{mv}{e\mu_0 H} = \frac{mv}{eB}[\text{m}]$ **답** ④

07 $\epsilon_1 > \epsilon_2$인 두 유전체의 경계면에 전계가 수직일 때 경계면에 작용하는 힘의 방향은?

① 전계의 방향
② 전속밀도의 방향
③ ϵ_1의 유전체에서 ϵ_2의 유전체 방향
④ ϵ_2의 유전체에서 ϵ_1의 유전체 방향

풀이 유전율이 큰 유전체가 작은 유전체 쪽으로 끌려 들어간다.(맥스웰의 응력)
$\epsilon_1 > \epsilon_2$이므로 ϵ_1의 유전체에서 ϵ_2의 유전체 방향으로 힘이 작용한다. **답** ③

08 비투자율 μ_s인 철심이 든 환상 솔레노이드의 권수가 N회, 평균 지름이 d[m], 철심의 단면적이 A[m^2]라 할 때 솔레노이드에 I[A]의 전류가 흐르면, 자속[Wb]은?

① $\dfrac{2\pi \times 10^{-7} \mu_s NIA}{d}$

② $\dfrac{4\pi \times 10^{-7} \mu_s NIA}{d}$

③ $\dfrac{2 \times 10^{-7} \mu_s NIA}{d}$

④ $\dfrac{4 \times 10^{-7} \mu_s NIA}{d}$

풀이 $R_m = \dfrac{l}{\mu_0 \mu_s A}$ 이므로

$\phi = \dfrac{NI}{R_m} = \dfrac{\mu_0 \mu_s NIA}{l} = \dfrac{4\pi \times 10^{-7} \mu_s NIA}{\pi d}$

$= \dfrac{4 \times 10^{-7} \mu_s NIA}{d}$ [Wb] **답** ④

09 액체 유전체를 넣은 콘덴서의 용량이 30[μF]이다. 여기에 500[V]의 전압을 가했을 때 누설 전류는 약 얼마인가? (단, 고유저항 ρ는 10^{11}[$\Omega \cdot$m], 비유전율 ϵ_s는 2.2이다.)

① 5.1[mA] ② 7.7[mA]
③ 10.2[mA] ④ 15.4[mA]

풀이 $RC = \rho\epsilon$[s], $R = \dfrac{\rho\epsilon}{C}[\Omega]$

$\therefore I = \dfrac{V}{R} = \dfrac{CV}{\rho\epsilon} = \dfrac{CV}{\rho\epsilon_0 \epsilon_s}$

$= \dfrac{30 \times 10^{-6} \times 500}{10^{11} \times 8.855 \times 10^{-12} \times 2.2}$

$= 0.0077[\text{A}] = 7.7[\text{mA}]$ **답** ②

10 2[cm]의 간격을 가진 선간전압 6600[V]인 두 개의 평행도선에 2000[A]의 전류가 흐를 때 도선 1[m]마다 작용하는 힘은 몇 [N/m]인가?

① 20   ② 30
③ 40   ④ 50

풀이 $F = \dfrac{\mu_0 I_1 I_2}{2\pi r} = \dfrac{2 I_1 I_2}{r} \times 10^{-7}$

$= \dfrac{2 \times 2000^2}{2 \times 10^{-2}} \times 10^{-7} = 40[\text{N}]$ **답** ③

11 동심구형 콘덴서의 내외 반지름을 각각 2배로 증가시켜서 처음의 정전용량과 같게 하려면 유전체의 비유전율은 처음의 유전체에 비하여 어떻게 하면 되는가?

① 1배로 한다.   ② 2배로 한다.
③ $\dfrac{1}{2}$로 줄인다. ④ $\dfrac{1}{4}$로 줄인다.

풀이 $C = \dfrac{4\pi\epsilon_0 ab}{b-a}$[F]에서 내외구의 반지름을 2배로 늘린 경우의 정전용량을 C'라 하면

$C' = \dfrac{4\pi\epsilon_0 (2a)(2b)}{(2b-2a)} = \dfrac{4\pi\epsilon_0 ab}{b-a} \times 2 = 2C$

이므로 처음의 정전용량과 같게 하려면 유전체의 비유전율(ϵ_0)은 처음의 유전체에 비하여 $\dfrac{1}{2}$로 줄여야 한다.

답 ③

12 전계 E[V/m] 및 자계 H[AT/m]의 에너지가 자유공간 사이클 C[m/s]의 속도로 전파될 때 단위시간에 단위면적을 지나는 에너지[W/m²]는?

① $\frac{1}{2}EH$ ② EH
③ EH^2 ④ E^2H

풀이 진행 방향에 수직되는 단위 면적을 단위 시간에 통과하는 에너지를 포인팅(Poynting) 벡터 또는 방사 벡터라 하며 $P = E \times H = EH\sin\theta$[W/m²]로 표현된다. E와 H가 수직이므로 $P = EH$[W/m²]이다. **답** ②

13 코일로 감겨진 환상 자기회로에서 철심의 투자율을 μ[H/m]라 하고 자기회로의 길이를 l[m]라 할 때, 그 자기회로의 일부에 미소 공극 l_g[m]를 만들면 회로의 자기저항은 이전의 약 몇 배 정도 되는가?

① $1 + \frac{\mu\, l_g}{\mu_0\, l}$ ② $1 + \frac{\mu\, l}{\mu_0\, l_g}$
③ $\frac{\mu\, l_g}{\mu_0\, l}$ ④ $\frac{\mu\, l}{\mu_0\, l_g}$

풀이 투자율 μ인 자기 저항 $R_\mu = \frac{l}{\mu A}$
여기서 A는 철심의 단면적, 미소 공극은 l_g이므로 철심의 길이는 $l - l_g \fallingdotseq l$, 미소 공극의 자기저항을 R_g라 하면 이때의 자기 저항 R_m은
$R_m = R_g + R_\mu = \frac{l_g}{\mu_0 A} + \frac{l}{\mu A}$ 이므로
$\therefore \frac{R_m}{R_\mu} = 1 + \frac{\mu l_g}{\mu_0 l} = 1 + \frac{l_g}{l}\mu_s$ **답** ①

14 $C = 5$[μF]인 평행판 콘덴서에 5[V]인 전압을 걸어 줄 때 콘덴서에 축적되는 에너지는 몇 [J]인가?

① 6.25×10^{-5} ② 6.25×10^{-3}
③ 1.25×10^{-5} ④ 1.25×10^{-3}

풀이 콘덴서에 축적되는 에너지 W는
$W = \frac{1}{2}CV^2 = \frac{1}{2} \times 5 \times 10^{-6} \times 5^2$
$= 6.25 \times 10^{-5}$[J] **답** ①

15 변위전류에 대해 설명이 옳지 않은 것은?

① 전도전류이든 변위전류이든 모두 전자 이동이다.
② 유전율이 무한히 크면 전하의 변위를 일으킨다.
③ 변위전류는 유전체 내에 유전속밀도의 시간적 변화에 비례한다.
④ 유전율이 무한대이면 내부 전계는 항상 0(zero)이다.

풀이
- 전도 전류 : 도체 내에서 전계의 작용으로 자유 전자의 이동으로 생기는 것
- 변위 전류 : 전속밀도의 시간적 변화에 의한 것으로 하전체에 의하지 않는 전류 **답** ①

16 정전용량이 4[μF], 5[μF], 6[μF]이고, 각각의 내압이 순서대로 500[V], 450[V], 350[V]인 콘덴서 3개를 직렬로 연결하고 전압을 서서히 증가시키면 콘덴서의 상태는 어떻게 되겠는가? (단, 유전체의 재질이나 두께는 같다.)

① 동시에 모두 파괴된다.
② 4[μF]가 가장 먼저 파괴된다.
③ 5[μF]가 가장 먼저 파괴된다.
④ 6[μF]가 가장 먼저 파괴된다.

풀이 각 콘덴서에 가해지는 전압 V_1, V_2, V_3는
$V_1 : V_2 : V_3 = \frac{1}{4} : \frac{1}{5} : \frac{1}{6} = 30 : 24 : 20$
$= 15 : 12 : 10$
$V_1 = \frac{15}{37}V$, $V_2 = \frac{12}{37}V$, $V_3 = \frac{10}{37}V$가 된다.
각 콘덴서에 걸리는 전압은 용량에 반비례하므로 용량이 제일 적은 4[μF]에 가장 높은 전압이 인가되므로
$V_1 = \frac{15}{37}V = 500$이므로

$$V = \frac{37 \times 500}{15} = 1233.33 [V]$$

$$V_1 = \frac{15}{37} \times 1233.33 = 500 [V]$$

$$V_2 = \frac{12}{37} \times 1233.33 = 400 [V]$$

$$V_3 = \frac{10}{37} \times 1233.33 = 333.33 [V]$$

∴ 4[μF] 콘덴서가 제일 먼저 파괴된다.　　　답 ②

17 그림과 같이 AB = BC = 1[m]일 때 A와 B에 동일한 +1[μC]이 있는 경우 C점의 전위는 몇 [V]인가?

```
A         B         C
o─────────o─────────o
```

① 6.25×10^3　　② 8.75×10^3
③ 12.5×10^3　　④ 13.5×10^3

풀이 전위 $V = \frac{1}{4\pi\epsilon_0}(\frac{Q_1}{r_2} + \frac{Q_2}{r_2} + ... + \frac{Q_n}{r_n})$ 에서

$$V = \frac{1}{4\pi\epsilon_0}(\frac{1 \times 10^{-6}}{1} + \frac{1 \times 10^{-6}}{2})$$

$$= 9 \times 10^9 \times \frac{3}{2} \times 10^{-6} = 13.5 \times 10^3 [V]$$　　답 ④

18 히스테리시스 손실과 히스테리시스 곡선과의 관계는?

① 히스테리시스 곡선의 면적이 클수록 히스테리시스 손실이 적다.
② 히스테리시스 곡선의 면적이 작을수록 히스테리시스 손실이 적다.
③ 히스테리시스 곡선의 잔류자기 값이 클수록 히스테리시스 손실이 적다.
④ 히스테리시스 곡선의 보자력이 값이 클수록 히스테리시스 손실이 적다.

풀이 히스테리시스손은 히스테리시스의 면적(체적당 에너지 밀도)에 해당하는 열로 소비되는 에너지이므로 히스테리시스 곡선의 면적이 작을수록 히스테리시스 손실이 적다.　　답 ②

19 구(球)의 전하가 5×10^{-6}[C]에서 3[m] 떨어진 점에서 전위를 구하면 몇 [V]인가?
(단, $\epsilon_s = 1$ 이다.)

① 10×10^3　　② 15×10^3
③ 20×10^3　　④ 25×10^3

풀이 $V = \frac{Q}{4\pi\epsilon_0\epsilon_s r} = 9 \times 10^9 \times \frac{Q}{\epsilon_s r}$

$$= 9 \times 10^9 \times \frac{5 \times 10^{-6}}{1 \times 3} = 15 \times 10^3 [V]$$　　답 ②

20 강유전체에 대한 설명 중 옳지 않은 것은?

① 티탄산 바륨과 인산칼륨은 강유전체에 속한다.
② 강유전체의 결정에 힘을 가하면 분극을 생기게 하여 전압이 나타난다.
③ 강유전체에 생기는 전압의 변화와 고유진동수의 관계를 이용하여 발전기, 마이크로폰 등에 이용되고 있다.
④ 강유전체에 전압을 가하면 변형이 생기고 내부에만 정·부의 전하가 생긴다.

풀이 강유전체에 전압을 가하면 변형이 생겨 강유전체의 양면에 정·부의 전하가 생긴다.　　답 ④

2과목 - 전력공학

21 공기예열기를 설치하는 효과로 볼 수 없는 것은?

① 화로의 온도가 높아져 보일러의 증발량이 증가한다.
② 매연의 발생이 적어진다.
③ 보일러 효율이 높아진다.
④ 연소율이 감소한다.

풀이 화력발전에서 공기 예열기란 연도에서 배출되기 전에 연도 가스가 갖는 열량을 회수하여 연소용 공기의 온도를 높여 연료의 착화 및 연소 효율을 높이기 위한 장치　　답 ④

22 장거리 송전선에서 단위 길이당 임피던스 $Z=R+j\omega L[\Omega/\text{km}]$, 어드미턴스 $Y=G+j\omega C[\mho/\text{km}]$라 할 때 저항과 누설컨덕턴스를 무시하는 경우 특성 임피던스의 값은?

① $\sqrt{\dfrac{L}{C}}$ ② $\sqrt{\dfrac{C}{L}}$
③ $\dfrac{L}{C}$ ④ $\dfrac{C}{L}$

풀이 특성 임피던스에서 저항(R)과 누설컨덕턴스(G)를 무시하면
$$\therefore Z_0 = \sqrt{\dfrac{Z}{Y}} = \sqrt{\dfrac{R+j\omega L}{G+j\omega C}} = \sqrt{\dfrac{0+j\omega L}{0+j\omega C}}$$
$$\fallingdotseq \sqrt{\dfrac{L}{C}}$$
답 ①

23 영상변류기를 사용하는 계전기는?
① 과전류계전기
② 지락계전기
③ 차동계전기
④ 과전압계전기

풀이 **영상변류기는** 배전선로나 지중 케이블 등에 사용되며 고감도 **지락 계전기가 접속된다.** 선로 중에 흐르는 정상 및 역상 전류는 철심 내에 자속을 만들지 않고 영상전류에 의하여 자속을 만들므로 접지계전기나 지락 계전기 등에 쓰인다. **답** ②

24 62000[kW]의 전력을 60[km] 떨어진 지점에 송전하려면 전압은 약 몇 [kV]로 하면 좋은가? (단. still식을 사용한다.)
① 66   ② 110
③ 140   ④ 154

풀이 Still 식
$V_s = 5.5\sqrt{0.6\times l + 0.01P}$
$ = 5.5\sqrt{0.6\times 60 + 0.01\times 62000}$
$ = 140.87[\text{kV}]$
여기서, V_s : 전압[kV]
l : 송전거리[km]
P : 송전전력[kW] **답** ③

25 계통 내의 각 기기, 기구 및 애자 등의 상호 간에 적정한 절연강도를 지니게 함으로서 계통 설계를 합리적으로 하는 것은?
① 기준충격절연강도
② 절연협조
③ 절연계급 선정
④ 보호계전방식

풀이 계통 내의 각 기기, 기구 및 애자 등의 상호 간에 적정한 절연 강도를 지니게 함으로써 **계통 설계를 합리적, 경제적으로 할 수 있게 한 것을 절연 협조**라고 하며 피뢰기의 제한 전압이 기본이 된다. **답** ②

26 그림과 같은 배전선로에서 부하의 급전 시와 차단 시에 조작 방법 중 옳은 것은?

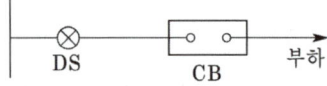

① 급전 시는 DS, CB 순이고, 차단 시는 CB, DS 순이다
② 급전 시는 CB, DS 순이고, 차단 시는 DS, CB 순이다.
③ 급전 및 차단 시 모두 DS, CB 순이다.
④ 급전 및 차단 시 모두 CB, DS 순이다.

풀이 단로기는 부하 차단 능력이 없으므로 **정전시 CB – DS, 급전시 DS – CB가 되어야 한다.** 즉, 차단기가 열려 있어야 단로기를 열고 닫을 수 있다. **답** ①

27 페란티 현상이 생기는 주된 원인으로 알맞은 것은?
① 선로의 인덕턴스
② 선로의 정전용량
③ 선로의 누설컨덕턴스
④ 선로의 저항

풀이 ① 페란티 현상 :
무부하 시 V_s (송전단전압) < V_r (수전단전압)
② 원인 : 정전용량
③ 대책 : 분로 리액터 설치 **답** ②

28번 문제는 출제기준 변경 및 개정된 관계 법규에 따라 삭제되었습니다.

29 중성점접지방식 중 1선 지락고장일 때 선로의 전압상승이 최대이고, 통신장해가 최소인 것은?

① 비접지방식
② 직접 접지방식
③ 저항접지방식
④ 소호 리액터접지방식

풀이 접지방식별 특징

방 식	보호 계전기 동작	지락 전류	고장중 운전	전위 상승	과도 안정도	유도 장해	특징
직접 접지 (22.9, 154, 345[kV])	확실	최대	×	1.3	최소	최대	중성점 영전위, 단절연 가능
저항 접지	↑	↑	×	$\sqrt{3}$	↓	↑	
비접지 (3.3, 6.6 [kV])	×	↑	가능	$\sqrt{3}$	↓	↑	저전압 단거리에 적용
소호 리액터 접지 (66[kV])	불확실	최소	가능	$\sqrt{3}$ 이상	최대	최소	병렬공진, 고장전류 최소

답 ④

30 부하역률이 $\cos\phi$인 배전선로의 저항 손실은 같은 크기의 부하전력에서 역률 1일 때 저항손실의 몇 배인가?

① $\cos^2\phi$
② $\cos\phi$
③ $\dfrac{1}{\cos\phi}$
④ $\dfrac{1}{\cos^2\phi}$

풀이 전력손실

$P_l = 3I^2R = \dfrac{P^2R}{V^2\cos^2\theta} \times 10^6 [\text{W}]$

$= \dfrac{P^2R}{V^2\cos^2\theta} \times 10^3 [\text{kW}]$에서

$P_l \propto \dfrac{1}{\cos^2\theta}$이므로

$\dfrac{1}{\cos^2\phi}$배로 손실이 감소한다.

답 ④

31 변압기의 보호방식에서 차동계전기는 무엇에 의하여 동작하는가?

① 정상전류와 역상전류의 차로 동작한다.
② 정상전류와 영상전류의 차로 동작한다.
③ 전압과 전류의 배수의 차로 동작한다.
④ 1, 2차 전류의 차로 동작한다.

풀이 차동 계전기는 보호 구간에 유입하는 전류와 유출하는 전류의 벡터차를 검출해서 동작하는 계전기이다.

답 ④

32 전력용 퓨즈에 대한 설명 중 틀린 것은?

① 정전용량이 크다.
② 차단용량이 크다.
③ 보수가 간단하다.
④ 가격이 저렴하다.

풀이 전력 퓨즈
① 소형으로 차단용량이 크다.
② 보수가 간단하다.
③ 가격이 저렴하다.
④ 밀폐형으로 차단 시 소음이 없다.

답 ①

33 100[kVA] 단상변압기 3대로 3상 전력을 공급하던 중 변압기 1대가 고장 났을 때 공급가능 전력은 몇 [kVA]인가?

① 200
② 100
③ 173
④ 150

풀이 $P_V = \sqrt{3}\,P_1 = \sqrt{3} \times 100 ≒ 173[\text{kVA}]$

답 ③

34 철탑에서 전선의 오프셋을 주는 이유로 옳은 것은?

① 불평형 전압의 유도방지
② 상하 전선의 접촉방지
③ 전선의 진동방지
④ 지락사고 방지

풀이 오프셋 : 전선 도약에 의한 상간 단락 사고 방지

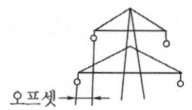

답 ②

35 3상 송배전선로의 공칭전압이란?

① 그 전선로를 대표하는 최고전압
② 그 전선로를 대표하는 평균 전압
③ 그 전선로를 대표하는 선간전압
④ 그 전선로를 대표하는 상전압

풀이 공칭 전압은 그 선로를 대표하는 선간 전압을 말하며, 최고 전압은 정상 운전 시에 선로에 발생하는 최고의 선간 전압을 가리킨다. **답** ③

36 부하 측에 밸런스를 필요로 하는 배전방식은?

① 3상 3선식
② 3상 4선식
③ 단상 2선식
④ 단상 3선식

풀이 단상 3선식에서 부하가 불평형이 생기면 양 외선간의 전압이 불평형이 되므로 이를 방지하기 위해 저압 밸런서를 설치한다. **답** ④

37 선간전압 3300[V], 피상전력 330[kVA], 역률 0.7인 3상 부하가 있다. 부하의 역률을 0.85로 개선하는데 필요한 전력용 콘덴서의 용량은 약 몇 [kVA]인가?

① 62   ② 72
③ 82   ④ 92

풀이
$Q_c = P(\tan\theta_1 - \tan\theta_2) = P\left(\dfrac{\sin\theta_1}{\cos\theta_1} - \dfrac{\sin\theta_2}{\cos\theta_2}\right)$
$= \left(\dfrac{\sqrt{1-\cos^2\theta_1}}{\cos\theta_1} - \dfrac{\sqrt{1-\cos^2\theta_2}}{\cos\theta_2}\right)$
$= 330 \times 0.7 \left(\dfrac{\sqrt{1-0.7^2}}{0.7} - \dfrac{\sqrt{1-0.85^2}}{0.85}\right)$
$= 92.5 \text{[kVA]}$ **답** ④

38 무손실 송전선로에서 송전할 수 있는 송전용량은? (단, E_S : 송전단전압, E_R : 수전단전압, δ : 부하각, X : 송전선로의 리액턴스, R : 송전선로의 저항, Y : 송전선로의 어드미턴스이다.)

① $\dfrac{E_S E_R}{X}\sin\delta$ ② $\dfrac{E_S E_R}{R}\sin\delta$
③ $\dfrac{E_S E_R}{Y}\cos\delta$ ④ $\dfrac{E_S E_R}{X}\cos\delta$

풀이 전력계통은 고효율 전력 전송 목적으로 설계되므로 저항손과 대지 정전용량은 극히 적으므로 무시한다. 그러므로 그림과 같이 등가로 나타낼 수 있다.

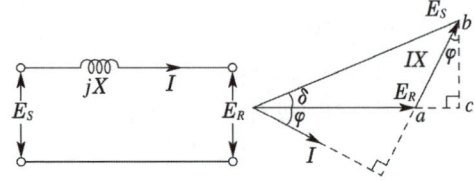

$\overline{bc} = XI\cos\varphi = E_S\sin\delta$
$I\cos\varphi = \dfrac{E_S}{X}\sin\delta$
$P = E_R I\cos\varphi$
$\therefore P = \dfrac{E_S E_R}{X}\sin\delta$ **답** ①

39 345[kV] 송전계통의 절연협조에서 충격절연 내력의 크기순으로 나열한 것은?

① 선로애자 > 차단기 > 변압기 > 피뢰기
② 선로애자 > 변압기 > 차단기 > 피뢰기
③ 변압기 > 차단기 > 선로애자 > 피뢰기
④ 변압기 > 선로애자 > 차단기 > 피뢰기

풀이 절연 레벨 : 선로애자 > 차단기, CT, PT, ⋯ > 변압기 > 피뢰기 **답** ①

40 3상 66[kV]의 1회선 송전선로의 1선의 리액턴스가 11[Ω], 정격전류가 600[A]일 때 %리액턴스는?

① $\dfrac{10}{\sqrt{3}}$ ② $\dfrac{100}{\sqrt{3}}$
③ $10\sqrt{3}$ ④ $100\sqrt{3}$

풀이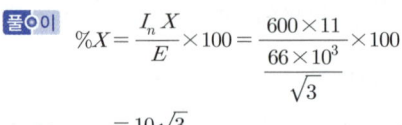
$= 10\sqrt{3}$ **답** ③

3과목 - 전기기기

41 제13차 고조파에 의한 회전자계의 회전방향과 속도를 기본파 회전자계와 비교할 때 옳은 것은?

① 기본파와 반대방향이고, 1/13의 속도
② 기본파와 동일방향이고, 1/13의 속도
③ 기본파와 동일방향이고, 13배의 속도
④ 기본파와 반대방향이고, 13배의 속도

풀이 ① 고조파의 차수 h (3상인 경우)
- 기본파와 같은 방향으로 회전 :
  $h = 2nm + 1$(제7, 13차, ⋯)
- 기본파와 반대 방향으로 회전 :
  $h = 2nm - 1$(제5, 11, 17차, ⋯)
- 회전자계를 발생하지 않음 : $h = 3n$(제3, 9차, ⋯)
  (단, m은 상수, n은 정의 정수)
② $1/h$(h : 고조파 차수)의 속도로 회전　　**답** ②

42 브러시 홀더(brush holder)는 브러시를 정류자면의 적당한 위치에서 스프링에 의하여 항상 일정한 압력으로 정류자면에 접촉하여야 한다. 가장 적당한 압력[kg/cm²]은?

① 0.01~0.15　② 0.5~1
③ 0.15~0.25　④ 1~2

풀이 브러시의 압력은 재질에 따라서 0.1~0.2[kg/cm²]로 조정한다. 전차용 전동기, 크레인 모터 등 진동이 많은 기계는 0.3~0.45[kg/cm²]로 한다.　　**답** ③

43 3상 동기기의 제동권선을 사용하는 주 목적은?

① 출력이 증가한다.
② 효율이 증가한다.
③ 역률을 개선한다.
④ 난조를 방지한다.

풀이 제동권선의 역할
① 난조방지
② 기동 토크 발생
③ 불평형부하 시의 전류, 전압파형 개선
④ 송전선의 불평형 단락 시의 이상전압 방지　　**답** ④

44 동기발전기의 병렬운전에서 기전력의 위상이 다른 경우, 동기화력(P_s)을 나타낸 식은? (단, P : 수수전력, δ : 상차각이다.)

① $P_s = \dfrac{dP}{d\delta}$　　② $P_s = \int P d\delta$

③ $P_s = P \times \cos\delta$　　④ $P_s = \dfrac{P}{\cos\delta}$

풀이 동기화력은 부하각 δ의 미소변동에 대한 출력(P)의 변화율이므로
$$P_s = \frac{dP}{d\delta} = \frac{d}{d\delta} \cdot \frac{E^2}{2x_s}\sin\delta = \frac{E^2}{2x_s}\cos\delta[\text{W/rad}]$$
따라서 동기화력 P_s는 $\cos\delta$에 비례관계이다.　　**답** ①

45 220[V], 6극, 60[Hz], 10[kW]인 3상 유도전동기의 회전자 1상의 저항은 0.1[Ω], 리액턴스는 0.5[Ω]이다. 정격전압을 가했을 때 슬립이 4[%]일 때 회전자 전류는 몇 [A]인가? (단, 고정자와 회전자는 △결선으로서 권수는 각각 300회와 150회이며, 각 권선계수는 같다.)

① 27　② 36
③ 43　④ 52

풀이 $k_{w1} = k_{w2}$라 하면

권수비 $a = \dfrac{w_1}{w_2} = \dfrac{300}{150} = 2$

2차 유기전압 $E_2 = \dfrac{E_2'}{a} \fallingdotseq \dfrac{V_1}{a} = \dfrac{220}{2} = 110[\text{V}]$

회전자 전류
$$I_2 = \frac{sE_2}{\sqrt{r_2^2 + (sx_2)^2}} = \frac{0.04 \times 110}{\sqrt{0.1^2 + (0.04 \times 0.5)^2}}$$
$$= 43[\text{A}]$$　　**답** ③

46 계자저항 100[Ω], 계자전류 2[A], 전기자저항이 0.2[Ω]이고, 무부하 정격속도로 회전하고 있는 직류분권발전기가 있다. 이때의 유기기전력[V]은?

① 196.2　② 200.4
③ 220.5　④ 320.2

풀이 단자전압 V 는 계자 회로의 전압강하와 같으므로
$V = R_f I_f = 100 \times 2 = 200[V]$
$E = V + I_a R_a$ 식에서 $I_a = I_f$ 이므로(∵무부하)
∴ 유기기전력
$E = V + I_f R_a = 200 + 2 \times 0.2 = 200.4[V]$ **답** ②

47 6극, 220[V]의 3상 유도전동기가 있다. 정격전압을 인가해서 기동시킬 때 기동 토크는 전부하 토크의 220[%]이다. 기동 토크를 전부하 토크의 1.5배로 하려면 기동전압[V]을 얼마로 하면 되는가?

① 163
② 182
③ 200
④ 220

풀이 $T_s \propto V_1^2$ 이므로 $2.20T : 1.5T = 220^2 : V^2$
∴ $V = \sqrt{\dfrac{1.5}{2.20}} \times 220 ≒ 182[V]$ **답** ②

48 교류 전동기에서 브러시의 이동으로 속도변화가 가능한 것은?

① 농형전동기   ② 2중 농형전동기
③ 동기전동기   ④ 시라게 전동기

풀이 시라게 전동기는 3상 분권 정류자 전동기로서 직류분권전동기와 비슷한 정속도 특성을 가지며, 브러시 이동으로 간단하게 속도제어를 할 수 있다. **답** ④

49 변압기의 임피던스 와트와 임피던스 전압을 구하는 시험은?

① 충격전압시험   ② 부하시험
③ 무부하 시험   ④ 단락시험

풀이 변압기의 단락시험으로 임피던스 와트(전부하동손), 임피던스 전압(전압강하)를 측정하여 %저항강하, %리액턴스 강하 및 전압변동률을 계산할 수 있다. **답** ④

50 3상 유도전동기의 속도제어법이 아닌 것은?

① 1차 주파수제어   ② 2차 저항제어
③ 극수변환법   ④ 1차 여자제어

풀이 유도전동기의 속도제어법
① 농형 유도전동기
  • 주파수를 바꾸는 방법
  • 극수를 바꾸는 방법
  • 전원전압을 바꾸는 방법
② 권선형 유도전동기
  • 2차 저항을 제어하는 방법
  • 2차 여자법 등이 있다. **답** ④

51 직류기에서 공극을 사이에 두고 전기자와 함께 자기회로를 형성하는 것은?

① 계자   ② 슬롯
③ 정류자   ④ 브러시

풀이 계자는 전기자를 통과하는 자속을 만드는 부분으로 자극과 계철로 구성되어 있다. **답** ①

52 60[Hz], 12극의 동기전동기 회전자계의 주변 속도[m/s]는? (단, 회전자계의 극 간격은 1[m]이다.)

① 10   ② 31.4
③ 120   ④ 377

풀이 회전자 주변 속도
$v = \pi D \dfrac{N_s}{60} [m/s]$, 여기서, πD : 회전자 둘레
$N_s = \dfrac{120f}{p} = \dfrac{120 \times 60}{12} = 600[rpm]$
극 간격이 1[m]이므로
회전자 둘레 = 극수 × 극 간격 = 12 × 1 = 12[m]
∴ $v = 12 \times \dfrac{600}{60} = 120[m/s]$ **답** ③

53 4극, 60[Hz], 3상 권선형 유도전동기에서 전부하 회전수는 1600[rpm]이다. 동일 토크로 회전수를 1200[rpm]으로 하려면 2차 회로에 몇 [Ω]의 외부 저항을 삽입하면 되는가? (단, 2차 회로는 Y결선이고, 각 상의 저항은 r_2이다.)

① r_2 ② $2r_2$
③ $3r_2$ ④ $4r_2$

풀이
$$s_1 = \frac{N_s - N_1}{N_s} = \frac{1800 - 1600}{1800} = 0.11$$
$$s_2 = \frac{1800 - 1200}{1800} = 0.33$$
따라서 비례추이에 의해서
$$\frac{r_2}{s_1} = \frac{r_2 + R_s}{s_2}, \quad \frac{r_2}{0.11} = \frac{r_2 + R_s}{0.33}$$
$$\therefore R_s = \frac{(0.33 - 0.11)r_2}{0.11} = 2r_2$$
답 ②

54 3상 직권 정류자 전동기에 있어서 중간 변압기를 사용하는 주된 목적은?
① 역회전의 방지를 위하여
② 역회전을 하기 위하여
③ 권수비를 바꾸어서 전동기의 특성을 조정하기 위하여
④ 분권 특성을 얻기 위하여

풀이 3상 직권 정류자 전동기의 중간 변압기는 고정자 권선과 회전자 권선 사이에 직렬로 접속되며 이 중간 변압기를 사용하는 주요한 이유는 다음과 같다.
① 전원전압의 크기에 관계없이 정류에 알맞은 회전자 전압을 선택할 수 있다.
② 중간 변압기의 권수비를 바꾸어 전동기의 특성을 조정할 수 있다.
③ 직권 특성이기 때문에 경부하에서는 속도가 매우 상승하나 중간 변압기를 사용, 그 철심을 포화하도록 하면 그 속도 상승을 제한할 수 있다.
답 ③

55 3상 유도전동기의 원선도 작성시 필요치 않은 시험은?
① 저항 측정 ② 무부하 시험
③ 구속 시험 ④ 슬립 측정

풀이 원선도 작성에 필요한 시험은 변압기 특성 시험과 같으며, ① 저항 측정 ② 무부하 시험 ③ 구속 시험이 있다.
답 ④

56 동기발전기의 안정도를 증진시키기 위하여 설계상 고려할 점으로서 틀린 것은?
① 속응여자방식을 채용한다.
② 단락비를 작게 한다.
③ 회전부의 관성을 크게 한다.
④ 영상 및 역상 임피던스를 크게 한다.

풀이 동기기의 안정도를 증진시키는 방법은 다음과 같다.
① 정상 리액턴스를 작게하고 단락비를 크게 할 것
② 회전자의 플라이휠 효과를 크게 할 것
③ 자동 전압조정기(AVR)의 속응도를 크게 할 것. 즉, 속응여자방식을 채용한다.
④ 발전기의 조속기 동작을 신속히 할 것
⑤ 동기 탈조 계전기를 사용할 것
답 ②

57 단상 반파 정류회로에서 변압기 2차 전압의 실효값을 E[V]라 할 때 직류 전류 평균값[A]은? (단, 정류기의 전압강하는 e[V], 부하저항은 R[Ω]이다.)
① $(\frac{\sqrt{2}}{\pi}E - e)/R$ ② $\frac{1}{2} \cdot \frac{E-e}{R}$
③ $\frac{2\sqrt{2}}{\pi} \cdot \frac{E}{R}$ ④ $\frac{\sqrt{2}}{\pi} \cdot \frac{E-e}{R}$

풀이 무부하 직류전압 E_{d0}는
$$E_{d0} = \frac{1}{2\pi}\int_0^\pi \sqrt{2}E\sin\theta \cdot d\theta = \frac{\sqrt{2}}{\pi}E = 0.45E[V]$$
정류기 내의 전압강하(수은 정류기에서는 아크 전압강하)를 e라 하면 직류전압 평균값 E_d는
$$E_d = E_{d0} - e[V]$$
따라서 직류 전류 평균값 I_d는
$$\therefore I_d = \frac{E_d}{R} = \frac{E_{d0} - e}{R} = \frac{\frac{\sqrt{2}}{\pi}E - e}{R}$$
$$= \frac{0.45E - e}{R}[A]$$
단, E: 변압기 2차 상전압(실효값)[V],
R: 부하 저항[Ω]
답 ①

58 단상 직권정류자 전동기의 설명으로 틀린 것은?
① 계자권선의 리액턴스 강하 때문에 계자권선수를 적게 한다.
② 토크를 증가하기 위해 전기자권선수를 많게 한다.
③ 전기자 반작용을 감소하기 위해 보상권선을 설치한다.
④ 변압기 기전력을 크게 하기 위해 브러시 접촉저항을 적게 한다.

풀이 단상 직권정류자 전동기는 브러시에 의한 단락전류가 크므로 이것을 개선하기 위하여 브러시 접촉저항이 큰 것을 사용하여 저항 정류를 하여야 한다. **답** ④

59 그림과 같은 동기발전기의 무부하 포화곡선에서 포화계수는?

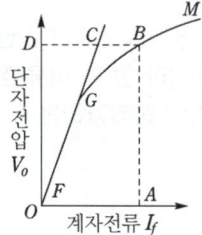

① $\overline{OA}/\overline{OG}$ ② $\overline{OD}/\overline{DB}$
③ $\overline{BC}/\overline{CD}$ ④ $\overline{CD}/\overline{CO}$

풀이 동기발전기의 포화 정도를 나타내는 데는 포화율(saturation factor)이 사용된다.

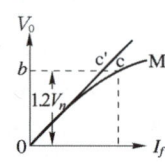

포화율 $\sigma = \dfrac{cc'}{bc}$

답 ③

60 단상 단권변압기 2대를 V결선으로 해서 3상 전압 3000[V]를 3300[V]로 승압하고, 150[kVA]를 송전하려고 한다. 이 경우 단상 단권변압기 1대분의 자기용량[kVA]은 약 얼마인가?

① 15.74 ② 13.62
③ 7.87 ④ 4.54

풀이 자기 용량 $= \dfrac{2}{\sqrt{3}} \times \dfrac{V_h - V_l}{V_h} \times$ 부하 용량
$= \dfrac{2}{\sqrt{3}} \times \dfrac{3300-3000}{3300} \times 150$
$= 15.75[\text{kVA}]$

따라서 1대분의 용량은
$\dfrac{15.75}{2} = 7.87[\text{kVA}]$

답 ③

4과목 - 회로이론

61 $F(s) = \dfrac{2s+3}{s^2+3s+2}$ 인 라플라스 함수를 시간 함수로 고치면 어떻게 되는가?

① $e^{-t} - 2e^{-2t}$ ② $e^{-t} + te^{-2t}$
③ $e^{-t} + e^{-2t}$ ④ $2t + e^{-t}$

풀이 $F(s) = \dfrac{2s+3}{s^2+3s+2} = \dfrac{2s+3}{(s+1)(s+2)}$
$= \dfrac{K_1}{s+1} + \dfrac{K_2}{s+2}$

$K_1 = \lim_{s \to -1}(s+1)F(s) = \left[\dfrac{2s+3}{s+2}\right]_{s=-1} = 1$

$K_2 = \lim_{s \to -2}(s+2)F(s) = \left[\dfrac{2s+3}{s+1}\right]_{s=-2} = 1$

$F(s) = \dfrac{1}{s+1} + \dfrac{1}{s+2}$

$\therefore f(t) = \mathcal{L}^{-1}[F(s)] = \mathcal{L}^{-1}\left[\dfrac{1}{s+1} + \dfrac{1}{s+2}\right]$
$= e^{-t} + e^{-2t}$

답 ③

62 대칭 3상 교류에서 각 상의 전압이 v_a, v_b, v_c 일 때 3상 전압의 합은?

① 0 ② $0.3v_a$
③ $0.5v_a$ ④ $3v_a$

풀이 a상을 기준으로 하면
$v_a + v_b + v_c = v_a + a^2 v_a + a v_a = v_a(1+a^2+a) = 0$
$(\because 1+a^2+a = 0)$

답 ①

63 어떤 회로의 단자전압 및 전류의 순시값이
$v = 220\sqrt{2}\sin\left(377t + \dfrac{\pi}{4}\right)[\text{V}]$,
$i = 5\sqrt{2}\sin\left(377t + \dfrac{\pi}{3}\right)[\text{A}]$일 때,
복소 임피던스는 약 몇 [Ω]인가?

① $42.5 - j11.4$ ② $42.5 - j9$
③ $50 + j11.4$ ④ $50 - j11.4$

풀이 주어진 식을 실효값 정지 벡터로 표시하면,

$$Z = \frac{V}{I} = \frac{220\angle\frac{\pi}{4}}{5\angle\frac{\pi}{3}} = 44\angle -15°$$
$$= 44(\cos 15° - j\sin 15°)$$
$$= 42.5 - j11.4\,[\Omega]$$ **답** ①

64 $v_1 = 20\sqrt{2}\sin\omega t\,[V]$, $v_2 = 50\sqrt{2}\cos(\omega t - \frac{\pi}{6})\,[V]$일 때, $v_1 + v_2$의 실효값[V]은?

① $\sqrt{1400}$ ② $\sqrt{2400}$
③ $\sqrt{2900}$ ④ $\sqrt{3900}$

풀이
$v_2 = 50\sqrt{2}\cos(\omega t - \frac{\pi}{6})$
$= 50\sqrt{2}\sin(\omega t - \frac{\pi}{6} + \frac{\pi}{2})$
$= 50\sqrt{2}\sin(\omega t + \frac{\pi}{3})$ 이므로
$v_1 = 20\angle 0°$, $v_2 = 50\angle 60°$
$\therefore v_1 + v_2 = 20 + 50(\cos 60° + j\sin 60°)$
$= 45 + j25\sqrt{3} = \sqrt{45^2 + (25\sqrt{3})^2}$
$= \sqrt{3900}\,[V]$ **답** ④

65 전원과 부하가 다 같이 △결선된 3상 평형회로에서 전원전압이 200[V], 부하 한 상의 임피던스가 $6 + j8\,[\Omega]$인 경우 선전류는 몇 [A]인가?

① 20 ② $\frac{20}{\sqrt{3}}$
③ $20\sqrt{3}$ ④ $40\sqrt{3}$

풀이 전원과 부하가 다같이 △결선이므로 상전류 I_p는
$I_p = \frac{V}{Z} = \frac{200}{\sqrt{6^2 + 8^2}} = 20[A]$
$\therefore I_l = \sqrt{3}I_p = 20\sqrt{3}\,[A]$ **답** ③

66 단자전압의 각 대칭분 V_0, V_1, V_2가 0이 아니면서 서로 같게 되는 고장의 종류는?

① 1선 지락 ② 선간 단락
③ 2선 지락 ④ 3선 단락

풀이 V_0, V_1, V_2 존재 → 1선 지락고장
$V_0 = 0$, V_1, V_2 존재 → 선간 단락고장
$V_0 = V_1 = V_2 \neq 0$ → 2선 지락 **답** ③

67 그림과 같은 T형 회로의 영상 전달정수 θ는?
① 0
② 1
③ -3
④ -1

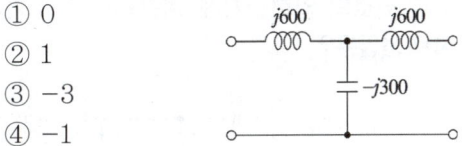

풀이
$\begin{bmatrix} A & B \\ C & D \end{bmatrix} = \begin{bmatrix} 1 & j600 \\ 0 & 1 \end{bmatrix}\begin{bmatrix} 1 & 0 \\ \frac{1}{-j300} & 1 \end{bmatrix}\begin{bmatrix} 1 & j600 \\ 0 & 1 \end{bmatrix}$
$= \begin{bmatrix} -1 & 0 \\ j\frac{1}{300} & -1 \end{bmatrix}$
$\therefore \theta = \cosh^{-1}\sqrt{AD}$
$= \cosh^{-1}\sqrt{(-1)\times(-1)} = 0$ **답** ①

68 어떤 회로에 $e = 50\sin\omega t\,[V]$를 인가 시 $i = 4\sin(\omega t - 30°)\,[A]$가 흘렀다면 유효전력은 몇 [W]인가?

① 173.2 ② 122.5
③ 86.6   ④ 61.2

풀이 $P = VI\cos\theta = \frac{50}{\sqrt{2}} \times \frac{4}{\sqrt{2}} \times \cos 30°$
$= 86.6[W]$ **답** ③

69 다음과 같은 전기회로의 입력을 e_i, 출력을 e_o라고 할 때 전달함수는?
(단, $T = \frac{L}{R}$이다.)

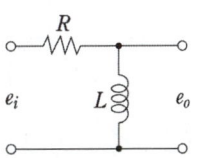

① $Ts + 1$ ② $Ts^2 + 1$
③ $\frac{1}{Ts + 1}$ ④ $\frac{Ts}{Ts + 1}$

풀이
$$G(s) = \frac{V_o(s)}{V_i(s)} = \frac{Ls}{R+Ls} = \frac{\frac{L}{R}s}{1+\frac{L}{R}s} = \frac{Ts}{1+Ts}$$

답 ④

70 RC 회로의 입력단자에 계단전압을 인가하면 출력전압은?

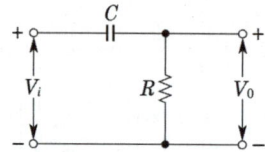

① 0부터 지수적으로 증가한다.
② 처음에는 입력과 같이 변했다가 지수적으로 감쇠한다.
③ 같은 모양의 계단전압이 나타난다.
④ 아무 것도 나타나지 않는다.

풀이 $V_0 = Ve^{-\frac{1}{RC}t}$ 이므로 처음에는 입력과 같이 변했다가 지수적으로 감쇠한다.

답 ②

71 $Ri(t) + L\frac{di(t)}{dt} = E$ 에서 모든 초기값을 0으로 하였을 때의 $i(t)$의 값은?

① $\frac{E}{R}e^{-\frac{RL}{2}}$　② $\frac{E}{R}e^{-\frac{L}{R}t}$
③ $\frac{E}{R}(1-e^{-\frac{R}{L}t})$　④ $\frac{E}{R}(1-e^{-\frac{L}{R}t})$

풀이 주어진 시간함수를 라플라스 변환하면
$RI(s) + LsI(s) = \frac{E}{s}$

$I(s) = \frac{E}{s(R+Ls)} = \frac{\frac{E}{L}}{s(s+\frac{R}{L})}$

$= \frac{\frac{E}{R}}{s} - \frac{\frac{E}{R}}{s+\frac{R}{L}} = \frac{E}{R}\left(\frac{1}{s} - \frac{1}{s+\frac{R}{L}}\right)$

$\therefore i(t) = \mathcal{L}^{-1}[I(s)] = \frac{E}{R}(1-e^{-\frac{R}{L}t})$

답 ③

72 $t=0$에서 스위치 S를 닫았을 때 정상 전류값 [A]은?

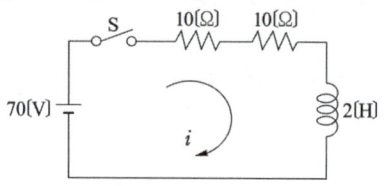

① 1　② 2.5
③ 3.5　④ 7

풀이 $i_s = \frac{E}{R}\left(1-e^{-\frac{R}{L}t}\right)$에서
$t = \infty$(정상 상태)를 대입하면
$\therefore i_s = \frac{E}{R} = \frac{70}{20} = 3.5[A]$

답 ③

73 $R[\Omega]$의 저항 3개를 Y로 접속하고 이것을 선간전압 200[V]의 평형 3상 교류 전원에 연결할 때 선전류가 20[A] 흘렀다. 이 3개의 저항을 △로 접속하고 동일 전원에 연결하였을 때의 선전류는 몇 [A]인가?

① 30　② 40
③ 50　④ 60

풀이 Y접속 시 선전류
$I_Y = \frac{E}{R} = \frac{\frac{200}{\sqrt{3}}}{R} = 20[A]$에서
$R = 5.77[\Omega]$이므로 △접속 시의 선전류
$I_\Delta = \frac{200}{5.77} \times \sqrt{3} = 60.03[A]$

답 ④

74 교류회로에서 역률이란 무엇인가?
① 전압과 전류의 위상차의 정현
② 전압과 전류의 위상차의 여현
③ 임피던스와 리액턴스의 위상차의 여현
④ 임피던스와 저항의 위상차의 정현

풀이 역률이란 전압과 전류의 위상차의 여현($\cos\theta$)이다.

답 ②

75 비정현파에서 여현 대칭의 조건은 어느 것인가?

① $f(t) = f(-t)$
② $f(t) = -f(-t)$
③ $f(t) = -f(t)$
④ $f(t) = -f(t + \frac{T}{2})$

풀이 우함수는 여현대칭(Y축 대칭)으로 직류분과 여현항(cos항)만 존재하며, 정현항(sin항)이 없다.

	기함수파 (정현대칭)	우함수파 (여현대칭)	대칭파 (반파대칭)
대칭 조건	$f(t) = -f(-t)$	$f(t) = f(-t)$	$f(t) = -f(t+\frac{T}{2})$
결과	sin항만 존재한다.	cos항 존재 직류분 존재	고조파 차수가 홀수차 항만 존재한다.

답 ①

76 L형 4단자 회로망에서 R_1, R_2를 정합하기 위한 Z_1은? (단, $R_2 > R_1$ 이다.)

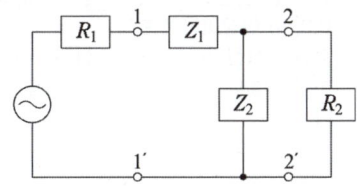

① $\pm jR_2 \sqrt{\frac{R_1}{R_2 - R_1}}$
② $\pm jR_1 \sqrt{\frac{R_1}{R_2 - R_1}}$
③ $\pm j\sqrt{R_2(R_2 - R_1)}$
④ $\pm j\sqrt{R_1(R_2 - R_1)}$

풀이 단자 11'의 영상 임피던스 Z_{01}, 단자 22'의 영상 임피던스 Z_{02}라 할 때 정합 조건은
$R_1 = Z_{01} = \sqrt{Z_1(Z_1 + Z_2)}$
$R_2 = Z_{02} = \sqrt{\frac{Z_1 Z_2^2}{Z_1 + Z_2}}$
두 관계식에서 Z_1을 구한다.
$R_1^2 = Z_1(Z_1 + Z_2) \rightarrow Z_1 + Z_2 = \frac{R_1^2}{Z_1}$

$R_2^2 = \frac{Z_1 Z_2^2}{Z_1 + Z_2} \rightarrow R_2^2 = \frac{Z_1^2 Z_2^2}{R_1^2}$

$\therefore R_2 = \frac{Z_1 Z_2}{R_1}$

$Z_1 = \frac{R_1 R_2}{Z_2} \; (Z_2 = \frac{R_1^2}{Z_1} - Z_1 = \frac{R_1^2 - Z_1^2}{Z_1})$

$\therefore Z_1 = \frac{R_1 R_2 Z_1}{R_1^2 - Z_1^2} \rightarrow R_1^2 - Z_1^2 = R_1 R_2$

$Z_1^2 = R_1^2 - R_1 R_2$
$Z_1 = \pm \sqrt{R_1(R_1 - R_2)}$ 에서 $R_2 > R_1$ 이므로
$\therefore Z_1 = \pm j\sqrt{R_1(R_2 - R_1)}$

답 ④

77 그림과 같은 회로의 출력전압 $e_o(t)$의 위상은 입력전압 $e_i(t)$의 위상보다 어떻게 되는가?

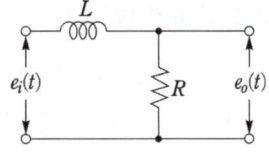

① 앞선다.
② 뒤진다.
③ 같다.
④ 앞설 수도 있고, 뒤질 수도 있다.

풀이 전류 $i = \frac{e_i}{R + j\omega L}$ [A]

$e_o = iR = \frac{e_i}{R + j\omega L} \times R = \frac{e_i \cdot R}{R^2 + \omega^2 L^2}(R - j\omega L)$ [V]

e_o의 허수값이 $-j$이므로
e_o는 e_i 보다 위상이 뒤진다.

답 ②

78 그림과 같은 회로의 합성 인덕턴스는?

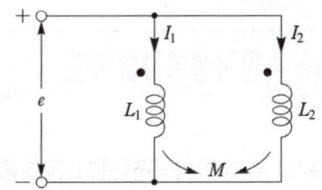

① $\frac{L_1 - M^2}{L_1 + L_2 - 2M}$
② $\frac{L_2 - M^2}{L_1 + L_2 - 2M}$
③ $\frac{L_1 L_2 + M^2}{L_1 + L_2 - 2M}$
④ $\frac{L_1 L_2 - M^2}{L_1 + L_2 - 2M}$

풀이 병렬접속형의 등가회로를 그려 보면 그림과 같다. 그러므로 합성 인덕턴스 L_0는

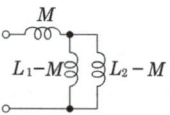

$$L_0 = M + \frac{(L_1-M)(L_2-M)}{(L_1-M)+(L_2-M)}$$
$$= \frac{L_1 L_2 - M^2}{L_1 + L_2 - 2M}$$

답 ④

79 임피던스 궤적이 직선일 때 이의 역수인 어드미턴스 궤적은?

① 원점을 통하는 직선
② 원점을 통하지 않는 직선
③ 원점을 통하는 원
④ 원점을 통하지 않는 원

풀이 직선 궤적의 역궤적은 원점을 통과하는 반원이다.

답 ③

80 3[μF]인 커패시턴스를 50[Ω]의 용량성 리액턴스로 사용하려면 정현파 교류의 주파수는 약 몇 [kHz]로 하면 되는가?

① 1.02   ② 1.04
③ 1.06   ④ 1.08

풀이 $X_C = \frac{1}{2\pi f C}$ 에서 $f = \frac{1}{2\pi C \cdot X_C}$ 이므로

$f = \frac{1}{2\pi \times 3 \times 10^{-6} \times 50}$
$\fallingdotseq 1.06 \times 10^3 [Hz] = 1.06 [kHz]$

답 ③

5과목 - 전기설비기술기준

81 765[kV] 특고압가공전선이 건조물과 2차 접근상태로 있는 경우 전선 높이가 최저상태일 때 가공전선과 건조물 상부와의 수직거리는 몇 [m] 이상이어야 하는가?

① 20   ② 22
③ 25   ④ 28

풀이 333.23 특고압 가공전선과 건조물의 접근
사용전압이 400[kV] 이상의 특고압 가공전선이 건조물과 제2차 접근상태로 있는 경우에는 다음에 따라 시설하여야 한다.
가. 전선높이가 최저상태일 때 가공전선과 건조물 상부와의 수직 거리가 28[m] 이상일 것.
나. 독립된 주거생활을 할 수 있는 단독주택, 공동주택 및 학교, 병원 등 불특정 다수가 이용하는 다중 이용 시설의 건조물이 아닐 것.
다. 폭연성 분진, 가연성 가스, 인화성물질, 석유류, 화학류 등 위험 물질을 다루는 건조물에 해당되지 아니할 것.
라. 건조물 최상부에서 전계(3.5[kV/m]) 및 자계(83.3[μT])를 초과하지 아니할 것.

답 ④

82 고압 옥상전선로의 전선이 다른 시설물과 접근하거나 교차하는 경우 이들 사이의 이격거리는 몇 [cm] 이상이어야 하는가?

① 30   ② 60
③ 90   ④ 120

풀이 331.14.1 고압 옥상전선로의 시설
가. 고압 옥상 전선로의 전선이 다른 시설물(가공전선을 제외한다)과 접근하거나 교차하는 경우에는 고압 옥상 전선로의 전선과 이들 사이의 이격거리는 0.6[m] 이상이어야 한다.
나. 고압 옥상전선로의 전선은 상시 부는 바람 등에 의하여 식물에 접촉하지 아니하도록 시설하여야 한다.

답 ②

83 고압가공전선이 상부 조영재의 위쪽으로 접근 시의 가공전선과 조영재의 이격거리는 몇 [m] 이상이어야 하는가?

① 0.6   ② 0.8
③ 1.2   ④ 2.0

풀이 332.11 고압 가공전선과 건조물의 접근
222.11 저압 가공전선과 건조물의 접근
저압 가공전선 또는 고압 가공전선이 건조물과 접근 상태로 시설되는 경우에는 다음에 따라야 한다.
가. 고압 가공전선로는 고압 보안공사에 의할 것.
나. 저·고압 가공전선과 건조물의 조영재 사이의 이격거리는 표에서 정한 값 이상일 것.

사용전압 부분 공작물의 종류		저압[m]	고압[m]
건조물	상부 조영재 위쪽	일반적인 경우	2	2
		전선이 고압절연전선	1	2
		전선이 케이블인 경우	1	1

사용전압 부분 공작물의 종류		저압[m]	고압[m]
건조물	기타 조영재 또는 상부조영재의 옆쪽 또는 아래쪽	일반적인 경우	1.2	1.2
		전선이 고압절연전선	0.4	1.2
		전선이 케이블인 경우	0.4	0.4
		사람이 쉽게 접근할 수 없도록 시설한 경우	0.8	0.8

답 ④

84 22.9[kV] 특고압가공전선로의 중성선의 다중접지 시설에서 각 접지선을 중성선으로부터 분리하였을 경우 각 접지점의 대지 전기저항값은 몇 [Ω] 이하이어야 하는가?

① 100   ② 150
③ 300   ④ 500

풀이 333.32 25[kV] 이하인 특고압 가공전선로의 시설
각 접지도체를 중성선으로부터 분리하였을 경우의 각 접지점의 대지 전기저항 값과 1[km] 마다의 중성선과 대지사이의 합성전기저항 값은 표에서 정한 값 이하일 것.

사용전압	각 접지점의 대지 전기저항치	1[km] 마다의 합성 전기저항치
15[kV] 이하	300[Ω]	30[Ω]
15[kV] 초과 25[kV] 이하	300[Ω]	15[Ω]

답 ③

85 터널에 시설하는 사용전압이 400 [V] 초과인 저압의 경우, 이동전선은 몇 [mm²] 이상의 0.6/1 [kV] EP 고무 절연 클로로프렌케이블이어야 하는가?

① 0.25   ② 0.55
③ 0.75   ④ 1.25

풀이 242.7.2 터널 등의 전구선 또는 이동전선 등의 시설
가. 터널 등에 시설하는 사용전압이 400[V] 이하인 저압의 전구선 또는 이동전선은 다음과 같이 시설하여야 한다.
① 전구선은 단면적 0.75[mm²] 이상의 300/300[V] 편조 고무코드 또는 0.6/1[kV] EP 고무 절연 클로로프렌 캡타이어 케이블일 것.
② 이동전선은 300/300[V] 편조 고무코드, 비닐 코드 또는 캡타이어 케이블일 것.
나. 터널 등에 시설하는 사용전압이 400[V] 초과인 저압의 이동 전선은 0.6/1 [kV] EP 고무 절연 클로로프렌 캡타이어 케이블로서 단면적이 0.75[mm²] 이상인 것일 것.
다. 특고압의 이동전선은 터널 등에 시설해서는 안 된다.

답 ③

86 고압가공전선이 가공약전류 전선과 접근하는 경우 고압가공전선과 가공약전류 전선 사이의 이격거리는 몇 [cm] 이상이어야 하는가? (단, 전선이 케이블인 경우이다.)

① 15   ② 30
③ 40   ④ 80

풀이 332.13 고압 가공전선과 가공약전류전선 등의 접근 또는 교차
222.13 저압 가공전선과 가공약전류전선 등의 접근 또는 교차
저압 가공전선 또는 고압 가공전선이 가공약전류전선 또는 가공 광섬유 케이블과 접근상태로 시설되는 경우에는 다음에 따라야 한다.
가. 고압 가공전선은 고압 보안공사에 의할 것.
나. 저·고압 가공전선과 가공약전류 전선과의 이격거리는 표에서 정한 값 이상일 것.

가공전선 약전류 전선	저압가공전선		고압가공전선	
	저압 절연전선	고압 절연전선 또는 케이블	절연전선	케이블
일반	0.6[m]	0.3[m]	0.8[m]	0.4[m]
절연전선 또는 통신용 케이블인 경우	0.3[m]	0.15[m]		

답 ③

87 발전기·전동기·조상기·기타 회전기(회전변류기 제외)의 절연내력 시험 시 시험전압은 권선과 대지 사이에 연속하여 몇 분 이상 가하여야 하는가?

① 10   ② 15   ③ 20   ④ 30

풀이 133 회전기 및 정류기의 절연내력

종 류		시험전압	시험 방법
회전기	발전기·전동기·조상기·기타회전기	7[kV] 이하	1.5배 (최저 500[V])	권선과 대지 사이에 연속하여 10분간
		7[kV] 초과	1.25배 (최저 10,500[V])	
	회전 변류기	직류측의 최대 사용 전압의 1배의 교류 전압(최저 500[V])	

답 ①

88. 저압가공전선이 철도 또는 궤도를 횡단하는 경우에는 레일면상 높이가 몇 [m] 이상이어야 하는가?

① 5   ② 5.5   ③ 6   ④ 6.5

풀이 332.5 고압 가공전선의 높이
222.7 저압 가공전선의 높이
저·고압 가공전선의 높이는 다음에 따라야 한다.

설치장소		가공전선의 높이
도로횡단(번잡하지 않은 도로 제외)		지표상 6[m] 이상
철도 또는 궤도횡단		레일면상 6.5[m] 이상
횡단 보도교 위	저압	노면상 3.5[m] 이상. 단, 절연전선의 경우 3[m] 이상
	고압	노면상 3.5[m] 이상
일반장소		지표상 5[m] 이상. 단, 저압의 경우 절연전선 또는 케이블을 사용하여 교통에 지장이 없도록 하여 옥외조명용에 공급하는 경우 4[m]까지 감할 수 있다.
다리의 하부 기타 이와 유사한 장소		저압의 전기철도용 급전선은 지표상 3.5[m]까지로 감할 수 있다.

답 ④

89. 고압용 기계기구를 시설하여서는 안 되는 경우는?

① 발전소, 변전소, 개폐소 또는 이에 준하는 곳에 시설하는 경우
② 시가지 외로서 지표상 3[m]인 경우
③ 공장 등의 구내에서 기계기구의 주위에 사람이 쉽게 접촉할 우려가 없도록 적당한 울타리를 설치하는 경우
④ 옥내에 설치한 기계기구를 취급자 이외의 사람이 출입할 수 없도록 설치한 곳에 시설하는 경우

풀이 341.8 고압용 기계기구의 시설
고압용 기계기구는 다음의 어느 하나에 해당하는 경우와 발전소·변전소·개폐소 또는 이에 준하는 곳에 시설하는 경우 이외에는 시설하여서는 아니 된다.
가. 기계기구의 주위에 규정에 준하여 울타리·담 등을 시설하는 경우
나. 기계기구를 지표상 4.5[m](시가지 외에는 4[m]) 이상의 높이에 시설하고 또한 사람이 쉽게 접촉할 우려가 없도록 시설하는 경우
다. 옥내에 설치한 기계기구를 취급자 이외의 사람이 출입할 수 없도록 설치한 곳에 시설하는 경우
라. 기계기구를 콘크리트제의 함 또는 규정에 따른 접지공사를 한 금속제 함에 넣고 또한 충전부분이 노출하지 아니하도록 시설하는 경우

답 ②

90. 애자공사에 의한 고압 옥내배선의 시설에 사용되는 연동선의 단면적은 최소 몇 [mm²]의 것을 사용하여야 하는가?

① 2.5   ② 4
③ 6   ④ 10

풀이 342.1 고압 옥내배선 등의 시설
가. 고압 옥내배선은 다음에 따라 시설하여야 한다.
① 애자공사(건조한 장소로서 전개된 장소에 한한다)
② 케이블공사
③ 케이블트레이공사
나. 전선은 공칭단면적 6[mm²] 이상의 연동선

답 ③

91. 154[kV] 가공전선로를 제1종 특고압 보안공사에 의하여 시설하는 경우 사용 전선은 인장강도 58.84[kN] 이상의 연선 또는 단면적 몇 [mm²] 이상의 경동연선이어야 하는가?

① 35   ② 50
③ 95   ④ 150

풀이 333.22 특고압 보안공사
제1종 특고압 보안공사의 전선 굵기

사용전압	전선
100[kV] 미만	인장강도 21.67[kN] 이상의 연선 또는 단면적 55[mm²] 이상의 경동연선
100[kV] 이상 300[kV] 미만	인장강도 58.84[kN] 이상의 연선 또는 단면적 150[mm²] 이상의 경동연선
300[kV] 이상	인장강도 77.47[kN] 이상의 연선 또는 단면적 200[mm²] 이상의 경동연선

답 ④

92. 전로의 중성점을 접지하는 목적에 해당되지 않는 것은?

① 보호장치의 확실한 동작의 확보
② 부하전류의 일부를 대지로 흐르게 하여 전선 절약
③ 이상전압의 억제
④ 대지전압의 저하

풀이 322.5 전로의 중성점의 접지
① 보호 장치의 확실한 동작의 확보
② 이상 전압의 억제
③ 대지전압의 저하를 위하여
전로의 중성점에 접지공사를 한다. 답 ②

93 특고압용 변압기로서 변압기 내부고장이 발생할 경우 경보장치를 시설하여야 할 뱅크용량의 범위는?

① 1000[kVA] 이상 5000[kVA] 미만
② 5000[kVA] 이상 10000[kVA] 미만
③ 10000[kVA] 이상 15000[kVA] 미만
④ 15000[kVA] 이상 20000[kVA] 미만

풀이 351.4 특고압용 변압기의 보호장치
특고압용의 변압기에는 그 내부에 고장이 생겼을 경우에 보호하는 장치를 표와 같이 시설하여야 한다.

뱅크 용량의 구분	동작조건	장치의 종류
5,000[kVA] 이상 10,000[kVA] 미만	변압기 내부고장	자동 차단 장치 또는 경보장치
10,000[kVA] 이상	변압기 내부고장	자동 차단 장치
타냉식 변압기(변압기의 권선 및 철심을 직접 냉각시키기 위하여 봉입한 냉매를 강제 순환시키는 냉각 방식을 말한다.)	냉각장치에 고장이 생긴 경우 또는 변압기의 온도가 현저히 상승한 경우	경보장치

답 ②

94 지중전선로의 매설방법이 아닌 것은?

① 관로식 ② 인입식
③ 암거식 ④ 직접 매설식

풀이 334.1 지중전선로의 시설
가. 지중 전선로는 전선에 케이블을 사용하고 또한 관로식·암거식 또는 직접 매설식에 의하여 시설하여야 한다.
나. 지중 전선로를 직접 매설식에 의하여 시설하는 경우에는 매설 깊이를 차량 기타 중량물의 압력을 받을 우려가 있는 장소에는 1.0[m] 이상, 기타 장소에는 0.6[m] 이상으로 하고 또한 지중 전선을 견고한 트라프 기타 방호물에 넣어 시설하여야 한다. 답 ②

95 지중전선로를 직접 매설식에 의하여 시설하는 경우, 차량 기타 중량물의 압력을 받을 우려가 있는 장소의 매설 깊이는 최소 몇 [cm] 이상이면 되는가?

① 100 ② 150
③ 180 ④ 200

풀이 334.1 지중전선로의 시설
가. 지중 전선로는 전선에 케이블을 사용하고 또한 관로식·암거식 또는 직접 매설식에 의하여 시설하여야 한다.
나. 지중 전선로를 직접 매설식에 의하여 시설하는 경우에는 매설 깊이를 차량 기타 중량물의 압력을 받을 우려가 있는 장소에는 1.0[m] 이상, 기타 장소에는 0.6[m] 이상으로 하고 또한 지중 전선을 견고한 트라프 기타 방호물에 넣어 시설하여야 한다. 답 ①

96 동일 지지물에 고압가공전선과 저압가공전선을 병행설치할 때 저압가공전선의 위치는?

① 저압가공전선을 고압가공전선 위에 시설
② 저압가공전선을 고압가공전선 아래에 시설
③ 동일 완금류에 평행되게 시설
④ 별도의 규정이 없으므로 임의로 시설

풀이 332.8 고압 가공전선 등의 병행설치
저압 가공전선(다중접지된 중성선은 제외한다. 이하 같다)과 고압 가공전선을 동일 지지물에 시설하는 경우에는 다음에 따라야 한다.

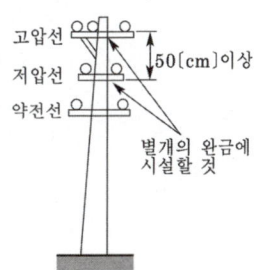

가공전선의 병행설치

가. 저압 가공전선을 고압 가공전선의 아래로 하고 별개의 완금류에 시설할 것.
나. 저압 가공전선과 고압 가공전선 사이의 이격거리는 0.5[m] 이상일 것.
다. 다음의 어느 하나에 해당하는 경우에는 "가" 및 "나"에 의하지 아니할 수 있다.

① 고압 가공전선에 케이블을 사용하고, 또한 그 케이블과 저압 가공전선 사이의 이격거리를 0.3[m] 이상으로 하여 시설하는 경우
② 저압 가공인입선을 분기하기 위하여 저압 가공전선을 고압용의 완금류에 견고하게 시설하는 경우
답 ②

97 시가지에 시설하는 특고압가공전선로의 철탑의 경간은 몇 [m] 이하이어야 하는가?

① 250
② 300
③ 350
④ 400

풀이 333.1 시가지 등에서 특고압 가공전선로의 시설
특고압 가공전선로는 전선이 케이블인 경우 또는 전선로의 경간을 다음과 같이 시설하는 경우에는 시가지 그 밖에 인가가 밀집한 지역에 시설할 수 있다.

지지물의 종류	경 간
A종 철주 또는 A종 철근 콘크리트주	75[m]
B종 철주 또는 B종 철근 콘크리트주	150[m]
철 탑	400[m] (단주인 경우에는 300[m]) 다만, 전선이 수평으로 2 이상 있는 경우에 전선 상호 간의 간격이 4[m] 미만인 때에는 250[m]

답 ④

98 전력보안통신용 전화설비를 시설하지 않아도 되는 경우는?

① 수력설비의 강수량 관측소와 수력발전소 간
② 동일 수계에 속한 수력발전소 상호 간
③ 발전제어소와 기상대
④ 휴대용 전화설비를 갖춘 상주 감시를 하지 않는 22.9[kV] 변전소와 기술원 주재소

풀이 362.1 전력보안통신설비의 시설 요구사항
발전소·변전소 및 개폐소와 기술원 주재소 간에는 전력보안통신 설비의 시설이 요구된다.
다만, 다음 어느 항목에 적합하고 또한 휴대용 또는 이동용 전력보안통신 전화 설비에 의하여 연락이 확보된 경우에는 그러하지 아니하다.
가. 발전소로서 전기의 공급에 지장을 미치지 않는 것.
나. 상주감시를 하지 않는 변전소(사용전압이 35[kV] 이하의 것에 한한다.)로서 그 변전소에 접속되는 전선로가 동일 기술원 주재소에 의하여 운용되는 곳

답 ④

출제기준 변경 및 개정된 관계 법규에 따라 삭제된 문제가 있어 20문항이 안됩니다.

2014년 2회

1과목 - 전기자기

01 역자성체 내에서 비투자율 μ_s는?

① $\mu_s \gg 1$ ② $\mu_s > 1$
③ $\mu_s < 1$ ④ $\mu_s = 1$

풀이 비투자율 $\mu_s = \dfrac{\mu}{\mu_0} = 1 + \dfrac{\chi_m}{\mu_0}$ 에서
$\mu_s > 1(\chi_m > 0)$이면 상자성체
$\mu_s < 1(\chi_m < 0)$이면 역자성체가 된다. **답** ③

02 반지름 1[m]의 원형 코일에 1[A]의 전류가 흐를 때 중심점의 자계의 세기는 몇 [AT/m]인가?

① $\dfrac{1}{4}$ ② $\dfrac{1}{2}$
③ 1 ④ 2

풀이 원형 코일 중심의 자계의 세기
$H_0 = \dfrac{I}{2a} = \dfrac{1}{2 \times 1} = \dfrac{1}{2}$[AT/m] **답** ②

03 무한 평면에 일정한 전류가 표면에 한 방향으로 흐르고 있다. 평면으로부터 위로 r만큼 떨어진 점과 아래로 $2r$만큼 떨어진 점과의 자계의 비 및 서로의 방향은?

① 1, 반대 방향
② $\sqrt{2}$, 같은 방향
③ 2, 반대 방향
④ 4, 같은 방향

풀이 ① 자기장 H는 좌표 (y, z)에 관계없으므로
$H = H(x)$
② x, z성분의 H는 존재하지 않고 암페어 주회적분법칙에 의해 $x - y$평면상에 일주경로를 취하면
$\oint H \cdot dl = [H_y(x)j + H_y(-x)(-j)]l = I$
$H_y(x) - H_y(-x) = KI$ 이고,

$H_y(x) = -H_y(-x)$로부터 $2H_y(x) = KI$
$\therefore H_y(x) = \dfrac{KI}{2}$(상수)

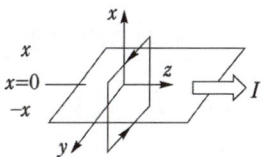

자기장의 x, z성분 $H_x = H_z = 0$,
y성분 $H_y = \dfrac{KI}{2}$ 이므로 자계는 거리에 관계없이 일정하고 방향은 반대이다. **답** ①

04 면적 $S[\mathrm{m}^2]$, 간격 $d[\mathrm{m}]$인 평행판 콘덴서에 그림과 같이 두께 $d_1, d_2[\mathrm{m}]$이며 유전율 ϵ_1, ϵ_2 [F/m]인 두 유전체를 극판 간에 평행으로 채웠을 때 정전용량[F]은?

① $\dfrac{S}{\dfrac{d_1}{\epsilon_1} + \dfrac{d_2}{\epsilon_2}}$

② $\dfrac{S^2}{\dfrac{d_1}{\epsilon_2} + \dfrac{d_2}{\epsilon_1}}$

③ $\dfrac{\epsilon_1 S}{d_1} + \dfrac{\epsilon_2 S}{d_2}$

④ $\dfrac{\epsilon_1 \epsilon_2 S}{d}$

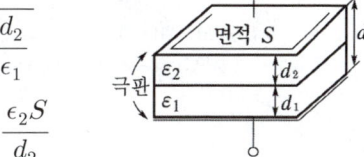

풀이 유전율이 ϵ_1, ϵ_2인 각 유전체의 정전용량을 C_1, C_2라 하면 $C_1 = \dfrac{\epsilon_1 S}{d_1}$, $C_2 = \dfrac{\epsilon_2 S}{d_2}$이므로
직렬 합성 용량 C는

$\therefore C = \dfrac{1}{\dfrac{1}{C_1} + \dfrac{1}{C_2}} = \dfrac{C_1 C_2}{C_1 + C_2} = \dfrac{\dfrac{\epsilon_1 S \epsilon_2 S}{d_1 d_2}}{\dfrac{\epsilon_1 S}{d_1} + \dfrac{\epsilon_2 S}{d_2}}$

$= \dfrac{\epsilon_1 \epsilon_2 S}{\epsilon_2 d_1 + \epsilon_1 d_2} = \dfrac{S}{\dfrac{d_1}{\epsilon_1} + \dfrac{d_2}{\epsilon_2}}$ **답** ①

05
유전율 ϵ[F/m]인 유전체 중에서 전하가 Q[C], 전위가 V[V], 반지름 a[m]인 도체구가 갖는 에너지는 몇 [J]인가?

① $\dfrac{1}{2}\pi\epsilon a V^2$ ② $\pi\epsilon a V^2$

③ $2\pi\epsilon a V^2$ ④ $4\pi\epsilon a V^2$

[풀이] 반경 a인 도체구의 정전용량은
$C = 4\pi\epsilon a$[F]이므로
$W = \dfrac{1}{2}CV^2 = \dfrac{1}{2}\times 4\pi\epsilon a V^2 = 2\pi\epsilon a V^2$[J]   **답 ③**

06
자유공간 중의 전위계에서
$V = 5(x^2 + 2y^2 - 3z^2)$일 때
점 $P(2, 0, -3)$에서의 전하밀도 ρ의 값은?

① 0 ② 2
③ 7 ④ 9

[풀이] 전위와 공간 전하밀도의 관계 : 포아송 방정식
$$\nabla^2 V = \dfrac{\partial^2 V}{\partial x^2} + \dfrac{\partial^2 V}{\partial y^2} + \dfrac{\partial^2 V}{\partial z^2}$$
$$= \dfrac{\partial^2}{\partial x^2}[5(x^2+2y^2-3z^2)] + \dfrac{\partial^2}{\partial y^2}[5(x^2+2y^2-3z^2)]$$
$$+ \dfrac{\partial^2}{\partial z^2}[5(x^2+2y^2-3z^2)]$$
$$= 10 + 20 - 30 = 0$$
$\therefore \rho = -\epsilon(\nabla^2 V) = -\epsilon \times 0 = 0$[C/m³]   **답 ①**

07
10[mH] 인덕턴스 2개가 있다. 결합계수를 0.1로부터 0.9까지 변화시킬 수 있다면 이것을 직렬 접속시켜 얻을 수 있는 합성인덕턴스의 최댓값과 최솟값의 비는?

① 9 : 1 ② 13 : 1
③ 16 : 1 ④ 19 : 1

[풀이] 결합 계수 $k = 0.9$일 때
합성 인덕턴스 L_+, L_-의 최댓값, 최솟값의 비가 크므로
$k = 0.9$
$M = k\sqrt{L_1 L_2} = 0.9\sqrt{10\times 10} = 9$[mH]

$L_{+MAX} = L_1 + L_2 + 2M$
$= 10 + 10 + 2\times 9 = 38$[mH]
$L_{-MIN} = L_1 + L_2 - 2M$
$= 10 + 10 - 2\times 9 = 2$[mH]
$L_{+MAX} : L_{-MIN} = 38 : 2 = 19 : 1$ **답 ④**

08
지면에 평행으로 높이 h[m]에 가설된 반지름 a[m]인 가공 직선 도체의 대지 간 정전용량은 몇 [F/m]인가? (단, $h \gg a$이다.)

① $\dfrac{\pi\epsilon_o}{\ln\dfrac{2h}{a}}$ ② $\dfrac{2\pi\epsilon_o}{\ln\dfrac{2h}{a}}$

③ $\dfrac{\pi\epsilon_o}{\ln\dfrac{a}{2h}}$ ④ $\dfrac{2\pi\epsilon_o}{\ln\dfrac{a}{2h}}$

[풀이]

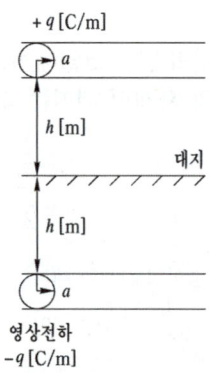

두 평형 도선 간 정전용량 $C = \dfrac{\pi\epsilon_0}{\ln\dfrac{2h}{a}}$[F/m]에서

대지 간 정전용량은 거리가 $\dfrac{1}{2}$이므로

$\therefore C_0 = 2C = \dfrac{2\pi\epsilon_0}{\ln\dfrac{2h}{a}}$[F/m]   **답 ②**

09
접지 구도체와 점전하 사이에 작용하는 힘은?

① 항상 반발력이다.
② 항상 흡인력이다.
③ 조건적 반발력이다.
④ 조건적 흡인력이다.

[풀이] 접지 구도체에는 항상 점전하와 반대 극성인 전하가 유도되므로 **항상 흡인력**이 작용한다.   **답 ②**

10 그림과 같이 내외 도체의 반지름이 a, b인 동축선(케이블)의 도체 사이에 유전율이 ϵ인 유전체가 채워져 있는 경우 동축선의 단위길이당 정전용량은?

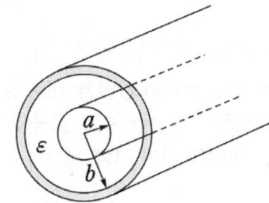

① $\epsilon \log_e \dfrac{b}{a}$ 에 비례한다.

② $\dfrac{1}{\epsilon} \log_{10} \dfrac{b}{a}$ 에 비례한다.

③ $\dfrac{\epsilon}{\log_e \dfrac{b}{a}}$ 에 비례한다.

④ $\dfrac{\epsilon b}{a}$ 에 비례한다.

풀이 전위 $V = \dfrac{\lambda}{2\pi\epsilon_0} \ln \dfrac{b}{a}$ [V]

(여기서, λ[C/m] : 선전하밀도)

$\therefore C_{ab} = \dfrac{2\pi\epsilon}{\ln \dfrac{b}{a}} = \dfrac{2\pi\epsilon}{\log_e \dfrac{b}{a}}$ [μF/km]   답 ③

11 진공 중에서 어떤 대전체의 전속이 Q이었다. 이 대전체를 비유전율 2.2인 유전체 속에 넣었을 경우의 전속은?

① Q ② $\dfrac{2.2Q}{\epsilon}$

③ $\dfrac{Q}{2.2\epsilon}$ ④ $2.2Q$

풀이 전기력선 수는 $\dfrac{Q}{\epsilon}$로 유전율에 반비례하나 전속수는 유전체의 Gauss 법칙에서 $\oint D \cdot n dS = Q$로 유전율에 관계없이 항상 Q 개이다.   답 ①

12 지름 20[cm]의 구리로 만든 반구의 볼에 물을 채우고 그 중에 지름 10[cm]의 구를 띄운다. 이 때에 양구가 동심구라면 양구간의 저항[Ω]은 약 얼마인가? (단, 물의 도전율은 10^{-3}[℧/m]이고 물은 충만되어 있다.)

① 159   ② 1590
③ 2800   ④ 2850

풀이 동심구의 정전용량에서 반구이므로

$C = \dfrac{4\pi\epsilon}{\dfrac{1}{a} - \dfrac{1}{b}} \times \dfrac{1}{2} = \dfrac{2\pi\epsilon}{\dfrac{1}{a} - \dfrac{1}{b}}$ [F]

$RC = \epsilon\rho = \dfrac{\epsilon}{\sigma}$ 에서

$\therefore R = \dfrac{\epsilon}{\sigma C} = \dfrac{1}{2\pi\sigma}\left(\dfrac{1}{a} - \dfrac{1}{b}\right)$

$= \dfrac{1}{2\pi \times 10^{-3}}\left(\dfrac{1}{0.05} - \dfrac{1}{0.1}\right)$

$= 1591$ [Ω]   답 ②

13 다음 중 사람의 눈이 색을 다르게 느끼는 것은 빛의 어떤 특성이 다르기 때문인가?

① 굴절률   ② 속도
③ 편광방향   ④ 파장

풀이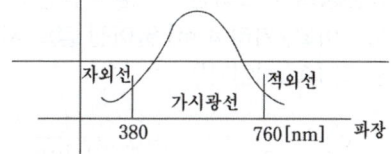

사람의 눈이 빛으로 느낄수 있는 파장(가시광선)에서는 적색의 파장이 가장 길고 보라색이 가장 짧다.   답 ④

14 두 벡터 $A = A_x i + 2j$, $B = 3i - 3j - k$가 서로 직교하려면 A_x의 값은?

① 0   ② 2   ③ $\dfrac{1}{2}$ ④ -2

풀이 $A \perp B$가 되기 위한 조건은 $A \cdot B = 0$이다.

$A \cdot B = (A_x i + 2j) \cdot (3i - 3j - k)$
$= 3A_x i \cdot i - 3A_x i \cdot j - A_x i \cdot k$
$\quad + 6j \cdot i - 6j \cdot j - 2j \cdot k$
$= 3A_x - 6 = 0$

$\therefore A_x = 2$ 답 ②

15 전계 내에서 폐회로를 따라 전하를 일주시킬 때 전계가 행하는 일은 몇 [J]인가?

① ∞ ② π ③ 1 ④ 0

풀이 전계의 주회 적분과 에너지와의 관계에서
$$\oint_c Q\boldsymbol{E}\cdot d\boldsymbol{l} = Q\oint_c \boldsymbol{E}\cdot d\boldsymbol{l} = 0$$
즉, 폐회로를 따라 단위 정전하를 일주시킬 때 전계가 하는 일은 항상 0을 의미한다(에너지 보존적). **답** ④

16 다음의 맥스웰 방정식 중 틀린 것은?

① $\operatorname{rot}\boldsymbol{H} = i + \dfrac{\partial \boldsymbol{D}}{\partial t}$ ② $\operatorname{rot}\boldsymbol{E} = -\dfrac{\partial \boldsymbol{H}}{\partial t}$

③ $\operatorname{div}\boldsymbol{B} = 0$ ④ $\operatorname{div}\boldsymbol{D} = \rho$

풀이 맥스웰 방정식의 미분형
① $\operatorname{rot}\boldsymbol{H} = i + \dfrac{\partial \boldsymbol{D}}{\partial t}$: 암페어의 주회적분 법칙
② $\operatorname{rot}\boldsymbol{E} = -\dfrac{\partial \boldsymbol{B}}{\partial t}$: Faraday 법칙
③ $\operatorname{div}\boldsymbol{B} = 0$: 고립된 자하는 없다.
④ $\operatorname{div}\boldsymbol{D} = \rho$: 가우스의 법칙 **답** ②

17 전하 8π[C]이 8[m/s]의 속도로 진공 중을 직선운동하고 있다면, 이 운동 방향에 대하여 각도 θ이고, 거리 4[m] 떨어진 점의 자계의 세기는 몇 [A/m]인가?

① $\cos\theta$ ② $\dfrac{1}{2\sin\theta}$

③ $\sin\theta$ ④ $2\sin\theta$

풀이 등가전류 $I = \dfrac{q}{t} = \dfrac{qv}{l} \left(\because v = \dfrac{l}{t}\right)$

비오사바르 법칙
$H = \dfrac{Il\sin\theta}{4\pi r^2} = \dfrac{qv\sin\theta}{4\pi r^2} = \dfrac{8\pi \times 8 \times \sin\theta}{4\pi \times 4^2}$
$= \sin\theta$ [A/m] **답** ③

18 단면적이 같은 자기회로가 있다. 철심의 투자율을 μ라 하고 철심회로의 길이를 l이라 한다. 지금 그 일부에 미소공극 l_0을 만들었을 때 자기회로의 자기저항은 공극이 없을 때의 약 몇 배인가?

① $1 + \dfrac{\mu l}{\mu_0 l_0}$ ② $1 + \dfrac{\mu l_0}{\mu_0 l}$

③ $1 + \dfrac{\mu_0 l}{\mu l_0}$ ④ $1 + \dfrac{\mu_0 l_0}{\mu l}$

풀이 투자율 μ인 자기 저항 $R_\mu = \dfrac{l}{\mu A}$
여기서 A는 철심의 단면적, 미소 공극은 l_g이므로 철심의 길이를 $l - l_g \fallingdotseq l$, 미소 공극의 자기저항을 R_g이라 하면 이때의 자기 저항 R_m은
$R_m = R_g + R_\mu = \dfrac{l_g}{\mu_0 A} + \dfrac{l}{\mu A}$ 이므로
$\therefore \dfrac{R_m}{R_\mu} = 1 + \dfrac{\mu l_g}{\mu_0 l} = 1 + \dfrac{l_g}{l}\mu_s$ **답** ②

19 전류와 자계 사이의 힘의 효과를 이용한 것으로 자유로이 구부릴 수 있는 도선에 대전류를 통하면 도선 상호 간에 반발력에 의하여 도선이 원을 형성하는데 이와 같은 현상은?

① 스트레치 효과 ② 핀치효과
③ 홀효과 ④ 스킨효과

풀이 스트레치 효과(stretch effect) : 자유로이 구부릴 수 있는 가는 직사각형의 도선에 대전류를 흘리면, 평행 도선에서 전류가 반대로 흐를 때와 마찬가지로 도선 상호 간에는 반발력이 작용하게 되어 최종적으로 도선이 원의 형태를 이루게 된다. **답** ①

20 두 평행 왕복 도선 사이의 도선 외부의 자기 인덕턴스는 몇 [H/m]인가? (단, r은 도선의 반지름, D는 두 왕복 도선 사이의 거리이다.)

① $\dfrac{\mu_o}{4\pi}\ln\dfrac{D}{r}$ ② $\dfrac{\mu_o}{2\pi}\ln\dfrac{D}{r}$

③ $\dfrac{\mu_o}{\pi}\ln\dfrac{r}{D}$ ④ $\dfrac{\mu_o}{\pi}\ln\dfrac{D}{r}$

풀이 평행 왕복 선로의 자기 인덕턴스는
$L = \dfrac{\mu_0}{4\pi}\left(4\ln\dfrac{D}{r} + \mu\right)$[H] $(D \gg r)$에서
내부 인덕턴스를 무시하면
$L = \dfrac{\mu_0}{\pi}\ln\dfrac{D}{r}$ 가 된다. **답** ④

2과목 - 전력공학

21 선로의 단락보호용으로 사용되는 계전기는?

① 접지계전기 ② 역상계전기
③ 재폐로계전기 ④ 거리계전기

풀이 거리계전기는 선로 보호용 계전기로 전류의 전압에 대한 비(계전기에서 본 임피던스)의 함수가 예정값 이하일 때 동작하는 것으로 복잡한 계통의 단락 보호에 과전류 계전기의 대용으로 쓰인다. **답** ④

22 송전계통의 중성점을 직접 접지하는 목적과 관계없는 것은?

① 고장전류 크기의 억제
② 이상전압 발생의 방지
③ 보호계전기의 신속 정확한 동작
④ 전선로 및 기기의 절연 레벨을 경감

풀이 직접 접지방식은 지락전류를 최대로 하기 위한 방식을 말하며, 직접 접지의 목적은 다음과 같다.
① 1선 지락 시 건전상의 대지전압 상승을 1.3배 이하로 억제한다.(유효접지)
② 선로 및 기기의 절연 레벨을 저감한다. (저감절연, 단절연 가능)
③ 보호계전기의 동작을 확실하게 한다. **답** ①

23 옥내배선의 보호방법이 아닌 것은?

① 과전류 보호
② 지락 보호
③ 전압강하 보호
④ 절연 접지 보호

풀이 전압강하는 전선의 굵기 등을 선정할 때 사용하는 것으로, 전기 품질과 관계가 있다. **답** ③

24 송전선로에 근접한 통신선에 유도장해가 발생하였다. 전자유도의 원인은?

① 역상전압 ② 정상전압
③ 정상전류 ④ 영상전류

풀이 ① 전자 유도 : 영상전류에 의해 발생 (사고 시)
전자 유도전압 $E_m = -j\omega Ml \times 3I_0 [V]$
② 정전 유도 : 영상전압에 의해 발생 (정상시) **답** ④

25 배전선로 개폐기 중 반드시 차단기능이 있는 후비 보조장치와 직렬로 설치하여 고장구간을 분리시키는 개폐기는?

① 컷아웃 스위치 ② 부하개폐기
③ 리클로저 ④ 섹셔널라이저

풀이 섹셔널라이저(sectionalizer)배전선로에 고장이 발생할 경우 리클로저의 동작으로 선로가 무전압 상태가 되면 이를 감지하여 무전압 상태의 횟수를 기억하였다가 정해진 횟수에 도달하면 선로의 무전압 상태에서 선로를 개방하여 고장구간을 분리시킨다. 섹셔널라이저는 고장전류를 차단할 수 있는 능력이 없으므로 리클로저와 직렬로 조합하여 사용한다. **답** ④

26 가공 송전선에 사용되는 애자 1연 중 전압부담이 최대인 애자는?

① 철탑에 제일 가까운 애자
② 전선에 제일 가까운 애자
③ 중앙에 있는 애자
④ 전선으로부터 1/4 지점에 있는 애자

풀이 • 전압 분담 최대 : 전선에 제일 가까운 애자
• 전압 분담 최소 : 철탑에서 1/3 지점 애자 (전선으로부터 2/3 지점에 있는 애자) **답** ②

27 자가용 변전소의 1차 측 차단기의 용량을 결정할 때 가장 밀접한 관계가 있는 것은?

① 부하설비용량
② 공급측의 단락용량
③ 부하의 부하율
④ 수전계약 용량

풀이 • 단락용량 $P_s = \dfrac{100}{\%Z} P_n$에서 알 수 있듯이 차단기 차단용량은 전원측으로부터 단락점까지의 % 임피던스 (%Z)와 공급측 전기설비용량 P_n에 의해 결정된다.
• 차단기의 차단용량은 계통의 단락용량보다 큰 것을 선정하여야 한다. **답** ②

28 다음은 무엇을 결정할 때 사용되는 식인가? (단, l은 송전거리[km]이고, P는 송전전력[kW]이다.)

$$5.5\sqrt{0.6l + \frac{P}{100}}$$

① 송전전압
② 송전선의 굵기
③ 역률개선 시 콘덴서의 용량
④ 발전소의 발전전압

풀이 Still의 식 : 경제적인 송전전압 산출   **답** ①

29 일반적으로 수용가 상호 간, 배전변압기 상호 간, 급전선 상호 간 또는 변전소 상호 간에서 각각의 최대부하는 그 발생 시각이 약간씩 다르다. 따라서 각각의 최대수요전력의 합계는 그 군의 종합 최대수요전력보다도 큰 것이 보통이다. 이 최대전력의 발생시각 또는 발생시기의 분산을 나타내는 지표는?

① 전일효율
② 부등률
③ 부하율
④ 수용률

풀이
- 수용률 : 수요를 상정할 경우 사용
- **부등률 : 최대 전력의 발생시각 또는 발생 시기의 분산을 나타내는 지표로 사용**
- 부하율 : 일정 기간 중 부하 변동의 정도를 나타내는 것으로서 전기설비가 얼마만큼 유효하게 이용되고 있는가 하는 정도를 파악하는 데 사용   **답** ②

30 다음 중 SF_6 가스 차단기의 특징이 아닌 것은?

① 밀폐구조로 소음이 작다.
② 근거리 고장 등 가혹한 재기 전압에 대해서도 우수하다.
③ 아크에 의해 SF_6 가스가 분해되며 유독가스를 발생시킨다.
④ SF_6 가스의 소호능력은 공기의 100~200 배이다.

풀이 SF_6 가스 차단기의 특징
① 밀폐구조이므로 소음이 없다.
② 절연내력이 공기의 2~3배, 소호 능력은 공기의 100~200배
③ 근거리 고장 등 가혹한 재기전압에 대해서도 성능이 우수
④ SF_6 가스는 무독, 무취, 무해성이다.   **답** ③

31 3상 3선식에서 전선의 선간거리가 각각 1[m], 2[m], 4[m]로 삼각형으로 배치되어 있을 때 등가선간거리는 몇 [m]인가?

① 1
② 2
③ 3
④ 4

풀이 삼각형 배열의 등가선간거리
$$D_e = \sqrt[3]{D_1 \cdot D_2 \cdot D_3} = \sqrt[3]{1 \cdot 2 \cdot 4} = 2$$ **답** ②

32 원자로 내에서 발생한 열에너지를 외부로 끄집어내기 위한 열매체를 무엇이라고 하는가?

① 반사체
② 감속재
③ 냉각재
④ 제어봉

풀이 냉각재는 원자로 내에서 발생한 열에너지를 외부로 끄집어내기 위한 열매체이다. 냉각재는 노심을 통과해서 열에너지를 배출시킴과 동시에 노 내의 온도를 적당한 값으로 유지할 필요가 있기 때문에 그 구비조건으로서는 열전달 특성이 좋고, 중성자 흡수가 적으며, 열용량이 큰 것이 요구된다.   **답** ③

33 송전선로에 복도체를 사용하는 가장 주된 목적은?

① 건설비를 절감하기 위하여
② 진동을 방지하기 위하여
③ 전선의 이도를 주기 위하여
④ 코로나를 방지하기 위하여

풀이
- 3상 송전선의 한 가닥의 전선을 2가닥 이상으로 한 것을 다도체라 하고, 2가닥으로 한 것을 보통 복도체라 한다.
- **복도체를 사용하면** 인덕턴스는 감소하고 정전용량은 증가하며, 안정도를 증가시키고, **코로나 발생을 억제**한다.   **답** ④

34 선로 임피던스 Z, 송수전단 양쪽에 어드미턴스 Y인 π형 회로의 4단자 정수에서 B의 값은?

① Y ② Z
③ $1+\dfrac{ZY}{2}$ ④ $Y\left(1+\dfrac{ZY}{4}\right)$

풀이
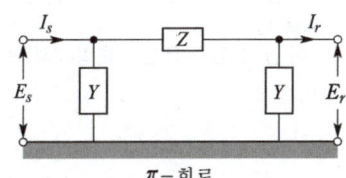
π-회로

- π 회로에서 송전전압(E_s)과 송전전류(I_s)는
  $E_s = (1+ZY)E_r + ZI_r$
- $I_s = Y(2+ZY)E_r + (1+ZY)I_r$이므로
  $A = 1+ZY$, $B = Z$,
  $C = Y(2+ZY)$, $D = 1+ZY$ 답 ②

35 수전단전압이 송전단전압보다 높아지는 현상을 무엇이라 하는가?

① 옵티마 현상
② 자기 여자 현상
③ 페란티 현상
④ 동기화 현상

풀이 페란티 현상이란 선로의 정전용량으로 인하여 무부하시나 경부하시에 진상 전류가 흘러 수전단전압이 송전단전압보다 높아지는 현상을 말하며 이의 대책으로는 분로 리액터나 동기조상기의 지상 용량으로 방지할 수 있다. 답 ③

36 출력 20[kW]의 전동기로서 총양정 10[m], 펌프효율 0.75일 때 양수량은 몇 [m³/min]인가?

① 9.18 ② 9.85
③ 10.31 ④ 11.02

풀이 펌프용 전동기의 출력 $P = \dfrac{QH}{6.12\eta}$에서
$Q = \dfrac{6.12P\eta}{H} = \dfrac{6.12 \times 20 \times 0.75}{10}$
$= 9.18[\text{m}^3/\text{min}]$ 답 ①

37 전압이 일정값 이하로 되었을 때 동작하는 것으로서 단락시 고장 검출용으로도 사용되는 계전기는?

① OVR ② OVGR
③ NSR ④ UVR

풀이 ① 전압이 정정값 이하 시 동작 :
부족 전압 계전기(UVR)
② 전압이 정정값 초과 시 동작 :
과전압 계전기(OVR) 답 ④

38 취수구에 제수문을 설치하는 목적은?

① 모래를 배제한다.
② 홍수위를 낮춘다.
③ 유량을 조절한다.
④ 낙차를 높인다.

풀이 취수량을 조절하고 물의 유입을 단절하기 위해 취수구에 제수문을 설치한다. 답 ③

39 연가를 하는 주된 목적에 해당되는 것은?

① 선로정수를 평형 시키기 위하여
② 단락사고를 방지하기 위하여
③ 대전력을 수송하기 위하여
④ 페란티 현상을 줄이기 위하여

풀이
- 연가는 선로정수를 평형시키고 통신선의 유도장해를 방지하기 위하여 선로를 3배수 등분하여 실시한다.
- 연가의 목적 : 선로정수 평형, 직렬공진 방지, 유도장해 감소 답 ①

40 송전단전압 161[kV], 수전단전압 154[kV], 상차각 45°, 리액턴스 14.14[Ω] 일 때, 선로손실을 무시하면 전송전력은 약 몇 [MW]인가?

① 1753 ② 1518
③ 1240 ④ 877

풀이 송전전력
$P = \dfrac{V_s V_r}{X}\sin\delta = \dfrac{161 \times 154}{14.14} \times \sin 45°$
$= 1240[\text{MW}]$ 답 ③

3과목 - 전기기기

41 동기발전기의 병렬운전조건에서 같지 않아도 되는 것은?

① 기전력　　② 위상
③ 주파수　　④ 용량

풀이 동기발전기의 병렬운전 조건은 다음과 같다.
① 기전력의 크기가 같을 것
② 기전력의 위상이 같을 것
③ 기전력의 주파수가 같을 것
④ 기전력의 파형이 같을 것
⑤ 상회전방향이 같을 것
답 ④

42 직류분권발전기의 무부하 포화 곡선이 $V = \dfrac{950 I_f}{30 + I_f}$ 이고, I_f는 계자전류[A], V는 무부하 전압[V]으로 주어질 때 계자 회로의 저항이 25[Ω]이면 몇 [V]의 전압이 유기되는가?

① 200　　② 250
③ 280　　④ 300

풀이 $V = \dfrac{950 I_f}{30 + I_f}$
계자권선의 저항이 25[Ω]이므로
$V = I_f R_f = 25 I_f$ ∴ $I_f = \dfrac{V}{25}$
이 식을 위 식에 대입하면
$V = \dfrac{950 \times \dfrac{V}{25}}{30 + \dfrac{V}{25}}$, $30 V + \dfrac{V^2}{25} = 950 \times \dfrac{V}{25}$
$30 + \dfrac{V}{25} = 38$, ∴ $V = 200$[V]
답 ①

43 다음 중 반자성 특성을 갖는 자성체는?

① 규소강판　　② 초전도체
③ 페리자성체　　④ 네오디뮴자석

풀이 초전도체는 임계온도 이하에서 완전 반자성을 나타낸다.
답 ②

44 권선형 유도전동기에서 비례추이를 할 수 없는 것은?

① 회전력　　② 1차 전류
③ 2차 전류　　④ 출력

풀이
• 비례추이 할 수 있는 특성 : 1차 전류, 2차 전류, 역률, 동기 와트 등
• 비례추이 할 수 없는 특성 : 출력, 2차 동손, 효율 등
답 ④

45 용량 150[kVA]의 단상변압기의 철손이 1[kW], 전부하 동손이 4[kW]이다. 이 변압기의 최대효율은 몇 [kVA]에서 나타나는가?

① 50　　② 75
③ 100　　④ 150

풀이 변압기 효율은 $m^2 P_c = P_i$ 일 때 최대이므로
$m^2 \times 4 = 1$ ∴ $m = \sqrt{\dfrac{1}{4}} = \dfrac{1}{2}$
따라서 $150 \times \dfrac{1}{2} = 75$[kVA]에서 최대 효율이 된다.
답 ②

46 전력용 MOSFET와 전력용 BJT에 대한 설명 중 틀린 것은?

① 전력용 BJT는 전압제어소자로 온 상태를 유지하는 데 거의 무시할 만큼의 전류가 필요로 된다.
② 전력용 MOSFET는 비교적 스위칭 시간이 짧아 높은 스위칭 주파수로 사용할 수 있다.
③ 전력용 BJT는 일반적으로 턴온 상태에서의 전압강하가 전력용 MOSFET보다 작아 전력손실이 적다.
④ 전력용 MOSFET는 온·오프 제어가 가능한 소자이다.

풀이 BJT는 베이스 전류로 컬렉터 전류를 제어하는 전류 제어 스위치로, 온 상태를 유지하기 위해 지속적이고 일정한 크기의 베이스 전류가 필요하다.
답 ①

47 단상 유도전동기의 기동방법 중 기동 토크가 가장 큰 것은?

① 반발 기동형 ② 반발 유도형
③ 콘덴서 기동형 ④ 분상 기동형

풀이 기동 토크의 크기 : 반발 기동형 > 반발 유도형 > 콘덴서 기동형 > 분상 기동형   **답** ①

48 단락비가 큰 동기기는?

① 안정도가 높다.
② 전압변동률이 크다.
③ 기계가 소형이다.
④ 전기자 반작용이 크다.

풀이 단락비가 큰 기계(철기계)
- 동기 임피던스가 작다. ($K_s \propto \dfrac{1}{Z_s}$)
- 전압변동률이 작다.
- 전기자 반작용이 작다.
- 출력이 크다.
- 과부하 내량이 크고 안정도가 높다.
- 자기 여자 현상이 작다.
- 극수가 많은 저속기에 적합하다.   **답** ①

49 단상전파 제어 정류회로에서 순저항 부하일 때의 평균 출력 전압은? (단, V_m은 인가 전압의 최댓값이고 점호각은 α이다.)

① $\dfrac{V_m}{\pi}(1+\cos\alpha)$ ② $\dfrac{V_m}{\pi}(1+\tan\alpha)$
③ $\dfrac{2V_m}{\pi}(1+\cos\alpha)$ ④ $\dfrac{2V_m}{\pi}(1+\tan\alpha)$

풀이

	반파정류	전파정류
다이오드	$V_d = \dfrac{\sqrt{2}\,V_i}{\pi} = 0.45 V_i$	$V_d = \dfrac{2\sqrt{2}\,V_i}{\pi} = 0.9 V_i$
SCR	$V_d = \dfrac{\sqrt{2}\,V_i}{2\pi}(1+\cos\alpha)$	$V_d = \dfrac{\sqrt{2}\,V_i}{\pi}(1+\cos\alpha)$

V_d는 직류전압, V_i는 교류전압의 실효값이다.   **답** ①

50 [보기]의 설명에서 빈칸(㉠~㉢)에 알맞은 말은?

> 권선형 유도전동기에서 2차 저항을 증가시키면 기동전류는 (㉠)하고 기동 토크는 (㉡)하며, 2차 회로의 역률이 (㉢)되고 최대 토크는 일정하다.

① ㉠ 감소 ㉡ 증가 ㉢ 좋아지게
② ㉠ 감소 ㉡ 감소 ㉢ 좋아지게
③ ㉠ 감소 ㉡ 증가 ㉢ 나빠지게
④ ㉠ 증가 ㉡ 감소 ㉢ 나빠지게

풀이 3상 권선형 유도전동기에서 2차 저항을 크게 하면 기동전류는 감소하고 기동 토크는 증가하나, 최대 토크가 2차 저항에 비례추이 하므로 최대 토크는 변하지 않는다.   **답** ①

51 직류분권전동기의 공급전압의 극성을 반대로 하면 회전방향은 어떻게 되는가?

① 변하지 않는다.
② 반대로 된다.
③ 발전기로 된다.
④ 회전하지 않는다.

풀이 공급전압의 극성을 반대로 하면, 계자전류와 전기자 전류의 방향이 동시에 반대로 되므로 회전방향은 변하지 않는다.   **답** ①

52 10[kVA], 2000/380[V]의 변압기 1차 환산 등가임피던스가 $3+j4[\Omega]$이다. %임피던스 강하는 몇 [%]인가?

① 0.75 ② 1.0
③ 1.25 ④ 1.5

풀이
$I_{1n} = \dfrac{10\times 10^3}{2000} = 5[A]$
$z = \sqrt{r^2+x^2} = \sqrt{3^2+4^2} = 5[\Omega]$
$\therefore \%z = \dfrac{I_{1n}z}{V_{1n}}\times 100 = \dfrac{5\times 5}{2000}\times 100$
$= 1.25[\%]$ **답** ③

53 동기조상기를 부족여자로 사용하면?

① 리액터로 작용
② 저항손의 보상
③ 일반 부하의 뒤진 전류를 보상
④ 콘덴서로 작용

풀이 동기조상기는 동기전동기를 무부하로 회전시켜 직류 계자전류 I_f의 크기를 조정하여 무효전력을 지상 또는 진상으로 제어하는 기기이다.
- **과여자**(진역률) : 콘덴서 C로 작용
- **부족여자**(지역률) : 인덕턴스 L로 작용

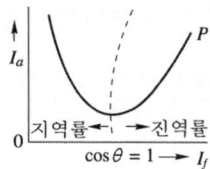

답 ①

54 사이리스터 특성에 대한 설명 중 틀린 것은?

① 하나의 스위치 작용을 하는 반도체이다.
② pn접합을 여러 개 적당히 결합한 전력용 스위치이다.
③ 사이리스터를 턴온시키기 위해 필요한 최소의 순방향 전류를 래칭전류라 한다.
④ 유지전류는 래칭전류보다 크다.

풀이 게이트 개방상태에서 SCR이 도통되고 있을 때 그 상태를 유지하기 위한 최소의 순전류를 유지 전류(holding current)라고 한다. 턴온되려고 할 때는 이 유지전류 이상의 순전류가 필요하며, 확실히 턴온시키기 위해서 필요한 최소의 순전류를 래칭 전류라 한다. **답** ④

55 직류분권전동기의 운전 중 계자저항기의 저항을 증가하면 속도는 어떻게 되는가?

① 변하지 않는다.
② 증가한다.
③ 감소한다.
④ 정지한다.

풀이 $n = k\dfrac{V - I_a R_a}{\phi}$ 에서 자속 ϕ가 감소(여자전류감소)하면 회전속도 n은 증가하게 된다. **답** ②

56 $E_1 = 2000[V]$, $E_2 = 100[V]$의 변압기에서 $r_1 = 0.2[\Omega]$, $r_2 = 0.0005[\Omega]$, $x_1 = 2[\Omega]$, $x_2 = 0.005[\Omega]$이다. 권수비 a는?

① 60   ② 30
③ 20   ④ 10

풀이 $\dfrac{E_1}{E_2} = \dfrac{N_1}{N_2} = a$, $\dfrac{r_1}{r_2} = \dfrac{x_1}{x_2} = a^2$에서
$a = \dfrac{2000}{100} = 20$ **답** ③

57 출력이 20[kW]인 직류발전기의 효율이 80[%]이면 손실[kW]은 얼마인가?

① 1   ② 2
③ 5   ④ 8

풀이 손실을 $P_L[kW]$라 하면 $0.8 = \dfrac{20}{20 + P_L}$
∴ $P_L = \dfrac{20}{0.8} - 20 = 25 - 20 = 5[kW]$ **답** ③

58 단상 교류정류자 전동기의 직권형에 가장 적합한 부하는?

① 치과의료용   ② 펌프용
③ 송풍기용   ④ 공작기계용

풀이 단상 직권 정류자 전동기를 약해서 단상 직권전동기라 하며 이것은 가정용 미싱, 소형 공구, 영사기, 믹서, 치과의료용 엔진 등에 사용하고, 교류, 직류 양용에 사용되기 때문에 교직 양용 전동기 또는 만능 전동기(universal motor)라고 한다. **답** ①

59 전기자를 고정자로하고, 계자극을 회전자로 한 회전계자형으로 가장 많이 사용되는 것은?

① 직류발전기   ② 회전변류기
③ 동기발전기   ④ 유도발전기

풀이 회전계자방식은 동기발전기의 회전자에 의한 분류로 전기자를 고정자로 하고 계자극을 회전자로 한 방식이다. **답** ③

60 명판(name plate)에 정격전압 220[V], 정격전류 14.4[A], 출력 3.7[kW]로 기재되어 있는 3상 유도전동기가 있다. 이 전동기의 역률을 84[%]라 할 때 이 전동기의 효율[%]은?

① 78.25 ② 78.84
③ 79.15 ④ 80.27

풀이 $P = \sqrt{3}\,VI\cos\theta \cdot \eta$ 이므로

$$\therefore \eta = \frac{P}{\sqrt{3}\,VI\cos\theta} \times 100$$
$$= \frac{3.7 \times 10^3}{\sqrt{3} \times 220 \times 14.4 \times 0.84} \times 100\,[\%]$$
$$= 80.27\,[\%]$$

답 ④

4과목 - 회로이론

61 1차 지연 요소의 전달함수는?

① K ② $\dfrac{K}{s}$
③ Ks ④ $\dfrac{K}{1+Ts}$

풀이 비례 요소 : K, 미분요소 : Ks,
적분 요소 : $\dfrac{K}{s}$, 1차 지연요소 : $\dfrac{K}{Ts+1}$ 답 ④

62 그림과 같은 회로에서 공진시의 어드미턴스[℧]는?

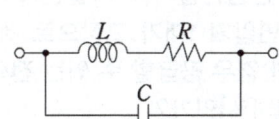

① $\dfrac{CR}{L}$ ② $\dfrac{LC}{R}$
③ $\dfrac{C}{RL}$ ④ $\dfrac{R}{LC}$

풀이 공진 시는 합성 어드미턴스의 허수부가 0이므로

$$Y = Y_1 + Y_2 = \frac{1}{R+j\omega L} + j\omega C$$
$$= \frac{R}{R^2+\omega^2 L^2} + j\left(\omega C - \frac{\omega L}{R^2+\omega^2 L^2}\right)$$
$$\therefore Y = \frac{R}{R^2+\omega^2 L^2}$$

그런데 공진 조건은 $\omega C = \dfrac{\omega L}{R^2+\omega^2 L^2}$ 이므로

$$R^2+\omega^2 L^2 = \frac{L}{C}$$
$$\therefore Y_r = \frac{R}{R^2+\omega^2 L^2} = \frac{R}{\frac{L}{C}} = \frac{CR}{L}$$

답 ①

63 어떤 회로에 $E = 200\angle\dfrac{\pi}{3}$[V]의 전압을 가하니 $I = 10\sqrt{3}+j10$[A]의 전류가 흘렀다. 이 회로의 무효전력[Var]은?

① 707 ② 1000
③ 1732 ④ 2000

풀이 $I = 10\sqrt{3}+j10$
$= \sqrt{(10\sqrt{3})^2+10^2}\angle\tan^{-1}\left(\dfrac{1}{\sqrt{3}}\right)$
$= 20\angle 30°$[A]
$P_a = \overline{V}I = 200\angle -60° \times 20\angle 30°$
$= 4000\angle -30° = 4000(\cos 30° - j\sin 30°)$
$= 2000\sqrt{3} - j2000$[VA]

따라서 이 회로의 유효전력은 $2000\sqrt{3}$[W], 무효전력은 2000[Var]이다.   답 ④

64 3상 불평형 전압에서 영상전압이 150[V]이고 정상전압이 500[V], 역상전압이 300[V]이면 전압의 불평형률[%]은?

① 70 ② 60
③ 50 ④ 40

풀이 불평형률 $= \dfrac{\text{역상 전압}}{\text{정상 전압}} \times 100 = \dfrac{300}{500} \times 100 = 60[\%]$

답 ②

65 어떤 제어계의 출력이 $C(s) = \dfrac{5}{s(s^2+s+2)}$ 로 주어질 때 출력의 시간함수 $c(t)$의 정상값은?

① 5 ② 2 ③ $\dfrac{2}{5}$ ④ $\dfrac{5}{2}$

풀이 최종값 정리에 의해서
$$\lim_{t \to \infty} c(t) = \lim_{s \to 0} sC(s)$$
$$= \lim_{s \to 0} s \cdot \dfrac{5}{s(s^2+s+2)} = \dfrac{5}{2}$$ **답** ④

66 저항 4[Ω]과 유도 리액턴스 X_L[Ω]이 병렬로 접속된 회로에 12[V]의 교류전압을 가하니 5[A]의 전류가 흘렀다. 이 회로의 X_L[Ω]은?

① 8 ② 6 ③ 3 ④ 1

풀이
$I_R = \dfrac{V}{R} = \dfrac{12}{4} = 3[A]$
$I_L = \sqrt{I^2 - I_R^2} = \sqrt{5^2 - 3^2} = 4[A]$
∴ $X_L \cdot I_L = 12[V]$이므로 $X_L = \dfrac{12}{I_L} = \dfrac{12}{4} = 3[\Omega]$

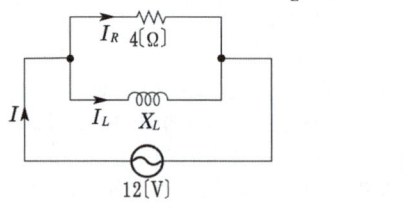

답 ③

67 그림과 같은 회로에서 정전용량 C[F]를 충전한 후 스위치 S를 닫아서 이것을 방전할 때 과도전류는? (단, 회로에는 저항이 없다.)

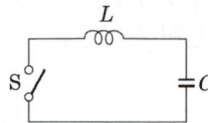

① 주파수가 다른 전류
② 크기가 일정하지 않은 전류
③ 증가 후 감쇠하는 전류
④ 불변의 진동전류

풀이 저항 성분이 없으므로 전력 소모가 없고 L, C 내의 보유 에너지는 불변하므로 크기, 주파수가 변함없는 무감쇠 진동 전류가 흐른다. **답** ④

68 다음 용어 설명 중 틀린 것은?

① 역률 = $\dfrac{\text{유효전력}}{\text{피상전력}}$
② 파형률 = $\dfrac{\text{평균값}}{\text{실효값}}$
③ 파고율 = $\dfrac{\text{최대값}}{\text{실효값}}$
④ 왜형률 = $\dfrac{\text{전고조파의 실효값}}{\text{기본파의 실효값}}$

풀이 파형률(form factor) = $\dfrac{\text{실효값}}{\text{평균값}}$ **답** ②

69 3상 회로의 영상분, 정상분, 역상분을 각각 I_0, I_1, I_2라 하고 선전류를 I_a, I_b, I_c라 할 때 I_b는? (단, $a = -\dfrac{1}{2} + j\dfrac{\sqrt{3}}{2}$ 이다.)

① $I_0 + I_1 + I_2$
② $\dfrac{1}{3}(I_0 + I_1 + I_2)$
③ $I_0 + a^2 I_1 + a I_2$
④ $\dfrac{1}{3}(I_0 + a I_1 + a^2 I_2)$

풀이 불평형 3상 전류
$I_a = I_0 + I_1 + I_2$, $I_b = I_0 + a^2 I_1 + a I_2$
$I_c = I_0 + a I_1 + a^2 I_2$ **답** ③

70 3대의 단상변압기를 △결선으로 하여 운전하던 중 변압기 1대가 고장으로 제거하여 V결선으로 한 경우 공급할 수 있는 전력은 고장전 전력의 몇 [%]인가?

① 57.7 ② 50.0
③ 63.3 ④ 67.7

풀이 변압기 1개의 출력을 P라 하면
출력비 = $\dfrac{P_V}{P_\triangle} = \dfrac{\sqrt{3}P}{3P} = \dfrac{\sqrt{3}}{3} ≒ 0.577$
$= 57.7[\%]$

71 그림과 같은 구형파의 라플라스 변환은?

① $\frac{1}{s}(1-e^{-s})$

② $\frac{1}{s}(1+e^{-s})$

③ $\frac{1}{s}(1-e^{-2s})$

④ $\frac{1}{s}(1+e^{-2s})$

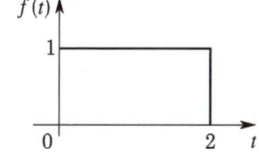

풀이

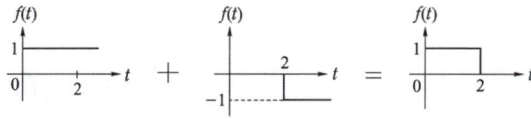

$f(t) = u(t) - u(t-2)$
$F(s) = \mathcal{L}[f(t)] = \mathcal{L}[u(t) - u(t-2)]$
$= \frac{1}{s} - \frac{1}{s}e^{-2s} = \frac{1}{s}(1-e^{-2s})$ **답** ③

72 정상상태에서 시간 $t=0$일 때 스위치 S를 열면 흐르는 전류 i는?

① $\frac{E}{R}e^{-\frac{R+r}{L}t}$

② $\frac{E}{r}e^{-\frac{R+r}{L}t}$

③ $\frac{E}{r}e^{-\frac{L}{R+r}t}$

④ $\frac{E}{R}e^{-\frac{L}{R+r}t}$

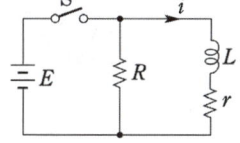

풀이
전원 제거 시 $i(t) = Ie^{-\frac{R+r}{L}t}$ 이고,
정상상태에서 L은 단락이므로
∴ $i(t) = \frac{E}{r}e^{-\frac{R+r}{L}t}$ [A] **답** ②

73 어떤 코일의 임피던스를 측정하고자 직류전압 100[V]를 가했더니 500[W]가 소비되고, 교류전압 150[V]를 가했더니 720[W]가 소비되었다. 코일의 저항[Ω]과 리액턴스[Ω]는 각각 얼마인가?

① $R=20$, $X_L=15$
② $R=15$, $X_L=20$
③ $R=25$, $X_L=20$
④ $R=30$, $X_L=25$

풀이
직류 : $R = \frac{V^2}{P} = \frac{100^2}{500} = 20[\Omega]$
교류 : $P = \frac{V^2 R}{R^2 + X^2}$ 에서 $720 = \frac{150^2 \times 20}{20^2 + X^2}[\Omega]$
∴ $X = \sqrt{\frac{150^2 \times 20}{720} - 20^2} = 15[\Omega]$ **답** ①

74 단자 a-b에 30[V]의 전압을 가했을 때 전류 I는 3[A]가 흘렀다고 한다. 저항 $r[\Omega]$은 얼마인가?

① 5
② 10
③ 15
④ 20

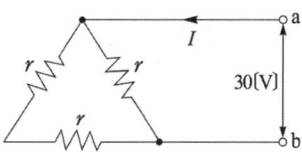

풀이
$V = \frac{r \cdot 2r}{r + 2r} \cdot I = \frac{2}{3}r \cdot I$ 이므로
따라서
$r = \frac{V}{I} \times \frac{3}{2} = \frac{30}{3} \times \frac{3}{2} = 15[\Omega]$

답 ③

75 그림과 같은 회로망에서 Z_1을 4단자 정수에 의해 표시하면 어떻게 되는가?

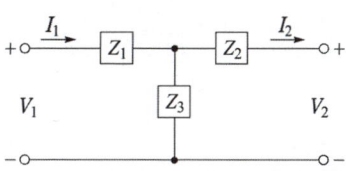

① $\frac{1}{C}$

② $\frac{D-1}{C}$

③ $\frac{B-1}{C}$

④ $\frac{A-1}{C}$

풀이 그림과 같은 4단자망의 4단자 정수 중 A와 C는
$$A = 1 + \frac{Z_1}{Z_3}, \quad C = \frac{1}{Z_3}$$
$$\therefore Z_1 = (A-1)Z_3 = \frac{A-1}{C}$$
답 ④

풀이 비정현파의 실효값
$$I = \sqrt{I_0^2 + I_1^2 + I_2^2 + \cdots + I_n^2} \text{ 에서}$$
$$I = \sqrt{7^2 + (\frac{14.1}{\sqrt{2}})^2} = 12.2[A]$$
답 ②

76 그림과 같은 회로에서 임피던스 파라미터 Z_{11}은?

① sL_1
② sM
③ sL_1L_2
④ sL_2

풀이 등가 T형 회로 $Z_{11} = Z_1 + Z_3 = L_1 - M + M = L_1$
$$\therefore Z_{11} = sL_1$$

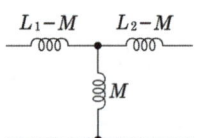

답 ①

79 $f(t) = At^2$의 라플라스변환은?

① $\frac{A}{s^2}$
② $\frac{2A}{s^2}$
③ $\frac{A}{s^3}$
④ $\frac{2A}{s^3}$

풀이 $\mathcal{L}[at^n] = a\mathcal{L}[t^n] = \frac{an!}{s^{n+1}} = \frac{A \cdot 2!}{s^{2+1}} = \frac{2A}{s^3}$
답 ④

80 3상 유도전동기의 출력이 3.7[kW], 선간전압 200[V], 효율 90[%], 역률 80[%] 일 때, 이 전동기에 유입되는 선전류는 약 몇 [A]인가?

① 8
② 10
③ 12
④ 15

풀이 입력 $P_i = \frac{P_0}{\eta} = \sqrt{3} \, VI\cos\theta$
$$\therefore I = \frac{P_0}{\eta\sqrt{3}\,V\cos\theta} = \frac{3.7 \times 10^3}{0.9 \times \sqrt{3} \times 200 \times 0.8}$$
$$\fallingdotseq 15[A]$$
답 ④

77 RL 병렬회로의 합성 임피던스[Ω]는?
(단, ω[rad/s]는 이 회로의 각 주파수이다.)

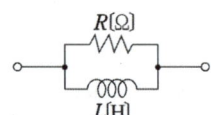

① $R(1 + j\frac{\omega L}{R})$
② $R(1 - j\frac{1}{\omega L})$
③ $\frac{R}{(1 - j\frac{R}{\omega L})}$
④ $\frac{R}{(1 + j\frac{R}{\omega L})}$

풀이 $Z = \frac{R \cdot j\omega L}{R + j\omega L} = \frac{R}{1 + \frac{R}{j\omega L}} = \frac{R}{1 - j\frac{R}{\omega L}}$
답 ③

5과목 - 전기설비기술기준

81 발전소 등의 울타리·담 등을 시설할 때 사용전압이 154[kV]인 경우 울타리·담 등의 높이와 울타리·담 등으로부터 충전부분까지의 거리의 합계는 몇 [m] 이상이어야 하는가?

① 5
② 6
③ 8
④ 10

78 어떤 회로에 흐르는 전류가 $i = 7 + 14.1\sin\omega t$[A]인 경우 실효값은 약 몇 [A]인가?

① 11.2
② 12.2
③ 13.2
④ 14.2

풀이 341.4 특고압용 기계기구의 시설
특고압용 기계기구 충전부분의 지표상 높이

사용전압의 구분	울타리·담 등의 높이와 울타리·담 등으로부터 충전 부분까지의 거리의 합계
35[kV] 이하	5[m]
35[kV] 초과 160[kV] 이하	6[m]
160[kV] 초과	• 거리의 합계 = 6 + 단수 × 0.12[m] • 단수 = $\frac{\text{사용전압[kV]}-160}{10}$ 단수 계산에서 소수점 이하는 절상

답 ②

82 지선 시설에 관한 설명으로 틀린 것은?

① 철탑은 지선을 사용하여 그 강도를 분담시켜야 한다.
② 지선의 안전율은 2.5 이상이어야 한다.
③ 지선에 연선을 사용할 경우 소선 3가닥 이상의 연선이어야 한다.
④ 지선근가는 지선의 인장하중에 충분히 견디도록 시설하여야 한다.

풀이 331.11 지선의 시설
가. 가공전선로의 지지물로 사용하는 철탑은 지선을 사용하여 그 강도를 분담시켜서는 안 된다.
나. 지선의 안전율은 2.5 이상일 것. 이 경우에 허용 인장하중의 최저는 4.31[kN]으로 한다.
다. 지선에 연선을 사용할 경우에는 다음에 의할 것.
① 소선 3가닥 이상의 연선일 것.
② 소선의 지름이 2.6[mm] 이상의 금속선을 사용한 것일 것.
라. 지중부분 및 지표상 0.3[m]까지의 부분에는 내식성이 있는 것 또는 아연도금을 한 철봉을 사용하고 쉽게 부식되지 않는 근가에 견고하게 붙일 것.

답 ①

83 사용전압 66[kV]의 가공전선을 시가지에 시설할 경우 전선의 지표상 최소 높이는 몇 [m]인가?

① 6.48
② 8.36
③ 10.48
④ 12.36

풀이 333.1 시가지 등에서 특고압 가공전선로의 시설

사용전압의 구분	지표상의 높이
35[kV] 이하	10[m] (전선이 특고압 절연전선인 경우에는 8[m])
35[kV] 초과	10[m]에 35[kV]를 초과하는 10[kV] 또는 그 단수마다 12[cm]를 더한 값

• 단수 = $\frac{66-35}{10}$ = 3.1 → 4단
• 지표상의 높이 = 10 + 4 × 0.12 = 10.48[m]

답 ③

84 시가지 등에서 특고압가공전선로를 시설하는 경우 특고압가공전선로용 지지물로 사용할 수 없는 것은? (단, 사용전압이 170[kV] 이하인 경우이다.)

① 철탑
② 철근 콘크리트주
③ A종 철주
④ 목주

풀이 333.1 시가지 등에서 특고압 가공전선로의 시설
특고압 가공 전선로를 시가지, 기타 인가가 밀집한 지역에 시설하는 경우는 케이블을 사용하여 시설하거나 사용 전압 170[kV] 이하의 것을 다음에 의하여 시설한다.
가. 지지물은 목주를 사용할 수 없고 철주, 철근 콘크리트주, 또는 철탑을 사용한다.
나. 전선

사용전압의 구분	전선의 단면적
100[kV] 미만	인장강도 21.67[kN] 이상의 연선 또는 단면적 55[mm²] 이상의 경동연선
100[kV] 이상	인장강도 58.84[kN] 이상의 연선 또는 단면적 150[mm²] 이상의 경동연선

답 ④

85 금속제 가요전선관공사에 의한 저압 옥내배선으로 틀린 것은?

① 2종 금속제 가요전선관을 사용하였다.
② 전선은 연선을 사용 하였다.
③ 전선으로 옥외용 비닐절연전선을 사용하였다.
④ 가요전선관은 접지공사를 하였다.

풀이 232.13 금속제가요전선관공사
가. 전선은 절연전선(옥외용 비닐 절연전선을 제외한다)일 것.
나. 선선은 연선일 것. 나만, 단면적 10[mm^2](알루미늄선은 단면적 16[mm^2]) 이하인 것은 그러하지 아니하다.
다. 가요전선관 안에는 전선에 접속점이 없도록 할 것.
라. 가요전선관은 2종 금속제 가요전선관일 것. **답** ③

86
전기설비의 접지계통과 건축물의 피뢰설비 및 통신설비 등의 접지극을 공용하는 통합 접지공사를 하는 경우 낙뢰 등 과전압으로부터 전기설비를 보호하기 위하여 설치해야 하는 것은?

① 과전류차단기 ② 지락보호장치
③ 서지보호장치 ④ 개폐기

풀이 142.6 공통접지 및 통합접지
전기설비의 접지계통·건축물의 피뢰설비·전자통신설비 등의 접지극을 공용하는 통합접지시스템으로 하는 경우 낙뢰에 의한 과전압 등으로부터 전기전자기기 등을 보호하기 위해 규정에 따라 서지보호장치를 설치하여야 한다. **답** ③

87
저압가공전선과 고압가공전선을 동일 지지물에 시설하는 경우 이격거리는 몇 [cm] 이상이어야 하는가?

① 50 ② 60
③ 70 ④ 80

풀이 332.8 고압 가공전선 등의 병행설치
저압 가공전선(다중접지된 중성선은 제외한다. 이하 같다)과 고압 가공전선을 동일 지지물에 시설하는 경우에는 다음에 따라야 한다.
가. 저압 가공전선을 고압 가공전선의 아래로 하고 별개의 완금류에 시설할 것.
나. 저압 가공전선과 고압 가공전선 사이의 이격거리는 0.5[m] 이상일 것.
다. 다음의 어느 하나에 해당하는 경우에는 "가" 및 "나"에 의하지 아니할 수 있다.
 ① 고압 가공전선에 케이블을 사용하고, 또한 그 케이블과 저압 가공전선 사이의 이격거리를 0.3[m] 이상으로 하여 시설하는 경우
 ② 저압 가공인입선을 분기하기 위하여 저압 가공전선을 고압용의 완금류에 견고하게 시설하는 경우 **답** ①

88
사용전압 220[V]인 경우에 애자공사에 의한 옥측전선로를 시설할 때 전선과 조영재와의 이격거리는 몇 [cm] 이상이어야 하는가?

① 2.5 ② 4.5
③ 6   ④ 8

풀이 232.56 애자공사
가. 전선의 종류 : 절연 전선. 단, 옥외용 비닐 절연 전선(OW) 및 인입용 비닐 절연 전선(DV)은 제외한다.
나. 이격 거리

전압		전선과 조영재와의 이격 거리	전선 상호 간격	전선 지지점 간의 거리	
				조영재의 윗면 또는 옆면에 따라 시설	조영재에 따라 시설하지 않는 경우
저압	400[V] 이하	2.5[cm] 이상		–	
	400[V] 초과	건조한 장소	2.5[cm] 이상	6[cm] 이상	2[m] 이하	6[m] 이하
		기타의 장소	4.5[cm] 이상			

답 ①

89
옥내의 네온 방전등 공사에 대한 설명으로 틀린 것은?

① 방전등용 변압기는 네온변압기일 것
② 관등회로의 배선은 점검할 수 없는 은폐장소에 시설할 것
③ 관등회로의 배선은 애자공사에 의하여 시설할 것
④ 방전등용 변압기의 외함에는 접지공사를 할 것

풀이 234.12.2 관등회로의 배선
관등회로의 배선은 애자공사로 다음에 따라서 시설하여야 한다.
가. 전선은 네온관용전선을 사용할 것.
나. 배선은 외상을 받을 우려가 없고 사람이 접촉될 우려가 없는 노출장소 또는 점검할 수 있는 은폐장소에 시설할 것.
다. 전선지지점간의 거리는 1[m] 이하로 할 것. **답** ②

90 사용전압 66[kV] 가공전선과 6[kV] 가공전선을 동일 지지물에 시설하는 경우, 특고압가공전선은 케이블인 경우를 제외하고는 단면적이 몇 [mm²]인 경동연선 또는 이와 동등 이상의 세기 및 굵기의 연선이어야 하는가?

① 22　　　② 38
③ 50　　　④ 100

풀이 333.17 특고압 가공전선과 저고압 가공전선 등의 병행설치
사용전압이 35[kV]를 초과하고 100[kV] 미만인 특고압 가공전선과 저압 또는 고압 가공전선을 동일 지지물에 시설하는 경우에는 다음에 따라 시설하여야 한다.
가. 특고압 가공전선로는 제2종 특고압 보안공사에 의할 것.
나. 특고압 가공전선은 케이블인 경우를 제외하고는 인장강도 21.67[kN] 이상의 연선 또는 단면적이 50[mm²] 이상인 경동연선일 것.
다. 특고압 가공전선로의 지지물은 철주·철근 콘크리트주 또는 철탑일 것   답 ③

91 가공전선 및 지지물에 관한 시설기준 중 틀린 것은?

① 가공전선은 다른 가공전선로, 전차선로, 가공 약전류 전선로 또는 가공 광섬유 케이블선로의 지지물을 사이에 두고 시설하지 말 것
② 가공전선의 분기는 그 전선의 지지점에서 할 것(단, 전선의 장력이 가하여지지 않도록 시설하는 경우는 제외)
③ 가공전선로의 지지물에는 승탑 및 승주를 할 수 없도록 발판 못 등을 시설하지 말 것
④ 가공전선로의 지지물로는 목주·철주·철근콘크리트주 또는 철탑을 사용할 것

풀이 331.4 가공전선로 지지물의 철탑오름 및 전주오름 방지
가공전선로의 지지물에 취급자가 오르고 내리는데 사용하는 발판 볼트 등을 지표상 1.8[m] 미만에 시설하여서는 아니 된다.   답 ③

92 수소냉각식 발전기 및 이에 부속하는 수소냉각장치에 관한 시설기준 중 틀린 것은?

① 발전기안의 수소의 압력 계측장치 및 압력변동에 대한 경보장치를 시설할 것
② 발전기안의 수소 온도를 계측하는 장치를 시설할 것
③ 발전기는 기밀구조이고 또한 수소가 대기압에서 폭발하는 경우에 생기는 압력에 견디는 강도를 가지는 것일 것
④ 발전기안의 수소의 순도가 70[%] 이하로 저하한 경우에 경보를 하는 장치를 시설할 것

풀이 351.10 수소냉각식 발전기 등의 시설
수소냉각식의 발전기·조상기 또는 이에 부속하는 수소 냉각 장치는 다음 각 호에 따라 시설하여야 한다.
가. 발전기 또는 조상기는 기밀구조의 것이고 또한 수소가 대기압에서 폭발하는 경우에 생기는 압력에 견디는 것을 가지는 것일 것.
나. 발전기축의 밀봉부에는 질소 가스를 봉입할 수 있는 장치 또는 발전기 축의 밀봉부로부터 누설된 수소 가스를 안전하게 외부에 방출할 수 있는 장치를 시설할 것.
다. 발전기 내부 또는 조상기 내부의 수소의 순도가 85[%] 이하로 저하한 경우에 이를 경보하는 장치를 시설할 것.
라. 발전기 내부 또는 조상기 내부의 수소의 압력을 계측하는 장치 및 그 압력이 현저히 변동한 경우에 이를 경보하는 장치를 시설할 것.
마. 발전기 내부 또는 조상기 내부의 수소의 온도를 계측하는 장치를 시설할 것.   답 ④

93 과전류차단기로 시설하는 퓨즈 중 고압전로에 사용되는 포장 퓨즈는 정격전류의 몇 배의 전류에 견디어야 하는가?

① 1.1　　　② 1.2
③ 1.3　　　④ 1.5

풀이 341.10 고압 및 특고압 전로 중의 과전류차단기의 시설
가. 과전류차단기로 시설하는 퓨즈 중 고압전로에 사용하는 포장 퓨즈는 정격전류의 1.3배의 전류에 견디고 또한 2배의 전류로 120분 안에 용단되는 것이어야 한다.
나. 과전류차단기로 시설하는 퓨즈 중 고압전로에 사용하는 비포장 퓨즈는 정격전류의 1.25배의 전류에 견디고 또한 2배의 전류로 2분 안에 용단되는 것이어야 한다.   답 ③

94 저압 옥내배선을 합성수지관공사에 의하여 실시하는 경우 사용할 수 있는 단선(동선)의 최대 단면적은 몇 [mm²]인가?

① 4　　　② 6
③ 10　　 ④ 16

풀이 232.11 합성수지관공사
가. 전선은 절연전선(옥외용 비닐 절연전선을 제외한다)일 것.
나. 전선은 연선일 것. 다만, 다음의 것은 적용하지 않는다.
　① 짧고 가는 합성수지관에 넣은 것.
　② 단면적 10[mm²](알루미늄선은 단면적 16[mm²]) 이하의 것.
다. 관의 지지점 간의 거리는 1.5[m] 이하로 할 것.
답 ③

95 가반형의 용접전극을 사용하는 아크 용접장치를 시설할 때 용접변압기의 1차 측 전로의 대지전압은 몇 [V] 이하이어야 하는가?

① 200　　② 250
③ 300　　④ 600

풀이 241.10 아크 용접기
가반형의 용접 전극을 사용하는 아크 용접장치는 다음에 따라 시설하여야 한다.
가. 용접변압기는 절연변압기일 것.
나. 용접변압기의 1차측 전로의 대지전압은 300[V] 이하일 것.
다. 용접변압기의 1차 전로에는 용접 변압기에 가까운 곳에 쉽게 개폐할 수 있는 개폐기를 시설할 것.
라. 용접기 외함 및 피용접재 또는 이와 전기적으로 접속되는 받침대·정반 등의 금속체는 규정에 준하여 접지공사를 하여야 한다.
답 ③

96 저압전로에 사용하는 80[A] 퓨즈는 수평으로 붙일 경우 정격전류의 1.6배 전류에 몇 분 안에 용단되어야 하는가?

① 60　　　② 120
③ 180　　 ④ 240

풀이 212.3.4 보호장치의 특성
1. 과전류 보호장치는 KS C 또는 KS C IEC 관련 표준(배선차단기, 누전차단기, 퓨즈 등의 표준)의 동작특성에 적합하여야 한다.
2. 과전류차단기로 저압전로에 사용하는 범용의 퓨즈는 표에 적합한 것이어야 한다.

표. 퓨즈(gG)의 용단특성

정격전류의 구분	시간	정격전류의 배수	
		불용단전류	용단전류
4[A] 이하	60분	1.5배	2.1배
4[A] 초과 16[A] 미만	60분	1.5배	1.9배
16[A] 이상 63[A] 이하	60분	1.25배	1.6배
63[A] 초과 160[A] 이하	120분	1.25배	1.6배
160[A] 초과 400[A] 이하	180분	1.25배	1.6배
400[A] 초과	240분	1.25배	1.6배

답 ②

출제기준 변경 및 개정된 관계 법규에 따라
삭제된 문제가 있어 20문항이 안됩니다.

2014년 3회

1과목 - 전기자기

01 공기 중에서 무한평면도체 표면 아래의 1[m] 떨어진 곳에 1[C]의 점전하가 있다. 전하가 받는 힘의 크기는 몇 [N]인가?

① 9×10^9
② $\frac{9}{2} \times 10^9$
③ $\frac{9}{4} \times 10^9$
④ $\frac{9}{16} \times 10^9$

풀이 무한 평면 도체에서 1[m] 떨어진 점전하 Q[C]이 받는 힘은 전기 영상법에 의해

$$F = \frac{1}{4\pi\epsilon_0} \frac{QQ'}{(2r)^2}$$
$$= \frac{Q^2}{16\pi\epsilon_0 r^2}$$
$$= \frac{1}{4} \times 9 \times 10^9 \times \frac{1}{1^2}$$
$$= \frac{9}{4} \times 10^9 [N]$$

답 ③

02 1[m]의 간격을 가진 선간전압 66000[V]인 2개의 평행 왕복도선에 10[kA]의 전류가 흐를 때 도선 1[m]마다 작용하는 힘의 크기는 몇 [N/m]인가?

① 1[N/m]
② 10[N/m]
③ 20[N/m]
④ 200[N/m]

풀이
$$F = \frac{\mu_0 I_1 I_2}{2\pi r} = \frac{2 I_1 I_2}{r} \times 10^{-7}$$
$$= \frac{2 \times (10 \times 10^3)^2}{1} \times 10^{-7} = 20[N/m]$$

답 ③

03 비투자율 800의 환상철심으로 하여 권선 600회 감아서 환상솔레노이드를 만들었다. 이 솔레노이드의 평균반경이 20[cm]이고, 단면적이 10[cm²]이다. 이 권선에 전류 1[A]를 흘리면 내부에 통하는 자속[Wb]은?

① 2.7×10^{-4}
② 4.8×10^{-4}
③ 6.8×10^{-4}
④ 9.6×10^{-4}

풀이 환상 솔레노이드의 내부 자속

$$\phi = BS = \mu H \cdot S = \mu \cdot \frac{NI}{2\pi r} \cdot S = \frac{\mu_0 \mu_s NIS}{\ell} \text{에서}$$

$$\phi = \frac{\mu_0 \mu_s NIS}{l}$$
$$= \frac{4\pi \times 10^{-7} \times 800 \times 600 \times 1 \times 10 \times 10^{-4}}{2\pi \times 20 \times 10^{-2}}$$
$$= 4.8 \times 10^{-4} [Wb]$$

답 ②

04 대지면에서 높이 h[m]로 가선된 대단히 긴 평행도선의 선전하(선전하밀도 λ[C/m])가 지면으로부터 받는 힘[N/m]은?

① h에 비례
② h^2에 비례
③ h에 반비례
④ h^2에 반비례

풀이 지상의 높이 h[m]에 선전하밀도 $-\lambda$[C/m]인 영상 전하를 고려하여 선전하간의 작용력을 구하면

$$f = -\lambda E = -\lambda \cdot \frac{\lambda}{2\pi\epsilon_0(2h)} = \frac{-\lambda^2}{4\pi\epsilon_0 h} \propto \frac{1}{h}$$

답 ③

05 단면의 지름이 D[m], 권수가 n[회/m]인 무한장 솔레노이드에 전류 I[A]를 흘렸을 때, 길이 l[m]에 대한 인덕턴스 L[H]는 얼마인가?

① $4\pi^2 \mu_s n D^2 l \times 10^{-7}$
② $4\pi^2 \mu_s n^2 D l \times 10^{-7}$
③ $\pi^2 \mu_s n D^2 l \times 10^{-7}$
④ $\pi^2 \mu_s n^2 D^2 l \times 10^{-7}$

풀이
$$L = \frac{N\phi}{I} = \frac{(nl)\mu HS}{\frac{Hl}{(nl)}} = \frac{(nl)^2 \mu S}{l}$$
$$= n^2 l \mu S = n^2 l \mu_0 \mu_s S$$
$$= 4\pi \times 10^{-7} \times \mu_s n^2 l \times \frac{\pi D^2}{4}$$
$$= \pi^2 \mu_s n^2 D^2 l \times 10^{-7} [H]$$

답 ④

06 전계 E[V/m] 및 자계 H[AT/m]의 전자계가 평면파를 이루고 공기 중을 3×10^8[m/s]의 속도로 전파될 때 단위 시간 당 단위 면적을 지나는 에너지는 몇 [W/m²]인가?

① EH
② $\sqrt{\epsilon\mu}\,EH$
③ $\dfrac{EH}{\sqrt{\epsilon\mu}}$
④ $\dfrac{1}{2}(\epsilon E^2 + \mu H^2)$

풀이 E, H의 전자계가 평면파를 이루고 c[m/s]의 속도로 전파된다면 진행 방향에 수직되는 단위면적 당 단위 시간에 통과하는 에너지는

$$P = \frac{1}{2}(\epsilon E^2 + \mu H^2)\cdot c\,[\text{W/m}^2]$$

(여기서, $c = \dfrac{1}{\sqrt{\epsilon\mu}}$, $E = \sqrt{\dfrac{\mu}{\epsilon}}\,H$)

$$\therefore P = \frac{1}{\sqrt{\epsilon\mu}}\left\{\frac{1}{2}\epsilon E\left(\sqrt{\frac{\mu}{\epsilon}}H\right) + \frac{1}{2}\epsilon H\left(\sqrt{\frac{\epsilon}{\mu}}E\right)\right\}$$
$$= EH\,[\text{W/m}^2]$$
답 ①

07 액체 유전체를 포함한 콘덴서 용량이 C[F]인 것에 V[V]의 전압을 가했을 경우에 흐르는 누설전류[A]는? (단, 유전체의 유전율은 ϵ, 고유저항은 ρ라 한다.)

① $\dfrac{\rho\epsilon}{C}V$
② $\dfrac{C}{\rho\epsilon}V$
③ $\dfrac{C}{\rho\epsilon}V^2$
④ $\dfrac{\rho\epsilon}{CV}$

풀이 $RC = \rho\epsilon$ 에서 $R = \dfrac{\rho\epsilon}{C}$

$$\therefore I = \frac{V}{R} = \frac{V}{\frac{\rho\epsilon}{C}} = \frac{CV}{\rho\epsilon}\,[\text{A}]$$
답 ②

08 Q_1[C]으로 대전된 용량 C_1[F]의 콘덴서에 용량 C_2[F]를 병렬 연결한 경우 C_2가 분배 받는 전기량 Q_2[C]는? (단, V_1[V]은 콘덴서 C_1이 Q_1으로 충전되었을 때 C_1의 양단 전압이다.)

① $Q_2 = \dfrac{C_1 + C_2}{C_2}V_1$
② $Q_2 = \dfrac{C_2}{C_1 + C_2}V_1$
③ $Q_2 = \dfrac{C_1 + C_2}{C_1}V_1$
④ $Q_2 = \dfrac{C_1 C_2}{C_1 + C_2}V_1$

풀이 합성 용량을 C_0라고 하면 $C_0 = C_1 + C_2$[F]
연결 후의 전위차는 $V_0 = \dfrac{Q_1}{C_1 + C_2}$[V]
C_2가 분배받는 전기량 Q_2는

$$\therefore Q_2 = C_2 V_0 = \frac{C_2}{C_1 + C_2}Q_1$$
$$= \frac{C_1 C_2}{C_1 + C_2}V_1\,[\text{C}]$$
답 ④

09 다음 중 변위전류에 관한 설명으로 가장 옳은 것은?

① 변위전류밀도는 전속밀도의 시간적 변화율이다.
② 자유공간에서 변위전류가 만드는 것은 전계이다.
③ 변위전류는 도체와 가장 관계가 깊다.
④ 시간적으로 변화하지 않는 계에서도 변위전류는 흐른다.

풀이 **변위 전류** : 유전체(공기)에 전속밀도의 시간적 변화에 의한 전류
답 ①

10 평면 전자파의 전계 E와 자계 H와의 관계식으로 알맞은 것은?

① $H = \sqrt{\dfrac{\epsilon}{\mu}}\,E$
② $H = \sqrt{\dfrac{\mu}{\epsilon}}\,E$
③ $H = \dfrac{\epsilon}{\mu}E$
④ $H = \dfrac{\mu}{\epsilon}E$

풀이 $\dfrac{E}{H} = \sqrt{\dfrac{\mu}{\epsilon}}$ 에서, $H = \sqrt{\dfrac{\epsilon}{\mu}}\,E$ 이다.
답 ①

11 반지름 a[m]인 무한히 긴 원통형 도선 A, B가 중심 사이의 거리 d[m]로 평행하게 배치되어 있다. 도선 A, B에 각각 단위 길이마다 $+Q$[C/m], $-Q$[C/m]의 전하를 줄 때 두 도선 사이의 전위차는 몇 [V]인가?

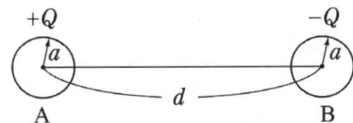

① $\dfrac{Q}{2\pi\epsilon_o}\ln\dfrac{d-a}{a}$ ② $\dfrac{Q}{2\pi\epsilon_o}\ln\dfrac{a}{d-a}$

③ $\dfrac{Q}{\pi\epsilon_o}\ln\dfrac{d-a}{a}$ ④ $\dfrac{Q}{\pi\epsilon_o}\ln\dfrac{a}{d-a}$

풀이 P점의 전계의 세기 E
$$E = E_A + E_B = \dfrac{Q}{2\pi\epsilon_0 x} + \dfrac{Q}{2\pi\epsilon_0(d-x)}$$
$$= \dfrac{Q}{2\pi\epsilon_0}\left(\dfrac{1}{x}+\dfrac{1}{d-x}\right)$$

두 도체 간의 전위차 V_{AB}
$$V_{AB} = -\int_{d-a}^{a} E dx = \int_{a}^{d-a} E dx$$
$$= \dfrac{Q}{2\pi\epsilon_0}\left(\int_{a}^{d-a}\dfrac{1}{x}dx + \int_{a}^{d-a}\dfrac{1}{d-x}dx\right)$$
$$= \dfrac{Q}{2\pi\epsilon_0}\left([\ln x]_{a}^{d-a} + [-\ln(d-x)]_{a}^{d-a}\right)$$
$$= \dfrac{Q}{\pi\epsilon_0}\ln\dfrac{d-a}{a} [\text{V}]$$

답 ③

12 비유전율 $\epsilon_s = 5$인 유전체 내의 분극률은 몇 [F/m]인가?

① $\dfrac{10^{-8}}{9\pi}$ ② $\dfrac{10^9}{9\pi}$

③ $\dfrac{10^{-9}}{9\pi}$ ④ $\dfrac{10^8}{9\pi}$

풀이 분극의 세기 $P=\epsilon_0(\epsilon_s-1)E$ 식에서

분극률 $\chi = \dfrac{P}{E} = \epsilon_0(\epsilon_s-1)$
$$= \dfrac{1}{36\pi\times 10^9}\times(5-1) = \dfrac{10^{-9}}{9\pi} [\text{F/m}]$$

$(\epsilon_0 = \dfrac{10^7}{4\pi C^2} = \dfrac{1}{36\pi\times 10^9}$,

C : 빛의 속도 $= 3\times 10^8$[m/s])

답 ③

13 자속 ϕ[Wb]가 $\phi_m \cos 2\pi ft$[Wb]로 변화할 때 이 자속과 쇄교하는 권수 N회의 코일에 발생하는 기전력은 몇 [V]인가?

① $-\pi f N \phi_m \cos 2\pi ft$
② $\pi f N \phi_m \sin 2\pi ft$
③ $-2\pi f N \phi_m \cos 2\pi ft$
④ $2\pi f N \phi_m \sin 2\pi ft$

풀이 기전력은 시간 당 변화하는 자속의 량에 의해 결정된다.
$$e = -N\dfrac{d\phi}{dt} = -N\dfrac{d}{dt}\phi_m\cos 2\pi ft$$
$$= 2\pi f N\phi_m \sin 2\pi ft [\text{V}]$$

답 ④

14 반지름 $r=a$[m]인 원통 도선에 I[A]의 전류가 균일하게 흐를 때, 자계의 최댓값 [AT/m]는?

① $\dfrac{I}{\pi a}$ ② $\dfrac{I}{2\pi a}$

③ $\dfrac{I}{3\pi a}$ ④ $\dfrac{I}{4\pi a}$

풀이 원통형(원주형) 도체에서 표면($r=a$)에서 자계의 세기가 최대가 되므로
$$H = \dfrac{I}{2\pi r} = \dfrac{I}{2\pi a} [\text{AT/m}]$$

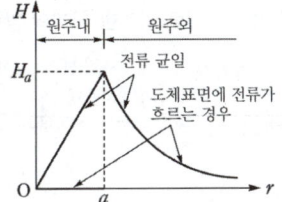

답 ②

15 유전률 $\epsilon_1 > \epsilon_2$인 두 유전체 경계면에 전속이 수직일 때, 경계면상의 작용력은?

① ϵ_1의 유전체에서 ϵ_2의 유전체 방향
② ϵ_2의 유전체에서 ϵ_1의 유전체 방향
③ 전속밀도의 방향
④ 전속밀도의 반대 방향

풀이 유전체 경계면에서 전계 또는 전속밀도는 유전율이 큰 쪽으로 크게 굴절한다.
$$\left(\dfrac{\tan\theta_1}{\tan\theta_2} = \dfrac{\epsilon_1}{\epsilon_2}\right)$$

답 ①

16 ㉠ Ω · sec, ㉡ sec/Ω과 같은 단위는?
① ㉠ H, ㉡ F
② ㉠ H/m, ㉡ F/m
③ ㉠ F, ㉡ H
④ ㉠ F/m, ㉡ H/m

풀이 시정수 t[sec]와 R[Ω], L[H], C[F]의 관계에서
$t = \dfrac{L}{R}$ ∴ L[H] $= Rt$[Ω · sec]
$t = RC$ ∴ C[F] $= \dfrac{t}{R}$[sec/Ω]   **답** ①

17 유도계수의 단위에 해당되는 것은?
① C/F
② V/C
③ V/m
④ C/V

풀이 용량계수와 유도계수의 단위는 모두 [C/V]이다.   **답** ④

18 전류에 의한 자계의 발생 방향을 결정하는 법칙은?
① 비오사바르의 법칙
② 쿨롱의 법칙
③ 패러데이의 법칙
④ 암페어의 오른손 법칙

풀이 암페어의 오른손 법칙 : 전류에 의한 자계의 방향

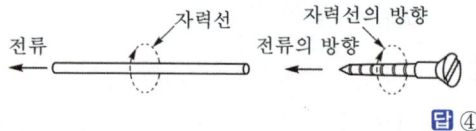

답 ④

19 자기회로의 자기저항에 대한 설명으로 옳지 않은 것은?
① 자기회로의 단면적에 반비례한다.
② 자기회로의 길이에 반비례한다.
③ 자성체의 비투자율에 반비례한다.
④ 단위는 [AT/Wb]이다.

풀이 자기저항 $R = \dfrac{l}{\mu_0 \mu_s S}$[AT/Wb]이므로 $R \propto l$이다.
즉, 자기저항은 길이에 비례한다.   **답** ②

20 길이 20[cm], 단면의 반지름 10[cm]인 원통이 길이의 방향으로 균일하게 자화되어 자화의 세기가 200[Wb/m²]인 경우, 원통 양 단자에서의 전 자극의 세기는 몇 [Wb]인가?
① π
② 2π
③ 3π
④ 4π

풀이 $J = \dfrac{m}{S} = \dfrac{m}{\pi r^2}$[Wb/m²]에서
∴ $m = J \cdot \pi r^2 = 200 \times \pi \times (10 \times 10^{-2})^2$
$= 2\pi$[Wb]   **답** ②

2과목 - 전력공학

21 정삼각형 배치의 선간거리가 5[m]이고, 전선의 지름이 1[cm]인 3상 가공 송전선의 1선의 정전용량은 약 몇 [μF/km]인가?
① 0.008
② 0.016
③ 0.024
④ 0.032

풀이 $C_w = \dfrac{0.02413}{\log_{10} \dfrac{D}{r}} = \dfrac{0.02413}{\log_{10} \dfrac{5}{0.5 \times 10^{-2}}}$
$= 0.008$[μF/km]   **답** ①

22 보일러 급수 중에 포함되어 있는 산소 등에 의한 보일러 배관의 부식을 방지할 목적으로 사용되는 장치는?
① 공기 예열기
② 탈기기
③ 급수 가열기
④ 수위 경보기

풀이 급수 중에 용해되어 있는 산소는 증기 계통, 급수 계통 등을 부식시킨다. 탈기기(deaerator)는 용해 산소 분리의 목적으로 쓰인다.   **답** ②

23 송전선로의 절연 설계에 있어서 주된 결정 사항으로 옳지 않은 것은?
① 애자련의 개수
② 전선과 지지물과의 이격거리
③ 전선 굵기
④ 가공지선의 차폐각도

풀이 송전선로의 절연 설계는 선로에 흐르는 전류의 크기와 허용 전압강하 등을 고려하여 결정하며, 전선의 굵기와 무관하다. 답 ③

풀이 충전전류를 차단할 때 전류파의 0의 위치에서 소거된 아크가 재기전압에 의하여 극간에 다시 발생하는 것을 재점호라고 하며 이러한 재점호 전류는 콘덴서 C에 의한 진상전류에 의해 발생한다. 답 ③

24 가공전선로의 전선 진동을 방지하기 위한 방법으로 틀린 것은?

① 토쇼널 댐퍼(torsional damper)의 설치
② 스프링 피스톤 댐퍼와 같은 진동 제지권을 설치
③ 경동선을 ACSR로 교환
④ 클램프나 전선 접촉기 등을 가벼운 것으로 바꾸고 클램프 부근에 적당히 전선을 첨가

풀이 강심 알루미늄 전선(ACSR)이나 중공 전선은 지름에 비해 중량이 가벼우므로 진동의 원인이 된다. 답 ③

25 변압기의 손실 중, 철손의 감소 대책이 아닌 것은?

① 자속밀도의 감소
② 고배향성 규소 강판 사용
③ 아몰퍼스 변압기의 채용
④ 권선의 단면적 증가

풀이 철손은 고정손으로 권선의 단면적이 증가하면 손실이 더 증가하게 된다. 답 ④

26 부하전류의 차단능력이 없는 것은?

① 공기차단기 ② 유입차단기
③ 진공차단기 ④ 단로기

풀이 단로기(DS)는 소호 장치가 없고 아크 소멸 능력이 없으므로 부하전류나 사고 전류의 개폐는 할 수 없으며 기기를 전로에서 개방할 때 또는 모선의 접속 변경 시 사용한다. 답 ④

27 차단기가 전류를 차단할 때, 재점호가 일어나기 쉬운 차단전류는?

① 동상전류 ② 지상전류
③ 진상전류 ④ 단락전류

28 전력용 콘덴서에 직렬로 콘덴서 용량의 5[%] 정도의 유도 리액턴스를 삽입하는 목적은?

① 제3고조파 전류의 억제
② 제5고조파 전류의 억제
③ 이상전압의 발생방지
④ 정전용량의 조절

풀이 송전선로에는 변압기의 유기기전력이 발생할 때에 생기는 기수 고조파가 존재하게 되는데, 제3고조파는 변압기의 △결선에서 제거되고 제5고조파는 전력용 콘덴서에 직렬로 5[%] 가량의 직렬 리액터를 삽입하여 제거시킨다. 답 ②

29 중거리 송전선로에서 T형 회로일 경우 4단자 정수 A는?

① $1 + \dfrac{ZY}{2}$ ② $1 - \dfrac{ZY}{4}$
③ Z ④ Y

풀이
$$\begin{bmatrix} A & B \\ C & D \end{bmatrix} = \begin{bmatrix} 1 & \dfrac{Z}{2} \\ 0 & 1 \end{bmatrix} \begin{bmatrix} 1 & 0 \\ Y & 1 \end{bmatrix} \begin{bmatrix} 1 & \dfrac{Z}{2} \\ 0 & 1 \end{bmatrix}$$
$$= \begin{bmatrix} 1 + \dfrac{ZY}{2} & Z\left(1 + \dfrac{ZY}{4}\right) \\ Y & 1 + \dfrac{ZY}{2} \end{bmatrix}$$
답 ①

30 피뢰기의 제한전압이란?

① 상용주파전압에 대한 피뢰기의 충격방전 개시전압
② 충격파 침입 시 피뢰기의 충격방전 개시전압
③ 피뢰기가 충격파 방전 종료 후 언제나 속류를 확실히 차단 할 수 있는 상용주파 최대전압
④ 충격파 전류가 흐르고 있을 때의 피뢰기 단자전압

풀이 제한 전압 : 피뢰기 동작 중에 계속해서 걸리고 있는 단자전압의 파고값 **답** ④

31 3상 수직배치인 선로에서 오프셋(offset)을 주는 이유는?
① 전선의 진동 억제
② 단락 방지
③ 철탑의 중량 감소
④ 전선의 풍압 감소

풀이 오프셋 : 전선 도약에 의한 상간 단락 사고 방지

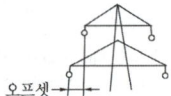
오프셋

답 ②

32 송전선로에서 매설지선을 사용하는 주된 목적은?
① 코로나 전압을 저감시키기 위하여
② 뇌해를 방지하기 위하여
③ 탑각 접지저항을 줄여서 섬락을 방지하기 위하여
④ 인축의 감전사고를 막기 위하여

풀이 매설지선 : 철탑의 탑각 접지저항을 낮추어 역섬락을 방지하기 위한 것으로서 지하 30~60[cm] 정도의 깊이에 30~50[m] 정도의 아연도금 철선을 매설하는 선 **답** ③

33 1차 전압 6000[V], 권수비 30인 단상변압기로부터 부하에 20[A]를 공급할 때, 입력 전력은 몇 [kW]인가? (단, 변압기손실은 무시하고, 부하역률은 1로 한다.)
① 2   ② 2.5
③ 3   ④ 4

풀이 $I_1 = \dfrac{I_2}{a} = \dfrac{20}{30} = \dfrac{2}{3}$[A]
전등 부하에서 역률 $\cos\theta = 1$이므로 입력 P_1은
$P_1 = V_1 I_1 \cos\theta = 6000 \times \dfrac{2}{3} \times 1 = 4000$[W]
$= 4$[kW] **답** ④

34 수차의 특유속도 크기를 바르게 나열한 것은?
① 펠턴수차 < 카플란수차 < 프란시스 수차
② 펠턴수차 < 프란시스 수차 < 카플란수차
③ 프란시스 수차 < 카플란수차 < 펠턴수차
④ 카플란수차 < 펠턴수차 < 프란시스 수차

풀이 수차의 종류와 특유속도 및 그 사용 한계

수차의 종류		특유속도의 한계값
펠톤수차		12~23
프란시스 수차	저속도형	65~150
	중속도형	150~250
	고속도형	250~350
사류수차		150~250
카플란 수차, 프로펠러 수차		350~800

답 ②

35 전력계통의 전압조정을 위한 방법으로 적당한 것은?
① 계통에 콘덴서 또는 병렬리액터 투입
② 발전기의 유효전력 조정
③ 부하의 유효전력 감소
④ 계통의 주파수 조정

풀이
• 유효전력으로 주파수 조정을, 무효전력으로 전압 조정을 할 수 있으며, 무효전력을 공급하는 장치를 조상설비라고 한다.
• 조상설비의 비교

	진상	지상	시충전	조 정
콘덴서	○	×	×	단계적
리액터	×	○	×	단계적
동기조상기	○	○	○	연속적

답 ①

36 설비 A가 150[kW], 수용률 0.5, 설비 B가 250[kW], 수용률 0.8일 때 합성최대전력이 235[kW]이면 부등률은 약 얼마인가?
① 1.10   ② 1.13
③ 1.17   ④ 1.22

풀이 부등률 $= \dfrac{\text{개개의 최대 전력의 합}}{\text{합성 최대 수용 전력}}$
$= \dfrac{150 \times 0.5 + 250 \times 0.8}{235} = 1.17$

37 송전선로에 가공 지선을 설치하는 목적은?

① 코로나 방지　　② 뇌에 대한 차폐
③ 선로 정수의 평행　④ 철탑지지

풀이 가공 지선(over head ground wire)은 송전선 위에 나란히 가설된 도선으로 각 철탑에 접지되어 있으며, 그 설치 목적은
① 직격뇌에 대한 차폐 효과
② 유도뢰에 대한 정전 차폐 효과
③ 통신선에 대한 전자 유도 장해 경감 효과　**답 ②**

38 송전단전압이 3300[V], 수전단전압은 3000[V]이다. 수전단의 부하를 차단한 경우, 수전단전압이 3200[V]라면 이 회로의 전압변동률은 약 몇 [%]인가?

① 3.25　　② 4.28
③ 5.67　　④ 6.67

풀이 전압변동률 = $\dfrac{\text{무부하 시의 전압} - \text{정격전압}}{\text{정격전압}} \times 100$

$= \dfrac{3200 - 3000}{3000} \times 100 = 6.67[\%]$　**답 ④**

39 진상 콘덴서에 2배의 교류전압을 가했을 때 충전용량은 어떻게 되는가?

① $\dfrac{1}{4}$로 된다.　② $\dfrac{1}{2}$로 된다.
③ 2배로 된다.　④ 4배로 된다.

풀이 충전용량 $Q = \omega CV^2 (\propto V^2)$이므로 전압이 2배 증가하면 충전용량은 4배로 된다.　**답 ④**

40 동일한 부하전력에 대하여 전압을 2배로 승압하면 전압강하, 전압강하율, 전력손실률은 각각 어떻게 되는지 순서대로 나열한 것은?

① $\dfrac{1}{2}, \dfrac{1}{2}, \dfrac{1}{2}$　② $\dfrac{1}{2}, \dfrac{1}{2}, \dfrac{1}{4}$
③ $\dfrac{1}{2}, \dfrac{1}{4}, \dfrac{1}{4}$　④ $\dfrac{1}{4}, \dfrac{1}{4}, \dfrac{1}{4}$

풀이 전압을 n배 승압 송전할 경우 전압강하는 승압전의 $\dfrac{1}{n}$배이고, 전압강하율과 전력손실률은 승압전의 $\dfrac{1}{n^2}$배이다.　**답 ③**

3과목 - 전기기기

41 유도전동기의 회전력 발생 요소 중 제곱에 비례하는 요소는?

① 슬립　　② 2차 권선저항
③ 2차 임피던스　④ 2차 기전력

풀이 $\tau = K_0 \dfrac{sE_2^2 r_2}{r_2^2 + (sx_2)^2}$에서 r_2, x_2는 일정하므로
$\tau \propto E_2^2$ 이다.　**답 ④**

42 변압기에 사용되는 절연유의 성질이 아닌 것은?

① 절연내력이 클 것
② 인화점이 낮을 것
③ 비열이 커서 냉각효과가 클 것
④ 절연재료와 접촉해도 화학작용을 미치지 않을 것

풀이 변압기에 사용되는 절연유는 절연저항 및 절연내력이 크고, 인화점이 높고, 점도가 낮아야 한다.　**답 ②**

43 분로권선 및 직렬권선 1상에 유도되는 기전력을 각각 E_1, E_2[V]라 하고 회전자를 0°에서 180°까지 변화시킬 때 3상 유도전압조정기의 출력 측 선간전압의 조정범위는?

① $(E_1 \pm E_2)/\sqrt{3}$　② $\sqrt{3}(E_1 \pm E_2)$
③ $(E_1 - E_2)$　　④ $3(E_1 + E_2)$

풀이 출력 회로의 선간전압을 $\sqrt{3}(E_1 \pm E_2)$의 범위에 걸쳐 연속적으로 조정할 수 있다.　**답 ②**

44 단상 및 3상 유도전압조정기에 관하여 옳게 설명한 것은?

① 단락 권선은 단상 및 3상 유도전압조정기 모두 필요하다.
② 3상 유도전압조정기에는 단락 권선이 필요 없다.
③ 3상 유도전압조정기의 1차와 2차 전압은 동상이다.
④ 단상 유도전압조정기의 기전력은 회전자계에 의해서 유도된다.

풀이 3상 유도전압조정기의 직렬권선에 의한 기전력은 회전자계의 위치에 관계없이 1차 부하전류에 의한 분로권선의 기자력에 의하여 소멸되므로 단락 권선이 필요 없다. **답** ②

45 주파수 50[Hz], 슬립 0.2인 경우의 회전자 속도가 600[rpm]일 때에 3상 유도전동기의 극수는?

① 4 ② 8 ③ 12 ④ 16

풀이 $N=(1-s)N_s$ 에서
$N_s = \dfrac{N}{1-s} = \dfrac{600}{1-0.2} = 750[rpm]$
$\therefore p = \dfrac{120f}{N_s} = \dfrac{120 \times 50}{750} = 8[극]$ **답** ②

46 직류기에 탄소 브러시를 사용하는 주된 이유는?

① 고유저항이 작기 때문에
② 접촉저항이 작기 때문에
③ 접촉저항이 크기 때문에
④ 고유저항이 크기 때문에

풀이 접촉저항이 큰 탄소 브러시를 사용하여 정류 코일의 단락전류를 억제해서 양호한 정류를 얻는 방법을 저항정류라고 한다. **답** ③

47 직류발전기에 있어서 계자 철심에 잔류자기가 없어도 발전되는 직류기는?

① 분권발전기   ② 직권 발전기
③ 타여자 발전기 ④ 복권 발전기

풀이 타여자 발전기는 외부에서 계자권선 F에 직류 전원을 공급하므로 잔류 자기가 없어도 된다.

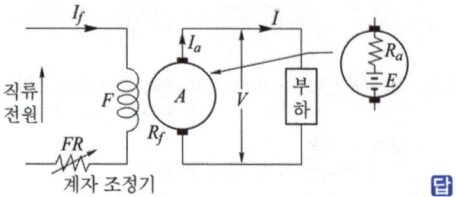

답 ③

48 변압기 결선방식에서 △-△결선방식의 특성이 아닌 것은?

① 중성점접지를 할 수 없다.
② 110[kV] 이상되는 계통에서 많이 사용되고 있다.
③ 외부에 고조파 전압이 나오지 않으므로 통신장해의 염려가 없다.
④ 단상변압기 3대 중 1대의 고장이 생겼을 때 2대로 V결선하여 송전할 수 있다.

풀이 △-△결선은 중성점을 접지할 수 없어 이상전압의 발생 정도가 심하므로 77[kV] 이하의 배전용 변압기에 사용되고 그 이상에는 거의 사용되지 않는다. **답** ②

49 일반적으로 전철이나 화학용과 같이 비교적 용량이 큰 수은 정류기용 변압기의 2차 측 결선방식으로 쓰이는 것은?

① 6상 2중 성형 ② 3상 반파
③ 3상 전파   ④ 3상 크로즈파

풀이 수은 정류기의 직류측 전압은 맥동이 있으므로 맥동을 적게 하기 위하여 상수를 6상 또는 12상을 사용한다. 특히 대용량의 경우는 보통 6상식이 쓰인다. **답** ①

50 시라게 전동기의 특성과 가장 가까운 전동기는?

① 3상 평복권 정류자전동기
② 3상 복권 정류자전동기
③ 3상 직권 정류자전동기
④ 3상 분권 정류자전동기

풀이 시라게 전동기는 3상 분권 정류자 전동기이므로 직류 분권전동기와 특성이 비슷한 정속도 전동기이다.
답 ④

51
3300/200[V], 10[kVA]의 단상변압기의 2차를 단락하여 1차 측에 300[V]를 가하니 2차에 120[A]가 흘렀다. 이 변압기의 임피던스 전압[V]과 백분율 임피던스 강하[%]는?

① 125, 3.8 ② 200, 4
③ 125, 3.5 ④ 200, 4.2

풀이 1차 정격전류
$$I_{1n} = \frac{P}{V_1} = \frac{10 \times 10^3}{3300} = 3.03[A]$$
1차 단락전류
$$I_{1s} = \frac{1}{a}I_{2s} = \frac{200}{3300} \times 120 = 7.27[A]$$
2차를 1차로 환산한 등가 누설 임피던스
$$Z_{21} = \frac{V_s'}{I_{1s}} = \frac{300}{7.27} = 41.26[\Omega]$$
임피던스 전압 V_s는
$$\therefore V_s = I_{1n}Z_{21} = 3.03 \times 41.26 = 125.02[V]$$
백분율 임피던스 강하 %Z는
$$\therefore \%Z = \frac{V_s}{V_{1n}} \times 100 = \frac{125.02}{3300} \times 100 = 3.8[\%]$$
답 ①

52
정·역 운전을 할 수 없는 단상 유도전동기는?

① 분상 기동형   ② 셰이딩 코일형
③ 반발 기동형   ④ 콘덴서 기동형

풀이 셰이딩 코일형은 돌극형 자극의 고정자와 농형 회전자로 구성된 전동기로 자극에 슬롯을 만들어서 단락된 셰이딩 코일을 끼워 넣은 것이다. 구조가 간단하나 기동토크가 매우 작고 효율과 역률이 떨어지며, 회전방향을 바꿀 수 없는 큰 결점이 있다.
답 ②

53
동기기의 과도 안정도를 증가시키는 방법이 아닌 것은?

① 속응여자방식을 채용한다.
② 회전자의 플라이휠 효과를 크게 한다.
③ 동기화 리액턴스를 크게 한다.
④ 조속기의 동작을 신속히 한다.

풀이 동기기의 안정도 증진법
① 동기화 리액턴스를 작게 할 것
② 회전자의 플라이휠 효과를 크게 할 것
③ 속응여자방식을 채용할 것
④ 발전기의 조속기 동작을 신속히 할 것
⑤ 동기 탈조 계전기를 사용할 것
답 ③

54
극수는 6, 회전수가 1200[rpm]인 교류발전기와 병렬운전하는 극수가 8인 교류발전기의 회전수[rpm]는?

① 1200 ② 900
③ 750   ④ 520

풀이 동기발전기의 회전수 $N_s \propto \frac{1}{p}$ 이므로
$$\therefore N_s = \frac{6}{8} \times 1200 = 900[rpm]$$
답 ②

55
어떤 변압기의 단락시험에서 %저항강하 1.5[%]와 %리액턴스강하 3[%]를 얻었다. 부하역률이 80[%] 앞선 경우의 전압변동률[%]은?

① -0.6 ② 0.6
③ -3.0 ④ 3.0

풀이 앞선 역률이므로
$$\epsilon = p\cos\theta - q\sin\theta = 1.5 \times 0.8 - 3 \times 0.6 = -0.6[\%]$$
답 ①

56
교류 발전기의 고조파 발생을 방지하는데 적합하지 않은 것은?

① 전기자 슬롯을 스큐 슬롯으로 한다.
② 전기자 권선의 결선을 Y형으로 한다.
③ 전기자 반작용을 작게 한다.
④ 전기자 권선을 전절권으로 감는다.

풀이 기전력의 파형을 좋게 하고, 고조파를 제거하기 위해서는 단절권으로 하여야 한다.
답 ④

57
3상 동기기에서 제동권선의 주 목적은?

① 출력 개선   ② 효율 개선
③ 역률 개선   ④ 난조 방지

풀이 제동 권선의 역할
① 난조 방지
② 기동 토크 발생
③ 불평형부하시의 전류, 전압 파형 개선
④ 송전선의 불평형 단락시의 이상전압 방지 답 ④

풀이 엘리베이터용 전동기는 일반적으로 성능이 높은 신뢰도를 지니며 기동 토크가 큰 것이 요구된다. 또한 사용 빈도가 높으며, 마이너스 부하로부터 과부하까지 광범위하게 제어가 되어야 할 뿐만 아니라 기동전류와 전동기의 GD^2이 작아야 하고, 소음 및 속도와 회전력의 맥동이 없어야 한다. 답 ②

58 직류기에서 전기자 반작용을 방지하기 위한 보상권선의 전류방향은?
① 계자전류의 방향과 같다.
② 계자전류방향과 반대이다.
③ 전기자 전류방향과 같다.
④ 전기자 전류방향과 반대이다.

풀이 보상권선은 전기자 전류의 기전력을 상쇄하기 위하여 주자극의 자극편에 슬롯을 만들어 그림과 같이 전기자 전류와 반대 방향으로 전류가 흐르게 한다. 보상권선을 설치하면 브러시를 기하학적 중성축에 놓는다.

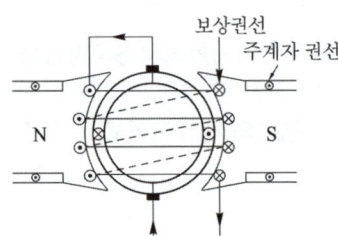

답 ④

59 10극인 직류발전기의 전기자 도체수가 600, 단중파권이고 매극의 자속수가 0.01[Wb], 600[rpm]일 때의 유도기전력[V]은?
① 150 ② 200
③ 250 ④ 300

풀이 파권이므로 $a = 2$이다.
$$\therefore E = \frac{pZ}{a}\Phi\frac{N}{60} = \frac{10 \times 600}{2} \times 0.01 \times \frac{600}{60} = 300[V]$$
답 ④

60 전동력 응용기기에서 GD^2의 값이 적은 것이 바람직한 기기는?
① 압연기 ② 엘리베이터
③ 송풍기 ④ 냉동기

4과목 - 회로이론

61 다음과 같은 회로가 정저항 회로가 되기 위한 $R[\Omega]$의 값은?

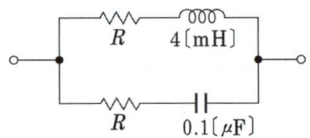

① 200 ② 2
③ 2×10^{-2} ④ 2×10^{-4}

풀이 $R^2 = \frac{L}{C}$, $R = \sqrt{\frac{L}{C}}$
$$\therefore R = \sqrt{\frac{4 \times 10^{-3}}{0.1 \times 10^{-6}}} = 200[\Omega]$$
답 ①

62 2전력계법에서 지시 $P_1 = 100[W]$, $P_2 = 200[W]$일 때 역률[%]은?
① 50.2 ② 70.7
③ 86.6 ④ 90.4

풀이 2전력계법에서 역률 $\cos\theta$
$$\cos\theta = \frac{P_1 + P_2}{2\sqrt{P_1^2 + P_2^2 - P_1 \cdot P_2}}$$
$$= \frac{100 + 200}{2\sqrt{100^2 + 200^2 - 100 \times 200}} = 0.866$$
$$= 86.6[\%]$$
답 ③

63 주기함수 $f(t)$의 푸리에 급수 전개식으로 옳은 것은?

① $f(t) = \sum_{n=1}^{\infty} a_n \sin n\omega t + \sum_{n=1}^{\infty} b_n \sin n\omega t$

② $f(t) = b_0 + \sum_{n=2}^{\infty} a_n \sin n\omega t + \sum_{n=2}^{\infty} b_n \cos n\omega t$

③ $f(t) = a_0 + \sum_{n=1}^{\infty} a_n \cos n\omega t + \sum_{n=1}^{\infty} b_n \sin n\omega t$

④ $f(t) = \sum_{n=1}^{\infty} a_n \cos n\omega t + \sum_{n=1}^{\infty} b_n \cos n\omega t$

풀이 푸리에 급수는 주파수와 진폭을 달리하는 무수히 많은 성분을 갖는 비정현파를 무수히 많은 정현항과 여현항의 합으로 표현하는 것이다.
$f(t) = a_0 + \sum_{n=1}^{\infty} a_n \cos n\omega t + \sum_{n=1}^{\infty} b_n \sin n\omega t$ **답** ③

64 $Z_1 = 2 + j11[\Omega]$, $Z_2 = 4 - j3[\Omega]$의 직렬회로에 교류전압 100[V]를 가할 때 회로에 흐르는 전류는 몇 [A]인가?

① 10 ② 8
③ 6   ④ 4

풀이 합성 임피던스
$Z_0 = Z_1 + Z_2 = (2 + j11) + (4 - j3)$
$= 6 + j8[\Omega]$
$\therefore I = \dfrac{V}{Z_0} = \dfrac{100}{6+j8} = \dfrac{100}{\sqrt{6^2+8^2}}$
$= 10[A]$ **답** ①

65 $i(t) = I_0 e^{st}$[A]로 주어지는 전류가 콘덴서 C[F]에 흐르는 경우의 임피던스[Ω]는?

① $\dfrac{C}{s}$ ② $\dfrac{1}{sC}$
③ C ④ sC

풀이 C에서의 전압 $v(t) = \dfrac{1}{C}\int i(t)dt$ 이므로
$v(t) = \dfrac{1}{C}\int I_0 e^{st} dt = \dfrac{I_0}{sC}e^{st}$
$\therefore Z = \dfrac{v(t)}{i(t)} = \dfrac{\frac{I_0 e^{st}}{sC}}{I_0 e^{st}} = \dfrac{1}{sC}$ **답** ②

66 $E = 40 + j30$[V]의 전압을 가하면 $I = 30 + j10$[A]의 전류가 흐른다. 이 회로의 역률은?

① 0.456   ② 0.567
③ 0.854   ④ 0.949

풀이 $P_a = \overline{V}I = (40 - j30)(30 + j10)$
$= 1500 - j500$
$\therefore \cos\theta = \dfrac{P(\text{유효전력})}{P_a(\text{피상전력})} = \dfrac{1500}{\sqrt{1500^2 + 500^2}}$
$= 0.949$ **답** ④

67 그림과 같은 회로에서 $V - i$ 관계식은?

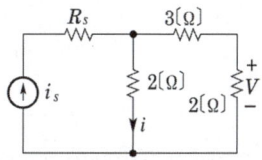

① $V = 0.8i$ ② $V = i_s R_s - 2i$
③ $V = 2i$ ④ $V = 3 + 0.2i$

풀이 전압분배법칙을 적용하면
$V = \dfrac{2}{3+2} \times 2i = \dfrac{4}{5}i = 0.8i$ **답** ①

68 $V_a = 3$[V], $V_b = 2 - j3$[V], $V_c = 4 + j3$[V]를 3상 불평형 전압이라고 할 때 영상전압[V]은?

① 0[V]   ② 3[V]
③ 9[V]   ④ 27[V]

풀이 $V_0 = \dfrac{1}{3}(V_a + V_b + V_c)$
$= \dfrac{1}{3}(3 + 2 - j3 + 4 + j3) = 3$[V] **답** ②

69 $f(t) = te^{-at}$의 라플라스 변환은?

① $\dfrac{2}{(s-a)^2}$ ② $\dfrac{1}{s(s+a)}$
③ $\dfrac{1}{(s+a)^2}$ ④ $\dfrac{1}{s+a}$

풀이 복소 추이 정리에 의해서
$$\mathcal{L}[te^{-at}] = \mathcal{L}[t]_{s=s+a} = \left[\frac{1}{s^2}\right]_{s=s+a} = \frac{1}{(s+a)^2}$$
답 ③

70 회로에서 단자 a-b 사이의 합성저항 R_{ab}는 몇 [Ω]인가? (단, 저항의 크기는 r[Ω]이다.)

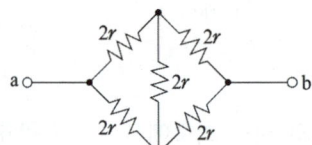

① $\frac{1}{3}r$ ② $\frac{1}{2}r$
③ r ④ $2r$

풀이 브리지 회로의 평형상태이므로 가운데 $2r$ 소자에는 전류가 흐르지 않는다.
$$\therefore R_{ab} = \frac{4r \times 4r}{4r + 4r} = \frac{16r^2}{8r} = 2r[\Omega]$$
답 ④

71 $R=4[\Omega]$, $\omega L=3[\Omega]$의 직렬회로에 $e=100\sqrt{2}\sin\omega t + 50\sqrt{2}\sin 3\omega t$[V]를 가할 때 이 회로의 소비전력은 약 몇 [W]인가?

① 1414 ② 1514
③ 1703 ④ 1903

풀이 주어진 비정현파는 기본파와 제3고조파 분으로 이루어져 있다.
$$P = I^2R = \left(\frac{E}{\sqrt{R^2+X^2}}\right)^2 R = \frac{E^2 R}{R^2+X^2}$$ 이므로

• 기본파에 의한 전력 P_1은
$$P_1 = \frac{100^2 \times 4}{4^2 + 3^2} = 1600[W]$$

• 3고조파에 의한 전력 P_3은
$$P_3 = \frac{50^2 \times 4}{4^2 + (3 \times 3)^2} = 103[W]$$

따라서 이 회로의 소비전력
$$P = 1600 + 103 = 1703[W]$$
답 ③

72 그림과 같은 4단자 회로의 어드미턴스 파라미터 중 Y_{11}[℧]은?

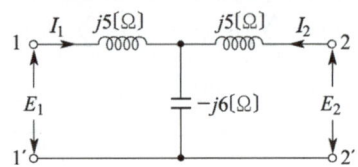

① $-j\frac{1}{35}$ ② $j\frac{2}{35}$
③ $-j\frac{1}{33}$ ④ $j\frac{2}{33}$

풀이
$$Y_{11} = \frac{Z_2 + Z_3}{Z_1Z_2 + Z_2Z_3 + Z_3Z_1}$$
$$= \frac{-j6+j5}{j5\times(-j6)+(-j6)\times j5+j5\times j5}$$
$$= -j\frac{1}{35}$$
답 ①

73 그림과 같은 회로에서 스위치 S를 닫았을 때, 시정수[sec]의 값은?
(단, $L=10$[mH], $R=20$[Ω]이다.)

① 5×10^{-3}
② 5×10^{-4}
③ 200
④ 2000

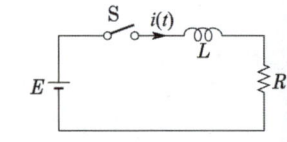

풀이 $R-L$ 직렬회로의 시정수 $\tau = \frac{L}{R}$[s]
$$\therefore \tau = \frac{10 \times 10^{-3}}{20} = 5 \times 10^{-4}[s]$$
답 ②

74 정전용량이 같은 콘덴서 2개를 병렬로 연결했을 때의 합성 정전용량은 직렬로 연결했을 때의 몇 배인가?

① 2 ② 4
③ 6 ④ 8

풀이 정전용량을 C, 직렬로 연결할 때의 정전용량을 C_s, 병렬로 연결할 때의 정전용량을 C_p라 하면
$$C_s = \frac{C \times C}{C+C} = \frac{C^2}{2C} = \frac{C}{2}$$

$$C_p = C + C = 2C$$
$$\therefore C_p = 4C_s$$
답 ②

75 대칭 5상 회로의 선간전압과 상전압의 위상차는?

① 27°   ② 36°
③ 54°   ④ 72°

풀이 대칭 n상인 경우 기전력의 위상차는
$$\theta = \frac{\pi}{2}\left(1 - \frac{2}{n}\right) = \frac{180°}{2}\left(1 - \frac{2}{5}\right)$$
$$= 90° \times \frac{3}{5} = 54°$$
답 ③

76 전달함수에 대한 설명으로 틀린 것은?

① 어떤 계의 전달함수는 그 계에 대한 임펄스 응답의 라플라스 변환과 같다.
② 전달함수는 $\dfrac{출력\ 라플라스\ 변환}{입력\ 라플라스\ 변환}$으로 정의된다.
③ 전달함수가 s가 될 때 적분요소라 한다.
④ 어떤 계의 전달함수의 분모를 0으로 놓으면 이것이 곧 특성방정식이 된다.

풀이 적분 요소의 전달함수는 $\dfrac{K}{s}$ 이다.
답 ③

77 그림과 같은 대칭 3상 Y결선 부하 $Z=6+j8[\Omega]$에 200[V]의 상전압이 공급될 때 선전류는 몇 [A]인가?

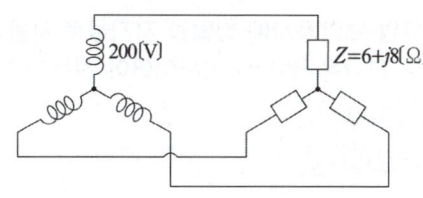

① 15   ② 20
③ $15\sqrt{3}$ ④ $20\sqrt{3}$

풀이 Y결선에서 '선전류=상전류' 이므로

선전류 $I_l = I_p = \dfrac{V_p}{Z} = \dfrac{200}{\sqrt{6^2+8^2}}$
$= 20[A]$
답 ②

78 그림과 같은 비정현파의 실효값[V]은?

① 46.9
② 51.6
③ 56.6
④ 63.3

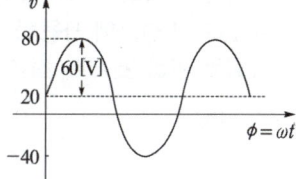

풀이 그림의 비정현파를 식으로 표현하면
$V = $ 직류분 $+$ 기본파 $= 20 + 60\sin\omega t[V]$이므로
비정현파의 실효값은
$V = \sqrt{각\ 파의\ 실효값\ 제곱의\ 합}$
$= \sqrt{20^2 + \left(\dfrac{60}{\sqrt{2}}\right)^2} = 46.9[V]$
답 ①

79 정현파 교류전압의 평균값은 최댓값의 약 몇 [%]인가?

① 50.1   ② 63.7
③ 70.7   ④ 90.1

풀이 정현파에서 평균값은
$$V_{av} = \frac{2V_m}{\pi} = 0.637 V_m\ 이므로$$
정현파 교류전압의 평균값은 최댓값의 약 63.7[%]이다.
답 ②

80 4단자 회로에서 4단자 정수가 $A = \dfrac{15}{4}$, $D=1$이고, 영상 임피던스 $Z_{02} = \dfrac{12}{5}[\Omega]$일 때 영상 임피던스 $Z_{01}[\Omega]$은?

① 9   ② 6
③ 4   ④ 2

풀이 $Z_{01} \cdot Z_{02} = \dfrac{B}{C}, \dfrac{Z_{01}}{Z_{02}} = \dfrac{A}{D}$ 에서
$$Z_{01} = \frac{A}{D} Z_{02} = \frac{\frac{15}{4}}{1} \times \frac{12}{5} = \frac{180}{20}$$
$$= 9[\Omega]$$
답 ①

5과목 - 전기설비기술기준

81 전자개폐기의 조작회로 또는 초인벨·경보벨 등에 접속하는 전로로서 최대사용전압이 60[V] 이하인 것으로 대지전압이 몇 [V] 이하인 강 전류 전기의 전송에 사용하는 전로와 변압기로 결합되는 것을 소세력 회로라 하는가?

① 100 ② 150
③ 300 ④ 440

풀이 241.14 소세력 회로
가. 전자 개폐기의 조작회로 또는 초인벨·경보벨 등에 접속하는 전로로서 최대 사용전압이 60[V] 이하인 것
나. 소세력 회로에 전기를 공급하기 위한 절연변압기의 사용전압은 대지전압 300[V] 이하로 하여야 한다.
답 ③

82 제2차 접근상태를 바르게 설명한 것은?

① 가공전선이 전선의 절단 또는 지지물의 도괴 등이 되는 경우에 당해 전선이 다른 시설물에 접속될 우려가 있는 상태
② 가공전선이 다른 시설물과 접근하는 경우에 당해 가공전선이 다른 시설물의 위쪽 또는 옆쪽에서 수평거리로 3[m] 미만인 곳에 시설되는 상태
③ 가공전선이 다른 시설물과 접근하는 경우에 가공전선을 다른 시설물과 수평되게 시설되는 상태
④ 가공선로에 접지공사를 하고 보호망으로 보호하여 인축의 감전 상태를 방지하도록 조치하는 상태

풀이 112 용어 정의
"제2차 접근상태"란 가공 전선이 다른 시설물과 접근하는 경우에 그 가공 전선이 다른 시설물의 위쪽 또는 옆쪽에서 수평 거리로 3[m] 미만인 곳에 시설되는 상태를 말한다.

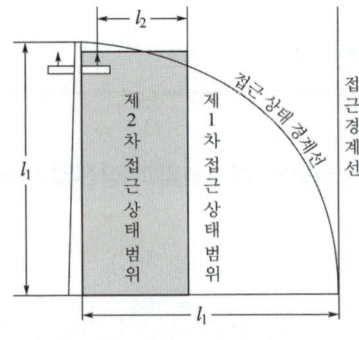

답 ②

83 화약류 저장소의 전기설비의 시설기준으로 틀린 것은?

① 전로의 대지전압은 150[V] 이하일 것
② 전기기계기구는 전폐형의 것일 것
③ 전용 개폐기 및 과전류차단기는 화약류저장소 밖에 설치할 것
④ 전로에 지락이 생겼을 때에 자동적으로 전로를 차단하거나 경보하는 장치를 시설하여야 한다.

풀이 242.5 화약류 저장소 등의 위험장소
화약류 저장소 안에는 전기설비를 시설해서는 안 된다. 다만, 백열전등이나 형광등 또는 이들에 전기를 공급하기 위한 전기설비(개폐기 및 과전류 차단기를 제외한다)는 다음에 따라 시설하는 경우에는 그러하지 아니하다.
가. 전로에 대지전압은 300[V] 이하일 것.
나. 전기기계기구는 전폐형의 것일 것.
다. 전로에 지락이 생겼을 때에 자동적으로 전로를 차단하거나 경보하는 장치를 시설하여야 한다.
답 ①

84 고압 보안공사에 철탑을 지지물로 사용하는 경우 경간은 몇 [m] 이하이어야 하는가?

① 100 ② 150
③ 400 ④ 600

풀이 332.10 고압 보안공사
고압 보안공사는 다음에 따라야 한다.
가. 전선은 케이블인 경우 이외에는 인장강도 8.01[kN] 이상의 것 또는 지름 5[mm] 이상의 경동선일 것.
나. 목주의 풍압하중에 대한 안전율은 1.5 이상일 것.
다. 경간은 표에서 정한 값 이하일 것.

지지물의 종류	경간
목주, A종 철주 또는 A종 철근 콘크리트	100[m]
B종 철주 또는 B종 철근 콘크리트주	150[m]
철탑	400[m]

답 ③

85 옥내에 시설하는 전동기에 과부하 보호장치의 시설을 생략할 수 없는 경우는?

① 전동기가 단상의 것으로 전원측 전로에 시설하는 과전류차단기의 정격전류가 16[A] 이하인 경우
② 전동기가 단상의 것으로 전원측 전로에 시설하는 배선용 차단기의 정격전류가 20[A] 이하인 경우
③ 전동기 운전 중 취급자가 상시 감시할 수 있는 위치에 시설하는 경우
④ 전동기의 정격출력이 0.75[kW]인 전동기

풀이 212.6.3 저압전로 중의 전동기 보호용 과전류보호장치의 시설
옥내에 시설하는 전동기에는 전동기가 손상될 우려가 있는 과전류가 생겼을 때에 자동적으로 이를 저지하거나 이를 경보하는 장치를 하여야 한다. 다만, 다음의 어느 하나에 해당하는 경우에는 그러하지 아니하다.
가. 전동기를 운전 중 상시 취급자가 감시할 수 있는 위치에 시설하는 경우
나. 전동기의 구조나 부하의 성질로 보아 전동기가 손상될 수 있는 과전류가 생길 우려가 없는 경우
다. 단상전동기로써 그 전원측 전로에 시설하는 과전류차단기의 정격전류가 16[A](배선용 차단기는 20[A]) 이하인 경우
라. 정격 출력이 0.2[kW] 이하의 전동기

답 ④

86 특고압가공전선로의 지지물 중 전선로의 지지물 양쪽의 경간의 차가 큰 곳에 사용하는 철탑은?

① 내장형 철탑   ② 인류형 철탑
③ 보강형 철탑   ④ 각도형 철탑

풀이 333.11 특고압 가공전선로의 철주·철근 콘크리트주 또는 철탑의 종류
특고압 가공전선로의 지지물로 사용하는 B종 철근·B종 콘크리트주 또는 철탑의 종류는 다음과 같다.

가. 직선형 : 전선로의 직선 부분(3° 이하의 수평 각도 이루는 곳 포함)에 사용되는 것
나. 각도형 : 전선로 중 수평 각도 3°를 넘는 곳에 사용되는 것
다. 인류형 : 전 가섭선을 인류하는 곳에 사용하는 것
라. 내장형 : 전선로 지지물 양측의 경간차가 큰 곳에 사용하는 것
마. 보강형 : 전선로 직선 부분을 보강하기 위하여 사용하는 것

답 ①

87 특고압가공전선을 삭도와 제1차 접근상태로 시설되는 경우 최소 이격거리에 대한 설명 중 틀린 것은?

① 사용전압이 35[kV] 이하의 경우는 1.5[m] 이상
② 사용전압이 35[kV] 이하이고 특고압 절연전선을 사용한 경우 1[m] 이상
③ 사용전압이 70[kV]인 경우 2.12[m] 이상
④ 사용전압이 35[kV] 초과하고 60[kV] 이하인 경우 2.0[m] 이상

풀이 333.25 특고압 가공전선과 삭도의 접근 또는 교차
특고압 가공전선이 삭도와 제1차 접근상태로 시설되는 경우에는 다음에 따라야 한다.
가. 특고압 가공전선로는 제3종 특고압 보안공사에 의할 것.
나. 특고압 가공전선과 삭도 또는 삭도용 지주 사이의 이격거리는 표에서 정한 값 이상일 것.

사용전압	전선의 종류	이격거리
35[kV] 이하	표 준	2[m]
	특고압 절연전선 사용	1[m]
	케이블	0.5[m]
35[kV] 초과 60[kV] 이하		2[m]
60[kV] 초과	• 이격거리 = 2 + 단수×0.12[m] • 단수 = $\frac{(전압[kV] - 60)}{10}$ 단수 계산에서 소수점 이하는 절상	

답 ①

88 저압 연접인입선은 폭 몇 [m]를 초과하는 도로를 횡단하지 않아야 하는가?

① 5   ② 6
③ 7   ④ 8

풀이 221.1.2 연접 인입선의 시설
저압 연접인입선은 다음에 따라 시설하여야 한다.
가. 인입선에서 분기하는 점으로부터 100[m]를 초과하는 지역에 미치지 아니할 것.
나. 폭 5[m]를 초과하는 도로를 횡단하지 아니할 것.
다. 옥내를 통과하지 아니할 것. **답** ①

89 고압가공전선이 경동선인 경우 안전율은 얼마 이상이어야 하는가?
① 2.0 ② 2.2
③ 2.5 ④ 3.0

풀이 332.4 고압 가공전선의 안전율
고압 가공전선은 케이블인 경우 이외에는 그 안전율이 경동선 또는 내열 동합금선은 2.2 이상, 그 밖의 전선은 2.5 이상이 되는 이도로 시설하여야 한다. **답** ②

90 특고압가공전선이 도로, 횡단보도교, 철도와 제1차 접근상태로 시설되는 경우 특고압가공전선로는 제 몇 종 보안공사를 하여야 하는가?
① 제1종 특고압 보안공사
② 제2종 특고압 보안공사
③ 제3종 특고압 보안공사
④ 특별 제3종 특고압 보안공사

풀이 333.24 특고압 가공전선과 도로 등의 접근 또는 교차
가. 특고압 가공전선이 도로·횡단보도교·철도 또는 궤도와 제1차 접근 상태로 시설 : 특고압 가공전선로는 제3종 특고압 보안
나. 특고압 가공전선이 도로 등과 제2차 접근상태로 시설 : 특고압 가공전선로는 제2종 특고압 보안공사에 의할 것. **답** ③

91 폭연성 분진 또는 화약류의 분말이 존재하는 곳의 저압옥내배선은 어느 공사에 의하는가?
① 애자공사 또는 금속제 가요전선관공사
② 캡타이어 케이블 공사
③ 합성수지관공사
④ 금속관공사 또는 케이블공사

풀이 242.2.1 폭연성 분진 위험장소
폭연성 분진(마그네슘·알루미늄·티탄·지르코늄) 또는 화약류의 분말이 전기설비가 발화원이 되어 폭발할 우려가 있는 곳에 시설하는 저압 옥내배선, 저압 관

등회로 배선, 소세력 회로의 전선은 금속관공사 또는 케이블공사(캡타이어 케이블을 사용하는 것을 제외한다)에 의할 것. **답** ④

92 가공전선로에 사용하는 지지물의 강도 계산 시 구성재의 수직 투영면적 1[m^2]에 대한 풍압을 기초로 적용하는 갑종풍압하중 값의 기준이 잘못된 것은?
① 목주 : 588[Pa]
② 원형 철주 : 588[Pa]
③ 철근콘크리트주 : 1117[Pa]
④ 강관으로 구성된 철탑 : 1255[Pa]

풀이 331.6 풍압하중의 종별과 적용

풍압을 받는 구분			풍압[Pa]
목주			588
지지물	철주	원형의 것	588
		삼각형 또는 마름모형의 것	1,412
		강관에 의하여 구성되는 4각형의 것	1,117
		기타의 것으로 복재가 전후면에 겹치는 경우	1,627
		기타의 것으로 겹치지 않은 경우	1,784
	철근콘크리트주	원형의 것	588
		기타의 것	882

답 ③

93 일반주택 및 아파트 각 호실의 현관 등은 몇 분 이내에 소등되는 타임스위치를 시설하여야 하는가?
① 1분 ② 3분
③ 5분 ④ 10분

풀이 234.6 점멸기의 시설
다음의 경우에는 센서등(타임스위치 포함)을 시설하여야 한다.
가. 관광숙박업 또는 숙박업(여인숙업을 제외한다)에 이용되는 객실의 입구등은 1분 이내에 소등되는 것
나. 일반주택 및 아파트 각 호실의 현관등은 3분 이내에 소등되는 것 **답** ②

출제기준 변경 및 개정된 관계 법규에 따라 삭제된 문제가 있어 20문항이 안됩니다.

2013 기출문제

Industrial Engineer Electricity

동일출판사 홈페이지에서
무료 동영상강의를 보실 수 있습니다.

2013년 1회

20년간 전기산업기사필기

동일출판사 홈페이지에서 무료 동영상강의를 보실 수 있습니다.

1과목 - 전기자기

01 비유전율이 2.4인 유전체 내의 전계의 세기가 100[mV/m]이다. 유전체에 저축되는 단위체적 당 정전에너지는 몇 [J/m³]인가?

① 1.06×10^{-13}
② 1.77×10^{-13}
③ 2.32×10^{-13}
④ 2.32×10^{-11}

풀이 유전체 내에 저장되는 에너지 밀도
$w = \dfrac{ED}{2} = \dfrac{1}{2}\epsilon E^2 = \dfrac{1}{2}\dfrac{D^2}{\epsilon}$ [J/m³] 식에서
$w = \dfrac{1}{2}\epsilon_o \epsilon_s E^2$
$= \dfrac{1}{2} \times 2.4 \times 8.855 \times 10^{-12} \times (100 \times 10^{-3})^2$
$= 1.06 \times 10^{-13}$ [J/m³]   **답** ①

02 자계 내에서 도선에 전류를 흘려보낼 때, 도선을 자계에 대해 60도의 각으로 놓았을 때 작용하는 힘은 30도의 각으로 놓았을 때 작용하는 힘의 몇 배인가?

① 2   ② $\sqrt{2}$
③ $\sqrt{3}$ ④ 4

풀이 자계와 전류간의 작용력은 $F = I \times Bl$ [N]이므로
$F = BIl\sin\theta = \mu_0 HIl\sin\theta$ [N]이 된다.
따라서 $\theta = 60°$, $\theta = 30°$일 때의
작용력을 F_{60}, F_{30}이라 하면
$F_{60} = BIl\sin 60° = BIl \times \dfrac{\sqrt{3}}{2}$ [N]
$F_{30} = BIl\sin 30° = BIl \times \dfrac{1}{2}$ [N]
$\therefore \dfrac{F_{60}}{F_{30}} = \dfrac{\sin 60°}{\sin 30°} = \dfrac{\frac{\sqrt{3}}{2}}{\frac{1}{2}} = \sqrt{3}$ **답** ③

03 간격 50[cm]인 평행 도체판 사이에 10[Ω/m]인 물질을 채웠을 때 단위면적 당의 저항은 몇 [Ω]인가?

① 1[Ω]   ② 5[Ω]
③ 10[Ω]   ④ 15[Ω]

풀이 $R = \rho\dfrac{l}{S} = 10 \times \dfrac{50 \times 10^{-2}}{1} = 5$[Ω]   **답** ②

04 도체가 관통하는 자속이 변하든가 또는 자속과 도체가 상대적으로 운동하여 도체 내의 자속이 시간적 변화를 일으키면 이 변화를 막기 위하여 도체 내에 국부적으로 형성되는 임의의 폐회로를 따라 전류가 유기되는데 이 전류를 무엇이라 하는가?

① 히스테리시스전류   ② 와전류
③ 변위전류   ④ 과도전류

풀이 와전류는 도체 내에 국부적으로 흐르는 맴돌이 전류로 rot $i = -K\dfrac{\partial B}{\partial t}$로 자속의 변화를 방해하기 위한 역자속을 만드는 전류이다. 따라서 이 전류는 자속의 수직되는 면을 회전한다.   **답** ②

05 공기 중에서 1[V/m]의 크기를 가진 정현파 전계에 대한 변위전류 1[A/m²]를 흐르게 하기 위해서는 이 전계의 주파수가 몇 [MHz]가 되어야 하는가?

① 1500[MHz]   ② 1800[MHz]
③ 15000[MHz]   ④ 18000[MHz]

풀이 $\omega = 2\pi f = \dfrac{i_d}{\epsilon E}$ 이므로
$\therefore f = \dfrac{i_d}{2\pi\epsilon_o\epsilon_s E}$
$= \dfrac{1}{2\pi \times \dfrac{1}{4\pi \times 9 \times 10^9} \times 1 \times 1} \times 10^{-6}$
$\fallingdotseq 18000$ [MHz]   **답**

06 길이 l[m]인 도선으로 원형 코일을 만들어 일정한 전류를 흘릴 때, M회 감았을 때의 중심자계는 N회 감았을 때의 중심자계의 몇 배인가?

① $\left(\dfrac{M}{N}\right)^2$ ② $\left(\dfrac{N}{M}\right)^2$

③ $\dfrac{N}{M}$ ④ $\dfrac{M}{N}$

풀이 전체 길이는 동일하므로
$l = M(2\pi a_M) = N(2\pi a_N)$
$a_M = \dfrac{l}{2\pi M}$, $a_N = \dfrac{l}{2\pi N}$
$H_M = \dfrac{M \cdot I}{2a_M} = \dfrac{M \cdot I}{2 \cdot \dfrac{l}{2\pi M}} = \dfrac{\pi M^2 I}{l}$
$H_N = \dfrac{N \cdot I}{2a_N} = \dfrac{N \cdot I}{2 \cdot \dfrac{l}{2\pi N}} = \dfrac{\pi N^2 I}{l}$
$\therefore \dfrac{H_M}{H_N} = \dfrac{\dfrac{\pi M^2 I}{l}}{\dfrac{\pi N^2 I}{l}} = \dfrac{M^2}{N^2} = \left(\dfrac{M}{N}\right)^2$ 답 ①

07 도체표면의 전류밀도가 커지고 도체중심으로 갈수록 전류밀도가 작아지는 효과는?

① 표피효과 ② 홀 효과
③ 펠티에 효과 ④ 제벡 효과

풀이 표피효과(skin effect)는 도체의 중심으로 갈수록 전류의 밀도가 낮아지는 현상을 말하며 표피효과는 주파수에 비례하고 전압의 제곱에 비례한다. 답 ①

08 비투자율 μ_s, 자속밀도 B인 자계 중에 있는 m[wb]의 점자극이 받는 힘[N]은?

① $\dfrac{mB}{\mu_o}$ ② $\dfrac{mB}{\mu_o \mu_s}$

③ $\dfrac{mB}{\mu_s}$ ④ $\dfrac{\mu_o \mu_s}{mB}$

풀이 자계 중의 자극이 받는 힘은
$F = mH$[N], $H = \dfrac{B}{\mu_0 \mu_s}$[A/m]에서
$\therefore F = \dfrac{mB}{\mu_0 \mu_s}$[N] 답 ②

09 환상철심에 감은 코일에 5[A]의 전류를 흘리면 2000[AT]의 기자력이 생긴다면 코일의 권수는 얼마로 하여야 하는가?

① 10000 ② 5000
③ 400 ④ 250

풀이 기자력 $F = NI$에서
$\therefore N = \dfrac{F}{I} = \dfrac{2000}{5} = 400$[회] 답 ③

10 자속의 연속성을 나타내는 식은?

① $B = \mu H$ ② $\nabla \cdot B = 0$
③ $\nabla \cdot B = \rho$ ④ $\nabla \cdot B = -\mu H$

풀이 $\nabla \cdot B = \text{div} B = 0$은 시변계, 시불변계에 관계없이 자계의 비발산성, 자계의 회전성, 자계의 연속성을 의미한다. 답 ②

11 1.2[kW]의 전열기를 45분간 사용할 때 발생한 열량[kcal]은?

① 471 ② 572
③ 673 ④ 774

풀이 $Q = 0.24Pt = \dfrac{Pt}{4.186} = \dfrac{1.2 \times 45 \times 60}{4.186}$
$= 774$[kcal] 답 ④

12 그림과 같이 공기 중에서 1[m]의 거리를 사이에 둔 2점 A, B에 각각 3×10^{-4}[wb]와 -3×10^{-4}[wb]의 점자극을 두었다. 이때 점 P에 단위 정(+)자극을 두었을 때 이 극에 작용하는 힘의 합력은 약 몇 [N]인가?
(단, $m(\overline{AP}) = m(\overline{BP})$, $m(\angle APB) = 90°$이다.)

① 0
② 18.9
③ 37.9
④ 53.7

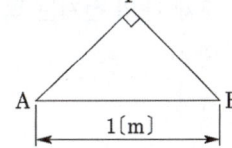

풀이

$$\overline{AP} = \overline{BP} = \frac{1}{\sqrt{2}}$$

$$F = \frac{m_1 m_2}{4\pi\mu_0 r^2} = 6.33 \times 10^4 \times \frac{m_1 m_2}{r^2} [N]$$

$$F_1 = 6.33 \times 10^4 \times \frac{1 \times 3 \times 10^{-4}}{\left(\frac{1}{\sqrt{2}}\right)^2}$$

$$= 12.66 \times 3 = 37.98 [N]$$

$$F_2 = 6.33 \times 10^4 \times \frac{1 \times (-3) \times 10^{-4}}{\left(\frac{1}{\sqrt{2}}\right)^2}$$

$$= 12.66 \times (-3) = -37.98 [N]$$

$$\therefore F = \sqrt{F_1^2 + F_2^2} = F_1 \sqrt{2} = 37.98 \times \sqrt{2}$$
$$= 53.70 [N]$$

답 ④

13 그림과 같은 정전용량이 C_o[F]되는 평행판 공기콘덴서의 판면적의 $\frac{2}{3}$ 되는 공간에 비유전율 ϵ_s인 유전체를 채우면 공기콘덴서의 정전용량은 몇 [F]인가?

① $\frac{2\epsilon_s}{3} C_o$

② $\frac{3}{1+2\epsilon_s} C_o$

③ $\frac{1+\epsilon_s}{3} C_o$

④ $\frac{1+2\epsilon_s}{3} C_o$

풀이

$$C_1 = \frac{\epsilon_0 \left(\frac{1}{3} S\right)}{d} = \frac{1}{3} C_0, \quad C_2 = \frac{\epsilon_0 \epsilon_s \left(\frac{2}{3} S\right)}{d} = \frac{2}{3} \epsilon_s C_0$$

C_1, C_2는 병렬접속이므로

$$C_t = C_1 + C_2 = \frac{1+2\epsilon_s}{3} C_0$$

답 ④

14 중공도체의 중공부에 전하를 놓지 않으면 외부에서 준 전하는 외부 표면에만 분포한다. 이때 도체 내의 전계는 몇 [V/m]가 되는가?

① 0
② 4π
③ ∞
④ $\frac{1}{4\pi\epsilon_o}$

풀이 외부표면에는 같은 양, 같은 부호의 전하가 분포한다. 또 중공부에 전하가 없고 대전 도체라면, 전하는 도체 외부의 표면에만 분포한다.

답 ①

15 자유 공간을 통과하는 전자파의 전파속도 v는? (단, ϵ_o : 자유공간의 유전율, μ_o : 자유공간의 투자율)

① $\sqrt{\frac{\epsilon_o}{\mu_o}}$

② $\sqrt{\epsilon_o \mu_o}$

③ $\sqrt{\frac{\mu_o}{\epsilon_o}}$

④ $\frac{1}{\sqrt{\epsilon_o \mu_o}}$

풀이 전자파의 속도는 $v^2 = \frac{1}{\epsilon\mu}$에서 $v = \sqrt{\frac{1}{\epsilon\mu}}$

자유 공간에서 $\epsilon = \epsilon_0$, $\mu = \mu_0$이므로

$$\therefore v = \frac{1}{\sqrt{\epsilon_0 \mu_0}}$$

답 ④

16 다음 중 맥스웰의 전자방정식으로 옳지 않은 것은?

① $rot \boldsymbol{H} = i + \frac{\partial \boldsymbol{D}}{\partial t}$
② $rot \boldsymbol{E} = -\frac{\partial \boldsymbol{B}}{\partial t}$
③ $div \boldsymbol{B} = \phi$
④ $div \boldsymbol{D} = \rho$

풀이

맥스웰 전자방정식	
미분형	의미
$rot \boldsymbol{E} = -\frac{\partial \boldsymbol{B}}{\partial t}$	패러데이 법칙
$rot \boldsymbol{H} = i_c + \frac{\partial \boldsymbol{D}}{\partial t}$	암페어 주회적분 법칙
$div \boldsymbol{D} = \rho$	가우스 법칙
$div \boldsymbol{B} = 0$	고립된 자하는 없다. (N극과 S극이 공존)

답 ③

17 일반적으로 자구(magnetic domain)를 가지는 자성체는?

① 강자성체
② 유전체
③ 역자성체
④ 비자성체

풀이 강자성체에서 원자의 자화 방향이 일정한 인접원자들의 작은 영역의 모임을 **자구**라 한다.

답 ①

18 그림과 같이 도체구 내부 공동의 중심에 점전하 $Q[C]$가 있을 때 이 도체구의 외부로 발산되어 나오는 전기력선의 수는 몇 개인가? (단, 도체 내외의 공간은 진공이라 한다.)

① 4π ② $\dfrac{Q}{\epsilon_0}$ ③ Q ④ $\epsilon_0 Q$

풀이 전기력선 수와 전기력선 밀도는 매질과 전하에 모두 관계되므로 전계에 관한 가우스 정리에서

$\int_s E \cdot dS = \dfrac{Q}{\epsilon} = \dfrac{Q}{\epsilon_0 \epsilon_s}$ 이므로

전기력선 수는 $\dfrac{Q}{\epsilon_0 \epsilon_s}$ 개다.

도체내외의 공간이 진공 중일 때는

전기력선 수$= \dfrac{Q}{\epsilon_0}$ 개이다. **답** ②

19 용량계수와 유도계수에 대한 성질 중에서 틀린 것은?

① $q_{11}, q_{22}, q_{33}, \cdots q_{nn} > 0$, 일반적으로 $q_{rr} > 0$
② q_{12}, q_{13} 등 ≤ 0, 일반적으로 $q_{rs} \leq 0$
③ $q_{11} \geq (q_{21} + q_{31} + \cdots + q_{n1})$
④ $q_{rs} = q_{sr}$

풀이 용량계수 및 유도계수의 성질
① $q_{11}, q_{22}, q_{33}, \cdots > 0$: 용량계수(q_{rr}) > 0
② $q_{12}, q_{21}, q_{31}, \cdots \leq 0$: 유도계수(q_{rs}) ≤ 0
③ $q_{11} \geq -(q_{21} + q_{31} + q_{31} + \cdots + q_{n1})$ 또는
$q_{11} + q_{21} + q_{31} + q_{31} + \cdots + q_{n1} \geq 0$
④ 전위계수 $P_{12} = P_{21}$ 의 성질이 있으므로 다음의 관계가 성립
$q_{12} = q_{21}$ 일반적으로 $q_{rs} = q_{sr}$ **답** ③

20 대전된 구도체를 반지름이 2배가 되는 대전이 되지 않은 구도체에 가는 도선으로 연결할 때 원래의 에너지에 대해 손실된 에너지의 비율은 얼마가 되는가? (단, 구도체는 충분히 떨어져 있다고 한다.)

① $\dfrac{1}{2}$ ② $\dfrac{1}{3}$ ③ $\dfrac{2}{3}$ ④ $\dfrac{2}{5}$

풀이 대전 도체구의 정전용량을 C, 대전 되지 않은 도체구를 C'라 하면
$C' = 4\pi\epsilon_0 R' = 4\pi\epsilon_0 \times 2R = 2C$
연결 전후의 에너지를 각각 W, W'라 하면
$W = \dfrac{Q^2}{2C}$, $W' = \dfrac{Q^2}{2(C+2C)} = \dfrac{Q^2}{6C}$
$\therefore \dfrac{W-W'}{W} = \left(\dfrac{Q^2}{2C} - \dfrac{Q^2}{6C}\right) / \dfrac{Q^2}{2C} = \dfrac{2}{3}$ **답** ③

2과목 - 전력공학

21 3상 배전선로의 전압강하율을 나타내는 식이 아닌 것은? (단, V_s : 송전단전압, V_r : 수전단전압, I : 전부하전류, P : 부하전력, Q : 무효전력이다.)

① $\dfrac{\sqrt{3}I}{V_r}(R\cos\theta + X\sin\theta) \times 100[\%]$
② $\dfrac{PR+QX}{V_r^2} \times 100[\%]$
③ $\dfrac{V_s - V_r}{V_r} \times 100[\%]$
④ $\dfrac{V_r}{V_s} \times 100[\%]$

풀이 $\epsilon = \dfrac{V_s - V_r}{V_r} \times 100 = \dfrac{e}{V_r} \times 100$
$= \dfrac{\sqrt{3}I(R\cos\theta_r + X\sin\theta_r)}{V_r} \times 100$
$= \dfrac{PR+QX}{V_r^2} \times 100[\%]$ **답** ④

22 송전단전압을 V_s, 수전단전압을 V_r, 선로의 직렬 리액턴스를 X라 할 때 이 선로에서 최대 송전전력은? (단, 선로 저항은 무시한다.)

① $\dfrac{V_s V_r}{X}$ ② $\dfrac{V_s^2 - V_r^2}{X}$
③ $\dfrac{V_s V_r}{X^2}$ ④ $\dfrac{V_s^2 V_r^2}{X}$

풀이 송전전력 $P = \dfrac{V_s V_r}{X} \sin\delta$

$\sin\delta = 1$일 때 최대전력이 되므로

$\therefore P_{\max} = \dfrac{V_s V_r}{X} \times 1 = \dfrac{V_s V_r}{X}$ 답 ①

23 차단기의 소호재료가 아닌 것은?
① 수소 ② 기름
③ 공기 ④ SF_6

풀이 ① 기름 : 유입 차단기
② 압축 공기 : 공기차단기
③ SF_6 : 가스 차단기
수소는 폭발의 위험이 있으므로 소호재료로 사용할 수 없다. 답 ①

24 전선의 굵기가 균일하고 부하가 균등하게 분산 분포되어 있는 배전선로의 전력손실은 전체 부하가 송전단으로부터 전체 전선로길이의 어느 지점에 집중되어 있을 경우의 손실과 같은가?
① $\dfrac{3}{4}$ ② $\dfrac{2}{3}$
③ $\dfrac{1}{3}$ ④ $\dfrac{1}{2}$

풀이 집중 부하와 분산부하

구 분	전력손실	전압강하
말단에 집중 부하	$I^2 rL$	IrL
평등 분포 부하	$\dfrac{1}{3}I^2 rL$	$\dfrac{1}{2}IrL$

여기서, I : 전선의 전류,
r : 전선 단위길이 당 저항,
L : 전선의 길이 답 ③

25 전력 퓨즈(POWER FUSE)의 특성이 아닌 것은?
① 현저한 한류특성이 있다.
② 부하전류를 안전하게 차단한다.
③ 소형이고 경량이다.
④ 릴레이나 변성기가 불필요하다.

풀이 전력퓨즈는 전력 회로에 사용되는 퓨즈로서 주로 고압 회로 및 기기의 단락보호용으로 차단기와 같은 과전류 보호장치이다.
① 부하전류는 안전하게 통전
② 이상 전류(과전류)는 차단(한류형 퓨즈의 경우 과하전류에 용단되어서는 안된다.) 답 ②

26 발전기의 자기여자현상을 방지하기 위한 대책으로 적합하지 않은 것은?
① 단락비를 크게 한다.
② 포화율을 작게 한다.
③ 선로의 충전전압을 높게 한다.
④ 발전기 정격전압을 높게 한다.

풀이 발전기 1대로 송전선로를 충전하는 경우 여자를 일으키지 않기 위해서는 단락비가 큰 발전기라야 한다. 안전하게 선로를 충전할 수 있는 단락비의 값은 다음 식을 만족하여야 한다.

단락비 $> \dfrac{Q'}{Q}\left(\dfrac{V}{V'}\right)^2 (1+\sigma)$

여기서, Q' : 소요 충전 전압 V'에서 선로의 충전 용량[kVA]
Q : 발전기의 정격출력[kVA]
V : 발전기의 정격전압[V]
σ : 발전기의 정격전압에서의 포화율

따라서 선로의 충전 전압은 높게, 발전기 정격전압은 낮게, 포화율은 작게 해야 발전기의 자기여자현상을 방지할 수 있다. 답 ④

27 선로의 전압을 25[kV]에서 50[kV]로 승압할 경우, 공급전력을 동일하게 취급하면 공급전력은 승압전의 (㉠)배로 되고, 선로 손실은 승압전의 (㉡)배로 된다. (단, 동일 조건에서 공급전력과 선로 손실률을 동일하게 취급함)
① ㉠ $\dfrac{1}{4}$ ㉡ 2   ② ㉠ $\dfrac{1}{4}$ ㉡ 4
③ ㉠ 2 ㉡ $\dfrac{1}{4}$ ④ ㉠ 4 ㉡ $\dfrac{1}{4}$

풀이 공급전력 $P \propto V^2$, 손실전력 $P_l \propto \dfrac{1}{V^2}$ 이므로

㉠ P(공급전력) $P = \left(\dfrac{50}{25}\right)^2 = 4$배

㉡ P_l(손실전력) $= \left(\dfrac{1}{50/25}\right)^2 = \dfrac{1}{4}$배

28 차단기에서 "O-t_1-CO-t_2-CO"의 표기로 나타내는 것은? (단, O : 차단 동작, t_1, t_2 : 시간 간격, C : 투입 동작, CO : 투입 직후 차단)

① 차단기 동작 책무
② 차단기 재폐로 계수
③ 차단기 속류 주기
④ 차단기 무전압 시간

풀이 차단기의 동작 책무 : 어느 시간 간격을 두고 행하여지는 일련의 동작을 규정한 것
• 일반용 : CO – 15초 – CO,
　　　　　O – 3분 – CO – 3분 – CO
• 고속도 재투입용 :
　O – 0.3초 – CO – 3분(또는 15초, 1분) – CO   답 ①

29 화력발전소에서 탈기기의 설치 목적으로 가장 타당한 것은?

① 급수 중의 용해 산소의 분리
② 급수의 습증기 건조
③ 연료 중의 공기 제거
④ 염류 및 부유물질 제거

풀이 급수 중에 용해되어 있는 산소는 증기 계통, 급수 계통 등을 부식시킨다. 탈기기(deaerator)는 용해 산소 분리의 목적으로 쓰인다.   답 ①

30 3상의 같은 전원에 접속하는 경우, △결선의 콘덴서를 Y결선으로 바꾸어 연결하면 진상용량은?

① $\sqrt{3}$ 배의 진상용량이 된다.
② 3배의 진상용량이 된다.
③ $\dfrac{1}{\sqrt{3}}$ 의 진상용량이 된다.
④ $\dfrac{1}{3}$ 의 진상용량이 된다.

풀이
$Q_\triangle = 3 \times 2\pi f C V^2$
$Q_Y = 3 \times 2\pi f C \left(\dfrac{V}{\sqrt{3}}\right)^2 = 2\pi f C V^2$
∴ $Q_Y = \dfrac{1}{3} Q_\triangle$

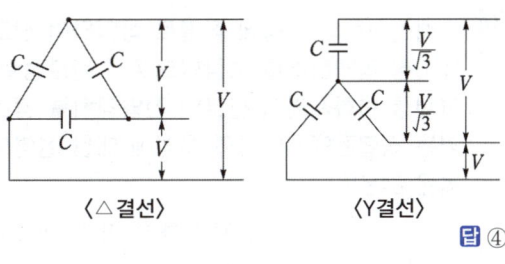
〈△결선〉　　〈Y결선〉
답 ④

31 수력발전소의 조압 수조(서지 탱크)설치 목적은?

① 수차 보호   ② 흡출관 보호
③ 수격작용 흡수   ④ 조속기 보호

풀이 조압 수조는 저수지로부터의 수로가 압력 터널인 경우에 시설하는 것으로서 사용 유량의 급변으로 인한 수격작용(Water hammering)이 압력 터널에 미치지 않도록 하는 일종의 안전 장치이다.   답 ③

32 전압이 일정값 이하로 되었을 때 동작하는 것으로서 단락시 고장 검출용으로도 사용되는 계전기는?

① 재폐로 계전기
② 역상 계전기
③ 부족 전류 계전기
④ 부족 전압 계전기

풀이 ① 전압이 정정값 이하 시 동작 : 부족 전압 계전기
　　② 전압이 정정값 초과 시 동작 : 과전압 계전기
답 ④

33 전력계통의 전압조정과 무관한 것은?

① 변압기
② 발전기의 전압조정장치
③ MOF
④ 동기조상기

풀이 계기용 변성기(MOF)는 계기용 변압기와 변류기를 조합한 것으로 전력 수급용 전력량을 측정하기 위하여 사용한다.   답 ③

34 송배전선로의 도중에 직렬로 삽입하여 선로의 유도성 리액턴스를 보상함으로서 선로정수 그 자체를 변화시켜서 선로의 전압강하를 감소시키는 직렬콘덴서방식의 특성에 대한 설명으로 옳은 것은?

① 최대 송전전력이 감소하고 정태 안정도가 감소된다.
② 부하의 변동에 따른 수전단의 전압변동률은 증대된다.
③ 장거리 선로의 유도 리액턴스를 보상하고 전압강하를 감소시킨다.
④ 송·수 양단의 전달 임피던스가 증가하고 안정 극한 전력이 감소한다.

풀이 직렬 콘덴서의 장·단점
[장점]
① 유도 리액턴스를 보상하고 전압강하를 감소시킨다.
② 수전단의 전압변동률을 경감시킨다.
③ 최대 송전 전력이 증대하고 정태 안정도가 증대한다.
④ 부하역률이 나쁠수록 효과가 크다.
⑤ 용량이 작으므로 설비비가 저렴하다.
[단점]
① 단락고장 시 콘덴서 양단에 고전압이 걸린다.
② 무부하 변압기에 직렬 콘덴서를 투입하는 경우 선로 전류가 증대한다.
③ 고압 배전선에 설치하는 경우 자기 여자 현상이 일어날 경우가 있다.
④ 과보상이 되면 동기기에 난조가 생기거나 탈조하는 수가 있다. **답** ③

35 배전반 및 분전반의 설치장소로 가장 적당한 곳은?

① 벽장 내부
② 화장실 내부
③ 노출된 장소
④ 출입구 신발장 내부

풀이 배전반 및 분전반은 다음과 같은 장소에 시설하여야 한다.
• 전기회로를 쉽게 조작할 수 있는 장소
• 개폐기를 쉽게 개폐할 수 있는 장소
• 노출된 장소
• 안정된 장소 **답** ③

36 배전선로의 접지 목적과 거리가 먼 것은?

① 고장전류의 크기 억제
② 고저압 혼촉, 누전, 접촉에 의한 위험 방지
③ 이상전압의 억제, 대지전압을 저하시켜 보호장치 작동 확실
④ 피뢰기 등의 뇌해 방지 설비의 보호 효과 향상

풀이 접지의 목적
• 지락고장 시 건전상의 대지 전위상승을 억제, 전선로 및 기기의 절연레벨을 경감
• 뇌, 아크 지락, 기타에 의한 이상전압의 경감 및 발생 억제
• 지락고장 시 접지계전기의 확실한 동작
• 혼촉, 누전, 접촉에 의한 위험 방지 **답** ①

37 철탑의 탑각 접지저항이 커질 때 생기는 문제점은?

① 속류 발생
② 역섬락 발생
③ 코로나 증가
④ 가공지선의 차폐각 증가

풀이 철탑의 탑각 접지저항이 크면 철탑의 전위가 매우 높게 되어 철탑에서 송전선에 섬락을 일으키는 경우가 있는데, 이를 역섬락이라 한다. **답** ②

38 전선 양측의 지지점의 높이가 동일할 경우 전선의 단위길이 당 중량을 W[kg], 수평장력을 T[kg], 경간을 S[m], 전선의 이도를 D[m]라 할 때 전선의 실제길이 L[m]를 계산하는 식은?

① $L = S + \dfrac{8S^2}{3D}$
② $L = S + \dfrac{8D^2}{3S}$
③ $L = S + \dfrac{3S^2}{8D}$
④ $L = S + \dfrac{3D^2}{8S}$

풀이 $L = S + \dfrac{8D^2}{3S}$[m]
여기서, L : 전선의 실제 길이[m]
S : 경간[m]
D : 이도[m] **답** ②

39 22.9[kV-Y] 배전선로의 보호 협조기기가 아닌 것은?

① 컷아웃 스위치
② 인터럽터 스위치
③ 리클로저
④ 섹셔널라이저

풀이
- 배전선로의 보호협조 배열 : 리클로저-섹셔널라이저-라인퓨즈(컷아웃 스위치)
- 인터럽터 스위치 : 부하전류 개폐는 가능하나, 고장전류는 차단할 수 없다. **답** ②

40 뒤진 역률 80[%], 1000[kW]의 3상 부하가 있다. 여기에 콘덴서를 설치하여 역률을 95[%]로 개선하려면 콘덴서의 용량[kVA]은?

① 328[kVA] ② 421[kVA]
③ 765[kVA] ④ 951[kVA]

풀이 $Q = P(\tan\theta_1 - \tan\theta_2)$에서
$$Q = 1000 \times \left(\frac{0.6}{0.8} - \frac{\sqrt{1-0.95^2}}{0.95}\right)$$
$$= 421.32[kVA]$$ **답** ②

3과목 - 전기기기

41 정격출력 P[kW], 회전수 N[rpm]인 전동기의 토크[kg·m]는?

① $0.975\dfrac{P}{N}$ ② $1.026\dfrac{P}{N}$
③ $975\dfrac{P}{N}$ ④ $1026\dfrac{P}{N}$

풀이 $\tau = \dfrac{1}{9.8} \cdot \dfrac{P}{\omega} = \dfrac{1}{9.8} \cdot \dfrac{P \times 10^3}{2\pi \times \dfrac{N}{60}}$
$$= 975\dfrac{P}{N}[kg \cdot m]$$ **답** ③

42 트랜지스터에 비해 스위칭 속도가 매우 빠른 이점이 있는 반면에 용량이 적어서 비교적 저전력용에 주로 사용되는 전력용 반도체 소자는?

① SCR   ② GTO
③ IGBT   ④ MOSFET

풀이 MOSFET(metal oxide silicon field effect transistor) 트랜지스터는 베이스에 주입되는 전류로 제어되는 반면 MOSFET은 게이트와 소스 사이에 걸리는 전압으로 제어되며, 트랜지스터에 비해 스위칭 속도가 매우 빠른 이점이 있는 반면에 용량이 적어서 비교적 작은 전력 범위 내에서 적용된다. **답** ④

43 변압기에 사용하는 절연유의 성질이 아닌 것은?

① 절연내력이 클 것
② 인화점이 높을 것
③ 점도가 클 것
④ 냉각효과가 클 것

풀이 변압기에 사용되는 절연유는 절연저항 및 절연내력이 크고, 인화점이 높고, 점도가 낮아야 한다. **답** ③

44 단권변압기의 3상 결선에서 △결선인 경우, 1차측 선간전압 V_1, 2차측 선간전압 V_2일 때 단권변압기의 자기용량/부하용량은? (단, $V_1 > V_2$인 경우이다.)

① $\dfrac{V_1 - V_2}{V_1}$ ② $\dfrac{V_1^2 - V_2^2}{\sqrt{3}\,V_1 V_2}$
③ $\dfrac{\sqrt{3}(V_1^2 - V_2^2)}{V_1 V_2}$ ④ $\dfrac{V_1 - V_2}{\sqrt{3}\,V_1}$

풀이 △결선에서 고압측 전압 V_h, 저압측 전압 V_l이라고 하면
$$\dfrac{\text{자기 용량 (등가 용량)}}{\text{부하 용량}} = \dfrac{V_h^2 - V_l^2}{\sqrt{3}\,V_h V_l} = \dfrac{V_1^2 - V_2^2}{\sqrt{3}\,V_1 V_2}$$ **답** ②

45 75[W] 이하의 소 출력으로 소형 공구, 영사기, 치과의료용 등에 널리 이용되는 전동기는?

① 단상 반발 전동기
② 3상 직권정류자 전동기
③ 영구자석 스텝전동기
④ 단상 직권정류자 전동기

풀이 단상 직권 정류자 전동기를 약해서 단상 직권전동기라 하며 이것은 가정용 미싱, 소형 공구, 영사기, 믹서, 치과의료용 엔진 등에 사용하고, 교류, 직류 양용에 사용되기 때문에 교직 양용 전동기 또는 만능 전동기(universal motor)라고 한다. **답** ④

46 직류발전기의 구조가 아닌 것은?

① 계자권선   ② 전기자 권선
③ 내철형 철심   ④ 전기자 철심

풀이
- 전기자, 계자, 정류자를 직류발전기의 3요소라 한다.
- 내철형 철심은 변압기 철심의 형태에 따른 분류로 변압기는 철심의 형태에 따라 내철형, 외철형, 분포 철심형, 권철심형 등으로 분류할 수 있다. **답** ③

47 3상 유도전동기의 원선도 작성시 필요한 시험이 아닌 것은?

① 슬립 측정
② 무부하 시험
③ 구속 시험
④ 고정자 권선의 저항 측정

풀이 원선도 작성에 필요한 시험은 변압기 특성 시험과 같으며, ① 저항 측정 ② 무부하 시험 ③ 구속 시험이 있다.
슬립은 원선도 상에서 구할 수 있다. **답** ①

48 주파수 60[Hz], 슬립 3[%], 회전수 1164[rpm] 인 유도전동기의 극수는?

① 4   ② 6
③ 8   ④ 10

풀이 $N=(1-s)N_s$에서

$N_s = \dfrac{N}{1-s} = \dfrac{1164}{1-0.03} = 1200[\text{rpm}]$

$N_s = \dfrac{120f}{p}$ 이므로

$\therefore p = \dfrac{120f}{N_s} = \dfrac{120 \times 60}{1200} = 6$극 **답** ②

49 4극 60[Hz]의 3상 동기발전기가 있다. 회전자의 주변 속도를 200[m/s] 이하로 하려면 회전자의 최대 직경을 약 몇 [m]로 하여야 하는가?

① 1.5   ② 1.8
③ 2.1   ④ 2.8

풀이 $N_s = \dfrac{120f}{p} = \dfrac{120 \times 60}{4} = 1800[\text{rpm}]$

회전자 주변 속도 $v = \pi D \cdot \dfrac{N_s}{60} [\text{m/s}]$

$\therefore D = \dfrac{60v}{\pi N_s} = \dfrac{60 \times 200}{3.14 \times 1800} = 2.12[\text{m}]$ **답** ③

50 동기전동기에서 제동권선의 역할에 해당되지 않는 것은?

① 기동 토크를 발생한다.
② 난조 방지작용을 한다.
③ 전기자 반작용을 방지한다.
④ 급격한 부하의 변화로 인한 속도의 요동을 방지한다.

풀이 제동 권선의 역할,
① 난조 방지
② 기동하는 경우 유도전동기의 농형 권선으로서 기동 토크를 발생
③ 불평형부하시의 전류 전압 파형의 개선
④ 송전선의 불평형 단락시의 이상전압의 방지 **답** ③

51 유도전동기에서 부하를 증가시킬 때 일어나는 현상에 관한 설명 중 틀린 것은? (단, n_s : 회전자계의 속도, n : 회전자의 속도이다.)

① 상대속도 $(n_s - n)$ 증가
② 2차 전류 증가
③ 토크 증가
④ 속도 증가

풀이 전동기에 부하를 걸어주면 회전자의 속도는 감소하여 회전자계에 대한 상대속도가 증가하며, 2차 전압이 증가한다. 따라서 2차 전류도 커져서 부하의 토크와 평형될 수 있는 크기의 토크를 발생하는 회전속도로 된다.

답 ④

52 비철극(원통)형 회전자 동기발전기에서 동기리액턴스 값이 2배가 되면 발전기의 출력은?

① 1/2로 줄어든다.　② 1배이다.
③ 2배로 증가한다.　④ 4배로 증가한다.

풀이 비철극형 동기발전기 1상의 출력 P는
$P = \dfrac{EV}{x_s}\sin\delta$[W] 이므로 $P \propto \dfrac{1}{x_s}$ 이다.
$\therefore P \propto \dfrac{1}{x_s} = \dfrac{1}{2}$

답 ①

53 직류전동기의 실측효율을 측정하는 방법이 아닌 것은?

① 보조 발전기를 사용하는 방법
② 프로니 브레이크를 사용하는 방법
③ 전기동력계를 사용하는 방법
④ 블론델법을 사용하는 방법

풀이 1) 직류기의 온도시험 방법
　　① 실부하법
　　② 반환부하법 : 브론델법, 카프법, 홉킨슨법
2) 블론델법은 발전기와 전동기의 무부하손을 보조 전동기에 의하여 보급하고, 동손을 승압기에 의하여 공급하는 방법으로 규약효율을 측정하기 위한 손실측정방법의 하나이다.

답 ④

54 2극 단상 60[Hz]인 릴럭턴스(reluctance) 전동기가 있다. 실효치 2[A]의 정현파 전류가 흐를 때 발생 토크의 최댓값[N·m]은? (단, 직축(L_d) 및 횡축(L_q) 인덕턴스는 $L_d = 2L_q = 200$[mH]이다.)

① 0.1　② 0.5　③ 1.0　④ 1.5

풀이 릴럭턴스 전동기의 토크 평균값
$T_e = \dfrac{1}{8}I_m^2(L_d - L_q)\sin 2\delta$[N·m]이며,
최대가 되기 위해서는 $\sin 2\delta = 1$이 되어야 한다.

$\therefore T_m = \dfrac{1}{8}I_m^2(L_d - L_q)\sin 2\delta$
$= \dfrac{1}{8} \times (2\sqrt{2})^2 \times (200 - 100) \times 10^{-3} \times 1$
$= 0.1$[N·m]

답 ①

55 동일 정격의 3상 동기발전기 2대를 무부하로 병렬운전하고 있을 때, 두 발전기의 기전력 사이에 30°의 위상차가 있으면 한 발전기에서 다른 발전기에 공급되는 유효전력은 몇 [kW]인가? (단, 각 발전기의(1상의) 기전력은 1000[V], 동기 리액턴스는 4[Ω]이고, 전기자저항은 무시한다.)

① 62.5　② $62.5 \times \sqrt{3}$
③ 125.5　④ $125.5 \times \sqrt{3}$

풀이 $P = \dfrac{E^2}{2x_s}\sin\delta$[W]에서

$P = \dfrac{1000^2}{2 \times 4} \times \sin 30° \times 10^{-3} = 62.5$[kW]

답 ①

56 3상 유도전동기의 슬립과 토크의 관계에서 최대 토크를 T_m, 최대 토크를 발생하는 슬립을 s_t, 2차 저항이 R_2일 때의 관계는?

① $T_m \propto R_2,\ s_t =$ 일정
② $T_m \propto R_2,\ s_t \propto R_2$
③ T_m 일정, $s_t \propto R_2$
④ $T_m \propto \dfrac{1}{R_2},\ s_t \propto R_2$

풀이 3상 유도전동기의 최대 토크(T_m)는 2차 저항(R_2)에 무관하며, 최대 토크를 발생하는 슬립(s_t)만 2차 저항에 비례한다.

답 ③

57 50[kW], 610[V], 1200[rpm]의 직류분권전동기가 있다. 70[%] 부하일 때 부하전류는 100[A], 회전속도는 1240[rpm]이다. 전기자 발생 토크[kg·m]는? (단, 전기자저항은 0.1[Ω]이고, 계자전류는 전기자 전류에 비해 현저히 작다.)

① 약 39.3　② 약 40.6
③ 약 47.17　④ 약 48.75

풀이 전동기의 출력
$$P = EI_a = (V - I_aR_a) \times I_a$$
$$= (610 - 100 \times 0.1) \times 100 = 60,000[W]$$
$$\therefore \tau = 0.975 \frac{P}{N} = 0.975 \times \frac{60,000}{1240}$$
$$= 47.17[kg \cdot m]$$
답 ③

58 변압기 온도시험을 하는 데 가장 좋은 방법은?
① 반환 부하법 ② 실 부하법
③ 단락 시험법 ④ 내전압 시험법

풀이 실부하법은 전력손실이 크기 때문에 소용량 이외에는 별로 적용되지 않는다. 반환 부하법은 동일 정격의 변압기가 2대 이상 있을 경우에 채용되며, 전력 소비가 적고 철손과 동손을 따로 공급하는 것으로 현재 가장 많이 사용하고 있다.
답 ①

59 변압기 결선방법 중 3상 전원을 이용하여 2상 전압을 얻고자 할 때 사용할 결선 방법은?
① Fork 결선 ② Scott 결선
③ 환상 결선 ④ 2중 3각 결선

풀이
- 3상 전원을 이용하여 2상 전압을 얻는 방법으로는 스코트 결선(T결선), 메이어 결선, 우드브릿지 결선이 있다.
- ①, ③, ④는 3상 전원을 이용하여 6상 전압을 얻고자 할 때 사용하는 결선이다.
답 ②

60 동기발전기의 전기자 권선법 중 집중권에 비해 분포권의 장점에 해당되는 것은?
① 기전력의 파형이 좋아진다.
② 난조를 방지 할 수 있다.
③ 권선의 리액턴스가 커진다.
④ 합성유도기전력이 높아진다.

풀이 분포권의 장점
① 기전력의 파형률 및 철심의 이용률이 좋다.
② 권선의 누설 리액턴스가 감소된다.
③ 전기자 권선의 열을 고르게 분포시켜 과열을 방지한다.
④ 집중권에 비하여 분포권의 기전력이 낮다.
답 ①

4과목 - 회로이론

61 그림과 같은 회로에서 $t = 0$일 때 스위치 K를 닫을 때 과도전류 $i(t)$는 어떻게 표시되는가?

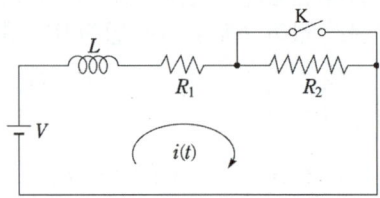

① $i(t) = \frac{V}{R_1}\left(1 - \frac{R_2}{R_1 + R_2}e^{-\frac{R_1}{L}t}\right)$

② $i(t) = \frac{V}{R_1 + R_2}\left(1 + \frac{R_2}{R_1}e^{-\frac{(R_1 + R_2)}{L}t}\right)$

③ $i(t) = \frac{V}{R_1}\left(1 + \frac{R_2}{R_1}e^{-\frac{R_2}{L}t}\right)$

④ $i(t) = \frac{R_1 V}{R_2 + R_1}\left(1 + \frac{R_1}{R_2 + R_1}e^{-\frac{(R_1 + R_2)}{L}t}\right)$

풀이 스위치를 닫고 방정식을 세우면
$$L\frac{di}{dt} + R_1 i = V$$
$$i_s = \frac{V}{R_1}, \quad i_t = Ae^{-\frac{R_1}{L}t}$$
$$\therefore i = \frac{V}{R_1} + Ae^{-\frac{R_1}{L}t}$$
$t = 0$에서 $i(0) = \frac{V}{R_1 + R_2}$ 이므로
$$\frac{V}{R_1 + R_2} = \frac{V}{R_1} + A$$
$$A = \frac{V}{R_1 + R_2} - \frac{V}{R_1} = \frac{-R_2 V}{R_1(R_1 + R_2)}$$
$$\therefore i = \frac{V}{R_1} - \frac{R_2 V}{R_1(R_1 + R_2)}e^{-\frac{R_1}{L}t}$$
$$= \frac{V}{R_1}\left(1 - \frac{R_2}{R_1 + R_2}e^{-\frac{R_1}{L}t}\right)$$
답 ①

62 다음과 같이 변환 시
$R_1 + R_2 + R_3$의 값[Ω]은? (단, $R_{ab} = 2$ [Ω], $R_{bc} = 4$[Ω], $R_{ca} = 6$[Ω]이다.)

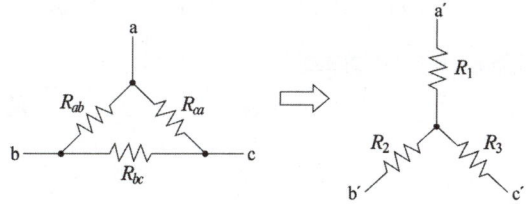

① 1.57[Ω] ② 2.67[Ω]
③ 3.67[Ω] ④ 4.87[Ω]

풀이
$R_1 = \dfrac{R_{ab}R_{ca}}{R_{ab}+R_{bc}+R_{ca}} = \dfrac{2\times6}{2+4+6} = 1$

$R_2 = \dfrac{R_{ab}R_{bc}}{R_{ab}+R_{bc}+R_{ca}} = \dfrac{2\times4}{2+4+6} = 0.67$

$R_3 = \dfrac{R_{bc}R_{ca}}{R_{ab}+R_{bc}+R_{ca}} = \dfrac{4\times6}{2+4+6} = 2$

$\therefore R_1 + R_2 + R_3 = 1 + 0.67 + 2 = 3.67[\Omega]$ **답** ③

63 그림과 같은 4단자 회로망에서 어드미턴스 파라미터 Y_{12}[℧]는?

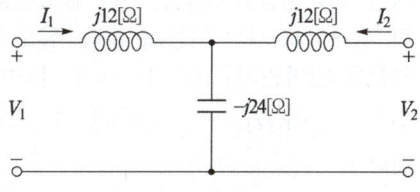

① $-j\dfrac{1}{12}$ ② $j\dfrac{1}{18}$
③ $-j\dfrac{1}{24}$ ④ $j\dfrac{1}{24}$

풀이
$Y_{12} = -\dfrac{Z_2}{Z_1Z_2 + Z_2Z_3 + Z_3Z_1}$

$= -\dfrac{-j24}{j12\times(-j24)+(-j24)\times j12 + j12\times j12}$

$= j\dfrac{1}{18}[\text{℧}]$ **답** ②

64 테브난의 정리를 이용하여 그림(a)의 회로를 (b)와 같은 등가회로로 만들려고 할 때 V와 R의 값은?

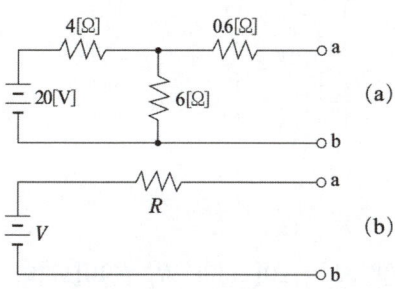

① $V = 12$[V], $R = 3$[Ω]
② $V = 20$[V], $R = 3$[Ω]
③ $V = 12$[V], $R = 10$[Ω]
④ $V = 20$[V], $R = 10$[Ω]

풀이 a, b 사이에 걸리는 전압 V_{ab}을 전압분배법칙에 의해 구하면

$V_{ab} = \dfrac{6}{4+6}\times 20 = 12[V]$

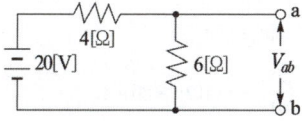

전압원을 단락한 a, b 사이의 합성저항 R_{ab}은

$R_{ab} = 0.6 + \dfrac{4\times 6}{4+6} = 3[\Omega]$

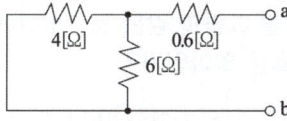

답 ①

65 그림과 같은 4단자 회로망에서 출력 측을 개방하니 $V_1 = 12$[V], $I_1 = 2$[A], $V_2 = 4$[V]이고 출력 측을 단락하니 $V_1 = 16$[V], $I_1 = 4$[A], $I_2 = 2$[A]이었다. 4단자 정수 A, B, C, D는 얼마인가?

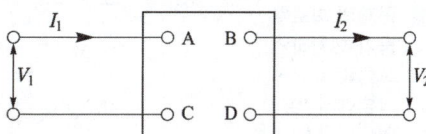

① $A = 2$, $B = 3$, $C = 8$, $D = 0.5$
② $A = 0.5$, $B = 2$, $C = 3$, $D = 8$
③ $A = 8$, $B = 0.5$, $C = 2$, $D = 3$
④ $A = 3$, $B = 8$, $C = 0.5$, $D = 2$

[풀이]
$A = \dfrac{V_1}{V_2}\bigg|_{I_2=0} = \dfrac{12}{4} = 3$, $B = \dfrac{V_1}{I_2}\bigg|_{V_2=0} = \dfrac{16}{2} = 8$

$C = \dfrac{I_1}{V_2}\bigg|_{I_2=0} = \dfrac{2}{4} = 0.5$, $D = \dfrac{I_1}{I_2}\bigg|_{V_2=0} = \dfrac{4}{2} = 2$

답 ④

66 저항 $R_1 = 10[\Omega]$과 $R_2 = 40[\Omega]$이 직렬로 접속된 회로에 100[V], 60[Hz]인 정현파 교류 전압을 인가할 때, 이 회로에 흐르는 전류로 옳은 것은?

① $\sqrt{2}\sin 377t[A]$ ② $2\sqrt{2}\sin 377t[A]$
③ $\sqrt{2}\sin 422t[A]$ ④ $2\sqrt{2}\sin 422t[A]$

[풀이]
$i = I_m \sin \omega t$에서 $I_m = \dfrac{\sqrt{2}E}{R}$
$\omega = 2\pi f$이므로
$\therefore i = \dfrac{\sqrt{2}E}{R}\sin(2\pi f)t$
$= \dfrac{\sqrt{2}\times 100}{10+40}\times \sin(2\pi\times 60)\times t$
$= 2\sqrt{2}\sin 377t[A]$

답 ②

67 대칭 3상 전압을 그림과 같은 평형부하에 가할 때 부하의 역률은 얼마인가?

(단, $R = 9[\Omega]$, $\dfrac{1}{\omega C} = 4[\Omega]$이다.)

① 0.4
② 0.6
③ 0.8
④ 1.0

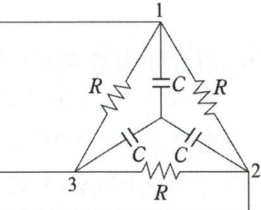

[풀이] 문제의 회로를 등가 변환하면 그림과 같으며, 그림에서 1상의 어드미턴스 Y는
$Y = \dfrac{1}{3} + j\dfrac{1}{4}[\mho]$
$\therefore \cos\theta = \dfrac{X_C}{\sqrt{R^2 + X_C^2}} = \dfrac{4}{\sqrt{3^2 + 4^2}} = 0.8$

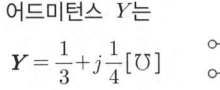

답 ③

68 두 점 사이에는 20[C]의 전하를 옮기는 데 80[J]의 에너지가 필요하다면 두 점 사이의 전압은?

① 2[V] ② 3[V] ③ 4[V] ④ 5[V]

[풀이] $W = QV$ 이므로
$\therefore V = \dfrac{W}{Q} = \dfrac{80}{20} = 4[V]$

답 ③

69 다음 중 옳지 않은 것은?

① 역률 = $\dfrac{\text{유효전력}}{\text{피상전력}}$

② 파형률 = $\dfrac{\text{실효값}}{\text{평균값}}$

③ 파고율 = $\dfrac{\text{실효값}}{\text{최대값}}$

④ 왜형률 = $\dfrac{\text{전고조파의 실효값}}{\text{기본파의 실효값}}$

[풀이] 파고율(crest factor) = $\dfrac{\text{최대값}}{\text{실효값}}$

답 ③

70 대칭 3상 전압을 공급한 3상 유도전동기에서 각 계기의 지시는 다음과 같다. 유도전동기의 역률은 얼마인가? (단, $W_1 = 1.2[kW]$, $W_2 = 1.8[kW]$, $V = 200[V]$, $A = 10[A]$ 이다.)

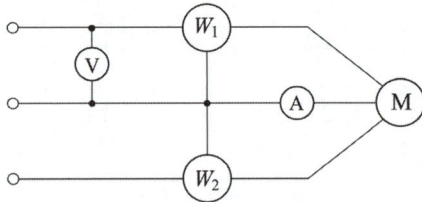

① 0.70 ② 0.76
③ 0.80 ④ 0.87

[풀이] 전 유효전력
$P = W_1 + W_2 = 1200 + 1800 = 3000[W]$
전 피상전력
$P_a = \sqrt{3}VI = \sqrt{3}\times 200\times 10 = 3464.1[VA]$
$\therefore \cos\theta = \dfrac{P}{P_a} = \dfrac{3000}{3464.1} \fallingdotseq 0.87$

답 ④

71 비정현파에서 정현 대칭의 조건은 어느 것인가?

① $f(t) = f(-t)$
② $f(t) = -f(-t)$
③ $f(t) = -f(t)$
④ $f(t) = -f(t + \frac{T}{2})$

풀이 그림에서 정현 대칭 조건은
$f(t) = -f(-t)$
$f(t) = f(T+t)$

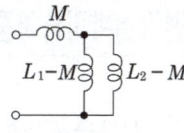

답 ②

72 그림과 같은 회로의 합성 인덕턴스는?

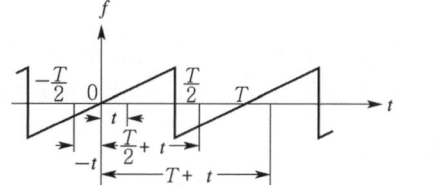

① $\dfrac{L_1 L_2 - M^2}{L_1 + L_2 - 2M}$
② $\dfrac{L_1 L_2 + M^2}{L_1 + L_2 - 2M}$
③ $\dfrac{L_1 L_2 - M^2}{L_1 + L_2 + 2M}$
④ $\dfrac{L_1 L_2 + M^2}{L_1 + L_2 + 2M}$

풀이 병렬접속형의 등가회로를 그려 보면 그림과 같다.

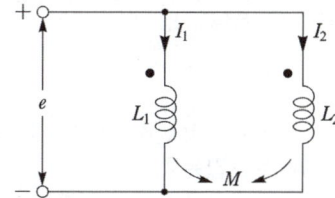

그러므로 합성 인덕턴스 L_0는
$L_0 = M + \dfrac{(L_1 - M)(L_2 - M)}{(L_1 - M) + (L_2 - M)}$
$= \dfrac{L_1 L_2 - M^2}{L_1 + L_2 - 2M}$

답 ①

73 코일에 단상 100[V]의 전압을 가하면 30[A]의 전류가 흐르고 1.8[kW]의 전력을 소비한다고 한다. 이 코일과 병렬로 콘덴서를 접속하여 회로의 합성 역률을 100[%]로 하기 위한 용량 리액턴스[Ω]는?

① 약 4.2[Ω]   ② 약 6.8[Ω]
③ 약 8.4[Ω]   ④ 약 10.6[Ω]

풀이
$P_a = V \cdot I = 100 \cdot 30 = 3000[VA] = 3[kVA]$
$P_r = \sqrt{P_a^2 - P^2} = \sqrt{3^2 - 1.8^2} = 2.4[kVar]$
역률이 100[%]가 되기 위해서는
2.4[kVA]의 콘덴서가 필요하므로
$Q_C = 2\pi f C V^2 = \dfrac{V^2}{X_C} = 2.4 \times 10^3$
$X_C = \dfrac{100^2}{2.4 \times 10^3} \fallingdotseq 4.2[\Omega]$

답 ①

74 100[V] 전압에 대하여 늦은 역률 0.8로서 10[A]의 전류가 흐르는 부하와 앞선 역률 0.8로서 20[A]의 전류가 흐르는 부하가 병렬로 연결되어 있다. 전 전류에 대한 역률은 약 얼마인가?

① 0.66   ② 0.76
③ 0.87   ④ 0.97

풀이 $\cos\theta = 0.8$일 때
$\sin\theta = \sqrt{1 - 0.8^2} = 0.6$이므로
늦은 역률의 전류
$I_1 = 10 \times (0.8 - j0.6) = 8 - j6$
앞선 역률의 전류
$I_2 = 20 \times (0.8 + j0.6) = 16 + j12$
전 전류
$I = I_1 + I_2 = 8 - j6 + 16 + j12 = 24 + j6[A]$
$\therefore \cos\theta = \dfrac{I_R}{I} = \dfrac{24}{\sqrt{24^2 + 6^2}} \fallingdotseq 0.97$

답 ④

75 두 코일이 있다. 한 코일의 전류가 매 초 40[A]의 비율로 변화할 때 다른 코일에는 20[V]의 기전력이 발생하였다면 두 코일의 상호 인덕턴스는 몇 [H]인가?

① 0.2[H]   ② 0.5[H]
③ 1.0[H]   ④ 2.0[H]

풀이
$$V_L = M\frac{di(t)}{dt}$$
$$M = \frac{V_L}{\frac{di(t)}{dt}} = \frac{20}{40} = 0.5[H]$$
답 ②

76 3상 불평형 전압에서 영상전압이 150[V]이고 정상전압이 600[V], 역상전압이 300[V]이면 전압의 불평형률[%]은?

① 60[%] ② 50[%]
③ 40[%] ④ 30[%]

풀이 불평형률 = $\frac{\text{역상 전압}}{\text{정상 전압}} \times 100 = \frac{300}{600} \times 100 = 50[\%]$
답 ②

77 $t\sin\omega t$의 라플라스 변환은?

① $\dfrac{\omega}{(s^2+\omega^2)^2}$ ② $\dfrac{\omega s}{(s^2+\omega^2)^2}$
③ $\dfrac{\omega^2}{(s^2+\omega^2)^2}$ ④ $\dfrac{2\omega s}{(s^2+\omega^2)^2}$

풀이
$$F(s) = (-1)\frac{d}{ds}\{\mathcal{L}(\sin\omega t)\}$$
$$= (-1)\frac{d}{ds} \cdot \frac{\omega}{s^2+\omega^2}$$
$$= -1 \cdot \frac{\omega' \cdot (s^2+\omega^2) - \omega \cdot (s^2+\omega^2)'}{(s^2+\omega^2)^2}$$
$$= -1 \cdot \frac{0-\omega \cdot 2s}{(s^2+\omega^2)^2} = \frac{2\omega s}{(s^2+\omega^2)^2}$$
답 ④

78 $\dfrac{2s+3}{s^2+3s+2}$의 라플라스 함수의 역변환의 값은?

① $e^{-t}+e^{-2t}$ ② $e^{-t}-e^{-2t}$
③ $-e^{-t}-e^{-2t}$ ④ $e^{t}+e^{2t}$

풀이
$$F(s) = \frac{2s+3}{s^2+3s+2} = \frac{2s+3}{(s+1)(s+2)}$$
$$= \frac{K_1}{s+1} + \frac{K_2}{s+2}$$
$$K_1 = \lim_{s\to -1}(s+1)F(s) = \left[\frac{2s+3}{s+2}\right]_{s=-1} = 1$$
$$K_2 = \lim_{s\to -2}(s+2)F(s) = \left[\frac{2s+3}{s+1}\right]_{s=-2} = 1$$
$$F(s) = \frac{1}{s+1} + \frac{1}{s+2}$$
$$\therefore f(t) = \mathcal{L}^{-1}[F(s)] = \mathcal{L}^{-1}\left[\frac{1}{s+1} + \frac{1}{s+2}\right]$$
$$= e^{-t} + e^{-2t}$$
답 ①

79 RLC 직렬회로에 $t=0$에서 교류전압 $e = E_m\sin(\omega t + \theta)$를 가할 때 $R^2 - 4\dfrac{L}{C} > 0$이면 이 회로는?

① 진동적이다. ② 비진동적이다.
③ 임계진동적이다. ④ 비감쇠진동이다.

풀이 과도해
- $R^2 - 4\dfrac{L}{C} > 0$ 이면 비진동적
- $R^2 - 4\dfrac{L}{C} = 0$ 이면 임계적
- $R^2 - 4\dfrac{L}{C} < 0$ 이면 진동적

교류를 인가한 경우와 직류를 인가한 경우 진동 여부의 판별방법은 동일하다.
답 ②

80 전압 $e = 5 + 10\sqrt{2}\sin\omega t + 10\sqrt{2}\sin 3\omega t$ [V]일 때 실효값은?

① 7.07[V] ② 10[V]
③ 15[V] ④ 20[V]

풀이 실효값 $E = \sqrt{E_0^2 + E_1^2 + E_2^2 + \cdots + E_n^2}$
$= \sqrt{5^2 + 10^2 + 10^2} = 15[V]$
답 ③

5과목 - 전기설비기술기준

81 특고압가공전선로를 제3종 특고압 보안공사에 의하여 시설하는 경우는?

① 건조물과 제1차 접근상태로 시설되는 경우
② 건조물과 제2차 접근상태로 시설되는 경우
③ 도로 등과 교차하여 시설하는 경우
④ 가공 약전류선과 공용설치하여 시설하는 경우

[풀이] 333.23 특고압 가공전선과 건조물의 접근
가. 건조물과 제1차 접근상태 : 제3종 특고압 보안공사
나. 건조물과 제2차 접근상태
① 사용전압이 35 [kV] 이하 : 제2종 특고압 보안공사
② 사용전압이 35 [kV] 초과 400 [kV] 미만 : 제1종 특고압 보안공사
답 ①

82 가공전선로의 지지물에 시설하는 지선의 안전율은 일반적인 경우 얼마 이상이어야 하는가?
① 1.8   ② 2.0
③ 2.2   ④ 2.5

[풀이] 331.11 지선의 시설
가. 가공전선로의 지지물로 사용하는 철탑은 지선을 사용하여 그 강도를 분담시켜서는 안 된다.
나. 지선의 안전율은 2.5 이상일 것. 이 경우에 허용 인장하중의 최저는 4.31[kN]으로 한다.
다. 지선에 연선을 사용할 경우에는 다음에 의할 것.
① 소선 3가닥 이상의 연선일 것.
② 소선의 지름이 2.6[mm] 이상의 금속선을 사용한 것일 것.
답 ④

83 접지공사에 사용하는 접지도체를 사람이 접촉할 우려가 있는 곳에 시설하는 경우에 합성수지관 또는 이와 동등 이상의 절연효력 및 강도를 가지는 몰드로 접지선을 덮어야 하는가?
① 지하 30[cm]로부터 지표상 1.5[m]까지의 부분
② 지하 50[cm]로부터 지표상 1.8[m]까지의 부분
③ 지하 90[cm]로부터 지표상 2.5[m]까지의 부분
④ 지하 75[cm]로부터 지표상 2.0[m]까지의 부분

[풀이] 142.3.1 접지도체
접지도체는 지하 0.75[m] 부터 지표 상 2[m] 까지 부분은 합성수지관(두께 2[mm] 미만의 합성수지제 전선관 및 가연성 콤바인덕트관은 제외한다) 또는 이와 동등 이상의 절연효과와 강도를 가지는 몰드로 덮어야 한다.
답 ④

84 저압 접촉전선을 절연 트롤리 공사에 의하여 시설하는 경우에 대한 기준으로 옳지 않은 것은? (단, 기계기구에 시설하는 경우가 아닌 것으로 한다.)
① 절연 트롤리선은 사람이 쉽게 접할 우려가 없도록 시설할 것
② 절연 트롤리선의 개구부는 아래 또는 옆으로 향하여 시설 할 것
③ 절연 트롤리선의 끝 부분은 충전부분이 노출되는 구조일 것
④ 절연 트롤리선은 각 지지점에서 견고하게 시설하는 것 이외에 그 양쪽 끝을 내장 인류장치에 의하여 견고하게 인류할 것

[풀이] 232.81 옥내에 시설하는 저압 접촉전선 배선
저압 접촉전선을 절연 트롤리 공사에 의하여 시설하는 경우에는 다음에 따라 시설하여야 한다.
가. 절연 트롤리선은 사람이 쉽게 접할 우려가 없도록 시설할 것.
나. 절연트롤리선의 도체는 지름 6[mm]의 경동선 또는 이와 동등 이상의 세기의 것으로서 단면적이 28[mm²] 이상의 것일 것.
다. 절연 트롤리선의 개구부는 아래 또는 옆으로 향하여 시설할 것.
라. 절연 트롤리선의 끝 부분은 충전부분이 노출되지 아니하는 구조의 것일 것.
마. 절연 트롤리선은 각 지지점에서 견고하게 시설하는 것 이외에 그 양쪽 끝을 내장 인류장치에 의하여 견고하게 인류할 것.
답 ③

85 철도·궤도 또는 자동차도의 전용터널 안의 터널내 전선로의 시설방법으로 틀린 것은?
① 저압전선으로 지름 2.0[mm]의 경동선을 사용하였다.
② 고압전선은 케이블공사로 하였다.
③ 저압전선을 애자공사에 의하여 시설하고 이를 레일면 상 또는 노면상 2.5[m] 이상으로 하였다.
④ 저압전선을 금속제 가요전선관공사에 의하여 시설하였다.

[풀이] 335.1 터널 안 전선로의 시설
철도·궤도 또는 자동차도 전용터널 안의 전선로

전압	전선의 굵기	시공방법	애자공사 시 높이
저압	인장강도 2.30[kN] 이상 또는 2.6[mm] 이상의 경동선의 절연전선	• 합성수지관공사 • 금속관공사 • 금속제가요전선관 공사 • 케이블공사 • 애자공사	노면상, 레일면상 2.5[m] 이상
고압	인장강도 5.26[kN] 이상 또는 4[mm] 이상의 경동선	• 케이블공사 • 애자공사	노면상, 레일면상 3[m] 이상
특고압		• 케이블공사	

답 ①

86 345[kV] 옥외 변전소에 울타리 높이와 울타리에서 충전부분까지 거리[m]의 합계는?

① 6.48 ② 8.16
③ 8.40 ④ 8.28

풀이 351.1 발전소 등의 울타리·담 등의 시설
  가. 울타리·담 등의 높이는 2[m] 이상으로 하고 지표면과 울타리·담 등의 하단사이의 간격은 0.15[m] 이하로 할 것.
  나. 울타리·담 등의 높이와 울타리·담 등으로부터 충전부분까지 거리의 합계는 표에서 정한 값 이상으로 할 것.

사용전압의 구분	울타리·담 등의 높이와 울타리·담 등으로부터 충전 부분까지의 거리의 합계
35[kV] 이하	5[m]
35[kV] 초과 160[kV] 이하	6[m]
160[kV] 초과	• 거리의 합계 = 6 + 단수 × 0.12[m] • 단수 = $\dfrac{\text{사용전압[kV]}-160}{10}$ 단수 계산에서 소수점 이하는 절상

• 단수 = $\dfrac{345-160}{10} = 18.5 \rightarrow 19$단
• 이격거리 + 울타리높이 = $6 + 19 \times 0.12 = 8.28$[m]

답 ④

87 고압가공전선이 교류 전차선과 교차하는 경우, 고압가공전선으로 케이블을 사용하는 경우 이외에는 단면적 몇 [mm^2] 이상의 경동연선을 사용하여야 하는가?

① 14 ② 22
③ 30 ④ 38

풀이 332.15 고압 가공전선과 교류전차선 등의 접근 또는 교차
222.15 저압 가공전선과 교류전차선 등의 접근 또는 교차
저압 가공전선 또는 고압 가공전선이 교류 전차선 등과 교차하는 경우에 저압 가공전선 또는 고압 가공전선이 교류 전차선 등의 위에 시설되는 때에는 다음에 따라야 한다.
  가. 저압 가공전선에는 케이블을 사용하고 또한 이를 단면적 35[mm^2] 이상인 아연도강연선으로서 인장강도 19.61[kN] 이상인 것으로 조가하여 시설할 것.
  나. 고압 가공전선은 케이블인 경우 이외에는 인장강도 14.51[kN] 이상의 것 또는 단면적 38[mm^2] 이상의 경동연선일 것.

답 ④

88 고압 옥내배선이 다른 고압 옥내배선과 접근하거나 교차하는 경우 상호 간의 이격거리는 최소 몇 [cm] 이상이어야 하는가?

① 10 ② 15
③ 20 ④ 25

풀이 342.1 고압 옥내배선 등의 시설
고압 옥내배선이 다른 고압 옥내배선·저압 옥내전선·관등회로의 배선·약전류 전선 등 또는 수관·가스관이나 이와 유사한 것과 접근하거나 교차하는 경우 이격거리
  가. 다른 고압 옥내배선·저압 옥내전선·관등회로의 배선·약전류 전선 : 15[cm]
  나. 수관·가스관이나 이와 유사한 것과 접근하거나 교차하는 경우 : 15[cm]
  다. 애자공사에 의하여 시설하는 저압 옥내전선이 나전선인 경우 : 30[cm]
  라. 가스계량기 및 가스관의 이음부와 전력량계 및 개폐기 : 60[cm]

답 ②

89 가공전선로에 사용하는 지지물의 강도계산에 적용하는 갑종 풍압하중을 계산할 때 구성재의 수직 투영면적 1[m^2]에 대한 풍압의 기준이 잘못된 것은?

① 목주 : 588[Pa]
② 원형 철주 : 588[Pa]
③ 원형 철근콘크리트주 : 882[Pa]
④ 강관으로 구성(단주는 제외)된 철탑 : 1255[Pa]

풀이 331.6 풍압하중의 종별과 적용

풍압을 받는 구분				풍압[Pa]
지지물	목주			588
	철주	원형의 것		588
		삼각형 또는 마름모형의 것		1,412
		강관에 의하여 구성되는 4각형의 것		1,117
		기타의 것으로 복재가 전후면에 겹치는 경우		1,627
		기타의 것으로 겹치지 않은 경우		1,784
	철근 콘크리트주	원형의 것		588
		기타의 것		882
	철탑	단주 (완철류는 제외함)	원형의 것	588
			기타의 것	1,117
		강관으로 구성되는 것(단주는 제외함)		1,255
		기타의 것		2,157

답 ③

90 금속덕트공사에 의한 저압 옥내배선에서, 금속덕트에 넣은 전선의 단면적의 합계는 덕트 내부 단면적의 몇 [%] 이하이어야 하는가?

① 20   ② 30
③ 40   ④ 50

풀이 232.31 금속덕트공사
금속덕트에 넣은 전선의 단면적(절연피복의 단면적을 포함한다)의 합계는 덕트의 내부 단면적의 20[%](전광표시 장치, 기타 이와 유사한 장치 또는 제어회로 등의 배선만을 넣는 경우에는 50[%]) 이하일 것.   답 ①

91 가공전선로의 지지물에 시설하는 통신선은 가공전선과의 이격거리를 몇 [cm] 이상 유지하여야 하는가? (단, 가공전선은 고압으로 케이블을 사용한다.)

① 30   ② 45
③ 60   ④ 75

풀이 362.2 전력보안통신선의 시설 높이와 이격거리
가공전선과 첨가 통신선과의 이격거리
가. 통신선은 가공전선의 아래에 시설할 것.
나. 이격거리

가공전선	통신선		
	일반	절연전선	광섬유 케이블
중성선 25[kV] 이하, 다중접지중성선	0.6[m] 이상		

가공전선		통신선		
		일반	절연전선	광섬유 케이블
저압 가공전선	일반	0.6[m] 이상		
	절연전선 또는 케이블		0.3[m] 이상	
	인입선			0.15[m] 이상
고압 가공전선	일반	0.6[m] 이상		
	케이블		0.3[m] 이상	
특고압 가공전선	일반	1.2[m] 이상		
	케이블		0.3[m] 이상	
	25[kV] 이하, 다중 접지방식	0.75[m] 이상		

답 ①

92 아파트 세대 욕실에 '비데용 콘센트'를 시설하고자 한다. 다음의 시설방법 중 적합하지 않은 것은?

① 충전 부분이 노출되지 않을 것
② 배선기구에 방습장치를 시설할 것
③ 저압용 콘센트는 접지극이 없는 것을 사용할 것
④ 인체감전보호용 누전차단기가 부착된 것을 사용할 것

풀이 234.5 콘센트의 시설
욕조나 샤워시설이 있는 욕실 또는 화장실 등 인체가 물에 젖어있는 상태에서 전기를 사용하는 장소에 콘센트를 시설하는 경우에는 다음에 따라 시설하여야한다.
가. 인체감전보호용 누전차단기(정격감도전류 15[mA] 이하, 동작시간 0.03[초] 이하의 전류동작형의 것에 한한다) 또는 절연 변압기(정격용량 3[kVA] 이하인 것에 한한다)로 보호된 전로에 접속하거나, 인체감전보호용 누전차단기가 부착된 콘센트를 시설하여야 한다.
나. 콘센트는 접지극이 있는 방적형 콘센트를 사용하여 규정에 준하여 접지하여야 한다.   답 ③

93 주상변압기 전로의 절연내력을 시험할 때 최대사용전압이 23000[V]인 권선으로서 중성점접지식 전로(중성선을 가지는 것으로서 그 중성선에 다중접지를 한 것)에 접속하는 것의 시험전압은?

① 16560[V]   ② 21160[V]
③ 25300[V]   ④ 28750[V]

풀이 135 변압기 전로의 절연내력

권선의 종류 (최대사용전압)	접지방식	시험전압 (최대사용 전압의 배수)	최저 시험전압
1. 7[kV] 이하		1.5배	500[V]
	다중접지	0.92배	500[V]
2. 7[kV] 초과 25[kV] 이하	다중접지	0.92배	
3. 7[kV] 초과 60[kV] 이하 (2란의 것 제외)		1.25배	10.5[kV]
4. 60[kV] 초과	비접지	1.25배	
5. 60[kV] 초과 (6란의 것 제외)	접지식	1.1배	75[kV]
6. 60[kV] 초과	직접접지	0.72배	
7. 170[kV] 초과	직접접지	0.64배	

∴ 시험전압 = $23,000 \times 0.92 = 21,160[V]$ **답** ②

94 유희용 전차에 전기를 공급하는 전로의 사용전압이 교류인 경우 몇 [V] 이하이어야 하는가?

① 20 ② 40 ③ 60 ④ 100

풀이 241.8 유희용 전차
 가. 유희용 전차에 전기를 공급하기 위하여 사용하는 변압기의 1차 전압은 400[V] 이하이어야 한다.
 나. 유희용 전차에 전기를 공급하는 전원장치의 2차측 단자의 최대사용전압은 직류의 경우 60[V] 이하, 교류의 경우 40[V] 이하일 것.
 다. 접촉전선은 제3레일 방식에 의하여 시설할 것.
 라. 유희용 전차의 전차 내에서 승압하여 사용하는 경우 변압기는 절연변압기를 사용하고 2차 전압은 150[V] 이하로 할 것. **답** ②

95 저압 및 고압가공전선의 최소 높이는 도로를 횡단하는 경우와 철도를 횡단하는 경우에 각각 몇 [m] 이상이어야 하는가?

① 도로 : 지표상 6[m], 철도 : 레일면 상 6.5[m]
② 도로 : 지표상 6[m], 철도 : 레일면 상 6[m]
③ 도로 : 지표상 5[m], 철도 : 레일면 상 6.5[m]
④ 도로 : 지표상 5[m], 철도 : 레일면 상 6[m]

풀이 332.5 고압 가공전선의 높이,
 222.7 저압 가공전선의 높이
 저·고압 가공전선의 높이는 다음에 따라야 한다.

설치장소	가공전선의 높이
도로횡단(번잡하지 않은 도로 제외)	지표상 6[m] 이상
철도 또는 궤도횡단	레일면상 6.5[m] 이상

설치장소		가공전선의 높이
횡단 보도교 위	저압	노면상 3.5[m] 이상. 단, 절연전선의 경우 3[m] 이상
	고압	노면상 3.5[m] 이상
일반장소		지표상 5[m] 이상. 단, 저압의 경우 절연전선 또는 케이블을 사용하여 교통에 지장이 없도록 하여 옥외조명용에 공급하는 경우 4[m]까지 감할 수 있다.
다리의 하부 기타 이와 유사한 장소		저압의 전기철도용 급전선은 지표상 3.5[m]까지로 감할 수 있다.

답 ①

96 빙설이 적고 인가가 밀집된 도시에 시설하는 고압가공전선로 설계에 사용하는 풍압하중은?

① 갑종 풍압하중
② 을종 풍압하중
③ 병종 풍압하중
④ 갑종 풍압하중과 을종 풍압하중을 각 설비에 따라 혼용

풀이 331.6 풍압하중의 종별과 적용
 인가가 많이 연접되어 있는 장소에 시설하는 가공전선로의 구성재 중 다음의 풍압하중에 대하여는 규정에 불구하고 갑종 풍압하중 또는 을종 풍압하중 대신에 병종 풍압하중을 적용할 수 있다.
 가. 저압 또는 고압 가공전선로의 지지물 또는 가섭선
 나. 사용전압이 35 [kV] 이하의 전선에 특고압 절연전선 또는 케이블을 사용하는 특고압 가공전선로의 지지물, 가섭선 및 특고압 가공전선을 지지하는 애자장치 및 완금류 **답** ③

97 저압 옥내배선 버스덕트공사에서 지지점 간의 거리[m]는? (단, 취급자만이 출입하는 곳에서 수직으로 붙이는 경우)

① 3 ② 5 ③ 6 ④ 8

풀이 232.61 버스덕트공사
 덕트를 조영재에 붙이는 경우에는 덕트의 지지점 간의 거리를 3[m](수직으로 붙이는 경우에는 6[m]) 이하로 하고 또한 견고하게 붙일 것. **답** ③

출제기준 변경 및 개정된 관계 법규에 따라
삭제된 문제가 있어 20문항이 안됩니다.

2013년 2회

1과목 - 전기자기

01 유전율이 각각 ϵ_1, ϵ_2인 두 유전체가 접해 있다. 각 유전체 중의 전계 및 전속밀도가 각각 E_1, D_1 및 E_2, D_2이고, 경계면에 대한 입사각 및 굴절각이 θ_1, θ_2일 때 경계조건으로 옳은 것은?

① $\dfrac{\sin\theta_2}{\sin\theta_1} = \dfrac{\epsilon_2}{\epsilon_1}$ ② $\dfrac{\cos\theta_2}{\cos\theta_1} = \dfrac{D_2}{D_1}$

③ $\dfrac{\tan\theta_2}{\tan\theta_1} = \dfrac{\epsilon_2}{\epsilon_1}$ ④ $\dfrac{\cot\theta_2}{\cot\theta_1} = \dfrac{E_2}{E_1}$

풀이
- 전속밀도의 법선성분 (수직 성분)이 같다. ($D_1\cos\theta_1 = D_2\cos\theta_2$)
- 전계는 접선성분(평행 성분)이 같다. ($E_1\sin\theta_1 = E_2\sin\theta_2$)
- 두 경계면에서의 전위는 서로 같다. ($V_1 = V_2$)
- $\epsilon_1 > \epsilon_2$이면 $\theta_1 > \theta_2$이다.
- $\dfrac{\tan\theta_2}{\tan\theta_1} = \dfrac{\epsilon_2}{\epsilon_1}$

답 ③

02 자기 인덕턴스가 10[H]인 코일에 3[A]의 전류가 흐를 때 코일에 축적된 자계에너지는 몇 [J] 인가?

① 30 ② 45
③ 60 ④ 90

풀이 $W = \dfrac{1}{2}LI^2 = \dfrac{1}{2} \times 10 \times 3^2 = 45[J]$

답 ②

03 자유공간에서 특성 임피던스 $\sqrt{\dfrac{\mu_0}{\epsilon_0}}$의 값은?

① $\dfrac{1}{110\pi}[\Omega]$ ② $\dfrac{1}{120\pi}[\Omega]$
③ $110\pi[\Omega]$ ④ $120\pi[\Omega]$

풀이 $Z_0 = \dfrac{E}{H} = \sqrt{\dfrac{\mu_0}{\epsilon_0}} = \sqrt{\dfrac{4\pi \times 10^{-7}}{\dfrac{1}{36\pi \times 10^9}}}$
$= \sqrt{144\pi^2 \times 100} = 120\pi[\Omega]$

답 ④

04 진공 중에서 10^{-6}[C]과 10^{-7}[C]의 두 개의 점전하가 50[cm]의 거리에 있을 때 작용하는 힘은 몇 [N]인가?

① 3.6×10^{-3} ② 1.8×10^{-3}
③ 4×10^{-13} ④ 0.25×10^{-13}

풀이 $F = \dfrac{Q_1 Q_2}{4\pi\epsilon_0 r^2}[N] = 9 \times 10^9 \times \dfrac{10^{-6} \times 10^{-7}}{(50 \times 10^{-2})^2}$
$= 3.6 \times 10^{-3}[N]$

답 ①

05 유전체 내의 정전 에너지식으로 옳지 않은 것은?

① $\dfrac{1}{2}ED\,[J/m^3]$ ② $\dfrac{1}{2}\dfrac{D^2}{\epsilon}\,[J/m^3]$

③ $\dfrac{1}{2}\epsilon D\,[J/m^3]$ ④ $\dfrac{1}{2}\epsilon E^2\,[J/m^3]$

풀이 $w = \dfrac{1}{2}E \cdot D = \dfrac{\epsilon E^2}{2} = \dfrac{D^2}{2\epsilon}[J/m^3]$
$\left(D = \epsilon E,\ E = \dfrac{D}{\epsilon}\right)$

답 ③

06 공기 중에서 무한평면도체 표면 아래의 1[m] 떨어진 곳에 1[C]의 점전하가 있다. 전하가 받는 힘의 크기는?

① $9 \times 10^9 [N]$ ② $\dfrac{9}{2} \times 10^9 [N]$
③ $\dfrac{9}{4} \times 10^9 [N]$ ④ $\dfrac{9}{16} \times 10^9 [N]$

풀이 무한평면도체에서 1[m] 떨어진 점전하 Q[C]이 받는 힘은 전기 영상법에 의해

$$F = \frac{1}{4\pi\epsilon_0}\frac{QQ'}{(2r)^2} = \frac{1}{4\pi\epsilon_0} \times \frac{Q^2}{4r^2}$$
$$= 9 \times 10^9 \times \frac{1}{4 \times 1^2} = \frac{9}{4} \times 10^9 [N]$$

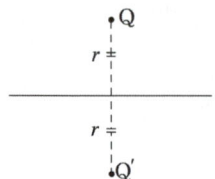

답 ③

07 전위분포가 $V = 2x^2 + 3y^2 + z^2 [V]$의 식으로 표시되는 공간의 전하밀도 ρ는 얼마인가?

① $12\epsilon_0 [C/m^3]$ ② $-12\epsilon_0 [C/m^3]$
③ $12\epsilon_0 [C/cm^3]$ ④ $-12\epsilon_0 [C/cm^3]$

풀이
$$\frac{\partial^2 V}{\partial x^2} + \frac{\partial^2 V}{\partial y^2} + \frac{\partial^2 V}{\partial z^2} = -\frac{\rho}{\epsilon_0}$$
$$4 + 6 + 2 = -\frac{\rho}{\epsilon_0}$$
$$\therefore \rho = -12\epsilon_0 [C/m^3]$$

답 ②

08 강자성체에서 자구의 크기에 대한 설명으로 가장 옳은 것은?

① 역자성체를 제외한 다른 자성체에서는 모두 같다.
② 원자나 분자의 질량에 따라 달라진다.
③ 물질의 종류에 관계없이 크기가 모두 같다.
④ 물질의 종류 및 상태에 따라 다르다.

풀이 일반적으로 자구(磁區)를 가지는 자성체는 강자성체이며, 물질의 종류 및 상태 등에 따라 다르게 나타난다.

답 ④

09 평행한 두 개의 도선에 전류가 서로 같은 방향으로 흐를 때 두 도선 사이에서의 자계강도는 한 개의 도선일 때 보다 어떠한가?

① 더 약해진다.
② 주기적으로 약해졌다 또는 강해졌다 한다.
③ 더 강해진다.
④ 강해졌다가 약해진다.

풀이 자계강도 H는 자력선밀도와 같으므로 서로 반대방향의 자력선이 흐르면 한 개의 자력선일 때 보다 자력선밀도가 감소하므로 자계강도는 약해진다.

답 ①

10 반지름 $a[m]$인 원통도체가 있다. 이 원통도체의 길이가 $l[m]$일 때 내부 인덕턴스는 몇 $[H]$인가? (단, 원통도체의 투자율은 $\mu[H/m]$이다.)

① $\dfrac{\mu a}{4\pi}$ ② $\dfrac{\mu l}{4\pi}$
③ $\dfrac{\mu l}{8\pi}$ ④ $\dfrac{\mu a}{8\pi}$

풀이 길이 1[m]당의 에너지
$$W = \frac{\mu}{16\pi}I^2 = \frac{1}{2}L_i I^2 [J]이므로$$
$$\frac{\mu}{16\pi}I^2 = \frac{1}{2}L_i I^2, \quad L_i = \frac{\mu}{8\pi} [H/m]이다.$$
따라서 길이가 $l[m]$일 때 내부 인덕턴스 L_i는
$$L_i = \frac{\mu l}{8\pi} [H]$$

답 ③

11 강자성체의 자속밀도 B의 크기와 자화의 세기 J의 크기 사이의 관계로 옳은 것은?

① J는 B보다 크다.
② J는 B보다 적다.
③ J는 B와 그 값이 같다.
④ J는 B에 투자율을 더한 값과 같다.

풀이 강자성체는 $\mu_s \gg 1$이므로
$$J = \frac{\mu_s - 1}{\mu_s}B 에서 \frac{\mu_s - 1}{\mu_s} 은$$
1보다 약간 작으므로 J도 B보다 약간 작다.

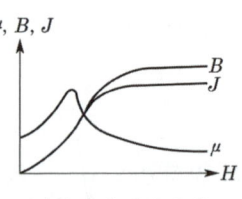

(강자성체 자화곡선)

답 ②

12 점 $P(1, 2, 3)$[m]와 $Q(2, 0, 5)$[m]에 각각 4×10^{-5}[C]과 -2×10^{-4}[C]의 점전하가 있을 때, 점 P에 작용하는 힘은 몇 [N]인가?

① $\frac{8}{3}(i-2j+2k)$ ② $\frac{8}{3}(-i-2j+2k)$

③ $\frac{3}{8}(i+2j+2k)$ ④ $\frac{3}{8}(2i+j-2k)$

풀이

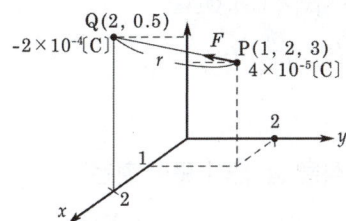

$$\vec{F} = \frac{Q_1 Q_2}{4\pi\epsilon_0 r^2}\vec{r}[N]$$
$$\vec{r} = (1, 2, 3)-(2, 0, 5) = (-1, 2, -2)$$
$$= -i+2j-2k$$
$$\vec{F} = 9\times 10^9 \times \frac{4\times 10^{-5} \times -2\times 10^{-4}}{(\sqrt{(-1)^2+(2)^2+(-2)^2})^2}$$
$$\times \frac{-i+2j-2k}{\sqrt{(-1)^2+(2)^2+(-2)^2}}$$
$$= -8\cdot\frac{1}{3}(-i+2j-2k)$$
$$= -\frac{8}{3}(-i+2j-2k) = \frac{8}{3}(i-2j+2k)$$

답 ①

13 공기 중에서 반지름 a[m], 도선의 중심축간 거리 d[m]인 평행도선간의 정전용량은 몇 [F/m]인가?

① $\dfrac{2\pi\epsilon_o}{\log_e \dfrac{a}{d}}$ ② $\dfrac{4\pi\epsilon_o}{\log_e \dfrac{a}{d}}$

③ $\dfrac{2\pi\epsilon_o}{\log_e \dfrac{d}{a}}$ ④ $\dfrac{\pi\epsilon_o}{\log_e \dfrac{d}{a}}$

풀이
$$C = \frac{\lambda}{V} = \frac{\lambda}{-\int_{d-a}^{a} E dr}$$
$$= \frac{\lambda}{\dfrac{-\lambda}{2\pi\epsilon_0}\int_{d-a}^{a}\left(\dfrac{1}{r}+\dfrac{1}{d-r}\right)dr}$$
$$= \frac{\pi\epsilon_0}{\ln\dfrac{d-a}{a}} \fallingdotseq \frac{\pi\epsilon_0}{\ln\dfrac{d}{a}}[F/m]$$

답 ④

14 하나의 금속에서 전류의 흐름으로 인한 온도 구배부분의 줄열 이외의 발열 또는 흡열에 관한 현상은?

① 펠티에 효과(Peltier effect)
② 볼타 법칙(Volta law)
③ 제벡 효과(Seebeck effect)
④ 톰슨 효과(Thomson effect)

풀이
- 제벡 효과 : 두 종류 금속 접속면에 온도차가 있으면 기전력이 발생하는 효과
- 펠티에 효과 : 두 종류 금속 접속면에 전류를 흘리면 접속점에서 열의 흡수, 발생이 일어나는 효과
- **톰슨 효과** : 동일한 금속 도선의 두 점간에 온도차를 주고, 고온 쪽에서 저온 쪽으로 전류를 흘리면 도선 속에서 열이 발생되거나 흡수가 일어나는 이러한 현상을 톰슨 효과라 한다.

답 ④

15 500[AT/m]의 자계 중에 어떤 자극을 놓았을 때 3×10^3[N]의 힘이 작용했다면 이때의 자극의 세기는 몇 [Wb]인가?

① 2[Wb] ② 3[Wb]
③ 5[Wb] ④ 6[Wb]

풀이 $m = \dfrac{F}{H} = \dfrac{3\times 10^3}{500} = 6$[Wb]

답 ④

16 투자율과 유전율로 이루어진 식 $\dfrac{1}{\sqrt{\mu\epsilon}}$의 단위는?

① [F/H] ② [m/s]
③ [Ω]   ④ [A/m²]

풀이 전자파의 속도는 $v^2 = \dfrac{1}{\epsilon\mu}$에서
$$\therefore v = \dfrac{1}{\sqrt{\epsilon\mu}} = \dfrac{1}{\sqrt{\epsilon_0\mu_0}}\cdot\dfrac{1}{\sqrt{\epsilon_s\mu_s}}$$
$$= c\cdot\dfrac{1}{\sqrt{\epsilon_s\mu_s}} = \dfrac{3\times 10^8}{\sqrt{\epsilon_s\mu_s}}[m/s]$$

답 ②

17 자계 B의 안에 놓여 있는 전류 I의 회로 C가 받는 힘 F의 식으로 옳은 것은? (단, dl은 미소변위이다.)

① $F = \oint_c (Idl) \times B$
② $F = \oint_c (IB) \times dl$
③ $F = \oint_c (I^2 dl) \cdot B$
④ $F = \oint_c (-I^2 B) \cdot dl$

풀이 전류 I가 흐르는 도선의 미소부분 dl에 작용하는 힘 $F = IBl\sin\theta$에서 $dF = Idl \times B$
$\therefore F = \oint_c (Idl) \times B$ **답** ①

18 진공 중에서 어떤 대전체의 전속이 Q이었다. 이 대전체를 비유전율 2.2인 유전체 속에 넣었을 경우의 전속은?

① Q ② ϵQ
③ $2.2Q$ ④ 0

풀이 전기력선 수는 $\dfrac{Q}{\epsilon}$로 유전율에 반비례하나 전속수는 유전체의 Gauss 법칙에서 $\oint D \cdot ndS = Q$로 유전율에 관계없이 항상 Q 개이다. **답** ①

19 판자석의 세기가 $P[\text{Wb/m}]$되는 판자석을 보는 입체각 ω인 점의 자위는 몇 [A]인가?

① $\dfrac{P}{4\pi\mu_o\omega}$ ② $\dfrac{P\omega}{4\pi\mu_o}$
③ $\dfrac{P}{2\pi\mu_o\omega}$ ④ $\dfrac{P\omega}{2\pi\mu_o}$

풀이

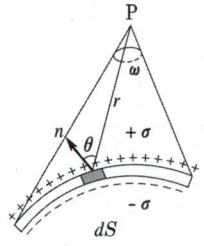

그림에서 미소 면적 dS인 소자석에 의한 점 P의 자위는
$dU = \dfrac{1}{4\pi\mu_0} \cdot \dfrac{PdS\cos\theta}{r^2} = \dfrac{P}{4\pi\mu_0} \cdot \dfrac{dS\cos\theta}{r^2}$ [A]
따라서 판 전체에 의한 자위는
$U = \dfrac{P}{4\pi\mu_0} \int_s \dfrac{dS\cos\theta}{r^2}$
여기서, $\int_s \dfrac{dS\cos\theta}{r^2}$는 판 S가 점 P에 대하여 짓는 입체각 ω가 되므로
$\therefore U = \dfrac{P\omega}{4\pi\mu_0}$ [A] **답** ②

20 다음 식들 중 옳지 못한 것은?

① 라플라스(Laplace)의 방정식 $\nabla^2 V = 0$
② 발산정리 $\oint_S AdS = \int_v \text{div} A dv$
③ 푸아송(poisson's)의 방정식 $\nabla^2 V = \dfrac{\rho}{\epsilon_o}$
④ 가우스(Gauss)의 정리 $\text{div} D = \rho$

풀이 푸아송의 방정식 : 전위와 공간 전하밀도의 관계
$\nabla^2 V = -\dfrac{\rho}{\epsilon} \left(= -\dfrac{\rho}{\epsilon_0 \epsilon_s} \right)$ **답** ③

2과목 - 전력공학

21 가공전선로의 작용 인덕턴스를 L[H], 작용정전용량을 C[F], 사용전원의 주파수를 f[Hz]라 할 때 선로의 특성 임피던스는? (단, 저항과 누설컨덕턴스는 무시한다.)

① $\sqrt{\dfrac{C}{L}}$ ② $\sqrt{\dfrac{L}{C}}$
③ $\sqrt{LC}$ ④ $2\pi fL - \dfrac{1}{2\pi fC}$

풀이 특성 임피던스 $Z_0 = \sqrt{\dfrac{Z}{Y}} = \sqrt{\dfrac{R+j\omega L}{G+j\omega C}}$
저항과 누설컨덕턴스를 무시하면
$Z_0 \fallingdotseq \sqrt{\dfrac{L}{C}}$ **답** ②

22 주상변압기의 1차 측 전압이 일정할 경우, 2차 측 부하가 증가하면 주상변압기의 동손과 철손은 어떻게 되는가?

① 동손은 감소하고 철손은 증가한다.
② 동손은 증가하고 철손은 감소한다.
③ 동손은 증가하고 철손은 일정하다.
④ 동손과 철손이 모두 일정하다.

풀이 변압기의 손실은 철손(히스테리시스손 + 와류손)과 동손(I^2R)이 있는데 철손은 1차 전압만 걸리면 손실이 되고 동손은 2차 전류가 흘러야 손실이 된다.
그러므로 2차 부하가 증가하면 철손은 일정하고 동손은 증가한다. **답** ③

23 중성점 비접지방식이 이용되는 송전선은?

① 20~30[kV] 정도의 단거리 송전선
② 40~50[kV] 정도의 중거리 송전선
③ 80~100[kV] 정도의 장거리 송전선
④ 140~160[kV] 정도의 장거리 송전선

풀이 우리나라 송전선로의 비접지방식은 20~30[kV] 정도의 전압이며, 저전압 단거리 송전선이나 배전선에 사용된다. **답** ①

24 중성점 저항 접지방식의 병행 2회선 송전선로의 지락사고 차단에 사용되는 계전기는?

① 선택접지계전기 ② 거리계전기
③ 과전류계전기 ④ 역상계전기

풀이 병행 2회선의 지락사고시에 선택 접지계전기가 동작 **답** ①

25 풍압이 $P[kg/m^2]$이고 빙설이 적은 지방에서 지름이 $d[mm]$인 전선 1[m]가 받는 풍압하중은 표면계수를 k라고 할 때 몇 [kg/m]가 되는가?

① $\dfrac{Pk(d+12)}{1000}$ ② $\dfrac{Pk(d+6)}{1000}$
③ $\dfrac{Pkd}{1000}$ ④ $\dfrac{Pkd^2}{1000}$

풀이 풍압하중
① 빙설이 적은 지방 : $W_w = \dfrac{Pkd}{1000}$ [kg/m]
② 빙설이 많은 지방 : $W_w = \dfrac{Pk(d+12)}{1000}$ [kg/m]
답 ③

26 다음 중 3상 차단기의 정격차단용량으로 알맞은 것은?

① 정격전압 × 정격차단전류
② $\sqrt{3}$ × 정격전압 × 정격차단전류
③ 3 × 정격전압 × 정격차단전류
④ $3\sqrt{3}$ × 정격전압 × 정격차단전류

풀이 3상 차단기 정격용량 $P_s = \sqrt{3}\, V_n I_s$ **답** ②

27 배전선로의 전기적 특성 중 그 값이 1 이상인 것은?

① 부등률   ② 전압강하율
③ 부하율   ④ 수용률

풀이 부등률 = $\dfrac{\text{수용설비 개개의 최대수용전력의 합계}}{\text{합성 최대 수용 전력}} \geq 1$ **답** ①

28 단상 2선식 계통에서 단락점까지 전선 한 가닥의 임피던스가 $6+j8[\Omega]$(전원포함), 단락전의 단락점 전압이 3300[V]일 때 단상 전선로의 단락 용량은 약 몇 [kVA]인가? (단, 부하전류는 무시한다.)

① 455   ② 500
③ 545   ④ 600

풀이 $I_s = \dfrac{E}{Z_s} = \dfrac{3300}{2\sqrt{6^2+8^2}} = 165[A]$
∴ $P_s = VI_s = 3300 \times 165 \times 10^{-3}$
≒ 545[kVA] **답** ③

29 전선 a, b, c가 일직선으로 배치되어 있다. a와 b와 c 사이의 거리가 각각 5[m]일 때 이 선로의 등가선간거리는 몇 [m]인가?

① 5
② 10
③ $5\sqrt[3]{2}$
④ $5\sqrt{2}$

풀이 등가 선간거리 D_e는,

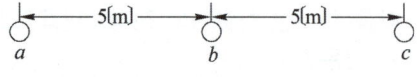

$D_e = \sqrt[3]{D_{ab} \cdot D_{bc} \cdot D_{ac}} = \sqrt[3]{5 \times 5 \times 10}$
$= 5\sqrt[3]{2}$ [m]

답 ③

30 충전된 콘덴서의 에너지에 의해 트립되는 방식으로 정류기, 콘덴서 등으로 구성되어 있는 차단기의 트립방식은?

① 과전류 트립방식
② 직류전압 트립방식
③ 콘덴서 트립방식
④ 부족전압 트립방식

풀이 CTD 방식(콘덴서 트립 방식)은 교류를 정류하여 콘덴서를 충전하고, 그 방전 에너지로 트립코일을 트립 시키는 방법으로 정류기와 콘덴서로 구성되어 있다.

답 ③

31 소호 리액터 접지방식에서 사용되는 탭의 크기로 일반적인 것은?

① 과보상
② 부족보상
③ (-)보상
④ 직렬공진

풀이 소호 리액터 접지 계통에서는 직렬 공진에 의한 이상전압을 억제하기 위하여 10[%] 정도 과보상하는 것이 일반적이다.

답 ①

32 다음 중 송전선의 1선 지락 시 선로에 흐르는 전류를 바르게 나타낸 것은?

① 영상전류만 흐른다.
② 영상전류 및 정상전류만 흐른다.
③ 영상전류 및 역상전류만 흐른다.
④ 영상전류, 정상전류 및 역상전류가 흐른다.

풀이
• 1선 지락고장 : 정상분, 역상분, 영상분
• 선간 단락고장 : 정상분, 역상분
• 3상 단락고장 : 정상분

답 ④

33 기력발전소에서 과잉공기가 많아질 때의 현상으로 적당하지 않은 것은?

① 노 내의 온도가 저하된다.
② 배기가스가 증가된다.
③ 연도손실이 커진다.
④ 불완전 연소로 매연이 발생한다.

풀이 과잉공기가 많아지면 연료는 완전 연소하지만 배기가스가 증가하여 배출되는 열량이 많아지므로 노 내의 온도가 저하되고 연료손실이 커지게 된다.

답 ④

34 불평형부하에서 역률은 어떻게 표현되는가?

① $\dfrac{\text{유효전력}}{\text{각 상의 피상전력의 산술 합}}$
② $\dfrac{\text{유효전력}}{\text{각 상의 피상전력의 벡터 합}}$
③ $\dfrac{\text{무효전력}}{\text{각 상의 피상전력의 산술 합}}$
④ $\dfrac{\text{무효전력}}{\text{각 상의 피상전력의 벡터 합}}$

풀이 역률 $\cos\theta = \dfrac{P(\text{유효전력})}{P_a(\text{피상전력})}$

답 ②

35 역률 0.8, 출력 360[kW]인 3상 평형유도 부하가 3상 배전선로에 접속되어 있다. 부하단의 수전전압이 6000[V], 배전선 1조의 저항 및 리액턴스가 각각 5[Ω], 4[Ω]라고 하면 송전단전압은 몇 [V]인가?

① 6120
② 6277
③ 6300
④ 6480

풀이 출력 $P = \sqrt{3}\,VI\cos\theta$

$I = \dfrac{P \times 10^3}{\sqrt{3}\,V\cos\theta} = \dfrac{360 \times 10^3}{\sqrt{3} \times 6000 \times 0.8} = 43.3[A]$

송전단전압
$$V_s = V_r + \sqrt{3}I(R\cos\theta + X\sin\theta)$$
$$= 6000 + \sqrt{3} \times 43.3 \times (5 \times 0.8 + 4 \times 0.6)$$
$$≒ 6480[V]$$ 답 ④

36 초호각(arcing horn)의 역할은?
① 풍압을 조정한다.
② 차단기의 단락강도를 높인다.
③ 송전효율을 높인다.
④ 애자의 파손을 방지한다.

풀이 초호각(소호각)은 선로의 섬락으로부터 애자련을 보호하는 역할을 한다. 답 ④

37 단상 2선식과 3상 3선식의 부하전력, 전압을 같게 하였을 때 단상 2선식의 선로전류를 100[%]로 보았을 경우, 3상 3선식의 선로 전류는?
① 38[%]
② 48[%]
③ 58[%]
④ 68[%]

풀이 $VI_1\cos\theta = \sqrt{3}\,VI_3\cos\theta$
$I_1 = \sqrt{3}\,I_3$
$\dfrac{I_3}{I_1} \times 100 = \dfrac{1}{\sqrt{3}} \times 100 = 58[\%]$ 답 ③

38 154[kV] 송전선로에 10개의 현수애자가 연결되어 있다. 다음 중 전압부담이 가장 적은 것은?
① 철탑에 가장 가까운 것
② 철탑에서 3번째에 있는 것
③ 전선에서 가장 가까운 것
④ 전선에서 3번째에 있는 것

풀이
- 전압 분담 최대 : 전선에 제일 가까운 애자
- 전압 분담 최소 : 철탑에서 1/3 지점 애자
  (전선으로부터 2/3 지점에 있는 애자) 답 ②

39 154[kV] 송전선로에서 송전거리가 154[km]라 할 때 송전용량 계수법에 의한 송전용량은 몇 [kW]인가? (단, 송전용량계수는 1200으로 한다.)
① 61600
② 92400
③ 123200
④ 184800

풀이 송전용량 $P = K\dfrac{V^2}{l}[kW]$
여기서, K : 용량계수, V : 송전전압, l : 송전거리
$P = 1200 \times \dfrac{154^2}{154} = 184800[kW]$ 답 ④

40 1선의 대지정전용량이 C인 3상 1회선 송전선로의 1단에 소호 리액터를 설치할 때 그 인덕턴스는?
① $\dfrac{1}{3\omega^2 C}$
② $\dfrac{1}{\omega C}$
③ $\dfrac{1}{\omega^2 C}$
④ $\dfrac{1}{3\omega C}$

풀이 소호 리액터의 크기
$X = \dfrac{1}{3\omega C} - \dfrac{X_t}{3}$ (단, X_t : 변압기 리액터스)
$\omega L = \dfrac{1}{3\omega C} - \dfrac{\omega L_t}{3}$
$\therefore L = \dfrac{1}{3\omega^2 C} - \dfrac{L_t}{3}$ (단, L_t : 변압기 인덕턴스)
변압기 인덕턴스를 무시하면 $L = \dfrac{1}{3\omega^2 C}$이 된다.
답 ①

3과목 - 전기기기

41 SCR에 대한 설명으로 옳은 것은?
① 턴온을 위해 게이트 펄스가 필요하다.
② 게이트 펄스를 지속적으로 공급해야 턴온 상태를 유지할 수 있다.
③ 양방향성의 3단자 소자이다.
④ 양방향성의 3층 구조이다.

풀이 SCR은 게이트에 (+)의 트리거 펄스가 인가되면 통전 상태로 되어 정류작용이 개시되고, 일단 통전이 시작되면 게이트 전류를 차단해도 주전류(애노드 전류)는 차단되지 않는다.　**답** ①

42 다음 중 인버터(inverter)의 설명을 바르게 나타낸 것은?

① 직류를 교류로 변환
② 교류를 교류로 변환
③ 직류를 직류로 변환
④ 교류를 직류로 변환

풀이
- 컨버터 : 교류를 직류로 변환
- 인버터 : 직류를 교류로 변환　**답** ①

43 6극 3상 유도전동기가 있다. 회전자도 3상이며 회전자 정지시의 1상의 전압은 200[V]이다. 전부하시의 속도가 1152[rpm]이면 2차 1상의 전압은 몇 [V]인가? (단, 1차 주파수는 60[Hz]이다.)

① 8.0　② 8.3
③ 11.5　④ 23.0

풀이
$$N_s = \frac{120f}{P} = \frac{120 \times 60}{6} = 1200[\text{rpm}]$$
$$s = \frac{N_s - N}{N_s} = \frac{1200 - 1152}{1200} = 0.04$$
$$\therefore E_2' = sE_2 = 0.04 \times 200 = 8[\text{V}]$$　**답** ①

44 동기발전기에 관한 다음 설명 중 옳지 않은 것은?

① 단락비가 크면 동기임피던스가 적다.
② 단락비가 크면 공극이 크고 철이 많이 소요된다.
③ 단락비를 적게 하기 위해서 분포권과 단절권을 사용한다.
④ 전압강하가 감소되어 전압변동률이 좋다.

풀이 동기발전기의 전기자 권선을 **분포권과 단절권으로 하는 이유는** 고조파를 제거하여 기전력의 파형을 개선하기 위한 것이다. 따라서 **단락비와는 관련이 없다.**　**답** ③

45 와류손이 3[kW]인 3300/110[V], 60[Hz]용 단상변압기를 50[Hz], 3000[V]의 전원에 사용하면 이 변압기의 와류손은 약 몇 [kW]로 되는가?

① 1.7　② 2.1
③ 2.3　④ 2.5

풀이 와류손은 주파수와는 무관하고 전압의 제곱에 비례하므로
$$\therefore P_e' = P_e \times \left(\frac{V'}{V}\right)^2$$
$$= 3 \times \left(\frac{3000}{3300}\right)^2 \fallingdotseq 2.5[\text{kW}]$$　**답** ④

46 440/13200[V], 단상변압기의 2차 전류가 4.5[A]이면 1차 출력은 약 몇 [kVA]인가?

① 50.4　② 59.4
③ 62.4　④ 65.4

풀이
$$a = \frac{V_1}{V_2} = \frac{440}{13200} = \frac{1}{30}$$
$$\therefore P_1 = V_1 I_1 = V_1 \cdot \frac{I_2}{a} = 440 \times \frac{4.5}{\frac{1}{30}} \times 10^{-3}$$
$$= 59.4[\text{kVA}]$$　**답** ②

47 전기철도에 주로 사용되는 직류전동기는?

① 직권전동기　② 타여자 전동기
③ 자여자 분권전동기　④ 가동 복권전동기

풀이 직권전동기에서는 토크가 증가하면 속도가 저하하므로 회전속도와 토크와의 곱에 비례하는 출력도 어떤 범위 내에서는 대체로 일정하다. 따라서 **직권전동기는 전기철도**, 기중기 등의 부하 변동이 심하고 큰 기동 토크가 요구되는 기기에 사용된다.　**답** ①

48 200[V], 50[Hz], 8극, 15[kW]의 3상 유도전동기에서 전부하 회전수가 720[rpm]이면 이 전동기의 2차 동손은 몇 [W]인가?

① 435　② 537
③ 625　④ 723

풀이
$$N_s = \frac{120f}{P} = \frac{120 \times 50}{8} = 750[rpm]$$
$$s = \frac{N_s - N}{N_s} = \frac{750 - 720}{750} = 0.04$$
$$P_2 = \frac{15}{1-0.04} = 15.625[kW]$$ 이고,
$$P_{c2} = sP_2 \text{이므로}$$
$$P_{c2} = 0.04 \times 15.625 \times 10^3 = 625[W]$$ 답 ③

49 전압비가 무부하에서는 33:1, 정격부하에서는 33.6:1인 변압기의 전압변동률[%]은?
① 약 1.5 ② 약 1.8
③ 약 2.0 ④ 약 2.2

풀이
$$\frac{V_1}{V_{20}} = 33, \quad \frac{V_1}{V_{2n}} = 33.6,$$
$$V_{20} = \frac{V_1}{33}, \quad V_{2n} = \frac{V_1}{33.6} \text{이므로}$$
$$\therefore \epsilon = \frac{V_{20} - V_{2n}}{V_{2n}} \times 100 = \frac{\frac{V_1}{33} - \frac{V_1}{33.6}}{\frac{V_1}{33.6}} \times 100$$
$$= \frac{33.6 - 33}{33} \times 100 = 1.82[\%]$$ 답 ②

50 변압기의 전일효율을 최대로 하기 위한 조건은?
① 전부하 시간이 짧을수록 무부하손을 적게 한다.
② 전부하 시간이 짧을수록 철손을 크게 한다.
③ 부하시간에 관계없이 전부하 동손과 철손을 같게 한다.
④ 전부하 시간이 길수록 철손을 적게 한다.

풀이 전일 효율이 최대가 되려면
$$24P_i = \sum hP_c \quad \therefore P_i = (\sum h/24)P_c$$
즉, **전부하 시간이 길수록 철손 P_i를 크게 하고 짧을수록 철손 P_i를 작게 한다.** 답 ①

51 동기발전기의 단락비나 동기 임피던스를 산출하는데 필요한 특성곡선은?
① 단상 단락곡선과 3상 단락곡선
② 무부하 포화곡선과 3상 단락곡선
③ 부하 포화곡선과 3상 단락곡선
④ 무부하 포화곡선과 외부특성곡선

풀이

시험의 종류	측정 항목
무부하 시험	철손, 기계손
단락 시험	동기임피던스, 동기리액턴스
무부하(포화) 시험, 단락 시험	단락비

답 ②

52 3상 유도전동기의 전전압 기동 토크는 전부하 시의 1.8배이다. 전전압의 2/3로 기동할 때 기동 토크는 전부하시보다 약 몇 [%] 감소하는가?
① 80 ② 70
③ 60 ④ 40

풀이
$$T \propto V^2 \text{이므로} \quad T' \propto T \times \left(\frac{V_1'}{V_1}\right)^2$$
$$T' = 1.8T \times \left(\frac{2}{3}\right)^2 = 0.8T$$
따라서 전전압의 2/3로 기동할 때 기동 토크는 전부하시보다 약 80[%]로 감소한다. 답 ①

53 변압기의 내부고장 보호에 쓰이는 계전기로서 가장 적당한 것은?
① 과전류 계전기 ② 역상 계전기
③ 접지계전기 ④ 브흐홀쯔 계전기

풀이 부흐홀쯔 계전기는 변압기의 내부고장으로 발생하는 기름의 분해 가스 증기 또는 유류를 이용하여 부저를 움직여 계전기의 접점을 닫는 것이므로 변압기의 주탱크와 콘서베이터와의 연결관 도중에 설치한다. 답 ④

54 직류전동기의 속도제어법 중 정지 워드 레오나드 방식에 관한 설명으로 틀린 것은?
① 광범위한 속도제어가 가능하다.
② 정토크 가변속도의 용도에 적합하다.
③ 제철용압연기, 엘리베이터 등에 사용된다.
④ 직권전동기의 저항제어와 조합하여 사용한다.

풀이 정지 워드 레오너드 방식은 교류전원에서 SCR을 통해 변환된 직류를 위상제어에 의해 조정하여 단자전압이나 계자전류의 평균치를 변화시켜 속도를 제어한다. 즉 SCR과 조합하여 사용하는 방식이다. 답 ④

Δ결선이므로 V_l(선간전압) = E(상전압)

I_l(선전류) = $\sqrt{3} \times I_p$(상전류) = $\sqrt{3} \times \dfrac{상전압}{임피던스}$

$= \sqrt{3} \times \dfrac{E}{\dfrac{Z}{2}} = 2\sqrt{3}\,I$

따라서 피상전력

$P_a = \sqrt{3}\,V_l I_l \cos\theta = \sqrt{3} \times E \times 2\sqrt{3}\,I$

$= 6EI$ 답 ③

55 전기자를 고정자로 하고 계자극을 회전자로 한 전기기계는?

① 직류발전기 ② 동기발전기
③ 유도발전기 ④ 회전 변류기

풀이 동기발전기를 회전계자방식(전기자를 고정자로 하고 계자극을 회전자로 한 방식)으로 하는 이유는
① 전기자 권선은 전압이 높고 결선이 복잡하며, 대용량으로 되면 전류도 커지고, 3상 권선의 경우에는 4개의 도선을 인출하여야 한다.
② 계자 회로는 직류의 저압 회로이므로 소요 동력도 작으며, 인출 도선이 2개만 있어도 되기 때문이다.
③ 계자극은 기계적으로 튼튼하게 만드는 데 용이하기 때문이다.
④ 고장 시의 과도 안정도를 높이기 위하여 회전자의 관성을 크게 하기 쉽기 때문이기도 하다. 답 ②

57 권선형 유도전동기에 한하여 이용되고 있는 속도제어법은?

① 1차 전압제어법, 2차 저항제어법
② 1차 주파수제어법, 1차 전압제어법
③ 2차 여자제어법, 2차 저항제어법
④ 2차 여자제어법, 극수변환법

풀이 ① 농형 유도전동기의 속도제어법은
 • 주파수를 바꾸는 방법
 • 극수를 바꾸는 방법
 • 전원전압을 바꾸는 방법
② 권선형 유도전동기는
 • 2차 저항을 제어하는 방법
 • 2차 여자법 등이 있다. 답 ③

56 3상 동기발전기에서 그림과 같이 1상의 권선을 서로 똑같이 2조로 나누어서 그 1조의 권선전압을 E[V], 각 권선의 전류를 I[A]라 하고 2중 $\triangle$형(double delta)으로 결선하는 경우 선간전압과 선전류 및 피상전력은?

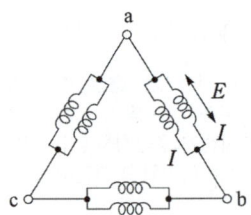

① $3E,\ I,\ 5.19EI$
② $\sqrt{3}\,E,\ 2I,\ 6EI$
③ $E,\ 2\sqrt{3}\,I,\ 6EI$
④ $\sqrt{3}\,E,\ \sqrt{3}\,I,\ 5.19EI$

풀이 2개의 권선이 병렬연결이므로 한상의 전압과 임피던스는 1개의 권선상태에 비해 전압은 동일, 임피던스는 1/2이다.

58 직류기에서 양호한 정류를 얻을 수 있는 조건이 아닌 것은?

① 전기자 코일의 인덕턴스를 작게 한다.
② 정류주기를 크게 한다.
③ 자속 분포를 줄이고 자기적으로 포화시킨다.
④ 브러시의 접촉저항을 작게 한다.

풀이 ① 정류 주기를 크게 하면 전류의 변화율, 즉 $\dfrac{di}{dt}$가 작아져서 불꽃 발생의 원인이 작아진다.
② L이 작아져도 역시 불꽃 발생의 근본 원인인 역기전력이 작아진다.
③ 리액턴스 전압은 $e_r = -L\dfrac{di}{dt}$로서 이것이 정류를 해치는 가장 큰 원인이 되는 것이다.
④ 브러시의 접촉저항이 크면 저항 정류가 이루어져 양호한 정류가 이루어진다. 답 ④

59 저전압 대전류에 가장 적합한 브러시 재료는?
 ① 금속 흑연질
 ② 전기 흑연질
 ③ 탄소질
 ④ 금속질

풀이 금속 흑연질 브러시는 동의 가루와 흑연분말을 혼합 소결한 것으로 전류 용량이 크고 저전압, 대전류의 기계에 사용된다. **답** ①

60 스테핑 모터의 특징을 설명한 것으로 옳지 않은 것은?
 ① 위치제어를 할 때 각도 오차가 적고 누적되지 않는다.
 ② 속도제어범위가 좁으며 초저속에서 토크가 크다.
 ③ 정지하고 있을 때 그 위치를 유지해주는 토크가 크다.
 ④ 가속, 감속이 용이하며 정·역전 및 변속이 쉽다.

풀이 스텝모터의 장·단점
[장점]
 ① 다른 서보모터와 달리 위치 및 속도를 검출하기 위한 장치가 필요 없다.
 ② 다른 디지털 기기와의 인터페이스가 쉽다.
 ③ 가속, 감속이 용이하며 정·역전 및 변속이 쉽다.
 ④ 속도제어범위가 광범위하며, 초저속에서 큰 토크를 얻을 수 있다.
 ⑤ 위치제어를 할 때 각도오차가 적고 누적되지 않는다.
 ⑥ 정지하고 있을 때 그 위치를 유지해 주는 토크가 크다.
 ⑦ 브러시, 슬립 링 등이 없고 부품수가 적기 때문에 유지 보수의 필요성이 적다.
[단점]
 ① 분해 조립, 또는 정지위치가 한정된다.
 ② 효율이 서보모터에 비해 나쁘다.
 ③ 마찰 부하의 경우 위치 오차가 크다.
 ④ 오버슈트 및 진동의 문제가 있다.
 ⑤ 대용량의 대형기는 만들기 어렵다. **답** ②

4과목 - 회로이론

61 다음과 같은 Y결선 회로와 등가인 △결선 회로의 A, B, C값은 몇 [Ω]인가?

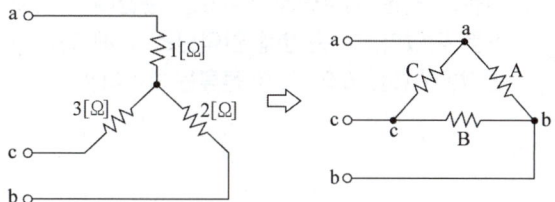

 ① $A = 11$, $B = \dfrac{11}{2}$, $C = \dfrac{11}{3}$
 ② $A = \dfrac{7}{3}$, $B = 7$, $C = \dfrac{7}{2}$
 ③ $A = \dfrac{11}{3}$, $B = 11$, $C = \dfrac{11}{2}$
 ④ $A = 7$, $B = \dfrac{7}{2}$, $C = \dfrac{7}{3}$

풀이
$A = \dfrac{1\times2+2\times3+3\times1}{3} = \dfrac{11}{3}$
$B = \dfrac{1\times2+2\times3+3\times1}{1} = 11$
$C = \dfrac{1\times2+2\times3+3\times1}{2} = \dfrac{11}{2}$ **답** ③

62 부하저항 $R_L[\Omega]$이 전원의 내부저항 $R_0[\Omega]$의 3배가 되면 부하저항 R_L에서 소비되는 전력 $P_L[W]$는 최대 전송전력 $P_m[W]$의 몇 배인가?
 ① 0.89배 ② 0.75배
 ③ 0.5배   ④ 0.3배

풀이
$P_L = I^2 R_L = \left(\dfrac{V_g}{R_0+R_L}\right)^2 \cdot R_L$
$= \left(\dfrac{V_g}{R_0+3R_0}\right)^2 \times 3R_0 = \dfrac{3}{16} \cdot \dfrac{V_g^{\,2}}{R_0}$
$P_{\max} = \dfrac{V_g^{\,2}}{4R_0}$

$$\therefore \frac{P_L}{P_{\max}} = \frac{\frac{3}{16} \cdot \frac{V_g^2}{R_0}}{\frac{1}{4} \cdot \frac{V_g^2}{R_0}} = \frac{12}{16} = 0.75\,[\text{배}]$$ 답 ②

63 다음과 같은 회로에서 $t=0$인 순간에 스위치 S를 닫았다. 이 순간에 인덕턴스 L에 걸리는 전압은? (단, L의 초기 전류는 0이다.)

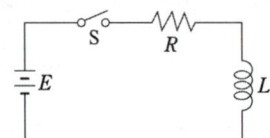

① 0 ② $\dfrac{LE}{R}$
③ E ④ $\dfrac{E}{R}$

풀이 $E_L = Ee^{-\frac{R}{L}t} = Ee^{-\frac{R}{L}\times 0} = E\,[\text{V}]$
(여기서, $e^0 = 1$이다.) 답 ③

64 라플라스 함수 $F(s) = \dfrac{A}{\alpha + s}$ 이라 하면 이의 라플라스 역변환은?

① αe^{At} ② $Ae^{\alpha t}$
③ αe^{-At} ④ $Ae^{-\alpha t}$

풀이 $\mathcal{L}^{-1}\left[\dfrac{A}{s+\alpha}\right] = A\mathcal{L}^{-1}\left[\dfrac{1}{s+\alpha}\right] = Ae^{-\alpha t}$ 답 ④

65 파고율이 2이고 파형률이 1.57인 파형은?

① 구형파 ② 정현반파
③ 삼각파 ④ 정현파

풀이

	구형파	3각파	정현파	정류파 (전파)	정류파 (반파)
파형률	1.0	1.15	1.11	1.11	1.57
파고율	1.0	1.732	1.414	1.414	2.0

답 ②

66 RL 직렬회로에서 시정수의 값이 클수록 과도현상이 소멸되는 시간은 어떻게 변화하는가?

① 길어진다. ② 짧아진다.
③ 관계없다. ④ 과도기가 없어진다.

풀이 $R-L$ 직렬회로에서 직류전압 인가 시
$i(t) = \dfrac{E}{R}\left(1 - e^{-\frac{R}{L}t}\right) = \dfrac{E}{R}\left(1 - e^{-\frac{1}{\tau}t}\right)$ 이다.
τ가 커지면 $e^{-\frac{1}{\tau}t}$ 의 값이 증가하므로 과도 상태는 길어진다. 답 ①

67 $e^{j\omega t}$의 라플라스 변환은?

① $\dfrac{1}{s-j\omega}$ ② $\dfrac{1}{s+j\omega}$
③ $\dfrac{1}{s^2+\omega^2}$ ④ $\dfrac{\omega}{s^2+\omega^2}$

풀이 복소 추이 정리에 의해서
$\mathcal{L}[1 \cdot e^{j\omega t}] = \left.\dfrac{1}{s}\right|_{s=s-j\omega} = \dfrac{1}{s-j\omega}$ 답 ①

68 그림과 같은 회로의 컨덕턴스 G_2에 흐르는 전류는 몇 [A]인가?

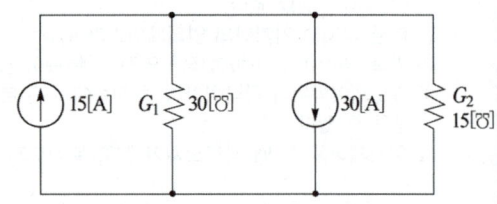

① 3 ② 5
③ 10 ④ 15

풀이 전류원 두 개가 방향이 반대이므로 그림과 같은 회로가 된다.

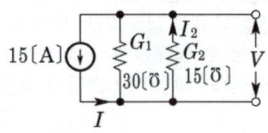

$I_2 = \dfrac{G_2}{G_1 + G_2}I = \dfrac{15}{30+15} \times 15 = 5\,[\text{A}]$ 답 ②

69 2단자 임피던스 함수

$Z(s) = \dfrac{(s+2)(s+3)}{(s+4)(s+5)}$ 일 때

극점(pole)은?

① $-2, -3$ ② $-3, -4$
③ $-2, -4$ ④ $-4, -5$

풀이 극점은 $Z(s) = \infty$, $(s+4)(s+5) = 0$,
∴ $s = -4, -5$
영점은 $Z(s) = 0$, $(s+2)(s+3) = 0$,
∴ $s = -1, -2$ **답** ④

70 다음 중 LC 직렬회로의 공진 조건으로 옳은 것은?

① $\dfrac{1}{\omega L} = \omega C + R$
② 직류 전원을 가할 때
③ $\omega L = \omega C$
④ $\omega L = \dfrac{1}{\omega C}$

풀이 직렬회로 공진 조건 $\omega L = \dfrac{1}{\omega C}$ 이고,
병렬 공진 조건 $\omega C = \dfrac{1}{\omega L}$ 이다. **답** ④

71 RL 직렬회로에
$V_R = 100[\text{V}]$이고, $V_L = 173[\text{V}]$이다.
전원전압이 $v = \sqrt{2}\,V\sin\omega t[\text{V}]$일 때
리액턴스 양단 전압의 순시값 $V_L[\text{V}]$은?

① $173\sqrt{2}\sin(\omega t + 60°)$
② $173\sqrt{2}\sin(\omega t + 30°)$
③ $173\sqrt{2}\sin(\omega t - 60°)$
④ $173\sqrt{2}\sin(\omega t - 30°)$

풀이
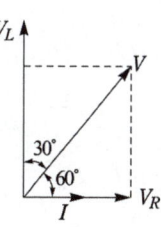

$V = V_R + jV_L = 100 + j173 = 200\angle 60°[\text{V}]$
문제에서 V의 위상은 $0°$이며,
V_L이 V보다 $30°$ 앞서므로,
$V_L = 173\angle 30°[\text{V}]$
∴ $v_L = 173\sqrt{2}\sin(\omega t + 30°)[\text{V}]$ **답** ②

72 그림의 $R-L-C$ 직렬회로에서 입력을 전압 $e_i(t)$, 출력을 전류 $i(t)$로 할 때 이 계의 전달 함수는?

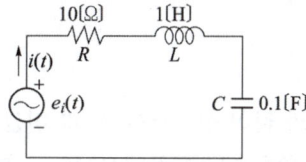

① $\dfrac{s}{s^2 + 10s + 10}$ ② $\dfrac{10s}{s^2 + 10s + 10}$
③ $\dfrac{s}{s^2 + s + 1}$ ④ $\dfrac{10s}{s^2 + s + 1}$

풀이 $G(s) = \dfrac{I(s)}{V(s)} = \dfrac{1}{Z(s)} = \dfrac{1}{R + Ls + \dfrac{1}{Cs}}$

$= \dfrac{1}{10 + s + \dfrac{10}{s}} = \dfrac{s}{s^2 + 10s + 10}$ **답** ①

73 임피던스가 $Z(s) = \dfrac{s+30}{s^2 + 2RLs + 1}[\Omega]$으로 주어지는 2단자 회로에 직류 전류원 3[A]를 가할 때, 이 회로의 단자전압[V]은?
(단, $s = j\omega$이다.)

① $30[\text{V}]$ ② $90[\text{V}]$
③ $300[\text{V}]$ ④ $900[\text{V}]$

풀이 직류 전원이므로 $f = 0$ ∴ $\omega = s = 0$
$Z = \dfrac{s+30}{s^2 + 2RLs + 1}\bigg|_{s=0} = 30$
∴ $E = Z \cdot I = 30 \times 3 = 90[\text{V}]$ **답** ②

74 그림과 같은 톱니파형의 실효값은?

① $\dfrac{A}{\sqrt{3}}$ ② $\dfrac{A}{\sqrt{2}}$
③ $\dfrac{A}{3}$ ④ $\dfrac{A}{2}$

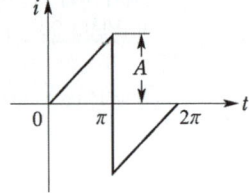

풀이
$$I = \sqrt{\dfrac{1}{\pi}\int_0^\pi i^2 d(\omega t)}$$
$$= \sqrt{\dfrac{1}{\pi}\int_0^\pi \left(\dfrac{A}{\pi}\omega t\right)^2 d(\omega t)}$$
$$= \sqrt{\dfrac{A^2}{\pi^3}\cdot\dfrac{1}{3}\left[(\omega t)^3\right]_0^\pi} = \dfrac{A}{\sqrt{3}}$$ **답** ①

75 그림과 같이 선형저항 R_1과 이상전압원 V_2와의 직렬접속된 회로에서 $V-i$ 특성을 나타낸 것은?

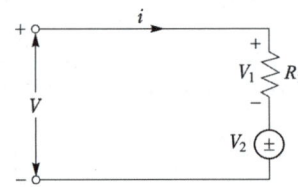

풀이 전압상승의 합은 전압강하의 합과 같으므로 (키르히호프의 전압법칙) $V = R_1 i + V_2$[V]이며,
V절편$(i=0): V = V_2$,
i절편$(V=0): i = -\dfrac{V_2}{R_1}$ 이므로
④와 같은 직선 그래프가 된다.   **답** ④

76 Y결선 전원에서 각 상전압이 100[V]일 때 선간전압[V]은?

① 150 ② 170
③ 173 ④ 179

풀이 Y결선이므로
$V_l = \sqrt{3}\,V_p = \sqrt{3}\times 100 = 173$[V]   **답** ③

77 두 벡터의 값이 $A_1 = 20(\cos\dfrac{\pi}{3} + j\sin\dfrac{\pi}{3})$이고, $A_2 = 5(\cos\dfrac{\pi}{6} + j\sin\dfrac{\pi}{6})$일 때 $\dfrac{A_1}{A_2}$의 값은?

① $10(\cos\dfrac{\pi}{6} + j\sin\dfrac{\pi}{6})$
② $10(\cos\dfrac{\pi}{3} + j\sin\dfrac{\pi}{3})$
③ $4(\cos\dfrac{\pi}{6} + j\sin\dfrac{\pi}{6})$
④ $4(\cos\dfrac{\pi}{3} + j\sin\dfrac{\pi}{3})$

풀이
$A_1 = 20\left(\cos\dfrac{\pi}{3} + j\sin\dfrac{\pi}{3}\right) = 20\angle\dfrac{\pi}{3}$
$A_2 = 5\left(\cos\dfrac{\pi}{6} + j\sin\dfrac{\pi}{6}\right) = 5\angle\dfrac{\pi}{6}$
$\therefore A_3 = A_1/A_2 = \dfrac{20\angle\dfrac{\pi}{3}}{5\angle\dfrac{\pi}{6}} = 4\angle\left(\dfrac{\pi}{3}-\dfrac{\pi}{6}\right)$
$= 4\angle\dfrac{\pi}{6} = 4(\cos\dfrac{\pi}{6} + j\sin\dfrac{\pi}{6})$ **답** ③

78 그림과 같은 회로에서 지로전류 I_L[A]과 I_C[A]가 크기는 같고 90°의 위상차를 이루는 조건은?

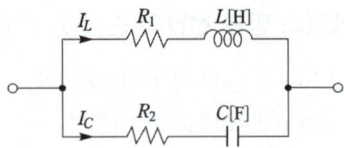

① $R_1 = R_2,\ R_2 = \dfrac{1}{\omega C}$
② $R_1 = \dfrac{1}{\omega C},\ R_2 = \omega L$
③ $R_1 = \omega L,\ R_2 = -\dfrac{1}{\omega C}$
④ $R_1 = -\omega L,\ R_2 = \dfrac{1}{\omega L}$

[풀이] $I = YV$에 의해
$$I_L = \frac{V}{R_1 + j\omega L}, \quad I_C = \frac{V}{R_2 - j\frac{1}{\omega C}}$$

I_L과 I_C는 90°의 위상차를 이루므로($\theta = 90°$), I_C보다 위상이 뒤진 I_L에 $j(1\angle 90°)$를 곱하면
$$jI_L = \frac{jV}{R_1 + j\omega L} = \frac{V}{\omega L - jR_1}$$

jI_L과 I_C는 크기가 같으므로
$$\omega L - jR_1 = R_2 - j\frac{1}{\omega C}$$
$$\therefore R_1 = \frac{1}{\omega C}, \quad R_2 = \omega L$$
답 ②

79 그림과 같은 불평형 Y형 회로에 평형 3상 전압을 가할 경우 중성점의 전위 V_n[V]는?
(단, Y_1, Y_2, Y_3는 각 상의 어드미턴스[℧]이고, Z_1, Z_2, Z_3는 각 어드미턴스에 대한 임피던스[Ω]이다.)

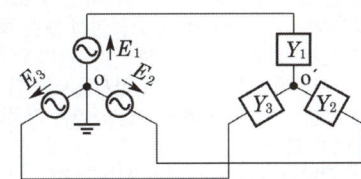

① $\dfrac{E_1 + E_2 + E_3}{Z_1 + Z_2 + Z_3}$

② $\dfrac{Z_1 E_1 + Z_2 E_2 + Z_3 E_3}{Z_1 + Z_2 + Z_3}$

③ $\dfrac{E_1 + E_2 + E_3}{Y_1 + Y_2 + Y_3}$

④ $\dfrac{Y_1 E_1 + Y_2 E_2 + Y_3 E_3}{Y_1 + Y_2 + Y_3}$

[풀이] 밀만의 정리
$$V_n = \frac{\frac{E_1}{Z_1} + \frac{E_2}{Z_2} + \frac{E_3}{Z_3}}{\frac{1}{Z_1} + \frac{1}{Z_2} + \frac{1}{Z_3}}$$
$$= \frac{Y_1 E_1 + Y_2 E_2 + Y_3 E_3}{Y_1 + Y_2 + Y_3}$$
답 ④

80 푸리에 급수에서 직류항은?
① 우함수이다.
② 기함수이다.
③ 우함수+기함수이다.
④ 우함수×기함수이다.

[풀이] 우함수파는 여현 대칭이므로 직류분과 여현항(cos 성분)이 존재한다. **답** ①

5과목 - 전기설비기술기준

81 케이블을 지지하기 위하여 사용하는 금속제 케이블 트레이의 종류가 아닌 것은?
① 통풍 밀폐형   ② 메시형
③ 바닥 밀폐형   ④ 사다리형

[풀이] 232.41 케이블트레이공사
케이블트레이공사는 케이블을 지지하기 위하여 사용하는 금속재 또는 불연성 재료로 제작된 유닛 또는 유닛의 집합체 및 그에 부속하는 부속재 등으로 구성된 견고한 구조물을 말하며 사다리형, 펀칭형, 메시형, 바닥밀폐형 기타 이와 유사한 구조물을 포함하여 적용한다.
가. 케이블 트레이의 안전율은 1.5 이상으로 하여야 한다.
나. 금속재의 것은 적절한 방식처리를 한 것이거나 내식성 재료의 것이어야 한다.
다. 비금속제 케이블 트레이는 난연성 재료의 것이어야 한다.
라. 금속제 케이블 트레이 계통은 기계적 및 전기적으로 완전하게 접속하여야 하며 금속제 트레이는 접지공사를 하여야 한다. **답** ①

82 저압가공인입선에 사용하지 않는 전선은?
① 나전선
② 절연전선
③ 인입용 비닐절연전선
④ 케이블

[풀이] 221.1.1 저압인입선의 시설
인입선은 다음에 따라 시설하여야 한다.
가. 전선은 절연전선 또는 케이블일 것.
나. 전선이 절연전선인 경우

ㄱ. ① 경간이 15[m] 초과 : 인장강도 2.30[kN] 이상의 것 또는 지름 2.6[mm] 이상의 인입용 비닐절연전선일 것.
② 경간이 15[m] 이하 : 인장강도 1.25[kN] 이상의 것 또는 지름 2[mm] 이상의 인입용 비닐절연전선일 것.
다. 전선이 옥외용 비닐 절연전선인 경우에는 사람이 접촉할 우려가 없도록 시설할 것. 답 ①

83
가공 전화선에 고압가공전선을 접근하여 시설하는 경우, 이격거리는 최소 몇 [cm] 이상이어야 하는가? (단, 가공전선으로는 절연전선을 사용한다고 한다.)

① 60 ② 80
③ 100 ④ 120

풀이 332.13 고압 가공전선과 가공약전류전선 등의 접근 또는 교차
222.13 저압 가공전선과 가공약전류전선 등의 접근 또는 교차
저압 가공전선 또는 고압 가공전선이 가공약전류전선 또는 가공 광섬유 케이블과 접근상태로 시설되는 경우에는 다음에 따라야 한다.
가. 고압 가공전선은 고압 보안공사에 의할 것.
나. 저·고압 가공전선과 가공약전류 전선과의 이격거리는 표에서 정한 값 이상일 것.

가공전선 약전류 전선	저압가공전선		고압가공전선	
	저압 절연전선	고압 절연전선 또는 케이블	절연전선	케이블
일반	0.6[m]	0.3[m]	0.8[m]	0.4[m]
절연전선 또는 통신용 케이블인 경우	0.3[m]	0.15[m]		

답 ②

84
저압가공전선과 식물이 상호 접촉되지 않도록 이격시키는 기준으로 옳은 것은?

① 이격거리는 최소 50[cm] 이상 떨어져 시설하여야 한다.
② 상시 불고 있는 바람 등에 의하여 식물에 접촉하지 않도록 시설하여야 한다.
③ 저압가공전선은 반드시 방호구에 넣어 시설하여야 한다.
④ 트리와이어(Tree Wire)를 사용하여 시설하여야 한다.

풀이 222.19 저압 가공전선과 식물의 이격거리
저압 가공전선은 상시 부는 바람 등에 의하여 식물에 접촉하지 않도록 시설하여야 한다. 답 ②

85
고압전로와 비접지식의 저압전로를 결합하는 변압기로 그 고압권선과 저압권선 간에 금속제의 혼촉방지판이 있고 그 혼촉방지판에 접지공사를 한 것에 접속하는 저압전선을 옥외에 시설하는 경우로 옳지 않은 것은?

① 저압 옥상전선로의 전선은 케이블이어야 한다.
② 저압 가공전선과 고압의 가공전선은 동일 지지물에 시설하지 않아야 한다.
③ 저압전선은 2구 내에만 시설한다.
④ 저압가공전선로의 전선은 케이블이어야 한다.

풀이 322.2 혼촉방지판이 있는 변압기에 접속하는 저압 옥외전선의 시설 등
고압전로 또는 특고압전로와 비접지식의 저압전로를 결합하는 변압기로서 그 고압권선 또는 특고압권선과 저압권선 간에 금속제의 혼촉방지판이 있고 또한 그 혼촉방지판에 규정에 의하여 접지공사를 한 것에 접속하는 저압전선을 옥외에 시설할 때에는 다음에 따라 시설하여야 한다.
가. 저압전선은 1구내에만 시설할 것.
나. 저압 가공전선로 또는 저압 옥상전선로의 전선은 케이블일 것.
다. 저압 가공전선과 고압 또는 특고압의 가공전선을 동일 지지물에 시설하지 아니할 것. 다만, 고압 가공전선로 또는 특고압 가공전선로의 전선이 케이블인 경우에는 그러하지 아니하다. 답 ③

86
옥내 고압용 이동전선의 시설방법으로 옳은 것은?

① 전선은 무기물 절연 케이블을 사용하였다.
② 다선식 선로의 중성선에 과전류차단기를 시설하였다.
③ 이동전선과 전기사용기계기구와는 해체가 쉽게 되도록 느슨하게 접속하였다.
④ 전로에 지락이 생겼을 때에 자동적으로 전로를 차단하는 장치를 시설하였다.

풀이 342.2 옥내 고압용 이동전선의 시설
옥내에 시설하는 고압의 이동전선은 다음에 따라 시설하여야 한다.
가. 전선은 고압용의 캡타이어케이블일 것.
나. 이동전선에 전기를 공급하는 전로에는 전용 개폐기 및 과전류 차단기를 각극(과전류 차단기는 다선식 전로의 중성극을 제외한다)에 시설하고, 또한 전로에 지락이 생겼을 때에 자동적으로 전로를 차단하는 장치를 시설할 것. **답** ④

87 특고압가공전선이 다른 특고압가공전선과 접근상태로 시설되거나 교차하는 경우에 양쪽이 특고압 절연전선으로 시설할 경우 이격거리는 몇 [m] 이상인가? (단, 35[kV] 이하인 경우이다.)

① 0.8   ② 1.0
③ 1.2   ④ 1.6

풀이 333.27 특고압 가공전선 상호 간의 접근 또는 교차
특고압 가공전선이 다른 특고압 가공전선과 접근상태로 시설되거나 교차하여 시설되는 경우에는 다음에 따라야 한다.
가. 위쪽 또는 옆쪽에 시설되는 특고압 가공전선로는 제3종 특고압 보안공사에 의할 것.
나. 특고압 가공전선과 다른 특고압 가공전선 사이의 이격거리

사용전압의 구분	이격거리
35[kV] 이하	• 특고압 가공전선에 케이블을 사용하고 다른 특고압 가공전선에 특고압 절연전선 또는 케이블을 사용하는 경우 : 0.5[m] • 각각의 특고압 가공전선에 특고압 절연전선을 사용하는 경우 : 1[m]
60[kV] 이하	2[m]
60[kV] 초과	• 이격거리 = 2 + 단수 × 0.12[m] • 단수 = $\frac{(전압[kV] - 60)}{10}$ 단수계산에서 소수점 이하는 절상

답 ②

88 고압 옥내배선의 시설 공사로 할 수 있는 것은?

① 금속관공사
② 케이블공사
③ 합성수지관공사
④ 버스덕트공사

풀이 342.1 고압 옥내배선 등의 시설
가. 고압 옥내배선은 다음에 따라 시설하여야 한다.
① 애자공사(건조한 장소로서 전개된 장소에 한한다.)
② 케이블공사
③ 케이블트레이공사
나. 전선은 공칭단면적 6[mm²] 이상의 연동선 **답** ②

89 저압가공전선이 상부 조영재 위쪽에서 접근하는 경우 전선과 상부 조영재간의 이격거리[m]는 얼마 이상이어야 하는가? (단, 특고압 절연전선 또는 케이블인 경우이다.)

① 0.8   ② 1.0
③ 1.2   ④ 2.0

풀이 332.11 고압 가공전선과 건조물의 접근
222.11 저압 가공전선과 건조물의 접근
저압 가공전선 또는 고압 가공전선이 건조물과 접근 상태로 시설되는 경우에는 다음에 따라야 한다.
가. 고압 가공전선로는 고압 보안공사에 의할 것.
나. 저·고압 가공전선과 건조물의 조영재 사이의 이격거리는 표에서 정한 값 이상일 것.

사용전압 부분	공작물의 종류		저압[m]	고압[m]
건조물	상부 조영재 위쪽	일반적인 경우	2	2
		전선이 고압절연전선	1	2
		전선이 케이블인 경우	1	1
	기타 조영재 또는 상부조영재의 옆쪽 또는 아래쪽	일반적인 경우	1.2	1.2
		전선이 고압절연전선	0.4	1.2
		전선이 케이블인 경우	0.4	0.4
		사람이 쉽게 접근할 수 없도록 시설한 경우	0.8	0.8

답 ②

90 다도체 가공전선의 을종 풍압하중은 수직투영면적 1[m²]당 몇 Pa을 기초로 하여 계산하는가? (단, 전선 기타의 가섭선 주위에 두께 6[mm], 비중 0.9의 빙설이 부착한 상태임)

① 333   ② 372
③ 588   ④ 666

풀이 331.6 풍압하중의 종별과 적용
을종 풍압하중
전선 기타의 가섭선(架涉線) 주위에 두께 6[mm], 비중 0.9의 빙설이 부착된 상태에서 수직 투영면적 372[Pa]

(다도체를 구성하는 전선은 333[Pa]), 그 이외의 것은 제1호 풍압의 2분의 1을 기초로 하여 계산한 것

답 ①

91 냉각장치에 고장이 생긴 경우 특고압용 변압기의 보호장치는?

① 경보장치 ② 과전류 측정장치
③ 온도 측정장치 ④ 자동차단장치

풀이 351.4 특고압용 변압기의 보호장치
특고압용의 변압기에는 그 내부에 고장이 생겼을 경우에 보호하는 장치를 표와 같이 시설하여야 한다.

뱅크 용량의 구분	동작조건	장치의 종류
5,000[kVA] 이상 10,000[kVA] 미만	변압기 내부고장	자동 차단 장치 또는 경보장치
10,000[kVA] 이상	변압기 내부고장	자동 차단 장치
타냉식 변압기(변압기의 권선 및 철심을 직접 냉각시키기 위하여 봉입한 냉매를 강제 순환시키는 냉각 방식을 말한다.)	냉각장치에 고장이 생긴 경우 또는 변압기의 온도가 현저히 상승한 경우	경보장치

답 ①

92 중성선 다중접지식의 것으로 전로에 지락이 생긴 경우에 2초안에 자동적으로 이를 차단하는 장치를 가지는 22.9[kV] 특고압가공전선로에서 각 접지점의 대지 전기저항 값이 300[Ω] 이하이며, 1[km]마다의 중성선과 대지 간의 합성전기저항 값은 몇 [Ω] 이하이어야 하는가?

① 10 ② 15
③ 20 ④ 30

풀이 333.32 25[kV] 이하인 특고압 가공전선로의 시설
각 접지도체를 중성선으로부터 분리하였을 경우의 각 접지점의 대지 전기저항 값과 1[km] 마다의 중성선과 대지 사이의 합성전기저항 값은 표에서 정한 값 이하일 것.

사용전압	각 접지점의 대지 전기저항치	1[km]마다의 합성 전기저항치
15[kV] 이하	300[Ω]	30[Ω]
15[kV] 초과 25[kV] 이하	300[Ω]	15[Ω]

답 ②

93 지상에 전선로를 시설하는 규정에 대한 내용으로 설명이 잘못된 것은?

① 1구내에서만 시설하는 전선로의 전부 또는 일부로 시설하는 경우에 사용한다.
② 사용전선은 케이블 또는 클로로프렌 캡타이어 케이블을 사용한다.
③ 전선이 케이블인 경우는 철근 콘크리트제의 견고한 개거 또는 트라프에 넣어야 한다.
④ 캡타이어 케이블을 사용하는 경우 전선 도중에 접속점을 제공하는 장치를 시설한다.

풀이 335.5 지상에 시설하는 전선로
지상에 시설하는 저압 또는 고압의 전선로는 다음의 어느 하나에 해당하는 경우 이외에는 시설하여서는 아니 된다.
가. 1구내에만 시설하는 전선로의 전부 또는 일부로 시설하는 경우
나. 전선로는 교통에 지장을 줄 우려가 없는 곳에서 전선은 케이블 또는 클로로프렌 캡타이어 케이블일 것.
  ① 전선이 케이블인 경우에는 철근 콘크리트제의 견고한 개거 또는 트라프에 넣어야 한다.
  ② 전선이 캡타이어 케이블인 경우에는 다음에 의할 것.
  • 전선의 도중에는 접속점을 만들지 아니할 것.
  • 전선로의 전원측 전로에는 전용의 개폐기 및 과전류 차단기를 각 극(과전류 차단기는 다선식 전로의 중성극을 제외한다)에 시설할 것.
  • 사용전압이 0.4[kV] 초과하는 저압 또는 고압의 전로 중에는 전로에 지락이 생겼을 때에 자동적으로 전로를 차단하는 장치를 시설할 것.

답 ④

94 고압가공전선으로 ACSR선을 사용할 때의 안전율은 얼마 이상이 되는 이도(弛度)로 시설하여야 하는가?

① 2.2 ② 2.5
③ 3 ④ 3.5

풀이 332.4 고압 가공전선의 안전율
고압 가공전선은 케이블인 경우 이외에는 그 안전율이 경동선 또는 내열 동합금선은 2.2 이상, 그 밖의 전선은 2.5 이상이 되는 이도로 시설하여야 한다.

답 ②

95 저압의 이동용 전기기계의 금속제 외함을 접지할 경우 다심 코드 및 다심 캡타이어케이블의 일심 이외의 가요성이 있는 연동연선으로 접지공사 시 접지선의 단면적은 몇 [mm²] 이상이어야 하는가?

① 0.75 ② 1.5
③ 6   ④ 10

풀이 142.3.1 접지도체
이동하여 사용하는 전기기계기구의 금속제 외함 등의 접지시스템의 경우는 다음의 것을 사용하여야 한다.

접지도체	접지선의 종류	접지선의 단면적
특고압·고압 전기설비 중성점 접지	• 클로로프렌캡타이어케이블 (3종 및 4종) • 클로로설포네이트폴리에틸렌캡타이어 케이블의 일심(3종 및 4종) • 다심캡타이어케이블의 차폐 기타의 금속제	10[mm²]
저압 전기설비	다심 코드 또는 다심 캡타이어케이블의 일심	0.75[mm²]
	다심코드 및 다심 캡타이어케이블의 일심 이외의 가요성이 있는 연동연선	1.5[mm²]

답 ②

96 피뢰기 설치기준으로 옳지 않은 것은?

① 발전소·변전소 또는 이에 준하는 장소의 가공전선의 인입구 및 인출구
② 가공전선로와 특고압전선로가 접속되는 곳
③ 가공전선로에 접속한 1차 측 전압이 35[kV] 이하인 배전용 변압기의 고압측 및 특고압측
④ 고압 및 특고압가공전선로로부터 공급 받는 수용장소의 인입구

풀이 341.13 피뢰기의 시설
고압 및 특고압의 전로 중 다음에 열거하는 곳 또는 이에 근접한 곳에는 피뢰기를 시설하여야 한다.
가. 발전소·변전소 또는 이에 준하는 장소의 가공전선 인입구 및 인출구
나. 특고압 가공전선로에 접속하는 배전용 변압기의 고압측 및 특고압측
다. 고압 및 특고압 가공전선로로부터 공급을 받는 수용장소의 인입구
라. 가공전선로와 지중전선로가 접속되는 곳   **답** ②

97 "지중관로"에 대한 정의로 가장 옳은 것은?

① 지중전선로·지중 약전류 전선로와 지중매설지선 등을 말한다.
② 지중전선로·지중 약전류 전선로와 복합 케이블선로·기타 이와 유사한 것 및 이들에 부속되는 지중함을 말한다.
③ 지중전선로·지중 약전류 전선로·지중에 시설하는 수관 및 가스관과 지중매설지선을 말한다.
④ 지중전선로·지중 약전류 전선로·지중 광섬유 케이블 선로·지중에 시설하는 수관 및 가스관과 기타 이와 유사한 것 및 이들에 부속하는 지중함 등을 말한다.

풀이 112 용어 정의
"지중 관로"란 지중 전선로·지중 약전류 전선로·지중 광섬유 케이블 선로·지중에 시설하는 수관 및 가스관과 이와 유사한 것 및 이들에 부속하는 지중함 등을 말한다.   **답** ④

> 출제기준 변경 및 개정된 관계 법규에 따라 삭제된 문제가 있어 20문항이 안됩니다.

2013년 3회

1과목 - 전기자기

01 100[kW]의 전력이 안테나에서 사방으로 균일하게 방사될 때 안테나에서 1[km]의 거리에 있는 전계의 실효값은 약 몇 [V/m]인가?

① 1.73　　② 2.45
③ 3.68　　④ 6.21

풀이
$$P = \frac{W}{S} = \frac{100 \times 10^3}{4 \times 3.14 \times (10^3)^2}$$
$$= 7.96 \times 10^{-3} [\text{W/m}^2]$$
$$H_e = \sqrt{\frac{\epsilon_0}{\mu_0}} E_e = \sqrt{\frac{8.855 \times 10^{-12}}{4\pi \times 10^{-7}}} E_e$$
$$= 2.654 \times 10^{-3} E_e [\text{A/m}]$$
$P = H_e E_e$ 이므로
$2.654 \times 10^{-3} E_e^2 = 7.96 \times 10^{-3}$, $E_e^2 = 3$
$\therefore E_e = \sqrt{3} = 1.73 [\text{V/m}]$　　**답** ①

02 비투자율 μ_s, 자속밀도 B[Wb/m]의 자계 중에 있는 m[Wb]의 자극이 받는 힘은 몇 [N]인가?

① $m \cdot B$　　② $\dfrac{m \cdot B}{\mu_0}$
③ $\dfrac{m \cdot B}{\mu_s}$　　④ $\dfrac{m \cdot B}{\mu_0 \mu_s}$

풀이 자계 중의 자극이 받는 힘은
$F = mH[\text{N}]$, $H = \dfrac{B}{\mu_0 \mu_s}[\text{A/m}]$에서
$\therefore F = \dfrac{m \cdot B}{\mu_0 \mu_s}[\text{N}]$　　**답** ④

03 지표면에 대지로 향하는 300[V/m]의 전계가 있다면 지표면의 전하밀도의 크기는 몇 [C/m²]인가?

① 1.33×10^{-9}　　② 2.66×10^{-9}
③ 1.33×10^{-7}　　④ 2.66×10^{-7}

풀이 전계의 방향이 지표면이므로 지표면의 전하는 음(-)이다.
전계의 세기 E는 $E = -\sigma/\epsilon_0$이므로
$\therefore \sigma = -\epsilon_0 E = -8.855 \times 10^{-12} \times 300$
$= -2.66 \times 10^{-9} [\text{C/m}^2]$　　**답** ②

04 유전율이 각각 ϵ_1, ϵ_2인 두 유전체가 접해 있는 경우, 경계면에서 전속선의 방향이 그림과 같이 될 때 $\epsilon_1 > \epsilon_2$이면 입사각과 굴절각은?

① $\theta_1 = \theta_2$이다.
② $\theta_1 > \theta_2$이다.
③ $\theta_1 < \theta_2$이다.
④ $\theta_1 + \theta_2 = 90°$이다.

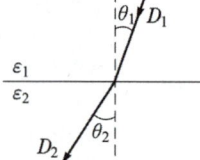

풀이
- 전속밀도의 법선성분(수직 성분)이 같다.
  ($D_1 \cos\theta_1 = D_2 \cos\theta_2$)
- 전계는 접선성분(평행 성분)이 같다.
  ($E_1 \sin\theta_1 = E_2 \sin\theta_2$)
- 두 경계면에서의 전위는 서로 같다.
  ($V_1 = V_2$)
- $\epsilon_1 > \epsilon_2$이면, $\theta_1 > \theta_2$이다.
- $\dfrac{\tan\theta_1}{\tan\theta_2} = \dfrac{\epsilon_1}{\epsilon_2}$　　**답** ②

05 전하 q[C]이 공기 중의 자계 H[AT/m] 내에서 자계와 수직방향으로 v[m/s]의 속도로 움직일 때 받는 힘은 몇 [N]인가?

① $\mu_0 q v H$　　② $\dfrac{qvH}{\mu_0}$
③ qvH　　④ $\dfrac{qH}{\mu_0 v}$

풀이 자계내에 놓여진 운동 전하가 받는 힘은
$F = qvB\sin\theta = qv\mu_0 H\sin\theta[\text{N}]$인데
$\theta = 90°$이므로 $F = qv\mu_0 H[\text{N}]$이다.　　**답** ①

06
길이가 50[cm], 단면의 반지름이 1[cm]인 원형의 가늘고 긴 공심 단층 원형 솔레노이드가 있다. 이 코일의 자기 인덕턴스를 10[mH]로 하려면 권수는 약 몇 회인가? (단, 비투자율은 1이며, 솔레노이드 측면의 누설자속은 없다.)

① 3560 ② 3820
③ 4300 ④ 5760

풀이 $L = \dfrac{\mu S N^2}{l}$ [H]에서

$N = \sqrt{\dfrac{L \cdot l}{\mu S}}$

$= \sqrt{\dfrac{10 \times 10^{-3} \times 50 \times 10^{-2}}{4\pi \times 10^{-7} \times 1 \times \pi \times (1 \times 10^{-2})^2}}$

$\fallingdotseq 3559$[회] **답** ①

07
공기 중에서 반지름 a[m], 도선의 중심축간 거리 d[m]인 평행도선 사이의 단위길이 당 정전용량은 몇 [F/m]인가? (단, $d \gg a$이다.)

① $\dfrac{\pi \epsilon_o}{\log_{10} \dfrac{d}{a}}$ ② $\dfrac{12.07 \times 10^{-12}}{\log_{10} \dfrac{d}{a}}$

③ $\dfrac{24.16 \times 10^{-12}}{\log_{10} \dfrac{d}{a}}$ ④ $\dfrac{2\pi \epsilon_o}{\log_{10} \dfrac{d}{a}}$

풀이 $V = \dfrac{Q}{\pi \epsilon_0} \ln \dfrac{d-a}{a}$ 이므로 정전용량 C는

$C = \dfrac{Q}{V} = \dfrac{Q}{\dfrac{Q}{\pi \epsilon_0} \ln \dfrac{d-a}{a}} = \dfrac{\pi \epsilon_0}{\ln \dfrac{d-a}{a}} \fallingdotseq \dfrac{\pi \epsilon_0}{\ln \dfrac{d}{a}}$

$= \dfrac{\pi \epsilon_0}{\log \dfrac{d}{a} \times \ln 10} = \dfrac{12.07 \times 10^{-12}}{\log_{10} \dfrac{d}{a}}$ [F/m] **답** ②

08
무한평면도체로부터 a[m] 떨어진 곳에 점전하 Q[C]이 있을 때 이 무한평면도체 표면에 유도되는 면밀도가 최대인 점의 전하밀도는 몇 [C/m²]인가?

① $-\dfrac{Q}{2\pi a^2}$ ② $-\dfrac{Q}{\pi \epsilon_o a}$
③ $-\dfrac{Q}{4\pi a^2}$ ④ $-\dfrac{Q}{4\pi a}$

풀이 무한 평면 도체상의 기준 원점으로부터 x[m]인 곳의 유기 전하밀도[C/m²]는

$\sigma = -D = -\epsilon_0 E$

$= -\dfrac{Q \cdot a}{2\pi(a^2 + x^2)^{3/2}}$ [C/m²]이다.

그러므로 $\therefore \sigma_{\max} = [\sigma]_{x=0} = -\dfrac{Q}{2\pi a^2}$ [C/m²]

또한, 최소인 점의 전하밀도 $\sigma_{\min} = [\sigma]_{x=\infty} = 0$
정전 유도 전하밀도를 나타내면 그림과 같다.

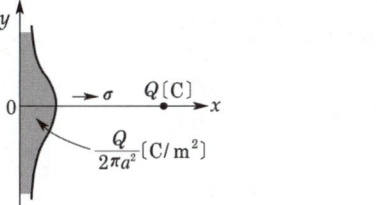

답 ①

09
두 자성체 경계면에서 정자계가 만족하는 것은?

① 자계의 법선성분이 같다.
② 자속밀도의 접선성분이 같다.
③ 경계면상의 두 점 간의 자위차가 같다.
④ 자속은 투자율이 작은 자성체에 모인다.

풀이 ① 자계의 접선성분이 같다.
  $H_1 \sin\theta_1 = H_2 \sin\theta_2$
② 자속밀도의 법선성분이 같다.
  $B_1 \cos\theta_1 = B_2 \cos\theta_2$
③ 경계면상의 두 점 간의 자위차는 같다.
④ 자속은 투자율이 높은 쪽으로 모이려는 성질이 있다. **답** ③

10
인접 영구 자기 쌍극자가 크기는 같으나 방향이 서로 반대방향으로 배열된 자성체를 어떤 자성체라 하는가?

① 반자성체 ② 반강자성체
③ 강자성체 ④ 상자성체

풀이
• 반자성체 : 영구자기 쌍극자는 없는 재질
• 상자성체 : 인접 영구자기 쌍극자의 방향이 규칙성이 없는 재질
• 강자성체 : 인접 영구자기 쌍극자의 방향이 동일방향으로 배열하는 재질
• 반강자성체 : 인접 영구자기 쌍극자의 배열이 서로 반대인 재질 **답** ②

11 자기 인덕턴스가 각각 L_1, L_2인 두 코일을 서로 간섭이 없도록 병렬로 연결했을 때 그 합성 인덕턴스는?

① $L_1 + L_2$
② $L_1 \cdot L_2$
③ $\dfrac{L_1 + L_2}{L_1 \cdot L_2}$
④ $\dfrac{L_1 \cdot L_2}{L_1 + L_2}$

풀이 병렬접속

가극성 $L = \dfrac{L_1 L_2 - M^2}{L_1 + L_2 - 2M}$

감극성 $L = \dfrac{L_1 L_2 - M^2}{L_1 + L_2 + 2M}$

$M = 0$이면 $L = \dfrac{L_1 L_2}{L_1 + L_2}$ **답** ④

12 그림과 같이 진공 중에 자극면적이 2[cm²], 간격이 0.1[cm]인 자성체 내에서 포화자속밀도가 2[Wb/m²]일 때 두 자극면 사이에 작용하는 힘의 크기는 약 몇 [N]인가?

① 53
② 106
③ 159
④ 318

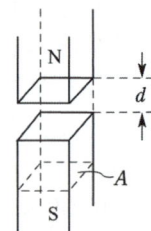

풀이 $F = \dfrac{B^2 A}{2\mu_0} = \dfrac{2^2 \times 2 \times 10^{-4}}{2 \times 4\pi \times 10^{-7}} = 318.3[\text{N}]$ **답** ④

13 코일에 있어서 자기 인덕턴스는 다음 중 어떤 매질의 상수에 비례하는가?

① 저항률
② 유전율
③ 투자율
④ 도전율

풀이 $L = \dfrac{\mu S N^2}{l} \propto \mu$ **답** ③

14 무한평면의 표면을 가진 비유전율 ϵ_s인 유전체의 표면전방의 공기 중 d[m] 지점에 놓인 점전하 Q[C]에 작용하는 힘은 몇 [N]인가?

① $-9 \times 10^9 \times \dfrac{Q^2(\epsilon_s - 1)}{d^2(\epsilon_s + 1)}$

② $-9 \times 10^9 \times \dfrac{Q^2(\epsilon_s + 1)}{d^2(\epsilon_s - 1)}$

③ $-2.25 \times 10^9 \times \dfrac{Q^2(\epsilon_s - 1)}{d^2(\epsilon_s + 1)}$

④ $-2.25 \times 10^9 \times \dfrac{Q^2(\epsilon_s + 1)}{d^2(\epsilon_s - 1)}$

풀이 전기영상법에 의한 영상력

$F = -\dfrac{1}{16\pi d^2} \cdot \dfrac{\epsilon_2 - \epsilon_1}{\epsilon_1(\epsilon_2 + \epsilon_1)} Q^2$

$= -\dfrac{1}{16\pi\epsilon_0 d^2} \cdot \dfrac{(\epsilon_r - 1)}{(\epsilon_r + 1)} Q^2$

$= -2.25 \times 10^9 \times \dfrac{Q^2(\epsilon_r - 1)}{d^2(\epsilon_r + 1)}$ **답** ③

15 액체 유전체를 넣은 콘덴서의 용량이 20[μF]이다. 여기에 500[V]의 전압을 가했을 때의 누설전류는 몇 [mA]인가? (단, 고유저항 $\rho = 10^{11}$ [Ω·m], 비유전율 $\epsilon_s = 2.2$이다.)

① 4.1
② 4.5
③ 5.1
④ 5.6

풀이 $RC = \rho\epsilon[\text{s}]$, $R = \dfrac{\rho\epsilon}{C}[\Omega]$

$\therefore I = \dfrac{V}{R} = \dfrac{CV}{\rho\epsilon} = \dfrac{CV}{\rho\epsilon_0\epsilon_s}$

$= \dfrac{20 \times 10^{-6} \times 500}{10^{11} \times 8.855 \times 10^{-12} \times 2.2}$

$= 0.0051[\text{A}] = 5.1[\text{mA}]$ **답** ③

16 히스테리시스 곡선(Hysteresis loop)에 대한 설명 중 틀린 것은?

① 자화의 경력이 있을 때나 없을 때나 곡선은 항상 같다.
② Y축(세로축)은 자속밀도이다.
③ 자화력이 0일 때 남아있는 자기가 잔류자기이다.
④ 잔류자기를 상쇄시키려면 역방향의 자화력을 가해야 한다.

풀이 자화의 경력이 없는 경우에는 곡선 ①의 자화곡선 특성, 자화의 경력이 있는 경우에는 곡선 ②의 자기이력 곡선(히스테리시스 곡선)특성을 나타낸다.

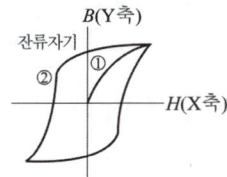

답 ①

17 등전위면을 따라 전하 $Q[C]$을 운반하는 데 필요한 일은?

① 전하의 크기에 따라 변한다.
② 전위의 크기에 따라 변한다.
③ 등전위면과 전기력선에 의하여 결정된다.
④ 항상 0이다.

풀이 미소길이를 운반하는 데 필요한 일은
$dW = q\mathbf{E} \cdot d\mathbf{l} = qE\cos\theta\,dl$ [J]로 나타내어지는데
전계와 등전위면(dl)은 항상 $\theta = 90°$의 각을 이루므로 일은 0이다.

답 ④

18 유전율이 서로 다른 두 종류의 경계면에 전속과 전기력선이 수직으로 도달할 때 다음 설명 중 옳지 않은 것은?

① 전계의 세기는 연속이다.
② 전속밀도는 불변이다.
③ 전속과 전기력선은 굴절하지 않는다.
④ 전속선은 유전율이 큰 유전체 중으로 모이려는 성질이 있다.

풀이 ① $E_1\sin\theta_1 = E_2\sin\theta_2$에서 입사각 $\theta_1 = 0°$이므로
$0 = E_2\sin\theta_2$에서 $E_2 \neq 0$가 아닌 경우 $\sin\theta_2 = 0$가
되어야 하므로 $\theta_2 = 0$ 즉, 굴절하지 않는다.
② $\theta_1 = \theta_2 = 0°$이므로 $D_1\cos\theta_1 = D_2\cos\theta_2$에서
$\cos 0° = 1$이므로 $D_1 = D_2$, 즉 전속밀도는 불변(연속)이다.
③ $D_1 = \epsilon_1 E_1$, $D_2 = \epsilon_2 E_2$이므로 $D_1 = D_2$인 경우
$\epsilon_1 E_1 = \epsilon_2 E_2$가 성립하는데 $\epsilon_1 \neq \epsilon_2$인 경우
$E_1 \neq E_2$이다. 즉, 전계의 세기는 크기가 같지 않다.
(불연속이다)
④ $\epsilon_1 E_1 = \epsilon_2 E_2$에서 $\dfrac{E_1}{E_2} = \dfrac{\epsilon_2}{\epsilon_1}$의 관계가 성립한다.

답 ①

19 전압 V로 충전된 용량 C의 콘덴서에 용량 $2C$의 콘덴서를 병렬 연결한 후의 단자전압은?

① V
② $2V$
③ $\dfrac{V}{2}$
④ $\dfrac{V}{3}$

풀이 충전 전하 $Q = CV$
합성 용량 $C_0 = C + 2C = 3C$이므로
전위차 $V_0 = \dfrac{Q}{C_0} = \dfrac{CV}{3C} = \dfrac{V}{3}$

답 ④

20 전자유도작용에서 벡터퍼텐셜을 A[Wb/m]라 할 때 유도되는 전계 E는 몇 [V/m]인가?

① $-\displaystyle\int \mathbf{A}\,dt$
② $\displaystyle\int \mathbf{A}\,dt$
③ $-\dfrac{\partial \mathbf{A}}{\partial t}$
④ $\dfrac{\partial \mathbf{A}}{\partial t}$

풀이 전자 유도법칙에 의한 유도 기전력 e는
$e = -\dfrac{d\phi}{dt} = -\dfrac{d}{dt}\displaystyle\int_S \mathbf{B} \cdot d\mathbf{S}$
$= -\displaystyle\int_S \dfrac{\partial \mathbf{B}}{\partial t} \cdot d\mathbf{S}$ ⋯ ①
이다. $\mathbf{B} = \mathrm{rot}\,\mathbf{A}$이므로
이것을 대입하고 stokes 정리를 적용하면
$e = -\dfrac{d}{dt}\displaystyle\int_S \mathrm{rot}\,\mathbf{A} \cdot d\mathbf{S}$
$= -\dfrac{\partial}{\partial t}\displaystyle\int_C \mathbf{A} \cdot d\mathbf{l}$ ⋯ ②
이 된다. 또 전위와 전계의 관계로부터 기전력과 전계는 다음과 같다.
$e = \displaystyle\int_C \mathbf{E} \cdot d\mathbf{l}$ ⋯ ③
따라서 식①과 식③을 등식으로 놓으면
$\displaystyle\int_C \mathbf{E} \cdot d\mathbf{l} = -\displaystyle\int \dfrac{\partial \mathbf{A}}{\partial t} \cdot d\mathbf{l}$
$\therefore \mathbf{E} = -\dfrac{\partial \mathbf{A}}{\partial t}$

답 ③

2과목 - 전력공학

21 저항 2[Ω], 유도리액턴스 10[Ω]의 단상 2선식 배전선로의 전압강하를 보상하기 위하여 부하단에 용량리액턴스 5[Ω]의 콘덴서를 삽입하였을 때 부하단 전압은 몇 [V]인가? (단, 전원전압은 7000[V], 부하전류 200[A], 역률은 0.8 (뒤짐)이다.)

① 6080　② 7000
③ 7080　④ 8120

풀이 $V_r = V_s - I(R\cos\theta + (X_L - X_C)\sin\theta)$[V]
에서 $\cos\theta = 0.8$이면
$\sin\theta = \sqrt{1-\cos^2\theta} = \sqrt{1-0.8^2} = 0.6$이므로
$V_r = 7000 - 200(2\times 0.8 + (10-5)\times 0.6)$
$= 6080$[V]　**답** ①

22 다음 중 특유속도가 가장 작은 수차는?

① 프로펠러수차　② 프란시스 수차
③ 펠턴수차　④ 카플란 수차

풀이 수차의 종류와 특유속도 및 그 사용 한계

수차의 종류		특유속도의 한계값
펠톤 수차		12~23
프란시스 수차	저속도형	65~150
	중속도형	150~250
	고속도형	250~350
사류수차		150~250
카플란 수차, 프로펠러 수차		350~800

답 ③

23 △결선의 3상 3선식 배전선로가 있다. 1선이 지락하는 경우 건전상의 전위상승은 지락전의 몇 배인가?

① $\dfrac{\sqrt{3}}{2}$　② 1
③ $\sqrt{2}$　④ $\sqrt{3}$

풀이 △결선은 비접지 계통이므로 1선 지락 시 전위는 상전압에서 선간전압으로 되므로 $\sqrt{3}$ 배 상승한다. **답** ④

24 단거리 3상 3선식 송전선에서 전선의 중량은 전압이나 역률에 어떠한 관계에 있는가?

① 비례　② 반비례
③ 제곱에 비례　④ 제곱에 반비례

풀이 전력손실 $P_c = \dfrac{\rho l P^2}{A V^2 \cos^2\theta}$의 관계가 있으므로 전선의 중량
$V_0 = Al = \dfrac{\rho l^2 P^2}{P_c V^2 \cos^2\theta} \propto \dfrac{1}{V^2 \cos^2\theta}$　**답** ④

25 충전전류는 일반적으로 어떤 전류인가?

① 앞선 전류　② 뒤진 전류
③ 유효전류　④ 누설전류

풀이 충전전류는 선로의 작용 정전용량에 의해 흐르는 전류로 전압보다 $\dfrac{\pi}{2}$ 앞선 전류이다.

충전전류 $I_c = j2\pi f C_w \dfrac{V}{\sqrt{3}}$　**답** ①

26 철탑의 사용목적에 의한 분류에서 송전선로 전부의 전선을 끌어당겨서 고정시킬 수 있도록 설계한 철탑으로 D형 철탑이라고도 하는 것은?

① 내장 보강 철탑　② 각도 철탑
③ 억류 지지 철탑　④ 직선 철탑

풀이 억류 철탑(anchor tower) : 전부의 전선을 끌어당겨서 고정시킬 수 있도록 설계한 철탑으로서 D형 철탑이라고도 한다. 선로가 구부러져서 수평 각도가 30° 이상으로 되어 각도 철탑으로는 충분한 강도를 얻을 수 없는 장소에 세워지는 경우도 있으며, 애자련은 내장형을 사용한다. **답** ③

27 콘덴서 3개를 선간전압 6600[V], 주파수 60[Hz]의 선로에 △로 접속하여 60[kVA]가 되게 하려면 필요한 콘덴서 1개의 정전용량은 약 얼마인가?

① 약 1.2[μF]　② 약 3.6[μF]
③ 약 7.2[μF]　④ 약 72[μF]

풀이 $Q = 3EI_c = 3 \times 2\pi f CE^2$
정전용량
$C = \dfrac{Q}{6\pi fE^2} = \dfrac{60 \times 10^3}{6\pi \times 60 \times 6600^2} \times 10^6$
$\fallingdotseq 1.2[\mu F]$ 답 ①

28 그림과 같이 $D[m]$의 간격으로 반지름 $r[m]$의 두 전선 a, b가 평행하게 가선되어 있다고 한다. 작용인덕턴스 $L[mH/km]$의 표현으로 알맞은 것은?

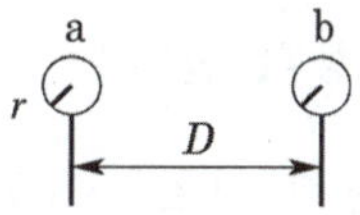

① $L = 0.05 + 0.4605\log_{10}(rD)[mH/km]$
② $L = 0.05 + 0.4605\log_{10}\dfrac{r}{D}[mH/km]$
③ $L = 0.05 + 0.4605\log_{10}\dfrac{D}{r}[mH/km]$
④ $L = 0.05 + 0.4605\log_{10}(\dfrac{1}{rD})[mH/km]$

풀이 단도체 인덕턴스
$L = 0.05 + 0.4605\log_{10}\dfrac{D}{r}[mH/km]$ 답 ③

29 A, B 및 C상의 전류를 각각 I_a, I_b, I_c라 할 때, $I_x = \dfrac{1}{3}(I_a + aI_b + a^2I_c)$
이고, $a = -\dfrac{1}{2} + j\dfrac{\sqrt{3}}{2}$ 이다.
I_x는 어떤 전류인가?

① 정상전류 ② 역상전류
③ 영상전류 ④ 무효전류

풀이 대칭좌표법의 대칭 전류를 보면
정상 전류 $I_1 = \dfrac{1}{3}(I_a + aI_b + a^2I_c)$
역상 전류 $I_2 = \dfrac{1}{3}(I_a + a^2I_b + aI_c)$
영상전류 $I_0 = \dfrac{1}{3}(I_a + I_b + I_c)$ 답 ①

30 차단기 개방 시 재점호가 일어나기 쉬운 경우는?

① 1선 지락전류인 경우
② 3상 단락전류인 경우
③ 무부하 변압기의 여자전류인 경우
④ 무부하 충전전류인 경우

풀이 충전전류를 차단할 때 전류파의 0의 위치에서 소거된 아크가 재기전압에 의하여 극간에 다시 발생하는 것을 재점호라고 하며 이러한 재점호 전류는 콘덴서에 의한 진상전류에 의해 발생한다. 답 ④

31 송전선로에 근접한 통신선에 유도장해가 발생한다. 정전유도의 원인과 관계가 있는 것은?

① 역상전압 ② 영상전압
③ 역상전류 ④ 정상전류

풀이 • 정전유도 : 영상전압에 의해 발생 (정상시)
• 전자유도 : 영상전류에 의해 발생 (사고시) 답 ②

32 ㉠~㉣의 ( )안에 들어갈 알맞은 내용은?

> 화력발전소의 (㉠)은 발생 (㉡)을 열량으로 환산한 값과 이것을 발생하기 위하여 소비된 (㉢)의 보유열량 (㉣)를 말한다.

① ㉠ 손실율 ㉡ 발열량 ㉢ 물 ㉣ 차
② ㉠ 열효율 ㉡ 전력량 ㉢ 연료 ㉣ 비
③ ㉠ 발전량 ㉡ 증기량 ㉢ 연료 ㉣ 결과
④ ㉠ 연료소비율 ㉡ 증기량 ㉢ 물 ㉣ 차

답 ②

33 선로길이 100[km], 송전단전압 154[kV], 수전단전압 140[kV]의 3상 3선식 정전압 송전선에서 선로정수는 저항 0.315[Ω/km], 리액턴스 1.035[Ω/km]라고 할 때 수전단 3상 전력 원선도의 반경을 [MVA] 단위로 표시하면 약 얼마인가?

① 200[MVA] ② 300[MVA]
③ 450[MVA] ④ 600[MVA]

풀이 문제의 송전선로는 r과 L만의 단거리 송전선로이다.
$A = D = 1$, $B = Z$, $C = 0$
그러므로
$B = Z = \sqrt{0.315^2 + 1.035^2} = 1.082[\Omega/\text{km}]$
$= 1.082 \times 100 = 108.2[\Omega]$
원선도의 반지름
$\rho = \dfrac{E_S E_r}{B} = \dfrac{140 \times 154}{108.2} \fallingdotseq 200[\text{MVA}]$ **답** ①

34 다음 중 부하전류의 차단능력이 없는 것은?

① 부하개폐기(LBS)
② 유입차단기(OCB)
③ 진공차단기(VCB)
④ 단로기(DS)

풀이 단로기(DS)는 소호장치가 없고 아크 소멸 능력이 없으므로 부하전류나 사고전류의 개폐는 할 수 없으며 기기를 전로에서 개방할 때 또는 모선의 접속 변경 시 사용한다. **답** ④

35 다음 중 전력선 반송 보호계전방식의 장점이 아닌 것은?

① 저주파 반송전류를 중첩시켜 사용하므로 계통의 신뢰도가 높아진다.
② 고장구간의 선택이 확실하다.
③ 동작이 예민하다.
④ 고장점이나 계통의 여하에 불구하고 선택차단 개소를 동시에 고속도 차단할 수 있다.

풀이 전력선 반송 계전방식 :
전력선에 200~300[kHz]의 고주파 반송 전류를 중첩시켜 이것으로 각 단자에 있는 계전기를 제어하는 방식이다. 초고압 송전선을 비롯해서 주요 간선에 많이 쓰고 있다. **답** ①

36 배전선로에서 사용하는 전압조정 방법이 아닌 것은?

① 승압기 사용
② 저전압계전기 사용
③ 병렬콘덴서 사용
④ 주상변압기 탭 전환

풀이 배전선 전압조정 장치로는
① 주변압기 1차 측의 무부하 시(탭 변환 장치), 부하시 (탭 절환 장치)
② 정지형 전압조정기(SVR)
③ 유도전압조정기(IVR)
병렬콘덴서는 역률개선에 사용되나 동시에 전압조정 효과도 있다. **답** ②

37 3상용 차단기의 정격차단용량은?

① $\dfrac{1}{\sqrt{3}}$(정격 전압)×(정격 차단전류)
② $\dfrac{1}{\sqrt{3}}$(정격 전압)×(정격 전류)
③ $\sqrt{3}$(정격 전압)×(정격 전류)
④ $\sqrt{3}$(정격 전압)×(정격 차단전류)

풀이 3상용 차단기의 정격차단용량
$P_s = \sqrt{3} V_n I_s [\text{MVA}]$ **답** ④

38 공칭단면적 200[mm²], 전선무게 1.838[kg/m], 전선의 외경 18.5[mm]인 경동연선을 경간 200[m]로 가설하는 경우의 이도는 약 몇 [m]인가? (단, 경동연선의 전단 인장하중은 7910[kg], 빙설하중은 0.416[kg/m], 풍압하중은 1.525[kg/m], 안전율은 2.0 이다.)

① 3.44[m]   ② 3.78[m]
③ 4.28[m]   ④ 4.78[m]

풀이 $W = \sqrt{(W_c + W_i)^2 + W_w^2}$
$= \sqrt{(1.838 + 0.416)^2 + 1.525^2} = 2.72[\text{kg/m}]$
$D = \dfrac{WS^2}{8T} = \dfrac{2.72 \times 200^2}{8 \times \dfrac{7910}{2.0}} = 3.44[\text{m}]$ **답** ①

39 페란티 현상이 발생하는 주된 원인은?

① 선로의 저항
② 선로의 인덕턴스
③ 선로의 정전용량
④ 선로의 누설컨덕턴스

풀이 ① 페란티 현상 :
　　　무부하 시 V_s (송전단전압) < V_r (수전단전압)
② 원인 : 선로의 정전용량
③ 대책 : 분로 리액터 설치　　　　　　　답 ③

40 송전선로에서 역섬락을 방지하는 유효한 방법은?

① 가공지선을 설치한다.
② 소호각을 설치한다.
③ 탑각 접지저항을 작게 한다.
④ 피뢰기를 설치한다.

풀이 뇌서지가 철탑에 가격 시 철탑의 탑각 접지저항이 충분히 낮지 않으면 철탑의 전위가 상승하여 철탑에서 선로로 섬락을 일으키는 경우가 있는데 이를 역섬락이라 하며 방지 대책으로는 매설지선을 설치하여 탑각 접지저항을 낮추어야 한다.　　답 ③

3과목 - 전기기기

41 75[kVA], 6000/200[V]의 단상변압기의 %임피던스 강하가 4[%]이다. 1차 단락전류[A]는?

① 512.5　　② 412.5
③ 312.5　　④ 212.5

풀이 $I_{1s} = \dfrac{100}{\%Z} \times I_{1n} = \dfrac{100}{4} \times \dfrac{75 \times 10^3}{6000}$
　　　　$= 312.5[A]$　　　　답 ③

42 3상 유도전동기의 공급전압이 일정하고, 주파수가 정격값보다 수 [%] 감소할 때 다음 현상 중 옳지 않은 것은?

① 동기속도가 감소한다.
② 누설 리액턴스가 증가한다.
③ 철손이 약간 증가한다.
④ 역률이 나빠진다.

풀이 누설 리액턴스는 주파수에 비례하므로($X = 2\pi fL$) 주파수가 감소하면 누설 리액턴스는 감소한다.　답 ②

43 3상 유도전동기의 원선도 작성에 필요한 기본량이 아닌 것은?

① 저항 측정　　② 슬립 측정
③ 구속 시험　　④ 무부하 시험

풀이 원선도 작성에 필요한 시험은 변압기 특성 시험과 같으며 저항 측정, 무부하 시험, 구속 시험이 있고, 원선도에서 구할 수 있는 것에는 1차 입력, 1차 동손, 동기 와트, 슬립 등이 있다.　답 ②

44 변압기 등가회로 작성에 필요하지 않은 시험은?

① 무부하 시험　　② 단락 시험
③ 반환부하 시험　　④ 저항 측정시험

풀이 ① 등가회로 작성시험 : 단락시험, 무부하 시험, 저항측정시험
② 온도 상승 시험 : 실부하법, 반환부하법, 등가부하법
　　　　　　답 ③

45 단상 반파 정류로 직류전압 50[V]를 얻으려고 한다. 다이오드의 최대 역전압(PIV)은 약 몇 [V]인가?

① 111　　② 141.4
③ 157　　④ 314

풀이 $E_s = \dfrac{\pi E_d}{\sqrt{2}} = \dfrac{\pi \times 50}{\sqrt{2}} = 111[V]$
　∴ PIV $= \sqrt{2} E_s = \sqrt{2} \times 111 ≒ 157[V]$　답 ③

46 전압비 3300/110[V], 1차 누설 임피던스 $Z_1 = 12 + j13[\Omega]$, 2차 누설 임피던스 $Z_2 = 0.015 + j0.013[\Omega]$인 변압기가 있다. 1차로 환산된 등가 임피던스[Ω]는?

① $25.5 + j24.7$　　② $25.5 + j22.7$
③ $24.7 + j25.5$　　④ $22.7 + j25.5$

풀이 권수비 $a = \dfrac{3300}{110} = 30$
① 1차로 환산한 저항
　$r' = r_1 + r_2' = r_1 + a^2 r_2$
　　$= 12 + 30^2 \times 0.015 = 25.5[\Omega]$

② 1차로 환산한 리액턴스
$$x' = x_1 + x_2' = x_1 + a^2 x_2$$
$$= 13 + 30^2 \times 0.013 = 24.7[\Omega]$$
$$\therefore Z' = r' + jx' = 26.82 + j25.84[\Omega]$$

답 ①

47 용량 2[kVA], 3000/100[V]의 단상변압기를 단권변압기로 연결해서 승압기로 사용할 때, 1차 측에 3000[V]를 가할 경우 부하용량은 몇 [kVA]인가?

① 16　　② 32
③ 50　　④ 62

풀이
$$\frac{\text{자기 용량}}{\text{부하 용량}} = \frac{V_h - V_l}{V_h}$$

$$\therefore \text{부하 용량} = \text{자기 용량} \times \frac{V_h}{V_h - V_l}$$

$$= 2 \times \frac{3100}{3100 - 3000}$$

$$= 62[\text{kVA}]$$

답 ④

48 2대의 동기발전기가 병렬운전하고 있을 때 동기화 전류가 흐르는 경우는?

① 기전력의 크기에 차가 있을 때
② 기전력의 위상에 차가 있을 때
③ 부하분담에 차가 있을 때
④ 기전력의 파형에 차가 있을 때

풀이 병렬운전 조건이 다른 경우

병렬운전 조건	다른 경우 흐르는 전류
기전력의 크기가 같을 것	무효 순환전류
기전력의 위상이 같을 것	동기화 전류
기전력의 주파수가 같을 것	동기화 전류
기전력의 파형이 같을 것	고주파 무효 순환전류

답 ②

49 3상 동기발전기의 전기자 권선을 Y결선으로 하는 이유 중 △결선과 비교할 때 장점이 아닌 것은?

① 출력을 더욱 증대할 수 있다.
② 권선의 코로나 현상이 적다.
③ 고조파 순환전류가 흐르지 않는다.
④ 권선의 보호 및 이상전압의 방지 대책이 용이하다.

풀이 (1) 3상 동기발전기의 전기자 권선을 Y결선으로 하면
① 권선의 불평형 및 제3고조파(그 배수 포함) 등에 의한 순환 전류가 흐르지 않는다.
② 중성점을 이용할 수 있으므로 권선 보호장치의 시설이나 중성점접지에 의한 이상전압의 방지 대책이 용이하다.
③ 상전압이 낮기 때문에 코일의 코로나, 열화 등이 작다. 그러나 동일 전압에 대하여 상전압이 낮기 때문에 발전기 권선의 전류는 커진다고 볼 수 있다.
(2) Y결선으로 하면 전압이 $\sqrt{3}$ 배, △결선으로 하면 전류가 $\sqrt{3}$ 배 커지므로 출력 P는
$P = \sqrt{3}\, VI\cos\theta$로 동일하다.

답 ①

50 단자전압 100[V], 전기자 전류 10[A], 전기자 회로 저항 1[Ω], 회전수 1800[rpm]으로 전부하 운전하고 있는 직류전동기의 토크는 약 몇 [kg·m]인가?

① 0.049　　② 0.49
③ 49　　　 ④ 490

풀이 $E = V - I_a R_a = 100 - 10 \times 1 = 90[V]$

$$\therefore \tau = 0.975 \frac{P}{N} = 0.975 \frac{EI_a}{N}$$

$$= 0.975 \times \frac{90 \times 10}{1800} = 0.49[\text{kg} \cdot \text{m}]$$

답 ②

51 동기발전기의 자기여자 방지법이 아닌 것은?

① 발전기 2대 또는 3대를 병렬로 모선에 접속한다.
② 수전단에 동기조상기를 접속한다.
③ 송전선로의 수전단에 변압기를 접속한다.
④ 발전기의 단락비를 적게 한다.

풀이 자기 여자 방지법
① 발전기 2대 또는 3대를 병렬로 모선에 접속한다.
② 수전단에 동기조상기를 접속하고 이것을 부족 여자로 하여 송전선에서 지상 전류를 취하게 하면 충전전류를 그 만큼 감소시키는 것이 된다.
③ 송전선로의 수전단에 변압기를 접속한다.

④ 수전단에 리액턴스를 병렬로 접속한다.
⑤ 발전기의 단락비를 크게 한다.　　　답 ④

52 균압선을 설치하여 병렬운전하는 발전기는?
① 타여자 발전기
② 분권발전기
③ 복권 발전기
④ 동기기

풀이 직권계자가 있는 직류 직권발전기와 직류 복권발전기는 안정된 병렬운전을 하기 위하여 균압선을 설치해야 한다.　　　답 ③

53 직류기에서 전기자 반작용이란 전기자 권선에 흐르는 전류로 인하여 생긴 자속이 무엇에 영향을 주는 현상인가?
① 모든 부분에 영향을 주는 현상
② 계자극에 영향을 주는 현상
③ 감자 작용만을 하는 현상
④ 편자 작용만을 하는 현상

풀이 ① 전기자 반작용 : 전기자 전류에 의하여 발생한 자속이 계자에 의해 발생 되는 주자속에 영향을 주는 현상
② 전기자 반작용의 방지대책

보극과 보상권선 설치	보극 → 중성축 부근의 전기자 반작용 상쇄
	보상권선 → 대부분의 전기자 반작용 상쇄 : 가장 유효한 방법

답 ②

54 경부하로 회전중인 3상 농형 유도전동기에서 전원의 3선중 1선이 개방되면 3상 전동기는?
① 개방시 바로 정지한다.
② 속도가 급상승한다.
③ 회전을 계속한다.
④ 일정시간 회전 후 정지한다.

풀이 전부하로 운전하고 있는 3상 유도전동기의 경우 1선의 퓨즈가 용단되면 단상 전동기가 되며
① 최대 토크는 50[%] 전후로 된다.
② 최대 토크를 발생하는 슬립 s는 0쪽으로 가까워진다.
③ 최대 토크 부근에서는 1차 전류가 증가한다.
만일 정지하는 경우에는 과대 전류가 흘러서 나머지 퓨즈가 용단되거나 차단기가 동작한다.
경부하에서 회전을 계속한다면
① 슬립이 2배 정도로 되고 회전수는 떨어진다.
② 1차 전류가 2배 가까이 되어서 열손실이 증가하고, 계속 운전하면 과열로 소손된다.　　　답 ③

55 변압기 내부고장 검출용으로 쓰이는 계전기는?
① 비율차동계전기
② 거리계전기
③ 과전류계전기
④ 방향단락계전기

풀이 변압기 내부고장 검출용 보호계전기
① 차동 계전기 (비율차동 계전기)
② 압력 계전기
③ 부흐홀쯔 계전기
④ 가스 검출 계전기　　　답 ①

56 △결선 변압기의 1대가 고장으로 제거되어 V결선으로 할 때 공급할 수 있는 전력은 고장전 전력의 몇 [%]인가?
① 81.6
② 75.0
③ 66.7
④ 57.7

풀이 1대의 단상변압기 용량을 K라 하면 그 출력비는
$$\frac{V결선의\ 출력}{\triangle결선의\ 출력} = \frac{\sqrt{3}K}{3K} = \frac{\sqrt{3}}{3}$$
$$= 0.577 = 57.7[\%]$$
답 ④

57 직류기에서 전기자 반작용을 방지하기 위한 보상권선의 전류방향은?
① 전기자 전류의 방향과 같다.
② 전기자 전류의 방향과 반대이다.
③ 계자전류의 방향과 같다.
④ 계자전류의 방향과 반대이다.

풀이 전기자 권선과 직렬로 접속하여 전기자 전류와 반대방향으로 전류를 흐르게 해서 부하 변동 시에 전기자 반작용 자속을 보상권선의 자속으로 상쇄시킨다.　　　답 ②

58 동기기에서 동기 임피던스 값과 실용상 같은 것은? (단, 전기자저항은 무시한다.)

① 전기자 누설 리액턴스
② 동기 리액턴스
③ 유도 리액턴스
④ 등가 리액턴스

풀이 일반적으로 동기기에는 전기자저항 r_a는 리액턴스에 비하여 무시할 정도이므로 실용상 $Z_s \fallingdotseq x_s$라 해도 좋다.

$$Z_s = r_a + jx_s = r_a + j(x_a + x_l) \fallingdotseq x_s$$

단, r_a : 전기자저항,
x_a : 전기자 반작용 리액턴스,
x_l : 전기자 누설 리액턴스,
x_s : 동기 리액턴스이다. **답** ②

59 정격부하를 걸고 16.3[kg·m]의 토크를 발생하며, 1200[rpm]으로 회전하는 어떤 직류분권 전동기의 역기전력이 100[V]일 때 전기자 전류는 약 몇 [A]인가?

① 100 ② 150
③ 175 ④ 200

풀이 $\tau = 0.975 \dfrac{P}{N} = 0.975 \dfrac{E_c I}{N} = 0.975 \dfrac{50 \times I}{600}$
$= 16.3$
$\therefore I = \dfrac{16.3 \times 600}{0.975 \times 50} = 200.61[A]$ **답** ④

60 직류분권전동기의 운전 중 계자저항기의 저항을 증가하면 속도는 어떻게 되는가?

① 변하지 않는다.
② 증가한다.
③ 감소한다.
④ 정지한다.

풀이 직류기의 속도 $n = k \dfrac{V - I_a R_a}{\phi}$ 이므로 계자저항기의 저항을 증가하면 여자전류(자속 ϕ)는 감소하고 회전속도 n은 증가하게 된다. **답** ②

4과목 - 회로이론

61 다음과 같은 회로에서 4단자 정수는 어떻게 되는가?

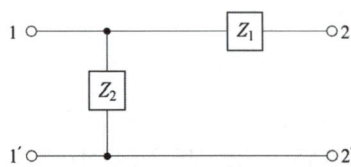

① $A = 1$, $B = \dfrac{1}{Z_1}$, $C = Z_1$, $D = 1 + \dfrac{Z_2}{Z_3}$

② $A = 0$, $B = \dfrac{1}{Z_2}$, $C = Z_3$, $D = 2 + \dfrac{Z_2}{Z_3}$

③ $A = 1$, $B = Z_1$, $C = \dfrac{1}{Z_2}$, $D = 1 + \dfrac{Z_1}{Z_2}$

④ $A = 1$, $B = \dfrac{1}{Z_2}$, $C = \dfrac{Z_3}{Z_2 + Z_3}$, $D = Z_2 + Z_3$

풀이 $\begin{bmatrix} A & B \\ C & D \end{bmatrix} = \begin{bmatrix} 1 & 0 \\ \dfrac{1}{Z_2} & 1 \end{bmatrix} \begin{bmatrix} 1 & Z_1 \\ 0 & 1 \end{bmatrix} = \begin{bmatrix} 1 & Z_1 \\ \dfrac{1}{Z_2} & 1 + \dfrac{Z_1}{Z_2} \end{bmatrix}$ **답** ③

62 변압비 $\dfrac{n_1}{n_2} = 30$인 단상변압기 3개를 1차 △결선, 2차 Y결선하고 1차 선간에 3000[V]를 가했을 때 무부하 2차 선간전압[V]은?

① $\dfrac{100}{\sqrt{3}}$[V] ② $\dfrac{190}{\sqrt{3}}$[V]
③ 100[V] ④ $100\sqrt{3}$[V]

풀이 $a = \dfrac{E_1}{E_2}$에서 $E_2 = \dfrac{E_1}{a} = \dfrac{3300}{33} = 100$[V]
2차는 Y결선이므로 선간 전압 V_2는
$V_2 = \sqrt{3} E_2 = 100\sqrt{3}$[V] **답** ④

63 어떤 회로의 전압 E, 전류 I일 때
$P_a = \overline{E}I = P + jP_r$에서 $P_r > 0$이다.
이 회로는 어떤 부하인가?
(단, $\overline{E}$는 E의 공액복소수이다.)

① 용량성 ② 무유도성
③ 유도성 ④ 정저항

풀이 $P_a = \overline{V}I = P \pm jP_r$에서 허수부가 음(-)이 될 때는 뒤진 전류에 의한 지상 무효전력이 되고, 양(+)이 될 때는 앞선 전류에 의한 진상 무효전력이 된다. 답 ①

64 다음 그림과 같은 전기회로의 입력을 e_i, 출력을 e_o라고 할 때 전달함수는?

① $\dfrac{R_2(1 + R_1Ls)}{R_1 + R_2 + R_1R_2Ls}$

② $\dfrac{1 + R_2Ls}{1 + (R_1 + R_2)Ls}$

③ $\dfrac{R_2(R_1 + Ls)}{R_1R_2 + R_1Ls + R_2Ls}$

④ $\dfrac{R_2 + \dfrac{1}{Ls}}{R_1 + R_2 + \dfrac{1}{Ls}}$

풀이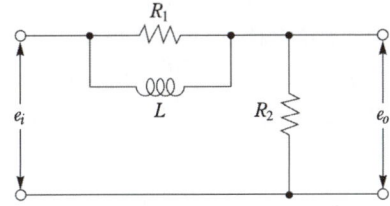

$G(s) = \dfrac{E_o(s)}{E_i(s)} = \dfrac{R_2}{R_2 + \dfrac{R_1Ls}{R_1 + Ls}}$

$= \dfrac{R_2}{\dfrac{R_1R_2 + R_2Ls + R_1Ls}{R_1 + Ls}}$

$= \dfrac{R_1R_2 + R_2Ls}{R_1R_2 + R_1Ls + R_2Ls}$

$= \dfrac{R_2(R_1 + Ls)}{R_1R_2 + R_1Ls + R_2Ls}$ 답 ③

65 그림과 같은 RC 직렬회로에 비정현파 전압
$v = 20 + 220\sqrt{2}\sin 120\pi t$
$\quad + 40\sqrt{2}\sin 360\pi t$[V]를 가할 때
제3고조파전류 i_3[A]는 약 얼마인가?

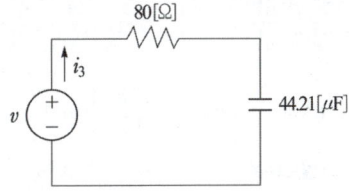

① $0.49\sin(360\pi t - 14.04°)$
② $0.49\sqrt{2}\sin(360\pi t - 14.04°)$
③ $0.49\sin(360\pi t + 14.04°)$
④ $0.49\sqrt{2}\sin(360\pi t + 14.04°)$

풀이 3고조파 리액턴스를 X_3, 3고조파 전류를 I_3라 하면

$X_3 = \dfrac{1}{3\omega C} = \dfrac{1}{3 \times 120\pi \times 44.21 \times 10^{-6}} \fallingdotseq 20[\Omega]$

$I_3 = \dfrac{V_3}{Z_3} = \dfrac{V_3}{\sqrt{R^2 + X_3^2}} = \dfrac{40}{\sqrt{80^2 + 20^2}} \fallingdotseq 0.49[A]$

$\theta = \tan^{-1}\dfrac{X_3}{R} = \tan^{-1}\dfrac{20}{80} = 14.04°$

$\therefore i_3 = 0.49\sqrt{2}\sin(360\pi t + 14.04°)$[A] 답 ④

66 내부저항이 15[kΩ]이고 최대눈금이 150[V]인 전압계와 내부저항이 10[kΩ]이고 최대눈금이 150[V]인 전압계가 있다. 두 전압계를 직렬 접속하여 측정하면 최대 몇 [V]까지 측정할 수 있는가?

① 200 ② 250
③ 300 ④ 375

풀이 측정 전압을 E라 하면 전압 분배 법칙에 따라
$\dfrac{15}{15 + 10} \times E \leq 150$의 조건을 만족해야 한다.
$\therefore E \leq 250$[V]

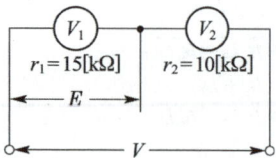

답 ②

67 교류의 파형률이란?

① $\dfrac{최댓값}{실효값}$ ② $\dfrac{실효값}{최댓값}$

③ $\dfrac{평균값}{실효값}$ ④ $\dfrac{실효값}{평균값}$

풀이 파형률(form factor) = $\dfrac{실효값}{평균값}$ 이고,

파고율(crest factor) = $\dfrac{최댓값}{실효값}$ 이다. **답** ④

68 그림과 같은 회로에서 15[Ω]에 흐르는 전류는 몇 [A]인가?

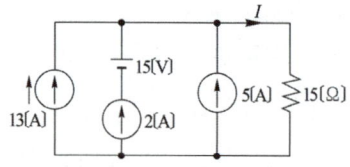

① 4[A] ② 8[A]
③ 10[A] ④ 20[A]

풀이 중첩의 정리에 의해
① 전류원 기준(전압원 단락) : $I_1 = 13 + 2 + 5 = 20$[A]
② 전압원 기준(전류원 개방) : $I_2 = 0$[A]
∴ $I = I_1 + I_2 = 20 + 0 = 20$[A] **답** ④

69 1[mV]의 입력을 가했을 때 100[mV]의 출력이 나오는 4단자 회로의 이득[dB]은?

① 40 ② 30
③ 20 ④ 10

풀이 이득 = $20\log_{10}\dfrac{V_o}{V_i} = 20\log_{10}\dfrac{100}{1}$
$= 20 \times 2 = 40$[dB] **답** ①

70 6상 성형 상전압이 200[V]일 때 선간전압[V]은?

① 200 ② 150
③ 100 ④ 50

풀이 $V_l = 2V_p \sin\dfrac{\pi}{n} = 2V_p \sin\dfrac{\pi}{6} = V_p$

따라서 6상일 때의 선간전압은 상전압과 같다. **답** ①

71 $i = 20\sqrt{2}\sin(377t - \dfrac{\pi}{6})$[A]인 파형의 주파수는 몇 [Hz]인가?

① 50 ② 60
③ 70 ④ 80

풀이 문제의 전류식에서 $\omega t = 377t$ 이므로
$\omega = 2\pi f = 377$ ∴ $f = \dfrac{377}{2\pi} = 60$[Hz] **답** ②

72 RLC 직렬회로에 $t = 0$에서 교류전압 $e = E_m \sin(\omega t + \theta)$를 가할 때 $R^2 - 4\dfrac{L}{C} > 0$이면 이 회로는?

① 진동적이다. ② 비진동적이다.
③ 임계적이다. ④ 비감쇠진동이다.

풀이 교류를 인가한 경우와 직류를 인가한 경우 진동 여부의 판별 방법은 동일하다.
$R^2 - 4\dfrac{L}{C} > 0$ 이면 비진동적,
$R^2 - 4\dfrac{L}{C} < 0$ 이면 진동적,
$R^2 - 4\dfrac{L}{C} = 0$ 이면 임계적이다. **답** ②

73 그림과 같은 회로에 교류전압 $E = 100\angle 0°$[V]를 인가할 때 전전류 I는 몇 [A]인가?

① $6 + j28$
② $6 - j28$
③ $28 + j6$
④ $28 - j6$

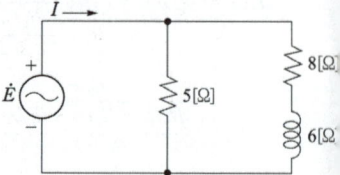

[풀이] 병렬 연결 시 공급전압은 동일하므로 저항만의 회로에 흐르는 전류

$I_1 = \dfrac{E}{R} = \dfrac{100}{5} = 20[A]$

$R-L$ 직렬회로에 흐르는 전류

$I_2 = \dfrac{E}{Z} = \dfrac{100}{8+j6} = \dfrac{100(8-j6)}{(8+j6)(8-j6)}$

$= \dfrac{800-j600}{8^2+6^2} = 8-j6[A]$

$\therefore I = I_R + I_Z = 20 + 8 - j6 = 28 - j6[A]$ 답 ④

74 $e^{-at}\cos\omega t$의 라플라스 변환은?

① $\dfrac{s-a}{(s-a)^2+\omega^2}$ ② $\dfrac{s+a}{(s+a)^2+\omega^2}$

③ $\dfrac{s+a}{(s^2+\omega^2)^2}$ ④ $\dfrac{s-a}{(s^2-\omega^2)^2}$

[풀이] 복소 추이 정리에 의해서

$\mathcal{L}[e^{-at}\cos\omega t] = \mathcal{L}[\cos\omega t]_{s=s+a}$

$= \left[\dfrac{s}{s^2+\omega^2}\right]_{s=s+a}$

$= \dfrac{s+a}{(s+a)^2+\omega^2}$ 답 ②

75 그림과 같은 회로에서 스위치 S를 $t=0$에서 닫았을 때 $(V_L)_{t=0} = 100[V]$, $\left(\dfrac{di}{dt}\right)_{t=0} = 400[A/sec]$이다. L의 값은 몇 [H]인가?

① 0.1
② 0.5
③ 0.25
④ 7.5

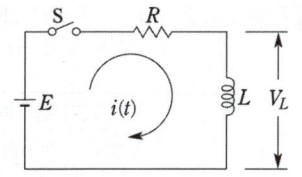

[풀이] $V_L = L\dfrac{di}{dt}$에서 $100 = L\,400$

$\therefore L = \dfrac{100}{400} = 0.25$ 답 ③

76 $G(s) = \dfrac{s+1}{s^2+3s+2}$의 특성방정식의 근의 값은?

① -2, 3 ② 1, 2
③ -2, -1 ④ 1, -3

[풀이] 특성방정식은 전달함수의 분모를 0으로 놓은 식이므로 분모 $s^2+3s+2=0$을 인수 분해하면

$(s+2)(s+1)=0$

$\therefore s = -2,\ -1$ 답 ③

77 다음 회로에서 정저항 회로가 되기 위해서는 $\dfrac{1}{\omega C}$의 값은 몇 [Ω]이면 되는가?

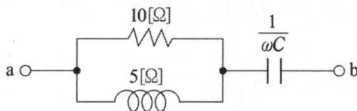

① 2   ② 4
③ 6   ④ 8

[풀이] $\dot{Z} = -j\dfrac{1}{\omega C} + \dfrac{10 \times (j5)}{10+j5}$에서

$\dot{Z}$의 허수부가 0이면 정저항 회로 조건이 성립되므로

$\dot{Z} = -j\dfrac{1}{\omega C} + \dfrac{(j50)(10-j5)}{125}$

$= \dfrac{250}{125} + j\left(-\dfrac{1}{\omega C} + \dfrac{500}{125}\right)$

허수부 : $j\left(-\dfrac{1}{\omega C} + 4\right) = 0$

$\therefore \dfrac{1}{\omega C} = 4[\Omega]$ 답 ②

78 불평형 3상 전류가 $I_a = 15+j2[A]$, $I_b = -20-j14[A]$, $I_c = -3+j10[A]$ 일 때의 영상전류 I_0는?

① $2.85+j0.36[A]$
② $-2.67-j0.67[A]$
③ $1.57-j3.25[A]$
④ $12.67+j2[A]$

[풀이] $I_0 = \dfrac{1}{3}(I_a + I_b + I_c)$

$= \dfrac{1}{3}(15+j2-20-j14-3+j10)$

$= \dfrac{1}{3}(-8-j2)$

$= -2.67-j0.67[A]$ 답 ②

79 그림에서 4단자망의 개방 순방향 전달 임피던스 $Z_{21}[\Omega]$과 단락 순방향 전달 어드미턴스 $Y_{21}[\mho]$은?

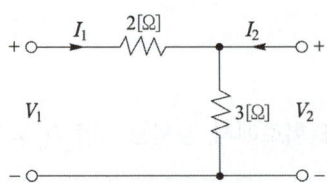

① $Z_{21}=5,\ Y_{21}=-\dfrac{1}{2}$

② $Z_{21}=3,\ Y_{21}=-\dfrac{1}{3}$

③ $Z_{21}=3,\ Y_{21}=-\dfrac{1}{2}$

④ $Z_{21}=5,\ Y_{21}=-\dfrac{5}{6}$

풀이
$Z_{21}=\left.\dfrac{V_2}{I_1}\right|_{I_2=0}=\dfrac{3I_1}{I_1}=3[\Omega]$

$Y_{21}=\left.\dfrac{I_2}{V_1}\right|_{V_2=0}=\dfrac{-\dfrac{V_1}{2}}{V_1}=-\dfrac{1}{2}[\mho]$ **답** ③

80 그림과 같이 접속된 회로의 단자 a, b에서 본 등가 임피던스는 어떻게 표현되는가? (단, M [H]은 두 코일 L_1, L_2 사이의 상호 인덕턴스이다.)

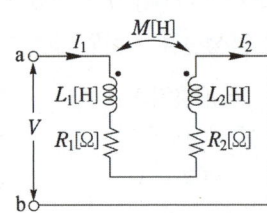

① $R_1+R_2+j\omega(L_1+L_2)$
② $R_1+R_2+j\omega(L_1-L_2)$
③ $R_1+R_2+j\omega(L_1+L_2+2M)$
④ $R_1+R_2+j\omega(L_1+L_2-2M)$

풀이
• 화동결합
$L=L_1+L_2+2M$

• 차동결합
$L=L_1+L_2-2M$

(• 와 전류의 방향에 따라 상호 인덕턴스는 $+2M$ 또는 $-2M$이 된다.) **답** ④

5과목 – 전기설비기술기준

81 고압가공전선을 ACSR선으로 쓸 때 안전율은 몇 이상의 이도로 시설하여야 하는가?

① 2.0 ② 2.2
③ 2.5 ④ 3.0

풀이 332.4 고압 가공전선의 안전율
고압 가공전선은 케이블인 경우 이외에는 그 안전율이 경동선 또는 내열 동합금선은 2.2 이상, 그 밖의 전선은 2.5 이상이 되는 이도로 시설하여야 한다. **답** ③

82 고압가공전선로의 지지물이 B종 철주인 경우, 경간은 몇 [m] 이하이어야 하는가?

① 150 ② 200
③ 250 ④ 300

풀이 332.9 고압 가공전선로 경간의 제한
고압 가공전선로의 경간은 표에서 정한 값 이하이어야 한다.

지지물의 종류	경 간
목주·A종 철주 또는 A종 철근 콘크리트주	150[m]
B종 철주 또는 B종 철근 콘크리트주	250[m]
철탑	600[m]

답 ③

83 동작 시에 아크가 생기는 고압용 개폐기는 목재로부터 몇 [m] 이상 떼어놓아야 하는가?

① 1 ② 1.2 ③ 1.5 ④ 2

풀이 341.7 아크를 발생하는 기구의 시설
고압용 또는 특고압용의 개폐기·차단기·피뢰기

타 이와 유사한 기구로서 동작 시에 아크가 생기는 것은 목재의 벽 또는 천장 기타의 가연성 물체로부터 표에서 정한 값 이상 이격하여 시설하여야 한다.

기구 등의 구분	이격거리
고압용의 것	1[m] 이상
특고압용의 것	2[m] 이상

답 ①

84 일반 주택의 저압 옥내배선을 점검하였더니 다음과 같이 시공되어 있었다. 잘못 시공된 것은?

① 욕실의 전등으로 방습 형광등이 시설되어 있다.
② 단상 3선식 인입 개폐기의 중성선에 동판이 접속되어 있었다.
③ 합성수지관공사의 관의 지지점 간의 거리가 2[m]로 되어 있었다.
④ 금속관공사로 시공하였고 절연전선을 사용하였다.

풀이 232.11 합성수지관공사
  가. 전선은 절연전선(옥외용 비닐 절연전선을 제외한다)일 것.
  나. 전선은 연선일 것. 다만, 다음의 것은 적용하지 않는다.
    ① 짧고 가는 합성수지관에 넣은 것.
    ② 단면적 10[mm²](알루미늄선은 단면적 16[mm²]) 이하의 것.
  다. 관의 지지점 간의 거리는 1.5[m] 이하로 할 것.

답 ③

85 케이블을 사용하지 않은 154[kV] 가공송전선과 식물과의 최소 이격거리는 몇 [m]인가?

① 2.8　　② 3.2
③ 3.8　　④ 4.2

풀이 333.30 특고압 가공전선과 식물의 이격거리

사용전압의 구분	이격거리
60[kV] 이하	2[m]
60[kV] 초과	• 이격거리 = 2 + 단수 × 0.12[m] • 단수 = $\dfrac{전압[kV]-60}{10}$ 단수 계산에서 소수점 이하는 절상

• 단수 = $\dfrac{154-60}{10}$ = 9.4 → 10단
• 이격거리 = 2 + 0.12 × 10 = 3.2[m]

답 ②

86 고압 보안공사 시에 지지물로 A종 철근 콘크리트주를 사용할 경우 경간은 몇 [m] 이하이어야 하는가?

① 50　　② 100
③ 150　　④ 400

풀이 332.10 고압 보안공사
  고압 보안공사는 다음에 따라야 한다.
    가. 전선은 케이블인 경우 이외에는 인장강도 8.01[kN] 이상의 것 또는 지름 5[mm] 이상의 경동선일 것.
    나. 목주의 풍압하중에 대한 안전율은 1.5 이상일 것.
    다. 경간은 표에서 정한 값 이하일 것.

지지물의 종류	경간
목주, A종 철주 또는 A종 철근 콘크리트주	100[m]
B종 철주 또는 B종 철근 콘크리트주	150[m]
철탑	400[m]

답 ②

87 고압 옥내배선의 공사법이 아닌 것은?

① 애자공사　　② 케이블 공사
③ 금속관공사　　④ 케이블 트레이 공사

풀이 342.1 고압 옥내배선 등의 시설
  가. 고압 옥내배선은 다음에 따라 시설하여야 한다.
    ① 애자공사(건조한 장소로서 전개된 장소에 한한다)
    ② 케이블공사
    ③ 케이블트레이공사
  나. 전선은 공칭단면적 6[mm²] 이상의 연동선

답 ③

88 특고압 지중전선과 고압 지중전선이 서로 교차하며, 각각의 지중전선을 견고한 난연성의 관에 넣어 시설하는 경우, 지중함 내 이외의 곳에서 상호 간의 이격거리는 몇 [cm] 이하로 시설하여도 되는가?

① 30　　② 60
③ 100　　④ 120

풀이 334.7 지중전선 상호 간의 접근 또는 교차
  지중전선이 다른 지중전선과 접근하거나 교차하는 경우에 지중함 내 이외의 곳에서 상호 간의 거리가 저압 지중전선과 고압 지중전선에 있어서는 0.15[m] 이하, 저압이나 고압의 지중전선과 특고압 지중전선에 있어서는 0.3[m] 이하인 때에는 견고한 난연성의 관에 넣어 시설하여야 한다.

답 ①

89 발전소에 시설하여야 하는 계측장치가 계측할 대상이 아닌 것은?
① 발전기·연료전지의 전압 및 전류
② 발전기의 베어링 및 고정자 온도
③ 고압용 변압기의 온도
④ 주요 변압기의 전압 및 전류

풀이 351.6 계측장치
발전소에서는 다음의 사항을 계측하는 장치를 시설하여야 한다.
가. 발전기의 전압 및 전류 또는 전력
나. 발전기의 베어링 및 고정자의 온도
다. 주요 변압기의 전압 및 전류 또는 전력
라. 특고압용 변압기의 온도 답 ③

90 특고압으로 가설할 수 없는 전선로는?
① 지중전선로   ② 옥상 전선로
③ 가공전선로   ④ 수중 전선로

풀이 331.14.2 특고압 옥상전선로의 시설
특고압 옥상전선로(특고압의 인입선의 옥상부분을 제외한다)는 시설하여서는 아니 된다. 답 ②

91 다음 중 전로의 중성점 접지의 목적으로 거리가 먼 것은?
① 대지전압의 저하
② 이상전압의 억제
③ 손실전력의 감소
④ 보호장치의 확실한 동작의 확보

풀이 322.5 전로의 중성점의 접지
① 보호 장치의 확실한 동작의 확보
② 이상 전압의 억제
③ 대지전압의 저하를 위하여
전로의 중성점에 접지공사를 한다. 답 ③

92 특고압 옥내배선과 저압 옥내전선·관등회로의 배선 또는 고압 옥내전선 사이의 이격거리는 일반적으로 몇 [cm] 이상이어야 하는가?
① 15   ② 30
③ 45   ④ 60

풀이 342.4 특고압 옥내 전기설비의 시설
특고압 옥내배선은 다음에 따르고 또한 위험의 우려가 없도록 시설하여야 한다.
가. 사용전압은 100[kV] 이하일 것. 다만, 케이블트레이배선에 의하여 시설하는 경우에는 35[kV] 이하일 것.
나. 전선은 케이블일 것.
다. 특고압 옥내배선과 저압 옥내전선·관등회로의 배선 또는 고압 옥내전선 사이 : 0.6[m] 이상 답 ④

93 전로에 시설하는 기계기구 중에서 외함 접지공사를 생략할 수 없는 경우는?
① 사용전압이 직류 300[V] 또는 교류 대지전압이 150[V] 이하인 기계기구를 건조한 곳에 시설하는 경우
② 철대 또는 외함의 주위에 절연대를 시설하는 경우
③ 전기용품 안전관리법의 적용을 받는 2중 절연의 구조로 되어 있는 기계기구를 시설하는 경우
④ 정격 감도 전류 20[mA], 동작시간이 0.5초인 전류 동작형의 인체 감전 보호용 누전차단기를 시설하는 경우

풀이 42.7 기계기구의 철대 및 외함의 접지
전로에 시설하는 기계기구의 철대 및 금속제 외함에는 접지공사를 하여야 하나 다음의 어느 하나에 해당하는 경우에는 접지를 생략할 수 있다.
가. 사용전압이 직류 300[V] 또는 교류 대지전압이 150[V] 이하인 기계기구를 건조한 곳에 시설하는 경우
나. 철대 또는 외함의 주위에 적당한 절연대를 설치하는 경우
다. 외함이 없는 계기용변성기가 고무·합성수지 기타의 절연물로 피복한 것일 경우
라. 2중 절연구조로 되어 있는 기계기구를 시설하는 경우
마. 저압용 기계기구에 전기를 공급하는 전로의 전원측에 절연변압기(2차 전압이 300[V] 이하이며, 정격용량이 3[kVA] 이하인 것에 한한다)를 시설하고 또한 그 절연변압기의 부하측 전로를 접지하지 않은 경우
바. 물기 있는 장소 이외의 장소에 시설하는 저압용의 개별 기계기구에 전기를 공급하는 전로에 인체감전보호용 누전차단기(정격감도전류가 30[mA] 이하, 동작시간이 0.03[초] 이하의 전류동작형에 한한다)를 시설하는 경우 답 ④

94 전력보안 가공통신선을 횡단보도교 위에 시설하는 경우, 그 노면상 높이는 몇 [m] 이상으로 하여야 하는가?

① 3.0 ② 3.5
③ 4.0 ④ 4.5

풀이 362.2 전력보안통신선의 시설 높이와 이격거리
전력 보안 가공통신선(이하 "가공통신선"이라 한다)의 높이는 다음을 따른다.

구 분		지상고	비고
도로 (차도)	일반적인 경우	5.0[m] 이상	
	교통에 지장을 안 주는 경우	4.5[m] 이상	
철도 또는 궤도 횡단 시		6.5[m] 이상	레일면상
횡단보도교 위		3.0[m] 이상	그 노면상
기타		3.5[m] 이상	

답 ①

95 22.9[kV]의 특고압가공전선로를 시가지에 시설할 경우 지표상의 최저 높이는 몇 [m]이어야 하는가? (단, 전선은 특고압 절연전선이다.)

① 4 ② 5
③ 6 ④ 8

풀이 333.1 시가지 등에서 특고압 가공전선로의 시설

사용전압의 구분	지표상의 높이
35[kV] 이하	10[m] (전선이 특고압 절연전선인 경우에는 8[m])
35[kV] 초과	10[m]에 35[kV]를 초과하는 10[kV] 또는 그 단수마다 12[cm]를 더한 값

답 ④

96 한국전기설비규정에서 사용되는 용어의 정의에 대한 설명으로 옳지 않은 것은?

① 접속설비란 공용 전력계통으로부터 특정 분산형전원 설치자의 전기설비에 이르기까지의 전선로와 이에 부속하는 개폐장치, 모선 및 기타 관련 설비를 말한다.
② 제1차 접근상태란 가공전선이 다른 시설물과 접근하는 경우에 다른 시설물의 위쪽 또는 옆쪽에서 수평거리로 3[m] 미만인 곳에 시설되는 상태를 말한다.
③ 계통연계란 분산형 전원을 송전사업자나 배전사업자의 전력계통에 접속하는 것을 말한다.
④ 단독운전이란 전력계통의 일부가 전력계통의 전원과 전기적으로 분리된 상태에서 분산형전원에 의해서만 가압되는 상태를 말한다.

풀이 112 용어 정의
"제1차 접근 상태"란 가공 전선이 다른 시설물과 접근하는 경우에 가공 전선이 다른 시설물의 위쪽 또는 옆쪽에서 수평거리로 가공 전선로의 지지물의 지표상의 높이에 상당하는 거리 안에 시설됨으로써 가공 전선로의 전선의 절단, 지지물의 도괴 등의 경우에 그 전선이 다른 시설물에 접촉할 우려가 있는 상태를 말한다.
"제2차 접근상태"란 가공 전선이 다른 시설물과 접근하는 경우에 그 가공 전선이 다른 시설물의 위쪽 또는 옆쪽에서 수평 거리로 3[m] 미만인 곳에 시설되는 상태를 말한다.

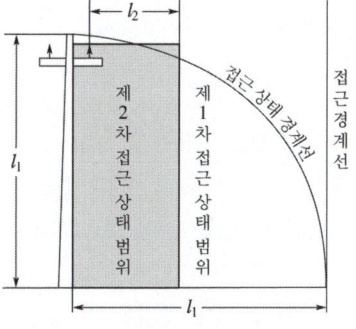

답 ②

출제기준 변경 및 개정된 관계 법규에 따라 삭제된 문제가 있어 20문항이 안됩니다.

MEMO

2012 기출문제

Industrial Engineer Electricity

동일출판사 홈페이지에서
무료 동영상강의를 보실 수 있습니다.

2012년 1회

1과목 - 전기자기

01 전하 q[C]가 진공 중의 자계 H[AT/m]에 수직 방향으로 v[m/s]의 속도로 움직일 때 받는 힘은 몇 [N]인가? (단, μ_0는 진공의 투자율이다.)

① $\dfrac{qH}{\mu_o v}$ ② qvH

③ $\dfrac{qvH}{\mu_o}$ ④ $\mu_o qvH$

풀이 자계 내에 놓인 운동 전하가 받는 힘은
$F = qvB\sin\theta = qv\mu_0 H\sin\theta$[N]인데
수직방향($\theta = 90°$)이므로 $F = qv\mu_0 H$[N]이다. **답** ④

02 전하 Q[C]으로 대전된 반지름 a[m]의 구도체가 반지름 r[m]로 비유전율 ϵ_s의 동심구 유전체로 둘러싸여 있을 때 이 구도체의 정전용량 [F]은? (단, $a < r$이라 한다.)

① $\dfrac{1}{4\pi\epsilon_o\{\frac{1}{r} + \frac{1}{\epsilon_s}(\frac{1}{a} - \frac{1}{r})\}}$

② $\dfrac{1}{4\pi\epsilon_o + \{\frac{1}{r} + \frac{1}{\epsilon_s}(\frac{1}{a} + \frac{1}{r})\}}$

③ $\dfrac{4\pi\epsilon_o}{\frac{1}{r} + \frac{1}{\epsilon_s}(\frac{1}{a} - \frac{1}{r})}$

④ $\dfrac{\frac{1}{r} + \frac{1}{\epsilon_s}(\frac{1}{a} - \frac{1}{r})}{4\pi\epsilon_o}$

풀이 두 도체 사이의 정전용량은 각 도체에 $\pm Q$[C]을 준 경우 전위차를 V_{AB}라 하면 $C = \dfrac{Q}{V_{AB}}$[F]로 정의되므로 고립 도체구에 $+Q$, 무한대에 $-Q$를 준 경우
$V_{AB} = -\int_{\infty}^{b} E_1 \cdot dl - \int_{b}^{a} E_2 \cdot dl$[V]에서

$E_1 = \dfrac{Q}{4\pi\epsilon_0 r^2}$, $E_2 = \dfrac{Q}{4\pi\epsilon r^2}$를 대입하여 정리하면
$V_{AB} = \dfrac{Q}{4\pi\epsilon_0 r} + \dfrac{Q}{4\pi\epsilon}\left(\dfrac{1}{a} - \dfrac{1}{b}\right)$[V]

따라서
$C = \dfrac{Q}{V_{AB}} = \dfrac{1}{\frac{1}{4\pi\epsilon_0}\left[\frac{1}{r} + \frac{1}{\epsilon_s}\left(\frac{1}{a} - \frac{1}{b}\right)\right]}$

$= \dfrac{4\pi\epsilon_0}{\frac{1}{r} + \frac{1}{\epsilon_s}\left(\frac{1}{a} - \frac{1}{b}\right)}$[F] **답** ③

03 다음 조건 중 틀린 것은?
(단, χ_m : 비자화율, μ_r : 비투자율이다.)

① 물질은 χ_m 또는 μ_r의 값에 따라 역자성체, 상자성체, 강자성체 등으로 구분한다.
② $\chi_m > 0$, $\mu_r > 1$이면 상자성체
③ $\chi_m < 0$, $\mu_r < 1$이면 역자성체
④ $\mu_r \ll 1$이면 강자성체

풀이

자성체의 종류	투자율	비투자율	비자화율
강자성체	$\mu \gg \mu_0$	$\mu_r \gg 1$	$\chi_m \gg 1$
상자성체	$\mu > \mu_0$	$\mu_r > 1$	$\chi_m > 0$
반자성체	$\mu < \mu_0$	$\mu_r < 1$	$\chi_m < 0$
반강자성체			

답 ④

04 면적이 S[m²], 극판 간격이 d[m], 유전율이 ϵ[F/m]인 평행판 콘덴서에 V[V]의 전압이 가해졌을 때 축적되는 전하 Q[C]는?

① $\dfrac{\epsilon_0 S}{d} V$ ② $\dfrac{\epsilon_0}{dS} V$

③ $\dfrac{\epsilon S}{d} V$ ④ $\dfrac{dS}{\epsilon} V$

풀이 $Q = CV = \dfrac{\epsilon S}{d} V = \dfrac{\epsilon_0 \epsilon_s S}{d} V$[C] **답** ③

05 다음 설명 중 영전위로 볼 수 없는 것은?

① 가상 음전하가 존재하는 무한원점
② 전지의 음극
③ 지구의 대지
④ 전계 내의 대전도체

풀이 전계 내의 대전도체는 양전하, 음전하가 모두 존재하므로 영전위로 볼 수 없다. **답** ④

06 그림과 같이 $+q[C/m]$로 대전된 두 도선이 d [m]의 간격으로 평행하게 가설되었을 때, 이 두 도선 간에서 전계가 최소가 되는 점은?

① $\frac{d}{3}$ 지점
② $\frac{d}{2}$ 지점
③ $\frac{2}{3}d$ 지점
④ $\frac{3}{5}d$ 지점

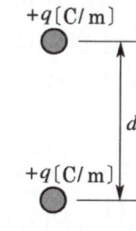

풀이

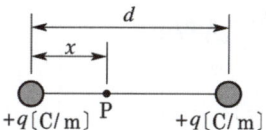

그림 중 도선에서 $x[m]$ 떨어진 점 P의 전계는 가우스의 정리에 의하여
$$E = \frac{q}{2\pi\epsilon_0 x} - \frac{q}{2\pi\epsilon_0(d-x)} = \frac{q}{2\pi\epsilon_0}\left(\frac{1}{x} - \frac{1}{d-x}\right)$$
E가 최소가 되기 위한 조건은 $\frac{\partial E}{\partial x}=0$이므로
$$\frac{\partial E}{\partial x} = \frac{q}{2\pi\epsilon_0}\left(-\frac{1}{x^2} + \frac{1}{(d-x)^2}\right) = 0$$
$\frac{1}{x^2} = \frac{1}{(d-x)^2}$, $x^2=(d-x)^2$, $x=d-x$, $2x=d$
$\therefore x = \frac{d}{2}$ **답** ②

07 점 $(-2, 1, 5)[m]$와 점 $(1, 3, -1)[m]$에 각각 위치해 있는 점전하 $1[\mu C]$과 $4[\mu C]$에 의해 발생된 전위장 내에 저장된 정전 에너지는 약 몇 [mJ]인가?

① 2.57
② 5.14
③ 7.71
④ 10.28

풀이 두 점 간의 거리
$$r = (-2, 1, 5) - (1, 3, -1) = (-3, -2, 6)$$
$$= \sqrt{(-3)^2+(-2)^2+6^2} = 7[m]$$
정전 에너지
$$W = \sum_{n=1}^{n}\frac{1}{2}Q_i V_i = \frac{1}{2}(Q_1 V_1 + Q_2 V_2)$$
$$= \frac{1}{2}\left(Q_1 \cdot \frac{Q_2}{4\pi\epsilon_0 r} + Q_2 \cdot \frac{Q_1}{4\pi\epsilon_0 r}\right) = \frac{Q_1 Q_2}{4\pi\epsilon_0 r}$$
$$= 9\times10^9 \times \frac{1\times10^{-6}\times4\times10^{-6}}{7}$$
$$= 0.00514[J] = 5.14[mJ]$$ **답** ②

08 변위전류밀도를 나타낸 식은? (단, Φ는 자속, D는 전속밀도, B는 자속밀도, $N\Phi$는 자속 쇄교수이다.)

① $i = \frac{\partial(N\Phi)}{\partial t}$
② $i = \frac{\partial \Phi}{\partial t}$
③ $i = \frac{\partial D}{\partial t}$
④ $i = \frac{\partial B}{\partial t}$

풀이 변위전류는 전속밀도의 시간적 변화에 의해서 발생한다.
$$i_d = \frac{\partial D}{\partial t} = \frac{\partial(\epsilon E)}{\partial t} = \frac{\partial}{\partial t}\epsilon\left(\frac{v}{d}\right) = \frac{\epsilon}{d}V_m\frac{\partial}{\partial t}\cos\omega t$$
$$= -\frac{\omega\epsilon}{d}V_m\sin\omega t[A/m^2]$$ **답** ③

09 정현파 자속의 주파수를 3배로 높일 때 유기기전력은 어떻게 변화하는가?

① 3배로 감소
② 3배로 증가
③ 9배로 감소
④ 9배로 증가

풀이 $e = -\omega N\phi_m\sin(\omega t-\pi)$
$= -2\pi f N\phi_m\sin(\omega t-\pi) \propto f$
따라서 주파수와 유기기전력은 비례하므로 주파수를 3배로 높이면 유기기전력도 3배로 증가한다. **답** ②

10 어느 철심에 도선을 250회 감고 여기에 2[A]의 전류를 흘릴 때 발생하는 자속이 0.02[Wb]이었다. 이 코일의 자기 인덕턴스는 몇 [H]인가?

① 1.05
② 1.25
③ 2.5
④ $\sqrt{2}\pi$

풀이 $L = \frac{N\phi}{I} = \frac{250\times0.02}{2} = 2.5[H]$ **답** ③

11 도체 2를 $Q[C]$으로 대전된 도체 1에 접속하면 도체 2가 얻는 전하는 몇 [C]이 되는지를 전위계수로 표시하면? (단, P_{11}, P_{12}, P_{21}, P_{22}는 전위계수이다.)

① $\dfrac{P_{11}-P_{12}}{P_{11}-2P_{12}+P_{22}}Q$

② $-\dfrac{P_{11}-P_{12}}{P_{11}-2P_{12}+P_{22}}Q$

③ $\dfrac{P_{11}-P_{12}}{P_{11}+2P_{12}+P_{22}}Q$

④ $-\dfrac{P_{11}-P_{12}}{P_{11}+2P_{12}+P_{22}}Q$

풀이 $V_1 = P_{11}Q_1 + P_{12}Q_2$,
$V_2 = P_{21}Q_1 + P_{22}Q_2$ 에서
$P_{12}=P_{21}$, $V_1=V_2$, $Q_1=Q-Q_2$
그러므로
$P_{11}(Q-Q_2)+P_{12}Q_2 = P_{21}(Q-Q_2)+P_{22}Q_2$
$(P_{11}-P_{12})Q = (P_{11}+P_{22}-2P_{12})Q_2$
∴ $Q_2 = \dfrac{P_{11}-P_{12}}{P_{11}-2P_{12}+P_{22}}Q$ **답** ①

12 무한 평면 도체로부터 $a[m]$의 거리에 점전하 $Q[C]$가 있을 때 이 점전하와 평면 도체간의 작용력은 몇 [N]인가?

① $\dfrac{Q^2}{2\pi\epsilon a^2}$ ② $-\dfrac{Q^2}{4\pi\epsilon a^2}$

③ $\dfrac{Q^2}{8\pi\epsilon a^2}$ ④ $-\dfrac{Q^2}{16\pi\epsilon a^2}$

풀이 점전하와 영상 전하 사이의 거리는 $2a[m]$이고 유전율 $\epsilon[F/m]$이므로
$F = -\dfrac{Q^2}{4\pi\epsilon(2a)^2} = -\dfrac{Q^2}{16\pi\epsilon a^2}[N]$
(−)의 부호는 흡인력을 나타낸다. **답** ④

13 유전률이 각각 ϵ_1, ϵ_2인 두 유전체가 접해 있다. 각 유전체 중의 전계 및 전속밀도가 각각 E_1, D_1 및 E_2, D_2이고, 경계면에 대한 입사각 및 굴절각이 θ_1, θ_2일 때 경계조건으로 옳은 것은?

① $\dfrac{\sin\theta_2}{\sin\theta_1} = \dfrac{E_2}{E_1}$

② $\dfrac{\cos\theta_2}{\cos\theta_1} = \dfrac{D_2}{D_1}$

③ $\dfrac{\tan\theta_2}{\tan\theta_1} = \dfrac{\epsilon_2}{\epsilon_1}$

④ $\tan\theta_2 - \tan\theta_1 = \epsilon_1\epsilon_2$

풀이 경계 조건을 전위 V로 표시하면 $V_{1T} = V_{2T}$
$\epsilon_1\left(\dfrac{\partial V}{\partial n}\right)_1 = \epsilon_2\left(\dfrac{\partial V}{\partial n}\right)_2$, $\dfrac{\tan\theta_1}{\tan\theta_2} = \dfrac{\epsilon_1}{\epsilon_2}$ **답** ③

14 전류 $I[A]$가 반지름 $a[m]$의 원주를 균일하게 흐를 때 원주 내부의 중심에서 $r[m]$ 떨어진 원주 내부 점의 자계의 세기는 몇 [AT/m]인가?

① $\dfrac{Ir}{2\pi a^2}[AT/m]$

② $\dfrac{Ir}{2\pi a}[AT/m]$

③ $\dfrac{Ir}{\pi a^2}[AT/m]$

④ $\dfrac{Ir}{\pi a}[AT/m]$

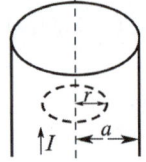

풀이 내부 도체에 있어서 $r<a$인 점의 자계를 H_1이라 하면 반지름 r 내를 흐르는 전류, 즉 쇄교하는 전류
$I_r = \dfrac{\pi r^2}{\pi a^2}I = \dfrac{r^2}{a^2}I$ 이므로 주회 적분의 법칙에서
$H_1 2\pi r = I_r$
∴ $H_1 = \dfrac{I_r}{2\pi r} = \dfrac{1}{2\pi r} \cdot \dfrac{r^2}{a^2}I = \dfrac{rI}{2\pi a^2}[AT/m]$ **답** ①

15 한 변의 길이가 10[m] 되는 정방형 회로에 100[A]의 전류가 흐를 때 회로 중심부의 자계의 세기는 약 몇 [A/m]인가?

① 5[A/m]
② 9[A/m]
③ 16[A/m]
④ 21[A/m]

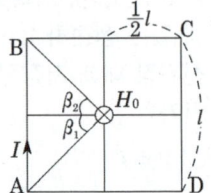

풀이

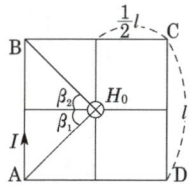

한 변 AB에 대한 중심점의 자계는

$H_{AB} = \dfrac{I}{4\pi a}(\sin\beta_1 + \sin\beta_2)$ 이므로 $a = \dfrac{l}{2}$,

$\sin\beta_1 = \sin\beta_2 = \sin 45° = \dfrac{1}{\sqrt{2}}$ 을 대입하면

$H_{AB} = \dfrac{I}{4\pi\left(\dfrac{l}{2}\right)} \times 2 \times \dfrac{1}{\sqrt{2}} = \dfrac{I}{\sqrt{2}\,\pi l}$ [AT/m]

$\therefore H_0 = H_{AB} + H_{BC} + H_{CD} + H_{DA}$

$= 4H_{AB} = 4 \times \dfrac{I}{\sqrt{2}\,\pi l}$

$= \dfrac{2\sqrt{2}\,I}{\pi l} = \dfrac{2\sqrt{2}\times 100}{\pi \times 10} = 9$[AT/m] **답** ②

16 다음 중 맥스웰의 전자방정식이 아닌 것은?

① $\nabla \times \boldsymbol{H} = i + \dfrac{\partial \boldsymbol{D}}{\partial t}$ ② $\nabla \times \boldsymbol{E} = -\dfrac{\partial \boldsymbol{H}}{\partial t}$

③ $\nabla \cdot \boldsymbol{D} = \rho$ ④ $\nabla \cdot \boldsymbol{i} = -\dfrac{\partial \rho}{\partial t}$

풀이

맥스웰 전자방정식	
미분형	의 미
rot $\boldsymbol{E} = -\dfrac{\partial \boldsymbol{B}}{\partial t}$	패러데이 법칙
rot $\boldsymbol{H} = i_c + \dfrac{\partial \boldsymbol{D}}{\partial t}$	암페어 주회적분 법칙
div $\boldsymbol{D} = \rho$	가우스 법칙
div $\boldsymbol{B} = 0$	고립된 자하는 없다. (N극과 S극이 공존)

답 ②

17 반지름 a[m]인 전선을 지상 h[m] 높이에 지면에 나란하게 가설했을 때의 단위길이 당 자기 유도계수 L[H/m]은? (단, 도선의 투자율은 μ [H/m]이다.)

① $\dfrac{\mu}{4\pi} + \dfrac{\mu_o}{2\pi}\ln\dfrac{2h}{a}$ ② $\dfrac{\mu}{4\pi} + \dfrac{\mu_o}{\pi}\ln\dfrac{2h}{a}$

③ $\dfrac{\mu}{8\pi} + \dfrac{\mu_o}{2\pi}\ln\dfrac{2h}{a}$ ④ $\dfrac{\mu}{8\pi} + \dfrac{\mu_o}{\pi}\ln\dfrac{2h}{a}$

풀이 대지를 완전 도체라 보면 대지에는 자속이 존재하지 않고 공중에만 존재한다. 지면에 대칭적으로 그림과 같이 영상전류를 생각하고 대지를 제거하여 영상간의 L을 구한다. 영상전류는 전선의 전류와 등량 역방향으로 취한다. 간격 d이고 반지름 a인 평행선의 한 선당 단위 길이의 자기 인덕턴스는

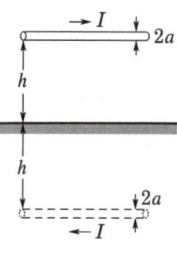

$L = \dfrac{1}{2\pi}\left(\mu_0 \ln\dfrac{d}{a} + \dfrac{\mu}{4}\right)$[H/m]

여기서, $d = 2h$이므로

$\therefore L = \dfrac{1}{2\pi}\left(\mu_0 \ln\dfrac{2h}{a} + \dfrac{\mu}{4}\right) = \dfrac{\mu_0}{2\pi}\left(\ln\dfrac{2h}{a} + \dfrac{\mu_s}{4}\right)$

$= \dfrac{\mu}{8\pi} + \dfrac{\mu_o}{2\pi}\ln\dfrac{2h}{a}$ [H/m] **답** ③

18 전원에 연결한 코일에 10[A]가 흐르고 있다. 지금 순간적으로 전원을 분리하고 코일에 저항을 연결하였을 때 저항에서 24[cal]의 열량이 발생하였다. 코일의 자기 인덕턴스는 몇 [H]인가?

① 0.1[H] ② 0.5[H]
③ 2[H]   ④ 24[H]

풀이 $W = \dfrac{1}{2}LI^2$[J]$= \dfrac{1}{2}LI^2 \times \dfrac{1}{4.2}$[cal]$= \dfrac{1}{8.4}LI^2$[cal]

$\therefore L = \dfrac{8.4W}{I^2} = \dfrac{8.4 \times 24}{10^2} = 2$[H] **답** ③

19 기자력의 단위는?

① [V]   ② [Wb]
③ [AT] ④ [N]

풀이 전압[V], 자속[Wb], 힘[N],
기자력 $F = NI$[AT] **답** ③

20 도체의 길이 l[m], 단면적 S[m^2]의 저항 $R = \rho\dfrac{l}{S}$[Ω]으로 표현되는데 여기서 ρ의 역수를 무엇이라고 하는가?

① 저항률 ② 고유저항
③ 도전율 ④ 비례상수

풀이 도체의 저항 : $R = \rho \dfrac{l}{S}$

여기서, R : 저항[Ω]
ρ : 저항률 또는 고유저항[Ω·m]
$\sigma = \dfrac{1}{\rho}$: 도전율 답 ③

2과목 - 전력공학

21 SF_6 가스차단기의 설명으로 적절하지 않은 것은?

① SF_6 가스는 절연내력이 공기보다 크다.
② 개폐시의 소음이 작다.
③ 근거리 고장 등 가혹한 재기전압에 대해서 우수하다.
④ 아크에 의해 SF_6 가스는 분해되어 유독가스를 발생시킨다.

풀이 SF_6 가스는 무색, 무취, 무해 가스이므로 유독가스는 발생되지 않는다. 답 ④

22 케이블의 전력손실과 관계가 없는 것은?

① 도체의 저항손   ② 유전체손
③ 연피손   ④ 철손

풀이 케이블의 손실
① 저항손 ② 유전체손 ③ 연피손 답 ④

23 수전단에 관련된 다음 사항 중 틀린 것은?

① 경부하 시 수전단에 설치된 동기조상기는 부족여자로 운전
② 중부하 시 수전단에 설치된 동기조상기는 부족여자로 운전
③ 중부하 시 수전단에 전력 콘덴서를 투입
④ 시충전 시 수전단전압이 송전단보다 높게 됨

풀이 경부하 시 수전단에 설치된 동기조상기는 부족여자로 운전하고, 중부하 시 수전단에 설치된 동기조상기는 과여자로 운전한다.

① 경부하 시 부족여자 운전 : 리액터로 작용
② 중부하 시 과여자 운전 : 콘덴서로 작용 답 ②

24 전원이 양단에 있는 방사상 송전선로의 단락보호에 사용되는 계전기의 조합 방식은?

① 방향거리계전기와 과전압계전기의 조합
② 방향단락계전기와 과전류계전기의 조합
③ 선택접지계전기와 과전류계전기의 조합
④ 부족전류계전기와 과전압계전기의 조합

풀이
• 전원이 2군데 이상 환상 선로의 단락보호
 → 방향 거리계전기(DZ)
• 전원이 2군데 이상 방사상 선로의 단락보호
 → 방향 단락 계전기(DS)와 과전류 계전기(OC)를 조합 답 ②

25 저압 뱅킹 방식에 대한 설명 중 맞지 않는 것은?

① 전압동요가 적다.
② 캐스케이딩 현상에 의해 고장확대가 축소된다.
③ 부하증가에 대해 융통성이 좋다.
④ 고장 보호 방식이 적당할 때 공급 신뢰도는 향상된다.

풀이 저압 뱅킹 방식의 특징
• 전압강하 및 전력손실이 경감된다.
• 변압기 용량 및 저압선 동량이 절감된다.
• 부하 증가에 대한 탄력성이 향상된다.
• 고장 보호 방법이 적당할 때 공급 신뢰가가 향상되며 플리커 현상이 경감된다.
• 캐스케이딩 현상이 발생하므로 고장이 광범위하게 파급될 우려가 있다. 답 ②

26 수전 용량에 비해 첨두부하가 커지면 부하율은 그에 따라 어떻게 되는가?

① 높아진다.
② 낮아진다.
③ 변하지 않고 일정하다.
④ 부하의 종류에 따라 달라진다.

[풀이] 부하율 = 평균 전력/최대 전력 에서 첨두부하가 커지면 부하율은 낮아진다. 답 ②

27 단상 2선식 배전선로에서 대지 정전용량을 C_s, 선간 정전용량을 C_m이라 할 때 작용 정전용량은?

① $C_s + C_m$
② $C_s + 2C_m$
③ $2C_s + C_m$
④ $C_s + 3C_m$

[풀이] 등가회로를 그려 보면

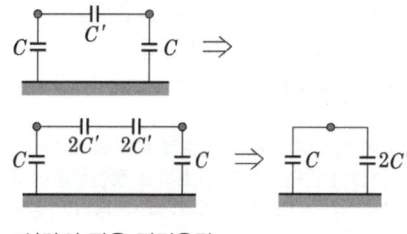

1선당의 작용 정전용량
$C_n = 2C' + C = 2C_m + C_s$ 답 ②

28 소호 리액터 접지방식에 대한 설명 중 옳지 못한 것은?

① 전자유도장해가 경감된다.
② 지락 중에도 계속 송전이 가능하다.
③ 지락전류가 적다.
④ 선택지락계전기의 동작이 용이하다.

[풀이] 소호 리액터 접지방식 :
소호 코일은 페테르젠 코일(Petersen coil)이라고도 하며, 대지 정전용량과 공진시켜 접지하므로, 접지사고 시 소호가 신속하고 통신선에 대한 유도장애가 작지만 시설비가 비싸다. 또, 지락사고는 무효분만 존재하므로 선택 지락 계전기 동작이 어렵다. 답 ④

29 연간 최대전류 200[A], 배전거리 10[km]의 말단에 집중 부하를 가진 6.6[kV], 3상 3선식 배전선이 있다. 이 선로의 연간 손실전력량은 약 몇 [MWh] 정도인가? (단, 부하율 $F = 0.6$, 손실 계수 $H = 0.3F + 0.7F^2$이고, 전선의 저항은 0.25[Ω/km]이다.)

① 685
② 1135
③ 1585
④ 1825

[풀이] $t = 365일 \times 24시간/1일 = 8760[h]$
$R = 0.25 \times 10 = 2.5[\Omega]$
$P = 3I^2Rt = 3 \times 200^2 \times 2.5 \times 8760 = 2628[MW]$
손실 계수 $= 0.3F + 0.7F^2$
$= 0.3 \times 0.6 + 0.7 \times 0.6^2 = 0.432$
∴ 손실전력량 $= P \times$ 손실계수 $= 2628 \times 0.432$
$= 1135[MWh]$ 답 ②

30 송전거리 50[km], 송전전력 5000[kW]일 때의 still식에 의한 송전전압은 대략 몇 [kV] 정도가 적당한가?

① 10
② 30
③ 50
④ 70

[풀이] 송전 전압의 결정식은
Still 식 $= 5.5\sqrt{0.6 \times l + 0.01P}$
$= 5.5\sqrt{0.6 \times 50 + 0.01 \times 5000}$
$= 49.19[kV]$ 답 ③

31 부하의 밸런스가 필요로 하는 배전방식은?

① 3상 3선식
② 3상 4선식
③ 단상 2선식
④ 단상 3선식

[풀이] 저압 밸런서는 단상 3선식에서 부하가 불평형이 생기면 양 외선 간의 전압이 불평형이 되므로 이를 방지하기 위해 설치한다. 답 ④

32 유량을 구분할 때 매년 1~2회 발생하는 출수의 유량을 나타내는 것은?

① 홍수량
② 풍수량
③ 고수량
④ 갈수량

[풀이] ① 홍수량 : 3~5년에 한 번씩 발생하는 출수의 유량
② 풍수량 : 1년을 통하여 95일은 이보다 내려가지 않는 유량(3개월 유량)
③ 고수량 : 매년 한두 번 발생하는 출수의 유량
④ 갈수량 : 1년을 통하여 355일은 이보다 내려가지 않는 유량 답 ③

33 가공 선로에서 이도를 D라 하면 전선의 실제 길이는 경간 S보다 얼마나 차이가 나는가?

① $\dfrac{5D}{8S}$
② $\dfrac{3D^2}{8S}$
③ $\dfrac{9D}{8S^2}$
④ $\dfrac{8D^2}{3S}$

[풀이] 전선의 실제 길이 $L = S + \dfrac{8D^2}{3S}$[m]이며

경간 S보다 $\dfrac{8D^2}{3S}$[m]만큼 더 길다. 답 ④

34 연가의 효과로 볼 수 없는 것은?

① 선로 정수의 평형
② 대지 정전용량의 감소
③ 통신선의 유도 장해의 감소
④ 직렬 공진의 방지

[풀이] 연가의 효과
① 선로정수평형 ② 임피던스평형
③ 소호 리액터 접지 시 직렬공진방지
④ 유도장해감소 답 ②

35 3상3선식에서 일정한 거리에 일정한 전력을 송전할 경우 전로에서의 저항손은?

① 선간전압에 비례한다.
② 선간전압에 반비례한다.
③ 선간전압의 2승에 비례한다.
④ 선간전압의 2승에 반비례한다.

[풀이] $P_l = 3I^2 R = \dfrac{P^2 R}{V^2 \cos^2\theta}$ ∴ $P_l \propto \dfrac{1}{V^2}$

저항손은 선간전압의 제곱에 반비례한다. 답 ④

36 단락점까지의 한 선의 임피던스 $Z = 3 + j4[\Omega]$ (전원포함), 단락전의 단락점 전압 3450[V]인 단상 2선식 전선로의 단락용량은 약 몇 [kVA]인가? (단, 부하전류는 무시한다.)

① 540 ② 650 ③ 840 ④ 1190

[풀이] $I_s = \dfrac{E}{Z_s} = \dfrac{3450}{2\sqrt{3^2 + 4^2}} = 345$[A]

$P_s = VI_s = 3450 \times 345 \times 10^{-3} = 1190$[kVA] 답 ④

37 어떤 수력발전소의 수압관에서 분출되는 물의 속도와 직접적인 관련이 없는 것은?

① 수면에서의 연직거리 ② 관의 경사
③ 관의 길이 ④ 유량

[풀이] 토리첼리의 정리
유속 $v = c_v \sqrt{2gh}$[m/s]
단, c_v : 유속계수
  g : 중력 가속도[m/s^2]
  h : 유효 낙차[m] 답 ③

38 가공전선을 단도체식으로 하는 것보다 같은 단면적의 복도체식으로 하였을 경우 옳지 않은 것은?

① 전선의 인덕턴스가 감소된다.
② 전선의 정전용량이 감소된다.
③ 코로나 손실이 적어진다.
④ 송전용량이 증가한다.

[풀이] 단도체 방식에 비해서 복도체 방식의 특징은
① 전선의 인덕턴스가 감소하고 정전용량이 증가되어 선로의 송전 용량이 증가하고 계통의 안정도를 증진시킨다.
② 전선 표면의 전위 경도가 저감되므로 코로나 임계전압을 높일 수 있고 코로나손, 코로나 잡음 등의 장해가 저감된다.
③ 복도체에서 단락시는 모든 소도체에는 동일 방향으로 전류가 흐르므로 흡인력이 생긴다. 답 ②

39 다음 중 배전선로에 사용되는 개폐기의 종류와 그 특성의 연결이 바르지 못한 것은?

① 컷아웃 스위치(COS) - 주된 용도로는 주상변압기의 고장이 배전선로에 파급되는 것을 방지하고 변압기의 과부하 소손을 예방하고자 사용한다.
② 부하 개폐기 - 고장전류와 같은 대전류는 차단할 수 없지만 평상 운전시의 부하전류는 개폐할 수 있다.
③ 리클로저(recloser) - 선로에 고장이 발생하였을 때 고장전류를 검출하여 지정된 시간 내에 고속차단하고 자동 재폐로 동작을 수행하여 고장구간을 분리하거나 재송전하는 장치이다.
④ 섹셔널라이저(sectionalizer) - 고장발생시 신속히 고장전류를 차단하여 사고를 국부적으로 분리시키는 것으로 후비 보호장치와 직렬로 설치하여야 한다.

| 풀이 | **섹셔널라이저**(sectionalizer)
배전선로에 고장이 발생할 경우 리클로저의 동작으로 선로가 무전압 상태가 되면 섹셔널라이저는 이를 감지하여 무전압 상태의 횟수를 기억 하였다가 정해진 횟수에 도달하면 섹셔널라이저는 선로의 무전압 상태에서 선로를 개방하여 고장구간을 분리시킨다. 섹셔널라이저는 고장전류를 차단 할 수 있는 능력이 없기 때문에 리클로저와 직렬로 조합하여 사용한다. 답 ④

40 전력용 콘덴서에 직렬로 콘덴서 용량의 5[%] 정도의 유도 리액턴스를 삽입하는 목적은?

① 제3고조파를 제거시키기 위하여
② 제5고조파를 제거시키기 위하여
③ 이상전압의 발생을 방지하기 위하여
④ 정전용량을 조절하기 위하여

| 풀이 | 송전선로에는 변압기의 유기기전력이 발생할 때에 생기는 기수 고조파가 존재하게 되는데 제3고조파는 변압기의 △결선에서 제거되고 제5고조파는 전력용 콘덴서에 직렬로 5[%] 가량의 직렬 리액터를 삽입하여 제거시킨다. 답 ②

3과목 - 전기기기

41 3상 서보모터에 평형 2상 전압을 가하여 동작시킬 때의 속도-토크 특성곡선에서 최대토크가 발생할 슬립 s는?

① $0.05 < s < 0.2$ ② $0.2 < s < 0.8$
③ $0.8 < s < 1$ ④ $1 < s < 2$

답 ②

42 75[W]정도 이하의 소형 공구, 영사기, 치과의료용 등에 사용되고 만능 전동기라고도 하는 정류자 전동기는?

① 단상 직권 정류자 전동기
② 단상 반발 정류자 전동기
③ 3상 직권 정류자 전동기
④ 단상 분권 정류자 전동기

| 풀이 | 직류 직권전동기에 가해 주는 직류전압을 그림과 같이 바꿀 경우에도 자속과 전기자 전류의 방향이 동시에 모두 반대가 되므로, 회전방향은 변하지 않는다.

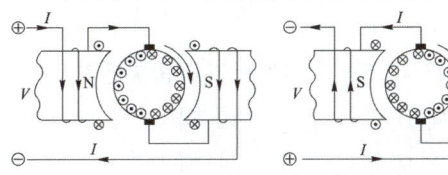

직·교류 양용 전동기의 원리

따라서 이 직류 직권전동기에 교류전압을 가해 주어도 전동기는 항상 같은 방향의 토크를 발생하고, 회전을 같은 방향으로 계속한다. 직·교류 양용 전동기(만능 전동기)는 이와 같은 원리를 이용한 전동기로서 **단상 직권 정류자 전동기**라고 한다. 답 ①

43 철극형(凸극형) 발전기의 특징은?

① 자극편 부분의 공극이 크다.
② 회전이 빨라진다.
③ 자극편 부분의 자기저항은 크고 그 밖의 부분에서는 자기저항이 현저히 낮다.
④ 전기자 반작용 자속수가 역률의 영향을 받는다.

| 풀이 | 돌극형(철극형)의 특징
① 최대출력은 부하각 60°에서 발생
② 직축리액턴스 및 횡축리액턴스 값이 서로 다르다.
③ 전기자 반작용 및 자속수가 역률의 영향을 받는다.
④ 풍손이 원통형에 비해 크다.
⑤ 수차와 같은 저속기에 사용된다. 답 ④

44 3상 6극 슬롯수 54의 동기발전기가 있다. 어떤 전기자코일의 두 변이 제1슬롯과 제8슬롯에 들어 있다면 기본파에 대한 단절권계수는 약 얼마인가?

① 0.6983   ② 0.7848
③ 0.8749   ④ 0.9397

| 풀이 | 극 간격 = $\frac{54}{6} = 9$,

슬롯으로 표시된 코일 피치는 $8-1=7$이므로
극 간격으로 표시한 코일 피치 β는 $\beta = \frac{7}{9}$이고,

단절권계수 $K_{pn} = \sin\frac{n\beta\pi}{2}$ (n : 고조파의 차수)이므로
단절권계수 K_{p1}은

$$\therefore K_{p1} = \sin\frac{7\pi}{2\times 9} = \sin\frac{21.98}{18} = \sin 1.221$$
$$= 0.9397$$

답 ④

45 단상전파 정류회로에서의 맥동률은?

① 약 0.17   ② 약 0.34
③ 약 0.48   ④ 약 0.96

풀이 단상전파 정류회로에서 순저항 시의 맥동률은
$$v = \frac{\sqrt{(I_s)^2 - (I_{av})^2}}{I_{av}} \times 100 = \sqrt{\left(\frac{I_s}{I_{av}}\right)^2 - 1} \times 100$$
$$= \sqrt{\left[\frac{\frac{I_m}{\sqrt{2}}}{\frac{2I_m}{\pi}}\right]^2 - 1} \times 100 = \sqrt{\left(\frac{\pi}{2\sqrt{2}}\right)^2 - 1} \times 100$$
$$= \sqrt{\frac{\pi^2}{8} - 1} \times 100 = 0.48 \times 100 = 48[\%]$$

※ 순저항 시 맥동률
① 단상전파 : 48[%], ② 3상 반파 : 17[%]
③ 3상 전파 : 4[%]

답 ③

46 6300/210[V], 20[kVA] 단상변압기 1차 저항과 리액턴스가 각각 15.2[Ω]과 21.6[Ω], 2차 저항과 리액턴스가 각각 0.019[Ω]과 0.028[Ω]이다. 백분율 임피던스[%]는?

① 약 1.86   ② 약 2.87
③ 약 3.86   ④ 약 4.86

풀이 $a = \frac{6300}{210} = 30$
$r_{21} = r_1 + a^2 r_2 = 15.2 + 30^2 \times 0.019 = 32.3[\Omega]$
$x_{21} = x_1 + a^2 x_2 = 21.6 + 30^2 \times 0.028 = 46.8[\Omega]$
$\therefore \%Z = \frac{z_{21} I_{1n}}{V_{1n}} \times 100 = \frac{PZ}{10 V^2}$
$= \frac{20 \times \sqrt{32.3^2 + 46.8^2}}{10 \times 6.3^2} \fallingdotseq 2.87[\%]$

답 ②

47 직류분권전동기 기동 시 계자 저항기의 저항값은?

① 최대로 해둔다.
② 0(영)으로 해둔다.
③ 중간으로 해둔다.
④ 1/3로 해둔다.

풀이 $I_f = \frac{V}{R_f + R_{FR}}[A]$
$\tau = K\phi I_a[\text{kg}\cdot\text{m}]$
$N = K\frac{V - I_a R_a}{\phi}[\text{rpm}]$

기동 시 계자 저항을 최소로 하여 계자전류를 크게 하면 자속이 커지므로 기동 토크가 크게 되고 속도는 저속으로 된다.

답 ②

48 SCR의 애노드 전류가 10[A]일 때 게이트 전류를 1/2로 줄이면 애노드 전류는 몇 [A]인가?

① 20   ② 10   ③ 5   ④ 2

풀이 SCR이 일단 ON 상태로 되면 전류가 유지 전류 이상으로 유지되는 한 게이트 전류의 유무에 관계없이 항상 일정하게 흐른다.

답 ②

49 3상 유도전동기의 속도제어법이 아닌 것은?

① 1차 주파수제어   ② 2차 저항제어
③ 극수변환법   ④ 1차 여자제어

풀이 ① 농형 유도전동기의 속도제어법은
  • 주파수를 바꾸는 방법
  • 극수를 바꾸는 방법
  • 전원전압을 바꾸는 방법
② 권선형 유도전동기는
  • 2차 저항을 제어하는 방법
  • 2차 여자법 등이 있다.

답 ④

50 직류발전기에서 양호한 정류를 얻는 조건이 아닌 것은?

① 보극을 마련한다.
② 보상권선을 마련한다.
③ 브러시의 접촉저항을 적게 한다.
④ 정류를 받는 코일의 자기 인덕턴스를 적게 한다.

풀이 ① 정류 주기를 크게 하면 전류의 변화율, 즉 $\frac{di}{dt}$가 작아져서 불꽃 발생의 원인이 작아진다.
② L이 작아져도 역시 불꽃 발생의 근본 원인인 역기전력이 작아진다.
③ 리액턴스 전압은 $e_r = -L\frac{di}{dt}$로서 이것이 정류를

해치는 가장 큰 원인이 되는 것이다.
④ 브러시의 접촉저항이 크면 저항 정류가 이루어져서 양호한 정류가 이루어진다.   답 ③

풀이 변압기의 철심에는 투자율과 저항률이 크고, 히스테리시스손이 작은 규소강판을 성층하여 사용한다.   답 ②

51 동기기의 안정도를 증진시키는 방법은?

① 속응여자방식을 채용한다.
② 역상 임피던스를 작게 한다.
③ 회전부의 플라이휠 효과를 작게 한다.
④ 단락비를 작게 한다.

풀이 동기기의 안정도를 증진시키는 방법은 다음과 같다.
① 정상 리액턴스를 작게하고 단락비를 크게 할 것
② 회전자의 플라이휠 효과를 크게 할 것
③ 자동 전압조정기(AVR)의 속응도를 크게 할 것, 즉, 속응여자방식을 채용한다.
④ 발전기의 조속기 동작을 신속히 할 것
⑤ 동기 탈조 계전기를 사용할 것   답 ①

52 전기자저항이 0.05[Ω]인 직류분권발전기가 있다. 회전수가 1000[rpm]이고 단자전압이 220[V]일 때 전기자전류가 100[A]이다. 분권발전기를 전동기로 사용하여 그 단자전압 및 전기자전류가 위의 값과 똑같을 경우 그 회전수[rpm]는 약 얼마인가? (단, 전기자 반작용은 무시한다.)

① 약 1046.5   ② 약 977.8
③ 약 977.3   ④ 약 955.6

풀이
• 발전기로 사용할 때
$E = V + I_a R_a = K\phi N$
$K\phi = \dfrac{V + I_a R_a}{N} = \dfrac{220 + (100 \times 0.05)}{1000} = 0.225$

• 전동기로 사용 할 때
$E' = V - I_a R_a = K\phi N'$
$N' = \dfrac{V - I_a R_a}{K\phi} = \dfrac{220 - (100 \times 0.05)}{0.225}$
$= 955.6[\text{rpm}]$ 답 ④

53 변압기 철심으로 갖추어야 할 성질로 맞지 않는 것은?

① 투자율이 클 것
② 전기저항이 작을 것
③ 히스테리시스 계수가 작을 것
④ 성층 철심으로 할 것

54 50[Hz] 4극 15[kW]의 3상 유도전동기가 있다. 전부하 시의 회전수가 1450[rpm]이라면 토크는 몇 [kg · m]인가?

① 약 68.52   ② 약 88.65
③ 약 98.68   ④ 약 10.07

풀이
$T = \dfrac{P}{9.8\omega} = \dfrac{P}{9.8 \times 2\pi \dfrac{N}{60}} = 0.975 \times \dfrac{P}{N}$
$= 0.975 \times \dfrac{15 \times 10^3}{1450} = 10.08[\text{kg} \cdot \text{m}]$ 답 ④

55 동기전동기를 부족여자로 운전하면 어떠한 작용을 하는가?

① 충전전류가 흐른다.
② 콘덴서 작용을 한다.
③ 뒤진 전류가 흐른다.
④ 뒤진 전류를 보상한다.

풀이 동기조상기의 여자를 과여자로 운전하면 선로에 앞선 전류가 흘러 일종의 콘덴서로 작용해서 보통 부하의 뒤진 전류를 보상하여 송전선로의 역률을 양호하게 하고, 전압강하를 보상한다. 또, 부족 여자로 운전하면 뒤진 전류가 흘러서 일종의 리액터로 작용하여 무부하의 장거리 송전선로에 흐르는 충전전류에 의하여 발전기의 자기 여자 작용으로 일어나는 단자전압의 이상 상승을 방지할 수 있다.   답 ③

56 20[kVA]의 단상변압기가 역률 1일 때 전부하 효율이 97[%]이다. 3/4 부하일 때 이 변압기는 최고 효율을 나타낸다. 전부하에서 철손(P_i)과 동손(P_c)은 각각 몇 [W]인가?

① $P_i = 222$, $P_c = 396$
② $P_i = 232$, $P_c = 3860$
③ $P_i = 242$, $P_c = 376$
④ $P_i = 252$, $P_c = 356$

풀이 최대 효율
$\eta_m = \dfrac{\text{최대 효율 시의 출력}}{\text{최대 효율 시의 출력} + \text{철손} + \text{동손}} \times 100$

$$0.97 = \frac{20 \times 10^3}{20 \times 10^3 + P_i + P_c}$$

$$P_i + P_c = \frac{20 \times 10^3}{0.97} - 20 \times 10^3 = 618[W] \cdots\cdots ①$$

$$P_i = \left(\frac{3}{4}\right)^2 P_c = 0.563 P_c \cdots\cdots ②$$

$$0.563 P_c + P_c = 618$$

$$\therefore P_c = \frac{618}{1.563} ≒ 396[W]$$

P_c의 값을 식 ①에 대입하면

$$396 + P_i = 618$$

$$\therefore P_i = 618 - 396 = 222[W]$$

답 ①

57 주상변압기에서 보통 동손과 철손의 비는 (a)이고 최대효율이 되기 위해서는 동손과 철손의 비는 (b)이다. (   )안에 알맞은 것은?

① $a = 1 : 1$, $b = 1 : 1$
② $a = 2 : 1$, $b = 1 : 1$
③ $a = 1 : 1$, $b = 2 : 1$
④ $a = 3 : 1$, $b = 1 : 1$

풀이
- 주상변압기 동손과 철손의 비는 2 : 1 이다.
- 변압기의 효율은 '철손 = 동손' 일 때 최대이다.

답 ②

58 1차 권선수 N_1, 2차 권선수 N_2, 1차 권선계수 kw_1, 2차 권선계수 kw_2인 유도전동기가 슬립 s로 운전하는 경우 전압비는?

① $\dfrac{kw_1 N_1}{kw_2 N_2}$
② $\dfrac{kw_2 N_2}{kw_1 N_1}$
③ $\dfrac{kw_1 N_1}{s\, kw_2 N_2}$
④ $\dfrac{s\, kw_2 N_2}{kw_1 N_1}$

풀이 $\dfrac{E_1}{E_s'} = \dfrac{aE_2}{sE_2} = \dfrac{kw_1 N_1}{s\, kw_2 N_2}$

답 ③

59 단상 유도전압조정기의 1차 권선과 2차 권선의 축 사이의 각도를 α라 하고, 양 권선의 축이 일치할 때 2차 권선의 유기전압을 E_2, 전원전압을 V_1, 부하 측의 전압을 V_2라고 하면 임의의 각 α일 때 V_2를 나타내는 식은?

① $V_2 = V_1 + E_2 \cos\alpha$
② $V_2 = V_1 - E_2 \cos\alpha$
③ $V_2 = E_2' + V_1 \cos\alpha$
④ $V_2 = E_2 - V_1 \cos\alpha$

풀이 단상 유도전압조정기

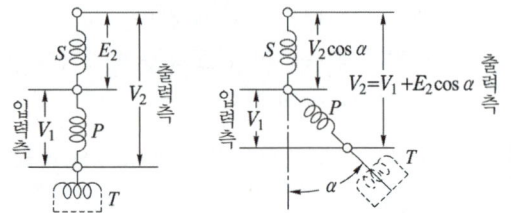

P : 분로권선, S : 직렬권선, T : 단락권선

답 ①

60 단상전파 제어 정류회로에서 순저항 부하일 때의 평균 출력 전압은? (단, V_m은 인가 전압의 최댓값이고 점호각은 α이다.)

① $\dfrac{V_m}{\pi}(1+\cos\alpha)$
② $\dfrac{V_m}{\pi}(1+\sin\alpha)$
③ $\dfrac{2V_m}{\pi}(1+\cos\alpha)$
④ $\dfrac{2V_m}{\pi}(1+\sin\alpha)$

풀이

	반파정류	전파정류
다이오드	$V_d = \dfrac{\sqrt{2}\, V_i}{\pi} = 0.45 V_i$	$V_d = \dfrac{2\sqrt{2}\, V_i}{\pi} = 0.9 V_i$
SCR	$V_d = \dfrac{\sqrt{2}\, V_i}{2\pi}(1+\cos\alpha)$	$V_d = \dfrac{\sqrt{2}\, V_i}{\pi}(1+\cos\alpha)$

단, V_d는 직류전압, V_i는 교류전압의 실효값이다.

답 ①

4과목 - 회로이론

61 $F(s) = \dfrac{s}{s^2 + \pi^2} \cdot e^{-2s}$ 함수를 시간추이정리에 의해서 역변환하면?

① $\sin\pi(t-2) \cdot u(t-2)$
② $\sin\pi(t+a) \cdot u(t+a)$
③ $\cos\pi(t-2) \cdot u(t-2)$
④ $\cos\pi(t+a) \cdot u(t+a)$

풀이 $\mathcal{L}^{-1}\left[\dfrac{s}{s^2+\pi^2}\right]=\cos\pi t$

$\mathcal{L}^{-1}[e^{-as}F(s)]=f(t-a)\cdot u(t-a)$ 이므로
시간 추이 정리에 의해서 역변환하면
$\mathcal{L}^{-1}[F(s)]=f(t)=\cos\pi(t-2)\cdot u(t-2)$ **답** ③

62 파고율이 2가 되는 파형은?
① 정현파 ② 톱니파
③ 사각파 ④ 정류파(정현반파)

풀이 반파 정류파의 파고율 = $\dfrac{평균값}{실효값}=\dfrac{V_m}{\dfrac{V_m}{2}}=2$ **답** ④

63 비접지 3상 Y부하의 각 선에 흐르는 비대칭 각 선전류를 I_a, I_b, I_c라 할 때 선전류의 영상분 I_0는?
① I_a+I_b
② $I_a+I_b+I_c$
③ $\dfrac{1}{3}(I_a-I_b-I_c)$
④ 0

풀이 영상분은 접지선, 중성선에 존재한다. 따라서 비접지 3상 Y부하는 영상분이 존재하지 않는다. **답** ④

64 평형 3상 부하에 전력을 공급할 때 선전류 값이 20[A]이고 부하의 소비전력이 4[kW]이다. 이 부하의 등가 Y회로에 대한 각 상의 저항은 약 몇 [Ω]인가?
① 3.3[Ω] ② 5.7[Ω]
③ 7.2[Ω] ④ 10[Ω]

풀이 Y결선에서 $P=3I_p^2R$, $I_l=I_p$이므로
$R=\dfrac{P}{3I_p^2}=\dfrac{4000}{3\times 20^2}=\dfrac{10}{3}\fallingdotseq 3.3[\Omega]$ **답** ①

65 3상 불평형 전압을 V_a, V_b, V_c라고 할 때 정상전압은? (단, $a=-\dfrac{1}{2}+j\dfrac{\sqrt{3}}{2}$이다.)

① $\dfrac{1}{3}(V_a+aV_b+a^2V_c)$
② $\dfrac{1}{3}(V_a+a^2V_b+aV_c)$
③ $\dfrac{1}{3}(V_a+a^2V_b+V_c)$
④ $\dfrac{1}{3}(V_a+V_b+V_c)$

풀이 비대칭 전압이 V_a, V_b, V_c일 때 대칭분이 V_0, V_1, V_2라면

$\begin{bmatrix}V_0\\V_1\\V_2\end{bmatrix}=\dfrac{1}{3}\begin{bmatrix}1 & 1 & 1\\1 & a & a^2\\1 & a^2 & a\end{bmatrix}\begin{bmatrix}V_a\\V_b\\V_c\end{bmatrix}$

$\begin{bmatrix}V_a\\V_b\\V_c\end{bmatrix}=\begin{bmatrix}1 & 1 & 1\\1 & a^2 & a\\1 & a & a^2\end{bmatrix}\begin{bmatrix}V_0\\V_1\\V_2\end{bmatrix}$

∴ $V_0=\dfrac{1}{3}(V_a+V_b+V_c)$ 영상 전압

$V_1=\dfrac{1}{3}(V_a+aV_b+a^2V_c)$ 정상 전압

$V_2=\dfrac{1}{3}(V_a+a^2V_b+aV_c)$ 역상 전압 **답** ①

66 그림과 같은 회로에서 부하 R_L에서 소비되는 최대전력은 몇 [W]인가?
① 50
② 125
③ 250
④ 500

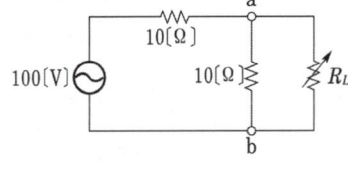

풀이 테브난의 등가회로

부하에서 바라 본 합성저항은 $R=\dfrac{10+10}{10\times 10}=5[\Omega]$

단자 a, b의 전압은 $V_{ab}=\dfrac{10}{10+10}\times 100=50[V]$

최대 전력 전송 조건 $R_L=R$이므로
따라서 최대 전력은
$P_m=\dfrac{V^2}{4R}=\dfrac{50^2}{4\times 5}=125[W]$ **답** ②

67 평형 3상 무유도 저항 부하가 3상 4선식 회로에 접속되어 있을 때 단상 전력계를 그림과 같이 접속했더니 그 지시값이 W[W]이었다. 이 부하의 전력[W]은?(단, 정현파 교류이다.)

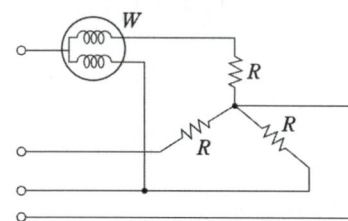

① $\sqrt{2}\,W$ ② $2W$ ③ $\sqrt{3}\,W$ ④ $3W$

풀이 선간전압을 E_{12}, 부하전류를 I_1이라 하면 I_1은 상전압 E_1과 동상이 되지만 E_{12}와는 30° 위상차가 있으므로
$$W = E_{12}I_1\cos30° = \frac{\sqrt{3}}{2}E_{12}\cdot I_1$$
$$\therefore E_{12}\cdot I_1 = \frac{2W}{\sqrt{3}}$$
부하전력
$$P = \sqrt{3}\,E_{12}\cdot I_1 = \sqrt{3}\times\frac{2W}{\sqrt{3}} = 2W\text{[W]}$$
답 ②

68 $t=3$[ms]에서 최대치 5[V]에 도달하는 60[Hz]의 정현파 전압 $e(t)$를 시간함수로 표시하면 어떻게 되는가?

① $e = 5\sin(376.8t + 25.2°)$[V]
② $e = 5\sin(376.8t + 35.2°)$[V]
③ $e = 5\sqrt{2}\sin(376.8t + 25.2°)$[V]
④ $e = 5\sqrt{2}\sin(376.8t + 35.2°)$[V]

풀이 $e = E_m\sin(\omega t + \theta)$에서
$\omega t = 2\pi f t = 2\pi \times 60 \times t = 376.8t$
또, 전압이 최댓값이 될 때는
$\omega t + \theta = 90°$일 때이므로 θ는
$\theta = 90° - \omega t$
$= 90° - 2\pi\times 60\times 3\times 10^{-3}\times\frac{180°}{\pi} = 25.2°$
$\therefore e = 5\sin(376.8t + 25.2°)$
답 ①

69 $\dfrac{s\sin\theta + \omega\cos\theta}{s^2 + \omega^2}$의 역라플라스 변환을 구하면 어떻게 되는가?

① $\sin(\omega t - \theta)$ ② $\sin(\omega t + \theta)$
③ $\cos(\omega t - \theta)$ ④ $\cos(\omega t + \theta)$

풀이
$\mathcal{L}^{-1}\left[\dfrac{\omega}{s^2+\omega^2}\right] = \sin\omega t$,
$\mathcal{L}^{-1}\left[\dfrac{s}{s^2+\omega^2}\right] = \cos\omega t$ 이므로
$F(s) = \dfrac{s\sin\theta + \omega\cos\theta}{s^2+\omega^2}$
$= \dfrac{\omega}{s^2+\omega^2}\cos\theta + \dfrac{s}{s^2+\omega^2}\sin\theta$
$\therefore f(t) = \mathcal{L}^{-1}[F(s)]$
$= \sin\omega t\cdot\cos\theta + \cos\omega t\cdot\sin\theta$
$= \sin(\omega t + \theta)$
답 ②

70 반파 및 정현대칭의 왜형파의 푸리에 급수에서 옳게 표현된 것은?

(단, $f(t) = a_0 + \sum\limits_{n=1}^{\infty} a_n\cos n\omega t + \sum\limits_{n=1}^{\infty} b_n\sin n\omega t$임)

① a_n의 우수항만 존재한다.
② a_n의 기수항만 존재한다.
③ b_n의 우수항만 존재한다.
④ b_n의 기수항만 존재한다.

풀이

	기함수파 (정현대칭)	우함수파 (여현대칭)	대칭파 (반파대칭)
대칭 조건	$f(t) = -f(-t)$	$f(t) = f(-t)$	$f(t) = -f\left(t + \dfrac{T}{2}\right)$
결과	sin항만 존재한다.	cos항 존재 직류분 존재	고조파 차수가 홀수차 항만 존재한다.

이므로 반파 정현 대칭의 경우 sin항의 홀수항만 존재한다.
답 ④

71 그림과 같은 회로에서 $t=0$의 시각에 스위치 S를 닫을 때 전류 $i(t)$의 라플라스 변환 $I(s)$는? (단, $V_c(0) = 1$[V]이다.)

① $\dfrac{3s}{6s+1}$
② $\dfrac{3}{6s+1}$
③ $\dfrac{6}{6s+1}$
④ $\dfrac{-s}{6s+1}$

[풀이] $Ri + \frac{1}{C}\int i\,dt = 2$

$2I(s) + \frac{1}{3s}\{I(s) + i^{-1}(0_+)\} = \frac{2}{s}$

여기서, $i^{-1}(0_+)$는 초기 충전 전하이므로
$i^{-1}(0_+) = Q_0 = CV_c(0) = 3 \times 1 = 3$

$2I(s) + \frac{1}{3s}\{I(s) + 3\} = 2I(s) + \frac{1}{3s}I(s) + \frac{1}{s} = \frac{2}{s}$

$\therefore I(s) = \dfrac{\frac{2}{s} - \frac{1}{s}}{2 + \frac{1}{3s}} = \dfrac{3}{6s+1}$ 　　답 ②

72 자동차 축전지의 무부하 전압을 측정하니 13.5[V]를 지시하였다. 이때 정격이 12[V], 55[W]인 자동차 전구를 연결하여 축전지의 단자전압을 측정하니 12[V]를 지시하였다. 축전지의 내부저항은 약 몇 [Ω]인가?

① 0.33[Ω]　　② 0.45[Ω]
③ 2.62[Ω]　　④ 3.31[Ω]

[풀이]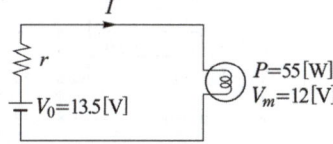

전구를 연결하였을 때의 부하전류
$I = \dfrac{P}{V} = \dfrac{55}{12} = 4.58[A]$
무부하 전압이 13.5[V]이므로
내부저항 r에서의 전압강하
$e = Ir = 4.58r = 13.5 - 12 = 1.5[V]$
$\therefore r = \dfrac{1.5}{4.58} \fallingdotseq 0.33[\Omega]$ 　　답 ①

73 RL직렬회로에 V인 직류전압원을 갑자기 연결하였을 때 $t = 0_+$인 순간, 이 회로에 흐르는 회로전류에 대하여 바르게 표현된 것은?

① 이 회로에는 전류가 흐르지 않는다.
② 이 회로에는 $\dfrac{V}{R}$ 크기의 전류가 흐른다.
③ 이 회로에는 무한대의 전류가 흐른다.
④ 이 회로에는 $\dfrac{V}{(R+j\omega L)}$의 전류가 흐른다.

[풀이] $R-L$ 직렬회로의 전류 $i(t) = \dfrac{E}{R}\left(1 - e^{-\frac{R}{L}t}\right)$에서
$t=0$인 경우 $i(t) = 0$이다.　　답 ①

74 2개의 전력계로 평형 3상 부하의 전력을 측정하였더니 한쪽의 지시치가 다른 쪽 전력계의 지시치보다 3배이었다면 부하역률은 약 얼마인가?

① 0.37　② 0.57　③ 0.76　④ 0.86

[풀이] 2전력계법에 의한 역률은
$\cos\phi = \dfrac{P_1 + P_2}{2\sqrt{P_1^2 + P_2^2 - P_1 \times P_2}}$ 에서 $P_1 = 3P_2$
$\cos\phi = \dfrac{3P_2 + P_2}{2\sqrt{(3P_2)^2 + P_2^2 - (3P_2)\times P_2}}$
$= 0.76$　　답 ③

75 그림과 같은 교류 브리지가 평형상태에 있다. $L[H]$의 값은 얼마인가?

① $L = \dfrac{R_1 R_2}{C}$
② $L = \dfrac{C}{R_1 R_2}$
③ $L = R_1 R_2 C$
④ $L = \dfrac{R_2}{R_1 C}$

[풀이] $R_1 R_2 = \dfrac{j\omega L}{j\omega C}$
$\therefore L = R_1 R_2 C$　　답 ③

76 리액턴스 함수가 $Z(\lambda) = \dfrac{3\lambda}{\lambda^2 + 15}$로 표시되는 리액턴스 2단자망은?

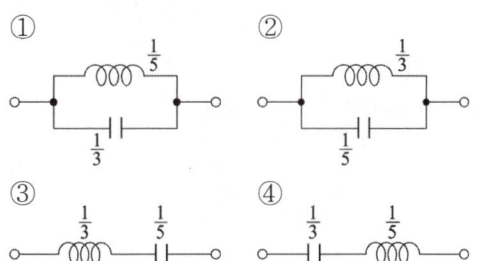

[풀이] $Z(\lambda) = \dfrac{3\lambda}{\lambda^2+15} = \dfrac{1}{(\lambda^2+15)/3\lambda}$

$= \dfrac{1}{\dfrac{\lambda}{3}+\dfrac{15}{3\lambda}} = \dfrac{1}{\dfrac{\lambda}{3}+\dfrac{1}{\dfrac{1}{5}\lambda}}$

$\therefore$ C와 L 병렬회로이다. 답 ①

77 그림과 같은 회로의 2단자 임피던스 $Z(s)$는? (단, $s=j\omega$이다.)

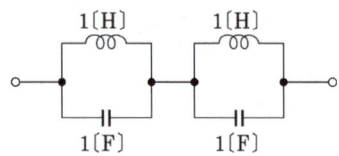

① $\dfrac{1}{s^2+1}$ ② $\dfrac{s}{s^2+1}$

③ $\dfrac{2s}{s^2+1}$ ④ $\dfrac{3s}{s^2+1}$

[풀이] L회로의 임피던스는 sL, C회로의 임피던스는 $\dfrac{1}{sC}$이고, $L=1[H]$, $C=1[F]$이므로

$Z(s) = \dfrac{sL \times \dfrac{1}{sC}}{sL+\dfrac{1}{sC}} \times 2 = \dfrac{s \times \dfrac{1}{s}}{s+\dfrac{1}{s}} \times 2$

$= \dfrac{2s}{s^2+1}[\Omega]$ 답 ③

78 그림과 같은 4단자 회로의 4단자 정수 중 D의 값은?

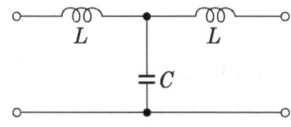

① $1-\omega^2 LC$ ② $j\omega L(2-\omega^2 LC)$
③ $j\omega C$ ④ $j\omega L$

[풀이] $\begin{bmatrix}1 & j\omega L\\0 & 1\end{bmatrix}\begin{bmatrix}1 & 0\\j\omega C & 1\end{bmatrix}\begin{bmatrix}1 & j\omega L\\0 & 1\end{bmatrix}$

$= \begin{bmatrix}1-\omega^2 LC & j\omega L(2-\omega^2 LC)\\j\omega C & 1-\omega^2 LC\end{bmatrix}$ 답 ①

79 다음 회로에서 전압비 전달함수 $\dfrac{V_2(s)}{V_1(s)}$는 어떻게 되는가?

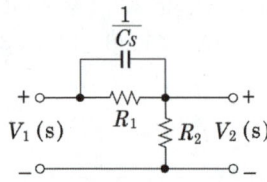

① $\dfrac{R_1+R_2+R_1R_2Cs}{R_2+R_1R_2Cs}$

② $\dfrac{R_1R_2Cs+R_2}{R_1R_2Cs+R_1+R_2}$

③ $\dfrac{R_1Cs+R_2}{R_2+R_1R_2Cs}$

④ $\dfrac{R_1R_2Cs}{R_1R_2Cs+R_1+R_2}$

[풀이] 문제의 R_1과 C의 합성 임피던스 등가회로는 그림과 같다.

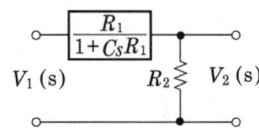

그림에서 $V_1(s) = \left\{\left(\dfrac{R_1}{1+CsR_1}\right)+R_2\right\}I(s)$

$V_2(s) = R_2 I(s)$

$\therefore G(s) = \dfrac{V_2(s)}{V_1(s)} = \dfrac{R_2}{\dfrac{R_1}{1+CsR_1}+R_2}$

$= \dfrac{R_2+R_1R_2Cs}{R_1+R_2+R_1R_2Cs}$ 답 ②

80 다음과 같은 회로에서 입력전압의 실효치가 12[V]의 정현파일 때 전 전류 I[A]는?

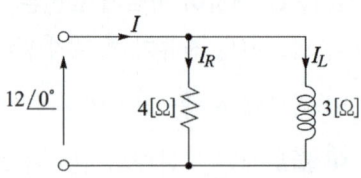

① $3-j4$[A]   ② $3+j4$[A]
③ $4-j3$[A]   ④ $6+j10$[A]

풀이
$$I_R = \frac{V}{R} = \frac{12}{4} = 3[A]$$
$$I_L = \frac{V}{jX_L} = \frac{12}{j3} = -j4[A]$$
$$\therefore I = I_R + I_L = 3 - j4[A]$$
답 ①

5과목 - 전기설비기술기준

81 특고압가공전선이 삭도와 제2차 접근상태로 시설할 경우 특고압가공전선로는 어느 보안공사를 하여야 하는가?

① 고압 보안공사
② 제1종 특고압 보안공사
③ 제2종 특고압 보안공사
④ 제3종 특고압 보안공사

풀이 333.26 특고압 가공전선과 저고압 가공전선 등의 접근 또는 교차
특고압 가공전선이 가공약전류전선 등 저압 또는 고압의 가공전선이나 저압 또는 고압의 전차선(이하에서 "저고압 가공전선 등"이라 한다)과 접근상태로 시설되는 경우
가. 1차 접근상태로 시설되는 경우 : 제3종 특고압 보안공사
나. **2차 접근상태로 시설되는 경우 : 제2종 특고압 보안공사**
답 ③

82 폭연성 분진 또는 화약류의 분말이 존재하는 곳의 저압 옥내배선은 어느 공사에 의하는가?

① 애자공사 또는 금속제 가요전선관공사
② 캡타이어 케이블 공사
③ 합성수지관공사
④ 금속관공사

풀이 242.2.1 폭연성 분진 위험장소
폭연성 분진(마그네슘·알루미늄·티탄·지르코늄) 또는 화약류의 분말이 전기설비가 발화원이 되어 폭발할 우려가 있는 곳에 시설하는 저압 옥내배선, 저압 관등회로 배선, 소세력 회로의 전선은 **금속관공사 또는 케이블공사**(캡타이어 케이블을 사용하는 것을 제외한다)에 의할 것.
답 ④

83 특고압 가공전선이 케이블인 경우에 통신선이 절연전선과 동등 이상의 절연효력이 있을 때 통신선과 특고압가공전선과의 이격거리는 몇 [cm] 이상인가?

① 30   ② 60
③ 75   ④ 90

풀이 362.2 전력보안통신선의 시설 높이와 이격거리
가공전선과 첨가 통신선과의 이격거리
가. 통신선은 가공전선의 아래에 시설할 것.
나. 이격거리

가공전선		통신선		
		일반	절연전선	광섬유 케이블
중성선	25[kV] 이하, 다중접지중성선	0.6[m] 이상		
저압 가공전선	일반	0.6[m] 이상		
	절연전선 또는 케이블		0.3[m] 이상	
	인입선			0.15[m] 이상
고압 가공전선	일반	0.6[m] 이상		
	케이블		0.3[m] 이상	
특고압 가공전선	일반	1.2[m] 이상		
	케이블		0.3[m] 이상	
	25[kV] 이하, 다중 접지방식	0.75[m] 이상		

답 ①

84 저압 옥내전선로의 전선과 식물 사이의 이격거리는 일반적으로 어떻게 규정하고 있는가?

① 20[cm] 이상 이격거리를 두어야 한다.
② 30[cm] 이상 이격거리를 두어야 한다.
③ 특별한 규정이 없다.
④ 바람 등에 의하여 접촉하지 않도록 한다.

풀이 221.3 옥상전선로
저압 옥상전선로의 전선은 상시 부는 바람 등에 의하여 식물에 접촉하지 아니하도록 시설하여야 한다. 답 ④

85 특고압가공전선과 지지물, 완금류, 지주 또는 지선 사이의 이격거리는 사용전압 15[kV] 미만인 경우 일반적으로 몇 [cm] 이상이어야 하는가?

① 15   ② 20
③ 30   ④ 35

풀이 333.5 특고압 가공전선과 지지물 등의 이격거리
특고압 가공전선과 그 지지물·완금류·지주 또는 지선 사이의 이격거리는 표에서 정한 값 이상이어야 한다. 다만, 기술상 부득이한 경우에 위험의 우려가 없도록 시설한 때에는 표에서 정한 값의 0.8배까지 감할 수 있다.

사용전압	이격거리[cm]
15[kV] 미만	15
15[kV] 이상 25[kV] 미만	20
25[kV] 이상 35[kV] 미만	25
60[kV] 이상 70[kV] 미만	40
130[kV] 이상 160[kV] 미만	90

답 ①

86 케이블 공사로 저압 옥내배선을 시설하려고 한다. 캡타이어 케이블을 사용하여 조영재의 아랫면에 따라 붙이고자 할 때 전선의 지지점 간의 거리는 몇 [m] 이하로 하여야 하는가?
① 1　　② 2
③ 3　　④ 5

풀이 232.51 케이블공사
케이블 배선에 의한 저압 옥내배선은 다음에 따라 시설하여야 한다.
가. 전선은 케이블 및 캡타이어케이블일 것.
나. 전선을 조영재의 아랫면 또는 옆면에 따라 붙이는 경우 전선의 지지점 간의 거리
　① 케이블 : 2[m](사람이 접촉할 우려가 없는 곳에서 수직으로 붙이는 경우에는 6[m]) 이하
　② 캡타이어 케이블 : 1[m] 이하　　**답** ①

87 발전소에서 계측장치를 시설하지 않아도 되는 것은?
① 발전기의 전압, 전류 및 전력
② 발전기의 베어링 및 고정자 온도
③ 특고압 모선의 전압, 전류 및 전력
④ 특고압용 변압기의 온도

풀이 351.6 계측장치
발전소에서는 다음의 사항을 계측하는 장치를 시설하여야 한다.
가. 발전기의 전압 및 전류 또는 전력
나. 발전기의 베어링 및 고정자의 온도
다. 주요 변압기의 전압 및 전류 또는 전력
라. 특고압용 변압기의 온도　　**답** ③

88 변전소에 울타리·담 등을 시설할 때, 사용전압이 345[kV]이면 울타리·담 등의 높이와 울타리·담 등으로부터 충전부분까지의 거리의 합계는 몇 [m] 이상으로 하여야 하는가?
① 6.48　　② 8.16
③ 8.40　　④ 8.28

풀이 341.4 특고압용 기계기구의 시설
특고압용 기계기구 충전부분의 지표상 높이

사용전압의 구분	울타리·담 등의 높이와 울타리·담 등으로부터 충전 부분까지의 거리의 합계
35[kV] 이하	5[m]
35[kV] 초과 160[kV] 이하	6[m]
160[kV] 초과	• 거리의 합계 = 6 + 단수 × 0.12[m] • 단수 = $\frac{\text{사용전압[kV]}-160}{10}$ 단수 계산에서 소수점 이하는 절상

• 단수 = $\frac{345-160}{10}$ = 18.5 → 19단
• 충전부분까지의 거리[m] = 6 + 19 × 0.12
　　　　　　　　　　　= 8.28[m]　　**답** ④

89 최대사용전압이 380[V]인 3상 유도전동기의 절연내력은 몇 [V]의 시험전압에 견디어야 하는가?
① 475　　② 500
③ 570　　④ 760

풀이 133 회전기 및 정류기의 절연내력

종류		시험전압	시험 방법
회전기	발전기·전동기·조상기·기타회전기	7[kV] 이하	1.5배 (최저 500[V])	권선과 대지 사이에 연속하여 10분간
		7[kV] 초과	1.25배 (최저 10,500[V])	
	회전 변류기		직류측의 최대 사용전압의 1배의 교류전압(최저 500[V])	

∴ 시험전압 = 380 × 1.5 = 570[V]　　**답** ③

90 옥내에 시설하는 전기시설물에 대한 내용 중 틀린 것은?

① 백열전등 또는 방전등에 전기를 공급하는 옥내전로의 대지전압은 300[V] 이하이어야 한다.
② 정격 소비전력 5[kW] 이상의 전기기계기구는 그 전로의 옥내배선과 직접 접속할 수 있다.
③ 옥내에 시설하는 저압용의 배선기구는 그 충전 부분이 노출하지 않도록 시설하여야 한다.
④ 저압 옥내배선의 사용전선은 단면적 2.5[mm^2] 이상의 연동선이어야 한다.

풀이 231.6 옥내전로의 대지 전압의 제한
주택의 옥내전로(전기기계기구내의 전로를 제외한다)의 대지전압은 300[V] 이하이어야 하며 다음 각 호에 따라 시설하여야 한다. 다만, 대지전압 150[V] 이하의 전로인 경우에는 다음에 따르지 않을 수 있다.
가. 사용전압은 400[V] 이하이어야 한다.
나. 주택의 전로 인입구에는 감전보호용 누전차단기를 시설하여야 한다. 다만, 전로의 전원측에 정격용량이 3[kVA] 이하인 절연변압기(1차 전압이 저압이고 2차 전압이 300[V] 이하인 것에 한한다)를 사람이 쉽게 접촉할 우려가 없도록 시설하고 또한 그 절연변압기의 부하측 전로를 접지하지 않는 경우에는 예외로 한다.
다. 정격 소비 전력 3[kW] 이상의 전기기계기구에 전기를 공급하기 위한 전로에는 전용의 개폐기 및 과전류 차단기를 시설하고 그 전로의 옥내배선과 직접 접속하거나 적정 용량의 전용콘센트를 시설하여야 한다.   **답** ②

91 사람이 상시 통행하는 터널 내 저압전선로의 애자공사 시 노면상 최소 높이는?

① 2.0[m]   ② 2.2[m]
③ 2.5[m]   ④ 3.0[m]

풀이 335.1 터널 안 전선로의 시설
사람이 상시 통행하는 터널 안의 전선로 사용전압은 저압 또는 고압에 한하며, 다음에 따라 시설하여야 한다.

전압	전선의 굵기	시공방법	애자공사 시 높이
저압	인장강도 2.30[kN] 이상 또는 2.6[mm] 이상의 경동선의 절연전선	• 합성수지관공사 • 금속관공사 • 금속제가요전선관 공사 • 케이블공사 • 애자공사	노면상 2.5[m] 이상
고압		• 케이블공사	

답 ③

92 특고압가공전선로에 사용하는 철탑 종류 중 전선로 지지물의 양측 경간의 차가 큰 곳에 사용하는 철탑은?

① 각도형 철탑   ② 인류형 철탑
③ 보강형 철탑   ④ 내장형 철탑

풀이 333.11 특고압 가공전선로의 철주·철근 콘크리트주 또는 철탑의 종류
특고압 가공전선로의 지지물로 사용하는 B종 철근·B종 콘크리트주 또는 철탑의 종류는 다음과 같다.
가. 직선형 : 전선로의 직선 부분(3° 이하의 수평 각도 이루는 곳 포함)에 사용되는 것
나. 각도형 : 전선로 중 수평 각도 3°를 넘는 곳에 사용되는 것
다. 인류형 : 전 가섭선을 인류하는 곳에 사용하는 것
라. 내장형 : 전선로 지지물 양측의 경간차가 큰 곳에 사용하는 것
마. 보강형 : 전선로 직선 부분을 보강하기 위하여 사용하는 것   **답** ④

93 중성선 다중접지식의 것으로 전로에 지락이 생겼을 때에 2초 이내에 자동적으로 이를 전로로부터 차단하는 장치가 되어 있는 22.9[kV] 가공전선로를 상부 조영재의 위쪽에서 접근상태로 시설하는 경우, 가공전선과 건조물과의 이격거리는 몇 [m] 이상이어야 하는가? (단, 전선으로는 나전선을 사용한다고 한다.)

① 1.2   ② 1.5   ③ 2.5   ④ 3.0

풀이 333.32 25[kV] 이하인 특고압 가공전선로의 시설
사용전압이 15[kV]를 초과하고 25[kV] 이하인 특고압 가공전선로(중성선 다중접지식의 것으로서 전로에 지락이 생겼을 때에 2초 이내에 자동적으로 이를 전로로부터 차단하는 장치가 되어 있는 것에 한한다)가 건조물과 접근하는 경우에 특고압 가공전선과 건조물의 조영재 사이의 이격거리는 표에서 정한 값 이상일 것.

건조물의 조영재	접근 형태	전선의 종류	이격거리
상부 조영재	위쪽	나전선	3[m]
		특고압 절연전선	2.5[m]
		케이블	1.2[m]
	옆쪽 또는 아래쪽	나전선	1.5[m]
		특고압 절연전선	1.0[m]
		케이블	0.5[m]
기타의 조영재		나전선	1.5[m]
		특고압 절연전선	1.0[m]
		케이블	0.5[m]

답 ④

94 저압가공전선이 다른 저압가공전선과 접근상태로 시설 되거나 교차하여 시설되는 경우에 저압가공전선 상호 간의 이격거리는 몇 [cm] 이상이어야 하는가? (단, 한 쪽의 전선이 고압 절연전선이라고 한다.)

① 30　　　② 60
③ 80　　　④ 100

풀이 222.16 저압 가공전선 상호 간의 접근 또는 교차
저압 가공전선이 다른 저압 가공전선과 접근상태로 시설되거나 교차하여 시설되는 경우 이격거리

전선의 종류구분	다른 저압 가공전선	
	전선 상호 간	지지물
저압 절연전선	0.6[m]	0.3[m]
어느 한 쪽의 전선이 고압·특고압 절연전선 또는 케이블	0.3[m]	

답 ①

95 66[kV] 특고압가공전선로를 케이블을 사용하여 시가지에 시설하려고 한다. 애자장치는 50[%] 충격섬락전압의 값이 다른 부분을 지지하는 애자장치의 몇 [%] 이상으로 되어야 하는가?

① 100　　　② 115
③ 110　　　④ 105

풀이 333.1 시가지 등에서 특고압 가공전선로의 시설
사용전압이 170[kV] 이하인 특고압 가공전선로를 시가지 그 밖에 인가가 밀집한 지역에 시설하기 위한 특고압 가공전선을 지지하는 애자장치는 다음 중 어느 하나에 의할 것.
가. 50[%] 충격섬락전압 값이 그 전선의 근접한 다른 부분을 지지하는 애자장치 값의 110[%](사용전압이 130[kV]를 초과하는 경우는 105[%]) 이상인 것.
나. 아킹혼을 붙인 현수애자·장간애자 또는 라인포스트애자를 사용하는 것.
다. 2련 이상의 현수애자 또는 장간애자를 사용하는 것.
라. 2개 이상의 핀애자 또는 라인포스트애자를 사용하는 것.

답 ③

96 154[kV]의 특고압가공전선을 사람이 쉽게 들어갈 수 없는 산지(山地) 등에 시설하는 경우 지표상의 높이는 몇 [m] 이상으로 하여야 하는가?

① 4　　　② 5
③ 6.5　　　④ 8

풀이 333.7 특고압 가공전선의 높이

전압의 범위	일반 장소	도로 횡단	철도 또는 궤도횡단	횡단보도교
35[kV] 이하	5[m]	6[m]	6.5[m]	4[m](특고압 절연전선 또는 케이블 사용)
35[kV] 초과 160[kV] 이하	6[m]	6[m]	6.5[m]	5[m](케이블 사용)
	산지 등에서 사람이 쉽게 들어갈 수 없는 장소 : 5[m] 이상			
160[kV] 초과	일반장소		가공전선의 높이 = 6 + 단수 × 0.12[m]	
	철도 또는 궤도횡단		가공전선의 높이 = 6.5 + 단수 × 0.12[m]	
	산지		가공전선의 높이 = 5 + 단수 × 0.12[m]	

※ 단수 = $\frac{(전압[kV]-160)}{10}$ … 단수 계산에서 소수점 이하는 절상

답 ②

97 다음 중 농사용 저압가공전선로의 시설 기준으로 옳지 않은 것은?

① 사용전압이 저압일 것
② 저압가공전선의 인장강도는 1.38[kN] 이상일 것
③ 저압가공전선의 지표상 높이는 3.5[m] 이상일 것
④ 전선로의 경간은 40[m] 이하일 것

풀이 222.22 농사용 저압 가공전선로의 시설
가. 사용전압은 저압일 것.
나. 저압 가공전선은 인장강도 1.38[kN] 이상의 것 또는 지름 2[mm] 이상의 경동선일 것.
다. 저압 가공전선의 지표상의 높이는 3.5[m] 이상일 것. 다만, 저압 가공전선을 사람이 쉽게 출입하지 못하는 곳에 시설하는 경우에는 3[m]까지로 감할 수 있다.
라. 목주의 굵기는 말구 지름이 0.09[m] 이상일 것.
마. 전선로의 지지점 간 거리는 30[m] 이하일 것

98 66[kV] 특고압가공전선로를 시가지에 설치할 때, 전선의 인장강도 21.67[kN] 이상의 연선 또는 단면적 최소 몇 [mm²] 이상의 경동 연선 또는 이와 동등 이상의 세기 및 굵기의 연선을 사용해야 하는가?

① 30
② 38
③ 50
④ 55

풀이 333.1 시가지 등에서 특고압 가공전선로의 시설
사용전압이 170[kV] 이하인 전선로에서의 전선의 굵기

사용전압의 구분	전선의 단면적
100[kV] 미만	인장강도 21.67[kN] 이상의 연선 또는 단면적 55[mm²] 이상의 경동연선
100[kV] 이상	인장강도 58.84[kN] 이상의 연선 또는 단면적 150[mm²] 이상의 경동연선

답 ④

출제기준 변경 및 개정된 관계 법규에 따라
삭제된 문제가 있어 20문항이 안됩니다.

2012년 2회

20년간 전기산업기사필기

동일출판사 홈페이지에서 무료 동영상강의를 보실 수 있습니다.

1과목 - 전기자기

01 극판면적 10[cm²], 간격 1[mm] 평행판 콘덴서에 비유전율이 3인 유전체를 채웠을 때 전압 100[V]를 가하면 축적되는 에너지는 약 몇 [J]인가?

① 1.32×10^{-7}[J] ② 1.32×10^{-9}[J]
③ 2.64×10^{-7}[J] ④ 2.64×10^{-9}[J]

풀이
$$C = \frac{\epsilon_0 \epsilon_s}{d} \cdot s$$
$$= 8.85 \times 10^{-12} \times \frac{3 \times 10 \times 10^{-4}}{10^{-3}}$$
$$= 26.55 \times 10^{-12} [F]$$
$$\therefore W = \frac{1}{2}CV^2 = \frac{1}{2} \times 26.55 \times 10^{-12} \times 100^2$$
$$= 1.33 \times 10^{-7} [J]$$
답 ①

02 원점 주위의 전류밀도가 $J = \frac{2}{r}a_r$ [A/m²]의 분포를 가질 때 반지름 5[cm]의 구면을 지나는 전전류는?

① 0.1π[A] ② 0.2π[A]
③ 0.3π[A] ④ 0.4π[A]

풀이
$$I = \oint_s J \cdot ds = \oint_s \frac{2}{r}a_r \cdot a_r \, ds \, (a_r = 1)$$
$$= \frac{2}{r}\oint_s ds = \frac{2}{r}s = \frac{2}{r}4\pi r^2$$
$$= 8\pi r = 8\pi \times 0.05 = 0.4\pi [A]$$
답 ④

03 비유전율 $\epsilon_s = 5$인 등방유전체인 한 점에서 전계의 세기 $E = 10^4$[V/m]일 때 이점에서의 분극율은?

① $\frac{10^{-5}}{9\pi}$[F/m] ② $\frac{10^{-7}}{9\pi}$[F/m]
③ $\frac{10^{-9}}{9\pi}$[F/m] ④ $\frac{10^{-12}}{9\pi}$[F/m]

풀이 분극의 세기 $P = \epsilon_0(\epsilon_s - 1)E$ 식에서
분극률 $\chi = \frac{P}{E} = \epsilon_0(\epsilon_s - 1) = \frac{1}{36\pi \times 10^9} \times (5-1)$
$= \frac{10^{-9}}{9\pi}$ [F/m]
답 ③

04 내압이 1[kV]이고, 용량이 각각 0.01[μF], 0.02[μF], 0.05[μF]인 콘덴서를 직렬로 연결했을 때의 전체내압은?

① 1500[V] ② 1600[V]
③ 1700[V] ④ 1800[V]

풀이 각 콘덴서에 가해지는 전압을 V_1, V_2, V_3[V]라 하면
$V_1 : V_2 : V_3 = \frac{1}{0.01} : \frac{1}{0.02} : \frac{1}{0.05}$
$= 10 : 5 : 2$
V의 최댓값은 전압이 제일 크게 걸리는 0.01[μF]에 의해 결정되므로
$V_1 = \frac{10}{17}V$
$\therefore V = \frac{17}{10}V_1 = \frac{17}{10} \times 1000 = 1700[V]$
답 ③

05 전계 E[V/m] 및 자계 H[A/m]의 에너지가 자유공간 중을 v[m/s]의 속도로 전파될 때 단위시간에 단위 면적을 지나는 에너지는?

① $P = \frac{1}{2}EH$ [W/m²]
② $P = EH$ [W/m²]
③ $P = 377EH$ [W/m²]
④ $P = \frac{EH}{377}$ [W/m²]

풀이 진행 방향에 수직되는 단위 면적을 단위 시간에 통과하는 에너지를 포인팅(Poynting) 벡터 또는 방사 벡터라 하며 $P = E \times H = EH\sin\theta$[W/m²]로 표현된다. E와 H가 수직이므로 $P = EH$[W/m²]이다.
답 ②

06 진공 중에서 대전도체의 표면전하밀도가 $\delta[C/m^2]$이라면 표면 전계는?

① $E = \dfrac{\sigma}{\epsilon_o}$ ② $E = \dfrac{\sigma}{2\epsilon_o}$
③ $E = \dfrac{\sigma}{2\pi\epsilon_o}$ ④ $E = \dfrac{\sigma}{4\pi r^2}$

풀이 전하밀도 $\sigma[C/m^2]$에서 나오는 전기력선 밀도는
$\dfrac{\sigma}{\epsilon_0}[개/m^2] = \dfrac{\sigma}{\epsilon_0}[V/m]$가 된다.
반지름 a[m]인 도체구에서도 역시 표면 전계의 세기는 $\dfrac{\sigma}{\epsilon_0}[V/m]$이다. **답** ①

07 원점에 점전하 $Q[C]$이 있을 때 원점을 제외한 모든 점에서 $\nabla \cdot D$의 값은?

① ∞ ② 0 ③ 1 ④ ϵ_o

풀이 전하가 없는 곳이므로 $\text{div} \boldsymbol{D} = \nabla \cdot \boldsymbol{D} = 0$ **답** ②

08 비유전율 81이고, 비투자율 1인 물속에 전자파의 파동 임피던스는 약 몇 [Ω]인가?

① 9[Ω] ② 27[Ω] ③ 33[Ω] ④ 42[Ω]

풀이
$\dfrac{E}{H} = \sqrt{\dfrac{\mu}{\epsilon}} = \sqrt{\dfrac{\mu_0}{\epsilon_0}}\sqrt{\dfrac{\mu_r}{\epsilon_r}} = 377\sqrt{\dfrac{\mu_r}{\epsilon_r}}$
$= 377 \times \sqrt{\dfrac{1}{81}} ≒ 42[Ω]$ **답** ④

09 공기 중에서 $E[V/m]$의 전계를 $i_d[A/m^2]$의 변위전류로 흐르게 하고자 한다. 이때 주파수 f [Hz]는?

① $f = \dfrac{i_d}{2\pi\epsilon E}[Hz]$ ② $f = \dfrac{i_d}{4\pi\epsilon E}[Hz]$
③ $f = \dfrac{\epsilon i_d}{2\pi^2 E}[Hz]$ ④ $f = \dfrac{i_d E}{4\pi^2 \epsilon}[Hz]$

풀이 변위전류밀도
$i_d = \dfrac{\partial D}{\partial t} = \dfrac{\partial(\epsilon E)}{\partial t} = \epsilon\dfrac{\partial E}{\partial t} = j\omega\epsilon E[A/m^2]$
$\omega = 2\pi f = \dfrac{i_d}{\epsilon E}$ ∴ $f = \dfrac{i_d}{2\pi\epsilon E}[Hz]$ **답** ①

10 같은 평등자계 중의 자계와 수직방향으로 전류 도선을 놓으면 N, S극이 만드는 자계와 전류에 의한 자계와의 상호작용에 의하여 자계의 합성이 이루어지고 전류 도선은 힘을 받는다. 이러한 힘을 무엇이라 하는가?

① 전자력 ② 기전력
③ 기자력 ④ 전계력

풀이 전류와 자속 간에 작용하는 힘을 전자력이라 한다. **답** ①

11 도체의 단면적이 5[m²]인 곳을 3초 동안에 30[C]의 전하가 통과하였다면 이때의 전류는?

① 5[A] ② 10[A]
③ 30[A] ④ 90[A]

풀이 $I = \dfrac{dQ}{dt} = \dfrac{30}{3} = 10[A]$ **답** ②

12 두 개의 자기 인덕턴스를 직렬로 접속하여 합성 인덕턴스를 측정하였더니 75[mH]가 되었고, 한 쪽의 인덕턴스를 반대로 접속하여 측정하니 25[mH] 되었다면 두 코일의 상호 인덕턴스 [mH]는?

① 12.5[mH] ② 45[mH]
③ 50[mH] ④ 90[mH]

풀이 $L_+ = L_1 + L_2 + 2M = 75[mH]$
$L_- = L_1 + L_2 - 2M = 25[mH]$에서
M에 관해서 풀면
∴ $M = \dfrac{L_+ - L_-}{4} = \dfrac{75-25}{4} = \dfrac{50}{4}$
$= 12.5[mH]$ **답** ①

13 무한장 직선 도체에 선전하밀도 $\lambda[C/m]$의 전하가 분포되어 있는 경우, 이 직선 도체를 축으로 하는 반지름 $r[m]$의 원통면상의 전계는?

① $\dfrac{\lambda}{2\pi\epsilon_0 r^2}[V/m]$ ② $\dfrac{\lambda}{2\pi\epsilon_0 r}[V/m]$
③ $\dfrac{\lambda}{4\pi\epsilon_0 r^2}[V/m]$ ④ $\dfrac{\lambda}{4\pi\epsilon_0 r}[V/m]$

풀이 무한 선전하에 의한 전계는
$E = \dfrac{\lambda}{2\pi\epsilon_0 r}$ [V/m]로 거리에 반비례한다.　**답** ②

14 그림과 같이 영역 $y \leq 0$은 완전 도체로 위치해 있고, 영역 $y \geq 0$은 완전 유전체로 위치해 있을 때, 만일 경계 무한 평면의 도체면상에 면전하밀도 $\rho_s = 2$[nC/m²]가 분포되어 있다면 P 점 $(-4, 1, -5)$[m]의 전계의 세기는?

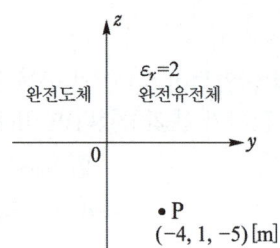

① $18\pi a_y$ [V/m]　　② $36\pi a_y$ [V/m]
③ $-54\pi a_y$ [V/m]　④ $72\pi a_y$ [V/m]

풀이 ① 완전도체에서 전하는 z축면 상에만 균일분포
② 전기력선은 도체외부의 수직방향인 유전체 내부로 진행(a_y 방향)
③ 유전체 내부는 평등전계이므로 P점에 관계없이 어느 점이나 전계는 일정
$\rho_s = 2 \times 10^{-9}$ [C/m²]
$\dfrac{1}{\epsilon_0} = 36\pi \times 10^9$ ($\because \dfrac{1}{4\pi\epsilon_0} = 9 \times 10^9$)
$\epsilon_r = 2$이므로 전계의 세기(크기)
$E = \dfrac{\rho_s}{\epsilon} = \dfrac{\rho_s}{\epsilon_0 \epsilon_r} = 36\pi \times 10^9 \times \dfrac{2 \times 10^{-9}}{2}$
$= 36\pi$ [V/m]
따라서 전계의 세기(벡터)
$\boldsymbol{E} = E\boldsymbol{a_y} = 36\pi \boldsymbol{a_y}$ [V/m]　**답** ②

15 평행판 콘덴서의 두 극판 면적을 3배로 하고 간격을 반으로 줄이면 정전용량은 처음의 몇 배가 되는가?

① 1.5배　② 4.5배
③ 6배　　④ 9배

풀이 면적 S_1, 간격 d_1인 평행판 콘덴서의 정전용량을 C_1이라 하면 $C_1 = \dfrac{\epsilon_0}{d_1} S_1$

문제에서 $d = \dfrac{1}{2}d_1$, $S = 3S_1$이므로 구하는 용량은

$\therefore C = \dfrac{\epsilon_0}{\dfrac{1}{2}d_1} \times 3S_1 = 6\dfrac{\epsilon_0}{d_1} S_1 = 6C_1$　**답** ③

16 자기 인덕턴스가 50[H]인 회로에 20[A]의 전류가 흐르고 있을 때 축적된 전자 에너지는 몇 [J]인가?

① 10[J]　　　② 100[J]
③ 1000[J]　　④ 10000[J]

풀이 $W_m = \dfrac{1}{2}LI^2 = \dfrac{1}{2} \times 50 \times 20^2 = 10000$ [J]　**답** ④

17 전류의 세기가 I[A], 반지름 r[m]인 원형 선전류 중심에 m[Wb]인 가상 점자극을 둘 때 원형 선전류가 받는 힘은?

① $\dfrac{mI}{2\pi r}$ [N]　　② $\dfrac{mI}{2r}$ [N]
③ $\dfrac{mI^2}{2\pi r}$ [N]　　④ $\dfrac{mI}{2\pi r^2}$ [N]

풀이 반지름 r인 원형 선전류 중심의 자계의 세기
$H_0 = \dfrac{I}{2r}$ [AT/m]
$\therefore F = mH = \dfrac{mI}{2r}$ [N]　**답** ②

18 환상솔레노이드의 자기 인덕턴스에서 코일 권수를 5배로 하였다면 인덕턴스의 값은?

① 변함이 없다.　② 5배 증가한다.
③ 10배 증가한다.　④ 25배 증가한다.

풀이 $L = \dfrac{N^2}{R_m}$ 에서 자기 저항이 일정한 경우 인덕턴스는 권수의 자승에 비례하므로 $L' = 5^2 L = 25L$　**답** ④

19 직류 500[V] 절연저항계로 절연저항을 측정하니 2[MΩ]이 되었다면 누설전류는?

① 25[μA]　　② 250[μA]
③ 1000[μA]　④ 1250[μA]

[풀이] $I_g = \dfrac{V}{R_g} = \dfrac{500}{2\times 10^6} = 250\times 10^{-6}$[A]
$= 250[\mu A]$ 답 ②

20 전기력선 밀도를 이용하여 주로 대칭 정전계의 세기를 구하기 위하여 이용되는 법칙은?
① 패러데이의 법칙
② 가우스의 법칙
③ 쿨롱의 법칙
④ 톰슨의 법칙

[풀이] ① 패러데이 법칙 : 전자유도 법칙에 의한 기전력
② 가우스의 법칙 : 전계의 세기
③ 쿨롱의 법칙 : 전하들간에 작용하는 힘
④ 톰슨의 법칙 : 전계의 최소 에너지 답 ②

2과목 - 전력공학

21 부하가 P[kW]이고, 그의 역률이 $\cos\theta_1$인 것을 $\cos\theta_2$로 개선하기 위한 전력용 콘덴서의 용량[kVA]은?
① $P(\tan\theta_1 - \tan\theta_2)$
② $P(\dfrac{\cos\theta_1}{\sin\theta_1} - \dfrac{\cos\theta_2}{\sin\theta_2})$
③ $\dfrac{P}{(\tan\theta_1 - \tan\theta_2)}$
④ $\dfrac{P}{(\cos\theta_1 - \cos\theta_2)}$

[풀이] 콘덴서 용량
$Q_c = P(\tan\theta_1 - \tan\theta_2) = P\left(\dfrac{\sin\theta_1}{\cos\theta_1} - \dfrac{\sin\theta_2}{\cos\theta_2}\right)$
$= P\left(\dfrac{\sqrt{1-\cos^2\theta_1}}{\cos\theta_1} - \dfrac{\sqrt{1-\cos^2\theta_2}}{\cos\theta_2}\right)$ 답 ①

22 지락보호계전기의 동작이 가장 확실한 송전계통방식은?
① 고저항접지식
② 비접지식
③ 소호 리액터접지식
④ 직접 접지식

[풀이] 직접 접지방식의 장·단점
[장점]
① 1선 지락 시에 건전상의 대지전압이 거의 상승하지 않는다.
② 피뢰기의 효과를 증진시킬 수 있다.
③ 단절연이 가능하다.
④ 계전기의 동작이 확실해진다.
[단점]
① 송전 계통의 과도 안정도가 나빠진다.
② 통신선에 유도 장해가 크다.
③ 기기에 큰 영향을 주어 손상을 준다.
④ 대용량 차단기가 필요하다. 답 ④

23 유효저수량 200000[m³], 평균유효낙차 100[m], 발전기출력 7500[kW]이다. 1대를 운전할 경우 약 몇 시간 정도 발전할 수 있는가? (단, 발전기 및 수차의 합성효율은 85[%]이다.)
① 4 ② 5
③ 6 ④ 7

[풀이] $P = 9.8QH\eta_t\eta_g$[kW], $Q = \dfrac{V}{t}$[m³/s]에서
$P = 9.8 \times \dfrac{V}{t} \times H\eta_t\eta_g$[kW]이므로
$7500 = 9.8 \times \dfrac{200000}{T\times 60\times 60} \times 100 \times 0.85$
$\therefore T = \dfrac{9.8\times 200000\times 100\times 0.85}{7500\times 60\times 60}$
$= 6.17$[시간] 답 ③

24 공칭전압 154[kV]에 대한 250[mm] 현수애자의 연결 개수는 대략 몇 개 정도인가?
① 5~6 ② 9~10
③ 14~15 ④ 19~23

[풀이] 전압에 따른 현수애자(250[mm])의 연결 개수

전압[kV]	66	154	220	345	765
수량	4~6	10~11	12~13	18~20	40~45

답 ②

25 3상 Y결선된 발전기가 무부하 상태로 운전 중 3상 단락고장이 발생하였을 때 나타나는 현상으로 적합하지 않은 것은?

① 영상분 전류는 흐르지 않는다.
② 역상분 전류는 흐르지 않는다.
③ 정상분 전류는 영상분 및 역상분 임피던스에 무관하고 정상분 임피던스에 반비례한다.
④ 3상 단락전류는 정상분 전류의 3배가 흐른다.

풀이

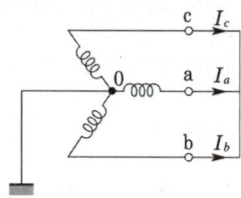

3상 단락고장

그림에서 $I_a + I_b + I_c = 0$, $V_a = V_b = V_c = 0$이므로

$$I_a = I_0 + I_1 + I_2 = I_1 = \frac{E_a}{Z_1}$$

$$I_b = I_0 + a^2 I_1 + a I_2 = a^2 I_1 = \frac{a^2 E_a}{Z_1}$$

$$I_c = I_0 + a I_1 + a^2 I_2 = a I_1 = \frac{a E_a}{Z_1}$$

답 ④

26 재폐로 차단기에 대한 설명으로 가장 옳은 것은?

① 배전선로용은 고장구간을 고속차단하여 제거한 후 다시 수동조작에 의해 배전이 되도록 설계된 것이다.
② 재폐로계전기와 함께 설치하여 계전기가 고장을 검출하여 이를 차단기에 통보, 차단하도록 된 것이다.
③ 3상 재폐로 차단기는 1상의 차단이 가능하고 무전압 시간을 약 20~30초로 정하여 재폐로 하도록 되어있다.
④ 송전선로의 고장구간을 고속차단하고 재송전하는 조작을 자동적으로 시행하는 재폐로 차단장치를 장비한 자동차단기이다.

풀이 송전선로의 사고의 대부분은 순시적인 것으로서 영구고장은 거의 없고 그 중에서도 1선 지락고장이 가장 많으므로 고장을 일으킨 구간을 신속히 차단 제거하면 고장의 아크는 저절로 소멸되고 고장점의 절연이 회복되어 차단기만 투입하면 이상 없이 송전을 계속할 수가 있다. 따라서 계통의 안정도를 향상시킬 목적으로 차단기가 차단되어 사고가 소멸된 후 자동적으로 송전선을 투입하는 일련의 동작을 재폐로라 한다.

답 ④

27 전압이 정정치 이하로 되었을 때 동작하는 것으로서 단락시 고장 검출용으로도 사용되는 계전기는?

① 재폐로 계전기
② 역상 계전기
③ 부족 전류 계전기
④ 부족 전압 계전기

풀이 ① 전압이 정정값 이하 시 동작 : 부족 전압 계전기
② 전압이 정정값 초과 시 동작 : 과전압 계전기

답 ④

28 3상 3선식 송전선에서 1선의 저항이 15[Ω], 리액턴스는 20[Ω]이고 수전단의 선간전압은 30[kV], 부하역률이 0.8인 경우 전압강하율을 10[%]라 하면, 이 송전선로로는 몇 [kW]까지 수전할 수 있는가?

① 2500[kW]   ② 2750[kW]
③ 3000[kW]   ④ 3250[kW]

풀이

$$\epsilon = 0.1 = \frac{P}{V^2}(R + X\tan\theta)$$

$$0.1 = \frac{P}{30000^2}\left(15 + 20 \times \frac{0.6}{0.8}\right)$$

$$\therefore P = \frac{0.1 \times 30000^2}{\left(15 + 20 \times \frac{0.6}{0.8}\right)} \times 10^{-3}$$

$$= 3000[kW]$$

답 ③

29 송전선로의 저항은 R, 리액턴스를 X라 하면 다음의 어느 식이 성립하는가?

① $R \geq X$ ② $R < X$
③ $R = X$ ④ $R > X$

풀이 일반적으로 선로의 저항보다 리액턴스가 6배 크다.

답 ②

30 전력계통의 주파수가 기준치보다 증가하는 경우 어떻게 하는 것이 타당한가?

① 발전출력(kW)을 증가시켜야 한다.
② 발전출력(kW)을 감소시켜야 한다.
③ 무효전력(kVar)을 증가시켜야 한다.
④ 무효전력(kVar)을 감소시켜야 한다.

풀이 발전출력이 증가하면 주파수도 증가하고, 발전출력이 감소하면 주파수도 감소한다. 따라서 주파수가 기준치보다 증가하는 경우 발전출력을 감소시키면 주파수를 기준치 이내로 할 수 있다. 답 ②

31 공기차단기에 비해 SF_6 가스 차단기의 특징으로 볼 수 없는 것은?

① 같은 압력에서 공기의 2~3배 정도의 절연내력이 있다.
② 밀폐된 구조이므로 소음이 없다.
③ 소전류 차단 시 이상전압이 높다.
④ 아크에 SF_6 가스는 분해되지 않고 무독성이다.

풀이 SF_6 가스 차단기의 특징
① 밀폐구조이므로 소음이 없다.
② 절연내력이 공기의 2~3배, 소호 능력은 공기의 100~200배
③ 근거리 고장 등 가혹한 재기전압에 대해서도 성능이 우수
④ SF_6 가스는 무독, 무취, 무해성이다. 답 ③

32 수관식 보일러의 장점에 속하지 않는 것은?

① 수관의 지름이 적어지고 고압에 견딜 수 있다.
② 드럼안의 순환이 좋으며 증기발생이 빠르다.
③ 용량을 크게 할 수 있고 과열기를 설치하기 쉽다.
④ 구조가 간단하고 증발량이 크다.

풀이 수관식 보일러는 직경이 적은 동체(드럼)와 가는 수관을 이어 만든 것으로 그 특징은 다음과 같다.
① 전열 면적이 커서 증기 발생이 빠르고, 증기 발생량이 크다.
② 열효율이 높고 고압에 잘 견딘다.
③ 수관의 배열이 용이하며 패키지형 보일러 제작이 가능하다.
④ 용량에 비해 중량이 가벼워서 운반 또는 설치가 용이하다.
⑤ 구조가 복잡하여 제작이 까다로우며, 점검 및 수리가 어렵다. 답 ④

33 지중선 계통을 가공선 계통에 비교하였을 때 옳은 것은?

① 인덕턴스, 정전용량이 모두 크다.
② 인덕턴스, 정전용량이 모두 적다.
③ 인덕턴스는 적고, 정전용량은 크다.
④ 인덕턴스는 크고, 정전용량은 적다.

풀이 지중선 계통은 가공선 계통에 비해서 선간거리가 수십 배 작으므로 인덕턴스는 작고 정전용량은 크다. 답 ③

34 일반적인 경우 그 값이 1 이상인 것은?

① 부등률   ② 전압강하율
③ 부하율   ④ 수용률

풀이 부등률 = $\dfrac{\text{수용설비 개개의 최대수용전력의 합계}}{\text{합성 최대 수용 전력}} \geq 1$ 답 ①

35 일정거리를 동일전선으로 송전할 때 송전전력은 송전전압의 대략 몇 승에 비례하는가?

① 2   ② $\dfrac{1}{2}$ ③ 1   ④ $\dfrac{1}{3}$

풀이 전력손실율이 일정한 경우 송전전력은 전압의 제곱에 비례하며, 단면적은 제곱에 반비례한다. 답 ①

36 위상 비교 반송 방식에 대한 설명으로 맞는 것은?

① 일단에서의 전압과 타단에서의 전압의 위상각을 비교한다.
② 일단에서 유입하는 전류와 타단에서 유출하는 전류의 위상각을 비교한다.
③ 일단에서 유입하는 전류와 타단에서의 전압의 위상각을 비교한다.
④ 일단에서의 전압과 타단에서 유출되는 전류의 위상각을 비교한다.

풀이 위상 비교 방식은 양단자에서 검출되는 전류의 위상차로 사고를 판단하는 방식이다. 답 ②

37 송전선로의 매설지선의 가장 중요한 설치목적은?

① 뇌해방지 ② 코로나 전압감소
③ 구조물 보호 ④ 절연강도 증가

풀이 매설지선은 뇌해 방지 및 역섬락 방지를 위함이다. 답 ①

38 과전류계전기(OCR)의 탭(tap) 값을 옳게 설명한 것은?

① 계전기의 최소 동작전류
② 계전기의 최대 부하전류
③ 계전기의 동작시한
④ 변류기의 권수비

풀이 과전류 계전기의 탭 : 최소 동작전류를 정정한다. 답 ①

39 어떤 발전소의 발전기가 13.2[kV], 용량 9.3[MVA], 동기임피던스 94[%]일 때, 임피던스는 몇 [Ω]인가?

① 9.8[Ω] ② 12.8[Ω]
③ 17.6[Ω] ④ 22.4[Ω]

풀이 % 임피던스

$\%Z = \dfrac{ZI}{E} \times 100[\%] = \dfrac{PZ}{10E^2}[\%] = \dfrac{PZ}{10V^2}[\%]$

$\therefore Z = \dfrac{\%Z \times 10V^2}{P} = \dfrac{94 \times 10 \times 13.2^2}{9.3 \times 10^3}$

$= 17.6[\Omega]$ 답 ③

40 가공전선로의 선로정수에 대한 설명 중 틀린 내용은?

① 송배전선로는 저항, 인덕턴스, 정전용량, 누설컨덕턴스라는 4개의 정수로 이루어진다.
② 선로정수를 평형 시키기 위해서는 연가를 하지 않는다.
③ 장거리 송전선로에 대해서는 분포정수회로로 취급한다.
④ 도체와 도체 사이 또는 도체와 대지 사이에는 정전용량이 존재한다.

풀이 연가는 선로정수를 평형시키고 통신선의 유도장해를 방지하기 위하여 선로를 3배수 등분하여 실시한다.
• 연가의 목적 : 직렬공진 방지, 유도장해 감소, 선로정수 평형 답 ②

3과목 - 전기기기

41 3상 유도전동기 원선도 작성에 필요한 기본량이 아닌 것은?

① 저항측정 ② 단락시험
③ 무부하 시험 ④ 구속시험

풀이 원선도 작성에 필요한 시험은 변압기 특성 시험과 같으며, ① 저항 측정 ② 무부하 시험 ③ 구속 시험이 있다. 답 ②

42 440/13200[V] 단상변압기의 2차 전류가 3.3[A]이면 1차 출력은 약 몇 [kVA]인가?

① 22 ② 33 ③ 44 ④ 62

풀이 $a = \dfrac{V_1}{V_2} = \dfrac{440}{13200} = \dfrac{1}{30}$

$\therefore P_1 = V_1 I_1 = V_1 \cdot \dfrac{I_2}{a} = 440 \times \dfrac{3.3}{\frac{1}{30}} \times 10^{-3}$

$\fallingdotseq 44[kVA]$ 답 ③

43 단상변압기 3대를 Y-△결선해서 3상 2000[V]를 3000[V]로 내려서 3000[kW], 역률 80[%]의 부하에 전력을 공급할 때 변압기 1대의 정격용량 [kVA]은?

① 1250 ② 1767 ③ 2500 ④ 3750

풀이 $P = 3P_1[kVA]$이므로
(단, P : 3상 변압기의 용량,
P_1 : 단상변압기 1대의 용량)
변압기 1대의 정격용량 P_1은

$$P_1 = \frac{P[\text{kVA}]}{3} = \frac{P'[\text{kW}]}{3 \times \cos\theta} = \frac{3000}{3 \times 0.8}$$
$$= 1250[\text{kVA}]$$
답 ①

44 3상 유도전동기의 2차 저항을 m배로 하면 동일하게 m배로 되는 것은?
① 역률 ② 전류
③ 슬립 ④ 토크

풀이 $\dfrac{r_2}{s_m} = \dfrac{r_2 + R_s}{s_t}$

① 2차 저항 r_2'를 변화해도 최대 토크는 변화하지 않는다.
② r_2'를 크게 하면 s_m도 커진다.
③ r_2'를 크게 하면 기동전류는 감소하고 기동 토크는 증가한다.
그러므로 최대 토크를 내는 슬립만 2차 저항에 비례한다.
답 ③

45 내철형 3상 변압기를 단상변압기로 사용할 수 없는 이유는?
① 1차, 2차 간의 각 변위가 있기 때문에
② 각 권선마다의 독립된 자기회로가 있기 때문에
③ 각 권선마다의 독립된 자기회로가 없기 때문에
④ 각 권선이 만든 자속이 $\dfrac{3\pi}{2}$ 위상차가 있기 때문에

풀이 외철형 3상 변압기는 각 상마다 독립된 자기회로를 가지고 있으므로 단상변압기로 사용할 수 있지만 내철형 3상 변압기는 각 권선마다 독립된 자기회로가 없기 때문에 각 권선을 단상으로 사용할 수 없다.
답 ③

46 3상 동기발전기를 병렬운전하는 도중 여자전류를 증가시킨 발전기에서는 어떤 현상이 생기는가?
① 무효전류가 감소한다.
② 역률이 나빠진다.
③ 전압이 높아진다.
④ 출력이 커진다.

풀이 여자전류를 증가시키면
① 역률 저하 ② 전류 증가
③ 무효전력 증가 ④ 전력 불변
답 ②

47 전압이나 전류의 제어가 불가능한 소자는?
① IGBT ② SCR
③ GTO ④ Diode

풀이 다이오드는 회로의 주변 상황에 따라 순방향으로 전압이 가해지면 도통하고 역방향으로 전압이 가해지면 도통하지 않는 수동적인 소자로서 사용자가 임의로 ON, OFF시킬 수 없다. 따라서 다이오드는 전압이나 전류의 제어가 곤란하다.
답 ④

48 다음 동기기 중 슬립링을 사용하지 않는 기기는?
① 동기발전기
② 동기전동기
③ 유도자형 고주파발전기
④ 고정자 회전기동형 동기전동기

풀이 유도자형 발전기는 계자극과 전기자를 함께 고정시키고 그 중앙에 유도자라고 하는 권선이 없는 회전자를 갖춘 것으로 주로 수백~수만[Hz] 정도의 고주파 발전기로 쓰이며, 슬립링을 사용하지 않는다.
답 ③

49 직류기의 다중 중권 권선법에서 전기자 병렬회로수(a)와 극수(P)와의 관계는?
(단, 다중도는 m이다.)
① $a = 2$ ② $a = 2m$
③ $a = P$ ④ $a = mP$

풀이 중권과 파권의 비교

구분	중권(병렬권)	파권(직렬권)
전기자의 병렬회로수(a)	$P(mP)$	$2(2m)$
브러시 수(b)	P	2
용도	저전압, 대전류	고전압, 소전류
균압접속	4극 이상이면 균압접속을 하여야 한다.	균압접속은 필요 없다.

여기서, m : 다중도
답 ④

50 직권전동기의 전기자 전류가 30[A]일 때 210[kg·m]의 토크를 발생한다. 전기자 전류가 90[A]로 되면 토크는 몇 [kg·m]로 되는가? (단, 자기포화는 무시한다.)

① 1625　② 1758　③ 1890　④ 1935

풀이 직권전동기의 토크는
$$T = \frac{pZ}{2\pi a}\phi I_a = k\phi I_a = kI_a^2 \text{ 이므로}$$
$$T \propto I_a^2, \quad \frac{210}{x} = \frac{30^2}{90^2}$$
$$\therefore x = 210 \times \left(\frac{90}{30}\right)^2 = 1890 [\text{kg}\cdot\text{m}]$$
답 ③

51 직류발전기의 전기자에 대한 설명 중 잘못된 것은?

① 전기자 권선은 대전류인 경우 평각동선을 사용한다.
② 전기자 권선은 소전류인 경우 연동환선을 사용한다.
③ 소형기에는 반폐 슬롯을 사용한다.
④ 중형 및 대형기에는 가지형 슬롯을 사용한다.

풀이 중형 및 대형기에는 개방 슬롯, 쐐기 넣는 슬롯이 사용되며, 소형기에는 가지 모양 슬롯, 반폐 슬롯이 사용된다.

(a) 가지형 슬롯 (소형 직류기)
(b) 개방형 슬롯 (중소형 직류기)
(c) 쐐기 고정형 개방 슬롯 (일반 직류기)
(d) 반폐 슬롯 (고속 직류기)
(e) 반폐 슬롯 (고속 직류기)

답 ④

52 단상전파정류로 직류 450[V]를 얻는 데 필요한 변압기 2차 권선의 전압은 몇 [V]인가?

① 525　② 500　③ 475　④ 465

풀이 전파 정류에서 $E_d = 0.9 E_s$ 이므로
$$E_s = \frac{E_d}{0.9} = \frac{450}{0.9} = 500[\text{V}]$$
답 ②

53 유도전동기의 2차 동손(P_c), 2차 입력(P_2), 슬립(s)일 때의 관계식으로 옳은 것은?

① $P_2 P_c s = 1$　② $s = P_2 P_c$
③ $s = \dfrac{P_2}{P_c}$　④ $P_c = sP_2$

풀이 $P_2 = I_2^2 \times \dfrac{r_2}{s} = \dfrac{P_c}{s}$
$$\therefore s = \frac{P_c}{P_2} \text{ 또는 } P_c = sP_2$$
답 ④

54 60[Hz], 12극, 회전자 외경 2[m]의 동기발전기에 있어서 자극면의 주변속도 [m/s]는 약 얼마인가?

① 34　② 43　③ 59　④ 62

풀이 $N_s = \dfrac{120f}{p} = \dfrac{120 \times 60}{12} = 600[\text{rpm}]$
$$\therefore v = \pi D \cdot \frac{N_s}{60} = \pi \times 2 \times \frac{600}{60} = 62.8[\text{m/s}]$$
답 ④

55 전압 380[V]에서의 기동 토크가 전부하 토크의 186[%]인 3상 유도전동기가 있다. 기동 토크가 100[%]되는 부하에 대해서는 기동 보상기로 전압을 약 몇 [V] 공급하면 되는가?

① 280　② 270　③ 290　④ 300

풀이 토크 $T \propto V^2$ $\therefore \left(\dfrac{V_x}{380}\right)^2 = \dfrac{100}{186}$
$$\therefore V_x = 380 \times \sqrt{\frac{100}{186}} = 278.63 ≒ 280[\text{V}]$$
답 ①

56 직류 직권전동기를 정격전압에서 전부하전류 50[A]로 운전할 때, 부하토크가 1/2로 감소하면 그 부하전류는 약 몇 [A]인가? (단, 자기포화는 무시한다.)

① 20　② 25　③ 30　④ 35

[풀이] 직권전동기의 토크는 자로가 포화되지 않은 범위 안에서는 전기자 전류의 제곱에 비례하므로 토크가 1/2로 되면

$$\frac{T'}{T} = \frac{T/2}{T} = \frac{{I_a'}^2}{I_a^2}$$

$$\therefore I_a' = \sqrt{(1/2)} \times I_a = \sqrt{(1/2)} \times 50 = 35.3[A]$$

답 ④

57 1차 전압 3300[V], 권수비 50인 단상변압기가 순저항 부하에 10[A]를 공급할 때의 입력 [kW]은?

① 0.66 ② 1.25
③ 2.43 ④ 2.82

[풀이] $I_1 = \frac{I_2}{a} = \frac{10}{50} = 0.2[A]$

전등 부하에서 역률 $\cos\theta = 1$이므로 입력 P_1은
$P_1 = V_1 I_1 \cos\theta = 3300 \times 0.2 \times 1 = 660[W]$
$= 0.66[kW]$

답 ①

58 동기발전기의 병렬운전 조건에서 같지 않아도 되는 것은?

① 주파수 ② 용량
③ 위상 ④ 기전력

[풀이] 동기발전기의 병렬운전 조건은 다음과 같다.
① 기전력의 크기가 같을 것
② 기전력의 위상이 같을 것
③ 기전력의 주파수가 같을 것
④ 기전력의 파형이 같을 것
⑤ 상회전방향이 같을 것

답 ②

59 정격전압 6000[V], 용량 5000[kVA]의 3상 동기발전기에서 여자전류가 200[A]일 때 무부하 단자전압이 6000[V], 단락전류는 500[A]이었다. 동기 리액턴스는 약 몇 [Ω]인가?

① 8.65 ② 7.26
③ 6.93 ④ 5.77

[풀이] 동기 리액턴스
$X_s = \frac{V_n}{\sqrt{3} I_s} = \frac{6000}{\sqrt{3} \times 500} = 6.93[\Omega]$

답 ③

60 변압기 단락시험에서 계산할 수 있는 것은?

① 백분율 전압강하, 백분율 리액턴스강하
② 백분율 저항강하, 백분율 리액턴스강하
③ 백분율 전압강하, 여자 어드미턴스
④ 백분율 리액턴스강하, 여자 어드미턴스

[풀이] 변압기의 단락시험으로 임피던스 와트(전부하동손), 임피던스 전압(전압강하)를 측정하여 %저항강하, %리액턴스 강하 및 전압변동률을 계산할 수 있다.

답 ②

4과목 - 회로이론

61 3상 불평형 회로의 전압에서 불평형률[%]은?

① $\frac{영상전압}{정상전압} \times 100[\%]$

② $\frac{정상전압}{역상전압} \times 100[\%]$

③ $\frac{정상전압}{영상전압} \times 100[\%]$

④ $\frac{역상전압}{정상전압} \times 100[\%]$

[풀이] 불평형률 = $\frac{역상분}{정상분} \times 100[\%]$

답 ④

62 $R = 100[\Omega]$, $L = \frac{1}{\pi}[H]$, $C = \frac{100}{4\pi}[pF]$가 직렬로 연결되어 공진할 경우 이 공진회로의 전압확대율 Q는?

① 2×10^3 ② 2×10^4
③ 3×10^3 ④ 3×10^4

[풀이] 직렬공진회로에서 전압 확대율

$Q = \frac{1}{R}\sqrt{\frac{L}{C}} = \frac{1}{100}\sqrt{\frac{\frac{1}{\pi}}{\frac{100}{4\pi} \times 10^{-12}}}$

$= 2 \times 10^3$

답 ①

63 $V = 50\sqrt{3} - j50[V]$, $I = 15\sqrt{3} + j15[A]$일 때 유효전력 $P[W]$와 무효전력 $P_r[Var]$은 각각 얼마인가?

① $P = 3000$, $P_r = 1500$
② $P = 1500$, $P_r = 1500\sqrt{3}$
③ $P = 750$, $P_r = 750\sqrt{3}$
④ $P = 2250$, $P_r = 1500\sqrt{3}$

풀이
$$P = \overline{V}I = P + jP_r$$
$$= (50\sqrt{3} + j50) \times (15\sqrt{3} + j15)$$
$$= 50\sqrt{3} \times 15\sqrt{3} + 50\sqrt{3} \times j15$$
$$+ j50 \times 15\sqrt{3} + j50 \times j15$$
$$= 1,500 + j1,500\sqrt{3}[VA]$$

답 ②

64 대칭 n상 환상결선에서 선전류와 환상전류 사이의 위상차는 어떻게 되는가?

① $\dfrac{\pi}{2}\left(1 - \dfrac{2}{n}\right)$
② $2\left(1 - \dfrac{2}{n}\right)$
③ $\dfrac{n}{2}\left(1 - \dfrac{\pi}{2}\right)$
④ $\dfrac{\pi}{2}\left(1 - \dfrac{n}{2}\right)$

풀이
- 성형 결선 : 대칭 n상에서 선간전압은 상전압 보다 $\dfrac{\pi}{2}\left(1 - \dfrac{2}{n}\right)$[rad]만큼 위상이 앞선다.
- 환상 결선 : 대칭 n상에서 선전류는 상전류 보다 $\dfrac{\pi}{2}\left(1 - \dfrac{2}{n}\right)$[rad]만큼 위상이 뒤진다.

답 ①

65 3상 회로에 △결선된 평형 순저항 부하를 사용하는 경우 선간전압 220[V], 상전류가 7.33[A]라면 1상의 부하저항은 약 몇 [Ω]인가?

① 80[Ω] ② 60[Ω]
③ 45[Ω] ④ 30[Ω]

풀이

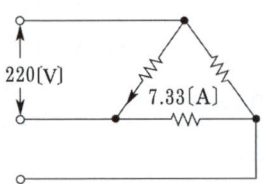

부하 1상의 임피던스 $= \dfrac{\text{상전압}}{\text{상전류}} = \dfrac{220}{7.33}$
$= 30[\Omega]$

답 ④

66 RL 직렬회로에
$$v = 150\sqrt{2}\cos\omega t + 100\sqrt{2}\sin3\omega t + 25\sqrt{2}\sin5\omega t[V]$$
의 전압을 가하였다.
이때 제3고조파성분 전류의 실효치[A]는?
(단, $R = 5[\Omega]$, $\omega L = 4[\Omega]$이다.)

① 약 7.69[A] ② 약 10.88[A]
③ 약 15.62[A] ④ 약 22.08[A]

풀이
$$I_3 = \dfrac{V_3}{Z_3} = \dfrac{V_3}{\sqrt{R^2 + (3\omega L)^2}}$$
$$= \dfrac{100}{\sqrt{5^2 + (3 \times 4)^2}} \fallingdotseq 7.69[A]$$

답 ①

67 그림과 같은 이상적인 변압기로 구성된 4단자 회로에서 정수 A와 C는 어떻게 되는가?

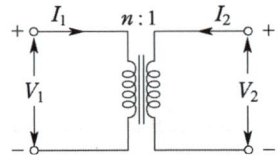

① $A = 0$, $C = n$
② $A = 0$, $C = \dfrac{1}{n}$
③ $A = n$, $C = 0$
④ $A = \dfrac{1}{n}$, $C = 0$

풀이
변압기의 4단자 정수는 $\begin{bmatrix} a & 0 \\ 0 & \dfrac{1}{a} \end{bmatrix}$ 이므로

$\begin{bmatrix} A & B \\ C & D \end{bmatrix} = \begin{bmatrix} \dfrac{n_1}{n_2} & 0 \\ 0 & \dfrac{n_2}{n_1} \end{bmatrix}$ 가 된다.

따라서 $A = \dfrac{n_1}{n_2} = \dfrac{n}{1} = n$, $C = 0$이다.

답 ③

68 60[Hz], 100[V]의 교류전압을 어떤 콘덴서에 인가하니 1[A]의 전류가 흘렀다. 이 콘덴서의 정전용량[μF]은?

① 약 377[μF] ② 약 265[μF]
③ 약 26.5[μF] ④ 약 2.65[μF]

[풀이] $X_C = \dfrac{1}{\omega C} = \dfrac{V}{I} = \dfrac{100}{1} = 100[\Omega]$

$\therefore C = \dfrac{1}{2\pi f X_C} = \dfrac{1}{2\pi \times 60 \times 100}$
$= 26.5 \times 10^{-6}[F] = 26.5[\mu F]$ 　　답 ③

69 분류기를 사용하여 전류를 측정하는 경우 전류계의 내부저항이 0.12[Ω], 분류기의 저항이 0.03[Ω]이면 그 배율은?

① 6　　② 5　　③ 4　　④ 3

[풀이] 분류기의 배율 $m = 1 + \dfrac{R_m}{R_s}$에서

$m = 1 + \dfrac{0.12}{0.03} = 5$ 　　답 ②

70 RL 직렬회로에서 시정수의 값이 클수록 과도현상의 소멸되는 시간에 대한 설명으로 옳은 것은?

① 짧아진다.　　② 과도기가 없어진다.
③ 길어진다.　　④ 변화가 없다.

[풀이] $R-L$ 직렬회로에서 직류전압 인가 시

$i(t) = \dfrac{E}{R}\left(1 - e^{-\frac{R}{L}t}\right) = \dfrac{E}{R}\left(1 - e^{-\frac{1}{\tau}t}\right)$ 이다.

따라서 τ가 커지면 $e^{-\frac{1}{\tau}t}$의 값이 증가하므로 **과도 상태는 길어진다.** 　　답 ③

71 비정현파의 성분을 가장 적합하게 나타낸 것은?

① 직류분 + 고조파
② 교류분 + 고조파
③ 직류분 + 기본파 + 고조파
④ 교류분 + 기본파 + 고조파

[풀이] 정현파로부터 일그러진 파형을 총칭하여 비정현파라고 하며, 비정현파는 다음과 같이 표시한다.
비정현파 = 직류분 + 기본파 + 고조파 　　답 ③

72 다음 미분방정식으로 표시되는 계에 대한 전달함수를 구하면? (단, $x(t)$는 입력, $y(t)$는 출력을 나타낸다.)

$\dfrac{d^2 y(t)}{dt^2} + 3\dfrac{dy(t)}{dt} + 2y(t) = x(t) + \dfrac{dx(t)}{dt}$

① $\dfrac{s+1}{s^2 + 3s + 2}$　　② $\dfrac{s-1}{s^2 + 3s + 2}$

③ $\dfrac{s+1}{s^2 - 3s + 2}$　　④ $\dfrac{s-1}{s^2 - 3s + 2}$

[풀이] $\{s^2 Y(s) - sy(0) - y'(0)\}$
$\quad + 3\{sY(s) - y(0)\} + 2Y(s)$
$= X(s) + \{sX(s) - x(0)\}$

모든 초기값을 0으로 보고 정리하면
$(s^2 + 3s + 2)Y(s) = (s+1)X(s)$

$\therefore \dfrac{Y(s)}{X(s)} = \dfrac{s+1}{s^2 + 3s + 2}$ 　　답 ①

73 각 상의 임피던스가 $Z = 6 + j8$인 평형 Y부하에 선간전압 220[V]인 대칭 3상 전압이 가해졌을 때 선전류는 약 몇 [A]인가?

① 11.7[A]　　② 12.7[A]
③ 13.7[A]　　④ 14.7[A]

[풀이]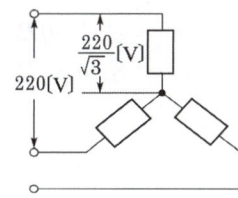

Y결선에서 $V_l = \sqrt{3} V_p$, $I_l = I_p$이므로

$I_l = I_p = \dfrac{V_p}{Z} = \dfrac{\frac{220}{\sqrt{3}}}{\sqrt{6^2 + 8^2}} ≒ 12.7[A]$ 　　답 ②

74 어느 저항에
$v_1 = 220\sqrt{2}\sin(2\pi \cdot 60t - 30°)[V]$와
$v_2 = 100\sqrt{2}\sin(3 \cdot 2\pi \cdot 60t - 30°)[V]$
의 전압이 각각 걸릴 때 올바른 것은?

① v_1이 v_2보다 위상이 15° 앞선다.
② v_1이 v_2보다 위상이 15° 뒤진다.
③ v_1이 v_2보다 위상이 75° 앞선다.
④ v_1과 v_2의 위상관계는 의미가 없다.

[풀이] v_1은 기본파, v_3는 제3고조파 성분이므로 **위상관계는 의미가 없다.** 　　답 ④

75 다음 그림에서 $V_1 = 24[V]$일 때 $V_o[V]$의 값은?

① 8[V]
② 12[V]
③ 16[V]
④ 24[V]

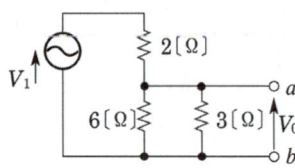

풀이

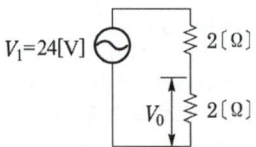

병렬 부분의 저항 $R = \dfrac{6 \times 3}{6+3} = 2[\Omega]$

전압은 저항에 비례하므로

$\therefore V_0 = 24 \times \dfrac{1}{2} = 12[V]$ 　답 ②

76 일정 전압의 직류 전원에 저항 R을 접속하고 전류를 흘릴 때, 이 전류값을 20[%] 증가시키기 위해서는 저항값은 얼마로 하여야 하는가?

① $1.25R$　② $1.20R$
③ $0.83R$　④ $0.80R$

풀이 $I_1 = \dfrac{E}{R_1}$ …… ①

$I_2 = \dfrac{E}{R_2} = 1.2 I_1$ …… ②

식 ①, ②에서
$E = I_1 R_1 = 1.2 I_1 R_2$

$\therefore R_2 = \dfrac{I_1 R_1}{1.2 I_1} ≒ 0.83 R_1$ 　답 ③

77 다음과 같은 파형을 푸리에 급수로 전개하면?

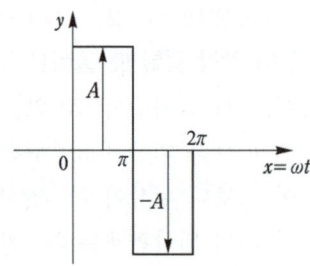

① $y = \dfrac{A}{\pi} + \dfrac{\sin 2x}{2} + \dfrac{\sin 4x}{4} + \cdots\cdots$

② $y = \dfrac{4A}{\pi}(\sin\alpha \sin x + \dfrac{1}{9}\sin 3\alpha \sin 3x + \cdots\cdots)$

③ $y = \dfrac{4A}{\pi}(\sin x + \dfrac{1}{3}\sin 3x + \dfrac{1}{5}\sin 5x + \cdots\cdots)$

④ $y = \dfrac{4}{\pi}(\dfrac{\cos 2x}{1.3} + \dfrac{\cos 4x}{3.5} + \dfrac{\cos 6x}{5.7} + \cdots\cdots)$

풀이 반파 대칭 및 정현파 대칭이므로 $b_n = a_0 = 0$ 기수항의 sin항만이 존재한다. 　답 ③

78 그림과 같은 회로의 임피던스 파라미터는?

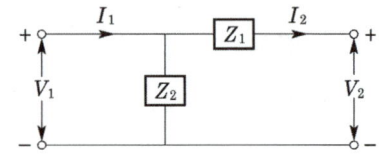

① $Z_{11} = Z_1 + Z_2$, $Z_{12} = Z_1$, $Z_{21} = Z_1$, $Z_{22} = Z_1$

② $Z_{11} = Z_1$, $Z_{12} = Z_2$, $Z_{21} = -Z_1$, $Z_{22} = Z_2$

③ $Z_{11} = Z_2$, $Z_{12} = -Z_2$, $Z_{21} = -Z_2$, $Z_{22} = Z_1 + Z_2$

④ $Z_{11} = Z_2$, $Z_{12} = Z_1 + Z_2$, $Z_{21} = Z_1 + Z_2$, $Z_{22} = Z_1$

풀이 임피던스 파라미터 $Z_{11} = Z_2$,
$Z_{12} = Z_{21} = -Z_2$, $Z_{22} = Z_1 + Z_2$ 　답 ③

79 전류가 전압에 비례한다는 것을 가장 잘 나타낸 것은?

① 테브난의 정리　② 상반의 정리
③ 밀만의 정리　④ 중첩의 원리

풀이 • 전압과 전류의 비례 : 테브난의 정리
• 선형 회로 : 중첩의 원리 　답 ①

80 a가 상수, $t > 0$ 일 때 $f(t) = e^{at}$의 라플라스 변환은?

① $\dfrac{1}{s-a}$　② $\dfrac{1}{s+a}$
③ $\dfrac{1}{s^2-a^2}$　④ $\dfrac{1}{s^2+a^2}$

풀이 복소 추이 정리에 의해서

$$\mathcal{L}[1 \cdot e^{at}] = \frac{1}{s}\Big|_{s=s-a} = \frac{1}{s-a}$$

답 ①

5과목 - 전기설비기술기준

81 고압 가공전선로에 사용하는 가공지선은 지름 몇 [mm] 이상의 나경동선을 사용하여야 하는가?

① 2.6 ② 3.0
③ 4.0 ④ 5.0

풀이 332.6 고압 가공전선로의 가공지선
고압 가공전선로에 사용하는 가공지선은 인장강도 5.26 [kN] 이상의 것 또는 지름 4[mm] 이상의 나경동선을 사용한다.

답 ③

82 다음 중 전선 접속 방법이 잘못된 것은?

① 알루미늄과 동을 사용하는 전선을 접속하는 경우에는 접속 부분에 전기적 부식이 생기지 않아야 한다.
② 공칭단면적 10[mm²] 미만인 캡타이어 케이블 상호 간을 접속하는 경우에는 접속함을 사용할 수 없다.
③ 절연전선 상호 간을 접속하는 경우에는 접속부분을 절연 효력이 있는 것으로 충분히 피복하여야 한다.
④ 나전선 상호 간의 접속인 경우에는 전선의 세기를 20[%] 이상 감소시키지 않아야 한다.

풀이 123 전선의 접속
전선을 접속하는 경우에는 전선의 전기저항을 증가시키지 아니하도록 접속 하여야 하며, 또한 다음에 따라야 한다.
가. 절연전선 상호ㆍ절연전선과 코드, 캡타이어 케이블과 접속하는 경우에는
① 전선의 세기를 20[%] 이상 감소시키지 아니할 것.
② 접속부분은 접속관 기타의 기구를 사용할 것.
③ 접속부분의 절연전선에 절연전선의 절연물과 동

등 이상의 절연효력이 있는 것으로 충분히 피복할 것.
다. 코드 상호, 캡타이어 케이블 상호 또는 이들 상호를 접속하는 경우에는 코드 접속기ㆍ접속함 기타의 기구를 사용할 것 다만 공칭단면적이 10[mm²] 이상인 캡타이어 케이블 상호를 규정에 준하여 접속하는 경우에는 기구를 사용하지 않을 수 있다.
라. 도체에 알루미늄(알루미늄 합금을 포함한다.)을 사용하는 전선과 동(동합금을 포함한다.)을 사용하는 전선을 접속하는 등 전기 화학적 성질이 다른 도체를 접속하는 경우에는 접속부분에 전기적 부식이 생기지 않도록 할 것.

답 ②

83 다음 ( )에 들어갈 적당한 것은?

> 지중전선로는 기설 지중 약전류 전선로에 대하여 (ⓐ) 또는 (ⓑ)에 의하여 통신상의 장해를 주지 않도록 기설 약전류 전선으로부터 충분히 이격시키거나 기타 적당한 방법으로 시설하여야 한다.

① ⓐ 정전용량, ⓑ 표피작용
② ⓐ 정전용량, ⓑ 유도작용
③ ⓐ 누설전류, ⓑ 표피작용
④ ⓐ 누설전류, ⓑ 유도작용

풀이 334.5 지중약전류전선의 유도장해 방지
지중전선로는 기설 지중약전류전선로에 대하여 누설전류 또는 유도작용에 의하여 통신상의 장해를 주지 않도록 충분히 이격시키거나 기타 적당한 방법으로 시설하여야 한다.

답 ④

84 전력보안통신 설비인 무선통신용 안테나를 지지하는 목주는 풍압하중에 대한 안전율이 얼마 이상이어야 하는가?

① 1.0 ② 1.2 ③ 1.5 ④ 2.0

풀이 364.1 무선용 안테나 등을 지지하는 철탑 등의 시설
전력보안통신설비인 무선통신용 안테나 또는 반사판을 지지하는 목주ㆍ철주ㆍ철근 콘크리트주 또는 철탑은 다음에 따라 시설하여야 한다. 다만, 무선용 안테나 등이 전선로의 주위상태를 감시할 목적으로 시설되는 것일 경우에는 그러하지 아니하다.
가. 목주는 풍압하중에 대한 안전율은 1.5 이상이어야 한다.
나. 철주ㆍ철근 콘크리트주 또는 철탑의 기초 안전율은 1.5 이상이어야 한다.

답 ③

85 인입용 비닐절연전선을 사용한 저압가공전선은 횡단보도교 위에 시설하는 경우 노면상의 높이는 몇 [m] 이상으로 하여야 하는가?

① 3
② 3.5
③ 4
④ 4.5

풀이 221.1.1 저압 인입선의 시설
저압 가공인입선의 높이
가. 도로(차도와 보도의 구별이 있는 도로인 경우에는 차도)를 횡단하는 경우 : 노면상 5[m] (기술상 부득이한 경우에 교통에 지장이 없을 때에는 3[m]) 이상
나. 철도 또는 궤도를 횡단하는 경우 : 레일면상 6.5[m] 이상
다. 횡단보도교 위에 시설하는 경우 : 노면상 3[m] 이상
답 ①

86 발전소에서 사용하는 차단기의 압축공기장치의 공기압축기는 최고 사용압력 몇 배의 수압을 연속하여 10분간 가하였을 때 견디고 새지 않아야 하는가?

① 1.2배
② 1.25배
③ 1.5배
④ 1.55배

풀이 341.15 압축공기계통
발전소·변전소·개폐소 또는 이에 준하는 곳에서 개폐기 또는 차단기에 사용하는 압축공기장치는 최고 사용압력의 1.5배의 수압(최고 사용압력의 1.25배의 기압)을 연속하여 10분간 가하여 시험을 하였을 때에 이에 견디고 또한 새지 아니할 것.
답 ③

87 태양전지 발전소에 시설하는 태양전지 모듈, 전선 및 개폐기 기타 기구의 시설방법으로 적합하지 않은 것은?

① 충전부분은 노출되지 아니하도록 시설할 것
② 태양전지 모듈에 전선을 접속하는 경우에는 접속점에 장력이 가해지도록 할 것
③ 옥내에 시설하는 경우에는 금속관공사, 금속제 가요전선관공사로 할 것
④ 태양전지 모듈의 지지물은 진동과 충격에 안전한 구조이어야 할 것

풀이 522 태양광설비의 시설
가. 모듈 및 기타 기구에 전선을 접속하는 경우는 나사로 조이고, 기타 이와 동등 이상의 효력이 있는 방법으로 기계적·전기적으로 안전하게 접속하고, 접속점에 장력이 가해지지 않도록 할 것
나. 모듈의 출력배선은 극성별로 확인할 수 있도록 표시할 것
다. 전선은 공칭단면적 2.5[mm²] 이상의 연동선 또는 이와 동등 이상의 세기 및 굵기의 것일 것.
라. 배선설비 공사는 옥내에 시설할 경우에는 합성수지관공사, 금속관공사, 금속제가요전선관공사, 케이블공사의 규정에 준하여 시설할 것.
답 ②

88 고압 보안공사에서 지지물이 A종 철주인 경우 경간은 몇 [m] 이하인가?

① 100
② 150
③ 250
④ 400

풀이 332.10 고압 보안공사
고압 보안공사는 다음에 따라야 한다.
가. 전선은 케이블인 경우 이외에는 인장강도 8.01[kN] 이상의 것 또는 지름 5[mm] 이상의 경동선일 것.
나. 목주의 풍압하중에 대한 안전율은 1.5 이상일 것.
다. 경간은 표에서 정한 값 이하일 것.

지지물의 종류	경간
목주, A종 철주 또는 A종 철근 콘크리트	100[m]
B종 철주 또는 B종 철근 콘크리트주	150[m]
철탑	400[m]

답 ①

89 사용전압이 22,900[V]인 특고압가공전선이 조물 등과 접근상태로 시설되는 경우 지지물로 A종 철근 콘크리트주를 사용하면 그 경간은 몇 [m] 이하이어야 하는가? (단, 중성선 다중접지식으로 전로에 단락이 생겼을 때에 2초 이내에 자동적으로 이를 전로로부터 차단하는 장치가 되어있는 경우)

① 100
② 150
③ 200
④ 250

풀이 333.32 25[kV] 이하인 특고압 가공전선로의 시설
사용전압이 15[kV]를 초과하고 25[kV] 이하인 특고

가공전선로가 건조물·도로·횡단보도교·철도·궤도·삭도·가공약전류전선 등·안테나·저압이나 고압의 가공전선 또는 저압이나 고압의 전차선과 접근 또는 교차상태로 시설되는 경우의 경간은 표에서 정한 값 이하일 것.

지지물의 종류	경간
목주, A종 철주 또는 A종 철근 콘크리트	100[m]
B종 철주 또는 B종 철근 콘크리트주	150[m]
철탑	400[m]

답 ①

설치장소		가공전선의 높이
도로횡단(번잡하지 않은 도로 제외)		지표상 6[m] 이상
철도 또는 궤도횡단		레일면상 6.5[m] 이상
횡단보도교 위	저압	노면상 3.5[m] 이상. 단, 절연전선의 경우 3[m] 이상
	고압	노면상 3.5[m] 이상
일반장소		지표상 5[m] 이상. 단, 저압의 경우 절연전선 또는 케이블을 사용하여 교통에 지장이 없도록 하여 옥외조명용에 공급하는 경우 4[m]까지 감할 수 있다.
다리의 하부 기타 이와 유사한 장소		저압의 전기철도용 급전선은 지표상 3.5[m]까지로 감할 수 있다.

답 ②

90 전기울타리 시설에 대한 설명으로 옳지 않은 것은?

① 사람이 쉽게 출입하지 아니하는 곳에 시설할 것
② 전선과 이를 지지하는 기둥 사이의 이격거리는 2.5[cm] 이상일 것
③ 전기울타리용 전원장치에 전기를 공급하는 전로의 사용전압은 250[V] 이하일 것
④ 전선과 다른 시설물 또는 수목 사이의 이격거리는 20[cm] 이상일 것

풀이 241.1 전기울타리
가. 전기울타리용 전원장치에 전원을 공급하는 전로의 사용전압은 250[V] 이하이어야 한다.
나. 전기울타리는 사람이 쉽게 출입하지 아니하는 곳에 시설할 것.
다. 전선은 인장강도 1.38[kN] 이상의 것 또는 지름 2[mm] 이상의 경동선일 것.
라. 전선과 이를 지지하는 기둥 사이의 이격거리는 25[mm] 이상일 것.
마. 전선과 다른 시설물(가공 전선을 제외한다) 또는 수목과의 이격거리는 0.3[m] 이상일 것.

답 ④

91 철도 또는 궤도를 횡단하는 저고압가공전선의 높이는 레일면 상 몇 [m] 이상이어야 하는가?

① 5.5   ② 6.5
③ 7.5   ④ 8.5

풀이 332.5 고압 가공전선의 높이.
222.7 저압 가공전선의 높이
저·고압 가공전선의 높이는 다음에 따라야 한다.

92 케이블트레이공사에 사용하는 케이블 트레이에 적합하지 않은 것은?

① 금속재의 것은 적절한 방식처리를 하거나 내식성 재료의 것이어야 한다.
② 비금속재 케이블 트레이는 난연성 재료가 아니어도 된다.
③ 케이블 트레이가 방화구획의 벽 등을 관통하는 경우에는 개구부에 연소방지시설을 하여야 한다.
④ 금속제 케이블 트레이 계통은 기계적 또는 전기적으로 완전하게 접속하여야 한다.

풀이 232.41 케이블트레이공사
케이블트레이공사는 케이블을 지지하기 위하여 사용하는 금속재 또는 불연성 재료로 제작된 유닛 또는 유닛의 집합체 및 그에 부속하는 부속재 등으로 구성된 견고한 구조물을 말하며 사다리형, 펀칭형, 메시형, 바닥밀폐형 기타 이와 유사한 구조물을 포함하여 적용한다.
가. 케이블 트레이의 안전율은 1.5 이상으로 하여야 한다.
나. 금속재의 것은 적절한 방식처리를 한 것이거나 내식성 재료의 것이어야 한다.
다. 비금속재 케이블 트레이는 난연성 재료의 것이어야 한다.
라. 금속제 케이블 트레이 계통은 기계적 및 전기적으로 완전하게 접속하여야 하며 금속제 트레이는 접지공사를 하여야 한다.

답 ②

93 특고압전선로에 접속하는 배전용 변압기를 시설하는 경우에 대한 설명으로 틀린 것은?

① 변압기의 2차 전압이 고압인 경우에는 저압측에 개폐기를 시설한다.
② 특고압전선으로 특고압 절연전선 또는 케이블을 사용한다.
③ 변압기의 특고압측에 개폐기 및 과전류차단기를 시설한다.
④ 변압기의 1차 전압은 35[kV] 이하, 2차 전압은 저압 또는 고압이어야 한다.

풀이 341.2 특고압 배전용 변압기의 시설
특고압 전선로에 접속하는 배전용 변압기를 시설하는 경우에는 특고압 전선에 특고압 절연전선 또는 케이블을 사용하고 또한 다음에 따라야 한다.
가. 변압기의 1차 전압은 35[kV] 이하, 2차 전압은 저압 또는 고압일 것.
나. 변압기의 특고압측에 개폐기 및 과전류차단기를 시설할 것.
다. 변압기의 2차 전압이 고압인 경우에는 고압측에 개폐기를 시설하고 또한 쉽게 개폐할 수 있도록 할 것.
답 ①

94 지중전선이 지중약전류 전선 등과 접근하거나 교차하는 경우에 상호 간의 이격거리가 저압 또는 고압의 지중전선이 몇 [cm] 이하일 때, 지중전선과 지중약전류 전선 사이에 견고한 내화성의 격벽(隔壁)을 설치하여야 하는가?

① 10[cm]   ② 20[cm]
③ 30[cm]   ④ 60[cm]

풀이 334.6 지중전선과 지중약전류전선 등 또는 관과의 접근 또는 교차
지중전선이 다음 조건의 이격거리 이하로 설치되는 경우에는 상호간에 내화성의 격벽을 설치하여야 한다.

조 건	전 압	이격거리
지중 약전류 전선과 접근 또는 교차하는 경우	저압 또는 고압	0.3[m]
	특고압	0.6[m]
가연성, 유독성의 유체를 내포하는 관과 접근 또는 교차	특고압	1[m]
	25[kV] 이하, 다중접지방식	0.5[m]
기타의 관과 접근 또는 교차	특고압	0.3[m]

답 ③

95 특고압가공전선과 가공약전류 전선사이에 시설하는 보호망에서 보호망을 구성하는 금속선 상호 간의 간격은 가로 및 세로를 각각 몇 [m] 이하로 시설하여야 하는가?

① 0.75[m]   ② 1.0[m]
③ 1.25[m]   ④ 1.5[m]

풀이 333.24 특고압 가공전선과 도로 등의 접근 또는 교차
가. 보호망은 규정에 준하여 접지공사를 한 금속제의 망상장치로 하고 견고하게 지지할 것.
나. 보호망을 구성하는 금속선은 그 외주 및 특고압 가공전선의 직하에 시설하는 금속선에는 인장강도 8.01[kN] 이상의 것 또는 지름 5[mm] 이상의 경동선을 사용하고 그 밖의 부분에 시설하는 금속선에는 인장강도 5.26[kN] 이상의 것 또는 지름 4[mm] 이상의 경동선을 사용할 것.
다. 보호망을 구성하는 금속선 상호의 간격은 가로, 세로 각 1.5[m] 이하일 것.
답 ④

> 출제기준 변경 및 개정된 관계 법규에 따라 삭제된 문제가 있어 20문항이 안됩니다.

2012년 3회

20년간 전기산업기사필기

1과목 - 전기자기

01 대전도체 내부의 전위에 대한 설명으로 옳은 것은?

① 내부에는 전기력선이 없으므로 전위는 무한대의 값을 갖는다.
② 내부의 전위와 표면전위는 같다. 즉 도체는 등전위이다.
③ 내부의 전위는 항상 대지전위와 같다.
④ 내부에는 전계가 없으므로 0전위이다.

풀이 대전 도체내부는 전계(전기력선)가 없다. 즉 전위차가 발생하지 않는다. 따라서 내부의 전위와 표면전위는 같다(도체는 등전위이다). **답** ②

02 자화율 χ와 비투자율 μ_s의 관계에서 상자성체로 판단할 수 있는 것은?

① $\chi > 0, \mu_s < 1$ ② $\chi < 0, \mu_s > 1$
③ $\chi > 0, \mu_s > 1$ ④ $\chi < 0, \mu_s < 1$

풀이 상자성체 : 자화율 $\chi > 0$, 비투자율 $\mu_s > 1$
반자성체 : 자화율 $\chi < 0$, 비투자율 $\mu_s < 1$ **답** ③

03 강자성체의 자속밀도 B의 크기와 자화의 세기 J의 크기 사이에는 어떤 관계가 있는가?

① J가 B보다 약간 크다.
② J는 B보다 대단히 크다.
③ J는 B보다 약간 작다.
④ J는 B와 똑같다.

풀이 강자성체는 $\mu_s \gg 1$이므로 $J = \frac{\mu_s - 1}{\mu_s} B$에서 $\frac{\mu_s - 1}{\mu_s}$은 1보다 약간 작으므로 J도 B보다 약간 작다.

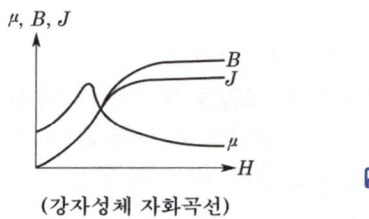

(강자성체 자화곡선)

답 ③

04 다음 설명 중 옳은 것은?

① 완전 도체가 아닌 일정한 고유저항을 가진 대지상의 대지와 나란히 높이 h인 곳에 가선된 전류 I가 흐르는 원통상 도선의 영상전류는 방향이 반대인 -I이고, 땅속 h보다 얕은 곳에 대지면과 나란히 흐르는 영상전류이다.
② 접지 구도체의 외부에 있는 점전하에 기인된 접지 구도체상 유도전하의 영상전하는 2개 있다.
③ 두 유전체가 무한 평면으로 경계면을 이루고 접해있을 때 한 유전체내에 있는 점전하 Q의 영상전하는, 경계면과 Q간 거리의 연장선상 반대편 등거리에 1개 있다.
④ 절연 도체구의 외부에 점전하가 있을 때 절연 도체구에 유도된 전하에 관한 영상 전하는 2개 있다.

풀이 절연 도체구의 경우 유도되는 전하의 총합은 0이 되어야 하므로, Q에 의해 유도된 전하는 중심으로부터 $\frac{a^2}{d}$인 점에 $-\frac{a}{d}Q$의 영상전하와 구의 중심에 $\frac{a}{d}Q$라고 하는 영상전하가 2개가 있다. **답** ④

05 열전대는 무슨 효과를 이용한 것인가?

① 압전효과 ② 제벡 효과
③ 홀 효과   ④ 가우스 효과

풀이 제벡 효과(Seebeck effect)
서로 다른 두 종류의 금속선을 접합하여 폐회로를 만든 후 두 접합점의 온도를 달리하였을 때, 폐회로에 열기전력이 발생하여 열전류가 흐르게 된다. 이러한 현상을 제벡 효과라 하며 이때 연결한 금속 루프를 **열전대**라 한다. 　　답 ②

06 자기 인덕턴스가 L_1, L_2이고 상호 인덕턴스가 M인 두 코일을 직렬로 연결하여 합성인덕턴스 L을 얻었을 때, 다음 중 항상 양의 값을 갖는 것만 골라 묶은 것은?

① L_1, L_2, M
② L_1, L_2, L
③ M, L
④ 항상 양의 값을 갖는 것은 없다.

풀이 합성 인덕턴스 $L = L_1 + L_2 \pm 2M$
(상호 인덕턴스 $M = k\sqrt{L_1 L_2}$, $0 \le k \le 1$이므로 **합성 인덕턴스도 항상 양의 값을 갖는다.**) 　答 ②

07 두 개의 자하 m_1, m_2 사이에 작용되는 쿨롱의 법칙으로서 자하간의 자기력에 대한 설명으로 옳지 않은 것은?

① 두 자하가 동일 극성이면 반발력이 작용한다.
② 두 자하가 서로 다른 극성이면 흡인력이 작용한다.
③ 두 자하의 거리에 반비례한다.
④ 두 자하의 곱에 비례한다.

풀이 자극의 세기가 m_1, m_2인 자하가 r[m] 만큼 떨어져 있을 때 두 자하 간에는 자기력이 작용한다. 이때 **자기력의 크기는 양 자하의 곱에 비례하며, 거리의 제곱에 반비례한다.**
$$F = \frac{m_1 m_2}{4\pi \mu_0 r^2}[\text{N}]$$
여기서, m_1, m_2 : 자극의 세기[Wb],
　　　r : 자극 간의 거리[m],
　　　F : 상호 간에 작용하는 자기력[N] 　答 ③

08 자기회로단면적 4[cm^2]의 철심에 6×10^{-4}[Wb]의 자속을 통하게 하려면 2800[AT/m]의 자계가 필요하다. 이 철심의 비투자율은?

① 12[H/m]
② 43[H/m]
③ 75[H/m]
④ 426[H/m]

풀이 $B = \mu_0 \mu_s H$ 에서
$$\therefore \mu_s = \frac{B}{\mu_0 H} = \frac{\Phi/S}{\mu_0 H} = \frac{\Phi}{\mu_0 HS}$$
$$= \frac{6 \times 10^{-4}}{4\pi \times 10^{-7} \times 2800 \times 4 \times 10^{-4}}$$
$$= 426[\text{H/m}]$$
　答 ④

09 두 자성체 경계면에서 정자계가 만족하는 것은?

① 자속밀도의 접선성분이 같다.
② 자속은 투자율이 작은 자성체에 모인다.
③ 양측 경계면상의 두 점 간의 자위차가 같다.
④ 자계의 법선성분이 같다.

풀이 ① 자계의 접선성분이 같다.
　　$H_1 \sin\theta_1 = H_2 \sin\theta_2$
② 자속밀도의 법선성분이 같다.
　　$B_1 \cos\theta_1 = B_2 \cos\theta_2$
③ **경계면상의 두 점 간의 자위차는 같다.**
④ 자속은 투자율이 높은 쪽으로 모이려는 성질이 있다. 　答 ③

10 전압 V로 충전된 용량 C의 콘덴서에 용량 2C의 콘덴서를 병렬 연결한 후의 단자전압[V]은?

① $3V$　② $2V$　③ $\dfrac{V}{2}$　④ $\dfrac{V}{3}$

풀이 충전 전하 $Q = CV$
합성 용량 $C_0 = C + 2C = 3C$이므로
전위차 $V_0 = \dfrac{Q}{C_0} = \dfrac{CV}{3C} = \dfrac{V}{3}$ 　答 ④

11 평행판 공기콘덴서의 극판 사이에 비유전율 ϵ_s의 유전체를 채운 경우 동일 전위차에 대한 극판 간의 전하량 Q[C]는?

① ϵ_s배로 증가
② $\dfrac{1}{\epsilon_s}$로 감소
③ $\pi\epsilon_s$배로 증가
④ 불변

풀이 $Q = CV$에서 동일 전위차인 경우 **전하량 Q는 C**
비례하는데 용량 C는 유전율에 비례하므로 **ϵ_s 배로** 증가한다. 　答 ①

12 두 도체 A와 B에서 도체 A에는 $+Q[C]$, 도체 B에는 $-Q[C]$의 전하를 줄 때 도체 A, B간의 전위차를 V_{AB}라 하면 성립되는 식은? (단, 두 도체 사이의 정전용량은 C이다.)

① $Q = \sqrt{C} V_{AB}^2$ ② $Q = \sqrt{C} V_{AB}$
③ $Q = C^2 V_{AB}$ ④ $Q = C V_{AB}$

풀이 진공 중에 놓여진 두 도체에 각각 동량 이부호의 전하 $\pm Q$를 주었을 때, 도체 사이의 전위차를 V_{ab}라 하면 두 도체 사이의 정전용량 C는

$C = \dfrac{Q}{V_{ab}}$[F]

여기서, Q : 전하[C]
V_{ab} : 두 도체 사이의 전위차[V]
C : 정전용량[F]
∴ $Q = C V_{AB}$[V]   **답** ④

13 그림과 같이 진공 내의 A, B, C 각 점에 $Q_A = 4 \times 10^{-6}$[C], $Q_B = 2 \times 10^{-6}$[C], $Q_C = 5 \times 10^{-6}$[C]의 점전하가 일직선상에 놓여 있을 때 B점에 작용하는 힘은 몇 [N]인가?

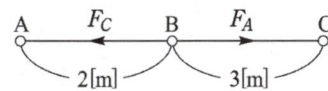

① 0.8×10^{-2} ② 1.2×10^{-2}
③ 1.8×10^{-2} ④ 2.4×10^{-2}

풀이 B 구에 작용하는 힘 $F_B = F_{BA} - F_{BC}$ 이므로

$F_B = F_{BA} - F_{BC}$
$= \dfrac{Q_B Q_A}{4\pi\epsilon_0 r_A^2} - \dfrac{Q_B Q_C}{4\pi\epsilon_0 r_B^2} = \dfrac{Q_B}{4\pi\epsilon_0}\left(\dfrac{Q_A}{r_A^2} - \dfrac{Q_C}{r_B^2}\right)$
$= 9 \times 10^9 \times 2 \times 10^{-6} \left(\dfrac{4 \times 10^{-6}}{2^2} - \dfrac{5 \times 10^{-6}}{3^2}\right)$
$= 8 \times 10^{-3} = 0.8 \times 10^{-2}$[N]   **답** ①

14 반지름 a[m]되는 도선의 1[m]당 내부 자기 인덕턴스는 몇 [H/m]인가?

① $\dfrac{\mu}{8\pi}$ ② $\dfrac{\mu}{4\pi}$
③ $\dfrac{\mu a}{8\pi}$ ④ $\dfrac{\mu a}{4\pi}$

풀이 길이 1[m]당의 자계 에너지는
$W = \dfrac{\mu}{16\pi} I^2 = \dfrac{1}{2} L_i I^2$[J]
∴ $L_i = \dfrac{\mu}{8\pi}$[H/m]   **답** ①

15 유전율이 각각 ϵ_1, ϵ_2인 두 유전체가 접해있는 경우 전기력선의 방향을 그림과 같이 표시할 때 $\epsilon_1 > \epsilon_2$이면 θ_1과 θ_2의 관계는?

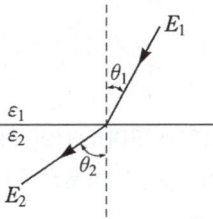

① $\theta_1 = \theta_2$
② $\theta_1 < \theta_2$
③ $\theta_1 > \theta_2$
④ 전력선의 방향에 따라 $\theta_1 > \theta_2$ 혹은 $\theta_1 < \theta_2$

풀이
• 전속밀도의 법선성분(수직 성분)이 같다.
 ($D_1 \cos\theta_1 = D_2 \cos\theta_2$)
• 전계는 접선성분(평행 성분)이 같다.
 ($E_1 \sin\theta_1 = E_2 \sin\theta_2$)
• 두 경계면에서의 전위는 서로 같다.
 ($V_1 = V_2$)
• $\epsilon_1 > \epsilon_2$이면 $\theta_1 > \theta_2$ 이다.
• $\dfrac{\tan\theta_1}{\tan\theta_2} = \dfrac{\epsilon_1}{\epsilon_2}$ **답** ③

16 무한 평면도체에서 h[m]의 높이에 반지름 a[m] ($a \ll h$)의 도선을 도체에 평행하게 가설하였을 때 도체에 대한 도선의 정전용량은 몇 [F/m]인가?

① $\dfrac{\pi\epsilon_0}{\ln\dfrac{h}{a}}$ ② $\dfrac{2\pi\epsilon_0}{\ln\dfrac{2h}{a}}$
③ $\dfrac{\pi\epsilon_0}{\ln\dfrac{2h}{a}}$ ④ $\dfrac{2\pi\epsilon_0}{\ln\dfrac{h}{a}}$

풀이 두 평행 도선 간 정전용량
$C = \dfrac{\pi\epsilon_0}{\ln\dfrac{2h}{a}}$ [F/m]에서

대지간 정전용량은
거리가 $\dfrac{1}{2}$ 이므로
∴ $C_0 = 2C$
$= \dfrac{2\pi\epsilon_0}{\ln\dfrac{2h}{a}}$ [F/m]

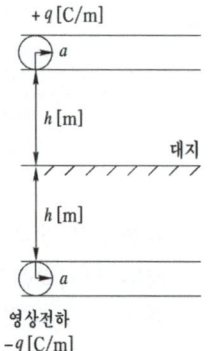

답 ②

17 자기 인덕턴스 50[mH]의 회로에 흐르는 전류가 매초 100[A]의 비율로 감소할 때 자기 유도 기전력[V]은?

① 5×10^{-4}[mV] ② 5[V]
③ 40[V] ④ 200[V]

풀이 $e = L\dfrac{di}{dt} = 0.05 \times \dfrac{100}{1} = 5$[V] 답 ②

18 유전율 ϵ_1[F/m], ϵ_2[F/m]인 두 종류의 유전체가 무한평면을 경계로 접해있다. 유전체에서 경계면으로부터 r[m]만큼 떨어진 점 P에 점전하 Q[C]가 있을 경우, 점전하와 유전체 ϵ_2[F/m] 사이에 작용하는 힘[N]은?

① $\dfrac{Q^2}{4\pi\epsilon_1 r^2} \dfrac{\epsilon_1 - \epsilon_2}{\epsilon_1 + \epsilon_2}$ [N]

② $\dfrac{Q}{4\pi\epsilon_1 r} \dfrac{\epsilon_1 - \epsilon_2}{\epsilon_1 + \epsilon_2}$ [N]

③ $\dfrac{Q}{16\pi\epsilon_1 r} \dfrac{\epsilon_1 - \epsilon_2}{\epsilon_1 + \epsilon_2}$ [N]

④ $\dfrac{Q^2}{16\pi\epsilon_1 r^2} \dfrac{\epsilon_1 - \epsilon_2}{\epsilon_1 + \epsilon_2}$ [N]

풀이 점전하 Q와 유전체 ϵ_2 사이에 작용하는 힘을 유전체 ϵ_1 중에서 점전하 Q와 영상전하 Q' 사이에 작용하는 힘과 같다. 즉 전공간이 ϵ_1의 유전체로 되었을 경우의 Q에 대한 영상전하 Q'는

$Q' = \dfrac{\epsilon_1 - \epsilon_2}{\epsilon_1 + \epsilon_2} Q$

따라서 점전하 Q가 받는 힘 F는
$F = \dfrac{QQ'}{4\pi\epsilon_1 (2r)^2} = \dfrac{Q^2}{16\pi\epsilon_1 r^2} \dfrac{\epsilon_1 - \epsilon_2}{\epsilon_1 + \epsilon_2}$ [N] 답 ④

19 전자계에 대한 맥스웰(Maxwell)의 기본 이론으로 옳지 않은 것은?

① 고립된 자극이 존재한다.
② 전하에서 전속선이 발산된다.
③ 전도 전류와 변위전류는 자계의 회전을 발생시킨다.
④ 자속밀도의 시간적 변화에 따라 전계의 회전이 생긴다.

풀이 단자극은 존재하지 않는다. (div $B = 0$) 답 ①

20 도전성을 가진 매질 내의 평면파에서 전송계수 γ를 표현한 것으로 알맞은 것은?

① $\gamma = \alpha + j\beta$ ② $\gamma = \alpha - j\beta$
③ $\gamma = j\alpha + \beta$ ④ $\gamma = j\alpha - \beta$

답 ①

2과목 - 전력공학

21 송전선용 표준철탑 설계의 경우 일반적으로 가장 큰 하중은?

① 빙설
② 애자, 전선의 중량
③ 풍압
④ 전선의 인장강도

풀이 전선로의 지지물에 가해지는 하중에는 지지물의 자중, 가섭선의 자중, 부착한 빙설의 자중, 애자 및 애자 금구류의 자중에 의한 수직 하중, 선로 방향의 하중으로 지지물 자체의 풍압과 가섭선의 불평형 장력으로 인한 수평 종하중, 전선로의 방향과 직각으로 작용하는 수평 횡하중의 3가지가 있다. 답 ③

22 출력 200000[kW]의 화력발전소가 부하율 80[%]로 운전할 때 1일의 석탄소비량은 약 몇 ton인가? (단, 보일러 효율 80[%], 터빈의 열 사이클 효율 35[%], 터빈 효율 85[%], 발전기 효율 76[%], 석탄의 발열량은 5500[kcal/kg]이다.)

① 275 ② 293
③ 312 ④ 333

풀이 1[kWh] = 860[kcal]이므로
시간 × 860 × 최대 전력 × 부하율
= 발열량 × 석탄 소비량[kg] × η[효율]
$24 \times 860 \times 20000 \times 0.8$
$= 5500 \times 1000 \times x \times 0.85 \times 0.8 \times 0.35 \times 0.76$
소비량
$x = \dfrac{860 \times 20000 \times 0.8 \times 24}{5500 \times 1000 \times 0.85 \times 0.8 \times 0.35 \times 0.76}$
$= 332[t]$ **답** ④

23 변전소에서 사용되는 조상설비 중 전력손실이 출력의 최대 0.6[%] 이하이며 지상용으로 사용되는 조상설비는?

① 전력용 콘덴서 ② 분로 리액터
③ 동기조상기 ④ 유도전압조정기

풀이

항 목	동기조상기	전력용 콘덴서	분로 리액터
전력손실	많음 (1.5~2.5[%])	적음 (0.3[%] 이하)	적음 (0.6[%] 이하)
가격	비싸다(전력용 콘덴서, 분로 리액터의 1.5~2.5배)	저렴	저렴
무효전력	진상, 지상 양용	진상 전용	지상 전용
조정	연속적	계단적	계단적
사고시 전압유지	큼	작음	작음
시송전	가능	불가능	불가능
보수	손질 필요	용이	용이

답 ②

24 3상 3선식 소호 리액터 접지방식에서 1선의 대지 정전용량을 $C[\mu F]$, 상전압 $E[kV]$, 주파수 $f[Hz]$라 하면, 소호 리액터의 용량은 몇 [kVA] 인가?

① $\pi f CE^2 \times 10^{-3}$
② $2\pi f CE^2 \times 10^{-3}$
③ $3\pi f CE^2 \times 10^{-3}$
④ $6\pi f CE^2 \times 10^{-3}$

풀이 3상 1회선 소호 리액터 용량
$P = 3EI = 3E \times 2\pi f CE = 6\pi f CE^2$ 에서
정전용량 $C[\mu F]$, 상전압 $E[kV]$이므로 단위를 고려하면
$P = 6\pi f C \times 10^{-6} \times E^2 \times 10^6 [VA]$
$= 6\pi f CE^2 [VA]$
$= 6\pi f CE^2 \times 10^{-3} [kVA]$ **답** ④

25 전력선 1선의 대지전압을 E, 통신선의 대지 정전용량을 C_b, 전력선과 통신선 사이의 상호 정전용량을 C_{ab}라고 하면 통신선의 정전 유도전압은?

① $\dfrac{C_{ab} + C_b}{C_b} \cdot E$ ② $\dfrac{C_{ab} + C_b}{C_{ab}} \cdot E$

③ $\dfrac{C_{ab}}{C_{ab} + C_b} \cdot E$ ④ $\dfrac{C_b}{C_{ab} + C_b} \cdot E$

풀이 $E_s = \dfrac{C_{ab}}{C_{ab} + C_b} E$

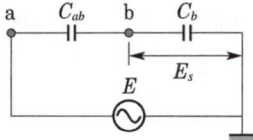

답 ③

26 코로나 방지에 가장 효과적인 방법은?

① 선간거리를 증가시킨다.
② 전선의 높이를 가급적 낮게 한다.
③ 전선 표면의 전위경도를 높인다.
④ 전선의 바깥지름을 크게 한다.

풀이 코로나 방지 대책
 ① 전선의 지름을 크게 한다.
 ② 복도체를 사용한다.
 ③ 가선 금구를 개량한다.
 ④ 가선 시에 전선 표면의 금구를 손상하지 않게 한다.

답 ④

27 다음 중 1상당의 용량 200[kVA]의 콘덴서에 제5고조파를 억제하기 위하여 직렬리액터를 설치하고자 한다. 기본파 기준으로 직렬리액터의 용량[kVA]으로 가장 알맞은 것은?

① 6[kVA]　　② 12[kVA]
③ 18[kVA]　　④ 25[kVA]

풀이
$$2\pi 5fL = \frac{1}{2\pi 5fC}$$
$$2\pi fL = \frac{1}{2\pi 5^2 fC} = \frac{1}{2\pi fC} \times 0.04$$

직렬 리액터의 용량은 콘덴서 용량의 4[%] 이상이 되면 되는데 주파수 변동 등의 여유를 봐서 실제로는 약 5~6[%]인 것이 사용된다.

$$\therefore \omega L = \frac{1}{\omega C} \times 0.05 \sim 0.06$$
$$= 200 \times 0.05 \sim 0.06$$
$$= 10 \sim 12[kVA]$$

답 ②

28 전력용 콘덴서 회로에 방전 코일을 설치하는 주된 목적은?

① 합성 역률의 개선
② 전압의 파형개선
③ 콘덴서의 등가용량 증대
④ 전원 개방 시 잔류 전하를 방전시켜 인체의 위험방지

풀이 방전 코일은 개로 상태로 할 경우의 잔류 전하에 의한 위험을 방지하기 위한 것이다. **답 ④**

29 플리커 예방을 위한 수용가 측의 대책이 아닌 것은?

① 공급전압을 승압한다.
② 전원계통에 리액터분을 보상한다.
③ 전압강하를 보상한다.
④ 부하의 무효전력 변동분을 흡수한다.

풀이 플리커 경감 대책
1) 전력 공급측에서 실시
　① 전용 계통으로 공급
　② 단락 용량이 큰 계통에서 공급
　③ 전용 변압기로 공급
　④ 공급전압을 승압
2) 수용가 측에서의 대책
　① 전원 계통에 리액터 분을 보상

② 전압강하를 보상
③ 부하의 무효전력 변동분을 흡수
④ 플리커 부하전류의 변동분을 억제 **답 ①**

30 반지름 r[m]이고 소도체 간격 a인 2도체 송전선로에서 등가선간거리가 D[m]로 배치되고 완전 연가된 경우 인덕턴스는 몇 [mH/km]인가?

① $L = 0.4605 \log_{10} \frac{D}{\sqrt{ra^2}} + 0.025$

② $L = 0.4605 \log_{10} \frac{D}{\sqrt{ra}} + 0.025$

③ $L = 0.4605 \log_{10} \frac{D}{\sqrt{ra}} + 0.05$

④ $L = 0.4605 \log_{10} \frac{D}{\sqrt{ra^2}} + 0.05$

풀이 복도체 인덕턴스
$$L_n = 0.4605 \log_{10} \frac{D}{\sqrt[n]{rs^{n-1}}} + \frac{0.05}{n} [mH/km]$$

이므로 2도체 송전선로의 인덕턴스
$$L_2 = 0.4605 \log_{10} \frac{D}{\sqrt[2]{rs^{2-1}}} + \frac{0.05}{2}$$
$$= 0.4605 \log_{10} \frac{D}{\sqrt{rs}} + 0.025 [mH/km]$$
답 ②

31 수전 용량에 비해 첨두 부하가 커지면 부하율은 그에 따라 어떻게 되는가?

① 높아진다.
② 낮아진다.
③ 변하지 않고 일정하다.
④ 부하의 종류에 따라 달라진다.

풀이 부하율 = $\frac{\text{평균 전력}}{\text{최대 전력}}$ 에서 첨두 부하가 커지면 부하율은 낮아진다. **답 ②**

32 고장점에서 구한 전 임피던스를 Z[Ω], 고장점의 상전압을 E[V]라 하면 3상 단락전류[A]는

① $\frac{E}{Z}$　② $\frac{ZE}{\sqrt{3}}$　③ $\frac{\sqrt{3}E}{Z}$　④ $\frac{3E}{Z}$

풀이 옴법(Ohm method)에 의한 단상 및 3상 단락전류는 다음과 같다.

단락전류 $I_s = \dfrac{E}{Z} = \dfrac{E}{Z_g + Z_t + Z_l}$ [A]이다. 답 ①

33 파동 임피던스가 $Z_1 = 400[\Omega]$인 선로의 종단에 파동 임피던스가 $Z_2 = 1200[\Omega]$인 변압기가 접속되어 있다. 지금 선로로부터 파고 $e_1 = 1000[kV]$의 전압이 진입하였다. 접속점에서 전압의 투과파는?

① 500[kV]   ② 1000[kV]
③ 1500[kV]   ④ 2000[kV]

풀이 투과파 전압
$e_2 = \dfrac{2Z_2}{Z_1 + Z_2} \times e_1 = \dfrac{2 \times 1200}{400 + 1200} \times 1000$
$= 1500[kV]$ 답 ③

34 피뢰기의 정격전압이란?

① 상용주파수의 방전개시전압
② 속류를 차단할 수 있는 최고의 교류전압
③ 방전을 개시할 때 단자전압의 순시값
④ 충격방전전류를 통하고 있을 때 단자전압

풀이 피뢰기 정격전압
- 속류를 차단하는 교류 최고 전압을 말한다.
- 피뢰기의 양단자 사이에 인가할 수 있는 상용 주파수의 최대 전압의 실효값을 말한다. 답 ②

35 화력발전소에서 증기 및 급수가 흐르는 순서는?

① 보일러 → 과열기 → 절탄기 → 터빈 → 복수기
② 보일러 → 절탄기 → 과열기 → 터빈 → 복수기
③ 절탄기 → 보일러 → 과열기 → 터빈 → 복수기
④ 절탄기 → 과열기 → 보일러 → 터빈 → 복수기

풀이 실제 기력발전소에 쓰이는 기본 사이클(Rankine cycle)은 다음과 같다.

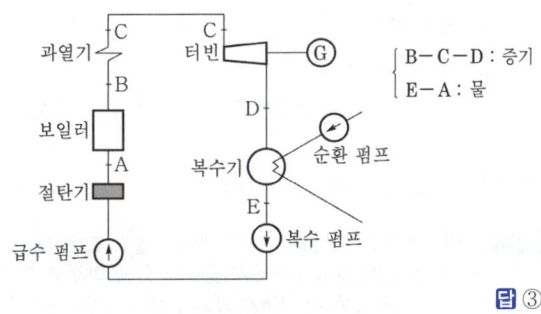

답 ③

36 전력계통 주파수가 기준값보다 증가하는 경우 어떻게 하는 것이 가장 타당한가?

① 발전 출력[kW]을 감소시켜야 한다.
② 발전 출력[kW]을 증가시켜야 한다.
③ 무효전력[kVar]을 감소시켜야 한다.
④ 무효전력[kVar]을 증가시켜야 한다.

풀이 발전출력이 증가하면 주파수도 증가하고, **발전출력이 감소하면 주파수도 감소**한다. 따라서 주파수가 기준치보다 증가하는 경우 발전출력을 감소시키면 주파수를 기준치 이내로 할 수 있다. 답 ①

37 콘덴서형 계기용변압기의 특징에 속하지 않은 것은?

① 권선형에 비해 오차가 적고 특성이 좋다.
② 절연의 신뢰도가 권선형에 비해 크다.
③ 고압 회로용의 경우는 권선형에 비해 소형 경량이다.
④ 전력선 반송용 결합콘덴서와 공용할 수 있다.

풀이 콘덴서형 계기용 변압기(CPD)의 특징
- 권선형에 비해 소형 경량이고 값이 싸다.
- 절연의 신뢰도가 권선형에 비해 크다.
- 전력선 반송용 결합 콘덴서와 공용할 수 있다.
- 전자형에 비해 오차가 많고 특성이 나쁘다. 답 ①

38 가공전선로에 대한 지중전선로의 장점으로 옳은 것은?

① 건설비가 싸다.
② 송전용량이 많다.
③ 인축에 대한 안전성이 높으며 환경조화를 이룰 수 있다.
④ 사고 복구에 효율적이다.

풀이 지중전선로는 도시의 미관을 해치지 않고 교통상의 지장도 없으며, 또 벼락이라든지 풍수해 등에 의해서 고장을 일으키는 경우가 적어서 공급 신뢰도가 좋아지지만 한편 그 만큼 건설비가 비싸지고, 또 고장이 발생하였을 경우 공장 장소의 발견이나 수리가 어렵다는 결점이 있다.

	지중전선로	가공전선로
건설비	건설 비용 고가	지중 설비에 비해 저렴
고장 형태	외상 사고, 접속 개소 시공 불량에 의한 영구 사고 발생	수목 접촉 등 순간 및 영구 사고 발생
고장 복구	고장점 발견이 어렵고 복구가 어렵다.	고장점 발견과 복구 용이
유도 장해	차폐 케이블 사용으로 유도 장해 경감	유도 장해 발생
송전 용량	발생열의 구조적 냉각 장해로 가공전선에 비해 낮음	발생열의 냉각이 수월해 송전 용량이 높은 편임
환경 미화	쾌적한 도심 환경 조성	도심 환경 저해 용인

답 ③

39 1선 지락 시 건전상의 전압상승이 가장 적은 중성점접지방식은?

① 직접 접지방식
② 비접지방식
③ 저항 접지방식
④ 소호 리액터 접지방식

풀이 직접 접지방식의 장·단점
[장점]
① 1선 지락 시에 건전상의 대지전압이 거의 상승하지 않는다.
② 피뢰기의 효과를 증진시킬 수 있다.
③ 단절연이 가능하다.
④ 계전기의 동작이 확실해진다.
[단점]
① 송전 계통의 과도 안정도가 나빠진다.
② 통신선에 유도 장해가 크다.
③ 지락 시 대전류가 흘러 기기에 손상을 준다.
④ 대용량 차단기가 필요하다.

답 ①

40 전력 원선도의 가로축과 세로축은 각각 어느 것을 나타내는가?

① 전압과 전류
② 전압과 역률
③ 전류와 유효전력
④ 유효전력과 무효전력

풀이 가로축 : 유효 전력, 세로축 : 무효전력 **답** ④

3과목 - 전기기기

41 순저항 부하를 갖는 3상 반파 위상제어 정류회로에서 출력전류가 연속이 되는 점호각 a의 범위는?

① $a \leq 30°$
② $a > 30°$
③ $a \leq 60°$
④ $a > 60°$

답 ①

42 터빈발전기의 냉각을 수소 냉각방식으로 하는 이유가 아닌 것은?

① 풍손이 공기냉각 시의 약 1/10로 줄어든다.
② 동일기계일 때 공기냉각 시 보다 정격출력이 약 25[%] 증가한다.
③ 수분, 먼지 등이 없어 코로나에 의한 손상이 없다.
④ 비열은 공기의 약 10배이고 열전도율은 약 15배로 된다.

풀이 ① 수소 냉각 발전기의 장점
- 비중이 공기의 약 7[%]로 가볍고 풍손은 공기의 약 1/10로 감소
- 열전도율은 공기의 약 6.7배, 비열은 약 14배로 열전도성이 좋고, 공기냉각 발전기에 비하여 약 25[%]의 출력이 증가
- 가스 냉각기가 적어도 된다.
- 코로나 발생전압이 높고 절연물의 수명이 길어진다.

- 공기에 비해 대류율이 1.3배이고 운전중 소음이 적다.
② 수소 냉각 발전기의 단점
- 공기와 적당히 혼합하면 폭발할 우려가 있다.
- 폭발 예방을 위한 부속설비가 필요하며 설비비가 증가

답 ④

43 변압기의 임피던스 전압이란 정격부하를 걸었을 때 변압기 내부에서 일어나는 임피던스에 의한 전압강하분이 정격전압의 몇 [%]가 강하되는가의 백분율(%)이다. 다음 어느 시험에서 구할 수 있는가?

① 무부하 시험 ② 단락시험
③ 온도시험 ④ 내전압시험

풀이 변압기의 시험

시험의 종류	측정 항목
개방회로	무부하전류, 히스테리시스손, 와류손, 여자 어드미턴스, 철손
단락 시험	동손, 임피던스 와트, 임피던스 전압

답 ②

44 교류 단상직권전동기의 구조를 설명하는 것 중 옳은 것은?

① 역률 개선을 위해 고정자와 회전자의 자로를 성층 철심으로 한다.
② 정류 개선을 위해 강계자 약전기자형으로 한다.
③ 전기자 반작용을 줄이기 위해 약계자 강전기자형으로 한다.
④ 역률 및 정류 개선을 위해 약계자 강전기자형으로 한다.

풀이 교류 단상 직권전동기는 역률을 좋게 하고 정류 개선을 위해 약계자 강전기자형으로 한다.

답 ④

45 동기전동기의 기동법으로 옳은 것은?

① 직류초퍼법, 기동전동기법
② 자기동법, 기동전동기법
③ 자기동법, 직류초퍼법
④ 계자제어법, 저항제어법

풀이 동기전동기는 동기속도 이외에는 토크를 발생할 수 없으므로 자기동법과 기동 전동기법으로 기동 토크를 얻어야 한다.
- 자기동법 : 제동권선을 기동 권선으로 하여 기동 토크를 얻는 방법
- 기동 전동기법 : 기동용 전동기에 의해 기동하는 방법

답 ②

46 전부하에 있어 철손과 동손의 비율이 1 : 2인 변압기에서 효율이 최고인 부하는 전부하의 약 몇 [%]인가?

① 50 ② 60 ③ 70 ④ 80

풀이 철손은 항상 일정하고 동손은 부하전류의 제곱에 비례한다.
최대 효율은 $P_i = P_c$일 때이므로 부하가 m배가 되면 η_m은 $m^2 P_c = P_i$

$$\therefore m = \sqrt{\frac{P_i}{P_c}} = \sqrt{\frac{1}{2}} = 0.7 = 70[\%]$$

답 ③

47 직류기에서 양호한 정류를 얻는 조건을 옳게 설명한 것은?

① 정류 주기를 짧게 한다.
② 전기자 코일의 인덕턴스를 작게 한다.
③ 평균 리액턴스 전압을 브러시 접촉저항에 의한 전압강하보다 크게 한다.
④ 브러시의 접촉저항을 작게 한다.

풀이 ① 정류 주기를 크게 하면 전류의 변화율, 즉 $\frac{di}{dt}$가 작아져서 불꽃 발생의 원인이 작아진다.
② L이 작아져도 역시 불꽃 발생의 근본 원인인 역기전력이 작아진다.
③ 리액턴스 전압은 $e_r = -L\frac{di}{dt}$ 로서 이것이 정류를 해치는 가장 큰 원인이 되는 것이다.
④ 브러시의 접촉저항이 크면 저항 정류가 이루어져서 양호한 정류가 이루어진다.

답 ②

48 용량 40[kVA], 3200/200[V]인 3상 변압기 2차 측에 3상 단락이 생겼을 경우 단락전류는 약 몇 [A]인가? (단, %임피던스 전압은 4[%]이다.)

① 1887 ② 2887 ③ 3243 ④ 3558

풀이
$$I_s = \frac{100}{\%Z}I_n = \frac{100}{4} \times \frac{40 \times 10^3}{\sqrt{3} \times 200}$$
$$\approx 2887[A]$$

답 ②

49 절연유를 충만시킨 외함 내에 변압기를 수용하고, 오일의 대류작용에 의하여 철심 및 권선에 발생한 열을 외함에 전달하여, 외함의 방산이나 대류에 의하여 열을 대기로 방산시키는 변압기의 냉각방식은?

① 유입 송유식   ② 유입 수냉식
③ 유입 풍냉식   ④ 유입 자냉식

풀이
- **유입 자냉식** : 변압기의 본체를 절연유로 채워진 외함 내에 넣어 대류작용에 의해 발생된 열을 외기 중으로 방산시키는 방식
- 유입 수냉식 : 외함 내의 상부 기름 중에 냉각관을 두어 이것에 냉각수를 순환시켜 냉각하는 방식
- 유입 송유식 : 외함 내에 있는 가열된 기름을 순환 펌프에 의해 외부의 수냉식 냉각기 및 풍냉식 냉각기에 의해 냉각시켜 다시 외함 내에 유입시키는 방식
- 유입 풍냉식 : 유입 변압기에 방열기를 부착시키고 송풍기에 의해 강제 통풍시켜 냉각효과를 증대시킨 방식

답 ④

50 △결선 변압기의 한 대가 고장으로 제거되어 V결선으로 공급할 때 공급할 수 있는 전력은 고장 전 전력에 대하여 몇 [%]인가?

① 86.6   ② 75.0
③ 66.7   ④ 57.7

풀이 1대의 단상변압기용량을 P_1이라 하면 그 출력비는
$$\frac{V결선의\ 출력}{\triangle결선의\ 출력} = \frac{\sqrt{3}P_1}{3P_1} = \frac{\sqrt{3}}{3}$$
$$= 0.577 = 57.7[\%]$$

답 ④

51 단상 유도전동기의 기동 토크가 큰 순서로 되어 있는 것은?

① 반발 기동, 분상기동, 콘덴서기동
② 분상기동, 반발기동, 콘덴서기동
③ 반발기동, 콘덴서기동, 분상기동
④ 콘덴서기동, 분상기동, 반발기동

풀이 단상 유도전동기에서 기동 토크가 큰 것부터 순서로 배열하면 **반발** 기동형 – **반발** 유도형 – **콘**덴서 기동형 – **분상** 기동형 – **셰**이딩 코일형 – **모노사이클릭형**

답 ③

52 전류가 불연속인 경우 전원전압 220[V]인 단상전파정류회로에서 점호각 $\alpha = 90°$일 때의 직류 평균 전압은 약 몇 [V]인가?

① 45   ② 84   ③ 90   ④ 99

풀이
$$E_d = \frac{\sqrt{2}E}{\pi}(1+\cos\alpha)$$
$$= \frac{\sqrt{2} \times 220}{\pi}(1+\cos 90°) = 99[V]$$

답 ④

53 선박의 전기추진용 전동기의 속도제어에 가장 알맞은 것은?

① 주파수 변화에 의한 제어
② 극수 변환에 의한 제어
③ 1차 회전에 의한 제어
④ 2차 저항에 의한 제어

풀이 **주파수 변화에 의한 제어**는 전동기에 가해지는 전원 주파수를 바꾸어 속도를 제어하는 방법으로서 원동기의 속도제어에 의해 전용 발전기의 주파수를 변화시키는 것으로 **선박의 전기 추진용 전동기**, 포터 모터의 속도 제어 등에 적합하다.

답 ①

54 3상 권선형 유도전동기에서 토크 τ, 1차 전류 I_1, 역률 $\cos\theta$, 2차 동손 P_{2c}, 효율 η, 출력 P_o라 할 때 비례추이하는 량으로 조합된 것은?

① $I_1,\ \cos\theta,\ P_o$ ② $\tau,\ P_{2c},\ P_o$
③ $P_{2c},\ \eta,\ P_o$ ④ $\tau,\ I_1,\ \cos\theta$

풀이 비례 추이할 수 있는 특성은 토크, 1차 전류, 2차 전류, 역률, 동기 와트 등이고, 할 수 없는 것은 출력 외에 2차 동손, 효율 등이다.

답 ④

55 유도전동기의 속도제어 방식으로 적합하지 않은 것은?

① 2차 여자제어   ② 2차 저항제어
③ 1차 저항제어   ④ 1차 주파수제어

풀이 ① 농형 유도전동기의 속도제어법은
- 주파수를 바꾸는 방법
- 극수를 바꾸는 방법
- 전원전압을 바꾸는 방법

② 권선형 유도전동기는
- 2차 저항을 제어하는 방법
- 2차 여자법 등이 있다. **답** ③

56 용량 1[kVA], 3000/200[V]의 단상변압기를 단권 변압기로 결선해서 3000/3200[V]의 승압기로 사용할 때 그 부하 용량[kVA]은?

① 16 ② 15 ③ 1.5 ④ 0.6

풀이 부하 용량 = 자기 용량 × $\dfrac{V_h}{V_h - V_l}$

$= 1 \times \dfrac{3200}{3200 - 3000} = 16[kVA]$ **답** ①

57 동기기의 전기자저항을 r, 반작용 리액턴스를 x_a, 누설 리액턴스를 x_l이라 하면 동기 임피던스는?

① $\sqrt{r^2 + \left(\dfrac{x_a}{x_l}\right)^2}$ ② $\sqrt{r^2 + x_l^2}$

③ $\sqrt{r^2 + x_a^2}$ ④ $\sqrt{r^2 + (x_a + x_l)^2}$

풀이 동기 임피던스
$Z_s = r + jx_s = r + j(x_a + x_l)$
$= \sqrt{r^2 + (x_a + x_l)^2}$
단, r : 전기자저항,
x_a : 전기자 반작용 리액턴스,
x_l : 전기자 누설 리액턴스
x_s : 동기 리액턴스이다.
일반적으로 전기자저항이 매우 적기 때문에 전기자저항 r을 무시하면 $Z_s \fallingdotseq j(x_a + x_l) = jx_s$ 가 된다. **답** ④

58 교류전동기에서 브러시 이동으로 속도변화가 편리한 전동기는?

① 시라게 전동기 ② 농형전동기
③ 동기전동기 ④ 2중 농형전동기

풀이 시라게 전동기는 3상 분권 정류자 전동기로서 직류분권전동기와 비슷한 정속도 특성을 가지며, 브러시 이동으로 간단하게 속도제어를 할 수 있다. **답** ①

59 다음에서 동기전동기와 거의 같은 구조는?

① 직류전동기 ② 유도전동기
③ 정류자전동기 ④ 동기발전기

풀이 동기전동기와 동기발전기(교류 발전기)는 동일한 구조를 가지고 있다. **답** ④

60 3상 유도전동기 기동특성에서 기동 토크 τ_s가 부하토크 τ_c보다 약간 클 때 가속토크로 작용하는 것은? (단, 전동기 토크는 τ이다.)

① $\tau_c - \tau$ ② $\tau - \tau_c$
③ $\tau - \tau_s$ ④ $\tau_s - \tau$

풀이 전동기의 기동 토크 τ_s가 부하토크 τ_c보다 약간 크면 그 차이 $(\tau - \tau_c)$로 전동기는 기동한다.

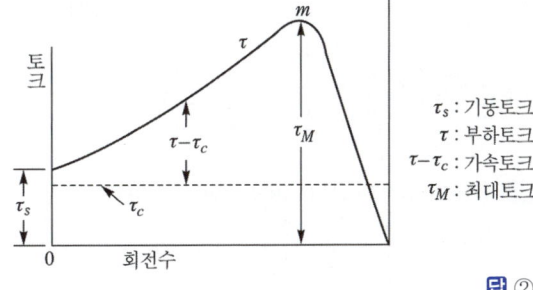

τ_s : 기동토크
τ : 부하토크
$\tau - \tau_c$: 가속토크
τ_M : 최대토크

답 ②

4과목 - 회로이론

61 $R - L$ 직렬회로에 $i = I_1 \sin\omega t + I_3 \sin 3\omega t$[A]인 전류를 흘리는 데 필요한 단자전압 e[V]는?

① $(R\sin\omega t + \omega L \cos\omega t)I_1$
$\qquad + (R\sin 3\omega t + 3\omega L \cos 3\omega t)I_3$

② $(R\sin\omega t + \omega L \cos 3\omega t)I_1$
$\qquad + (R\sin 3\omega t + 3\omega L \cos\omega t)I_3$

③ $(R\sin 3\omega t + \omega L \cos\omega t)I_1$
$\qquad + (R\sin\omega t + 3\omega L \cos 3\omega t)I_3$

④ $(R\sin 3\omega t + \omega L \cos 3\omega t)I_1$
$\qquad + (R\sin\omega t + 3\omega L \cos\omega t)I_3$

풀이
$$e = Ri + L\frac{di}{dt}$$
$$= R(I_1\sin\omega t + I_3\sin3\omega t)$$
$$+ L\frac{d}{dt}(I_1\sin\omega t + I_3\sin3\omega t)$$
$$= R(I_1\sin\omega t + I_3\sin3\omega t)$$
$$+ L(I_1\omega\cos\omega t + 3I_3\omega\cos3\omega t)$$
$$= (R\sin\omega t + \omega L\cos\omega t)I_1$$
$$+ (R\sin3\omega t + 3\omega L\cos3\omega t)I_3 [V]$$

답 ①

62 그림의 회로에서 단자 a-b에 나타나는 전압은 몇 [V]인가?

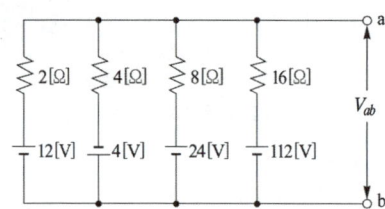

① 10[V]　　② 12[V]
③ 14[V]　　④ 16[V]

풀이 밀만의 정리에서 (4[V]의 극성은 반대방향)
$$V_{ab} = \frac{\frac{E_1}{R_1} + \frac{E_2}{R_2} + \frac{E_3}{R_3} + \frac{E_4}{R_4}}{\frac{1}{R_1} + \frac{1}{R_2} + \frac{1}{R_3} + \frac{1}{R_4}}$$
$$= \frac{\frac{12}{2} - \frac{4}{4} + \frac{24}{8} + \frac{112}{16}}{\frac{1}{2} + \frac{1}{4} + \frac{1}{8} + \frac{1}{16}} = 16[V]$$

답 ④

63 3상 유도전동기의 출력이 3.5[kW], 선간전압이 220[V], 효율 80[%], 역률 85[%]일 때 전동기의 선전류는?

① 약 9.2[A]　　② 약 10.3[A]
③ 약 11.4[A]　　④ 약 13.5[A]

풀이
$$P_i = \frac{P_0}{\eta} = \sqrt{3}\,VI\cos\theta$$
$$\therefore I = \frac{P_0}{\sqrt{3}\,V\cos\theta\cdot\eta}$$
$$= \frac{3.5\times10^3}{\sqrt{3}\times220\times0.8\times0.85}$$
$$= 13.5[A]$$

답 ④

64 전압 $v = 20\sin20t + 30\sin30t$ 이고, 전류가 $i = 30\sin20t + 20\sin30t$ 이면 소비 전력[W]은?

① 1200[W]　　② 600[W]
③ 400[W]　　④ 300[W]

풀이 비정현파의 유효전력 $P = \sum_{n=1}^{\infty} V_n I_n \cos\theta_n$ 에서
$$P = \frac{20}{\sqrt{2}}\times\frac{30}{\sqrt{2}}\times\cos0° + \frac{30}{\sqrt{2}}\times\frac{20}{\sqrt{2}}\times\cos0°$$
$$= 600[W]$$

답 ②

65 그림의 회로에서 스위치 S를 갑자기 닫은 후 회로에 흐르는 전류 $i(t)$의 시정수는? (단, C에 초기 전하는 없었다.)

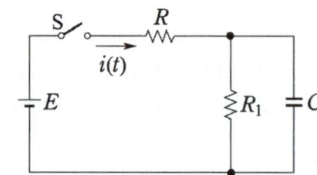

① $\dfrac{R+R_1}{RR_1C}$　　② $\dfrac{C}{RR_1+R_1}$

③ $\dfrac{RR_1C}{R+R_1}$　　④ $(RR_1+R_1)C$

풀이 $\tau = R_0 C = \dfrac{RR_1}{R+R_1}C = \dfrac{RR_1C}{R+R_1}[\sec]$

답 ③

66 출력이 $F(s) = \dfrac{3s+2}{s(s^2+2s+6)}$ 로 표시되는 제어계가 있다. 이 계의 시간함수 $f(t)$의 정상값은?

① 3　　② 2　　③ $\dfrac{1}{3}$　　④ $\dfrac{1}{6}$

풀이 최종값 정리에 의해서
$$\lim_{t\to\infty} f(t) = \lim_{s\to0} sF(s)$$
$$= \lim_{s\to0} s\frac{3s+2}{s(s^2+2s+6)}$$
$$= \frac{2}{6} = \frac{1}{3}$$

답 ③

67 대칭 6상 전원이 있다. 환상결선으로 권선에 120[A]의 전류를 흘린다고 하면 선전류는 몇 [A]인가?

① 60[A]　　② 90[A]
③ 120[A]　　④ 150[A]

풀이 $I_l = 2I_p \sin\dfrac{\pi}{n} = 2 \times 120 \times \sin\dfrac{\pi}{6}$
　　$= 120[A]$　　**답** ③

68 2단자 임피던스함수가
$Z(s) = \dfrac{s(s+1)}{(s+2)(s+3)}$ 일 때
회로의 단락 상태를 나타내는 점은?

① -1, 0　　② 0, 1
③ -2, -3　　④ 2, 3

풀이 단락 상태는 $Z(s) = 0$일 때이므로
　$s(s+1) = 0$　∴ $s = -1, 0$　　**답** ①

69 그림의 회로가 주파수에 관계없이 일정한 임피던스를 갖도록 $C[\mu F]$의 값을 구하면?

① 20
② 10
③ 2.45
④ 0.24

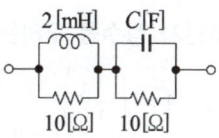

풀이 주파수에 관계없이 일정한 임피던스를 갖는 회로는 정저항 회로이므로
$R = \sqrt{\dfrac{L}{C}}$ 에서
$C = \dfrac{L}{R^2} = \dfrac{2 \times 10^{-3}}{10^2} = 20[\mu F]$　　**답** ①

70 다음은 과도현상에 관한 내용이다. 틀린 것은?

① RL 직렬회로의 시정수는 $\dfrac{L}{R}$[s]이다.
② RC 직렬회로에서 V_0로 충전된 콘덴서를 방전시킬 경우 $t = RC$에서의 콘덴서 단자전압은 $0.632V_0$이다.
③ 정현파 교류회로에서는 전원을 넣을 때의 위상을 조절함으로써 과도현상의 영향을 제거할 수 있다.
④ 전원이 직류 기전력인 때에도 회로의 전류가 정현파로 되는 경우가 있다.

풀이 $t = RC$일 때의 콘덴서 전압 V_c는
$V_c = V_0 e^{-\frac{1}{RC}t} = V_0 e^{-\frac{1}{RC}RC} = V_0 e^{-1}$
　　$\fallingdotseq 0.368V_0$　　**답** ②

71 그림과 같은 회로의 a-b간에 20[V]의 전압을 가할 때 5[A]의 전류가 흐른다. r_1 및 r_2에 흐르는 전류의 비를 1 : 2로 하려면 r_1 및 r_2는 각각 몇 [Ω]인가?

① $r_1 = 2$, $r_2 = 4$　　② $r_1 = 4$, $r_2 = 2$
③ $r_1 = 3$, $r_2 = 6$　　④ $r_1 = 6$, $r_2 = 3$

풀이 $I = \dfrac{E}{R_t} = \dfrac{20}{R_t} = 5[A]$, $R_t = \dfrac{20}{5} = 4[\Omega]$

합성저항 $R_t = 2 + \dfrac{r_1 r_2}{r_1 + r_2} = 4[\Omega]$ …… ①

전류비가 1 : 2이므로
$r_1 : r_2 = 2 : 1$, $r_1 = 2r_2$ …… ②
②를 ①에 대입하여 정리하면
$R_t = 2 + \dfrac{2r_2^2}{2r_2 + r_2} = 4$, $\dfrac{2}{3}r_2 = 2$
∴ $r_1 = 6[\Omega]$, $r_2 = 3[\Omega]$　　**답** ④

72 $e^{j\frac{2}{3}\pi}$ 와 같은 것은?

① $-\dfrac{1}{2} - j\dfrac{\sqrt{3}}{2}$　　② $\dfrac{1}{2} - j\dfrac{\sqrt{3}}{2}$
③ $-\dfrac{1}{2} + j\dfrac{\sqrt{3}}{2}$　　④ $\cos\dfrac{2}{3}\pi + \sin\dfrac{2}{3}\pi$

풀이 $e^{j\frac{2}{3}\pi} = \cos\dfrac{2}{3}\pi + j\sin\dfrac{2}{3}\pi = -\dfrac{1}{2} + j\dfrac{\sqrt{3}}{2}$　　**답** ③

73 대칭 3상 Y결선 부하에서 각상의 임피던스가 $Z = 16 + j12[\Omega]$이고 부하전류가 5[A]일 때, 이 부하의 선간전압[V]은?

① $100\sqrt{3}$ ② $100\sqrt{2}$
③ $200\sqrt{3}$ ④ $200\sqrt{2}$

풀이 Y결선 선간 전압 $= \sqrt{3} \times$상전압
상전압 $=$ 부하전류 $\times$ 1상 임피던스
$= 5 \times \sqrt{16^2 + 12^2} = 100[V]$
$\therefore V_l = \sqrt{3}\, V_p = 100\sqrt{3}[V]$ **답** ①

74 어느 회로에 전압 $V = 6\cos(4t + 30°)[V]$를 가했다. 이 전원의 주파수 [Hz]는?

① 2 ② 4 ③ 2π ④ $\dfrac{2}{\pi}$

풀이 문제의 전압식에서
$\omega t = 4t$ 이므로 $\omega = 2\pi f = 4$
$\therefore f = \dfrac{4}{2\pi} = \dfrac{2}{\pi}[Hz]$ **답** ④

75 $f(t) = \sin t \cos t$를 라플라스 변환하면?

① $\dfrac{1}{s^2+2}$ ② $\dfrac{1}{s^2+4}$
③ $\dfrac{1}{(s+2)^2}$ ④ $\dfrac{1}{(s+4)^2}$

풀이 삼각 함수의 가법 정리에 의해서
$\sin t \cos t = \dfrac{1}{2}\sin 2t$ 이므로
$F(s) = \mathcal{L}[\sin t \cos t] = \mathcal{L}\left[\dfrac{1}{2}\sin 2t\right]$
$= \dfrac{1}{2} \cdot \dfrac{2}{s^2+2^2} = \dfrac{1}{s^2+4}$ **답** ②

76 기본파의 30[%]인 제3고조파와 20[%]인 제5고조파를 포함하는 전압파의 왜형률은 약 얼마인가?

① 0.21 ② 0.33 ③ 0.36 ④ 0.42

풀이 왜형률 $= \dfrac{\text{각 고조파의 실효값의 합}}{\text{기본파의 실효값}}$

$= \dfrac{\sqrt{V_3{}^2 + V_5{}^2}}{V_1} = \sqrt{\left(\dfrac{V_3}{V_1}\right)^2 + \left(\dfrac{V_5}{V_1}\right)^2}$
$= \sqrt{0.3^2 + 0.2^2} = 0.36$ **답** ③

77 $i = 15\sin\left(\omega t - \dfrac{\pi}{6}\right)[A]$로 표시되는 전류보다 위상이 60° 지연되고, 최대치가 200[V]인 전압 v를 식으로 나타낸 것은?

① $v = 200\sin\left(\omega t - \dfrac{\pi}{2}\right)$
② $v = 200\sin\left(\omega t + \dfrac{\pi}{2}\right)$
③ $v = 200\sin\left(\omega t - \dfrac{\pi}{6}\right)$
④ $v = 200\sin\left(\omega t + \dfrac{\pi}{6}\right)$

풀이 위상 $\alpha = -\dfrac{\pi}{6} - \dfrac{\pi}{3} = -\dfrac{\pi}{2}$
$e = E_m \sin(\omega t + \alpha)$이므로
$\therefore e = 200\sin\left(\omega t - \dfrac{\pi}{2}\right)[V]$ **답** ①

78 4단자 정수를 구하는 식으로 틀린 것은?

① $A = \left(\dfrac{V_1}{V_2}\right)_{I_2 = 0}$ ② $B = \left(\dfrac{V_2}{I_1}\right)_{V_1 = 0}$
③ $C = \left(\dfrac{I_1}{V_2}\right)_{I_2 = 0}$ ④ $D = \left(\dfrac{I_1}{I_2}\right)_{V_2 = 0}$

풀이 A, B, C, D로 표시되는
4단자 기초 방정식은 $\begin{bmatrix} V_1 \\ I_1 \end{bmatrix} = \begin{bmatrix} A & B \\ C & D \end{bmatrix}\begin{bmatrix} V_2 \\ I_2 \end{bmatrix}$이며,
각 파라미터의 물리적 의미는

• 출력을 개방했을 때 전압 이득 $A = \dfrac{V_1}{V_2}\bigg|_{I_2=0}$

• 출력을 단락했을 때 전달 임피던스 $B = \dfrac{V_1}{I_2}\bigg|_{V_2=0}$

• 출력을 개방했을 때 전달 어드미턴스 $C = \dfrac{I_1}{V_2}\bigg|_{I_2=0}$

• 출력을 단락했을 때 전류 이득 $D = \dfrac{I_1}{I_2}\bigg|_{V_2=0}$

답 ②

79 다음 회로해석의 설명 중에서 옳지 않은 것은?

① 전기회로는 특정 목적을 달성하기 위하여 상호 연결된 회로소자들의 집합이다.
② 옴의 법칙과 같은 소자법칙은 회로가 어떻게 구성되는지에 따라 각 개별 소자에서 단자전압과 전류를 관계 지어준다.
③ 키르히호프의 법칙은 회로의 연결 법칙으로서 전하 불변 및 에너지 불변으로부터 유래되었다.
④ 일반적으로 전압-전류특성에 의하여 회로의 형태를 알 수 있는 것이며, 특히 다이오드와 트랜지스터는 선형적으로 해석할 수 있다.

풀이 다이오드와 트랜지스터는 전압-전류에 비례하지 않는 비선형 소자이므로 선형적으로 해석할 수 없다. **답** ④

80 임피던스가 $Z(s) = \dfrac{4s+2}{s}$ 로 표시되는 2단자 회로는? (단, $s = j\omega$ 이다.)

① 4[Ω] —— ½[H]
② 4[Ω] —— ½[F]
③ ½[Ω] —— 4[H]
④ ½[Ω] —— 4[F]

풀이 $Z(s) = \dfrac{4s+2}{s} = 4 + \dfrac{2}{s} = 4 + \dfrac{1}{\frac{1}{2}s}$ **답** ②

5과목 - 전기설비기술기준

1 사용전압이 380[V]인 저압 보안공사에 사용되는 경동선은 그 지름이 최소 몇 [mm] 이상의 것을 사용하여야 하는가?

① 2.0   ② 2.6
③ 4.0   ④ 5.0

풀이 222.10 저압 보안공사
저압 보안공사시 전선은 케이블인 경우 이외에는 인장강도 8.01 [kN] 이상의 것 또는 지름 5[mm](사용전압이 400[V] 이하인 경우에는 인장강도 5.26[kN] 이상의 것 또는 지름 4[mm] 이상의 경동선) 이상의 경동선이어야 한다. **답** ③

82 고압가공전선로에 사용하는 가공지선으로 나경동선을 사용할 때의 최소 굵기[mm]는?

① 3.2   ② 3.5
③ 4.0   ④ 5.0

풀이 332.6 고압 가공전선로의 가공지선
고압 가공전선로에 사용하는 가공지선은 인장강도 5.26 [kN] 이상의 것 또는 지름 4[mm] 이상의 나경동선을 사용한다. **답** ③

83 수상 전선로를 시설하는 경우에 대한 설명으로 알맞은 것은?

① 사용전압이 고압인 경우에는 클로로프렌 캡타이어 케이블을 사용한다.
② 가공전선로의 전선과 접속하는 경우, 접속점이 육상에 있는 경우에는 지표상 4[m] 이상의 높이로 지지물에 견고하게 붙인다.
③ 가공전선로의 전선과 접속하는 경우, 접속점이 수면상에 있는 경우, 사용전압이 고압인 경우에는 수면상 5[m] 이상의 높이로 지지물에 견고하게 붙인다.
④ 고압 수상 전선로에 지락이 생길 때를 대비하여 전로를 수동으로 차단하는 장치를 시설한다.

풀이 335.3 수상전선로의 시설
수상전선로를 시설하는 경우에는 그 사용전압은 저압 또는 고압인 것에 한 한다.
가. 전선
  ① 저압 : 클로로프렌 캡타이어 케이블
  ② 고압 : 캡타이어 케이블
나. 수상전선로의 전선과 가공전선로 접속점의 높이
  ① 접속점이 육상에 있는 경우 : 지표상 5 [m] 이상. 다만, 저압인 경우에 도로상 이외의 곳에 있을 때에는 지표상 4[m]
  ② 접속점이 수면상에 있는 경우 : 저압 4[m] 이상, 고압 5[m] 이상
다. 수상전선로의 사용전압이 고압인 경우에는 전로에 지락이 생겼을 때에 자동적으로 전로를 차단하기 위한 장치를 시설하여야 한다. **답** ③

84 고압가공전선과 식물과의 이격거리에 대한 기준으로 가장 적절한 것은?

① 고압가공전선의 주위에 보호망으로 이격시킨다.
② 식물과의 접촉에 대비하여 차폐선을 시설하도록 한다.
③ 고압가공전선을 절연전선으로 사용하고 주변의 식물을 제거시키도록 한다.
④ 식물에 접촉하지 아니하도록 시설하여야 한다.

풀이 332.19 고압 가공전선과 식물의 이격거리
고압 가공전선은 상시 부는 바람 등에 의하여 식물에 접촉하지 않도록 시설하여야 한다. **답** ④

85 동기발전기를 사용하는 전력계통에 시설하여야 하는 장치는?

① 비상 조속기 ② 동기검정장치
③ 분로 리액터 ④ 절연유 유출방지설비

풀이 351.6 계측장치
동기발전기를 시설하는 경우에는 동기검정장치를 시설하여야 한다. 다만, 동기발전기의 용량이 그 발전기를 연계하는 전력계통의 용량과 비교하여 현저히 적은 경우에는 그러하지 아니하다. **답** ②

86 지선을 사용하여 그 강도를 분담시켜서는 아니되는 가공전선로 지지물은?

① 목주 ② 철주
③ 철근콘크리트주 ④ 철탑

풀이 331.11 지선의 시설
가공전선로의 지지물로 사용하는 철탑은 지선을 사용하여 그 강도를 분담시켜서는 안 된다. **답** ④

87 154[kV] 전선로를 제1종 특고압 보안공사로 시설할 때 경동연선의 최소 굵기는 몇 [mm²]이어야 하는가?

① 55 ② 100
③ 150 ④ 200

풀이 333.22 특고압 보안공사
제1종 특고압 보안공사는 다음에 따라야 한다.

사용전압	전선
100[kV] 미만	인장강도 21.67[kN] 이상의 연선 또는 단면적 55[mm²] 이상의 경동연선
100[kV] 이상 300[kV] 미만	인장강도 58.84[kN] 이상의 연선 또는 단면적 150[mm²] 이상의 경동연선
300[kV] 이상	인장강도 77.47[kN] 이상의 연선 또는 단면적 200[mm²] 이상의 경동연선

답 ③

88 과전류차단기로 시설하는 퓨즈 중 고압전로에 사용하는 포장 퓨즈는 정격전류의 몇 배에 견디어야 하는가? (단, 퓨즈 이외의 과전류차단기와 조합하여 하나의 과전류차단기로 사용하는 것을 제외한다.)

① 1.1 ② 1.3
③ 1.5 ④ 1.7

풀이 341.10 고압 및 특고압 전로 중의 과전류차단기의 시설
가. 과전류차단기로 시설하는 퓨즈 중 고압전로에 사용하는 포장 퓨즈는 정격전류의 1.3배의 전류에 견디고 또한 2배의 전류로 120분 안에 용단되는 것이어야 한다.
나. 과전류차단기로 시설하는 퓨즈 중 고압전로에 사용하는 비포장 퓨즈는 정격전류의 1.25배의 전류에 견디고 또한 2배의 전류로 2분 안에 용단되는 것이어야 한다. **답** ②

89 폭연성 분진 또는 화약류의 분말이 존재하는 곳의 저압 옥내배선은 어느 공사에 의하는가?

① 애자공사
② 캡타이어케이블공사
③ 합성수지관공사
④ 금속관공사

풀이 242.2.1 폭연성 분진 위험장소
폭연성 분진(마그네슘・알루미늄・티탄・지르코늄 등의 먼지가 쌓여있는 상태에서 불이 붙었을 때에 폭발할 우려가 있는 것) 또는 화약류의 분말이 전기설비가 발화원이 되어 폭발할 우려가 있는 곳에 시설하는 저압 옥내배선, 저압 관등회로 배선, 소세력 회로의 전선은 금속관공사 또는 케이블공사(캡타이어 케이블을 사용하는 것을 제외한다)에 의할 것. **답** ④

90 저압가공전선이 안테나와 접근상태로 시설되는 경우 가공전선과 안테나 사이의 이격거리는 저압인 경우 몇 [cm] 이상이어야 하는가?

① 40   ② 60
③ 80   ④ 100

풀이 332.14 고압 가공전선과 안테나의 접근 또는 교차

사용전압 부분 공작물의 종류		저압	고압
안테나	일반적인 경우	0.6[m]	0.8[m]
	고압·특고압 절연전선	0.3[m]	0.8[m]
	케이블	0.3[m]	0.4[m]

답 ②

91 발전소에 시설하지 않아도 되는 계측 장치는?

① 발전기의 전압 및 전류 또는 전력
② 발전기의 베어링 및 고정자의 온도
③ 발전기의 회전수 및 주파수
④ 특고압용 변압기의 온도

풀이 351.6 계측장치
발전소에서는 다음의 사항을 계측하는 장치를 시설하여야 한다.
가. 발전기의 전압 및 전류 또는 전력
나. 발전기의 베어링 및 고정자의 온도
다. 주요 변압기의 전압 및 전류 또는 전력
라. 특고압용 변압기의 온도

답 ③

92 전력보안 통신설비의 보안장치 중에서 특고압용 배류 중계 코일을 시설하는 경우 선로 측 코일과 대지와의 사이의 절연내력은 몇 [V]의 시험전압으로 연속하여 1분간 견디어야 하는가?

① AC 600   ② AC 6000
③ AC 300   ④ AC 3000

풀이 362.5 특고압 가공전선로 첨가설치 통신선의 시가지 인입 제한
특고압 가공전선로의 지지물에 시설하는 통신선 또는 이것에 직접 접속하는 통신선인 경우에는 다음의 보안장치일 것.

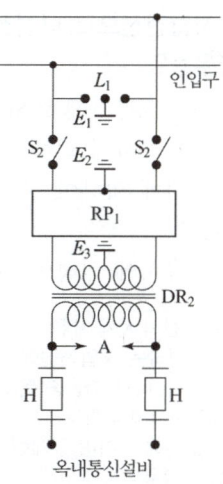

특고압용 제1종 보안장치

- S_2 : 인입용 고압개폐기
- DR_2 : 특고압용 배류 중계 코일(선로측 코일과 옥내 측 코일 사이 및 선로 측 코일과 대지 사이의 절연내력은 교류 6[kV]의 시험전압으로 시험하였을 때 연속하여 1분간 이에 견디는 것일 것.)
- E_1, E_2 : 접지

답 ②

93 아크용접장치의 시설 기준으로 옳지 않은 것은?

① 용접변압기는 절연변압기일 것
② 용접변압기의 1차 측 전로의 대지전압은 400 [V] 이하일 것
③ 용접변압기 1차 측 전로에는 용접변압기에 가까운 곳에 쉽게 개폐할 수 있는 개폐기를 시설할 것
④ 피용접재 또는 이와 전기적으로 접속되는 받침대·정반 등의 금속체에는 접지공사를 할 것

풀이 241.10 아크 용접기
가반형의 용접 전극을 사용하는 아크 용접장치는 다음에 따라 시설하여야 한다.
가. 용접변압기는 절연변압기일 것.
나. 용접변압기의 1차측 전로의 대지전압은 300[V] 이하일 것.
다. 용접변압기의 1차측 전로에는 용접 변압기에 가까운 곳에 쉽게 개폐할 수 있는 개폐기를 시설할 것.
라. 용접기 외함 및 피용접재 또는 이와 전기적으로 접속되는 받침대·정반 등의 금속체는 규정에 준하여 접지공사를 하여야 한다.

답 ②

94 옥내의 저압전선으로 나전선 사용이 허용되지 않는 경우는?

① 라이팅덕트공사에 의하여 시설하는 경우
② 버스덕트공사에 의하여 시설하는 경우
③ 애자공사에 의하여 전개된 곳에 시설하는 경우
④ 금속관공사에 의하여 시설하는 경우

풀이 231.4 나전선의 사용 제한
옥내에 시설하는 저압전선에는 나전선을 사용하여서는 아니 된다. 다만, 다음중 어느 하나에 해당하는 경우에는 그러하지 아니하다.
  가. 애자공사에 의하여 전개된 곳에 다음의 전선을 시설하는 경우
    ① 전기로용 전선
    ② 전선의 피복 절연물이 부식하는 장소에 시설하는 전선
  나. 버스덕트공사에 의하여 시설하는 경우
  다. 라이팅덕트공사에 의하여 시설하는 경우
  라. 접촉 전선을 시설하는 경우   **답** ④

95 사용전압 161[kV]의 가공전선이 건조물과 제1차 접근상태로 시설되는 경우 가공전선과 건조물 사이의 이격거리는 몇 [m] 이상인가?

① 4.25   ② 4.65
③ 4.95   ④ 5.45

풀이 333.23 특고압 가공전선과 건조물의 접근
특고압 가공전선이 건조물과 제1차 접근상태로 시설되는 경우에는 다음에 따라야 한다.
  가. 특고압 가공전선로는 제3종 특고압 보안공사에 의할 것.
  나. 사용전압이 35[kV] 이하인 특고압 가공전선과 건조물의 조영재 이격거리는 표에서 정한 값 이상일 것.

건조물과 조영재의 구분	전선종류	접근형태	이격거리
상부 조영재	특고압 절연전선	위쪽	2.5[m]
		옆쪽 또는 아래쪽	1.5[m] (전선에 사람이 쉽게 접촉할 우려가 없도록 시설한 경우는 1[m])
	케이블	위쪽	1.2[m]
		옆쪽 또는 아래쪽	0.5[m]
	기타전선		3[m]

건조물과 조영재의 구분	전선종류	접근형태	이격거리
기타 조영재	특고압 절연전선		1.5[m] (전선에 사람이 쉽게 접촉할 우려가 없도록 시설한 경우는 1[m])
	케이블		0.5[m]
	기타전선		3[m]

다. 사용전압이 35[kV]를 초과하는 경우 이격거리는 다음에 따를 것.
- 이격거리 = 35[kV] 이하인 경우 이격거리 + 단수 × 0.15[m]
- 단수 = $\dfrac{(\text{사용전압}[kV]-35)}{10}$
  ⋯ 단수계산에서 소수점 이하는 절상
- 단수 = $\dfrac{161-35}{10}$ = 12.6 → 13단
- 이격거리 = 3 + 13 × 0.15 = 4.95[m]   **답** ③

96 농사용 저압가공전선로 시설에 대한 설명으로 옳지 않은 것은?

① 목주의 말구 지름은 9[cm] 이상일 것
② 지름 2[mm] 이상의 경동선 일 것
③ 지표상 3.5[m] 이상일 것
④ 전선로의 경간은 50[m] 이하일 것

풀이 222.22 농사용 저압 가공전선로의 시설
  가. 사용전압은 저압일 것.
  나. 저압 가공전선은 인장강도 1.38[kN] 이상의 것 또는 지름 2[mm] 이상의 경동선일 것.
  다. 저압 가공전선의 지표상의 높이는 3.5[m] 이상일 것. 다만, 저압 가공전선을 사람이 쉽게 출입하지 못하는 곳에 시설하는 경우에는 3[m] 까지로 감할 수 있다.
  라. 목주의 굵기는 말구 지름이 0.09[m] 이상일 것.
  마. 전선로의 지지점 간 거리는 30[m] 이하일 것.

> 출제기준 변경 및 개정된 관계 법규에 따라 삭제된 문제가 있어 20문항이 안됩니다.

2011
기출문제

Industrial Engineer Electricity

동일출판사 홈페이지에서
무료 동영상강의를 보실 수 있습니다.

2011년 1회

20년간 전기산업기사필기

동일출판사 홈페이지에서 무료 동영상강의를 보실 수 있습니다.

1과목 - 전기자기

01 자장 중에서 도선에 발생되는 유기기전력의 방향은 어떤 법칙에 의하여 설명되는가?

① 패러데이(Faraday)의 법칙
② 앙페르(Ampere)의 오른나사 법칙
③ 렌츠(Lenz)의 법칙
④ 가우스(Gauss)의 법칙

풀이
- 패러데이의 법칙 : 기전력 크기 결정
- 암페어의 오른손 법칙 : 전류에 의한 자계의 방향
- 렌츠의 법칙 : 기전력 방향 결정
- 가우스의 법칙 : 폐곡면을 통과하는 전기력선의 수 또는 전속과의 관계를 수학적으로 표현 **답** ③

02 무한장 솔레노이드에 전류가 흐를 때 발생되는 자장에 관한 설명 중 옳은 것은?

① 내부 자장은 평등 자장이다.
② 외부와 내부 자장의 세기는 같다.
③ 외부 자장은 평등 자장이다.
④ 내부 자장의 세기는 0이다.

풀이 무한장 솔레노이드 내부 자계의 세기는 평등하며, 그 크기는 $H_i = n_0 I$ [AT/m]
단, n_0는 단위길이 당 코일 권수[회/m]이다.
외부 자계의 세기는 누설자속이 있을 수 없으므로 $H_e = 0$ [AT/m]이다. **답** ①

03 패러데이관의 설명 중 틀린 것은?

① +1[C]의 진전하에 -1[C]의 진전하로 끝나는 1개의 관으로 가정한다.
② 관의 양끝에는 정, 부의 단위 진전하가 있다.
③ 관의 밀도는 전속밀도와 동일하다.
④ 관속에 있는 전속수는 진전하가 있으면 일정하고 연속이다.

풀이 Faraday관은 +1[C]의 진전하에서 나와서 -1[C]의 진전하로 들어가는 한 개의 관으로 Faraday관수(전속수)는 관속에 진전하가 없으면 일정하다. 즉, 연속적이다. **답** ④

04 무한장 직선도체에 선전하밀도 λ[C/m]의 전하가 분포되어 있는 경우 직선도체를 축으로 하는 반지름 r의 원통면상의 전계는 몇 [V/m]인가?

① $E = \dfrac{1}{4\pi\epsilon_0} \times \dfrac{\lambda}{r}$ ② $E = \dfrac{1}{2\pi\epsilon_0} \times \dfrac{\lambda}{r^2}$

③ $E = \dfrac{1}{4\pi\epsilon_0} \times \dfrac{\lambda}{r^2}$ ④ $E = \dfrac{1}{2\pi\epsilon_0} \times \dfrac{\lambda}{r}$

풀이 무한 선전하에 의한 전계는
$E = \dfrac{\lambda}{2\pi\epsilon_0 r}$ [V/m]로 거리에 반비례한다. **답** ④

05 다음 식 중 포인팅 벡터를 나타낸 식과 단위를 바르게 표현한 것은?

① $\vec{E} \times \vec{B}$, [W/m²]
② $\vec{E} \times \vec{H}$, [W/m²]
③ $\vec{E} \times \vec{B}$, [W/m³]
④ $\vec{E} \times \vec{H}$, [W/m³]

풀이 진행 방향에 수직되는 단위 면적을 단위 시간에 통과하는 에너지를 포인팅(Poynting) 벡터 또는 방사 벡터라 하며 $P = E \times H = EH\sin\theta$ [W/m²]로 표현된다. **답** ②

06 극판의 면적이 50[cm²], 극판 사이의 간격이 1[mm], 극판 사이의 매질이 비유전율 5인 평행판 콘덴서의 정전용량은 약 몇 [pF]인가?

① 220   ② 22   ③ 250   ④ 25

풀이 평행판 콘덴서의 정전용량
$C = \dfrac{\epsilon_0 \epsilon_s S}{d} = \dfrac{8.855 \times 10^{-12} \times 5 \times 50 \times 10^{-4}}{1 \times 10^{-3}}$
$\fallingdotseq 221 \times 10^{-12}$ [F] $= 221$ [pF] **답** ①

07 평등 전계 내에서 5[C]의 전하를 30[cm] 이동시키는 데 120[J]의 일이 소요되었다. 전계의 세기는 몇 [V/m]인가?

① 24 ② 36 ③ 80 ④ 160

풀이 전계의 세기 $E = \dfrac{F}{Q}$[N/C]이며

단위인 [N/C]를 실용 단위로 바꾸면

$\left[\dfrac{N}{C}\right] = \left[\dfrac{N \cdot m}{C \cdot m}\right] = \left[\dfrac{J}{C \cdot m}\right] = \left[\dfrac{V}{m}\right]$ 이므로

$\therefore E = \dfrac{W[J]}{Q \cdot r [C \cdot m]} = \dfrac{120}{5 \times 30 \times 10^{-2}}$
$= 80$[V/m]   **답** ③

08 정전차폐와 자기차폐를 비교하였을 때 옳은 것은?

① 정전차폐가 자기차폐에 비교하여 완전하다.
② 정전차폐가 자기차폐에 비교하여 불완전하다.
③ 두 차폐방법은 모두 완전하다.
④ 두 차폐방법은 모두 불완전하다.

풀이
- 정전차폐: 완전하다. → 정전계에서 전기력선은 도체를 통과 할 수 없다.
- 자기차폐: 불완전 차폐 → 자성체로 주위의 자기력선을 끌어 모으나 완전히는 모을 수 없다. **답** ①

09 전계와 자계와의 관계식으로 옳은 것은?

① $\sqrt{\epsilon}H = \sqrt{\mu}E$ ② $\sqrt{\epsilon\mu} = EH$
③ $\sqrt{\mu}H = \sqrt{\epsilon}E$ ④ $\epsilon\mu = EH$

풀이 $Z_0 = \dfrac{E}{H} = \sqrt{\dfrac{\mu}{\epsilon}} = \sqrt{\dfrac{\mu_0}{\epsilon_0}}\sqrt{\dfrac{\mu_s}{\epsilon_s}}$ **답** ③

10 히스테리시스손은 주파수 및 최대자속밀도와 어떤 관계에 있는가?

① 주파수와 최대자속밀도에 비례한다.
② 주파수에 비례하고 최대자속밀도의 1.6승에 비례한다.
③ 주파수와 최대자속밀도에 반비례한다.
④ 주파수에 반비례하고 최대자속밀도의 1.6승에 비례한다.

풀이 단위체적 당 히스테리시스손은 주파수와 히스테리시스손 곡선의 면적에 비례하며, 스타인메쯔의 실험식에 따라서 $P_h = \eta f B_m^{1.6}$[J/m^3] **답** ②

11 대전도체의 내부전위는?

① 항상 0이다.
② 표면전위와 같다.
③ 대지전압과 전하의 곱으로 표현된다.
④ 공기의 유전율과 같다.

풀이 대전도체 내부는 전계(전기력선)가 없다. 즉, 전위차가 발생하지 않는다. 따라서 내부의 전위와 표면 전위는 같다(도체는 등전위이다). **답** ②

12 평면도체표면에서 d의 거리에 점전하 Q가 있을 때 이 전하를 무한원점까지 운반하는데 요하는 일을 구하면 몇 [J]인가?

① $\dfrac{Q^2}{4\pi\epsilon_0 d}$ ② $\dfrac{Q^2}{8\pi\epsilon_0 d}$
③ $\dfrac{Q^2}{16\pi\epsilon_0 d}$ ④ $\dfrac{Q^2}{32\pi\epsilon_0 d}$

풀이

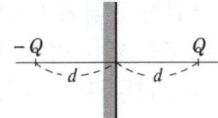

작용력은
$F = \dfrac{-Q^2}{4\pi\epsilon_0 (2d)^2} = \dfrac{-Q^2}{16\pi\epsilon_0 d^2}$[N] (흡인력)

요하는 일은
$W = \int_d^\infty F dr = \dfrac{Q^2}{16\pi\epsilon_0} \int_d^\infty \dfrac{1}{d^2} d r$
$= \dfrac{Q^2}{16\pi\epsilon_0} \left[-\dfrac{1}{d}\right]_d^\infty = \dfrac{Q^2}{16\pi\epsilon_0 d}$[J] **답** ③

13 평행판 콘덴서의 극판 사이가 진공일 때의 용량을 C_0, 비유전율 ϵ_s의 유전체를 채웠을 때의 용량을 C라 할 때, 이들의 관계식은?

① $\dfrac{C}{C_0} = \dfrac{1}{\epsilon_0 \epsilon_s}$ ② $\dfrac{C}{C_0} = \dfrac{1}{\epsilon_s}$
③ $\dfrac{C}{C_0} = \epsilon_0 \epsilon_s$ ④ $\dfrac{C}{C_0} = \epsilon_s$

풀이 진공일 때의 용량 $C_0 = \dfrac{\epsilon_0 s}{d}$

유전체를 채웠을 때의 용량 $C = \dfrac{\epsilon_0 \epsilon_s s}{d} = \epsilon_s C_0$ 이므로

$\therefore \dfrac{C}{C_0} = \dfrac{\epsilon_s C_0}{C_0} = \epsilon_s$

답 ④

14 전하 Q_1, Q_2 간의 작용력이 F_1일 때 근처에 전하 Q_3을 놓을 경우 Q_1과 Q_2 사이의 전기력을 F_2라 하면?

① $F_1 = F_2$
② $F_1 < F_2$
③ $F_1 > F_2$
④ Q_3의 크기에 따라 다르다.

풀이 두 전하 Q_1, Q_2 간의 작용력 $F = \dfrac{Q_1 Q_2}{4\pi \epsilon r^2}$[N] (쿨롱의 법칙)이므로 두 전하 사이에 작용하는 힘은 다른 전하(Q_3)에 영향을 받지 않는다. (작용력은 두 전하량, 유전율, 거리와만 관계됨)

$\therefore F_1 = F_2$

답 ①

15 어떤 코일에 흐르는 전류가 0.01초 동안에 일정하게 50[A]로부터 10[A]로 바뀔 때에 20[V]의 기전력이 발생한다면 자기 인덕턴스는 몇 [mH]인가?

① 5 ② 7 ③ 9 ④ 12

풀이 $e = L\dfrac{di}{dt}$에서

$\therefore L = e\dfrac{dt}{di} = 20 \times \dfrac{0.01}{50 - 10} = \dfrac{0.2}{40}$
$= 0.005[H] = 5[mH]$

답 ①

16 평등자계 H_0 내에서 얇은 철판을 자계와 수직으로 놓았을 때 철판 내부의 자계의 세기 H_i는? (단, 철의 비투자율은 μ_s, 자화율은 X이다.)

① $H_i = H_0$
② $H_i = X H_0$
③ $H_i = \mu_s H_0$
④ $H_i = \dfrac{H_0}{\mu_s}$

답 ④

17 투자율이 μ이고, 감자율이 N인 자성체를 평등자계 H_0 중에 놓았을 때, 이 자성체의 자화의 세기 J를 구하면?

① $\dfrac{\mu_0(\mu_s + 1)}{1 + \mu(\mu_s + 1)} H_0$
② $\dfrac{\mu_0 \mu_s}{1 + N(\mu_s + 1)} H_0$
③ $\dfrac{\mu_0 \mu_s}{1 + N(\mu_s - 1)} H_0$
④ $\dfrac{\mu_0(\mu_s - 1)}{1 + N(\mu_s - 1)} H_0$

풀이 감자력 $H' = \dfrac{NJ}{\mu_0}$라 하면 자성체의 내부 자계는

$H = H_0 - H' = H_0 - \dfrac{NJ}{\mu_0}$ [A/m]

$J = \chi_m H$, $\chi_m = \mu_0(\mu_s - 1)$ [Wb/m^2]

H를 소거하여

$\therefore J = \dfrac{\chi_m}{1 + \dfrac{\chi_m N}{\mu_0}} H_0$

$= \dfrac{\mu_0(\mu_s - 1)}{1 + N(\mu_s - 1)} H_0$ [Wb/m^2]

답 ④

18 다음 물질 중에서 비유전율이 가장 큰 것은?

① 운모 ② 유리
③ 증류수 ④ 고무

풀이
- 종이 : 2~2.6
- 변압기 기름 : 2.2~2.4
- 고무 : 3
- 유리 : 5.4 ~ 9.9
- 운모 : 5.5~6.6
- 물 : 80.7
- 산화티탄 자기 : 115~5000

답 ③

19 점전하 $+Q$의 무한 평면도체에 대한 영상전하는?

① $+Q$ ② $-Q$
③ $+2Q$ ④ $-2Q$

풀이 무한평면으로부터 a[m] 떨어진 P점에 점전하 $+Q$[C]가 있는 경우 영상전하는 무한평면 뒤쪽으로 점 P의 대칭점에 존재하며, 그 크기는 점전하와 같고 부호는 반대로 $Q' = -Q$[C]이다.

답 ②

20 자계의 세기 1500[AT/m]되는 점의 자속밀도가 2.8[Wb/m²]이다. 이 공간의 비투자율은 약 얼마인가?

① 1.86×10^{-3} ② 1.86×10^{-2}
③ 1.48×10^{3} ④ 1.48×10^{2}

풀이 $B = \mu_0 \mu_s H$ 식에서
$$\mu_s = \frac{B}{\mu_0 H} = \frac{2.8}{4\pi \times 10^{-7} \times 1500}$$
$$= 1486.2 [H/m]$$ 답 ③

2과목 - 전력공학

21 선간거리가 $2D$[m]이고 선로 도선의 지름이 d [m]인 선로의 정전용량은 몇 [μF/km]인가?

① $\dfrac{0.02413}{\log_{10} \dfrac{4D}{d}}$ ② $\dfrac{0.02413}{\log_{10} \dfrac{2D}{d}}$

③ $\dfrac{0.02413}{\log_{10} \dfrac{D}{d}}$ ④ $\dfrac{0.2413}{\log_{10} \dfrac{4D}{d}}$

풀이 $C = \dfrac{0.02413}{\log_{10} \dfrac{D}{r}}$ (단, r : 반지름, D : 등가거리)에서

선간거리가 $2D$[m]이고 도선의 지름이 d[m]이므로

$$\therefore C = \frac{0.02413}{\log_{10} \dfrac{D}{r}} = \frac{0.02413}{\log_{10} \dfrac{2D}{\dfrac{d}{2}}}$$

$$= \frac{0.02413}{\log_{10} \dfrac{4D}{d}} [\mu F/km]$$ 답 ①

22 배전선로의 전기방식 중 전선의 중량(전선비용)이 가장 적게 소요되는 전기방식은? (단, 배전전압, 거리, 전력 및 선로손실 등은 같다고 한다.)

① 단상 2선식   ② 단상 3선식
③ 3상 3선식   ④ 3상 4선식

풀이

방식	1φ2W 소요전선량 100[%]	
1φ3W	중성선 굵기 동일	37.5[%]
	중성선 굵기 1/2	31.3[%]
3φ3W	–	75[%]
3φ4W	중성선 굵기 동일	33.3[%]
	중성선 굵기 1/2	29.2[%]

답 ④

23 200[V], 10[kVA]인 3상 유도전동기가 있다. 어느 날의 부하실적은 1일의 사용전력량 72[kWh], 1일의 최대전력이 9[kW], 최대부하일 때의 전류가 35[A]이었다. 1일의 부하율과 최대 공급전력일 때의 역률은 몇 [%]인가?

① 부하율 : 31.3, 역률 : 74.2
② 부하율 : 33.3, 역률 : 74.2
③ 부하율 : 31.3, 역률 : 82.5
④ 부하율 : 33.3, 역률 : 82.5

풀이
- 일 부하율 = $\dfrac{평균 전력}{최대 전력} \times 100$
$$= \frac{72/24}{9} \times 100 = 33.33[\%]$$
- $P = \sqrt{3} VI\cos\theta = \sqrt{3} \times 200 \times 35 \times \cos\theta = 9000[W]$
$$\therefore \cos\theta = \frac{9000}{\sqrt{3} \times 200 \times 35} \times 100 = 74.23[\%]$$ 답 ②

24 가공 송전선에 사용되는 애자 1연 중 전압부담이 최대인 애자는?

① 철탑에 제일 가까운 애자
② 전선에 제일 가까운 애자
③ 중앙에 있는 애자
④ 철탑과 애자연 중앙의 그 중간에 있는 애자

풀이
- 전압 분담 최대 : 전선쪽 애자
- 전압 분담 최소 : 철탑에서 1/3 지점 애자 답 ②

25 직접 접지방식에 대한 설명 중 옳지 않은 것은?

① 이상전압 발생의 우려가 거의 없다.
② 계통의 절연수준이 낮아지므로 경제적이다.
③ 변압기의 단절연이 가능하다.
④ 보호계전기가 신속히 작동하므로 과도안정도가 좋다.

풀이 직접 접지방식의 장·단점
[장점]
① 1선 지락 시에 건전상의 대지전압이 거의 상승하지 않는다.
② 피뢰기의 효과를 증진시킬 수 있다.
③ 단절연이 가능하다.
④ 계전기의 동작이 확실해진다.
[단점]
① 송전 계통의 과도안정도가 나빠진다.
② 통신선에 유도 장해가 크다.
③ 기기에 큰 영향을 주어 손상을 준다.
④ 대용량 차단기가 필요하다. **답 ④**

26 철탑의 탑각 접지저항이 커지면 가장 크게 우려되는 문제점은?
① 역섬락 발생 ② 코로나 증가
③ 정전 유도   ④ 차폐각 증가

풀이 철탑의 접지저항이 크면 철탑의 전위가 매우 높게 되어 철탑에서 송전선에 섬락을 일으키는 경우가 있는데, 이를 역섬락이라 한다. **답 ①**

27 전압 3300/105-0-105[V]의 단상 3선식 변압기에 60[A], 60[%] 및 50[A], 80[%]의 불평형, 늦은 역률 부하를 걸었을 때 총 유효 전력은 약 몇 [kW]인가?
① 5   ② 8
③ 11 ④ 14

풀이 $P_1 = V_1 I_1 \cos\theta_1 = 105 \times 60 \times 0.6 = 3.78[\text{kW}]$
$P_2 = V_2 I_2 \cos\theta_2 = 105 \times 50 \times 0.8 = 4.2[\text{kW}]$
$\therefore P = P_1 + P_2 = 7.98 ≒ 8[\text{kW}]$ **답 ②**

28 자가용 변전소의 1차 측 차단기의 용량을 결정할 때 가장 밀접한 관계가 있는 것은?
① 부하설비용량
② 공급측의 전기설비용량
③ 부하의 부하율
④ 수전계약 용량

풀이
• 차단기의 차단용량 > 계통의 단락 용량
• 단락용량 $P_s = \dfrac{100}{\%Z} \times P_n \rightarrow P_s \propto P_n$
여기서, P_n 기준용량(공급측의 전기설비용량) **답 ②**

29 단상 교류회로에 3150/210[V]의 승압기를 80[kW], 역률 0.8인 부하에 접속하여 전압을 상승시키는 경우 약 몇 [kVA]의 승압기를 사용하여야 적당한가? (단, 전원전압은 2900[V]이다.)
① 3.6[kVA]   ② 5.5[kVA]
③ 6.8[kVA]   ④ 10[kVA]

풀이 변압기 용량(자기 용량, 승압기 용량)
$w = I_2 e_2$
$E_2 = E_1\left(1 + \dfrac{1}{n}\right) = 2900 \times \left(1 + \dfrac{210}{3150}\right) = 3093.33[\text{V}]$
$I_2 = \dfrac{80 \times 10^3}{3093.33 \times 0.8} = 32.33$
$\therefore w = I_2 e_2 = 32.33 \times 210 \times 10^{-3} ≒ 6.8[\text{kVA}]$
승압분 전압 e_2는 변압기 용량을 결정할 때는 계산상 전압을 사용하지 않고 최대 전압이 될 수 있는 210[V]를 사용한다. **답 ③**

30 소호각(arcing horn)의 사용목적은?
① 클램프의 보호
② 전선의 진동 방지
③ 애자의 보호
④ 이상전압의 발생 방지

풀이 이상전압 발생 시 애자의 파손을 막기 위해 소호각을 설치한다. **답 ③**

31 전선의 손실계수 H와 부하율 F와의 관계는?
① $0 \leq F^2 \leq H \leq F \leq 1$
② $0 \leq H^2 \leq F \leq H \leq 1$
③ $0 \leq H \leq F^2 \leq F \leq 1$
④ $0 \leq F \leq H^2 \leq H \leq 1$

풀이 전선의 손실계수(H)와 부하율(F)은 다음과 같은 관계가 있다.
$0 \leq F^2 \leq H \leq F \leq 1$ **답 ①**

32 저항 10[Ω], 리액턴스 15[Ω]인 3상 송전선로가 있다. 수전단전압 60[kV], 부하역률 0.8[lag], 전류 100[A]라 할 때 송전단전압은?
① 약 33[kV]   ② 약 42[kV]
③ 약 58[kV]   ④ 약 63[kV]

풀이
$$V_s = V_r + \sqrt{3}I(R\cos\theta + X\sin\theta)$$
$$= 60\times 10^3 + \sqrt{3}\times 100\times(10\times 0.8 + 15\times 0.6)$$
$$= 62944[V] \fallingdotseq 63[kV] \quad \text{답 ④}$$

33 발전소 원동기로 이용되는 가스 터빈의 특징을 증기터빈과 내연기관에 비교하였을 때 옳은 것은?

① 평균효율이 증기터빈에 비하여 대단히 낮다.
② 기동시간이 짧고 조작이 간단하므로 첨두 부하 발전에 적당하다.
③ 냉각수가 비교적 많이 든다.
④ 설비가 복잡하며, 건설비 및 유지비가 많고 보수가 어렵다.

풀이 가스터빈의 장점
① 소형 경량으로 건설비가 싸고 유지비가 적다.
② 기동시간이 짧고 부하의 급변에도 잘 견딘다.
③ 냉각수를 다량으로 필요치 않다. 답 ②

34 다음 설명 중 옳지 않은 것은?

① 직류송전에서는 무효전력을 보낼 수 없다.
② 선로의 정상 및 역상임피던스는 같다.
③ 계통을 연계하면 통신선에 대한 유도장해가 감소된다.
④ 장간애자는 2련 또는 3련으로 사용할 수 있다.

풀이 계통을 연계하면 병렬회로수가 많아지므로 단락전류가 증대하고 통신선에 전자 유도 장해가 증가한다. 답 ③

35 차단기의 정격차단 시간의 표준이 아닌 것은?

① 3[Hz]   ② 5[Hz]
③ 8[Hz]   ④ 10[Hz]

풀이 차단기의 정격차단 시간이란 트립 코일 여자로부터 아크 소호까지의 시간을 말하며 3, 5, 8[Hz]의 규격이 있다. 답 ④

36 연가를 하는 주된 목적으로 옳은 것은?

① 선로정수의 평형
② 유도뢰의 방지
③ 계전기의 확실한 동작의 확보
④ 전선의 절약

풀이
• 연가는 선로정수를 평형시키고 통신선의 유도장해를 방지하기 위하여 선로를 3배수 등분하여 실시한다.
• 연가의 목적 : 직렬공진 방지, 유도장해 감소, 선로정수 평형 답 ①

37 선로의 커패시턴스와 무관한 것은?

① 중성점 잔류전압
② 발전기 자기여자현상
③ 개폐 서지
④ 전자유도

풀이 전자유도
$$E_m = -j\omega Ml(I_a + I_b + I_c) = -j\omega Ml(3I_0)$$
전자유도는 전력선과 통신선과의 상호 인덕턴스에 의하여 발생된다. 답 ④

38 저수지의 이용 수심이 클 때 사용하면 유리한 조압수조는?

① 차동조압수조   ② 단동조압수조
③ 수실조압수조   ④ 제수공조압수조

풀이 이용 수심이 큰 경우에는 조압수조의 높이가 증가하므로 상하 부분에 수실을 두며, 중간은 단면적이 비교적 작은 샤프트(shaft)로 두 수실을 연결하는 수실조압수조가 좋다. 답 ③

39 그림과 같은 열 사이클의 명칭은?

① 랭킨사이클
② 재생 사이클
③ 재열 사이클
④ 재생재열 사이클

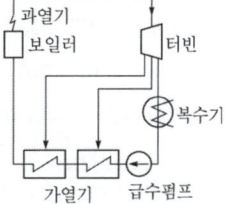

풀이 터빈에서의 증기 팽창 도중 증기의 일부를 추출하여 급수 가열에 이용되는 것을 재생 사이클이라 한다. 답 ②

40 3상3선식 선로에서 각 선의 대지정전용량이 C_s[F], 선간 정전용량이 C_m[F]일 때, 1선의 작용정전용량은 몇 [F]인가?

① $2C_s + C_m$ ② $C_s + 2C_m$
③ $3C_s + C_m$ ④ $C_s + 3C_m$

풀이

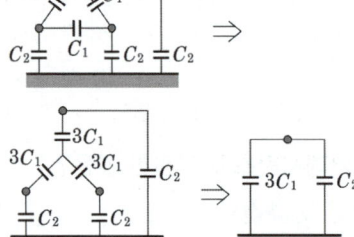

1선당의 작용 정전용량
$C_w = 3C_1 + C_2$ 답 ④

3과목 - 전기기기

41 직류분권발전기의 무부하 포화곡선이 $V = \dfrac{940 I_f}{33 + I_f}$ 이고, I_f는 계자전류[A], V는 무부하 전압 [V]으로 주어질 때 계자 회로의 저항이 20[Ω]이면 몇 [V]의 전압이 유기되는가?

① 140   ② 160
③ 280   ④ 300

풀이 $V = \dfrac{940 I_f}{33 + I_f}$
계자권선의 저항이 20[Ω]이므로
$V = I_f R_f = 20 I_f$, ∴ $I_f = \dfrac{V}{20}$
이 식을 위 식에 대입하면
$V = \dfrac{940 \dfrac{V}{20}}{33 + \dfrac{V}{20}}$, $33V + \dfrac{V^2}{20} = 940 \times \dfrac{V}{20}$,
$33 + \dfrac{V}{20} = 47$, ∴ $V = 280[V]$ 답 ③

42 유도전동기의 회전력 발생 요소 중 제곱에 비례하는 요소는?

① 슬립   ② 2차 권선저항
③ 2차 임피던스   ④ 2차 기전력

풀이 $\tau = K_0 \dfrac{s E_2^2 r_2}{r_2^2 + (s x_2)^2}$에서 r_2, x_2는 일정하므로
$\tau \propto E_2^2$ 이다.   답 ④

43 동기전동기의 자기동법에서 계자권선을 단락하는 이유는?

① 고전압이 유도된다.
② 전기자 반작용을 방지한다.
③ 기동권선으로 이용한다.
④ 기동이 쉽다.

풀이 보통 기동 시에는 계자권선 중에 고전압이 유도되어 절연을 파괴하므로 방전 저항을 접속하여 단락 상태로 기동한다. 이때 계자권선은 일종의 단상 2차 권선으로서 토크를 발생하기 때문에 계자권선의 저항값의 3~7배 정도의 방전 저항을 사용한다.   답 ①

44 직류기에서 양호한 정류를 얻는 조건이 아닌 것은?

① 정류 주기를 크게 한다.
② 전기자 코일의 인덕턴스를 작게 한다.
③ 평균 리액턴스 전압을 브러시 접촉면 전압강하보다 크게 한다.
④ 브러시의 접촉저항을 크게 한다.

풀이 ① 정류 주기를 크게 하면 전류의 변화율, 즉 $\dfrac{di}{dt}$ 가 작아져서 불꽃 발생의 원인이 작아진다.
② L이 작아져도 역시 불꽃 발생의 근본 원인인 역기전력이 작아진다.
③ 리액턴스 전압은 $e_r = -L\dfrac{di}{dt}$로서 이것이 정류를 해치는 가장 큰 원인이 되는 것이다.
④ 브러시의 접촉저항이 크면 저항 정류가 이루어져서 양호한 정류가 이루어진다.   답 ③

45 3상 유도전동기의 특성 중 비례추이를 할 수 없는 것은?

① 동기속도　② 2차전류
③ 1차전류　④ 역률

풀이
- 비례 추이 할 수 있는 것 : 토크, 1차 전류, 2차 전류, 역률, 동기 와트 등
- 비례추이 할 수 없는 것 : 출력, 2차 동손, 효율, 동기 속도 등
답 ①

46 단상전파 정류회로에서 교류전압 $v=628\sin315t[V]$, 부하저항 $20[\Omega]$일 때 직류측 전압의 평균값[V]은?

① 약 200
② 약 400
③ 약 600
④ 약 800

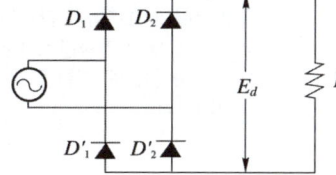

풀이
$E = \dfrac{E_m}{\sqrt{2}} = \dfrac{628}{\sqrt{2}} = 444[V]$

$\therefore E_d = \dfrac{2\sqrt{2}}{\pi}E = 0.9E = 0.9 \times 444 ≒ 400[V]$ **답** ②

47 직류발전기의 정류시간에 비례하는 요소를 바르게 나타낸 것은? (단, b : 브러시의 두께 [mm], δ : 정류자편 사이의 두께[m], v_c : 정류자의 주변속도이다.)

① $v_c - \delta$　② $b - \delta$
③ $\delta - b$　④ $b + \delta$

풀이 브러시의 두께를 $b[m]$, 정류자편 사이의 절연물의 두께를 $\delta[m]$, 정류자의 주변 속도를 $v_c[m/s]$라 하면

정류 주기 $T_c = \dfrac{b-\delta}{v_c}[s]$ **답** ②

48 △결선 변압기의 한 대가 고장으로 제거되어 V결선으로 공급할 때 공급할 수 있는 전력은 고장 전 전력에 대하여 몇 [%]인가?

① 57.7
② 66.7
③ 75.0
④ 86.6

풀이 1대의 단상변압기용량을 K라 하면 출력비는
$\dfrac{V결선의\ 출력}{\triangle결선의\ 출력} = \dfrac{\sqrt{3}K}{3K} = \dfrac{\sqrt{3}}{3}$
$= 0.577 = 57.7[\%]$ **답** ①

49 부흐홀쯔 계전기는 주로 어느 기기를 보호하는데 사용하는가?

① 변압기　② 발전기
③ 동기전동기　④ 회전변류기

풀이 부흐홀쯔 계전기는 변압기의 내부고장으로 발생하는 기름의 분해 가스 증기 또는 유류를 이용하여 부저를 움직여 계전기의 접점을 닫는 것이므로 변압기의 주탱크와 콘서베이터와의 연결관 도중에 설치한다.
답 ①

50 직류분권전동기 운전 중 계자권선의 저항이 증가할 때 회전속도는?

① 일정하다.　② 감소한다.
③ 증가한다.　④ 관계없다.

풀이 직류분권전동기의 계자저항을 증가하는 것은 계자 코일과 직렬로 접속되어 있는 속도 조정기의 저항을 증가시킨다는 뜻이다. 그러면 공급전압을 이것으로 나눈 여자전류가 감소하고 따라서 계자자속도 감소한다.

그러므로 $n = k\dfrac{V-I_aR_a}{\phi}$ 에서 자속 ϕ가 감소(여자전류감소)하면 회전속도 n은 증가하게 된다. **답** ③

51 다음 중 변압기의 절연내력 시험법이 아닌 것은?

① 단락시험
② 가압시험
③ 오일의 절연파괴 전압시험
④ 충격전압시험

풀이
- 절연내력시험 : 가압시험, 유도시험, 충격전압시험 등
- 단락시험은 동손 등을 구하는데 이용된다. **답** ①

52 22[kW] 3상 유도전동기 1대를 운전하기 위해서 2대의 단상변압기를 사용한다. 이 변압기의 용량은? (단, 피상효율은 0.75이다.)

① 29.3[kVA]　② 16.9[kVA]
③ 12.4[kVA]　④ 9.78[kVA]

풀이 2대의 단상변압기로 V결선하여 3상 유도전동기를 운전할 수 있으므로
$P_V = \sqrt{3}\,P_1[\text{kVA}]$ (단, P_1 : 변압기 1대의 용량)
$\therefore P_1 = \dfrac{P_V}{\sqrt{3}} = \dfrac{22/0.75}{\sqrt{3}} = 16.9[\text{kVA}]$ **답** ②

53 전기자 반작용이 직류발전기에 영향을 주는 것을 설명한 것으로 틀린 것은?

① 전기자 중성축을 이동시킨다.
② 자속을 감소시켜 부하 시 전압강하의 원인이 된다.
③ 정류자 편간전압이 불균일하게 되어 섬락의 원인이 된다.
④ 전류의 파형은 찌그러지나 출력에는 변화가 없다.

풀이 전기자 반작용의 영향
① 전기적 중성축 이동
  • 발전기 : 회전방향으로 이동
  • 전동기 : 회전방향과 반대방향으로 이동
② 주자속 감소
③ 정류자 편간의 불꽃섬락 발생
④ 출력의 저하 **답** ④

54 3150/210[V] 5[kVA]의 단상변압기가 있다. 2차를 개방하고 정격 1차 전압을 가할 때의 입력은 60[W], 2차를 단락하고 여기에 정격 1차 전류가 흐르도록 1차 측에 저전압을 가했을 때의 입력은 120[W]이었다. 역률 100[%]에서의 전부하 효율[%]은?

① 약 96.5
② 약 95.5
③ 약 86.5
④ 약 70.7

풀이 $\eta = \dfrac{VI\cos\phi}{VI\cos\phi + P_i + P_c} \times 100$
$= \dfrac{5 \times 10^3}{5 \times 10^3 + 60 + 120} \times 100 = 96.5[\%]$ **답** ①

55 200[kVA]의 단상변압기가 있다. 철손이 1.6[kW]이고, 전부하 동손이 2.4[kW]이다. 변압기의 역률이 0.8일 때 전부하시의 효율[%]은 약 얼마인가?

① 96.6 ② 97.6 ③ 98.6 ④ 99.6

풀이 $\eta_{0.8} = \dfrac{200 \times 0.8}{200 \times 0.8 + 1.6 + 2.4} = \dfrac{160}{160 + 4}$
$= 0.9756 \approx 97.6[\%]$ **답** ②

56 동기발전기의 전기자 권선을 분포권으로 하는 이유는 다음 중 어느 것인가?

① 권선의 누설 리액턴스가 증가한다.
② 분포권은 집중권에 비하여 합성 유기기전력이 증가한다.
③ 기전력의 고조파가 감소하여 파형이 좋아진다.
④ 난조를 방지한다.

풀이 분포권의 특징
① 분포권은 집중권에 비하여 합성 유기기전력이 감소한다.
② 기전력의 고조파가 감소하여 파형이 좋아진다.
③ 권선의 누설 리액턴스가 감소한다.
④ 전기자 권선에 의한 열을 고르게 분포시켜 과열을 방지한다. **답** ③

57 병렬운전을 하고 있는 2대의 3상 동기발전기 사이에 무효 순환전류가 흐르는 경우는?

① 여자전류의 변화
② 부하의 증가
③ 부하의 감소
④ 원동기의 출력변화

풀이 두 발전기의 기전력 크기의 차(=여자전류의 변화)가 있을 때 무효 순환전류가 흐른다. **답** ①

58 동기전동기의 공급전압, 주파수 및 부하를 일정하게 유지하고 여자전류만을 변화시키면?

① 출력이 변화한다.
② 토크가 변화한다.
③ 각속도가 변화한다.
④ 부하각이 변화한다.

풀이 동기전동기의 출력 $P = \dfrac{VE}{x_s}\sin\delta$ 이다.
위상 특성 곡선에서 V, P, x_s 가 일정할 경우
• 여자가 증가하여 E 가 커지면 부하각 δ 가 감소
• 여자가 감소하여 E 가 작아지면 부하각 δ 가 증가
따라서 여자전류만을 변화시키면 부하각이 변화한

59 50[Hz] 12극의 3상 유도전동기가 정격전압으로 정격출력 10[HP]를 발생하며 회전하고 있다. 이때의 회전수는 약 몇 [rpm]인가? (단, 회전자 동손은 350[W], 회전자 입력은 출력과 회전자 동손과의 합이다.)

① 468 ② 478
③ 485 ④ 500

풀이 2차 입력
$P_2 = P + P_{c2} = 10 \times 746 + 350 = 7810[W]$
2차 효율
$\eta_2 = (1-s) = \dfrac{P}{P_2} \times 100 = \dfrac{7460}{7810} \times 100$
$= 0.955$
동기속도
$N_s = \dfrac{120f}{p} = \dfrac{120 \times 50}{12} = 500[rpm]$
회전속도
$N = (1-s)N_s = 0.955 \times 500$
$= 478[rpm]$ **답** ②

60 단상 반발전동기의 종류가 아닌 것은?

① 아트킨손형 ② 톰슨형
③ 데리형   ④ 유도자형

풀이 단상 반발 전동기에는 아트킨손형 전동기, 톰슨형 전동기, 데리형 전동기가 있다. **답** ④

4과목 - 회로이론

61 교류회로에서 역률이란 무엇인가?

① 전압과 전류의 위상차의 정현
② 전압과 전류의 위상차의 여현
③ 임피던스와 리액턴스의 위상차의 여현
④ 임피던스와 저항의 위상차의 정현

풀이 역률이란 전압과 전류의 위상차의 여현($\cos\theta$)이다. **답** ②

62 그림과 같은 T회로에서 임피던스 정수는 각각 얼마인가?

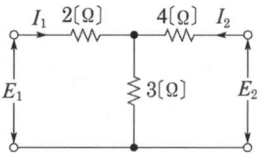

① $Z_{11} = 5[\Omega]$, $Z_{21} = 3[\Omega]$,
   $Z_{22} = 7[\Omega]$, $Z_{12} = 3[\Omega]$
② $Z_{11} = 7[\Omega]$, $Z_{21} = 5[\Omega]$,
   $Z_{22} = 3[\Omega]$, $Z_{12} = 5[\Omega]$
③ $Z_{11} = 3[\Omega]$, $Z_{21} = 7[\Omega]$,
   $Z_{22} = 3[\Omega]$, $Z_{12} = 5[\Omega]$
④ $Z_{11} = 5[\Omega]$, $Z_{21} = 7[\Omega]$,
   $Z_{22} = 3[\Omega]$, $Z_{12} = 7[\Omega]$

풀이
$Z_{11} = \dfrac{V_1}{I_1}\bigg|_{I_2=0} = Z_1 + Z_3 = 2 + 3 = 5[\Omega]$
$Z_{12} = \dfrac{V_1}{I_2}\bigg|_{I_1=0} = Z_3 = 3[\Omega]$
$Z_{21} = \dfrac{V_2}{I_1}\bigg|_{I_2=0} = Z_3 = 3[\Omega]$
$Z_{22} = \dfrac{V_2}{I_2}\bigg|_{I_1=0} = Z_2 + Z_3 = 4 + 3 = 7[\Omega]$ **답** ①

63 1상의 임피던스 $Z_p = 12 + j9[\Omega]$인 평형 △ 부하에 평형 3상 전압 208[V]가 인가되어 있다. 이 회로의 피상전력[VA]은 약 얼마인가?

① 8653 ② 7640
③ 6672 ④ 5340

풀이 $P_a = 3I^2Z = 3\left(\dfrac{V_P}{\sqrt{R^2+X^2}}\right)^2 Z = \dfrac{3V_P^2 Z}{R^2+X^2}$
$= \dfrac{3 \times 208^2 \times \sqrt{12^2+9^2}}{12^2+9^2} \fallingdotseq 8653[VA]$ **답** ①

64 상호 인덕턴스 100[mH]인 회로의 1차 코일에 3[A]의 전류가 0.3초 동안에 18[A]로 변화할 때 2차 유도 기전력[V]은?

① 5 ② 6 ③ 7 ④ 8

풀이 $e = M\dfrac{di}{dt} = 100 \times 10^{-3} \times \dfrac{18-3}{0.3} = 5[\text{V}]$ 답 ①

65 그림과 같은 회로에서 저항 R_4에 소비되는 전력은 약 몇 [W]인가?

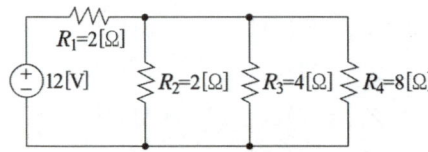

① 2.38 ② 4.76 ③ 9.52 ④ 29.2

풀이 • 합성저항

$R = R_1 + \dfrac{1}{\dfrac{1}{R_2} + \dfrac{1}{R_3} + \dfrac{1}{R_4}}$

$= 2 + \dfrac{1}{\dfrac{1}{2} + \dfrac{1}{4} + \dfrac{1}{8}} = 3.14[\Omega]$

• 전 전류 $I_1 = \dfrac{V}{R} = \dfrac{12}{3.14} = 3.82[\text{A}]$

• $R_2 : R_3 : R_4 = 2 : 4 : 8 = 1 : 2 : 4$이고, 전류는 저항과 반비례 하므로, $I_2 : I_3 : I_4 = 4 : 2 : 1$로 전류가 분배된다.

$\therefore P_4 = I_4^2 R_4 = \left(\dfrac{1}{7} \cdot I_1\right)^2 \times R_4 = \left(\dfrac{6}{7}\right)^2 \times 8$

$\fallingdotseq 2.38[\text{W}]$ 답 ①

66 그림과 같은 $R-C$ 회로에서 입력을 $e_i(t)[\text{V}]$, 출력을 $e_o(t)[\text{V}]$라 할 때의 전달함수는? (단, $T = RC$이다.)

① $\dfrac{1}{Ts+1}$

② $\dfrac{1}{Ts+2}$

③ $\dfrac{2}{Ts+3}$

④ $\dfrac{1}{Ts+3}$

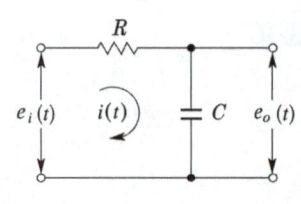

풀이 $\begin{cases} v_i(t) = Ri(t) + \dfrac{1}{C}\int i(t)dt \\ v_o(t) = \dfrac{1}{C}\int i(t)dt \end{cases}$

$\begin{cases} V_i(s) = \left(R + \dfrac{1}{Cs}\right)I(s) \\ V_o(s) = \dfrac{1}{Cs}I(s) \end{cases}$

$\therefore G(s) = \dfrac{V_o(s)}{V_i(s)} = \dfrac{\dfrac{1}{Cs}}{R + \dfrac{1}{Cs}} = \dfrac{1}{RCs+1}$

$= \dfrac{1}{Ts+1}$ 답 ①

67 그림과 같은 비정현파의 실효값[V]은?

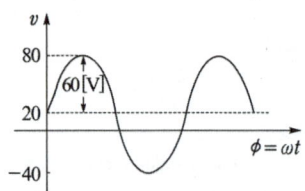

① 46.90 ② 51.61
③ 59.04 ④ 80

풀이 그림의 비정현파를 식으로 표현하면
$V = $ 직류분 + 기본파 $= 20 + 60\sin\omega t[\text{V}]$이므로
비정현파의 실효값은
$V = \sqrt{\text{각 파의 실효값 제곱의 합}}$
$= \sqrt{20^2 + \left(\dfrac{60}{\sqrt{2}}\right)^2} = 46.90[\text{V}]$ 답 ①

68 그림과 같은 파형의 파고율은 얼마인가?

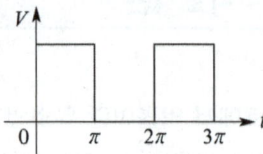

① 1 ② 1.414
③ 1.732 ④ 2.449

풀이 반파 구형파에서
• 실효값 $V = \dfrac{V_m}{\sqrt{2}}$ • 평균값 $V_m = \dfrac{V_m}{2}$

• 파고율 $= \dfrac{\text{최댓값}}{\text{실효값}} = \dfrac{V_m}{\dfrac{V_m}{\sqrt{2}}} = \sqrt{2} = 1.414$ 답 ②

69 그림과 같이 L형 회로의 영상 임피던스 Z_{02}를 구하면?

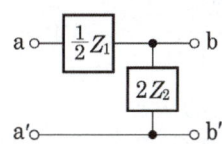

① $\sqrt{\dfrac{Z_1 Z_2}{(1+\dfrac{Z_1}{4Z_2})}}$ ② $\sqrt{Z_1 Z_2 (1+\dfrac{Z_1}{4Z_2})}$

③ $\sqrt{\dfrac{Z_1}{4Z_2}}$ ④ $\sqrt{1+\dfrac{Z_1}{4Z_2}}$

풀이 4단자 정수를 구하면

$\begin{bmatrix} A & B \\ C & D \end{bmatrix} = \begin{bmatrix} 1 & \frac{1}{2}Z_1 \\ 0 & 1 \end{bmatrix} \begin{bmatrix} 1 & 0 \\ \frac{1}{2Z_2} & 1 \end{bmatrix} = \begin{bmatrix} 1+\frac{Z_1}{4Z_2} & \frac{1}{2}Z_1 \\ \frac{1}{2Z_2} & 1 \end{bmatrix}$

$\therefore Z_{02} = \sqrt{\dfrac{BD}{AC}} = \sqrt{\dfrac{\frac{1}{2}Z_1}{(1+\frac{Z_1}{4Z_2}) \cdot \frac{1}{2Z_2}}}$

$= \sqrt{\dfrac{Z_1 Z_2}{1+\dfrac{Z_1}{4Z_2}}}$ **답** ①

70 회로에서 a, b 간의 합성 인덕턴스 L_0[H]의 값은? (단, M[H]은 L_1, L_2 코일 사이의 상호 인덕턴스이다.)

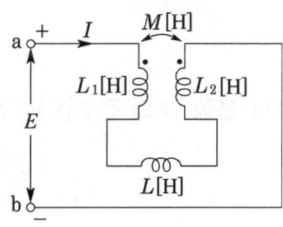

① $L_1 + L_2 + L$
② $L_1 + L_2 - 2M + L$
③ $L_1 + L_2 + 2M + L$
④ $L_1 + L_2 - M + L$

풀이 L_1과 L_2의 결합이 차동 결합 형태이므로
$L_0 = L_1 + L_2 - 2M + L$[H]

만약에 (dot)의 방향이 L_2의 반대방향에 찍히면 가동(화동) 결합이므로
$L_0 = L_1 + L_2 + 2M + L$[H] 이다.   **답** ②

71 $i = 2t^2 + 8t$[A]로 표시되는 전류를 도선에 3[sec] 동안 흘렸을 때 통과한 전 전기량은 몇 [C]인가?

① 18   ② 48   ③ 54   ④ 61

풀이 $Q = \int_0^t i\,dt = \int_0^3 (2t^2 + 8t)dt = \left[\dfrac{2}{3}t^3 + 4t^2\right]_0^3$
$= 54$[C]   **답** ③

72 그림과 같이 단상 전력계법을 이용하여 스위치를 P_1에 연결하여 측정하였더니 300[W]이고 스위치를 P_2에 연결하여 측정하였더니 600[W]이었다. 이 3상 부하의 역률은?

① 0.577
② 0.637
③ 0.707
④ 0.866

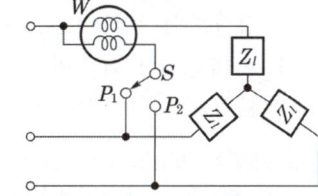

풀이 $n = \dfrac{P_2}{P_1} = \dfrac{600}{300} = 2$

$\cos\theta = \dfrac{1}{\sqrt{1+3\left(\dfrac{1-n}{1+n}\right)^2}} = \dfrac{1}{\sqrt{1+3\left(\dfrac{1-2}{1+2}\right)^2}}$
$= 0.866$ **답** ④

73 자계 코일의 권수 $N = 1000$, 코일의 내부저항 R[Ω]으로 전류 $I = 10$[A]를 통했을 때의 자속 $\Phi = 2 \times 10^{-2}$[Wb]이다. 이때 이 회로의 시정수가 0.1[s]라면 저항 R은 몇 [Ω]인가?

① 0.2   ② $\dfrac{1}{20}$ ③ 2   ④ 20

풀이 $L = \dfrac{N\Phi}{I} = \dfrac{1000 \times 2 \times 10^{-2}}{10} = 2$[H]
$\tau = \dfrac{L}{R}$에서 $R = \dfrac{L}{\tau} = \dfrac{2}{0.1} = 20$[Ω]   **답** ④

74 $f(t) = u(t-a) - u(t-b)$ 식으로 표시되는 4각파의 라플라스변환은?

① $\frac{1}{s}(e^{-as} - e^{-bs})$ ② $\frac{1}{s}(e^{as} + e^{bs})$
③ $\frac{1}{s^2}(e^{-as} - e^{-bs})$ ④ $\frac{1}{s^2}(e^{as} + e^{bs})$

풀이 $\mathcal{L}[f(t)] = \mathcal{L}[u(t-a) - u(t-b)]$
$= \frac{e^{-as}}{s} - \frac{e^{-bs}}{s}$
$= \frac{1}{s}(e^{-as} - e^{-bs})$ **답** ①

75 대칭좌표법에 관한 설명 중 잘못된 것은?
① 대칭좌표법은 일반적인 비대칭 3상 교류 회로의 계산에도 이용된다.
② 대칭 3상 전압의 영상분과 역상분은 0이고, 정상분만 남는다.
③ 비대칭 3상 교류회로는 영상분, 역상분 및 정상분의 3성분으로 해석한다.
④ 비대칭 3상 회로의 접지식 회로에는 영상 분이 존재하지 않는다.

풀이 영상분은 비대칭 3상 회로의 접지선, 중성선에 존재하며, 비대칭 3상 회로의 비접지식 회로에는 영상분이 존재하지 않는다. **답** ④

76 20[kVA] 변압기 2대로 공급할 수 있는 최대 3상 전력[kVA]은?
① 20 ② 17.3
③ 24.64 ④ 34.64

풀이 $P_V = \sqrt{3} P_1 = \sqrt{3} \times 20 \text{[kVA]}$
$= 34.64 \text{[kVA]}$ **답** ④

77 그림과 같은 궤환 회로의 종합 전달함수는?

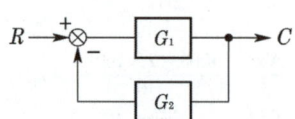

① $\frac{1}{G_1} + \frac{1}{G_2}$ ② $\frac{G_1}{1 - G_1 G_2}$
③ $\frac{G_1}{1 + G_1 G_2}$ ④ $\frac{G_1 G_2}{1 + G_1 G_2}$

풀이 $(R - CG_2)G_1 = C$
$RG_1 = C + CG_1 G_2 = C(1 + G_1 G_2)$
$\therefore \frac{C}{R} = \frac{G_1}{1 + G_1 G_2}$

별해 전향경로 이득 : G_1, 루프 이득 : $-G_1 G_2$
$G(s) = \frac{\sum \text{전향 경로 이득}}{1 - \sum \text{루프이득}} = \frac{G_1}{1 + G_1 G_2}$ **답** ③

78 $e_1 = 30\sqrt{2} \sin \omega t \text{[V]}$,
$e_2 = 40\sqrt{2} \cos(\omega t - \frac{\pi}{6})\text{[V]}$일 때
$e_1 + e_2$의 실효값은 몇 [V]인가?
① 50 ② 70
③ $10\sqrt{7}$ ④ $10\sqrt{37}$

풀이 $e_2 = 40\sqrt{2} \cos(\omega t - \frac{\pi}{6})$
$= 40\sqrt{2} \sin(\omega t - \frac{\pi}{6} + \frac{\pi}{2})$
$= 40\sqrt{2} \sin(\omega t + \frac{\pi}{3})$ 이므로
$e_1 = 30 \angle 0, e_2 = 40 \angle 60$
$\therefore e_1 + e_2 = 30 + 40(\cos 60 + j\sin 60)$
$= 50 + j20\sqrt{3} = \sqrt{50^2 + (20\sqrt{3})^2}$
$= 10\sqrt{37} \text{[V]}$ **답** ④

79 그림에서 절점 B 의 전위[V]는?
① 130
② 110
③ 100
④ 90

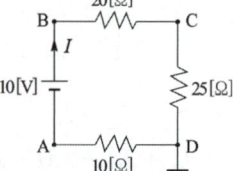

풀이 $I = \frac{V}{R} = \frac{110}{(20 + 25 + 10)} = 2\text{[A]}$
접지를 기준(0[V])으로 잡고, 각 저항에서의 전압강하를 구하면
• B점과 C점 사이의 전압강하
$e_{BC} = IR_1 = 2 \times 20 = 40\text{[V]}$

- C점과 D점 사이의 전압강하
  $e_{CD} = 2 \times 25 = 50[V]$
- D점과 A점 사이의 전압강하
  $e_{DA} = (-2) \times 10 = -20[V]$
  따라서 B점의 전위는
  $e_{BD} = 40 + 50 = 90[V]$이다.   답 ④

80 한 상의 직렬임피던스가 $R = 6[\Omega]$, $X_L = 8[\Omega]$인 △결선 평형부하가 있다. 여기에 선간전압 100[V]인 대칭 3상 교류전압을 가하면 선전류는 몇 [A]인가?

① $\dfrac{10\sqrt{3}}{3}$ ② $3\sqrt{3}$

③ 10   ④ $10\sqrt{3}$

풀이 △결선 시 선전류는 상전류의 $\sqrt{3}$ 배이므로
선전류 = $\sqrt{3} \times$ 상전류
상전류 = $\dfrac{\text{상전압}}{\text{등가 임피던스}}$
상전류 = $\dfrac{100}{\sqrt{6^2 + 8^2}} = 10[A]$이므로
선전류는 $10\sqrt{3}[A]$이다.   답 ④

5과목 - 전기설비기술기준

81 발전기·변압기·조상기·계기용 변성기·모선 또는 이를 지지하는 애자는 어떤 전류에 의하여 생기는 기계적 충격에 견디는 것이어야 하는가?

① 지상전류   ② 유도전류
③ 충전전류   ④ 단락전류

풀이 발전기 등의 기계적 강도(기술기준 제23조)
① 발전기, 변압기, 조상기, 모선 또는 이를 지지하는 애자는 단락전류에 의하여 생기는 기계적 충격에 견디어야 한다.
② 수차 또는 풍차 발전기의 회전 부분은 무구속 속도에 대하여 증기터빈, 가스터빈, 내연기관은 비상 속도에 견디어야 한다.   답 ④

82 고압 옥상 전선로의 전선이 다른 시설물과 접근하거나 교차하는 경우에는 고압 옥상 전선로의 전선과 이들 사이의 이격거리는 몇 [cm] 이상이어야 하는가?

① 30   ② 40
③ 50   ④ 60

풀이 331.14.1 고압 옥상전선로의 시설
가. 고압 옥상전선로(고압 인입선의 옥상부분은 제외한다.)는 케이블을 사용하고 전선을 전개된 장소에서 조영재에 견고하게 붙인 지지주 또는 지지대에 의하여 지지하고 또한 조영재 사이의 이격거리를 1.2[m] 이상으로 시설 하여야 한다.
나. 고압 옥상 전선로의 전선이 다른 시설물(가공전선을 제외한다)과 접근하거나 교차하는 경우에는 고압 옥상 전선로의 전선과 이들 사이의 이격거리는 0.6[m] 이상이어야 한다.
다. 고압 옥상전선로의 전선은 상시 부는 바람 등에 의하여 식물에 접촉하지 아니하도록 시설하여야 한다.   답 ④

83 아파트 세대 욕실에 "비데용 콘센트"를 시설하고자 한다. 다음의 시설방법 중 적합하지 않은 것은?

① 콘센트를 시설하는 경우에는 인체감전보호용 누전차단기로 보호된 전로에 접속할 것
② 습기가 많은 곳에 시설하는 배선기구는 방습장치를 시설할 것
③ 저압용 콘센트는 접지극이 없는 것을 사용할 것
④ 충전 부분이 노출되지 않을 것

풀이 234.5 콘센트의 시설
욕조나 샤워시설이 있는 욕실 또는 화장실 등 인체가 물에 젖어있는 상태에서 전기를 사용하는 장소에 콘센트를 시설하는 경우에는 다음에 따라 시설하여야한다.
가. 인체감전보호용 누전차단기(정격감도전류 15[mA] 이하, 동작시간 0.03[초] 이하의 전류동작형의 것에 한한다) 또는 절연 변압기(정격용량 3[kVA] 이하인 것에 한한다)로 보호된 전로에 접속하거나, 인체감전보호용 누전차단기가 부착된 콘센트를 시설하여야 한다.
나. 콘센트는 접지극이 있는 방적형 콘센트를 사용하여 규정에 준하여 접지하여야 한다.   답 ③

84 고 · 저압의 혼촉에 의한 위험을 방지하기 위하여 저압측 중성점에 접지공사를 변압기의 시설장소마다 시행하여야 한다. 그러나 토지의 상황에 따라 규정의 접지저항 값을 얻기 어려운 경우에는 변압기의 시설장소로부터 몇 [m]까지 떼어서 시설할 수 있는가?

① 75　② 100　③ 200　④ 300

풀이 322.1 고압 또는 특고압과 저압의 혼촉에 의한 위험방지 시설
접지공사는 변압기의 시설장소마다 시행하여야 한다. 다만, 토지의 상황에 의하여 변압기의 시설장소에서 규정에 의한 접지저항 값을 얻기 어려운 경우, 인장강도 5.26[kN] 이상 또는 지름 4[mm] 이상의 가공 접지도체를 저압가공전선에 관한 규정에 준하여 시설할 때에는 변압기의 시설장소로부터 200[m]까지 떼어놓을 수 있다.　답 ③

85 특고압가공전선로의 지지물로서 직선형의 철탑을 연속하여 사용하는 부분에는 몇 기 이하마다 내장 애자장치가 되어있는 철탑 또는 이와 동등 이상의 강도를 가지는 철탑 1기를 시설하여야 하는가?

① 5　② 10　③ 15　④ 20

풀이 333.16 특고압 가공전선로의 내장형등의 지지물 시설
특고압 가공전선로 중 지지물로서 직선형의 철탑을 연속하여 10기 이상 사용하는 부분에는 10기 이하마다 장력에 견디는 애자장치가 되어 있는 철탑 또는 이와 동등 이상의 강도를 가지는 철탑 1기를 시설하여야 한다.　답 ②

86 사용전압이 170[kV]을 초과하는 특고압가공전선로를 시가지에 시설하는 경우 전선의 단면적은 몇 [mm^2] 이상의 강심알루미늄 또는 이와 동등 이상의 인장강도 및 내 아크 성능을 가지는 연선을 사용하여야 하는가?

① 22　② 55　③ 150　④ 240

풀이 333.1 시가지 등에서 특고압 가공전선로의 시설
가. 사용전압이 170[kV] 이하인 전로에서의 전선의 굵기

사용전압의 구분	전선의 단면적
100[kV] 미만	인장강도 21.67[kN] 이상의 연선 또는 단면적 55[mm^2] 이상의 경동연선
100[kV] 이상	인장강도 58.84[kN] 이상의 연선 또는 단면적 150[mm^2] 이상의 경동연선

나. 사용전압이 170[kV] 초과하는 전선로에서의 전선은 단면적 240[mm^2] 이상의 강심알루미늄선 또는 이와 동등 이상의 인장강도 및 내(耐)아크 성능을 가지는 연선을 사용할 것.　답 ④

87 발전소 또는 변전소에 준하는 시설에 관한 내용 중 틀린 것은?

① 고압가공전선과 금속제의 울타리, 담 등이 교차하는 경우 금속제의 울타리, 담 등에는 접지공사를 하여야 한다.
② 상용전원으로 쓰이는 축전지에는 자동차단장치를 시설하지 않아야 한다.
③ 발전기 또는 변전소의 특고압전로에는 보기 쉬운 곳에 상별 표시를 하여야 한다.
④ 발전소 · 변전소 또는 이에 준하는 곳의 특고압 전로에 대하여는 그 접속 상태를 모의모선의 사용 기타의 방법에 의하여 표시하여야 한다.

풀이 351.3 발전기 등의 보호장치
상용 전원으로 쓰이는 축전지에는 이에 과전류가 생겼을 경우에 자동적으로 이를 전로로부터 차단하는 장치를 시설하여야 한다.　답 ②

88 최대사용전압이 23000[V]인 중성점 비접지식 전로의 절연내력시험전압은 몇 [V]인가?

① 16560　② 21160
③ 25300　④ 28750

풀이 132 전로의 절연저항 및 절연내력

전로의 종류	접지방식	시험전압 (최대사용전압의 배수)	최저 시험전압
1. 7[kV] 이하인 전로		1.5배	
2. 7[kV] 초과 25[kV] 이하	다중접지	0.92배	
3. 7[kV] 초과 60[kV] 이하 (2란의 것 제외)		1.25배	10.5[kV]
4. 60[kV] 초과	비접지	1.25배	
5. 60[kV] 초과 (6란, 7란의 것 제외)	접지식	1.1배	75[kV]

전로의 종류	접지방식	시험전압 (최대사용 전압의 배수)	최저 시험전압
6. 60[kV] 초과(7란의 것 제외)	직접접지	0.72배	
7. 170[kV] 초과(발전소 또는 변전소 혹은 이에 준하는 장 소에 시설하는 것.)	직접접지	0.64배	

시험전압 = 23000 × 1.25 = 28750[V]

답 ④

89 접지공사에서 접지도체를 지하 0.75[m]에서 지표상 2[m]까지의 부분을 보호하기 위한 보호물로 적합한 것은?

① 합성수지관 ② 후강전선관
③ 케이블 트레이 ④ 케이블 덕트

풀이 142.3.1 접지도체
접지도체는 지하 0.75[m]부터 지표 상 2[m]까지 부분은 합성수지관(두께 2[mm] 미만의 합성수지제 전선관 및 가연성 콤바인덕트관은 제외한다) 또는 이와 동등 이상의 절연효과와 강도를 가지는 몰드로 덮어야 한다.

답 ①

90 방직공장의 구내 도로에 220[V] 조명등용 가공전선로를 시설하고자 한다. 전선로의 경간은 몇 [m] 이하이어야 하는가?

① 20 ② 30 ③ 40 ④ 50

풀이 222.23 구내에 시설하는 저압 가공전선로
가. 전선은 지름 2[mm] 이상의 경동선의 절연전선 일 것.다만, 경간이 10[m] 이하인 경우에 한하여 공칭단면적 4[mm²] 이상의 연동 절연전선을 사용할 수 있다.
나. 전선로의 경간은 30[m] 이하일 것
다. 1구내에만 시설하는 사용전압이 400[V] 이하인 저압 가공전선로의 높이
① 도로(폭이 5[m] 이하)를 횡단하는 경우 : 4[m] 이상
② 도로를 횡단하지 않는 경우 : 3[m] 이상의 높이일 것

답 ②

91 고압가공전선이 안테나와 접근상태로 시설되는 경우, 가공전선과 안테나와의 이격거리는 고압가공전선으로 사용되는 전선이 케이블이 아니라면 몇 [cm] 이상으로 이격시켜야 하는가?

① 60 ② 80 ③ 100 ④ 120

풀이 332.14 고압 가공전선과 안테나의 접근 또는 교차
저압 가공전선 또는 고압 가공전선이 안테나와 접근상태로 시설되는 경우에는 다음에 따라야 한다.
가. 고압 가공전선로는 고압 보안공사에 의할 것.
나. 가공전선과 안테나 사이의 이격거리

사용전압 부분 공작물의 종류		저압	고압
안 테 나	일반적인 경우	0.6[m]	0.8[m]
	고압·특고압 절연전선	0.3[m]	0.8[m]
	케이블	0.3[m]	0.4[m]

답 ②

92 345[kV] 변전소의 충전 부분에서 5.98[m] 거리에 울타리를 설치할 경우 울타리 최소 높이는 몇 [m]인가?

① 2.1 ② 2.3 ③ 2.5 ④ 2.7

풀이 341.4 특고압용 기계기구의 시설
특고압용 기계기구 충전부분의 지표상 높이

사용전압의 구분	울타리·담 등의 높이와 울타리·담 등으로부터 충전 부분까지의 거리의 합계
35[kV] 이하	5[m]
35[kV] 초과 160[kV] 이하	6[m]
160[kV] 초과	• 거리의 합계 = 6 + 단수 × 0.12[m] • 단수 = $\frac{사용전압[kV]-160}{10}$ 단수 계산에서 소수점 이하는 절상

• 단수 = $\frac{345-160}{10}$ = 18.5 → 19단
• 거리 = 6 + (19 × 0.12) = 8.28[m]
• 울타리에서 충전 부분까지 거리는 5.98[m]이므로 따라서 울타리 최소 높이 = 8.28 - 5.98 = 2.3[m]

답 ②

93 저압 옥내배선의 사용전압이 220[V]인 전광표시등 회로를 금속관공사에 의하여 시공하였다. 여기에 사용되는 배선은 단면적 몇 [mm²] 이상의 연동선을 사용하여야 하는가?

① 1.5 ② 2.0 ③ 5.0 ④ 5.5

풀이 231.3 저압 옥내배선의 사용전선
가. 저압 옥내배선의 전선 : 단면적 2.5[mm²] 이상의 연동선
나. 옥내배선의 사용 전압이 400[V] 이하인 경우는 다음에 의하여 시설할 수 있다.
① 전광표시 장치 또는 제어 회로

- 단면적 1.5[mm²] 이상의 연동선
- 단면적 0.75[mm²] 이상인 다심케이블 또는 다심 캡타이어 케이블을 사용하고 또한 과전류가 생겼을 때에 자동적으로 진로에서 차단하는 장치를 시설
② 진열장 또는 이와 유사한 것의 내부 배선 : 단면적 0.75[mm²] 이상인 코드 또는 캡타이어케이블

답 ①

94 저압 옥내배선을 금속관공사에 의하여 시설하는 경우에 대한 설명 중 옳은 것은?

① 전선에 옥외용 비닐절연전선을 사용하여야 한다.
② 전선은 굵기에 관계없이 연선을 사용하여야 한다.
③ 콘크리트에 매설하는 금속관의 두께는 1.2[mm] 이상이어야 한다.
④ 관에는 접지공사를 하면 안된다.

풀이 232.12 금속관공사
가. 전선은 절연전선(옥외용 비닐절연전선을 제외한다)일 것.
나. 전선은 연선일 것. 다만, 다음의 것은 적용하지 않는다.
  ① 짧고 가는 금속관에 넣은 것.
  ② 단면적 10[mm²](알루미늄선은 단면적 16[mm²]) 이하의 것.
다. 전선은 금속관 안에서 접속점이 없도록 할 것.
라. 관의 두께는 다음에 의할 것.
  ① 콘크리트에 매설하는 것은 1.2[mm] 이상
  ② 콘크리트 매설 이외의 것 : 1[mm] 이상
마. 관에는 접지공사를 할 것.

답 ③

95 동일 지지물에 저압가공전선(다중접지된 중성선은 제외)과 고압가공전선을 시설하는 경우 저압가공전선은?

① 고압가공전선의 위로 하고 동일 완금류에 시설
② 고압가공전선과 나란하게 하고 동일 완금류에 시설
③ 고압가공전선의 아래로 하고 별개의 완금류에 시설
④ 고압가공전선과 나란하게 하고 별개의 완금류에 시설

풀이 332.8 고압 가공전선 등의 병행설치
저압 가공전선(다중접지된 중성선은 제외한다. 이하 같다)과 고압 가공전선을 동일 지지물에 시설하는 경우에는 다음에 따라야 한다.
가. 저압 가공전선을 고압 가공전선의 아래로 하고 별개의 완금류에 시설할 것.
나. 저압 가공전선과 고압 가공전선 사이의 이격거리는 0.5[m] 이상일 것.
다. 다음의 어느 하나에 해당하는 경우에는 "가" 및 "나"에 의하지 아니할 수 있다.
  ① 고압 가공전선에 케이블을 사용하고, 또한 그 케이블과 저압 가공전선 사이의 이격거리를 0.3[m] 이상으로 하여 시설하는 경우
  ② 저압 가공인입선을 분기하기 위하여 저압 가공전선을 고압용의 완금류에 견고하게 시설하는 경우

답 ③

96 가공전선로의 지지물에 시설하는 지선의 설치 기준으로 옳은 것은?

① 지선의 안전율은 1.2 이상일 것
② 연선을 사용할 경우에는 소선 3가닥 이상의 연선일 것
③ 소선은 지름 1.2[mm] 이상인 금속선일 것
④ 허용 인장하중의 최저는 2.15[kN]으로 할 것

풀이 331.11 지선의 시설
가. 가공전선로의 지지물로 사용하는 철탑은 지선을 사용하여 그 강도를 분담시켜서는 안 된다.
나. 지선의 안전율은 2.5 이상일 것. 이 경우에 허용 인장하중의 최저는 4.31[kN]으로 한다.
다. 지선에 연선을 사용할 경우에는 다음에 의할 것.
  ① 소선 3가닥 이상의 연선일 것.
  ② 소선의 지름이 2.6[mm] 이상의 금속선을 사용한 것일 것.

답 ②

> 출제기준 변경 및 개정된 관계 법규에 따라 삭제된 문제가 있어 20문항이 안됩니다.

2011년 2회

1과목 - 전기자기

01 액체 유전체를 넣은 콘덴서의 용량이 20[μF]이다. 여기에 500[kV]의 전압을 가하면 누설전류는 몇 [A]인가? (단, 비유전율 $\epsilon_s = 2.2$, 고유저항 $\rho = 10^{11}[\Omega \cdot m]$ 이다.)

① 4.2 ② 5.13
③ 54.5 ④ 61

풀이
$RC = \rho\epsilon[s]$, $R = \dfrac{\rho\epsilon}{C}[\Omega]$

$\therefore I = \dfrac{V}{R} = \dfrac{CV}{\rho\epsilon} = \dfrac{CV}{\rho\epsilon_0\epsilon_s}$

$= \dfrac{20 \times 10^{-6} \times 500 \times 10^3}{10^{11} \times 8.855 \times 10^{-12} \times 2.2}$

$= 5.13[A]$ **답** ②

02 한 변의 길이가 a[m]인 정육각형의 각 정점에 각각 Q[C]의 전하를 놓았을 때 정육각형의 중심 O의 전계의 세기는 몇 [V/m]인가?

① 0 ② $\dfrac{Q}{2\pi\epsilon_0 a}$
③ $\dfrac{Q}{4\pi\epsilon_0 a}$ ④ $\dfrac{Q}{8\pi\epsilon_0 a}$

풀이 2개의 점전하가 3쌍으로 맞서 있고, 각 쌍의 중심 전계의 세기는 크기가 같고 방향이 정반대이므로 0이 되고 합성 전계의 세기도 0이 된다.

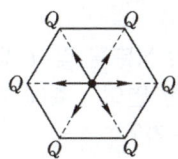

답 ①

03 공기콘덴서를 어느 전압으로 충전한 다음 전극 간에 유전체를 넣어 정전용량을 2배로 하였다면 축적되는 에너지는 어떻게 되는가?

① $\dfrac{1}{4}$로 된다. ② $\dfrac{1}{2}$로 된다.
③ $\sqrt{2}$ 배로 된다. ④ 2배로 된다.

풀이 $W = \dfrac{Q^2}{2C}[J] \propto \dfrac{1}{C}$ **답** ②

04 공심 환상철심에서 코일의 권회수 500회, 단면적 6[m²], 평균 반지름 15[cm], 코일에 흐르는 전류를 4[A]라 하면 철심 중심에서의 자계의 세기는 약 몇 [AT/m]인가?

① 1061 ② 1325
③ 1821 ④ 2122

풀이 $H = \dfrac{NI}{2\pi a} = \dfrac{500 \times 4}{2\pi \times 0.15} = 2122[AT/m]$ **답** ④

05 정전계에 대한 설명으로 가장 적합한 것은?

① 전계에너지가 최대로 되는 전하분포의 전계이다.
② 전계에너지와 무관한 전하분포의 전계이다.
③ 전계에너지가 최소로 되는 전하분포의 전계이다.
④ 전계에너지가 일정하게 유지되는 전하분포의 전계이다.

풀이 전계 내의 전하는 그 자신의 에너지가 최소가 되는 가장 안정된 전하 분포를 가지는 정전계를 형성하려고 한다.(톰슨(Thomson)의 정리) **답** ③

06 시간적으로 변화하지 않는 보존적인 전계가 비회전성(非回轉性)이라는 의미를 나타낸 식은?

① $\nabla \cdot E = 0$ ② $\nabla \cdot E = \infty$
③ $\nabla \times E = 0$ ④ $\nabla^2 E = 0$

풀이 $\text{rot} E = \nabla \times E = 0$로 전계는 비회전성, 즉 전기력선은 그 자신만으로 폐곡선이 되는 일은 없다. **답** ③

07 전자석의 흡인력은 공극(air gap)의 자속밀도를 B라 할 때 다음의 어느 것에 비례하는가?

① B ② $B^{0.5}$ ③ $B^{1.6}$ ④ $B^{2.0}$

풀이

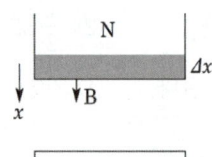

그림의 N 극의 강자성체를 $\triangle x$ 움직일 때의 에너지의 증가 $\triangle W$는(가상 변위의 원리)

$\triangle W = \dfrac{1}{2\mu}B^2\triangle xS - \dfrac{1}{2\mu_0}B^2\triangle xS$

$F_x = -\dfrac{\triangle W}{\triangle x} = \left(\dfrac{B^2}{2\mu_0} - \dfrac{B^2}{2\mu}\right)S\,[N]$

위의 식에서 $\dfrac{B^2}{2\mu_0} \gg \dfrac{B^2}{2\mu}$ 이다.

($\because$ 강자성체에서는 $\mu_0 \ll \mu$)

$\therefore F_x = \dfrac{B^2}{2\mu_0}S\,[N]$ (흡인력)

또, S 극의 강자성체에도 같은 크기의 흡인력이 작용한다.

답 ④

08 권수 600, 단면적 100[cm²]의 공심 코일에 전류 1[A]를 흘릴 때 자계가 1.28[AT/m]이었다. 자기 인덕턴스는 몇 [H]인가?

① 9.65×10^{-6} ② 8.05×10^{-6}
③ 6.28×10^{-8} ④ 0.64×10^{-8}

풀이

$L = \dfrac{N\phi}{I} = \dfrac{NBS}{I} = \dfrac{N\mu_0 HS}{I}$

$= \dfrac{600 \times 4\pi \times 10^{-7} \times 1.28 \times 100 \times 10^{-4}}{1}$

$= 9.65 \times 10^{-6}\,[H]$

답 ①

09 자속밀도 B[Wb/m²]인 자계 내를 속도 v[m/s]로 운동하는 길이 dl[m]의 도선에 유기되는 기전력[V]은?

① $v \times B$ ② $(v \times B) \cdot dl$
③ $(v \cdot B)$ ④ $(v \cdot B) \times dl$

풀이 플레밍의 오른손 법칙

$e = (v \times B) \cdot dl$

답 ②

10 전자계에서 맥스웰의 기본 이론이 아닌 것은?

① 고립된 자극이 존재한다.
② 전하에서 전속선이 발산된다.
③ 전도 전류와 변위전류는 자계를 발생한다.
④ 자계의 시간적 변화에 따라 자계의 회전이 생긴다.

풀이
• 단자극은 존재하지 않는다. div $B = 0$
• 자계의 시간적 변화에 따라 전계의 회전이 생긴다.

답 ①, ④

11 역자성체 내에서 비투자율 μ_s는?

① $\mu_s \gg 1$ ② $\mu_s > 1$
③ $\mu_s < 1$ ④ $\mu_s = 1$

풀이
비투자율 $\mu_s = \dfrac{\mu}{\mu_0} = 1 + \dfrac{\chi_m}{\mu_0}$ 에서
$\mu_s > 1 (\chi_m > 0)$이면 상자성체,
$\mu_s < 1 (\chi_m < 0)$이면 역자성체가 된다.

답 ③

12 진공 중에서 자기 쌍극자의 축과 θ의 각을 이루고, 자기 쌍극자 중심에서 r[m] 떨어진 점의 자계의 세기를 설명한 것 중 맞는 것은?

① 자극의 세기 m에 반비례한다.
② r^3에 반비례한다.
③ $\sin\theta$에 비례한다.
④ 두 점 자극을 잇는 거리에 반비례한다.

풀이 자기 쌍극자 자계의 세기

$H = \dfrac{M}{4\pi\mu_0 r^3}\sqrt{1+3\cos^2\theta}\,[AT/m] \propto \dfrac{1}{r^3}$

답 ②

13 전계 및 자계가 z 방향의 성분을 갖지 않고 동일한 전계와 자계를 합한 면이 z축에 수직이 되는 파를 무엇이라 하는가?

① 직선파 ② 전자파
③ 굴절파 ④ 평면파

풀이 평면파는 진행파의 진행 방향에 대하여 수직인 무한 면내에서 진행파의 크기, 위상이 같은 파를 의미한다.

답 ④

14 전하 $\frac{1}{\sqrt{\epsilon_0 \mu_0}}$ [m/sec]의 값은?

① 1×10^8 ② 2×10^8
③ 3×10^8 ④ 4×10^8

풀이 $v = f\lambda = \frac{1}{\sqrt{\epsilon \mu}}$ [m/sec]이므로
따라서 진공 중의 전자파의 속도
$v_0 = \frac{1}{\sqrt{\epsilon_0 \mu_0}}$
$= \frac{1}{\sqrt{8.854 \times 10^{-12} \times 4\pi \times 10^{-7}}}$
$= 3 \times 10^8$ [m/sec]   **답** ③

15 전기력선의 성질이 아닌 것은?
① 전기력선은 도체내부에 존재한다.
② 전기력선은 등전위면인 도체표면과 수직으로 출입한다.
③ 전기력선은 그 자신만으로 폐곡선이 되는 일이 없다.
④ 1[C]의 단위전하에는 $0\frac{1}{\epsilon_0}$ 개의 전기력선이 출입한다.

풀이 도체 내부에는 전기력선이 존재하지 않는다.   **답** ①

16 일정 전압이 가해져 있는 콘덴서에 비유전율이 ϵ_s인 유전체를 채웠을 때 일어나는 현상은?
① 극판간의 전계가 ϵ_s 배가 된다.
② 극판간의 전계가 ϵ_s^2 배가 된다.
③ 극판의 전하량이 ϵ_s 배가 된다.
④ 극판의 전하량이 $\frac{1}{\epsilon_s}$ 로 된다.

풀이 전원을 가하여 충전이 된 후 Q가 일정하면 전계의 세기는 $1/\epsilon_s$가 된다. 그러나 문제에서는 전압을 가하고 있는 상태이므로(V 일정)전계의 세기는 $E = \frac{V}{d}$로 변하지 않는다. 또, $Q = CV$에서 V가 일정하므로 Q는 C와 비례하고 C가 유전율과 비례하므로 전하량은 ϵ_s 배가 된다.   **답** ③

17 영구자석의 재료로 사용되는 철에 요구되는 사항으로 다음 중 가장 적절한 것은?
① 잔류자속밀도는 작고 보자력이 커야 한다.
② 잔류자속밀도는 크고 보자력이 작아야 한다.
③ 잔류자속밀도와 보자력이 모두 커야 한다.
④ 잔류자속밀도는 커야 하나, 보자력은 0이어야 한다.

풀이 영구자석 재료는 외부 자계에 대하여 잔류 자속이 쉽게 없어지면 안 되므로 잔류 자기와 보자력이 커야 하며 텅스텐강, 코발트강 등이 쓰인다.   **답** ③

18 그림과 같이 유전율이 ϵ_1, ϵ_2인 두 유전체의 경계면에 중심을 둔 반지름 a[m]인 도체구의 정전용량은?

① $4\pi a(\epsilon_1 + \epsilon_2)$
② $2\pi a(\epsilon_1 + \epsilon_2)$
③ $\frac{\epsilon_1 + \epsilon_2}{2\pi a}$
④ $\frac{\epsilon_1 + \epsilon_2}{4\pi a}$

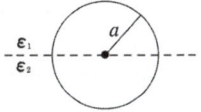

풀이 유전율 ϵ_1인 유전체 내부 도체의 전위 V_a는
$V_a = -\int_\infty^a E dl = -\int_\infty^a \frac{Q}{4\pi \epsilon_1 r^2} dr$
$= \frac{Q}{4\pi \epsilon_1 a}$ [V]
따라서 반구의 정전용량은 $2\pi \epsilon_1 a$ [F],
ϵ_2의 유전체 내의 반구의 정전용량은 $2\pi \epsilon_2 a$ [F]
$\therefore C = 2\pi \epsilon_1 a + 2\pi \epsilon_2 a = 2\pi a(\epsilon_1 + \epsilon_2)$ [F]   **답** ②

19 반지름 a[m]인 도체구에 전하 Q[C]을 주었을 때, 구 중심에서 r[m] 떨어진 구 밖($r > a$)의 한 점의 전속밀도 D[C/m²]는?

① $\frac{Q}{4\pi a^2}$ ② $\frac{Q}{4\pi r^2}$
③ $\frac{Q}{4\pi \epsilon a^2}$ ④ $\frac{Q}{4\pi \epsilon r^2}$

풀이
$$\int_s \boldsymbol{E}\cdot d\boldsymbol{S} = \int_s E_n dS = E_n \int_s dS = E_n 4\pi r^2$$
$$= \frac{Q}{\epsilon}$$
$$\therefore \epsilon E_n = D_n = \frac{Q}{4\pi r^2} = D\,[\mathrm{C/m^2}] \qquad \text{답 ②}$$

20 내부 원통의 반지름 $a[\mathrm{m}]$, 외부 원통의 안지름이 $b[\mathrm{m}]$, 길이 $l[\mathrm{m}]$인 동축원통 도체간에 도전율 $k[\mho/\mathrm{m}]$인 물질을 채워놓고 내외 원통도체 간에 전압 $V[\mathrm{V}]$를 걸었을 때에 전류는 몇 [A]인가?

① $\dfrac{\pi l V k}{\ln\left(\dfrac{b}{a}\right)}$ ② $\dfrac{2\pi l V k}{\ln\left(\dfrac{b}{a}\right)}$

③ $\dfrac{4\pi l V k}{\ln\left(\dfrac{b}{a}\right)}$ ④ $\dfrac{\pi l V k}{2\ln\left(\dfrac{b}{a}\right)}$

풀이 동축 케이블의 정전용량 $C = \dfrac{2\pi\epsilon l}{\ln\dfrac{b}{a}}\,[\mathrm{F}]$

$RC = \rho\epsilon = \dfrac{\epsilon}{k}$ 에서

$R = \dfrac{\epsilon}{kC} = \dfrac{\epsilon}{\dfrac{2\pi\epsilon l}{\ln\dfrac{b}{a}}\cdot k} = \dfrac{\ln\dfrac{b}{a}}{2\pi kl}\,[\Omega]$

$\therefore I = \dfrac{V}{R} = \dfrac{V}{\dfrac{\ln\dfrac{b}{a}}{2\pi kl}} = \dfrac{2\pi l V k}{\ln\dfrac{b}{a}}\,[\mathrm{A}]$ 답 ②

2과목 - 전력공학

21 전력원선도에서 구할 수 없는 것은?
① 조상용량
② 송전손실
③ 정태안정 극한전력
④ 과도안정 극한전력

풀이 원선도에서 알 수 있는 사항
① 정태 안정 극한 전력(최대 전력)
② 송수전단전압간의 상차각
③ 조상 용량
④ 수전단 역률
⑤ 선로 손실과 송전 효율 답 ④

22 송전선의 전압변동률의 식은
$$\dfrac{V_{R1} - V_{R2}}{V_{R2}} \times 100[\%]$$로 표현된다.
이 식에서 V_{R1}은 무엇인가?
① 무부하 시 송전단전압
② 부하 시 송전단전압
③ 무부하 시 수전단전압
④ 부하 시 수전단전압

풀이
$$\text{전압변동률} = \dfrac{\text{무부하 시 수전단전압} - \text{수전단 정격전압}}{\text{수전단 정격전압}} \times 100[\%]$$
답 ③

23 어떤 고층건물의 총 부하 설비전력이 400[kW], 수용률 0.5일 때 이 건물의 변전시설 용량의 최저값은 몇 [kVA]인가? (단, 부하의 역률은 0.8이다.)
① 150   ② 200
③ 250   ④ 300

풀이 최대 수용 전력 = 설비 용량 × 수용률
$= 400 \times 0.5 = 200[\mathrm{kW}]$
변압기 용량 $= \dfrac{\text{최대 수용 전력}}{\text{역률}} = \dfrac{200}{0.8}$
$= 250[\mathrm{kVA}]$ 답 ③

24 다음 중 전력계통에서 인터록(interlock)의 설명으로 적합한 것은?
① 차단기가 열려 있어야만 단로기를 닫을 수 있다.
② 차단기가 닫혀 있어야만 단로기를 닫을 수 있다.
③ 차단기의 접점과 단로기의 접점이 동시에 투입할 수 있다.
④ 차단기와 단로기는 각각 열리고 닫힌다.

풀이 단로기는 부하전류를 개폐할 수 없다. 따라서 단로기는 차단기가 열려 있어야 열고 닫을 수 있다. 즉, 인터록 장치를 두어 부하 통전 시 단로기를 열 수 없도록 하여야 한다. **답** ①

25 1상의 대지 정전용량이 0.5[μF]이고 주파수 60[Hz]의 3상 송전선 소호 리액터의 인덕턴스는 몇 [H]인가?

① 2.69
② 3.69
③ 4.69
④ 5.69

풀이 소호 리액터의 크기는 $\omega L = \dfrac{1}{3\omega C_s}$ 이므로

$$\therefore L = \dfrac{1}{3\omega^2 C_s} = \dfrac{1}{3 \times (2\pi \times 60)^2 \times 0.5 \times 10^{-6}}$$
$$= 4.69[H]$$ **답** ③

26 주상변압기의 1차 측 전압이 일정할 경우 2차 측 부하가 변하면, 주상변압기의 동손과 철손은 어떻게 되는가?

① 동손과 철손이 모두 변한다.
② 동손과 철손은 모두 변하지 않는다.
③ 동손은 변하고 철손은 일정하다.
④ 동손은 일정하고 철손이 변한다.

풀이 변압기의 손실은 철손(히스테리시스손+와류손)과 동손(I^2R)이 있는데 철손은 1차 전압만 걸리면 손실이 되고 동손은 2차 전류가 흘러야 손실이 된다. 그러므로 2차 부하가 변동하면 철손은 일정하고 동손은 변동한다. **답** ③

27 등가 송전선로의 정전용량 $C=0.008[\mu F/km]$, 선로길이 $L=100[km]$, 대지전압 $E=37000[V]$이고 주파수 $f=60[Hz]$일 때, 충전전류는 약 몇 [A]인가?

① 11.2
② 6.7
③ 0.635
④ 0.426

풀이 $I_c = 2\pi f C L E$
$= 2\pi \times 60 \times 0.008 \times 10^{-6} \times 100 \times 37000$
$= 11.2[A]$ **답** ①

28 다음 중 가스차단기(GCB)의 보호장치가 아닌 것은?

① 가스압력계
② 가스밀도검출계
③ 조작압력계
④ 가스성분표시계

답 ④

29 다음 중 조상(調相)설비에 해당되지 않는 것은?

① 분로 리액터
② 동기조상기
③ 상순(相順) 표시기
④ 진상 콘덴서

풀이 조상 설비

항 목	동기조상기	전력용 콘덴서	분로 리액터
무효전력	진상, 지상 양용	진상전용	지상전용
조정	연속적	계단적	계단적
시송전	가능	불가능	불가능

답 ③

30 송전선에 낙뢰가 가해져서 애자에 섬락이 생기면 아크가 생겨 애자가 손상되는 경우가 있다. 이것을 방지하기 위하여 사용되는 것은?

① 댐퍼(damper)
② 아아모로드(armour rod)
③ 가공지선
④ 아킹혼(arcing horn)

풀이
• 댐퍼 : 전선의 진동 방지
• 아아모로드 : 전선의 진동 방지
• 가공지선 : 뇌의 차폐
• 아킹 혼 : 섬락으로부터 애자련의 보호, 애자련의 전압 분포 개선 **답** ④

31 출력 20[kW]의 전동기로 총 양정 10[m], 펌프 효율 0.75일 때 양수량은 몇 [m³/min]인가?

① 9.18
② 9.85
③ 10.31
④ 15.5

풀이 펌프용 전동기의 출력 $P = \dfrac{QH}{6.12\eta}$ 에서

$Q = \dfrac{6.12 P \eta}{H} = \dfrac{6.12 \times 20 \times 0.75}{10}$
$= 9.18[m^3/min]$ **답** ①

32 피뢰기의 제한전압이란?
① 상용주파전압에 대한 피뢰기의 충격방전 개시전압
② 충격파 침입 시 피뢰기의 충격방전 개시전압
③ 피뢰기가 충격파 방전 종류 후 언제나 속류를 확실히 차단 할 수 있는 상용주파 최대 전압
④ 충격파 전류가 흐르고 있을 때의 피뢰기 단자전압

풀이 제한 전압 : 피뢰기 동작 중에 계속해서 걸리고 있는 단자전압의 파고값 **답** ④

33 그림에서와 같이 부하가 균일한 밀도로 도중에서 분기되어 선로전류가 송전단에 이를수록 직선적으로 증가할 경우 선로 말단의 전압강하는 이 송전단 전류와 같은 전류의 부하가 선로의 말단에만 집중되어 있을 경우의 전압강하 보다 대략 어떻게 되는가? (단, 부하역률은 모두 같다고 한다.)

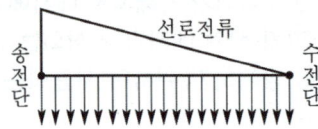

① $\dfrac{1}{3}$로 된다. ② $\dfrac{1}{2}$로 된다.
③ 동일하다. ④ $\dfrac{1}{4}$로 된다.

풀이 말단 부하 시 전압강하 $e = IR$
분포 부하 시 전압강하
$$e' = \int_0^1 iRdx = \int_0^1 I(1-x)Rdx$$
$$= IR\int_0^1 (1-x)dx = IR\left[x - \dfrac{x^2}{2}\right]_0^1 = \dfrac{IR}{2}$$

$\dfrac{\text{분포 부하 전압 강하}}{\text{집중 부하 전압 강하}} = \dfrac{\frac{IR}{2}}{IR} = \dfrac{1}{2}$ **답** ②

34 지중 케이블에서 고장점을 찾는 방법이 아닌 것은?
① 머리 루프(Murray loop) 시험기에 의한 방법
② 메거(Megger)에 의한 측정 방법
③ 임피던스 브리지법
④ 펄스에 의한 측정법

풀이 지중 케이블 고장 수색법
① 머리 루프법
② 정전용량의 측정으로 발견하는 법
③ 수색 코일로 하는 방법
④ 펄스로 하는 방법
⑤ 음향으로 고장점을 측정하는 방법
메거는 절연저항 측정에 사용된다. **답** ②

35 수력발전소에서 서보 모터(servo-motor)의 작용으로 옳게 설명한 것은?
① 축받이 기름을 보내는 특수 전동펌프이다.
② 안내날개를 조절하는 장치이다.
③ 전기식 조속기용 특수 전동기이다.
④ 수압관 하부의 압력조정장치이다.

풀이 수력발전소의 서보 모터는 배압 밸브에서 공급되는 압유의 힘에 의하여 피스톤과 피스톤에 연결된 도륜을 회전시킴으로써 안내날개를 여닫는 장치이다. **답** ②

36 선로 정수를 전체적으로 평행되게 만들어서 근접 통신선에 대한 유도 장해를 줄일 수 있는 방법은?
① 연가를 한다.
② 딥(dip)을 준다.
③ 복도체를 사용한다.
④ 소호 리액터 접지를 한다.

풀이
• 연가는 선로정수를 평형시키고 통신선의 유도장해를 방지하기 위하여 선로를 3배수 등분하여 실시한다.
• 연가의 목적 : 직렬공진 방지, 유도장해 감소, 선로정수 평형 **답** ①

37 철탑에서의 차폐각에 대한 설명 중 옳은 것은?
① 차폐각이 클수록 보호 효율이 크다.
② 차폐각이 작을수록 건설비가 비싸다.
③ 가공지선이 높을수록 차폐각이 크다.
④ 차폐각은 보통 90° 이상이다.

풀이 • 가공지선은 직렬회로부터 송전선의 차폐를 위해 시설한다. 차폐각은 45° 이내, 보호율은 97[%] 정도이고, 차폐각이 작을수록 보호효율이 높고 건설비가 비싸다.

- 가공지선은 ACSR을 사용한다. 답 ②

38 3상 1회선 전선로에서 대지정전용량을 $C_s[F/m]$, 선간정전용량을 $C_m[F/m]$이라 할 때, 작용정전용량 $C_n[F/m]$은?

① $C_s + C_m$ ② $C_s + 2C_m$
③ $C_s + 3C_m$ ④ $2C_s + C_m$

풀이

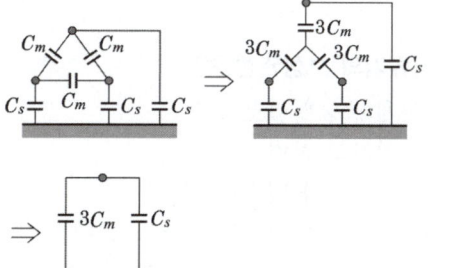

작용 정전용량 $C_n = C_s + 3C_m$ 답 ③

39 수전단전압 66[kV], 전류 100[A], 선로저항 10[Ω], 선로리액턴스 15[Ω]인 3상 단거리 송전선로의 전압강하율은 몇 [%]인가? (단, 수전단의 역률은 0.8이다.)

① 2.57 ② 3.25
③ 3.74 ④ 4.46

풀이 전압강하율

$\epsilon = \dfrac{V_s - V_r}{V_r} \times 100$

$= \dfrac{\sqrt{3}\,I(R\cos\theta + X\sin\theta)}{V_r} \times 100$

$= \dfrac{\sqrt{3} \times 100(10 \times 0.8 + 15 \times 0.6)}{66,000} \times 100$

$= 4.46[\%]$ 답 ④

40 차단기와 차단기의 소호 매질이 틀리게 결합된 것은 어느 것인가?

① 공기차단기-압축공기
② 가스차단기-냉매
③ 자기차단기-전자력
④ 유입차단기-절연유

풀이 가스 차단기의 소호 매질은 SF_6 가스로 무색, 무취, 무해 가스이다. 답 ②

3과목 - 전기기기

41 직류분권발전기를 역회전하면?

① 발전되지 않는다.
② 정회전 때와 마찬가지다.
③ 과대전압이 유기된다.
④ 섬락이 일어난다.

풀이 직류분권발전기를 역회전하면 잔류 자기에 의한 기전력의 극성이 반대로 되고, 분권 회로의 여자전류가 반대로 흘러서 잔류 자기를 소멸시키기 때문에 발전 불능이 된다. 답 ①

42 권선형 유도전동기에서 2차 저항을 변화시켜서 속도제어를 하는 경우 최대 토크는?

① 항상 일정하다
② 2차 저항에만 비례한다.
③ 최대 토크가 생기는 점의 슬립에 비례한다.
④ 최대 토크가 생기는 점의 슬립에 반비례한다.

풀이 최대 토크는 2차 저항에 무관하며, 최대 토크를 발생하는 슬립만 2차 저항에 비례한다. 답 ①

43 그림에서 밀리암페어계의 지시[mA]를 구하면 얼마인가? (단, 밀리암페어계는 가동 코일형이고, 정류기의 저항은 무시한다.)

① 9
② 6.4
③ 4.5
④ 1.8

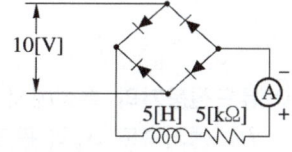

풀이 그림은 전파 정류회로이며, 전류계는 가동 코일형이므로 직류 평균값을 가리킨다.

직류전압
$$E_d = \frac{2\sqrt{2}}{\pi}E = 0.9E = 0.9 \times 10 = 9[V]$$
직류전류
$$I_d = \frac{E_d}{R} = \frac{9}{5000} = 1.8 \times 10^{-3}[A] = 1.8[mA]$$
(∵ 직류 회로에서 코일의 리액턴스 $X_L = 0$) **답** ④

44 단상 주상변압기의 2차 측(105[V] 단자)에 1[Ω]의 저항을 접속하고, 1차 측에 900[V]를 가하여 1차 전류가 1[A]라면, 1차 측 탭 전압[V]은? (단, 변압기의 내부 임피던스는 무시한다.)

① 3350　② 3250
③ 3150　④ 3050

풀이
$R_1 = a^2 R_2 = a^2 \times 1 = a^2[\Omega]$
$I_1 = \frac{V_1}{R_1} = \frac{V_1}{a^2} = \frac{900}{a^2} = 1[A]$
$a^2 = 900$이므로 $a = 30$
∴ $V_T = aV_2 = 30 \times 105 = 3150[V]$　**답** ③

45 정격 150[kVA], 철손 1[kW], 전부하 동손이 4[kW]인 단상변압기의 최대 효율[%]과 최대 효율시의 부하[kVA]는? (단, 부하역률은 1이다.)

① 96.8[%], 125[kVA]
② 97.4[%], 75[kVA]
③ 97[%], 50[kVA]
④ 97.2[%], 100[kVA]

풀이 변압기 효율은 $m^2 P_c = P_i$일 때 최대이므로
$m^2 \times 4 = 1$　∴ $m = \sqrt{\frac{1}{4}} = \frac{1}{2}$
따라서 $150 \times \frac{1}{2} = 75[kVA]$에서 최대 효율이 된다.
∴ $\eta_m = \frac{150 \times \frac{1}{2}}{150 \times \frac{1}{2} + 1 \times 2} \times 100 = 97.4[\%]$　**답** ②

46 유도전동기의 특성에서 토크 τ와 2차 입력 P_2, 동기속도 N_s의 관계는?

① 토크는 2차 입력에 비례하고, 동기속도에 반비례 한다.
② 토크는 2차 입력과 동기속도의 곱에 비례 한다.
③ 토크는 2차 입력에 반비례하고, 동기속도에 비례 한다.
④ 토크는 2차 입력의 자승에 비례하고, 동기속도의 자승에 반비례 한다.

풀이
$$\tau = \frac{P_2}{2\pi N_s}$$
즉, 토크는 P_2에 비례하고 N_s에 반비례한다.　**답** ①

47 직류기의 보상권선은?

① 계자와 병렬로 연결
② 계자와 직렬로 연결
③ 전기자와 병렬로 연결
④ 전기자와 직렬로 연결

풀이 보상권선은 전기자 권선과 **직렬로 접속**하여 전기자 전류와 반대방향으로 전류를 흐르게 해서 부하 변동시에 전기자 반작용 자속을 보상 권선의 자속으로 상쇄시킨다.　**답** ④

48 백분율 저항강하 2[%], 백분율 리액턴스강하 3[%]인 변압기가 있다. 역률(지역률) 80[%]인 경우의 전압변동률[%]은?

① 1.4　② 3.4
③ 4.4　④ 5.4

풀이 뒤진 역률(지역률)이므로
$\epsilon = p\cos\theta + q\sin\theta$
$= 2 \times 0.8 + 3 \times 0.6 = 3.4[\%]$　**답** ②

49 사이리스터에서의 래칭 전류에 관한 설명으로 옳은 것은?

① 게이트를 개방한 상태에서 사이리스터 도통상태를 유지하기 위한 최소의 순전류
② 게이트 전압을 인가한 후에 급히 제거한 상태에서 도통상태가 유지되는 최소의 순전류
③ 사이리스터의 게이트를 개방한 상태에서 전압을 상승하면 급히 증가하게 되는 순전류
④ 사이리스터가 턴온하기 시작하는 순전류

풀이 게이트 개방 상태에서 SCR이 도통되고 있을 때 그 상태를 유지하기 위한 최소의 순전류를 유지 전류(holding current)라고 하고, 턴온되려고 할 때는 이 이상의 순전류가 필요하고, 확실히 턴온시키기 위해서 필요한 최소의 순전류를 래칭 전류라 한다. 답 ④

50 변압기 2대로 출력 P[kW], 역률 $\cos\theta$의 3상 유도전동기에 V결선 변압기로 전력을 공급할 때 변압기 1대의 최소용량[kVA]은?

① $\dfrac{P}{3\cos\theta}$
② $\dfrac{P}{\sqrt{3}\cos\theta}$
③ $\dfrac{3P}{\cos\theta}$
④ $\dfrac{\sqrt{3}P}{\cos\theta}$

풀이 V결선 시 변압기의 출력은 단상변압기 1대 용량의 $\sqrt{3}$ 배이므로 변압기 1대의 용량을 P_1[kVA]라 하면
$P = \sqrt{3} P_1 \cos\theta$[kW]
$\therefore P_1 = \dfrac{P}{\sqrt{3}\cos\theta}$[kVA] 답 ②

51 3상 동기발전기에서 권선 피치와 자극 피치의 비를 $\dfrac{13}{15}$의 단절권으로 하였을 때의 단절권계수는?

① $\sin\dfrac{13}{15}\pi$
② $\sin\dfrac{13}{30}\pi$
③ $\sin\dfrac{15}{26}\pi$
④ $\sin\dfrac{15}{13}\pi$

풀이 단절권계수
$K_s = \sin\dfrac{\beta\pi}{2} = \sin\left(\dfrac{13}{15}\times\dfrac{\pi}{2}\right) = \sin\dfrac{13}{30}\pi$ 답 ②

52 특수 동기기에 대한 설명 중 잘못 연결된 것은?
① 반작용 전동기 : 역률이 좋다.
② 유도 동기전동기 : 기동 토크와 인입 토크가 크다.
③ 동기 주파수 변환기 : 조작이 간편하고 효율이 좋다.
④ 정현파 발전기 : 부하에 관계없이 정현파 기전력을 발생한다.

풀이 반작용 전동기는 자극만 있고 여자권선이 없는 회전자를 가진 일종의 동기전동기로서 출력은 작고 역률이 낮지만 직류전원을 필요로 하지 않으므로 구조가 간단하여 전기시계 및 각종 측정장치 용으로 사용된다. 답 ①

53 부하가 변하면 심하게 속도가 변하는 직류전동기는?
① 직권전동기
② 분권전동기
③ 차동복권전동기
④ 가동복권전동기

풀이 직권전동기는 전기자 권선과 계자권선이 직렬로 되어 $I = I_a = I_f$[A]가 된다. 따라서 부하전류 I의 증감에 따라서 자속 Φ도 증감한다. 속도는 자속에 반비례하므로 부하전류가 변화하면 직권전동기는 속도가 현저하게 변하는 특성이 있다. 답 ①

54 직류발전기의 보극에 관한 설명 중 틀린 것은?
① 보극의 계자권선은 전기자권선과 직렬로 접속한다.
② 보극의 극성은 주자극의 극성을 회전방향으로 옮겨 놓은 것과 같은 극성이다.
③ 보극의 수는 주자극과 동일한 수이지만 어떤 경우에는 주자극의 수보다 적은 것도 있다.
④ 보극에 의한 자속은 전기자전류에 비례하여 변화한다.

풀이

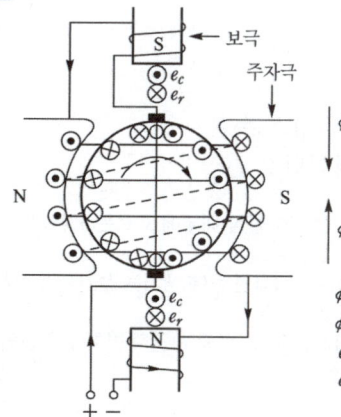

ϕ_a : 전기자 반작용
ϕ_c : 보극의 발생자속
e_c : 보극의 정류전압
e_r : 리액턴스 전압

답 ②

55 3상 유도전동기에서 $s=1$일 때의 2차 유기기 전력을 E_2[V], 2차 1상의 리액턴스를 x_2[Ω], 저항을 r_2[Ω], 슬립을 s, 비례상수를 K_0라고 하면 토크는?

① $K_0 \dfrac{E_2^2}{r_2^2 + x_2^2}$ ② $K_0 \dfrac{sE_2^2 r_2}{r_2^2 + sx_2^2}$

③ $K_0 \dfrac{E_2^2 r_2}{r_2^2 + (sx_2)^2}$ ④ $K_0 \dfrac{sE_2^2 r_2}{r_2^2 + (sx_2)^2}$

풀이 $\tau = K_0 \dfrac{sE_2^2 r_2}{r_2^2 + (sx_2)^2} = K_0 E_2^2 \dfrac{r_2}{\dfrac{r_2^2}{s} + sx_2^2}$ **답** ④

56 다음 중 역률이 가장 좋은 전동기는?

① 단상유도전동기
② 3상유도전동기
③ 동기전동기
④ 반발전동기

풀이 동기전동기는 계자전류를 가감하여 전기자 전류의 크기와 위상을 조정할 수 있다.
(역률을 1로 개선할 수 있다.) **답** ③

57 변압기 철심에서 자속변화에 의하여 발생하는 손실은?

① 와전류 손실
② 표유 부하손실
③ 히스테리시스 손실
④ 누설 리액턴스 손실

풀이
- 와류손 : 전기자 철심 내부에 흐르는 와류(맴돌이 전류)에 의한 줄손실.
- 표유 부하손 : 자극편 등에 생기는 전기자 누설자속으로 인한 와류손실
- 히스테리시스손 : 자화의 시간적 변화에 기인되는 자기적 손실 **답** ①

58 직류분권발전기를 병렬로 운전하는 경우 발전기용량 P와 정격전압 V 값은?

① P와 V 모두 같아야 한다.
② P는 임의, V는 같아야 한다.
③ P는 같고, V는 임의이다.
④ P와 V 모두 임의이다.

풀이 직류발전기의 병렬운전 조건은 다음과 같다.
① 전압의 크기와 극성이 같을 것
② 외부 특성 곡선이 어느 정도 수하 특성일 것(단, 직권 특성과 과복권 특성은 균압선을 설치할 것)
③ 각 발전기의 부하전류를 그 정격전류의 백분율로 표시한 외부 특성 곡선이 거의 같을 것
그러므로 직류분권발전기를 병렬운전하려면 정격전압 V는 같아야 하지만 용량 P는 달라도 된다. **답** ②

59 권선형 3상 유도전동기가 있다. 2차 회로는 Y로 접속되고 2차 각 상의 저항은 0.3[Ω]이며 1차, 2차 리액턴스의 합은 2차 측에서 보아 1.5[Ω]이라 한다. 기동시에 최대 토크를 발생하기 위해서 삽입하여야 할 저항[Ω]은 얼마인가? (단, 1차 각 상의 저항은 무시한다.)

① 1.2 ② 1.5
③ 2   ④ 2.2

풀이 1차 저항 $r_1 = 0$이므로
$R_s' = \sqrt{r_1^2 + (x_1 + x_2')^2} - r_2'$
$= \sqrt{(x_1 + x_2')^2} - r_2'$
$x_1' + x_2 = 1.5[Ω]$, $r_2 = 0.3[Ω]$이므로
$\therefore R_s = \sqrt{(x_1 + x_2')^2} - r_2 = \sqrt{(1.5)^2} - 0.3$
$= 1.2[Ω]$ **답** ①

60 반파 정류회로에서 직류전압 200[V]를 얻는데 필요한 변압기 2차 상전압은 약 몇 [V]인가? (단, 부하는 순저항, 변압기 내 전압강하를 무시하면 정류기 내의 전압강하는 5[V]로 한다.)

① 68   ② 113
③ 333 ④ 455

풀이 직류전압 $E_d = 0.45E - e$[V] 이므로
$\therefore E = \dfrac{E_d + e}{0.45} = \dfrac{200 + 5}{0.45} ≒ 455[V]$ **답** ④

4과목 - 회로이론

61 회로에서 저항 15[Ω]에 흐르는 전류는 몇 [A]인가?

① 8
② 5.5
③ 2
④ 0.5

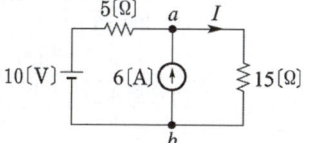

풀이 중첩의 원리에 의하여
- 10[V]에 의한 전류
$$I_1 = \frac{V}{R} = \frac{10}{5+15} = 0.5[A]$$
- 6[A]에 의한 전류
$$I_2 = \frac{R_1}{R_1+R_2}I = \frac{5}{5+15} \times 6 = 1.5[A]$$
$$\therefore I = I_1 + I_2 = 0.5 + 1.5 = 2[A]$$
답 ③

62 $F(s) = \frac{5s+8}{5s^2+4s}$ 일 때 $f(t)$의 최종값은?

① 1 ② 2 ③ 3 ④ 4

풀이 최종값 정리
$$f(\infty) = \lim_{t \to \infty} f(t) = \lim_{s \to 0} sF(s)$$에 의해서
$$\lim_{t \to \infty} i(t) = \lim_{s \to 0} s \cdot I(s) = \lim_{s \to 0} s \cdot \frac{5s+8}{5s^2+4s}$$
$$= \lim_{s \to 0} s \cdot \frac{5s+8}{s(5s+4)}$$
$$= \lim_{s \to 0} \frac{5s+8}{5s+4} = \frac{8}{4} = 2$$
답 ②

63 불평형 3상전류 $I_a = 10+j2[A]$, $I_b = -20-j24[A]$, $I_c = -5+j10[A]$ 일 때의 영상전류 I_0 값은 얼마인가?

① $15+j2[A]$
② $-5-j4[A]$
③ $-15-j12[A]$
④ $-45-j36[A]$

풀이 $I_0 = \frac{1}{3}(I_a + I_b + I_c)$
$= \frac{1}{3}(10+j2-20-j24-5+j10)$
$= \frac{1}{3}(-15-j12) = -5-j4[A]$
답 ②

64 라플라스 변환함수 $\frac{1}{s(s+1)}$에 대한 역라플라스 변환은?

① $1+e^{-t}$
② $1-e^{-t}$
③ $\frac{1}{1-e^{-t}}$
④ $\frac{1}{1+e^{-t}}$

풀이 $F(s) = \frac{1}{s(s+1)} = \frac{A}{s} + \frac{B}{s+1}$
$A = \frac{1}{s+1}\Big|_{s=0} = \frac{1}{1} = 1$,
$B = \frac{1}{s}\Big|_{s=-1} = \frac{1}{-1} = -1$이므로
$F(s) = \frac{1}{s} - \frac{1}{s+1}$
$\mathcal{L}^{-1}[F(s)] = 1-e^{-t}$
답 ②

65 상순이 abc인 3상 회로에 있어서 대칭분 전압이 $V_0 = -8+j3[V]$, $V_1 = 6-j8[V]$, $V_2 = 8+j12[V]$ 일 때 a상의 전압 $V_0[V]$는?

① $6+j7$
② $8+j12$
③ $6+j14$
④ $16+j4$

풀이 $V_a = V_0 + V_1 + V_2$
$= -8+j3+6-j8+8+j12$
$= 6+j7[V]$
답 ①

66 그림과 같은 회로에서 $e_o[V]$의 위상은 $e_i[V]$보다 어떻게 되는가?

① 앞선다.
② 뒤진다.
③ 동상이다.
④ 90° 앞선다.

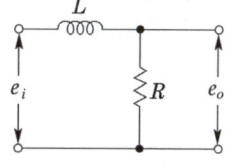

풀이 전류 $i = \frac{e_i}{R+j\omega L}[A]$
$e_o = iR = \frac{e_i}{R+j\omega L} \times R$
$= \frac{e_i \cdot R}{R^2+\omega^2 L^2}(R-j\omega L)[V]$

e_o의 허수값이 $-j$이므로 e_o는 e_i 보다 위상이 뒤진다.
답 ②

67 L형 4단자 회로망에서 4단자 정수가 $A = \dfrac{15}{4}$, $D = 1$이고, 영상 임피던스 Z_{02}가 $\dfrac{12}{5}[\Omega]$일 때, 영상 임피던스 $Z_{01}[\Omega]$의 값은 얼마인가?

① 12 ② 9 ③ 8 ④ 6

풀이 $Z_{01} \cdot Z_{02} = \dfrac{B}{C}$, $\dfrac{Z_{01}}{Z_{02}} = \dfrac{A}{D}$ 에서

$Z_{01} = \dfrac{A}{D} Z_{02} = \dfrac{\frac{15}{4}}{1} \times \dfrac{12}{5} = \dfrac{180}{20} = 9[\Omega]$ **답** ②

68 다음과 같은 회로에서 정 K형 저역 여파기(filter)에 해당되는 것은? (단, 인덕턴스는 L, 캐패시턴스는 C이다.)

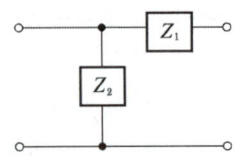

① Z_1이 L, Z_2가 C인 경우
② Z_1이 C, Z_2가 L인 경우
③ Z_1, Z_2 모두가 C인 경우
④ Z_1, Z_2 모두가 L인 경우

풀이 여파기(필터)의 종류

저역 여파기	
고역 여파기	
대역 여파기	

답 ①

69 그림과 같은 평형3상 Y형 결선에서 각 상이 8 [Ω]의 저항과 6[Ω]의 리액턴스가 직렬로 접속된 부하에 선간전압 $100\sqrt{3}$[V]가 공급되었다. 이때 선전류는 몇 [A]인가?

① 5 ② 10 ③ 15 ④ 20

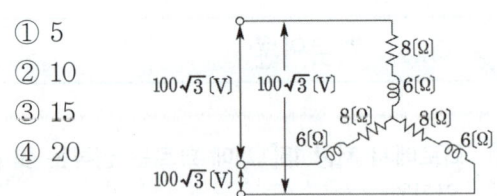

풀이 Y결선에서의 선전류는 상전류와 같으므로

$I = \dfrac{E}{Z} = \dfrac{\frac{100\sqrt{3}}{\sqrt{3}}}{\sqrt{8^2 + 6^2}} = \dfrac{100}{10} = 10[A]$ **답** ②

70 RC 직렬회로의 과도현상에 관한 설명 중 옳게 표현된 것은?

① 과도전류값은 RC 값에 상관이 없다.
② RC 값이 클수록 과도전류값은 빨리 사라진다.
③ RC 값이 클수록 과도전류값은 천천히 사라진다.
④ $\dfrac{1}{RC}$ 값이 클수록 과도전류값은 천천히 사라진다.

풀이 시정수가 크면 클수록 과도현상은 오래 지속된다. $R-C$ 회로의 시정수는 RC이므로 RC 값이 클수록 과도전류의 값이 천천히 사라진다. **답** ③

71 구형파의 파고율은 얼마인가?

① 1.0 ② 1.414
③ 1.732 ④ 2.0

풀이

	구형파	3각파	정현파	정류파 (전파)	정류파 (반파)
파형률	1.0	1.15	1.11	1.11	1.57
파고율	1.0	1.732	1.414	1.414	2.0

답 ①

72 어떤 사인파 교류전압의 평균값이 191[V]이면 최댓값은 약 몇 [V]인가?

① 150 ② 250 ③ 300 ④ 400

풀이 정현파에서 $V_{av} = \dfrac{2V_m}{\pi}$ 이므로

$V_m = \dfrac{\pi}{2} V_{av} = \dfrac{\pi}{2} \times 191 ≒ 300[V]$ **답** ③

73 대칭좌표법에서 사용되는 용어 중 3상에 공통된 성분을 표시하는 것은?

① 공통분 ② 정상분
③ 역상분 ④ 영상분

풀이 대칭좌표법은 불평형 3상 전압이나 전류를 평형의 세 성분(상순이 a-b-c인 정상분, 상순이 이와 반대인 역상분 및 각 상에 공통된 단상분인 영상분)의 대칭분으로 분해하여 해석한다. **답** ④

74 어떤 제어계의 임펄스 응답이 $\sin t$일 때, 이 계의 전달함수를 구하면?

① $\dfrac{1}{s+1}$ ② $\dfrac{1}{s^2+1}$
③ $\dfrac{s}{s+1}$ ④ $\dfrac{s}{s^2+1}$

풀이 계의 전달함수는 그 계에 대한 임펄스 응답의 라플라스 변환과 같으므로

$$\mathcal{L}[\sin t] = \dfrac{1}{s^2+1}$$ **답** ②

75 테브난의 정리와 쌍대 관계에 있는 정리는?

① 보상의 정리 ② 노턴의 정리
③ 중첩의 정리 ④ 밀만의 정리

풀이 테브난의 정리(등가 전압원 정리)와 노턴의 정리(등가 전류원 정리)는 쌍대 관계가 있다. **답** ②

76 그림과 같은 회로에서 인가 전압에 의한 전류 i를 입력, V_o를 출력이라 할 때 전달함수는? (단, 초기조건은 모두 0이다.)

① $\dfrac{1}{Cs}$
② Cs
③ $\dfrac{1}{1+Cs}$
④ $1+Cs$

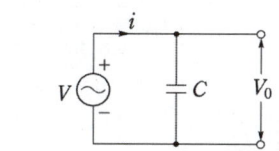

풀이 $G(s) = \dfrac{V_o(s)}{I(s)} = \dfrac{\frac{1}{Cs} \cdot I(s)}{I(s)} = \dfrac{1}{Cs}$ **답** ①

77 정전용량 C만의 회로에서 100[V], 60[Hz]의 교류를 가했을 때 60[mA]의 전류가 흐른다면 C는 몇 [μF]인가?

① 5.26[μF] ② 4.32[μF]
③ 3.59[μF] ④ 1.59[μF]

풀이
$$X_C = \dfrac{1}{\omega C} = \dfrac{V}{I} = \dfrac{100}{60 \times 10^{-3}} = \dfrac{10}{6} \times 10^3$$
$$= 1.66 \times 10^3 [\Omega]$$
$$\therefore C = \dfrac{1}{\omega X_C} = \dfrac{1}{2\pi f X_C}$$
$$= \dfrac{1}{2 \times 3.14 \times 60 \times 1.66 \times 10^3}$$
$$= 1.59 \times 10^{-6} [F] = 1.59 [\mu F]$$ **답** ④

78 그림에서 $e(t) = E_m \cos \omega t$의 전원전압을 인가했을 때 인덕턴스 L에 축적되는 에너지[J]는?

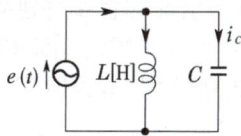

① $\dfrac{1}{2}\dfrac{E_m^2}{\omega^2 L^2}(1+\cos\omega t)$

② $\dfrac{1}{4}\dfrac{E_m^2}{\omega^2 L}(1-\cos\omega t)$

③ $\dfrac{1}{2}\dfrac{E_m^2}{\omega^2 L^2}(1+\cos 2\omega t)$

④ $\dfrac{1}{4}\dfrac{E_m^2}{\omega^2 L}(1-\cos 2\omega t)$

풀이 인덕턴스에 흐르는 전류 $i_L(t)$는
$$i_L(t) = \dfrac{1}{L}\int e\, dt = \dfrac{1}{L}\int E_m \cos\omega t\, dt$$
$$= \dfrac{E_m}{\omega L}\sin\omega t$$
$$\therefore W_L(t) = \dfrac{L i_L(t)^2}{2} = \dfrac{L}{2}\left(\dfrac{E_m}{\omega L}\right)^2 \sin^2\omega t$$
$$= \dfrac{E_m^2}{2\omega^2 L}\left(\dfrac{1-\cos 2\omega t}{2}\right)$$
$$= \dfrac{1}{4}\dfrac{E_m^2}{\omega^2 L}(1-\cos 2\omega t)$$ **답** ④

79 ϕ가 0에서 π까지는 $i = 20[A]$, π에서 2π까지는 $i = 0[A]$인 파형을 푸리에 급수로 전개할 때 a_0는?

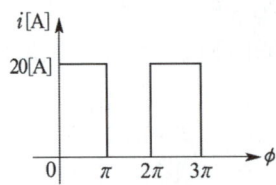

① 5 ② 7.07 ③ 10 ④ 14.14

풀이 $a_0 = \dfrac{1}{2\pi}\displaystyle\int_0^\pi i\,d(\phi) = \dfrac{1}{2\pi}\displaystyle\int_0^\pi 20\,d(\phi)$
$= \dfrac{20}{2\pi} \cdot \pi = 10[A]$ **답** ③

80 코일에 단상 100[V]의 전압을 가하면 30[A]의 전류가 흐르고 1.8[kW]의 전력을 소비한다고 한다. 이 코일과 병렬로 콘덴서를 접속하여 회로의 합성 역률을 100[%]로 하기 위한 용량 리액턴스는 대략 몇 [Ω]이어야 하는가?

① 1.2 ② 2.6 ③ 3.2 ④ 4.2

풀이 $P_a = V \cdot I = 100 \cdot 30 = 3000[VA] = 3[kVA]$
$P_r = \sqrt{P_a^2 - P^2} = \sqrt{3^2 - 1.8^2} = 2.4[kVar]$
역률이 100[%]가 되기 위해서는 2.4[kVA]의 콘덴서가 필요하므로
$Q_C = 2\pi f C V^2 = \dfrac{V^2}{X_C} = 2.4 \times 10^3$
$X_C = \dfrac{100^2}{2.4 \times 10^3} \fallingdotseq 4.2[\Omega]$ **답** ④

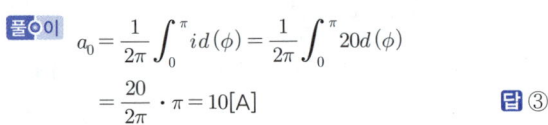

5과목 - 전기설비기술기준

81 154[kV] 옥외 변전소의 울타리 최소 높이는 몇 [m]인가?

① 2.0 ② 2.5 ③ 3.0 ④ 3.5

풀이 351.1 발전소 등의 울타리·담 등의 시설
가. 울타리·담 등의 높이는 2[m] 이상으로 하고 지표면과 울타리·담 등의 하단 사이의 간격은 0.15[m] 이하로 할 것.
나. 울타리·담 등의 높이와 울타리·담 등으로부터 충전부분까지 거리의 합계는 표에서 정한 값 이상으로 할 것.

사용전압의 구분	울타리·담 등의 높이와 울타리·담 등으로부터 충전 부분까지의 거리의 합계
35[kV] 이하	5[m]
35[kV] 초과 160[kV] 이하	6[m]
160[kV] 초과	• 거리의 합계 = 6 + 단수 × 0.12[m] • 단수 = $\dfrac{\text{사용전압[kV]}-160}{10}$ 단수 계산에서 소수점 이하는 절상

답 ①

82 관등 회로란 무엇인가?
① 분기점으로부터 안정기까지의 전로
② 스위치로부터 방전등까지의 전로
③ 스위치로부터 안정기까지의 전로
④ 방전등용 안정기로부터 방전관까지의 전로

풀이 112 용어 정의
"관등회로"란 방전등용 안정기 또는 방전등용 변압기로부터 방전관까지의 전로를 말한다. **답** ④

83 고압 절연전선을 사용한 6600[V] 배전선이 안테나와 접근상태로 시설되는 경우 그 이격거리는 몇 [cm] 이상이어야 하는가?

① 60 ② 80 ③ 100 ④ 120

풀이 332.14 고압 가공전선과 안테나의 접근 또는 교차

	가공전선로 전선	저압	고압
안테나	일반적인 경우	0.6 [m]	0.8 [m]
	고압·특고압 절연전선	0.3 [m]	0.8 [m]
	케이블	0.3 [m]	0.4 [m]

답 ②

84 수소냉각식 발전기안의 수소 순도가 몇 [%] 이하로 저하한 경우에 이를 경보하는 장치를 시설해야 하는가?

① 65 ② 75 ③ 85 ④ 95

풀이 351.10 수소냉각식 발전기 등의 시설
수소냉각식의 발전기·조상기 또는 이에 부속하는 수소 냉각 장치는 발전기 내부 또는 조상기 내부의 수소의 순도가 85[%] 이하로 저하한 경우에 이를 경보하는 장치를 시설할 것. 답 ③

85 고압가공전선로의 지지물로 철탑을 사용하는 경우 최대 경간은 몇 [m]인가?

① 150 ② 200 ③ 250 ④ 600

풀이 332.9 고압 가공전선로 경간의 제한
고압 가공전선로의 경간은 표에서 정한 값 이하이어야 한다.

지지물의 종류	경간
목주·A종 철주 또는 A종 철근 콘크리트주	150[m]
B종 철주 또는 B종 철근 콘크리트주	250[m]
철탑	600[m]

답 ④

86 전기부식방식 시설은 지표 또는 수중에서 1[m] 간격의 임의의 2점 간의 전위차가 몇 [V]를 넘으면 안 되는가?

① 5 ② 10 ③ 25 ④ 30

풀이 241.16 전기부식방지 시설
가. 전기부식방지용 전원장치에 전기를 공급하는 전로의 사용전압은 저압이어야 한다.
나. 전기부식방지용 변압기는 절연변압기 일 것
다. 전기부식방지 회로(전기부식방지용 전원장치로부터 양극 및 피방식체까지의 전로를 말한다.)의 사용전압은 직류 60[V] 이하일 것.
라. 지중에 매설하는 양극의 매설깊이는 0.75[m] 이상일 것.
마. 수중에 시설하는 양극과 그 주위 1[m] 이내의 거리에 있는 임의 점과의 사이의 전위차는 10[V]를 넘지 아니할 것.
바. 지표 또는 수중에서 1[m] 간격의 임의의 2점간의 전위차가 5[V]를 넘지 아니할 것. 답 ①

87 특고압 가공전선이 도로·횡단보도교·철도 또는 궤도와 제1차 접근상태로 시설되는 경우 특고압가공전선로는 제 몇 종 보안공사에 의하여야 하는가?

① 제1종 특고압 보안공사
② 제2종 특고압 보안공사
③ 제3종 특고압 보안공사
④ 제4종 특고압 보안공사

풀이 333.24 특고압 가공전선과 도로 등의 접근 또는 교차
가. 특고압 가공전선이 도로·횡단보도교·철도 또는 궤도와 제1차 접근 상태로 시설 : 특고압 가공전선로는 제3종 특고압 보안
나. 특고압 가공전선이 도로 등과 제2차 접근상태로 시설 : 특고압 가공전선로는 제2종 특고압 보안공사에 의할 것. 답 ③

88 뱅크용량이 20000[kVA]인 전력용 커패시터에 자동적으로 전로로부터 차단하는 보호장치를 하려고 한다. 반드시 시설하여야 할 보호장치가 아닌 것은?

① 내부에 고장이 생긴 경우에 동작하는 장치
② 절연유의 압력이 변화할 때 동작하는 장치
③ 과전류가 생긴 경우에 동작하는 장치
④ 과전압이 생긴 경우에 동작하는 장치

풀이 351.5 조상설비의 보호장치
조상 설비에는 그 내부에 고장이 생긴 경우에 보호하는 장치를 표와 같이 시설하여야 한다.

설비 종별	뱅크 용량의 구분	자동적으로 전로로부터 차단하는 장치
전력용 커패시터 및 분로리액터	500[kVA] 초과 15,000[kVA] 미만	• 내부에 고장이 생긴 경우 • 과전류가 생긴 경우
	15,000[kVA] 이상	• 내부에 고장이 생긴 경우 • 과전류가 생긴 경우 • 과전압이 생긴 경우
조상기 (調相機)	15,000[kVA] 이상	• 내부에 고장이 생긴 경우

답 ②

89 변압기의 고압측 전로와의 혼촉에 의하여 저압 전로의 대지전압이 150[V]를 넘는 경우에 2초 이내에 고압전로를 자동차단하는 장치가 되어 있는 6600/220[V] 배전선로에 있어서 1선 지락전류가 2[A]이면 접지저항 값의 최대는 얼마인가?

① 50[Ω] ② 75[Ω]
③ 150[Ω] ④ 300[Ω]

풀이 142.5 변압기 중성점 접지
1초를 넘고 2초 이내에 자동 차단하는 장치가 있는 경우
접지저항 $= \dfrac{300}{1선 \; 지락 \; 전류}[\Omega]$이다.
따라서, 2초 이내에 자동 차단하는 장치가 있으므로
접지저항 $R = \dfrac{300}{2} = 150[\Omega]$

답 ③

90 케이블트레이공사에 사용하는 케이블 트레이에 적합하지 않은 것은?

① 케이블 트레이의 안전율은 1.5 이상이어야 한다.
② 지지대는 트레이 자체 하중과 포설된 케이블 하중을 충분히 견딜 수 있는 강도를 가져야 한다.
③ 전선의 피복 등을 손상시킬 돌기 등이 없이 매끈하여야 한다.
④ 금속재의 것은 내식성 재료의 것으로 하지 않아도 된다.

풀이 232.41 케이블트레이공사
가. 케이블 트레이의 안전율은 1.5 이상으로 하여야 한다.
나. 금속재의 것은 적절한 방식처리를 한 것이거나 내식성 재료의 것이어야 한다.
다. 비금속제 케이블 트레이는 난연성 재료의 것이어야 한다.
라. 금속제 케이블 트레이 계통은 기계적 및 전기적으로 완전하게 접속하여야 하며 금속제 트레이는 접지공사를 하여야 한다.
마. 전선의 피복 등을 손상시킬 돌기 등이 없이 매끈하여야 한다.

답 ④

91 사용전압이 400[V] 이하인 저압가공전선은 지름 몇 [mm] 이상의 절연전선이어야 하는가?

① 2.6   ② 3.6
③ 4.0   ④ 5.0

풀이 222.5 저압 가공전선의 굵기 및 종류
가. 저압 가공전선은 나전선(중성선 또는 다중접지된 접지측 전선으로 사용하는 전선에 한한다), 절연전선, 다심형 전선 또는 케이블을 사용하여야 한다.
나. 전선의 굵기

전 압	조 건	전선의 굵기 및 인장강도
400[V] 이하	절연전선	인장강도 2.3[kN] 이상의 것 또는 지름 2.6[mm] 이상의 경동선
	케이블 이외	인장강도 3.43[kN] 이상의 것 또는 지름 3.2[mm] 이상의 경동선
400[V] 초과인 저압(케이블 이외)	시가지에 시설	인장강도 8.01[kN] 이상의 것 또는 지름 5[mm] 이상의 경동선
	시가지 외에 시설	인장강도 5.26[kN] 이상의 것 또는 지름 4[mm] 이상의 경동선

답 ①

92 345[kV]의 가공송전선로를 평지에 건설하는 경우 전선의 지표상 높이는 최소 몇 [m] 이상이어야 하는가?

① 7.58   ② 7.95
③ 8.28   ④ 8.85

풀이 333.7 특고압 가공전선의 높이

전압의 범위	일반 장소	도로 횡단	철도 또는 궤도횡단	횡단보도교
35[kV] 이하	5[m]	6[m]	6.5[m]	4[m](특고압 절연전선 또는 케이블 사용)
35[kV] 초과 160[kV] 이하	6[m]	6[m]	6.5[m]	5[m](케이블 사용)
	산지 등에서 사람이 쉽게 들어갈 수 없는 장소 : 5[m] 이상			
160[kV] 초과	일반장소		가공전선의 높이 $= 6 + 단수 \times 0.12[m]$	
	철도 또는 궤도횡단		가공전선의 높이 $= 6.5 + 단수 \times 0.12[m]$	
	산지		가공전선의 높이 $= 5 + 단수 \times 0.12[m]$	

※ 단수 $= \dfrac{(전압[kV]-160)}{10}$ … 단수 계산에서 소수점 이하는 절상

• 단수 $= \dfrac{345-160}{10} = 18.5 \to 19$단

∴ 전선의 지표상 높이 $= 6 + 19 \times 0.12 = 8.28[m]$

답 ③

93 전력보안가공통신선(광섬유 케이블은 제외)을 조가 할 경우 조가용 선은?

① 금속으로 된 단선
② 알루미늄으로 된 단선
③ 강심 알루미늄 연선
④ 아연도강연선

[풀이] 362.3 조가선 시설기준
조가선은 단면적 38[mm^2] 이상의 아연도강연선을 사용할 것.
[답] ④

94 저압 옥내배선용 전선의 굵기는 연동선을 사용할 때 일반적으로 몇 [mm^2] 이상의 것을 사용하여야 하는가?

① 2.5 ② 1 ③ 1.5 ④ 0.75

[풀이] 231.3 저압 옥내배선의 사용전선
가. 저압 옥내배선의 전선 : 단면적 2.5[mm^2] 이상의 연동선
나. 옥내배선의 사용 전압이 400[V] 이하인 경우는 다음에 의하여 시설할 수 있다.
① 전광표시 장치 또는 제어 회로
  • 단면적 1.5[mm^2] 이상의 연동선
  • 단면적 0.75[mm^2] 이상인 다심케이블 또는 다심 캡타이어 케이블을 사용하고 또한 과전류가 생겼을 때에 자동적으로 전로에서 차단하는 장치를 시설
② 진열장 또는 이와 유사한 것의 내부 배선 : 단면적 0.75[mm^2] 이상인 코드 또는 캡타이어케이블
[답] ①

95 고압 지중전선이 지중 약전류전선 등과 접근하여 이격거리가 몇 [cm] 이하인 때에는 양 전선 사이에 견고한 내화성의 격벽을 설치하는 경우 이외에는 지중전선을 견고한 불연성 또는 난연성의 관에 넣어 그 관이 지중 약전류전선 등과 직접 접촉되지 않도록 하여야 하는가?

① 15 ② 20 ③ 25 ④ 30

[풀이] 334.6 지중전선과 지중약전류전선 등 또는 관과의 접근 또는 교차
지중전선이 다음 조건의 이격거리 이하로 설치되는 경우에는 상호간에 내화성의 격벽을 설치하여야 한다.

조건	전압	이격거리
지중 약전류 전선과 접근 또는 교차하는 경우	저압 또는 고압	0.3[m]
	특고압	0.6[m]
가연성, 유독성의 유체를 내포하는 관과 접근 또는 교차	특고압	1[m]
	25[kV] 이하, 다중접지방식	0.5[m]
기타의 관과 접근 또는 교차	특고압	0.3[m]

[답] ④

96 사용전압이 154[kV]인 가공 송전선의 시설에서 전선과 식물과의 이격거리는 일반적인 경우에 몇 [m] 이상으로 하여야 하는가?

① 2.8 ② 3.2
③ 3.6 ④ 4.2

[풀이] 333.30 특고압 가공전선과 식물의 이격거리

사용전압의 구분	이격거리
60[kV] 이하	2[m]
60[kV] 초과	2[m]에 사용전압이 60[kV]를 초과하는 10[kV] 또는 그 단수마다 12[cm]을 더한 값

• 단수 $= \dfrac{154-60}{10} = 9.4 \to$ 10단
• 이격거리 $= 2+0.12 \times 10 = 3.2[m]$
[답] ②

97 금속덕트공사에 의한 저압 옥내배선 공사 시설 기준에 적합하지 않는 것은?

① 금속 덕트에 넣은 전선의 단면적의 합계가 덕트의 내부 단면적의 20[%] 이하가 되게 하였다.
② 덕트 상호 및 덕트와 금속관과는 전기적으로 완전하게 접속했다.
③ 덕트를 조영재에 붙이는 경우 덕트의 지지점 간의 거리를 4[m] 이하로 견고하게 붙였다.
④ 덕트에는 접지공사를 한다.

[풀이] 232.31 금속덕트공사
가. 전선은 절연전선(옥외용 비닐절연전선을 제외한다)일 것.
나. 금속덕트에 넣은 전선의 단면적(절연피복의 단면적을 포함한다)의 합계는 덕트의 내부 단면적의 20[%] (전광표시 장치 기타 이와 유사한 장치 또는 제어회로 등의 배선만을 넣는 경우에는 50[%]) 이하일 것.
다. 금속덕트 안에는 전선에 접속점이 없도록 할 것.
라. 덕트 상호 간은 견고하고 또한 전기적으로 완전하게 접속할 것.
마. 덕트를 조영재에 붙이는 경우에는 덕트의 지지점 간의 거리를 3[m](취급자 이외의 자가 출입할 수 없도록 설비한 곳에서 수직으로 붙이는 경우에는 6[m]) 이하로 할 것.
바. 덕트는 접지공사를 할 것.
[답] ③

98 다음 중 지선의 시설 목적으로 적절하지 않은 것은?

① 유도장해를 방지하기 위하여
② 지지물의 강도를 보강하기 위하여
③ 전선로의 안전성을 증가시키기 위하여
④ 불평형 장력을 줄이기 위하여

풀이 331.11 지선의 시설
가. 가공전선로의 지지물로 사용하는 철탑은 지선을 사용하여 그 강도를 분담시켜서는 안 된다.
나. 가공전선로의 지지물로 사용하는 철주 또는 철근 콘크리트주는 지선을 사용하지 않는 상태에서 2분의 1 이상의 풍압하중에 견디는 강도를 가지는 경우 이외에는 지선을 사용하여 그 강도를 분담시켜서는 안 된다.
따라서, 유도장해를 방지하기 위해서는 지선이 아닌 차폐선을 설치하여야 한다. 답 ①

99 백열전등 또는 방전등에 전기를 공급하는 옥내 전선로의 대지전압의 최댓값은 일반적으로 몇 [V]인가?

① 150   ② 300
③ 400   ④ 600

풀이 231.6 옥내전로의 대지 전압의 제한
백열전등 또는 방전등에 전기를 공급하는 옥내의 전로의 대지전압은 300[V] 이하여야 한다. 답 ②

출제기준 변경 및 개정된 관계 법규에 따라 삭제된 문제가 있어 20문항이 안됩니다.

2011년 3회

1과목 - 전기자기

01 그림과 같이 전류 I[A]가 흐르는 반지름 a[m]의 원형 코일의 중심으로부터 x[m]인 점 P의 자계의 세기는 몇 [AT/m]인가?
(단, θ는 각 APO라 한다.)

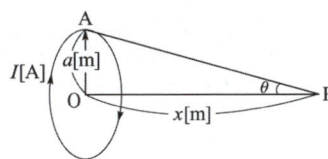

① $\dfrac{I}{2a}\sin^3\theta$ ② $\dfrac{I}{2a}\cos^3\theta$

③ $\dfrac{I}{2a}\sin^2\theta$ ④ $\dfrac{I}{2a}\cos^2\theta$

풀이

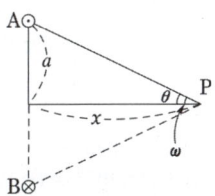

그림과 같이 점 P에서 코일 AB를 바라보는 입체각 ω는 $\omega = 2\pi(1-\cos\theta)$이므로 자위는

$U_m = \dfrac{I}{4\pi}\omega = \dfrac{I}{4\pi} \cdot 2\pi(1-\cos\theta)$

$= \dfrac{I}{2}\left(1 - \dfrac{x}{\sqrt{a^2+x^2}}\right)$ [AT]

따라서 원형 전류에 의한 축방향의 자계 H_x는

$H_x = -\dfrac{\partial U}{\partial x} = \dfrac{a^2 I}{2(a^2+x^2)^{3/2}}$

$= \dfrac{I}{2a}\sin^3\theta$ [AT/m]   **답** ①

02 비투자율 $\mu_s = 4$인 자성체 내에서 주파수 1[GHz]인 전자기파의 파장[m]은?

① 0.1   ② 0.15
③ 0.25 ④ 0.4

풀이
$v = \dfrac{3\times 10^8}{\sqrt{\epsilon_r \mu_r}} = \dfrac{3\times 10^8}{\sqrt{4\times 1}} = 1.5\times 10^8$ [m/s]

$\lambda = \dfrac{v}{f} = \dfrac{1.5\times 10^8}{1\times 10^9} = 0.15$ [m]   **답** ②

03 그림과 같은 회로 C에 전류 I[A]가 흐를 때 C의 미소 부분 dl에 의하여 거리 r만큼 떨어진 P점에서의 자계의 세기 dH[AT/m]는?
(단, θ는 dl과 거리 r이 이루는 각이다.)

① $\dfrac{Idl\sin\theta}{4\pi r}$

② $\dfrac{Idl\sin\theta}{r^2}$

③ $\dfrac{Idl\sin\theta}{4\pi r^2}$

④ $\dfrac{4\pi Idl\sin\theta}{r^2}$

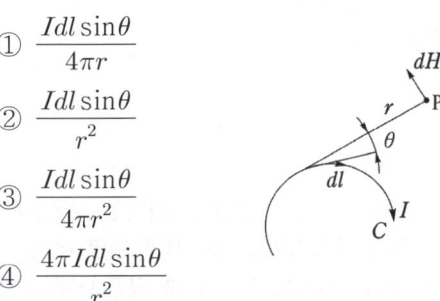

풀이 비오-사바르의 법칙 : $dH = \dfrac{Idl\sin\theta}{4\pi r^2}$ **답** ③

04 유전율 ϵ, 투자율 μ인 매질 중을 주파수 f[Hz]의 전자파가 전파되어 나갈 때의 파장은 몇 [m]인가?

① $f\sqrt{\epsilon\mu}$ ② $\dfrac{1}{f\sqrt{\epsilon\mu}}$

③ $\dfrac{f}{\sqrt{\epsilon\mu}}$ ④ $\dfrac{\sqrt{\epsilon\mu}}{f}$

풀이 $v = \dfrac{1}{\sqrt{\epsilon\mu}} = \dfrac{3\times 10^8}{\sqrt{\epsilon_r \mu_r}}$ [m/s] 이므로

$\therefore \lambda = \dfrac{v}{f} = \dfrac{\frac{1}{\sqrt{\epsilon\mu}}}{f} = \dfrac{1}{f\sqrt{\epsilon\mu}}$ [m]   **답** ②

05 반지름 10[cm]인 도체구 A에 9[C]의 전하가 분포되어 있다. 이 도체구에 반지름 5[cm]인 도체구 B를 접촉시켰을 때 도체구 B로 이동한 전하는 몇 [C]인가?

① 3   ② 9
③ 18   ④ 24

풀이 도체구 A의 전하 $Q = Q_1 + Q_2$
(Q_1 : 대전된 후 도체구 A의 전하,
Q_2 : 대전된 후 도체구 B의 전하)
두 도체구를 접속시키면 전위는 같게 되므로
$$V = \frac{Q_1}{4\pi\epsilon_0 r_1} = \frac{Q_2}{4\pi\epsilon_0 r_2}$$
$$Q_2 = \frac{4\pi\epsilon_0 r_2}{4\pi\epsilon_0 r_1} Q_1 = \frac{r_2}{r_1} Q_1 = \frac{r_2}{r_1}(Q - Q_2)$$
$$= \frac{5}{10}(9 - Q_2)$$
∴ $Q_2 = 3$ [C]   **답** ①

06 회로가 닫혀있는 코일1과 개방된 코일2가 그림과 같이 평등자계와 직각방향으로 서로 나란한 코일면을 유지하고 있을 때 평등자계의 자속이 일정한 비율로 감소하는 경우 다음 설명 중 옳은 것은?

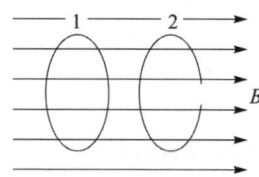

① 유기기전력은 두 코일에 모두 유기된다.
② 유기기전력은 개방된 코일 2에만 유기된다.
③ 두 코일에 같은 줄열이 발생한다.
④ 줄열은 어느 쪽도 발생하지 않는다.

풀이 두 코일을 각각 변압기 2차 측 코일로 간주하고 철심에 자속이 변화(감소)하는 경우에 폐회로 ①은 변압기 2차 측이 단락상태가 되어 전류가 크게 흐르고, 개방회로 ②는 개방상태(무부하)가 되어 고전압이 유기된다. 따라서 **두 코일 모두 유기기전력이 유기**된다.   **답** ①

07 전계 $E = i\,3x^2 + j\,2xy^2 + k\,x^2yz$의 div E는 얼마인가?

① $-i6x + jxy + kx^2y$
② $i6x + j6xy + kx^2y$
③ $-6x - 6xy - x^2y$
④ $6x + 4xy + x^2y$

풀이 $\text{div}\,E = \nabla \cdot E$
$= \left(i\frac{\partial}{\partial x} + j\frac{\partial}{\partial y} + k\frac{\partial}{\partial z}\right) \cdot (iE_x + jE_y + kE_z)$
$= \frac{\partial E_x}{\partial x} + \frac{\partial E_y}{\partial y} + \frac{\partial E_z}{\partial z}$
$= \frac{\partial}{\partial x}(3x^2) + \frac{\partial}{\partial y}(2xy^2) + \frac{\partial}{\partial z}(x^2yz)$
$= 6x + 4xy + x^2y$ **답** ④

08 정전용량이 1[μF], 2[μF]인 콘덴서에 각각 2×10^{-4}[C] 및 3×10^{-4}[C]의 전하를 주고 극성을 같게 하여 병렬로 접속할 때 콘덴서에 축적된 에너지는 약 몇 [J]인가?

① 0.042   ② 0.063
③ 0.084   ④ 0.126

풀이 $Q = Q_1 + Q_2 = 5 \times 10^{-4}$[C]
$C = C_1 + C_2 = (1+2) \times 10^{-6} = 3 \times 10^{-6}$[F]
∴ $W = \frac{Q^2}{2C} = \frac{(5 \times 10^{-4})^2}{2 \times 3 \times 10^{-6}} = 0.042$[J]   **답** ①

09 고유저항 ρ[Ω·m], 한 변의 길이가 r[m]인 정육면체의 저항[Ω]은?

① $\dfrac{\rho}{\pi r}$ ② $\dfrac{\pi r^2}{\sqrt{\rho}}$
③ $\dfrac{\rho}{r}$ ④ $\sqrt{\dfrac{2\pi r^2}{\rho}}$

풀이 $R = \rho\dfrac{l}{A}$[Ω]에서 정육면체 한 변의 길이가 r[m]이므로 $A = r^2$, $l = r$을 대입하면
∴ $R = \rho\dfrac{l}{A} = \rho\dfrac{r}{r^2} = \dfrac{\rho}{r}$[Ω]   **답** ③

10 강자성체의 자화에 관한 설명으로 틀린 것은?
① 강자성체의 자화의 세기는 자계의 세기에 비례한다.
② 강자성체에 자계를 변화시키면 히스테리시스현상이 나타난다.
③ 강자성체의 히스테리시스손은 히스테리시스 곡선의 면적과 같다.
④ 강자성체의 자속밀도 B는 자계의 세기 H에 비례하지 않는다.

풀이 자화의 세기(J)와 자계의 세기(H)와의 관계
$$J = \chi H = (\mu - \mu_0)H = \mu_0(\mu_s - 1)H\,[\text{Wb/m}^2]$$
• 강자성체 이외의 자성체 : 자화의 세기와 자계가 비례 (즉, μ와 χ_m을 정수로 취급)
• 강자성체 : 전혀 자화되어 있지 않은 강자성체에 자계를 가하여 그 자계를 점점 크게 하면 그에 따라 자화의 세기도 점점 크게 된다. 그러나 일정 범위를 지나면 자계의 세기가 증가 하여도 자화의 세기는 더 이상 증가하지 않고 거의 일정하게 된다.

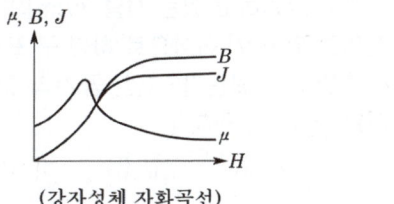
(강자성체 자화곡선) 답 ①

1 유전체에서 변위전류를 발생하는 것은?
① 분극전하밀도의 시간적 변화
② 분극전하밀도의 공간적 변화
③ 자속밀도의 시간적 변화
④ 전속밀도의 시간적 변화

풀이 변위전류밀도 $i_d = \dfrac{\partial D}{\partial t}$ 답 ④

2 두 개의 똑같은 작은 도체구를 접촉하여 대전시킨 후 1[m] 거리에 떼어 놓았더니 작은 도체구는 서로 9×10^{-3}[N]의 힘으로 반발했다. 각 전하는 몇 [C]인가?
① 10^{-8} ② 10^{-6} ③ 10^{-4} ④ 10^{-2}

풀이 쿨롱의 법칙 $F = 9 \times 10^9 \dfrac{Q_1 Q_2}{r^2}$[N]에서 두 개의 같은 점 전하가 1[m] 떨어져 있고, 힘이 9×10^{-3}[N]이므로
$$F = 9 \times 10^9 \dfrac{Q^2}{1^2} = 9 \times 10^{-3}\,[\text{N}]$$
$$\therefore Q = \sqrt{\dfrac{9 \times 10^{-3}}{9 \times 10^9}} = 10^{-6}\,[\text{C}]$$ 답 ②

13 축이 무한히 길고 반지름이 a[m]인 원주 내에 전하가 축대칭이며, 축방향으로 균일하게 분포되어 있을 경우, 반지름 $r(>a)$[m]되는 동심원통면상 외부의 일점 P의 전계의 세기는 몇 [V/m]인가? (단, 원주의 단위길이 당의 전하를 λ[C/m]라 한다.)
① $\dfrac{\lambda}{\epsilon_0}$ ② $\dfrac{\lambda}{2\pi\epsilon_0}$ ③ $\dfrac{\lambda}{\pi a}$ ④ $\dfrac{\lambda}{2\pi\epsilon_0 r}$

풀이 $\iint_s \boldsymbol{E} n \cdot dS = \iint_s \boldsymbol{E} \cdot dS = \dfrac{1}{\epsilon_0}\lambda$
$\boldsymbol{E} \cdot 2\pi r \cdot 1 = \dfrac{1}{\epsilon_0}\lambda$
$\therefore \boldsymbol{E} = \dfrac{\lambda}{2\pi\epsilon_0 r}$[V/m] 답 ④

14 전기기계기구의 자심재료로 규소강판을 사용하는 이유는?
① 동손을 줄이기 위해
② 와전류손을 줄이기 위해
③ 히스테리시스손을 줄이기 위해
④ 제작을 쉽게 하기 위하여

풀이 • 규소 강판 : 히스테리시스손 감소
• 성층 철심 : 와류손 감소 답 ③

15 자기회로에서 단면적, 길이, 투자율을 모두 $\dfrac{1}{2}$로 하면 자기저항은 어떻게 되는가?
① $\dfrac{1}{2}$로 된다. ② 2배로 된다.
③ 4배로 된다. ④ 8배로 된다.

풀이 $R_m = \dfrac{l}{\mu S} = \dfrac{l}{\mu_0 \mu_s S}$[AT/Wb]

단면적 S, 길이 l, 투자율 μ를 $\dfrac{1}{2}$배로 늘린 경우의

자기 저항을 R'_m 라 하면

$$R'_m = \frac{\left(\frac{1}{2}l\right)}{\left(\frac{1}{2}\mu\right)\left(\frac{1}{2}S\right)} = 2\frac{l}{\mu S} = 2R_m [\text{AT/Wb}]$$

답 ②

16 비투자율 μ_s, 길이 l인 철심에 권수 N인 환상 솔레노이드 코일이 있다. 이 철심에 길이 l_1인 미소 공극을 만들었을 때 공극 자계세기 H_A와 철심 자계세기 H_F 의 비($\frac{H_F}{H_A}$)는?

① μ_s
② $\frac{1}{\mu_s}$
③ $\frac{\mu_s(l-l_1)}{l_1}$
④ $\frac{l_1}{\mu_s(l-l_1)}$

풀이 공극에 있어서 자속의 퍼짐이 없으면 철심 내부와 공극 부분의 자속밀도가 같게 되므로

$$H_F = \frac{B}{\mu} = \frac{B}{\mu_0 \mu_s}, \quad H_A = \frac{B}{\mu_0} = \mu_s H_F$$

$$\therefore \frac{H_F}{H_A} = \frac{1}{\mu_s}$$

답 ②

17 평행판 콘덴서의 판 사이에 비유전률 ϵ_s의 유전체를 삽입하였을 때의 정전용량은 진공일 때보다 어떻게 되는가?

① ϵ_s 배로 증가
② $\pi\epsilon_s$ 배로 증가
③ $\frac{1}{\epsilon_s}$ 로 감소
④ $(\epsilon_s + 1)$ 배로 증가

풀이 평행판 콘덴서의 정전용량은 $C = \frac{\epsilon_0 \epsilon_s A}{d}$ [F]로 유전율(비유전율)에 비례하므로 ϵ_s 배로 증가한다.

답 ①

18 전기력선의 기본성질을 설명한 것 중 옳지 않은 것은?

① 전기력선의 방향은 그 점의 전계의 방향과 일치한다.
② 전기력선은 전위가 높은 곳에서 낮은 곳으로 향한다.
③ 전기력선은 그 자신만으로도 폐곡선이 된다.
④ 전기력선은 전계의 세기가 0인 곳을 제외하고는 등전위면과 직교한다.

풀이 전기력선의 성질은 다음과 같다.
① 전기력선은 정전하에서 시작하여 부전하에서 그친다.
② 전하가 없는 곳에서는 전기력선의 발생, 소멸이 없고 연속적이다.
③ 전위가 높은 점에서 낮은 점으로 향한다.
④ 그 자신만으로 폐곡선이 되는 일은 없다.
⑤ 전계가 0이 아닌 곳에서는 2개의 전기력선은 교차하지 않는다.
⑥ 도체내부에는 전기력선이 없다.
⑦ 수직 단면의 전기력선 밀도는 전계의 세기이고 (1[개/m²]=1[N/C]), 전기력선의 접선 방향은 전계의 방향이다.
⑧ 도체면(등전위면)에서 전기력선은 수직으로 출입한다.
⑨ 단위 전하 ±1[C]에서는 $1/\epsilon_0$개의 전기력선이 출입한다.

답 ③

19 공기 중에 고립하고 있는 지름 3[cm]의 구도체의 전위를 몇 [kV] 이상으로 하면 구 표면의 공기가 절연파괴 되는가? (단, 공기의 절연내력은 3[kV/mm]라 한다.)

① 15 ② 30 ③ 45 ④ 60

풀이 $V = \frac{Q}{4\pi\epsilon_0 r}$ [V], $G = E = \frac{Q}{4\pi\epsilon_0 r^2}$ [V/m]

단, G는 구의 표면에 있어서의 전위 경도이다.

$V \geq Gr = 3 \times 10^6 \text{[V/m]} \times \frac{3}{2} \times 10^{-2} \text{[m]}$

$= 45 \times 10^3 \text{[V]} = 45 \text{[kV]}$

즉, 45[kV] 이상으로 하면 구 표면의 절연이 파괴된다.

답 ③

20 전위계수에 대한 설명 중 틀린 것은?

① 도체주위의 매질에 따라 정해지는 상수이다.
② 도체의 크기와는 관계가 없다.
③ 전위계수는 도체 상호 간의 배치상태에 따라 정해지는 상수이다.
④ 전위계수의 단위는 [1/F]이다.

풀이 전위계수는 도체의 크기 및 주위 매질의 성질에 관계되나 도체의 전하나 전위에는 무관한 기하학적인 양이다.

2과목 - 전력공학

21 같은 전력을 수송하는 배전선로에서 다른 조건은 현 상태로 유지하고 역률만을 개선할 때의 효과로 기대하기 어려운 것은?

① 배전선의 손실 저감
② 설비용량의 여유증가
③ 전압강하의 경감
④ 고조파의 경감

풀이 역률 개선의 효과
① 전력손실 경감 ② 전압강하 경감
③ 설비용량의 여유분 증가 ④ 전력 요금의 절약
답 ④

22 그림과 같은 수전단 전력원선도가 있다. 부하직선을 참고하여 다음 중 전압조정을 위한 조상설비가 없어도 정전압운전이 가능한 부하전력은 대략 어느 정도일 때인가?

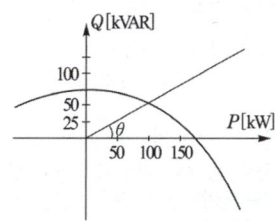

① 무부하일 때   ② 50[kW]일 때
③ 100[kW]일 때 ④ 150[kW]일 때

풀이 정전압 송전방식에서는 원의 반지름 $\rho = \dfrac{V_S V_R}{b}$ 이 일정하므로 송·수전전력은 언제나 원선도의 원주상에 존재하여야 한다. 따라서 유효전력 100[kW], 무효전력 50[kVAR] 정도일 때, 조상설비가 없어도 정전압 운전이 가능하다.
답 ③

23 송전전력, 송전거리, 전선의 비중 및 전력손실률이 일정하다고 할 때, 전선의 단면적 A[mm²]와 송전전압 V[kV]의 관계로 옳은 것은?

① $A \propto V$
② $A \propto \sqrt{V}$
③ $A \propto \dfrac{1}{V^2}$
④ $A \propto V^2$

풀이
$$P_l = 3I^2 R = \dfrac{P^2 \rho l}{V^2 \cos^2 \theta A}$$
$$\therefore A = \dfrac{P^2 \rho l}{P_l V^2 \cos^2 \theta} \left(\propto \dfrac{1}{V^2} \right)$$
답 ③

24 차단기와 차단기의 소호 매질로서 연결이 잘못된 것은?

① 공기차단기 - 압축 공기
② 가스 차단기 - SF_6 가스
③ 진공 차단기 - 전자력
④ 유입 차단기 - 절연유

풀이 진공 차단기는 고진공 중에서 전자의 고속도 확산에 의해 차단한다.
답 ③

25 수전용 변전설비의 1차 측에 설치하는 차단기의 용량은 어느 것에 의하여 정하는가?

① 수전전력과 부하율
② 수전계약용량
③ 공급측 전원의 단락용량
④ 부하설비용량

풀이 차단기 차단용량은 그 점에 있어서의 단락 용량에 의해 결정된다.
즉, 단락용량 $P_s = \dfrac{100}{\%Z} P_n$ 에서 알 수 있듯이 차단기 차단용량은 전원측으로부터 단락점까지의 %임피던스(%Z)와 공급측 전기설비용량 P_n 에 의해 결정된다.
답 ③

26 소호 리액터 접지계통에서 리액터의 탭을 완전 공진상태에서 약간 벗어나도록 하는 이유는?

① 전력손실을 줄이기 위하여
② 선로의 리액턴스분을 감소시키기 위하여
③ 접지계전기의 동작을 확실하게 하기 위하여
④ 직렬공진에 의한 이상전압의 발생을 방지하기 위하여

풀이 직렬 공진에 의한 이상전압을 억제하기 위하여 10[%] 정도 과보상하는 것이 일반적이다.
답 ④

27 수전단전압 66000[V], 전류 200[A], 선로저항 10[Ω], 선로리액턴스 15[Ω]인 3상 단거리 송전선로의 전압강하율은 약 몇 [%]인가? (단, 수전단 역률은 0.8이다.)

① 7.83 ② 8.92 ③ 9.01 ④ 9.45

풀이 전압강하율
$$\epsilon = \frac{V_s - V_r}{V_r} \times 100 = \frac{\sqrt{3}I(R\cos\theta + X\sin\theta)}{V_r} \times 100$$
$$= \frac{\sqrt{3} \times 200(10 \times 0.8 + 15 \times 0.6)}{66,000} \times 100$$
$$= 8.92[\%]$$ **답** ②

28 선로정수를 전체적으로 평형되게 하고 근접 통신선에 대한 유도 장해를 줄일 수 있는 방법은?

① 딥(dip)을 준다.
② 연가를 한다.
③ 복도체를 사용한다.
④ 소호 리액터접지를 한다.

풀이
• 연가는 선로정수를 평형시키고 통신선의 유도장해를 방지하기 위하여 선로를 3배수 등분하여 실시한다.
• 연가의 목적 : 직렬공진 방지, 유도장해 감소, 선로정수 평형   **답** ②

29 다음 중 통신선에 대한 유도장해가 가장 큰 배전계통의 접지방식은?

① 소호 리액터 접지 ② 저항접지
③ 비접지   ④ 직접 접지

풀이 통신선의 유도 장해는 전자 유도 장해가 많으며 전자 유도 장해는 지락전류의 대·소에 비례하므로, 지락전류가 가장 큰 직접 접지방식이 전자 유도 장해가 크다.   **답** ④

30 반지름 15[mm]의 ACSR로 구성된 완전 연가된 3상 1회선 송전선로가 있다. 각 상간의 등가 선간거리가 3000[mm]라고 할 때, 이 선로의 [km]당 작용 인덕턴스는 몇 [mH/km]인가?

① 1.43 ② 1.11 ③ 0.65 ④ 0.33

풀이
$$L = 0.4605\log_{10}\frac{D}{r} + 0.05[\text{mH/km}]$$
$$= 0.4605\log_{10}\frac{3000}{15} + 0.05[\text{mH/km}]$$
$$\fallingdotseq 1.11[\text{mH/km}]$$ **답** ②

31 설비 A가 150[kW], 수용률 0.5, 설비 B가 250[kW], 수용률 0.8일 때 합성최대전력이 235[kW]이면 부등률은 약 얼마인가?

① 1.10 ② 1.13
③ 1.17 ④ 1.22

풀이
$$\text{부등률} = \frac{\text{개개의 최대 전력의 합}}{\text{합성 최대 수용 전력}}$$
$$= \frac{150 \times 0.5 + 250 \times 0.8}{235} = 1.17$$ **답** ③

32 다음 중 경수감속 냉각형 원자로에 속하는 것은?

① 비등수형 원자로
② 고속증식로
③ 열중성자로
④ 흑연감속 가스 냉각로

풀이 발전용 원자로의 종류에는 흑연감속 가스 냉각로, 경수감속 경수 냉각로, 중수감속 중수 냉각로 등이 있으며, 경수감속 경수 냉각로에는 가압수형 원자로(PWR), 비등수형 원자로(BWR)가 있다.   **답** ①

33 부하의 선간전압 3300[V], 피상전력 330[kVA], 역률 0.7인 3상부하가 있다. 부하의 역률을 0.85로 개선하는데 필요한 전력용 콘덴서의 용량은 약 몇 [kVA]인가?

① 63 ② 73 ③ 83 ④ 93

풀이 $Q = P(\tan\theta_1 - \tan\theta_2)[\text{kVA}]$에서
유효 전력 $P = 3300 \times 0.7[\text{kW}]$이므로
콘덴서 용량 Q_c는
$$Q_c = P\left(\frac{\sqrt{1-\cos^2\theta_1}}{\cos\theta_1} - \frac{\sqrt{1-\cos^2\theta_2}}{\cos\theta_2}\right)$$
$$= 330 \times 0.7 \times \left(\frac{\sqrt{1-0.7^2}}{0.7} - \frac{\sqrt{1-0.85^2}}{0.85}\right)$$
$$\fallingdotseq 93[\text{kVA}]$$ **답** ④

34 정상적으로 운전하고 있는 전력계통에서 서서히 부하를 조금씩 증가했을 경우 안정 운전을 지속할 수 있는가 하는 능력을 무엇이라 하는가?

① 동태 안정도   ② 정태 안정도
③ 고유 과도안정도 ④ 동적 과도안정도

풀이 안정도의 종류
① 정태 안정도(static stability) : 송전 계통이 불변 부하 또는 극히 서서히 증가하는 부하에 대하여 계속적으로 송전할 수 있는 능력을 정태 안정도로 하고, 안정도를 유지할 수 있는 극한의 송전 전력을 정태 안정 극한 전력이라고 한다.
② 과도 안정도(transient stability) : 계통에 갑자기 고장 사고와 같은 급격한 외란이 발생하였을 때에도 탈조하지 않고 새로운 평형 상태를 회복하여 송전을 계속할 수 있는 능력을 과도 안정도라 하고 이 경우의 극한 전력을 과도 안정 극한 전력이라고 한다.
③ 동태 안정도(dynamic stability) : 고속 자동 전압조정기로 동기기의 여자전류를 제어 할 경우의 정태 안정도를 특히 동태 안정도라 한다. 답 ②

35 그림과 같은 단상 3선식 배전선로에서 100[V], 100[W] 전등을 AN간에 병렬로 5등, BN간에 병렬로 4등이 연결되어 운전하던 중 중성선이 단선되었다. 이때 AN 간의 부하전압 V_{AN}은 몇 [V]인가? (단, 선로는 저항뿐이고, 부하까지 1선당 2.5[Ω]이다.)

① 80
② 100
③ 120
④ 140

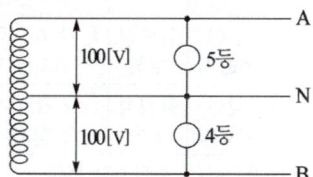

풀이
$R_A = \dfrac{V^2}{P_A} = \dfrac{100^2}{100 \times 5} = 20[\Omega]$

$R_B = \dfrac{V^2}{P_B} = \dfrac{100^2}{100 \times 4} = 25[\Omega]$

1선당 저항은 2.5[Ω]이므로 전압분배 법칙에 의해 AN 간의 부하전압을 구하면 다음과 같다.

$V_{AN} = I \cdot R_A = \dfrac{V_{AB}}{R_{AB}} \cdot R_A$
$= \dfrac{200}{2.5+20+25+2.5} \times 20 = 80[V]$ 답 ①

36 수력발전소의 댐 설계 및 저수지 용량 등을 결정하는데 가장 적합하게 사용되는 것은?

① 유량도   ② 유황곡선
③ 수위-유량곡선 ④ 적산유량곡선

풀이 적산유량곡선은 매일의 수량을 적산해서 가로축에 일수를, 세로축에 적산수량을 그린 곡선으로 댐 설계 및 저수지 용량 등을 결정하는데 사용된다. 답 ④

37 반한시성 과전류계전기의 전류-시간 특성에 대한 설명 중 옳은 것은?

① 계전기 동작시간은 전류값의 크기와 비례한다.
② 계전기 동작시간은 전류의 크기와 관계없이 일정하다.
③ 계전기 동작시간은 전류값의 크기와 반비례한다.
④ 계전기 동작시간은 전류값의 크기의 제곱에 비례한다.

풀이 반한시 계전기는 정정된 값 이상의 전류가 흘러서 동작할 경우에 전류값이 클수록 빨리 동작하고 반대로 전류값이 작아질수록 느리게 동작하는 특성이 있다. 답 ③

38 송전선에 댐퍼(damper)를 설치하는 주된 목적은?

① 전선의 진동방지
② 전자유도 감소
③ 코로나의 방지
④ 현수애자의 경사 방지

풀이 댐퍼는 전선의 진동 억제 장치로 지지점 가까운 곳에 설치한다. 답 ①

39 송전계통에서 이상전압의 방지대책으로 볼 수 없는 것은?

① 철탑 접지저항의 저감
② 가공 송전선로의 피뢰용으로서의 가공지선에 의한 뇌차폐
③ 기기 보호용으로서의 피뢰기 설치
④ 복도체 방식 채택

풀이
- 이상전압 방지대책 : 가공지선, 피뢰기, 매설지선(철탑 접지저항의 저감)
- 복도체 방식은 안정도를 증가시키고, 코로나 발생을 억제하는 것을 목적으로 한다. 답 ④

40 보일러에서 흡수열량이 가장 큰 것은?

① 수냉벽 ② 보일러 수관
③ 과열기 ④ 절탄기

풀이 수냉벽은 노벽을 보호하고자 하는 것이 원래 목적이었으나 그 작용은 여러 가지 유리한 효과를 가지고 있다. 수냉벽은 보일러 드럼 또는 수관과 연락하는 수관을 가진 노벽으로 노 내의 복사열을 흡수한다. 각 부의 가열 면적과 흡수 열량의 비는 다음 표와 같다.

	가열 면적[%]	흡수 열량[%]
수 냉 벽	10~15	40~50
보일러 수관	5~10	10~15
과 열 기	10~15	15~20
절 탄 기	15	10~15
공기 예열기	50	5~10

답 ①

3과목 - 전기기기

41 슬립 6[%]인 유도전동기의 2차 측 효율[%]은?

① 94 ② 84
③ 90 ④ 88

풀이

$\eta_2 = \dfrac{P}{P_2} \times 100 = \dfrac{(1-s)P_2}{P_2} \times 100$
$= (1-s) \times 100 = \dfrac{N}{N_s} \times 100$
$= (1-0.06) \times 100 = 94[\%]$ 답 ①

42 권수비 10:1인 동일정격 3대의 단상변압기를 Y-△로 결선하여 2차 단자에 200[V], 75[kVA]의 평형부하를 걸었을 때 각 변압기의 1차 권선의 전류[A] 및 1차 선간전압[V]은?
(단, 여자전류와 임피던스는 무시한다.)

① 21.6[A], 2000[V]
② 12.5[A], 2000[V]
③ 21.6[A], 3464[V]
④ 12.5[A], 3464[V]

풀이 2차 측 상전류 $I_2 = \dfrac{P}{3V} = \dfrac{75000}{3 \times 200} = 125[A]$

$\dfrac{n_1}{n_2} = \dfrac{V_1}{V_2} = \dfrac{I_2}{I_1}$ 에서

$I_1 = \dfrac{n_2}{n_1} \times I_2 = \dfrac{1}{10} \times 125 = 12.5[A]$

(Y 결선에서는 상전류 = 선전류)

$V_1 = \dfrac{n_1}{n_2} \times V_2 = 10 \times 200 \times \sqrt{3} = 3464[V]$

(Y 결선에서 선간전압 = 상전압의 $\sqrt{3}$ 배) 답 ④

43 3상 교류 발전기의 기전력에 대하여 $\dfrac{\pi}{2}$[rad] 뒤진 전기자 전류가 흐르면 전기자 반작용은?

① 횡축반작용을 한다.
② 교차 자화작용을 한다.
③ 증자작용을 한다.
④ 감자작용을 한다.

풀이 동기발전기의 전기자 반작용

역률	부하	전류와 전압과의 위상	작 용
역률 1	저항	I_a가 E와 동상인 경우	교차 자화작용 (횡축반작용)
뒤진 역률 0	유도성 부하	I_a가 E보다 $\pi/2$ 뒤지는 경우	감자 작용 (직축반작용)
앞선 역률 0	용량성 부하	I_a가 E보다 $\pi/2$ 앞서는 경우	증자작용 (자화작용)

여기서, I_a : 전기자 전류
E : 유기기전력 답 ④

44 용량 P[kVA]인 동일 정격의 단상변압기 4대로 낼 수 있는 3상 최대출력용량은?

① $3P$ ② $\sqrt{3}P$
③ $4P$ ④ $2\sqrt{3}P$

풀이 단상변압기 4대로는 V결선을 2번 할 수 있으므로
$P = 2P_V = 2 \times \sqrt{3}P_1 = 2\sqrt{3}P_1$ [kVA] 답 ④

45 직류분권전동기와 권선형 유도전동기와의 유사한 점은?

① 토크가 전압에 비례하며 속도변동률이 크다.
② 기동 토크가 기동전류에 비례하며 속도가 변하지 않는다.
③ 저항으로 속도조정이 되며 속도변동률이 작다.
④ 정류자가 있으며 저항으로 속도조정이 가능하다.

풀이
- 권선형 유도전동기의 속도제어 : 2차저항제어
- 직류분권전동기의 속도제어 : 직렬저항제어법

답 ③

46 변압기유 열화 방지 방법 중 틀린 것은?

① 개방형 콘서베이터
② 수소 봉입 방식
③ 밀봉방식
④ 흡착제 방식

풀이 절연유 열화는 절연유의 온도 상승과 공기와의 접촉에 의해 발생하며, 절연유 열화방지로는 콘서베이터, 브리더, 질소봉입이 있다. **수소는 폭발성 가스이다.** 답 ②

47 내분권 가동복권발전기의 단자전압 V는 얼마인가? (단, Φ_s[Wb] : 직권계자권선에 의한 자속, Φ_f[Wb] : 분권계자의 자속, R_a[Ω] : 전기자권선 저항, R_s[Ω] : 직권계자권선 저항, I_a[A] : 전기자 전류, I[A] : 부하전류, n[rps] : 속도, $k = \dfrac{PZ}{a}$ 이고, 자기회로의 포화현상과 전기자 반작용은 무시한다.)

① $V = k(\Phi_f + \Phi_s)n - I_a R_a - IR_s$
② $V = k(\Phi_f - \Phi_s)n - I_a R_a - IR_s$
③ $V = k(\Phi_f + \Phi_s)n - I_a(R_a - R_s)$
④ $V = k(\Phi_f - \Phi_s)n - I_a(R_a - R_s)$

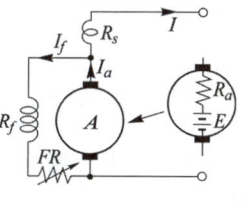
〈내분권 복권발전기〉

답 ①

풀이
$V = E - I_a R_a - IR_s = \dfrac{PZ}{a}\phi n - I_a R_a - IR_s$
$= k(\Phi_f + \Phi_s)n - I_a R_a - IR_s$

48 권선형 유도전동기 2대를 직렬종속으로 운전하는 경우의 속도는?

① 두 전동기 극수의 합을 극수로 하는 전동기의 동기속도이다.
② 두 전동기 중 큰 극수를 갖는 전동기의 동기속도이다.
③ 두 전동기 중 적은 극수를 갖는 전동기의 동기속도이다.
④ 두 전동기 극수의 차를 극수로 하는 전동기의 동기속도이다.

풀이 직렬 종속법인 경우 그 운전 조건에서
동기속도 $N_s = \dfrac{120f}{p_1 + p_2}$ 답 ①

49 유도전동기의 특성에 관한 설명으로 옳은 것은?

① 최대 토크는 2차 저항과 반비례한다.
② 최대 토크는 슬립과 반비례한다.
③ 발생 토크는 전압의 2승에 반비례한다.
④ 발생 토크는 전압의 2승에 비례한다.

풀이
- 최대 토크 $T_m = K_0 \dfrac{E_2^{\,2}}{2x_2}$ (2차 측 리액턴스에 반비례)
- 토크 $T \propto k\Phi I_2$ 에서 $\Phi \propto V_1$ 또는 $I_2 \propto V_1$ 이므로
∴ $T \propto k V_1^2$ (전압의 2승에 비례) 답 ④

50 전기자 지름 0.2[m]의 직류발전기가 출력 28[kW]의 출력에서 900[rpm]으로 회전하고 있을 때 전기자 주변속도는 약 몇 [m/sec]인가?

① 9.42 ② 10.96
③ 16.74 ④ 21.85

풀이 $V = \pi D \dfrac{N}{60} = \pi \times 0.2 \times \dfrac{900}{60} = 9.42 [\text{m/s}]$ **답** ①

51 3상 동기발전기의 매극 매상의 슬롯수를 3이라고 하면 분포계수는?

① $\sin \dfrac{2}{3}\pi$ ② $\sin \dfrac{3}{2}\pi$

③ $6\sin \dfrac{\pi}{18}$ ④ $\dfrac{1}{6\sin \dfrac{\pi}{18}}$

풀이 분포권 계수 K_d는

$$K_d = \dfrac{\sin \dfrac{n\pi}{2m}}{q \sin \dfrac{n\pi}{2mq}} \text{에서}$$

$n = 1$, 상수 $m = 3$
매극, 매상의 슬롯수 $q = 3$이므로

$$\therefore K_d = \dfrac{\sin \dfrac{\pi}{6}}{3\sin \dfrac{\pi}{2 \times 3 \times 3}} = \dfrac{\dfrac{1}{2}}{3\sin \dfrac{\pi}{18}}$$

$$= \dfrac{1}{6\sin \dfrac{\pi}{18}}$$ **답** ④

52 정류자형 주파수 변환기의 구조에 관한 설명 중 틀린 것은?

① 소용량의 것으로 가장 간단한 것은 회전자만 있고 고정자는 없다.
② 회전자는 3상 회전변류기의 전기자와 거의 같은 구조이며 정류자와 3개의 슬립링이 있다.
③ 자기회로의 자기저항을 감소시키기 위해 성층철심만으로 권선이 없는 고정자를 설치한 것도 있다.
④ 용량이 큰 것은 정류작용을 좋게 하기위해 회전자에 보상권선과 보극권선을 설치한 것도 있다.

풀이 정류자형 주파수 변환기를 이것과 동일 전원에 접속하여 슬립 s로 운전하고 있는 권선형 유도전동기와 조합시키면 유도전동기의 2차 여자를 행할 수 있으므로 전동기의 속도제어와 역률의 개선을 행 할 수 있다.

그러나 이 주파수 변환기는 정류작용의 점에서 대용량의 것은 제작이 어렵고 고정자에 보상권선, 보극권선 등을 설치한 것에서도 100[kVA] 정도가 한도이므로 대용량의 전동기에는 응용할 수 없다. 그리고 속도제어의 범위도 동기속도의 상하 10~15[%] 정도로 되어 있다. **답** ④

53 스테핑 모터의 설명 중 틀린 것은?

① 가속, 감속이 용이하며 정·역전 변속이 쉽다.
② 위치제어를 할 때 각도 오차가 적고 누적되지 않는다.
③ 정지하고 있을 때 그 위치를 유지해주는 토크가 작다.
④ 브러시, 슬립링 등이 없고 부품수가 적다.

풀이 스텝모터의 장·단점
[장점]
① 다른 서보모터와 달리 위치 및 속도를 검출하기 위한 장치가 필요 없다.
② 다른 디지털 기기와의 인터페이스가 쉽다.
③ 가속, 감속이 용이하며 정·역전 및 변속이 쉽다.
④ 속도제어범위가 광범위하며, 초저속에서 큰 토크를 얻을 수 있다.
⑤ 위치제어를 할 때 각도오차가 적고 누적되지 않는다.
⑥ 정지하고 있을 때 그 위치를 유지해 주는 토크가 크다.
⑦ 브러시, 슬립 링 등이 없고 부품수가 적기 때문에 유지 보수의 필요성이 적다.
[단점]
① 분해 조립, 또는 정지위치가 한정된다.
② 효율이 서보모터에 비해 나쁘다.
③ 마찰 부하의 경우 위치 오차가 크다.
④ 오버슈트 및 진동의 문제가 있다.
⑤ 대용량의 대형기는 만들기 어렵다. **답** ③

54 변압기에 사용되는 절연유의 성질이 아닌 것은?

① 절연내력이 클 것
② 인화점이 낮을 것
③ 비열이 커서 냉각효과가 클 것
④ 절연재료와 접촉해도 화학작용을 미치지 않을 것

풀이 변압기에 사용되는 절연유는 절연저항 및 절연내력이 크고, 인화점이 높고, 점도가 낮아야 한다. **답** ②

55 병렬운전을 하고 있는 두 대의 3상 동기발전기 사이에 무효 순환전류가 흐르는 것은 두 발전기의 기전력이 어떠할 때인가?

① 기전력의 위상이 다를 때
② 기전력의 파형이 다를 때
③ 기전력의 주파수가 다를 때
④ 기전력의 크기가 다를 때

풀이 병렬운전 조건이 다른 경우

병렬운전 조건	다른 경우 흐르는 전류
기전력의 크기가 같을 것	무효 순환전류
기전력의 위상이 같을 것	동기화 전류
기전력의 주파수가 같을 것	동기화 전류
기전력의 파형이 같을 것	고주파 무효 순환전류

답 ④

56 반도체 사이리스터에 의한 제어는 어느 것을 변화시키는 것인가?

① 주파수　　② 전류
③ 위상각　　④ 최댓값

풀이 반도체 사이리스터에 의한 제어는 정류 전압의 위상각을 제어한다. **답** ③

57 3상 유도전동기에 직결된 펌프가 있다. 펌프 출력은 80[kW], 효율 74.6[%], 전동기의 효율과 역률은 94[%]와 90[%]라고 하면 전동기의 입력은 약 몇 [kVA]인가?

① 95.74　　② 104.4
③ 121.1　　④ 126.7

풀이 $P = \dfrac{[\text{kW}]}{\eta_p} = \dfrac{80}{0.746} = 107.24[\text{kW}]$

전동기의 피상 전력 P_1은

∴ $P_1 = \dfrac{P}{\eta_m \cos\theta} = \dfrac{107.24}{0.94 \times 0.9}$
　　$= 126.76[\text{kVA}]$ **답** ④

58 다음 유도전동기 기동법 중 권선형 유도전동기에 가장 적합한 기동법은?

① Y-△기동법
② 기동보상기법
③ 전전압기동법
④ 2차 저항법

풀이
• 권선형 유도전동기의 기동법 : 2차 측의 슬립링을 통하여 기동저항을 삽입하고 비례 추이의 특성을 이용하여 속도-토크 특성을 변화시켜 가면서 기동하는 방식을 택한다.
• 2차 저항 기동법 : 비례 추이 특성을 이용 **답** ④

59 동기기의 안정도 증진법 중 옳은 것은?

① 동기화 리액턴스를 작게 할 것
② 회전자의 플라이휠 효과를 작게 할 것
③ 역상, 영상 임피던스를 작게 할 것
④ 단락비를 작게 할 것

풀이 안정도 증진법
① 동기화 리액턴스를 작게 할 것
② 회전자의 플라이휠 효과를 크게 할 것
③ 속응여자방식을 채용할 것
④ 발전기의 조속기 동작을 신속히 할 것
⑤ 동기 탈조 계전기를 사용할 것 **답** ①

60 다음에서 게이트에 의한 턴온(turn-on)을 이용하지 않는 소자는?

① DIAC　　② SCR
③ GTO　　④ TRAIC

풀이 각 종 반도체 소자의 비교
① 방향성
　• 양방향성(쌍방향성) 소자 : DIAC, TRIAC, SSS
　• 역저지(단방향성) 소자 : SCR, LASCR, GTO, SCS
② 극(단자) 수
　• 2극(단자) 소자 : DIAC, SSS, Diode
　• 3극(단자) 소자 : SCR, LASCR, GTO, TRIAC
　• 4극(단자) 소자 : SCS
DIAC는 2극(단자) 양방향성(쌍방향성) 소자로 게이트가 없으므로, 게이트에 의한 턴온을 이용하지 않는다.
답 ①

4과목 - 회로이론

61 다음 회로에서 $V_1 = 6[\text{V}]$, $R_1 = 1[\text{k}\Omega]$, $R_2 = 2[\text{k}\Omega]$ 일 때 등가회로로 변환한 회로의 합성저항 $R_{th}[\text{k}\Omega]$와 등가전압 $V_{eq}[\text{V}]$는 각각 얼마인가?

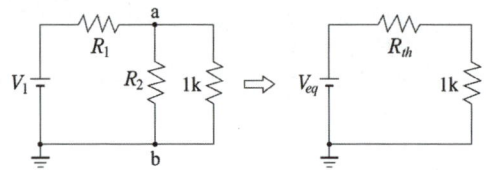

① $R_{th} = 0.67$, $V_{eq} = 2$
② $R_{th} = 0.67$, $V_{eq} = 4$
③ $R_{th} = 3$, $V_{eq} = 2$
④ $R_{th} = 4$, $V_{eq} = 4$

풀이 테브난의 정리에 의해
- a, b 단자에서 회로측으로 바라본 저항 (전압원을 단락)

$$R_{th} = \frac{R_1 R_2}{R_1 + R_2} = \frac{1 \times 10^3 \times 2 \times 10^3}{(1+2) \times 10^3}$$
$$\fallingdotseq 667[\Omega] = 0.67[\text{k}\Omega]$$

- a, b 단자에 걸리는 개방전압

$$V_{eq} = \frac{R_2}{R_1 + R_2} V_1 = \frac{2 \times 10^3}{(1+2) \times 10^3} \times 6$$
$$= 4[\text{V}] \qquad \text{답 ②}$$

62 그림에서 전류계는 0.4[A], 전압계 V_1은 3[V], V_2는 4[V]를 지시했다. 저항 R_3의 값[Ω]은? (단, 전류계 및 전압계의 내부저항은 무시한다.)

① 5
② 11
③ 12.5
④ 13.7

풀이 회로망 내의 임의의 폐회로에 있어서 전원전압의 합은 전압강하의 합과 같다.
(키르히호프의 전압법칙)
$V = V_1 + V_2 + V_3 = 3 + 4 + IR_3 = 12[\text{V}]$이므로

$IR_3 = 5[\text{V}]$
$\therefore R_3 = \frac{5}{I} = \frac{5}{0.4} = 12.5[\Omega]$ 답 ③

63 전달함수 응답식 $C(s) = G(s)R(s)$에서 입력함수를 단위임펄스 $\delta(t)$로 가할 때 계의 응답은?

① $C(s) = G(s)\delta(s)$
② $C(s) = \dfrac{G(s)}{\delta(s)}$
③ $C(s) = \dfrac{G(s)}{s}$
④ $C(s) = G(s)$

풀이 단위 임펄스인 경우 $G(s)$가 된다.
즉, $r(t) = \delta(t)$를 라플라스 변환하면
$R(s) = 1$
$\therefore C(s) = G(s) \cdot 1 = G(s)$ 답 ④

64 RC 회로의 입력단자에 계단전압을 인가하면 출력전압은?

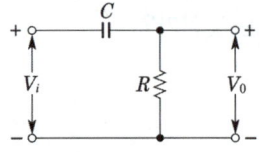

① 0부터 지수적으로 증가한다.
② 처음에는 입력과 같이 변했다가 지수적으로 감쇠한다.
③ 같은 모양의 계단전압이 나타난다.
④ 아무 것도 나타나지 않는다.

풀이 $V_0 = Ve^{-\frac{1}{RC}t}$이므로 처음에는 입력과 같이 변했다가 지수적으로 감쇠한다. 답 ②

65 전원이 Y결선, 부하가 △결선된 3상 대칭회로가 있다. 전원의 상전압이 220[V]이고 전원의 상전류가 10[A] 일 경우, 부하 한 상의 임피던스[Ω]는?

① 66 ② $22\sqrt{3}$ ③ 22 ④ $\dfrac{22}{\sqrt{3}}$

풀이 Y결선에서 선전류 = 상전류
선간 전압 = $\sqrt{3} \times$ 상전압
△결선에서 선전류 = $\sqrt{3} \times$ 상전류
선간 전압 = 상전압 이므로
Y결선에서 선간전압 = △결선에서 상전압
$= V = \sqrt{3} \, V_a = 220\sqrt{3}$ [V]
Y결선에서 선전류 = △결선에서 선전류 = $I = 10$ [A]
$\therefore Z_a = \dfrac{V}{\dfrac{I}{\sqrt{3}}} = \dfrac{220\sqrt{3}}{\dfrac{10}{\sqrt{3}}} = 66[\Omega]$ 　답 ①

66 $Z_1 = 3 + j10 [\Omega]$, $Z_2 = 3 - j2 [\Omega]$의 두 임피던스를 직렬로 연결하고 양단에 $100 \angle 0°$ [V]의 전압을 가했을 때 $\dot{Z}_1$, $\dot{Z}_2$에 걸리는 전압 V_1, V_2[V]는 각각 얼마인가?

① $V_1 = 98 + j36$, $V_2 = 2 + j36$
② $V_1 = 98 - j36$, $V_2 = 2 + j36$
③ $V_1 = 98 + j36$, $V_2 = 2 - j36$
④ $V_1 = 98 - j36$, $V_2 = 2 - j36$

풀이
$V_1 = \dfrac{\dot{Z}_1}{\dot{Z}_1 + \dot{Z}_2} V = \dfrac{3 + j10}{3 + j10 + 3 - j2} \times 100$
$= \dfrac{(3 + j10)(6 - j8)}{(6 + j8)(6 - j8)} \times 100 = 98 + j36$ [V]
$V_2 = \dfrac{\dot{Z}_2}{\dot{Z}_1 + \dot{Z}_2} V = \dfrac{3 - j2}{3 + j10 + 3 - j2} \times 100$
$= \dfrac{(3 - j2)(6 - j8)}{(6 + j8)(6 - j8)} \times 100$
$= 2 - j36$ [V] 　답 ③

67 어떤 제어계의 출력이
$C(s) = \dfrac{5}{s(s^2 + s + 2)}$ 로 주어질 때 출력의 시간함수 $c(t)$의 정상값은?

① 5　② 2　③ $\dfrac{2}{5}$　④ $\dfrac{5}{2}$

풀이 최종값 정리에 의해서
$\lim\limits_{t \to \infty} c(t) = \lim\limits_{s \to 0} s C(s) = \lim\limits_{s \to 0} \dfrac{5}{s^2 + s + 2} = \dfrac{5}{2}$ 　답 ④

68 $10t^3$의 라플라스 변환은?

① $\dfrac{60}{s^4}$　② $\dfrac{30}{s^4}$　③ $\dfrac{10}{s^4}$　④ $\dfrac{80}{s^4}$

풀이 $\mathcal{L}[at^n] = a\mathcal{L}[t^n] = \dfrac{an!}{s^{n+1}}$ 에서
$\mathcal{L}[10t^3] = \dfrac{10 \times 3!}{s^{3+1}} = \dfrac{60}{s^4}$ 　답 ①

69 그림과 같이 $10[\Omega]$의 저항에 감은비가 10 : 1의 결합회로를 연결했을 때 4단자 정수 A, B, C, D는?

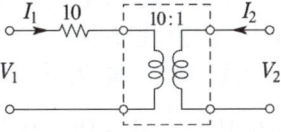

① $A = 1$, $B = 10$, $C = 0$, $D = 10$
② $A = 10$, $B = 0$, $C = 1$, $D = \dfrac{1}{10}$
③ $A = 10$, $B = 1$, $C = 0$, $D = \dfrac{1}{10}$
④ $A = 10$, $B = 1$, $C = 1$, $D = 10$

풀이 $\begin{bmatrix} A & B \\ C & D \end{bmatrix} = \begin{bmatrix} 1 & 10 \\ 0 & 1 \end{bmatrix} \begin{bmatrix} 10 & 0 \\ 0 & \dfrac{1}{10} \end{bmatrix} = \begin{bmatrix} 10 & 1 \\ 0 & \dfrac{1}{10} \end{bmatrix}$ 　답 ③

70 다음과 같은 브리지 회로가 평형이 되기 위한 Z_4의 값은?

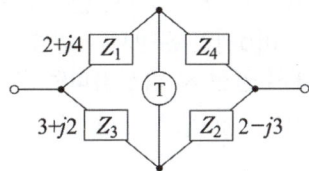

① $2 + j4$　② $-2 + j4$
③ $4 + j2$　④ $4 - j2$

풀이 $Z_4 (3 + j2) = (2 + j4)(2 - j3)$
$\therefore Z_4 = \dfrac{(2 + j4)(2 - j3)}{3 + j2}$
$= \dfrac{(16 + j2)(3 - j2)}{(3 + j2)(3 - j2)} = 4 - j2$ 　답 ④

71 $Z=8+j6[\Omega]$인 평형 Y부하에 선간전압 200[V]인 대칭 3상 전압을 가할 때 선전류는 약 몇 [A]인가?

① 20　② 11.5　③ 7.5　④ 5.5

풀이
$$I_l = I_p = \frac{V_p}{Z} = \frac{\frac{200}{\sqrt{3}}}{8+j6} = 11.5[A]$$

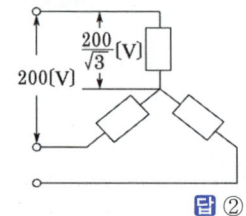

답 ②

72 주파수 $f[Hz]$, 단상 교류전압 $V[V]$의 전원에 저항 $R[\Omega]$, 인덕턴스 $L[H]$의 코일을 접속한 회로가 있을 때, L을 가감해서 R의 전력을 $L=0$일 때의 $\frac{1}{5}$로 하면 $L[H]$의 크기는?

① $\dfrac{R^2}{2\pi f}$
② $\pi f R^2$
③ $\dfrac{R}{\pi f}$
④ $\dfrac{R}{2\pi f}$

풀이
$$\frac{V^2}{R} \times \frac{1}{5} = \left(\frac{V}{\sqrt{R^2+\omega^2 L^2}}\right)^2 \cdot R$$ 이므로
$$5R^2 = R^2+\omega^2 L^2 \quad \therefore L = \frac{2R}{\omega} = \frac{R}{\pi f}$$

답 ③

73 $R=10[\Omega]$, $L=5[\mu H]$인 RL 직렬회로와 $C=100[pF]$인 콘덴서가 병렬로 연결된 회로에서 공진 시 공진임피던스[kΩ]는?

① 0.2　② 0.5　③ 5　④ 200

풀이 공진 조건
$$\omega C = \frac{\omega L}{R^2+(\omega L)^2}$$ 로부터
$$Y = \frac{1}{R+j\omega L}+j\omega C$$
$$= \frac{R}{R^2+(\omega L)^2}+j\left(\omega C - \frac{\omega L}{R^2+(\omega L)^2}\right)$$
$$= \frac{R}{R^2+(\omega L)^2}$$

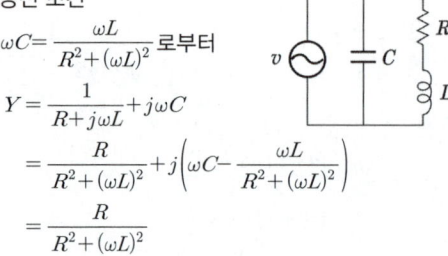

$$\therefore Z = \frac{R^2+(\omega L)^2}{R} = \frac{\frac{L}{C}}{R} = \frac{\frac{5\times 10^{-6}}{100\times 10^{-12}}}{10} = 5[k\Omega]$$

답 ③

74 그림과 같은 톱니파의 라플라스 변환은?

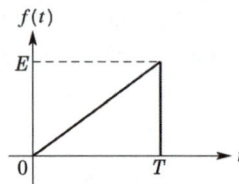

① $\dfrac{E}{Ts}(1-e^{-Ts})$
② $\dfrac{E}{Ts^2}(1-e^{-Ts})$
③ $\dfrac{E}{Ts}(1-e^{-Ts}-Tse^{-Ts})$
④ $\dfrac{E}{Ts^2}(1-e^{-Ts}-Tse^{-Ts})$

풀이
$$f(t) = \frac{E}{T}t\{u(t)-u(t-T)\}$$
$$= \frac{E}{T}tu(t) - \frac{E}{T}(t-T)u(t-T) - Eu(t-T)$$
$$F(s) = \mathcal{L}[f(t)]$$
$$= \frac{E}{T}\cdot\frac{1}{s^2} - \frac{E}{T}\cdot\frac{1}{s^2}e^{-Ts} - Ee^{-Ts}$$
$$= \frac{E}{Ts^2}(1-e^{-Ts}-Tse^{-Ts})$$

답 ④

75 그림에서 4단자 회로 정수 A, B, C, D 중 출력 단자 3, 4가 개방되었을 때의 $\dfrac{V_1}{V_2}$인 A의 값은?

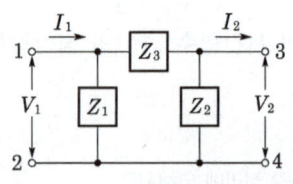

① $1+\dfrac{Z_2}{Z_1}$
② $\dfrac{Z_1+Z_2+Z_3}{Z_1 Z_3}$
③ $1+\dfrac{Z_2}{Z_3}$
④ $1+\dfrac{Z_3}{Z_2}$

풀이
$$A = \left.\frac{V_1}{V_2}\right|_{I_2=0} = \frac{V_1}{\frac{Z_2}{Z_2+Z_3} \cdot V_1}$$
$$= \frac{Z_2+Z_3}{Z_2} = 1 + \frac{Z_3}{Z_2}$$ 답 ④

76 그림과 같은 회로가 정저항 회로가 되려면 L은 몇 [H]이어야 하는가?
(단, $R = 20[\Omega]$, $C = 200[\mu F]$이다.)

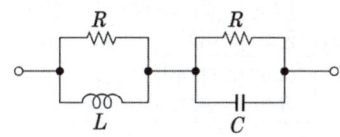

① 0.08 ② 0.8 ③ 1 ④ 4

풀이 $R^2 = \frac{L}{C}$에서
$L = R^2 C = 20^2 \times 200 \times 10^{-6} = 0.08[H]$ 답 ①

77 불평형 3상 전류 $I_a = 18 + j3[A]$, $I_b = -25 - j7[A]$, $I_c = -5 + j10[A]$일 때, 영상전류 $I_0[A]$는?

① $-12 - j6$ ② $2 - j6.24$
③ $6 - j3$ ④ $-4 + j2$

풀이 $I_0 = \frac{1}{3}(I_a + I_b + I_c)$
$= \frac{1}{3}(18 + j3 - 25 - j7 - 5 + j10)$
$= \frac{1}{3}(-12 + j6) = -4 + j2[A]$ 답 ④

78 다상 교류회로 설명 중 잘못된 것은?
(단, $n = $ 상수)
① 평형 3상 교류에서 △결선의 상전류는 선전류의 $\frac{1}{\sqrt{3}}$과 같다.
② n상 전력 $P = \frac{1}{2\sin\frac{\pi}{n}} V_l I_l \cos\theta$이다.
③ 성형결선에서 선간전압과 상전압과의 위상차는 $\frac{\pi}{2}(1 - \frac{2}{n})[rad]$이다.
④ 비대칭 다상교류가 만드는 회전 자기장은 타원회전 자기장이다.

풀이 n상 전력 $P = \frac{n}{2\sin\frac{\pi}{n}} V_l I_l \cos\theta[W]$ 답 ②

79 대칭 3상 교류에서 각 상의 전압이 $v_a[V]$, $v_b[V]$, $v_c[V]$ 일 때 3상 전압의 합은?
① 0[V] ② $0.3v_a[V]$
③ $0.5v_a[V]$ ④ $3v_a[V]$

풀이 a상을 기준으로 하면
$v_a + v_b + v_c = v_a + a^2 v_a + a v_a = v_a(1 + a^2 + a) = 0$
$(\because 1 + a^2 + a = 0)$ 답 ①

80 $i = 100 + 50\sqrt{2}\sin\omega t + 20\sqrt{2}\sin(3\omega t + \frac{\pi}{6})[A]$
로 표시되는 비정현파 전류의 실효값 [A]는 약 얼마인가?
① 20 ② 50 ③ 114 ④ 150

풀이 왜형파의 실효값은 직류분, 기본파 및 각 고조파 실효값 제곱의 합의 제곱근이므로
$I = \sqrt{100^2 + 50^2 + 20^2} = 114[A]$ 답 ③

5과목 - 전기설비기술기준

81 가공전선로 지지물에 시설하는 통신선으로 적합하지 아니한 것은?
① 통신선은 가공전선의 아래에 시설할 것
② 통신선과 저압가공전선 사이의 이격거리는 60[cm] 이상일 것
③ 통신선과 고압가공전선 사이의 이격거리는 60[cm] 이상일 것
④ 통신선과 특고압가공전선 사이의 이격거리는 1.0[m] 이상일 것

[풀이] 362.2 전력보안통신선의 시설 높이와 이격거리
가공전선과 첨가 통신선과의 이격거리
가. 통신선은 가공전선의 아래에 시설할 것.
나. 이격거리

가공전선		통신선		
		일반	절연전선	광섬유 케이블
중성선	25[kV] 이하, 다중접지중성선	0.6[m] 이상		
저압 가공전선	일반	0.6[m] 이상		
	절연전선 또는 케이블		0.3[m] 이상	
	인입선			0.15[m] 이상
고압 가공전선	일반	0.6[m] 이상		
	케이블		0.3[m] 이상	
특고압 가공전선	일반	1.2[m] 이상		
	케이블		0.3[m] 이상	
	25[kV] 이하, 다중 접지방식	0.75[m] 이상		

답 ④

82 전로의 중성점을 접지하는 목적으로 볼 수 없는 것은?

① 전로의 보호장치의 확실한 동작의 확보
② 부하전류의 일부를 대지로 방류하여 전선 절약
③ 이상전압의 억제
④ 대지전압의 저하

[풀이] 322.5 전로의 중성점의 접지
가. 전로의 중성점 접지공사의 목적
① 보호 장치의 확실한 동작의 확보
② 이상 전압의 억제
③ 대지전압의 저하
나. 접지도체는 공칭단면적 16[mm²] 이상의 연동선(저압 전로의 중성점에 시설하는 것은 공칭단면적 6[mm²] 이상의 연동선)으로서 고장시 흐르는 전류가 안전하게 통할 수 있는 것을 사용하고 또한 손상을 받을 우려가 없도록 시설할 것.

답 ②

83 습기 있는 장소에서 사용전압이 440[V]인 경우의 애자공사시 전선과 조영재 사이의 이격거리는 최소 몇 [cm] 이상이어야 하는가?

① 2.5 ② 4.5
③ 6   ④ 8

[풀이] 232.56 애자공사
가. 전선의 종류 : 절연 전선. 단, 옥외용 비닐 절연 전선(OW) 및 인입용 비닐 절연 전선(DV)은 제외한다.
나. 이격 거리

전 압		전선과 조영재와의 이격 거리	전선 상호 간의 거리	전선 지지점 간의 거리	
				조영재의 윗면 또는 옆면에 따라 시설	조영재에 따라 시설하지 않는 경우
저압	400[V] 이하	2.5[cm] 이상	6[cm] 이상	2[m] 이하	—
	400[V] 초과	건조한 장소 2.5[cm] 이상			6[m] 이하
		기타의 장소 4.5[cm] 이상			

답 ②

84 최대 사용전압이 6600[V]인 3상 유도전동기의 권선과 대지 사이의 절연내력시험전압은 몇 [V]인가?

① 7260 ② 7920
③ 8250 ④ 9900

[풀이] 133 회전기 및 정류기의 절연내력

종 류		시험전압	시험 방법
회전기	발전기・전동기・조상기・기타회전기	7[kV] 이하	1.5배 (최저 500[V])	권선과 대지 사이에 연속하여 10분간
		7[kV] 초과	1.25배 (최저 10,500[V])	
	회전 변류기	직류측의 최대 사용 전압의 1배의 교류 전압(최저 500[V])	

따라서 시험전압 = 6600 × 1.5 = 9900[V]

답 ④

85 중성선 다중접지한 22.9[kV] 3상4선식 가공전선로를 건물의 옆쪽 또는 아래쪽에서 접근상태로 시설하는 경우 가공 나전선과 건조물의 최소 이격거리[m]는? (단, 중성선 다중접지식의 것으로서 전로에 지락이 생겼을 때에 2초 이내에 자동적으로 이를 전로로부터 차단하는 장치가 되어 있다고 한다.)

① 1.2 ② 1.5
③ 2.0 ④ 2.5

풀이 333.32 25[kV] 이하인 특고압 가공전선로의 시설
특고압 가공전선(다중접지를 한 중성선을 제외한다)이 건조물과 접근하는 경우에 특고압 가공전선과 건조물의 조영재 사이의 이격거리는 표 정한 값 이상일 것

건조물의 조영재	접근 형태	전선의 종류	이격거리
상부 조영재	위쪽	나전선	3.0[m]
		특고압 절연전선	2.5[m]
		케이블	1.2[m]
	옆쪽 또는 아래쪽	나전선	1.5[m]
		특고압 절연전선	1.0[m]
		케이블	0.5[m]
기타의 조영재		나전선	1.5[m]
		특고압 절연전선	1.0[m]
		케이블	0.5[m]

답 ②

86 중성점 접지공사에서 접지선의 굵기는 연동선인 경우 몇 [mm²] 이상인가?

① 1.25 ② 6
③ 8   ④ 16

풀이 142.3.1 접지도체
중성점 접지용 접지도체는 공칭단면적 16[mm²] 이상의 연동선 또는 동등 이상의 단면적 및 세기를 가져야 한다. 다만, 다음의 경우에는 공칭단면적 6[mm²] 이상의 연동선 또는 동등 이상의 단면적 및 강도를 가져야 한다.
가. 7[kV] 이하의 전로
나. 사용전압이 25[kV] 이하인 특고압 가공전선로. 다만, 중성선 다중접지식의 것으로서 전로에 지락이 생겼을 때 2초 이내에 자동적으로 이를 전로로부터 차단하는 장치가 되어 있는 것. **답** ④

87 전격살충기는 전격격자가 지표상 또는 마루 위 몇 [m] 이상 되도록 시설하여야 하는가?

① 1.5[m] ② 2[m]
③ 2.8[m] ④ 3.5[m]

풀이 241.7 전격살충기
전격살충기는 다음에 의하여 시설하여야 한다.
가. 전격살충기의 전격격자는 지표 또는 바닥에서 3.5[m] 이상의 높은 곳에 시설할 것. 다만, 2차 측 개방전압이 7[kV] 이하의 절연변압기를 사용하고 보호격자에 사람이 접촉될 경우 절연변압기의 1차 측 전로를 자동적으로 차단하는 보호장치를 시설한 것은 지표 또는 바닥에서 1.8[m]까지 감할 수 있다.

나. 전격살충기의 전격격자와 다른 시설물(가공전선은 제외한다) 또는 식물과의 이격거리는 0.3[m] 이상일 것. **답** ④

88 과전류차단기로 시설하는 퓨즈 중 고압전로에 사용하는 비포장 퓨즈는 정격전류의 최대 몇 배의 전류에 견디어야 하는가?

① 1.1   ② 1.25
③ 1.5   ④ 2

풀이 341.10 고압 및 특고압 전로 중의 과전류차단기의 시설
가. 과전류차단기로 시설하는 퓨즈 중 고압전로에 사용하는 포장 퓨즈는 정격전류의 1.3배의 전류에 견디고 또한 2배의 전류로 120분 안에 용단되는 것이어야 한다.
나. 과전류차단기로 시설하는 퓨즈 중 고압전로에 사용하는 비포장 퓨즈는 정격전류의 1.25배의 전류에 견디고 또한 2배의 전류로 2분 안에 용단되는 것이어야 한다. **답** ②

89 저압가공인입선의 시설에 대한 설명으로 틀린 것은?

① 전선은 절연전선, 다심형 전선 또는 케이블일 것
② 전선은 지름 1.6[mm]의 경동선 또는 이와 동등 이상의 세기 및 굵기일 것
③ 전선의 높이는 철도 및 궤도를 횡단하는 경우에는 레일면 상 6.5[m] 이상일 것
④ 전선의 높이는 횡단보도교의 위에 시설하는 경우에는 노면상 3[m] 이상일 것

풀이 221.1.1 저압 인입선의 시설
저압 가공인입선은 다음에 따라 시설하여야 한다.
가. 전선은 절연전선 또는 케이블일 것.
나. 전선이 절연전선인 경우
  ① 경간이 15[m] 초과 : 인장강도 2.30[kN] 이상의 것 또는 지름 2.6[mm] 이상의 인입용 비닐절연전선일 것.
  ② 경간이 15[m] 이하 : 인장강도 1.25[kN] 이상의 것 또는 지름 2[mm] 이상의 인입용 비닐절연전선일 것.
다. 전선의 높이
  ① 도로(차도와 보도의 구별이 있는 도로인 경우에는 차도)를 횡단하는 경우 : 노면상 5[m] (기술상 부득이한 경우에 교통에 지장이 없을 때에는 3[m]) 이상

② 철도 또는 궤도를 횡단하는 경우 : 레일면상 6.5[m] 이상
③ 횡단보도교 위에 시설하는 경우 : 노면상 3[m] 이상

답 ②

90 가공전선로에 사용하는 지지물의 강도 계산시 구성재의 수직 투영면적 1[m²]에 대한 풍압을 기초로 적용하는 갑종 풍압하중 값의 기준이 잘못된 것은?

① 목주 : 588[Pa]
② 원형 철주 : 588[Pa]
③ 철근콘크리트주 : 1117[Pa]
④ 강관으로 구성된 철탑 : 1255[Pa]

풀이 331.6 풍압하중의 종별과 적용

풍압을 받는 구분			풍압[Pa]
목주			588
지지물	철주	원형의 것	588
		삼각형 또는 마름모형의 것	1,412
		강관에 의하여 구성되는 4각형의 것	1,117
		기타의 것으로 복재가 전후면에 겹치는 경우	1,627
		기타의 것으로 겹치지 않은 경우	1,784
	철근 콘크리트주	원형의 것	588
		기타의 것	882
	철탑	단주 (완철류는 제외함) 원형의 것	588
		단주 (완철류는 제외함) 기타의 것	1,117
		강관으로 구성되는 것(단주는 제외함)	1,255
		기타의 것	2,157

답 ③

91 사용전압이 25000[V] 이하의 특고압가공전선로에는 전화선로의 길이 12[km]마다 유도전류가 몇 [μA]를 넘지 아니하도록 하여야 하는가?

① 1.5   ② 2
③ 2.5   ④ 3

풀이 333.2 유도장해의 방지
가. 사용전압이 60[kV] 이하인 경우에는 전화선로의 길이 12[km]마다 유도전류가 2[μA]를 넘지 아니하도록 할 것.
나. 사용전압이 60[kV]를 초과하는 경우에는 전화선로의 길이 40[km]마다 유도전류가 3[μA]을 넘지 아니하도록 할 것.

답 ②

92 지중에 매설된 금속제 수도관로는 각종 접지공사의 접지극으로 사용할 수 있다. 다음 중에서 접지극으로 사용할 수 없는 것은?

① 안지름 75[mm] 이상이고 전기저항값이 3[Ω] 이하인 것
② 안지름 75[mm] 이상이고 전기저항값이 2[Ω] 이하인 것
③ 안지름 75[mm]에서 분기한 안지름 50[mm]의 수도관으로 길이가 6[m]이고, 전기저항값이 3[Ω] 이하인 것
④ 안지름 75[mm]에서 분기한 안지름 30[mm]의 수도관으로 길이가 5[m] 이내이고, 전기저항값이 3[Ω] 이하인 것

풀이 142.2 접지극의 시설 및 접지저항
지중에 매설되어 있고 대지와의 전기저항 값이 3[Ω] 이하의 값을 유지하고 있는 금속제 수도관로와 접지도체의 접속은 금속제 수도관로의 안지름이 75[mm] 이상인 부분 또는 여기에서 분기한 안지름 75[mm] 미만인 분기점으로부터 5[m] 이내의 부분에서 하여야 한다. 다만, 금속제 수도관로와 대지 사이의 전기저항 값이 2[Ω] 이하인 경우에는 분기점으로부터의 거리는 5[m]을 넘을 수 있다.

답 ③

93 분기회로의 시설에서 저압 옥내간선과의 분기점에서 전선의 길이가 몇 [m] 이하인 곳에 개폐기 및 과전류차단기를 시설하여야 하는가? (단, 분기점과 분기회로의 과부하 보호장치 설치점 사이의 배선 부분에 다른 분기회로나 콘센트 회로가 접속되어 있지 않고, 단락의 위험과 화재 및 인체에 대한 위험성이 최소화 되도록 시설된 경우이다.)

① 3   ② 4
③ 5   ④ 6

풀이 212.4.2 과부하 보호장치의 설치 위치
가. 과부하 보호장치는 전로 중 도체의 단면적, 특성, 설치방법, 구성의 변경으로 도체의 허용전류 값이 줄어드는 곳(이하 분기점이라 함)에 설치해야 한다.
나. 과부하 보호장치는 분기점(O)에 설치해야 하나, 분기점(O)점과 분기회로의 과부하 보호장치(P_2) 설치점 사이의 배선 부분에 다른 분기회로나 콘센트 회로가 접속되어 있지 않고, 다음 중 하나를 충족하는 경우에는 변경이 있는 배선에 설치할 수 있다.
① 분기회로에 대한 단락보호가 이루어지고 있는

경우 : 분기회로의 보호장치 P_2는 분기회로의 분기점(O)으로부터 부하 측으로 거리에 구애 받지 않고 이동하여 설치할 수 있다.

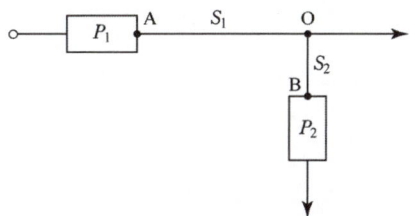

② 단락의 위험과 화재 및 인체에 대한 위험성이 최소화 되도록 시설된 경우 : 분기회로의 보호장치 (P_2)는 분기회로의 분기점(O)으로부터 3[m]까지 이동하여 설치할 수 있다.

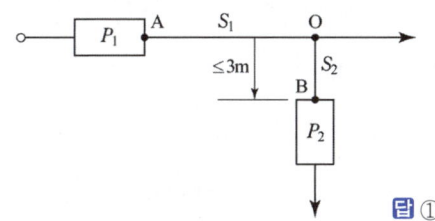

답 ①

94 전광표시장치 또는 제어회로의 배선을 금속덕트공사에 의하여 시설하고자 한다. 절연피복을 포함한 전선의 총면적은 덕트 내부 단면적의 몇 [%]까지 할 수 있는가?

① 20　　　　② 30
③ 40　　　　④ 50

풀이　232.31 금속덕트공사
금속덕트에 넣은 전선의 단면적(절연피복의 단면적을 포함한다)의 합계는 덕트의 내부 단면적의 20[%](전광표시 장치, 기타 이와 유사한 장치 또는 제어회로 등의 배선만을 넣는 경우에는 50[%]) 이하일 것.　답 ④

95 가공전선로의 지지물에 하중이 가하여지는 경우에 그 하중을 받는 지지물 기초의 안전율은 일반적인 경우에 얼마 이상이어야 하는가?

① 1.5　　　　② 2.0
③ 2.5　　　　④ 3.0

풀이　331.7 가공전선로 지지물의 기초의 안전율
가공전선로의 지지물에 하중이 가하여지는 경우에 그 하중을 받는 지지물의 기초의 안전율은 2(이상 시 상정

하중에 대한 철탑의 기초에 대하여는 1.33) 이상이어야 한다. 다만, 다음에 따라 시설하는 경우에는 적용하지 않는다.　답 ②

96 특고압 지중전선이 가연성이나 유독성의 유체(流體)를 내포하는 관과 접근하기 때문에 상호 간에 견고한 내화성의 격벽을 시설하였다. 상호 간의 이격거리가 몇 [m] 이하인 경우인가?

① 0.4　　　　② 0.6
③ 0.8　　　　④ 1.0

풀이　334.6 지중전선과 지중약전류전선 등 또는 관과의 접근 또는 교차
지중전선이 다음 조건의 이격거리 이하로 설치되는 경우에는 상호간에 내화성의 격벽을 설치하여야 한다.

조건	전압	이격거리
지중 약전류 전선과 접근 또는 교차하는 경우	저압 또는 고압	0.3[m]
	특고압	0.6[m]
가연성, 유독성의 유체를 내포하는 관과 접근 또는 교차	특고압	1[m]
	25[kV] 이하, 다중접지방식	0.5[m]
기타의 관과 접근 또는 교차	특고압	0.3[m]

답 ④

출제기준 변경 및 개정된 관계 법규에 따라 삭제된 문제가 있어 20문항이 안됩니다.

MEMO

ial Engineer Electricity

2010 기출문제

동일출판사 홈페이지에서
무료 동영상강의를 보실 수 있습니다.

2010년 1회

20년간 전기산업기사필기

통일출판사 홈페이지에서 무료 **동영상강의**를 보실 수 있습니다.

1과목 - 전기자기

01 $\epsilon_1 > \epsilon_2$인 두 유전체의 경계면에 전계가 수직일 때 경계면에 작용하는 힘의 방향은?

① 전계의 방향
② 전속밀도의 방향
③ ϵ_1의 유전체에서 ϵ_2의 유전체 방향
④ ϵ_2의 유전체에서 ϵ_1의 유전체 방향

풀이 전계가 경계면에 수직일 때
- $f_n = \frac{1}{2}\left(\frac{1}{\epsilon_2} - \frac{1}{\epsilon_1}\right)D^2[N/m^2]$
- 법선성분만 존재한다.
- 전속밀도가 연속이다. ($D_1 = D_2 = D$)
- 힘의 방향 : 유전율이 큰 쪽에서 작은 쪽으로

답 ③

02 권수 500회이고 자기 인덕턴스가 0.05[H]인 코일이 있을 때 여기에 전류 5[A]를 흘리면 자속 쇄교수는 몇 [Wb]인가?

① 0.15[Wb] ② 0.25[Wb]
③ 15[Wb]   ④ 25[Wb]

풀이 쇄교 자속수 $\Phi = N\phi = LI$에서
$LI = 0.05 \times 5 = 0.25[Wb]$

답 ②

03 내반경 a[m], 외반경 b[m], 길이 l[m]인 동축 케이블의 내원통 도체와 외원통 도체 간에 유전율 ϵ[F/m], 도전율 σ[S/m]인 손실유전체를 채웠을 때 양 원통 간의 저항[Ω]을 나타내는 식은?

① $R = \frac{0.16\sigma}{\epsilon l} \ln\frac{b}{a}[\Omega]$

② $R = \frac{0.08}{\sigma l} \ln\frac{b}{a}[\Omega]$

③ $R = \frac{0.32}{\sigma l} \ln\frac{b}{a}[\Omega]$

④ $R = \frac{0.16}{\sigma l} \ln\frac{b}{a}[\Omega]$

풀이 동축 케이블의 정전용량 $C = \frac{2\pi\epsilon l}{\ln\frac{b}{a}}[F]$

$RC = \rho\epsilon = \frac{\epsilon}{\sigma}$에서

$R = \frac{\epsilon}{\sigma C} = \frac{\epsilon}{\frac{2\pi\epsilon l}{\ln\frac{b}{a}} \cdot \sigma} = \frac{1}{2\pi\sigma l}\ln\frac{b}{a}$

$= \frac{0.16}{\sigma l}\ln\frac{b}{a}[\Omega]$

답 ④

04 진공 중에 미소 선전류소 $I \cdot dl$[A/m]에 기인된 r[m] 떨어진 점 P에 생기는 자계 dH[A/m]를 나타내는 식은?

① $dH = \frac{I \times a_r}{4\pi r^2}dl[A/m]$

② $dH = \frac{a_r \times I}{8\pi\mu_0 r^2}dl[A/m]$

③ $dH = \frac{I \times a_r}{4\pi\mu_0 r^2}dl[A/m]$

④ $dH = \frac{a_r \times I}{8\pi r^2}dl[A/m]$

풀이 비오-사바르 법칙

$dH = \frac{Idl \sin\theta}{4\pi r^2} = \frac{Idl \times r}{4\pi r^3}$

$\therefore dH = \frac{Idl \times a_r}{4\pi r^2} = \frac{I \times a_r}{4\pi r^2}dl[A/m]$

답 ①

05 비투자율 $\mu_r = 4$인 자성체 내에서 주파수 1[GHz]인 전자기파의 파장[m]은?

① 0.1[m]   ② 0.15[m]
③ 0.25[m] ④ 0.4[m]

풀이 전자파의 전파속도

$v = \frac{1}{\sqrt{\epsilon\mu}} = \frac{1}{\sqrt{\epsilon_0\mu_0}\sqrt{\epsilon_r\mu_r}} = \frac{1}{\sqrt{\epsilon_0\mu_0}} \times \frac{1}{\sqrt{\epsilon_r\mu_r}}$

여기서,

$\frac{1}{\sqrt{\epsilon_0\mu_0}} = \frac{1}{\sqrt{\frac{1}{4\pi \times 9 \times 10^9} \times 4\pi \times 10^{-7}}}$

$$= 3 \times 10^8 [\text{m/sec}]$$
$$v = \frac{3 \times 10^8}{\sqrt{\epsilon_r \mu_r}} = \frac{3 \times 10^8}{\sqrt{4 \times 1}} = 1.5 \times 10^8 [\text{m/s}]$$
$$\lambda = \frac{v}{f} = \frac{1.5 \times 10^8}{1 \times 10^9} = 0.15 [\text{m}]$$
답 ②

06 전자계에서 전파속도와 관계없는 것은?
① 도전율   ② 유전율
③ 비투자율 ④ 주파수

풀이 전파 속도
- $v = \frac{1}{\sqrt{\epsilon\mu}}$
- $v = f\lambda$ (주파수, 파장)

두 식에서 전파 속도 v는 유전율(ϵ), 투자율(μ), 주파수(f), 파장(λ)에 관계 답 ①

07 전기력선의 성질에 대한 설명 중 옳지 않은 것은?
① 전기력선의 방향은 그 점의 전계의 방향과 일치하며, 밀도는 그 점에서의 전계의 크기와 같다.
② 전기력선은 부전하에서 시작하여 정전하에서 그친다.
③ 단위전하에서는 $\frac{1}{\epsilon_0}$개의 전기력선이 출입한다.
④ 전기력선은 전위가 높은 점에서 낮은 점으로 향한다.

풀이 전기력선은 정전하(+전하)에서 출발하여 부전하(-전하)에서 멈추거나 무한원까지 퍼지며, 전위가 높은 곳에서 낮은 곳으로 향한다. 답 ②

08 그림에서 $2[\mu F]$의 콘덴서에 축적되는 에너지[J]는?

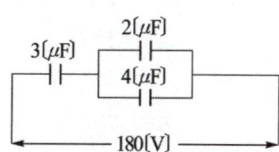

① 3.6×10^{-3}[J]   ② 4.2×10^{-3}[J]
③ 3.6×10^{-2}[J]   ④ 4.2×10^{-4}[J]

풀이 콘덴서 $2[\mu F]$에 인가되는 전압
$$180 \times \frac{3}{3+(2+4)} = 60[V]$$
콘덴서에 축적되는 에너지는
$$W = \frac{1}{2}CV^2 = \frac{1}{2} \times 2 \times 10^{-6} \times (60)^2$$
$$= 3.6 \times 10^{-3}[\text{J}]$$
답 ①

09 자체 인덕턴스가 100[mH]인 코일에 전류가 흘러 20[J]의 에너지가 축적되었다. 이때 흐르는 전류[A]는?
① 2[A]   ② 10[A]
③ 20[A] ④ 50[A]

풀이 $W = \frac{1}{2}LI^2$[J]에서
$$I = \sqrt{\frac{2W}{L}} = \sqrt{\frac{2 \times 20}{100 \times 10^{-3}}} = 20[A]$$
답 ③

10 전류 2π[A]가 흐르고 있는 무한 직선도체로부터 2[m]만큼 떨어진 자유공간 내 P점의 자속밀도의 세기[Wb/m²]는?

① $\frac{\mu_0}{8}$ ② $\frac{\mu_0}{4}$ ③ $\frac{\mu_0}{2}$ ④ μ_0

풀이 $B = \mu H = \frac{\mu_0 I}{2\pi d} = \frac{\mu_0 \times 2\pi}{2\pi \times 2} = \frac{\mu_0}{2}$[Wb/m²]
답 ③

11 비유전률 9인 유전체 중에 1[cm]의 거리를 두고 1[μC]과 2[μC]의 두 점전하가 있을 때 서로 작용하는 힘[N]은?
① 18[N]   ② 20[N]
③ 180[N] ④ 200[N]

풀이 $F = \frac{Q_1 Q_2}{4\pi \epsilon_0 \epsilon_s r^2}$
$$= 9 \times 10^9 \times \frac{1 \times 10^{-6} \times 2 \times 10^{-6}}{9 \times 0.01^2}$$
$$= 20[N]$$
답 ②

12 그림과 같이 균일한 자계의 세기 H[AT/m] 내에 자극의 세기가 $\pm m$[Wb], 길이 l[m]인 막대자석을 그 중심 주위에 회전할 수 있도록 놓는다. 이때 자석과 자계의 방향이 이룬 각을 θ라고 하면 자석이 받는 회전력[N·m]은?

① $mHl\cos\theta$
② $mHl\sin\theta$
③ $2mHl\sin\theta$
④ $2mHl\tan\theta$

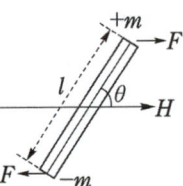

풀이

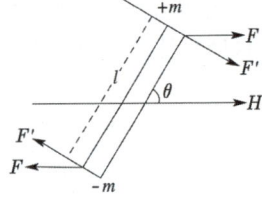

그림에서 자석의 축 방향에 직각인 수직 방향의 분력 F'는
$F' = F\sin\theta = mH\sin\theta$
$\therefore T = 2F'\dfrac{l}{2} = mHl\sin\theta = MH\sin\theta$ [N·m] 답 ②

13 Q[C]의 전하를 가진 반지름 a[m]의 도체구를 비유전율 ϵ_s인 기름탱크에서 공기 중으로 꺼내는 데 필요한 에너지[J]는?

① $\dfrac{Q^2}{8\pi\epsilon_0 a}\left(1 - \dfrac{1}{\epsilon_s}\right)$
② $\dfrac{Q^2}{4\pi\epsilon_0 a}\left(1 - \dfrac{1}{\epsilon_s}\right)$
③ $\dfrac{Q^2}{\pi\epsilon_0 a}\left(1 - \dfrac{1}{\epsilon_s}\right)$
④ $\dfrac{Q^2}{8\pi\epsilon_0 a}\left(1 - \dfrac{1}{\epsilon_0}\right)$

풀이 공기 중의 구의 용량 $C = 4\pi\epsilon_0 a$
기름 중의 구의 용량 $C' = 4\pi\epsilon a = 4\pi\epsilon_0\epsilon_s a$
$\therefore$ 필요한 에너지
$W = \dfrac{Q^2}{2C} - \dfrac{Q^2}{2C'} = \dfrac{Q^2}{8\pi\epsilon_0 a} - \dfrac{Q^2}{8\pi\epsilon_0\epsilon_s a}$
$= \dfrac{Q^2}{8\pi\epsilon_0 a}\left(1 - \dfrac{1}{\epsilon_s}\right)$ 답 ①

14 투자율이 서로 다른 두 자성체의 경계면에서의 굴절각에 대한 설명으로 옳은 것은?

① 투자율에 비례한다.
② 투자율에 반비례한다.
③ 투자율에 관계없이 일정하다.
④ 비투자율과 자속에 비례한다.

풀이 경계 조건 $\dfrac{\mu_2}{\mu_1} = \dfrac{\tan\theta_2}{\tan\theta_1}$에서
굴절각은 투자율에 비례한다. 답 ①

15 평형상태에서 도체의 전하분포와 전계에 관한 성질로 옳지 않은 것은?

① 도체내부에는 전계가 0이 아니다.
② 대전된 도체의 전하는 도체표면에만 존재한다.
③ 대전된 도체표면은 동일 전위에 있다.
④ 대전된 도체표면의 각 점의 전기력선은 표면에 수직이다.

풀이 도체의 성질과 전하분포
① 도체표면과 내부의 전위는 동일하고(등전위), 표면은 등전위면이다.
② **도체내부의 전계의 세기는 0이다.**
③ 전하는 도체내부에는 존재하지 않고, 도체표면에만 분포한다.
④ 도체 면에서의 전계의 세기는 도체표면에 항상 수직이다.
⑤ 도체표면에서의 전하밀도는 곡률이 클수록 높다. 즉, 곡률반경이 작을수록 높다.
⑥ 중공부에 전하가 없고 대전 도체라면, 전하는 도체 외부의 표면에만 분포한다.
⑦ 중공부에 전하를 두면 도체내부표면에 동량 이부호 도체 외부 표면에 동량 동부호의 전하가 분포한다. 답 ①

16 v[m/s]의 속도로 전자가 B[Wb/m²]의 평등 자계에 직각으로 들어가면 원운동을 한다. 이때의 각속도 ω[rad/s]와 주기 T[sec]에 해당하는 것은? (단, 전자의 질량은 m, 전자의 전하는 e이다.)

① $\omega = \dfrac{m}{eB},\ T = \dfrac{eB}{2\pi m}$
② $\omega = \dfrac{eB}{m},\ T = \dfrac{2\pi m}{eB}$
③ $\omega = \dfrac{mv}{eB},\ T = \dfrac{2\pi B}{mv}$
④ $\omega = \dfrac{em}{B},\ T = \dfrac{2\pi m}{Bv}$

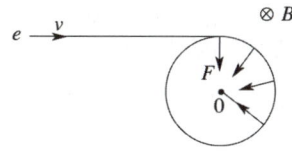

자계 내의 운동 전하에 작용하는 힘은
$F = qv \times B$, $B = \mu_0 H$
전자의 전하량을 e라 하면
$F = e(v \times \mu_0 H)$(벡터), $F = \mu_0 evH$(크기)
이 힘을 받아서 전자의 운동 방향은 끊임 없이 변화하지만 B에 직각이 됨은 변함이 없다. 따라서 전자는 자계 내에서 원운동을 한다. 전자의 질량은 m, 궤도의 반지름을 r이라고 하면 F와 원심력 F_0는 평형이므로

$F = F_0$, $\mu_0 evH = \dfrac{mv^2}{r}$

$\therefore r = \dfrac{mv^2}{\mu_0 evH} = \dfrac{mv}{eB}$ [m]

가속도 ω는 $\therefore \omega = \dfrac{v}{r} = \dfrac{eBv}{mv} = \dfrac{eB}{m}$ [rad/s]

주기 T는 $\therefore T = \dfrac{2\pi}{\omega} = \dfrac{2\pi m}{eB}$ [s] 답 ②

17 등전위면(equipotential surface)에 대한 설명으로 옳은 것은?
① 전기력선은 등전위면과 평행하게 지나간다.
② 전하를 갖고 등전위면에 따라 이동하면 일이 생긴다.
③ 다른 전위의 등전위면은 서로 교차한다.
④ 점전하가 만드는 전계의 등전위면은 동심 구면이다.

풀이 전계 중에서 전위가 같은 점끼리 이어서 만들어진 하나의 면을 등전위면이라 한다.

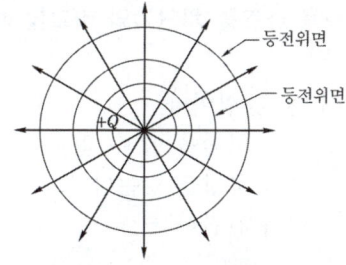

〈전기력선과 등전위면〉

등전위면의 특징은 다음과 같다.
① 등전위면은 폐곡면이다.
② 전기력선은 등전위면과 항상 직교한다.
③ 두 개의 서로 다른 등전위면은 서로 교차하지 않는다.

④ 점전하가 만드는 전계의 등전위면은 동심구면이고 무수히 많다. 답 ④

18 무한장 직선전하로부터 수직거리 ρ[m]되는 점에서 전계의 세기는?
① ρ에 반비례
② ρ에 비례
③ ρ^2에 비례
④ ρ^2에 반비례

풀이 선전하에 의한 전계 $E = \dfrac{\lambda}{2\pi\epsilon_0 \rho}$ 답 ①

19 무한길이의 직선 도체에 전하가 균일하게 분포되어 있다. 이 직선 도체로부터 l인 거리에 있는 점의 전계의 세기는?
① l에 비례한다.
② l에 반비례한다.
③ l^2에 비례한다.
④ l^2에 반비례한다.

풀이 무한장 직선 도체에 의한 전계
$E = \dfrac{\lambda}{2\pi\epsilon_0 l}$ [V/m] $\propto \dfrac{1}{l}$ 답 ②

20 진공 중에서 8π[Wb]의 자하(磁荷)로부터 발산되는 총 자력선의 수는?
① 10^7개
② 2×10^7개
③ $8\pi \times 10^7$개
④ $\dfrac{10^7}{8\pi}$개

풀이 진공 중에서 m[Wb]의 자하로부터 나오는 자력선의 수는
$\Phi = \dfrac{m}{\mu_0} = \dfrac{8\pi}{\mu_0} = \dfrac{8\pi}{4\pi \times 10^{-7}} = 2 \times 10^7$[개] 답 ②

2과목 - 전력공학

21 저항 10[Ω], 리액턴스 15[Ω]인 3상 송전선이 있다. 수전단전압 60[kV], 부하역률 0.8(늦음), 전류 100[A]라 한다. 이때 송전단전압은 약 몇 [kV]인가?
① 36[kV]
② 63[kV]
③ 109[kV]
④ 120[kV]

풀이 송전단전압
$$V_s = V_r + \sqrt{3}\,I(R\cos\theta + X\sin\theta)$$
$$= 60000 + \sqrt{3} \times 100(10 \times 0.8 + 15 \times 0.6)$$
$$= 62944[V]$$
답 ②

22 전원이 양단에 있는 방사상 송전선로의 단락보호에 사용되는 계전기의 조합 방식은?

① 방향거리계전기와 과전압계전기의 조합
② 방향단락계전기와 과전류계전기의 조합
③ 선택접지계전기와 과전류계전기의 조합
④ 부족전류계전기와 과전압계전기의 조합

풀이
- 전원이 2군데 이상 환상 선로의 단락보호
  → 방향 거리계전기(DZ)
- 전원이 2군데 이상 **방사상 선로의 단락보호**
  → **방향 단락 계전기**(DS)와 **과전류 계전기**(OC)를 조합
답 ②

23 송전선로에서 코로나 임계전압이 높아지는 경우는?

① 온도가 높아지는 경우
② 상대공기밀도가 작을 경우
③ 전선의 지름이 큰 경우
④ 기압이 낮은 경우

풀이
$$E_0 = 24.3 m_0 m_1 \delta d \log_{10} \frac{2D}{d}$$
여기서, m_0 : 전선의 표면계수
m_1 : 기후계수
δ : 상대 공기밀도 $\left(\delta = \dfrac{0.386b}{273+t}\right)$
d : 전선의 지름, D : 선간거리
기압(b)이 낮아지거나 온도(t)가 높아지거나 상대공기밀도(δ)가 작아지면 임계전압이 저하한다.
답 ③

24 피뢰기의 구조는?

① 특성요소와 소호 리액터
② 특성요소와 콘덴서
③ 소호 리액터와 콘덴서
④ 특성요소와 직렬 갭

풀이 피뢰기의 구조
① **직렬 갭** : 속류 차단, 소호의 역할

② **특성 요소** : 속류 차단, 소호의 역할, 도전도 형성
③ **쉴드링** : 전기적, 자기적 충격으로부터 보호
답 ④

25 동일 굵기의 전선으로 된 3상 3선식 2회선 송전선이 있다. A회선의 전류는 100[A], B회선의 전류는 50[A]이고 선로 손실은 합계 50[kW]이다. 개폐기를 닫아서 두 회선을 병렬로 사용하여 합계 150[A]의 전류를 통하도록 하려면 선로 손실[kW]은?

① 40[kW]   ② 45[kW]
③ 50[kW]   ④ 55[kW]

풀이 A회선의 선로 손실과 B회선의 선로 손실에서 저항을 구하면
$$I_A^2 R + I_B^2 R = 50[kW]$$
$$100^2 R + 50^2 R = 50 \times 10^3$$
$$\therefore R = 4[\Omega]$$
양 회선을 병렬로 사용하면 동일 전선이므로 동일한 전류가 흐른다.
$$2회선 \times \left(\frac{150}{2}\right)^2 R = 2 \times 75^2 \times 4 = 45,000[W]$$
$$\therefore 45[kW]$$
답 ②

26 증기터빈의 팽창 도중에서 증기를 추출하는 형태의 터빈은?

① 복수 터빈   ② 배압 터빈
③ 추기 터빈   ④ 배기 터빈

풀이 증기를 추출하는 형태의 터빈을 추기 터빈이라 한다.
답 ③

27 전력용 퓨즈를 차단기와 비교할 때 옳지 않은 것은?

① 소형, 경량이다.
② 고속도 차단을 할 수 없다.
③ 큰 차단용량을 갖는다.
④ 보수가 간단하다.

풀이 전력용 퓨즈의 장점
① 소형, 경량이다.
② 고속도 차단할 수 있다.
③ 소형으로 큰 차단용량을 가진다.
④ 보수가 간단하다.
답 ②

28 한류 리액터의 사용 목적은?

① 충전전류의 제한   ② 단락전류의 제한
③ 누설전류의 제한   ④ 접지전류의 제한

풀이 단락 사고 시의 단락전류를 제한하기 위해 한류 리액터를 설치한다. **답** ②

29 원자력발전의 특징으로 적절하지 않은 것은?

① 처음에는 과잉량의 핵연료를 넣고 그 후에는 조금씩 보급하면 되므로 연료의 수송기지와 저장 시설이 크게 필요하지 않다.
② 핵연료의 허용온도와 열전달특성 등에 의해서 증발 조건이 결정되므로 비교적 저온, 저압의 증기로 운전된다.
③ 핵분열 생성물에 의한 방사선 장해와 방사선 폐기물이 발생하므로 방사선측정기, 폐기물처리장치 등이 필요하다.
④ 기력발전보다 발전소 건설비가 낮아 발전원가 면에서 유리하다.

풀이 원자력 발전의 특징
① 건설비는 높지만 연료비가 적다.
② 대기나 수질 토양 오염이 없는 깨끗한 에너지
③ 원료의 수송 및 저장의 용이와 비용절감
④ 설비는 국내 관련 사업을 발전시킨다.
⑤ 안전원칙 준수 **답** ④

30 설비용량 및 수용률이 표와 같은 수용가가 있다. 수용가 상호 간에 부등률을 1.1로 할 때 합성 최대 전력[kW]은?

수용가	설비용량[kW]	수용률[%]
A	160	50
B	150	60
C	100	50

① 150[kW]   ② 200[kW]
③ 220[kW]   ④ 242[kW]

풀이 A 최대 전력 = 설비용량×수용률
          = 160×0.5 = 80[kW]
B 최대 전력 = 설비용량×수용률
          = 150×0.6 = 90[kW]
C 최대 전력 = 설비용량×수용률
          = 100×0.5 = 50[kW]

합성 최대 전력 = $\dfrac{\text{개개의 최대 전력의 합}}{\text{부등률}}$
= $\dfrac{80+90+50}{1.1}$
= 200[kW] **답** ②

31 가공 송전선의 인덕턴스가 1.3[mH/km]이고, 정전용량이 0.009[μF/km]일 때 파동 임피던스는 약 몇 [Ω]인가?

① 350[Ω]   ② 380[Ω]
③ 400[Ω]   ④ 420[Ω]

풀이 파동(특성) 임피던스
$Z_0 = \sqrt{\dfrac{L}{C}} = \sqrt{\dfrac{1.3 \times 10^{-3}}{0.009 \times 10^{-6}}} \fallingdotseq 380[\Omega]$ **답** ②

32 흡출관이 필요하지 않은 수차는?

① 사류 수차   ② 카플란 수차
③ 프란시스 수차   ④ 펠톤 수차

풀이 흡출관은 반동 수차의 러너의 출구로부터 방수면까지의 접속관을 말한다. 따라서 충동 수차인 펠톤 수차에는 필요가 없다. **답** ④

33 345[kV] 송전계통의 절연협조에서 충격절연내력의 크기순으로 적합한 것은?

① 선로애자 > 차단기 > 변압기 > 피뢰기
② 선로애자 > 변압기 > 차단기 > 피뢰기
③ 변압기 > 차단기 > 선로애자 > 피뢰기
④ 변압기 > 선로애자 > 차단기 > 피뢰기

풀이 • 절연 레벨 : 선로애자 > 차단기, CT, PT, … > 변압기 > 피뢰기 **답** ①

34 전력 원선도의 ㉠가로축과 ㉡세로축이 나타내는 것은?

① ㉠ 최대전력, ㉡ 피상전력
② ㉠ 유효전력, ㉡ 무효전력
③ ㉠ 조상용량, ㉡ 송전손실
④ ㉠ 송전효율, ㉡ 코로나 손실

풀이 가로축 : 유효 전력, 세로축 : 무효전력 **답** ②

35 그림과 같은 저압배전선이 있다. FA, AB, BC 간의 저항은 각각 0.1[Ω], 0.1[Ω], 0.2[Ω]이고, A, B, C점에 전등(역률 100%)부하가 각각 5[A], 15[A], 10[A]가 걸려 있다. 지금 급전점 F의 전압을 105[V]라 하면 C점의 전압[V]은? (단, 선로의 리액턴스는 무시한다.)

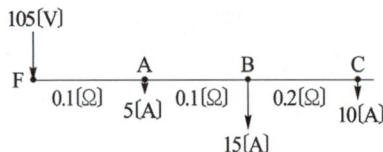

① 102.5[V] ② 100.5[V]
③ 97.5[V]   ④ 95.5[V]

풀이
$V_A = V_F - R_{FA}(I_A + I_B + I_C)$
$= 105 - 0.1 \times (5 + 15 + 10) = 102 [V]$
$V_B = V_A - R_{AB}(I_B + I_C)$
$= 102 - 0.1 \times (15 + 10) = 99.5 [V]$
$V_C = V_B - R_{BC} I_C = 99.5 - 0.2 \times 10$
$= 97.5 [V]$
답 ③

36 송전선로에서 매설지선의 설치 목적으로 가장 알맞은 것은?
① 코로나 전압의 감소
② 역섬락 방지
③ 철탑 기초의 강도 보강
④ 절연강도의 증가

풀이 뇌서지가 철탑에 가격시 철탑의 탑각 접지저항이 충분히 낮지 않으면 철탑의 전위가 상승하여 철탑에서 선로로 섬락을 일으키는 경우가 있는데 이를 역섬락이라 하며 방지 대책으로는 매설 지선을 설치하여 탑각 접지저항을 낮추어야 한다. 즉, 매설지선은 뇌해 방지 및 역섬락 방지를 위함이다.
답 ②

37 설비용량 800[kW], 부등률 1.2, 수용률 60[%] 일 때, 변전시설 용량은 최저 몇 [kVA] 이상이어야 하는가?(단, 역률은 90[%] 이상 유지되어야 한다고 한다.)
① 450[kVA]   ② 500[kVA]
③ 550[kVA]   ④ 600[kVA]

풀이 변전 설비용량 $= \dfrac{설비용량 \times 수용률}{부등률 \times 역률}$ [kVA]
$= \dfrac{800 \times 0.6}{1.2 \times 0.9} \fallingdotseq 444 [kVA]$
답 ①

38 154/22.9[kV], 40[MVA], 3상 변압기의 %리액턴스가 14[%]라면 고압측으로 환산한 리액턴스는 약 몇 [Ω]인가?
① 63[Ω]   ② 73[Ω]
③ 83[Ω]   ④ 93[Ω]

풀이 퍼센트 임피던스 $\%Z = \dfrac{ZP}{10 V^2}$ 에서
(V : 정격전압[kV], P : 기준용량[kVA])
$Z = \dfrac{\%Z \times 10 \times V^2}{P} = \dfrac{14 \times 10 \times 154^2}{40000}$
$= 83[\Omega]$
답 ③

39 조상설비(調相設備)와 거리가 먼 것은?
① 분로 리액터
② 상순(相順) 표시기
③ 전력용 콘덴서
④ 동기조상기

풀이 조상 설비

항 목	동기조상기	전력용 콘덴서	분로 리액터
전력손실	많음 (1.5~2.5[%])	적음 (0.3[%] 이하)	적음 (0.6[%] 이하)
가격	비싸다(전력용 콘덴서, 분로 리액터의 1.5~2.5배)	저렴	저렴
무효전력	진상, 지상 양용	진상 전용	지상 전용
조정	연속적	계단적	계단적
사고시 전압유지	큼	작음	작음
시송전	가능	불가능	불가능
보수	손질필요	용이	용이

답 ②

40 공기차단기에 비해 SF_6 가스 차단기의 특징으로 볼 수 없는 것은?

① 같은 압력에서 공기의 2~3배 정도의 절연내력이 있다.
② 차단시 폭발음이 없다.
③ 소전류 차단 시 이상전압이 높다.
④ 아크에 SF_6 가스는 분해되지 않고 무독성이다.

풀이 SF_6 가스 차단기의 특징
 ① 밀폐구조이므로 소음이 없다.
 ② 절연내력이 공기의 2~3배, 소호 능력은 공기의 100~200배
 ③ 근거리 고장 등 가혹한 재기전압에 대해서도 성능이 우수
 ④ SF_6 가스는 무독, 무취, 무해성이다.   **답** ③

3과목 - 전기기기

41 직류분권발전기의 브러시를 중성축에서 회전방향 쪽으로 이동하면 전압은?

① 상승한다.   ② 급격히 상승한다.
③ 변화하지 않는다.   ④ 감소한다.

풀이 브러시를 중성축에서 회전방향으로 이동시키면 브러시로 단락되는 코일에 단락전류가 흘러서 불꽃이 발생하고 합성 기전력도 일부가 +, -로 상쇄되어 감소한다.
       답 ④

42 3상 유도전동기의 운전 중 전압이 80[%]로 떨어지면 부하회전력은 몇 [%] 정도로 되는가?

① 94   ② 80   ③ 72   ④ 64

풀이 기동 토크는 전압의 2승에 비례하므로
토크는 $0.8^2 = 0.64$배로 저하한다.   **답** ④

43 유도전동기의 고정자 철심(규소 강판)의 두께는 보통 몇 [mm]인가?

① 0.25~0.35   ② 0.35~0.5
③ 0.5~0.7   ④ 0.7~0.85

풀이 고정자 : 자속이 통과하는 자기회로로 규소 강판을 수십겹 성층하여 3상 코일을 감은 것이다. 고정자 내부에 회전자가 위치하게 된다.
 ① 유도전동기의 회전하지 않는 부분을 말한다.
 ② 일반적으로 1차권선은 고정자에 있게 된다.
 ③ 철심은 두께 0.35[mm] 또는 0.5[mm]의 규소강판을 사용   **답** ②

44 2대의 변압기로 V결선하여 3상 변압하는 경우 변압기 이용률[%]은?

① 57.8   ② 66.6
③ 86.6   ④ 100

풀이 V결선에는 변압기 2대를 사용하였으므로 그 정격출력의 합은 $2VI$가 되기 때문에 V결선으로 하면

이용률 $= \dfrac{\sqrt{3}\,VI}{2VI} = \dfrac{\sqrt{3}}{2} = 0.866$ (∴ 86.6[%])   **답** ③

45 100[kVA]의 단상변압기가 역률 80[%]에서 전부하 효율이 95[%]이면 역률 50[%]의 전부하에서의 효율은 약 몇 [%]인가?

① 84   ② 88   ③ 92   ④ 96

풀이 $\eta = \dfrac{V_2 I_2 \cos\theta}{V_2 I_2 \cos\theta + p_l + I_2^2 r}$

$\eta_{80} = \dfrac{100 \times 0.8}{100 \times 0.8 + p_l} = 0.95$

∴ $p_l = \dfrac{80}{0.95} - 80 = 4.21$

손실은 역률과 관계없으므로

$\eta_{50} = \dfrac{100 \times 0.5}{100 \times 0.5 + 4.21} = 0.922 = 92.2[\%]$ **답** ③

46 전기자 총 도체수 500, 6극, 중권의 직류전동기가 있다. 전기자 전 전류가 100[A]일 때의 발생 토크[kg·m]는 약 얼마인가? (단, 1극당 자속수는 0.01[Wb]이다.)

① 8.12   ② 9.54
③ 10.25   ④ 11.58

풀이 $\tau = \dfrac{pZ}{2\pi a}\phi I_a = \dfrac{6 \times 500}{2 \times \pi \times 6} \times 0.01 \times 100$
$= 79.58[\text{N·m}]$

∴ $\dfrac{79.58}{9.8} = 8.12[\text{kg·m}]$ **답** ①

47 3상 전원에서 2상 전압을 얻고자 할 때 다음 결선 중 맞는 것은?

① 포크 결선　　② 환상 결선
③ Scott 결선　　④ 대각 결선

풀이 3상-2상 간의 상수 변환
① 스코트 결선(T결선)
② 메이어 결선
③ 우드 브리지 결선　　**답** ③

48 단상 유도전동기와 3상 유도전동기를 비교했을 때 단상 유도전동기에 해당되는 것은?

① 역률, 효율이 좋다.
② 중량이 작아진다.
③ 기동장치가 필요하다.
④ 대용량이다.

풀이 단상 유도전동기는 회전자계가 생기지 않기 때문에 보조적인 수단에 의해 기동되어야 한다.
그 방법으로는 정류자와 브러시를 도입하거나 반발 전동기 내에 분상형과 같은 보조권선을 사용하는 것 등이 있다.　　**답** ③

49 브러시 홀더(brush holder)는 브러시를 정류자면의 적당한 위치에서 스프링에 의하여 항상 일정한 압력으로 정류자 면에 접촉하여야 한다. 가장 적당한 압력은?

① $1 \sim 2[\text{kg/cm}^2]$
② $0.5 \sim 1[\text{kg/cm}^2]$
③ $0.15 \sim 0.25[\text{kg/cm}^2]$
④ $0.01 \sim 0.15[\text{kg/cm}^2]$

풀이 브러시의 압력은 재질에 따라서 $0.1 \sim 0.2[\text{kg/cm}^2]$로 조정한다. 전차용 전동기, 크레인 모터 등 진동이 많은 기계는 $0.3 \sim 0.45[\text{kg/cm}^2]$로 한다.　　**답** ③

50 권수비가 1:3인 변압기(이상적인 변압기)를 사용하여 교류 100[V]의 입력을 가했을 때 전파정류하면 출력전압[V]의 평균치는 얼마인가?

① 300　　② $300\sqrt{2}$
③ $300\sqrt{2}/\pi$　　④ $600\sqrt{2}/\pi$

풀이 $E_{dc} = \dfrac{2\sqrt{2}}{\pi}E = \dfrac{2\sqrt{2}}{\pi} \times 300 = \dfrac{600\sqrt{2}}{\pi}[\text{V}]$　　**답** ④

51 동기발전기의 기전력의 파형을 정현파로 하기 위해 채용되는 방법이 아닌 것은?

① 매극매상의 슬롯수 q를 작게 한다.
② 반폐 슬롯을 사용한다.
③ 단절권 및 분포권으로 한다.
④ 공극의 길이를 크게 한다.

풀이 고조파 기전력을 소거하는 방법은 다음과 같다.
① 매극 매상의 슬롯수 q를 크게 한다.
② 부정수(不整數) 슬롯권을 채용한다.
③ 단절권 및 분포권으로 한다.
④ 반폐 슬롯을 사용한다.
⑤ 전기자 철심을 스큐 슬롯으로 한다.
⑥ 공극의 길이를 크게 한다.
⑦ Y결선을 한다.　　**답** ①

52 정격출력 20[kW], 정격전압 100[V], 정격회전속도 1500[rpm]의 직류직권발전기가 있다. 정격상태로 운전하고 있을 때 속도를 1300[rpm]으로 떨어뜨리고 전과 같은 부하전류를 흘렸을 때 단자전압은 몇 [V]가 되겠는가? (단, 전기자저항은 0.05[Ω]이다.)

① 68.5　　② 79
③ 85.3　　④ 95.4

풀이 $I = P/V = 20000/100 = 200[\text{A}]$
$E = V + R_a I_a = 100 + 0.05 \times 200 = 110[\text{V}]$
속도 변화 후의 기전력을 E'라 하면
$E' = K\phi n = K\phi(1300/60)$
$E = K\phi(1500/60)$
$\therefore E' = E \times (1300/1500)$
$= \dfrac{13}{15}E = \dfrac{13}{15} \times 110 = 95.33[\text{V}]$
단자전압
$V = E' - IR_a = 95.33 - (200 \times 0.05)$
$= 85.33[\text{V}]$　　**답** ③

53 동기전동기를 부족여자로 운전하면 어떠한 작용을 하는가?

① 충전전류가 흐른다.
② 콘덴서 작용을 한다.
③ 뒤진 전류가 흐른다.
④ 뒤진 전류를 보상한다.

풀이 위상 특성 곡선(V곡선)에서 보는 바와 같이 부족 여자(여자전류를 감소)로 운전하면 뒤진 전류가 흘러 일종의 리액터로 작용한다.

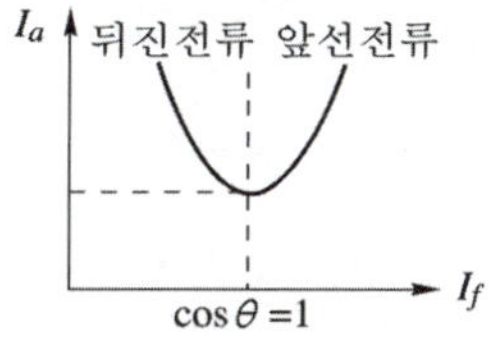

위상 특선 곡선

답 ③

54 병렬운전 중인 A, B 두 동기발전기 중 A발전기의 여자를 B발전기 보다 강하게 하면 A발전기는?

① 부하전류가 증가 한다.
② 90° 지상 전류가 흐른다.
③ 동기화 전류가 흐른다.
④ 90° 진상 전류가 흐른다.

풀이 여자가 강한(기전력이 높은) 발전기에는 90° 뒤진 전류가 흐르고, 약한 발전기에는 90° 앞선 전류가 흐른다.

답 ②

55 6극, 200[V], 10[kW]의 3상 유도전동기가 960[rpm]으로 회전하고 있을 때의 회전자 기전력의 주파수는? (단, 전원의 주파수는 60[Hz]이다.)

① 12[Hz] ② 8[Hz]
③ 6[Hz] ④ 4[Hz]

풀이 동기속도 $N_s = \frac{120f}{p} = \frac{120 \times 60}{6} = 1200$[rpm]

슬립 $s = \frac{N_s - N}{N_s} = \frac{1200 - 960}{1200} = 0.2$ 이므로

회전자 기전력의 주파수

$f' = sf = 0.2 \times 60 = 12$[Hz]

답 ①

56 직류기에서 양호한 정류를 얻을 수 있는 조건이 아닌 것은?

① 전기자 코일의 인덕턴스를 작게 한다.
② 정류주기를 크게 한다.
③ 자속 분포를 줄이고 자기적으로 포화시킨다.
④ 브러시의 접촉저항을 작게 한다.

풀이 양호한 정류를 얻는 조건

① 리액턴스 전압을 작게 한다. $\left(e_L = L\frac{2I_c}{T_c}\right)$
② 단절권 채용으로 자기 인덕턴스를 작게 한다.
③ 고속을 피하여 정류 주기를 길게 한다.
④ 저항 정류로서 탄소 브러시를 사용(접촉저항을 크게)한다.
⑤ 전압 정류로서 보극을 설치한다.

답 ④

57 단상 및 3상 유도전압조정기에 관하여 옳게 설명한 것은?

① 단락 권선은 단상 및 3상 유도전압조정기 모두 필요하다.
② 3상 유도전압조정기에는 단락 권선이 필요 없다.
③ 3상 유도전압조정기의 1차와 2차 전압은 동상이다.
④ 단상 유도전압조정기의 기전력은 회전자계에 의해서 유도 된다.

풀이 3상 유도전압조정기의 직렬권선에 의한 기전력은 회전자계의 위치에 관계없이 1차 부하전류에 의한 분로권선의 기자력에 의하여 소멸되므로 단락 권선이 필요 없다.

답 ②

58 비돌극형 동기발전기의 단자전압(1상)을 V, 유도 기전력(1상)을 E, 동기 리액턴스(1상)를 X_S, 부하각을 δ라 하면 1상의 출력[W]은 약 얼마인가?

① $\frac{EV}{X_S}\cos\delta$ ② $\frac{EV}{X_S}\sin\delta$
③ $\frac{E^2V}{X_S}\sin\delta$ ④ $\frac{EV^2}{X_S}\cos\delta$

풀이 비돌극기의 출력은 다음과 같다.

$P = \frac{EV}{Z_s}\sin(\alpha + \delta) - \frac{V^2}{Z_s}\sin\alpha$

전기자저항 r_a는 매우 작으므로 이것을 무시하고

$Z_s \fallingdotseq x_s$, $\alpha \fallingdotseq 0$이라 하면

$\therefore P \fallingdotseq \frac{EV}{x_s}\sin\delta$[W]

답 ②

59 교류전압제어기를 전원과 부하회로에 연결된 조광기에 교류 실효전압을 변화시켜서 사용할 수 있는 소자 중 가장 적합한 것은?

① 파워 트랜지스터(Power Transister)
② 트라이액(Triac)
③ 모스 에프이티(MOS-FET)
④ 다이오드(Diode)

풀이 TRIAC은 기능상 2개의 SCR을 역병렬접속한 것으로 양방향으로 도통할 수 있어 교류 실효전압을 변화시키서 부하를 제어하는 데 적합하다.   **답** ②

60 그림과 같이 단상전파정류회로(단상중앙탭사용)에서 피크역전압(PIV)[V]은?

① $\sqrt{2}\,E$
② $2\sqrt{2}\,E$
③ $\dfrac{\sqrt{2}}{\pi}E$
④ $\dfrac{2\sqrt{2}}{\pi}E$

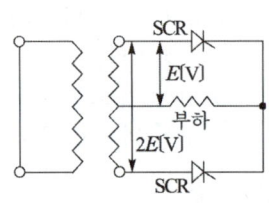

풀이 ① 단상 반파 정류회로 :
PIV $= \sqrt{2}\,E = \pi E_d$
② 단상전파 정류회로 :
PIV $= 2\sqrt{2}\,E = \pi E_d$ **답** ②

4과목 - 회로이론

61 전압의 순시값이 $3 + 10\sqrt{2}\sin\omega t\,[V]$일 때 실효값은?

① 10.4[V]   ② 11.6[V]
③ 12.5[V]   ④ 16.2[V]

풀이 실효값 $E = \sqrt{E_0^{\,2} + E_1^{\,2} + E_2^{\,2} + \cdots + E_n^{\,2}}$
$= \sqrt{3^2 + 10^2} = 10.4\,[V]$ **답** ①

62 $f(t) = \sin t + 2\cos t$를 라플라스 변환하면?

① $\dfrac{2s}{s^2 + 1}$ ② $\dfrac{2s+1}{(s+1)^2}$
③ $\dfrac{2s+1}{s^2 + 1}$ ④ $\dfrac{2s}{(s+1)^2}$

풀이 라플라스 변환의 선형성 정리에 의해서
$F(s) = \mathcal{L}\,[f(t)] = \mathcal{L}\,[\sin t] + \mathcal{L}\,[2\cos t]$
$= \dfrac{1}{s^2+1} + \dfrac{2s}{s^2+1} = \dfrac{2s+1}{s^2+1}$ **답** ③

63 다음 ( ) 안에 들어갈 내용으로 가장 적합한 것은?

> 3상 3선식에서는 회로의 평형, 불평형 또는 부하의 △, Y에도 불구하고 세 선전류의 합은 0이므로 선전류의 ( )은 0 이다.

① 정상분   ② 역상분
③ 영상분   ④ 평형분

풀이 중성점 비접지식에서는 평형, 불평형 △, Y에도 불구하고
$I_0 = \dfrac{1}{3}(I_a + I_b + I_c)$에서 $I_a + I_b + I_c = 0$ 이므로
I_0 (영상분) $= 0$ 이다.   **답** ③

64 24[Ω] 저항에 미지의 저항 R_X를 직렬로 접속한 후 전압을 가했을 때 24[Ω] 양단의 전압이 72[V]이고 저항 R_X 양단의 전압이 45[V]이면 저항 R_X는?

① 20[Ω]   ② 15[Ω]
③ 10[Ω]   ④ 8[Ω]

풀이 키르히호프의 전압법칙을 적용하면
전체전압 $V = V_1 + V_x = 72 + 45 = 117\,[V]$
직렬회로에서의 전압분담은 저항의 크기에 비례하므로
$V_x = \dfrac{R_x}{R_1 + R_x}V = \dfrac{R_X}{24 + R_X} \times 117 = 45\,[V]$
∴ $R_X = 15$

65 다음의 회로가 정 저항 회로가 되기 위한 L[H]의 값은?

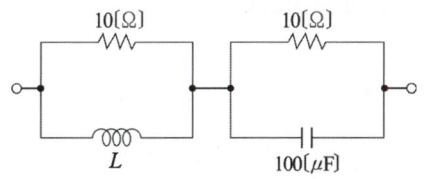

① 1[H]   ② 0.1[H]
③ 0.01[H]   ④ 0.001[H]

풀이 정저항 회로조건 $R = \sqrt{\dfrac{L}{C}}$ 에서
$L = R^2 C = 10^2 \times 100 \times 10^{-6} = 0.01$[H]   **답** ③

66 $F(s) = \dfrac{2}{(s+1)(s+3)}$ 의 역라플라스 변환은?

① $\epsilon^{-t} - \epsilon^{-3t}$ ② $\epsilon^{-t} - \epsilon^{3t}$
③ $\epsilon^{t} - \epsilon^{3t}$ ④ $\epsilon^{t} - \epsilon^{-3t}$

풀이 $F(s) = \dfrac{2}{(s+1)(s+3)} = \dfrac{A}{s+1} + \dfrac{B}{s+3}$
$A = \dfrac{2}{s+3}\bigg|_{s=-1} = \dfrac{2}{2} = 1$
$B = \dfrac{2}{s+1}\bigg|_{s=-3} = \dfrac{2}{-2} = -1$ 이므로
$F(s) = \dfrac{1}{s+1} - \dfrac{1}{s+3}$
$\mathcal{L}^{-1}(F(s)) = e^{-t} - e^{-3t}$ **답** ①

67 2전력계법을 써서 대칭 평형 3상 전력을 측정하였더니 각 전력계가 500[W], 300[W]를 지시하였다면 전 전력은?

① 200[W]   ② 300[W]
③ 500[W]   ④ 800[W]

풀이 P(유효전력) $= W_1 + W_2$
P_a(피상전력) $= 2\sqrt{W_1^2 + W_2^2 - W_1 W_2}$
$\cos\theta = \dfrac{W_1 + W_2}{2\sqrt{W_1^2 + W_2^2 - W_1 W_2}}$
$\therefore P = W_1 + W_2 = 500 + 300 = 800$[W]   **답** ④

68 어떤 부하에 $100\sin\left(100\omega t + \dfrac{\pi}{6}\right)$[V]의 전압을 가했을 때 흐르는 전류가 $10\cos\left(100\omega t - \dfrac{\pi}{3}\right)$[A]이었다면 이 부하의 소비전력은?

① 250[W]   ② 433[W]
③ 500[W]   ④ 866[W]

풀이 $i = 10\cos\left(100\pi t - \dfrac{\pi}{3}\right) = 10\sin\left(100\pi t - \dfrac{\pi}{3} + \dfrac{\pi}{2}\right)$
$= 10\sin\left(100\pi t + \dfrac{\pi}{6}\right)$
$P = VI\cos\theta = \dfrac{100}{\sqrt{2}} \times \dfrac{10}{\sqrt{2}} \cos\left(\dfrac{\pi}{6} - \dfrac{\pi}{6}\right)$
$= 500$[W]   **답** ③

69 다음과 같은 회로에서 저항 2.6[Ω]에 흐르는 전류[A]는?

① 0.1[A]   ② 0.2[A]
③ 0.4[A]   ④ 0.8[A]

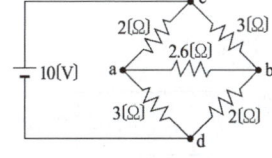

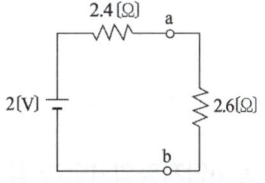

풀이 테브난의 정리 이용 a, b 개방
$V_b = 6$[V], $V_a = 4$[V], $\therefore V_{ab} = 2$[V]
전압원 제거(단락)하고, a, b에서 본 저항 R_t 는
$R_t = \dfrac{2 \times 3}{2+3} + \dfrac{2 \times 3}{2+3} = 2.4$[Ω]
$\therefore I = \dfrac{2}{2.6 + 2.4} = 0.4$[A]   **답** ③

70 평형 3상 유도전동기의 출력이 10[HP], 선간전압 200[V], 효율 90[%], 역률 85[%]일 때, 이 전동기에 유입되는 선전류는 약 몇 [A]인가? (단, 1[HP] =746[W]이다.)

① 40[A]   ② 28[A]
③ 20[A]   ④ 14[A]

풀이

$P_i = \dfrac{P_0}{\eta} = \sqrt{3}\, VI\cos\theta$

$\therefore I = \dfrac{P_0}{\eta\sqrt{3}\,V\cos\theta} = \dfrac{10 \times 746}{0.9 \times \sqrt{3} \times 200 \times 0.85}$
$= 28[A]$ 답 ②

71 비정현파의 전압이
$3 + 10\sqrt{2}\sin\omega t + 5\sqrt{2}\sin(3\omega t)[V]$
일 때 실효치[V]는?

① 11.5[V] ② 10.5[V]
③ 9.5[V]   ④ 8.5[V]

풀이 비정현파의 실효값 $E = \sqrt{E_1^2 + E_2^2 + E_3^3}\,[V]$
여기서, $E_1,\ E_2,\ E_3$: 각파의 실효값
$E = \sqrt{3^2 + 10^2 + 5^2} \fallingdotseq 11.58[V]$가 된다. 답 ①

72 정현파 교류전압의 파고율은?

① 0.91   ② 1.11
③ 1.41   ④ 1.73

풀이

	구형파	3각파	정현파	정류파 (전파)	정류파 (반파)
파형률	1.0	1.15	1.11	1.11	1.57
파고율	1.0	1.732	1.414	1.414	2.0

답 ③

73 다음과 같은 4단자망의 4단자 정수 중 D의 값은?

① Z_2
② $1 + \dfrac{Z_2}{Z_1}$
③ $1 + \dfrac{Z_2}{Z_3}$
④ $1 + Z_2 Z_3$

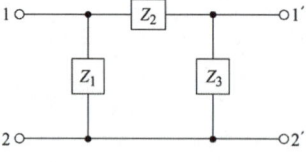

풀이

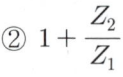
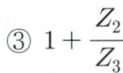
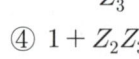

	A	B	C	D
	$1 + \dfrac{Z_2}{Z_3}$	Z_2	$\dfrac{Z_1 + Z_2 + Z_3}{Z_1 Z_3}$	$1 + \dfrac{Z_2}{Z_1}$

답 ②

74 3상 불평형 전압에서 영상전압이 140[V]이고 정상전압이 600[V], 역상 전압이 280[V]이면 전압의 불평형률은?

① 0.67   ② 0.47
③ 0.23   ④ 0.12

풀이 불평형률 $= \dfrac{\text{역상 전압}}{\text{정상 전압}} = \dfrac{280}{600} = 0.466$ 답 ②

75 주기적인 구형파 신호의 구성은?

① 직류성분으로 구성된다.
② 기본파 성분만으로 구성된다.
③ 고조파 성분만으로 구성된다.
④ 직류 성분, 기본파 성분, 무수히 많은 고조파 성분으로 구성된다.

풀이 주기적인 비정현파는 일반적으로 푸리에 급수에 의해 표시되므로 무수히 많은 주파수의 합성이다. 답 ④

76 3상 불평형 전압을 $V_a,\ V_b,\ V_c$라고 할 때 정상전압은? (단, $a = -\dfrac{1}{2} + j\dfrac{\sqrt{3}}{2}$이다.)

① $\dfrac{1}{3}(V_a + aV_b + a^2 V_c)$
② $\dfrac{1}{3}(V_a + a^2 V_b + aV_c)$
③ $\dfrac{1}{3}(V_a + a^2 V_b + V_c)$
④ $\dfrac{1}{3}(V_a + V_b + V_c)$

풀이 비대칭 전압이 $V_a,\ V_b,\ V_c$일 때 대칭분이 $V_0,\ V_1,\ V_2$라면

$\begin{bmatrix} V_0 \\ V_1 \\ V_2 \end{bmatrix} = \dfrac{1}{3}\begin{bmatrix} 1 & 1 & 1 \\ 1 & a & a^2 \\ 1 & a^2 & a \end{bmatrix}\begin{bmatrix} V_a \\ V_b \\ V_c \end{bmatrix}$

$\begin{bmatrix} V_a \\ V_b \\ V_c \end{bmatrix} = \begin{bmatrix} 1 & 1 & 1 \\ 1 & a^2 & a \\ 1 & a & a^2 \end{bmatrix}\begin{bmatrix} V_0 \\ V_1 \\ V_2 \end{bmatrix}$

$\therefore V_0 = \dfrac{1}{3}(V_a + V_b + V_c)$: 영상 전압

$V_1 = \frac{1}{3}(V_a + aV_b + a^2V_c)$: 정상 전압

$V_2 = \frac{1}{3}(V_a + a^2V_b + aV_c)$: 역상 전압 **답** ①

$I_3 = \frac{V_3}{Z_3} = \frac{V_3}{\sqrt{R^2 + (3\omega L)^2}} = \frac{100}{\sqrt{8^2 + 6^2}}$
$= 10[A]$ **답** ①

77 다음 회로에서 S를 닫은 후 $t = 2$초일 때 회로에 흐르는 전류는 약 몇 [A]인가?

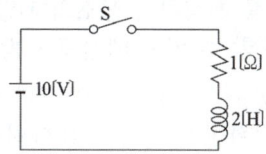

① 3.7[A]　　② 4.6[A]
③ 5.2[A]　　④ 6.3[A]

풀이 $i(t) = \frac{E}{R}\left(1 - e^{-\frac{R}{L}t}\right)$ 에서 $t = 2[s]$이므로

$i(2) = \frac{E}{R}\left(1 - e^{-\frac{R}{L} \cdot 2}\right) = \frac{10}{1}\left(1 - e^{-\frac{1}{2} \cdot 2}\right)$
$= 10(1 - e^{-1}) = 6.32[A]$ **답** ④

78 10[kVA]의 변압기 2대로 공급할 수 있는 최대 3상 전력은 약 몇 [kVA]인가? (단, 결선은 V결선 시이다.)

① 20[kVA]　　② 17.3[kVA]
③ 10[kVA]　　④ 8.7[kVA]

풀이 $P = \sqrt{3}P_1 = \sqrt{3} \times 10[kVA]$
$= 17.3[kVA]$ **답** ②

79 $R - L$ 직렬회로에서
$V = 10 + 100\sqrt{2}\sin\omega t + 100\sqrt{2}\sin(3\omega t)[V]$
인 전압을 가할 때 제3고조파 전류의 실효값 [A]은? (단, $R = 8[\Omega]$, $\omega L = 2[\Omega]$이다.)

① 10[A]　　② 5[A]
③ 3[A]　　④ 1[A]

풀이 기본파 $Z_1 = \sqrt{R^2 + \omega L^2}$
제3고조파 $Z_3 = \sqrt{R^2 + (3\omega L)^2}$

80 Y결선의 전원에서 각 상전압이 220[V]일 때 선간전압은?

① 127[V]　　② 220[V]
③ 311[V]　　④ 381[V]

풀이 선간전압은 상전압에 비해 크기가 $\sqrt{3}$ 배이며 위상은 30° 빠르다.
$V_l = \sqrt{3}\,V_p = \sqrt{3} \times 220 = 381[V]$ **답** ④

5과목 - 전기설비기술기준

81 사용전압이 22.9[kV]인 가공전선이 삭도와 제1차 접근상태로 시설되는 경우, 가공전선과 삭도 또는 삭도용 지주 사이의 이격거리는 최소 몇 [m] 이상으로 하여야 하는가? (단, 전선으로는 특고압 절연전선을 사용한다고 한다.)

① 0.5[m]　　② 1[m]
③ 2[m]　　④ 2.12[m]

풀이 333.25 특고압 가공전선과 삭도의 접근 또는 교차
특고압 가공전선이 삭도와 제1차 접근상태로 시설되는 경우에는 다음에 따라야 한다.
가. 특고압 가공전선로는 제3종 특고압 보안공사에 의할 것.
나. 특고압 가공전선과 삭도 또는 삭도용 지주 사이의 이격거리는 표에서 정한 값 이상일 것.

사용전압	전선의 종류	이격거리
35 [kV] 이하	표 준	2 [m]
	특고압 절연전선 사용	1 [m]
	케이블	0.5 [m]
35 [kV] 초과 60 [kV] 이하		2 [m]
60 [kV] 초과	• 이격거리 = 2 + 단수×0.12 [m] • 단수 = $\frac{(전압 [kV]-60)}{10}$ 단수 계산에서 소수점 이하는 절상	

답 ②

82 사용전압이 400[V]를 넘는 저압 옥내배선을 애자공사에 의하여 시설하는 경우 전선의 지지점 간의 거리는 몇 [m] 이하이어야 하는가? (단, 전선을 조영재의 위면 또는 옆면에 따라 붙이지 않은 경우이다.)

① 2.0[m]   ② 4.0[m]
③ 4.5[m]   ④ 6.0[m]

풀이 232.56 애자공사
가. 전선의 종류 : 절연 전선. 단, 옥외용 비닐 절연 전선(OW) 및 인입용 비닐 절연 전선(DV)은 제외한다.
나. 이격 거리

전 압		전선과 조영재와의 이격 거리	전선 상호 간격	전선 지지점 간의 거리	
				조영재의 윗면 또는 옆면에 따라 시설	조영재에 따라 시설하지 않는 경우
저압	400[V] 이하	2.5[cm] 이상	6[cm] 이상	2[m] 이하	–
	400[V] 초과	건조한 장소 2.5[cm] 이상			6[m] 이하
		기타의 장소 4.5[cm] 이상			

답 ④

83 특고압가공전선이 저고압가공전선과 제1차 접근상태로 시설하는 경우, 66[kV] 특고압가공전선과 저고압가공전선 사이의 이격거리는 몇 [m] 이상이어야 하는가?

① 2.0[m]   ② 2.12[m]
③ 2.2[m]   ④ 2.5[m]

풀이 333.26 특고압 가공전선과 저고압 가공전선 등의 접근 또는 교차
특고압 가공전선이 가공약전류전선 등 저압 또는 고압의 가공전선이나 저압 또는 고압의 전차선(이하에서 "저고압 가공전선 등"이라 한다)과 제1차 접근상태로 시설되는 경우
가. 특고압 가공전선로는 제3종 특고압 보안공사에 의할 것.
나. 특고압 가공전선과 저고압 가공 전선 등 또는 이들의 지지물이나 지주 사이의 이격거리는 표에서 정한 값 이상일 것.

사용전압의 구분	이격거리
60[kV] 이하	2[m]

사용전압의 구분	이격거리
60[kV] 초과	• 이격거리 = 2 + 단수 × 0.12[m] • 단수 = $\frac{(전압[kV]-60)}{10}$ 단수 계산에서 소수점 이하는 절상

단수계산에서 소수점 이하는 절상한다.
이격거리 2[m] + 1 × 0.12[m] = 2.12   **답** ②

84 석유류를 저장하는 장소의 저압 옥내전기설비에 사용할 수 없는 배선 공사방법은?

① 합성수지관공사   ② 케이블공사
③ 금속관공사   ④ 애자공사

풀이 242.4 위험물 등이 존재하는 장소
셀룰로이드 · 성냥 · 석유류 기타 타기 쉬운 위험한 물질을 제조하거나 저장하는 곳에 시설하는 저압 옥내전기설비는 다음에 따르고 또한 위험의 우려가 없도록 시설하여야 한다.
가. 이동전선은 접속점이 없는 0.6/1[kV] EP 고무 절연 클로로프렌 캡타이어 케이블 또는 0.6/1[kV] 비닐 절연 비닐캡타이어 케이블을 사용할 것.
나. 저압 옥내배선 등은 합성수지관공사(두께 2[mm] 미만의 합성수지 전선관 및 난연성이 없는 콤바인덕트관을 사용하는 것을 제외한다) · 금속관공사 또는 케이블공사에 의할 것.   **답** ④

85 철탑의 강도계산에 사용하는 이상시 상정하중에 대한 철탑의 기초에 대한 안전율은 얼마 이상이어야 하는가?

① 0.9   ② 1.33
③ 1.83   ④ 2.25

풀이 331.7 가공전선로 지지물의 기초의 안전율
가공전선로의 지지물에 하중이 가하여지는 경우에 그 하중을 받는 지지물의 기초의 안전율은 2 이상(단, 이상시 상정하중에 대한 철탑의 기초에 대하여는 1.33)이어야 한다.   **답** ②

86 고압가공전선과 저압가공전선을 동일 지지물에 시설하는 경우 고압가공전선에 케이블을 사용하면 그 케이블과 저압가공전선의 이격거리는 최소 몇 [cm] 이상으로 할 수 있는가?

① 30[cm]   ② 50[cm]
③ 75[cm]   ④ 100[cm]

[풀이] 332.8 고압 가공전선 등의 병행설치
가. 저압 가공전선(다중접지된 중성선은 제외한다)과 고압 가공전선을 동일 지지물에 시설하는 경우에는 다음에 따라야 한다.
① 저압 가공전선을 고압 가공전선의 아래로 하고 별개의 완금류에 시설할 것.
② 저압 가공전선과 고압 가공전선 사이의 이격거리는 0.5[m] 이상일 것.
나. 다음의 어느 하나에 해당하는 경우에는 "가"에 의하지 아니할 수 있다.
① 고압 가공전선에 케이블을 사용하고, 또한 그 케이블과 저압 가공전선 사이의 이격거리를 0.3[m] 이상으로 하여 시설하는 경우
② 저압 가공인입선을 분기하기 위하여 저압 가공전선을 고압용의 완금류에 견고하게 시설하는 경우
답 ①

87
금속제 수도관로를 접지공사의 접지극으로 사용하는 경우에 대한 사항이다. (㉠), (㉡), (㉢)에 들어갈 수치로 알맞은 것은?

접지선과 금속제 수도관로의 접속은 안지름 (㉠)[mm] 이상인 금속제 수도관의 부분 또는 이로부터 분기한 안지름 (㉡) [mm] 미만인 금속제 수도관의 그 분기점으로부터 5[m] 이내의 부분에서 할 것. 다만, 금속제 수도관로와 대지 간의 전기저항치가 (㉢)[Ω] 이하인 경우에는 분기점으로부터의 거리는 5[m]를 넘을 수 있다.

① ㉠ 75, ㉡ 75, ㉢ 2
② ㉠ 75, ㉡ 50, ㉢ 2
③ ㉠ 50, ㉡ 75, ㉢ 4
④ ㉠ 50, ㉡ 50, ㉢ 4

[풀이] 142.2 접지극의 시설 및 접지저항
지중에 매설되어 있고 대지와의 전기저항 값이 3[Ω] 이하의 값을 유지하고 있는 금속제 수도관로와 접지도체의 접속은 금속제 수도관로의 안지름이 75[mm] 이상인 부분 또는 여기에서 분기한 안지름 75[mm] 미만인 분기점으로부터 5[m] 이내의 부분에서 하여야 한다. 다만, 금속제 수도관로와 대지 사이의 전기저항 값이 2[Ω] 이하인 경우에는 분기점으로부터의 거리는 5[m]을 넘을 수 있다.
답 ①

88
저압가공전선 상호 간을 접근 또는 교차하여 시설하는 경우 전선 상호 간 이격거리 및 하나의 저압 가공전선과 다른 저압, 가공전선로의 지지물 사이의 이격거리는 각각 몇 [cm] 이상이어야 하는가? (단, 어느 한 쪽의 전선이 고압 절연전선, 특고압 절연전선 또는 케이블이 아닌 경우이다.)
① 전선 상호 간 : 30[cm], 전선과 지지물 간 : 30[cm]
② 전선 상호 간 : 30[cm], 전선과 지지물 간 : 60[cm]
③ 전선 상호 간 : 60[cm], 전선과 지지물 간 : 30[cm]
④ 전선 상호 간 : 60[cm], 전선과 지지물 간 : 60[cm]

[풀이] 222.16 저압 가공전선 상호 간의 접근 또는 교차
저압 가공전선이 다른 저압 가공전선과 접근상태로 시설되거나 교차하여 시설되는 경우 이격거리

전선의 종류구분	다른 저압 가공전선	
	전선 상호 간	지지물
저압 절연전선	0.6[m]	0.3[m]
어느 한 쪽의 전선이 고압·특고압절연전선 또는 케이블	0.3[m]	

답 ③

89
전선의 단면적이 38[mm²]인 동동연선을 사용하고 지지물로는 B종 철주 또는 B종 철근 콘크리트주를 사용하는 특고압가공전선로를 제3종 특고압 보안공사에 의하여 시설하는 경우의 경간은 몇 [m] 이하이어야 하는가?
① 100[m] ② 150[m]
③ 200[m] ④ 250[m]

[풀이] 332.10 고압 보안공사
제3종 특고압 보안공사는 다음에 따라야 한다.
가. 특고압 가공전선은 연선일 것.
나. 경간은 표에서 정한 값 이하일 것.

지지물의 종류	제3종 특고압 보안공사	전선의 굵기에 따른 경간	
목주·A종 철주 또는 A종 철근 콘크리트주	100[m]	인장강도 14.51 [kN] 이상 또는 38[mm²] 이상인 경동연선	150[m]

지지물의 종류	제3종 특고압 보안공사	전선의 굵기에 따른 경간	
B종 철주 또는 B종 철근 콘크리트주	200[m]	인장강도 21.67 [kN] 이상 또는 55[mm²] 이상인 경동연선	250[m]
철탑	400[m] (단주인 경우에는 300[m])		600[m] 이하 (단주인 경우에는 400[m])

답 ③

90 빙설의 정도에 따라 풍압하중을 적용하도록 규정하고 있는 내용 중 옳은 것은?

① 빙설이 많은 지방에서는 고온계절에는 갑종 풍압하중, 저온계절에는 을종 풍압하중을 적용한다.
② 빙설이 많은 지방에서는 고온계절에는 을종 풍압하중, 저온계절에는 갑종 풍압하중을 적용한다.
③ 빙설이 적은 지방에서는 고온계절에는 갑종 풍압하중, 저온계절에는 을종 풍압하중을 적용한다.
④ 빙설이 적은 지방에서는 고온계절에는 을종 풍압하중, 저온계절에는 갑종 풍압하중을 적용한다.

풀이 331.6 풍압하중의 종별과 적용

지 역		고온 계절	저온 계절
빙설이 많은 지방 이외의 지방		갑종	병종
빙설이 많은 지방	일반지역	갑종	을종
	해안지방 기타 저온계절에 최대풍압이 생기는 지역	갑종	갑종과 을종 중 큰 값 선정
인가가 많이 연접되어 있는 장소		병종	병종

답 ①

91 특고압을 직접 저압으로 변성하는 변압기의 시설기준으로 적합하지 않은 것은?

① 전기로 등 전류가 큰 전기를 소비하기 위한 변압기
② 광산에서 물을 양수하기 위한 양수기용 변압기
③ 발전소 · 변전소 · 개폐소 또는 이에 준하는 곳의 소내용 변압기
④ 교류식 전기철도용 신호회로에 전기를 공급하기 위한 변압기

풀이 341.3 특고압을 직접 저압으로 변성하는 변압기의 시설
특고압을 직접 저압으로 변성하는 변압기는 다음의 것 이외에는 시설하여서는 아니 된다.
가. 전기로 등 전류가 큰 전기를 소비하기 위한 변압기
나. 발전소 · 변전소 · 개폐소 또는 이에 준하는 곳의 소내용 변압기
다. 25[kV] 이하인 특고압 가공전선로(중성선 다중접지식의 것으로서 전로에 지락이 생겼을 때에 2초 이내에 자동적으로 이를 전로로부터 차단하는 장치가 되어 있는 것에 한한다.)에 접속하는 변압기
라. 사용전압이 35[kV] 이하인 변압기로서 그 특고압측 권선과 저압측 권선이 혼촉한 경우에 자동적으로 변압기를 전로로부터 차단하기 위한 장치를 설치한 것.
마. 사용전압이 100[kV] 이하인 변압기로서 그 특고압측 권선과 저압측 권선사이에 접지저항 값이 10[Ω] 이하인 금속제의 혼촉방지판이 있는 것.
바. 교류식 전기철도용 신호회로에 전기를 공급하기 위한 변압기

답 ②

92 애자공사에 의한 고압 옥내배선 등의 시설에서 사용되는 연동선의 공칭단면적은 몇 [mm²] 이상인가?

① 6.0 ② 10
③ 16   ④ 25

풀이 342.1 고압 옥내배선 등의 시설
가. 고압 옥내배선은 다음에 따라 시설하여야 한다.
  ① 애자공사(건조한 장소로서 전개된 장소에 한한다)
  ② 케이블공사
  ③ 케이블트레이공사
나. 전선은 공칭단면적 6[mm²] 이상의 연동선

답 ①

93 발전소에 시설하는 계측 장치 중 주요 변압기의 계측장치로 알맞은 것은?

① 전압 및 전류 또는 전력
② 전압 및 유온 또는 주파수
③ 전압 및 전류 또는 전력품질
④ 전압 및 전류 또는 온도

[풀이] 351.6 계측장치
발전소에서는 다음의 사항을 계측하는 장치를 시설하여야 한다.
가. 발전기의 전압 및 전류 또는 전력
나. 발전기의 베어링 및 고정자의 온도
다. 주요 변압기의 전압 및 전류 또는 전력
라. 특고압용 변압기의 온도
[답] ①

94 전력보안가공통신선이 철도의 궤도를 횡단하는 경우에는 레일면 상 몇 [m] 이상에서 시설하여야 하는가?

① 5.0[m]
② 5.5[m]
③ 6.0[m]
④ 6.5[m]

[풀이] 362.2 전력보안통신선의 시설 높이와 이격거리
전력 보안 가공통신선(이하 "가공통신선"이라 한다)의 높이는 다음을 따른다.

구 분		지상고	비고
도로 (차도)	일반적인 경우	5.0[m] 이상	
	교통에 지장을 안 주는 경우	4.5[m] 이상	
철도 또는 궤도 횡단 시		6.5[m] 이상	레일면상
횡단보도교 위		3.0[m] 이상	그 노면상
기타		3.5[m] 이상	

[답] ④

95 사용전압이 35[kV] 이하인 특고압가공전선과 가공 약전류 전선 등을 동일 지지물에 시설하는 경우, 특고압가공전선로는 어떤 종류의 보안공사로 하여야 하는가?

① 제1종 특고압 보안공사
② 제2종 특고압 보안공사
③ 제3종 특고압 보안공사
④ 고압 보안공사

[풀이] 333.19 특고압 가공전선과 가공약전류전선 등의 공용 설치
사용전압이 35[kV] 이하인 특고압 가공전선과 가공약전류전선 등을 동일 지지물에 시설하는 경우에는 다음에 따라야 한다.
가. 특고압 가공전선로는 제2종 특고압 보안공사에 의할 것.
나. 특고압 가공전선은 가공약전류전선 등의 위로하고 별개의 완금류에 시설할 것.

다. 특고압 가공전선은 케이블인 경우 이외에는 인장강도 21.67[kN] 이상의 연선 또는 단면적이 50[mm²] 이상인 경동연선일 것.
라. 특고압 가공전선과 가공약전류전선 등 사이의 이격거리는 2[m] 이상으로 할 것. 다만, 특고압 가공전선이 케이블인 경우에는 0.5[m]까지로 감할 수 있다.
[답] ②

96 나전선의 사용제한에 관한 사항으로 옥내에 시설하는 저압전선으로 나전선을 사용할 수 없는 경우는?

① 금속덕트공사에 의하여 시설하는 경우
② 버스덕트공사에 의하여 시설하는 경우
③ 애자공사에 의하여 전개된 곳에 전기로용 전선을 시설하는 경우
④ 라이팅덕트공사에 의하여 시설하는 경우

[풀이] 231.4 나전선의 사용 제한
옥내에 시설하는 저압전선에는 나전선을 사용하여서는 아니 된다. 다만, 다음중 어느 하나에 해당하는 경우에는 그러하지 아니하다.
가. 애자공사에 의하여 전개된 곳에 다음의 전선을 시설하는 경우
  ① 전기로용 전선
  ② 전선의 피복 절연물이 부식하는 장소에 시설하는 전선
나. 버스덕트공사에 의하여 시설하는 경우
다. 라이팅덕트공사에 의하여 시설하는 경우
라. 접촉 전선을 시설하는 경우
[답] ①

97 최대사용전압이 6600[V]인 3상 유도전동기의 권선과 대지 사이의 절연내력시험전압은?

① 7260[V]
② 7920[V]
③ 8250[V]
④ 9900[V]

[풀이] 133 회전기 및 정류기의 절연내력

종 류		시험전압	시험 방법
회전기	발전기·전동기·조상기·기타회전기	7[kV] 이하	1.5배 (최저 500[V])	권선과 대지 사이에 연속하여 10분간
		7[kV] 초과	1.25배 (최저 10,500[V])	
	회전 변류기		직류측의 최대 사용전압의 1배의 교류전압(최저 500[V])	

∴ 시험전압 = 6600 × 1.5 = 9900[V]
[답] ④

98 가공전선로의 지지물에 시설하는 지선의 시방세목을 설명한 것 중 옳은 것은?
① 안전율은 1.2 이상일 것
② 허용 인장하중의 최저는 5.26[kN]으로 할 것
③ 소선은 지름 1.6[mm] 이상인 금속선을 사용할 것
④ 지선에 연선을 사용할 경우 소선 3가닥 이상의 연선일 것

풀이 331.11 지선의 시설
가. 가공전선로의 지지물로 사용하는 철탑은 지선을 사용하여 그 강도를 분담시켜서는 안 된다.
나. 지선의 안전율은 2.5 이상일 것. 이 경우에 허용 인장하중의 최저는 4.31[kN]으로 한다.
다. 지선에 연선을 사용할 경우에는 다음에 의할 것.
① 소선 3가닥 이상의 연선일 것.
② 소선의 지름이 2.6[mm] 이상의 금속선을 사용한 것일 것. **답** ④

99 수소 냉각식의 발전기에서 발전기안의 수소의 순도가 얼마 이하로 되면 경보하는 장치를 시설해야 하는가?
① 70[%]   ② 85[%]
③ 90[%]   ④ 95[%]

풀이 351.10 수소냉각식 발전기 등의 시설
수소냉각식의 발전기·조상기 또는 이에 부속하는 수소 냉각 장치는 발전기 내부 또는 조상기 내부의 수소의 순도가 85[%] 이하로 저하한 경우에 이를 경보하는 장치를 시설할 것. **답** ②

> 출제기준 변경 및 개정된 관계 법규에 따라
> 삭제된 문제가 있어 20문항이 안됩니다.

2010년 2회

1과목 - 전기자기

01 Q와 $-Q$로 대전된 두 도체 n과 r 사이의 전위차를 전위 계수로 표시하면?

① $(P_{nn} - 2P_{nr} + P_{rr})Q$
② $(P_{nn} + 2P_{nr} + P_{rr})Q$
③ $(P_{nn} + P_{nr} + P_{rr})Q$
④ $(P_{nn} - P_{nr} + P_{rr})Q$

풀이
$V_1 = P_{nn}Q_1 + P_{nr}Q_2$,
$V_2 = P_{rn}Q_1 + P_{rr}Q_2$ 에서
$Q_1 = Q$, $Q_2 = -Q$를 대입하면
$V_1 = P_{nn}Q - P_{nr}Q$, $V_2 = P_{rn}Q - P_{rr}Q$
전위차 $V = V_1 - V_2$
$\qquad = (P_{nn} - 2P_{nr} + P_{rr})Q$ **답** ①

02 2[Wb/m²]인 평등자계 속에 자계와 직각방향으로 놓인 길이 30[cm]인 도선을 자계와 30° 각도의 방향으로 30[m/sec]의 속도로 이동할 때, 도체 양단에 유기되는 기전력은?

① 3[V]   ② 9[V]
③ 30[V] ④ 90[V]

풀이 $e = Blv\sin\theta = 2 \times 0.3 \times 30 \times \sin 30°$
$\qquad = 9[V]$ **답** ②

03 평면도체의 표면에서 a[m]인 거리에 점전하 Q[C]가 있다. 이 전하를 무한원점까지 운반하는 데 요하는 일[J]은?

① $\dfrac{Q}{8\pi\epsilon_0 a}$[J]   ② $\dfrac{Q^2}{8\pi\epsilon_0 a^2}$[J]
③ $\dfrac{Q^2}{16\pi\epsilon_0 a}$[J]   ④ $\dfrac{Q}{16\pi\epsilon_0 a^2}$[J]

풀이 작용력은
$F = \dfrac{-Q^2}{4\pi\epsilon_0 (2a)^2}$
$\quad = \dfrac{-Q^2}{16\pi\epsilon_0 a^2}$[N] (흡인력)

요하는 일은
$W = \int_a^\infty F da = \dfrac{Q^2}{16\pi\epsilon_0} \int_a^\infty \dfrac{1}{a^2} da$
$\quad = \dfrac{Q^2}{16\pi\epsilon_0} \left[-\dfrac{1}{a} \right]_a^\infty = \dfrac{Q^2}{16\pi\epsilon_0 a}$[J] **답** ③

04 감자력은?

① 자속에 비례한다.
② 자화의 세기에 비례한다.
③ 자극의 세기에 반비례한다.
④ 자계의 세기에 반비례한다.

풀이 $H' = \dfrac{N}{\mu_0} J \propto J$
(H' : 감자력, J : 자화의세기, N : 감자율) **답** ②

05 진공 중에 무한장 직선전하가 단위길이 당 λ[C/m]가 분포되어 있을 때 전하의 중심축에서 r[m] 떨어진 점의 전계의 크기는?

① 거리의 제곱에 비례한다.
② 거리의 제곱에 반비례한다.
③ 거리에 비례한다.
④ 거리에 반비례한다.

풀이 무한장 직선 전하에 의한 전계 $E = \dfrac{\lambda}{2\pi\epsilon_0 r}$이므로 거리에 반비례한다. **답** ④

06 진공 중에서 폐곡면을 통하여 나가는 전력선의 총 수는 그 내부에 있는 점전하의 대수적 합의 몇 배가 되는가?

① ϵ_0 ② $\dfrac{1}{\epsilon_0}$ ③ ϵ_0^2 ④ 1

풀이 가우스의 정리
$$\int_s E \cdot dS = \frac{1}{\epsilon_0} \times \sum_{n=1}^{n} Q_i$$
답 ②

07 액체 유전체를 넣은 콘덴서의 용량이 30[μF]이다. 여기에 500[V]의 전압을 가했을 때 누설전류는 약 얼마인가? (단, 고유저항 ρ는 10^{11} [$\Omega \cdot$m], 비유전율 ϵ_s는 2.2이다.)

① 5.1[mA]   ② 7.7[mA]
③ 10.2[mA] ④ 15.4[mA]

풀이 $RC = \rho\epsilon$[s], $R = \frac{\rho\epsilon}{C}$[$\Omega$]

$$\therefore I = \frac{V}{R} = \frac{CV}{\rho\epsilon} = \frac{CV}{\rho\epsilon_0\epsilon_s}$$

$$= \frac{30 \times 10^{-6} \times 500 \times 10^3}{10^{11} \times 8.855 \times 10^{-12} \times 2.2}$$

$$= 7.7[A]$$
답 ②

08 평행판 콘덴서에서 전극판 사이의 거리를 $\frac{1}{2}$로 줄이면 콘덴서의 용량은 처음 값에 대하여 어떻게 되는가?

① $\frac{1}{2}$로 감소한다.   ② $\frac{1}{4}$로 감소한다.
③ 2배로 증가한다.   ④ 4배로 증가한다.

풀이 $C = \epsilon \frac{s}{d}$[F]에서 $C' = \epsilon \frac{s}{\frac{d}{2}} = 2\epsilon \frac{s}{d}$[F]이므로

2배가 된다.
답 ③

09 넓이 4[m²], 간격 1[m]의 진공 평행판 콘덴서에 1[C]의 전하를 충전하는 경우 평행판 사이의 힘[N]은?

① $\frac{1}{4\epsilon_0}$[N]   ② $\frac{1}{8\epsilon_0}$[N]
③ $\frac{1}{16\epsilon_0}$[N]   ④ $\frac{1}{32\epsilon_0}$[N]

풀이 평행판 전극 도체에 작용하고 단위면적 당의 힘 f는
$$f = \frac{1}{2}DE = \frac{1}{2}\epsilon_0 E^2 = \frac{1}{2}\frac{D^2}{\epsilon_0} = \frac{1}{2}\frac{\sigma^2}{\epsilon_0}[N/m^2]$$

평행판 전극 도체에 작용하는 힘 F는
$$F = fS = \frac{\sigma^2}{2\epsilon_0} \cdot S = \frac{1}{2\epsilon_0}\left(\frac{Q}{S}\right)^2 \cdot S = \frac{Q^2}{2S\epsilon_0}[N]$$

$$\therefore F = \frac{1}{8\epsilon_0}[N]$$
답 ②

10 자계의 세기가 800[AT/m]이고, 자속밀도가 0.2[Wb/m²]인 재질의 투자율[H/m]은?

① 2.5×10^{-3}[H/m]
② 4×10^{-3}[H/m]
③ 2.5×10^{-4}[H/m]
④ 4×10^{-4}[H/m]

풀이 $B = \mu H$에서
$$\mu = \frac{B}{H} = \frac{0.2}{800} = 2.5 \times 10^{-4}[H/m]$$
답 ③

11 공심 솔레노이드의 내부 자계의 세기가 800[AT/m]일 때, 자속밀도[Wb/m²]는 약 얼마인가?

① 1×10^{-3}[Wb/m²]
② 1×10^{-4}[Wb/m²]
③ 1×10^{-5}[Wb/m²]
④ 1×10^{-6}[Wb/m²]

풀이 공심 솔레노이드이므로
$$B = \mu_0 H = 4\pi \times 10^{-7} \times 800$$
$$= 10^{-3}[Wb/m^2]$$
답 ①

12 전계 E[V/m] 및 자계 H[AT/m]의 에너지가 자유 공간 사이를 C[m/s]의 속도로 전파될 때 단위시간에 단위면적을 지나는 에너지[W/m²]는?

① $\frac{1}{2}EH$ ② EH
③ EH^2 ④ E^2H

풀이 포인팅 벡터 $P = E \times H$이므로
$$\therefore P = EH[W/m^2]$$
답

13 자유공간에서 특성 임피던스 $\sqrt{\dfrac{\mu_0}{\epsilon_0}}$ 의 값은?

① $100\pi[\Omega]$
② $120\pi[\Omega]$
③ $\dfrac{1}{100\pi}[\Omega]$
④ $\dfrac{1}{120\pi}[\Omega]$

풀이
$$Z_0 = \dfrac{E}{H} = \sqrt{\dfrac{\mu_0}{\epsilon_0}} = \sqrt{\dfrac{4\pi \times 10^{-7}}{\dfrac{1}{36\pi \times 10^9}}}$$
$$= \sqrt{144\pi^2 \times 100} = 120\pi[\Omega]$$
답 ②

14 유전체 콘덴서에 전압을 인가할 때 발생하는 현상으로 옳지 않은 것은?

① 속박전하의 변위가 분극전하로 나타난다.
② 유전체면에 나타나는 분극전하 면밀도와 분극의 세기는 같다.
③ 유전체 콘덴서는 공기콘덴서에 비하여 전계의 세기는 작아지고 정전용량은 커진다.
④ 단위면적 당의 전기쌍극자모멘트가 분극의 세기이다.

풀이 분극의 세기 P 에서

- 단위면적 당 분극전하량 $P = \dfrac{Q}{S}$
- 단위체적 당의 전기쌍극자 모멘트 $P = \dfrac{M}{V}$

답 ④

5 서로 멀리 떨어져 있는 두 도체를 각각 V_1, V_2 ($V_1 > V_2$)의 전위로 충전한 후 가느다란 도선으로 연결하였을 때 그 도선을 흐르는 전하 Q[C]는? (단, C_1, C_2는 두 도체의 정전용량이라 한다.)

① $\dfrac{C_1^2}{C_1 + C_2}(V_1 - V_2)$
② $\dfrac{(C_1 + C_2)^2}{C_1 C_2}(V_1 - V_2)$
③ $\dfrac{C_1 C_2}{C_1 + C_2}(V_1 - V_2)$
④ $\dfrac{1}{2}\left(\dfrac{C_1 C_2}{C_1 + C_2}\right)(V_1 - V_2)$

풀이 두 도체의 처음 전하를 각각 Q_1, Q_2[C], 가느다란 도체로 연결한 후의 전하를 Q'_1, Q'_2[C]라 하면
$$C_1 V_1 + C_2 V_2 = Q_1 + Q_2 = Q'_1 + Q'_2$$
$$= C_1 V + C_2 V [C]$$
공통 전위 $V = \dfrac{C_1 V_1 + C_2 V_2}{C_1 + C_2}$ [V]

그러므로 도체를 흐르는 전하량 Q[C]는
$$\therefore Q = Q_1 - Q'_1 = C_1 V_1 - C_1 V = C_2 V - C_2 V_2$$
$$= \dfrac{C_1 C_2}{C_1 + C_2}(V_1 - V_2)[C]$$
답 ③

16 $[\Omega \cdot \text{sec}]$와 같은 단위는?

① F
② F/m
③ H
④ H/m

풀이 유기기전력은
$$e = -N\dfrac{d\phi}{dt} = -N\dfrac{d\phi}{di} \cdot \dfrac{di}{dt} = -L\dfrac{di}{dt}$$ 이므로
$$[\text{volt}] = [\text{H}] \cdot \left[\dfrac{\text{ampere}}{\text{sec}}\right]$$
$$\left[\dfrac{\text{volt}}{\text{ampere}} \cdot \text{sec}\right] = [\text{H}]$$
$$[\Omega \cdot \text{sec}] = [\text{H}]$$
답 ③

17 유전율 ϵ_1[F/m], ϵ_2[F/m]인 두 종류의 유전체가 무한평면을 경계로 접해있다. 유전체에서 경계면으로부터 r[m]만큼 떨어진 점 P에 점전하 Q[C]가 있을 경우, 점전하와 유전체 ϵ_2[F/m] 사이에 작용하는 힘[N]은?

① $\dfrac{Q^2}{4\pi\epsilon_1 r^2} \dfrac{\epsilon_1 - \epsilon_2}{\epsilon_1 + \epsilon_2}$[N]
② $\dfrac{Q}{4\pi\epsilon_1 r} \dfrac{\epsilon_1 - \epsilon_2}{\epsilon_1 + \epsilon_2}$[N]
③ $\dfrac{Q^2}{16\pi\epsilon_1 r^2} \dfrac{\epsilon_1 - \epsilon_2}{\epsilon_1 + \epsilon_2}$[N]
④ $\dfrac{Q}{16\pi\epsilon_1 r} \dfrac{\epsilon_1 - \epsilon_2}{\epsilon_1 + \epsilon_2}$[N]

풀이 점전하 Q와 유전체 ϵ_2 사이에 작용하는 힘을 유전체 ϵ_1 중에서 점전하 Q와 영상전하 Q' 사이에 작용하는 힘과 같다. 즉 전공간이 ϵ_1의 유전체로 되었을 경우의 Q에 대한 영상전하 Q'는
$$Q' = \dfrac{\epsilon_1 - \epsilon_2}{\epsilon_1 + \epsilon_2} Q$$
따라서 점전하 Q가 받는 힘 F는
$$F = \dfrac{QQ'}{4\pi\epsilon_1(2r)^2} = \dfrac{Q^2}{16\pi\epsilon_1 r^2} \dfrac{\epsilon_1 - \epsilon_2}{\epsilon_1 + \epsilon_2}[N]$$
답 ③

18 자유공간 내의 전자파의 진행에서 전계와 자계의 시간적인 위상관계는?

① 위상이 서로 같다.
② 전계가 자계보다 90도 빠르다.
③ 전계가 자계보다 90도 늦다.
④ 전계가 자계보다 45도 빠르다.

풀이 전계와 자계와 벡터적(외적, $E \times H$)은 서로 직교하며 동상으로 진행한다. 이때 벡터적의 방향(+z)이 전자파의 진행 방향이 된다.

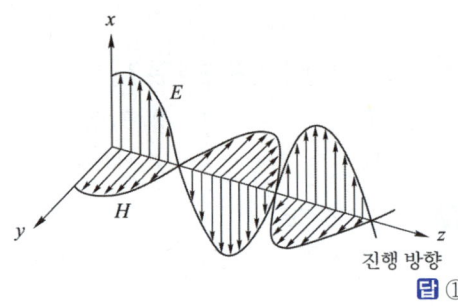

진행 방향

답 ①

19 20[℃]에서 저항 온도계수가 0.004인 동선의 저항이 100[Ω]이었다. 이 동선의 온도가 80[℃]일 때 저항은?

① 24[Ω]   ② 48[Ω]
③ 72[Ω]   ④ 124[Ω]

풀이 $R_{80} = R_{20}\{1+\alpha_{20}(T-t)\} = 100\{1+0.004(80-20)\}$
$= 124[\Omega]$

답 ④

20 표피효과에 관한 설명으로 옳지 않은 것은?

① 도체에 교류가 흐르면 표면으로부터 중심으로 들어 갈수록 전류밀도가 작아진다.
② 고주파일수록, 도체의 전도도 및 투자율이 클수록 심하다.
③ 도체내부는 전류의 전도에 거의 관여하지 않으므로 전기저항이 증가하는 요인이 된다.
④ 도체 내의 전류 또는 자속의 분포는 표면에서의 깊이에 대하여 지수함수적으로 증가된다.

풀이 표피효과(skin effect)는 도체의 중심으로 갈수록 전류의 밀도가 낮아지는 현상을 말하며 표피효과는 주파수에 비례하고 전압의 제곱에 비례한다.

답 ④

2과목 - 전력공학

21 선로의 특성 임피던스에 대한 설명으로 알맞은 것은?

① 선로의 길이에 비례한다.
② 선로의 길이에 반비례한다.
③ 선로의 길이에 관계없이 일정하다.
④ 선로의 길이보다 부하에 따라 변화한다.

풀이 선로의 특성 임피던스
$Z_0 = \sqrt{\dfrac{L}{C}}$: 길이에 무관하다.

답 ③

22 수소냉각발전기에 대한 설명 중 잘못된 것은?

① 풍손이 감소하고 발전기 효율이 상승한다.
② 수소는 공기보다 코로나 발생전압이 낮다.
③ 수소는 열전도가 크고 냉각효과가 높다.
④ 발전기는 전폐형으로 습기의 침입이 적다.

풀이 수소 냉각방식의 특징
• 장점 : 냉각효과가 좋으므로 용량이 증가하고 풍손이 감소하며, 코로나가 수소 중에서 발생하기가 어려워 권선의 수명이 길어 진다
• 단점 : 냉각 및 제어 설비가 복잡하고 폭발의 위험이 있다.

답 ②

23 전선 지지점에 고저차가 없는 경간 300[m]인 송전선로가 있다. 이도를 8[m]로 유지할 경우 지지점 간의 전선 길이는 약 몇 [m]인가?

① 300.1[m]   ② 300.3[m]
③ 300.6[m]   ④ 300.9[m]

풀이 $L = S + \dfrac{8D^2}{3S} = 300 + \dfrac{8 \times 8^2}{3 \times 300} = 300.57[m]$

24 가공배전선로의 부하 분기점에 설치하여 선로 고장발생 시 선로의 타 보호기기와 협조하여 고장구간을 신속하게 개방하는 개폐장치는?

① 고장구간 자동 개폐기
② 자동 선로 구분 개폐기
③ 자동 부하 전환 개폐기
④ 기중부하 개폐기

풀이
- 고장구간 자동 개폐기(ASS) : 수용가의 구내 고장이 배전선로에 파급되는 것을 방지하기 위하여 설치
- 자동 선로 구분 개폐기(섹셔널라이저) : 부하분기점에 설치되어 고장발생시 선로의 타보호기기와 협조하여 고장구간을 신속 정확히 개방하는 자동구간 개폐기
- 자동 부하 전환 개폐기(ALTS) : 수전점에 설치하여 주전원이 정전되면 자동적으로 예비전원으로 절체되어 계속적으로 전력을 공급 할 수 있는 기능을 가진 개폐기
- 기중부하개폐기(ABS) : 특고압 배전선로의 정상부하 전류를 수동으로 개폐하는 데 사용하는 장치 답 ②

25 3상 동기발전기의 고장전류를 계산할 때, 영상전류 I_0, 정상전류 I_1 및 역상전류 I_2가 같은 경우는 어느 사고로 볼 수 있는가?

① 선간 지락 ② 1선 지락
③ 2선 단락 ④ 3상 단락

풀이 고장의 종류 및 대칭분

고장의 종류	대 칭 분
3상 단락	정상분($I_1 \neq 0$)
선간 단락	정상분, 역상분 ($I_1 = -I_2 \neq 0$, $V_1 = V_2 \neq 0$)
1선 지락	정상분, 역상분, 영상분 ($I_0 = I_1 = I_2 \neq 0$)
2선 지락	정상분, 역상분, 영상분 ($V_0 = V_1 = V_2 \neq 0$)

답 ②

26 수용가측에서 부하의 무효전력 변동분을 흡수하여 플리커의 발생을 방지하는 대책으로 거리가 먼 것은?

① 부스터 방식
② 동기조상기와 리액터 방식
③ 사이리스터 이용 콘덴서 개폐방식
④ 사이리스터용 리액터 방식

풀이 수용가측에서 실시하는 플리커 발생방지 대책
- 전원계통에 리액터분을 보상하는 방법
  1) 직렬 콘덴서 방식
  2) 3권선 보상변압기 방식
- 전압강하를 보상하는 방법
  1) 부스터 방식
  2) 상호 보상 리액터 방식
- 부하의 무효전력 변동분을 흡수하는 방법
  1) 동기조상기와 리액터 방식
  2) 사이리스터 이용 콘덴서 개폐 방식
  3) 사이리스터용 리액터
- 플리커 부하전류의 변동분을 억제하는 방식
  1) 직렬 리액터 방식
  2) 직렬 리액터 가포화 방식 답 ①

27 수전용 변전설비의 1차 측에 설치하는 차단기의 용량은 어느 것에 의하여 정하는가?

① 수전전력과 부하율
② 수전계약용량
③ 공급측 전원의 단락용량
④ 부하설비용량

풀이 차단기 차단용량은 그 점에 있어서의 단락 용량에 의해 결정된다.
즉, 단락용량 $P_s = \dfrac{100}{\%Z} P_n$에서 알 수 있듯이 차단기 차단용량은 전원측으로부터 단락점까지의 %임피던스(%Z)와 공급측 전기설비용량 P_n에 의해 결정된다.
답 ③

28 전선 a, b, c가 일직선으로 배치되어 있다. a와 b, b와 c 사이의 거리가 각각 5[m]일 때 이 선로의 등가 선간거리는 약 몇 [m]인가?

① 5[m] ② 6.3[m]
③ 6.7[m] ④ 10[m]

풀이 등가 선간거리 D_e는

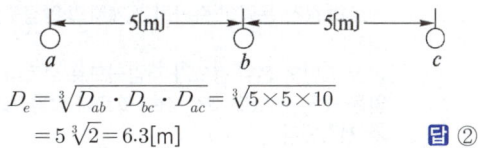

$D_e = \sqrt[3]{D_{ab} \cdot D_{bc} \cdot D_{ac}} = \sqrt[3]{5 \times 5 \times 10}$
$= 5\sqrt[3]{2} = 6.3[m]$ 답 ②

29 소호 리액터 접지에 대한 설명으로 잘못된 것은?

① 선택지락계전기의 작동이 쉽다.
② 과도안정도가 높다.
③ 전자유도장애가 경감한다.
④ 지락전류가 작다.

풀이 접지방식별 특징

방식	보호계전기동작	지락전류	고장중운전	전위상승	과도안정도	유도장해	특징
직접 접지 (22.9, 154, 345[kV])	확실	최대	×	1.3	최소	최대	중성점 영전위, 단절연 가능
저항 접지	↑	↑	×	$\sqrt{3}$	↓	↑	
비접지 (3.3, 6.6 [kV])	×	↑	가능	$\sqrt{3}$	↓	↑	저전압 단거리에 적용
소호 리액터 접지 (66[kV])	불확실	최소	가능	$\sqrt{3}$ 이상	최대	최소	병렬공진, 고장전류 최소

답 ①

30 3상3선식 복도체방식의 송전선로를 3상3선식 단도체방식 송전선로와 비교한 것으로 알맞은 것은? (단, 단도체의 단면적은 복도체방식의 소선의 단면적의 합과 같은 것으로 한다.)

① 전선의 인덕턴스는 증가하고, 정전용량은 감소한다.
② 전선의 인덕턴스와 정전용량은 모두 증가한다.
③ 전선의 인덕턴스는 감소하고, 정전용량은 증가한다.
④ 전선의 인덕턴스와 정전용량은 모두 감소한다.

풀이 복도체 방식의 장점
① 전선의 인덕턴스가 감소하고 정전용량이 증가되어 선로의 송전 용량이 증가하고 계통의 안정도를 증진시킨다.
② 전선 표면의 전위 경도가 저감되므로 코로나 임계전압을 높일 수 있고 코로나손, 코로나 잡음 등의 장해가 저감된다.

답 ③

31 저압 뱅킹 배전방식에서 캐스케이딩 현상이란?
① 전압 동요가 적은 현상
② 변압기의 부하배분이 불균일한 현상
③ 저압선이나 변압기에 고장이 생기면 자동적으로 고장이 제거되는 현상
④ 저압선의 고장에 의하여 건전한 변압기의 일부 또는 전부가 차단되는 현상

풀이 캐스케이딩 현상이란 Banking 배전방식으로 운전 중 건전한 변압기 일부가 고장이 발생하면 부하가 다른 건전한 변압기에 걸려서 고장이 확대되는 현상을 말한다.

답 ④

32 배전선로에서 손실계수 H와 부하율 F 사이에 성립하는 것은? (단, 부하율 $F \leq 1$이다.)

① $H \geq F^2$
② $H \leq 0$
③ $H = F$
④ $H \geq F$

풀이 $0 \leq F^2 \leq H \leq F \leq 1$

답 ①

33 배전선로의 접지 목적과 거리가 먼 것은?
① 고장전류의 크기 억제
② 혼촉, 누전, 접촉에 의한 위험 방지
③ 이상전압의 억제, 대지전압 저하시켜 보호장치작동 확실
④ 피뢰기 등의 뇌해 방지 설비의 보호 효과 향상

풀이 접지의 목적
- 지락고장 시 건전상의 대지 전위상승을 억제, 전선로 및 기기의 절연레벨을 경감
- 뇌, 아크 지락, 기타에 의한 이상전압의 경감 및 발생 억제
- 지락고장 시 접지계전기의 확실한 동작
- 혼촉, 누전, 접촉에 의한 위험 방지

답 ①

34 초호환(arcing ring)의 설치 목적은?
① 애자연의 보호
② 클램프의 보호
③ 이상전압 발생의 방지
④ 코로나손의 방지

풀이 초호환(소호환 : arcing ring)의 목적
- 섬락 사고시 애자련을 보호
- 애자련에 걸리는 전압 분담을 균일하게 한다.

답 ①

35 유효낙차가 40[%] 저하되면 수차의 효율이 20[%] 저하 된다고 할 경우 이때의 출력은 원래의 약 몇 [%]인가? (단, 안내 날개의 열림은 불변인 것으로 한다.)

① 37.2[%] ② 48.0[%]
③ 52.7[%] ④ 63.7[%]

풀이 출력 P, 낙차 H, 효율을 η라 하면
$P \propto QH\eta$, $Q \propto H^{\frac{1}{2}}$ 이므로 $P \propto H^{\frac{3}{2}} \cdot \eta$
$\therefore P = (0.6^{\frac{3}{2}} \times 0.8) \times 100 = 37.18[\%]$ **답** ①

36 3상이고 표준전압 3[kV], 600[kW]를 역률 0.85로 수전하는 공장의 수전회로에 시설하는 계기용 변류기의 변류비로 적당한 것은? (단, 변류기의 2차 전류는 5[A]이다.)

① 5 ② 10 ③ 20 ④ 40

풀이 $P = \sqrt{3}\, V_1 I_1 \cos\theta$
$I_1 = \dfrac{600 \times 10^3}{\sqrt{3} \times 3000 \times 0.85} \times 1.25 \sim 1.5 = 170 \sim 204[A]$
(∵ 계기용 변류기는 25~50[%] 여유를 둔다.)
그러므로 40(200/5)의 변류비를 선정한다.   **답** ④

37 피뢰기의 구비조건으로 틀린 것은?
① 충격 방전 개시 전압이 높을 것
② 상용 주파 방전 개시 전압이 높을 것
③ 속류의 차단능력이 충분할 것
④ 방전 내량이 크고, 제한 전압이 낮을 것

풀이 피뢰기의 구비조건
• 상용 주파 방전 개시 전압이 높을 것
• 충격 방전 개시 전압이 낮을 것
• 제한 전압이 낮을 것
• 속류 차단 능력이 클 것   **답** ①

38 뒤진 역률 80[%], 1000[kW]의 3상 부하가 있다. 이것에 콘덴서를 설치하여 역률을 95[%]로 개선하려면 콘덴서의 용량은 약 몇 [kVA]인가?

① 240[kVA] ② 420[kVA]
③ 630[kVA] ④ 950[kVA]

풀이 $Q = P(\tan\theta_1 - \tan\theta_2)$ 에서
$Q = 1000\left(\dfrac{0.6}{0.8} - \dfrac{\sqrt{1-0.95^2}}{0.95}\right) = 421.32[kVA]$ **답** ②

39 화력발전소의 재열기(reheater)의 목적은?
① 급수를 가열한다. ② 석탄을 건조한다.
③ 공기를 예열한다. ④ 증기를 가열한다.

풀이 고압 터빈 내에서 팽창한 증기를 보일러에서 재가열함으로써 건조도를 높여 적당한 과열도를 갖도록 하는 과열기를 설치하는데, 보통 이것을 재열기(reheater)라 한다.   **답** ④

40 장거리 송전선로의 특성은 어떤 회로로 다루는 것이 가장 알맞은가?
① 분산부하회로 ② 집중정수회로
③ 분포정수회로 ④ 특성 임피던스 회로

풀이

구분	거리	선로 정수	회로
단거리	수[km]	R, L만 고려	집중정수회로로 취급
중거리	수십[km]	R, L, C만 고려	T회로, π회로로 취급
장거리	수백[km]	R, L, C, g 고려	분포정수회로로 취급

답 ③

3과목 - 전기기기

41 200±100[V], 5[kVA]인 3상 유도전압조정기의 직렬권선의 전류는?

① 약 28.9[A] ② 약 50.1[A]
③ 약 57.8[A] ④ 약 16.7[A]

풀이 3상 유도전압조정기의 정격출력
$P = \sqrt{3}\, E_2 I_2 [VA]$
여기서, E_2 : 조정 전압[V],
I_2 : 직렬권선에 흐르는 정격 2차 전류[A]
$\therefore I_2 = \dfrac{P}{\sqrt{3}\, V_2} = \dfrac{5 \times 10^3}{\sqrt{3} \times 100} = 28.87[A]$ **답** ①

42 어떤 유도전동기가 부하 시 슬립(s) 5[%]에서 한 상당 10[A]의 전류를 흘리고 있다. 한 상에 대한 회전자 유효저항이 0.1[Ω]일 때 3상 회전자출력은?

① 190[W]   ② 570[W]
③ 620[W]   ④ 780[W]

풀이 $R = \dfrac{1-s}{s} r_2 = \dfrac{1-0.05}{0.05} \times 0.1 = 1.9[\Omega]$

$\therefore P = 3I_1^2 R = 3 \times 10^2 \times 1.9 = 570[W]$ **답** ②

43 전동기에서 회전력이 작용하는 방향으로 맞는 것은?

① 인덕턴스가 증가하는 방향
② 자기저항이 증가하는 방향
③ 시스템의 에너지가 증가하는 방향
④ 전류가 증가하는 방향

풀이 3상 유도전동기의 회전자는 회전자계 a, b, c 상의 합성 기자력이 증가하는 방향, 즉 인덕턴스가 증가하는 방향으로 발생한다.   **답** ①

44 3상 유도전동기의 원선도 작성에 필요한 기본량을 구하기 위한 시험이 아닌 것은?

① 충격전압시험
② 저항측정시험
③ 무부하 시험
④ 구속시험

풀이 원선도 작성에 필요한 시험 : 무부하 시험, 구속시험, 저항측정시험   **답** ①

45 정격전압이 120[V]인 직류분권발전기가 있다. 전압변동율이 5[%]인 경우 무부하 단자전압은?

① 114[V]   ② 126[V]
③ 132[V]   ④ 138[V]

풀이 $\epsilon = \dfrac{V_0 - V_n}{V_n} \times 100[\%]$에서

$V_0 = \dfrac{\epsilon V_n}{100} + V_n = \dfrac{5 \times 120}{100} + 120 = 126[V]$ **답** ②

46 동기전동기에 관한 설명으로 잘못된 것은?

① 제동권선이 필요하다.
② 난조가 발생하기 쉽다.
③ 여자기가 필요하다.
④ 역률을 조정할 수 없다.

풀이 동기전동기는 계자전류의 크기를 조정함으로써 지상에서부터 진상까지 역률을 조정할 수 있으며, 속도가 불변이고, 결점으로는 기동 토크가 작은 점이다.   **답** ④

47 10극, 3상 유도전동기가 있다. 회전자는 3상이고 정지시의 2차 1상의 전압이 150[V]이다. 이 회전자를 회전자계와 반대방향으로 400[rpm] 회전시키면 2차 전압은? (단, 1차 전원 주파수는 50[Hz]이다.)

① 150[V]   ② 200[V]
③ 250[V]   ④ 300[V]

풀이 $N_s = \dfrac{120f}{P} = \dfrac{120 \times 50}{10} = 600[rpm]$

$s = \dfrac{N_s + N}{N_s} = \dfrac{600 + 400}{600} = 1.667$

$\therefore E_{2s} = sE_2 = 1.667 \times 150 = 250[V]$ **답** ③

48 3상 동기발전기에 무부하 전압보다 90° 늦은 전기자 전류가 흐를 때 전기자 반작용은?

① 교차자화작용을 한다.
② 자기여자 작용을 한다.
③ 감자 작용을 한다.
④ 증자작용을 한다.

풀이

분류	동기발전기	동기전동기
전압과 동상	교차 자화작용	교차 자화작용
진상전류	증자작용	감자 작용
지상전류	감자 작용	증자작용

49 부하변동이 심한 부하에 직권전동기를 사용할 때 전기자 반작용을 감소시키기 위해서 설치하는 것은?

① 계자권선　　② 보상권선
③ 브러시　　　④ 균압선

풀이 전기자 반작용에 대한 대책
① 브러시를 새로운 중성점으로 이동
　• 발전기 : 회전방향으로 이동
　• 전동기 : 회전방향과 반대방향으로 이동
② 보상권선 설치　　　　**답** ②

50 220[V] 3상 유도전동기의 전부하 슬립이 4[%]이다. 공급전압이 10[%] 저하된 경우의 전부하 슬립은?

① 4[%]　② 5[%]　③ 6[%]　④ 7[%]

풀이 공급전압이 10[%] 저하된 경우의 전부하 슬립을 s'라 하면
$$s' = s \times \left(\frac{V_1}{V_1'}\right)^2 = s \times \left(\frac{V_1}{V_1 \times 0.9}\right)^2$$
$$= 0.04 \times \left(\frac{220}{220 \times 0.9}\right)^2 = 0.05 = 5[\%]$$ **답** ②

51 선박의 전기추진용 전동기의 속도제어에 가장 알맞은 것은?

① 주파수 변화에 의한 제어
② 극수 변환에 의한 제어
③ 1차 회전에 의한 제어
④ 2차 저항에 의한 제어

풀이 주파수 변화에 의한 제어는 전동기에 가해지는 전원 주파수를 바꾸어 속도를 제어하는 방법으로서 원동기의 속도제어에 의해 전용 발전기의 주파수를 변화시키는 것으로 선박의 전기 추진용 전동기, 포터 모터의 속도 제어 등에 적합하다. **답** ①

52 변압기에서 권수가 2배가 되면 유기기전력은 몇 배가 되는가?

① $\frac{1}{2}$　② 1　③ 2　④ 4

풀이 $E_1 = 4.44 f w_1 \Phi_m$ 에서 기전력과 권수는 비례한다.
즉, $E \propto w$　　**답** ③

53 전기자 도체의 굵기, 권수 및 극수가 같을 때 소전류, 고전압을 얻을 수 있는 권선법은?

① 단중 중권　　② 단중 파권
③ 균압접속　　④ 개로권

풀이 전기자 권선을 중권과 파권에 대하여 비교하면

비교 항목	단중 중권	단중 파권
전기자의 병렬회로수	극수와 같다.	항상 2이다.
브러시 수	극수와 같다.	2개로 되나, 극수만큼의 브러시를 둘 수도 있다.
전기자 도체의 굵기, 권수, 극수가 모두 같을 때	저전압, 대전류를 얻을 수 있다.	전류는 작지만 고전압을 얻을 수 있다.
균압접속	4극 이상이면 균압접속을 하여야 한다.	균압접속은 필요 없다.

답 ②

54 3상 동기발전기의 여자전류가 5[A]일 때 1상의 유기기전력을 440[V]이고 3상 단락전류는 20[A]이다. 이 발전기의 동기 임피던스는?

① 17[Ω]　　② 20[Ω]
③ 22[Ω]　　④ 25[Ω]

풀이 동기임피던스 $Z_s = \frac{E_n}{I_s} = \frac{440}{20} = 22[\Omega]$ **답** ③

55 3상 직권 정류자 전동기의 중간 변압기는 고정자 권선과 회전자 권선 사이에 직렬로 접속되는데 이 중간 변압기를 사용하는 중요한 이유는?

① 경부하시 속도의 급상승 방지를 위하여
② 주파수 변동으로 속도를 조정하기 위하여
③ 회전자 상수를 감소하기 위하여
④ 역회전을 방지하기 위하여

풀이 중간 변압기를 사용하는 주요한 이유
① 전원전압의 크기에 관계없이 정류에 알맞게 회전자 전압을 선택할 수 있다.
② 중간 변압기의 권수비를 바꾸어 전동기의 특성을 조정할 수 있다.
③ 직권 특성이기 때문에 경부하에서는 속도가 매우 상승하나 중간 변압기를 사용, 그 철심을 포화하도록 하면 그 속도 상승을 제한할 수 있다. **답** ①

56 다음 기기 중 공장에서 역률을 개선하려고 할 때 쓰이는 기기가 아닌 것은?

① 동기조상기
② 콘덴서용 직렬리액터
③ 전력용 콘덴서
④ 회전변류기

풀이
- 동기조상기 및 전력용 콘덴서를 사용하여 역률을 개선할 수 있으며, 전력용 콘덴서에는 방전 코일과 직렬 리액터를 부속으로 설치하여야 한다.
- 회전 변류기는 교류전력을 직류전력으로 바꾸는 회전기기이다. **답 ④**

57 직류전동기의 정출력 제어를 위한 속도제어법은?

① 워드 레오너드 제어법
② 전압제어법
③ 계자제어법
④ 전기자저항 제어법

풀이 속도제어 $n = K'\dfrac{E_C}{\phi} = K'\dfrac{V - I_a R_a}{\phi}$ [rps]

전압 제어 (V)	효율이 좋다.	• 정토크 제어 • 광범위 속도제어 • 일그너 방식 (부하가 급변하는 곳) • 워드레너드 방식 • 직병렬 제어
계자 제어 (ϕ)	효율이 좋다.	• 정출력 제어 • 세밀하고 안정된 속도제어 • 속도 조정 범위 좁다.
저항 제어 (R_a)	효율이 나쁘다.	• 속도 조정 범위 좁다.

답 ③

58 변압기의 단락시험과 관련 없는 것은?

① 권선의 저항
② 임피던스 전압
③ 임피던스 와트
④ 여자 어드미턴스

풀이 변압기의 단락 시험으로는 임피던스 와트, 임피던스 전압 및 입력 전류를 측정하여 누설 임피던스, 누설 리액턴스, 권선의 저항 등을 산출하고, 여자 어드미턴스는 무부하 시험으로 계산한다. **답 ④**

59 2개의 사이리스터로 단상전파정류를 하여 90[V]의 직류전압을 얻는 데 필요한 최대 첨두역전압은 약 얼마인가?

① 141[V]   ② 283[V]
③ 365[V]   ④ 400[V]

풀이 최대 첨두역전압 $PIV = \pi E_d$ 에서
$PIV = \pi \times 90 = 282.74$ [V]가 된다. **답 ②**

60 2차 권선이 무부하 상태에서 변압기 여자전류의 실효값을 결정하는 요소로 바르게 연결된 것은?

① 1차권선 자기 인덕턴스, 1차 단자전압 실효값
② 1차권선 자기 인덕턴스, 2차 유기기전력
③ 2차권선 자기 인덕턴스, 입력전압 실효값
④ 2차권선 자기 인덕턴스, 2차 유기기전력

풀이 무부하 상태에서 변압기 1차 전류는 여자전류이다.
여자전류 $I_0 = \dfrac{V_1}{\omega L_1}$ [A] **답 ①**

4과목 - 회로이론

61 △ 결선된 저항부하를 Y결선으로 바꾸면 소비전력은? (단, 저항과 선간 전압은 일정하다.)

① 3배   ② 9배
③ $\dfrac{1}{9}$ 배   ④ $\dfrac{1}{3}$ 배

풀이 $P_\triangle = 3I^2 R = 3\left(\dfrac{V}{R}\right)^2 R = 3 \cdot \dfrac{V^2}{R}$

다음 Y결선 시 상전압은 선간 전압의 $\dfrac{1}{\sqrt{3}}$ 이므로

$P_Y = 3 \cdot \dfrac{\left(\dfrac{V}{\sqrt{3}}\right)^2}{R} = \dfrac{V^2}{R}$

$\therefore P_Y = \dfrac{1}{3} P_\triangle$ **답 ④**

62 대칭 3상 Y부하에서 각상의 임피던스 $3+j4$ [Ω]이고 부하전류가 20[A]일 때 이 부하에서 소비되는 전 전력은?

① 1400[W]   ② 1600[W]
③ 1800[W]   ④ 3600[W]

풀이 $P = 3I^2R = 3 \times 20^2 \times 3 = 3600[W]$ **답** ④

63 최대치 100[V], 주파수 60[Hz]인 정현파 전압이 $t=0$에서 순시치가 50[V]이고 이 순간에 전압이 감소하고 있을 경우의 정현파의 순시치 식은?

① $100\sin(120\pi t + 45°)$
② $100\sin(120\pi t + 135°)$
③ $100\sin(120\pi t + 150°)$
④ $100\sin(120\pi t + 30°)$

풀이 $v = 100\sin(\omega t + 150°)$

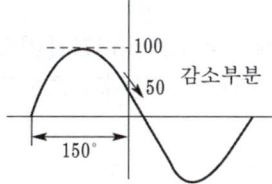

답 ③

64 두 코일의 자기 인덕턴스가 L_1[H], L_2[H]이고 상호 인덕턴스가 M일 때 결합계수 k는?

① $\dfrac{\sqrt{L_1L_2}}{M}$ ② $\dfrac{M}{\sqrt{L_1L_2}}$
③ $\dfrac{M^2}{L_1L_2}$ ④ $\dfrac{L_1L_2}{M^2}$

풀이 $M = k\sqrt{L_1 \cdot L_2}$, $k = \dfrac{M}{\sqrt{L_1 \cdot L_2}}$ **답** ②

65 어떤 회로에서 유효전력 80[W], 무효전력 60[Var]일 때 역률은?

① 50[%]   ② 70[%]
③ 80[%]   ④ 90[%]

풀이 $P = 80[W]$, $P_r = 60[Var]$
$P_a = \sqrt{80^2 + 60^2} = 100[VA]$
$\cos\theta = \dfrac{P}{P_a} = \dfrac{80}{100} = 0.8$
∴ 80[%] **답** ③

66 대칭 6상 전원이 있다. 환상결선으로 권선에 120[A]의 전류를 흘린다고 하면 선전류는?

① 60[A]   ② 90[A]
③ 120[A]   ④ 150[A]

풀이 $I_l = 2I_p \sin\dfrac{\pi}{n} = 2 \times 120 \times \sin\dfrac{\pi}{6}$
$= 120[A]$ **답** ③

67 $R = 50[\Omega]$, $L = 200[mH]$의 직렬회로에 주파수 $f = 50[Hz]$의 교류에 대한 역률은?

① 82.3[%]   ② 72.3[%]
③ 62.3[%]   ④ 52.3[%]

풀이 $R-L$ 직렬회로의
$\cos\theta = \dfrac{R}{Z} = \dfrac{R}{\sqrt{R^2 + X_L^2}}$
$\cos\theta = \dfrac{50}{\sqrt{50^2 + (2 \times 3.14 \times 50 \times 200 \times 10^{-3})^2}}$
$= 0.623$
∴ 62.3[%] **답** ③

68 $f(t) = 3t^2$의 라플라스 변환은?

① $\dfrac{3}{s^2}$ ② $\dfrac{3}{s^3}$
③ $\dfrac{6}{s^2}$ ④ $\dfrac{6}{s^3}$

풀이 $\mathcal{L}[at^n] = \dfrac{an!}{s^{n+1}}$ 에서
$\mathcal{L}[3t^2] = \dfrac{3 \times 2!}{s^{2+1}} = \dfrac{6}{s^3}$ **답** ④

69 다음의 회로가 정저항 회로로 되기 위한 C의 값은?

① $4[\mu F]$
② $6[\mu F]$
③ $8[\mu F]$
④ $10[\mu F]$

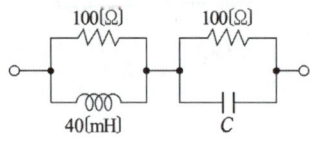

풀이 $R = \sqrt{\dfrac{L}{C}}$ 에서

$C = \dfrac{L}{R^2} = \dfrac{40 \times 10^{-3}}{100^2} = 4[\mu F]$

답 ①

70 전송선로에서 무손실 일 때 $L = 96[mH]$, $C = 0.6[\mu F]$이면 특성 임피던스는?

① $10[\Omega]$ ② $40[\Omega]$
③ $100[\Omega]$ ④ $400[\Omega]$

풀이 $Z_0 = \sqrt{\dfrac{L}{C}} = \sqrt{\dfrac{96 \times 10^{-3}}{0.6 \times 10^{-6}}} = 400[\Omega]$

답 ④

71 다음의 회로에서 단자 a, b에 걸리는 전압은?

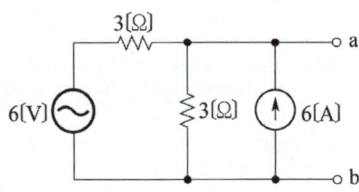

① $12[V]$ ② $18[V]$
③ $24[V]$ ④ $6[V]$

풀이

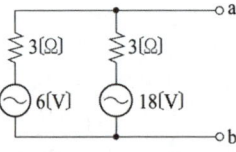

위 그림을 테브난 등가를 이용하여 변환하면
따라서 밀만의 정리를 적용하면

$V_{bc} = \dfrac{\dfrac{6}{3} + \dfrac{18}{3}}{\dfrac{1}{3} + \dfrac{1}{3}} = 12[V]$

답 ①

72 $R - L - C$ 회로망에서 입력전압을 $e_i(t)[V]$, 출력량을 전류 $I(t)[A]$로 할 때, 이 요소의 전달함수는?

① $\dfrac{Rs}{LCs^2 + RCs + 1}$

② $\dfrac{RLs}{LCs^2 + RCs + 1}$

③ $\dfrac{Ls}{LCs^2 + RCs + 1}$

④ $\dfrac{Cs}{LCs^2 + RCs + 1}$

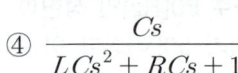

풀이 $e_i(t) = Ri(t) + L\dfrac{d}{dt}i(t) + \dfrac{1}{C}\int i(t)dt$

라플라스 변환하면

$E_i(s) = RI(s) + LsI(s) + \dfrac{1}{Cs}I(s)$

$\therefore \dfrac{I(s)}{E(s)} = \dfrac{Cs}{LCs^2 + RCs + 1}$

답 ④

73 어떤 회로 소자에 $e = 125\sin 377t[V]$를 가했을 때 전류 $i = 25\sin 377t[A]$가 흐른다면 이 소자는?

① 다이오드 ② 순저항
③ 유도 리액턴스 ④ 용량 리액턴스

풀이
- R : 전압과 전류의 위상이 같다.
- L : 전압보다 전류의 위상이 90° 느리다.(지상)
- C : 전압보다 전류의 위상이 90° 빠르다.(진상)

전압과 전류의 위상차가 없으므로 순저항만의 부하이다.

답 ②

74 선간 전압 200[V], 부하 임피던스 $24 + j7[\Omega]$인 3상 Y결선의 3상 유효전력은?

① $192[W]$ ② $512[W]$
③ $1536[W]$ ④ $4608[W]$

풀이 $I = \dfrac{V/\sqrt{3}}{Z} = \dfrac{200/\sqrt{3}}{\sqrt{24^2 + 7^2}} = 4.62[A]$이므로

$\therefore P = 3I^2R = 3 \times 4.62^2 \times 24$
$\fallingdotseq 1536[W]$

답 ③

75 저항 30[Ω], 용량성 리액턴스 40[Ω]의 병렬 회로에 120[V]의 정현파 교류전압을 가할 때 전체 전류는?

① 3[A] ② 4[A]
③ 5[A] ④ 6[A]

풀이 K.C.L에 의하여 각 소자에 흐르는 전류의 합은 전체 전류이므로
$$\therefore I = I_R + jI_c = \frac{E}{R} + j\frac{E}{X} = \frac{120}{30} + j\frac{120}{40}$$
$$= 4 + j3 = \sqrt{4^2 + 3^2} = 5[A]$$ 답 ③

76 다음과 같은 RC 회로망에서 입력전압을 $e_i(t)$, 출력전압을 $e_o(t)$라 할 때 이 요소의 전달함수는? (단, $R = 100[\text{k}\Omega]$, $C = 10[\mu\text{F}]$이고 초기 조건은 0 이다.)

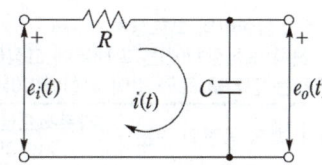

① $\dfrac{1}{s+1}$ ② $\dfrac{10}{s+1}$
③ $\dfrac{1}{10s+1}$ ④ $\dfrac{10}{10s+1}$

풀이
$$G(s) = \frac{E_o(s)}{E_i(s)} = \frac{\frac{1}{Cs}}{R + \frac{1}{Cs}} = \frac{1}{RCs+1}$$
$$= \frac{1}{(100 \times 10^3 \times 10 \times 10^{-6})s+1}$$
$$= \frac{1}{s+1}$$ 답 ①

77 기본파의 40[%]인 제3고조파와 30[%]인 제5고조파를 포함하는 전압파의 왜형률은?

① 0.9 ② 0.7
③ 0.3 ④ 0.5

풀이 왜형률 $= \dfrac{\sqrt{V_3^2 + V_5^2}}{V_1} = \sqrt{\left(\dfrac{V_3}{V_1}\right)^2 + \left(\dfrac{V_5}{V_1}\right)^2}$
$= \sqrt{0.4^2 + 0.3^2} = 0.5$ 답 ④

78 다음과 같은 브리지 회로가 평형이 되기 위한 Z_4의 값은?

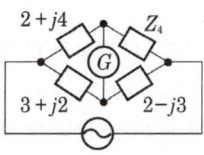

① $2 + j4$ ② $-2 + j4$
③ $4 + j2$ ④ $4 - j2$

풀이 $Z_4(3+j2) = (2+j4)(2-j3)$
$$\therefore Z_4 = \frac{(2+j4)(2-j3)}{3+j2}$$
$$= \frac{(16+j2)(3-j2)}{(3+j2)(3-j2)} = 4 - j2$$ 답 ④

79 어떤 회로망의 4단자 정수가 $A = 8$, $B = j2$, $D = 3 + j2$이면 이 회로망의 C는?

① $2 + j3$ ② $3 + j3$
③ $24 + j14$ ④ $8 - j11.5$

풀이 $AD - BC = 1$이므로
$$C = \frac{AD-1}{B} = \frac{8(3+j2)-1}{j2}$$
$$= 8 - j11.5$$ 답 ④

80 다음 함수 $F(S) = \dfrac{5S+3}{S(S+1)}$의 역라플라스 변환은?

① $2 + 3e^{-t}$ ② $3 + 2e^{-t}$
③ $3 - 2e^{-t}$ ④ $2 - 3e^{-t}$

풀이 $F(s) = \dfrac{5s+3}{s(s+1)} = \dfrac{A}{s} + \dfrac{B}{s+1}$
$A = \dfrac{5s+3}{s+1}\bigg|_{s=0} = \dfrac{3}{1} = 3$
$B = \dfrac{5s+3}{s}\bigg|_{s=-1} = \dfrac{-2}{-1} = 2$이므로
$F(s) = \dfrac{3}{s} + \dfrac{2}{s+1}$
$\mathcal{L}^{-1}\{F(s)\} = 3 + 2e^{-t}$ 답 ②

5과목 - 전기설비기술기준

81 가공전선로의 지지물로서 길이 9[m], 설계하중이 6.8[kN] 이하인 철근 콘크리트주를 시설할 때 땅에 묻히는 깊이는 몇 [m] 이상으로 하여야 하는가?

① 1.2 ② 1.5 ③ 2 ④ 2.5

풀이 331.7 가공전선로 지지물의 기초의 안전율
가공전선로의 지지물에 하중이 가하여지는 경우에 그 하중을 받는 지지물의 기초의 안전율은 2(이상 시 상정하중에 대한 철탑의 기초에 대하여는 1.33) 이상이어야 한다. 다만, 다음에 따라 시설하는 경우에는 적용하지 않는다.

설계 하중 전장	6.8[kN] 이하	6.8[kN] 초과 ~9.8[kN] 이하	9.8[kN] 초과 ~14.72[kN] 이하
15[m] 이하	전장 × 1/6[m] 이상	전장 × 1/6 + 0.3[m] 이상	전장 × 1/6 + 0.5[m] 이상
15[m] 초과	2.5[m] 이상	2.8[m] 이상	–
16[m] 초과 ~20[m] 이하	2.8[m] 이상	–	–
15[m] 초과 ~18[m] 이하	–	–	3[m] 이상
18[m] 초과	–	–	3.2[m] 이상

∴ $9[m] \times \dfrac{1}{6} = 1.5[m]$ **답** ②

82 무선용 안테나 등을 지지하는 철탑의 기초 안전율은 얼마 이상이어야 하는가?

① 1.0 ② 1.5 ③ 2.0 ④ 2.5

풀이 364.1 무선용 안테나 등을 지지하는 철탑 등의 시설
전력보안통신설비인 무선통신용 안테나 또는 반사판을 지지하는 목주·철주·철근 콘크리트주 또는 철탑은 다음에 따라 시설하여야 한다. 다만, 무선용 안테나 등이 전선로의 주위상태를 감시할 목적으로 시설되는 것일 경우에는 그러하지 아니하다.
가. 목주는 풍압하중에 대한 안전율은 1.5 이상이어야 한다.
나. 철주·철근 콘크리트주 또는 철탑의 기초 안전율은 1.5 이상이어야 한다. **답** ②

83 일반 주택 및 아파트 각 호실의 현관등으로 백열전등을 설치할 때에는 타임스위치를 설치하여 몇 분 이내에 소등되는 것이어야 하는가?

① 1 ② 2 ③ 3 ④ 5

풀이 234.6 점멸기의 시설
다음의 경우에는 센서등(타임스위치 포함)을 시설하여야 한다.
가. 관광숙박업 또는 숙박업(여인숙업을 제외한다)에 이용되는 객실의 입구등은 1분 이내에 소등되는 것.
나. 일반주택 및 아파트 각 호실의 현관등은 3분 이내에 소등되는 것. **답** ③

84 뱅크용량이 20000[kVA]인 전력용 커패시터에 자동적으로 전로로부터 차단하는 보호장치를 하려고 한다. 반드시 시설하여야 할 보호장치가 아닌 것은?

① 내부에 고장이 생긴 경우에 동작하는 장치
② 절연유의 압력이 변화할 때 동작하는 장치
③ 과전류가 생긴 경우에 동작하는 장치
④ 과전압이 생긴 경우에 동작하는 장치

풀이 351.5 조상설비의 보호장치
무효전력 보상장치에는 그 내부에 고장이 생긴 경우에 보호하는 장치를 표와 같이 시설하여야 한다.

설비 종별	뱅크 용량의 구분	자동적으로 전로로부터 차단하는 장치
전력용 커패시터 및 분로리액터	500[kVA] 초과 15,000[kVA] 미만	• 내부에 고장이 생긴 경우 • 과전류가 생긴 경우
	15,000[kVA] 이상	• 내부에 고장이 생긴 경우 • 과전류가 생긴 경우 • 과전압이 생긴 경우
조상기 (調相機)	15,000[kVA] 이상	• 내부에 고장이 생긴 경우

답 ②

85 특고압가공전선로를 가공 케이블로 시설하는 경우 잘못된 것은?

① 조가용선에 행거의 간격은 1[m]로 시설하였다.
② 조가용선 및 케이블의 피복에 사용하는 금속제에는 접지공사를 하였다.
③ 조가용선은 단면적 22[mm²]의 아연도 연선을 사용하였다.
④ 조가용선에 접촉시켜 금속테이프를 간격 20[cm] 이하의 간격을 유지시켜 나선형으로 감아 붙였다.

풀이 333.3 특고압 가공케이블의 시설
특고압 가공전선로는 그 전선에 케이블을 사용하는 경우에는 다음에 따라 시설하여야 한다.
가. 케이블은 다음의 어느 하나에 의하여 시설할 것.
① 조가용선에 행거에 의하여 시설할 것. 이 경우에 행거의 간격은 0.5[m] 이하로 하여 시설하여야 한다.
② 조가용선에 접촉시키고 그 위에 쉽게 부식되지 아니하는 금속 테이프 등을 0.2[m] 이하의 간격을 유지시켜 나선형으로 감아붙일 것.
나. 조가용선은 인장강도 13.93[kN] 이상의 연선 또는 단면적 22[mm²] 이상의 아연도강연선일 것.
다. 조가용선 및 케이블의 피복에 사용하는 금속체에는 규정에 준하여 접지공사를 할 것. 답 ①

86 도로 등의 전열장치 시설에 맞지 않는 것은?

① 발열선의 전기공급은 전로의 대지전압 300 [V] 이하일 것
② 콘크리트 기타 견고한 내열성이 있는 것 안에 시설할 것
③ 발열선은 그 온도가 80[℃]를 넘지 않도록 시설할 것
④ 발열선은 다른 약전류 전선 등에 자기적인 장애를 줄 것

풀이 241.12 도로 등의 전열장치
가. 발열선에 전기를 공급하는 전로의 대지전압은 300[V] 이하일 것.
나. 발열선은 그 온도가 80[℃]를 넘지 아니하도록 시설할 것. 다만, 도로 또는 옥외주차장에 금속피복을 한 발열선을 시설할 경우에는 발열선의 온도를 120[℃] 이하로 할 수 있다.
다. 발열선은 다른 전기설비·약전류전선 등 또는 수관·가스관이나 이와 유사한 것에 전기적·자기적 또는 열적인 장해를 주지 아니하도록 시설할 것. 답 ④

87 옥내 관등회로의 사용전압이 1000[V]를 넘는 네온 방전등 공사로 적합하지 않는 것은?

① 애자공사에 의한 전선 상호 간의 간격은 10[cm] 이상일 것
② 관등회로의 배선은 전개된 장소 또는 점검할 수 있는 은폐된 장소에 시설할 것
③ 네온변압기 외함에는 접지공사를 할 것
④ 애자공사에 의한 전선의 지지점 간의 거리는 1[m] 이하일 것

풀이 234.12 네온방전등
네온방전등에 공급하는 전로의 대지전압은 300[V] 이하로 하여야 하며, 다음에 의하여 시설하여야 한다. 다만, 네온방전등에 공급하는 전로의 대지전압이 150[V] 이하인 경우는 적용하지 않는다.
가. 네온변압기는 옥내배선과 직접 접촉하여 시설할 것.
나. 관등회로의 배선은 애자공사로 다음에 따라서 시설하여야 한다.
① 전선은 네온관용전선을 사용할 것.
② 전선은 자기 또는 유리제 등의 애자로 견고하게 지지하여 조영의 아랫면 또는 옆면에 부착하고 전선 상호간의 이격거리는 60[mm] 이상일 것.
③ 전선지지점간의 거리는 1[m] 이하로 할 것.
④ 애자는 절연성·난연성 및 내수성이 있는 것일 것. 답 ①

88 금속관공사에서 절연 부싱을 사용하는 가장 주된 목적은?

① 관의 끝이 터지는 것을 방지
② 관의 단구에서 조영재의 접촉 방지
③ 관내 해충 및 이물질 출입 방지
④ 관의 단구에서 전선 피복의 손상 방지

풀이 232.12 금속관공사
관의 끝 부분에는 전선의 피복을 손상하지 아니하도록 적당한 구조의 부싱을 사용할 것. 다만, 금속관공사로부터 애자공사로 옮기는 경우에는 그 부분의 관의 끝부분에는 절연부싱 또는 이와 유사한 것을 사용하여야 한다. 답 ④

89 저압 또는 고압의 가공전선로와 기설 가공 약전류 전선로가 병행할 때 유도작용에 의한 통신상의 장해가 생기지 않도록 전선과 기설 약전류 전선 간의 이격거리는 몇 [m] 이상이어야 하는가? (단, 전기철도용 급전선과 단선식 전화선로는 제외한다.)

① 2
② 3
③ 4
④ 6

풀이 332.1 가공약전류전선로의 유도장해 방지
저압 가공전선로 또는 고압 가공전선로와 기설 가공약전류전선로가 병행하는 경우에는 유도작용에 의하여 통신상의 장해가 생기지 않도록 전선과 기설 약전류전선간의 이격거리는 2[m] 이상이어야 한다. 답 ①

90 시가지에 시설하는 특고압가공전선로의 지지물이 철탑이고 전선이 수평으로 2 이상 있는 경우에 전선 상호 간의 간격이 4[m] 미만인 때에는 특고압가공전선로의 경간은 몇 [m] 이하이어야 하는가?

① 100　　　　　② 150
③ 200　　　　　④ 250

풀이 333.1 시가지 등에서 특고압 가공전선로의 시설
　특고압 가공전선로의 경간은 표에서 정한 값 이하일 것.

지지물의 종류	경 간
A종 철주 또는 A종 철근 콘크리트주	75[m]
B종 철주 또는 B종 철근 콘크리트주	150[m]
철 탑	400[m] (단주인 경우에는 300 [m]) 다만, 전선이 수평으로 2 이상 있는 경우에 전선 상호 간의 간격이 4[m] 미만인 때에는 250[m]

답 ④

91 중성점 직접 접지식으로서 최대 사용전압이 161000[V]인 변압기 권선의 절연내력 시험전압은 몇 [V]인가?

① 103040　　　② 115920
③ 148120　　　④ 177100

풀이 135 변압기 전로의 절연내력

권선의 종류 (최대사용전압)	접지방식	시험전압 (최대사용 전압의 배수)	최저 시험전압
1. 7[kV] 이하		1.5배	500[V]
	다중접지	0.92배	500[V]
2. 7[kV] 초과 25[kV] 이하	다중접지	0.92배	
3. 7[kV] 초과 60[kV] 이하 (2란의 것 제외)		1.25배	10.5[kV]
4. 60[kV] 초과	비접지	1.25배	
5. 60[kV] 초과 (6란의 것 제외)	접지식	1.1배	75[kV]
6. 60[kV] 초과	직접접지	0.72배	
7. 170[kV] 초과	직접접지	0.64배	

※ 최대 사용전압 × 0.72이므로
　161000 × 0.72 = 115920[V]

답 ②

92 특고압가공전선과 지지물, 완금류, 지주 또는 지선 사이의 이격거리는 사용전압 15000[V] 미만인 경우 일반적으로 몇 [cm] 이상이어야 하는가?

① 15　　　　　② 20
③ 50　　　　　④ 80

풀이 333.5 특고압 가공전선과 지지물 등의 이격거리
　특고압 가공전선과 그 지지물・완금류・지주 또는 지선 사이의 이격거리는 표에서 정한 값 이상이어야 한다. 다만, 기술상 부득이한 경우에 위험의 우려가 없도록 시설한 때에는 표에서 정한 값의 0.8배까지 감할 수 있다.

사용전압	이격거리[cm]
15[kV] 미만	15
15[kV] 이상 25[kV] 미만	20
25[kV] 이상 35[kV] 미만	25
60[kV] 이상 70[kV] 미만	40
130[kV] 이상 160[kV] 미만	90

답 ①

93 전기울타리 시설에 대한 설명으로 알맞은 것은?

① 전기울타리는 사람이 쉽게 출입할 수 있는 곳에 시설할 것
② 전기울타리용 전원장치에 전기를 공급하는 전로의 사용전압은 600[V] 이하일 것
③ 전선과 이를 지지하는 기둥 사이의 이격거리는 2.5[cm] 이상일 것
④ 전선과 수목 사이의 이격거리는 40[cm] 이상일 것

풀이 241.1 전기울타리
　가. 전기울타리용 전원장치에 전원을 공급하는 전로의 사용전압은 250[V] 이하이어야 한다.
　나. 전기울타리는 사람이 쉽게 출입하지 아니하는 곳에 시설할 것.
　다. 전선은 인장강도 1.38[kN] 이상의 것 또는 지름 [mm] 이상의 경동선일 것.
　라. 전선과 이를 지지하는 기둥 사이의 이격거리는 [mm] 이상일 것.
　마. 전선과 다른 시설물(가공 전선을 제외한다) 또는 수목과의 이격거리는 0.3[m] 이상일 것.

답 ④

94 사용전압이 440[V]인 이동기중기용 접촉전선을 애자공사에 의하여 옥내의 전개된 장소에 시설하는 경우 사용하는 전선으로 옳은 것은?

① 인장강도가 3.44[kN] 이상인 것 또는 지름 2.6[mm]의 경동선으로 단면적이 8[mm²] 이상인 것
② 인장강도가 3.44[kN] 이상인 것 또는 지름 3.2[mm]의 경동선으로 단면적이 18[mm²] 이상인 것
③ 인장강도가 11.2[kN] 이상인 것 또는 지름 6[mm]의 경동선으로 단면적이 28[mm²] 이상인 것
④ 인장강도가 11.2[kN] 이상인 것 또는 지름 8[mm]의 경동선으로 단면적이 18[mm²] 이상인 것

풀이 232.81 옥내에 시설하는 저압 접촉전선 배선
가. 전선의 바닥에서의 높이는 3.5[m] 이상으로 하고 또한 사람이 접촉할 우려가 없도록 시설할 것.
나. **전선은 인장강도 11.2[kN] 이상의 것 또는 지름 6[mm]의 경동선으로 단면적이 28[mm²] 이상인 것**일 것. 다만, 사용전압이 400[V] 이하인 경우에는 인장강도 3.44[kN] 이상의 것 또는 지름 3.2[mm] 이상의 경동선으로 단면적이 8[mm²] 이상 인 것을 사용할 수 있다.
다. 전선의 지지점간의 거리는 6[m] 이하일 것.
라. 전선 상호 간의 간격은 전선을 수평으로 배열하는 경우에는 0.14[m] 이상, 기타의 경우에는 0.2[m] 이상일 것. **답 ③**

95 고압과 저압전로를 결합하는 변압기 저압측의 중성점에는 접지공사를 변압기의 시설장소마다 하여야 하나 부득이 하여 가공공동지선을 설치하여 공통의 접지공사로 하는 경우 각 변압기를 중심으로 하는 지름 몇 [m] 이내의 지역에 시설하여야 하는가?

① 400   ② 500
③ 600   ④ 800

풀이 322.1 고압 또는 특고압과 저압의 혼촉에 의한 위험방지 시설
가공공동지선을 설치하여 2 이상의 시설장소에 규정에 의하여 다음과 같이 접지공사를 할 수 있다.

가. 가공공동지선은 인장강도 5.26[kN] 이상 또는 지름 4[mm] 이상의 경동선을 사용하여 저압가공전선에 관한 규정에 준하여 시설할 것.
나. **접지공사는 각 변압기를 중심으로 하는 지름 400 [m] 이내의 지역**으로서 그 변압기에 접속되는 전선로 바로 아래의 부분에서 각 변압기의 양쪽에 있도록 할 것.
다. 가공공동지선과 대지 사이의 합성 전기저항 값은 1 [km]를 지름으로 하는 지역 안마다 규정에 의해 접지저항 값을 가지는 것으로 하고 또한 각 접지도체를 가공공동지선으로부터 분리하였을 경우의 각 접지도체와 대지 사이의 전기저항 값은 300[Ω] 이하로 할 것. **답 ①**

96 사람이 접촉할 우려가 있는 접지공사에서 지하 75[cm]로부터 지표상 2[m]까지의 접지선은 사람의 접촉우려가 없도록 하기 위하여 어느 것을 사용하여 보호하는가?

① 두께 1[mm] 이상의 콘바인덕트관
② 두께 2[mm] 이상의 합성수지관
③ 피막의 두께가 균일한 비닐포장지
④ 이음부분이 없는 플로어 덕트

풀이 142.3.1 접지도체
접지도체는 지하 0.75[m]부터 지표 상 2[m]까지 부분은 합성수지관(**두께 2[mm] 미만의 합성수지제 전선관 및 가연성 콤바인덕트관은 제외한다**) 또는 이와 동등 이상의 절연효과와 강도를 가지는 몰드로 덮어야 한다. **답 ②**

97 지중전선로를 직접 매설식에 의하여 시설할 때, 중량물의 압력을 받을 우려가 있는 장소에 지중전선을 견고한 트라프 기타 방호물에 넣지 않고도 부설할 수 있는 케이블은?

① 염화비닐 절연 케이블
② 폴리에틸렌 외장 케이블
③ 콤바인 덕트 케이블
④ 알루미늄피 케이블

풀이 334.1 지중전선로의 시설
지중 전선로를 직접 매설식에 의하여 시설하는 경우에 지중 전선을 견고한 트라프 기타 방호물에 넣어 시설하여야 한다.

단, 다음의 어느 하나에 해당하는 경우에는 지중전선을 견고한 트라프 기타 방호물에 넣지 아니하여도 된다.
① 저압 또는 고압의 지중전선을 차량 기타 중량물의 압력을 받을 우려가 없는 경우에 그 위를 견고한 판 또는 몰드로 덮어 시설하는 경우
② 저압 또는 고압의 지중전선에 콤바인덕트 케이블 또는 개장한 케이블을 사용하여 시설하는 경우

답 ③

출제기준 변경 및 개정된 관계 법규에 따라 삭제된 문제가 있어 20문항이 안됩니다.

2010년 3회

1과목 - 전기자기

01 전자파의 진행 방향은?
① 전계 E의 방향과 같다.
② 자계 H의 방향과 같다.
③ $E \times H$의 방향과 같다.
④ $\nabla \times E$의 방향과 같다.

풀이 전계와 자계는 벡터적(외적, $E \times H$)은 서로 직교하며 동상으로 진행한다. 이때 벡터적의 방향(+z)이 전자파의 진행 방향이 된다.

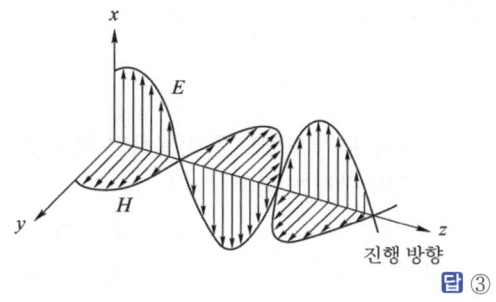

답 ③

02 정전용량이 C인 콘덴서에서 극판 사이의 비유전율이 2인 유전체를 제거하고 공기로 채운 경우 그 때의 용량을 C_O라고 하면, C와 C_O의 관계는?
① $C = 2C_O$ ② $C = 4C_O$
③ $C = \dfrac{C_O}{4}$ ④ $C = \dfrac{C_O}{2}$

풀이 Faraday에 의해 $\dfrac{C}{C_0} = \epsilon_s$: 비유전율
여기서, 유전체 중의 정전용량은 공기 중의 ϵ_s배가 되므로
$\therefore C = \epsilon_s C_0 = 2C_0$
답 ①

03 두 개의 자력선이 동일한 방향으로 흐르면 자계의 강도는 한 개의 자력선에 비하여 어떻게 되는가?
① 더 약해진다.
② 주기적으로 약해졌다 또는 강해졌다 한다.
③ 더 강해진다.
④ 강해졌다가 약해진다.

풀이 자계강도 H는 자력선밀도와 같으므로 한 개의 자력선보다 동일 방향의 두 개의 자력선이 흐르면 자력선 밀도가 증가하므로 자계강도는 더 강해진다.
답 ③

04 공기 중에 10[cm] 떨어져 평행으로 놓여 진 두 개의 무한히 긴 도선에 왕복전류가 흐를 때 단위길이 당 0.04[N]의 힘이 작용한다면 이때 흐르는 전류는 약 몇 [A]인가?
① 58[A]   ② 62[A]   ③ 83[A]   ④ 141[A]

풀이 $F = \dfrac{2I_1 I_2}{r} \times 10^{-7}$[N]에서 $I_1 = I_2 = I$이므로
$I = \sqrt{\dfrac{1}{2} Fr \times 10^7} = \sqrt{\dfrac{1}{2} \times 0.04 \times 0.1 \times 10^7}$
$= \sqrt{2 \times 10^4} = 141.4$[A]
답 ④

05 거리 r에 반비례하는 전계의 크기를 주는 대전체는?
① 점전하   ② 선전하
③ 구전하   ④ 무한평면전하

풀이
• 점전하에 의한 전계 $E = \dfrac{Q}{4\pi\epsilon_0 r^2}$
• 구전하에 의한 전계 $E = \dfrac{Q}{4\pi\epsilon_0 r^2}$
• 선전하에 의한 전계 $E = \dfrac{Q}{2\pi\epsilon_0 r}$
• 무한평면에 의한 전계 $E = \dfrac{\sigma}{2\epsilon_0}$
답 ②

06 6.28[A]가 흐르는 무한장 직선도선상에서 1[m] 떨어진 점의 자계의 세기 [A/m]는?
① 0.5[A/m]   ② 1[A/m]
③ 2[A/m]   ④ 3[A/m]

풀이 무한장 직선 전류에 의한 자계의 세기
$H = \dfrac{I}{2\pi r}$ [AT/m]에서 $H = \dfrac{6.28}{2\pi \times 1} = 1$ [AT/m] **답** ②

07 지름 10[cm]인 원형 코일 중심에서의 자계가 1000[A/m]이다. 원형 코일이 100회 감겨있을 때, 전류는 몇 [A]인가?

① 1[A] ② 2[A] ③ 3[A] ④ 5[A]

풀이 원형 코일 중심의 자계의 세기 $H = \dfrac{NI}{2a}$ 에서
$I = \dfrac{2aH}{N} = \dfrac{2 \times 0.05 \times 1000}{100} = 1$ [A] **답** ①

08 주파수가 100[MHz]인 전자파가 비투자율 $\mu_r = 1$, 비유전율 $\epsilon_r = 36$인 물질 속에서 전파할 경우 파장 [m]은? (단, 감쇠정수 $\alpha = 0$이다.)

① 0.5[m] ② 1[m] ③ 1.5[m] ④ 2[m]

풀이 전파 속도
$v = \dfrac{1}{\sqrt{\mu\epsilon}} = \dfrac{3 \times 10^8}{\sqrt{\mu_s \epsilon_s}} = \dfrac{3 \times 10^8}{\sqrt{1 \times 36}} = 0.5 \times 10^8$
∴ 파장 $\lambda = \dfrac{V}{f} = \dfrac{0.5 \times 10^8}{100 \times 10^6} = 0.5$ [m] **답** ①

09 구의 입체각은 몇 스테라디안[sr : steradian]인가?

① π[sr] ② 2π[sr] ③ 4π[sr] ④ 8π[sr]

풀이 스테라디안[sr]은 반지름이 r인 구의 표면에서 r^2인 면적에 해당하는 입체각이다.
- 전구면의 입체각 $\omega_1 = \dfrac{4\pi r^2}{r^2} = 4\pi$[sr]
- 반구면의 입체각 $\omega_2 = \dfrac{2\pi r^2}{r^2} = 2\pi$[sr] **답** ③

10 무한히 넓은 평행판 콘덴서에서 두 평행판 사이의 간격이 d[m]일 때 단위면적 당 두 평행판 사이의 정전용량[F/m²]은? (단, 매질은 공기이다.)

① $\dfrac{1}{4\pi\epsilon_0 d}$ [F/m²] ② $\dfrac{4\pi\epsilon_0}{d}$ [F/m²]

③ $\dfrac{\epsilon_0}{d}$ [F/m²] ④ $\dfrac{\epsilon_0}{d^2}$ [F/m²]

풀이 무한 평행평판 도체에서 극판 간의 거리 d[m]라 할 때, 두 평판 도체에 면전하밀도 $\pm\sigma$[C/m²]를 부여한다.
전속밀도 $D = \sigma$이므로
- 전계의 세기 $E = \dfrac{D}{\epsilon_0} = \dfrac{\sigma}{\epsilon_0}$
- 두 극판 간의 전위차 $V = Ed = \dfrac{\sigma}{\epsilon_0} d$
- 단위면적 당의 정전용량
$C_0 = \dfrac{\sigma}{V} = \dfrac{\epsilon_0}{d}$ [F/m²] **답** ③

11 암페어의 주회적분의 법칙은 직접적으로 다음의 어느 관계를 표시하는가?

① 전하와 전계 ② 전류와 인덕턴스
③ 전류와 자계 ④ 전하와 전위

풀이 암페어 주회 법칙 $\oint H \cdot dl = I$ **답** ③

12 쌍극자 자기 모멘트를 이용하면 자화율과 절대온도의 관계는 어떠한가?

① 항상 같다. ② 비례 한다.
③ 반비례한다. ④ 관계가 없다.

풀이 퀴리의 법칙 :
물질의 자화율은 절대온도 T에 반비례한다.
$\chi = \dfrac{C}{(T-\Theta)}$
(χ : 자화율, C : 퀴리상수, Θ : 퀴리온도) **답** ③

13 그림과 같이 길이 l_1[m], 폭 l_2[m]인 직사각 코일이 자속밀도 B[Wb/m²]인 평등자계 내에 코일면의 법선이 자계의 방향과 θ각으로 놓여 있다. 코일에 흐르는 전류가 I[A]이면 코일에 작용하는 회전력은 몇 [N·m]인가? (단, 코일의 권수는 n이다.)

① $nBIl_1l_2\sin\theta$
② $nBIl_1l_2\cos\theta$
③ $nBI^2l_1l_2\sin\theta$
④ $nBI^2l_1l_2\cos\theta$

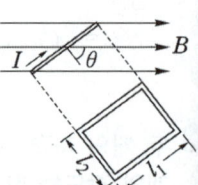

풀이

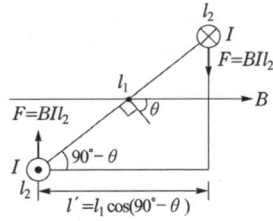

l_1의 두 코일변은 동일축상에서 힘의 크기는 같고, 방향은 서로 반대이므로 힘의 합성은 0이 되어 회전력이 없다.
l_2의 두 코일변은 그림과 같은 힘 $F=BIl_2$가 작용하므로 직사각형 코일이 받는 회전력 T는
$T=Fl'=Fl_1\cos(90°-\theta)=BIl_2l_1\sin\theta[\text{N}\cdot\text{m}]$
코일의 권수 n이므로 회전력 T는
$\therefore T=nBIl_1l_2\sin\theta[\text{N}\cdot\text{m}]$ 답 ①

14 한 금속에서 전류의 흐름으로 인한 온도 구배부분의 줄열 이외의 발열 또는 흡열에 관한 현상은?

① 펠티에 효과(Peltier effect)
② 볼타 법칙(Volta law)
③ 제벡 효과(Seebeck effect)
④ 톰슨 효과(Thomson effect)

풀이
- 제벡 효과 : 두 종류 금속 접속면에 온도차가 있으면 기전력이 발생하는 효과
- 펠티에 효과 : 두 종류 금속 접속면에 전류를 흘리면 접속점에서 열의 흡수, 발생이 일어나는 효과
- 톰슨 효과 : 동일한 금속 도선의 두 점간에 온도차를 주고, 고온 쪽에서 저온 쪽으로 전류를 흘리면 도선 속에서 열이 발생되거나 흡수가 일어나는 이러한 현상을 톰슨 효과라 한다. 답 ④

5 투자율이 다른 두 자성체의 경계면에서 굴절각과 입사각의 관계가 옳은 것은? (단, μ : 투자율, θ_1 : 입사각, θ_2 : 굴절각)

① $\dfrac{\sin\theta_1}{\sin\theta_2}=\dfrac{\mu_1}{\mu_2}$ ② $\dfrac{\tan\theta_2}{\tan\theta_1}=\dfrac{\mu_1}{\mu_2}$
③ $\dfrac{\cos\theta_1}{\cos\theta_2}=\dfrac{\mu_1}{\mu_2}$ ④ $\dfrac{\tan\theta_1}{\tan\theta_2}=\dfrac{\mu_1}{\mu_2}$

풀이
- 자계세기의 접선성분의 연속성 : $H_1\sin\theta_1=H_2\sin\theta_2$
- 자속밀도의 법선성분의 연속성 : $B_1\cos\theta_1=B_2\cos\theta_2$
- 굴절각 : $\dfrac{\tan\theta_1}{\tan\theta_2}=\dfrac{\mu_1}{\mu_2}$ 답 ④

16 유전체 중의 전계의 세기를 E, 유전률을 ϵ이라 하면 전기 변위는?

① $\dfrac{1}{2}\epsilon E^2$ ② $\dfrac{E}{\epsilon}$
③ ϵE^2 ④ ϵE

답 ④

17 그림(a)의 인덕턴스에 전류가 그림(b)와 같이 흐를 때 2초에서 6초 사이의 인덕턴스 전압 V_L은?

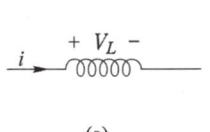
(a)

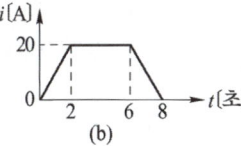
(b)

① 0[V] ② 5[V]
③ 10[V] ④ 20[V]

풀이 $2\le t\le 6$인 구간에서는 전류의 변화가 없으므로 자속이 변화하지 않는다.
따라서 $V_L=0$이다. 답 ①

18 10[μF]의 콘덴서를 100[V]로 충전한 것을 단락시켜 0.1[ms]에 방전시켰다고 하면 평균전력은 몇 [W]인가?

① 450[W] ② 500[W]
③ 550[W] ④ 600[W]

풀이 $P=\dfrac{W}{t}=\dfrac{\frac{1}{2}CV^2}{t}=\dfrac{\frac{1}{2}\times 10\times 10^{-6}\times 100^2}{0.1\times 10^{-3}}$
$=500[\text{W}]$ 답 ②

19 평면도체표면에서 $d[\text{m}]$의 거리에 점전하 $Q[\text{C}]$가 있을 때 이 전하를 무한원까지 운반하는데 요하는 일 [J]은?

① $\dfrac{Q^2}{4\pi\epsilon_0 d}[\text{J}]$ ② $\dfrac{Q^2}{8\pi\epsilon_0 d}[\text{J}]$
③ $\dfrac{Q^2}{16\pi\epsilon_0 d}[\text{J}]$ ④ $\dfrac{Q^2}{32\pi\epsilon_0 d}[\text{J}]$

풀이 작용력은

$$F = \frac{-Q^2}{4\pi\epsilon_0 (2d)^2}$$

$$= \frac{-Q^2}{16\pi\epsilon_0 d^2}[\text{N}] \text{ (흡인력)}$$

요하는 일은

$$W = \int_d^\infty F dr = \frac{Q^2}{16\pi\epsilon_0}\int_d^\infty \frac{1}{d^2}dr$$

$$= \frac{Q^2}{16\pi\epsilon_0}\left[-\frac{1}{d}\right]_d^\infty = \frac{Q^2}{16\pi\epsilon_0 d}[\text{J}]$$

답 ③

20 기전력 $V[\text{V}]$, 내부저항 $r[\Omega]$인 전지에 전열기를 연결했을 때 전열기의 발열을 최대로 낼 수 있는 최대전력[W]은?

① $\frac{V^2}{2r}[\text{W}]$ ② $\frac{V^2}{4r}[\text{W}]$

③ $\frac{2V^2}{r}[\text{W}]$ ④ $\frac{4V^2}{r}[\text{W}]$

풀이 최대전력 전송조건에 의해 전열기의 최대전력 조건은 전지의 내부저항과 전열기의 저항이 같을 때이다.
전열기의 최대전력

$$P = I^2 \cdot r = \left(\frac{V}{2r}\right)^2 \cdot r = \frac{V^2}{4r}[\text{W}]$$

답 ②

2과목 - 전력공학

21 전등 부하에 공급하고 있는 그림 A, D와 같은 단상 2선식 저압 배전 간선이 있다. A, B, C, D의 각 점의 부하전류 및 각 부하점의 거리는 그림에 표시한 바와 같다. 이 저압 간선 중의 한 점 F에서 공급되는 것으로 하고 FA 및 FD 간의 전압강하를 동일하게 하는 F점의 위치를 구하면?(단, 전선의 굵기는 AD간을 전부 같게 하고, 또 전선의 리액턴스를 무시한다.)

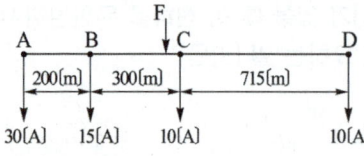

① B에서 C방향으로 80[m]인 지점
② B에서 C방향으로 90[m]인 지점
③ B에서 C방향으로 100[m]인 지점
④ B에서 C방향으로 110[m]인 지점

풀이

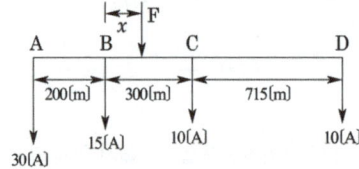

F점을 기준으로 해서 양쪽의 전압강하가 같아야 하므로

$\rho_{FBA} = \rho_{FCD}$, $R = \rho\frac{l}{A}$

단면적과 도전율은 같으므로
$200 \times 30 + 45x = 20(300-x) + 10 \times 715$
$6000 + 45x = 6000 - 20x + 7150$
$65x = 7150$ ∴ $x = 110[\text{m}]$

답 ④

22 430[mm²]의 ACSR(반지름 $r=14.6$[mm])이 그림과 같이 배치되어 완전 연가된 송전선로가 있다. 인덕턴스는 약 얼마 정도인가? (단, 지표상의 높이는 이도의 영향을 고려한 것이다.)

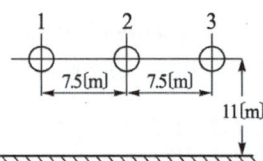

① 1.34[mH/km] ② 1.39[mH/km]
③ 1.44[mH/km] ④ 1.49[mH/km]

풀이 기하 평균 선간거리
$D = \sqrt[3]{7.5 \times 7.5 \times 2 \times 7.5} = 9.45[\text{m}] = 9450[\text{mm}]$
$r = 14.6[\text{mm}]$

$$\therefore L = 0.05 + 0.4605\log_{10}\frac{D}{r}$$

$$= 0.05 + 0.4605\log_{10}\frac{9450}{14.6}$$

$$= 1.3445[\text{mH/km}]$$

답 ①

23 소호 리액터의 탭이 공진점을 벗어나고 있는 정도를 나타내는 데 합조도라는 용어가 사용된다. 합조도가 정(+)이 되는 상태를 나타낸 것은?

① $\omega L > \frac{1}{3\omega C_s}$ ② $\omega L < \frac{1}{3\omega C_s}$

③ $\omega L = \frac{1}{3\omega C_s}$ ④ $\omega L > \frac{1}{3\omega^2 C_s}$

> **풀이** 합조도 $(P) = \dfrac{I_L - I_C}{I_C}$
>
> I_L : 소호 리액터 탭전류
> I_C : 전대지 충전전류에서 합조도가 정(+)인 경우는 과보상 상태를 의미한다.
>
> $I_L > I_C$ 즉, $\omega L < \dfrac{1}{3\omega C}$ 이 된다. **답** ②

24 총단면적이 같은 경우 단도체와 비교해 볼 때 복도체의 이점으로 옳지 않은 것은?

① 정전용량이 증가한다.
② 안정도가 증가한다.
③ 송전전력이 증가한다.
④ 코로나 임계전압이 낮아진다.

> **풀이** 복도체의 장점
> ① 선로의 인덕턴스 감소
> ② 선로의 정전용량 증가
> ③ 선로의 송전용량 증가
> ④ 안정도 증가
> ⑤ 코로나 개시전압 증가 **답** ④

25 송전선로의 코로나 발생을 방지하는 대책으로 가장 효과적인 방법은?

① 전선의 선간거리를 증가시킨다.
② 선로의 대지절연을 강화한다.
③ 철탑의 접지저항을 낮게 한다.
④ 전선을 굵게 하거나 복도체를 사용한다.

> **풀이** 코로나 방지 대책
> 코로나 임계전압 $\left(E_0 = 24.3 m_0 m_1 \delta\, d \log_{10} \dfrac{D}{r}\right)$을 상승시킨다.
> ① 전선의 지름을 크게 한다.
> ② 복도체를 사용한다.
> ③ 가선 금구를 개량한다.
> ④ 가선시에 전선 표면의 금구를 손상하지 않게 한다.
> 임계전압 식에서 선간거리를 증가시켜도 코로나 임계전압이 상승하나, 선간거리를 증가시키려면 철탑을 보강하여야 하므로 경제적 측면에서 부적당하다. **답** ④

26 피뢰기의 제한전압이란?

① 상용주파수의 방전개시전압
② 충격파의 방전개시전압
③ 충격방전 종료 후 전력계통으로부터 피뢰기에 상용주파수 전류가 흐르고 있는 동안의 피뢰기 단자전압
④ 충격방전전류가 흐르고 있는 동안의 피뢰기의 단자전압의 파고값

> **풀이** 제한 전압 : 피뢰기 동작 중에 계속해서 걸리고 있는 단자전압의 파고값 **답** ④

27 3상3선식 송전선을 연가 할 경우 일반적으로 전체 선로길이의 몇 배수로 등분해서 연가 하는가?

① 2   ② 3   ③ 4   ④ 5

> **풀이** 3상 3선식에는 상이 셋이므로 3상의 선로정수를 평형시키려면 3배수로 하여야 한다.

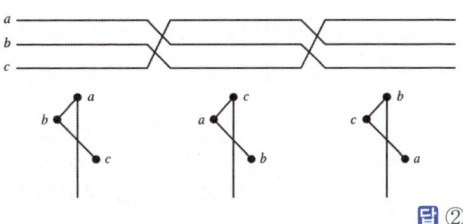

답 ②

28 원자로에서 독작용을 올바르게 설명한 것은?

① 열중성자가 독성을 받는 것은 말한다.
② 방사성 물질이 생체에 유해작용을 하는 것을 말한다.
③ 열중성자 이용률이 저하되고 반응도가 감소되는 작용을 말한다.
④ $_{54}Xe^{135}$와 $_{62}Sm^{149}$가 인체에 독성을 주는 작용을 말한다.

> **풀이** 원자로 운전 중 연료 내에 핵분열 생성 물질이 축적된다. 이 핵분열 생성물 중에서 열중성자의 흡수 단면적이 큰 것이 포함되어 있다. 이것이 원자로의 반응도를 저하시키는 작용을 한다. 이것을 독작용(poisoning)이라 하고 열중성자 흡수 단면적이 큰 핵분열 생성물을 독물질(poison)이라고 한다. **답** ③

29 비접지식 송전선로에서 1선지락고장이 생겼을 경우 지락점에 흐르는 전류는?

① 직류 전류이다.
② 고장 지점의 영상전압보다 90도 빠른 전류이다.
③ 고장 지점의 영상전압보다 90도 늦은 전류이다.
④ 고장 지점의 영상전압과 동상의 전류이다.

풀이 지락전류는 대지 정전용량에 의한 90° 앞선 전류가 흐른다. **답** ②

30 조상설비라고 볼 수 없는 것은?

① 단권변압기 ② 분로 리액터
③ 전력용 콘덴서 ④ 동기조상기

풀이 단권 변압기는 전압을 변압하는 기기이다. **답** ①

31 송전선로의 단락보호계전방식이 아닌 것은?

① 과전류계전방식 ② 방향단락계전방식
③ 거리계전방식 ④ 과전압계전방식

풀이 과전압 계전기 : 일정값 이상의 전압이 걸렸을 때 동작하는 계전기이다. 일반적으로 발전기가 무부하로 되었을 경우의 과전압 보호용 및 비접지계통의 배전선로 보호용으로 사용된다. **답** ④

32 1선당 저항 5[Ω], 리액턴스가 6[Ω]인 3상 4선식 배전선로의 말단(수전단)에 역률(지상) 0.8인 4800[kW]의 3상 평형부하가 접속되어 있을 경우 수전단전압이 20[kV]라면 이 선로의 전압강하[V]는 약 얼마인가?

① 1316[V] ② 1824[V]
③ 2280[V] ④ 3160[V]

풀이 전압강하
$$e = \frac{P}{V}(R + X\tan\theta) = \frac{4800}{20}(5 + 6 \times \frac{0.6}{0.8})$$
$$= 2280[V]$$ **답** ③

33 중성점 저항 접지방식의 병행 2회선 송전선로의 지락사고 차단에 사용되는 계전기는?

① 선택접지계전기 ② 거리계전기
③ 과전류계전기 ④ 역상계전기

풀이 병행 2회선의 지락사고 시에 선택 접지계전기가 동작 **답** ①

34 송전선로의 안정도 향상 대책으로 볼 수 없는 것은?

① 속응여자방식을 채용한다.
② 재폐로방식이나 복도체방식을 채용한다.
③ 단락비가 작은 발전기를 사용한다.
④ 고속차단기를 사용한다.

풀이 안정도 향상 대책
① 계통의 직렬 리액턴스 감소(직렬콘덴서 설치, 단락비 크게, 복도체 사용, 병행회선 채용)
② 전압 변동률을 적게 한다. (속응 여자 방식 채용, 계통의 연계, 중간 조상 방식)
③ 계통에 주는 충격을 적게 한다. (적당한 중성점 접지 방식, 고속 차단 방식, 재폐로 방식)
④ 고장 중의 발전기 돌입 출력의 불평형을 적게 한다. **답** ③

35 화력발전소의 기본 사이클이다. 그 순서가 올바른 것은?

① 급수펌프 → 과열기 → 터빈 → 보일러 → 복수기 → 다시 급수펌프로
② 급수펌프 → 보일러 → 과열기 → 터빈 → 복수기 → 다시 급수펌프로
③ 보일러 → 과열기 → 복수기 → 터빈 → 급수펌프 → 축열기 → 다시 과열기로
④ 보일러 → 급수펌프 → 과열기 → 복수기 → 급수펌프 → 다시 보일러로

풀이 실제 기력발전소에 쓰이는 기본 사이클(Rankine cycle)은 다음과 같다.

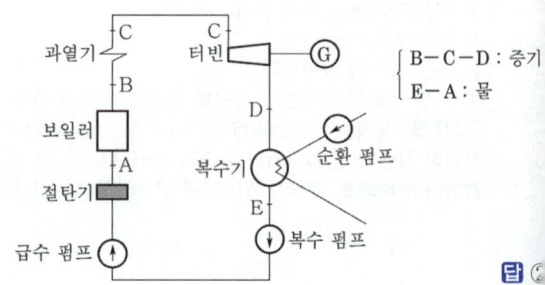

답 ②

36 단락전류를 제한하기 위하여 사용되는 것은?
① 현수애자   ② 사이리스터
③ 한류 리액터   ④ 직렬 콘덴서

풀이 한류 리액터는 선로에 직렬로 설치한 리액터로 단락 사고시 발전기가 전기자 반작용이 일어나기 전 커다란 돌발 단락전류가 흐르므로 이를 제한하기 위해 설치한다.
답 ③

37 설비용량의 합계가 3[kW]인 주택에서 최대 수요 전력이 2.1[kW]일 때의 수용률은?
① 51[%]   ② 58[%]
③ 63[%]   ④ 70[%]

풀이 수용률 = $\dfrac{\text{최대 수용 전력}}{\text{설비용량}} \times 100 = [\%]$
$= \dfrac{2.1}{3} \times 100 = 70$
답 ④

38 차단기에서 "O − t_1 − CO − t_2 − CO"의 표기로 나타내는 것은? (단, O : 차단 동작, t_1, t_2 : 시간 간격, C : 투입 동작, CO : 투입 직후 차단)
① 차단기 동작 책무
② 차단기 재폐로 계수
③ 차단기 속류 주기
④ 차단기 무전압 시간

풀이 차단기의 동작책무 : 어느 시간 간격을 두고 행하여지는 일련의 동작을 규정한 것
• 일반용 : CO − 15초 − CO,
　　　　　O − 3분 − CO − 3분 − CO
• 고속도 재투입용 :
　O − 0.3초 − CO − 3분(또는 15초, 1분) − CO
답 ①

39 송전선로에서 역섬락이 생기기 가장 쉬운 경우는?
① 선로 손실이 큰 경우
② 코로나 현상이 발생한 경우
③ 선로정수가 균일하지 않을 경우
④ 철탑의 탑각 접지저항이 큰 경우

풀이 탑각 접지저항이 충분히 낮지 않으면 가공 지선이 포착한 직격뢰는 대지로 흐를 수 없고, 철탑 전위가 상승하여 철탑부가 애자를 통하여, 또는 경간 내에서 가공 지선과 전력선간의 공기를 통하여, 전력선에 방전하는 역섬락을 일으킨다.
답 ④

40 적산 유량곡선상의 임의의 점에서 그은 절선의 기울기는 그 점에서 해당하는 일자에 있어서의 무엇을 표시하는가?
① 하천 유량   ② 적산 유량
③ 하천 수위   ④ 사용 유량

풀이 임의의 점에서의 절선의 기울기는 그 점에서의 $\dfrac{d}{dt}\int Qdt$ 의 값이므로 이 값은 결국 Q, 즉 하천의 유량이 누적된다.
답 ①

3과목 - 전기기기

41 단상 직권정류자 전동기의 전압정류 개선법에 도움이 되지 않는 것은?
① 보상권선   ② 보극설치
③ 저저항리이드   ④ 고저항브러시
답 ③

42 정류자형 주파수변환기의 설명 중 틀린 것은?
① 유도전동기를 2차여자법으로 속도제어 하는데 사용하지만 유도기의 역률을 개선할 수는 없다.
② 회전자는 3상회전변류기의 전기자와 거의 같은 구조이며 정류자와 3개의 슬립링이 있다.
③ 소용량이고 가장 간단한 것은 회전자만으로 고정자는 없다.
④ 외부에서 회전력을 공급하는데 회전방향과 속도에 따라 다양한 주파수를 얻을 수 있는 전기기계이다.

풀이 정류자형 주파수 변환기를 이것과 동일 전원에 접속하여 슬립 s로 운전하고 있는 권선형 유도전동기와 조합시키면 유도전동기의 2차 여자를 행할 수 있으므로 전동기의 속도제어와 역률의 개선을 행할 수 있다.

그러나 이 주파수 변환기는 정류작용의 점에서 대용량의 것은 제작이 어렵고 보상권선, 보극권선 등을 설치한 것에서도 100[kVA] 정도가 한도이므로 대용량의 전동기에는 응용할 수 없다. 그리고 속도제어의 범위도 동기속도의 상하 10~15[%] 정도로 되어 있다. 답 ①

43 SCR을 사용한 단상 브리지 정류회로에 의하여 실효값 200[V]의 교류전압을 정류 할 경우 직류 출력전압은?(단, 제어각은 30°이다.)

① 87.6[V] ② 120.5[V]
③ 155.9[V] ④ 173.2[V]

풀이 SCR을 사용한 전파정류
• 부하가 저항 부하인 경우
$$E_{d0} = \frac{\sqrt{2}\,V}{\pi}(1+\cos\alpha)$$
• 부하가 유도 부하인 경우
$$E_{d0} = \frac{\sqrt{2}\,V}{\pi}\cos\alpha$$
따라서 유도 부하인 경우를 고려하면
$$E_{d0} = \frac{2\sqrt{2}\,V}{\pi}\cos\alpha = \frac{2\sqrt{2}\times 200}{\pi}\times\cos 30$$
$$≒ 155.9[V]$$
답 ③

44 3상 동기발전기에서 그림과 같이 1상의 권선을 서로 똑같은 2조로 나누어서 그 1조의 권선전압을 E[V], 각 권선의 전류를 I[A]라 하고 2중 Y형(double star)으로 결선한 경우 선간전압[V], 선전류[A], 피상전력[VA]은?

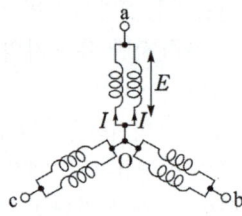

① $3E$, I, $5.19EI$
② $\sqrt{3}\,E$, $2I$, $6EI$
③ E, $2\sqrt{3}\,I$, $6EI$
④ $\sqrt{3}\,E$, $\sqrt{3}\,I$, $5.19EI$

풀이 2개의 권선이 병렬연결이므로 한상의 전압과 임피던스는 1개의 권선상태에 비해 전압은 동일, 임피던스는 1/2, Y결선이므로

• 선간전압 $= \sqrt{3}\,E$
• 선전류 $= \dfrac{\text{상전압}}{\text{임피던스}} = \dfrac{E}{\frac{Z}{2}} = 2I$
• 피상전력 $P_a = \sqrt{3}\,V_l I_l$
$= \sqrt{3}\times\sqrt{3}\,E\times 2I = 6EI$
답 ②

45 권선형 유도전동기의 기동법은?

① 기동보상기법
② 2차 저항에 의한 기동법
③ 전전압기동법
④ Y-△기동법

풀이 2차 저항에 의한 기동방법은 권선형 유도전동기의 2차 회로에 가변 저항기를 접속하여 비례추이의 원리에 의하여 기동시 큰 기동 토크를 얻는 반면에 기동전류는 억제하는 기동방법이다. 답 ②

46 유도전동기의 원선도를 작성하는 데 필요한 시험은?

① 부하시험
② 충격전압시험
③ 사용주파 가압시험
④ 무부하 시험

풀이 원선도 작성에 필요한 시험
: 무부하 시험, 구속시험, 저항측정시험 답 ④

47 직류기의 효율이 최대가 되는 경우는?

① 와류손 = 히스테리시스손
② 기계손 = 전기자동손
③ 전부하동손 = 철손
④ 고정손 = 부하손

풀이 직류기의 최대 효율은 고정손과 부하손이 같을 경우이다. 답 ④

48 직류분권전동기의 단자전압과 계자전류를 일정하게 하고 2배의 속도로 2배의 토크를 발생하는 데 필요한 전력은 처음 전력의 몇 배인가?

① 불변 ② 2배
③ 4배 ④ 8배

풀이
$P = w\tau = 2\pi \times \dfrac{N}{60} \times \tau \propto N\tau$ 이므로
$P' = 2N \times 2\tau = 4N\tau$
답 ③

49 직류기의 전기자 반작용을 방지하기 위한 가장 좋은 방법은?

① 균압환 설치
② 공극의 증가
③ 보상권선 설치
④ 탄소브러시 사용

풀이 전기자 반작용에 대한 대책
① 브러시를 새로운 중성점으로 이동
  • 발전기 : 회전방향으로 이동
  • 전동기 : 회전방향과 반대방향으로 이동
② 보상권선 설치
답 ③

50 변압기 철심의 구조가 아닌 것은?

① 동심 원통형   ② 외철형
③ 권철심형   ④ 내철형

풀이 철심의 형태에 따른 변압기의 분류
① 내철형   ② 외철형
③ 분포 철심형 ④ 권철심형
답 ①

51 동기기의 전기자저항을 $r[\Omega]$, 반작용 리액턴스를 $X_a[\Omega]$, 누설 리액턴스를 $X_L[\Omega]$이라고 하면 동기 임피던스는 어떻게 표시되는가?

① $r + j\dfrac{X_L}{X_a}$ ② $r + jX_L$
③ $r + jX_a$ ④ $r + j(X_a + X_L)$

풀이 동기임피던스는 전기자저항과 전기자 반작용 리액턴스, 누설 리액턴스의 합으로 표현된다. 이때 전기자 반작용 리액턴스와 누설리액턴스의 합을 동기 리액턴스라 한다.
$Z_s = r + jx_s[\Omega]$, $x_s = x_a + x_l[\Omega]$
$Z_s = r + jx_s = r + j(x_a + x_l)$
$= \sqrt{r^2 + (x_a + x_l)^2}\,[\Omega]$
여기서, x_a : 전기자 반작용 리액턴스
     x_l : 누설 리액턴스
답 ④

52 다음 시험 중 변압기의 절연내력 시험을 하기 위한 것은?

A : 온도상승시험, B : 유도시험,
C : 가압시험,   D : 단락시험,
E : 충격전압시험, F : 권선저항측정시험

① B, C, E   ② A, B, E
③ B, E, F   ④ D, E, F

풀이
• 변압기의 절연내력 시험 : 유도 시험, 가압 시험, 충격전압시험
• 변압기 등가회로 작성에 필요한 시험 : 권선 저항 측정, 무부하 시험, 단락 시험
답 ①

53 출력 3[kW], 1500[rpm]인 전동기의 토크 [kg·m]는?

① 1.95   ② 2.12
③ 2.90   ④ 3.82

풀이
$\tau = 0.975\dfrac{P}{N} = 0.975 \times \dfrac{3 \times 10^3}{1500}$
$= 1.95[\text{kg} \cdot \text{m}]$
답 ①

54 60[Hz], 6극의 권선형 유도전동기의 2차 유기전압이 정지 시에 1000[V]라 한다. 슬립 3[%]일 때의 2차 전압은?

① 10[V]   ② 20[V]
③ 30[V]   ④ 60[V]

풀이 2차 유기기전력을 E_{2s},
정지 시의 2차 유기기전력을 E_2라 하면
$E_{2s} = sE_2 = 0.03 \times 1000 = 30[V]$
답 ③

55 정격단자전압 V_n, 무부하 단자전압 V_o일 때 동기발전기의 전압변동률 [%]은?

① $\dfrac{V_n - V_o}{V_n} \times 100$ ② $\dfrac{V_n - V_o}{V_o} \times 100$
③ $\dfrac{V_o - V_n}{V_n} \times 100$ ④ $\dfrac{V_o - V_n}{V_o} \times 100$

풀이
전압변동률 $\epsilon = \dfrac{V_o - V_n}{V_n} \times 100[\%]$

전압강하율 $\epsilon = \dfrac{V_s - V_r}{V_r} \times 100[\%]$

V_n : 정격단자전압 V_o : 무부하 단자전압
V_s : 송전단전압 V_r : 수전단전압

답 ③

56 변압기의 전기적 특성을 알아보는 데 편리한 시험 중 회로의 정수를 구하는 방법에 필요 없는 것은?

① 저항측정시험   ② 무부하 시험
③ 절연내력시험   ④ 단락시험

풀이 등가회로 작성시험
: 단락시험, 무부하 시험, 저항측정시험 **답** ③

57 2000/100[V] 변압기의 1차 임피던스가 $Z[\Omega]$이면 2차로 환산한 임피던스[Ω]는?

① $\dfrac{Z}{400}$ ② $\dfrac{Z}{100}$
③ $100Z$ ④ $400Z$

풀이 $a = \dfrac{n_1}{n_2} = \dfrac{V_1}{V_2} = \sqrt{\dfrac{Z_1}{Z_2}}$ 에서

$a = \dfrac{V_1}{V_2} = \dfrac{2000}{100} = 20$

$\therefore Z_2 = \dfrac{Z_1}{a^2} = \dfrac{Z}{20^2} = \dfrac{Z}{400}$ **답** ①

58 동기전동기의 특징이 아닌 것은?

① 항상 역률 1로 운전할 수 있다.
② 여자를 약하게 하면 진상 역률의 전류를 흘린다.
③ 저속도용은 일반적으로 유도전동기에 비해 효율이 좋다.
④ 기동 토크가 작다.

풀이 동기전동기의 여자전류를 약하게 하면 뒤진(지상)무효전류가 흐르며, 여자전류를 강하게 하면 앞선(진상)무효전류가 흐른다. **답** ②

59 3상 유도전압조정기의 특징이 아닌 것은?

① 1차 권선은 회전자에 감고 2차 권선은 고정자에 감는다.
② 두 권선은 2극 또는 4극을 감는다.
③ 입력전압과 출력전압의 위상이 같다.
④ 분로권선에 회전자계가 발생한다.

풀이 3상 유도전압조정기의 입력 측 전압 E_1과 출력 측 전압 E 사이에는 위상차 α가 생긴다.

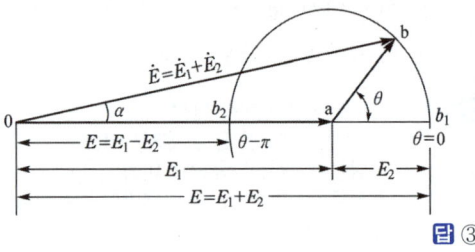

답 ③

60 순저항 부하를 갖는 3상반파 위상제어 정류회로에서 출력전류가 연속이 되는 점호각 a의 범위는?

① $a \leq 30°$ ② $a > 30°$
③ $a \leq 60°$ ④ $a > 60°$

답 ①

4과목 - 회로이론

61 어떤 교류전압의 평균값이 382[V]일 때 실효값은 약 얼마인가?

① 390[V]   ② 424[V]
③ 540[V]   ④ 614[V]

풀이 평균값 $V_{av} = \dfrac{2}{\pi} V_m$ 에서

최댓값 $V_m = \dfrac{\pi}{2} V_{av}$

실효값 $V = \dfrac{V_m}{\sqrt{2}} = \dfrac{\pi}{2\sqrt{2}} V_{av}$

$= \dfrac{\pi}{2\sqrt{2}} \times 382 = 424.3[V]$

답 ②

62 다음과 같은 회로에서 $L=50[\text{mH}]$, $R=20[\text{k}\Omega]$인 경우 회로의 시정수는?

① $4.0[\mu\text{s}]$
② $3.5[\mu\text{s}]$
③ $3.0[\mu\text{s}]$
④ $2.5[\mu\text{s}]$

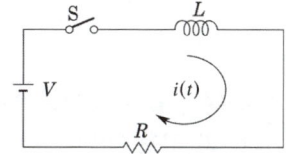

풀이 $\tau=\dfrac{L}{R}=\dfrac{50\times10^{-3}}{20\times10^3}=2.5\times10^{-6}[\text{sec}]$
$=2.5[\mu\text{s}]$ **답** ④

63 다음이 설명하는 것으로 알맞은 것은?

> 여러 개의 전압원과 전류원이 동시에 존재하는 회로망에서 회로전류는 각 전압원이나 전류원이 각각 단독으로 인가될 때 흐르는 전류를 합한 것과 같다.

① 노튼의 정리   ② 중첩의 원리
③ 키르히호프의 법칙 ④ 테브난의 정리

답 ②

64 저항 $40[\Omega]$, 임피던스 $50[\Omega]$의 직렬 유도부하에서 $100[\text{V}]$가 인가될 때 소비되는 무효전력은?

① $120[\text{Var}]$ ② $160[\text{Var}]$
③ $200[\text{Var}]$ ④ $250[\text{Var}]$

풀이 $R=40[\Omega]$, $Z=50[\Omega]$
유도부하 $X_L=\sqrt{50^2-40^2}=30[\Omega]$
$P_r=I^2\cdot X_L=\left(\dfrac{100}{50}\right)^2\cdot 30=120[\text{Var}]$ **답** ①

65 다음과 같은 회로에서 $1[\Omega]$ 저항 양단에 걸리는 전압은?

① $2[\text{V}]$
② $3[\text{V}]$
③ $4[\text{V}]$
④ $6[\text{V}]$

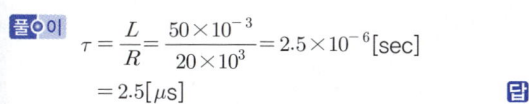

풀이 중첩의 정리에 의해
• 전압원 6[V] 기준(전류원 개방)
$-6\times\dfrac{1}{2+1}=-2[\text{V}]$
(전압원의 방향이 반대이므로 −6[V])
• 전류원 6[A] 기준(전압원 단락)
$6\times\dfrac{2}{2+1}=4[\text{A}]$, $4\times 1=4[\text{V}]$
$\therefore V=-2+4=2[\text{V}]$ **답** ①

66 $i=2+5\sin(100t+30°)+10\sin(200t-10°)$
와 파형이 동일하나 기본파의 위상이 20° 늦은 비정현 전류파의 순시값 i'를 나타내는 식은?

① $i=2+5\sin(100t+10°)+10\sin(200t-30°)$
② $i=2+5\sin(100t+10°)+10\sin(200t+30°)$
③ $i=2+5\sin(100t+10°)+10\sin(200t+50°)$
④ $i=2+5\sin(100t+10°)+10\sin(200t-50°)$

풀이 각 파에서(직류 제외) 위상을 20°씩 감한다.
이때 기본파는 1배, 2고조파는 2배, 4고조파는 4배를 하여야 한다. **답** ④

67 단상 전력계 2개로 평형 3상 부하의 전력을 측정하였더니 각각 200[W]와 400[W]를 나타내었다면 이때 부하역률은 약 얼마인가?

① 1   ② 0.866   ③ 0.707   ④ 0.5

풀이 전력계 $W_0=|P_1+P_2|=300[\text{W}]$
$\cos\theta=\dfrac{P_1+P_2}{2\sqrt{P_1^2+P_2^2-P_1\cdot P_2}}=\dfrac{300}{346.4}$
$=0.866$
$\therefore 0.866\times 100=86.6[\%]$ **답** ②

68 스위치 S를 닫을 때의 전류 $i(t)$는?

① $\dfrac{E}{R}e^{-\frac{R}{L}t}[\text{A}]$
② $\dfrac{E}{R}(1-e^{-\frac{R}{L}t})[\text{A}]$
③ $\dfrac{E}{R}e^{-\frac{L}{R}t}[\text{A}]$
④ $\dfrac{E}{R}(1-e^{-\frac{L}{R}t})[\text{A}]$

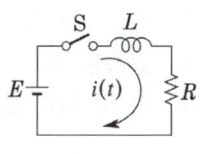

풀이 스위치를 닫았을 때의 평형방정식은
$$L\frac{di(t)}{dt}+Ri(t)=E$$
변수 분리법에 의하여
$$\int \frac{di(t)}{E-Ri}=\int \frac{dt}{L}+K_1$$
$$E-Ri(t)=K_2 e^{-\frac{R}{L}t}$$
$t=0$에서 $i(t)=0$이라 하면
$$E-Ri(t)=Ee^{-\frac{R}{L}t}$$
$$\therefore i(t)=\frac{E}{R}\left(1-e^{-\frac{R}{L}t}\right)[A]$$
답 ②

69 교류전압 100[V], 전류 20[A]로서 1.2[kW]의 전력을 소비하는 회로의 리액턴스는?

① 3[Ω]   ② 4[Ω]
③ 6[Ω]   ④ 8[Ω]

풀이 $P=EI\cos\theta$ 에서
$$\cos\theta=\frac{P}{EI}=\frac{1200}{100\times 20}=0.6$$
$$Z=\frac{E}{I}=\frac{100}{20}=5[\Omega]$$
$$\therefore X=Z\sin\theta=5\times\sqrt{1-0.6^2}=4[\Omega]$$
답 ②

70 어떤 교류전압의 기본파가 100[V]이고 제3고 조파가 기본파의 4[%], 제5고조파가 기본파의 3[%]이었다면 이 전압의 왜형률은?

① 12[%]   ② 10[%]
③ 7[%]   ④ 5[%]

풀이 왜형률 = $\dfrac{\text{각 고조파의 실효값의 합}}{\text{기본파의 실효값}}$
$$=\frac{\sqrt{V_3^2+V_5^2}}{V_1}=\sqrt{\left(\frac{V_3}{V_1}\right)^2+\left(\frac{V_5}{V_1}\right)^2}$$
$$=\sqrt{0.04^2+0.03^2}=0.05=5[\%]$$
답 ④

71 저항 8[Ω]과 용량리액턴스 X_c[Ω]가 직렬로 접속된 회로에 100[V], 60[Hz]의 교류를 가하니 10[A]의 전류가 흐른다면 이때 X_c의 값은?

① 10[Ω]   ② 8[Ω]
③ 6[Ω]   ④ 4[Ω]

풀이 $$I=\frac{E}{Z}=\frac{E}{\sqrt{R^2+X_C^2}}=\frac{100}{\sqrt{8^2+X_C^2}}=10$$
$$\therefore X_C=6[\Omega]$$
답 ③

72 다음과 같은 회로가 정저항 회로로 되기 위한 C의 값은? (단, $R=10[\Omega]$, $L=100[\text{mH}]$이다.)

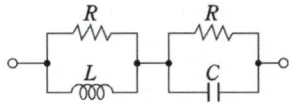

① 1[μF]   ② 10[μF]
③ 100[μF]   ④ 1000[μF]

풀이 정저항 회로조건 $R=\sqrt{\dfrac{L}{C}}$ 에서
$$C=\frac{L}{R^2}=\frac{100\times 10^{-3}}{10^2}=1000[\mu F]$$
답 ④

73 이상적인 전압원과 전류원의 내부저항은?

① 전압원과 전류원의 내부저항은 모두 0이다.
② 전압원의 내부저항은 ∞이고, 전류원의 내부저항은 0이다.
③ 전압원과 전류원의 내부저항은 모두 ∞이다.
④ 전압원의 내부저항은 0이고, 전류원의 내부저항은 ∞이다.

풀이
• 이상전압원은 내부저항이 적을수록 좋다.
  ⇒ 내부저항이 적을수록 내부 전압강하가 적어진다
• 이상 전류원은 내부저항이 클수록 좋다.
  ⇒ 내부저항이 클수록 내부저항으로 흐르는 분로 전류가 적어진다.
답 ④

74 전원과 부하가 모두 △결선된 3상 평형회로에서 전원전압이 200[V], 부하 임피던스가 $6+j8$ [Ω]인 경우 선전류는?

① 20[A]   ② $\dfrac{20}{\sqrt{3}}$[A]
③ $20\sqrt{3}$[A]   ④ $10\sqrt{3}$[A]

풀이 전원과 부하가 다같이 △결선이므로 상전류 I_p는

$I_p = \dfrac{V}{Z} = \dfrac{200}{\sqrt{6^2+8^2}} = 20[A]$

∴ $I_l = \sqrt{3} I_p = 20\sqrt{3}[A]$ 답 ③

75 다음 회로에서 10[Ω]의 저항에 흐르는 전류는?

① 20[A]
② 15[A]
③ 10[A]
④ 8[A]

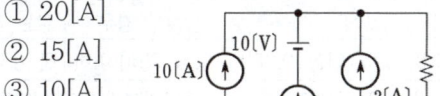

풀이 중첩의 정리에 의해
- 전류원 기준(전압원 단락):
  $I_R = 10+2+3 = 15[A]$
- 전압원 기준(전류원 개방): $I_R = 0[A]$ 답 ②

76 $f(t) = 3u(t) + 2e^{-t}$인 시간함수를 라플라스 변환한 것은?

① $\dfrac{s+3}{s(s+1)}$
② $\dfrac{5s+3}{s(s+1)}$
③ $\dfrac{3s}{s^2+1}$
④ $\dfrac{5s+1}{(s+1)s^2}$

풀이 $F(s) = £[f(t)] = £[3u(t)+2e^{-t}]$
$= \dfrac{3}{s} + \dfrac{2}{s+1} = \dfrac{5s+3}{s(s+1)}$ 답 ②

77 다음과 같은 회로에서 단자 a, b 사이의 합성 저항[Ω]은?

① r
② $\dfrac{3}{2}r$
③ $\dfrac{1}{2}r$
④ $3r$

풀이 브리지 회로의 평형상태이므로 $3r$을 무시하면
$R = \dfrac{(2r+r)\times(2r+r)}{(2r+r)+(2r+r)} = \dfrac{9r^2}{6r} = \dfrac{3}{2}r[Ω]$

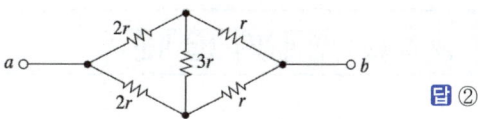

답 ②

78 다음 회로에서 $E = 40[V]$일 때 정상 전류는?

① 0.5[A]
② 1[A]
③ 2[A]
④ 4[A]

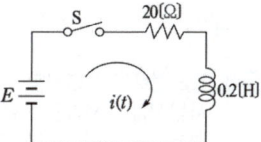

풀이 $I = \dfrac{E}{R} = \dfrac{40}{20} = 2[A]$ 답 ③

79 다음 회로의 양 단자에서 테브난의 정리에 의한 등가회로로 변환할 경우 전원전압과 저항은?

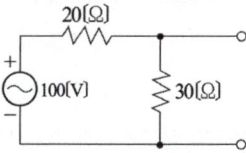

① 60[V], 12[Ω]
② 60[V], 15[Ω]
③ 50[V], 15[Ω]
④ 50[V], 50[Ω]

풀이 30[Ω]에 인가되는 전압
$E = 100 \times \dfrac{30}{20+30} = 60[V]$
양 단자 측에서 본 전체 저항
$R = \dfrac{20\times30}{20+30} = 12[Ω]$
(이때 전압원은 단락, 전류원은 개방) 답 ①

80 한 상의 임피던스가 $20+j10[Ω]$인 Y결선 부하에 대칭 3상 선간 전압 200[V]를 가할 때 전 소비전력은?

① 1600[W]
② 1700[W]
③ 1800[W]
④ 1900[W]

풀이 $P = 3I_p^2 R = \dfrac{3V_p^2 R}{R^2+X^2} = \dfrac{3\left(\dfrac{200}{\sqrt{3}}\right)^2 \times 20}{20^2+10^2}$
$= 1600[W]$ 답 ①

5과목 - 전기설비기술기준

81 사용전압이 저압인 전로에서 정전이 어려운 경우 등 절연저항 측정이 곤란한 경우에 누설전류는 몇 [mA] 이하로 유지하여야 하는가?

① 1　　② 2　　③ 3　　④ 5

풀이 132 전로의 절연저항 및 절연내력
사용전압이 저압인 전로에서 정전이 어려운 경우 등 절연저항 측정이 곤란한 경우에는 누설전류를 1[mA] 이하로 유지하여야 한다.　　**답** ①

82 특고압전선로에 접속하는 배전용 변압기를 시설하는 경우에 특고압전선에 특고압 절연전선 또는 케이블을 사용하였다면 변압기의 1차 전압은 몇 [kV] 이하이어야 하는가? (단, 발전소, 변전소, 개폐소, 이외의 곳)

① 20　　② 35
③ 50　　④ 70

풀이 341.2 특고압 배전용 변압기의 시설
특고압 전로에 접속하는 배전용 변압기를 시설하는 경우에는 특고압 전선에 특고압 절연전선 또는 케이블을 사용하고 또한 다음에 따라야 한다.
가. 변압기의 1차 전압은 35[kV] 이하, 2차 전압은 저압 또는 고압일 것.
나. 변압기의 특고압측에 개폐기 및 과전류차단기를 시설할 것.
다. 변압기의 2차 전압이 고압인 경우에는 고압측에 개폐기를 시설하고 또한 쉽게 개폐할 수 있도록 할 것.　　**답** ②

83 애자공사에 의한 고압 옥내배선을 시설하고자 한다. 다음 중 잘못된 내용은?

① 저압 옥내배선과 쉽게 식별되도록 시설한다.
② 전선은 공칭단면적 6[mm²] 이상의 연동선을 사용한다.
③ 전선 상호 간의 간격은 8[cm] 이상이어야 한다.
④ 전선과 조영재 사이의 이격거리는 4[cm] 이상이어야 한다.

풀이 342.1 고압 옥내배선 등의 시설
가. 고압 옥내배선은 다음에 따라 시설하여야 한다.
① 애자공사(건조한 장소로서 전개된 장소에 한한다)
② 케이블공사
③ 케이블트레이공사
나. 전선은 공칭단면적 6[mm²] 이상의 연동선
다. 이격거리

전압	전선과 조영재와의 이격 거리	전 선 상 호 간 격	전선 지지점간의 거리	
			조영재의 면을 따라 붙이는 경우	조영재에 따라 시설하지 않는 경우
고압	0.05[m] 이상	0.08[m] 이상	2[m] 이하	6[m] 이하

라. 고압 옥내배선은 저압 옥내배선과 쉽게 식별되도록 시설할 것.　　**답** ④

84 다음 중 전력 보안통신용 전화 설비를 시설하지 않아도 되는 곳은?

① 원격감시 제어가 되지 않는 발전소
② 원격감시 제어가 되지 않는 변전소
③ 2개 이상의 발전소 상호 간
④ 2개 이상의 급전소 상호 간

풀이 362.1 전력보안통신설비의 시설 요구사항
발전소, 변전소 및 변환소에서의 전력보안통신설비의 시설 장소는 다음에 따른다.
가. 원격감시제어가 되지 아니하는 발전소 · 변전소 · 개폐소 · 전선로 및 이를 운용하는 급전소 및 급전분소 간
나. 2개 이상의 급전소(분소) 상호 간과 이들을 통합 운용하는 급전소(분소) 간
다. 수력설비의 안전상 필요한 양수소 및 강수량 관측소와 수력발전소 간
라. 동일 수계에 속하고 안전상 긴급 연락의 필요가 있는 수력발전소 상호 간
마. 동일 전력계통에 속하고 또한 안전상 긴급연락의 필요가 있는 발전소 · 변전소 및 개폐소 상호 간

85 다음 중 플로어덕트공사에 의한 저압 옥내배선공사에 적합하지 않은 것은?

① 전선은 연선일 것
② 덕트의 끝 부분은 막을 것
③ 접지공사를 할 것
④ 옥외용 비닐절연전선을 사용할 것

풀이 232.32 플로어덕트공사
플로어 덕트배선에 의한 저압 옥내 배선은 다음 각호에 의하여 시설한다.
가. 전선은 절연전선(옥외용 비닐 절연전선을 제외한다)일 것.
나. 전선은 연선일 것. 다만, 단면적 10[mm²](알루미늄선은 단면적 16[mm²]) 이하인 것은 그러하지 아니하다.
다. 플로어덕트 안에는 전선에 접속점이 없도록 할 것. 다만, 전선을 분기하는 경우에 접속점을 쉽게 점검할 수 있을 때에는 그러하지 아니하다. **답** ④

86 동일 지지물에 저고압의 가공전선을 병행설치할 때 전선간의 이격거리는 몇 [cm] 이상이어야 하는가?
① 50   ② 60
③ 80   ④ 100

풀이 332.8 고압 가공전선 등의 병행설치
저압 가공전선(다중접지된 중성선은 제외한다. 이하 같다)과 고압 가공전선을 동일 지지물에 시설하는 경우에는 다음에 따라야 한다.
가. 저압 가공전선을 고압 가공전선의 아래로 하고 별개의 완금류에 시설할 것.
나. 저압 가공전선과 고압 가공전선 사이의 이격거리는 0.5[m] 이상일 것.
다. 다음의 어느 하나에 해당하는 경우에는 "가" 및 "나"에 의하지 아니할 수 있다.
① 고압 가공전선에 케이블을 사용하고, 또한 그 케이블과 저압 가공전선 사이의 이격거리를 0.3[m] 이상으로 하여 시설하는 경우
② 저압 가공인입선을 분기하기 위하여 저압 가공전선을 고압용의 완금류에 견고하게 시설하는 경우 **답** ①

87 사람이 접촉할 우려가 있는 접지공사의 지하 75 [cm]로부터 지표상 2[m]까지의 접지선은 사람의 접촉 우려가 없도록 하기 위하여 접지선은 다음 중 어느 것을 사용하여 보호하여야 하는가?
① 금속관   ② 합성수지관
③ 셀룰러 덕트   ④ 플로어 덕트

풀이 142.3.1 접지도체
접지도체는 지하 0.75[m]부터 지표 상 2[m]까지 부분은 합성수지관(두께 2[mm] 미만의 합성수지제 전선관 및 가연성 콤바인덕트관은 제외한다) 또는 이와 동등 이상의 절연효과와 강도를 가지는 몰드로 덮어야 한다. **답** ②

88 철탑의 강도계산에 사용하는 이상시 상정하중을 계산하는 데 사용되는 것은?
① 미진에 의한 요동과 철구조물의 인장하중
② 풍압이 전선로에 직각방향으로 가하여 지는 경우의 하중
③ 이상전압이 전선로에 내습하였을 때 생기는 충격하중
④ 뇌가 철탑에 가하여졌을 경우의 충격하중

풀이 333.14 이상 시 상정하중
철탑의 강도계산에 사용하는 이상 시 상정하중은 풍압이 전선로에 직각방향으로 가하여지는 경우의 하중과 전선로의 방향으로 가하여지는 경우의 수직하중, 수평 횡하중, 수평 종하중을 계산하여 각 부재에 대한 이들의 하중 중 그 부재에 큰 응력이 생기는 쪽의 하중을 채택한다. **답** ②

89 고압 보안공사에서 지지물로 A종 철근콘크리트주를 사용할 때 경간은 몇 [m] 이하이어야 하는가?
① 75   ② 100
③ 150   ④ 200

풀이 332.10 고압 보안공사
고압 보안공사는 다음에 따라야 한다.
가. 전선은 케이블인 경우 이외에는 인장강도 8.01[kN] 이상의 것 또는 지름 5[mm] 이상의 경동선일 것.
나. 목주의 풍압하중에 대한 안전율은 1.5 이상일 것.
다. 경간은 표에서 정한 값 이하일 것.

지지물의 종류	경간
목주·A종 철주 또는 A종 철근 콘크리트주	100[m] 이하
B종 철주 또는 B종 철근 콘크리트주	150[m] 이하
철탑	400[m] 이하

답 ②

90 저압가공전선으로 케이블을 사용하는 경우이다. 케이블은 조가용선에 행거로 시설하고 이때 사용전압이 고압인 때에는 행거의 간격을 몇 [cm] 이하로 시설하여야 하는가?
① 30   ② 50
③ 75   ④ 100

풀이 332.2 가공케이블의 시설
저압 가공전선 또는 고압 가공전선에 케이블을 사용하는 경우에는 다음에 따라 시설하여야 한다.
가. 케이블은 조가용선에 행거로 시설할 것. 이 경우에는 사용전압이 고압인 때에는 행거의 간격은 0.5[m] 이하로 하는 것이 좋다.
나. 조가용선은 인장강도 5.93 kN 이상의 것 또는 단면적 22[mm²] 이상인 아연도강연선일 것.
다. 조가용선 및 케이블의 피복에 사용하는 금속체에는 접지공사를 할 것.
라. 조가용선을 케이블에 접촉시켜 금속 테이프를 감는 경우에는 20[cm] 이하의 간격으로 나선상으로 한다.

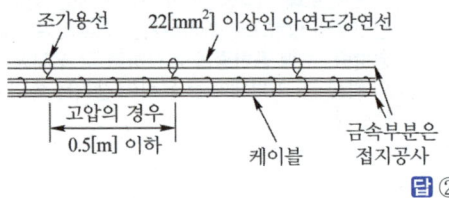

답 ②

91 시가지 내에 시설하는 154[kV] 가공전선로에 지락 또는 단락이 생겼을 때 몇 초 안에 자동적으로 이를 전로로부터 차단하는 장치를 시설하여야 하는가?

① 1 ② 3
③ 5 ④ 10

풀이 333.1 시가지 등에서 특고압 가공전선로의 시설
사용전압이 100[kV]를 초과하는 특고압 가공전선에 지락 또는 단락이 생겼을 때에는 1초 이내에 자동적으로 이를 전로로부터 차단하는 장치를 시설할 것. 답 ①

92 지중전선로를 직접 매설식에 의하여 시설하는 경우 매설 깊이는 차량 기타 중량물의 압력을 받을 우려가 있는 장소에서는 몇 [m] 이상으로 시설하여야 하는가?

① 0.6 ② 1.0
③ 2.4 ④ 4.0

풀이 334.1 지중전선로의 시설
가. 지중 전선로는 전선에 케이블을 사용하고 또한 관로식·암거식 또는 직접 매설식에 의하여 시설하여야 한다.
나. 지중 전선로를 직접 매설식에 의하여 시설하는 경우에는 매설 깊이는

① 차량 기타 중량물의 압력을 받을 우려가 있는 장소 : 1.0[m] 이상
② 기타 장소 : 0.6 [m] 이상 답 ②

93 사용전압이 220[V]인 경우 애자공사에서 전선과 조영재 사이의 이격거리는 몇 [cm] 이상이어야 하는가?

① 2.5 ② 4.5
③ 6.0 ④ 8.0

풀이 232.56 애자공사
가. 전선의 종류 : 절연 전선. 단, 옥외용 비닐 절연 전선(OW) 및 인입용 비닐 절연 전선(DV)은 제외한다.
나. 이격 거리

전 압		전선과 조영재와의 이격 거리	전선 상호 간격	전선 지지점 간의 거리	
				조영재의 윗면 또는 옆면에 따라 시설	조영재에 따라 시설하지 않는 경우
저압	400[V] 이하	2.5[cm] 이상	6[cm] 이상	2[m] 이하	–
	400[V] 초과	건조한 장소 2.5[cm] 이상			6[m] 이하
		기타 장소 4.5[cm] 이상			

답 ①

94 지중전선로에 있어서 폭발성 가스가 침입할 우려가 있는 장소에 시설하는 지중함은 크기가 몇 [mm³] 이상일 때 가스를 방산시키기 위한 장치를 시설하여야 하는가?

① 0.25 ② 0.5
③ 0.75 ④ 1.0

풀이 334.2 지중함의 시설
지중 전선로를 시설하는 경우 폭발성 또는 연소성 가스가 침입할 우려가 있는 곳에 시설하는 지중함으로 크기가 1[m³] 이상인 것은 통풍 장치 기타 가스를 방산시키기 위한 장치를 하여야 한다. 답 ④

95 다음 중 발전소의 계측요소가 아닌 것은?

① 발전기의 전압 및 전류
② 발전기의 고정자 온도
③ 저압용 변압기의 온도
④ 주요변압기의 전류 및 전력

풀이 351.6 계측장치
발전소에서는 다음의 사항을 계측하는 장치를 시설하여야 한다.
가. 발전기의 전압 및 전류 또는 전력
나. 발전기의 베어링 및 고정자의 온도
다. 주요 변압기의 전압 및 전류 또는 전력
라. 특고압용 변압기의 온도   **답** ③

96 사용전압이 35[kV] 이하인 특고압가공전선이 건조물과 제2차 접근상태로 시설되는 경우에 특고압가공전선로는 제 몇 종 특고압 보안공사를 하여야 하는가?

① 제1종 특고압 보안공사
② 제2종 특고압 보안공사
③ 제3종 특고압 보안공사
④ 제4종 특고압 보안공사

풀이 333.23 특고압 가공전선과 건조물의 접근
가. 제1차 접근 상태 : 제3종 특고압 보안 공사
나. 제2차 접근 상태
  ① 35[kV] 이하 : 제2종 특고압 보안 공사
  ② 35[kV] 초과 400[kV] 미만 : 제1종 특고압 보안 공사   **답** ②

97 연료전지 및 태양전지 모듈의 절연내력시험을 하는 경우 충전부분과 대지 사이에 어느 정도의 시험전압을 인가하여야 하는가? (단, 연속하여 10분간 가하여 견디는 것이어야 한다.)

① 최대사용전압의 1.5배의 직류전압 또는 1.25배의 교류전압
② 최대사용전압의 1.25배의 직류전압 또는 1.25배의 교류전압
③ 최대사용전압의 1.5배의 직류전압 또는 1배의 교류전압
④ 최대사용전압의 1.25배의 직류전압 또는 1배의 교류전압

풀이 134 연료전지 및 태양전지 모듈의 절연내력
연료전지 및 태양전지 모듈은 최대사용전압의 1.5배의 직류전압 또는 1배의 교류전압(500[V] 미만으로 되는 경우에는 500[V])을 충전부분과 대지사이에 연속하여 10분간 가하여 절연내력을 시험하였을 때에 이에 견디는 것이어야 한다.   **답** ③

98 다음 중 가연성 분진에 전기설비가 발화원이 되어 폭발할 우려가 있는 곳에 시공할 수 있는 저압 옥내배선공사는?

① 버스덕트공사
② 라이팅덕트공사
③ 금속제 가요전선관공사
④ 금속관공사

풀이 242.2.2 가연성 분진 위험장소
가연성 분진에 전기설비가 발화원이 되어 폭발할 우려가 있는 곳에 시설하는 저압 옥내 전기설비는 다음에 따르고 또한 위험의 우려가 없도록 시설하여야 한다.
가. 합성수지관공사(두께 2[mm] 미만의 합성 수지 전선관 및 난연성이 없는 콤바인 덕트관을 사용하는 것을 제외한다)
나. 금속관공사
다. 케이블공사   **답** ④

> 출제기준 변경 및 개정된 관계 법규에 따라 삭제된 문제가 있어 20문항이 안됩니다.

MEMO

2009 기출문제

Industrial Engineer Electricity

동일출판사 홈페이지에서
무료 동영상강의를 보실 수 있습니다.

2009년 1회

20년간 전기산업기사필기

동일출판사 홈페이지에서 무료 동영상강의를 보실 수 있습니다.

1과목 - 전기자기

01 플레밍의 왼손법칙(Fleming's left hand rule)에서 왼손의 엄지, 인지, 중지의 방향에 해당 되지 않는 것은?

① 전압   ② 전류   ③ 자속밀도   ④ 힘

풀이 플레밍의 왼손 법칙
- 엄지 : 힘의 방향(F)   • 인지 : 자속의 방향(B)
- 중지 : 전류의 방향(I)

답 ①

02 내구의 반지름 10[cm], 외구의 반지름 20[cm]인 동심 도체구의 정전용량은 약 몇 [pF]인가?

① 16[pF]   ② 18[pF]   ③ 20[pF]   ④ 22[pF]

풀이
$$C = \frac{4\pi\epsilon_0 ab}{b-a} = \frac{\frac{1}{9\times 10^9}\times 0.1 \times 0.2}{0.2-0.1}$$
$$= \frac{2\times 10^{-10}}{9} = 2.22\times 10^{-11}$$
$$= 22.2\times 10^{-12}[F] = 22.2[pF]$$

답 ④

03 공기 중에서 12[Wb/m²]인 평등자계 내에 길이 80[cm]인 도선을 자계에 대하여 30°의 각을 이루는 위치에 두었을 때 24[N]의 힘을 받았다면 도선에 흐르는 전류는 몇 [A]인가?

① 2[A]   ② 3[A]   ③ 4[A]   ④ 5[A]

풀이 $F = IlB\sin\theta$[N]에서
$$I = \frac{F}{lB\sin\theta} = \frac{24}{0.8\times 12 \times \sin 30°} = 5[A]$$

답 ④

04 진공 중에 반경 2[cm]인 도체구 A와 내외반경이 4[cm] 및 5[cm]인 도체구 B를 동심으로 놓고 도체구 A에 $Q_A = 2\times 10^{-10}$[C]의 전하를 대전시키고 도체구 B의 전하는 0[C]으로 했을 때 도체구 A의 전위는 몇 [V]인가?

① 36[V]   ② 45[V]   ③ 81[V]   ④ 90[V]

풀이
$$V = \frac{Q}{4\pi\epsilon_0}\left(\frac{1}{a}-\frac{1}{b}+\frac{1}{c}\right)$$
$$= \frac{2\times 10^{-10}}{4\pi\epsilon_0}\left(\frac{1}{0.02}-\frac{1}{0.04}+\frac{1}{0.05}\right)$$
$$= 9\times 10^9 \times 2\times 10^{-10}\times(50-25+20)$$
$$= 81[V]$$

답 ③

05 자유공간에서 주파수 5[MHz]의 파장은 몇 [m]인가?

① 5[m]   ② 15[m]   ③ 60[m]   ④ 100[m]

풀이
$$\lambda = \frac{v}{f} = \frac{3\times 10^8}{5\times 10^6} = 60[m]$$

여기서, λ : 전파의 파장[m], f : 주파수[Hz],
v : 전파속도(진공 중에서 3×10^8[m/s])

답 ③

06 $A = -i7-j$, $B = -i3-j4$의 두 벡터가 이루는 각도는?

① 30°   ② 45°   ③ 60°   ④ 90°

풀이
$$\cos\theta = \frac{\mathbf{A}\cdot\mathbf{B}}{|\mathbf{A}||\mathbf{B}|} = \frac{A_xB_x + A_yB_y}{\sqrt{A^2}\sqrt{B^2}}$$
$$= \frac{(-7)\times(-3)+(-1)\times(-4)}{\sqrt{(-7)^2+(-1)^2}\sqrt{(-3)^2+(-4)^2}}$$
$$= \frac{21+4}{\sqrt{50}\times 5} = \frac{25}{25\sqrt{2}} = \frac{1}{\sqrt{2}}$$
$$\therefore \theta = \cos^{-1}\frac{1}{\sqrt{2}} = 45°$$

답 ②

07 전류 I[A]가 반지름 a[m]의 원주를 균일하게 흐를 때 원주 내부의 중심에서 r[m] 떨어진 원주 내부 점의 자계의 세기는 몇 [AT/m]인가?

① $\dfrac{Ir}{2\pi a^2}$[AT/m]

② $\dfrac{Ir}{2\pi a}$[AT/m]

③ $\dfrac{Ir}{\pi a^2}$[AT/m]

④ $\dfrac{Ir}{\pi a}$[AT/m]

풀이 내부 도체에 있어서 $r<a$인 점의 자계를 H_1이라 하면 반지름 r 내를 흐르는 전류,

즉 쇄교하는 전류 $I_r = \dfrac{\pi r^2}{\pi a^2}I = \dfrac{r^2}{a^2}I$ 이므로

주회 적분의 법칙에서 $H_1 2\pi r = I_r$

$\therefore H_1 = \dfrac{I_r}{2\pi r} = \dfrac{1}{2\pi r}\dfrac{r^2}{a^2}I = \dfrac{rI}{2\pi a^2}$ [AT/m]   **답** ①

08 다음 물질 중 반자성체는?

① 백금 ② 구리
③ 니켈 ④ 알루미늄

풀이
- 강자성체 : Fe, Ni, Co
- 상자성체 : Al, Mn, Pt, W, Sn, O_2, N_2 등
- 반자성체 : Bi, C, Si, Ag, Pb, Cu, H_2O 등   **답** ②

09 진공 중의 MKS 유리화 단위계에서

정전하 간의 정전력 $F = \dfrac{Q_1 Q_2}{\alpha_o R^2}$ [N]

자하 간의 자기력 $F = \dfrac{m_1 m_2}{\beta_o R^2}$ [N] 및

전류와 자계 간의 전자력 $F = \dfrac{mIl\sin\theta}{\gamma_o R^2}$ [N]

이다. 상수 α_o, β_o, γ_o 상호 간의 관계식 $\dfrac{\gamma_o^2}{\alpha_o \beta_o}$ 의 값은?

① 3×10^8 ② 3×10^{10}
③ 9×10^{16} ④ 9×10^{20}

풀이
- 정전하 간의 정전력 :
$F = \dfrac{Q_1 Q_2}{4\pi\epsilon_0 R^2}$ [N]에서 $\alpha_o = 4\pi\epsilon_o$
- 자하 간의 자기력 :
$F = \dfrac{m_1 m_2}{4\pi\mu_0 R^2}$ [N]에서 $\beta_o = 4\pi\mu_o$
- 전류와 자계 간의 전자력 : $F = IBl\sin\theta$
그리고 자속밀도 $B = \dfrac{m}{4\pi R^2}$ 이므로

$F = \dfrac{mIl\sin\theta}{4\pi R^2}$ 에서 $\gamma_0 = 4\pi$

$\therefore \dfrac{\gamma_o^2}{\alpha_o \beta_o} = \dfrac{(4\pi)^2}{4\pi\epsilon_o \times 4\pi\mu_o}$

$= \dfrac{(4\pi)^2}{(4\pi)^2(4\pi\times 10^{-7}\times 8.855\times 10^{-12})}$

$= 9\times 10^{16}$ **답** ③

10 고유저항 ρ[Ω·m], 한 변의 길이가 r[m]인 정육면체의 저항[Ω]은?

① $\dfrac{\rho}{\pi r}$ ② $\dfrac{\pi r^2}{\sqrt{\rho}}$
③ $\dfrac{\rho}{r}$ ④ $\sqrt{\dfrac{2\pi r^2}{\rho}}$

답 ③

11 그림과 같이 진공 중에 서로 평행인 무한 길이 두 직선도선 A, B가 d[m] 떨어져 있다. A, B의 선전하밀도를 각각 λ_1[C/m], λ_2[C/m]라 할 때, A로부터 $\dfrac{d}{3}$[m]인 점의 전계의 세기가 0 이었다면 λ_1과 λ_2의 관계는?

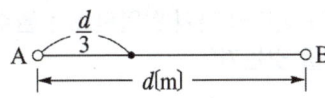

① $\lambda_2 = \dfrac{1}{2}\lambda_1$ ② $\lambda_2 = 2\lambda_1$
③ $\lambda_2 = 3\lambda_1$ ④ $\lambda_2 = 9\lambda_1$

풀이 선 전하에 의한 전계의 세기
$E = \dfrac{\lambda}{2\pi\epsilon_0 r}$ [V/m]에서

$\dfrac{\lambda_1}{2\pi\epsilon_0\left(\dfrac{d}{3}\right)} = \dfrac{\lambda_2}{2\pi\epsilon_0\left(\dfrac{2d}{3}\right)}$, $\lambda_1 = \dfrac{\lambda_2}{2}$

$\therefore \lambda_2 = 2\lambda_1$ **답** ②

12 자장 중에서 도선에 발생되는 유기기전력의 방향은 어떤 법칙에 의하여 설명되는가?

① 패러데이(Faraday)의 법칙
② 앙페르(Ampere)의 오른나사 법칙
③ 렌츠(Lenz)의 법칙
④ 가우스(Gauss)의 법칙

풀이
- 렌츠의 법칙(Lenz's Law) : 유기기전력의 방향을 결정
- 패러데이 법칙(Faraday's Law) : 유기기전력의 크기를 결정

답 ③

13 다음 중 전자석의 재료로서 적당한 것은?
① 잔류자기(B_r)는 크고, 보자력(H_c)은 작아야 한다.
② 잔류자기(B_r)와 보자력(H_c)이 모두 커야 한다.
③ 잔류자기(B_r)와 보자력(H_c)이 모두 작아야 한다.
④ 잔류자기(B_r)는 작고, 보자력(H_c)은 커야 한다.

풀이 전자석의 재료는 잔류 자기가 크고, 보자력은 작아야 하며, 영구자석의 재료는 잔류자기와 보자력이 모두 커야 한다.

답 ①

14 솔레노이드의 자기 인덕턴스는 권수 N과 어떤 관계를 갖는가?
① N에 비례
② $\sqrt{N}$에 비례
③ N^2에 비례
④ $\sqrt{N}$에 반비례

풀이
$$L = \frac{N\phi}{I} = \frac{N \cdot \frac{NI}{R_m}}{I} = \frac{N^2}{R_m} = \frac{\mu S N^2}{l}$$
$$\therefore L \propto N^2$$

답 ③

15 평균반지름 10[cm]의 환상솔레노이드에 5[A]의 전류가 흐를 때 내부자계가 1600[AT/m]이었다. 권수는 약 얼마인가?
① 180회
② 190회
③ 200회
④ 210회

풀이 환상 솔레노이드 내부 자계의 세기
$H = \frac{NI}{2\pi r}$ 에서
$\therefore N = \frac{2\pi r H}{I} = \frac{2\pi \times 10 \times 10^{-2} \times 1600}{5}$
$= 201.06$[회]

답 ③

16 그림과 같은 유전속 분포에서 ϵ_1과 ϵ_2 사이의 관계는?

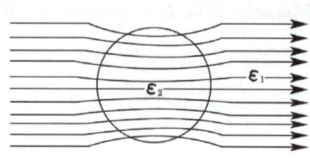

① $\epsilon_1 = \epsilon_2$
② $\epsilon_1 > \epsilon_2$
③ $\epsilon_1 < \epsilon_2$
④ $\epsilon_1 = \epsilon_2 = 0$

풀이 전속선은 유전율이 큰 쪽으로 모이므로 $\epsilon_2 > \epsilon_1$이다.

답 ③

17 합성수지의 절연체에 5×10^3[V/m]의 전계를 가했을 때, 이때의 전속밀도를 구하면 약 몇 [C/m²]이 되는가? (단, 이 절연체의 비유전율은 10으로 한다.)
① 1.1×10^{-4}[C/m²]
② 2.2×10^{-5}[C/m²]
③ 3.3×10^{-6}[C/m²]
④ 4.4×10^{-7}[C/m²]

풀이 $D = \epsilon E = \epsilon_0 \epsilon_s E = 8.855 \times 10^{-12} \times 10 \times 5 \times 10^3$
$= 4.4 \times 10^{-7}$[C/m²]

답 ④

18 반지름 a, $b(b > a)$[m]인 동심원통 전극 사이에 도전율 σ[s/m]의 손실유전체를 채우면 단위길이 당의 저항은 몇 [Ω/m]인가?
① $\frac{1}{2\pi\sigma} \ln \frac{b}{a}$ [Ω/m]
② $\frac{1}{4\pi\sigma} \ln \frac{b}{a}$ [Ω/m]
③ $\frac{1}{\pi\sigma} \ln \frac{b}{a}$ [Ω/m]
④ $\frac{2\pi}{\sigma} \ln \frac{b}{a}$ [Ω/m]

풀이 $RC = \rho\epsilon$ 에서
$R = \frac{\rho\epsilon}{C} = \frac{\epsilon}{\sigma C} = \frac{\epsilon}{\frac{2\pi\epsilon}{\ln\frac{b}{a}}} = \frac{1}{2\pi\sigma} \ln \frac{b}{a}$ [Ω]

답 ①

19 그림과 같이 반지름 2[m], 권수 100회인 원형 코일에 전류 1.5[A]가 흐른다면 중심점 0의 자계의 세기는 몇 [AT/m]인가?

① 30[AT/m]
② 37.5[AT/m]
③ 75[AT/m]
④ 105[AT/m]

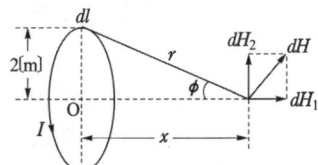

풀이 원형 코일 중심의 자계의 세기
$H_0 = \dfrac{NI}{2a} = \dfrac{100 \times 1.5}{2 \times 2} = \dfrac{150}{4} = 37.5[AT/m]$ **답** ②

20 두 종류의 금속으로 된 폐회로에 전류를 흘리면 양 접속점에서 한 쪽은 온도가 올라가고 다른 쪽은 온도가 내려가는 현상은?

① 볼타(Volta) 효과
② 펠티에(Peltier) 효과
③ 톰슨(Thomson) 효과
④ 제벡(Seebeck) 효과

풀이
- 펠티에 효과 : 두 종류의 금속 접속면에 전류를 흘리면 접속점에서 열의 흡수, 발생이 일어나는 효과
- 톰슨 효과 : 동일한 금속 도선의 두 점간에 온도차를 주고, 고온 쪽에서 저온 쪽으로 전류를 흘리면 도선 속에서 열이 발생되거나 흡수가 일어나는 이러한 현상을 톰슨 효과라 한다.
- 제벡 효과 : 두 종류의 금속 접속면에 온도차가 있으면 기전력이 발생하는 효과 **답** ②

2과목 - 전력공학

21 송전계통에서 이상전압의 방지대책으로 볼 수 없는 것은?

① 철탑 접지저항의 저감
② 가공 송전선로의 피뢰용으로서의 가공지선에 의한 뇌차폐
③ 기기 보호용으로서의 피뢰기 설치
④ 복도체 방식 채택

풀이 보호장치 및 기능
- 가공지선 : 뇌의 차폐
- 피뢰기 : 기기 보호
- 매설지선 : 역섬락 방지

복도체는 코로나를 방지하고, 안정도를 향상시킨다. **답** ④

22 30일간의 최대수용전력이 200[kW], 소비전력량이 72000[kWh]일 때 월 부하율은 몇 [%]인가?

① 30[%]   ② 40[%]
③ 50[%]   ④ 60[%]

풀이
$부하율 = \dfrac{평균\ 전력}{최대\ 수용\ 전력} \times 100$
$= \dfrac{\frac{72000}{30 \times 24}}{200} \times 100 = 50[\%]$ **답** ③

23 배전 전압을 $\sqrt{3}$배로 하면 동일한 전력손실률로 보낼 수 있는 전력은 몇 배가 되는가?

① $\sqrt{3}$ ② $\dfrac{3}{2}$
③ 3   ④ $2\sqrt{3}$

풀이 전력손실률이 일정 한 경우 $P \propto V^2$이므로
$\dfrac{P'}{P} = \left(\dfrac{V'}{V}\right)^2$ 에서
$P' = \left(\dfrac{\sqrt{3}}{1}\right)^2 P = 3P$가 된다. **답** ③

24 송전선로를 연가하는 주된 목적은?

① 페란티 효과의 방지
② 직격뢰의 방지
③ 선로정수의 평형
④ 유도뢰의 방지

풀이
- 연가는 선로정수를 평형시키고 통신선의 유도장해를 방지하기 위하여 선로를 3배수 등분하여 실시한다.
- 연가의 효과는 다음과 같다.
① 직렬공진 방지
② 유도장해 감소
③ 선로정수 평형 **답** ③

25 용량 25000[kVA], 임피던스 10[%]인 3상 변압기가 2차 측에서 3상 단락 되었을 때 단락용량은 몇 [MVA]인가?
① 225[MVA] ② 250[MVA]
③ 275[MVA] ④ 433[MVA]

풀이 단락용량 $P_s = \dfrac{100}{\%Z} P_n = \dfrac{100}{10} \times 25000 \times 10^{-3}$
$= 250[\text{MVA}]$ 답 ②

26 그림에서 계기 Ⓜ이 지시하는 것은?
① 정상전류
② 영상전압
③ 역상전압
④ 정상전압

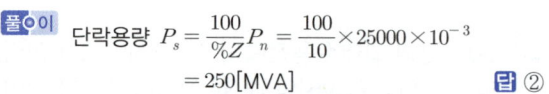

풀이 $V_0 + V_0 + V_0 = 3V_0$ 의 영상 전압이 나타난다.

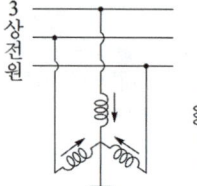 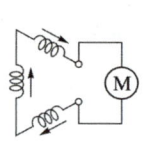

답 ②

27 가공전선로의 전선 진동을 방지하기 위한 방법으로 옳지 않은 것은?
① 토셔널 댐퍼(torsional damper)의 설치
② 스프링 피스톤 댐퍼와 같은 진동 제지권을 설치
③ 경동선을 ACSR로 교환
④ 클램프나 전선 접촉기 등을 가벼운 것으로 바꾸고 클램프 부근에 적당히 전선을 첨가

풀이 강심 알루미늄 전선(ACSR)이나 중공 전선은 지름에 비해 중량이 가벼우므로 진동의 원인이 된다.   답 ③

28 다음 중 원방감시제어(SCADA)의 기능과 관계가 먼 것은?
① 원격 제어 기능 ② 원격 측정 기능
③ 부하 조정 기능 ④ 자동 기록 기능

풀이 원방감시제어의 기능
① 원방 감시 기능   ② 원격 측정 기능
③ 원격 제어 기능   ④ 자동기록 기능
⑤ 경보 발생 기능
⑥ 타 시스템과의 연계 기능   답 ③

29 유역면적 550[km²]인 어떤 하천의 1년간 강수량이 1500[mm]이다. 증발침투 등의 손실을 30[%]라고 하면 1년을 통하여 평균적으로 흐른 유량은 약 몇 [m³/s]이겠는가?
① 18.3[m³/s]   ② 21.3[m³/s]
③ 24.2[m³/s]   ④ 26.2[m³/s]

풀이
• 1년 동안에 하천에 유입하는 총수량
$1500 \times 10^{-3} \times 550 \times 10^6 \times (1-0.3)$
$= 577.5 \times 10^6 [\text{m}^3]$
• 평균 유량
1년은 $365 \times 24 \times 60 \times 60[\text{s}]$이므로
평균 유량 $= \dfrac{577.5 \times 10^6}{365 \times 24 \times 3600}$
$\fallingdotseq 18.3[\text{m}^3/\text{s}]$ 답 ①

30 초고압용 차단기에 사용되는 개폐저항기의 목적은?
① 차단속도 증진   ② 개폐 서지 이상전압 억제
③ 차단전류 감소   ④ 차단전류의 역률 개선

풀이 차단기의 개폐 시에 재점호로 인하여 개폐 서지 이상전압이 발생된다. 이것을 낮추고 절연내력을 높일 수 있게 하기 위해 차단기 접촉자 간에 병렬 임피던스로서 저항을 삽입하는데 이것을 개폐저항기라고 한다.
답 ②

31 그림과 같이 임피던스 Z_1, Z_2 및 Z_3인 송전선이 접속된 선로의 A쪽에서 전압파 E가 진행해 왔을 때 접속점 B에서 무반사로 되기 위한 조건은?

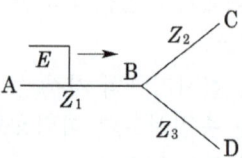

① $Z_1 = Z_2 \times Z_3$ ② $Z_1 = Z_2 + Z_3$
③ $\dfrac{1}{Z_1} = \dfrac{1}{Z_2} \times \dfrac{1}{Z_3}$ ④ $\dfrac{1}{Z_1} = \dfrac{1}{Z_2} + \dfrac{1}{Z_3}$

풀이
$Z_A = Z_1$, $Z_B = \dfrac{1}{\dfrac{1}{Z_2} + \dfrac{1}{Z_3}}$ 이며

반사계수 $= \dfrac{Z_B - Z_A}{Z_A + Z_B}$ 에서

무반사 조건은 $Z_A = Z_B$ 이므로

$Z_1 = \dfrac{1}{\dfrac{1}{Z_2} + \dfrac{1}{Z_3}}$ ∴ $\dfrac{1}{Z_1} = \dfrac{1}{Z_2} + \dfrac{1}{Z_3}$ **답** ④

32 전력용 퓨즈는 주로 어떤 전류의 차단을 목적으로 사용하는가?
① 충전전류 ② 부하전류
③ 단락전류 ④ 지락전류

풀이 전력용 퓨즈는 단락보호용으로 사용된다. **답** ③

33 전력이 같고, 단면적과 긍장이 같을 때 전압변동률[%]은?
① 전압에 비례한다.
② 전압의 제곱에 비례한다.
③ 전압에 반비례한다.
④ 전압의 제곱에 반비례한다.

풀이 송전전압과 전압강하율과의 관계
• 조건 : 전력 P, 저항 R, 리액턴스 X, 역률 $\cos\theta$ 일정
• 전압강하율 $\epsilon = \dfrac{e}{V}$ 에서

$\epsilon = \dfrac{\dfrac{P}{V}(R + X\tan\theta)}{V} = \dfrac{P}{V^2}(R + X\tan\theta)$

P, R, X, $\tan\theta$가 일정하므로

∴ $\epsilon \propto \dfrac{1}{V^2}$ **답** ④

34 전선의 장력이 1500[kgf]일 때, 지선에 걸리는 장력은 몇 [kgf]인가?
① 750[kgf]
② $750\sqrt{3}$ [kgf]
③ 3000[kgf]
④ $\dfrac{3000}{\sqrt{3}}$ [kgf]

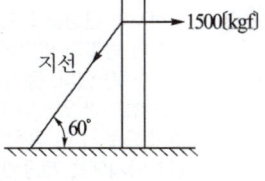

풀이 $T = T_0 \cos\theta$ 이므로

∴ $T_0 = \dfrac{T}{\cos\theta}$

$= \dfrac{1500}{\cos 60°}$

$= 3000$ [kgf] **답** ③

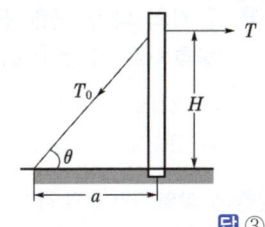

35 송전선로에서 4단자정수 A, B, C, D 사이의 관계는?
① $BC - AD = 1$ ② $AC - BD = 1$
③ $AB - CD = 1$ ④ $AD - BC = 1$

풀이 $AD - BC = 1$ **답** ④

36 다음 중 전력계통의 안정도 향상대책으로 볼 수 없는 것은?
① 직렬콘덴서 설치
② 병렬콘덴서 설치
③ 중간 개폐소 설치
④ 고속차단, 재폐로방식 채용

풀이 전력계통의 안정도 향상 대책
① 계통의 직렬 리액턴스 감소(다회선 방식 채택, 복도체 방식 채택, 기기의 리액턴스 감소)
② 전압변동률을 적게 한다(속응여자방식 채용, 계통의 연계, 중간 조상 방식).
③ 계통에 주는 충격을 적게 한다(적당한 중성점접지방식, 고속차단방식, 재폐로방식).
④ 고장 중의 발전기 돌입 출력의 불평형을 적게 한다.
병렬 콘덴서는 역률 개선이 목적이다. **답** ②

37 전압 66000[V], 주파수 60[Hz], 길이 7[km], 1회선의 3상 지중전선로에서 3상 무부하 충전용량은 약 몇 [kVA]인가? (단, 케이블의 심선 1선 1[km]의 정전용량은 0.4[μF/km]라 한다.)
① 2560[kVA]   ② 4600[kVA]
③ 7970[kVA]   ④ 13800[kVA]

풀이 $Q_c = 3EI_c = 3\omega C\left(\dfrac{V}{\sqrt{3}}\right)^2$

$= 3 \times 2\pi \times 60 \times 0.4 \times 10^{-6} \times 7 \times \left(\dfrac{66000}{\sqrt{3}}\right)^2 \times 10^{-3}$

$= 4598$ [kVA] **답** ②

38 공기의 파열 극한 전위경도는 정현파 교류의 실효치로 약 몇 [kV/cm]인가?

① 21[kV/cm]   ② 25[kV/cm]
③ 30[kV/cm]   ④ 33[kV/cm]

풀이 파열 극한 전위 경도
- DC 30[kV/cm]
- AC 21.1[kV/cm]   **답** ①

39 다음 중 보호계전기가 구비하여야 할 조건으로 거리가 먼 것은?

① 동작이 정확하고 감도가 예민할 것
② 열적, 기계적 강도가 클 것
③ 조정 범위가 좁고 조정이 쉬울 것
④ 고장상태를 신속하게 선택할 것

풀이 보호계전기는 조정 범위가 넓어야 하고 조정이 쉬워야 한다.   **답** ③

40 송전선로의 중성점을 접지하는 주된 목적은?

① 동량의 절약   ② 송전용량의 증가
③ 전압강하의 감소   ④ 이상전압의 억제

풀이 송전선로의 중성점 접지의 목적
① 이상전압 발생 방지
② 1선 지락 시 건전상 전압 상승 억제 및 기기나 선로의 절연 절감
③ 보호계전기 동작 확실
④ 소호 리액터 계통에서의 1선 지락 시 아크 소멸
  답 ④

3과목 - 전기기기

41 동기발전기의 병렬운전에 필요한 조건이 아닌 것은?

① 기전력의 주파수가 같을 것
② 기전력의 위상이 같을 것
③ 임피던스 및 상회전방향과 각 변위가 같을 것
④ 기전력의 크기가 같을 것

풀이 동기발전기의 병렬운전 조건은 다음과 같다.
① 기전력의 크기가 같을 것
② 기전력의 위상이 같을 것
③ 기전력의 주파수가 같을 것
④ 기전력의 파형이 같을 것
⑤ 상회전방향이 같을 것   **답** ③

42 직류분권발전기에서 무부하포화곡선이 $940I_f = (33+I_f)V$인 식으로 주어졌을 때 계자권선의 저항이 10[Ω]이다. 이때의 정상(頂上)전압 [V]은 얼마인가?

① 280[V]   ② 310[V]
③ 610[V]   ④ 720[V]

풀이
$$V = \frac{940I_f}{33+I_f}$$
계자권선의 저항이 10[Ω]이므로
$$V = I_f R_f = 10 I_f$$
$$\therefore I_f = \frac{V}{10}$$
이 식을 위 식에 대입하면
$$V = \frac{940 \cdot \frac{V}{10}}{33 + \frac{V}{10}}$$
$$33V + \frac{V^2}{10} = 940 \times \frac{V}{10}$$
$$33 + \frac{V}{10} = 94$$
$$\therefore V = 610[V]$$ **답** ③

43 다음 중 동기전동기의 난조 방지에 가장 유효한 방법은?

① 자극수를 적게 한다.
② 회전자의 관성을 크게 한다.
③ 자극면에 제동권선을 설치한다.
④ 동기리액턴스 x_x를 작게 하고 동기화력을 크게 한다.

풀이 • 회전자의 관성을 크게 하면 난조의 발생 방지에는 유효하나 난조가 일어난 후에는 오히려 그 정지를 저해할 우려가 있다. 동기 화력도 이와 같다. 자극수의 감소도 효과가 있으나 이것은 원동기 조건으로 정해지는 것으로서 이 목적에는 맞지 않는다.
• 난조방지에는 제동권선이 가장 적합하다.   **답** ③

44 전압변동률이 작은 동기발전기는?

① 전기자 반작용이 크다.
② 동기 리액턴스가 크다.
③ 단락비가 크다.
④ 값이 싸다.

풀이 전압변동률은 작을수록 좋으며, 전압변동률이 작은 발전기는 동기 리액턴스가 작다.
즉, 전기자 반작용이 작고 단락비가 큰 기계가 되어 값이 비싸다. **답** ③

45 변압기에서 생기는 와류손은 철심 두께와 어떤 관계가 있는가?

① 철심 두께의 $\frac{1}{2}$승에 비례
② 철심 두께에 비례
③ 철심 두께에 2승에 비례
④ 철심 두께에 3승에 비례

풀이 와류손 $P_e = K_e(t \cdot f \cdot K_f \cdot B_m)^2$
여기서, K_e : 재료에 따라 정해지는 상수,
t : 철심의 두께[m] **답** ③

46 다음 중 유도전동기의 속도제어법이 아닌 것은?

① 2차 저항법 ② 2차 여자법
③ 1차 저항법 ④ 주파수 제어법

풀이 ① 농형 유도전동기의 속도제어법은
• 주파수를 바꾸는 방법
• 극수를 바꾸는 방법
• 전원전압을 바꾸는 방법
② 권선형 유도전동기는
• 2차 저항을 제어하는 방법
• 2차 여자법 등이 있다. **답** ③

47 전기자저항이 0.4[Ω]이며, 단자전압이 200[V], 부하전류 46[A], 계자전류가 4[A]인 직류분권 발전기의 유기기전력은 몇 [V]인가?

① 180[V] ② 220[V]
③ 225[V] ④ 240[V]

풀이 $E = V + (I + I_f)R_a = 200 + (46+4) \times 0.4 = 220[V]$

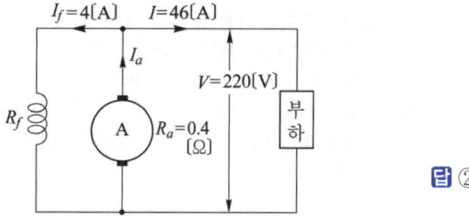

답 ②

48 변압기의 원리는?

① 전자유도 작용을 이용
② 정전유도 작용을 이용
③ 자기유도 작용을 이용
④ 플레밍의 오른손 법칙을 이용

풀이 변압기는 전자 유도 작용을 이용하여 교류전압과 전류의 크기를 변성하는 장치로 2개 이상의 전기회로와 1개 이상의 공통 자기회로로 이루어져 있다. **답** ①

49 전압 정류의 역할을 하는 것은?

① 보극   ② 탄소
③ 보상권선   ④ 리액턴스 코일

풀이
• 전압정류 : 보극을 설치하여 정류 코일 내에 유기되는 리액턴스 전압과 반대방향으로 정류 전압을 유기시켜 양호한 정류를 얻는 방법
• 저항정류 : 접촉저항이 큰 탄소 브러시를 사용하여 정류 코일의 단락전류를 억제해서 양호한 정류를 얻는 방법 **답** ①

50 3상 유도전동기에서 비례추이를 하지 않는 것은?

① 효율   ② 역률
③ 1차 전류 ④ 동기 와트

풀이 출력, 효율, 2차 동손은 비례추이를 할 수 없다. **답** ①

51 동기기의 안정도 증진법은 다음 중 어느 것인가?

① 동기화 리액턴스를 작게 할 것
② 회전자의 플라이휠 효과를 작게 할 것
③ 역상, 영상 임피던스를 작게 할 것
④ 단락비를 작게 할 것

풀이 안정도 증진법
① 동기화 리액턴스를 작게 할 것
② 회전자의 플라이휠 효과를 크게 할 것
③ 속응여자방식을 채용할 것
④ 발전기의 조속기 동작을 신속히 할 것
⑤ 단락비를 크게 할 것
⑥ 정상 임피던스는 적게, 역상, 영상 임피던스는 크게 할 것 **답** ①

52 변압기의 철손을 알 수 있는 시험은?
① 부하 시험   ② 무부하 시험
③ 단락 시험   ④ 유도 시험

풀이 변압기의 시험

시험의 종류	측정 항목
무부하 시험	무부하전류, 히스테리시스손, 와류손, 여자 어드미턴스, 철손
단락 시험	동손, 임피던스 와트, 임피던스 전압

답 ②

53 부하전류가 50[A]일 때, 단자전압이 100[V]인 직류 직권 발전기의 부하전류가 70[A]로 되면 단자전압은 몇 [V]가 되겠는가? (단, 전기자저항 및 직권계자권선의 저항은 각각 0.1[Ω]이고, 전기자 반작용과 브러시의 접촉저항 및 자기포화는 모두 무시한다.)

① 110[V]   ② 114[V]
③ 140[V]   ④ 154[V]

풀이 전기자 전류 I_a, 부하전류 I, 단자전압 V, 유기기전력 E, 전기자저항 R_a, 직권 계자 저항 R_s라고 하면, 직권 발전기에서는 다음의 관계가 있다.
$E = V + (R_a + R_s)I_a = V + (R_a + R_s)I$
그러므로 $I = 50$[A]일 때의 유기기전력을 E_{50}이라 하면
$E_{50} = 100 + (0.10 + 0.10) \times 50 = 110$[V]
그런데, 직권 발전기에 있어서 자로가 불포화일 때, 유기기전력의 크기는 부하전류에 비례하기 때문에 부하전류 70[A]일 때의 유기기전력을 E_{70}이라 하면
$E_{70}/E_{50} = 70/50 = 1.4$
∴ $E_{70} = 1.4 \times E_{50} = 1.4 \times 110 = 154$[V]
이때의 단자전압을 V_{70}이라 하면
∴ $V_{70} = E_{70} - (R_a + R_s) \times 70$
$= 154 - 0.20 \times 70 = 140$[V] **답** ③

54 PWM 인버터에서 나타나는 고조파의 영향이 아닌 것은?
① 손실   ② 기계적인 마찰과 관성
③ 소음과 진동   ④ 토크맥동

풀이 기계적인 마찰은 고조파의 영향이 아니라 기계적인 원인에 의해 발생하는 것이다. **답** ②

55 3상 권선형 유도전동기의 속도제어를 위해서 2차 여자법을 사용하고자 할 때 그 방법은?
① 1차 권선에 가해주는 전압과 동일한 전압을 회전자에 가한다.
② 직류전압을 3상 일괄해서 회전자에 가한다.
③ 회전자 기전력과 같은 주파수의 전압을 회전자에 가한다.
④ 회전자에 저항을 넣어 그 값을 변화시킨다.

풀이 2차 여자법이란 유도전동기의 회전자 권선에 2차 기전력(sE_2)과 동일 주파수의 전압(E_c)을 슬립링을 통해 공급하여 그 크기를 조절함으로써 속도를 제어 하는 방법이다. **답** ③

56 다음 전동력 응용기기에서 GD^2의 값이 적은 것이 바람직한 장치는?
① 압연기   ② 엘리베이터
③ 송풍기   ④ 냉동기

풀이 엘리베이터용 전동기는 일반적으로 성능이 높은 신뢰도를 지니며 기동 토크가 큰 것이 요구된다. 또한 사용 빈도가 높으며, 마이너스 부하로부터 과부하까지 광범위하게 제어가 되어야 할 뿐만 아니라 기동전류와 전동기의 GD^2이 작아야 하고, 소음 및 속도와 회전력의 맥동이 없어야 한다. **답** ②

57 단상 유도전압조정기와 3상 유도전압조정기의 비교 설명으로 옳지 않은 것은?
① 모두 회전자와 고정자가 있으며 한편에 1차 권선을 다른 편에 2차 권선을 둔다.
② 모두 입력전압과 이에 대응한 출력 전압 사이에 위상차가 있다.
③ 단상유도전압조정기는 단락 권선이 필요하나 3상에는 필요 없다.
④ 모두 회전자의 회전각에 따라 조정된다.

[풀이] 3상 유도전압조정기에는 입력전압과 이에 대응한 출력전압 사이에 위상차가 있으나, 단상 유도전압조정기는 위상차가 없다. 답 ②

58 변압기의 개방시험으로 측정할 수 없는 것은?
① 무부하전류 ② 철손
③ 여자 어드미턴스 ④ 임피던스 전압

[풀이] 변압기의 시험
1) 개방회로(무부하) 시험으로 측정할 수 있는 항목
① 무부하전류 ② 히스테리시스손
③ 와류손 ④ 여자 어드미턴스 ⑤ 철손
2) 단락시험으로 측정할 수 있는 항목
① 동손 ② 임피던스 와트
③ 임피던스 전압 답 ④

59 정격전압 100[V], 전기자 전류 50[A]일 때 1500[rpm]인 직류분권전동기의 무부하 속도는 약 몇 [rpm]인가? (단, 전기자저항은 0.1[Ω]이고 전기자 반작용은 무시한다.)
① 1382[rpm] ② 1421[rpm]
③ 1579[rpm] ④ 1623[rpm]

[풀이] $I_a = 50[A]$일 때의 역기전력
$E_c = V - I_a R_a = 100 - (50 \times 0.1) = 95[V]$
$I_a = 0$일 때의 역기전력
$E_{c0} = 100[V]$ ($\because I_a = 0$)
전기자 반작용을 무시하면
$E = k\phi N$에서 ϕ=일정
$\therefore E \propto N$이므로 $E_{c0} : E_c = N_0 : N$
$100 : 95 = N_0 : 1500$
$\therefore N_0 = \frac{100}{95} \times 1500 \fallingdotseq 1579[rpm]$ 답 ③

60 리액터 기동방식에 리액터 대신에 저항기를 사용한 것으로서 전동기의 전원측에 직렬로 저항을 접속하고, 전원전압을 낮게 감압하여 기동한 후 서서히 저항을 감소시켜 가속하고, 전속도에 도달하면 이를 단락하는 방법에 해당 되는 것은?
① 직입 기동방식
② Y-△기동
③ 1차 저항 기동방식
④ 기동보상기에 의한 기동

[풀이] • 1차 저항 기동방식 : 전원측에 직렬로 저항을 삽입하고 운전중에는 이를 단락하는 방식이다. 답 ③

4과목 - 회로이론

61 그림과 같은 단위 계단함수는?
① $u(t)$
② $u(t-a)$
③ $u(a-t)$
④ $-u(t-a)$

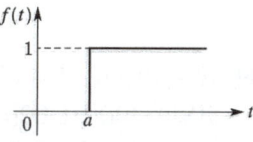

[풀이] 크기는 1이고,
시간이 a만큼 늦은 시간 함수$(t-a)$이므로
$f(t) = 1 \cdot u(t-a) = u(t-a)$ 답 ②

62 $R=10[\Omega]$, $L=0.045[H]$의 직렬회로에 실효값 140[V], 주파수 25[Hz]의 정현파 교류전압을 가했을 때 임피던스[Ω]의 크기는 약 얼마인가?
① 17.25[Ω] ② 15.31[Ω]
③ 12.25[Ω] ④ 10.41[Ω]

[풀이] $\omega L = 2\pi f L = 2 \times 3.14 \times 25 \times 0.045$
$= 7.068[\Omega]$
$\therefore Z = \sqrt{R^2 + (\omega L)^2} = \sqrt{10^2 + 7.06^2}$
$= 12.25[\Omega]$ 답 ③

63 그림과 같은 파형의 교류전압 v와 전류 i 간의 등가 역률은?
(단, $v = V_m \sin \omega t [V]$,
$i = I_m (\sin \omega t - \frac{1}{\sqrt{3}} \sin 3\omega t)$[A]이다.)

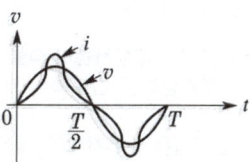

① $\frac{\sqrt{3}}{2}$ ② $\frac{\sqrt{4}}{2}$ ③ 0.8 ④ 0.9

풀이 유효 전력 $P = \dfrac{V_m I_m}{2}$ 이고 $V = \dfrac{V_m}{\sqrt{2}}$,

$I = \dfrac{I_m}{\sqrt{2}} \sqrt{1 + \left(\dfrac{1}{\sqrt{3}}\right)^2} = \dfrac{\sqrt{2} I_m}{\sqrt{3}}$

$\therefore \cos\theta = \dfrac{P}{VI} = \dfrac{\dfrac{V_m I_m}{2}}{\dfrac{V_m}{\sqrt{2}} \cdot \dfrac{\sqrt{2} I_m}{\sqrt{3}}} = \dfrac{\sqrt{3}}{2}$ **답** ①

64 $R = 40[\Omega]$, $L = 80[\text{mH}]$의 코일이 있다. 이 코일에 $100[\text{V}]$, $60[\text{Hz}]$의 전압을 가할 때에 소비되는 전력[W]은?

① 200[W] ② 160[W]
③ 120[W] ④ 100[W]

풀이 $X_L = \omega L = 2\pi f L = 2\pi \times 60 \times 80 \times 10^{-3}$
$\fallingdotseq 30[\Omega]$

$\therefore P = I^2 R = \left(\dfrac{V}{\sqrt{R^2 + X^2}}\right)^2 R = \dfrac{V^2 R}{R^2 + X^2}$

$= \dfrac{100^2 \times 40}{40^2 + 30^2} = 160[\text{W}]$ **답** ②

65 이상적인 전압원과 전류원의 내부저항[Ω]은 각각 얼마인가?

① 전압원과 전류원의 내부저항은 모두 0이다.
② 전압원의 내부저항은 ∞이고, 전류원의 내부저항은 0이다.
③ 전압원과 전류원의 내부저항은 모두 ∞이다.
④ 전압원의 내부저항은 0이고, 전류원의 내부저항은 ∞이다.

풀이
- 이상전압원은 내부저항이 적을수록 좋다.
  ⇒ 내부저항이 적을수록 내부 전압강하가 적어진다.
- 이상 전류원은 내부저항이 클수록 좋다.
  ⇒ 내부저항이 클수록 내부저항으로 흐르는 분로 전류가 적어진다. **답** ④

66 비정현파

$v = 100\sin\left(\omega t + \dfrac{\pi}{18}\right) + 50\sin\left(3\omega t + \dfrac{\pi}{3}\right)$
$+ 25\sin\left(5\omega t + \dfrac{7\pi}{18}\right)[\text{V}]$

인 경우 실효치 전압[V]은?

① 71[V] ② 81[V]
③ 91[V] ④ 101[V]

풀이 $V = \sqrt{V_1^2 + V_2^2 + V_3^2}$

$= \sqrt{\left(\dfrac{100}{\sqrt{2}}\right)^2 + \left(\dfrac{50}{\sqrt{2}}\right)^2 + \left(\dfrac{25}{\sqrt{2}}\right)^2} \fallingdotseq 81[\text{V}]$ **답** ②

67 다음과 같은 회로가 정저항 회로로 되기 위해서는 $C[\mu\text{F}]$를 얼마로 하면 좋은가? (단, $R = 10[\Omega]$, $L = 100[\text{mH}]$이다.)

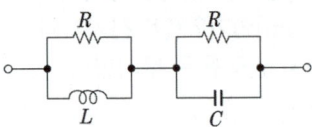

① 1[μF] ② 10[μF]
③ 100[μF] ④ 1000[μF]

풀이 정저항 회로조건 $R = \sqrt{\dfrac{L}{C}}$ 에서

$C = \dfrac{L}{R^2} = \dfrac{100 \times 10^{-3}}{10^2} = 1000[\mu\text{F}]$ **답** ④

68 $R-C$ 직렬회로의 과도상태현상에 관한 설명 중 옳게 표현된 것은?

① 과도전류값은 RC 값에 상관이 없다.
② RC 값이 클수록 회로의 과도값도 빨리 사라진다.
③ RC 값이 클수록 과도전류값은 천천히 사라진다.
④ $\dfrac{1}{RC}$의 값이 클수록 과도전류값은 천천히 사라진다.

풀이 시정수가 크면 클수록 과도현상은 오래 지속된다. $R-C$ 회로의 시정수는 RC이므로 RC 값이 클수록 과도전류의 값은 천천히 사라진다. **답** ③

69 코일의 권수 $N=1000$, 저항 $R=20[\Omega]$ 이다. 전류 $I=10[A]$를 흘릴 때 자속 $\phi=3\times10^{-2}$ [Wb]이다. 이 회로의 시정수[s]는?

① 0.15[s] ② 0.4[s]
③ 3.0[s] ④ 4.0[s]

풀이 코일의 인덕턴스 L은
$$L=\frac{N\phi}{I}=\frac{1000\times3\times10^{-2}}{10}=3[H]$$
$$\therefore \tau=\frac{L}{R}=\frac{3}{20}=0.15[s]$$
답 ①

70 그림과 같은 4단자 회로의 4단자 정수 중 D의 값은?

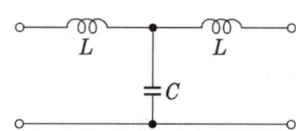

① $1-\omega^2 LC$ ② $j\omega L(2-\omega^2 LC)$
③ $j\omega C$ ④ $j\omega L$

풀이 $\begin{bmatrix}1 & j\omega L\\0 & 1\end{bmatrix}\begin{bmatrix}1 & 0\\j\omega C & 1\end{bmatrix}\begin{bmatrix}1 & j\omega L\\0 & 1\end{bmatrix}$
$=\begin{bmatrix}1-\omega^2 LC & j\omega L(2-\omega^2 LC)\\j\omega C & 1-\omega^2 LC\end{bmatrix}$ **답** ①

71 비정현파에 있어서 정현 대칭의 조건은?

① $f(t)=f(-t)$
② $f(t)=-f(t)$
③ $f(t)=-f(-t)$
④ $f(t)=-f\left(t+\dfrac{T}{2}\right)$

풀이 그림에서 정현 대칭 조건은
$f(t)=-f(-t)$, $f(t)=f(T+t)$

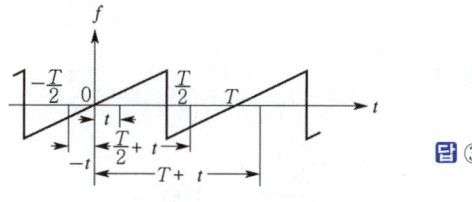
답 ③

72 $Z=8+j6[\Omega]$인 평형 Y 부하에 선간 전압이 200[V]인 대칭 3상 전압을 가할 때 선전류는 약 몇 [A]인가?

① 0.08[A] ② 11.5[A]
③ 17.8[A] ④ 19.5[A]

풀이 Y결선에서 $V_l=\sqrt{3}V_p$, $I_l=I_p$이므로
$$I_l=I_p=\frac{V_p}{Z}=\frac{\frac{200}{\sqrt{3}}}{8+j6}=11.5[A]$$ **답** ②

73 $f(t)=\dfrac{d}{dt}\cos\omega t$ 를 라플라스 변환하면?

① $\dfrac{\omega^2}{s^2+\omega^2}$ ② $\dfrac{-s^2}{s^2+\omega^2}$
③ $\dfrac{s}{s^2+\omega^2}$ ④ $-\dfrac{\omega^2}{s^2+\omega^2}$

풀이 실미분의 정리
$\mathcal{L}[f'(t)]=sF(s)-f(0)$에서
$\mathcal{L}\left[\dfrac{d}{dt}\cos\omega t\right]=s\cdot\dfrac{s}{s^2+\omega^2}-1=\dfrac{-\omega^2}{s^2+\omega^2}$ **답** ④

74 어떤 회로망의 4단자 정수가 $A=8$, $B=j2$, $D=3+j2$이면 이 회로망의 C는 얼마인가?

① $2+j3$ ② $3+j3$
③ $24+j14$ ④ $8-j11.5$

풀이 $AD-BC=1$이므로
$C=\dfrac{AD-1}{B}=\dfrac{8(3+j2)-1}{j2}=8-j11.5$ **답** ④

75 그림과 같은 회로에서 인가 전압에 의한 전류 i를 입력, V_0를 출력이라 할 때 전달함수는? (단, 초기조건은 모두 0이다.)

① $\dfrac{1}{Cs}$
② Cs
③ $\dfrac{1}{1+Cs}$
④ $1+Cs$

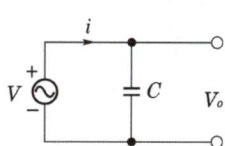

풀이
$$V_0(s) = Z(s) \cdot I(s) = \frac{1}{Cs} \cdot I(s)$$
$$G(s) = \frac{V_0(s)}{I(s)} = \frac{1}{Cs}$$

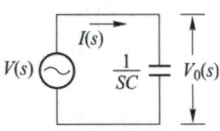

답 ①

76 그림에서 저항 R이 접속되고 여기에 3상 평형 전압 V가 가해져 있다. 지금 X표의 곳에서 1선이 단선 되었다고 하면 소비 전력은 처음의 몇 배로 되는가?

① 1.0
② 0.7
③ 0.5
④ 0.25

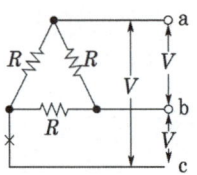

풀이
① △결선 1상의 전류 $I_\triangle = \dfrac{V}{R}$

$\therefore P_\triangle = 3I_\triangle^2 \cdot R = 3\left(\dfrac{V}{R}\right)^2 \cdot R = \dfrac{3V^2}{R}$

② c선이 단선되었을 때 a, b간은 직·병렬회로가 되므로 a-b간의 전류를 I_1, 소비 전력을 P_1, a-c-b간의 전류를 I_2, 소비 전력을 P_2라 하면

$P_1 = I_1^2 R = \left(\dfrac{V}{R}\right)^2 \cdot R = \dfrac{V^2}{R}$

$P_2 = I_2^2 \cdot 2R = \left(\dfrac{V}{2R}\right)^2 \cdot 2R = \dfrac{V^2}{2R}$

그러므로 단선 되었을 때 소비 전력 P는
$P = P_1 + P_2 = \dfrac{V^2}{R} + \dfrac{V^2}{2R} = \dfrac{3V^2}{2R}$

$\therefore \dfrac{P}{P_\triangle} = \dfrac{\frac{3V^2}{2R}}{\frac{3V^2}{R}} = \dfrac{1}{2}$

답 ③

77 $F(s) = \dfrac{2}{(s+1)(s+3)}$의 역 Laplace 변환은?

① $e^{-t} - e^{-3t}$
② $e^{t} - e^{3t}$
③ $e^{-t} - e^{3t}$
④ $e^{t} - e^{-3t}$

풀이
$F(s) = \dfrac{2}{(s+1)(s+3)} = \dfrac{A}{s+1} + \dfrac{B}{s+3}$

$A = \dfrac{2}{s+3}\bigg|_{s=-1} = \dfrac{2}{2} = 1$

$B = \dfrac{2}{s+1}\bigg|_{s=-3} = \dfrac{2}{-2} = -1$이므로

$F(s) = \dfrac{1}{s+1} - \dfrac{1}{s+3}$

$\mathcal{L}^{-1}(F(s)) = e^{-t} - e^{-3t}$

답 ①

78 회로에서 저항 0.5[Ω]에 걸리는 전압[V]은?

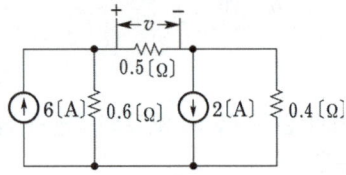

① 0.62[V]
② 0.93[V]
③ 1.47[V]
④ 1.68[V]

풀이 중첩의 정리에 의해 풀면
① 6[A] 전류원 기준(2[A] 전류원 개방)일 때 0.5[Ω]에 흐르는 전류

$I_1 = \dfrac{0.6}{0.6 + (0.5 + 0.4)} \times 6 = 2.4[A]$

② 2[A] 전류원 기준(6[A] 전류원 개방)일 때 0.5[Ω]에 흐르는 전류

$I_2 = \dfrac{0.4}{(0.5 + 0.6) + 0.4} \times 2 = 0.53[A]$

따라서 저항 0.5[Ω]에 걸리는 전압은
$v = (I_1 + I_2) \times 0.5 = (2.4 + 0.53) \times 0.5$
$\fallingdotseq 1.47[V]$

답 ③

79 한 상의 임피던스 $Z = 6 + j8[\Omega]$인 평형 Y부하에 평형 3상 전압 200[V]를 인가할 때 무효전력[Var]은 약 얼마인가?

① 1330[Var]
② 1848[Var]
③ 2381[Var]
④ 3200[Var]

풀이
$Q = 3I^2 X = 3\left(\dfrac{V_p}{\sqrt{R^2 + X^2}}\right)^2 X = 3\dfrac{V_p^2 X}{R^2 + X^2}$

$= \dfrac{3 \times \left(\dfrac{200}{\sqrt{3}}\right)^2 \times 8}{6^2 + 8^2} = 3200[Var]$

답 ④

80 어떤 정현파 교류전압의 실효값이 314[V]일 때 평균값[V]은 약 얼마인가?

① 142[V] ② 283[V]
③ 365[V] ④ 382[V]

풀이 $V_{av} = \dfrac{2\sqrt{2}}{\pi} \cdot V = \dfrac{2\sqrt{2}}{\pi} \cdot 314 ≒ 283[V]$ 답 ②

5과목 - 전기설비기술기준

81 저압의 전선로 중 절연부분의 전선과 대지 사이 및 전선의 심선 상호 간의 절연저항에 대한 기준으로 옳은 것은?

① 사용전압에 대한 누설전류가 최대 공급전류의 $\dfrac{1}{1200}$ 을 넘지 않아야 한다.
② 사용전압에 대한 누설전류가 최대 공급전류의 $\dfrac{1}{2000}$ 을 넘지 않아야 한다.
③ 사용전압에 대한 누설전류가 부하전류의 $\dfrac{1}{1200}$ 을 넘지 않아야 한다.
④ 사용전압에 대한 누설전류가 부하전류의 $\dfrac{1}{2000}$ 을 넘지 않아야 한다.

풀이 전선로의 전선 및 절연성능(기술기준 제27조)
저압의 전선로 중 절연부분의 전선과 대지 사이의 절연저항은 사용전압에 대한 누설전류가 최대 공급 전류의 1/2000을 넘지 않도록 유지하여야 한다. 답 ②

82 특고압가공전선이 저고압가공전선 등과 제2차 접근상태로 시설되는 경우 사용전압이 35[kV] 이하인 특고압가공전선과, 저고압가공전선 등 사이에 무엇을 시설하는 경우에 특고압가공전선로를 제2종 특고압 보안공사에 의하지 아니 하여도 되는가? (단, 애자장치에 관한 부분에 한 한다.)

① 접지설비 ② 보호망
③ 차폐장치 ④ 전류제한장치

풀이 333.26 특고압 가공전선과 저고압 가공전선 등의 접근 또는 교차
특고압 가공전선이 저고압 가공전선 등과 제2차 접근 상태로 시설되는 경우에는 특고압 가공전선로는 제2종 특고압 보안공사에 의할 것. 다만, 사용전압이 35[kV] 이하인 특고압 가공전선과 저고압 가공전선 등 사이에 보호망을 시설하는 경우에는 제2종 특고압 보안공사 (애자장치에 관한 부분에 한한다)에 의하지 아니할 수 있다. 답 ②

83 시가지에 시설하는 154[kV] 가공전선로를 도로와 제1차 접근상태로 시설하는 경우, 전선과 도로와의 이격거리는 몇 [m] 이상이어야 하는가?

① 4.4[m] ② 4.8[m]
③ 5.2[m] ④ 5.6[m]

풀이 333.24 특고압 가공전선과 도로 등의 접근 또는 교차
특고압 가공전선이 도로·횡단보도교·철도 또는 궤도(이하 "도로 등"이라 한다)와 제1차 접근 상태로 시설되는 경우에는 다음에 따라야 한다.
가. 특고압 가공전선로는 제3종 특고압 보안공사에 의할 것.
나. 특고압 가공전선과 도로 등 사이의 이격거리는 표에서 정한 값 이상일 것. 다만, 특고압 절연전선을 사용하는 사용전압이 35[kV] 이하의 특고압 가공전선과 도로 등 사이의 수평 이격거리가 1.2[m] 이상인 경우에는 그러하지 아니하다.

사용전압의 구분	이격거리
35[kV] 이하	3[m]
35[kV] 초과	• 이격거리 = 3 + 단수 × 0.15[m] • 단수 = $\dfrac{(전압[kV]-35)}{10}$ 단수 계산에서 소수점 이하는 절상

• 단수 = $\dfrac{154-35}{10}$ = 11.9 → 12단
• 이격거리 = 3 + 12×0.15 = 4.8[m] 답 ②

84 다음 중 "지중관로"에 포함되지 않는 것은?

① 지중 광섬유 케이블 선로
② 지중 약전류 전선로
③ 지중전선로
④ 지중 레일 선로

풀이 112 용어 정의
"지중 관로"란 지중 전선로·지중 약전류 전선로·지

중 광섬유 케이블 선로ㆍ지중에 시설하는 수관 및 가스관과 이와 유사한 것 및 이들에 부속하는 지중함 등을 말한다.   답 ④

85 그림은 전력선 반송통신용 결합장치의 보안장치이다. 그림에서 DR은 무엇인가?

① 접지형 개폐기
② 결합 필터
③ 방전갭
④ 배류선륜

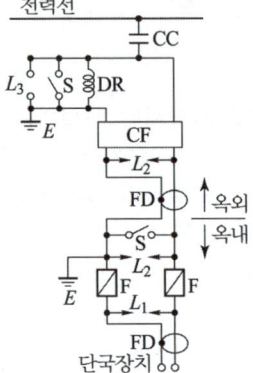

풀이 362.11 전력선 반송 통신용 결합장치의 보안장치
전력선 반송통신용 결합 커패시터에 접속하는 회로에는 그림의 보안장치 또는 이에 준하는 보안장치를 시설하여야 한다.

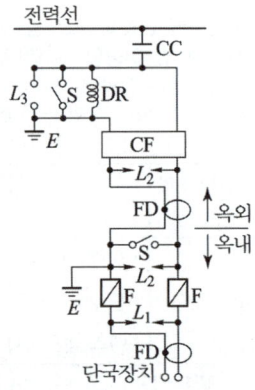

전력선 반송 통신용 결합 장치의 보안장치

- FD : 동축 케이블
- F : 정격전류 10[A] 이하의 포장 퓨즈
- DR : 전류 용량 2[A] 이상의 배류 선륜
- L_1 : 교류 300[V] 이하에서 동작하는 피뢰기
- L_2 : 동작 전압이 교류 1,300[V]를 넘고 1,600[V] 이하로 조정된 방전갭
- L_3 : 동작 전압이 교류 2[kV]를 넘고 3[kV] 이하로 조성된 구상 방전갭
- S는 접지용 개폐기
- CF는 결합 필터
- CC는 결합 콘덴서(결합 안테나를 포함한다)
- E는 접지   답 ④

86 사용전압이 60[kV] 이하인 특고압가공전선로는 상시정전유도작용에 의한 통신상의 장해가 없도록 시설하기 위하여 전화선로의 길이 12[km]마다 유도전류는 몇 [μA]를 넘지 않도록 하여야 하는가?

① 1[μA]   ② 2[μA]
③ 3[μA]   ④ 5[μA]

풀이 333.2 유도장해의 방지
  가. 사용전압이 60[kV] 이하인 경우에는 전화선로의 길이 12[km] 마다 유도전류가 2[μA]를 넘지 아니하도록 할 것.
  나. 사용전압이 60[kV]를 초과하는 경우에는 전화선로의 길이 40[km]마다 유도전류가 3[μA]을 넘지 아니하도록 할 것.
  다. 특고압 가공전선로는 기설 통신선로에 대하여 상시 정전 유도 작용에 의하여 통신상의 장해를 주지 아니하도록 시설하여야 한다.   답 ②

87 금속제 가요전선관공사에 있어서 저압 옥내배선 시설에 맞지 않는 것은?

① 전선은 절연전선일 것
② 가요전선관 안에는 전선에 접속점이 없을 것
③ 가요전선관은 2종 금속제 가요전선관일 것
④ 일반적으로 가요전선관은 3종 금속제 가요전선관일 것

풀이 232.13 금속제가요전선관공사
  가. 전선은 절연전선(옥외용 비닐 절연전선을 제외한다)일 것.
  나. 전선은 연선일 것. 다만, 단면적 10[mm²](알루미늄선은 단면적 16[mm²]) 이하인 것은 그러하지 아니하다.
  다. 가요전선관 안에는 전선에 접속점이 없도록 할 것
  라. 가요전선관은 2종 금속제 가요전선관일 것   답 ④

88 3.3[kV] 고압가공전선로를 교통이 번잡한 도로를 횡단하여 시설하는 경우에는 지표상 높이를 몇 [m] 이상으로 하여야 하는가?

① 5.0[m]   ② 5.5[m]
③ 6.0[m]   ④ 6.5[m]

풀이 332.5 고압 가공전선의 높이
  222.7 저압 가공전선의 높이
  저ㆍ고압 가공전선의 높이는 다음에 따라야 한다.

설치장소		가공전선의 높이
도로횡단(번잡하지 않은 도로 제외)		지표상 6[m] 이상
철도 또는 궤도횡단		레일면상 6.5[m] 이상
횡단 보도교 위	저압	노면상 3.5[m] 이상. 단, 절연전선의 경우 3[m] 이상
	고압	노면상 3.5[m] 이상
일반장소		지표상 5[m] 이상. 단, 저압의 경우 절연전선 또는 케이블을 사용하여 교통에 지장이 없도록 하여 옥외조명용에 공급하는 경우 4[m]까지 감할 수 있다.
다리의 하부 기타 이와 유사한 장소		저압의 전기철도용 급전선은 지표상 3.5[m]까지로 감할 수 있다.

답 ③

89 전선 기타의 가섭선 주위에 두께 6[mm], 비중 0.9의 빙설이 부착된 상태에서 을종풍압하중은 구성재의 수직 투영면적 1[m²]당 몇 [Pa]을 기초로 하여 계산하는가?

① 333[Pa]   ② 372[Pa]
③ 588[Pa]   ④ 666[Pa]

풀이 331.6 풍압하중의 종별과 적용
을종 풍압하중
전선 기타의 가섭선 주위에 두께 6[mm], 비중 0.9의 빙설이 부착된 상태에서 **수직 투영면적 372[Pa]**(다도체를 구성하는 전선은 333[Pa]), 그 이외의 것은 갑종풍압하중의 2분의 1을 기초로 하여 계산한 것. 답 ②

90 옥내배선의 사용전압이 200[V]인 경우에 이를 금속관공사에 의하여 시설하려고 한다. 다음 중 옥내배선의 시설로서 옳은 것은?

① 전선은 경동선으로 지름 4[mm]의 단선을 사용하였다.
② 전선은 옥외용 비닐절연전선을 사용하였다.
③ 콘크리트에 매설하는 전선관의 두께는 1.0[mm]를 사용하였다.
④ 금속관에는 접지공사를 하였다.

풀이 232.12 금속관공사
가. 전선은 절연전선(옥외용 비닐절연전선을 제외한다)일 것.
나. 전선은 연선일 것. 다만, 다음의 것은 적용하지 않는다.
　① 짧고 가는 금속관에 넣은 것.
　② 단면적 10[mm²](알루미늄은 단면적 16[mm²]) 이하의 것.
다. 전선은 금속관 안에서 접속점이 없도록 할 것.
라. 관의 두께는 다음에 의할 것.
　① 콘크리트에 매설하는 것 : 1.2[mm] 이상
　② 콘크리트 매설 이외의 것 : 1[mm] 이상
마. 관에는 접지공사를 할 것. 다만, 사용전압이 400[V] 이하로서 다음 중 하나에 해당하는 경우에는 그러하지 아니하다.
　① 관의 길이가 4[m] 이하인 것을 건조한 장소에 시설하는 경우
　② 옥내배선의 사용전압이 직류 300[V] 또는 교류 대지 전압 150[V] 이하로서 그 전선을 넣는 관의 길이가 8[m] 이하인 것을 사람이 쉽게 접촉할 우려가 없도록 시설하는 경우 또는 건조한 장소에 시설하는 경우 답 ④

91 옥내에 시설하는 전동기에는 전동기가 손상될 우려가 있는 과전류가 생겼을 때 자동적으로 이를 저지하거나 이를 경보하는 장치를 하여야 하는데, 단상 전동기인 경우 전원측 전로에 시설하는 과전류차단기의 정격전류가 몇 [A] 이하이면 이 과부하 보호장치를 시설하지 않아도 되는가? (단, 단상 전동기는 KS C 4204(2013)의 표준정격의 것을 말한다.)

① 10[A]   ② 16[A]
③ 30[A]   ④ 50[A]

풀이 212.6.3 저압전로 중의 전동기 보호용 과전류보호장치의 시설
옥내에 시설하는 전동기에는 전동기가 손상될 우려가 있는 과전류가 생겼을 때에 자동적으로 이를 저지하거나 이를 경보하는 장치를 하여야 한다. 다만, 다음의 어느 하나에 해당하는 경우에는 그러하지 아니하다.
가. 전동기를 운전 중 상시 취급자가 감시할 수 있는 위치에 시설하는 경우
나. 전동기의 구조나 부하의 성질로 보아 전동기가 손상될 수 있는 과전류가 생길 우려가 없는 경우
다. 단상전동기로써 그 전원측 전로에 시설하는 과전류 차단기의 정격전류가 16[A](배선용 차단기는 20[A]) 이하인 경우
라. 정격 출력이 0.2[kW] 이하의 전동기 답 ②

92
저압 연접 인입선은 인입선에서 분기하는 점으로부터 몇 [m]를 초과하는 지역에 미치지 아니하도록 시설하여야 하는가?

① 10[m] ② 20[m]
③ 100[m] ④ 200[m]

풀이 221.1.2 연접 인입선의 시설
저압 연접인입선은 다음에 따라 시설하여야 한다.
가. 인입선에서 분기하는 점으로부터 100[m]를 초과하는 지역에 미치지 아니할 것.
나. 폭 5[m]를 초과하는 도로를 횡단하지 아니할 것.
다. 옥내를 통과하지 아니할 것. **답** ③

93
3상 4선식 22.9[kV] 중성점 다중접지 전로의 절연내력시험전압은 최대사용전압의 몇 배의 전압인가?

① 0.64배 ② 0.72배
③ 0.92배 ④ 1.25배

풀이 132 전로의 절연저항 및 절연내력

전로의 종류	접지방식	시험전압 (최대사용전압의 배수)	최저 시험전압
1. 7[kV] 이하인 전로		1.5배	
2. 7[kV] 초과 25[kV] 이하	다중접지	0.92배	
3. 7[kV] 초과 60[kV] 이하 (2란의 것 제외)		1.25배	10.5[kV]
4. 60[kV] 초과	비접지	1.25배	
5. 60[kV] 초과 (6란, 7란의 것 제외)	접지식	1.1배	75[kV]
6. 60[kV] 초과(7란의 것 제외)	직접접지	0.72배	
7. 170[kV] 초과(발전소 또는 변전소 혹은 이에 준하는 장소에 시설하는 것.)	직접접지	0.64배	

답 ③

94
특고압가공전선과 가공약전류 전선 사이에 시설하는 보호망에서 보호망을 구성하는 금속선 상호 간의 간격은 가로 및 세로를 각각 몇 [m] 이하로 시설하여야 하는가?

① 0.75[m] ② 1.0[m]
③ 1.25[m] ④ 1.5[m]

풀이 333.24 특고압 가공전선과 도로 등의 접근 또는 교차
보호망을 구성하는 금속선 상호의 간격은 가로, 세로 각 1.5[m] 이하일 것. **답** ④

95
1차 22900[V], 2차 3300[V]의 변압기를 옥외에 시설할 때 구내에 취급자 이외의 사람이 들어가지 아니하도록 울타리를 시설하려고 한다. 이때 울타리의 높이는 몇 [m] 이상으로 하여야 하는가?

① 2[m] ② 3[m]
③ 4[m] ④ 5[m]

풀이 341.4 특고압용 기계기구의 시설
특고압용 기계기구는 다음의 규정에 의하여 시설하는 경우 이외에는 시설하여서는 아니 된다.
가. 기계기구의 주위에 규정에 준하여 울타리·담 등을 시설하는 경우
 • 울타리·담 등의 높이 : 2[m] 이상
 • 지표면과 울타리·담 등의 하단사이의 간격 : 0.15[m] 이하
나. 기계기구를 지표상 5[m] 이상의 높이에 시설하고 충전부분의 지표상의 높이를 표에서 정한 값 이상으로 하고 또한 사람이 접촉할 우려가 없도록 시설하는 경우

사용전압의 구분	울타리·담 등의 높이와 울타리·담 등으로부터 충전 부분까지의 거리의 합계
35[kV] 이하	5[m]
35[kV] 초과 160[kV] 이하	6[m]
160[kV] 초과	• 거리의 합계 = 6 + 단수 × 0.12[m] • 단수 = $\dfrac{\text{사용전압[kV]}-160}{10}$ 단수 계산에서 소수점 이하는 절상

답 ①

96
수소 냉각식의 발전기·조상기에서 발전기안 또는 조상기안의 수소의 순도가 몇 [%] 이하로 저하한 경우에 이를 경보하는 장치를 시설하여야 하는가?

① 15[%] ② 85[%]
③ 125[%] ④ 230[%]

풀이 351.10 수소냉각식 발전기 등의 시설
발전기 내부 또는 조상기 내부의 수소의 순도가 85[%] 이하로 저하한 경우에 이를 경보하는 장치를 시설할 것. **답** ②

> 출제기준 변경 및 개정된 관계 법규에 따라 삭제된 문제가 있어 20문항이 안됩니다.

2009년 2회

동일출판사 홈페이지에서 무료 동영상강의를 보실 수 있습니다.

1과목 - 전기자기

01 그림과 같이 평행한 두 개의 무한 직선 도선에 전류가 I, $2I$인 전류가 흐른다. 두 도선 사이의 점 P에서 자계의 세기가 0 이다. 이때 $\frac{a}{b}$는?

① 4
② 2
③ $\frac{1}{2}$
④ $\frac{1}{4}$

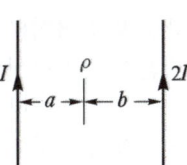

풀이 I와 $2I$ 도선에 의한 자계의 방향은 서로 반대이므로 크기가 같으면 $H=0$이 된다.
- I 도선에 의한 자계
  $H_I = \frac{I}{2\pi a}$ [AT/m] (⊗ 방향)
- $2I$ 도선에 의한 자계
  $H_{2I} = \frac{2I}{2\pi b}$ [AT/m] (⊙ 방향)

$H_I = H_{2I}$ 이므로
$\frac{I}{2\pi a} = \frac{2I}{2\pi b}$ ∴ $\frac{a}{b} = \frac{1}{2}$ 답 ③

02 서로 같은 방향으로 전류가 흐르고 있는 평행한 두 도선 사이에는 어떤 힘이 작용하는가?
① 서로 미는 힘
② 서로 당기는 힘
③ 회전하는 힘
④ 하나는 밀고, 하나는 당기는 힘

풀이 평행도선 단위길이 당 작용하는 힘은
$F = \frac{\mu_0 I_1 I_2}{2\pi r} = \frac{2I_1 I_2}{r} \times 10^{-7}$ [N/m]이며,
플레밍 왼손법칙에 의해
전류 I_1, I_2의 방향이 같으면 흡인력, 방향이 반대이면 반발력이 작용한다.   답 ②

03 비유전율이 3인 유전체 내의 한 점의 전장이 3×10^5 [V/m]일 때, 이 점의 분극의 세기는 몇 [C/m²]인가?
① 1.77×10^{-6} [C/m²]
② 5.31×10^{-6} [C/m²]
③ 7.08×10^{-6} [C/m²]
④ 8.85×10^{-6} [C/m²]

풀이 $P = \epsilon_0(\epsilon_s - 1)E = 2\epsilon_0 E$
$= 2 \times 8.855 \times 10^{-12} \times 3 \times 10^5$
$= 5.31 \times 10^{-6}$ [C/m²]   답 ②

04 환상 솔레노이드 코일에 흐르는 전류가 2[A]일 때 자로의 자속이 3×10^{-2} [Wb]이었다고 한다. 코일의 권수를 500회라 하면, 이 코일의 자기 인덕턴스는 몇 [H]인가? (단, 코일의 전류와 자로의 자속과는 정비례하는 것으로 한다.)
① 3.0[H]   ② 5.5[H]
③ 6.0[H]   ④ 7.5[H]

풀이 $L = \frac{N\phi}{I} = \frac{500 \times 3 \times 10^{-2}}{2} = 7.5$ [H]   답 ④

05 정전용량 5[μF]인 콘덴서를 200[V]로 충전하여 자기 인덕턴스 20[mH], 저항 0[Ω]인 코일을 통해 방전할 때 생기는 전기진동 주파수 f는 약 몇 [Hz]이며, 코일에 축적되는 에너지 W는 몇 [J]인가?
① $f = 500$[Hz], $W = 0.1$[J]
② $f = 50$[Hz], $W = 1$[J]
③ $f = 500$[Hz], $W = 1$[J]
④ $f = 5000$[Hz], $W = 0.1$[J]

풀이 $W = \frac{1}{2}CV^2 = \frac{1}{2} \times 5 \times 10^{-6} \times 200^2 = 0.1$ [J]
진동 주파수 f는

$$f = \frac{1}{2\pi\sqrt{LC}}$$
$$= \frac{1}{2 \times 3.14\sqrt{20 \times 10^{-3} \times 5 \times 10^{-6}}}$$
$$= 503 \fallingdotseq 500[\text{Hz}]$$

답 ①

06 그림과 같이 전속밀도 $D = 1[\text{C/m}^2]$ 중에 $\epsilon_s = 5$인 유전체가 놓여 있어서 균일하게 분극이 생겼다면 분극도 P는 몇 $[\text{C/m}^2]$인가?

① $0.3[\text{C/m}^2]$
② $0.5[\text{C/m}^2]$
③ $0.8[\text{C/m}^2]$
④ $1.0[\text{C/m}^2]$

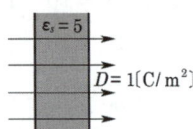

풀이 $D = \epsilon_0 E + P$ 식에서
$$\therefore P = D - \epsilon_0 E = D\left(1 - \frac{1}{\epsilon_s}\right) = 1\left(1 - \frac{1}{5}\right)$$
$$= 0.8[\text{C/m}^2]$$

답 ③

07 길이 1[cm]마다 권수가 50인 무한장 솔레노이드에 500[mA]의 전류를 흘릴 때 내부의 자계는 몇 [AT/m]인가?

① 1250[AT/m]   ② 2500[AT/m]
③ 12500[AT/m] ④ 25000[AT/m]

풀이 $H = n_0 I$ [AT/m]
여기서, n_0 : 단위길이 당 권수 [회/m]
I : 전류[A]
$$\therefore H = 50 \times 100 \times 500 \times 10^{-3}$$
$$= 2500[\text{AT/m}]$$

답 ②

08 균등자장 H_0 중에 비투자율 μ_s, 반지름 a의 자성체구를 놓았을 때 자화의 세기가 M 이었다면 자성체 구의 내부자계의 세기는?

① $-\frac{M}{2}$ ② $-\frac{M}{3}$
③ $\frac{M}{2}$ ④ $\frac{M}{3}$

풀이 z축의 방향으로 균일하게 자화된 $M = Mk$ 인 자성체 구를 생각하면 구 내부의 스칼라 자기 포텐셜 ϕ는 Laplace의 경계조건을 만족한다. 따라서 M은 r 및 θ

의 함수이므로
$$\phi = \frac{1}{3}Mr\cos\theta = \frac{1}{3}Mz$$
$$\therefore \boldsymbol{H} = -\text{grad}\,\phi = -\nabla\psi$$
$$= -\left(\frac{\partial}{\partial x}\boldsymbol{i} + \frac{\partial}{\partial y}\boldsymbol{j} + \frac{\partial}{\partial z}\boldsymbol{k}\right)\left(\frac{1}{3}Mz\right)$$
$$= -\frac{1}{3}M\boldsymbol{k}$$
$$\therefore H = -\frac{M}{3}$$

따라서 자계 H는 자화의 세기와 반대방향($-k$)이다.

답 ②

09 접지 도체구와 점전하 간에 작용하는 힘은?

① 항상 반발력이다.
② 조건적 반발력이다.
③ 항상 흡인력이다.
④ 조건적 흡인력이다.

풀이 접지 구도체에는 항상 점전하와 반대 극성인 전하가 유도되므로 **항상 흡인력이 작용**한다.

답 ③

10 100[kW]의 전력이 안테나에서 사방으로 균일하게 방사될 때 안테나에서 1[km]의 거리에 있는 전계의 실효값은 약 몇 [V/m]인가?

① 1.73[V/m]   ② 2.45[V/m]
③ 3.68[V/m]   ④ 6.21[V/m]

풀이 단위면적 당의 전력 $P = \frac{P_s}{S} = \frac{P_s}{4\pi r^2}$ 에서
$$P = \frac{100 \times 10^3}{4 \times 3.14 \times (10^3)^2}$$
$$= 7.96 \times 10^{-3}[\text{W/m}^2]$$
$$H_e = \sqrt{\frac{\epsilon_0}{\mu_0}}\,E_e = \sqrt{\frac{8.855 \times 10^{-12}}{4\pi \times 10^{-7}}}\,E_e$$
$$= 2.654 \times 10^{-3} E_e[\text{A/m}]$$
$P = H_e E_e$ 이므로
$2.654 \times 10^{-3} E_e^2 = 7.96 \times 10^{-3}$, $E_e^2 = 3$
$$\therefore E_e = \sqrt{3} = 1.73[\text{V/m}]$$

답 ①

11 전자석의 흡인력은 공극의 자속밀도를 B라 할 때 다음의 어느 것에 비례하는가?

① $B^{1.6}$ ② B^2 ③ B^3 ④ B

풀이

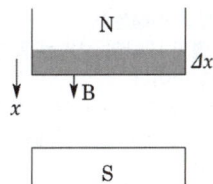

그림의 N극의 강자성체를 Δx 움직일 때의 에너지의 증가 ΔW는(가상 변위의 원리)

$$\Delta W = \frac{1}{2\mu}B^2 \Delta x S - \frac{1}{2\mu_0}B^2 \Delta x S$$

$$F_x = -\frac{\Delta W}{\Delta x} = \left(\frac{B^2}{2\mu_0} - \frac{B^2}{2\mu}\right)S [N]$$

위의 식에서 $\frac{B^2}{2\mu_0} \gg \frac{B^2}{2\mu}$ 이다.

($\because$ 강자성체에서는 $\mu_0 \ll \mu$)

$$\therefore F_x = \frac{B^2}{2\mu_0}S[N] \text{ (흡인력)}$$

또, S극의 강자성체에도 같은 크기의 흡인력이 작용한다.

답 ②

---

12 표면전하밀도 $\rho_s > 0$인 도체표면상의 한 점의 전속밀도가 $D = 4a_x - 5a_y + 2a_z [C/m^2]$일 때 ρ_s는 몇 $[C/m^2]$인가?

① $2\sqrt{3} [C/m^2]$ ② $2\sqrt{5} [C/m^2]$
③ $3\sqrt{3} [C/m^2]$ ④ $3\sqrt{5} [C/m^2]$

풀이 $D = \rho_s$ 이므로

$$\therefore \rho_s = \sqrt{4^2 + (-5)^2 + 2^2} = \sqrt{45}$$
$$= 3\sqrt{5} [C/m^2]$$

답 ④

---

13 그림과 같이 반지름 $a[m]$인 원의 임의의 두 점 A, B(각도 θ) 사이에 전류 $I[A]$가 흐른다. 원의 중심 O에서의 자계의 세기[AT/m]는?

① $\frac{I\theta}{4\pi a^2}$

② $\frac{I\theta}{4\pi a}$

③ $\frac{I\theta}{2\pi a^2}$

④ $\frac{I\theta}{2\pi a}$

풀이 dl 부분에 의한 O에 생기는 자계 dH는

$r = a, \theta = \frac{\pi}{2}$ 이므로

$$dH = \frac{Idl\sin\theta}{4\pi r^2} = \frac{Id\theta}{4\pi a} (\because dl = ad\theta)$$

그러므로

$$H = \int_{\theta=A}^{\theta=B} dH = \int_0^\theta dH = \frac{I}{4\pi a}\int_0^\theta d\theta$$

$$= \frac{I\theta}{4\pi a}[AT/m]$$

답 ②

---

14 지름이 40[mm]인 원형 종이관에 일정하게 2000회의 코일이 감겨 있는 솔레노이드의 인덕턴스는 몇 [mH]인가? (단, 솔레노이드의 길이는 50[cm], 투자율은 μ_o라고 한다.)

① 1.26[mH]   ② 12.6[mH]
③ 126[mH]   ④ 1260[mH]

풀이 반지름에 비하여 길이가 훨씬 크므로 무한장 솔레노이드로 취급할 수 있다. 무한장 솔레노이드의 인덕턴스는 $L = \mu \pi a^2 n^2 l$ [H]에서

단위길이 당 권수 $n = \frac{2000}{0.5} = 4000$회이고

반지름 $a = \frac{D}{2} = \frac{40 \times 10^{-3}}{2} = 20 \times 10^{-3}$[m]이므로

$$L = \mu \pi n^2 a^2 l$$
$$= 4\pi \times 10^{-7} \times \pi \times 4000^2 \times (20 \times 10^{-3})^2 \times 0.5$$
$$\fallingdotseq 0.0126[H] = 12.6[mH]$$

답 ②

---

15 1[μF]의 콘덴서를 30[kV]로 충전하여 200[Ω]의 저항에 연결하면 저항에서 소모되는 에너지는 몇 [J]인가?

① 450[J]   ② 900[J]
③ 1350[J]   ④ 1800[J]

풀이 콘덴서에 충전된 에너지가 소비되므로

$$W = \frac{1}{2}CV^2 = \frac{1}{2} \times 1 \times 10^{-6} \times (30 \times 10^3)^2$$
$$= 450[J]$$

답 ①

---

16 폐곡면을 통하여 나가는 전력선의 총수는 그 내부에 있는 점전하의 대수합의 몇 배와 같은가?

① $\frac{1}{\epsilon_o}$ ② $\frac{1}{\pi\epsilon_o}$ ③ $\frac{1}{2\pi\epsilon_o}$ ④ $\frac{1}{4\pi\epsilon_o}$

풀이 가우스의 정리 $\int_s E \cdot dS = \dfrac{1}{\epsilon_0} \times \sum_{n=1}^{n} Q_i$ **답** ①

17 전속밀도의 시간적 변화율을 무엇이라 하는가?
① 전계의 세기 ② 변위전류밀도
③ 에너지밀도 ④ 유전율

풀이 변위전류 i_d : 전속밀도의 시간적 변화에 의한 것으로 다음과 같이 나타낸다.

변위전류밀도 $i_d = \dfrac{\partial D}{\partial t}$ [A/m] **답** ②

18 표피효과(Skin effect)에 관한 설명으로 옳지 않은 것은?
① 도체에 교류가 흐르면 전류밀도는 표면에 가까울수록 커진다.
② 고주파일수록 심하지 않아 실효저항이 감소한다.
③ 고주파일수록 현저하게 나타난다.
④ 내부 도체는 전도에 거의 관여하지 않으므로 외견상 단면적이 감소하여 저항이 커진 것 같은 현상이다.

풀이 $\delta = \sqrt{\dfrac{2}{\omega\sigma\mu}}$ 여기서 σ : 도전율, μ : 투자율
따라서 주파수가 높을수록, 도전율이 높을수록, 투자율이 높을수록 표피 두께 δ가 감소하므로 표피효과는 증대되어 도체의 실효저항이 증가한다. **답** ②

19 자속의 연속성을 나타내는 식은?
① $B = \mu H$ ② $\nabla \cdot B = 0$
③ $\nabla \cdot B = \rho$ ④ $\nabla \cdot B = -\mu H$

풀이 $\nabla \cdot B = \text{div} B = 0$ **답** ②

20 정전계 내에 도체가 존재하는 경우에 대한 설명으로 다음 중 옳지 않은 것은?
① 도체의 표면은 등전위면이다.
② 도체 내부에는 전계가 존재하지 않는다.
③ 도체 내부의 유도전계는 외부전계와 크기는 같다.
④ 도체에 전하를 대전시킬 수 없어 전하는 모두 도체 표면에만 존재한다.

풀이 도체의 성질과 전하분포
① 도체 표면과 내부의 전위는 동일(등전위)하고, 표면은 등전위면이다.
② 도체 내부의 전계의 세기는 0이다.
③ 전하는 도체 내부에는 존재하지 않고, 도체 표면에만 분포한다.
④ 도체 면에서의 전계의 세기는 도체 표면에 항상 수직이다.
⑤ 도체 표면에서의 전하밀도는 곡률이 클수록 높다. 즉, 곡률반경이 작을수록 높다.
⑥ 중공부에 전하가 없고 대전 도체라면, 전하는 도체 외부의 표면에만 분포한다.
⑦ 중공부에 전하를 두면 도체 내부 표면에 동량 이부호, 도체 외부 표면에 동량 동부호의 전하가 분포된다. **답** ④

2과목 - 전력공학

21 변압기의 기계적 보호계전기인 부흐홀쯔 계전기(Buchholtzrelay)의 설치 위치로 알맞은 것은?
① 유면 위의 탱크 내
② 컨서베이터 내부
③ 변압기의 고압측 부싱
④ 주탱크와 컨서베이터를 연결하는 파이프의 관중

풀이 부흐홀쯔계전기(Buchholtzrelay)는 변압기의 주탱크와 컨서베이터 사이에 부착하여 변압기의 내부고장이 생기는 때에 오일의 분해가스나 오일의 분류를 이용하여 경보를 발하거나 차단기를 작동시킨다. **답** ④

22 일반적으로 전선 1가닥의 단위 길이 당의 작용 정전용량 C_n[μF/km]이
$$C_n = \dfrac{0.02413\epsilon_s}{\log_{10}\dfrac{D}{r}}[\mu\text{F/km}]$$
로 표시되는 경우 여기서 D는 무엇을 나타내는가?
① 전선 반지름[m] ② 선간거리[m]
③ 전선 지름[m] ④ 선간거리$\times \dfrac{1}{2}$[m]

풀이
- r : 전선의 반지름
- D : 등가선간거리

답 ②

23 임피던스 Z_1, Z_2 및 Z_3을 그림과 같이 접속한 선로의 A 쪽에서 전압파 E가 진행해 왔을 때 접속점 B에서 무반사로 되기 위한 조건은?

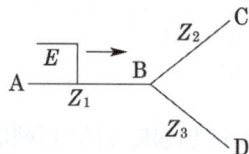

① $Z_1 = Z_2 + Z_3$
② $\dfrac{1}{Z_1} = \dfrac{1}{Z_3} - \dfrac{1}{Z_2}$
③ $\dfrac{1}{Z_1} = \dfrac{1}{Z_2} + \dfrac{1}{Z_3}$
④ $\dfrac{1}{Z_1} = -\dfrac{1}{Z_2} - \dfrac{1}{Z_3}$

풀이
$Z_A = Z_1$, $Z_B = \dfrac{1}{\dfrac{1}{Z_2} + \dfrac{1}{Z_3}}$ 이다.

반사계수 $= \dfrac{Z_B - Z_A}{Z_A + Z_B}$ 에서

무반사 조건은 $Z_A = Z_B$일 때이므로

$Z_1 = \dfrac{1}{\dfrac{1}{Z_2} + \dfrac{1}{Z_3}} \rightarrow \therefore \dfrac{1}{Z_1} = \dfrac{1}{Z_2} + \dfrac{1}{Z_3}$

답 ③

24 6600[V]로 수전하는 자가용 전기설비가 있다. 수전점에서 계산한 3상 단락 용량은 90[MVA] 인데 이곳에 시설한 차단기의 최소 정격차단전류[kA]로 가장 적당한 것은?

① 2[kA] ② 8[kA]
③ 12[kA] ④ 14[kA]

풀이 단락용량 $P_s = \sqrt{3} V I_s$ 에서

단락전류 $I_s = \dfrac{P_s}{\sqrt{3} V} = \dfrac{90 \times 10^3}{\sqrt{3} \times 6.6} \times 10^{-3}$
$= 7.87[kA]$

차단기의 정격차단전류가 단락전류 보다 커야 단락 사고 시 차단기가 고장전류를 안전하게 차단 할 수 있다.

답 ②

25 정사각형으로 배치된 4도체 송전선이 있다. 소도체의 반지름이 1[cm]이고, 한 변의 길이가 32[cm]일 때, 소도체 간의 기하학적 평균 거리는 몇 [cm]인가?

① $32 \times 2^{\frac{1}{3}}$[cm]
② $32 \times 2^{\frac{1}{4}}$[cm]
③ $32 \times 2^{\frac{1}{5}}$[cm]
④ $32 \times 2^{\frac{1}{6}}$[cm]

풀이
$S_e = \sqrt[3]{S \times S \times \sqrt{2}S}$
$= \sqrt[6]{2}\,S$
$= \sqrt[6]{2} \times 32$
$= 32 \times 2^{\frac{1}{6}}$

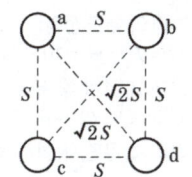

답 ④

26 원자력발전소와 화력발전소의 특성을 비교한 것 중 옳지 않은 것은?

① 원자력발전소는 화력발전소의 보일러 대신 원자로와 열교환기를 사용한다.
② 원자력발전소의 건설비는 화력발전소에 비하여 낮다.
③ 동일 출력일 경우 원자력발전소의 터빈이나 복수기가 화력발전소에 비하여 대형이다.
④ 원자력발전소는 방사능에 대한 차폐 시설물의 투자가 필요하다.

풀이 화력발전과 비교하여 원자력 발전은 출력 밀도(단위체적 당 출력)가 크므로 같은 출력이라면 소형화가 가능하며, 단위 출력당 건설비는 화력발전소에 비하여 비싸다.

답 ②

27 발전기의 단락비가 적어질 경우에 일어나는 현상 중 옳은 것은?

① 발전기가 대형으로 된다.
② 관성정수가 커진다.
③ 전압 변동률이 커진다.
④ 안정도가 향상된다.

풀이 단락비가 작은 기계는 부피가 작고, 철손, 기계손 등의 고정손이 작아 효율은 좋아지나 전압 변동률이 크고 안정도 및 선로 충전 용량이 작아지는 단점이 있다.

답 ③

28 역률(늦음) 80[%], 10[kVA]의 부하를 가지는 주상변압기의 2차 측에 2[kVA]의 전력용 콘덴서를 접속하면 주상변압기에 걸리는 부하는 약 몇 [kVA]가 되겠는가?

① 8[kVA] ② 8.5[kVA]
③ 9[kVA] ④ 9.5[kVA]

풀이 부하의 유효전력
$P = P_a \cos\theta = 10 \times 0.8 = 8$[kVar]
부하의 무효전력
$Q = P_a \sin\theta = 10 \times 0.6 = 6$[kVar]
콘덴서 설치 후 무효전력
$Q' = Q - Q_c = 6 - 2 = 4$[kVar]
따라서 콘덴서 설치 후 피상전력
$P_a' = \sqrt{P^2 + Q'^2} = \sqrt{8^2 + 4^2}$
$\fallingdotseq 8.94$[kVA]   **답** ③

29 전력계통의 안정도 향상대책으로 옳지 않은 것은?

① 계통의 직렬 리액턴스를 낮게 한다.
② 고속도 재폐로방식을 채용한다.
③ 지락전류를 크게 하기 위하여 직접 접지방식을 채용한다.
④ 고속도 차단방식을 채용한다.

풀이 안정도 향상 대책
① 계통의 직렬 리액턴스 감소(다회선 방식 채택, 복도체 방식 채택, 기기의 리액턴스 감소)
② 전압변동률을 적게 한다(속응여자방식 채용, 계통의 연계, 중간 조상 방식)
③ **계통에 주는 충격을 적게 한다**(적당한 중성점접지방식, 고속차단방식, 재폐로방식)
④ 고장 중의 발전기 돌입 출력의 불평형을 적게 한다.
답 ③

30 정격용량 20000[kVA], 임피던스 8[%]인 3상 변압기가 2차 측에서 3상 단락되었을 때 단락용량은 몇 [MVA]인가?

① 160[MVA] ② 200[MVA]
③ 250[MVA] ④ 320[MVA]

풀이 단락 용량
$P_s = \dfrac{100}{\%Z} P_n = \dfrac{100}{8} \times 20,000$
$= 250,000$[kVA] $= 250$[MVA]   **답** ③

31 변류기 개방 시 2차 측을 단락하는 이유는?

① 2차 측 절연 보호
② 2차 측 과전류 보호
③ 측정오차 방지
④ 1차 측 과전류 방지

풀이 변류기의 2차 측을 개방하면 1차 전류가 모두 여자전류가 되어 2차 권선에 매우 높은 전압이 유기되어 **절연이 파괴**되고 소손될 염려가 있다.   **답** ①

32 송전선로의 안정도 향상 대책이 아닌 것은?

① 병행 다회선이나 복도체 방식 채용
② 속응여자방식 채용
③ 계통의 직렬 리액턴스 증가
④ 고속도 차단기 이용

풀이 안정도 향상 대책
① 계통의 직렬 리액턴스 감소(다회선 방식 채택, 복도체 방식 채택, 기기의 리액턴스 감소)
② 전압변동률을 적게 한다(속응여자방식 채용, 계통의 연계, 중간 조상 방식)
③ 계통에 주는 충격을 적게 한다(적당한 중성점접지방식, 고속차단방식, 재폐로방식)
④ 고장 중의 발전기 돌입 출력의 불평형을 적게 한다.
답 ③

33 중성점접지방식 중 비접지방식을 직접 접지방식과 비교한 것으로 옳지 않은 것은?

① 지락전류가 적다.
② 보호계전기 동작이 확실하다.
③ 1선지락 시 통신선 유도장해가 적다.
④ 과도안정도가 크다.

풀이 비접지의 특징(직접 접지와 비교)
① 지락전류가 비교적 적다(유도 장해 감소).
② **보호계전기 동작이 불확실**하다.
③ V-V결선 가능
④ 저전압 단거리에 적합

34 수전 설비의 운영에 있어서 인터록(interlock)의 설명으로 옳은 것은?

① 차단기가 열려 있어야만 단로기를 닫을 수 있다.
② 차단기가 닫혀 있어야만 단로기를 닫을 수 있다.
③ 차단기가 열려 있으면 단로기가 닫히고, 단로기가 열려 있으면 차단기가 닫힌다.
④ 차단기가 접점과 단로기의 접점이 기계적으로 연결되어 있다.

풀이 단로기는 부하전류를 개폐할 수 없다. 따라서 단로기는 차단기가 열려 있어야 열고 닫을 수 있다. 즉, 인터록 장치를 두어 부하 통전 시 단로기를 열 수 없도록 하여야 한다. **답** ①

35 일반적인 경우 그 값이 1 이상인 것은?

① 수용률 ② 전압강하율
③ 부하율 ④ 부등률

풀이 부등률 = $\dfrac{\text{수용설비 개개의 최대수용전력의 합계}}{\text{합성 최대 수용 전력}} \geq 1$ **답** ④

36 불평형부하에서 역률은 어떻게 표현되는가?

① $\dfrac{\text{유효전력}}{\text{각 상의 피상전력의 산술 합}}$
② $\dfrac{\text{유효전력}}{\text{각 상의 피상전력의 벡터 합}}$
③ $\dfrac{\text{무효전력}}{\text{각 상의 피상전력의 산술 합}}$
④ $\dfrac{\text{무효전력}}{\text{각 상의 피상전력의 벡터 합}}$

풀이 역률 $\cos\theta = \dfrac{P}{P_a}$
= $\dfrac{\text{유효전력}}{\text{각 상의 피상전력의 벡터 합}}$ **답** ②

37 중성점이 직접 접지된 6600[V], 3상 발전기의 1단자가 접지되었을 경우 예상되는 지락전류의 크기는 약 몇 [A]인가?

(단, 발전기의 임피던스 $Z_0 = 0.2 + j0.6[\Omega]$, $Z_1 = 0.1 + j4.5[\Omega]$, $Z_2 = 0.5 + j1.4[\Omega]$ 이다.)

① 1578[A] ② 1678[A]
③ 1745[A] ④ 3023[A]

풀이 지락전류 $I_g = 3I_0 = 3 \times \dfrac{E}{Z_0 + Z_1 + Z_2}$

$\therefore I_g = 3 \times \dfrac{\frac{6600}{\sqrt{3}}}{0.2 + j0.6 + 0.1 + j4.5 + 0.5 + j1.4}$

$= \dfrac{6600 \times \sqrt{3}}{0.8 + j6.5} = \dfrac{6600 \times \sqrt{3}}{\sqrt{0.8^2 + 6.5^2}}$

$= 1745[A]$ **답** ③

38 다음 중 지락전류의 크기가 최소인 중성점접지 방식은?

① 비접지 ② 소호 리액터접지
③ 직접 접지 ④ 고저항접지

풀이 지락전류의 크기 : 직접 접지 > 고저항 접지 > 비접지 > 소호 리액터 접지 순이다. **답** ②

39 코로나의 방지대책으로 적당하지 않은 것은?

① 복도체를 사용한다.
② 가선 금구를 개량한다.
③ 전선의 바깥지름을 크게 한다.
④ 선간 거리를 감소시킨다.

풀이 코로나의 방지대책
① 전선의 지름을 크게 한다.
② 복도체를 사용한다.
③ 가선 금구를 개량한다.
④ 가선 시에 전선 표면의 금구를 손상하지 않게 한다. **답** ④

40 화력발전소에서 재열기의 목적은?

① 공기의 예열 ② 급수의 재열
③ 증기의 재열 ④ 배출가스의 재열

풀이 고압 터빈 내에서 팽창한 증기를 보일러에서 재가열함으로써 건조도를 높여 적당한 과열도를 갖도록 하는 과열기를 설치하는데, 보통 이것을 재열기(reheater)라 한다. **답** ③

3과목 - 전기기기

41 불평형 전압 상태에서 3상 유도전동기를 운전하면 토크와 입력은 어떻게 되는가?

① 토크가 감소하고 입력도 감소한다.
② 토크는 감소하고 입력은 증가한다.
③ 토크는 증가하고 입력은 감소한다.
④ 토크가 증가하고 입력은 증가한다.

풀이 전압이 불평형이 되면 불평형 전류가 흘러 전류는 증가하나 토크는 감소한다. **답** ②

42 직류전동기의 공급전압을 V[V], 자속을 ϕ[Wb], 전기자전류를 I_a[A], 전기자저항을 R_a[Ω], 속도를 N[rpm]이라 할 때 속도의 관계식은 어떻게 되는가? (단, k는 상수이다.)

① $N = k\dfrac{V+R_a I_a}{\phi}$ ② $N = k\dfrac{V-R_a I_a}{\phi}$
③ $N = k\dfrac{\phi}{V+R_a I_a}$ ④ $N = k\dfrac{\phi}{V-R_a I_a}$

풀이 직류전동기속도 $N = k\dfrac{E_c}{\phi}$[rpm]이며,
역기전력 $E_c = V - I_a R_a$[V]이므로
$\therefore N = K\dfrac{V-I_a R_a}{\phi}$[rpm]이 된다. **답** ②

43 운전 코일과 기동 코일로 구성된 단상 유도전동기의 내부에 설치되어 있으며 일정한 속도에 도달하면 기동권선을 전원으로부터 분리하는 기능을 가지고 있는 스위치는?

① 리미트 스위치   ② 원심력 스위치
③ 캄 스위치   ④ 셀렉트 스위치

풀이

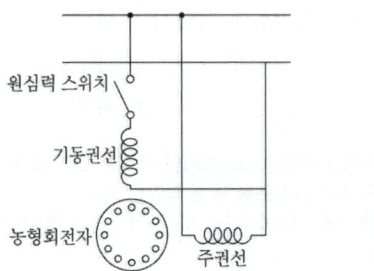

답 ②

44 2대의 단권 변압기를 사용해서 V결선 하면 2대의 자기 용량은?

① $\dfrac{3상\ 부하용량}{\sqrt{3}} \times \dfrac{승압전압}{고압측전압}$
② $2 \times \dfrac{3상\ 부하용량}{\sqrt{3}} \times \dfrac{승압전압}{고압측전압}$
③ $3 \times \dfrac{3상\ 부하용량}{\sqrt{3}} \times \dfrac{승압전압}{고압측전압}$
④ $2 \times \dfrac{3상\ 부하용량}{3} \times \dfrac{승압전압}{고압측전압}$

풀이 $\dfrac{자기\ 용량}{부하\ 용량} = \dfrac{2}{\sqrt{3}} \times \dfrac{V_h - V_l}{V_h}$ **답** ②

45 병렬운전을 하고 있는 3상 동기발전기에 동기화 전류가 흐르는 경우는 어느 때인가?

① 부하가 증가할 때
② 여자전류를 변화시킬 때
③ 부하가 감소할 때
④ 원동기의 출력이 변화할 때

풀이 병렬운전 조건이 다른 경우

병렬운전 조건	다른 경우 흐르는 전류
기전력의 크기가 같을 것	무효 순환전류
기전력의 위상이 같을 것	동기화 전류
기전력의 주파수가 같을 것	동기화 전류
기전력의 파형이 같을 것	고주파 무효 순환전류

원동기의 출력이 변하면 발전기 유기기전력의 위상이 변하게 되어 두 발전기 사이에 동기화 전류가 흐르게 된다. **답** ④

46 권선형 유도전동기에서 2차 저항을 변화시켜서 속도제어를 할 경우 최대 토크는?

① 항상 일정하다.
② 2차 저항에만 비례한다.
③ 최대 토크가 생기는 점의 슬립에 비례한다.
④ 최대 토크가 생기는 점의 슬립에 반비례한다.

풀이 3상 유도전동기의 최대 토크의 크기는 항상 일정하다. 다만 최대 토크가 발생하는 슬립점이 2차 회로의 저항에 비례해서 이동할 뿐이다. **답** ①

47 변압기유(油)의 요구 특성이 아닌 것은?

① 인화점이 높을 것
② 응고점이 낮을 것
③ 점도가 클 것
④ 절연내력이 클 것

풀이 변압기의 기름으로서 갖추어야 할 조건은
① 절연내력이 클 것
② 절연 재료 및 금속에 화학 작용을 일으키지 않을 것
③ 인화점이 높고, 응고점이 낮을 것
④ 점도가 낮고, 비열이 커서 냉각효과가 클 것
⑤ 고온에서도 석출물이 생기거나 산화하지 않을 것

답 ③

48 동기발전기의 단자 부근에서 단락이 일어났다고 할 때 단락전류에 대한 설명으로 옳은 것은?

① 서서히 증가한다.
② 발전기는 즉시 정지한다.
③ 일정한 큰 전류가 흐른다.
④ 처음은 큰 전류가 흐르나 점차로 감소한다.

풀이 평형 3상 전압을 유기하고 있는 발전기의 단자를 갑자기 단락하면 단락 초기에 전기자 반작용이 순간적으로 나타나지 않기 때문에 막대한 과도전류가 흐르고, 그 후 전기자 반작용이 나타나기 시작하여 단락전류가 서서히 감소하고 수 초 후에는 영구 단락전류값에 이르게 된다.

답 ④

49 직류기의 손실 중 기계손에 속하는 것은?

① 브러시의 전기손
② 와전류손
③ 풍손
④ 전기자 권선동손

풀이

총손실	무부하손	철손	히스테리시스손
			와류손
		기계손 : 풍손, 베어링 마찰손, 브러시 마찰손	
	부하손	전기자저항손 $P_c = I_a^2 R_a$[W]	
		브러시 전기손	
		표유부하손 : 권선 이외 부분의 누설자속에 의해 발생	

답 ③

50 1000[kW], 500[V]의 분권발전기가 있다. 회전수 240[rpm]이며 슬롯수 192, 슬롯내부 도체수 6, 자극수가 12일 때 전부하 시의 자속수[Wb]는 약 얼마인가? (단, 전기자저항은 0.006[Ω]이고, 단중 중권이다.)

① 0.001[Wb]   ② 0.11[Wb]
③ 0.185[Wb] ④ 1.85[Wb]

풀이 전 부하전류는
$I = \dfrac{1000 \times 10^3}{500} = 2000$[A]
$E = V + I_a R_a = 500 + (2000 \times 0.006) = 512$[V]
총 도체수 Z는
$Z = (\text{슬롯수}) \times (1\text{슬롯의 도체수}) = 192 \times 6 = 1152$
단중 중권이므로 $a = p$이다.
$E = \dfrac{pZ}{a}\phi n = \dfrac{pZ}{a}\phi \dfrac{N}{60}$[V]
$512 = 1152 \times \phi \times \dfrac{240}{60}$
$\therefore \phi = 0.11$[Wb]

답 ②

51 다음 중 부하의 변화에 대하여 속도변동이 가장 큰 직류전동기는?

① 분권전동기
② 차동 복권전동기
③ 가동 복권전동기
④ 직권전동기

풀이
• 부하 변화에 대하여 속도 변동이 가장 큰 직류전동기 : 직권전동기
• 부하 변화에 대하여 속도 변동이 가장 작은 직류전동기 : 차동 복권전동기

답 ④

52 3상 유도전동기의 전원주파수를 변화하여 속도를 제어하는 경우 전동기의 출력 P와 주파수 f와의 관계는?

① $P \propto f$ ② $P \propto \dfrac{1}{f}$
③ $P \propto f^2$ ④ P는 f에 무관

풀이
• $P = \omega\tau = 2\pi n\tau$에서 $P \propto n$
• $n = (1-s)n_s = (1-s) \cdot \dfrac{2f}{p}$에서
$n \propto f$ $\therefore P \propto n \propto f$

답 ①

53 10[kVA], 2000/100[V] 변압기에서 1차로 환산한 등가 임피던스는 $6.2 + j7[\Omega]$이다. 변압기의 %리액턴스 강하는 얼마인가?

① 0.75[%]   ② 1.75[%]
③ 3.0[%]   ④ 6.0[%]

풀이
$$I_{1n} = \frac{P}{V_{1n}} = \frac{10 \times 10^3}{2000} = 5[A]$$
$$q = \frac{I_{1n}X}{V_{1n}} \times 100 = \frac{5 \times 7}{2000} \times 100 = 1.75[\%]$$
답 ②

54 단상 유도전압조정기 2차전압이 100±30[V]이고, 직렬권선의 전류(2차전류)가 5[A]인 경우의 정격출력은 몇 [kVA]인가?

① 0.1[kVA]   ② 0.15[kVA]
③ 0.26[kVA]   ④ 0.45[kVA]

풀이 단상 유도전압조정기의 용량(정격출력)은
$$P = 부하\ 용량 \times \frac{승압\ 전압}{고압측\ 전압}$$
$$= 130 \times 5 \times \frac{30}{130} \times 10^{-3} = 0.15[kVA]$$
(30[V] 만큼 전압을 조정을 할 수 있으므로 2차 측(고압측) 전압은 130[V]이다.)
답 ②

55 4극, 60[Hz]의 3상 동기발전기가 있다. 회전자의 주변 속도를 240[m/s]로 하려면 회전자의 지름을 약 몇 [m]로 하여야 하는가?

① 0.03[m]   ② 1.91[m]
③ 2.5[m]   ④ 3.2[m]

풀이
$$N_s = \frac{120f}{p} = \frac{120 \times 60}{4} = 1800[rpm]$$
회전자 주변 속도 $v = \pi D \cdot \frac{N_s}{60}[m/s]$
$$\therefore D = \frac{60v}{\pi N_s} = \frac{60 \times 240}{3.14 \times 1800} = 2.54[m]$$
답 ③

56 회전 변류기의 직류측의 전압을 변경하려면 슬립링에 가해지는 교류측 전압을 변화시킨다. 그 방법이 아닌 것은?

① 직렬 리액턴스에 의한 방법
② 유도전압조정기에 의한 방법
③ 분류저항 삽입에 의한 방법
④ 부하 시 전압조정 변압기에 의한 방법

풀이 회전 변류기의 전압조정법
① 직렬 리액턴스에 의한 방법
② 유도전압조정기를 사용하는 방법
③ 부하 시 전압조정 변압기를 사용하는 방법
④ 동기 승압기에 의한 방법
답 ③

57 단상 유도전압조정기에 대한 설명 중 옳지 않은 것은?

① 전압, 위상의 변화가 없다.
② 회전자계에 의한 유도 작용을 한다.
③ 교번 자계의 전자 유도 작용을 이용한다.
④ 무단으로 스무스(smooth)하게 전압이 조정된다.

풀이 회전자계는 3상 유도전압조정기의 작용이다.   **답** ②

58 단상 직권정류자전동기의 기본형이 아닌 것은?

① 직권형   ② 보상직권형
③ 유도보상직권형   ④ 톰슨형

풀이

	단상 정류자 전동기
직권 특성	단상 직권 정류자 전동기 – 직권형, 보상직권형, 유도보상 직권형 단상 반발 전동기 – 아트킨손형전동기, 톰슨전동기, 데리전동기
분권 특성	현재 실용화 되지 않고 있음

답 ④

59 3상 반파정류회로에서 직류전압의 파형은 전원전압의 주파수의 몇 배의 교류분을 포함하는가?

① 1   ② 2   ③ 3   ④ 6

풀이

정류 종류	단상 반파	단상 전파	3상 반파	3상 전파
맥동률[%]	121	48	17.7	4.04
정류 효율	40.5	81.1	96.7	99.8
맥동 주파수	f	$2f$	$3f$	$6f$

답

60 동기전동기에서 난조를 일으키는 원인이 아닌 것은?

① 회전자의 관성이 작다.
② 원동기의 토크에 고조파 토크를 포함하는 경우이다.
③ 전기자 회로의 저항이 크다.
④ 원동기의 조속기의 감도가 너무 예민하다.

풀이 난조 발생의 원인

난조 방지에 대한 대책으로는 제동 권선이 적당하며 난조에 대한 원인 및 대책은 다음과 같다.
① 원동기의 조속기 감도가 지나치게 예민한 경우
  방지대책 : 조속기를 적당히 조정하면 충분히 방지할 수 있다.
② 원동기의 토크에 고조파 토크가 포함된 경우
  방지대책 : 디젤 기관 등에 생기는 문제로 회전부의 플라이휠 효과를 적당히 선정하면 방지할 수 있다.
③ 전기자 회로의 저항이 상당히 큰 경우
  방지대책 : 회로의 저항을 작게 하거나 리액턴스를 삽입하면 방지할 수 있다.
④ 부하가 맥동할 때
  방지대책 : 회전부의 플라이휠 효과를 적당히 선정하면 방지할 수 있다.   **답** 답 없음

4과목 - 회로이론

61 다음과 같은 회로의 구동점 임피던스는? (단, ω는 회로의 각 주파수이다.)

① $2+j\omega$
② $\dfrac{2\omega^2+j4\omega}{3}$
③ $\dfrac{\omega^2+j8\omega}{4+\omega^2}$
④ $\dfrac{2\omega^2+j4\omega}{4+\omega^2}$

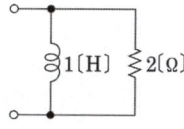

풀이 구동점 임피던스는 2단자망의 한 쌍의 단자에서 본 임피던스를 구동점 임피던스라고 하며, 보통 $j\omega$, 또는 s로 치환하여 나타낸다.

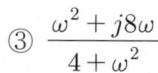

$$= \frac{2j\omega}{2+j\omega} = \frac{2\omega^2+j4\omega}{4+\omega^2}$$ **답** ④

62 정전용량 C만의 회로에서 100[V], 60[Hz]의 교류를 가했을 때 60[mA]의 전류가 흐른다면 C는 몇 [μF]인가?

① $5.26[\mu F]$
② $4.32[\mu F]$
③ $3.59[\mu F]$
④ $1.59[\mu F]$

풀이
$X_C = \dfrac{V}{I} = \dfrac{100}{60\times10^{-3}} = \dfrac{10}{6}\times10^3$
$= 1.66\times10^3[\Omega]$
$X_c = \dfrac{1}{\omega C}$에서 $C = \dfrac{1}{\omega X_c}$ 이므로
$\therefore C = \dfrac{1}{\omega(1.66\times10^3)}$
$= \dfrac{1}{2\times3.14\times60\times1.66\times10^3}$
$= 1.59\times10^{-6}[F] = 1.59[\mu F]$ **답** ④

63 어떤 회로에서 $i = 10\sin(314t - \dfrac{\pi}{6})[A]$의 전류가 흐른다. 이를 복소수로 표시하면?

① $6.12 - j3.54[A]$
② $17.32 - j5[A]$
③ $3.54 - j6.12[A]$
④ $5 - j17.32[A]$

풀이
$I = \dfrac{10}{\sqrt{2}}\angle-\dfrac{\pi}{6} = \dfrac{10}{\sqrt{2}}\left(\cos\dfrac{\pi}{6} - j\sin\dfrac{\pi}{6}\right)$
$= 6.12 - j3.54[A]$ **답** ①

64 대칭 6상 기전력의 선간 전압과 상기전력의 위상차는?

① 120°
② 60°
③ 30°
④ 15°

풀이 대칭 n상인 경우 기전력의 위상차는
$\theta = \dfrac{\pi}{2}\left(1-\dfrac{2}{n}\right) = \dfrac{180}{2}\left(1-\dfrac{2}{6}\right) = 90\times\dfrac{2}{3}$
$= 60°$ **답** ②

65 기본파의 30[%]인 제3고조파와 기본파의 20[%]인 제5고조파를 포함하는 전압파의 왜형률은 약 얼마인가?

① 0.21　② 0.33
③ 0.36　④ 0.42

풀이 왜형률 $= \dfrac{\text{각 고조파의 실효값의 합}}{\text{기본파의 실효값}}$
$= \dfrac{\sqrt{V_3^2 + V_5^2}}{V_1} = \sqrt{\left(\dfrac{V_3}{V_1}\right)^2 + \left(\dfrac{V_5}{V_1}\right)^2}$
$= \sqrt{0.3^2 + 0.2^2} = 0.36$ 　**답** ③

66 어느 회로에서 전압과 전류의 실효값이 각각 60[V], 10[A]이고, 역률이 0.8일 때 무효전력은 몇 [Var]인가?

① 360[Var]　② 300[Var]
③ 200[Var]　④ 100[Var]

풀이 $P_r = VI\sin\theta = 60 \times 10 \times 0.6 = 360[\text{Var}]$
(여기서, $\sin\theta = \sqrt{1 - \cos^2\theta} = \sqrt{1 - 0.8^2} = 0.6$) 　**답** ①

67 A, B, C, D 4단자 정수의 관계를 올바르게 나타낸 것은?

① $AD + BD = 1$　② $AB - CD = 1$
③ $AB + CD = 1$　④ $AD - BC = 1$

풀이 $AD - BC = 1$ 　**답** ④

68 $R[\Omega]$의 3개의 저항을 전압 $V[V]$의 3상 교류 선간에 그림과 같이 접속할 때 선전류[A]는 얼마인가?

① $\dfrac{V}{\sqrt{3}R}$
② $\dfrac{\sqrt{3}V}{R}$
③ $\dfrac{V}{3R}$
④ $\dfrac{3V}{R}$

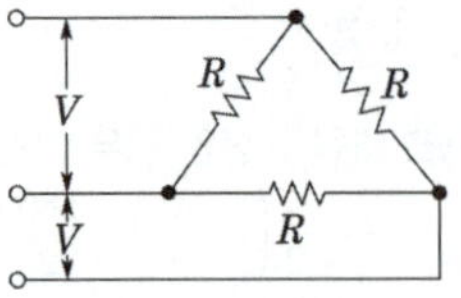

풀이 △결선에서
상전류 $I_p = \dfrac{V}{R}$, 선전류 $I_l = \sqrt{3}I_p$ 이므로
$\therefore I_l = \sqrt{3}\dfrac{V}{R}[\text{A}]$ 　**답** ②

69 어떤 교류의 평균값이 566[V]일 때 실효값은 몇 [V]인가?

① $\dfrac{\pi \cdot 566}{\sqrt{2}}[\text{V}]$　② $\dfrac{566}{2\pi}[\text{V}]$
③ $\dfrac{566}{2}[\text{V}]$　④ $\dfrac{\pi \cdot 566}{2\sqrt{2}}[\text{V}]$

풀이 최댓값을 V_m, 평균값을 V_{av}, 실효값을 V라 할 때
$V_{av} = \dfrac{2}{\pi}V_m$, $V = \dfrac{V_m}{\sqrt{2}}$ 이므로
$V = \dfrac{\pi}{2\sqrt{2}}V_{av} = \dfrac{\pi}{2\sqrt{2}} \times 566 = 628.67[\text{V}]$ 　**답** ④

70 $\cos\omega t$의 라플라스 변환은?

① $\dfrac{s}{s^2 + \omega^2}$　② $\dfrac{-s}{s^2 + \omega^2}$
③ $\dfrac{\omega}{s^2 + \omega^2}$　④ $\dfrac{\omega}{s^2 - \omega^2}$

풀이 $F(s) = \displaystyle\int_0^\infty f(t)e^{-st}dt = \int_0^\infty \cos\omega t \, e^{-st}dt$
부분 적분에 의해서
$\displaystyle\int_0^\infty \cos\omega t \, e^{-st}dt = \dfrac{1}{s} - \dfrac{\omega^2}{s^2}\int_0^\infty \cos\omega t \, e^{-st}dt$
$\therefore F(s) = \displaystyle\int_0^\infty \cos\omega t \, e^{-st}dt$
$= \dfrac{\dfrac{1}{s}}{1 + \dfrac{\omega^2}{s^2}} = \dfrac{s}{s^2 + \omega^2}$

라플라스 변환표

$f(t)$	$F(s)$
$\sin\omega t$	$\dfrac{\omega}{s^2 + \omega^2}$
$\cos\omega t$	$\dfrac{s}{s^2 + \omega^2}$

답 ①

71 다음과 같은 회로에서 a, b 양단의 전압은 몇 [V]인가?

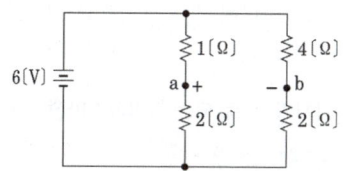

① 1[V] ② 2[V]
③ 2.5[V] ④ 3.5[V]

풀이
$$V_{ab} = \frac{4}{4+2} \times 6 - \frac{1}{1+2} \times 6$$
$$= 4 - 2 = 2[V]$$ **답** ②

72 8[Ω]인 저항과 6[Ω]의 용량 리액턴스 직렬회로에 $E = 28 - j4$[V]인 전압을 가했을 때 흐르는 전류는 몇 [A]인가?

① $3.5 - j0.5$[A] ② $2.48 + j1.36$[A]
③ $2.8 - j0.4$[A] ④ $5.3 + j2.21$[A]

풀이 $Z = 8 - j6,\ E = 28 - j4$ 이므로
$$I = \frac{E}{Z} = \frac{28-j4}{8-j6} = \frac{(28-j4)(8+j6)}{(8-j6)(8+j6)}$$
$$= \frac{248+j136}{100} = 2.48 + j1.36[A]$$ **답** ②

73 저항 $R_1[\Omega],\ R_2[\Omega]$ 및 인덕턴스 L[H]이 직렬로 연결되어 있는 회로의 시정수[s]는?

① $-\dfrac{R_1+R_2}{L}$ ② $\dfrac{R_1+R_2}{L}$
③ $-\dfrac{L}{R_1+R_2}$ ④ $\dfrac{L}{R_1+R_2}$

풀이 $R_1 + R_2$를 R이라 하면 $R-L$ 직렬회로와 같다.
$$\therefore \tau = \frac{L}{R} = \frac{L}{R_1+R_2}[s]$$ **답** ④

74 대칭 3상 Y결선에서 선간전압이 $100\sqrt{3}$[V]이고 각 상의 임피던스 $Z = 30 + j40[\Omega]$의 평형부하일 때 선전류는 몇 [A]인가?

① 2[A] ② $2\sqrt{3}$[A]
③ 5[A] ④ $5\sqrt{3}$[A]

풀이 선간전압을 V_l, 상전압을 V_p, 선전류를 I_l, 상전류를 I_p라고 할 때 Y 결선에서
$$V_p = \frac{V_l}{\sqrt{3}},\ I_l = I_p\ 의\ 관계가\ 있다.$$
$$\therefore I_l = I_p = \frac{V_p}{Z} = \frac{\frac{V_l}{\sqrt{3}}}{Z} = \frac{V_l}{\sqrt{3}Z}$$
$$= \frac{100\sqrt{3}}{\sqrt{3}(30+j40)} = 2\ [A]$$ **답** ①

75 테브난의 정리를 사용하여 다음의 (a)회로를 (b)와 같은 등가회로로 바꾸려 한다. V[V]와 $R[\Omega]$의 값은?

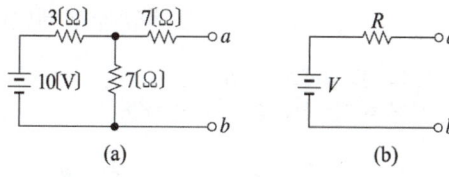

① 7[V], 9.1[Ω] ② 10[V], 9.1[Ω]
③ 7[V], 6.5[Ω] ④ 10[V], 6.5[Ω]

풀이
- a, b 단자 사이에 걸리는 개방전압
$$V_{ab} = \frac{10}{3+7} \times 7 = 7[V]$$
- a, b 단자에서 전원측으로 본 합성 저항 (전압원은 단락시킨다.)
$$R_{ab} = 7 + \frac{3 \times 7}{3+7} = 9.1[\Omega]$$ **답** ①

76 두 개의 코일 a, b가 있다. 두 개를 직렬로 접속 하였더니 합성 인덕턴스가 119[mH]이었고, 극성을 반대로 접속하였더니 합성 인덕턴스가 11[mH]이었다. 코일 a의 자기 인덕턴스가 20[mH]라면 결합 계수 K는 얼마인가?

① 0.6 ② 0.7
③ 0.8 ④ 0.9

풀이 $L_a + L_b + 2M = 119$ ············ ①
$L_a + L_b - 2M = 11$ ············ ②

식 ①, ②에서
$$M = \frac{119-11}{4} = \frac{108}{4} = 27[\text{mH}]$$
$$L_b = 119 - 2M - L_a = 119 - 27 \times 2 - 20 = 45[\text{mH}]$$
$$\therefore k = \frac{M}{\sqrt{L_a L_b}} = \frac{27}{\sqrt{20 \times 45}} = 0.9$$

답 ④

77 다음과 같은 회로에서 출력전압 v_2의 위상은 입력전압 v_1보다 어떠한가?

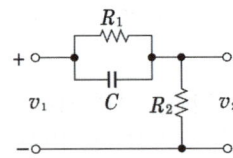

① 같다. ② 앞선다.
③ 뒤진다. ④ 전압과 관계없다.

풀이 C의 전압강하를 e_1, R_1, C에 흐르는 전류를 i_R, i_C라 하면

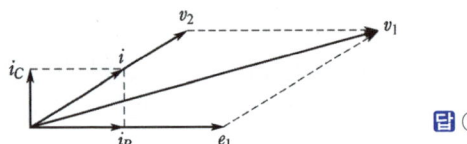

답 ②

78 다음과 같은 전기회로의 입력을 e_i, 출력을 e_o라고 할 때 전달함수는? (단, $T = \dfrac{L}{R}$ 이다.)

① $Ts+1$
② Ts^2+1
③ $\dfrac{1}{Ts+1}$
④ $\dfrac{Ts}{Ts+1}$

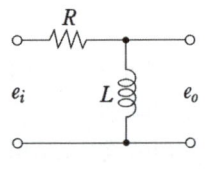

풀이 $G(s) = \dfrac{V_o(s)}{V_i(s)} = \dfrac{Ls}{R+Ls}$
$= \dfrac{\frac{L}{R}s}{1+\frac{L}{R}s} = \dfrac{Ts}{1+Ts}$

답 ④

79 위상정수 β=10[rad/km], 위상속도 v=20 [m/s]일 때 각주파수 ω는 몇 [rad/s]인가?

① 0.1[rad/s]   ② 0.2[rad/s]
③ 14.1[rad/s] ④ 200[rad/s]

풀이 위상차가 2π로 되는 거리가 1 파장이므로
$$\beta\lambda = 2\pi \rightarrow \lambda = \frac{2\pi}{\beta}$$
전파속도 v는 $v = f\lambda = \dfrac{2\pi f}{\beta} = \dfrac{\omega}{\beta}$
$$\therefore \omega = \beta v = \frac{10}{1000} \times 20 = 0.2[\text{rad/s}]$$

답 ②

80 다음과 같은 회로에서 $t=0$인 순간에 스위치 S를 닫았다. 이 순간에 인덕턴스 L에 걸리는 전압은? (단, L의 초기 전류는 0 이다.)

① 0
② E
③ $\dfrac{\leq}{R}$
④ $\dfrac{E}{R}$

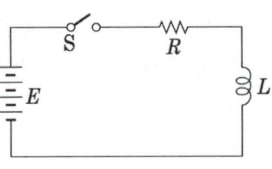

풀이 $E_L = Ee^{-\frac{R}{L}t} = Ee^{-\frac{R}{L}\times 0} = E[\text{V}]$
여기서, $e^0 = 1$이다.

답 ②

5과목 - 전기설비기술기준

81 특고압가공전선로의 시설에 대한 내용 중 옳지 않은 것은?

① 특고압가공전선을 지지하는 애자장치는 2련 이상의 현수애자 또는 장간애자를 사용한다.
② A종 철주를 지지물로 사용하는 경우의 경간은 75[m] 이하이다.
③ 사용전압이 100000[V]를 초과하는 특고압 공전선은 지락 또는 단락이 생겼을 때에는 1초 이내에 자동적으로 이를 전로로부터 차단하는 장치를 시설한다.
④ 전선으로 케이블을 사용하는 경우 조가용선에 행거를 사용하여 시설하며, 행거의 간격은 1[m] 이하로 시설한다.

풀이 특333.3 특고압 가공케이블의 시설
특고압 가공전선로는 그 전선에 케이블을 사용하는 경우에는 다음에 따라 시설하여야 한다.
가. 케이블은 다음의 어느 하나에 의하여 시설할 것.
① 조가용선에 행거에 의하여 시설할 것. 이 경우에 행거의 간격은 0.5[m] 이하로 하여 시설하여야 한다.
② 조가용선에 접촉시키고 그 위에 쉽게 부식되지 아니하는 금속 테이프 등을 0.2[m] 이하의 간격을 유지시켜 나선형으로 감아 붙일 것.
나. 조가용선은 인장강도 13.93[kN] 이상의 연선 또는 단면적 22[mm²] 이상의 아연도강연선일 것.
다. 조가용선 및 케이블의 피복에 사용하는 금속체에는 규정에 준하여 접지공사를 할 것. 답 ④

82 다음 중 전선로의 종류에 속하지 않는 것은?
① 산간 전선로   ② 수상 전선로
③ 물밑 전선로   ④ 터널 안 전선로

풀이 335 특수장소의 전선로
① 터널 안 전선로
② 수상전선로
③ 물밑전선로
④ 지상에 시설하는 전선로
⑤ 교량에 시설하는 전선로
⑥ 전선로 전용교량 등에 시설하는 전선로
⑦ 급경사지에 시설하는 전선로
⑧ 옥내에 시설하는 전선로 답 ①

83 옥내의 시설하는 고압의 이동전선의 종류로 알맞은 것은?
① 450/750[V] 일반용 단심 비닐절연전선
② 비닐 캡타이어 케이블
③ 600[V] 고무절연전선
④ 고압용의 캡타이어 케이블

풀이 342.2 옥내 고압용 이동전선의 시설
옥내에 시설하는 고압의 이동전선은 다음에 따라 시설하여야 한다.
가. 전선은 고압용의 캡타이어케이블일 것.
나. 이동전선에 전기를 공급하는 전로에는 전용 개폐기 및 과전류 차단기를 각극(과전류 차단기는 다선식 전로의 중성극을 제외한다)에 시설하고, 또한 전로에 지락이 생겼을 때에 자동적으로 전로를 차단하는 장치를 시설할 것 답 ④

84 사용전압이 저압인 전로에서 정전이 어려운 경우 등 절연저항 측정이 곤란한 경우에는 누설전류를 몇 [mA] 이하로 유지하여야 하는가?
① 0.1[mA]   ② 1.0[mA]
③ 10[mA]   ④ 100[mA]

풀이 132 전로의 절연저항 및 절연내력
사용전압이 저압인 전로에서 정전이 어려운 경우 등 절연저항 측정이 곤란한 경우에는 누설전류를 1[mA] 이하로 유지하여야 한다. 답 ②

85 다음 중 전력보안 통신용 전화설비를 하여야 하는 곳의 기준으로 옳은 것은?
① 2개 이상의 급전소 상호 간과 이들을 통합 운용하는 급전소 간
② 3개 이상의 급전소 상호 간과 이들을 통합 운용하는 급전소 간
③ 원격감시제어가 되는 발전소
④ 원격감시제어가 되는 변전소

풀이 362.1 전력보안통신설비의 시설 요구사항
발전소, 변전소 및 변환소 에서의 전력보안통신설비의 시설 장소는 다음에 따른다.
가. 원격감시제어가 되지 아니하는 발전소 · 변전소 · 개폐소 · 전선로 및 이를 운용하는 급전소 및 급전분소 간
나. 2개 이상의 급전소(분소) 상호 간과 이들을 통합 운용하는 급전소(분소) 간
다. 수력설비의 안전상 필요한 양수소 및 강수량 관측소와 수력발전소 간
라. 동일 수계에 속하고 안전상 긴급 연락의 필요가 있는 수력발전소 상호 간
마. 동일 전력계통에 속하고 또한 안전상 긴급연락의 필요가 있는 발전소 · 변전소 및 개폐소 상호 간 답 ①

86 사용전압이 400[V] 이하인 저압가공전선은 케이블이나 절연전선인 경우를 제외하고 인장강도 3.43[kN] 이상인 것 또는 지름이 몇 [mm] 이상의 경동선이어야 하는가?
① 1.2[mm]   ② 2.6[mm]
③ 3.2[mm]   ④ 4.0[mm]

풀이 222.5 저압 가공전선의 굵기 및 종류
가. 저압 가공전선은 나전선(중성선 또는 다중접지된 접지측 전선으로 사용하는 전선에 한한다), 절연전

선, 다심형 전선 또는 케이블을 사용하여야 한다.
나. 전선의 굵기

전 압	조 건	전선의 굵기 및 인장강도
400[V] 이하	절연전선	인장강도 2.3[kN] 이상의 것 또는 지름 2.6[mm] 이상의 경동선
	케이블 이외	인장강도 3.43[kN] 이상의 것 또는 지름 3.2[mm] 이상의 경동선
400[V] 초과인 저압 (케이블 이외)	시가지에 시설	인장강도 8.01[kN] 이상의 것 또는 지름 5[mm] 이상의 경동선
	시가지 외에 시설	인장강도 5.26[kN] 이상의 것 또는 지름 4[mm] 이상의 경동선

답 ③

87 접지공사에 사용하는 접지선을 사람이 접촉할 우려가 있는 곳에 시설하는 경우, 접지선의 어느 부분을 합성수지관 또는 이와 동등 이상의 절연효력 및 강도를 가지는 몰드로 덮어야 하는가?

① 지하 30[cm]로부터 지표상 2[m]까지
② 지하 50[cm]로부터 지표상 1.2[m]까지
③ 지하 60[cm]로부터 지표상 1.8[m]까지
④ 지하 75[cm]로부터 지표상 2[m]까지

풀이 142.3.1 접지도체
접지도체는 지하 0.75[m]부터 지표 상 2[m]까지 부분은 합성수지관(두께 2[mm] 미만의 합성수지제 전선관 및 가연성 콤바인덕트관은 제외한다) 또는 이와 동등 이상의 절연효과와 강도를 가지는 몰드로 덮어야 한다.

답 ④

88 지중전선로를 직접 매설식에 의하여 차량 기타 중량물의 압력을 받을 우려가 있는 장소에 시설할 경우에는 그 매설 깊이를 몇 [m] 이상으로 하여야 하는가?

① 1.0[m]   ② 1.2[m]
③ 1.5[m]   ④ 1.8[m]

풀이 334.1 지중전선로의 시설
가. 지중 전선로는 전선에 케이블을 사용하고 또한 관로식·암거식 또는 직접 매설식에 의하여 시설하여야 한다.
나. 지중 전선로를 직접 매설식에 의하여 시설하는 경우에는 매설 깊이는
  ① 차량 기타 중량물의 압력을 받을 우려가 있는 장소 : 1.0[m] 이상
  ② 기타 장소 : 0.6[m] 이상

답 ①

89 전압의 종별을 구분할 때 직류에서의 고압의 범위는?

① 600[V]를 넘고 6.6[kV] 이하인 것
② 1.5[kV]를 넘고 7[kV] 이하인 것
③ 600[V]를 넘고 7[kV] 이하인 것
④ 750[V]를 넘고 6.6[kV] 이하인 것

풀이 111 통칙
전압의 구분은 다음과 같다.

분 류	전압의 범위
저압	• 직류 : 1.5[kV] 이하 • 교류 : 1[kV] 이하
고압	• 직류 : 1.5[V]를 초과하고, 7[kV] 이하 • 교류 : 1[V]를 초과하고, 7[kV] 이하
특고압	7[kV]를 초과

답 ②

90 옥내에 시설하는 저압전선에 나전선을 사용할 수 있는 경우는 다음 중 어느 것인가?

① 금속덕트공사에 의하여 시설하는 경우
② 버스덕트공사에 의하여 시설하는 경우
③ 합성수지관공사에 의하여 시설하는 경우
④ 플로어덕트공사에 의하여 시설하는 경우

풀이 231.4 나전선의 사용 제한
옥내에 시설하는 저압전선에는 나전선을 사용하여서는 아니 된다. 다만, 다음 중 어느 하나에 해당하는 경우에는 그러하지 아니하다.
가. 애자공사에 의하여 전개된 곳에 다음의 전선을 시설하는 경우
  ① 전기로용 전선
  ② 전선의 피복 절연물이 부식하는 장소에 시설하는 전선
나. 버스덕트공사에 의하여 시설하는 경우
다. 라이팅덕트공사에 의하여 시설하는 경우
라. 접촉 전선을 시설하는 경우

답 ②

91 철도·궤도 또는 자동차도 전용 터널 안의 전선로를 시설할 때 저압전선은 인장강도가 몇 [kN] 이상의 절연전선을 사용하여야 하는가?

① 1.38[kN]   ② 2.30[kN]
③ 2.46[kN]   ④ 5.26[kN]

풀이 335.1 터널 안 전선로의 시설
철도·궤도 또는 자동차도 전용터널 안의 전선로

전압	전선의 굵기	시공방법	애자공사 시 높이
저압	인장강도 2.30[kN] 이상 또는 2.6[mm] 이상의 경동선의 절연전선	• 합성수지관공사 • 금속관공사 • 금속제가요전선관 공사 • 케이블공사 • 애자공사	노면상, 레일면상 2.5[m] 이상
고압	인장강도 5.26[kN] 이상 또는 4[mm] 이상의 경동선	• 케이블공사 • 애자공사	노면상, 레일면상 3[m] 이상
특고압		• 케이블공사	

답 ②

92 일반주택 및 아파트 각 호실의 현관등과 같은 조명용 백열전등을 설치할 때에는 타임스위치를 시설하여야 한다. 몇 분 이내에 소등되는 것이어야 하는가?

① 1분 ② 3분
③ 5분 ④ 7분

풀이 234.6 점멸기의 시설
다음의 경우에는 센서등(타임스위치 포함)을 시설하여야 한다.
가. 관광숙박업 또는 숙박업(여인숙업을 제외한다)에 이용되는 객실의 입구등은 1분 이내에 소등되는 것.
나. 일반주택 및 아파트 각 호실의 현관등은 3분 이내에 소등되는 것. **답** ②

93 35[kV]의 특고압가공전선과 가공약전류 전선을 동일 지지물에 시설하는 경우, 특고압가공전선로는 몇 종 특고압 보안공사에 의하여야 하는가?

① 제1종 ② 제2종
③ 제3종 ④ 제4종

풀이 333.19 특고압 가공전선과 가공약전류전선 등의 공용 설치
사용전압이 35[kV] 이하인 특고압 가공전선과 가공약전류전선 등을 동일 지지물에 시설하는 경우에는 다음에 따라야 한다.
가. 특고압 가공전선로는 제2종 특고압 보안공사에 의할 것.

나. 특고압 가공전선은 가공약전류전선 등의 위로하고 별개의 완금류에 시설할 것.
다. 특고압 가공전선은 케이블인 경우 이외에는 인장강도 21.67[kN] 이상의 연선 또는 단면적이 50[mm²] 이상인 경동연선일 것.
라. 특고압 가공전선과 가공약전류전선 등 사이의 이격거리는 2[m] 이상으로 할 것. 다만, 특고압 가공전선이 케이블인 경우에는 0.5[m]까지로 감할 수 있다. **답** ②

94 345[kV]의 가공송전선로를 평지에 건설하는 경우 전선의 지표상 높이는 최소 몇 [m] 이상이어야 하는가?

① 7.58[m] ② 7.95[m]
③ 8.28[m] ④ 8.85[m]

풀이 333.7 특고압 가공전선의 높이

전압의 범위	일반 장소	도로 횡단	철도 또는 궤도횡단	횡단보도교
35[kV] 이하	5[m]	6[m]	6.5[m]	4[m](특고압 절연전선 또는 케이블 사용)
35[kV] 초과 160[kV] 이하	6[m]	6[m]	6.5[m]	5[m](케이블 사용)
160[kV] 초과	산지 등에서 사람이 쉽게 들어갈 수 없는 장소 : 5[m] 이상			
160[kV] 초과	일반장소		가공전선의 높이 = 6 + 단수 × 0.12[m]	
	철도 또는 궤도횡단		가공전선의 높이 = 6.5 + 단수 × 0.12[m]	
	산지		가공전선의 높이 = 5 + 단수 × 0.12[m]	

※ 단수 = $\frac{전압[kV]-160}{10}$ ... 단수 계산에서 소수점 이하는 절상

• 특고압가공전선의 지표상 높이는 일반 장소에서는 6[m](산지 등에서는 5[m])에, 160[kV]를 넘는 10[kV] 또는 그 단수마다 12[cm]를 가한 값
• 단수 = $\frac{345-160}{10}$ = 18.5 → 19단
∴ 전선의 지표상 높이 = 6 + 19 × 0.12 = 8.28[m] **답** ③

95 저압 옥내배선에 연동선을 사용하는 경우 단면적은 몇 [mm²] 이상이어야 하는가?

① 0.75[mm²] ② 1.0[mm²]
③ 1.2[mm²] ④ 2.5[mm²]

[풀이] 231.3 저압 옥내배선의 사용전선
가. 저압 옥내배선의 전선 : 단면적 2.5[mm²] 이상의 연동선
나. 옥내배선의 사용 전압이 400[V] 이하인 경우는 다음에 의하여 시설할 수 있다.
① 전광표시 장치 또는 제어 회로
- 단면적 1.5[mm²] 이상의 연동선
- 단면적 0.75[mm²] 이상인 다심케이블 또는 다심 캡타이어 케이블을 사용하고 또한 과전류가 생겼을 때에 자동적으로 전로에서 차단하는 장치를 시설
② 진열장 또는 이와 유사한 것의 내부 배선 : 단면적 0.75[mm²] 이상인 코드 또는 캡타이어케이블

답 ④

96 고압용의 개폐기·차단기·피뢰기 기타 이와 유사한 기구로서 동작 시에 아크가 생기는 것은 목재의 벽 또는 천장 기타의 가연성 물질로부터 몇 [m] 이상 떼어 놓아야 하는가?

① 0.5[m]　　② 1.0[m]
③ 2.0[m]　　④ 3.0[m]

[풀이] 341.7 아크를 발생하는 기구의 시설
고압용 또는 특고압용의 개폐기·차단기·피뢰기 기타 이와 유사한 기구로서 동작 시에 아크가 생기는 것은 목재의 벽 또는 천장 기타의 가연성 물체로부터 표에서 정한 값 이상 이격하여 시설하여야 한다.

기구 등의 구분	이격거리
고압용의 것	1[m] 이상
특고압용의 것	2[m] 이상

답 ②

출제기준 변경 및 개정된 관계 법규에 따라 삭제된 문제가 있어 20문항이 안됩니다.

2009년 3회

1과목 - 전기자기

01 어떤 코일의 인덕턴스를 측정하였더니 4[H]이고, 여기에 직류 전류 I[A]를 흘려주니 이 코일에 축적된 에너지가 10[J]이었다면 전류 I는 몇 [A]인가?

① 0.5[A]   ② $\sqrt{5}$[A]
③ 5[A]   ④ 25[A]

풀이 $W = \frac{1}{2}LI^2$ 에서 $10 = \frac{1}{2} \times 4 \times I^2$

따라서 $I = \sqrt{\frac{10 \times 2}{4}} = \sqrt{5}$[A]   **답** ②

02 서로 결합된 2개의 코일을 직렬로 연결하면 합성 자기 인덕턴스가 20[mH]이고, 한 쪽 코일의 연결을 반대로 하면 8[mH]가 되었다. 두 코일의 상호 인덕턴스는?

① 3[mH]   ② 6[mH]
③ 14[mH]   ④ 28[mH]

풀이 $L_a + L_b + 2M = 20$ ············ ①
$L_a + L_b - 2M = 8$ ············ ②
식 ①, ②에서 $M = \frac{20-8}{4} = 3$
∴ $M = 3$[mH]   **답** ①

03 내압과 용량이 각각 200[V] 5[μF], 300[V] 4[μF], 400[V] 3[μF], 500[V] 3[μF]인 4개의 콘덴서를 직렬 연결하고 양단에 직류전압을 가하여 전압을 서서히 상승시키면 최초로 파괴되는 콘덴서는? (단, 콘덴서의 재질이나 형태는 동일하다.)

① 200[V] 5[μF]   ② 300[V] 4[μF]
③ 400[V] 3[μF]   ④ 500[V] 3[μF]

풀이 직렬회로에서 각 콘덴서의 전하용량이 작을수록 빨리 파괴된다.

$Q_1 = C_1 \times V_1 = 5 \times 10^{-6} \times 200 = 1 \times 10^{-3}$
$Q_2 = C_2 \times V_2 = 4 \times 10^{-6} \times 300 = 1.2 \times 10^{-3}$
$Q_3 = C_3 \times V_3 = 3 \times 10^{-6} \times 400 = 1.2 \times 10^{-3}$
$Q_4 = C_4 \times V_4 = 3 \times 10^{-6} \times 500 = 1.5 \times 10^{-3}$

따라서 전하용량이 $Q_4 > Q_3 = Q_2 > Q_1$ 이므로 전하용량이 가장 작은 200[V] 5[μF]의 콘덴서가 가장 빨리 파괴된다.   **답** ①

04 대전도체의 성질 중 옳지 않은 것은?

① 도체 표면의 전하밀도를 σ[C/m²]이라 하면 표면상의 전계는 $E = \frac{\sigma}{\epsilon_0}$[V/m]이다.
② 도체 표면상의 전계는 면에 대해서 수평이다.
③ 도체 내부의 전계는 0이다.
④ 도체는 등전위이고, 그의 표면은 등전위면이다.

풀이 전계는 도체 표면(등전위면)과 수직이다.   **답** ②

05 100[MHz]의 전자파의 파장은 몇 [m]인가?

① 0.3[m]   ② 0.6[m]
③ 3[m]   ④ 6[m]

풀이 $\lambda = \frac{v}{f} = \frac{3 \times 10^8}{100 \times 10^6} = 3$[m]

여기서, λ : 전파의 파장[m]
f : 주파수[Hz]
v : 전파속도(진공 중에서 3×10^8[m/s])   **답** ③

06 일반적으로 자구(magnetic domain)를 가지는 자성체는?

① 유전체   ② 강자성체
③ 역자성체   ④ 비자성체

풀이 강자성체에서 원자의 자화 방향이 일정한 인접 원자들의 작은 영역의 모임을 자구라 한다.   **답** ②

07 평행판 콘덴서의 극간 거리를 $\frac{1}{2}$로 줄이면 콘덴서 용량은 처음 값에 비해 어떻게 되는가?

① $\frac{1}{2}$이 된다. ② $\frac{1}{4}$이 된다.
③ 2배가 된다. ④ 4배가 된다.

풀이 $C = \epsilon \frac{s}{d}$ [F]에서

$C' = \epsilon \frac{s}{\frac{d}{2}} = 2\epsilon \frac{s}{d}$ [F]이므로 2배가 된다. **답** ③

08 다음 중 벡터에 대한 계산식으로 틀린 것은?

① $i \cdot i = j \cdot j = k \cdot k = 0$
② $i \cdot j = j \cdot k = k \cdot i = 0$
③ $A \cdot B = AB \cos\theta$
④ $i \times i = j \times j = k \times k = 0$

풀이 단위 벡터의 스칼라곱 :
$i \cdot i = j \cdot j = k \cdot k = 1 \ (\theta = 0°)$ **답** ①

09 전류의 세기가 I[A], 반지름 r[m]인 원형 선전류 중심에 m[Wb]인 가상 점자극을 둘 때 원형 선전류가 받는 힘은 몇 [N]인가?

① $\frac{mI}{2r}$ [N] ② $\frac{mI}{2\pi r}$ [N]
③ $\frac{mI^2}{2\pi r}$ [N] ④ $\frac{mI}{2r^2}$ [N]

풀이 원형 코일의 자계 H는 $\frac{I}{2r}$

$F = mH = \frac{mI}{2r}$ [N] **답** ①

10 평행판콘덴서의 면적이 S [m²], 양단의 극판 간격이 d [m]일 때 비유전율 ϵ_s인 유전체를 채우면 정전용량[F]은? 단, 진공 중의 유전율은 ϵ_0이다.

① $\frac{\epsilon_s S}{4\pi\epsilon_o d}$ ② $\frac{4\pi\epsilon_o \epsilon_s}{S d}$
③ $\frac{\epsilon_o \epsilon_s S}{d}$ ④ $\frac{\epsilon_s S}{\epsilon_o d}$

풀이 평행판 콘덴서의 정전용량
$C = \frac{\epsilon S}{d} = \frac{\epsilon_0 \epsilon_s S}{d}$ **답** ③

11 송전선의 전류가 0.01초간에 10[kA] 변화할 때 송전선과 평행한 통신선에 유도되는 전압은? (단, 송전선과 통신선 간의 상호 유도계수는 0.3[mH]이다.)

① 3[V] ② 300[V]
③ 3000[V] ④ 300000[V]

풀이 $e = M\frac{di}{dt} = 0.3 \times 10^{-3} \times \frac{10 \times 10^3}{0.01} = 300$ [V] **답** ②

12 25[℃]에서 저항이 10[Ω]인 코일이 있다. 70[℃]에서 코일의 저항[Ω]은? (단, 25[℃]에서 코일의 저항온도계수는 0.004이다.)

① 10[Ω] ② 10.6[Ω]
③ 11.2[Ω] ④ 11.8[Ω]

풀이 $R_{70} = R_{25}\{1 + \alpha_{25}(T-t)\}$
$= 10\{1 + 0.004(70-25)\}$
$= 11.8[\Omega]$ **답** ④

13 저항 24[Ω]의 코일을 지나는 자속이 $0.3\cos 800t$ [Wb]일 때 코일에 흐르는 전류의 최댓값은?

① 10[A] ② 20[A]
③ 30[A] ④ 40[A]

풀이 $\phi = \phi_m \cos\omega t$일 때
$e = \frac{d\phi}{dt} = \frac{d}{dt}\phi_m \cos\omega t = -\omega\phi_m \sin\omega t$이고,
또한, $e = E_m \sin\omega t$이므로
$|E_m| = \omega\phi_m = 800 \times 0.3 = 240$ [V]
∴ 최대전류 $I_m = \frac{E_m}{R} = \frac{240}{24} = 10$ [A] **답** ①

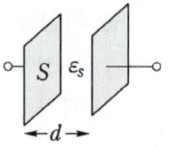

14 공기 중에서 무한 평면 도체 표면 아래의 1[m] 떨어진 곳에 1[C]의 점전하가 있다. 전하가 받는 힘의 크기는 몇 [N]인가?

① 9×10^9[N]　② $\dfrac{9}{2} \times 10^9$[N]

③ $\dfrac{9}{4} \times 10^9$[N]　④ $\dfrac{9}{16} \times 10^9$[N]

풀이 무한 평면 도체에서 1[m] 떨어진 점전하 Q[C]이 받는 힘은 전기 영상법에 의해

$$F = \dfrac{1}{4\pi\epsilon_0} \dfrac{QQ'}{(2r)^2} = \dfrac{Q^2}{16\pi\epsilon_0 r^2}$$
$$= \dfrac{1}{4} \times 9 \times 10^9 \times \dfrac{1}{1^2} = \dfrac{9}{4} \times 10^9 [N]$$

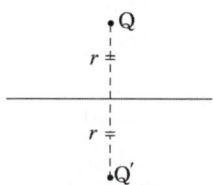

답 ③

15 다음 중 변위전류에 대한 설명으로 옳은 것은?

① 자석 내에 자장의 변화에 의해서 생긴 전류
② 도체 중에 전자의 이동에서 생긴 전류
③ 초전도체 중에 자장을 방해하는 전류
④ 유전체 중에 전속밀도의 시간적 변화에 의한 전류

풀이 변위전류 : 전속밀도의 시간적 변화에 의한 것으로 다음과 같이 나타낼 수 있다.

$$i_d = \dfrac{\partial D}{\partial t}$$

답 ④

16 어떤 막대 철심이 있다. 단면적이 0.4[m²]이고, 길이가 0.8[m], 비투자율이 20이다. 이 철심의 자기 저항은 약 몇 [AT/Wb]인가?

① 3.86×10^4[AT/Wb]
② 3.86×10^5[AT/Wb]
③ 7.96×10^4[AT/Wb]
④ 7.96×10^5[AT/Wb]

풀이 $R_m = \dfrac{l}{\mu_0 \mu_s S} = \dfrac{0.8}{4\pi \times 10^{-7} \times 20 \times 0.4}$
$= 7.96 \times 10^4$[AT/Wb]

답 ③

17 다음 중 전기력선의 일반적인 성질로 옳지 않은 것은?

① 전기력선은 부전하에서 시작하여 정전하에서 그친다.
② 전기력선은 그 자신만으로 폐곡선이 되는 일은 없다.
③ 전기력선은 전위가 높은 점에서 낮은 점으로 향한다.
④ 도체 내부에는 전기력선이 없다.

풀이 전기력선의 성질은 다음과 같다.
① 전기력선은 정전하에서 시작하여 부전하에서 그친다.
② 전하가 없는 곳에서는 전기력선의 발생, 소멸이 없고 연속적이다.
③ 전위가 높은 점에서 낮은 점으로 향한다.
④ 그 자신만으로 폐곡선이 되는 일은 없다.
⑤ 전계가 0이 아닌 곳에서는 2개의 전기력선은 교차하지 않는다.
⑥ 도체 내부에는 전기력선이 없다.
⑦ 수직 단면의 전기력선 밀도는 전계의 세기이고 (1[개/m²]=1[N/C]), 전기력선의 접선 방향은 전계의 방향이다.
⑧ 도체면(등전위면)에서 전기력선은 수직으로 출입한다.
⑨ 단위 전하 ±1[C]에서는 $1/\epsilon_0$개의 전기력선이 출입한다.

답 ①

18 같은 양, 같은 부호의 전하가 어느 거리만큼 떨어져 있을 때, 전하 사이의 중점에 있어서의 전계[V/m]의 세기는?

① 0　② ∞
③ 9×10^9　④ $\dfrac{1}{9 \times 10^9}$

풀이

$Q_A \bullet \xleftarrow{E_B} \underset{P}{\quad} \xrightarrow{E_A} \bullet Q_B$

전계의 세기 $E = \dfrac{1}{4\pi\epsilon_0} \dfrac{Q}{r^2}$[V/m]에서 전하 Q의 크기가 같고 같은 부호이므로 전계의 크기는 같고 방향이 반대가 되므로 두 전하의 중점에 있어서의 전계의 세기는 0이 된다.

답 ①

19 고전압이 가해진 유전체 중에 공기의 기포가 있으면 유전체 중의 기포는 절연에 영향을 준다. 절연은 유전체의 유전율에 대하여 어떠한가?

① 유전율이 클수록 절연은 향상된다.
② 유전율이 작을수록 절연은 나빠진다.
③ 유전율에는 무관계하다.
④ 유전율이 클수록 절연은 나빠진다.

풀이 유전체 중에 공기의 기포가 있으면 유전율 클수록 절연이 나빠진다. **답** ④

20 펠티에 효과에 관한 공식 또는 설명으로 틀린 것은? (단, H는 열량, P는 펠티에 계수, I는 전류, t는 시간이다.)

① $H = P\int_0^t Idt$ [cal]
② 펠티에 효과는 제벡 효과와 반대의 효과이다.
③ 반도체와 금속을 결합시켜 전자냉동 등에 응용된다.
④ 펠티에 효과란 동일한 금속이라도 그 도체 중의 2점 간에 온도차가 있으면 전류를 흘림으로써 열의 발생 또는 흡수가 생긴다는 것이다.

풀이 서로 다른 두 종류의 금속선으로 폐회로를 만들고 온도를 일정하게 유지하면서 전류를 흘리면 금속선의 접속점에서 열의 흡수(온도 강하) 또는 발생(온도 상승)이 일어나는 현상을 펠티에 효과라 한다. **답** ④

2과목 - 전력공학

21 다음 중 송전 계통의 안정도를 증진시키는 방법이 아닌 것은?

① 전압변동을 적게 한다.
② 직렬 리액턴스를 크게 한다.
③ 제동 저항기를 설치한다.
④ 고속 재폐로방식을 채용한다.

풀이 안정도 향상 대책
① 계통의 직렬 리액턴스 감소(다회선 방식 채택, 복도체 방식 채택, 기기의 리액턴스 감소)
② 전압변동률을 적게 한다.(속응여자방식 채용, 계통의 연계, 중간 조상 방식)
③ 계통에 주는 충격을 적게 한다.(적당한 중성점접지방식, 고속차단방식, 재폐로방식)
④ 고장 중의 발전기 돌입 출력의 불평형을 적게 한다. **답** ②

22 설비용량이 각각 75[kW], 80[kW], 85[kW]의 부하 설비가 있다. 수용률이 60[%]라면 최대 수요 전력은?

① 96[kW] ② 144[kW]
③ 240[kW] ④ 400[kW]

풀이 수용률 = $\dfrac{최대 \ 수용 \ 전력}{설비용량} \times 100$에서
최대 수용 전력
$P_m = 0.6(75+80+85) = 144$[kW] **답** ②

23 역률 80[%], 5000[kVA]의 부하를 역률 90[%]로 개선하고자 한다. 이 경우 필요한 콘덴서의 용량은?

① 820[kVA] ② 1080[kVA]
③ 1350[kVA] ④ 2160[kVA]

풀이 $Q = P(\tan\theta_1 - \tan\theta_2)$[kVA]에서
유효전력 $P = 5000 \times 0.8$[kW]이므로
콘덴서 용량
$Q_c = 5000 \times 0.8 \times \left(\dfrac{\sqrt{1-0.8^2}}{0.8} - \dfrac{\sqrt{1-0.9^2}}{0.9}\right)$
$\fallingdotseq 1062.7$[kVA] **답** ②

24 가공전선로에 사용하는 현수애자련이 10개라고 할 때 다음 중 전압 부담이 최소인 것은?

① 전선에서 8번째 애자
② 전선에서 5번째 애자
③ 전선에서 3번째 애자
④ 전선에서 1번째 애자

풀이 현수애자 10개를 사용하는 경우 애자의 전압 분담의 기순
철탑 – ⑧ – ⑨ – ⑩ – ⑦ – ⑥ – ⑤ – ④ – ③ – ② – ① – 전

전압 분담이 최소인 것은 철탑에서 3번째, 전선에서 8번째 애자이다.   답 ①

25 다음 중 수차 발전기가 난조를 일으키는 원인은?

① 발전기의 관성 모멘트가 크다.
② 발전기의 자극에 제동 권선이 있다.
③ 수차의 속도변동률이 적다.
④ 수차의 조속기가 예민하다.

풀이   수차의 조속기가 예민하면 난조를 일으키기 쉽다. 발전기 관성 모멘트가 크던가, 또는 자극에 제동권선이 있으면 난조는 방지된다.   답 ④

26 전력계통에서의 안정도란 주어진 운전 조건하에서 계통이 안정하게 운전을 계속할 수 있는가의 능력을 말한다. 다음 중 안정도의 구분에 포함되지 않는 것은?

① 동태 안정도   ② 과도 안정도
③ 정태 안정도   ④ 동기 안정도

풀이   안정도의 종류
① 정태 안정도(static stability) : 송전 계통이 불변 부하 또는 극히 서서히 증가하는 부하에 대하여 계속적으로 송전할 수 있는 능력을 정태 안정도로 하고, 안정도를 유지할 수 있는 극한의 송전 전력을 정태 안정 극한 전력이라고 한다.
② 과도 안정도(transient stability) : 계통에 갑자기 고장 사고와 같은 급격한 외란이 발생하였을 때에도 탈조하지 않고 새로운 평형 상태를 회복하여 송전을 계속할 수 있는 능력을 과도 안정도라 하고 이 경우의 극한 전력을 과도 안정 극한 전력이라고 한다.
③ 동태 안정도(dynamic stability) : 고속 자동 전압조정기로 동기기의 여자전류를 제어 할 경우의 정태 안정도를 특히 동태 안정도라 한다.   답 ④

27 일반적으로 수용가 상호 간, 배전 변압기 상호 간, 급전선 상호 간 또는 변전소 상호 간에서 각개의 최대부하는 그 발생 시각이 약간씩 다르다. 따라서 각개의 최대 수요전력의 합계는 그 군의 종합 최대 수요 전력보다도 큰 것이 보통이다. 이 최대 전력의 발생 시각 또는 발생 시기의 분산을 나타내는 지표는?

① 전일효율   ② 부등률
③ 부하율   ④ 수용률

풀이
• 수용률 : 수요를 상정할 경우 사용
• 부등률 : 최대 전력의 발생 시각 또는 발생 시기의 분산을 나타내는 지표로 사용
• 부하율 : 일정 기간 중 부하 변동의 정도를 나타내는 것으로서 전기설비가 얼마만큼 유효하게 이용되고 있는가 하는 정도를 파악하는 데 사용   답 ②

28 그림과 같이 정수가 서로 같은 평행 2회선에서 일반 회로정수 C_0는 얼마인가? (단, 그림에서 좌측은 송전단, 우측은 수전단이다.)

① $\dfrac{C_1}{4}$
② $\dfrac{C_1}{2}$
③ $2C_1$
④ $4C_1$

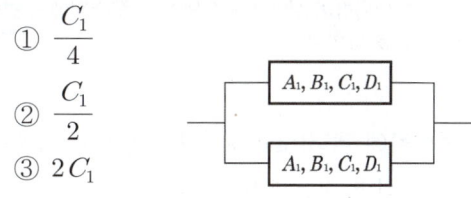

풀이

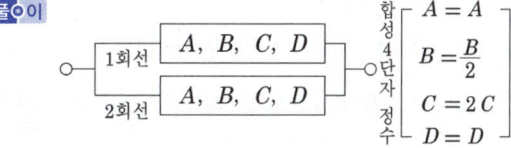

A, D는 불변. 직렬 요소의 임피던스 값인 B는 병렬접속이므로 1/2배로 감소. 병렬 요소의 어드미턴스 값인 C는 병렬접속이므로 2배로 증가   답 ③

29 그림과 같이 송전선이 4도체인 경우 소선 상호 간의 기하학적 평균 거리는?

① $\sqrt[3]{2}\,D$
② $\sqrt[4]{2}\,D$
③ $\sqrt[6]{2}\,D$
④ $\sqrt[8]{2}\,D$

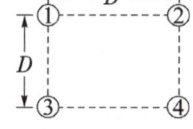

풀이 $D_e = \sqrt[3]{D \cdot D\sqrt{2}\,D} = \sqrt[6]{2}\,D$ 답 ③

30 어느 변전소에서 합성 임피던스가 0.4[%] (10000[kVA] 기준)인 곳에 시설할 차단기의 소요 차단용량은?

① 250[MVA]   ② 400[MVA]
③ 2,500[MVA] ④ 4,000[MVA]

풀이
$$P_s = \frac{100}{\%Z}P_n = \frac{100}{0.4} \times 10000 \times 10^{-3}$$
$$= 2,500[MVA]$$
답 ③

31 철탑으로부터의 전선의 오프셋을 주는 이유로 가장 알맞은 것은?

① 불평형 전압의 유도 방지
② 지락사고 방지
③ 전선의 진동방지
④ 상하 전선의 접촉 방지

풀이 오프셋은 전선의 도약으로 인한 상하 전선의 단락을 방지하기 위하여 철탑 지지점의 위치를 수직에서 벗어나게 함을 말한다.
답 ④

32 전선로에 댐퍼(damper)를 사용하는 목적은?

① 전선의 진동방지
② 전력손실 격감
③ 낙뢰의 내습방지
④ 많은 전력을 보내기 위하여

풀이 댐퍼는 진동 억제 장치이며 지지점 가까운 곳에 설치한다.
답 ①

33 다음 중 연가(transposition)의 효과로 거리가 먼 것은?

① 직렬공진의 방지
② 선로정수의 평형
③ 대지정전용량의 감소
④ 통신선의 유도장해의 감소

풀이 연가의 효과
① 선로정수 평형
② 임피던스 평형
③ 소호 리액터 접지 시 직렬공진방지
④ 유도장해 감소
답 ③

34 원자로에서 카드뮴 봉(rod)에 대한 설명으로 옳은 것은?

① 생체차폐를 한다.
② 냉각재로 사용된다.
③ 감속재로 사용된다.
④ 핵분열 연쇄반응을 제어한다.

풀이 중성자의 수를 감소시켜 핵분열 연쇄 반응을 제어하는 것은 제어재라 하며 카드뮴(Cd), 붕소(B), 하프늄(Hf) 등이 있다.
답 ④

35 다음 중 열사이클의 효율을 올리는 방법과 거리가 먼 것은?

① 과열증기 사용
② 저압 저온 이용
③ 진공도 향상
④ 재생 사이클 채용

풀이 열효율 향상대책
① 증기의 압력과 온도를 높인다.
② 단위기의 용량을 크게 한다.
③ 복합사이클 발전의 채용
④ 열병합 발전설비 채용
⑤ 재생, 재열 사이클 도입
⑥ 복수기의 진공도를 높인다.
⑦ 연도가스의 온도를 낮춘다.
답 ②

36 중성점접지방식 중 소호 리액터 접지방식에서 공진 조건 $\omega L = \dfrac{1}{3\omega C} - \dfrac{x_t}{3}$ 에서 x_t는?

① 선로 임피던스
② 변압기 임피던스
③ 발전기 임피던스
④ 부하설비 임피던스

풀이 ① 변압기 임피던스 x_t를 고려하지 않은 경우 공진 조건
$$\omega L = \frac{1}{3\omega C_s}, \quad L = \frac{1}{3\omega^2 C_s} = \frac{1}{3(2\pi f)^2 C_s}$$
② 변압기의 임피던스 x_t를 고려하는 경우 공진 조건
$$\omega L = \frac{1}{3\omega C_s} - \frac{x_t}{3}, \quad L = \frac{1}{3\omega^2 C_s} - \frac{L_t}{3}$$
답 ②

37 다음 중 고압 수전 설비를 구성하는 기기로 될 수 없는 것은?

① 변압기
② 배전용 차단기
③ 과전류 계전기
④ 복수기

풀이 복수기 : 증기 터빈에서 배출되는 증기를 물로 냉각하여 복수하기 위한 장치로서 수전설비가 아니라 발전비에 해당된다.
답 ④

38 전극의 어느 일부분의 전위경도가 커져서 공기와의 절연이 파괴되어 생기는 현상은?

① 페란티 현상 ② 코로나 현상
③ 카르노 현상 ④ 보어 현상

풀이 전선 주위의 공기절연이 국부적으로 파괴되어 낮은 소리나 엷은 빛을 내면서 방전하게 되는 현상을 코로나 또는 코로나 방전이라고 한다. **답** ②

39 전력계통에서 변압기의 유기기전력이 발생할 때 나타나는 고조파 중 제3고조파 및 제5고조파를 각각 제거시키는 방법으로 다음 중 가장 적절한 것은?

① 제3고조파 및 제5고조파 모두 직렬리액터를 설치하여 제거할 수 있다.
② 변압기 결선방식으로는 고조파를 제거할 수는 없다.
③ 제3고조파는 전력용 콘덴서를 설치하여 제거하고 제5고조파는 직렬리액터를 설치하여 제거한다.
④ 변압기 △결선방식으로 제3고조파를 제거하고, 제5고조파는 직렬리액터를 설치하여 제거한다.

풀이
- 제3고조파 제거 : △ 결선방식
- 제5고조파 제거 : 직렬 리액터 **답** ④

40 최근 GIS 설비에서 사용되고 있는 소호능력과 차단능력이 우수한 SF_6 가스를 이용한 차단기는?

① 공기차단기 ② 자기차단기
③ 가스차단기 ④ 진공차단기

풀이 SF_6 가스 차단기의 특징
① 밀폐구조이므로 소음이 없다.
② 절연내력이 공기의 2~3배, 소호 능력은 공기의 100~200배
③ 근거리 고장 등 가혹한 재기전압에 대해서도 성능이 우수
④ SF_6 가스는 무독, 무취, 무해성이다. **답** ③

3과목 - 전기기기

41 직류분권발전기가 있다. 극수 6, 전기자도체 총수 400, 각 자극의 자속은 0.01[Wb]이고, 그 회전수가 600[rpm]일 때 전기자에 유기되는 기전력은 몇 [V]인가? (단, 전기자 권선은 파권이다.)

① 40[V] ② 120[V]
③ 160[V] ④ 240[V]

풀이 $a = 2$(파권), $p = 6$[극], $Z = 400$,
$\phi = 0.01$[wB], $N = 600$[rpm] 이므로
$$\therefore E = \frac{pZ}{a}\phi\frac{N}{60} = \frac{6 \times 400}{2} \times 0.01 \times \frac{600}{60}$$
$= 120$[V] **답** ②

42 내철형 3상 변압기를 단상변압기로 사용할 수 없는 이유로 가장 옳은 것은?

① 1차, 2차 간의 각변위가 있기 때문에
② 각 권선마다의 독립된 자기회로가 있기 때문에
③ 각 권선마다의 독립된 자기회로가 없기 때문에
④ 각 권선이 만든 자속이 $\frac{3\pi}{2}$ 위상차가 있기 때문에

풀이 외철형 3상 변압기는 각 상마다 독립된 자기회로를 가지고 있으므로 단상변압기로 사용할 수 있지만 내철형 3상 변압기는 각 권선마다 독립된 자기회로가 없기 때문에 각 권선을 단상으로 사용할 수 없다. **답** ③

43 단상변압기 3대를 △-Y로 결선했을 때의 1차, 2차의 전압 위상차는?

① 0° ② 30°
③ 60° ④ 90°

풀이
- △결선 : 선간전압과 상전압의 위상은 같고, 선전류가 상전류 보다 위상이 30° 느리다.
- Y결선 : 선간전압이 상전압 보다 위상이 30° 빠르고, 선전류와 상전류의 위상은 같다. **답** ②

44 어떤 주상 변압기가 4/5 부하일 때, 최대 효율이 된다고 한다. 전부하에 있어서의 철손과 동손의 비 P_c/P_i는 약 얼마인가?

① 0.64 ② 1.56
③ 1.64 ④ 2.56

풀이 최대 효율은 철손 = 동손일 때 발생한다.

즉, $P_i = m^2 P_c = (\frac{4}{5})^2 P_c$

∴ $\frac{P_c}{P_i} = \frac{25}{16} = 1.56$ **답** ②

45 동기발전기를 모선에 연결하기 전에 동기검정기로 모선의 값과 동기발전기의 값들이 일치하는지를 확인하려고 한다. 동기검정기로 알 수 없는 것은?

① 주파수 ② 상회전 방향
③ 전류   ④ 전압의 크기

풀이 • 동기발전기의 병렬운전 조건은 기전력의 크기, 위상, 주파수 및 파형이 같아야 한다.
• 동기발전기를 모선(동기발전기)에 연결하기 전 병렬운전 조건이 맞는지 확인하기 위하여 동기검정기가 사용되며, 동기검정기로 전압의 크기, 주파수 및 위상이 서로 일치 하는지 확인할 수 있다. **답** ③

46 직류기의 전기자에 사용되는 전기자 권선법은?

① 개로권 ② 환상권
③ 2층권   ④ 단층권

풀이 직류기의 전기자 권선법
• 단층권과 이층권 중에서 이층권을 사용
• 환상권과 고상권 중에서 고상권을 사용
• 개로권과 폐로권 중에서 폐로권을 사용한다. **답** ③

47 60[Hz], 4[극], 정격속도 1720[rpm]의 권선형 3상 유도전동기가 있다. 전부하 운전 중에 2차 회로의 저항을 4배로 하면 속도는 약 몇 [rpm]으로 되는가?

① 약 962[rpm]   ② 약 1215[rpm]
③ 약 1483[rpm] ④ 약 1656[rpm]

풀이
$N_s = \frac{120f}{p} = \frac{120 \times 60}{4} = 1800[rpm]$

$s_1 = \frac{N_s - N}{N_s} = \frac{1800 - 1720}{1800} = 0.044$

$\frac{r_2}{s_1} = \frac{R}{s_2} = \frac{4r_2}{s_2}$

$s_2 = \frac{4r_2}{r_2} s_1 = 4 \times 0.044 = 0.176$

∴ $N_2 = (1-s)N_s = (1-0.176) \times 1800$
$= 1483.2[rpm]$ **답** ③

48 수은 정류기의 역호를 방지하기 위해 운전상 주의할 사항으로 틀린 것은?

① 과도한 부하전류를 피한다.
② 진공도를 항상 양호하게 유지한다.
③ 철제 수은 정류기는 양극 바로 앞에 그리드를 설치한다.
④ 냉각 장치에 유의하고 과열되면 급히 냉각시킨다.

풀이 역호를 방지하기 위해서는 냉각 장치에 주의하여 과열·과냉을 피해야 한다. **답** ④

49 동기발전기에 관한 다음 설명 중 옳지 않은 것은?

① 단락비가 크면 동기임피던스가 적다.
② 단락비가 크면 공극이 크고 철이 많이 소요된다.
③ 단락비를 적게 하기 위해서 분포권과 단절권을 사용한다.
④ 전압강하가 감소되어 전압변동률이 좋다.

풀이 동기발전기의 전기자 권선을 분포권과 단절권으로 하는 이유는 고조파를 제거하여 기전력의 파형을 개선하기 위한 것이다. 따라서 단락비와는 관련이 없다. **답** ③

50 다음 중 무부하 특성곡선이 존재하지 않는 발전기는?

① 직류 직권 발전기
② 직류분권발전기
③ 직류 차동복권 발전기
④ 직류 가동복권 발전기

풀이
- 무부하 특성곡선은 계자전류와 전압과의 관계 곡선이다.
- 직류 직권 발전기는 전기자와 계자권선이 직렬로 접속되어 있어 $I = I_f = I_a$가 된다.
따라서 직권발전기는 무부하에서 계자전류 I_f가 0이 되므로 발전할 수 없고 무부하특성 곡선은 존재하지 않는다. **답** ①

51 브러시를 이동하여 회전속도를 제어하는 전동기는?
① 반발 전동기
② 직류직권전동기
③ 단상직권전동기
④ 반발기동형 단상유도전동기

풀이 반발 전동기는 브러시 이동만으로 기동, 정지, 속도제어가 가능하다. **답** ①

52 단상 브리지 정류회로에서 저항 부하에 인가되는 전압이 200[V]이면 전원전압은 약 몇 [V]인가? (단, 정류기에서의 전압강하는 무시한다.)
① 50[V] ② 112[V]
③ 222[V] ④ 340[V]

풀이 $E_d = \dfrac{2\sqrt{2}}{\pi} E = 0.9E$ 에서
∴ $E = \dfrac{E_d}{0.9} = \dfrac{200}{0.9} = 222.22[V]$ **답** ③

53 3상 권선형 유도전동기의 회전자에 슬립 주파수의 전압을 공급하여 속도를 변화시키는 방법은?
① 교류 여자 제어법
② 1차 저항법
③ 주파수 변환법
④ 2차 여자 제어법

풀이 $I_2 = \dfrac{SE_2 \pm E_c}{r_2}$ 에서 정토크 부하의 경우 I_2는 일정하므로 슬립 주파수의 전압 E_c의 크기에 따라 S가 변하게 되고 속도가 변하게 된다. 이와 같은 속도제어 방법을 2차 여자법이라 한다. **답** ④

54 정전압 계통에 접속된 동기발전기는 그 여자를 약하게 하면?
① 출력이 감소한다.
② 전압이 강하된다.
③ 뒤진 무효 전류가 증가한다.
④ 앞선 무효 전류가 증가한다.

풀이 동기발전기의 여자전류를 약하게 하면, 앞선(진상) 무효 전류가 흘러 역률이 높아지고, 여자전류를 강하게 하면, 뒤진(지상) 무효 전류가 흘러 역률이 낮아지게 된다. **답** ④

55 직류기의 전기자 권선법 중 파권의 이점은?
① 효율이 크게 좋아진다.
② 전류가 증가된다.
③ 전압이 높아진다.
④ 출력이 증가한다.

풀이 직류기의 전기자 권선

비교 항목	단중 중권	단중 파권
전기자의 병렬회로수	극수와 같다.	항상 2이다.
브러시 수	극수와 같다.	2개로 되나, 극수만큼의 브러시를 둘 수도 있다.
전기자 도체의 굵기, 권수, 극수가 모두 같을 때	저전압, 대전류를 얻을 수 있다.	전류는 작지만 고전압을 얻을 수 있다.
균압접속	4극 이상이면 균압접속을 하여야 한다.	균압접속은 필요 없다.

답 ③

56 다음 중 SCR에 관한 설명으로 옳은 것은?
① 증폭 기능을 갖는 1방향성 3단자 소자이다.
② 정류 기능을 갖는 1방향성 3단자 소자이다.
③ 제어기능을 갖는 양방향성 3단자 소자이다.
④ 스위치 기능을 갖는 양방향성 3단자 소자이다.

풀이 SCR의 특징
① 정류 기능을 갖는 단일방향성 3단자 소자이다.
② 과전압과 고온에 약하다.
③ 게이트 신호를 인가할 때부터 도통 때까지의 시간이 짧다.

④ 전류가 흐르고 있을 때 양극의 전압강하가 작다.
⑤ 아크가 생기지 않으므로 열의 발생이 적다.
⑥ 역률각 이하에서는 제어가 되지 않는다. 답 ②

57 다음 중 직류전동기의 속도제어법이 아닌 것은?

① 계자제어법　② 전압제어법
③ 저항 제어법　④ 주파수 제어법

풀이 직류전동기의 속도제어

구 분	제어 특성	특 징
전압 제어법	• 정토크 제어 – 워드 레오나드 방식 – 일그너 방식	• 제어범위가 넓다. • 손실이 매우 적다. • 정역 운전이 가능 • 설비비가 많이든다.
계자 제어법	• 정출력 제어	• 속도제어범위가 좁다.
직렬 저항법		• 효율이 나쁘다.

직류기는 주파수의 개념이 없다. 답 ④

58 운전 중인 유도전동기의 등가회로에서 기계적 출력을 나타내는 것은?

① 2차 회로저항(r_2)　② 부하 저항(r)
③ 2차 임피던스(Z_2)　④ 2차 유기전압(E_2)

풀이 $r_2'\left(\dfrac{1-s}{s}\right)$를 기계적 출력을 대표하는 **부하 저항**이라 한다. 답 ②

59 동기발전기의 외부특성곡선에서 부하전류가 일정한 경우 전압변동률이 가장 적게 되는 역률은? (단, 부하는 유도성 부하이다.)

① 0　② 0.6　③ 0.8　④ 1

풀이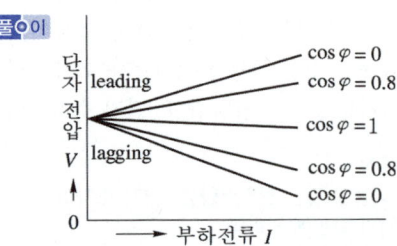

즉, 역률 1일 경우 전압변동률이 가장 적다. 답 ④

60 3상유도전동기의 출력이 10[kW], 슬립이 5[%]일 때 2차 동손은?

① 0.426[kW]　② 0.526[kW]
③ 0.626[kW]　④ 0.726[kW]

풀이 2차 입력
$$P_2 = \dfrac{P}{1-s} = \dfrac{10}{1-0.05} = 10.526[\text{kW}]$$
$$\therefore P_{c2} = sP_2 = 0.05 \times 10.526 = 0.526[\text{kW}]$$
답 ②

4과목 – 회로이론

61 다음과 같은 회로에서 2[Ω] 양단에 걸리는 전압은 몇 [V]인가?

① 2[V]
② 4[V]
③ 5[V]
④ 6[V]

풀이 중첩의 정리에 의해서 전압원만 존재할 때 2[Ω]에 흐르는 전류 I_1은
$$I_1 = \dfrac{3}{2+1} = 1[\text{A}] \text{ (이때 전류원은 개방)}$$
전류원만 존재할 때 2[Ω]에 흐르는 전류 I_2는
$$I_2 = \dfrac{1}{1+2} \times 6 = 2[\text{A}] \text{ (이때 전압원은 단락)}$$
2[Ω]을 흐르는 전 전류 I는 I_1과 I_2의 방향이 같으므로
$$I = I_1 + I_2 = 1 + 2 = 3[\text{A}]$$
$$\therefore V = IR = 3 \times 2 = 6[\text{V}]$$
답 ④

62 다음의 회로에서 전류 I_2는 몇 [A]인가?

① 1[A]
② 2[A]
③ 3[A]
④ 5[A]

풀이 각 지로의 전류는 저항의 크기에 반비례하여 분배된다. 따라서 전류원 10[A]에서 본 좌·우측 저항값이 동일하므로 전류는 5[A]씩 양분되어 흐른다.

63 3상 불평형 전압에서 역상 전압이 50[V]이고 정상 전압이 200[V], 영상 전압이 10[V]라고 할 때 전압의 불평형률은?

① 1[%] ② 5[%] ③ 25[%] ④ 50[%]

풀이) 불평형률 = $\dfrac{역상\ 전압}{정상\ 전압} = \dfrac{50}{200} = 0.25 = 25[\%]$ 답 ③

64 100[V] 전원에 1[kW]의 선풍기를 접속하니 12[A]의 전류가 흘렀다. 선풍기의 무효율은 약 몇 [%]인가?

① 50[%] ② 55[%] ③ 83[%] ④ 91[%]

풀이) $\cos\theta = \dfrac{P}{VI} = \dfrac{1000}{100 \times 12} = 0.83$
$\sin\theta = \sqrt{1 - \cos^2\theta} = \sqrt{1 - 0.83^2} = 0.55$ 답 ②

65 $R-L$ 직렬회로에
$v = 10 + 141.4\sin\omega t + 70.7\sin(3\omega t + 60°)[V]$
인 전압을 가할 때 제3고조파 전류의 실효값은 약 몇 [A]인가?
(단, $R = 8[\Omega]$, $\omega L = 2[\Omega]$이다.)

① 1[A] ② 3[A] ③ 5[A] ④ 7[A]

풀이) $I_3 = \dfrac{V_3}{Z_3} = \dfrac{V_3}{\sqrt{R^2 + (3\omega L)^2}} = \dfrac{70.7/\sqrt{2}}{\sqrt{8^2 + 6^2}}$
$= 5[A]$ 답 ③

66 $R-L-C$ 직렬회로에서 공진 시의 전류는 공급전압에 대하여 어떤 위상차를 갖는가?

① 0도 ② 90도 ③ 180도 ④ 270도

풀이) 직렬공진은 리액턴스 성분이 0 ($j\omega L = \dfrac{1}{j\omega c}$)이 되므로 공진 시 V와 I는 동상이 되고 전류는 최대로 된다. 답 ①

67 $R = 15[\Omega]$, $X_L = 12[\Omega]$, $X_C = 30[\Omega]$이 병렬로 접속된 회로에 120[V]의 교류전압을 가하면 전원에 흐르는 전류는 몇 [A]인가?

① 5[A] ② 7[A] ③ 10[A] ④ 22[A]

풀이) 병렬접속인 경우 전압이 일정하므로
- 저항에 흐르는 전류
$I_R = \dfrac{V}{R} = \dfrac{120}{15} = 8[A]$
- 유도성 리액턴스에 흐르는 전류
$I_L = \dfrac{V}{jX_L} = \dfrac{120}{j12} = -j10[A]$
- 용량성 리액턴스에 흐르는 전류
$I_C = \dfrac{V}{-jX_C} = \dfrac{120}{-j30} = j4[A]$

따라서 전체 전류
$I = I_R + I_L + I_C = 8 - j10 + j4$
$= 8 - j6 = 10\angle -36.86[A]$ 답 ③

68 실효값이 100[V], 주파수가 50[Hz]인 교류전압을 저항 100[Ω], 용량 10[μF]인 RC 직렬회로에 가했을 때 역률은 약 얼마인가?

① 0.3 ② 0.5 ③ 0.6 ④ 0.8

풀이) $X_c = \dfrac{1}{2\pi fC} = \dfrac{1}{2 \times 3.14 \times 50 \times 10 \times 10^{-6}} = 318[\Omega]$

따라서 역률
$\cos\theta = \dfrac{R}{\sqrt{R^2 + X_c^2}} = \dfrac{100}{\sqrt{100^2 + 318^2}} = 0.3$ 답 ①

69 무손실 분포정수 선로에서 인덕턴스가 1[μH/m]이고, 정전용량이 400[pF/m]일 때 특성 임피던스는 몇 [Ω]인가?

① 25[Ω] ② 30[Ω]
③ 40[Ω] ④ 50[Ω]

풀이) 무손실 선로에서 $R=0$, $G=0$이므로
$Z_0 = \sqrt{\dfrac{Z}{Y}} = \sqrt{\dfrac{R + j\omega L}{G + j\omega C}} = \sqrt{\dfrac{L}{C}}$
$= \sqrt{\dfrac{1 \times 10^{-6}}{400 \times 10^{-12}}} = 50[\Omega]$ 답 ④

70 다음의 4단자 회로에서 단자 ab에서 본 구동점 임피던스 Z_{11}는 몇 [Ω]인가?

① $2 + j4[\Omega]$
② $2 - j4[\Omega]$
③ $3 + j4[\Omega]$
④ $3 - j4[\Omega]$

풀이
$$Z_{11} = \left.\frac{V_1}{I_1}\right|_{I_2=0} = \frac{V_1}{\frac{V_1}{3+j4}} = 3+j4[\Omega]$$

별해 $Z_{11} = Z_1 + Z_2 = 3+j4[\Omega]$ **답** ③

71 $v = 141\sin 377t$[V]인 정현파 전압의 주파수는 약 몇 [Hz]인가?

① 40[Hz] ② 50[Hz]
③ 60[Hz] ④ 120[Hz]

풀이 문제의 전압식에서 $\omega t = 377t$ 이므로
$\omega = 2\pi f = 377$
$\therefore f = \frac{377}{2\pi} = 60[\text{Hz}]$ **답** ③

72 $i = 3\sqrt{2}\sin(377t - 30°)$[A]의 평균값은 약 몇 [A]인가?

① 5.4[A] ② 4.35[A]
③ 2.7[A] ④ 1.35[A]

풀이 $I_{av} = \frac{2}{\pi}I_m = \frac{2}{\pi}\times 3\sqrt{2} = 2.7[\text{A}]$ **답** ③

73 대칭 3상 Y부하에서 각 상의 임피던스가 $Z = 3+j4[\Omega]$이고 부하전류가 20[A]일 때 피상전력은 얼마인가?

① 1800[VA] ② 2000[VA]
③ 2400[VA] ④ 2800[VA]

풀이 임피던스
$Z = \sqrt{R^2 + X^2} = \sqrt{3^2 + 4^2} = 5[\Omega]$
피상전력
$P_a = I^2 Z = 20^2 \times 5 = 2000[\text{VA}]$ **답** ②

74 4단자 정수 A, B, C, D 중에서 전압 이득의 차원을 가지는 것은?

① A ② B
③ C ④ D

풀이 A, B, C, D로 표시되는 4단자 기초 방정식은
$\begin{bmatrix} V_1 \\ I_1 \end{bmatrix} = \begin{bmatrix} A & B \\ C & D \end{bmatrix} \begin{bmatrix} V_2 \\ I_2 \end{bmatrix}$ 이며,
각 파라미터의 물리적 의미는
- 출력을 개방했을 때 전압 이득
$A = \left.\frac{V_1}{V_2}\right|_{I_2=0}$
- 출력을 단락했을 때 전달 임피던스
$B = \left.\frac{V_1}{I_2}\right|_{V_2=0}$
- 출력을 개방했을 때 전달 어드미턴스
$C = \left.\frac{I_1}{V_2}\right|_{I_2=0}$
- 출력을 단락했을 때 전류 이득
$D = \left.\frac{I_1}{I_2}\right|_{V_2=0}$ **답** ①

75 그림과 같은 회로가 정저항 회로가 되기 위한 $R[\Omega]$의 값은 얼마인가?

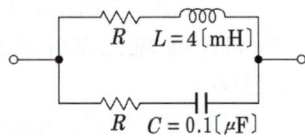

① 200[Ω] ② 2[Ω]
③ 2×10^{-2}[Ω] ④ 2×10^{-4}[Ω]

풀이 $R^2 = \frac{L}{C}$, $R = \sqrt{\frac{L}{C}}$
$\therefore R = \sqrt{\frac{4\times 10^{-3}}{0.1\times 10^{-6}}} = 200[\Omega]$ **답** ①

76 저항 5[Ω], 인덕턴스 10[H]의 직렬회로에 전력 20[V]를 인가하는데 스위치를 닫고 나서 2[sec] 후의 전류는 약 몇 [A]인가?

① 0.25[A] ② 2.53[A]
③ 5.32[A] ④ 10.02[A]

풀이 $R-L$ 직렬회로에서 전압 인가 시 흐르는 전류 i는
$i = \frac{E}{R}(1-e^{-\frac{R}{L}t})$[A]에서
$i = \frac{20}{5}(1-e^{-\frac{5}{10}\times 2}) = 2.53[\text{A}]$ **답** ②

77 $f(t) = te^{at}$ 의 라플라스 변환은?

① $\dfrac{1}{s-a}$ ② $\dfrac{1}{(s-a)^2}$

③ $-\dfrac{1}{s-a}$ ④ $-\dfrac{1}{(s-a)^2}$

풀이 $\mathcal{L}[t] = \dfrac{1}{s^2}$, $\mathcal{L}[e^{at}f(t)] = F(s-a)$ 이므로

$\mathcal{L}[te^{at}] = \dfrac{1}{(s-a)^2}$

라플라스 변환 표

$f(t)$	$F(s)$
$e^{\mp at}$	$\dfrac{1}{s \pm a}$
$t\,e^{\mp at}$	$\dfrac{1}{(s \pm a)^2}$
$t^n e^{-at}$	$\dfrac{n!}{(s+a)^{n+1}}$

답 ②

78 어떤 회로에 흐르는 전류가 $i = 5 + 14.1\sin\omega t$인 경우 실효값은 약 몇 [A]인가?

① 11.2[A] ② 12.5[A]
③ 14.4[A] ④ 16.1[A]

풀이 비정현파의 실효값

$I = \sqrt{I_0^2 + I_1^2 + I_2^2 + \cdots + I_n^2}$ 에서

$I = \sqrt{5^2 + (\dfrac{14.1}{\sqrt{2}})^2} = 11.2$[A]

답 ①

79 $F(s) = \dfrac{s}{(s+1)(s+2)}$ 일 때 $f(t)$를 구하면?

① $1 - 2e^{-2t} + e^{-t}$
② $e^{-2t} - 2e^{-t}$
③ $2e^{-2t} + e^{-t}$
④ $2e^{-2t} - e^{-t}$

풀이 $F(s) = \dfrac{s}{(s+1)(s+2)} = \dfrac{A}{s+1} + \dfrac{B}{s+2}$

$A = \dfrac{s}{s+2}\bigg|_{s=-1} = \dfrac{-1}{1} = -1$

$B = \dfrac{s}{s+1}\bigg|_{s=-2} = \dfrac{-2}{-1} = 2$ 이므로

$F(s) = \dfrac{-1}{s+1} + \dfrac{2}{s+2}$

$\mathcal{L}^{-1}[F(s)] = -e^{-t} + 2e^{-2t}$

답 ④

80 RL 직렬회로에 직류전압을 가했을 때 흐르는 전류가 정상전류 $I = \dfrac{E}{R}$의 70%에 도달하는데 요하는 시간은? (단, τ는 시정수이다.)

① $t = 0.7\tau$ ② $t = 1.1\tau$
③ $t = 1.2\tau$ ④ $t = 1.4\tau$

풀이 $I = 0.7\dfrac{E}{R} = \dfrac{E}{R}(1 - e^{-\frac{t}{\tau}})$의 관계식에서

$e^{-\frac{t}{\tau}} = 1 - 0.7 = 0.3$, $-\dfrac{t}{\tau} = \ln 0.3$

$t = -\tau \ln 0.3$ ∴ $t = 1.2\tau$

답 ③

5과목 - 전기설비기술기준

81 전압이 22.9[kV]인 중성점접지식 전로로서 중성선이 있고 그 중성선을 다중접지하는 경우 절연내력시험전압은 최대 사용전압의 몇 배로 하는가?

① 0.72배 ② 0.92배
③ 1.1배   ④ 1.25배

풀이 132 전로의 절연저항 및 절연내력

전로의 종류	접지방식	시험전압 (최대사용전압의 배수)	최저 시험전압
1. 7[kV] 이하인 전로		1.5배	
2. 7[kV] 초과 25[kV] 이하	다중접지	0.92배	
3. 7[kV] 초과 60[kV] 이하 (2란의 것 제외)		1.25배	10.5[kV]
4. 60[kV] 초과	비접지	1.25배	
5. 60[kV] 초과 (6란, 7란의 것 제외)	접지식	1.1배	75[kV]
6. 60[kV] 초과(7란의 것 제외)	직접접지	0.72배	
7. 170[kV] 초과(발전소 또는 변전소 혹은 이에 준하는 장소에 시설하는 것.)	직접접지	0.64배	

답 ②

82 사용전압이 35[kV] 이하인 특고압가공전선과 가공약전류전선을 동일 지지물에 시설하는 경우 특고압가공전선로의 보안공사로 적합한 것은?

① 고압 보안공사
② 제1종 특고압 보안공사
③ 제2종 특고압 보안공사
④ 제3종 특고압 보안공사

풀이 333.19 특고압 가공전선과 가공약전류전선 등의 공용 설치
사용전압이 35[kV] 이하인 특고압 가공전선과 가공약전류전선 등을 동일 지지물에 시설하는 경우 특고압 가공전선로는 제2종 특고압 보안공사에 의할 것.
답 ③

83 일반적으로 저압가공전선로와 기설 가공약전류전선로가 병행하는 경우에는 유도작용에 의한 통신상의 장해가 생기지 않도록 전선과 기설 약전류 전선간의 이격거리는 몇 [m] 이상으로 하여야 하는가? (단, 저압가공전선은 케이블이 아니다.)

① 2[m]   ② 3[m]
③ 4[m]   ④ 5[m]

풀이 332.1 가공약전류전선로의 유도장해 방지
저압 가공전선로 또는 고압 가공전선로와 기설 가공약전류전선로가 병행하는 경우에는 유도작용에 의하여 통신상의 장해가 생기지 않도록 전선과 기설 약전류전선간의 이격거리는 2[m] 이상이어야 한다.
답 ①

84 인가가 많이 연접되어 있는 장소에 시설하는 가공전선로의 구성재에 병종 풍압하중을 적용할 수 없는 경우는?

① 저압 또는 고압가공전선로의 지지물
② 저압 또는 고압가공전선로의 가섭선
③ 사용전압이 35[kV] 이하에 특고압 절연전선 또는 케이블을 사용하는 특고압가공전선로의 지지물
④ 사용전압이 35[kV] 이상인 특고압가공전선로에 사용하는 케이블 및 조가용선

풀이 331.6 풍압하중의 종별과 적용
인가가 많이 연접되어 있는 장소에 시설하는 가공전선로의 구성재 중 다음의 풍압하중에 대하여는 규정에 불구하고 갑종 풍압하중 또는 을종 풍압하중 대신에 병종 풍압하중을 적용할 수 있다.
가. 저압 또는 고압 가공전선로의 지지물 또는 가섭선
나. 사용전압이 35[kV] 이하의 전선에 특고압 절연전선 또는 케이블을 사용하는 특고압 가공전선로의 지지물, 가섭선 및 특고압 가공전선을 지지하는 애자장치 및 완금류
답 ④

85 시가지에서 저압가공전선로를 도로에 따라 시설할 경우 지표상의 최저 높이는 몇 [m] 이상이어야 하는가?

① 4.5[m]   ② 5.0[m]
③ 5.5[m]   ④ 6.0[m]

풀이 332.5 고압 가공전선의 높이,
222.7 저압 가공전선의 높이
저·고압 가공전선의 높이는 다음에 따라야 한다.

설치장소		가공전선의 높이
도로횡단(번잡하지 않은 도로 제외)		지표상 6[m] 이상
철도 또는 궤도횡단		레일면상 6.5[m] 이상
횡단 보도교 위	저압	노면상 3.5[m] 이상. 단, 절연전선의 경우 3[m] 이상
	고압	노면상 3.5[m] 이상
일반장소		지표상 5[m] 이상. 단, 저압의 경우 절연전선 또는 케이블을 사용하여 교통에 지장이 없도록 하여 옥외조명용에 공급하는 경우 4[m]까지 감할 수 있다.
다리의 하부 기타 이와 유사한 장소		저압의 전기철도용 급전선은 지표상 3.5[m]까지로 감할 수 있다.

답 ②

86 전기부식방지 시설을 할 때 전기부식방지용 전원장치로부터 양극 및 피방식체까지의 전로에 사용되는 전압은 직류 몇 [V] 이하이어야 하는가?

① 20[V]   ② 40[V]
③ 60[V]   ④ 80[V]

풀이 241.16 전기부식방지 시설
가. 전기부식방지용 전원장치에 전기를 공급하는 전로의 사용전압은 저압이어야 한다.

나. 전기부식방지용 변압기는 절연변압기 일 것
다. 전기부식방지 회로(전기부식방지용 전원장치로부터 양극 및 피방식체까지의 전로를 말한다.)의 **사용전압은 직류 60[V] 이하**일 것.   답 ③

87 60[kV] 송전선로의 송전선과 수목과의 최소 이격거리는?

① 1.5[m]   ② 2.0[m]
③ 2.5[m]   ④ 3.0[m]

풀이 333.30 특고압 가공전선과 식물의 이격거리

사용전압의 구분	이 격 거 리
60[kV] 이하	2[m]
60[kV] 초과	2[m]에 사용전압이 60[kV]를 초과하는 10[kV] 또는 그 단수마다 12[cm]을 더한 값

답 ②

88 최대사용전압이 1차 22000[V], 2차 6600[V]의 권선으로서 중성점 비접지식 전로에 접속하는 변압기의 특고압측 절연내력시험전압은 몇 [V]인가?

① 24000[V]   ② 27500[V]
③ 33000[V]   ④ 44000[V]

풀이 135 변압기 전로의 절연내력

권선의 종류 (최대사용전압)	접지방식	시험전압 (최대사용 전압의 배수)	최저 시험전압
7[kV] 이하		1.5배	500[V]
	다중접지	0.92배	500[V]
7[kV] 초과 25[kV] 이하	다중접지	0.92배	
7[kV] 초과 60[kV] 이하 (2란의 것 제외)		1.25배	10.5[kV]
60[kV] 초과	비접지	1.25배	
60[kV] 초과(6란의 것 제외)	접지식	1.1배	75[kV]
60[kV] 초과	직접접지	0.72배	
170[kV] 초과	직접접지	0.64배	

시험전압은 최대 사용전압에 배수를 곱하고 그 값을 권선과 대지 사이 10분간 시험한다.
단, 괄호 속의 숫자는 최저 시험전압
∴ 시험전압 = $22,000 \times 1.25 = 27,500[V]$ 답 ②

89 22.9[kV] 중성선 다중접지 계통에서 각 접지선을 중성선으로부터 분리하였을 경우의 1[km]마다의 중성선과 대지 사이의 합성 전기저항값은 몇 [Ω] 이하이어야 하는가? (단, 전로에 지락이 생겼을 때에 2초 이내에 자동적으로 전로로부터 차단하는 장치가 되어있다고 한다.)

① 15[Ω]   ② 50[Ω]
③ 100[Ω]   ④ 150[Ω]

풀이 333.32 25[kV] 이하인 특고압 가공전선로의 시설
각 접지선을 중성선으로부터 분리하였을 경우의 각 접지점의 대지 전기저항치가 1[km]마다의 중성선과 대지 사이의 합성 전기저항치

사용전압	각 접지점의 대지 전기저항치	1[km]마다의 합성 전기저항치
15[kV] 이하	300[Ω]	30[Ω]
15[kV] 초과 25[kV] 이하	300[Ω]	15[Ω]

답 ①

90 애자공사를 습기가 많은 장소에 시설하는 경우 전선과 조영재 사이의 이격거리는 몇 [cm] 이상이어야 하는가? (단, 사용전압은 440[V]인 경우이다.)

① 2.0[cm]   ② 2.5[cm]
③ 4.5[cm]   ④ 6.0[cm]

풀이 232.56 애자공사
가. 전선의 종류 : 절연 전선. 단, 옥외용 비닐 절연 전선(OW) 및 인입용 비닐 절연 전선(DV)은 제외한다.
나. 이격 거리

전압		전선과 조영재와의 이격 거리	전선 상호 간격	전선 지지점 간의 거리	
				조영재의 윗면 또는 옆면에 따라 시설	조영재에 따라 시설하지 않는 경우
저압	400[V] 이하	2.5[cm] 이상	6[cm] 이상	2[m] 이하	–
	400[V] 초과	건조한 장소 2.5[cm] 이상			6[m] 이하
		기타의 장소 4.5[cm] 이상			

답 ③

91 최대 사용전압 22.9[kV]인 가공전선과 지지물과의 이격거리는 일반적으로 몇 [cm] 이상이어야 하는가?

① 5[cm]　　② 10[cm]
③ 15[cm]　　④ 20[cm]

풀이 333.5 특고압 가공전선과 지지물 등의 이격거리
특고압 가공전선과 그 지지물·완금류·지주 또는 지선 사이의 이격거리는 표에서 정한 값 이상이어야 한다. 다만, 기술상 부득이한 경우에 위험의 우려가 없도록 시설한 때에는 표에서 정한 값의 0.8배까지 감할 수 있다.

사용전압	이격거리[cm]
15[kV] 미만	15
15[kV] 이상 25[kV] 미만	20
25[kV] 이상 35[kV] 미만	25
60[kV] 이상 70[kV] 미만	40
130[kV] 이상 160[kV] 미만	90

답 ④

92 고압 및 특고압전로의 절연내력시험에서 전로와 대지 사이에 시험전압을 인가할 때 몇 분간 견디어야 하는가?

① 1분　　② 5분
③ 10분　　④ 15분

풀이 32 전로의 절연저항 및 절연내력
고압 및 특고압의 전로는 시험전압을 전로와 대지 사이에 연속하여 10분간 가하여 절연내력을 시험하였을 때에 이에 견디어야 한다. **답** ③

93 폭연성 분진 또는 화약류의 분말이 존재하는 곳의 저압 옥내배선은 어느 공사에 의하는가?

① 애자공사 또는 금속제 가요전선관공사
② 캡타이어 케이블 공사
③ 합성수지관공사
④ 금속관공사 또는 케이블공사

풀이 242.2.1 폭연성 분진 위험장소
폭연성 분진(마그네슘·알루미늄·티탄·지르코늄) 또는 화약류의 분말이 전기설비가 발화원이 되어 폭발할 우려가 있는 곳에 시설하는 저압 옥내배선, 저압 관등회로 배선, 소세력 회로의 전선은 금속관공사 또는 케이블공사(캡타이어 케이블을 사용하는 것을 제외한다)에 의할 것. **답** ④

94 금속관공사에 관한 사항이다. 일반적으로 콘크리트에 매설하는 금속관의 두께는 몇 [mm] 이상 되는 것을 사용하여야 하는가?

① 1.0[mm]　　② 1.2[mm]
③ 2.0[mm]　　④ 2.5[mm]

풀이 232.12 금속관공사
가. 전선은 절연전선(옥외용 비닐절연전선을 제외한다)일 것.
나. 전선은 연선일 것. 다만, 다음의 것은 적용하지 않는다.
　① 짧고 가는 금속관에 넣은 것.
　② 단면적 10[mm²](알루미늄선은 단면적 16[mm²]) 이하의 것.
다. 전선은 금속관 안에서 접속점이 없도록 할 것.
라. 관의 두께는 다음에 의할 것.
　① 콘크리트에 매설하는 것은 1.2[mm] 이상
　② 콘크리트 매설 이외의 것 : 1[mm] 이상
마. 관에는 접지공사를 할 것. **답** ②

95 전력보안통신 설비인 무선통신용 안테나를 지지하는 목주는 풍압하중에 대한 안전율이 얼마 이상이어야 하는가?

① 1.0　　② 1.2
③ 1.5　　④ 2.0

풀이 364.1 무선용 안테나 등을 지지하는 철탑 등의 시설
전력보안통신설비인 무선통신용 안테나 또는 반사판을 지지하는 목주·철주·철근 콘크리트주 또는 철탑은 다음에 따라 시설하여야 한다. 다만, 무선용 안테나 등이 전선로의 주위상태를 감시할 목적으로 시설되는 것일 경우에는 그러하지 아니하다.
가. 목주는 풍압하중에 대한 안전율은 1.5 이상이어야 한다.
나. 철주·철근 콘크리트주 또는 철탑의 기초 안전율은 1.5 이상이어야 한다. **답** ③

96 154[kV]의 옥외 변전소에 있어서 울타리의 높이와 울타리에서 충전부분까지 거리의 합계는 몇 [m] 이상이어야 하는가?

① 5[m]　　② 6[m]
③ 7[m]　　④ 8[m]

풀이 341.4 특고압용 기계기구의 시설

특고압용 기계기구는 다음의 규정에 의하여 시설하는 경우 이외에는 시설하여서는 아니 된다.

가. 기계기구의 주위에 규정에 준하여 울타리·담 등을 시설하는 경우
- 울타리·담 등의 높이 : 2[m] 이상
- 지표면과 울타리·담 등의 하단 사이의 간격 : 0.15[m] 이하

나. 기계기구를 지표상 5[m] 이상의 높이에 시설하고 충전부분의 지표상의 높이를 표에서 정한 값 이상으로 하고 또한 사람이 접촉할 우려가 없도록 시설하는 경우

사용전압의 구분	울타리·담 등의 높이와 울타리·담 등으로부터 충전 부분까지의 거리의 합계
35[kV] 이하	5[m]
35[kV] 초과 160[kV] 이하	6[m]
160[kV] 초과	• 거리의 합계 = 6 + 단수 × 0.12[m] • 단수 = $\dfrac{\text{사용전압[kV]}-160}{10}$ 단수 계산에서 소수점 이하는 절상

답 ②

출제기준 변경 및 개정된 관계 법규에 따라 삭제된 문제가 있어 20문항이 안됩니다.

MEMO

2008 기출문제

Industrial Engineer Electricity

동일출판사 홈페이지에서
무료 동영상강의를 보실 수 있습니다.

2008년 1회

1과목 - 전기자기

01 두 자성체 경계면에서 정자계가 만족하는 것은?

① 양측 경계면상의 두 점 간의 자위차가 같다.
② 자속은 투자율이 작은 자성체에 모인다.
③ 자계의 법선성분이 같다.
④ 자속밀도의 접선성분이 같다.

풀이

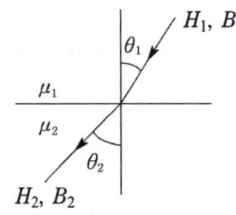

① 자계의 세기는 경계면에서 접선성분이 같다.
$H_1 \sin\theta_1 = H_2 \sin\theta_2$
② 자속밀도는 경계면에서 법선성분이 같다.
$B_1 \cos\theta_1 = B_2 \cos\theta_2$
③ 굴절각 $\dfrac{\tan\theta_1}{\tan\theta_2} = \dfrac{\mu_1}{\mu_2}$
④ 두 경계면에서의 자위는 서로 같다.
$(V_1 = V_2)$
⑤ 자속은 투자율이 높은 쪽으로 모이려는 성질이 있다.   **답** ①

02 100[kW]의 전력이 안테나에서 사방으로 균일하게 방사될 때 안테나에서 1[km] 거리에 있는 점의 전계의 실효값은?

① 1.73[V/m] ② 2.45[V/m]
③ 3.68[V/m] ④ 6.21[V/m]

풀이 단위면적당의 전력 $P = \dfrac{P_s}{S} = \dfrac{P_s}{4\pi r^2}$ 에서

$P = \dfrac{100 \times 10^3}{4 \times 3.14 \times (10^3)^2} = 7.96 \times 10^{-3}[W/m^2]$

$H_e = \sqrt{\dfrac{\epsilon_0}{\mu_0}} E_e = \sqrt{\dfrac{8.855 \times 10^{-12}}{4\pi \times 10^{-7}}} E_e$
$= 2.654 \times 10^{-3} E_e [A/m]$
$P = H_e E_e$ 이므로
$2.654 \times 10^{-3} E_e^2 = 7.96 \times 10^{-3}$, $E_e^2 = 3$
$\therefore E_e = \sqrt{3} = 1.73[V/m]$ **답** ①

03 시변 전자파에 대한 설명중 옳지 않은 것은?

① 전자파는 전계와 자계가 동시에 존재한다.
② 횡전자파(transver electromagnetic wave)에서는 전파의 진행 방향으로 전계와 자계가 존재한다.
③ 포인팅 벡터의 방향은 전자파의 진행 방향과 같다.
④ 수직 편파는 대지에 대해서 전계가 수직면에 있는 전자파이다.

풀이 전자파의 성질
① 전자파는 전계와 자계가 동시에 존재
② TEM파(횡전자파)는 전계와 자계가 전파의 진행 방향과 수직으로 존재한다.
③ 수평 전파는 대지에 대해 전계가 수평면에 있는 전자파
④ 수직 전파는 대지에 대해 전계가 수직면에 있는 전자파
⑤ 포인팅 벡터 $P = E \times H$ 이므로 포인팅 벡터의 방향은 전자파의 진행 방향과 같다.   **답** ②

04 자계에 있어서의 자화의 세기 $J[Wb/m^2]$는 유전체에서의 무엇과 동일한 의미를 가지고 대응되는가?

① 전속밀도   ② 전계의 세기
③ 전기 분극도 ④ 전위

풀이 자화의 세기(자화도) J는 정전계인 유전체에서의 분극의 세기(분극도) P에 대응하는 것으로 단위면적 당 자화된 자기량 또는 단위체적 당 발생된 자기 쌍극자 모멘트로 정의하며, 이것은 자성체 내부에서 S극에서 N극으로 향하는 벡터량이다.   **답** ③

05 유전율이 서로 다른 두 종류의 경계면에 전속과 전기력선이 수직으로 도달할 때 다음 설명 중 옳지 않은 것은?

① 전계의 세기는 연속적이다.
② 전속밀도는 불변이다.
③ 전속과 전기력선은 굴절하지 않는다.
④ 전속선은 유전율이 큰 유전체 중으로 모이려는 성질이 있다.

풀이
① $D_1 = \epsilon_1 E_1$, $D_2 = \epsilon_2 E_2$이므로 $D_1 = D_2$인 경우 $\epsilon_1 E_1 = \epsilon_2 E_2$가 성립하는데 $\epsilon_1 \neq \epsilon_2$인 경우 $E_1 \neq E_2$이다. 즉, <u>전계의 세기는 크기가 같지 않다(불연속이다)</u>.
② $\theta_1 = \theta_2 = 0°$이므로 $D_1 \cos\theta_1 = D_2 \cos\theta_2$에서 $\cos 0° = 1$이므로 $D_1 = D_2$, 즉 전속밀도는 불변(연속)이다.
③ $E_1 \sin\theta_1 = E_2 \sin\theta_2$에서 입사각 $\theta_1 = 0°$이므로 $0 = E_2 \sin\theta_2$에서 $E_2 \neq 0$가 아닌 경우 $\sin\theta_2 = 0$가 되어야 하므로 $\theta_2 = 0$ 즉, 굴절하지 않는다.
④ $\epsilon_1 E_1 = \epsilon_2 E_2$에서 $\dfrac{E_1}{E_2} = \dfrac{\epsilon_2}{\epsilon_1}$의 관계가 성립한다.

답 ①

06 철심에 도선을 250회 감고 1.2[A]의 전류를 흘렸더니 1.5×10^{-3}[Wb]의 자속이 생겼다. 이때 자기 저항[AT/Wb]은?

① 2×10^5 ② 3×10^5
③ 4×10^5 ④ 5×10^5

풀이
기자력 $F = R_m \phi$[AT]에서 자기저항은
$R_m = \dfrac{F}{\phi} = \dfrac{NI}{\phi} = \dfrac{250 \times 1.2}{1.5 \times 10^{-3}}$
$= 200 \times 10^3 = 2 \times 10^5$[AT/Wb] 가 된다.

답 ①

7 평행판 콘덴서의 양극판 면적을 3배로 하고 간격을 1/3배로 하면 정전용량은 처음의 몇 배가 되는가?

① 1 ② 3 ③ 6 ④ 9

풀이
면적 S_1, 간격 d_1인 평행판 콘덴서의 정전용량을 C_1이라 하면
$C_1 = \dfrac{\epsilon_0}{d_1} S_1$

문제에서 $d = \dfrac{1}{3} d_1$, $S = 3 S_1$이므로 구하는 용량은
$\therefore C = \dfrac{\epsilon_0}{\dfrac{1}{3} d_1} \cdot 3 S_1 = 9 \dfrac{\epsilon_0}{d_1} S_1 = 9 C_1$

답 ④

08 코일을 지나는 자속이 $\cos\omega t$에 따라 변화할 때 코일에 유도되는 유도 기전력의 최대치는 주파수와 어떤 관계가 있는가?

① 주파수에 반비례
② 주파수에 비례
③ 주파수 제곱에 반비례
④ 주파수 제곱에 비례

풀이
$\phi = \phi_m \cos\omega t$[Wb]이므로
$e = -N \dfrac{d\phi}{dt} = -N \dfrac{d}{dt}(\phi_m \cos\omega t)$
$= N \phi_m \omega \sin\omega t = N \phi_m 2\pi f \sin\omega t$[V]
그러므로 $e \propto \omega \propto f$ 의 관계가 된다.

답 ②

09 평행판 전극의 단위면적 당 정전용량이 $C = 200$[pF]일 때 두 극판 사이에 전위차 2000[V]를 가하면 이 전극판 사이의 전계의 세기는 약 몇 [V/m]인가?

① 22.6×10^3 ② 45.2×10^3
③ 22.6×10^5 ④ 45.2×10^5

풀이
정전용량 $C = 200 \times 10^{-12}$[F/m], 전위차 $V = 2000$[V]이고
$C = \dfrac{\epsilon_o}{d}$[F/m²]에서 전극간격 $d = \dfrac{\epsilon_0}{C}$이므로
$\therefore E = \dfrac{V}{d} = \dfrac{CV}{\epsilon_o} = \dfrac{200 \times 10^{-12} \times 2000}{8.855 \times 10^{-12}}$
$= 45.2 \times 10^3$[V/m]
단, 이 문제의 유전율은 $\epsilon = \epsilon_o$로 한 것임

답 ②

10 점전하 $+2Q$[C]이 $x=0$, $y=1$의 점에 놓여 있고, $-Q$[C]의 전하가 $x=0$, $y=-1$의 점에 위치할 때 전계의 세기가 0이 되는 점은?

① $+2Q$쪽으로 $5.83(x=0, y=5.83)$
② $+2Q$쪽으로 $0.17(x=0, y=0.17)$
③ $-Q$쪽으로 $5.83(x=0, y=-5.83)$
④ $-Q$쪽으로 $0.17(x=0, y=-0.17)$

풀이 두 전하의 부호가 다르므로 전계의 세기가 0이 되는 점은 전하의 절댓값이 작은 측의 외측에 존재하므로 그림과 같이 절댓값이 작은 측의 외측에 K[m]인 P점이 전계의 세기가 0이라 하면

$$E = \frac{1}{4\pi\epsilon_0}\left\{\frac{Q}{K^2} - \frac{2Q}{(2+K)^2}\right\} = 0$$

$$\therefore \frac{Q}{K^2} = \frac{2Q}{(2+K)^2}$$

$$2K^2 = (2+K)^2$$

$$\sqrt{2}\,K = 2 + K$$

$$\therefore K = \frac{2}{\sqrt{2}-1} = 4.83 \text{ 이므로}$$

$-1 - 4.83 = -5.83$

즉, P (0, −5.83)이다. 　답 ③

11 회로가 닫혀 있는 코일 1과 개방된 코일 2가 그림과 같이 평등자계의 직각 방향으로 서로 나란한 코일 면을 유지하고 있을 때 평등자계의 자속이 일정한 비율로 감소하는 경우 다음 설명 중 옳은 것은?

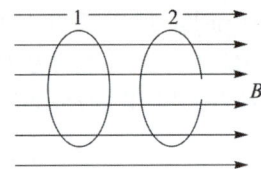

① 유기기전력은 두 코일에 모두 유기된다.
② 유기기전력은 개방된 코일 2에만 유기된다.
③ 두 코일에 같은 줄열이 발생한다.
④ 줄열은 어느 쪽도 발생하지 않는다.

풀이 두 코일을 각각 변압기 2차 측 코일로 간주하고 철심에 자속이 변화(감소)하는 경우에 폐회로 ①은 변압기 2차 측이 단락상태가 되어 전류가 크게 흐르고, 개방회로 ②는 개방상태(무부하)가 되어 고전압이 유기된다. 따라서 **두 코일 모두 유기기전력이 유기된다.** 　답 ①

12 전류의 세기가 I[A], 반지름 r[m]인 원형 선전류 중심에 m[Wb]인 가상 점자극을 둘 때 원형 선전류가 받는 힘은 몇 [N]인가?

① $\dfrac{mI}{2\pi r}$　② $\dfrac{mI}{2r}$　③ $\dfrac{mI^2}{2\pi r}$　④ $\dfrac{mI}{2\pi r^2}$

풀이 반지름 r인 원형 선전류 중심의 자계의 세기

$$H_0 = \frac{I}{2r}\,[\text{AT/m}] \quad \therefore F = mH = \frac{mI}{2r}\,[\text{N}]$$

답 ②

13 자속 ϕ[Wb]가 주파수 f[Hz]로 $\phi = \phi_m \sin 2\pi ft$[Wb]일 때, 이 자속이 쇄교하는 권수 N회인 코일에 발생하는 기전력은 몇 [V]인가?

① $-2\pi fN\phi_m \cos 2\pi ft$
② $-2\pi fN\phi_m \sin 2\pi ft$
③ $2\pi fN\phi_m \tan 2\pi ft$
④ $2\pi fN\phi_m \sin 2\pi ft$

풀이 기전력은 시간 당 변화하는 자속의 량에 의해 결정된다.

$$e = -N\frac{d\phi}{dt} = -N\frac{d}{dt}\phi_m \sin 2\pi ft$$
$$= -2\pi fN\phi_m \cos 2\pi ft$$

답 ①

14 한 금속에서 전류의 흐름으로 인한 온도 구배 부분의 줄열 이외의 발열 또는 흡열에 관한 현상은?

① 펠티에 효과(Peltier effect)
② 볼타 법칙(Volta law)
③ 제벡 효과(Seebeck effect)
④ 톰슨 효과(Thomson effect)

풀이
• 제벡 효과 : 두 종류 금속 접속면에 온도차가 있으면 기전력이 발생하는 효과
• 펠티에 효과 : 두 종류 금속 접속면에 전류를 흘리면 접속점에서 열의 흡수, 발생이 일어나는 효과
• **톰슨 효과** : 동일한 금속 도선의 두 점 간에 온도차를 주고, 고온 쪽에서 저온 쪽으로 전류를 흘리면 도선 속에서 열이 발생되거나 흡수가 일어나는 이러한 현상을 톰슨 효과라 한다. 　답 ④

15 공기의 절연내력을 3[kV/mm]라고 하면 직경 1[cm]의 도체구에 걸리는 최대 전압은 몇 [kV]인가?

① 15[kV]　② 30[kV]
③ 15[MV]　④ 30[MV]

풀이
$V = \dfrac{Q}{4\pi\epsilon_0 r}$ [V], $G = E = \dfrac{Q}{4\pi\epsilon_0 r^2}$ [V/m]
단, G는 구의 표면에 있어서의 전위경도
$V = Gr = 3 \times 10^6 \text{[V/m]} \times \dfrac{1}{2} \times 10^{-2} \text{[m]}$
$= 1.5 \times 10^4 \text{[V]} = 15 \text{[kV]}$ **답** ①

16 어느 철심에 도선을 25회 감고 여기에 1[A]의 전류를 흘릴 때 0.01[Wb]의 자속이 발생하였다. 자기 인덕턴스를 1[H]로 하려면 도선의 권수는 얼마로 해야 하는가?

① 25   ② 50   ③ 75   ④ 100

풀이
$L_1 = \dfrac{N\phi}{I} = \dfrac{25 \times 0.01}{1} = 0.25 \text{[H]}$
$L \propto N^2$ 이므로 $0.25 : 25^2 = 1 : N'^2$
$\therefore N' = \sqrt{\dfrac{25^2}{0.25}} = 50$ **답** ②

17 두 유전체 ㉠, ㉡가 유전율 $\epsilon_1 = 2\sqrt{3}\epsilon_0$, $\epsilon_2 = 2\epsilon_0$이며, 경계를 이루고 있을 때 그림과 같이 전계 E_1이 입사하여 굴절하였다면 유전체 ㉡ 내의 전계의 세기 E_2는 몇 [V/m]인가?

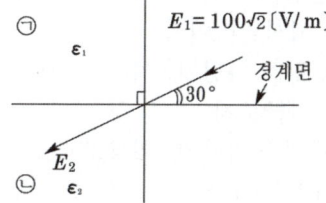

① 95   ② 100
③ $100\sqrt{2}$ ④ $100\sqrt{3}$

풀이

$\dfrac{\tan\theta_1}{\tan\theta_2} = \dfrac{\epsilon_1}{\epsilon_2} = \dfrac{2\sqrt{3}\epsilon_0}{2\epsilon_0} = \sqrt{3}$
$\tan\theta_2 = \dfrac{1}{\sqrt{3}}\tan\theta_1 = \dfrac{1}{\sqrt{3}}\tan 60°$
$= \dfrac{1}{\sqrt{3}} \times \sqrt{3} = 1$
$\therefore \theta_2 = \tan^{-1} 1 = 45°$, $E_1 \sin\theta_1 = E_2 \sin\theta_2$
$\therefore E_2 = \dfrac{\sin\theta_1}{\sin\theta_2} E_1 = \dfrac{\sin 60°}{\sin 45°} \times E_1$
$= \dfrac{\sqrt{3}/2}{1/\sqrt{2}} \times 100\sqrt{2} = 100\sqrt{3} \text{[V/m]}$ **답** ④

18 Z 축상에 있는 무한히 긴 균일 선전하로부터 2[m] 거리에 있는 점의 전계의 세기가 1.8×10^4 [V/m]일 때의 선전하밀도는 몇 [μC/m]인가?

① 2   ② 2×10^{-6}
③ 20   ④ 2×10^6

풀이
$E = \dfrac{\lambda}{2\pi\epsilon_0 r} = 2 \cdot \dfrac{1}{4\pi\epsilon_0} \cdot \dfrac{\lambda}{r} = 18 \times 10^9 \dfrac{\lambda}{r}$ 에서
$\lambda = \dfrac{rE}{18 \times 10^9} = \dfrac{2 \times 1.8 \times 10^4}{18 \times 10^9}$
$= 2 \times 10^{-6} \text{[C/m]} = 2 [\mu\text{C/m}]$ **답** ①

19 500[AT/m]의 자계 중에 어떤 자극을 놓았을 때 3×10^3[N]의 힘이 작용했다면 이때 자극의 세기는 몇 [Wb]인가?

① 2[Wb]   ② 3[Wb]
③ 5[Wb]   ④ 6[Wb]

풀이 $F = mH$ 에서
$\therefore m = \dfrac{F}{H} = \dfrac{3 \times 10^3}{500} = \dfrac{3000}{500} = 6 \text{[Wb]}$ **답** ④

20 동심 구형 콘덴서의 내외 반지름을 각각 5배로 증가시키면 정전용량은 몇 배가 되는가?

① 2배   ② $\sqrt{2}$ 배
③ 5배   ④ $\sqrt{5}$ 배

풀이 반지름이 a와 b인 동심 구형 콘덴서의 정전용량
$C = \dfrac{4\pi\epsilon_0 ab}{b-a}$ [F]
내외구의 반지름을 5배로 늘린 경우의 정전용량을 C'라 하면
$\therefore C' = \dfrac{4\pi\epsilon_0 (5a)(5b)}{(5b-5a)} = \dfrac{4\pi\epsilon_0 ab}{b-a} \times 5 = 5C$ **답** ③

2과목 - 전력공학

21 송전계통에서 1선 지락고장 시 인접통신선의 유도장해가 가장 큰 중성점접지방식은?

① 비접지
② 소호 리액터 접지
③ 직접 접지
④ 고저항 접지

풀이
- 전자유도전압 $E_m = -j\omega Ml(3I_o)$에서 영상전류(지락전류)가 클수록 유도 장해가 크게 된다.
- 지락전류의 크기의 비교 : 직접 접지 > 고저항접지 > 비 접지 > 소호 리액터 접지 **답 ③**

22 다음 중 원자로에서 독작용이란 것을 설명한 것으로 가장 알맞은 것은?

① 열중성자가 독성을 받는 것을 말한다.
② $_{54}Xe^{135}$와 $_{62}Sn^{149}$가 인체에 독성을 주는 작용이다.
③ 열중성자 이용률이 저하되고 반응도가 감소되는 작용을 말한다.
④ 방사성 물질이 생체에 유해 작용을 하는 것을 말한다.

풀이 원자로 운전 중 연료 내에 핵분열 생성 물질이 축적된다. 이 핵분열 생성물 중에서 열중성자의 흡수 단면적이 큰 것이 포함되어 있다. 이것이 원자로의 반응도를 저하시키는 작용을 한다. 이것을 독작용(poisoning)이라 하고 열중성자 흡수 단면적이 큰 핵분열 생성물을 독물질(poison)이라고 한다. **답 ③**

23 전압이 정정치 이하로 되었을 때 동작하는 것으로서 단락고장 검출 등에 사용되는 계전기는?

① 접지계전기
② 부족 전압 계전기
③ 역전력 계전기
④ 과전압 계전기

풀이 ① 전압이 정정값 이하 시 동작 : 부족 전압 계전기
② 전압이 정정값 초과 시 동작 : 과전압 계전기 **답 ②**

24 애자가 갖추어야 할 구비조건으로 옳은 것은?

① 온도의 급변에 잘 견디고 습기도 잘 흡수해야 한다.
② 지지물에 전선을 지지할 수 있는 충분한 기계적 강도를 갖추어야 한다.
③ 비, 눈, 안개 등에 대해서도 충분한 절연저항을 가지며, 누설전류가 많아야 한다.
④ 선로전압에는 충분한 절연내력을 가지며, 이상전압에는 절연내력이 매우 적어야 한다.

풀이 애자의 구비 조건
① 절연내력이 클 것
② 기계적 강도가 클 것
③ 정전용량이 작을 것
④ 가격이 저렴할 것 **답 ②**

25 공통 중성선 다중접지방식인 22.9[kV] 계통에 있어서 사고가 생기면 정전이 되지 않도록 선로 도중이나 분기선에 보호장치를 설치하여 상호 보호협조로 사고 구간만을 제거할 수 있도록 각종 개폐기의 설치순서를 옳게 나열한 것은?

① 변전소 차단기-섹셔널라이저-리클로저-라인 퓨즈
② 변전소 차단기-리클로저-라인 퓨즈-섹셔널라이저
③ 변전소 차단기-섹셔널라이저-라인 퓨즈-리클로저
④ 변전소 차단기-리클로저-섹셔널라이저-라인 퓨즈

풀이 리클로저는 회로의 차단과 투입을 자동적으로 반복하는 기구를 갖춘 차단기의 일종이며 섹셔널라이저는 중에서 동작하는 주 접촉자와 사고 전류가 흐르는 것 계산하는 카운터로 구성되어 있으며, 이 둘은 서로 합하여 쓰며 리클로저는 변전소 쪽에, 섹셔널라이저 부하 쪽에 설치한다. **답 ④**

26 송전선에 댐퍼(damper)를 다는 목적은?

① 전선의 진동 방지
② 전자 유도 감소
③ 코로나의 방지
④ 현수애자의 경사 방지

풀이 댐퍼는 진동 억제 장치이며 지지점 가까운 곳에 설치한다. 답 ①

27 송전선로의 안정도 향상 대책으로 옳지 않은 것은?

① 고속도 재폐로방식을 채용한다.
② 계통의 전달 리액턴스를 증가시킨다.
③ 중간 조상방식을 채용한다.
④ 조속기의 작동을 빠르게 한다.

풀이 안정도 향상 대책
① 계통의 직렬 리액턴스 감소(다회선 방식 채택, 복도체 방식 채택, 기기의 리액턴스 감소)
② 전압변동률을 적게 한다(속응여자방식 채용, 계통의 연계, 중간 조상 방식).
③ 계통에 주는 충격을 적게 한다(적당한 중성점접지방식, 고속차단방식, 재폐로방식).
④ 고장 중의 발전기 돌입 출력의 불평형을 적게 한다.
답 ②

28 원자로 내에서 발생한 열에너지를 외부로 끄집어내기 위한 열매체를 무엇이라 하는가?

① 반사체   ② 감속재
③ 냉각재   ④ 제어봉

풀이 • 냉각재는 원자로 내에서 발생한 열에너지를 외부로 끄집어내기 위한 열매체이다.
• 구비조건 : 열전달 특성이 좋고, 중성자 흡수가 적으며, 열용량이 크고, 비등점이 높은 것이 좋다.
• 종류 : 물(경수 및 중수), 액체금속(Na, NaK, Bi), 가스(He, CO_2) 및 용해염 등이다.
답 ③

29 송전선로에서 복도체를 사용하는 주된 이유는?

① 많은 전력을 보내기 위하여
② 코로나 발생을 억제하기 위하여
③ 전력손실을 적게 하기 위하여
④ 선로 정수를 평형시키기 위하여

풀이 • 3상 송전선의 한 가닥의 전선을 2가닥 이상으로 한 것을 다도체라 하고, 2가닥으로 한 것을 보통 복도체라 한다.
• 복도체를 사용하면 인덕턴스는 감소하고 정전용량은 증가하며, 안정도를 증가시키고, 코로나 발생을 억제한다.
답 ②

30 다음 중 송전선의 1선 지락 시 선로에 흐르는 전류를 바르게 나타낸 것은?

① 영상전류만 흐른다.
② 영상전류 및 정상전류만 흐른다.
③ 영상전류 및 역상전류만 흐른다.
④ 영상전류, 정상전류 및 역상전류가 흐른다.

풀이 • 1선 지락고장 : 정상분, 역상분, 영상분
• 선간 단락고장 : 정상분, 역상분
• 3상 단락고장 : 정상분
답 ④

31 3상 3선식 가공 송전선로가 있다. 전선 한 가닥의 저항은 15[Ω], 리액턴스는 20[Ω]이고, 부하전류는 100[A], 부하역률은 0.8로 지상이다. 이때 선로의 전압강하는 약 몇 [V]인가?

① 2400[V]   ② 4157[V]
③ 6062[V]   ④ 10500[V]

풀이 3상 3선식의 전압강하식
$V_e = \sqrt{3}\,I(r\cos\theta + x\sin\theta)$
$= \sqrt{3} \times 100 \times (15 \times 0.8 + 20 \times 0.6)$
$= 4156.92[V]$
답 ②

32 차단기의 정격차단 시간은?

① 고장 발생부터 소호까지의 시간
② 가동접촉자 시동부터 소호까지의 시간
③ 트립 코일 여자부터 가동 접촉자 시동까지의 시간
④ 트립 코일 여자부터 소호까지의 시간

풀이 차단기의 차단시간
① 트립 코일(trip coil)의 여자부터 아크 소호 시간을 합한 것
정격차단 시간 = 개극 시간 + 아크 소호 시간
② 차단기의 정격차단 시간(표준) : 3[Hz], 5[Hz], 8[Hz]
답 ④

33 변전소의 역할에 대한 설명으로 옳지 않은 것은?

① 유효전력과 무효전력을 제어한다.
② 전력을 발생하고 분배한다.
③ 전압을 승압 또는 강압한다.
④ 전력조류를 제어한다.

> **풀이** 변전소의 설치 목적
> - 전압의 승압 및 강압
> - 전력의 집중 및 분배
> - 유효전력 및 무효전력 제어
> - 전압조정
> - 전력 조류제어   답 ②

34 동일 송전선로에 있어서 1선 지락의 경우 지락전류가 가장 적은 중성점접지방식은?
① 비접지방식   ② 직접 접지방식
③ 저항접지방식   ④ 소호 리액터 접지방식

> **풀이** 지락전류의 크기의 비교 : 직접 접지 > 저항접지 > 비접지 > 소호 리액터 접지   답 ④

35 전력용 콘덴서에서 방전 코일의 역할은?
① 잔류전하의 방전
② 고조파의 억제
③ 역률의 개선
④ 콘덴서의 수명 연장

> **풀이** 방전 코일은 콘덴서에 축적된 잔류 전하를 방전하여 감전 사고를 방지하기 위한 것이다.   답 ①

36 피뢰기의 구비조건으로 옳지 않은 것은?
① 충격 방전 개시 전압이 낮을 것
② 상용 주파 방전 개시 전압이 높을 것
③ 방전 내량이 작으면서 제한 전압이 높을 것
④ 속류 차단능력이 충분할 것

> **풀이** 피뢰기의 구비조건
> ① 충격방전 개시전압이 낮을 것
> ② 상용주파 방전 개시전압은 높을 것
> ③ 방전내량이 크면서 제한전압은 낮을 것
> ④ 속류 차단능력이 충분할 것   답 ③

37 출력 20[kW]의 전동기로서 총 양정 10[m], 펌프효율 0.75일 때 양수량은 몇 [m³/min]인가?
① 9.18[m³/min]   ② 9.85[m³/min]
③ 10.31[m³/min]   ④ 11.0[m³/min]

> **풀이** 펌프용 전동기의 출력 $P = \dfrac{QH}{6.12\eta}$ 에서
> $Q = \dfrac{6.12 P \eta}{H} = \dfrac{6.12 \times 20 \times 0.75}{10}$
> $= 9.18 [m^3/min]$ 답 ①

38 부하역률이 $\cos\phi$인 배전선로의 저항 손실은 같은 크기의 부하전력에서 역률 1일 때의 저항 손실과 비교하면? 단, 역률이 1일 때의 저항손실을 1로 한다.
① $\cos^2\phi$ ② $\cos\phi$
③ $\dfrac{1}{\cos\phi}$ ④ $\dfrac{1}{\cos^2\phi}$

> **풀이** 전력손실
> $P_l = 3I^2 R = \dfrac{P^2 R}{V^2 \cos^2\theta} \times 10^6 [W]$
> $= \dfrac{P^2 R}{V^2 \cos^2\theta} \times 10^3 [kW]$ 에서
> $P_l \propto \dfrac{1}{\cos^2\theta}$ 이므로 $\dfrac{1}{\cos^2\phi}$ 배로 손실이 감소한다.
>   답 ④

39 고압가공 배전선로에서 고장, 또는 보수 점검 시 정전구간을 축소하기 위하여 사용되는 것은?
① 구분개폐기   ② 컷아웃스위치
③ 캐치홀더   ④ 공기차단기

> **풀이** 고압가공 배전선로에서 고장, 또는 보수 점검시 정전구간을 축소하기 위하여 사용 것은 구분 개폐기(section switch)이며 종류로는 유입 개폐기(OS), 기중 개폐기(AS), 진공 개폐기(VS) 등이 있다.   답 ①

40 흡출관이 필요없는 수차는?
① 프로펠러 수차   ② 카플란 수차
③ 프란시스 수차   ④ 펠턴 수차

> **풀이** 흡출관은 반동 수차의 러너의 출구로부터 방수면까지의 접속관을 말한다. 따라서 충동 수차인 펠톤 수차에서는 필요가 없다.   답 ④

3과목 - 전기기기

41 시라게 전동기의 특성과 가장 가까운 전동기는?

① 반발 전동기 ② 동기전동기
③ 직권전동기 ④ 분권전동기

풀이 시라게 전동기는 3상 분권 정류자 전동기이므로 직류 분권전동기와 특성이 비슷한 정속도 전동기이다.
답 ④

42 직류분권전동기의 운전 중 계자 저항기의 저항을 증가하면 속도는 어떻게 되는가?

① 변하지 않는다. ② 증가한다.
③ 감소한다. ④ 정지한다.

풀이 회전속도 $n = k\dfrac{V - I_a R_a}{\phi}$에서 자속 ϕ가 감소(여자전류감소=계자 저항의 증가)하면 n은 증가하게 된다.
답 ②

43 다음 중 변압기유가 갖추어야 할 조건으로 옳은 것은?

① 절연내력이 낮을 것
② 인화점이 높을 것
③ 유동성이 풍부하고 비열이 적어 냉각효과가 작을 것
④ 응고점이 높을 것

풀이 변압기의 기름으로서 갖추어야 할 조건
 ① 절연저항 및 절연내력이 클 것(30[kV]/2.5[mm] 이상)
 ② 절연 재료 및 금속에 화학 작용을 일으키지 않을 것
 ③ 인화점이 높고(130[℃] 이상), 응고점이 낮을 것(-30[℃] 이하)
 ④ 점도가 낮고(유동성이 풍부), 비열이 커서 냉각효과가 클 것
 ⑤ 고온에서도 석출물이 생기거나 산화하지 않을 것
 ⑥ 열전도율이 클 것
 ⑦ 열 팽창계수가 작고 증발로 인한 감소량이 적을 것
답 ②

44 2개의 사이리스터로 단상전파정류를 하여 90[V]의 직류전압을 얻는 데 필요한 최대 첨두역전압[V]은 약 얼마인가?

① 141 ② 283 ③ 365 ④ 400

풀이 최대 첨두역전압 $PIV = \pi E_d$에서
$PIV = \pi \times 90 = 282.74$[V] 가 된다.
답 ②

45 25[kW], 125[V], 1200[rpm]의 타여자 발전기가 있다. 전기자저항(브러시 포함)은 0.04[Ω]이다. 정격상태에서 운전하고 있을 때 속도를 200[rpm]으로 늦추었을 경우 부하전류[A]는 어떻게 변화하는가? 단, 전기자 반작용은 무시하고 전기자 회로 및 부하 저항 값은 변하지 않는다고 한다.

① 21.8 ② 33.3 ③ 1200 ④ 2125

풀이 1200[rpm], 200[rpm]일 때의 유기기전력을 E, E'라고 하면 $E = K\Phi N$ 식에서
$E = K\phi N$, $E' = K\phi N'$
여기서 $E' = \dfrac{N'}{N} \times E = \dfrac{200}{1200} \times E = \dfrac{1}{6}E$
즉, 속도가 $\dfrac{1}{6}$이 되면 유기기전력도 $\dfrac{1}{6}$이 되고, 또한 부하전류도 $\dfrac{1}{6}$이 된다.
따라서 단자전압도 $\dfrac{1}{6}$이 된다.
$I' = \dfrac{1}{6}I = \dfrac{1}{6} \times \dfrac{25 \times 10^3}{125} = 33.3$[A]
답 ②

46 직류분권전동기의 공급전압의 극성을 반대로 하면 회전방향은 어떻게 되는가?

① 변하지 않는다. ② 반대로 된다.
③ 발전기로 된다. ④ 회전하지 않는다.

풀이 공급전압의 극성이 반대로 되면, 계자전류와 전기자 전류의 방향이 동시에 반대로 된다. 따라서 회전 방향은 변하지 않는다.
답 ①

47 유도전동기의 슬립 s의 범위는?

① $s < -1$ ② $-1 < s < 0$
③ $0 < s < 1$ ④ $1 < s$

풀이 슬립의 범위
- 유도전동기 슬립의 범위 $0 < s < 1$
- 유도발전기 슬립의 범위 $s < 0$
- 제동기 슬립의 범위 $s > 1$ **답 ③**

48 변압기의 내부고장 보호에 쓰이는 계전기는?

① 차동계전기　② OCR
③ 역상계전기　④ 접지계전기

풀이 변압기의 내부고장 보호에는 차동 계전기나 부흐홀쯔 계전기 등이 사용된다. **답 ①**

49 동기전동기에서 난조를 방지하기 위하여 자극면에 설치하는 권선은?

① 제동권선　② 계자권선
③ 전기자권선　④ 보상권선

풀이 제동권선은 회전 자극 표면에 설치한 유도전동기의 농형 권선과 같은 권선으로서 회전자가 동기속도로 회전하고 있는 동안에는 전압을 유도하지 않으므로 아무런 작용이 없다. 그러나 조금이라도 동기속도를 벗어나면 전기자 자속을 끊어 전압이 유도되어 단락전류가 흐르므로 동기속도로 되돌아가게 된다. 즉, 진동 에너지를 열로 소비하여 진동을 방지한다. 이 제동 권선은 난조 방지에 쓰인다. **답 ①**

50 부하에 관계없이 변압기에 흐르는 전류로서 자속만을 만드는 것은?

① 1차 전류　② 철손전류
③ 여자전류　④ 자화전류

풀이 $\dot{I}_o = \dot{I}_\phi + \dot{I}_i$, ∴ $I_o = \sqrt{I_\phi^2 + I_i^2}$

여기서, $\dot{I}_\phi$ (자화전류) : 자속을 유지하는 전류
$\dot{I}_i$ (철손전류) : 철손을 공급하는 전류 **답 ④**

51 유도전동기의 제동법이 아닌 것은?

① 회생 제동　② 발전제동
③ 역전 제동　④ 3상 제동

풀이 유도전동기의 제동법
① 회생 제동 : 유도전동기를 유도발전기로 동작시켜 그 발생전력을 전원에 반환하면서 제동하는 방법

② 발전제동 : 전동기를 전원으로부터 분리한 후 1차 측에 직류전원을 공급하여 발전기로 동작시킨 후 발생된 전력을 저항에서 열로 소비시키는 방법
③ 역전 제동 : 회전중인 전동기의 1차 권선 3단자 중 임의의 2단자의 접속을 바꾸면 역방향의 토크가 발생되어 제동하는 방법으로 이 방법은 급속하게 정지시키고자 하는 경우에 사용된다.
④ 단상 제동 : 권선형 유도전동기의 1차 측을 단상교류로 여자하고 2차 측에 적당한 크기의 저항을 넣으면 전동기의 회전과는 역방향의 토크가 발생되므로 제동된다. **답 ④**

52 단상 직권 정류자 전동기는 그 전기자 권선의 권선수를 계자 권수에 비해서 특히 많게 하고 있는 이유를 설명한 것으로 옳지 않은 것은?

① 주자속을 작게 하고 토크를 증가하기 위하여
② 속도 기전력을 크게 하기 위하여
③ 변압기 기전력을 크기 하기 위하여
④ 역률 저하를 방지하기 위하여

풀이 단상 정류자 전동기에서는 약계자, 강전기자형으로 하여 역률을 좋게 하고 변압기 기전력을 작게 한다. **답 ③**

53 단상변압기 2대를 사용하여 3상 전원에서 2상 전압을 얻고자 할 때 가장 적합한 결선은?

① 스코트 결선　② 대각결선
③ 2중3각 결선　④ 포크 결선

풀이 3상-2상 간의 상수 변환
① 스코트 결선(T결선)
② 메이어 결선
③ 우드 브리지 결선 **답 ①**

54 단상변압기에서 1차 전압은 3300[V]이고, 1차 측 무부하전류는 0.09[A], 철손은 115[W]이다. 이때 자화전류[A]는 약 얼마인가?

① 0.072　② 0.083
③ 0.83　④ 0.93

풀이 철손 전류 $I_i = \dfrac{P_i}{V_1} = \dfrac{115}{3300} = 0.034$[A]이며,

여자전류 $I_o = \sqrt{I_i^2 + I_\phi^2}$ 이므로

자화전류 $I_\phi = \sqrt{I_0^2 - I_i^2}$ 식에서

∴ $I_\phi = \sqrt{0.09^2 - 0.034^2} = 0.083[A]$가 된다. 답 ②

55 3상 동기발전기의 단락비를 산출하는 데 필요한 시험은?

① 외부특성시험과 3상 단락시험
② 돌발단락시험과 부하시험
③ 무부하 포화시험과 3상 단락시험
④ 대칭분의 리액턴스 측정시험

풀이

시험의 종류	산출 되는 항목
무부하 시험	철손, 기계손, 단락비, 여자전류
단락시험	동기임피던스, 동기리액턴스, 단락비, 임피던스 와트, 임피던스 전압

답 ③

56 그림의 단상전파 정류회로에서 교류측 공급전압 $628\sin314t$[V], 직류측 부하저항 $20[\Omega]$일 때의 직류측 부하전류의 평균치 I_d[A] 및 직류측 부하전압의 평균치 E_d[V]는?

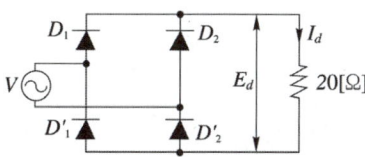

① $I_d = 20$, $E_d = 400$
② $I_d = 10$, $E_d = 200$
③ $I_d = 14.1$, $E_d = 282$
④ $I_d = 28.2$, $E_d = 565$

풀이
- 교류전압의 실효값

$E = \dfrac{E_m}{\sqrt{2}} = \dfrac{628}{\sqrt{2}} = 444[V]$

- 직류전압

$E_d = \dfrac{2\sqrt{2}}{\pi}E = 0.9E = 0.9 \times 444 = 400[V]$

- 직류 전류

$I_d = \dfrac{E_d}{R} = \dfrac{400}{20} = 20[A]$

답 ①

57 다음 정류 방식중 맥동률이 가장 작은 방식은?

① 단상 반파 정류   ② 단상전파 정류
③ 3상 반파 정류   ④ 3상 전파 정류

풀이

맥동률 $= \sqrt{\dfrac{실효값^2 - 평균값^2}{평균값^2}} \times 100$

$= \dfrac{교류분}{직류분} \times 100[\%]$

정류 종류	단상 반파	단상 전파	3상 반파	3상 전파
맥동률[%]	121	48	17.7	4.04
정류 효율	40.5	81.1	96.7	99.8
맥동 주파수	f	$2f$	$3f$	$6f$

답 ④

58 어떤 정류기의 부하 전압이 2000[V]이고 맥동률이 3[%]이면 교류분은 몇 [V] 포함되어 있는가?

① 20   ② 30   ③ 60   ④ 70

풀이 맥동률 $= \dfrac{\triangle E}{E_d} \times 100[\%]$

∴ $\triangle E = 0.03 \times 2000 = 60[V]$ 답 ③

59 정격 속도로 회전하고 있는 분권발전기가 있다. 단자전압 100[V], 계자권선의 저항은 50[Ω], 계자전류 2[A], 부하전류 50[A], 전기자저항 0.1[Ω]이다. 이때 발전기의 유기기전력은 몇 [V]인가? 단 전기자 반작용은 무시한다.

① 100.2   ② 104.8
③ 105.2   ④ 125.4

풀이 $V = 100[V]$, $R_f = 50[\Omega]$, $I_f = 2[A]$,
$I = 50[A]$, $R_a = 0.1[\Omega]$이므로
$I_a = I + I_f = 50 + 2 = 52[A]$
∴ $E = V + I_a R_a = 100 + 52 \times 0.1 = 105.2[V]$ 답 ③

60 3상 6극 슬롯수 54의 동기발전기가 있다. 어떤 전기자 코일의 두 변이 제1 슬롯과 제8 슬롯에 들어 있다면 기본파에 대한 단절권계수는 얼마인가?

① 0.6983   ② 0.7848
③ 0.8749   ④ 0.9397

풀이
극 간격 = $\frac{54}{6} = 9$, coil 간격 = $8-1 = 7$

∴ $\beta = \frac{\text{coil 간격}}{\text{극간격}} = \frac{7}{9}$

단절권계수

$K_{pn} = \sin\frac{n\beta\pi}{2}$ (n : 고조파의 차수)이므로

단절권계수 K_{p1} 은

$K_{p1} = \sin\frac{7\pi}{2\times 9} = \sin\frac{21.98}{18}$

$= \sin 1.221 = 0.9397$ ($\pi = 180°$)

답 ④

4과목 - 회로이론

61 전달함수 $C(s) = G(s)R(s)$에서 입력 함수를 단위 임펄스, 즉 $\delta(t)$로 가할 때 계의 응답은?

① $C(s) = G(s)\delta(s)$
② $C(s) = \frac{G(s)}{\delta(s)}$
③ $C(s) = \frac{G(s)}{s}$
④ $C(s) = G(s)$

풀이 단위 임펄스인 경우 $G(s)$가 된다.
즉, $r(t) = \delta(t)$를 라플라스 변환하면
$R(s) = 1$
∴ $C(s) = G(s) \cdot 1 = G(s)$

답 ④

62 그림과 같은 회로에서 $t = 0$인 순간에 스위치 S를 닫았다. 이 순간에 인덕턴스 L에 걸리는 전압은? 단, L의 초기 전류는 0 이다.

① 0
② E
③ $\frac{LE}{R}$
④ $\frac{E}{R}$

풀이 $E_L = Ee^{-\frac{R}{L}t} = Ee^{-\frac{R}{L}\times 0} = E$ [V]
(여기서, $e^0 = 1$이다.)

답 ②

63 $R[\Omega]$의 3개의 저항을 전압 $V[V]$의 3상 교류 선간에 그림과 같이 접속할 때 선전류는 얼마인가?

① $\frac{V}{\sqrt{3}R}$
② $\frac{\sqrt{3}V}{R}$
③ $\frac{V}{3R}$
④ $\frac{3V}{R}$

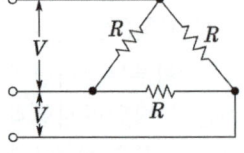

풀이 △결선에서 상전류 $I_p = \frac{V}{R}$

선전류 $I_l = \sqrt{3}I_p$ 이므로

∴ $I_l = \sqrt{3}\frac{V}{R}$

답 ②

64 그림과 같은 2단자망에서 구동점 임피던스를 구하면?

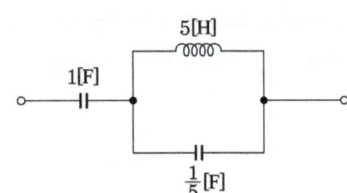

① $\frac{6s^2+1}{s(s^2+1)}$ ② $\frac{6s+1}{6s^2+1}$

③ $\frac{6s^2+1}{(s+1)(s+2)}$ ④ $\frac{s+2}{6s(s+1)}$

풀이
$Z(j\omega) = \frac{1}{j\omega C_1} + \frac{j\omega L \cdot \frac{1}{j\omega C_2}}{j\omega L + \frac{1}{j\omega C_2}}$

$Z(s) = \frac{1}{sC_1} + \frac{sL \cdot \frac{1}{sC_2}}{sL + \frac{1}{sC_2}} = \frac{1}{s} + \frac{5s \cdot \frac{5}{s}}{5s + \frac{5}{s}}$

$= \frac{1}{s} + \frac{25}{\frac{5s^2+5}{s}} = \frac{s^2+1+5s^2}{s(s^2+1)}$

$= \frac{6s^2+1}{s(s^2+1)}$

답 ①

65 그림과 같은 캠벨 브리지(Campbell bridge) 회로에 있어서 I_2가 0이 되기 위한 C의 값은?

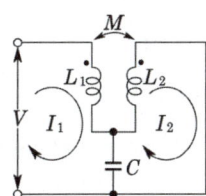

① $\dfrac{1}{\omega L}$ ② $\dfrac{1}{\omega^2 L}$ ③ $\dfrac{1}{\omega M}$ ④ $\dfrac{1}{\omega^2 M}$

풀이

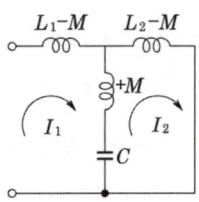

2차 회로의 전압 방정식은
$(j\omega L_1 - j\omega M)I_2 + \left(j\omega M - j\dfrac{1}{\omega C}\right)(I_2 - I_1) = 0$

$\left(j\dfrac{1}{\omega C} - j\omega M\right)I_1 + \left(j\omega L_2 - j\dfrac{1}{\omega C}\right)I_2 = 0$

$I_2 = 0$가 되려면 I_1의 계수가 0이어야 하므로
$-j\omega M + j\dfrac{1}{\omega C} = 0$ $\therefore\ C = \dfrac{1}{\omega^2 M}$ **답** ④

66 그림의 $R-L-C$ 직렬회로에서 입력을 전압 $e_i(t)$ 출력을 전류 $i(t)$로 할 때 이 계의 전달함수는?

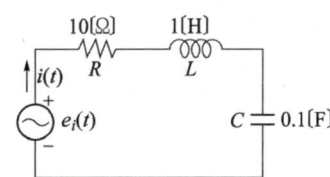

① $\dfrac{s}{s^2 + 10s + 10}$ ② $\dfrac{10s}{s^2 + 10s + 10}$

③ $\dfrac{s}{s^2 + s + 1}$ ④ $\dfrac{10s}{s^2 + s + 1}$

풀이 $G(s) = \dfrac{I(s)}{V(s)} = \dfrac{1}{10 + s + \dfrac{10}{s}}$

$= \dfrac{s}{s^2 + 10s + 10}$ **답** ①

67 어떤 교류 회로에
$v = 100\sin\omega t + 20\sin\left(3\omega t + \dfrac{\pi}{3}\right)$[V]인
전압을 가할 때 회로에 흐르는 전류가
$i = 40\sin\left(\omega t - \dfrac{\pi}{6}\right) + 5\sin\left(3\omega t + \dfrac{\pi}{12}\right)$[A]
라 한다. 이 회로에서 소비되는 전력[W]은?

① 4254   ② 3256   ③ 2267   ④ 1767

풀이 비정현파의 전력은 주파수가 같은 성분만 존재하며, 주파수가 다르면 0이 된다.

$\therefore P = \dfrac{100}{\sqrt{2}} \times \dfrac{40}{\sqrt{2}} \cos 30° + \dfrac{20}{\sqrt{2}} \times \dfrac{5}{\sqrt{2}} \cos 45°$
$= 1767.4$[W]   **답** ④

68 대칭 3상 Y결선 부하에서 1상당의 부하 임피던스가 $Z = 16 + j12$[Ω]이다. 부하전류가 10[A]일 때 이 부하의 선간전압은 약 몇 [V]인가?

① 200   ② 245   ③ 346   ④ 375

풀이 Y결선 선간 전압 $= \sqrt{3} \times$상전압
상전압 $=$ 부하전류 $\times$ 1상 임피던스
$= 10 \times \sqrt{16^2 + 12^2} = 200$[V]
$\therefore V_l = \sqrt{3}\,V_p = 200\sqrt{3}$[V] $= 346.4$[V]   **답** ③

69 그림과 같은 L형 회로의 4단자 정수 A, B, C, D 중 A는?

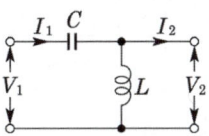

① $1 + \dfrac{1}{\omega LC}$ ② $1 - \dfrac{1}{\omega^2 LC}$

③ $1 + \dfrac{1}{j\omega L}$ ④ $\dfrac{1}{2\sqrt{LC}}$

풀이 $\begin{bmatrix} A & B \\ C & D \end{bmatrix} = \begin{bmatrix} 1 & \dfrac{1}{j\omega C} \\ 0 & 1 \end{bmatrix} \begin{bmatrix} 1 & 0 \\ \dfrac{1}{j\omega L} & 1 \end{bmatrix}$

$= \begin{bmatrix} 1 - \dfrac{1}{\omega^2 LC} & \dfrac{1}{j\omega C} \\ \dfrac{1}{j\omega L} & 1 \end{bmatrix}$ **답** ②

70 단자전압의 각 대칭분 V_0, V_1, V_2가 0이 아니고 같게 되는 고장의 종류는?

① 1선 지락 ② 선간 단락
③ 2선 지락 ④ 3선 단락

풀이
- V_0, V_1, V_2 존재 → 1선 지락고장
- $V_0 = 0$, V_1, V_2 존재 → 선간 단락고장
- $V_0 = V_1 = V_2 \neq 0$ → 2선 지락

답 ③

71 $\dfrac{s\sin\theta + \omega\cos\theta}{s^2 + \omega^2}$ 의 역 Laplace 변환을 구하면 어떻게 되는가?

① $\sin(\omega t - \theta)$ ② $\sin(\omega t + \theta)$
③ $\cos(\omega t - \theta)$ ④ $\cos(\omega t + \theta)$

풀이
$\dfrac{s}{s^2+\omega^2}\sin\theta + \dfrac{\omega}{s^2+\omega^2}\cos\theta$
$= \cos\omega t \sin\theta + \sin\omega t \cos\theta$
$= \sin(\omega t + \theta)$

답 ②

72 파형이 반파 정류파일 때 파고율은?

① 1.0 ② 1.57
③ 1.73 ④ 2.0

풀이

	구형파	3각파	정현파	정류파 (전파)	정류파 (반파)
파형률	1.0	1.15	1.11	1.11	1.57
파고율	1.0	1.732	1.414	1.414	2.0

답 ④

73 정현파 교류 $i = 10\sqrt{2}\sin\left(\omega t + \dfrac{\pi}{3}\right)$[A]를 복소수의 극좌표형으로 표시하면?

① $10\sqrt{2} \angle \dfrac{\pi}{3}$ ② $10 \angle 0$
③ $10 \angle \dfrac{\pi}{3}$ ④ $10 \angle -\dfrac{\pi}{3}$

풀이 복소수는 실효값이므로 $10 \angle \dfrac{\pi}{3}$가 된다.

답 ③

74 $f(t) = \sin t + 2\cos t$를 라플라스 변환하면?

① $\dfrac{2s}{s^2+1}$ ② $\dfrac{2s+1}{(s+1)^2}$
③ $\dfrac{2s+1}{s^2+1}$ ④ $\dfrac{2s}{(s+1)^2}$

풀이 라플라스 변환의 선형성 정리에 의해서
$F(s) = \mathcal{L}[f(t)] = \mathcal{L}[\sin t] + \mathcal{L}[2\cos t]$
$= \dfrac{1}{s^2+1} + \dfrac{2s}{s^2+1} = \dfrac{2s+1}{s^2+1}$

답 ③

75 그림과 같은 이상 변압기에 대하여 성립되지 아니하는 관계식은? 단, n_1, n_2는 1차 및 2차 코일의 권수, n은 권수비 : $n = \dfrac{n_1}{n_2}$

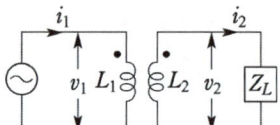

① $v_1 i_1 = v_2 i_2$ ② $\dfrac{i_2}{i_1} = \dfrac{n_1}{n_2} = n$
③ $\dfrac{v_2}{v_1} = \dfrac{n_2}{n_1} = \dfrac{1}{n}$ ④ $n = \sqrt{\dfrac{L_2}{L_1}}$

풀이 이상 변압기는 누설자속이 없으므로
$L_1 = \dfrac{n_1\phi_1}{i_1}$, $L_2 = \dfrac{n_2\phi_2}{i_2}$
또, $\dfrac{v_1}{v_2} = n = \dfrac{i_2}{i_1}$ 이므로
$n = \dfrac{n_1}{n_2} = \dfrac{v_1}{v_2} = \sqrt{\dfrac{L_1}{L_2}} = \sqrt{\dfrac{Z_1}{Z_2}}$

답 ④

76 $R-L$ 직렬회로에서 스위치 S를 닫아 직류전압 E[V]를 회로 양단에 급히 가한 후 $\dfrac{L}{R}$[초] 후의 전류 I[A]값은?

① $0.632\dfrac{E}{R}$ ② $0.5\dfrac{E}{R}$
③ $0.368\dfrac{E}{R}$ ④ $\dfrac{E}{R}$

풀이
$$i = \frac{E}{R}\left(1-e^{-\frac{R}{L}t}\right) = \frac{E}{R}\left(1-e^{-\frac{R}{L}\cdot\frac{L}{R}}\right)$$
$$= \frac{E}{R}(1-e^{-1}) = 0.632\frac{E}{R}[A]$$
답 ①

77 리액턴스 2단자 회로망의 임피던스 함수 $Z(j\omega)$를 $Z(j\omega) = jX(\omega)$라 놓을 때 $\frac{dX(\omega)}{d\omega}$는 어떻게 되는가?

① $\frac{dX(\omega)}{d\omega} = 0$ ② $\frac{dX(\omega)}{d\omega} = \infty$
③ $\frac{dX(\omega)}{d\omega} < 0$ ④ $\frac{dX(\omega)}{d\omega} > 0$

풀이 일반적으로 한 개의 $L-C$ 직렬 리액턴스에서 $\frac{dX(\omega)}{d\omega} > 0$가 성립되면
두 리액턴스 $X_1(\omega)$와 $X_2(\omega)$의 직렬회로에서는
$X(\omega) = X_1(\omega) + X_2(\omega)$
$\frac{dX(\omega)}{d\omega} = \frac{dX_1(\omega)}{d\omega} + \frac{dX_2(\omega)}{d\omega} > 0$
병렬회로에서는
$X(\omega) = \frac{X_1(\omega)\cdot X_2(\omega)}{X_1(\omega) + X_2(\omega)}$
$\frac{dX(\omega)}{d\omega} = \frac{\left\{X_1(\omega)^2\cdot\frac{dX_2(\omega)}{d\omega} + X_2(\omega)^2\cdot\frac{dX_1(\omega)}{d\omega}\right\}}{\{X_1(\omega) + X_2(\omega)\}^2} > 0$
따라서 리액턴스 $X(\omega)$는 ω에 비해서 단조 증가 함수가 되며 반공진점을 제외한 모든 점에서 항상 $\frac{dX(\omega)}{d\omega} > 0$ 가 성립한다. $Y(\omega)$의 경우는 $Z(\omega)$의 역수이므로 단조 감소 함수이다.
답 ④

78 다음 회로에서 부하 R_L에 최대 전력이 공급될 때의 값이 5[W]라고 할 때 $R_L + R_i$의 값은 몇 [Ω]인가? 단, R_i는 전원의 내부저항이다.

① 5
② 10
③ 15
④ 20

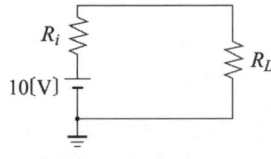

풀이 최대공급전력 $P_m = \frac{V^2}{4R_L}[W]$이므로
$5 = \frac{10^2}{4R_L}$에서 $R_L = \frac{10^2}{4\times 5} = 5[\Omega]$이 된다.

최대전력전송조건은 $R_i = R_L$이므로
$R_L + R_i = 5+5 = 10[\Omega]$이 된다.
답 ②

79 그림과 같은 회로에서 선형 저항 3[Ω] 양단의 전압은 몇 [V]인가?

① 4.5
② 3
③ 2.5
④ 2

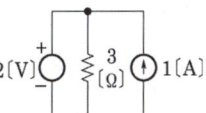

풀이 중첩의 정리에 의해
- 2[V] 전압원에 의해 3[Ω]에 인가되는 전압 : 2[V] (이때 전류원 1[A]는 개방)
- 1[A] 전류원에 의해 3[Ω]에 인가되는 전압 : 0[V] (이때 전압원은 단락 시키므로 0[V])
답 ④

80 그림과 같은 톱니파형의 실효값은?

① $\frac{A}{\sqrt{3}}$
② $\frac{A}{\sqrt{2}}$
③ $\frac{A}{3}$
④ $\frac{A}{2}$

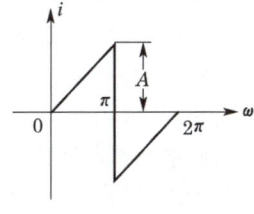

풀이
$$I = \sqrt{\frac{1}{\pi}\int_0^\pi i^2 d(\omega t)} = \sqrt{\frac{1}{\pi}\int_0^\pi \left(\frac{A}{\pi}\omega t\right)^2 d(\omega t)}$$
$$= \sqrt{\frac{A^2}{\pi^3}\cdot\frac{1}{3}[(\omega t)^3]_0^\pi} = \frac{A}{\sqrt{3}}$$
답 ①

5과목 - 전기설비기술기준

81 지선을 사용하여 그 강도를 분담시켜서는 아니 되는 가공전선로의 지지물은?

① 목주   ② 철주
③ 철근 콘크리트주   ④ 철탑

풀이 331.11 지선의 시설
가공전선로의 지지물로 사용하는 **철탑은 지선을 사용하여 그 강도를 분담시켜서는 안 된다.**
답 ④

82 지중전선로를 직접 매설식에 의하여 시설하는 경우에 그 매설 깊이를 차량 기타 중량물의 압력을 받을 우려가 없는 장소에 몇 [cm] 이상으로 하면 되는가?

① 40[cm] ② 60[cm]
③ 80[cm] ④ 120[cm]

풀이 334.1 지중전선로의 시설
가. 지중 전선로는 전선에 케이블을 사용하고 또한 관로식·암거식 또는 직접 매설식에 의하여 시설하여야 한다.
나. 지중 전선로를 직접 매설식에 의하여 시설하는 경우에는 매설 깊이는
① 차량 기타 중량물의 압력을 받을 우려가 있는 장소 : 1.0[m] 이상
② 기타 장소 : 0.6[m] 이상   **답** ②

83 다음 중 옥내에 시설하는 저압전선으로 나전선을 사용하여서는 안 되는 경우는?

① 애자공사에 의하여 전개된 곳에 시설하는 전기로용 전선
② 이동기중기에 전기를 공급하기 위하여 사용하는 접촉전선
③ 합성수지몰드공사에 의하여 시설하는 경우
④ 버스덕트공사에 의하여 시설하는 경우

풀이 231.4 나전선의 사용 제한
옥내에 시설하는 저압전선에는 나전선을 사용하여서는 아니 된다. 다만, 다음중 어느 하나에 해당하는 경우에는 그러하지 아니하다.
가. 애자공사에 의하여 전개된 곳에 다음의 전선을 시설하는 경우
 ① 전기로용 전선
 ② 전선의 피복 절연물이 부식하는 장소에 시설하는 전선
나. 버스덕트공사에 의하여 시설하는 경우
다. 라이팅덕트공사에 의하여 시설하는 경우
라. 접촉 전선을 시설하는 경우   **답** ③

84 다음 중 저압 접촉전선을 절연 트롤리 공사에 의하여 시설하는 경우에 대한 기준으로 옳지 않은 것은?

① 절연 트롤리선은 사람이 쉽게 접촉할 우려가 없도록 시설할 것
② 절연 트롤리선의 개구부는 아래 또는 옆으로 향하여 시설할 것
③ 절연 트롤리선의 끝부분은 충전부분이 노출되는 구조일 것
④ 절연 트롤리선은 각 지지점에서 견고하게 시설하는 것 이외에 그 양쪽 끝을 내장 인류장치에 의하여 견고하게 인류할 것

풀이 232.81 옥내에 시설하는 저압 접촉전선 배선
저압 접촉전선을 절연 트롤리 공사에 의하여 시설하는 경우에는 다음에 따라 시설하여야 한다.
가. 절연 트롤리선은 사람이 쉽게 접할 우려가 없도록 시설할 것
나. 절연 트롤리선의 도체는 지름 6[mm]의 경동선 또는 이와 동등 이상의 세기의 것으로서 단면적이 28[mm^2] 이상의 것일 것
다. 절연 트롤리선의 개구부는 아래 또는 옆으로 향하여 시설할 것
라. 절연 트롤리선의 끝 부분은 충전부분이 노출되지 아니하는 구조의 것일 것
마. 절연 트롤리선은 각 지지점에서 견고하게 시설하는 것 이외에 그 양쪽 끝을 내장 인류장치에 의하여 견고하게 인류할 것   **답** ③

85 진열장 안의 사용전압이 400[V] 이하인 저압 옥내배선으로 외부에서 보기 쉬운 곳에 한하여 시설할 수 있는 전선은? 단, 진열장은 건조한 곳에 시설하고 또한 진열장 내부를 건조한 상태로 사용하는 경우이다.

① 단면적이 0.75[mm^2] 이상인 나전선 또는 캡타이어 케이블
② 단면적이 1.25[mm^2] 이상인 코드 또는 줄연전선
③ 단면적이 0.75[mm^2] 이상인 코드 또는 캡타이어 케이블
④ 단면적이 1.25[mm^2] 이상인 나전선 또는 다심형 전선

풀이 234.8 진열장 또는 이와 유사한 것의 내부 배선
가. 사용전압 : 400[V] 이하
나. 전선의 굵기 : 단면적 0.75[mm^2] 이상
다. 전선의 종류 : 코드 또는 캡타이어 케이블   **답** ③

86 다음 중 전로의 중성점 접지의 목적으로 거리가 먼 것은?

① 대지전압의 저하
② 이상전압의 억제
③ 손실전력의 감소
④ 보호장치의 확실한 동작확보

풀이 322.5 전로의 중성점의 접지
① 보호 장치의 확실한 동작의 확보
② 이상 전압의 억제
③ 대지전압의 저하
를 위하여 전로의 중성점에 접지공사를 한다. **답** ③

87 고압가공전선이 가공약전류 전선 등과 접근하는 경우는 고압가공전선과 가공약전류 전선 등 사이의 이격거리는 몇 [cm] 이상이어야 하는가? 단, 전선이 케이블인 경우다.

① 15[cm]　② 30[cm]
③ 40[cm]　④ 80[cm]

풀이 332.13 고압 가공전선과 가공약전류전선 등의 접근 또는 교차
222.13 저압 가공전선과 가공약전류전선 등의 접근 또는 교차
저압 가공전선 또는 고압 가공전선이 가공약전류전선 또는 가공 광섬유 케이블과 접근상태로 시설되는 경우에는 다음에 따라야 한다.
가. 고압 가공전선은 고압 보안공사에 의할 것.
나. 저·고압 가공전선과 가공약전류 전선과의 이격거리는 표에서 정한 값 이상일 것.

가공 약전류 전선	저압가공전선		고압가공전선	
	저압 절연 전선	고압 절연전선 또는 케이블	절연 전선	케이블
일반적인 경우	0.6[m]	0.3[m]	0.8[m]	0.4[m]
절연전선 또는 통신 용 케이블인 경우	0.3[m]	0.15[m]		

다. 가공전선과 약전류전선로 등의 지지물 사이의 이격거리는 저압은 0.3[m] 이상, 고압은 0.6[m] (전선이 케이블인 경우에는 0.3[m]) 이상일 것. **답** ③

88 다음 중 파이프라인 등에 발열선을 시설하는 기준에 대한 설명으로 옳지 않은 것은?

① 발열선에 전기를 공급하는 전로의 사용전압은 400[V] 이하일 것
② 발열선은 사람이 접촉할 우려가 없고 또한 손상을 받을 우려가 없도록 시설할 것
③ 발열선은 그 온도가 피 가열 액체에 발화 온도의 90[%]를 넘지 않도록 시설할 것
④ 발열선 또는 발열선에 직접 접속하는 전선의 피복에 사용하는 금속체·파이프라인 등에는 접지공사를 할 것

풀이 241.11 파이프라인 등의 전열장치
가. 파이프라인 등의 전열장치 중 발열선을 파이프라인 등 자체에 고정하여 시설하는 경우 발열선에 전기를 공급하는 전로의 사용전압은 400[V] 이하로 하여야 한다.
나. 직접 가열장치에 전기를 공급하기 위해 전용의 절연변압기를 사용하고 또한 그 변압기의 부하측 전로는 접지해서는 안 된다.
다. 직접 가열장치에 있어서 발열체는 그 온도가 피 가열 액체의 발화 온도의 80[%]를 넘지 아니하도록 시설할 것.
라. 파이프라인 등의 전열장치에 시설하는 경우에는 접지공사를 하여야 한다. **답** ③

89 가공전선로의 지지물에 시설하는 통신선 또는 이에 직접 접속하는 가공 통신선의 높이는 철도 또는 궤도를 횡단하는 경우에 레일면 상 몇 [m] 이상으로 하여야 하는가?

① 3.5[m]　② 4.5[m]
③ 5.5[m]　④ 6.5[m]

풀이 362.2 전력보안통신선의 시설 높이와 이격거리
가공전선로의 지지물에 시설하는 통신선 또는 이에 직접 접속하는 가공 통신선의 높이는 다음에 따라야 한다.

시설 장소		가공전선로의 지지물에 시설	
		고·저압[m]	특고압[m]
도로횡단	일반적인 경우	6[m] 이상	6[m] 이상
	교통에 지장을 안 주는 경우	5[m] 이상	
철도 횡단(레일면상)		6.5[m] 이상	6.5[m] 이상
횡단 보도교 위	노면상	3.5[m] 이상	5[m] 이상
	절연전선 사용	3[m] 이상	
	광섬유 케이블 사용		4[m] 이상
기타의 장소	일반적인 경우 (절연전선 사용)	4[m] 이상	5[m] 이상
	광섬유 케이블 사용	3.5[m] 이상	

답 ④

90 유도장해를 방지하기 위하여 사용전압이 60[kV] 이하인 가공전선로의 유도전류는 전화선로의 길이 12[km]마다 몇 [μA]를 넘지 않도록 하여야 하는가?

① 1[μA]   ② 2[μA]
③ 3[μA]   ④ 4[μA]

풀이 333.2 유도장해의 방지
가. 사용전압이 60[kV] 이하인 경우에는 전화선로의 길이 12[km]마다 유도전류가 2[μA]를 넘지 아니하도록 할 것.
나. 사용전압이 60[kV]를 초과하는 경우에는 전화선로의 길이 40[km]마다 유도전류가 3[μA]을 넘지 아니하도록 할 것.
다. 특고압 가공전선로는 기설 통신선로에 대하여 상시 정전 유도작용에 의하여 통신상의 장해를 주지 아니하도록 시설하여야 한다.   **답** ②

91 다음 ( )안에 알맞은 것은?

> 저압 옥내배선은 단면적 ( )의 연동선 이어야 한다.

① 4.0[mm²]   ② 2.5[mm²]
③ 1.5[mm²]   ④ 0.75[mm²]

풀이 231.3 저압 옥내배선의 사용전선
가. 저압 옥내배선의 전선 : **단면적 2.5[mm²] 이상의 연동선**
나. 옥내배선의 사용 전압이 400[V] 이하인 경우는 다음에 의하여 시설할 수 있다.
① 전광표시 장치 또는 제어 회로
 • 단면적 1.5[mm²] 이상의 연동선
 • 단면적 0.75[mm²] 이상인 다심케이블 또는 다심 캡타이어 케이블을 사용하고 또한 과전류가 생겼을 때 자동적으로 전로에서 차단하는 장치를 시설
② 진열장 또는 이와 유사한 것의 내부 배선 : 단면적 0.75[mm²] 이상인 코드 또는 캡타이어케이블
답 ②

92 금속제 외함을 가진 저압의 기계기구로서 사람이 쉽게 접촉할 우려가 있는 곳에 시설하는 경우 전로에 지락이 생겼을 때 사용전압이 최소 몇 [V]를 초과하는 경우에 자동적으로 전로를 차단하는 장치를 시설하여야 하는가?

① 40[V]   ② 50[V]
③ 90[V]   ④ 120[V]

풀이 211.2.3 누전차단기의 시설
전원의 자동차단에 의한 저압전로의 보호대책으로 누전차단기를 시설해야할 대상은 다음과 같다.
가. 금속제 외함을 가지는 **사용전압이 50[V]를 초과하는 저압의 기계 기구**로서 사람이 쉽게 접촉할 우려가 있는 곳에 시설하는 것에 전기를 공급하는 전로.
나. 주택의 인입구 등 다른 절에서 누전차단기 설치를 요구하는 전로
다. 특고압전로, 고압전로 또는 저압전로와 변압기에 의하여 결합되는 사용전압 400[V] 초과의 저압전로.   **답** ②

93 전기설비기술기준상 전력계통의 운용에 관한 지시 및 급전조작을 하는 곳으로 정의되는 것은?

① 상황실   ② 급전소
③ 발전소   ④ 지령실

풀이 급전소 : 전력계통의 운용에 관한 지시를 하는 곳   **답** ②

94 갑종 풍압하중을 계산할 때 강관에 의하여 구성된 철탑에서 구성재의 수직투영면적 1[m²]에 대한 풍압하중은 몇 [Pa]를 기초로 하여 계산한 것인가? 단, 단주는 제외한다.

① 588[Pa]   ② 1117[Pa]
③ 1255[Pa]   ④ 2157[Pa]

풀이 331.6 풍압하중의 종별과 적용

풍압을 받는 구분		풍압[Pa]
철탑	단주 (완철류는 제외함) 원형의 것	588[Pa]
	단주 (완철류는 제외함) 기타의 것	1,117[Pa]
	강관에 의하여 구성 (단주는 제외함)	1,255[Pa]
	기타의 것	2,157[Pa]

답 ③

95 터널 등에 시설하는 사용전압이 220[V]인 저압의 전구선으로 300/300[V] 편조 고무 코드를 사용하는 경우 단면적은 몇 [mm²] 이상이어야 하는가?

① 0.5[mm²]   ② 0.75[mm²]
③ 1.0[mm²]   ④ 1.5[mm²]

풀이 242.7.2 터널 등의 전구선 또는 이동전선 등의 시설
터널 등에 시설하는 사용전압이 400[V] 이하인 저압의 전구선 또는 이동전선은 다음과 같이 시설하여야 한다.
가. **전구선은 단면적 0.75[mm^2] 이상의 300/300[V] 편조 고무코드 또는 0.6/1[kV] EP 고무 절연 클로로프렌 캡타이어 케이블일 것.**
나. 이동전선은 300/300[V] 편조 고무코드, 비닐 코드 또는 캡타이어 케이블일 것. **답** ②

96 다음 중 고압 옥내배선의 시설로서 알맞은 것은?
① 케이블트레이공사
② 금속관공사
③ 합성수지관공사
④ 금속제 가요전선관공사

풀이 342.1 고압 옥내배선 등의 시설
가. 고압 옥내배선은 다음에 따라 시설하여야 한다.
  ① **애자공사**(건조한 장소로서 전개된 장소에 한한다)
  ② **케이블공사**
  ③ **케이블트레이공사**
나. 전선은 공칭단면적 6[mm^2] 이상의 연동선 **답** ①

> 출제기준 변경 및 개정된 관계 법규에 따라 삭제된 문제가 있어 20문항이 안됩니다.

2008년 2회

1과목 - 전기자기

01 그림과 같은 유한장 직선 도체 AB에 전류 I가 흐를 때 임의의 점 P의 자계의 세기는? 단, a는 P와 AB 사이의 거리, θ_1, θ_2 : P에서 도체 AB에 내린 수직선과 AP, BP가 이루는 각이다.

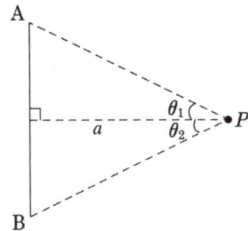

① $\dfrac{I}{4\pi a}(\sin\theta_1 + \sin\theta_2)$ ② $\dfrac{I}{4\pi a}(\cos\theta_1 - \cos\theta_2)$

③ $\dfrac{I}{4\pi a}(\sin\theta_1 - \sin\theta_2)$ ④ $\dfrac{I}{4\pi a}(\cos\theta_1 + \cos\theta_2)$

풀이

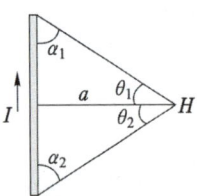

유한 직선 전류에 의한 자계의 세기

$H = \dfrac{I}{4\pi a}(\sin\theta_1 + \sin\theta_2) = \dfrac{I}{4a}(\cos\alpha_1 + \cos\alpha_2)$

답 ①

02 전자파의 에너지 전달방향은?

① 전계 E 의 방향과 같다.
② 자계 H 의 방향과 같다.
③ $E \times H$ 의 방향과 같다.
④ $\nabla \times E$ 의 방향과 같다.

풀이 전자파의 특징 : 전계 E_x (전파, electric wave)와 자계 H_y (자파, magnetic wave)는 서로 90°로써 직교하며, 같은 위상(동상)으로 진행하고 있는 것을 알 수 있다. 또한, 전파와 자파는 항상 공존하기 때문에 전자파 (electromagnetic wave)라고 하며 그 특징은 다음과 같다.

① 전계와 자계는 공존하면서 상호 직각 방향으로 진동을 한다.
② 진공 또는 완전유전체에서 전계와 자계의 파동의 위상차는 없다.
③ 전자파 전달 방향은 $E \times H$ 방향이다.
④ 전자파 전달 방향의 E, H 성분은 없다.
⑤ 전계 E 와 자계 H 의 비는 $\dfrac{E_x}{H_y} = \sqrt{\dfrac{\mu}{\epsilon}}$
⑥ 자유공간인 경우 동일 전원에서 나오는 전파는 자파 보다 377배($E = 377H$)로 매우 크기 때문에 전자파를 간단히 전파(electric wave)라고도 한다.

답 ③

03 그림과 같이 비투자율 μ_s 가 800, 원형단면적 S 가 10[cm²], 평균 자로의 길이 l 이 30[cm]인 환상철심에 코일을 600회 감아 1[A]의 전류를 흘릴 때 철심내 자속은 약 몇 [Wb]인가?

① 1.51×10^{-1}
② 2.01×10^{-1}
③ 1.51×10^{-2}
④ 2.01×10^{-3}

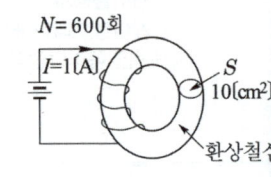

풀이 환상 솔레노이드의 내부 자속

$\phi = BS = \mu H \cdot S = \mu \cdot \dfrac{NI}{2\pi r} \cdot S = \dfrac{\mu_o \mu_s NIS}{l}$ 에서

$\phi = \dfrac{\mu_0 \mu_s NIS}{l}$

$= \dfrac{4\pi \times 10^{-7} \times 800 \times 600 \times 1 \times 10 \times 10^{-4}}{0.3}$

$\fallingdotseq 2.01 \times 10^{-3}$[Wb] 가 된다.

답 ④

04 다음 중 정전계에 대한 설명으로 가장 알맞은 것은?

① 전계 에너지와 무관한 전하분포의 전계이다.
② 전계 에너지가 최소로 되는 전하분포의 전계이다.
③ 전계 에너지가 최대로 되는 전하분포의 전계이다.
④ 전계 에너지를 일정하게 유지하는 전하분포의 전계이다.

- 전계 (전기장, 전장) : 전기력이 미치는 공간
- 정전계 : 전계 에너지가 최소로 되는 전하 분포의 전계 **답** ②

05 반지름이 2[m], 권수가 100회인 원형코일의 중심에 30[AT/m]의 자계를 발생시키려면 몇 [A]의 전류를 흘려야 하는가?

① 1.2[A]   ② 1.5[A]
③ $\frac{150}{\pi}$[A]   ④ 150[A]

풀이 원형 코일 중심의 자계의 세기는
$H = \frac{NI}{2a}$[AT/m]에서 전류를 구하면
$I = \frac{H \times 2a}{N} = \frac{30 \times 2 \times 2}{100} = 1.2$[A]가 된다.   **답** ①

06 시간적으로 변화하지 않는 보존적인 전계가 비회전성(非回轉性)이라는 의미를 나타낸 식은?

① $\nabla \cdot E = 0$ ② $\nabla \cdot E = \infty$
③ $\nabla \times E = 0$ ④ $\nabla^2 E = 0$

풀이 정전계의 보존적인 조건
- 적분형 : $\oint_c E \cdot dl = 0$, 정전계에서 전위는 위치만으로 결정되므로 전계내에서 폐회로를 따라 전하를 일주시킬 때 하는 일은 0이다.
- 미분형 : rot $E = \nabla \times E = 0$(비회전성), 전기력선은 그 자신만으로 폐곡선이 되는 일은 없다.   **답** ③

07 다음 중 (㉠), (㉡) 안에 들어갈 내용으로 알맞은 것은?

"맥스웰은 전극간의 유전체를 통하여 흐르는 전류를 (㉠)라 하고, 이것도 (㉡)를 발생한다고 가정하였다."

① ㉠ 와전류 ㉡ 자계
② ㉠ 변위전류 ㉡ 자계
③ ㉠ 전자전류 ㉡ 전계
④ ㉠ 파동전류 ㉡ 전계

풀이
- 전도 전류 : 도체에 전장(기전력)을 가할 때 흐르는 전류 $J_c = \sigma E$

- 변위전류 : 유전체(공기) 내에서 전속밀도의 시간적 변화에 의한 전류 $J_d = \frac{dD}{dt}$
- 변위전류도 전도 전류와 같이 자계를 발생시킨다.   **답** ②

08 반지름 2[m]인 구도체에 전하 10×10^{-4}[C]이 주어질 때 구도체 표면에 작용하는 정전 응력은 약 몇 [N/m²]인가?

① 22.4[N/m²]   ② 26.6[N/m²]
③ 30.8[N/m²]   ④ 32.2[N/m²]

풀이 구도체 표면의 전계의 세기 $E = \frac{Q}{4\pi\epsilon_0 a^2}$
따라서 구도체 표면에 작용하는 정전응력은
$f = \frac{1}{2}\epsilon_0 E^2 = \frac{1}{2}\epsilon_0 \left(\frac{Q}{4\pi\epsilon_0 a^2}\right)^2 = \frac{Q^2}{32\pi^2\epsilon_0 a^4}$ [N/m²]
$\therefore f = \frac{(10 \times 10^{-4})^2}{32\pi^2 \times 8.855 \times 10^{-12} \times 2^4}$
$= 22.4$[N/m²] 가 된다.   **답** ①

09 자성체의 스핀(spin) 배열 상태를 표시한 것 중 상자성체의 스핀의 배열 상태를 표시한 것은? 단, ⌽ 표시는 스핀 자기(磁氣) 모멘트의 크기와 방향을 표시한 것임.

풀이 자성체의 특징

자성체의 종류	투자율	비투자율	비자화율
강자성체	$\mu \gg \mu_0$	$\mu_r \gg 1$	$\chi_m \gg 1$
상자성체	$\mu > \mu_0$	$\mu_r > 1$	$\chi_m > 0$
반자성체	$\mu < \mu_0$	$\mu_r < 1$	$\chi_m < 0$
반강자성체			

자성체의 종류	자기 모멘트의 크기와 배열	종 류
강자성체	↑↑↑↑↑↑↑↑↑	철(Fe), 니켈(Ni), 코발트(Co)
상자성체	(무질서 배열)	백금(Pt), 알루미늄(Al), 산소(O_2)
반자성체	↑↓↑↓↑↓↑↓↑	은(Ag), 구리(Cu), 비스무트(Bi), 물(H_2O)
반강자성체	↑↓↑↓↑↓↑↓↑	

답 ①

10 반지름 a[m]인 접지 도체구 중심으로부터 d[m] ($>a$)인 곳에 점전하 Q[C]이 있으면 구도체에 유기되는 전하량은 몇 [C]인가?

① $-\dfrac{a}{d}Q$ ② $+\dfrac{a}{d^2}Q$

③ $-\dfrac{d}{a}Q$ ④ $+\dfrac{d^2}{a}Q$

풀이 점 P'의 영상 전하는 도체에 유기되는 전하를 대표할 수 있으므로 그 값은 $Q'=-\dfrac{a}{d}Q$[C]이고(실제로 유기된 구도체상의 전하밀도는 불균일) 중심으로부터의 거리 $\overline{OP'}=\dfrac{a^2}{d}$[m]이다.

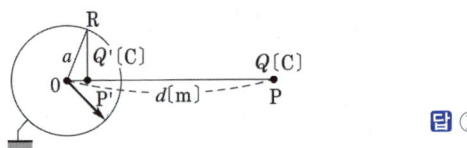

답 ①

11 전기력선 밀도를 이용하여 주로 대칭 정전계의 세기를 구하기 위하여 이용되는 법칙은?

① 패러데이의 법칙   ② 가우스의 법칙
③ 쿨롱의 법칙   ④ 톰슨의 법칙

풀이 ① 패러데이 법칙 : 전자유도 법칙에 의한 기전력
② 가우스의 법칙 : 전계의 세기
③ 쿨롱의 법칙 : 전하들간에 작용하는 힘
④ 톰슨의 법칙 : 전계의 최소 에너지

답 ②

12 다음 벡터장 중에서 정전계에 해당되는 것은 어느 것인가?

① $E = yZ\,a_x + 3x\,a_y$
② $E = -3a_y + 5a_z$
③ $E = \rho a_\phi$
④ $E = \left(\dfrac{10^{-8}}{r^3}\cos\theta\right)a_r + \left(\dfrac{10^{-8}}{r^3}\sin\theta\right)a_\theta$

풀이 • 정전계의 조건 : 비회전계($\nabla \times E = 0$)
• 정자계의 조건 : 회전계($\nabla \times E \neq 0$)
정전계의 조건은 $\nabla \times E = 0$(비회전계)를 만족해야 하며, 벡터 E의 미분 연산이므로 각 성분이 상수인 ②가 $\nabla \times E = 0$이 된다.

답 ②

13 다음 중 정전기와 자기의 유사점 비교로 옳지 않은 것은?

① $\oint_c E \cdot dl = V$ 와 $\oint_c H \cdot dl = NI$
② $E = -\text{grad}\,V$ 와 $B = \text{curl}\,A$
③ $\text{div}\,D = \rho_{ev}$ 와 $\text{div}\,B = \rho_{mv}$
④ $\nabla^2 V = -\dfrac{\rho_v}{\epsilon_o}$ 와 $\nabla^2 A = -\mu_o i$

풀이 $\text{div}\,B = 0$: 고립된 자극은 존재하지 않으므로 연속이 되고 자속의 발산은 없다.

답 ③

14 전송회로에서 무손실인 경우 $L = 360$[mH], $C = 0.01$[μF]일 때 특성 임피던스는 몇 [Ω]인가?

① $\dfrac{1}{6} \times 10^{-3}$[$\Omega$]   ② 3.6×10^7[Ω]

② $\dfrac{1}{36} \times 10^{-6}$[$\Omega$]   ④ 6×10^3[Ω]

풀이 선로의 특성 임피던스 $Z_0 = \sqrt{\dfrac{R+j\omega L}{G+j\omega C}}$[$\Omega$]

주파수가 충분히 높은 무손실 회로에서는 $R = 0$, $G = 0$로 볼 수 있으므로 $Z_0 = \sqrt{\dfrac{L}{C}}$ 로 나타내어진다

$\therefore Z_0 = \sqrt{\dfrac{360 \times 10^{-3}}{0.01 \times 10^{-6}}} = 6 \times 10^3$[$\Omega$]

답 ④

15 100[mH]의 자기 인덕턴스를 가진 코일에 10[A]의 전류를 통할 때 축적되는 에너지는 몇 [J]인가?

① 1[J] ② 5[J]
③ 50[J] ④ 1000[J]

풀이 자기에너지
$$W = \frac{1}{2}LI^2 = \frac{1}{2} \times 100 \times 10^{-3} \times 10^2 = 5[J]$$
답 ②

16 히스테리시스 곡선이 횡축과 만나는 점은 무엇을 나타내는가?

① 투자율 ② 잔류 자속밀도
③ 자력선 ④ 보자력

풀이 종축과 만나는 점은 잔류 자기(잔류 자속밀도(B_r))이고, 횡축과 만나는 점은 보자력(H_c)을 표시한다. **답** ④

17 정전용량이 $C_0[\mu F]$인 평행판 공기 콘덴서의 판면적의 2/3에 비유전율 ϵ_s인 에보나이트 판을 그림과 같이 삽입하는 경우 콘덴서의 정전용량[μF]은?

① $\dfrac{2\epsilon_s}{3}C_0$

② $\dfrac{3}{1+2\epsilon_s}C_0$

③ $\dfrac{(1+\epsilon_s)}{3}C_0$

④ $\dfrac{(1+2\epsilon_s)}{3}C_0$

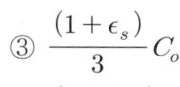

풀이 ① 평행판 콘덴서의 정전용량
$$C = \frac{\epsilon_0 \epsilon_s A}{d}[F]$$에서
- 에보나이트 판으로 채워지지 않은 부분의 정전용량 $C_1 = \dfrac{1}{3}C_0$
- 에보나이트 판으로 채워진 부분의 정전용량 $C_2 = \dfrac{2}{3}\epsilon_s C_0$

② C_1과 C_2는 병렬접속이므로
$$\therefore C = C_1 + C_2 = \frac{1}{3}C_0 + \frac{2}{3}\epsilon_s C_0$$
$$= \frac{(1+2\epsilon_s)}{3}C_0[\mu F]$$
답 ④

18 공기 중에서 1[V/m]의 전계를 1[A/m²]의 변위전류로 흐르게 하려면 주파수는 몇 [MHz]가 되어야 하는가?

① 1500[MHz] ② 1800[MHz]
③ 15000[MHz] ④ 18000[MHz]

풀이 변위전류 $i_d = \omega \epsilon E$에서 $\omega = \dfrac{i_d}{\epsilon E}$

$$\therefore f = \frac{i_d}{2\pi \epsilon E} = \frac{1}{2\pi \times \epsilon_0 \times \epsilon_s \times 1}$$
$$= \frac{1}{2\pi \times 8.855 \times 10^{-12} \times 1 \times 1}$$
$$\fallingdotseq 18 \times 10^9 [Hz] = 18000[MHz]$$
답 ④

19 두 종류의 유전체 경계면에서 전속과 전기력선이 경계면에 수직으로 도달할 때 다음 중 옳지 않은 것은?

① 전속과 전기력선은 굴절하지 않는다.
② 전속밀도는 변하지 않는다.
③ 전계의 세기는 불연속적으로 변한다.
④ 전속선은 유전율이 작은 유전체 중으로 모이려는 성질이 있다.

풀이 경계 조건
- 전속밀도의 법선성분(수직 성분)이 같다. ($D_1 \cos\theta_1 = D_2 \cos\theta_2$)
- 전계는 접선성분(평행 성분)이 같다. ($E_1 \sin\theta_1 = E_2 \sin\theta_2$)
- 두 경계면에서의 전위는 서로 같다. ($V_1 = V_2$)
- $\epsilon_1 > \epsilon_2$이면, $\theta_1 > \theta_2$이다.
- 전속선은 유전율이 큰 유전체 쪽으로 모이려는 성질이 있다. **답** ④

20 두 자성체의 경계면에서 경계조건을 설명한 것 중 옳은 것은?

① 자계의 법선성분은 서로 같다.
② 자계와 자속밀도의 대수합은 항상 0이다.
③ 자속밀도의 법선성분은 서로 같다.
④ 자계와 자속밀도의 대수합은 ∞이다.

풀이
- 자계의 접선성분이 같다. $H_1 \sin\theta_1 = H_2 \sin\theta_2$
- 자속밀도의 법선성분이 같다.

$B_1 \cos\theta_1 = B_2 \cos\theta_2$
- 경계면상의 두 점 간의 자위차는 같다.
- 자속은 투자율이 높은 쪽으로 모이려는 성질이 있다.

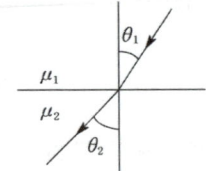

답 ③

2과목 - 전력공학

21 수차에서 캐비테이션에 의한 결과로 옳지 않은 것은?

① 유수에 접한 러너나 버킷 등에 침식이 발생한다.
② 수차에 진동을 일으켜서 소음이 발생한다.
③ 흡출관 입구에서 수압의 변동이 현저해진다.
④ 토출측에서 물이 역류하는 현상이 발생한다.

풀이 캐비테이션의 장해
① 수차의 효율, 출력, 낙차의 저하
② 유수에 접한 러너나 버킷 등에 침식 발생
③ 수차의 진동으로 소음 발생
④ 흡출관 입구에서 수압의 변동이 심함

답 ④

22 교류송전에서는 송전거리가 멀어질수록 동일전압에서의 송전 가능전력이 적어진다. 다음 중 그 이유로 가장 알맞은 것은?

① 선로의 어드미턴스가 커지기 때문이다.
② 선로의 유도성 리액턴스가 커지기 때문이다.
③ 코로나 손실이 증가하기 때문이다.
④ 표피효과가 커지기 때문이다.

풀이 • 교류 송전선로에서 송전거리가 멀어지면 선로 정수가 모두 증가한다. 그러나 초고압 장거리 송전선로에서는 저항과 정전용량은 유도성 리액턴스에 비해서 적으므로 그다지 크게 영향을 미치지 못한다.
• $P = \dfrac{E_S E_R}{X} \sin\delta$ 에서와 같이 선로의 유도 리액턴스가 커지기 때문에 송전 가능 전력은 적어진다.

답 ②

23 역률 80[%]인 10,000[kVA]의 부하를 갖는 변전소에 2000[kVA]의 콘덴서를 설치해서 역률을 개선하면 변압기에 걸리는 부하[kVA]는 대략 얼마쯤 되겠는가?

① 8000[kVA] ② 8500[kVA]
③ 9000[kVA] ④ 9500[kVA]

풀이

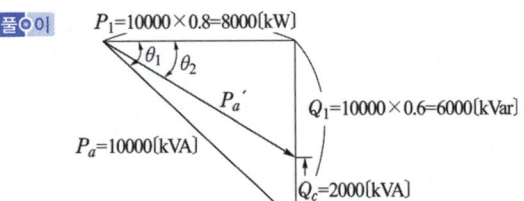

변압기에 걸리는 부하 P_a'는
$P_a' = \sqrt{P_1^2 + (Q_1 - Q_c)^2}$
$= \sqrt{8000^2 + (6000 - 2000)^2}$
$= 8944.27 \text{[kVA]}$

답 ③

24 다음 중 3상용 차단기의 정격차단용량으로 옳은 것은?

① 정격전압 × 정격차단전류
② $\sqrt{3}$ × 정격전압 × 정격차단전류
③ 3 × 정격전압 × 정격차단전류
④ $3\sqrt{3}$ × 정격전압 × 정격차단전류

풀이 $P_s = \sqrt{3} V_n I_s$
$= \sqrt{3}$ × 정격전압 × 정격차단전류

답 ②

25 전선의 지지점 높이가 31[m]이고, 전선의 이도가 9[m]라면 전선의 평균 높이는 몇 [m]가 타당한가?

① 25.0[m] ② 26.5[m]
③ 28.5[m] ④ 30.0[m]

풀이 $h = h' - \dfrac{2}{3}D = 31 - \dfrac{2}{3} \times 9 = 25[m]$

단, h : 전선의 평균 높이
h' : 지지점의 높이
D : 이도 **답** ①

26 직접 접지방식이 초고압 송전선에 채용되는 이유 중 가장 타당한 것은?

① 지락고장 시 병행 통신선에 유기되는 유도전압이 작기 때문에
② 지락 시의 지락전류가 적으므로
③ 계통의 절연을 낮게 할 수 있으므로
④ 송전선의 안정도가 높으므로

풀이 직접 접지방식은 타 접지방식에 비해 지락사고시 건전상의 전위상승이 가장 낮으므로 송전계통의 절연레벨을 저감시킬 수 있다. 따라서 절연비가 커지는 초고압 송전계통에서는 직접 접지방식이 가장 경제적이다. **답** ③

27 다음 그림은 카르노 사이클(carnot cycle)을 표현한 것이다. 단열팽창에 해당되는 구간은? 단, P는 압력이고 V는 부피이다.

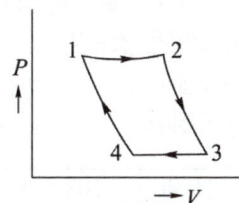

① $1 \to 2$ ② $2 \to 3$
③ $3 \to 4$ ④ $4 \to 10$

풀이 카르노 사이클(Carnot cycle)
두 개의 등온 변화와 두 개의 단열 변화로 이루어지며, 가장 효율이 좋은 이상적인 사이클

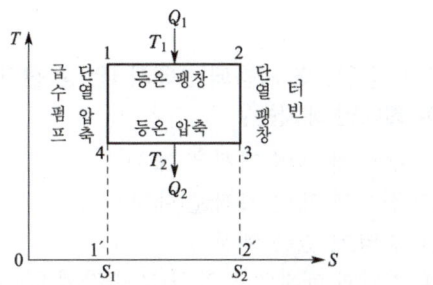

답 ②

28 정정된 값 이상의 전류가 흘렀을 때 동작전류의 크기와 관계없이 항시 정해진 시간이 경과한 후에 동작하는 계전기는?

① 순한시 계전기
② 정한시 계전기
③ 반한시 계전기
④ 반한시성 정한시 계전기

풀이 보호계전기 특징
① 순한시 특성 : 최소 동작전류 이상의 전류가 흐르면 즉시 동작하는 특성
② 반한시 특성 : 동작전류가 커질수록 동작시간이 짧게 되는 특성
③ 정한시 특성 : 동작전류의 크기에 관계없이 일정한 시간에 동작하는 특성
④ 반한시 정한시 특성 : 동작전류가 적은 동안에는 동작전류가 커질수록 동작시간이 짧게 되고 어떤 전류 이상이면 동작전류의 크기에 관계없이 일정한 시간에 동작하는 특성 **답** ②

29 다음 중 피뢰기를 가장 적절하게 설명한 것은?

① 동요전압의 파두, 파미의 파형의 준도를 저감하는 것
② 이상전압이 내습하였을 때 방전에 의한 이상전압을 경감시키는 것
③ 뇌동요 전압의 파고를 저감하는 것
④ 1선 지락할 때 아크를 소멸시키는 것

풀이 전력계통에 뇌서지가 침입하면 피뢰기가 동작하여 뇌서지를 대지로 방전시킴으로서 절연파괴를 방지한다. **답** ②

30 복도체를 사용하면 송전용량이 증가하는 주된 이유로 알맞은 것은?

① 코로나가 발생하지 않는다.
② 선로의 작용인덕턴스가 감소한다.
③ 전압강하가 적어진다.
④ 무효전력이 적어진다.

풀이 복도체를 사용하면 전선의 등가 반지름은 증가하므로 인덕턴스는 감소하고 정전용량은 증가하여 송전용량이 증가하고 안정도를 증대시킨다.
즉, $P = \dfrac{E_S E_R}{X} \sin\delta$에서 리액턴스 X가 감소하므로 송전용량은 증가한다. **답** ②

31 수전단전압이 3300[V]이고, 전압강하율이 4[%]인 송전선의 송전단전압은 몇 [V]인가?

① 3395[V]　　② 3432[V]
③ 3495[V]　　④ 5678[V]

풀이 전압강하율 $\epsilon = \dfrac{e}{V_R} \times 100[\%]$에서
$e = \epsilon \cdot V_R$ 이므로
송전단전압
$V_s = V_R + e = V_R + \epsilon \cdot V_R$
$V_s = 3300 + 0.04 \times 3300 = 3432[V]$가 된다. **답** ②

32 어느 빌딩 부하의 총설비 전력이 400[kW], 수용률이 0.5라 하면 이 빌딩의 변전설비용량은 몇 [kVA]인가? 단, 부하역률은 80%라 한다.

① 180[kVA]　　② 250[kVA]
③ 300[kVA]　　④ 360[kVA]

풀이 변압기 용량 $= \dfrac{\text{설비 용량} \times \text{수용률}}{\text{역률}}$[kVA]
$= \dfrac{400 \times 0.5}{0.8} = 250[\text{kVA}]$ **답** ②

33 차단기의 개폐에 의한 이상전압은 대부분 송전선 대지전압의 몇 배 정도가 최고인가?

① 2배　　② 4배
③ 8배　　④ 10배

풀이 무부하 송전 시는 상규 대지전압의 약 2배 이하가 많고 충전전류를 차단할 경우에는 4배 이하이며 4.5배를 넘는 경우도 있다. **답** ②

34 다음 중 뇌해방지와 관계가 없는 것은?

① 댐퍼　　② 소호각
③ 가공지선　　④ 매설지선

풀이 댐퍼는 선로의 진동 방지에 쓰인다. **답** ①

35 원자력발전에서 제어봉에 사용되는 제어재로 알맞은 것은?

① 하프늄　　② 베릴륨
③ 나트륨　　④ 경수

풀이 제어재는 원자로의 중성자 수를 적당히 유지하고 노의 출력을 제어하기 위해 사용되며 하프늄, 카드뮴, 붕소 등이 사용된다. **답** ①

36 터빈 입구의 엔탈피 815[kcal/kg], 복수의 엔탈피 270[kcal/kg], 유입증기량 300[t/h]일 때 발전기의 출력은 75000[kW]로 된다. 발전기의 효율을 0.98로 한다면 터빈의 열효율은 약 몇 [%]인가?

① 30.3[%]　　② 40.3[%]
③ 50.3[%]　　④ 60.3[%]

풀이 터빈 효율 $\eta_T = \dfrac{860P}{G(i - i_e)\eta_g} \times 100[\%]$
단, P : 터빈 축단 출력[kW]
　　G : 유입 증기량[kg/h]
　　i : 터빈 입구에서의 증기 엔탈피[kcal/kg]
　　i_e : 복수기 진공까지 팽창한 상태에서의 증기 엔탈피[kcal/kg]
　　η_T : 터빈 효율, η_g : 발전기 효율
따라서
$\eta_T = \dfrac{860 \times 75000}{300 \times 10^3 \times (815 - 270) \times 0.98} \times 100$
$= 40.3[\%]$ **답** ②

37 장거리 송전선로의 특성을 정확하게 다루기 위한 회로로 알맞은 것은?

① 분포정수회로　　② 분산부하회로
③ 집중정수회로　　④ 특성 임피던스 회로

풀이

구 분	거 리	선로 정수	회 로
단거리	수[km]	R, L만 고려	집중정수회로로 취급
중거리	수십[km]	R, L, C만 고려	T회로, π회로로 취급
장거리	수백[km]	R, L, C, g 고려	분포정수회로로 취급

38 가공 송전선에 사용되는 애자 1연 중 전압 분담이 최대인 애자는?

① 철탑에 제일 가까운 애자
② 전선에 제일 가까운 애자
③ 중앙에 있는 애자
④ 철탑과 애자연 중앙의 그 중간에 있는 애자

풀이
- 전압 분담 최대 : 전선에 가장 가까운 애자
- 전압 분담 최소 : 철탑에서 1/3 지점에 있는 애자

답 ②

39 배전선로의 전압조정 방법이 아닌 것은?
① 승압기 사용
② 저전압 계전기 사용
③ 병렬 콘덴서 사용
④ 주상 변압기 탭 전환

풀이 배전선의 전압조정 설비
① 주상 변압기의 탭 조정
② 승압기
③ 유도전압조정기
④ 병렬 및 직렬 콘덴서

답 ②

40 동일한 2대의 단상변압기를 V결선 하여 3상 전력을 100[kVA]까지 배전할 수 있다면 똑같은 단상변압기 1대를 추가하여 △결선하게 되면 3상 전력은 약 몇 [kVA] 까지 배전할 수 있겠는가?
① 57.7[kVA]
② 70.5[kVA]
③ 141.5[kVA]
④ 173.2[kVA]

풀이 $P_\triangle = 3P_1 = \sqrt{3} \cdot \sqrt{3} P_1 = \sqrt{3} P_V$ 이므로
∴ $P_\triangle = \sqrt{3} \times 100 = 173.2 [kVA]$

답 ④

3과목 - 전기기기

41 200[kW], 200[V]의 직류분권발전기가 있다. 전기자 권선의 저항이 0.025[Ω]일 때 전압변동률은 몇 [%]인가?
① 6.0
② 12.5
③ 20.5
④ 25.0

풀이 무부하 단자전압 V_0 는
$V_0 = V_n + R_a I_a$
$= 200 + 0.025 \times \frac{200 \times 10^3}{200} = 225[V]$

그러므로 전압변동률 ϵ 은
∴ $\epsilon = \frac{V_0 - V_n}{V_n} \times 100 = \frac{225 - 200}{200} \times 100$
$= 12.5[\%]$

답 ②

42 3상 직권 정류자 전동기의 구조를 설명한 것 중 틀린 것은?
① 고정자에 P극이 될 수 있는 3상 분포권선이 감겨 있다.
② 회전자는 직류기의 전기자와 거의 같다.
③ 정류자 위에 브러시가 전기각 $\frac{2\pi}{3}$ 의 간격으로 배치되어 있다.
④ 중간 변압기를 설치할 때에는 고정자 권선과 병렬로 설치한다.

풀이 3상 직권 정류자 전동기의 고정자 권선과 회전자 권선은 중간 변압기를 거쳐 직렬로 접속되어 있다.

답 ④

43 용량 10[kVA], 철손 120[W], 전부하 동손 200[W]인 단상변압기 2대를 V결선하여 부하를 걸었을 때, 전부하 효율은 약 몇 [%]인가? 단, 부하의 역률은 $\frac{\sqrt{3}}{2}$ 이라 한다.
① 99.2
② 98.3
③ 97.9
④ 95.9

풀이 $\eta = \frac{\sqrt{3} V_2 I_2 \cos\theta_2}{\sqrt{3} V_2 I_2 \cos\theta_2 + 2P_i + 2P_c} \times 100$
$= \frac{\sqrt{3} \times 10 \times \sqrt{3}/2}{\sqrt{3} \times 10 \times \sqrt{3}/2 + 2 \times 0.12 + 2 \times 0.2} \times 100$
$= \frac{15}{15 + 0.24 + 0.4} \times 100 = 95.9[\%]$

답 ④

44 직류분권전동기가 있다. 여기에 전원전압 120[V]를 가했을 때 전기자 전류가 35[A]가 흐르고 회전수는 1300[rpm]이었다. 이때 계자전류 및 부하전류를 일정하게 유지하고 전원전압을 150[V]로 올리면 회전수[rpm]는 약 얼마인가? 단, 전기자저항은 0.4[Ω]이다.
① 1543
② 1668
③ 1625
④ 2031

풀이
- 전원전압 120[V] 인가시 역기전력
  $E_c = V - I_a R_a = 120 - 35 \times 0.4 = 106[V]$
- 전원전압 150[V] 인가시 역기전력
  $E_c' = V' - I_a R_a = 150 - 35 \times 0.4 = 136[V]$
- $E_c = P\phi n \dfrac{Z}{a}$ 에서 $E_c \propto n$ 이므로
  $106 : 136 = 1300 : n'$
  $\therefore n' = \dfrac{136}{106} \times 1300 = 1667.92[rpm]$ **답 ②**

45 동기발전기의 전기자 권선을 단절권으로 하는 가장 좋은 이유는?
① 기전력을 높이는 데 있다.
② 절연이 잘 된다.
③ 효율이 좋아진다.
④ 고조파를 제거해서 기전력을 파형을 좋게 한다.

풀이 단절권의 특징
① 고조파를 제거하여 기전력의 파형개선
② 자기 인덕턴스 감소
③ 동량 절약
④ 유기기전력 감소 **답 ④**

46 임피던스 강하가 5[%]인 변압기가 운전 중 단락 되었을 때 단락전류는 정격전류의 몇 배인가?
① 10 ② 15 ③ 20 ④ 25

풀이 단락전류
$I_{1s} = I_{1n} \dfrac{100}{\%Z} = I_{1n} \times \dfrac{100}{5} = 20 I_{1n}$ **답 ③**

47 25[kW], 125[V], 1200[rpm]의 직류 타여자 발전기의 전기자저항(브러시 저항 포함)은 0.4[Ω]이다. 이 발전기를 정격상태에서 운전하고 있을 때 속도를 200[rpm]으로 저하시켰다면 발전기의 유기기전력[V]은 어떻게 변화하겠는가? 단, 정상 상태에서의 유기기전력은 E라고 한다.
① $\dfrac{1}{2}E$ ② $\dfrac{1}{4}E$ ③ $\dfrac{1}{6}E$ ④ $\dfrac{1}{8}E$

풀이 1200[rpm], 200[rpm]일 때의 유기기전력을 E, E'라고 하면 $E = K\phi N$ 식에서
$E = K\phi N, \; E' = K\phi N'$
여기서 $E' = \dfrac{N'}{N} \times E = \dfrac{200}{1200} \times E = \dfrac{1}{6}E$
즉, 속도가 $\dfrac{1}{6}$이 되면 유기기전력도 $\dfrac{1}{6}$이 되고 또한 부하전류도 $\dfrac{1}{6}$이 된다.
따라서 단자전압도 $\dfrac{1}{6}$이 된다. **답 ③**

48 전부하에서 동손 100[W], 철손 50[W]인 변압기가 최대 효율[%]을 나타내는 부하는?
① 50 ② 67 ③ 70 ④ 86

풀이 최대 효율은 철손과 동손이 같을 때이므로
$P_i = m^2 P_c$
$\therefore m = \sqrt{\dfrac{P_i}{P_c}} = \sqrt{\dfrac{50}{100}} = 0.7 = 70[\%]$ **답 ③**

49 변압기의 효율이 가장 좋을 때의 조건은?
① 철손=동손 ② 철손 = $\dfrac{1}{2}$동손
③ $\dfrac{1}{2}$철손=동손 ④ 철손 = $\dfrac{2}{3}$동손

풀이 최대 효율은 고정손인 철손과 가변손인 동손이 같게 될 때 발생한다. **답 ①**

50 직류기의 양호한 정류를 얻는 조건이 아닌 것은?
① 정류 주기를 크게 할 것
② 정류 코일의 인덕턴스를 작게 할 것
③ 리액턴스 전압을 작게 할 것
④ 브러시 접촉저항을 작게 할 것

풀이 양호한 정류를 얻는 조건
① 리액턴스 전압을 작게 한다. $\left(e_L = L\dfrac{2I_c}{T_c}\right)$
② 단절권 채용으로 자기 인덕턴스를 작게 한다.
③ 고속을 피하여 정류 주기를 길게 한다.
④ 저항 정류로서 접촉저항이 큰 탄소 브러시를 사용한다.
⑤ 전압 정류로서 보극을 설치한다. **답 ④**

51 중권으로 감긴 직류전동기의 극수 2, 매극의 자속수 0.09[Wb], 전도체수 80, 부하전류 12[A]일 때 발생하는 토크[kg·m]는 약 얼마인가?

① 1.4 ② 2.8 ③ 3.8 ④ 4.5

풀이 직류전동기의 토크 $\tau = \frac{pZ}{2\pi a}\Phi I_a$ 식에서

$p = 2$, $a = p = 2$(중권),
$Z = 80$, $\Phi = 0.09$, $I_a = 12$[A]이므로
$\tau = \frac{pZ}{2\pi a}\Phi I_a = \frac{2 \times 80}{2 \times 3.14 \times 2} \times 0.09 \times 12$
$= 13.75$[N·m]
1[kg·m] = 9.8[N·m] 이므로
$\therefore \tau = \frac{13.75}{9.8} = 1.4$[kg·m]   **답** ①

52 변압기의 내부고장 보호에 쓰이는 계전기로서 가장 적당한 것은?

① 과전류 계전기 ② 역상 계전기
③ 접지계전기   ④ 부흐홀쯔 계전기

풀이 부흐홀쯔 계전기는 변압기의 내부고장으로 발생하는 기름의 분해 가스 증기 또는 유류를 이용하여 버저를 움직여 계전기의 접점을 닫는 것이므로 변압기의 주탱크와 콘서베이터와의 연결관 도중에 설비한다.   **답** ④

53 50[Hz], 12극의 3상 유도전동기가 정격전압으로 정격출력 10[HP]를 발생하며 회전하고 있다. 이때의 회전수는 약 몇 [rpm]인가? 단, 회전자 동손은 350[W], 회전자 입력은 출력과 회전자 동손과의 합이다.

① 468 ② 478 ③ 485 ④ 500

풀이 • 2차 입력
$P_2 = P_0 + P_{c2} = 10 \times 746 + 350 = 7810$[W]
• 2차 효율
$\eta = \frac{P_0}{P_2} = \frac{(1-s)P_2}{P_2} = 1-s$
$\rightarrow 1-s = \frac{P_0}{P_2} = \frac{10 \times 746}{7810} = 0.9552$
• 동기속도
$N_s = \frac{120f}{p} = \frac{120 \times 50}{12} = 500$[rpm]
따라서 회전속도
$N = (1-s)N_s = 0.9552 \times 500 ≒ 478$[rpm]   **답** ②

54 유도전동기에서 SCR을 사용하여 속도를 제어하는 경우 변화시키는 것은?

① 주파수   ② 극수
③ 위상각   ④ 전압의 최대치

풀이 유도전동기의 1차 측에 사이리스터를 접속하고 전압이 1[Hz] 동안 주기마다 위상각이 변하는 것에 의해 전압을 바꾸는 방법으로 2차 저항에서의 손실이 커서 효율이 나쁘다.   **답** ③

55 3상 유도전동기의 원선도를 그리는 데 필요치 않은 것은?

① 구속시험   ② 무부하 시험
③ 슬립 측정   ④ 저항 측정

풀이 • 원선도 작성에 필요한 시험은 변압기 특성 시험과 같으며, 저항 측정, 무부하 시험, 구속 시험이 있다.
• 슬립은 원선도 상에서 구할 수 있다.   **답** ③

56 동기기의 과도 안정도를 증가시키는 방법이 아닌 것은?

① 속응여자방식을 채용한다.
② 동기 탈조 계전기를 사용한다.
③ 회전자의 플라이 휠 효과를 작게 한다.
④ 동기화 리액턴스를 작게 한다.

풀이 동기기의 안정도 증진법
① 동기화 리액턴스를 작게 할 것
② 회전자의 플라이휠 효과를 크게 할 것
③ 속응여자방식을 채용할 것
④ 발전기의 조속기 동작을 신속히 할 것
⑤ 동기 탈조 계전기를 사용할 것   **답** ③

57 철극형(凸극형) 발전기의 특징은?

① 형이 커진다.
② 회전이 빨라진다.
③ 소음이 많다.
④ 전기자 반작용 자속 수가 역률의 영향을 받는다.

풀이 돌극형(철극형)의 특징
① 최대출력은 부하각 60°에서 발생
② 직축리액턴스 및 횡축리액턴스 값이 서로 다르다.

③ 전기자 반작용 및 자속 수가 역률의 영향을 받는다.
④ 풍손이 원통형에 비해 크다.
⑤ 수차와 같은 저속기에 사용된다.   답 ④

58 유도전동기의 기동방식 중 권선형에만 사용할 수 있는 방식은?

① 리액터 기동
② Y-△ 기동
③ 2차 저항기동
④ 기동보상기에 의한 기동

풀이 2차 저항 기동법 : 권선형 유도전동기에만 사용할 수 있으며, 2차 회로의 저항의 변화에 의한 토크 속도 특성의 비례추이를 응용한 기동법을 말한다.

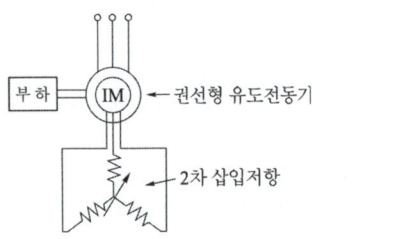

답 ③

59 다이오드를 사용한 단상전파정류회로에서 100[A]의 직류를 얻으려고 한다. 이때 정류기의 교류측 전류는 약 몇 [A]인가?

① 111   ② 167   ③ 222   ④ 278

풀이 $I_d = 2\dfrac{\sqrt{2}}{\pi}I = 0.9I$ 이므로

$\therefore I = \dfrac{I_d}{0.9} = \dfrac{100}{0.9} ≒ 111[A]$ 가 된다.   답 ①

60 4극 60[Hz]의 3상 동기발전기가 있다. 회전자의 주변 속도를 200[m/s] 이하로 하려면 회전자의 최대 직경을 약 몇 [m]로 하여야 하는가?

① 1.5   ② 1.8   ③ 2.1   ④ 2.8

풀이 $N_s = \dfrac{120f}{p} = \dfrac{120 \times 60}{4} = 1800[rpm]$

회전자 주변 속도 $v = \pi D \cdot \dfrac{N_s}{60}[m/s]$

$\therefore D = \dfrac{60v}{\pi N_s} = \dfrac{60 \times 200}{3.14 \times 1800} ≒ 2.12[m]$ 답 ③

4과목 - 회로이론

61 전류 순시값
$i = 30\sin\omega t + 40\sin(3\omega t + 45°)[A]$의 실효값은 몇 [A]인가?

① 25   ② $25\sqrt{2}$ ③ 50   ④ $50\sqrt{2}$

풀이 실효값
$I = \sqrt{I_1^2 + I_2^2 + \cdots + I_n^2} = \sqrt{I_1^2 + I_3^2}$ 에서

$\therefore I = \sqrt{\left(\dfrac{30}{\sqrt{2}}\right)^2 + \left(\dfrac{40}{\sqrt{2}}\right)^2} = \dfrac{\sqrt{2500}}{\sqrt{2}}$
$= 25\sqrt{2}[V]$ 답 ②

62 다음 그림에서 $V_1 = 24[V]$일 때 $V_0[V]$의 값은?

① 8
② 12
③ 16
④ 24

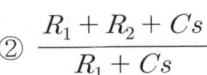

풀이 병렬 부분의 저항 $R = \dfrac{6 \times 3}{6+3} = 2[\Omega]$

$\therefore V_0 = 24 \times \dfrac{1}{2} = 12[V]$ 답 ②

63 그림과 같은 회로의 전달함수는? 단, 초기조건은 0 이다.

① $\dfrac{R_2 + Cs}{R_1 + R_2 + Cs}$

② $\dfrac{R_1 + R_2 + Cs}{R_1 + Cs}$

③ $\dfrac{R_2 Cs + 1}{R_2 Cs + R_1 Cs + 1}$

④ $\dfrac{R_1 Cs + R_2 Cs + 1}{R_2 Cs + 1}$

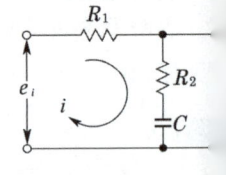

풀이 $G(s) = \dfrac{e_o(s)}{e_i(s)} = \dfrac{R_2 + \dfrac{1}{Cs}}{R_1 + R_2 + \dfrac{1}{Cs}}$

$= \dfrac{R_2 Cs + 1}{(R_1 + R_2)Cs + 1}$ 답

64 $R = 15[\Omega]$, $X_L = 12[\Omega]$, $X_C = 30[\Omega]$이 병렬로 접속된 회로에 120[V]의 교류전압을 가하면 전원에 흐르는 전류[A]와 역률[%]은 각각 얼마인가?

① 22, 85   ② 22, 80
③ 22, 60   ④ 10, 80

풀이 병렬접속인 경우 전압이 일정하므로
- 저항에 흐르는 전류
$$I_R = \frac{V}{R} = \frac{120}{15} = 8[A]$$
- 유도성 리액턴스에 흐르는 전류
$$I_L = \frac{V}{jX_L} = \frac{120}{j12} = -j10[A]$$
- 용량성 리액턴스에 흐르는 전류
$$I_C = \frac{V}{-jX_C} = \frac{120}{-j30} = j4[A]$$
따라서 전체 전류
$$I = I_R + I_L + I_C = 8 - j10 + j4 = 8 - j6$$
$$= 10\angle -36.86[A]$$ 가 되고,
역률 $\cos\theta = \frac{I_R}{I} \times 100 = \frac{8}{10} \times 100$
$$= 80[\%] 가 된다.$$ 답 ④

65 $R = 10[\Omega]$, $\omega L = 5[\Omega]$, $\frac{1}{\omega C} = 30[\Omega]$이 직렬로 접속된 회로에서 기본파에 대한 합성 임피던스(Z_1)와 제3고조파에 대한 합성 임피던스 (Z_3)는 각각 몇 [Ω]인가?

① $Z_1 = \sqrt{725}$, $Z_3 = \sqrt{125}$
② $Z_1 = \sqrt{461}$, $Z_3 = \sqrt{461}$
③ $Z_1 = \sqrt{461}$, $Z_3 = \sqrt{125}$
④ $Z_1 = \sqrt{125}$, $Z_3 = \sqrt{461}$

풀이 ① 직렬회로의 임피던스
$$Z_1 = R + j\omega L - j\frac{1}{\omega C} 이므로$$
$$Z_1 = 10 + j5 - j30 = 10 - j25$$
$$= \sqrt{10^2 + 25^2} \angle -\tan^{-1}\frac{25}{10}$$
$$= \sqrt{725} \angle 68.2[\Omega]$$
② 제3고조파 임피던스는 ωL의 경우 주파수와 비례하여 증가하므로 제3고조파의 경우 3배가 되고, $\frac{1}{\omega C}$의 경우 주파수와 반비례하여 감소하므로 제3고조파의 경우 $\frac{1}{3}$배가 된다.

$$\therefore Z_3 = 10 + j(5 \times 3) - j\left(30 \times \frac{1}{3}\right)$$
$$= 10 + j5 = \sqrt{10^2 + 5^2} \angle -\tan^{-1}\frac{5}{10}$$
$$= \sqrt{125} \angle 26.7[\Omega]$$ 답 ①

66 그림의 회로에서 단자 a, b에 걸리는 전압 V_{ab}는 몇 [V]인가?

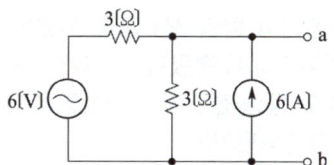

① 12   ② 18   ③ 24   ④ 36

풀이 위 그림을 테브난 등가를 이용하여 변환하면 다음 그림과 같다.

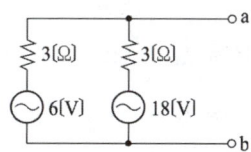

따라서 밀만의 정리를 적용하면
$$V_{bc} = \frac{\frac{6}{3} + \frac{18}{3}}{\frac{1}{3} + \frac{1}{3}} = 12[V]$$ 답 ①

67 비정현파의 일그러짐의 정도를 표시하는 양으로서 왜형률이란?

① $\frac{평균치}{실효치}$

② $\frac{실효치}{최대치}$

③ $\frac{고조파 만의 실효치}{기본파의 실효치}$

④ $\frac{기본파의 실효치}{고조파 만의 실효치}$

풀이 왜형률 $= \frac{전 고조파의 실효값}{기본파의 실효값}$
$$= \frac{\sqrt{V_2^2 + V_3^2 + \cdots}}{V_1}$$ 답 ③

68 3상 불평형 전압에서 역상전압이 10[V], 정상전압이 50[V], 영상전압이 200[V]라고 한다. 전압의 불평형률은 얼마인가?

① 0.1 ② 0.05 ③ 0.2 ④ 0.5

풀이 불평형률 = $\dfrac{\text{역상 전압}}{\text{정상 전압}} = \dfrac{10}{50} = 0.2$ 답 ③

69 $R[\Omega]$저항 3개를 Y로 접속하고 이것을 선간전압 200[V]의 평형 3상 교류 전원에 연결할 때 선전류가 20[A] 흘렀다. 이 3개의 저항을 △로 접속하고 동일 전원에 연결하였을 때의 선전류는 약 몇 [A]인가?

① 30 ② 40 ③ 50 ④ 60

풀이
- Y결선 상전류 $I_Y = \dfrac{200}{\sqrt{3}\,R}$

  Y결선 선전류 $I_{Yl} = \dfrac{200}{\sqrt{3}\,R}$

- △결선 상전류 $I_\Delta = \dfrac{200}{R}$

  △결선 선전류 $I_{\Delta l} = \sqrt{3}\,I_\Delta = \dfrac{200\sqrt{3}}{R}$

$\dfrac{I_{\Delta l}}{I_{Yl}} = \dfrac{\frac{200\sqrt{3}}{R}}{\frac{200}{\sqrt{3}\,R}} = 3$

$\therefore I_{\Delta l} = 3 I_{Yl} = 3 \times 20 = 60[A]$ 답 ④

70 두 코일의 자기 인덕턴스가 $L_1[H]$, $L_2[H]$이고 상호 인덕턴스가 M일 때 결합계수 k는?

① $\dfrac{\sqrt{L_1 L_2}}{M}$ ② $\dfrac{M}{\sqrt{L_1 L_2}}$

③ $\dfrac{M^2}{L_1 L_2}$ ④ $\dfrac{L_1 L_2}{M^2}$

풀이 $M = k\sqrt{L_1 \cdot L_2} \rightarrow k = \dfrac{M}{\sqrt{L_1 \cdot L_2}}$ 답 ②

71 저항과 콘덴서를 병렬로 접속한 회로에 직류 100[V]를 가하면 5[A]가 흐르고, 교류 300[V]를 가하면 25[A]가 흐른다. 이때 콘덴서의 리액턴스는 몇 [Ω]인가?

① 7 ② 10 ③ 14 ④ 15

풀이
- 직류를 인가한 경우,
  저항 $R = \dfrac{E}{I} = \dfrac{100}{5} = 20[\Omega]$
- 교류를 인가한 경우, 저항에 흐르는 전류를 I_R, 콘덴서에 흐르는 전류를 I_C, 전체 전류를 I라 하면

$I_c^2 = I^2 - I_R^2 = 25^2 - \left(\dfrac{300}{20}\right)^2 = 400$

$\rightarrow I_c = 20[A]$

$\therefore X_c = \dfrac{V}{I_c} = \dfrac{300}{20} = 15[\Omega]$ 답 ④

72 그림과 같은 회로에서 정전용량 $C[F]$를 충전한 후 스위치 S를 닫아서 이것을 방전하는 경우의 과도전류는? 단, 회로에는 저항이 없다.

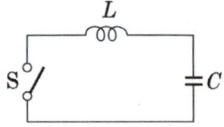

① 불변의 진동 전류
② 감쇠하는 전류
③ 감쇠하는 진동 전류
④ 일정 값까지는 증가하여 그 후 감쇠하는 전류

풀이 저항 성분이 없으므로 전력 소모가 없고 L, C 내의 보유 에너지는 불변하므로 크기, 주파수가 변함없는 무감쇠 진동 전류가 흐른다. 답 ①

73 그림과 같은 회로에서 $t = 0$인 순간 S를 열었을 때 L의 양단에 발생하는 역기전력은 인가 전압의 몇 배가 발생하는가? 단, 스위치 S를 열기 전에 회로는 정상상태에 있었다.

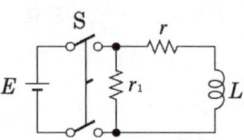

① $\dfrac{r}{r + r_1}$ ② $\dfrac{r_1 r}{r + r_1}$

③ $\dfrac{r + r_1}{r_1 r}$ ④ $\dfrac{r + r_1}{r}$

풀이
$i = \dfrac{E}{r} e^{-\dfrac{r+r_1}{L}t}$ 이므로

$e_L = -L\dfrac{di}{dt} = -\dfrac{\leq}{r}\left(-\dfrac{r+r_1}{L}\right) e^{-\dfrac{r+r_1}{L}t}$

여기서 $t=0$ 이면 $E_L = \dfrac{r+r_1}{r}E$ 이므로

$\therefore \dfrac{E_L}{E} = \dfrac{r+r_1}{r}$ 답 ④

74 구동점 임피던스에 있어서 영점(Zero)은?

① 전류가 흐르지 않는 경우이다.
② 회로를 개방한 것과 같다.
③ 전압이 가장 큰 상태이다.
④ 회로를 단락한 것과 같다.

풀이 $Z(s)=0$인 경우는 임피던스가 0이므로 회로를 단락한 상태이다. 답 ④

75 $f(t) = \delta(t) - be^{-bt}$의 라플라스 변환은?
단, $\delta(t)$는 임펄스 함수이다.

① $\dfrac{b}{s+b}$ ② $\dfrac{s(1-b)+5}{s(s+b)}$
③ $\dfrac{1}{s(s+b)}$ ④ $\dfrac{s}{s+b}$

풀이 선형성 정리에 의해서
$\mathcal{L}[\delta(t)] - \mathcal{L}[be^{-bt}] = 1 - \dfrac{b}{s+b} = \dfrac{s}{s+b}$ 답 ④

76 대칭좌표법에 관한 설명 중 잘못된 것은?

① 불평형 3상 회로 비접지식 회로에서는 영상분이 존재한다.
② 대칭 3상 전압에서 영상분은 0이다.
③ 대칭 3상 전압은 정상분만 존재한다.
④ 불평형 3상 회로의 접지식 회로에서는 영상분이 존재한다.

풀이 비접지식에서는 중성선이 없으므로 중성선에 전류가 흐를 수 없다. 따라서 3상 전류의 합 $I_a + I_b + I_c = 0$ 이 되어야 한다.
그러므로 대칭좌표법에서 영상전류는
$I_0 = \dfrac{1}{3}(I_a + I_b + I_c) = 0$
이 되어 영상분이 존재하지 않는다. 답 ①

77 저항 40[Ω], 임피던스 50[Ω]의 직렬 유도부하에서 소비되는 무효전력[Var]은 얼마인가? 단, 인가전압은 100[V]이다.

① 120   ② 160   ③ 200   ④ 250

풀이 임피던스 $Z = \sqrt{R^2 + X^2}$ 에서
$X = \sqrt{Z^2 - R^2} = \sqrt{50^2 - 40^2} = 30[\Omega]$
무효전력 $P_r = I^2 X = \left(\dfrac{V}{Z}\right)^2 X$[Var]이므로
$\therefore P_r = \dfrac{100^2 \times 30}{50^2} = 120$[Var] 답 ①

78 평형 3상 부하에 전력을 공급할 때 선전류 값이 20[A]이고 부하의 소비전력이 4[kW]이다. 이 부하의 등가 Y 회로에 대한 각 상의 저항값은 약 몇 [Ω]인가?

① 3.3   ② 5.7   ③ 7.2   ④ 10

풀이 Y결선에서 선전류와 상전류는 같고 유효전력 $P = 3I^2 R$[W]이므로
$\therefore R = \dfrac{P}{3I^2} = \dfrac{4 \times 10^3}{3 \times 20^2} = 3.33[\Omega]$ 답 ①

79 다음 파형의 라플라스 변환은?

① $\dfrac{E}{s}$
② $\dfrac{E}{s^2}$
③ $\dfrac{E}{Ts}$
④ $\dfrac{E}{Ts^2}$

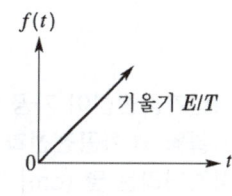

풀이 $F(s) = \mathcal{L}[f(t)] = \mathcal{L}\left[\dfrac{E}{T}tu(t)\right] = \dfrac{E}{T} \cdot \dfrac{1}{s^2}$ 답 ④

80 그림과 같은 π형 4단자 회로의 어드미턴스 파라미터 중 Y_{11}은?

① Y_1
② Y_2
③ $Y_1 + Y_2$
④ $Y_2 + Y_3$

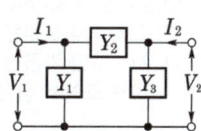

풀이) $Y_{11} = \dfrac{I_1}{V_1}\bigg|_{V_2=0}$ 에서 $V_2 = 0$(2차 측 단락)일 때

$Y_3 = 0$이 되고 Y_1과 Y_2는 병렬이 되므로
이때 흐르는 전체 전류 $I_1 = Y_1V_1 + Y_2V_1$가 된다.

∴ $Y_{11} = \dfrac{Y_1V_1 + Y_2V_1}{V_1} = Y_1 + Y_2$ 답 ③

가공전선 약전류 전선	저압가공전선		고압가공전선	
	저압 절연전선	고압 절연전선 또는 케이블	절연전선	케이블
일반	0.6[m]	0.3[m]	0.8[m]	0.4[m]
절연전선 또는 통신용 케이블인 경우	0.3[m]	0.15[m]		

답 ③

5과목 - 전기설비기술기준

81 터널 등에 시설하는 사용전압이 220[V]인 전구선의 단면적은 몇 [mm²] 이상이어야 하는가?

① $0.5[\text{mm}^2]$ ② $0.75[\text{mm}^2]$
③ $1.0[\text{mm}^2]$ ④ $1.5[\text{mm}^2]$

풀이) 242.7.2 터널 등의 전구선 또는 이동전선 등의 시설
터널 등에 시설하는 사용전압이 400[V] 이하인 저압의 전구선 또는 이동전선은 다음과 같이 시설하여야 한다.
가. **전구선은 단면적 0.75[mm²] 이상의 300/300[V] 편조 고무코드 또는 0.6/1[kV] EP 고무 절연 클로로프렌 캡타이어 케이블일 것.**
나. 이동전선은 300/300[V] 편조 고무코드, 비닐 코드 또는 캡타이어 케이블일 것. 답 ②

82 저압가공전선이 가공 약전류 전선과 접근하여 시설될 때 가공전선과 가공약전류 전선 사이의 이격거리는 몇 [cm] 이상이어야 하는가?

① 30[cm] ② 40[cm]
③ 60[cm] ④ 80[cm]

풀이) 332.13 고압 가공전선과 가공약전류전선 등의 접근 또는 교차
222.13 저압 가공전선과 가공약전류전선 등의 접근 또는 교차
저압 가공전선 또는 고압 가공전선이 가공약전류전선 또는 가공 광섬유 케이블과 접근상태로 시설되는 경우에는 다음에 따라야 한다.
가. 고압 가공전선은 고압 보안공사에 의할 것.
나. 저·고압 가공전선과 가공약전류 전선과의 이격거리는 표에서 정한 값 이상일 것.

83 다음 중 지중전선로에 사용하는 지중함의 시설기준으로 적절하지 않은 것은?

① 견고하고 차량 기타 중량물의 압력에 견디는 구조일 것
② 안에 고인 물을 제거할 수 있는 구조로 되어 있을 것
③ 뚜껑은 시설자 이외의 자가 쉽게 열 수 없도록 시설할 것
④ 조명 및 세척이 가능한 적당한 장치를 시설할 것

풀이) 334.2 지중함의 시설
지중전선로에 사용하는 지중함은 다음에 따라 시설하여야 한다.
가. 지중함은 견고하고 차량 기타 **중량물의 압력에 견디는 구조일 것.**
나. 지중함은 그 안의 **고인 물을 제거할 수 있는 구조로** 되어 있을 것.
다. 폭발성 또는 연소성의 가스가 침입할 우려가 있는 것에 시설하는 지중함으로서 그 크기가 1[m³] 이상인 것에는 통풍장치 기타 가스를 방산시키기 위한 적당한 장치를 시설할 것.
라. 지중함의 **뚜껑은 시설자 이외의 자가 쉽게 열 수 없도록** 시설할 것. 답 ④

84 타냉식의 특고압용 변압기의 냉각장치에 고장이 생긴 경우 보호하는 장치로 가장 알맞은 것은?

① 경보장치 ② 자동차단장치
③ 압축공기장치 ④ 저속조정장치

풀이) 351.4 특고압용 변압기의 보호장치
특고압용의 변압기에는 그 내부에 고장이 생겼을 경우에 보호하는 장치를 표와 같이 시설하여야 한다.

뱅크 용량의 구분	동작 조건	장치의 종류
5,000 [kVA] 이상 10,000 [kVA] 미만	변압기 내부 고장	자동 차단 장치 또는 경보 장치
10,000 [kVA] 이상	변압기 내부 고장	자동 차단 장치
타냉식 변압기(변압기의 권선 및 철심을 직접 냉각시키기 위하여 봉입한 냉매를 강제 순환시키는 냉각 방식을 말한다.)	냉각 장치에 고장이 생긴 경우 또는 변압기의 온도가 현저히 상승한 경우	경보 장치

답 ①

85 합성수지관공사 시 관 상호 간 및 박스와의 접속은 관에 삽입하는 깊이를 관 바깥지름의 몇 배 이상으로 하여야 하는가? 단, 접착제를 사용하지 않는 경우이다.

① 0.5배　　② 0.8배
③ 1.2배　　④ 1.5배

풀이　232.11 합성수지관공사
　　　관 상호 간 및 박스와는 관을 삽입하는 깊이를 관의 바깥지름의 1.2배(접착제를 사용하는 경우 0.8배) 이상으로 할 것.
답 ③

86 다음 중 가공전선로의 지지물에 사용하는 지선에 대한 설명으로 옳지 않은 것은?

① 지선의 안전율은 2.5 이상이며, 허용 인장하중의 최저는 4.31[kN]으로 한다.
② 지선에 연선을 사용할 경우 소선(素線) 4가닥 이상의 연선이어야 한다.
③ 도로를 횡단하는 경우 지선의 높이는 기술상 부득이한 경우 등을 제외하고 지표상 5[m] 이상으로 하여야 한다.
④ 지중 부분 및 지표상 30[cm]까지의 부분에는 내식성이 있는 것을 사용한다.

풀이　331.11 지선의 시설
가공전선로의 지지물에 시설하는 지선은 다음에 따라야 한다.
가. 지선의 안전율은 2.5 이상일 것. 이 경우에 허용 인장하중의 최저는 4.31[kN]으로 한다.
나. 지선에 연선을 사용할 경우에는 다음에 의할 것.
　① 소선 3가닥 이상의 연선일 것.
　② 소선의 지름이 2.6[mm] 이상의 금속선을 사용한 것일 것.

다. 지중부분 및 지표상 0.3[m]까지의 부분에는 내식성이 있는 것 또는 아연도금을 한 철봉을 사용하고 쉽게 부식되지 않는 근가에 견고하게 붙일 것.
라. 도로를 횡단하여 시설하는 지선의 높이는 지표상 5[m] 이상으로 하여야 한다.
답 ②

87 고압가공전선로의 가공지선으로 나경동선을 사용하는 경우의 지름은 몇 [mm] 이상이어야 하는가?

① 3.2[mm]　　② 4.0[mm]
③ 5.5[mm]　　④ 6.0[mm]

풀이　332.6 고압 가공전선로의 가공지선
　　　고압 가공전선로에 사용하는 가공지선은 인장강도 5.26 [kN] 이상의 것 또는 지름 4[mm] 이상의 나경동선을 사용한다.
답 ②

88 사용전압이 154[kV]인 가공전선로를 제1종 특고압 보안공사로 시설할 때 사용되는 경동연선의 단면적은 몇 [mm²] 이상이어야 하는가?

① 55[mm²]　　② 100[mm²]
③ 150[mm²]　　④ 200[mm²]

풀이　333.22 특고압 보안공사
제1종 특고압 보안공사는 다음에 따라야 한다.

사용전압	전　선
100[kV] 미만	인장강도 21.67[kN] 이상의 연선 또는 단면적 55[mm²] 이상의 경동연선
100[kV] 이상 300[kV] 미만	인장강도 58.84[kN] 이상의 연선 또는 단면적 150[mm²] 이상의 경동연선
300[kV] 이상	인장강도 77.47[kN] 이상의 연선 또는 단면적 200[mm²] 이상의 경동연선

답 ③

89 목장에서 가축의 탈출을 방지하기 위하여 전기 울타리를 시설하는 경우의 전선은 인장강도가 몇 [kN] 이상의 것이어야 하는가?

① 0.39[kN]　　② 1.38[kN]
③ 2.78[kN]　　④ 5.93[kN]

풀이　241.1 전기울타리
가. 전기울타리용 전원장치에 전원을 공급하는 전로의 사용전압은 250[V] 이하이어야 한다.
나. 전기울타리는 사람이 쉽게 출입하지 아니하는 곳에 시설할 것.

다. 전선은 인장강도 1.38[kN] 이상의 것 또는 지름 2[mm] 이상의 경동선일 것.
라. 전선과 이를 지지하는 기둥 사이의 이격거리는 25[mm] 이상일 것.
마. 전선과 다른 시설물(가공 전선을 제외한다) 또는 수목과의 이격거리는 0.3[m] 이상일 것. 답 ②

90 가반형의 용접 전극을 사용하는 아크 용접장치의 용접 변압기의 1차 측 전로의 대지전압은 몇 [V] 이하이어야 하는가?

① 150[V]   ② 220[V]
③ 300[V]   ④ 380[V]

풀이 241.10 아크 용접기
가반형의 용접 전극을 사용하는 아크 용접장치는 다음에 따라 시설하여야 한다.
가. 용접변압기는 절연변압기일 것.
나. 용접변압기의 1차측 전로의 대지전압은 300[V] 이하일 것.
다. 용접변압기의 1차측 전로에는 용접 변압기에 가까운 곳에 쉽게 개폐할 수 있는 개폐기를 시설할 것.
라. 용접기 외함 및 피용접재 또는 이와 전기적으로 접속되는 받침대·정반 등의 금속체는 규정에 준하여 접지공사를 하여야 한다. 답 ③

91 최대 사용전압이 22900[V]인 3상 4선식 중성선 다중접지식 전로와 대지 사이의 절연내력 시험전압은 몇 [V]인가?

① 21068[V]   ② 25229[V]
③ 28752[V]   ④ 32510[V]

풀이 132 전로의 절연저항 및 절연내력

전로의 종류	접지방식	시험전압 (최대사용전압의 배수)	최저 시험전압
1. 7[kV] 이하인 전로		1.5배	
2. 7[kV] 초과 25[kV] 이하	다중접지	0.92배	
3. 7[kV] 초과 60[kV] 이하 (2란의 것 제외)		1.25배	10.5[kV]
4. 60[kV] 초과	비접지	1.25배	
5. 60[kV] 초과 (6란, 7란의 것 제외)	접지식	1.1배	75[kV]
6. 60[kV] 초과(7란의 것 제외)	직접접지	0.72배	
7. 170[kV] 초과(발전소 또는 변전소 혹은 이에 준하는 장소에 시설하는 것.)	직접접지	0.64배	

따라서 22,900 × 0.92 = 21,068[V] 답 ①

92 다음 중 옥내전로의 시설 기준으로 적절하지 않은 것은?

① 주택의 옥내전로의 대지전압은 250[V] 이하이어야 한다.
② 주택의 옥내전로의 사용전압은 400[V] 이하하여야 한다.
③ 주택의 전로 인입구에는 인체 보호용 누전차단기가 시설되어 있어야 한다.
④ 정격 소비 전력이 3[kW] 이상의 전기기계기구는 옥내배선과 직접 접속한다.

풀이 231.6 옥내전로의 대지 전압의 제한
주택의 옥내전로(전기기계기구 내의 전로를 제외한다)의 대지전압은 300[V] 이하이어야 하며 다음 각 호에 따라 시설하여야 한다. 다만, 대지전압 150[V] 이하의 전로인 경우에는 다음에 따르지 않을 수 있다.
가. 사용전압은 400[V] 이하하여야 한다.
나. 주택의 전로 인입구에는 감전보호용 누전차단기를 시설하여야 한다. 다만, 전로의 전원측에 정격용량이 3[kVA] 이하인 절연변압기(1차 전압이 저압이고 2차 전압이 300[V] 이하인 것에 한한다)를 사람이 쉽게 접촉할 우려가 없도록 시설하고 또한 그 절연변압기의 부하측 전로를 접지하지 않는 경우에는 예외로 한다.
다. 정격 소비 전력 3[kW] 이상의 전기기계기구에 전기를 공급하기 위한 전로에는 전용의 개폐기 및 과전류차단기를 시설하고 그 전로의 옥내배선과 직접 접속하거나 적정 용량의 전용콘센트를 시설하여야 한다. 답 ①

93 다음 중 농사용 저압가공전선로의 시설 기준으로 옳지 않은 것은?

① 사용전압이 저압일 것
② 저압가공전선의 인장강도는 1.38[kN] 이상일 것
③ 저압가공전선의 지표상 높이는 3.5[m] 이상일 것
④ 전선로의 경간은 40[m] 이하일 것

풀이 222.22 농사용 저압 가공전선로의 시설
가. 사용전압은 저압일 것.
나. 저압 가공전선은 인장강도 1.38[kN] 이상의 것 또는 지름 2[mm] 이상의 경동선일 것.
다. 저압 가공전선의 지표상의 높이는 3.5[m] 이상일 것. 다만, 저압 가공전선을 사람이 쉽게 출입하지 못하는 곳에 시설하는 경우에는 3[m]까지로 감할 수 있다.
라. 목주의 굵기는 말구 지름이 0.09[m] 이상일 것.
마. 전선로의 지지점 간 거리는 30[m] 이하일 것. 답

94 전로의 중성점을 접지하는 목적에 해당되지 않는 것은?

① 보호장치의 확실한 동작 확보
② 이상전압의 억제
③ 상시 부하전류의 일부를 대지로 흐르게 함으로써 위험에 대처
④ 대지전압의 저하

풀이 322.5 전로의 중성점의 접지
　가. 전로의 중성점 접지공사의 목적
　　① 보호 장치의 확실한 동작의 확보
　　② 이상 전압의 억제
　　③ 대지전압의 저하
　나. 접지도체는 공칭단면적 16[mm²] 이상의 연동선(저압 전로의 중성점에 시설하는 것은 공칭단면적 6[mm²] 이상의 연동선)으로서 고장시 흐르는 전류가 안전하게 통할 수 있는 것을 사용하고 또한 손상을 받을 우려가 없도록 시설할 것. **답** ③

95 22.9[kV] 특고압가공전선로의 시설에 있어서 중성선을 다중접지하는 경우에 각각 접지한 곳 상호 간의 거리는 전선로에 따라 몇 [m] 이하이어야 하는가?

① 150[m]　② 300[m]
③ 400[m]　④ 500[m]

풀이 333.32 25[kV] 이하인 특고압 가공전선로의 시설
사용전압이 15[kV]를 초과하고 25[kV] 이하인 특고압 가공전선로(중성선 다중접지식의 것으로서 전로에 지락이 생겼을 때에 2초 이내에 자동적으로 이를 전로로부터 차단하는 장치가 되어 있는 것에 한한다)를 다음에 따라 시설하여야 한다.
　가. 접지도체는 공칭단면적 6[mm²] 이상의 연동선
　나. 접지공사는 각각 접지한 곳 상호 간의 거리는 전선로에 따라 150[m] 이하일 것.
　다. 각 접지도체를 중성선으로부터 분리하였을 경우의 각 접지점의 대지 전기저항 값과 1[km]마다 중성선과 대지 사이의 합성 전기저항 값은 표에서 정한 값 이하일 것.

사용전압	각 접지점의 대지 전기저항치	1[km]마다의 합성 전기저항치
15[kV] 이하	300[Ω]	30[Ω]
15[kV] 초과 25[kV] 이하	300[Ω]	15[Ω]

답 ①

96 "조상설비"에 대한 용어의 정의로 알맞은 것은?

① 전압을 조정하는 설비를 말한다.
② 전류를 조정하는 설비를 말한다.
③ 유효전력을 조정하는 전기기계기구를 말한다.
④ 무효전력을 조정하는 전기기계기구를 말한다.

풀이 조상 설비 : 무효전력을 조정하는 전기 기계기구를 말한다. **답** ④

97 사용전압이 35[kV] 이하인 특고압가공전선이 상부 조영재의 위쪽에서 제1차 접근상태로 시설되는 경우 특고압가공전선과 건조물의 조영재 이격거리는 몇 [m] 이상이어야 하는가? 단, 전선의 종류는 케이블이라고 한다.

① 0.5[m]　② 1.2[m]
③ 2.5[m]　④ 3.0[m]

풀이 333.23 특고압 가공전선과 건조물의 접근
특고압 가공전선이 건조물과 제1차 접근상태로 시설되는 경우에는 다음에 따라야 한다.
　가. 특고압 가공전선로는 제3종 특고압 보안공사에 의할 것.
　나. 사용전압이 35[kV] 이하인 특고압 가공전선과 건조물의 조영재 이격거리는 표에서 정한 값 이상일 것.

건조물과 조영재의 구분	전선 종류	접근 형태	이격거리
상부 조영재	특고압 절연전선	위쪽	2.5[m]
		옆쪽 또는 아래쪽	1.5[m] (전선에 사람이 쉽게 접촉할 우려가 없도록 시설한 경우는 1[m])
	케이블	위쪽	1.2[m]
		옆쪽 또는 아래쪽	0.5[m]
	기타 전선		3[m]
기타 조영재	특고압 절연전선		1.5[m] (전선에 사람이 쉽게 접촉할 우려가 없도록 시설한 경우는 1[m])
	케이블		0.5[m]
	기타 전선		3[m]

답 ②

출제기준 변경 및 개정된 관계 법규에 따라 삭제된 문제가 있어 20문항이 안됩니다.

2008년 3회

1과목 - 전기자기

01 자기회로의 자기 저항에 대한 설명으로 옳지 않은 것은?
① 자기회로의 단면적에 반비례 한다.
② 자기회로의 길이에 반비례 한다.
③ 자성체의 비투자율에 반비례 한다.
④ 단위는 [AT/Wb]이다.

풀이 자기 저항 $R = \dfrac{l}{\mu_0 \mu_s S}$[AT/Wb]이므로 $R \propto l$이다.
즉, **자기 저항은 길이에 비례한다.** 답 ②

02 다음 중 자기회로와 전기회로의 대응관계로 옳지 않은 것은?
① 자속-전속
② 자계-전계
③ 투자율-도전율
④ 기자력-기전력

풀이

전 기 회 로		자 기 회 로	
기전력	E[V]	기자력	F_m[AT]
전류	I[A]	자속	ϕ[Wb]
전계	E[V/m]	자계	H[AT/m]
전기저항	R[Ω]	자기저항	R_m[AT/Wb]
컨덕턴스	G[℧]	퍼미언스	$\dfrac{1}{R_m}$[Wb/AT]
도전율	σ[S/m]	투자율	μ[H/m]
옴의 법칙	$E=IR$[V] $\therefore I=\dfrac{E}{R}$[A]	옴의 법칙	$F_m=\phi R_m$[AT] $\therefore \phi=\dfrac{NI}{R_m}$[Wb]

답 ①

03 한 폐곡선에 대한 H(자계의 세기)의 선적분이 이 폐곡선으로 둘러싸이는 전류와 같음을 정의한 법칙은?
① 가우스 법칙
② 쿨롱의 법칙
③ 비오-사바르 법칙
④ 앙페르의 주회적분 법칙

풀이 • **앙페르의 주회적분 법칙** : 임의의 폐곡선에 대한 자계의 선적분은 이 폐곡선을 관통하는 전류와 같다. 즉,
$$\oint H \cdot dl = I$$
답 ④

04 비유전율이 9이고, 비투자율이 1인 매질 내의 고유 임피던스는 약 몇 [Ω]인가?
① 42 ② 84 ③ 126 ④ 377

풀이 고유 임피던스
$$Z_0 = \frac{E}{H} = \sqrt{\frac{\mu}{\epsilon}}$$
$$= \sqrt{\frac{\mu_0}{\epsilon_0}} \cdot \sqrt{\frac{\mu_s}{\epsilon_s}} = \sqrt{\frac{4\pi \times 10^{-7}}{8.855 \times 10^{-12}}} \cdot \sqrt{\frac{\mu_s}{\epsilon_s}}$$
$$= 377\sqrt{\frac{\mu_s}{\epsilon_s}} = 377\sqrt{\frac{1}{9}} = 125.67[\Omega]$$
답 ③

05 인덕턴스가 20[mH]인 코일에 흐르는 전류가 0.2[sec] 동안에 6[A]가 변화했다면 코일에 유기되는 기전력은 몇 [V]인가?
① 0.6 ② 1 ③ 6 ④ 30

풀이 유기기전력
$$e = L\frac{di}{dt} = 20 \times 10^{-3} \times \frac{6}{0.2} = 0.6[V]$$
답 ①

06 다음 중 전기력선의 성질에 관한 설명으로 옳지 않은 것은?
① 전기력선의 방향은 그 점의 전계의 방향과 같다.
② 전기력선은 전위가 높은 점에서 낮은 점으로 향한다.
③ 전하가 없는 곳에서도 전기력선의 발생 소멸이 있다.
④ 전계가 0이 아닌 곳에서 2개의 전기력선이 교차하는 일이 없다.

풀이 전기력선의 성질은 다음과 같다.
① 전기력선은 정전하에서 시작하여 부전하에서 그친다.
② 전하가 없는 곳에서는 전기력선의 발생, 소멸이 없고 연속적이다.
③ 전위가 높은 점에서 낮은 점으로 향한다.
④ 그 자신만으로 폐곡선이 되는 일은 없다.
⑤ 전계가 0이 아닌 곳에서는 2개의 전기력선은 교차하지 않는다.
⑥ 도체 내부에는 전기력선이 없다.
⑦ 수직 단면의 전기력선 밀도는 전계의 세기이고 (1[개/m²]=1[N/C]), 전기력선의 접선 방향은 전계의 방향이다.
⑧ 도체면(등전위면)에서 전기력선은 수직으로 출입한다.
⑨ 단위 전하 ±1[C]에서는 $1/\epsilon_0$개의 전기력선이 출입한다.
답 ③

07 길이 10[cm], 반지름 1[cm]의 원형 단면을 갖는 공심 솔레노이드의 자기 인덕턴스를 1[mH]로 하기 위해서는 솔레노이드의 권수를 약 몇 회로 하여야 하는가? 단, $\mu_s = 1$ 이다.

① 252 ② 504 ③ 756 ④ 1006

풀이 $L = \dfrac{\mu S N^2}{l}$ [H]에서

$N = \sqrt{\dfrac{L \cdot l}{\mu S}} = \sqrt{\dfrac{1 \times 10^{-3} \times 0.1}{4\pi \times 10^{-7} \times \pi \times (1 \times 10^{-2})^2}}$
$= 503.29$[회]
답 ②

08 자속밀도 0.6[Wb/m²]의 자계 중에 20[cm]의 도체를 자계와 직각으로 50[m/sec]로 움직일 때 도체에 유기되는 기전력은 몇 [V]인가?

① 0 ② 6 ③ 60 ④ 600

풀이 유기기전력
$e = Blv\sin\theta = 0.6 \times 0.2 \times 50 \times \sin 90°$
$= 6$[V]
답 ②

09 극판 면적 10[cm²], 간격 1[mm]의 평행판 콘덴서에 비유전율이 3인 유전체를 채웠을 때 전압 100[V]를 가하면 축적되는 에너지는 약 몇 [J]인가?

① 1.32×10^{-7} ② 1.32×10^{-9}
③ 2.54×10^{-7} ④ 2.54×10^{-9}

풀이 $C = \dfrac{\epsilon_0 \epsilon_s}{d} \cdot s$
$= 8.855 \times 10^{-12} \times \dfrac{3 \times 10 \times 10^{-4}}{10^{-3}}$
$= 26.56 \times 10^{-12}$[F]
$\therefore W = \dfrac{1}{2}CV^2 = \dfrac{1}{2} \times 26.56 \times 10^{-12} \times 100^2$
$= 1.32 \times 10^{-7}$[J]
답 ①

10 반지름 $r = 1$[m]인 도체구의 표면 전하밀도가 $\dfrac{10^{-8}}{9\pi}$[C/m²]이 되도록 하는 도체구의 전위는 몇 [V]인가?

① 10 ② 20 ③ 40 ④ 80

풀이 도체구의 표면 전위 $V = \dfrac{Q}{4\pi\epsilon_0 r}$[V] 에서
도체구 표면의 총 전하는
$Q = \sigma S = \sigma(4\pi r^2)$[C] 이므로
도체구의 표면 전위 V_a는
$\therefore V_a = \dfrac{Q}{4\pi\epsilon_0 r} = \dfrac{\sigma 4\pi r^2}{4\pi\epsilon_0 r} = \dfrac{\sigma 4\pi r}{4\pi\epsilon_0}$
$= 9 \times 10^9 \times \dfrac{10^{-8}}{9\pi} \times 4\pi \times 1 = 40$[V]
답 ③

11 10[A]의 전류가 5분간 도선에 흘렀을 때 도선 단면을 지나는 전기량은 몇 [C]인가?

① 50 ② 300
③ 500 ④ 3000

풀이 전기량
$Q = I \cdot t = 10 \times 5 \times 60 = 3000$[C]
답 ④

12 주파수가 1[MHz]인 전자파의 파장은 공기 중에서 몇 [m]인가?

① 100 ② 200
③ 300 ④ 400

풀이 $\lambda = \dfrac{v}{f} = \dfrac{3 \times 10^8}{1 \times 10^6} = 300$[m]
여기서, λ : 전파의 파장[m]
f : 주파수[Hz]
v : 전파속도
(진공 중에서 3×10^8[m/s])
답 ③

13 진공 중에서 대전도체의 표면 전하밀도가 $\sigma[C/m^2]$이라면 표면 전계는?

① $E = \dfrac{\sigma}{\epsilon_o}$ ② $E = \dfrac{\sigma}{2\epsilon_o}$

③ $E = \dfrac{\sigma}{2\pi\epsilon_o}$ ④ $E = \dfrac{\sigma}{4\pi\epsilon_o}$

[풀이] 전하밀도 $\sigma[C/m^2]$에서 나오는 전기력선 밀도는 $\dfrac{\sigma}{\epsilon_0}[개/m^2] = \dfrac{\sigma}{\epsilon_0}[V/m]$가 된다.
반지름 $a[m]$인 도체구에서도 역시 표면 전계의 세기는 $\dfrac{\sigma}{\epsilon_0}[V/m]$이다.   **답** ①

14 권수가 200회이고, 자기 인덕턴스가 20[mH]인 코일에 2[A]의 전류를 흘릴 때 자속은 몇 [Wb]인가? 단, 누설자속은 없는 것으로 한다.

① 2×10^{-2} ② 4×10^{-2}
③ 2×10^{-4} ④ 4×10^{-4}

[풀이] 자속 $\phi = \dfrac{LI}{N} = \dfrac{20 \times 10^{-3} \times 2}{200} = 2 \times 10^{-4}[Wb]$ **답** ③

15 변위전류의 개념 도입은 다음 중 누구의 기여에 의한 것인가?

① 패러데이(Faraday)   ② 렌쯔(Lenz)
③ 맥스웰(Maxwell)   ④ 로렌츠(Lorentz)

[풀이] 콘덴서에 충전하는 과정에서 전극에 유입하는 전류는 있지만 전극 사이를 흐르는 전류는 전도전류만으로 해석이 불가능하다. 이와같이 콘덴서의 전극 사이에 흐르는 전류를 설명하기 위해 맥스웰은 다음과 같은 변위전류의 개념을 도입하였다.
변위전류 $i_d = \dfrac{\partial D}{\partial t}[A/m^2]$ **답** ③

16 전위 분포가 $V = 6x + 3[V]$로 주어졌을 때 점 $(10, 0)[m]$에서의 전계의 크기$[V/m]$ 및 방향은 어떻게 표현되는가?

① $6a_x$ ② $-6a_x$
③ $3a_x$ ④ $-3a_x$

[풀이] $E = -\text{grad}\, V = -\nabla V$
$= -\left(\dfrac{\partial V}{\partial x}a_x + \dfrac{\partial V}{\partial y}a_y + \dfrac{\partial V}{\partial z}a_z\right) = -6a_x$ **답** ②

17 그림과 같이 진공 중에 전하량 $Q[C]$인 점전하 Q를 둘러싸는 경로 C_1과 둘러싸지 않은 폐곡선 C_2가 있다. 지금 $+1[C]$의 전하를 화살표 방향으로 경로 C_1을 따라 일주시킬 때 요하는 일을 W_1, 경로 C_2를 일주시키는 데 요하는 일을 W_2라고 할 때 옳은 것은?

① $W_1 < W_2$
② $W_2 < W_1$
③ $W_1 \neq 0$, $W_2 = 0$
④ $W_1 = W_2 = 0$

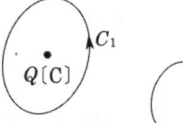

[풀이] 정전계의 보존성에 의해 폐곡선을 따라 일주했을 때 요하는 일의 양은 경로에 관계없이 항상 0이다.
그러므로 $W_1 = W_2$ 가 성립한다.   **답** ④

18 다음 중 강자성체가 아닌 것은?

① 니켈(Ni)   ② 철(Fe)
③ 코발트(Co)   ④ 백금(Pt)

[풀이]
• 강자성체 : Fe, Ni, Co
• 상자성체 : Al, Mn, Pt, W, Sn, O_2, N_2 등
• 역자성체 : Bi, C, Si, Ag, Pb 등   **답** ④

19 유전율이 각각 $\epsilon_1 = 1$, $\epsilon_2 = \sqrt{3}$인 두 유전체가 그림과 같이 접해있는 경우, 경계면에서 전기력선의 입사각 $\theta_1 = 45°$이었다. 굴절각 θ_2는 몇 도인가?

① 20
② 30
③ 45
④ 60

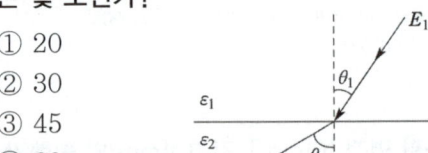

[풀이] 경계조건의 식 $\dfrac{\tan\theta_1}{\tan\theta_2} = \dfrac{\epsilon_1}{\epsilon_2} = \dfrac{1}{\sqrt{3}}$에서
$\tan\theta_2 = \sqrt{3}\tan\theta_1 = \sqrt{3}\tan 45° = \sqrt{3}$ 이므로
굴절각 $\theta_2 = \tan^{-1}\sqrt{3} = 60°$이다.   **답** ④

20 일반적으로 도체를 관통하는 자속이 변화하든가 또는 자속과 도체가 상대적으로 운동하여 도체 내의 자속이 시간적으로 변화를 일으키면, 이 변화를 막기 위하여 도체 내에 국부적으로 형성되는 임의의 폐회로를 따라 전류가 유기되는데 이 전류를 무엇이라 하는가?

① 변위전류 ② 도전전류 ③ 대칭전류 ④ 와전류

풀이 와전류는 도체내에 국부적으로 흐르는 맴돌이 전류로 $rot\ i = -K\dfrac{\partial B}{\partial t}$ 로 자속의 변화를 방해하기 위한 역자속을 만드는 전류이다. 따라서 이 전류는 자속의 수직되는 면을 회전한다. **답** ④

2과목 - 전력공학

21 송전선로에서 코로나 임계전압이 높아지는 경우는 다음 중 어느 것인가?

① 기압이 낮은 경우
② 전선의 직경이 큰 경우
③ 상대 공기밀도가 작을 경우
④ 온도가 높아지는 경우

풀이 코로나 임계전압

$E_o = 24.3 m_o m_1 \delta d \log_{10} \dfrac{D}{r}$ [kV]

여기서, δ : 상대공기밀도 $\left(\delta = \dfrac{0.386b}{273+t}\right)$
b[mmHg] : 기압, t[℃] : 온도
E_0 : 코로나 임계전압[kV]
m_0 : 전선의 표면 계수
m_1 : 기후에 관한 계수(맑은 날씨이면 1.0, 비오는 날은 0.8)
d : 전선의 직경, D : 등가선간거리
전선의 직경 d가 증가하면 코로나 임계전압은 상승한다. **답** ②

22 저압 뱅킹배전방식에서 캐스케이딩 현상이란?

① 전압 동요가 적은 현상
② 변압기의 부하배분이 불균일한 현상
③ 저압선이나 변압기에 고장이 생기면 자동적으로 고장이 제거되는 현상
④ 저압선의 고장에 의하여 건전한 변압기 일부 또는 전부가 차단되는 현상

풀이 캐스케이딩 현상이란 Banking 배전방식으로 운전 중 건전한 변압기 일부가 고장이 발생하면 부하가 다른 건전한 변압기에 걸려서 고장이 확대되는 현상을 말한다. **답** ④

23 화력발전소에서 석탄 1[kg]으로 발생할 수 있는 전력량은 약 몇 [kWh]인가? 단, 석탄의 발열량은 5000[kcal/kg], 발전소의 효율은 40%이라고 한다.

① 2.0 ② 2.3 ③ 4.7 ④ 5.8

풀이 효율 $\eta = \dfrac{860\,W}{mH} \times 100$에서

전력량 $W = \dfrac{mH\eta}{860 \times 100}$ 이므로

$\therefore\ W = \dfrac{1 \times 5000 \times 40}{860 \times 100} = 2.3$[kWh]가 된다. **답** ②

24 피뢰기의 제한전압이란?

① 피뢰기동작 중 단자전압의 파고치
② 피뢰기의 정격전압
③ 속류의 차단이 되는 최고의 교류전압
④ 상용 주파수의 방전개시전압

풀이 피뢰기의 제한 전압 : 피뢰기 동작 중에 계속해서 걸리고 있는 단자전압의 파고값 **답** ①

25 다음 중 배전선로에 사용되는 개폐기의 종류와 그 특성의 연결이 바르지 못한 것은?

① 컷아웃 스위치(COS) - 주된 용도로는 주상변압기의 고장이 배전선로에 파급되는 것을 방지하고 변압기의 과부하 소손을 예방하고자 사용한다.
② 부하 개폐기 - 고장전류와 같은 대전류는 차단할수 없지만 평상 운전 시의 부하전류는 개폐할 수 있다.
③ 리클로저(recloser) - 선로에 고장이 발생하였을 때 고장전류를 검출하여 지정된 시간 내에 고속차단하고 자동 재폐로 동작을 수행하여 고장 구간을 분리하거나 재송전하는 장치이다.
④ 섹셔널라이저(sectionalizer) - 고장발생 시 신속히 고장전류를 차단하여 사고를 국부적으로 분리시키는 것으로 후비 보호장치와 직렬로 설치하여야 한다.

풀이 섹셔널라이저(sectionalizer)
배전선로에 고장이 발생할 경우 리클로저의 동작으로 선로가 무전압 상태가 되면 섹셔널라이저는 이를 감지하여 무전압 상태의 횟수를 기억 하였다가 정해진 횟수에 도달하면 섹셔널라이저는 선로의 무전압 상태에서 선로를 개방하여 고장구간을 분리시킨다. 섹셔널라이저는 고장전류를 차단 할 수 있는 능력이 없기 때문에 리클로저와 직렬로 조합하여 사용한다. **답** ④

26 수용률 80[%], 부하율 60[%], 설비용량 320[kW]라면, 최대수용전력은 몇 [kW]인가?

① 192 ② 233 ③ 247 ④ 256

풀이 수용률 = $\dfrac{\text{최대 수용 전력}}{\text{총수요 설비용량}} \times 100[\%]$에서

최대수용전력 = 설비용량 × 수용률
= $320 \times 0.8 = 256[kW]$ **답** ④

27 전선 지지점 간의 고저차가 없는 가공전선로에서 경간이 100[m], 전선 1[m]의 무게 0.2[kg], 인장하중 550[kg], 안전율 2.2인 경우 이도는 몇 [m]인가?

① 0.8 ② 0.85 ③ 0.9 ④ 1.0

풀이 이도 $D = \dfrac{WS^2}{8T} = \dfrac{0.2 \times 100^2}{8 \times \dfrac{550}{2.2}} = 1[m]$ **답** ④

28 전압이 정정치 이하로 되었을 때 동작하는 것으로서 단락시 고장 검출용으로도 사용되는 계전기는?

① 재폐로 계전기 ② 역상 계전기
③ 부족 전류 계전기 ④ 부족 전압 계전기

풀이
- 전압이 정정값 이하 시 동작 : 부족 전압 계전기
- 전압이 정정값 초과 시 동작 : 과전압 계전기 **답** ④

29 송전단전압 154[kV], 수전단전압 134[kV], 상차각 60도, 리액턴스 39.8[Ω]일 때 선로손실을 무시하면 전송전력은 약 몇 [MW]인가?

① 322 ② 449 ③ 559 ④ 689

풀이 $P = \dfrac{E_S E_r}{X} \sin\theta = \dfrac{154 \times 134}{39.8} \times \sin 60°$
$= 449.03[MW]$ **답** ②

30 송전계통에서 지락보호계전기의 동작이 가장 확실한 접지방식은?

① 비접지 ② 고저항 접지
③ 직접 접지 ④ 소호 리액터 접지

풀이 직접 접지방식의 장 · 단점
[장점]
① 1선 지락 시에 건전상의 대지전압이 거의 상승하지 않는다.
② 피뢰기의 효과를 증진시킬 수 있다.
③ 단절연이 가능하다.
④ 계전기의 동작이 확실해진다.
[단점]
① 송전 계통의 과도 안정도가 나빠진다.
② 통신선에 유도 장해가 크다.
③ 기기에 큰 영향을 주어 손상을 준다.
④ 대용량 차단기가 필요하다. **답** ③

31 어떤 발전소의 유효 낙차가 100[m]이고, 최대 사용 수량이 10[m³/sec]일 경우 이 발전소의 이론적인 출력은 몇 [kW]인가?

① 4900 ② 9800
③ 10000 ④ 14700

풀이 이론출력 $P = 9.8QH = 9.8 \times 10 \times 100$
$= 9800[kW]$ **답** ②

32 복도체를 사용한 송전선로를 단도체를 사용한 선로와 비교할 때 알맞은 것은? 단, 복도체의 총단면적과 단도체의 단면적이 같은 경우이다.

① 작용 인덕턴스와 작용 정전용량이 모두 감소한다.
② 작용 인덕턴스와 작용 정전용량이 모두 증가한다.
③ 작용 인덕턴스는 감소하고, 작용 정전용량은 증가한다.
④ 작용 인덕턴스는 증가하고, 작용 정전용량은 감소한다.

풀이

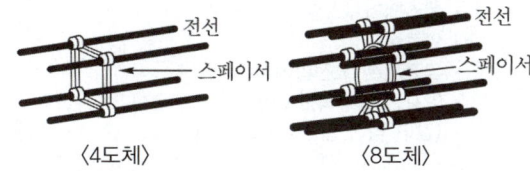

〈4도체〉 〈8도체〉

- 단도체 $L = 0.05 + 0.4605 \log_{10} \dfrac{D}{r}$, $C = \dfrac{0.02413}{\log_{10} \dfrac{D}{r}}$

- 복도체 $L = \dfrac{0.05}{n} + 0.4605 \log_{10} \dfrac{D}{\sqrt[n]{rs^{n-1}}}$,

  $C = \dfrac{0.02413}{\log_{10} \dfrac{D}{\sqrt[n]{rs^{n-1}}}}$

위 식에서 보는 것과 같이 **복도체는 단도체에 비해서** 등가 반지름이 증가하므로 **인덕턴스는 감소, 정전용량은 증가**한다.

답 ③

33 동일전력을 동일 선간전압, 동일 역률로 동일 거리에 보낼 때 사용하는 전선의 총중량이 같으면, 단상 2선식과 3상 3선식의 전력손실비(3상 3선식/단상 2선식)는?

① $\dfrac{1}{3}$ ② $\dfrac{1}{2}$ ③ $\dfrac{3}{4}$ ④ 1

풀이 전력이 동일하므로

$VI_1 = \sqrt{3}\,VI_s$ $\dfrac{I_1}{I_s} = \sqrt{3}$

중량이 동일하므로

$2\sigma A_1 l = 3\sigma A_3 l$ $\dfrac{A_1}{A_3} = \dfrac{3}{2}\dfrac{R_3}{R_1}$

여기서, $R = \rho \dfrac{l}{A}$ 에 의해
저항은 전선의 단면적에 반비례한다.

$\therefore \dfrac{3상\ 3선식}{단상\ 2선식} = \dfrac{3I_3^2 R_3}{2I_1^2 R_1}$

$= \dfrac{3}{2} \times \left(\dfrac{1}{\sqrt{3}}\right)^2 \times \dfrac{3}{2} = \dfrac{3}{4}$

답 ③

34 3000[kW], 역률 80[%](뒤짐)의 부하에 전력을 공급하고 있는 변전소에 전력용 콘덴서를 설치하여 변전소에서의 역률을 90[%]로 향상시키는 데 필요한 전력용 콘덴서의 용량은 약 몇 [kVA]인가?

① 600 ② 700 ③ 800 ④ 900

풀이 $Q_c = P(\tan\theta_1 - \tan\theta_2)$[kVA]에서
유효전력 $P = 3000$[kW]이므로
콘덴서 용량

$Q_c = 3000 \times \left(\dfrac{\sqrt{1-0.8^2}}{0.8} - \dfrac{\sqrt{1-0.9^2}}{0.9}\right)$

$\fallingdotseq 800$[kVA]

답 ③

35 3상 3선식 3각형 배치의 송전선로에 있어서 각 선의 대지 정전용량이 0.5038[μF]이고, 선간 정전용량이 0.1237[μF]일 때 1선의 작용 정전용량은 몇 [μF]인가?

① 0.6275 ② 0.8749
③ 0.9164 ④ 0.9755

풀이 $C_n = C_s + 3C_m = 0.5038 + 3 \times 0.1237 = 0.8749[\mu F]$
여기서, C_n : 작용정전용량, C_s : 대지정전용량,
C_m : 선간정전용량

답 ②

36 원자력발전소에 이용되는 감속재에 대한 설명으로 옳지 않은 것은?

① 중성자 흡수 면적이 클 것
② 감속비가 클 것
③ 감속능이 클 것
④ 경수, 중수, 흑연 등이 사용됨

풀이
- 감속재는 핵분열로 발생한 고속 중성자(약 2[MeV])의 에너지(=속도)를 떨어뜨려서 열중성자(0.025[eV])로 바꾸는 작용을 하는 것이다.
- 감속재로서는 **중성자 흡수가 적고 탄성산란에 의해 감속되는 정도가 큰 것**이 좋으며 중수, 경수, 산화베릴륨, 흑연 등이 사용된다. 또한 감속재의 성질인 감속능(slowing down power)과 **감속비**(moderation ratio)의 값이 클수록 감속재로서 우수하다.

답 ①

37 3상 3선식 수직배치인 선로에서 오프셋(off-set)을 주는 주된 이유는?

① 단락 방지 ② 전선진동 억제
③ 전선 풍압 감소 ④ 철탑 중량 감소

풀이 오프셋 :
전선 도약에 의한
상간 **단락 사고 방지**

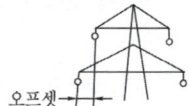

답 ①

38 송전계통의 절연협조에 있어 절연 레벨을 가장 낮게 잡고 있는 것은?

① 피뢰기　　② 단로기
③ 변압기　　④ 차단기

풀이 절연협조는 피뢰기의 제한 전압이 기준이 된다. 따라서 피뢰기의 절연 레벨이 가장 낮다. **답** ①

39 수전단전압이 송전단전압보다 높아지는 현상을 무엇이라 하는가?

① 옵티마 현상　　② 자기 여자 현상
③ 페란티 현상　　④ 동기화 현상

풀이 페란티 효과 : 송전선로에 충전전류(전압보다 위상이 빠른 전류)가 흐르면 수전단전압이 송전단전압보다 높아지는 현상 **답** ③

40 송전계통의 중성점을 직접 접지하는 목적과 관계없는 것은?

① 고장전류 크기의 억제
② 이상전압 발생의 방지
③ 보호계전기의 신속 정확한 동작
④ 전선로 및 기기의 절연레벨을 경감

풀이 ① 직접 접지의 목적
- 1선 지락 시 건전상의 대지전압 상승을 1.3배 이하로 억제한다.(유효접지)
- 선로 및 기기의 절연레벨을 저감한다(저감절연, 절연 가능).
- 보호계전기의 동작을 확실하게 한다.

② 지락(고장) 전류의 크기 : 직접 접지 > 고저항 접지 > 비접지 > 소호 리액터 접지 순이다. **답** ①

3과목 - 전기기기

41 다음 중 변압기의 무부하손에 해당되지 않는 것은?

① 히스테리시스손　　② 와류손
③ 유전체손　　④ 표유부하손

풀이 변압기의 무부하손
- 히스테리시스손
- 와류손
- 유전체손 (고전압에서 발생)
- 여자전류에 의한 동손
  (값이 적어 일반적으로 무시) **답** ④

42 주파수 60[Hz], 슬립 3[%], 회전수 1164[rpm]인 유도전동기의 극수는?

① 4　　② 6
③ 8　　④ 10

풀이 $N=(1-s)N_s$에서

$N_s = \dfrac{N}{1-s} = \dfrac{1154}{1-0.03} = 1200[\text{rpm}]$이므로

$\therefore p = \dfrac{120f}{N_s} = \dfrac{120 \times 60}{1200} = 6[극]$ **답** ②

43 다음 중 인버터(inverter)의 설명을 바르게 나타낸 것은?

① 직류 → 교류로 변환
② 교류 → 교류로 변환
③ 직류 → 직류로 변환
④ 교류 → 직류로 변환

풀이
- 인버터(Inverter) : 직류 → 교류
- 컨버터(converter) : 교류 → 직류 **답** ①

44 변압기유로 쓰이는 절연유에 요구되는 특성이 아닌 것은?

① 점도가 클 것
② 인화점이 높을 것
③ 응고점이 낮을 것
④ 절연내력이 클 것

풀이 변압기의 기름으로서 갖추어야 할 조건
① 절연내력이 클 것
② 절연 재료 및 금속에 화학 작용을 일으키지 않을 것
③ 인화점이 높고, 응고점이 낮을 것
④ 점도가 낮고, 비열이 커서 냉각효과가 클 것
⑤ 고온에서도 석출물이 생기거나 산화하지 않을 것 **답** ①

45 다음 중 전기기계에 있어서 히스테리시스손을 감소시키기 위하여 어떻게 하는 것이 가장 좋은가?

① 성층 철심 사용　② 규소 강판 사용
③ 보극 설치　　　④ 보상 권선 설치

풀이
- 전기 기계에 규소강판을 사용하면 자기 저항이 크게 되어 와류손과 히스테리시스손이 감소하게 되지만 투자율이 낮아지고 기계적 강도가 감소되어 부서지기 쉽다.
- 성층하는 이유는 와류손을 적게 하기 위한 것이다.

답 ②

46 동기발전기가 60[Hz], 20극이며 회전자 외경이 3[m]인 경우 자극면의 주변속도는 약 몇 [m/s]인가?

① 44.4[m/s]　② 56.5[m/s]
③ 68.5[m/s]　④ 70.5[m/s]

풀이
회전자 주변 속도 $v = \pi D \dfrac{N_s}{60}$ [m/s]

동기속도 $N_s = \dfrac{120f}{p} = \dfrac{120 \times 60}{20} = 360$ [rpm]

$\therefore v = \pi D \dfrac{N_s}{60} = \pi \times 3 \times \dfrac{360}{60} = 56.54$ [m/s]

답 ②

47 동기발전기의 돌발 단락전류를 주로 제한하는 것은?

① 동기 리액턴스　② 누설 리액턴스
③ 권선 저항　　　④ 동기 임피던스

풀이
- 동기기에서 저항은 누설 리액턴스에 비하여 작으며 전기자 반작용은 단락전류가 흐른 뒤에 작용하므로 돌발 단락전류를 제한하는 것은 누설 리액턴스이다. 역상 리액턴스는 역상전류에 대응하는 것으로 3상 평형 단락이 되면 역상전류는 흐르지 않는다.
- 동기 리액턴스 = 누설 리액턴스 + 반작용 리액턴스

답 ②

8 직류분권발전기가 있다. 극당 자속 0.01[Wb], 도체수 400, 회전수 600[rpm]인 6극 직류기의 유기기전력은 몇 [V]인가? 단, 병렬회로수는 2이다.

① 100　② 120　③ 140　④ 160

풀이 파권 $a = 2$, $\phi = 0.01$, $Z = 400$, $N = 600$, $p = 6$ 이므로

$E = \dfrac{pZ}{a}\phi\dfrac{N}{60} = \dfrac{6 \times 400}{2} \times 0.01 \times \dfrac{600}{60} = 120$ [V]

답 ②

49 직류전동기 중 부하가 변하면 속도가 심하게 변하는 전동기는?

① 직류분권전동기
② 직류 직권전동기
③ 차동 복권전동기
④ 가동 복권전동기

풀이 직권전동기에서는 $I_a = I = I_f$ 이므로
$I = I_f \propto \phi$ 가 되고,

회전속도 $n = K\dfrac{V - I_a(R_a + R_s)}{\phi}$ [rps]이므로 속도는 자속에 반비례하여 증감한다.

즉 부하전류가 변화하면 직권전동기는 속도가 현저하게 변하는 특성이 있다.

답 ②

50 무부하 전동기는 역률이 낮지만 부하가 증가하면 역률이 커지는 이유는?

① 전류 증가　② 효율 증가
③ 전압 감소　④ 2차 저항 증가

풀이 유도전동기는 자기회로에 공극이 있기 때문에 여자전류가 전부하전류의 20~50[%]에 이른다. 그리고 무부하 상태에서는 유효 전류가 매우 적기 때문에 무부하전류≒자화 전류로 보아도 좋다. 따라서 무부하전류는 역률이 매우 낮다. 그러나 2차 측에 부하가 증가하면 유효분 전류의 증가로 인하여 1차 측에서 본 역률은 점점 좋아지게 된다.

답 ①

51 다음 중 직류전동기의 속도제어 방법에서 광범위한 속도제어가 가능하며, 운전효율이 가장 좋은 방법은?

① 계자제어
② 직렬저항 제어
③ 병렬 저항 제어
④ 전압제어

풀이 직류전동기의 속도제어법 비교

구 분	제어 특성	특 징
계자 제어법	• 정출력 제어	• 속도제어범위가 좁다.
전압 제어법	• 정토크 제어 – 워드 레오나드 방식 – 일그너 방식	• 제어범위가 넓다. • 손실이 매우 적다. • 정역 운전이 가능 • 설비비가 많이든다.
직렬 저항법		• 효율이 나쁘다.

답 ④

52 직류분권전동기 운전 중 계자권선의 저항이 증가할 때 회전속도는?

① 일정하다. ② 감소한다.
③ 증가한다. ④ 관계없다.

풀이 계자 저항을 증가하는 것은 계자 코일과 직렬로 접속되어 있는 속도 조정기의 저항을 증가시킨다는 뜻이다. 그러면 공급전압을 이것으로 나눈 여자전류가 감소하고 따라서 계자 자속도 감소한다.

그러므로 $n = k\dfrac{V-I_aR_a}{\phi}$ 에서 자속 ϕ가 감소(여자전류감소)하면 회전속도 n은 증가하게 된다. 답 ③

53 권선형 유도전동기의 기동법은?

① 기동보상기법
② 2차 저항에 의한 기동법
③ 전전압 기동법
④ Y–△ 기동법

풀이 2차 저항에 의한 기동방법은 권선형 유도전동기의 2차 회로에 가변 저항기를 접속하여 비례추이의 원리에 의하여 기동시 큰 기동 토크를 얻는 반면 기동전류는 억제하는 기동방법이다. 답 ②

54 정격 1차 전압이 6600[V], 2차 전압이 220[V], 주파수가 60[Hz]인 단상변압기가 있다. 이 변압기를 이용하여 정격 220[V], 10[A]인 부하에 전력을 공급할 때 변압기의 1차 측 입력은 몇 [kW]인가? 단, 부하의 역률은 1로 한다.

① 2.2 ② 3.3
③ 4.3 ④ 6.5

풀이
• 권수비 $a = \dfrac{6600}{220} = 30$
• 1차 전류 $I_1 = \dfrac{I_2}{a} = \dfrac{10}{30} = 0.33[A]$

따라서 1차 입력
$P_1 = V_1 I_1 \cos\theta = 6600 \times 0.33 \times 1 \times 10^{-3}$
$= 2.17[kW]$ 답 ①

55 정격전압 6000[V], 용량 5000[kVA]의 Y결선 3상 동기발전기가 있다. 여자전류 200[A]에서의 무부하 단자전압 6000[V], 단락전류 600[A]일 때, 이 발전기의 단락비는 약 얼마인가?

① 0.25 ② 1
③ 1.25 ④ 1.5

풀이 정격전류
$I_n = \dfrac{P}{\sqrt{3}\,V} = \dfrac{5000 \times 10^3}{\sqrt{3} \times 6000} = 481.13[A]$

정격전류(481.13[A])와 같은 단락전류를 통하는 데 요하는 여자전류 I_f''는
$I_f'' = 200 \times \dfrac{481.13}{600} = 160.38[A]$

∴ 단락비 $K_s = \dfrac{I_f'}{I_f''} = \dfrac{200}{160.38} = 1.25$ 답 ③

56 어떤 정류기의 부하 양단 평균 전압이 2000[V]이고 맥동률은 2[%]라고 한다. 이 경우 교류분은 몇 [V]가 포함되어 있는가?

① 20 ② 30 ③ 40 ④ 60

풀이 맥동률 $= \dfrac{\Delta E}{E_d} \times 100[\%]$

∴ $\Delta E = 0.02 \times 2000 = 40[V]$
(여기서 ΔE : 교류분, E_d : 직류분) 답 ③

57 다이오드를 사용한 정류회로에서 여러 개를 병렬로 연결하여 사용할 경우 얻는 효과는?

① 다이오드를 과전압으로부터 보호
② 다이오드를 과전류로부터 보호
③ 부하 출력의 맥동률 감소
④ 전력공급의 증대

풀이
- 다이오드 직렬 연결 : 과전압으로부터 보호
- 다이오드 병렬 연결 : 과전류로부터 보호

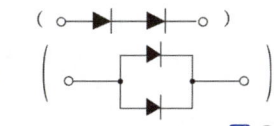

답 ②

58 직류분권전동기가 있다. 단자전압이 215[V], 전기자 전류가 50[A], 전기자 저항이 0.1[Ω], 회전수가 1500[rpm]일 때 발생 회전력은 약 몇 [N·m]인가?

① 66.8 ② 72.7
③ 81.6 ④ 91.2

풀이
- 역기전력
$E_c = V - R_a I_a = 215 - 50 \times 0.1 = 210[V]$
- 출력
$P = E_c I_a = 210 \times 50 = 10500[W]$
따라서 토크
$\tau = 0.975 \dfrac{P}{N} \times 9.8 = 0.975 \times \dfrac{10500}{1500} \times 9.8$
$= 66.85[N \cdot m]$

답 ①

59 병렬운전 중의 A, B 두 동기발전기 중 A 발전기의 여자를 B보다 강하게 하면 A 발전기는?

① 부하전류가 증가한다.
② 90° 지상 전류가 흐른다.
③ 동기화 전류가 흐른다.
④ 90° 진상 전류가 흐른다.

풀이 A, B 두 대의 발전기가 병렬운전 중에 A기의 여자를 증대하면, 즉 A기의 전압이 B기의 전압보다 높게 되면 A기로부터 B기로 전류가 흐르게 되는데 이때의 전류 I_c는
$I_c = \dfrac{E_A - E_B}{j2x_s} = -j\dfrac{E_A - E_B}{2x_s}$
로 A기에는 전압보다 90° 늦은 전류가 흐르게 된다.

답 ②

60 3상 유도전동기의 2차 저항을 n배로 하면 n배로 되는 것은?

① 역률 ② 전류
③ 슬립 ④ 토크

풀이
$\dfrac{r_2}{s_m} = \dfrac{r_2 + R_s}{s_t} =$ 일정

① 2차 저항 r_2를 변화해도
최대 토크 $T_m = k\dfrac{E_2^2}{2x_s}$는
2차 저항에 무관하므로 변화하지 않는다.
② r_2를 크게 하면 $\dfrac{r_2}{s_m}$가 일정하기 위해 s_m도 커진다.
③ r_2를 크게 하면 기동전류는 감소하고 기동 토크는 증가한다. 그러므로 최대 토크를 내는 슬립만 2차 저항에 비례한다.

답 ③

4과목 - 회로이론

61 전기회로의 입력을 V_1, 출력을 V_2라고 할 때 전달함수는? 단, $s = j\omega$이다.

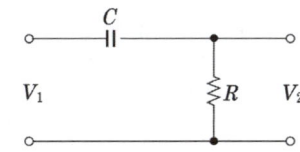

① $\dfrac{1}{R + \dfrac{1}{sC}}$ ② $\dfrac{1}{j\omega + \dfrac{1}{RC}}$

③ $\dfrac{j\omega}{j\omega + \dfrac{1}{RC}}$ ④ $\dfrac{s}{R + \dfrac{1}{sC}}$

풀이 $G(s) = \dfrac{출력(Z)}{입력(Z)} = \dfrac{R}{R + \dfrac{1}{sC}} = \dfrac{RsC}{RsC+1}$
$= \dfrac{s}{s + \dfrac{1}{RC}} = \dfrac{j\omega}{j\omega + \dfrac{1}{RC}}$

답 ③

62 단위 계단 함수 $u(t)$의 라플라스 변환은?

① 1 ② $\dfrac{1}{s}$
③ $\dfrac{1}{s^2}$ ④ $\dfrac{1}{s^2}e^{-1}$

풀이 $\mathcal{L}[u(t)] = \int_0^\infty e^{-st} dt = \left[\dfrac{e^{-st}}{-s}\right]_0^\infty = \dfrac{1}{s}$ **답** ②

63 3상 불평형 전압에서 역상 전압이 25[V]이고, 정상전압이 100[V], 영상전압이 10[V]라고 할 때 전압의 불평형률은 얼마인가?

① 0.25 ② 0.4
③ 4   ④ 10

풀이 불평형률 $= \dfrac{역상\ 전압}{정상\ 전압} = \dfrac{25}{100} = 0.25$ **답** ①

64 주어진 시간 함수 $f(t) = 3u(t) + 2e^{-t}$일 때 라플라스 변환한 함수 $F(s)$는?

① $\dfrac{s+3}{s(s+1)}$ ② $\dfrac{5s+3}{s(s+1)}$
③ $\dfrac{3s}{s^2+1}$ ④ $\dfrac{5s+1}{(s+1)s^2}$

풀이 $F(s) = \mathcal{L}[f(t)] = \mathcal{L}[3u(t) + 2e^{-t}]$
$= \dfrac{3}{s} + \dfrac{2}{s+1} = \dfrac{5s+3}{s(s+1)}$ **답** ②

65 다음의 파형률 값이 잘못된 것은?

① 정현파의 파형률은 1.414이다.
② 구형파의 파형률은 1.0이다.
③ 전파 정류파의 파형률은 1.11이다.
④ 반파 정류파의 파형률은 1.571이다.

풀이

	구형파	3각파	정현파	정류파(전파)	정류파(반파)
파형률	1.0	1.15	1.11	1.11	1.57
파고율	1.0	1.732	1.414	1.414	2.0

답 ①

66 그림과 같은 회로에서 각 계기들의 지시값은 다음과 같다. Ⓥ는 240[V], Ⓐ는 5[A], Ⓦ는 720[W]이다. 이때 인덕턴스 L[H]는? 단, 전원 주파수는 60[Hz]라 한다.

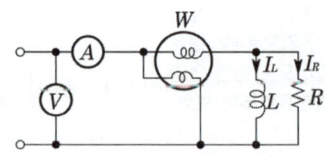

① $\dfrac{1}{\pi}$ ② $\dfrac{1}{2\pi}$ ③ $\dfrac{1}{3\pi}$ ④ $\dfrac{1}{4\pi}$

풀이 $P_a = VI = 240 \times 5 = 1200[\text{VA}]$
$P_r = \sqrt{P_a^2 - P^2} = \sqrt{1200^2 - 720^2} = 960[\text{Var}]$
$\therefore X_L = \dfrac{V^2}{P_r} = \dfrac{240^2}{960} = 60[\Omega]$
따라서 $L = \dfrac{X_L}{2\pi f} = \dfrac{60}{2\pi \times 60} = \dfrac{1}{2\pi}[\text{H}]$ **답** ②

67 그림과 같은 회로에서 15[Ω]에 흐르는 전류는 몇 [A]인가?

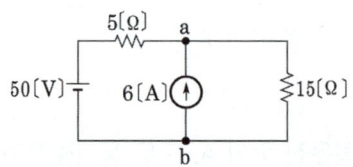

① 0.5 ② 2 ③ 4 ④ 6

풀이 중첩의 정리에 의해서
① 전압원에 의해 15[Ω]에 흐르는 전류 I'
 (이때 전류원은 개방)
$\therefore I' = \dfrac{50}{5+15} = 2.5[\text{A}]$

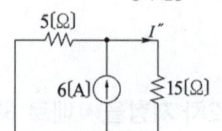

② 전류원에 의해 15[Ω]에 흐르는 전류 I''
 (이때 전압원은 단락)
$\therefore I'' = 6 \times \dfrac{5}{5+15} = 1.5[\text{A}]$

③ 15[Ω]에 흐르는 전류 I
$I = I' + I'' = 2.5 + 1.5 = 4[\text{A}]$

68 3상 유도전동기의 출력이 10[HP], 선간전압 200[V], 효율 90[%], 역률 85[%]일 때, 이 전동기에 유입되는 선전류는 약 몇 [A]인가?

① 16   ② 20
③ 28   ④ 45

풀이 $P_o = \sqrt{3}\,VI\cos\theta\,\eta$

$I = \dfrac{P_o}{\eta\sqrt{3}\,V\cos\theta} = \dfrac{10\times 746}{0.9\times\sqrt{3}\times 200\times 0.85}$
$= 28.15[A]$
(여기서, 1[HP] = 746[W])   답 ③

69 T형 4단자 회로망에서 영상 임피던스가 $Z_{01}=50[\Omega]$, $Z_{02}=2[\Omega]$이고, 전달 정수가 0일 때 이 회로의 4단자 정수 D의 값은?

① 10   ② 5
③ 0.2   ④ 0.1

풀이 $D = \sqrt{\dfrac{Z_{02}}{Z_{01}}}\cosh\theta = \sqrt{\dfrac{2}{50}}\cosh 0 = \dfrac{1}{5}$ 답 ③

70 어떤 회로에 $e = 50\sin(\omega t+\theta)$[V]를 인가했을 때 $i = 4\sin(\omega t+\theta-30°)$[A]가 흘렀다면 유효전력은 약 몇 [W]인가?

① 50   ② 57.7
③ 86.6   ④ 100

풀이 $P = EI\cos\theta$[W]
여기서, E : 전압의 실효값, I : 전류의 실효값,
θ : 전압과 전류의 위상차
$P = EI\cos\theta = \dfrac{50}{\sqrt{2}}\times\dfrac{4}{\sqrt{2}}\times\cos 30°$
$= 86.6[W]$ 답 ③

1 그림에서 a, b 단자의 전압이 100[V], a, b에서 본 능동 회로망 N의 임피던스가 15[Ω]일 때, 단자 a, b에 10[Ω]의 저항을 접속하면 a, b 사이에 흐르는 전류는 몇 [A]인가?

① 2   ② 4   ③ 6   ④ 8

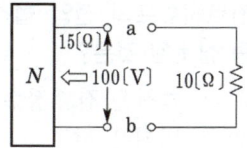

풀이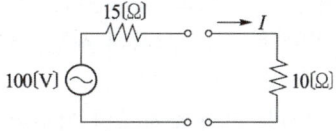

테브난의 정리에 의해
$I = \dfrac{100}{15+10} = 4[A]$ 답 ②

72 불평형 3상 전류
$I_a = 10+j2$[A], $I_b = -20-j24$[A],
$I_c = -5+j10$[A]
일 때의 영상전류 I_0 값은 얼마인가?

① $15+j2$ ② $-5-j4$
③ $-15-j12$ ④ $-45-j36$

풀이 $I_0 = \dfrac{1}{3}(I_a+I_b+I_c)$
$= \dfrac{1}{3}(10+j2-20-j24-5+j10)$
$= \dfrac{1}{3}(-15-j12) = -5-j4$[A]   답 ②

73 그림과 같은 회로에 대한 서술에서 잘못된 것은?

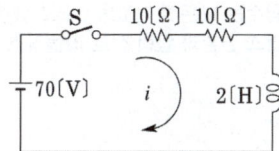

① 이 회로의 시정수는 0.1초이다.
② 이 회로의 특성근은 -10이다.
③ 이 회로의 특성근은 $+15$이다.
④ 정상 전류값은 3.5[A]이다.

풀이
- 시정수 $\tau = \dfrac{L}{R} = \dfrac{2}{20} = 0.1$[초]
- 특성근 $-\dfrac{R}{L} = \dfrac{-20}{2} = -10$
- 정상전류 $I = \dfrac{E}{R} = \dfrac{70}{20} = 3.5[A]$ 답 ③

74 키르히호프의 전압 법칙의 적용에 대한 서술 중 잘못된 것은?

① 이 법칙은 집중정수회로에 적용된다.
② 이 법칙은 회로 소자의 선형, 비선형에는 관계를 받지 않고 적용된다.
③ 이 법칙은 회로 소자의 시변, 시불변성에 구애를 받지 아니 한다.
④ 이 법칙은 선형 소자로만 이루어진 회로에 적용된다.

풀이 키르히호프의 법칙은 집중정수회로에서 선형, 비선형에 무관하게 항상 성립된다. **답** ④

75 전달함수의 성질 중 틀린 것은?

① 어떤 계의 전달함수는 그 계에 대한 임펄스 응답의 라플라스 변환과 같다.
② 전달함수 $P(s)$인 계의 입력이 임펄스 함수(δ 함수)이고 모든 초기값이 0이면 그 계의 출력 변환은 $P(s)$와 같다.
③ 계의 전달함수는 계의 미분방정식을 라플라스 변환하고 초기값에 의하여 생긴 항을 무시하면 $P(s) = \mathcal{L}^{-1}\left[\dfrac{Y^2}{X^2}\right]$와 같이 얻어진다.
④ 어떤 계의 전달함수의 분모를 0으로 놓으면 이것이 곧 특성방정식이 된다.

풀이 전달함수는 모든 초기값을 0으로 했을 때, 출력 신호의 라플라스 변환과 입력 신호 라플라스 변환의 비를 말한다. **답** ③

76 두 코일이 있다. 한 코일의 전류가 매초 40[A]의 비율로 변화할 때 다른 코일에는 20[V]의 기전력이 발생하였다면 두 코일의 상호 인덕턴스는 몇 [H]인가?

① 0.2 ② 0.5 ③ 0.8 ④ 1.0

풀이 $V_L = M\dfrac{di(t)}{dt}$

$M = \dfrac{V_L}{\dfrac{di(t)}{dt}} = \dfrac{20}{40} = 0.5[\text{H}]$ **답** ②

77 그림과 같은 회로에서 스위치 S를 $t=0$에서 닫았을 때 $(V_L)_{t=0} = 100[\text{V}]$, $\left(\dfrac{di}{dt}\right)_{t=0} = 400[\text{A/sec}]$이다. L의 값은 몇 [H]인가?

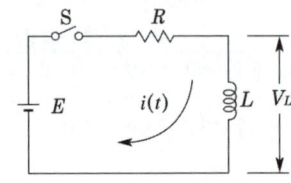

① 0.1 ② 0.5
③ 0.25 ④ 7.5

풀이 $V_L = L \cdot \dfrac{di}{dt}[\text{V}]$에서 $100 = L \cdot 400$

$\therefore L = \dfrac{1}{4} = 0.25[\text{H}]$ **답** ③

78 주기적인 구형파의 신호는 그 주파수 성분이 어떻게 되는가?

① 무수히 많은 주파수의 성분을 가진다.
② 주파수 성분을 갖지 않는다.
③ 직류분만으로 구성된다.
④ 교류 합성을 갖지 않는다.

풀이 주기적인 비정현파는 일반적으로 푸리에 급수에 의해 표시되므로 무수히 많은 주파수의 합성이다. **답** ①

79 전원과 부하가 모두 △결선된 3상 평형 회로가 있다. 전원전압이 200[V], 부하 임피던스가 $6 + j8[\Omega]$인 경우 선전류[A]는?

① 20 ② $\dfrac{20}{\sqrt{3}}$
③ $20\sqrt{3}$ ④ $10\sqrt{3}$

풀이 전원과 부하가 다 같이 △결선이므로 상전류 I_p는

$I_p = \dfrac{V}{Z} = \dfrac{200}{\sqrt{6^2 + 8^2}} = 20[\text{A}]$

$\therefore I_l = \sqrt{3}\,I_p = 20\sqrt{3}[\text{A}]$

80 L형 4단자 회로망에서 4단자 정수가 $B = \dfrac{5}{3}$, $C = 1$이고 영상 임피던스 $Z_{01} = \dfrac{20}{3}[\Omega]$일 때 영상 임피던스 $Z_{02}[\Omega]$의 값은?

① $\dfrac{1}{4}$ ② $\dfrac{100}{9}$

③ 9 ④ $\dfrac{9}{100}$

풀이 $Z_{01} \cdot Z_{02} = \dfrac{B}{C}$에서

$Z_{02} = \dfrac{\frac{5}{3}}{\frac{20}{3} \times 1} = \dfrac{1}{4}[\Omega]$ **답** ①

5과목 - 전기설비기술기준

81 내부고장이 발생하는 경우를 대비하여 자동차단장치 또는 경보장치를 시설하여야 하는 특고압용 변압기의 뱅크용량의 구분으로 알맞은 것은?

① 5000[kVA] 미만
② 5000[kVA] 이상 10000[kVA] 미만
③ 10000[kVA] 이상
④ 타냉식 변압기

풀이 351.4 특고압용 변압기의 보호장치
특고압용의 변압기에는 그 내부에 고장이 생겼을 경우에 보호하는 장치를 표와 같이 시설하여야 한다.

뱅크 용량의 구분	동작조건	장치의 종류
5,000[kVA] 이상 10,000[kVA] 미만	변압기 내부고장	자동 차단 장치 또는 경보장치
10,000[kVA] 이상	변압기 내부고장	자동 차단 장치
타냉식 변압기(변압기의 권선 및 철심을 직접 냉각시키기 위하여 봉입한 냉매를 강제 순환시키는 냉각 방식을 말한다.)	냉각장치에 고장이 생긴 경우 또는 변압기의 온도가 현저히 상승한 경우	경보장치

답 ②

82 발전기·전동기·조상기·기타 회전기(회전 변류기 제외)의 절연내력 시험 시 시험전압은 어느 곳에 가하면 되는가?

① 권선과 대지 사이
② 외함과 전선 간
③ 외함과 대지 사이
④ 회전자와 고정자 간

풀이 133 회전기 및 정류기의 절연내력

종류		시험전압	시험 방법
회전기	발전기·전동기·조상기·기타회전기	7[kV] 이하	1.5배 (최저 500[V])	권선과 대지 사이에 연속하여 10분간
		7[kV] 초과	1.25배 (최저 10,500[V])	
	회전 변류기	직류측의 최대 사용 전압의 1배의 교류 전압(최저 500[V])	

답 ①

83 가공전선로의 지지물에 시설하는 지선으로 연선을 사용할 경우 소선은 몇 가닥 이상이어야 하는가?

① 2 ② 3
③ 5 ④ 9

풀이 331.11 지선의 시설
가. 지선의 안전율은 2.5 이상일 것. 이 경우에 허용 인장하중의 최저는 4.31[kN]으로 한다.
나. 지선에 연선을 사용할 경우에는 다음에 의할 것.
 ① 소선 3가닥 이상의 연선일 것.
 ② 소선의 지름이 2.6[mm] 이상의 금속선을 사용한 것일 것. **답** ②

84 다음 중 전기울타리의 시설에 관한 사항으로 옳지 않은 것은?

① 전원 장치에 전기를 공급하는 전로의 사용전압은 600[V] 이하일 것
② 사람이 쉽게 출입하지 아니하는 곳에 시설할 것
③ 전선은 인장강도 1.38[kN] 이상의 것 또는 지름 2[mm] 이상의 경동선일 것
④ 전선과 수목 사이의 이격거리는 30[cm] 이상일 것

풀이 241.1 전기울타리
  가. 전기울타리용 전원장치에 전원을 공급하는 전로의 사용전압은 250[V] 이하이어야 한다.
  나. 전기울타리는 사람이 쉽게 출입하지 아니하는 곳에 시설할 것.
  다. 전선은 인장강도 1.38[kN] 이상의 것 또는 지름 2[mm] 이상의 경동선일 것.
  라. 전선과 이를 지지하는 기둥 사이의 이격거리는 25[mm] 이상일 것.
  마. 전선과 다른 시설물(가공 전선을 제외한다) 또는 수목과의 이격거리는 0.3[m] 이상일 것.   답 ①

85 차량 기타 중량물의 압력을 받을 우려가 없는 장소에 지중전선로를 직접 매설식에 의하여 시설하는 경우 매설 깊이는 최소 몇 [cm] 이상으로 하면 되는가?

① 30 ② 60
③ 80 ④ 100

풀이 334.1 지중전선로의 시설
  가. 지중 전선로는 전선에 케이블을 사용하고 또한 관로식·암거식 또는 직접 매설식에 의하여 시설하여야 한다.
  나. 지중 전선로를 직접 매설식에 의하여 시설하는 경우에는 매설 깊이는
    ① 차량 기타 중량물의 압력을 받을 우려가 있는 장소 : 1.0[m] 이상
    ② 기타 장소 : 0.6[m] 이상   답 ②

86 가반형의 용접 전극을 사용하는 아크 용접장치의 용접 변압기의 1차 측 전로의 대지전압은 몇 [V] 이하이어야 하는가?

① 60   ② 150
③ 300 ④ 400

풀이 241.10 아크 용접기
  가반형의 용접 전극을 사용하는 아크 용접장치는 다음에 따라 시설하여야 한다.
  가. 용접변압기는 절연변압기일 것.
  나. 용접변압기의 1차측 전로의 대지전압은 300[V] 이하일 것.
  다. 용접변압기의 1차측 전로에는 용접 변압기에 가까운 곳에 쉽게 개폐할 수 있는 개폐기를 시설할 것.
  라. 용접기 외함 및 피용접재 또는 이와 전기적으로 접속되는 받침대·정반 등의 금속체는 규정에 준하여 접지공사를 하여야 한다.   답 ③

87 백열전등 또는 방전등에 전기를 공급하는 옥내 전로의 대지전압은 몇 [V] 이하이어야 하는가? 단, 백열전등 또는 방전등 및 이에 부속하는 전선은 사람이 접촉할 우려가 없다고 한다.

① 150 ② 220 ③ 300 ④ 600

풀이 231.6 옥내전로의 대지 전압의 제한
  백열전등 또는 방전등에 전기를 공급하는 옥내의 전로의 대지전압은 300[V] 이하여야 한다.   답 ③

88 한 수용장소의 인입선에서 분기하여 지지물을 거치지 않고 다른 수용 장소의 인입구에 이르는 부분의 전선을 무엇이라고 하는가?

① 가공 인입선   ② 인입선
③ 연접 인입선   ④ 옥측 배선

풀이 연접 인입선 : 한 수용장소의 인입선에서 분기하여 지지물을 거치지 않고 다른 수용 장소의 인입구에 이르는 부분의 전선   답 ③

89 흥행장의 저압 전기설비공사로 무대·무대마루 밑·오케스트라 박스·영사실 기타 사람이나 무대 도구가 접촉할 우려가 있는 곳에 시설하는 저압 옥내배선·전구선 또는 이동전선은 사용전압이 몇 [V] 이하이어야 하는가?

① 100 ② 200 ③ 300 ④ 400

풀이 242.6 전시회, 쇼 및 공연장의 전기설비
  무대·무대마루 밑·오케스트라 박스·영사실 기타 사람이나 무대 도구가 접촉할 우려가 있는 곳에 시설하는 저압 옥내배선, 전구선 또는 이동전선은 사용전압이 400[V] 이하이어야 한다.   답 ④

90 다음 중 고압가공인입선의 시설방법으로 옳지 않은 것은?

① 고압가공인입선 아래 위험 표시를 하고 지표상 3.5[m] 높이에 시설하였다.
② 전선은 지름이 5[mm]의 경동선의 고압 절연전선을 사용하였다.
③ 애자공사로 시설하였다.
④ 15[m] 떨어진 다른 수용가에 고압 연접 입선을 시설하였다.

풀이 331.12.1 고압 가공인입선의 시설
　가. 고압 가공인입선의 전선
　　① 인장강도 8.01[kN] 이상의 고압 절연전선, 특고압 절연전선
　　② 지름 5[mm] 이상의 경동선의 고압 절연전선, 특고압 절연전선
　나. 고압 가공인입선의 높이는 지표상 5[m]로 하여야 한다. 그러나 그 고압 가공인입선이 케이블 이외의 것인 때에는 그 전선의 아래쪽에 위험 표시를 하면 고압 가공인입선의 높이는 지표상 3.5[m] 까지로 감할 수 있다.
　다. 횡단보도교의 위에 시설하는 경우에는 그 노면상 3.5[m] 이상
　라. 고압 연접인입선은 시설하여서는 아니 된다.
　　① 인장강도 8.01[kN] 이상의 고압절연전선 또는 5[mm] 이상의 경동선 사용
　　② 고압가공 인입선의 높이 3.5[m]까지 감할 수 있다. (전선의 아래쪽에 위험표시를 할 경우)
　　③ 고압 연접 인입선은 시설하여서는 안 된다.
답 ④

91 가공전선로의 지지물에 취급자가 오르고 내리는데 사용하는 발판 볼트 등은 일반적으로 지표상 몇 [m] 미만에 사설하여서는 아니 되는가?
① 1.2　② 1.5
③ 1.8　④ 2.0

풀이 331.4 가공전선로 지지물의 철탑오름 및 전주오름 방지
가공전선로의 지지물에 취급자가 오르고 내리는데 사용하는 발판 볼트 등을 지표상 1.8[m] 미만에 시설하여서는 아니 된다.
답 ③

92 특고압가공전선로 중 지지물로 직선형의 철탑을 연속하여 10기 이상 사용하는 부분에는 몇 기 이하마다 내장 애자 장치가 있는 철탑 또는 이와 동등 이상의 강도를 가지는 철탑 1기를 시설하여야 하는가?
① 1　② 3
③ 5　④ 10

풀이 333.16 특고압 가공전선로의 내장형 등의 지지물 시설
특고압 가공전선로 중 지지물로서 직선형의 철탑을 연속하여 10기 이상 사용하는 부분에는 10기 이하마다 장력에 견디는 애자장치가 되어 있는 철탑 또는 이와 동등 이상의 강도를 가지는 철탑 1기를 시설하여야 한다.
답 ④

93 방전등용 안정기로부터 방전관까지의 전로를 무엇이라고 하는가?
① 소세력 회로
② 관등회로
③ 근접회로
④ 약전류회로

풀이 112 용어 정의
"관등회로"란 방전등용 안정기 또는 방전등용 변압기로부터 방전관까지의 전로를 말한다.
답 ②

94 고압용 또는 특고압용 개폐기를 시설할 때 반드시 조치하지 않아도 되는 것은?
① 작동 시에 개폐상태가 쉽게 확인될 수 없는 경우에는 개폐상태를 표시하는 장치
② 중력 등에 의하여 자연히 작동할 우려가 있는 것은 자물쇠 장치 기타 이를 방지하는 장치
③ 고압용 또는 특고압용이라는 위험 표시
④ 부하전류의 차단용이 아닌 것은 부하전류가 통하고 있을 경우에 개로(開路) 할 수 없도록 시설

풀이 341.10 개폐기의 시설
　가. 전로 중에 개폐기를 시설하는 경우에는 그곳의 각 극에 설치하여야 한다.
　나. 고압용 또는 특고압용의 개폐기는 그 작동에 따라 그 개폐상태를 표시하는 장치가 되어 있는 것이어야 한다.
　다. 고압용 또는 특고압용의 개폐기로서 중력 등에 의하여 자연히 작동할 우려가 있는 것은 자물쇠장치 기타 이를 방지하는 장치를 시설하여야 한다.
　라. 고압용 또는 특고압용의 개폐기로서 부하전류를 차단하기 위한 것이 아닌 개폐기는 부하전류가 통하고 있을 경우에는 개로할 수 없도록 시설하여야 한다. 다만, 다음의 경우에는 예외로 한다.
　　① 개폐기를 조작하는 곳의 보기 쉬운 위치에 부하전류의 유무를 표시한 장치
　　② 전화기 기타의 지령 장치를 시설
　　③ 터블렛 등을 사용함으로서 부하전류가 통하고 있을 때에 개로조작을 방지하기 위한 조치를 하는 경우는 그러하지 아니하다.
답 ③

95 66[kV] 가공전선과 6[kV] 가공전선을 동일 지지물에 병행설치하는 경우에 특고압가공전선은 케이블인 경우를 제외하고는 단면적이 몇 [mm²] 이상인 경동연선을 사용하여야 하는가?

① 22
② 38
③ 50
④ 100

풀이 333.17 특고압 가공전선과 저고압 가공전선 등의 병행설치
사용전압이 35[kV]을 초과하고 100[kV] 미만인 특고압 가공전선과 저압 또는 고압 가공전선을 동일 지지물에 시설하는 경우에는 다음에 따라 시설하여야 한다.
가. 특고압 가공전선로는 제2종 특고압 보안공사에 의할 것.
나. 특고압 가공전선은 케이블인 경우를 제외하고는 인장강도 21.67[kN] 이상의 연선 또는 **단면적이 50 [mm²] 이상**인 경동연선일 것.
다. 특고압 가공전선로의 지지물은 철주·철근 콘크리트주 또는 철탑일 것

답 ③

> 출제기준 변경 및 개정된 관계 법규에 따라 삭제된 문제가 있어 20문항이 안됩니다.

2007 기출문제

Industrial Engineer Electricity

동일출판사 홈페이지에서
무료 동영상강의를 보실 수 있습니다.

2007년 1회

20년간 전기산업기사필기

동일출판사 홈페이지에서 무료 동영상강의를 보실 수 있습니다.

1과목 - 전기자기

01 도체계에서의 전위 계수의 성질로 옳지 않은 것은?
① $P_{rr} \geq P_{rs}$ ② $P_{rr} < 0$
③ $P_{rs} \geq 0$ ④ $P_{rs} = P_{sr}$

풀이 전위 계수의 성질
- $P_{rr} > 0$ • $P_{rr} \geq P_{rs}$
- $P_{rs} \geq 0$ • $P_{rs} = P_{sr}$

답 ②

02 강자성체의 자속밀도 B의 크기와 자화의 세기 J의 크기를 비교할 때 옳은 것은?
① J는 B보다 약간 크다.
② J는 B보다 약간 작다.
③ J는 B보다 대단히 크다.
④ J는 B보다 대단히 작다.

풀이

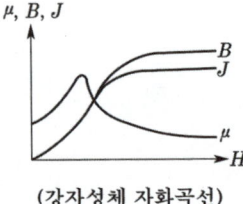

(강자성체 자화곡선)

강자성체는 $\mu_s \gg 1$이므로 $J = \dfrac{\mu_s - 1}{\mu_s} B$ 에서

$\dfrac{\mu_s - 1}{\mu_s}$ 은 1보다 약간 작으므로

J도 B보다 약간 작다.   **답** ②

03 그림과 같은 정전용량이 C_0[F]되는 평행판 공기 콘덴서의 판면적의 $\dfrac{2}{3}$ 되는 공간에 비유전율 ϵ_s인 유전체를 채우면 공기 콘덴서의 정전용량은 몇 [F]인가?

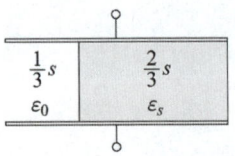

① $\dfrac{2\epsilon_s}{3} C_0$ ② $\dfrac{3}{1+2\epsilon_s} C_0$
③ $\dfrac{1+\epsilon_s}{3} C_0$ ④ $\dfrac{1+2\epsilon_s}{3} C_0$

풀이

$C_1 = \dfrac{\epsilon_0 \left(\dfrac{1}{3} S\right)}{d} = \dfrac{1}{3} C_0$,

$C_2 = \dfrac{\epsilon_0 \epsilon_s \left(\dfrac{2}{3} S\right)}{d} = \dfrac{2}{3} \epsilon_s C_0$

C_1, C_2는 병렬접속이므로

$C_t = C_1 + C_2 = \dfrac{1+2\epsilon_s}{3} C_0$ **답** ④

04 어느 점전하에 의하여 생기는 전위를 처음 전위의 $\dfrac{1}{2}$이 되게 하려면 전하로부터의 거리를 몇 배로 하면 되는가?
① $\dfrac{1}{\sqrt{2}}$ ② $\dfrac{1}{2}$
③ $\sqrt{2}$ ④ 2

풀이 전위 $V = 9 \times 10^9 \dfrac{Q}{r}$[V]에서
전위는 거리에 반비례한다.
따라서 거리를 2배하면 전위는 $\dfrac{1}{2}$배가 된다.   **답** ②

05 10[A]가 흐르는 1[m] 간격의 평행 도체 사이의 1[m]당 작용하는 힘[N/m]은?
① 1   ② 10^{-5}
③ 2×10^{-5} ④ 2×10^{-7}

풀이 평행 도체 사이에 작용하는 힘

$F = \dfrac{2I_1 I_2}{r} \times 10^{-7} \text{[N/m]}$ 에서

$F = \dfrac{2 \times 10 \times 10}{1} \times 10^{-7} = 2 \times 10^{-5} \text{[N]}$

답 ③

06 반지름 a[m]되는 접지 도체구의 중심에서 d[m]되는 거리에 점전하 Q[C]을 놓았을 때 도체구에 유도된 총 전하는 몇 [C]인가?

① 0
② $-Q$
③ $-\dfrac{a}{d}Q$
④ $-\dfrac{d}{a}Q$

풀이 점 P'의 영상 전하는 도체에 유기되는 전하를 대표할 수 있으므로 그 값은 $Q' = -\dfrac{a}{d}Q$[C]이고(실제로 유기된 구도체상의 전하밀도는 불균일) 중심으로부터의 거리 $\overline{OP'} = \dfrac{a^2}{d}$[m]이다.

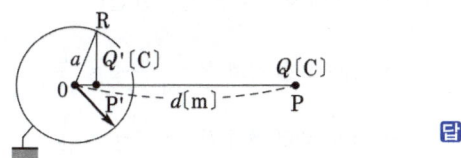

답 ③

07 도체의 고유 저항과 관계없는 것은?

① 온도
② 길이
③ 단면적
④ 단면적의 모양

풀이 고유 저항 $\rho = \rho_0(1+\alpha T)$, $R = \rho \dfrac{l}{S}$

여기서, T : 온도변화($\triangle t$)
l : 길이, S : 단면적

답 ④

08 자극의 세기가 4×10^{-6}[Wb], 길이가 20[cm]인 막대자석을 150[AT/m]의 평등자계 내에 자계와 60°로 놓았을 때 자석이 받는 회전력은 몇 [N·m]인가?

① $3\sqrt{3} \times 10^{-4}$
② $6\sqrt{3} \times 10^{-4}$
③ $3\sqrt{3} \times 10^{-5}$
④ $6\sqrt{3} \times 10^{-5}$

풀이 $T = MH\sin\theta = mlH\sin\theta$
$= 4 \times 10^{-6} \times 0.2 \times 150 \times \sin 60°$
$= 6\sqrt{3} \times 10^{-5}$[N·m]

답 ④

09 전기력선의 성질이 아닌 것은?

① 정전하에서 시작하여 부전하에서 끝난다.
② 전기력선은 자신만으로 폐곡선을 만든다.
③ 전위가 높은 점에서 낮은 점으로 향한다.
④ 도체 내부에는 전기력선이 존재하지 않는다.

풀이 전기력선의 성질은 다음과 같다.
① 전기력선은 정전하에서 시작하여 부전하에서 그친다.
② 전하가 없는 곳에서는 전기력선의 발생, 소멸이 없고 연속적이다.
③ 전위가 높은 점에서 낮은 점으로 향한다.
④ 그 자신만으로 폐곡선이 되는 일은 없다.
⑤ 전계가 0이 아닌 곳에서는 2개의 전기력선은 교차하지 않는다.
⑥ 도체내부에는 전기력선이 없다.
⑦ 수직 단면의 전기력선 밀도는 전계의 세기이고 (1[개/m²]=1[N/C]), 전기력선의 접선 방향은 전계의 방향이다.
⑧ 도체면(등전위면)에서 전기력선은 수직으로 출입한다.
⑨ 단위 전하 ±1[C]에서는 $1/\epsilon_0$개의 전기력선이 출입한다.

답 ②

10 다음 중 정전계의 설명으로 옳은 것은?

① 전계 에너지가 최소로 되는 전하분포의 전계이다.
② 전계 에너지가 최대로 되는 전하분포의 전계이다.
③ 전계 에너지가 항상 0인 전기장을 말한다.
④ 전계 에너지가 항상 ∞인 전기장을 말한다.

풀이 ① 전계(전기장, 전장) : 전기력이 미치는 공간을 말한다.
② 정전계 : 전계 에너지가 최소로 되는 전하 분포의 전계

답 ①

11 15[℃]의 물 4[l]를 용기에 넣어 1[kW]의 전열기로 가열하여 물의 온도를 90[℃]로 올리는데 30분이 필요하였다. 이 전열기의 효율은 약 몇 [%]인가?

① 50
② 60
③ 70
④ 80

풀이 전열기 용량 $P = \dfrac{Cm\theta}{860\eta t}$ [kW]에서

$$1 = \dfrac{1 \times 4 \times (90-15)}{860\eta \times 0.5}$$ 이므로

$$\therefore \eta = \dfrac{1 \times 4 \times (90-15)}{860 \times 1 \times 0.5} = 0.697 \fallingdotseq 70[\%]$$

답 ③

12 안테나에서 파장 20[cm]의 평면파가 자유 공간에 전파될 때 발신 주파수는 몇 [MHz]인가?

① 1500 ② 800
③ 750   ④ 100

풀이 $v = f\lambda \rightarrow f = \dfrac{v}{\lambda}$

v(전파 속도) $= C_0 = 3 \times 10^8$ [m/s]
λ(파장) $= 0.2$ [m]이므로

$$\therefore f = \dfrac{v}{\lambda} = \dfrac{3 \times 10^8}{0.2} \text{[Hz]} = \dfrac{3 \times 10^8}{0.2} \times 10^{-6} \text{[MHz]}$$
$$= 1500 \text{[MHz]}$$

답 ①

13 전류에 대한 설명 중 옳지 않은 것은?

① 전하의 이동이다.
② 1[V/s]를 1[A]로 한다.
③ 전하가 전계 방향으로 평균 속도 v로 이동함에 따라 생기는 전류를 드리프트 전류라 한다.
④ div $i = 0$은 전류의 연속성이라 한다.

풀이 전류 $I = \dfrac{Q}{t}$ [C/s]이므로 1초당 이동한 전하량으로 정의된다. 따라서 1[A] = 1[C/s]가 된다. **답** ②

14 유전율이 각각 ϵ_1, ϵ_2인 두 유전체가 접해 있다. 각 유전체 중의 전계 및 전속밀도가 각각 E_1, D_1 및 E_2, D_2이고, 경계면에 대한 입사각 및 굴절각이 θ_1, θ_2일 때 경계 조건으로 옳은 것은?

① $\dfrac{E_2}{E_1} = \dfrac{\sin\theta_2}{\sin\theta_1}$

② $\dfrac{\cos\theta_2}{\cos\theta_1} = \dfrac{D_2}{D_1}$

③ $\dfrac{\tan\theta_2}{\tan\theta_1} = \dfrac{\epsilon_2}{\epsilon_1}$

④ $\tan\theta_2 - \tan\theta_1 = \epsilon_1 \epsilon_2$

풀이
- 전속밀도의 법선성분(수직 성분)이 같다.
  ($D_1 \cos\theta_1 = D_2 \cos\theta_2$)
- 전계는 접선성분(평행 성분)이 같다.
  ($E_1 \sin\theta_1 = E_2 \sin\theta_2$)
- 두 경계면에서의 전위는 서로 같다. ($V_1 = V_2$)
- $\epsilon_1 > \epsilon_2$이면, $\theta_1 > \theta_2$이다.
- $\dfrac{\tan\theta_1}{\tan\theta_2} = \dfrac{\epsilon_1}{\epsilon_2}$

답 ③

15 다음 중 거리 r에 반비례하는 전계의 세기를 가진 것은?

① 점전하   ② 구전하
③ 전기쌍극자   ④ 선전하

풀이
- 점전하에 의한 전계 $E = \dfrac{Q}{4\pi\epsilon_0 r^2} \propto \dfrac{1}{r^2}$
- 구전하에 의한 전계 $E = \dfrac{Q}{4\pi\epsilon_0 r^2} \propto \dfrac{1}{r^2}$
- 전기쌍극자에 의한 전계
  $E = \dfrac{M\sqrt{1+3\cos^2\theta}}{4\pi\epsilon_0 r^3} \propto \dfrac{1}{r^3}$
- 선전하에 의한 전계
  $E = \dfrac{\lambda}{2\pi\epsilon_0 r} \propto \dfrac{1}{r}$

답 ④

16 자유 공간에 있어서 변위전류가 만드는 것은?

① 전계   ② 투자율
③ 유전율 ④ 자계

풀이 rot $\boldsymbol{H} = \boldsymbol{J} + i_d$
여기서, $\boldsymbol{J}$: 전도 전류밀도
i_d : 변위전류밀도
자유 공간에서 전도 전류밀도 $\boldsymbol{J} = 0$ 이므로 변위전류밀도 $i_d = $ rot $\boldsymbol{H}$ 가 된다.
따라서 변위전류는 회전자계를 형성시킨다. **답** ④

17 벡터 $A = 2i - 6j - 3k$ 와 $B = 4i + 3j - k$ 에 수직한 단위 벡터는?

① $\pm\left(\dfrac{3}{7}i - \dfrac{2}{7}j + \dfrac{6}{7}k\right)$

② $\pm\left(\dfrac{3}{7}i + \dfrac{2}{7}j - \dfrac{6}{7}k\right)$

③ $\pm\left(\dfrac{3}{7}i - \dfrac{2}{7}j - \dfrac{6}{7}k\right)$

④ $\pm\left(\dfrac{3}{7}i + \dfrac{2}{7}j + \dfrac{6}{7}k\right)$

풀이 벡터적의 정의를 이용하면 $A \times B = |A \times B| n$
(n : 법선 벡터이므로 A와 B에 수직인 단위 벡터)

$n = \dfrac{A \times B}{|A \times B|} = \dfrac{\begin{vmatrix} i & j & k \\ 2 & -6 & -3 \\ 4 & 3 & -1 \end{vmatrix}}{|A \times B|}$

$= \dfrac{15i - 10j + 30k}{\sqrt{15^2 + (-10)^2 + 30^2}}$

$= \dfrac{1}{35}(15i - 10j + 30k) = \dfrac{3}{7}i - \dfrac{2}{7}j + \dfrac{6}{7}k$

법선 벡터 n의 부(-)의 벡터도 벡터 A와 B에 수직이 되므로

$n = \pm\left(\dfrac{3}{7}i - \dfrac{2}{7}j + \dfrac{6}{7}k\right)$ 가 된다. **답** ①

18 권수 600회, 평균 직경 20[cm], 단면적 10 [cm²]의 환상 솔레노이드 내부에 비투자율 800의 철심이 들어 있다. 여기에 1[A]의 전류를 흘린다면 철심 중의 자속은 몇 [Wb]인가?

① 9.6×10^{-2}
② 9.6×10^{-3}
③ 9.6×10^{-4}
④ 9.6×10^{-5}

풀이 환상 솔레노이드의 내부 자속

$\phi = BS = \mu HS = \mu \cdot \dfrac{NI}{2\pi r} S$

$\mu = \mu_0 \mu_s = 4\pi \times 10^{-7} \times 800$, $N = 600$[회],
$I = 1$[A], $S = 10 \times 10^{-4}$[m²], $r = 0.1$[m]

$\therefore \phi = \dfrac{4\pi \times 10^{-7} \times 800 \times 600 \times 1 \times 10 \times 10^{-4}}{2\pi \times 0.1}$

$= 9.6 \times 10^{-4}$[Wb] **답** ③

19 맥스웰(Maxwell)의 전자방정식 중 성립하지 않는 식은?

① $\text{div } D = \rho$
② $\text{div } B = 0$
③ $\text{rot } E = \dfrac{\partial B}{\partial t}$
④ $H = J + \dfrac{\partial D}{\partial t}$

풀이 $\text{rot } E = -\dfrac{\partial B}{\partial t}$ **답** ③

20 자장 중에서 도선에 발생되는 유기기전력의 방향은 어떤 법칙에 의하여 설명되는가?

① 패러데이(Faraday)의 법칙
② 암페어(Ampere)의 오른나사 법칙
③ 렌츠(Lenz)의 법칙
④ 가우스(Gauss)의 법칙

풀이
• 렌츠의 법칙(Lenz's Law) : 유기기전력의 방향을 결정
• 패러데이 법칙(Faraday's Law) : 유기기전력의 크기를 결정 **답** ③

2과목 - 전력공학

21 그림과 같은 열 사이클은?

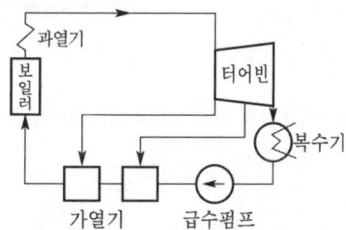

① 랭킨 사이클
② 재생 사이클
③ 재열 사이클
④ 재생 재열 사이클

풀이 터빈에서 증기 팽창 도중 증기의 일부를 추출하여 급수 가열에 이용되는 것을 재생 사이클이라 한다. **답** ②

22 다음 중 조상설비가 아닌 것은?

① 동기조상기
② 진상 콘덴서
③ 상순 표시기
④ 분로 리액터

풀이 상순 표시기 : 전원 공급의 상순을 표시하는 기기

답 ③

23 조압수조 중 서징의 주기가 가장 빠른 것은?
① 제수공 조압수조 ② 수실 조압수조
③ 차동 조압수조 ④ 단동 조압수조

풀이 수조 내부에 수로 단면적의 70~100[%]의 단면을 갖는 라이저(riser)를 세워서 수로와 직결함과 동시에 수로와 수조를 포트로 연결한 구조를 차동조압수조(differential surge tank)라 하며, 서징 주기 및 수격의 감쇠가 빠르고 수조 용량도 단동식의 50[%] 정도면 된다는 특징이 있다.

답 ③

24 그림과 같은 3상 발전기가 있다. a상이 지락한 경우 지락전류는 어떻게 표현되는가?
단, Z_0 : 영상 임피던스, Z_1 : 정상 임피던스, Z_2 : 역상 임피던스이다.

① $\dfrac{E_a}{Z_0 + Z_1 + Z_2}$

② $\dfrac{3E_a}{Z_0 + Z_1 + Z_2}$

③ $\dfrac{-Z_0 E_a}{Z_0 + Z_1 + Z_2}$

④ $\dfrac{2Z_2 E_a}{Z_1 + Z_2}$

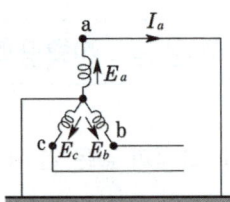

풀이 대칭좌표법과 발전기의 기본식을 이용하여 풀면

$I_0 = I_1 = I_2 = \dfrac{E_a}{Z_0 + Z_1 + Z_2}$

$\therefore I_a = I_0 + I_1 + I_2 = 3I_0 = \dfrac{3E_a}{Z_0 + Z_1 + Z_2}$

답 ②

25 유효 낙차 50[m]에서 출력 7500[kW]의 수차가 있다. 유효 낙차가 2.5[m]만큼 낮아졌을 때 출력은 약 몇 [kW]가 되는가? (단, 수차의 수구개도는 일정하며, 효율의 변화는 무시하기로 한다.)
① 6650 ② 6755
③ 6850 ④ 6945

풀이
- 출력을 P, 사용 수량을 Q, 유효 낙차를 H라고 하면 $P = 9.8QH\eta$이므로 $P \propto QH$
- 수차에 유입하는 물의 유속 $v = C\sqrt{2gH}$ 에서 $v \propto H^{\frac{1}{2}}$
- $Q = Av$ 에서 안내 날개의 개도 A는 일정하므로 $Q \propto v \propto H^{\frac{1}{2}}$

그러므로 $P \propto QH \propto H^{\frac{3}{2}}$
여기서, P_1 : 낙차 변화 전의 출력[kW]
P_2 : 낙차 변화 후의 출력[kW]
H_1 : 변화 전의 낙차
H_2 : 변화 후의 낙차라고 하면

$\therefore P_2 = P_1 \left(\dfrac{H_2}{H_1}\right)^{3/2} = 7500 \left(\dfrac{50 - 2.5}{50}\right)^{3/2}$
$= 7500 \times 0.93 = 6944.6 [kW]$

답 ④

26 송전선로에서 단선 고장 시 이상전압이 가장 큰 접지방식은?
① 비접지방식
② 직접 접지방식
③ 소호 리액터 접지방식
④ 저항 접지방식

풀이 소호 리액터 접지방식은 지락전류는 가장 적고 이상전압 발생은 가장 크다.

답 ③

27 원자로의 감속재로 사용하기에 적당치 않은 것은?
① 중수 ② 경수 ③ 흑연 ④ 납

풀이 감속재로서는 중성자 흡수가 적고 탄성산란에 의해 감속되는 정도가 큰 것이 좋으며 중수, 경수, 산화베릴륨, 흑연 등이 사용된다. 또한 감속재의 성질인 감속능(slowing down power)과 감속비(moderating ratio)의 값이 클수록 감속재로서 우수하다.

답 ④

28 송전단에서 전류가 동일하고 배전선에 리액턴스를 무시하면 배전선 말단에 단일부하가 있을 때의 전력손실은 배전선에 따라 균등한 부하가 분포되어 있는 경우의 전력손실에 비하여 몇 배나 되는가?

① $\dfrac{1}{2}$ ② 2 ③ $\dfrac{1}{3}$ ④ 3

풀이 집중 부하와 분산부하

구분	전력손실	전압강하
말단에 집중 부하	$I^2 r L$	IrL
균등 분포 부하	$\frac{1}{3}I^2 r L$	$\frac{1}{2}IrL$

여기서, I : 전선의 전류
  r : 전선 단위 길이당 저항
  L : 전선의 길이 **답** ④

29 양수 발전의 주된 목적으로 옳은 것은?
① 연간 발전량을 증가시키기 위하여
② 연간 평균 손실전력을 줄이기 위하여
③ 연간 발전 비용을 감소시키기 위하여
④ 연간 수력발전량을 증가시키기 위하여

풀이 양수 발전은 심야 또는 경부하 시 발전 단가가 낮은 잉여 전력을 사용하여 낮은 곳에 있는 물을 높은 곳으로 퍼올렸다가 첨두부하시에 양수된 물로 발전하는 것으로 연간 발전 비용을 감소시키는 데 목적을 두고 있다. **답** ③

30 송전선로에서 연가를 하는 주된 목적은?
① 유도뢰의 방지   ② 직격뢰의 방지
③ 선로의 미관상   ④ 선로정수의 평형

풀이 연가는 선로정수를 평형시키고 통신선의 유도장해를 방지하기 위하여 선로를 3배수 등분하여 실시하며 특징은 다음과 같다.
① 선로정수 평형
② 직렬공진 방지
③ 유도장해 감소 **답** ④

31 다음 중 플리커 예방을 위한 수용가 측의 대책이 아닌 것은?
① 공급전압을 승압한다.
② 전원 계통에 리액터분을 보상한다.
③ 전압강하를 보상한다.
④ 부하의 무효전력 변동분을 흡수한다.

풀이 플리커 경감 대책
1) 전력 공급측에서 실시
  ① 전용 계통으로 공급
  ② 단락 용량이 큰 계통에서 공급
  ③ 전용 변압기로 공급

④ 공급전압을 승압
2) 수용가 측에서의 대책
  ① 전원 계통에 리액터 분을 보상
  ② 전압강하를 보상
  ③ 부하의 무효전력 변동분을 흡수
  ④ 플리커 부하전류의 변동분을 억제 **답** ①

32 총 단면적이 같은 경우 단도체와 비교할 때 복도체의 이점으로 옳지 않은 것은?
① 정전용량이 증가한다.
② 안전 전류가 증가한다.
③ 송전 전력이 증가한다.
④ 코로나 임계전압이 낮아진다.

풀이 복도체의 장점
① 선로의 인덕턴스 감소
② 선로의 정전용량 증가
③ 선로의 송전용량 증가
④ 안정도 증가
⑤ 코로나 임계전압 증가 **답** ④

33 열효율 35[%]의 화력발전소에서 발열량 6000 [kcal/kg]의 석탄을 이용한다면 1[kWh]를 발전하는데 필요한 석탄량은 약 몇 [kg]인가?
① 0.41   ② 0.82
③ 1.23   ④ 2.42

풀이 화력발전소 열효율 $\eta = \dfrac{860W}{mH} \times 100[\%]$

∴ 연료 소비량 $m = \dfrac{860W}{\eta H} = \dfrac{860 \times 1}{0.35 \times 6000}$
  $= 0.41[kg]$ **답** ①

34 피뢰기의 정격전압이란?
① 상용 주파수의 방전 개시 전압
② 속류를 차단할 수 있는 최고의 교류전압
③ 방전을 개시할 때 단자전압의 순시값
④ 충격 방전 전류를 통하고 있을 때 단자전압

풀이 피뢰기 정격전압
• 속류를 차단하는 교류 최고 전압을 말한다.
• 피뢰기의 양 단자 사이에 인가할 수 있는 상용 주파수의 최대 전압의 실효값을 말한다. **답** ②

35 전력계통의 안정도 향상 대책으로 옳은 것은?
① 송전 계통의 전달 리액턴스를 증가시킨다.
② 재폐로방식을 사용한다.
③ 전원측 원동기용 조속기의 부동 시간을 크게 한다.
④ 고장을 줄이기 위해 각 계통을 분리시킨다.

풀이 안정도 향상 대책
① 계통의 직렬 리액턴스 감소
② 전압변동률을 적게 한다. (속응여자방식 채용, 계통의 연계, 중간 조상 방식)
③ 계통에 주는 충격을 적게 한다. (적당한 중성점접지 방식, 고속차단방식, 재폐로방식)
④ 고장 중의 발전기 돌입 출력의 불평형을 적게 한다.
답 ②

36 송전 거리가 50[km], 송전 전력 5000[kW]일 때 경제적인 송전 전압은 몇 [kV] 정도가 적당한가? 단, Still 식에 의하여 구한다.
① 29 ② 39 ③ 49 ④ 59

풀이 Still 식
$V_s = 5.5\sqrt{0.6 \times l + 0.01 \times P}$
$= 5.5\sqrt{0.6 \times 50 + 0.01 \times 5000}$
$= 49.1[kV]$
답 ③

37 수전단을 단락한 경우 송전단에서 본 임피던스 300[Ω]이고 수전단을 개방한 경우에는 1200[Ω]일 때 이 선로의 특성 임피던스는 몇 [Ω]인가?
① 300 ② 500 ③ 600 ④ 800

풀이 수전단을 단락한 경우 $Z = 300[\Omega]$
수전단을 개방한 경우 $Y = \dfrac{1}{1200}[\mho]$이므로
$\therefore Z_0 = \sqrt{\dfrac{Z}{Y}} = \sqrt{\dfrac{300}{1/1200}} = 600[\Omega]$
답 ③

38 정격용량 20,000[kVA], %임피던스 8[%]인 3상 변압기가 2차 측에서 3상 단락되었을 때 단락 용량은 몇 [MVA]은?
① 160 ② 200 ③ 250 ④ 320

풀이 단락 용량
$P_s = \dfrac{100}{\%Z}P_n = \dfrac{100}{8} \times 20,000$
$= 250,000[kVA] = 250[MVA]$
답 ③

39 전주 사이의 경간이 50[m]인 가공전선로에서 전선 1[m]의 하중이 0.37[kg], 전선의 딥이 0.8[m]라면 전선의 수평 장력은 몇 [kg]인가?
① 80 ② 120 ③ 145 ④ 165

풀이 $D = \dfrac{WS^2}{8T}$ 에서
$T = \dfrac{WS^2}{8D} = \dfrac{0.37 \times 50^2}{8 \times 0.8} = \dfrac{0.37 \times 2500}{6.4}$
$= 144.53[kg]$
답 ③

40 역률 개선을 통해 얻을 수 있는 효과로 옳지 않은 것은?
① 전력손실의 경감
② 설비용량의 여유분 증가
③ 전압강하의 경감
④ 고조파 제거

풀이 역률 개선의 효과
• 전력손실 경감
• 전압강하 경감
• 설비용량의 여유분 증가
• 전력 요금의 절약
답 ④

3과목 - 전기기기

41 동기발전기의 전기자 권선을 단절권으로 하면 어떤 효과가 있는가?
① 고조파가 제거된다.
② 절연이 잘 된다.
③ 병렬운전이 가능해진다.
④ 코일단이 증가한다.

풀이 단절권의 특징
① 고조파를 제거하여 기전력의 파형을 좋게 하고

② 자기 인덕턴스 감소
③ 동량 절약
④ 유기기전력 감소   답 ①

42 단상 직권 정류자 전동기의 회전속도를 높게 하였을 때 나타나는 주된 현상으로 옳은 것은?

① 리액턴스 강하가 크게 된다.
② 전기자에 유도되는 역기전력이 적게 된다.
③ 역률이 개선된다.
④ 병렬회로수가 증가한다.

풀이 단상 직권 정류자 전동기는 회전속도에 비례하는 기전력이 전류와 동상으로 유기되어 **속도가 증가할수록 역률이 개선된다.**   답 ③

43 다음 중 3상 동기기의 제동 권선의 주된 설치 목적은?

① 출력을 증가시키기 위하여
② 효율을 증가시키기 위하여
③ 역률을 개선하기 위하여
④ 난조를 방지하기 위하여

풀이 회전 자극 표면에 설치한 유도전동기의 농형 권선과 같은 권선으로서 회전자가 동기속도로 회전하고 있는 동안에는 전압을 유도하지 않으므로 아무런 작용이 없다. 그러나 조금이라도 동기속도를 벗어나면 전기자 자속을 끊어 전압이 유도되어 단락전류가 흐르므로 동기속도로 되돌아가게 된다. 즉, 진동 에너지를 열로 소비하여 진동을 방지한다. 이 **제동 권선은 난조 방지에 쓰인다.**   답 ④

44 직류분권발전기가 있다. 극 당 자속 0.01[Wb], 도체수 400, 회전수 600[rpm]인 6극 직류기의 유기기전력은 몇 [V]인가? (단, 병렬회로수는 2이다.)

① 100   ② 120
③ 140   ④ 160

풀이 조건에서 병렬회로수는 2라고 하였으므로
∴ $E = \dfrac{p}{a} Z\phi \dfrac{N}{60} = \dfrac{6}{2} \times 400 \times 0.01 \times \dfrac{600}{60}$
   $= 120[V]$ 답 ②

45 유도전동기의 소음 중 전기적인 소음이 아닌 것은?

① 고조파 자속에 의한 진동음
② 슬립 비트 음
③ 기본파 자속에 의한 진동음
④ 팬 음

풀이 유도전동기의 소음을 계통적으로 분류하여 보면 다음과 같다.
① 전기적 소음 : 기본파 자속에 의한 진동음, 고조파 자속에 의한 진동음, 슬립 비트 음
② 기계적 소음 : 언밸런스에 의한 진동음, 베어링 음, 브러시 음
③ 통풍음 : 팬 음, 덕트 음   답 ④

46 직류기의 정류 작용에서 전압 정류를 하고자 한다. 어떻게 하여야 하는가?

① 계자를 이동시킨다.
② 보극을 설치한다.
③ 탄소 브러시를 단락시킨다.
④ 환상 권선을 분리시킨다.

풀이 **전압 정류는 보극을 설치**하여 정류 코일 내에 유기되는 리액턴스 전압과 반대 방향으로 정류 전압을 유기시켜 양호한 정류를 할 수 있다. 탄소 브러시의 사용은 저항 정류의 역할을 함   답 ②

47 2000/100[V], 10[kVA] 변압기의 1차 환산 등가 임피던스가 $6.2 + j7[\Omega]$이라면 % 임피던스 강하는 약 몇 [%]인가?

① 2.34   ② 3.25   ③ 4.14   ④ 5.25

풀이 $Z = \sqrt{6.2^2 + 7^2} = 9.35[\Omega]$
%$Z = \dfrac{ZP}{10V^2} = \dfrac{9.35 \times 10}{10 \times 2^2} = 2.34[\%]$ 답 ①

48 동기발전기의 병렬운전에 필요한 조건이 아닌 것은?

① 기전력의 주파수가 같을 것
② 기전력의 위상이 같을 것
③ 임피던스 및 상회전 방향과 각 변위가 같을 것
④ 기전력의 크기가 같을 것

풀이 동기발전기의 병렬운전 조건
① 기전력의 크기가 같을 것
② 기전력의 위상이 같을 것
③ 기전력의 주파수가 같을 것
④ 기전력의 파형 크기가 같을 것
⑤ 상회전 방향이 같을 것 **답** ③

49 가동 복권 발전기의 내부 결선을 바꾸어 직권 발전기로 사용하려면?

① 직권 계자를 단락시킨다.
② 분권 계자를 개방시킨다.
③ 직권 계자를 개방시킨다.
④ 외분권 복권형으로 한다.

풀이 • 복권 발전기의 분권 계자를 개방 : 직권 발전기로 사용
• 복권 발전기의 직권 계자를 단락 : 분권발전기로 사용 **답** ②

50 출력이 50[kW]인 3상 농형 유도전동기를 기동하려고 할 때 다음 중 가장 적당한 기동법은?

① Y-△ 기동법
② 저항 기동법
③ 전전압 기동법
④ 기동 보상기법

풀이 유도전동기 기동법
① 전전압 기동법(5[kW] 이하 소형)
② 리액터 기동법(기동전류를 제한하고자 할 때)
③ Y-△ 기동법(5~15[kW] 정도)
④ 기동 보상기법(15[kW] 이상) **답** ④

51 직류기에서 전기자 반작용을 방지하기 위한 보상 권선의 전류 방향은?

① 전기자 전류의 방향과 같다.
② 전기자 전류의 방향과 반대이다.
③ 계자전류의 방향과 같다.
④ 계자전류의 방향과 반대이다.

풀이

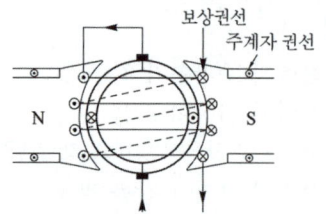

보상권선은 전기자 전류의 기전력을 상쇄하기 위하여 주자극의 자극편에 슬롯을 만들어 그림과 같이 전기자 전류와 반대방향으로 전류가 흐르게 한다. 보상권선을 설치하면 브러시를 기하학적 중성축에 놓는다. **답** ②

52 슈라게 전동기는 다음 중 어디에 속하는가?

① 단상 직권 정류자 전동기
② 단상 반발 전동기
③ 3상 직권 정류자 전동기
④ 3상 분권 정류자 전동기

풀이 3상 분권 정류자 전동기(three phase shunt commutator motor)는 여러 가지 종류가 있으나, 그 중에서 가장 많이 사용되고 특성이 좋은 것은 슈라게 전동기(schrage motor)이다. **답** ④

53 다음 중 권선형 유도전동기의 2차 여자 제어법으로 사용되는 제어 방식은?

① 세르비우스 방식 ② 플러깅 방식
③ 발전 방식 ④ 회생 방식

풀이 • 2차 여자법이란 유도전동기의 회전자 권선에 2차 기전력(sE_2)과 동일 주파수의 전압(E_c)을 슬립링을 통해 공급하여 그 크기를 조절함으로써 속도를 제어하는 방법으로 권선형 전동기에 한하여 이용된다.
• 2차 여자 제어법에는 크래머(kramer) 방법과 세르비우스(scherbious) 방식이 있다. **답** ①

54 100[kVA]의 단상변압기가 역률 80[%]에서 전부하 효율이 95[%]이면 역률 50[%]의 전부하에서의 효율은 약 몇 [%]가 되겠는가?

① 84 ② 88 ③ 92 ④ 96

풀이 효율
$$\eta = \frac{V_2 I_2 \cos\theta}{V_2 I_2 \cos\theta + P_i + P_c} = \frac{V_2 I_2 \cos\theta}{V_2 I_2 \cos\theta + P_l}$$
이다. 역률이 80[%]인 효율을 η_{80}이라고 하면
$$\eta_{80} = \frac{100 \times 0.8}{100 \times 0.8 + P_l} = 0.95$$
$$\to P_l = \frac{80}{0.95} - 80 = 4.21$$
손실은 역률과 관계없으므로
$$\therefore \eta_{50} = \frac{100 \times 0.5}{100 \times 0.5 + 4.21} = 0.922 = 92.2[\%]$$ **답** ③

2007년 1회 기출문제

55 60[Hz], 12극, 회전자 외경 2[m]인 동기발전기의 자극면의 주변 속도는 약 몇 [m/s]인가?
① 32.5   ② 43.8   ③ 54.5   ④ 62.8

풀이
$N_s = \dfrac{120f}{p} = \dfrac{120 \times 60}{12} = 600[\text{rpm}]$

$\therefore v = \pi D \cdot \dfrac{N_s}{60} = \pi \times 2 \times \dfrac{600}{60} = 62.8[\text{m/s}]$ **답** ④

56 권선형 유도전동기에서 비례추이를 할 수 없는 것은?
① 회전력   ② 1차 전류
③ 2차 전류   ④ 출력

풀이
- 비례 추이할 수 있는 것 : 1차 전류, 2차 전류, 역률, 동기 와트 등
- 비례 추이 할 수 없는 것 : 출력, 2차 동손, 효율 등   **답** ④

57 다음 중 직류전압을 직접 제어하는 것은?
① 단상 인버터   ② 브리지형 인버터
③ 초퍼형 인버터   ④ 3상 인버터

풀이 초퍼는 일정 입력 전원전압으로부터 초퍼된(짧게 자른) 부하전압을 만들며 전원으로부터 부하를 연결 혹은 단절하는 다이리스터 온/오프 스위치이다.

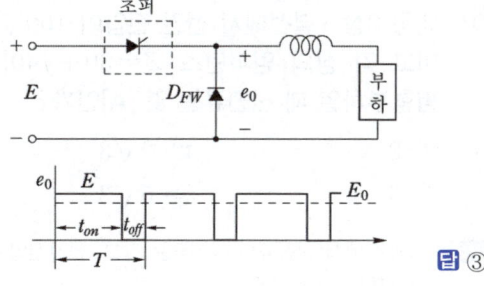

답 ③

58 다음 중 유도전동기의 속도제어법이 아닌 것은?
① 2차 저항법   ② 2차 여자법
③ 1차 저항법   ④ 주파수 제어법

풀이 ① 농형 유도전동기의 속도제어법은
- 주파수를 바꾸는 방법
- 극수를 바꾸는 방법
- 전원전압을 바꾸는 방법

② 권선형 유도전동기는
- 2차 저항을 제어하는 방법
- 2차 여자법 등이 있다.   **답** ③

59 임피던스 강하가 4[%]인 변압기가 운전 중 단락되었을 때 그 단락전류는 정격전류의 몇 배인가?
① 15   ② 20   ③ 25   ④ 30

풀이 단락전류
$I_{1s} = I_{1n} \dfrac{100}{\%z} = I_{1n} \times \dfrac{100}{4} = 25 I_{1n}$ **답** ③

60 정격 1차 전압이 6600[V], 2차 전압이 220[V], 주파수가 60[Hz]인 단상변압기가 있다. 이 변압기를 이용하여 정격 220[V], 10[A]인 부하에 전력을 공급할 때 변압기의 1차 측 입력은 몇 [kW]인가? (단, 부하의 역률은 1로 한다.)
① 2.2   ② 3.3   ③ 4.3   ④ 6.5

풀이 권수비 $a = \dfrac{6600}{220} = 30$

1차 전류 $I_1 = \dfrac{I_2}{a} = \dfrac{10}{30} = 0.33[\text{A}]$

따라서 1차 입력
$P_1 = V_1 I_1 \cos\theta = 6600 \times 0.33 \times 1 \times 10^{-3}$
$= 2.17[\text{kW}]$ **답** ①

4과목 - 회로이론

61 저항 R_1, R_2 및 인덕턴스 L의 직렬회로의 시정수는?
① $-\dfrac{R_1 + R_2}{L}$ ② $\dfrac{R_1 + R_2}{L}$
③ $-\dfrac{L}{R_1 + R_2}$ ④ $\dfrac{L}{R_1 + R_2}$

풀이 $R_1 + R_2$를 R이라 하면 $R-L$ 직렬회로와 같다.
$\therefore \tau = \dfrac{L}{R} = \dfrac{L}{R_1 + R_2}$ **답** ④

62 회로에서 저항 15[Ω]에 흐르는 전류는 몇 [A]인가?

① 0.5
② 2
③ 4
④ 6

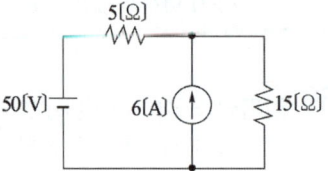

풀이 중첩의 정리에 의해서
① 전압원에 의해 15[Ω]에 흐르는 전류 I'
(이때 전류원은 개방)

$$\therefore I' = \frac{50}{5+15} = 2.5[A]$$

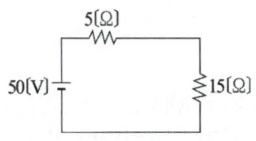

② 전류원에 의해 15[Ω]에 흐르는 전류 I''
(이때 전압원은 단락)

$$\therefore I'' = 6 \times \frac{5}{5+15} = 1.5[A]$$

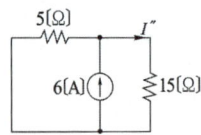

③ 15[Ω]에 흐르는 전류 I
$I = I' + I'' = 2.5 + 1.5 = 4[A]$ **답** ③

63 선형 회로와 가장 관계가 있는 것은?

① 중첩의 원리
② 테브난의 정리
③ 키르히호프의 법칙
④ 패러데이의 전자 유도 법칙

풀이 중첩의 원리는 선형 회로인 경우에만 적용한다.   **답** ①

64 그림에서 단자 a, b에 나타나는 전압 V_{ab}는 몇 [V]인가?

① 3.4
② 4.3
③ 5.7
④ 6.5

풀이 밀만의 정리에 의해

$$V_{ab} = \frac{\sum \frac{E}{Z}}{\sum \frac{1}{Z}} = \frac{\frac{4}{2} + \frac{10}{5}}{\frac{1}{2} + \frac{1}{5}} = \frac{40}{7} \fallingdotseq 5.7$$ **답** ③

65 T형 4단자 회로망에서 영상 임피던스가 $Z_{01} = 50[\Omega]$, $Z_{02} = 2[\Omega]$이고, 전달정수가 0일 때 이 회로의 4단자 정수 D의 값은?

① 10   ② 5   ③ 0.2   ④ 0

풀이 $D = \sqrt{\frac{Z_{02}}{Z_{01}}} \cosh\theta = \sqrt{\frac{2}{50}} \cosh 0 = 0.2$ **답** ③

66 정전용량의 [F]와 같은 단위는 무엇인가?
(단, C는 쿨롱, N은 뉴턴, F는 패럿, V는 볼트, m은 미터이다.)

① $\frac{V}{C}$ ② $\frac{N}{C}$ ③ $\frac{C}{m}$ ④ $\frac{C}{V}$

풀이 $C = \frac{Q}{V}[C/V]$
$\therefore [F] = [C/V]$ **답** ④

67 대칭 3상 Y결선에서 선간 전압이 $100\sqrt{3}[V]$이고 각 상의 임피던스 $Z = 30 + j40[\Omega]$의 평형부하일 때 선전류는 몇 [A]인가?

① 2   ② $2\sqrt{3}$
③ 5   ④ $5\sqrt{3}$

풀이 Y결선에서 선전류와 상전류는 같고, 선간전압은 상전압보다 $\sqrt{3}$배 크다.

$$\therefore I_l = I_p = \frac{V_p}{Z} = \frac{V_l/\sqrt{3}}{Z} = \frac{100\sqrt{3}/\sqrt{3}}{\sqrt{30^2 + 40^2}}$$
$= 2[A]$ **답** ①

68 구형파의 파고율은 얼마인가?

① 1.0   ② 1.414
③ 1.732   ④ 2.0

풀이

	구형파	3각파	정현파	정류파 (전파)	정류파 (반파)
파형률	1.0	1.15	1.11	1.11	1.57
파고율	1.0	1.732	1.414	1.414	2.0

답 ①

69 4단자 정수 A, B, C, D에서 어드미턴스의 차원을 가진 정수는?

① A ② B
③ C ④ D

풀이 A, B, C, D로 표시되는 4단자 기초 방정식은
$\begin{bmatrix} V_1 \\ I_1 \end{bmatrix} = \begin{bmatrix} A & B \\ C & D \end{bmatrix} \begin{bmatrix} V_2 \\ I_2 \end{bmatrix}$
이며, 각 파라미터의 물리적 의미는
- 출력을 개방했을 때 전압 이득
  $A = \dfrac{V_1}{V_2}\bigg|_{I_2=0}$
- 출력을 단락했을 때 전달 임피던스
  $B = \dfrac{V_1}{I_2}\bigg|_{V_2=0}$
- 출력을 개방했을 때 전달 어드미턴스
  $C = \dfrac{I_1}{V_2}\bigg|_{I_2=0}$
- 출력을 단락했을 때 전류 이득
  $D = \dfrac{I_1}{I_2}\bigg|_{V_2=0}$

답 ③

70 다음 중 1차 지연 요소의 전달함수는?

① K ② $\dfrac{K}{1+Ts}$
③ $\dfrac{1}{Ts}$ ④ Ts

풀이
- 비례 요소 : K
- 미분요소 : Ts
- 적분 요소 : $\dfrac{1}{Ts}$
- 1차 지연 요소 : $\dfrac{K}{Ts+1}$

답 ②

71 주기적인 구형파의 신호는 그 주파수 성분이 어떻게 되는가?

① 무수히 많은 주파수의 성분을 가진다.
② 주파수 성분을 갖지 않는다.
③ 직류분만으로 구성된다.
④ 교류 합성을 갖지 않는다.

풀이 주기적인 비정현파는 일반적으로 푸리에 급수에 의해 표시되므로 **무수히 많은 주파수의 합성**이다. 답 ①

72 $R-L-C$ 직렬회로에서 진동 조건은 어느 것인가?

① $R < 2\sqrt{\dfrac{L}{C}}$ ② $R < 2\sqrt{\dfrac{C}{L}}$
③ $R < 2\sqrt{LC}$ ④ $R < \dfrac{1}{2\sqrt{LC}}$

풀이 진동적 조건 $\left(\dfrac{R}{2L}\right)^2 - \dfrac{1}{LC} < 0$에서
$\therefore R < 2\sqrt{\dfrac{L}{C}}$

답 ①

73 전류 순시값
$i = 30\sin\omega t + 40\sin(3\omega t + 60°)$ [A]의 실효값은 약 몇 [A]인가?

① $25\sqrt{2}$ ② $30\sqrt{2}$
③ $40\sqrt{2}$ ④ $50\sqrt{2}$

풀이 실효값 $= \sqrt{I_1^2 + I_2^2 + \cdots + I_n^2} = \sqrt{I_1^2 + I_3^2}$
$= \sqrt{\left(\dfrac{30}{\sqrt{2}}\right)^2 + \left(\dfrac{40}{\sqrt{2}}\right)^2}$
$= 25\sqrt{2}$ [A]

답 ①

74 $t\sin\omega t$의 라플라스 변환은?

① $\dfrac{\omega}{(s^2+\omega^2)^2}$ ② $\dfrac{\omega s}{(s^2+\omega^2)^2}$
③ $\dfrac{\omega^2}{(s^2+\omega^2)^2}$ ④ $\dfrac{2\omega s}{(s^2+\omega^2)^2}$

풀이 $F(s) = (-1)\dfrac{d}{ds}\{\mathcal{L}(\sin\omega t)\}$
$= (-1)\dfrac{d}{ds}\dfrac{\omega}{s^2+\omega^2} = \dfrac{2\omega s}{(s^2+\omega^2)^2}$

답 ④

75 전류 $i = 5 + 10\sqrt{2}\sin 100t + 5\sqrt{2}\sin 200t$ [A]
가 1[H]의 인덕터에 흐르고 있을 때 인덕터에 축적되는 에너지는 몇 [J]인가?

① 75
② 100
③ 150
④ 200

풀이 실효값 $I = \sqrt{I_1^2 + I_2^2 + I_3^2 + \cdots}$ 에서
$I = \sqrt{5^2 + 10^2 + 5^2} = 12.247$ [A]
$\therefore W = \frac{1}{2}LI^2 = \frac{1}{2} \times 1 \times (12.247)^2 = 75$ [J]

답 ①

76 $R-L$ 직렬회로에서 시정수의 값이 클수록 과도현상의 소멸되는 시간에 대한 설명으로 옳은 것은?

① 짧아진다.
② 과도기가 없어진다.
③ 길어진다.
④ 변화가 없다.

풀이 시정수가 클수록 과도현상은 길어진다. **답** ③

77 9[Ω]과 3[Ω]의 저항 각 3개를 그림과 같이 연결하였을 때 A, B 사이의 합성 저항은 몇 [Ω]인가?

① 2
② 3
③ 4
④ 6

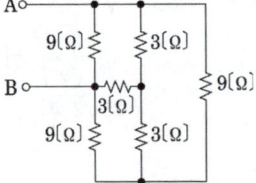

풀이

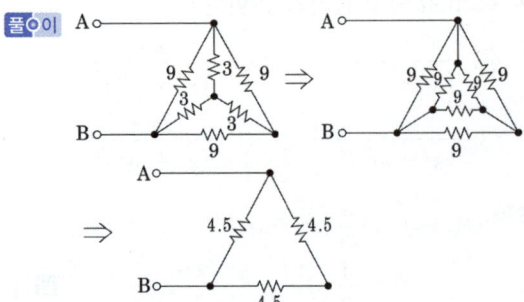

$R_{AB} = \frac{4.5 \times (4.5 + 4.5)}{4.5 + (4.5 + 4.5)} = 3$ [Ω]   **답** ②

78 두 개의 코일 a, b가 있다. 두 개를 직렬로 접속하였더니 합성 인덕턴스가 119[mH]이었고, 극성을 반대로 접속하였더니 합성 인덕턴스가 11[mH]이었다. 코일 a의 자기 인덕턴스가 20[mH]라면 결합계수 K는 얼마인가?

① 0.6
② 0.7
③ 0.8
④ 0.9

풀이 $L_1 + L_2 + 2M = 119$ ······ ①
$L_1 + L_2 - 2M = 11$ ······ ②
①과 ②에서 $M = 27$이므로
$119 = 20 + L_2 + 2 \times 27$에서
$L_2 = 45$ [mH]가 된다.
따라서
$K = \frac{M}{\sqrt{L_1 L_2}} = \frac{27}{\sqrt{20 \times 45}} = 0.9$ **답** ④

79 $F(s) = \dfrac{2}{(s+1)(s+3)}$ 의 역라플라스 변환은?

① $e^{-t} - e^{-3t}$
② $e^t - e^{3t}$
③ $e^{-t} - e^{3t}$
④ $e^t - e^{-3t}$

풀이 $F(s) = \dfrac{2}{(s+1)(s+3)} = \dfrac{A}{s+1} + \dfrac{B}{s+3}$
$A = \dfrac{2}{s+3}\bigg|_{s=-1} = \dfrac{2}{2} = 1$
$B = \dfrac{2}{s+1}\bigg|_{s=-3} = \dfrac{2}{-2} = -1$이므로
$F(s) = \dfrac{1}{s+1} - \dfrac{1}{s+3}$
$\mathcal{L}^{-1}(F(s)) = e^{-t} - e^{-3t}$ **답** ①

80 $V_a = 3$ [V], $V_b = 2 - j3$ [V], $V_c = 4 + j3$ [V]를 3상 불평형전압이라고 할 때 영상전압은 몇 [V]인가?

① 0
② 3
③ 9
④ 27

[풀이] 영상전압
$$V_0 = \frac{1}{3}(V_a + V_b + V_c)$$
$$= \frac{1}{3}(3+2-j3+4+j3) = 3[V]$$
답 ②

5과목 - 전기설비기술기준

81 전압의 구분에 대한 설명으로 옳지 않은 것은?
① 전압은 저압, 고압, 특고압의 3종으로 구분한다.
② 저압은 직류는 600[V] 이하, 교류는 750[V] 이하이다.
③ 고압은 저압을 넘고 7[kV] 이하이다.
④ 특고압은 7[kV]를 넘는 것이다.

[풀이] 111 통칙
전압의 구분은 다음과 같다.

분 류	전압의 범위
저압	• 직류 : 1.5[kV] 이하 • 교류 : 1[kV] 이하
고압	• 직류 : 1.5[V]를 초과하고, 7[kV] 이하 • 교류 : 1[V]를 초과하고, 7[kV] 이하
특고압	7[kV]를 초과

답 ②

82 다음 중 사용전압이 440[V]인 이동 기중기용 접촉 전선을 애자공사에 의하여 옥내의 전개된 장소에 시설하는 경우 사용하는 전선으로 옳은 것은?
① 인장강도가 3.44[kN] 이상인 것 또는 지름 2.6[mm]의 경동선으로 단면적이 8[mm^2] 이상인 것
② 인장강도가 3.44[kN] 이상인 것 또는 지름 3.2[mm]의 경동선으로 단면적이 18[mm^2] 이상인 것
③ 인장강도가 11.2[kN] 이상인 것 또는 지름 6[mm]의 경동선으로 단면적이 28[mm^2] 이상인 것
④ 인장강도가 11.2[kN] 이상인 것 또는 지름 8[mm]의 경동선으로 단면적이 18[mm^2] 이상인 것

[풀이] 232.81 옥내에 시설하는 저압 접촉전선 배선
전선은 인장강도 11.2[kN] 이상의 것 또는 지름 6[mm]의 경동선으로 단면적이 28[mm^2] 이상인 것일 것. 다만, 사용전압이 400[V] 이하인 경우에는 인장강도 3.44[kN] 이상의 것 또는 지름 3.2[mm] 이상의 경동선으로 단면적이 8[mm^2] 이상인 것을 사용할 수 있다.
답 ③

83 플로어덕트공사에 의한 저압 옥내배선에서 연선을 사용하지 않아도 되는 전선(동선)의 단면적은 최대 몇 [mm^2]인가?
① 2.5   ② 4.0
③ 6.0   ④ 10

[풀이] 232.32 플로어덕트공사
플로어 덕트공사에 의한 저압 옥내 배선은 다음 각호에 의하여 시설한다.
가. 전선은 절연전선(옥외용 비닐 절연전선을 제외한다)일 것.
나. 전선은 연선일 것. 다만, 단면적 10[mm^2](알루미늄선은 단면적 16[mm^2]) 이하인 것은 그러하지 아니하다.
다. 플로어덕트 안에는 전선에 접속점이 없도록 할 것. 다만, 전선을 분기하는 경우에 접속점을 쉽게 점검할 수 있을 때에는 그러하지 아니하다.
답 ④

84 도로를 횡단하여 시설하는 지선의 높이는 특별한 경우를 제외하고 지표상 몇 [m] 이상으로 하여야 하는가?
① 5   ② 5.5
③ 6   ④ 6.5

[풀이] 331.11 지선의 시설
가공전선로의 지지물에 시설하는 지선은 다음에 따라야 한다.
가. 지선의 안전율은 2.5 이상일 것. 이 경우에 허용 인장하중의 최저는 4.31[kN]으로 한다.
나. 지선에 연선을 사용할 경우에는 다음에 의할 것.
  ① 소선 3가닥 이상의 연선일 것.
  ② 소선의 지름이 2.6[mm] 이상의 금속선을 사용한 것일 것.
다. 도로를 횡단하여 시설하는 지선의 높이는 지표상 5[m] 이상으로 하여야 한다.
답 ①

85 지중전선로의 시설 방식이 아닌 것은?

① 직접 매설식　② 관로식
③ 압착식　　　④ 암거식

풀이 334.1 지중전선로의 시설
　가. 지중 전선로는 전선에 케이블을 사용하고 또한 관로식·암거식 또는 직접 매설식에 의하여 시설하여야 한다.
　나. 지중 전선로를 직접 매설식에 의하여 시설하는 경우에는 매설 깊이는
　　① 차량 기타 중량물의 압력을 받을 우려가 있는 장소 : 1.0[m] 이상
　　② 기타 장소 : 0.6[m] 이상　　**답** ③

86 지중전선로에 있어서 폭발성 가스가 침입할 우려가 있는 장소에 시설하는 지중함은 크기가 몇 [m³] 이상일 때 가스를 방산시키기 위한 장치를 시설하여야 하는가?

① 0.25　② 0.5
③ 0.75　④ 1.0

풀이 334.2 지중함의 시설
폭발성 또는 연소성의 가스가 침입할 우려가 있는 것에 시설하는 지중함으로서 그 크기가 1[m³] 이상인 것에는 통풍장치 기타 가스를 방산시키기 위한 적당한 장치를 시설할 것.　**답** ④

87 단면적 50[mm²]인 경동연선을 사용하는 특고압가공전선로의 지지물로 내장형의 B종 철근 콘크리트주를 사용하는 경우, 허용 최대 경간은 몇 [m]인가?

① 150　② 250
③ 300　④ 500

풀이 333.21 특고압 가공전선로의 경간 제한
특고압 가공전선로의 경간은 표에서 정한 값 이하이어야 한다.

지지물의 종류	표준 경간 22[mm²] 이상의 경동연선	인장강도 21.67[kN] 이상 또는 단면적 50[mm²] 이상의 경동연선
목주·A종 철주 또는 A종 철근 콘크리트주	150[m] 이하	300[m] 이하
B종 철주 또는 B종 철근 콘크리트주	250[m] 이하	500[m] 이하
철 탑	600[m] 이하 (단주인 경우 400[m])	600[m] 이하

답 ④

88 6[kV] 고압 옥내배선을 애자공사로 하는 경우 전선의 지지점 간의 거리는 전선을 조영재의 면을 따라 붙이는 경우 몇 [m] 이하이어야 하는가?

① 1　② 2　③ 3　④ 5

풀이 342.1 고압 옥내배선 등의 시설

전압	전선과 조영재와의 이격거리	전선 상호 간격	전선 지지점 간의 거리 조영재의 윗면 또는 옆면에 따라 시설	조영재에 따라 시설하지 않는 경우
고압	5[cm] 이상	8[cm] 이상	2[m] 이하	6[m] 이하

답 ②

89 다음 중 발전기를 전로로부터 자동적으로 차단하는 장치를 시설하여야 하는 경우에 해당되지 않는 것은?

① 발전기에 과전류가 생긴 경우
② 용량이 500[kVA] 이상의 발전기를 구동하는 수차의 압유 장치의 유압이 현저히 저하한 경우
③ 용량이 100[kVA] 이상의 발전기를 구동하는 풍차의 압유 장치의 유압, 압축 공기 장치의 공기압이 현저히 저하한 경우
④ 용량이 5000[kVA] 이상인 발전기의 내부에 고장이 생긴 경우

풀이 351.3 발전기 등의 보호장치
발전기에는 다음의 경우에 자동적으로 이를 전로로부터 차단하는 장치를 시설하여야 한다.
　가. 발전기에 과전류나 과전압이 생긴 경우
　나. 용량이 500[kVA] 이상의 발전기를 구동하는 수의 압유 장치의 유압이 현저히 저하한 경우
　다. 용량이 100[kVA] 이상의 발전기를 구동하는 풍

의 압유장치의 유압이 현저히 저하한 경우
라. 용량이 2,000[kVA] 이상인 수차 발전기의 스러스트 베어링의 온도가 현저히 상승한 경우
마. **용량이 10,000[kVA] 이상인 발전기의 내부에 고장이 생긴 경우**
바. 정격출력이 10,000[kW]를 초과하는 증기터빈은 그 스러스트 베어링이 현저하게 마모되거나 그의 온도가 현저히 상승한 경우 답 ④

90 다음 중 특고압 전선로용으로 사용할 수 있는 케이블은?

① 비닐 외장 케이블
② 무기물 절연 케이블
③ CD 케이블
④ 파이프형 압력 케이블

풀이 122.5 고압 및 특고압케이블
사용전압이 **특고압인 전로**에 전선으로 사용하는 케이블은
① 절연체가 에틸렌 프로필렌고무혼합물 또는 가교폴리에틸렌 혼합물인 케이블로서 선심 위에 금속제의 전기적 차폐층을 설치한 것
② **파이프형 압력 케이블** · 연피케이블 · 알루미늄피케이블
그 밖의 금속피복을 한 케이블 답 ④

91 다음 중 저·고압가공전선과 가공 약전류 전선 등을 동일 지지물에 시설하는 경우 옳지 않은 것은?

① 가공전선을 가공 약전류 전선 등의 위로하고 별개의 완금류에 시설할 것
② 전선로의 지지물로 사용하는 목주의 풍압하중에 대한 안전율은 1.5 이상일 것
③ 가공전선과 가공 약전류 전선 등 사이의 이격거리는 저압과 고압 모두 75[cm] 이상일 것
④ 가공전선이 가공 약전류 전선에 대하여 유도 작용에 의한 통신상의 장해를 줄 우려가 있는 경우에는 가공전선을 적당한 거리에서 연가할 것

풀이 332.21 고압 가공전선과 가공약전류전선 등의 공용설치

가. 전선로의 지지물로서 사용하는 목주의 풍압하중에 대한 안전율은 1.5 이상일 것.
나. 가공전선을 가공약전류전선 등의 위로하고 별개의 완금류에 시설할 것.
다. 가공전선과 가공약전류전선 등 사이의 이격거리는 **저압**(다중접지된 중성선을 제외한다)**은 0.75[m] 이상, 고압은 1.5[m] 이상일 것**.
라. 가공전선이 가공약전류전선에 대하여 유도작용에 의한 통신상의 장해를 줄 우려가 있는 경우에는 다음의 규정에 준하여 시설할 것.
① 가공전선과 가공약전류전선간의 이격거리를 증가시킬 것.
② 교류식 가공전선로의 경우에는 가공전선을 적당한 거리에서 연가할 것.
③ 가공전선과 가공약전류전선 사이에 인장강도 5.26[kN] 이상의 것 또는 지름 4[mm] 이상인 경동선의 금속선 2가닥 이상을 시설하고 규정에 준하여 접지공사를 할 것. 답 ③

92 다음 중 고압 옥내배선을 할 수 있는 공사 방법은?

① 합성수지관공사   ② 금속관공사
③ 금속몰드공사   ④ 케이블공사

풀이 342.1 고압 옥내배선 등의 시설
고압 옥내배선은 다음 중 하나에 의하여 시설할 것.
가. 애자공사(건조한 장소로서 전개된 장소에 한한다)
나. 케이블공사
다. 케이블트레이공사 답 ④

93 220[V]용 전동기의 절연내력 시험 시 시험전압은 몇 [V]로 하여야 하는가?

① 300   ② 330
③ 450   ④ 500

풀이 133 회전기 및 정류기의 절연내력

종 류		시험전압	시험 방법
회전기	발전기·전동기·조상기·기타회전기	7[kV] 이하	1.5배 (최저 500[V])	권선과 대지 사이에 연속하여 10분간
		7[kV] 초과	1.25배 (최저 10,500[V])	
	회전 변류기	직류측의 최대 사용전압의 1배의 교류전압(최저 500[V])	

∴ 시험전압 = 220 × 1.5 = 330[V]이나 **최저 시험전압이 500[V]**이므로 시험전압은 500[V]가 되어야 한다. 답 ④

94 변압기 중성점 접지공사의 접지저항값을 $\frac{150}{I}$ [Ω]으로 정하고 있는데, 이때 I에 해당되는 것은?

① 변압기의 고압측 또는 특고압측 전로의 1선 지락전류의 암페어 수
② 변압기의 고압측 또는 특고압측 전로의 단락 사고시의 고장전류의 암페어 수
③ 변압기 1차 측과 2차 측의 혼촉에 의한 단락전류의 암페어 수
④ 변압기의 1차와 2차에 해당되는 전류의 합

풀이 142.5 변압기 중성점 접지
변압기의 중성점접지 저항 값은 다음에 의한다.
가. 변압기의 고압·특고압측 전로 1선 지락전류로 150을 나눈 값과 같은 저항 값 이하
나. 사용전압이 35[kV] 이하의 특고압전로가 저압측 전로와 혼촉하고 저압전로의 대지전압이 150[V]를 초과하는 경우의 저항값은 다음에 의한다.
① 1초 초과 2초 이내에 고압·특고압 전로를 자동으로 차단하는 장치를 설치할 때는 300을 나눈 값 이하
② 1초 이내에 고압·특고압 전로를 자동으로 차단하는 장치를 설치할 때는 600을 나눈 값 이하

답 ①

95 전력 보안 통신용 전화 설비를 시설하여야 하는 곳은?

① 원격 감시 제어가 되는 변전소와 이를 운용하는 급전소 간
② 동일 수계에 속하고 보안상 긴급 연락의 필요가 없는 수력발전소 상호 간
③ 원격 감시 제어가 되는 발전소와 이를 운용하는 급전소 간
④ 2개 이상의 급전소 상호 간과 이들을 통합 운용하는 급전소 간

풀이 362.1 전력보안통신설비의 시설 요구사항
발전소, 변전소 및 변환소 에서의 전력보안통신설비의 시설 장소는 다음에 따른다.
가. 원격감시제어가 되지 아니하는 발전소·변전소·개폐소·전선로 및 이를 운용하는 급전소 및 급전분소 간
나. 2개 이상의 급전소(분소) 상호 간과 이들을 통합 운용하는 급전소(분소) 간
다. 수력설비의 안전상 필요한 양수소 및 강수량 관측소와 수력발전소 간
라. 동일 수계에 속하고 안전상 긴급 연락의 필요가 있는 수력발전소 상호 간
마. 동일 전력계통에 속하고 또한 안전상 긴급연락의 필요가 있는 발전소·변전소 및 개폐소 상호 간

답 ④

96 "조상설비"에 대한 용어의 정의로 옳은 것은?

① 전압을 조정하는 설비를 말한다.
② 전류를 조정하는 설비를 말한다.
③ 유효전력을 조정하는 전기 기계기구를 말한다.
④ 무효전력을 조정하는 전기 기계기구를 말한다.

풀이 조상설비 : 무효 전력을 조정하는 전기 기계 기구

답 ④

출제기준 변경 및 개정된 관계 법규에 따라 삭제된 문제가 있어 20문항이 안됩니다.

2007년 2회

1과목 - 전기자기

01 다음 중 단위 체적당 발산 자화력선 수를 나타내는 식은?

① $\nabla \times P$　　② $\nabla \times M$
③ $\nabla \cdot M$　　④ $\nabla \cdot P$

풀이
① $\nabla \times P$: 단위 면적의 폐루프에서 회전 분극선수
② $\nabla \times M$: 단위 면적의 폐루프에서 회전 자화력선수
③ $\nabla \cdot M$: 단위 체적당 발산 자화력선수
④ $\nabla \cdot P$: 단위 체적당 발산 분극선수
답 ③

02 자성체가 균일하게 자화되어 있을 때의 자극의 상태로 옳은 것은?

① 자성체에는 자극이 나타나지 않는다.
② 자성체 전체에 자극이 골고루 분포되어 나타난다.
③ 자성체의 내부에 자극이 나타난다.
④ 자성체의 양 단면에 자극이 나타난다.

풀이 자극(magnetic pole)
① 거시적 의미 : 자기 작용이 강한 자석의 양단에 나타나며 극성은 정반대 $(+m, -m)$
② 미시적 의미 : 자성체의 내부 현상으로 전자의 자전 운동(스핀 운동)에 의해 자기 쌍극자 모멘트가 생기므로 자성체 전체에 자극$(+m, -m)$이 골고루 분포한다.
∴ $\oint B \cdot dS = \Sigma m = 0$ (즉, $\text{div } B = 0$) : 항상 동량의 서로 다른 부호의 자하가 존재 $(+m, -m)$
답 ②

03 전위 계수에 있어서 $P_{11} = P_{21}$의 관계가 의미하는 것은?

① 도체 1과 도체 2가 멀리 떨어져 있다.
② 도체 1과 도체 2가 가까이 있다.
③ 도체 1이 도체 2의 내측에 있다.
④ 도체 2가 도체 1의 내측에 있다.

풀이 $P_{11} = P_{21}$: 도체 2가 도체 1속에 포함되어 있는 경우 즉, 도체 2가 도체 1의 내측에 있다.
답 ④

04 두 벡터 $A = 2i + 4j$, $B = 6j - 4k$가 이루는 각은 몇 도인가?

① 36°　　② 42°
③ 50°　　④ 61°

풀이
$A \cdot B = AB\cos\theta = A_x B_x + A_y B_y + A_z B_z$
$= \sqrt{2^2 + 4^2} \sqrt{6^2 + (-4)^2} \cos\theta$
$= 4 \times 6 = 24$
∴ $\cos\theta = \dfrac{24}{32.25} = 0.744$
$\theta = \cos^{-1} 0.744 ≒ 42°$
답 ②

05 평행판 공기 콘덴서 극판 간에 비유전율 6인 유리판을 일부만 삽입한 경우 내부로 끌리는 힘은 약 몇 [N/m²]인가? 단, 극판 간의 전위 경도는 30[kV/cm]이고, 유리판의 두께는 판간 두께와 같다.

① 199　　② 223
③ 247　　④ 269

풀이 두 유전체의 경계면에 전속 및 전기력선이 평행으로 입사하므로 전계 E는 일정하다.
즉, 경계면에 작용하는 단위면적당 힘 f는
$f = \dfrac{1}{2}(D_2 - D_1)E = \dfrac{1}{2}(\epsilon_2 E - \epsilon_1 E)E$
$= \dfrac{1}{2}(\epsilon_2 - \epsilon_1)E^2$
$f = \dfrac{1}{2}(6\epsilon_0 - \epsilon_0)E^2 = \dfrac{5}{2}\epsilon_0 E^2$
$= \dfrac{5}{2} \times 8.85 \times 10^{-12} \times (3 \times 10^6)^2$
$= 199[\text{N/m}^2]$
답 ①

06
전계 E[V/m] 및 자계 H[AT/m]의 전자계가 평면파를 이루고 공기 중을 3×10^8[m/s]의 속도로 전파될 때 단위 시간당 단위면적을 지나는 에너지는 몇 [W/m²]인가?

① $\sqrt{\epsilon\mu}EH$ ② EH
③ $\dfrac{EH}{\sqrt{\epsilon\mu}}$ ④ $\dfrac{1}{2}(\epsilon E^2 + \mu H^2)$

풀이 전계 E와 자계 H가 공존하는 경우이므로 단위 체적에 대하여
$w = \dfrac{1}{2}(\epsilon E^2 + \mu H^2)$[J/m³]의 에너지가 존재한다.
지금 E, H의 전자계가 평면파를 이루고 c[m/s]의 속도로 전파된다면 진행 방향에 수직되는 단위면적 당 단위 시간에 통과하는 에너지는
$P = \dfrac{1}{2}(\epsilon E^2 + \mu H^2) \cdot$ [W/m²],
$c = \dfrac{1}{\sqrt{\epsilon\mu}}$, $E = \sqrt{\dfrac{\mu}{\epsilon}}H$의 관계가 있으므로
$P = \dfrac{1}{\sqrt{\epsilon\mu}} \left\{ \dfrac{1}{2}\epsilon E \left(\sqrt{\dfrac{\mu}{\epsilon}}H\right) + \dfrac{1}{2}\epsilon H \left(\sqrt{\dfrac{\epsilon}{\mu}}E\right) \right\}$
$= EH$ [W/m²] **답** ②

07
다음 (   )안에 들어갈 내용으로 알맞은 것은?

> "유도 기전력은 (   )의 변화를 방해하는 방향으로 생기며, 그 크기는 (   )의 시간적인 변화율과 같다."

① 전압 ② 전류
③ 전자파 ④ 쇄교자속

풀이 패러데이 법칙 : 유도 기전력의 크기는 폐회로에 쇄교하는 자속의 시간적 변화율에 비례한다. **답** ④

08
전자계에서 전파 속도와 관계없는 것은?

① 도전율 ② 유전율
③ 비투자율 ④ 주파수

풀이 전파 속도
• $v = \dfrac{1}{\sqrt{\epsilon\mu}}$
• $v = f\lambda$ (주파수, 파장)
두 식에서 전파 속도 v는 유전율(ϵ), 투자율(μ), 주파수(f), 파장(λ)에 관계 **답** ①

09
그림과 같이 반지름 r[m]인 원의 임의의 2점 a, b(각 θ) 사이에 전류 I[A]가 흐른다. 원의 중심 O에서의 자계의 세기[A/m]는?

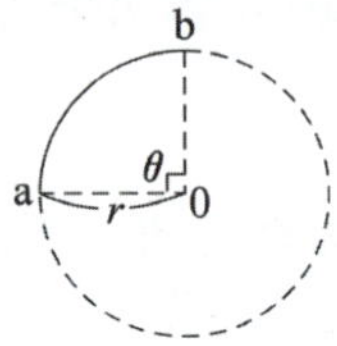

① $\dfrac{I\theta}{4\pi r^2}$
② $\dfrac{I\theta}{4\pi r}$
③ $\dfrac{I\theta}{2\pi r^2}$
④ $\dfrac{I\theta}{2\pi r}$

풀이 비오-사바르 법칙을 적용하면
$H = \int_0^\theta dH = \int_0^\theta \dfrac{Idl}{4\pi r^2} = \int_0^\theta \dfrac{Ird\theta}{4\pi r^2} = \dfrac{I}{4\pi r}\int_0^\theta d\theta$
$H = \int_0^\theta dH = \int_0^\theta \dfrac{Idl}{4\pi r^2} = \int_0^\theta \dfrac{Ird\theta}{4\pi r^2}$
$= \dfrac{I}{4\pi r}\int_0^\theta d\theta = \dfrac{I}{4\pi r}\theta \Big|_0^\theta = \dfrac{I\theta}{4\pi r}$ [A/m] **답** ②

10
10[V]의 기전력을 유기시키려면 5초 간에 몇 [Wb]의 자속을 끊어야 하는가?

① 2 ② 10 ③ 25 ④ 50

풀이 패러데이 법칙 $e = \dfrac{d\phi}{dt}$에서
$10 = \dfrac{d\phi}{5}$이므로 $d\phi = 10 \times 5 = 50$[Wb] **답** ④

11
두 유전체의 경계면에서 정전계가 만족하는 것은?

① 전계의 법선성분이 같다.
② 전속밀도의 접선성분이 같다.
③ 경계면상의 두 점 간의 전위차가 같다.
④ 전속은 유전율이 작은 유전체로 모인다.

풀이 경계 조건
• 전속밀도의 법선성분(수직 성분)이 같다.
  ($D_1\cos\theta_1 = D_2\cos\theta_2$)
• 전계는 접선성분(평행 성분)이 같다.
  ($E_1\sin\theta_1 = E_2\sin\theta_2$)
• 두 경계면에서의 전위는 서로 같다.
  ($V_1 = V_2$)

- $\epsilon_1 > \epsilon_2$이면, $\theta_1 > \theta_2$이다.
- $\dfrac{\tan\theta_1}{\tan\theta_2} = \dfrac{\epsilon_1}{\epsilon_2}$
- 전속선은 유전율이 큰 유전체 쪽으로 모이려는 성질이 있다. 답 ③

12 평행판 콘덴서의 극간 거리를 $\dfrac{1}{2}$로 줄이면 콘덴서 용량은 처음 값에 비해 어떻게 되는가?

① $\dfrac{1}{2}$이 된다. ② $\dfrac{1}{4}$이 된다.
③ 2배가 된다. ④ 4배가 된다.

풀이 $C = \epsilon \dfrac{s}{d}$ [F]에서

$C' = \epsilon \dfrac{s}{\frac{d}{2}} = 2\epsilon \dfrac{s}{d}$ [F]이므로 2배가 된다. 답 ③

13 대향면적 $S = 100$ [cm²]의 평행판 콘덴서가 비유전율 2.1, 절연내력 1.2×10^5 [V/cm]인 기름 중에 있을 때 축적되는 최대 전하는 몇 [C]인가?

① 2.23×10^{-6} ② 3.14×10^{-6}
③ 4.28×10^{-6} ④ 6.28×10^{-6}

풀이 $Q = CV = \dfrac{\epsilon_0 \epsilon_s s}{d} \cdot E_d = \epsilon_0 \epsilon_s s E$

$\therefore Q = (8.855 \times 10^{-12}) \times 2.1 \times (100 \times 10^{-4})$
$\qquad \times (1.2 \times 10^5 \times 10^2)$
$= 2.23 \times 10^{-6}$ [C] 답 ①

14 한 쪽 지름이 다른 쪽 지름의 6배인 2개의 금속구가 가늘고 긴 전선으로 접속되어 대전되어 있다. 큰 쪽은 작은 쪽보다 몇 배의 정전 에너지가 축적되는가?

① 3 ② 6 ③ 18 ④ 36

풀이 두 금속구의 정전용량
$C_1 = 4\pi\epsilon_0 a$, $C_2 = 4\pi\epsilon_0 (6a) = 6 C_1$
두 금속구의 전위는 전선으로 접속되어 공통 전위 V

$W_1 = \dfrac{1}{2} C_1 V$
$W_2 = \dfrac{1}{2} C_2 V = \dfrac{1}{2}(6 C_1) V = 6 \cdot \dfrac{1}{2} C_1 V$
$\quad = 6 W_1$ (6배) 답 ②

15 자기 인덕턴스 L_1, L_2와 상호 인덕턴스 M, 결합 계수 k와의 관계는?

① $M = k \sqrt{L_1 \cdot L_2}$
② $M = \sqrt{k \cdot L_1 \cdot L_2}$
③ $M = \dfrac{L_1 \cdot L_2}{k}$
④ $M = \sqrt{\dfrac{L_1 \cdot L_2}{k}}$

풀이 결합 계수 $k = \dfrac{M}{\sqrt{L_1 L_2}}$ 답 ①

16 비유전율 $\epsilon_s = 5$인 유전체내의 1점에서의 전계의 세기가 10^4 [V/m]이다. 이 점의 분극의 세기는 약 몇 [C/m²]인가?

① 3.5×10^{-7} ② 4.3×10^{-7}
③ 3.5×10^{-11} ④ 4.3×10^{-11}

풀이 $P = \chi E = \epsilon_0 (\epsilon_s - 1) E$
$= 8.855 \times 10^{-12} (5-1) \times 10 \times 10^3$
$= 3.54 \times 10^{-7}$ [C/m²] 답 ①

17 다음 중 전기력선의 성질로 옳지 않은 것은?

① 전기력선은 정전하에서 시작하여 부전하에서 그친다.
② 전기력선은 도체 내부에만 존재한다.
③ 전기력선은 전위가 높은 점에서 낮은 점으로 향한다.
④ 단위 전하에서는 $\dfrac{1}{\epsilon_0}$개의 전기력선이 출입한다.

풀이 **전기력선의 성질**은 다음과 같다.
① 전기력선은 정전하에서 시작하여 부전하에서 그친다.
② 전하가 없는 곳에서는 전기력선의 발생, 소멸이 없고 연속적이다.
③ 전위가 높은 점에서 낮은 점으로 향한다.
④ 그 자신만으로 폐곡선이 되는 일은 없다.
⑤ 전계가 0이 아닌 곳에서는 2개의 전기력선은 교차하지 않는다.
⑥ 도체 내부에는 전기력선이 없다.
⑦ 수직 단면의 전기력선 밀도는 전계의 세기이고 (1[개/m²]=1[N/C]), 전기력선의 접선 방향은 전계의 방향이다.
⑧ 도체면(등전위면)에서 전기력선은 수직으로 출입한다.
⑨ 단위 전하 ±1[C]에서는 $1/\epsilon_0$개의 전기력선이 출입한다.
답 ②

18 다음 중 강자성체가 아닌 것은?
① 철 ② 니켈
③ 백금 ④ 코발트

풀이
- 상자성체 : 알루미늄(Al), 망간(Mn), 백금(Pt)
- 강자성체 : 철(Fe), 니켈(Ni), 코발트(Co)
답 ③

19 쿨롱의 법칙을 이용한 것이 아닌 것은?
① 정전 고압 전압계
② 고압 집진기
③ 콘덴서 스피커
④ 콘덴서 마이크로폰

풀이 콘덴서 마이크로폰은 음파에 의한 정전용량의 변화를 전압의 변화로 변환하는 것이다.
답 ④

20 고립 도체구의 정전용량이 50[pF]일 때 이 도체구의 반지름은 약 몇 [cm]인가?
① 5 ② 25
③ 45 ④ 85

풀이 구도체 정전용량 $C = 4\pi\epsilon_0 a$[F]에서
$50 \times 10^{-12} = 4\pi\epsilon_0 a$
$\therefore a = \dfrac{50 \times 10^{-12}}{4\pi\epsilon_0} = 0.44[m] = 45[cm]$
답 ③

2과목 - 전력공학

21 압축된 공기를 아크에 불어 넣어서 차단하는 차단기는?
① ABB ② MBB
③ VCB ④ ACB

풀이 소호 원리에 따른 차단기의 종류

차단기 종류	약어	소호 원리
유입 차단기	OCB	소호실에서 아크에 의한 절연유 분해 가스의 흡부력을 이용해서 차단
기중 차단기	ACB	대기 중에서 아크를 길게 하여 소호실에서 냉각 차단
자기 차단기	MBB	대기 중에서 전자력을 이용하여 아크를 소호실내로 유도해서 냉각차단
공기차단기	ABB	압축된 공기를 아크에 불어 넣어서 차단
진공 차단기	VCB	고진공 중에서 전자의 고속도 확산에 의해 차단
가스 차단기	GCB	고성능 절연 특성을 가진 특수 가스(SF_6)를 흡수해서 차단

답 ①

22 전력선에 의한 통신선로의 전자 유도 장해의 발생 요인은 주로 무엇 때문인가?
① 영상전류가 흘러서
② 부하전류가 크므로
③ 전력선의 교차가 불충분하여
④ 상호 정전용량이 크므로

풀이 전자 유도전압은 사고 시 영상전류에 의해 발생 :
$E_m = -j\omega Ml \, 3I_0$
답 ①

23 부하의 선간 전압 3300[V], 피상 전력 330[kVA], 역률 0.7인 3상 부하가 있다. 부하의 역률을 0.85로 개선하는데 필요한 전력용 콘덴서의 용량은 약 몇 [kVA]인가?
① 63 ② 73
③ 83 ④ 93

풀이 콘덴서의 용량
$Q_c = P(\tan\theta_1 - \tan\theta_2)$

$$= P\left(\frac{\sin\theta_1}{\cos\theta_1} - \frac{\sin\theta_2}{\cos\theta_2}\right)$$

$$= P\left(\frac{\sqrt{1-\cos^2\theta_1}}{\cos\theta_1} - \frac{\sqrt{1-\cos^2\theta_2}}{\cos\theta_2}\right)[kVA]$$

(여기서, P : 유효전력 [kW])
따라서 콘덴서의 용량

$$Q_c = 330 \times 0.7 \times \left(\frac{\sqrt{1-0.7^2}}{0.7} - \frac{\sqrt{1-0.85^2}}{0.85}\right)$$

$= 92.5[kVA]$ **답** ④

24 다음 중 수력발전소의 저수지 용량 등을 결정하는 데 사용되는 것으로 가장 적당한 것은?

① 적산 유량 곡선 ② 수위 유량 곡선
③ 유황 곡선 ④ 유량도

풀이 적산 유량 곡선은 매일의 수량을 차례로 적산해서 가로축에 일수를, 세로축에 적산 수량을 그린 곡선으로서 수력발전소의 댐을 설계하거나 저수지 용량 결정에 사용된다. **답** ①

25 화력발전소의 재열기(reheater)의 목적은?

① 급수를 예열한다.
② 석탄을 건조한다.
③ 공기를 예열한다.
④ 증기를 가열한다.

풀이
• 재열기(reheater) : 포화 온도의 증기를 과열 온도의 증기로 가열
• 절탄기 : 보일러 급수를 연도 폐기 가스로 가열
• 공기 예열기 : 연소용 공기를 예열 **답** ④

26 총 낙차 300[m], 사용 수량 20[m³/s]인 수력발전소의 발전기 출력은 약 몇 [kW]인가? (단, 수차 및 발전기 효율은 각각 90[%], 98[%]이고, 손실 낙차는 총 낙차의 6[%]라 한다.)

① 49 ② 52
③ 77 ④ 87

풀이 발전소 이론 출력 $P = 9.8QH\eta_t\eta_g$에서
$P = 9.8 \times 20 \times (300 - 300 \times 0.06) \times 0.9$
$\quad\quad \times 0.98 \times 10^{-3}$
$= 48.75[kW]$ **답** ①

27 수차의 특유 속도(specific speed)를 구하는 공식은? (단, 유효 낙차 $H[m]$, 수차의 출력 : $P[kW]$, 수차의 정격 회전수 : $n[rpm]$, 특유 속도 : $N_s[rpm]$이라 한다.)

① $N_s = \dfrac{nP^{\frac{1}{2}}}{H^{\frac{5}{4}}}$ ② $N_s = \dfrac{H^{\frac{5}{4}}}{nP}$

③ $N_s = \dfrac{HP^{\frac{1}{4}}}{n^{\frac{5}{4}}}$ ④ $N_s = \dfrac{nP^2}{H^{\frac{5}{4}}}$

풀이 특유 속도 $N_s = \dfrac{nP^{\frac{1}{2}}}{H^{\frac{5}{4}}}[rpm]$ **답** ①

28 이상전압의 발생 우려가 가장 적은 중성점접지 방식은?

① 저항 접지방식 ② 소호 리액터 접지방식
③ 직접 접지방식 ④ 비접지방식

풀이 접지방식별 특징

방 식	보호계전기 동작	지락전류	고장중 운전	전위상승	과도안정도	유도장해	특징
직접 접지 (22.9, 154, 345[kV])	확실	최대	×	1.3	최소	최대	중성점 영전위, 단절연 가능
저항 접지	↑	↑	×	√3	↓	↑	
비접지 (3.3, 6.6 [kV])	×	↑	가능	√3	↓	↑	저전압 단거리에 적용
소호 리액터 접지 (66[kV])	불확실	최소	가능	√3 이상	최대	최소	병렬공진, 고장전류 최소

답 ③

29 전력선과 통신선과의 상호 인덕턴스에 의하여 발생되는 유도 장해는?

① 전력 유도 장해 ② 고조파 유도 장해
③ 전자 유도 장해 ④ 정전 유도 장해

풀이
- 전자 유도 장해 : 전력선과 통신선과의 상호 인덕턴스에 기인
- 정전 유도 장해 : 전력선과 통신선과의 정전용량에 기인

답 ③

30 3상 3선식 배전선로로서 역률이 0.8(지상)인 3상 평형부하 40[kW]를 연결했을 때 전압강하는 약 몇 [V]인가? (단, 부하의 전압은 200[V], 전선 1조의 저항은 0.02[Ω]이고, 리액턴스는 무시한다.)

① 2 ② 3
③ 4 ④ 5

풀이 전압강하 $e = \dfrac{P}{V}(R + X\tan\theta)$에서
리액턴스를 무시하므로
$\therefore e = \dfrac{PR}{V} = \dfrac{40\times 10^3 \times 0.02}{200} = 4\text{[V]}$

답 ③

31 원자로에서 카드뮴(Cd) 막대기가 하는 일을 옳게 설명한 것은?

① 원자로 내에 중성자를 공급한다.
② 원자로 내에 중성자 운동을 느리게 한다.
③ 원자로 내의 핵분열을 일으킨다.
④ 원자로 내에 중성자 수를 감소시켜 핵분열의 연쇄반응을 제어한다.

풀이 중성자의 수를 감소시켜 핵분열 연쇄 반응을 제어하는 것은 제어재라 하며 카드뮴(Cd), 붕소(B), 하프늄(Hf) 등이 있다.

답 ④

32 전송 전력이 400[MW], 송전 거리가 200 [km]인 경우의 경제적인 송전 전압은 몇 [kV]인가? 단, Still 식에 의하여 산정한다.

① 57 ② 173
③ 353 ④ 645

풀이 Still 식
$V_s = 5.5\sqrt{0.6\times l + 0.01\times P}$
$= 5.5\sqrt{0.6\times 200 + 0.01\times 400\times 10^3}$
$= 353\text{[kV]}$

답 ③

33 전력용 콘덴서에 직렬로 콘덴서 용량의 5[%] 정도의 유도 리액턴스를 삽입하는 목적은?

① 제3고조파를 제거시키기 위하여
② 제5고조파를 제거시키기 위하여
③ 이상전압의 발생을 방지하기 위하여
④ 정전용량을 조절하기 위하여

풀이 송전선로에는 변압기의 유기기전력이 발생할 때에 생기는 기수 고조파가 존재하게 되는데, 제3고조파는 변압기의 △결선에서 제거되고 제5고조파는 전력용 콘덴서에 직렬로 5[%] 가량의 직렬 리액터를 삽입하여 제거시킨다.

답 ②

34 계통의 기기 절연을 표준화하고 통일된 절연 체계를 구성하는 목적으로 절연계급을 설정하고 있다. 이 절연계급에 해당하는 내용을 무엇이라 부르는가?

① 제한 전압
② 기준 충격 절연 강도
③ 상용 주파 내전압
④ 보호계전

풀이 기준 충격 절연 강도(BIL, basic impulse insulation level)는 기기 절연을 표준화할 목적으로 제정되었으며, 또 통일된 절연 체계를 구성할 목적으로 절연계급을 설정하고 있다.

답 ②

35 정사각형으로 배치된 4도체 송전선이 있다. 소도체의 반지름 1[cm], 한 변의 길이 32[cm]일 때, 소도체간의 기하 평균 거리는 몇 [cm]인가?

① $32\times 2^{\frac{1}{3}}$ ② $32\times 2^{\frac{1}{4}}$
③ $32\times 2^{\frac{1}{5}}$ ④ $32\times 2^{\frac{1}{6}}$

풀이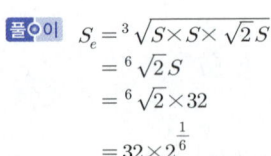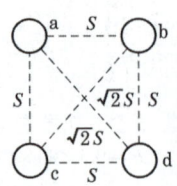

$S_e = \sqrt[3]{S\times S\times \sqrt{2}S}$
$= \sqrt[6]{2}\,S$
$= \sqrt[6]{2}\times 32$
$= 32\times 2^{\frac{1}{6}}$

답

36 송전 계통의 안정도 증진 방법에 대한 설명으로 옳지 않은 것은?

① 고장 시 발전기 입·출력의 불평형을 작게 한다.
② 전압변동을 작게 한다.
③ 고장전류를 줄이고, 고장구간을 신속하게 차단한다.
④ 직렬 리액턴스를 크게 한다.

풀이 안정도 향상 대책
① 계통의 직렬 리액턴스 감소
② 전압 변동률을 적게 한다. (속응여자방식 채용, 계통의 연계, 중간 조상 방식)
③ 계통에 주는 충격을 적게 한다. (적당한 중성점접지방식, 고속차단방식, 재폐로방식)
④ 고장 중의 발전기 돌입 출력의 불평형을 적게 한다. **답** ④

37 5700[kcal/kg]의 석탄을 150[ton] 소비해서 200,000[kWh]를 발전했을 때, 발전소의 효율은 약 몇 [%]인가?

① 12　　② 16
③ 20　　④ 24

풀이 $E_2 = 200,000$[kWh]
$E_1 = \dfrac{WC}{860} = \dfrac{150 \times 1000 \times 5700}{860}$[kWh]
$\eta = \dfrac{E_2}{E_1} = \dfrac{860 E_2}{WC} = \dfrac{860 \times 200,000}{150 \times 1000 \times 5700}$
$= 0.2 = 20$[%]　**답** ③

38 고압 배전선로의 선간 전압을 3300[V]에서 5700[V]로 승압하는 경우, 같은 전선으로 전력손실을 같게 한다면 약 몇 배의 전력을 공급할 수 있겠는가?

① 1.5　　② 2
③ 3　　④ 4

풀이 수송전력은 전압의 제곱에 비례
$\left[\dfrac{P_2}{P_1} = \left(\dfrac{V_2}{V_1}\right)^2\right]$ 하므로
$P_2 = \left(\dfrac{V_2}{V_1}\right)^2 P_1 = \left(\dfrac{5700}{3300}\right)^2 P_1 \fallingdotseq 3P_1$　**답** ③

39 PWR(Pressurized Water Reactor)형 발전용 원자로에서 감속재, 냉각재 및 반사체로서의 구실을 겸하여 주로 사용되고 있는 것은?

① 경수(H_2O)　② 중수(D_2O)
③ 흑연　　　　④ 액체 금속(Na)

풀이 PWR (가압수형 원자로)
① 연료 : 농축 우라늄
② 감속재 : 경수
③ 냉각재 : 경수　**답** ①

40 송전선로의 코로나 손실을 나타내는 Peek 식에서 E_0에 해당하는 것은?
(단, Peek식
$P = \dfrac{241}{\delta}(f+25)\sqrt{\dfrac{d}{2D}}(E-E_0)^2 \times 10^{-5}$[kW/km/선]
이다.)

① 코로나 임계전압
② 전선에 걸리는 대지전압
③ 송전단전압
④ 기준 충격 절연 강도 전압

풀이 δ : 상대 공기밀도, 　D : 선간거리
d : 전선의 지름, 　f : 주파수
E : 전선에 걸리는 대지전압
E_0 : 코로나 임계전압　**답** ①

3과목 - 전기기기

41 단상변압기의 병렬운전 조건에 필요하지 않은 것은?

① 극성이 일치할 것
② 출력이 반드시 같을 것
③ 권수비가 같을 것
④ 각 변압기의 백분율 임피던스 강하가 같을 것

풀이 변압기 병렬운전 조건
① 권수비가 같을 것 (정격전압이 같을 것)
② 극성이 같을 것
③ %임피던스 강하가 같을 것
④ 내부저항과 누설 리액턴스비가 같을 것　**답** ②

42 다음 중 3상 동기 동기기의 제동 권선의 역할은?
① 출력 증가 ② 효율 증가
③ 난조 방지 ④ 역률 개선

풀이 제동 권선은 회전 자극 표면에 설치한 유도전동기의 농형 권선과 같은 권선으로서 회전자가 동기속도로 회전하고 있는 동안에는 전압을 유도하지 않으므로 아무런 작용이 없다. 그러나 조금이라도 동기속도를 벗어나면 전기자 자속을 끊어 전압이 유도되어 단락전류가 흐르므로 동기속도로 되돌아가게 된다. 즉, 진동 에너지를 열로 소비하여 진동을 방지한다. 이 제동 권선은 난조 방지에 쓰인다.   **답** ③

43 임피던스 강하가 5[%]인 변압기가 운전 중 단락되었을 때 그 단락전류는 정격전류의 몇 배인가?
① 20 ② 25 ③ 30 ④ 35

풀이 단락전류 I_{1s}는
$$I_{1s} = I_{1n}\frac{100}{\%z} = I_{1n} \times \frac{100}{5} = 20I_{1n}$$
답 ①

44 1000[V]의 단상 교류를 전파 정류해서 150[A]의 직류를 얻는 정류기의 교류측 전류는 몇 [A]인가?
① 106 ② 116 ③ 125 ④ 166

풀이 $I = \frac{\pi}{2\sqrt{2}}I_d = \frac{\pi}{2\sqrt{2}} \times 150 = 166.5[A]$ **답** ④

45 지름 0.2[m], 속도 1800[rpm]인 전기자의 주변 속도는 약 몇 [m/sec]인가?
① 18.84 ② 12.56
③ 10.42 ④ 6.28

풀이 회전자 주변 속도 $v = \pi D \frac{N_s}{60}$[m/s]
여기서, πD : 회전자 둘레
∴ $v = \pi \times 0.2 \times \frac{1800}{60} = 18.84$[m/s]   **답** ①

46 6극 직류발전기의 정류자 편수가 132, 단자전압이 220[V], 직렬 도체수가 132개이고 중권이다. 정류자 편간 전압은 몇 [V]인가?
① 10 ② 20 ③ 30 ④ 40

풀이 $e_{sa} = \frac{pE}{K} = \frac{6 \times 220}{132} = 10[V]$
여기서, e_{sa} : 정류자 편간 전압,
E : 유기기선력, p : 극수,
K : 정류자 편수   **답** ①

47 다음 중 1방향성 4단자 사이리스터는 어느 것인가?
① TRIAC ② SCS
③ SCR ④ SSS

풀이 각 종 반도체 소자의 비교
① 방향성
 • 양방향성(쌍방향성) 소자 : DIAC, TRIAC, SSS
 • 역저지(단방향성) 소자 : SCR, LASCR, GTO, SCS
② 극(단자) 수
 • 2극(단자) 소자 : DIAC, SSS, Diode
 • 3극(단자) 소자 : SCR, LASCR, GTO, TRIAC
 • 4극(단자) 소자 : SCS   **답** ②

48 어떤 변압기 전부하 동손이 270[W], 철손이 120[W]일 때 이 변압기를 최고 효율로 운전하는 출력은 정격출력의 약 몇 [%]가 되는가?
① 66.7 ② 44.4
③ 33.3 ④ 22.5

풀이 최대 효율이 나타나는 부하
$$m = \sqrt{\frac{P_i}{P_c}} = \sqrt{\frac{120}{270}} = 0.667$$
∴ 정격출력의 66.7[%]에서 최대 효율이 발생한다.   **답** ①

49 회전 변류기의 직류측의 전압을 변경하려면 슬립링에 가해지는 교류측 전압을 변화시킨다 그 방법이 아닌 것은?
① 직렬 리액턴스에 의한 방법
② 유도전압조정기에 의한 방법
③ 분류 저항 삽입에 의한 방법
④ 부하 시 전압조정 변압기에 의한 방법

풀이 회전 변류기의 전압조정법
① 직렬 리액턴스에 의한 방법

② 유도전압조정기를 사용하는 방법
③ 부하 시 전압조정 변압기를 사용하는 방법
④ 동기 승압기에 의한 방법   답 ③

50 출력 4[kW], 1400[rpm]인 전동기의 토크는 약 몇 [kg·m]인가?

① 2.79　　② 3.26
③ 4.79　　④ 5.91

풀이 토크 $\tau = 0.975 \dfrac{P}{N} = 0.975 \times \dfrac{4 \times 10^3}{1400}$
　　　$= 2.79 [kg \cdot m]$　　답 ①

51 3상 유도전동기의 원선도 작성에 필요한 기본량을 구하기 위한 시험이 아닌 것은?

① 충격전압시험　　② 저항측정 시험
③ 무부하 시험　　④ 구속 시험

풀이 • 원선도 작성에 필요한 시험 : 무부하 시험, 구속시험, 저항측정시험
• 절연내력 측정 : 충격전압시험　　답 ①

52 권선형 유도전동기의 기동 시 2차 저항을 넣는 이유는?

① 기동전류 증대
② 회전수 감소
③ 기동 토크 감소
④ 기동전류 감소와 토크 증대

풀이 2차 저항 기동법 : 비례추이의 원리에 의하여 큰 기동 토크를 얻는 반면에 기동전류는 억제　　답 ④

53 단상변압기에서 전부하시 2차 전압은 115[V]이고, 전압 변동률은 2[%]이다. 1차 단자전압은 몇 [V]인가? (단, 1차, 2차 권선비는 20 : 1이다.)

① 2326　　② 2336
③ 2346　　④ 2356

풀이 $V_{1n} = aV_{20} = aV_{2n}\left(1 + \dfrac{\epsilon}{100}\right)$
　　　$= 20 \times 115 \times \left(1 + \dfrac{2}{100}\right) = 2346[V]$　　답 ③

54 동기기의 전기자 권선법이 아닌 것은?

① 중권　　② 2층권
③ 분포권　　④ 전절권

풀이 코일 간격이 극 간격과 같은 것을 전절권이라 하고, 극 간격보다 작은 것을 단절권이라 한다. 단절권은 고조파를 제거하고 기전력의 파형을 좋게 하고, 코일 단부가 짧게 되어 동(Cu)의 양이 적게 드는 이점이 있어, 동기기에는 단절권을 사용하며 전절권은 사용하지 않는다.　　답 ④

55 3상 권선형 유도전동기의 회전자에 슬립 주파수의 전압을 공급하여 속도를 변화시키는 방법은?

① 교류 여자 제어법　　② 1차 저항법
③ 주파수 변환법　　　④ 2차 여자 제어법

풀이 $I_2 = \dfrac{sE_2 \pm E_c}{r_2}$ 에서 정토크 부하의 경우 I_2는 일정하므로 슬립 주파수의 전압 E_c의 크기에 따라 s가 변하게 되고 속도가 변하게 된다. 이와 같은 속도제어 방법을 2차 여자법이라 한다.　　답 ④

56 어떤 직류전동기의 유기전력이 200[V], 매분 회전수가 1200[rpm]으로 토크 16.2[kg·m]를 발생하고 있을 때의 전류는 약 몇 [A]인가?

① 60　　② 80
③ 100　　④ 120

풀이 $T = 0.975 \dfrac{P}{N} = 0.975 \dfrac{E_c I}{N} [kg \cdot m]$에서
$I = \dfrac{NT}{0.975 E_c} = \dfrac{1200 \times 16.2}{0.975 \times 200} = 99.69[A]$　　답 ③

57 그림은 3상 동기발전기의 무부하 포화 곡선이다. 이 발전기의 포화율은 얼마인가?

① 0.5
② 0.67
③ 0.8
④ 0.9

풀이 포화율 $\sigma = \dfrac{yz}{xy} = \dfrac{12-8}{8} = 0.5$ 답 ①

58 4극, 7.5[kW], 200[V], 60[Hz]인 3상 유도전동기가 있다. 전부하에서의 2차 입력이 7950[W]이다. 이 경우의 2차 효율은 약 몇 [%]인가? (단, 여기서 기계손은 130[W]이다.)

① 92   ② 94
③ 96   ④ 98

풀이 $P_2 = P_0 + P_{c2} + P_m$ 에서
$P_{c2} = P_2 - P_0 - P_m = 7950 - 7500 - 130 = 320[W]$
$P_{c2} = sP_2$ 에서
$s = \dfrac{P_{c2}}{P_2} = \dfrac{320}{7950} = 0.04$
$\eta_2 = 1 - s = 1 - 0.04 = 0.96 = 96[\%]$ 답 ③

59 브러시를 이동하여 회전속도를 제어하는 전동기는?

① 단상 직권전동기
② 직류 직권전동기
③ 반발 전동기
④ 반발 기동형 단상 유도전동기

풀이 반발 전동기는 브러시 이동만으로 기동, 정지, 속도제어가 가능하다.   답 ③

60 발전기의 단락비나 동기 임피던스를 산출하는 데 필요한 시험은?

① 무부하 포화 시험과 3상 단락 시험
② 정상, 영상, 리액턴스의 측정 시험
③ 돌발 단락 시험과 부하 시험
④ 단상 단락 시험과 3상 단락 시험

풀이

측정 항목	시험의 종류
철손	무부하 시험
기계손	무부하 시험
동기임피던스	단락 시험
동기리액턴스	단락 시험
단락비	무부하(포화) 시험, 단락 시험

답 ①

4과목 - 회로이론

61 그림 ab 간에 40[V]의 전압을 가할 때 10[A]인 전류가 흐른다. r_1 및 r_2에 흐르는 전류비를 1 : 2로 하려면 r_1 및 r_2의 저항[Ω]은 각각 얼마인가?

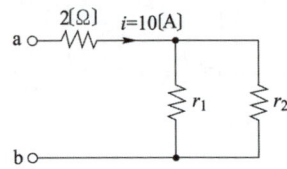

① $r_1 = 6$, $r_2 = 3$ ② $r_1 = 3$, $r_2 = 6$
③ $r_1 = 4$, $r_2 = 2$ ④ $r_1 = 2$, $r_2 = 4$

풀이 $i = 10 = \dfrac{E}{R_t} = \dfrac{40}{R_t}$, $\therefore R_t = \dfrac{40}{10} = 4[\Omega]$

$R_t = 2 + \dfrac{r_1 r_2}{r_1 + r_2} = 4$

전류비가 1 : 2이므로
$r_1 : r_2 = 2 : 1$, $\therefore r_1 = 2r_2$
$\dfrac{2r_2^2}{2r_2 + r_2} = 4 - 2$, $\dfrac{2}{3}r_2 = 2$
$\therefore r_1 = 6[\Omega]$, $r_2 = 3[\Omega]$ 답 ①

62 2개의 교류전압
$v_1 = 100\sin\left(377t + \dfrac{\pi}{6}\right)$[V]와
$v_2 = 100\sqrt{2}\sin\left(377t + \dfrac{\pi}{3}\right)$[V]가 있다.

옳게 표시된 것은?

① v_1과 v_2의 주기는 모두 1/60[sec]이다.
② v_1과 v_2의 주파수는 377[Hz]이다.
③ v_1과 v_2는 동상이다.
④ v_1과 v_2의 실효값은 100[V], 100$\sqrt{2}$[V]이다.

풀이 $\omega = 2\pi f = 377$에서 $f = \dfrac{377}{2\pi} = 60[Hz]$

$T = \dfrac{1}{f}$ 이므로 $T = \dfrac{1}{60}$ 답 ①

63 $R-L-C$ 직렬회로에서 $L=0.1\times 10^{-3}$[H], $R=100$[Ω], $C=0.1\times 10^{-6}$[F]일 때 이 회로는?

① 비진동적이다.
② 진동적이다.
③ 정현파로 진동한다.
④ 진동과 비진동을 반복한다.

풀이 진동 여부의 판별식에서
$$\left(\frac{R}{2L}\right)^2 - \frac{1}{LC} = R^2 - 4\frac{L}{C} = 10^4 - 4\times\frac{0.1\times 10^{-3}}{0.1\times 10^{-6}}$$
$$= 10^4 - 4\times 10^3 > 0$$
즉, $R^2 > 4\frac{L}{C}$ 이므로 비진동적이다. **답** ①

64 그림과 같은 피드백 회로의 전달함수는?

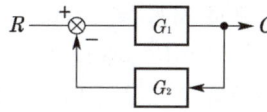

① $\frac{1}{G_1} + \frac{1}{G_2}$ ② $\frac{G_1}{1-G_1G_2}$

③ $\frac{G_1}{1+G_1G_2}$ ④ $\frac{G_1G_2}{1+G_1G_2}$

풀이 $(R-CG_2)G_1 = C$
$RG_1 = C + CG_1G_2 = C(1+G_1G_2)$
$\therefore \frac{C}{R} = \frac{G_1}{1+G_1G_2}$ **답** ③

65 $e_i(t) = Ri(t) + L\frac{di}{dt}i(t) + \frac{1}{C}\int i(t)dt$ 에서 모든 초기조건을 0으로 하고 라플라스 변환 하면 어떻게 되는가?

① $\frac{Cs}{LCs^2+RCs+1}E_i(s)$

② $\frac{1}{LCs^2+RCs+1}E_i(s)$

③ $\frac{LCs}{LCs^2+RCs+1}E_i(s)$

④ $\frac{C}{LCs^2+RCs+1}E_i(s)$

풀이 양변을 라플라스 변환하면
$E_i(s) = RI(s) + sLI(s) + \frac{1}{sC}I(s)$ 에서
$E_i(s) = \left(R+sL+\frac{1}{sC}\right)I(s)$
$\therefore I(s) = \frac{1}{sL+R+\frac{1}{sC}}E_i(s)$
$= \frac{Cs}{LCs^2+RCs+1}E_i(s)$ **답** ①

66 어느 3상 회로의 선간 전압을 측정하니 $V_a = 120$[V], $V_b = -60-j80$[V], $V_c = -60+j80$[V]이었다. 불평형률[%]은?

① 13   ② 27   ③ 34   ④ 41

풀이 $V_1 = \frac{1}{3}(V_a + aV_b + a^2V_c)$
$= \frac{1}{3}\Big\{120 + \Big(-\frac{1}{2}+j\frac{\sqrt{3}}{2}\Big)(-60-j80)$
$\quad + \Big(-\frac{1}{2}-j\frac{\sqrt{3}}{2}\Big)(-60+j80)\Big\}$
$= \frac{1}{3}(120+60+80\sqrt{3}) = 106.2$[V]

$V_2 = \frac{1}{3}(V_a + a^2V_b + aV_c)$
$= \frac{1}{3}\Big\{120 + \Big(-\frac{1}{2}-j\frac{\sqrt{3}}{2}\Big)(-60-j80)$
$\quad + \Big(-\frac{1}{2}+j\frac{\sqrt{3}}{2}\Big)(-60+j80)\Big\}$
$= \frac{1}{3}(120+60-80\sqrt{3}) = 13.8$[V]

$\therefore$ 불평형률 $= \frac{|V_2|}{|V_1|}\times 100 = \frac{13.8}{106.2}\times 100$
$= 13$[%] **답** ①

67 정현파 교류의 실효값을 구하는 식이 잘못된 것은?

① $\sqrt{\frac{1}{T}\int_0^T i^2 dt}$ ② 파고율×평균치

③ $\frac{최대값}{\sqrt{2}}$ ④ $\frac{\pi}{2\sqrt{2}}\times$평균치

풀이 실효값 $= \sqrt{\frac{1}{T}\int_0^T i^2 dt} = \frac{1}{파고율}\times$최대값

$$= 파형률 \times 평균값$$
$$= \frac{1}{\sqrt{2}} 최대값 = \frac{\pi}{2\sqrt{2}} 평균값 \quad \boxed{답} ②$$

68 주기적인 구형파 신호의 성분은 어떻게 되는가?

① 성분 분석이 불가능하다.
② 직류분만으로 합성된다.
③ 무수히 많은 주파수의 합성이다.
④ 교류 합성을 갖지 않는다.

[풀이] 주기적인 비정현파는 일반적으로 푸리에 급수에 의해 표시되므로 무수히 많은 주파수의 합성이다. $\boxed{답}$ ③

69 $F(s) = \dfrac{3s+10}{s^3 + 2s^2 + 5s}$ 일 때 $f(t)$의 최종값은?

① 0   ② 1
③ 2   ④ 3

[풀이] 최종값 정리에 의해서
$$\lim_{t \to \infty} f(t) = \lim_{s \to 0} sF(s)$$
$$= \lim_{s \to 0} s \cdot \frac{3s+10}{s(s^2+2s+5)} = \frac{10}{5}$$
$$= 2 \quad \boxed{답} ③$$

70 $R-C$ 직렬회로의 시정수는 RC이다. 시정수의 단위는 어떻게 되는가?

① Ω ② $\Omega \mu F$
③ sec   ④ Ω/F

[풀이] ① RC 직렬회로의 시정수 $\tau = RC$[sec]
② RL 직렬회로의 시정수 $\tau = \dfrac{L}{R}$[sec] $\boxed{답}$ ③

71 다음 중 테브난의 정리와 쌍대의 관계가 있는 것은?

① 밀만의 정리   ② 중첩의 원리
③ 노튼의 정리   ④ 보상의 정리

[풀이] 테브난의 정리(등가 전압원 정리)와 노튼 정리(등가 전류원 정리)는 쌍대 관계가 있다. $\boxed{답}$ ③

72 회로에서 단자 $1-1'$에서 본 구동점 임피던스 Z_{11}의 값 $[\Omega]$은?

① 5[Ω]
② 8[Ω]
③ 10[Ω]
④ 15[Ω]

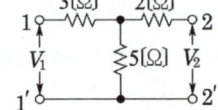

[풀이] $Z_{11} = 3 + 5 = 8[\Omega]$ $\boxed{답}$ ②

73 회로 방정식의 특성근과 회로의 시정수에 대하여 바르게 서술된 것은?

① 특성근과 시정수는 같다.
② 특성근의 역($逆$)과 회로의 시정수는 같다.
③ 특성근의 절대값의 역과 회로의 시정수는 같다.
④ 특성근과 회로의 시정수는 서로 상관되지 않는다.

[풀이] 안정된 회로에 있어서는 $\tau = \dfrac{-1}{\alpha} = \dfrac{1}{|\alpha|}$의 관계가 있으며 τ는 시정수, α는 특성근 또는 감쇠 정수라 한다. $\boxed{답}$ ③

74 이상적인 변압기로 구성된 4단자 회로에서 정수 D를 구하면?

① 1
② 0
③ n
④ $\dfrac{1}{n}$

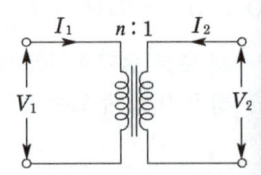

[풀이] 변압기의 4단자 정수는 $\begin{bmatrix} a & 0 \\ 0 & \frac{1}{a} \end{bmatrix}$이므로

$\begin{bmatrix} A & B \\ C & D \end{bmatrix} = \begin{bmatrix} \frac{n_1}{n_2} & 0 \\ 0 & \frac{n_2}{n_1} \end{bmatrix}$ 가 된다. $\boxed{답}$

75 전원과 부하가 다 같이 △결선된 3상 평형 회로가 있다. 전원전압이 200[V], 부하 임피던스가 $6+j8[\Omega]$인 경우 선전류[A]는?

① 20
② $\dfrac{20}{\sqrt{3}}$
③ $20\sqrt{3}$
④ $10\sqrt{3}$

풀이 전원과 부하가 다같이 △결선이므로 상전류 I_p 는
$$I_p = \dfrac{V}{Z} = \dfrac{200}{\sqrt{6^2+8^2}} = 20[A]$$
$$\therefore I_l = \sqrt{3}I_p = 20\sqrt{3}[A]$$
답 ③

76 그림의 사다리꼴 회로에서 출력 전압 V_L[V]은?

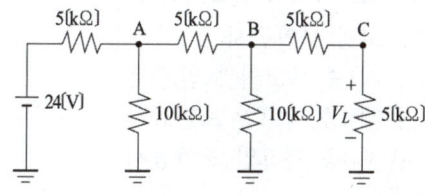

① 2
② 3
③ 4
④ 6

풀이 전압분배 법칙을 적용하면 된다. 처음 B점의 우측의 합성저항은 10[kΩ]이며, 이 저항이 아래측의 10[kΩ]과 병렬로 되어 B점의 합성저항은 5[kΩ]이 된다. A점에서도 동일하게 되어 5[kΩ]이 된다. 즉 24[V]는 1/2씩 A점을 중심으로 나누어 걸리게 된다. 따라서 A점의 전위는 12[V], 마찬가지로 B점의 전위는 6[V], C점의 전위는 3[V]가 된다. **답** ②

77 불평형 3상 전류
$I_a = 10+j2$[A], $I_b = -20-j24$[A], $I_c = -5+j10$[A]일 때의 영상전류 I_0 는?

① $15+j2$[A]
② $-5-j4$[A]
③ $-15-j12$[A]
④ $-45-j36$[A]

풀이
$$I_0 = \dfrac{1}{3}(I_a+I_b+I_c)$$
$$= \dfrac{1}{3}(10+j2-20-j24-5+j10)$$
$$= \dfrac{1}{3}(-15-j12) = -5-j4[A]$$
답 ②

78 비사인파의 실효값은 어떻게 되는가?
① 각 고조파의 실효값의 합
② 각 고조파의 실효값 제곱의 합의 제곱근
③ 기본파와 3고조파 성분의 합
④ 각 고조파의 실효값의 합의 평균

풀이 왜형파의 실효값은 각 고조파 실효값 제곱의 합의 제곱근이다.
$$V = \sqrt{V_0^2+V_1^2+V_3^2+\cdots}$$
$$= \sqrt{V_0^2+\left(\dfrac{V_{m1}}{\sqrt{2}}\right)^2+\left(\dfrac{V_{m3}}{\sqrt{2}}\right)^2+\cdots}$$
답 ②

79 $R=10[\Omega]$, $L=0.045$[H]의 직렬회로에 실효값 140[V], 주파수 25[Hz]의 정현파 교류전압을 가했을 때 임피던스[Ω]의 크기는 얼마인가?

① 17.25
② 15.31
③ 12.25
④ 10.41

풀이 $\omega L = 2\pi f L = 2\times 3.14\times 25 \times 0.045$
$= 7.068[\Omega]$
$\therefore Z = \sqrt{R^2+(\omega L)^2} = \sqrt{10^2+7.06^2}$
$= 12.25[\Omega]$
답 ③

80 파고율의 관계식이 바르게 표시된 것은?

① $\dfrac{최댓값}{실효값}$
② $\dfrac{실효값}{최댓값}$
③ $\dfrac{평균값}{실효값}$
④ $\dfrac{실효값}{평균값}$

풀이
• 파고율 $= \dfrac{최댓값}{실효값}$
• 파형률 $= \dfrac{실효값}{평균값}$
답 ①

5과목 - 전기설비기술기준

81 터널 등에 시설하는 고압 배선이 그 터널 등에 시설하는 다른 고압 배선, 저압 배선, 약전류 전선 등 또는 수관·가스관이나 이와 유사한 것과 접근하거나 교차하는 경우에는 몇 [cm] 이상 이격하여야 하는가?

① 10　　② 15
③ 20　　④ 25

풀이 335.2 터널 안 전선로의 전선과 약전류전선 등 또는 관 사이의 이격거리
터널 안의 전선로의 고압 전선 또는 특고압 전선이 그 터널 안의 저압 전선·고압 전선·약전류전선 등 또는 수관·가스관이나 이와 유사한 것과 접근하거나 교차하는 경우에 이들 사이의 이격거리는 0.15[m] 이상이어야 한다. **답** ②

82 금속관공사를 콘크리트에 매설하여 시행하는 경우 관의 두께는 몇 [mm] 이상이어야 하는가?

① 1.0　　② 1.2
③ 1.4　　④ 1.6

풀이 232.12 금속관공사
관의 두께는 다음에 의할 것.
가. 콘크리트에 매설하는 것은 1.2[mm] 이상
나. 콘크리트 매설 이외의 것은 1[mm] 이상 **답** ②

83 농사용 저압가공전선로의 경간은 몇 [m] 이하이어야 하는가?

① 30　　② 50
③ 60　　④ 100

풀이 222.22 농사용 저압 가공전선로의 시설
가. 사용전압은 저압일 것.
나. 저압 가공전선은 인장강도 1.38[kN] 이상의 것 또는 지름 2[mm] 이상의 경동선일 것.
다. 저압 가공전선의 지표상의 높이는 3.5[m] 이상일 것. 다만, 저압 가공전선을 사람이 쉽게 출입하지 못하는 곳에 시설하는 경우에는 3[m]까지 감할 수 있다.
라. 목주의 굵기는 말구 지름이 0.09[m] 이상일 것.
마. 전선로의 지지점 간 거리는 30[m] 이하일 것. **답** ①

84 전기 온상의 발열선의 온도는 몇 [℃]를 넘지 아니하도록 시설하여야 하는가?

① 70　　② 80　　③ 90　　④ 100

풀이 241.5 전기온상 등
가. 전기온상에 전기를 공급하는 전로의 대지전압은 300[V] 이하일 것.
나. 발열선은 그 온도가 80[℃]를 넘지 않도록 시설 할 것.
다. 발열선과 조영재 사이의 이격거리는 0.025[m] 이상으로 할 것.
라. 발열선의 지지점 간의 거리는 1[m] 이하일 것. 다만, 발열선 상호 간의 간격이 0.06[m] 이상인 경우에는 2[m] 이하로 할 수 있다. **답** ②

85 특고압가공전선이 삭도와 제2차 접근상태로 시설할 경우에 특고압가공전선로는 어느 보안공사를 하여야 하는가?

① 고압 보안공사
② 제1종 특고압 보안공사
③ 제2종 특고압 보안공사
④ 제3종 특고압 보안공사

풀이 333.26 특고압 가공전선과 저고압 가공전선 등의 접근 또는 교차
특고압 가공전선이 가공약전류전선 등 저압 또는 고압의 가공전선이나 저압 또는 고압의 전차선 등과 제2차 접근상태로 시설되는 경우에는 특고압 가공전선로는 제2종 특고압 보안공사에 의할 것. **답** ③

86 수상 전선로를 시설하는 경우 알맞은 것은?

① 사용전압이 고압인 경우에는 클로로프렌 캡타이어 케이블을 사용한다.
② 가공전선로의 전선과 접속하는 경우, 접속점이 육상에 있는 경우에는 지표상 4 [m] 이상의 높이로 지지물에 견고하고 붙인다.
③ 가공전선로의 전선과 접속하는 경우, 접속점이 수면상에 있는 경우, 사용전압이 고압인 경우에는 수면상 5 [m] 이상의 높이로 지지물에 견고하게 붙인다.
④ 고압 수상 전선로에 지락이 생길 때를 대비하여 전로를 수동으로 차단하는 장치를 시설한다.

풀이 335.3 수상전선로의 시설
수상전선로를 시설하는 경우에는 그 사용전압은 저압 또는 고압인 것에 한한다.
가. 전선
① 저압 : 클로로프렌 캡타이어 케이블
② 고압 : 캡타이어 케이블
나. 수상전선로의 전선과 가공전선로 접속점의 높이
① 접속점이 육상에 있는 경우 : 지표상 5[m] 이상. 다만, 저압인 경우에 도로상 이외의 곳에 있을 때에는 지표상 4[m]
② 접속점이 수면상에 있는 경우 : 저압 4[m] 이상, 고압 5[m] 이상
다. 수상전선로의 사용전압이 고압인 경우에는 전로에 지락이 생겼을 때에 자동적으로 전로를 차단하기 위한 장치를 시설하여야 한다. **답** ③

87 특고압전선로에 접속하는 배전용 변압기의 1차 전압은 몇 [kV] 이하이어야 하는가?
① 20 ② 25 ③ 30 ④ 35

풀이 341.2 특고압 배전용 변압기의 시설
특고압 전선로에 접속하는 배전용 변압기를 시설하는 경우에는 특고압 전선에 특고압 절연전선 또는 케이블을 사용하고 또한 다음에 따라야 한다.
가. 변압기의 1차 전압은 35[kV] 이하, 2차 전압은 저압 또는 고압일 것
나. 변압기의 특고압측에 개폐기 및 과전류차단기를 시설할 것
다. 변압기의 2차 전압이 고압인 경우에는 고압측에 개폐기를 시설하고 또한 쉽게 개폐할 수 있도록 할 것 **답** ④

88 전력보안가공통신선을 도로 위, 철도 또는 궤도, 횡단보도교 위 등이 아닌 일반적인 장소에 시설하는 경우에는 지표상 몇 [m] 이상으로 시설하여야 하는가?
① 3.5 ② 4 ③ 4.5 ④ 5

풀이 362.2 전력보안통신선의 시설 높이와 이격거리
전력 보안 가공통신선(이하 "가공통신선"이라 한다)의 높이는 다음을 따른다.

구 분		지상고	비고
도로 (차도)	일반적인 경우	5.0[m] 이상	
	교통에 지장을 안 주는 경우	4.5[m] 이상	
도 또는 궤도 횡단 시		6.5[m] 이상	레일면상
단보도교 위		3.0[m] 이상	그 노면상
타		3.5[m] 이상	

답 ①

89 일반 주택 및 아파트 각 호실의 현관 등에 조명용 백열전등을 설치할 때, 몇 [분] 이내에 소등되는 타임 스위치를 시설하여야 하는가?
① 1 ② 2 ③ 3 ④ 5

풀이 234.6 점멸기의 시설
다음의 경우에는 센서등(타임스위치 포함)을 시설하여야 한다.
가. 관광숙박업 또는 숙박업(여인숙업을 제외한다)에 이용되는 객실의 입구등은 1분 이내에 소등되는 것.
나. 일반주택 및 아파트 각 호실의 현관등은 3분 이내에 소등되는 것. **답** ③

90 3[kV]의 고압 옥내배선을 케이블공사로 설계하는 경우 사용할 수 없는 케이블은?
① 연피 케이블
② 비닐 외장 케이블
③ 무기물 절연 케이블
④ 클로로프렌 외장 케이블

풀이 122.5 고압 및 특고압케이블
사용전압이 고압인 전로의 전선으로 사용하는 케이블은
① 클로로프렌외장케이블
② 비닐외장케이블
③ 폴리에틸렌외장케이블
④ 콤바인 덕트 케이블
참고로 무기물절연케이블은 저압만 사용한다. **답** ③

91 특고압가공전선로의 유도 전류는 사용전압이 60[kV] 이하인 경우에는 전화 선로의 길이 12[km]마다의 몇 [μA]를 넘지 아니하도록 시설하여야 하는가?
① 1.5 ② 2 ③ 2.5 ④ 3

풀이 333.2 유도장해의 방지
가. 사용전압이 60[kV] 이하인 경우에는 전화선로의 길이 12[km]마다 유도전류가 2[μA]를 넘지 아니하도록 할 것.
나. 사용전압이 60[kV]를 초과하는 경우에는 전화선로의 길이 40[km]마다 유도전류가 3[μA]을 넘지 아니하도록 할 것.

다. 특고압 가공전선로는 기설 통신선로에 대하여 상시 정전 유도 작용에 의하여 통신상의 장해를 주지 아니하도록 시설하여야 한다. 답 ②

92 인가가 많이 연접되어 있는 장소에 시설하는 가공전선로의 구성재에 병종 풍압하중을 적용할 수 없는 경우는?

① 저압 또는 고압가공전선로의 지지물
② 저압 또는 고압가공전선로의 가섭선
③ 사용전압이 35[kV] 이하에 특고압 절연전선 또는 케이블을 사용하는 특고압가공전선로의 지지물
④ 사용전압이 35[kV] 이상인 특고압가공전선로에 사용하는 케이블 및 조가용선

풀이 331.6 풍압하중의 종별과 적용
인가가 많이 연접되어 있는 장소에 시설하는 가공전선로의 구성재 중 다음의 풍압하중에 대하여는 규정에 불구하고 갑종 풍압하중 또는 을종 풍압하중 대신에 **병종 풍압하중을 적용**할 수 있다.
가. **저압 또는 고압 가공전선로**의 지지물 또는 가섭선
나. 사용전압이 **35[kV] 이하**의 전선에 특고압 절연전선 또는 케이블을 사용하는 특고압 가공전선로의 지지물, 가섭선 및 특고압 가공전선을 지지하는 애자장치 및 완금류
답 ④

93 저압가공전선과 고압가공전선을 동일 지지물에 시설하는 경우 저압가공전선과 고압가공전선과의 이격거리는 몇 [cm] 이상이어야 하는가?

① 40 ② 50
③ 60 ④ 70

풀이 332.8 고압 가공전선 등의 병행설치
저압 가공전선(다중접지된 중성선은 제외한다)과 고압 가공 전선을 동일 지지물에 시설하는 경우에는 다음에 따라야 한다.
가. 저압 가공전선을 고압 가공 전선의 아래로 하고 별개의 완금류에 시설할 것.
나. 저압 가공전선과 고압 가공전선 사이의 이격거리는 0.5[m] 이상일 것. 답 ②

94 접지공사에 사용하는 접지선을 사람이 접촉할 우려가 있는 곳에 시설하는 경우에 그 접지선의 어느 부분까지 합성수지관 또는 이와 동등 이상의 절연 효력 및 강도를 가지는 몰드로 덮어야 하는가?

① 지하 50[cm]로부터 지표상 1.6[m]까지의 부분
② 지하 60[cm]로부터 지표상 2[m]까지의 부분
③ 지하 75[cm]로부터 지표상 2[m]까지의 부분
④ 지하 80[cm]로부터 지표상 1.8[m]까지의 부분

풀이 142.3.1 접지도체
접지도체는 지하 0.75[m] 부터 지표 상 2[m] 까지 부분은 합성수지관(두께 2[mm] 미만의 합성수지제 전선관 및 가연성 콤바인덕트관은 제외한다) 또는 이와 동등 이상의 절연효과와 강도를 가지는 몰드로 덮어야 한다.
답 ③

95 조상기의 보호장치로서 내부고장 시에 자동적으로 전로로부터 차단하는 장치를 하여야 하는 조상기의 용량은 몇 [kVA] 이상인가?

① 5000 ② 7500
③ 10000 ④ 15000

풀이 351.5 조상설비의 보호장치
조상 설비에는 그 내부에 고장이 생긴 경우에 보호하는 장치를 표와 같이 시설하여야 한다.

설비 종별	뱅크 용량의 구분	자동적으로 전로로부터 차단하는 장치
전력용 커패시터 및 분로리액터	500[kVA] 초과 15,000[kVA] 미만	• 내부에 고장이 생긴 경우 • 과전류가 생긴 경우
	15,000[kVA] 이상	• 내부에 고장이 생긴 경우 • 과전류가 생긴 경우 • 과전압이 생긴 경우
조상기 (調相機)	15,000[kVA] 이상	• 내부에 고장이 생긴 경우

답 ④

출제기준 변경 및 개정된 관계 법규에 따라 삭제된 문제가 있어 20문항이 안됩니다.

2007년 3회

1과목 - 전기자기

01 $Q[C]$의 전하를 갖는 반지름 $a[m]$의 도체구를 비유전율 ϵ_s인 기름 탱크에서 공기 중으로 꺼내는 데 필요한 에너지는 몇 [J]인가?

① $\dfrac{Q}{8\pi\epsilon_0 a}\left(\dfrac{1}{\epsilon_s}-1\right)$ ② $\dfrac{Q^2}{8\pi\epsilon_0 a}\left(1-\dfrac{1}{\epsilon_s}\right)$

③ $\dfrac{Q^2}{4\pi\epsilon_0 a}\left(\dfrac{1}{\epsilon_s}-1\right)$ ④ $\dfrac{Q}{8\pi\epsilon_0 a^2}\left(\dfrac{1}{\epsilon_s}-1\right)$

풀이
- 공기 중의 구의 용량 $C = 4\pi\epsilon_0 a$
- 기름 중의 구의 용량 $C' = 4\pi\epsilon a = 4\pi\epsilon_0 \epsilon_s a$
- ∴ 필요한 에너지
$W = \dfrac{Q^2}{2C} - \dfrac{Q^2}{2C'} = \dfrac{Q^2}{8\pi\epsilon_0 a} - \dfrac{Q^2}{8\pi\epsilon_0 \epsilon_s a}$
$= \dfrac{Q^2}{8\pi\epsilon_0 a}\left(1-\dfrac{1}{\epsilon_s}\right)$ **답** ②

02 그림과 같이 권수 $N[회]$, 평균 반지름 $r[m]$인 환상 솔레노이드에 $I[A]$의 전류가 흐를 때 중심 O점의 자계의 세기는 몇 [AT/m]인가? 단, 누설자속은 없다고 함

① 0
② NI
③ $\dfrac{NI}{2\pi r}$
④ $\dfrac{NI}{2\pi r^2}$

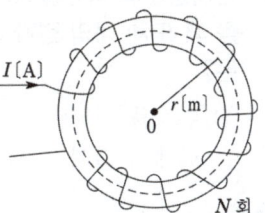

풀이 환상 솔레노이드
- 코일 내부 $H = \dfrac{NI}{2\pi r}$
- 코일 외부 $H = 0$ **답** ①

03 권수 1회의 코일에 5[Wb]의 자속이 쇄교하고 있을 때 $t=10^{-1}$초 사이에 이 자속을 0으로 변했다면 이때 코일에 유도되는 기전력은 몇 [V]이겠는가?

① 5 ② 25 ③ 50 ④ 100

풀이 $e = N\dfrac{d\phi}{dt} = 1 \times \dfrac{5-0}{10^{-1}} = 50[V]$ **답** ③

04 자기 인덕턴스가 L_1, L_2이고 상호 인덕턴스가 M인 두 회로의 결합계수가 1일 때, 다음 중 성립되는 식은?

① $L_1 \cdot L_2 = M$ ② $L_1 \cdot L_2 < M^2$
③ $L_1 \cdot L_2 > M^2$ ④ $L_1 \cdot L_2 = M^2$

풀이 결합 계수 $K = \dfrac{M}{\sqrt{L_1 L_2}}$에서

결합 계수 $K=1$인 경우 $\dfrac{M}{\sqrt{L_1 L_2}}=1$

∴ $L_1 L_2 = M^2$이 된다.   **답** ④

05 그림과 같이 진공 중에 $d[m]$ 떨어진 두 평행도선에 $I[A]$의 전류가 흐를 때 도선의 단위길이당 작용하는 힘 $F[N/m]$는?

① $\dfrac{\mu_0 I}{2\pi d}$ ② $\dfrac{\mu_0 I^2}{2\pi d^2}$

③ $\dfrac{\mu_0 I^2}{2\pi d}$ ④ $\dfrac{\mu_0 I^2}{2d}$

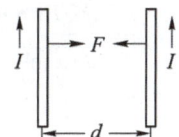

풀이

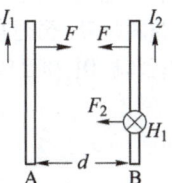

B도체는 A도체의 I_1에 의한 지면으로 들어가는 자계 H_1에 놓여 있는 경우와 같다. 따라서 H_1에 기인하여

작용하는 전자력 F_2는
$$F_2 = B_1 I_2 \sin 90° = \mu_0 H_1 I_2$$
$$= \mu_0 \cdot \frac{I_1}{2\pi d} \cdot I_2 \ (I_1 = I_2 = I)$$
$$\therefore F = \frac{\mu_0 I^2}{2\pi d} [\text{N/m}]$$
답 ③

06 영구자석의 재료로 사용되는 철에 요구되는 사항으로 다음 중 가장 적절한 것은?

① 잔류 자속밀도는 작고 보자력이 커야 한다.
② 잔류 자속밀도는 크고 보자력이 작아야 한다.
③ 잔류 자속밀도와 보자력이 모두 커야 한다.
④ 잔류 자속밀도는 커야 하나, 보자력이 0이어야 한다.

풀이
- 자심 재료 : 히스테리시스 곡선의 면적 및 보자력은 작고 잔류자기는 커야 한다.
- 영구자석 재료 : 히스테리시스 곡선의 면적 및 보자력과 잔류자기도 모두 커야 한다.

답 ③

07 공기 중에 10[cm] 떨어져 평행으로 놓여진 두 개의 무한히 긴 도선에 왕복전류가 흐를 때 단위길이 당 0.04[N]의 힘이 작용한다면 이때 흐르는 전류는 약 몇 [A]인가?

① 58　　　② 62
③ 83　　　④ 141

풀이
$F = \frac{2I_1 I_2}{r} \times 10^{-7} [\text{N}]$에서 $I_1 = I_2 = I$이므로
$I = \sqrt{\frac{1}{2} F r \times 10^7} = \sqrt{\frac{1}{2} \times 0.04 \times 0.1 \times 10^7}$
$= \sqrt{2 \times 10^4} = 141.4 [\text{A}]$

답 ④

08 면적 19.6[cm²], 두께 5[mm]의 판상 플라스틱 양면에 전극을 설치하고, 정전용량을 측정하였더니 21.8[pF]이었다. 이 재료의 비유전율은 약 얼마인가?

① 3.3　　　② 4.3
③ 5.3　　　④ 6.3

풀이
평행판 콘덴서의 정전용량 $C = \epsilon \frac{S}{d}[\text{F}]$에서

$$21.8 \times 10^{-12} = \epsilon_0 \epsilon_s \frac{19.6 \times 10^{-4}}{5 \times 10^{-3}}$$

따라서 $\epsilon_s = \frac{21.8 \times 10^{-12} \times 5 \times 10^{-3}}{8.855 \times 10^{-12} \times 19.6 \times 10^{-4}}$
$= 6.28$

답 ④

09 어떤 코일의 인덕턴스를 측정하였더니 4[H]이고, 여기에 직류 전류 I[A]를 흘려주니 이 코일에 축적된 에너지가 10[J]이었다면 전류 I는 몇 [A]인가?

① 0.5　　　② $\sqrt{5}$
③ 5　　　④ 25

풀이
$W = \frac{1}{2} L I^2$에서 $10 = \frac{1}{2} \times 4 \times I^2$

따라서 $I = \sqrt{\frac{10 \times 2}{4}} = \sqrt{5}$

답 ②

10 0.2[Wb/m²]의 자계 중에 이것과 직각으로 길이 30[cm] 도선을 놓고, 이것을 자계와 직각으로 20[m/s]의 속도로 이동할 때 도선 양단의 기전력은 몇 [V]인가?

① 0.6　　　② 1.2
③ 3　　　④ 6

풀이
$e = (v \times B) l$에서
$e = B l v \sin\theta = 0.2 \times 0.3 \times 20 \times \sin 90°$
$= 1.2 [\text{V}]$

답 ②

11 반지름 r의 직선상 도체에 전류 I가 고르게 흐를 때 도체 내의 전자 에너지와 관계가 없는 것은?

① 투자율　　　② 도체의 단면적
③ 도체의 길이　　　④ 전류의 크기

풀이
도체 내의 인덕턴스 $L_i = \frac{\mu l}{8\pi}$에서
도체 내의 전자 에너지는
$$W_i = \frac{1}{2} L_i I^2 = \frac{1}{2} \cdot \frac{\mu l}{8\pi} I^2 = \frac{\mu l}{16\pi} I^2 [\text{J}]$$
으로서 반지름 r과는 무관하므로 도체의 단면적과도 관계없다.

12 다음 설명 중 옳은 것은?

① 상자성체는 자화율이 0보다 크고, 반자성체에서는 자화율이 0보다 작다.
② 상자성체는 투자율이 1보다 작고, 반자성체에서는 투자율이 1보다 크다.
③ 반자성체는 자화율이 0보다 크고, 투자율이 1보다 크다.
④ 상자성체는 자화율이 0보다 작고, 투자율이 1보다 크다.

풀이
- 상자성체 : 자화율 $\chi > 0$, 비투자율 $\mu_s > 1$
- 반자성체 : 자화율 $\chi < 0$, 비투자율 $\mu_s < 1$

답 ①

13 비유전율 $\epsilon_r = 2.8$인 유전체에 전속밀도 $D = 3.0 \times 10^{-7} a \, [C/m^2]$를 인가할 때 분극의 세기 P는 약 몇 $[C/m^2]$인가? 단, 유전체는 동질 및 등방향성이라 한다.

① $1.93 \times 10^{-7} a$
② $2.93 \times 10^{-7} a$
③ $3.50 \times 10^{-7} a$
④ $4.07 \times 10^{-7} a$

풀이 분극의 세기
$$P = D - \epsilon_0 E \text{ (단, } E = \frac{D}{\epsilon} = \frac{D}{\epsilon_0 \epsilon_r}\text{)}$$
$$= D - \epsilon_0 \left(\frac{D}{\epsilon_0 \epsilon_r}\right) = D - \frac{D}{\epsilon_r} = \left(1 - \frac{1}{\epsilon_r}\right) D$$
$$\therefore P = \left(1 - \frac{1}{2.8}\right) \times 3 \times 10^{-7}$$
$$= 1.93 \times 10^{-7} [C/m^2]$$

답 ①

14 $E = x\,a_x - y\,a_y \, [V/m]$일 때 점 $(6, 2)[m]$를 통과하는 전기력선의 방정식은?

① $y = 12x$
② $y = \dfrac{12}{x}$
③ $y = \dfrac{x}{12}$
④ $y = 12x^2$

풀이 전기력선 방정식 : $\dfrac{dx}{E_x} = \dfrac{dy}{E_y}$

주어진 식 $E_x = x$, $E_y = -y$이므로
$$\therefore \frac{dx}{x} = \frac{dy}{-y}$$
양변 적분(적분 C 누락하지 않도록 주의)
$$\int \frac{dx}{x} = -\int \frac{dy}{y} + C \Rightarrow \ln x = -\ln y + C$$
$$\ln x + \ln y = C \Rightarrow \ln xy = C$$
$$xy = e^C$$
점 $(6, 2)$를 지나므로
$$xy = 12 \quad \therefore y = \frac{12}{x}$$

답 ②

15 비유전율 4, 비투자율 1인 공간에서 전자파의 전파 속도는 몇 $[m/sec]$인가?

① 0.5×10^8
② 1.0×10^8
③ 1.5×10^8
④ 2.0×10^8

풀이 전파속도 $v = \dfrac{3 \times 10^8}{\sqrt{\epsilon_s \mu_s}} = \dfrac{3 \times 10^8}{\sqrt{4 \times 1}}$
$$= 1.5 \times 10^8 [m/s]$$

답 ③

16 다음 중 실용상 영(0) 전위의 기준으로 가장 적합한 것은?

① 자유공간
② 무한 원점
③ 철제 부분
④ 대지

풀이 지구는 정전용량이 크므로 많은 전하가 축적되어도 지구의 전위는 일정하다. 모든 전기 장치를 접지 시키고 대지를 실용상 등전위로 한다.

답 ④

17 벡터의 계산에서 옳지 않은 것은?

① $i \cdot i = j \cdot j = k \cdot k = 1$
② $i \cdot j = j \cdot k = k \cdot i = 0$
③ $i \times i = j \times j = k \times k = 1$
④ $|A \times B| = AB \sin\theta$

풀이 벡터의 외적(벡터곱) :
$i \times j = k$, $j \times k = i$, $k \times i = j$
$j \times i = -k$, $k \times j = -i$, $i \times k = -j$
$i \times i = j \times j = k \times k = 0$

답 ③

18 구리 중에는 1[cm³]에 8.5×10^{22}개의 자유전자가 있다. 단면적 2[mm²]의 구리선에 10[A]의 전류가 흐를 때의 자유전자의 평균속도는 약 몇 [cm/s]인가?
① 0.037 ② 0.37
③ 3.7   ④ 37

풀이 전류
$I = nevS$
$i = \dfrac{I}{S} = \dfrac{10}{2 \times 10^{-6}} = 5 \times 10^6 [A/m^2] = 500[A/cm^2]$
평균 속도
$v = \dfrac{I}{neS} = \dfrac{i}{ne} = \dfrac{500}{8.5 \times 10^{22} \times 1.602 \times 10^{-19}}$
$= 0.0367[cm/s]$ **답** ①

19 두 자성체 경계면에서 정자계가 만족하는 것은?
① 자계의 법선성분이 같다.
② 자속밀도의 접선성분이 같다.
③ 경계면상의 두 점간의 자위차가 같다.
④ 자속은 투자율이 작은 자성체에 모인다.

풀이 ① 자계의 접선성분이 같다.
  $H_1 \sin\theta_1 = H_2 \sin\theta_2$
② 자속밀도의 법선성분이 같다.
  $B_1 \cos\theta_1 = B_2 \cos\theta_2$
③ 경계면상의 두 점간의 자위차는 같다.
④ 자속은 투자율이 높은 쪽으로 모이려는 성질이 있다. **답** ③

20 전자계에 대한 맥스웰(Maxwell)의 기본 이론으로 옳지 않은 것은?
① 전도 전류와 변위전류는 자계의 회전을 발생시킨다.
② 자속밀도의 시간적 변화에 따라 전계의 회전이 생긴다.
③ 고립된 자극이 존재한다.
④ 전하에서 전속선이 발산된다.

풀이 단자극은 존재하지 않는다. (div $B = 0$) **답** ③

2과목 - 전력공학

21 저항 2[Ω], 유도 리액턴스 10[Ω]의 단상 2선식, 배전선로의 전압강하를 보상하기 위하여 용량 리액턴스 5[Ω]의 콘덴서를 삽입하였을 때 부하단 전압은 몇 [V]인가? 단, 전원은 7000[V], 부하전류 200[A], 역률은 0.8(뒤짐)이다.
① 6080 ② 7000
③ 7080 ④ 8080

풀이 $V_r = V_s - I(R\cos\theta + (X_L - X_C)\sin\theta)[V]$에서
$\cos\theta = 0.8$이면
$\sin\theta = \sqrt{1 - \cos^2\theta} = \sqrt{1 - 0.8^2} = 0.6$이므로
$V_r = 7000 - 200(2 \times 0.8 + (10 - 5) \times 0.6)$
$= 6080[V]$ **답** ①

22 총 설비 부하가 120[kW], 수용률이 65[%], 부하역률이 80[%]인 수용가에 공급하기 위한 변압기의 최소 용량은 약 몇 [kVA]인가?
① 40 ② 60 ③ 80 ④ 100

풀이 변압기용량 ≥ 합성 최대 수용 전력
$= \dfrac{\text{개별 최대 수용 전력의 합}}{\text{부등률}}$
$= \dfrac{\text{설비용량} \times \text{수용률}}{\text{부등률}}$
$= \dfrac{120/0.8 \times 0.65}{1} = 97.5[kVA]$ **답** ④

23 중거리 송전선로의 T형 회로에서 송전단 전류 I_s는? 단, Z, Y는 선로의 직렬 임피던스와 병렬 어드미턴스이고 E_r은 수전단전압, I_r은 수전단 전류이다.
① $I_r\left(1 + \dfrac{ZY}{2}\right) + YE_r$
② $E_r\left(1 + \dfrac{ZY}{2}\right) + ZI_r\left(1 + \dfrac{ZY}{4}\right)$
③ $E_r\left(1 + \dfrac{ZY}{2}\right) + ZI_r$
④ $I_r\left(1 + \dfrac{ZY}{2}\right) + YE_r\left(1 + \dfrac{ZY}{4}\right)$

풀이 T회로에서 4단자 정수

$$\begin{bmatrix} A & B \\ C & D \end{bmatrix} = \begin{bmatrix} 1 & \frac{Z}{2} \\ 0 & 1 \end{bmatrix} \begin{bmatrix} 1 & 0 \\ Y & 1 \end{bmatrix} \begin{bmatrix} 1 & \frac{Z}{2} \\ 0 & 1 \end{bmatrix}$$

$$= \begin{bmatrix} 1+\frac{YZ}{2} & Z\left(1+\frac{YZ}{4}\right) \\ Y & 1+\frac{YZ}{2} \end{bmatrix}$$

$$\therefore I_s = CE_r + DI_r = YE_r + \left(1+\frac{YZ}{2}\right)I_r$$ **답** ①

24 송전단전압 161[kV], 수전단전압 154[kV], 상차각 60°, 리액턴스 45[Ω]일 때 선로 손실을 무시하면 전송 전력은 약 몇 [MW]인가?

① 397   ② 477   ③ 563   ④ 624

풀이 $P = \frac{V_s V_r}{X} \sin\delta = \frac{161 \times 154}{45} \sin 60°$
$= 477 [MW]$ **답** ②

25 보호계전기에서 동작전류가 적은 동안에는 동작전류가 커질수록 동작시간이 짧게 되고, 그 이상이면 동작전류의 크기에 관계없이 일정한 시간에서 동작하는 특성을 무슨 특성이라 하는가?

① 정한시성 특성
② 반한시성 특성
③ 순한시성 특성
④ 반한시성 정한시성 특성

풀이 보호계전기의 특징
① 순한시 특성 : 최소 동작전류 이상의 전류가 흐르면 즉시 동작하는 특성
② 반한시 특성 : 동작전류가 커질수록 동작시간이 짧게 되는 특성
③ 정한시 특성 : 동작전류의 크기에 관계없이 일정한 시간에 동작하는 특성
④ **반한시 정한시 특성** : 동작전류가 적은 동안에는 동작전류가 커질수록 동작시간이 짧게 되고 어떤 전류 이상이면 동작전류의 크기에 관계없이 일정한 시간에 동작하는 특성   **답** ④

26 연간 최대 수용 전력이 70[kW], 75[kW], 85[kW], 100[kW]인 4개의 수용가를 합성한 연간 최대 수용 전력이 250[kW]이다. 이 수용가의 부등률은 얼마인가?

① 1.11   ② 1.32   ③ 1.38   ④ 1.43

풀이 부등률 $F_{di} = \frac{\text{개개의 최대 수용 전력의 합}}{\text{합성 최대 수용 전력}}$

$= \frac{70+75+85+100}{250} = 1.32$ **답** ②

27 다음 중 지락전류의 크기가 최소인 중성점접지 방식은?

① 비접지방식
② 소호 리액터 접지방식
③ 직접 접지방식
④ 고저항 접지방식

풀이 지락전류의 크기 : 직접 접지 > 고저항 접지 > 비접지 > 소호 리액터 접지 순이다.   **답** ②

28 단상 승압기 1대를 사용하여 승압할 경우 승압 전의 전압을 E_1이라 하면, 승압 후의 전압 E_2는 어떻게 되는가? 단, 승압기의 변압비는 $\frac{\text{전원측 전압}}{\text{부하측 전압}} = \frac{e_1}{e_2}$이다.

① $E_2 = E_1 + \frac{e_1}{e_2}E_1$
② $E_2 = E_1 + e_2$
③ $E_2 = E_1 + \frac{e_2}{e_1}E_1$
④ $E_2 = E_1 + e_1$

풀이
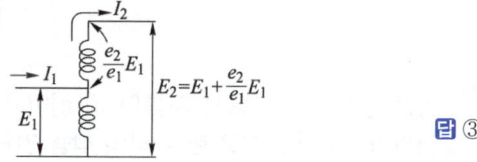
   답 ③

29 전원으로부터의 합성 임피던스가 0.5[%](15000[kVA] 기준)인 곳에 설치하는 차단기 용량은 몇 [MVA] 이상이어야 하는가?

① 2,000   ② 2,500
③ 3,000   ④ 3,500

풀이 $P_s = \frac{100}{\%Z}P_n = \frac{100}{0.5} \times 15000 \times 10^{-3}$[MVA]
$= 3,000$[MVA]   **답** ③

30 중유 연소 기력발전소의 공기 과잉률은 대략 얼마인가?

① 0.05 ② 1.05 ③ 2.38 ④ 3.45

풀이
- 공기 과잉률 = 실제 소요 공기량 / 이론 공기량
- 미분탄 연소 1.2~1.4 정도
- 중유 연소 1.05를 목표로 하고 있다. **답** ②

31 전선에서 전류의 밀도가 도선의 중심으로 들어갈수록 작아지는 현상은?

① 페란티 효과 ② 표피효과
③ 근접 효과 ④ 접지 효과

풀이 표피효과(skin effect)는 도체의 중심으로 갈수록 전류의 밀도가 낮아지는 현상을 말한다. **답** ②

32 송전선로의 중성점을 접지하는 목적으로 가장 옳은 것은?

① 전선 동량의 절약 ② 전압강하의 감소
③ 유도 장해의 감소 ④ 이상전압의 방지

풀이 송전선로의 중성점 접지의 목적
① 이상전압 발생 방지
② 1선 지락 시 건전상 전압 상승 억제 및 기기나 선로의 절연 절감
③ 보호계전기 동작 확실
④ 소호 리액터 계통에서의 1선 지락 시 아크 소멸
답 ④

33 가공 왕복선 배치에서 지름이 d[m]이고 선간 거리가 D[m]인 선로 한 가닥의 작용 인덕턴스는 몇 [mH/km]인가? 단, 선로의 투자율은 1이라 한다.

① $0.5 + 0.4605 \log_{10} \dfrac{D}{d}$

② $0.05 + 0.4605 \log_{10} \dfrac{D}{d}$

③ $0.5 + 0.4605 \log_{10} \dfrac{2D}{d}$

④ $0.05 + 0.4605 \log_{10} \dfrac{2D}{d}$

풀이
$$L = 0.05 + 0.4605 \log \dfrac{D}{r}$$
$$= 0.05 + 0.4605 \log \dfrac{D}{\dfrac{d}{2}}$$
$$= 0.05 + 0.4605 \log \dfrac{2D}{d} \text{[mH/km]}$$
답 ④

34 3상 수직 배치인 선로에서 오프셋을 주는 이유로 가장 알맞은 것은?

① 단락 방지 ② 철탑 중량 감소
③ 난조 방지 ④ 유도 장해 감소

풀이 오프셋 :
전선 도약에 의한
상간 단락 사고 방지

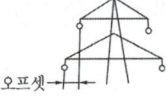

답 ①

35 전원이 양단에 있는 방사상 송전선로의 단락보호에 사용되는 계전기의 조합 방식은?

① 방향 거리계전기와 과전압 계전기의 조합
② 방향 단락 계전기와 과전류 계전기의 조합
③ 선택 접지계전기와 과전류 계전기의 조합
④ 부족 전류 계전기와 과전압 계전기의 조합

풀이
- 전원이 2군데 이상 환상 선로의 단락보호
  → 방향 거리계전기(DZ)
- 전원이 2군데 이상 방사선로의 단락보호
  → 방향 단락 계전기(DS)와 과전류 계전기(OC)를 조합
답 ②

36 다음 중 동일 전력을 수송할 때 다른 조건은 그대로 두고 역률을 개선한 경우의 효과로 옳지 않은 것은?

① 선로 변압기 등의 저항손이 역률의 제곱에 반비례하여 감소한다.
② 변압기, 개폐기 등의 소요 용량은 역률에 비례하여 감소한다.
③ 선로의 송전 용량이 그 허용전류에 의하여 제한될 때는 선로의 송전 용량도 증가한다.
④ 전압강하는 $1 + \dfrac{X}{R} \tan\varphi$에 비례하여 감소한다.

풀이 $P = \sqrt{3}\, VI\cos\theta$ 에서 전력과 다른 조건이 일정하면 $I \propto \dfrac{1}{\cos\theta}$ 이므로 반비례한다. **답** ②

37 다음은 수압관 내의 평균 유속을 V[m/s], 사용 유량을 Q[m³/s]라 하고, 관의 직경을 D[m]라고 하면, 사용 유량 Q를 구하는 식은?

① $\dfrac{\pi}{4} \cdot D^2 \cdot V$ [m³/s]

② $\dfrac{4}{\pi} \cdot D^2 \cdot V$ [m³/s]

③ $4\pi \cdot D^2$ [m³/s]

④ $4\pi \cdot D \cdot V$ [m³/s]

풀이 $Q = AV = \dfrac{1}{4}\pi D^2 \cdot V$ [m³/s] **답** ①

38 소호 원리에 따른 차단기의 종류 중에서 소호실에서 아크에 의한 절연유 분해 가스의 흡부력을 이용하여 차단하는 것은?

① 유입 차단기   ② 기중 차단기
③ 자기 차단기   ④ 가스 차단기

풀이 소호 원리에 따른 차단기의 종류

차단기 종류	약어	소호 원리
유입 차단기	OCB	소호실에서 아크에 의한 절연유 분해 가스의 흡부력을 이용해서 차단
기중 차단기	ACB	대기 중에서 아크를 길게 하여 소호실에서 냉각 차단
자기 차단기	MBB	대기 중에서 전자력을 이용하여 아크를 소호실내로 유도해서 냉각차단
공기차단기	ABB	압축된 공기를 아크에 불어 넣어서 차단
진공 차단기	VCB	고진공 중에서 전자의 고속도 확산에 의해 차단
가스 차단기	GCB	고성능 절연 특성을 가진 특수 가스(SF_6)를 흡수해서 차단

답 ①

9 다음 중 송전선로의 안정도 향상 대책으로 적합하지 않은 것은?

① 계통의 전달 리액턴스를 증가시킨다.
② 계통의 전압변동을 작게 한다.
③ 계통에 주는 충격을 작게 한다.
④ 고장 시 발전기 입·출력의 불평형을 작게 한다.

풀이 안정도 향상 대책
① 계통의 직렬 리액턴스 감소
② 전압변동률을 적게 한다.(속응여자방식 채용, 계통의 연계, 중간 조상 방식)
③ 계통에 주는 충격을 적게 한다.(적당한 중성점접지 방식, 고속차단방식, 재폐로방식)
④ 고장 중의 발전기 돌입 출력의 불평형을 적게 한다.
답 ①

40 다음 중 핵연료의 특성으로 적합하지 않은 것은?

① 높은 융점을 가져야 한다.
② 낮은 열전도율을 가져야 한다.
③ 부식에 강해야 한다.
④ 방사선에 안정하여야 한다.

풀이 핵연료의 구비 조건
① 중성자를 빨리 감속시킬 수 있을 것
② 중성자 흡수 단면적이 작을 것
③ 열전도율이 높고, 내식성, 내방사성이 우수할 것
④ 가볍고, 밀도가 클 것
답 ②

3과목 - 전기기기

41 직류기의 전기자 권선에 있어서 m중 중권일 때 내부 병렬회로수는 어떻게 되는가?
단, a : 내부 병렬회로수, p : 극수이다.

① $a = \dfrac{p}{m}$ ② $a = mp$

③ $a = p - m$ ④ $a = \dfrac{m}{p}$

풀이 중권과 파권의 비교

구분	중권(병렬권)	파권(직렬권)
전기자의 병렬회로수(a)	$P(mP)$	$2(2m)$
브러시 수(b)	P	2
용도	저전압, 대전류	고전압, 소전류

구분	중권(병렬권)	파권(직렬권)
균압접속	4극 이상이면 균압접속을 하여야 한다.	균압접속은 필요 없다.

여기서, m : 다중도 **답** ②

42 Y결선 3상 동기발전기에서 극수 6, 1극의 자속수 0.16[Wb], 회전수 1200[rpm], 코일의 권수 186, 권선계수 0.96일 때 단자전압은 약 몇 [V]인가?

① 6591 ② 9887
③ 13182 ④ 19774

풀이 $N_s = \dfrac{120f}{P}$ 에서

$f = \dfrac{N_s P}{120} = \dfrac{1200 \times 6}{120} = 60[Hz]$

$V = \sqrt{3}\,E = \sqrt{3} \times 4.44 K_w f W \phi$
$\quad = \sqrt{3} \times 4.44 \times 0.96 \times 60 \times 186 \times 0.16$
$\quad = 13182.53[V]$ **답** ③

43 출력 10[HP], 600[rpm]인 전동기의 토크(Torque)는 약 몇 [kg·m]인가? 단, 1[HP] = 746[W]임.

① 11.8 ② 118
③ 12.1 ④ 121

풀이 1[HP] = 746[W]이므로
$P = 10[HP] \times 746 = 7460[W]$이다.

$\therefore T = \dfrac{P}{\omega}[N \cdot m] = \dfrac{P}{9.8\omega}[kg \cdot m]$

$= \dfrac{P}{9.8 \times 2\pi \times \dfrac{N}{60}} = 0.975 \dfrac{P}{N} = 0.975 \times \dfrac{7460}{600}$

$= 12.1[kg \cdot m]$ **답** ③

44 동기발전기에서 앞선 전류가 흐를 때 옳은 것은?

① 감자 작용을 받는다.
② 증자작용을 받는다.
③ 속도가 상승한다.
④ 효율이 좋아진다.

풀이 전기자 반작용이란 전기자 전류에 의한 자속 중 공극을 지나 주자극에 들어가 계자자속에 영향을 미치는 것을 전기자 반작용이라 한다. 이 반작용은 부하의 역률에 따라 그 작용이 다르게 된다.

역률	부하	전류와 전압과의 위상	작용
역률 1	저항	I_a가 E와 동상인 경우	교차 자화작용 (횡축반작용)
뒤진 역률 0	유도성 부하	I_a가 E보다 $\pi/2$ 뒤지는 경우	감자작용 (직축반작용)
앞선 역률 0	용량성 부하	I_a가 E보다 $\pi/2$ 앞서는 경우	증자작용 (자화작용)

여기서, I_a : 전기자 전류, E : 유기기전력 **답** ②

45 3000[V], 60[Hz], 8극, 100[kW]의 3상 유도전동기가 있다. 전부하에서 2차 동손이 3[kW], 기계손이 2[kW]이라면 전부하 회전수는 약 몇 [rpm]인가?

① 874 ② 762
③ 682 ④ 574

풀이 $P_2 = P + P_m + P_{c2} = 100 + 2.0 + 3.0 = 105[kW]$

$s = \dfrac{P_{c2}}{P_2} = \dfrac{3.0}{105} = \dfrac{1}{35}$

$\therefore N = (1-s)N_s = \left(1 - \dfrac{1}{35}\right) \times \dfrac{120 \times 60}{8}$

$= 874[rpm]$ **답** ①

46 3상 유도전동기의 특성 중 비례 추이를 할 수 없는 것은?

① 동기속도 ② 2차 전류
③ 1차 전류 ④ 역률

풀이 비례 추이할 수 있는 특성은 1차 전류, 2차 전류, 역률, 동기 와트 등이고, 할 수 없는 것은 출력 외에 2차 동손, 효율 등이다. **답** ①

47 인버터(inverter)의 전력 변환은?

① 교류 → 직류로 변환
② 직류 → 직류로 변환
③ 교류 → 교류로 변환
④ 직류 → 교류로 변환

풀이
- 컨버터(converter) : 교류 → 직류
- 인버터(Inverter) : 직류 → 교류   답 ④

48 4극 60[Hz], 3상 권선형 유도전동기에서 전부하 회전수는 1600[rpm]이다. 동일 토크를 1200[rpm]으로 하려면 2차 회로에 몇 [Ω]의 외부 저항을 삽입하면 되는가? 단, 2차 회로는 Y결선이고, 각 상의 저항은 r_2이다.

① r_2 ② $2r_2$
③ $3r_2$ ④ $4r_2$

풀이
$$s_1 = \frac{N_s - N_1}{N_s} = \frac{1800 - 1600}{1800} = 0.11$$
$$s_2 = \frac{1800 - 1200}{1800} = 0.33$$
따라서 비례추이에 의해서
$$\frac{r_2}{s_1} = \frac{r_2 + R_s}{s_2}, \quad \frac{r_2}{0.11} = \frac{r_2 + R_s}{0.33}$$
$$\therefore R_s = \frac{(0.33 - 0.11)r_2}{0.11} = 2r_2$$ 답 ②

49 3상 동기발전기를 병렬운전시키는 경우 생각하지 않아도 되는 조건은?

① 발생 전압이 같다.
② 전압 파형이 같다.
③ 회전수가 같다.
④ 상회전이 같다.

풀이 동기발전기의 병렬운전 조건은 다음과 같다.
① 기전력의 크기가 같을 것
② 기전력의 위상이 같을 것
③ 기전력의 주파수가 같을 것
④ 기전력의 파형이 같을 것
⑤ 상회전방향이 같을 것   답 ③

50 변압기 유(油)의 열화에 따른 영향으로 옳지 않은 것은?

① 침식 작용
② 절연내력의 저하
③ 냉각효과의 감소
④ 공기 중 수분의 흡수

풀이 변압기 기름의 열화의 영향은
① 절연내력의 저하
② 냉각효과의 감소
③ 침식 작용
수분 흡수는 열화의 원인에 해당된다.   답 ④

51 단상 반파 정류로 직류전압 150[V]를 얻으려면 변압기 2차 권선의 상전압 V_s를 약 몇 [V]로 하면 되는가? 단, 부하는 무유도 저항이고, 정류 회로 및 변압기 내의 전압강하는 무시한다.

① 150   ② 200
③ 333   ④ 472

풀이 반파 정류에서 $E_d = 0.45 E_s$이므로
$$E_s = \frac{E_d}{0.45} = \frac{150}{0.45} = 333.33[V]$$ 답 ③

52 단상변압기를 병렬운전할 경우에 부하전류의 분담은 무엇에 관계되는가?

① 누설 리액턴스에 비례한다.
② 누설 리액턴스 제곱에 반비례한다.
③ 누설 임피던스에 비례한다.
④ 누설 임피던스에 반비례한다.

풀이 무부하 전압이 같다고 생각하면 무부하전류에 의한 내부 강하가 같아야 하므로
$$I_A Z_A = I_B Z_B \quad \therefore \frac{I_A}{I_B} = \frac{Z_B}{Z_A}$$
그러므로 누설 임피던스에 반비례한다.   답 ④

53 변압기의 표유부하손이란?

① 동손, 철손
② 부하전류 중 누전에 의한 손실
③ 권선 이외 부분의 누설자속에 의한 손실
④ 무부하 시 여자전류에 의한 동손

풀이

총손실	무부하손 (철손)	와류손 : 와전류에 의해 발생
		히스테리시스손 : 잔류 자기와 보자력에 의해 발생
	부하손	전부하 동손 : 권선에 의해 발생
		표유부하손 : 권선 이외 부분의 누설자속에 의해 발생

답 ③

54 다음은 SCR에 관한 설명이다. 적당하지 않은 것은?

① 3단자 소자이다.
② 스위칭 소자이다.
③ 직류전압만을 제어한다.
④ 적은 게이트 신호로 대전력을 제어한다.

풀이 SCR은 게이트에 (+)의 트리거 펄스가 인가되면 통전 상태로 되어 정류 작용이 개시되고, 일단 통전이 시작되면 게이트 전류를 차단해도 주전류(애노드 전류)는 차단되지 않는다. 이때에 이를 차단 하려면 애노드 전압을 (0) 또는 (-)로 해야 한다. 그러므로 DC 회로에서는 일단 흐르기 시작한 전류를 차단시키는 방법이 부과되지 않으면 안되지만 AC 회로에서는 애노드 전압이 반주기마다 (0) 또는 (-)가 되므로 문제가 되지 않는다. **답** ③

55 3상 유도전동기의 기동법 중 전전압 기동에 대한 설명으로 옳지 않은 것은?

① 소용량 농형전동기의 기동법이다.
② 소용량의 농형전동기에서는 일반적으로 기동 시간이 길다.
③ 기동 시에는 역률이 좋지 않다.
④ 전동기 단자에 직접 정격전압을 가한다.

풀이 **전전압 기동법**은 전동기에 별도의 기동장치를 두지 않고 정격전압을 가하여 기동하는 방식으로 **기동시간이 짧고** 용량이 적은 유도전동기에 적합하다. 기동전류는 정격전류의 4~6배 정도 흐르게 된다. **답** ②

56 송전선로에 접속된 동기조상기의 설명 중 가장 옳은 것은?

① 과여자로 해서 운전하면 앞선 전류가 흐르므로 리액터 역할을 한다.
② 과여자로 해서 운전하면 뒤진 전류가 흐르므로 콘덴서 역할을 한다.
③ 부족여자로 해서 운전하면 앞선 전류가 흐르므로 리액터 역할을 한다.
④ 부족여자로 해서 운전하면 송전선로의 자기 여자 작용에 의한 전압 상승을 방지한다.

풀이
• **과여자 운전** : 콘덴서 작용 – 역률 개선
• **부족 여자 운전** : 리액터 작용 – 이상전압의 상승 억제 **답** ④

57 100[V], 10[A], 전기자저항 1[Ω], 회전수 1800[rpm]인 직류전동기의 역기전력 몇 [V]인가?

① 120 ② 110
③ 100 ④ 90

풀이 역기전력
$E = V - I_a R_a = 100 - 10 \times 1 = 90[V]$ **답** ④

58 부흐홀쯔 계전기로 보호되는 기기는?

① 회전 변류기 ② 동기전동기
③ 발전기 ④ 변압기

풀이 부흐홀쯔 계전기는 변압기의 내부고장으로 발생하는 기름의 분해 가스 증기 또는 유류를 이용하여 부저를 움직여 계전기의 접점을 닫는 것이므로 변압기의 주탱크와 콘서베이터와의 연결관 도중에 설치한다. **답** ④

59 직류전동기의 제동법 중 발전제동을 옳게 설명한 것은?

① 전동기가 정지할 때까지 제동 토크가 감소하지 않는 특징을 지닌다.
② 전동기를 발전기로 동작시켜 발생하는 전력을 전원으로 반환함으로써 제동한다.
③ 전기자를 전원과 분리한 후 이를 외부 저항에 접속하여 전동기의 운동 에너지를 열에너지로 소비시켜 제동한다.
④ 운전 중인 전동기의 전기자 접속을 반대로 접속하여 제동한다.

풀이 ① **발전제동** : 전동기를 전원으로부터 분리한 후 1차측에 직류전원을 공급하여 발전기로 동작시킨 후 **발생된 전력을 저항에서 열로 소비시키는 방법**
② 회생 제동 : 유도전동기를 유도발전기로 동작시켜 그 발생전력을 전원에 반환하면서 제동하는 방법
③ 역상(역전) 제동 : 회전중인 전동기의 1차 권선 3단자 중 임의의 2단자의 접속을 바꾸면 역방향의 토크가 발생되어 제동하는 방법으로 이 방법은 급속히 정지 시키고자 하는 경우에 사용된다.

60 다음 중 변압기의 등가회로를 작성하기 위하여 필요한 시험을 옳게 나타낸 것은?

① 상회전 시험, 절연내력 시험, 권선 저항 측정
② 온도 상승 시험, 절연내력 시험, 무부하 시험
③ 온도 상승 시험, 절연내력 시험, 권선 저항 측정
④ 권선 저항 측정, 무부하 시험, 단락 시험

풀이 등가회로 작성
① 권선의 저항을 알아야 하고
② 철손을 측정하는 **무부하 시험**
③ 동손을 측정하는 **단락 시험**이 필요하다. **답** ④

4과목 - 회로이론

61 그림에서 a, b단자에 200[V]를 가할 때 저항 2[Ω]에 흐르는 전류 I_1[A]는?

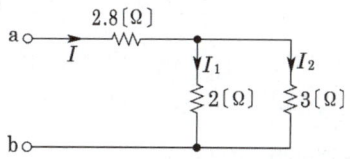

① 40   ② 30
③ 20   ④ 10

풀이 회로의 합성 저항 R은
$R = 2.8 + \dfrac{2 \times 3}{2+3} = 4[\Omega]$

$\therefore I = \dfrac{200}{4} = 50[A]$

다음 전류 분배 법칙에 따라
$I_1 = \dfrac{R_2}{R_1 + R_2} \times I = \dfrac{3}{2+3} \times 50 = 30[A]$ **답** ②

62 단상 전력계 2개로 평형 3상 부하의 전력을 측정하였더니 각각 300[W]와 600[W]를 나타내었다. 부하역률은 약 얼마인가? 단, 전압과 전류는 정현파이다.

① 0.5   ② 0.577
③ 0.637 ④ 0.866

풀이 2전력계법에서 역률 $\cos\theta$은

$\cos\theta = \dfrac{P_1 + P_2}{2\sqrt{P_1^2 + P_2^2 - P_1 \cdot P_2}}$

$= \dfrac{300 + 600}{2\sqrt{300^2 + 600^2 - 300 \times 600}} = 0.866$ **답** ④

63 다음과 같은 비정현파 기전력 및 전류에 의한 전력[W]은?
단, 전압 및 전류의 순시 식은 다음과 같다.

$e = 100\sqrt{2}\sin(\omega t + 30°)$
$\quad + 50\sqrt{2}\sin(5\omega t + 60°)[V]$
$i = 15\sqrt{2}\sin(3\omega t + 30°)$
$\quad + 10\sqrt{2}\sin(5\omega t + 30°)[A]$

① $250\sqrt{3}$ ② 1000
③ $1000\sqrt{3}$ ④ 2000

풀이 주파수가 같은 조파간의 전력을 구한다.
제5고조파만이 주파수가 같으므로
$P = V_5 I_5 \cos\theta_5 = 50 \times 10 \times \cos(60° - 30°)$
$= 250\sqrt{3}[W]$ 가 된다. **답** ①

64 그림과 같이 $V = 96 + j28[V]$, $Z = 4 - j3[\Omega]$이다. 전류 I [A]는?
단, $\alpha = \tan^{-1}\dfrac{4}{3}$, $\beta = \tan^{-1}\dfrac{3}{4}$이다.

① $20e^{j\alpha}$
② $10e^{j\alpha}$
③ $20e^{j\beta}$
④ $10e^{j\beta}$

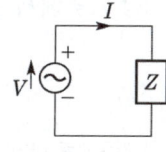

풀이 $I = \dfrac{V}{Z} = \dfrac{96 + j28}{4 - j3} = \dfrac{(96+j28)(4+j3)}{(4-j3)(4+j3)}$

$= 20\angle\tan^{-1}\dfrac{16}{12} = 20\angle\tan^{-1}\dfrac{4}{3} = 20e^{j\alpha}$ **답** ①

65 100[Ω]의 저항에 흐르는 전류가
$i = 5 + 14.14\sin t + 7.07\sin 2t$ [A]일 때
저항에서 소비하는 평균 전력은 몇 [W]인가?

① 20000   ② 15000
③ 10000   ④ 7500

풀이 비정현파 교류의 실효 전류

$$I = \sqrt{I_0^2 + \left(\frac{I_{m1}}{\sqrt{2}}\right)^2 + \left(\frac{I_{m2}}{\sqrt{2}}\right)^2 + \cdots + \left(\frac{I_{mn}}{\sqrt{2}}\right)^2}$$

$$I = \sqrt{5^2 + \left(\frac{14.14}{\sqrt{2}}\right)^2 + \left(\frac{7.07}{\sqrt{2}}\right)^2} = 12.25[A]$$

∴ 전력 $P = I^2 R = 12.25^2 \times 100 = 15006[W]$

답 ②

66 그림과 같은 회로에서 Z_1의 단자전압 $V_1 = \sqrt{3} + jy[V]$, Z_2의 단자전압 $V_2 = |V| \angle 30°[V]$일 때 y 및 $|V|$의 값은?

① 1, $\sqrt{3}$
② $2\sqrt{3}$, 1
③ $\sqrt{3}$, 2
④ 1, 2

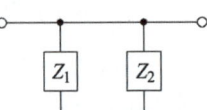

풀이 그림에서 $V_1 = V_2$

$\sqrt{3} + jy = |V|(\cos 30° + j\sin 30°)$
$= \frac{\sqrt{3}}{2}|V| + j\frac{1}{2}|V|$

실수부와 허수부끼리 같아야 하므로

$\frac{\sqrt{3}}{2}|V| = \sqrt{3}$

$|V| = 2$, $y = \frac{1}{2}|V| = \frac{1}{2} \times 2 = 1$

답 ④

67 대칭 3상 교류에서 순시 전압의 벡터 합은?
① 0   ② 40
③ 0.577   ④ 86.6

풀이 a상을 기준으로 하면
$e_a + e_b + e_c = e_a + a^2 e_a + a e_a = (1 + a^2 + a)e_a = 0$
($\because 1 + a + a^2 = 0$)

답 ①

68 $\dfrac{di(t)}{dt} + 4i(t) + 4\int i(t)dt = 50u(t)$를 라플라스 변환하여 전류 $i(t)$의 값을 구하면? 단, $t=0$에서 $i(0)=0$, $\int_{\infty}^{0} i(t)dt = 0$이다.

① $-50e^{-2t}$ ② $-50e^{2t}$
③ $50te^{2t}$ ④ $50te^{-2t}$

풀이 양변을 라플라스 변환하면

$sI(s) + 4I(s) + \dfrac{4}{s}I(s) = \dfrac{50}{s}$

$I(s)\left(s + 4 + \dfrac{4}{s}\right) = \dfrac{50}{s}$

$I(s) = \dfrac{\frac{50}{s}}{s + 4 + \frac{4}{s}} = \dfrac{50}{s^2 + 4s + 4} = \dfrac{50}{(s+2)^2}$

∴ $i(t) = \mathcal{L}^{-1}[I(s)] = 50te^{-2t}$

답 ④

69 그림과 같은 전류 파형에 있어서 0으로부터 π까지의 사이는 $i = I_m \sin \omega t[A]$로 π로부터 2π까지는 $-\dfrac{I_m}{2}$으로 주어진다. $I_m = 5[A]$라 할 때 전류의 평균치는 약 몇 [A]인가?

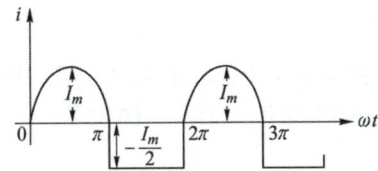

① 0.234   ② 0.342
③ 0.432   ④ 0.512

풀이
- 정현반파 부분의 평균값
  $= \dfrac{2I_m}{\pi} = \dfrac{2 \times 5}{\pi} = \dfrac{10}{\pi}[A]$
- 구형 반파 부분의 평균값
  $= -\dfrac{I_m}{2} = -\dfrac{5}{2} = -2.5[A]$

$I_{av} = \dfrac{\frac{10}{\pi} - 2.5}{2} = 0.342[A]$

답 ②

70 3대의 단상변압기를 △결선으로 하여 운전하던 중 변압기 1대가 고장으로 제거하여 V결선으로 한 경우 공급할 수 있는 전력과 고장 전 전력과의 비율[%]은 약 얼마인가?

① 57.7   ② 50   ③ 60   ④ 67

풀이 변압기 1개의 출력을 P라 하면

출력비 $= \dfrac{P_V}{P_\triangle} = \dfrac{\sqrt{3}P}{3P} = \dfrac{\sqrt{3}}{3}$

$\fallingdotseq 0.577 \ (57.7[\%])$

답

71 그림과 같은 회로는?

① 미분 회로
② 적분 회로
③ 가산 회로
④ 미분 적분 회로

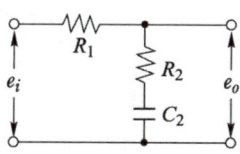

풀이
$$G(s) = \frac{R_2 + \frac{1}{Cs}}{R_1 + R_2 + \frac{1}{Cs}} = \frac{R_2 Cs + 1}{(R_1 + R_2)Cs + 1}$$
$$= \frac{1 + T_2 s}{1 + \beta T_2 s}$$

(단, $T_2 = R_2 C$, $\beta = \frac{R_1 + R_2}{R_2} > 1$이고,
만일 $T_1 s \ll 1$, $\beta T_2 s \gg 1$이면)

$\therefore G(s) ≒ \frac{1}{\beta T_2 s}$ 이므로 적분 회로에 해당한다.

답 ②

72 그림과 같은 고역 여파기에서 공칭 임피던스 $K[\Omega]$ 및 차단 주파수 $f_c[kHz]$는 얼마인가?

① 400, 약 25.9
② 460, 약 20.9
③ 480, 약 18.9
④ 500, 약 15.9

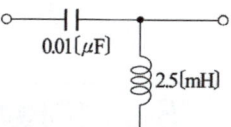

풀이
$K = \sqrt{\frac{L}{C}} = \sqrt{\frac{2.5 \times 10^{-3}}{0.01 \times 10^{-6}}} = 500$

$f_c = \frac{K}{4\pi L} = \frac{1}{4\pi CK} = \frac{500}{4\pi \times 2.5 \times 10^{-3}}$
$= 15,915.5[Hz] = 15.9[kHz]$

답 ④

73 그림과 같은 펄스의 라플라스 변환은 어느 것인가?

① $\frac{1}{b}\left(\frac{1-e^{-bs}}{s}\right)$
② $\frac{1}{b}\left(\frac{1+e^{-bs}}{s}\right)$
③ $\frac{1}{s}(1-e^{-bs})$
④ $\frac{1}{s}(1+e^{-bs})$

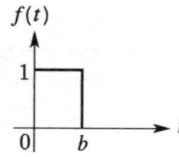

풀이

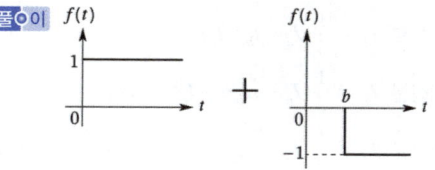

$f(t) = u(t) - u(t-b)$ 이므로
$\mathcal{L}[f(t)] = \mathcal{L}[u(t)] - \mathcal{L}[u(t-b)]$
$= \frac{1}{s} - \frac{1}{s}e^{-bs} = \frac{1}{s}(1-e^{-bs})$

답 ③

74 그림과 같은 회로가 정상 상태로 있을 때 $t = 0$에서 S를 닫은 후 인덕턴스의 전위차 V_L은 몇 [V]인가?

① $\frac{(R-r)E}{R}e^{-\frac{R}{L}t}$

② $\frac{CR+rE}{R}e^{-\frac{R}{L}t}$

③ $\frac{RE}{R+r}e^{-\frac{R}{L}t}$

④ $-\frac{RE}{R+r}e^{-\frac{R}{L}t}$

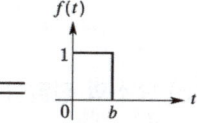

풀이 S를 닫았을 때 평형방정식은

$L\frac{di(t)}{dt} + Ri(t) = 0$ $\therefore i(t) = Ae^{-\frac{R}{L}t}$

스위치를 닫기 전 $I = \frac{E}{R+r}$ 이므로

$i(t) = \frac{E}{R+r}e^{-\frac{R}{L}t}$

$\therefore v_L(t) = L\frac{di(t)}{dt} = L\frac{d}{dt}\frac{E}{R+r}e^{-\frac{R}{L}t}$

$= -\frac{RE}{R+r}e^{-\frac{R}{L}t}$

답 ④

75 대칭분을 I_0, I_1, I_2라 하고, 선전류를 I_a, I_b, I_c라 할 때, 역상분 전류는?

① $\frac{1}{3}(I_0 + aI_1 + a^2 I_2)$
② $\frac{1}{3}(I_a + aI_b + a^2 I_c)$
③ $\frac{1}{3}(I_0 + a^2 I_1 + aI_2)$
④ $\frac{1}{3}(I_a + a^2 I_b + aI_c)$

풀이
- 영상분 $I_0 = \dfrac{1}{3}(I_a + I_b + I_c)$
- 정상분 $I_1 = \dfrac{1}{3}(I_a + aI_b + a^2I_c)$
- 역상분 $I_2 = \dfrac{1}{3}(I_a + a^2I_b + aI_c)$ **답 ④**

76 부동작시간(dead time) 요소의 전달함수는?

① K ② $\dfrac{K}{s}$
③ Ke^{-Ls} ④ Ks

풀이 $y(t) = Kx(t-L)$, $Y(s) = Ke^{-Ls} \cdot X(s)$
$\therefore G(s) = \dfrac{Y(s)}{X(s)} = Ke^{-Ls}$ **답 ③**

77 기본파의 20[%]인 제 3 고조파와 30[%]인 제 5 고조파를 포함한 전류의 왜형률은?

① 0.5   ② 0.36
③ 0.33 ④ 0.26

풀이 왜형률 $= \dfrac{\text{각 고조파의 실효값의 합}}{\text{기본파의 실효값}}$
$= \dfrac{\sqrt{I_3^2 + I_5^2}}{I_1} = \sqrt{\left(\dfrac{I_3}{I_1}\right)^2 + \left(\dfrac{I_5}{I_1}\right)^2}$
$= \sqrt{0.2^2 + 0.3^2} = 0.36$ **답 ②**

78 1차 지연 요소의 전달함수는?

① K ② $\dfrac{K}{s}$ ③ Ks ④ $\dfrac{K}{1+Ts}$

풀이
- 비례 요소 : K
- 미분요소 : Ts
- 적분 요소 : $\dfrac{1}{Ts}$
- 1차 지연 요소 : $\dfrac{K}{Ts+1}$ **답 ④**

79 한 상의 임피던스 $Z = 6 + j8[\Omega]$인 평형 Y부하에 평형 3상 전압 200[V]를 인가할 때 무효전력[Var]은 약 얼마인가?

① 1330   ② 1848
③ 2381   ④ 3200

풀이
$Q = 3I^2X = 3\left(\dfrac{V_p}{\sqrt{R^2+X^2}}\right)^2 X$
$= 3\dfrac{V_p^2 X}{R^2+X^2} = \dfrac{3 \times \left(\dfrac{200}{\sqrt{3}}\right)^2 \times 8}{6^2 + 8^2}$
$= 3200[\text{Var}]$ **답 ④**

80 $R-C$ 저역 필터 회로의 전달함수 $G(j\omega)$는 $\omega = 0$에서 얼마인가?

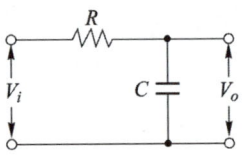

① 0   ② 1
③ 0.5   ④ 0.707

풀이 $G(j\omega) = \dfrac{V_2(j\omega)}{V_1(j\omega)} = \dfrac{1}{RC(j\omega)+1}$
$\omega = 0$이므로 $\therefore G(j\omega) = 1$ **답 ②**

5과목 - 전기설비기술기준

81 지중전선로를 직접 매설식에 의하여 차량 기타 중량물의 압력을 받을 우려가 있는 장소에 시설하는 경우 매설깊이는 몇 [m] 이상으로 하여야 하는가?

① 1.0   ② 1.2
③ 1.5   ④ 2.0

풀이 334.1 지중전선로의 시설
가. 지중 전선로는 전선에 케이블을 사용하고 또한 관로식·암거식 또는 직접 매설식에 의하여 시설하여야 한다.
나. 지중 전선로를 직접 매설식에 의하여 시설하는 경우에는 매설 깊이는
① 차량 기타 중량물의 압력을 받을 우려가 있는 소 : 1.0[m] 이상
② 기타 장소 : 0.6[m] 이상 **답**

82 고압용의 개폐기, 차단기, 피뢰기 기타 이와 유사한 기구로서 동작 시에 아크가 생기는 것은 목재의 벽 또는 천정 기타의 가연성 물체로부터 몇 [m] 이상 떼어놓아야 하는가?

① 1　　② 1.2
③ 1.5　　④ 2

풀이 341.7 아크를 발생하는 기구의 시설
고압용 또는 특고압용의 개폐기·차단기·피뢰기 기타 이와 유사한 기구로서 동작 시에 아크가 생기는 것은 목재의 벽 또는 천장 기타의 가연성 물체로부터 표에서 정한 값 이상 이격하여 시설하여야 한다.

기구 등의 구분	이격거리
고압용의 것	1 [m] 이상
특고압용의 것	2[m] 이상(사용전압이 35[kV] 이하의 특고압용의 기구 등으로서 동작할 때에 생기는 아크의 방향과 길이를 화재가 발생할 우려가 없도록 제한하는 경우에는 1[m] 이상)

답 ①

83 450/750[V] 일반용 단심 비닐절연전선을 사용한 저압가공전선이 위쪽에서 상부 조영재와 접근하는 경우의 전선과 상부 조영재간의 이격거리는 몇 [m] 이상이어야 하는가?

① 1　　② 1.5
③ 2　　④ 2.5

풀이 332.11 고압 가공전선과 건조물의 접근
222.11 저압 가공전선과 건조물의 접근
저압 가공전선 또는 고압 가공전선이 건조물과 접근 상태로 시설되는 경우에는 다음에 따라야 한다.
가. 고압 가공전선로는 고압 보안공사에 의할 것.
나. 저·고압 가공전선과 건조물의 조영재 사이의 이격거리는 표에서 정한 값 이상일 것.

사용전압 부분 공작물의 종류		저압[m]	고압[m]
상부 조영재 위쪽	일반적인 경우	2	2
	전선이 고압절연전선	1	2
	전선이 케이블인 경우	1	1
기타 조영재 또는 상부조영재의 옆쪽 또는 아래쪽	일반적인 경우	1.2	1.2
	전선이 고압절연전선	0.4	1.2
	전선이 케이블인 경우	0.4	0.4
	사람이 쉽게 접근할 수 없도록 시설한 경우	0.8	0.8

답 ③

84 345[kV] 가공전선로를 제1종 특고압 보안공사에 의하여 시설하는 경우에 사용하는 전선은 인장강도 77.47[kN] 이상의 연선 또는 단면적 몇 [mm^2] 이상의 경동연선이어야 하는가?

① 100　　② 125
③ 150　　④ 200

풀이 333.22 특고압 보안공사
제1종 특고압 보안공사는 다음에 따라야 한다.

사용전압	전 선
100[kV] 미만	인장강도 21.67[kN] 이상의 연선 또는 단면적 55[mm^2] 이상의 경동연선
100[kV] 이상 300[kV] 미만	인장강도 58.84[kN] 이상의 연선 또는 단면적 150[mm^2] 이상의 경동연선
300[kV] 이상	인장강도 77.47[kN] 이상의 연선 또는 단면적 200[mm^2] 이상의 경동연선

답 ④

85 특고압 절연전선을 사용한 22.9[kV] 가공전선과 안테나와의 이격(수평 이격)거리는 몇 [m] 이상이어야 하는가? 단, 중성선 다중접지식의 것으로 전로에 지락이 생겼을 때, 2초 이내에 자동적으로 이를 전로로부터 차단하는 장치가 되어 있음

① 1.0　　② 1.2
③ 1.5　　④ 2.0

풀이 333.32 25[kV] 이하인 특고압 가공전선로의 시설
특고압 가공 전선이 가공약전류 전선 등·저압 또는 고압의 가공전선·안테나, 저압 또는 고압의 전차선과 접근 또는 교차하는 경우

구 분	가공전선의 종류	이격(수평이격) 거리[m]
가공약전류 전선 등·저압 또는 고압의 가공전선·저압 또는 고압의 전차선·안테나	나전선	2
	특고압 절연전선	1.5
	케이블	0.5

답 ③

86 제1종 특고압 보안공사에 의하여 시설한 154[kV] 가공 송전선로는 전선에 지락 또는 단락이 생긴 경우에 몇 초 안에 자동적으로 이를 전로로부터 차단하는 장치를 시설하여야 하는가?

① 0.5
② 1.0
③ 2.0
④ 3.0

풀이 333.22 특고압 보안공사
제1종 특고압 보안공사에서 특고압 가공전선에 지락 또는 단락이 생겼을 경우에 3초(사용전압이 100[kV] 이상인 경우에는 2초) 이내에 자동적으로 이것을 전로로부터 차단하는 장치를 시설할 것. **답** ③

87 인가가 많이 연접되어 있는 장소에 시설하는 가공전선로의 구성재 중 고압가공전선로의 지지물 또는 가섭선에 적용하는 풍압하중에 대한 설명으로 옳은 것은?

① 갑종 풍압하중의 1.5배를 적용시켜야 한다.
② 갑종 풍압하중의 2배를 적용시켜야 한다.
③ 병종 풍압하중을 적용시킬 수 있다.
④ 갑종 풍압하중과 을종 풍압하중 중 큰 것만 적용시킨다.

풀이 331.6 풍압하중의 종별과 적용
인가가 많이 연접되어 있는 장소에 시설하는 가공전선로의 구성재 중 다음의 풍압하중에 대하여는 규정에 불구하고 갑종 풍압하중 또는 을종 풍압하중 대신에 병종 풍압하중을 적용할 수 있다.
가. 저압 또는 고압 가공전선로의 지지물 또는 가섭선
나. 사용전압이 35[kV] 이하의 전선에 특고압 절연전선 또는 케이블을 사용하는 특고압 가공전선로의 지지물, 가섭선 및 특고압 가공전선을 지지하는 애자장치 및 완금류 **답** ③

88 발·변전소의 차단기에 사용하는 압축 공기 장치의 공기 탱크는 사용 압력에서 공기의 보급이 없는 상태에서 차단기의 투입 및 차단을 연속하여 몇 회 이상 할 수 있는 용량을 가져야 하는가?

① 1회
② 2회
③ 3회
④ 4회

풀이 341.15 압축공기계통
발전소·변전소·개폐소 또는 이에 준하는 곳에서 개폐기 또는 차단기에 사용하는 압축공기장치는 다음에 따라 시설하여야 한다.
가. 공기압축기는 최고 사용압력의 1.5배의 수압(수압을 연속하여 10분간 가하여 시험을 하기 어려울 때에는 최고 사용압력의 1.25배의 기압)을 연속하여 10분간 가하여 시험을 하였을 때에 이에 견디고 또한 새지 아니할 것.
나. 주 공기탱크 또는 이에 근접한 곳에는 사용압력의 1.5배 이상 3배 이하의 최고 눈금이 있는 압력계를 시설할 것.
다. 사용 압력에서 공기의 보급이 없는 상태로 개폐 또는 차단기의 투입 및 차단을 연속하여 1회 이상 할 수 있는 용량을 가지는 것일 것. **답** ①

89 저·고압가공전선이 철도를 횡단하는 경우 레일면 상 높이는 몇 [m] 이상이어야 하는가?

① 4
② 5
③ 5.5
④ 6.5

풀이 332.5 고압 가공전선의 높이
222.7 저압 가공전선의 높이
저·고압 가공전선의 높이는 다음에 따라야 한다.

설치장소		가공전선의 높이
도로횡단(번잡하지 않은 도로 제외)		지표상 6[m] 이상
철도 또는 궤도횡단		레일면상 6.5[m] 이상
횡단 보도교 위	저압	노면상 3.5[m] 이상. 단, 절연전선의 경우 3[m] 이상
	고압	노면상 3.5[m] 이상
일반장소		지표상 5[m] 이상. 단, 저압의 경우 절연전선 또는 케이블을 사용하여 교통에 지장이 없도록 하여 옥외조명용에 공급하는 경우 4[m]까지 감할 수 있다.
다리의 하부 기타 이와 유사한 장소		저압의 전기철도용 급전선은 지표상 3.5[m]까지로 감할 수 있다.

답 ④

90 저압 옥내배선은 일반적인 경우, 단면적 [mm^2] 이상의 연동선이거나 이와 동등 이상 세기 및 굵기의 것을 사용하여야 하는가?

① 2.5
② 4.0
③ 6.0
④ 10

[풀이] 231.3 저압 옥내배선의 사용전선
가. 저압 옥내배선의 전선 : 단면적 2.5[mm^2] 이상의 연동선
나. 옥내배선의 사용 전압이 400[V] 이하인 경우는 다음에 의하여 시설할 수 있다.
① 전광표시 장치 또는 제어 회로
- 단면적 1.5[mm^2] 이상의 연동선
- 단면적 0.75[mm^2] 이상인 다심케이블 또는 다심 캡타이어 케이블을 사용하고 또한 과전류가 생겼을 때에 자동적으로 전로에서 차단하는 장치를 시설
② 진열장 또는 이와 유사한 것의 내부 배선 : 단면적 0.75[mm^2] 이상인 코드 또는 캡타이어케이블

[답] ①

91 다음 중 아크 용접 장치의 시설 기준으로 옳지 않은 것은?

① 용접 변압기는 절연변압기일 것
② 용접 변압기의 1차 측 전로의 대지전압은 400[V] 이하일 것
③ 용접 변압기의 1차 측 전로에는 변압기에 가까운 곳에 쉽게 개폐할 수 있는 개폐기를 시설할 것
④ 피용접재 또는 이와 전기적으로 접속되는 받침대, 정반 등의 금속체에는 접지공사를 할 것

[풀이] 241.10 아크 용접기
가반형의 용접 전극을 사용하는 아크 용접장치는 다음에 따라 시설하여야 한다.
가. 용접변압기는 절연변압기일 것.
나. 용접변압기의 1차 측 전로의 대지전압은 300[V] 이하일 것.
다. 용접변압기의 1차 측 전로에는 용접 변압기에 가까운 곳에 쉽게 개폐할 수 있는 개폐기를 시설할 것.
라. 용접기 외함 및 피용접재 또는 이와 전기적으로 접속되는 받침대·정반 등의 금속체는 규정에 준하여 접지공사를 하여야 한다.

[답] ②

출제기준 변경 및 개정된 관계 법규에 따라 삭제된 문제가 있어 20문항이 안됩니다.

MEMO

2006 기출문제

Industrial Engineer Electricity

2006년 1회

1과목 - 전기자기

01 내부저항 20[Ω] 및 25[Ω], 최대 지시 눈금이 다같이 1[A]인 전류계 A_1 및 A_2를 그림과 같이 접속했을 때 측정할 수 있는 최대 전류의 값은 몇 [A]인가?

① 1
② 1.5
③ 1.8
④ 2

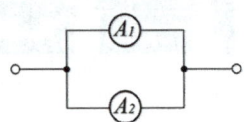

풀이 분류 법칙

$$I_{A1} = \frac{R_2}{R_1+R_2} \times I$$

$$I = \frac{R_1+R_2}{R_2} \times I_{A1} = \frac{20+25}{25} \times 1 = 1.8[A]$$

(내부저항이 적은 A_1 전류계 쪽으로 더 많은 전류가 흐르며 이때 전류값이 1[A]를 초과하면 안됨) 답 ③

02 변압기 철심으로 주철을 사용하지 않고 규소강판이 사용되는 주된 이유는?

① 와류손을 적게 하게 위하여
② 큐리온도를 높이기 위하여
③ 히스테리시스손을 적게 하기 위하여
④ 부하손(동손)을 적게 하기 위하여

풀이 변압기 철심에는 투자율과 저항률이 크고 히스테리시스손이 작은 규소강판을 사용한다. 이때 규소 함유량은 4~4.5[%] 정도이고 두께는 0.3~0.6[mm]이다. 답 ③

03 길이 l[m]인 도체 ab가 속도 v[m/s]로 자계속을 운동할 때 도체에서는 a에서 b 방향으로 유도기전력이 생기게 된다. 이때 속도와 자속밀도가 평형이 된다면 기전력은 얼마인가?

① 0
② 3.14
③ $vl\sin\theta$
④ $vBl\sin\theta$

풀이 쇄교 자속의 시간적 변화율에 의해 기전력이 발생한다. 그러나 도체의 속도나 자속밀도가 평형이 되면 쇄교 자속은 일정하게 되므로 유도 기전력은 0이 된다.

$$e = -\frac{d\phi}{dt} = 0$$

답 ①

04 유전체 내의 전속밀도에 관한 설명 중 옳은 것은?

① 진전하만이다.
② 분극전하만이다.
③ 겉보기 전하만이다.
④ 진전하와 분극전하이다.

풀이 가우스 정리의 미분형 $\text{div}\,D = \rho$에서 알 수 있듯이 유전체 중의 전속밀도의 발산은 진전하밀도 ρ만에 의해 좌우된다. 답 ①

05 내부저항 r인 전원에서 저항 R인 부하에 전력을 공급할 경우, 최대 전력이 되기 위한 조건은?

① $r > R$
② $r < R$
③ $r = R$
④ $r = 0,\ R = \infty$

풀이

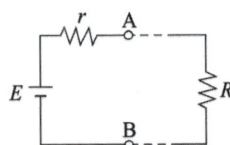

$$P_m = I^2 R = \left(\frac{E}{r+R}\right)^2 R$$

$$= \frac{RE^2}{r^2+2rR+R^2} = \frac{E^2}{\frac{r^2}{R}+2r+R}$$

최대 전력 공급 조건은 분모가 최소일 때이므로

$A = \frac{r^2}{R} + 2r + R$ 라 하고

$\frac{\partial A}{\partial R} = 0$이 되면 A는 최소가 되므로

$\frac{\partial A}{\partial R} = -\frac{r^2}{R^2} + 1 = 0$

∴ $R = r$일 때 최대 전력

즉, 내부저항 = 부하 저항일 때 최대전력은 공급된다

06
$Q = 0.15[C]$으로 대전하고 있는 큰 구에 그의 반경이 1/2이 되는 작은 구를 접촉했다가 떼면 큰 구와 작은 구 간에 작용하는 반발력은 몇 [N]인가? 단, 양 구를 접촉시켰을 때 전위는 동일 전위이며, 양 구는 서로 1[m] 떨어져 놓여 있다.

① 4.5×10^5
② 4.5×10^6
③ 4.5×10^7
④ 4.5×10^8

풀이 큰 구의 반경을 a라 할 때
큰 구의 정전용량 : $C = 4\pi\epsilon_0 a$
작은 구의 정전용량 : $C' = 4\pi\epsilon_0 \frac{a}{2} = 2\pi\epsilon_0 a$
$Q = CV$에 의해 접촉시의 전위는 동일 전위이므로 Q는 C에 비례($Q \propto C$)한다.
따라서 접촉 후 구의 전하량
큰 구의 전하량 :
$Q = 0.15 \times \frac{2}{3} = 0.05 \times 2 = 0.1[C]$
작은 구의 전하량 :
$Q' = 0.15 \times \frac{1}{3} = 0.05 \times 1 = 0.05[C]$
$\therefore F = \frac{QQ'}{4\pi\epsilon_0 r^2} = 9 \times 10^9 \times \frac{0.1 \times 0.05}{1^2}$
$= 0.045 \times 10^9 [N] = 4.5 \times 10^7 [N]$ **답** ③

07
다음의 MKS 유리화 단위와 CGS 단위에서 그 값이 일치하는 것은?

① 1[tesla] = 10^{-4}[gauss]
② 1[ampere] = 0.1[emu]
③ 1[coulomb] = 3×10^{-9}[esu]
④ 1[weber] = 10^5[maxwell]

풀이 ① 1[T] = 10^4[Gause]
② 1[A] = 3×10^9[sec] = 0.1[emu]
③ 1[C] = 3×10^9[esu] = 0.1[emu]
④ 1[Wb] = 10^8[emu] = 10^8[Maxwell] **답** ②

08
전도 전자나 구속 전자의 이동에 의하지 않는 전류는?

① 대류 전류
② 전도 전류
③ 변위전류
④ 분극 전류

풀이
• 전도 전류 : 도체 내에서 전계의 작용으로 자유 전자의 이동으로 생기는 것

• 대류 전류 : 진공 내에 전자, 전해액 중의 이온 등과 같은 하전 입자의 운동에 의한 것
• 분극 전류 : 분극전하의 시간적 변화에 의한 것
• 변위전류 : 전속밀도의 시간적 변화에 의한 것으로 하전체에 의하지 않는 전류 **답** ③

09
사용되는 전자파의 파장이 가장 긴 것부터 순서대로 나열한 것은?

① 전자렌지 – 살균 소독 – 사진 전송 – 레이다
② 레이다 – 사진 전송 – 살균 소독 – 전자렌지
③ 사진 전송 – 레이다 – 전자렌지 – 살균 소독
④ 전자렌지 – 살균 소독 – 레이다 – 사진 전송

풀이 전자파의 종류와 파장 관계
저주파 → 통신주파 → 마이크로 웨이브 → 적외선 → 가시광선 → 자외선 → X선 → γ선
순으로 파장이 짧아진다.
① 사진 전송 (통신 저주파)
② 레이더 (통신 고주파)
③ 전자렌지 (마이크로 웨이브, 열적외선)
④ 살균 소독 (자외선) **답** ③

10
철편의 ( ) 부분에 대한 극성의 설명으로 옳은 것은?

① N극이다.
② S극이다.
③ N극과 S극이 교번한다.
④ 자극이 생기지 않는다.

풀이 앙페르의 오른나사법칙을 적용하면 ( )는 N극이 된다. **답** ①

11
비유전율 $\epsilon_s = 3$인 유전체 내의 한 점의 전장이 3×10^5[V/m]일 때 이 점의 분극의 세기는 몇 [C/m²]인가?

① 1.77×10^{-6}
② 5.31×10^{-6}
③ 7.08×10^{-6}
④ 8.85×10^{-6}

풀이 $P = \epsilon_0(\epsilon_s - 1)E = 2\epsilon_0 E$
$= 2 \times 8.855 \times 10^{-12} \times 3 \times 10^5$
$= 5.31 \times 10^{-6} [\text{C/m}^2]$ 답 ②

12 압전기 진동자로 가장 많이 이용되는 재료는?
① 로셀염 ② 실리콘
③ 방해석 ④ 페라이트

풀이 수정, 전기석, 로셀염 등의 압전기가 수정 발진자, 초음파 발진자, crystal pick-up(일정 주파수의 발진 회로, 수중 탐색, 금속 탐상) 등 여러 방면에 이용되고 있다.
답 ①

13 강자성체에서 자구의 크기에 대한 설명으로 옳은 것은?
① 역자성체를 제외한 다른 자성체에서는 모두 같다.
② 원자나 분자의 질량에 따라 달라진다.
③ 물질의 종류에 관계없이 크기가 모두 같다.
④ 물질의 종류 및 상태에 따라 다르다.

풀이 일반적으로 자구(磁區)를 가지는 자성체는 강자성체이며, 물질의 종류 및 상태 등에 따라 다르게 나타난다.
답 ④

14 자유 전자 e가 전계 E중을 열에너지에 의해 진동하고 있는 원자와 충돌하면서 운동하는 경우 평균 자유 시간을 τ라 하면 도전율 σ는 얼마인가? 단, 자유 전자의 밀도는 n, 질량은 m이라 한다.

① $\dfrac{ne\tau}{2m}$ ② $\dfrac{ne^2\tau}{2m}$
③ $\dfrac{ne\tau}{m}$ ④ $\dfrac{ne^2\tau}{m}$

풀이 충돌과 충돌 사이에서 전하의 운동 방정식
$m\dfrac{dv}{dt} = eE, \quad \dfrac{dv}{dt} = \dfrac{eE}{m}$
$\therefore v = \dfrac{eE}{m}t + v(0)$
이 식에서 충돌시 초기 속도 $v(0) = 0$,
충돌과 충돌 사이의 시간 $t = \tau$를 대입하면 속도 v는 다음과 같이 된다.

$v = \dfrac{eE}{m}\tau$
따라서 전류밀도 $i = nev = \sigma E$의 관계식으로부터
$ne \times \dfrac{eE}{m}\tau = \sigma E$
$\therefore \sigma = \dfrac{ne^2}{m}\tau$ 답 ④

15 길이 1[cm]마다 권수가 50인 무한장 솔레노이드에 500[mA]의 전류를 흘릴 때 내부의 자계는 몇 [AT/m]인가?
① 1250 ② 2500
③ 12500 ④ 25000

풀이 $H = n_0 I = 100 \times 50 \times 500 \times 10^{-3}$
$= 2500 [\text{AT/m}]$ 답 ②

16 그림과 같이 등전위면이 존재하는 경우 전계의 방향은?
① a 의 방향
② b 의 방향
③ c 의 방향
④ d 의 방향

풀이 전계의 방향(전기력선)은 전위가 높은 점에서 낮은 점으로 향하고 또한, 등전위면에 수직으로 발생한다.
답 ③

17 전류에 의한 자계의 방향을 결정하는 법칙은?
① Ampere의 오른나사 법칙
② Fleming의 오른손 법칙
③ Fleming의 왼손 법칙
④ Lentz의 법칙

풀이
• 암페어의 오른나사 법칙 : 전류에 의한 자계의 방향
• 플레밍의 오른손 법칙 : 자계 중에서 도체가 운동할 때 유기기전력의 방향 결정
• 플레밍의 왼손 법칙 : 자계 중에 있는 도체에 전류를 흘릴 때 도체의 운동방향 결정
• 렌츠의 법칙 : 기전력 방향 결정

18 그림과 같이 반지름 a[m]인 원의 임의의 두 점 A, B(각도 θ) 사이에 전류 I[A]가 흐른다. 원의 중심 O에서의 자계의 세기[AT/m]는?

① $\dfrac{I\theta}{4\pi a^2}$

② $\dfrac{I\theta}{4\pi a}$

③ $\dfrac{I\theta}{2\pi a^2}$

④ $\dfrac{I\theta}{2\pi a}$

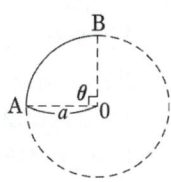

풀이 dl 부분에 의한 O에 생기는 자계 dH는
$r=a$, $\theta=\dfrac{\pi}{2}$ 이므로
$dH=\dfrac{Idl\sin\theta}{4\pi r^2}=\dfrac{Id\theta}{4\pi a}$ ($\because dt=ad\theta$)

그러므로
$H=\int_{\theta=A}^{\theta=B}dH=\int_0^\theta dH=\dfrac{I}{4\pi a}\int_0^\theta d\theta$
$=\dfrac{I\theta}{4\pi a}$ [AT/m] **답** ②

19 그림과 같이 공기 중에서 1[m]의 거리를 사이에 둔 2점, A, B에 각각 3×10^{-4}[Wb]와 -3×10^{-4}[Wb]의 점자극을 두었다. 이때 점 P에 단위 정(+)자극을 두었을 때 이 극에 작용하는 힘의 합력은 약 몇 [N]인가? 단, $m(\overline{AP})=m(\overline{BP})$, $m(\angle APB)=90°$ 이다.

① 0
② 18.9
③ 37.9
④ 53.7

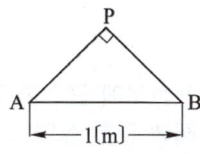

$\overline{AP}=\overline{BP}=\dfrac{1}{\sqrt{2}}$

풀이

$F=\dfrac{m_1m_2}{4\pi\mu_0 r^2}=6.33\times10^4\times\dfrac{m_1m_2}{r^2}$ [N]

$F_1=6.33\times10^4\times\dfrac{1\times3\times10^{-4}}{\left(\dfrac{1}{\sqrt{2}}\right)^2}$

$=12.66\times3=37.98$ [N]

$F_2=6.33\times10^4\times\dfrac{1\times(-3)\times10^{-4}}{\left(\dfrac{1}{\sqrt{2}}\right)^2}$

$=12.66\times(-3)=-37.98$ [N]

$\therefore F=2F_1\cos45=2\times37.98\times\dfrac{1}{\sqrt{2}}$
$=53.71$ [N] **답** ④

20 권선수가 N회인 코일에 전류 I[A]를 흘릴 경우, 코일에 ϕ[Wb]의 자속이 지나간다면 이 코일에 저장된 자계 에너지는 어떻게 표현되는가?

① $\dfrac{1}{2}N\phi^2 I$[J]

② $\dfrac{1}{2}N\phi I$[J]

③ $\dfrac{1}{2}N^2\phi I$[J]

④ $\dfrac{1}{2}N\phi I^2$[J]

풀이 $W=\dfrac{1}{2}LI^2$에서 $L=\dfrac{N\phi}{I}$를 대입하면,
$W=\dfrac{1}{2}N\phi I$ 가 된다. **답** ②

2과목 - 전력공학

21 수력발전소의 댐(Dam)의 설계 및 저수지의 용량 등을 결정하는 데 사용되는 것은?

① 유량도
② 유황 곡선
③ 수위-유량 곡선
④ 적산 유량 곡선

풀이 적산 유량 곡선은 매일의 수량을 차례로 적산해서 가로축에 일수를, 세로축에 적산 수량을 그린 그림으로 저수지 계획에 사용된다. **답** ④

22 전선로의 지지물 양쪽의 경간의 차가 큰 곳에 사용되며, E 철탑이라고도 하는 표준철탑의 일종은?

① 직선형 철탑 ② 내장형 철탑
③ 각도형 철탑 ④ 인류형 철탑

풀이 내장 철탑은 전선로의 지지물 양쪽 경간의 차가 큰 곳에 사용하며 E 철탑이라고도 한다. **답** ②

23 충전전류는 일반적으로 어떤 전류를 말하는가?

① 앞선 전류 ② 뒤진 전류
③ 유효 전류 ④ 누설전류

풀이 충전전류(I_c)는 선로의 작용 정전용량에 의해 흐르는 전류로 전압보다 $\frac{\pi}{2}$ 앞선 전류이다.

$I_c = j\, 2\pi f\, C_w\, \dfrac{V}{\sqrt{3}}$ **답** ①

24 불평형부하에서 역률은?

① $\dfrac{\text{유효 전력}}{\text{각 상의 피상 전력의 산술합}}$

② $\dfrac{\text{유효 전력}}{\text{각 상의 피상 전력의 벡터합}}$

③ $\dfrac{\text{무효전력}}{\text{각 상의 피상 전력의 산술합}}$

④ $\dfrac{\text{무효전력}}{\text{각 상의 피상 전력의 벡터합}}$

풀이 $\cos\theta = \dfrac{P(\text{유효전력})}{P_a(\text{피상전력})}$ **답** ②

25 3상용 차단기의 정격차단용량이라 함은?

① 정격전압 × 정격차단전류
② $\sqrt{3}$ × 정격전압 × 정격전류
③ 3 × 정격전압 × 정격차단전류
④ $\sqrt{3}$ × 정격전압 × 정격차단전류

풀이 차단기 용량
$P_s = \sqrt{3} \times$ 정격전압 × 정격차단전류 **답** ④

26 후비 보호계전 방식의 설명으로 틀린 것은?

① 주보호계전기가 보호할 수 없을 경우 동작하며, 주보호계전기와 정정값은 동일하다.
② 주보호계전기가 그 어떤 이유로 정지해 있는 구간의 사고를 보호한다.
③ 주보호계전기에 결함이 있어 정상 동작할 수 없는 상태에 있는 구간 사고를 보호한다.
④ 송전선로에서 거리계전기의 후비 보호계전 기로 고장 선택 계전기를 많이 사용한다.

풀이 전력계통에 발생한 사고를 제거하기 위한 보호계전 방식은 주보호계전 방식과 후비보호 계전방식으로 나눌수 있다. 주보호는 신속하게 고장구간을 최소 범위로 한정해서 제거한다는 것을 책무로 하며, 후비보호는 주보호가 실패했을 경우 또는 보호할 수 없을 경우에 일정한 시간을 두고 동작하는 백업 계전 방식이다. **답** ①

27 화력발전소에서 1[ton]의 석탄으로 발생시킬수 있는 전력량은 약 몇 [kWh]인가? 단, 석탄 1[kg]의 발열량은 5000[kcal], 효율은 20[%]이다.

① 960 ② 1060
③ 1160 ④ 1260

풀이 효율 $\eta = \dfrac{860P}{BH}$

여기서, B : 1시간당 연료 사용량[kg/h],
H : 1[kg]당 연료의 발열량[kcal/kg]

$\therefore P = \dfrac{BH\eta}{860} = \dfrac{1000 \times 5000 \times 0.2}{860}$
$= 1162.8$[kWh] **답** ③

28 송전선로에 근접한 통신선에서 발생하는 유도장해에 관한 설명으로 옳지 않은 것은?

① 정전유도의 원인은 전력선의 영상전압에 의해 발생한다.
② 전자유도의 원인은 전력선의 영상전류에 의해 발생한다.
③ 유도장해를 억제하기 위하여 송전선에 충분한 연가를 한다.
④ 유도되는 전압은 통신선의 길이에 비례한다.

풀이 ① 정전 유도 : 영상 전압에 의해 발생 (정상 시)
② 전자 유도 : 영상전류에 의해 발생 (사고 시)
③ 전자 유도전압 $(E_m = 2\pi f Ml \cdot 3I_0)$은 통신선의 길이에 비례하나 정전 유도전압
$$E = \left(\frac{\sqrt{C_a(C_a-C_b)+C_b(C_b-C_c)+C_c(C_c-C_a)}}{C_a+C_b+C_c+C_0} \times \frac{V}{\sqrt{3}}\right)$$
은 주파수 및 통신선 병행 길이와는 관계가 없다.
답 ④

29 장거리 대전력 송전에서 교류 송전 방식에 비해 직류 송전 방식의 장점이 아닌 것은?

① 송전 효율이 높다.
② 안정도의 문제가 없다.
③ 선로 절연이 더 수월하다.
④ 변압이 쉬워 고압 송전이 유리하다.

풀이 직류 송전 방식의 장·단점
[장점]
① 선로의 리액턴스가 없으므로 안정도가 높다.
② 유전체손 및 충전 용량이 없고 절연내력이 강하다.
③ 비동기 연계가 가능하다.
④ 단락전류가 적고 임의 크기의 교류 계통을 연계시킬 수 있다.
⑤ 코로나손 및 전력손실이 적다.
⑥ 표피효과나 근접 효과가 없으므로 실효 저항의 증대가 없다.
[단점]
① 직교 변환 장치가 필요하다.
② 전압의 승압 및 강압이 불리하다.
③ 고조파나 고주파 억제 대책이 필요하다.
④ 직류 차단기가 개발되어 있지 않다.
답 ④

30 배전선의 전압조정 방법이 아닌 것은?

① 승압기 사용
② 유도전압조정기 사용
③ 병렬 콘덴서 사용
④ 주상변압기 탭 전환

풀이 배전선 전압조정 장치로는
① 주변압기 1차 측의 무부하 시(탭 변환 장치), 부하시 (탭 절환 장치)
② 정지형 전압조정기(SVR)
③ 유도전압조정기(IVR)가 사용되며 병렬 콘덴서는 역률 개선에 사용된다.
답 ③

31 그림과 같은 회로의 영상, 정상, 역상 임피던스 Z_0, Z_1, Z_2는?

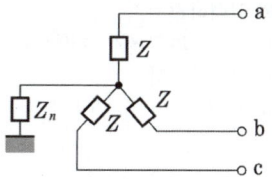

① $Z_0 = Z + 3Z_n$, $Z_1 = Z_2 = Z$
② $Z_0 = 3Z + Z_n$, $Z_1 = 3Z$, $Z_2 = Z$
③ $Z_0 = 3Z_n$, $Z_1 = Z$, $Z_2 = 3Z$
④ $Z_0 = Z + Z_n$, $Z_1 = Z_2 = Z + 3Z_n$

풀이 영상 임피던스 (Z_0)는
$Z_0 = Z + 3Z_n$
정상 임피던스와
역상 임피던스는
변압기와 선로가
정지상태이므로 같다.
∴ $Z_1 = Z_2 = Z$

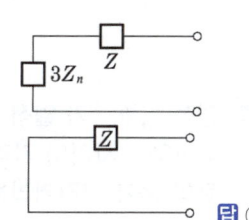

답 ①

32 변전소 구내에서 보폭 전압을 저감하기 위한 방법으로서 잘못된 것은?

① 접지선을 얕게 매설한다.
② mesh식 접지방법을 채용하고 mesh 간격을 좁게 한다.
③ 자갈 또는 콘크리트를 타설한다.
④ 철구, 가대 등의 보조 접지를 한다.

풀이 접지선을 깊게 매설해야 보폭 전압이 감소한다.
답 ①

33 3상 3선식 소호 리액터 접지방식에서 1선의 대지 정전용량을 $C[\mu F]$, 상전압 $E[kV]$, 주파수 $f[Hz]$라 하면, 소호 리액터의 용량은 몇 [kVA]인가?

① $\pi f CE^2 \times 10^{-3}$
② $2\pi f CE^2 \times 10^{-3}$
③ $3\pi f CE^2 \times 10^{-3}$
④ $6\pi f CE^2 \times 10^{-3}$

[풀이] 3상 1회선 소호 리액터 용량
$P = 3EI = 3E \times 2\pi f CE = 6\pi f CE^2$에서
정전용량 $C[\mu F]$, 상전압 $E[kV]$이므로
단위를 고려하면
$P = 6\pi f C \times 10^{-6} \times E^2 \times 10^6 [VA]$
$= 6\pi f CE^2 [VA]$
$= 6\pi f CE^2 \times 10^{-3} [kVA]$　　답 ④

34 케이블의 전력손실과 관계가 없는 것은?
① 도체의 저항손　② 유전체손
③ 연피손　　　　④ 철손

[풀이] 케이블의 손실:
① 저항손　② 유전체손　③ 연피손　답 ④

35 전선 a, b, c가 일직선으로 배치되어 있다. a와 b, b와 c 사이의 거리가 각각 5[m]일 때 이 선로의 등가 선간거리는 몇 [m]인가?
① 5
② 10
③ $5\sqrt[3]{2}$
④ $5\sqrt{2}$

[풀이]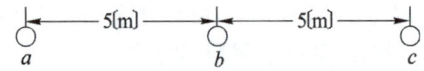

등가 선간거리 D_e는
$D_e = \sqrt[3]{D_{ab} \cdot D_{bc} \cdot D_{ac}}$
$= \sqrt[3]{5 \times 5 \times 10} = 5\sqrt[3]{2}$ [m]　답 ③

36 역률개선용 콘덴서를 부하와 병렬로 연결할 때 △결선 방법을 채택하는 이유로 가장 타당한 것은?
① 부하 저항을 일정하게 유지할 수 있기 때문이다.
② 콘덴서의 정전용량[μF]의 소요가 적기 때문이다.
③ 콘덴서의 관리가 용이하기 때문이다.
④ 부하의 안정도가 높기 때문이다.

[풀이] $Q_Y = 3 \times 2\pi f C_Y \left(\dfrac{V}{\sqrt{3}}\right)^2 = 2\pi f C_Y V^2$
$Q_\triangle = 3 \times 2\pi f C_\triangle V^2$
$Q_Y = Q_\triangle$의 경우

$2\pi f C_Y V^2 = 3 \times 2\pi f C_\triangle V^2$
$\therefore C_\triangle = \dfrac{1}{3} C_Y$　답 ②

37 페란티 효과의 발생 원인은?
① 선로의 저항
② 선로의 인덕턴스
③ 선로의 정전용량
④ 선로의 누설 컨덕턴스

[풀이] 페란티 현상: 선로의 정전용량으로 인해서 송전단보다 수전단전압이 높아지는 현상　답 ③

38 고압 배전선로의 보호방식에서 고장전류의 차단방식이 아닌 것은?
① 퓨즈에 의한 보호방식
② 리클로저(recloser)에 의한 방식
③ 섹셔널라이져(sectionalizer)에 의한 방식
④ 자동부하 전환스위치(ALTS: auto load transfer switch)에 의한 방식

[풀이] 자동부하 전환스위치(ALTS)는 수용가의 수전점에 설치하여 주전원이 정전되면 자동적으로 예비전원으로 절체되어 계속적으로 전력을 공급할 수 있도록 하는 장치이다.　답 ④

39 3300[V] 배전선로의 전압을 6600[V]로 승압하고 같은 손실률로 송전하는 경우 송전전력은 승압전의 몇 배인가?
① $\sqrt{3}$
② 2
③ 3
④ 4

[풀이] 송전전력 P는 전압의 자승에 비례하므로
$P' = \left(\dfrac{V'}{V}\right)^2 P = \left(\dfrac{6600}{3300}\right)^2 \times P = 4P$　답 ④

40 전력용 퓨즈의 장점으로 틀린 것은?
① 소형으로 큰 차단용량을 갖는다.
② 밀폐형 퓨즈는 차단 시에 소음이 없다.
③ 가격이 싸고 유지보수가 간단하다.
④ 과도전류에 의해 쉽게 용단되지 않는다.

풀이 전력 퓨즈
① 소형으로 차단용량이 크다.
② 보수가 간단하다.
③ 가격이 저렴하다.
④ 밀폐형으로 차단 시 소음이 없다.
그러나 과도전류 등에 의한 용단으로 결상 사고를 일으킬 우려가 있다. 답 ④

3과목 - 전기기기

41 전기자 저항 0.3[Ω], 직권 계자권선 저항 0.4[Ω]의 직권전동기에 100[V]를 가하였더니 부하 전류가 8[A]이었다. 이때 전동기의 속도[rpm]는? 단, 기계 정수는 2이다.

① 1000 ② 1216
③ 1316 ④ 1416

풀이 직류 직권전동기의 속도 N은

$$N = K\frac{V - I_a(R_a + R_s)}{I_a}\text{[rps]} \times 60\text{[rpm]}$$

이므로 $V = 100$[V], $I_a = 8$[A], $R_a = 0.3$[Ω], $R_s = 0.4$[Ω], $K = 2$를 대입하면,

$$\therefore N = 2 \times \frac{100 - 8(0.3 + 0.4)}{8} \times 60 = 1416\text{[rpm]}$$

답 ④

42 전동기의 부하가 증가할 때 다음 설명 중 틀린 것은?

① 전동기의 속도가 떨어진다.
② 역기전력이 감소한다.
③ 전동기의 전류가 증가한다.
④ 전동기의 단자전압이 증가한다.

풀이 전동기의 단자전압은 전원전압이 일정하면 단자전압도 일정하다. 답 ④

43 권선비가 1 : 3인 전원변압기를 통하여 100[V]의 교류 입력이 전파 정류되었을 때 충격전압의 평균값[V]은?

① 약 300 ② 약 270
③ 약 45 ④ 약 38

풀이 권선비가 1/3이므로 정류기에 입력되는 전압의 크기는 300[V]이고, 전파 정류이므로

$$E_{dc} = \frac{2\sqrt{2}}{\pi}E = \frac{2\sqrt{2}}{\pi} \times 300 = 270\text{[V]}$$

답 ②

44 다음 중 변압기의 무 부하손에 해당 되지 않는 것은?

① 히스테리시스손 ② 와류손
③ 유전체손 ④ 표유부하손

풀이 변압기의 무부하손
- 히스테리시스손
- 와류손
- 여자전류에 의한 동손 (값이 적어 일반적으로 무시)
- 유전체손 (고전압에서 발생)

표유부하손은 전류의 제곱으로 변화하는 부하손이다.
답 ④

45 부하 시 전압조정 변압기의 설명이 잘못된 것은?

① 부하전류를 끊지 않고 권수를 변환할 수 있는 변압기를 말한다.
② 전력계통 사이에 무효전력 또는 유효 전력을 자유 이동시킬 수 있다.
③ 전력계통의 전압 또는 부하 부담을 희망하는 값으로 유지하기 위하여 사용된다.
④ 부하시 신속하고 정확한 탭 변환 장치를 하나, 변환용 보조 변압기를 시설할 필요가 없다.

답 ②, ④

46 220[V], 3상, 4극, 60[Hz]인 3상 유도전동기가 정격전압 주파수에서 최대 회전력을 내는 슬립은 16[%]이다. 지금 200[V], 50[Hz]로 사용할 때의 최대 회전력 발생 슬립은 몇 [%]가 되는가?

① 16 ② 18 ③ 19.2 ④ 21.3

풀이

$$\frac{s'}{s} = \left(\frac{V}{V'}\right)^2$$

$$s' = s \times \left(\frac{V}{V'}\right)^2 = 0.16 \times \left(\frac{220}{200}\right)^2 = 0.1936 = 19.36[\%]$$

답 ③

47 그림은 일반적인 반파 정류회로이다. 변압기 2차 전압의 실효값을 E[V]라 할 때 직류 전류 평균값은? 단, 정류기의 전압강하는 무시한다.

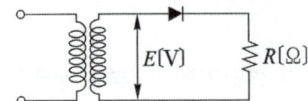

① $\dfrac{\sqrt{2}E}{\pi R}$ ② $\dfrac{2\sqrt{2}E}{\pi R}$

③ $\dfrac{1}{2}\dfrac{E}{R}$ ④ $\dfrac{E}{R}$

풀이 반파 정류시 직류전압 $E_d = \dfrac{\sqrt{2}E}{\pi}$ 이므로

직류 전류 $I_d = \dfrac{E_d}{R} = \dfrac{\sqrt{2}E}{\pi R}$ **답** ①

48 병렬운전을 하고 있는 두 대의 3상 동기발전기 사이에 무효 순환전류가 흐르는 것은 두 발전기의 기전력이 어떠할 때인가?

① 기전력의 위상이 다를 때
② 기전력의 파형이 다를 때
③ 기전력의 주파수가 다를 때
④ 기전력의 크기가 다를 때

풀이 병렬운전 조건이 다른 경우

병렬운전 조건	다른 경우 흐르는 전류
기전력의 크기가 같을 것	무효 순환전류
기전력의 위상이 같을 것	동기화 전류
기전력의 주파수가 같을 것	동기화 전류
기전력의 파형이 같을 것	고주파 무효 순환전류

답 ④

49 3상 동기발전기의 3상 유도 기전력 120[V], 반작용 리액턴스 0.2[Ω]이다. 90° 진상 전류 20[A]일 때의 발전기 단자전압[V]은? 단, 기타는 무시한다.

① 116   ② 120
③ 124   ④ 140

풀이 동기발전기의 유도 기전력
$$E = V + IZ_s$$

여기서, E : 유기기전력
     V : 단자전압,
     Z_s : 동기 임피던스($Z_s = r_a + jx_s$)
권선의 저항 r_a 를 무시하면
$$E = V + jI \times jx_s = V - Ix_s$$
$$\therefore V = E + Ix_s = 120 + 20 \times 0.2 = 124[V]$$ **답** ③

50 다음 중 2방향성 3단자 사이리스터는 어느 것인가?

① TRIAC   ② SCR
③ SCS   ④ SSS

풀이 각 종 반도체 소자의 비교
① 방향성
  • 양방향성(쌍방향성) 소자 : DIAC, TRIAC, SSS
  • 역저지(단방향성) 소자 : SCR, LASCR, GTO
② 극(단자) 수
  • 2극(단자) 소자 : DIAC, SSS, Diode
  • 3극(단자) 소자 : SCR, LASCR, GTO, TRIAC
  • 4극(단자) 소자 : SCS   **답** ①

51 직류전동기 중 부하가 변하면 속도가 심하게 변하는 직류전동기는?

① 직류분권전동기
② 직류 직권전동기
③ 차동 복권전동기
④ 가동 복권전동기

풀이 직권전동기에서는 $I_a = I_f = I$ 이므로
$$n = K \dfrac{V - I_a(R_a + R_s)}{\phi}$$
$$= K' \cdot \dfrac{V - I(R_a + R_s)}{I} \propto \dfrac{1}{I} \text{에서}$$
부하전류 I 가 변하면 속도 n 도 크게 변한다.   **답** ②

52 변압기의 기름으로서 갖추어야 할 조건은?

① 절연내력이 작을 것
② 인화점이 낮고 응고점이 낮을 것
③ 점도(粘度)가 낮을 것
④ 비열이 작아야 할 것

풀이 변압기의 기름으로서 갖추어야 할 조건은
① 절연내력이 클 것
② 절연 재료 및 금속에 화학 작용을 일으키지 않을

③ 인화점이 높고, 응고점이 낮을 것
④ **점도가 낮고**, 비열이 커서 냉각효과가 클 것
⑤ 고온에서도 석출물이 생기거나 산화하지 않을 것

답 ③

53
220[V], 3상 유도전동기의 전부하 슬립이 4[%]이다. 공급전압이 10[%] 저하했을 때의 전부하 슬립[%]은?

① 2   ② 3
③ 4   ④ 5

풀이 공급전압이 10[%] 저하된 경우의 전부하 슬립을 s'라 하면

$$s' = s \times \left(\frac{V}{V'}\right)^2 = s \times \left(\frac{V}{V \times 0.9}\right)^2$$
$$= 0.04 \times \left(\frac{220}{220 \times 0.9}\right)^2 = 0.05 = 5[\%]$$

답 ④

54
3상 유도전동기의 토크와 출력을 설명하는 말 중 옳은 것은?

① 속도에 관계없다.
② 동일 속도에서 발생한다.
③ 최대 출력은 최대 토크보다 고속도에서 발생한다.
④ 최대 토크가 최대 출력보다 고속도에서 발생한다.

답 ③

55
60[Hz], 12극의 동기전동기 회전자계의 주변속도[m/s]는? 단, 회전자계의 극 간격은 1[m]이다.

① 31.4   ② 10
③ 377   ④ 120

풀이 회전자 주변 속도

$$v = \pi D \frac{N_s}{60} [\text{m/s}]$$

여기서, πD : 회전자 둘레

$$N_s = \frac{120f}{p} = \frac{120 \times 60}{12} = 600[\text{rpm}]$$

극 간격이 1[m]이므로
회전자 둘레 = 극수×극 간격 = 12×1 = 12[m]

$$\therefore v = 12 \times \frac{600}{60} = 120[\text{m/s}]$$

답 ④

56
50[Hz], 12극의 3상 유도전동기가 정격전압으로 정격출력 10[HP]를 발생하며 회전하고 있다. 이때의 회전수는 약 몇 [rpm]인가? (단, 회전자 동손은 350[W], 회전자 입력은 출력과 회전자 동손과 합이다.)

① 468   ② 478
③ 485   ④ 500

풀이
• 2차 입력
$$P_2 = P_0 + P_{c2} = 10 \times 746 + 350 = 7810[\text{W}]$$

• 2차 효율
$$\eta = \frac{P_0}{P_2} = \frac{(1-s)P_2}{P_2} = 1-s$$
$$\rightarrow 1-s = \frac{P_0}{P_2} = \frac{10 \times 746}{7810} = 0.9552$$

• 동기속도
$$N_s = \frac{120f}{p} = \frac{120 \times 50}{12} = 500[\text{rpm}]$$

따라서 회전속도
$$N = (1-s)N_s = 0.9552 \times 500 = 477.6[\text{rpm}]$$

답 ②

57
직류전동기의 회전수는 자속이 감소하면 어떻게 되는가?

① 불변이다.   ② 정지한다.
③ 저하한다.   ④ 상승한다.

풀이
$$n = k\frac{V - I_a R_a}{\Phi}[\text{rpm}]$$

즉, n은 Φ에 반비례 한다.
따라서 **자속이 감소하는 경우 속도는 상승**한다.

답 ④

58
전부하에서 동손 100[W], 철손 50[W]인 변압기가 최대 효율을 나타내는 부하[%]는?

① 50   ② 67
③ 70   ④ 86

풀이 최대 효율은 철손과 동손이 같을 때이므로
$$P_i = m^2 P_c$$
$$\therefore m = \sqrt{\frac{P_i}{P_c}} = \sqrt{\frac{50}{100}} = 0.7 = 70[\%]$$

답 ③

59 변압기의 원리는?
① 전자 유도 작용을 이용
② 정전 유도 작용을 이용
③ 자기 유도 작용을 이용
④ 플레밍의 오른손 법칙을 이용

풀이 변압기는 전자 유도 작용을 이용하여 교류전압과 전류의 크기를 변성하는 장치로 2개 이상의 전기회로와 1개 이상의 공통 자기회로로 이루어져 있다. **답** ①

60 다음에서 동기전동기와 구조가 동일한 것은?
① 직류전동기   ② 유도전동기
③ 정류자 전동기 ④ 교류 발전기

풀이 동기전동기와 동기발전기 (교류 발전기)는 동일한 구조를 가지고 있다. **답** ④

4과목 - 회로이론

61 3상 불평형 전압에서 역상 전압이 50[V]이고 정상 전압이 200[V], 영상 전압이 10[V]라고 할 때 전압의 불평형률은 얼마인가?
① 0.01   ② 0.05
③ 0.25   ④ 0.5

풀이 불평형률 = $\dfrac{\text{역상 전압}}{\text{정상 전압}} = \dfrac{50}{200} = 0.25$ **답** ③

62 $R-L-C$ 직렬공진회로에서 $R = 100[\Omega]$, $L = 314[\text{mH}]$, $C = 125.6[\text{pF}]$일 때, 선택도 (전압 확대율) Q는?
① 2×10^3 ② 3×10^3
③ 4×10^2 ④ 5×10^2

풀이 직렬공진회로에서 $Q = \dfrac{1}{R}\sqrt{\dfrac{L}{C}}$
$Q = \dfrac{1}{R}\sqrt{\dfrac{L}{C}} = \dfrac{1}{100}\sqrt{\dfrac{314 \times 10^{-3}}{125.6 \times 10^{-12}}} = 500$ **답** ④

63 $R = 10[\Omega]$, $\omega L = 5[\Omega]$, $\dfrac{1}{\omega C} = 30[\Omega]$이 직렬로 접속된 회로에서 기본파에 대한 합성 임피던스(Z_1)과 제3조파에 대한 합성 임피던스 (Z_3)는 각각 몇 $[\Omega]$인가?
① $Z_1 = \sqrt{725}$, $Z_3 = \sqrt{125}$
② $Z_1 = \sqrt{461}$, $Z_3 = \sqrt{461}$
③ $Z_1 = \sqrt{461}$, $Z_3 = \sqrt{125}$
④ $Z_1 = \sqrt{125}$, $Z_3 = \sqrt{461}$

풀이
• 기본파 임피던스
$Z_1 = R + j\left(\omega L - \dfrac{1}{\omega C}\right)$
$= 10 + j(5-30) = \sqrt{725}\,[\Omega]$
• 제3고조파 임피던스
$Z_3 = R + j\left(3\omega L - \dfrac{1}{3\omega C}\right)$
$= 10 + j\left(3 \times 5 - \dfrac{1}{3} \times 30\right) = \sqrt{125}\,[\Omega]$ **답** ①

64 $\dfrac{di(t)}{dt} + 4i(t) + 4\int i(t)dt = 50u(t)$를 라플라스 변환하여 풀면 전류는? 단, $t = 0$에서 $i(0) = 0$, $\int_{-\infty}^{0} i(t)dt = 0$이다.
① $-50e^{2t}$ ② $50e^{-2t}$
③ $50te^{2t}$ ④ $50te^{-2t}$

풀이 양변을 라플라스 변환하면
$sI(s) + 4I(s) + \dfrac{4}{s}I(s) = \dfrac{50}{s}$
$I(s)\left(s + 4 + \dfrac{4}{s}\right) = \dfrac{50}{s}$
$I(s) = \dfrac{\frac{50}{s}}{s+4+\frac{4}{s}} = \dfrac{50}{s^2+4s+4} = \dfrac{50}{(s+2)^2}$
$\therefore i(t) = \mathcal{L}^{-1}[I(s)] = 50te^{-2t}$ **답** ④

65 △결선된 저항 부하를 Y결선으로 바꾸면 소비전력은 어떻게 되겠는가? 단, 저항과 선간 전압은 일정하다.
① 3배   ② 9배   ③ $\dfrac{1}{9}$배   ④ $\dfrac{1}{3}$배

풀이
- △결선 시 소비전력
$$P_\triangle = 3I^2 R = 3\left(\frac{V}{R}\right)^2 R = 3 \cdot \frac{V^2}{R}$$
- Y결선 시 소비전력 :
Y결선 시 상전압은 선간 전압의 $\frac{1}{\sqrt{3}}$ 이므로
$$P_Y = 3\left(\frac{\frac{V}{\sqrt{3}}}{R}\right)^2 \cdot R = 3 \cdot \frac{V^2}{3R} = \frac{V^2}{R}$$
$$\therefore \frac{P_Y}{P_\triangle} = \frac{\frac{V^2}{R}}{\frac{3V^2}{R}} = \frac{1}{3}, \quad P_Y = \frac{1}{3}P_\triangle$$
답 ④

풀이
$Ri(t) + L\frac{di(t)}{dt} = E$ 를 라플라스 변환하면
$$RI(s) + LsI(s) = \frac{E}{s}$$
$$I(s) = \frac{E}{s(R+Ls)}$$
$$= \frac{\frac{E}{L}}{s\left(s+\frac{R}{L}\right)} = \frac{\frac{E}{R}}{s} - \frac{\frac{E}{R}}{s+\frac{R}{L}}$$
$$\therefore i(t) = \frac{E}{R} - \frac{E}{R}e^{-\frac{R}{L}t} = \frac{E}{R}\left(1-e^{-\frac{R}{L}t}\right)$$
답 ③

66 그림과 같은 회로의 전달함수는?
단, $T=RC$ 이다.

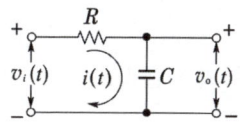

① $Ts+1$ ② Ts^2+1
③ $\dfrac{1}{Ts+1}$ ④ $\dfrac{1}{Ts^2+1}$

풀이
$$\begin{cases} v_i(t) = Ri(t) + \frac{1}{C}\int i(t)dt \\ v_o(t) = \frac{1}{C}\int i(t)dt \end{cases}$$
$$\begin{cases} V_i(s) = \left(R+\frac{1}{Cs}\right)I(s) \\ V_o(s) = \frac{1}{Cs}I(s) \end{cases}$$
$$\therefore G(s) = \frac{V_o(s)}{V_i(s)} = \frac{\frac{1}{Cs}}{R+\frac{1}{Cs}}$$
$$= \frac{1}{RCs+1} = \frac{1}{Ts+1}$$
답 ③

67 $Ri(t) + L\dfrac{di(t)}{dt} = E$ 에서 모든 초기값을 0으로 하였을 때의 $i(t)$의 값은?

① $\dfrac{E}{R}e^{-\frac{R}{2}L}$ ② $\dfrac{E}{R}e^{-\frac{L}{R}t}$
③ $\dfrac{E}{R}\left(1-e^{-\frac{R}{L}t}\right)$ ④ $\dfrac{E}{R}\left(1-e^{-\frac{L}{R}t}\right)$

68 저항과 유도 리액턴스의 직렬회로에 $E=14+j38[V]$인 교류전압을 가하니 $I=6+j2[A]$의 전류가 흐른다. 이 회로의 저항과 유도 리액턴스는 얼마인가?
① $R=4[\Omega], X_L=5[\Omega]$
② $R=5[\Omega], X_L=4[\Omega]$
③ $R=6[\Omega], X_L=3[\Omega]$
④ $R=7[\Omega], X_L=2[\Omega]$

풀이
$$Z = \frac{E}{I} = \frac{14+j38}{6+j2} = \frac{(14+j38)(6-j2)}{(6+j2)(6-j2)}$$
$$= \frac{160+j200}{40} = 4+j5[\Omega]$$
답 ①

69 일반적으로 대칭 3상 회로의 전압, 전류에 포함되는 전압, 전류의 고조파는 n을 임의의 정수로 하여 $(3n+1)$일 때의 상회전은 어떻게 되는가?
① 상회전은 기본파와 동일
② 각 상 동위상
③ 정지상태
④ 상회전은 기본파와 반대

풀이
- $3n$: 회전자계를 발생하지 않음
- $3nm+1$: 상회전 방향이 기본파와 동일
- $3nm-1$: 상회전 방향이 기본파와 반대
여기서, m : 상수, $n=1, 2, 3, \cdots$
답 ①

70 그림에서 저항 20[Ω]에 흐르는 전류는 몇 [A] 인가?

① 0.4
② 1
③ 3
④ 3.4

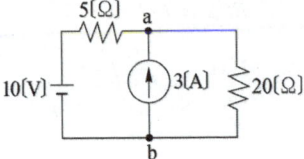

풀이 중첩의 원리에 의하여
- 10[V]에 의한 전류 (이때 전류원은 개방)
$$I_1 = \frac{10}{5+20} = 0.4[A]$$
- 3[A]에 의한 전류 (이때 전압원은 단락)
$$I_2 = \frac{5}{5+20} \times 3 = 0.6[A]$$
$$\therefore I = I_1 + I_2 = 0.4 + 0.6 = 1.0[A]$$ **답** ②

71 4단자 정수 A, B, C, D 중에서 전달 어드미턴스의 차원을 가진 정수는 어느 것인가?

① A ② B ③ C ④ D

풀이 A, B, C, D로 표시되는 4단자 기초 방정식은
$$\begin{bmatrix} V_1 \\ I_1 \end{bmatrix} = \begin{bmatrix} A & B \\ C & D \end{bmatrix} \begin{bmatrix} V_2 \\ I_2 \end{bmatrix}$$이며,
각 파라미터의 물리적 의미는
- 출력을 개방했을 때 전압 이득
$$A = \frac{V_1}{V_2}\bigg|_{I_2=0}$$
- 출력을 단락했을 때 전달 임피던스
$$B = \frac{V_1}{I_2}\bigg|_{V_2=0}$$
- 출력을 개방했을 때 전달 어드미턴스
$$C = \frac{I_1}{V_2}\bigg|_{I_2=0}$$
- 출력을 단락했을 때 전류 이득 **답** ③
$$D = \frac{I_1}{I_2}\bigg|_{V_2=0}$$

72 인덕턴스 L인 코일에 전류 $i = I_m\sin\omega t$ 가 흐르고 있다. L에 축적된 에너지의 첨두(peak) 값은?

① $\frac{1}{\sqrt{2}}LI_m^2$ ② $\frac{1}{\sqrt{3}}LI_m^2$
③ $\frac{1}{2}LI_m^2$ ④ $\frac{1}{2}L^2I_m^2$

풀이 L에 축적되는 자기 에너지의 순시값
$$W_L = \frac{1}{2}Li^2 = \frac{1}{2}L(I_m\sin\omega t)^2$$
$$= \frac{1}{2}LI_m^2\sin^2\omega t$$
그러므로 L에 축적된 에너지의 첨두값은 $\frac{1}{2}LI_m^2$이 된다. **답** ③

73 대칭 3상 교류에서 순시값의 벡터 합은?

① 0 ② 40
③ 0.577 ④ 86.6

풀이 a상을 기준하면
$$e_a + e_b + e_c = e_a + a^2e_a + ae_a = e_a(1 + a^2 + a) = 0$$
$$(\because 1 + a + a^2 = 0)$$ **답** ①

74 다음 파형의 라플라스 변환은?

① $\frac{E}{s^2}$ ② $\frac{E}{s}$
③ $\frac{E}{Ts}$ ④ $\frac{E}{Ts^2}$

풀이 $f(t) = \frac{E}{T}tu(t)$, $F(s) = \frac{E}{T} \cdot \frac{1}{s^2}$ **답** ④

75 그림과 같은 회로망에서 Z_1을 4단자 정수에 의해 표시하면 어떻게 되는가?

① $\frac{1}{C}$
② $\frac{D-1}{C}$
③ $\frac{B-1}{C}$
④ $\frac{A-1}{C}$

풀이 그림과 같은 4단자망의 4단자 정수 중 A와 C는
$$A = 1 + \frac{Z_1}{Z_3}, \quad C = \frac{1}{Z_3}$$
$$\therefore Z_1 = (A-1)Z_3 = \frac{A-1}{C}$$ **답**

76 두 코일이 있다. 한 코일의 전류가 매초 40[A]의 비율로 변할 때 다른 코일에는 20[V]의 기전력이 발생하였다면 두 코일의 상호 인덕턴스 [H]는 얼마인가?

① 0.2[H]　② 0.5[H]
③ 0.8[H]　④ 1.0[H]

풀이
$V_L = M \dfrac{di(t)}{dt}$

$M = \dfrac{V_L}{\frac{di(t)}{dt}} = \dfrac{20}{40} = 0.5[H]$　**답** ②

77 그림과 같은 4단자망의 4단자 정수는?

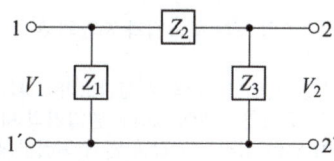

① $A = 1 + Z_2 Z_3,\ B = Z_2$
　$C = Z_1(1 + Z_2 Z_3),\ D = 1 + Z_1 Z_2$

② $A = 1 + Z_2 Z_3,\ B = Z_2,$
　$C = \dfrac{Z_1 + Z_2 + Z_3}{Z_1},\ D = 1 + Z_1 Z_2$

③ $A = \dfrac{1 + Z_2}{Z_3},\ B = Z_2$
　$C = \dfrac{Z_1 + Z_2 + Z_3}{Z_1 Z_3},\ D = 1 + \dfrac{Z_1}{Z_2}$

④ $A = 1 + \dfrac{Z_2}{Z_3},\ B = Z_2$
　$C = \dfrac{Z_1 + Z_2 + Z_3}{Z_1 Z_3},\ D = 1 + \dfrac{Z_2}{Z_1}$

풀이
$\begin{bmatrix} 1 & 0 \\ \frac{1}{Z_1} & 1 \end{bmatrix} \begin{bmatrix} 1 & Z_2 \\ 0 & 1 \end{bmatrix} \begin{bmatrix} 1 & 0 \\ \frac{1}{Z_3} & 1 \end{bmatrix}$

$= \begin{bmatrix} 1 & Z_2 \\ \frac{1}{Z_1} & \frac{Z_2}{Z_1}+1 \end{bmatrix} \begin{bmatrix} 1 & 0 \\ \frac{1}{Z_3} & 1 \end{bmatrix}$

$= \begin{bmatrix} 1 + \frac{Z_2}{Z_3} & Z_2 \\ \frac{1}{Z_1} + \frac{Z_2}{Z_1 Z_3} + \frac{1}{Z_3} & \frac{Z_2}{Z_1}+1 \end{bmatrix}$

$= \begin{bmatrix} 1 + \frac{Z_2}{Z_3} & Z_2 \\ \frac{Z_1 + Z_2 + Z_3}{Z_1 Z_3} & \frac{Z_2}{Z_1}+1 \end{bmatrix}$　**답** ④

78 $R-L-C$ 병렬회로에서 L 및 C의 값을 고정시켜 놓고 저항 R의 값만 큰 값으로 변화시킬 때 옳게 설명한 것은?

① 이 회로의 Q(선택도)는 커진다.
② 공진 주파수는 커진다.
③ 공진 주파수는 변화한다.
④ 공진 주파수는 커지고, 선택도는 작아진다.

풀이 병렬 공진회로 $Q = R\sqrt{\dfrac{C}{L}}$ 에서 저항값을 증가시키면 주파수는 변화하지 않으며, 선택도는 커지게 된다.　**답** ①

79 그림의 RL 직렬회로가 스위치를 닫은 상태에서 정상이었다. 스위치를 개방한 후 $t = 10^{-3}$[sec]일 때의 전류 i[A]는?

① 0.12
② 0.084
③ 0.076
④ 0.044

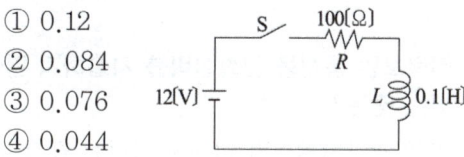

풀이 스위치 개방 시 흐르는 전류
$i(t) = \dfrac{E}{R} e^{-\frac{R}{L}t}$ 이므로

$i_t = \dfrac{12}{100} e^{-\frac{100}{0.1} \times 10^{-3}} = 0.044[A]$　**답** ④

80 테브난(Thevenin)의 정리를 사용하여 그림 (a)의 회로를 (b)와 같은 등가회로로 바꾸려 한다. V와 R의 값은?

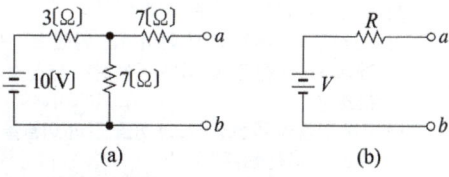

① 7[V], 9.1[Ω]　② 10[V], 9.1[Ω]
③ 7[V], 6.5[Ω]　④ 10[V], 6.5[Ω]

풀이
- a, b 단자 사이에 걸리는 개방전압
$$V_{ab} = \frac{10}{3+7} \times 7 = 7[V]$$
- a, b 단자에서 전원측으로 본 합성 저항 (전압원은 단락시킨다.)
$$R_{ab} = 7 + \frac{3 \times 7}{3+7} = 9.1[\Omega]$$

답 ①

5과목 - 전기설비기술기준

81 수용 장소의 인입구에서 분기하여 지지물을 거치지 않고 다른 수용 장소의 인입구에 이르는 부분을 무엇이라 하는가?

① 가공 인입선 ② 지중 인입선
③ 연접 인입선 ④ 옥측 배선

풀이 한 수용장소의 인입선에서 분기하여 지지물을 거치지 않고 다른 수용 장소의 인입구에 이르는 부분의 전선을 연접인입선 이라고 한다.

답 ③

82 전력보안 통신용 전화설비를 시설하지 않아도 되는 곳은?

① 원격감시제어가 되지 아니하는 발전소, 변전소
② 2개 이상의 급전소 상호 간과 이들을 통합 운용하는 급전소간
③ 급전소를 총합 운용하는 급전소로서 서로 연계가 똑같은 전력계통에 속하는 급전소간
④ 동일 수계에 속하고 보안상 긴급 연락의 필요가 있는 수력발전소 상호 간

풀이 362.1 전력보안통신설비의 시설 요구사항
발전소, 변전소 및 변환소 에서의 전력보안통신설비의 시설 장소는 다음에 따른다.
가. 원격감시제어가 되지 아니하는 발전소·변전소·개폐소·전선로 및 이를 운용하는 급전소 및 급전분소 간
나. 2개 이상의 급전소(분소) 상호 간과 이들을 통합 운용하는 급전소(분소) 간
다. 수력설비의 안전상 필요한 양수소 및 강수량 관측소와 수력발전소 간
라. 동일 수계에 속하고 안전상 긴급 연락의 필요가 있는 수력발전소 상호 간
마. 동일 전력계통에 속하고 또한 안전상 긴급연락의 필요가 있는 발진소·변전소 및 개폐소 상호 간

답 ③

83 특고압전로와 저압전로를 결합하는 변압기 저압측의 중성점에 접지공사를 토지의 상황 때문에 변압기의 시설 장소마다 하기 어려워서 가공접지선을 시설하려고 한다. 이때 가공접지선의 최소 굵기는 몇 [mm]인가?

① 3.2 ② 3.5
③ 4   ④ 5

풀이 322.1 고압 또는 특고압과 저압의 혼촉에 의한 위험방지 시설
접지공사는 변압기의 시설장소마다 시행하여야 한다. 다만, 토지의 상황에 의하여 변압기의 시설장소에서 규정에 의한 접지저항 값을 얻기 어려운 경우, 인장강도 5.26[kN] 이상 또는 지름 4[mm] 이상의 가공 접지도체를 저압가공전선에 관한 규정에 준하여 시설할 때에는 변압기의 시설장소로부터 200[m]까지 떼어놓을 수 있다.

답 ③

84 사용되는 전선이 반드시 절연전선이 아니라도 되는 배선공사는?

① 합성수지관공사
② 금속관공사
③ 버스덕트공사
④ 플로어덕트공사

풀이 231.4 나전선의 사용 제한
옥내에 시설하는 저압전선에는 나전선을 사용하여서는 아니 된다. 다만, 다음 중 어느 하나에 해당하는 경우에는 그러하지 아니하다.
가. 애자공사에 의하여 전개된 곳에 다음의 전선을 시설하는 경우
① 전기로용 전선
② 전선의 피복 절연물이 부식하는 장소에 시설하는 전선
나. 버스덕트공사에 의하여 시설하는 경우
다. 라이팅덕트공사에 의하여 시설하는 경우
라. 접촉 전선을 시설하는 경우

답

85 발전소에는 필요한 계측 장치를 시설하여야 한다. 다음 중 시설하지 않아도 되는 계측장치는?

① 발전기의 전압
② 주요 변압기의 역률
③ 발전기의 고정자 온도
④ 특고압용 변압기의 온도

풀이 351.6 계측장치
발전소에서는 다음의 사항을 계측하는 장치를 시설하여야 한다.
① 발전기의 전압 및 전류 또는 전력
② 발전기의 베어링 및 고정자의 온도
③ 주요 변압기의 전압 및 전류 또는 전력
④ 특고압용 변압기의 온도 **답** ②

86 특고압가공전선로의 지지물로 사용하는 철탑의 종류 중 인류형은?

① 전선로의 이완이 없도록 사용하는 것
② 지지물 양쪽 상호 간을 이도를 주기 위하여 사용하는 것
③ 풍압에 의한 하중을 인류하기 위하여 사용하는 것
④ 전가섭선을 인류하는 곳에 사용하는 것

풀이 333.11 특고압 가공전선로의 철주·철근 콘크리트주 또는 철탑의 종류
특고압 가공전선로의 지지물로 사용하는 B종 철근·B종 콘크리트주 또는 철탑의 종류는 다음과 같다.
가. 직선형 : 전선로의 직선 부분(3° 이하의 수평 각도 이루는 곳 포함)에 사용되는 것
나. 각도형 : 전선로 중 수평 각도 3°를 넘는 곳에 사용되는 것
다. 인류형 : 전 가섭선을 인류하는 곳에 사용하는 것
라. 내장형 : 전선로 지지물 양측의 경간차가 큰 곳에 사용하는 것
마. 보강형 : 전선로 직선 부분을 보강하기 위하여 사용하는 것 **답** ④

87 "고압 또는 특고압의 기계기구, 모선 등을 옥외에 시설하는 발전소, 변전소, 개폐소 또는 이에 준하는 곳에 시설하는 울타리, 담 등의 높이는 (㉠)[m] 이상으로 하고, 지표면과 울타리, 담 등의 하단 사이의 간격은 (㉡) [cm] 이하로 하여야 한다"에서 ㉠, ㉡에 알맞은 것은?

① ㉠ 3 ㉡ 15
② ㉠ 2 ㉡ 15
③ ㉠ 3 ㉡ 25
④ ㉠ 2 ㉡ 25

풀이 351.1 발전소 등의 울타리·담 등의 시설
가. 울타리·담 등의 높이는 2[m] 이상으로 하고 지표면과 울타리·담 등의 하단사이의 간격은 0.15[m] 이하로 할 것.
나. 울타리·담 등의 높이와 울타리·담 등으로부터 충전부분까지 거리의 합계는 표에서 정한 값 이상으로 할 것.

사용전압의 구분	울타리·담 등의 높이와 울타리·담 등으로부터 충전 부분까지의 거리의 합계
35[kV] 이하	5[m]
35[kV] 초과 160[kV] 이하	6[m]
160[kV] 초과	• 거리의 합계 = 6 + 단수 × 0.12[m] • 단수 = $\frac{사용전압[kV]-160}{10}$ 단수 계산에서 소수점 이하는 절상

답 ②

88 옥내에 시설하는 저압전선으로 나전선을 절대로 사용하여서는 아니되는 것은?

① 애자공사에 의하여 전개된 곳에 전기로용 전선을 시설하는 경우
② 라이팅 덕트 공사에 의하여 시설하는 경우
③ 버스 덕트 공사에 의하여 시설하는 경우
④ 금속 덕트 공사에 의하여 시설하는 경우

풀이 231.4 나전선의 사용 제한
옥내에 시설하는 저압전선에는 나전선을 사용하여서는 아니 된다. 다만, 다음중 어느 하나에 해당하는 경우에는 그러하지 아니하다.
가. 애자공사에 의하여 전개된 곳에 다음의 전선을 시설하는 경우
① 전기로용 전선
② 전선의 피복 절연물이 부식하는 장소에 시설하는 전선
나. 버스덕트공사에 의하여 시설하는 경우
다. 라이팅덕트공사에 의하여 시설하는 경우
라. 접촉 전선을 시설하는 경우 **답** ④

89 금속관공사를 콘크리트에 매설하여 시행하는 경우 관의 두께는 몇 [mm] 이상이어야 하는가?

① 1 ② 1.2
③ 1.4 ④ 1.6

풀이 232.12 금속관공사
가. 전선은 절연전선(옥외용 비닐절연전선을 제외한다)일 것.
나. 전선은 연선일 것. 다만, 다음의 것은 적용하지 않는다.
  ① 짧고 가는 금속관에 넣은 것.
  ② 단면적 10[mm²](알루미늄선은 단면적 16[mm²]) 이하의 것.
다. 관의 두께는 다음에 의할 것.
  ① 콘크리트에 매설하는 것은 1.2[mm] 이상
  ② 콘크리트 매설 이외의 것은 1[mm] 이상
라. 관에는 접지공사를 할 것. **답** ②

90 접지공사에 사용되는 접지선을 사람이 접촉할 우려가 있는 곳에 시설하는 경우로 잘못된 것은?

① 접지선으로 옥외용 비닐절연전선을 제외한 절연전선 또는 케이블을 사용하였다.
② 접지선을 시설한 지지물에 피뢰침용 지선을 시설하였다.
③ 접지극은 지하 75[cm] 이상의 깊이에 매설하였다.
④ 접지선의 지하 75[cm]로부터 지표상 2[m]까지의 부분은 합성수지관 등으로 덮었다.

풀이 142.2 접지극의 시설 및 접지저항
접지극의 매설은 다음에 의한다.
가. 접지극은 지표면으로부터 지하 0.75[m] 이상으로 하되 동결 깊이를 감안하여 매설 깊이를 정해야 한다.
나. 접지도체를 철주 기타의 금속체를 따라서 시설하는 경우에는 접지극을 철주의 밑면으로부터 0.3[m] 이상의 깊이에 매설하는 경우 이외에는 접지극을 지중에서 그 금속체로부터 1[m] 이상 떼어 매설하여야 한다.

142.3.1 접지도체
가. 접지도체
  ① 절연전선(옥외용 비닐절연전선은 제외)
    다만, 접지도체를 철주 기타의 금속체를 따라서 시설하는 경우 이외의 경우에는 접지도체의 지표상 0.6[m]를 초과하는 부분에 대하여는 절연전선을 사용하지 않을 수 있다.
  ② 케이블(통신용 케이블은 제외)을 사용하여야 한다.
나. 접지도체는 지하 0.75[m]부터 지표 상 2[m]까지 부분은 합성수지관(두께 2[mm] 미만의 합성수지제 전선관 및 가연성 콤바인덕트관은 제외한다) 또는 이와 동등 이상의 절연효과와 강도를 가지는 몰드로 덮어야 한다.

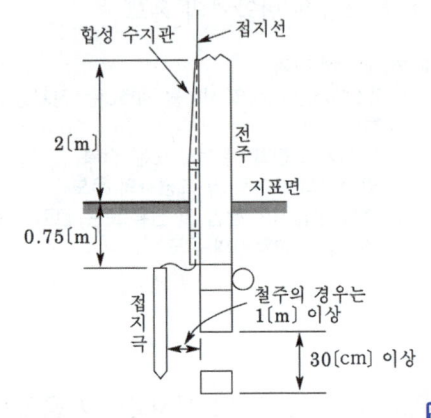

답 ②

91 가공전선로의 지지물에 시설하는 지선으로 연선을 사용할 경우에는 소선이 최소 몇 가닥 이상이어야 하는가?

① 3 ② 4 ③ 5 ④ 6

풀이 331.11 지선의 시설
가. 가공전선로의 지지물로 사용하는 철탑은 지선을 사용하여 그 강도를 분담시켜서는 안 된다.
나. 지선의 안전율은 2.5 이상일 것. 이 경우에 허용 인장하중의 최저는 4.31[kN]으로 한다.
다. 지선에 연선을 사용할 경우에는 다음에 의할 것.
  ① 소선 3가닥 이상의 연선일 것.
  ② 소선의 지름이 2.6[mm] 이상의 금속선을 사용한 것일 것. **답** ①

92 특고압 배전용 변압기의 특고압측에 반드시 시설하여야 하는 것은?

① 변성기 및 변류기
② 변류기 및 조상기
③ 개폐기 및 리액터
④ 개폐기 및 과전류차단기

풀이 341.2 특고압 배전용 변압기의 시설
특고압 전선로에 접속하는 배전용 변압기를 시설하는 경우에는 특고압 전선에 특고압 절연전선 또는 케이블을 사용하고 또한 다음에 따라야 한다.
가. 변압기의 1차 전압은 35[kV] 이하, 2차 전압은 저압 또는 고압일 것.
나. 변압기의 특고압측에 개폐기 및 과전류차단기를 시설할 것
다. 변압기의 2차 전압이 고압인 경우에는 고압측에 개폐기를 시설하고 또한 쉽게 개폐할 수 있도록 할 것.
답 ④

93 최대 사용전압이 23,000[V]인 권선으로서 중성점접지식 전로에 접속하는 변압기 전로의 절연내력을 시험할 때 시험되는 권선과 다른 권선, 철심 및 외함간에 연속하여 10분간 가하는 시험전압은 몇 [V]인가? 단, 중성점접지식 전로는 중성선을 가지는 것으로서 그 중성선에 다중접지를 하는 것임.

① 21,160 ② 25,300
③ 28,750 ④ 34,500

풀이 132 전로의 절연저항 및 절연내력

전로의 종류	접지방식	시험전압 (최대사용전압의 배수)	최저 시험전압
1. 7[kV] 이하인 전로		1.5배	
2. 7[kV] 초과 25[kV] 이하	다중접지	0.92배	
3. 7[kV] 초과 60[kV] 이하 (2란의 것 제외)		1.25배	10.5[kV]
4. 60[kV] 초과	비접지	1.25배	
5. 60[kV] 초과 (6란, 7란의 것 제외)	접지식	1.1배	75[kV]
6. 60[kV] 초과(7란의 것 제외)	직접접지	0.72배	
7. 170[kV] 초과(발전소 또는 변전소 혹은 이에 준하는 장소에 시설하는 것.)	직접접지	0.64배	

∴ 시험전압 = 23,000 × 0.92 = 21,160[V]
답 ①

4 특고압가공전선로에서 양측의 경간의 차가 큰 곳에 사용하는 철탑의 종류는?

① 내장형 ② 직선형
③ 인류형 ④ 보강형

풀이 333.11 특고압 가공전선로의 철주·철근 콘크리트주 또는 철탑의 종류
특고압 가공전선로의 지지물로 사용하는 B종 철근·B종 콘크리트주 또는 철탑의 종류는 다음과 같다.
가. 직선형 : 전선로의 직선 부분(3° 이하의 수평 각도 이루는 곳 포함)에 사용되는 것
나. 각도형 : 전선로 중 수평 각도 3°를 넘는 곳에 사용되는 것
다. 인류형 : 전 가섭선을 인류하는 곳에 사용하는 것
라. 내장형 : 전선로 지지물 양측의 경간차가 큰 곳에 사용하는 것
마. 보강형 : 전선로 직선 부분을 보강하기 위하여 사용하는 것
답 ①

95 저압가공전선이 다른 저압가공전선과 접근상태로 시설되거나 교차하여 시설되는 경우에 저압가공전선 상호 간의 이격거리는 몇 [cm] 이상이어야 하는가? 단, 한 쪽의 전선이 고압 절연전선이라고 한다.

① 30 ② 60
③ 80 ④ 100

풀이 222.16 저압 가공전선 상호 간의 접근 또는 교차
저압 가공전선이 다른 저압 가공전선과 접근상태로 시설되거나 교차하여 시설되는 경우 이격거리

전선의 종류구분	다른 저압 가공전선	
	전선 상호 간	지지물
저압 절연전선	0.6[m]	0.3[m]
어느 한 쪽의 전선이 고압·특고압 절연전선 또는 케이블	0.3[m]	

답 ①

96 지중전선로에 사용되는 전선은?

① 절연전선 ② 동복강선
③ 케이블 ④ 나경동선

풀이 334.1 지중전선로의 시설
가. 지중 전선로는 전선에 케이블을 사용하고 또한 관로식·암거식 또는 직접 매설식에 의하여 시설하여야 한다.
나. 지중 전선로를 직접 매설식에 의하여 시설하는 경우에는 매설 깊이를 차량 기타 중량물의 압력을 받을 우려가 있는 장소에는 1.0[m] 이상, 기타 장소에는 0.6[m] 이상으로 하고 또한 지중 전선을 견고한 트라프 기타 방호물에 넣어 시설하여야 한다.
 ③

97 옥내에 시설하는 고압용 이동전선의 종류로 적합한 것은?

① 450/750[V] 이하 염화비닐절연전선
② 비닐 캡타이어 케이블
③ 450/750[V] 이하 고무절연전선
④ 고압용의 캡타이어 케이블

풀이 342.2 옥내 고압용 이동전선의 시설
옥내에 시설하는 고압의 이동전선은 다음에 따라 시설하여야 한다.
가. 전선은 고압용의 캡타이어케이블일 것.
나. 이동전선에 전기를 공급하는 전로에는 전용 개폐기 및 과전류 차단기를 각극(과전류 차단기는 다선식 전로의 중성극을 제외한다)에 시설하고, 또한 전로에 지락이 생겼을 때에 자동적으로 전로를 차단하는 장치를 시설할 것. **답** ④

출제기준 변경 및 개정된 관계 법규에 따라 삭제된 문제가 있어 20문항이 안됩니다.

2006년 2회

1과목 - 전기자기

01 전계의 세기가 E인 균일한 전계 내에 있는 전자가 받는 힘은? 단, 전자의 전하량은 그 크기가 e이다.

① 크기는 e^2E이고 전계와 같은 방향
② 크기는 e^2E이고 전계와 반대방향
③ 크기는 eE이고 전계와 같은 방향
④ 크기는 eE이고 전계와 반대방향

풀이 전계의 크기는 1[C]이 받는 힘이므로 eE[N]이고, 전자는 음전하이므로 전계와 반대방향으로 이동한다.
답 ④

02 자기 인덕턴스가 L_1, L_2이고 상호 인덕턴스가 M인 두 회로의 결합계수가 1일 때, 다음 중 성립되는 식은?

① $L_1 \cdot L_2 = M$
② $L_1 \cdot L_2 < M^2$
③ $L_1 \cdot L_2 > M^2$
④ $L_1 \cdot L_2 = M^2$

풀이 결합 계수 $K = \dfrac{M}{\sqrt{L_1 L_2}}$에서

결합 계수 $K=1$인 경우 $\dfrac{M}{\sqrt{L_1 L_2}} = 1$

∴ $L_1 L_2 = M^2$이 된다.
답 ④

03 정전 유도에 의해서 고립 도체에 유기되는 전하는?

① 정, 부 동량이며 도체는 등전위이다.
② 정, 부 동량이며 도체는 등전위가 아니다.
③ 정전하 뿐이며 도체는 등전위이다.
④ 부전하 뿐이며 도체는 등전위이다.
답 ①

04 유전율 $\epsilon_0 \epsilon_s$의 유전체 내에 있는 전하 Q에서 나오는 전속선의 수는?

① $\dfrac{Q}{\epsilon_s}$
② $\dfrac{Q}{\epsilon_0}$
③ $\dfrac{Q}{\epsilon_0 \epsilon_s}$
④ Q

풀이 Gauss 법칙에서 $\oint D \cdot ndS = Q$가 된다.
답 ④

05 물질의 자화 현상을 물성적으로 해석하면?

① 전자의 이동
② 전자의 공전
③ 분자의 운동
④ 전자의 자전

풀이 물체의 자화는 물질을 구성하는 각 원자 내의 핵과 전자의 운동으로 인한 미소전류 루프에 의한 것으로 생각된다. 즉 핵 주위를 회전하는 전자의 궤도운동과 궤도 전자 및 핵의 자전운동(spin)에 해당한 미소전류 루프의 자기 쌍극자 모멘트 방향이 외부자계에 의한 회전력에 의하여 일정 방향으로 배열됨으로 형성된다.
답 ④

06 두 개의 저항 R_1, R_2를 직렬로 연결하면 16[Ω], 병렬로 연결하면 3.75[Ω]이 된다. 두 저항값은 각각 몇 [Ω]인가?

① 4와 12
② 5와 11
③ 6과 10
④ 7과 9

풀이
• 직렬 : $R_1 + R_2 = 16$,
• 병렬 : $\dfrac{R_1 R_2}{R_1 + R_2} = \dfrac{R_1 R_2}{16} = 3.75[\Omega]$

$\begin{cases} R_1 R_2 = 3.75 \times 16 = 60[\Omega] \\ R_1(16 - R_1) = 60[\Omega] \end{cases}$

$R_1(16 - R_1) = 60[\Omega]$
$R_1^2 - 16R_1 + 60 = 0$

∴ $R_1 = \dfrac{16 \pm \sqrt{16^2 - 4 \times 60}}{2} = \dfrac{16 \pm 4}{2}[\Omega]$

→ $R_1 = 10[\Omega], 6[\Omega]$
($R_1 = 10$일 때 $R_2 = 6[\Omega]$,
$R_1 = 6$일 때 $R_2 = 10[\Omega]$)
답 ③

07 전자 유도 작용과 관계가 없는 것은?
① 가습기 ② 지진계
③ 유량계 ④ 송화기

풀이 변압기, 전동기, 송화기, 유량계, 지진계 등은 전자유도 작용의 원리를 이용한 것들이다.   **답** ①

08 공간 도체 내에서 자속이 시간적으로 변할 때 성립되는 식은?
① $rot\ E = \dfrac{\partial H}{\partial t}$ ② $rot\ E = -\dfrac{\partial B}{\partial t}$
③ $div\ E = -\dfrac{\partial B}{\partial t}$ ④ $div\ E = -\dfrac{\partial H}{\partial t}$

풀이 맥스웰의 제2 기본방정식
$rot\ E = -\dfrac{\partial B}{\partial t}$ **답** ②

09 공간 도체 중의 정상 전류밀도를 i, 공간 전하 밀도를 ρ라고 할 때, 키르히호프의 전류 법칙을 나타내는 것은?
① $i = 0$ ② $div\ i = 0$
③ $i = \dfrac{\partial \rho}{\partial t}$ ④ $div\ i = \infty$

풀이 키르히호프의 전류 법칙은
$\sum I = \int_s i \cdot dS = \int_v div\ i\, dv = 0$
가 되어 $div\ i = 0$이다. 즉 단위체적 당의 전류의 발산은 없다.(전류의 연속성)   **답** ②

10 $Q_1 = Q_2 = 6 \times 10^{-6}$[C]인 두 개의 점전하가 서로 10[cm] 떨어져 있다. 전계의 강도가 0인 점은 어느 곳인가?
① Q_1과 Q_2의 중간 지점
② Q_2에서 Q_1쪽으로 15[cm] 지점
③ Q_2에서 Q_1의 반대쪽으로 10[cm] 지점
④ Q_1에서 Q_2의 반대쪽으로 10[cm] 지점

풀이 전계의 강도가 0이 되는 지점은 전하량이 같으므로 양 전하의 중간지점이 된다.   **답** ①

11 그림과 같이 권수 N[회], 평균 반지름 r[m]인 환상 솔레노이드에 I[A]의 전류가 흐를 때 중심 O점의 자계의 세기는 몇 [AT/m]인가? 단, 누설자속은 없다고 함.
① 0
② NI
③ $\dfrac{NI}{2\pi r}$
④ $\dfrac{NI}{2\pi r^2}$

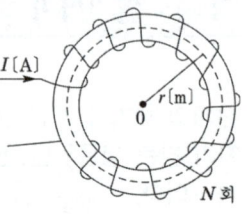

풀이 환상 솔레노이드
· 코일 내부 $H = \dfrac{NI}{2\pi r}$
· 코일 외부 $H = 0$ **답** ①

12 유전율이 각각 다른 두 유전체의 경계면에 전계가 수직으로 입사하였을 때 옳은 것은?
① 전계는 연속성이다.
② 전속밀도가 달라진다.
③ 유전율이 같아진다.
④ 전력선은 굴절하지 않는다.

풀이 수직 입사이므로 $\theta_1 = 0°$
$\dfrac{\tan\theta_1}{\tan\theta_2} = \dfrac{\epsilon_1}{\epsilon_2}$ 에서 $\tan\theta_2 = \dfrac{\epsilon_2}{\epsilon_1}\tan\theta_1 = 0$
∴ $\theta_2 = 0$, 굴절하지 않는다.   **답** ④

13 진공 중에 미소 선전류소 $I \cdot dl$[A/m]에 기인된 r[m] 떨어진 점 P에 생기는 자계 dH[A/m]를 나타내는 식은?
① $dH = \dfrac{I \times a_r}{4\pi \mu_0 r^2}dl$ ② $dH = \dfrac{a_r \times I}{8\pi \mu_0 r^2}dl$
③ $dH = \dfrac{I \times a_r}{4\pi r^2}dl$ ④ $dH = \dfrac{a_r \times I}{8\pi r^2}dl$

풀이 비오-사바르 법칙
$dH = \dfrac{Idl\ \sin\theta}{4\pi r^2} = \dfrac{Idl \times r}{4\pi r^3}$
∴ $dH = \dfrac{Idl \times a_r}{4\pi r^2} = \dfrac{I \times a_r}{4\pi r^2}dl$ **답** ③

14 비유전율이 ϵ_s인 매질 내의 전자파의 전파 속도는?

① ϵ_s에 반비례한다.
② ϵ_s^2에 반비례한다.
③ ϵ_s에 비례한다.
④ $\sqrt{\epsilon_s}$에 반비례한다.

풀이 전파속도 $v = \dfrac{1}{\sqrt{\epsilon\mu}} = \dfrac{3\times 10^8}{\sqrt{\epsilon_s \mu_s}}$ [m/sec]

∴ $v \propto \dfrac{1}{\sqrt{\epsilon_s}}$ 답 ④

15 접지되어 있는 반지름 0.2[m]인 도체구의 중심으로부터 거리가 0.4[m] 떨어진 점 P에 점전하 6×10^{-3}[C]이 있다. 영상전하는 몇 [C]인가?

① -2×10^{-3} ② -3×10^{-3}
③ -4×10^{-3} ④ -6×10^{-3}

풀이 접지 도체구의 영상전하

$Q' = -\dfrac{a}{d}Q = -\dfrac{0.2}{0.4} \times 6 \times 10^{-3}$
$= -3 \times 10^{-3}$[C] 답 ②

16 한 변의 길이가 a[m]인 정육각형의 A, B, C, D, E, F의 각 정점에 각각 Q[C]의 전하를 놓을 때 정육각형 중심의 전계의 세기는 몇 [V/m]인가?

① 0   ② $\dfrac{3Q}{2\pi\epsilon_0 a}$
③ $\dfrac{3Q}{2\pi\epsilon_0 a^2}$ ④ $\dfrac{Q}{4\pi\epsilon_0 a^2}$

풀이 2개의 점전하가 3쌍으로 맞서 있고, 각 쌍의 중심 전계의 세기는 크기가 같고 방향이 정반대이므로 0이 되고 합성 전계의 세기도 0이 된다.

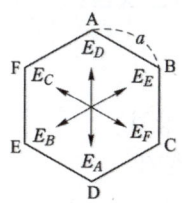

답 ①

17 자기 쌍극자에 의한 자계는 쌍극자 중심으로부터의 거리의 몇 제곱에 반비례하는가?

① 1   ② 2   ③ 3   ④ 4

풀이 자기 쌍극자에 의한 자위

$H = \sqrt{H_r^2 + H_0^2}$
$= \dfrac{M}{4\pi\mu_0 r^3}\sqrt{1 + 3\cos^2\theta}$ [AT/m] $\propto \dfrac{1}{r^3}$ 답 ③

18 그림에서 도체 1, 2, ……, n의 전하 및 전위가 각각 $Q_1, Q_2, \cdots, Q_n$ 및 $V_1, V_2, \cdots, V_n$일 때 이 계의 정전 에너지 W는 어떻게 되는가?

① $W = \dfrac{1}{2}\sum_{i=1}^{n} Q_i^2 V_i$

② $W = \dfrac{1}{2}\sum_{i=1}^{n} Q_i V_i$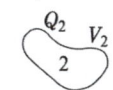

③ $W = \sum_{i=1}^{n} Q_i V_i^2$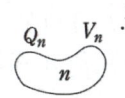

④ $W = \sum_{i=1}^{n} Q_i V_i$

풀이 각각의 에너지의 합과 같은 정전 에너지가 발생한다.

$W = \dfrac{1}{2}\sum_{i=1}^{n} Q_i V_i$ 답 ②

19 자화율은 χ, 자속밀도를 B, 자계의 세기를 H, 자화의 세기를 J라고 할 때 다음 중 성립할 수 없는 식은?

① $\mu = \mu_0 + \chi$ ② $\mu_s = 1 + \dfrac{\chi}{\mu_0}$
③ $B = \mu H$ ④ $J = \chi B$

풀이 $J = \chi H$ [Wb/m²]
$B = \mu_0 H + J = \mu_0 H + \chi H = (\mu_0 + \chi)H$
$= \mu_0 \mu_s H$ [Wb/m²]
$\mu = \mu_0 + \chi$ [H/m], $\mu_s = \mu/\mu_0 = 1 + \chi$

$B = \mu H$ [Wb/m²], $\mu_s = \dfrac{\mu}{\mu_0} = \dfrac{\mu_0 + \chi}{\mu_0} = 1 + \dfrac{\chi}{\mu_0}$

답 ④

20 원점에 10^{-8}[C]의 전하가 있을 때 점 (1, 2, 2)[m]에서의 전계의 세기는 몇 [V/m]인가?

① 0.1 ② 1
③ 10   ④ 100

풀이 원점에 10^{-8}[C], 원점과 점 (1, 2, 2)간의 거리는 $\sqrt{1^2+2^2+2^2}=3$[m]이므로
$$\therefore E = k\frac{Q}{r^2} = 9\times 10^9 \times \frac{10^{-8}}{3^2} = 10 \text{[V/m]}$$
답 ③

2과목 - 전력공학

21 모선의 보호계전 방식에 해당되는 것은?

① 전력 평형 보호 방식
② 전압 차동 보호 방식
③ 표시선 계전 방식
④ 위상 비교 반송 방식

풀이 모선 보호계전 방식의 종류
① 전류 차동 계전 방식
② 전압 차동 계전 방식
③ 위상 비교 계전 방식
④ 방향 비교 계전 방식 **답** ②

22 전력계통에서 전력 콘덴서와 직렬로 연결하는 리액터로 제거되는 고조파는?

① 제5고조파 ② 제4고조파
③ 제3고조파 ④ 제2고조파

풀이 고조파 전류의 경감
• 공진 현상을 막기 위해 직렬 리액터를 삽입한다.
• 리액터에 의해 제5고조파가 제거된다. **답** ①

23 복수기에 냉각수를 보내는 펌프는?

① 순환 펌프 ② 급수 펌프
③ 배출 펌프 ④ 복수 펌프

풀이 냉각수를 복수기에 보내는 것은 순환 펌프이며, 복수를 기내로부터 받아내는 것은 복수 펌프라 한다. **답** ①

24 송전선로에서 역섬락이 생기기 쉬운 때는?

① 선로 손실이 클 때
② 코로나 현상이 발생할 때
③ 선로 정수가 균일하지 않을 때
④ 철탑의 접지저항이 클 때

풀이 탑각 접지저항이 충분히 낮지 않으면 가공 지선이 포착한 직격뢰는 대지로 흐를 수 없고, 철탑 전위가 상승하여 철탑부가 애자를 통하여, 또는 경간 내에서 가공 지선과 전력선간의 공기를 통하여, 전력선에 방전하는 역섬락을 일으킨다. **답** ④

25 기력발전소에서 탈기기의 설치 목적으로 가장 타당한 것은?

① 급수 중의 용존 산소 및 이산화탄소 분리
② 급수의 습증기 건조
③ 물때의 부착방지
④ 염류 및 부유물질 제거

풀이 급수 중에 용해되어 있는 산소는 증기 계통, 급수 계통 등을 부식시킨다. 탈기기(deaerator)는 용해 산소 분리의 목적으로 쓰인다. **답** ①

26 송전선의 4단자 정수가 $A=D=0.92$, $B=j80[\Omega]$일 때 C의 값은 몇 [℧]인가?

① $j1.92\times 10^{-4}$ ② $j2.47\times 10^{-4}$
③ $j1.92\times 10^{-3}$ ④ $j2.47\times 10^{-3}$

풀이 $AD-BC=1$에서
$$C = \frac{AD-1}{B} = \frac{0.92^2-1}{j80} = -\frac{0.1536}{j80}$$
$$= j1.92\times 10^{-3} [\text{℧}]$$ **답** ③

27 절연내력을 시험하기 위해 시험용 변압기를 사용하였다. 이때 전압조정을 하기 위하여 일반적으로 가장 많이 사용되는 것은?

① 한류 리액터
② 유도전압조정기
③ 소형 발전기의 변속 장치
④ 다단식 저항 전압조정기

[풀이] 유도전압조정기는 전압의 조정을 ±(5～10[%])로 할 수 있는 전압조정기로서 유입자냉식, 공냉식, 단상, 3상, 수동식, 전동식, 자동식 등이 있다. [답] ②

28 수력발전소에서 조압 수조를 설치하는 목적은?

① 부유물의 제거 ② 수격작용의 완화
③ 유량의 조절   ④ 토사의 제거

[풀이] 조압 수조는 저수지로부터의 수로가 압력 터널인 경우에 시설하는 것으로서 사용 유량의 급변으로 인한 수격 작용(Water hammering)이 압력 터널에 미치지 않도록 하는 일종의 안전장치이다. [답] ②

29 일반적인 경우 그 값이 1 이상인 것은 어느 것인가?

① 수용률   ② 전압강하율
③ 부하율   ④ 부등률

[풀이] 부등률 = $\dfrac{\text{수용설비 개개의 최대 수용전력의 합계}}{\text{합성 최대 수용전력}} \geq 1$ [답] ④

30 재폐로 차단기에 대한 설명으로 옳은 것은?

① 배전선로용은 고장구간을 고속차단하여 제거한 후 다시 수동조작에 의해 배전이 되도록 설계된 것이다.
② 재폐로 계전기와 함께 설치하여 계전기가 고장을 검출하여 이를 차단기에 통보, 차단하도록 된 것이다.
③ 3상 재폐로 차단기는 1상의 차단이 가능하고 무전압 시간을 약 20～30초로 정하여 재폐로 하도록 되어 있다.
④ 송전선로의 고장구간을 고속차단하고 재송전하는 조작을 자동적으로 시행하는 재폐로 차단장치를 장비한 자동차단기이다.

[풀이] 송전선로의 사고의 대부분은 순시적인 것으로서 영구 고장은 거의 없고 그 중에서도 1선 지락고장이 가장 많으므로 고장을 일으킨 구간을 신속히 차단 제거하면 고장의 아크는 저절로 소멸되고 고장점의 절연이 회복되어 차단기만 투입하면 이상 없이 송전을 계속할 수가 있다. 따라서 계통의 안정도를 향상시킬 목적으로 차단기가 차단되어 사고가 소멸된 후 자동적으로 송전선을 투입하는 일련의 동작을 재폐로라 한다. [답] ④

31 가공 송전선로를 가선할 때에는 하중 조건과 온도 조건을 고려하여 적당한 이도(dip)를 주도록 하여야 한다. 다음 중 이도에 대한 설명으로 옳은 것은?

① 이도가 작으면 전선이 좌우로 크게 흔들려서 다른 상의 전선에 접촉하여 위험하게 된다.
② 전선을 가선할 때 전선을 팽팽하게 가선하는 것을 이도를 크게 준다고 한다.
③ 이도를 작게 하면 이에 비례하여 전선의 장력이 증가되며 심할 때는 전선 상호 간이 꼬이게 된다.
④ 이도의 대소는 지지물의 높이를 좌우한다.

[풀이] 이도(dip)란 전선의 지지점을 연결하는 수평선으로부터 최대 수직 길이를 말한다.
① 이도의 대소는 지지물의 높이를 좌우한다.
② 이도가 너무 크면 전선은 그만큼 좌우로 진동해서 다른 상의 전선에 접촉하거나 수목에 접촉해서 위험을 준다.
③ 이도가 너무 작으면 이에 전선의 장력이 증가하며 심할 경우에는 전선이 단선된다. [답] ④

32 교류 저압 배전방식에서 밸런서를 필요로 하는 방식은?

① 단상 2선식   ② 단상 3선식
③ 3상 3선식   ④ 3상 4선식

[풀이] 단상 3선식에서 부하가 불평형이 생기면 양 외선 간의 전압이 불평형이 되므로 이를 방지하기 위해 저압 밸런서를 설치한다. [답] ②

33 현수애자 4개를 1련으로 한 66[kV] 송전선로가 있다. 현수애자 1개의 절연저항이 1500[MΩ]이라면 표준경간을 200[m]로 할 때 1[km]당의 누설 컨덕턴스[℧]는?

① 약 0.83×10^{-9} ② 약 1.66×10^{-9}
③ 약 0.83×10^{-6} ④ 약 1.66×10^{-6}

풀이 현수 애자 1련의 저항 (직렬 접속)
$r = 1500[\text{M}\Omega] \times 4 = 6 \times 10^9 [\Omega]$
표준 경간이 200[m]이고 1[km]당 현수 애자는 5련이 설치되므로(병렬접속)
$R = \dfrac{r}{n} = \dfrac{6}{5} \times 10^9 [\Omega]$
누설 컨덕턴스
$G = \dfrac{1}{R} = \dfrac{5}{6} \times 10^{-9} [\mho] = 0.83 \times 10^{-9} [\mho]$ **답** ①

34 정전용량 C[F]인 콘덴서를 △결선해서 3상 전압 V[V]를 가했을 때의 충전 용량과 같은 전원을 Y결선으로 했을 때의 충전 용량비(△결선/Y결선)는?

① $\dfrac{1}{3}$ ② 3

③ $\dfrac{1}{\sqrt{3}}$ ④ $\sqrt{3}$

풀이
- $Q_Y = 3 \times 2\pi f C \left(\dfrac{V}{\sqrt{3}}\right)^2 = 2\pi f C V^2 [\text{VA}]$
- $Q_\triangle = 3 \times 2\pi f C E^2 = 3 \times 2\pi f C V^2 [\text{VA}]$

∴ $\dfrac{Q_\triangle}{Q_Y} = \dfrac{3 \times 2\pi f C V^2}{2\pi f C V^2} = 3$배 **답** ②

35 중성점접지방식에서 직접 접지방식을 다른 접지방식과 비교하였을 때 그 설명이 틀린 것은?

① 보호계전기의 동작이 확실하여 신뢰도가 높다.
② 변압기의 저감절연이 가능하다.
③ 다중접지사고로의 진전성이 대단히 크다.
④ 단선 고장 시의 이상전압이 최저이다.

풀이 직접 접지방식의 장·단점
[장점]
① 1선 지락 시에 건전상의 대지전압이 거의 상승하지 않는다.
② 피뢰기의 효과를 증진시킬 수 있다.
③ 단절연이 가능하다.
④ 계전기의 동작이 확실해진다.
[단점]
① 송전 계통의 과도 안정도가 나빠진다.
② 통신선에 유도 장해가 크다.
③ 기기에 큰 영향을 주어 손상을 준다.
④ 대용량 차단기가 필요하다. **답** ③

36 전력선과 통신선과의 상호 인덕턴스에 의하여 발생되는 유도 장해는?

① 정전 유도 장해 ② 전자 유도 장해
③ 고조파 유도 장해 ④ 전력 유도 장해

풀이
- 전자 유도 장해 :
  전력선과 통신선과의 상호 인덕턴스에 기인
- 정전 유도 장해 :
  전력선과 통신선과의 정전용량에 기인 **답** ②

37 송전단전압 161[kV], 수전단전압 155[kV], 상차각 60°, 리액턴스 50[Ω]일 때 선로 손실을 무시하면 전송 전력은 약 몇 [MW]인가?

① 300 ② 321
③ 432 ④ 580

풀이 $P = \dfrac{V_s V_r}{X} \sin\delta = \dfrac{161 \times 155}{50} \sin 60°$
$= 432.23 [\text{MW}]$ **답** ③

38 과전류 계전기(O.C.R)의 탭값을 옳게 설명한 것은?

① 계전기의 최소 동작전류
② 계전기의 최대 부하전류
③ 계전기의 동작 시한
④ 변류기의 권수비

풀이
- 과전류 계전기는 전류가 어느 정규값 이상으로 흐를 경우에 계전기가 동작하여 전기회로를 차단하여 기기를 보호하는 장치이다.
- 과전류 계전기의 탭은 최소 동작전류를 정정한다. **답** ①

39 정격전압 1차 6600[V], 2차 220[V]의 단상 변압기 두 대를 승압기로 V결선하여 6300[V]의 3상 전원에 접속한다면 승압된 전압[V]은?

① 6410 ② 6460
③ 6510 ④ 6560

풀이 $E_2 = E_1 \left(1 + \dfrac{1}{n}\right) = 6300 \left(1 + \dfrac{220}{6600}\right)$
$= 6510 [\text{V}]$ **답** ③

40 차단기와 차단기의 소호 매질이 틀리게 결합된 것은 어느 것인가?

① 공기차단기 – 압축 공기
② 가스 차단기 – SF_6 가스
③ 자기 차단기 – 진공
④ 유입 차단기 – 절연유

풀이

종류	소호작용
유입 차단기(OCB)	• 소호작용 : 절연유 • 기름이 분해되면 수소(H_2) 발생
진공 차단기(VCB)	고진공의 절연 특성을 이용
자기 차단기(MBB)	자기력으로 소호
공기 차단기(ABB)	압축공기로 소호
가스 차단기(GCB)	SF_6 가스 이용

답 ③

3과목 - 전기기기

41 3상 동기발전기의 매극, 매상의 슬롯수가 3이면 기본파에 대한 분포권 계수는 어떻게 되는가?

① $3\sin\dfrac{\pi}{18}$
② $\dfrac{1}{3\sin\dfrac{\pi}{18}}$
③ $6\sin\dfrac{\pi}{18}$
④ $\dfrac{1}{6\sin\dfrac{\pi}{18}}$

풀이

분포권 계수 K_d는 $K_d = \dfrac{\sin\dfrac{n\pi}{2m}}{q\sin\dfrac{n\pi}{2mq}}$ 에서

$n=1$, 상수 $m=3$
매극, 매상의 슬롯수 $q=3$이므로

$\therefore K_d = \dfrac{\sin\dfrac{\pi}{6}}{3\sin\dfrac{\pi}{2\times3\times3}} = \dfrac{\dfrac{1}{2}}{3\sin\dfrac{\pi}{18}}$

$= \dfrac{1}{6\sin\dfrac{\pi}{18}}$

답 ④

42 단자전압 100[V], 전기자 전류 10[A], 전기자 회로의 저항 1[Ω], 정격속도 1800[rpm]으로 전부하에서 운전하고 있는 직류분권전동기의 토크는 약 몇 [N·m]인가?

① 2.8
② 3.0
③ 4.0
④ 4.8

풀이

$E = V - I_a R_a = 100 - 10\times 1 = 90[V]$
$P = EI_a = 2\pi n T$에서
$T = \dfrac{EI_a}{2\pi n} = \dfrac{90\times 10}{2\pi \times \dfrac{1800}{60}} = 4.77[N\cdot m]$

답 ④

43 그림에서 V를 교류전압 v의 실효값이라고 할 때 단상전파 정류에서 얻을 수 있는 직류전압 e_d의 평균값은 얼마인가?

① $2E$
② $1.5E$
③ $0.9E$
④ $0.5E$

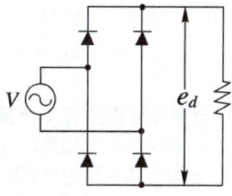

풀이

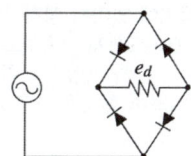

브리지 정류회로이므로 단상전파 정류회로이다.
부하 양단의 직류전압 e_d의 평균값은

$E_{dc} = \dfrac{2}{\pi}E_m = \dfrac{2}{\pi}\times\sqrt{2}E = 0.9E[V]$

답 ③

44 변압기의 전부하 효율은?

① $\dfrac{출력}{입력+동손+철손}$
② $\dfrac{입력}{출력+동손+철손}$
③ $\dfrac{출력}{출력+동손+철손}$
④ $\dfrac{입력}{입력+동손+철손}$

풀이

규약 효율 $\eta = \dfrac{출력}{출력+손실} \times 100$

$= \dfrac{입력-손실}{입력} \times 100[\%]$

$= \dfrac{V_2 I_2 \cos\theta_2}{V_2 I_2 \cos\theta_2 + P_i + I_2^2 r} \times 100[\%]$

답 ③

45 보호하려는 회로의 전압이 그 예정값 이상으로 되었을 때 동작하는 것으로 기기 설비의 보호에 사용되는 계전기는?

① 거리계전기
② 방향 계전기
③ 과전압 계전기
④ 지락 과전압 계전기

풀이 과전압 계전기(OVR)는 일정값 이상의 전압이 공급되면 동작하는 것으로 과전압 보호용이다. **답** ③

46 소형 유도전동기의 슬롯이나 권선의 잘못된 제작으로 전동기를 기동할 때 발생되는 현상은?

① 토크 증가 현상
② 게르게스 현상
③ 크로우링 현상
④ 제동 토크의 증가 현상

풀이 균일하지 않은 슬롯 부분의 자기 저항 차이때문에 공극의 퍼미언스가 일정하지 않고 위치에 따라 변하기 때문에 공극내 자속분포에는 많은 고조파 성분이 있으며 이로 인해 유도전동기에 있어서 정지상태로부터 동기속도의 수분의 1인 저속도까지 가속하고, 그 이상은 가속하지 않는(안정하기는 하지만) 이상한 운전 상태가 발생될 수 있으며 이러한 현상을 크로우링 현상이라 한다. **답** ③

47 25[kW], 125[V], 1200[rpm]의 직류 타여자 발전기가 있다. 전기자저항(브러시 저항 포함)은 0.4[Ω]이다. 이 발전기를 정격 상태에서 운전하고 있을 때 속도를 200[rpm]으로 저하시켰다면 발전기의 유도기전력은 어떻게 변화하겠는가? 단, 정상 상태에서 유기기전력을 E라 한다.

① $\frac{1}{2}E$
② $\frac{1}{4}E$
③ $\frac{1}{6}E$
④ $\frac{1}{8}E$

풀이 1200[rpm], 200[rpm]일 때의 유기기전력을 E, E'라고 하면
$E = K\Phi N$ 식에서 $E \propto N$
$\therefore E' = \frac{N'}{N} \times E = \frac{200}{1200} \times E = \frac{1}{6}E$ **답** ③

48 토크 모터 (torque motor)란?

① 특별히 큰 전부하 토크를 발생하는 전동기
② 시동 토크가 특히 큰 전동기
③ 정동 토크가 특히 큰 전동기
④ 중성 위치에서 어느 각도만큼 회전하는 전동기

풀이 토크 모터(torque motor) : 설치된 위치에서 또는 한정된 동작 범위 내에서 주로 토크를 발생하는 것을 목적으로 하는 전동기를 말한다. **답** ④

49 변압기의 정격전류에 대한 백분율 저항강하가 1.5[%], 백분율 리액턴스 강하는 4[%]이다. 이 변압기에 정격전류를 통하여 전압변동률이 최대로 되는 부하역률은 약 얼마인가?

① 0.15
② 0.28
③ 0.35
④ 0.68

풀이 최대 전압변동률 ϵ_{max}는
$\epsilon_{max} = \sqrt{p^2 + q^2} = \sqrt{1.5^2 + 4^2} = 4.27[\%]$
$\therefore \cos\phi_m = \frac{p}{\sqrt{p^2+q^2}} = \frac{1.5}{4.27} = 0.351$ **답** ③

50 변압기의 냉각방식 중 유입 자냉식의 표시 기호는?

① ANAN
② ONAN
③ ONAF
④ OFAF

풀이
• 유입자냉식 (ONAN, OA)
• 유입풍냉식 (ONAF, FA)
• 건식밀폐자냉식 (ANAN, GA)
• 건식자냉식 (AN, AA)
• 건식풍냉식 (AF, AFA)
• 송유수냉식 (OFWF, FOW)
• 송유풍냉식 (OFAF, ODAF, FOA)
• 유입수냉식 (ONWF, OW) **답** ②

51 다음 중에서 직류전동기의 속도제어법이 아닌 것은?

① 계자제어법
② 전압제어법
③ 저항 제어법
④ 2차 여자법

풀이 직류전동기의 속도제어

$$n = K'\frac{E_C}{\phi} = K'\frac{V - I_a R_a}{\phi} \text{ [rps]}$$

전압 제어 (V)	효율이 좋다.	• 정토크 제어 • 광범위 속도제어 • 일그너 방식 (부하가 급변하는 곳) • 워드레너드 방식 • 직병렬 제어
계자 제어 (ϕ)	효율이 좋다.	• 정출력 제어 • 세밀하고 안정된 속도제어 • 속도 조정 범위 좁다.
저항 제어 (R_a)	효율이 나쁘다.	• 속도 조정 범위 좁다.

※ 2차 여자법은 권선형 유도전동기의 속도제어법이다.
답 ④

52 3상 유도전동기의 전원측에서 임의의 2선을 바꾸어 접속하여 운전하면?

① 회전방향이 반대가 된다.
② 회전방향은 불변이나 속도가 약간 떨어진다.
③ 즉각 정지된다.
④ 바꾸지 않았을 때와 동일하다.

풀이 3상 유도전동기의 경우 임의의 2선의 접속을 반대로 하면 회전 계자의 회전방향이 반대로 되어 운전한다. 이러한 특성을 이용하여 승강기 등의 왕복운동을 하는 부하에 사용한다.
답 ①

53 정격 속도로 회전하고 있는 무부하의 분권발전기가 있다. 계자권선의 저항이 50[Ω], 계자전류 2[A], 전기자저항 1.5[Ω]일 때 유기기전력은 몇 [V]인가?

① 97
② 100
③ 103
④ 106

풀이 단자전압 V는 계자 회로의 전압강하와 같으므로
$V = R_f I_f = 50 \times 2 = 100\text{[V]}$
$E = V + I_a R_a$ 식에서 $I_a = I_f$ 이므로
(∵ 무부하이므로)
∴ 유기기전력
$E = V + I_f R_a = 100 + 2 \times 1.5 = 103\text{[V]}$ **답** ③

54 다이리스터의 게이트 신호 제어는 무엇을 변화시키는 것인가?

① 전압
② 전류
③ 주파수
④ 위상각

풀이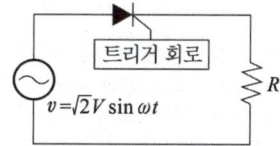

$$I_d = \frac{E_d}{R} = \frac{\sqrt{2}}{2\pi}\frac{V}{R}(1+\cos\alpha)$$

따라서 점호각 α를 조정하여 E_d를 가감할 수 있고 이와 같은 제어를 위상제어(Phase control)라고 한다.
답 ④

55 동기발전기의 병렬운전에 필요한 조건이 아닌 것은?

① 기전력의 크기가 같을 것
② 위상이 같을 것
③ 주파수가 같을 것
④ 용량이 같을 것

풀이 병렬운전 조건이 다른 경우

병렬운전 조건	다른 경우 흐르는 전류
기전력의 크기가 같을 것	무효 순환전류
기전력의 위상이 같을 것	동기화 전류
기전력의 주파수가 같을 것	동기화 전류
기전력의 파형이 같을 것	고주파 무효 순환전류

답 ④

56 다음의 정류회로 중 가장 큰 출력값을 갖는 회로는?

① 단상 반파 정류회로
② 3상 반파 정류회로
③ 단상전파 정류회로
④ 3상 전파 정류회로

풀이
• 단상 반파 정류 : $E_d = \frac{\sqrt{2}}{\pi}E = 0.45E$
• 3상 반파 정류 : $E_d = \frac{3\sqrt{3}}{\sqrt{2}\pi}E = 1.17E$
• 단상전파 정류 : $E_d = \frac{2\sqrt{2}}{\pi}E = 0.9E$
• 3상 전파 정류 : $E_d = 2.34E$
답 ④

57 유도전동기의 동기 와트를 설명한 것은?

① 동기속도 하에서 2차 입력을 말함
② 동기속도 하에서 1차 입력을 말함
③ 동기속도 하에서 2차 출력을 말함
④ 동기속도 하에서 2차 동손을 말함

풀이 • 슬립 s, 토크 T를 발생하며 회전하는 유도전동기가 같은 토크 T를 발생하며 동기속도로 회전하는 것으로 가정하는 때의 출력 P_2를 말한다.
• 2차 입력(동기 와트) P_2, 회전 각속도 ω, 동기 각속도 ω_s라 하면

$$T = \frac{P}{\omega} = \frac{P_2(1-s)}{\omega_s(1-s)} = \frac{P_2}{\omega_s}$$

$$\therefore P_2 = \omega_s T \text{[동기 와트]}$$

답 ①

58 유도발전기의 슬립(slip) 범위에 속하는 것은?

① $0 < s < 1$ ② $s = 0$
③ $s = 1$ ④ $-1 < s < 0$

풀이 유도전동기의 동작 특성에서 슬립의 영역은
• 유도전동기의 동작 범위 : $1 > s > 0$
• 유도 제동기의 동작 범위 : $s > 1$
• 유도발전기의 동작 범위 : $s < 0$

답 ④

59 변압기의 누설 리액턴스를 줄이는 가장 효과적인 방법은 어느 것인가?

① 권선을 분할하여 조립한다.
② 권선을 동심 배치한다.
③ 코일의 단면적을 크게 한다.
④ 철심의 단면적을 크게 한다.

풀이 변압기의 설계에서 권선을 분할하여 조립하면, 누설 리액턴스는 절반 이상 감소된다. 즉, 교호 배치한다.

답 ①

60 동기발전기의 단자 부근에서 단락이 일어났다고 할 때 단락전류에 대한 설명으로 옳은 것은?

① 서서히 증가한다.
② 처음은 크나 점차로 감소한다.
③ 처음부터 일정한 큰 전류가 흐른다.
④ 발전기는 즉시 정지한다.

풀이 평형 3상 전압을 유기하고 있는 발전기의 단자를 갑자기 단락하면 단락 초기에 전기자 반작용이 순간적으로 나타나지 않기 때문에 막대한 과도전류가 흐르고, 수초 후에는 전기자 반작용 리액턴스에 의해 단락전류는 점차 감소하여 영구 단락전류값에 이르게 된다.

답 ②

4과목 - 회로이론

61 다음의 대칭 다상 교류에 의한 회전자계 중 잘못된 것은?

① 대칭 3상 교류에 의한 회전자계는 원형 회전자계이다.
② 대칭 2상 교류에 의한 회전자계는 타원형 회전자계이다.
③ 3상 교류에서 어느 두 코일의 전류의 상순을 바꾸면 회전자계의 방향도 바뀐다.
④ 회전자계의 회전속도는 일정 각속도이다.

풀이 대칭 2상 교류는 존재 의미가 없으므로 회전자계는 없다.

답 ②

62 비정현파의 성분을 표시한 것이다. 일반적인 표현으로 가장 바르게 나타낸것은?

① 직류분 + 고조파
② 교류분 + 고조파
③ 기본파 + 고조파 + 직류분
④ 교류분 + 고조파 + 기본파

풀이 정현파로부터 일그러진 파형을 총칭하여 비정현파라고 하며, 비정현파는 다음과 같이 표시한다.
비정현파 = 직류분 + 기본파 + 고조파

답 ③

63 단상 전력계 2개로 평형 3상 부하의 전력을 측정하였더니 각각 300[W]와 600[W]를 나타내었다. 부하역률은 얼마인가?

① 0.5   ② 0.577
③ 0.637   ④ 0.866

풀이 2전력계법에서 역률 $\cos\theta$는

$$\cos\theta = \frac{P_1 + P_2}{2\sqrt{P_1^2 + P_2^2 - P_1 \cdot P_2}}$$

$$= \frac{300 + 600}{2\sqrt{300^2 + 600^2 - 300 \times 600}} = 0.866 \quad \text{답 ④}$$

64 그림과 같은 회로에서 단자 a, b 사이의 전압은 몇 [V]인가?

① 20
② 40
③ 60
④ 80

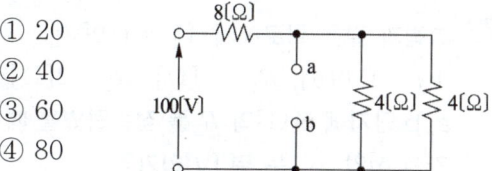

풀이 4[Ω]의 저항이 병렬접속되어 있으므로

합성 저항은 $\frac{4 \times 4}{4+4} = 2[\Omega]$

단자 a, b 사이의 전압 V_{ab}는 분압 법칙에 의해

$V_{ab} = \frac{2}{8+2} \times 100 = 20[V]$의 전압이

a, b 양단에 걸린다. **답 ①**

65 그림과 같은 회로의 전달함수는? 단, 초기조건은 0이다.

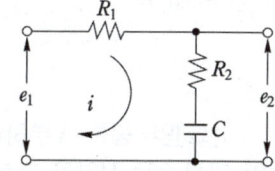

① $\dfrac{R_2 + Cs}{R_1 + R_2 + Cs}$

② $\dfrac{R_1 + R_2 + Cs}{R_1 + Cs}$

③ $\dfrac{R_2 Cs + 1}{R_2 Cs + R_1 Cs + 1}$

④ $\dfrac{R_1 Cs + R_2 Cs + 1}{R_2 Cs + 1}$

풀이 $G(s) = \dfrac{e_2(s)}{e_1(s)} = \dfrac{R_2 + \dfrac{1}{Cs}}{R_1 + R_2 + \dfrac{1}{Cs}}$

$= \dfrac{R_2 Cs + 1}{(R_1 + R_2)Cs + 1}$ **답 ③**

66 그림과 같은 4단자망의 영상 전달 정수 θ는?

① $\sqrt{5}$
② $\log_e \sqrt{5}$
③ $\log_e \dfrac{1}{\sqrt{5}}$
④ $5\log_e \sqrt{5}$

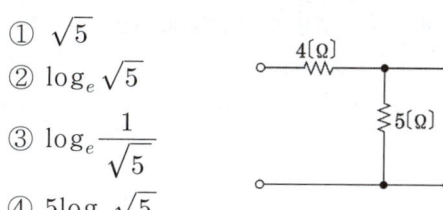

풀이
$\begin{bmatrix} A & B \\ C & D \end{bmatrix} = \begin{bmatrix} 1+\dfrac{4}{5} & 4 \\ \dfrac{1}{5} & 1 \end{bmatrix} = \begin{bmatrix} \dfrac{9}{5} & 4 \\ \dfrac{1}{5} & 1 \end{bmatrix}$

$\therefore \theta = \log_e (\sqrt{AD} + \sqrt{BC})$

$= \log_e \left(\sqrt{\dfrac{9}{5} \times 1} + \sqrt{4 \times \dfrac{1}{5}} \right)$

$= \log_e \left(\dfrac{3}{\sqrt{5}} + \dfrac{2}{\sqrt{5}} \right) = \log_e \left(\dfrac{5}{\sqrt{5}} \right)$

$= \log_e \sqrt{5}$ **답 ②**

67 직류 $R-C$ 직렬회로에서 회로의 시정수 값은?

① $\dfrac{R}{C}$
② $\dfrac{C}{R}$
③ RC
④ $\dfrac{1}{RC}$

풀이
- 전류 $i(t) = \dfrac{E}{R} e^{-\frac{1}{RC}t}$
- $R-C$ 직렬회로의 시정수 τ는 스위치를 닫는 순간 전류 $\left(I = \dfrac{E}{R} \right)$의 36.8[%]에 도달할 때까지의 시간이므로 시정수 $\tau = RC$가 된다.

$\therefore i(\tau) = \dfrac{E}{R} e^{-\frac{1}{RC} \cdot RC} = \dfrac{E}{R} e^{-1} \fallingdotseq 0.368 \dfrac{E}{R}$ **답 ③**

68 $R[\Omega]$의 저항 3개를 Y로 접속하고 이것을 200[V]의 평형 3상 교류 전원에 연결할 때 선전류가 20[A]가 흘렀다. 이 3개의 저항을 △로 접속하고 동일전원에 연결하였을 때의 선전류[A]는?

① 30
② 40
③ 50
④ 60

풀이 $20 = \dfrac{\frac{200}{\sqrt{3}}}{R}$ 에서 $R = 5.77[\Omega]$이므로

△접속 시의 선전류는

$I_\Delta = \dfrac{200}{5.77} \times \sqrt{3} = 60.03[A]$ 답 ④

69 대칭 3상 전압이 a상 V_a[V], b상 $V_b = a^2 V_a$ [V], c상 $V_c = a V_a$[V]일 때 a상을 기준으로 한 대칭분 전압 중 정상분 V_1은 어떻게 표시되는가?

① 0 ② V_a
③ aV_a ④ $a^2 V_a$

풀이 $V_1 = \dfrac{1}{3}(V_a + aV_b + a^2 V_c)$

$= \dfrac{1}{3}(V_a + a^3 V_a + a^3 V_a)$

$= \dfrac{V_a}{3}(1 + a^3 + a^3) = V_a$ 답 ②

70 그림과 같은 회로에서 $t=0$인 순간에 전압 E를 인가한 경우 인덕턴스 L에 걸리는 전압은?

① 0
② E
③ $\dfrac{\le}{R}$
④ $\dfrac{E}{R}$

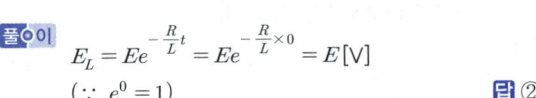

풀이 $E_L = Ee^{-\frac{R}{L}t} = Ee^{-\frac{R}{L} \times 0} = E[V]$

($\because e^0 = 1$) 답 ②

71 $F(s) = \dfrac{2s+3}{s^2 + 3s + 2}$의 라플라스 함수를 시간 함수로 고치면 어떻게 되는가?

① $F(t) = e^{-t} - 2e^{-2t}$
② $F(t) = e^{-t} + te^{-2t}$
③ $F(t) = e^{-t} + e^{-2t}$
④ $F(t) = 2t + e^{-t}$

풀이 $F(s) = \dfrac{2s+3}{s^2 + 3s + 2} = \dfrac{2s+3}{(s+2)(s+1)}$

$= \dfrac{k_1}{s+2} + \dfrac{k_2}{s+1}$

$k_1 = \lim\limits_{s \to -2} \dfrac{(2s+3)}{(s+1)} = 1$, $k_2 = \lim\limits_{s \to -1} \dfrac{(2s+3)}{(s+2)} = 1$

$\therefore \mathcal{L}\left[\dfrac{1}{s+2} + \dfrac{1}{s+1}\right] = e^{-t} + e^{-2t}$ 답 ③

72 그림과 같은 회로에서 $V_1 = 110$[V], $V_2 = 120$[V], $R_1 = 1[\Omega]$, $R_2 = 2[\Omega]$일 때 a, b 단자에 5[Ω]의 R_3를 접속하였을 때 a, b 간의 전압 V_{ab}는 몇 [V]인가?

① 85
② 90
③ 100
④ 105

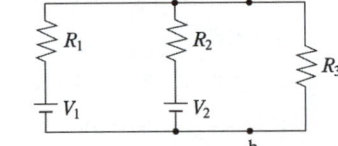

풀이 밀만의 정리를 적용하면

$V_{ab} = \dfrac{\dfrac{E_1}{R_1} + \dfrac{E_2}{R_2}}{\dfrac{1}{R_1} + \dfrac{1}{R_2} + \dfrac{1}{R_3}} = \dfrac{\dfrac{110}{1} + \dfrac{120}{2}}{\dfrac{1}{1} + \dfrac{1}{2} + \dfrac{1}{5}}$

$= \dfrac{1700}{17} = 100[V]$ 답 ③

73 $Z = 8 + j6[\Omega]$인 평형 Y부하에 선간 전압 200[V]인 대칭 3상 전압을 가할 때 선전류는 약 몇 [A]인가?

① 0.08 ② 11.5
③ 17.8 ④ 19.5

풀이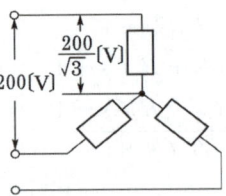

Y결선에서 $V_l = \sqrt{3} V_p$, $I_l = I_p$이므로

$I_l = I_p = \dfrac{V_p}{Z} = \dfrac{\frac{200}{\sqrt{3}}}{8 + j6} = 11.5[A]$ 답

74 어떤 회로의 전압 및 전류가 $E = 10\angle 60°[V]$, $I = 5\angle 30°[A]$일 때 이 회로의 임피던스 $Z[\Omega]$는?

① $\sqrt{3}+j$ ② $\sqrt{3}-j$
③ $1+j\sqrt{3}$ ④ $1-j\sqrt{3}$

풀이 $Z = \dfrac{E}{I} = \dfrac{10\angle 60°}{5\angle 30°} = 2\angle 30°$
$= 2(\cos 30° + j\sin 30°)$
$= 2\left(\dfrac{\sqrt{3}}{2} + j\dfrac{1}{2}\right) = \sqrt{3}+j[\Omega]$ **답** ①

75 어느 회로에 전압과 전류의 실효값이 각각 50[V], 10[A]이고, 역률이 0.8이다. 무효전력[Var]은?

① 300 ② 400
③ 500 ④ 600

풀이 $P_r = VI\sin\theta = 50 \times 10 \times \sqrt{1-0.8^2}$
$= 300[\text{Var}]$ **답** ①

76 4단자 회로에서 4단자 정수를 A, B, C, D라 하면 영상 임피던스 Z_{01}, Z_{02}는?

① $Z_{01} = \sqrt{\dfrac{AB}{CD}}$, $Z_{02} = \sqrt{\dfrac{BD}{AC}}$
② $Z_{01} = \sqrt{AB}$, $Z_{02} = \sqrt{CD}$
③ $Z_{01} = \sqrt{\dfrac{CD}{AB}}$, $Z_{02} = \sqrt{\dfrac{BD}{AC}}$
④ $Z_{01} = \sqrt{\dfrac{BD}{AC}}$, $Z_{02} = \sqrt{ABCD}$

풀이 $Z_{01} = \sqrt{\dfrac{AB}{CD}}$, $Z_{02} = \sqrt{\dfrac{BD}{AC}}$ **답** ①

77 $\dfrac{1}{s^2 + 2s + 5}$의 라플라스 역변환 값은?

① $\dfrac{1}{2}e^{-t}\sin 2t$ ② $\dfrac{1}{2}e^{-t}\sin t$
③ $e^{-2t}\cos 2t$ ④ $\dfrac{1}{2}e^{-t}\cos 2t$

풀이 $I(s) = \dfrac{1}{s^2 + 2s + 5} = \dfrac{1}{2} \cdot \dfrac{2}{(s+1)^2 + 2^2}$
$\therefore i(t) = \mathcal{L}^{-1}[I(s)] = \dfrac{1}{2}e^{-t}\sin 2t$ **답** ①

78 어떤 부하에 $v = 100\sin\left(100\pi t + \dfrac{\pi}{6}\right)[V]$의 기전력을 가하니 $i = 10\cos\left(100\pi t - \dfrac{\pi}{3}\right)[A]$이었다. 이 부하의 소비 전력은 몇 [W]인가?

① 250 ② 433
③ 500 ④ 866

풀이 $\cos\alpha = \sin\left(\alpha + \dfrac{\pi}{2}\right)$이므로 전류 i는
$i = 10\cos\left(100\pi t - \dfrac{\pi}{3}\right) = 10\sin\left(100\pi t - \dfrac{\pi}{3} + \dfrac{\pi}{2}\right)$
$= 10\sin\left(100\pi t + \dfrac{\pi}{6}\right)$
그러므로 전압과 전류의 상차각은 0°로 전력 P는
$P = VI\cos\theta = \dfrac{100}{\sqrt{2}} \times \dfrac{10}{\sqrt{2}} \times \cos 0°$
$= 500[W]$가 된다. **답** ③

79 그림과 같은 회로는?

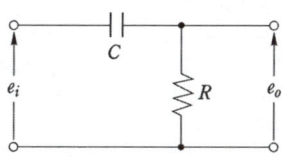

① 가산 회로 ② 승산 회로
③ 미분 회로 ④ 적분 회로 **답** ③

80 그림과 같은 회로가 정저항 회로가 되기 위한 L은 몇 [H]인가?

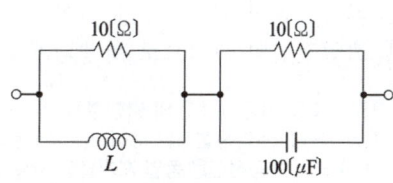

① 0.01 ② 0.1 ③ 2 ④ 10

풀이 정저항 회로조건 $R=\sqrt{\dfrac{L}{C}}$ 에서
$L=R^2\,C=10^2\times100\times10^{-6}=0.01\,[\text{H}]$ **답** ①

5과목 - 전기설비기술기준

81 옥내에 시설하는 전동기가 과전류로 소손될 우려가 있을 경우 자동적으로 이를 저지하거나 경보하는 장치를 하여야 한다. 정격출력이 몇 [kW] 이하인 전동기에는 이와 같은 과부하 보호장치를 시설하지 않아도 되는가?

① 0.2 ② 0.75
③ 3   ④ 5

풀이 212.6.3 저압전로 중의 전동기 보호용 과전류보호장치의 시설
옥내에 시설하는 전동기에는 전동기가 손상될 우려가 있는 과전류가 생겼을 때에 자동적으로 이를 저지하거나 이를 경보하는 장치를 하여야 한다. 다만, 다음의 어느 하나에 해당하는 경우에는 그러하지 아니하다.
가. 전동기를 운전 중 상시 취급자가 감시할 수 있는 위치에 시설하는 경우
나. 전동기의 구조나 부하의 성질로 보아 전동기가 손상될 수 있는 과전류가 생길 우려가 없는 경우
다. 단상전동기로써 그 전원측 전로에 시설하는 과전류 차단기의 정격전류가 16[A](배선용 차단기는 20[A]) 이하인 경우
라. 정격 출력이 0.2[kW] 이하의 전동기 **답** ①

82 동일 지지물에 고·저압을 병행설치할 때 저압 가공전선은 어느 위치에 시설하여야 하는가?

① 고압가공전선의 상부에 시설
② 동일 완금에 고압전선과 평행되게 시설
③ 고압가공전선의 하부에 시설
④ 고압전선의 측면으로 평행되게 시설

풀이 332.8 고압 가공전선 등의 병행설치
저압 가공전선(다중접지된 중성선은 제외한다. 이하 같다)과 고압 가공전선을 동일 지지물에 시설하는 경우에는 다음에 따라야 한다.

가. 저압 가공전선을 고압 가공전선의 아래로 하고 별개의 완금류에 시설할 것
나. 저압 가공전선과 고압 가공전선 사이의 이격거리는 0.5[m] 이상일 것
다. 다음의 어느 하나에 해당하는 경우에는 "가" 및 "나"에 의하지 아니할 수 있다.
  ① 고압 가공전선에 케이블을 사용하고, 또한 그 케이블과 저압 가공전선 사이의 이격거리를 0.3[m] 이상으로 하여 시설하는 경우
  ② 저압 가공인입선을 분기하기 위하여 저압 가공전선을 고압용의 완금류에 견고하게 시설하는 경우 **답** ③

83 특고압가공전선로를 시가지에 시설하는 경우, 지지물로 사용할 수 없는 것은? (단, 사용전압이 170[kV] 이하인 경우이다.)

① 목주
② 철탑
③ 철근콘크리트주
④ 철주

풀이 333.1 시가지 등에서 특고압 가공전선로의 시설
특고압 가공 전선로를 시가지, 기타 인가가 밀집한 지역에 시설하는 경우는 케이블을 사용하여 시설하거나 사용 전압 170[kV] 이하의 것을 다음에 의하여 시설한다.
가. 지지물은 목주를 사용할 수 없고 철주, 철근 콘크리트주, 또는 철탑을 사용한다.
나. 전선

사용전압의 구분	전선의 단면적
100[kV] 미만	인장강도 21.67[kN] 이상의 연선 또는 단면적 55[mm²] 이상의 경동연선
100[kV] 이상	인장강도 58.84[kN] 이상의 연선 또는 단면적 150[mm²] 이상의 경동연선

답 ①

84 사용전압 22900[V]의 가공전선이 철도를 횡단하는 경우 전선의 궤조면상 높이는 몇 [m] 이상이어야 하는가?

① 5   ② 5.5
③ 6   ④ 6.5

풀이 333.7 특고압 가공전선의 높이

전압의 범위	일반 장소	도로 횡단	철도 또는 궤도횡단	횡단보도교
35[kV] 이하	5[m]	6[m]	6.5[m]	4[m](특고압 절연전선 또는 케이블 사용)
35[kV] 초과 160[kV] 이하	6[m]	6[m]	6.5[m]	5[m](케이블 사용)
	산지 등에서 사람이 쉽게 들어갈 수 없는 장소: 5[m] 이상			
160[kV] 초과	일반장소	가공전선의 높이 = 6 + 단수 × 0.12[m]		
	철도 또는 궤도횡단	가공전선의 높이 = 6.5 + 단수 × 0.12[m]		
	산지	가공전선의 높이 = 5 + 단수 × 0.12[m]		

※ 단수 = $\frac{(전압[kV]-160)}{10}$ … 단수 계산에서 소수점 이하는 절상

답 ④

85 특고압의 기준으로 옳은 것은?

① 3,000[V]를 넘는 것
② 5,000[V]를 넘는 것
③ 7,000[V]를 넘는 것
④ 10,000[V]를 넘는 것

풀이 111 통칙
전압의 구분은 다음과 같다.

분류	전압의 범위
저압	• 직류 : 1.5[kV] 이하 • 교류 : 1[kV] 이하
고압	• 직류 : 1.5[V]를 초과하고, 7[kV] 이하 • 교류 : 1[V]를 초과하고, 7[kV] 이하
특고압	7[kV]를 초과

답 ③

86 3상 220[V] 유도전동기의 권선과 대지 사이의 절연내력시험전압과 견디어야 할 최소 시간이 맞는 것은?

① 220[V], 5분
② 275[V], 10분
③ 330[V], 20분
④ 500[V], 10분

풀이 133 회전기 및 정류기의 절연내력

종류		시험전압	시험 방법
회전기	발전기・전동기・조상기・기타회전기	7[kV] 이하	1.5배 (최저 500[V])	권선과 대지 사이에 연속하여 10분간
		7[kV] 초과	1.25배 (최저 10,500[V])	
	회전 변류기		직류측의 최대 사용 전압의 1배의 교류 전압(최저 500[V])	

※ 시험전압은 최대 사용전압에 표의 배수를 곱하고 그 값을 권선과 대지 사이에 10분간 시험한다. 단, 괄호 속의 숫자는 최저 시험전압임
※ 220 × 1.5 = 330[V]이므로 최저 500[V]가 된다.

답 ④

87 지중 또는 수중에 시설되어 있는 금속체의 부식을 방지 하기 위한 전기방식회로(電氣防蝕回路)의 사용전압은 직류 몇 [V] 이하이어야 하는가?

① 30
② 60
③ 90
④ 120

풀이 241.16 전기부식방지 시설
가. 전기부식방지용 전원장치에 전기를 공급하는 전로의 사용전압은 저압이어야 한다.
나. 전기부식방지용 변압기는 절연변압기 일 것
다. 전기부식방지 회로(전기부식방지용 전원장치로부터 양극 및 피방식체까지의 전로를 말한다.)의 사용전압은 직류 60[V] 이하일 것.
라. 지중에 매설하는 양극의 매설깊이는 0.75[m] 이상일 것.
마. 수중에 시설하는 양극과 그 주위 1[m] 이내의 거리에 있는 임의 점과의 사이의 전위차는 10[V]를 넘지 아니할 것.
바. 지표 또는 수중에서 1[m] 간격의 임의의 2점간의 전위차가 5[V]를 넘지 아니할 것.

답 ②

88 발전소의 주요 변압기에 반드시 시설하여야 할 계측장치로 옳은 것은?

① 전압 및 전류 또는 전력량
② 전압, 유온 및 주파수
③ 전압 및 전류 또는 전력
④ 전압, 전류 및 수요 전력량

풀이 351.6 계측장치
발전소에서는 다음의 사항을 계측하는 장치를 시설하여야 한다.
가. 발전기의 전압 및 전류 또는 전력
나. 발전기의 베어링 및 고정자의 온도
다. 주요 변압기의 전압 및 전류 또는 전력
라. 특고압용 변압기의 온도 답 ③

89 22.9[kV] 중성선 다중접지 계통에서 각 접지선을 중성선으로부터 분리하였을 경우의 1[km]마다의 중성선과 대지 사이의 합성 전기저항값은 몇 [Ω] 이하이어야 하는가? 단, 전로에 지기가 생겼을 때에 2초 이내에 자동적으로 전로로부터 차단하는 장치가 되어 있다고 한다.

① 15   ② 50
③ 100 ④ 150

풀이 333.32 25[kV] 이하인 특고압 가공전선로의 시설
각 접지선을 중성선으로부터 분리하였을 경우의 각 접지점의 대지 전기저항치가 1[km]마다의 중성선과 대지 사이의 합성 전기저항값

사용전압	각 접지점의 대지 전기저항값	1[km]마다의 합성 전기저항값
15[kV] 이하	300[Ω]	30[Ω]
15[kV] 초과 25[kV] 이하	300[Ω]	15[Ω]

답 ①

90 "관등회로"에 대한 설명으로 옳은 것은?

① 분기점으로부터 안정기까지의 전로를 말한다.
② 스위치로부터 방전등까지의 전로를 말한다.
③ 스위치로부터 안정기까지의 전로를 말한다.
④ 방전등용 안정기로부터 방전관까지의 전로를 말한다.

풀이 112 용어 정의
"관등회로"란 방전등용 안정기 또는 방전등용 변압기로부터 방전관까지의 전로를 말한다. 답 ④

91 "지지물"의 정의에 대한 설명으로 가장 적당한 것은?

① 지중전선로를 보호하는 설비를 말한다.
② 전주 및 철탑과 이와 유사한 시설물로서 전선류를 지지하는 것을 주목적으로 하는 것을 말한다.
③ 목주나 철근으로 전주를 지지 보호하는 것을 주목적으로 하는 설비를 말한다.
④ 지중에 시설하는 수관 및 가스관 그리고 매설지선을 보호하는 것을 주목적으로 하는 것을 말한다.

풀이 지지물이라 함은 목주, 철주, 철근 콘크리트주 및 철탑과 이와 유사한 시설물로서 전선 또는 약전류 전선을 지지하는 목적에 사용되는 것을 말한다. 답 ②

92 가공전선로의 지지물에 시설하는 지선의 시설기준에 대한 설명 중 맞는 것은?

① 지선의 안전율은 3.0 이상이어야 한다.
② 연선을 사용할 경우에는 소선(素線) 3가닥 이상이어야 한다.
③ 지중의 부분 및 지표상 20[cm]까지의 부분에는 내식성이 있는 것 또는 아연도금을 한다.
④ 도로를 횡단하여 시설하는 지선의 높이는 지표상 4[m] 이상으로 하여야 한다.

풀이 331.11 지선의 시설
가. 가공전선로의 지지물로 사용하는 철탑은 지선을 사용하여 그 강도를 분담시켜서는 안 된다.
나. 지선의 안전율은 2.5 이상일 것. 이 경우에 허용 인장하중의 최저는 4.31[kN]으로 한다.
다. 지선에 연선을 사용할 경우에는 다음에 의할 것.
① 소선 3가닥 이상의 연선일 것.
② 소선의 지름이 2.6[mm] 이상의 금속선을 사용한 것일 것. 답 ②

93 라이팅 덕트 공사에 의한 저압 옥내배선에서 덕트의 지지점 간의 거리는 몇 [m] 이하로 하여야 하는가?

① 2   ② 3
③ 4   ④ 5

풀이 232.71 라이팅덕트공사
가. 덕트는 조영재에 견고하게 붙일 것.
나. **덕트의 지지점 간의 거리는 2[m] 이하**로 할 것.
다. 덕트의 끝부분은 막을 것.
라. 덕트의 개구부(開口部)는 아래로 향하여 시설할 것. 다만, 사람이 쉽게 접촉할 우려가 없는 장소에서 덕트의 내부에 먼지가 들어가지 아니하도록 시설하는 경우에 한하여 옆으로 향하여 시설할 수 있다.
마. 덕트는 조영재를 관통하여 시설하지 아니할 것.
바. 덕트를 사람이 용이하게 접촉할 우려가 있는 장소에 시설하는 경우에는 전로에 지락이 생겼을 때에 자동적으로 전로를 차단하는 장치를 시설할 것.

답 ①

94 고압가공전선로의 지지물이 B종 철주인 경우, 경간은 몇 [m] 이하이어야 하는가?

① 150   ② 200
③ 250   ④ 300

풀이 332.9 고압 가공전선로 경간의 제한
고압 가공전선로의 경간은 표에서 정한 값 이하이어야 한다.

지지물의 종류	경간
목주·A종 철주 또는 A종 철근 콘크리트주	150[m]
B종 철주 또는 B종 철근 콘크리트주	250[m]
철탑	600[m]

답 ③

95 지중전선로를 직접 매설식에 의하여 시설하는 경우에 차량 기타 중량물의 압력을 받을 우려가 있는 장소에는 매설 깊이를 몇 [m] 이상으로 하여야 하는가?

① 1.0   ② 1.2
③ 1.5   ④ 1.8

풀이 334.1 지중전선로의 시설
가. 지중 전선로는 전선에 케이블을 사용하고 또한 관로식·암거식 또는 직접 매설식에 의하여 시설하여야 한다.
나. 지중 전선로를 직접 매설식에 의하여 시설하는 경우에는 매설 깊이는
① **차량 기타 중량물의 압력을 받을 우려가 있는 장소 : 1.0[m] 이상**
② 기타 장소 : 0.6[m] 이상

답 ①

96 풀용 수중 조명등에 전기를 공급하는 절연 변압기의 시설에 관한 사항 중 틀린 것은?

① 절연 변압기의 2차측 전로는 접지하지 않는다.
② 2차측 전로의 사용전압이 30[V] 이하인 경우에는 1차 및 2차 권선 사이에 금속제의 혼촉 방지판을 설치한다.
③ 1차와 2차 권선 사이에 설치하는 금속제의 혼촉 방지판은 접지공사를 한다.
④ 2차측 전로의 전압이 150[V] 이하인 경우에만 혼촉 방지판을 설치한다.

풀이 234.14 수중조명등
234.14.1 사용전압
수영장 기타 이와 유사한 장소에 사용하는 수중조명등에 전기를 공급하기 위해서는 절연변압기를 사용하고, 그 사용전압은 다음에 의하여야 한다.
가. 절연변압기의 1차 측 전로의 사용전압은 400[V] 이하일 것.
나. 절연변압기의 2차 측 전로의 사용전압은 150[V] 이하일 것.

234.14.2 전원장치
수중조명등에 전기를 공급하기 위한 절연변압기의 2차 측 전로는 접지하지 말 것.

234.14.4 접지
수중조명등의 **절연변압기는 그 2차 측 전로의 사용전압이 30[V] 이하인 경우는 1차 권선과 2차 권선 사이에 금속제의 혼촉방지판을 설치**하고, 규정에 준하여 접지공사를 하여야 한다.

답 ④

출제기준 변경 및 개정된 관계 법규에 따라 삭제된 문제가 있어 20문항이 안됩니다.

2006년 3회

1과목 - 전기자기

01 권수가 200회이고, 자기 인덕턴스가 20[mH]인 코일에 2[A]의 전류를 흘리면 쇄교 자속은 몇 [Wb]인가?

① 2×10^{-2} ② 4×10^{-2}
③ 2×10^{-4} ④ 4×10^{-4}

풀이 쇄교 자속수 $\Phi = N\phi = LI = 20 \times 10^{-3} \times 2$
$= 4 \times 10^{-2}$[Wb]   **답** ②

02 전기력선의 일반적인 성질로 틀린 것은?

① 전기력선은 부전하에서 시작하여 정전하에서 그친다.
② 전기력선은 그 자신만으로 폐곡선이 되는 일은 없다.
③ 전기력선은 전위가 높은 점에서 낮은 점으로 향한다.
④ 도체내부에는 전기력선이 없다.

풀이 전기력선의 성질은 다음과 같다.
① 전기력선은 정전하에서 시작하여 부전하에서 그친다.
② 전하가 없는 곳에서는 전기력선의 발생, 소멸이 없고 연속적이다.
③ 전위가 높은 점에서 낮은 점으로 향한다.
④ 그 자신만으로 폐곡선이 되는 일은 없다.
⑤ 전계가 0이 아닌 곳에서는 2개의 전기력선은 교차하지 않는다.
⑥ 도체내부에는 전기력선이 없다.
⑦ 수직 단면의 전기력선 밀도는 전계의 세기이고(1[개/m²]=1[N/C]), 전기력선의 접선 방향은 전계의 방향이다.
⑧ 도체면(등전위면)에서 전기력선은 수직으로 출입한다.
⑨ 단위 전하 ±1[C]에서는 $1/\epsilon_0$개의 전기력선이 출입한다.   **답** ①

03 그림과 같이 콘덴서 $C_1 = 0.5[\mu F]$와 $C_2 = 0.01[\mu F]$를 접속하여 C_1에 1000[V]의 약 전압이 걸리도록 하기 위하여 C_x를 C_1에 병렬로 접속하였다. C_x의 용량은 몇 [μF]인가?

① 4.9
② 0.49
③ 1.49
④ 49

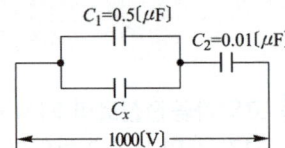

풀이 $Q = CV$에서 $C \propto \dfrac{1}{V}$이므로
$(C_1 + C_x) : 0.01 = 990 : 10$
$10(C_1 + C_x) = 0.01 \times 990$
$0.5 + C_x = 0.99$
$\therefore C_x = 0.49[\mu F]$ **답** ②

04 한 변의 길이가 a[m]인 정사각형 A, B, C, D의 각 정점에 각각 Q[C]의 전하를 놓을 때 정사각형 중심 O의 전위는 몇 [V]인가?

① $\dfrac{3Q}{4\pi\epsilon_0 a}$
② $\dfrac{3Q}{\pi\epsilon_0 a}$
③ $\dfrac{\sqrt{2}\,Q}{\pi\epsilon_0 a}$
④ $\dfrac{2Q}{\pi\epsilon_0 a}$

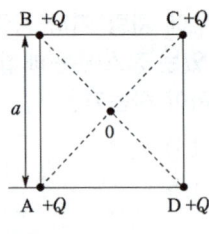

풀이 $r = \overline{AO} = \dfrac{1}{2} \times \sqrt{2}\,a = \dfrac{1}{\sqrt{2}}a$[m]

1점 전위 $V_1 = \dfrac{Q}{4\pi\epsilon_0 \left(\dfrac{a}{\sqrt{2}}\right)} = \dfrac{Q}{2\sqrt{2}\,\pi\epsilon_0 a}$[V]

중점 전위 $V_0 = 4V_1 = \dfrac{\sqrt{2}\,Q}{\pi\epsilon_0 a}$[V]   **답** ③

05 비투자율 μ_s, 자속밀도 B[Wb/m²]의 자계 중에 있는 m[Wb]의 자극이 받는 힘은 몇 [N]인가?

① mB ② $\dfrac{mB}{\mu_s}$
③ $\dfrac{mB}{\mu_0 \mu_s}$ ④ $\dfrac{mB}{\mu_0}$

풀이 자계 중의 자극이 받는 힘은
$F = mH$[N], $H = \dfrac{B}{\mu_0 \mu_s}$[A/m]에서
∴ $F = \dfrac{mB}{\mu_0 \mu_s}$[N]   **답** ③

06 다음 유전체중 비유전율이 가장 큰 것은?
① 공기   ② 운모
③ 파라핀   ④ 티탄산바륨

풀이 비유전율 ϵ_s
- 공기 (1.00058) • 운모 (6.7) • 파라핀 (2.2)
- 티탄산바륨 (1000~3000)   **답** ④

07 무한장 원주형 도체에 전류 I가 표면에만 흐른다면 원주 내부의 자계의 세기는 몇 [AT/m]인가? 단, r[m]는 원주의 반지름이고, N은 권선수이다.

① $\dfrac{I}{2\pi r}$ ② $\dfrac{NI}{2\pi r}$ ③ $\dfrac{I}{2r}$ ④ 0

풀이 도체의 전류가 표면에만 흐르면 내부 자계는 0이다.   **답** ④

08 평등전계 내에서 얻어지는 전하의 운동속도는?
① 전위차에 비례한다.
② 전위차의 제곱근에 비례한다.
③ 전위차의 제곱에 비례한다.
④ 전위차의 1.6승에 비례한다.

풀이 $W = qV = \dfrac{1}{2}mv^2$, $v^2 = \dfrac{2qV}{m}$
∴ $v = \sqrt{\dfrac{2qV}{m}}$ ∴ $v \propto \sqrt{V}$ **답** ②

09 자속의 연속성을 나타낸 식은?
① $B = \mu H$ ② $\nabla \cdot B = 0$
③ $\nabla \cdot B = \rho$ ④ $-\mu H$

풀이 $\nabla \cdot B = \text{div}\, B = 0$ **답** ②

10 강자성체의 자속밀도 B의 크기와 자화의 세기 J의 크기 사이에는 어떤 관계가 있는가?
① J는 B와 같다.
② J는 B보다 약간 작다.
③ J는 B보다 대단히 크다.
④ J는 B보다 약간 크다.

풀이 강자성체는 $\mu_s \gg 1$이므로
$J = \dfrac{\mu_s - 1}{\mu_s} B$ 에서
$\dfrac{\mu_s - 1}{\mu_s}$은 1보다 약간 작으므로 J도 B보다 약간 작다.

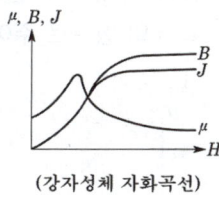
(강자성체 자화곡선)

답 ②

11 자기 인덕턴스 L_1, L_2[H], 상호 인덕턴스 M[H]인 두 회로에 자속을 돕는 방향으로 각각 I_1, I_2[A]의 전류가 흘렀을 때 저장되는 자계의 에너지는 몇 [J]인가?

① $\dfrac{1}{2}(L_1 I_1^2 + L_2 I_2^2)$
② $\dfrac{1}{2}(L_1 I_1 + L_2 I_2)^2$
③ $\dfrac{1}{2}(L_1 I_1^2 + L_2 I_2^2 + 2M I_1 I_2)$
④ $\dfrac{1}{2}(L_1 I_1^2 + L_2 I_2^2 + M I_1 I_2)$

풀이 자계 축적 에너지 $= \dfrac{1}{2}LI^2 = \dfrac{1}{2L}\lambda^2$ 이고
$\lambda = N\pi = LI = MI$ 이므로
전체 축적 에너지 $= W_1 + W_2 + 2 \times W_{12}$
$= \dfrac{1}{2}L_1 I_1^2 + \dfrac{1}{2}L_2 I_2^2 + M I_1 I_2$
답 ③

12 도체의 고유 저항에 대한 설명 중 틀린 것은?

① 저항에 반비례한다.
② 길이에 반비례한다.
③ 도전율에 반비례한다.
④ 단면적에 비례한다.

풀이 $R=\rho\dfrac{l}{S}$ 에서 $\rho=\dfrac{RS}{l}$ 이므로 고유저항은 도전율의 역수로 저항과 면적에 비례하며, 길이에 반비례한다.

답 ①

13 반지름 a인 무한히 긴 원통상의 도체에 전류 I가 균일하게 흐를 때 도체 내외에 발생하는 자계의 모양은? 단, 전류는 도체의 중심축에 대하여 대칭이고, 그 전류밀도는 중심에서의 거리 r의 함수로 주어진다고 한다.

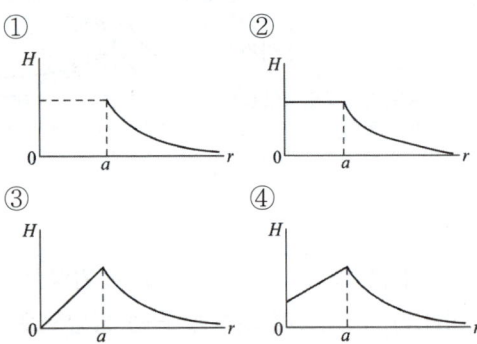

풀이 ① 원주 내부의 자계 $H_i(r<a)$는
$$H_i=\dfrac{Ir}{2\pi a^2}[\text{AT/m}] \quad \therefore\ H_i \propto r \text{ (비례)}$$
② 원주 외부의 자계 $H_e(r>a)$는
$$H_e=\dfrac{I}{2\pi r}[\text{AT/m}] \quad \therefore\ H_e \propto \dfrac{1}{r} \text{ (비례)}$$
③ 원주 도체표면의 자계 $H_a(r=a)$는
$$H_a=\dfrac{I}{2\pi a}[\text{AT/m}] \text{가 된다.}$$
즉, 무한장 원주 전류에 의한 자계가 도체내부에서는 중심으로부터의 거리에 비례하며, 도체 외부에서는 거리에 반비례한다.

답 ③

14 평등자계에 수직으로 일정 속도의 전자가 입사할 때 전자의 궤적은 어떻게 되는가?

① 직선　　　② 포물선
③ 원　　　　④ 쌍곡선

풀이 전자 e가 받는 힘 $F=e(v\times B)$
따라서 전자 e가 속도 v로 평등자계에 수직으로 입사하면 운동 방향과 직각으로 힘을 받아 등속 원운동을 한다.

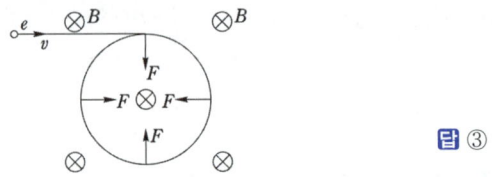

답 ③

15 점전하 $+2Q[\text{C}]$이 $x=0,\ y=1$의 점에 놓여 있고, $-Q[\text{C}]$의 전하가 $x=0,\ y=-1$의 점에 위치할 때 전계의 세기가 0이 되는 점은?

① $-Q$쪽으로 $5.83\ (x=0,\ y=-5.83)$
② $+2Q$쪽으로 $5.83\ (x=0,\ y=5.83)$
③ $-Q$쪽으로 $0.17\ (x=0,\ y=-0.17)$
④ $+2Q$쪽으로 $0.17\ (x=0,\ y=0.17)$

풀이 두 전하의 부호가 다르므로 전계의 세기가 0이 되는 점은 전하의 절대값이 작은 측의 외측에 존재하므로 그림과 같이 절대값이 작은 측의 외측에 K[m]인 P점이 전계의 세기가 0이라 하면

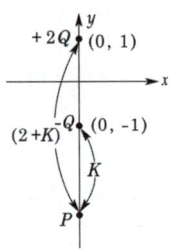

$$E=\dfrac{1}{4\pi\epsilon_0}\left\{\dfrac{Q}{K^2}-\dfrac{2Q}{(2+K)^2}\right\}=0$$
$$\therefore\ \dfrac{Q}{K^2}=\dfrac{2Q}{(2+K)^2}$$
$$2K^2=(2+K)^2$$
$$\sqrt{2}K=2+K$$
$$\therefore\ K=\dfrac{2}{\sqrt{2}-1}=4.83\text{이므로}$$
$$-1-4.83=-5.83$$
즉, P $(0,\ -5.83)$이다.

답 ①

16 비유전율이 4인 유리를 넣어서 내압이 5[kV], 용량이 50[pF]인 평행판 콘덴서를 제작하려면 평행판 콘덴서의 전극 면적은 몇 [m²]로 하면 되는가? 단, 유리의 절연내력은 5[kV/mm]이다.

① 1.41×10^{-3}　　② 1.41×10^{-2}
③ 2.82×10^{-3}　　④ 2.82×10^{-2}

풀이 $E = g$ (절연내력) $= 5000$[V/mm]

$E = \dfrac{V}{d}$ 에서 $d = \dfrac{V}{E} = \dfrac{5000}{5000}$[mm] $= 1$[mm]

정전용량 $C = \dfrac{\epsilon_0 \epsilon_s s}{d}$ 이므로

$\therefore S = \dfrac{Cd}{\epsilon_0 \epsilon_s} = \dfrac{(50 \times 10^{-12}) \times (1 \times 10^{-3})}{8.85 \times 10^{-12} \times 4}$

$= 1.41 \times 10^{-3}$[m²]   **답** ①

17 시변 전자파에 대한 설명 중 틀린 것은?

① 전자파는 전계와 자계가 동시에 존재한다.
② TEM파에서는 전파의 진행 방향으로 전계와 자계가 존재한다.
③ 포인팅 벡터의 방향은 전자파의 진행 방향과 같다.
④ 수직편파는 대지에 대해서 전계가 수직면에 있는 전자파이다.

풀이 전자파의 성질
① 전자파는 전계와 자계가 동시에 존재
② TEM파(횡전자파)는 전계와 자계가 전파의 진행 방향과 수직으로 존재한다.
③ 수평 전파는 대지에 대해 전계가 수평면에 있는 전자파
④ 수직 전파는 대지에 대해 전계가 수직면에 있는 전자파
⑤ 포인팅 벡터 $P = E \times H$이므로 포인팅 벡터의 방향은 전자파의 진행 방향과 같다.   **답** ②

8 대전된 구 도체를 반지름이 2배가 되는 대전이 되지 않은 구 도체에 가는 도선으로 연결할 때 원래의 에너지에 대해 손실된 에너지는 얼마가 되는가? 단, 구 도체는 충분히 떨어져 있다고 한다.

① $\dfrac{1}{2}$ ② $\dfrac{1}{3}$ ③ $\dfrac{2}{3}$ ④ $\dfrac{2}{5}$

풀이 대전된 도체구의 정전용량을 C라 하면
$C = 4\pi\epsilon_0 a$
대전되지 않은 구의 정전용량을 C'라 하면
$C' = 4\pi\epsilon_0 a' = 4\pi\epsilon_0(2a) = 2C$[F]
연결 전후의 에너지를 W, W'라 하면
$W = \dfrac{Q^2}{2C}$, $W' = \dfrac{Q^2}{2(C+2C)} = \dfrac{Q^2}{6C}$

따라서 손실비는

$\therefore$ 손실비 $= \dfrac{W - W'}{W} = \dfrac{\dfrac{Q^2}{2C} - \dfrac{Q^2}{6C}}{\dfrac{Q^2}{2C}} = \dfrac{2}{3}$ **답** ③

19 콘덴서에 대한 설명 중 잘못된 것은?

① 두 도체 사이의 정전용량에 의해서 전하를 충전하도록 한 장치이다.
② 두 도체 사이의 절연을 유지하기 위해서는 적당한 절연내력을 갖는 절연체를 넣는다.
③ 정전용량을 크게 하고 가능한 한 많은 전하를 축적하기 위해서는 도체 사이의 간격을 크게 한다.
④ 전극판의 대향 면적을 변화시키는 것에 의하여 용량이 변화될 수 있다.

풀이 $C = \dfrac{\epsilon_0 S}{d}$ 에서 정전용량을 크게 하기 위해서는 도체 사이의 간격을 작게 하여야 한다.   **답** ③

20 고주파를 취급할 경우 큰 단면적을 갖는 한 개의 도선을 사용하지 않고 전체로서는 같은 단면적이라도 가는 선을 모은 도체를 사용하는 주된 이유는?

① 히스테리스손을 감소시키기 위하여
② 철손을 감소시키기 위하여
③ 과전류에 대한 영향을 감소시키기 위하여
④ 표피효과에 대한 영향을 감소시키기 위하여

풀이 $\sqrt{\dfrac{2}{\omega\sigma\mu}}$ 가 도체의 두께에 비해서 작으면 자속 및 전류는 표면에 집중되고 $\sqrt{\dfrac{2}{\omega\sigma\mu}}$ 가 도체의 두께에 비해서 크면 자속 및 전류는 도체에 균일하게 분포된다. 따라서 고주파를 취급할 경우 큰 단면적을 갖는 한 개의 도선을 사용하지 않고 전체로서는 같은 단면적이라도 가는 선을 모은 도체를 사용하여 $\sqrt{\dfrac{2}{\omega\sigma\mu}}$ 가 도체의 두께에 비해 크게 하여 표피효과를 억제시킨다.
여기서, σ : 도체의 도전율, μ : 투자율,
f : 전원 주파수, δ : 표피 두께 (침투 길이)   **답** ④

2과목 - 전력공학

21 전력용 콘덴서 회로에 방전 코일을 설치하는 주목적은?

① 합성 역률의 개선
② 전원 개방시 잔류 전하를 방전시켜 인체의 위험 방지
③ 콘덴서의 등가 용량 증대
④ 전압의 개선

풀이 방전 코일은 개로 상태로 할 경우의 잔류 전하에 의한 인체의 위험을 방지하기 위한 것이다. **답** ②

22 유입 차단기에 대한 설명으로 옳지 않은 것은?

① 기름이 분해하여 발생되는 가스의 주성분은 수소 가스이다.
② 붓싱 변류기를 사용할 수 없다.
③ 기름이 분해하여 발생된 가스는 냉각작용을 한다.
④ 보통 상태의 공기 중에서보다 소호능력이 크다.

풀이 유입 차단기의 특징
① 보수가 번거롭다 (정기적으로 절연유의 여과 및 교체 필요).
② 방음설비가 필요 없다.
③ 공기보다 소호 능력이 크다.
④ 붓싱 변류기를 사용할 수 있다. **답** ②

23 조상 설비가 있는 1차 변전소에서 주변압기로 주로 사용되는 변압기는?

① 승압용 변압기
② 누설 변압기
③ 3권선 변압기
④ 단권 변압기

풀이 3권선 변압기 : 1차 변전소에서 주변압기로 주로 사용되는 변압기

3권선 변압기
1차 — Y Y — 2차
         △ 3차(안정권선)
            ├ 조상설비
            └ 소내용 전원공급 **답** ③

24 저압 네트워크 배전방식에 대한 설명으로 틀린 것은?

① 전압강하기 적다.
② 부하 밀도가 적은 곳에 유용하다.
③ 무정전 공급의 신뢰도가 높다.
④ 부하의 증가에 대한 적응성이 크다.

풀이 네트워크 배전방식의 장점
① 무정전 공급에 대한 신뢰도 높다.
② 기기 이용률 향상된다.
③ 전압변동이 적다.
④ 적응성 양호하다.
⑤ 전력손실이 감소한다.
⑥ 변전소 수를 줄일 수 있다. **답** ②

25 직접 접지방식을 다른 접지방식에 비교하였을 때 틀린 것은?

① 통신선에 미치는 유도장해가 최소이다.
② 기기의 절연수준 저감이 가능하다.
③ 보호계전기의 동작이 확실하여 신뢰도가 높다.
④ 접지 고장 시 건전상의 이상전압이 최저다.

풀이 직접 접지방식

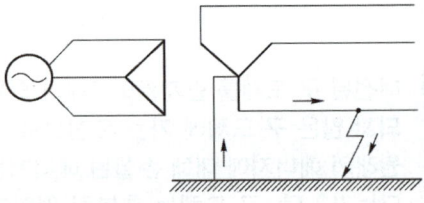

적용 : 22.9[kV], 154[kV], 345[kV], 765[kV] 계통에 용
① 1선 지락 시 건전상의 대지전압 상승은 거의 없다.
② 선로 및 기기의 절연레벨을 낮출 수 있다.(저감절연, 단절연 가능)
③ 보호계전기의 동작이 확실하다.
④ 지락전류가 저 역률의 대 전류이므로 과도 안정도 나빠진다.
⑤ 지락고장 시 통신선에 전자유도 장해를 크게 미친다.
⑥ 지락전류가 매우 크기 때문에 기기에 큰 기계적 격을 주기 쉽다. **답** ①

26 송전선로에서 역섬락을 방지하는 가장 유효한 방법은?

① 피뢰기를 설치한다.
② 가공지선을 설치한다.
③ 소호각을 설치한다.
④ 탑각 접지저항을 작게 한다.

풀이 뇌서지가 철탑에 가격 시 철탑의 탑각 접지저항이 충분히 낮지 않으면 철탑의 전위가 상승하여 철탑에서 선로로 섬락을 일으키는 경우가 있는데 이를 역섬락이라 하며 방지 대책으로는 매설 지선을 설치하여 탑각 접지저항을 낮추어야 한다. **답** ④

27 소도체의 반지름이 $r[m]$, 소도체 간의 선간거리가 $d[m]$인 2개의 소도체를 사용한 345[kV] 송전선로가 있다. 복도체의 등가 반지름은?

① $\sqrt{r \cdot d}$
② $\sqrt{r \cdot d^2}$
③ $\sqrt{r^2 \cdot d}$
④ $r \cdot d$

풀이 등가 반지름 = $\sqrt[n]{rd^{n-1}}$ 에서 $n=2$를 대입하면 $\sqrt{r \cdot d}$ 가 된다. **답** ①

28 전주 사이의 경간이 80[m]인 가공전선로에서 전선 1[m]의 하중이 0.37[kg], 전선의 딥이 0.8[m]라면 전선의 수평 장력은 몇 [kg]인가?

① 330
② 350
③ 370
④ 390

풀이 $D = \dfrac{WS^2}{8T}$ 이므로
$T = \dfrac{WS^2}{8D} = \dfrac{0.37 \times 80^2}{8 \times 0.8} = \dfrac{0.37 \times 6400}{6.4}$
$= 370[kg]$ **답** ③

29 길이가 35[km]인 단상 2선식 전선로의 유도 리액턴스는 몇 [Ω]인가? 단, 전선로 단위길이 당 인덕턴스는 1.3[mH/km/선], 주파수 60[Hz]이다.

① 17.6
② 26.5
③ 34.3
④ 68.5

풀이 $X_L = 2\pi f Ll = 2\pi \times 60 \times 1.3 \times 10^{-3} \times 2 \times 35$
$= 34.3[\Omega]$ **답** ③

30 다음은 변전소의 경우, 수용가에 공급되는 전력을 끊고 소내 기기를 점검할 필요가 있을 경우와 다음에 점검이 끝난 후 차단기와 단로기를 개폐시키는 동작을 설명한 것이다. 옳은 것은?

① 점검이 필요한 경우, 차단기로 부하회로를 끊고 난 다음 단로기를 열어야 하며 점검이 끝난 경우 차단기로 부하회로를 연결하고 난 다음 단로기를 넣어야 한다.
② 점검이 필요한 경우, 단로기를 열고 난 다음 차단기를 열어야 하며 점검이 끝난 경우 단로기를 넣고 난 다음 차단기로 부하회로를 연결하여야 한다.
③ 점검이 필요한 경우, 단로기를 열고 난 다음 차단기를 열어야 하며 점검이 끝난 경우 차단기를 부하에 넣고 난 다음 단로기를 넣어야 한다.
④ 점검이 필요한 경우, 차단기로 부하회로를 끊고 난 다음 단로기를 열어야 하며, 점검이 끝난 경우, 단로기를 넣고 난 다음 차단기를 넣어야 한다.

풀이 DS는 부하전류를 개폐할 수 없으므로 정전시에는 차단기로 부하전류를 차단 후 DS를 조작하고 급전시에는 DS를 조작 후 CB를 닫아야 한다. **답** ④

31 π형 회로의 일반 회로 정수에서 B는 무엇을 의미하는가?

① 저항
② 리액턴스
③ 임피던스
④ 어드미턴스

풀이 $E_s = AE_R + BI_R$, $I_s = CE_R + DI_r$ 에서
A : 전압비, B : 임피던스, C : 어드미턴스, D : 전류비를 의미한다. **답** ③

32 송전단전압이 3300[V], 수전단전압이 3000[V]인 3상 배전선에서 부하전력이 1200[kW], 역률이 0.9일 때 선로 저항은 몇 [Ω]인가? 단, 선로의 리액턴스는 무시한다.

① 0.68
② 0.75
③ 0.88
④ 0.95

풀이) 전류 $I = \dfrac{P}{\sqrt{3}\,V\cos\theta} = \dfrac{1200 \times 10^3}{\sqrt{3} \times 3000 \times 0.9}$
$= 256.6[A]$
$V_s - V_r = \sqrt{3}\,I(R\cos\theta + X\sin\theta)$에서
선로의 리액턴스를 무시하면
$\therefore 3300 - 3000 = \sqrt{3} \times 256.6(R \times 0.9 + 0)$
$R = \dfrac{300}{\sqrt{3} \times 256.6 \times 0.9} = 0.75[\Omega]$ 답 ②

33 그림과 같은 열 사이클은?

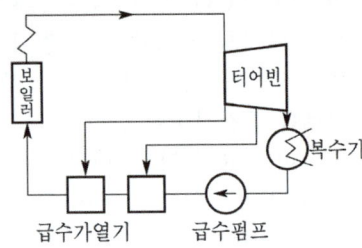

① 재열 사이클 ② 재생 사이클
③ 재생재열 사이클 ④ 카르노 사이클

풀이) 터빈에서의 증기 팽창도중 증기의 일부를 추출하여 급수 가열에 이용되는 것을 **재생 사이클**이라 한다.
답 ②

34 설비 A가 150[kW], 수용률 0.5, 설비 B가 250[kW], 수용률 0.8일 때 합성 최대 전력이 235[kW]이면 부등률은 약 얼마인가?

① 1.10 ② 1.13
③ 1.17 ④ 1.22

풀이) A 최대 전력 = 설비용량×수용율
$= 150 \times 0.5 = 75[kW]$
B 최대 전력 = 설비용량×수용율 $= 250 \times 0.8$
$= 200[kW]$
$\therefore$ 부등률 = $\dfrac{\text{개개의 최대 전력의 합}}{\text{합성 최대 전력}}$
$= \dfrac{75 + 200}{235} = 1.17$ 답 ③

35 유도 장해의 방지책으로 차폐선을 이용하면 유도전압을 몇 [%] 정도 줄일 수 있는가?

① 30~50 ② 60~70
③ 80~90 ④ 90~100

풀이) 차폐선에 의한 유도전압의 감쇄율은 30~50[%] 정도이다.
답 ①

36 조압 수조(서지 탱크)의 설치 목적에 해당되는 것은?

① 수압관의 보호 ② 수차의 보호
③ 조속기의 보호 ④ 여수의 처리

풀이) 조압 수조는 저수지로부터의 수로가 압력 터널인 경우에 시설하는 것으로서 사용 유량의 급변으로 인한 **수격작용**(Water hammering)이 압력 터널에 미치지 않도록 하는 일종의 안전장치이다.
답 ①

37 송전선에 낙뢰가 가해져서 애자에 섬락이 생기면 아크가 생겨 애자가 손상되는 경우가 있다. 이것을 방지하기 위하여 사용되는 것은?

① 댐퍼
② 아아모로드(armour rod)
③ 가공지선
④ 아킹 혼(arcing horn)

풀이) • 댐퍼 : 전선의 진동 방지
• 아아모로드 : 전선의 진동 방지
• 가공지선 : 뇌의 차폐
• **아킹 혼 : 섬락으로부터 애자련의 보호, 애자련의 전압 분포 개선**
답 ④

38 지중 케이블에 있어서 고장점을 찾는 방법이 아닌 것은?

① 머레이 루프 시험기에 의한 방법
② 메거에 의한 측정 방법
③ 수색 코일에 의한 방법
④ 펄스에 의한 측정법

풀이) 지중 케이블 고장 수색법
① 머레이 루프법
② 정전용량의 측정으로 발견하는 법
③ 수색 코일로 하는 방법
④ 펄스로 하는 방법
⑤ 음향으로 고장점을 측정하는 방법이 있다.
※ 메거는 절연저항을 측정하는 계측기기이다. 답 ②

39 피뢰기의 제한 전압이란?

① 상용 주파수의 방전 개시 전압
② 충격파의 방전 개시 전압
③ 충격 방전 종료 후 전력계통으로부터 피뢰기에 상용 주파수의 전류가 흐르고 있는 동안의 피뢰기 단자전압
④ 충격 방전 전류가 흐르고 있는 동안의 피뢰기 단자전압의 파고값

풀이 제한 전압 : 피뢰기 동작 중에 계속해서 걸리고 있는 단자전압의 파고값 **답** ④

40 송전선로를 연가하는 목적은?

① 페란티 효과 방지
② 직격뢰 방지
③ 선로 정수의 평형
④ 유도뢰의 방지

풀이 연가하는 목적
① 직렬 공진의 방지
② 통신선의 유도장해 감소
③ 선로 정수 평형 **답** ③

3과목 - 전기기기

41 직류기의 양호한 정류를 얻는 조건이 아닌 것은?

① 정류 주기를 크게 할 것
② 정류 코일의 인덕턴스를 작게 할 것
③ 리액턴스 전압을 작게 할 것
④ 브러시 접촉저항을 작게 할 것

풀이 양호한 정류를 얻는 조건
① 리액턴스 전압을 작게 한다. $\left(e_L = L\dfrac{2I_c}{T_c}\right)$
② 단절권 채용으로 자기 인덕턴스를 작게 한다.
③ 고속을 피하여 정류 주기를 길게 한다.
④ 저항 정류로서 접촉저항이 큰 탄소 브러시를 사용한다.
⑤ 전압 정류로서 보극을 설치한다. **답** ④

42 변압기의 등가회로를 그리기 위하여 다음과 같은 시험을 하였다고 한다. 필요 없는 시험은?

① 무부하 시험
② 각 권선의 저항 측정
③ 반환 부하 시험
④ 단락 시험

풀이 등가회로 작성에는 권선의 저항을 알아야 하고, 철손을 측정하는 무부하 시험, 동손을 측정하는 단락 시험이 필요하다. 반환 부하법은 변압기의 온도상승 시험을 하는 데 필요한 시험법이다. **답** ③

43 직류분권전동기의 전체 도체수는 100이고, 단중 중권이며 자극수는 4, 자속수는 극당 0.628[Wb]이다. 부하를 걸어 전기자에 5[A]가 흐르고 있을 때의 토크는 약 몇 [N·m]인가?

① 15
② 25
③ 50
④ 100

풀이 $p=4$, $Z=100$, $\Phi=0.628$[Wb], $I_a=5$[A]
단중 중권이므로 $a=p=4$이다.
$P = EI_a = P\phi n\dfrac{z}{a}I_a = 2\pi n T$

$\therefore T = \dfrac{P\phi n\dfrac{z}{a}I_a}{2\pi n} = \dfrac{P\phi z I_a}{2\pi a} = \dfrac{4 \times 0.628 \times 100 \times 5}{2\pi \times 4}$
$= 49.97$[N·m] **답** ③

44 3상 유도전동기에 불평형 3상 전압을 가한 경우 다음 전동기의 특성 중 옳은 것은?

① 영상분 전압은 존재하지 않는다.
② 영상 전압을 고려하여야 한다.
③ 정상 전압과 역상 전압에 의한 회전자계의 방향은 같다.
④ 정상 운전 상태에서 역상분은 제동 작용을 하지 않는다.

풀이 불평형 전압이 가해져도 중성점이 접지되어 있지 않으므로 영상분은 존재하지 않는다. 정상분과 역상분의 회전자계는 서로 반대방향으로 회전하나 정상분에 의한 토크가 더 크므로 전동기는 정상분 회전자계의 회전방향으로 회전한다. **답** ①

45 전기자 도체의 굵기, 권수, 극수가 모두 동일할 때 단중파권은 단중중권에 비해 전류와 전압의 관계는?

① 소전류와 저전압이다.
② 대전류와 저전압이다.
③ 소전류와 고전압이다.
④ 대전류와 고전압이다.

풀이 중권과 파권의 비교

구분	중권(병렬권)	파권(직렬권)
전기자의 병렬회로수(a)	$P(mP)$	$2(2m)$
브러시 수(b)	P	2
용 도	저전압, 대전류	고전압, 소전류
균압접속	4극 이상이면 균압접속을 하여야 한다.	균압접속은 필요 없다.

여기서, m : 다중도 **답** ③

46 병렬운전을 하고 있는 3상 동기발전기에 동기화 전류가 흐르는 경우는 어느 때인가?

① 부하가 증가할 때
② 여자전류를 변화시킬 때
③ 부하가 감소할 때
④ 원동기의 출력이 변화할 때

풀이 원동기의 출력이 변하면 발전기 유기기전력의 위상이 변하게 되어 두 발전기 사이에 동기화 전류가 흐르게 된다. **답** ④

47 부하 변동이 심한 부하에 직권전동기를 사용할 때 전기자 반작용을 감소시키기 위해서 설치하는 것은?

① 계자권선   ② 보상 권선
③ 브러시   ④ 균압선

풀이 전기자 반작용의 방지대책

보극과 보상권선을 설치한다	보극 → 중성축 부근의 전기자 반작용 상쇄
	보상권선 → 대부분의 전기자 반작용 상쇄 : 가장 유효한 방법

답 ②

48 변압기 유(油)의 요구 특성이 아닌 것은?

① 인화점이 높을 것
② 응고점이 낮을 것
③ 점도가 클 것
④ 절연내력이 클 것

풀이 변압기의 기름으로서 갖추어야 할 조건은
① 절연내력이 클 것
② 절연 재료 및 금속에 화학 작용을 일으키지 않을 것
③ 인화점이 높고, 응고점이 낮을 것
④ 점도가 낮고, 비열이 커서 냉각효과가 클 것
⑤ 고온에서도 석출물이 생기거나 산화하지 않을 것
답 ③

49 "3상 권선형 유도전동기의 2차 회로가 단선이 된 경우에 부하가 약간 무거운 정도에서는 슬립이 50[%]인 곳에서 운전이 된다." 이것을 무엇이라 하는가?

① 차동기 운전   ② 자기 여자
③ 게르게스 현상 ④ 난조

풀이 3상 권선형 유도전동기의 2차 회로가 한 개 단선된 경우 2차 회로에 단상 전류가 흐르므로 부하가 약간 무거운 정도에서는 $s=50[\%]$인 곳에서 더 이상 가속하지 않는 현상을 게르게스 현상이라 한다. **답** ③

50 직류전동기에 대한 설명으로 옳은 것은?

① 전동차용 전동기는 차동 복권전동기이다.
② 직권전동기가 운전 중 무부하로 되면 위험 속도가 된다.
③ 부하 변동에 대하여 속도변동이 가장 큰 직류전동기는 분권전동기이다.
④ 직류 직권전동기는 속도 조정이 어렵다.

풀이
• 직류전동기의 속도 $n = K\dfrac{V-I_a r_a}{\phi}$ [rps]
• 직권전동기에서 $I_a = I = I_f$ 이고
  $I_f \propto \phi$ 이므로 $n = K'\dfrac{V-I r_a}{I}$ 가 된다.

따라서 무부하 상태($I=0$)에서는 전동기의 속도는 험 속도가 된다. **답**

51 어떤 주상 변압기가 4/5 부하일 때, 최대 효율이 된다고 한다. 전부하에 있어서의 철손과 동손의 비 $\dfrac{P_c}{P_i}$는 약 얼마인가?

① 0.64 ② 1.56
③ 1.64 ④ 2.56

풀이 최대 효율은 철손과 동손이 같을 때 발생하므로
$P_i = m^2 P_c$
$\therefore \dfrac{P_c}{P_i} = \dfrac{1}{m^2} = \dfrac{1}{\left(\dfrac{4}{5}\right)^2} = \dfrac{25}{16} = 1.5625$ **답** ②

52 다음 중 정류자형 주파수 변환기의 용도가 아닌 것은?

① 역률 개선 ② 전동기속도제어
③ 교류 여자기 ④ 대용량 전동기

풀이 정류자형 주파수 변환기를 이것과 동일 전원에 접속하여 슬립 s로 운전하고 있는 권선형 유도전동기와 조합시키면 유도전동기의 2차 여자를 행할 수 있으므로 전동기의 속도제어와 역률의 개선을 행할 수 있다.
그러나 이 주파수 변환기는 정류작용의 점에서 대용량의 것은 제작이 어렵고 보상권선, 보극권선 등을 설치한 것에서도 100[kVA] 정도가 한도이므로 대용량의 전동기에는 응용할 수 없다. 그리고 속도제어의 범위도 동기속도의 상하 10~15[%] 정도로 되어 있다. **답** ④

53 2대의 3상 동기발전기가 무부하 병렬운전하고 있을 때 대응하는 두 기전력 사이에 60°의 위상차가 있다면, 한 쪽 발전기에서 다른 쪽 발전기에 공급되는 전력은 약 몇 [kW]인가? 단, 각 발전기의 기전력(선간)은 3300[V], 동기 리액턴스는 5[Ω]이고, 전기자저항은 무시한다.

① 181 ② 314
③ 363 ④ 720

풀이 동기화력 $P_s = \dfrac{E^2}{2X_s}\sin\delta$에서
$P = \dfrac{\left(\dfrac{3300}{\sqrt{3}}\right)^2}{2\times 5}\sin 60° \times 10^{-3} = 314.37[kW]$ **답** ②

54 1000[kVA] 역률 0.9, 효율 0.9인 동기발전기 운전용 원동기의 출력은 몇 [kW]인가?

① 520 ② 740
③ 800 ④ 1000

풀이 원동기의 출력 = 동기발전기의 입력이므로
동기발전기의 입력 $= \dfrac{출력}{효율} = \dfrac{1000\times 0.9}{0.9}$
$= 1000[kW]$ **답** ④

55 10극, 3상 유도전동기가 있다. 회전자도 3상이고, 정지시의 2차 1상의 전압이 150[V]이다. 이 회전자를 회전자계와 반대방향으로 400[rpm] 회전시키면 2차 전압[V]은 약 얼마인가? 단, 1차 전원 주파수는 50[Hz]이다.

① 150 ② 200
③ 250 ④ 300

풀이
$N_s = \dfrac{120f}{P} = \dfrac{120\times 50}{10} = 600[rpm]$
$s = \dfrac{N_s - (-N)}{N_s} = \dfrac{600+400}{600} = 1.667$
$\therefore E_{2s} = sE_2 = 1.667\times 150 = 250[V]$ **답** ③

56 정격 15[kW], 기계손 350[W], 전부하 시의 슬립이 3[%]인 3상 유도전동기의 전부하 시의 2차 동손은 약 몇 [W]인가?

① 400 ② 425
③ 450 ④ 475

풀이 $P_0 = P + P_m = 15000 + 350 = 15,350[W]$
$P_0 = (1-s)P_2$에서
$P_2 = \dfrac{P_0}{1-s} = \dfrac{15,350}{1-0.03} = 15824.7[W]$
$P_{c2} = sP_2 = 0.03\times 15824.7 = 474.74[W]$ **답** ④

57 불평형 전압 상태에서 3상 유도전동기를 운전하면 토크와 입력은 어떻게 되는가?

① 토크가 감소하고 입력도 감소한다.
② 토크는 감소하고 입력은 증가한다.
③ 토크는 증가하고 입력은 감소한다.
④ 토크가 증가하고 입력도 증가한다.

풀이 전압이 불평형이 되면 불평형 전류가 흘러 전류가 증가하여 입력이 증가되나 토크는 감소한다. 답 ②

58 3상 직권 정류자 전동기의 중간 변압기의 사용 목적이 아닌 것은?

① 실효 권수비의 조정
② 정류 전압의 조정
③ 경부하 때 속도의 이상 상승 방지
④ 직권 특성을 얻기 위하여

풀이 3상 직권 정류자 전동기의 중간 변압기는 고정자 권선과 회전자 권선 사이에 직렬로 접속되며 이 중간 변압기를 사용하는 주요한 이유는 다음과 같다.
① 전원전압의 크기에 관계없이 정류에 알맞은 회전자 전압을 선택할 수 있다.
② 중간 변압기의 권수비를 바꾸어 전동기의 특성을 조정할 수 있다.
③ 직권 특성이기 때문에 경부하에서는 속도가 매우 상승하나 중간 변압기를 사용, 그 철심을 포화하도록 하면 그 속도 상승을 제한할 수 있다. 답 ④

59 3상 동기발전기의 전기자 반작용은 부하의 성질에 따라 다르다. 다음 성질 중 잘못 설명한 것은?

① $\cos\theta \fallingdotseq 1$일 때, 즉 전압, 전류가 동상일 때는 실제적으로 교차자화작용을 한다.
② $\cos\theta \fallingdotseq 0$일 때, 즉 전류가 전압보다 90° 뒤질 때는 감자 작용을 한다.
③ $\cos\theta \fallingdotseq 0$일 때, 즉 전류가 전압보다 90° 앞설 때는 증자작용을 한다.
④ $\cos\theta = \phi$일 때, 즉 전류가 전압보다 ϕ만큼 뒤질 때 증자작용을 한다.

풀이

역률	부하	전류와 전압과의 위상	작용
역률 1	저항	I_a가 E와 동상인 경우	교차 자화작용 (횡축반작용)
뒤진 역률 0	유도성 부하	I_a가 E보다 $\pi/2$ 뒤지는 경우	감자 작용 (직축반작용)
앞선 역률 0	용량성 부하	I_a가 E보다 $\pi/2$ 앞서는 경우	증자작용 (자화작용)

여기서, I_a : 전기자 전류, E : 유기기전력 답 ④

60 어떤 변압기의 백분율 저항 강하가 2[%], 백분율 리액턴스 강하가 3[%]라 한다. 이 변압기로 역률이 80[%]인 부하에 전력을 공급하고 있다. 이 변압기의 전압변동률 [%]는?

① 4.0 ② 2.4
③ 3.4 ④ 3.8

풀이 전압변동률
$\epsilon = p\cos\phi + q\sin\phi$
$= 2 \times 0.8 + 3 \times 0.6 = 3.4[\%]$ 답 ③

4과목 - 회로이론

61 그림과 같은 회로에서 15[Ω]에 흐르는 전류는 몇 [A]인가?

① 4
② 8
③ 10
④ 20

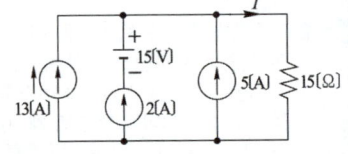

풀이 중첩의 정리에 의해
① 전류원에 의한 전류 I_1
 (이때 전압원은 단락시킨다.)
 $I_1 = 13 + 2 + 5 = 20[A]$
② 전압원에 의한 전류 I_2
 (이때 전류원은 개방시킨다.)
 전압원 밑의 2[A] 전류원이 개방되므로 전압원에 의한 전류는 0이다.
∴ $I = I_1 + I_2 = 20 + 0 = 20[A]$ 답 ④

62 그림과 같은 회로에서 단자 a, b 사이의 합성 저항은?

① r ② $\dfrac{3}{2}r$
③ $\dfrac{1}{2}r$ ④ $3r$

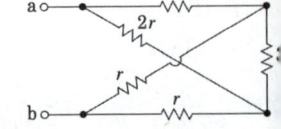

풀이 브리지 회로의 평형상태이므로 $3r$을 무시하면
$R = \dfrac{(2r+r) \times (2r+r)}{(2r+r)+(2r+r)} = \dfrac{9r^2}{6r} = \dfrac{3}{2}r[\Omega]$

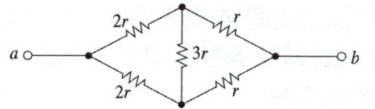

답 ②

63 그림에서 저항 0.2[Ω]에 흐르는 전류[A]는?

① 0.1
② 0.2
③ 0.3
④ 0.4

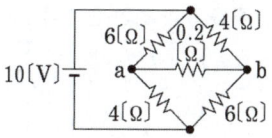

풀이 그림과 같은 등가회로로 그려보면 테브난 정리를 이용할 수 있다.

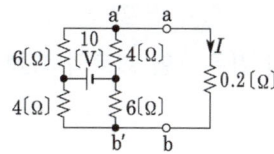

a, b를 개방했을 때 전압 V_T는 a'와 b' 간의 전위차이므로

$V_T = V_b' - V_a'$
$= 10 \times \dfrac{6}{4+6} - 10 \times \dfrac{4}{4+6} = 2[V]$

다음, 전원을 단락하고 a, b에서 본 저항 R_T는

$R_T = \dfrac{6 \times 4}{6+4} + \dfrac{6 \times 4}{6+4} = 4.8[\Omega]$

$\therefore I = \dfrac{V_T}{R_T + R} = \dfrac{2}{4.8 + 0.2} = 0.4[A]$

답 ④

64 $i = 3000(2t + 3t^2)$[A]의 전류가 어떤 도선을 2[s] 동안 흘렀다. 통과한 전 전기량은 몇 [Ah]인가?

① 3.6 ② 10 ③ 36 ④ 100

풀이 $Q = \int_0^t i\,dt = \int_0^2 3000(2t + 3t^2)\,dt$
$= [3000(t^2 + t^3)]_0^2 = 36000[A \cdot \sec]$
$= 10[Ah]$

답 ②

65 비접지 3상 Y 부하에서 각 선전류를 I_a, I_b, I_c라 할 때 전류의 영상분 I_0는 얼마인가?

① $I_a + I_b$
② $I_a + I_c$
③ $I_c + I_a$
④ 0

풀이 영상분은 접지선, 중성선에 존재한다. 따라서 **비접지 3상 Y부하는 영상분이 존재하지 않는다.**

답 ④

66 대칭 3상 Y결선 부하에서 각 상의 임피던스가 $Z = 16 + j12[\Omega]$이고 부하전류가 10[A]일 때, 이 부하의 선간 전압[V]은?

① 152.6   ② 229.1
③ 346.4   ④ 445.1

풀이 Y결선 선간 전압 = $\sqrt{3} \times$상전압
상전압 = 부하전류 × 1상 임피던스
$= 10 \times \sqrt{16^2 + 12^2} = 200[V]$
$\therefore V_l = \sqrt{3}\,V_p = 200\sqrt{3} = 346.4[V]$

답 ③

67 그림과 같이 접속된 회로의 단자 a, b에서 본 등가 임피던스는 어떻게 표현되는가?

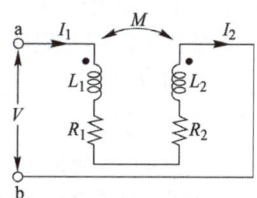

① $R_1 + R_2 + j\omega(L_1 + L_2)$
② $R_1 + R_2 + j\omega(L_1 - L_2)$
③ $R_1 + R_2 + j\omega(L_1 + L_2 + 2M)$
④ $R_1 + R_2 + j\omega(L_1 + L_2 - 2M)$

풀이 • 화동결합
$L = L_1 + L_2 + 2M$
• 차동결합
$L = L_1 + L_2 - 2M$
(•와 전류의 방향에 따라 상호 인덕턴스는 $+2M$ 또는 $-2M$이 된다.)

답 ④

68 대칭 5상 기전력의 선간 전압과 상기전력의 위상차는 약 얼마인가?

① 27 ② 36 ③ 54 ④ 72°

풀이 대칭 n상인 경우 기전력의 위상차는
$\theta = \dfrac{\pi}{2}\left(1 - \dfrac{2}{n}\right) = \dfrac{180}{2}\left(1 - \dfrac{2}{5}\right) = 54°$

답 ③

69 비정현파에 있어서 정현 대칭의 조건은?

① $f(t) = f(-t)$
② $f(t) = -f(t)$
③ $f(t) = -f(-t)$
④ $f(t) = -f\left(t + \dfrac{T}{2}\right)$

풀이 그림에서 정현 대칭 조건은
$f(t) = -f(-t)$, $f(t) = f(T+t)$

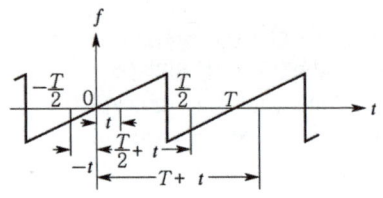

답 ③

70 대칭좌표법에 대한 설명 중 잘못된 것은?

① 대칭좌표법은 일반적인 비대칭 n상 교류 회로의 계산에도 이용된다.
② 대칭 3상 전압의 영상분과 역상분은 0이고, 정상분만 남는다.
③ 비대칭 n상 교류 회로는 영상분, 역상분 및 정상분의 3성분으로 해석한다.
④ 비대칭 3상 회로의 접지식 회로에는 영상분이 존재하지 않는다.

풀이 비대칭 3상 회로는 불평형 회로가 되며 접지식 회로란 Y 결선 중에서 중성점접지방식을 의미하므로 영상분이 존재한다. **답** ④

71 변압비 33 : 1의 단상변압기 3개를 1차는 △, 2차는 Y로 결선하고 1차 선간에 3300[V]를 가할 때의 무부하 2차 선간 전압은 약 몇 [V]인가?

① 100 ② 120
③ 141.4 ④ 173.2

풀이 권수비 $a = \dfrac{E_1}{E_2}$ 이므로

2차 상전압 $E_2 = \dfrac{E_1}{a} = \dfrac{3300}{33} = 100[V]$이다.

2차는 Y결선이므로 선간 전압 V_2는
$V_2 = \sqrt{3}\,E_2 = \sqrt{3} \times 100 = 173.2[V]$ **답** ④

72 저항 30[Ω], 용량성 리액턴스 40[Ω]의 병렬 회로에 120[V]의 정현파 교번 전압을 가할 때의 전 전류[A]는?

① 3 ② 4
③ 5 ④ 6

풀이 저항에 흐르는 전류를 I_R, 용량 리액턴스에 흐르는 전류를 I_C라 하면 전 전류 I는
$$\dot{I} = \dot{I}_R + \dot{I}_C = \dfrac{V}{R} + \dfrac{V}{-jX_C}$$
$$= \dfrac{120}{30} + j\dfrac{120}{40} = 4 + j3$$
$$\therefore |I| = \sqrt{4^2 + 3^2} = 5[A]$$ **답** ③

73 그림과 같은 π형 회로의 4단자 정수 중 D의 값은?

① Z_2
② $1 + \dfrac{Z_2}{Z_1}$
③ $\dfrac{1}{Z_1} + \dfrac{1}{Z_2}$
④ $1 + \dfrac{Z_2}{Z_3}$

풀이 기본적인 4단자망의 4단자 정수

회로의 종류	A	B
—[Z]—	1	Z
─┬─ [Z] ─┬─	1	0
─[Z₁]─┬─ / [Z₂]	$1 + \dfrac{Z_1}{Z_2}$	Z_1
─┬─[Z₁]─ / [Z₂]	1	Z_1
─[Z₁]─┬─[Z₃]─ / [Z₂]	$1 + \dfrac{Z_1}{Z_2}$	$\dfrac{Z_1 Z_2 + Z_2 Z_3 + Z_3 Z_1}{Z_2}$
─┬─[Z₂]─┬─ / [Z₁] [Z₃]	$1 + \dfrac{Z_2}{Z_3}$	Z_2

4단자 정수 회로의 종류	C	D
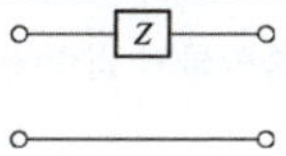 ―[Z]―	0	1
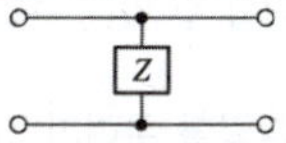 ―[Z]― (shunt)	$\dfrac{1}{Z}$	1
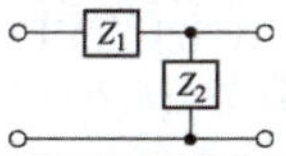 ―[Z₁]―[Z₂]―	$\dfrac{1}{Z_2}$	1
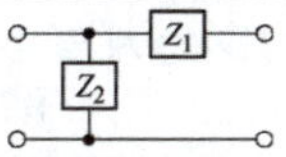 [Z₁]―[Z₂]	$\dfrac{1}{Z_2}$	$1+\dfrac{Z_1}{Z_2}$
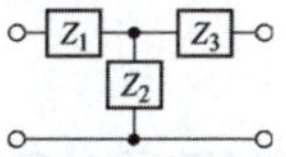 [Z₁]―[Z₃]―[Z₂]	$\dfrac{1}{Z_2}$	$1+\dfrac{Z_3}{Z_2}$
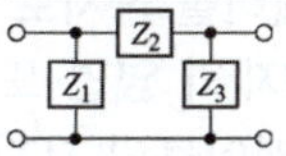 [Z₂]―[Z₁]―[Z₃]	$\dfrac{Z_1+Z_2+Z_3}{Z_1 Z_3}$	$1+\dfrac{Z_2}{Z_1}$

답 ②

74 교류전압 100[V], 전류 20[A]로서 1.2[kW]의 전력을 소비하는 회로의 리액턴스는 몇 [Ω]인가?

① 3   ② 4   ③ 5   ④ 10

풀이 $P=EI\cos\theta$ 에서
$\cos\theta = \dfrac{P}{EI} = \dfrac{1200}{100 \times 20} = 0.6$
$Z = \dfrac{E}{I} = \dfrac{100}{20} = 5[\Omega]$
$\therefore X = Z\sin\theta = 5 \times \sqrt{1-0.6^2} = 4[\Omega]$

답 ②

75 $f(t) = \sin t \cos t$ 를 라플라스 변환하면?

① $\dfrac{1}{s^2+4}$ ② $\dfrac{1}{s^2+2}$
③ $\dfrac{1}{(s+2)^2}$ ④ $\dfrac{1}{(s+4)^2}$

풀이 삼각 함수의 가법 정리에 의하면
$\sin t \cos t = \dfrac{1}{2}\sin 2t$ 이다.
$\therefore F(s) = \mathcal{L}[\sin t \cos t] = \mathcal{L}\left[\dfrac{1}{2}\sin 2t\right]$
$= \dfrac{1}{2} \cdot \dfrac{2}{s^2+2^2} = \dfrac{1}{s^2+4}$

답 ①

76 어떤 코일에 흐르는 전류를 0.5[m sec] 동안에 5[A]를 변화시키면 20[V] 전압이 생긴다. 자기 인덕턴스는 몇 [mH]인가?

① 2   ② 4   ③ 6   ④ 8

풀이 $e = L\dfrac{di}{dt}$ 에서 $20 = L \cdot \dfrac{5}{0.5 \times 10^{-3}}$
$\therefore L = \dfrac{20 \times 0.5 \times 10^{-3}}{5} = 2 \times 10^{-3}[H]$
$= 2[mH]$

답 ①

77 그림과 같은 회로의 2단자 임피던스 $Z(s)$는? 단, $s = j\omega$ 라 한다.

① $\dfrac{s^3+1}{3s^2(s+1)}$
② $\dfrac{3s^2(s+1)}{s^3+1}$
③ $\dfrac{3s^2(s+1)}{s^4+2s^2+1}$
④ $\dfrac{s^4+4s^2+1}{s(3s^2+1)}$

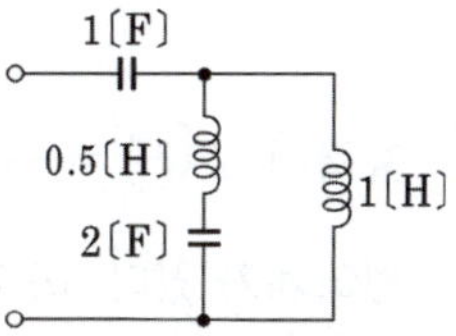

풀이
$Z(s) = \dfrac{1}{s} + \dfrac{\left(0.5s+\dfrac{1}{2s}\right) \cdot s}{0.5s+\dfrac{1}{2s}+s} = \dfrac{1}{s} + \dfrac{0.5s^2+\dfrac{1}{2}}{1.5s+\dfrac{1}{2s}}$

$= \dfrac{1}{s} + \dfrac{\left(0.5s^2+\dfrac{1}{2}\right) \cdot 2s}{\left(1.5s+\dfrac{1}{2s}\right) \cdot 2s}$

$= \dfrac{1}{s} + \dfrac{s^3+s}{3s^2+1} = \dfrac{3s^2+1+s^4+s^2}{s(3s^2+1)}$

$= \dfrac{s^4+4s^2+1}{s(3s^2+1)}$

답 ④

78 R_1, R_2 저항 및 인덕턴스 L 의 직렬회로가 있다. 이 회로의 시정수는?

① $-\dfrac{R_1+R_2}{L}$ ② $\dfrac{R_1+R_2}{L}$
③ $\dfrac{-L}{R_1+R_2}$ ④ $\dfrac{L}{R_1+R_2}$

풀이 R_1+R_2를 R이라 하면 $R-L$ 직렬회로와 같다.
$\therefore \tau = \dfrac{L}{R} = \dfrac{L}{R_1+R_2}$

답 ④

79 그림과 같은 회로에서 스위치 S를 $t=0$에서 닫았을 때 $(V_L)_{t=0} = 100[V]$, $\left(\dfrac{di}{dt}\right)_{t=0} = 400[A/sec]$이다. L의 값은 몇 [H]인가?

① 0.1
② 0.5
③ 0.25
④ 7.5

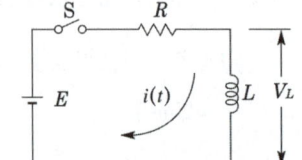

풀이 $V_L = L\dfrac{di}{dt}$에서 $100 = L\,400$

∴ $L = \dfrac{100}{400} = 0.25[H]$ **답** ③

80 출력이 $F(S) = \dfrac{3s+2}{s(s^2+2s+6)}$로 표시되는 제어계가 있다. 이 계의 시간함수 $f(t)$의 정상값은?

① 3 ② 2 ③ $\dfrac{1}{3}$ ④ $\dfrac{1}{6}$

풀이 최종값 정리에 의해
$f(\infty) = \lim\limits_{s\to 0} sF(s) = \lim\limits_{s\to 0} s \cdot \dfrac{3s+2}{s(s^2+2s+6)}$
$= \dfrac{2}{6} = \dfrac{1}{3}$ **답** ③

5과목 - 전기설비기술기준

81 지중전선로에 사용하는 지중함의 시설기준으로 옳지 않은 것은?
① 견고하고 차량 기타중량물의 압력에 견딜 수 있을 것
② 그 안의 고인 물을 제거할 수 있는 구조일 것
③ 뚜껑은 시설자 이외의 자가 쉽게 열 수 없도록 할 것
④ 조명 및 세척이 가능한 장치를 하도록 할 것

풀이 334.2 지중함의 시설
지중전선로에 사용하는 지중함은 다음에 따라 시설하여야 한다.
가. 지중함은 견고하고 차량 기타 중량물의 압력에 견디는 구조일 것
나. 지중함은 그 안의 고인 물을 제거할 수 있는 구조로 되어 있을 것
다. 폭발성 또는 연소성의 가스가 침입할 우려가 있는 것에 시설하는 지중함으로서 그 크기가 1[m³] 이상인 것에는 통풍장치 기타 가스를 방산시키기 위한 적당한 장치를 시설할 것
라. 지중함의 뚜껑은 시설자이외의 자가 쉽게 열 수 없도록 시설할 것   **답** ④

82 터널 내에 3.3[kV] 전선로를 케이블 공사로 시행하려고 한다. 케이블을 조영재의 옆면 또는 아래면에 따라 붙일 경우에는 케이블의 지지점간의 거리를 몇 [m] 이하로 하여야 하는가?

① 1 ② 1.5 ③ 2 ④ 5

풀이 335.1 터널 안 전선로의 시설
가. 자동차도 전용터널 및 사람이 상시 통행하는 터널 안 전선로 이외의 터널 안 전선로의 사용전압은 저압 또는 고압에 한하며, 전선은 케이블을 사용하여야 한다.
나. 전선을 조영재의 아랫면 또는 옆면에 따라 붙이는 경우 케이블의 지지점간의 거리 : 2[m](수직으로 붙이는 경우는 6[m]) 이하   **답** ③

83 특고압 가공전선로의 지지물에 시설하는 통신선 또는 이에 직접 접속하는 가공 통신선의 높이는 철도 또는 궤도를 횡단하는 경우에는 궤조면상 몇 [m] 이상으로 하여야 하는가?

① 5 ② 5.5 ③ 6 ④ 6.5

풀이 362.2 전력보안통신선의 시설 높이와 이격거리
가공전선로의 지지물에 시설하는 통신선 또는 이에 직접 접속하는 가공 통신선의 높이는 다음에 따라야 한다.

시설 장소		가공전선로의 지지물에 시설	
		고·저압[m]	특고압[m]
도로횡단	일반적인 경우	6[m] 이상	6[m] 이상
	교통에 지장을 안 주는 경우	5[m] 이상	
철도 횡단(레일면상)		6.5[m] 이상	6.5[m] 이상

시설 장소		가공전선로의 지지물에 시설	
		고·저압[m]	특고압[m]
횡단 보도교 위	노면상	3.5[m] 이상	5[m] 이상
	절연전선 사용	3[m] 이상	
	광섬유 케이블 사용		4[m] 이상
기타의 장소	일반적인 경우 (절연전선 사용)	4[m] 이상	5[m] 이상
	광섬유 케이블 사용	3.5[m] 이상	

답 ④

84 전기 울타리의 시설에 사용되는 전선은 지름 몇 [mm]의 경동선 또는 이와 동등 이상의 세기 및 굵기이어야 하는가?

① 2 ② 2.6
③ 3.2 ④ 4

풀이 241.1 전기울타리
가. 전기울타리용 전원장치에 전원을 공급하는 전로의 사용전압은 250[V] 이하이어야 한다.
나. 전기울타리는 사람이 쉽게 출입하지 아니하는 곳에 시설할 것.
다. 전선은 인장강도 1.38 [kN] 이상의 것 또는 지름 2 [mm] 이상의 경동선일 것.
라. 전선과 이를 지지하는 기둥 사이의 이격거리는 25 [mm] 이상일 것.
마. 전선과 다른 시설물(가공 전선을 제외한다) 또는 수목과의 이격거리는 0.3[m] 이상일 것. 답 ①

85 발전소에서 계측 장치를 시설하지 않아도 되는 것은?

① 발전기의 전압 및 전류 또는 전력
② 발전기의 베어링 및 고정자의 온도
③ 특고압 모선의 전류 및 전력
④ 특고압용 변압기의 온도

풀이 351.6 계측장치
발전소에서는 다음의 사항을 계측하는 장치를 시설하여야 한다.
① 발전기의 전압 및 전류 또는 전력
② 발전기의 베어링 및 고정자의 온도
③ 주요 변압기의 전압 및 전류 또는 전력
④ 특고압용 변압기의 온도 답 ③

86 사용전압 480[V]인 저압 옥내배선으로 절연전선을 애자공사에 의해서 점검할 수 있는 은폐장소에 시설하는 경우, 전선 상호 간의 간격은 몇 [cm] 이상이어야 하는가?

① 6 ② 20
③ 40 ④ 60

풀이 232.56 애자공사
가. 전선의 종류 : 절연 전선. 단, 옥외용 비닐 절연 전선 (OW) 및 인입용 비닐 절연 전선(DV)은 제외한다.
나. 이격 거리

전압		전선과 조영재와의 이격 거리	전선 상호 간격	전선 지지점 간의 거리	
				조영재의 윗면 또는 옆면에 따라 시설	조영재에 따라 시설하지 않는 경우
저압	400[V] 이하	2.5[cm] 이상	6[cm] 이상	2[m] 이하	–
	400[V] 초과	건조한 장소 2.5[cm] 이상			6[m] 이하
		기타의 장소 4.5[cm] 이상			

답 ①

87 교통 신호등 회로의 사용전압은 몇 [V] 이하이어야 하는가?

① 110 ② 200
③ 220 ④ 300

풀이 234.15 교통신호등
가. 교통신호등 제어장치의 2차측 배선의 최대사용전압은 300[V] 이하이어야 한다.
나. 전선은 케이블인 경우 이외에는 공칭단면적 2.5[mm²] 연동선과 동등 이상의 세기 및 굵기의 450/750[V] 일반용 단심 비닐절연전선 또는 450/750[V] 내열성 에틸렌아세테이트 고무절연전선일 것.
다. 교통신호등 회로의 사용전압이 150[V]를 넘는 경우는 전로에 지락이 생겼을 경우 자동적으로 전로를 차단하는 누전차단기를 시설할 것. 답 ④

88 사용전압 400[V] 이하인 쇼윈도내의 배선에 사용하는 캡타이어 케이블의 단면적은 최소 몇 [mm²] 이상이어야 하는가?

① 0.5 ② 0.75
③ 1.0 ④ 1.25

풀이 231.3.1 저압 옥내배선의 사용전선
가. 저압 옥내배선의 전선 : 단면적 2.5[mm²] 이상의 연동선
나. 옥내배선의 사용 전압이 400[V] 이하인 경우는 다음에 의하여 시설할 수 있다.
① 전광표시 장치 또는 제어 회로
 • 단면적 1.5[mm²] 이상의 연동선
 • 단면적 0.75[mm²] 이상인 다심케이블 또는 다심 캡타이어 케이블을 사용하고 또한 과전류가 생겼을 때에 자동적으로 전로에서 차단하는 장치를 시설
② 진열장 또는 이와 유사한 것의 내부 배선 : 단면적 0.75[mm²] 이상인 코드 또는 캡타이어케이블
답 ②

89 사용전압이 22900[V]인 가공전선이 건조물과 제2차 접근상태로 시설되는 경우에 특고압가공전선로는 어떤 보안공사를 하여야 하는가?

① 고압 보안공사
② 제1종 특고압 보안공사
③ 제2종 특고압 보안공사
④ 제3종 특고압 보안공사

풀이 333.23 특고압 가공전선과 건조물의 접근
가. 제1차 접근 상태 : 제3종 특고압 보안 공사
나. 제2차 접근 상태
① 35 [kV] 이하 : 제2종 특고압 보안 공사
② 35 [kV] 초과 400 [kV] 미만 : 제1종 특고압 보안 공사
답 ③

90 철탑의 강도 계산을 하려고 한다. 이상시 상정하중의 계산에 사용되는 풍압에 의한 하중의 종류가 아닌 것은?

① 수직하중   ② 좌굴하중
③ 수평횡하중   ④ 수평종하중

풀이 333.14 이상 시 상정하중
철탑의 강도계산에 사용하는 이상 시 상정하중은 풍압이 전선로에 직각방향으로 가하여지는 경우의 하중과 전선로의 방향으로 가하여지는 경우의 수직하중, 수평횡하중, 수평 종하중을 계산하여 각 부재에 대한 이들의 하중 중 그 부재에 큰 응력이 생기는 쪽의 하중을 채택한다.
답 ②

91 154[kV]에서 6.6[kV]로 변성하는 변압기에 결합되는 고압전로에는 사용전압의 몇 배 이하인 전압이 가하여진 경우에 방전하는 장치를 그 변압기의 단자에 가까운 1극에 설치하여야 하는가?

① 2   ② 3   ③ 4   ④ 5

풀이 322.3 특고압과 고압의 혼촉 등에 의한 위험방지 시설
변압기에 의하여 특고압전로에 결합되는 고압전로에는 사용전압의 3배 이하인 전압이 가하여진 경우에 방전하는 장치를 그 변압기의 단자에 가까운 1극에 설치하여야 한다.
답 ②

92 고압 보안공사 시에 지지물로 A종 철근 콘크리트주를 사용할 경우 경간은 몇 [m] 이하이어야 하는가?

① 75   ② 100   ③ 150   ④ 200

풀이 332.10 고압 보안공사
고압 보안공사는 다음에 따라야 한다.
가. 전선은 케이블인 경우 이외에는 인장강도 8.01[kN] 이상의 것 또는 지름 5[mm] 이상의 경동선일 것.
나. 목주의 풍압하중에 대한 안전율은 1.5 이상일 것.
다. 경간은 표에서 정한 값 이하일 것.

지지물의 종류	경 간
목주 · A종 철주 또는 A종 철근 콘크리트주	100[m] 이하
B종 철주 또는 B종 철근 콘크리트주	150[m] 이하
철 탑	400[m] 이하

답 ②

93 전로의 중성점에 접지공사를 하는 이유로 타당하지 않은 것은?

① 전로의 보호장치의 확실한 동작의 확보
② 기계기구의 소형화
③ 이상전압의 억제
④ 대지전압의 저하

풀이 322.5 전로의 중성점의 접지
① 보호 장치의 확실한 동작의 확보
② 이상 전압의 억제
③ 대지전압의 저하를 위하여
전로의 중성점에 접지공사를 한다.
답 ②

출제기준 변경 및 개정된 관계 법규에 따라
삭제된 문제가 있어 20문항이 안됩니다.

기출문제집 + 동영상강의
20년간 전기산업기사필기

발　　　행 / 2025년 12월 1일	판 권
·	소 유
저　　　자 / 검정연구회	
펴　낸　이 / 정 창 희	
펴　낸　곳 / 동일출판사	
주　　　소 / 서울시 강서구 곰달래로31길7 (2층)	
전　　　화 / 02) 2608-8250	
팩　　　스 / 02) 2608-8265	
등록번호 / 제109-90-92166호	

ISBN 978-89-381-1722-9 13560
값 / 33,000원

이 책은 저작권법에 의해 저작권이 보호됩니다. 동일출판사 발행인의 승인자료 없이 무단 전재하거나 복제하는 행위는 저작권법 제136조에 의해 5년 이하의 징역 또는 5,000만원 이하의 벌금에 처하거나 이를 병과(倂科)할 수 있습니다.

기출문제집 + 동영상강의　2025~2006

20년간 전기산업기사 필기

최다 누적 판매, 최다 합격자 배출
전·현직 전기인들이 가장 선호하는 수험서
오답 및 오탈자가 가장 적은 수험서
과목별 핵심이론 수록
온·오프라인을 통한 빠른 질의 및 답변

▶ FREE　무료동영상강의 2025~2007 기출문제

무료강의 / 학습자료　dongilbook.com
· 무료강의 – 동일출판사 홈페이지 > 학습센터 > 무료동영상강의
· 학습자료 및 정오표 – 동일출판사 홈페이지 > 학습센터 > 자료실, 정오게시판